HOPPE-SEYLER/THIERFELDER

# HANDBUCH DER PHYSIOLOGISCH- UND PATHOLOGISCH-CHEMISCHEN ANALYSE

FÜR ÄRZTE, BIOLOGEN UND CHEMIKER

ZEHNTE AUFLAGE

HERAUSGEGEBEN VON

KONRAD LANG  EMIL LEHNARTZ
MAINZ  MÜNSTER

UNTER MITARBEIT VON

GÜNTHER SIEBERT
MAINZ

ZWEITER BAND

SPRINGER-VERLAG
BERLIN · GÖTTINGEN · HEIDELBERG
1955

# ALLGEMEINE UNTERSUCHUNGSMETHODEN

## ZWEITER TEIL

BEARBEITET VON

H. BARTELS · H. BRINTZINGER · TH. BÜCHER · L. K. CHRISTENSEN
F. DUSPIVA · S. EMERSON · W. FRANKE · H. GÖTTE · W. KERN · S. KOLLER
H. A. KÜNKEL · K. LANG · K. LINDERSTRØM-LANG · W. MAURER
W. MEHREN · D. MOHRING · A. NIKLAS · E. OPITZ †
L. SCHACHINGER · H. J. SCHATZMANN · K. SCHMEISER
G. SIEBERT · R. SIGNER · J. STAUFF · W. WILBRANDT

MIT 534 ABBILDUNGEN

SPRINGER-VERLAG
BERLIN · GÖTTINGEN · HEIDELBERG
1955

ISBN-13: 978-3-642-85553-5   e-ISBN-13: 978-3-642-85552-8
DOI: 10.1007/978-3-642-85552-8

ALLE RECHTE,
INSBESONDERE DAS DER ÜBERSETZUNG IN FREMDE SPRACHEN,
VORBEHALTEN

OHNE AUSDRÜCKLICHE GENEHMIGUNG DES VERLAGES
IST ES AUCH NICHT GESTATTET, DIESES BUCH ODER TEILE DARAUS
AUF PHOTOMECHANISCHEM WEGE (PHOTOKOPIE, MIKROKOPIE) ZU VERVIELFÄLTIGEN

© BY SPRINGER-VERLAG OHG
BERLIN · GÖTTINGEN · HEIDELBERG 1955
SOFTCOVER REPRINT OF THE HARDCOVER 10TH EDITION 1955

# Inhaltsverzeichnis.

**Grenzflächenspannung.**
Von Professor Dr. J. Stauff-Bad Soden. Mit 9 Abbildungen.

Seite
1. Einleitung . . . . . . . . . . . . . . . . . . . . . . . . . . . . . . . . . . . . 1
2. Theoretische Grundlagen der Grenzflächenerscheinungen . . . . . . . . . . . . . . . 1
    a) Begriff der Grenzflächenspannung . . . . . . . . . . . . . . . . . . . . . . 1
    b) Grenzflächenspannung von Lösungen . . . . . . . . . . . . . . . . . . . . . 2
3. Messung der Grenzflächenspannung . . . . . . . . . . . . . . . . . . . . . . . . . 3
    a) Methoden zur Messung der Oberflächenspannung (Grenzfläche flüssig/gasförmig) . . . 3
        $\alpha$) Messung des Krümmungsradius von Tropfen . . . . . . . . . . . . . . . . 3
        $\beta$) Steighöhenmethode . . . . . . . . . . . . . . . . . . . . . . . . . . . 4
        $\gamma$) Methode von Wilhelmy . . . . . . . . . . . . . . . . . . . . . . . . . . 5
        $\delta$) Drahtbügelmethode . . . . . . . . . . . . . . . . . . . . . . . . . . . 6
        $\varepsilon$) Tensiometer (Abreißmethode) . . . . . . . . . . . . . . . . . . . . . 6
        $\zeta$) Methode des Tropfengewichtes und der Tropfenzahl (Stalagmometer nach Traube) . 8
        $\eta$) Methode des maximalen Blasendruckes . . . . . . . . . . . . . . . . . . . 9
    b) Methoden zur Messung der Grenzflächenspannung (Grenzfläche flüssig/flüssig) . . . 10
        $\alpha$) Tensiometer . . . . . . . . . . . . . . . . . . . . . . . . . . . . . . 10
        $\beta$) Tropfengewicht und Tropfenzahl . . . . . . . . . . . . . . . . . . . . . 11
        $\gamma$) Methode des maximalen Blasendruckes (Tropfendruckes) . . . . . . . . . . 11

**Viscosimetrie.**
Von Professor Dr. W. Kern-Mainz und Dipl.-Chem. W. Mehren-Erlangen.
Mit 11 Abbildungen.

    a) Theorie . . . . . . . . . . . . . . . . . . . . . . . . . . . . . . . . . . . 12
    b) Viscosimeter . . . . . . . . . . . . . . . . . . . . . . . . . . . . . . . . 14
        $\alpha$) Das Wilhelm Ostwald-Viscosimeter . . . . . . . . . . . . . . . . . . . . 14
        $\beta$) Das Ubbelohde-Viscosimeter . . . . . . . . . . . . . . . . . . . . . . . 15
        $\gamma$) Das Philippoff-Viscosimeter . . . . . . . . . . . . . . . . . . . . . . . 16
        $\delta$) Das Rotationsviscosimeter nach Hatschek-Couette . . . . . . . . . . . . . 17
        $\varepsilon$) Das Kugelfallviscosimeter nach Höppler . . . . . . . . . . . . . . . . 18
    c) Viscositätsuntersuchungen an Lösungen . . . . . . . . . . . . . . . . . . . . 18
    d) Die Viscositätszahl $Z\eta$ . . . . . . . . . . . . . . . . . . . . . . . . . 19
    e) Viscositätszahl $Z\eta$, Größe und Gestalt der gelösten Teilchen bei homöopolaren Molekülkolloiden . . . . . . . . . . . . . . . . . . . . . . . . . . . . . . . . . . 20
    f) Viscositätsverhalten von Lösungen heteropolarer Molekülkolloide . . . . . . . . 21

**Osmotischer Druck.**
Von Dr. H. J. Schatzmann-Bern (Schweiz). Mit 10 Abbildungen.

    a) Einleitung . . . . . . . . . . . . . . . . . . . . . . . . . . . . . . . . . 23
        $\alpha$) Direkte Bestimmung des osmotischen Druckes . . . . . . . . . . . . . . . 24
        $\beta$) Die kinetische Theorie des osmotischen Druckes . . . . . . . . . . . . . 26
        $\gamma$) Beziehung der Dampfdruckerniedrigung zum osmotischen Druck . . . . . . . 26
        $\delta$) Beziehung der Siedepunktserhöhung und der Gefrierpunktserniedrigung zur Dampfdruckerniedrigung . . . . . . . . . . . . . . . . . . . . . . . . . . . . . . 28
    b) Methoden zur Bestimmung des osmotischen Druckes oder des Molekulargewichtes mit Anwendungsmöglichkeiten in der Biologie . . . . . . . . . . . . . . . . . . . . 29
        $\alpha$) Die Gefrierpunktsbestimmung . . . . . . . . . . . . . . . . . . . . . . . 29
        $\beta$) Dampfdruckmethoden . . . . . . . . . . . . . . . . . . . . . . . . . . . 32

## Der kolloidosmotische Druck.

Von Dr. L. K. Christensen-Charlottenlund (Dänemark) und Professor Dr. K. Linderstrøm-Lang-Kopenhagen (Dänemark). Mit 17 Abbildungen.

| | Seite |
|---|---|
| a) Einleitung | 36 |
| b) Allgemeine methodische Bemerkungen | 38 |
| c) Die einzelnen Verfahren | 38 |
| α) Das Osmometer von Sørensen | 38 |
| β) Das Osmometer von Carter und Record | 39 |
| γ) Das Osmometer von Oakley | 39 |
| δ) Die Methode von Bourdillon | 40 |
| ε) Die Methode von Bull | 41 |
| ζ) Die Methode von Güntelberg und Linderstrøm-Lang | 41 |
| η) Die Methode von Schulz | 44 |
| ϑ) Die Methode von Herzog und Spurlin | 45 |
| ι) Die osmotische Waage | 45 |
| κ) Die Methode von Hansen | 46 |
| λ) Die Methode von Krogh und Nakazawa | 47 |
| μ) Die Methode von Holm-Jensen | 48 |

## Osmotische Erscheinungen und osmotische Methoden an Erythrocyten.

Von Professor Dr. W. Wilbrandt-Bern (Schweiz). Mit 7 Abbildungen.

| | |
|---|---|
| 1. Das Osmometerverhalten der roten Blutkörperchen | 50 |
| a) Die Frage der quantitativen Gültigkeit des van't Hoffschen Gesetzes | 50 |
| b) Die Frage der Semipermeabilität | 52 |
| 2. Die osmotische Resistenz | 54 |
| a) Die quantitativen Kriterien. Minimal- und Maximalresistenz | 54 |
| b) Die modifizierenden Faktoren | 55 |
| α) Die Wasserstoffionenkonzentration | 55 |
| β) Die Temperatur | 55 |
| γ) Die Sauerstoffsättigung | 56 |
| 3. Die quantitative Bestimmung der Permeabilität aus osmotischen Versuchen | 57 |
| a) Prinzip der osmotischen Methoden | 57 |
| b) Methoden der Volumenmessung | 57 |
| c) Kinetik der Penetration und Berechnung der Permeabilitätskonstanten | 61 |
| α) Definition der Permeabilitätskonstanten | 61 |
| β) Bezeichnungen | 63 |
| γ) Die Kinetik der Wasserpenetration und die Bestimmung der Permeabilitätskonstante für Wasser | 64 |
| δ) Penetrationskinetik und Bestimmung der Permeabilitätskonstanten für gelöste Substanzen | 64 |
| d) Bemerkungen zur Wahl und zur Durchführung der einzelnen Methoden | 69 |

## Dialyse, Elektrodialyse, Elektrodekantation und Diasolyse.

Von Professor Dr. H. Brintzinger-Oberlenningen/Württ. Mit 8 Abbildungen.

| | |
|---|---|
| a) Allgemeines | 71 |
| b) Dialyse | 72 |
| c) Elektrodialyse | 76 |
| d) Elektrodekantation | 77 |
| e) Diasolyse | 78 |

## Der Maxwell-Effekt (Strömungsdoppelbrechung).

Von Professor Dr. R. Signer-Bern (Schweiz). Mit 17 Abbildungen.

| | |
|---|---|
| A. Allgemeine Bemerkungen | 83 |
| 1. Geschichtliches | 83 |
| 2. Strömungszustand der Flüssigkeit | 84 |
| 3. Die optischen Effekte | 84 |
| a) Bei einheitlichen Flüssigkeiten | 84 |
| b) Bei kolloiden Lösungen | 85 |

4. Die Ursache der Strömungsdoppelbrechung . . . . . . . . . . . . . . . . . . 85
   a) Bei einheitlichen Flüssigkeiten . . . . . . . . . . . . . . . . . . . . . . 85
   b) Bei kolloiden Lösungen . . . . . . . . . . . . . . . . . . . . . . . . . 86
      α) Kolloidteilchen starre Stäbe oder Scheibchen . . . . . . . . . . . . . 86
      β) Kolloidteilchen statistische Knäuel von Kettenmolekülen . . . . . . . . 86

B. Theorie . . . . . . . . . . . . . . . . . . . . . . . . . . . . . . . . . . . . 86
  1. Die Strömungsdoppelbrechung von kolloiden Lösungen mit starren Teilchen . . . 86
   a) Monodisperse Systeme . . . . . . . . . . . . . . . . . . . . . . . . . 86
      α) Die hydrodynamische Orientierung der Teilchen in der strömenden Flüssigkeit 86
      β) Auslöschwinkel und Doppelbrechung . . . . . . . . . . . . . . . . . . 90
   b) Polydisperse Systeme . . . . . . . . . . . . . . . . . . . . . . . . . . 96
  2. Die Strömungsdoppelbrechung von kolloiden Lösungen mit deformierbaren Teilchen 97
  3. Die Strömungsdoppelbrechung von einheitlichen Flüssigkeiten . . . . . . . . . 99

C. Apparate zur Bestimmung der Strömungsdoppelbrechung . . . . . . . . . . . . 99
  1. Allgemeine Bemerkungen . . . . . . . . . . . . . . . . . . . . . . . . . . 99
  2. Die Flüssigkeitsbewegung in Zylinderapparaten . . . . . . . . . . . . . . . . 100
   a) Der Strömungsgradient . . . . . . . . . . . . . . . . . . . . . . . . . 100
   b) Der Eintritt der Turbulenz . . . . . . . . . . . . . . . . . . . . . . . 101
   c) Bedingungen für das Einhalten genau bestimmter Gradienten . . . . . . 101
  3. Die optischen Einrichtungen der Zylinderapparate . . . . . . . . . . . . . . 102
   a) Das Prinzip der Messung des Auslöschwinkels und der Doppelbrechung . . . 102
   b) Lichtquellen . . . . . . . . . . . . . . . . . . . . . . . . . . . . . . 102
   c) Der Strahlengang zwischen den Zylindern . . . . . . . . . . . . . . . . 103
   d) Kompensatoren und Halbschatteneinrichtungen . . . . . . . . . . . . . 103
  4. Verschiedene Apparatetypen . . . . . . . . . . . . . . . . . . . . . . . . 104

D. Experimentelle Ergebnisse . . . . . . . . . . . . . . . . . . . . . . . . . . . 105
  1. Kolloide Lösungen mit mehr oder weniger starren Teilchen . . . . . . . . . . 105
   a) Viren . . . . . . . . . . . . . . . . . . . . . . . . . . . . . . . . . 105
   b) Proteine . . . . . . . . . . . . . . . . . . . . . . . . . . . . . . . . 106
      α) Erste Beobachtungen . . . . . . . . . . . . . . . . . . . . . . . . . 106
      β) Ermittlung der Teilchengestalt aus dem Auslöschwinkel . . . . . . . . . 106
      γ) Bestimmung der Eigenanisotropie der Eiweißteilchen . . . . . . . . . . 106
      δ) Aggregations- und Desaggregationsphänomene . . . . . . . . . . . . . 107
   c) Micellare Seifenlösungen . . . . . . . . . . . . . . . . . . . . . . . . 108
  2. Kolloide Lösungen mit deformierbaren Teilchen (Kettenmoleküle in Knäuelform) . . 108
   a) Die Unterschiede in der Strömungsdoppelbrechung von Lösungen starrer und deformierbarer Teilchen . . . . . . . . . . . . . . . . . . . . . . . . 108
   b) Die Konzentrationsabhängigkeit von Auslöschwinkel und Doppelbrechung . . . 110
   c) Der Einfluß des Molekulargewichtes auf Auslöschwinkel und Doppelbrechung . . 112
   d) Der Einfluß des Lösungsmittels . . . . . . . . . . . . . . . . . . . . . 112
   e) Der Einfluß der Konstitution der Kettenmoleküle . . . . . . . . . . . . 113
   f) Der Einfluß der Polydispersität . . . . . . . . . . . . . . . . . . . . . 113
   g) Die Strömungsdoppelbrechung als Mittel zur Beobachtung von Veränderungen der Masse, der Gestalt und der Konstitution von Kettenmolekülen . . . . . . . . 114

# Kohärente Lichtzerstreuung in Lösungen großer Moleküle.

Von Professor Dr. TH. BÜCHER-Marburg a. d. L. und Dr. D. MOHRING-Mainz. Mit 33 Abbildungen.

a) Prinzipielles . . . . . . . . . . . . . . . . . . . . . . . . . . . . . . . . 115
b) Theoretische Erörterungen . . . . . . . . . . . . . . . . . . . . . . . . . . 117
   α) Prinzip . . . . . . . . . . . . . . . . . . . . . . . . . . . . . . . . 117
   β) RAYLEIGHs Bedingungen . . . . . . . . . . . . . . . . . . . . . . . 118
   γ) Lichtzerstreuung durch ein Einzelteilchen . . . . . . . . . . . . . . . . 119
   δ) Lichtzerstreuung durch idealverdünnte Materie (Lord RAYLEIGH, 1871) . . . . . . 121
   ε) Trübungskoeffizient (Turbidity) . . . . . . . . . . . . . . . . . . . . 121
   ζ) Richtungsabhängigkeit der Streuintensität . . . . . . . . . . . . . . . 122
   η) Reduzierte Streuung (Reduced Intensity, RAYLEIGHs Ratio) . . . . . . . 125
   ϑ) RAYLEIGHs Formeln . . . . . . . . . . . . . . . . . . . . . . . . . 126
   ι) Schwankungstheorie der Lichtzerstreuung in Flüssigkeiten (v. SMOLUCHOWSKI 1908, EINSTEIN 1910) . . . . . . . . . . . . . . . . . . . . . . . . . . . . 130

## Inhaltsverzeichnis.

|   |   | Seite |
|---|---|---|
| $\varkappa$) | Lichtzerstreuung in Lösungen (GANS 1923, RAMAN 1923) | 132 |
| $\lambda$) | Lichtzerstreuung in realen Lösungen | 136 |
| $\mu$) | Mittelwertsbildung | 139 |
| $\nu$) | Mehrkomponentensysteme | 140 |
| $\xi$) | Makroionen | 141 |
| $o$) | Lichtzerstreuung durch isotrope Kugeln mit der Wellenlänge vergleichbarem Durchmesser (MIE 1908) | 143 |
| $\pi$) | Molekulargewicht im DEBYE-Bereich | 145 |
| $\varrho$) | Teilchengestalt im DEBYE-Bereich [Interferenzfunktion, particle scattering factor, $P(\vartheta)$] | 147 |
| $\sigma$) | Polarisationsverhältnisse (teilweise Depolarisation des Streulichtes) | 152 |

c) Methodik . . . 158
  - $\alpha$) Trübung . . . 158
  - $\beta$) Relative Streulichtmessungen . . . 159
  - $\gamma$) Reduzierte Streuung . . . 160
  - $\delta$) Arbeitsstandards . . . 160
  - $\varepsilon$) Eichstandards . . . 161
  - $\zeta$) Brechungsabhängige Korrekturen bei der Bestimmung von $R_\vartheta$ . . . 163
  - $\eta$) Winkelabhängigkeit von $R_{\vartheta,V}$ . . . 164
  - $\vartheta$) Reinigung der Lösungen . . . 165
  - $\iota$) Grenze der Empfindlichkeit der Streulichtmethode . . . 166
  - $\varkappa$) Streulichtphotometer . . . 167
  - $\lambda$) Versuchscuvetten . . . 172
  - $\mu$) Depolarisationsmessungen . . . 173
  - $\nu$) Brechungsinkrement . . . 175

d) Durchführung und Auswertung der Messungen . . . 178
  - $\alpha$) RAYLEIGH-Bereich . . . 178
  - $\beta$) DEBYE-Bereich . . . 179
  - $\gamma$) Kontrollmöglichkeiten . . . 181
  - $\delta$) Schlußbemerkung . . . 182

## Gasanalyse.

Von Professor Dr. E. OPITZ † und Dozent Dr. H. BARTELS-Göttingen (jetzt Tübingen). Mit 61 Abbildungen.

1. Einleitung . . . 183
2. Gewinnung und Aufbewahrung von Gas- und Blutproben zur Gasanalyse . . . 183
   - a) Gasgemische . . . 184
     - $\alpha$) Exspirationsluft . . . 184
     - $\beta$) Alveolarluft . . . 185
     - $\gamma$) Andere Gasgemische . . . 187
   - b) Blut . . . 188
     - $\alpha$) Gerinnungsverhütung . . . 188
     - $\beta$) Blutentnahme . . . 188
     - $\gamma$) Entnahmevorrichtungen . . . 190
     - $\delta$) Anaerobe Gewinnung von Serum und Plasma . . . 192
   - c) Anhang . . . 193
     - $\alpha$) Reinigung von Quecksilber . . . 193
     - $\beta$) Herstellung von Gasgemischen zu Eichzwecken, Atemversuchen, zum Tonometrieren u. a. . . . 194
     - $\gamma$) Herstellung von Hahnfett . . . 194
3. Analyse von Gasen in Gasgemischen . . . 195
   - a) Gasanalysenapparat nach HALDANE . . . 195
     - $\alpha$) Prinzip . . . 195
     - $\beta$) Apparatur, Lösungen und Zubehör . . . 195
     - $\gamma$) Vorbereitung des Apparates zur Analyse . . . 196
     - $\delta$) Eichung der Meßbürette . . . 197
     - $\varepsilon$) Apparatives . . . 197
     - $\zeta$) Gang der Analyse (Zimmerluft) . . . 197
     - $\eta$) Analyse von Gasproben . . . 200
     - $\vartheta$) Analysen von Gasgemischen, die Acetylen enthalten . . . 200
     - $\iota$) Analysen mit Hilfe der Verbrennungskammer . . . 201
     - $\varkappa$) Berechnung des Gasdruckes in Gasproben . . . 202
     - $\lambda$) „Zwischenfälle" und Reinigung des Apparates . . . 202
     - $\mu$) Modifikationen des Apparates von HALDANE . . . 203

b) Apparat nach SCHOLANDER ... 204
  α) Prinzip ... 205
  β) Apparatur und Lösungen ... 205
  γ) Vorbereitung des Apparates ... 207
  δ) Analysengang ... 208
  ε) Technisches ... 209
c) Manometrischer Apparat nach VAN SLYKE ... 210
d) Übersicht über andere Methoden der Analyse von Gasen in Gasgemischen ... 210
  α) Chemische Verfahren ... 210
  β) Physikalische und physikalisch-chemische Verfahren ... 211
  γ) Mikrogasanalyse ... 217
4. Analyse von Gasen in Flüssigkeiten ... 218
  a) Übersicht ... 219
    α) Analyse chemisch gebundener Gase ... 219
    β) Analyse physikalisch gelöster Gase ... 221
    γ) Analyse von $CO_2$ und $O_2$ in physikalischer Lösung bei Anwesenheit dieser Gase in chemischer Bindung ... 222
  b) Die manometrische Bestimmung von Blutgasen und Gasen in Gasgemischen mit dem Apparat von VAN SLYKE ... 223
    α) Der manometrische Apparat und seine Verwendung zur Blutgasanalyse ... 223
    β) Bestimmung von CO im Blut und von aktivem und gesamtem Hämoglobin mit der CO-Kapazitätsmethode (Methode von VAN SLYKE) ... 247
    γ) Bestimmung von $CO_2$ und $O_2$ zusammen mit Cyclopropan, Äthylen oder $N_2O$ (Distickstoffoxyd, Lachgas) in 1 cm³ Blut (Methode nach ORCUTT und WATERS) ... 252
    δ) Analyse von Gasen in Gasgemischen mit dem manometrischen Apparat nach VAN SLYKE ... 254
  c) Die Ferricyanidmethode von HALDANE ... 258
  d) Bestimmung der Gasdrucke im Blut ... 263
    α) Bestimmung des Sauerstoff- und Kohlendioxyddruckes im Blut mit der Methode von RILEY ... 263
    β) Bestimmung des Sauerstoffdruckes im Blut mit der Methode von BARTELS ... 268
  e) Rechnerische Auswertung gasanalytischer Bestimmungen mit besonderer Berücksichtigung nomographischer Verfahren ... 275
    α) Bestimmung von $P_{CO_2}$ und $p_H$ im Serum und Blut ... 275
    β) Nomogramm zur Untersuchung des Säurebasengleichgewichtes im menschlichen Urin bei 37° C ... 286
    γ) $O_2$-Dissoziationskurven des menschlichen Blutes ... 287
    δ) Graphische Darstellungen kombinierter $O_2$—$CO_2$-Dissoziationskurven des Blutes und des $CO_2$—$O_2$-Verhältnisses der Atemluft ... 288
  f) Anhang. Übersichten, Abkürzungen, Tabellen ... 295

**THUNBERG-Methodik und verwandte Acceptormethoden.**
Von Professor Dr. W. FRANKE-Köln a. Rh. Mit 15 Abbildungen.
a) Theoretische Grundlagen ihrer Anwendung ... 311
b) Apparatives und Allgemeines zur Entfärbungsmethodik ... 313
c) Colorimetrische, photometrische und titrimetrische Varianten ... 317
d) Spezielle Fälle ... 320
  α) Flüchtige Reaktionskomponenten. Das Arbeiten mit gasgefüllten Röhren ... 320
  β) Die Dehydrierung von Leukofarbstoffen ... 322
e) Die Tetrazoliummethode ... 323
  α) Allgemeines ... 323
  β) Die Formazanbestimmung ... 327
f) Auswahl der Wasserstoffacceptoren ... 329
g) Die Wasserstoffdonatoren (Substrate) ... 334
h) Die Redoxpotentialbestimmung von Metaboliten ... 336
i) Seltener angewandte oder nur bedingt hierher gehörige Acceptormethoden ... 336
  α) Anorganische Acceptoren ... 336
  β) Organische Acceptoren ... 339

**Enzymatische Histochemie.**
Von Professor Dr. F. DUSPIVA-Freiburg i. Br. Mit 66 Abbildungen.
A. Einleitung ... 345
B. Mikroskopische Färbemethoden ... 348

|  | Seite |
|---|---|
| 1. Hydrolasen | 352 |
| a) Phosphatasen | 352 |
| α) Alkalische Phosphatasen | 352 |
| β) Saure Phosphatasen | 356 |
| γ) Andere Phosphatasen | 357 |
| b) Lipasen | 358 |
| c) Andere Hydrolasen | 359 |
| α) β-Glucuronidase | 360 |
| β) Cholinesterase | 361 |
| γ) Sulfatase | 365 |
| δ) Carbohydrasen | 365 |
| 2. Oxydasen | 366 |
| a) Peroxydasen | 366 |
| b) Dopaoxydase | 367 |
| c) Cytochromoxydase | 367 |
| d) Andere Enzyme | 369 |
| C. Chemische Methoden | 371 |
| Allgemeines | 371 |
| 1. Die Vorbereitung des biologischen Materials zur Enzymanalyse | 371 |
| a) Die Probenahme | 371 |
| b) Mengenbestimmung von Gewebe- und Zellbestandteilen | 375 |
| α) Gewichtsbestimmungen | 376 |
| β) Volumenbestimmungen | 382 |
| γ) Die Zellzahl als Bezugsgröße | 383 |
| 2. Die enzymatisch-chemische Mikroanalyse | 385 |
| a) Maßanalytische und colorimetrische Methoden | 385 |
| α) Geräte und Apparate | 385 |
| β) Die Bestimmung kleiner enzymatischer Spaltungen durch Titration | 391 |
| γ) Colorimetrische Bestimmung von enzymatischen Spaltungen | 409 |
| b) Dilatometrische Methode | 415 |
| c) Gasometrische Methoden | 419 |
| α) Der „Cartesianische Taucher" als Mikromanometer | 419 |
| β) Der Capillartaucher | 437 |
| γ) Spezielle Methoden der Tauchertechnik zur Messung enzymatischer Umsetzungen | 440 |

**Biochemical Genetics.**
By Professor Sterling Emerson-Pasadena/California (USA). With 31 figures.

| | |
|---|---|
| 1. Introduction | 443 |
| 2. Life histories and cultural characteristics of representative microorganisms | 445 |
| a) Neurospora crassa, a heterothallic filamentous fungus | 445 |
| α) Vegetative characteristics | 445 |
| β) Asexual reproduction | 445 |
| γ) Sexual reproduction | 445 |
| δ) Genetic considerations | 449 |
| ε) Special methods for handling Neurospora | 452 |
| b) Aspergillus nidulans, a homothallic filamentous fungus | 455 |
| α) Vegetative characteristics and asexual reproduction | 455 |
| β) Sexual reproduction | 456 |
| γ) Genetic identification of hybrids | 457 |
| δ) The production of heterozygous diploids | 459 |
| ε) Somatic segregation in heterozygous diploids | 461 |
| ζ) Special methods for handling Aspergillus nidulans | 462 |
| c) Saccharomyces cerevisiae, an unstable heterothallic unicellular fungus with alternating haploid and diploid generations | 463 |
| α) Vegetative characteristics | 463 |
| β) Life cycle and sexual characteristics | 464 |
| γ) Genetic considerations | 468 |
| δ) Special methods for handling yeasts | 469 |
| d) Bacteria, especially those in which genetic recombination occurs | 475 |
| α) Bacterial transformations | 476 |
| β) Transduction | 480 |
| γ) Linked inheritance in Escherichia coli K-12 | 486 |
| δ) Comparative genetics of bacteria | 494 |
| e) Other microorganisms | 494 |

3. Isolation of biochemical mutants ............................................. 496
   a) The method of total isolation ............................................ 496
      α) Isolation of clones descended from single haploid nuclei ............ 496
      β) The identification of metabolic deficiencies ........................ 498
   b) Selective isolation of mutants ........................................... 499
      α) Direct selection of "progressive" mutants ........................... 499
      β) Visual selection of "retrogressive" mutants ......................... 500
      γ) Automatic selection of "retrogressive" mutants ...................... 501
   c) Replica plating technique ................................................ 503
4. Genetic identification of mutants ........................................... 504
   a) Chromosomal units of heredity ............................................ 504
      α) The determination of homologies and allelism ........................ 504
      β) The determination of allelism in bacteria ........................... 507
      γ) Other criteria for determining allelism ............................. 509
   b) Extrachromosomal inheritance ............................................. 509
5. Mutation and the induction of mutations .................................... 510
   a) The mutation process ..................................................... 510
   b) Mutagenic agents ......................................................... 515
      α) Irradiation .......................................................... 516
      β) Chemical mutagens .................................................... 517
      γ) Notes on procedures .................................................. 518
6. Mutants as tools in biochemical studies .................................... 519
   a) Identification of sequential steps ....................................... 519
   b) Biochemical genetics and comparative biochemistry ........................ 522
   c) Interrelations of gene-controlled reactions .............................. 526
      α) Interactions within a single pathway of synthesis ................... 526
      β) Suppressors and the problem of alternate pathways ................... 527
      γ) Incomplete genetic blocks ............................................ 529
      δ) Pure lines and isogenic stocks ....................................... 531
   d) Identification of the reaction primarily influenced by mutation ......... 532
   e) Extrachromosomal mutants ................................................. 532
7. Chemistry of the genic material ............................................. 533
   Glossary of biological terms ................................................. 534

## Aufarbeitung von Geweben und Zellen.
Von Professor Dr. Dr. K. LANG-Mainz und Privatdozent Dr. G. SIEBERT-Mainz.
Mit 12 Abbildungen ............................................................. 537

1. Gewebspräparationen ........................................................ 538
   a) Einleitung ............................................................... 538
   b) Gewebsschnitte ........................................................... 539
   c) Gewebebreie .............................................................. 541
   d) Homogenate ............................................................... 542
2. Gewinnung und Trennung einzelner Zellen .................................... 544
   a) Einleitung ............................................................... 544
   b) Zellen aus Blut und anderen biologischen Flüssigkeiten .................. 545
      α) Leukocyten ........................................................... 545
      β) Thrombocyten ......................................................... 547
   c) Isolierung von Organzellen ............................................... 548
      α) Gewinnung und Trennung von Zellen in wäßrigen Medien ................ 548
      β) Gewinnung und Trennung von Zellen in nichtwäßrigem Milieu ........... 550
3. Zellfraktionierung ......................................................... 554
   a) Einleitung ............................................................... 554
      α) Allgemeines .......................................................... 555
      β) Zerkleinerungsverfahren .............................................. 556
      γ) Suspensionsmedien .................................................... 557
      δ) Trennprinzipien ...................................................... 559
   b) Spezielles ............................................................... 562
      α) Gleichzeitige Darstellung aller Zellfraktionen ...................... 562
      β) Zellkerne ............................................................ 566
      γ) Mitochondrien (einschließlich Sarkosomen und Cyclophorasesystem) ... 581
      δ) Mikrosomen ........................................................... 588

ε) Cytoplasma . . . . . . . . . . . . . . . . . . . . . . . . . . . . . . . . . . . . 589
ζ) Golgi-Substanz . . . . . . . . . . . . . . . . . . . . . . . . . . . . . . . . . . 589
η) Sonderfälle . . . . . . . . . . . . . . . . . . . . . . . . . . . . . . . . . . . 590

**Das Arbeiten mit Isotopen.**
Von Professor Dr. W. Maurer-Köln a. Rh., Dr. H. Götte-Mainz, Dipl.-Phys. H. A. Künkel-Hamburg, Dr. Annemarie Niklas-Köln a. Rh., Dr. Liselotte Schachinger-Zürich und Dr. K. Schmeiser-Knapsack bei Köln a. Rh.

**Physikalische Grundlagen.** Von W. Maurer und K. Schmeiser. Mit 29 Abbildungen . . 594
  a) Zusammensetzung eines Atoms aus Atomkern und Elektronenhülle. Isotopie. . . . . 594
    α) Aufbau des Atoms . . . . . . . . . . . . . . . . . . . . . . . . . . . . . 594
    β) Begriff des Isotops . . . . . . . . . . . . . . . . . . . . . . . . . . . . . 595
    γ) Aufbau des Atomkerns aus Protonen und Neutronen . . . . . . . . . . . . . . 595
    δ) Massenzahl . . . . . . . . . . . . . . . . . . . . . . . . . . . . . . . . 596
    ε) Symbolische Schreibweise für Isotope . . . . . . . . . . . . . . . . . . . . 596
    ζ) Die Häufigkeit eines Isotops . . . . . . . . . . . . . . . . . . . . . . . . 597
    η) Chemische und physikalische Atomgewichtsskala . . . . . . . . . . . . . . . 597
    ϑ) Bindungsenergie eines Atomkerns . . . . . . . . . . . . . . . . . . . . . . 597
  b) Die natürliche Radioaktivität. Die radioaktiven Familien . . . . . . . . . . . . . 597
  c) Kernumwandlungen. Herstellung künstlich radioaktiver Isotope . . . . . . . . . . 598
    α) Die erste künstliche Kernumwandlung . . . . . . . . . . . . . . . . . . . . 598
    β) Entdeckung der künstlichen Radioaktivität . . . . . . . . . . . . . . . . . . 599
    γ) Künstliche Beschleunigung von Kerngeschossen . . . . . . . . . . . . . . . . 599
    δ) Das Cyclotron . . . . . . . . . . . . . . . . . . . . . . . . . . . . . . . 604
    ε) Kernumwandlungen als Neutronenquellen . . . . . . . . . . . . . . . . . . . 605
    ζ) Typen von Kernumwandlungen . . . . . . . . . . . . . . . . . . . . . . . 605
    η) Die Uranspaltung . . . . . . . . . . . . . . . . . . . . . . . . . . . . . 606
    ϑ) Herstellung trägerfreier Präparate von Radioisotopen . . . . . . . . . . . . . 606
    ι) Erhöhung der spezifischen Aktivität durch Szilard-Chalmers-Prozesse . . . . . . 607
    κ) Kernumwandlungen mit elektromagnetisch angereicherten Isotopen . . . . . . . 607
    λ) Ausschließlich im Cyclotron herstellbare Radioisotope . . . . . . . . . . . . . 608
    μ) Aktivierungsanalyse und Empfindlichkeit des Nachweises kleinster Spuren . . . . 608
  d) Die verschiedenen Arten des radioaktiven Zerfalls . . . . . . . . . . . . . . . . 610
    α) Der α-Zerfall . . . . . . . . . . . . . . . . . . . . . . . . . . . . . . . 610
    β) Der β-Zerfall (Zerfall unter Aussendung von Elektronen oder Positronen) . . . . . 611
    γ) Der K-Einfang . . . . . . . . . . . . . . . . . . . . . . . . . . . . . . . 613
  e) Emission von γ-Quanten . . . . . . . . . . . . . . . . . . . . . . . . . . . . 614
    α) Entstehungsmechanismus der γ-Quanten . . . . . . . . . . . . . . . . . . . 614
    β) Zerfallsschemata . . . . . . . . . . . . . . . . . . . . . . . . . . . . . . 614
    γ) Kernisomerie . . . . . . . . . . . . . . . . . . . . . . . . . . . . . . . . 614
    δ) Innerer Photoeffekt. Konversionselektronen . . . . . . . . . . . . . . . . . . 616
  f) Gesetzmäßigkeiten des radioaktiven Zerfalls . . . . . . . . . . . . . . . . . . . 616
    α) Radioaktive Einheiten . . . . . . . . . . . . . . . . . . . . . . . . . . . 616
    β) Zerfallsgesetz. Halbwertszeit. Mittlere Lebensdauer . . . . . . . . . . . . . . 616
    γ) Berechnung der von einem radioaktiven Präparat bis zum völligen Zerfall ausgesandten Teilchen . . . . . . . . . . . . . . . . . . . . . . . . . . . . . . . . . . 617
    δ) Abfallskurve eines Gemisches zweier Radioisotope . . . . . . . . . . . . . . . 617
    ε) Statistische Natur des radioaktiven Zerfalls . . . . . . . . . . . . . . . . . . 618
  g) Absorption radioaktiver Strahlungen in Materie . . . . . . . . . . . . . . . . . 618
    α) Durchgang von α-Teilchen durch Materie . . . . . . . . . . . . . . . . . . 618
    β) Durchgang der β-Teilchen durch Materie . . . . . . . . . . . . . . . . . . . 621
    γ) Absorption von γ-Strahlen . . . . . . . . . . . . . . . . . . . . . . . . . 627

**Meßgeräte zum Nachweis radioaktiver Isotope.** Von W. Maurer und K. Schmeiser. Mit 32 Abbildungen . . . . . . . . . . . . . . . . . . . . . . . . . . . . . . . . . . 630
  a) Übersicht . . . . . . . . . . . . . . . . . . . . . . . . . . . . . . . . . . . 630
  b) Ionisationskammer . . . . . . . . . . . . . . . . . . . . . . . . . . . . . . 631
  c) Zählrohre . . . . . . . . . . . . . . . . . . . . . . . . . . . . . . . . . . . 634
    α) Bau und Wirkungsweise von Zählrohren . . . . . . . . . . . . . . . . . . . 634
    β) Proportionalzähler . . . . . . . . . . . . . . . . . . . . . . . . . . . . . 636
    γ) Geiger-Müller-Zählrohr (Auslösezähler) . . . . . . . . . . . . . . . . . . . . 637
    δ) Zählrohrtypen zur Messung von β-Teilchen . . . . . . . . . . . . . . . . . . 640
  d) Scintillationszähler . . . . . . . . . . . . . . . . . . . . . . . . . . . . . . 644
  e) Impulsverstärker . . . . . . . . . . . . . . . . . . . . . . . . . . . . . . . 650

f) Zählverluste durch begrenztes Auflösungsvermögen der Zählanordnung. . . . . . . . 652
   α) Einfluß von Untersetzern auf das Auflösungsvermögen . . . . . . . . . . . . 652
   β) Rechnerische Ermittlung der Zählverluste . . . . . . . . . . . . . . . . . 653
   γ) Messung der Totzeit $\tau$ . . . . . . . . . . . . . . . . . . . . . . . . . 654
   δ) Direkte Bestimmung der Zählverluste . . . . . . . . . . . . . . . . . . . 654

**Nachweis von β- und γ-Strahlen.** Von W. MAURER und K. SCHMEISER. Mit 42 Abbildungen 655
1. Nachweis von β-Strahlen . . . . . . . . . . . . . . . . . . . . . . . . . . . 655
   a) Vorbemerkungen . . . . . . . . . . . . . . . . . . . . . . . . . . . . 655
     α) Kleinste nachweisbare Gewichtsmengen markierter Substanzen. . . . . . . . . 655
     β) Relative und absolute Messungen . . . . . . . . . . . . . . . . . . . . 656
   b) Messung von Präparaten in fester Form . . . . . . . . . . . . . . . . . . 656
     α) Versuchsanordnung . . . . . . . . . . . . . . . . . . . . . . . . . . 657
     β) Ausnutzbarer Raumwinkel. Geometriefaktor . . . . . . . . . . . . . . . 657
     γ) Absorption von β-Strahlung. Ermittlung der Aktivität zweier als Gemisch vorliegender Isotope durch Absorptionsmessungen . . . . . . . . . . . . . . . 660
     δ) Absorption in Zählrohrfenster und Luftschicht . . . . . . . . . . . . . . 661
     ε) Einfluß von schrägem Durchgang durch Zählrohrfenster und Luftschicht . . . 662
     ζ) Selbstabsorption im Präparat . . . . . . . . . . . . . . . . . . . . . 664
     η) Selbststreuung im Präparat . . . . . . . . . . . . . . . . . . . . . . 666
     ϑ) Rückstreuung an der Präparatunterlage . . . . . . . . . . . . . . . . . 668
     ι) Einfluß des Zerfallsschemas auf die gemessene Impulshäufigkeit . . . . . . . 669
     ϰ) Standardpräparate . . . . . . . . . . . . . . . . . . . . . . . . . . 670
   c) Messung von Präparaten in flüssiger Form . . . . . . . . . . . . . . . . . 670
     α) Vor- und Nachteile gegenüber Ausmessung fester Präparate . . . . . . . . 670
     β) Flüssigkeitszählrohre . . . . . . . . . . . . . . . . . . . . . . . . . 671
     γ) Nulleffekt von Flüssigkeitszählrohren . . . . . . . . . . . . . . . . . . 672
     δ) Empfindlichkeitskontrolle bei Flüssigkeitszählröhren . . . . . . . . . . . . 672
   d) Messung gasförmiger Proben . . . . . . . . . . . . . . . . . . . . . . . 672
     α) Empfindlichkeit der Gas-Zählmethode . . . . . . . . . . . . . . . . . . 672
     β) Gaszählung mit der Ionisationskammer . . . . . . . . . . . . . . . . . 673
     γ) Gaszählung mit GEIGER-MÜLLER-Zählrohren und Proportionalzählern . . . . 673
2. Nachweis von γ-Strahlen . . . . . . . . . . . . . . . . . . . . . . . . . . . 674
   a) Notwendigkeit zur Durchführung von γ-Messungen. Vorteile und Nachteile . . . 674
   b) Ansprechwahrscheinlichkeit von GEIGER-MÜLLER-γ-Zählrohren und Scintillationszählern für γ-Quanten verschiedener Energie . . . . . . . . . . . . . . . . . 675
     α) Ansprechwahrscheinlichkeit für GEIGER-MÜLLER-Zählrohre . . . . . . . . . 675
     β) Ansprechwahrscheinlichkeit von Scintillationszählern . . . . . . . . . . . 676
   c) Relative Messungen mit γ-Strahlung . . . . . . . . . . . . . . . . . . . . 677
     α) Ideale Vergleichsmessung . . . . . . . . . . . . . . . . . . . . . . . 677
     β) Nichtideale Vergleichsmessung . . . . . . . . . . . . . . . . . . . . . 678
   d) Richtungsempfindliche Zählrohre . . . . . . . . . . . . . . . . . . . . . 680
3. Statistischer Fehler bei radioaktiven Messungen . . . . . . . . . . . . . . . . . 682

**Stabile Isotope und ihre Anwendung als Indicatoren.** Von W. MAURER und K. SCHMEISER. Mit 2 Abbildungen . . . . . . . . . . . . . . . . . . . . . . . . . . . . . . . 687
   a) Bedeutung der stabilen Isotope für die Markierung leichter Elemente. Vorteile und Nachteile gegenüber radioaktiven Isotopen . . . . . . . . . . . . . . . . . . . . . 687
   b) Anreicherung von stabilen Isotopen . . . . . . . . . . . . . . . . . . . . . 689
     α) $D_2O$-Anreicherung durch Elektrolyse von Wasser . . . . . . . . . . . . 689
     β) Anreicherung durch chemische Austauschreaktionen . . . . . . . . . . . . 689
     γ) Elektromagnetische Trennverfahren . . . . . . . . . . . . . . . . . . . 690
     δ) Anreicherung durch fraktionierte Destillation . . . . . . . . . . . . . . . 691
     ε) Trennung durch Thermodiffusion . . . . . . . . . . . . . . . . . . . . 691
     ζ) Anreicherung von Isotopen durch Diffusion . . . . . . . . . . . . . . . . 692
   c) Messung von Isotopenhäufigkeiten . . . . . . . . . . . . . . . . . . . . . 692
     α) Methodisches zur Anwendung von stabilen Isotopen als Indicatoren . . . . . 692
     β) Messung der Isotopenhäufigkeit mit dem Massenspektrometer . . . . . . . 693
     γ) Messung der Isotopenhäufigkeit durch Dichtebestimmungen . . . . . . . . 694
     δ) Maximal meßbare Verdünnungen . . . . . . . . . . . . . . . . . . . . 695

**Das Arbeiten mit stabilen Isotopen.** Von L. SCHACHINGER. Mit 24 Abbildungen . . . . . 695
1. $^{2}_{1}H$. Deuterium . . . . . . . . . . . . . . . . . . . . . . . . . . . . . 695
   a) Deuterium und deuteriumhaltige Verbindungen . . . . . . . . . . . . . . . 695

α) Herstellung . . . . . . . . . . . . . . . . . . . . . . . . . . . . . 695
β) Austauschreaktionen deuterierter Verbindungen . . . . . . . . . . . . . . . 698
γ) Unterschiede im chemischen und biochemischen Verhalten von deuterierten und normalen Verbindungen . . . . . . . . . . . . . . . . . . . . . . . . 700
b) Bestimmungsmethoden . . . . . . . . . . . . . . . . . . . . . . . . . 702
α) Übersicht . . . . . . . . . . . . . . . . . . . . . . . . . . . . . 702
β) Pyknometrische Bestimmung . . . . . . . . . . . . . . . . . . . . . 703
γ) Methode des fallenden Tropfens . . . . . . . . . . . . . . . . . . . 710
δ) Dichtegradientenrohr . . . . . . . . . . . . . . . . . . . . . . . . 715
ε) Schwimmermethode . . . . . . . . . . . . . . . . . . . . . . . . 717
ζ) Reinigung der Analysenproben . . . . . . . . . . . . . . . . . . . . 721
c) Biologisches Arbeiten mit Deuterium . . . . . . . . . . . . . . . . . . . 725
α) Übersicht . . . . . . . . . . . . . . . . . . . . . . . . . . . . . 725
β) Bestimmung des Körperwassers . . . . . . . . . . . . . . . . . . . 725
γ) Toxicität . . . . . . . . . . . . . . . . . . . . . . . . . . . . . 727
2. $^{13}_{6}C$. Schwerer Kohlenstoff . . . . . . . . . . . . . . . . . . . . . . . . . 727
3. $^{15}_{7}N$. Schwerer Stickstoff . . . . . . . . . . . . . . . . . . . . . . . . . . 728
α) Herstellung . . . . . . . . . . . . . . . . . . . . . . . . . . . . . . 728
β) Chemisches und biologisches Arbeiten mit $^{15}N$ . . . . . . . . . . . . . . . 729
γ) Bestimmung . . . . . . . . . . . . . . . . . . . . . . . . . . . . . 729
4. $^{18}_{8}O$. Schwerer Sauerstoff . . . . . . . . . . . . . . . . . . . . . . . . . . 732
α) Herstellung . . . . . . . . . . . . . . . . . . . . . . . . . . . . . . 732
β) Austauschreaktionen . . . . . . . . . . . . . . . . . . . . . . . . . . 732
γ) Bestimmung . . . . . . . . . . . . . . . . . . . . . . . . . . . . . 733
δ) Biologisches Arbeiten mit $^{18}O$ . . . . . . . . . . . . . . . . . . . . . . 734

**Autoradiographie.** Von A. Niklas und W. Maurer. Mit 32 Abbildungen . . . . . . . 734

A. Einleitung . . . . . . . . . . . . . . . . . . . . . . . . . . . . . . . . . . 734

B. Methodische Grundlagen . . . . . . . . . . . . . . . . . . . . . . . . . . . 736

  1. Der photographische Vorgang . . . . . . . . . . . . . . . . . . . . . . . . 736
    a) Schwärzung einer photographischen Platte durch geladene Teilchen . . . . . . 736
    b) Photographische Emulsionen für Autoradiographie . . . . . . . . . . . . . 736
    c) Notwendige Belichtungszeiten . . . . . . . . . . . . . . . . . . . . . . 737
    d) Grenzen des autoradiographischen Verfahrens . . . . . . . . . . . . . . . 737
  2. Auflösungsvermögen . . . . . . . . . . . . . . . . . . . . . . . . . . . . 738
    a) Einfluß der Dicke des histologischen Schnittes, der Zwischenschicht und der photographischen Emulsion auf das Auflösungsvermögen . . . . . . . . . . . . . 738
    b) Einfluß von Art und Energie der radioaktiven Zerfallsteilchen auf das Auflösungsvermögen . . . . . . . . . . . . . . . . . . . . . . . . . . . . . . . . . 743
    c) Einfluß von Korngröße und Belichtungszeit auf das Auflösungsvermögen . . . 744
  3. Quantitative Autoradiographie . . . . . . . . . . . . . . . . . . . . . . . 745
    a) Quantitative Auswertung von großflächigen Autoradiogrammen . . . . . . . 745
    b) Quantitative Auswertung von Autoradiogrammen histologischer Schnitte . . . 745
      α) Beobachtung einzelner Bahnspuren . . . . . . . . . . . . . . . . . . 745
      β) Mikrophotometrische Bestimmung der Schwärzung . . . . . . . . . . . 746
      γ) Auszählung von einzelnen Silberkörnern . . . . . . . . . . . . . . . . 747
    c) Bestimmung der örtlichen Strahlendosis in organischem Gewebe (Mikro-Dosisverteilung) . . . . . . . . . . . . . . . . . . . . . . . . . . . . . . . . . 748

C. Autoradiographie von biologischem Material . . . . . . . . . . . . . . . . . 749

  1. Vorbereitung des Materials zur Autoradiographie . . . . . . . . . . . . . . . 749
    a) Auswahl der Fixationsmethode bei speziellen Fragestellungen . . . . . . . . 749
    b) Einbettung . . . . . . . . . . . . . . . . . . . . . . . . . . . . . . . 750
    c) Schneiden der Probe . . . . . . . . . . . . . . . . . . . . . . . . . . 750
    d) Färben der Schnitte . . . . . . . . . . . . . . . . . . . . . . . . . . 751
  2. Die verschiedenen autoradiographischen Verfahren . . . . . . . . . . . . . . 751
    a) Autoradiographie durch direkten Kontakt des Schnittes mit einer photographischen Platte (Kontaktmethode) . . . . . . . . . . . . . . . . . . . . . . . . . 751
    b) Autoradiographie durch direktes Aufsetzen des Schnittes auf die photographische Platte („mounted" nach Evans) . . . . . . . . . . . . . . . . . . . . . . . 753
    c) Autoradiographie unter Verwendung flüssiger photographischer Emulsionen („coated" nach Bélanger und Leblond) . . . . . . . . . . . . . . . . . . 755

Inhaltsverzeichnis. XV

Seite

  d) Autoradiographie durch Aufsetzen einer festen photographischen Schicht auf den Schnitt („stripping-film"-Technik nach Pelc sowie Boyd und MacDonald) . . 757
  e) Andere Methoden . . . . . . . . . . . . . . . . . . . . . . . . . . . . 760
 3. Artefakte in der Autoradiographie . . . . . . . . . . . . . . . . . . . . . . 761
  a) Artefakte herrührend von den verwandten radioaktiven Ausgangspräparaten . . 762
  b) Artefakte im Zusammenhang mit der histologischen Präparation . . . . . . . 762
  c) Artefakte durch fehlerhafte Behandlung der photographischen Emulsion . . . . 763
D. Anwendungsgebiete der Autoradiographie histologischer Schnitte . . . . . . . . . 765
 α) Knochenstoffwechsel . . . . . . . . . . . . . . . . . . . . . . . . . . . . 765
 β) Stoffwechsel der Zähne . . . . . . . . . . . . . . . . . . . . . . . . . . 766
 γ) Stoffwechsel der Schilddrüse . . . . . . . . . . . . . . . . . . . . . . . . 766
 δ) Stoffwechsel von Tumoren . . . . . . . . . . . . . . . . . . . . . . . . . 768
 ε) Allgemeine Verteilung von radioaktiven Elementen im Organismus . . . . . . . 768
 ζ) Niere . . . . . . . . . . . . . . . . . . . . . . . . . . . . . . . . . . . 769
 η) Haut und Haare . . . . . . . . . . . . . . . . . . . . . . . . . . . . . 770
 ϑ) Augen . . . . . . . . . . . . . . . . . . . . . . . . . . . . . . . . . . 770
 ι) Zentrales Nervensystem . . . . . . . . . . . . . . . . . . . . . . . . . . 770
 κ) Genitalsystem . . . . . . . . . . . . . . . . . . . . . . . . . . . . . . 771
 λ) Autoradiogramme ganzer Körperteile beim Menschen . . . . . . . . . . . . . 772
 μ) Immunbiologische Untersuchungen . . . . . . . . . . . . . . . . . . . . . 772
 ν) Einzeller, Bakterien und Antibiotica . . . . . . . . . . . . . . . . . . . . . 772
 ξ) Pflanzenstoffwechsel . . . . . . . . . . . . . . . . . . . . . . . . . . . . 773

**Das Arbeiten mit radioaktiven Atomarten (chemischer Teil).** Von H. Götte unter Mitarbeit von H. Becker und F. Weigel. Mit 40 Abbildungen.

Vorbemerkung: Originalberichte (reports) von staatlichen Forschungsgstätten . . . . . . 773
1. Grundlagen . . . . . . . . . . . . . . . . . . . . . . . . . . . . . . . . . . 774
 a) Definition des Begriffes „Aktivität" . . . . . . . . . . . . . . . . . . . . . 774
 b) Radiometrische Analyse nach Hevesy und Paneth . . . . . . . . . . . . . 775
 c) Radioindicatoren-Verdünnungsanalyse . . . . . . . . . . . . . . . . . . . 778
 d) Ermittlung des Nutzeffekts von Zählrohren . . . . . . . . . . . . . . . . . 779
 e) Berechnung der spezifischen Aktivität von für Indicatorversuche vorgesehenen Präparaten . . . . . . . . . . . . . . . . . . . . . . . . . . . . . . . . . . . 780
 f) Die Abfallskorrektur . . . . . . . . . . . . . . . . . . . . . . . . . . . . 781
2. Voraussetzungen für den Vergleich von mit dem Geiger-Müller-Zählrohr gemessenen Aktivitäten . . . . . . . . . . . . . . . . . . . . . . . . . . . . . . . . . . . 781
3. Die Messung radioaktiver Substanzen in fester Phase und die Herstellung der erforderlichen Präparate . . . . . . . . . . . . . . . . . . . . . . . . . . . . . . . . 787
 a) Die Gewinnung geeigneter Meßpräparate durch Einengen von Lösungen . . . . . 787
 b) Herstellung von Meßpräparaten aus Suspensionen . . . . . . . . . . . . . . 789
 c) Ausmessung von Papierchromatogrammen und -elektropherogrammen . . . . . . 794
4. Messungen in flüssiger Phase . . . . . . . . . . . . . . . . . . . . . . . . . . 796
5. Messungen in gasförmiger Phase . . . . . . . . . . . . . . . . . . . . . . . . . 798
6. Hinweise zur Aktivitätsbestimmung und zur Handhabung einzelner wichtiger Radionuclide . . . . . . . . . . . . . . . . . . . . . . . . . . . . . . . . . . . . 800
 a) Der radioaktive Kohlenstoff . . . . . . . . . . . . . . . . . . . . . . . . . 800
  α) Bestimmung der Radioaktivität durch Messung von ausgefälltem Bariumcarbonat 800
  β) Aktivitätsbestimmung von radioaktivem Kohlendioxyd im Geiger-Müller-Zählrohr . . . . . . . . . . . . . . . . . . . . . . . . . . . . . . . . . 815
  γ) Empfindlichkeit der Nachweismethoden zur Messung von $^{14}C$ . . . . . . . 819
  δ) Verarbeitung und Abfüllung von Substanzen mit hohem Dampfdruck und großer spezifischer Aktivität . . . . . . . . . . . . . . . . . . . . . . . . . . . 820
 b) Der radioaktive Schwefel . . . . . . . . . . . . . . . . . . . . . . . . . . 821
 c) Der radioaktive Phosphor . . . . . . . . . . . . . . . . . . . . . . . . . . 822
 d) Die radioaktiven Halogene . . . . . . . . . . . . . . . . . . . . . . . . . 822
  α) Fluor . . . . . . . . . . . . . . . . . . . . . . . . . . . . . . . . . . 823
  β) Chlor . . . . . . . . . . . . . . . . . . . . . . . . . . . . . . . . . . 823
  γ) Brom . . . . . . . . . . . . . . . . . . . . . . . . . . . . . . . . . . 824
  δ) Jod . . . . . . . . . . . . . . . . . . . . . . . . . . . . . . . . . . . 825
  ε) Bestimmung von Brom- und Jodaktivitäten nebeneinander . . . . . . . . . 830
  ζ) Astat (Element 85) . . . . . . . . . . . . . . . . . . . . . . . . . . . 830
 e) Tritium (T=$^3$H) . . . . . . . . . . . . . . . . . . . . . . . . . . . . . 831

|   |   | Seite |
|---|---|---|
| f) Die radioaktiven Alkalimetalle | | 836 |
| α) Natrium | | 836 |
| β) Kalium | | 837 |
| γ) Rubidium | | 838 |
| δ) Cäsium | | 839 |
| g) Die radioaktiven Erdalkalimetalle | | 840 |
| α) Beryllium | | 840 |
| β) Magnesium | | 841 |
| γ) Calcium | | 842 |
| δ) Strontium | | 843 |
| ε) Barium | | 844 |
| ζ) Radium | | 845 |
| h) Die seltenen Erden und die Transurane | | 847 |
| i) Elemente der Nebengruppe Va | | 849 |
| Vanadium | | 849 |
| k) Elemente der Nebengruppe VIa | | 850 |
| α) Chrom | | 850 |
| β) Molybdän | | 850 |
| γ) Wolfram | | 852 |
| l) Uran | | 853 |
| m) Elemente der Nebengruppe VIIa | | 853 |
| Mangan | | 853 |
| n) Elemente der Nebengruppe VIIIa | | 854 |
| α) Eisen | | 854 |
| β) Kobalt | | 858 |
| o) Elemente der Nebengruppe Ib | | 860 |
| α) Kupfer | | 860 |
| β) Silber | | 861 |
| γ) Gold | | 862 |
| p) Elemente der Nebengruppe IIb | | 863 |
| α) Zink | | 863 |
| β) Cadmium | | 864 |
| γ) Quecksilber | | 866 |
| q) Elemente der Gruppe III | | 867 |
| α) Gallium | | 867 |
| β) Indium | | 867 |
| γ) Thallium | | 868 |
| r) Elemente der Gruppe IV | | 869 |
| α) Germanium | | 869 |
| β) Zinn | | 869 |
| γ) Blei | | 871 |
| s) Elemente der Gruppe V | | 872 |
| α) Arsen | | 872 |
| β) Antimon | | 873 |
| γ) Wismut | | 875 |
| t) Elemente der Gruppe VI | | 875 |
| α) Selen | | 875 |
| β) Tellur | | 876 |
| 7. Richtlinien für die Handhabung radioaktiver Atomarten | | 877 |
| a) Regeln zur Errichtung eines radiochemischen Laboratoriums | | 881 |
| b) Spezielle Geräte | | 883 |
| c) Vorbereitung von Präparaten, die im Reaktor bestrahlt werden sollen | | 889 |

**Dosimetrie und Strahlenschutz.** Von H. A. KÜNKEL. Mit 10 Abbildungen.

|   |   | |
|---|---|---|
| 1. Die Dosierung radioaktiver Substanzen | | 890 |
| a) Dosis und Dosisleistung | | 891 |
| b) Biologische Wirksamkeit ionisierender Strahlen | | 892 |
| c) Toleranzdosen | | 893 |
| d) Berechnung der Strahlendosis | | 893 |
| α) α-Strahler | | 894 |
| β) β-Strahler | | 895 |
| γ) γ-Strahler | | 896 |
| δ) K-Strahler | | 898 |

| | | Seite |
|---|---|---|
| | $\varepsilon$) Mischstrahler | 898 |
| | $\zeta$) Zerfallsketten | 899 |
| e) | Maximal zulässige Mengen inkorporierter Isotope | 900 |
| | $\alpha$) Dosiskonstanten und Toleranzkonzentration | 900 |
| | $\beta$) Anreicherung und Ausscheidung | 901 |
| | $\gamma$) Toleranzkonzentrationen in Atemluft und Trinkwasser | 903 |

2. Grundsätze des Strahlenschutzes ... 904
   a) Die Gefahren einer Schädigung durch ionisierende Strahlen ... 905
      $\alpha$) Frühschäden ... 905
      $\beta$) Spätschäden ... 906
      $\gamma$) Genetische Schädigungen ... 908
   b) Schutz gegen Corpuscularstrahlung von außen ... 909
      $\alpha$) $\alpha$- und $\beta$-Strahler ... 909
      $\beta$) Neutronenquellen ... 910
   c) Schutz gegen Quantenstrahlung von außen ... 911
      $\alpha$) K- und Bremsstrahlung ... 911
      $\beta$) $\gamma$-Strahlung und Positronenvernichtungsstrahlung ... 911
   d) Die Gefahren radioaktiver Verseuchungen und der Inkorporation von Radioisotopen ... 914
   e) Chemischer Strahlenschutz ... 915
   f) Gefahrenklassen der Isotopenarbeit ... 916

3. Praktische Maßnahmen zum Strahlenschutz ... 917
   a) Schutzvorschriften ... 917
   b) Arbeits- und Aufbewahrungsräume ... 918
   c) Schutzeinrichtungen ... 919
   d) Arbeitsgeräte ... 920
   e) Schutzkleidung ... 923
   f) Radioaktive Entseuchung ... 924
   g) Beseitigung radioaktiver Abfälle ... 925
   h) Transport von Isotopen ... 927
   i) Strahlenschutzmessungen ... 927
      $\alpha$) Personelle Dosismessung ... 927
      $\beta$) Messung der Ortsdosis ... 928
      $\gamma$) Aktivitätsmessung von Wasser und Atemluft ... 930
   j) Ärztliche Überwachung ... 930

## Statistische Auswertung der Versuchsergebnisse.
Von Professor Dr. S. KOLLER-Wiesbaden. Mit 26 Abbildungen.

A. Einleitung ... 931
   1. Die grundlegenden statistischen Begriffe und Maßzahlen ... 932
      a) Häufigkeitsverteilung ... 932
      b) Mittelwerte ... 934
      c) Streuungsmaße. Die mittlere Abweichung ... 935
      d) Häufigkeitsverteilung mehrerer Merkmale, Korrelation und Regression ... 937
   2. Die statistischen Schlußweisen ... 939
      a) Kollektiv und Stichprobe. Das Problem der Verallgemeinerung ... 939
      b) Die statistischen Maßzahlen im Kollektiv und in der Stichprobe. Mittlerer Fehler ... 941
      c) Der Schluß vom Kollektiv auf die Stichprobe (direkter Schluß) ... 942
      d) Der Rückschluß von der Stichprobe auf das Kollektiv ... 943
      e) Die Sicherheitsstufen einer statistischen Aussage ... 943
      f) Die statistischen Prüfverfahren ... 945

B. Die statistische Bearbeitung von Häufigkeiten ... 946
   1. Verteilungsgesetze von Häufigkeiten ... 946
      a) Die binomische Verteilung ... 946
      b) Die POISSON-Verteilung ... 949
      c) Die Normalverteilung als Grenzfall der binomischen Verteilung ... 949
      d) Andere kombinatorische Verteilungen ... 953
          Die hypergeometrische Verteilung ... 953
   2. Die Beurteilung von Häufigkeiten ... 953
      a) Die Beurteilung einer Häufigkeit ... 953
      b) Vergleich zweier Häufigkeiten ... 957
      c) Vergleich mehrerer Häufigkeiten ($\chi^2$-Verfahren) ... 957

|  | Seite |
|---|---|
| C. Die statistische Bearbeitung von Meßreihen | 961 |
|    1. Verteilungsgesetze in Meßreihen | 961 |
|       a) Die Kennzeichnung von Häufigkeitsverteilungen | 961 |
|       b) Die Normalverteilung in biologischen Reihen | 962 |
|       c) Genauigkeit und Fehlerfortpflanzung in Meßreihen | 965 |
|    2. Die Beurteilung von Mittelwerten | 967 |
|       a) Beurteilung eines Mittelwertes ($t$-Prüfung) | 967 |
|       b) Der Vergleich zweier Mittelwerte | 969 |
|          α) Die Differenz zweier Mittelwerte | 969 |
|          β) Der Quotient zweier Mittelwerte | 971 |
|    3. Vergleich von Anordnungsreihen | 972 |
|    4. Folgeprüfung (Sequenzanalyse) | 973 |
|    5. Die Beurteilung von Streuungen | 977 |
|    6. Die Methode der Streuungszerlegung. Vergleich mehrerer Mittelwerte | 977 |
|       a) Das Zusammenwirken von methodischem Fehler und biologischer Variabilität | 978 |
|       b) Das Grundschema der Streuungszerlegung. Homogenitätsprüfung für eine Gruppierung | 979 |
|       c) Streuungszerlegung bei 2 Gruppierungen. Vergleich mehrerer Mittelwerte mit Ausschaltung eines Störungsfaktors | 986 |
|       d) Streuungszerlegung bei zweifacher Gruppierung mit Wiederholungen | 990 |
|       e) Streuungszerlegung bei Untergruppierung. Einzelvergleiche | 991 |
|       f) Streuungszerlegung bei mehr als 2 Gruppierungen | 996 |
|       g) Streuungszerlegung bei mehr als 2 Gruppierungen mit Wiederholungen | 999 |
| D. Die statistische Bearbeitung von Zusammenhängen | 1001 |
|    1. Die Beurteilung eines Korrelations- und Regressionskoeffizienten | 1001 |
|    2. Deutung von Korrelationen | 1002 |
|    3. Korrelation und Regression bei mehr als zwei Variablen | 1004 |
|    4. Nichtlineare Korrelationen und Rangkorrelationen | 1006 |
|    5. Trennverfahren (Diskriminanzanalyse) | 1007 |
|    6. Streuungszerlegung mit zwei Variablen (analysis of covariance) | 1008 |
|    7. Zeit-Wirkungskurven | 1011 |
|    8. Dosis-Wirkungskurven | 1016 |
|       a) Auswertung einer Einzelkurve | 1016 |
|          α) Probitanalyse | 1017 |
|          β) Logitanalyse | 1019 |
|       b) Vergleich zweier paralleler Dosis-Wirkungskurven | 1020 |
| E. Versuchsplanung | 1024 |
|    1. Prinzipien der Versuchsplanung | 1024 |
|    2. Die Hauptschemata der Versuchsplanung | 1026 |
|       Häufig benutzte Symbole | 1035 |
| Namenverzeichnis | 1037 |
| Sachverzeichnis | 1070 |

Verzeichnis der in diesem Band über die in DIN 1052 und DIN 1502, Beiblatt hinaus besonders stark gekürzten Buch- und Zeitschriftentitel.

## Bücher.

*d'Ans-Lax:* Taschenbuch für Chemiker und Physiker. Hrsg. D'ANS, J., u. E. LAX. 2. Aufl. Berlin, Göttingen, Heidelberg 1949.

*A.O.A.C., Meth. Analysis:* Association of Official Agricultural Chemists. Official and Tentative Methods of Analysis. Washington. 5. Aufl. 1940. 6. Aufl. 1945/46.

*Gattermann-Wieland:* Die Praxis des Organischen Chemikers von GATTERMANN, L., bearbeitet von WIELAND, H. 34. Aufl. Berlin 1952.

*van der Haar, Anleitung:* Anleitung zum Nachweis, zur Trennung und Bestimmung der Monosaccharide und Aldehydsäuren. Berlin 1920.

*Hinsberg-Lang:* HINSBERG, K., u. K. LANG: Medizinische Chemie für den klinischen und theoretischen Gebrauch. 2. Aufl. München, Berlin 1951.

*Neubauer-Huppert:* Analyse des Harns, zugleich 11. Aufl. von NEUBAUER-HUPPERTS Lehrbuch. Bearbeitet von ELLINGER, A. u. a. 2. Bde. Wiesbaden 1910—1913.

*Org. Syntheses:* Organic Syntheses. New York, London 1921. — Außerdem Sammelbände.

*Pregl-Roth:* ROTH, H.: Die quantitative organische Mikroanalyse von FR. PREGL. 4. Aufl. Berlin 1935. 6. Aufl. Wien 1949.

*Pigman-Goepp, Carbohydrates:* PIGMAN, W. W., and R. M. GOEPP jr.: Chemistry of Carbohydrates. New York 1948.

*Stepp-Kühnau-Schröder, Vitamine:* STEPP, W., J. KÜHNAU u. H. SCHRÖDER: Die Vitamine und ihre klinische Anwendung. 6. Aufl. 1944. 7. Aufl. Bd. 1. 1952.

*Tollens-Elsner:* TOLLENS, B., u. H. ELSNER: Kurzes Handbuch der Kohlenhydrate. 4. Aufl. von ELSNER, H. Leipzig 1935.

## Zeitschriften.

| | |
|---|---|
| *A.* | Justus Liebigs Annalen der Chemie. |
| *A. e. P. P.* | Naunyn-Schmiedebergs Archiv für experimentelle Pathologie und Pharmakologie. |
| *Am. Soc.* | Journal of the American Chemical Society. |
| *B.* | Berichte der Deutschen Chemischen Gesellschaft. Ab Bd. 80, 1947: Chemische Berichte. |
| *B. Z.* | Biochemische Zeitschrift. |
| *C.* | Chemisches Zentralblatt. |
| *Cr.* | Comptes Rendus hebdomadaires des Séances de l'Académie des Sciences. |
| *D. m. W.* | Deutsche Medizinische Wochenschrift. |
| *H.* | Hoppe-Seylers Zeitschrift für Physiologische Chemie. |
| *Helv.* | Helvetica Chimica Acta. |
| *J. biol. Ch.* | Journal of Biological Chemistry. |
| *Kli. Wo.* | Klinische Wochenschrift. |
| *M. m. W.* | Münchener medizinische Wochenschrift. |
| *Soc.* | Journal of the Chemical Society, London. |

# Grenzflächenspannung.

Von

## J. Stauff.

Mit 9 Abbildungen.

### 1. Einleitung.

Biologische Systeme zeichnen sich dadurch aus, daß sie eine außerordentlich komplizierte Struktur besitzen. Die einzelnen Strukturelemente können, sofern sie nicht als kolloid anzusehen sind, als *Phasen* im physikalisch-chemischen Sinne aufgefaßt werden. Im allgemeinen sind Phasen als homogen mit Materie irgendwelcher Art angefüllte Räume definiert, die voneinander durch Grenzflächen getrennt sind. Solange die Grenzflächen im Vergleich zum Volumen der Phasen klein sind, können ihre Besonderheiten in der allgemeinen physikalischen Chemie — z. B. in der Thermodynamik — vernachlässigt werden. Dies ist bei makroskopischen Gebilden der Fall; hier befindet sich im Vergleich zur Gesamtzahl der Moleküle des Gebildes nur ein geringer Teil der Moleküle in der Grenzfläche. Bei mikroskopischen Gebilden ist der Anteil der Grenzflächenmoleküle schon erheblich; haben die Gebilde schließlich kolloide Dimensionen, so sitzen der Hauptanteil, unter Umständen alle Moleküle, in der Grenzfläche. Da nun die „Phasen" biologischer Systeme in überwiegendem Maße Gebilde von mikroskopischen oder kolloiden Dimensionen sind, muß berücksichtigt werden, daß sich bei ihnen ein großer Teil der Moleküle in den entsprechenden Grenzflächen befindet. An sich wäre dies noch kein besonderer Grund, den Grenzflächen Beachtung zu schenken, wenn nicht augenfällige Kraftwirkungen auf einen andersartigen Zustand der Moleküle in der Grenzfläche hinweisen würden. Man kennt diese Kraftwirkungen als *Grenzflächen-* bzw. *Oberflächenspannung*. Mit ihrer Hilfe lassen sich in vielen Fällen Aussagen über Ausdehnung, Struktur und Energiezustände der Moleküle machen.

Grenzflächen zwischen gasförmigen und flüssigen, sowie zwischen gasförmigen und festen Körpern bezeichnet man als *Oberflächen*; für solche zwischen flüssigen und flüssigen sowie zwischen festen und flüssigen Körpern gibt es keine besondere Kennzeichnung.

### 2. Theoretische Grundlagen der Grenzflächenerscheinungen.

#### a) Begriff der Grenzflächenspannung.

Jede Grenzfläche widersetzt sich ihrer Vergrößerung. Die diesen Widerstand bewirkende Kraft wird als Grenzflächenspannung bezeichnet. Sie wirkt längs der Grenzfläche so, als ob die Fläche eine elastische Membran wäre. Hierbei ist es gleichgültig, ob die Fläche eben oder gekrümmt ist, ausgenommen sind nur Krümmungen von molekularen Dimensionen. Ihre Einheit ist die Kraft, die an 1 cm einer auf der Grenzfläche befindlichen Linie angreift, sie wird in dyn/cm gemessen. Wie z. B. aus der Kugelgestalt frei schwebender Tröpfchen ersichtlich ist, hat die Kraft das Bestreben, die Grenzfläche so klein wie möglich zu machen[1].

---

[1] Ausführliche Theorie und historischer Überblick bei BAKKER, G.: Kapillarität und Oberflächenspannung. Handb. Exp.-Physik (WIEN-HARMS). Bd. VI. Leipzig 1928.

Bei der Vergrößerung jeder Grenzfläche muß Arbeit gegen die Grenzflächenspannung geleistet werden, sie wird als Grenzflächenarbeit oder -energie bezeichnet. Ihre Einheit ist die zur Herstellung von 1 cm² neuer Grenzfläche erforderliche Arbeit, ihre Dimension ist erg/cm².

Da bei der Entstehung neuer Grenzflächen notgedrungen Moleküle aus dem Inneren der Phase an die Grenzfläche gelangen müssen, ist die Grenzflächenarbeit auch dem Energiebetrag gleich, welcher notwendig ist, eine bestimmte Anzahl Moleküle aus dem Inneren der Phase in die Grenzfläche zu bringen, nämlich soviel, wie 1 cm² Grenzfläche ausfüllen. Sie stellt somit den Unterschied der freien Energie zwischen Phaseninnerem und Grenzfläche dar. Ihr numerischer Betrag ist gleich der Grenzflächenspannung.

Die Messung von Grenzflächenspannungen ist nur bei flüssig-gasförmigen bzw. flüssig-flüssigen Systemen möglich; einwandfreie Messungen bei festen Systeme konnten bisher noch nicht durchgeführt werden.

### b) Grenzflächenspannung von Lösungen.

Bei den in der Biochemie vorkommenden Flüssigkeiten handelt es sich in den weitaus meisten Fällen um Lösungen. Die Grenzflächenspannungen von Lösungen besitzen meist andere Werte als die ihrer reinen Lösungsmittel, sie sind mehr oder weniger vom Charakter und der Konzentration des gelösten Stoffes abhängig. Die Ursache liegt darin, daß sich die Konzentration der gelösten Moleküle in der Grenzfläche von der im Inneren der Lösung unterscheidet. Sie kann — wie z. B. bei Elektrolyten — sowohl niedriger als auch höher sein als die des Lösungsmittels. Im letzteren Fall handelt es sich um eine Adsorption in der Grenzschicht. Den Zusammenhang zwischen Konzentration in der Grenzfläche und dem Differentialquotienten der Grenzflächenspannung nach der Konzentration liefert eine Gleichung von GIBBS

$$a = -\frac{c}{RT}\frac{d\sigma}{dc} = -\frac{1}{RT}\frac{d\sigma}{d\ln c} = -\frac{5{,}21 \cdot 10^{-9}}{273{,}1 + t\,°C} \cdot \frac{d\sigma}{d\log c}\,\text{Mol/cm}^2\,.$$

$a$ = Konzentrationsüberschuß in der Grenzfläche, $c$ = Konzentration in der Lösung, $\sigma$ = Grenzflächenspannung, $R$ = Gaskonstante, $T$ = absolute Temperatur.

Die Beziehung besagt, daß bei Abnahme der Grenzflächenspannung mit der Konzentration (negativer Differentialquotient) die gelöste Substanz in der Grenzfläche angereichert wird, während bei Zunahme eine Verarmung eintritt. Substanzen, welche die Grenzflächenspannung erniedrigen, werden als *capillaraktiv*, solche die sie erhöhen, als *capillarinaktiv* bezeichnet.

Zur Auswertung der GIBBSschen Gleichung trägt man die gemessenen Grenzflächenspannungen gegen den Logarithmus der Konzentration auf. Fällt die Grenzflächenspannung mit steigender Konzentration ab, hat man eine capillaraktive Substanz vorliegen. Den Wert $d\sigma/d\log c$ bestimmt man graphisch für jeden Punkt durch Anlegen der Tangente an die Kurve und Berechnung ihres Neigungstangens.

Capillaraktiv sind die meisten organischen Substanzen, vornehmlich solche, die hydrophile Gruppen (OH-, $NH_2$-, COOH-, $SO_3H$-Gruppen) neben hydrophoben, auch als lipophil zu bezeichnenden Molekülbezirken (Kohlenwasserstoffketten und -ringe) besitzen (Beispiele sind: Phenol, Anilin, Alkohole, Fettsäuren und deren Salze, gallensaure Salze). Capillarinaktiv sind alle starken Elektrolyte anorganischer Natur, auch sind die durch sie verursachten Erhöhungen geringfügig.

Die Capillaraktivität kommt dadurch zustande, daß zwischen den gelösten Molekülen und dem Lösungsmittel schwächere Kräfte wirksam sind, als zwischen den Lösungsmittelmolekülen untereinander. Dies bedeutet, daß bei Vergrößerung der Grenzfläche diejenigen Moleküle in die Grenzfläche gehen, die die geringste Energie hierzu benötigen; das sind in diesem Falle die gelösten Moleküle, die durch die starken Wechselwirkungen zwischen den Lösungsmittelmolekülen aus der Lösung herausgedrängt werden.

Die Abhängigkeit der Grenzflächenspannung capillaraktiver Substanzen von der Konzentration wird durch eine Gleichung von v. SZYSZKOWSKI[1] wiedergegeben

$$\sigma_0 - \sigma_l = a \log(1 + bc).$$

$\sigma_0 =$ Grenzflächenspannung : Lösungsmittel, $\sigma_l =$ Grenzflächenspannung : Lösung, $c =$ Konzentration, $a$ und $b$ sind Konstanten.

Die Gleichung entspricht der LANGMUIRschen Formel für die Adsorption von Substanzen an feste Grenzflächen (vgl. hierzu EUCKEN[2]). Sie ist insofern bedeutsam, als die in ihr auftretenden Konstanten Aufschluß über die gegenseitigen Wechselwirkungen der in der Grenzfläche angereicherten Moleküle geben.

## 3. Messung der Grenzflächenspannung.

### a) Methoden zur Messung der Oberflächenspannung (Grenzfläche flüssig/gasförmig).

Man unterscheidet solche Methoden, die zur Messung der Oberflächenspannung keine dritte Grenzfläche benötigen und solche, bei denen dies erforderlich ist. Im ersten Fall — mit einer Ausnahme — handelt es sich immer um dynamische Meßmethoden (schwingende Strahlen, schwingende Tropfen, Oberflächenwellen), bei denen meistens größere Flüssigkeitsmengen benötigt werden. Für die Zwecke, denen das vorliegende Handbuch dienen soll, sind diese Methoden nicht geeignet und sollen daher nicht besprochen werden[3].

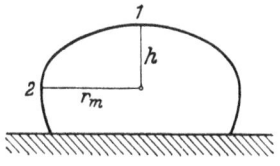

Abb. 1. Krümmung der Tropfenoberfläche (Erläuterung im Text).

Die statischen Meßmethoden benötigen, abgesehen von der Methode der Krümmungsradien, immer eine dritte, feste Grenzfläche, die vielfach von der zu messenden Flüssigkeit völlig benetzt werden muß[4]. Dies bedingt gewisse experimentelle Schwierigkeiten, da große Anforderungen an die Sauberkeit der Apparaturen gestellt werden müssen.

#### α) Messung des Krümmungsradius von Tropfen.

Bei dieser Methode bringt man einen möglichst großen Tropfen auf eine ebene Unterlage, die nicht benetzt zu werden braucht. Der Tropfen hat keine Halbkugelform, sondern ist seitlich ausgebaucht, da die Schwerkraft das Bestreben hat, ihn auseinander zu drücken, was aber die entgegen wirkende Oberflächenspannung verhindert. Der Grad der Benetzung der Unterlage spielt hierbei keine Rolle.

Für einen Tropfen, wie er schematisch in Abb. 1 dargestellt ist, gilt die Beziehung

$$\sigma\left(\frac{1}{R_1} + \frac{1}{R_2}\right) = h \varrho g.$$

$R_1$ und $R_2 =$ Krümmungsradien an den Stellen 1 und 2, $h =$ Höhe des Tropfens über der Stelle 2, $\sigma =$ Oberflächenspannung, $\varrho =$ Dichte, $g =$ Erdbeschleunigung $= 980{,}665$ cm/sec². Tabellen zur Berechnung findet man bei ADAM[5].

Die Messung der Radien wird auf optischem Wege vorgenommen, EÖTVÖS[6] und ANDERSON und BOWEN[7] haben Vorrichtungen dafür angegeben. Eine andere Anordnung, bei der der Tropfen sich in einer kleinen Öffnung befindet, wird von NAGGIAR[8] beschrieben.

---

[1] SZYSZKOWSKI, B. v.: Z. physik. Chem. **64**, 385 (1908).
[2] EUCKEN, A.: Lehrbuch der chemischen Physik. 2. Aufl., Bd. II/2, S. 1265ff. 1944.
[3] Vgl. hierzu: FREUNDLICH, A.: Kapillarchemie. Bd. 1. Leipzig 1930. — KOHLRAUSCH, F.: Praktische Physik. Bd. 1. Leipzig, Berlin 1944.
[4] Bringt man einen Tropfen auf eine feste, ebene Unterlage, so bildet sich eine gewölbte Kuppe aus; der Winkel zwischen der Tangente des Tropfenrandes und der Unterlage hat meist einen endlichen Betrag. Ist dieser „Rand"-Winkel $= 0$, so hat man völlige Benetzung; der Tropfen ist auseinandergezogen, bei 180° spricht man von Nichtbenetzung.
[5] ADAM, N. K.: Physics and Chemistry of Surfaces. London 1940.
[6] EÖTVÖS, R.: Ann. Physik **27**, 448 (1886).
[7] ANDERSON, A., and J. E. BOWEN: Philos. Mag. (6) **31**, 143, 285 (1916).
[8] NAGGIAR, V.: Cr. **206**, 1882 (1938).

Man kann auch einfacher die Höhe der Kuppe des Tropfens $h$ über dem Radius $r_m$ der weitesten horizontalen Ausdehnung messen (Punkt 2 der Abb. 1). Es gilt dann

$$\sigma = \frac{1}{2} h^2 \varrho g.^1$$

In ähnlicher Weise kann man $\sigma$ aus den Ausdehnungen einer Luftblase erhalten, die sich in der Flüssigkeit unter einer ebenen Platte befindet. Zur Ausmessung wird der Tropfen am besten von der Seite photographiert und vergrößert, wie von THIESSEN und SCHOON[2] angegeben worden ist.

Obwohl die optische Anordnung zur Messung etwas Aufwand erfordert, sollte sie für biochemische Probleme von Interesse sein, da die benötigte Flüssigkeitsmenge klein ist und die Benetzung der Unterlage keine Rolle spielt.

*β) Steighöhenmethode.*

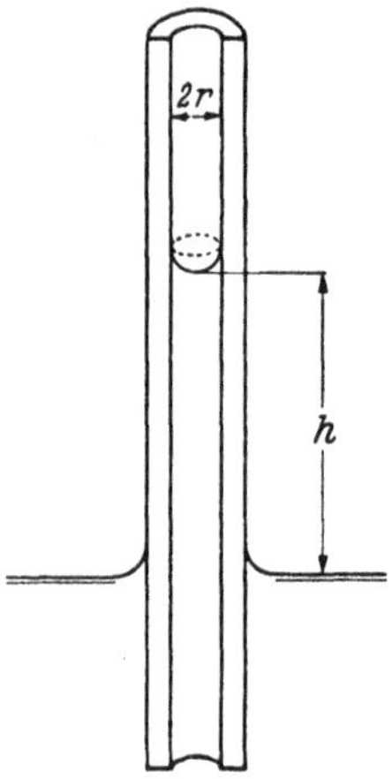

Die im folgenden beschriebenen Methoden benötigen alle eine dritte Grenzfläche, von deren Beschaffenheit die Güte der Meßergebnisse abhängig ist.

Die älteste und bekannteste Methode ist die des capillaren Anstiegs. Sie beruht auf folgendem:

Wird eine gut gereinigte Capillarröhre in eine Flüssigkeit getaucht, so steigt die Flüssigkeit in der Capillare hoch, wenn das Glas, wie im Falle wäßriger Lösungen, gut benetzt wird (vgl. Abb. 2). Findet, wie beim Quecksilber, keine Benetzung statt, so sinkt die Flüssigkeit in der Capillare ab. Durch die Benetzung bildet sich ein Film an der Capillarinnenwand, dessen Oberflächenspannung die Flüssigkeit hochzieht. Die Angriffslinie der Oberflächenspannung ist der Kreisumfang der Capillare $2\pi r$, die nach oben ziehende Kraft demnach $2\pi r \sigma$. Im Gleichgewicht ist diese gleich der nach unten ziehenden Kraft der Flüssigkeitssäule $r^2 \pi h \varrho g$ ($h$ = Höhe der Flüssigkeitssäule, $\varrho$ = Dichte, $g$ = Schwerebeschleunigung). Es ist also

$$2\pi r \sigma = r^2 \pi h \varrho g.$$

Abb. 2. Aufsteigen einer Flüssigkeit in einer Capillare. $r$ Capillarenradius, $h$ Steighöhe.

Daraus erhält man

$$\sigma = \frac{1}{2} r h \varrho g.$$

Die Bestimmung von $\sigma$ läuft also darauf hinaus, die Steighöhe $h$ der Flüssigkeit in einer Capillare mit bekanntem Radius $r$ zu messen. Den Radius bestimmt man durch Ausmessung mit einem Ocularmikrometer (schwache Vergrößerung, unter Umständen Vertikalstellung des Mikroskops) oder durch Auswägen mit Quecksilber[3]. Die Steighöhe wird an einer hinter der Capillare befestigten Skala (am besten Spiegelskala) oder genauer mit einem Kathetometer abgelesen[4].

Die genaue Vermessung der Stelle, an der die Capillare in die Flüssigkeit eintaucht, bereitet vielfach Schwierigkeiten, daher haben RAMSAY und SHIELDS[5] die Steighöhen in zwei Capillaren verschiedener Weite gemessen und $\sigma$ aus der Höhendifferenz berechnet.

---

[1] Für kleinere Tropfen ist eine Korrektur hinzuzufügen. Vgl. PORTER, J. D.: Philos. Mag. (7) **25**, 752 (1938).

[2] THIESSEN, P. A., u. E. SCHOON: Z. Elektrochem. **46**, 170 (1940).

[3] KOHLRAUSCH, F.: Praktische Physik. Bd. 1, S. 48ff. Leipzig, Berlin 1944.

[4] Präzisionsmessungen mit der Steighöhenmethode wurden von VOLKMANN, J. [Ann. Physik **53**, 663 (1894); **56**, 457 (1895)] durchgeführt. Zur Berücksichtigung des Meniscus muß die gemessene Höhe $h_0$ korrigiert werden. Für Werte von $\left(\frac{r}{h_0}\right)^3$ sehr viel kleiner als 1 gilt der Ausdruck

$$h = h_0 + \frac{r}{3} - 0{,}129 \frac{r^2}{h_0}.$$

[5] RAMSAY, W., and J. SHIELDS: Soc. **1893**, 1089.

Die an sich bestechend einfache Methode bereitet aber insofern Schwierigkeiten, als an die Sauberkeit der Capillare sehr hohe Anforderungen gestellt werden müssen. Ausgiebiges Stehenlassen in Dichromat-Schwefelsäure und Ausspülen mit doppelt destilliertem Wasser ohne nachfolgende Trocknung — der Wasserfilm der Innenwand darf nicht zerstört werden — geben bei wäßrigen Lösungen noch die besten Ergebnisse.

Bei physiologisch-chemischen Problemen führt die Methode sehr oft nicht zu befriedigenden und reproduzierbaren Ergebnissen, da viele proteinhaltige Lösungen die Innenwand der Capillare durch Bildung denaturierter Filme unbrauchbar machen.

Eine Präzisionsmethode für Differentialbestimmungen, bei der die aufgestiegenen Flüssigkeiten durch Auswägen bestimmt werden, ist von JONES und RAY[1] entwickelt worden.

γ) *Methode von* WILHELMY.

Auf dem gleichen Prinzip wie die Steighöhenmethode beruht die Methode von WILHELMY[2].

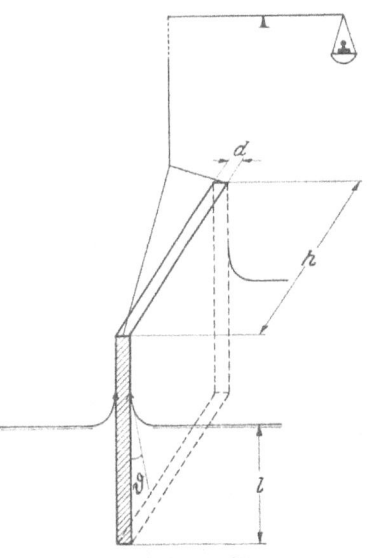

Abb. 3. Methode von WILHELMY. $h$ Breite, $d$ Dicke, $l$ Eintauchtiefe der Platte, $\vartheta$ eventuell auftretender Randwinkel. Die Pfeile geben die Richtung der capillaren Zugkraft an.

Eine dünne Platte aus Glas oder Quarz (Objektträger) ist an einem Waagebalken einer Torsionswaage befestigt und taucht vertikal in die zu messende Flüssigkeit. Das Gewicht $W$ wird mit Hilfe der Waage bestimmt. Es setzt sich zusammen aus dem Gewicht $G$ der Platte in Luft, abzüglich der durch die Platte verdrängten Flüssigkeitsmenge $G_0$ (Auftrieb) zuzüglich des capillaren Zuges der die Platte benetzenden Flüssigkeit. Letzterer entsteht durch die Oberflächenspannung des Flüssigkeitsfilms, der seinerseits durch die Benetzung der Glasplatte entsteht (vgl. Abb. 3). Ist die Umrandung der Platte $L = 2h + 2d$ ($h$ = Breite, $d$ = Dicke), so ergibt sich für den Zug der Ausdruck $L\sigma$. Dies gilt jedoch nur für vollständige Benetzung, für nicht völlige Benetzung gilt für den Zug $L\sigma \cos\vartheta$. Hieraus ergibt sich, nach Multiplikation der Gewichte mit der Erdbeschleunigung

$$Wg = Gg - G_0 g + L\sigma$$

und daraus

$$\sigma = \frac{g}{L}(W + G_0 - G).$$

Die apparative Durchführung ist relativ einfach. Man braucht nur einen gut gereinigten und gespülten Objektträger, der mit etwas Kitt an einem dünnen Drahthäkchen befestigt ist, mit einem Faden an einer Torsionswaage aufzuhängen. Der Umfang $L$ wird durch Ausmessen des Plättchens mit einer guten Schublehre, und der Auftrieb $G_0$ durch Multiplikation von $h \cdot d$ mit der Eintauchtiefe $l$ (vgl. Abb. 3) und der Dichte der Flüssigkeit $\varrho$ bestimmt[3].

Statt einer Glasplatte empfehlen ABRIBAT und DOGNON[4] die Verwendung eines Platinplättchens, dessen Oberfläche aufgerauht ist; die Benetzung soll sehr gut sein, auch läßt sich das Plättchen leicht durch Ausglühen reinigen. Von DERVICHIAN[5] wird ein Apparat

---

[1] JONES, G., and W. A. RAY: Am. Soc. **59**, 187 (1937).
[2] WILHELMY, L.: Ann. Physik **119**, (29) 177 (1863).
[3] Nach HARKINS, W. D., and T. F. ANDERSON [Am. Soc. **59**, 2189 (1937)] bestimmt man $G_0$ folgendermaßen: Die Waage wird so eingestellt, daß die Unterkante der Platte gerade eben die Oberfläche berührt und diese Stellung vermerkt, dann wird die Platte eingetaucht, das Gewicht bestimmt und wieder so weit herausgezogen, daß die Anfangsstellung erreicht ist, wobei die Benetzung nicht abreißen darf. Die Gewichtsdifferenz zwischen beiden Stellen ergibt $G_0$.
[4] ABRIBAT, M., et A. DOGNON: Cr. **208**, 1881 (1939).
[5] DERVICHIAN, D. G.: J. Physique Radium **6**, 221, 429 (1935).

angegeben, der die Gewichte fortlaufend registriert, was zur Verfolgung von Alterungserscheinungen der Oberfläche von Bedeutung ist.

BULL[1] empfiehlt die Methode als besonders gut geeignet für Proteinlösungen.

### δ) Drahtbügelmethode.

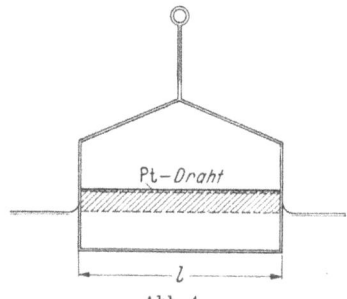

Abb. 4. Drahtbügelmethode. Die schraffierte Fläche soll die aus der Flüssigkeit herausgezogene Lamelle darstellen.

Eine ähnliche Methode wie die vorhergehende wurde von HALL[2] vorgeschlagen und von LENARD[3] ausgebildet. Statt der Platte wird ein dünner Platindraht benützt, der in einem Rahmen befestigt ist (vgl. Abb. 4). Dieser wird bei der Messung zunächst ganz in die Flüssigkeit eingetaucht und dann vorsichtig herausgezogen. Hierbei bildet sich ein Film zwischen Draht und Flüssigkeitsoberfläche, dessen Oberflächenspannung einen nach unten gerichteten Zug ausübt. Der Zug ändert sich mit dem Abstand des Drahtes von der Oberfläche und muß — möglichst fortlaufend — gemessen werden, was mit einer Torsionswaage geschehen kann. Beim Überschreiten eines bestimmten Abstandes läßt der Zug wieder nach; ein weiteres Herausziehen ist meist nicht möglich, da die Flüssigkeitslamelle zwischen Draht und Oberfläche abreißt. Es läßt sich also ein Maximum der Zugkraft beobachten, nach LENARD ist hier der Randwinkel der netzenden Flüssigkeit am Draht gleich Null. Der Zug sollte daher an dieser Stelle $2\sigma l$ ($l =$ Drahtlänge) betragen, was auch angenähert der Fall ist. Wegen verschiedener anderer Einflüsse ist aber der genaue mathematische Ausdruck für den Zug komplizierter; es sei daher auf eingehende Darstellungen in der Literatur verwiesen[4].

Bei Verwendung einer guten Torsionswaage[5] und Berücksichtigung der Korrekturen liefert die Methode gute Ergebnisse (vgl. auch den folgenden Abschnitt).

### ε) Tensiometer (Abreißmethode).

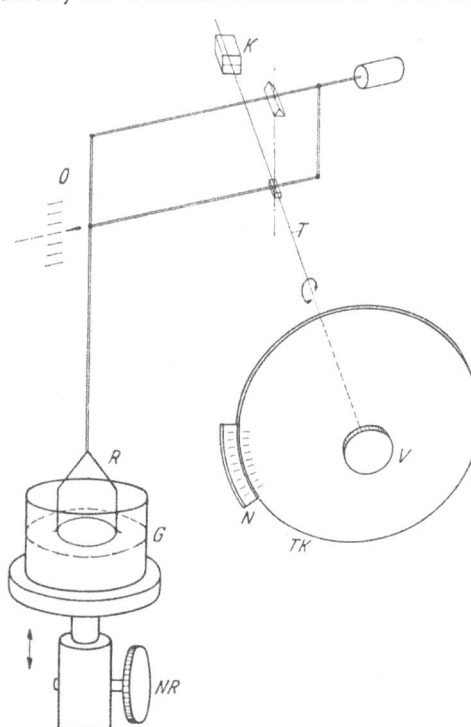

Abb. 5. Tensiometer nach LECOMTE DU NOUY. *G* Flüssigkeitsbehälter, *R* Platinring, *NR* Niveauverstellrad, *T* Torsionsdraht, *K* Drahtklemme, *TK* Teilkreis mit Nonius *N* zur Ablesung der Torsion (u. U. in dyn/cm geeicht), *V* Torsionseinstellung.

Wenn man, wie im vorigen Abschnitt beschrieben wurde, das Maximum der Zugkraft einer an einem Drahtbügel hängenden Flüssigkeitslamelle überschreitet, so reißt die Lamelle ab und der Bügel schießt in die Höhe. Da diese Stelle des Abreißens meist gut reproduzierbar zu messen ist, hat LECOMTE DU NOUY[6] daraufhin eine Methode zur Messung der Oberflächenspannung entwickelt. Statt des Drahtbügels wird ein Drahtring aus Platin benutzt, das Prinzip ist aber das gleiche wie bei der LENARDschen Methode. Da diese Anordnung viel im Gebrauch ist, sei sie etwas näher beschrieben.

---

[1] BULL, H. B.: Physical Biochemistry. S. 195ff. New York 1951.
[2] HALL, T. P.: Philos. Mag. (5) **36**, 385 (1893).
[3] LENARD, P., R. v. DALLWITZ-WEGENER und E. ZACHMANN: Ann. Physik (4) **74**, 381 (1924).
[4] FREUNDLICH, H.: Kapillarchemie. Handb. Exp.-Physik (WIEN-HARMS). Bd. 6. Leipzig 1928.
[5] Lieferant: Hartmann & Braun, Frankfurt a. M., auch für den Drahtbügel.
[6] LECOMTE DU NOUY, P.: J. gen. Physiol. **1**, 521 (1919); **6**, 625 (1924).

Ein Platinring von etwa 2 cm Durchmesser taucht in die zu messende Flüssigkeit ein. Diese befindet sich in einem Gefäß, welches mit einer Schraube in vertikaler Richtung bewegt werden kann (vgl. hierzu Abb. 4). Die Flüssigkeit kann bei den handelsüblichen Apparaten durch einen Heizmantel auf konstanter Temperatur gehalten werden. Durch vorsichtiges Senken des Gefäßes wird nun der Platinring etwas aus der Flüssigkeit herausgezogen; da hierbei die Oberflächenspannung der am Ring haftenden Flüssigkeit einen Zug nach unten ausübt, schlägt der Waagebalken (mit dem Ring) nach unten aus. Durch Verdrehen des Torsionsdrahtes mittels einer Torsionsvorrichtung wird dieser Zug kompensiert, bis der Waagebalken wieder auf die Nullmarke einspielt. Dieses Senken und Kompensieren wird solange wiederholt, bis der Ring in die Höhe schießt. Die Torsion des Drahtes kann an einer Skala abgelesen werden, die in dyn/cm geeicht ist und direkt die Oberflächenspannung angibt.

Will man das der Methode von LENARD entsprechende Maximum des Zuges messen, so senkt man das Flüssigkeitsniveau nur bis zu dem Punkt, wo der Ring noch dem Zug folgt. Senkt man nur eine Kleinigkeit weiter, so wird das Gleichgewicht indifferent, oft reißt auch dann der Ring durch eine geringfügige Erschütterung ab. Durch einige Geschicklichkeit kann aber das Abreißen vermieden werden, was man durch geringfügiges Anheben des Gefäßes an der Indifferenzstelle erreicht.

Tabelle 1. *Oberflächenspannung des Wassers*[1] (mit $g = 981$ dyn).

| Temp. °C | σ in dyn/cm |
|---|---|
| 15 | 73,350 |
| 16 | 73,203 |
| 17 | 73,045 |
| 18 | 72,889 |
| 19 | 72,732 |
| 20 | 72,583 |
| 21 | 72,427 |
| 22 | 72,270 |
| 23 | 72,113 |
| 24 | 71,957 |
| 25 | 71,810 |
| 30 | 71,035 |
| 37 | 69,906 |

Um die etwas umständliche rechnerische Auswertung der Methode zu vermeiden, wird der Apparat in der Praxis mit einer Flüssigkeit bekannter Oberflächenspannung geeicht (Wasser mit 72,583 dyn/cm bei 20,0° C; vgl. Tabellen 1—3).

Tabelle 2. *Oberflächenspannung organischer Flüssigkeiten*[2].

| Stoff | σ in dyn/cm | Temp. °C |
|---|---|---|
| Benzol | 28,88 | 25 |
| Octan | 31,11 | 20 |
| Ölsäure | 33,3 | 20 |
| Caprylsäure | 28,3 | 20 |
| Phenol | 36,5 | 55 |
| Anilin | 43,4 | 19,5 |
| Butanol | 24,42 | 17,5 |
| Olivenöl | 33,06 | 18 |

Tabelle 3. *Grenzflächenspannung organischer Flüssigkeiten gegen Wasser*[2].

| Stoff | σ in dyn/cm | Temp. °C |
|---|---|---|
| Benzol | 34,96 | 20 |
| Octan | 50,18 | 20 |
| Tetrachlorkohlenstoff | 45,05 | 20 |
| Heptansäure | 7,54 | 20 |
| Kresol | 4,28 | 30 |
| Anilin | 4,8 | 26 |
| Butanol | 1,58 | 20 |
| Olivenöl | 18,2 | 20 |

Die Methode ist an sich leicht durchzuführen, für Messungen mit nicht allzugroßen Genauigkeitsansprüchen wird sie oft verwendet. Von LOTTERMOSER und WINTER[3] ist eine Anordnung beschrieben, bei der der Ring an einem besonders langen Waagebalken angebracht ist. Die im Handel erhältlichen Apparaturen[4] besitzen gegenüber der ursprünglich angegebenen Form einige erhebliche Verbesserungen wie Parallelogrammaufhängung des Waagebalkens, optische Nullmarke nach SEELICH[5] sowie Noniusablesung der Kreisteilung. Die Reinigung des eigentlichen Meßteils, des Platindrahtes, läßt sich auch hier leicht durch Ausglühen durchführen, was besonders für Reihenuntersuchungen in der Biochemie wichtig ist.

Von DOLE und SWARTOUT[6] ist diese Methode als Differenzmethode ausgearbeitet worden, bei der 2 Ringe in 2 Flüssigkeiten tauchen, von denen eine als Vergleichsflüssigkeit

---

[1] Entnommen aus d'Ans-Lax, S. 1002.
[2] Entnommen aus d'Ans-Lax, S. 1008 und 1012.
[3] LOTTERMOSER, A., u. H. WINTER: Kolloid-Z. 66, 276 (1934).
[4] Lieferant: Firma Krüss, Hamburg.
[5] SEELICH, F.: Fette und Seifen 46, 139 (1939).
[6] DOLE, M., and J. A. SWARTOUT: Am. Soc. 62, 3039 (1940).

dient. Hierbei wird eine sehr große Genauigkeit erreicht. Ein solches Verfahren eignet sich besonders zur Untersuchung der Oberflächenspannungsänderung durch gelöste Stoffe, da es hierbei nur auf den Unterschied zwischen Lösung und reinem Lösungsmittel ankommt.

*ζ) Methode des Tropfengewichtes und der Tropfenzahl (Stalagmometer nach TRAUBE).*

Eine wegen ihrer Einfachheit häufig angewandte Methode ist die der Messung des Tropfengewichtes oder der Tropfenzahl einer Flüssigkeit, die aus einem Rohr abtropft. Sie beruht darauf, daß das Gewicht eines Tropfens, den eine horizontale Kreisfläche vor dem Abreißen tragen kann, maximal $2\pi r \cdot \sigma$ beträgt. Beim abfallenden Tropfen ist jedoch der Radius der Abreißstelle nicht gleich dem Radius der Kreisfläche, auch fällt nicht der ganze Tropfen ab, sondern nur ein Bruchteil. Das Gewicht des abgefallenen Tropfens ist daher kleiner als das des maximalen Tropfens; eine genaue Untersuchung zeigte, daß es außer von $r$ und $\sigma$ noch von der Dichte der Flüssigkeit $\varrho$ abhängt. Empirische Korrektionsfaktoren, die dies berücksichtigen, sind von KOHLRAUSCH[1] entsprechend der Theorie von Lord RAYLEIGH[2] angegeben worden. Eine ausführliche Theorie wurde von LOHNSTEIN[3] entwickelt, nach welcher für das Tropfengewicht gilt:

$$w = 2\pi r \sigma \cdot f(g \varrho r^2/2\sigma).$$

Die Funktion $f(g \varrho r^2/2\sigma)$ wurde von HARKINS und BROWN[4] experimentell bestimmt und in Tabellen niedergelegt. Ihre Brauchbarkeit wurde von DUNKEN[5] nachgeprüft.

In der Praxis wird die Methode fast ausschließlich als Relativmethode angewandt. Hierzu wird vielfach das sog. *Stalagmometer* nach TRAUBE[6] benutzt. Dieses besteht aus einer Pipette (vgl. Abb. 6), die ein bestimmtes Flüssigkeitsvolumen faßt. Am unteren Ende ist ein plangeschliffener Ansatz angebracht, damit die Tropfen nicht zu klein werden und die Flüssigkeit nicht über den unteren Rand kriechen kann. Eine capillare Verengung dient zur Verlangsamung der Fließgeschwindigkeit.

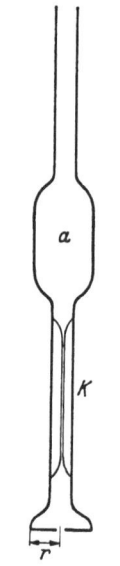

Abb. 6. Stalagmometer nach TRAUBE. *a* Flüssigkeitsvolumen, *r* Radius der Abtropffläche, *K* Capillare.

Man bestimmt die Zahl der Tropfen $Z$, die beim Abtropfen des Volumens $a$ entstehen. Ist $\varrho$ die Dichte der Flüssigkeit, so ist das Tropfengewicht

$$w = a \cdot \varrho/Z.$$

Bei strenger Proportionalität zwischen Tropfenzahl und Oberflächenspannung gilt dann für Flüssigkeiten mit den Oberflächenspannungen $\sigma_1$ und $\sigma_2$, Tropfenzahlen $Z_1$ und $Z_2$ sowie Dichten $\varrho_1$ und $\varrho_2$

$$\frac{\sigma_1}{\sigma_2} = \frac{\varrho_2 Z_1}{\varrho_1 Z_2}.$$

Ist $\sigma_2$ (z. B. reines Wasser) bekannt, so ist $\sigma_1$ einfach zu berechnen, wenn die Tropfenzahlen mit ein und demselben Instrument bestimmt worden sind.

Für Untersuchungen von Lösungen verschiedener Konzentration in ein und demselben Lösungsmittel (Wasser) ist die Methode daher ohne weiteres geeignet, bei verdünnten Lösungen können sogar die Dichten oft vernachlässigt werden. Bei sehr vielen biologischen

---

[1] KOHLRAUSCH, F.: Ann. Physik (4) **20**, 798 (1906); eine abgekürzte Tabelle findet man in KOHLRAUSCH, F.: Praktische Physik. S. 106f. 1944.
[2] Lord RAYLEIGH: Philos. Mag. (5) **48**, 321 (1899).
[3] LOHNSTEIN, T.: Ann. Physik (4) **20**, 237 (1906). — Zusammenfassende Darstellung in Handb. Exp. Physik (WIEN-HARMS). Bd. 6, S. 167ff. Leipzig 1928.
[4] HARKINS, W. D., and F. E. BROWN: Am. Soc. **41**, 499 (1919).
[5] DUNKEN, H.: Ann. Physik (5) **41**, 567 (1942).
[6] TRAUBE, I.: B. **20**, 2644 (1887).

Flüssigkeiten trifft dies zu. Will man jedoch die Oberflächenspannung einer anderen Flüssigkeit (z. B. Benzol) mit der der Eichflüssigkeit vergleichen, so ist es unbedingt erforderlich, den oben angegebenen Korrekturfaktor zu berücksichtigen, da sonst Fehler bis zu 25% entstehen können.

Für genaue Messungen ist darauf zu achten, daß die Tropfgeschwindigkeit so gering wie möglich ist, da bei höheren Geschwindigkeiten nach GUYE und PERROT[1] das Tropfengewicht eine Funktion dieser Geschwindigkeit ist. BIKERMAN[2] empfiehlt Bildungsgeschwindigkeiten von mehreren Minuten je Tropfen.

Obwohl die Benetzung der scharfen Umrandung der Abtropffläche im allgemeinen gut ist, ist auch hier auf hervorragende Sauberkeit zu achten.

Stalagmometer mit verschieden großen Volumina, Fließgeschwindigkeiten und Abtropfflächen sind im Handel erhältlich.

### η) Methode des maximalen Blasendruckes.

Bei dieser Methode taucht ein Capillarrohr mit scharf geschliffenem Rand in die zu untersuchende Flüssigkeit. Ein indifferentes Gas — meistens Luft — wird nun durch die Capillare gedrückt, wobei das Gas in Blasen aus der Capillare austritt. Verringert man den Druck, so kommt man schließlich an eine Stelle, an der das Gas nicht mehr aus der Capillare entweicht; dieser Druck wird mit Hilfe eines Manometers bestimmt. Für die Oberflächenspannung gilt dann nach SCHRÖDINGER[3]

$$\sigma = \frac{rp}{2}\left(1 - \frac{2}{3}\frac{\varrho r}{p} - \frac{1}{6}\left(\frac{\varrho r}{p}\right)^2\right)g.$$

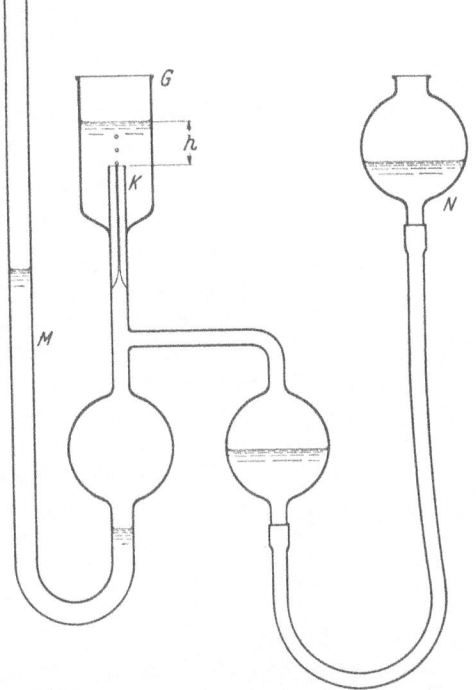

Abb. 7. Blasendruckmethode.
$G$ Gefäß für die zu messende Flüssigkeit, $K$ Capillare, $M$ Manometer, $N$ Niveaugefäß zur Druckeinstellung.

$r$ = Capillarenradius, $p$ = gemessener Gasdruck in Zentimetern, $\varrho$ = Dichte.

Von dem im Manometer gemessenen Druck $p$ ist vor Anwendung der Formel die Größe $h \cdot \varrho$, der Druck der über der Capillarenöffnung lastenden Flüssigkeitsschicht der Höhe $h$, abzuziehen.

Zur Messung benutzt man eine Anordnung, deren Prinzip in Abb. 7 gezeigt ist. Eine Capillare taucht in ein Gefäß, das die zu untersuchende Flüssigkeit enthält. Sie ist mit einem Manometer und einem Niveaugefäß, das Wasser oder Quecksilber enthält, verbunden. Durch Heben und Senken des Niveaugefäßes wird der Druck des Gases variiert, bis gerade keine Blasen mehr austreten. Im Gleichgewicht soll sich ein Bläschen an der Austrittsöffnung befinden. Wird der Druck zu klein, kann etwas Flüssigkeit in die Capillare hereingezogen werden; um Verunreinigungen zu verhindern, ist dies tunlichst zu vermeiden. Die Einstellung des Druckes ist sehr scharf, da das Gas bei dem geringsten Überdruck sofort aus der Öffnung perlt. Für die Güte der Messungen ist wesentlich, daß die Capillaren einen scharfen Rand besitzen; dies erreicht man durch Abschleifen und Feinpolieren, unter Umständen können auch Capillaren, die einen scharfen Bruchrand besitzen, verwendet werden.

---
[1] GUYE, P., et F. L. PERROT: Cr. **132**, 1043 (1901).
[2] BIKERMAN, J. J.: Surface Chemistry for Industrial Research. S. 16f. New York 1948.
[3] SCHRÖDINGER, E.: Ann. Physik (4) **46**, 413 (1914).

SUGDEN[1] benutzt zur Messung zwei Capillaren mit verschiedenen Durchmessern. Bei Erhöhung des Gasdruckes tritt das Gas zunächst aus der weiteren Capillare aus, bei weiterer Druckerhöhung aus der engeren Capillare; aus beiden gemessenen Drucken läßt sich bei bekannten Capillarradien $\sigma$ ohne Kenntnis der über den Capillaren lastenden Flüssigkeitsschicht berechnen. Diese Methode ist also unabhängig von der Füllhöhe des Gefäßes. — Relativmessungen hoher Präzision konnten LONG und NUTTING[2] in der Weise ausführen, daß sie die Höhe des Flüssigkeitsniveaus im Gefäß durch einen verstellbaren Eintauchstab variierten.

Die geschilderte Methode wird hauptsächlich zu Relativmessungen benutzt. Da bei ihr nur kleine Flüssigkeitsmengen benötigt werden, ist sie für biologische Flüssigkeiten geeignet[3]. Bei Proteine enthaltenden Lösungen ist allerdings darauf zu achten, daß ein Durchströmen des Gases vermieden wird; das dabei auftretende Schäumen kann die Messung stören, auch kann Oberflächendenaturierung auftreten.

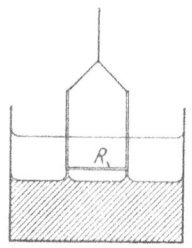

Abb. 8. Messung der Grenzflächenspannung zweier Flüssigkeiten mit dem Tensiometer. $R$ Platinring. Die schwere Flüssigkeit wird beim Anheben des Ringes in die leichte gezogen (vgl. auch Abb. 5).

### b) Methoden zur Messung der Grenzflächenspannung (Grenzfläche flüssig/flüssig).

Grundsätzlich sind alle Methoden zur Messung der Oberflächenspannung auch zur Messung von Grenzflächenspannungen zwischen zwei Flüssigkeiten zu verwenden. Es braucht nur das Gas durch die zweite — leichtere — Flüssigkeit ersetzt werden. Aus praktischen Gründen hat man jedoch der einen oder anderen Methode den Vorzug gegeben, da hier besonders leicht Verunreinigungen der zur Messung benötigten festen Grenzflächen auftreten (wenn z. B. eine Capillare durch Wasser benetzt ist, wird sie nicht mehr durch Benzol benetzt). Es seien daher nur einige Methoden aufgeführt, mit denen sich brauchbare Werte ohne allzugroßen Aufwand gewinnen lassen.

#### α) Tensiometer.

Die Drahtbügelmethode und das Tensiometer (vgl. S. 6) sind für die Messung von Grenzflächenspannungen geeignet. Der Platinring oder -bügel wird, wie aus Abb. 8 zu ersehen ist, in die schwerere Flüssigkeit eingetaucht und dann die leichtere Flüssigkeit übergeschichtet. Nun wird der Ring in die leichtere Flüssigkeit gezogen, bis das Maximum der Zugkraft erreicht ist, bzw. der Ring abreißt. Unter Umständen ist es zweckmäßiger, das umgekehrte Verfahren anzuwenden und den Ring in die obere Flüssigkeitsschicht einzutauchen und in die untere hineinzudrücken. Durch Kompensieren der Kraft mit dem Torsionsdraht kann ebenfalls das Kraftmaximum oder Abreißen gemessen werden[4].

Zur Berechnung der Grenzflächenspannung dient die Formel von LENARD (S. 6, Fußnote 3). Eine Eichung mit einem Flüssigkeitspaar bekannter Grenzflächenspannung ist ebenfalls möglich.

Messungen nach dieser Methode wurden von folgenden Autoren durchgeführt: LOTTERMOSER und WINTER[5], DOGNON[6], ALEXANDER und TEORELL[7], SEELICH[8].

---

[1] SUGDEN, S.: Soc. **1922**, 858; **1924**, 27.

[2] LONG, F. A., and G. C. NUTTING: Am. Soc. **64**, 2476 (1942).

[3] CZAPEK, A.: Über eine Methode zur direkten Bestimmung der Oberfläche der Plasmahaut von Pflanzenzellen. Jena 1911.

[4] Welcher Wert als „richtig" anzusehen ist, ist in jedem Falle durch eine eingehende Kritik zu überprüfen. Es können Schwierigkeiten bei der Benetzung des Ringes, aber auch Eigenheiten der Struktur der Flüssigkeiten (Assoziation des Wassers!) eine Rolle spielen. Im allgemeinen ist es „richtiger", den Ring in die besser benetzende Flüssigkeit (meistens Wasser) einzutauchen.

[5] LOTTERMOSER, A., u. H. WINTER: Kolloid-Z. **66**, 276 (1934).

[6] DOGNON, A.: Cr. **212**, 854 (1941).

[7] ALEXANDER, A. E., and T. TEORELL: Trans. Faraday Soc. **35**, 727 (1939).

[8] SEELICH, F.: Fette u. Seifen **48**, 15 (1941).

### β) Tropfengewicht und Tropfenzahl.

Zur Bestimmung von Grenzflächenspannungen mit dem Stalagmometer (vgl. S. 8) wird die Abtropffläche der Pipette in die eine Flüssigkeit eingetaucht, die schwerer benetzende soll in die Pipette gefüllt werden. Ist die Innenflüssigkeit schwerer als die Außenflüssigkeit, fällt der Tropfen zu Boden; in diesem Fall kann die gewöhnliche Form des Stalagmometers benutzt werden. Ist die Innenflüssigkeit jedoch leichter, so biegt man nach DONNAN[1] das untere Ende der Pipette nach oben; die entstandenen Tropfen können dann aufsteigen.

Bei Beachtung gewisser Vorsichtsmaßregeln, wie z. B. das Einhalten langsamer Tropfgeschwindigkeiten, leistet die Methode Beträchtliches. Auch Absolutbestimmungen sind bei Heranziehung der Korrekturtabellen von HARKINS und BROWN[2] möglich (vgl. DUNKEN[3]). Messungen nach dieser Methode sind von EVERSOLE und DEDRICK[4], DICKINSON[5] sowie von WARD und TORDAI[6] durchgeführt worden.

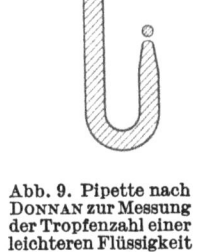

Abb. 9. Pipette nach DONNAN zur Messung der Tropfenzahl einer leichteren Flüssigkeit in einer relativ schwereren.

### γ) Methode des maximalen Blasendruckes (Tropfendruckes).

Die Methode des maximalen Blasendruckes (vgl. S. 9) läßt sich als Methode des maximalen „Tropfendruckes" anwenden, wenn durch die Capillare statt eines Gases die zweite Flüssigkeit geleitet wird. Hierbei ist auf den Einfluß der Füllhöhen und Dichten der verschiedenen Flüssigkeiten zu achten. Die schwerer benetzende Flüssigkeit soll auch hier aus der Capillare austreten. Nähere Einzelheiten bei CANTOR[7].

Eine interessante Methode ist neuerdings von VONNEGUT[8] angegeben worden. Die beiden Flüssigkeiten, deren Grenzflächenspannungen gemessen werden sollen, werden in einem Rohr überschichtet und das Rohr in schnelle Rotation versetzt; hierbei wird die leichte Flüssigkeit in die schwere gezogen, während die Grenzflächenspannung dies zu verhindern sucht.

Es ist nicht ganz leicht, zur Messung der Oberflächenspannung oder der Grenzflächenspannung zwischen 2 Flüssigkeiten eine Methode anzugeben, die sich optimal für alle in der physiologischen Chemie auftauchenden Probleme eignet. Die Auswahl richtet sich nach der Menge der zur Verfügung stehenden Flüssigkeit, der erforderlichen Genauigkeit und der Zeit, die für die Messung zur Verfügung steht. Auch spielt die Handlichkeit der Methodik eine Rolle, denn bei Reihenuntersuchungen kommt es darauf an, schnell die Meßflüssigkeiten zu wechseln und die Apparatur immer wieder betriebsfertig zu haben. Für bestimmte Probleme läßt sich aus der Reihe der angeführten Methoden sicherlich eine geeignete auswählen; die Durchführung wird weitgehend dadurch erleichtert, daß in einer Anzahl von Fällen geeignete Apparaturen im Handel erhältlich sind.

---

[1] DONNAN, F. G.: Z. physik. Chem. **31**, 42 (1899).
[2] HARKINS, W. D., and F. E. BROWN: Am. Soc. **41**, 499 (1919).
[3] DUNKEN, H.: Ann. Physik (5) **41**, 567 (1942).
[4] EVERSOLE, W. G., and D. S. DEDRICK: J. physik. Chem. **37**, 1205 (1933).
[5] DICKINSON, W.: Trans. Faraday Soc. **36**, 839 (1940).
[6] WARD, A. F., and L. TORDAI: J. sci. Instr. **21**, 143 (1944).
[7] CANTOR, M.: Ann. Physik **238**, (47), 399 (1892).
[8] VONNEGUT, B.: Rev. sci. Instr. **13**, 6, 82 (1942) [BIKERMAN, J. J.: Surface Chemistry. S. 122].

# Viscosimetrie[1-6].

Von

**W. Kern** und **W. Mehren.**

Mit 11 Abbildungen.

## a) Theorie.

Nach der Gl. (1)

$$\tau = \eta \cdot G \tag{1}$$

ist in NEWTONschen Flüssigkeiten die Viscosität $\eta$ der Proportionalitätsfaktor der auf ein zähes Medium ausgeübten Schubspannung $\tau$ und dem durch diese erzielten Geschwindigkeitsgefälle $G$. Ihre Dimension ist [g · cm$^{-1}$ · sec$^{-1}$]; die Einheit wird 1 Poise (= 1 g/cm/sec) genannt. Ihr hundertster Teil heißt Centipoise und ist häufig das gebräuchliche Maß. Wasser hat bei 20° C annähernd die Viscosität 1 Centipoise.

Diese *dynamische Viscosität* $\eta$ ist eine wichtige Materialkonstante, die aber stark von Druck und Temperatur abhängt; sie nimmt im allgemeinen mit steigendem Druck zu und mit wachsender Temperatur ab. Man kann sie nach verschiedenen Methoden messen, wodurch sie eine bequem zugängliche physikalische Größe wird.

Der leichten Meßbarkeit entspricht aber keineswegs auch eine leichte theoretische Deutung der Viscositätserscheinungen. Lediglich die Viscosität der Gase kann mit Hilfe der kinetischen Gastheorie in ihren Hauptzügen gedeutet werden.

Für die Viscosität reiner Flüssigkeiten hat man schon zahlreiche Gleichungen aufgestellt, die mehr oder weniger molekulartheoretisch unterbaut sind; eine endgültige Klärung steht aber noch aus.

Bei den Lösungen sind die Viscositätserscheinungen noch undurchsichtiger; ihre theoretische Erfassung ist, soweit es sich um gelöste Molekeln handelt, sehr problematisch. Man ist heute in Ermangelung einer allgemein gültigen Theorie der Lösungen noch immer darauf angewiesen, das Lösungsmittel als kontinuierliches Medium zu betrachten, dessen als laminar angesehene Strömung durch die gelösten Teilchen gestört wird (Hydrodynamik). Die Größe dieser Störung wurde mit Hilfe verschiedener Modelle dieser Teilchen berechnet. Da die räumliche Gestalt der gelösten Teilchen das Fließverhalten einer Lösung bestimmt, vergleicht man die praktischen Meßergebnisse mit den Resultaten dieser Modellbetrachtungen. Die Aussagen der Hydrodynamik sind streng gültig, wenn die Abmessungen der gelösten Teilchen groß gegen die molekulare Struktur des Lösungs- oder Suspensionsmittels sind.

Seit man, insbesondere durch die Arbeiten von STAUDINGER[7], weiß, daß viele Naturstoffe wie Polyprene, z. B. Naturkautschuk, oder Polysaccharide, z. B. Cellulose, Stärke, Glykogen, oder Proteine makromolekularen Bau besitzen, diskutiert man das Viscositätsverhalten von Lösungen solcher Stoffe im Hinblick auf den Bau und die Gestalt der gelösten Makromolekeln. Hierfür sind von besonderem Wert Untersuchungen über das Viscositätsverhalten von Lösungen solcher Makromolekeln, deren Struktur weitgehend

---

[1] HATSCHEK, E.: Die Viskosität der Flüssigkeiten. Leipzig 1929.

[2] STAUDINGER, H.: Die hochmolekularen organischen Verbindungen. Berlin 1932. Organische Kolloidchemie. Braunschweig 1950.

[3] PHILIPPOFF, W.: Viskosität der Kolloide. Leipzig 1942.

[4] UMSTÄTTER, H.: Einführung in die Viskosimetrie und Rheometrie. Berlin, Göttingen, Heidelberg 1952.

[5] STUART, H. A.: Die Physik der Hochpolymeren. Bd. II. Berlin, Göttingen, Heidelberg 1953.

[6] MERRINGTON, A. C.: Viscometry. London 1949.

[7] STAUDINGER, H.: Die hochmolekularen organischen Verbindungen. Berlin 1932.

aufgeklärt ist. So haben *Modelluntersuchungen* an polymerhomologen Polystyrolen maßgebenden Einfluß auf die Diskussion des Viscositätsverhaltens von Lösungen des Naturkautschuks, Modelluntersuchungen an polymerhomologen Polyoxymethylenen, Polyäthylenoxyden, Polyvinylacetaten entsprechenden Einfluß auf die Beurteilung viscosimetrischer Untersuchungen von Polysacchariden und ihren Derivaten ausgeübt.

Besondere Bedeutung haben viscosimetrische Untersuchungen zur Bestimmung der Molekelgröße linearmolekularer Stoffe erlangt. Die fehlende theoretische Klarheit über die Viscosität von Lösungen makromolekularer Stoffe verhindert aber bisher, absolute Aussagen aus Viscositätsmessungen zu machen. Es wurden deshalb andere physikalische Methoden wie die Messung des osmotischen Druckes, der Sedimentation, der Lichtzerstreuung, der Strömungsdoppelbrechung herangezogen. Ist aber einmal durch solche, meist schwierige und langwierige Verfahren eine polymerhomologe Reihe von Makromolekeln untersucht, dann ist die Viscositätsmessung ein Mittel, schnell und bequem Aussagen über Form und Größe der Makromolekeln zu machen.

Wie für niedermolekulare Stoffe, so gilt erst recht für makromolekulare Verbindungen, daß das Studium der Molekeln am besten in *sehr verdünnten Lösungen* erfolgt. Hier sind die hydrodynamische Wechselwirkung und die zwischenmolekularen Kräfte, die die Makromolekeln aufeinander ausüben, weitgehend ausgeschaltet. Es bleiben nur noch die Wechselwirkungen zwischen Makromolekeln und Lösungsmittelmolekeln. Da die meisten hochpolymeren Verbindungen zwar in Lösung, aber nur selten ohne tiefgreifende strukturelle Änderungen in den flüssigen und niemals in den gasförmigen Zustand überführbar sind, beschränken sich die physikalischen Untersuchungen meistens auf Lösungen. Deshalb soll auch hier nur die Viscosität der Lösungen makromolekularer Verbindungen, nicht ihrer Schmelze, besprochen werden.

Die theoretische (hydrodynamische) Betrachtung des Viscositätsverhaltens von Lösungen von Makromolekeln geht von den möglichen *Gestaltsformen dieser Makromolekeln* aus. Makromolekeln können sehr verschiedene Formen, von der Kugel über Ellipsoide bis zum starren Stäbchen, haben. Neben diesen Makromolekeln mit unveränderlicher Gestalt stehen die linearen Makromolekeln, Fadenmolekeln sehr großer Länge, deren Dicke in der Größenordnung üblicher Molekeln, also z. B. der Lösungsmittelmolekeln (5—10 Å) liegt. Diese Fadenmolekeln können sich als Folge der Drehbarkeit der homöopolaren Einfachbindung mehr oder weniger knäueln, also verschiedene Formen annehmen. Die geknäuelten Formen weisen aber eine andere, meist geringere Dichte auf als entsprechende „massive" Formen kugelförmiger Molekeln. Der „Knäuelungsgrad" ist Änderungen unterworfen, die von den Wechselwirkungen zwischen Makromolekel und Lösungsmittelmolekeln abhängen. Die Formenmannigfaltigkeit ist also überaus groß.

Die hydrodynamischen Modellbetrachtungen beziehen sich nun auf diese möglichen Formen und die dabei gewonnenen Ergebnisse stellen Näherungslösungen dar. Zur weiteren Unterrichtung muß auf die Spezialliteratur verwiesen werden. Lediglich eine kurze Orientierung soll hier gegeben werden.

EINSTEIN[1] berechnete die Viscosität von *Kugelsuspensionen* vom Standpunkt der von ihm eingeführten Hydrodynamik. Da hierbei das Lösungsmittel als Kontinuum betrachtet wird, muß vorausgesetzt werden, daß die gelösten Teilchen groß gegenüber den Lösungsmittelmolekeln sind, und daß keine Wechselwirkungen zwischen beiden stattfinden. Die Theorie gilt für Suspensionen kugelförmiger Teilchen (Sphärokolloide) und für Lösungen großer kugelförmiger Molekeln (z. B. Glykogen). Sie gilt nicht für Lösungen niedermolekularer Stoffe mit Kugelmolekeln, wohl aber noch z. B. für Monosaccharide und Disaccharide in Wasser und deren Derivate in organischen Lösungsmitteln. Auch für *ellipsoidförmige Teilchen* (z. B. einige Proteine) liegen Berechnungen vor[2], deren Auswertung das Achsenverhältnis der Molekeln liefert.

---

[1] EINSTEIN, A.: Ann. Physik [4] **19**, 289 (1906); [4] **34**, 491 (1911).
[2] POLSON, A.: Kolloid-Z. **88**, 51 (1939).

Bei *linearen Makromolekeln* unterscheidet man als Extremfälle das *durchspülte Knäuel*[1] und das *undurchspülte Knäuel*[1]. Während im ersten Falle die innerhalb des Knäuels befindlichen Lösungsmittelmolekeln als frei beweglich angesehen werden, betrachtet man im zweiten Falle die innerhalb des Knäuels befindlichen Lösungsmittelmolekeln als nicht mehr frei beweglich, als immobilisiert. Dadurch kann das Knäuel zusammen mit den immobilisierten Lösungsmittelmolekeln als eine der Fadenmolekel hydrodynamisch äquivalente Kugel betrachtet werden. Zwischen diesen beiden Extremen liegt das *teilweise durchspülte Knäuel*[1]; bei ihm nimmt man an, daß die freie Beweglichkeit der Lösungsmittelmolekeln innerhalb des Knäuels von außen nach innen abnimmt[2].

Diese Modellbetrachtungen haben zu unbestreitbaren Erfolgen geführt, sind aber noch nicht abgeschlossen. Ihre endgültige Prüfung müßte an Makromolekeln absolut eindeutiger Struktur geschehen.

Angaben zur Viscosität von biologischen Flüssigkeiten s. in Bd. V, S. 2 für Blut, S. 184 für Harn, S. 302 für Liquor cerebrospinalis, S. 343ff. für Ergüsse, S. 358 für Speichel, S. 363 für Sputum.

## b) Viscosimeter[3-6].

Unter den zahlreichen beschriebenen Viscosimetern ist die Gruppe der Capillarviscosimeter die wichtigste. Ihre Handhabung ist im allgemeinen einfach. Ihr Meßprinzip beruht auf dem HAGEN-POISEUILLEschen Gesetz

$$V = \frac{\pi \cdot r^4 \cdot p}{8\,\eta \cdot l} \cdot t. \tag{2}$$

Dabei sind $r$ der Radius und $l$ die Länge der Capillare, $p$ der mittlere hydrostatische Druck (wenn die Flüssigkeit unter ihrem eigenen Gewicht durch die Capillare fließt), $\eta$ die absolute Viscosität der Flüssigkeit in Poise und $t$ die Zeit, in der das Volumen $V$ durch die Capillare strömt.

Dieses Gesetz gilt streng nur bei isothermer, stationärer, laminarer Strömung für Flüssigkeiten mit konstanter Viscosität. Daher müssen die Geräte mit Hilfe eines Thermostaten auf konstanter Temperatur gehalten werden und so dimensioniert sein, daß laminare Strömung herrscht. Da dies am Anfang und Ende der Capillare nicht der Fall ist und außerdem der Anteil an kinetischer Energie zu berücksichtigen ist, muß die für das betreffende Viscosimeter charakteristische und von der Durchflußzeit abhängige HAGEN-BACH-*Korrektur*[7] berücksichtigt werden.

Sind die Gerätedimensionen bekannt, so kann aus Gl. (2) die Viscosität berechnet werden nach

$$\eta = \frac{\pi \cdot r^4 \cdot p}{8\,V \cdot l} \cdot t. \tag{3}$$

### α) Das WILHELM OSTWALD-*Viscosimeter*[8].

Die weiteste Verbreitung hat das Viscosimeter nach WILHELM OSTWALD gefunden; seine heutige Ausführungsform[9] ergibt sich aus Abb. 1. Es ist das einfachste Gerät und doch sehr genau. Über seine zweckmäßige Dimensionierung hat SCHULZ[10] nähere Angaben

---

[1] Vgl. PETERLIN, A. in STUART, H. A.: Die Physik der Hochpolymeren. Bd. II, S. 280 u. 535. Berlin, Göttingen, Heidelberg 1953; dort Literaturzusammenfassung.

[2] Über die Berechnung der Viscositätszahl einer Lösung fadenförmiger Makromolekeln mit Hilfe eines Stäbchenmodells vgl. SCHULZ, G. V.: Makromol. Chem. 10, 158 (1953) und mit Hilfe eines Segmentmodells vgl. KUHN, H., F. MONING u. W. KUHN: Helv. 36, 731 (1953).

[3] HATSCHEK, E.: Die Viskosität der Flüssigkeiten. Leipzig 1929.

[4] PHILIPPOFF, W.: Viskosität der Kolloide. Leipzig 1942.

[5] UMSTÄTTER, H.: Einführung in die Viskosimetrie u. Rheometrie. Berlin, Göttingen, Heidelberg 1952.

[6] STUART, H. A.: Die Physik der Hochpolymeren. Bd. II. Berlin, Göttingen, Heidelberg 1953.

[7] ERK, S.: Z. techn. Physik 10, 452 (1929). — UMSTÄTTER, H., s. Zitat[5], S. 46.

[8] Vgl. z. B. OSTWALD-LUTHER: Hand- und Hilfsbuch zur Ausführung physikochemischer Messungen. 3. Aufl. Leipzig 1920.

[9] WILOTH, F.: Gummi u. Asbest 6, 426, 471 (1953).

[10] SCHULZ, G. V.: Z. Elektrochem. 43, 479 (1937).

gemacht. Bei Beachtung der Grenzen seiner Anwendungsmöglichkeiten genügt es in den meisten Fällen den Anforderungen.

Es besteht aus einer U-Röhre, in deren einen Schenkel eine Capillare $K$ eingeschmolzen ist. Eine festgelegte Menge der Flüssigkeit wird durch das weite Rohr in die Vorratskugel $V$ einpipettiert (meistens 2—3 cm³) und durch die Capillare in die Meßkugel $A$ hochgedrückt. Hochsaugen ist bei Lösungsmitteln mit stärkerem Dampfdruck wegen der Verdampfungsverluste nicht ratsam. Zwei Marken $2$ und $3$ begrenzen das Volumen der Flüssigkeit in der Meßkugel $A$, die unter der eigenen Schwere durch die Capillare strömt. Die Zeit, die der Flüssigkeitsmeniscus benötigt, um von der oberen zur unteren Marke zu wandern, wird gemessen. Die Messung wird so oft mit der gleichen Füllung wiederholt, bis reproduzierbare Werte innerhalb der Meßgenauigkeit erzielt werden[1].

Zur Messung unter Stickstoff, was z. B. bei Cellulosen in SCHWEITZER-Lösung notwendig ist, wurde von SCHWEITZER eine Apparatur entwickelt[2].

Da bei gegebenem Viscosimeter alle Größen der Gl. (3) bis auf die den hydrostatischen Druck $p$ beeinflussende Dichte $\varrho$ und die Durchlaufzeit $t$ konstant sind, läßt sich Gl. (3) vereinfachen zu

$$\eta = K \varrho t. \qquad (4)$$

Die Gerätekonstante $K$ läßt sich mit einer Flüssigkeit, deren Viscosität genau bekannt ist (z. B. Wasser), leicht bestimmen. Bei Relativmessungen (s. S. 18) vereinfacht sich die Anwendung der Gl. (4) noch weiter.

Die Meßgenauigkeit wird bestimmt durch die Temperaturkonstanz und vor allem die Genauigkeit der Zeitmessung. Gewöhnlich genügt hierzu eine normale Stoppuhr mit Zehntelsekundenteilung. Die Fehlergrenze ist dann $\pm 0,2$ sec. Bei Relativmessungen mit sehr geringen Zeitdifferenzen ist diese Genauigkeit aber nicht ausreichend. Man kann, um die Genauigkeit zu erhöhen, die Dimensionen des Viscosimeters so ändern, daß die Durchlaufzeit erheblich verlängert wird. Dies ist aber nicht in allen Fällen möglich, vor allem dann nicht, wenn sich die Viscosität der Lösung mit der Zeit ändert (z. B. durch Abbau des gelösten Stoffes). Mit Hilfe einer Stoppuhr mit Hundertstelsekundenteilung und elektrischer Auslösung kann die Genauigkeit der Zeitmessung erheblich verbessert werden, wobei die Temperaturkonstanz entsprechend verfeinert werden muß. Die menschliche Reaktionsfähigkeit läßt aber die Ausschöpfung der mit solchen Uhren gegebenen Möglichkeiten nicht mehr zu. Mit Hilfe der Serienphotographie kann man aber die Meßgenauigkeit ohne Schwierigkeit auf etwa $\pm 0,005$ sec steigern[3]. Man photographiert hierzu jeweils den Durchgang des Meniscus durch die beiden Marken (Abb. 1) des Viscosimeters zusammen mit der Uhr in rascher Bildfolge (z. B. mit der automatischen Kleinbildkamera „Robot" der Fa. Berning & Co., Düsseldorf, mit Serienauslösung; Bildfolge etwa 6—8 je Sekunde). Die Aufnahmen werden unter dem Mikroskop mit Meßocular ausgewertet und die Durchlaufzeit graphisch oder rechnerisch mit der gewünschten Genauigkeit bestimmt (Abb. 2).

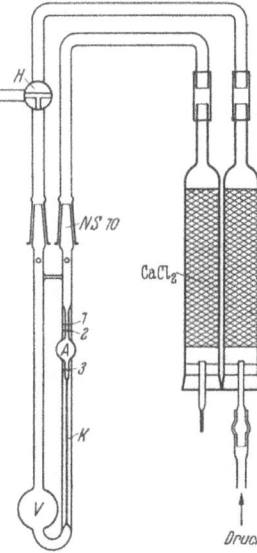

Abb. 1. Das OSTWALD-Viscosimeter.

### β) Das UBBELOHDE-Viscosimeter[4].

Von UBBELOHDE wurden zwei Viscosimeter konstruiert. Das Gerät älterer Bauart arbeitet mit einem künstlichen Überdruck. Es dient vor allem zur Untersuchung der

---

[1] STAUDINGER, H., u. F. STAIGER: B. **68**, 707 (1935).
[2] SCHWEITZER, O.: Melliand Textilber. **32**, 39 (1951).
[3] KERN, W., u. W. MEHREN: Unveröffentlichte Versuche.
[4] UBBELOHDE, L.: Öl u. Kohle **12**, 949 (1936). Industr. engng. Chem., analyt. Ed. **9**, 85 (1937).

Strukturviscosität, der Abhängigkeit der Viscosität sog. strukturviscoser Flüssigkeiten vom Geschwindigkeitsgefälle.

Das neuere UBBELOHDE-Viscosimeter mit hängendem Niveau (Abb. 3) beseitigt den Einfluß der Oberflächenspannung auf die Auslaufzeit. Durch das konstante hängende Niveau ist die mittlere hydrostatische Höhe genauer definiert als beim OSTWALD-Viscosimeter, bei dem sich während der Messung das untere Niveau verändert.

Das Viscosimeter mit hängendem Niveau ist dem OSTWALD-Viscosimeter ähnlich. Durch das dritte Rohr 3, das beim Hochdrücken der Flüssigkeit verschlossen wird, kann beim Öffnen in den Raum $C$ unterhalb der Capillare Luft eintreten. Dadurch reißt die Flüssigkeitssäule ab und es bildet sich ein hängendes Niveau. Die in $B$ eingefüllte Menge der Lösung braucht nicht konstant zu sein. Weder mit dem OSTWALD- noch mit dem UBBELOHDE-Viscosimeter mit hängendem Niveau kann die Abhängigkeit vom Geschwindigkeitsgefälle, also auch nicht die Strukturviscosität gemessen werden. Über die Genauigkeit der Messungen vgl. man die Ausführungen von SCHULZ[1].

Abb. 2a u. b. Versuchsanordnung zur Bestimmung der Durchlaufzeit mit Hilfe der Serienphotographie. a Schema der Meßanordnung: $A$ der vorn mit Spiegelglas und hinten mit Milchglas versehene Thermostat, $B$ Rührer, $C$ Kühlschlange, $D$ Heizung, $E$ Kontaktthermometer, $F$ Thermometer ($1/10°$ C), $G$ BECKMANN-Thermometer, $H$ Viscosimeter, $J$ 200 Watt-Lampe, $K$ Uhr, $L$ 100 Watt-Lampe, $M$ Kamera. b OSTWALD-Viscosimeter (ähnlich Abb. 1) im Bereich der Meßkugel zusammen mit der Skala des Meßoculars bei der mikroskopischen Auswertung der Aufnahmen. Bei $1$ eingeätzte Meßmarke, von der aus der jeweilige Abstand des Meniscus gemessen wird.

### γ) Das PHILIPPOFF-Viscosimeter[2].

Zur Untersuchung strukturviscoser Flüssigkeiten hat PHILIPPOFF ein Gerät konstruiert, dessen Niederdruckausführung in Abb. 4 gezeigt wird. Mittels eines künstlichen Überdruckes wird die Flüssigkeit durch eine horizontale, austauschbare Capillare gedrückt. Der hydrostatische Eigendruck der Flüssigkeit wird weitgehend ausgeschaltet. Das verdrängte Luftvolumen im zweiten Schenkel verschiebt

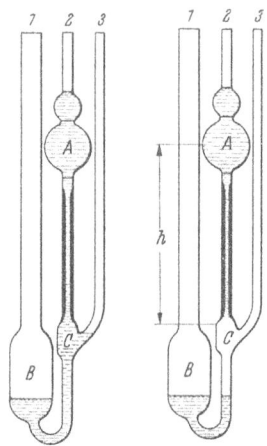

Abb. 3. Das UBBELOHDE-Viscosimeter mit hängendem Niveau.

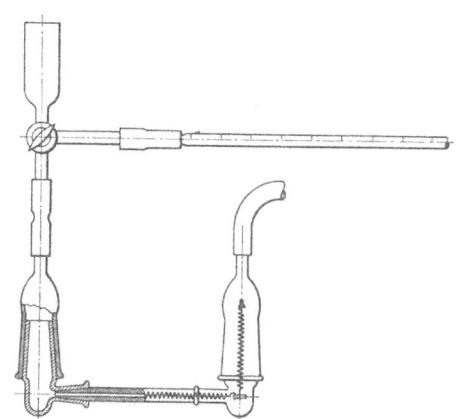

Abb. 4. Das PHILIPPOFF-Viscosimeter für niedrige Transpirationsdrucke.

über einen Dreiwegehahn einen Petroleumtropfen in einer horizontalen Capillarbürette. Der anwendbare Überdruck reicht bei diesem Gerät von 2 cm Wassersäule bis zu 80 cm Quecksilbersäule. In der Hochdruckausführung sind bis zu 100 at Überdruck anwendbar.

---

[1] SCHULZ, G. V.: Z. Elektrochem. **43**, 479 (1937).
[2] PHILIPPOFF, W.: Kolloid-Z. **75**, 155 (1936).

### δ) *Das Rotationsviscosimeter nach* Hatschek-Couette[1].

Neben den Capillarviscosimetern, die bei weitem am häufigsten angewandt werden, verwendet man auch Rotations- oder Zylinderviscosimeter. Ihr Wirkprinzip entspricht der grundlegenden Newtonschen Definitionsgleichung (1) der Viscosität. Sie bestehen aus zwei ineinander gestellten Zylindern, von denen der eine mit konstanter Geschwindigkeit rotiert. Zwischen den beiden Zylindern befindet sich die Flüssigkeit. Durch die innere Reibung entsteht in der Flüssigkeit ein definiertes Geschwindigkeitsgefälle, wobei eine diesem Gefälle proportionale Schubspannung auf die Wand des ruhenden Zylinders ausgeübt wird. Diese Schubspannung lenkt den ruhenden Zylinder gegen eine Direktionskraft aus seiner Ruhestellung ab. Aus der Größe des Ablenkungswinkels $\varphi$ und der Winkelgeschwindigkeit $\omega$ des rotierenden Zylinders ergibt sich die Viscosität

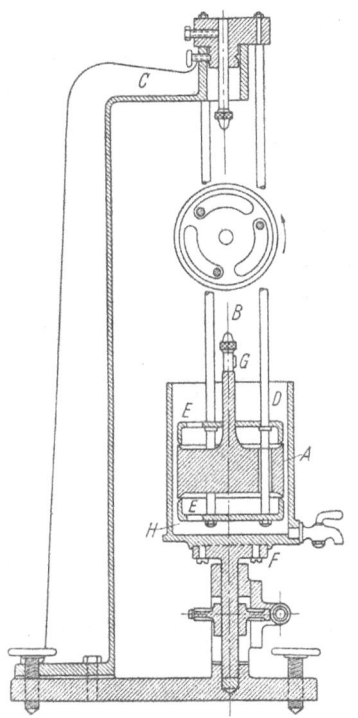

Abb. 5. Das Hatschek-Couette-Viscosimeter.

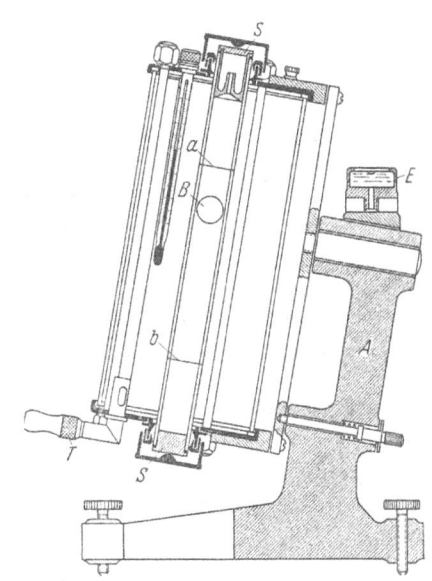

Abb. 6. Das Höppler-Viscosimeter.

der Flüssigkeit nach Gl. (5). Der Vorteil gegenüber den üblichen Capillarviscosimetern besteht in dem konstanten Geschwindigkeitsgefälle.

Als typischer Vertreter dieser Gruppe wird in Abb. 5 das Hatschek-Couette-Viscosimeter gezeigt. Der äußere Zylinder $D$ wird durch einen Synchronmotor angetrieben. Der Innenzylinder $A$ hängt an einem Torsionsfaden. Der Winkel $\varphi$, um den der Innenzylinder sich aus seiner Ruhelage dreht, wird an dem Spiegel $G$ abgelesen. Die Füllung beträgt 300—400 cm³; doch wurden auch Geräte beschrieben, die nur wenige Kubikzentimeter Flüssigkeit benötigen. Die Viscosität errechnet sich nach der Formel

$$\eta = K \frac{\varphi}{\omega}, \tag{5}$$

in der $K$ eine Apparatekonstante, $\omega$ die Winkelgeschwindigkeit des äußeren Zylinders und $\varphi$ der Ablenkungswinkel des inneren Zylinders bedeuten.

Rotationsviscosimeter, bei denen der Innenzylinder angetrieben wird, sind technisch einfacher. Aber die laminare Strömung geht bei diesen Geräten bei viel geringerer Winkelgeschwindigkeit in eine turbulente über als bei der Anordnung von Couette[2]. Daher ist der Meßbereich des letzteren wesentlich größer.

---

[1] Hatschek, E.: Kolloid-Z. **12**, 238 (1913).
[2] Stuart, H. A.: Die Physik der Hochpolymeren. Bd. II, S. 612ff. Berlin, Göttingen, Heidelberg 1953.

18    Viscosimetrie.

*ε) Das Kugelfallviscosimeter nach* Höppler[1].

In der Technik wird das Kugelfallviscosimeter nach Höppler viel angewandt (Abb. 6). In einem geneigten Fallrohr (85°), das die Meßlösung enthält und in einen Thermostaten eingebaut ist, durchfällt die Kugel $B$ die Meßstrecke $a$—$b$. Durch die Neigung des Fallrohres erhält die Kugel eine definierte Führung, was beim freien Fall nicht möglich ist. Die Strömungsverhältnisse um die Kugel sind aber theoretisch unübersichtlich; das Gerät muß empirisch geeicht werden. Der Meßbereich umfaßt die Breite von $10^{-2}$ bis $\sim 10^{+4}$ Poise.

## c) Viscositätsuntersuchungen an Lösungen[2].

Nach der hydrodynamischen Theorie wird die Viscosität einer Lösung von der Störung bestimmt, die ein gelöstes Teilchen in der laminaren Strömung des Lösungsmittels verursacht. Um hierfür eine charakteristische Größe zu gewinnen, dividiert man die Viscosität $\eta$ der Lösung durch die Viscosität $\eta_L$ des reinen Lösungsmittels und erhält die *relative Viscosität* $\eta_r$

$$\eta_r = \frac{\eta}{\eta_L}. \qquad (6)$$

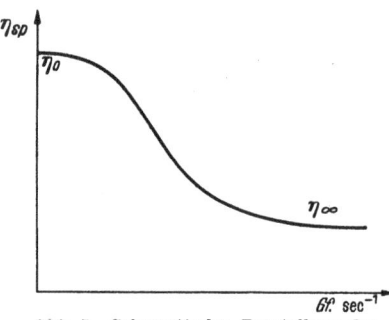

Abb. 7. Schematische Darstellung der Abhängigkeit der spezifischen Viscosität in Lösungen linearmakromolekularer Stoffe vom Geschwindigkeitsgefälle.

Man kann auch die durch den gelösten Stoff in dem Lösungsmittel hervorgerufene Viscositätserhöhung $(\eta - \eta_L)$ durch die Viscosität des reinen Lösungsmittels dividieren. Diese relative Viscositätserhöhung, die ein gelöster Stoff in einem Lösungsmittel hervorbringt

$$\eta_{sp} = \frac{\eta - \eta_L}{\eta_L} = \eta_r - 1, \qquad (7)$$

wird nach Staudinger *spezifische Viscosität* $(\eta_{sp})$ genannt.

Bei Verwendung eines Capillarviscosimeters vereinfacht sich die Gl. (7) unter Heranziehung der Gl. (4) dadurch, daß die Gerätekonstante $K$ eliminiert wird. Mißt man bei so geringen Konzentrationen, daß die Dichteänderung der Lösung gegenüber dem Lösungsmittel vernachlässigbar klein ist, so kann für $\eta$ direkt $t$ gesetzt werden, und Gl. (7) lautet

$$\eta_{sp} = \frac{t - t_L}{t_L} = \frac{t}{t_L} - 1, \qquad (8)$$

wobei $t$ die Durchlaufzeit der Lösung und $t_L$ die des Lösungsmittels ist.

Dividiert man die spezifische Viscosität $\eta_{sp}$ durch die Konzentration $c$ des gelösten Stoffes, so erhält man eine Größe $\eta_{sp}/c$, die unter gewissen Bedingungen schon eine Stoffkonstante darstellt. Sie ist aber nicht nur von dem gelösten Stoff, sondern auch noch von dem *Lösungsmittel*, der *Meßtemperatur*, dem *Geschwindigkeitsgefälle* und der *Konzentration* des gelösten Stoffes abhängig.

*1. Verschiedene Lösungsmittel* ergeben bei demselben Stoff unter sonst gleichen Bedingungen häufig verschiedene Werte für die Größe $\eta_{sp}/c$. Diese Unterschiede werden auf verschiedene Solvatation, aber auch auf verschiedene Gestalt der gelösten Teilchen, z. B. linearer Makromolekeln, zurückgeführt[3]. Unter „guten" Lösungsmitteln versteht man solche, die gelöste Teilchen stark solvatisieren. In solchen Lösungsmitteln ist die spezifische Viscosität höher als in „schlechten" Lösungsmitteln, die schwächer solvatisieren. Man nimmt an, daß mit wachsender Solvatation flexible Linearmolekeln eine gestrecktere Gestalt annehmen, daß also die Solvatation der Knäuelung entgegenwirkt.

*2. Der Einfluß der Temperatur* auf die Größe $\eta_{sp}/c$ ist zwar viel geringer als auf $\eta$ selbst. Trotzdem ist es ratsam, $\eta_{sp}/c$ immer bei einer bestimmten Temperatur zu messen. Im

---

[1] Höppler, F.: Chem.-Ztg. **57**, 62 (1933). Z. techn. Physik **14**, 165 (1933).
[2] Staudinger, H.: Organische Kolloidchemie. Braunschweig 1950.
[3] Staudinger, H.: Organische Kolloidchemie. S. 198, 219ff. Braunschweig 1950.

allgemeinen mißt man bei 20° C. Die Temperaturkonstanz muß um so exakter eingehalten werden, je kleiner die gemessenen spezifischen Viscositätswerte sind. Tritt eine stärkere Temperaturabhängigkeit auf, so ist fast immer Assoziation gelöster Teilchen die Ursache[1]. Man vermeidet nach Möglichkeit Lösungsmittel, in denen ein außergewöhnlicher Temperatureinfluß auftritt.

3. In Lösungen vieler, insbesondere linearer, makromolekularer Stoffe ist die Viscosität stark abhängig von dem *Geschwindigkeitsgefälle*. Und zwar werden die Abweichungen vom NEWTONschen bzw. vom HAGEN-POISEUILLEschen Gesetz um so größer, je länger die gelösten Fadenmolekeln sind[2]. In solchen Fällen erhält man zwei Grenzwerte der Viscosität: $\eta_0$ bei unendlich kleinem Geschwindigkeitsgefälle und $\eta_\infty$ bei unendlich großem Geschwindigkeitsgefälle. Im dazwischenliegenden Bereich spricht man von *Strukturviscosität*. Der Verlauf der spezifischen Viscosität in Abhängigkeit vom Geschwindigkeitsgefälle ist schematisch aus Abb. 7 zu ersehen. Die Verhältnisse werden am einfachsten bei verschwindendem Geschwindigkeitsgefälle, also für $G \to 0$. Es ist auf jeden Fall ratsam, Messungen, deren Ergebnisse miteinander verglichen werden sollen, bei gleichem und geringem Geschwindigkeitsgefälle auszuführen.

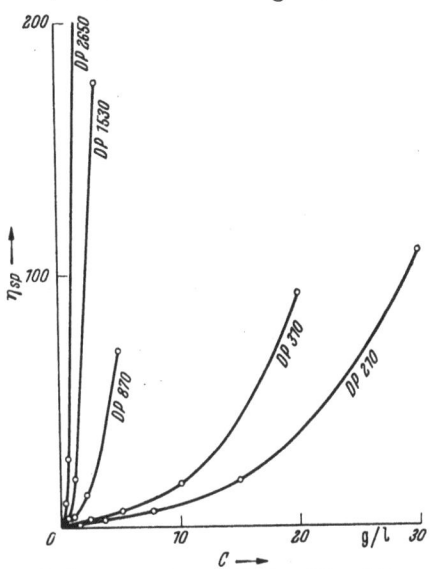

Abb. 8. Anstieg der spezifischen Viscosität $\eta_{sp}$ von Cellulosenitraten in Butylacetat mit der Konzentration.

Bei Benutzung eines OSTWALD-Viscosimeters mit veränderlichem Geschwindigkeitsgefälle muß man sich bei Messungen an Lösungen langkettiger Makromolekeln vergewissern, ob im Meßbereich Strukturviscosität vorliegt.

4. Die *Konzentrationsabhängigkeit* des Quotienten $\eta_{sp}/c$ kann sehr verschieden sein. Bei *Lösungen linearer Makromolekeln* steigt die spezifische Viscosität schon bei geringen Konzentrationen stärker als proportional mit der Konzentration an (Abb. 8). Daher steigt auch $\eta_{sp}/c$ mit der Konzentration. Aus Abb. 9, die die Abhängigkeit der $\eta_{sp}/c$-Werte von Nitrocellulosen verschiedenen Durchschnittspolymerisationsgrades (DP 210 bis DP 2650) in Butylacetat wiedergibt, ist zu erkennen, daß mit wachsendem Polymerisationsgrad die Viscositäts-Konzentrationskurven steiler werden. Dieses Verhalten ist für Lösungen homöopolarer, linearer Makromolekeln charakteristisch.

Anderes Verhalten zeigen *kugelförmige Makromolekeln*, z. B. das Glykogen. Hier ist $\eta_{sp}/c$ in einem verhältnismäßig großen Bereich unabhängig von der Konzentration. Lösungen solcher Stoffe gehorchen ziemlich genau dem EINSTEINschen Gesetz, das man hier angenähert schreiben kann

$$\frac{\eta_{sp}}{c} = K. \qquad (9)$$

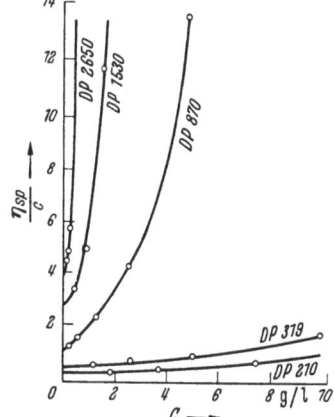

Abb. 9. Anstieg der $\eta_{sp}/c$-Werte von Cellulosenitraten in Butylacetat mit der Konzentration.

### d) Die Viscositätszahl $Z\eta$.

Wegen ihrer Konzentrationsabhängigkeit ist $\eta_{sp}/c$ bei Lösungen langkettiger Makromolekeln noch keine Stoffkonstante. Um nun eine konzentrationsunabhängige Größe für den gelösten Stoff zu erhalten, mißt man $\eta_{sp}/c$ bei mehreren Konzentrationen und

---

[1] STAUDINGER, H.: Organische Kolloidchemie. S. 92. Braunschweig 1950.
[2] STAUDINGER, H.: Organische Kolloidchemie. S. 249. Braunschweig 1950.

extrapoliert nach der Konzentration $c \to 0$. Diese Extrapolation wird meist graphisch ausgeführt. Wird eine größere Genauigkeit angestrebt, so ermittelt man diesen Grenzwert rechnerisch nach einer der hierfür entwickelten Gleichungen[1].

Die so erhaltene, konzentrationsunabhängige Größe wird nach STAUDINGER *Viscositätszahl* genannt und ist folgendermaßen definiert

$$Z\eta = \lim_{c \to 0} \frac{\eta_{sp}}{c}. \qquad (10)$$

Diese Viscositätszahl ist nunmehr eine charakteristische Größe für den gelösten Stoff. Allerdings steht sie noch unter all den Einflüssen, denen auch die $\eta_{sp}/c$-Werte unterliegen. Daher ist die Viscositätszahl nur dann eindeutig, wenn die Meßbedingungen festgelegt sind. Zu jeder Viscositätszahl muß das verwendete Lösungsmittel angegeben werden, weil $Z\eta$ sich mit dem Lösungsmittel ändert. Das Geschwindigkeitsgefälle muß konstant und möglichst nahe Null sein (Strukturviscosität); hierauf muß besonders bei hohen Molgewichten linearmolekularer Stoffe geachtet werden. Die Temperatur übt zwar nur einen relativ geringen Einfluß aus; man mißt aber am besten bei 20° C, um die Ergebnisse mit anderen vergleichen zu können.

Man kann die Viscositätszahl auch bestimmen, indem man die Größe $\ln \eta_r/c$ nach $c \to 0$ extrapoliert. Beim Übergang zum Grenzwert $c \to 0$ werden die beiden Funktionen $\eta_{sp}/c$ und $\ln \eta_r/c$ identisch[2]. Die logarithmische Funktion verläuft etwas flacher und kann daher manchmal von Vorteil sein.

Die Dimension der Viscositätszahl ist eine reziproke Konzentration; es ist im deutschen Sprachraum üblich, die Konzentration in Grammen je Liter Lösung, in USA meist in g/100 cm³ anzugeben; der Grenzwert der aus der letzteren Konzentration sich ergebenden spezifischen Viscosität wird als *„intrinsic viscosity"* $[\eta]$ bezeichnet. Es ergibt sich daraus, daß „intrinsic viscosity"-Werte 10fach größer sind als Viscositätszahlen $Z\eta$. Neuerdings wird die Konzentration auch in g/cm³ angegeben[3].

### e) Viscositätszahl $Z\eta$, Größe und Gestalt der gelösten Teilchen bei homöopolaren Molekülkolloiden[4].

Die Viscositätszahl homöopolarer Molekülkolloide wird in erster Linie von der Gestalt und Größe der gelösten Teilchen bestimmt. Bei kugelförmigen Makromolekeln, z. B. beim Glykogen und sogar bei einigen, nicht homöopolar gebauten Proteinen ist sie verhältnismäßig klein und unabhängig vom Molekulargewicht. Ihre Größe entspricht etwa der EINSTEINschen Beziehung (9).

Bei vielen linearen Molekeln besteht ein deutlicher Zusammenhang zwischen der Viscositätszahl $Z\eta$ und dem Molekulargewicht bzw. dem Polymerisationsgrad $P$. Nach STAUDINGER lautet diese Beziehung

$$Z\eta = K_m \cdot P = K_{äqu} \cdot n. \qquad (11)$$

Dabei sind $K_m$ bzw. $K_{äqu}$ Konstanten, bezogen auf das Grundmolgewicht bzw. auf das Kettenäquivalentgewicht, das ist das durchschnittliche Gewicht eines Kettengliedes samt Substituenten. Die Anzahl $n$ der Kettenatome einer Makromolekel ergibt sich aus dem Polymerisationsgrad durch Multiplikation mit der Anzahl der Kettenatome der Grundmolekel; Molgewicht $M$ und Polymerisationsgrad $P$ sind durch die Beziehung

$$M = m \cdot P \qquad (12)$$

verbunden, wobei $m$ als Grundmolekulargewicht bezeichnet wird.

---

[1] SCHULZ, G. V., u. F. BLASCHKE: J. prakt. Chem. **158**, 130 (1941). — PETERLIN, A., u. R. SIGNER: Helv. **36**, 1575 (1953).

[2] MATTHES, A.: Angew. Chem. **54**, 517 (1941).

[3] PETERLIN, A. in STUART, H. A.: Die Physik der Hochpolymeren. Bd. II, S. 291. Berlin, Göttingen, Heidelberg 1953. — PETERLIN, A., u. R. SIGNER: Helv. **36**, 1575 (1953).

[4] STAUDINGER, H.: Organische Kolloidchemie. S. 219. Braunschweig 1950.

Beziehung (11) gilt nur in wenigen Fällen über einen großen Molekelgrößenbereich, z. B. bei Cellulosen und ihren Derivaten. Häufiger trifft das folgende, von W. KUHN[1] aufgestellte Potenzgesetz zu

$$Z\eta = K_m \cdot P^\alpha. \tag{13}$$

Für $\alpha = 1$ geht diese Beziehung in (11) über. Meist liegt der Exponent $\alpha$ zwischen 0,5 und 1.

Eine kritische Zusammenstellung der vorliegenden Messungen und ihre Auswertung gibt PETERLIN[2]. Aus ihr ist zu ersehen, daß Gl. (13) z. B. für Lösungen von Naturkautschuk, Polyisobutylenen, Polystyrolen und Polymethylacrylaten recht genau erfüllt ist, wobei $\alpha$ zwischen 0,6 und 0,8 liegt.

Bei vielen polymerhomologen Reihen ist aber der Exponent $\alpha$ nicht konstant, sondern nimmt mit steigendem Molekulargewicht ab; es wurde auch schon $\alpha > 1$ gefunden.

Auch andere Funktionen zwischen Viscositätszahl und Molekelgröße wurden aufgestellt[2]. Es existiert also keine allgemeingültige Beziehung zwischen Viscositätszahl und Molgewicht eines gelösten makromolekularen Stoffes und es ist auch kaum zu erwarten, daß eine solche Beziehung aufgefunden wird. Doch sind schon mehrere Gleichungen bekannt, die jeweils bei einer mehr oder weniger großen Zahl von Stoffen in bestimmten Molekelgrößenbereichen gute Dienste leisten.

Die angeführten Beziehungen erlauben es, wenn die erforderlichen Konstanten für eine polymerhomologe Reihe in einem bestimmten Lösungsmittel mit Hilfe einer Absolutmethode — z. B. durch osmotische Messungen — festgelegt sind, mit Hilfe der Viscosimetrie schnell und bequem Molekulargewichte innerhalb dieser polymerhomologen Reihe zu bestimmen.

Besondere Beachtung muß dabei noch der *Molekelgrößenverteilung* geschenkt werden. Da fast alle makromolekularen Stoffe Gemische von Polymerhomologen darstellen, ergibt die Bestimmung der Molekelgröße Durchschnittswerte. Die Mittelung ist von der angewandten Methode abhängig; osmotische, kryoskopische Messungen und Endgruppenbestimmungen ergeben das sog. *Zahlenmittel*, viscosimetrische Bestimmungen das *Gewichtsmittel*[3]; sie sind also nicht ohne weiteres vergleichbar. Ferner kann man, auch bei Verwendung derselben Methode, vergleichbare Durchschnittswerte nur erwarten, wenn vergleichbare Molekelgrößenverteilung vorliegt. Deshalb kommt der sorgfältigen *Fraktionierung* makromolekularer Stoffe so große Bedeutung zu.

Da Viscositätszahl und Molekelgröße symbat gehen, kann insbesondere der hydrolytische bzw. der oxydative Abbau linearer Makromolekeln in Lösung mit Hilfe von Viscositätsmessungen leicht verfolgt werden, z. B. bei Naturkautschuk, Cellulose, Stärke und linearen Proteinen. Dagegen ist dies bei makromolekularen Stoffen isodimensionaler Gestalt (Sphärokolloide) nicht möglich, weil die Viscositätszahl unabhängig von der Größe solcher Makromolekeln ist; es gilt ja die EINSTEINsche Viscositätsbeziehung.

Viscositätsmessungen in *verschiedenen* Lösungsmitteln und bei *verschiedenen* Temperaturen erlauben wertvolle Aussagen über Solvatation und Assoziation gelöster Teilchen.

### f) Viscositätsverhalten von Lösungen heteropolarer Molekülkolloide[4].

Ein ganz anderes Viscositätsverhalten als die homöopolaren Molekülkolloide zeigen *Polyelektrolyte*. Viele Naturstoffe sind polyvalente Säuren oder Basen oder Ampholyte,

---

[1] KUHN, W.: Angew. Chem. 49, 858 (1936). — KUHN, W., u. H. KUHN: Helv. 26, 1394 (1943). — HOUWINK, R.: J. prakt. Chem. 157, 15 (1940).

[2] PETERLIN, A. in STUART, H. A.: Die Physik der Hochpolymeren. Bd. II, S. 305. Berlin, Göttingen, Heidelberg 1953.

[3] Diese Aussage gilt nur, wenn die lineare Beziehung (11) gültig ist; für (13) ergibt sich eine kompliziertere Mittelung.

[4] STAUDINGER, H.: Organische Kolloidchemie. S. 244. Braunschweig 1950. — STRAUSS, U. P., u. R. M. FUOSS in STUART, H. A.: Die Physik der Hochpolymeren. Bd. II, S. 680. Berlin, Göttingen, Heidelberg 1953.

z. B. die Proteine. Als Modellsubstanzen dienen hier insbesondere die Polyacrylsäure und das Polyäthylenimin und deren Salze, ferner Polyvinylpyridiniumsalze und Polypeptide, z. B. aus Lysin oder Glutaminsäure.

Polyelektrolyte sind makromolekulare Verbindungen, die eine große Zahl dissoziationsfähiger Gruppen als Seitenketten haben. Die Häufung dissoziationsfähiger Gruppen in den Seitenketten der Makromolekeln beeinflußt natürlich besonders stark die Löslichkeit. Polyelektrolyte lösen sich fast nur in Wasser oder in wäßrigen Lösungen.

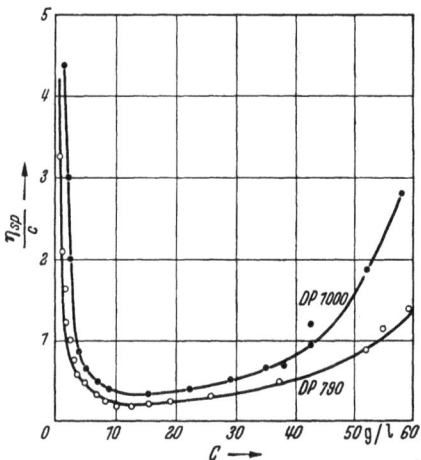

Abb. 10. Abhängigkeit der $\eta_{sp}/c$-Werte wäßriger Lösungen von zwei Polyacrylsäuren von der Konzentration.

So zeigt auch der Quotient $\eta_{sp}/c$ bei Lösungen solcher kettenförmiger, polyvalenter Verbindungen eine Konzentrationsabhängigkeit, die von derjenigen homöopolarer Makromolekeln der gleichen Größe stark abweicht. Mit steigender Konzentration nimmt die Größe $\eta_{sp}/c$ sehr stark ab, durchläuft ein Minimum, um dann wieder anzusteigen (Abb. 10). Am Beispiel der Polyacrylsäure konnte KERN[1] zeigen, daß für dieses absonderliche Verhalten zwei Einflüsse maßgebend sind: einmal der Elektrolytcharakter, der den starken Viscositätsabfall bedingt, und zum anderen der makromolekulare Bau der Molekel, der den Wiederanstieg verursacht. Der Quotient $\eta_{sp}/c$ kann für polyvalente Säuren in einen „ionalen Faktor" und einen „makromolekularen Faktor" zerlegt werden. Der ionale Faktor ist proportional der $H^+$-Aktivität, der makromolekulare Faktor proportional dem Molgewicht.

Das neutrale Na-salz der Polyacrylsäure zeigt ein ähnliches Bild. Nur liegen hier die Werte für $\eta_{sp}/c$ noch wesentlich höher. Bei Zusatz überschüssiger Natronlauge oder neutraler Salze, z. B. Natriumchlorid, verschwinden die Anomalien; der Polyelektrolyt verhält sich wie homöopolare Makromolekeln. Entsprechendes Verhalten zeigen polyvalente Basen.

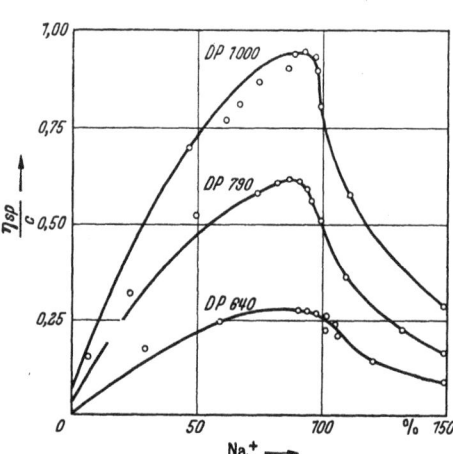

Abb. 11. Verlauf der $\eta_{sp}/c$-Werte wäßriger Lösungen von Polyacrylsäure (Konzentration aller Lösungen 4,7 g/Liter) in Abhängigkeit von der Neutralisation mit NaOH.

FUOSS[2] kann die experimentellen Ergebnisse an wäßrigen Lösungen von Polyvinylbutylpyridiniumbromid durch die Beziehung

$$\frac{\eta_{sp}}{c} = \frac{A}{1 + B\sqrt{c}} \qquad (14)$$

gut wiedergeben. Diese Beziehung hat insbesondere den Vorteil, daß der Grenzwert der spezifischen Viscosität, $Z\eta$, extrapoliert und in Beziehung zur Molekelgröße gebracht werden kann.

Werden Lösungen einer polyvalenten Säure mit einwertigen Basen neutralisiert, so nimmt die spezifische Viscosität der wäßrigen Lösung mit steigendem „Titrationsgrad" zu, durchläuft etwa beim Äquivalenzpunkt ein Maximum, fällt dann steil ab und verhält sich schließlich wie das Salz der polyvalenten Säure bei Neutralsalzzusatz (Abb. 11).

Das Viscositätsverhalten polyvalenter Modellsubstanzen bietet die Möglichkeit für eine Erklärung der $p_H$-Abhängigkeit der Viscosität vieler makromolekularer Naturstoffe, vor

---

[1] KERN, W.: Z. physik. Chem. (A) **181**, 249, 283 (1938); **184**, 197, 302 (1939). B. Z. **301**, 338 (1939).

[2] STRAUSS, U. P., u. R. M. FUOSS in STUART, H. A.: Die Physik der Hochpolymeren. Bd. II, S. 680. Berlin, Göttingen, Heidelberg 1953.

allem der Proteine. Diese amphoteren Polyelektrolyte haben im isoelektrischen Punkt ein Viscositätsminimum. Der Anstieg der Viscosität nach beiden Seiten ist bedingt durch die Neutralisation saurer bzw. basischer Gruppen.

Dieses Verhalten wird von STAUDINGER[1] und seiner Schule durch „Schwarmbildung" polyvalenter Ionen im Sinne der DEBYE-HÜCKELschen Theorie der Elektrolyte erklärt. Die Ionenwolken polyvalenter Anionen um monovalente Gegenionen verursachen eine lockere gegenseitige Verknüpfung der polyvalenten Makroionen und damit eine Strukturierung der Lösung; die geladenen Fadenmolekeln werden gegeneinander festgelegt, was zur Viscositätserhöhung führt. In Gegenwart überschüssiger Gegenionen (Zusatz niedermolekularer Elektrolyte) wird die Schwarmbildung gestört und schließlich sogar aufgehoben. Die Lösung verhält sich dann „normal", wie diejenige linearer, homöopolarer Molekülkolloide. Bei sphäromakromolekularen Polyelektrolyten tritt bei Änderung des Ladungszustandes keine Änderung der Viscosität der Lösung ein.

Andere Autoren[2] erklären das Viscositätsverhalten der Polyelektrolyte durch die Gestaltsänderung, die die geladenen Makromolekeln unter den angeführten Bedingungen erleiden. Mit zunehmender Dissoziation (z. B. bei der Neutralisation) wächst die Zahl der gleichsinnig aufgeladenen Ladungsträger in der Makromolekel; die dadurch verursachte innermolekulare Abstoßung bewirkt eine Streckung der Fadenmolekeln und damit ein Ansteigen der Viscosität. Der Zusatz von Gegenionen drängt die Dissoziation und damit die Abstoßung zurück; die dadurch begünstigte Knäuelung der Makromolekeln führt zur Viscositätsverminderung. Die Viscosität soll also durch die Molekelgestalt bestimmt werden, die sich mit dem Dissoziationszustand ändert.

Über den Abbau der Proteine[3] können auf Grund von Viscositätsmessungen Aussagen gemacht werden. Doch muß dies mit großer Vorsicht geschehen, da neben der Molekelgröße der Dissoziationszustand von entscheidendem Einfluß ist.

# Osmotischer Druck[4-8].

Von

## H. J. Schatzmann.

Mit 10 Abbildungen.

### a) Einleitung.

Unterteilt man ein Gefäß durch eine *semipermeable* (halbdurchlässige) *Membran* in zwei Abteilungen, und füllt die eine mit einer Lösung, die andere mit dem reinen Lösungsmittel, so beobachtet man, daß Lösungsmittel in die Lösung einströmt, so daß ihr Volumen zunimmt und sie eine Verdünnung erfährt. Unter einer semipermeablen Membran versteht man eine Schicht eines Materials, das von dem Lösungsmittel durch Diffusion durchdrungen werden kann, für den gelösten Stoff aber undurchlässig ist. Wählt man für die Lösung ein geschlossenes Gefäß, so steigt in demselben als Folge der Einströmtendenz

---

[1] STAUDINGER, H.: Die hochmolekularen organischen Verbindungen. Berlin 1932. Organische Kolloidchemie. Braunschweig 1950.

[2] KUHN, W.: Helv. **31**, 1994 (1948). — STRAUSS, U. P., u. R. M. FUOSS in STUART, H. A.: Die Physik der Hochpolymeren. Bd. II, S. 695. Berlin, Göttingen, Heidelberg 1953.

[3] JIRGENSONS, B.: J. prakt. Chem. **160**, 120 (1942).

*Zusammenfassende Darstellungen über Osmotischen Druck:*

[4] OSTWALD-LUTHER-DRUCKER: Handbuch und Hilfsbuch zur Ausführung physikalisch-chemischer Messungen. 5. Aufl. 1943.

[5] EUCKEN, A.: Lehrbuch der chemischen Physik. 5. Aufl. Leipzig 1930.

[6] FINDLAY, A.: Der osmotische Druck. (Deutsch von G. SZIVESSY.) Dresden 1914.

[7] SCHREINEMAKERS, F. N. H.: Lectures on Osmosis. 1938.

[8] KUHN, W.: Physikalische Chemie. Basel 1947.

des Lösungsmittels der Druck bis zu einem gewissen Wert an. Dieser Druck wird als osmotischer Druck bezeichnet und kann als Maß für die die Strömung des Lösungsmittels erzeugende, treibende Kraft betrachtet werden (um Begriffsverwirrungen vorzubeugen ist es gut, sich klar zu machen, daß der osmotische Druck nicht etwa die Ursache der Lösungsmittelbewegung ist, da er ja umgekehrtes Vorzeichen hat, sondern deren Folge darstellt).

Da *Zellwände* mit allerdings recht weitgehenden Einschränkungen als semipermeable Membranen betrachtet werden können, ist es nicht verwunderlich, daß es ein Botaniker war, der erstmals dem osmotischen Druck soweit Beachtung schenkte, daß er ihn messend verfolgte (PFEFFER[1])*. Als sog. osmotische Zelle benützte er ein unglasiertes Tongefäß, in dessen Poren er einen Niederschlag von Dikupferhexacyanoferrat erzeugte, der für niedermolekulare Stoffe wie z. B. Zucker in wäßriger Lösung weitgehend semipermeabel ist (Abb. 1). Seine Untersuchungen zeitigten das grundsätzlich wichtige Ergebnis, daß der osmotische Druck $P$ verdünnter Lösungen proportional der molaren Konzentration, d. h. der Anzahl gelöster Teilchen, und der Temperatur ist

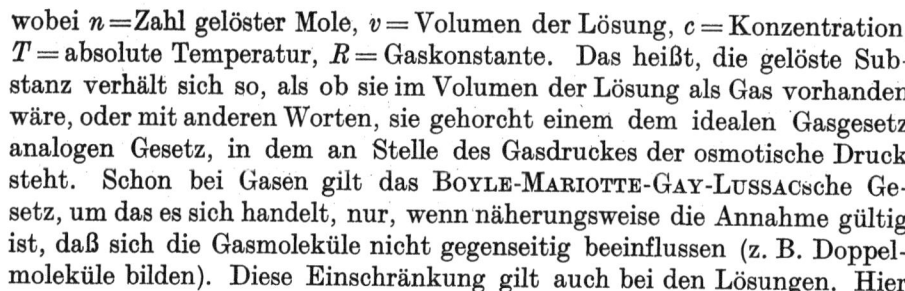

Abb. 1. Osmometer von PFEFFER.

$$P = \frac{n}{v} \cdot RT = c \cdot RT \, (= c \cdot 0{,}0821 \cdot T \text{ atm.}), \qquad (1)$$

wobei $n=$ Zahl gelöster Mole, $v=$ Volumen der Lösung, $c=$ Konzentration, $T=$ absolute Temperatur, $R=$ Gaskonstante. Das heißt, die gelöste Substanz verhält sich so, als ob sie im Volumen der Lösung als Gas vorhanden wäre, oder mit anderen Worten, sie gehorcht einem dem idealen Gasgesetz analogen Gesetz, in dem an Stelle des Gasdruckes der osmotische Druck steht. Schon bei Gasen gilt das BOYLE-MARIOTTE-GAY-LUSSACsche Gesetz, um das es sich handelt, nur, wenn näherungsweise die Annahme gültig ist, daß sich die Gasmoleküle nicht gegenseitig beeinflussen (z. B. Doppelmoleküle bilden). Diese Einschränkung gilt auch bei den Lösungen. Hier kommt aber noch hinzu, daß auch Anziehungen zwischen dem Lösungsmittel und der gelösten Substanz Abweichungen vom Gasgesetz hervorrufen (Hydratation).

Diese auf PFEFFER zurückgehende Erkenntnis wurde von VAN'T HOFF[2] in ihrer vollen Bedeutung erfaßt und ging als wesentlicher Bestandteil in seine Theorie der Lösungen ein.

*α) Direkte Bestimmung des osmotischen Druckes.*

MORSE[3] und FRAZER[4] sowie BERKELEY und HARTLEY[5,6] führten die Messungen von PFEFFER in verbesserter Weise weiter und dehnten sie vor allem auf weitere Konzentrations- und Temperaturbereiche aus. Sie benützten wie PFEFFER vor allem Dikupferhexacyanoferrat als semipermeable Membran und Rohrzuckerlösungen. Die technischen Schwierigkeiten, die sich solchen direkten Messungen des osmotischen Druckes bei höheren Konzentrationen entgegenstellen, sind ganz beträchtlich. Die Dikupferhexacyanoferrat-

---

* In der Beschreibung des Phänomens hatte PFEFFER Vorläufer in Abbé NOLLET 1748[7], DUTROCHET 1827—1832[8], VIERORDT 1848[9].

[1] PFEFFER, W.: Osmotische Untersuchungen. Leipzig 1877.

[2] VAN'T HOFF, J. H.: Arch. néerl. Sci. exact. natur. **20**, 239 (1886). Kgl. svenska Vet.-Akad. Handl. **21**, 3 (1886). Z. physik. Chem. **1**, 481 (1887). Philos. Mag. **26**, 81 (1888). Vorlesungen über theoretische Chemie. Braunschweig 1901—1903.

[3] MORSE, H. N.: Amer. chem. J. **26**, 80 (1901); **28**, 1 (1902); **29**, 173 (1903); **32**, 93 (1904); **34**, 1 (1905); **37**, 324, 558; **38**, 175 (1907); **40**, 266 (1908); **41**, 92 (1909); **45**, 91, 237, 383, 517 (1911); **48**, 29 (1912).

[4] MORSE, H. N., and J. C. W. FRAZER: Amer. chem. J. **36**, 39 (1906); **39**, 667 (1917); **40**, 194 (1918); **41**, 257 (1919); **45**, 554 (1923); **48**, 91 (1926).

[5] Lord BERKELEY: Proc. R. Soc. London (A) **85**, 502 (1911).

[6] Lord BERKELEY, and E. G. J. HARTLEY: Philos. Trans. R. Soc. London (A) **206**, 481 (1906).

[7] Abbé NOLLET: Hist. Acad. R. Sci., Paris **1748**, 101.

[8] DUTROCHET, R.: Ann. Chim. Physique **35**, 393 (1827); **37**, 191 (1828); **51**, 159 (1832).

[9] VIERORDT, K.: Ann. Physik (2) **73**, 519 (1848).

membran ist mechanisch wenig widerstandsfähig. Um ihr den bei hohen Drucken unbedingt nötigen Halt zu geben, wurde von diesen Autoren wiederum der Weg gewählt, daß die Membran in den Poren einer Tonfilterkerze niedergeschlagen wurde. MORSE fand, daß eine Verbesserung der Membranen erzielt wird, wenn die Ionen durch elektrischen Transport in die Filterporen eingebracht werden. Zur Entfernung der Luft wurde die Zelle zuerst in verdünnte Kaliumsulfatlösung gestellt und die Kathode innen, die Anode außen angebracht, so daß durch elektrische Endosmose ein Wasserstrom entstand, der die Luft aus den Poren verdrängte. Danach wurde die Zelle sorgfältig salzfrei gewaschen, mit Tetrakaliumhexacyanoferrat gefüllt und in Kupfersulfat gestellt. Von einer Kupferanode außen ging der Strom zu einer Platinkathode innen. Dieser Vorgang wurde mehrmals unter jeweiliger Prüfung des mit der Membran erreichbaren osmotischen Druckes wiederholt, bis dieser nicht weiter gesteigert werden konnte. Wie sehr es auf technische Einzelheiten ankommt, zeigt recht eindrücklich die Angabe von MORSE und FRAZER[1], daß von 500 vom Töpfer gelieferten Zellen keine einzige tauglichen Membranen ergab. Die nötige Feinheit wurde nur erreicht, wenn die nasse Tonerde durch ein seidenes Siebtuch von etwa 2600 Löchern je Quadratzentimeter gepreßt und nachher unter dem Druck von 200 Tonnen während 14—16 Std geformt wurde. MORSE und FRAZER verwendeten geschlossene Manometer, die mit Stickstoff gefüllt waren und vorher kalibriert wurden. Mit ihren Apparaturen waren die Autoren imstande, Drucke bis zu 30 Atm. sehr genau zu messen.

BERKELEY und HARTLEY[2] führten als weitere direkte Meßmethode für den osmotischen Druck die sog. dynamische Messung ein, die darin besteht, daß nicht der Druck im Gleichgewicht, sondern die Geschwindigkeit des Druckanstieges am Anfang des Experimentes gemessen wird. Damit werden die hohen Drucke vermieden, jedoch sind auch hier die Güte und die Reproduzierbarkeit der Membranen von ausschlaggebender Bedeutung.

Eine von MORSE und FRAZER verwendete Zelle zeigt Abb. 2.

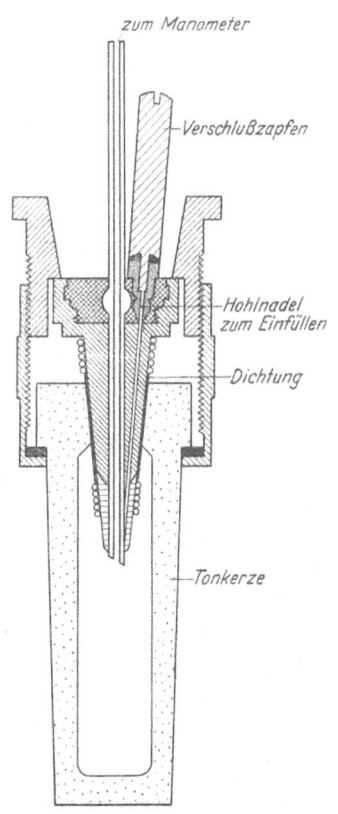

Abb. 2. Einer der von MORSE[3] verwendeten Apparate. Das mit Stickstoff gefüllte, geschlossene Manometer ist nicht gezeichnet.

Diese hier kurz gestreiften experimentellen Arbeiten hatten vorerst einmal den Sinn, zu prüfen, ob die Gl. (1) tatsächlich erfüllt wird, und ob Abweichungen von dieser einfachen Gesetzmäßigkeit eventuell durch Einführung von Korrekturgliedern in die Gl. (1) erfaßt werden könnten. Es wurden tatsächlich eine große Anzahl Formeln angegeben, die der VAN DER WAALschen Zustandsgleichung der Gase ähnlich sind und einen Korrekturfaktor für die Anziehung der gelösten Moleküle unter sich und für die Anziehung zwischen gelösten Molekülen und Lösungsmittelmolekülen enthalten (BOGDAN[4], BREDIG[5], NOYES[6], ABEGG[7], EWAN[8], WIND[9], SACKUHR[10]). Nach Lord

---

[1] MORSE, H. N., and J. C. W. FRAZER: Amer. chem. J. **36**, 39 (1906); **39**, 667 (1917); **40**, 194 (1918); **41**, 257 (1919); **45**, 554 (1923); **48**, 91 (1926).

[2] Lord BERKELEY, and E. G. J. HARTLEY: Proc. R. Soc. London (A) **82**, 271 (1909).

[3] MORSE, H. N.: Amer. chem. J. **45**, 91 (1911).

[4] BOGDAN, P.: Ann. sci. Jassy **4**, 151 (1907).

[5] BREDIG, G.: Z. physik. Chem. **4**, 444 (1889).

[6] NOYES, A. A.: Z. physik. Chem. **5**, 53 (1890).

[7] ABEGG, R.: Z. physik. Chem. **14**, 409 (1894); **20**, 207 (1896).

[8] EWAN, T.: Z. physik. Chem. **14**, 409 (1894).

[9] WIND, C. H.: Arch. néerl. Sci. exact. natur. (II) **6**, 714 (1901).

[10] SACKUHR, O.: Z. physik. Chem. **70**, 447 (1901). Z. Elektrochem. **18**, 641 (1912).

BERKELEY und HARTLEY[1] geben zwei Gleichungen die experimentell gefundenen Beziehungen mit recht hoher Genauigkeit wieder

$$\left(\frac{A}{v} - p + \frac{a}{v^2}\right) \cdot (v - b) = RT, \qquad (2)$$

$$\left(\frac{A}{v} + p - \frac{a}{v^2}\right) \cdot (v - b) = RT, \qquad (3)$$

wobei $A/v$ eine Korrektur für die Anziehung zwischen Lösungsmittel und gelöstem Stoff darstellt, während $a/v^2$ die Anziehung der gelösten Moleküle unter sich berücksichtigt. In Gl. (2) bedeutet $v$ das Volumen Lösungsmittel, in dem sich ein Grammol gelöster Stoff befindet, in Gl. (3) ist $v$ das Volumen der Lösung, in der sich ein Grammol gelöster Stoff befindet. Die Zahlenwerte der Konstanten sind je nach Substanzen verschieden und nur experimentell zu ermitteln.

Nachdem die *Gültigkeit des einfachen Gasgesetzes* oder einer seiner korrigierten Formen einmal festgelegt war, hat die Bestimmung des osmotischen Druckes eine praktische Bedeutung dadurch erlangt, daß sie erlaubt, auf einfache Art die Zahl Grammole, die sich in einer Lösung befinden, zu ermitteln, und damit, wenn die Gewichtskonzentration der Lösung bekannt ist, das *Molekulargewicht* der gelösten Substanz anzugeben.

*β) Die kinetische Theorie des osmotischen Druckes.*

Die kinetische Gastheorie gibt eine anschauliche Ursache des in einem Gas herrschenden Druckes an: Der Gasdruck ist die Kraft, die bei den elastischen Stößen der Gasmoleküle gegen die Wand des Gasbehälters ausgeübt wird. Eine ähnliche Erklärung läßt sich auch für den osmotischen Druck geben. Die gelösten Moleküle prallen hier an der semipermeablen Wand ab und teilen ihre kinetische Energie den Lösungsmittelmolekülen mit. Dadurch wirkt auf das Lösungsmittel eine Kraft, die von der Membran in das Innere der Lösung gerichtet ist, und deren Folge bei offenem Gefäß natürlich ein Strömen von Lösungsmittel von außen nach innen ist.

Zur Deutung des osmotischen Druckes s. z. B. LUCAS[2], METCALF[3], THIEL[4], WOHL[5], FREDENHAGEN[6].

*γ) Beziehung der Dampfdruckerniedrigung zum osmotischen Druck.*

Nun lassen sich an Lösungen andere Erscheinungen beobachten und messen, die mit dem osmotischen Druck einen inneren Zusammenhang haben und mit Hilfe derer man auf indirektem Weg den osmotischen Druck einer Lösung bestimmen kann. Es sind dies die *Dampfdruckerniedrigung*, die *Siedepunktserhöhung* und die *Gefrierpunktserniedrigung* der Lösungen. Die Verwandtschaft dieser Erscheinungen unter sich und mit dem osmotischen Druck erhellt aus den leicht ableitbaren thermodynamischen Beziehungen, die unter ihnen herzustellen sind. Man kommt hier am besten zum Ziel, wenn man zuerst eine solche Beziehung zwischen Dampfdruckerniedrigung und osmotischem Druck herstellt, da Siedepunktserhöhung und Gefrierpunktserniedrigung nur Folgen der Dampfdruckerniedrigung sind.

Der osmotische Druck ist imstande, Arbeit zu leisten, wenn der Lösung Gelegenheit gegeben wird, sich unter Aufnahme von Wasser auszudehnen. Wenn z. B. der semipermeabel gedachte Kolben in Abb. 3 sich beim Einströmen von Wasser in die Lösung nach links verschiebt, leiste er die Arbeit $A_p$, wenn die Volumenänderung $\Delta V$ sei

$$A_p = P \cdot \Delta V.$$

---

[1] Lord BERKELEY, and E. G. J. HARTLEY: Proc. R. Soc. London (A) **70**, 125 (1907).
[2] LUCAS, R.: Cr. **214**, 25, 536 (1942).
[3] METCALF, W.: Kolloid-Z. **94**, 157 (1941).
[4] THIEL, A.: Kolloid-Z. **91**, 316 (1940).
[5] WOHL, K.: Z. physik. Chem. (A) **179**, 195 (1937).
[6] FREDENHAGEN, K.: Physik. Z. **36**, 321 (1935). Kolloid-Z. **19**, 272 (1942).

Dabei seien $\Delta n_L$ Mole Lösungsmittel in die Lösung eingetreten; das Gewicht derselben $\Delta G_L = \varrho \cdot \Delta V$, die Molzahl also

$$\Delta n_L = \frac{\Delta G_L}{M_L} = \frac{\varrho \Delta V}{M_L} = \frac{\Delta V}{v_{mL}} \quad (M_L = \text{Molgewicht}, \ v_{mL} = \text{Molvolumen}). \tag{4}$$

Nach VAN'T HOFF[1] läßt sich diese Arbeit auch anders finden: Man läßt das Lösungsmittel verdampfen (Dampfdruck $p_0$), dann läßt man den Dampf sich isotherm auf den Druck $p_L$, der dem Dampfdruck der Lösung entsprechen soll, expandieren, und schließlich kondensiert man ihn in die Lösung hinein (Abb. 3). Verdampfungs- und Kondensationsarbeit heben sich auf, es bleibt nur die Expansionsarbeit am senkrechten Kolben $A'_p$. Für $\Delta n_L$ Mole, dieselbe Menge Lösungsmittel, die vorher durch den Kolben diffundierte, beträgt diese Arbeit

$$A'_p = \Delta n_L \cdot RT \cdot \ln\frac{p_0}{p_L},$$

weil

$$A'_p = \int_{p_L}^{p_0} v \cdot dp = \int_{p_L}^{p_0} RT \cdot \frac{dp}{p} = RT \cdot \ln\frac{p_0}{p_L}.$$

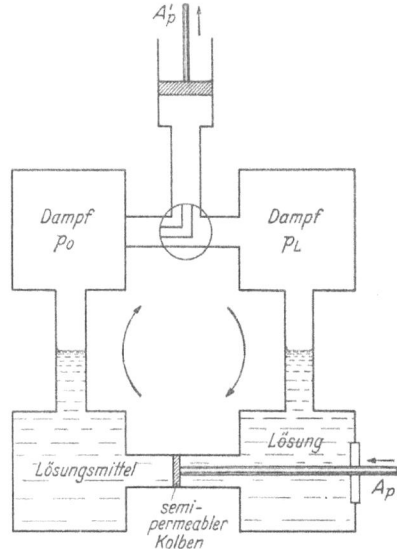

Abb. 3. Nach EUCKEN, A.: Lehrbuch der chemischen Physik. 5. Aufl. Leipzig 1930. Lösungsmittel gelangt entweder durch den semipermeablen Kolben oder über den Gasraum in die Lösung. In letzterem Fall wird beim Verdampfen Arbeit am oberen Kolben geleistet. Diese Arbeit ist gleich der osmotisch zu gewinnenden Arbeit, bei Diffusion der gleichen Menge Lösungsmittel durch den semipermeablen Kolben.

Offenbar muß nun die Expansionsarbeit gleich der osmotisch zu gewinnenden Arbeit sein. Wäre dem nämlich nicht so, so könnte man die Lösungsmittelmenge auf dem osmotischen Weg vom einen Abteil des Behälters in das andere und auf dem Weg über den Gasraum zurückbringen und dabei die Differenz der beiden Arbeitsleistungen gewinnen, ohne daß eine Temperaturdifferenz in dem System bestände, was dem Satz von der Unmöglichkeit des Perpetum mobile zweiter Ordnung widersprechen würde*. Es folgt daher unter Berücksichtigung von Gl. (4)

$$P \cdot \Delta V = \frac{\varrho \Delta V}{M_L} \cdot RT \cdot \ln\frac{p_0}{p_L}$$

oder

$$P = \frac{\varrho}{M_L} \cdot RT \cdot \ln\frac{p_0}{p_L} = \frac{\varrho}{M_L} \cdot RT \cdot \ln\left(1 + \frac{p_0 - p_L}{p_L}\right) \cong \frac{\varrho}{M_L} \cdot RT \cdot \frac{p_0 - p_L}{p_L}, \tag{5}$$

wenn $p_0$ und $p_L$ wenig verschieden sind. Für $R$ ist hier 82,1 einzusetzen. Hiernach läßt sich also bei bekannter Dampfdruckerniedrigung der osmotische Druck angeben und umgekehrt. Dabei ist dieses Ergebnis unmittelbar eine Konsequenz des zweiten Hauptsatzes. Setzt man nun noch

$$P = \frac{nRT}{v}$$

in Gl. (5), so erhält man

$$\frac{n \cdot RT}{v} = \frac{\varrho RT \cdot (p_0 - p_L)}{M_L \cdot p_L} = \frac{n_L \cdot RT \cdot (p_0 - p_L)}{v \cdot p_L}$$

---

* Ein Perpetuum mobile zweiter Ordnung ist eine Maschine, die Arbeit leistet unter spontaner Abkühlung gegenüber der Umgebung, was nach dem 2. Hauptsatz unmöglich ist.

[1] VAN'T HOFF, J. H.: Arch. néerl. Sci. exact. natur. **20**, 239 (1886). Kgl. svenska Vet.-Akad. Handl. **21**, 3 (1886). Z. physik. Chem. **1**, 481 (1887). Philos. Mag. **26**, 81 (1888). Vorlesungen über theoretische Chemie. Braunschweig 1901—1903.

oder

$$\begin{aligned}\frac{p_0 - p_L}{p_L} &= \frac{n}{n_L} \\ \frac{p_0 - p_L}{p_L} &= \frac{p_0}{p_L} - 1 \cdots \frac{p_0}{p_L} = \frac{n}{n_L} + 1 = \frac{n + n_L}{n_L} \\ \frac{p_L}{p_0} &= \frac{n_L}{n_L + n} \\ \frac{p_0 - p_L}{p_0} &= \frac{n}{n_L + n} = \gamma.\end{aligned} \qquad (5\mathrm{a})$$

Das heißt die prozentuale Dampfdruckerniedrigung $\gamma$ ist für jede beliebige Lösung gleich dem Molenbruch (gelöste Mole dividiert durch gelöste Mole plus Anzahl Lösungsmittelmole).

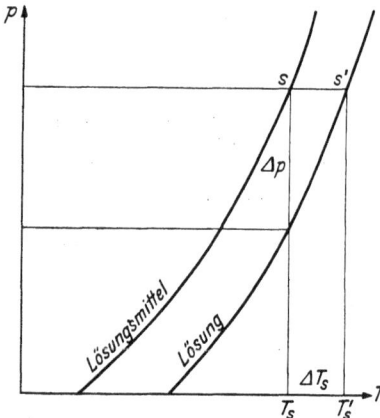

Abb. 4. Dampfdruckkurven einer Lösung und des reinen Lösungsmittels (schematisch).

δ) *Beziehung der Siedepunktserhöhung und der Gefrierpunktserniedrigung zur Dampfdruckerniedrigung.*

Aus der Dampfdruckerniedrigung folgt ohne weiteres, daß der Siedepunkt der Lösung erhöht sein muß: Die Siedepunktserhöhung ist die der Dampfdruckerniedrigung entsprechende Distanz der Dampfdruckkurven von Lösungsmittel und Lösung, die nahezu parallel verlaufen (s. Abb. 4). Die CLAUSIUS-CLAPEYRONsche Gleichung liefert

$$\Delta T_s = \frac{\Delta p}{p} \cdot \frac{R T_s^2}{l} \qquad (l = \text{latente Wärme}), \qquad (6)$$

da aber

$$\frac{\Delta p}{p} = \frac{p_0 - p_L}{p_L},$$

erhält man aus den Gln. (5) und (6)

$$P = \frac{l \cdot \varrho}{M_L T_s} \cdot \Delta T_s, \qquad (7)$$

und da nach Gl. (5a)

$$\frac{p_0 - p_L}{p_L} = \frac{n}{n_L},$$

wird aus Gl. (6)

$$\Delta T_s = \frac{n}{n_L} \cdot \frac{R T_s^2}{l}, \qquad (8)$$

wobei $l$ und $R$ im gleichen Maßsystem auszudrücken sind. Setzt man

$$n_L = \frac{G_L}{M_L} \quad \text{und} \quad c' = \frac{n \cdot 1000}{G_L}$$

($G_L$ in Gramm und $c'$ die molare Konzentration auf 1000 g bezogen), so wird Gl. (8) zu

$$\Delta T_s = \frac{c' \cdot M_L R T_s^2}{1000 \cdot l}. \qquad (9)$$

$\frac{M_L R T_s^2}{1000 \cdot l}$ wird *molare Siedepunktserhöhung* genannt. Diese beträgt bei Wasser z.B. 0,515°, d. h. eine 1 molare Lösung zeigt eine Erhöhung des Siedepunktes gegenüber Wasser von 0,515°.

Ähnlich wie die Siedepunktserhöhung läßt sich auch die Gefrierpunktserniedrigung leicht aus der Erhöhung des Dampfdruckes der Lösung herleiten und damit in Beziehung zum osmotischen Druck setzen. Der Gefrierpunkt des reinen Lösungsmittels liegt natürlich auf dem Schnittpunkt der Dampfdruckkurven der festen und der flüssigen Phase.

Kann man voraussetzen, daß beim Gefrieren der Lösung zuerst nur Lösungsmittel in fester Form ausgeschieden wird, so bleibt auch im Fall der Lösung für den Festkörper die Dampfdruckkurve des Lösungsmittels gültig. Der Gefrierpunkt der Lösung muß nun, da deren Dampfdruckkurve unterhalb derjenigen des Lösungsmittel verläuft, auf dem neuen Schnittpunkt der Dampfdruckkurven der Lösung und des festen Lösungsmittels und damit bei einer tieferen Temperatur liegen (s. Abb. 5).

$\Delta p$ sei wieder der senkrechte Abstand der Dampfdruckkurven von Lösung und Lösungsmittel. Dann ist nach Abb. 5 $\Delta p = \Delta p_{\text{fest}} - \Delta p_{\text{flüssig}}$.

Nach der CLAUSIUS-CLAPEYRONschen Gleichung ist

$$\Delta p_{\text{fest}} = \frac{l_s \cdot p \Delta T_g}{R T_g^2} \quad \text{und} \quad \Delta p_{\text{flüssig}} = \frac{l_d \cdot p \Delta T_g}{R T_g^2},$$

daher

$$\frac{\Delta p}{p} = \frac{p_{\text{fest}} - p_{\text{flüssig}}}{p} = \frac{(l_s - l_d) \cdot \Delta T_g}{R T_g^2} = \frac{l_e \cdot \Delta T_g}{R T_g^2},$$

was mit Gl. (6) identisch ist.

Analog zu Gl. (7) und (8) gilt daher auch hier

$$P = \frac{l_e \varrho \cdot \Delta T_g}{M_L \cdot T_g}$$

und

$$\Delta T_g = \frac{n R T_g^2}{n_L \cdot l_e} = \frac{c' \cdot M_L R T_g^2}{1000 \cdot l_e}.$$

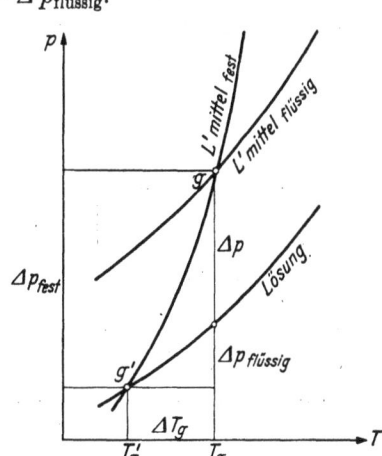

Abb. 5. Dampfdruckkurven einer Lösung und des Lösungsmittels in fester und flüssiger Form. $g$ = Gefrierpunkt des Lösungsmittels, $g'$ = Gefrierpunkt der Lösung.

$\frac{M_L \cdot R T_g^2}{1000 \cdot l_e}$ ist die *molare Gefrierpunktserniedrigung*, die für Wasser z. B. 1,86° beträgt. Die Gefrierpunktserniedrigung spielt für eine recht gut zu handhabende indirekte Methode zur Bestimmung des osmotischen Druckes eine große Rolle.

### b) Methoden zur Bestimmung des osmotischen Druckes oder des Molekulargewichtes mit Anwendungsmöglichkeiten in der Biologie.

#### α) Die Gefrierpunktsbestimmung.

BECKMANN[1] verdanken wir die Ausarbeitung eines genauen Verfahrens zur Bestimmung des Gefrierpunktes und der Gefrierpunktsdepression der Lösungen.

Der Apparat (s. Abb. 6) besteht aus dem Außengefäß, das mit einem Kältegemisch aus Kochsalz und Eis gefüllt ist, in das das eigentliche Gefrierrohr, umgeben von einem Luftmantel, eingesetzt wird. Das obere Ende des Gefrierrohres ist durch einen durchbohrten Gummistopfen verschlossen und trägt ein seitliches, ebenfalls verschließbares Ansatzrohr zum Einbringen von Substanzen (Abb. 6a). Der Stopfen trägt das BECKMANN-Thermometer, das in Hundertstelgrade eingeteilt ist und dessen Einstellung auf ein Tausendstelgrad noch durch Schätzen abgelesen werden kann. Die Größe des Ausschlages wird durch einen geringen Bereich erkauft (einige Grade). Damit das Thermometer trotzdem bei verschiedenen Temperaturen gebraucht werden kann, steht die Capillare mit einem Reservegefäß für Quecksilber am oberen Ende des Thermometers in Verbindung, aus dem man durch Erwärmen und Kippen den Quecksilberfaden verlängern oder verkürzen kann. Deshalb ist das Thermometer nicht geeicht und kann nur vergleichend benützt werden.

Das Gefrierrohr enthält außerdem noch einen Rührer aus Platindraht, der entweder durch den Stopfen nach außen geführt und von Hand betätigt wird, oder an seinem oberen

---
[1] BECKMANN, E.: Z. physik. Chem. 21, 240 (1896); 46, 853 (1903). Z. anorg. Chem. 51, 96 (1906); 55, 175 (1907); 77, 200 (1912); 89, 167 (1914); 102, 201 (1918).

Ende einen emaillierten Eisenring trägt, der durch das Glas hindurch von einem Elektromagneten mit automatischem Unterbrecher regelmäßig gehoben wird (Abb. 6b). Das erlaubt, das Gefrierrohr dicht zu schließen (was nötig ist bei der Verwendung hygroskopischer Substanzen), zudem bietet es den Vorteil, daß immer gleichmäßig schnell gerührt wird, was zur Erzielung genauer Resultate wichtig ist. Das Außengefäß enthält einen Rührer in Form einer Drahtschleife und ein gewöhnliches Thermometer. Der Luftmantel hat den Sinn, den Wärmeaustausch zwischen Lösung und Kältebad zu verlangsamen, so daß sich der Temperaturausgleich zwischen den Eiskrystallen im Gefrierrohr und der Lösung rascher vollzieht als der Ausgleich nach außen. Wenn dies nicht der Fall ist, kommt möglicherweise das System beim Gefrieren gar nicht ins Gleichgewicht, was zur Folge hat, daß der Gefrierpunkt zu niedrig abgelesen wird.

Im Prinzip gestaltet sich eine Messung mit diesem Apparat, wenn nicht höchste Präzision verlangt wird, folgendermaßen: Die zu prüfende Lösung oder das entsprechende Lösungsmittel

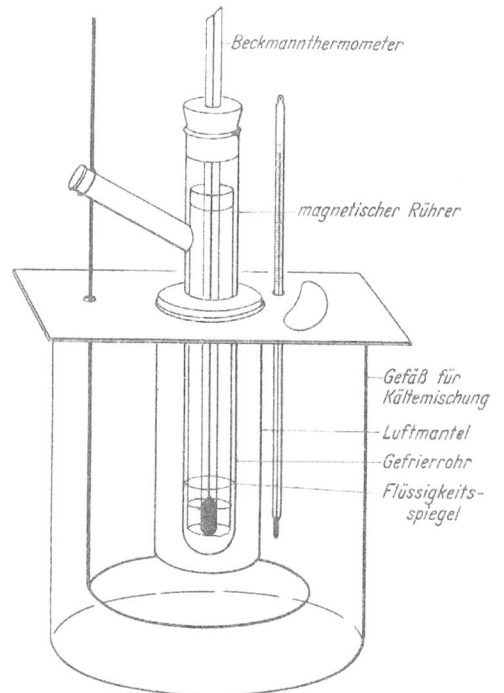
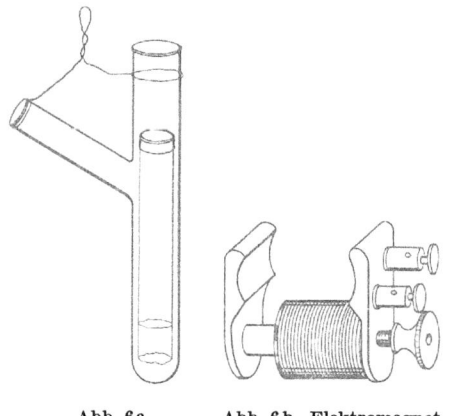

Abb. 6. Der BECKMANNsche Apparat zur Bestimmung des Gefrierpunktes.   Abb. 6a. Gefrierrohr.   Abb. 6b. Elektromagnet zum Rührer.

wird in einer Menge von 5—10 cm³ in das Gefrierrohr eingefüllt. Das Kältegemisch soll eine Temperatur haben, die ungefähr 2° tiefer liegt als der zu erwartende Gefrierpunkt, was durch entsprechende Mischung von Kochsalz und Wasser bzw. Eis erreicht werden kann. Das Gefrierrohr wird nun in den Luftmantel eingesetzt. Unter beständigem Rühren sinkt das Thermometer unter den Gefrierpunkt, erreicht einen tiefsten Punkt, die Konvergenztemperatur, und steigt nun bis zum Gefrierpunkt, sobald die erste Eisbildung einsetzt. Die Temperatur bleibt nun konstant, bis die ganze Flüssigkeitsmenge erstarrt ist (vgl. Abb. 7). Diese Temperatur ist der Gefrierpunkt und wird mit Hilfe einer Lupe genau abgelesen. Eine Einstellung des Thermometers auf konstante Temperatur während längerer Zeit wird allerdings nur bei reinen Flüssigkeiten beobachtet, Lösungen werden durch das Ausfallen von reinem Eis zunehmend konzentriert, was zur Folge hat, daß der Gefrierpunkt während des Versuches abnimmt (vgl. Abb. 7). Der wahre Gefrierpunkt ist also nur im Moment, in dem das Thermometer nicht mehr steigt, abzulesen. Hat eine Lösung die Tendenz, sich stark zu unterkühlen, ohne daß Eisbildung eintritt, so kann man diese erzwingen, indem man eine kleine Menge Eis (oder festes Lösungsmittel) in das Rohr einbringt. Dieses Impfen erfolgt am besten dadurch, daß man etwas Lösungsmittel an einen Glasstab anfrieren läßt und diesen eintaucht oder nach BECKMANN eine Stickperle in Lösungsmittel taucht, die in der Durchbohrung festgehaltene Menge desselben einfrieren läßt und die Perle in das Rohr einwirft. Bei

Wiederholung des Versuches soll das Impfen immer bei der gleichen Unterkühlung vorgenommen werden. Je größer die Unterkühlung unter den Gefrierpunkt im Moment der ersten Eisbildung (spontan beginnend oder durch Impfen induziert) ist, um so größer ist der Fehler, der durch die Konzentrierung der Lösung während des Einfrierens entsteht. Eine Korrektur hierfür kann angebracht werden: Der Bruchteil des Lösungsmittels, der als Eis ausgeschieden wird, ist

$$B = \frac{c \cdot s}{w},$$

wobei $c$ die Unterkühlung in Graden Celsius, $w$ die latente Schmelzwärme und $s$ die spezifische Wärme der Flüssigkeit sind. Dieser Bruchteil beträgt bei Wasser für 1° $\frac{1}{80}$. Das heißt je 1° Unterkühlung ist die Konzentration, die bestimmt wird, um 1,25% höher als der Einwaage entspricht.

Vor und nach jeder Bestimmung einer Lösung soll das reine Lösungsmittel bestimmt werden.

Die so beschriebene Methode arbeitet mit einer Genauigkeit von etwa 1%.

Die Berechnung erfolgt nach den Formeln

Molare Konzentration $= \dfrac{\varDelta}{E}$,

Osmotischer Druck (bei 0°)
$= \dfrac{22,4 \cdot \varDelta}{E}$ (in Atmosphären),

Molgewicht $= E \cdot \dfrac{g}{\varDelta \cdot L}$,

wo $E$ die molare Gefrierpunktsdepression (für Wasser 1,85),

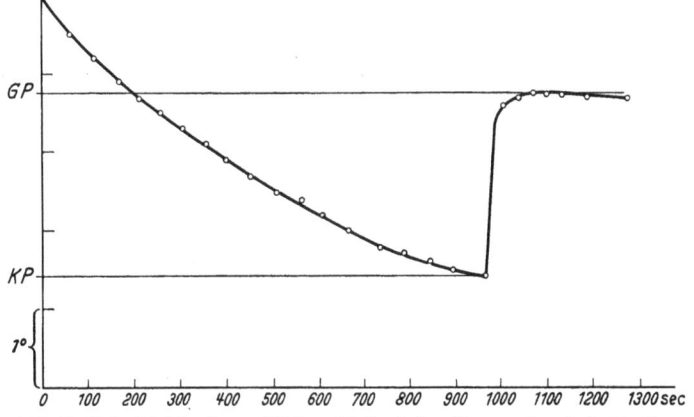

Abb. 7. Beispiel für den zeitlichen Verlauf der Temperatur bei der Gefrierpunktsbestimmung. $GP$ = Gefrierpunkt, $KP$ = Konvergenzpunkt. Isotonische (0,3 m) Saccharoselösung. Temperatur der Kältemischung —9°.

$\varDelta$ die Gefrierpunktserniedrigung der Lösung, $g$ die Menge gelöster Substanz in Grammen und $L$ die Lösungsmittelmenge bedeuten.

Für ganz präzise Messungen muß noch ein weiterer Punkt beachtet werden. Liegt nämlich die Konvergenztemperatur weit unter dem Gefrierpunkt, so liegt die beobachtete Gefriertemperatur tiefer als der wahre Gefrierpunkt. Das liegt daran, daß der Wärmeaustausch zwischen dem sich bildenden Eis, das seine Erstarrungswärme abgibt, und der Lösung eine gewisse Zeit braucht. Es gilt

$$T_0 = t_1 + \frac{k}{K}(t_1 - t_0),$$

wo $T_0$ die wahre Gefriertemperatur, $t_1$ die beobachtete Gefriertemperatur und $t_0$ die Konvergenztemperatur bedeuten. $k$ ist eine Konstante, die den Wärmeaustausch zwischen Gefrierrohr und Kältemischung, $K$ eine solche, die den Wärmeaustausch zwischen Eiskristallen und Lösung berücksichtigt. $k/K$ gibt an, um wieviel Grade sich der Gefrierpunkt bei Änderung des Konvergenzpunktes um 1° verschiebt. Es beträgt für Wasser-Salzlösungen ungefähr 0,0005°.

Daher soll die Konvergenztemperatur möglichst nahe an den mutmaßlichen Gefrierpunkt herangebracht werden. Dies erreicht man in praxi folgendermaßen: In einem Vorversuch wird, wie oben beschrieben, der Gefrierpunkt festgestellt. Dann wird das Kältebad so eingestellt, daß seine Temperatur 1° oder 2° unter dem Gefrierpunkt liegt. Mit diesem Bad wird die Konvergenztemperatur festgestellt (ohne Impfen!). Nun wird die Temperatur des Kältebades um ein Geringes weniger, als diese Konvergenztemperatur unter dem Gefrierpunkt liegt, erhöht. Mit diesem Bad wird nun die genaue Gefrierpunktsbestimmung gemacht. Verfahren, die diese Überlegung berücksichtigen, wurden von ABEGG[1], RAOULT[2], WILDERMANN[3], LOOMIS[4], ROTH[5] und JAHN[6] angegeben.

Ebenso gut und einfacher sollen die sog. *Verfahren mit Analyse* sein. Das Prinzip dieser von WALKER und ROBERTSON[7] sowie RICHARDS[8] angegebenen Methoden ist folgendes: man verwendet eine große Menge reinen Eises, das vorhandene Wärmeeffekte rasch kompensiert, so daß der Konvergenztemperatur keine Beachtung geschenkt werden muß. Man füllt ein DEWAR-Gefäß mit zerkleinertem reinem Eis und fügt die bis nahe an den Gefrierpunkt gekühlte zu untersuchende Lösung direkt hinzu, vermischt gründlich und setzt das Thermometer ein. Gerührt wird nicht dauernd wie üblich, sondern nur ab und zu. Der Rührer soll nicht aus Metall bestehen. Nach der Ablesung entnimmt man etwas des Gemisches zur chemischen Analyse.

Am genauesten arbeiten Differenzmethoden (s. z. B. ADAMS; HARKINS und HALL[9]), bei denen die Temperaturen mit einer Thermobatterie gemessen werden, deren Lötstellen in die Lösung und das Lösungsmittel gebracht werden. Solche elektrischen Thermometer erlauben eine Ablesung bis auf $10^{-6}$ Grad genau.

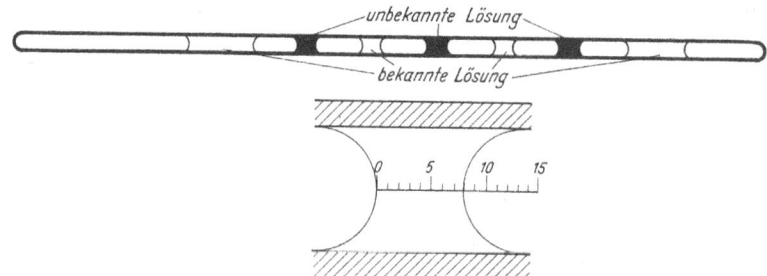

Abb. 8. Oben: gefüllte Capillare. Unten: Ausmessung eines Tropfens mit dem Ocularmikrometer.

### β) Dampfdruckmethoden.

**1. Die Mikromethode von BARGER[10].** Diese Methode beruht auf der Tatsache, daß beim Angrenzen zweier Lösungen von verschiedener Konzentration und damit von verschiedenem Dampfdruck an den gleichen Gasraum Lösungsmittel aus der Lösung niederer Konzentration verdampft und in die Lösung höherer Konzentration kondensiert wird.

In eine Capillare aus Glas von 1,5 mm Durchmesser und ungefähr 6—8 cm Länge wird die auf ihre molare Konzentration oder auf das Molekulargewicht des gelösten Stoffes zu prüfende Lösung in einzelnen Tropfen eingebracht. Vor und hinter jedem Tropfen wird, von ihm durch eine Luftblase getrennt, 1 Tropfen einer Lösung bekannter molarer Konzentration im gleichen Lösungsmittel in die Capillare aufgezogen. Es können so bequem 3 Tropfen unbekannter Lösung zwischen 4 Tropfen bekannter Lösung eingeschlossen werden (Abb. 8). Die Capillare wird an beiden Enden zugeschmolzen und die Größenveränderung der Tropfen mit Hilfe eines Ocularmikrometers im Mikroskop beobachtet. Werden die Tropfen der unbekannten Lösung größer, so haben sie einen niedrigeren Dampfdruck und eine höhere molare Konzentration als die bekannte Lösung und umgekehrt. Man wiederholt diesen Versuch mit verschieden hoch konzentrierten Testlösungen, bis man findet, daß die Größenänderung der Tropfen der unbekannten Lösung im umgekehrten Sinn erfolgt. Die gesuchte Konzentration liegt dann zwischen

---

[1] ABEGG, R.: Z. physik. Chem. **14**, 409 (1894); **20**, 207 (1896).
[2] RAOULT, F.: Z. physik. Chem. **27**, 617 (1898).
[3] WILDERMAN, M.: Z. physik. Chem. **19**, 63 (1896); **46**, 43 (1903).
[4] LOOMIS, E. H.: Ann. Physik (3) **51**, 500 (1894); **60**, 527 (1897).
[5] ROTH, W. A.: Z. physik. Chem. **79**, 602 (1912).
[6] JAHN, H.: Z. physik. Chem. **50**, 139 (1905); **59**, 35 (1907).
[7] WALKER, J., and A. J. ROBERTSON: Proc. R. Soc. Edinburgh **24**, 363 (1903) [Z. physik. Chem. **47**, 373 (1904)].
[8] RICHARDS, T. W.: Z. physik. Chem. **44**, 563 (1903).
[9] HARKINS, W. D., and R. E. HALL: Am. Soc. **38**, 2658 (1916). — ADAMS, L. H.: Am. Soc. **37**, 481 (1915).
[10] BARGER, G.: Trans. chem. Soc., London **85**, 286 (1904).

der Konzentration der Testlösung, bei der die Tropfen kleiner und der, bei der die Tropfen größer geworden sind.

Die Füllung der Capillare erfolgt so, daß man das eine offene Ende mit dem Finger verschließt, das andere in ein Becherglöschen der Lösung eintaucht, den Finger etwas lüftet, so daß die gewünschte Menge Flüssigkeit in die Capillare hochsteigt. Dann wird die Capillare aus der Lösung gezogen und umgedreht, so daß der Tropfen in Richtung des Fingers in die Capillare einfließen kann. Bei Wasser wird das Füllen erleichtert, wenn man zuerst die ganze Capillare mit der ersten Lösung benetzt, oder das fingernahe Ende etwas erwärmt und erst dann mit dem Finger abschließt, so daß beim Abkühlen die Lösung hochgesaugt wird. Nachdem die 7 Tropfen eingefüllt sind, wird die Capillare, sofern es sich nicht um sehr flüchtige Lösungsmittel handelt, zugeschmolzen. Die beiden äußersten Tropfen sollen sich weiter als 1 cm von den Enden entfernt befinden. Der letzte eingefüllte Tropfen soll aber nicht zu weit vom unteren Ende entfernt liegen, weil mit Verlängerung des Weges, über den alle Tropfen hinweggleiten, natürlich auch die Vermischung der unbekannten mit der bekannten Lösung stärker wird.

Mehrere der so vorbereiteten Capillaren werden auf einen Objektträger aufgeklebt und in eine PETRI-Schale unter Wasser gebracht, was genügt, um die Temperatur während der Beobachtungszeit konstant zu halten.

Die Bedingungen, die an brauchbare Vergleichslösungen zu stellen sind, sind folgende: Die gelöste Substanz soll in Lösung nicht dissoziieren, sie soll keine Aggregate bilden, und es soll keine Assoziation von Lösungsmittelmolekülen und Molekülen der gelösten Substanz stattfinden. Das Lösungsmittel braucht nicht sehr rein zu sein (so ist z. B. Alkohol mit 10% Wasser gut verwendbar).

Es kann vorkommen, daß alle Tropfen, sowohl diejenigen der Vergleichslösung als auch die der zu untersuchenden Lösung, größer werden. Diese paradoxe Erscheinung hat ihren Grund im Auftreten kleiner, versprengter Flüssigkeitstropfen an der Glaswand, die im Gegensatz zu den Haupttropfen konvexe Oberfläche haben. Bei konvexer Oberfläche ist aber bei sonst gleichen Bedingungen der Dampfdruck höher als bei konkaver Oberfläche.

Es wird solange mit der Ablesung gewartet, bis eine deutliche Größenveränderung eingetreten ist.

Ein Einwand gegen die Methode ist der, daß sich die Tropfen beim Einfüllen zum Teil mischen. Da es aber nicht auf die absolute Volumenzunahme der Tropfen ankommt, sondern nur auf die Richtung der Volumenänderung, spielt diese mögliche Vermischung keine Rolle, solange sie nicht so weit geht, die vorausgesetzte Volumenänderung dermaßen zu verkleinern, daß sie nicht mehr wahrgenommen werden kann. Der Konzentrationsunterschied kann durch Mischen verkleinert, aber nie in sein Gegenteil verkehrt werden.

Ein anderer Einwand ist der, daß die Tropfen möglicherweise durch einen dünnen Flüssigkeitsfilm in der Glaswand miteinander kommunizieren. Eine Fälschung der Resultate durch diese Möglichkeit, die nicht ausgeschlossen werden konnte, wurde nicht gefunden (BARGER[1]).

Tabelle 1 zeigt ein Beispiel aus der Originalarbeit von BARGER[1]: Mit Hilfe von Vergleichslösungen mit bekanntem Rohrzuckergehalt wird die molare Konzentration einer Glucoselösung, die durch Einwägen genau eingestellt war, nochmals bestimmt.

Daraus geht hervor, daß die Lösung der Glucose isoosmotisch mit einer Lösung zwischen 0,13 und 0,14 m ist (wirklicher Wert = 0,139 m). Das Molekulargewicht beträgt demnach $\frac{25,02}{0,14}$ bis $\frac{25,02}{0,13}$, d. h. im Mittel 186 (wahrer Wert = 180).

**2. Die thermische Dampfdruckbestimmung nach HILL und BALDES[2,3].** Bei seinen bekannten Messungen von Aktionswärmen am Muskel in Stickstoffatmosphäre, d. h. in

---

[1] BARGER, G.: Trans. chem. Soc., London **85**, 286 (1904).
[2] HILL, A. V.: Proc. R. Soc., London (B) **103**, 117 (1928). Proc. R. Soc. London (A) **127**, 9 (1930). J. Physiol., London **89**, 61 (1937).
[3] BALDES, E. J.: J. sci. Instrum. **11**, 223 (1934).

einem geschlossenen Gefäß, fand HILL eine ihm zuerst unerklärliche Komponente der auftretenden Wärmen, die er später als ein rein physikalisches Phänomen erklären konnte. Während der Zuckung entstehen im Muskel osmotisch aktive, kleinmolekulare Stoffwechselprodukte, die den Dampfdruck der Zwischenzellflüssigkeit des Muskels herabsetzen, so daß sich aus der geschlossenen feuchten Kammer Wasser auf den Muskel kondensiert. Die dabei freiwerdende Kondensationswärme setzt die Temperatur des aktiven Muskels herauf, und wurde bei der HILLschen Messung miterfaßt. HILL dachte, von dieser Nebenbeobachtung ausgehend, ein Verfahren zur Bestimmung des Dampfdruckes wäßriger Lösungen aus, das mit einer Thermosäule arbeitet, die derjenigen, wie sie für die Versuche mit Muskeln verwendet wurde, sehr ähnlich ist. An Stelle des Muskels liegt auf der „warmen" Lötstelle ein mit der unbekannten Lösung getränktes Filterpapier, auf der „kalten" Lötstelle ein solches, das in Wasser oder einer bekannten Lösung befeuchtet wurde. Der Unterschied der Dampfdrucke bewirkt, daß sich aus der feuchten Kammer auf beiden Papieren Wasser mit verschiedener Geschwindigkeit kondensiert, daß sie dadurch verschiedene Temperatur annehmen, und daß eine elektromotorische Kraft in der Thermosäule entsteht. Der Galvanometerausschlag kann direkt in Molen Konzentrationsunterschied geeicht werden.

Tabelle 1. *Bestimmung der Konzentration einer Glucoselösung* (nach BARGER[1]).
Glucose 25,02 g/l (0,139 m).

| Rohrzucker-konzentration $m$ | Längenänderung der Tropfen | | | | | Differenz der Summe aller Tropfen |
|---|---|---|---|---|---|---|
| | Glucose | Rohrzucker | Glucose | Rohrzucker | Glucose | |
| 0,05 | +230 | −97 | +71 | −79 | +71 | +548 |
| 0,10 | + 26 | −18 | +25 | −31 | +30 | +130 |
| 0,12 | + 6 | − 4 | + 9 | − 4 | + 4 | + 27 |
| 0,13 | + 8 | + 3 | + 5 | − 1 | + 5 | + 16 |
| 0,14 | − 1 | 0 | − 2 | + 2 | − 2 | − 7 |
| 0,15 | − 3 | + 8 | 0 | + 9 | − 4 | − 24 |
| 0,2 | − 41 | +55 | −57 | +53 | −45 | −251 |
| 0,25 | − 75 | +85 | −81 | +65 | −78 | −384 |

Der Apparat ist wie folgt gebaut: Auf einem Rahmen aus Messing (s. Abb. 9) ist ein Konstantandraht von 0,152 mm Durchmesser in 50 Windungen, die sich nicht berühren, aufgewunden. Der Draht ist so versilbert, daß die halben Windungen, gerechnet von der Mitte der einen Breitseite des Rahmens zur anderen, von Silber bedeckt, die andere Hälfte frei ist. Damit kommen auf die Breitseiten je eine Reihe von Übergangsstellen

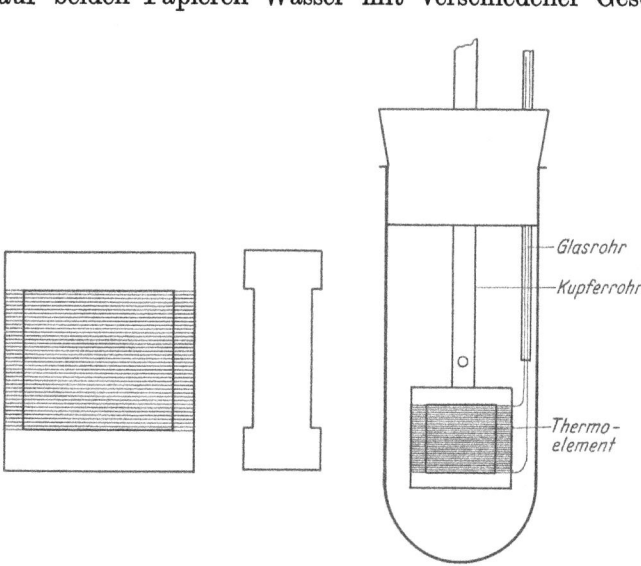

Abb. 9. Links: Thermoelement gewickelt. Mitte: Rahmen von der Schmalseite. Rechts: Thermoelement im Gefäß montiert.

Silberkonstantan zu liegen, die als „Lötstellen" dienen. Der Rahmen wird zuerst mit einer alkoholischen Bakelitlösung mehrfach gestrichen und jedesmal einige Stunden lang zur Härtung des Bakelitüberzuges im Trockenschrank auf 120° erwärmt. Ebenso wird nach Aufbringen des Drahtes verfahren. Nachher wird das Ganze noch mit Schellack gestrichen und in ein Gemisch von flüssig gemachtem Paraffin (F 40°) und weißem Bienenwachs getaucht. Der Überzug muß vollkommen elektrisch isolierend, wasserdicht und sehr dünn sein. Diese

---

[1] BARGER, G.: Trans. chem. Soc., London 85, 286 (1904).

Thermosäule wird an ein Messingrohr elektrisch isoliert befestigt und durch einen Gummistopfen in ein Glas- oder Messinggefäß eingeschlossen. Das Gefäß muß durch ein kleines Loch im Messingrohr mit der Außenluft kommunizieren, damit im Inneren immer Barometerdruck herrscht (die Ablesung ist bei gleichen Lösungen umgekehrt proportional dem im Gefäß herrschenden Druck. Messungen, die zu verschiedenen Zeiten gemacht werden, sind also nur vergleichbar, wenn der jeweilige Barometerdruck bekannt ist). Das Gefäß wird ausgekleidet mit Filterpapier, das in einer Lösung befeuchtet wurde, die einen der Vergleichslösung ähnlichen osmotischen Druck hat. Das Gefäß wird an dem herausragenden Messingrohr in ein genau reguliertes Wasserbad eingesetzt. Eine Regulierung auf 0,0005° wird folgendermaßen erzielt: ein DEWAR-Gefäß von 10 cm Durchmesser wird mit Wasser gefüllt, in welches ein Platinwiderstandsthermometer eintaucht, dessen Ausschläge über eine Brückenschaltung an einem empfindlichen Galvanometer abgelesen werden. Die Regulierung wird vom Beobachter entsprechend diesem Thermometer gemacht, indem er den Stromfluß in einem ins Bad tauchenden Heizdraht vergrößert oder verkleinert. Der Heizdraht muß durch ein Glasrohr gut elektrisch isoliert sein. Gute Regulierung der Temperatur ist wichtig, da 1° C die Ablesung der EMK um 7,2% verschiebt.

Die Ableitungen der Thermosäule werden mit Kupferdraht durch ein Glasrohr nach außen geführt und mit einem guten Galvanometer verbunden. HILL verwendet ein Drehspulinstrument mit Quarzsaite und Spiegel der Firma Kipp in Delft mit einer Genauigkeit von $1,5 \cdot 10^{-10}$ Amp., das erschütterungsfrei gelagert wird.

Die Messung gestaltet sich wie folgt: Zwei Filterpapierblätter von $10 \times 11$ mm werden mit der zu untersuchenden Lösung bzw. mit der bekannten Vergleichslösung befeuchtet, so rasch wie möglich auf die beiden Breitseiten der Thermosäule gebracht und das Gefäß verschlossen (wird zu langsam gearbeitet, so trocknen die Lösungen etwas ein, was eine wichtige Fehlerquelle darstellt). Nach 15—30 min stellt sich eine konstante Temperaturdifferenz ein. Die Konzentrationsdifferenz kann mit Hilfe der vorangegangenen Eichung direkt aus dem Galvanometerausschlag berechnet werden.

Zu berücksichtigen ist, daß ein zu großer Konzentrationsunterschied der beiden Lösungen bewirken kann, daß die eine während des Versuches verdünnt, die andere konzentriert wird, so daß in der Ablesung ein Fehler gemacht wird. Dieser Fehler wird leicht dadurch vermieden, daß man nahezu isotonische Vergleichslösungen wählt.

Es sei $c$ die Konzentration und $p_c$ der Dampfdruck der Lösung auf dem Filterpapier, das die Kammer auskleidet und im Überschuß vorhanden ist, $a$ und $b$ seien die Konzentrationen auf den Papieren der beiden Lötstellen; sie seien höher als $c$ und ihnen entspreche der Dampfdruck $p_a$ und $p_b$. In $a$ und $b$ kondensiert sich Wasser mit verschiedener Geschwindigkeit, die für $a$ $k(p_c - p_a)$ und für $b$ $k(p_c - p_b)$ sei. Die Konstante $k$ ist für beide Lösungen gleich und hängt von der Temperatur, dem barometrischen Druck und der Bauart des Apparates ab. Die freiwerdende Wärme an $a$ und $b$ ist verschieden und

Tabelle 2. *Abhängigkeit der relativen molaren Dampfdruckerniedrigung einer Rohrzuckerlösung von der Konzentration bei 20° C* (nach HILL).

| g Rohrzucker je 100 g $H_2O$ | 0 | 10 | 20 | 30 | 40 | 50 | 60 |
|---|---|---|---|---|---|---|---|
| $\frac{p_0 - p}{[S] p_0} \cdot 10^2$ | 1,800 | 1,845 | 1,890 | 1,935 | 1,980 | 2,025 | 2,070 |
| g Rohrzucker je 100 g $H_2O$ | 70 | 80 | 90 | 100 | 110 | 120 | 130 |
| $\frac{p_0 - p}{[S] p_0} \cdot 10^2$ | 2,115 | 2,160 | 2,204 | 2,247 | 2,288 | 2,328 | 2,365 |
| g Rohrzucker je 100 g $H_2O$ | 140 | 150 | 160 | 170 | 180 | 190 | 200 |
| $\frac{p_0 - p}{[S] p_0} \cdot 10^2$ | 2,398 | 2,427 | 2,454 | 2,477 | 2,497 | 2,515 | 2,530 |

$p_0$ = Dampfdruck des Wassers, $p$ = Dampfdruck der Lösung, $[S]$ = Konzentration des Zuckers in Grammol je 1000 g Wasser.

proportional der Kondensationsgeschwindigkeit. Die resultierende Temperatur an $a$ und $b$ ist deshalb ihrerseits proportional $(p_c - p_a)$ bzw. $(p_c - p_b)$, und daher

$$\Delta t = k' \cdot (p_a - p_b),$$

d. h. unabhängig von $c$. Die elektromotorische Kraft ist also

$$\text{EMK} = K \cdot (p_a - p_b).$$

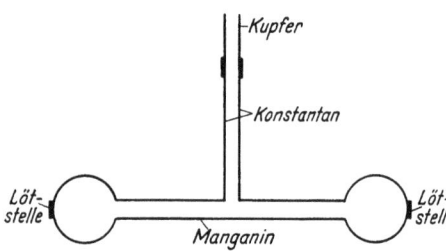

Abb. 10. Manganin-Konstantan-Schleifen nach BALDES[1] zur Bestimmung des Dampfdruckes in einzelnen Tropfen.

Die Konstante $K$ kann durch Eichen ermittelt werden, dazu muß aber die Abhängigkeit von $p_a - p_b$ von der Konzentration bekannt sein. Nach HILL sind in der Tabelle 2 die prozentualen Dampfdruckerniedrigungen für 1 molare Lösungen Saccharose aufgezeichnet, wie man sie bei verschiedenen Saccharosekonzentrationen in direkten Osmoseversuchen findet (auf Grund der Daten von BERKELEY, HARTLEY und BURTON*). In der Arbeit von HILL findet man eine ähnliche Tabelle für NaCl.

Die Genauigkeit der Methode ist etwa 1,5 %.

Um mit noch kleineren Lösungsmengen auszukommen, schlug BALDES[1] vor, ein einfaches Thermoelement aus 0,1 oder 0,05 mm starkem Draht (Manganin und Konstantan) zu verwenden von der Form, wie sie Abb. 10 zeigt. In die Drahtschleifen wird je 1 Tropfen Lösung gehängt, wozu 1 mm³ oder sogar 0,1 mm³ genügt. Die Empfindlichkeit soll ebenso groß sein wie bei der HILLschen Methode, weil die Ableitung der entstehenden Wärmen durch den dünnen Draht viel kleiner ist.

# Der kolloidosmotische Druck.

## Von
## L. K. Christensen und K. Linderstrøm-Lang.

### Mit 17 Abbildungen.

### a) Einleitung.

Die Bestimmung des kolloidosmotischen Druckes ist wesentlich nicht nur für die gesamte *Eiweißchemie*, sondern sie ist auch für die Physiologie und klinische Praxis wichtig geworden, seit STARLING den kolloidosmotischen Druck der Eiweißstoffe des Blutes nachgewiesen hat. Die Erforschung des kolloidosmotischen Druckes war von entscheidender Bedeutung für das Verständnis des Kreislaufes, der Ödem- und Ascitespathogenese, sowie vieler anderer biologischer und pathologischer Probleme.

Es sind zwar Formeln ausgearbeitet worden, die es gestatten, den *kolloidosmotischen Druck des Blutes* zu berechnen, wenn man den Gehalt des Plasmas an Albumin und Globulin kennt, doch sind die auf diese Weise erhaltenen Ergebnisse keineswegs so genau wie die direkte experimentelle Bestimmung des kolloidosmotischen Druckes.

Osmotische Messungen sind auch heute noch eines unserer besten Mittel zur *Molekulargewichtsbestimmung* eines Proteins. Die hierbei angewendeten Methoden sind natürlich auch zu klinischen und biologischen Arbeiten brauchbar, doch wünscht man in diesen Fällen häufig mit sehr kleinen Mengen zu arbeiten. In der klinischen Praxis ist es meist auch von geringerer Bedeutung, ob die Fehlergrenze der Bestimmungen das für Molekulargewichtsbestimmungen zulässige Maß etwas überschreitet.

---

\* Zitiert nach HILL A. V.: Proc. R. Soc. London (A) **127**, 9 (1930).
[1] BALDES, E. J.: J. sci. Instrum. **11**, 223 (1934).

Der *osmotische Druck eines Proteins* zeigt im allgemeinen mit wachsender Konzentration eine größere Zunahme, als nach den Gasgesetzen zu erwarten wäre. Dies ist namentlich der Fall außerhalb des isoelektrischen Bereiches und bei geringeren Salzkonzentrationen, bei denen der DONNAN-Effekt eine erhebliche Rolle spielt; aber selbst in Fällen, bei denen dieser Effekt vernachlässigt werden kann, erhält man beim Absetzen des osmotischen Druckes gegen die Proteinkonzentration aufwärts gekrümmte Kurven, wie z. B. in Abb. 1 dargestellt. Die Krümmung der Kurve (oder die Neigung der Linie α in Abb. 2) ist zum Teil auf die Hydratation des Proteins, zum Teil aber auf die zwischen den Molekülen wirkenden Kräfte zurückzuführen. Diese hängen von der Salzkonzentration der Lösung ab, und die Neigung α nimmt im allgemeinen mit steigendem Salzgehalt ab.

Hieraus folgt, daß man bei der Molekulargewichtsbestimmung eine Reihe von Messungen bei verschiedenen Proteinkonzentrationen auszuführen hat, um schließlich auf die Proteinkonzentration 0 (Abb. 2) extrapolieren zu können. Der aus den Einzelmessungen zu berechnende Wert ($M_{app}$) ist gegeben durch den Ausdruck

$$M_{app} = \frac{R \cdot T \cdot \gamma_p}{\omega \cdot P}.$$

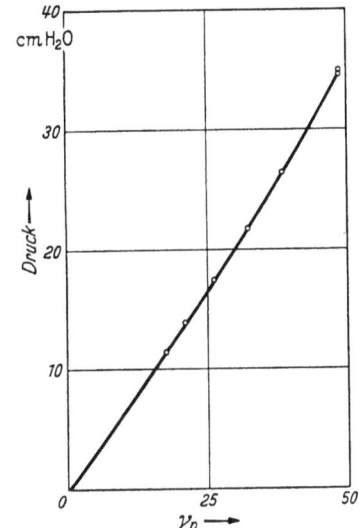

Abb. 1. Verhältnis zwischen osmotischem Druck und Proteinkonzentration (β-Lactoglobulin[1]).

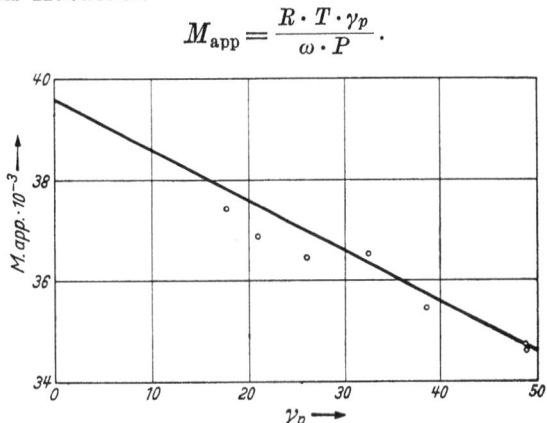

Abb. 2. Verhältnis zwischen scheinbarem Molekulargewicht und Proteinkonzentration[1].

Hierbei ist

$\gamma_p = g$ Protein in 100 g Wasser,

$\omega =$ das spezifische Volumen des Wassers plus dem spezifischen Volumen des gelösten Salzes,

$P =$ der gemessene osmotische Druck.

Abb. 2 zeigt den Zusammenhang zwischen $M_{app}$ und $\gamma_p$, und das Molekulargewicht ($M_p$) wird erhalten durch Bestimmung der Konstanten $a$ und $b$ in der Funktion

$$M_{app} = a + b \cdot \gamma_p (= M_p - \alpha M_p \cdot \gamma_p).$$

Dies geschieht durch Anwendung der Methode der kleinsten Quadrate auf die Funktion

$$\gamma_p \cdot M_{app} = a \, \gamma_p + b \cdot \gamma_p^2,$$

wobei man den Werten für $M_{app}$ das Gewicht $\gamma_p$ zuteilt. Der den Druckmessungen anhaftende absolute Fehler ist bei den meisten Methoden annähernd konstant, und die relativ genauesten Werte von $M_{app}$ sind daher jene, die hohen Werten von $\gamma_p$ (großem $P$) entsprechen.

Das hier gesagte gilt selbstverständlich auch für Plasmaproteine. Verdünnt man eine Plasmaprobe mit gleichen Teilen physiologischer Kochsalzlösung, so ist der gemessene Druck kaum halb so groß wie der gesuchte aktuelle kolloidosmotische Druck.

---

[1] CHRISTENSEN, L. K.: Acta physiol. scand. **20**, 368 (1950).

Die Messung des kolloidosmotischen Druckes bei 37° ist unpraktisch, da die Temperaturkontrolle schwierig wird, wenn die Meßtemperatur so weit von der Zimmertemperatur liegt; außerdem ist die Infektionsgefahr bei dieser Temperatur recht groß. Das Verhältnis der kolloidosmotischen Drucke bei 37 und 25° ist $(273+37):(273+25) = 1,04$, d. h. der Unterschied der kolloidosmotischen Drucke bei diesen Temperaturen ist etwa 4%.

KROGH[1] fand keine sicher nachweisbare Änderung des kolloidosmotischen Druckes von Pferdeserum im $p_H$-Intervall 7—8 (0,9% NaCl), ein Befund von großer praktischer Bedeutung bei der Arbeit mit biologischen Flüssigkeiten.

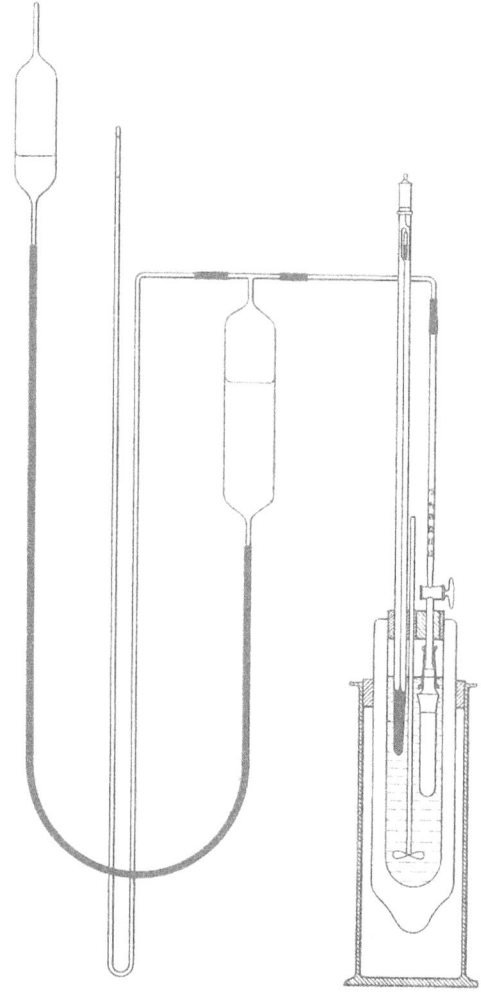

Abb. 3. Osmometer nach SØRENSEN[2].

### b) Allgemeine methodische Bemerkungen.

Das Prinzip der Osmometrie besteht darin, jenen Druck zu finden, der auf eine kolloidale Lösung ausgeübt werden muß, um diese mit dem Lösungsmittel durch eine semipermeable Membran ins Gleichgewicht zu bringen. Das Gleichgewicht ist dadurch charakterisiert, daß zwischen Lösung und Lösungsmittel kein Flüssigkeitstransport stattfindet. Dies kann auf verschiedene Weise kontrolliert werden:

1. In weitaus den meisten Fällen stellt man fest, ob der Meniscus einer Flüssigkeitssäule, die mit der Außen- oder Innenlösung in Verbindung steht, konstantes Niveau zeigt.

2. Ein Flüssigkeitstransport durch die Membran kann auch durch die ihn begleitende Druckänderung nachgewiesen werden, welche z. B. durch ein Kondensatormanometer registriert wird, das als Nullpunktsindicator dient (vgl. HANSENs Methode).

3. Die Flüssigkeitswanderung durch die Membran kann endlich auch durch Wägung gemessen werden (vgl. die Methode von JULLANDER und SVEDBERG).

Im folgenden sollen sowohl einige der zur Molekulargewichtsbestimmungen dienenden Methoden besprochen werden, als auch einige Methoden, welche bei klinisch-physiologischen Arbeiten zur Verwendung kamen. Eine jener Methoden ist den Verfassern besonders vertraut und wird eingehender behandelt.

### c) Die einzelnen Verfahren.

#### α) Das Osmometer von SØRENSEN[2].

SØRENSENs Osmometer (Abb. 3), welches von ihm und CHRISTIANSEN gemeinsam konstruiert wurde, hat für viele der späteren Methoden als Vorbild gedient. Die Proteinlösung befindet sich in einem Kollodiumsäckchen, welches oben einen konischen Glaskragen dicht umschließt. Der Glaskragen ist durch einen Schliff mit einem in Millimeter eingeteilten Capillarrohr verbunden. Der osmotische Druck wird durch ein Wassermanometer kompensiert, welches mit dem Capillarrohr in Verbindung steht.

---

[1] KROGH, A., u. F. NAKAZAWA: B. Z. **188**, 247 (1927).
[2] SØRENSEN, S. P. L.: C. R. Lab. Carlsberg **12**, 295 (1917).

Die Wanderungsgeschwindigkeit des Lösungsmittel durch die Membran wird bei verschiedenen Drucken gemessen, und der Gleichgewichtsdruck sodann durch Interpolation bestimmt.

Die grundlegenden Arbeiten von ADAIR[1] wurden mit einer sehr einfachen Apparatur durchgeführt, welche den klassischen Methoden nahesteht, sich aber von SØRENSENs Methode durch ihr statisches Meßprinzip unterscheidet. Die Gleichgewichtseinstellung erfordert in der Regel viel Zeit und die Osmometer müssen daher in einem Kühlschrank angebracht werden.

### β) *Das Osmometer von* CARTER *und* RECORD[2].

Der in Abb. 4 dargestellte Apparat besteht aus 2 Glasglocken $A$ und $B$ (5 cm³), zwischen denen sich die Membran $M$ befindet, welche durch die perforierte Platte $D$ gestützt wird. $A$ und $B$ sind dicht aneinander gepreßt (Abb. 4), und sind außerdem durch eine Quecksilberdichtung gesichert. Die kolloidale Lösung wird bis zur Marke $E$ in die Glasglocke $A$ einpipettiert. An $A$ ist ein senkrechtes Glasrohr angeschmolzen,

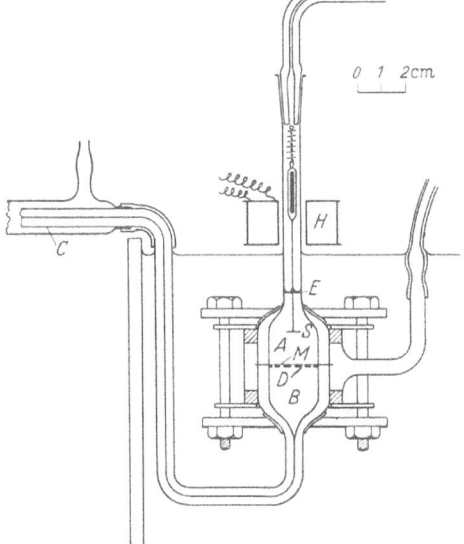

Abb. 4. Osmometer nach CARTER und RECORD[2].

das mit einem Manometer in Verbindung steht. Im Glasrohr befindet sich ein elektromagnetischer Rührer. Dieser besteht aus einem Eisenkern, der in ein Glasrohr eingeschlossen ist, dessen fein ausgezogene Spitze unten an einer kleinen Platinplatte endet. $B$ geht in das Capillarrohr $C$ (innerer Durchmesser 0,5 mm) über. Wenn der Meniscus in $C$ sich ruhig verhält, herrscht osmotisches Gleichgewicht. Der Gleichgewichts-Manometerdruck wird mit Hilfe der auch von SØRENSEN angewendeten „dynamischen" Methode gefunden.

Die Bewegung des Meniscus wird verfolgt z. B. mit Hilfe eines Kathetometers, dessen Ocularmikrometer eine Ablesungsgenauigkeit von 0,01 mm gestattet.

Der Apparat erfordert genaue Temperaturkontrolle mit Hilfe eines auf ±0,001° regulierenden Wasserthermostaten.

### γ) *Das Osmometer von* OAKLEY[3].

Die kolloidale Lösung befindet sich hier in einem Kollodiumsäckchen $C$ (Abb. 5), das mit der Außenluft in offener, nur durch einen Wattepfropf abgeschirmter Verbindung steht.

Die Wirkungsweise des Apparates geht aus der Abbildung hervor. Wenn alle drei Hähne geschlossen sind, verursacht eine Einwanderung der Außenflüssigkeit von $A$ nach $C$ ein Sinken des Meniscus in $G$. Hier-

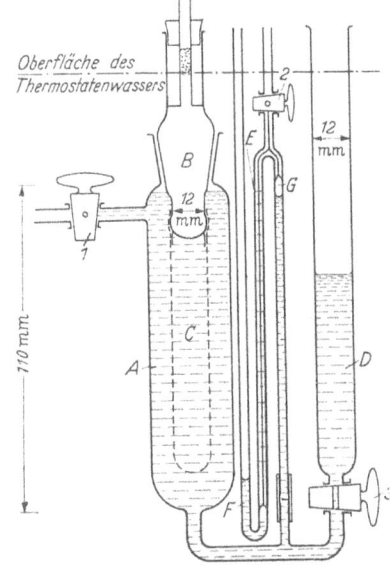

Abb. 5. Osmometer nach OAKLEY[3].

durch wird die Flüssigkeit aus $F$ (Äthanol) n das Capillarrohr $E$ (innerer Durchmesser 0,2 mm) gesaugt, bis der von der Alkoholsäule in $E$ ausgeübte negative Druck der osmotischen Einwanderung nach $C$ das Gleichgewicht hält.

---

[1] ADAIR, G. S.: Proc. R. Soc. London (A) **108**, 627 (1925).
[2] CARTER, S. R., and B. R. RECORD: Soc. **1939**, 660.
[3] OAKLEY, H. B.: Trans. Faraday Soc. **31**, 136 (1935).

Man findet den Druck, welcher der Gleichgewichtsstellung des Alkoholmeniscus entspricht, indem man Hahn *3* öffnet. Man verändert den Niveauunterschied der Menisken in *B* und *D* durch Absaugen oder Zusetzen von Außenflüssigkeit in *D* und bestimmt die Niveaudifferenzen mit Hilfe eines Kathetometers. Man notiert die den betreffenden Kathetometerablesungen entsprechenden Stellungen des Alkoholmeniscus und findet sodann durch Interpolation jenen Druck, der der Gleichgewichtsstellung des Alkoholmeniscus entspricht.

Das Gleichgewicht stellt sich rasch ein, da die Innenlösung eventuell durch Einblasen eines Luftstroms gerührt werden kann. Ein weiterer Vorteil des Apparates besteht darin, daß der Innenlösung Proben entnommen werden können. Der Apparat soll zur Messung kleiner Drucke sehr geeignet sein.

SCATCHARD[1] hat bei seinen wichtigen Arbeiten über den osmotischen Druck von Serumalbumin eine ähnliche Apparatur angewendet.

*δ) Die Methode von* BOURDILLON[2].

Dieses Osmometer (Abb. 6) ist geeignet zur Messung geringer Drucke in kleinen Volumina (0,2 cm³). Beide Eigenschaften sind erwünscht bei der Anwendung auf biologisches Material, doch eignet sich die Methode ihrer Genauigkeit wegen auch zur Molekulargewichtsbestimmung.

Die Osmometerkammern ($h_1, h$), welche die Außen- und Innenlösungen enthalten, sind aus mehreren Ebonitstücken aufgebaut. Das Werkstück *d* trägt die Membran *g*, welche durch die perforierte Ebonitplatte *f* gestützt wird. Zwischen *f* und *b* wird eine Gummipackung *e* eingeschaltet; Membran und perforierte Platte werden mit Hilfe des Mantelschraubenstückes *c* festgepreßt. Nach dem Einbringen der Probe in die Kammer *h* wird das Capillarrohr *l* (innerer Durchmesser 0,5 mm) in das Werkstück *d* eingeschoben. Die Befestigung von *l* geschieht durch Anschrauben von *i*, wodurch die Gummipackungen

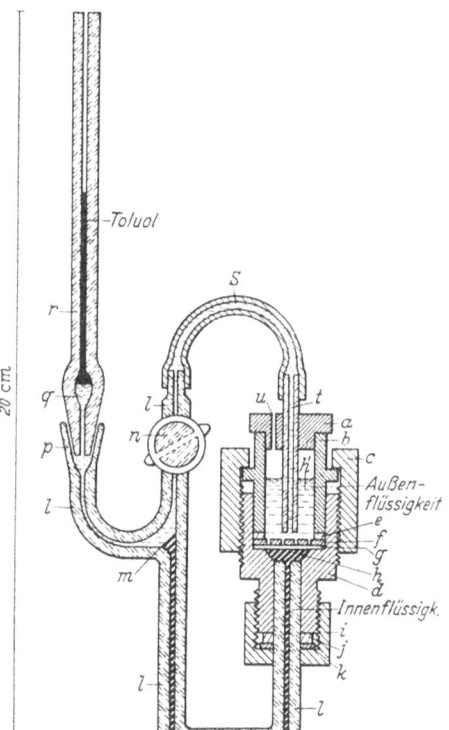

Abb. 6. Osmometer nach BOURDILLON[2].

gegen das Glasrohr gepreßt werden. Dieses ist U-förmig gebogen, und der eine Schenkel ist wiederum U-förmig verzweigt. Die eine dieser Verzweigungen ist mit einem Hahn *n* versehen und durch einen durchsichtigem Schlauch mit dem Glasrohr *t* verbunden, welches in die Außenflüssigkeit eintaucht. Der andere Zweig ist durch einen Schliff mit dem Manometerrohr *r* (innerer Durchmesser 0,2 mm) verbunden, welches zu einer kleinen Erweiterung *q* aufgeblasen ist, die 0,05—0,1 cm³ faßt.

Der Apparat wird folgendermaßen benützt: *l* und *t* werden durch *s* verbunden und *i, j, k* werden auf das Glasrohr gesetzt. Die abgetrocknete Kollodiummembran und die Stützplatte werden an ihren Platz gebracht und befestigt, das Kammeraggregat wird gewendet, worauf 0,2 cm³ der Probe in die Kammer *h* einpipettiert werden. Das Glasrohr *l* wird so weit in *d* eingeschoben, daß die Innenlösung den Punkt *m* des U-Rohres erreicht. Das Aggregat wird wiederum gewendet und 1,5 cm³ Außenflüssigkeit werden in die Kammer $h_1$ eingefüllt. Durch leichtes Ansaugen bei *p* wird der übrige Teil des Capillarsystems gefüllt, wobei natürlich keine Luftblasen auftreten dürfen; sollte sich eine kleine Luftblase im höchsten Punkt von *s* sammeln, so ist dies jedoch bedeutungslos. Das Mano-

---

[1] SCATCHARD, G.: Am. Soc. **68**, 2315 (1946).
[2] BOURDILLON, J.: J. biol. Ch. **127**, 617 (1939).

meterrohr wird mit Toluol und Wasser gefüllt (s. Abb. 6), der Glasschliff mit Vaseline gefettet und das Manometerrohr eingesetzt. Der ganze Apparat wird so in einem Wasserbad angebracht, daß die Wasseroberfläche eben den oberen Rand von $c$ erreicht.

Ist Hahn $n$ geöffnet, so ist der Stand der Toluolsäule bestimmt durch die Stellung der Außenflüssigkeit in $h_1$ und durch die Capillarwirkung im Manometerrohr. Nach Schließen des Hahnes beginnt die Toluolsäule in $r$ zu steigen und erreicht im allgemeinen ihre Gleichgewichtsstellung innerhalb von 8 Std. Der osmotische Druck ist gleich der Differenz zwischen dem Niveau des Toluolmeniscus beim Gleichgewicht und bei Öffnung des Hahnes $n$. Der Apparat ist so konstruiert, daß Korrekturen für Dichteunterschiede der Flüssigkeiten und für Capillarkräfte überflüssig sind. Die Probe wird nur sehr wenig verdünnt, da das Volumen des Capillarrohres $r$ klein ist; übrigens kann man für diese Verdünnung korrigieren.

Sollen höhere Drucke gemessen werden, so wird das Manometerrohr mit einem Wassermanometer verbunden.

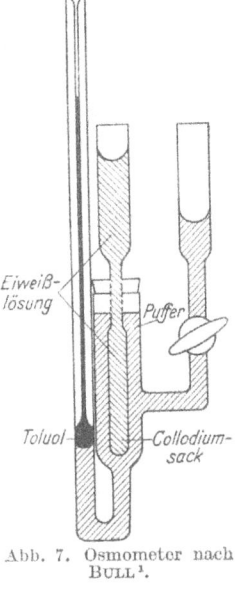

Abb. 7. Osmometer nach BULL[1].

### ε) Die Methode von BULL[1].

Das von BULL konstruierte Osmometer (Abb. 7) ist relativ einfach gebaut, erfordert aber ein recht großes Lösungsvolumen (etwa 20 cm³). Sobald der Apparat gefüllt ist, wird er in ein Wasserbad gesetzt, worauf man bei offenem Hahn mit Hilfe eines Kathetometers die Stellungen der Toluolsäule, der Außenflüssigkeit und der Proteinlösung bestimmt. Nach Schließen des Hahnes beginnt der Toluolmeniscus infolge der Einwanderung der Außenflüssigkeit in das Kollodiumsäckchen zu sinken. Das Gleichgewicht wird in der Regel schon im Laufe von etwa 2 Std erreicht, und wenn der Toluolmeniscus sich weiterhin einige Stunden lang ruhig verhalten hat, wird seine Stellung wiederum abgelesen. Der Niveauunterschied von Toluol wird in den entsprechenden Wasserwert umgerechnet. Hierzu addiert man die Niveaudifferenz zwischen Proteinlösung und Außenflüssigkeit und multipliziert mit dem spezifischen Gewicht der Proteinlösung. Die Summe entspricht dem gesuchten osmotischen Druck. Das Capillarrohr hat einen inneren Durchmesser von 0,2 mm, so daß die Probe nur sehr wenig verdünnt wird. Die größte Schwierigkeit der Methode besteht in der Herstellung des Kollodiumsäckchens und seiner Verbindung mit dem Glasrohr.

### ζ) Die Methode von GÜNTELBERG und LINDERSTRØM-LANG[2].

Diese Methode eignet sich zu Molekulargewichtsbestimmungen. Der Apparat (Abb. 8) besteht aus einem zylindrischen Glasgefäß $A$, welches durch einen Schliff mit der Capillare $B$ in Verbindung steht. Die offene Basis des Gefäßes ist mit einem flachgeschliffenen Glaskragen versehen. An diesen werden die Membran $E$ und eine perforierte Platte $F$ durch einen Ring $C$ (beide aus rostfreiem Stahl) angepreßt und mit Hilfe von 3 Schrauben zusammengeschraubt. Die Löcher in $F$ sind konisch. Die

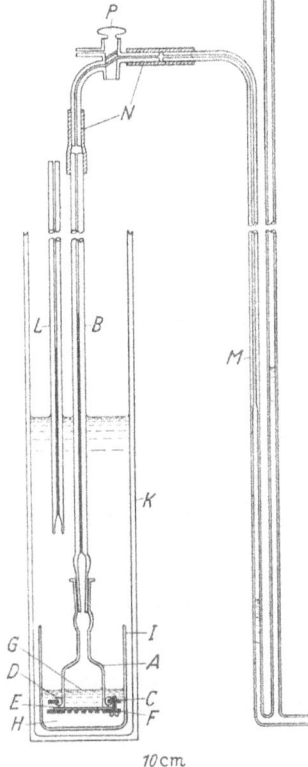

Abb. 8. Osmometer nach GÜNTELBERG und LINDERSTRØM-LANG[2].

---

[1] BULL, H. B.: J. biol. Ch. **137**, 143 (1941).
[2] GÜNTELBERG, A. V., and K. LINDERSTRØM-LANG: C. R. Lab. Carlsberg (I) **27**, Nr. 1 (1949).

Innenkante des Stahlringes $C$ ist mit einer Gummipackung $D$ überzogen, welche aus einem aufgeschlitzten Stück dünnen Gummischlauches besteht.

Die Proteinlösung $G$ wird in $A$ einpipettiert und das Gefäß sodann mit Toluol aufgefüllt. Die Außenflüssigkeit $H$ befindet sich in einem kurzen und weiten zylindrischen Gefäß $I$. $A$ (mit aufgesetztem $B$) und $I$ werden in den hohen Glaszylinder $K$ eingebracht, welcher mit Toluol gefüllt ist. Hier befindet sich auch das Capillarrohr $L$, vom gleichen inneren Durchmesser wie $B$. Das Rohr $B$ steht mit einem Wassermanometer $M$ in Verbindung, das mit einem Druckregulator ausgestattet ist (vgl. HOLTER[1]).

$K$ und $M$ sind so in einem Wasserthermostaten ($20° \pm 0,003$) angebracht, daß nur der Rand von $K$ und die Verbindung $N$ zwischen $B$ und $M$ sich über der Wasseroberfläche befinden. Der Thermostat trägt ein Fenster, durch welches man die Bewegung des Meniscus in $B$ verfolgen und auch den Manometerdruck ablesen kann.

Der osmotische Druck entspricht dem Druck der Wassersäule, welche den Meniscus $B$ im Gleichgewicht hält, korrigiert für den Niveauunterschied der Menisken in $B$ und $L$. Die Capillaren $L$ und $B$ müssen natürlich ganz gleich sein, und vor allem auch durch ihre ganze Länge gleichen Durchmesser haben.

Die wichtigsten Dimensionen sind:

| | |
|---|---|
| Höhe des glockenförmigen Teiles von $A$ | 20,0 mm |
| Innerer Durchmesser von $A$ | 20,5 mm |
| Äußerer Durchmesser von $A$ | 22,5 mm |
| Breite der Schlifffläche des Kragens | 3,0 mm |
| Äußerer Durchmesser am Kragen | 26,5 mm |
| Innerer Durchmesser des Stahlringes $C$ | 23,3 mm |
| Äußerer Durchmesser von $C$ und $F$ | 40,0 mm |
| Dicke von $C$ und $F$ | 1,4 mm |
| Durchmesser des perforierten Areales von $F$ | 18,5 mm |
| Durchmesser der Löcher, Membranseite | 2,0 mm |
| Durchmesser der Löcher, Unterseite | 3,0 mm |
| Areal der Löcher (Membranseite)/gesamtes perforiertes Areal | 0,28 |
| Durchmesser der Membran | 30,0 mm |
| Länge des Capillarrohres $B$ | 350,0 mm |
| Innerer Durchmesser von $B$ und $L$ | 0,45 mm |

**Zusammenstellung des Apparates.** Die Bodenplatte $F$ mit ihren Schrauben (Schraubenköpfe nach unten) wird auf eine Glasplatte gestellt, und die Membran darauf gelegt. Die Membran hat bis dahin in einer der Außenlösung entsprechenden Flüssigkeit gelegen und ist unmittelbar vor dem Auflegen zwischen zwei Filterblättern abgetrocknet worden. Der Schliffkragen von $A$ wird mit einer dünnen Schicht Vaseline bedeckt, der Ring $C$ über $A$ geschoben, und die Schrauben werden angezogen. Hierbei wird jeweils $1/3$ von $F$ über den Rand der Glasplatte vorgeschoben, so daß die Schrauben von unten erreicht werden können. Hierauf wendet man die Kammer und füllt die Löcher in $F$ mit der Außenflüssigkeit, welche durch die Oberflächenspannung festgehalten wird, wenn man das Aggregat wieder aufrecht auf die Glasplatte setzt. Man pipettiert nun 2,5—3 cm³ der Innenlösung ein, und füllt $A$ mit Toluol auf. 25 cm³ Außenflüssigkeit werden in $I$ gefüllt und die Kammer ($A+F+C$ usw.) darein getaucht. Der Schliff des Capillarrohres $B$ wird mit einer Seife-Glycerinmischung gefettet, welche in Toluol unlöslich ist. Diese Mischung erhält man durch Erwärmen von Seifenspänen mit 24—33 Gewichtsteilen 88%igem Glycerin auf dem Wasserbad unter Rühren und Abfiltrieren in der Wärme.

Die Capillare wird mit Toluol gefüllt und ihr Schliff in $A$ eingesetzt, ohne daß Luftblasen in der Toluolsäule auftreten. Die Außenflüssigkeit in $I$ wird sodann mit Toluol überschichtet und $I$ in den gleichfalls Toluol enthaltenden Zylinder $K$ eingesetzt. Dies wird erleichtert, wenn man $I$ auf einen mit einer Kupferstange versehenen Kupferring setzt, welcher während des Versuches in $K$ verbleibt.

---

[1] HOLTER, H.: C. R. Lab. Carlsberg (I) **24**, 399 (1943).

Da $A$ und $B$ bei Zimmertemperatur (22—25°) vereinigt wurden, sinkt der Toluolmeniscus bis etwa zur Mitte des Steigrohres beim Einführen in den Thermostaten (20°). Steht der Meniscus zu niedrig, so wird $I$ aus $K$ herausgehoben und der Meniscus wird durch Erwärmen von $A$ mit der Hand bis zum obersten Ende von $B$ gebracht, worauf man einen Tropfen Toluol auf der oberen Fläche von $B$ anbringt. Dieser Tropfen wird mit einem Stück Filtrierpapier abgewischt, bevor $A$ die Temperatur des Wasserbades erreicht hat, und man kann auf diese Weise mit einiger Übung den Toluolmeniscus leicht auf eine passende Stellung bringen. Die obersten 2—3 cm von $B$ werden außen mit wenig Glycerin eingerieben und $B$ wird mit dem Wassermanometer verbunden. Hierauf wird $B$ so eingestellt, daß die Oberflächen von Außenlösung und Innenlösung gleich hoch liegen. Sodann wird das Wassermanometer auf einen in der Nähe des erwarteten osmotischen Druckes liegenden Wert eingestellt, der Hahn $P$ wird geschlossen und das System zur Gleichgewichtseinstellung stehen gelassen. Die erste Messung geschieht nach etwa 24 Std, wobei man nach Öffnen des Hahnes $P$ den Druck bestimmt, bei welchem der Meniscus annähernd ruhig steht.

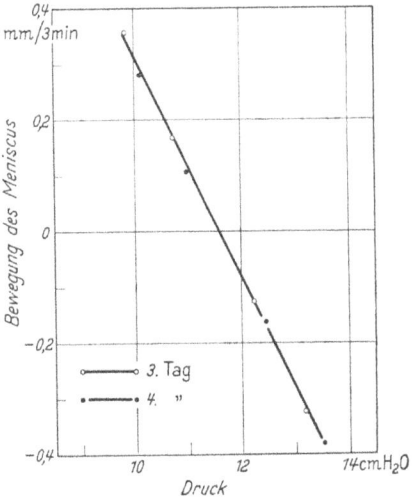

Abb. 9. Interpolationsverfahren zur Bestimmung des osmotischen Druckes.

Der genaue Gleichgewichtsdruck wird sodann bestimmt, indem man die Bewegung des Meniscus innerhalb von 2 oder 3 min mißt, und zwar bei 4 verschiedenen Drucken, die etwa 1—4 cm über und unter dem gesuchten Druck liegen (vgl. Abb. 9). Schließlich interpoliert man auf den Nullwert (in Abb. 9 11,6 cm). Die Bewegungen des Toluolmeniscus werden mit Hilfe eines Kathetometers gemessen, dessen Mikrometerschraube auf $^1/_{100}$ mm genau ist. Die Nullstellung des Kathetometers entspricht am besten der Höhe des Toluolmeniscus in $L$, was die Korrektion für die Niveaudifferenz zwischen $B$ und $L$ erleichtert.

Die Gleichgewichtseinstellung erfordert 1—4 Tage, je nach der Durchlässigkeit der Membran.

Das oben beschriebene Verfahren gestattet eine sehr genaue Bestimmung des osmotischen Druckes. Etwas weniger genau, aber einfacher, kann man vorgehen, indem man jenen Wasserdruck sucht, bei welchem der Meniscus sich im Laufe von 10 min nicht nennenswert verschiebt.

Die hier beschriebene Apparatur ist leicht herzustellen. Die Methode erfordert jedoch, wie gesagt, genaue Temperaturkontrolle (Regulierungsgenauigkeit des Wasserthermostaten $\pm 0{,}003°$), da die Osmometerkammer $A$ natürlich auch als Thermometer wirkt.

Das Schraubenkathetometer kann durch ein horizontales Mikroskop mit Ocularmikrometer ersetzt werden.

**Mikromodifikation.** CHRISTENSEN[1] hat eine Mikromodifikation der Methode ausgearbeitet, in welcher die Osmometerkammer $A$ durch ein Glasrohr (6 cm lang, innerer Durchmesser 0,5 cm) mit geschliffenem Kragen ersetzt ist (vgl. Abb. 10). Der innere Durchmesser des Capillarrohres ist in diesem Fall kleiner (0,25 mm; Volumen je Zentimeter Steighöhe 0,47 mm³) und

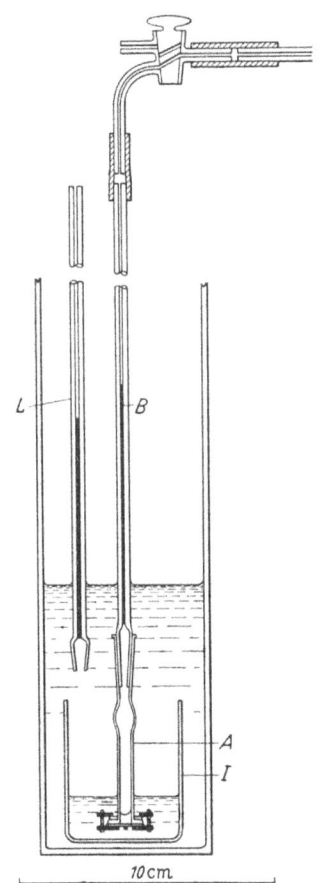

Abb. 10. Mikroosmometer nach CHRISTENSEN[1].

---
[1] CHRISTENSEN, L. K.: Acta physiol. scand. **20**, 368 (1950).

das Rohr ist in Zentimeter eingeteilt. Die Bodenplatte ist perforiert (4 Löcher), ihr Durchmesser ist 2,3 cm.

Ein bekanntes Volumen (0,05—0,1 cm³) der Proteinlösung wird mit Hilfe einer schlanken Carlsberg-Konstriktionspipette in $A$ einpipettiert. Nach dem Einbringen von $A$ ($+ B$ usw.) in $K$ und Einstellung des Temperaturgleichgewichtes wird der dem erwarteten osmotischen Druck entsprechende Wasserdruck angelegt, wie oben beschrieben. Hierauf notiert man den von der Zentimetereinteilung der Capillare abgelesenen Stand des Toluolmeniscus in $B$. Der Meniscus kann sich nämlich vor der endgültigen Druckmessung um mehrere Zentimeter verschieben, und da die verwendeten Volumina so klein sind, ist es wichtig, für die entsprechende Verdünnung oder Konzentrierung der Probe korrigieren zu können. Die Oberflächen der Innenlösung und Außenlösung können nicht auf gleiches Niveau gebracht werden, da das Toluol sonst mit der Gummipackung in Berührung kommen würde, und es muß daher für den Niveauunterschied korrigiert werden. Wird jedoch die Osmometerkammer stets in der gleichen Stellung (auf dem Boden von $I$ ruhend) angebracht, und das Volumen von Innenlösung und Außenlösung konstant gehalten, so ist diese Korrektion ebenfalls konstant. Sie betrug in CHRISTENSENs Versuchen $- 0,15$ cm.

Der Meßvorgang ist der oben beschriebene, und man erhält recht genaue Druckwerte, indem man durch Probieren jenen Wasserdruck aufsucht, bei dem sich der Meniscus 10—15 min lang ruhig verhält.

Die Gleichgewichtseinstellung erfordert in der Regel 8—24 Std. Da das Volumen der Innenlösung relativ klein ist, eignet sich die Methode zur Messung biologischer Proben, die nur in kleinen Mengen vorliegen. Die Genauigkeit der Methode ($\pm 0,3$ cm Wasser) ist für Molekulargewichtsbestimmungen ausreichend.

**Herstellung von Kollodiummembranen.** Die halbdurchlässige Kollodiummembran kann auf verschiedene Weise hergestellt werden, z. B. nach dem von BJERRUM und MANEGOLD[1] angegebenen Prinzip. Im Carlsberg-Laboratorium hat man folgendes Verfahren benutzt:

Ein Eisenring (innerer Durchmesser etwa 12 cm, Höhe 1,5 cm) wird in eine PETRI-Schale gebracht und 10—15 cm³ Kollodiumlösung (3 % Trockensubstanz, Alkohol:Äthermischung 3:1) werden auf die Quecksilberoberfläche innerhalb des Ringes gegossen. Die Schale wird mit einer Glasplatte zugedeckt, bis sich die Kollodiumlösung gleichmäßig über die Quecksilberfläche verteilt hat. Hierauf wird die Glasplatte soweit gehoben, daß der Äther und die Hauptmenge des Alkohols im Laufe einiger Stunden verdampfen. Der Ring mit der daran haftenden, noch nassen Membran wird nun aus der Schale gehoben, so daß die Verdampfung nun von beiden Seiten geschieht. Bei fortschreitender „Trocknung" spannt sich die Membran und der Grad der Spannung gibt einen Anhaltspunkt dafür, wann die Membran in Wasser gesenkt werden soll. Geschieht dies zu früh, so werden die Poren zu weit, und die Membran ist nicht proteindicht. Geschieht es zu spät, so ist die Membran zu undurchlässig für Wasser und Krystalloide. Man übt sich in der Erkennung der richtigen Trockenzeit durch Beurteilung des Tones, den die Membran beim Anschlagen mit einem Finger hervorbringt.

Infektion der Membran muß vermieden werden, und sie wird daher am besten in Wasser aufbewahrt, welches mit Toluol gesättigt und überschichtet ist.

Die Proteindichtigkeit der Membran muß natürlich genau kontrolliert werden, gleichgültig welches Osmometer angewendet wird. Dies geschieht z. B. durch Zusatz von 1 Vol. 20 %iger Trichloressigsäure zu einer Probe der Außenlösung; enthält sie Protein, so bildet sich ein Niederschlag.

### $\eta$) Die Methode von SCHULZ[2].

Die Osmometerkammer (Volumen 10 cm³) aus verchromtem Messing (Abb. 11) ist durch einen Schliff mit einem 50 cm langen, in Millimeter eingeteilten Glascapillarrohr,

---
[1] BJERRUM, N., u. E. MANEGOLD: Kolloid-Z. **42**, 97 (1927).
[2] SCHULZ, G. V.: Z. physik. Chem. (A) **176**, 317 (1936).

verbunden. Die Zelle wird in einem Glaszylinder angebracht, der die Außenlösung enthält, deren Verdampfung durch einen Deckel verhindert ist. Das ganze Aggregat wird in einem Wasserthermostaten ($\pm 0{,}05°$) angebracht; Gleichgewicht wird in der Regel nach 2—3 Tagen erreicht, je nach der Versuchstemperatur.

### ϑ) Die Methode von HERZOG und SPURLIN[1].

Der Apparat (Abb. 12) besteht aus zwei Metallblöcken $E$ aus versilbertem Messing, die nach dem Zusammenschrauben zwei durch die Membran $M$ geschiedene Kammern bilden. Die Membran wird durch die perforierte Metallplatte $P$ gestützt. Beide Kammern sind mit je einer Capillare $B$ verbunden, und außerdem mit zwei weiten Glasröhren $C$, in deren Mitte sich Nadelventile $V$ befinden, welche geschlossen gehalten werden, bis das osmotische Gleichgewicht erreicht ist. Die Stellung der Meniscen in den Rohren $B$ wird notiert und die Nadelventile werden geöffnet. Hierauf werden die Röhren $C$ mit Flüssigkeit gefüllt, bis die Meniscen in den Capillaren

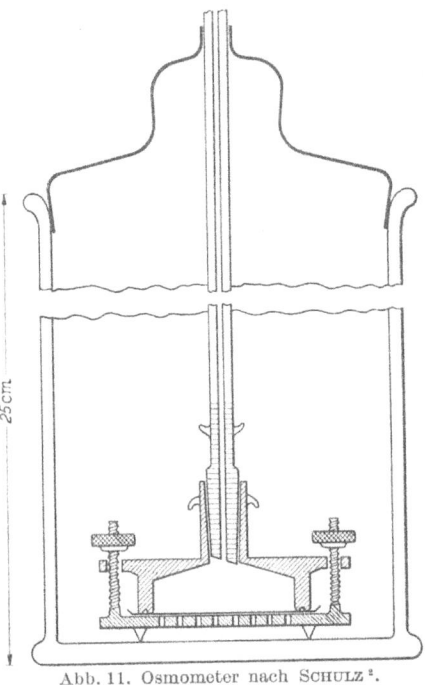

Abb. 11. Osmometer nach SCHULZ[2].

wiederum den Gleichgewichtsstand erreicht haben. Die Niveaudifferenz der Flüssigkeiten in den Röhren $C$ entspricht dem gesuchten osmotischen Druck. Der Apparat befindet sich in einem Wasserthermostaten, der auf $0{,}02°$ genau reguliert wird.

Die von BOISSONNAS und MEYER[3] und von FUOSS und MEAD[4] angegebenen Apparate beruhen auf einem ähnlichen Prinzip.

### ι) Die osmotische Waage.

Der osmotische Druck verdünnter Lösungen von sehr hochmolekularen Kolloiden (z. B. Cellulose) kann mit Hilfe der bisher besprochenen Methoden nicht bestimmt werden. JULLANDER und SVEDBERG[5,6] haben daher zu solchen Messungen ein anderes Prinzip verwendet, indem sie die Flüssigkeitswanderung zwischen Außenlösung und Innenlösung durch Wägung bestimmen. Steigt die Wassersäule in einem Rohr vom Querschnitt $1\,\text{cm}^2$ um 1 mm, so entspricht dies einem Gewicht von $0{,}1$ g, so daß man also theoretisch mit Hilfe einer analytischen Waage Niveaudifferenzen von $0{,}001$ mm bestimmen können sollte. In der Praxis ist diese Genauigkeit natürlich auf Grund der unvermeidlichen Temperaturschwankungen nicht erreichbar.

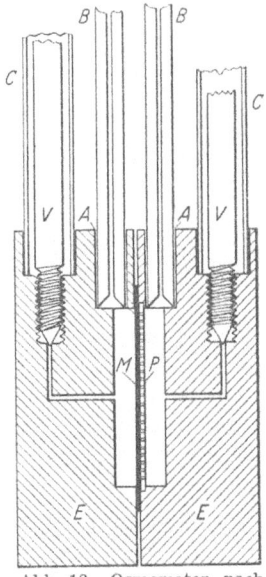

Abb. 12. Osmometer nach HERZOG und SPURLIN[1].

Abb. 13 zeigt eine Skizze der Apparatur. Die Osmometerkammer hängt an einem Arm einer analytischen Waage, während das Gefäß mit der Außenflüssigkeit auf einem senkrecht verschiebbaren Tischchen steht.

Ist die Niveaudifferenz zwischen Außenlösung und Innenlösung kleiner als dem osmotischen Druck entspricht, so wandert Lösungsmittel in die Kammer ein. Die Kammer

---

[1] HERZOG, R. O., u. H. M. SPURLIN: Z. physik. Chem. (A) Bodenstein-Festband 239 (1939).
[2] SCHULZ, G. V.: Z. physik. Chem. (A) **176**, 317 (1936).
[3] BOISSONNAS, C. G., et K. H. MEYER: Helv. **20**, 783 (1937).
[4] FUOSS, R. M., and D. J. MEAD: J. physic. Chem. **47**, 59 (1943).
[5] JULLANDER, I., and T. SVEDBERG: Nature **153**, 523 (1944).
[6] JULLANDER, I.: Ark. Kemi, Mineral. Geol. **21 A**, No. 8 (1945).

sinkt daher, und die Waagschale muß stärker belastet werden, um den Zeiger zur Ausgangsstellung zurückzubringen.

Diese Verschiebung zwischen Außenlösung und Innenlösung wird gemessen bei 4 bis 5 verschiedenen Drucken, welche auf beiden Seiten des erwarteten osmotischen Druckes liegen; dieser wird durch Interpolation bestimmt. Die Druckänderungen werden erzeugt durch Verschieben des die Außenlösungen tragenden Tischchens.

Die Messung einer Lösung von Nitrocellulose z. B. ergab nebenstehende Werte (Tabelle 1).

Die Interpolation ergibt einen Druck von 0,106 cm. Die Methode gestattet also die Messung sehr geringer osmotischer Drucke.

*Tabelle 1.*

| Flüssigkeitswanderung in mg je Stunde | Druck in cm |
|---|---|
| + 0,153 | 0,0964 |
| + 0,080 | 0,1016 |
| + 0,057 | 0,1018 |
| + 0,015 | 0,1031 |
| ÷ 0,149 | 0,1159 |

*κ) Die Methode von* HANSEN[1].

Stehen Außenlösung und Innenlösung im Gleichgewicht, so sind ihre Volumina konstant. Dementsprechend besteht bei den meisten Osmometermethoden das Kriterium des Gleichgewichtes darin, daß der Stand der Flüssigkeitssäule konstant bleibt. Auch das Osmometer von HANSEN beruht auf dem Prinzip der konstanten Volumina, doch wird die Wanderung der Flüssigkeit zwischen Innenlösung und Außenlösung auf andere Weise konstatiert, nämlich durch Registrierung der entstehenden Druckänderung mit Hilfe eines empfindlichen elektrischen Kondensatormanometers[2]. Der Apparat (Abb. 14) besteht aus einem Hohlzylinder, der unten durch einen Schraubengang mit dem Kondensatormanometer in Verbindung steht. Der innere Durchmesser des Zylinders ist 5 mm und in seiner Bohrung befindet sich ein Messingstab (*10*), der eine perforierte Nickelplatte (*9*) stützt, welche ihrerseits die Kollodiummembran (*8*) trägt. Die Dichtung geschieht durch eine Gummipackung (*7*) und die Membran wird festgespannt durch Anschrauben eines Plattenstückes (*4*). Diese Platte hat eine konzentrische Bohrung, welche die Probe (< 20 mm³) aufnimmt, worauf eine zentral perforierte Glasplatte (*6*) aufgelegt wird. Mit Hilfe einer Lucitplatte (*2*), die durch die Schraube (*1*) befestigt und durch eine Gummipackung (*3*) gedichtet wird, erhält man eine kleine Kammer. Durch einen Kanal in der Lucitplatte steht diese Kammer mit einem gewöhnlichen Wassermanometer in Verbindung.

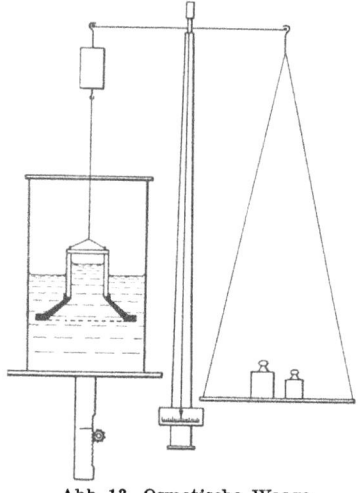

Abb. 13. Osmotische Waage nach JULLANDER und SVEDBERG[3].

Zuerst wird der Hohlraum des Zylinders (*11*) durch den Dreiweghahn (*12*) mit der Außenlösung (physiologische Kochsalzlösung) gefüllt. Das Kondensatormanometer wird angeschraubt, die Membran montiert, die Probe eingefüllt und der Apparat zusammengeschraubt, wie oben beschrieben. Der Apparat wird nun horizontal gelagert zwecks Vermeidung hydrostatischer Druckkorrektionen, und das Wassermanometer wird auf einen Druck eingestellt, der den erwarteten kolloidosmotischen Druck übertrifft. Der Hahn *F* des Kondensatormanometers bleibt geschlossen, und es tritt daher nur ganz wenig Flüssigkeit (Ultrafiltrat) durch die Membran. Nach etwa 1 min wird der Hahn *F* zur Außenluft geöffnet, der Druck des Wassermanometers wird gesenkt, und nach neuerlichem Schließen des Hahnes wird der Ausschlag des Voltmeters wieder abgelesen. Dieser Vorgang wird wiederholt bis zur Einstellung des Gleichgewichtes, d. h. bis sich die elektrische Spannung nicht mehr ändert, wenn die Druckkammer des Kondensatormanometers

---

[1] HANSEN, A.T.: Acta med. scand., Suppl. **266**, 473 (1952).
[2] BUCHTAL, F., and E. WARBURG: Acta physiol. scand. **5**, 55 (1943).
[3] JULLANDER, I., and T. SVEDBERG: J. physic. Colloid Chem. **51**, 6 (1947).

abwechselnd geöffnet und geschlossen wird. Solange der osmotische und der kompensierende Druck nicht im Gleichgewicht sind, steigt oder fällt der in der Manometerkammer herrschende Druck bei geschlossenem Hahne und der Ausschlag des Voltmeters ändert sich daher, wenn man den Hahn F öffnet.

Da das Volumen der Probe so klein ist, stellt sich das Gleichgewicht zwischen den Krystalloiden sehr rasch ein, und auch der eigentliche Meßvorgang erfordert nur wenig Zeit.

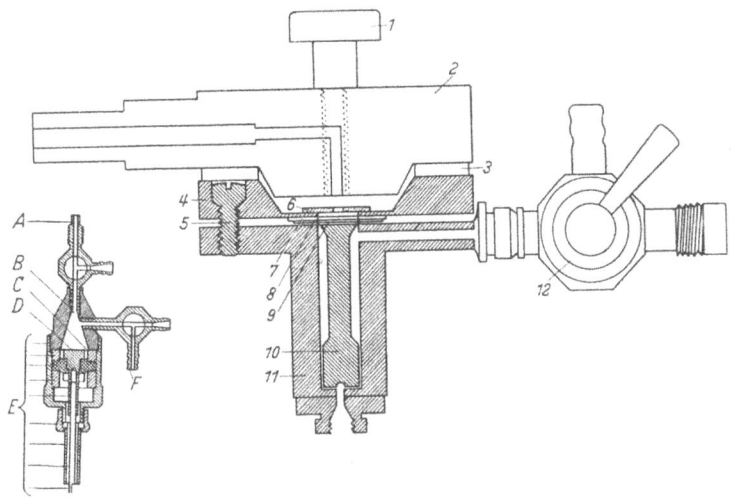

Abb. 14. Osmometer nach HANSEN[1]. Ein verkleinerter Längsschnitt durch das Manometer (relative Größe etwa 1/3) ist in die linke, untere Ecke eingesetzt. A Gewinde zur Verbindung mit (11). B Druckkammer. C Biegsame Platte und vordere Elektrode. D Hintere Elektrode. E Konstruktionseinzelheiten. F Dreiweghahn zum Gebrauch bei der Messung des kolloidosmotischen Druckes.

### λ) Die Methode von KROGH und NAKAZAWA[2].

Die von KROGH und NAKAZAWA beschriebene Apparatur (Abb. 15) ist zu klinisch physiologischen Untersuchungen vielfach angewendet worden.

Der Apparat besteht aus einem Ebonitblock (3), der beim Füllen mit der Unterseite nach oben angebracht wird. Zuerst wird die Gummipackung (7) eingesetzt, sodann die halbdurchlässige Membran (Durchmesser 19 mm) und auf diese eine Filterscheibe, welche mit physiologischer Kochsalzlösung befeuchtet wird, die als Außenlösung dient. Membran und Filterscheibe werden durch eine perforierte Metallplatte (4) gestützt, die mit Hilfe eines trichterförmigen Ebonitstückes (6) fest auf 3 gepreßt wird, sobald man das Deckstück (5) anschraubt. Hierauf wird der Apparat gewendet, die Probe (etwa 0,5 cm³) in die Kammer einpipettiert, und das Glasrohr (1) eingeschoben, bis die Flüssigkeit in die Capillare steigt. Die Capillare wird durch Anschrauben des Deckstückes (2) fixiert, sodann mit einem Wassermanometer verbunden und der ganze Apparat wird in ein aus physiologischer Kochsalzlösung bestehendes Bad gesetzt. Die Klemmschraube an der Gummiverbindung zum Wassermanometer wird geschlossen gehalten bis zur Einstellung des Gleichgewichtes zwischen den Krystalloiden. Hierauf wird der Druck des Wassermanometers verändert, bis der Meniscus in der Capillare sich ruhig verhält. Die Stellung des Meniscus wird mit Hilfe eines horizontalen Kathetometermikroskopes kontrolliert.

Da das Volumen der Außenflüssigkeit so klein ist, stellt sich das Gleichgewicht ziemlich rasch ein. Aus demselben Grund geschieht auch keine nennenswerte Verdünnung der Proteinproben.

Der kolloidosmotische Druck berechnet sich aus dem Druck des Wassermanometers plus dem Druck der Capillarsäule minus dem hydrostatischen Druck, der dadurch entsteht, daß der Apparat teilweise in ein Wasserbad gesenkt ist [der letztere Druck ist gleich dem Abstande zwischen der Wasseroberfläche und der Spitze des Trichters (6)]. Der

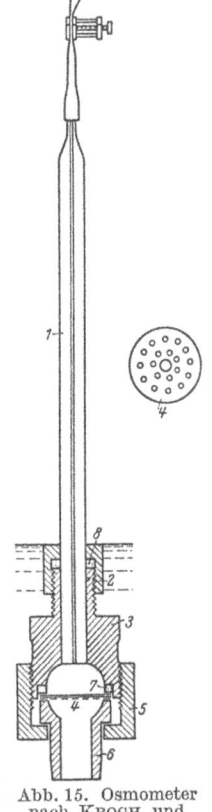

Abb. 15. Osmometer nach KROGH und NAKAZAWA[2].

---

[1] HANSEN, A. T.: Acta med. scand., Suppl. **266**, 473 (1952).
[2] KROGH, A., u. F. NAKAZAWA: B. Z. **188**, 247 (1927).

Druck der Capillarsäule ist gleich der Differenz zwischen der Steighöhe und der auf der Capillaraktivität beruhende Steigung, welche letztere für verschiedene Seren verschieden ist. Bei genauen Messungen muß diese Differenz mit dem spezifischen Gewichte des Serums multipliziert werden.

Die Methode soll auf ±1 cm Wasser genau sein.

PAULI und FENT[1] haben durch eine leichte Modifikation der Methode von KROGH und NAKAZAWA ein bequemeres Anbringen der Membran erreicht.

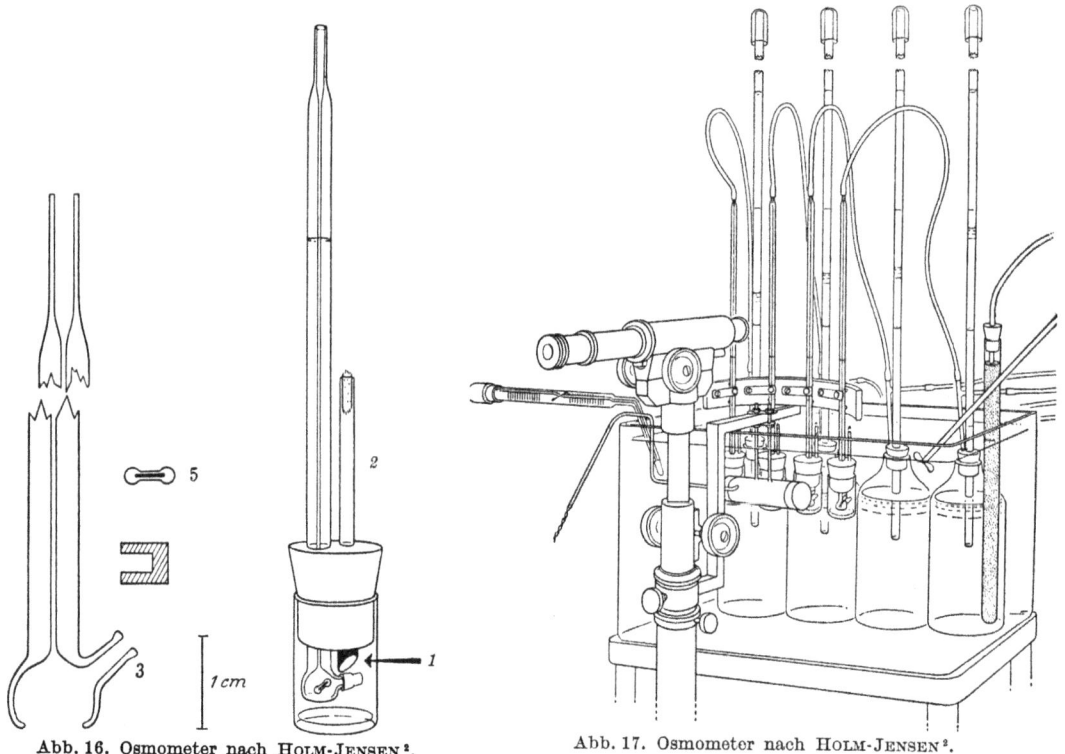

Abb. 16. Osmometer nach HOLM-JENSEN[2].  Abb. 17. Osmometer nach HOLM-JENSEN[2].

*μ) Die Methode von* HOLM-JENSEN[2].

Diese Methode (Abb. 17) ist zur Anwendung auf klinisch-biologische Probleme bestimmt. Die Messung kann schon 1 Std nach dem Einbringen der Probe durchgeführt werden, da dank einer elektromagnetischen Rührung das Gleichgewicht sehr rasch erreicht wird. Osmometer und Capillare bestehen aus einem Stück, indem die Capillare (innerer Durchmesser 0,7 mm) zu einer glockenförmigen Erweiterung (Volumen etwa 0,35 cm³) aufgeblasen ist. Diese Erweiterung ist nach unten offen und trägt ein Seitenrohr (3). Die Öffnung wird durch die Membran verschlossen, indem man die untere Hälfte des Osmometers wiederholt in eine Kollodiumlösung taucht. Die Proteinlösung wird durch das Seitenrohr eingefüllt, bis sie ein Stück in der Capillare aufsteigt. Hierauf wird die Kammer durch eine Gummikappe verschlossen. Die Außenlösung (physiologische Kochsalzlösung) ist enthalten in einer Filterscheibe, die mit der Membran in innigem Kontakt steht. Das kleine Volumen der Außenlösung trägt zur schnellen Einstellung des Gleichgewichtes bei und verhindert außerdem eine wesentliche Verdünnung der Proteinprobe. Das Osmometer wird in eine feuchte Kammer gebracht, deren Boden mit physiologischer Kochsalzlösung bedeckt ist (s. Abb. 16). Im Pfropfen dieser Kammer befindet sich ein permanenter Magnet (1), der den aus einem in Glas eingeschlossenen Eisendraht bestehenden Rührer daran verhindert, die Membran zu beschädigen. Ein offenes Glas-

---

[1] PAULI, W., u. P. FENT: Kolloid-Z. **67**, 288 (1934).
[2] HOLM-JENSEN, I.: Scand. J. clin. Lab. Invest. **1**, 71 (1949).

rohr (2) sichert die Verbindung der feuchten Kammer mit der Atmosphäre. Das ganze Aggregat wird an einem Arm des horizontalen Mikroskopes befestigt und in ein Wasserbad eingeführt (Abb. 17). Man verbindet die Capillare mit einem Wassermanometer, das, wenn die Probe aus Serum besteht, sogleich auf einen Wasserdruck von 40 cm eingestellt wird. Hierauf wird der Rührer in Gang gesetzt durch periodisches Unterbrechen der Stromzufuhr zum Elektromagneten (5, Abb. 17). Der Manometerdruck wird reguliert, bis sich der Meniscus in der Capillare ruhig verhält.

Der gesuchte osmotische Druck ist gleich dem Manometerdruck $+ h \cdot d - k$. Hierbei bedeutet $h$ die Höhe der Capillarsäule über der Membran, $d$ das spezifische Gewicht des Serums, $k$ die Steigung auf Grund der Capillaraktivität. Bringt man mit Hilfe eines Pferdehaares eine Spur Octylalkohol auf die Serumoberfläche in der Capillare, so variiert die Capillarsteigung nur sehr wenig für verschiedene Seren und kann ein für allemal bestimmt werden. Die wichtigste Fehlerquelle der Methode besteht in der das Seitenrohr schließenden Gummikappe. Diese Kappe ist vermutlich deformierbar und kann daher zu Volumenänderungen in der Osmometerkammer Anlaß geben. Wiederholte Messungen derselben Probe geben Werte, welche vom Mittel um maximal $\pm 0{,}5$ cm Wasserdruck abweichen.

# Osmotische Erscheinungen und osmotische Methoden an Erythrocyten.

Von

**W. Wilbrandt.**

Mit 7 Abbildungen.

Im Jahre 1886 beobachtete HAMBURGER[1], daß Einbringen einiger Tropfen defibrinierten Rinderblutes in Kochsalzlösungen verschiedener Konzentration zum *Austritt des Hämoglobins* führt, wenn die Kochsalzkonzentration kleiner ist als 0,58%. Er stellte außerdem fest, daß mit anderen Salzen qualitativ die gleiche Erscheinung zu beobachten ist, daß aber die Grenzkonzentration für den Austritt des Hämoglobins von derjenigen des Kochsalzes verschieden ist: für $KNO_3$ 1,00, $NaBr$ 1,02, $NaJ$ 1,55 und $KJ$ 1,65%. Da die Molekulargewichte der Salze 101, 103, 150 und 166 betragen, besitzen die Grenzkonzentrationen der verschiedenen Salze offenbar gleiche Molarität.

Daß diese Übereinstimmung ihre Grundlage in osmotischen Erscheinungen hat, wurde wahrscheinlich gemacht durch die später veröffentlichten Untersuchungen von GRYNS[2] und von HEDIN[3], die die ersten Volumenbestimmungen auf der Basis des Hämatokritverfahrens durchführten und dabei feststellten, daß das Volumen der Erythrocyten von der Salzkonzentration abhängt, indem die Zellen in 0,9—1,0 %igem Kochsalz dasselbe Volumen zeigen wie im unvermischten Blut, in verdünnteren Lösungen dagegen größeres und in konzentrierteren Lösungen kleineres Volumen.

Die Deutung, die diesen beiden Beobachtungen gegeben wurde, war die, daß die Erythrocyten von einer semipermeablen Membran umgeben sind, daß sie daher in Salzlösungen verschiedenen osmotischen Druckes das Verhalten eines Osmometers zeigen, und daß bei Schwellung in hypotonischen Lösungen eine bestimmte Grenze für das Volumen besteht, von der an die Zellen teilweise und schließlich ganz für Hämoglobin durchlässig werden. Dieses Volumen wurde später als das kritische hämolytische Volumen oder als das hämolytische Grenzvolumen bezeichnet.

---

[1] HAMBURGER, H. J.: Arch. Anat. Physiol. (B) **1886**, 466.
[2] GRYNS, G.: Pflügers Arch. **63**, 86 (1896).
[3] HEDIN, S. G.: Pflügers Arch. **68**, 229 (1897).

Die eingehenderen Untersuchungen der folgenden Jahrzehnte haben an dieser Grundkonzeption nichts Wesentliches geändert. Was verfeinerte Methoden an zusätzlicher Information gebracht haben, die hier erörtert werden soll, bezieht sich unter anderem auf die folgenden beiden Fragen:

1. Folgen die Volumenveränderungen der Erythrocyten in Lösungen variierten osmotischen Druckes quantitativ den osmotischen Gesetzen?

2. Wie ist die dem Osmometerverhalten offenbar zugrunde liegende Semipermeabilität zu verstehen?

Neben dieser genaueren Analyse der Grundbeobachtungen hat die weitere Entwicklung noch in zwei Richtungen geführt, die ebenfalls dargestellt werden sollen:

1. die Einführung der Prüfung der osmotischen Resistenz in die klinischen Untersuchungslaboratorien als klinisch-diagnostische Methode und

2. die Anwendung der osmotischen Erscheinungen am Erythrocyten für den Ausbau einfacher quantitativer Methoden zur Untersuchung ihrer Permeabilität für Wasser und gelöste Stoffe.

## 1. Das Osmometerverhalten der roten Blutkörperchen.

### a) Die Frage der quantitativen Gültigkeit des VAN'T HOFFschen Gesetzes.

Die Frage, ob bzw. inwieweit das Volumen der Erythrocyten in Salz- oder Plasmalösungen verschiedener Konzentration quantitativ den osmotischen Gesetzen folgt, mit anderen Worten ob das Volumen sich genau umgekehrt proportional dem osmotischen Druck verändert, ist in der Folge vielfach, mit verschiedenartigen Methoden und mit weitgehend divergenten Resultaten untersucht worden.

Die Methoden, die herangezogen wurden, sind außer dem schon genannten klassischen Hämatokritverfahren das Verfahren der *Diffraktometrie*, die Methode der *Leitfähigkeitsbestimmung*, die *colorimetrische* Methode, das *photographische Verfahren* und schließlich die *Bestimmung des Wassergehaltes* der Zellen. Es sei zunächst über diese Verfahren einiges vorausgeschickt.

Das schon von YOUNG 1813 eingeführte *diffraktometrische Verfahren* beruht auf der Ausmessung der Beugungsringe, die von den Zellen bei Durchtritt parallelen Lichtes gebildet werden, und die bei Verwendung weißen Lichtes farbig, bei Verwendung monochromatischen Lichtes hell und dunkel sind. Das Prinzip ist von PIJPER[1] unter Verwendung von weißem Licht als klinische Methode eingeführt worden. Nachdem MILLAR[2] 1926 die Theorie ausgebaut hatte, wurde das Verfahren von ALLEN und PONDER[3] 1928 durch die Verwendung monochromatischen Lichtes verbessert und schließlich von COX und PONDER[4] 1941 zu einer Präzisionsmethode mit einer Genauigkeit von etwa 5% weiter entwickelt. Volumenmessungen lassen sich allerdings nur bei kugelförmigen Zellen (z. B. nach Zusatz von Lecithin) durchführen (ebenso bei der *photographischen Methode*).

Die Methode der *Leitfähigkeitsbestimmung* wurde von FRICKE[5] 1923 eingeführt und 1933 weiter ausgebaut. Sie beruht darauf, daß in einer Suspension von Zellen die Leitung eines Wechselstroms von 2000—4000 Hertz vorwiegend durch die Zwischenzellflüssigkeit geht und daß daher die Leitfähigkeit vom Volumen der Zellen abhängig ist. Von FRICKE wurden Formeln eingeführt, die jedoch einen Korrekturfaktor für die Form der Zellen enthalten, der nur bei kugelförmigen Zellen gleich 1 wird, sonst aber experimentell bestimmt werden muß. Mit dieser Einschränkung ist die Methode brauchbar und einfach.

Die beste Methode ist die *colorimetrische Methode*, bei der ein nichtpenetrationsfähiger Farbstoff zugesetzt und seine Konzentration im Verteilungsgleichgewicht bestimmt wird.

---
[1] PIJPER, A.: Med. J. S.-Africa **14**, 211 (1918).
[2] MILLAR, W. G.: Proc. R. Soc. London (B) **99**, 264 (1926).
[3] ALLEN, A., and E. PONDER: J. Physiol., London **66**, 37 (1928).
[4] COX, R. T., and E. PONDER: J. gen. Physiol. **24**, 619 (1941).
[5] FRICKE, H.: J. gen. Physiol. **6**, 375 (1923). Cold Spring Harb. Symp. quant. Biol. **1**, 117 (1933).
FRICKE, H., and H. J. CURTIS: J. gen. Physiol. **18**, 821 (1935).

Als Farbstoff verwendete STEWART[1], der das Verfahren 1899 eingeführt hat, Hämoglobin, ebenso SASLOW und PONDER[2]. SHOHL und HUNTER[3] (1941) ersetzten das Hämoglobin durch das für die Bestimmung der Plasmamenge gebräuchliche Evans Blue oder T 1824. Die Methode ergab Volumenwerte, die etwa 4% tiefer lagen als die bei 3200 Umdrehungen je Minute gewonnenen Werte mit dem Hämatokritverfahren.

Das Ergebnis der Volumenbestimmungen mit diesen Methoden wurde von PONDER[4] ausführlich diskutiert. Zusammenfassend ergibt sich, daß das BOYLE-MARIOTTE-VAN'T HOFFsche Gesetz unter günstigen Bedingungen nahezu genau erfüllt gefunden werden kann, daß jedoch meistens die Volumenänderungen in nichtisotonischen Lösungen geringer sind, als nach dem osmotischen Gesetz zu erwarten wäre.

Die erste und wichtigste Korrektur betrifft den *Wassergehalt*. Die Erythrocyten enthalten einen ungewöhnlich hohen Anteil an gelöster Substanz, der Hämoglobingehalt im Zellinneren beträgt 34—40%. Es ist daher von vornherein nicht zu erwarten, daß das VAN'T HOFFsche Gesetz auf das Gesamtvolumen der Zellen anwendbar ist, sondern daß statt dessen das von Wasser eingenommene Volumen einzusetzen ist. PONDER hat das in folgender Form getan

$$V = W\left(\frac{1}{T} - 1\right) + 100. \tag{1}$$

In dieser Gleichung bedeutet $V$ das Volumen der Zellen, $W$ den Wassergehalt der Zelle im isotonischen Milieu in Prozenten und $T$ die Tonizität (isotonisch $= 1$). Das normale Volumen der Gesamtzelle im isotonischen Milieu ist dabei gleich 100 gesetzt. Die Formulierung hat den Vorteil, daß die Volumenänderung im ersten Term, das Normalvolumen im zweiten Term enthalten ist.

Die Gl. (1) wurde mit guter Annäherung erfüllt gefunden bei Zellen aus heparinisiertem, defibriniertem Blut in hypotonischem oder hypertonischem Plasma der gleichen Tiere.

In anderen Medien dagegen, insbesondere in Kochsalzlösungen, sind die Volumenänderungen im allgemeinen geringer als nach Gl. (1) zu erwarten, was von PONDER durch einen Korrekturfaktor $R$ in folgender Weise gekennzeichnet wird

$$V = RW\left(\frac{1}{T} - 1\right) + 100. \tag{2}$$

Der Faktor $R$ nimmt im Maximum einen Wert von 1,0 an, und ist in Nichtplasmamedien im allgemeinen kleiner, zwischen 0,5 und 0,8, d. h. die Volumenänderungen sind nur 50—80% derjenigen, die nach dem VAN'T HOFFschen Gesetz zu erwarten wären.

Über die Ursache dieser Abweichung ist viel diskutiert worden. Eine Zeitlang hat man versucht, die Diskrepanz durch die Annahme „gebundenen Wassers" zu erklären, d. h. einer Fraktion des Zellwassers, die als lösender Raum nicht benützt werden kann. Dampfdruckmessungen vor und nach Zusatz gelöster Substanzen, die von HILL[5] durchgeführt worden sind, haben jedoch gezeigt, daß diese Annahme nicht richtig sein kann.

PONDER[4] nimmt heute an, daß es sich um wechselnde Grade einer Annäherung an den krystallisierten Zustand von Hämoglobin handelt, den er als „parakrystallin" bezeichnet. Wäre das Innere des Erythrocyten krystallisiert, so wäre die Volumenänderung in nichtisotonischen Medien gleich Null. Nähert sich der Zustand dem krystallinen, so werden die Volumenänderungen vermindert. Tatsächlich konnte PONDER zeigen, daß unter bestimmten Bedingungen, z. B. an Rattenerythrocyten bei niedriger Temperatur, die Volumenänderungen praktisch ganz ausbleiben. Solche Zellen hämolysieren auch in destilliertem Wasser nicht, ein Zustand, der reversibel ist, und aus dem die Zellen zum normalen Osmometerverhalten zurückkehren können.

---

[1] STEWART, G. N.: J. Physiol., London **24**, 211 (1899).
[2] PONDER, E., and G. SASLOW: J. Physiol., London **70**, 18, 169 (1930).
[3] SHOHL, A. T., and T. H. HUNTER: J. Lab. clin. Med. **26**, 1829 (1941).
[4] PONDER, E.: Hemolysis and Related Phenomena. London, New York 1948.
[5] HILL, A. V.: Proc. R. Soc. London (B) **106**, 477 (1930).

Die Bedeutung der quantitativen Abweichung vom Osmometerverhalten für die Anwendbarkeit osmotischer Methoden ist aus zwei Gründen gering. Einmal ist wichtig, daß das Volumen in Salzlösungen trotz der Abweichungen doch eine eindeutige Funktion des osmotischen Außendruckes bleibt, wenn auch nicht diejenige direkter, umgekehrter Proportionalität. Zweitens aber werden (s. S. 57) vorwiegend solche Methoden zur Volumenbestimmung angewendet, die das absolute Volumen gar nicht erfassen, sondern sich auf „Volumeneichungen" unter Variation des osmotischen Druckes stützen. Die fragliche Funktion geht dann auch in die Eichkurve ein und hebt sich beim Vergleich zwischen Messung und Eichung wieder heraus.

### b) Die Frage der Semipermeabilität.

Wenn die Volumenänderungen der Erythrocyten in nichtisotonischen Medien auf Osmometerverhalten zurückzuführen sind, muß eine semipermeable Membran als äußere Begrenzung der Zellen angenommen werden. Es erhebt sich dann die Frage, wie diese Semipermeabilität zu verstehen ist, d. h. wofür die Zellmembran durchlässig und wofür sie undurchlässig ist.

Die einfachste Annahme, daß die Membran nur für Wasser durchlässig ist, nicht dagegen für alle gelösten Substanzen, erwies sich bald als unzutreffend. Viele gelöste Substanzen, vor allem kleinmolekulare und lipoidlösliche organische Moleküle, dringen, wie sich quantitativ mit später zu diskutierenden Methoden zeigen und messen läßt, mehr oder weniger leicht durch die Membran. Es bliebe jedoch zunächst die Möglichkeit, daß die Zellen zwar für gewisse organische Moleküle durchlässig, dagegen für Ionen vollständig undurchlässig sind.

Auch diese Möglichkeit hat sich früh als unzutreffend erwiesen, indem KÖPPE[1] in seinen bekannten Versuchen zeigen konnte, daß die Membran für Anionen durchlässig sein muß, indem sich Hydrogencarbonationen gegen Chloridionen austauschen können. Spätere Untersuchungen haben gezeigt, daß Anionendurchlässigkeit für einwertige Anionen allgemein nachweisbar ist (vgl. z. B. MOND und GERTZ[2]).

Man zog daraus den Schluß, daß die Membran für Kationen undurchlässig, für Anionen durchlässig ist, daß daraus aber de facto eine Undurchlässigkeit für Salz resultiert, da Anionen ohne Begleitung von Kationen aus elektrostatischen Gründen praktisch nicht in meßbaren Mengen penetrieren können, bzw. da der von KÖPPE gezeigte Austausch einwertiger Anionen osmotisch irrelevant ist, indem jeweils ein Anion sich gegen ein anderes osmotisch gleichwertiges austauschen muß. (Der Austausch einwertiger gegen zweiwertige Anionen allerdings muß zu osmotischen Effekten führen, die auch tatsächlich nachweisbar sind und in ähnlicher Weise wie die osmotischen Veränderungen beim Penetrieren organischer Moleküle zur quantitativen Verfolgung der Penetrationsgeschwindigkeit benützt werden können)[3].

Heute ist auch diese Deutung nicht mehr haltbar. Nachdem Versuche von BANG[4] und von JOEL[5] schon früh darauf hingewiesen hatten, daß, wenigstens unter bestimmten Bedingungen, die Erythrocyten für Kationen durchlässig werden können, zeigt eine Reihe von Untersuchungen mit Isotopenmethoden heute[6], daß auch die normale Membran

---

[1] KÖPPE, H.: Pflügers Arch. **67**, 189 (1897).
[2] MOND, R., u. H. GERTZ: Pflügers Arch. **221**, 623 (1929).
[3] WILBRANDT, W.: Pflügers Arch. **246**, 274, 291 (1942).
[4] BANG, I.: B. Z. **16**, 255 (1909).
[5] JOEL, A.: Pflügers Arch. **161**, 51 (1915).
[6] HAHN, L. L., G. C. HEVESY and O. H. REBBE: Biochem. J. **33**, 1549 (1939). — COHN, W. E.: Amer. J. Physiol. **133**, 424 (1941). — DEAN, R. B., T. R. NOONAN, L. HAEGE and W. O. FENN: J. gen. Physiol. **24**, 353 (1941). — MULLINS, L. J., W. O. FENN, T. R. NOONAN and L. HAEGE: Amer. J. Physiol. **135**, 93 (1941). — SHEPPARD, C. W., and W. R. MARTIN: Biol. Bull. **95**, 287 (1948). — RAKER, J. W., J. M. TAYLOR, J. M. WELLER and A. B. HASTINGS: J. gen. Physiol. **33**, 691 (1950). — SHEPPARD, C. W., and W. R. MARTIN: J. gen. Physiol. **33**, 703 (1950). — SHEPPARD, C. W., W. R. MARTIN and G. BEYL: J. gen. Physiol. **34**, 411 (1951). — SOLOMON, A. K.: J. gen. Physiol. **36**, 57 (1952). — SOLOMON, A. K., and G. L. GOLD: J. gen. Physiol. **38**, 371 (1955).

der Erythrocyten eine Durchlässigkeit für Kationen besitzt. Sowohl Kalium als auch Natrium, Lithium und Rubidium dringen langsam, aber deutlich nachweisbar durch die Membran der roten Blutkörperchen hindurch.

Wenn aber nun die Zellen sowohl für Anionen als auch für Kationen durchlässig sind, stellt sich nicht nur die Frage nach der Semipermeabilität erneut, sondern außerdem noch eine zweite.

Was zunächst die Semipermeabilität betrifft, so ist allerdings die Durchlässigkeit für Kationen im Vergleich zu derjenigen für Anionen sehr gering. Der limitierende Faktor für die Salzpenetration wird in jedem Fall die Kationenpermeabilität sein und für kurzfristige Versuche, wie sie die HAMBURGERschen darstellen, kann die sehr langsame Kationenpenetration als vernachlässigbar betrachtet werden.

Es stellt sich aber eine zweite Frage, die weniger einfach zu beantworten ist. Wenn eine Zelle sowohl für Kationen als auch für Anionen durchlässig ist und im Inneren eine sehr hohe Eiweißkonzentration besitzt, so sind die Bedingungen für ein DONNAN-Gleichgewicht gegeben, so lange die Membran für das Eiweiß undurchlässig ist. Die Undurchlässigkeit für Hämoglobin zu bezweifeln besteht beim Erythrocyten kein Anlaß. Vollständige Salzdurchlässigkeit vorausgesetzt, müßte sich also auch am Erythrocyten ein DONNAN-Gleichgewicht einstellen. Da jedoch das DONNAN-Gleichgewicht kein vollständiges Gleichgewicht ist, d. h. da es sich nur auf die Ionenverteilung bezieht, nicht dagegen auf die Wasserverteilung, und da ein solches System nur im Gleichgewicht gehalten werden kann, wenn dem kolloidosmotischen Druck eine Gegenkraft entgegengesetzt wird (beim Osmometer der hydrostatische Durck des Wassers im Steigrohr, bei Pflanzenzellen in Cellulosewänden der Widerstand der Cellulosewand u. dgl.), ergibt sich daraus die Folgerung, daß der Erythrocyt langsam schwellen und schließlich hämolysieren müßte, wenn keine weiteren Faktoren im Spiel wären. In der Tat läßt sich zeigen, daß auf einen solchen Mechanismus eine Reihe von Hämolysen beruhen, die als kolloid-osmotisch bezeichnet wurden[1].

In bezug auf diese Fragestellung ist die relativ geringe Kationenpermeabilität keine befriedigende Antwort. Die kolloidosmotische Schwellung würde zwar relativ langsam erfolgen, aber doch innerhalb von Stunden oder Tagen zur Hämolyse in vivo führen müssen.

Offenbar müssen noch weitere Faktoren in dem System wirken. Welcher Art diese Faktoren sind, deuten Versuche an, die von HARRIS[2] 1941 zum erstenmal ausgeführt und inzwischen mehrfach bestätigt und erweitert worden sind. Bringt man Menschenerythrocyten in ihrem natürlichen Milieu, dem Plasma, auf Kühlraumtemperatur, so verlieren sie Kalium (normalerweise enthalten sie im Inneren vorwiegend Kalium und nur sehr wenig Natrium) und nehmen dafür etwa gleichviel Natrium auf. Bringt man sie dann nach etwa einer Woche auf 37° C, so kehrt sich der Kationenaustausch um, die Zellen verlieren das aufgenommene Natrium wieder und nehmen dafür wieder Kalium auf. Dieser Austausch erfolgt für beide Kationen entgegen dem Konzentrationsgefälle und ist offenbar ein aktiver Prozeß. Dem entspricht, daß er nicht nur an höhere Temperatur gebunden ist, sondern außerdem an das Vorhandensein von Glucose oder anderen energieliefernden Substanzen für den Stoffwechsel. Bei den vorwiegend glykolytisch eingestellten Erythrocyten der Säugetiere ist der energieliefernde Stoffwechsel offenbar die Milchsäurebildung, bei den sauerstoffverbrauchenden Vogelerythrocyten der oxydative Stoffwechsel[3].

Aus diesen Versuchen ergibt sich zweierlei. Einmal bestehen aktive, sekretionsartige Vorgänge, die die Einstellung von Ionengleichgewichten verhindern und eine partielle Erklärung dafür bieten, daß die diskutierte Schwellung bei vollständiger Salzdurchlässigkeit in vivo auch langsam nicht zustande kommt.

---

[1] WILBRANDT, W.: Pflügers Arch. 245, 22 (1941).
[2] HARRIS, J. E.: J. biol. Ch. 141, 579 (1941).
[3] MAIZELS, M.: Symp. Soc. exp. Biol. 8, 22 (1954).

Andererseits aber zeigen die HARRISschen sowie spätere Versuche, daß beide Kationenverschiebungen, sowohl diejenige bei Kühlraumtemperatur als auch der aktive Prozeß bei Körpertemperatur, mindestens zu einem beträchtlichen Teil als Austauschvorgänge in dem Sinne zu betrachten sind, daß gleichzeitig ein Natriumion in der einen und ein Kaliumion in der anderen Richtung transportiert wird. Dieser Austauschanteil ist nun für die Frage der Semipermeabilität nicht von Bedeutung. Da bei den Isotopenversuchen eine Nettoverschiebung nicht oder nur in geringem Ausmaß gezeigt worden ist, mit anderen Worten, da die Ergebnisse der Isotopenversuche an sich weitgehend durch solche Austauschtransporte erklärbar sein können, dürfen offenbar die Erythrocyten doch bis zu einem beträchtlichen Grade osmotisch als „effektiv kationenundurchlässig" angesehen werden.

## 2. Die osmotische Resistenz.

Die osmotische Resistenz der Erythrocyten ist auf Grund der HAMBURGERschen Befunde in den folgenden Jahren in der Klinik bei den verschiedensten Störungen untersucht worden. Abweichungen von der Norm sind vielfach gefunden worden, haben sich aber nur in wenigen Fällen als diagnostisch wertvoll erwiesen, vor allem beim hämolytischen Ikterus.

Für die beschränkte Ergiebigkeit in der Klinik sind zum Teil zwei methodische Gründe mitverantwortlich. Einmal der, daß das bei der Bestimmung der osmotischen Resistenz in der Klinik im allgemeinen benützte Kriterium unzweckmäßig ist. Zweitens aber, was zweifellos noch wichtiger ist, sind Faktoren zu wenig berücksichtigt worden, die die osmotische Resistenz außerordentlich stark beeinflussen: vor allem der $p_H$ und die Temperatur.

### a) Die quantitativen Kriterien. Minimal- und Maximalresistenz.

Die Kennzeichnung der osmotischen Resistenz durch die Salzkonzentrationen mit beginnender und mit vollständiger Hämolyse (Minimal- und Maximalresistenz) hat prinzipiell die gleiche Schwäche wie die Angabe der Extremwerte als Maß der Streuung oder die Angabe der maximalen und der minimalen letalen Dosis zur Charakterisierung eines Toxicitätsgrades. In allen diesen Fällen handelt es sich um mehr oder weniger ähnliche S-förmige Kurven, die sich auf beiden Seiten der Horizontalen allmählich annähern. Welche Konzentration als diejenige bezeichnet wird, bei der 0 oder 100% Hämolyse erreicht wird, ist weitgehend eine Frage der Empfindlichkeit der verwendeten Methoden. Daher sind diese Kriterien prinzipiell ungeeignet.

Zweckmäßiger ist die Angabe der Konzentration mit 50% Hämolyse. Trägt man gegen die Konzentration $c$ statt des Hämolysegrades $H$ den Differentialquotienten $dH/dc$ auf (bzw. als leichter zugängliche Näherung $\Delta H/\Delta c$ für endliche Intervalle $\Delta H$ und $\Delta c$), so erhält man eine glockenförmige Differentialkurve, die der GAUSSschen Verteilungskurve ähnelt[1]. In ihr ist der Punkt mit 50% Hämolyse der Scheitelpunkt, d. h. er entspricht dem in der Zellpopulation häufigsten kritischen Volumen der Einzelzelle.

Daneben interessieren aber auch die Streuung der kritischen Volumina, d. h. die Breite des hämolytischen Konzentrationsgebietes und darüber hinaus unter Umständen noch Einzelheiten der Kurvenform, insbesondere wo sie von der Integralkurve der normalen Verteilung abweichen.

Es ist daher zweckmäßig, mit optischen Verfahren (s. S. 58) ganze Resistenzkurven mit mehreren Konzentrationen im hämolytischen Gebiet aufzunehmen (was ja auch schon für die Bestimmung der Konzentration mit 50% Hämolyse unentbehrlich ist). Abweichungen von der Kurvenform der normalen Verteilung sind bisher vor allem bekannt in Form der überlagerten Zacken auf der Seite der niedrigen Salzkonzentrationen, die das Auftreten einer jungen Zellpopulation (Regeneration) anzeigen. Abb. 1 gibt eine Illustration.

---

[1] WILBRANDT, W., u. E. HERRMANN: Helv. physiol. Acta, Suppl. **3**, 47 (1944). — PONDER, E.: Hemolysis and Related Phenomena. London, New York 1948.

Eine einfache und elegante Form der Prüfung der osmotischen Resistenz besteht darin, daß statt des relativ mühsamen Ansetzens zahlreicher fein abgestufter Salzkonzentrationen der Hämolyseverlauf in einer hypotonischen Kochsalzlösung als Kriterium für die osmotische Resistenz genommen wird. Dieses Verfahren, das von JACOBS und Mitarbeitern[1] eingeführt worden ist und sich durch besondere Einfachheit auszeichnet, geht von der Voraussetzung aus, daß bei Abweichungen vom Normalwert mit größerer Wahrscheinlichkeit die osmotische Resistenz sich verändert hat als die Wasserpermeabilität (Einzelheiten werden später ausführlicher diskutiert werden). Diese Voraussetzung dürfte im allgemeinen zutreffen und das einfache Verfahren verdient breitere Anwendung in der Klinik.

### b) Die modifizierenden Faktoren.

α) *Die Wasserstoffionenkonzentration.*

Die osmotische Resistenz hängt in ausgesprochenem Maß von der Wasserstoffionenkonzentration ab, was erstmalig und in besonders klarer und quantitativ instruktiver Weise von JACOBS und PARPART[2] (1931) gezeigt und theoretisch gedeutet worden ist.

JACOBS und PARPART stellten Kochsalzlösungen mit variablem $p_H$, aber bekanntem osmotischem Druck dadurch her, daß sie als Puffer das Kohlensäure-Bicarbonatsystem verwendeten, dessen Variation wegen der guten Penetrationsfähigkeit der Kohlensäure praktisch nicht zu osmotischen Veränderungen führt. Sie konnten damit zeigen, daß die osmotische Resistenz durch Verschiebung des $p_H$ nach der sauren Seite herabgesetzt, der Hämolysegrad bei unveränderter Salzkonzentration also gesteigert wird. Es entsprach

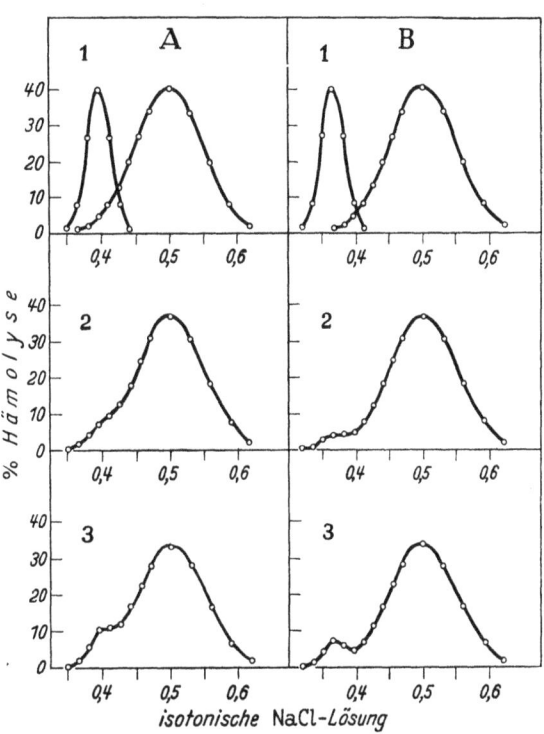

Abb. 1. Superposition von zwei theoretischen Verteilungskurven der osmotischen Resistenz. Kurven 1: die beiden Verteilungskurven. Kurven 2 und 3: Ergebnis der Superposition, wenn die schmälere Kurve zu 8% (Kurven 2) bzw. zu 16% (Kurven 3) an der Gesamtpopulation beteiligt ist.

dabei eine Änderung des $p_H$ um 0,45 etwa einer Änderung der Salzkonzentration um 0,01 molar oder etwa $^1/_{16}$ isotonisch (etwa 0,06% NaCl).

Werden wie üblich ungepufferte Kochsalzlösungen verwendet, so wird der $p_H$ der schließlich zu beurteilenden Blutsuspensionen im wesentlichen durch das Blut selbst bestimmt werden. Damit wird es in erster Linie abhängig von dem *Kohlensäureverlust*, der seit der Entnahme des Blutes stattgefunden hat, bei längerer Aufbewahrung außerhalb des Körpers und bei Zimmertemperatur auch von der stattgehabten Glykolyse, sofern diese nicht durch Zusätze verhindert wird. $p_H$-Verschiebungen nach beiden Seiten um 1—2 Einheiten sind dadurch möglich, was einer Änderung der Salzkonzentration um bis 0,2% und mehr entsprechen kann.

β) *Die Temperatur.*

Der zweite Faktor, der die osmotische Resistenz beeinflußt, ist die Temperatur. Mit sinkender Temperatur nimmt der Hämolysegrad zu, d. h. die osmotische Resistenz ab. Auch hier haben JACOBS und PARPART[2] quantitative Untersuchungen mitgeteilt. Sie

---

[1] JACOBS, M. H., D. R. STEWART, W. J. BROWN and L. J. KIMMELMAN: Amer. J. med. Sci. 217, 47 (1949).
[2] JACOBS, M. H., and A. K. PARPART: Biol. Bull. **60**, 95 (1931).

zeigten, daß ein Temperaturunterschied von 2° C ungefähr einem Salzkonzentrationsunterschied von 0,001 molar entspricht. Da die „Zimmertemperaturen", bei denen im allgemeinen die Bestimmungen durchgeführt werden, sehr wohl um 10° differieren können, bedeutet das eine dadurch eingeführte Streubreite von 0,005 molar, oder etwa $1/32$ isotonisch bzw. 0,03% Kochsalz. Auch dieser Faktor kann das Resultat nicht unwesentlich beeinflussen, wenn der Einfluß auch quantitativ geringer ist als derjenige des $p_H$.

Da der Hämolysegrad mit sinkender Temperatur zunimmt, erscheint es am zweckmäßigsten, eine Temperatur zu wählen, die etwas unterhalb der normalen Zimmertemperatur liegt und die ohne großen experimentellen Aufwand leicht einzustellen ist, z. B. 15° C. Im allgemeinen liegt die Zimmertemperatur etwas höher, so daß mit Hilfe von Kühlschlangen, die mit Leitungswasser durchströmt werden, und Thermoregulation diese Temperatur gut eingestellt werden kann.

### γ) Die Sauerstoffsättigung.

Die Sauerstoffsättigung schließlich ist von relativ geringem Einfluß. Der Unterschied zwischen vollständig oxygeniertem und vollständig reduziertem Blut entspricht ungefähr einem Konzentrationsunterschied von 0,001 molar NaCl oder $1/160$ isotonisch bzw. 0,006% NaCl.

Die Deutung dieser Beeinflussung der osmotischen Resistenz durch die drei genannten Faktoren ist von JACOBS und PARPART[1] auf Grund des Basenbindungsvermögens von Hämoglobin in folgender Weise entwickelt worden.

Geht man von der für den vorliegenden Zweck in genügender Annäherung erfüllten Voraussetzung aus, daß die Zellen als undurchlässig für Hämoglobin, undurchlässig für Kationen und durchlässig für Anionen zu betrachten sind, so ist der osmotische Innendruck im Gleichgewicht bedingt erstens durch die Menge an Hämoglobin, zweitens durch die Menge der Kationen (beide konstant), drittens durch die Menge der Anionen (die durch Austausch von Cl gegen OH variabel und vom $p_H$ abhängig ist).

Werden die Zellen in saure Umgebung gebracht, so tauschen sich OH-Ionen aus dem Inneren der Zellen gegen Cl-Ionen von außen aus, bis sich ein neues Gleichgewicht eingestellt hat, bei dem der osmotische Druck durch die eingedrungenen Chloridionen erhöht worden ist. (Die für den Austausch verwendeten OH-Ionen dürfen als durch Dissoziation entstanden und daher osmotisch nicht relevant betrachtet werden.) Anders ausgedrückt, das Basenbindungsvermögen von Hämoglobin hat abgenommen, und die freigewordenen Basen werden nun durch eingetretenes Chlorid gebunden. Die Änderung des Basenbindungsvermögens von Hämoglobin mit dem $p_H$ ist aus Untersuchungen von VAN SLYKE und Mitarbeitern[2] quantitativ bekannt.

Für die Zunahme des Hämolysegrades mit sinkender Temperatur wurde das gleiche Prinzip herangezogen und auf Befunde von STADIE und MARTIN[3] verwiesen, nach denen das Basenbindungsvermögen von Hämoglobin bei niedriger Temperatur zunimmt.

Schließlich läßt sich auch der Einfluß der Sauerstoffsättigung im gleichen Sinne deuten, da das Oxyhämoglobin eine stärkere Säure darstellt als das Hämoglobin.

Die Deutung wurde von JACOBS und PARPART[1] nicht nur qualitativ, sondern quantitativ durchgeführt. Die Autoren konnten zeigen, daß in bezug auf das osmotische Gleichgewicht die folgende Gleichung Gültigkeit hat

$$\frac{W_1}{W_2} = \frac{2R + 1 - F_1}{2R + 1 - F_2} \cdot \frac{C_2}{C_1}, \qquad (3)$$

in der $W_1$ und $W_2$ den Wassergehalt der Zellen unter zwei verschiedenartigen Bedingungen darstellen. Die Bedingungen unterscheiden sich erstens im Basenbindungsvermögen

---

[1] JACOBS, M. H., and A. K. PARPART: Biol. Bull. 60, 95 (1931).
[2] HASTINGS, A. B., D. D. VAN SLYKE, J. M. NEILL, M. HEIDELBERGER and C. R. HARINGTON: J. biol. Ch. 60, 89 (1924).
[3] STADIE, W. C., and K. A. MARTIN: J. biol. Ch. 60, 191 (1924).

($F =$ die von einem Molekül Hämoglobin gebundene Anzahl Kationen), zweitens in der Außenkonzentration des Salzes $C$. $R$ ist das Verhältnis der osmotischen Hämoglobinmenge zur osmotisch wirksamen Kationenmenge (beide wie oben erwähnt als konstant zu betrachten). Die Variation der Bedingungen bei Änderung von $p_H$, Temperatur oder Sauerstoffsättigung beeinflußt die Größe $F$, d. h. das Basenbindungsvermögen von Hämoglobin. Ob die aus den oben dargestellten Zusammenhängen berechnete Änderung des Basenbindungsvermögens die Volumenänderung erklären kann, läßt sich folgendermaßen prüfen: Wählt man für $C_1$ und $C_2$ zwei Salzkonzentrationen, für die die beiden Suspensionen gleichen Hämolysegrad, d. h. gleiches Volumen bzw. gleichen Wassergehalt ($W_1 = W_2$) ergeben, so muß für die berechneten Werte $F_1$ und $F_2$ und für die beobachteten Werte von $C_1$ und $C_2$ der Wert des rechtsseitigen Bruches gleich 1 sein. Gefunden wurde für Bestimmungen bei verschiedenem $p_H$ der Wert 1,09, für den Vergleich zweier verschiedener Temperaturen der Wert 0,98 und für den Vergleich von sauerstoffgesättigtem und reduziertem Blut der Wert 0,96, also befriedigende Übereinstimmung.

## 3. Die quantitative Bestimmung der Permeabilität aus osmotischen Versuchen.

### a) Prinzip der osmotischen Methoden.

Das Prinzip der osmotischen Methoden beruht darauf, daß durch Wassereintritt oder -austritt Volumenänderungen der Zellen zustande kommen, die als Kriterium für die Penetration verwendet werden können. Penetriert nur Wasser selbst wie bei der Schwellung in hypotonischen Lösungen, so kann die Geschwindigkeit der Schwellung zur Bestimmung der Wasserpermeabilität benützt werden. Penetriert eine gelöste Substanz, so ergeben sich etwas verwickeltere Verhältnisse, auf die kurz eingegangen sei.

Dringt eine gelöste Substanz in Zellen mit konstantem Volumen ein (beispielsweise Pflanzenzellen, die von einer Cellulosewand umgeben sind), so kann die Geschwindigkeit der Penetration aus der Änderung der Außen- oder Innenkonzentration unmittelbar bestimmt werden. Die Kinetik des Eindringens, die für die Berechnung der Permeabilitätskonstanten notwendig ist, ist unter diesen Bedingungen relativ einfach, dagegen bedeutet die Notwendigkeit der Verwendung chemischer oder andersartiger Konzentrationsbestimmungen einen experimentellen Mehraufwand.

Handelt es sich dagegen um eine Zelle mit Osmometerverhalten wie z. B. den Erythrocyten, so führt jedes Eindringen gelöster Substanz zu einer Änderung des osmotischen Druckes und damit zu Wasserverschiebung und Volumenänderung. Das hat zwei Folgen. Einmal kann unter diesen Umständen das Volumen der Zelle als bequemes Kriterium für das Eindringen verwendet werden, was experimentell zu großen Vereinfachungen führt. Andererseits ist jedoch die Kinetik verwickelter (worauf weiter unten eingegangen wird), so daß die Berechnung der Permeabilitätskonstanten einen etwas größeren und unter Umständen sehr großen rechnerischen Aufwand bedingt.

Es sollen im folgenden zunächst die Methoden zur Volumenbestimmung besprochen werden, anschließend die Methoden zur Auswertung osmotischer Versuche, d. h. zur Ermittlung der Permeabilitätskonstanten.

### b) Methoden der Volumenmessung.

Für die Messung des Zellvolumens sind an sich alle oben aufgeführten Methoden verwendbar, die eine Bestimmung des absoluten Zellvolumens gestatten (Hämatokrit, colorimetrische Methode, Diffraktometrie, Leitfähigkeitsbestimmung, photographische Methode). Einigen von ihnen, wie der Leitfähigkeitsmethode und der colorimetrischen Methode, haftet der Nachteil an, daß sie, um präzise Ergebnisse zu liefern, mit kleinem Außenvolumen arbeiten müssen, was die Anwendung der weiter unten zu besprechenden kinetischen Gleichungen erschwert, bei deren Berechnung konstante Außenkonzentration, d. h. großes Außenvolumen, eine willkommene Vereinfachung bedeutet. Außerdem ist aber die Bestimmung des absoluten Volumens bei der Verwendung osmotischer Methoden gar nicht erforderlich, sondern es genügt eine Bestimmung des relativen Volumens (bzw. der relativen Volumenänderung), die mit den praktisch sehr einfachen und angenehmen *optischen Methoden* bequem durchzuführen ist. Die optischen Methoden sind teils wegen ihrer Einfachheit, teils wegen ihrer Empfindlichkeit und Genauigkeit bisher die meist gebräuchlichen. Die Besprechung soll sich daher auf sie beschränken.

Es stehen zwei Prinzipien zur Verfügung[1]: die direkte und die indirekte Methode. Bei der *direkten* wird die zu untersuchende Blutsuspension mit Licht durchstrahlt und die Lichtschwächung durch Streuung bestimmt. Beim indirekten Verfahren werden Proben aus der zu untersuchenden Suspension entnommen, in abgestuften Kochsalzkonzentrationen aufgeschwemmt und die Lichtstreuung dieser Suspensionen gemessen, d. h. mit anderen Worten ihre osmotische Resistenz mit optischer Methodik quantitativ bestimmt.

**Direkte Methode.** Die Grundlagen der direkten Methode sind folgende: Wird eine Blutsuspension von Licht durchstrahlt, so erfolgt eine Schwächung der Intensität erstens durch Absorption und zweitens durch Streuung. Die Absorption hängt im wesentlichen vom Hämoglobingehalt der Suspension ab und verändert sich daher während eines Penetrationsversuches praktisch nicht. Was sich ändert, ist die Streuung, und zwar aus zwei Gründen.

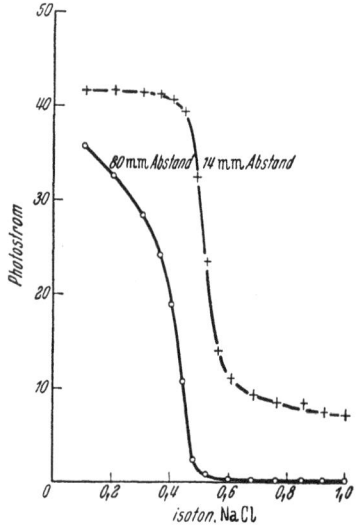

Abb. 2. Osmotische Resistenzkurven, photoelektrisch aufgenommen. Ordinate: Photostrom. Abszisse: Kochsalzkonzentration in Prozenten. Die obere Kurve läßt die 3 im Text erwähnten Kurventeile erkennen. Die Abbildung zeigt außerdem die ebenfalls im Text erwähnte Abhängigkeit der photometrischen Ablesung vom Abstand zwischen Photozelle und Suspension (vgl. dazu Abb. 4).

Bestimmend für die Lichtstreuung ist offenbar der Sprung im Brechungsindex an der Grenzfläche der Zellen, der durch den hohen Eiweiß-Innengehalt der Zellen bedingt und daher von der Innenkonzentration an Hämoglobin abhängig ist. Hämolysiert ein Teil der Zellen, so verschwindet dieser Sprung an den betreffenden Zellen und die Lichtstreuung wird um einen hohen Teilbetrag vermindert. Sie wird aber auch verändert, wenn die Zellen nicht hämolysieren, sondern schwellen oder schrumpfen, weil dadurch die Konzentration von Hämoglobin im Zellinneren verändert und damit der Sprung im Brechungsindex beeinflußt wird. Die Änderung der Lichtstreuung bei beginnender und fortschreitender Hämolyse ist ungleich stärker als diejenige bei Volumenänderung nichthämolysierender Zellen, so daß die osmotische Resistenzkurve, optisch aufgenommen, in drei Teile zerfällt: einen ersten Teil im vollhämolytischen Gebiet, in dem die Lichtschwächung nur durch Absorption bedingt und daher konstant ist, einen zweiten Teil, in dem sie sich steil ändert wegen der Veränderung des Hämolysegrades (hämolytischer steiler Kurventeil) und einen dritten in demjenigen Konzentrationsgebiet, in dem die Zellen nicht hämolysieren, wohl aber osmotisch ihr Volumen verändern. In diesem dritten Teil ist die Änderung der Streuung geringfügig. Abb. 2 zeigt lichtelektrisch aufgenommene Resistenzkurven mit diesen drei Teilen.

Bei der direkten optischen Volumenbestimmung kann man sowohl den hämolytischen als den nichthämolytischen Teil der Resistenzkurve benützen. Der hämolytische hat den Vorteil großer Steilheit, d. h. es können sehr geringe Volumenänderungen erkannt und gemessen werden. Der Nachteil ist die Irreversibilität der Änderung, die in diesem Teil der Kurve auf Hämolyse beruht. Arbeitet man im nichthämolytischen Teil, so hat man den Vorteil völliger Reversibilität der Volumenänderungen, kann also Verschiebungen in beiden Richtungen mehrmals nacheinander verfolgen. Dafür ist die Änderung der Streuung mit dem Volumen wesentlich geringer als im hämolytischen Teil, d. h. die Genauigkeit ist kleiner.

---

[1] WILBRANDT, W.: Pflügers Arch. **241**, 289 (1938); **250**, 569 (1948).

Für die Messung der Lichtstreuung sind verschiedenartige Geräte prinzipiell brauchbar. Der Pionier der osmotischen Methoden, JACOBS, arbeitete mit einem einfachen selbstkonstruierten Schichtdickencolorimeter[1] und erzielte Resultate von bemerkenswerter Präzision. Verwendbar sind prinzipiell irgendwelche anderen Colorimeter wie Stufenphotometer u. a. Am bequemsten und angenehmsten ist aber das Arbeiten mit photoelektrischen Zellen. Verfahren auf dieser Basis sind von NETTER und ØRSKOV[2] 1932, von PARPART[3] 1935, von WILBRANDT[4] 1938 beschrieben worden. Die PARPARTsche Anordnung ist vor allem für das Arbeiten im nichthämolytischen Gebiet ausgebaut, die WILBRANDTsche hat sich für Versuche im hämolytischen Konzentrationsgebiet bewährt. Abb. 3 zeigt ein Schema der Anordnung[5]. Als Stromquelle für die Beleuchtung eignet sich am besten ein Akkumulator mit hoher Ladekapazität, der bei starken Lichtquellen mit Schwebeladung betrieben wird, während für schwächere Lichtquellen die Lichtkonstanz auch bei der üblichen Entladungsschaltung über genügend lange Zeit befriedigend ist. In Abb. 3 ist eine Anordnung dargestellt, die Netzstrom mit Spannungsstabilisierung benützt ($R_3$ dient zur Einstellung der optimalen Wattleistung des magnetischen Stabilisators). Praktisch wichtig ist die Abhängigkeit der Lichtschwächung vom Abstand $a$ zwischen Suspension und Photozelle[5], die benützt werden kann, um die Methode der jeweiligen Suspensions-

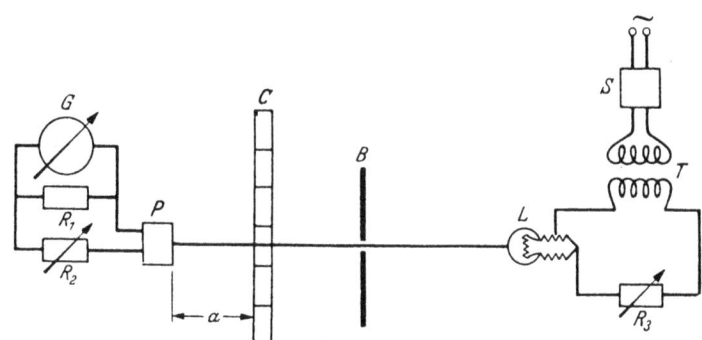

Abb. 3. Schema der Anordnung zur lichtelektrischen Photometrie. $G$ Galvanometer; $R_1$, $R_2$ und $R_3$ Widerstände; $P$ Photozelle; $C$ Cuvette; $B$ Blende; $L$ Lichtquelle; $T$ Transformator; $S$ Spannungsstabilisator. Näheres im Text.

konzentration anzupassen. Abb. 4 gibt eine quantitative Darstellung der Abhängigkeit. In den osmotischen Resistenzkurven der Abb. 2 äußert sie sich darin, daß bei kleinem Abstand die Unterschiede in den hohen Salzkonzentrationen (hohe Zellzahl, starke Streuung), bei großem diejenigen in den niedrigen Salzkonzentrationen (kleine Zellzahl, schwache Streuung) deutlicher zu erkennen sind. Für weitere Einzelheiten sei auf die Originalarbeiten verwiesen.

Unerläßlich ist bei der direkten Methode die Aufnahme einer Volumeneichkurve (d. h. einer osmotischen Resistenzkurve) mit dem gleichen Verfahren. Zu diesem Zweck wird die Lichtstreuung von Suspensionen in abgestuften Kochsalzkonzentrationen bestimmt, unter Annahme der Gültigkeit des VAN'T HOFFschen Gesetzes das Volumen in diesen Lösungen berechnet ($V = 1/c$), und die photometrische Ablesung gegen $V$ aufgetragen. Die Volumeneichkurve ist nicht nur unentbehrlich für die Bestimmung absoluter Konstanten, sondern auch dann, wenn nur relative Penetrationsgeschwindigkeiten gemessen werden sollen, z. B. beim Vergleich der Permeabilität verschiedener Blutproben. Die Annahme, daß verschiedene Hämolysegeschwindigkeit zweier Blutproben unter völlig vergleichbaren Versuchsbedingungen auf verschiedene Permeabilität schließen läßt, ist nicht richtig, und hat verschiedentlich zu Fehlschlüssen geführt[6]. Sie trifft nur dann zu, wenn die Volumeneichkurven der beiden Blutproben identisch sind. Tatsächlich sind Verschiebungen der Volumeneichkurve, d. h. Unterschiede in der Kurve der osmotischen

---

[1] JACOBS, M. H.: Biol. Bull. **58**, 104 (1930).
[2] NETTER, H., u. S. ØRSKOV: Pflügers Arch. **231**, 135 (1932).
[3] PARPART, A. K.: J. cellul. comp. Physiol. **7**, 153 (1935).
[4] WILBRANDT, W.: Pflügers Arch. **241**, 289 (1938).
[5] WILBRANDT, W.: Pflügers Arch. **250**, 569 (1948).
[6] Vgl. dazu JACOBS, M. H., D. R. STEWART, W. J. BROWN and L. J. KIMMELMAN: Amer. J. med. Sci. **217**, 47 (1949). — HELM, J. O., and M. H. JACOBS: J. cellul. comp. Physiol. **22**, 43 (1943). — RUMMEL, W., u. W. WILBRANDT: Pflügers Arch. **253**, 194 (1951).

Resistenz, häufiger als Unterschiede in der Permeabilität, so daß umgekehrt der Verlauf der Hämolyse in hypotonischen Kochsalzlösungen dazu benützt worden ist, um den Verlauf der osmotischen Resistenzkurve auf einfache Art zu ermitteln (s. o.). Bei diesem Vorgehen wird also angenommen, daß die Permeabilität als konstant betrachtet werden kann, und daß Änderungen im Hämolyseverlauf ausschließlich auf Änderungen der Eichkurve bezogen werden dürfen. Vermutlich ist diese Voraussetzung meistens richtig.

**Indirekte Methode.** Bei der indirekten Methode werden die gleichen Anordnungen optischer Art benützt, um osmotische Resistenzkurven mit Proben aus der zu untersuchenden Suspension in regelmäßigen Zeitabständen aufzunehmen. Bestimmt wird dabei unmittelbar nicht das Volumen, sondern die Menge eingedrungener Substanz $S$ (aus

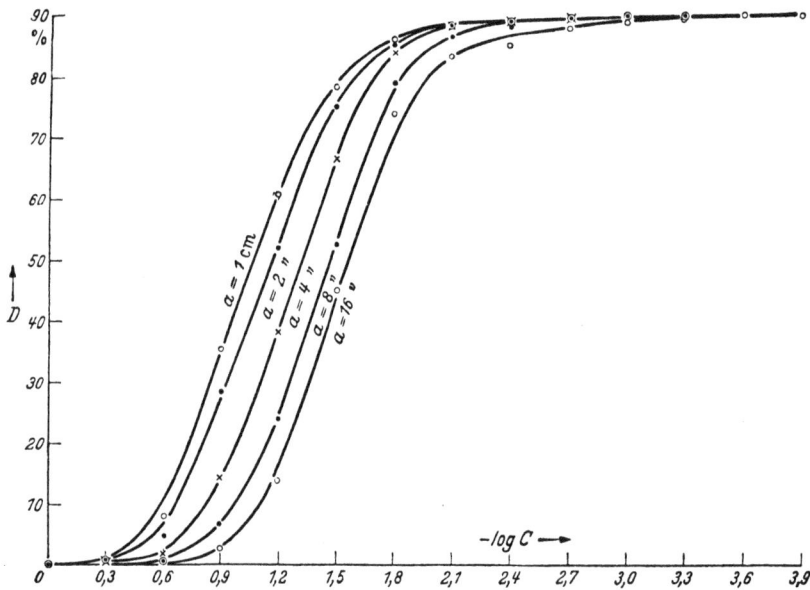

Abb. 4. Abhängigkeit der an der Photozelle gemessenen Lichtschwächung durch Blutsuspensionen ($D$ Photometerausschlag in Prozenten des Ausschlages ohne Cuvette) von der Zellkonzentration der Suspension $C$ und vom Abstand zwischen Cuvette und Photozelle $a$.

der allerdings auch das Volumen $V$ berechnet werden kann). Je größer $S$, desto leichter, d. h. bei desto geringerem Hämolysegrad, hämolysieren die Zellen. Das beruht darauf, daß das kritische Hämolysevolumen mit weniger Schwellung erreicht werden kann, wenn die Zellen bereits im isotonischen Milieu ein größeres Volumen angenommen haben. Setzt man den osmotisch wirksamen Inhalt der normalen Zellen vor Beginn der Penetration gleich 1, so hat er sich nach der Penetration der Menge $S$ auf den Wert $1 + S$ erhöht. Um das kritische Volumen $V_c$ durch Schwellung zu erreichen, ist daher für die unveränderte Zelle vor der Penetration eine Kochsalzlösung von der Konzentration $1/V_c$ notwendig, für die Zelle nach erfolgter Penetration eine Konzentration $(1 + S)/V_c$, also ein geringerer Grad von Hypotonie. Die beiden Kochsalzkonzentrationen verhalten sich demnach wie $1:(1 + S)$, wodurch $S$ aus Konzentrationen gleichen Hämolysegrades unmittelbar bestimmbar wird.

Der Wert $(1 + S)$ ist identisch mit dem Volumen der Zellen, sofern sie sich in isotonischer Lösung befinden. Das ist im Versuch jedoch meistens nicht der Fall. Die Bezeichnung „Volumen" für die Größe $(1 + S)$ ist daher nur in dem Sinne benützbar, daß nicht das aktuelle Volumen im Versuch damit gemeint wird, sondern das Volumen, das die Zellen in isotonischer Lösung einnehmen würden.

Voraussetzung für das indirekte Verfahren ist, daß bei Aufnehmen der osmotischen Resistenzkurve $S$ sich nicht ändert, d. h. daß von der eingedrungenen Substanz nichts wieder austritt. Theoretisch ist das an sich ein Widerspruch, da es sich ja um penetrationsfähige Substanzen handeln muß. Praktisch ist jedoch der Eintritt des Wassers bei

Aufnahme der osmotischen Resistenzkurve so schnell, daß für langsam penetrierende Substanzen die Änderung von $S$ bis zum Erreichen des Hämolysegleichgewichtes vernachlässigt werden kann. Die Anwendbarkeit des Verfahrens wird aber durch diesen Umstand auf Substanzen eingeschränkt, die relativ langsam penetrieren. Der zugängliche Bereich kann vergrößert werden, wenn die osmotische Resistenz in eisgekühlten Lösungen gemessen wird. Der Temperaturkoeffizient der Wasserpenetration ist wesentlich kleiner als derjenige langsam penetrierender Substanzen, so daß sich das Verhältnis der Permeabilitätskonstanten bei Kälte zugunsten des Wassers verschiebt. Auf die quantitative Abgrenzung des Begriffes „langsam penetrierend" wird im letzten Abschnitt näher eingegangen werden.

Für die Berechnung der Größe $(1 + S)$ bzw. des Volumens $V$ (im Sinne des Volumens in isotonischer Lösung, s. oben) aus Versuchen mit der indirekten Methode ist eine Korrektur notwendig, die sich auf die Veränderung der Salzkonzentration in den Resistenzlösungen beim Einbringen der zu untersuchenden Suspensionsproben bezieht. Wird beispielsweise die osmotische Resistenz mit je 5 cm³ Lösung und 0,2 cm³ Suspension angesetzt und ist die Konzentration der Suspensionslösung 2,0 isotonisch (z. B. 1,0 Penetrans und 1,0 Salz), so wird aus einer Konzentration $a$ in der Resistenzlösung die Endkonzentration $\frac{0{,}2 \cdot 2 + 5a}{5{,}2}$. Die Nichtberücksichtigung dieser Korrektur kann zu erheblichen Fehlern führen.

In längeren Versuchsserien mit zahlreichen Volumenbestimmungen empfiehlt sich für die Durchführung der Korrektur folgendes Vorgehen: Die Größe $(S+1)$ ist wie oben erörtert das Verhältnis zweier Konzentrationen mit gleichem Hämolysegrad, d. h. gleichem Volumen, deren eine, $a_0$, vor der Penetration, die zweite, $a$, zu einem bestimmten Zeitpunkt während der Penetration gemessen wurden. Statt der unkorrigierten Größe $a/a_0$ erhält man mit der Korrektur, wenn beispielsweise die Suspension für die Bestimmung von $a_0$ isotonisch und diejenige für die Bestimmung von $a$ doppelt isotonisch war (und wenn die gleichen Volumina wie oben benützt werden), den Wert $\frac{0{,}2 \cdot 2 + 5a}{0{,}2 \cdot 1 + 5a_0}$. Da die Beziehung zwischen dem korrigierten Wert für $(S+1)$ und dem unkorrigierten Wert von $a$ linear ist, kann die serienweise Durchführung der Berechnung in einfachster Weise auf graphischem Weg erfolgen, durch Auftragen von $(S+1)$ gegen $a$. Ist der Wert des Nenners gleich $N$, so wird die Gleichung der Geraden im gewählten Beispiel

$$S + 1 = \frac{0{,}4}{N} + \frac{5}{N} a. \tag{4}$$

### c) Kinetik der Penetration und Berechnung der Permeabilitätskonstanten.

#### α) Definition der Permeabilitätskonstanten.

Der erste, der versucht hat, die Geschwindigkeit der Penetration einer gelösten Substanz durch die Zellmembran in eine Zelle mit Hilfe einer Art physikalischer Konstante auszudrücken, die etwa der Diffusionskonstanten entsprechen würde, war RUNNSTRÖM[1] 1911. Später sind mehrfache Bemühungen in dieser Richtung unternommen worden, so in der Botanik von HÖFLER[2] 1931, für tierische Zellen von MCCUTCHEON und LUCKÉ[3] 1928, ferner von NORTHROP[4] 1927. Den bedeutendsten Beitrag lieferten die Arbeiten von JACOBS[5].

---
[1] RUNNSTRÖM, J.: Ark. Zool. 7, No. 13 (1911).
[2] HÖFLER, K.: Jb. wiss. Bot. 73, 300 (1931).
[3] MCCUTCHEON, M., and B. LUCKÉ: J. gen. Physiol. 12, 129 (1928).
[4] NORTHROP, J. H.: J. gen. Physiol. 10, 883; 11, 43 (1927).
[5] JACOBS, M. H.: Biol. Bull. 62, 178 (1932). J. cellul. comp. Physiol. 2, 427; 3, 29, 121 (1933); 4, 161 (1934). Modern Trends in Physiology and Biochemistry (Hrsg. BARRON, E. S. G.). S. 149. New York 1952. — JACOBS, M. H., and D. R. STEWART: J. cellul. comp. Physiol. 1, 71 (1932).

Die Diffusionskonstante ist in der folgenden Form des FICKschen Diffusionsgesetzes enthalten

$$\frac{ds}{dt} = D \cdot F \cdot \frac{dc}{dx}, \qquad (5)$$

in der $s$ die in der Zeit $t$ durch einen Querschnitt von der Fläche $F$ diffundierende Substanzmenge ist, wenn der Konzentrationsgradient in der Diffusionsrichtung den Wert $dc/dx$ hat. Die Konstante bezeichnet danach die Substanzmenge, die je Zeiteinheit durch eine Flächeneinheit des Querschnittes diffundiert, wenn das Konzentrationsgefälle den Wert einer Einheit besitzt.

Für die Zellmembran pflegt man anzunehmen, daß sich rasch ein stationärer Diffusionszustand einstellt, bei dem der Konzentrationsgradient in der Membran linear ist und daher durch jeden Querschnitt die gleiche Substanzmenge je Zeiteinheit diffundiert. In diesem Fall kann $dc/dx$ ersetzt werden durch die Größe $\frac{(c_a - c_i)}{d}$, wo $d$ die Dicke der Membran bedeutet. Für den Erythrocyten darf angenommen werden, daß die Oberfläche $O$, durch die die Diffusion erfolgt, während des Versuches sich nicht ändert (das Volumen kann fast bis zur Hämolyse ohne Oberflächenvergrößerung zunehmen, indem sich die bikonkave Form durch beidseitige Auswölbung der Kugelform nähert). In diesem Fall kann man die drei als konstant zu betrachtenden Größen $O$, $D$ und $d$ in einer Konstante zusammenfassen

$$K_s = \frac{OD}{d}. \qquad (6)$$

Solche Konstanten sind als Permeabilitätskonstanten bezeichnet worden. Sie geben die Menge Substanz an, die je Zeiteinheit bei einer Konzentrationsdifferenz von einer Einheit durch die Membran einer Zelle ins Innere diffundiert.

Bezüglich der Wahl der Einheiten ist verschieden verfahren worden. Die kinetischen Gleichungen sind am handlichsten, wenn die von JACOBS eingeführten in der vorliegenden Darstellung mit $K_s$ und $K_w$ bezeichneten „Zellkonstanten" benützt werden, d. h. wenn als die Einheit der Menge der osmotisch wirksame Inhalt einer Zelle, als die Einheit der Fläche die Oberfläche der normalen Zelle, als die Einheit des Volumens das Volumen der normalen Zelle und damit als die Einheit der Konzentration die Isotonie gewählt wird. Dem Vorteil der bequemen Handhabung steht der Nachteil gegenüber, daß solche Konstanten von Zellart zu Zellart nicht unmittelbar vergleichbar sind und daß sie sich daher für eine allgemeinere vergleichende Behandlung des Permeabilitätsproblems weniger gut eignen.

Aus diesem Grund sind *absolute Permeabilitätskonstanten* eingeführt worden[1] (in der vorliegenden Darstellung mit $P_s$ und $P_w$ bezeichnet), die von den Dimensionen einer individuellen Zellart unabhängig sind, weil sie auf die Einheit der Oberfläche in Quadratzentimetern und auf die Einheit des Volumens in Kubikzentimetern bezogen werden. [Das Volumen $V$ ist in den Gl. (5) und (6) zwar nicht als solches enthalten, es steckt aber in der Größe $c$, der Konzentration: $c = S/V$.] Es wird dann also

$$P_s = \frac{D}{d}. \qquad (6a)$$

Am häufigsten ist die Angabe in cm/Std, die der üblichen Angabe der Diffusionskonstanten in cm²/Std entspricht. Der Unterschied in der Dimension zwischen den beiden Konstanten beruht darauf, daß in der Permeabilitätskonstante noch die unbekannte Dicke der Membran $d$, also eine Längeneinheit, enthalten ist. Die Permeabilitätskonstante gibt danach die Substanzmenge (in Molen) an, die je Zeiteinheit durch die Flächeneinheit der betrachteten Membran passiert, wenn die Konzentrationsdifferenz auf den beiden Seiten der Membran 1 Mol/cm³ ist.

Nicht ohne weiteres vergleichbar zu definieren ist die Permeabilitätskonstante für Wasser. Eingebürgert hat sich eine Konstante, die die Menge Wasser angibt, die je Zeit-

---

[1] COLLANDER, R., u. H. BÄRLUND: Acta bot. fenn. **11**, 1 (1933). — JACOBS, M. H.: In: BARRON, E. S. G. (Hrsg.): Modern Trends in Physiology and Biochemistry. S. 149. New York 1952.

einheit die Querschnittseinheit passiert, wenn der Unterschied des osmotischen Druckes auf beiden Seiten der Membran derjenige einer Konzentrationseinheit ist.

Auch hier sind zunächst Zelleinheiten benützt worden, die als die Einheit der Wassermenge den Wassergehalt einer normalen Zelle, als Einheit der Konzentration die Isotonie benützen. Diese Einheiten haben den wesentlichen praktischen Vorteil, daß bei der kinetischen Behandlung der gleichzeitigen Penetration von Wasser und gelöster Substanz (s. S. 67) die einfachen, unten wiedergegebenen kinetischen Gleichungen ohne Einführung weiterer Konstanten benützt werden können.

Zu dem schon oben erwähnten Nachteil der eingeschränkten Vergleichbarkeit von Zellart zu Zellart kommt hier aber noch ein weiterer hinzu. Er besteht darin, daß auch die Vergleichbarkeit von Substanz zu Substanz bei der Benützung dieser Einheiten fehlt. Das unten näher diskutierte, von JACOBS eingeführte „Permeabilitätsverhältnis", d. h. das Verhältnis der Permeabilitätskonstante für Wasser zu derjenigen für eine gelöste Substanz (eine Größe, die, wie unten gezeigt werden wird, für praktische Zwecke nützlich ist), gibt kein adäquates Maß für das Durchlässigkeitsverhältnis gegenüber den beiden Molekülarten. Das rührt daher, daß zwar in beiden Fällen, für Wasser sowohl als auch für gelöste Substanz, die treibende Kraft proportional der Differenz der Molenbrüche gewählt, also vergleichbar ist, daß dagegen die benützten Mengeneinheiten nicht vergleichbar sind. Die in einer Zelle enthaltende Wassermenge ist molar etwa 185mal größer als die entsprechende Mengeneinheit für die gelöste Substanz, die ebenfalls dem Gehalt einer normalen Zelle entspricht. Ein nach den unten zu besprechenden Verfahren benützter Wert des Permeabilitätsverhältnisses von 10 bedeutet daher eigentlich nicht, daß die Membran 10mal durchlässiger für Wasser ist als für die gelöste Substanz, sondern 1850mal. Allerdings gilt diese Beziehung offenbar nur in grober Annäherung. Nach JACOBS[1] ist an anderen Zellen die Penetration von Wasser im osmotischen Versuch um ein Mehrfaches rascher (4—8mal), als sich aus Versuchen mit „schwerem Wasser" $D_2O$ errechnen würde, in denen $D_2O$ als „gelöste Substanz" benützt wird (Versuche von HEVESY, HOFER und KROGH[2] an der Froschhaut und von PALVA[3] sowie von WARTIOVAARA[4] an Zellen von Tolypellopsis[5]).

Auch für die Permeabilität von Wasser sind absolute Konstanten eingeführt worden, so die Menge Wasser in Kubikzentimetern, die je Zeiteinheit eine Oberfläche von 1 cm² passiert, wenn der Unterschied im osmotischen Druck dem Druck einer Lösung mit 1 Mol/cm³ entspricht. (Auch für diese absoluten Einheiten gilt jedoch der besprochene Einwand: sie sind denjenigen für die gelösten Substanzen nicht kommensurabel.)

Um Zellkonstanten in absolute Konstanten umzurechnen, sind sie mit dem Verhältnis des Zellvolumens in Kubikzentimetern zur Zelloberfläche in Quadratzentimetern zu multiplizieren. Nach PONDERS Werten wäre für diesen Faktor für menschliche Erythrocyten ein Wert von $\frac{88 \cdot 10^{-12}}{163 \cdot 10^{-8}} = 0{,}54 \cdot 10^{-4}$ anzusetzen. Für diese Zellen würde also gelten

$$P_s = 0{,}54 \cdot 10^{-4} K_s \qquad (7)$$

und

$$P_w = 0{,}54 \cdot 10^{-4} K_w. \qquad (8)$$

*β) Bezeichnungen.*

In den Darstellungen sollen vorwiegend die von JACOBS eingeführten und seither mehrfach von anderen Autoren übernommenen Bezeichnungen benützt werden. Es bedeutet:

---

[1] JACOBS, M. H.: In: BARRON, E. S. G. (Hrsg.): Modern Trends in Physiology and Biochemistry. S. 149. New York 1952
[2] HEVESY, G. v., E. HOFER u. A. KROGH: Skand. Arch. Physiol. 72, 199 (1935).
[3] PALVA, P.: Protoplasma, Berlin 32, 265 (1939).
[4] WARTIOVAARA, V.: Acta bot. fenn. 34, 1 (1944).
[5] USSING, H. H., und V. KOETOED-JOHNSON [Acta physiol. scandin. 28, 60 (1953)] sowie D. M. PRESCOTT und E. ZEUTHEN [Acta physiol. scandin. 28, 77 (1953)] haben den Unterschied zwischen Diffusion und Filtration (osmotische Verschiebung) für Wasser theoretisch und experimentell behandelt.

$K_s$ = Permeabilitätskonstante für eine gelöste Substanz (Zellkonstante),
$K_w$ = Permeabilitätskonstante für Wasser (Zellkonstante),
$P_s$ = Permeabilitätskonstante für eine gelöste Substanz (absolute Konstante),
$P_w$ = Permeabilitätskonstante für Wasser (absolute Konstante),
$K = \dfrac{P_w}{P_s}$ = Permeabilitätsverhältnis, d. h. Verhältnis der Permeabilitätskonstanten für Wasser und für eine gelöste Substanz,
$V$ = Volumen der Zelle,
$S$ = in die Zelle eingedrungene Menge Penetrans,
$t$ = Zeit,
$C_m$ = Außenkonzentration nichtpenetrierender Substanz (im allgemeinen Salz),
$C_s$ = Außenkonzentration der penetrierenden Substanz,
$a$ = Fraktion (s. S. 65),
$A$ = Fraktionsindex (s. S. 65),
$O$ = Oberfläche der Zelle.

### γ) Die Kinetik der Wasserpenetration und die Bestimmung der Permeabilitätskonstante für Wasser.

Bringt man Zellen in eine hypotonische Lösung nichtpenetrierender Substanz (z. B. Salz) in der Konzentration $C_m$ (Isotonie gleich 1 angenommen), so wird Wasser eindringen und das Volumen zunehmen mit einer Geschwindigkeit, die durch die folgende Gleichung bestimmt ist[1]

$$\frac{dV}{dt} = K_w \left( \frac{1}{V} - C_m \right). \tag{9}$$

In dieser Gleichung ist $V$ das Volumen der Zellen, $t$ die Zeit, und $K_w$ die Permeabilitätskonstante für Wasser. Der Salzinhalt der Zelle ist gleich 1 angenommen. Integration der Gleichung unter der Grenzbedingung, daß für $t = 0$ das Volumen $V = 1$ wird, führt zu

$$C_m^2 K_w t = \ln \frac{1 - C_m}{1 - C_m V} - C_m (V - 1). \tag{10}$$

Benützt man (s. unten S. 65) die Fraktion $a$ und den „Fraktionsindex" $A$, der mit dem logarithmischen Glied der Gl. (10) identisch ist, so ergibt sich die einfacher Gleichung

$$C_m^2 K_w t = A - a(1 - C_m). \tag{11}$$

Für den Fall der Schwellung in reinem Wasser ($C_m = 0$) ergibt die Integration der Grundgleichung (9) die einfachere Beziehung

$$K_w t = \frac{1}{2}(V^2 - 1). \tag{12}$$

### δ) Penetrationskinetik und Bestimmung der Permeabilitätskonstanten für gelöste Substanzen.

Die Kinetik der Penetration gelöster Substanzen nimmt die einfachste Form an, wenn das Volumen der Zellen konstant ist. Sie wird komplexer, wenn die Zellen Osmometerverhalten zeigen und daher das Volumen mit der Penetration sich ändert, und erreicht einen hohen Grad von Komplexität, wenn außerdem die Geschwindigkeit der Penetration, verglichen mit derjenigen des Wassers, nicht als langsam zu bezeichnen ist.

Obwohl er eigentlich nicht zum Kapitel der osmotischen Methoden gehört, sei aus Gründen der Übersichtlichkeit der erste Fall *(Volumkonstanz)* zunächst kurz besprochen.

Penetriert eine Substanz aus der konstanten Außenkonzentration $C_s$ in eine volumenkonstante Zelle, so gilt die Gleichung

$$\frac{dS}{dt} = K_s \left( C_s - \frac{S}{V} \right). \tag{13}$$

---
[1] JACOBS, M. H.: Biol. Bull. **62**, 178 (1932).

Setzt man das (konstante) Volumen einfachheitshalber gleich 1, so wird daraus die Beziehung

$$\frac{dS}{dt} = K_s(C_s - S). \tag{14}$$

Integration dieser Gleichung unter der Bedingung, daß für $t=0$ die eingedrungene Menge $S$ ebenfalls gleich 0 ist, ergibt

$$K_s t = \ln \frac{C_s}{C_s - S}. \tag{15}$$

Da nun die im Gleichgewicht eingedrungene Menge $S$ gleich $C_s$ sein muß, ist $S/C_s$ der Bruchteil der gesamten schließlich eingedrungenen Menge. Bezeichnet man ihn als „Fraktion"[1] (er wurde auch als Sättigungsgrad bezeichnet, vgl. COLLANDER und BÄRLUND[2]) und gibt ihm die Bezeichnung $a$, so wird aus der Beziehung die folgende:

$$K_s t = \ln \frac{1}{1-a}. \tag{16}$$

Ebenso wie die Fraktion $a$ kehrt auch der rechtsstehende logarithmische Ausdruck in vielen kinetischen Berechnungen wieder. Es ist daher zweckmäßig, auch für diesen Ausdruck eine besondere Bezeichnung einzuführen. Wählt man dafür $A$ und bezeichnet ihn als „Fraktionsindex", so erhält die Gleichung die einfache Form

Tabelle 1. *Fraktionsindex $A$ für verschiedene Werte der Fraktion $a$.*

| | | | | | |
|---|---|---|---|---|---|
| $a$ | 0,01 | 0,02 | 0,05 | 0,10 | 0,20 |
| $\ln \frac{1}{1-a} = A$ | 0,010 | 0,020 | 0,051 | 0,105 | 0,223 |
| $A - a$ | 0,000 | 0,000 | 0,001 | 0,005 | 0,023 |
| $a$ | 0,30 | 0,40 | 0,50 | 0,60 | 0,70 |
| $\ln \frac{1}{1-a} = A$ | 0,357 | 0,511 | 0,693 | 0,916 | 1,204 |
| $A - a$ | 0,057 | 0,111 | 0,193 | 0,316 | 0,504 |
| $a$ | 0,80 | 0,90 | 0,95 | 0,98 | 0,99 |
| $\ln \frac{1}{1-a} = A$ | 1,609 | 2,303 | 2,996 | 3,912 | 4,605 |
| $A - a$ | 0,809 | 1,403 | 2,046 | 2,932 | 3,615 |

$$K_s t_a = A. \tag{17}$$

Tabelle 1 gibt eine Zusammenstellung praktisch häufig benützter Werte von $a$ und $A$ sowie ihrer Differenz, die ebenfalls nicht selten in den Gleichungen auftritt.

Ist nun das *Volumen nicht konstant*, so hat das zur Folge, daß die Innenkonzentration sich nicht nur mit der eingedrungenen Menge $S$, sondern auch mit dem Volumen $V$ verändert, so daß die Gl. (14) nicht mehr benützbar bleibt.

Um die Gl. (13) integrierbar zu machen, benötigt man dann die Beziehung, die das Volumen $V$ mit der eingedrungenen Menge $S$ verbindet. Diese Funktion, die als $V$–$S$-Beziehung bezeichnet werde, ist relativ einfach, wenn die Wasserpenetration im Verhältnis zur Penetration der gelösten Substanz so rasch ist, daß in jedem Augenblick mit osmotischem Gleichgewicht gerechnet werden kann. Dieser Fall, in dem nur Konzentrationen, aber keine Permeabilitätskonstanten in die Beziehung eingehen, ist noch einer allgemeinen Berechnung ohne Einschränkung der Bedingungen zugänglich. Die $V$–$S$-Beziehung wird dagegen sehr komplex, wenn diese Voraussetzung nicht mehr erfüllt ist.

Die beiden Fälle sollen daher unter der Bezeichnung „langsame Penetration" und „rasche Penetration" (die sich auf die relative Penetrationsgeschwindigkeit der gelösten Substanz im Verhältnis zu Wasser bezieht) gesondert besprochen werden.

**1. Langsame Penetration.** In diesem Fall ist die $V$–$S$-Beziehung durch das osmotische Gleichgewicht in der folgenden Form wiedergegeben:

$$\frac{S+1}{V} = C_s + C_m. \tag{18}$$

---
[1] WILBRANDT, W.: Pflügers Arch. **250**, 569 (1948).
[2] COLLANDER, R., u. H. BÄRLUND: Acta bot. fenn. **11**, 1 (1933).

Aus den Gl. (13) und (18) erhält man[1] nach Integration unter der Grenzbedingung, daß für $t=0$ die eingedrungene Menge $S$ wiederum gleich 0 ist, die Beziehung

$$K_s t = \frac{C_m + C_s}{C_m^2} \ln \frac{C_s}{C_s - C_m S} - \frac{S}{C_m}, \qquad (19)$$

die bei Benützung der Fraktion $a$ und des Fraktionsindex $A$ in die einfachere Form übergeht

$$K_s t_a = \frac{C_s}{C_m^2}(A - a) + \frac{A}{C_m}. \qquad (20)$$

Gl. (19) läßt sich auch durch Substitution von $V$ statt $S$ in eine entsprechende Beziehung zwischen $t$ und $V$ umwandeln. Es scheint aber zweckmäßiger, auch bei Betrachtung der Volumenänderung vom Fraktionsverfahren Gebrauch zu machen, das unverändert anwendbar ist [allerdings ist zu beachten, daß die Fraktion sich auf die Änderung des Volumens $(V-1)$ bezieht und nicht auf das Gesamtvolumen]. Auf die Wiedergabe der $t$–$V$-Gleichung kann daher verzichtet werden.

Einfachere Sonderfälle liegen vor, wenn $C_m = 1$ ist (isotonische Salzlösung mit Zusatz von Penetrans), oder wenn $C_m = 0$ ist (salzfreie Penetranslösung).

Für $C_m = 1$ wird aus Gl. (20) die einfachere Beziehung

$$K_s t_a = (A - a) C_s + A. \qquad (21)$$

Diese Gleichung unterscheidet sich von Gl. (17) (die für Volumenkonstanz gilt), durch ein Zusatzglied $\frac{(A - a) C_s}{K_s}$, um das die Penetrationszeit für eine gegebene Fraktion $a$ verlängert wird. Diese Verzögerung ist demnach auf das Osmometerverhalten zurückzuführen. Sie wird um so kleiner, je kleiner $C_s$ ist. Mit abnehmender Penetranskonzentration $C_s$ nähert sich demnach (wie zu erwarten) die Kinetik bei der Osmometerzelle derjenigen bei der volumenkonstanten Zelle.

Ist $C_m = 0$, so ist diese Bedingung (die bei Einführung in Gl. (19) zu einem unbestimmten Ausdruck führt) bei der Gl. (18) zu berücksichtigen. Die Integration führt in diesem Fall unter den gleichen Bedingungen zu dem einfachen Ausdruck

$$K_s t = \frac{1}{2 C_s}(V^2 C_s^2 - 1), \qquad (22)$$

oder für den Fall isotonischer Penetranslösung ($C_s = 1$)

$$K_s t = \frac{1}{2}(V^2 - 1). \qquad (23)$$

Diese Gleichung hat formale Ähnlichkeit mit der oben abgeleiteten Gl. (12) für die Penetration von Wasser.

Für den Fall der Penetration von innen nach außen ist eine andere Grenzbedingung zu benützen (für $t = 0$ wird $S = S_0$). Es ergibt sich dann

$$K_s t = \frac{C_m + C_s}{C_m^2} A + \frac{C_m S_0 - C_s}{C_m^2} a \qquad (24)$$

(wobei $C_s$ unverändert die Außenkonzentration, $S$ die Menge in der Zelle bedeutet. Die Fraktion $a$ bezieht sich jedoch hier auf die *ausgetretene*, nicht wie bisher auf die *eingetretene* Menge).

Für gewisse aktive Transporte unter der Mitwirkung von Enzymen (bisher vor allem für Zucker beobachtet) wurde statt Gl. (13) eine andere, nicht der Diffusion entsprechende Grundkinetik abgeleitet[2]

$$\frac{dS}{dt} = K_{SE}\left(\frac{1}{C_i} - \frac{1}{C_a}\right). \qquad (25)$$

---

[1] WILBRANDT, W.: Pflügers Arch. 241, 289 (1938).
[2] ROSENBERG, T., u. W. WILBRANDT: Int. Rev. Cytol. 1, 65 (1952). — WILBRANDT, W., u. T. ROSENBERG: Helv. physiol. Acta 8, C 82 (1950); 9, C 86 (1951). Exp. Cell Research im Druck (1955).

Diese Kinetik wurde als $E$-Kinetik bezeichnet ($K_{SE}$ = Permeabilitätskonstante für die Kinetik $E$). Für die Ableitung muß auf die Originalarbeit verwiesen werden. Die Gl. (25) führt bei gleichem Vorgehen wie oben für die Diffusionsgleichung (13) zu folgenden integrierten Penetrationsgleichungen. Für den Eintritt ergibt sich

$$K_{SE}\, t_a = \frac{C_s^2(C_m + C_s)}{C_m^2}(A - a) \tag{26}$$

und für den Austritt

$$K_{SE}\, t_a = \frac{(C_m + C_s)\, C_s^2}{C_m^2} A + \frac{(C_m + C_s)\, C_s(C_m\, S_0 - C_s)}{C_m^2} a. \tag{27}$$

Gemeinsam ist allen bisher entwickelten Gleichungen für die Penetration von Wasser wie von gelösten Substanzen, daß die Zeit bis zur Erreichung eines bestimmten Volumens $V$ bzw. bis zum Eindringen einer bestimmten Menge penetrierender Substanz $S$ der Permeabilitätskonstanten umgekehrt proportional ist (die beiden Größen treten nur in Form des Produktes $K_s \cdot t$ bzw. $K_w \cdot t$ auf). Diese für Vergleiche sehr angenehme Beziehung besteht für gelöste Substanzen nur im Falle der langsamen Penetration. Außerdem sei nochmals darauf hingewiesen, daß sie nur für wirklich gleiche Werte von $V$ bzw. $S$ gilt, d. h. daß Unterschiede bzw. Veränderungen in den Eichkurven (osmotische Resistenz) irreführen können (s. dazu S. 59).

**2. Rasche Penetration.** Schwieriger wird die Bestimmung der Permeabilitätskonstante, wenn die untersuchte Substanz rasch eindringt, so daß mit dem osmotischen Gleichgewicht, wie es durch die Gl. (18) angegeben wird, nicht mehr gerechnet werden kann. Die $V$—$S$-Beziehung ist unter diesen Umständen komplexer. Sie wird nicht nur durch die Konzentrationen, sondern auch durch die Penetrationsgeschwindigkeiten beeinflußt, so daß sie von den Permeabilitätskonstanten für Wasser und für gelöste Substanz abhängig wird.

Neben der Grundgleichung (13) ist dann eine zweite[1], die Wasserpenetration wiedergebende Gleichung zu berücksichtigen

$$\frac{dV}{dt} = K_w\left(\frac{S + 1}{V} - C_s - C_m\right). \tag{28}$$

JACOBS ist es gelungen, durch Division von Gl. (13) durch Gl. (28) und Integration eine allgemeingültige Beziehung zwischen $S$ und $V$ zu entwickeln, die von $t$ unabhängig ist und das Verhältnis der beiden Permeabilitätskonstanten, von ihm als „Permeabilitätsverhältnis" bezeichnet, enthält. Die erhaltene Beziehung ist aber erstens sehr kompliziert und zweitens nicht nach $S$ oder nach $V$ auflösbar, so daß man nicht (wie oben für den einfacheren Fall langsamer Penetration beschrieben), durch Einsetzen des betreffenden Wertes in Gl. (13) zu einem integrierbaren Ansatz und damit zu Schwellungs- bzw. zu Penetrations-Zeitfunktionen gelangen kann. Auf die Wiedergabe der Beziehung sei daher verzichtet.

Praktisch brauchbare Lösungen liegen bisher nur für bestimmte Sonderbedingungen vor. Aus ihnen wurden Verfahren für die Bestimmung der beiden Permeabilitätskonstanten für Wasser und für gelöste Substanz abgeleitet, die unter den folgenden drei Versuchsbedingungen benützt werden können:

1. Zusatz von Penetrans zu isotonischer Salzlösung und Bestimmung des Minimalvolumens[2].

2. Einbringen von penetransgeladenen Erythrocyten (beliebige Penetranskonzentration) in isotonische Kochsalzlösung und Bestimmung des Maximalvolumens sowie der Zeit bis zur Erreichung des Maximalvolumens[3].

---
[1] JACOBS, M. H., and D. R. STEWART: J. cellul. comp. Physiol. **1**, 71 (1932). — WILBRANDT, W.: Pflügers Arch. **245**, 1 (1941).
[2] JACOBS, M. H.: J. cellul. comp. Physiol. **3**, 121 (1933).
[3] WILBRANDT, W.: Pflügers Arch. **245**, 1 (1941).

3. Bestimmung der Zeiten bis zu einem bestimmten Hämolysegrad in Wasser und isotonischer Penetranslösung ohne Salzzusatz[1].

**Die Minimalvolumenmethode.** Bringt man Zellen in eine isotonische Salzlösung, der Penetrans zugesetzt ist, so wird sie zunächst schrumpfen, weil der gesamte Außendruck größer ist als der Innendruck, gleichzeitig wird aber Penetrans eindringen, und die Zelle wird wieder zu schwellen beginnen, bis sie das ursprüngliche Volumen erreicht hat, wenn die Penetranskonzentration innen und außen gleich groß geworden sind. Das Volumen der Zelle geht also dann durch ein Minimum und für den Moment der Passage des Minimums gilt die Gl. (18), weil in diesem Augenblick die Geschwindigkeit des Wassereintrittes gleich Null geworden ist und unter diesen Bedingungen Gl. (18) aus Gl. (28) hervorgeht.

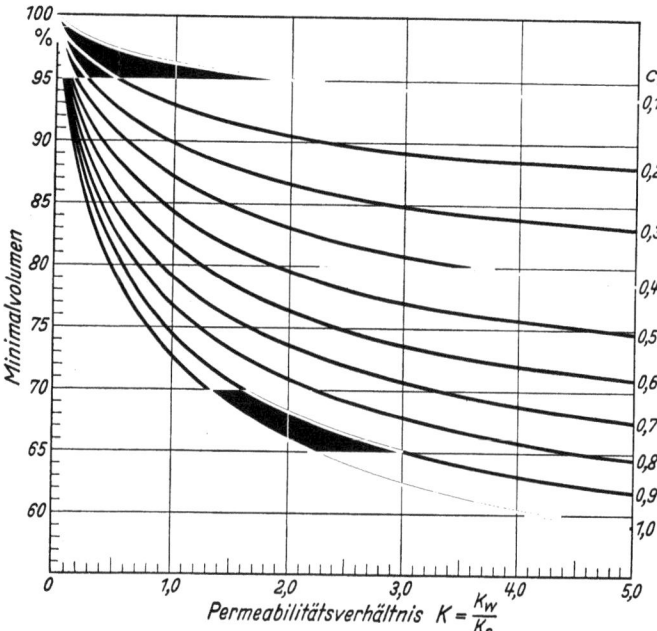

Abb. 5. Minimalvolumenmethode. Abhängigkeit des Minimalvolumens (Ordinate) vom „Permeabilitätsverhältnis" $(K_w : K_s) = K$ (Abszisse) für 10 Penetranskonzentrationen ($C_s$) bei Zusatz des Penetrans zu einer isotonischen Lösung nichtpenetrierender Substanz ($C_m = 1$).

Diese Sonderbedingungen hat sich JACOBS zunutze gemacht, um das Verhältnis der beiden Permeabilitätskonstanten zu ermitteln.

Mit numerischen Methoden wurde für eine Anzahl von Penetranskonzentrationen die Beziehung zwischen $V_{\min}$ und dem Permeabilitätsverhältnis $K$ ermittelt und graphisch dargestellt. Die Darstellung ist in Abb. 5 wiedergegeben. Sie ermöglicht für die angegebenen Penetranskonzentrationen (und mit Hilfe von Interpolation für weitere dazwischenliegende Konzentrationen) für beliebige experimentell gefundene Volumenminima das zugehörige Permeabilitätsverhältnis abzulesen. Hat man die Permeabilität für Wasser nach einer der Gl. (10), (11) oder (12) bestimmt, so ergibt sich daraus auch die Permeabilitätskonstante für die eindringende Substanz.

**Die Maximalvolumenmethode.** Bringt man eine Zelle, die Penetrans bereits aufgenommen hat, in eine isotonische Salzlösung ohne Penetrans, so ergeben sich Verhältnisse, die denjenigen des vorherigen Abschnittes sozusagen spiegelbildlich sind, rechnerisch aber günstiger liegen, so daß auch die Permeabilitätskonstanten selbst (nicht nur ihr Verhältnis) bestimmbar werden.

Die Zelle besitzt im ersten Augenblick einen höheren Innendruck als der Außenlösung entspricht, und schwillt daher, gleichzeitig beginnt aber Penetrans auszutreten und das Zellvolumen nimmt wieder ab, bis es den Ursprungswert erreicht hat, wenn nämlich das Penetrans sich auf Innen- und Außenlösung gleichmäßig verteilt hat. In diesem Fall resultiert also statt des Volumenminimums ein Volumenmaximum, und für die Berechnung dieses Maximums sind die Verhältnisse etwas günstiger. Die Berechnung ergibt zunächst einmal wiederum eine Beziehung zwischen dem Maximalvolumen und dem Permeabilitätsverhältnis ($K = K_w : K_s$), das in diesem Fall die relativ einfache Form

$$\left(\frac{C_s}{V_{\max} - 1}\right)^{K-1} = K \tag{29}$$

---

[1] JACOBS, M. H.: J. cellul. comp. Physiol. **8**, 29 (1933); **4**, 161 (1934).

annimmt. Da die Gleichung transzendent ist, ist die Beziehung in Abb. 6 graphisch dargestellt, wobei für das Permeabilitätsverhältnis $K$ vier verschiedene Größenordnungen berechnet worden sind.

Darüber hinaus läßt sich aber in diesem Fall auch die Beziehung zwischen $S$ und $t$ durch Integration ermitteln, wobei sich die folgende Gleichung ergibt:

$$K_s t = \frac{1}{K-1}\left[C_s\left(\left\{\frac{S}{C_s}\right\}^K - 1\right) + K(C_s - S)\right] + \ln\frac{C_s}{S}. \tag{30}$$

Hat man aus dem Volumenmaximum das Permeabilitätsverhältnis $K$ ermittelt, so läßt sich nun mit Hilfe der Gl. (30) aus der Zeit bis zur Erreichung des Volumenmaximums auch die Permeabilitätskonstante für das Penetrans entnehmen.

**Hämolyse in isotonischen Lösungen des Penetrans.** JACOBS[1] hat sich in zwei weiteren Arbeiten mit der Kinetik des Eindringens einer rasch penetrierenden Substanz aus einer isotonischen Lösung der Substanz ($C_m = 0$, $C_s = 1$) beschäftigt. Aus der $V$—$S$-Beziehung für diese Sonderbedingung wurde

$$\left.\begin{array}{l}V + KS + \dfrac{K}{K+1} \times \\ \times \ln[(K+1)(V-S) - K] = 1.\end{array}\right\} \tag{31}$$

Mit graphischen Methoden hat JACOBS aus dieser Grundgleichung für verschiedene Werte des Permeabilitätsverhältnisses die Zeiten ermittelt, die bis zum Erreichen bestimmter Volumina verstreichen und sie tabellarisch zusammengestellt. Die Zusammenstellung ist in Tabelle 2 wiedergegeben. Sie

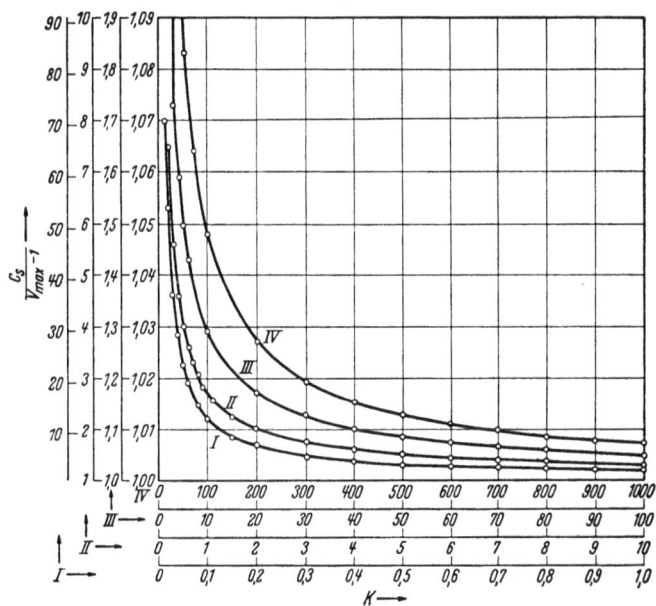

Abb. 6. Maximalvolumenmethode. Das Permeabilitätsverhältnis $K$ $\left(=\dfrac{K_w}{K_s}\right)$ als Funktion der Penetranskonzentration $C_s$ und des Volumenmaximums $V_{max}$. Die Kurven sind in vier verschiedenen Maßstäben gezeichnet, um eine genaue Ablesung von $K$ in verschiedenen Konzentrationsbereichen zu ermöglichen. Die den verschiedenen Kurven zugehörigen Ordinaten sind durch römische Zahlen gekennzeichnet.

gestattet (für beliebige Volumenwerte $V_t$) aus den Zeiten bis zur Erreichung des Volumens $V_t$ in isotonischer Penetranslösung und in Wasser das Permeabilitätsverhältnis zu entnehmen. Hat man außerdem mit Hilfe einer der Gl. (10), (11) oder (12) die Permeabilitätskonstante für Wasser aus der Schwellungskurve in Wasser oder hypotonischer Salzlösung ermittelt, so hat man damit auch die Permeabilitätskonstante für das Penetrans.

Die Benützung der Tabelle erfolgt am besten graphisch in der Weise, daß für das gewählte Volumen $V_t$ das Verhältnis $K_s:K_w$ gegen das Verhältnis $t_p:t_w$ aufgetragen wird.

### d) Bemerkungen zur Wahl und zur Durchführung der einzelnen Methoden.

Für die Bestimmung der Permeabilitätskonstanten für die gelöste Substanz ist zunächst die erste, zu entscheidende Frage, ob die Substanz als schnell oder langsam penetrierend zu betrachten ist, d. h. ob die einfacheren Verfahren des Abschnittes 1 (S. 65) oder die verwickelteren des Abschnittes 2 (S. 67) zu wählen sind. Dazu ist zu bemerken, daß der Gültigkeitsbereich der einfacheren Formeln unter Annahme „langsamer" Penetration recht weit ist. Nach JACOBS[2] sind Substanzen, in deren isotonischen Lösungen

---

[1] JACOBS, M. H.: J. cellul. comp. Physiol. **3**, 29 (1933); **4**, 161 (1934).

[2] JACOBS, M. H.: In: BARRON, E. S. G. (Hrsg.): Modern Trends in Physiology and Biochemistry. S. 149. New York 1952.

Tabelle 2. *Hämolyse in Wasser (w) und in isotonischer Lösung einer rasch penetrierenden Substanz (Penetrans P). Abhängigkeit des Verhältnisses der Hämolysezeiten in Wasser ($t_w$) und in der Penetranslösung ($t_p$) vom Verhältnis der Permeabilitätskonstanten für Wasser ($K_w$) und für das Penetrans ($K_s$) und vom benützten Hämolysevolumen $V_i$. Waagrecht: $K_s:K_w$. Senkrecht: $V_i$. Tabellierte Zahlen: $t_p:t_w$.*

| $V_i$ ↓ | $K_s:K_w$ → ∞ | 100 | 20 | 10 | 7 | 5 | 4 | 3 | 2 | 1 | 1/2 | 1/3 | 1/4 | 1/5 | 1/7 | 1/10 | 1/20 | 1/100 |
|---|---|---|---|---|---|---|---|---|---|---|---|---|---|---|---|---|---|---|
| 1,005 | 1,00 | 2,40 | 4,80 | 6,80 | 8,00 | 9,40 | 10,40 | 12,00 | 14,60 | 20,80 | 29,20 | 36,00 | 41,6 | 47,00 | 56,00 | 68,0 | 96,0 | 240,0 |
| 1,01  | 1,00 | 1,90 | 3,50 | 4,90 | 5,80 | 6,80 | 7,50  | 8,70  | 10,60 | 14,90 | 21,20 | 26,10 | 30,00 | 34,00 | 40,60 | 49,0 | 70,0 | 190,0 |
| 1,05  | 1,00 | 1,24 | 1,88 | 2,48 | 2,90 | 3,36 | 3,74  | 4,24  | 5,14  | 7,20  | 10,28 | 12,72 | 14,96 | 16,80 | 20,30 | 24,8 | 37,6 | 124,0 |
| 1,10  | 1,00 | 1,10 | 1,49 | 1,87 | 2,15 | 2,47 | 2,72  | 3,08  | 3,71  | 5,18  | 7,43  | 9,23  | 10,90 | 12,33 | 15,07 | 18,7 | 29,7 | 110,5 |
| 1,25  | 1,00 | 1,05 | 1,23 | 1,44 | 1,59 | 1,78 | 1,95  | 2,18  | 2,60  | 3,61  | 5,19  | 6,55  | 7,80  | 8,89  | 11,18 | 14,4 | 24,5 | 105,0 |
| 1,50  | 1,00 | 1,03 | 1,13 | 1,25 | 1,35 | 1,48 | 1,59  | 1,75  | 2,06  | 2,83  | 4,12  | 5,26  | 6,36  | 7,38  | 9,47  | 12,5 | 22,5 | 102,6 |
| 1,70  | 1,00 | 1,02 | 1,10 | 1,20 | 1,28 | 1,39 | 1,48  | 1,62  | 1,88  | 2,57  | 3,77  | 4,86  | 5,92  | 6,93  | 8,98  | 12,0 | 22,0 | 102,0 |
| 2,00  | 1,00 | 1,02 | 1,08 | 0,16 | 1,23 | 1,32 | 1,39  | 1,51  | 1,75  | 2,37  | 3,49  | 4,54  | 5,58  | 6,58  | 8,61  | 11,6 | 21,6 | 101,7 |

die Hämolysezeit (für 75% Hämolyse) nicht weniger als 24 sec beträgt, noch ohne wesentlichen Fehler als „langsam penetrierend" zu betrachten. Benützt man statt der Hämolysezeit in isotonischer Penetranslösung die Differenz dieser Zeit und der entsprechenden Hämolysezeit in Wasser (eine empirische Korrektur, für die eine theoretische Begründung fehlt, die sich aber als nützlich erwiesen hat), so wird nach JACOBS die Grenze bis zu einer Hämolysezeit von 14 sec erweitert.

Innerhalb dieses Bereiches kann, wie oben erwähnt, die Permeabilitätskonstante als umgekehrt proportional der Hämolysezeit betrachtet werden.

In bezug auf die Wahl der Methode scheinen folgende Bemerkungen angebracht: Wenn Methoden zur Verfügung stehen, bei denen die Zellen in ihrem normalen Elektrolytmilieu untersucht werden können, oder doch wenigstens in einer elektrolythaltigen Lösung, so sind sie solchen vorzuziehen, bei denen der Elektrolytgehalt der Außenlösung praktisch Null ist. Das Verhalten der Erythrocyten in elektrolytfreien Lösungen zeigt viele Anomalien wie Salzverlust, Änderung der Permeabilitätskonstanten und möglicherweise andere[1].

Eine weitere Bemerkung betrifft Methoden mit sehr kurzen Hämolysezeiten. Solche sind wenn möglich zu vermeiden, da bei kurzen Zeiten die Geschwindigkeit des Hämoglobinaustrittes, die im allgemeinen vernachlässigt wird, Bedeutung gewinnt. Die „fading time", d. h. die Zeit des Abblassens bei mikroskopischer Betrachtung (entsprechend dem Hämoglobinaustritt) ist von PONDER und MARSLAND[2] 1935 mit Hilfe kinematographischer Aufnahmen ermittelt worden und liegt in der Größenordnung von Sekunden. Bei langsamen Hämolysen sind Zeiten bis über 10 sec gemessen worden. Wenn sich auch diese Messungen nicht auf die osmotische Hämolyse, sondern auf Hämolyse durch Lytica beziehen, so ist doch bei der Verwendung von Messungen mit sehr kurzen Hämolysezeiten zweifellos Vorsicht am Platz.

Wendet man für die Bestimmung der Permeabilitätskonstante gelöster Substanzen die direkte Methode an, so ist im allgemeinen der Vorteil der höheren Empfindlichkeit im Bereich des zunehmenden Hämolysegrades auf einen kleinen Teil des Versuches beschränkt. Die Hämolysekurven zeigen zunächst nur geringe Änderung entsprechend dem flachen Teil der osmotischen Resistenzkurve und steigen steiler erst beim Beginn der Hämolyse an. Will man die größere Empfindlichkeit des hämolytischen Gebietes für den ganzen Versuch ausnützbar machen, so muß man Anfangs- und Endpunkt des Ver-

---

[1] JACOBS, M. H., and A. K. PARPART: Biol. Bull. **63**, 224 (1932); **65**, 512 (1933). — WILBRANDT, W.: Pflügers Arch. **243**, 537 (1940).

[2] PONDER, E., and D. MARSLAND: J. gen. Physiol. **19**, 35 (1935).

suches in den steilen Kurventeil legen[1]. Zu diesem Zweck ist es nötig, die Zellen zunächst in einer Kochsalzkonzentration aufzuschwemmen, die am unteren Ende des steilen Kurventeiles der osmotischen Resistenz liegt (in Abb. 7 $y_1$). Setzt man dann eine Penetranslösung der gleichen Konzentration zu, und wählt das Zusatzvolumen so, daß die durch Verdünnung resultierende Salzkonzentration gerade am oberen Ende des steilen Kurventeiles liegt (in Abb. 7 $x_2$), so spielt sich der ganze Versuch im steilen Teil und daher im Bereich hoher Empfindlichkeit der Methode ab. Sind z. B. in Abb. 7 die den Punkten $y_1$ und $x_2$ zugehörigen NaCl-Konzentrationen 0,4 isotonisch und 0,3 isotonisch, so ist das Vorgehen folgendes: Suspension in 3 Volumina 0,4 isotonischer NaCl-Lösung, Abwarten des Volumengleichgewichtes und schließlich Zusatz von 1 Vol. 0,4 isotonischer Penetranslösung. $C_s$ ist dann 0,1 isotonisch und $C_m$ 0,3 isotonisch.

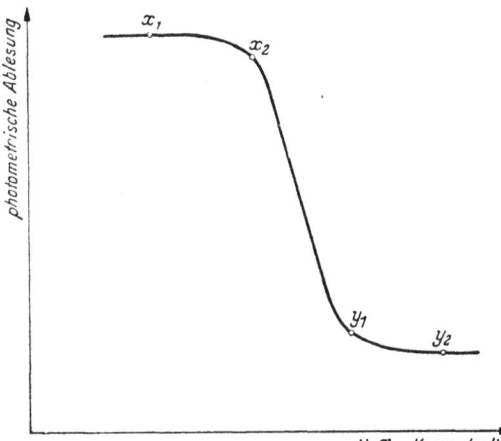

Abb. 7. Osmotische Resistenzkurve, schematisch, mit den in der Diskussion der Versuchsanordnung erwähnten Kochsalzkonzentrationen $x_2$, $y_1$ auf beiden Seiten des steilen (hämolytischen) Kurventeils. Näheres im Text.

Wichtig ist dabei, daß die Zellen in der hypotonischen Kochsalzlösung zunächst ihr Gleichgewichtsvolumen erreicht haben müssen, bevor der Penetranszusatz gemacht wird. Wird diese Forderung nicht berücksichtigt, so werden die Kurven durch den zunächst erfolgenden osmotischen Ausgleich des Wassers verzerrt.

# Dialyse, Elektrodialyse, Elektrodekantation und Diasolyse.

Von

## H. Brintzinger.

Mit 8 Abbildungen.

### a) Allgemeines.

Dialyse, Elektrodialyse, Elektrodekantation und Diasolyse sind Methoden zur präparativen Trennung und Reindarstellung von kolloid und echt gelösten Stoffen, wobei die Diasolyse darüber hinaus auch noch die Trennung diasolysierender von nicht diasolysierenden echt gelösten Stoffen, die Gewinnung von Verbindungen aus pflanzlichen und tierischen Produkten sowie die Trennung isomerer diasolysierender Verbindungen ermöglicht.

Die *Dialyse* dient außer zur präparativen und technischen Trennung von kolloid- und molekulardispers gelösten Systemen auch zur Analyse von Stoffen im gelösten Zustand und zwar zur Bestimmung der wahren Teilchengewichte echt gelöster Stoffe auf Grund der Beziehungen zwischen Molekular- bzw. Ionengewicht und Geschwindigkeit der Dialyse und damit zur Ermittlung besonderer lösungschemischer Verhältnisse, wie Komplexbildung, Hydrolyse oder Alterung.

Durch die Mitwirkung eines elektrischen Potentialgefälles bei der Dialyse, also bei der *Elektrodialyse*, erfolgt die Reinigung kolloider Systeme von Elektrolyten schneller und weitergehend. Man verwendet hierbei drei durch Membranen getrennte Zellen. In die

---

[1] WILBRANDT, W.: Pflügers Arch. **250**, 569 (1948).

mittlere Zelle gibt man die zu dialysierende Flüssigkeit, in die beiden äußeren das reine Lösungsmittel, üblicherweise Wasser, und je eine Elektrode. Dadurch werden besonders die durch Adsorption am Kolloid befindlichen Elektrolyte weitgehend entfernt.

Rührt man bei der Elektrodialyse nicht, so wandern die negativ geladenen Kolloidteilchen zur Anodenmembran, die positiv geladenen zur Kathodenmembran. So bildet sich an der betreffenden Membran eine Mikroschicht von höherer Kolloidteilchenkonzentration. Diese Schicht sinkt ab, während die an der anderen Membran entstehende kolloidfreie Mikroschicht spezifisch leichter ist und aufsteigt. Sie wird abgezogen und, falls man auf konzentriertere Kolloidlösungen hinarbeitet, durch neue Kolloidlösung ersetzt, im anderen Fall durch Leitfähigkeitswasser. Diese *Elektrodekantation* ermöglicht also die quantitative Reinigung und weitgehende Konzentrierung kolloider Lösungen.

Als Dialyse bezeichnen wir heute ausschließlich die Diffusion von Substanzen durch die Poren einer Membran (einer Porenmembran[1]). Die Membran wirkt hierbei wie ein sehr engmaschiges Sieb. Das gleiche gilt für die Elektrodialyse und die Elektrodekantation. Bei der *Diasolyse* beteiligt sich dagegen die Membran aktiv am Transport der gelösten Teilchen aus der Lösung in das reine Lösungsmittel. Die Membran ist hierbei ein Zwischenlösungsmittel (eine Lösungsmembran[1]).

Die Dialyse wurde 1862 von GRAHAM[2], die Elektrodekantation 1942 von PAULI[3], die Diasolyse 1937 von BRINTZINGER und BEIER[1] entdeckt.

Die der Dialyse und der Diasolyse zugrunde liegenden Gesetze wurden von BRINTZINGER[4] gefunden und beide Verfahren dadurch zu Meßmethoden entwickelt.

### b) Dialyse.

**Grundlagen.** Bei der Dialyse eines Stoffes nimmt die Konzentration desselben in der Innenlösung zunächst schnell, dann immer langsamer ab. Bezeichnet man mit $c_0$ die Konzentration der gelösten Ionen oder Moleküle zu Beginn der Dialyse, mit $c_t$ die nach der Zeit $t$, so ergibt sich für die Dialyse das Abklingungsgesetz

$$c_t = c_0 \cdot e^{-\lambda \cdot t},$$

worin $\lambda$ der Dialysenkoeffizient und $e$ die Basis des natürlichen Logarithmus ist.

Dasselbe Gesetz gilt auch für die Diasolyse, bei der für den Diasolysenkoeffizienten die Abkürzung $\Lambda$ gewählt wurde

$$c_t = c_0 \cdot e^{-\Lambda \cdot t}.$$

Löst man diese Gleichungen nach $\lambda$ (bzw. $\Lambda$) auf, so ergibt sich die Beziehung

$$\lambda \text{ (bzw. } \Lambda) = \frac{\log c_0 - \log c_t}{t \cdot \log e}.$$

Andererseits gilt für Dialyse und Diasolyse, daß der für diese wie für jene charakteristische Koeffizient der spezifischen Membranfläche $F$ direkt proportional ist und daß die Koeffizienten temperaturabhängig sind

$$\lambda_1 : \lambda_2 = F_1 : F_2,$$

$$\lambda_{T_1} = \lambda_{T_2} \cdot [1 + \alpha(T_1 - T_2)],$$

---

[1] BRINTZINGER, H., u. H. BEIER: Kolloid-Z. **79**, 324 (1937).
[2] GRAHAM, T.: A. **121**, 1 (1862).
[3] PAULI, WO.: Helv. **25**, 137 (1942).
[4] BRINTZINGER, H.: Z. anorg. Chem. **168**, 145, 150 (1927); **232**, 415 (1937); **256**, 83 (1948). Naturwiss. **18**, 354 (1930). — BRINTZINGER, H., u. B. TROEMER: Z. anorg. Chem. **172**, 426 (1928). — BRINTZINGER, H., u. W. BRINTZINGER: Z. anorg. Chem. **196**, 33 (1931). — BRINTZINGER, H., u. W. ECKARDT: Z. anorg. Chem. **231**, 327, 337 (1937). — BRINTZINGER, H., u. F. JAHN: Z. anorg. Chem. **231**, 342; **235**, 115, 120, 124, 126, 242, 244 (1937). — BRINTZINGER, H., u. H. PLESSING: Z. anorg. Chem. **235**, 110 (1937); **242**, 193 (1939). — BRINTZINGER, H., H. PLESSING u. W. RUDOLPH: Z. anorg. Chem. **242**, 197 (1939). — BRINTZINGER, H., u. H. BEIER: Kolloid-Z. **79**, 324 (1937).

bzw.
$$\Lambda_1 : \Lambda_2 = F_1 : F_2,$$
$$\Lambda_{T_1} = \Lambda_{T_2} \cdot [1 + \alpha(T_1 - T_2)].$$

Die durch diese Zusammenhänge bedingten Komplikationen werden durch Maßnahmen der Methodik ausgeschaltet. Das Dialysiergefäß wird in einen Thermostaten mit mehreren Litern Flüssigkeitsvolumen so eingehängt, daß die Membran gerade die Oberfläche der Thermostatenflüssigkeit berührt. Die Dialysatorflüssigkeit wird durch einen Rührer, der mit dem des Thermostaten gekoppelt ist, stark gerührt, wodurch sowohl ein guter Temperaturausgleich als auch eine dem Abklingungsgesetz gehorchende Diffusion gewährleistet wird. Durch die Verwendung des Thermostaten als Außendialysiergefäß kann die Temperatur während der ganzen Meßreihe auf einem konstanten Wert gehalten werden.

Die spezifische Membranfläche $F$ wird gleich 1 gehalten, d. h. bei einem Volumen der zu dialysierenden Flüssigkeit von $V = a$ cm³ muß der Durchmesser des zylindrischen Dialysiergefäßes so gewählt werden, daß die Membranfläche $a$ cm² ist.

**Teilchengewicht.** Die so erhaltenen Dialysenkoeffizienten stehen zu den Teilchengewichten, also den Ionen- oder Molekulargewichten, in einem bestimmten Verhältnis; ihre Quadrate sind indirekt proportional den Ionen- bzw. Molekulargewichten

$$\lambda_x^2 : \lambda_B^2 = M_B : M_x.$$

Das heißt: Das unbekannte Teilchengewicht $M_x$ eines Stoffes läßt sich aus seinem gemessenen Dialysenkoeffizienten $\lambda_x$, dem ebenfalls gemessenen Dialysenkoeffizienten $\lambda_B$ eines Bezugsions bzw. -moleküls und dessen bekanntem Ionen- bzw. Molekulargewicht $M_B$ folgendermaßen bestimmen

$$M_x = M_B \cdot \left(\frac{\lambda_B}{\lambda_x}\right)^2.$$

Dadurch unterscheidet sich nun die Dialyse grundlegend von der Diasolyse. Der Diasolysenkoeffizient steht in keinem Zusammenhang mit dem Molekulargewicht des diasolysierenden Stoffes. Für diesen ganz andersartigen Vorgang gilt das NERNSTsche Verteilungsgesetz.

Das durch die Dialysenmethode gefundene $M_x$ ist das wahre Gewicht der gelösten Teilchen, während die nach der kryoskopischen Methode gefundenen Teilchengewichte mit den wahren Gewichten der gelösten Teilchen durchaus nicht übereinzustimmen brauchen: Die kryoskopische Methode gibt nur an, in wieviel Einzelteilchen eine abgewogene Menge eines Stoffes beim Lösen zerfällt, nicht dagegen ob die ursprünglichen, in Lösung gehenden Einzelteilchen als solche erhalten bleiben oder ob sie mit Molekülen des Lösungsmittels oder Lösungsgenossen unter Bildung neuer Einzelteilchen zusammengetreten sind. Die Dialysenmethode gibt darüber hinaus an, ob die in Lösung gegangenen Teilchen im Verlauf der Zeit eine Veränderung, etwa durch Alterung oder hydrolytische Aufspaltung, erleiden.

**Gerät.** Eine Apparatur zur Bestimmung von Ionen- und Molekulargewichten mit Hilfe der Dialyse zeigt die Abb. 1.

**Ausführung.** Die praktische Durchführung der Messungen gestaltet sich meist so, daß zu Beginn und Ende der Meßreihe je eine ½stündige Dialyse mit dem Bezugsstoff durchgeführt wird, dazwischen je eine ½-, 1- und 1½stündige Dialyse mit der zu untersuchenden Substanz. Werden sehr langsam dialysierende Teilchen untersucht, kann die Dialysendauer erhöht werden, z. B. auf 1, 2 und 3 Std. Im Falle von leicht zersetzlichen Verbindungen kann sie auf etwa 10, 20 und 30 min erniedrigt werden. Treten keine Veränderungen der gelösten Teilchen ein, so bleibt der Dialysenkoeffizient für die drei verschieden lange dauernden Dialysen konstant. Bei Veränderungen der Teilchen zeigt er einen Gang und zwar wird er bei Alterungs-, also Aggregierungsvorgängen mit zunehmender Dialysendauer kleiner, beim Abbau größerer zu kleineren, rascher wandernden Teilchen größer.

Im allgemeinen benötigt man für die Durchführung einer Teilchengewichtsbestimmung nicht mehr als 5 Std. Die Konzentrationsabnahme im Dialysator wird mit einer chemischen oder physikalischen Analysenmethode bestimmt. Für die Bestimmung von Ionengewichten wird als Lösungsmittel für den Innen- und Außenraum des Dialysators nicht reines Wasser, sondern eine etwa 2 n wäßrige Lösung eines Fremdelektrolyten, z. B. Kaliumnitrat verwendet, wobei natürlich keine Reaktion derselben mit dem zu untersuchenden Stoff eintreten darf. Dies geschieht, damit sich die zu bestimmenden Ionen und die Bezugsionen elektrostatisch unabhängig von ihren zugehörigen, entgegengesetzt geladenen Ionen bewegen und durch die Membran diffundieren können. Bei der Untersuchung komplexer Ionen ist es günstig, als Fremdelektrolyt eine den Komplex stabilisierende Verbindung zu verwenden, für komplexe Amine z. B. Ammoniak und Ammoniumnitrat, für Oxalatokomplexe Kaliumoxalat, für Rhodanokomplexe Alkalirhodanid, für Hydroxokomplexe Kaliumhydroxyd usw. Die Konzentration des zu dialysierenden Stoffes sowie des Bezugsions in der etwa 2 n Fremdelektrolytlösung wird meist auf 0,1 n eingestellt.

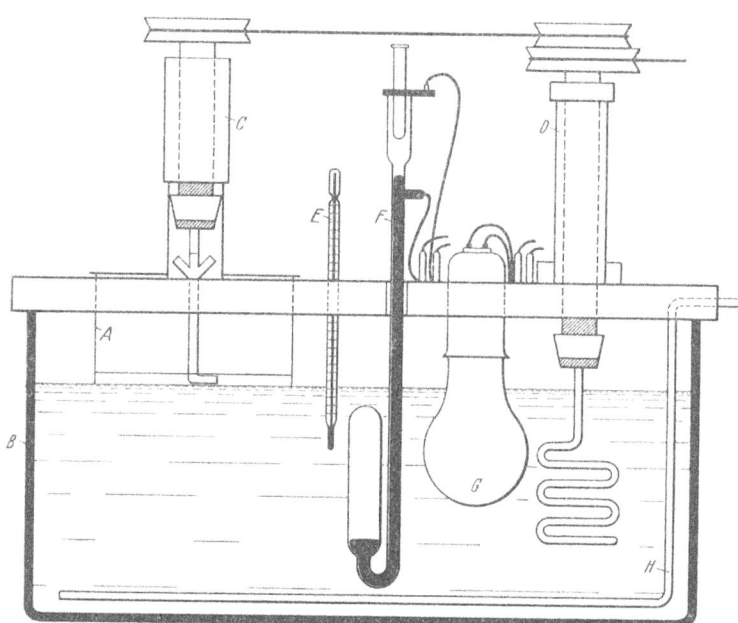

Abb. 1. Apparat zur Ionen- und Molekulargewichtsbestimmung mit Hilfe des Dialysekoeffizienten. *A* Dialysator, *B* Außengefäß, *C* und *D* Rührwerke, *E* Thermometer, *F* Thermoregulator, *G* Heizbirne, *H* Kühlschlange.

**Membran.** Als Membranen eignen sich die künstlichen Cellulosefolien *Cellophan 300* und *Cuprophan* wegen ihrer hohen Festigkeit und guten Permeabilität sehr gut, ebenso die *Cellamembran*.

Diese Membranen sind in Form von Zuschnitten der erforderlichen Größe, zum Teil auch in Form von Schläuchen käuflich. Die Cellamembranen werden mit abgestufter Durchlässigkeit hergestellt. Pergamentpapier hat eine etwas geringere Durchlässigkeit, wird aber seiner hohen Festigkeitseigenschaften wegen trotzdem häufig in Form von Zuschnitten und Hülsen angewandt.

Da die Membranen manchmal mit Glycerin versehen sind, um im trockenen Zustand elastisch zu sein, sind sie vor dem Gebrauch zu wässern. Will man sie nach Gebrauch weiter benützen, müssen sie unter Wasser aufbewahrt werden, da sie beim Trocknen spröde würden.

**Teilchenform.** Eine sehr große Zahl von Untersuchungen über die Gewichte gelöster Ionen wurde so durchgeführt, wodurch zahlreiche neue Erkenntnisse über die Stoffe im gelösten Zustand gewonnen wurden. Da die gelösten Ionen im wesentlichen kugelsymmetrisch gebaut sind, kommen bei ihrer Bestimmung Einflüsse der Form nicht zum Ausdruck. Diese machen sich jedoch bemerkbar, wenn die Gewichte organischer Moleküle gemessen werden. So ergeben gleichschwere, aber verschiedenartig aufgebaute organische Moleküle ungleiche Dialysenkoeffizienten, wie z. B. n- und sec. Butylalkohol einerseits und tertiärer Butylalkohol andererseits. Noch größere Differenzen ergeben sich beim Vergleich aliphatischer und aromatischer Verbindungen. Bei der Molekulargewichtsbestimmung organischer Verbindungen mit der Dialysenmethode müssen daher ähnlich gebaute Verbindungen als Bezugsmoleküle angewandt werden.

**Präparative Dialyse.** Für die präparative Dialyse sind folgende Punkte von Wichtigkeit: Die Verwendung einer möglichst gut durchlässigen Membran, einer möglichst großen „spezifischen Membranfläche" (cm² Membranfläche/cm³ der zu dialysierenden Lösung), da die Geschwindigkeit der Dialyse dieser proportional ist, Vermeidung der Verarmung der zu dialysierenden Lösung an dialysierenden Stoffen in der Nähe der Membran durch gute Durchrührung, Einhaltung eines maximalen Konzentrationsunterschiedes an dialysierenden Stoffen beiderseits der Membran durch häufige bzw. kontinuierliche Erneuerung des Außenwassers oder durch Anwendung einer im Verhältnis des Volumens der zu dialysierenden Lösung so großen Außenflüssigkeitsmenge, daß in dieser die Konzentration an dialysierten Stoffen praktisch gleich Null bleibt, bzw. durch Verwendung eines Extraktionsdialysators.

Für die Dialyse kleiner Mengen genügen meist Hülsen, Säckchen oder Schläuche aus Cuprophan, Cellophan Qual. 300, Pergamentpapier, die in ein größeres Becherglas in Wasser eingehängt oder gestellt werden, wobei das Wasser von Zeit zu Zeit zu erneuern ist. Sehr gut eignet sich auch ein mit Cellophan oder Cuprophan bespannter GRAHAMscher Dialysator (Abb. 2).

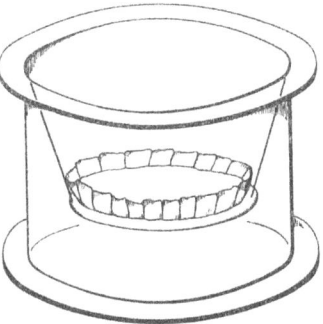

Abb. 2. Dialysator nach GRAHAM.

In vielen Fällen bewährt sich bestens ein Extraktionsdialysator, wofür sich einer der unter Diasolyse beschriebenen Extraktionsdiasolysatoren (Abb. 6 und 8) verwenden läßt, wenn man an Stelle einer Diasolysemembran eine Membran aus Cellophan, Cuprophan oder ein Cellafilter benützt.

**Dialyse in größerem Maßstab.** Die Dialyse größerer Mengen führt man am vorteilhaftesten in dem durch das Jenaer Glaswerk Schott & Gen. hergestellten und besonders sorgfältig durchkonstruierten Elektroschnelldialysator nach BRINTZINGER aus, der ohne Anlegung eines elektrischen Spannungsgefälles auch als Schnelldialysator verwendet werden kann. Für diesen Dreizellenapparat konzentrischer Anordnung ist nur ein Antrieb erforderlich, denn das Rühren der zu dialysierenden Flüssigkeit erfolgt durch die Drehung des äußeren um den inneren, feststehenden, leicht exzentrisch angeordneten Membranträger. Glas als Werkstoff gewährleistet sauberes Arbeiten und bei Verwendung von Cellophan- oder Cuprophanmembranen völlige Durchsichtigkeit der Apparatur. Eine solche ist in Abb. 4 (Elektrodialyse) wiedergegeben.

In der Praxis wird die Dialyse in beträchtlichem Umfang angewandt und zwar sowohl zur Befreiung kolloider Lösungen von Elektrolyten und anderen echt gelösten Stoffen als auch zur Reingewinnung echt gelöster Stoffe aus einer durch kolloide Bestandteile verunreinigten Lösung.

So läßt sich z. B. aus Magermilch durch die Entfernung echt gelöster Stoffe mit Hilfe der Dialyse ein protein- und calciumphosphatreicheres Magermilchprodukt gewinnen, das auf Magermilchpulver aufgearbeitet wird.

**Anwendung.** Das wichtigste Anwendungsgebiet der Dialyse in der Technik ist die Wiedergewinnung reiner Natronlauge aus der durch Hemicellulose verunreinigten, von der Natroncelluloseherstellung kommenden Preßlauge, welche in der nach dem Viscoseverfahren arbeitenden Kunstseide-, Zellwolle- und Cellulosefolienindustrie in größerer Menge anfällt. Aus dieser 16—17% Natronlauge und 1½—2½% Hemicellose enthaltenden Preßlauge lassen sich 90—94% vom Natriumhydroxyd als Reinlauge rückgewinnen; die restlichen 6—10% reichen aus, um das Ausflocken der kolloiden Hemicellulose in der Apparatur zu verhindern.

Meist werden nach dem Gegenstromprinzip kontinuierlich arbeitende, den Filterpressen ähnliche Dialysatoren benützt. Der VAN BARNEVELD- sowie der WEBCELL-Dialysator bestehen aus einer Anzahl von Rahmen, die durch Membranen voneinander getrennt sind und Zellen bilden, wobei jeweils eine mit Preßlauge beschickte zwischen zwei mit Wasser beschickten Zellen steht. Preßlauge und Wasser werden durch eine besondere Anordnung so durch den Dialysator geführt, daß die Preßlauge von unten nach oben steigt, während sich das Wasser, von der Preßlauge durch die Membranen getrennt, von oben nach unten bewegt, wobei es sich in Reinlauge verwandelt. Demselben Zweck dient auch der von CERINI[1] entwickelte Dialysator.

### c) Elektrodialyse.

Die Elektrodialyse eignet sich zur weitgehenden Reinigung kolloider Systeme von Elektrolyten, insbesondere bei der Aufarbeitung von Biokolloiden.

Für die Elektrodialyse verwendet man Dreizellenapparate, wobei die durch Membranen voneinander getrennten Zellen entweder nebeneinander oder konzentrisch ineinander angeordnet sind, und die Mittelzelle die zu dialysierende Flüssigkeit aufzunehmen hat, während

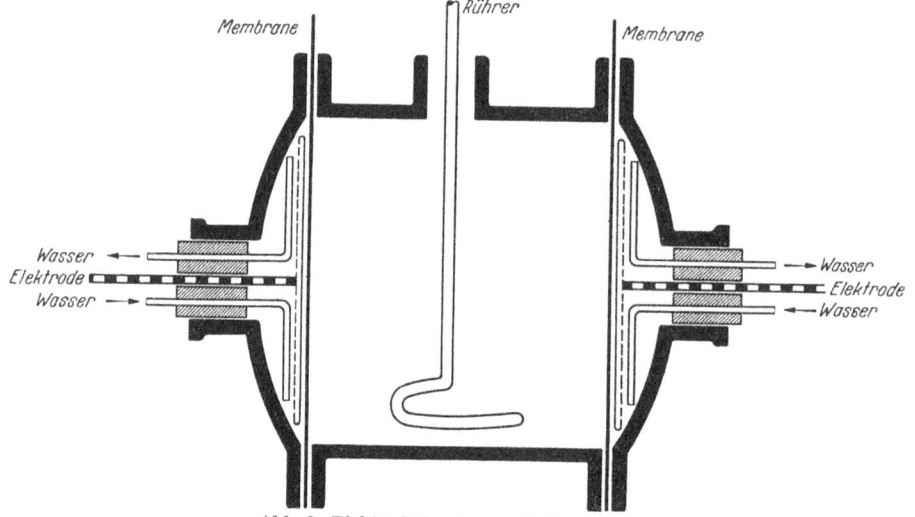

Abb. 3. Elektrodialysator nach MANEGOLD.

die Außenzellen sowie die Innenzelle im Falle der konzentrischen Anordnung von reinem Lösungsmittel durchflossen werden und die Elektroden nahe an den Membranen enthalten.

Da Kationen und Anionen nicht immer gleich schnell dialysieren, kann sich bei der Elektrodialyse eine Verschiebung des $p_H$-Wertes in der Lösung einstellen. Bei säureempfindlichen Kolloiden muß daher durch eine durchlässigere und größere Anodenmembran einer Säuerung des Dialysiergutes vorgebeugt werden. Außerdem empfiehlt es sich, anfangs ohne elektrisches Potentialgefälle zu dialysieren und dieses erst anzulegen, wenn die Hauptmenge der Elektrolyte durch einfache Dialyse entfernt ist. Solange in der Kolloidlösung die Elektrolytkonzentration noch groß ist, ist kein beträchtlicher Unterschied zwischen der Geschwindigkeit der Dialyse mit und ohne elektrisches Feld festzustellen. Die Überlegenheit der Elektrodialyse gegenüber der Dialyse zeigt sich gegen Ende des Vorganges in dem wesentlich weiter gehenden Reinigungseffekt.

Besonders brauchbare Apparate sind der Elektrodialysator nach MANEGOLD[2] und der Elektroschnelldialysator nach BRINTZINGER[3] (Abb. 3 und 4).

Eine sehr große Zahl wissenschaftlicher Arbeiten wurde mit der Elektrodialyse ausgeführt. So konnten z. B. HEILMEYER und SUNDERMANN[4] aus einer hämolysierten Erythrocytenlösung unter $CO_2$-Atmosphäre in $1^1/_2$ Std eine 100%ig aktive Oxyhämoglobinlösung der höchsten bisher erreichten chemischen und optischen Reinheit herstellen.

Diese *präparative Oxyhämoglobin-Reingewinnung* sei als Beispiel für eine Elektrodialyse kurz beschrieben:

120 cm³ Menschenblut werden bei hoher Tourenzahl zentrifugiert; das überstehende Serum wird abpipettiert und die Blutkörperchen werden mit physiologischer Kochsalz-

---

[1] CERINI, L.: G. Chim. industr. appl. 8, 227 (1926).
[2] MANEGOLD, E.: Kolloid-Z. 78, 129 (1937).
[3] BRINTZINGER, H., A. ROTHHAAR u. H. BEIER: Kolloid-Z. 66, 183 (1934).
[4] HEILMEYER, L., u. A. SUNDERMANN: Dtsch. Arch. klin. Med. 178, 397 (1936).

lösung so oft gewaschen, bis die überstehende Natriumchloridlösung keine Eiweißreaktion mehr gibt (etwa viermal). Der zuletzt abzentrifugierte Blutkörperchenbrei wird mit der gleichen Menge destillierten Wassers versetzt und in den Elektroschnelldialysator gebracht.

Das Rühren der zu dialysierenden Erythrocytenlösung erfolgt durch die Drehung des mit der Kathodenmembrane bezogenen äußeren Membranträgers und dadurch, daß in die Flüssigkeit der innere, mit der Anodenmembran überzogene Membranträger, leicht exzentrisch angeordnet, eintaucht. Die zu dialysierende Lösung rotiert also zwischen der Anoden- und der Kathodenmembran, auf deren Innen- bzw. Außenseite sich fließendes destilliertes Wasser befindet. Als Kathodenmembran wurde Cellophan 300, als Anodenmembran Cuprophan gewählt, eine Anordnung, die sich für diesen Zweck am besten bewährte. Die Temperatur wird zwischen 12 und 16° konstant gehalten. Während der Dialyse wird die hämolysierte Erythrocytenlösung durch Zuleiten von Kohlendioxyd vom Luftsauerstoff abgesperrt. Die Stromstärke überstieg bei einer Spannung von 220 V nicht 300 Milliamp. Der Wasserdurchfluß betrug 10—15 Liter destillierten Wassers in der Stunde. Die Dialyse war beendet, wenn die Stromstärke konstant den Wert für destilliertes Wasser anzeigte.

Eine Zusammenballung der Erythrocytenstromata trat schon nach 10—20 min ein; nach etwa 40 min war die Hämolyse vollkommen. Die Prüfung der Oxyhämoglobinlösung ergab die höchsten, bisher in der Literatur bekannten Werte für optische Reinheit und Sauerstoffbindevermögen. Die auf diese Weise gewonnenen Lösungen wurden in bezug auf Gasbindevermögen, Eisengehalt und spektrophotometrische Konstanten untersucht als Grundlage für die Bestimmung von Oxyhämoglobin, $CO_2$-Hämoglobin und reduziertem Hämoglobin, welche Werte als Basis für die Hämoglobinkonzentrationsbestimmungen im Vollblut und zur Eichung von Hämometern dienten.

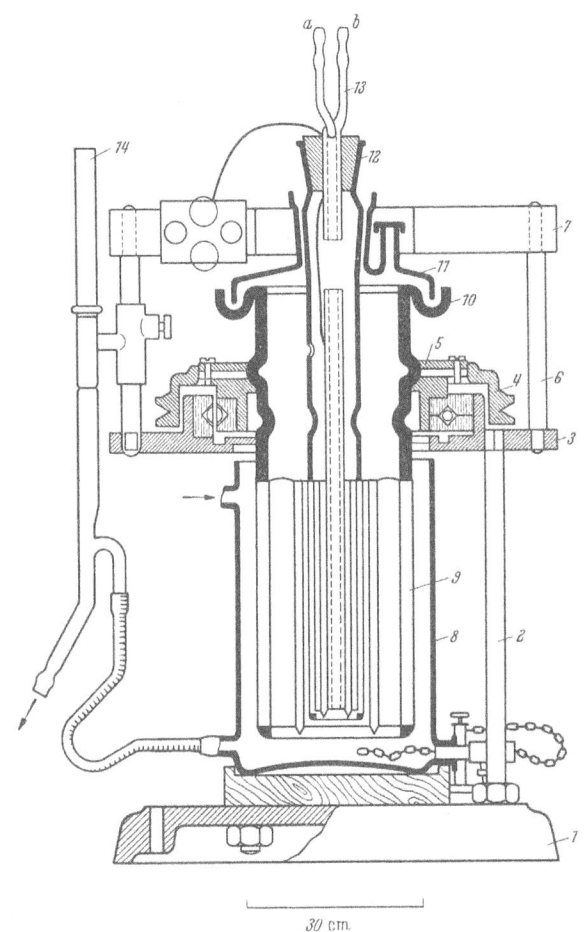

Abb. 4. Elektroschnelldialysator nach BRINTZINGER. *1* Grundplatte. *2* Eisenträger für den Oberteil des Dialysators. *3* Tragplatte für das Kugellager. *4* Gehäuse für das Kugellager mit Antrieb. *5* Feststellring mit Bajonettverschluß zum Festhalten des drehbaren Trägers aus Glas für die Außenmembran. *6* Träger für den Querbügel. *7* Querbügel. *8* Außengefäß mit Zu- und Abfluß und Außenelektrode. *9* Äußerer Membranträger, ein aus Glasstäben gebildeter Korb. *10* Wasserverschluß, der auf den Membranträger 9 aufgesetzt wird und sich während des Betriebes des Dialysators mitdreht. *11* Feststehender Glasdeckel für den Wasserverschluß. *12* Träger der inneren Membran, dessen oberer Teil eine Glasröhre bildet, während der untere Teil wieder ein Korb aus Glasstäben ist, über den die innere Membran gezogen wird. *13* Doppelte Glasröhre für den Zu- und Abfluß des Wassers, das den von der inneren Membran umschlossenen inneren Elektrodenraum durchfließt. Die Röhre ist gleichzeitig Träger für die innere Elektrode. *14* Niveaurohr.

Über die elektrodialytische Serumreinigung, sowie über die $p_H$-Führung und -kontrolle bei der Elektrodialyse und über die sehr schnelle und quantitative Reinigung von Gummi arabicum-Lösungen wird von KRATZ[1] berichtet.

### d) Elektrodekantation.

Die für die Gewinnung und Konzentrierung reinster Kolloidlösungen, z. B. von Eiweißlösungen, von geschützten und ungeschützten Lösungen der verschiedensten kolloiden

---

[1] KRATZ, L.: Kolloid-Z. **80**, 33 (1937).

Systeme besonders gut geeignete Elektrodekantation wurde auf Grund des sorgfältigen Studiums aller bei der Elektrodialyse stattfindenden Vorgänge von PAULI[1] entwickelt.

Unter der Wirkung des angelegten elektrischen Feldes erfolgt nicht nur der Transport der Ionen durch die Membranen, sondern auch eine Wanderung von Wasser durch die Capillaren der Membranen und die Elektrophorese der negativ geladenen Kolloidteilchen zur Anodenmembran bzw. der positiv geladenen Kolloidteilchen zur Kathodenmembran.

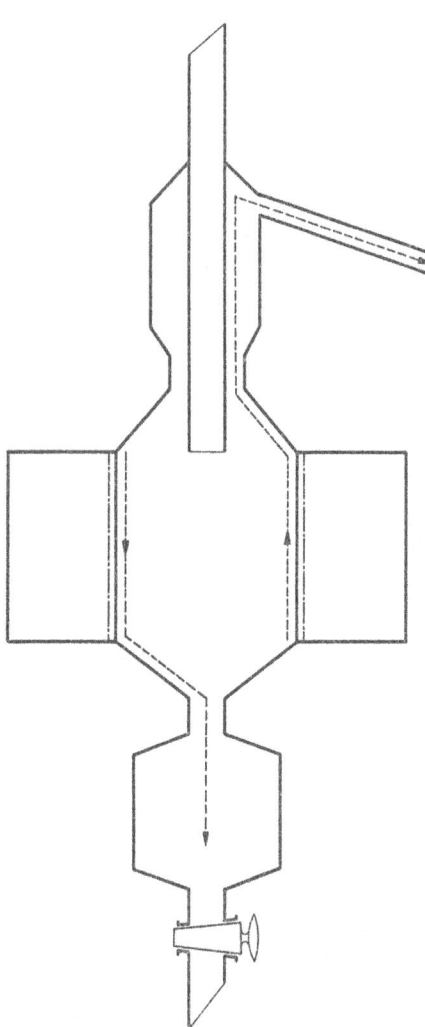

Abb. 5. Kontinuierliche Elektrodekantation nach Wo. PAULI.

Da die Kolloidteilchen nicht durch die Membranen diffundieren können, bildet sich durch diesen Vorgang vor der entsprechenden Membran eine Mikroschicht höherer Konzentration, welche der Membran entlang absinkt. Durch die Abwanderung der Kolloidteilchen aus dem Gebiet der anderen Membran erfolgt dort eine Verarmung an diesen, wodurch dort eine spezifisch leichtere, an Kolloidteilchen arme, wäßrige Mikroschicht entsteht, die nach oben steigt.

Diese Vorgänge werden in der Apparatur von Wo. PAULI[1] für die kontinuierliche Elektrodekantation geschickt zur Herstellung konzentrierter, reinster Kolloidlösungen ausgenützt (Abb. 5).

Die Apparatur besteht aus dem der Elektrodekantation selbst dienenden Dreizellenapparat. Die Kathoden- und Anodenzellen sind von der Mittelzelle durch senkrecht angeordnete Dialysemembranen getrennt. Auf der Mittelzelle befindet sich ein Aufsatz, in welchen die spezifisch leichte kolloidfreie Lösung aufsteigt und durch ein oben angebrachtes Rohr abfließt. Unten an die Mittelzelle ist ein Behälter angeschlossen, in welchen die spezifisch schwerere kolloidreiche Lösung absinkt und so aus diesem die ursprüngliche Kolloidlösung nach oben verdrängt. Ein durch den oberen Aufsatz geführtes Zulaufrohr, das bis in die Mittelzelle hineinreicht, ermöglicht den regelbaren Zufluß der zu konzentrierenden und zu reinigenden Kolloidlösung. Die Menge dieses Zuflusses wird auf die Menge der aufsteigenden kolloidfreien Lösung abgestimmt.

e) **Diasolyse.**

Die von BRINTZINGER und BEIER[2] entdeckte, in ihren Grundgesetzen erforschte und auf die Möglichkeiten ihrer Anwendung untersuchte Diasolyse ist der Vorgang des Hindurchlösens („Diasolysierens") organophiler Moleküle durch eine organische Trennungsschicht, wie z. B. durch Kautschuk-, Gummi- oder Kunststoffmembranen[3], aus einer eine solche Membran auf der einen Seite in eine diese Membran auf der anderen Seite berührende Flüssigkeit.

**Grundlagen.** Während bei der Dialyse die gelösten Teilchen (Ionen oder Moleküle) aus der Innenflüssigkeit durch die mit Flüssigkeit gefüllten Poren einer Membran in die

---

[1] PAULI, WO.: Helv. **25**, 137 (1942).
[2] BRINTZINGER, H., u. H. BEIER: Kolloid-Z. **79**, 324 (1937). — BRINTZINGER, H., u. M. GÖTZE: B. **81**, 293 (1948). — BRINTZINGER, H.: Chem.-Ing.-Techn. **21**, 273 (1949).
[3] Über das Lösungsvermögen solchen Membranmaterials s. BRINTZINGER, H., u. H. BEIER: Kolloid-Z. **79**, 318 (1937).

Außenflüssigkeit diffundieren, lösen sich bei der Diasolyse die hierzu befähigten organophilen Moleküle aus der Innenflüssigkeit durch das Membranmaterial, das in diesem Falle als ein im festen Zustand befindliches, Innen- und Außenflüssigkeit trennendes Lösungsmittel[1] fungiert, hindurch in die Außenflüssigkeit hinein.

Alle molekular- und ionendispers gelösten Stoffe vermögen also durch Porenmembranen zu dialysieren und besitzen meßbare Dialysekoeffizienten, dagegen können nur die in den Lösungsmembranen löslichen Moleküle diasolysieren. Im Membranmaterial nicht lösliche, insbesondere alle ausgesprochen hydrophile Stoffe wie Salze, Säuren, anorganische Basen, sowie alle kolloiddispers gelösten Stoffe können nicht diasolysieren, sie haben den Dialysekoeffizienten $\Lambda$ gleich 0. Von ihnen sind daher die diasolysierenden Stoffe leicht und quantitativ zu trennen.

Der Diasolysekoeffizient $\Lambda$, als Ausdruck für die Geschwindigkeit der Diasolyse, ist unabhängig von Form und Gewicht der diasolysierenden Moleküle, aber abhängig vom Verhältnis der Löslichkeit des diasolysierenden Stoffes im ursprünglichen Lösungsmittel zu der im Membranmaterial und zu der in der Außenflüssigkeit. Für ihn gilt also das NERNSTsche Verteilungsgesetz. Aus diesem Grunde können auch die Diasolysenkoeffizienten isomerer Verbindungen außerordentlich verschieden sein. So wurden z. B. für die isomeren Nitrophenole folgende $\Lambda$-Werte gefunden:

o-Nitrophenol: 1,177,
m-Nitrophenol: 0,060,
p-Nitrophenol: 0,030.

Bei guter Löslichkeit im Membranmaterial und in der Außenflüssigkeit kann die Diasolysegeschwindigkeit sehr groß sein; sie läßt sich außerdem je nach Wahl der Membran und der Einstellung der Lösungsmittel beiderseits der Membran in weiten Grenzen variieren. Durch geeignete Zusätze zur Innen- bzw. Außenflüssigkeit kann die Löslichkeit der zu diasolysierenden Substanz und damit deren Diasolysengeschwindigkeit sehr stark beeinflußt werden. So erhöht z. B. ein Zusatz von Methanol zum Wasser die Löslichkeit, während sie durch den Zusatz eines Salzes verringert wird.

Auch durch die Veränderung des Lösungsvermögens der Membransubstanz für den zu diasolysierenden Stoff kann die Diasolyse beeinflußt werden. So nimmt z. B. die Löslichkeit und damit die Diasolysegeschwindigkeit bei Verwendung einer Gummimembran im allgemeinen mit steigendem Vulkanisationsgrad des Gummis ab.

**Anwendung.** Die Diasolyse läßt sich mit gutem Erfolg für folgende Aufgaben anwenden:

1. Trennung von diasolysierenden organophilen von nichtdiasolysierenden, ausgesprochen hydrophilen sowie von kolloiddispers gelösten Stoffen.

2. Isolierung organischer Substanzen aus Rohprodukten oder technischen Gemischen, z. B. Isolierung von Wirkstoffen aus Pflanzen, tierischen Organen, pflanzlichen oder tierischen Produkten.

3. Trennung chemisch ähnlicher Stoffe, die oft sehr verschieden schnell diasolysieren, z. B. von isomeren Verbindungen.

4. Trennung neutraler, basischer und saurer bzw. phenolischer organophiler Verbindungen.

Zu 1. und 2.: Diasolysierende Stoffe lassen sich durch die Diasolyse sehr leicht von nichtdiasolysierenden Stoffen trennen. So gelingt z. B. sehr gut die Abtrennung von Carotin aus zerkleinerten Möhrenwurzeln von den in den Möhren enthaltenen hydrophilen Stoffen, wie Zucker u. a.[2], sowie die Gewinnung von Gentisin und Gentisein aus Enzianwurzeln[2]. Die neben diesen Bitterstoffen in der Enzianwurzel noch enthaltenen diasolysierfähigen graugrünen Pflanzenfarbstoffe diasolysieren so langsam, daß durch eine Diasolyse in zwei Fraktionen die hellgelben Bitterstoffe praktisch rein erhalten werden können. Auch die Alkaloide des Opiums[2] sowie des Bilsenkrauts (Hyoscyamus

---

[1] Über das Lösungsvermögen solchen Membranmaterials s. BRINTZINGER, H., u. H. BEIER: Kolloid-Z. **79**, 318 (1937).

[2] BRINTZINGER, H., u. M. GÖTZE: B. **81**, 293 (1948).

muticus[1]) können durch Diasolyse gewonnen werden. Ebenso gelingt es, Sterine aus pflanzlichem Material mit Hilfe der Diasolyse zu gewinnen[2].

Besonders gut bewährt sich die Diasolyse zur Isolierung selbst nur in kleinen Mengen vorhandener Wirkstoffe aus tierischem Material. Während die bisher hierfür üblichen Verfahren meist sehr zeitraubend waren und oft eine Ausfällung der Eiweißkörper sowie eine Verseifung der Fette erforderten, erlaubt die Diasolyse das Auffinden sowie die Abtrennung und Gewinnung von Wirkstoffen aus der chemisch unveränderten Ausgangssubstanz[3].

Zu 3.: Der sehr große Unterschied der Geschwindigkeit der Diasolyse isomerer oder anderer chemisch ähnlicher Stoffe gibt eine neue präparative Möglichkeit zur Trennung solcher Verbindungen. Diasolysiert man z. B. ein Gemisch von o- und m-Nitranilin, das im Verhältnis 1:1 vorliegt, so erhält man nach etwa 14stündiger Dauer ein Diasolysat mit dem Verhältnis 98,5 o-Nitranilin:1,5 m-Nitranilin, während in der Innenlösung das umgekehrte Verhältnis vorliegt. Durch eine zweite Diasolyse sowohl der Innen- als auch der Außenlösung wird praktisch reines o- und m-Nitranilin erhalten.

Geht man statt vom Mischungsverhältnis 50:50 der beiden Isomeren von einem anderen Mischungsverhältnis aus, wie es z. B. im Falle von mit m-Nitranilin verunreinigtem o-Nitranilin oder umgekehrt vorliegt, so gelingt es sehr leicht, eine weitgehende Befreiung des einen Isomeren vom anderen zu erreichen. So ist z. B. selbst bei einem Verhältnis von o-Nitranilin zu m-Nitranilin wie 10:1 auch nach 12stündiger Diasolyse noch kein m-Nitranilin im Diasolysat nachzuweisen, obwohl dieses nun schon über 87% o-Nitranilin enthält.

Zu 4.: Eine Trennung neutraler, basischer und saurer bzw. phenolischer organophiler Verbindungen läßt sich auf Grund der Tatsache durchführen, daß Salze nicht diasolysieren können.

Führt man nämlich durch Zugabe von Lauge im Überschuß zur Lösung eines solchen Gemisches die sauren und phenolischen Verbindungen in Salze über, so können diese nicht diasolysieren, verbleiben also in der Innenflüssigkeit, während die neutralen und die basischen Stoffe durch die Membran hindurch ins Diasolysat gehen. Neutralisiert man nach Beendigung der Diasolyse die Innenlösung oder säuert sie an, so geht das Salz in die freie Säure bzw. in die phenolische Verbindung über, die nunmehr diasolysieren können und in die zweite Diasolysefraktion gehen. Waren außerdem noch ausgesprochen hydrophile Stoffe vorhanden, so verbleiben diese nichtdiasolysierenden Verbindungen als Rest in der Innenlösung. Das erste Diasolysat, das die neutralen und basischen Verbindungen enthält, läßt sich durch Ansäuern und erneute Diasolyse weiter aufarbeiten, da durch das Ansäuern nun die basischen Verbindungen in nichtdiasolysierende Salze übergeführt werden, während die neutralen organophilen Stoffe selbstverständlich diasolysieren. Nach der quantitativen Diasolyse der neutralen Verbindungen wird die Innenlösung wieder basisch gemacht und nun eine erneute Diasolyse durchgeführt, bei welcher die nun wieder diasolysefähig gewordenen basischen Verbindungen in die neue Diasolysefraktion gehen.

Selbstverständlich kann man auch die basischen Verbindungen zuerst als Salze zurückhalten und dann das die neutralen und sauren Verbindungen enthaltende Diasolysat weiter zu einem neutrale Verbindungen enthaltenden Diasolysat und einer die in Salze übergeführten sauren Verbindungen enthaltenden Innenlösung aufarbeiten.

Die Aufarbeitung richtet sich selbstverständlich jeweils nach den besonderen Verhältnissen. Oft werden nur saure neben neutralen oder nur basische neben neutralen Verbindungen vorhanden sein, wodurch sich der Arbeitsprozeß entsprechend vereinfacht.

**Apparatives.** Die Diasolyse läßt sich mit einem der gebräuchlichen Apparate für die Dialyse durchführen, wenn man an Stelle einer Porenmembran eine Diasolysemembran,

---

[1] STOCKDALE, R. A. G., and WM. RANSOM & SON.: Brit. Pat. 645876, 8. 11. 1950.
[2] BOHLMANN, J. K.: Chem. Techn., Berlin, 3, 86 (1951) [Chem. Abstr. 45, 7295 (1951)].
[3] JAGEMANN, W.: Chem.-Ing.-Techn. 23, 294 (1951).

z. B. eine Kautschuk-, Gummi- (am besten schwach vulkanisiert) oder eine Kunststoff-folie oder -hülse verwendet.

Für präparative Arbeiten im Laboratoriumsmaßstab eignet sich der *Extraktions-diasolysator* am besten[1], der einem SOXHLETschen Extraktionsapparat entspricht, in dessen Mittelteil sich der Membranbeutel mit dem zu diasolysierenden Gut befindet. Der Membranbeutel kann entweder an ein oben angesetztes Glashäkchen eingehängt oder, nach einem Verbesserungsvorschlag von JAGEMANN, in einem aus Glasstäben gefertigten Gittereinsatz im Mittelteil des Extraktionsdiasolysators aufgenommen werden. Der von JAGEMANN entwickelte Diasolyseaufsatz (Mittelteil) für den Extraktionsdialysator bewährt sich bestens bei Laboratoriums-arbeiten. Das Arbeitsprinzip dieses Extraktionsdiasolysators besteht darin, daß die aus dem Kochkolben (a) des Apparates aufsteigenden Lösungsmitteldämpfe in einem, dem Extraktions-teil (b) parallel geschalteten Kondensationsaufsatz mit Ein-hängekühler (c) niedergeschlagen werden, worauf das Kondensat seitlich in den oberen Teil des Extraktionsaufsatzes einfließt und den Membranbeutel umspült. Der Membranbeutel selbst sitzt in dem aus Glasstäben gefertigten Gittereinsatz (d). Der obere Teil des Gittereinsatzes hat einen Kernschliff (e) zum Ein-satz in den Extraktionsteil des Diasolyseaufsatzes. Darüber ist ein Hülsenschliff (f) angesetzt zur Aufnahme des Kühlers. In der Höhe des Kernschliffes (e) ist der Einsatz nach innen ein-gestülpt. Diese Einstülpung ist mit einem Hülsenschliff (g) ver-sehen. Ein gesondertes zylindrisches Kernstück (h) ist mit einem Kernschliff (i) ausgerüstet, der so bemessen ist, daß dieses Kern-stück mit einem Spielraum von etwa 1 mm in den Hülsenschliff der Einstülpung paßt. Das Kernstück hat über seinem Kern-schliff eine rillenförmige Einbuchtung. Das Kernstück dient zur Halterung und Befestigung des Diasolysebeutels im Einsatz. Der Diasolysebeutel wird mit seinem oberen, offenen Ende so über das Kernstück gezogen, daß er fest auf diesem aufsitzt und durch Verschnürung in der rillenförmigen Einbuchtung gehalten wird. Das Kernstück wird mit dem Beutel von oben in den Gittereinsatz eingelassen. Durch das Überziehen des Kern-stückes mit dem Diasolysebeutel paßt es genau in den Hülsen-schliff der Einstülpung des Gittereinsatzes. Dadurch ist eine voll-kommen feste Halterung des Diasolysebeutels im Gittereinsatz gesichert und nach Einsetzen des Gittereinsatzes in den Extrak-tionsteil des Diasolyseaufsatzes ist der Extraktionsraum voll-kommen dicht abgeschlossen (Abb. 6).

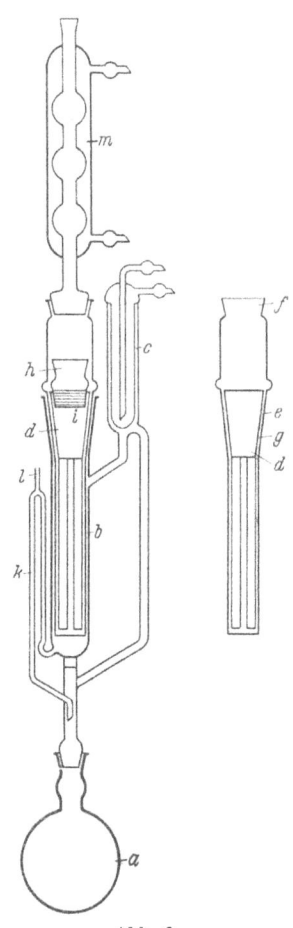

Abb. 6.
Extraktionsdiasolysator.

Das Abheberohr (k) des Diasolyseaufsatzes, das wie beim SOXHLETschen Extraktions-aufsatz angeordnet ist, ist an seiner höchsten Stelle mit einem Entlüftungsröhrchen und Hahn (l) versehen. Dadurch ist es möglich, bei geschlossenem Hahn in der üblichen Weise diskontinuierlich durch Abhebern zu diasolysieren, während bei geöffnetem Hahn der Diasolyseaufsatz dauernd bis zur Höhe des Überlaufs voll Lösungsmittel steht, wodurch eine kontinuierliche Diasolyse gewährleistet ist. Der Diasolysebeutel steht dann dauernd im Lösungsmittel und wird fortwährend von oben durch Zulauf von frischem Lösungsmittel aus dem Kondensationsteil umspült, während das mit dem Extraktions-stoff beladene Lösungsmittel in demselben Verhältnis am Boden des Diasolyseaufsatzes durch das Abheberröhrchen kontinuierlich abläuft.

Als Diasolysemembran eignet sich am besten der im Handel erhältliche, sehr dünne und seiner Form wegen besonders günstige Präservativgummi. Er wird mit der Lösung,

---
[1] JAGEMANN, W.: Chem.-Ing.-Techn. **23**, 294 (1951).

dem Extrakt oder der Aufschlämmung des zu diasolysierenden Gutes gefüllt. Zur Erreichung eines möglichst günstigen Diasolyseeffektes ist als Außenflüssigkeit ein für den zu diasolysierenden Stoff möglichst gutes, als Innenlösungsmittel dagegen ein weniger gutes Lösungsmittel anzuwenden.

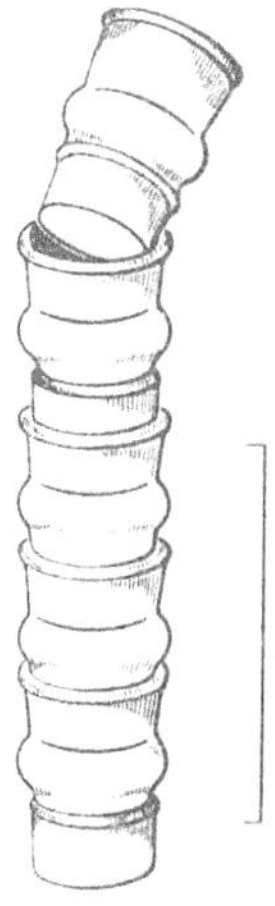

Bei wärme- oder luftempfindlichen Stoffen kann die Extraktionsdiasolyse auch im Vakuum bzw. unter vermindertem Druck oder im indifferenten Gasraum durchgeführt werden.

In vielen Fällen, insbesondere bei der Aufarbeitung kleinerer Mengen verschiedener, mehr oder weniger schnell diasolysierender bzw. neutraler, saurer oder basischer Stoffe, erweist sich die Verwendung der *Diasolysekolonnen*[1] als günstig. Sie wird aus mehreren ineinander steckbaren Einzelgliedern aufgebaut, die aus etwas gekürzten Glasschliffen gleicher Größe bestehen. Jeder der Schliffe wird unten über den Schliffanteil mit einer Gummi- oder Kunststoffhülse als Membran überzogen, die bis dicht unter den oberen Rand des Einzelteils gezogen wird. Der Durchmesser der Einzelglieder ist so zu bemessen, daß die Hülsen möglichst faltenlos übergezogen werden können. Durch eine an der oberen Innenseite befindliche kleine vertikale Rinne kann beim Aufeinanderschieben der Einzelglieder zu einer Kolonne das überschüssige Lösungsmittel abfließen. Die Einzelglieder werden mit dem Aufnahmelösungsmittel gefüllt, ausgenommen das oberste Glied, das mit dem zu diasolysierenden Gut beschickt wird; dann werden die Glieder zur Kolonne zusammengefügt. Die Kolonne wird durch ein Stativ gehalten. Die Membran des untersten Gliedes taucht in eine mit Aufnahmelösungsmittel gefüllte Schale ein (Abb. 7).

Abb. 7. Diasolysekolonne.

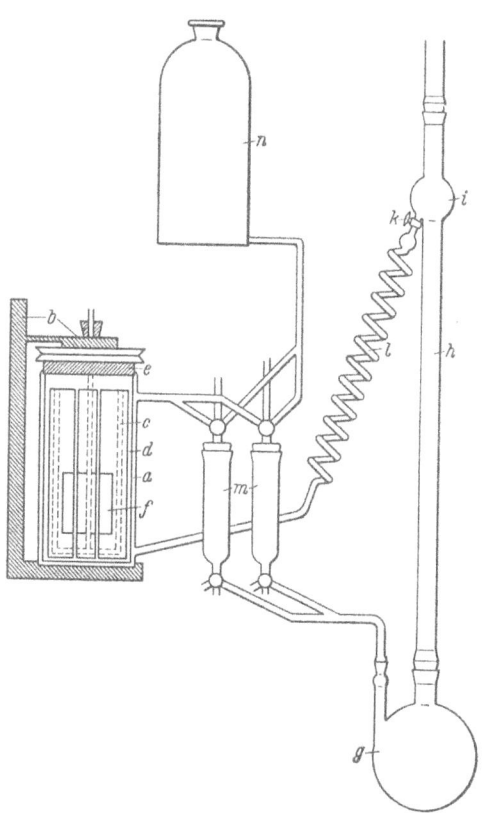

Abb. 8. Diasolyseapparatur.

Bei verschieden großen Diasolysegeschwindigkeiten der zu trennenden Verbindungen trennen sich diese. Infolge der Kolonnenwirkung der übereinander angeordneten Membranen diasolysieren die Anteile mit der größten Diasolysegeschwindigkeit am schnellsten in die unteren Glieder der Kolonne. Die langsamer diasolysierenden Verbindungen, von den schneller vordringenden befreit, sammeln sich in den oberen Gliedern der Kolonne an. Die nichtdiasolysierenden Stoffe des Ausgangsgutes wie Kolloide, Zucker, Salze, anorganische Säuren oder Basen bleiben im obersten Kolonnenglied. Saure oder basische Komponenten des Diasolysats lassen sich in bestimmten Kolonnengliedern festhalten, die mit einer alkalischen bzw. sauren Lösung beschickt werden. In der überschüssigen Säure des Säuregliedes werden die basischen Anteile, in der überschüssigen Lauge des Basengliedes werden die sauren Anteile in nicht mehr weiter diasolysierende Salze übergeführt. Man kann also auch mit Hilfe der Kolonne das Diasolysat in basische, saure und neutrale Komponenten zerlegen.

Eine weitere *Diasolyseapparatur* für Laboratoriums- sowie halbtechnisches und technisches Ausmaß für kontinuierliche Arbeitsweise unter gleichzeitigem Rühren der Innen-

---

[1] BRINTZINGER, H.: Chem.-Ing.-Techn. **21**, 273 (1949).

und Außenlösung mit besonders hohem Wirkungsgrad entwickelte JAGEMANN[1]. Auch hier erfolgt der Lösungsmittelumlauf unter Mitwirkung von Destillierkolben (g) und Destillierkolonne (h). Das dieser Kolonne regelbar (k) entnommene Lösungsmittel fließt von unten in das Diasolyseaußengefäß (a) ein, steigt an der über einen Glaskäfig (c) aufgezogenen Diasolysemembran (d) vorbei nach oben und fließt durch eine angeschlossene, mit einem Adsorptionsmittel für den zu gewinnenden Stoff gefüllte Säule (m) hindurch in den Destillierkolben zurück. Der mit der Membran bespannte Glasstabkäfig wird durch einen Motor in Drehung versetzt, wodurch sowohl die Außenflüssigkeit als auch die Innenlösung gerührt werden. Die Rührwirkung in der Innenlösung wird durch einen feststehenden Blattrührer (f) erhöht. Die in dem Adsorptionsgefäß angereicherten Stoffe werden durch Berieselung des Adsorptionsmittels mit einem Eluierungslösungsmittel, das aus einem hochstehenden Vorratsgefäß (n) zufließt, extrahiert. Durch Verwendung zweier Adsorptionsgefäße, durch die durch einen Dreiweghahn regelbar entweder das Diasolysat oder die Eluierungsflüssigkeit geschickt werden können, lassen sich Diasolyse und Extraktion kontinuierlich betreiben (Abb. 8).

Apparaturen zur technischen Durchführung der Diasolyse wurden von BRINTZINGER[2], JAGEMANN[1], KÖNIG[3] sowie vom Glaswerk Jena, Schott & Gen. vorgeschlagen.

# Der Maxwell-Effekt (Strömungsdoppelbrechung).

Von

**R. Signer.**

Mit 17 Abbildungen.

## A. Allgemeine Bemerkungen.
### 1. Geschichtliches.

Die Strömungsdoppelbrechung wurde um 1870 von MAXWELL[4] entdeckt. Er beobachtete, daß Canadabalsam bei Bewegung doppelbrechend wird, und daß die Doppelbrechung in Ruhe rasch wieder verschwindet. In den folgenden drei Jahrzehnten wurde das Phänomen noch von mehreren Physikern an einigen anderen Harzen und Ölen und auch an Collodium beobachtet und genauer beschrieben, unter anderen von KUNDT[5], DE METZ[6] und UMLAUF[7]. Es ließ sich damals aber noch nicht auf molekulare Eigenschaften zurückführen. Einen wichtigen Schritt in dieser Richtung bedeutete von 1915 ab die Untersuchung von anorganischen kolloiden Lösungen mit stabförmigen und scheibchenförmigen Teilchen. Besonders eingehend wurden Vanadinpentoxydsole mit sehr feinen, nadeligen Teilchen von FREUNDLICH und Mitarbeitern[8] untersucht.

Etwa in die gleiche Zeit fällt die Erkenntnis von VORLÄNDER und Mitarbeitern[9], daß auch bei einheitlichen Flüssigkeiten die Gestalt der Moleküle und ihre Orientierung für die Strömungsdoppelbrechung eine entscheidende Rolle spielen. Nach 1930 wird die Strömungsdoppelbrechung von Eiweißlösungen und Kunstharzen systematisch untersucht und mit Gestalt und Größe der Teilchen in qualitative Beziehung gebracht. Hierauf

---

[1] JAGEMANN, W.: Chem.-Ing.-Techn. **23**, 294 (1951).
[2] BRINTZINGER, H., u. H. BEIER: Kolloid-Z. **79**, 324 (1937). — BRINTZINGER, H., u. M. GÖTZE: B. **81**, 293 (1948). — BRINTZINGER, H.: Chem.-Ing. Techn. **21**, 273 (1949).
[3] KÖNIG, K. H.: Chem. Techn., Berlin **3**, 88 (1951); **45**, 7295 (1951).
[4] MAXWELL, J. C.: Proc. R. Soc. London (A) **22**, 46 (1873).
[5] KUNDT A.: Ann. Physik (3) **13**, 110 (1881).
[6] METZ, G. DE: Ann. Physik (3) **35**, 497 (1888).
[7] UMLAUF, K.: Ann. Physik (3) **45**, 304 (1892).
[8] FREUNDLICH, H., F. STAPELFELDT u. H. ZOCHER: Z. physik. Chem. **114**, 161, 190 (1924).
[9] VORLÄNDER, D., u. R. WALTER: Z. physik. Chem. **118**, 1 (1925).

setzt auch die quantitative theoretische Behandlung der hydrodynamischen Orientierung von Kolloidteilchen und der Anisotropie-Effekte ein, die S. 86 behandelt wird. Heute ist die Theorie der Strömungsdoppelbrechung von Kolloiden mit starren Teilchen ziemlich abgeschlossen und an vielen Systemen experimentell geprüft. In lebhafter Entwicklung befinden sich dagegen noch die experimentellen Untersuchungen und die Theorien der Kolloide mit geknäuelten Kettenmolekülen. Auch die Untersuchung der Strömungsdoppelbrechung einheitlicher Flüssigkeiten steht eher noch in einem Anfangsstadium.

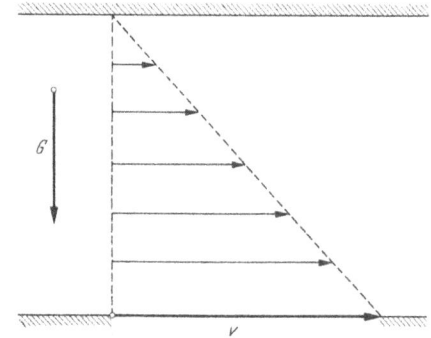
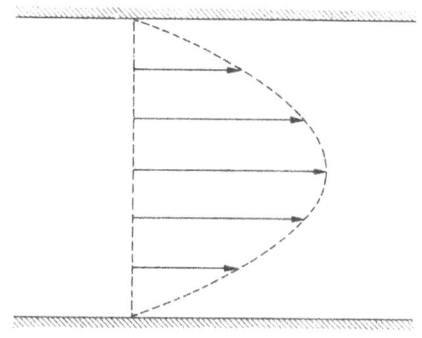

Abb. 1. Stationärer Strömungszustand zwischen parallelen Wänden.

Abb. 2. Stationärer Strömungszustand in zylindrischer Röhre.

## 2. Strömungszustand der Flüssigkeit.

Bei quantitativen Strömungsdoppelbrechungsmessungen wird meist ein stationärer, laminarer Strömungszustand entsprechend Abb. 1 verwendet. Die Flüssigkeit befindet sich zwischen parallelen Wänden, von denen die eine ruht und die zweite mit der Geschwindigkeit $v$ bewegt wird. Die Geschwindigkeitsverteilung zwischen den Wänden ist durch die Pfeillängen charakterisiert. Der Strömungszustand ist in der ganzen Schicht konstant und charakterisiert durch die Richtung der Geschwindigkeit $v$ und durch die Größe des Strömungsgradienten $G$. $G$ ist der Quotient aus der Geschwindigkeitsdifferenz zweier benachbarter Schichten und ihrer Distanz. Seine Dimension ist cm$^{-1}$.

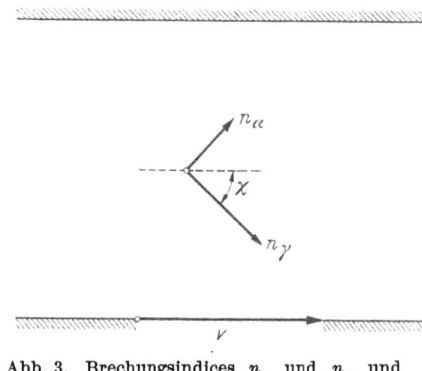

Abb. 3. Brechungsindices $n_\gamma$ und $n_\alpha$ und Auslöschwinkel $\chi$.

Für qualitative Messungen wird auch die laminare Strömung in zylindrischen Rohren verwendet. Hierbei nimmt die Geschwindigkeit von der Wand gegen die Mitte des Rohres zu, wie dies Abb. 2 zeigt. Der Strömungsgradient ist in der Rohrmitte Null und hat an der Wand den größten Wert.

## 3. Die optischen Effekte.

### a) Bei einheitlichen Flüssigkeiten.

Viele einheitliche Flüssigkeiten werden beim Strömen mehr oder weniger doppelbrechend. Die optischen Effekte werden an den Abb. 1 und 3 erläutert. Durch die in Abb. 1 gezeichnete Schicht der strömenden Flüssigkeit trete ein monochromatischer Lichtstrahl parallel zu den Wänden und senkrecht zu $v$, also auch senkrecht zur Zeichenebene. Sie wird im folgenden als Strömungsebene bezeichnet. Der Lichtstrahl wird dann in der Schicht in zwei zueinander senkrecht polarisierte Strahlen zerlegt, die sich mit verschiedener Geschwindigkeit fortpflanzen. Die strömende Flüssigkeit hat dieselben optischen Eigenschaften wie eine Krystallplatte. In Abb. 3 bedeuten $n_\gamma$ und $n_\alpha$ die Brechungsindices und Schwingungsrichtungen der beiden Strahlen. $\chi$ ist der Winkel, den die eine Schwingungsrichtung mit der Richtung der Geschwindigkeit bildet. Die Doppelbrechung $n_\gamma - n_\alpha$ der strömenden Schicht ist bei einheitlichen Flüssigkeiten meist proportional zum Strömungsgradienten. $\chi$ beträgt 45° und ist unabhängig vom Gradienten. $n_\gamma$ und $n_\alpha$ können wie in Abb. 3 liegen oder vertauscht sein.

### b) Bei kolloiden Lösungen.

Die Doppelbrechung $n_\gamma - n_\alpha$ steigt in der Regel langsamer als proportional mit dem Strömungsgradienten an, in seltenen Fällen auch rascher. Der Winkel $\chi$ ist 45° bei kleinen Gradienten und verkleinert sich mit steigender Strömungsintensität.

## 4. Die Ursache der Strömungsdoppelbrechung.
### a) Bei einheitlichen Flüssigkeiten.

Nur eine sehr kleine Zahl von organischen Molekülen hat annähernd Kugelgestalt und ist in der Polarisierbarkeit isotrop. Beispiele sind Methan, Tetramethylmethan und Tetrachlorkohlenstoff. Die meisten Moleküle zeigen Abweichungen von der Kugelform und eine Anisotropie der Polarisierbarkeit. Aliphatische Moleküle mit unverzweigten oder schwach verzweigten Kohlenstoffketten sind länglich, ein- und mehrkernige aromatische Moleküle scheibchenförmig. Flüssigkeiten, die aus solchen stab- oder scheibchenförmigen und optisch anisotropen Molekülen bestehen, sind in Ruhe optisch trotzdem isotrop, weil die BROWNsche Molekularbewegung auf größere Distanzen vollständige Unordnung verursacht. Beim Strömen solcher Flüssigkeiten tritt aber eine sehr geringe Orientierung der Moleküle ein und diese zeigt sich optisch in der Erscheinung der Strömungsdoppelbrechung. Die Längsachsen der Stäbchen und die Scheibenebenen richten sich bevorzugt in die Richtung der hydrodynamischen Zugkraft und senkrecht zur hydrodynamischen Druckkraft ein. Diese liegen unter 45° zu $G$ und $v$ in Abb. 1. Mit zunehmendem Strömungsgradienten verstärkt sich die Molekülorientierung und damit die Doppelbrechung. Bei Molekülen ähnlicher Gestalt und Größe, aber verschiedener Anisotropie der Polarisierbarkeit, ist die Strömungsdoppel-

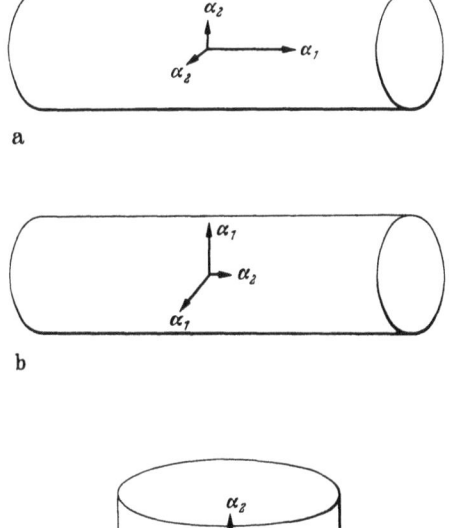

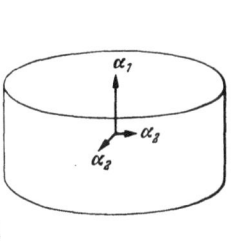

Abb. 4 a—d. Lage der Hauptpolarisierbarkeiten in zylindrischen und scheibenförmigen Teilchen.

brechung bei gleichen Strömungsbedingungen um so größer, je ausgeprägter die Anisotropie der Polarisierbarkeit ist. Bei stabförmigen Molekülen kann die stärkere Polarisierbarkeit $\alpha_1$ in der Längsrichtung, die geringere Polarisierbarkeit $\alpha_2$ senkrecht dazu liegen. Dies zeigt Abb. 4a. Man nennt ein solches Teilchen optisch positiv. Eine Flüssigkeit, die aus solchen Molekülen aufgebaut ist, zeigt beim Strömen die Brechungsindices $n_\gamma$ und $n_\alpha$ in den Lagen der Abb. 3. Liegen im stabförmigen Molekül die Polarisierbarkeiten umgekehrt, die geringere in der Stablängsrichtung, die größere senkrecht dazu (Abb. 4b), so nennt man das Teilchen optisch negativ, und die Brechungsindices der strömenden Flüssigkeit sind in Abb. 3 vertauscht. Auch scheibenförmige Moleküle können entweder optisch positiv oder negativ sein. Bei optisch positiven liegt die größte Polarisierbarkeit $\alpha_1$ in der Scheibenebene, die kleinste $\alpha_2$ senkrecht dazu (Abb. 4c). Die Lage der Brechungsindices entspricht der Abb. 3. Bei optisch negativen scheibenförmigen Molekülen ist die kleinste Polarisierbarkeit in der Scheibenrichtung (Abb. 4d). Die Brechungsindices in der strömenden Flüssigkeit sind im Vergleich zu Abb. 3 vertauscht.

### b) Bei kolloiden Lösungen.

#### α) Kolloidteilchen starre Stäbe oder Scheibchen.

Die Moleküle des Lösungsmittels seien nahezu kugelförmig und in der Polarisierbarkeit so weitgehend isotrop, daß das Lösungsmittel allein keine merkbare Strömungsdoppelbrechung aufweise. Eine verdünnte kolloide Lösung von ausgeprägt stabförmigen oder scheibchenförmigen Teilchen in diesem Lösungsmittel zeigt in der Regel sehr starke Strömungsdoppelbrechung. In der ruhenden Lösung sind die Teilchenlagen durch die BROWNsche Bewegung ungeordnet. Beim Strömen tritt eine hydrodynamische Orientierung ein. Bei kleineren Gradienten ist die bevorzugte Lage der Teilchen bei einem Winkel von $\chi = 45°$ (Abb. 3). Bei intensiverer Strömung orientieren sich die Teilchenlängsachsen mehr und mehr parallel zu $v$. $\chi$ nimmt also mit dem Gradienten von 45° gegen 0° ab.

Die Kolloidteilchen können wie die Moleküle nach Abb. 4 in optisch positive und optisch negative eingeteilt werden. Bei optisch positiven ist $\chi$ der Winkel zwischen $n_\gamma$ und $v$, bei optisch negativen zwischen $n_\alpha$ und $v$. Auch wenn die stab- oder scheibenförmigen Teilchen in der Polarisierbarkeit isotrop sind, kann Strömungsdoppelbrechung auftreten. Voraussetzung ist ein Unterschied in den Brechungsindices $n_0$ und $n$ von Lösungsmittel und Kolloidteilchen. Die durch die Strömung teilweise orientierten Kolloidteilchen bilden mit dem Lösungsmittel zusammen einen WIENERschen Mischkörper (vgl. S. 94).

#### β) Kolloidteilchen statistische Knäuel von Kettenmolekülen.

Die lockeren Knäuel haben in der ruhenden Lösung Kugelform und werden beim Strömen zu länglichen rotationselliptischen Teilchen deformiert. Die großen Achsen der Ellipsoide liegen bei kleinen Gradienten in der hydrodynamischen Zugrichtung, bei größeren Gradienten nähern sie sich der Richtung von $v$. Der Winkel $\chi$ zeigt also mit dem Gradienten einen ähnlichen Gang wie bei der Orientierung von starren Teilchen. Die kugelförmigen Knäuel in der ruhenden Flüssigkeit sind isotrop, weil die Kettenglieder des Makromoleküles ungeordnet liegen. Bei der Deformation zu länglichen Knäueln tritt eine teilweise Orientierung der Kettenglieder in die Längsrichtung ein, wobei der Knäuel optisch anisotrop wird. Der längliche Knäuel ist optisch positiv, wenn die größere Polarisierbarkeit des Kettengliedes in der Kettenrichtung liegt. Bei stärkerer Polarisierbarkeit des Kettengliedes senkrecht zur Kettenrichtung wird das Teilchen optisch negativ. Der Winkel $\chi$ zeigt also bei diesen kolloiden Lösungen mit dem Gradienten einen ähnlichen Gang wie bei den Kolloiden mit starren Teilchen. Es treten auch hier verschiedene Lagen von $n_\gamma$ und $n_\alpha$ auf, die man mit dem optischen Charakter der Teilchen in Beziehung setzen kann.

## B. Theorie.

### 1. Die Strömungsdoppelbrechung von kolloiden Lösungen mit starren Teilchen.

#### a) Monodisperse Systeme.

##### α) Die hydrodynamische Orientierung der Teilchen in der strömenden Flüssigkeit.

Die Gestalt der Kolloidteilchen kann recht kompliziert sein. Zur Erleichterung der theoretischen Behandlung wird die Gestalt vereinfacht. Das wirkliche Teilchen wird durch ein volumengleiches Rotationsellipsoid ersetzt. Seine Halbachsen $a$ und $b$ sollen den Teilchendimensionen möglichst genau entsprechen. Bei einem länglichen Teilchen ist $a > b$, bei einem scheibenförmigen $a < b$. Das Teilchenvolumen $V$ ist durch Gl. (1) mit den Halbachsen verknüpft.

$$V = 4\pi \cdot a \cdot b^2/3. \qquad (1)$$

In der ruhenden Lösung unterliegen die Teilchen der BROWNschen Bewegung. Jedes ändert dauernd seinen Ort (Translationsdiffusion) und die Richtung seiner Halbachsen

(Rotationsdiffusion). In einem Volumen, das unendlich viele Teilchen umfaßt, ist die Konzentration ausgeglichen und auch die Halbachsen sind gleichmäßig auf alle Raumrichtungen verteilt. Wenn die Lösung strömt, wie Abb. 1 zeigt, treten für jedes Teilchen zwei neue Bewegungen auf. Es wird erstens mit der Geschwindigkeit $v$ bewegt, die der Flüssigkeitsschicht entspricht, in der es sich befindet. Es wird zweitens um seinen Schwerpunkt gedreht, da es sich wegen der Ausdehnung in der Richtung von $G$ in Flüssigkeitsschichten mit verschiedenen Geschwindigkeiten befindet. Die Drehbewegung eines bestimmten Teilchens erfolgt mit verschiedener Geschwindigkeit, je nach seiner Lage. Ein gestrecktes Rotationsellipsoid, das mit der Halbachse $a$ in der Strömungsebene der Abb. 1 liegt, rotiert während seiner Translation um eine Achse, die senkrecht zu dieser Ebene liegt. Die Rotationsgeschwindigkeit ist am größten, wenn $a$ parallel zu $G$ und am kleinsten, wenn $a$ parallel zu $v$ steht. Je schlanker das Teilchen ist, um so kleiner wird die Rotationsgeschwindigkeit in der Parallellage von $a$ und $v$. Für ein kugelförmiges Teilchen ist die Rotationsgeschwindigkeit um die Achse senkrecht zur Strömungsebene auch noch vorhanden, aber sie ist zeitlich konstant. Dasselbe gilt für gestreckte und flache Rotationsellipsoide mit $a$ senkrecht zur Strömungsebene. Ein flaches Rotationsellipsoid mit der Halbachse $a$ in der Strömungsebene rotiert am langsamsten, wenn $a$ parallel zu $G$, und am raschesten, wenn $a$ parallel zu $v$ steht.

Die hydrodynamische Drehbewegung von großen elliptischen Teilchen ohne BROWNsche Bewegung wurde von JEFFERY[1] experimentell und theoretisch behandelt. BOEDER[2] berücksichtigte die BROWNsche Bewegung. Sein Gedankengang sei an einem System kurz erläutert, das im Vergleich zur wirklichen kolloiden Lösung in mehrfacher Hinsicht vereinfacht ist. Die erste Vereinfachung besteht in der Annahme von äußerst schlanken Teilchen mit $a/b \gg 1$. Wenn ein solches Teilchen in der Strömungsebene der Abb. 1 liegt und mit $v$ den Winkel $\Phi$ einschließt, zeigt es unter dem Einfluß der hydrodynamischen Strömung allein eine Rotationsbewegung nach Gl. (2)

$$\omega = \frac{d\Phi}{dt} = -G \cdot \sin^2 \Phi. \tag{2}$$

$\omega$ ist die Winkelgeschwindigkeit der Rotationsbewegung. Ohne BROWNsche Bewegung würden sich alle diese Teilchen rasch parallel zu $v$ orientieren. Die zweite Vereinfachung besteht in der Annahme, daß sämtliche Teilchen des beobachteten Volumens ihre Halbachsen in der Strömungsebene liegen haben. Auch die Rotationsdiffusionsbewegung finde nur in dieser Ebene statt. Es wird also in dieser Betrachtung nur das zweidimensionale Problem der Orientierung unendlich dünner Stäbchen behandelt. In einem solchen System kann die Lage von jedem Teilchen durch den Winkel $\Phi$ beschrieben werden, den es mit der Richtung von $v$ einschließt. Die Winkel $\Phi$ liegen zwischen 0 und 180°, da sich die Teilchenenden nicht unterscheiden. Die Lage sämtlicher Teilchen wird durch eine Funktion $\varrho(\Phi)$ beschrieben. Sie ist durch Gl. (3) definiert

$$\varrho(\Phi) = \lim_{\Delta\Phi \to 0} \frac{\Delta N}{\Delta \Phi}. \tag{3}$$

$\Delta N$ ist die Zahl der Teilchen im Winkelintervall zwischen $\Phi$ und $\Phi + \Delta\Phi$. Bei einer isotropen Verteilung der Stäbchen in der Strömungsebene ist $\varrho(\Phi)$ eine Konstante. Sobald durch eine äußere Kraft eine bevorzugte Teilchenorientierung bei einem Winkel $\Phi$ zustande kommt, wird die BROWNsche Bewegung wieder eine isotrope Verteilung anstreben. Es läßt sich durch Gl. (4) eine Rotationsdiffusionskonstante definieren

$$\frac{dN}{dt} = -\Theta \frac{\partial \varrho}{\partial \Phi}. \tag{4}$$

$\Theta$ charakterisiert die Geschwindigkeit, mit der die Teilchenorientierung wieder isotrop wird. Gl. (4) ist der FICKschen Diffusionsgleichung der Translation analog. $dN$ ist die

---
[1] JEFFERY, G. B.: Proc. R. Soc. London (A) 102, 161 (1922).
[2] BOEDER, P.: Z. Physik 75, 258 (1932).

Zahl der Teilchen, die in dem Zeitintervall $dt$ den Winkel $\Phi$ überschreiten, wenn hier die Teilchenzahl mit dem Winkel gemäß $\partial\varrho/\partial\Phi$ variiert. $\Theta$ hat die Dimension sec$^{-1}$. Die Änderung von $\varrho(\Phi)$ mit der Zeit auf Grund der BROWNschen Bewegung ist durch Gl. (5) gegeben

$$\left(\frac{\partial\varrho}{\partial t}\right)_B = \Theta\left(\frac{\partial^2\varrho}{\partial\Phi^2}\right). \tag{5}$$

Die Änderung von $\varrho$ mit der Zeit auf Grund der hydrodynamischen Strömung ergibt sich aus Gl. (6)

$$\left(\frac{\partial\varrho}{\partial t}\right)_S = -\frac{\partial(\varrho\cdot\omega)}{\partial\Phi}, \tag{6}$$

$\omega$ in Gl. (6) ist durch Gl. (2) definiert. Die gesamte zeitliche Änderung von $\varrho$ ist die Summe von Gl. (6) und (7), da ja nur die BROWNsche Bewegung und die hydrodynamische Strömung auf die Teilchenlagen einwirken. Dies führt zur Gl. (7)

$$\frac{\partial\varrho}{\partial t} = \Theta\frac{\partial^2\varrho}{\partial\Phi^2} - \frac{\partial(\varrho\cdot\omega)}{\partial\Phi}. \tag{7}$$

Im stationären Zustand wird $\partial\varrho/\partial t$ gleich 0. In jedem Winkelintervall werden durch die Strömung gleich viel Teilchen in einem Zeitintervall zugeführt, wie durch Diffusion abgeführt. Es gilt also für die stationäre Strömung Gl. (8)

$$\Theta\frac{\partial^2\varrho}{\partial\Phi^2} = \frac{\partial(\varrho\,\omega)}{\partial\Phi}. \tag{8}$$

Setzt man für $\omega$ den Wert aus Gl. (2) ein und integriert, so ergibt sich Gl. (9)

$$\Theta\frac{\partial\varrho}{\partial\Phi} + \varrho\,G\cdot\sin^2\Phi = C_1. \tag{9}$$

Durch Division mit $\Theta$ erhält man Gl. (10)

$$\frac{\partial\varrho}{\partial\Phi} + \alpha\cdot\varrho\sin^2\Phi = C, \tag{10}$$

$\alpha$ ist durch Gl. (11) definiert

$$\alpha = \frac{G}{\Theta}. \tag{11}$$

Gl. (10) zeigt, daß die zweidimensionale Orientierung der sehr schlanken Teilchen durch eine einzige Größe bestimmt ist, nämlich $\alpha$. Es ist das Verhältnis des Strömungsgradienten zur Diffusionskonstanten. BOEDER hat die Differentialgleichung (10) gelöst. Zahlenwerte von $\varrho$ in Abhängigkeit von $\Phi$ sind aus Abb. 5 zu ersehen. Für $\alpha$ gleich 0 überwiegt die BROWNsche Bewegung über die hydrodynamische Orientierung vollständig. Die Teilchenverteilung ist isotrop. Für $\alpha = 0{,}5$ befinden sich bei $\Phi = 45°$ etwa 20% mehr Teilchen als bei 135°. Mit zunehmenden $\alpha$-Werten wird die Teilchenhäufung bei einem bestimmten Winkel ausgeprägter und es verschiebt sich das Maximum zu kleineren Winkeln, also von $\Phi = 45°$ gegen $\Phi = 0°$. Je stärker die hydrodynamische Orientierung über die BROWNsche Bewegung überwiegt, um so ausgeprägter wird also die Häufung der Teilchenlagen in einer Richtung und um so näher kommt diese Richtung der Fließrichtung.

Nachdem bisher das einfache zweidimensionale Orientierungsproblem behandelt wurde, wird im folgenden die Theorie der dreidimensionalen Richtungsverteilung von Rotationsellipsoiden kurz skizziert. Sie wurde hauptsächlich von PETERLIN[1,2], PETERLIN und STUART[3,4], sowie SNELLMAN und BJÖRNSTÅHL[5] entwickelt. Abb. 6 zeigt, wie die Lage

---

[1] PETERLIN, A.: Z. Physik 111, 232 (1938).
[2] PETERLIN, A.: Kolloid-Z. 86, 230 (1939).
[3] PETERLIN, A., u. H. A. STUART: Z. Physik 112, 1 (1939).
[4] PETERLIN, A., u. H. A. STUART: Doppelbrechung, insbesondere künstliche Doppelbrechung. Hand- u. Jb. chem. Physik (EUCKEN-WOLF), Bd. 8, Abschnitt I.B., S. 1. Leipzig 1943.
[5] SNELLMAN, O., u. G. BJÖRNSTÅHL: Kolloid-Beih. 52, 403 (1941).

eines gestreckten Rotationsellipsoides durch zwei Winkel $\varphi$ und $\vartheta$ in bezug auf $G$ und $v$ und eine Achse senkrecht zur Strömungsebene festgelegt werden kann. Die Strömung allein ohne BROWNsche Bewegung verursacht eine Rotationsbewegung des Teilchens, mit der Winkelgeschwindigkeit $\omega$.

Diese kann in die Komponenten $\omega_\varphi$ und $\omega_\vartheta$ zerlegt werden. Die Komponenten berechnen sich nach JEFFERY[1] aus dem Strömungsgradienten und den Winkeln $\varphi$ und $\vartheta$ mit Hilfe der Gl. (12) und (13)

$$\omega_\varphi = \frac{1}{2} G(1 + R \cdot \cos 2\varphi), \qquad (12)$$

$$\omega_\vartheta = \frac{1}{2} R \cdot G \sin \vartheta \cos \vartheta \sin 2\varphi, \qquad (13)$$

$R$ ist eine Hilfsgröße, die sich aus den Halbachsen des Ellipsoides gemäß Gl. (14) berechnet

$$R = \frac{a^2/b^2 - 1}{a^2/b^2 + 1}. \qquad (14)$$

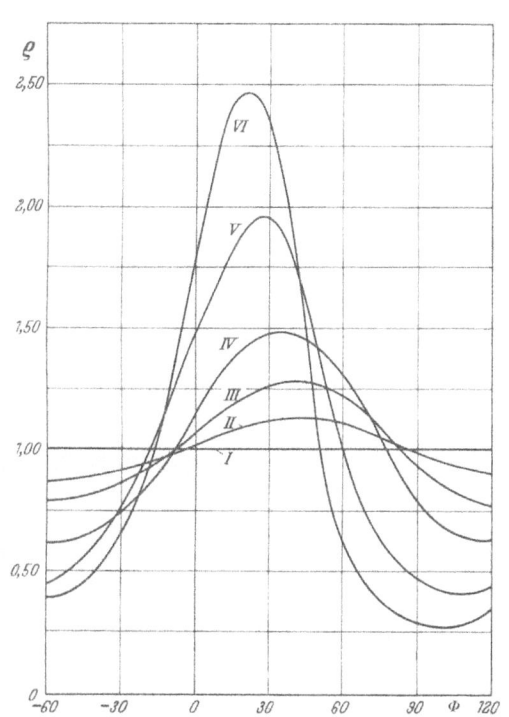

Abb. 5. Teilchenlagen-Verteilungsfunktion $\varrho$ in Abhängigkeit von $\Phi$ für verschiedene Werte von $\alpha$. Kurve I: $\alpha = 0$, Kurve II: $\alpha = 0{,}5$, Kurve III: $\alpha = 1$, Kurve IV: $\alpha = 2$, Kurve V: $\alpha = 5$, Kurve VI: $\alpha = 10$.

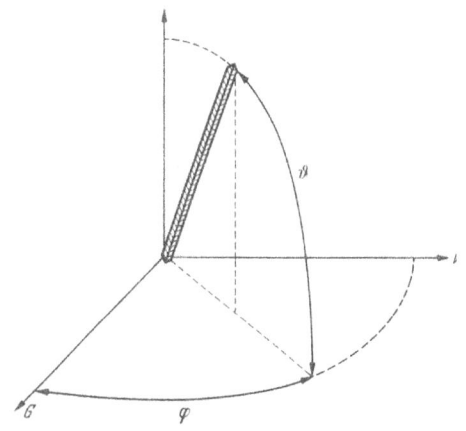

Abb. 6. Bestimmung der Lage eines gestreckten Teilchens durch zwei Winkel $\varphi$ und $\vartheta$ in bezug auf $G$ und $v$.

Für sehr langgestreckte Ellipsoide wird $R$ gleich 1, für Kugeln gleich 0 und für sehr flache Scheiben gleich $-1$. Die Teilchen unterliegen auch beim dreidimensionalen System neben der hydrodynamischen Orientierung einer Tendenz zur Desorientierung. Diese wird durch die Rotationsdiffusionskonstante $\Theta$ wie im zweidimensionalen Fall gekennzeichnet. Im stationären Zustand bestimmen die hydrodynamische Strömung und die Diffusion die Verteilung der Teilchenachsen vollständig. Es gilt eine Differentialgleichung (15) für die Verteilungsfunktion $\varrho$, die der Gl. (8) des zweidimensionalen Falles analog ist

$$\Theta \Delta \varrho = \mathrm{div.}\,(\varrho\,\omega), \qquad (15)$$

$\Delta$ ist der LAPLACEsche Operator. Für die Komponenten von $\omega$ stehen die Gl. (12) und (13) zur Verfügung. PETERLIN[2] löste die Differentialgleichung und bestimmte die Verteilungsfunktion $\varrho$ für den Grenzfall stark überwiegender BROWNscher Bewegung. Es ist der Fall kleiner $\alpha$-Werte nach Gl. (11). Eine vollständige Bestimmung der Verteilungsfunktion für beliebige $\alpha$-Werte führten SCHERAGA, EDSALL und GADD[3] durch unter Verwendung der Mark I Rechenmaschine des Harvard-Rechenlaboratoriums.

---

[1] JEFFERY, G. B.: Proc. R. Soc. London (A) **102**, 161 (1922).
[2] PETERLIN, A.: Z. Physik **111**, 232 (1938).
[3] SCHERAGA, H. A., J. T. EDSALL and J. O. GADD: J. chem. Physics **19**, 1101 (1951).

Die Verteilungsfunktion $\varrho$ hat folgende Eigenschaften. In der Strömungsebene liegen ein Maximal- und Minimalwert und senkrecht zur Strömungsebene ein Wert zwischen diesen Extremen. Für kleine $\alpha$-Werte liegen Maximum und Minimum unter 45° zu $G$ und $v$. Für größere $\alpha$-Werte tritt eine Drehung gegen 0°, bzw. 90° ein. Eine vollständige Orientierung gestreckter Ellipsoide in die Stromlinienrichtung setzt sowohl sehr hohen $\alpha$-Wert als auch sehr hohes $a/b$ voraus.

Die strömungsoptischen Daten, Doppelbrechung $n_\gamma - n_\alpha$ und Auslöschwinkel $\chi$ ergeben sich aus der Verteilungsfunktion $\varrho$, wie S. 91 auseinandergesetzt wird.

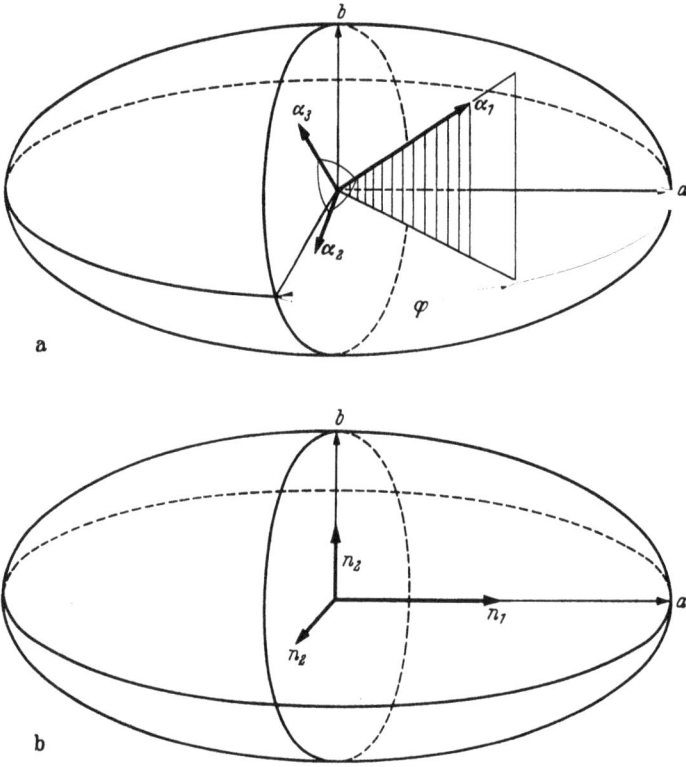

Abb. 7 a u. b. Lage des Polarisationsellipsoides in länglichem Rotationsellipsoid.

### β) Auslöschwinkel und Doppelbrechung.

Im vorhergehenden Abschnitt wurden die Gestalten der starren Kolloidteilchen durch gestreckte oder abgeplattete Rotationsellipsoide beschrieben. Es wurde ferner die Verteilung der Richtungen dieser Teilchen in der strömenden Lösung unter dem Einfluß der hydrodynamischen Orientierung und der BROWNschen Bewegung gekennzeichnet. Dies erfolgte durch eine Verteilungsfunktion $\varrho$. Um aus der Verteilungsfunktion die Daten der Strömungsdoppelbrechung abzuleiten, müssen einige optische Größen des einzelnen Kolloidteilchens bekannt sein. In einem rotationselliptischen Teilchen, wie es Abb. 7a zeigt, kann das dreiachsige Ellipsoid der Polarisierbarkeit mit den Hauptachsen $\alpha_1$, $\alpha_2$ und $\alpha_3$ beliebig gelagert sein. Die hydrodynamische Orientierung unterscheidet nicht zwischen den Teilchenenden. Ferner sind die verschiedenen Lagen, die durch Drehung um die Achse $a$ entstehen, gegenüber der hydrodynamischen und der BROWNschen Bewegung gleichwertig. Dies hat zur Folge, daß das Teilchen optisch eine höhere Symmetrie aufweist. Es kann durch zwei Hauptpolarisierbarkeiten, die in Richtung von $a$ und $b$ liegen, beschrieben werden, oder durch zwei Brechungsindices $n_1$ und $n_2$. Auch diese liegen in Richtung der Hauptachsen, wie dies Abb. 7b zeigt. Für die Lagen von $\alpha_1$ und $\alpha_2$ bzw. $n_1$ und $n_2$ in gestreckten und abgeplatteten Ellipsoiden ergeben sich die vier Möglichkeiten, die in Abb. 4 festgehalten sind.

Durch die Verteilungsfunktion der Ellipsoide, wie sie S. 90 beschrieben wurde, durch die Brechungsindices $n_1$ und $n_2$ des einzelnen Elliposides, durch den Volumenanteil $p$ der Ellipsoide in der Lösung und durch den Brechungsindex des Lösungsmittels $n_0$ ist die Doppelbrechung der strömenden Lösung bestimmt. Sie hat die optischen Eigenschaften eines zweiachsigen Krystalles mit der einen Hauptachse in der Strömungsebene und der zweiten Hauptachse senkrecht dazu. Das komplizierte mathematische Problem der Bestimmung der optischen Daten der strömenden Flüssigkeit auf Grund der Verteilungsfunktion wurde zuerst von PETERLIN[1] und von PETERLIN und

---

[1] PETERLIN, A.: Z. Physik 111, 232 (1938). — PETERLIN, A.: Kolloid-Z. 86, 230 (1939).

STUART[1,2] behandelt. Sie beschränkten sich vorerst auf den Fall überwiegender BROWNscher Bewegung, also kleiner $\alpha$-Werte nach Gl. (11). Die Erweiterung der Berechnungen auf beliebige Verhältnisse von Strömungsgradient $G$ zur Rotationsdiffusionskonstanten $\Theta$ wurde mit Hilfe der elektronischen Rechenmaschine von SCHERAGA, EDSALL und GADD[3] durchgeführt. Auf die Wiedergabe der mathematischen Ableitungen wird hier verzichtet. Dagegen wird das Ergebnis der Berechnungen in Form von Zahlentabellen wiedergegeben.

Diese gestatten, aus den Strömungsdoppelbrechungsdaten auf die optischen und geometrischen Größen der suspendierten Teilchen zu schließen. Die bisher konstruierten Apparate zur Messung der Strömungsdoppelbrechung arbeiten vorwiegend mit einem Lichtstrahl, der die Strömungsebene der Abb. 1 senkrecht durchsetzt. An der strömenden Flüssigkeit werden nach Abb. 3 der Orientierungswinkel $\chi$ und die Differenz der Brechungsindices $n_\gamma$ und $n_\alpha$ bestimmt.

Tabelle 1. *Auslöschwinkel $\chi$ als Funktion von $\alpha$ für verschiedene Achsenverhältnisse $a/b$.*

| $\alpha$ \ $a/b$ | 1,00 | 2,00 | 3,00 | 4,00 | 5,00 | 7,00 | 10,00 | 16,00 | 25,00 | 50,00 | $\infty$ |
|---|---|---|---|---|---|---|---|---|---|---|---|
| 0,00 | 45,00 | 45,00 | 45,00 | 45,00 | 45,00 | 45,00 | 45,00 | 45,00 | 45,00 | 45,00 | 45,00 |
| 0,25 | 43,81 | 43,81 | 43,81 | 43,81 | 43,81 | 43,81 | 43,81 | 43,81 | 43,81 | 43,81 | 43,81 |
| 0,50 | 42,62 | 42,62 | 42,62 | 42,62 | 42,62 | 42,62 | 42,62 | 42,62 | 42,62 | 42,62 | 42,62 |
| 0,75 | 41,44 | 41,44 | 41,44 | 41,44 | 41,45 | 41,45 | 41,45 | 41,45 | 41,45 | 41,45 | 41,45 |
| 1,00 | 40,27 | 40,28 | 40,29 | 40,29 | 40,29 | 40,30 | 40,30 | 40,30 | 40,30 | 40,30 | 40,30 |
| 1,25 | 39,12 | 39,14 | 39,15 | 39,16 | 39,16 | 39,17 | 39,17 | 39,17 | 39,17 | 39,17 | 39,17 |
| 1,50 | 37,98 | 38,02 | 38,04 | 38,05 | 38,06 | 38,07 | 38,07 | 38,07 | 38,07 | 38,07 | 38,08 |
| 1,75 | 36,87 | 36,92 | 36,96 | 36,98 | 36,99 | 37,00 | 37,01 | 37,01 | 37,01 | 37,01 | 37,01 |
| 2,00 | 35,78 | 35,86 | 35,91 | 35,94 | 35,96 | 35,97 | 35,98 | 35,98 | 35,99 | 35,99 | 35,99 |
| 2,25 | 34,72 | 34,82 | 34,90 | 34,94 | 34,96 | 34,98 | 34,99 | 35,00 | 35,00 | 35,00 | 35,00 |
| 2,50 | 33,69 | 33,82 | 33,93 | 33,98 | 34,01 | 34,03 | 34,04 | 34,05 | 34,05 | 34,06 | 34,06 |
| 3,00 | 31,72 | 31,93 | 32,09 | 32,17 | 32,21 | 32,25 | 32,27 | 32,28 | 32,29 | 32,29 | 32,29 |
| 3,50 | 29,87 | 30,18 | 30,41 | 30,52 | 30,58 | 30,63 | 30,66 | 30,68 | 30,69 | 30,69 | 30,69 |
| 4,00 | 28,16 | 28,56 | 28,87 | 29,02 | 29,09 | 29,17 | 29,21 | 29,23 | 29,24 | 29,25 | 29,25 |
| 4,50 | 26,57 | 27,08 | 27,47 | 27,66 | 27,75 | 27,85 | 27,89 | 27,93 | 27,94 | 27,95 | 27,95 |
| 5,00 | 25,10 | 25,73 | 26,20 | 26,42 | 26,54 | 26,65 | 26,71 | 26,75 | 26,77 | 26,77 | 26,78 |
| 6,00 | 22,50 | 23,35 | 23,98 | 24,29 | 24,45 | 24,60 | 24,68 | 24,73 | 24,75 | 24,76 | 24,76 |
| 7,00 | 20,30 | 21,35 | 22,13 | 22,51 | 22,71 | 22,90 | 23,00 | 23,06 | 23,09 | 23,10 | 23,11 |
| 8,00 | 18,43 | 19,65 | 20,57 | 21,02 | 21,26 | 21,48 | 21,60 | 21,68 | 21,70 | 21,72 | 21,73 |
| 9,00 | 16,84 | 18,20 | 19,25 | 19,75 | 20,02 | 20,27 | 20,41 | 20,50 | 20,53 | 20,55 | 20,55 |
| 10,00 | 15,48 | 16,95 | 18,09 | 18,66 | 18,96 | 19,24 | 19,39 | 19,49 | 19,53 | 19,54 | 19,55 |
| 12,50 | 12,82 | 14,45 | 15,80 | 16,48 | 16,84 | 17,18 | 17,37 | 17,49 | 17,54 | 17,56 | 17,56 |
| 15,00 | 10,90 | 12,60 | 14,07 | 14,84 | 15,25 | 15,64 | 15,86 | 16,00 | 16,05 | 16,08 | 16,08 |
| 17,50 | 9,46 | 11,16 | 12,72 | 13,55 | 14,00 | 14,44 | 14,68 | 14,84 | 14,89 | 14,92 | 14,93 |
| 20,00 | 8,35 | 10,02 | 11,62 | 12,51 | 13,00 | 13,47 | 13,74 | 13,90 | 13,97 | 14,00 | 14,01 |
| 22,50 | 7,46 | 9,08 | 10,71 | 11,64 | 12,16 | 12,67 | 12,97 | 13,14 | 13,21 | 13,24 | 13,26 |
| 25,00 | 6,75 | 8,30 | 9,95 | 10,91 | 11,46 | 12,00 | 12,31 | 12,50 | 12,58 | 12,62 | 12,63 |
| 30,00 | 5,66 | 7,08 | 8,71 | 9,72 | 10,32 | 10,91 | 11,26 | 11,48 | 11,57 | 11,61 | 11,62 |
| 35,00 | 4,86 | 6,17 | 7,76 | 8,80 | 9,43 | 10,07 | 10,45 | 10,69 | 10,78 | 10,83 | 10,85 |
| 40,00 | 4,27 | 5,46 | 7,00 | 8,04 | 8,70 | 9,38 | 9,79 | 10,06 | 10,16 | 10,21 | 10,23 |
| 45,00 | 3,80 | 4,90 | 6,37 | 7,21 | 8,08 | 8,79 | 9,23 | 9,51 | 9,62 | 9,68 | 6,69 |
| 50,00 | 3,42 | 4,43 | 5,84 | 6,87 | 7,54 | 8,28 | 8,74 | 9,03 | 9,15 | 9,22 | 9,23 |
| 60,00 | 2,86 | 3,75 | 5,00 | 5,99 | 6,66 | 7,41 | 7,89 | 8,20 | 8,33 | 8,40 | 8,42 |
| 80,00 | 2,14 | 2,82 | 3,88 | 4,75 | 5,36 | 6,08 | 6,55 | 6,86 | 6,98 | 7,05 | 7,08 |
| 100,00 | 1,72 | 2,27 | 3,15 | 3,90 | 4,45 | 5,09 | 5,52 | 5,80 | 5,92 | 5,98 | 6,00 |
| 200,00 | 0,86 | 1,14 | 1,62 | 2,04 | 2,35 | 2,74 | 2,99 | 3,16 | 3,23 | 3,27 | 3,28 |

---

[1] PETERLIN, A., u. A. H. STUART: Z. Physik **112**, 1 (1939).
[2] PETERLIN, A., u. A. H. STUART: Doppelbrechung, insbesondere künstliche Doppelbrechung. Hand- u. Jb. chem. Physik (EUCKEN-WOLF), Bd. 8, Section I. B., S. 1.
[3] SCHERAGA, H. A., J. T. EDSALL and J. O. GADD: J. chem. Physics **19**, 1101 (1951).

Der Orientierungswinkel $\chi$ ist durch die Verteilungsfunktion $\varrho$ bestimmt. Die Verteilungsfunktion $\varrho$ ist nach den Gl. (12) bis (15) durch das Achsenverhältnis $a/b$, durch den Strömungsgradienten $G$ und die Rotationsdiffusionskonstante $\Theta$ festgelegt. Führt man in den Rechnungen den Quotienten $\alpha$ aus $G$ und $\Theta$ nach Gl. (11) ein, so läßt sich $\chi$ durch $a/b$ und $\alpha$ eindeutig bestimmen. Tabelle 1 enthält die $\chi$-Werte in Abhängigkeit der beiden Größen nach den Berechnungen von SCHERAGA, EDSALL und GADD[1]. Die Tabelle 1 bezieht sich auf gestreckte Ellipsoide. Ersetzt man $a/b$ durch $b/a$, so gilt sie auch für abgeplattete Ellipsoide. Mit Hilfe der Tabelle 1 kann aus der Bestimmung eines Winkels $\chi$ bei bekannten Achsenverhältnis des Teilchens das zugehörige $\alpha$ abgelesen werden. Das Achsenverhältnis wird meist aus einer Viscositätsmessung ermittelt. Aus $\alpha$ und dem Strömungsgradienten, bei dem der Winkel $\chi$ ermittelt wurde, ergibt sich nach Gl. (11) die Rotationsdiffusionskonstante $\Theta$. Aus $\chi$-Werten im Winkelbereich 45—40° kann die Rotationsdiffusionskonstante auch ohne Kenntnis des Achsenverhältnisses der Teilchen bestimmt werden. Tabelle 1 läßt nämlich erkennen, daß in diesem Winkelbereich zu einem bestimmten $\alpha$ ein bestimmtes $\chi$ unabhängig vom Achsenverhältnis gehört. Dies ist auch aus Abb. 8 zu sehen, in welcher die Auslöschwinkel als Funktion von $\alpha$ für zwei Achsenverhältnisse 3 und $\infty$ eingetragen sind.

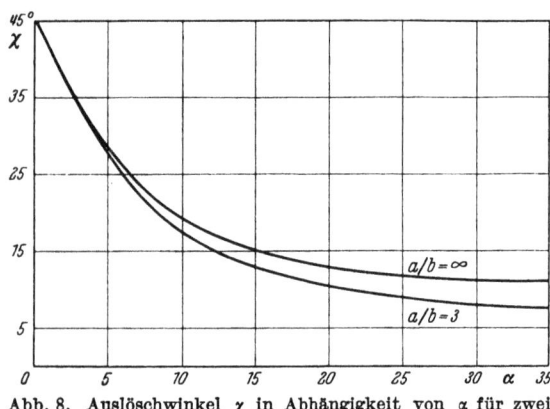

Abb. 8. Auslöschwinkel $\chi$ in Abhängigkeit von $\alpha$ für zwei Achsenverhältnisse $a/b = 3$ und $a/b = \infty$.

Wenn die Rotationsdiffusionskonstante an sehr verdünnten Lösungen bestimmt wird, kann sie zur Berechnung der Teilchendimensionen herangezogen werden. Der Konzentrationsbereich bei der Bestimmung von $\chi$ soll so gewählt sein, daß die Viscosität der Suspension der Ellipsoide nur wenige Prozent größer ist als die Viscosität des Suspensionsmittels. GANS[2] und PERRIN[3] geben für abgeflachte Rotationsellipsoide Gl. (16)

$$\Theta = \frac{3kT}{32\,\eta_0\,b^3}, \tag{16}$$

und für gestreckte Rotationsellipsoide Gl. (17) an

$$\Theta = \frac{3kT}{16\pi\,\eta_0\,a^3}\left(-1 + 2\ln\frac{2a}{b}\right), \tag{17}$$

$k$ ist die BOLTZMANNsche Konstante, $T$ die absolute Temperatur und $\eta_0$ die Viscosität des Lösungsmittels. Bei abgeflachten Ellipsoiden kann also mit Gl. (16) aus der Rotationsdiffusionskonstanten, der Viscosität und der Temperatur der Lösung die große Achse $b$ ermittelt werden. Bei gestreckten Ellipsoiden ergibt sich nach Gl. (17) die große Halbachse $a$, wenn noch das Verhältnis von $a$ zu $b$ auf anderem Weg bestimmt wurde und zudem $\eta_0$ und $T$ bekannt sind. SCHERAGA[4] gibt eine graphische Darstellung an, die aus dem Auslöschwinkel $\chi$ und dem Produkt $G\cdot\eta$ für flache Ellipsoide den Durchmesser $d = 2b$ direkt abzulesen gestattet. Sie ist in Abb. 9 rechts wiedergegeben. Der linke Teil von Abb. 9 bezieht sich auf gestreckte Ellipsoide. Hier ist der weitere Parameter $a/b$ noch zu berücksichtigen. Für gestreckte Ellipsoide bestimmt man also mit dem rechten Teil der Abbildung für ein Wertepaar von $\chi$ und $G\cdot\eta$ eine bestimmte Ordinate. Diese wird in den linken Teil der Abbildung übertragen und ergibt für ein bestimmtes $a/b$ die Länge

---

[1] SCHERAGA, H. A., J. T. EDSALL und J. O. GADD: J. chem. Physics **19**, 1101 (1951).
[2] GANS, R.: Ann. Physik **86**, 628 (1928).
[3] PERRIN, F.: J. Physique et Radium (7) **5**, 497 (1934).
[4] SCHERAGA, H. A.: Arch. Biochem. **33**, 277 (1951).

des Ellipsoides $l = 2a$. Die Daten der Abb. 9 sind durch rechnerische Kombination der Werte der Tabelle 1 mit den Gl. (16) und (17) entstanden.

Die Doppelbrechung $n_\gamma - n_\alpha$ der verdünnten strömenden Lösung wird durch Gl. (18) beschrieben

$$n_\gamma - n_\alpha = \frac{2\pi}{n_r} \cdot c(g_1 - g_2) \cdot f, \tag{18}$$

$n_r$ ist der Brechungsindex der ruhenden Lösung und $c$ der Volumenanteil der Ellipsoide in der Lösung. Die Strömungsdoppelbrechung ist also proportional zur Konzentration des gelösten Stoffes, während der Orientierungswinkel bei verdünnten Lösungen nach

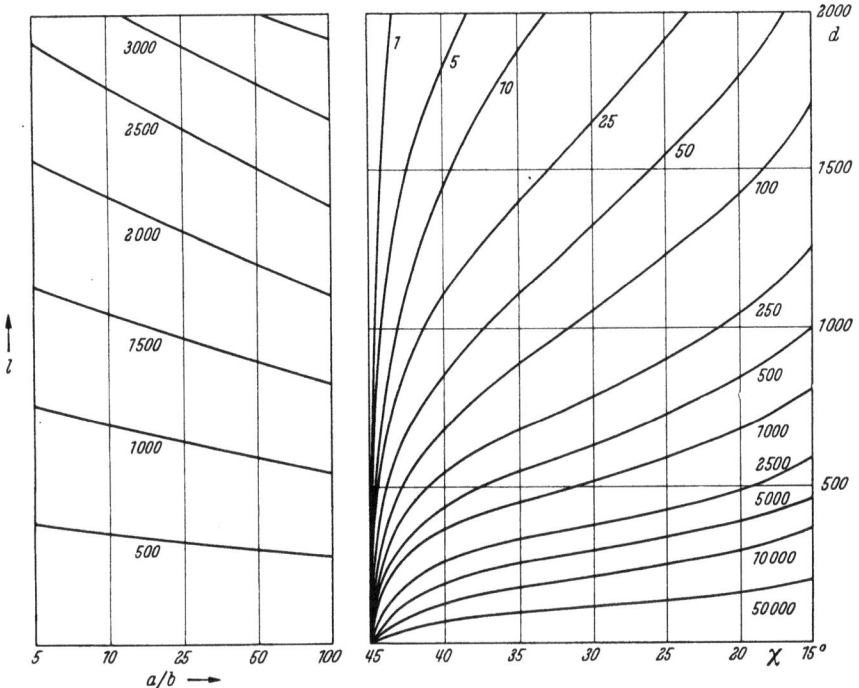

Abb. 9. Graphische Ermittlung von $d = 2b$ und $l = 2a$ aus $\chi$ und $G \cdot \eta$.

Tabelle 1 und Abb. 9 von der Konzentration unabhängig ist. Im weiteren ist die Strömungsdoppelbrechung proportional zu einem optischen Faktor $(g_1 - g_2)$ und einem Orientierungsfaktor $f$. Der optische Faktor $(g_1 - g_2)$ ist nach PETERLIN und STUART[1,2] durch die Brechungsindices $n_1$ und $n_2$ der elliptischen Teilchen und den Brechungsindex $n_0$ des Lösungsmittels bestimmt, sowie durch eine Größe $e$. $e$ ist eine komplizierte Funktion des Achsenverhältnisses und hat den Wert 0,5 für sehr langgestreckte Teilchen, 0 für Kugeln und $-1$ für sehr flache Scheibchen. Gl. (19) gibt $e$ für gestreckte Ellipsoide mit $a/b > 1$ an

$$e = \frac{1}{4\left(\frac{a^2}{b^2} - 1\right)} \left[ 2\frac{a^2}{b^2} + 4 - \frac{3\frac{a}{b}}{\sqrt{\frac{a^2}{b^2} - 1}} \log \frac{\frac{a}{b} + \sqrt{\frac{a^2}{b^2} - 1}}{\frac{a}{b} - \sqrt{\frac{a^2}{b^2} - 1}} \right]. \tag{19}$$

Gl. (20) ergibt $e$ für abgeflachte Ellipsoide mit $a/b < 1$

$$e = \frac{1}{2\left(1 - \frac{a^2}{b^2}\right)} \left[ -\frac{a^2}{b^2} - 2 + \frac{3\frac{a}{b}}{\sqrt{1 - \frac{a^2}{b^2}}} \operatorname{arc tg} \frac{\sqrt{1 - \frac{a^2}{b^2}}}{\frac{a}{b}} \right]. \tag{20}$$

---

[1] PETERLIN, A., u. A. H. STUART: Z. Physik **112**, 1 (1939).
[2] PETERLIN, A., u. A. H. STUART: Doppelbrechung, insbesondere künstliche Doppelbrechung. Hand- u. Jb. chem. Physik (EUCKEN-WOLF), Bd. 8, Section I. B., S. 1.

Der Zusammenhang zwischen dem optischen Faktor $g_1 - g_2$ einerseits und den Brechungsindices $n_1$ und $n_2$ des Teilchens sowie dem Brechungsindex $n_0$ des Lösungsmittels und $e$ andererseits gibt Gl. (21)

$$g_1 - g_2 = \frac{(n_1^2 - n_2^2) + e(n_1^2 - n_0^2)(n_2^2 - n_0^2)/n_0^2}{4\pi\left[\frac{n_1^2 + 2n_0^2}{3n_0^2} - \frac{2e(n_1^2 - n_0^2)}{3n_0^2}\right]\left[\frac{n_2^2 + 2n_0^2}{3n_0^2} + \frac{e(n_2^2 - n_0^2)}{3n_0^2}\right]}. \quad (21)$$

Der optische Faktor setzt sich additiv aus zwei Größen zusammen. Der erste Teil enthält nur die Eigenanisotropie der Teilchen und ist unabhängig von der Teilchengestalt. Der zweite Teil entspricht der WIENERschen Doppelbrechung von Mischkörpern und ist bedingt durch die Gestalt der Kolloidteilchen und durch den Brechungsindex des Lösungsmittels.

Der Orientierungsfaktor $f$ in Gl. (18) ist eindeutig bestimmt durch die Verteilungsfunktion $\varrho$. Er kann also durch das Verhältnis $\alpha$ des Strömungsgradienten zur Rotationsdiffusionskonstanten und durch das Achsenverhältnis $a/b$ der Teilchen angegeben werden. Tabelle 2 enthält die $f$-Werte nach SCHERAGA, EDSALL und GADD[1] für verschiedene $\alpha$

Tabelle 2. *Orientierungsfaktoren $f$ rotationselliptischer Teilchen in Abhängigkeit von $\alpha$ für verschiedene Achsenverhältnisse $a/b$.*

| $\alpha$ \ $a/b$ | 1,00 | 2,00 | 3,00 | 4,00 | 5,00 | 7,00 | 10,00 | 16,00 | 25,00 | 50,00 | ∞ |
|---|---|---|---|---|---|---|---|---|---|---|---|
| 0,00 | 0,00000 | 0,0000 | 0,0000 | 0,0000 | 0,0000 | 0,0000 | 0,0000 | 0,0000 | 0,0000 | 0,0000 | 0,0000 |
| 0,25 | 0,00000 | 0,0100 | 0,0133 | 0,0147 | 0,0154 | 0,0160 | 0,0163 | 0,0165 | 0,0166 | 0,0166 | 0,0167 |
| 0,50 | 0,00000 | 0,0199 | 0,0266 | 0,0293 | 0,0307 | 0,0319 | 0,0325 | 0,0329 | 0,0331 | 0,0332 | 0,0332 |
| 0,75 | 0,00000 | 0,0298 | 0,0397 | 0,0437 | 0,0458 | 0,0476 | 0,0486 | 0,0492 | 0,0494 | 0,0495 | 0,0496 |
| 1,00 | 0,00000 | 0,0394 | 0,0525 | 0,0579 | 0,0606 | 0,0630 | 0,0643 | 0,0651 | 0,0654 | 0,0656 | 0,0656 |
| 1,25 | 0,00000 | 0,0489 | 0,0651 | 0,0718 | 0,0751 | 0,0781 | 0,0797 | 0,0807 | 0,0811 | 0,0813 | 0,0813 |
| 1,50 | 0,00000 | 0,0581 | 0,0774 | 0,0853 | 0,0892 | 0,0927 | 0,0947 | 0,0958 | 0,0963 | 0,0965 | 0,0966 |
| 1,75 | 0,00000 | 0,0671 | 0,0893 | 0,0984 | 0,1029 | 0,1069 | 0,1092 | 0,1105 | 0,1110 | 0,1113 | 0,1114 |
| 2,00 | 0,00000 | 0,0757 | 0,1007 | 0,1110 | 0,1161 | 0,1206 | 0,1231 | 0,1246 | 0,1252 | 0,1255 | 0,1256 |
| 2,25 | 0,00000 | 0,0840 | 0,1118 | 0,1231 | 0,1287 | 0,1338 | 0,1366 | 0,1382 | 0,1388 | 0,1392 | 0,1393 |
| 2,50 | 0,00000 | 0,0920 | 0,1223 | 0,1348 | 0,1409 | 0,1464 | 0,1494 | 0,1512 | 0,1519 | 0,1523 | 0,1524 |
| 3,00 | 0,00000 | 0,1069 | 0,1421 | 0,1565 | 0,1636 | 0,1700 | 0,1735 | 0,1756 | 0,1764 | 0,1768 | 0,1769 |
| 3,50 | 0,00000 | 0,1204 | 0,1601 | 0,1762 | 0,1842 | 0,1914 | 0,1954 | 0,1977 | 0,1986 | 0,1991 | 0,1992 |
| 4,00 | 0,00000 | 0,1326 | 0,1763 | 0,1941 | 0,2029 | 0,2108 | 0,2152 | 0,2177 | 0,2187 | 0,2192 | 0,2194 |
| 4,50 | 0,00000 | 0,1436 | 0,1909 | 0,2103 | 0,2198 | 0,2284 | 0,2331 | 0,2359 | 0,2370 | 0,2376 | 0,2377 |
| 5,00 | 0,00000 | 0,1534 | 0,2041 | 0,2249 | 0,2351 | 0,2444 | 0,2494 | 0,2524 | 0,2536 | 0,2542 | 0,2544 |
| 6,00 | 0,00000 | 0,1700 | 0,2268 | 0,2502 | 0,2617 | 0,2721 | 0,2778 | 0,2812 | 0,2825 | 0,2832 | 0,2834 |
| 7,00 | 0,00000 | 0,1835 | 0,2456 | 0,2712 | 0,2839 | 0,2954 | 0,3017 | 0,3054 | 0,3069 | 0,3076 | 0,3079 |
| 8,00 | 0,00000 | 0,1945 | 0,2613 | 0,2891 | 0,3028 | 0,3153 | 0,3222 | 0,3262 | 0,3278 | 0,3286 | 0,3289 |
| 9,00 | 0,00000 | 0,2035 | 0,2746 | 0,3044 | 0,3191 | 0,3326 | 0,3399 | 0,3443 | 0,3460 | 0,3469 | 0,3472 |
| 10,00 | 0,00000 | 0,2111 | 0,2860 | 0,3176 | 0,3334 | 0,3477 | 0,3556 | 0,3603 | 0,3621 | 0,3630 | 0,3633 |
| 12,50 | 0,00000 | 0,2253 | 0,3086 | 0,3444 | 0,3624 | 0,3788 | 0,3879 | 0,3933 | 0,3953 | 0,3964 | 0,3968 |
| 15,00 | 0,00000 | 0,2351 | 0,3254 | 0,3649 | 0,3848 | 0,4032 | 0,4133 | 0,4193 | 0,4216 | 0,4228 | 0,4232 |
| 17,50 | 0,00000 | 0,2421 | 0,3383 | 0,3810 | 0,4028 | 0,4229 | 0,4340 | 0,4406 | 0,4431 | 0,4444 | 0,4449 |
| 20,00 | 0,00000 | 0,2473 | 0,3485 | 0,3942 | 0,4177 | 0,4393 | 0,4513 | 0,4585 | 0,4612 | 0,4626 | 0,4631 |
| 22,50 | 0,00000 | 0,2513 | 0,3568 | 0,4052 | 0,4302 | 0,4533 | 0,4661 | 0,4737 | 0,4766 | 0,4782 | 0,4787 |
| 25,00 | 0,00000 | 0,2544 | 0,3637 | 0,4147 | 0,4412 | 0,4659 | 0,4796 | 0,2878 | 0,4910 | 0,4926 | 0,4932 |
| 30,00 | 0,00000 | 0,2589 | 0,3744 | 0,4299 | 0,4592 | 0,4867 | 0,5020 | 0,5113 | 0,5148 | 0,5166 | 0,5173 |
| 35,00 | 0,00000 | 0,2619 | 0,3823 | 0,4418 | 0,4736 | 0,5037 | 0,5206 | 0,5308 | 0,5347 | 0,5367 | 0,5374 |
| 40,00 | 0,00000 | 0,2640 | 0,3883 | 0,4513 | 0,4854 | 0,5181 | 0,5366 | 0,5478 | 0,5521 | 0,5543 | 0,5551 |
| 45,00 | 0,00000 | 0,2656 | 0,3930 | 0,4589 | 0,4952 | 0,5304 | 0,5505 | 0,5626 | 0,5673 | 0,5698 | 0,5706 |
| 50,00 | 0,00000 | 0,2667 | 0,3967 | 0,4653 | 0,5037 | 0,5413 | 0,5630 | 0,5763 | 0,5814 | 0,5841 | 0,5850 |
| 60,00 | 0,00000 | 0,2683 | 0,4021 | 0,4750 | 0,5169 | 0,5590 | 0,5838 | 0,5991 | 0,6051 | 0,6083 | 0,6094 |
| 80,00 | 0,00000 | 0,2699 | 0,4082 | 0,4868 | 0,5338 | 0,5826 | 0,6125 | 0,6314 | 0,6389 | 0,6429 | 0,6442 |
| 100,00 | 0,00000 | 0,2707 | 0,4114 | 0,4953 | 0,5434 | 0,5966 | 0,6298 | 0,6511 | 0,6596 | 0,6642 | 0,6657 |
| 200,00 | 0,00000 | 0,2718 | 0,4161 | 0,5034 | 0,5588 | 0,6199 | 0,6592 | 0,6850 | 0,6954 | 0,7010 | 0,7029 |

---
[1] SCHERAGA, H. A., J. T. EDSALL and J. O. GADD: J. chem. Physics **19**, 1101 (1951).

und $a/b$. Die Tabelle 2 gilt wie Tabelle 1 für gestreckte Ellipsoide. Für abgeflachte hat man bei den $f$-Werten das Vorzeichen zu ändern und statt $a/b$ den reziproken Wert $b/a$ einzusetzen. Abb. 10 gibt den Orientierungsfaktor für zwei Achsenverhältnisse $a/b = 3$ und $a/b = \infty$ bei verschiedenen $\alpha$ graphisch wieder. Für die gleichen ausgewählten Achsenverhältnisse zeigt Abb. 11 den Zusammenhang zwischen Auslöschwinkel und Orientierungsfaktor. Abb. 10 und 11 sind ebenfalls der Arbeit von SCHERAGA, EDSALL und GADD[1] entnommen.

Die bisher angeführten Beziehungen gestatten die optischen Daten $n_1$ und $n_2$ der elliptischen Teilchen aus Strömungsdoppelbrechungsmessungen zu ermitteln. Bekannt seien der Orientierungswinkel $\chi$ bei einem bestimmten Strömungsgradienten sowie die Doppelbrechung $n_\gamma - n_\alpha$ bei diesem Gradienten, ferner das Achsenverhältnis $a/b$. Dieses wird meist aus Viscositätsmessungen ermittelt. Tabelle 1 liefert $\alpha$. Mit Hilfe von $\alpha$ und $a/b$ liest man aus Tabelle 2 den Orientierungsfaktor $f$ ab. Hierauf

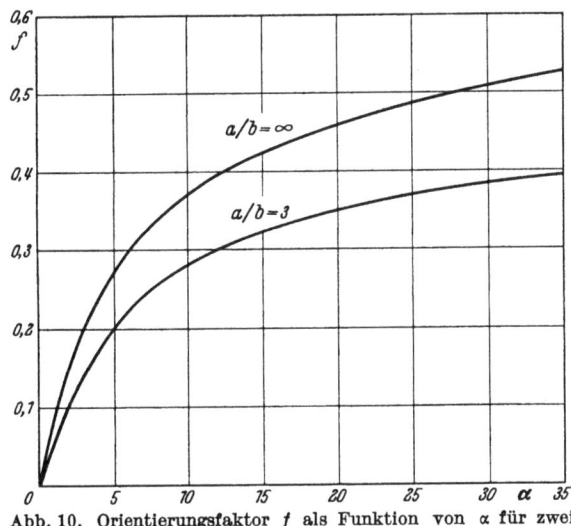

Abb. 10. Orientierungsfaktor $f$ als Funktion von $\alpha$ für zwei Achsenverhältnisse $a/b = 3$ und $a/b = \infty$.

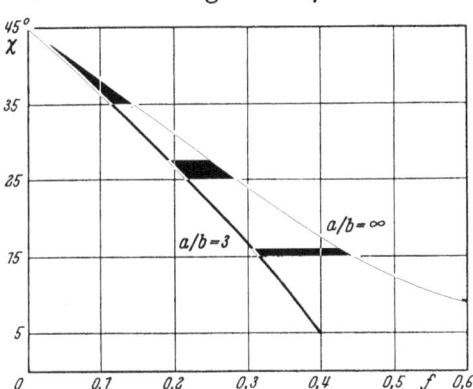

Abb. 11. Orientierungsfaktor $f$ als Funktion von $\chi$.

bedient man sich der Gl. (18), um aus dem Strömungsdoppelbrechungswert $n_\gamma - n_\alpha$ den optischen Faktor $(g_1 - g_2)$ zu bestimmen. Hierzu müssen noch der Brechungsindex $n_r$ der ruhenden Lösung und der Volumenanteil der Ellipsoide $c$ bestimmt sein. Der optische Faktor $(g_1 - g_2)$ genügt zur Bestimmung der Einzelwerte $g_1$ und $g_2$ noch nicht. Eine weitere Beziehung steht nach PETERLIN und STUART[2] in Gl. (22) zur Verfügung, welche die Brechungsindexdifferenz $n_r - n_0$

$$n_r - n_0 = \frac{2 \cdot \pi \cdot c}{n_0} \frac{g_1 + 2 g_2}{3} \tag{22}$$

zwischen Lösung und Lösungsmittel mit $g_1$ und $g_2$ verknüpft. Aus $(g_1 - g_2)$, ermittelt mit Gl. (18) und der Brechungsindexdifferenz $n_r - n_0$ nach Gl. (22), sind nun $g_1$ und $g_2$ einzeln bestimmbar. Zur Berechnung von $n_1$ und $n_2$ aus den $g_1$ und $g_2$ stehen die Gl. (23) und (24) zur Verfügung

$$g_1 = \frac{n_1^2 - n_0^2}{4\pi + (n_1^2 - n_0^2)(1 - 2e)\, 4\pi/3 n_0^2}, \tag{23}$$

$$g_2 = \frac{n_2^2 - n_0^2}{4\pi + (n_2^2 - n_0^2)(1 + e)\, 4\pi/3 n_0^2}. \tag{24}$$

Die Differenz $g_1 - g_2$ nach Gl. (23) und 24) ist identisch mit dem optischen Faktor, wie er schon in Gl. (21) angegeben wurde.

Die hier beschriebene Bestimmung von $n_1$ und $n_2$ aus den Daten der Strömungsdoppelbrechung setzt also voraus, daß man mit einer anderen Methode $a/b$ ermittelt.

---

[1] SCHERAGA, H. A., J. T. EDSALL and J. O. GADD: J. chem. Physics 19, 1101 (1951).
[2] PETERLIN, A., u. A. H. STUART: Doppelbrechung, insbesondere künstliche Doppelbrechung. Hand- u. Jb. chem. Physik (EUCKEN-WOLF), Bd. 8, Sektion I. B., S. 1.

Statt diese Größe aus einer Viscositätsmessung abzuleiten, kann man aus einer Molekulargewichtsbestimmung und dem partiellen spezifischen Volumen das Molekularvolumen der Teilchen bestimmen. Daraus und aus einem Winkel $\chi$ bei bestimmtem $G \cdot \eta$ ergeben sich mit Gl. (1) und Abb. 9 die Halbachsen $a$ und $b$. Im weiteren verläuft dann die Bestimmung von $n_1$ und $n_2$ wie oben angegeben.

### b) Polydisperse Systeme.

Wenn eine kolloide Lösung Teilchen verschiedener Größe und verschiedener optischer Eigenschaften enthält, sind die Strömungsdoppelbrechungserscheinungen von denen einer monodispersen Lösung grundsätzlich verschieden. Es läßt sich aus den optischen Daten auf die Polydispersität zurückschließen. Besonders einfach sind die Verhältnisse bei verdünnten Lösungen, bei denen sich die Teilchen in ihrer Bewegung gegenseitig nicht beeinflussen. Es sind dies Lösungen mit Viscositäten, die nur wenige Prozent höher liegen als die Viscosität des Lösungsmittels. Wenn von jeder Teilchensorte der Gang des Orientierungswinkels und der Doppelbrechung mit dem Strömungsgradienten bekannt sind, berechnet sich der Orientierungswinkel $\chi$ der polydispersen Lösung nach SADRON[1] mit Hilfe von Gl. (25)

$$\tan 2\chi = \frac{\sum\limits^{i} (n_\gamma - n_\alpha)_i \sin 2\chi_i}{\sum\limits^{i} (n_\gamma - n_\alpha)_i \cos 2\chi_i}, \quad (25)$$

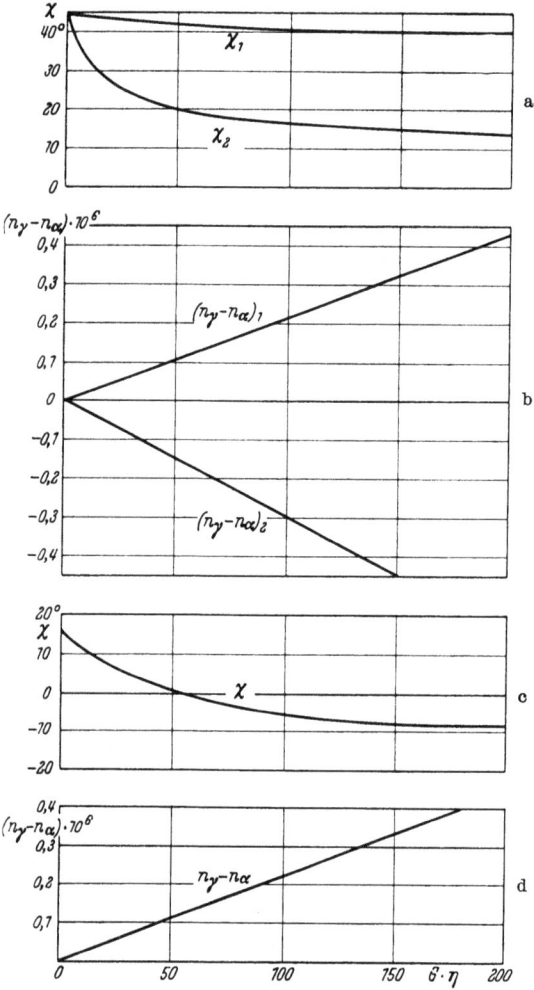

Abb. 12 a—d. Auslöschwinkel einer Lösung mit einer optisch positiven und einer optisch negativen Komponente.

$\chi$ ist der Orientierungswinkel der polydispersen Lösung bei einem bestimmten Gradienten, während die $(n_\gamma - n_\alpha)_i$ die Strömungsdoppelbrechungen der einzelnen Komponenten und die $\chi_i$ die Orientierungswinkel der einzelnen Komponenten bei diesem Gradienten bedeuten. Für die Stärke der Doppelbrechung $n_\gamma - n_\alpha$ der polydispersen Lösung gibt SADRON[2] Gl. (26) an

$$(n_\gamma - n_\alpha)^2 = \left[\sum\limits^{i} (n_\gamma - n_\alpha)_i \cdot \sin 2\chi_i\right]^2 + \left[\sum\limits^{i} (n_\gamma - n_\alpha)_i \cdot \cos 2\chi_i\right]^2. \quad (26)$$

Liegen in der Lösung gleichzeitig optisch positive und optisch negative Teilchen vor, so haben in den Gl. (25) und (26) die $(n_\gamma - n_\alpha)_i$ der optisch positiven Teilchen positive Werte und die $(n_\gamma - n_\alpha)_i$ der optisch negativen Teilchen negative Werte. Der Verlauf der Orientierungswinkelkurve mit dem Gradienten ist in solchen Fällen von demjenigen monodisperser Stoffe sehr stark verschieden, wie aus den Kurven a—d der Abb. 12 zu ersehen ist, die einer Arbeit von SADRON und MOSIMANN[2] entnommen sind. In Abb. 12a sind die Auslöschwinkel einer wäßrigen Lösung von Methylcellulose als positiver Komponente und einer wäßrigen Lösung von Natriumthymonucleinat als negativer Kompo-

---

[1] SADRON, C.: J. Physique et Radium (7) **9**, 381 (1938).
[2] SADRON, C., et H. MOSIMANN: J. Physique et Radium (7) **9**, 384 (1938).

nente eingetragen. b zeigt die Strömungsdoppelbrechung der beiden Komponenten. In Abb. 12c sind die aus den Kurven a und b für die zweikomponentige Mischung nach Gl. (25) berechneten Auslöschwinkel eingetragen. Abb. 12d zeigt den nach Gl. (26) berechneten Gang der Strömungsdoppelbrechung der Mischung.

Die beiden Gl. (25) und (26) gelten nicht nur für starre rotationselliptische Teilchen, sondern auch für beliebig deformierbare Teilchen. Es wird aber immer das Fehlen von Wechselwirkungen zwischen den Teilchen vorausgesetzt. Eine Teilchensorte $i$ muß also derselben hydrodynamischen Wirkung unterliegen, wenn sie allein in Lösung vorliegt, wie wenn sie neben allen anderen Teilchensorten gelöst ist. Dies ist nur bei sehr niedrigen Konzentrationen der Fall. Dann kann man aber auch bei deformierbaren Teilchen aus der Strömungsdoppelbrechung der Komponenten die Strömungsdoppelbrechung der polydispersen Mischung berechnen.

Eine sehr wichtige Rolle spielen kolloide Lösungen mit einer GAUSSschen Verteilung der Partikelgrößen, wobei aber alle Teilchen dieselben optischen Eigenschaften besitzen, also gleiche Brechungsindices $n_1$ und $n_2$ aufweisen. Die Auslöschwinkelkurve solcher Systeme mit starren rotationselliptischen Teilchen bei variabler Breite der GAUSSschen Verteilungskurve hat SCHERAGA[1] berechnet. Die Breite der Verteilungsfunktion wird durch eine Größe $h$ definiert, die bei monodispersen Systemen den Wert $\infty$ besitzt und mit zunehmender Polydispersität gegen 0 absinkt. Abb. 13 zeigt Auslöschwinkelkurven für Teilchen der mittleren Länge 2000 Å und der Dicke 100 Å. Die drei Kurven entsprechen einer monodispersen Lösung mit $h=\infty$ und zwei verschieden stark polydispersen Lösungen mit $h=2$ und $h=1$. Je ausgeprägter die Polydispersität, um so steiler

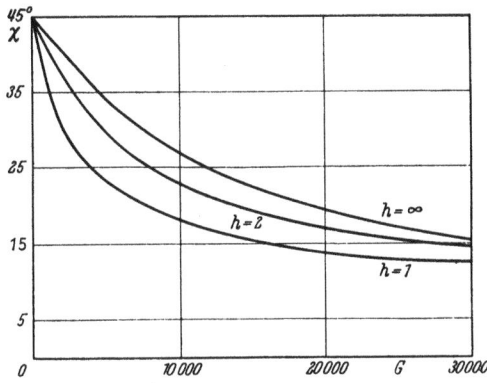

Abb. 13. Auslöschwinkel polydisperser Lösungen mit GAUSSscher Verteilung der Teilchenlängen.

ist die Tangente an die Orientierungswinkelkurve beim Gradienten 0. Bestimmt man aus diesem Teil der Kurve die Rotationsdiffusionskonstante, so erhält man einen Wert, der den längsten Teilchen der polydispersen Mischung entspricht. Bei hohen Gradienten wird die Auslöschwinkelkurve um so flacher, je ausgeprägter die Polydispersität ist. Aus dem Kurvenstück bei sehr hohen Gradienten berechnet man eine Rotationsdiffusionskonstante, die den mittleren Teilchen der Mischung entspricht.

## 2. Die Strömungsdoppelbrechung von kolloiden Lösungen mit deformierbaren Teilchen.

In diese Gruppe von kolloiden organischen Stoffen gehören sowohl Naturprodukte wie Nucleinsäure, Cellulose, Kautschuk als auch synthetische Makromoleküle wie polymere Äthylenderivate, Polyester, Polyamide usw. Die Theorie der Strömungsdoppelbrechung dieser Stoffe ist viel komplizierter als die S. 86ff. behandelte der Suspensionen starrer Teilchen. Sie befindet sich demzufolge in einem Anfangsstadium. Es sind für die Aufstellung von Formeln stark vereinfachende Annahmen nötig, und verschiedene Autoren bringen für die Moleküle ganz verschiedenartige vereinfachte Modelle in Vorschlag. Erst in Zukunft wird es möglich sein, mit Hilfe eines viel umfangreicheren Versuchsmaterials aus den heutigen theoretischen Ansätzen das Wertvolle zu wählen und, wenn nötig, zu ergänzen. Wegen dieser Situation wird dieser Abschnitt ganz kurz gehalten. Es soll in erster Linie auf die einschlägige Literatur verweisen. Dafür werden dann S. 108 die mannigfaltigen experimentellen Befunde der Strömungsdoppelbrechung solcher Systeme ziemlich ausführlich erwähnt.

---
[1] SCHERAGA, H. A.: J. chem. Physics **19**, 983 (1951).

In der ruhenden Lösung haben die aus sehr vielen Gliedern bestehenden Kettenmoleküle die Gestalt von kugeligen Knäueln. Das Knäuelvolumen ist um so größer, je höher die Solvatationstendenz des Lösungsmittels ist. Die einzelnen, optisch anisotropen Kettenglieder, die optisch positiv oder negativ sein können, liegen im Knäuel regellos, so daß dieser in der ruhenden Lösung isotrop ist. In der strömenden Lösung wird jedes Molekülknäuel zu einem länglichen Gebilde deformiert, wobei eine bevorzugte Richtung für die Kettenglieder auftritt, so daß das Knäuel als ganzes anisotrop wird. Die deformierten Knäuel werden in der Lösung ähnlich wie starre elliptische Teilchen orientiert, wobei auch hier die BROWNsche Bewegung der Orientierung entgegenwirkt. Man sieht leicht ein, daß die Strömungsdoppelbrechung dieser kolloiden Lösungen mit dem Strömungsgradienten zunehmen muß und daß der Auslöschwinkel mit steigendem Gradienten auch hier, wie bei starren Teilchen, von 45° auf 0° abfällt.

Eine erste quantitative Behandlung wurde von W. KUHN und H. KUHN[1, 2] und gleichzeitig von HERMANS[3, 4] angestrebt. Sie verwenden für das Knäuel ein Hantelmodell. Die Kettenglieder werden in einem Abstand angehäuft gedacht, welcher dem mittleren Abstand der Kettenenden im Knäuel der ruhenden Lösung entspricht. In der strömenden Lösung befinden sich die beiden Anhäufungen in Flüssigkeitsschichten verschiedener Geschwindigkeit, wodurch sich ihr Abstand zu vergrößern oder verkleinern bestrebt. Der Abstandsveränderung wirkt eine elastische Kraft entgegen. Das Modell der elastischen Hantel wurde später von W. KUHN und H. KUHN[5, 6] durch Einführen einer inneren Viscosität noch anpassungsfähiger gemacht. Die gleichen Autoren[7] und PETERLIN[8] haben dann auch noch verschiedene Knäueldichten und damit verschiedene Durchspülungsgrade berücksichtigt.

Das Perlenkettenmodell von KRAMERS[9] kommt dem geometrischen Verhalten des wirklichen Kettenmoleküls wesentlich näher als das Hantelmodell. Jedes Kettenglied wird als kugeliges Teilchen behandelt, das durch einen massenlosen Stab in bestimmter Distanz von seinen beiden Nachbarn gehalten wird. Die Berechnung der Strömungsdoppelbrechungsdaten, $n_\gamma - n_\alpha$ und $\chi$, mit Hilfe dieses Modells stößt noch auf große Schwierigkeiten.

Physikalisch und mathematisch wesentlich einfacher zu behandeln ist das Modell der elastischen, deformierbaren Kugel. Es wurde schon sehr früh von HALLER[10] diskutiert und in jüngerer Zeit von CERF[11-14] quantitativ behandelt. Das ganze Molekülknäuel mit dem Lösungsmittel zwischen den Kettengliedern wird als elastische, undurchspülte Kugel mit innerer Viscosität behandelt. Beim Strömen werden die Kugeln zu elliptischen Teilchen deformiert. Aus dem Auslöschwinkel können bei einer Variation der Viscosität des Lösungsmittels sowohl die innere Viscosität als auch der Elastizitätsmodul der Knäuel berechnet werden. Dabei muß vorausgesetzt werden, daß die Variation des Lösungsmittels das Knäuelvolumen nicht ändert. Aus der Strömungsdoppelbrechung läßt sich ein elastooptischer Koeffizient der Knäuel berechnen.

---

[1] KUHN, W., u. H. KUHN: Helv. **26**, 1394 (1943).
[2] KUHN, W., u. H. KUHN: Helv. **28**, 1533 (1945).
[3] HERMANS, J. J.: Physica, Eindhoven **10**, 777 (1943).
[4] HERMANS, J. H.: Recu. Trav. chim. Pays-Bas **63**, 25 (1944).
[5] KUHN, W., u. H. KUHN: Helv. **29**, 71 (1946).
[6] KUHN, W., u. H. KUHN: Helv. **29**, 609 (1946).
[7] KUHN, W., and H. KUHN: J. Colloid. Sci. **3**, 11 (1948).
[8] PETERLIN, A.: Les grosses molécules en solution. S. 70. Paris 1948.
[9] KRAMERS, H. A.: Physica, Eindhoven **11**, 1 (1944). Übersetzung der Arbeit: J. chem. Physics **14**, 415 (1946).
[10] HALLER, W.: Kolloid-Z. **61**, 26 (1932).
[11] CERF, R.: Cr. **226**, 1586 (1948).
[12] CERF, R.: Cr. **227**, 1221 (1948).
[13] CERF, R.: Cr. **227**, 1352 (1948).
[14] CERF, R.: J. Chim. physique **48**, 59 (1951).

### 3. Die Strömungsdoppelbrechung von einheitlichen Flüssigkeiten.

Einheitliche Flüssigkeiten mit optisch anisotropen Molekülen, die auch von der Kugelgestalt merklich abweichen, zeigen Strömungsdoppelbrechung. Die Doppelbrechungsbeträge sind im Vergleich zu denen kolloider Lösungen klein. Die exakte theoretische Behandlung ist zudem aus mehreren Gründen kompliziert. Einmal weisen alle Flüssigkeiten mit anisodiametrischen Teilchen bei Temperaturen und Drucken unter den kritischen Werten eine Nahordnung der Moleküle auf, über deren Ausmaß und Energieverhältnisse nichts Sicheres bekannt ist. Ferner ist die Polarisierbarkeit des Einzelmoleküls von der Art und den Lageverhältnissen der Nachbarmoleküle abhängig, wobei auch diese Abhängigkeit noch ungenügend bekannt ist. Die Strömungsdoppelbrechungstheorien der einheitlichen Flüssigkeiten können also nur vorläufigen Charakter haben und werden deshalb hier nur kurz angedeutet.

RAMAN und KRISHNAN[1] führen die teilweise Orientierung der von der Kugelform abweichenden Moleküle auf die in der strömenden Lösung vorhandenen Zug- und Druckkräfte zurück. Diese liegen unter 45° zu den Richtungen der Geschwindigkeit und des Gradienten, so daß auch die beiden Auslöschrichtungen der Strömungsdoppelbrechung unabhängig vom Gradienten in den 45°-Lagen sind. Die Doppelbrechung $n_\gamma - n_\alpha$ ist nach Gl. (27) proportional zur

$$n_\gamma - n_\alpha = K_{\text{maxw.}} \cdot \eta \cdot G \tag{27}$$

Viscosität $\eta$ der Flüssigkeit und dem Strömungsgradienten. $K_{\text{maxw.}}$ ist die für die Strömungsdoppelbrechung jeder Flüssigkeit charakteristische MAXWELLsche Konstante. Sie kann nach der Theorie von RAMAN und KRISHNAN aus den geometrischen und optischen Daten berechnet werden.

Neuere theoretische Ansätze berücksichtigen die Rotation der Einzelmoleküle bei der Strömung. Sie sind also ähnlich aufgebaut wie die Theorie der kolloiden Lösungen mit starren länglichen oder abgeplatteten Teilchen. Die geringe Masse der Moleküle im Vergleich zu derjenigen der kolloiden Teilchen hat zur Folge, daß die BROWNsche Bewegung viel intensiver ist als die Orientierung durch die Strömung. Dies erklärt die Lage der Auslöschrichtung unter 45° zur Richtung der Geschwindigkeit bei allen Gradienten, die sich experimentell verwirklichen lassen. Eine Darstellung des neueren Standes der Strömungsdoppelbrechungstheorie einheitlicher Flüssigkeiten unter Berücksichtigung der Nahordnung der Moleküle findet sich bei PETERLIN und STUART[2].

## C. Apparate zur Bestimmung der Strömungsdoppelbrechung.
### 1. Allgemeine Bemerkungen.

Die sehr verschiedenartigen Apparate, die in der Literatur beschrieben sind, zeichnen sich alle dadurch aus, daß sie die zu untersuchende Lösung in einen möglichst definierten Strömungszustand versetzen und die eventuell auftretende Doppelbrechung festzustellen oder zu messen gestatten. Es gibt sehr einfache Einrichtungen, mit denen nur qualitativ ermittelt werden kann, ob ein starker Effekt vorhanden ist oder nicht. FREUNDLICH[3] hat Vanadinpentoxydsole in einer Schale zwischen gekreuzten NICOLschen Prismen umgerührt oder umgeschwenkt und am Aufhellen des Gesichtsfeldes die starke Strömungsdoppelbrechung festgestellt. Hierbei sind natürlich sowohl der Strömungszustand als auch die Doppelbrechung unbestimmt. Etwas quantitativere Aussagen können beim Strömen von Flüssigkeiten durch Glasrohre erhalten werden, wobei der Lichtstrahl die Röhren senkrecht zur Fließrichtung durchsetzt. Der Teil des polarisierten Lichtstrahls, der durch die Rohrmitte geht, tritt nach Abb. 2 durch Schichten sehr verschiedener

---
[1] RAMAN, C. V., and K. S. KRISHNAN: Philos. Mag. (7) **5**, 769 (1928).
[2] PETERLIN, A., u. A. H. STUART: Doppelbrechung, insbesondere künstliche Doppelbrechung. Hand- u. Jb. chem. Physik, Bd. 8, Section I. B., S. 1.
[3] FREUNDLICH, H.: Z. Elektrochem. **22**, 27 (1916).

Strömungsgradienten. Die neben der Rohrmitte durchtretenden Teile des Strahlenbündels durchdringen zudem Flüssigkeitsschichten geringerer Dicke. Die Rohrkrümmung verursacht im weiteren eine Ablenkung aller Teile des Lichtstrahles, die nicht direkt auf die Rohrmitte gerichtet sind. Ein weiterer Nachteil dieser Anordnung liegt darin, daß der Auslöschwinkel nicht bestimmt werden kann. Als einziger Vorteil der Fließrohre ist ihre Einfachheit zu erwähnen. Messungen dieser Art wurden beispielsweise von FREUNDLICH, STAPELFELDT und ZOCHER[1] an Vanadinpentoxydsolen, von LAUFFER und STANLEY[2] an Viruslösungen und von CONNER und DONNELLY[3] an konz. Viscoselösungen ausgeführt.

Für quantitative Bestimmungen des Auslöschwinkels und der Doppelbrechung eignet sich bis heute nur der Apparat mit konzentrischen Zylindern. Die Flüssigkeit befindet sich in dem Zwischenraum der Zylinder, von denen der eine ruht und der andere mit konstanter Geschwindigkeit rotiert, während der Lichtstrahl parallel zur Rotationsachse durch die Flüssigkeitsschicht tritt. Der Strömungsgradient kann durch Variation der Drehzahl des bewegten Zylinders und durch die Wahl der Radien beider Zylinder in weiten Grenzen variiert werden. Die Zylinderlänge bedingt den Weg des Lichtes durch die mechanisch beanspruchte Flüssigkeitsschicht und damit den Doppelbrechungseffekt. In den folgenden Abschnitten wird nur der Zylinderapparat besprochen, da er den anderen Apparaten in bezug auf Anpassungs- und Leistungsfähigkeit überlegen ist.

## 2. Die Flüssigkeitsbewegung in Zylinderapparaten.
### a) Der Strömungsgradient.

Wenn die Radien der beiden konzentrischen Zylinder sehr groß sind im Vergleich zum Zylinderzwischenraum, entspricht der Strömungszustand der Abb. 1. Die Krümmung der Wände kann vernachlässigt werden und der Strömungsgradient $G$ ist im ganzen Flüssigkeitsraum konstant. Er berechnet sich nach der einfachen Gl. (28)

$$G = 2 \cdot \pi \cdot u \cdot \frac{r_2}{r_1 - r_2}, \tag{28}$$

$r_2$ ist der Radius des bewegten, $r_1$ der Radius des ruhenden Zylinders und $u$ die Anzahl Umdrehungen des bewegten Zylinders in der Sekunde.

Wird der Zylinderzwischenraumen größer gewählt, etwa $1/50$ oder gar $1/10$ der Zylinderradien, tritt ein komplizierterer Strömungszustand auf. Der Strömungsgradient wird bei gegebenem $u$ abhängig von der Entfernung $r$ vom Rotationszentrum. Rotiert der innere Zylinder mit dem Radius $r_2$ und ruht der äußere Zylinder mit dem Radius $r_1$, so ist der Strömungsgradient an einem beliebigen Ort zwischen den Zylindern im Abstand $r$ von der Rotationsachse gegeben durch Gl. (29)

$$G = 2 \cdot \pi \cdot u \cdot \frac{1/r^2 + 1/r_1^2}{1/r_2^2 - 1/r_1^2}. \tag{29}$$

Gl. (29) geht für große Radien im Vergleich zum Zylinderzwischenraum in Gl. (28) über.

Bewegt sich der äußere Zylinder mit dem Radius $r_2$ und ruht der innere Zylinder mit dem Radius $r_1$, so gilt für den Gradienten in beliebiger Distanz $r$ Gl. (30)

$$G = 4 \cdot \pi \cdot u \cdot \frac{1/r^2}{1/r_1^2 - 1/r_2^2}, \tag{30}$$

die für kleinen Zylinderzwischenraum ebenfalls in Gl. (28) übergeht.

Mit den Gl. (29) und (30) kann für jeden Zylinderapparat der Gang des Gradienten vom äußeren zum inneren Zylinder berechnet werden. Die Berechnung zeigt, ob das Strömungsfeld den gewünschten Grad der Homogenität aufweist. Arbeitet man aus bestimmten Gründen, etwa um sehr kleine Gradienten zu erzeugen, mit großem Zylinder-

---

[1] FREUNDLICH, H., F. STAPELFELDT u. H. ZOCHER: Z. physik. Chem. **114**, 161 (1924).
[2] LAUFFER, M. A., and W. M. STANLEY: J. biol. Ch. **123**, 507 (1938).
[3] CONNER, W. P., and P. I. DONNELLY: Industr. engng. Chem. **43**, 1136 (1951).

zwischenraum, so wird man das Lichtbündel sehr eng im Vergleich zu der Radiendifferenz wählen, um die Beobachtung auf ein Gebiet mit bestimmtem $G$ zu beschränken. Andererseits ist bei kleinem Zylinderzwischenraum und großen Radien das Strömungsfeld sehr homogen und kann in seiner ganzen Breite für die optische Messung ausgenützt werden.

Für die meisten Strömungsdoppelbrechungsuntersuchungen wird ein großes Gradientenintervall benötigt. Dieses liegt aber je nach der zu untersuchenden einheitlichen Flüssigkeit oder Lösung bei sehr verschieden hohen Werten. Liegen große Teilchen mit kleinen Rotationsdiffusionskonstanten vor, so ist das aufschlußreiche Gradientenintervall etwa zwischen 10 und $10^3$ sec$^{-1}$, um bei kleinen Teilchen anzusteigen auf ein Band zwischen $10^3$ und $10^5$ sec$^{-1}$. Mit den Gl. (28) bis (30) kann für jedes gewünschte Gradientenintervall eine geeignete Radiengröße und ein Intervall der Drehzahlen $u$ berechnet werden. Aber es ist zu berücksichtigen, daß bei einer kritischen Drehzahl die laminare in die turbulente Strömung übergeht und dieser Übergang auch von den Apparatedimensionen abhängt. Der Eintritt der Turbulenz wird im folgenden Abschnitt behandelt.

### b) Der Eintritt der Turbulenz.

Der Übergang der laminaren in die turbulente Strömung bei Zylinderapparaten wurde von TAYLOR[1] experimentell und theoretisch behandelt. Bei gegebenen Zylinderradien und einer gegebenen Flüssigkeit tritt die Turbulenz erst bei viel höheren Gradienten ein, wenn der äußere Zylinder rotiert und der innere ruht als bei umgekehrtem Antrieb. Dies hat folgenden Grund: Beim Rotieren des äußeren Zylinders unterliegt der äußerste Teil der Flüssigkeitsschicht der größten Zentrifugalkraft, der innerste Teil der kleinsten Zentrifugalkraft. Dies ergibt eine viel stabilere Flüssigkeitsbewegung als beim Antrieb des inneren Zylinders. In diesem letzteren Fall unterliegt der innerste Teil der Flüssigkeitsschicht der stärksten Zentrifugalkraft.

Wenn also große Strömungsgradienten erzielt werden sollen, hat der Antrieb des Außenzylinders hydrodynamisch wesentliche Vorteile. Andererseits ist der Antrieb des Innenzylinders mechanisch einfacher und erleichtert auch die optische Beobachtung. Es sind deshalb mehr Apparate mit rotierendem Innenzylinder im Betrieb. Bei diesen ist die kritische Umdrehungszahl $u_c$ durch Gl. (31) gegeben

$$u_c = \frac{\eta}{D} \frac{\pi}{2} \sqrt{\frac{r_1 + r_2}{0{,}114 (r_1 - r_2)^3 \cdot r_2^2}}, \qquad (31)$$

$\eta$ ist die Viscosität der Flüssigkeit und $D$ ihre Dichte. $r_2$ ist der Radius des rotierenden Innenzylinders und $r_1$ der Radius des Außenzylinders. Der Zahlenfaktor 0,114 gilt für kleine Zylinderzwischenräume. Aus der kritischen Drehzahl nach Gl. (31) und einer der Gl. (28) oder (29) läßt sich für einen gegebenen Apparat und eine gegebene Flüssigkeit auch der kritische Gradient berechnen. Bei $r_1 = 2{,}5$ cm und $r_1 - r_2 = 0{,}02$ cm ergibt sich für Wasser ein kritischer Gradient von etwa 10000. Im gleichen Apparat kann nach Gl. (31) eine dreimal viscösere Flüssigkeit aber bis zum Gradienten 30000 beansprucht werden, ehe die Turbulenz eintritt. Eine Verkleinerung des Zylinderzwischenraumes erhöht das Gradientenintervall für laminare Strömung ebenfalls.

Beim Antrieb des Außenzylinders ist die kritische Drehzahl um ein mehrfaches höher als nach Gl. (31). Experimentell wurde von TAYLOR festgestellt, daß bei $(r_2 - r_1)/r_2 = 0{,}38$ $u_c$ das 1000fache des Wertes für einen Apparat mit rotierendem Innenzylinder ausmacht. Mit abnehmendem $(r_2 - r_1)/r_2$ rücken die $u_c$-Werte für die beiden Antriebsarten näher zusammen. Für $(r_2 - r_1)/r_2 = 0{,}1$ ist der Faktor noch etwa 50 und für $(r_2 - r_1)/r_2 = 0{,}017$ nur noch etwa 6.

### c) Bedingungen für das Einhalten genau bestimmter Gradienten.

Die quantitative Auswertung der Strömungsdoppelbrechungsdaten setzt die genaue Kenntnis der Flüssigkeitsströmung voraus. Diese ist bei den Zylinderapparaten an einem

---
[1] TAYLOR, G. I.: Proc. R. Soc. London (A) **157**, 546, 565 (1936).

bestimmten Ort zwischen den Zylindern durch eine einzige Zahl, den Strömungsgradienten $G$, bestimmt. Nach den Gl. (29) bis (31) ist der Gradient proportional der Zylinderdrehzahl. Es muß also $u$ mit derselben Genauigkeit eingehalten werden können, die man für den Gradienten erreichen will. Im übrigen sind die Zylinderradien mit sehr hoher Präzision zu ermitteln, damit auch der in den Formeln vorkommende Zylinderzwischenraum genügend genau definiert ist.

Wie im vorhergehenden Abschnitt (b) auseinandergesetzt wurde, muß für hohe Gradienten zur Ausschaltung der Turbulenz der Zylinderzwischenraum sehr klein gewählt werden. Arbeitet man mit Zylindern von etwa 2,5 cm Radius und 0,02 cm Radienunterschied und fordert man eine Genauigkeit von 1% im Gradienten, dann müssen die Radien einzeln auf 0,0001 cm genau bekannt sein. Weiterhin hat das Zentrieren der Zylinder ineinander mit derselben Genauigkeit zu erfolgen und es darf auch das Lagerspiel nicht mehr als 0,0001 cm ausmachen. Eine solche Apparatur stellt also sehr hohe Anforderungen an die mechanische Präzision.

Apparate für kleinere Strömungsgradienten können größere Zylinderzwischenräume von 0,1 cm und darüber aufweisen. Die Anforderungen an die Präzision der Lagerung werden hierdurch entsprechend niedriger. Dagegen ist dann die Inkonstanz der Gradienten im Zylinderzwischenraum nach Gl. (29) oder (30) zu berücksichtigen.

### 3. Die optischen Einrichtungen der Zylinderapparate.
#### a) Das Prinzip der Messung des Auslöschwinkels und der Doppelbrechung.

Linear polarisiertes Licht wird parallel zur Rotationsachse des einen Zylinders an einer beliebigen Stelle durch den ringförmigen Zylinderzwischenraum gesandt. Die Schwingungsrichtung des einfallenden polarisierten Lichtes muß in bezug auf die Richtung der Flüssigkeitsbewegung im Zylinderzwischenraum beliebig einstellbar sein, und der Winkel zwischen beiden muß genau abgelesen werden können. Der Lichtstrahl durchsetzt die doppelbrechende Flüssigkeitsschicht im Zylinderzwischenraum und fällt auf eine zweite linear polarisierende Einrichtung, beispielsweise ein Nicolsches Prisma, dessen Schwingungsrichtung senkrecht zur Richtung des in den Zylinderzwischenraum einfallenden polarisierten Lichtes liegt. Wenn die Richtungen der beiden Polarisatoren mit $n_\gamma$ und $n_\alpha$ der Abb. 3 zusammenfallen, tritt kein Licht aus dem zweiten Polarisator aus, bei einer geringen Verdrehung hellt sich das Gesichtsfeld auf. Der Auslöschwinkel $\chi$ wird also durch gemeinsames Drehen der beiden gekreuzten Polarisatoren bis zur Stellung minimaler Lichtintensität bestimmt. Die Genauigkeit der Winkelablesung kann durch Verwendung einer Halbschattenplatte wesentlich erhöht werden.

Zur Bestimmung der Doppelbrechung $n_\gamma - n_\alpha$ der Flüssigkeitsschicht werden die Richtungen der Polarisatoren unter 45° zu den Schwingungsrichtungen $n_\gamma$ und $n_\alpha$ gestellt. Es treten dann zwei zueinander senkrecht polarisierte, in den Richtungen $n_\gamma$ und $n_\alpha$ schwingende Wellen aus der doppelbrechenden Flüssigkeit aus, die wegen der verschiedenen Fortpflanzungsgeschwindigkeit in der Flüssigkeit einen Gangunterschied aufweisen. Dieser Gangunterschied wird mit einem geeigneten Kompensator bestimmt und hieraus, und aus dem Weg des Lichtes in der Flüssigkeitsschicht, die Doppelbrechung berechnet. Auch bei der Bestimmung von $n_\gamma - n_\alpha$ kann die Meßgenauigkeit durch Halbschattenplatten wesentlich erhöht werden.

#### b) Lichtquellen.

Die meisten Meßverfahren der Schwingungsrichtungen und des Gangunterschiedes in der doppelbrechenden Flüssigkeit benötigen monochromatisches Licht. Es wird deshalb meist mit Natrium- oder Quecksilberdampflampen gearbeitet. Wenn die Lampe mehrere Wellenlängen mit merklicher Intensität ausstrahlt, werden Lichtfilter in den Strahlengang eingeschaltet.

Die Anforderungen an die Lichtintensität werden sehr hoch bei kleinem Zylinderzwischenraum und bei Verwendung empfindlicher Halbschatteneinrichtungen.

### c) Der Strahlengang zwischen den Zylindern.

Das in die Flüssigkeitsschicht eintretende polarisierte Lichtstrahlenbündel muß sehr sorgfältig parallel gerichtet sein und den Zylinderzwischenraum genau parallel zur Rotationsachse durchsetzen. Sonst tritt einfache oder mehrfache Reflexion an den Zylinderwänden auf, wodurch der Polarisationszustand geändert und die Bestimmungen von Auslöschwinkel und Doppelbrechung gefälscht werden.

### d) Kompensatoren und Halbschatteneinrichtungen.

Die Doppelbrechungseffekte der verschiedenen organischen Systeme sind sehr verschieden stark. Einheitliche Flüssigkeiten sind in der Regel schwach doppelbrechend. Dasselbe gilt für verdünnte Lösungen von Kettenmolekülen. Hier hat man die Konzentrationen sehr niedrig zu halten, wenn man dem Zustand idealer Verdünnung nahe kommen will. Die Lösungen sollen nur etwa zwischen 10 und 100 mg gelöster Substanz in 100 cm³ enthalten. Naturgemäß sind dann auch die Doppelbrechungseffekte sehr klein. Sie lassen sich durch Verwendung langer Lichtwege in der strömenden Flüssigkeit verstärken. Ziemlich beträchtliche Doppelbrechung ergeben kolloide Lösungen mit dicht gebauten Teilchen, beispielsweise Eiweißlösungen. Bei diesen kann die Konzentration ohne merkliche gegenseitige Beeinflussung der Teilchen etwa 1 g in 100 cm³ Lösung betragen. Die Erforschung der Krystalloptik hat zu verschiedenen Verfahren der Messung kleinster, mittlerer und großer Gangunterschiede geführt, von denen mehrere bei Strömungsdoppelbrechungsmessungen Verwendung fanden. Die gebräuchlichsten werden im folgenden kurz beschrieben.

Für große Gangunterschiede eignet sich der BABINET-Kompensator. Der Gangunterschied, der in der doppelbrechenden Flüssigkeit zwischen gekreuzten *Nicols* entsteht, wird durch bewegliche Keile aus Bergkrystall auf Null kompensiert. Aus der Lage der Quarzkeile in Kompensationsstellung ergibt sich der Gangunterschied. FREUNDLICH, STAPELFELDT und ZOCHER[1] benützen diesen Kompensator bei Strömungsdoppelbrechungsmessungen.

Für mittlere Gangunterschiede wird häufig der Kompensator nach SÉNARMONT verwendet. Er findet sich in den Apparaten von v. MURALT und EDSALL[2, 3], SADRON[4] sowie SIGNER und GROSS[5] u. a. Das monochromatische Licht geht nacheinander durch den Polarisator, die doppelbrechende Flüssigkeitsschicht mit den Hauptschwingungsrichtungen in 45° Stellung zum Polarisator, durch ein doppelbrechendes Glimmerplättchen mit dem Gangunterschied von $1/4\,\lambda$ und den Hauptschwingungsrichtungen parallel und senkrecht zum Polarisator und endlich durch den drehbaren Analysator. Ohne doppelbrechende Flüssigkeitsschicht ergibt sich ein dunkles Gesichtsfeld, wenn der Polarisator und der Analysator gekreuzt sind. Bei Doppelbrechung in der zu untersuchenden Schicht muß der Analysator für Dunkelstellung um einen Winkel $\beta$ gedreht werden, welcher der Doppelbrechung proportional ist. Nach Gl. (32) berechnet man die Doppelbrechung $n_\gamma - n_\alpha$

$$n_\gamma - n_\alpha = \frac{\lambda \cdot \beta}{180° \cdot l} \tag{32}$$

aus der Länge $l$ der Flüssigkeitsschicht zwischen den Zylindern, der Wellenlänge $\lambda$ und dem Kompensationswinkel $\beta$. Mit Halbschattenplatten geeigneter Dicke zwischen der Glimmerplatte vom Gangunterschied $1/4\,\lambda$ und dem Analysator läßt sich $\beta$ auf etwa $1/10°$ genau ablesen. Dies gibt bei einer Flüssigkeitsschicht von $l = 5$ cm und einer Wellenlänge von 5000 Å einen Meßfehler im $n_\gamma - n_\alpha$ von $0{,}005 \cdot 10^{-6}$. Aus Gl. (32) ist ersichtlich, daß bei gegebenem $n_\gamma - n_\alpha$ die Drehung des Analysators proportional der Länge der

---

[1] FREUNDLICH, H., F. STAPELFELDT u. H. ZOCHER: Z. physik. Chem. **114**, 161 (1924).
[2] MURALT, A. v., and J. T. EDSALL: J. biol. Ch. **89**, 315, 351 (1930).
[3] MURALT, A. v., and J. T. EDSALL: Trans. Faraday Soc. **26**, 837 (1930).
[4] SADRON, C.: J. Physique et Radium (7) **7**, 263 (1936).
[5] SIGNER, R., u. H. GROSS: Z. physik. Chem. (A) **165**, 161 (1933).

Flüssigkeitsschicht wird. Man wird also zur Steigerung der Empfindlichkeit der Apparatur die Länge $l$ so groß wie möglich wählen. Mit zunehmendem $l$ wird allerdings die Vermeidung der Lichtreflexion an den Zylinderwänden wieder schwieriger.

Für sehr kleine Gangunterschiede wurden bisher zwei Verfahren angewendet. SNELLMAN und BJÖRNSTÅHL[1] bedienen sich des Kompensators nach BRACE, CERF[2] verwendet eine Quarzdoppelplatte nach BRAVAIS. Bei Flüssigkeiten mit so geringen Doppelbrechungswerten muß ganz besonders sorgfältig auf die Ausschaltung aller Fehler im Strahlengang geachtet werden. Mit diesem Problem haben sich BJÖRNSTÅHL[3], FREY-WYSSLING und WEBER[4] sowie CERF[2,5] eingehend beschäftigt.

### 4. Verschiedene Apparatetypen.

Die Anforderungen, die man an die Strömungsdoppelbrechungsapparate stellt, sind sehr verschieden und demnach sind ganz verschiedenartige Apparate im Gebrauch. Sie sind heute noch kaum standardisiert, sondern werden meist in den Werkstätten der wissenschaftlichen Laboratorien für besondere Zwecke hergestellt. Man kann sie nach verschiedenen Gesichtspunkten klassifizieren.

Ein erstes Einteilungsprinzip gibt das Gradientenintervall (vgl. S. 101). Zur Untersuchung von Lösungen starrer Teilchen großer Maße wie Viren usw. werden relativ kleine Strömungsgradienten benötigt. Reine Flüssigkeiten oder Lösungen von kleinen kolloiden Teilchen benötigen dagegen sehr hohe Gradienten. Zur Analyse polydisperser Lösungen soll ein sehr breites Gradientenintervall zur Verfügung stehen. Wenn nur kleine Gradienten benötigt werden, wird der Zylinderzwischenraum zur Erleichterung der optischen Anordnung groß gewählt. Für sehr hohe Gradientenbereiche bleiben zwei Möglichkeiten offen, entweder ein enger Zylinderzwischenraum bei Antrieb des Innenzylinders oder ein weiterer Zwischenraum bei Antrieb des Außenzylinders. Ein Satz von auswechselbaren Zylindern mit verschiedenem Radius gestattet das Gradientenintervall sehr zu verbreitern bei mäßiger Variationsbreite der Drehzahl.

Ein zweiter Gesichtspunkt zur Einteilung der Apparate ist die erzielbare Genauigkeit. Es werden sehr präzise oder mehr qualitative Messungen angestrebt. Hohe Präzision setzt best definierte Dimensionen des Strömungsapparates, konstante und genau bekannte Drehzahl des rotierenden Zylinders, Einhaltung einer bestimmten Temperatur der Flüssigkeit und hochwertige Optik voraus. Die höchsten Anforderungen werden an Apparate gestellt, mit denen sehr kleine Effekte mit großer Präzision gemessen werden sollen. Dieses Problem stellt sich, wenn die optischen Effekte sehr verdünnter Lösungen von Kettenmolekülen zu bestimmen sind oder bei der Untersuchung einheitlicher Flüssigkeiten. Die Apparate für diese Zwecke sind durch große Länge $l$ der Zylinder ausgezeichnet, sowie durch die Verwendung der empfindlichsten Kompensatoren. Sie erfordern einen sehr sorgfältigen Aufbau auf einer kräftigen optischen Bank und eine dauernde Kontrolle aller Fehlermöglichkeiten im Betrieb. Ihre Handhabung ist demnach sehr zeitraubend. Im Gegensatz dazu kann mit Apparaten zur mäßig genauen Bestimmung großer Effekte mit kleinen Flüssigkeitsmengen relativ rasch gearbeitet werden.

Die meisten Zylinderapparate werden heute aus Edelstahl gebaut. Viele besitzen Einrichtungen zur Abfuhr der Wärme, die in der Flüssigkeitsschicht beim Strömen erzeugt wird. Hierzu ist der feste Zylinder doppelwandig und von einer Thermostatenflüssigkeit durchströmt.

Im folgenden werden einige neuere typische Apparate kurz erwähnt. Wegen der vielen konstruktiven und meßtechnischen Einzelheiten muß auf die Orginalliteratur ver-

---

[1] SNELLMAN, O., u. G. BJÖRNSTÅHL: Kolloid-Beih. **52**, 403 (1941).
[2] CERF, R.: Rev. Optique, Paris **29**, 200 (1950).
[3] BJÖRNSTÅHL, J.: J. opt. Soc. Amer. **29**, 201 (1939).
[4] FREY-WYSSLING, A., u. E. WEBER: Helv. **24**, 278 (1941).
[5] CERF, R.: J. Chim. physique **48**, 85 (1951).

wiesen werden. Die Apparate von SADRON[1], SNELLMAN und BJÖRNSTÅHL[2], FRÉDÉRICQ und DESREUX[3], EDSALL und Mitarbeitern[4], SCHERAGA und BACKUS[5], KANAMARU und TANIOKU[6], TSVETKOV und PETROVA[7] arbeiten mit rotierenden Innenzylindern, engem Zwischenraum und eignen sich für exakte Messungen kleiner Effekte. Bei den beiden Apparaten von FRÉDÉRICQ und DESREUX sowie SNELLMAN und BJÖRNSTÅHL ist der Lichtstrahlengang horizontal, bei den anderen vertikal. Apparate mit rotierenden Außenzylindern wurden von GRAY und ALEXANDER[8], LAWRENCE, NEEDHAM und SHEN[9], sowie EDSALL, RICH und GOLDSTEIN[10] beschrieben. Ein handlicher Apparat für großes Gradientenintervall und mäßige Ansprüche an Genauigkeit wird von SIGNER[11] und Mitarbeitern[12, 13] verwendet. Der Zylinderapparat mit rotierendem Innenzylinder befindet sich auf dem drehbaren Tisch eines Polarisationsmikroskopes. Es lassen sich die für Polarisationsmikroskope hergestellten Kompensatoren und Halbschattenplatten verwenden.

## D. Experimentelle Ergebnisse.
### 1. Kolloide Lösungen mit mehr oder weniger starren Teilchen.
#### a) Viren.

Bei der Entdeckung und Isolierung einiger pflanzlicher Viren, die ausgeprägte Stabform besitzen, hat die Strömungsdoppelbrechung eine beachtliche Rolle gespielt. Zuerst wurde von TAKAHASHI[14] festgestellt, daß der Saft von Tabakpflanzen, die mit Mosaikvirus infiziert waren, starke Strömungsdoppelbrechung aufwies. LAUFFER und STANLEY[15] zeigten an gereinigtem Virus, daß die stabförmigen Teilchen, welche die starke Strömungsdoppelbrechung verursachen, die infektiösen Partikel sind.

Durch Verwenden von Lösungsmitteln von verschiedenem Brechungsindex, nämlich Glycerin-, Anilin-Wassermischungen, konnte LAUFFER[16] das Fehlen von Eigendoppelbrechung der Virusstäbchen ermitteln. Die Strömungsdoppelbrechung ist eine reine Formdoppelbrechung und verschwindet, wenn Lösungsmittel und Teilchen denselben Brechungsindex von 1,57 aufweisen. Je niedriger der Brechungsindex des Lösungsmittels, um so stärker die Strömungsdoppelbrechung. Diese Beobachtungen konnten wegen der leichten Orientierung der sehr massigen Virusteilchen in Capillarrohren ausgeführt werden.

Bei den großen Schichtdicken der Zylinderapparate sind die Virusteilchen schon in außerordentlicher Verdünnung zu erkennen. Durch den Gang des Auslöschwinkels und der Doppelbrechung mit dem Strömungsgradienten können Lösungen mit etwa 50 $\gamma$ Virus in 100 $cm^3$ scharf charakterisiert werden, wie KAUSCHE, GUGGISBERG und WISSLER[17] zeigten. Tabakmosaik-Virusteilchen wurden auch verwendet, um die Theorie der Strömungsdoppelbrechung kolloider Dispersionen mit starren Teilchen zu prüfen. Die Teilchendimensionen können einerseits mit Hilfe des Elektronenmikroskopes bestimmt und

---

[1] SADRON, C.: J. Physique et Radium (7) **7**, 263 (1936).
[2] SNELLMAN, O., u. G. BJÖRNSTÅHL: Kolloid-Beih. **52**, 403 (1941).
[3] FRÉDÉRICQ, et V. DESREUX: Bull. Soc. chim. Belg. **56**, 208 (1947).
[4] EDSALL, J. T., C. G. GORDON, J. W. MEHL, H. SCHEINBERG and D. W. MANN: Rev. sci. Instr. **15**, 243 (1944).
[5] SCHERAGA, H. A., and J. K. BACKUS: Am. Soc. **73**, 5108 (1951).
[6] KANAMARU, K., and T. TANIOKU: J. Soc. chem. Industr. Japan **45**, 196 (1942).
[7] TSVETKOV, V. N., and A. PETROVA: J. techn. Physics URSS **12**, 423 (1942).
[8] GRAY, V. R., and A. E. ALEXANDER: J. physic. Colloid Chem. **53**, 9 (1949).
[9] LAWRENCE, A. S. C., J. NEEDHAM and S. C. SHEN: J. gen. Physiol. **27**, 201 (1944).
[10] EDSALL, J. T., A. RICH and M. GOLDSTEIN: Rev. sci. Instr. **23**, 695 (1952).
[11] SIGNER, R., u. H. GROSS: Z. physik. Chem. (A) **165**, 161 (1933).
[12] NITSCHMANN, H.: Helv. **21**, 315 (1938).
[13] NITSCHMANN, H., u. H. GUGGISBERG: Helv. **24**, 434, 574 (1941).
[14] TAKAHASHI, W. N., and T. E. RAWLINS: Science, N. Y. **77**, 26 (1933).
[15] LAUFFER, M. A., and W. M. STANLEY: J. biol. Ch. **123**, 507 (1938).
[16] LAUFFER, M. A.: J. physic. Chem. **42**, 935 (1938).
[17] KAUSCHE, G. A., H. GUGGISBERG and A. WISSLER: Naturwiss. **27**, 303 (1939).

andererseits aus dem Auslöschwinkel der Strömungsdoppelbrechung nach S. 92[1] berechnet werden. Solche Untersuchungen wurden unter anderem von DONNET[2] ausgeführt und haben eine so gute Übereinstimmung ergeben, wie sie die Fehlerquellen der angewandten Methoden erwarten läßt.

Virusarten, die im Elektronenmikroskop Kugelform zeigen, verursachen in Lösung auch keine Strömungsdoppelbrechung. Daraus kann geschlossen werden, daß auch die gelösten Teilchen starr sind und durch die Strömung nicht deformiert werden. Ein Beispiel hierfür ist das Bohnenmosaikvirus, das elektronenmikroskopisch von PRICE, WILLIAMS und WYCKOFF[3] und auf Strömungsdoppelbrechung von PRICE[4] untersucht wurde.

### b) Proteine.

#### α) Erste Beobachtungen.

Etwa 1930, also lange vor der Aufstellung quantitativer Theorien, wurden die ersten Messungen der Strömungsdoppelbrechung an Proteinlösungen ausgeführt. Sie zeigten bereits den charakteristischen Gang von Auslöschwinkel und Doppelbrechung von Dispersionen länglicher Teilchen mit dem Gradienten. v. MURALT und EDSALL[5,6] arbeiteten mit dem Actomyosinkomplex, BOEHM und SIGNER[7] mit den Komponenten des Hühnereiweißes.

#### β) Ermittlung der Teilchengestalt aus dem Auslöschwinkel.

Theorie und Meßtechnik der Strömungsdoppelbrechung sind heute soweit entwickelt, daß diese Methode bei Teilchengrößenbestimmungen in der Proteinchemie häufig angewendet wird und neben der Lichtstreuung, der Ultrazentrifugierung und der Elektronenmikroskopie schon eine beachtliche Bedeutung hat. Die Auswertung der Ergebnisse setzt allerdings die Annahme eines einfachen geometrischen Molekülmodells voraus, eines Rotationsellipsoides, wie S. 86[5] auseinandergesetzt wurde. EDSALL und Mitarbeiter[8-11] haben systematische Untersuchungen an den Proteinen des Blutplasmas und an einigen anderen Eiweißen ausgeführt und die Ergebnisse mit denen der Ultrazentrifugierung verglichen. Sie finden für menschliches Fibrinogen eine Länge von 700 Å und eine Dicke von 38 Å in bester Übereinstimmung mit den Werten aus der Ultrazentrifuge. Menschliches $\gamma$-Globulin und Serumalbumin haben Längen von 230 bzw. 190 Å. Auch diese Werte stimmen auf einige Prozente mit den Ergebnissen der Ultrazentrifuge überein.

#### γ) Bestimmung der Eigenanisotropie der Eiweißteilchen.

Auf S. 95[5] finden sich die quantitativen Beziehungen, mit denen aus der Strömungsdoppelbrechung die Eigenanisotropie $n_1-n_2$ der gelösten Teilchen ermittelt werden kann. Es müssen hierzu bekannt sein der Volumenanteil der Proteinmoleküle in der Lösung, Auslöschwinkel $\chi$ und Strömungsdoppelbrechung $n_\gamma-n_\alpha$ bei einem bestimmten Gradienten sowie die Brechungsindices des Lösungsmittels und der ruhenden Lösung. Für verschiedene Proteinarten des menschlichen Blutplasmas haben EDSALL und FOSTER[11] derartige Bestimmungen ausgeführt. Sowohl beim Albumin als auch beim Globulin und Fibrinogen liegen die Hauptpolarisierbarkeiten und damit die größeren Brechungsindices senkrecht

---

[1] KAUSCHE, G. A., H. GUGGISBERG and A. WISSLER: Naturwiss. **27**, 303 (1939).
[2] DONNET, J. B.: Cr. **229**, 189 (1949).
[3] PRICE, W. C., R. C. WILLIAMS and R. W. G. WYCKOFF: Arch. Biochem. **9**, 175 (1946).
[4] PRICE, W. C.: Science, N. Y. **101**, 515 (1945).
[5] MURALT, A. v., and J. T. EDSALL: J. biol. Ch. **89**, 315, 351 (1930).
[6] MURALT, A. v., and J. T. EDSALL: Trans. Faraday Soc. **26**, 837 (1930).
[7] BOEHM, G., and R. SIGNER: Helv. **14**, 1370 (1931).
  EDSALL, J. T., C. G. GORDON, J. W. MEHL, H. SCHEINBERG and D. W. MANN: Rev. sci. Instr. **15**, 243 (1944).
[9] FOSTER, J. F., and J. T. EDSALL: Am. Soc. **67**, 617 (1945).
[10] EDSALL, J. T., J. F. FOSTER and H. SCHEINBERG: Am. Soc. **69**, 2731 (1947).
[11] EDSALL, J. T., and J. F. FOSTER: Am. Soc. **70**, 1860 (1948).

zur Längsachse der Teilchen. Das bovine Fibrinogen wurde von HOCKING, LASKOWSKI und SCHERAGA[1], das Seidenfibroin von CERF[2] untersucht.

### δ) Aggregations- und Desaggregationsphänomene.

Veränderungen von Teilchenmasse und -gestalt in kolloiden Lösungen treten in der Strömungsdoppelbrechung sehr deutlich in Erscheinung, besonders im Auslöschwinkel. Deshalb werden Aggregations- und Desaggregationsvorgänge in Proteinlösungen häufig und erfolgreich mit der Strömungsdoppelbrechungsmethode untersucht.

Das *Hämocyanin* von Helix pomatia mit einem Molekulargewicht von $8,9 \cdot 10^6$ wird durch Variation von $p_H$ und Salzkonzentration in Teilchen der halben Masse und in Achtel zerlegt, wie SVEDBERG und Mitarbeiter mit der Ultrazentrifuge feststellten. Aus den Reibungsfaktoren der Teilchen bei der Sedimentation ergab sich ferner, daß die Teilchenlänge von etwa 1000 Å dabei unverändert bleibt. Die Aufspaltung muß also parallel zur Längsachse erfolgen. Das Hämocyanin von Helix pomatia und seine Spaltstücke wurden von SNELLMAN und BJÖRNSTÅHL[3] auf Strömungsdoppelbrechung untersucht, wobei diese Dissoziationsart bestätigt werden konnte.

Beim *Fibrinogen-Thrombinsystem* konnte die Bildung länglicher Aggregate von etwa 5000 Å vor der Gelbildung beobachtet werden. FOSTER und seine Mitarbeiter[4] arbeiteten mit Systemen, bei denen Hexamethylenglykol als Inhibitor der Gelbildung von Anfang an zugegen war, SCHERAGA und BACKUS[5] setzten den Inhibitor zu, nachdem die Aggregation kurze Zeit ablaufen konnte. Ausführliche Strömungsdoppelbrechungsuntersuchungen wurden am *Actomyosin* ausgeführt. Hierbei traten Veränderungen von Teilchengestalt und Größe deutlich in Erscheinung. Die ersten Beobachtungen stammen von v. MURALT und EDSALL[6, 7], dann folgt eine Reihe von Untersuchungen durch LAWRENCE[8-11] und Mitarbeiter sowie MOMMAERTS[12]. BINKLEY[13] verglich das native Actomyosin mit Mischungen von krystallisiertem Myosin und faserigem Actin und schloß aus den Beobachtungen auf das Mengenverhältnis der beiden Komponenten im nativen Material.

*Caseinlösungen* wurden von NITSCHMANN und GUGGISBERG[14] in Gegenwart verschiedener Salze und variabler Salzkonzentration auf den Aggregationszustand der Teilchen untersucht.

Bei *Gelatinelösungen* wurde sowohl der Teilchenbestand in Solen als auch der Übergang des Sol- in den Gelzustand untersucht. SCATCHARD und Mitarbeiter[15] berichten über Messungen an Solen von EDSALL und FOSTER, nach denen bei Rhodanidzusatz nur kleine Teilchen vorliegen, während mit Natriumchlorid deutliche Aggregation erfolgt. Der Sol-Gelübergang wurde von JOLY[16] untersucht. Aus dem Gang des Auslöschwinkels mit der Zeit wird geschlossen, daß sich zuerst längliche Teilchen bilden, die sich dann in allen Richtungen vernetzen. Im ersten Stadium sinkt der Auslöschwinkel von 45° zu kleineren Werten entsprechend der leichteren Orientierung großer Teilchen; im Stadium der Vernetzung nimmt der Auslöschwinkel wieder zu.

---

[1] HOCKING, C., M. LASKOWSKI and H. A. SCHERAGA: Am. Soc. **74**, 775 (1952).
[2] CERF, R.: Cr. **226**, 405 (1948).
[3] SNELLMAN, O., u. G. BJÖRNSTÅHL: Kolloid-Beih. **52**, 403 (1941).
[4] FOSTER, J. F., E. G. SAMSA, S. SHULMAN and J. D. FERRY: Arch. Biochem. **34**, 417 (1951).
[5] SCHERAGA, H. A., and J. K. BACKUS: Am. Soc. **74**, 1979 (1952).
[6] MURALT, A. v., and J. T. EDSALL: J. biol. Ch. **89**, 315, 351 (1930).
[7] MURALT, A. v., and J. T. EDSALL: Trans. Faraday Soc. **26**, 837 (1930).
[8] LAWRENCE, A. S. C., J. NEEDHAM and S. C. SHEN: J. gen. Physiol. **27**, 201 (1944).
[9] DAINTY, M., A. KLEINZELLER, A. S. C. LAWRENCE, M. MIALL, J. NEEDHAM and S. C. SHEN: J. gen. Physiol. **27**, 355 (1944).
[10] LAWRENCE, A. S. C., M. MIALL, J. NEEDHAM and S. C. SHEN: J. gen. Physiol. **27**, 233 (1944).
[11] NEEDHAM, J., S. C. SHEN, D. M. NEEDHAM and A. S. C. LAWRENCE: Nature **147**, 766 (1941).
[12] MOMMAERTS, W. F. H. M.: Nature **156**, 631 (1945).
[13] BINKLEY, F.: J. biol. Ch. **174**, 385 (1948).
[14] NITSCHMANN, H., u. H. GUGGISBERG: Helv. **24**, 434, 574 (1941).
[15] SCATCHARD, G., J. L. ONCLEY, J. W. WILLIAMS and A. BROWN: Am. Soc. **66**, 1980 (1944).
[16] JOLY, M.: Bull. Soc. Chim. biol. **30**, 404 (1948); **31**, 108 (1949).

### c) Micellare Seifenlösungen.

Systematische Untersuchungen an wäßrigen Lösungen von Natriumoleat wurden von SNELLMAN[1] ausgeführt. Die Bildung langgestreckter Micellen erfolgt bei Zimmertemperatur in einem Konzentrationsgebiet von etwa 6—10%. Mit steigender Temperatur verschiebt sich die Übergangskonzentration zu höheren Werten. An wäßrigen Lösungen, die neben Natriumoleat noch Kaliumchlorid enthielten, wurde die Strömungsdoppelbrechung von BUNGENBERG DE JONG und VAN DEN BERG[2] untersucht. Daß Alkali- und Erdalkalisalze höherer Fettsäuren in Benzol hochviscose Lösungen mit starker Strömungsdoppelbrechung ergeben, beobachteten ARKIN und SINGLETERRY[3]. Ähnliche kolloide Systeme ergeben sich, wenn hydratisiertes Calciumstearat in Mineralöl suspendiert wird, wie GALLAY und PUDDINGTON[4] beobachteten.

Die Abhängigkeit wäßriger Seifenlösungen von der Wasserstoffionenkonzentration wurde von THIELE[5] untersucht. Beim Übergang der geladenen in die ungeladene Form der Carboxylgruppe ändert sich die Micellenstruktur reversibel und damit auch das Vorzeichen der Doppelbrechung.

Ausführliche Untersuchungen an Seifen mit Kohlenwasserstoffresten im Kation wurden von BACKUS[6] und SCHERAGA[7] ausgeführt. Alkyltrimethylammoniumbromide ergeben in wäßrigen Lösungen oberhalb einer kritischen Konzentration starre, langgestreckte Micellen, wenn der Alkylrest mindestens 16 Kohlenstoffatome aufweist, und noch viel Kaliumbromid zugesetzt wird. Die Micellgröße steigt mit der Länge der Kohlenstoffkette im Alkylrest und mit der Salzkonzentration. Glycerinzusatz verringert die Micellgröße, ohne den optischen Charakter der Micellen zu beeinflussen.

## 2. Kolloide Lösungen mit deformierbaren Teilchen (Kettenmoleküle in Knäuelform).

### a) Die Unterschiede in der Strömungsdoppelbrechung von Lösungen starrer und deformierbarer Teilchen.

Unter den Molekülen mit Kettenstruktur gibt es bezüglich Teilchengestalt und Teilchendeformierbarkeit beim Strömen große Unterschiede. Eine bestimmte Teilchenart bildet im allgemeinen in guten Lösungsmitteln voluminösere, leichter deformierbare Knäuel als in schlechten Lösungsmitteln. Neben dem Lösungsmittel ist die Konstitution der Kette von Bedeutung, insbesondere der Grad der Drehbarkeit benachbarter Glieder um die Valenzrichtungen. Sterische Hinderung durch Seitengruppen längs der Kette oder Kraftwirkungen zwischen solchen Seitengruppen stabilisieren die Molekülgestalt und vermindern die Deformierbarkeit beim Strömen. Desoxyribonucleinsaures Natrium zeigt beispielsweise in wäßrigen Lösungen nur wenig gekrümmte, fast starre Teilchen. Cellulose und Cellulosederivate ergeben weniger steife Teilchen. Polymere Kohlenwasserstoffe wie Polyisobutylen und Naturkautschuk liefern sehr bewegliche, leicht deformierbare Teilchen.

Aus der Strömungsdoppelbrechung verdünnter Lösungen kann qualitativ auf den Grad der Deformierbarkeit der Teilchen geschlossen werden. Man mißt bei einer möglichst verdünnten Lösung den Gang von $\chi$ und von $n_\gamma - n_\alpha$ über ein großes Gradientenintervall. Bei starren Teilchen sind der Gang des Auslöschwinkels und der Doppelbrechung mit dem Gradienten über die Tabellen 1 und 2 und die Gl. (18) miteinander verknüpft. Im Gradientengebiet, in dem $\chi$ von 45° ab um etwa 10° fällt, steigt $f$ und damit die Doppelbrechung nahezu linear mit dem Gradienten an. In dem Gebiet großer Gradienten, in

---

[1] SNELLMAN, O.: Ark. Kemi, Mineral. Geol. **19 B**, Nr. 5 (1944).
[2] BUNGENBERG, H. G. DE JONG, and H. J. VAN DEN BERG: Proc. Kon. ned. Akad. Wet. Amsterdam **51**, 1197 (1948).
[3] ARKIN, L., and C. R. SINGLETERRY: J. Colloid Sci. **4**, 537 (1949).
[4] GALLAY, W., and J. E. PUDDINGTON: Canad. J. Res. (B) **22**, 173 (1944).
[5] THIELE, H.: Kolloid-Z. **112**, 73; **113**, 155 (1949).
[6] BACKUS, J. K., and H. A. SCHERAGA: J. Colloid Sci. **6**, 508 (1951).
[7] SCHERAGA, H. A., and J. K. BACKUS: Am. Soc. **73**, 5108 (1951).

welchem der Auslöschwinkel von etwa 5° auf 0° absinkt, steigt die Doppelbrechung nur noch sehr wenig an. Die ganze Doppelbrechungskurve steigt also mit dem Gradienten zuerst linear und dann immer schwächer an und nähert sich bei sehr hohen Gradienten asymptotisch einem Sättigungswert.

Bei deformierbaren Teilchen ist der Doppelbrechungsanstieg mit dem Gradienten ein ganz anderer. Mäßig deformierbare Teilchen zeigen einen linearen Anstieg in einem großen Gradientenintervall, bei dem der Winkel von 45° auf 20° und darunter fällt. Sehr leicht deformierbare Teilchen ergeben bei kleinem Gradienten sogar einen Doppelbrechungsanstieg, der rascher als proportional zum Gradienten erfolgt. Diese Verhältnisse sind schematisch in Abb. 14 festgehalten. Die Maßstäbe für die Doppelbrechungen der Kurven 1—3 sind willkürlich so gewählt, daß die Kurven bei kleinsten Gradienten übereinstimmen. Die Abweichungen der Doppelbrechungskurven 2 und 3 von der Kurve 1 für starre Teil-

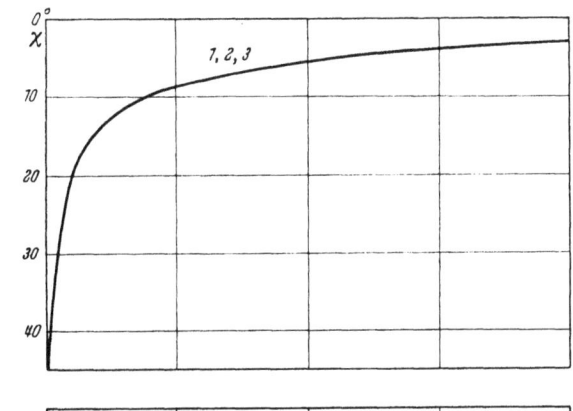
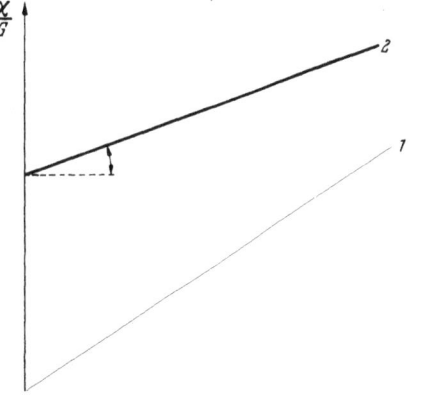

Abb. 14. Anstieg der Strömungsdoppelbrechung mit dem Gradienten für verschieden deformierbare Teilchen. Kurve 1: starre Teilchen, Kurve 2: deformierbare Teilchen, Kurve 3: leicht deformierbare Teilchen.

Abb. 15. Anfangsneigung der Auslöschwinkelkurve $d\chi/dG$ bei variabler Viscosität des Lösungsmittel $\eta_0$. Kurve 1: starre Teilchen, Kurve 2: deformierbare Teilchen.

chen ergeben also das Maß der Deformierbarkeit der Teilchen. Die ersten Beobachtungen dieser Art stammen von SIGNER und GROSS[1]. Polystyrol gibt eine Doppelbrechungskurve vom Typus 3 der Abb. 14, Nitrocellulose mit wesentlich starreren Teilchen eine Kurve, die zwischen den Kurven 1 und 2 der Abb. 14 liegt. Dieser Kurventyp wurde auch von SCHWANDER und CERF[2] bei Thymonucleinsäure gefunden. Sehr leicht deformierbar sind die Moleküle von Polyisobutylen. Sie ergeben nach TSVETKOV und FRISMAN[3] den Doppelbrechungsanstieg nach Kurve 3 in Abb. 14.

Ein zweites Verfahren zur Unterscheidung von elliptischen starren Teilchen und deformierbaren Knäueln besteht in der Messung des Auslöschwinkels verdünnter Lösungen unter Variation der Viscosität des Lösungsmittels. Es kann dies entweder durch Temperaturvariation oder mit einem zweikomponentigen Lösungsmittel durch wechselnde Zusammensetzung erzielt werden. Dabei muß allerdings vorausgesetzt werden, daß die Teilchengestalt ohne Strömung bei den verschiedenen Temperaturen oder in den verschiedenen Lösungsmitteln unverändert bleibt. Ferner sollte bei den Knäueln in der strömenden Lösung keine Durchspülung, sondern ausschließliches Fließen des Lösungsmittels um das Teilchen stattfinden. Man bestimmt für die einzelnen verdünnten

---

[1] SIGNER, R., u. H. GROSS: Z. physik. Chem. (A) **165**, 161 (1933).
[2] SCHWANDER, H., and R. CERF: Helv. **32**, 2510 (1949).
[3] TSVETKOV, V. N., u. E. FRISMAN: Acta physicochim. URSS **20**, 61, 363 (1945).

Lösungen in den Lösungsmitteln verschiedener Viscosität die Neigung der Auslöschwinkelkurve $d\chi/dG$ beim Gradienten 0 und trägt diese Werte als Funktion der Viscosität der Lösungsmittel auf. Für starre Teilchen ergibt sich nach CERF[1-4] eine durch den Koordinatenursprung laufende Gerade, wie sie die Linie 1 in Abb. 15 zeigt. Das Modell der elastischen Kugel liefert die Gerade 2 in Abb. 15. Der Ordinatenabschnitt ergibt die innere Viscosität des aus Kettensegmenten und eingeschlossenem Lösungsmittel bestehenden Teilchens. Aus der Neigung der Kurve läßt sich der Elastizitätskoeffizient des Teilchens bestimmen. Für Lösungen von Thymonucleinsäure in Glycerin-Wassermischungen wurde im Bereich kleiner Viscositäten von SCHWANDER und CERF[5] eine Kurve vom Typus 1 der Abb. 15 gefunden. Daraus wird auf starre, gestreckte Teilchen geschlossen. Bei Polystyrollösungen wurde von CERF[6,7] die Viscositätsveränderung durch Temperaturvariation erzielt und eine Kurve vom Typus 2 der Abb. 15 beobachtet.

### b) Die Konzentrationsabhängigkeit von Auslöschwinkel und Doppelbrechung.

Kettenförmige Makromoleküle bilden in ruhenden Lösungen lockere, kugelförmige Knäuel. Vom Volumen des ganzen Knäuels beträgt das Eigenvolumen des Makromoleküls je nach der Güte des Lösungsmittels etwa $1/100$—$1/1000$. In ideal verdünnten Lösungen muß die mittlere Distanz zwischen benachbarten Knäueln ein Vielfaches ihres Durchmessers betragen. Solche Lösungen dürfen also in 100 cm³ höchstens einige Milligramme gelöster Substanz enthalten. In höheren Konzentrationen treten verschiedenartige Wechselwirkungen zwischen den Teilchen auf, die einer exakten theoretischen Behandlung noch nicht zugänglich sind. Die ideal verdünnten Lösungen weisen andererseits so geringe Strömungsdoppelbrechungseffekte auf, daß ihre exakte Messung nur mit empfindlichen Apparaten durchgeführt werden kann. Demzufolge ist das Schrifttum heute noch arm an entsprechenden Untersuchungen.

SCHWANDER und CERF[8] haben wäßrige, kochsalzhaltige Lösungen von 5—20 mg sehr hochmolekularen Natriumthymonucleinats in 100 cm³ untersucht. Die Kurven der Auslöschwinkel bei variablem Strömungsgradienten fallen für alle Konzentrationen zusammen, wie dies für ideal verdünnte Lösungen theoretisch zu erwarten ist. Der Anstieg der Strömungsdoppelbrechung ist bei jeder Konzentration in dem kleinen Gradientengebiet von 0—100 sec⁻¹ proportional zum Gradienten. Bei konstantem Gradienten und variabler Konzentration nimmt die Doppelbrechung bereits rascher zu als proportional zum Gradienten. Für die Doppelbrechungsmessungen ist also das Konzentrationsgebiet von 5—20 mg in 100 cm³ schon zu hoch für ideal verdünnte Lösungen. Dies stimmt auch mit dem Viscositätsverhalten überein, indem die Viscositätserhöhung der Lösung über das Lösungsmittel auch in diesen hohen Verdünnungen schon stärker als proportional zur Konzentration ansteigt.

Bei konz. Lösungen von Kettenmolekülen mit etwa 100 mg bis einigen Grammen gelöster Substanz in 100 cm³ Lösung und spezifischen Viscositäten zwischen etwa 2 und etwa 20 sind die Strömungsdoppelbrechungseffekte beträchtlich. Es lassen sich deshalb sowohl die Orientierungswinkel $\chi$ als auch die Doppelbrechungsbeträge $n_\gamma - n_\alpha$ mit einfachen Apparaten genau bestimmen. Dagegen ist die quantitative theoretische Deutung der Effekte schwierig. Die Molekülknäuel durchdringen sich gegenseitig und werden bei der Strömung deformiert und orientiert. Jeder einzelne Effekt, wie Durchdringung, Deformation und Orientierung, ist in komplizierter Weise von der Konzentration der Lösung abhängig.

---

[1] CERF, R.: Cr. **226**, 1586 (1948).
[2] CERF, R.: Cr. **227**, 1221 (1948).
[3] CERF, R.: Cr. **227**, 1352 (1948).
[4] CERF, R.: J. Chim. physique, Physico-Chim. biol. **48**, 59 (1951).
[5] SCHWANDER, H., and R. CERF: Helv. **34**, 436 (1951).
[6] CERF, R.: J. Chim. physique, Physico-Chim. biol. **48**, 85 (1951).
[7] CERF, R.: Cr. **230**, 81 (1950).
[8] SCHWANDER, H., u. R. CERF: Helv. **32**, 2356 (1949).

Von Signer[1], Signer und Gross[2] und Tsvetkov und Frisman[3] wurden Cellulosederivate, Kautschuk und synthetische Kettenmoleküle in verschiedenen Konzentrationen untersucht. Die Kurven der Auslöschwinkel für verschiedene Gradienten haben eine ähnliche Form wie bei starren rotationselliptischen Teilchen. Sie beginnen ebenfalls für alle Konzentrationen bei 45°, und sinken mit steigendem Gradienten erst rasch und dann immer langsamer ab. Charakteristisch für die Knäuelmoleküle sind die folgenden beiden Einflüsse der Konzentration. Der erste betrifft den Auslöschwinkel, der zweite die Doppelbrechung. Je höher die Konzentration, um so rascher ist der Abfall der Auslöschwinkel von 45° mit dem Gradienten und um so tiefer liegt die Kurve. Die Doppelbrechungsbeträge $n_\gamma - n_\alpha$ steigen bei einem bestimmten Gradienten rascher an als proportional zur Zahl gelöster Moleküle.

Beide Konzentrationseffekte lassen sich folgendermaßen qualitativ deuten: Bei Lösungen von Kettenmolekülen steigt die Viscosität mit der Konzentration viel stärker als bei Lösungen von kompakten Kolloidteilchen. Mit steigender Viscosität der Lösung nimmt bei konstantem Strömungsgradient die Scherkraft zu. Sie ist proportional zum Produkt aus Strömungsgradient und Viscosität. Die höhere Scherkraft in konz. Lösungen bewirkt eine stärkere Deformation und Orientierung des einzelnen Knäuelmoleküls und damit einen kleineren Auslöschwinkel $\chi$ der Lösung und einen stärkeren Doppelbrechungsbeitrag des einzelnen Teilchens. Trägt man die Orientierungswinkel für verschiedene Konzentrationen gegen die Scherkraft statt den Strömungsgradienten auf, so ergibt sich noch keine universelle Kurve. Hieraus ist zu schließen, daß die Teilchendeformation und Orientierung außer von der Scherkraft auch noch von dem Grad der gegenseitigen Durchdringung der benachbarten Moleküle abhängt.

Eine einfache quantitative Beschreibung der Konzentrationsabhängigkeit von $\chi$ und von $n_\gamma - n_\alpha$ über ein sehr weites Konzentrationsgebiet von 0 bis ca. 10 g gelöster Substanz in 100 cm³ Lösung ist Peterlin und Signer[4] gelungen. Sie beschränken sich auf das Gebiet kleiner Strömungsgradienten, also auf die beginnende Teilchendeformation und Teilchenorientierung. Zu jedem Strömungsgradienten, bei dem $\chi$ und $n_\gamma - n_\alpha$ bestimmt werden, wird auch die bei diesem Gradienten vorhandene Viscosität $\eta$ der Lösung bestimmt. Trägt man nun den Orientierungswinkel $\chi$ einer beliebig konz. Lösung einer bestimmten hochmolekularen Substanz in einem bestimmten Lösungsmittel gegen $(\eta - \eta_0) \cdot G/c$ auf, so erhält man eine von der Konzentration unabhängige Kurve. $\eta_0$ bedeutet im Ausdruck $(\eta - \eta_0) \cdot G/c$ die Viscosität des Lösungsmittels, $G$ den Strömungsgradienten und $c$ die Konzentration. Die Anfangsneigung der Kurve ergibt die für die Teilchenart in diesem Lösungsmittel charakteristische Orientierungszahl. Trägt man die Doppelbrechung einer beliebig konz. Lösung über $(\eta - \eta_0) \cdot G$ auf, so ergibt sich ebenfalls eine universelle Kurve. Aus ihrer Anfangsneigung läßt sich die optische Anisotropie des Moleküls $\alpha_1 - \alpha_2$ ablesen. Diesen Berechnungsarten liegt die Vorstellung zugrunde, das hydrodynamische Verhalten des Moleküls sei bei der Viscositätsmessung und bei der Messung der optischen Daten $\chi$ und $n_\gamma - n_\alpha$ dasselbe. Es sollen sich demnach die hydrodynamischen Konstanten aus der Viscositätsmessung entnehmen und in die Strömungsdoppelbrechungsmessung einsetzen lassen. Die bisherigen Messungen an Nitrocellulosen und Polystyrolen verschiedenen Moleculargewichtes bestätigen die Vorstellung. Damit scheint für die Strömungsdoppelbrechungsmessung von Kettenmolekülen ein wichtiges Feld erschlossen. Es wird möglich sein, von den großen Doppelbrechungseffekten mäßig konz. Lösungen direkt auf die molekularen Daten der Knäuelmoleküle zurückzuschließen. Man dürfte also der sehr schwierigen Aufgabe der Untersuchung verdünnter Lösungen enthoben sein.

---

[1] Signer, R.: Z. physik. Chem. (A) **150**, 257 (1930).
[2] Signer, R., u. H. Gross: Z. physik. Chem. (A) **165**, 161 (1933).
[3] Tsvetkov, V. N., u. E. Frisman: Acta physicochim. URSS **20**, 61, 363 (1945).
[4] Peterlin, A., u. R. Signer: Helv. **36**, 1575 (1953).

### c) Der Einfluß des Molekulargewichtes auf Auslöschwinkel und Doppelbrechung.

Abb. 16 zeigt den typischen Gang des Auslöschwinkels mit dem Strömungsgradienten und dem Molekulargewicht. Es handelt sich um sehr verdünnte Lösungen, bei denen die Auslöschwinkel von der Konzentration praktisch unabhängig sind. Die Lage der ganzen Kurve ist stark vom Molekulargewicht abhängig. Dies gilt besonders vom linearen Anfangsstück bei kleinen Gradienten. Eine einfache Berechnung der Molekulargewichte aus der Auslöschwinkelkurve ist aber ohne Kenntnis des Durchspülungsgrades und der inneren Beweglichkeit der Knäuel nicht möglich. Für frei durchspülte weiche Knäuel wird von den heutigen Theorien eine Anfangsneigung der Auslöschwinkelkurve proportional zum Molekulargewichtsquadrat postuliert. Bei undurchspülten Knäueln ist die Anfangsneigung proportional zum Molekulargewicht. Die Molekülsteifheit äußert sich im Proportionalitätsfaktor. Eine Übersicht über die zahlreichen theoretischen Ansätze und eine Diskussion der noch spärlichen Messungen an genügend langen Reihen polymerhomologer Produkte findet sich bei PETERLIN und STUART[1].

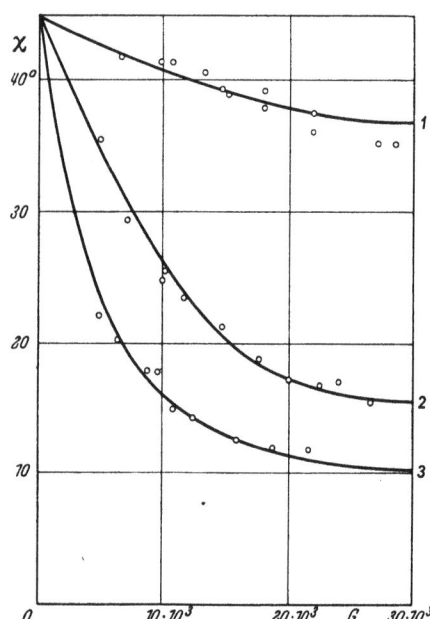

Abb. 16. Auslöschwinkel verdünnter Lösungen von Nitrocellulosen verschiedenen Molekulargewichtes in Butylacetat, nach SIGNER und GROSS. 1. Molekulargewicht etwa $4 \cdot 10^4$; Konzentration 0,45 g in 100 cm³; $\eta_{sp} = 0,95$. 2. Molekulargewicht etwa $3 \cdot 10^5$; Konzentration 0,06 g in 100 cm³; $\eta_{sp} = 0,54$. 3. Molekulargewicht etwa $7 \cdot 10^5$; Konzentration 0,03 g in 100 cm³; $\eta_{sp} = 0,38$.

In verdünnten Lösungen und in einem genügend kleinen Gradientengebiet steigt für ein und dieselbe Substanz aus einer polymerhomologen Reihe die Strömungsdoppelbrechung $n_\gamma - n_\alpha$ proportional zum Strömungsgradienten, ferner proportional zur Konzentration $c$ und proportional zur Viscosität $\eta$. Für diese sehr verdünnten Lösungen ist die Viscosität $\eta$ nur wenig höher als diejenige des Lösungsmittels. Die Strömungsdoppelbrechung des einen Stoffes läßt sich in einem Lösungsmittel demnach durch den Quotienten aus $n_\gamma - n_\alpha$ und dem Produkt $G \cdot \eta \cdot c$ charakterisieren. Der Quotient steigt in der polymerhomologen Reihe mit dem Molekulargewicht an. Für den frei durchspülten weichen Knäuel soll der Anstieg dem Molekulargewicht proportional gehen. Bei wenig durchspülten Knäueln postuliert die Theorie einen Gang etwa mit der Wurzel aus dem Molekulargewicht. Genauere Angaben über den Stand der Theorie und der experimentellen Prüfung finden sich ebenfalls bei PETERLIN und STUART[1].

### d) Der Einfluß des Lösungsmittels.

Auslöschwinkel und Doppelbrechung sind bei Lösungen von ein und derselben Substanz in verschiedenen Lösungsmitteln stark verschieden, wie SIGNER[2] und TSVETKOV und FRISMAN[3] an polymeren Kohlenwasserstoffen feststellten. Die quantitative theoretische Deutung der Effekte ist schwierig, da sich mit dem Lösungsmittel die Dichte und innere Beweglichkeit der Knäuel sowie das innere ektrische Feld ändern. Unter der Annahme, daß sich die Knäuelgestalt in den verschiedenen Lösungsmitteln nicht ändert, berechnete SADRON[4] den Gang der Doppelbrechung mit dem Brechungsindex des Lösungsmittels.

---

[1] PETERLIN, A., u. H. A. STUART: Künstliche Doppelbrechung. In STUART, H. A. (Hrsgb.:) Das Makromolekül in Lösungen (Physik der Hochpolymeren Bd. 2). S. 595—606. Berlin, Göttingen, Heidelberg 1953.
[2] SIGNER, R.: Z. physik. Chem. (A) **150**, 257 (1930).
[3] TSVETKOV, V. N., u. E. FRISMAN: Acta physicochim. URSS **20**, 61, 363 (1945).
[4] SADRON, C.: J. Physique et Radium (7) **8**, 481 (1937).

### e) Der Einfluß der Konstitution der Kettenmoleküle.

Der Verzweigungsgrad von Kettenmolekülen tritt nach SIGNER[1] sowohl im Auslöschwinkel als auch in der Doppelbrechung in Erscheinung. Mit dem Verzweigungsgrad sinken bei gegebenem Molekulargewicht die Molekülorientierung und der Betrag der Doppelbrechung. Für eine quantitative Auswertung dieser Effekte fehlen sowohl die theoretischen Unterlagen als auch eine genügend große Zahl von Messungen von Vergleichssubstanzen bestimmter Konstitution. Das Vorzeichen und die Stärke der Strömungsdoppelbrechung geben Anhaltspunkte über die Polarisierbarkeit des Moleküls in der Kettenrichtung und senkrecht dazu. Es ist allerdings der Brechungsindex des Lösungsmittels mit zu berücksichtigen. Aus der starken negativen Strömungsdoppelbrechung von Lösungen der Thymonucleinsäure, der Cellulosenitrate und des Polystyrols kann direkt geschlossen werden, daß das Kettenmolekül in der Längsrichtung viel schwächer polarisierbar ist als senkrecht dazu. Dies steht im Einklang mit Lage und Hauptpolarisierbarkeit der seitenständigen Purin- und Pyrimidinreste der Nucleinsäure, der Nitratgruppe im Cellulosederivat und der Phenylreste im Polystyrol. Bei positiver Strömungsdoppelbrechung ist das Vorzeichen der Eigendoppelbrechung des Kettenmoleküls unbestimmt. Es kann schwache negative Eigendoppelbrechung vorliegen, die durch den positiven Formdoppelbrechungseffekt überkompensiert ist. Dies ist besonders in Lösungsmitteln zu erwarten, deren Brechungsindex von dem Brechungsindex der gelösten Substanz stark abweicht. Um das Vorzeichen der Doppelbrechung der gelösten Moleküle allein zu erhalten, wird man also für die Strömungsdoppelbrechung ein Lösungsmittel mit gleichem Brechungsindex wie die gelöste Substanz wählen.

### f) Der Einfluß der Polydispersität.

Es liegen Beobachtungen der Strömungsdoppelbrechung an folgenden drei Typen polydisperser Lösungen vor. Beim ersten Typus befinden sich neben den Kettenmolekülen grobdisperse, leicht orientierbare Teilchen viel größerer Masse in der Lösung. Beim zweiten Typus sind zwei Arten von Kettenmolekülen mit ganz verschiedener Eigenanisotropie gegeben. Beim dritten Typus von polydispersen Lösungen haben die Kettenmoleküle denselben Baustein, aber es liegen verschiedene Molekulargewichte vor. Die Strömungsdoppelbrechung spricht auf alle drei Arten der Polydispersität charakteristisch an.

Lösungen von Acetylcellulosen, die neben Kettenmolekülen längliche Cellulosemicellen enthalten, wurden von SIGNER und Mitarbeitern[2] untersucht. Die Doppelbrechung $n_\gamma - n_\alpha$ steigt schon bei kleinen Gradienten auf einen hohen Wert an, der bei einer weiteren starken Gradientenerhöhung nur noch wenig zunimmt. Die leichte Orientierung der großen Micellen verursacht die starke Doppelbrechung im Gebiet niedriger Gradienten. Bei hohen Gradienten werden auch die Kettenmoleküle orientiert, aber die hierdurch bedingte zusätzliche Doppelbrechung ist nur klein im Vergleich zum Doppelbrechungsanteil der Micellen. Ähnliche Effekte konnten TSVETKOV und PETROWA[3,4] an Kautschuklösungen beobachten. Die grobdispersen Anteile ließen sich aus den Lösungen abtrennen, worauf die verbleibenden Kettenmoleküle normale Strömungsdoppelbrechungseffekte zeigten.

Pektine, mit Micellen neben Kettenmolekülen, wurden von SNELLMAN und SÄVERBORN[5] untersucht. Der Orientierungswinkel weicht bei kleinen Gradienten stark von 45° ab, nähert sich bei höheren Gradienten dem 45°-Wert, um bei noch stärkeren Gradienten wieder abzufallen. Der erste starke Abfall bei kleinen Gradienten rührt von der Orientierung der Micellen her. Bei mittleren Gradienten überlagern sich die Effekte der Micellen

---

[1] SIGNER, R.: Helv. **19**, 897 (1936).
[2] SIGNER, R., A. AEBY, F. OPDERBECK u. H. STUDER: Mh. Chem. **81**, 232 (1950).
[3] TSVETKOV, V. N., and A. PETROVA: J. techn. Physics URSS. **14**, 289 (1944).
[4] TSVETKOV, V. N., and A. PETROVA: Rubber Chem. Technol. **19**, 360 (1946).
[5] SNELLMAN, O., u. S. SÄVERBORN: Kolloid-Beih. **52**, 467 (1941).

und der Kettenmoleküle, deren Hauptorientierung noch nahe bei 45° liegt. Bei sehr hohen Gradienten sind auch die Kettenmoleküle nahezu in die Strömungsrichtung orientiert.

Als Beispiel für eine polydisperse Lösung mit zwei sehr verschiedenen Arten von Kettenmolekülen sei die Mischung von Natriumthymonucleinat und Methylcellulose erwähnt, die von SADRON und MOSIMANN[1] untersucht wurde. Abb. 12 zeigt die Strömungsdoppelbrechung und den Auslöschwinkel der Komponenten sowie die aus den Komponenten berechneten Kurven des Auslöschwinkels und der Doppelbrechung. Die experimentellen Kurven für $\chi$ und $n_\gamma - n_\alpha$ der Mischung stimmen mit den berechneten im wesentlichen überein, so daß auf eine Wiedergabe in Abb. 12 verzichtet werden kann.

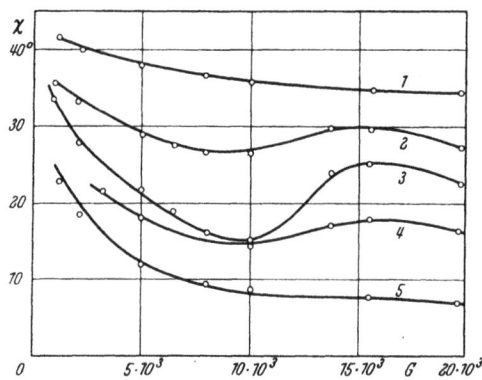

Abb. 17. Auslöschwinkel von Nitrocellulosefraktionen mit Molekulargewichten 72000 und 255000 in Cyclohexanon. Kurve 1: 0,50 g 72000 und 0,00 g 255000 in 100 cm³, Kurve 2: 0,40 g 72000 und 0,10 g 255000 in 100 cm³, Kurve 3: 0,25 g 72000 und 0,25 g 255000 in 100 cm³, Kurve 4: 0,10 g 72000 und 0,40 g 255000 in 100 cm³, Kurve 5: 0,00 g 72000 und 0,50 g 255000 in 100 cm³.

Diese Mischung zeigt also sehr deutlich die eigenartigen Strömungsdoppelbrechungseffekte der Mischungen von Kettenmolekülen mit verschiedener Eigenanisotropie.

Beim dritten Typus von Polydispersität liegen Kettenmoleküle des gleichen Bauprinzips, aber von verschiedenem Molekulargewicht vor. Den Einfluß dieser Polydispersität auf die Strömungsdoppelbrechung haben SIGNER und LIECHTI[2] folgendermaßen untersucht: Gut fraktionierte Nitrocellulosen verschiedenen Molekulargewichtes wurden einzeln und in Mischung auf Doppelbrechung und Auslöschwinkel bei verschiedenen Strömungsgradienten geprüft. Die Auslöschwinkelkurven zeigen die Polydispersität deutlich an, wie aus Abb. 17 zu ersehen ist. Alle Mischungen der beiden Nitrocellulosen mit den Molekulargewichten 72000 und 255000 ergeben Kurven mit einem Minimum und einem Maximum. Die einzelnen Fraktionen weisen die normalen Kurven von Kettenmolekülen auf. Entsprechende Beobachtungen wurden auch mit Mischungen zweier Nitrocellulosen mit näher beisammenliegenden Molekulargewichten gemacht, ebenso mit dreikomponentigen Mischungen. Bei diesen treten in der Auslöschwinkelkurve zwei Minima auf.

### g) Die Strömungsdoppelbrechung als Mittel zur Beobachtung von Veränderungen der Masse, der Gestalt und der Konstitution von Kettenmolekülen.

Aus den vorhergehenden Abschnitten a—f wird verständlich, daß sich die Strömungsdoppelbrechung eignet, um verschiedenartige Veränderungen von Kettenmolekülen in Lösung festzustellen. Ein Abbau der Moleküle zeigt sich im Absinken der Strömungsdoppelbrechung und im Annähern des Auslöschwinkels an 45°.

Die Änderung der Gestalt von Polyelektrolytketten bei einer Änderung der Konzentration oder durch Zugabe von Fremdelektrolyten wurde von KATCHALSKY[3] an Polymethylmethacrylaten beobachtet. An Polyvinylpyridiniumbromiden liegen entsprechende Beobachtungen von ROSEN, KAMATH und EIRICH[4] vor, sowie von FUOSS und SIGNER[5]. Natriumthymonucleinat zeigt im Gegensatz dazu eine Unabhängigkeit der Auslöschwinkelkurve vom Kochsalzgehalt, woraus SCHWANDER und SIGNER[6] auf viel starrere Moleküle schließen.

---

[1] SADRON, C., et H. MOSIMANN: J. Physique et Radium (7) **9**, 384 (1938).
[2] SIGNER, R., et H. LIECHTI: J. Chim. physique, Physico-Chim. biol. **44**, 58 (1947).
[3] KATCHALSKY, A.: J. polymer Sci. **7**, 393 (1951).
[4] ROSEN, B., B. KAMATH and F. EIRICH: Discuss. Faraday Soc. **11**, 135 (1951).
[5] FUOSS, R. M., and R. SIGNER: Am. Soc. **73**, 5872 (1951).
[6] SCHWANDER, H., u. R. SIGNER: Helv. **34**, 1344 (1951).

Wenn Umsetzungen an den Atomgruppen längs des Kettenmoleküls vorgenommen werden, welche die Anisotropie der Polarisierbarkeit des ganzen Moleküls ändern, ohne die Masse zu beeinflussen, führt dies zu einer Änderung von $n_\gamma - n_\alpha$ bei gleichbleibendem Auslöschwinkel.

Wenn sich die Kettenmoleküle zu geordneten Micellen aggregieren, treten die Erscheinungen polydisperser Lösungen auf. An reifenden Viscoselösungen wurde von SIGNER und MEYER[1] die gleichzeitig verlaufende Hydrolyse und Micellaggregation durch Strömungsdoppelbrechungsmessungen verfolgt.

# Kohärente Lichtzerstreuung in Lösungen großer Moleküle.

Von

**Th. Bücher** und **D. Mohring.**

Mit 33 Abbildungen.

„Demgegenüber muß man sagen, daß, wenn ein Forscher keine Trübung festgestellt hat, es zweifelhaft ist, ob seine optische Anordnung empfindlich genug war. Wird andererseits eine seitliche Strahlung beobachtet, bleibt das Bedenken, ob die Reinigungsmethode genügt hat, um alle Fremdkörper auszuschließen" (RICHARD GANS 1923[12]).

### a) Prinzipielles.

Der Streulichtmethodik ist die Eleganz aller optischen Verfahren zu eigen. Ihre Theorie eröffnet Möglichkeiten zur Bestimmung einer Reihe von Größen des molekularen Bereiches[2-18]. Prinzipiell lassen sich aus der Qualität und Quantität der Lichtzerstreuung*

---

\* Englisch: Light Scattering; französisch: Diffusion de la lumière.

[1] SIGNER, R., u. W. MEYER: Helv. **28**, 325 (1945).

[2] Lord RAYLEIGH: On the light from the sky, its polarization and colour; on the scattering of light by small particles. Philos. Mag. **41**, 107, 274, 447 (1871), sowie weitere Arbeiten von Lord RAYLEIGH in den folgenden Jahrgängen des Philosophical Magazin und in den Scientific Papers (Cambridge University Press 1899). Vol. I.

[3] MIE, G.: Beiträge zur Optik trüber Medien, speziell kolloidaler Metallösungen. Ann. Physik **25**, 377 (1908).

[4] SMOLUCHOWSKI, M. v.: Molekularkinetische Theorie der Opaleszenz von Gasen im kritischen Zustand sowie einiger verwandter Erscheinungen. Ann. Physik **25**, 205 (1908).

[5] DEBYE, P.: Der Lichtdruck auf Kugeln von beliebigem Material (Auszug aus der Münchener Dissertation). Ann. Physik **30**, 57 (1909).

[6] EINSTEIN, A.: Theorie der Opaleszenz von homogenen Flüssigkeiten und Flüssigkeitsgemischen in der Nähe des kritischen Zustandes. Ann. Physik **33**, 1275 (1910).

[7] Lord RAYLEIGH: The incidence of light upon a transparent sphere of dimensions comparable with the wave length; on the diffraction of light by spheres of small refractive index. Proc. R. Soc. London (A) **84**, 25 (1910); **90**, 219 (1914).

[8] GANS, R.: Über die Form ultramikroskopischer Goldteilchen. Ann. Physik **37**, 881 (1912).

[9] RAMAN, C. V.: Molecular Diffraction of Light. Calcutta 1920.

[10] GANS, R.: Ultramikroskopische Studien (Methoden zur Formbestimmung subultramikroskopischer Teilchen); Asymmetrie von Gasmolekülen. (Ein Beitrag zur Bestimmung der molekularen Form.) Ann. Physik **62**, 331 (1920); **65**, 97 (1921).

[11] RAMAN, C. V., and K. R. RAMANATHAN: The molecular scattering of light in liquid mixtures. Philos. Mag. **45**, 213 (1923).

[12] GANS, R.: Das TYNDALL-Phänomen in Flüssigkeiten. Z. Physik **17**, 353 (1923).

[13] BLUMER, H.: Strahlungsdiagramme kleiner dielektrischer Kugeln. Z. Physik **32**, 119 (1925); **38**, 304, 920 (1926).

das Molekulargewicht von Makromolekülen, aber auch deren Wechselwirkungen mit und in dem Lösungsmittel und unter Umständen die Gestalt ablesen. Infolgedessen ist die Streulichtmessung als Laboratoriumsmethode in den letzten Jahren zunehmend in das Blickfeld des Biochemikers vorgerückt.

Die Voraussetzungen für die praktische Anwendung sind prinzipiell gegeben, wenn es gelingt:

a) Ein Lösungsmittel zu finden, dessen Brechungszahl nicht zu wenig von derjenigen des gelösten Stoffes abweicht und dessen Eigenlichtzerstreuung wesentlich geringer ist als diejenige verdünnter Lösungen des zu untersuchenden Materials.

b) Eine möglichst monochromatische Primärstrahlung genügender Intensität darzustellen (und als sehr geringe Sekundärintensität zu messen), bei der die untersuchte Substanz keine Extinktion hat.

c) Den Charakter der Molekulargewichtsverteilung des Kolloids festzustellen, und schließlich

d) die mannigfachen Fehlerquellen der Methodik zu beherrschen (vgl. Tabelle 1).

Tabelle 1. *Die wichtigsten Fehlerquellen der Streulichtmethode.*

| Fehlerquellen | Kontrollmöglichkeiten (vgl. im Text S. 181) |
|---|---|
| Meßeinrichtung erfaßt „falsches Streulicht" | Vergleich der Lichtzerstreuung verschiedener reiner Flüssigkeiten |
| Verunreinigungen des Lösungsmittels setzen den Streulichtwert herauf | Prüfung der Richtungsverteilung des Streulichtes (große Asymmetrie bei Staub) |
|  | Visuelle Betrachtung der Lösung unter dem Spaltmikroskop oder mit der Lupe unter spitzem Winkel gegen die Fortpflanzungsrichtung der Primärintensität |
|  | Depolarisationsmessung (hohe Depolarisation durch Staubverunreinigungen) |
| Denaturierte Anteile oder Polydispersität des Präparates bleiben unberücksichtigt | Fraktioniertes Abschleudern der Substanz (präparative Ultrazentrifuge) und Prüfung der Fraktionen auf Übereinstimmung der Streulichtwerte |
|  | Vergleich der Streulichtwerte mit den Ergebnissen von Methoden mit anderem Gesetz der Mittelwertsbildung (osmotische Messungen, SVEDBERG-Technik) |
| Fluorescenzlicht wird als Streulicht ausgewertet | Betrachtung der vertikal und horinzontal polarisierten Komponente des Streulichtfeldes (Polarisationsprisma) und Prüfung auf Farbgleichheit |
|  | Einschalten eines Farbfilters in den Sekundärstrahlengang |
| Unzureichende oder fehlerhafte Extrapolation (Konzentration gegen $c = 0$; Streuwinkel gegen $\vartheta = 0$) führt zum unrichtigen Grenzwert | Variation der Versuchsbedingungen (Temperatur, Ionenstärke, Ladungszahl bei Makroionen, Lösungsmittelzusammensetzung) |

**Literatur zu S. 115.**

[14] CABANNES, J.: La diffusion moléculaire de la lumière. Paris 1929.

[15] BORN, M.: Optik. Berlin 1933.

[16] PUTZEYS, P., and J. BROSTEAUX: The scattering of light in protein solutions. Trans. Faraday Soc. **31**, 1314 (1935). Light scattering and the molecular weight of the proteins. Meded. Kon. vlaam. Acad. Wet., Kl. Wet. **3**, 3 (1941).

[17] BHAGAVANTAM, S.: The scattering of light and the RAMAN-Effect. Brooklyn, N. Y. 1942.

[18] DEBYE, P.: Lecture given at the High Polymer Group of the American Physical Society. Evanston, November 12—13 (1943). Light scattering in solutions. J. appl. Physics **15**, 338 (1944).

Nach dem Verhältnis der Teilchenabmessungen zur Wellenlänge des erregenden Lichtes kann man das Gebiet der Lichtzerstreuung unterteilen:

a) Teilchenabmessungen klein gegen die Wellenlänge („Rayleigh-Bereich").

b) Teilchenabmessungen vergleichbar der Wellenlänge („Mie-Bereich", „Debye-Bereich").

Für die Eigenschaften makromolekularer Lösungen gilt in beiden Bereichen, daß die Lichtzerstreuung (unter bestimmten Extrapolationsbedingungen) proportional der Konzentration ($c$) und umgekehrt proportional der ersten Ableitung des osmotischen Druckes ($P$) nach der Konzentration ist*.

$$\text{„Lichtzerstreuung"} = \frac{H \cdot c}{\frac{1}{RT} \cdot \frac{\partial P}{\partial c}} \, [\text{cm}^{-1}].$$

Hierdurch sind sowohl die Bestimmung des Molekulargewichts, als auch das Verhalten realer Lösungen, und schließlich auch die von der osmotischen Methode grundlegend abweichende Art der Mittelwertsbildung charakterisiert.

Aussagen über die Gestalt der zerstreuenden Teilchen sind in erster Linie im „Debye-Bereich" möglich.

Entsprechend den Aufgaben dieses Handbuches werden wir im folgenden wenig Rücksicht auf die historische Entwicklung nehmen**. Theoretischen Erörterungen wollen wir mehr Raum geben, als der Leser möglicherweise erwarten wird. Die Begründung ergibt sich im Laufe der Erörterungen. Der methodische Teil ist prinzipiellen Gegebenheiten der Meßtechnik gewidmet. Hinsichtlich der Ergebnisse beschränken wir uns auf die Schilderung charakteristischer Versuchsbeispiele aus den wesentlichen Anwendungsbereichen der Methodik. Jeweils in der Legende der Abbildung sind die Methodik und Auswertung (mit Ausnahme der älteren Arbeiten auch die Nomenklatur des betreffenden Arbeitskreises) dargestellt.

### b) Theoretische Erörterungen[1-8].

#### α) Prinzip.

*Zerstreuung.* Man spricht von Zerstreuung, wenn elektromagnetische Energie eines Strahles, der durch ein Medium tritt, zu einem gewissen Teil nach allen oder nahezu allen Richtungen des Raumes verbreitet wird. Zerstreuung durch jede Art von

---

* Definition der Größe $H$ in Formel (49) S. 134.

** Als ein bescheidener Ausgleich sind die wesentlichen Beiträge in den Zitaten auf S. 115 chronologisch geordnet.

*Zusammenfassende Überblicke (außer den bereits zitierten Arbeiten):*

[1] Zimm, B. H., R. S. Stein and P. Doty: Classical theory of light scattering from solutions—a review. Polymer Bull. 1, 90 (1945).

[2] Oster, G.: The scattering of light and its applications to chemistry. Chem. Rev. 43, 319 (1947).

[3] Mark, H.: Light scattering in polymer solutions. Frontiers in Chem. Vol. V. Chemical Architecture. S. 121. New York 1948.

[4] Doty, P., and J. T. Edsall: Light scattering in protein solutions. Adv. Protein Chem. 6, 35 (1951).

[5] Edsall, J. T., and W. B. Dandliker: Light scattering in solutions of proteins and other large molecules, its relation to molecular size and shape and molecular interactions. Fortschr. chem. Forsch. 2, 1—56 (1951).

[6] Stuart, H. A.: Die Physik der Hochpolymeren. Bd. I: Die Struktur des freien Moleküls. Berlin, Göttingen, Heidelberg 1952. Insbesondere §§ 45—56: Lichtzerstreuung, Polarisierbarkeit und Molekülstruktur (H. A. Stuart). Bd. II: Das Makromolekül in Lösungen. Berlin, Göttingen, Heidelberg 1953. Insbesondere §§ 53—54: Lichtzerstreuung in Mischungen und Lösungen von Makromolekülen; Mehrkomponentensysteme; Einfachstreuung und Mehrfachstreuung (A. Peterlin). §§ 74 bis 75: Lichtzerstreuung an Lösungen mit Kornmolekülen und Kolloidteilchen (H. A. Stuart). § 106: Polyelectrolytes: Light Scattering (U. P. Strauss and R. M. Fuoss).

[7] Sadron, C.: Les lois de la diffusion de la lumière du point de vue de leur application à l'étude des macromolécules en solution étendue. J. polymer Sci. 12, 69 (1954).

[8] Outer, P.: Aperçu des relations entre le phénomène de la diffusion de la lumière et les propriétés des solutions de macromolécules. Makromol. Chem. 7, 111 (1951).

Inhomogenitäten ist eine Grunderscheinung der physikalischen Optik. Sie umfaßt eine Gruppe qualitativ äußerst verschiedener Effekte, unter denen uns im folgenden die sog. kohärente Zerstreuung, und zwar diejenige sichtbaren Lichtes durch Inhomogenitäten von molekularen Abmessungen interessiert.

*Kohärente Zerstreuung.* Sie unterscheidet sich von mannigfachen ähnlichen Erscheinungsformen dadurch, daß sowohl die *Phase* als auch die *Frequenz* der Streustrahlung mit denjenigen der erregenden Strahlung übereinstimmen. Zwei sehr entscheidende Eigenschaften elektromagnetischer Strahlung werden also beim Prozeß der kohärenten Zerstreuung nicht verändert. Lediglich die Intensität, die Fortpflanzungsrichtung und der Polarisationszustand sind involviert.

Aus diesen Eigenheiten läßt sich ableiten, daß der kohärenten Zerstreuung erzwungene Schwingungen in den streuenden Teilchen zugrunde liegen: Bewegliche Ladungen der Elektronenhülle folgen „willenlos"* im Gleichtakt dem alternierenden elektrischen Feld der Primärstrahlung.

Die oscillierenden Ladungen strahlen ihrerseits kohärente elektromagnetische Energie, das Streulicht ab, denn es gehört zu den fundamentalen Aussagen der elektromagnetischen Theorie, daß schwingende elektrische Ladungen elektromagnetische Wellen aussenden.

### β) Rayleighs *Bedingungen*.

Um das optische Phänomen aus Gegebenheiten des molekularen Bereiches heraus verstehen zu können, verbindet die Theorie der Lichtzerstreuung den oben geführten Gedankengang der elektromagnetischen Theorie mit Erwägungen molekular-theoretischer und statistisch-thermodynamischer Natur. Das Areal, welches sie durchmißt, ist ungewöhnlich breit, und es zeigt sich in besonderem Maß jene Eigenart aller Theorie, daß sich für reale Verhältnisse keine einfache Formel finden läßt. Der Versuch einer allgemeinen Beschreibung der Lichtzerstreuung beliebiger Materie in beliebigem Zustand unter beliebigen optischen Bedingungen führt zu langwierigen, wenn nicht unlösbaren mathematischen Ansätzen.

Man ist daher bemüht, den realen Zustand des Versuchsmaterials auf idealisierte Verhältnisse zu beziehen, unter denen die Theorie zu einfachen Lösungen führt. Die praktischen und theoretischen Hilfsmittel hierzu sind:

a) Die Wahl geeigneter Versuchsbedingungen.

b) Extrapolation der Meßwerte.

c) Die Einführung korrigierender Glieder und Koeffizienten.

Sie wurden in den letzten Jahren, in erster Linie durch die Bemühungen amerikanischer Arbeitskreise, wesentlich vervollkommnet.

Die zweckmäßige Anwendung dieser Hilfsmittel, überhaupt die Erkenntnis eines hierzu vorliegenden Bedürfnisses ist nicht ohne eine gewisse Vertrautheit mit der Theorie der Lichtzerstreuung möglich. Die Autoren dieses Artikels wissen aus eigener Erfahrung, daß eine voreilige Interpretation der Forschungsergebnisse zu verhängnisvollen Irrtümern führen kann**.

Ein Überblick über die Problematik der Theorie und Praxis läßt sich durch eine Zusammenstellung jener drastisch einschränkenden Voraussetzungen gewinnen, unter denen Lord Rayleigh erstmals eine quantitative Deutung des Phänomens der molekularen Lichtzerstreuung gelungen ist (vgl.[2], S. 115). Der Kürze halber geben wir dieses in Form

---

* „Willenlos" in bezug auf Phase und Frequenz, nicht in bezug auf die Polarisierbarkeit.

** Die 1942 von T. Bücher [Angew. Chem. **56**, 328 (1943) Biochim. biophysica Acta, N. Y. **1**, 467 (1947)] gefundene, sehr beträchtliche Erniedrigung der Lichtzerstreuung von Enolase bei Entfernung der Elektrolyte findet ihre Erklärung höchstwahrscheinlich nicht im Sinne einer Dissoziation des Fermentproteins, sondern durch die unten im Abschnitt Makroionen (s. S. 141) erörterten Gedankengänge (persönliche Mitteilungen von J. T. Edsall und R. Lontie).

der Tabelle 2, S. 120, welche zugleich als eine Art Inhaltsverzeichnis des theoretischen Teiles dienen kann.

Die Ableitungen unter RAYLEIGHs Bedingungen liefern wesentliche Elemente auch der neueren Theorien.

### γ) Lichtzerstreuung durch ein Einzelteilchen.

Die Beziehung, deren Ableitung wir zunächst skizzieren wollen, ist eine Schlüsselfunktion der elektromagnetischen Theorie der kohärenten Lichtzerstreuung. Sie gilt für ein sehr kleines, isoliertes Volumen von Materie, welches sich im Strahlungsfelde eines Lichtstrahles mit der Intensität $J$ [erg sec$^{-1}$ cm$^{-2}$] befindet, und lautet:

$$\text{Zerstreute Leistung} = \frac{8}{3}\pi J \left[\frac{2\pi}{\lambda_{\text{vac}}}\right]^4 \alpha^2 \quad [\text{erg sec}^{-1}] \tag{1}$$

(isoliertes „RAYLEIGHsches Teilchen").

Unter $\lambda_{\text{vac}}$ verstehen wir die Wellenlänge im Vakuum [cm]. Der Parameter $\alpha$ — die molekulare Polarisierbarkeit [cm$^3$] — repräsentiert in (1) die Qualität und Größe des zerstreuenden Materievolumens. In späteren Abschnitten werden wir ihn weiter diskutieren. Zunächst genügt es festzulegen, daß $\alpha$ den Betrag des Dipolmomentes $\mathfrak{p}$ bestimmt, der durch ein elektrisches Feld mit der Feldstärke $\mathfrak{E}$ im Materieteilchen induziert wird („Verschiebungspolarisation")

$$\mathfrak{p} = \alpha \mathfrak{E}. \tag{2}$$

Der durch (2) dargestellte Erfahrungsinhalt gehört zu den Elementen der klassischen elektrostatischen Theorie[1]; und wir müssen, um präzise zu sein, hinzufügen, daß wir die elektrische Polarisation durch schnell bewegte elektrische Felder, nämlich diejenigen der elektromagnetischen Strahlung, meinen.

Zur Ableitung der Beziehung (1) aus der elektromagnetischen Theorie des Lichtes setzen wir in (2) die elektrische Feldstärke $\mathfrak{E}$ der Primärstrahlung zur Zeit $t$ an der Stelle des zerstreuenden Volumens ein ($\nu =$ Frequenz des Primärlichtes, $\omega =$ Winkelgeschwindigkeit $= 2\pi\nu$).

$$\mathfrak{E} = \mathfrak{E}_0 \cos \omega t. \tag{3}$$

$\mathfrak{E}_0$, die maximale Feldstärke der elektromagnetischen Schwingung ($|\mathfrak{E}_0| =$ Amplitude), ist ein Vektor, der normal zur Fortpflanzungsrichtung des Lichtes steht. $|\mathfrak{E}_0|^2$ ist proportional zur Strahlungsintensität $J$.

$$|\mathfrak{E}_0|^2 = \frac{8\pi}{c} J \tag{4}$$

($c =$ Lichtgeschwindigkeit).

Wir erhalten aus (2) und (3) für $\mathfrak{p}$ als Funktion der Zeit:

$$\mathfrak{p} = \alpha \mathfrak{E}_0 \cdot \cos \omega t, \tag{5}$$

eine Beziehung, welche einen sinusförmig in Richtung von $\mathfrak{E}_0$ oszillierenden Dipol beschreibt.

Die von einem solchen oszillierenden Dipol als Strahlungsquelle ausgehenden elektromagnetischen Wellen befördern in der Zeiteinheit (gemittelt über einen Zeitraum $t \gg 1/\nu$) eine Energiemenge nach außen, die proportional ist dem quadratischen Mittelwert der zweiten Ableitung des elektrischen Momentes nach der Zeit[*].

$$\text{Abgestrahlte Leistung} = \frac{2}{3c^3} |\overline{\ddot{\mathfrak{p}}}|^2. \tag{6}$$

---

[*] Vgl. z. B. PLANCK, M.: Einführung in die Theorie der Elektrizität und des Magnetismus. Leipzig 1922, insbesondere (410).

[1] Vgl. z. B. BÖTTCHER, C. J. F.: Theory of electric polarisation. Amsterdam, Houston, London, New York 1952.

Tabelle 2. *Die wesentlichen Voraussetzungen für die Gültigkeit von* RAYLEIGHS *Formeln und der zu diesen verwandten Beziehungen.*

| Voraussetzung | Erreichte Vereinfachung | Erweiterte Theorie | Experimentelle Hilfsmittel, Erfordernisse usw. in Beziehung zu Voraussetzung und erweiterter Theorie |
|---|---|---|---|
| A. Zerstreuendes Teilchen klein gegen die Wellenlänge | Keine Phasendifferenz zwischen den aus verschiedenen Bezirken des Teilchens emittierten Strahlungen | Teilchen $> \lambda/15$ (MIE-Theorie; DEBYE-Theorie vgl. S. 143) | Extrapolation auf große Wellenlängen und kleine Streuwinkel |
|  | Reflexion und Brechung an den Grenzflächen des Teilchens können unberücksichtigt bleiben | Beziehung zwischen Teilchengestalt, Wellenlängenabhängigkeit und Richtungsverteilung des Streulichtes von großen Teilchen (vgl. S. 147) | Möglichst geringe Relation der Brechungszahlen von Lösung und Lösungsmittel |
| B. Polarisierbarkeit des Teilchens kugelsymmetrisch | Im Teilchen induzierter Dipol parallel zum elektrischen Vektor der Primärstrahlung | „Formdepolarisation" (vgl. S. 157) | Messung der Winkelverteilung und der Wellenlängenabhängigkeit des Streulichtes |
|  |  | „Eigendepolarisation" des Streulichtes durch Anisotropie (vgl. S. 155) | Messung des Depolarisationsgrades des Streulichtes |
| C. Das die Teilchen umgebende Medium ist optisch homogen | Keine Lichtzerstreuung des Lösungsmittels | Zerstreuung des Lösungsmittels (vgl. S. 130, 134) | Abzug der Lichtzerstreuung des Lösungsmittels |
| D. Zerstreuendes Material homogen in bezug auf das Molekulargewicht (monodispers) | Lichtzerstreuung durch eine bestimmte Menge beziehbar auf das Einzelteilchen | Mittelwertsbildung bei polydispersen Lösungen (vgl. S. 139) | Vergleich mit anderen Methoden der Molekulargewichtsbestimmung |
| E. Zerstreuende Teilchen kinetisch voneinander unabhängig (ideale Lösung) | Keine Interferenzauslöschung der Streustrahlung verschiedener Teilchen | Schwankungstheorie; Beziehungen zwischen osmotischem Druck und Lichtzerstreuung (vgl. S. 132, 136) | Große Verdünnung; Extrapolation auf $c \to 0$ |
| F. Teilchen ungeladen und ohne permanenten Dipol | Vernachlässigung verschiedener Wechselwirkungen | Lösungen von Makroionen (vgl. S. 141) | Wie vorstehend; ausreichende Ionenstärke des Lösungsmittels |
| G. Primärstrahlung: monochromatisch, parallel und homogen | Wird bei allen theoretischen Erörterungen vorausgesetzt | | |
| H. Zerstreuende Teilchen und umgebendes Medium dielektrisch, nichtlichtabsorbierend | | | |

Der quadratische Mittelwert der zweiten Ableitung von (5) nach der Zeit

$$|\overline{\ddot{\mathfrak{p}}}|^2 = \frac{1}{2}\alpha^2 |\mathfrak{E}_0|^2 \omega^4, \qquad (7)$$

ist bemerkenswerterweise eine Funktion der vierten Potenz von $\omega$. Setzen wir sie in (6) ein, berücksichtigen zugleich (4) und substituieren schließlich

$$\frac{\omega}{c} = \frac{2\pi}{\lambda_{\text{vac}}}, \qquad (8)$$

so gelangen wir zu (1).

Als ein charakteristisches Merkmal der Lichtzerstreuung unter RAYLEIGHs Bedingungen (Tabelle 2; besonders Voraussetzung A und E) erkennen wir in der abgeleiteten Beziehung die Abhängigkeit der zerstreuten Leistung von der vierten Potenz der reziproken Wellenlänge. Trübungen durch größere Teilchen oder dichtere Suspensionen zeigen zwar immer noch bei weißem Primärlicht die charakteristische „bläuliche Färbung", sind jedoch proportional zu geringeren Potenzen von $1/\lambda$.

Ein weiteres Merkmal der Lichtzerstreuung, die Proportionalität der zerstreuten Leistung zum Quadrat des Volumens des zerstreuenden Teilchens wird erst deutlich, wenn wir die Polarisierbarkeit durch experimentell gut zugängliche Eigenschaften der Substanz ersetzen. Wir wollen diesen Schritt, der eine beträchtliche Spezifizierung bedeutet, jedoch zurückstellen.

*δ) Lichtzerstreuung durch idealverdünnte Materie* (Lord RAYLEIGH, 1871).

Die durch ein Einzelteilchen zerstreute Leistung liegt weit unterhalb der Grenze des Meßbaren. Ein einzelnes Wassermolekül z. B. zerstreut nur einen Anteil von $3 \cdot 10^{-27}$ der Leistung eines Lichtstrahles von 1 cm² Querschnitt, in dem es sich befindet (Einzelheiten der Berechnung weiter unten, S. 130). Man wird deshalb immer darauf angewiesen sein, aus der Zerstreuung der großen Anzahl auf die Zerstreuung des Einzelteilchens zurückzuschließen. Die Frage, in welcher Weise sich die Streulichtwellen der Einzelteilchen in einer Ansammlung superponieren, stellt daher einen der Kernpunkte der Theorie der Lichtzerstreuung dar.

Man hat bei einer Vielzahl von Streuzentren mit Interferenz der von den Einzelteilchen ausgehenden Kugelwellen zu rechnen. Im Fall idealverdünnter Materie dürfen wir jedoch (wegen der völlig statistischen Verteilung der emittierenden Zentren) die sich überlagernden Strahlungen als inkohärent betrachten. Die von $N$ Teilchen resultierende Amplitude der Sekundärstrahlung an einem beliebigen Ort erhält dann den $\sqrt{N}$-fachen Betrag der Amplitude eines Einzelteilchens. Es folgt unter Berücksichtigung von (1) und (4):

$$\text{Emittierte Leistung} = \frac{8}{3}\pi N J \left[\frac{2\pi}{\lambda_{\text{vac}}}\right]^4 \alpha^2 \quad [\text{erg sec}^{-1}\,\text{cm}^{-3}] \qquad (9)$$

(Volumeneinheit mit $N$ statistisch verteilten RAYLEIGHschen Teilchen).

*ε) Trübungskoeffizient (Turbidity).*

Das einfachste Prinzip zur Bestimmung dieser emittierten Leistung besteht in der Messung des Intensitätsverlustes (in der Fortpflanzungsrichtung), den der Primärstrahl durch die seitliche Zerstreuung erleidet. Wie aus einer Betrachtung der Dimensionen von $J$ [erg sec$^{-1}$ cm$^{-2}$] und $N$ [cm$^{-3}$] folgt, ist der Intensitätsverlust $-dJ$ beim Durchlaufen jeder differentialen Schicht der Dicke $dL$ des zerstreuenden Mediums

$$-dJ = dL\,\frac{8}{3}\pi N J \left[\frac{2\pi}{\lambda_{\text{vac}}}\right]^4 \alpha^2 \quad [\text{erg sec}^{-1}\,\text{cm}^{-2}]. \qquad (10)$$

Trennt man — in Analogie zum Gesetz von LAMBERT für die Absorption des Lichtes in gefärbten Medien — jene Größen, die vorzüglich der Wechselwirkung zwischen Materie und Strahlung Rechnung tragen, heraus und definiert analog zum Absorptionskoeffizienten den Trübungskoeffizienten

$$\tau = \frac{-dJ}{dL} \cdot \frac{1}{J}; \qquad (11)$$

oder (integriert über eine endliche Schicht)

$$\tau = \ln\frac{\text{Eintrittsintensität}}{\text{Austrittsintensität}} \times \frac{1}{\text{Schichtdicke}} = \frac{\ln\frac{J_0}{J}}{L}, \qquad (12)$$

(vgl. Abb. 1) dann wird aus (10)

$$\tau = \frac{8}{3} \pi N \left[\frac{2\pi}{\lambda_{vac}}\right]^4 \alpha^2 \qquad (13)$$

(Trübungskoeffizient unter RAYLEIGHS Bedingungen).

Die Dimension des Trübungskoeffizienten ist [cm$^{-1}$].

Die Trübung durch molekulare Lichtzerstreuung ist zumeist sehr gering und die Integration der Beziehung (10) wird erst sinnvoll, wenn große Schichtdicken in Betracht gezogen werden. Meßtechnisch liegt hier die Achillesferse dieser Methodik (vgl. unten

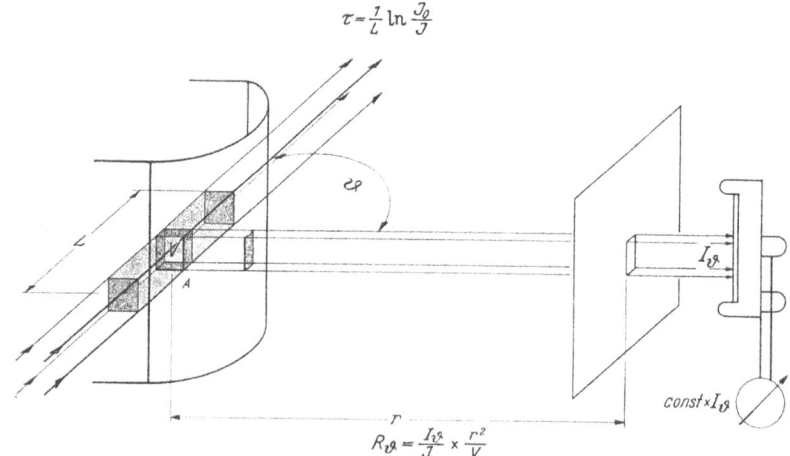

Abb. 1. Zur Definition der Kennwerte der Lichtzerstreuung: Trübungskoeffizient $\tau$, reduzierte Streuung $R\vartheta$ und Streuwinkel $\vartheta$. Links ist eine Cuvette mit lichtzerstreuender Lösung gedacht (nur zum Teil gezeichnet). Der Übersichtlichkeit halber wurde eine Blende bei $A$, die den Sekundärstrahl und damit das Volumen $V$ begrenzt, nicht gezeichnet. Der Primärstrahl (Intensität vor Eintritt in die Cuvette: $J_0$, Intensität hinter der Cuvette: $J$) tritt durch die Cuvette. Voraussetzung für eine exakte Gültigkeit der eingetragenen Definitionsgleichung für $R\vartheta$ ist, daß $r$ sehr groß ist gegen die Abmessungen von $V$, und $J$ nur sehr wenig verschieden von $J_0$.

S. 158). In der Regel wird daher die Trübung nicht direkt gemessen, sondern aus der anderen fundamentalen Meßgröße, der reduzierten Streuung (vgl. S. 125 und Abb. 1) errechnet. Die Umrechnungsfaktoren werden weiter unten gegeben.

*ζ) Richtungsabhängigkeit der Streuintensität.*

Wir wiederholen den Gedankengang der letzten beiden Abschnitte, wenden unser Augenmerk aber der Messung des zerstreuten Lichtes zu. Legen wir eine Kugelfläche um ein lichtzerstreuendes Teilchen, dann werden wir in jedem Flächenelement der Kugel eine bestimmte Streuintensität $I$ [erg sec$^{-1}$ cm$^{-2}$] messen können*.

Sehr wesentlich für die Größe dieser Streuintensitäten ist die Fortpflanzungsrichtung des betreffenden Sekundärstrahles.

Unter RAYLEIGHschen Bedingungen ergibt sich das Gesetz der Richtungsabhängigkeit aus den folgenden Prämissen:

1. Der elektrische Vektor der Sekundärstrahlung steht senkrecht auf der Fortpflanzungsrichtung,

2. der im Materieteilchen induzierte elektrische Vektor ist parallel zur Polarisationsrichtung der Primärstrahlung.

Abb. 2 erläutert die Verhältnisse. Man erkennt, daß der Betrag des elektrischen Vektors der Sekundärstrahlung proportional zur Projektion des elektrischen Vektors der Primärstrahlung auf die Normale zur Sekundärstrahlung, d. h. proportional zu $\cos \Phi$ ($\Phi$ der Winkel zwischen den Schwingungsrichtungen der elektrischen Vektoren der Primärstrahlung und Sekundärstrahlung) ist.

$$|\mathfrak{E}_\Phi| = |\mathfrak{E}_{\Phi = 0°}| \cdot \cos \Phi \qquad (14a)$$

(linear polarisierte Primärstrahlung).

---

* Die Primärintensitäten wollen wir mit $J$, die Sekundärintensitäten mit $I$ bezeichnen.

Da die Strahlungsintensitäten ihrerseits proportional zu den Quadraten der Amplituden [vgl. (4)] sind, ergibt sich (gleicher Abstand vom Streuzentrum vorausgesetzt):

$$I_\Phi = I_{\Phi = 0°} \cdot \cos^2 \Phi, \qquad (14\,\text{b})$$

wobei wir mit $I_{\Phi = 0°}$ die Streuintensität senkrecht zur Polarisationsrichtung des Primärstrahles (insbesondere jene in der ganzen Theorie der Lichtzerstreuung ausgezeichnete Streuintensität in Richtung des Primärstrahles) bezeichnen.

Das Gesetz der Richtungsabhängigkeit gibt uns die Möglichkeit, die Beziehung zwischen der Streuintensität unter $\Phi$ und der durch (1) gegebenen zerstreuten Leistung zu ermitteln. Die über alle Winkel emittierte gesamte Leistung wird erhalten, wenn wir das Produkt jedes differentiellen Flächenelementes $dF_\Phi$ einer Kugel (Radius = $r$) mit den zugehörigen Sekundärintensitäten $I_\Phi$ über die Kugeloberfläche $F$ integrieren*:

$$\left. \begin{array}{l} \text{Zerstreute Leistung} \\ = \int_F I_\Phi dF_\Phi = I_{0°} \int_{-\pi/2}^{+\pi/2} \cos^2 \Phi \cdot 2\pi r^2 \cos \Phi\, d\Phi \\ \text{Zerstreute Leistung} \\ = \dfrac{8\pi r^2}{3} I_{0°} \end{array} \right\} \quad (15)$$

(RAYLEIGHs Bedingungen. $I_{0°}$ = Streuintensität gemessen im Abstand $r$ unter dem Winkel $\Phi = 0°$).

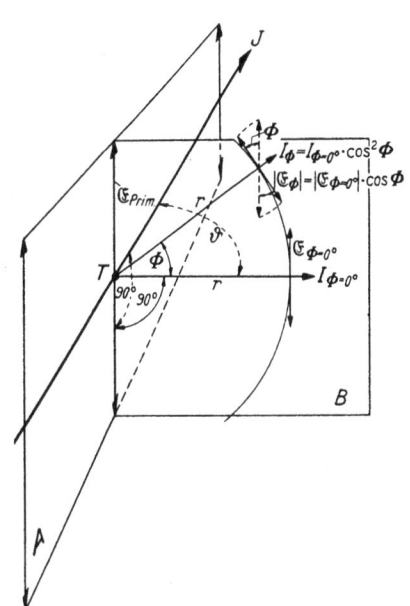

Die vorstehenden Beziehungen wurden unter der Voraussetzung linear polarisierten Lichtes abgeleitet. Weniger vollständig polarisiertes oder unpolarisiertes Primärlicht denkt man sich in üblicher Weise als aus zwei senkrecht zueinander polarisierten Strahlungen zusammengesetzt.

In der Praxis sind nur besonders ausgezeichnete Fälle bedeutungsvoll: vertikal**, horizontal** oder unpolarisiertes Primärlicht. In diesen Fällen darf man den oben eingeführten Winkel $\Phi$ durch den besser zu handhabenden „Streuwinkel" $\vartheta$ ersetzen, dessen Scheitelpunkt im streuenden Teilchen liegt (Abb. 1, 2) und dessen Schenkel vom austretenden Primärstrahl und austretenden Sekundärstrahl gebildet werden. Es hat sich eingebürgert, neben dem Streuwinkel auch den Polarisationszustand der Primärstrahlung durch einen Index an $I$ zu kennzeichnen** ($U$ = unpolarisiert, $H$ = horizontal, $V$ = vertikal polarisiert). Unter RAYLEIGHs Bedingungen erhalten wir dann ($I_{0°}$ = „Vorwärtsstreuung": $\vartheta = 0°$**):

Abb. 2. Zur Ableitung der Beziehungen für die Richtungsabhängigkeit der Intensität des Streulichtes („cos²-Gesetz").

Ein linear polarisierter Primärstrahl (Fortpflanzungs- und Schwingungsrichtung in Ebene $A$) durchsetzt ein „RAYLEIGH-Teilchen" $T$. Zwei von diesem ausgehende Sekundärstrahlen liegen in Ebene $B$. Die Fortpflanzungsrichtung des einen ist senkrecht zur Polarisationsrichtung des Primärstrahls ($\Phi = 0°$). Der andere pflanzt sich unter beliebigem Winkel $\Phi$ zu ersterem fort. Da der Primärstrahl polarisiert ist, sind die Sekundärstrahlen in jeder Fortpflanzungsrichtung ebenfalls polarisiert. Ihre Schwingungsrichtung steht senkrecht auf der Fortpflanzungsrichtung und liegt in Ebene $B$, welche durch die Polarisationsrichtung des Primärstrahls und die Fortpflanzungsrichtung des Sekundärstrahls gegeben ist. Der Betrag $|\mathfrak{E}_\Phi|$ des elektrischen Vektors $\mathfrak{E}_\Phi$ ist gleich der Projektion von $\mathfrak{E}_{\Phi = 0°}$ auf die Normale zur Fortpflanzungsrichtung unter dem Winkel $\Phi$ (gleicher Abstand $r$ vom Teilchen vorausgesetzt).

Der „Streuwinkel" $\vartheta$ ist zusätzlich eingetragen: offensichtlich gilt für den Spezialfall horizontal** polarisierter Primärstrahlung $\vartheta = \Phi$. Für vertikal** polarisierte Primärstrahlung gilt $\Phi = 0°$ ($\cos \Phi = 1$).

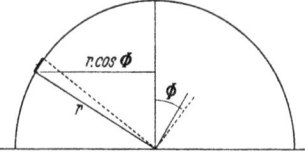

* $dF_\Phi$ in (15) wird auf folgende Weise erhalten: Die Kugelfläche wird in Ringe zerlegt, innerhalb derer die Streuintensität konstant ist (vgl. die nebenstehende Skizze). Der Radius dieser Ringe ist $r \cdot \cos \Phi$, ihre Breite $r \cdot d\Phi$, daher: $dF_\Phi = 2\pi r^2 \cdot \cos \Phi \cdot d\Phi$.

** Die Schwingungsrichtung der Primärstrahlung wird auf die durch den Primärstrahl und den Sekundärstrahl festgelegte Ebene bezogen. Es gilt für vertikale Polarisation $\Phi = 0°$, für horizontale Polarisation $\Phi = \vartheta$. $\vartheta = 0°$ ist gleichbedeutend mit $\Phi = 0°$.

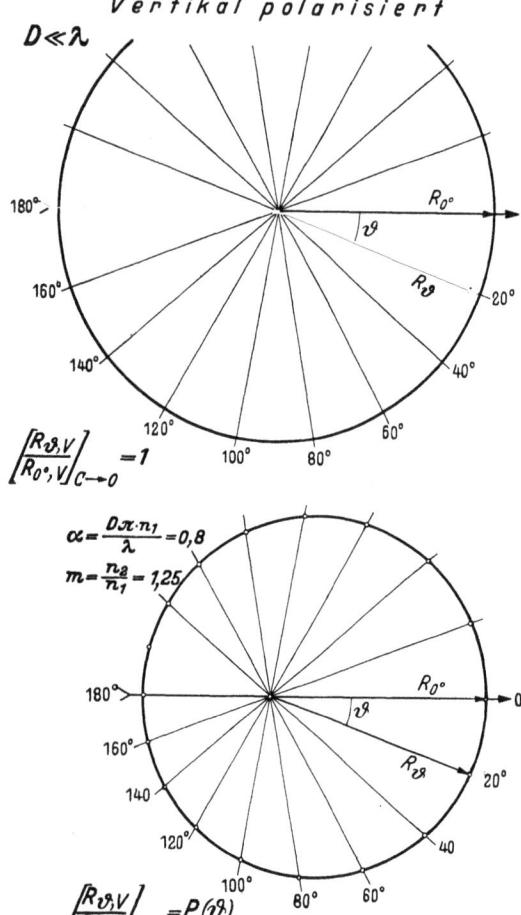
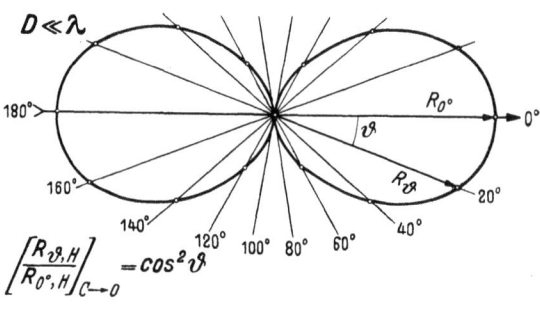
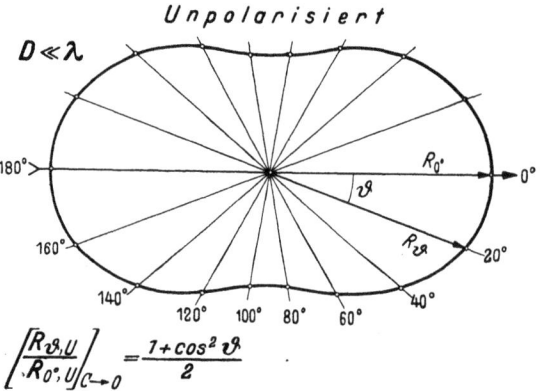
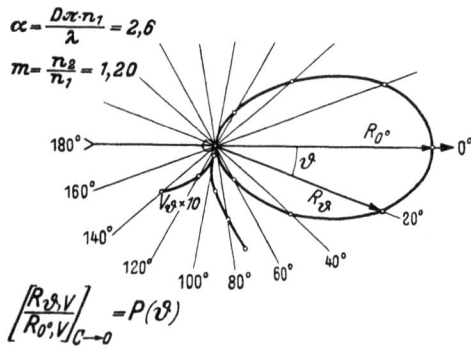

Abb. 3. Strahlungsdiagramme zur Richtungsabhängigkeit der Lichtzerstreuung unter verschiedenen Versuchsbedingungen. Der Primärstrahl läuft horizontal von links nach rechts. Die Größe der Streuintensität ist in Abhängigkeit vom Streuwinkel $\vartheta$ und relativ zur „Vorwärtsstreuung" $R_{0°}$ durch die Länge der Polarkoordinate $R_\vartheta$ dargestellt. $R_{0°}$ ist in allen Diagrammen gleich groß angesetzt.

Die Bedingung $D \ll \lambda$ (rechts und oben links) kennzeichnet das „RAYLEIGHsche Teilchen" ($D$ = Teilchendurchmesser; $\lambda$ = Wellenlänge im Vakuum). Die beiden unteren Diagramme der linken Spalte[1,2] zeigen das rasche Anwachsen der Abweichungen (MIE-Effekt, Auftreten von Minima), wenn $D$ vergleichbar $\lambda$ ($n_1$ und $n_2$ = Brechungsindices des Mediums bzw. des Teilchens) wird. Die im untersten Diagramm dargestellten Messungen von DANDLIKER sind in anderer Weise $[P(\vartheta)]^{-1}$ als Funktion von $\sin^2\vartheta/2$] in Abb. 14 nochmals dargestellt. Die Diagramme links beziehen sich auf vertikal polarisierte Primärintensität, sind also auf das Diagramm links oben zu beziehen.

Das Gesetz der Richtungsabhängigkeit ist links unten zu allen Diagrammen gefügt, wobei berücksichtigt worden ist, daß die Gesetze der Winkelabhängigkeit mit Nutzen zumeist für den Grenzfall idealer Verdünnung angewendet werden ($C$ = Konzentration). Der Ausdruck $P(\vartheta)$ (Interferenzfunktion vgl. S. 147) kennzeichnet eine Funktion von $\lambda$, $\vartheta$ und der Gestalt des Teilchens.

1. Bei horizontal* polarisierter Primärstrahlung (Abb. 3 rechts oben)

$$I_{\vartheta,H} = I_{0°,H} \cdot \cos^2\vartheta. \tag{16}$$

2. Bei vertikal* polarisierter Primärstrahlung (Abb. 3 links oben)

$$I_{\vartheta,V} = I_{0°,V}. \tag{17}$$

---

* Die Schwingungsrichtung der Primärstrahlung wird auf die durch den Primärstrahl und den Sekundärstrahl festgelegte Ebene bezogen.

[1] BLUMER, H.: Z. Physik **32**, 119 (1925); **38**, 304 (1926).
[2] DANDLIKER, W. B.: Am. Soc. **72**, 5110 (1950).

3. Für unpolarisierte Primärstrahlung (zusammengesetzt aus vertikal und horizontal polarisierter Strahlung jeweils halber Intensität gedacht) (Abb. 3 rechts unten).

$$I_{\vartheta, U} = I_{0°, U} \frac{1 + \cos^2 \vartheta}{2}. \tag{18}$$

Das hier zum Ausdruck kommende Überlagerungsverfahren gibt gleichzeitig den Polarisationsgrad des Streulichtes bei unpolarisierter Primärstrahlung (Abb. 4).

### η) Reduzierte Streuung (Reduced Intensity, RAYLEIGHs Ratio).

Wir vollziehen erneut den Übergang vom Einzelteilchen zur großen Anzahl und untersuchen die Zerstreuung durch ein von der Primärintensität $J$ durchstrahltes Volumen $V$. Die Anzahl der Teilchen in diesem Volumen ist $N \cdot V$ (Definition von $N$ vgl. S. 121). Infolgedessen erhalten wir unter den bereits erörterten Voraussetzungen für die Streuintensität im Abstand $r$ vom streuenden Volumen und beim Streuwinkel $\vartheta = 0°$ aus (1) und (15)

$$I_{0°} = \frac{N \cdot V}{r^2} J \left[\frac{2\pi}{\lambda_{\text{vac}}}\right]^4 \alpha^2. \tag{19}$$

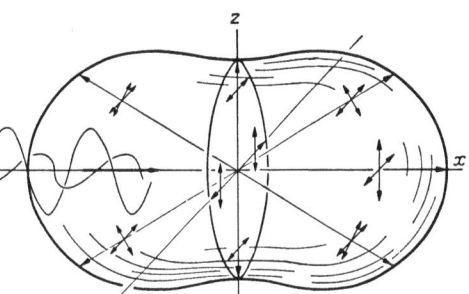

Abb. 4. Richtungsabhängigkeit von Intensität und Polarisationsgrad des Streulichtes bei unpolarisierter Primärintensität [vgl. (18) und dort im Text] (aus H. MARK 1948). Die Pfeile zeigen die vertikal und horizontal polarisierte Komponente. Ein „RAYLEIGHsches Teilchen" befindet sich im Zentrum des Koordinatensystems. Völlig unpolarisiert ist die zerstreute Intensität in der Fortpflanzungsrichtung des Primärstrahles ($R_{0, U}$), völlig (vertikal) polarisiert diejenige bei $\vartheta = 90°$ ($R_{90°, U}$).

Für andere Streuwinkel gilt unter Berücksichtigung des Polarisationszustandes [vgl. (16 bis 18)] sinngemäß Ähnliches.

Analog zu (11) enthalten auch (19) und die korrespondierenden Beziehungen Größen von vorwiegend methodischer Bedeutung: die Primärintensität $J$, das streuende Volumen $V$ und den Meßabstand $r$. Sondern wir diese, deren Wahl mehr der Willkür bzw. den apparativen Gegebenheiten unterliegt, nach einem Vorschlag von ZIMM aus, dann können wir zweckmäßig als reduzierte Streuung $R$ den folgenden Quotienten definieren:

$$\left.\begin{aligned}\text{Reduzierte Streuung} &= \frac{\text{Sekundärintensität} \times [\text{Meßabstand}]^2}{\text{Primärintensität} \times \text{zerstreuendem Volumen}} \\ R_\vartheta &= \frac{I_\vartheta}{J} \cdot \frac{r^2}{V} \quad [\text{cm}^{-1}]\end{aligned}\right\} \tag{20}$$

(Symbol $R$ dann eingesetzt, wenn vertikal und horizontal polarisierte Komponente des Sekundärstrahls gemeinsam gemessen werden; vgl. unten, Abb. 22 und Anm. S. 154).

Dabei wird vorausgesetzt, daß $r$ sehr groß ist gegen $\sqrt[3]{V}$ und die Trübung so gering, daß weder die Primärintensität noch die Sekundärintensität beim Durchsetzen des zerstreuenden Volumens merklich geschwächt werden.

Wir wollen das Symbol $R_\vartheta$ immer dann benutzen, wenn wir in der Meßanordnung für die Streuintensität keinen Polarisator einschalten. Den vertikal polarisierten (vertikal zu der durch $\vartheta$ gegebenen Ebene) Anteil der reduzierten Streuung wollen wir mit $V_\vartheta$, den horizontal polarisierten mit $H_\vartheta$ bezeichnen. Den Polarisationszustand der Primärstrahlung kennzeichnen wir in bereits geübter Weise durch Anhängen der Suffixe $U, V, H$. So gilt z. B. unter RAYLEIGHs Bedingungen

$$\left.\begin{aligned}V_{\vartheta, U} &= \tfrac{1}{2} R_{0°, U} = R_{90°, U} = \tfrac{1}{2} R_{\vartheta, V}, \\ H_{\vartheta, U} &= R_{90°, U} \cdot \cos^2 \vartheta = \tfrac{1}{2} R_{0°, U} \cdot \cos^2 \vartheta, \\ V_{90°, H} &= H_{90°, V} = H_{90°, U} = H_{90°, H} = 0.\end{aligned}\right\} \tag{21a—c}$$

Fast allgemein gilt (Reziprozitätsgesetz vgl. S. 155)

$$V_{\vartheta,H} = H_{\vartheta,V}. \qquad (22)$$

$R_\vartheta$ hat die gleiche Dimension wie der Trübungskoeffizient. Die Beziehung zwischen den beiden wichtigen Kennwerten ergibt sich aus (13) und (19) sowie (16—18).

$$\frac{3}{8\pi}\tau = R_{0°} = R_{90°,V} = 2R_{90°,U} \qquad (23)$$
(RAYLEIGH-Fall).

Es wurde bereits darauf hingewiesen, daß diese Beziehungen beim Vergleich der Meßergebnisse verschiedener Arbeitskreise bedeutungsvoll sind. Es ist jedoch im Auge zu behalten, daß sie nur unter den gegebenen Voraussetzungen (Tabelle 2) gelten.

$R_{0°}$ ist nicht nur dadurch ausgezeichnet, daß es unabhängig vom Polarisationszustand ist, sondern, wie weiter unten ausgeführt wird, auch dadurch, daß die „Vorwärtsstreuung" (forward scattering) nicht wie die Streuung unter anderen Winkeln bei Überschreitung der Voraussetzung A in Tabelle 2 beeinflußt wird. $R_{0°}$ wird daher, wenn es selbst auch der Messung nicht zugänglich ist, sehr oft errechnet, oder durch Extrapolation ermittelt.

### $\vartheta$) RAYLEIGHs Formeln.

Die Polarisierbarkeit $\alpha$, welche wir bei den bisherigen Ableitungen für die Qualität und Quantität des lichtzerstreuenden Materials eingesetzt haben, ist eine Größe, welche nicht unmittelbar durch das Experiment ermittelt werden kann. Die wesentliche Aufgabe der nächsten Abschnitte besteht darin, sie durch meßbare Größen zu ersetzen.

Setzen wir $n$ für die Brechungszahl ($\varepsilon = n^2$ für die optische Dielektrizitätskonstante) eines idealen Gases, dann gilt für die Polarisierbarkeit eines Einzelteilchens ($N$ Einzelteilchen in der Volumeneinheit)

$$\alpha = \frac{n^2-1}{4\pi} \cdot \frac{1}{N} \ [\mathrm{cm}^3] \qquad (24)$$
(ideales Gas).

Da bei Gasen $n$ nahezu gleich 1 ist, wird auch von einigen Autoren gesetzt:

$$\alpha = \frac{n-1}{2\pi} \cdot \frac{1}{N}. \qquad (25)$$

Aus (13) und (24) bzw. (25) erhalten wir die berühmte RAYLEIGHsche Formel für den Trübungskoeffizienten eines idealen Gases

$$\tau = \frac{8}{3}\pi^3 \frac{(n^2-1)^2}{N \cdot \lambda_{\mathrm{vac}}^4} \quad \text{bzw.} \quad \tau = \frac{32}{3}\pi^3 \frac{(n-1)^2}{N \cdot \lambda_{\mathrm{vac}}^4} \qquad (26)$$
(ideales Gas).

Mit dieser Formel ist die Möglichkeit zur Bestimmung der Teilchenzahl bzw. des Molekulargewichtes eines Gases gegeben. Bereits RAYLEIGH konnte wesentliche Eigenschaften dieser Formel aus der Lichtzerstreuung der Atmosphäre, „dem Blau des Himmels", bestätigen. Ergebnisse neuerer Messungen sind in Tabelle 3 wiedergegeben.

Tabelle 3. *Experimentelle Bestätigung von* RAYLEIGHs *Formel* (26) *für das ideale Gas.*
LOSCHMIDTsche Zahl aus Lichtzerstreuungsmessung an Gasen. (Aus H. MARK[1].) (Gegenwärtig zuverlässigster Wert: $N_L = 6{,}02 \cdot 10^{23}$.)

| Gas | $N_L$ |
|---|---|
| Mischung von 91% Argon, 8,7% Stickstoff und 0,3% Sauerstoff | $6{,}9 \cdot 10^{23}$ |
| Äthylchloriddampf | $6{,}5 \cdot 10^{23}$ |
| Wasserdampf | $6{,}4 \cdot 10^{23}$ |

---
[1] MARK, H.: Frontiers in Chem. Bd. V, S. 121, 1948.

Unter RAYLEIGHschen Bedingungen unterscheidet sich die Lösung vom Gas lediglich dadurch, daß die lichtzerstreuenden Teilchen nicht im Vakuum, sondern in einem zwar unterschiedlich, jedoch ebenfalls lichtbrechenden Medium suspendiert sind. Es liegt daher nahe, die phänomenologische Betrachtungsweise, welche auf das Gas angewendet wurde, auf die Lösung zu übertragen und analog zu (24) für α anzusetzen*

$$\alpha = \frac{\varepsilon - \varepsilon_1}{4\pi} \cdot \frac{1}{N_2} = \frac{n^2 - n_1^2}{4\pi} \cdot \frac{1}{N_2} \; [\text{cm}^3] \tag{24a}$$
(ideale Lösung).

Wir bezeichnen dabei — wie in allen folgenden Ableitungen für Mehrkomponentensysteme — jene Größen, welche das Lösungsmittel charakterisieren mit dem Index 1 (bei mehreren niedermolekularen Komponenten ungeradzahlige Indices) und die entsprechenden, sich auf die Lösung beziehenden Größen ohne Index. Die Konstanten der zerstreuenden Materie erhalten den Index 2 (bzw. geradzahlige Indices bei mehreren makromolekularen Komponenten).

Durch Substitution in (13) erhalten wir

$$\tau = \frac{8}{3}\pi^3 \frac{(n^2 - n_1^2)^2}{N_2 \cdot \lambda_{\text{vac}}^4} \tag{27}$$
(ideale Lösung).

Rechnen wir die Beziehung noch auf die Gewichtskonzentration $c_2$ [g/cm³] und das Molgewicht $M_2$ um

$$N_2 = N_L \frac{c_2}{M_2} \tag{28}$$
($N_L$ = LOSCHMIDTsche Zahl)

und führen durch Erweiterung mit $c_2$ das spezifische Brechungsinkrement $\frac{n - n_1}{c_2}$ (vgl. S. 175) ein

$$\frac{n^2 - n_1^2}{c_2} \approx \frac{2n(n - n_1)}{c_2},$$

dann erhalten wir eine Beziehung

$$\tau = \frac{32}{3}\pi^3 \frac{n^2}{N_2 \cdot \lambda_{\text{vac}}^4} \frac{(n - n_1)^2}{c_2^2} c_2 M_2 \tag{27a}$$
(ideale Lösung),

die uns unten in erweiterter Form als Resultat schwankungstheoretischer Ableitungen nochmals begegnen wird. Die Beziehung (27a) ist bemerkenswerterweise erst vor einigen Jahren von DEBYE[1] eingeführt worden.

RAYLEIGHs Formel für die Lichtzerstreuung der Lösung

$$\tau = 24\pi^3 \frac{N_2 V_2^2}{\lambda_{\text{vac}}^4} \left[ \frac{n_2^2 - n_1^2}{\left(\frac{n_2}{n_1}\right)^2 + 2} \right]^2 \tag{29}$$
($V_2$ = Teilchenvolumen)

führt nicht die Brechungszahl der Lösung ($n$), sondern die der gelösten Teilchen ($n_2$) ein. Sie ist heute ohne größere praktische Bedeutung, da die unten erörterten schwankungstheoretisch abgeleiteten Beziehungen ausgedehnteren Gültigkeitsbereich besitzen und einfacher zu handhaben sind. Die ersten praktisch bedeutungsvollen Molekulargewichtsbestimmungen auf der Grundlage von Streulichtmessungen wurden auf der Basis von RAYLEIGHs Formel ausgewertet (Tab. 4, S. 129).

---
[1] DEBYE, P.: J. appl. Physics **15**, 338 (1944).
* Vgl. Text und Anm.** S. 129 unten.

Die Umrechnung auf das Molekulargewicht und die Gewichtskonzentration geschieht durch folgende Beziehung [vgl. (28)]

$$N_2 \cdot V_2^2 = \frac{c_2 \, M_2}{N_L \cdot \varrho_2^2}, \tag{28b}$$

($\varrho_2$ = Dichte des gelösten Materials).

Dann ist:

$$\tau = 24\pi^3 \frac{1}{N_L \lambda_{\text{vac}}^4} \left[ \frac{n_2^2 - n_1^2}{\left(\frac{n_2}{n_1}\right)^2 + 2} \right]^2 \frac{c_2 \cdot M_2}{\varrho_2^2}. \tag{29a}$$

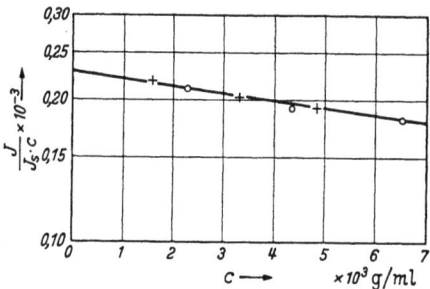

Abb. 5. Lichtzerstreuung des Gärungsfermentes Enolase (Kreuze) und seiner krystallisierten Quecksilberverbindung[1] (Kreise) als Beispiel für eine Relativmessung (aus BÜCHER 1943[2]; Auswertungsweise nach den Versuchsprotokollen auf das in diesem Artikel dargestellte Verfahren umgestellt).

Die Streuintensität $J_{\text{EXP}}$ der Versuchslösung (die Zerstreuung durch das Lösungsmittel bereits abgezogen) wurde mit derjenigen eines Arbeitsstandards aus Trübglas $J_s$ verglichen ($\vartheta = 90°$, rechteckige Cuvette, Alkali-Vakuum-Photozelle, Gleichstromverstärker, Hg-Linie 546 mµ aus Hg-Höchstdrucklampe). Der Maßstab der Ordinate ist also ein relativer. Die Eichung des Glasstandards ($R_{90°} = 6{,}6 \cdot 10^{-5}$) erfolgte durch Vergleich mit der Lichtzerstreuung $J_{\text{STD}}$ von Lösungen von krystallisiertem Edestin [$M_{\text{STD}} = 300\,000$ [3,4]].

Daten der Edestinmessungen (Index STD): $n_{\text{STD}} = 1{,}344_3$;  $\left(\frac{\partial n}{\partial c_2}\right)_{\text{STD}}^{546} = 0{,}174$;  $\left[\frac{J_{\text{STD}}}{J_s \cdot c_{\text{STD}}}\right]_{c_2 \to 0} = 0{,}915 \cdot 10^3$.

*Auswertung* (Konzentrationsbestimmung spektrophotometrisch $[E]_{d=1}^{1\%}$ bei 280 mµ: Enolase = 8,8; Edestin = 8,6).

Daten des Enolaseversuches (Index EXP): $n_{\text{EXP}} = 1{,}335$;  $\left(\frac{\partial n}{\partial c_2}\right)_{\text{EXP}}^{546} = 0{,}185$;  $\left[\frac{J_{\text{EXP}}}{J_s \cdot c_{\text{EXP}}}\right]_{c_2 \to 0} = 0{,}225 \cdot 10^3$.

Für das Molekulargewicht der Enolase erhält man

$$\overline{M}_{\text{EXP}} = \overline{M}_{\text{STD}} \frac{n_{\text{STD}}^2 \left(\frac{\partial n}{\partial c_2}\right)_{\text{STD}}^2}{n_{\text{EXP}}^2 \left(\frac{\partial n}{\partial c_2}\right)_{\text{EXP}}^2} \times \left[\frac{J_{\text{EXP}}}{J_s \cdot c_{\text{EXP}}}\right]_{c_2 \to 0} \times \left[\frac{J_{\text{STD}}}{J_s \cdot c_{\text{STD}}}\right]_{c_2 \to 0}^{-1} = 300\,000 \, \frac{[1{,}344 \cdot 0{,}174]^2 \, 0{,}225 \cdot 10^3}{[1{,}335 \cdot 0{,}185]^2 \, 0{,}915 \cdot 10^3} = 66\,000 \text{ g/Mol}.$$

Auf eine Korrektion für die Depolarisation wurde verzichtet.

*Vergleichswerte:*  Quecksilberbestimmung[1] (1 Grammatom Hg)  64 000—68 000,
Elementaranalyse[2] (8 Grammatome S)  67 300,
SVEDBERG-Technik[3]  63 700.

Das von den Brechungszahlen des Lösungsmittels und der gelösten Teilchen — $n_1$ und $n_2$ — abhängige Glied in RAYLEIGHS Formel (29) folgt aus der elektrostatischen Betrachtung eines kugelförmigen Teilchens innerhalb eines vom Feld durchsetzten Mediums, welche isotrop, dielektrisch und nichtleitend sind (Kontinuumbetrachtung) — unter Voraussetzungen also, die zumeist in zweierlei Richtung nicht zutreffen werden: Weder werden Lösungsmittel und Teilchen als isotrop anzusehen sein noch die Teilchen Kugelgestalt haben. Demzufolge ist im allgemeinen RAYLEIGHS Formel nur mit Vorbehalten anwendbar, selbst wenn durch Extrapolation auf $c_2 = 0$ der Zustand idealer Verdünnung zugrunde gelegt wird.

Zum einen wird das im Teilchen induzierte elektrische Moment nicht — wie in (5) (S. 119) vorausgesetzt — genau in die Richtung des Feldes fallen. Dieser Gesichtspunkt betrifft alle auf (1) zurückgreifenden Ableitungen, also nicht nur RAYLEIGHS Formel.

---

[1] WARBURG, O., u. W. CHRISTIAN: B. Z. **310**, 384 (1942).

[2] BÜCHER, T.: Über das Molekulargewicht der Enolase. Angew. Chem. **56**, 328 (1943). Biochim. biophysica Acta, N. Y. **1**, 467 (1947).

[3] BERGOLD, G.: Z. Naturforsch. **1**, 100 (1946).

[4] CHIBNALL, A. C.: Second Procter Memorial Lecture. J. int. Soc. Leather Trades' Chem. **30**, 1 (1946).

Tabelle 4. *Molekulargewichte von Proteinen durch Vergleich ihrer Lichtzerstreuung zu derjenigen von Amandin ($M = 350\,000$), auf der Grundlage von* Rayleighs *Formel (29 a)* (Putzeys und Brosteaux 1935—1941[1]).

| | Werte von Putzeys und Brosteaux | Vergleichswerte |
|---|---|---|
| Ovalbumin. . . . . . . . . | 37 600 | 37 500 Röntgenkrystallanalyse[2] <br> 41 000—45 000 Osmose[3-5] <br> 49 000 $M_s$ Svedberg-Technik[6] <br> 45 700 vgl. Abb. 7 |
| Serumalbumin, Pferd . . . . | 72 200 | 82 800 Röntgenkrystallanalyse[10] <br> 69 000 Osmose[9] <br> 70 000 $M_s$ <br> 68 000 $M_s$ } Svedberg-Technik[7, 8] |
| Serumalbumin, Rind . . . . | 76 600 | 69 000 Osmose[11] <br> 65 400; 69 000 $M_s$ Svedberg-Technik[13, 12] <br> 77 000 vgl. Abb. 8 |
| Hämocyanine (Palinurus) . . <br> (Sepia) . . . . . . . . . | 464 000 <br> 3 150 000 | 450 000 Svedberg-Technik[14] |

Die diesbezüglichen Abweichungen, welche sich durch Abweichungen im Polarisationsverhalten des Streulichtes zu erkennen geben, sind jedoch zumeist gering, und man begnügt sich mit einer nachträglich anzubringenden Korrektur (vgl. S. 152ff.).

Zum anderen führt nur die Betrachtung kugelförmiger Teilchen zu dem in (29) enthaltenen brechungsabhängigen Glied. Bereits für Rotationsellipsoide mit nicht größenordnungsmäßig verschiedenem Achsenverhältnis gibt die Kontinuumbetrachtung quantitativ wesentliche Abweichungen\*.

In letzterer Hinsicht ist die zu (24a) führende phänomenologische Betrachtungsweise\*\* wesentlich überlegen. Sie führt die (gemessene) Brechungszahl der Lösung ein und kann daher auf eine Diskussion des elektrischen Geschehens im und um das Teilchen im einzelnen verzichten. Abgesehen von den oben erörterten, durch Messung des Depolarisationsgrades erkennbaren Abweichungen, gilt sie für Teilchen beliebiger Gestalt, solange diese klein gegen die Wellenlänge des erregenden Lichtes sind.

---
\* Vgl. z. B. Beziehungen für das „field inside" (2,75) und (2,79) in Böttcher, C. J. F.: Theory of Electric Polarisation. Amsterdam, Houston, London, New York 1952 (Tabelle für numerische Werte der Funktion $A$ dort S. 74).

\*\* Zur phänomenologischen Betrachtung: Das je Volumeneinheit in dielektrischem Material durch ein Feld $\mathfrak{E}$ induzierte elektrische Moment $\mathfrak{P}$ ist nach einer allgemeingültigen phänomenologischen Beziehung

$$\mathfrak{P} = \frac{\varepsilon - 1}{4\pi} \mathfrak{E}.$$

Weiterhin gilt (Bedeutung der Indizes wie oben im Text)

$$\mathfrak{P} = \mathfrak{P}_1 + \mathfrak{P}_2.$$

Wir setzen für den Fall der äußerst verdünnten Lösung

$$\mathfrak{P}_1 = \frac{\varepsilon_1 - 1}{4\pi} \mathfrak{E}; \quad \mathfrak{P} = N_2 \alpha' \mathfrak{E} \tag{30}$$

und erhalten

$$\frac{\varepsilon - 1}{4\pi} = \frac{\varepsilon_1 - 1}{4\pi} + N_2 \alpha' \tag{31}$$

oder

$$\alpha' = \frac{1}{N_2} \frac{\varepsilon - \varepsilon_1}{4\pi} \tag{31a}$$

$\alpha'$ ist eine komplizierter zusammengesetzte Größe als $\alpha$ in (5). Sie ist jedoch nicht nur dimensionsgleich, sondern determiniert das elektrostatische Geschehen (gemittelt über eine große Anzahl Teilchen) dort, wo ein bestimmtes Lösungsmittelvolumen durch ein Teilchen ersetzt wurde. Wir dürfen für den Fall der extrem verdünnten Lösung $\alpha$ in (13) durch $\alpha'$ (31a) ersetzen.

[1-14] Literatur zu Tabelle 4 auf S. 130.

### ι) Schwankungstheorie der Lichtzerstreuung in Flüssigkeiten
(v. Smoluchowski 1908[1], Einstein 1910[2]).

Wir haben bislang, entsprechend Rayleighs Voraussetzungen, bei unseren Erörterungen die Zerstreuung durch das Lösungsmittel vernachlässigt und fragen nun, wie weit dies berechtigt ist. Wir stellen uns also die Aufgabe, die Lichtzerstreuung einer Flüssigkeit abzuleiten und setzen voraus, daß diese nur aus einer Art von Molekülen besteht.

Unzulässig wäre es, die molekulartheoretisch abgeleitete Beziehung für den Zustand der idealverdünnten Materie ohne weiteres auf den kondensierten Zustand zu übertragen, also etwa in (26) die Teilchendichte einer Flüssigkeit einzusetzen. Das Resultat eines solchen Verfahrens wären erhebliche Diskrepanzen zwischen Theorie und Erfahrung.

Um ein Beispiel zu geben, vergleichen wir die Beträge der Lichtzerstreuung eines isolierten Wassermoleküles und eines Wassermoleküles in der kondensierten Phase.

Die bereits oben erwähnte Lichtzerstreuung durch ein isoliertes Wassermolekül erhalten wir aus (26).

$$\frac{\tau^{546}}{N_{\text{gasf.}}} \approx 3 \cdot 10^{-27} \, [\text{cm}^{-1}]$$

($H_2O$-Molekül Gasphase)

$$\left[ t = 0°; \; p = 1 \, \text{Atm.} : n^{546} = 1{,}00025; \; N_{\text{gasf.}} = \frac{6 \cdot 10^{23}}{22{,}4 \cdot 10^3} \, [\text{cm}^{-3}]; \; \frac{1}{\lambda_{\text{vac}}^4} = 1{,}1 \cdot 10^{17} \right].$$

Eine experimentelle Bestätigung der Rechnung ist mittelbar durch die in Tabelle 3 mitgeteilte Bestimmung der Loschmidtschen Zahl durch Streulichtmessungen an Wasserdampf gegeben.

Bei der gleichen Wellenlänge mißt man als reduzierte Streuung reinen Wassers etwa

$$R_{90°, U}^{546} = 1{,}6 \cdot 10^{-6} \, [\text{cm}^{-1}].$$

Rechnen wir unter Verwendung von (23) auf den Trübungskoeffizienten um und dividieren durch die Zahl der Moleküle in der Volumeneinheit $N_{\text{flüssig}} = \frac{6 \cdot 10^{23}}{18} \, [\text{cm}^{-3}]$, dann erhalten wir

$$\frac{\tau^{546}}{N_{\text{flüssig}}} \approx 0{,}8 \cdot 10^{-27} \, [\text{cm}^{-1}]$$

($H_2O$-Molekül flüssige Phase).

Durch den Vorgang der Kondensation ist also die effektive Lichtzerstreuung des einzelnen Moleküles ganz erheblich gesunken.

Der Grund für diese Diskrepanzen liegt offenbar darin, daß durch den Prozeß der Kondensation der Ordnungszustand der Materie zugenommen hat.

Völlig geordnete Materie, wie sie der ideale Krystall repräsentiert, zeigt keinerlei Lichtzerstreuung (wenn man von den äußeren Grenzflächen absieht). Die Lichtzerstreuung jedes Elementarvolumens ist nämlich genau gleich groß. Die seitlichen Ausstrahlungen der molekularen Dipole vernichten sich daher — wie etwa in der Lorenzschen Theorie der Dispersion ausgeführt wird — durch Interferenz (Abb. 6) und eine in derartige Materie eintretende, ebene elektromagnetische Welle pflanzt sich eben fort.

---

[1] Smoluchowski, M. v.: Ann. Physik **25**, 205 (1908).
[2] Einstein, A.: Ann. Physik **33**, 1275 (1910).

**Literatur zu Tabelle 4, S. 129.**

[1] Putzeys, P., and J. Brosteaux: Trans. Faraday Soc. **31**, 1314 (1935). Meded. Kon. vlaam. Acad. Wet., Kl. Wet. **3**, 3 (1941).
[2] Riley, D. P., and D. Herbert: Biochim. biophysica Acta, N. Y. **4**, 374 (1950).
[3] Güntelberg, A. V., and K. Linderstrøm-Lang: C. R. Lab. Carlsberg (I) **27**, 1 (1949).
[4] Bull, H. B.: J. biol. Ch. **137**, 143 (1941).
[5] Gutfreund, H.: Nature **53**, 406 (1944).
[6] Eirich, F., and E. K. Rideal: Nature **146**, 541 (1940).
[7] Svedberg, T., and B. Sjögren: Am. Soc. **50**, 3318 (1928).
[8] Kekwick, R. A.: Biochem. J. **32**, 552 (1938).
[9] Adair, G. S., and M. E. Robinson: Biochem. J. **24**, 1864 (1930).
[10] Fankuchen, I.: Adv. Protein Chem. **2**, 387 (1945).
[11] Scatchard, G., A. C. Batchelder and A. Brown: Am. Soc. **68**, 2320 (1946).
[12] Oncley, J. L., G. Scatchard and A. Brown: J. physic. Colloid Chem. **51**, 184 (1947).
[13] Creeth, J. M.: Biochem. J. **51**, 10—17 (1952).
[14] Svedberg, T., and I. B. Eriksson-Quensel: Tab. biol. period. **11**, 351 (1936).

Reale Flüssigkeiten liegen zwischen diesem höchstgeordneten Zustand und dem äußerst ungeordneten idealverdünnter Materie. Dementsprechend kann die Beschreibung der Zerstreuung in Flüssigkeiten von zwei Seiten her versucht werden: ausgehend entweder vom molekulartheoretischen Ansatz für idealverdünnte Materie durch Berücksichtigung des höheren Zustandes der Ordnung oder vom idealgeordneten Zustand durch Berücksichtigung der Ordnungsstörungen.

Letzterer Weg wurde zuerst von v. SMOLUCHOWSKI konzipiert und von EINSTEIN quantitativ durchgeführt. Er ist nicht nur elegant, sondern erweitert den Aspekt des Problems durch die Einführung thermodynamischer Überlegungen in der sog. Schwankungstheorie der Lichtzerstreuung bedeutend. Wir skizzieren in diesem Abschnitt am Beispiel der reinen Flüssigkeit zunächst den Gedankengang und geben die ausführlichere Entwicklung im folgenden Abschnitt bei der Besprechung der Lösungen:

Thermodynamisch gesehen entspricht dem Zustand der Homogenität eine größere Entropie als dem der nichthomogenen Verteilung. Die statistische Thermodynamik, welche die Entropie mit der Wahrscheinlichkeit in Beziehung setzt, läßt jedoch in kleinen Dimensionen auch weniger wahrscheinliche Zustände als den der völligen Homogenität zu: die resultierenden Dichteschwankungen in kleinsten Volumenelementen der Flüssigkeit müssen Ursache für die Zerstreuung von Licht sein.

Wird bedacht, daß die Ursache für das Auftreten der statistischen Dichteschwankungen in der Wärmebewegung liegt, kompressible Medien der Verdichtung jedoch Widerstand leisten, dann folgt: Inhomogenitäten treten um so leichter auf, je kompressibler die Substanz ist und je höher die thermische Energie. Man darf daher ansetzen:

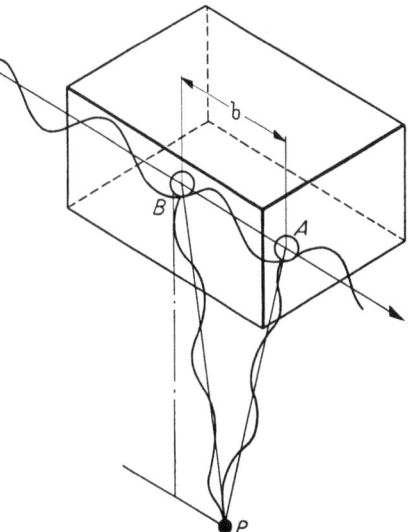

Abb. 6. Zur schwankungstheoretischen Ableitung der Lichtzerstreuung (aus ZIMM, STEIN und DOTY)[1]. Der Beobachtungspunkt $P$ und die beiden lichtzerstreuenden Elementarvolumina $A$, $B$ liegen derart, daß sich die Streuintensitäten durch Interferenz schwächen. Ist das Medium ideal homogen, dann läßt sich zu jedem lichtzerstreuenden Elementarvolumen und für jeden Beobachtungspunkt ein zweites durch Interferenz auslöschendes Elementarvolumen finden. Dies gilt mit Ausnahme der Randgebiete und der in der Fortpflanzungsrichtung des Lichtstrahles gelegenen Beobachtungspunkte. Im übrigen übersteht nur der Schwankungsanteil der Lichtzerstreuung in den Elementarvolumina die Interferenzauslöschung.

Häufigkeit der Dichteschwankungen $\sim \beta k T$,

wobei unter $\beta$ der Kompressibilitätskoeffizient der Flüssigkeit

$$\beta = -\frac{\partial \ln V}{\partial p} \, [\text{dyn}^{-1} \cdot \text{cm}^2] \tag{32}$$
$$(V = \text{Volumen})$$

verstanden und in üblicher Weise das Symbol $k$ für die BOLTZMANNsche Konstante und $T$ für die absolute Temperatur gesetzt wird.

Die Ausstrahlung bei gegebener Verdichtung andererseits muß um so größer sein, je mehr die optische Dielektrizitätskonstante sich mit der Dichte ändert. Sowohl eine Verdichtung als auch eine Verdünnung bedeuten Inhomogenitäten, welche Lichtzerstreuung hervorrufen, und es ist verständlich, daß die Zerstreuung vom *Quadrat* der Änderung der Dielektrizitätskonstanten mit der Dichte abhängt.

$$\text{Ausstrahlungsfaktor} \sim \left(\varrho_1 \frac{\partial \varepsilon_1}{\partial \varrho_1}\right)^2 = \left(\varrho_1 \frac{\partial n_1^2}{\partial \varrho_1}\right)^2 = 4 n_1^2 \left(\varrho_1 \frac{\partial n_1}{\partial \varrho_1}\right)^2 \tag{33}$$
$(\varrho_1 = \text{Dichte}, \varepsilon_1 = \text{optische Dielektrizitätskonstante} = n_1^2)$.

---

[1] ZIMM, B. H., R. S. STEIN and P. DOTY: Polymer Bull. 1, 90—119 (1945).

Die quantitative Durchführung ergibt, daß wir $N\alpha^2$ in (13) ersetzen dürfen (vgl. den folgenden Abschnitt wegen des Zahlenfaktors) durch

$$\frac{n_1^2}{4\pi^2} \beta_1 k T \left(\varrho_1 \frac{\partial n_1}{\partial \varrho_1}\right)^2.$$

Damit erhalten wir für die Trübung der reinen Flüssigkeit

$$\tau = \frac{32}{3} \pi^3 \frac{n_1^2}{\lambda_{\text{vac}}^4} \beta_1 k T \left(\varrho_1 \frac{\partial n_1}{\partial \varrho_1}\right)^2 \tag{34}$$

(Einkomponentensystem).

Vergleicht man die schwankungstheoretisch entwickelte Beziehung mit der molekulartheoretisch abgeleiteten, dann zeigt sich, daß erstere die allgemeinere ist. Setzt man nämlich für das ideale Gas $\beta = \dfrac{1}{NkT}$ und $\varrho_1 \dfrac{\partial n}{\partial \varrho_1} = n - 1$, dann gehen die Beziehungen ineinander über. Eine Umkehrung dieses Gedankenganges vermag möglicherweise die hier beschriebene Ableitung zu veranschaulichen.

Es ist wichtig, darauf hinzuweisen, daß unter der Fülle der RAYLEIGHschen Voraussetzungen bei der schwankungstheoretischen Ableitung nur eine (Voraussetzung E) außer acht gelassen worden ist. Es mag daher überraschen, daß die Formel einer experimentellen Prüfung ausgezeichnet standgehalten hat (Tabelle 5)*. Die sehr beträchtliche Depolarisation (vgl. weiter unten) der Lichtzerstreuung mancher Flüssigkeiten weist jedoch darauf hin, daß die Voraussetzung B der Tabelle 2 nicht erfüllt wird.

Tabelle 5. *Experimentelle Bestätigung der EINSTEINschen Formel (34) für das Einkomponentensystem: Kompressibilität von Flüssigkeiten bei 30° aus der Lichtzerstreuung.* (Nach Messungen von RAMAN und Mitarbeitern, aus H. MARK[1]).

| Flüssigkeit | $1/\beta \cdot 10$ Atm$^{-1}$ | |
|---|---|---|
| | aus Lichtzerstreuung | aus Kompressionsmessung |
| Isopentan . . . | 238 | |
| n-Pentan . . . . | 225 | |
| Äthyläther . . . | 212 | 207 |
| Äthylchlorid . . | | 255 |

Die Lichtzerstreuung reiner Flüssigkeiten spielt im Rahmen der hier darzustellenden Methodik nur die Rolle einer Korrektur, infolgedessen kann auf eine weitergehende Erörterung verzichtet werden[2-4].

### ϰ) *Lichtzerstreuung in Lösungen* (GANS 1923[5], RAMAN 1923[6]).

Wir wollen unter einer Lösung zunächst ein System aus lediglich zwei Komponenten verstehen. Zum Unterschied von Mischungen tritt bei Lösungen eine Komponente mengenmäßig bedeutend hinter der anderen zurück.

Die schwankungstheoretische Ableitung der Lichtzerstreuung einer Lösung geht von dem Gedanken aus, daß durch die Einführung der zweiten Komponente die oben erörterten Dichteschwankungen (Kompressibilität) zusätzlich von Schwankungen der Konzentration überlagert werden.

$$\text{Lichtzerstreuung} = [\lambda^{-4}\text{-Glied}] \times \left\{\begin{array}{c}\text{Mittleres Schwankungs-}\\\text{quadrat der } \textit{Polarisierbar-}\\\textit{keit aus Dichte-}\\\textit{schwankungen}\end{array} + \begin{array}{c}\text{Mittleres Schwankungs-}\\\text{quadrat der } \textit{Polarisierbar-}\\\textit{keit aus Konzentrations-}\\\textit{schwankungen}\end{array}\right\} \tag{35}$$

---

* Die Schwankungstheorie wird neuerdings zur Bestimmung thermodynamischer Eigenschaften von Flüssigkeiten herangezogen[2-4]. Die Problematik liegt dabei in der Ermittlung von $\partial n_1/\partial \varrho_1$.

[1] MARK, H.: Frontiers in Chem. Vol. V, S. 121. 1948.
[2] BLOSSER, L. G., and H. G. DRICKAMER: The prediction of isothermal compressibilities by light scattering. J. chem. Physics 19, 1244 (1951).
[3] BABB, A. L., and H. G. DRICKAMER: The prediction of thermodynamic properties of nonideal solutions from turbidity measurements. J. chem. Physics 20, 290 (1952).
[4] ZIMM, B. H.: Opalescence of a two-component liquid system near the critical mixing point. J. physic. Colloid Chem. 54, 1306 (1950).
[5] GANS, R.: Das TYNDALL-Phänomen in Flüssigkeiten. Z. Physik 17, 353 (1923).
[6] RAMAN, C. V., and K. R. RAMANTHAN: The molecular scattering of light in liquid mixtures. Philos. Mag. 45, 213 (1923).

Den Dichteschwankungsterm dürfen wir aus der im vorigen Abschnitt geführten Ableitung übernehmen. Wir haben dabei die Kompressibilität der Lösung einzusetzen. Den Term für die Schwankung der Konzentration werden wir nunmehr ableiten.

Wir betrachten zunächst die mit einer Konzentrationsschwankung verbundene osmotische Arbeit. $v_0$ sei ein kleines, aber doch endliches Volumenelement der Lösung. Wir wollen in diesem Volumenelement $v_0$ eine kleine, aber endliche Konzentrationsänderung $\Delta c_2$ erzielen und komprimieren gegen das dabei ständig wachsende Inkrement des osmotischen Druckes $[P_{\text{innen}} - P_{\text{außen}}]$ die in einem Ausgangsvolumen $v_0\left(1 + \frac{\Delta c_2}{c_2}\right)$ befindliche Menge gelösten Stoffes in das Volumen $v_0$ hinein. Das Volumen der Lösung, welches das betrachtete Volumenelement umgibt, denken wir uns hinreichend groß, so daß es kleine Mengen Lösungsmittel aufnehmen kann, ohne seine Konzentration $c_2$ merklich zu ändern.

Wir verfahren isotherm und reversibel. Bezeichnen wir das während des Kompressionsvorganges jeweils erzielte Inkrement der Konzentration $[c_{\text{innen}} - c_{\text{außen}}]$ mit $\gamma$, dann ist das entsprechende Inkrement des osmotischen Druckes angenähert* $\frac{\partial P}{\partial c_2}\gamma$ und die Konzentrierungsarbeit

$$-\Delta A_{\text{rev}} = \int_{v_0(1+\Delta c_2/c_2)}^{v_0} \frac{\partial P}{\partial c_2}\gamma \cdot dv. \tag{36}$$

Mit
$$-dv = \frac{v_0}{c_2} d\gamma, \tag{37}$$

aus ($\gamma \ll c_2$!)
$$v = v_0\left(1 + \frac{\Delta c_2 - \gamma}{c_2}\right), \tag{38}$$

erhalten wir für die Konzentrierungsarbeit

$$\Delta A_{\text{rev}} = \int_{\gamma=0}^{\gamma=\Delta c_2} \frac{\partial P}{\partial c_2}\gamma \frac{v_0}{c_2} d\gamma = \frac{v_0}{2c_2}\left(\frac{\partial P}{\partial c_2}\right)(\Delta c_2)^2. \tag{39}$$

Um ohne äußere Einwirkungen innerhalb der Lösung eine solche Fluktuation der Konzentration zu erhalten, müssen wir annehmen, daß diese Arbeit durch Schwankungen der thermischen Energie geleistet wird. Die Wahrscheinlichkeit dafür erhalten wir unter Verwendung des $e$-Satzes von BOLTZMANN

$$W(\Delta c_2)d(\Delta c_2) = C\, e^{-\frac{\Delta A_{\text{rev}}}{kT}} d(\Delta c_2), \tag{40}$$

und für das gesuchte mittlere Schwankungsquadrat der Konzentration

$$\overline{\Delta c_2^2} = \frac{\int_{-\infty}^{+\infty}(\Delta c_2)^2 \cdot e^{-\frac{\Delta A_{\text{rev}}}{kT}} d(\Delta c_2)}{\int_{-\infty}^{+\infty} e^{-\frac{\Delta A_{\text{rev}}}{kT}} d(\Delta c_2)} = \frac{kTc_2}{v_0\left(\frac{\partial P}{\partial c_2}\right)}. \tag{41}$$

Wir gehen nunmehr zum elektromagnetischen Aspekt des Problems über: Der Brechungsindex unseres Volumenelementes $v_0$ sei $n$, der des Lösungsmittels $n_1$. Die Polarisierbarkeit des Volumenelementes unterscheidet sich von derjenigen der Umgebung

---

* Es wird hier nicht gefordert, daß sich der osmotische Druck wie in idealer Lösung verhält. Ob jedoch die statistischen Schwankungen $\Delta c_2$ der Konzentration sich in jedem möglichen Fall in so kleinem Rahmen halten, daß $\frac{\partial P}{\partial c_2}$ als konstant angesetzt werden darf, ist eine Frage, auf die hier lediglich hingewiesen werden kann.

(da die Polarisierbarkeit eine angenähert lineare Funktion der Konzentration ist), in erster Näherung nach

$$\Delta \alpha = \frac{\partial \alpha}{\partial c_2} \Delta c_2. \tag{42}$$

Phänomenologisch betrachtet gilt für das Volumenelement $v_0$* (vgl. Text und Anm. S. 129)

$$\alpha = \frac{n^2 - n_1^2}{4\pi} v_0. \tag{43}$$

Wir differenzieren nach der Konzentration

$$\frac{\partial \alpha}{\partial c_2} = \frac{v_0}{2\pi} n \frac{\partial n}{\partial c_2} \tag{44}$$

und erhalten damit für das mittlere Schwankungsquadrat der Polarisierbarkeit aus Schwankungen der Konzentration [vgl. (41)]

$$\overline{(\Delta \alpha^2)}_{c_2} = v_0^2 \left[\frac{n}{2\pi} \frac{\partial n}{\partial c_2}\right]^2 \overline{\Delta c_2^2} = v_0 \left[\frac{n}{2\pi} \frac{\partial n}{\partial c_2}\right]^2 \frac{c_2 kT}{\frac{\partial P}{\partial c_2}} \tag{45}$$

(Konzentrationsschwankungen).

Durch eine analoge Ableitung erhält man für das mittlere Schwankungsquadrat der Polarisierbarkeit aus Dichteschwankungen [vgl. (34) und den vorigen Abschnitt]

$$\overline{(\Delta \alpha^2)}_\varrho = v_0 \left[\frac{n}{2\pi} \frac{\partial n}{\partial \varrho}\right]^2 kT \beta \varrho^2 \tag{46}$$

(Dichteschwankungen).

Substituiert man in (13) entsprechend (35)

$$\alpha^2 = \overline{(\Delta \alpha^2)}_\varrho + \overline{(\Delta \alpha^2)}_{c_2} \tag{47}$$

und bedenkt, daß die statistische Betrachtungsweise, welche angewendet wurde, zu einer Addition der Streuintensitäten aus allen einzelnen Elementarvolumina $v_0$ berechtigt, dann erhält man die Streufunktion für die aus zwei Komponenten bestehende Lösung (es ist $N \cdot v_0 = 1$):

$$\tau = \frac{32}{3} \pi^3 \frac{n^2}{\lambda_{\text{vac}}^4} kT \left[\beta \left(\varrho \frac{\partial n}{\partial \varrho}\right)^2 + \frac{c_2}{\frac{\partial P}{\partial c_2}} \left(\frac{\partial n}{\partial c_2}\right)^2\right] \tag{48}$$

(Zweikomponentensystem, „RAYLEIGH-Teilchen").

Nicht völlig korrekt, aber näherungsweise erlaubt ist es, den ersten Term in (48) mit der Lichtzerstreuung durch das Lösungsmittel in Beziehung zu setzen, da sich die Kompressibilität durch das Eindringen der zweiten Komponente nicht wesentlich ändert, solange die Lösung verdünnt bleibt

$$\tau \approx \tau_{\text{Lösung}} - \tau_{\text{Lösungsmittel}}.$$

Wir verstehen — was wir stillschweigend bereits in früheren Ableitungen vorausgesetzt haben — unter dem Trübungskoeffizienten $\tau$ und der reduzierten Streuung $R_\vartheta$ jeweils die für den gelösten Stoff spezifischen Kennwerte, welche nach Abzug der (getrennt gemessenen) Lichtzerstreuung des Lösungsmittels erhalten worden sind. Hierfür erhalten wir ($N_L = 6{,}02 \cdot 10^{23}$, $R = N_L \cdot k = 8{,}31 \cdot 10^7$ [erg], $P$ [dyn cm$^{-2}$]) nunmehr

$$\tau = \frac{H \cdot c_2}{\frac{1}{RT} \frac{\partial P}{\partial c_2}} \text{[cm}^{-1}\text{]}, \quad \text{wobei} \quad H = \frac{32}{3} \pi^3 N_L^{-1} \lambda_{\text{vac}}^{-4} \left[n \frac{\partial n}{\partial c_2}\right]^2 [g^{-2} \cdot cm^2]. \tag{49}$$

---

* Wir benutzen hier das Symbol $\alpha$ und den Ausdruck Polarisierbarkeit, welche zumeist als molekulare Größen verstanden werden, für die Charakterisierung des Elementarvolumens.

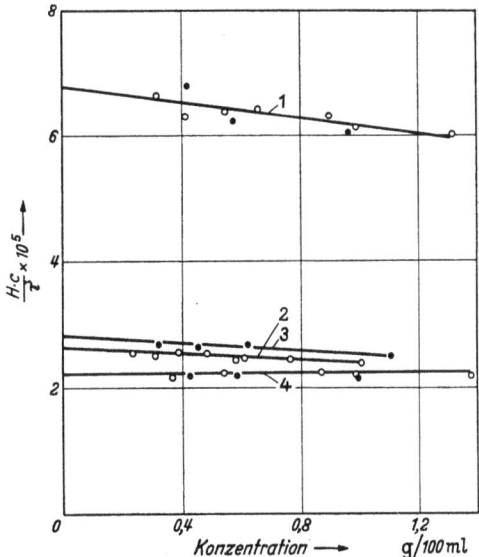

Abb. 7. Molekulargewichte von Lysozym (Kurve 1), β-Lactoglobulin (Kurve 2 und 3) und Ovalbumin (Kurve 4) aus absoluten Streulichtmessungen (aus HALWER, NUTTING und BRICE 1951[1]).

*Methodik:* Das Streulichtphotometer ist ein Vorgänger des im Text S. 170 beschriebenen (von einem der Autoren konstruierten) „BRICE-Phoenix Light Scattering Photometer" (Opal-Diffusor-Standard)[2]; gemessen wurde die Streuintensität bei $\vartheta = 90°$ (unpolarisierte Primärintensität). Die Trübung wurde unter Voraussetzung von RAYLEIGHS Bedingungen mit Hilfe des Eichwertes des Arbeitsstandards errechnet. Die Werte sind für Depolarisationsgrade, die zwischen 2 und 3% gefunden wurden, korrigiert (DEBYE-Faktor, vgl. jedoch den experimentellen Einwand von GEIDUSCHEK[3]; s. hierzu im Text S. 156, 174).

*Lysozym* (Präparat erhalten von Armour & Comp., 19% N, gelöst in 0,1 m Natriumchlorid, $p_H$ 6,2). Die vollen Punkte geben Werte nach 1 Std Zentrifugation bei 125000 g wieder

$\lambda_{vac} = 436$ mµ; 25°: $\partial n / \partial c_2 = 0,196$.   $\lambda_{vac} = 546$ mµ; 25°: $\partial n / \partial c_2 = 0,189$.

$$\overline{M}_2 = \left[\frac{\tau}{c_2 \cdot H}\right]_{c_2 \to 0} \times \left(\frac{6 - 7\varrho_U}{6 + 3\varrho_U}\right) = 14800 \text{ g/Mol}.$$

*Vergleichswerte:* Aminosäureanalyse: 14900[4] und 14700[5]; SVEDBERG-Technik 14700[6]; Röntgenanalyse 13900[7]; Osmose 17500[6] und 16600[8].

*β-Lactoglobulin* [Darstellung nach PALMER[9] (3mal umkristallisiert), 15,6% N] in 0,1 m K-phosphat-„Puffer" $p_H$ 5,2, Glasfilter 1 µ-Porenweite (Ablauf über Glasstab zur Vermeidung von Tropfen). Die vollen Punkte (Kurve 3) geben Werte nach 1 Std Zentrifugation bei 125000 g, 20°.

$\lambda_{vac} = 436$ mµ; 25°: $\partial n / \partial c_2 = 0,189$.   $\lambda_{vac} = 546$ mµ; 25°: $\partial n / \partial c_2 = 0,182$.

$$\overline{M}_2 = \left(\frac{\tau}{c_2 \cdot H}\right)_{c_2 \to 0} \times \left(\frac{6 - 7\varrho_U}{6 + 3\varrho_U}\right) \begin{cases} \text{Ohne Zentrifugation} = 38300 \text{ g/Mol} \\ \text{Nach Zentrifugation} = 35700 \text{ g/Mol} \end{cases}$$

*Vergleichswerte:* Osmose 35000[10]; Röntgenanalyse 35500[11]; SVEDBERG-Technik 35400[12].

*Ovalbumin.* Dargestellt nach SØRENSEN und HØYRUP[13]; 15,7% N; 3mal umkristallisiertes, dialysiertes und aus dem gefrorenen Zustande getrocknetes Präparat; 2 Monate bei 25° aufgehoben. Gelöst in 0,1 m Natriumchlorid bei $p_H$ 4,6.

$\lambda_{vac} = 436$ mµ; 25°: $\partial n / \partial c_2 = 0,188$.   $\lambda_{vac} = 546$ mµ; 25°: $\partial n / \partial c_2 = 0,182$.

(Mit und ohne Zentrifugation 30 min bei 140000 g.)

$$\overline{M}_2 = \left(\frac{\tau}{c_2 \cdot H}\right)_{c_2 \to 0} \times \left(\frac{6 - 7\varrho_U}{6 + 3\varrho_U}\right) = 45700 \text{ g/Mol}.$$

*Vergleichswerte* s. Tabelle 4.

---

[1] HALWER, M., G. C. NUTTING and B. A. BRICE: Molecular weight of lactoglobulin, ovalbumin, lysozyme and serum albumin by light scattering. Am. Soc. **73**, 2786 (1951).

[2] BRICE, B. A., M. HALWER and R. SPEISER: Photoelectric light scattering photometer for determining high molecular weights. Determination of the diffuse transmittance of opal glass and the use of opal glass as a standard diffusor in light scattering photometers. J. opt. Soc. Amer. **40**, 768 (1950); **44**, 340 (1954).

[3] GEIDUSCHEK, E. P.: J. polymer Sci. **13**, 408 (1954).

[4] LEWIS, J. C., N. S. SNELL, D. J. HIRSCHMANN and H. FRAENKEL-CONRAT: J. biol. Ch. **186**, 23 (1950).

[5] FROMAGEOT, C., et M. P. DE GARILHE: Biochim. biophysica Acta, N. Y. **4**, 509 (1950).

[6] ALDERTON, G., W. H. WARD and H. L. FEVOLT: J. biol. Ch. **157**, 43 (1945).

[7] PALMER, K. J., M. BALLANTYNE and J. A. GALVIN: Am. Soc. **70**, 906 (1948).

[8] MOHAMMED, A.: Unveröffentlicht, vgl. Lewis und Mitarbeiter[4].

[9] PALMER, A. H.: J. biol. Ch. **104**, 359 (1934).

[10] BULL, H. B., and B. T. CURRIE: Am. Soc. **68**, 742 (1946).

[11] SENTI, F. R., and E. C. WARNER: Am. Soc. **70**, 3318 (1948).

[12] CECIL, R., and A. G. OGSTON: Biochem. J. **44**, 33 (1949).

[13] SØRENSEN, S. P. L., and M. HØYRUP: C. R. Lab. Carlsberg (I) **12**, 12 (1917).

$$R_{0°} = 2R_{90°, U} = \frac{3}{8\pi} \frac{H \cdot c_2}{\dfrac{1}{RT}\dfrac{\partial P}{\partial c_2}} \; [\text{cm}^{-1}] \tag{50}$$

(„Rayleigh-Teilchen" in nichtidealer Lösung).

Für ideale Lösungen gilt — wie im folgenden Abschnitt erörtert wird —

$$\frac{1}{RT}\frac{\partial P}{\partial c_2} = M_2^{-1}.$$

Beziehung (49) geht dann in die bereits früher abgeleitete Formel (27a) über.

### λ) Lichtzerstreuung in realen Lösungen.

Ein bedeutender Vorzug der schwankungstheoretischen Ableitungen liegt darin, daß sie den Anschluß an das umfangreiche Gebäude der modernen Thermodynamik der Lösungen herstellen. Hinsichtlich der Konzentrationsabhängigkeit erwächst der Lehre von der Lichtzerstreuung auf diese Weise ein ganz erheblicher Gewinn an praktischer und theoretischer Erfahrung. Der osmotische Druck der realen Lösung wird als Funktion der Konzentration in Form einer Potenzreihe dargestellt[1],*

$$\frac{P}{RT} = \frac{1}{M_2} c_2 + B c_2^2 + C c_2^3 + \cdots. \tag{51}$$

In die schwankungstheoretisch abgeleitete Streufunktion geht die erste Ableitung dieser Beziehung nach der Konzentration ein

$$H \cdot \frac{c_2}{\tau} = \frac{1}{RT}\frac{\partial P}{\partial c_2} = \frac{1}{M_2} + 2 B c_2 + 3 C c_2^2 + \cdots \tag{52}$$

Die Koeffizienten in den einzelnen Gliedern dieser Reihen — Virialkoeffizienten** oder auch schlicht „slope factors" genannt — können mit verschiedener thermodynamischer Bedeutung interpretiert werden:

Der *erste Term* entspricht nach dem Gesetz von van t'Hoff der differentiellen Verdünnungsarbeit der idealen Lösung. Können die anderen Glieder vernachlässigt werden (ein Kriterium des Zustandes idealer Verdünnung), dann geht die schwankungstheoretisch abgeleitete Streufunktion in (27a) über.

Die höheren Terme rühren von zusätzlichen Effekten her, welche mit der Gestalt der gelösten Moleküle und ihrer Wechselwirkung mit dem Lösungsmittel zusammenhängen. Vom Konzentrationsbereich und der Größe der Koeffizienten hängt es ab, nach welchem Glied man die Reihe in der Praxis abbrechen darf.

Findet man z. B. bei der graphischen Auftragung von $1/\tau \cdot H c_2$ gegen die Konzentration (wie in den Abb. 7 und 8) geradlinigen Verlauf, dann sind (1) der dritte und die höheren Terme zu vernachlässigen, (2) die Steigung gleich $2B$ (dem Koeffizienten des zweiten Terms) und (3) der Schnittpunkt mit der Ordinate gleich dem Reziprokwert des mittleren Molekulargewichtes.

Den *zweiten* wie auch die höheren *Virialkoeffizienten* kann man sich aus energetischen und statistischen Anteilen zusammengesetzt denken.

Der energetische Anteil kann positives oder negatives Vorzeichen haben, je nachdem z. B., ob Abstoßung oder Assoziationsbestreben der Teilchen vorliegt; der statistische Anteil kann nur positiv sein, da die Zahl der Anordnungsmöglichkeiten großer Makromoleküle in dem niedermolekularen Lösungsmittel verringert ist.

---

\* $B$ und $C$ in dieser Arbeit entsprechen $B^*/RT$, $C^*/RT$ anderer Abhandlungen, z. B. G. V. Schulz[1].

\*\* Die theoretischen Ableitungen der Zustandsgleichung (51) bedienen sich des auf Clausius zurückgehenden Virialbegriffes (vgl. z. B. Eucken, A.: Lehrbuch der chemischen Physik. Bd. II/1. 2. Aufl., insbesonders §§ 43ff. Leipzig 1943).

[1] Schulz, G. V.: Osmotischer Druck; in Stuart, H. A.: Die Physik der Hochpolymeren. Bd. II: Das Makromolekül in Lösungen. Berlin, Göttingen, Heidelberg 1953, besonders § 58, S. 373.

Findet man den zweiten Koeffizienten gleich Null, d. h. zeigt die Streukurve keine Steigung, so spricht dies nicht unbedingt für das Vorliegen einer idealen Lösung, denn die energetischen und statistischen Anteile des zweiten Koeffizienten könnten sich kompensieren. Eine Prüfung der Verhältnisse unter Variation der Temperatur würde die Entscheidung bringen. Die Temperaturabhängigkeit des zweiten Koeffizienten kann benutzt werden, um den energetischen und statistischen Anteil zu trennen, d. h. es ist möglich,

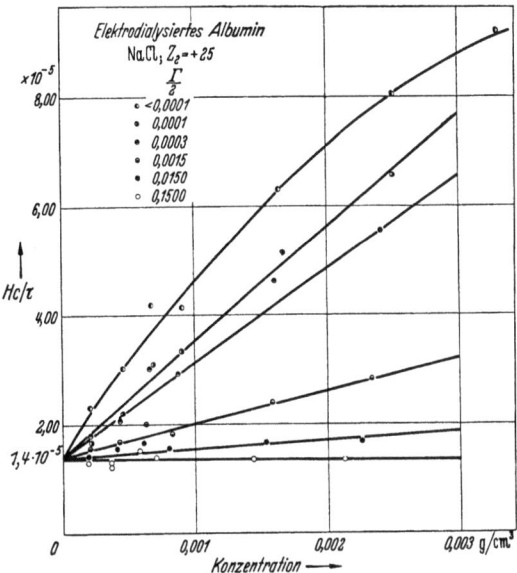

Abb. 8. Lichtzerstreuung von Rinder-Serum-Albumin (EDSALL, EDELHOCH, LONTIE und MORRISON 1950[1]) auf der sauren Seite ($Z_2 = +25$) vom isoionischen Punkt in Kochsalzlösungen verschiedener Ionenstärke.
Man erkennt die außerordentliche Abhängigkeit der Virialkoeffizienten [vgl. (52) S. 136] von der Ionenstärke der Lösung bei hoher Ladung der Proteinmoleküle. Die Extrapolation aller Kurven führt zum gleichen Grenzwert (Grenzwert von uns hinzugefügt).

*Methodik:* Als Leistungsfähigkeit der Apparatur (beschrieben in der gleichen Mitteilung der Autoren[1]) wird angegeben, daß die Lichtzerstreuung von Benzol bei einem Flüssigkeitsbedarf von 2—4 cm³ auf 2—3% genau gemessen werden kann. Gemessen wird die Streuintensität (rechteckige BECKMAN-Cuvetten, unpolarisierte Primärintensität), bei $\vartheta = 90°$ gegen einen Arbeitsstandard.

$$\lambda_{vac} = 436 \text{ m}\mu; \quad 25°: \partial n/\partial c_2 = 0{,}195; \quad n_1 = 1{,}3403; \quad H = 1{,}040 \cdot 10^{-5} \text{ g}^{-2}\text{cm}^2.$$

$$C_n = 1{,}27 \text{ vgl. (M 7 S. 163)}; \quad C_v = 0{,}99 \text{ (vgl. Abb. 23)}; \quad \frac{6+6\varrho v}{6-7\varrho v} = 1{,}04^*.$$

*Eichung des Arbeitsstandards* (vgl. dazu im Text S. 159, 160).

a) Gegen organische Flüssigkeiten (Benzol $R_{STD} = 49{,}5 \cdot 10^{-6}$ cm$^{-1}$). Berechnung des Trübungskoeffizienten [Bedeutung der Symbole wie in dieser Arbeit, vgl. (M 2a) auf S. 160]:

$$\tau_{EXP} = \frac{16\pi}{3} \frac{I_{EXP}}{I_{STD}} \cdot R_{STD} C_n^{-1} \cdot C_v^{-1}.$$

b) Gegen den DEBYE-BUECHE-Polystyrolstandard [$\tau_{STD} = 3{,}5 \cdot 10^{-3}$ (vgl. S. 159). Berechnung des Trübungskoeffizienten der Lösung (vgl. (M 2) auf S. 159]:

$$\tau_{EXP} = \frac{I_{EXP}}{I_{STD}} \times \tau_{STD} C_n^{-1} \cdot C_v^{-1}.$$

*Proteinpräparat:* Viermal umkrystallisiert nach dem Dekanolverfahren[2]; praktisch salzfrei; in 7%iger Lösung durch Corning „Fine" Sinterglasfilter filtriert; bei 16000 g zentrifugiert; mit trockener Pipette in den Versuchstrog; Endsalzkonzentration im Versuchstrog eingestellt.
Konzentrationsbestimmung spektrophotometrisch:

$$[E]_{d=1\text{cm}}^{1\%} \text{ bei } 280 \text{ m}\mu = 6{,}6.$$

Wir entnehmen aus der Abbildung $Hc_2/\tau = 1{,}4 \cdot 10^{-5}$ und erhalten:

$$\overline{M}_2 = \left(\frac{\tau}{H \cdot c_2}\right)_{c_2 \to 0} \cdot \left(\frac{6-7\varrho v}{6+6\varrho v}\right) = \frac{10^5}{1{,}4 \cdot 1{,}04} = 70\,000.$$

Die Autoren geben als Mittelwert aus mehreren Bestimmungen des (eine geringe höhermolekulare Beimengung enthaltenden) Präparates an: $\overline{M}_2 = 77\,000$.

*Vergleichswerte* findet man in Tabelle 4, S. 129.

---

\* CABANNES-Faktor (S. 156); vgl. dazu den experimentellen Einwand von GEIDUSCHEK[3] und im Text S. 174.

[1] EDSALL, J. T., H. EDELHOCH, R. LONTIE and P. R. MORRISON: Light scattering in solutions of serum albumin: effects of charge and ionic strength. Am. Soc. **72**, 4641 (1950).

[2] COHN, E. J., W. L. HUGHES jr. and J. H. WEARE: Am. Soc. **69**, 1753 (1947).

[3] GEIDUSCHEK, E. P.: J. polymer Sci. **13**, 408 (1954).

die Verdünnungsenthalpie und die Verdünnungsentropie zu bestimmen. Wegen weiterer Einzelheiten muß auf die Theorie des osmotischen Druckes verwiesen werden (vgl. z. B.[1] und die Ausführungen im Abschnitt „Makroionen" S. 141).

Der statistische Anteil des zweiten Koeffizienten ist für Teilchen gleicher Masse stark von deren Form abhängig. $B$ vertritt in dieser Hinsicht die Größe des um ein gelöstes Teilchen liegenden Raumes, der von anderen Teilchen nicht besetzt werden kann. Man kann sich unschwer vorstellen, daß ein stäbchenförmiges Molekül durch seine Rotation mehr Raum blockiert als ein Kugelteilchen[2].

Die Bestimmung der Konzentrationsabhängigkeit und die Extrapolationsverfahren sind dementsprechend für das Gebiet der Linearkolloide von ganz entscheidender Bedeutung.

Oft ist die statistische Behinderung der Teilchen mit Abstoßung (z. B. durch elektrostatische Ladungen) gekoppelt; dies bedeutet eine beträchtliche Vergrößerung des vom Partikel besetzten Raumes.

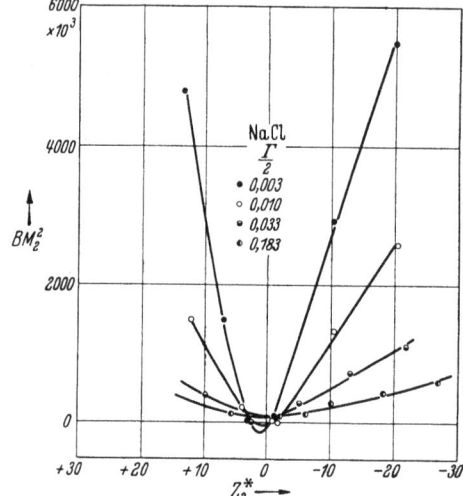

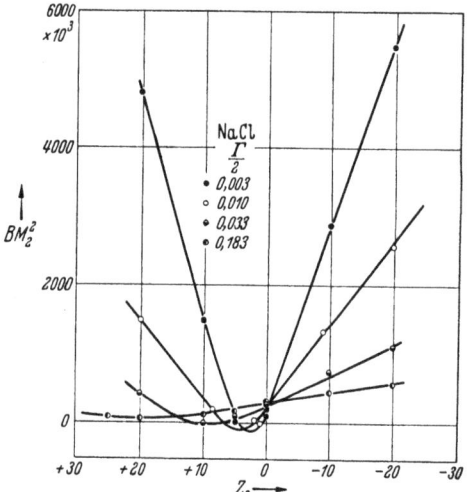

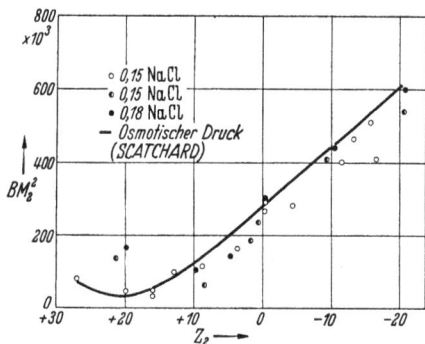

Abb. 9. Vergleich der zweiten Virialkoeffizienten [vgl. (51), (52)] in Lösungen von Rinder-Serum-Albumin aus osmotischen und Lichtzerstreuungsmessungen (EDSALL, EDELHOCH, LONTIE und MORRISON 1950[3]).

Ausgezogene Kurve: Osmotische Messungen von SCATCHARD, BATCHELDER und BROWN[4].

Punkte: Lichtzerstreuungsmessungen (vgl. Abb. 8 und 10).

Ordinate: $B \cdot M_2^2$ [vgl. (54c)].

Abszisse: Ladungsüberschuß des Proteinmoleküls (vgl. Abb. 10).

Abb. 10. Zweiter Virialkoeffizient aus der Lichtzerstreuung von Rinder-Serum-Albumin (vgl. Abb. 8) bei verschiedenem (Proton) Ladungsüberschuß des Proteins und verschiedener Ionenstärke des Lösungsmittels (EDSALL, EDELHOCH, LONTIE und MORRISON 1950[3]).

Ordinate: Produkt aus zweitem Virialkoeffizienten und Quadrat des Molekulargewichtes [vgl. (54c)]; Abszisse: Ladungsüberschuß des Proteins [hervorgerufen durch Zugabe von Salzsäure oder Natriumhydrogencarbonat (jeweils 0,01 m) zum elektrodialysierten Protein].

Die Kurven zeigen die für den „DONNAN-Term" (vgl. die Ausführungen über Makroionen im Text S. 142) charakteristische paraboloide Form. In der oberen Kurve ist der Ladungsüberschuß für die Bindung von Chloridionen durch das Albumin (DEBYE-HÜCKEL-Theorie) korrigiert. Hier ist bei allen Ionenstärken der Virialkoeffizient im isoionischen Punkt nahezu Null.

---

[1] SCHULZ, G. V.: Osmotischer Druck; in STUART, H. A.: Die Physik der Hochpolymeren. Bd. II: Das Makromolekül in Lösungen. Berlin, Göttingen, Heidelberg 1953, besonders § 58, S. 373.

[2] ZIMM, B. H., W. H. STOCKMAYER and M. FIXMAN: Excluded volume in polymer chains. J. chem. Physics 21, 1716 (1953).

[3] EDSALL, J. T., H. EDELHOCH, R. LONTIE and P. R. MORRISON: Am. Soc. 72, 4641 (1950).

[4] SCATCHARD, G., A. C. BATCHELDER and A. BROWN: Preparation and properties of serum and plasma proteins. VI. Osmotic equilibria in solutions of serum albumin and sodium chloride. Am. Soc. 68, 2320 (1946).

## μ) Mittelwertsbildung.

Mißt man die Lichtzerstreuung von makromolekularen Lösungen und bestimmt aus ihr das Molekulargewicht der gelösten Teilchen, so ist der für $M$ gefundene Wert ein sich über alle Teilchen erstreckender Mittelwert. Das Symbol $\overline{M}$ soll bei folgenden Erörterungen daran erinnern, daß die Streulichtmethode stets nur den Mittelwert gibt.

Der „Streulicht-Mittelwert" des Molekulargewichtes ist mit den aus anderen Untersuchungen (z. B. Osmose, Ebullioskopie usw.)

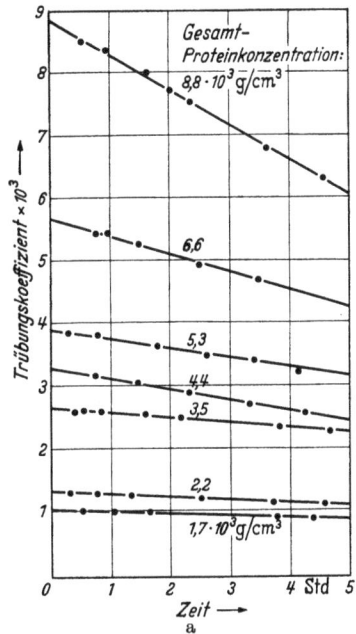
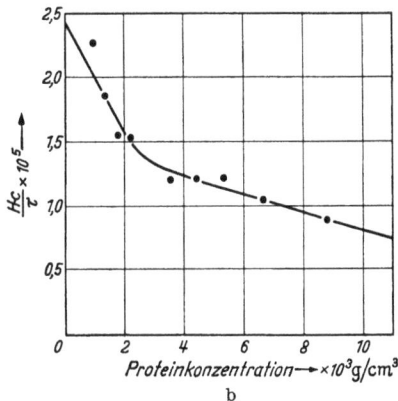

Abb. 11a u. b. Lichtzerstreuungsmessungen zur Wechselwirkung von Pepsin und Ovalbumin (aus YASNOFF und BULL[1]) als ein Beispiel für die Problematik der Mittelwertsbildung.

*Methodik:* BRICE-Phoenix-Photometer (vgl. S. 170). *Ovalbumin* (dargestellt nach KEKWICK und CANNAN[2]) $H^{436} = 0{,}954 \cdot 10^{-5}$ (cm²/g²), $\overline{M}_{OV} = \left(\dfrac{\tau}{c_2 \cdot H}\right)_{c_2 \to 0} = 45\,200$ (vgl. auch Tabelle 4 und Abb. 7). *Pepsin* (dargestellt nach Alkoholmethode von NORTHROP[3]): $H^{436} = 1{,}050 \cdot 10^{-5}$ (cm²/g²), $\overline{M}_{PE} = \left(\dfrac{\tau}{c_2 \cdot H}\right)_{c_2 \to 0} = 37\,600$.

Der *Gewichtsdurchschnitt* einer Äquimolarlösung ($m_{OV} = m_{PE}$) (vgl. S. 140) entspricht

$$\overline{M}_W = \frac{M_{OV}^2 + M_{PE}^2}{M_{OV} + M_{PE}} = 42\,000$$

(Index OV: Ovalbumin; Index PE: Pepsin).

In Abb. 11a ist der Trübungskoeffizient als Funktion der Zeit bei einem $p_H$ von 4,0 und einer Ionenstärke von 0,15 Molen/Liter für äquimolare Mischungen von Ovalbumin und Pepsin dargestellt. Der Gang der Kurven kann durch folgende Gleichung beschrieben werden

$$\frac{d\tau}{dt} = 0{,}036 \cdot 10^{12}\, m_{OV_0} \cdot m_{PE_0},$$

wobei $m_{OV_0}$ und $m_{PE_0}$ Anfangsmolaritäten von Ovalbumin bzw. Pepsin bedeuten.

Abb. 11b zeigt die Extrapolationswerte auf die Zeit 0 für die Trübungskoeffizienten aus Abb. 11a, aufgetragen gegen die Konzentration der äquimolaren Lösung. Der Grenzwert $\left(\dfrac{\tau}{c_2 \cdot H}\right)_{c_2 \to 0}$ entspricht dem Gewichtsdurchschnitt einer äquimolaren Mischung der beiden Proteine.

Der Gang der Kurve mit der Konzentration deutet in ihrem ersten Teil darauf hin, daß sich zu den beiden Einzelkomponenten ein Komplex von Ovalbumin und Pepsin (bezeichnet mit dem Index OVPE) mit dem Molekulargewicht 82 800 und mit einer Assoziationskonstante

$$K = \frac{m_{OVPE}}{m_{OV} \cdot m_{PE}} = 1{,}46 \cdot 10^7 \ [\text{cm}^3/\text{Mol}]$$

addiert. Es läßt sich nämlich aus (53a) und der vorstehenden Massenwirkungsbeziehung ableiten ($\Sigma c_2$ = Gesamtproteinkonzentration):

$$\overline{M}_W = \frac{m_{OV} \cdot M_{OV}^2 + m_{PE}\, M_{PE}^2 + m_{OVPE}\, M_{OVPE}^2}{\Sigma c_2}$$

$$\frac{d\left(\dfrac{H \cdot \Sigma c_2}{\tau}\right)}{d\Sigma c_2} = -\frac{1}{\overline{M}_W^2}\left[\frac{K(M_{OVPE} - \overline{M}_W)^2}{2 M_{OV} \cdot M_{PE} + 2 K \Sigma c_2 (M_{OVPE} - \overline{M}_W)}\right].$$

Wegen der Einbeziehung der Refraktionsinkremente, der Diskussion des Virialkoeffizienten nach der von STOCKMAYER und STANLEY[4] entwickelten Rechnungsweise und der weiteren Auswertung der Verdauungsgeschwindigkeit vergleiche die Originalarbeit[1].

---

[1] YASNOFF, D. S., and H. B. BULL: Interaction of egg albumin and pepsin. J. biol. Ch. **200**, 619 (1953).
[2] KEKWICK, R. A., and R. A. CANNAN: Biochem. J. **30**, 227 (1936).
[3] NORTHROP, J. H.: J. gen. Physiol. **30**, 177 (1946).
[4] STOCKMAYER, W. H., u. H. E. STANLEY: J. chem. Physics **18**, 153 (1950).

gefundenen Werten zumeist nicht identisch. Wie aus einer Gegenüberstellung der Beziehungen (51) und (52) ersichtlich, liefert die Messung der Lichtzerstreuung Werte, welche der Summe der Produkte $c \cdot M$ aller einzelnen Komponenten entsprechen, während durch osmotische Messungen entsprechend dem Quotienten $c/M$ die *Zahl* der Teilchen proportional zum Druck ist: Der Streulichtwert für das Molekulargewicht der gelösten Teilchen stellt einen „*Gewichtsdurchschnitt*" ($\overline{M}_w$) (weight average) dar[1], bei dem jedes Teilchen das statistische Gewicht seines Molekulargewichtes innehat. Er übersteigt den osmotisch ermittelten „*Zahlendurchschnitt*" ($\overline{M}_n$) (number average), wenn keine molekulareinheitliche Substanz vorliegt.

Sind $c_i$ und $M_i$ die Konzentrationen (g/cm³) bzw. die Molekulargewichte (g/Mol) der $i$-Komponente, so gilt für den Gewichtsdurchschnitt

$$\overline{M}_w = \frac{\sum c_i M_i}{\sum c_i}$$

oder, wenn $m_i$ die molare Konzentration

$$\overline{M}_w = \frac{\sum m_i M_i^2}{\sum m_i M_i} \qquad (53\,\mathrm{a})$$

und für den Zahlendurchschnitt

$$\overline{M}_n = \frac{\sum c_i}{\sum \frac{c_i}{M_i}}$$

oder, wenn $m_i$ die molare Konzentration

$$\overline{M}_n = \frac{\sum m_i M_i}{\sum m_i}. \qquad (53\,\mathrm{b})$$

Man kann daher aus dem Vergleich der mit zwei verschiedenen Methoden gefundenen Werte Aussagen über die Einheitlichkeit der untersuchten Substanz machen. Für makromolekulare Polymerisate gilt im Falle einer ideal statistischen Verteilung der einzelnen Polymerisationsgrade $M_w/M_n = 2$.

Da das Gesetz der Mittelwertsbildung aus der RAYLEIGHschen Formel abgeleitet worden ist, gilt es nur unter den Voraussetzungen dieser Formel und strenggenommen auch nur dann, wenn die übrigen optischen Eigenschaften (Brechungszahl, Solvatisierbarkeit in einem Lösungsmittelgemisch) sich von Molekül zu Molekül nicht unterscheiden.

Neuere Arbeiten beschäftigen sich mit dem Problem unter allgemeinem, thermodynamischem Aspekt ausgehend von der folgend erörterten Theorie der Mehrkomponentensysteme (vorausgesetzt symmetrische Winkelverteilung der Streuintensität)[2,3].

Die Mittelwertsbildung von Substanzen im DEBYE-Bereich wird bei den folgenden Ausführungen nochmals kurz erörtert (vgl. S. 151, 152).*

### $\nu$) *Mehrkomponentensysteme.*

Die bisher abgeleiteten Theorien der Lichtzerstreuung besitzen, wie schon eingangs gesagt, nur für 2-Komponentensysteme Gültigkeit. Dabei ist jede Komponente gekennzeichnet durch einen Stoff, dessen Brechungsindex sich von dem der anderen Komponente unterscheidet. Es sind also auch 3-Stoffsysteme denkbar, die sich theoretisch und praktisch wie ein 2-Komponentensystem behandeln lassen. Ein solches System liegt z. B. vor, wenn eine makromolekulare Substanz in einem Gemisch aus zwei Lösungsmitteln

---

\* Bezüglich des „viscosimetrischen Durchschnittswertes" $M_\eta$ und des „Z-Mittels" (Molekulargewichte aus dem Sedimentationsgleichgewicht, Molekulardimensionen aus der Lichtzerstreuung im DEBYE-Bereich u. a.) vgl. z. B. in STUART, H. A.: Die Physik der Hochpolymeren. Bd. I und II. Berlin, Göttingen, Heidelberg 1953.

[1] ZIMM, B. H., and P. M. DOTY: The effect of non-homogeneity of molecular weight on the scattering of light by high polymer solutions. J. chem. Physics **12**, 203 (1944).

[2] BRINKMAN, H. C., and J. J. HERMANS: The effect of non-homogeneity of molecular weight on the scattering of light by high polymer solutions. J. chem. Physics **17**, 574 (1949).

[3] STOCKMAYER, W. H., and H. E. STANLEY: Light scattering measurement of interaction between unlike polymers. J. chem. Physics **18**, 153 (1950).

(bzw. einem Lösungs- und einem Fällungsmittel) mit gleicher Brechungszahl gelöst ist. Liegt aber ein echtes 3-Komponentensystem vor, und ist das Makromolekül solvatisierbar, dann wird das „bessere" Lösungsmittel das Makromolekül bevorzugt solvatisieren. Es wird dann der Unterschied in der mittleren Polarisierbarkeit zwischen dem Mischlösungsmittel und dem solvatisierten Makromolekül anders sein, als wenn die prozentuale Zusammensetzung der Lösungsphase in- und außerhalb des Teilchens die gleiche wäre. Versuchte man nach (52) das Molekulargewicht der im Lösungsmittelgemisch gelösten Teilchen zu bestimmen, so fände man zwar zum Molekulargewicht proportionale Werte, der Proportionalitätsfaktor könnte jedoch von 1 wesentlich verschieden sein. Aus dem gefundenen scheinbaren Wert für das Molekulargewicht läßt sich der Grad der präferentiellen Solvatation der Makromoleküle durch eine der Lösungskomponenten bestimmen, wenn man aus einer Messung im 2-Komponentensystem das tatsächliche Molekulargewicht kennt. Solche Messungen sind z. B. an Polystyrolen in Mischlösungsmitteln von EWART, ROE, DEBYE und MCCARTNEY[1] ausgeführt worden.

Ein allgemeiner Ansatz für die Lichtzerstreuung im System mit beliebig vielen Komponenten ist bereits von ZERNIKE[2,3] gegeben worden. In der letzten Zeit hat eine Reihe von Arbeitskreisen das Problem auf thermodynamischer Basis mit bemerkenswerten Ergebnissen bearbeitet[4-7]. Die in Mehrkomponentensystemen gefundenen scheinbaren Molekulargewichte sind nicht mit der Bildung oder dem Zerfall von Aggregationen zu verwechseln, da deren Einfluß auf die Lichtzerstreuung durch die Extrapolation $c \to 0$ aufgehoben wird.

### ξ) Makroionen.

Ein besonderes Problem des osmotischen Druckes wie der Lichtzerstreuung ist das Verhalten der Lösungen von Makroionen. Wir wollen diesen Fall eingehender diskutieren, weil viele biologisch wichtige Makromoleküle polyvalente Elektrolyte sind.

Der Grundgedanke für die theoretische Behandlung entstammt der oben erwähnten Theorie der Lichtzerstreuung im Mehrkomponentensystem[8]. Speziell unterscheidet sich die Behandlung des Problems je nachdem, ob die Lösung niedermolekulare Elektrolyte enthält oder nicht.

Der erste Fall, den wir zunächst erörtern wollen, ist eingehend von EDSALL[9] und seinem Arbeitskreis untersucht worden. Theoretisch findet die Behandlung der Effekte eine Stütze an der Theorie des osmotischen Druckes der Makroionen[10-13]. Sie geht von der

---

[1] EWART, R. H., C. P. ROE, P. DEBYE and J. R. MCCARTNEY: The determination of polymeric molecular weights by light scattering in solvent-precipitant systems. J. chem. Physics 14, 687 (1946).

[2] ZERNIKE, F.: L'opalescence critique. Diss. Amsterdam 1915.

[3] ZERNIKE, F.: Étude théorique et experimentale de l'opalescence critique. Arch. néerl. Sci. exact. natur. (A) Ser. 3, 4, 74 (1918).

[4] BRINKMAN, H. C., and J. J. HERMANS: The effect of non-homogeneity of molecular weight on the scattering of light by high polymer solutions. J. chem. Physics 17, 574 (1949).

[5] KIRKWOOD, J. G., and R. J. GOLDBERG: Light scattering arising from composition fluctuations in multicomponent systems. J. chem. Physics 18, 54 (1950).

[6] STOCKMAYER, W. H.: Light scattering in multicomponent systems. J. chem. Physics 18, 58 (1950).

[7] BLUM, J. J., and M. F. MORALES: Light scattering of multicomponent macromolecular systems. J. chem. Physics 20, 1822 (1952).

[8] HERMANS, J. J.: Light scattering by charged particles in electrolyte solutions. Proc. int. Coll. on Macromolecules. Amsterdam 1949. Recu. Trav. chim. Pays-Bas 68, 859 (1949).

[9] EDSALL, J. T., H. EDELHOCH, R. LONTIE and P. R. MORRISON: Light scattering in solutions of serum albumin: effects of charge and ionic strenght. Am. Soc. 72, 4641 (1950).

[10] SCATCHARD, G.: Physical chemistry of protein solutions. I. Derivation of the equations for the osmotic pressure. Am. Soc. 68, 2315 (1946).

[11] SCATCHARD, G., A. C. BATCHELDER and A. BROWN: Preparation and properties of serum and plasma proteins. VI. Osmotic equilibria in solutions of serum albumin and sodium chloride. Am. Soc. 68, 2320 (1946).

[12] SCATCHARD, G., and E. S. BLACK: The effect of salts on the isoionic and isoelectric points of proteins. J. physic. Colloid Chem. 53, 88 (1949).

[13] SCATCHARD, G., J. H. SCHEINBERG and S. H. ARMSTRONG jr.: Physical chemistry of protein solutions. IV. The combination of human serum albumin with chloride ion. V. The combination of human serum albumin with thiocyanate ion. Am. Soc. 72, 535, 540 (1950).

Überlegung aus, daß in der Lösung eine Tendenz zur Wahrung der Elektroneutralität auch der Elementarvolumina besteht. Die Konzentrationsschwankungen des Makroions sollten also mit der Einstellung von DONNAN-Gleichgewichten verknüpft sein. Es resultiert eine Erschwernis für die Konzentrationsschwankungen, welche die Lichtzerstreuung mindert. Dieser Überlegung entsprechen qualitativ folgende Eigenarten des Effektes:

a) Der zusätzliche Ioneneffekt auf die Lichtzerstreuung schwindet (wie der DONNAN-Effekt) mit steigender Ionenstärke des Lösungsmittels.

b) Der Effekt hat ein Minimum in der Nähe des „isoionischen" Punktes, bei dem der Ladungsüberschuß $Z$ (net charge) des Makromoleküls Null ist.

c) Der Effekt wird durch Extrapolation gegen $c = 0$ ausgeschaltet.

Die Versuche in den Abb. 8, 9 und 10 mögen zur Erläuterung dienen. Sie zeigen, daß Serumalbumin, obwohl ein Blockprotein, in elektrolytarmen Lösungen und bei einem $p_H$ fern des isoionischen Punktes einen beträchtlichen Gang der reduzierten Streuung mit der Konzentration zeigt, wie er sonst nur bei Linearproteinen zu beobachten ist. Während Blockkolloide im allgemeinen bis zu relativ hohen Konzentrationen sich angenähert wie ideal verdünnt verhalten, treten unter den oben geschilderten Verhältnissen beträchtliche Werte für den zweiten oder sogar dritten Virialkoeffizienten [vgl. (52)] auf.

Abb. 8 läßt ersehen, wie mit steigender Ionenstärke und sinkender Ladungszahl der Wert des zweiten Koeffizienten sich Null nähert.

Die aufschlußreiche Abb. 9 gibt eine Gegenüberstellung der in osmotischen Versuchen und Lichtzerstreuungsmessungen gefundenen Ergebnisse. Man erkennt, daß beträchtliche Übereinstimmung zwischen dem osmotisch und dem durch die Lichtzerstreuung bestimmten Virialkoeffizienten besteht.

Wir verzichten an dieser Stelle auf eine Darlegung der Ableitungen. Sie sind kürzlich von EDSALL gemeinsam mit Kollegen wiederholt und sehr instruktiv dargestellt worden[1-3]. Lediglich das Ergebnis der theoretischen Entwicklungen und die zum Verständnis notwendigen Symbole seien hier gegeben. Wir bezeichnen mit dem Index 2 die makromolekulare Komponente, mit dem Index 3 die niedermolekulare Salzkomponente (das Lösungsmittel hat den Index 1; die Lösung keinen Index).

$Z_i$ bedeutet den Ladungsüberschuß („net charge"; positiv für positive Ladung) der Komponente $i$. $m_i$ setzen wir für die *molare* Konzentration [Mole/Liter] der Komponente $i$. Schließlich verstehen wir unter $\beta_{ik}$ die erste Ableitung des logarithmierten Aktivitätskoeffizienten der Komponente $i$ nach der Molarität der Komponente $k$

$$\beta_{i,k} = \frac{\partial \ln \gamma_i}{\partial m_k}. \qquad (54\text{a})$$

($\gamma_i =$ Aktivitätskoeffizient der Komponente $i$).

Unter der Voraussetzung, daß die Summe der Ladungen aller Makroionen in der Lösung immer noch sehr klein ist gegen die Summe der Ladungen aller niedermolekularen Ionen — eine Bedingung, die beim hohen Molekulargewicht der Makroionen weitgehend erfüllt ist (Ausnahme: vgl. den Schluß dieses Abschnittes!) —, gibt die Theorie für den zweiten Virialkoeffizienten

$$2B = \frac{1000}{M_2^2} \left( \frac{Z_2^2}{2m_3} + \beta_{22} - \frac{\beta_{23}^2 \, m_3}{2 + \beta_{33} \cdot m_3} \right). \qquad (54\text{b})$$

Der gewichtigste Term dieser Beziehung ist der von EDSALL als „DONNAN-Term" bezeichnete Quotient

$$\frac{1000}{M_2^2} \frac{Z_2^2}{2m_3}. \qquad (54\text{c})$$

---

[1] EDSALL, J. T., H. EDELHOCH, R. LONTIE and P. R. MORRISON: Light scattering in solutions of serum albumin: effects of charge and ionic strenght. Am. Soc. **72**, 4641 (1950).

[2] DOTY, P., and J. T. EDSALL: Light scattering in protein solutions. Adv. Protein Chem. **6**, 35 (1951).

[3] EDSALL, J. T., and W. B. DANDLIKER: Light scattering in solutions of proteins and other large molecules, its relation to molecular size and shape and molecular interactions. Fortschr. chem. Forsch. **2**, 1 (1951).

Abb. 10 zeigt sehr typisch die dem „DONNAN-Term" entsprechende parabelähnliche Abhängigkeit des zweiten Virialkoeffizienten von der Ladungszahl. Es ist hinzuzufügen, daß bei diesen Versuchen die Ladungszahl aus der Quantität der zum elektrodialysierten Protein zugegebenen Säure errechnet worden und keine Korrektur für die Bindung niedermolekularer Ionen an das Protein eingeführt worden ist. Derartige Effekte können z. B. auf diese Weise untersucht werden. Durch Anwendung von Gedankengängen der DEBYE-HÜCKEL-Theorie läßt sich letzteres berücksichtigen und die Übereinstimmung des Experimentes mit dem eingangs gegebenen Gesichtspunkt (b) auch bei höheren Ionenstärken eindrucksvoll herausarbeiten (Abb. 10 obere Kurvenschar).

Ergebnisse von LONTIE und MORRISON[1] an Mischungen von Albuminen und Globulinen bringen den Faktor der gegenseitigen Beeinflussung verschieden geladener Protein-Makroionen in die Diskussion. Das System Serumalbumin-Harnstoff-Wasser wurde von DOTY und KATZ[2] untersucht.

Auch das für den Biochemiker außerordentlich bedeutende Gebiet linearer, in den DEBYE-Bereich hineinreichender Polyelektrolyte ist in den letzten Jahren angeschnitten worden[3].

Zusätzlich zu den hier geschilderten Effekten tritt in sehr elektrolytarmen Lösungen von Makroionen mit sehr hoher Ladungszahl ein interessanter Effekt der „negativen Asymmetrie" auf. DOTY und STEINER[4] entdeckten ihn an Serum-Albuminlösungen ($R_{45°,V}/R_{135°,V} = 0,835$) mit hohem Ladungsüberschuß ($Z_2 = 50$, $p_H = 3$—3,3) in fast elektrolytfreier Lösung und geringer Proteinkonzentration ($c_2 = 1,73 \cdot 10^{-3}$ g/cm³). Mit steigenden Proteinkonzentrationen vermindert sich der Effekt[5].

*o) Lichtzerstreuung durch isotrope Kugeln mit der Wellenlänge vergleichbarem Durchmesser* (MIE 1908[6]).

Bei den bisherigen Ableitungen wurde vorausgesetzt, daß alle beweglichen Ladungen innerhalb des lichtzerstreuenden Elementarvolumens im gleichen Takt schwingen. Dies kann natürlich nur der Fall sein, wenn die Dimensionen des betrachteten Volumens sehr klein gegen die Wellenlänge der Primärstrahlung sind. Kriterien, welche an diese Voraussetzung unmittelbar geknüpft sind, haben wir in der Symmetrie der Intensitätsverteilung und in der Proportionalität der Streuintensitäten zur vierten Potenz der reziproken Wellenlänge kennengelernt.

Die Grenze, oberhalb derer die genannten Kriterien praktisch nicht mehr erfüllt werden, liegt im Bereich eines Teilchendurchmessers von $\lambda/15$. Oberhalb dieser Grenze finden wir Asymmetrie der räumlichen Intensitätsverteilung, und zwar eine Verminderung der Streuintensität gegenüber dem „idealen Soll" in Richtungen entgegengesetzt der Primärstrahlung (MIE-Effekt, vgl. Abb. 3 links: Mitte und unten). Bei Teilchen mit Abmessungen, welche der Wellenlänge größenordnungsmäßig vergleichbar sind, können sich zusätzlich tief einschneidende Minima (vgl. Abb. 3 links unten und Abb. 21) finden.

Zugleich wird die Trübung proportional zu immer geringeren Potenzen der reziproken Wellenlänge.

---

[1] LONTIE, R., and P. R. MORRISON (1947) [DOTY, P., and J. T. EDSALL: Adv. Protein Chem. **6**, 35 (1951), besonders S. 71].

[2] DOTY, P., and S. KATZ: Abstr. Chicago meeting ACS (1950) [DOTY, P., and J. T. EDSALL: Adv. Protein Chem. **6**, 35 (1951), besonders S. 72].

[3] WALL, F. T., I. W. DRENAN, M. R. HATFIELD and C. L. PAINTNER: Light scattering studies on Coiling Polyelectrolytes. J. chem. Physics **19**, 585 (1951).

[4] DOTY, P., and R. F. STEINER: Light scattering from solutions of charged macromolecules. J. chem. Physics **17**, 743 (1949).

[5] DOTY, P., and R. F. STEINER: Macro Ions I. Light scattering theory and experiments with bovine serum albumin. J. chem. Physics **20**, 85 (1952).

[6] MIE, G.: Beiträge zur Optik trüber Medien, speziell kolloidaler Metallösungen. Ann. Physik **25**, 377 (1908).

Der Asymmetrieeffekt wie der Wellenlängeneffekt werden mit wachsender Größe zunehmend abhängig von der Gestalt der lichtzerstreuenden Teilchen.

Bei der Auswertung dieser Effekte sind in den letzten Jahren praktisch und theoretisch beträchtliche Fortschritte erzielt worden. Vor die weiteren Erörterungen schalten wir zwei Vorbemerkungen, die dem besseren Verständnis wesentlicher Eigenheiten dienen sollen.

1. Messungen der Richtungsverteilung werden zweckmäßigerweise mit vertikal polarisiertem Primärlicht ausgeführt. Schaltet man gewisse, durch methodische Unzulänglichkeiten* gegebene winkelabhängige Funktionen aus, dann ist unter RAYLEIGHS Bedingungen die zerstreute Intensität bekanntlich unabhängig vom Beobachtungswinkel. Eine etwaige Asymmetrie oder die Ausbildung von Minima läßt sich, wie der Vergleich der linken Diagramme in Abb. 3 zeigt, besonders leicht erkennen. Die folgenden Ausführungen beziehen sich ausschließlich auf vertikal polarisiertes Primärlicht.

2. Als Maßzahl für die Abmessungen der zerstreuenden Teilchen wird zweckmäßig (die Ausdrücke der Theorie vereinfachend) ein relatives, auf die Wellenlänge der Primärstrahlung im Lösungsmittel $[\lambda_{lös} = \lambda_{vac}/n_1]$ bezogenes Maß verwandt, welches außerdem noch den Faktor $\pi$ enthält.

$$\text{„Reduzierte Abmessung"} ** = \alpha = \frac{D n_1 \pi}{\lambda_{vac}} = \\
= \pi \cdot \frac{\text{Abmessung [cm]} \times \text{Brechungszahl-Lösungsmittel}}{\text{Wellenlänge im Vakuum [cm]}}. \quad (55)$$

Die Theorie der Lichtzerstreuung größerer Teilchen hat sich in erster Linie mit folgenden Effekten auseinanderzusetzen:

a) Die Streustrahlen aus verschiedenen Bezirken des Moleküls interferieren miteinander.

b) An den Grenzflächen der Moleküle treten phasenverschiebende Effekte der Reflexion und Brechung auf.

c) Weniger ins Gewicht fallend sind Beugungseffekte.

Die vollständige Berücksichtigung dieser Gesichtspunkte ist — allerdings nur für isotrope, kugelförmige Teilchen — in der Theorie von MIE gegeben worden. MIE selbst interessierte sich in erster Linie für metallisch leitende Teilchen (Goldsole). Numerische Berechnungen und Tabellen für dielektrische Kugeln auf der Grundlage der MIE-Theorie[1-3] sind zuerst von BLUMER gegeben worden.

Einer praktischen Anwendung der MIE-Theorie steht zumeist*** der Umstand entgegen, daß bei größeren Teilchen die *Gestalt* einen ungleich größeren Einfluß auf die Lichtzerstreuung hat als im RAYLEIGH-Bereich. Die Winkelabhängigkeit der oben genannten Interferenzauslöschung wird z. B. bei einem langen Stäbchen wesentlich aus-

---

* Praktisch ergibt sich auch bei vertikal polarisiertem Primärlicht eine Winkelabhängigkeit der gemessenen Sekundärintensität, weil der vom Meßstrahl erfaßte Anteil des lichtzerstreuenden Volumens sich mit dem Streuwinkel ändert (vgl. Abb. 24 und im methodischen Teil S. 165).

** Wir behalten die übliche Bezeichnung $\alpha$ für die „reduzierte Abmessung" bei, weil eine Verwechslung mit der Polarisierbarkeit unwahrscheinlich ist.

*** Eine Ausnahme bilden z. B. die in Abb. 3 und 21 dargestellten Messungen an Polystyrol-Latex.

[1] BLUMER, H.: Strahlungsdiagramme kleiner dielektrischer Kugeln. Z. Physik 32, 119 (1925). Strahlungsdiagramme kleiner dielektrischer Kugeln. II. Z. Physik 38, 304, 920 (1926). Die Farbenzerstreuung an kleinen Kugeln. Z. Physik 39, 195 (1926).

[2] LA MER, V. K., and M. D. BARNES: Monodispersed hydrophobic colloidal dispersions and light scattering properties. I. Preparation and light scattering properties of monodispersed colloidal sulfur. J. Colloid Sci. 1, 71 (1946). A note on the symbols and definitions involved in light scattering equations. J. Colloid Sci. 2, 361 (1947). — LA MER, V. K., and D. SINCLAIR: Verification of Mie Theory: OSRD Report Nr. 1857 and Report Nr. 944, Office of Publications Board, U.S. Department of Commerce (1943).

[3] GUCKER, F. T. jr., and S. H. COHN: Numerical evaluation of the Mie scattering functions. Table of the angular functions $\pi_n$ and $\tau_n$ of orders 1 to 32. J. Colloid Sci. 8, 555 (1953).

geprägter sein als bei einem kugelförmigen Partikel gleichen Volumens, dessen Durchmesser sehr wahrscheinlich noch unterhalb der Grenze des RAYLEIGH-Bereiches liegt.

Dagegen ist die MIE-Theorie für Modellbetrachtungen von unschätzbarem Wert. Sie gibt z. B. den wichtigen Hinweis, daß die Effekte der Reflexion und Brechung vernachlässigbar werden, wenn die Brechungszahlen von Lösungsmittel und Gelöstem sich einander nähern. Abb. 12, die aus Berechnungen von BLUMER hervorgegangen ist, erläutert dies. Die Abszisse gibt den reduzierten Durchmesser der Moleküle, die Ordinate ist proportional dem Quotienten aus Molekulargewicht und Streuintensität unter dem Streuwinkel 0°. Die ideale Beziehung wäre, wie unten erläutert, eine Gerade parallel zur Abszisse; man erkennt, daß für ein Verhältnis der Brechungszahlen von 1,25 (Eiweiß gegen Wasser = 1,2) die Abweichung im Maximum wenig mehr als $^1/_4$, für ein Verhältnis der Brechungszahlen von 1,44 jedoch bereits $^2/_3$ beträgt.

Durch die Wahl geeigneter Lösungsmittel wird man es zumeist einrichten können, daß sich die Reflexions- und Brechungseffekte in erster Näherung vernachlässigen lassen.

Auf der Grundlage dieser vereinfachenden Voraussetzung haben DEBYE, seine Mitarbeiter und Kollegen[2-5] durch die Entwicklung der Theorie der Lichtzerstreuung nicht kugeliger Teilchen in den letzten 10 Jahren ein neues Tor aufgestoßen*.

### π) Molekulargewicht im DEBYE-Bereich.

VAN DE HULST[1] hat die eben erörterte Voraussetzung folgendermaßen quantitativ formuliert [Definition der Symbole: (55)]

$$2\alpha\left(\frac{n_2}{n_1} - 1\right) \ll 1. \qquad (56)$$

Dieser Ausdruck sollte Werte von 0,1—0,2 nicht überschreiten. Bei Erfüllung dieser Bedingung und außerhalb des RAYLEIGH-Bereiches sprechen wir im folgenden vom „DEBYE-Bereich".

Betrachten wir, um uns einige wesentliche Eigenheiten der Interferenzeffekte bei der Licht-

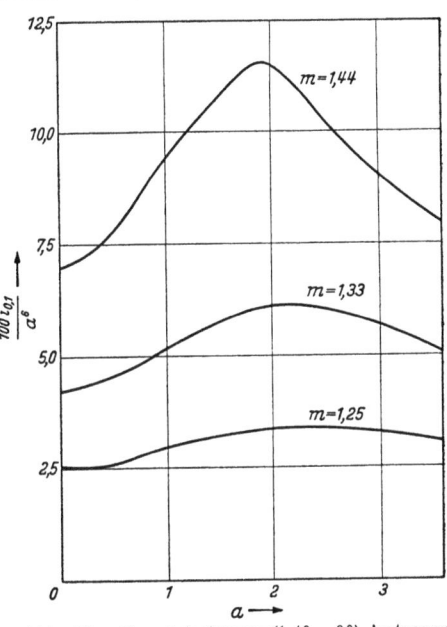

Abb. 12. „Vorwärtsstreuung" ($\vartheta = 0°$) isotroper Kugeln nach der MIE-Theorie bei verschiedenem Verhältnis $m = n_2/n_1$ der Brechungszahlen von Teilchen und umgebendem Medium (Parameter) in Abhängigkeit vom Kugelradius $a$ [definiert durch (55)] (nach Rechnungen von BLUMER aus DANDLIKER 1950[6]). Der Maßstab der Ordinate ist proportional zu $R_{0°}$, $v$ und $a^{-6}$, also zum Quotienten aus Streuintensität ($\vartheta = 0°$) und Volumenquadrat. Man erkennt, daß mit kleiner werdendem $m$ die Vorwärtsstreuung sich RAYLEIGHschen Verhältnissen nähert $\left[\frac{R_{0°}\cdot v}{V^2} = \text{const, vgl. (29) und (57)}\right]$, auch dann, wenn der Durchmesser mit der Wellenlänge vergleichbar ist.

---

* Zur historischen Entwicklung sei aus H. MARK[7] folgender Hinweis entnommen: "It may be emphasized here that a great deal of work on the dissymmetry of light scattering was carried out by P. DEBYE and his collaborators at Cornell University under a contract of the Office of Rubber Reserve, Reconstruction Finance Corporation. Some of the work has been published; most of it is not yet published but is embodied in reports to the sponsoring agency."

[1] HULST, H.C. VAN DE: Optics of spherical particles. Rech. astron. Observ. Utrecht XI, Part. 1/1 (1946).
[2] ZIMM, B. H., R. S. STEIN and P. DOTY: Classical theory of light scattering from solutions — A review. Polymer. Bull. 1, 90 (1945).
[3] DEBYE, P.: Zerstreuung von Röntgenstrahlen. Ann. Physik 46, 809 (1915). Über die Zerstreuung von Röntgenstrahlen an amorphen Körpern. Physik. Z. 28, 135 (1927). Light scattering in solutions. J. appl. Physics 15, 338 (1944). Molecular-weight determination by light scattering. J. physic. Colloid Chem. 51, 18 (1947).
[4] ZIMM, B. H.: The scattering of light and the radial distribution function of high polymer solutions. J. chem. Physics 16, 1093 (1948).
[5] ZIMM, B. H.: Apparatus and methods for measurement and interpretation of the angular variation of light scattering; preliminary results on polystyrene solutions. J. chem. Physics 16, 1099 (1948).
[6] DANDLIKER, W. B.: Light scattering studies of a polystyrene latex. Am. Soc. 72, 5110 (1950).
[7] MARK, H.: Frontiers in Chemistry. V. Chemical Architecture New York 1948. Vgl. besonders S. 143.

zerstreuung in größeren Teilchen zu veranschaulichen, in Abb. 14 ein schematisiertes Körperchen. Darin liegen zwei Volumenelemente $A$ und $B$, die von zwei Primärstrahlen $R_1$ und $R_2$ — beide in der Ebene $P$ in gleicher Phase schwingend — getroffen werden. Die Volumenelemente $A$ und $B$ sind klein genug, um durch je einen Dipol substituiert werden zu können. Es kommt zur Emission von kohärentem Streulicht in beiden Elementen, welches in Abhängigkeit vom Beobachtungswinkel in der Intensität veränderlich ist. Bei Messung der Streuintensität im Punkt 1 ist die von den Strahlen $R_1$ und $R_2$ zu den Volumenelementen zurückzulegende Wegstrecke zwar unterschiedlich, wird jedoch durch die verschieden langen Wege des Sekundärlichtes kompensiert: Die Wellen aus den Volumenelementen $A$ und $B$ zeigen im Punkt 1 keinen Gangunterschied. Bei Beobachtung in Punkt 2 dagegen ist sowohl die Weglänge von $R_1$ bis $A$, als auch der Weg der Sekundärwelle von $A$ nach Punkt 2 kürzer als der Weg des Strahles $R_2$ nach $B$ und von dort zum Meßpunkt: In diesem Fall haben die beiden Sekundärwellen erheblichen Gangunterschied.

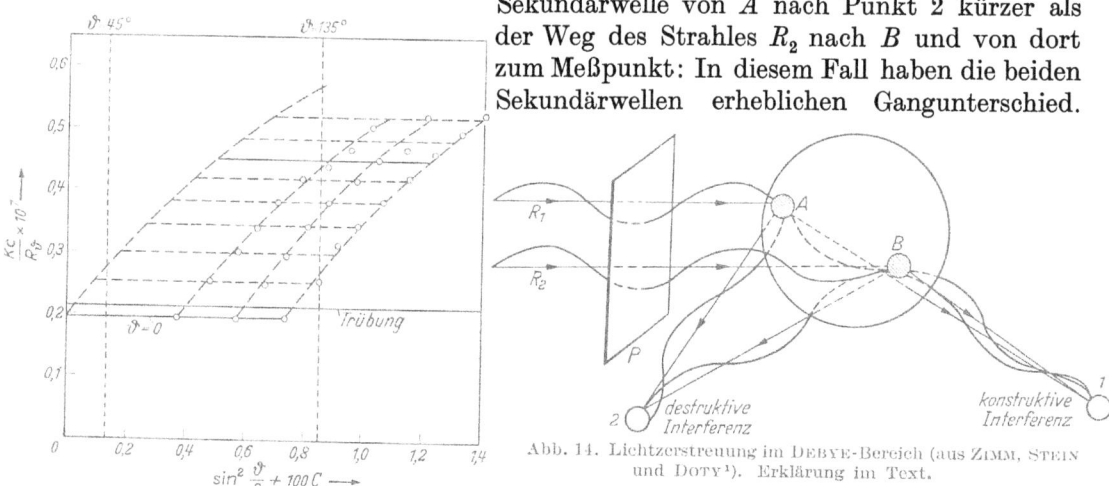

Abb. 14. Lichtzerstreuung im DEBYE-Bereich (aus ZIMM, STEIN und DOTY[1]). Erklärung im Text.

Abb. 13. DEBYE-Bereich: ZIMM-Diagramm (zur Auftragung vgl. S. 180) eines (geringfügig aggregierten) Präparates von Tabak-Mosaikvirus[2] (DOTY und STEINER 1950[3]).
$\lambda_{vac} = 546$ mµ; $\lambda_{Lös} = \dfrac{\lambda_{vac}}{n_1} = 409$ mµ; $\dfrac{\partial n}{\partial c_2} = 0{,}169$; $H = 3{,}15 \cdot 10^{-6}$ [g$^{-2}$cm$^2$] $\left[K \text{ in der Ordinate} = \dfrac{3}{8\pi} \cdot H \right]$.
*Bestimmung des Molekulargewichtes durch Extrapolation der Streulichtwerte:*

$$\overline{M}_W = \left[\dfrac{R_\vartheta}{K \cdot c_2}\right]_{\substack{\vartheta \to 0° \\ c_2 \to 0}} = 51\,000\,000 \text{ g/Mol}.$$

An einem anderen, besser homogenen Präparat wurde auf die gleiche Weise gefunden: $M = 40\,000\,000$.
Die mit Trübung bezeichnete Linie zeigt den Grenzwert auf, der aus Trübungsmessungen bei verschiedenen Wellenlängen erhalten worden ist.
*Vergleichswert:* SVEDBERG-Technik[4] $41 \cdot 10^6$ g/Mol.
*Streulichtrelationen:* Zur Veranschaulichung der Auswertungsmethode sind von uns die $\vartheta = 45°$ und $\vartheta = 135°$ entsprechenden Linien eingetragen, sowie die Begrenzungslinie für $c \to 0$ verlängert worden. Letzteres ist nur bedingt zulässig; man entnimmt aus dem Diagramm: $z = 5{,}7/2{,}8 = 2{,}05$; daraus für Stäbchen (Abb. 18, Tabelle 10): $D/\lambda_{Lös} = 0{,}65$; $D = 270$ mµ. Die genauere Auswertung durch die Autoren hat ergeben $D = 268$ mµ.
*Vergleichswert:* Elektronenmikroskopisch:

$$\begin{array}{ll} 76\% \text{ der Teilchen} & D = 280 \pm 20 \text{ mµ} \\ 12\% \text{ der Teilchen} & D = 240 \pm 20 \text{ mµ} \end{array}$$

Rest darüber und darunter.

In dieser Weise werden sich in allen Richtungen des Raumes größere oder geringere Gangunterschiede ergeben: *Offensichtlich können jedoch Streustrahlen aus beliebigen Volumenelementen des zerstreuenden Körperchens keinen Gangunterschied unter dem Streuwinkel $\vartheta = 0°$ aufweisen*, weil die beim Primärstrahl „eingesparte" Strecke vom Sekundärstrahl stets zusätzlich durchlaufen wird und umgekehrt.

---

[1] ZIMM, B. H., R. S. STEIN u. P. DOTY: Polymer Bull. **1**, 90 (1945).
[2] OSTER, G., P. M. DOTY and B. H. ZIMM: Light scattering studies of tobacco mosaic virus. Am. Soc. **69**, 1193 (1947).
[3] DOTY, P., and R. F. STEINER: J. chem. Physics **18**, 1211 (1950).
[4] SCHRAMM, G.: Adv. Enzymol. **15**, 449 (1954).

Im Rahmen der eingangs formulierten Voraussetzung gilt diese wichtige Folgerung unabhängig von der Form der Teilchen. Wir dürfen daher die Streuintensität beim Streuwinkel 0° in die für kleine Teilchen abgeleiteten Streuformeln einsetzen [vgl. (49) und (50) S. 134, 136.

$$\frac{8\pi}{3}\left[\frac{R_{\vartheta}\cdot V}{c_2}\right]_{\vartheta\to 0°} \quad \text{entspricht} \quad \frac{\tau}{c_2} \qquad (57)$$
(DEBYE-Bereich) \qquad\qquad (RAYLEIGH-Bereich).

Damit ist theoretisch das Problem der Molekulargewichtsbestimmung auch für größere Teilchen gelöst. Praktisch allerdings bleibt die Schwierigkeit der Ermittlung des „forward scattering", welches ja selbst nicht der Messung zugängig ist. Die Hilfsmittel hierzu sind einerseits a) die Extrapolation der Meßwerte bei verschiedenen Streuwinkeln, andererseits b) die Ermittlung des gestaltabhängigen Gesetzes der Winkelabhängigkeit des Streulichtes.

Da im DEBYE-Bereich nicht die absolute Größe der Teilchen, sondern ihre Relation zur Wellenlänge zur Diskussion steht, gibt prinzipiell eine Variation der Wellenlänge ähnliche Hilfsmittel wie die Variation des Streuwinkels. Eine Extrapolation des Ausdruckes $\tau/H$ auf unendlich große Wellenlänge ist theoretisch einer Extrapolation der reduzierten Streuung für $\vartheta=0°$ in bezug auf die Molekulargewichtsbestimmung gleichwertig[1] (vgl. dazu Abb. 13 und 15).

Die für die Extrapolation entwickelten Verfahren werden im methodischen Teil dargestellt (vgl. auch die Abb. 13, 15 und 20). Die Gesetze der Winkel- und Wellenlängenabhängigkeit werden im folgenden Abschnitt erörtert.

### ϱ) Teilchengestalt im DEBYE-Bereich
[Interferenzfunktion, particlescatteringfactor, $P(\vartheta)$].

Wie bereits gesagt, gelten die folgenden Ausführungen für vertikal polarisierte Primärstrahlung. Im DEBYE-Bereich finden wir bei allen Streuwinkeln $\vartheta>0°$ geringere Lichtzerstreuung als nach der Streufunktion für kleine Teilchen zu erwarten wäre. Um den veränderten Verhältnissen Rechnung zu tragen, wird ein korrigierendes Glied eingeführt, die sog. „Interferenzfunktion" $P(\vartheta)$, deren Definition und Beziehung aus der folgenden Formulierung hervorgeht[2]

$$\frac{3}{8\pi}H\cdot\frac{c_2}{R_{\vartheta,V}} = \frac{1}{M_2 P(\vartheta)}+2Bc_2+\cdots \qquad (58)$$
(DEBYE-Bereich).

$P(\vartheta)$ kann also aufgefaßt werden als das Verhältnis von „vorgetäuschtem" zum wirklichen Molekulargewicht beim Streuwinkel $\vartheta$.

Der spezielle Ansatz der Interferenzfunktion für kugelförmige Teilchen ist bereits 1914 durch RAYLEIGH[3] gegeben und durch GANS (1925) vervollständigt worden. NEUGEBAUER[4] hat 1943 die Funktion für Stäbchen abgeleitet.

Die Lösung des Problems für Partikel der verschiedensten Gestalt ist — basierend auf Ansätzen, die von DEBYE (1915) für die Zerstreuung von Röntgenstrahlen in Gasen entwickelt wurden[5] — durch verschiedene Arbeitskreise in der Mitte des vergangenen Jahrzehntes erreicht worden.

---

[1] DOTY, P. and R. F. STEINER: Light scattering and spectrophotometry of colloidal solutions. J. chem. Physics 18, 1211 (1950).

[2] ZIMM, B. H.: J. chem. Physics 16, 1093 (1948).

[3] Lord RAYLEIGH: On the diffraction of light by spheres of small refractive index. Proc. R. Soc. London (A) 90, 219 (1914).

[4] NEUGEBAUER, T.: Berechnung der Lichtzerstreuung von Fadenkettenlösungen. Ann. Physik (5) 42, 509 (1943).

[5] DEBYE, P.: Ann. Physik (4) 46, 809 (1915). Physik. Z. 28, 135 (1927). J. appl. Physics 15, 338—342 (1944). J. physic. Colloid Chem. 51, 18 (1947).

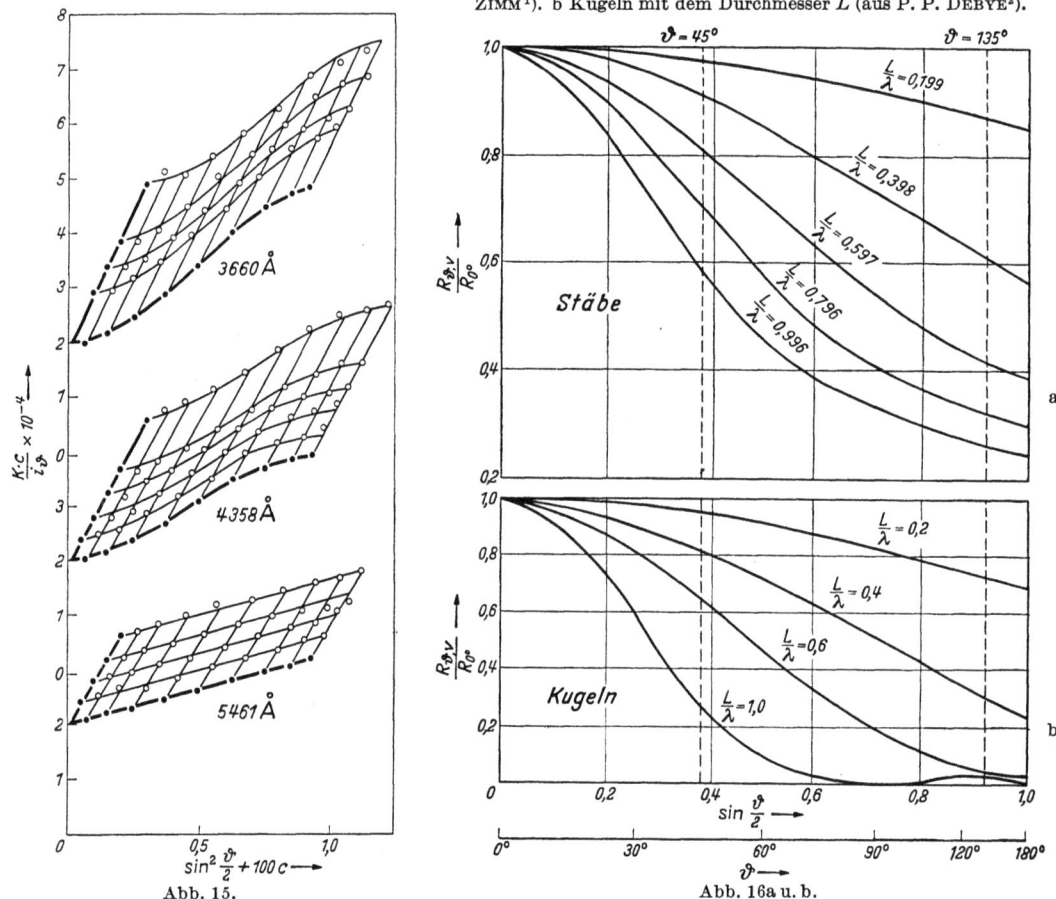

Abb. 15.

Abb. 16a u. b.

Abb. 16. DEBYE-Bereich: $\frac{R_{\vartheta,V}}{R_{0°,V}}$ (Ordinate) als Funktion von $\sin \vartheta/2$ (Abszisse) und (Parameter) der relativen Teilchenabmessung (auf die Wellenlänge des Lichtes *im Lösungsmittel* bezogen; $\lambda$ in der Figur entspricht $\lambda_{\text{Lös}}$ in dieser Arbeit): a Stäbchen der Länge $L$ (aus OSTER, DOTY und ZIMM[1]). b Kugeln mit dem Durchmesser $L$ (aus P. P. DEBYE[2]).

Abb. 15 (aus SCHULZ, CANTOW und MEYERHOFF[3]). DEBYE-Bereich: ZIMM-Diagramme (zur Auftragung vgl. S. 180) eines oligo-dispersen Polymethacrylsäuremethylesterpräparates in Aceton *bei drei verschiedenen Wellenlängen*. $K$ in der Abb. = $\frac{3}{8\pi} HRT$ in dieser Arbeit; $i_\vartheta$ in der Abb. = $R_\vartheta$ hier. Die der Abszisse am nächsten liegende Grenzkurve entspricht der Bedingung: $\vartheta \to 0°$, die der Ordinate nächste Grenzkurve entspricht der Bedingung: $c_2 \to 0$.

Entsprechend der Theorie ist der Ordinatenschnittpunkt unabhängig von der Wellenlänge, während höhere Konzentrationen und von der Fortpflanzungsrichtung abweichende Streustrahlung bei diesen großen Molekülen der RAYLEIGHschen Formel nicht gehorchen (vgl. z. B. die Punkte am weitesten rechts, bei der grünen und ultravioletten Wellenlänge).

*Methodik:* Streulichtphotometer von CANTOW (vgl. im Text S. 167): Messungen gegen einen Trübglasstandard, dessen Lichtzerstreuung hinsichtlich der Winkelabhängigkeit dem RAYLEIGH-Bereich entspricht [Glaswerk Schott & Gen.; geschliffen von H. J. Möller, Wedel (Holstein)]. Eichung des Standards mit Polymethacrylsäuremethylesterpräparaten bekannten Molekulargewichtes (Ultrazentrifuge und Diffusion[4]).

Optische Daten für die Auswertung: ($T = 25°$).

| $\lambda_{\text{vac}}$ | $n_1$ | $\frac{dn}{dc_2}$ | $H \cdot 10^7$ nach Gl. (50) |
|---|---|---|---|
| 5461 | 1,366$_5$ | 0,130 | 2,34 |
| 4358 | 1,367$_4$ | 0,131 | 5,84 |
| 3660 | 1,374 | | 11,9 |

$K$ in der Abb. entspricht: $\frac{3}{8\pi} H \cdot RT = \frac{3}{8\pi} H \cdot 8,3 \cdot 10^7 \cdot 298 \text{ erg}^{-2}\text{cm}^2$.

Infolgedessen: $\overline{M} = \left[\frac{R_\vartheta}{\frac{3}{8\pi} H \cdot c_2}\right]_{\substack{c_2 \to 0 \\ \vartheta \to 0°}} = \left[\frac{i_\vartheta}{K \cdot c_2} \cdot RT\right]_{\substack{c_2 \to 0 \\ \vartheta \to 0°}} = \frac{2,47 \cdot 10^{10}}{2 \cdot 10^4} = 1,25 \cdot 10^6 \text{ g/Mol}.$

*Vergleichswert:* SVEDBERG-Technik: $1,4 \cdot 10^6$.

[1] OSTER, G., P. M. DOTY and B. H. ZIMM: Light scattering studies of tobacco mosaic virus. Am. Soc. **69**, 1193 (1947).

[2] DEBYE, P. P.: A photoelectric instrument for light scattering measurements and a differential refractometer. J. appl. Physics **17**, 392 (1946).

[3] SCHULZ, G. V., H. J. CANTOW u. G. MEYERHOFF: Bestimmung des Durchmessers geknäulter Fadenmoleküle aus Lichtzerstreuung und Viskositätszahl: Untersuchung an Polymethylmethacrylaten. J. polymer Sci. **10**, 79 (1953).

[4] CANTOW, H. J., u. G. V. SCHULZ: Konstruktion eines Streulichtphotometers und dessen Eichung durch Messungen im RAYLEIGH-Bereich. Z. physik. Chem. (N. F.) **1**, 365 (1954).

In folgendem geben wir ohne weitere Ableitung für die wichtigsten Molekülformen $P(\vartheta)$ als Funktion der Wellenlänge des Primärlichtes, des Streuwinkels und charakteristischer Moleküldimensionen an.

1. Für isotrope Kugeln mit dem Durchmesser $D$ gilt nach RAYLEIGH[1]

$$P(\vartheta) = \frac{9}{x^6}(\sin x - x \cdot \cos x)^2 \qquad (59)$$

(Kugeln, DEBYE-Fall),

wobei

$$x = 2\alpha \sin\frac{\vartheta}{2}; \quad \alpha = \frac{D\pi n_1}{\lambda_{\text{vac}}}.$$

Für nicht zu große Werte von $x$ kann (59) in die folgende Reihe entwickelt werden

$$P(\vartheta)^{-1} \approx 1 + \frac{1}{5}x^2 + \frac{4}{175}x^4 + \frac{47}{23625}x^6 \quad (59\,\text{a})$$

(Kugeln, DEBYE-Fall).

2. Für starre, isotrope Stäbchen der Länge $L$ (und einer Dicke kleiner als $\lambda/15$), bei denen die Polarisierbarkeit in allen Richtungen gleich ist, gilt nach DEBYE[2] und NEUGEBAUER[3]

$$P(\vartheta) = \frac{1}{x}\int_0^{2x}\frac{\sin x}{x}dx - \left(\frac{\sin x}{x}\right)^2 \qquad (60)$$

(Stäbchen, DEBYE-Fall),

wobei

$$x = 2\alpha \sin\frac{\vartheta}{2}; \quad \alpha = \frac{L\pi n_1}{\lambda_{\text{vac}}}.$$

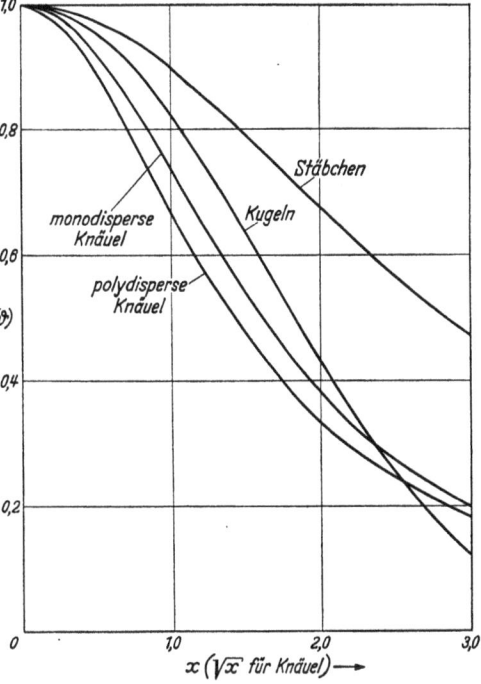

Abb. 17. DEBYE-Bereich: Beziehung zwischen $P(\vartheta)$ („Interferenzfunktion", „particle scattering factor") (Ordinate) und der Funktion $x$ (Abszisse) (aus DOTY und STEINER[6]).

Für Kugeln (Durchmesser $D$)
$$x = \frac{2\pi D n_1}{\lambda_{\text{vac}}}\sin\vartheta/2$$

Für Stäbchen (Länge $L$)
$$x = \frac{2\pi L n_1}{\lambda_{\text{vac}}}\sin\vartheta/2.$$

Für statistisch geknäuelte Fadenmoleküle (quadratischer Mittelwert des Fadenendabstandes $= \overline{h^2}$)
$$x = \frac{8\pi^2 \overline{h^2} n_1^2}{3\lambda_{\text{vac}}^2}\sin^2\vartheta/2.$$

Für nicht zu große Werte von $x$ kann (60) in die folgende Reihe entwickelt werden

$$P(\vartheta)^{-1} \approx 1 + \frac{1}{9}x^2 + \frac{7}{2025}x^4 \qquad (60\,\text{a})$$

(Stäbchen, DEBYE-Fall).

3. Für statistisch geknäulte Fadenmoleküle mit dem mittleren Fadenendabstand $\sqrt{\overline{h^2}}$ gilt nach DEBYE[2], HANS KUHN[4] (vgl. auch ZIMM, STEIN und DOTY[5])

$$P(\vartheta) = \frac{2}{x^2}[e^{-x}-(1-x)]; \quad x = \frac{8}{3}\overline{\alpha^2}\sin^2\vartheta/2; \quad \overline{\alpha^2} = \frac{\pi^2 \overline{h^2} n_1^2}{\lambda_{\text{vac}}^2}. \qquad (61)$$

---

[1] Lord RAYLEIGH: On the diffraction of light by spheres of small refractive index. Proc. R. Soc. London (A) 90, 219, (1914).

[2] DEBYE, P.: Ann. Physik 46, 809 (1915). Physik. Z. 28, 135 (1927). J. appl. Physics 15, 338—342 (1944). J. physic. Colloid Chem. 51, 18—32 (1947).

[3] NEUGEBAUER, T.: Berechnung der Lichtzerstreuung von Fadenkettenlösungen. Ann. Physik (5) 42, 509 (1943).

[4] KUHN, H.: Gestalt und Größe gelöster Fadenmoleküle aus Streulichtpolarisationsmessungen. Helv. 29, 432 (1946).

[5] ZIMM, B. H., R. S. STEIN and P. DOTY: Polymer Bull. 1, 90 (1945).

[6] DOTY, P., and R. F. STEINER: J. chem. Physics 18, 1211 (1950).

Wegen weiterer Formeln[1] für Rotationsellipsoide[2-4], anisotrope Stäbchen, verschiedene Fadenketten u. a. sei auf die umfangreiche Originalliteratur verwiesen[5-9].

Die aufgeführten Funktionen gelten nur für monodisperse Lösungen. Bei synthetischen Linearkolloiden muß man der Uneinheitlichkeit der Verteilung Rechnung tragen. Diese wichtige Frage ist zur Zeit in intensiver Bearbeitung durch eine Reihe von Arbeitskreisen[3, 10, 11,] *. Die Abb. 17

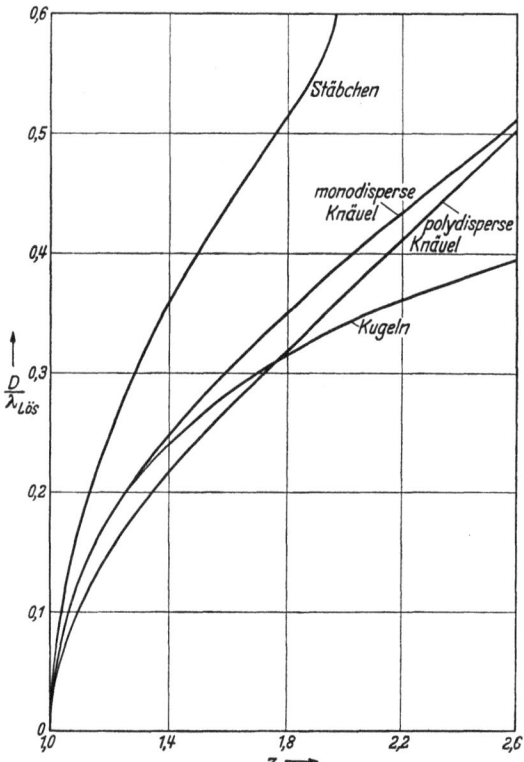

Abb. 18. DEBYE-Bereich: Beziehung zwischen Teilchenabmessungen $\frac{D}{\lambda_{\text{Lös}}}$ (bei statistischen Knäueln $\frac{\sqrt{\overline{h^2}}}{\lambda_{\text{Lös}}}$) (Ordinate) und der Asymmetriezahl $z = \frac{R_{45°, V}}{R_{135°, V}}$ (Abszisse) (aus DOTY und STEINER[12]) ($\lambda_{\text{Lös}}$ = Wellenlänge im Lösungsmittel = $\lambda_{\text{vac}}/n_1$).

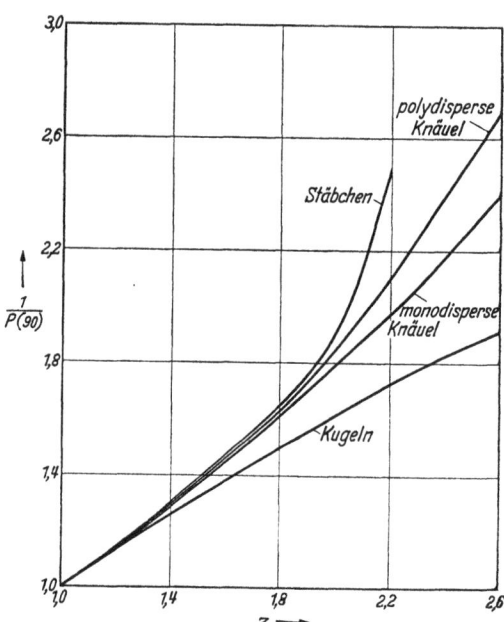

Abb. 19. DEBYE-Bereich: Abhängigkeit von $P(90°)^{-1}$ (Ordinate) von der Asymmetriezahl $z = \frac{R_{45°, V}}{R_{135°, V}}$ (Abszisse) (aus DOTY und STEINER[12]).

---

\* Vgl. auch die zum Abschnitt „Mehrkomponentensysteme" zitierten Arbeiten.

[1] FOURNET, G., et A. GUINIER: L'état actuel de la théorie de la diffusion des rayons X aux petits angles. J. Physique Radium 11, 516 (1950).

[2] GUINIER, A.: La diffraction des rayons X aux très petits angles: application à l'étude de phénomènes ultramicroscopiques. Ann. Physique 12, 161 (1939).

[3] ROESS, L. C., and C. G. SHULL: X-Ray scattering at small angles by finely-divided solids. II. Exact theory for random distributions of spheroidal particles. J. appl. Physics 18, 308 (1947).

[4] DEBYE, P. in DOTY, P., and J. T. EDSALL: Light scattering in protein solutions. Adv. Protein Chem. 6, 35 (1951), besonders S. 76.

[5] HORN, P., H. BENOIT et G. OSTER: Étude de la lumière diffusée par des solutions très diluées de bâtonnets optiquement anisotropes. J. Chim. physique Physico-Chim. biol. 48, 530 (1951).

[6] HORN, P., et H. BENOIT: Étude expérimentale de la lumière diffusée par des bâtonnets anisotropes. J. polymer Sci. 10, 29 (1953).

[7] BENOIT, H., and M. GOLDSTEIN: Angular distribution of the light scattered by random coils. J. chem. Physics 21, 947 (1953).

[8] BENOIT, H.: On the effect of branching and polydispersity on the angular distribution of the light scattered by Gaussian coils. J. polymer Sci. 11, 507 (1953).

[9] PETERLIN, A.: Modèle statistique des grosses molécules a chaines courtes. J. polymer Sci. 10, 425 (1953).

[10] ZIMM, B. H.: J. chem. Physics 16, 1093 (1948).

[11] GOLDSTEIN, M.: Scattering factors for certain polydisperse systems. J. chem. Physics 21, 1255 (1953).

[12] DOTY, P., and R. F. STEINER: J. chem. Physcis 18, 1211 (1950).

bis 19 enthalten Funktionen[1] für polydisperse statistische Knäuel in exponentieller Verteilung der Molekulargewichte ($f(M) = a M e^{-bM}$; $a$ und $b$ Konstanten; Gewichtsdurchschnitt für $\overline{h^2}$).

Der allgemeine Ansatz wird von der folgenden Überlegung ausgehen ($c_\Sigma$ = Summe der Konzentrationen):

$$\frac{8\pi}{3}\left[\frac{R_{\vartheta,V}}{H \cdot c_\Sigma}\right]_{c \to 0} = \sum_i \frac{c_i}{c_\Sigma} M_i P_i(\vartheta) \tag{61}$$

(Polydisperse Lösung, DEBYE-Bereich).

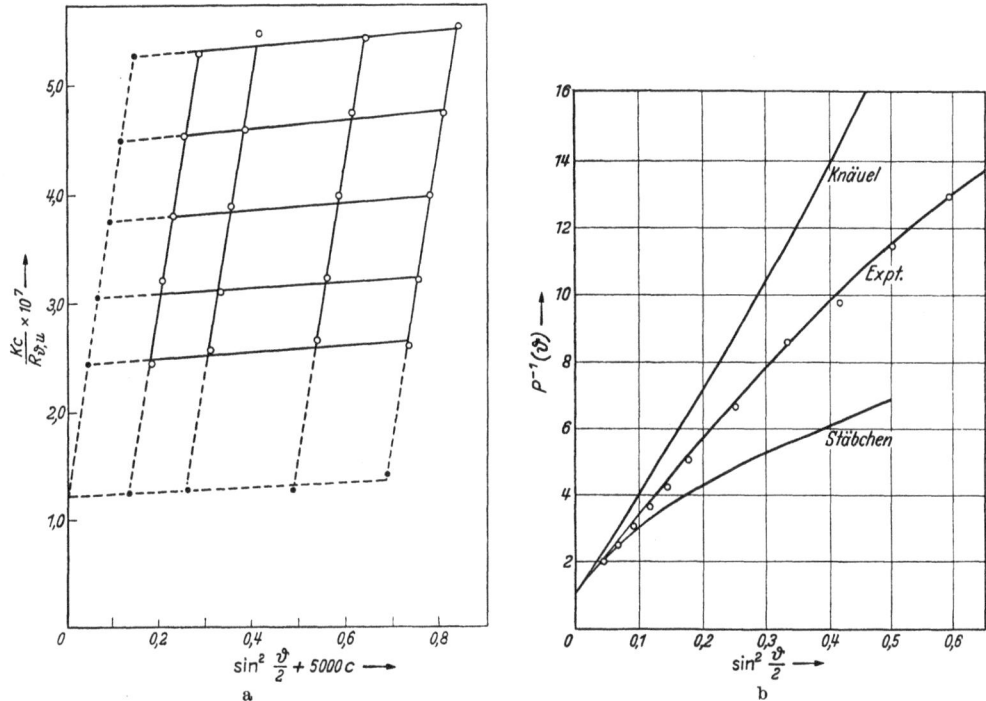

Abb. 20 a u. b. ZIMM-Diagramm (zur Art der Auftragung vgl. S. 180) der Lichtzerstreuungsdaten (a) und Reziprokwert der „Interferenzfunktion" $P(\vartheta)$ (b) eines Präparates von Desoxyribonucleinsäure (DNS)-Natriumsalz (aus KATZ[2]). Die Kurven sind als ein Beispiel für den Versuch einer Gestaltbestimmung aus einer Reihe entnommen worden, in der der Einfluß von Quecksilberionen auf das Molekulargewicht und die Gestalt von DNS untersucht wurde.

*Methodik:* Streulichtphotometer: BRICE-Phoenix-Instrument, vgl. S. 170; Opal-Diffusor-Standard, geeicht mit Polystyrol-Standard vgl. S. 159.

Präparat entsprechend Präparation VIII von SIGNER und SCHWANDER[3]; gelöst in 0,101 m Natriumcitrat $p_H$ 6,9, Ionenstärke 0,6 Mol/Liter, $\lambda_{vac}$ = 436 mμ; $\frac{\partial n}{\partial c_2}$ = 0,160; $K$ in der Ordinate entspricht $\frac{3}{8\pi}H$. Das mittlere Molekulargewicht ergibt sich zu $8,06 \cdot 10^6$ g/Mol.

Die reziproke Auftragung der Interferenzfunktion $P(\vartheta)$ gegen $\sin^2 \vartheta/2$ ergibt, daß die Gestalt des Moleküls zwischen dem starren Stäbchen und dem statistischen Knäuel liegt \*.

In Abb. 17 ist $P(\vartheta)$ für verschiedene Molekülformen gegen $x$ aufgetragen, und wir sehen, daß die Interferenzfunktion mit größer werdendem $x$ monoton abfällt. Da $x$ für ein bestimmtes Molekül sowohl von der Wellenlänge als auch vom Winkel abhängig ist, kann man die Interferenzfunktion sowohl aus der Wellenlängenabhängigkeit (etwa des Trübungskoeffizienten) als auch aus der Winkelabhängigkeit bestimmen[1,4]. Bei der Auswertung der Winkelabhängigkeit der Lichtzerstreuung hat sich das Verfahren als praktisch

---

\* Auch durch Polydispersität kann die Interferenzfunktion für Stäbchen „aufgerichtet" werden! vgl. [5].

[1] DOTY, P., and R. F. STEINER: J. chem. Physics 18, 1211 (1950).

[2] KATZ, S.: Am. Soc. 74, 2238 (1952).

[3] SIGNER, R., u. H. SCHWANDER: Helv. 32, 853 (1949); 33, 1521 (1950).

[4] BUECHE, F., P. DEBYE and W. M. CASHIN: Expressions for turbidities. J. chem. Physics 19, 803 (1951).

[5] GOLDSTEIN M.: Scattering factors for certain polydisperse systems. J. chem. Physics 21, 1255 (1953).

erwiesen, die Werte der Lichtzerstreuung bei $\vartheta = 45°$ und $135°$ zu bestimmen. Den Quotienten bezeichnen wir als Asymmetriezahl $z$ (Dissymmetry)

$$z = \left[\frac{R_{45°,\,V}}{R_{135°,\,V}}\right]_{c_2 \to 0}. \tag{62}$$

Analog wird die Farbzahl $\varphi$ bei verschiedenen Wellenlängen folgendermaßen definiert

$$\text{Farbzahl } \varphi_{\lambda_1,\,\lambda_2} = \left[\frac{R_{\lambda_1,\,90°,\,V} \cdot H_{\lambda_2}}{R_{\lambda_2,\,90°,\,V} \cdot H_{\lambda_1}}\right]_{c_2 \to 0}, \tag{63}$$
(Streulichtmessungen)

oder nach Doty und Steiner[1]

$$\beta_\lambda = 4 + \frac{d \lg \tau}{d \lg \lambda} \tag{63a}$$
(Trübungsmessungen),

ein Ausdruck*, der im Rayleigh-Fall Null wird.

Bei bekannter Gestalt kann mit Hilfe von Tabellen und Kurven (Tabelle 9, 10, Abb. 17, 18) aus diesen Quotienten die Größe der Moleküle abgelesen werden. Das Weitere wird im methodischen Teil gegeben.

Die Interferenzfunktionen haben, als Funktion von $x$ betrachtet, eine Reihe von Minima. Für kugelförmige Teilchen gilt für den Grenzfall vernachlässigbarer relativer Brechungskoeffizienten**

$$\sin\frac{\vartheta_{\min}}{2} = \frac{k}{\alpha}, \tag{64}$$

wobei $k$ eine Konstante für eine gegebene Ordnung der Interferenz ist. Das Minimum erster Ordnung kommt bei $x = 4,5$*** vor. Es gilt also hierfür $k = 2,25$***, und die Beziehung kann zur Bestimmung des Teilchendurchmessers verwendet werden.

Wird der relative Brechungskoeffizient $m$ (der Quotient der Brechungskoeffizienten des Lösungsmittels und der Teilchen) größer als 1, dann nimmt $k$ ab, für $m = 1,20$ (wie es für Proteinlösungen z. B. angenähert gilt), hat Dandliker aus Rechnungen von Blumer den Wert $k = 2,04$ ermittelt. Ein Beispiel für eine Größenbestimmung auf diese Weise ist in Abb. 21 gegeben worden.

*σ) Polarisationsverhältnisse (teilweise Depolarisation des Streulichtes).*

Die bislang abgeleiteten Ansätze gehen streng genommen nicht nur davon aus, daß die lichtzerstreuenden Teilchen kugelförmig, sondern auch, daß sie isotrop seien, d. h. keinerlei Richtungsabhängigkeit der Polarisierbarkeit $\alpha$ besäßen. Nur für diesen in der Praxis kaum jemals streng erfüllten Fall, und auch dann nur für Teilchen, die klein gegen die Wellenlänge sind, gilt, daß der Vektor des oszillierenden Dipols genau parallel zum elektrischen Vektor der Primärstrahlung ist. Letzteres aber war ein wesentlicher Grundsatz für die Ableitung der Richtungsabhängigkeit und der Polarisationsverhältnisse der zerstreuten Intensität (S. 122).

Im Falle der Nichterfüllung dieser Voraussetzung kommt es zu einer „Minderung der Polarisationsreinheit" (teilweiser Depolarisation) und einer Steigerung der Intensität des zerstreuten Lichtes. Beide wollen wir im folgenden diskutieren. Vorweggenommen sei die Bemerkung, daß die in Frage kommenden Effekte unter den in dieser Arbeit interessierenden Verhältnissen quantitativ nicht sehr ins Gewicht fallen.

Die Theorie der Depolarisation des Streulichtes bezieht sich in erster Linie auf das unter dem Streuwinkel $\vartheta = 90°$ zerstreute Licht. Unter den bislang erörterten idealen

---

\* Verwechsle hier nicht $\beta$ mit dem auf S. 131 eingeführten Kompressibilitätskoeffizienten.
\*\* Verwechsle hier nicht $k$ mit der Boltzmann-Konstante; $\alpha$ ist die „reduzierte Abmessung" [vgl. S. 144 (55)], nicht etwa die Polarisierbarkeit.
\*\*\* Vgl. S. 149 den unteren Teil in (59).
[1] Doty, P., and R. F. Steiner: J. chem. Physics 18, 1211 (1950).

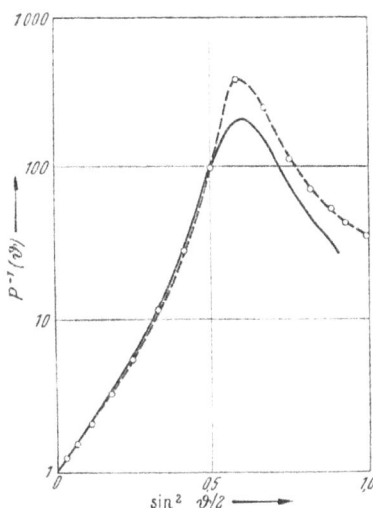

Abb. 21. $P(\vartheta)^{-1}$ im MIE-Bereich (DANDLIKER 1950 [4] aus STUART [5]; der gleiche Versuch ist in Abb. 3 dargestellt).

*Ausgezogene Kurve:* Messungen von DANDLIKER an einem Latex von Polystyrolkügelchen in Wasser ($m = n_2/n_1 = 1{,}20$, $n_2 = 1{,}64$, $\partial n/\partial c_2 = 0{,}257$, $\lambda_{vac} = 436$ mµ), deren Gleichförmigkeit und Durchmesser durch elektronenmikroskopische Untersuchungen erwiesen war.

*Gestrichelte Kurve:* MIE-Theorie für $\alpha = 2{,}5$ und $n_2/n_1 = 1{,}33$ [6].

Das Minimum von $P(\vartheta)$ liegt bei 101°. Teilchenabmessungen *aus dem ersten Minimum* von $P(\vartheta)$ (vgl. im Text S. 152)

$$\alpha = k \cdot \sin^{-1} \frac{\vartheta_{min}}{2} = 2{,}63$$

$$D = \frac{\alpha \cdot \lambda_{vac}}{\pi \cdot n_1} = \frac{2{,}63 \cdot 436}{\pi \cdot 1{,}34} = 270 \text{ mµ}.$$

Teilchenabmessungen aus der „Vorwärtsstreuung" unter Hinzunahme eines (nicht sehr ins Gewicht fallenden) Korrektionsgliedes für die Überschreitung der VAN DE HULSTschen Grenzbedingung [7,8]

$$\frac{1}{\overline{M}_W} = \left[\frac{c_2}{R_{\vartheta,V}}\right]_{\substack{\vartheta \to 0° \\ c_2 \to 0}} \frac{n^2}{\lambda_{vac} N_2} \left[4\pi^2 \left(\frac{\partial n}{\partial c_2}\right)^2 + \frac{\lambda_{vac}}{4}\left(\frac{\tau}{c_2}\right)^2\right]$$

$\left(\text{durch Integration von } P(\vartheta): \left[\frac{\tau}{c_2}\right]_{c_2 \to 0} = 3{,}1 \cdot 10^4\right);$

$$\overline{M}_W = 6{,}7 \cdot 10^9 \text{ g/Mol}$$

entsprechend $D = 272$ mµ.

*Vergleichswert:* Elektronenmikroskopisch $D = 254$ mµ.

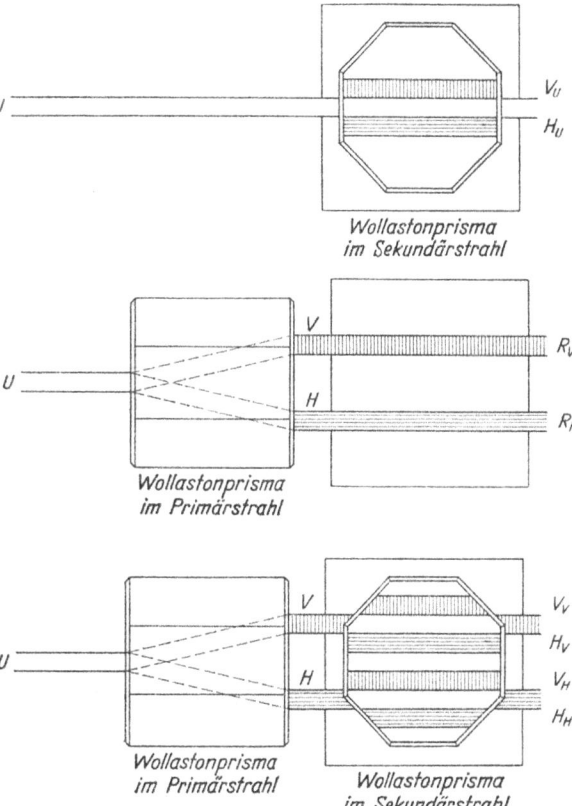

Abb. 22. Skizze zur Definition der verschieden polarisierten Komponenten im senkrecht zum Primärstrahl beobachteten Streulicht. Die Strichelung der Strahlungsfelder soll lediglich die Polarisationsrichtung, nicht aber die Intensität der einzelnen Komponenten veranschaulichen. Weitere Erläuterungen im Text S. 154.

Bedingungen ist dieses Licht (unabhängig vom Polarisationszustand des Primärlichtes) rein vertikal polarisiert, da — vgl. Abb. 2 — nur die vertikale Komponente der Primärintensität zur Intensität des Streustrahles beitragen kann.

Zur Darlegung der realen Verhältnisse mag uns in Anlehnung an KRISHNAN[1-3] die Beschreibung eines Versuches dienen (vgl. Abb. 22): Ein paralleles Lichtbündel, welches eine Cuvette mit lichtzerstreuender Lösung durchsetzt, werde in zwei senkrecht zueinander polarisierte Strahlen aufgespalten (oberer Teil der Abb. 22). In der Praxis bedient man

---

[1] LOTMAR, W.: Über den Zusammenhang zwischen Depolarisationsgrad und Teilcheneigenschaft bei der Lichtstreuung in Kolloiden. Helv. **21**, 792 (1938).

[2] KRISHNAN, R. S.: Proc. ind. Acad. Sci. (A) **1**, 782 (1935); zitiert nach W. LOTMAR[1].

[3] KRISHNAN, R. S.: Über die Dispersion der Depolarisation bei der Lichtstreuung in kolloiden Systemen. Kolloid-Z. **84**, 2 (1938).

[4] DANDLIKER, W. B.: Am. Soc. **72**, 5110 (1950).

[5] STUART, H. A.: Die Physik der Hochpolymeren. Bd. II. Berlin, Göttingen, Heidelberg 1953, besonders S. 514.

[6] BLUMER, H.: Z. Physik **32**, 119 (1925); **38**, 304 (1926); **39**, 195 (1926).

[7] EDSALL, J. T., and W. B. DANDLIKER: Fortschr. chem. Forsch. **2**, 1 (1951).

[8] SCHUSTER, A., and J. W. NICHOLSON: Theory of Optics. 3. Aufl., bes. S. 320. London 1928.

sich dazu am zweckmäßigsten eines Wollaston-Prismas, welches aus zwei in bestimmten Winkeln der Krystallachse geschnittenen Teilen eines Quarzkrystalles besteht.

Durch ein zweites Wollaston-Prisma wird die Cuvette senkrecht zur Richtung der Primärstrahlung betrachtet. Bei geeigneter Stellung des zweiten Wollaston-Prismas wird jeder der beiden Strahlenwege in der Cuvette nochmals in zwei wiederum senkrecht zueinander polarisierte Streufelder aufgespalten. Der untere Teil der Abb. 22 erläutert dies und enthält gleichzeitig die Bezeichnungsweise der vier verschiedenen Streufelder*.

Unter den oben erörterten idealen Verhältnissen würde von den vier möglichen Streulichtfeldern nur eines existent sein: $V_V$.

Bei realen Lösungen dagegen werden wir die anderen Streulichtfelder mehr oder weniger intensiv beobachten können. Dabei gestattet das Mehr oder Weniger im gegenseitigen Verhältnis der vier Komponenten *im Prinzip* eine Fülle von Aussagen, die sich auf den Bau (Anisotropie der Polarisierbarkeit), die Form und die Größe der zerstreuenden Moleküle beziehen. Praktische und theoretische Schwierigkeiten engen die Anwendungsmöglichkeit ein, dies allerdings in erheblichem Ausmaße (vgl. S. 156 und 174). Als Maß führen wir den Depolarisationsgrad $\varrho$, das Verhältnis der horizontal zur vertikal polarisierten Komponente ($\vartheta = 90°$) des Streulichtes ein**.

$$\text{Depolarisationsgrad}^{***} = \varrho = \frac{\text{horizontal polarisierte Intensität}}{\text{vertikal polarisierte Intensität}} = \frac{H}{V}, \tag{65}$$

wobei wir durch die bekannten Indices weiter spezifizieren:

Für unpolarisierte Primärstrahlung:  $\quad \varrho_U = \dfrac{H_U}{V_U}.$  (66a)

Für vertikal polarisierte Primärstrahlung:  $\quad \varrho_V = \dfrac{H_V}{V_V}.$  (66b)

Für horizontal polarisierte Primärstrahlung**:  $\quad \varrho_H = \dfrac{V_H}{H_H}.$  (66c)

Wir erörtern zunächst einige Beziehungen, welche zwischen diesen drei $\varrho$-Größen bestehen.

Nach bereits früher geführtem Gedankengang (S. 125 oben) dürfen wir setzen

$$\varrho_U = \frac{H_V + H_H}{V_V + V_H}. \tag{67}$$

Grundlegend wichtig ist die von KRISHNAN zuerst experimentell und dann auch theoretisch[1-3] abgeleitete Beziehung, deren allgemeinste Gültigkeit lediglich bei *stark* optisch aktiven Partikeln ihre Grenze findet (die im übrigen für alle Streuwinkel gilt)

$$H_V = V_H. \tag{68}$$

---

* Die Kennzeichnung der Polarisationsverhältnisse der Primärstrahlung und der gemessenen Sekundärintensität ist bei den verschiedenen Autoren unterschiedlich. Wir bezeichnen in dieser Arbeit durch den Hauptbuchstaben die Intensität und den Polarisationszustand der gemessenen Sekundärstrahlung [vgl. S. 125 und (21a—c)], durch die Suffixe den Polarisationszustand der Primärstrahlung. — In den Arbeiten von KRISHNAN und LOTMAR ist die Bezeichnungsweise gerade umgekehrt, d. h. die großen Buchstaben kennzeichnen den Polarisationszustand der Primärstrahlung, die kleinen die Sekundärintensität. Die hier eingeführte Bezeichnungsweise ist die heute gebräuchlichste.

** $\varrho_H$ geben wir allerdings, der heute gebräuchlichsten Bezeichnungsweise folgend, umgekehrt, in der von KRISHNAN eingeführten Definition; z. B. LOTMAR versteht unter $\varDelta_H$ das inverse, also streng nach der obigen Definition $\varDelta_H = \dfrac{1}{\varrho_H} = \dfrac{H_H}{V_H}.$

*** Einige Autoren bezeichnen den Depolarisationsgrad mit $\varDelta$.

[1] KRISHNAN, R. S.: Proc. ind. Acad. Sci. (A) **1**, 782 (1935).
[2] KRISHNAN, R. S.: Kolloid-Z. **84**, 2 (1938).
[3] PERRIN, F.: Polarisation of light scattered by isotropic opalescent media. J. chem. Physics **10**, 415 (1942).

Durch Einführung dieser Beziehung in (67) folgt dann

$$\varrho_U = \frac{1 + \dfrac{1}{\varrho_H}}{1 + \dfrac{1}{\varrho_V}}. \tag{69}$$

Mit Hilfe dieses Ausdruckes ist es möglich, aus zwei gemessenen Depolarisationsgraden den dritten zu errechnen. Dies ist von Nutzen bei der Bestimmung des meist nur sehr schwer meßbaren Depolarisationsgrades bei horizontal polarisiertem Primärlicht. Wir wollen an dieser Stelle nur solche Arten der teilweisen Depolarisation des Streulichtes erörtern, welche mit dem Polarisationsvorgang im streuenden Teilchen unmittelbar zusammenhängen. Andere (praktisch außerordentlich bedeutende) Effekte der Depolarisation, die eher als Fehlerquellen Bedeutung haben, werden im methodischen Teil behandelt.

Als Gründe für die teilweise Depolarisation des Streulichtes kommen in Betracht:

1. Die Teilchen sind innerlich anisotrop: „Eigendepolarisation"[1];
2. die Teilchen sind nicht kugelförmig: „Formdepolarisation"[1];
3. die Teilchen streuen nicht unabhängig voneinander: „Konzentrationsdepolarisation"[1];
4. die Teilchen sind nicht mehr klein gegen die Lichtwellenlänge: „Multipoldepolarisation".

Das Zustandekommen der „Eigendepolarisation" (1.) läßt sich am besten am Extremfall verstehen[2,3]:

Ein Oscillator, der *nur in einer einzigen Richtung* polarisierbar ist, wird in beliebiger Lage in das Feld einer Lichtwelle gebracht. Nur diejenige Komponente des Lichtvektors, welche in die Schwingungsrichtung des Oscillators fällt, ist wirksam und erzeugt eine Ausstrahlung mit der Polarisationsrichtung parallel zur Schwingungsrichtung des Oscillators.

Da in einem betrachteten Medium die Oscillatoren regellos verteilt sind, so wird Licht jeder Schwingungsrichtung ausgestrahlt. Es tritt starke Depolarisation auf. $\varrho$ kann jedoch nicht den Wert 1 erreichen (unpolarisiertes Streulicht), weil die Stärke der Anregung von der Lage gegen den Primärvektor abhängt; längsliegende Oscillatoren „werden gar nicht angeregt".

Man erkennt, daß das Problem einer quantitativen Erfassung der „Eigendepolarisation" darin besteht, über alle Lagen und Vektorenkomponenten zu integrieren, wobei man sich das polarisierbare Teilchen als aus 3. senkrecht aufeinander stehenden, linearen Oscillatoren mit den „Hauptpolarisierbarkeiten" $\alpha_1, \alpha_2, \alpha_3$ aufgebaut denkt*.

Auf diese Weise erhält man die Beziehung[4]

$$\varrho_U = \frac{2(\alpha_1^2 + \alpha_2^2 + \alpha_3^2 - \alpha_1\alpha_2 - \alpha_1\alpha_3 - \alpha_2\alpha_3)}{4(\alpha_1^2 + \alpha_2^2 + \alpha_3^2) + \alpha_1\alpha_2 + \alpha_1\alpha_3 + \alpha_2\alpha_3} \tag{70}$$
(Eigendepolarisation).

---

* Nicht zulässig ist dieses Verfahren bei Körpern mit Schraubensymmetrie der Polarisierbarkeit; vgl. BORN, M.: Optik. Berlin 1933.

[1] LOTMAR, W.: Über die Lichtzerstreuung in Lösungen von Hochmolekularen. Helv. **21**, 953 (1938).

[2] GANS, R.: Methoden zur Formbestimmung subultramikroskopischer Teilchen. Ann. Physik (4) **62**, 331 (1920).

[3] GANS, R.: Asymmetrie von Gasmolekülen. Ein Beitrag zur Bestimmung der molekularen Form. Ann. Physik (4) **65**, 97 (1921).

[4] Lord RAYLEIGH: On the scattering of light by a cloud of similar small particles of any shape and oriented at random. Philos. Mag. (6) **35**, 373 (1918).

Für den oben erörterten anisotropen Oscillator ergibt sich ($\alpha_1 = \alpha$; $\alpha_2 = \alpha_3 = 0$) $\varrho_U = 0{,}5$.
Manche organische Flüssigkeiten erreichen nahezu diesen Wert. Benzol z. B. hat den Wert $\varrho_U = 0{,}42$. Die Depolarisation ($\varrho_U$) von Wasser dagegen beträgt etwa 0,08, die von Methanol sogar nur 0,06 (vgl. Tabelle 6, S. 163). Die „Eigendepolarisation" von Kolloiden nach Art der Proteine liegt in der Größenordnung $10^{-3}$ oder darunter*.

Der zusätzliche Beitrag des „Eigendepolarisationsanteils" zum gesamten Streulicht bei $\vartheta = 90°$ beträgt etwa $2 R_{90°,\,U} \cdot \varrho_U$. Sehr oft wird der sog. „CABANNES-Faktor[1]" für die Korrektion des depolarisierten Lichtes bei Molekulargewichtsbestimmungen aus der Lichtzerstreuung eingesetzt

$$R_{90°,\,U}^{\text{korrigiert}} = R_{90°,\,U}^{\text{expt.}} \frac{6 - 7 \varrho_U}{6 + 6 \varrho_U}.$$

Einen entsprechenden Korrektionsfaktor** für $\tau$ hat DEBYE angegeben

$$\frac{6 - 7 \varrho_U}{6 + 3 \varrho_U}.$$

Es ist jedoch noch Gegenstand der Diskussion, ob die bislang in der Literatur angegebenen Werte für die Depolarisation von Proteinkörpern und ähnlich gearteten Kolloiden, die sich in der Größenordnung von einigen Promille bewegen, nicht in ganz erheblichem, die Größenordnung betreffendem Ausmaß mit Versuchsfehlern behaftet sind (vgl. S. 174 unten).

Bereits GANS[2] hat gezeigt, daß zwischen der „Eigendepolarisation" des Streulichtes und der elektrischen Doppelbrechung eine Beziehung besteht. Formeln für die Beziehung zwischen $\varrho$ und der KERR-Konstante konnten zumindest qualitativ an Flüssigkeiten und quantitativ an Gasen bestätigt werden[3-5]. In bezug auf Proteine erstrecken sich jedoch die Diskrepanzen zwischen dem Doppelbrechungswert und den von verschiedenen Autoren angegebenen Depolarisationswerten für die Anisotropie über mehrere Größenordnungen.

GANS[6] hat angegeben, daß für kleine Teilchen die Beziehung besteht***

$$\varrho_U = \frac{2 \varrho_V}{1 + \varrho_V} \tag{71}$$

(kleines anisotropes Teilchen),

durch Vergleich mit (69) folgt unter diesen Bedingungen $\varrho_H = 1$ (wobei Zähler wie Nenner sehr kleine Werte besitzen). Für größere Teilchen trifft diese letztere Beziehung nicht zu, infolgedessen hat auch der CABANNES-Faktor für unpolarisiertes Licht keine Gültigkeit.

Zu 2. Bei kleinen Teilchen ist der Beitrag der *Formdepolarisation* weitaus geringfügiger als derjenige der oben erörterten Eigendepolarisation, solange man es mit nicht leitenden

---

* Tabellarische Zusammenstellung z. B. bei [7,8].
** Beide Faktoren sind in Abb. 31 in einem Versuchsbeispiel einander gegenübergestellt.
*** Für sehr kleine Depolarisationswerte läßt sich (71) vereinfachen zu $\varrho_U = 2\varrho_V (1 - \varrho_V)$.

[1] CABANNES, J.: La diffusion moléculaire de la lumière. Paris 1929.
[2] GANS, R.: Das TYNDALL-Phänomen in Flüssigkeiten. Z. Physik **17**, 353 (1923).
[3] STUART, H. A., u. W. BUCHHEIM: Z. Physik **111**, 36 (1938).
[4] STUART, H. A.: Hand- u. Jb. chem. Physik (EUCKEN-WOLF). Bd. 10/III. Leipzig 1939.
[5] STUART, H. A.: Die Physik der Hochpolymeren. Bd. I. Berlin, Göttingen, Heidelberg 1952, besonders S. 430: Elektrische Doppelbrechung, optische Anisotropie und Molekülstruktur. b) Zusammenhang mit dem Depolarisationsgrade des molekularen Streulichtes.
[6] GANS, R.: Ann. Physik (4) **62**, 331 (1921).
[7] DOTY, P., and J. T. EDSALL: Adv. Protein Chem. **6**, 35 (1951), besonders S. 48.
[8] LOTMAR, W.: Helv. **21**, 953 (1938), besonders S. 968.

Teilchen zu tun hat. Beträchtlicher Irrtum in der Auswertung experimenteller Ergebnisse ist durch eine Verwechslung der vorstehenden Begriffe entstanden[1, 2].

Wir verzichten auf eine Erörterung der Theorie. Für die Extremform des unendlich dünnen Stäbchens und des unendlich ausgedehnten Plättchens (Brechungszahl 1,5; in Wasser gelöst) errechnet LOTMAR $\varrho_U = 2 \cdot 10^{-3}$ bzw. $\varrho_U = 7 \cdot 10^{-3}$.

Zu 3. Die Theorie der *Konzentrationsdepolarisation* geht von dem Gedanken aus, daß sich die an verschiedenen Stellen einer Lichtwelle befindlichen Teilchen einer endlich konz. Lösung — in verschiedener Phase schwingend — gegenseitig elektrostatisch beeinflussen.

Die durch derartige Effekte erzeugte Depolarisation wird jedoch zumeist durch die im methodischen Teil erörterte Depolarisation durch „Mehrfachstreuung" überdeckt[2, 3], so daß die von verschiedenen Autoren auf Grund der GANSschen „Konzentrationsabhängigkeitstheorie" gegebenen Auswertungen experimenteller Ergebnisse unzulässige Vernachlässigungen enthalten[1, 2].

Zu 4. Für große, kugelförmige, *isotrope* Moleküle kann man aus der MIEschen Theorie folgendes entnehmen:

a) $H_V$ und $V_H$ — die beiden „Mittelkomponenten" der Abb. 22 unten — treten niemals auf*.

b) Die Komponente $H_H$ wächst mit zunehmendem Durchmesser. Unterhalb $\lambda/5$ ist sie praktisch unmeßbar und kann, wenn sie meßbar wird, als ein Maß für die Teilchengröße genommen werden.

Das Auftreten der Komponente $H_H$ in großen Molekülen wird dadurch erklärt, daß sich der *Di*poloscillation *Multi*poloscillationen — in erster Linie *Quadru*poloscillationen — überlagern. Der Quadrupol kann aufgefaßt werden als ein Paar von Dipolen in Gegenphase. Eine Quadrupolkomponente kommt in die Strahlung, wenn entweder Schwingungen verschiedener Phase in ein und demselben Teilchen zusammen existieren oder wenn durch Brechung zwei Strahlen innerhalb des Teilchens zueinander geneigt werden**. Ein spezifisches Charakteristikum der bei großen Teilchen auftretenden „Multipoldepolarisation" ist: $\varrho_H < 1$.

Der theoretische Aufwand auf dem Gebiete der teilweisen Depolarisation des Streulichtes ist erheblich. Er ist bis jetzt jedoch in der Praxis wenig zum Tragen gekommen, wegen der Geringfügigkeit des Effektes und der Schwierigkeit, Störfaktoren auszuschalten.

---

\* Zur Anisotropie im DEBYE-Bereich vgl. [4-9].

\*\* Veranschaulichungen für das Zustandekommen von Multipolen sind bei LOTMAR[1] sowie bei ZIMM, STEIN und DOTY[10] zu finden.

[1] LOTMAR, W.: Helv. **21**, 792 (1938).

[2] LOTMAR, W.: Helv. **21**, 953 (1938).

[3] VOLKMANN, H.: Messungen des Depolarisationsgrades bei der molekularen Lichtzerstreuung. Ann. Physik (5) **24**, 457 (1935).

[4] KUHN, H.: Gestalt und Größe gelöster Fadenmoleküle aus Streulichtdepolarisationsmessungen. Helv. **29**, 432 (1946).

[5] DOTY, P.: Depolarization of light scattered from dilute macromolecular solutions. I. Theoretical discussion. J. polymer Sci. **3**, 750 (1948).

[6] DOTY, P., and H. S. KAUFMAN: The depolarization of light scattered from polymer solutions. J. physic. Chem. **49**, 583 (1945).

[7] DOTY, P., and S. J. STEIN: Depolarization of light scattered from dilute macromolecular solutions. II. Experimental results. J. polymer Sci. **3**, 763 (1948).

[8] HORN, P., H. BENOIT et G. OSTER: J. Chim. physique Physico-Chim. biol. **48**, 530 (1951).

[9] HORN, P., et H. BENOIT: J. polymer Sci. **10**, 29 (1953).

[10] ZIMM, B. H., R. S. STEIN and P. DOTY: Polymer Bull. **1**, 90 (1945).

### c) Methodik.

#### α) Trübung.

Der Trübungskoeffizient $\tau$ wird nach (12) und (49) zweckmäßigerweise folgendermaßen definiert (vgl. auch Abb. 1).

$$\text{Schichtdicke [cm]} \cdot \tau = 2{,}3 \left[ \lg \frac{J_0}{J_{\text{Lösung}}} - \lg \frac{J_0}{J_{\text{Lösungsmittel}}} \right] = 2{,}3 \lg \frac{J_{\text{Lösungsmittel}}}{J_{\text{Lösung}}}.$$

($J_0$ = Intensität vor der Cuvette; $J_{\text{Lösung}}$, $J_{\text{Lösungsmittel}}$ = Intensitäten hinter der Cuvette).

Der bedeutende Vorteil der Trübungsmessung liegt darin, daß sie ohne umständliche Nebenmessungen (vgl. den folgenden Abschnitt) auf übersichtliche Weise zu einem absoluten Kennwert der Lichtzerstreuung führt.

Wenn der Trübungskoeffizient dennoch öfter als Rechnungsgröße eingesetzt als wirklich gemessen wird, dann liegt dies daran, daß in der Praxis der exakten Messung eine Reihe von Schwierigkeiten entgegenstehen. Diese haben ihre Ursache in der geringen Größe der Trübung durch molekulare Lichtzerstreuung, denn für die Anwendung der Theorie ist es grundlegend wichtig, die Lichtzerstreuung bei niedrigen Konzentrationen zu messen. Bei der unten erörterten Empfindlichkeitsgrenze der Streulichtmessung beträgt der Trübungskoeffizient weniger als $10^{-4}$. Das würde bedeuten, daß man, um eine Genauigkeit von 1% zu erzielen, die Extinktion einer Schicht von 10 cm auf $10^{-5}$ genau messen müßte. Irrtümer können bei derartigen Messungen in erster Linie aus folgendem erwachsen:

a) Lichtabsorption im Gelösten.

b) Änderung der Lichtschwächung durch die Cuvettengrenzflächen (Beläge, verschiedener Durchtrittsort des Lichtstrahles) beim Austausch der Lösung gegen das Lösungsmittel.

c) Zu große Öffnung des Meßstrahles (Streulicht wird miterfaßt).

d) Schwankungen in den Empfindlichkeiten der Photozellen und der Intensität der Lichtquelle während des Vergleiches der Intensitäten.

Beim derzeitigen Stand der Versuchstechnik kommen daher Trübungsmessungen nur bei Kolloiden mit sehr hohem Molekulargewicht und geringer Wechselwirkung der Teilchen untereinander (und mit dem Lösungsmittel) in Betracht. Blockproteine, wie z. B. Viren, können Molekulargewichte von mehreren Millionen erreichen, ohne daß die RAYLEIGHschen Voraussetzungen überschritten werden. Eine Kontrolle dafür, daß die Lichtschwächung durch Trübung und nicht durch Absorption verursacht wird, ist im RAYLEIGH-Bereich durch den Vergleich der Trübungskoeffizienten bei verschiedenen Wellenlängen gegeben. Der Quotient $\tau_\lambda/H_\lambda$ ist bei reiner Trübung im RAYLEIGH-Bereich konstant.

Im DEBYE-Bereich ist die Trübungsmessung erfolgreich eingesetzt worden. DOTY und STEINER[1] haben in einer sehr sorgfältigen Arbeit, die viele Diagramme zur Beziehung zwischen Trübung, Wellenlänge, Gestalt und Teilchenabmessung enthält, den Grundriß zu einer „Spektrophotometrie" der kolloidalen Lösungen gelegt.

Die Berechnung des Trübungskoeffizienten aus einer gemessenen reduzierten Streuung erfolgt innerhalb des RAYLEIGH-Bereiches nach den auf S. 126 abgeleiteten Beziehungen

$$\tau = \frac{8\pi}{3} R_{0°} = \frac{16\pi}{3} R_{90°,\, U} = \frac{8\pi}{3} R_V. \tag{M 1}$$

Ein von diesem Prinzip nicht grundsätzlich verschiedener experimenteller Weg zur Bestimmung des Trübungskoeffizienten vergleicht die Streuintensitäten in beliebigen

---

[1] DOTY, P., and R. F. STEINER: Light scattering and spectrophotometry of colloidal solutions. J. chem. Physics 18, 1211 (1950).

Einheiten zwischen der Versuchslösung (z. B. $\vartheta = 90°$) und einem Standardpräparat, dessen Trübungskoeffizient bekannt ist

$$\tau_{\text{EXPT}} = \tau_{\text{STD}} \frac{I_{\text{EXPT}}}{I_{\text{STD}}}. \tag{M 2}$$

In Versuchsreihen verschiedener amerikanischer Arbeitskreise (vgl. z.B. Abb. 8, 20, 21) wurde hierfür die Lösung einer Polystyrol-Standardsubstanz verwendet, die von DEBYE und BUECHE verteilt worden ist (Lösung in Toluol 0,5 g auf 100 cm³: $\tau = 0,0035$ bei 435 m$\mu$)[1]. Neuerdings setzen einige amerikanische Arbeitskreise das Präparat „Ludox"[2,3] (vgl. Abb. 31 unterer Teil der Legende) ein. Beide Präparate liegen nahezu im RAYLEIGH-Bereich.

Die Errechnung des Trübungskoeffizienten aus der reduzierten Streuung außerhalb des RAYLEIGH-Bereiches bedingt eine Integration über $P(\vartheta)$, die auf der Grundlage von Winkelabhängigkeitsmessungen (vgl. Abb. 21) oder bei bekannter Gestalt rein rechnerisch, oder aber auch durch Messung in der ULBRICHTschen Kugel[4] erfolgen kann.

Zur Messung der Trübung werden, soweit den Verfassern bekannt, im allgemeinen die im Handel befindlichen Photometer verwendet (BECKMAN-Photometer, $L = 100$ mm, runde Blenden 4—5 mm $\varnothing$ vor und hinter der Lösung[1,3]); es ist jedoch durchaus denkbar, daß die Konstruktion spezieller Geräte etwa nach der Art der von CHANCE[5] konstruierten Photometer, die sehr geringe Extinktionen zu messen gestatten, eine wesentliche Verfeinerung der Methode bringen könnte.

### β) Relative Streulichtmessungen.

Im Grunde ist für die Lösung eines Molekulargewichtsproblems die relative Messung, z. B. der Vergleich der Streuintensitäten in Verdünnungsreihen zweier Substanzen, deren eine ein bekanntes Molekulargewicht hat und möglichst im gleichen Lösungsmittel löslich ist, zureichend (Abb. 5)

$$\overline{M}_{\text{EXPT}} = \overline{M}_{\text{STD}} \left[ \frac{I_{\text{EXPT}} \cdot c_{\text{STD}}}{c_{\text{EXPT}} \cdot I_{\text{STD}}} \right]_{c_2 \to 0} \frac{\left[ n \frac{\partial n}{\partial c_2} \right]^2_{\text{STD}}}{\left[ n \frac{\partial n}{\partial c_2} \right]^2_{\text{EXPT}}}. \tag{M 3}$$

Dennoch gehen die meisten Untersucher in steigendem Maße dazu über, die Resultate ihrer Messung in absoluten Werten anzugeben. Der Anschluß an die Theorie wird auf diese Weise erleichtert, und die Messungen verschiedener Autoren sind unmittelbar miteinander vergleichbar. Dabei darf allerdings die Angabe in absoluten Maßzahlen nicht darüber hinwegtäuschen, daß die Messungen sehr oft relative Verfahren sind und hinter dem absoluten Wert die Möglichkeit eines systematischen Eichfehlers verborgen bleibt.

Anfangs wurden beträchtliche Erwartungen in die absolute Messung der Lichtzerstreuung und damit in die Verwendung des Streulichtverfahrens als absoluter Methode der Molekulargewichtsbestimmung gesetzt. Diese Erwartungen haben sich nicht restlos erfüllt. Der Arbeitskreis von G. V. SCHULZ ist z. B. neuerdings zu Relativmessungen übergegangen (Abb. 15), und selbst in der Kontroverse über die Kennwerte des klassischen Bezugsobjektes der Absolutmessung (Benzol, vgl. unten) werden die Ergebnisse der Relativmessungen gegen Kolloide von bekanntem Molekulargewicht als gewichtiges Argument herangezogen[6].

---

[1] Vgl. z. B. EDSALL, J. T., et al.: Am. Soc. **72**, 4648 (1950), besonders dortiges Literaturzitat ([39]).

[2] MOMMAERTS, W. F. H. M.: The measurement of light scattering intensities according to Brice. J. Colloid Sci. **7**, 71 (1952).

[3] Vgl. Diskussionsbemerkung von EDSALL, J. T. zum Vortrag von SADRON, C.: J. polymer Sci. **12**, 69 (1954).

[4] CARR, C. I. jr., and B. H. ZIMM: Absolute intensity of light scattering from pure liquides and solutions. J. chem. Physics **18**, 1616 (1950).

[5] CHANCE, B.: Rev. sci. Instrum. **22**, 619 (1951).

[6] HALWER, M., G. C. NUTTING and B. A. BRICE: RAYLEIGHs ratio for benzene and the problem of absolute light scattering determinations. J. chem. Physics **21**, 1425 (1953).

### γ) Reduzierte Streuung.

Sind die Schwächung der Primärintensität durch Trübung in der Versuchslösung und eine etwaige Extinktion gering, dann dürfen wir für die absolute Bestimmungsformel der reduzierten Streuung des gelösten Stoffes nach (20) und den Erörterungen auf S. 134 unten ansetzen

$$R_\vartheta = \frac{I_\vartheta - i_\vartheta}{J} \frac{r^2}{V}. \tag{M 4}$$

Wir nehmen dabei an, daß die Lichtzerstreuung der Lösung $I_\vartheta$ sich additiv aus der Lichtzerstreuung des Kolloides und der Lichtzerstreuung $i_\vartheta$ des Lösungsmittels zusammensetzt. $V$ bedeutet das von der Meßanordnung erfaßte lichtzerstreuende Volumen, $r$ den Abstand vom streuenden Volumen zur Meßzelle und $J$ die Intensität des Primärstrahls (vgl. Abb. 1, S. 122).

Prinzipiell kann $R_\vartheta$ durch Messung der fünf in der Definitionsformel vorkommenden Größen ermittelt werden. Zumindest der routinemäßigen Ausübung dieses Verfahrens stehen aber methodische Schwierigkeiten im Wege:

1. Die Streuintensität ist sehr gering gegen die Primärintensität. Eine exakte Schwächung der Primärintensität um einen genau bekannten, viele Größenordnungen [$10^{-6}$] umfassenden Betrag zum Zwecke des Vergleiches bereitet Schwierigkeiten.

2. $r$ und $V$ sind zumeist nicht so gut definiert wie in der Theorie vorgesehen; $r$ ist zumeist nicht sehr groß gegen $\sqrt[3]{V}$ und die Öffnung des Meßstrahles ist endlich.

3. Korrekturen werden durch die Grenzflächen zwischen Medien mit verschiedener Brechungszahl erforderlich (vgl. unten S. 163).

ZIMM, welcher alle Probleme der Lichtzerstreuungsmessung in besonders klarer Weise durchdacht hat, brachte in neuerer Zeit die Diskussion dieser Gesichtspunkte in Gang [1,2]. Die brechungsabhängigen Korrekturen werden wir weiter unten gesondert erörtern. Eine sehr klare und weitgehende Diskussion der geometrischen Faktoren verdankt man HERMANS und LEVINSON[3].

Allgemein wird im Routineverfahren der größte Teil der oben skizzierten Komplikationen dadurch umgangen, daß man die reduzierte Streuung durch einen Intensitätsvergleich zwischen der Versuchslösung und einem Standard ermittelt

$$R_{\text{EXP}} = \frac{I_{\text{EXP}}}{I_{\text{STD}}} \cdot R_{\text{STD}}. \tag{M 2a}$$

Die Standards ihrerseits lassen sich, wenn auch nicht ganz ohne Zwang, in „Arbeitsstandards" und „Eichstandards" unterteilen.

### δ) Arbeitsstandards.

Die Bedingungen, welche ein Arbeitsstandard in erster Linie erfüllen sollte, sind folgende:

1. Streuintensität von gleicher Größenordnung wie diejenige des Meßobjektes.
2. Homogenität.
3. Haltbarkeit und leichte Handhabung.

Mehrere Typen haben sich als brauchbar erwiesen. Dabei opfert man allerdings zumeist den oben präzisierten Gesichtspunkten die Möglichkeit, durch den Vergleich mit dem Standard unmittelbar einen absoluten Wert für die reduzierte Streuung des Versuchsobjektes zu ermitteln. Die Arbeitsstandards müssen also ihrerseits wiederum sorgfältig geeicht werden.

---

[1] CARR, C. I. jr., and B. H. ZIMM: J. chem. Physics 18, 1616 (1950).
[2] BRICE, B. A., M. HALWER and R. SPEISER: Photoelectric light scattering photometer for determining high molecular weights. J. opt. Soc. Amer. 40, 268 (1950).
[3] HERMANS, J. J., and S. LEVINSON: Some geometrical factors in light scattering apparatus. J. opt. Soc. Amer. 41, 460 (1951).

Neuere amerikanische Instrumente (z. B. das unten beschriebene BRICE-Phoenix-Photometer) drehen nach jeder Messung die Meßzelle in den Primärstrahl (hinter der Meßcuvette), wobei automatisch ein sehr stark schwächendes Filter eingeschaltet wird. Das Verfahren hat den Vorteil, daß die Versuchslösung den Ort nicht ändert, den Nachteil, daß der Meßkopf ununterbrochen bewegt und eingestellt werden muß. Die für den Vergleich erforderliche Schwächung der Primärintensität beträgt $10^{-5}$—$10^{-6}$. BRICE, HALWER und SPEISER[1] haben für diesen Zweck Klarglas-Neutralfilter und zur Nacheichung dieser als Referenzstandard eine homogen trübe Milchglasscheibe „Opal-Diffusor" eingeführt (vgl. Abb. 7, 11, 20 und 31). Der Opal-Diffusor[1,2] ist seinerseits durch Vergleich gegen einen diffusen Reflektor (vgl. unten) geeicht worden, er wird an Stelle der Meßcuvette eingesetzt und beim Winkel $\vartheta = 0°$ bei durchtretender Primärintensität gemessen.

Andere Verfahren belassen die Meßanordnung am Ort und ersetzen entweder die Versuchscuvette durch einen lichtzerstreuenden Körper, oder lenken den Strahlengang durch Spiegel um.

Sehr zweckmäßig sind Trübglasstandards, welche man sich in einer optischen Schleiferei auf die Abmessungen der Versuchscuvette zuschneiden läßt[3,4]. Glasblöcke mit außerordentlich feiner, bei einfallendem Licht kaum merkbarer Trübung können vom Glaswerk Schott & Gen. bezogen werden (vgl. die Versuchsbeispiele in Abb. 5 und 15). Die Zerstreuung dieser Blöcke ist „RAYLEIGH-ähnlich". Sie müssen natürlich sorgfältig geeicht werden.

Auf das Präparat „Ludox" wurde bereits oben hingewiesen (S. 159).

Diffuse Reflektoren, z. B. Blöcke von Magnesiumcarbonat, welche im Winkel von 45° durchschnitten und blank geschabt sind, wurden als Arbeitsstandards benutzt[5]. Sie können auch zur absoluten Eichung dienen, deshalb wird ihre Theorie im nächsten Abschnitt erörtert.

*ε) Eichstandards.*

Prinzipiell besteht kein Unterschied zwischen Arbeitsstandards und Eichstandards. Praktisch jedoch sind die Eichstandards so empfindlich, daß man sich die Mühe ihrer Herstellung nur zum Zwecke der Eichung oder Nacheichung des Arbeitsstandards gibt. Auf die Möglichkeit der Verwendung von Substanzen mit bekanntem Molekulargewicht und von Trübungsmessungen an Körpern, welche dem RAYLEIGH-Bereich angehören, wurde bereits hingewiesen.

Blöcke von Magnesiumcarbonat, die mit Magnesiumoxyd beraucht worden sind[6,1] oder mit einer Schicht von Magnesiumoxyd überzogene Täfelchen[7] (polierte Silberfläche mit brennendem Magnesiumspan beraucht) erreichen Wirkungsgrade der diffusen Reflexion zwischen 96 und 98%. Die zerstreute Intensität gehorcht weitgehend dem „Cosinus-Gesetz" von LAMBERT, welches aussagt, daß die im Winkel α mit der Normale zur reflektierenden Schicht zerstreute Intensität proportional zu cos α ist. Der Einsatz solcher Diffusoren mit beispielsweise 45° Neigung sowohl zur Primärintensität als auch zur

---

[1] BRICE, B. A., M. HALWER and R. SPEISER: J. opt. Soc. Amer. **40**, 768 (1950).

[2] BRICE, B. A., and M. HALWER: Determination of the diffuse transmittance of opal glass and the use of opal glass as a standard diffusor in light scattering photometers. J. opt. Soc. Amer. **44**, 340 (1954).

[3] BÜCHER, T.: Biochim. biophysica Acta, N. Y. **1**, 467 (1947).

[4] CANTOW, H.-J., u. G. V. SCHULZ: Z. physik. Chem. (N. F.) **1**, 365 (1954).

[5] DEBYE, P. P.: A photoelectric instrument for light scattering measurements and a differential refractometer. J. appl. Physics **17**, 392 (1946).

[6] CARR, C. I. jr., and B. H. ZIMM: J. chem. Physics **18**, 1616 (1950).

[7] MIDDLETON, W. E. K., and C. L. SANDERS: The absolute spectral diffuse reflectance of magnesium oxide. J. opt. Soc. Amer. **41**, 419 (1951).

Messrichtung enthebt von der Notwendigkeit der Messung einer Reihe von geometrischen Faktoren und ist nicht nur zu Vergleichszwecken, sondern auch zur Bestimmung des Absolutwertes der reduzierten Streuung benutzt worden[1-4].

Handelt es sich um einen reinen diffusen Reflektor mit dem Reflexionsfaktor $f_r$, dann ist die im Abstand $r$ und unter dem Winkel $\alpha$ gemessene Intensität $I_D$:

$$I_D = \frac{\cos \alpha \, J \, F_J \, f_r}{\pi \, r^2}, \tag{M 5}$$

dabei bedeutet $F_J$ den Querschnitt des Primärstrahles (mit der Intensität $J$).

Allerdings ist die reflektierte Intensität immer noch so groß, daß sie durch ein Filter um den Faktor $10^{-2}$—$10^{-3}$ geschwächt werden muß. Nennen wir den Schwächungsfaktor des Filters $t_I$ und setzen voraus, daß der diffuse Reflektor an die Stelle der Versuchscuvette gesetzt wird, die Apertur und der Abstand der Meßeinrichtung also bei beiden Messungen gleichbleiben ($r \gg \sqrt{F_J}$; über die brechungsabhängigen Korrekturen siehe unten), dann gilt ($I'_D$ die durch das Filter geschwächte Intensität des diffusen Reflektors)

$$\tau = \frac{16 \cdot \cos \alpha \, t_I \cdot f_r}{3 \cdot l} \frac{I'_D}{I^{\text{EXP}}_{90°}}. \tag{M 6}$$

Darin ist $l$ die Breite des von der Meßanordnung „gesehenen" streuenden Volumens ($V = F_J \cdot l$) und $I^{\text{EXP}}_{90°}$ die Streuintensität der Versuchslösung im gleichen Apparat bei gleicher Primärintensität.

Der Anteil nicht diffus reflektierten (gespiegelten) Lichtes an der Intensität kann aus den Polarisationsverhältnissen der reflektierten Intensität ermittelt und korrigiert werden[2].

Hochgereinigte organische Flüssigkeiten haben in vielen Untersuchungen als Bezugsobjekt gedient. Der wahrscheinlichste Betrag für die reduzierte Streuung von Benzol ist nach CARR und ZIMM[1,5]*, sowie BRICE, HALWER und SPEISER[2,6] etwa

$$R^{436\,\text{m}\mu}_{90°,\,U}: 48,5 \cdot 10^{-6}; \qquad R^{546\,\text{m}\mu}_{90°,\,U}: 16,3 \cdot 10^{-6} \text{ bei } 25° \text{ C}.$$

Diese Werte haben sich (mit einer Diskrepanz von etwa $\pm 8\%$) bei einer Reihe von Vergleichsmessungen mit Kolloiden bekannten Molekulargewichtes oder direkt gemessenen Trübungskoeffizienten bestätigt. Zu diesen Untersuchungen zählen die in den Abb. 7, 8, 13, 15, 21 und 31 mitgeteilten Versuche.

Allerdings gruppieren sich die Ergebnisse anderer Arbeitskreise[7,8] um Kennwerte der Lichtzerstreuung, die — zuerst von CABANNES und DAURE[9] gefunden — nur 60% der oben angegebenen Werte betragen. Von ZIMM[5] wird geltend gemacht, daß bei diesen Messungen die brechungsabhängigen Korrekturen (vgl. unten) nicht beachtet wurden. Diese können ganz erhebliche Korrektionen bedingen. Bemerkenswert ist, daß die Ergebnisse der polemisierenden Autoren hinsichtlich der Relation der Kennwerte sowohl beim Wechsel der Wellenlänge als auch beim Vergleich verschiedener Substanzen relativ gut übereinstimmen.

---

* Vgl. auch: DOTY, P. und R. F. STEINER: J. chem. Physics 18, 1211 (1950); bes. S. 1216.
[1] CARR, C. I. jr., and B. H. ZIMM: J. chem. Physics 18, 1616 (1950).
[2] BRICE, B. A., M. HALWER and R. SPEISER: J. opt. Soc. Amer. 40, 768 (1950).
[3] BRICE, B. A., and M. HALWER: J. opt. Soc. Amer. 44, 340 (1954).
[4] BILLMEYER, F. W. jr.: Rubber Reserve Company, Technical Report January 15, 1945 und March 1, 1945, zit. nach HERMANS, J. J., u. S. LEVINSON[10].
[5] ZIMM, B. H.: Comments on the question of the correct values for the light scattering power of pure liquids. J. polymer Sci. 10, 351 (1953).
[6] HALWER, M., G. C. NUTTING and B. A. BRICE: J. chem. Physics 21, 1425 (1953).
[7] ROUSSET, A., et R. LOCHET: Les constants de Lord RAYLEIGH des liquides étalons. J. polymer Sci. 10, 319 (1953).
[8] STAMM, R. F., and P. A. BUTTON: J. chem. Physics 21, 1304 (1953).
[9] CABANNES, J., et P. DAURE: Cr. 184, 520 (1927).
[10] HERMANS, J. J., and S. LEVINSON: J. opt. Soc. Amer. 41, 460 (1951).

Eine Tabelle (Tabelle 6) mit den relativen Streuintensitäten der gebräuchlichsten Lösungsmittel haben wir der kürzlichen Veröffentlichung von MEIER[1] entnommen. Sie ist um die Depolarisationsgrade, soweit diese zugänglich waren, ergänzt worden.

### ζ) Brechungsabhängige Korrekturen bei der Bestimmung von $R_\vartheta$.

Die brechungsabhängigen Korrekturen werden wichtig, wenn entweder beabsichtigt ist, die absoluten Kennwerte der Lichtzerstreuung zu bestimmen oder, wenn Lösungen mit beträchtlich verschiedenem Brechungsvermögen verglichen werden sollen.

Durch die „Spreitung" des Streulichtbündels an der Grenzfläche zwischen zwei Medien mit verschiedenem Brechungsvermögen wird die von der Meßanordnung bei einer gegebenen Öffnung erfaßte Streulichtmenge verringert, und außerdem „sieht" die Photozelle ein anderes Volumen in einem etwas kürzeren Abstand $r$.

Tabelle 6. *Relative Lichtzerstreuung\* von Flüssigkeiten*[1] *(bezogen auf Benzol) und Depolarisationsgrade.* $25°, \lambda = 546\ m\mu$.

|  | $n$ | $\dfrac{[I_{90°, U} \cdot n^2]\ \text{EXPT}}{[I_{90°, U} \cdot n^2]\ \text{BENZOL}}$ | $\varrho_U$ |
|---|---|---|---|
| Benzol . . . . . . . . . | 1,501 | 1,000 | 0,42 |
| Tetrachlorkohlenstoff . . | 1,460 | 0,350 | 0,05 |
| Hexadecan . . . . . . . | 1,434 | 0,390 | — |
| Methylisobutylketon . . | 1,396 | 0,282 | — |
| Wasser . . . . . . . . | 1,333 | 0,089 | 0,08 |
| Methanol . . . . . . . . | 1,330 | 0,170 | 0,06 |

Die betreffenden Korrektionsfaktoren sind wohl erstmals von BILLMEYER[2] in Betracht gezogen worden, CARR und ZIMM[3] haben sie allgemein in die Lichtzerstreuungstechnik eingeführt.

Letztere Autoren geben zwei Korrektionsfaktoren an, den Brechungsfaktor $C_n$, der erheblich ist, und die Volumenkorrektur $C_v$, die kaum ins Gewicht fällt. Die Faktoren sind unter der Voraussetzung abgeleitet, daß das streuende Volumen sehr klein ist gegen die anderen Dimensionen des Strahlenganges. Der CARR-ZIMM-Faktor lautet für rechteckige Cuvetten

$$C_n = \left[\frac{\delta'}{\delta''}\right]^2 = n^2 \left[1 - \frac{r'(n-1)}{r \cdot n}\right]^2. \qquad (M\ 7)$$

Die einzelnen Größen in dieser Formel sind durch Abb. 23 und die dazugehörige Legende erläutert.

Für zylindrische Cuvetten ist nach CARR und ZIMM die Wurzel aus $C_n$ zu ziehen; für sphärische Cuvetten entfällt die Korrektur.

Für den fast immer zutreffenden Fall, daß $r'$ klein gegen $r$ [den Abstand zur Photozelle] ist und der erfaßte Winkelbereich gering ist, vereinfacht sich die Beziehung zu $C_n = n^2$.

Praktisch bedeutungsvoller als die „CARR-ZIMM-Korrekturen" sind diejenigen, welche von HERMANS und LEVINSON[4] kürzlich abgeleitet worden sind. Die Voraussetzungen sind hier, daß bei beliebig großem Streuvolumen die Kanten des Primärstrahles von der Meßanordnung nicht erfaßt werden. Unter dieser Bedingung gilt unabhängig von der Cuvettenform

$$\text{Refraktionskorrektionsfaktor} = n^2. \qquad (M\ 8)$$

MEIER[1] hat diese Beziehung kürzlich in Messungen an verschiedenen Lösungsmitteln unter Variation der Cuvettenform experimentell bestätigen können. Die Daten in Tabelle 6 sind aus dieser Arbeit entnommen.

---

\* Korrigiert in bezug auf das unterschiedliche Lichtbrechungsvermögen der Flüssigkeiten [vgl. (M 8)].

[1] MEIER, D. J.: The refractive index correction in light scattering measurements. J. chem. Physics **21**, 1892 (1953).

[2] BILLMEYER, F. W. jr.: Zitiert nach HERMANS und LEVINSON[4].

[3] CARR, C. I. jr., and B. H. ZIMM: J. chem. Physics **18**, 1616 (1950).

[4] HERMANS, J. J., and S. LEVINSON: J. opt. Soc. Amer. **41**, 460 (1951).

η) *Winkelabhängigkeit von $R_{\vartheta,V}$.*

Wenn nach der Winkelabhängigkeit der zerstreuten Intensität gefragt wird, verwendet man zweckmäßigerweise zu den Messungen vertikal polarisierte Primärstrahlung[1]. Innerhalb des RAYLEIGH-Bereiches ist $R_\vartheta$ dann theoretisch unabhängig vom Beobachtungswinkel.

Praktisch erfaßt die Meßphotozelle (da die Cuvette breiter als der Meßstrahl) ein vom Beobachtungswinkel abhängiges Streuvolumen. Setzt man zylindrische Cuvetten-

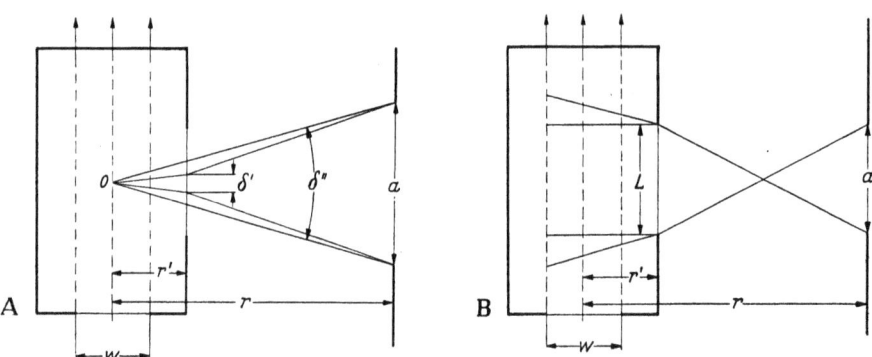

Abb. 23. Zur Ableitung der Brechungs- und Volumenkorrektur für den Fall: „Streuendes Volumen sehr klein gegen Dimension des Strahlenganges" (nach CANTOW und SCHULZ[2]). Brechungskorrektur $C_n$: Bild A; Volumenkorrektur $C_v$: Bild B. 0 = Mittelpunkt des Streuzentrums. $\delta'$ = beobachteter Winkel bei Brechung. $\delta''$ = beobachteter Winkel ohne Brechung. $L$ = Blende vor der Cuvette. $a$ = Blende vor der Photozelle, $r$ = Abstand der Blende $a$ vom Streuzentrum 0.
$r'$ = Abstand des Streuzentrums 0 von der Blende $L$. $w$ = Breite des Primärstrahles.

$$(C_n)^{\frac{1}{2}} = \frac{\delta'}{\delta''} = n\,[\,1 - (r'(n-1)/r\,n)\,]$$

$$C_v = 1 - \frac{r'(a+L)/(r-r')}{2\,[n\,L + r'(a+L)/(r-r')]}$$

wandungen voraus, dann ist die gemessene Streuintensität bei RAYLEIGH-Präparaten proportional zu $\sin^{-1}\vartheta$. Abb. 24 gibt ein praktisches Beispiel

$$I_{\vartheta,V}^{\text{korrigiert}} = I_{\vartheta,V}^{\text{beobachtet}} \cdot \sin\vartheta. \tag{M 9}$$

Da diese Funktion symmetrisch ist, ändert sich bei optisch einwandfrei geführter Primärstrahlung an den Symmetrieverhältnissen nichts.

Die Asymmetriezahl

$$z = \frac{R_{45°,V}}{R_{135°,V}}$$

kann auch ohne Korrektur für die obige Beziehung errechnet werden. Eine Korrektur ist lediglich für die Rückspiegelung des Primärstrahls beim Austritt aus der Cuvette erforderlich. Diese ist kürzlich von CANTOW und SCHULZ*[2] näher diskutiert worden. Die reflektierte Intensität $J_{\text{refl}}$ verhält sich zur Primärintensität $J_0$ nach

$$\frac{J_{\text{refl}}}{J_0} = \frac{n^2 - 2n + 1}{n^2 + 2n + 1}. \tag{M 10}$$

Das gesuchte Korrekturglied wird erhalten, indem man die um 1 verminderten Asymmetriezahl bei zwei zu $\vartheta = 90°$ symmetrischen Winkeln $\vartheta'$ und $\vartheta''$ mit $J_{\text{refl}}/J_0$ und der gemessenen $I_{\vartheta''}$ des größeren Winkels $\vartheta''$ multipliziert. Dieses Glied wird von der

---

* Siehe dazu auch OTH, A., and V. DESREUX: J. polymer Sci. **10**, 551 (1953).
[1] ZIMM, B. H.: The scattering of light and the radial distribution function of high polymer solution. J. chem. Physics **16**, 1093 (1948).
[2] CANTOW, H.-J., u. G. V. SCHULZ: Z. physik. Chem., N. F. **1**, 365 (1954).

Methodik: Winkelabhängigkeit von $R_{\vartheta, V}$.

beim größeren Winkel gemessenen $I_{\vartheta''}$ abgezogen und zu der bei dem kleineren Winkel gemessenen $I_{\vartheta'}$ addiert

$$I_{\vartheta' \text{korr}} = I_{\vartheta'} + I_{\vartheta''} \frac{J_{\text{refl}}}{J_0} (z-1),$$
$$I_{\vartheta'' \text{korr}} = I_{\vartheta''} - I_{\vartheta''} \frac{J_{\text{refl}}}{J_0} (z-1).$$
(M 11)

Es ergibt sich die um den Betrag der Rückspiegelung korrigierte Asymmetriezahl zu

$$z_{\text{korr}} = \frac{z + \dfrac{J_{\text{refl}}}{J_0}(z-1)}{1 - \dfrac{J_{\text{refl}}}{J_0}(z-1)}.$$
(M 12)

Außer dieser Rückspiegelung des Primärstrahles findet noch eine solche des gestreuten Lichtes an der Cuvettenwand statt. Für kugelförmige Cuvetten bewirkt sie eine Korrektur vom selben Betrag wie oben; für zylinderförmige Cuvetten kann sie vernachlässigt werden.

*ϑ) Reinigung der Lösungen.*

Die besondere Art der Mittelwertsbildung, welche jedem Teilchen das statistische Gewicht seines Teilchengewichtes zuerteilt, läßt Verunreinigungen zu einer der vornehmlichsten Fehlerquellen der Lichtzerstreuungsmethode werden.

Zwei verschiedene Arten von Verunreinigungen kommen in erster Linie in Frage: Fremdkörper (Staub) und Denaturierungsprodukte des untersuchten Kolloides.

Gegen die erste Gruppe von Verunreinigungen kann man sich relativ wirksam durch peinlich sauberes Arbeiten, Filtrieren durch feinporige Filter (vgl.

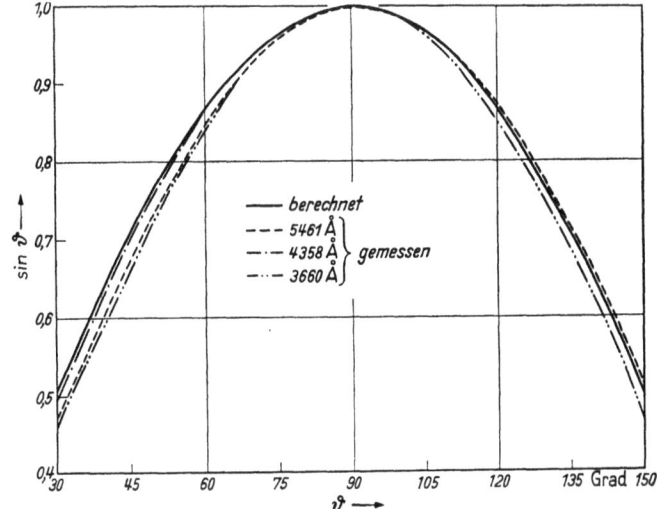

Abb. 24. Sinusabhängigkeit der Sekundärintensität im RAYLEIGH-Bereich infolge der *Winkelabhängigkeit* des vom Meßkopf erfaßten *streuenden Volumens*: ausgezogene Kurve. An RAYLEIGHschen Teilchen gemessene Werte: gestrichelte Kurven. Ordinatenmaßstab: für die ausgezogene Kurve: $\sin \vartheta$; für die unterbrochenen Kurven (Meßwerte an RAYLEIGH-Präparaten): $\dfrac{I_{90°, V}}{I_{\vartheta, V}}$ Die geringen Abweichungen werden einem Symmetriefehler der Apparatur zugeschrieben (aus CANTOW und SCHULZ[1]).

auch [2]) und Zentrifugieren auf den gebräuchlichen hochtourigen Zentrifugen helfen. Die von CANTOW angegebene Zentrifugiercuvette (S. 173) ist eigens für die Reinigung der Versuchslösung konstruiert worden.

Sehr viel gefährlicher ist die zweite Gruppe. Besonders beim Arbeiten mit hochspezifischen Proteinen erfordert sie höchste Aufmerksamkeit und Kritik.

Da Grenzflächen, besonders wenn sie trocken sind, stets von einem Film denaturierten Proteins überzogen werden, führen manche ergriffene Maßnahmen erst recht zur Denaturierung. Zum Beispiel ist überflüssiges Pipettieren zu vermeiden und in der letzten Stufe das Dekantieren vorzuziehen (vgl. diesbezügliche Erörterungen in den zu Abb. 5, 7 und 8 gehörenden Originalarbeiten). Pipetten und Cuvetten sollten nicht völlig trocken sein. Allerdings können Schlieren infolge ungenügenden Mischens in der Nähe der Cuvettenwandungen sehr störend wirken.

---

[1] CANTOW, H.-J., u. G. V. SCHULZ: Z. physik. Chem. (N. F.) **1**, 365 (1954).
[2] MEIER, D. J.: J. chem. Physics **21**, 1892 (1953).

Zwei Verfahren haben sich bei den Untersuchungen der Verfasser bewährt:

1. Schleudern des Untersuchungsmaterials in einer konzentrierteren Stammlösung auf der präparativen Ultrazentrifuge solange, bis etwa 10% des Stoffes sedimentiert sind (Tabelle 7).

2. Einrühren in die Stammlösung von geringen Mengen Aluminiumhydroxyd- oder Calciumphosphatgels und hochtouriges Abzentrifugieren.

Tabelle 7. *Wirkung präparativer Ultrazentrifugation auf die Streulichtwerte von Proteinpräparaten mit verschiedener Vorgeschichte* (nach BÜCHER[1]).

| Protein | Reduzierendes Muskelgärungsferment (KUBOWITZ u. OTT[2]) | Oxydierendes Gärungsferment (WARBURG u. CHRISTIAN[3]) |
|---|---|---|
| Präparat . . . . . . . . . . . | Trockenpulver aus dialysierten Krystallen | Krystallsuspension in Ammoniumsulfatlösung |
| Lösungsmittel . . . . . . . . | m/40 Phosphatpuffer $p_H = 7{,}2$ | m/20 Pyrophosphatpuffer $p_H = 7{,}3$ |
| Lichtzerstreuung* nach: Laboratoriumszentrifuge: 20 min [15000 Touren/min] . . . . . | $7{,}9 \cdot 10^3$ | $3{,}33 \cdot 10^3$ |
| Ultrazentrifuge: 15 min [50000 Touren/min] . . . . . | $2{,}82 \cdot 10^3$ | $3{,}27 \cdot 10^3$ |
| Wiederholung der Ultrazentrifugation . . . . . . . . . . | $2{,}88 \cdot 10^3$ | |

In jedem Fall wird die Endverdünnung nochmals hochtourig zentrifugiert und dann direkt in die Versuchscuvette dekantiert. Immer wird man die zu untersuchenden Stoffe vom Beginn der Präparation an äußerst schonend behandeln. Besondere Vorsicht ist bei getrockneten (auch eingefroren getrockneten) Proteinpräparaten am Platz. Die Gefahr des Irrtums ist um so größer, je niedriger molekular die untersuchten Kolloide sind.

*ι) Grenze der Empfindlichkeit der Streulichtmethode.*

Es wurde bereits darauf hingewiesen, daß beim heutigen Stand der Methodik die Streulichtmessung empfindlicher ist als die Trübungsmessung.

Die Empfindlichkeitsgrenze der Streulichtmethodik ist, wenn nicht apparative Fehlerquellen interferieren, durch die Lichtzerstreuung des Lösungsmittels und die Unsicherheit der Einzelmessungen in dem betreffenden Bereich gegeben.

Geht man davon aus, daß die Unsicherheit bei der Messung der Streuintensität des Lösungsmittels $i_\vartheta$ infolge der sehr geringen Intensität, wie auch der Gefahr der Verunreinigung des Lösungsmittels 10% beträgt, dann wird man aus dieser Quelle mit einem mittleren Fehler von 1% zu rechnen haben, wenn die Lichtzerstreuung der Lösung 10mal größer ist als die Lichtzerstreuung des Lösungsmittels selbst.

$R_{90°, U}$ für wäßrige Lösungsmittel liegt in der Größenordnung von $10^{-6}$ ($\lambda = 546$ m$\mu$). Für Proteine ist $3H/8\pi$ von der Größenordnung $10^{-7}$. Um die oben formulierte Forderung zu erfüllen, sollte also das Produkt aus Konzentration und Molekulargewicht keinesfalls kleiner als $10^2$ werden. Setzt man die Grenzkonzentration $= 10^{-2}$ g/cm³, dann wird das Grenz-Molekulargewicht $10^4$**.

---

\* Auf einen Trübglasstandard bezogene für die Konzentrationsunterschiede korrigierte Relativmessungen.

\*\* Siehe dazu auch die Diskussion von F. TIETZE und H. NEURATH zu ihren Messungen an Insulin: J. biol. Ch. **194**, 1 (1952), besonders S. 10.

[1] BÜCHER, T.: Biochim. biophysica Acta, N. Y. **1**, 467 (1947).
[2] KUBOWITZ, F., u. P. OTT: B. Z. **314**, 94 (1943).
[3] WARBURG, O., u. W. CHRISTIAN: B. Z. **303**, 40 (1939).

### ϰ) Streulichtphotometer[1].

Die wesentlichen Schwierigkeiten bei der Konstruktion von Streulichtphotometern sind durch den außerordentlich kleinen Quotienten der Intensitäten des Streulichtes und des Primärstrahles gegeben. Um Fehler durch fremdes Streulicht der Cuvettenwände und Blenden auszuschalten, und um der Winkelabhängigkeit der Streuintensität Rechnung zu tragen, ist man gezwungen, die Öffnung des Meßstrahles so klein wie möglich zu halten. Man wird daher immer bestrebt sein, die Meßanordnung so empfindlich und den Primärstrahl so intensiv wie möglich zu gestalten. Dabei werden die Messungen um so korrekter, je einheitlicher die Wellenlänge ist. Die Winkelabhängigkeit erfordert eine geringe Öffnung auch des Primärstrahles, allgemeine meßtechnische Gegebenheiten zeitliche Konstanz der Intensität.

Letzterer Punkt ist in konstruktiver Hinsicht grundlegend, denn im allgemeinen sind Lichtquellen um so weniger konstant, je höhere Anforderungen man in bezug auf die Intensität stellt. Eine Anzahl der im Gebrauch befindlichen Streulichtphotometer sind daher Kompensationsinstrumente.

Aus der Fülle der in der Literatur[1] und neuerdings auch auf dem Markt* zu findenden Instrumente und Konstruktionsideen beschreiben wir im folgenden je ein Kompensationsinstrument und ein direkt anzeigendes Instrument und bemerken dazu, daß die Auswahl aus didaktischen Gesichtspunkten getroffen wurde.

Abb. 25. zeigt eine Skizze des von CANTOW und SCHULZ[2] entwickelten Apparates**.

Als *Lichtquelle* dient eine Quecksilberhochdrucklampe der Type HBO 200 der Firma Osram*. Sie wird über einen Vorschaltwiderstand von einem rotierenden Gleichstromumformer gespeist und ist von einem wassergekühlten Gehäuse umschlossen (HBO).

Ein *Glasfilter* (WF) (BG 23 Schott & Gen.)* absorbiert die Wärmestrahlung und einen geringen Teil des roten Lichtes. Durch einen Achromaten (01), $F = 50$ mm, wird die Lichtquelle auf einer Lochblende abgebildet und durch einen weiteren Achromaten (02), $F = 25$ mm, ein paralleles Lichtbündel erzeugt. Dieses durchsetzt eine Blende, das Interferenzfilter (IF 1), ein Lichtteilungsplättchen (L) (schräggestelltes Glasplättchen, welches durch Reflexion die Vergleichsphotozelle belichtet) und zwei gegeneinander drehbare Nicols (N 1) und (N 2), um dann durch vier Blenden nochmals scharf begrenzt zu werden.

Von den Nicols legt der letztere (N 2) die Schwingungsrichtung des Primärlichtes fest, mit dem ersten (N 1) kann man durch Drehen die Primärintensität meßbar schwächen.

---

* Zusammenstellung der Lieferfirmen:
Streulichtphotometer: a) „Aminco" American Instrument Company, Inc., Silver Spring, Md., USA. b) Phoenix Precision Instrument Co., Philadelphia 40, Penn., USA. c) Netheler & Hinz G.m.b.H., Hamburg 20, Falkenried 74. d) Carl Zeiss, Oberkochen.
Quecksilberlampen: a) Deutsche Philips G.m.b.H., Hamburg 1, Mönckebergstr. 7. b) Osram G.m.b.H., Berlin. c) Quarzlampengesellschaft m.b.H., Hanau. d) General Electric Company Schenectady 6, N. Y., USA.
Sekundärelektronenvervielfacher: a) Dr. Georg Maurer, Neuffen (Württ.). b) Fernseh G.m.b.H., Darmstadt. c) Radio Corporation of America, Harrison, N. J., USA. d) Allen B. Du Mont Laboratories Inc., Clifton, N. J., USA.
Lichtfilter: a) Schott & Gen., Mainz. b) Corning Glass Works, Corning N. Y., USA.

** Eine Neukonstruktion des Gerätes ist kürzlich auf dem Markt erschienen (NETHLER & HINZ vgl. c) oben*. CANTOW, H. J.: Dechema Monographien. Frankfurt a. M. in Vorbereitung.

[1] Eine Auswahl der in der Literatur beschriebenen Streulichtphotometer (nur photoelektrische Instrumente sind aufgenommen worden): PUTZEYS, P. and J. BROSTEAUX: Trans. Faraday Soc. 31, 1314 (1935). Meded. Kon. vlaam. Acad. Wet., Kl. Wet. 3, 3 (1941). — DEBYE, P. P.: J. appl. Physics 17, 392 (1946). — BÜCHER, T.: Biochim. biophysica Acta, N. Y. 1, 467 (1947). — ZIMM, B. H.: J. chem. Physics 16, 1099 (1948). — BISCHOFF, J., et V. DESREUX: Bull. Soc. chim. Belge 59, 536 (1950). — BLAKER, R. H., R. M. BADGER, and T. S. GILMAN: J. physic. Colloid Chem. 53, 794 (1949). — BRICE, B. A., M. HALWER and R. SPEISER: J. opt. Soc. Amer. 40, 768 (1950). — HENGSTENBERG, J.: Makromol. Chem. 6, 127 (1951). — BLOSSER, L. G., and H. G. DRICKAMER: J. chem. Physics 19, 1244 (1951). — GORING, D. A. J., and P. JOHNSON: Trans. Faraday Soc. 48, 367 (1952). — BOSWORTH, P., C. R. MASSON, H. MELVILLE and F. W. PEAKER: J. polymer Sci. 9, 565 (1952). — CANTOW, H. J., u. G. V. SCHULZ: Z. physik. Chem. (N. F.) 1, 365 (1954).

[2] CANTOW, H.-J., u. G. V. SCHULZ: Z. physik. Chem. (N. F.) 1, 365 (1954).

Auf der Meßtrommel dieses Nicols ist eine Teilung entsprechend dem Lichtschwächungsgesetz für Polarisationsprismen proportional $\cos^2 \alpha$ eingeschnitten. Die Justierung der Nicols gegeneinander wurde geprüft, indem ihre Lichtschwächung in Abhängigkeit vom Drehwinkel mittels rotierender Sektoren gemessen wurde. Es zeigte sich, daß das Lichtschwächungsgesetz im hauptsächlich verwendeten Schwächungsbereich $1-1/10$ auf $\pm 0.5\%$ genau erfüllt war.

Da das Streulicht von der vierten Potenz der reziproken Wellenlänge abhängt, werden zur Monochromatisierung des Primärlichtes *Interferenzfilter*\* von unter 100 Å Halbwertsbreite verwendet. Die durch das FABRY-PÉROT-ETALONsche Prinzip bedingte hohe Zehntelwertsbreite der Filter wird durch zusätzliche Farbglasfilter reduziert.

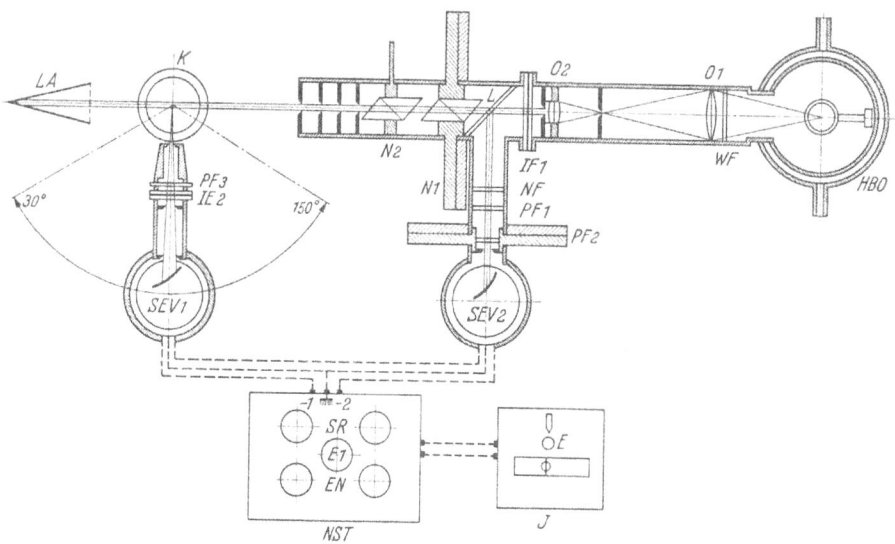

Abb. 25. Prinzipschema des Streulicht-Photometers von CANTOW[1]. Zeichenerklärung im Text.

Der ausgeblendete, 7 mm hohe und 1 mm breite Strahl tritt durch die Meßcuvette ($K$) und wird dann durch Zickzackreflexionen an mattschwarzen Wänden ($LA$) absorbiert.

Auf einem um den Cuvettenmittelpunkt drehbaren Teller ist die *Meßphotozelle* ($SEV\,1$) mit vorgeschalteten Blenden und den Adaptern für Polarisations- und Fluorescenzschutzfilter ($PF\,3$ und $JE\,2$) montiert. Der Winkelbereich beträgt 30—150°, wobei von der Photozelle jeweils ein Streustrahlenbündel von 5° erfaßt wird. Mit dieser geringen Winkelbreite kann der Gang asymmetrischer Streuungen sehr genau erfaßt werden. Die Begrenzung des Streustrahlenbündels erfolgt durch drei Blenden so, daß bei keinem Winkel Fremdlicht von Unebenheiten der Cuvettenwand in die Photozelle gelangt.

Die *Justierung* der Primärstrahlung und der Blenden der Photozelle auf die Symmetrieachse der Meßcuvette erfolgt mechanisch in folgender Weise: In den runden, auf den Drehpunkt der Scheibe zentrierten Cuvettenadapter wird ein Halter mit einem in Achsenrichtung stehenden Metallstäbchen eingesteckt. Dahinter wird ein weißer Schirm aufgestellt. Der Metallstab ist $1/10$ mm schmaler als der Primärstrahl. Dieser Strahl ist richtig justiert, wenn auf dem Schirm zwei gleich starke Haarstriche sichtbar sind. Dann wird das Blendenrohr der Meßphotozelle mit seinen in ihm zentrierten Blenden mittels einer eingesteckten feinen Metallspitze genau auf das Justierstäbchen eingerichtet, so daß beim Drehen des Tellers die Justierung erhalten bleibt.

Das erwähnte *Lichtteilungsplättchen* ($L$) teilt etwa $1/10$ der Primärintensität für die Vergleichsphotozelle ($SEV\,2$) ab. Diese Intensität wird durch ein sehr stark absorbierendes Graufilter ($NF$) (NG 10 Schott & Gen.)\* so weit reduziert, daß sie größenordnungsmäßig

---

\* Siehe Anmerkung auf S. 167.
[1] CANTOW, H.-J., u. G. V. SCHULZ: Z. physik. Chem. (N. F.) **1**, 365 (1954).

den Streuintensitäten entspricht. Zwei gegeneinander drehbare Polarisationsfolien (*PF* 1 und *PF* 2) erlauben eine Feineinstellung der Intensität des Vergleichslichtes. Als Photozellen werden Sekundärelektronenvervielfacher der Typen 1 P 21 und 931-A (RCA)* benutzt.

Die *Messung des Streulichtes* erfolgt nach der Substitutionsmethode. Dabei wird eine von den beiden durch eine Kompensationsschaltung verbundenen Zellen konstant vom Primärstrahl beleuchtet, die andere erfaßt die Streustrahlung. Beide werden unabhängig von der Streuintensität elektrisch gegeneinander abgeglichen, indem man das Streulicht durch die gegeneinander drehbaren Nicols stets auf den gleichen Betrag schwächt und den Drehwinkel bzw. direkt den Schwächungsgrad abliest. Durch dieses Verfahren werden Schwankungen des Quecksilberbogens und der schon hoch stabilisierten Zellensaugspannung praktisch vollkommen herauskompensiert. Es wird nicht vorausgesetzt, daß

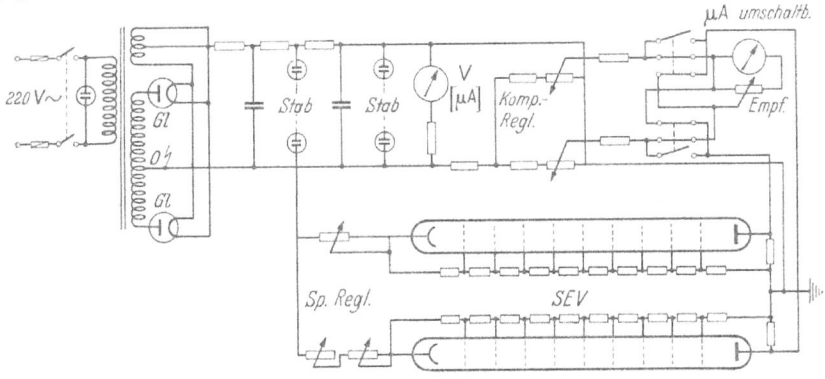

Abb. 26. Schaltschema des Streulicht-Photometers von CANTOW[1]. Zeichenerklärung im Text.

eine lineare Beziehung zwischen Lichtintensität und Photostrom besteht. Die Methode der Kompensation durch Lichtschwächung ist einem elektrischen Meßabgleich vorzuziehen, weil Photozellen mit Sekundäremission sich bei Veränderung der Saugspannung erst langsam auf die neue Gleichgewichtslage der Emission einspielen.

Obwohl im *Vergleichsstrahlengang* genügend Lichtintensität zur Verfügung steht, wird wie im Meßstrahlengang ein Vervielfacher benutzt; denn durch Verwendung zweier bei praktisch gleicher Spannung arbeitender Zellen werden Emissionsschwankungen am besten ausgeglichen. Durch Anwendung des Substitutionsverfahrens wird trotz des geringen Strahlquerschnittes und seiner Polarisierung eine Anzeigeempfindlichkeit von etwa $3 \cdot 10^{-7} \text{cm}^{-1}$ je Galvanometerteilchenstrich erreicht.

Die benutzten *Photozellen* sprechen auf senkrecht und waagerecht schwingendes Licht unterschiedlich an. Horizontal polarisiertes Licht ergibt einen durchschnittlich um 10% höheren Photostrom als vertikal polarisiertes. Dieser Einfluß muß für jede Zelle mittels eines rotierenden Sektors ermittelt werden.

Abb. 26 zeigt die *Schaltskizze* der Meßanordnung: Die hochtransformierte Netzspannung wird im Doppelweg gleichgerichtet. Diese Gleichspannung wird durch Glimmstrecken OD 150 (RCA)* stabilisiert und durch Spannungsteiler auf die einzelnen Stufen der Photovervielfacher verteilt. Zur Nullanzeige in der Kompensationsschaltung dient ein Lichtzeigergalvanometer mit Empfindlichkeitsregelung. Hilfsströme variabler Stärke können wahlweise in beiden Brückenzweigen zugeschaltet werden, falls die Dunkelströme der Photozellen sich infolge starker Verschiedenheit nicht durch geringe Änderung der Zellensaugspannung gegeneinander abgleichen lassen.

Bei der beschriebenen Schaltung ist zur Vermeidung von Kriechströmen die Wahl geeigneten Isolationsmaterials wichtig. Die Meßleitungen müssen gegen Berührung bei

---
* Siehe Anmerkung auf S. 167.
[1] CANTOW, H.-J., u. G. V. SCHULZ: Z. physik. Chem. (N. F.) **1**, 365 (1954).

der Bewegung des Meßtellers gut abgeschirmt sein. Mit der geschilderten Anordnung können ohne Kühlung der Photozellen noch Photostromdifferenzen von $10^{-15}$—$10^{-16}$ A gemessen werden. Eine weitere Verstärkung ist nicht mehr sinnvoll, da die dann merkbar werdenden statistischen Schwankungen des Elektronenaustrittes eine Inkonstanz des Nullpunktes bewirken. Die wahrscheinliche Schwankung beträgt bei einem Photostrom von $10^{-13}$ A schon $1,3 \cdot 10^{-16}$ A.

Abb. 27 und 28 geben einen Überblick über das ,,BRICE-Phoenix Universal 1000 Series Light Scattering Photometer[1],*. Das ganze Gerät ist als Netzanschlußgerät ausgebildet und sehr sorgfältig gegen Spannungsschwankungen stabilisiert.

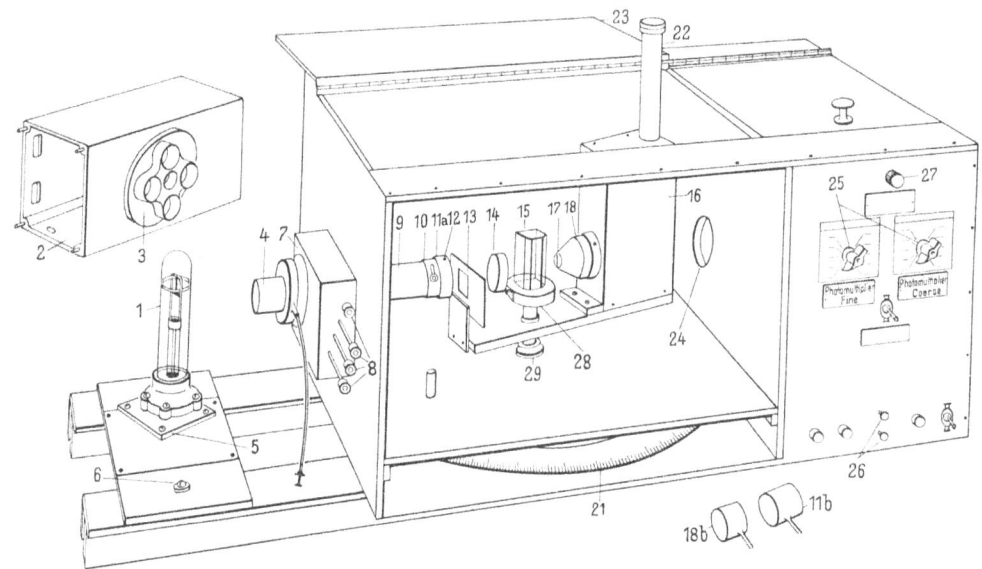

Abb. 27. ,,BRICE-Phoenix Universal 1000 Series Light Scattering Photometer"*. Zeichenerklärung im Text.

Die *Lichtquelle* (1) ist eine ausgewählte Quecksilber-Hochdrucklampe, Typ AH—3 (85 Watt) (GEC)*. Mit Hilfe der Schrauben (6) und (5) ist sie seitlich und in der Höhe justierbar.

Das *Lampengehäuse* (2) trägt die Eintrittsblende (3) (13 mm breit, 11 mm hoch) und eine Filtertrommel, mit der serienmäßig je ein Filter für 436 m$\mu$ und 546 m$\mu$ (Farbglasfilter; 436 m$\mu$: je ein gelbes und violettes Glas, 546 m$\mu$: je ein Didym, orangefarbenes und blaugrünes Glas) geliefert werden.

Das eigentliche Photometergehäuse trägt am Eingang (4) einen photographischen *Verschluß*, dahinter das Filtergehäuse (7) für vier wahlweise einschiebbare *Neutralfilter* mit 5%, 12%, 25% und 50% Durchlässigkeit (8). Im Filtergehäuse sind *achromatische, kondensierende* ($f = 122$ mm) und eine *planzylindrische Linse* (Achse horizontal, $f = 200$ mm) untergebracht. Ein Rohr mit *Blenden* (9) schließt sich an (Austrittsblende (12) $15 \times 15$ mm).

Am Ende dieses Rohres kann ein *Polarisator* (11a) oder an seiner Stelle eine Attrappe (11b) [durch den Stellring (10)] befestigt werden.

Der Lichtstrahl, welcher die vorstehende Einheit durchsetzt hat, tritt durch die *Blende* (14) ($12 \times 15$ mm) in den *Versuchstrog* (15) ($40 \times 40$ mm) ein. Mehrere Formen solcher Versuchströge (vgl. unten) und ein Vergleichsstandard (,,Opal Diffusor" vgl. S. 161) sind auf dem Trogtisch (28) justiert zu befestigen.

---

* Siehe Anmerkung auf S. 167.
[1] BRICE, B. A., M. HALWER and R. SPEISER: J. opt. Soc. Amer. **40**, 768 (1950).

Nachdem der Primärstrahl den Versuchstrog durchsetzt hat, läuft er in die *Lichtfalle* (24), welche an ihrem Ende eine Öffnung und einen vertikalen Strich zum Justieren des Primärstrahles trägt.

Die Einheit, welche das Sekundärlicht mißt, ist um die Achse (29) konzentrisch um den Versuchstrog drehbar. Ihre Stellung wird auf der graduierten Scheibe (21) angezeigt. Sie enthält auf der einen Seite des Versuchstroges einen *Arbeitsstandard* (13), auf der anderen Seite den *Meßkopf* mit dem Photomultipliergehäuse (16).

*Zur Wirkungsweise des Arbeitsstandards.* Jede Einzelmessung wird auf die Primärintensität in der Weise bezogen, daß man die Meßeinheit auf den Winkel 0° zurückdreht (Anschlag) und dann durch die Cuvette hindurch die durch den Arbeitsstandard (13) geschwächte Primärintensität mißt. Die Lichtschwächung durch die Versuchslösung kann

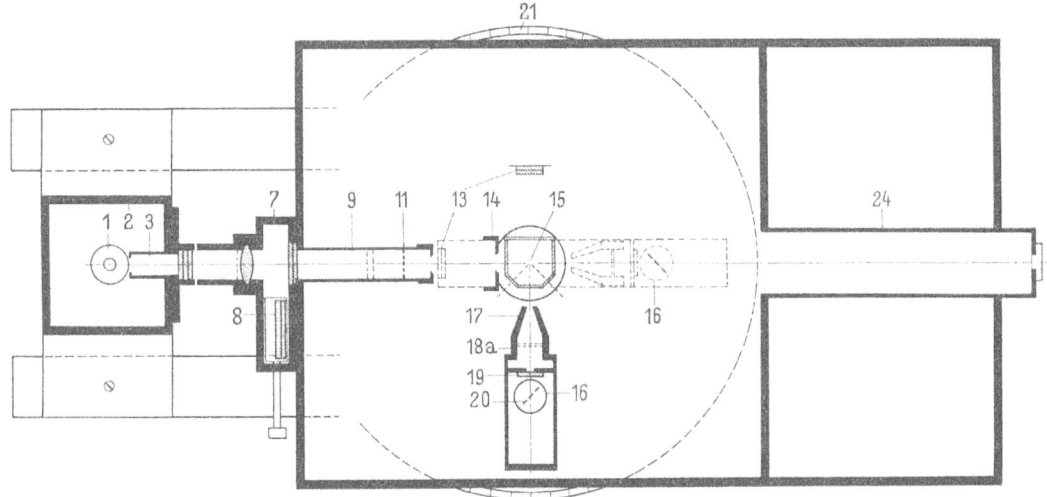

Abb. 28. Aufriß des BRICE-Phoenix Streulicht-Photometers*. Zeichenerklärung im Text.

vernachlässigt werden. Der Arbeitsstandard (der nur bei der Stellung 0° in den Primärstrahl hineindreht) besteht aus einem sehr stark absorbierenden Neutralfilter, das mit den Filtern (8) kombiniert werden kann. Zur Eichung dient ein Opaldiffusor an der Stelle des Versuchstroges.

Der *Meßkopf* (16) hat hinter der Eintrittsblende (17) (3,1 × 6,4 mm) einen durch die Attrappe (18b) ersetzbaren Polarisator (18) und enthält eine Vervielfacherphotozelle (20) mit der dazugehörigen abgeglichenen Widerstandsschaltung (Austrittsblende 7,4 × 22 mm). Es werden ausgewählte Zellen der Typen 931-A, 1 P 21, 1 P 22 und 1 P 28 (RCA)* verwendet. Eine Fassung für ein depolarisierendes Opalglas ist hinter der Austrittsblende des Meßstrahles (19) vorgesehen. Das Photozellengehäuse trägt ein Siebrohr (22) (in der Abbildung herausgezogen) als Behälter für Trocknungsmittel oder — bei Messungen sehr geringer Intensitäten — für Trockeneis.

Das Gehäusedach (23) ist mit einem Sicherheitsschalter für die Saugspannung der Photozelle versehen, so daß beim Öffnen des Gehäuses die Photozelle abschaltet.

Die wichtigsten Bedienungsgriffe und Anschlüsse des elektrischen Teils, der im Kasten rechts untergebracht ist, sind folgende:

(25) Die Fein- und die Grobregulierung der Empfindlichkeit. Die Feinregulierung geschieht durch Variation der Saugspannung am Photomultiplier.

(26) Anschlüsse für das Meßinstrument: entweder ein 5 mV-Gleichstrom-Registrierinstrument oder vorzugsweise ein Galvanometer mit der Empfindlichkeit $1,5 \cdot 10^{-9}$ A/mm.

(27) Nullstromkompensation.

---

* Siehe Anmerkung auf S. 167.

*Elektrische Ausrüstung.* Die Quecksilberdampflampe wird über einen besonderen Transformator gespeist, mit dem eine Kompensationseinrichtung zur Konstanthaltung des Lampenstromes gekoppelt ist. Zahlenangaben für die Güte der Stabilisierung sind nicht gegeben.

Als Empfänger wird ein Multiplier (Sekundärelektronen-Vervielfacher) verwendet, der aus einem elektronisch geregelten Netzgerät gespeist wird. Die Regelung erfolgt auf der Gleichstromseite. Die über einen Transformator und Gleichrichter aus dem Netz entnommene Spannung des Netzgerätes wird mit einer festen Bezugsspannung verglichen. Die Abweichung von dieser Bezugsspannung wird benutzt, um über eine Röhrenschaltung die Ausgangsspannung entsprechend zu korrigieren.

Die Erbauer weisen darauf hin, daß diese Art der Regelung für den vorliegenden Verwendungsfall jenen Regelmethoden überlegen ist, die wechselstromseitig die Wurzel

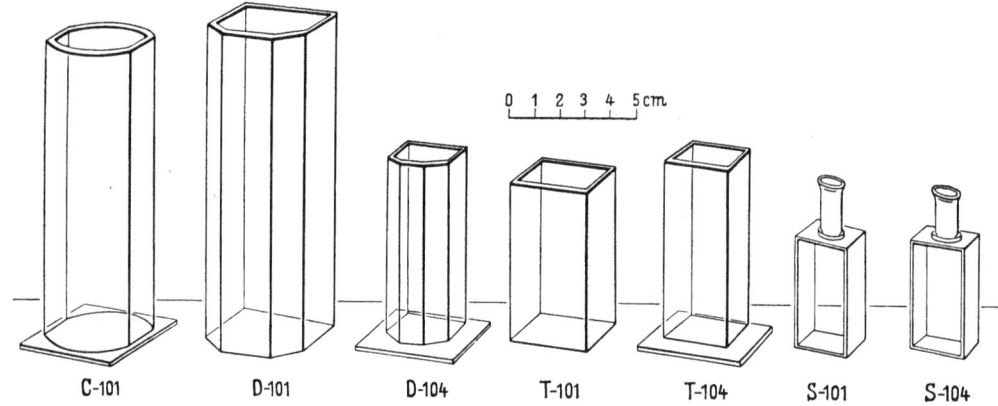

Abb. 29. Cuvetten für das BRICE-Phoenix Streulicht-Photometer*.

aus dem quadratischen Mittelwert der Sinuskurve konstant halten. Änderungen der Netzspannung von 20% erzeugen im Galvanometer einen Ausschlag von weniger als 0,5 mm (diese Angaben beziehen sich auf die Stabilisierung der Empfangseinrichtung allein).

Mit dem Öffnen des Gerätes wird automatisch die Spannung vom Multiplier abgeschaltet, um Beschädigungen von Multiplier und Galvanometer zu verhindern.

### λ) *Versuchscuvetten.*

Die Wände der Versuchscuvetten sollten auf bestmögliche Weise poliert sein, um Zerstreuungen des Primärstrahles beim Durchtritt einzuschränken.

Aus dem gleichen Grunde sollten sie leicht zu reinigen sein. Am zweckmäßigsten hat sich den Verfassern erwiesen, die Cuvetten kurz in Bichromat-Schwefelsäure zu tauchen und nach gründlichem Abspülen mit destilliertem Wasser durch Evakuieren in einem Exsiccator ohne Trocknungsmittel an der Rotationspumpe zu trocknen (Behälter mit Trockenmittel vor die Pumpe schalten). Verschiedene Formen säurefest gekitteter oder verschmolzener Zellen sind im Handel erhältlich. Für Messungen unter 90° haben sich bei einer Reihe von Autoren „Beckmanphotometer-Zellen" bewährt. Allgemeinste Anwendung erlauben zylindrische Zellen, welche, wenn der Primärstrahl genügend schmal ist, an den Eintrittstellen nicht besonders angeschliffen werden müssen. Einige Autoren bevorzugen semioktagonale Zellen, sog. Dissymmetriezellen. Abb. 29 zeigt eine Zusammenstellung gebräuchlicher Zellen, wie sie z. B. bei der Phoenix-Precision Comp.* erhältlich sind (ein ungefährer Maßstab wurde von uns eingetragen).

---

* Siehe Anmerkung auf S. 167.

Eingehend durchdacht ist die Zentrifugiercuvette von CANTOW und SCHULZ[1], welche als Ganzes in sein Photometer eingesetzt werden kann, also gleichzeitig als Zentrifugier- und Meßgefäß dient. Sie ist (Abb. 30) aus V4A-Stahl gefertigt. Glas- und Metallteile sind mit lösungsmittelbeständigem Material verkittet. Der zylindrische Glaskörper ist aus optisch homogenem Material auf $^1/_{100}$ mm Toleranz geschliffen und oben und unten zur Verkittung mit den Metallteilen mit matten — auf das Metall eingeschliffenen — Kegelschliffen versehen.

*μ) Depolarisationsmessungen.*

Zur Messung der Depolarisation können wie zur Messung der Lichtzerstreuung visuelle und photoelektrische Methoden verwendet werden. Dabei kommt allerdings den visuellen Methoden eine größere Bedeutung zu als bei der Lichtzerstreuung: Zum einen handelt es sich um den Vergleich sehr geringer Intensitäten, zum andern schließt die visuelle Messung eine unerläßliche Kontrollmöglichkeit ein: Die Erkennung von Fluorescenzen. Fluorescenzlicht zeigt immer andere Polarisationsverhältnisse als kohärent gestreutes Licht. Infolgedessen sind bereits geringe Fluorescenzen, die eine Fehlerquelle nicht nur bei den Depolarisationsmessungen, sondern auch bei der Lichtzerstreuungsmessung darstellen, durch mit erstaunlicher Schärfe visuell wahrnehmbare Farbunterschiede der verschieden polarisierten Streulichtfelder erkennbar.

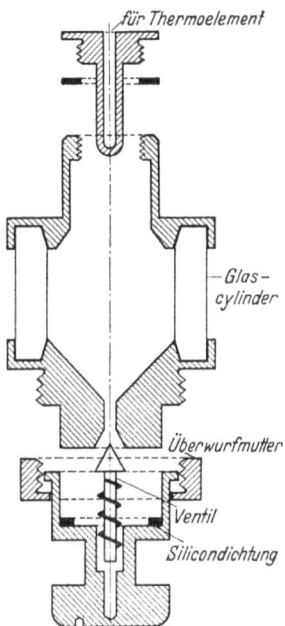

Abb. 30. Querschnitt durch die Zentrifugiercuvette von CANTOW[1].

Die Fülle der für eine exakte visuelle Depolarisationsmessung zu beachtenden Gesichtspunkte und Justierungsverfahren ist in den sehr sorgfältigen Arbeiten von VOLKMANN[2], LOTMAR[3] (vgl. auch [4] und [5,6]) dargestellt.

Das Prinzip der Messung besteht in der Hintereinanderschaltung eines WOLLASTON-Prismas (Abb. 22) und eines Analysators (GLANsches Prisma, NICOLsches Prisma). Durch die beiden Prismen wird der Streulichtkegel mit einer zwischen die Prismen geschalteten, langbrennweitigen Linse ($f = 15$ cm) oder besser noch durch ein kleines hinter den Analysator geschaltetes holländisches Fernrohr beobachtet. Das WOLLASTON-Prisma (Verdoppelungswinkel etwa $^1/_2°$) befindet sich in einer Teilscheibe, wird durch Betrachtung eines in großer Entfernung aufgehängten Fadens so justiert, daß die beiden senkrecht zueinander polarisierten Bilder senkrecht untereinander stehen, und so eingerichtet, daß die beiden Bilder durch den Analysator aneinander angrenzend betrachtet werden können. Die Streulichtfelder werden zweckmäßigerweise gegen ihren natürlichen Hintergrund betrachtet (CORNU-Methode)[3]. Durch Drehen des WOLLASTON-Prismas um 180° können Unregelmäßigkeiten des Hintergrundes ausgeschaltet werden.

Bezeichnet man denjenigen Winkel des Analysators zwischen den Stellungen: „beide Streulichtfelder gleich hell" und „vertikal polarisiertes Feld am dunkelsten" mit α (insgesamt findet man 4 Punkte gleicher Helligkeit, die jeweils die Winkel 2α oder 180°—2α einschließen), dann ist

$$\varrho = \frac{V_{90°}}{H_{90°}} = \mathrm{tg}^2 \alpha. \tag{M 13}$$

---

[1] CANTOW, H.-J., u. G. V. SCHULZ: Z. physik. Chem., N. F. 1, 365 (1954).
[2] VOLKMANN, J. L.: Ann. Physik (5) 24, 457 (1935).
[3] LOTMAR, W.: Helv. 21, 792, 953 (1938).
[4] HOOVER, C. R., F. W. PUTNAM and E. G. WITTENBERG: J. physic. Chem. 46, 81 (1942).
[5] DOTY, P., and H. S. KAUFMAN: J. physic. Chem. 49, 583 (1945).
[6] DOTY, P., and S. J. STEIN: J. polymer Sci. 3, 763 (1948).

Zur Messung des Depolarisationsgrades mit der Photozelle genügt es, in den Sekundärstrahl einen Analysator einzuschalten. Die Meßgenauigkeit kann durch Einsetzen von Filtern und Drahtnetzen zur Schwächung der stärkeren Vertikalkomponente um ein bekanntes Maß gesteigert werden. Vor Auswertung der photoelektrisch gemessenen Intensitäten hat man sich davon zu überzeugen, inwiefern sich die Ansprechbarkeit der Photozelle durch Licht verschiedener Polarisationsrichtung unterscheidet (Beispiel: Legende zu Abb. 31). Diese Unterschiede können erfahrungsgemäß bis zu 20% betragen. Unter Umständen muß eine Korrektur für die Öffnung des Sekundärstrahles erfolgen.

Die Fehlermöglichkeiten bei der Depolarisationsmessung sind zahlreich, selbst wenn man von den durch die Geringfügigkeit der einen Komponente verursachten technischen Schwierigkeiten absieht. Die wichtigsten Fehlermöglichkeiten sind:

1. Staub.
2. Endliche Öffnung des Primärstrahlbündels.
3. Fluorescenz.
4. Die sog. Mehrfachstreuung und andere Konzentrationseffekte.

Zu 1. Bei Stoffen, die innerhalb der RAYLEIGHschen Bedingungen liegen, ist der Depolarisationsgrad zumeist kleiner als 1—2%. Staub, der sich außerhalb der RAYLEIGHschen Bedingungen befindet (dessen Polarisationsoptimum der Lichtzerstreuung nicht bei 90° liegt), kann diese Verhältnisse erheblich verfälschen.

Zu 2. Nach den sehr sorgfältigen Untersuchungen von LOTMAR[1] fällt die Öffnung des Primärstrahlbündels erst ins Gewicht (Öffnungskorrektur 0,001), wenn die Öffnung 1:6 überschritten wird.

Zu 3. Die Gegenwart von Fluorescenz verbietet die Depolarisationsmessung*. Über die Erkennungsmöglichkeiten wurde bereits oben gesprochen.

Zu 4. Die Depolarisation durch erneute Zerstreuung der Sekundärintensität innerhalb des zerstreuenden Mediums kann ganz erhebliche Fehler bei der Depolarisationsmessung verursachen. Der Fehler wird verringert durch die Messung gegen den natürlichen Hintergrund in der Versuchslösung einer Versuchscuvette mit planparallelem Fenster (CORNU-Methode, vgl. [1]). Die Mehrfachstreuung läßt sich ausschließen durch Extrapolation $c_2 \to 0$.

Abb. 31 zeigt ein Versuchsbeispiel für die Konzentrationseffekte bei Depolarisationsmessungen. Bei der Extrapolation ist zu bedenken[1], daß möglicherweise sich die relativ hohe Depolarisation des Lösungsmittels bemerkbar macht, die bei den niedrigsten Konzentrationen unter Umständen um mehr als 10% der Lichtzerstreuung der Lösung ausmacht. Die Daten der Literatur sind in dieser Hinsicht fast durchweg nicht ausreichend diskutiert worden (vgl. jedoch [2,3]).

Ein neuer Weg zum Ausschluß der Konzentrationseffekte ist von GEIDUSCHEK[4] mit dem Vergleich der Depolarisationsgrade einer Standardlösung von isotropen kugelförmigen „RAYLEIGHschen Teilchen" und der Versuchslösung beschritten worden, wobei beide Lösungen jeweils auf gleiche Trübung eingestellt wurden. Aus derartigen Messungen schließt der Autor, daß die an sich schon sehr geringen Depolarisationsgrade, welche eine Reihe von Autoren für Eiweißlösungen gemessen haben (vgl. z. B. die Legenden zu den Abb. 7 und 8), noch um Größenordnungen höher sind als die „Eigendepolarisation", welche allein in den CABANNES-Faktor eingesetzt werden darf.

---
\* Man kann versuchen, Farbfilter in den Sekundärstrahlengang einzuschalten.
[1] LOTMAR, W.: Helv. 21, 792, 953 (1938).
[2] DOTY, D., and H. S. KAUFMAN: J. physic. Chem. 49, 583 (1945).
[3] DOTY, P., and S. J. STEIN: J. polymer Sci. 3, 763 (1948).
[4] GEIDUSCHEK, E. P.: Depolarization of light scattering by globular proteins. J. polymer Sci. 13, 408 (1954).

### v) Brechungsinkrement.

Da das spezifische Brechungsinkrement

$$\frac{n-n_1}{c_2} \approx \frac{\partial n}{\partial c_2} \qquad \text{(M 14)}$$

nur in erster Näherung unabhängig von $c_2$ ist, sollen zur Untersuchung der Brechungsdifferenzen Lösungen mit niedrigst möglicher Konzentration verwendet werden.

Bei Messungen an biologisch interessierendem Material wird man zumeist die Außenflüssigkeit gegen die Innenflüssigkeit eines Dialyseansatzes messen.

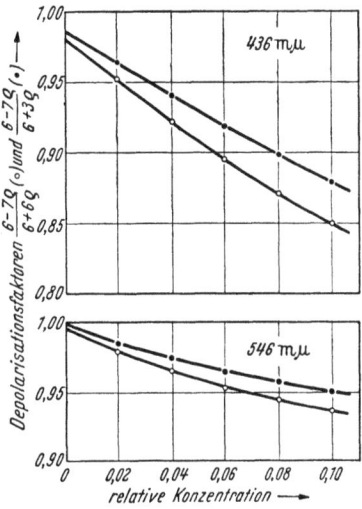

Abb. 31. Depolarisationswerte von „Ludox" [Lösungen bei verschiedenen Konzentrationen (aus MOMMAERTS[1])]. Depolarisationsfaktoren (vgl. S. 156): $(6-7\varrho_U)/(6+6\varrho_U)$ (untere Kurven in jedem Bild) und $(6-7\varrho_U)/6+3\varrho_U)$ (obere Kurven). Oberes Bild: blaues Licht (436 mµ); unteres Bild: grünes Licht (546 mµ).

*Messungen:* Vertikal polarisierte Primärstrahlung; die eingesetzte Depolarisation wurde nach der bekannten Beziehung berechnet (vgl. S. 156 Text und Anm.):

$$\varrho_U = 2\varrho_V(1-\varrho_V).$$

Messungen mit unpolarisierter Primärintensität gaben nahezu die gleiche Depolarisation.

*Instrument:* BRICE-Phoenix Light Scattering Photometer[2] (vgl. S. 170); 1P 21 Photomultiplizierzelle: Unterschied der Empfindlichkeiten für horizontal und vertikal polarisiertes Licht: 3 %. Ausschaltung des Fehlers durch Einbringen eines „Viertelwellenplättchens" in diagonaler Lage. Das Plättchen ist für grünes Licht justiert.

„Ludox" ist eine etwa 30%ige wäßrige Suspension von sehr kleinen, isotropen, nahezu gleich großen und nahezu kugelförmigen Teilchen von Kieselsäure[3], welche von der E. J. du Pont de Nemours and Co., Inc. hergestellt wird. Die Angabe der Konzentration ist relativ als Verdünnung dieser Suspension gegeben.

„Ludox" wird neuerdings für Standardisierungszwecke und als Bezugsobjekt verwendet, so daß die folgenden von MOMMAERTS gemessenen Daten möglicherweise interessieren sollten:

$\beta_\lambda = 4 + \dfrac{d\lg \tau}{d\lg \lambda} = 0{,}02, \quad \text{~} = \dfrac{R_{45°,V}}{R_{135°,V}} = 1{,}02$ (vgl. S. 152); der aus der reduzierten Streuung errechnete und der direkt gemessene Trübungskoeffizient stimmen bis zu einem Wert von 0,1 [cm$^{-1}$] innerhalb der Fehlergrenzen von etwa 2 % überein.

Die Daten zeigen, daß das Präparat weitgehend RAYLEIGHS Bedingungen gerecht wird, sie sprechen außerdem, da Streulicht- und Trübungsmessung zum gleichen Wert des Trübungskoeffizienten führen, für die Richtigkeit der Eichung des Arbeitsstandards und damit für den BRICEschen Wert der reduzierten Streuung von Benzol (vgl. im Text S. 162).

Das Ausmaß der erforderlichen Genauigkeit bei der Bestimmung des Brechungsinkrementes wird offensichtlich, wenn man bedenkt, daß die Unterschiede der Brechungsindices unterhalb der Größenordnung von $10^{-2}$ liegen und daß sie in die Streuformel im Quadrat eingehen. Dies bedingt eine Anzeigegenauigkeit des Refraktometers von $10^{-5}$ und einen sehr weitgehenden Ausgleich von Temperaturdifferenzen zwischen den beiden Komponenten.

---

[1] MOMMAERTS, W. F. M.: J. Colloid Sci. **7**, 71 (1952).
[2] BRICE, B. A., M. HALWER and R. SPEISER: J. opt. Soc. Amer. **40**, 768 (1950).
[3] Vgl. Diskussionsbemerkung von EDSALL, J. T. zum Vortrag von SADRON, C.: J. polymer Sci. **12**, 69 (1954).

Obige Anforderungen werden durch den OSTWALDschen Doppeltrog zum PULFRICH-Refraktometer, bei dem Lösungsmittel und Lösung zugleich auf das Prisma gebracht werden können, noch erfüllt. Die Vorrichtung läßt die Brechungslinie beider Komponenten zugleich im Gesichtsfeld erscheinen, und die Messung selbst erfordert Bruchteile einer Minute.

Eintauchrefraktometer weisen bei einer Temperaturkonstanz von $1/25°$ eine Anzeigegenauigkeit von $2 \cdot 10^{-5}$ auf. Nachteilig wirkt sich aus, daß diese Instrumente zumeist nur für die Natriumlinie kompensiert sind (vgl. jedoch die Umrechnungsbeziehung am Schluß dieses Absatzes).

Von P. P. DEBYE[1] wurde die Verwendung von Differentialrefraktometern[2] angeregt, welche in der Folgezeit von einer Reihe von Arbeitskreisen[3,4] modifiziert worden sind.

Das Prinzip (Abb. 32) besteht darin, daß ein justierbarer Präzisionsspalt ($S$) monochromatisch durch eine Quecksilberlampe ($H4$) und Filter ($F$) beleuchtet wird und ein Bild dieses Spaltes in einem Abstand von etwa 190 cm im Gesichtsfeld eines Fadenmikrometers erzeugt wird ($FMI$). Eine rechteckige Glaszelle ($C$), enthaltend das Lösungsmittel, steht zwischen zwei Linsen ($L_1$, $L_2$) im parallelen Strahlengang. Die Lösung selbst befindet sich in einer prismatischen Glaszelle ($P$). Der Brechungswinkel des Prismas ist ungefähr 125°. Wenn der Unterschied der Brechungsindices nicht zu groß ist, wird die Ablenkung des Spaltbildes am Orte ($FMI$) proportional zum Brechungsinkrement. Wird der Winkel des Prismas mit $A$ bezeichnet, die Winkelablenkung des Spaltbildes mit $\alpha$ und die Brennweite der Linsen mit $f$, dann ist die Ablenkung des Spaltbildes

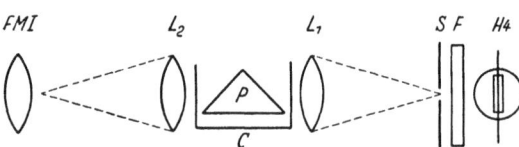

Abb. 32. Prinzipschema des Differentialrefraktometer von DEBYE[1]. Erklärung im Text.

$$\Delta x = \alpha f = 2 f \operatorname{tg} \frac{A}{2} \Delta n. \qquad (\text{M } 15)$$

Bei einem von SCHULZ, BODMAN und CANTOW[4] entwickelten Differentialrefraktometer ist die Anzeigegenauigkeit noch um eine Größenordnung höher ($3 \cdot 10^{-7}$). Die Schwierigkeiten bei der Konstruktion der Geräte liegen im wesentlichen in der Gegenläufigkeit der Möglichkeiten zur Verbesserung der Temperaturkonstanz und des Auflösungsvermögens. Abb. 33 zeigt den Grundriß des Gerätes. Ein wesentlicher Faktor zur Steigerung der Meßgenauigkeit besteht in der Verwendung einer verschiebbaren Photozelle, mit der die Intensitätsverteilung in der Ebene $L$ vermessen und so aus der Ablenkung der Punkte halber Maximalintensität auf die Brechungszahl geschlossen wird.

Der Gang des *Brechungsinkrementes* mit der Temperatur ist sehr gering. Aus den bislang bekannten Daten darf man schließen, daß er etwa $10^{-4}$/Grad oder weniger beträgt.

PERLMANN und LONGSWORTH[5] haben aus ihren sehr sorgfältigen Messungen an einer Reihe von Proteinen geschlossen, daß (bezogen auf die Werte bei 578 m$\mu$) die folgende Beziehung für den Gang des Brechungsinkrementes mit der Wellenlänge besteht ($\lambda$ eingesetzt in m$\mu$)

$$\left(\frac{\partial n}{\partial c_2}\right)_\lambda = \left(\frac{\partial n}{\partial c_2}\right)_{578} \times (0{,}940 + 2{,}00 \cdot 10^4/\lambda^2). \qquad (\text{M } 16)$$

---

[1] DEBYE, P. P.: J. appl. Physics **17**, 392 (1946).
[2] HABER, F.: Z. Elektrochem. **13**, 460 (1907).
[3] BRICE, B. A., and M. HALWER: J. opt. Soc. Amer. **41**, 1033 (1951).
[4] SCHULZ, G. V., O. BODMAN u. H. J. CANTOW: Z. Naturforsch. **7a**, 760 (1952). J. polymer Sci. **10**, 73 (1953).
[5] PERLMANN, G. F., and L. G. LONGSWORTH: The specific refractive increment of some purified proteins. Am. Soc. **70**, 2719 (1948).

Es versteht sich von selbst, daß bei der Bestimmung des spezifischen Brechungsinkrementes für die Konzentration die gleiche Dimension und Bezugsgröße gewählt wird wie bei den Lichtzerstreuungsmessungen. Bei Molekulargewichtsbestimmungen wird man

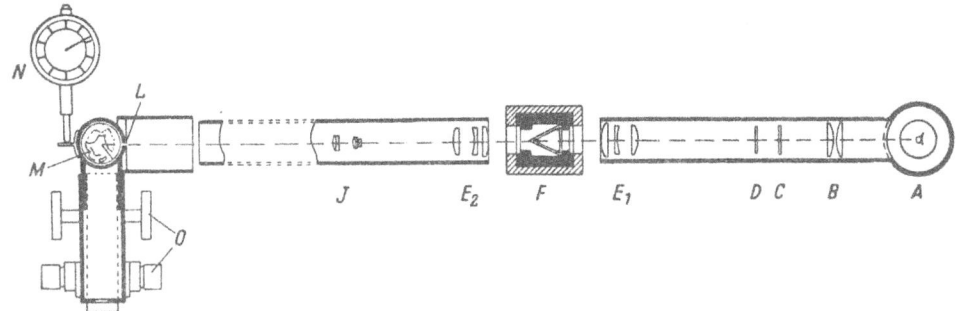

Abb. 33. Prinzipschema des Differentialrefraktometers von SCHULZ, BODMAN und CANTOW[1]. *A* Wolframfaden-Niederdrucklampe, *B* Kondensor, *C* Interferenzfilter, *D* Spalt (20 μ), $E_1$, $E_2$ abbildende Objektive (1:4,5), *F* Doppelcuvette, *J* Vergrößerungsobjektiv (1:10), *L* Meßspalt (0,1 mm), *M* Photozelle (RCA 931-A), *N* Meßuhr, *O* Mikroskoptrieb.

die Konzentration wohl stets auf das Trockengewicht zu beziehen haben. Dies schließt natürlich nicht aus, daß während der Versuche als mittelbare Bezugsgrößen die Extinktion, der Biuretwert oder der KJELDAHL-Stickstoff gewählt werden.

Tabelle 8. *Spezifische Brechungsinkremente:* $\partial n/\partial c_2$.
(Wegen der Zusammensetzung der Lösungen vgl. die Originalarbeiten.)

|  | 578 mμ | 546 mμ | 436 mμ | Literatur |
|---|---|---|---|---|
| Serumalbumin (Mensch) | 0,186 |  |  | 2 |
|  | 0,185 | 0,187 | 0,194 | 3 |
| Serum-γ-globulin (Mensch) | 0,188 |  |  | 2 |
|  | 0,188 | 0,189 | 0,196 | 3 |
| Serumalbumin (Rind) | 0,187 | 0,188 | 0,195 | 3 |
|  |  | 0,185 | 0,192 | 4 |
| Ovalbumin |  | 0,182 | 0,188 | 4 |
|  | 0,185 | 0,186 | 0,193 | 3 |
| β-Lactoglobulin |  | 0,182 | 0,189 | 4 |
|  | 0,184 | 0,186 | 0,193 | 3 |
| β-Lipoproteid des Plasmas | 0,171 |  |  | 2 |
| Lysozym |  | 0,189 | 0,195 | 4 |
| Chymotrypsinogen |  |  | 0,185 | 5 |
| Insulin |  |  | 0,189 | 5 |
| Desoxyribonucleinsäure, Natriumsalz |  |  | 0,160 | 6 |
| Enolase, Hefe |  | 0,185 |  | 7 |
| Aldolase, Kaninchenmuskel |  | 0,183 |  | 8 |
| Tabakmosaikvirus |  | 0,169 |  | 9 |

---

[1] SCHULZ, G. V., O. BODMAN u. H. J. CANTOW: Z. Naturforsch. **7a**, 760 (1952). J. polymer Sci. **10**, 73 (1953).

[2] ARMSTRONG, S. H. jr., M. J. E. BUDKA, K. C. MORRISON and M. HASSON: The refractive properties of the proteins of human plasma and certain purified fractions. Am. Soc. **69**, 1747 (1947).

[3] PERLMANN, G. E., and L. G. LONGSWORTH: The specific refractive increment of some purified proteins. Am. Soc. **70**, 2719 (1948).

[4] HALWER, M., C. G. NUTTING and B. A. BRICE: Am. Soc. **73**, 2786 (1951).

[5] TIETZE, F., and H. NEURATH: Light scattering studies on insulin. The minimum molecular weight of insulin. J. biol. Ch. **194**, 1 (1952) (dort auch Lichtzerstreuungsdaten für Chymotrypsinogen).

[6] TENNENT, H. G., and C. F. VILBRANDT: Am. Soc. **65**, 424 (1943).

[7] BÜCHER, T.: Biochim. biophysica Acta, N. Y. **1**, 467 (1947).

[8] BÜCHER, T.: Unveröffentlicht.

[9] OSTER, G., P. M. DOTY and B. H. ZIMM: Am. Soc. **69**, 1193 (1947).

Einzelheiten zu den Fragen der Konzentrationsermittlung bei der Bestimmung des spezifischen Brechungsinkrementes können den Arbeiten von PERLMANN und LONGSWORTH[1] sowie ARMSTRONG und Mitarbeitern[2] entnommen werden (vgl. auch [3] und [4]).

### d) Durchführung und Auswertung der Messungen.

#### α) RAYLEIGH-*Bereich*.

Kriterien für den RAYLEIGH-Bereich sind die folgenden (Konstanz von Konzentration und Molgewicht vorausgesetzt):

$$R_{\vartheta,V} \text{ unabhängig von } \vartheta \tag{1}$$

(vgl. S. 124, 143).

$$\tau_\lambda/H_\lambda \text{ unabhängig von } \lambda \tag{2}$$

bzw.

$$\beta_\lambda = 4 + \frac{d \lg \tau}{d \lg \lambda} = 0*$$

(vgl. S. 152).

Messungen von Substanzen, die innerhalb des RAYLEIGH-Bereiches liegen, führt man am zweckmäßigsten mit unpolarisierter Primärstrahlung beim Streuwinkel $\vartheta = 90°$ aus.

Man mißt die folgenden drei Werte unmittelbar hintereinander (oder besser noch einschließend) (vgl. S. 160):

Streuintensität der Lösung $= I_{90°,U}$
Streuintensität des Lösungsmittels $= i_{90°,U}$
Streuintensität des Arbeitsstandards $= I_{\text{STD}}$

und erhält aus diesen Messungen (bei konstanter Primärintensität $J$)

$$R_{90°,U}^{\text{EXP}} = R_{90°,U}^{\text{STD}} \frac{I_{90°,U} - i_{90°,U}}{I_{\text{STD}}}. \tag{M 17}$$

Man variiert die Konzentration der zu untersuchenden Substanz unter peinlicher Konstanthaltung aller übrigen Bedingungen (z. B. Elektrolytkonzentration).

Je nachdem, ob es sich um Relativmessungen handelt oder die Angabe absoluter Kennwerte erwünscht ist, sind die brechungsabhängigen Korrekturen zu bedenken (vgl. S. 163).

Bei Trübungsmessungen (vgl. S. 158) erübrigt sich der Standard; es empfiehlt sich, die gleiche Cuvette für die Messung an Lösung und Lösungsmittel zu verwenden.

Zur Auswertung trägt man (nach dem Beispiel der Abb. 7 und 8) zweckmäßigerweise den Ausdruck

$$\frac{3}{16\pi} \frac{H \cdot c_2}{R_{90°,U}} \text{ oder } \frac{H \cdot c_2}{\tau} \text{ aber auch nur } \frac{c_2 \cdot I_{\text{STD}}}{I_{90°,U} - i_{90°,U}}$$

$$H = \frac{32}{3} \pi^3 N_L^{-1} \cdot \lambda_{\text{vac}}^{-4} \left[n \frac{\partial n}{\partial c_2}\right]^2. \tag{M 18}$$

gegen die Konzentration auf.

---

\* Bedenke jedoch, daß das spezifische Brechungsinkrement abhängig von $\lambda$ ist.
[1] PERLMANN, G. E., and L. G. LONGSWORTH: The specific refractive increment of some purified proteins. Am Soc. **70** 2719 (1948).
[2] ARMSTRONG, S. H. jr., M. J. E. BUDKA, K. C. MORRISON and M. HASSON: The refractive properties of the proteins of human plasma and certain purified fractions. Am. Soc. **69**, 1747 (1947).
[3] HALWER, M., C. G. NUTTING and B. A. BRICE: Am. Soc. **73**, 2786 (1951).
[4] BÜCHER, T.: Biochim. biophysica Acta, N. Y. **1**, 467 (1947).

In der Regel wird man eine mit steigender Konzentration steigende Gerade erhalten. Der Schnittpunkt mit der Ordinate gibt den Grenzwert für die Konzentration 0. Die Steigung der Geraden ist nach den auf S. 136 geführten Erörterungen

$$H \frac{\Delta \frac{c_2}{\tau}}{\Delta c_2} = \frac{3}{16\pi} H \frac{\Delta \frac{c_2}{R_{90°, U}}}{\Delta c_2} = 2B. \tag{M 19}$$

Bei Proteinen in elektrolytarmen Lösungen ist die Steigung besonders groß (vgl. S. 141).

Der Schnittpunkt der Kurve mit der Ordinate gibt den Reziprokwert des Molekulargewichtes

$$\overline{M}_2 = \frac{16\pi}{3} \left[ \frac{R_{90°, U}}{H \cdot c_2} \right]_{c_2 \to 0} = \left[ \frac{\tau}{H \cdot c_2} \right]_{c_2 \to 0}. \tag{M 20}$$

Zu erwägen bleibt, wieweit dieser Wert ein Mittelwert ist (Gewichtsdurchschnitt, vgl. S. 139), oder ob die Lösung als monodispers zu betrachten ist. Die Korrektur durch den CABANNES- oder DEBYE-Faktor für Depolarisation des Streulichtes ist eine Maßnahme, die man sich sehr sorgfältig überlegen sollte (vgl. S. 156, 174).

### β) DEBYE-*Bereich*.

Die Anwendung der für den DEBYE-Bereich gültigen Beziehungen setzt voraus, daß die Grenzbedingung nicht überschritten wird [vgl. (56) S. 145]. Im Zweifelsfall führe man die Messungen in Lösungsmitteln mit verschiedener Brechungszahl durch.

Der Gang der Untersuchung im DEBYE-Bereich richtet sich wesentlich danach, ob die Gestalt der Moleküle als bekannt angenommen werden darf oder nicht.

Im ersten Falle, z. B. bei Hochpolymeren, welche die Gestalt statistisch geknäuelter Fadenmoleküle haben, oder bei Viren von Stäbchenform ist es möglich, allein aus der Winkelabhängigkeit der Streuintensität Aussagen über die Abmessungen der Moleküle zu gewinnen (vgl. S. 147—152). Die Abb. 13 und 21 geben Versuchsbeispiele hierfür.

Die Diagramme in den Abb. 16—18 sowie Tabelle 9, 10 können als Hilfsmittel dienen. Begnügt man sich mit der Bestimmung der Asymmetriezahl

$$z = \left[ \frac{R_{45°, V}}{R_{135°, V}} \right]_{c_2 \to 0} = \frac{P(45°)}{P(135°)}, \tag{M 21}$$

dann erübrigt sich die erste der beiden im Abschnitt „Winkelabhängigkeit" erörterten Korrekturen (M 9) und (M 12) (vgl. S. 164, 165). Beide Korrekturen sind notwendig, wenn man $P(\vartheta)$ exakt ermitteln will. Irrtum kann bei der Auswertung erwachsen, wenn eventuell vorhandene Polydispersität unberücksichtigt bleibt und z. B. die für eine monodisperse Lösung starrer Stäbchen errechnete Interferenzfunktion für eine polydisperse Lösung eingesetzt wird.

Analog zur Messung der Winkelabhängigkeit können auch die sich aus der Wellenlängenabhängigkeit ergebenden Quotienten

$$\varphi_{\lambda_1, \lambda_2} = \left[ \frac{R_{\lambda_1, 90°, V} \cdot H_{\lambda_2}}{R_{\lambda_2, 90°, V} \cdot H_{\lambda_1}} \right]_{c_2 \to 0}; \qquad \beta_\lambda = 4 + \frac{d \lg \tau}{d \lg \lambda} \tag{M 22}$$

(Streulichtmessungen). (Trübungsmessungen)

ausgewertet werden (vgl. Tabelle 9 und die graphischen Darstellungen in der Arbeit von DOTY und STEINER[1], sowie [2]).

Analog zu $P(\vartheta)$ wird die Funktion $Q$ folgendermaßen definiert[1]

$$\left. \begin{array}{c} \dfrac{H \cdot c_2}{\tau} = \dfrac{1}{Q \cdot M_2} + 2 B c_2 \\ \text{oder, wenn} \quad H' = H \lambda^4; \quad \tau = \dfrac{H' \cdot c_2 \cdot M_2 Q}{(1 + 2 B M_2 c_2 + \cdots) \cdot \lambda^4}; \quad \beta_\lambda = \dfrac{d \lg Q}{d \lg \lambda}. \end{array} \right\} \tag{M 23}$$

(Trübungsmessungen).

---

[1] DOTY, P., and R. F. STEINER: J. chem. Physics **18**, 1211 (1950).
[2] BUECHE, F., P. DEBYE and W. M. CASHIN: J. chem. Physics **19**, 803 (1951).

Tabelle 9. *$P(90°)^{-1}$ und Fadenendabstand monodisperser statistischer Knäuel in Abhängigkeit von der Farbzahl $\varphi$ bei $\lambda = 546\ m\mu$ und $\lambda = 436\ m\mu$ (Hg-Spektrallinien). $\lambda_{Lös} = Wellenlänge\ im\ Lösungsmittel$*
(aus SCHULZ, CANTOW und MEYERHOFF[1]).

| $\left[\dfrac{\sqrt{\overline{h^2}}}{\lambda_{Lös}}\right]^{546}$ | $\varphi_{546,\ 436}$ | $P(90°)^{-1}_{546}$ | $\left[\dfrac{\sqrt{\overline{h^2}}}{\lambda_{Lös}}\right]^{546}$ | $\varphi_{546,\ 436}$ | $P(90°)^{-1}_{546}$ | $\left[\dfrac{\sqrt{\overline{h^2}}}{\lambda_{Lös}}\right]^{546}$ | $\varphi_{546,\ 436}$ | $P(90°)^{-1}_{546}$ |
|---|---|---|---|---|---|---|---|---|
| 0,0500 | 1,006 | 1,011 | 0,3000 | 1,210 | 1,429 | 0,5000 | 1,374 | 2,318 |
| 0,1000 | 1,023 | 1,045 | 0,3500 | 1,227 | 1,597 | 0,5500 | 1,392 | 2,639 |
| 0,1500 | 1,053 | 1,100 | 0,4000 | 1,294 | 1,801 | 0,6000 | 1,437 | 2,983 |
| 0,2000 | 1,094 | 1,181 | 0,4500 | 1,332 | 2,046 | 0,6500 | 1,458 | 3,380 |
| 0,2500 | 1,154 | 1,292 | | | | | | |

Tabelle 10. *$P(90°)^{-1}$, charakteristische Moleküldimensionen und Asymmetriezahl in ihrer gegenseitigen Beziehung bei verschiedener Teilchengestalt*
$\lambda_{Lös} = Wellenlänge\ im\ Lösungsmittel;\ bei\ statistischen\ Knäueln:\ D = \sqrt{\overline{h^2}}$. (Aus DOTY und STEINER[2].)

| $D/\lambda_{Lös}$ | Starre Stäbchen | | Monodisperse statistische Knäuel | | Polydisperse statistische Knäuel* | | Kugeln | |
|---|---|---|---|---|---|---|---|---|
| | $z$ | $P(90°)^{-1}$ | $z$ | $P(90°)^{-1}$ | $z$ | $P(90°)^{-1}$ | $z$ | $P(90°)^{-1}$ |
| 0,05 | 1,006 | 1,006 | 1,014 | 1,012 | 1,012 | 1,016 | 1,011 | 1,010 |
| 0,10 | 1,032 | 1,023 | 1,065 | 1,045 | 1,094 | 1,066 | 1,061 | 1,041 |
| 0,15 | 1,070 | 1,050 | 1,135 | 1,103 | 1,200 | 1,148 | 1,136 | 1,090 |
| 0,20 | 1,127 | 1,089 | 1,257 | 1,183 | 1,340 | 1,263 | 1,255 | 1,171 |
| 0,25 | 1,200 | 1,144 | 1,410 | 1,290 | 1,519 | 1,391 | 1,441 | 1,280 |
| 0,30 | 1,279 | 1,207 | 1,585 | 1,432 | 1,751 | 1,520 | 1,695 | 1,439 |
| 0,35 | 1,372 | 1,288 | 1,790 | 1,612 | 1,924 | 1,760 | 2,080 | 1,622 |
| 0,40 | 1,495 | 1,377 | 2,020 | 1,809 | 2,151 | 2,051 | 2,657 | 1,930 |
| 0,45 | 1,620 | 1,486 | 2,283 | 2,049 | 2,360 | 2,330 | 3,692 | 2,341 |
| 0,50 | 1,735 | 1,608 | 2,534 | 2,320 | 2,569 | 2,642 | 5,810 | 2,78 |
| 0,55 | 1,895 | 1,744 | 2,796 | 2,660 | 2,778 | 2,987 | | |
| 0,60 | 1,971 | 1,860 | 3,060 | 2,982 | 2,980 | 3,365 | | |
| 0,65 | 2,058 | 2,010 | 3,303 | 3,413 | 3,169 | 3,776 | | |
| 0,70 | 2,106 | 2,193 | 3,521 | 3,814 | 3,354 | 4,218 | | |
| 0,75 | 2,160 | 2,361 | 3,745 | 4,348 | 3,523 | 4,695 | | |
| 0,80 | 2,200 | 2,500 | 3,915 | 4,776 | 3,681 | 5,205 | | |

Wegen weiterer Einzelheiten muß auf die eben erwähnte Originalliteratur verwiesen werden.

Ist $z < 1,4$, dann ist auch bei unbekannter Molekülform ein relativ einfacher Weg zur Molekulargewichtsbestimmung mit Hilfe der gegebenen graphischen Darstellungen und Tabellen gangbar. Wie aus Abb. 19 und Tabelle 10 ersichtlich ist, werden nämlich bis zu dieser Grenze die Differenzen von $P(90°)^{-1}$ für verschiedene Molekülformen nicht größer als 10%. Aus der Messung der Asymmetriezahl und $R_{90°,\ V}$ kann die Auswertung dann nach Abb. 19 oder Tabelle 10 erfolgen.

Die allgemeine Lösung der Probleme wird durch eine Extrapolation der Lichtzerstreuung sowohl auf unendlich kleine Konzentrationen, als auch auf unendlich kleine Streuwinkel angestrebt. Der Extrapolationswert kann in die oben erörterten Beziehungen des RAYLEIGH-Bereiches eingesetzt werden (vgl. S. 147)

$$\overline{M}_2 = \frac{8\pi}{3}\left[\frac{R_{\vartheta,\ V}}{H \cdot c_2}\right]_{\substack{\vartheta \to 0 \\ c_2 \to 0}}. \tag{M 24}$$

ZIMM hat für diese doppelte Extrapolation ein sehr zweckmäßiges Verfahren angegeben. Zur graphischen Extrapolation im sog. „ZIMM-Diagramm" wird dazu (Abb. 13, 15, 20) $\dfrac{3}{8\pi}\dfrac{H \cdot c_2}{R_{\vartheta,\ V}}$ als Ordinate gegen $\sin^2\dfrac{\vartheta}{2} + 100\ c_2$ als Abszisse aufgetragen. Der Faktor 100 ist willkürlich und dient lediglich dazu, die gefundenen Werte zu spreiten und dadurch das Diagramm übersichtlicher zu machen. Die Leistungsfähigkeit des Tricks ist erstaunlich.

---
\* vgl. S. 151 oben.
[1] SCHULZ, G. V., H. J. CANTOW and G. MEYERHOFF: J. polymer Sci. **10**, 79 (1953).
[2] DOTY, P., and R. F. STEINER: J. chem. Physics **18**, 1211 (1950).

Das ZIMM-Diagramm wird durch zwei Grenzkurven eingeschlossen. Von diesen gibt diejenige, welche der Abszisse am nächsten ist, die Grenzwerte für $\vartheta \to 0$ und diejenige, welche der Ordinate am nächsten ist, die Grenzwerte für $c_2 \to 0$ wieder. Erstere kann zur Bestimmung der Virialkoeffizienten, letztere zur Bestimmung von $P(\vartheta)$ dienen.

$\gamma$) *Kontrollmöglichkeiten* (vgl. auch Tabelle 1, S. 116).

*Apparative Einzelheiten.* Wenn die Führung des optischen Strahlenganges einwandfrei ist, dann werden die in Tabelle 6 gegebenen Relationen der Streulichtwerte verschiedener reiner Flüssigkeiten von der Apparatur zumindest größenordnungsmäßig wiedergegeben. Die Messung der Lichtzerstreuung reiner Flüssigkeiten ist ein gutes Übungsobjekt nicht nur für den Meßvorgang selbst, sondern auch für die Vorbereitung der Cuvetten und des Versuchsobjektes.

Bei einer Änderung der Öffnung der Meßanordnung* sollte man den Galvanometerausschlag bei Messungen an einem Trübglasstandard oder einer konstant lichtzerstreuenden Lösung innerhalb gewisser Grenzen proportional zur Änderung der geometrischen Faktoren finden. Entsprechendes gilt für eine Variation der Breite, Höhe und Öffnung des Primärbündels.

Die Streuintensität bei verschiedenen Streuwinkeln einer Lösung von RAYLEIGHschen Teilchen sollte proportional zu $\sin^{-1}\vartheta$ (vgl. S. 164), zumindest aber symmetrisch zum Streuwert für $\vartheta = 90°$ sein (vertikal polarisierte Streuintensität).

Die eventuell verschiedene Empfindlichkeit der Photozelle für verschieden polarisiertes Licht kann geprüft werden durch Einbringen und Drehen eines „$\lambda/4$-Plättchens", welches (zirkular polarisiertes Licht ist abwesend) bei einem Winkel seiner optisch ausgezeichneten Richtung von 45° gegen die Vertikale die horizontal und vertikal polarisierte Strahlung in die gleiche Schwingungsrichtung dreht. Massive Milchglasscheiben sind ausgezeichnete Depolarisatoren; allerdings muß bei ihrer Anwendung ein erheblicher Intensitätsverlust in Kauf genommen werden. Ein Polarisator, der hinter eine solche Scheibe geschaltet ist, gestattet zuverlässig die Prüfung der Photozelle.

*Verunreinigungen, Polydispersität.* Der MIE-Effekt von Staub ist oftmals so groß, daß er sich in dem praktisch erfaßbaren Winkelbereich unter Umständen nur wenig auswirkt. Qualitativ werden die Lösungen mit einer starken Lupe unter spitzem Winkel gegen die Fortpflanzungsrichtung des Primärstrahles geprüft. Der Depolarisationsgrad der Lösung wird durch Staub beträchtlich vergrößert.

Lösungen von Präparaten, welche denaturieren und aggregieren können, stellen ein besonderes Problem dar. Die Verfasser haben Vertrauen in ihre Werte bei neuen Proteinpräparaten erst dann, wenn nach Abschleudern eines Teiles des Präparates auf der Ultrazentrifuge der (eventuell fraktioniert) abgehobene Überstand keine Änderung der spezifischen Lichtzerstreuung zeigt (vgl. Tabelle 7). Unter einer Reihe von krystallisierten Fermentpräparaten, die untersucht wurden, zeigte etwa die Hälfte (insbesondere die lyophilisierten Proteine) eine wesentliche Erniedrigung der absoluten Kennwerte nach diesem Verfahren. Wie bereits erwähnt, sinkt die Gefahr des Irrtums mit steigendem Molekulargewicht. Immerhin erniedrigten sich die Werte für ein sehr sorgfältig krystallisiertes Präparat von Edestin ($M = 300000$) durch die Ultrazentrifugation um 10%, obwohl alle Lösungen stets $^1/_2$ Std vor der Messung $^1/_2$ Std lang bei 15000 g zentrifugiert wurden. Abb. 7 und 8 zeigen, daß eine Reihe der Werte anderer Autoren ebenfalls höher liegen als mit anderen Methoden gefunden.

Das Problem der Verunreinigungen ist im Grunde nur ein spezieller Fall des gleicherweise schwerwiegenden Problems der Polydispersität. Innerhalb des RAYLEIGH-Bereiches kann die Streulichtmethode aus sich selbst heraus zu diesem Problem keine Aussagen liefern (vgl. S. 139). Auch im DEBYE-Bereich sind die Möglichkeiten beschränkt (vgl.

---
* Man ersetzt z. B. die Eintrittsblende des Meßkopfes durch einen verstellbaren optischen Spalt.

S. 151). Ist die Molekulargewichtsverteilung des Präparates nicht durch seine Vorgeschichte bekannt (vgl. z. B. Abb. 11), dann wird sich neben dem oben erörterten präparativen Zentrifugieren stets die Kontrolle durch eine andere Methode empfehlen. Glücklicherweise haben sowohl die osmotische als auch die SVEDBERG-Technik von der Streulichtmethode abweichende Gesetzmäßigkeiten der Mittelwertsbildung.

*Extrapolation.* Treffende Beispiele für die Bestätigung des mittels Extrapolation erhaltenen Grenzwertes durch Variation der Bedingungen sind in den Abb. 8 und 15 enthalten. In diesen Versuchen wurden das Ionenmilieu und die Wellenlänge variiert. Die Abhängigkeit der Virialkoeffizienten von der Temperatur legt auch eine Variation der Temperatur nahe. Man wird sich dabei davon zu überzeugen haben, daß das betreffende Präparat nicht denaturiert, und wird, wenn große Präzision erforderlich ist, die Temperaturabhängigkeit der Konzentration und des Brechungsinkrementes berücksichtigen müssen.

Bei der Variation der Konzentration von Makroionen in elektrolytarmem Milieu ist besondere Vorsicht darauf zu verwenden, daß mit dem Wechsel der Konzentration keine Änderung der Elektrolytkonzentration verbunden ist.

*Optische Qualitäten der Versuchslösung.* Das Wichtigste zur Prüfung der Versuchslösung auf ihre optische Qualität ist bereits im Abschnitt über Depolarisationsmessungen (S. 174) mitgeteilt worden.

Die routinemäßig einfach durchführbare Betrachtung des Streulichtkegels durch einen ungefärbten Polarisator wird sich im Laufe der Zeit lohnen. Man wird sehr bald auf Substanzen treffen, welche eine, wenn auch geringe Fluorescenz zeigen, die sich durch eine Farbänderung beim Übergang von vertikal zu horizontal polarisierter Streulichtkomponente zu erkennen gibt. Einige krystallisierte Insulinpräparate zeigten z. B. bei der Betrachtung durch den horizontal gestellten Polarisator bei grüner Primärintensität eine leuchtend rote Fluorescenz, die durch Verunreinigungen verursacht wurde.

### δ) Schlußbemerkung.

Auch in der Wissenschaft hat der Geist der Mode seine Rechte, und das beträchtliche bislang verfügbare Material reicht noch nicht aus um zu entscheiden, ob die Streulichtmethode sich auf die Dauer einen festen Platz in der Garnitur der Standardmethoden zu erobern vermag. Das vorstehende Referat versucht dem Prozeß der Klärung dieser Frage unter folgenden Gesichtspunkten zu dienen:

Die Theorie wurde dergestalt entwickelt, daß, wo immer möglich, die Beziehungen einzelner Formulierungen untereinander und die Anknüpfungspunkte zu dem Leserkreis vertrauten Gesetzmäßigkeiten hervorgehoben wurden. Möglicherweise ist es auf diese Weise gelungen, eine „Initialzündung" für das nur vom Leser selbst zu erarbeitende Verständnis der theoretischen Eigenarten des Streulichtverfahrens zu geben. Weder angestrebt noch erreicht wurde eine derart sichere theoretische Basis, daß von dort aus der Versuch weiterer theoretischer Entwicklungen ratsam wäre. Der theoretisch interessierte Leser wird ohnehin die theoretisch-physikalisch ausgerichtete Literatur zu Rate ziehen, deren Studium durch die Ausführungen dieses Referates etwas erleichtert werden mag.

Eindringlich ist auf die vielfältigen Fehlerquellen der Methode hingewiesen worden: Nicht etwa, um von der Verwendung der Methode abzuschrecken, sondern um möglichen Enttäuschungen vorzubeugen. Einige wenige Ratschläge für die Kontrolle der Resultate konnten mitgeteilt werden; doch gilt selbstverständlich für die Streulichtmethode wie für alle experimentelle Arbeit, daß die spezifische, schöpferisch erarbeitete Kritik des Forschers durch kein Rezept ersetzt werden kann.

Wir dürfen auch an dieser Stelle den Herren HANS-JOACHIM CANTOW, HANS-JOACHIM FLECHTNER und HANS KUHN für wesentliche Ratschläge und Diskussionen sehr herzlich danken.

# Gasanalyse.

Von

### E. Opitz† und H. Bartels.

Mit 61 Abbildungen.

## 1. Einleitung.

Bei dem zur Verfügung stehenden Raum bestanden für die Art der Abfassung zwei Möglichkeiten. 1. Die Zusammenstellung der gasanalytischen Methoden nach Art eines Übersichtsreferates. 2. Die ausführliche Schilderung einiger weniger Methoden. Wir haben eine Kompromißlösung gewählt und beschreiben einige, uns wichtig erscheinende Methoden so, daß man nach den gegebenen Vorschriften arbeiten kann. Die anderen gasanalytischen Methoden werden nur kurz zusammengestellt, damit man sich einen Überblick über die bestehenden Möglichkeiten verschaffen kann. Will man eine dieser Methoden anwenden, so muß man die zitierten Originalarbeiten einsehen.

Von einer Besprechung der Respirometer (WARBURG-Apparatur, Cartesianischer Taucher usw.) und der photometrischen Bestimmung der Sauerstoffsättigung des Blutes (Oxymetrie) wurde abgesehen, da sie nicht zur Gasanalyse im engeren Sinne gehören. (Siehe hierzu S. 345ff. bzw. Bd. IV.) Die Einteilung geschah nach methodischen Gesichtspunkten, nicht nach Gasen. Will man sich über die Möglichkeiten der Analyse eines bestimmten Gases orientieren, so ist das Sachverzeichnis zu benützen.

Die grundlegenden Arbeiten von L. J. HENDERSON haben es ermöglicht, daß eine Reihe von atmungsphysiologischen Größen graphisch ermittelt werden kann. Es schien uns deshalb wünschenswert, einen Abschnitt über die „Nomographie des Blutes" anzufügen. Wichtige Tabellen für gasanalytische Zwecke und eine Zusammenstellung atmungsphysiologischer Normwerte finden sich am Schluß des Artikels.

Darstellungen über das Gesamtgebiet der Gasanalyse zum Teil mit ausführlichen Arbeitsanweisungen[1-11], sowie Zusammenstellungen, die mehr den Charakter einer Übersicht[12-15] haben, sind im Anschluß zitiert.

## 2. Gewinnung und Aufbewahrung von Gas- und Blutproben zur Gasanalyse.

Tageszeit[16, 17], Ernährungsart, vorausgegangene Muskeltätigkeit und psychische Erregungen haben auf die Atmungs- und Blutgaszusammensetzung von Mensch und Tier

---

*Zusammenfassende Literatur:*

[1] Handb. biol. Arb.-Meth. Abt. IV, Teil 10; Abt. V, Teil 10/I.
[2] Peters-van Slyke, Bd. 2.
[3] HEMPEL, W.: Gasanalytische Methoden. Braunschweig 1933.
[4] HALDANE, J. S., and J. I. GRAHAM: Methods of Air Analysis. London 1935.
[5] SCHWARZ, H.: Die Mikrogasanalyse und ihre Anwendung. Wien, Leipzig 1935.
[6] BAYER, A. F.: Gasanalyse. Stuttgart 1941.
[7] WAGNER, G.: Gasanalytisches Praktikum. Wien 1942.
[8] MURALT, A. v.: Praktische Physiologie. 3. Aufl. Berlin, Göttingen, Heidelberg 1948.
[9] GUÉRIN, H.: Traité de manipulation et d'analyse des gaz. Paris 1952.
[10] WILSON, K. M.: Methods of Quantitative Microanalysis. London 1949.
[11] KIRK, P. L.: Quantitative Ultramicroanalysis. London 1950.
[12] SCHUSTER, F.: Laboratoriumsbücher für die chemische und verwandte Industrien. Bd. XXXIII/2. Halle 1949.
[13] SPENCE, R., and A. A. SMALES: Ann. Rep. chem. Soc. **46**, 291 (1950).
[14] COMROE, J. H. jr.: Methods in Medical Research. Bd. II, S. 74—244. Chicago 1950. [Sehr gute Übersicht für physiologische und medizinische Zwecke.]
[15] LIEBKNECHT, O., F. TÖDT u. S. KAHAN: Handb. analyt. Chem. (FRESENIUS-JANDER) Teil III, Bd. VI a α, S. 1. [Nur für Sauerstoff.]
[16] BARTELS, H., u. G. RODEWALD: Pflügers Arch. **256**, 113 (1952).
[17] BROWN, A., and A. L. GOODALL: J. Physiol., London **104**, 404 (1945/46).

deutlichen Einfluß. Es ist deshalb wünschenswert, daß Blut- und Gasproben unter Grundumsatzbedingungen und möglichst immer zur gleichen Tageszeit entnommen werden. Die Versuchspersonen sollen möglichst 10 Std nicht geraucht haben, da sonst der CO-Hämoglobinanteil bis zu 3 Vol.-% betragen kann[1].

Gas- und Flüssigkeitsproben weichen in ihrer Zusammensetzung meist erheblich von der $O_2$- und $CO_2$-Konzentration der Zimmerluft ab, so daß Maßnahmen ergriffen werden

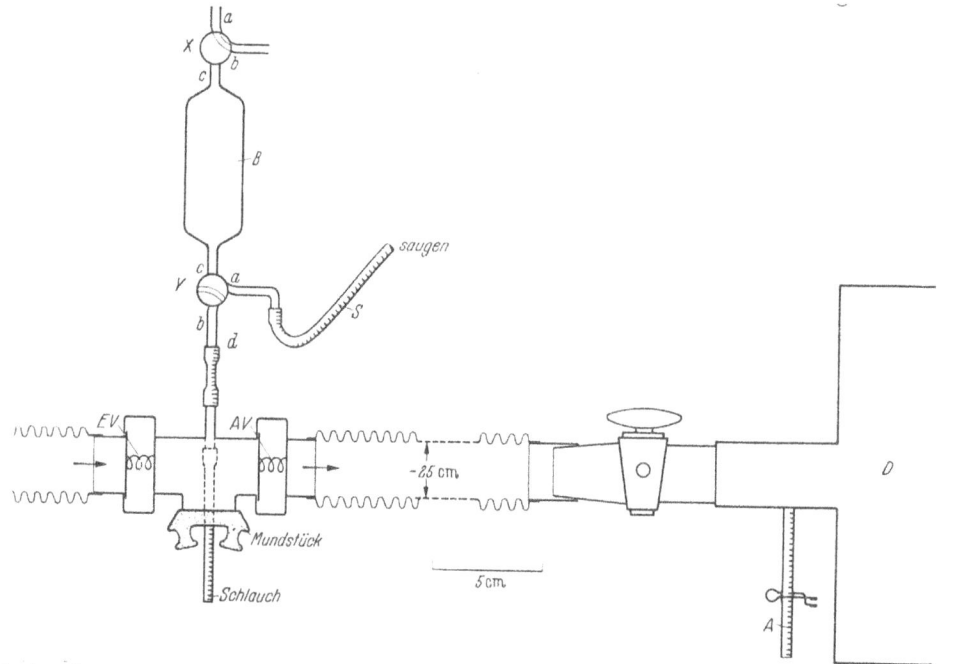

Abb. 1. Anordnung zur Gewinnung von Exspirations- und Alveolarluft. Die Exspirationsluft wird in dem DOUGLAS-Sack $D$ gesammelt, die Alveolarluft in der Bürette $B$. Der Schlauch $S$ dient zum Durchspülen des Totraumes von Hahn $Y$ durch das Mundstück bis in den Schlauch, der sich im Mund der Versuchsperson befindet.

müssen, um eine Berührung bzw. Durchmischung der Proben mit Luft während der Gewinnung, Aufbewahrung und Überführung der Proben in die Analysenapparate zu verhindern.

### a) Gasgemische.

#### α) *Exspirationsluft.*

Die Sammlung von Exspirationsluft bei Mensch und Tier erfordert Atemmundstücke oder Atemmasken. Mundstücke und die dazu erforderlichen Nasenklemmen verursachen besonders bei längerer Benützung (mehr als 30 min) Atmungsveränderungen. Die eingebauten Ventile ergeben eventuell einen zu großen Atemwiderstand. Vorteilhaft ist die Möglichkeit, den Totraum klein halten zu können. Masken sind länger ohne nennenswerte Atmungsveränderungen benutzbar, haben jedoch einen größeren Totraum und es besteht die Gefahr der Undichtigkeit.

Der Widerstand im Inspirations- und Exspirationssystem soll so niedrig wie möglich sein. Schlauchverbindungen und Hahnbohrungen sollen mindestens einen Durchmesser von 2,5 cm haben. Mit dem in Abb. 1 dargestellten, sterilisierbaren Atemventil (Hersteller Dräger, Lübeck), dessen Totraum etwa 50 cm³ beträgt, können Exspirationsluft und Alveolarluft aufgefangen werden. Ein- und Ausatmung werden durch Glimmerventile ($EV$) und ($AV$) gesteuert. Durch einen Schlauch gelangt die Exspirationsluft über einen Hahn in einen DOUGLAS-Sack oder in ein Spirometer.

Aus dem seitlichen Ansatz $A$ des DOUGLAS-Sackes kann eine Probe der Exspirationsluft zur Bestimmung des $O_2$- bzw. $CO_2$-Gehaltes entnommen werden. Aus DOUGLAS-

---
[1] COURTICE, F. C., and W. J. SIMMONDS: J. Physiol., London **107**, 300 (1948).

Säcken diffundiert meist in kurzer Zeit eine erhebliche Menge an $CO_2$ ab. Der Einbau von dünnen Kupfermembranen schränkt dies meist nur ein, da diese Membranen sehr bald brechen. Gasproben sind deshalb sofort nach Versuchsende in Probebeutel abzunehmen und sofort zu analysieren oder, wenn nicht sofort analysiert werden kann, in Büretten wie in Abb. 1 bzw. Abb. 15, S. 200, dargestellt, umzufüllen. Die zuvor auf unter 1 mm Hg mit der Vakuumpumpe evakuierte Bürette wird mit dem Ansatz $Yb$ an den Ansatz $A$ des DOUGLAS-Sackes angeschlossen; Hähne $X$ und $Y$ werden in Stellung $ab$ gebracht; dann werden mit Schlauch $S$ bei geöffneter Schlauchklemme $K$ einige Kubikzentimeter Exspirationsluft durch den Hahn gesaugt; schließlich wird durch Rechtsdrehung $Y$ in Stellung $bc$ gebracht. Die evakuierte Bürette füllt sich mit Exspirationsluft. Dann wird $Y$ in Stellung $ab$ zurückgedreht (Linksdrehung!).

DOUGLAS-Säcke können meist nur mit einer Art Wäschemangel annähernd luftleer gemacht werden. Da sie jedoch dann beim Öffnen des Hahnes zu Beginn des Sammelns Außenluft ansaugen, ist es besser, vor der Sammlung der zu messenden Exspirationsluft mindestens zweimal 3 min mit der Exspirationsluft den Sack auszuspülen. Man läßt die Versuchsperson 3 min in den Sack exspirieren und leert ihn dann ganz, läßt erneut 3 min exspirieren und leert den Sack nochmals. Dann erst kann man die zu messende Exspirationsluft sammeln.

Bei Spirometern ist ebenfalls darauf zu achten, daß die Durchmesser der Schlauchverbindungen und des Rohreinsatzes zur Glocke nicht 2,5 cm unterschreiten. Die Glocke muß gut austariert sein, damit der Atemwiderstand möglichst gering ist. Auch hier muß der Totraum gut ausgespült werden.

### β) Alveolarluft.

**Methode von HALDANE-PRIESTLEY.** Als einzig zuverlässige, wenn auch umständliche direkte Methode gilt auch heute noch die Methode von HALDANE und PRIESTLEY[1]. Hier wird eine modifizierte Form[2, 3] beschrieben. Die Bürette $B$ wird in der in Abb. 1 dargestellten Form an das Atemmundstück angeschlossen. Der Schlauch $S$ steht mit einer Wasserstrahl- oder Membranpumpe in Verbindung. Die Versuchsperson schließt die Augen, um von den Manipulationen nicht beeinflußt zu werden. $Y$ wird bei saugender Pumpe am Ende der normalen Exspiration rasch aus der in Abb. 1 gezeigten Stellung $e$ über $ab$ nach $d$ gedreht, am Ende der nächsten Exspiration von $d$ über $ab$ nach $e$. Dies wiederholt man 3—4mal zur Ausspülung des Totraumes. Dann ruft man der Versuchsperson bei der Hälfte der normalen Ausatmung „Aus" zu; sie soll dann extrem ausatmen. Gegen Ende dieser extremen Exspiration stellt man $Y$ aus Stellung $d$ nach $bc$. Beim Einsaugen der Alveolarluft in die Bürette darf die Exspiration noch nicht ganz beendet sein, damit keine Frischluft angesaugt wird. Hahn $Y$ wird über $d$ in Stellung $ab$ gebracht.

Die Büretten sollen, um Undichtigkeit leicht feststellen zu können, von der Evakuierung bis zur Alveolarluftabnahme und von da ab bis zur Analyse in Wasserbecken untergetaucht aufbewahrt werden.

Nachteilig ist, daß die Methode nur beim Menschen angewandt werden kann und ein verständiges Mitarbeiten der Versuchsperson erfordert; dieser Umstand schränkt die Anwendung der Methode in der Klinik ein.

**Fraktionierte Entnahme.** Da die Entnahme einer einzigen Alveolarluftprobe oft nicht befriedigt, ist eine Reihe von Methoden entwickelt worden, die mit meist erheblichem Aufwand die Analyse eines einzelnen Atemzuges durch fraktionierte Entnahmen

---

[1] HALDANE, J. S., and J. G. PRIESTLEY: J. Physiol., London **32**, 225 (1905).
[2] BECKER-FREYSENG, H., u. H. G. CLAMANN: Kli. Wo. **1939 II**, 1274.
[3] BARTELS, H., u. G. RODEWALD: Pflügers Arch. **258**, 163 (1953).

gestattet[1-7]. Bei den meisten angegebenen Methoden sind komplizierte Hähne erforderlich, die schwierig dicht zu halten sind.

**Bronchialkatheter.** Besonders bei Lungenfunktionsprüfungen verwendet man Bronchialkatheter (Abb. 2), die auch die Abnahme von Alveolarluft gestatten. Beide abgebildeten Katheter ermöglichen das Absaugen der Alveolarluft getrennt für jede Lunge.

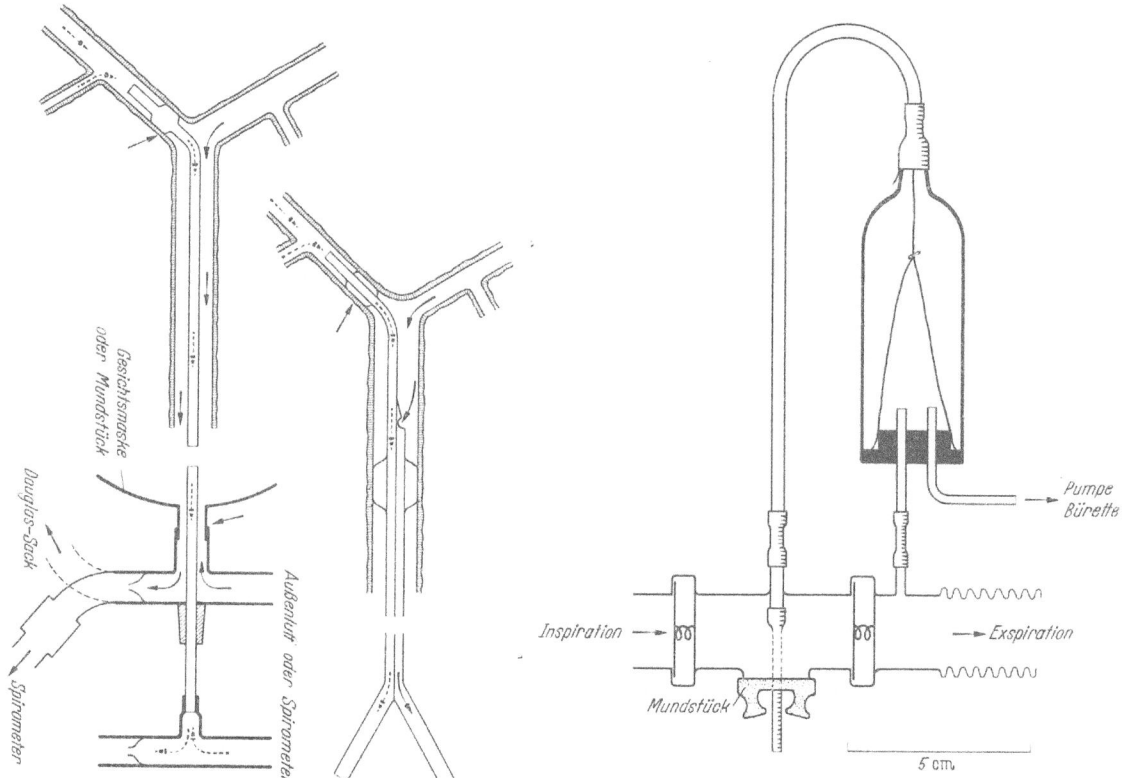

Abb. 2. Bronchialkatheter zur Gewinnung von Alveolarluft aus den beiden Lungen. Aufblasbare Gummipolster erlauben die Sammlung aus der rechten oder linken Lunge getrennt voneinander (nach COMROE).

Abb. 3. Alveolarluftgewinnung nach RAHN. Die Anordnung sorgt für eine automatische Lieferung endständiger Exspirationslusft ohne Totraumluftzumischung.

Bei Kindern ist es möglich, dünnlumige Katheter durch die Nase einzulegen, und so Alveolarluft abzusaugen.

Bei Tierversuchen (Hund, Kaninchen) kann man ebenfalls mit Kathetern, die durch den Nasenraum geführt werden, Alveolarluft gewinnen. Bei tracheotomierten Tieren wird der Katheter durch die Trachealkanüle eingelegt.

Eine weitere Methode zur Alveolarluftgewinnung geben DIRKEN und HEEMSTRA[8] an.

**Fortlaufende Entnahme.** Unter den Methoden zur fortlaufenden Entnahme der Alveolarluft[9, 10] ist zuverlässig und am einfachsten diejenige von RAHN und OTIS[11]. In Abb. 3 ist die Anordnung an ein Atemventil angeschlossen. Eine Membranpumpe saugt

---

[1] NIELSEN, E. O., and C. SONNE: J. exp. Med. **85**, 46 (1932).
[2] TIEMANN F.: Verh. dtsch. Ges. inn. Med. **45**, 249 (1933).
[3] ROELSEN, E.: Acta med. scand. **95**, 452 (1938).
[4] COTTON, F. S.: Austral. J. exp. Biol. med. Sci. **17**, 425 (1939).
[5] LAMBIE, C. G., and M. J. MORRISEY: J. Physiol., London **107**, 14 (1948).
[6] ARMITAGE, G. H., W. M. ARNOTT and A. C. PINLOCK: J. Physiol., London **108**, 27P (1949).
[7] FORSSANDER, C. A.: J. Lab. clin. Med. **35**, 324 (1950).
[8] DIRKEN, M. N. J., and H. HEEMSTRA: Quart. J. exp. Physiol. **34**, 181 (1948).
[9] BENZINGER, T., u. F. BRAUCH: Kli. Wo. **1934 II**, 1852.
[10] LOESCHCKE, H. H., E. OPITZ u. W. SCHOEDEL: Pflügers Arch. **243**, 126 (1940).
[11] RAHN, H., and A. B. OTIS: J. appl. Physiol. **1**, 717 (1949).

kontinuierlich etwa 150 cm³ Exspirationsluft/min ab, d. h. also je Atemzug etwa 10 bis 15 cm³. Auf der Exspirationsseite wird bei der Inspiration durch einen Sog der Kondomgummi aufgebläht. Dadurch wird endständige Exspirationsluft in den Kondom gesaugt, aus dem die Pumpe absaugt. Bei der Exspiration wird der Kondom zusammengepreßt, so daß eine genügende Menge Exspirationsluft zum Absaugen zur Verfügung steht, so lange Totraumluft auf der Exspirationsseite vorüberstreicht. Das abgesaugte Gas wird meist in den vollautomatisch arbeitenden Gasanalyseapparaten (s. S. 211 ff.) analysiert. Durch Anschluß einer Bürette nach dem in Abb. 1 angegebenen Muster, die ganz mit Quecksilber gefüllt ist, kann man durch langsames Ablassen des Quecksilbers Exspirationsluft einsaugen und später im HALDANE-Apparat analysieren. Die Methode liefert mit der S. 185 angegebenen Methode gut übereinstimmende Werte[1,2], so daß man annehmen darf, mit der endständigen Exspirationsluft angenähert Alveolarluft gewinnen zu können. In „Quecksilberbüretten" aufbewahrte Exspirations- oder Alveolarluft verarmt innerhalb von 10—20 min um 0,1—0,2 Vol.-% $O_2$. Für kleinere Tiere sind besondere Methoden entwickelt worden[3,4].

**Methoden zur Berechnung des alveolären Sauerstoffdruckes.** Für die Anwendung der hier angegebenen Formeln ist Voraussetzung, daß der Respiratorische Quotient in der Exspirationsluft und der arterielle Kohlensäuredruck gemessen sind. BENZINGER[5] gibt folgende Formel an:

$$P_{A_{O_2}} = P_{I_{O_2}} - P_{a_{CO_2}}\left[\frac{1}{RE} - F_{I_{O_2}}\left(\frac{1}{RE} - 1\right)\right]* \quad (1)$$

Eine ähnliche Formel[6] erleichtert die Rechnung:

$$P_{A_{O_2}} = P_{I_{O_2}} + \frac{P_{a_{CO_2}} \cdot F_{I_{O_2}}(1 - RE)}{RE} - \frac{P_{a_{CO_2}}}{RE}. \quad (2)$$

Der RQ kann nach folgender Formel[7] berechnet werden:

$$RE = \frac{[F_{E_{CO_2}}(1 - F_{I_{O_2}}) - F_{I_{CO_2}}(1 - F_{E_{O_2}})]}{[F_{I_{O_2}}(1 - F_{E_{CO_2}}) - F_{E_{O_2}}(1 - F_{I_{CO_2}})]}. \quad (3)$$

Bei Atmung von Zimmerluft ($CO_2 = 0,03\%$) vereinfacht sich die Formel.

Sind $O_2$-Verbrauch und $CO_2$-Abgabe (z. B. spirometrisch) direkt bestimmt worden, so ergibt sich der RQ direkt aus:

$$\frac{\text{abgegebenes } CO_2\text{-Volumen}}{\text{aufgenommenes } O_2\text{-Volumen}}.$$

Vergleiche verschiedener Methoden der Alveolarluftbestimmung gaben BARKER und Mitarbeiter[8], RILEY und Mitarbeiter[9] sowie BARTELS und Mitarbeiter[2,10].

### γ) Andere Gasgemische.

Wenn genügend Gas zur Verfügung steht, verwendet man gewöhnlich Sammelbeutel aus Gummi oder Fußballblasen zur Überführung des Gases in den Analysenapparat. Dabei ist darauf zu achten, daß das Gas möglichst nur kurz in dem Beutel ist, da die

---
\* Erklärung der Symbole und Abkürzungen s. S. 296 ff.
[1] KOEPCHEN, H.-P.: Pflügers Arch. **257**, 144 (1953).
[2] BARTELS, H., R. BEER, H.-P. KOEPCHEN, S. WENNER u. I. WITT: Pflügers Arch. **261**, 133 (1955).
[3] BLINN, K. A., and W. K. NOELL: Proc. Soc. exp. Biol. Med. **71**, 141 (1949).
[4] MACLAGAN, N. F., and M. M. SHEAHAN: J. Endocrinol. **6**, 456 (1950).
[5] BENZINGER, T.: Luftfahrtmed. **1**, 327 (1937).
[6] FENN, W. O., H. RAHN and A. B. OTIS: Amer. J. Physiol. **146**, 637 (1946).
[7] PAPPENHEIMER, J. R.: Fed. Proc. **9**, 602 (1950).
[8] BARKER, S., R. G. PONTIUS, D. M. AVIADO jr. and C. J. LAMBERTSEN: Fed. Proc. **8**, 7 (1949).
[9] RILEY, R. L., J. L. LILIENTHAL jr., D. D. PROEMMEL and R. E. FRANKE: Amer. J. Physiol. **147**, 191 (1948).
[10] BARTELS, H., u. G. RODEWALD: Pflügers Arch. **256**, 113 (1952).

Gefahr des $CO_2$-Verlustes besteht. Kann man nicht sofort analysieren, so empfiehlt sich das Abfüllen in evakuierte Büretten (s. o.) oder in eine von BAILEY[1] angegebene Flasche. Der $O_2$-Schwund bei Aufbewahrung mit Quecksilber ist zu beachten (s. o.).

### b) Blut.

#### α) Gerinnungsverhütung.

Die erforderlichen Zusätze sollen die Gaszusammensetzung des Blutes nicht meßbar beeinflussen. Für Blutproben, die in spätestens 5 min zur Analyse kommen, eignet sich am besten:

*Heparin.* 0,5% der Lösungen „Heparin-Novo" (Boehringer & Sohn, Ingelheim/Rh.) oder „Liquemin" (Hoffmann-La Roche, Grenzach/Baden) genügen für 2—4 Std zur Gerinnungsverhütung. Pulverisiertes Heparin (Nordmarkwerke und Promonta, beide Hamburg) ist ebenfalls verwendbar.

Bei Proben, die länger als 5 min aufbewahrt werden müssen, verursachen Glykolyse und Autoxydation des Blutes meßbare Veränderungen der Gaszusammensetzung. Die hier beschriebene Lösung hemmt diese Einflüsse. Man löst 10 g *Kaliumoxalat* und 5 g *Natriumfluorid* in Aqua dest., Endvolumen 100 cm³. Tropfenweise wird n HCl zugefügt, bis die Lösung sauer reagiert (Indicator Methylrot, 0,2%ig in 60%igem Alkohol). Die Titration soll in 1—2 cm³ Probelösung durchgeführt werden. Der Indicator darf der Hauptlösung nicht zugesetzt werden. Diese wird durch Kochen oder Durchleiten von $CO_2$-freier Luft (10 min) von eventuell vorhandener Kohlensäure befreit; dann wird n NaOH zugefügt, bis Phenolsulfophthalein (0,1%ig in 60%igem Alkohol) Farbumschlag zeigt. Von der so eingestellten Lösung verwendet man für 1 cm³ Blut 0,02 cm³.

Kaliumcitrat und Natriumcitrat beeinflussen Reaktion und Zellvolumen des Blutes und sollen deshalb nicht verwendet werden.

#### β) Blutentnahme.

**Venöses Blut.** Peripheres Venenblut ist für atmungsphysiologische Untersuchungen meist nicht verwendbar. Seine Sauerstoffsättigung schwankt je nach der lokalen Stoffwechsel- und Durchblutungsgröße zwischen 25 und 91 %[2,3]. *Venöses Mischblut* wird mit einem Katheter aus der Art. pulmonalis gewonnen[4-6].

Im rechten Ventrikel ist das Blut noch nicht genügend gemischt[7]. Für die Gewinnung venösen Blutes aus einzelnen Organen sind andere Maßnahmen erforderlich (Coronarvenensinus[8,9], Venen der Bauchorgane[10], Gehirnvenensinus[11]).

**Arterielles Blut.** Die sachgemäße Arterienpunktion wird von den meisten Autoren als ein ungefährlicher Eingriff angesehen[12-17]. Gewöhnlich werden die Art. radialis,

---

[1] BAILEY, C. V.: J. biol. Ch. **47**, 281 (1921).
[2] KEYS, A.: Amer. J. Physiol. **124**, 13 (1938).
[3] GIBBS, E. L., W. G. LENNOX, L. F. NIMS and F. A. GIBBS: J. biol. Ch. **144**, 325 (1942).
[4] COURNAND, A., R. L. RILEY, E. S. BREED, E. DE F. BALDWIN and D. W. RICHARDS: J. clin. Invest. **24**, 106 (1945).
[5] DEXTER, L., F. W. HAYNES, C. S. BURWELL, E. C. EPPINGER, R. P. SAGERSON and J. M. EVANS: J. clin. Invest. **26**, 554 (1947).
[6] LAGERLÖF, H., and L. WERKÖ: Acta med. scand. **132**, 495 (1949).
[7] BUCHER, K., u. H. EMMENEGGER: Bull. schweiz. Akad. med. Wiss. **7**, 418 (1951).
[8] GOODALE, W. T., M. LUBIN, W. G. BANFIELD jr. and D. B. HACKEL: Science, N. Y. **109**, 117 (1949).
[9] ECKSTEIN, R. W., J. A. MCEACHEN, J. DANNING and W. D. NEWBERY: Science, N. Y. **113**, 385 (1951).
[10] FRIEDMANN, E. W., and R. S. WEINER: Amer. J. Physiol. **165**, 527 (1951).
[11] SCHNEIDER, M.: Persönliche Mitteilung.
[12] HÜRTER: Dtsch. Arch. klin. Med. **108**, 1 (1912).
[13] STADIE, W. C.: J. exp. Med. **30**, 215 (1919).
[14] FRASER, F. R., G. GRAHAM and R. HILTON: J. Physiol., London **58**, P 34 (1923/24).
[15] BARTELS, H., u. G. RODEWALD: Pflügers Arch. **256**, 113 (1952).
[16] MAURATH, J., u. P. UHLBACH: Beitr. Klin. Tuberk. **107**, 2, 143 (1952).
[17] FRIEHOFF, F., u. K. KARRASCH: Beitr. Silikoseforsch. **1954**, 26.

brachialis oder femoralis punktiert. Bei der letzteren ist die Punktion (dicht unterhalb des Leistenbandes) am einfachsten. Bei den kleineren Gefäßen besteht die Gefahr der Kontraktion, so daß man kein Blut gewinnen kann. Man muß dann einige Minuten nach dem Einstich warten, bis sich das Gefäß wieder öffnet. Man verwendet Kanülen der Größe 1 oder 2. Sind mehrere Entnahmen über einen längeren Zeitraum erforderlich, so ist die Punktion der Art. brachialis zu empfehlen, da hier eine Befestigung der Mandrinkanüle mit Leukoplast in geeigneter Lage leichter möglich ist. Die Kanülen sollen immer frisch angeschliffen sein; der Schliff soll etwa einen Winkel von 60° haben. Für die meisten Zwecke ist es vorteilhaft, die Punktionsstelle zu anästhesieren (2%iges Novocain, 2—4 cm³), da Gefäßkontraktionen und vor allem Atmungsveränderungen dann nicht so leicht auftreten. Man anästhesiert nicht nur die Haut, sondern auch rings um das Gefäß[1,2]. Die Spritzen füllen sich durch den Blutdruck von selbst, nicht saugen! Nach der Punktion wird 3—5 min ein starker, massierender Druck auf die Punktionsstelle ausgeübt, die Versorgung erfolgt mit einem Heftpflasterverband.

Für manche Zwecke, oder wenn die Arterienpunktion nicht möglich ist, kann man dem arteriellen Blut, was seinen Gasgehalt anbetrifft, sehr ähnliches Blut aus den Handrückenvenen erhalten. Die Hand wird 10 min in ein Wasserbad von 45—47° C gehalten und dann eine stark angeschwollene Vene punktiert (Kanüle in Richtung gegen die Fingerspitzen[3]). So entnommenes Blut differiert gegenüber dem arteriellen Blut um $+0{,}2$ bis $-0{,}7\%$ $HbO_2$. Durch die tiefe Punktion der Fingerbeere[4] oder des Ohrläppchens[5] kann man ebenfalls nur geringfügig vom Gasgehalt des arteriellen Blutes abweichendes Blut erhalten.

Aus dem Ohrläppchen läßt sich mit einer 2 cm³-Spritze, auf die eine dünne Glaskanüle aufgesetzt wird, ohne Luft anzusaugen und ohne nennenswerten Zuwachs von $O_2$ und Verlust von $CO_2$ Blut gewinnen.

WINTERSTEIN[6] gibt zur Gewinnung von Capillarblut folgende Vorschrift: Auf die gesäuberte Fingerkuppe wird ein Plastilinring von etwa 0,5 cm Durchmesser aufgeklebt. Mit dem Schnepper wird dann im Mittelpunkt des Ringes eingestochen. Danach wird sofort Paraff. liq. aufgetropft, bevor nennenswerte Mengen Blut ausgetreten sind. Der Plastilinring verhindert die Ausbreitung des Paraffins. Nach Aufsetzen einer OSTWALD-Pipette (oder einer anderen Pipette, je nach Verwendungszweck des Blutes) wird vorsichtig angesaugt. Bei zu starkem Saugen besteht die Gefahr, daß man Gase aus dem Blut extrahiert.

Bei kleineren Gefäßen gilt im Tierversuch allgemein, daß man in einen abgehenden Seitenast des Gefäßes eine Capillare einbindet, deren Mündung eben in das große Gefäß hineinragt, ohne dort die Blutströmung wesentlich zu beeinträchtigen.

Arterielles Blut vom *Kaninchen oder Meerschweinchen* erhält man durch Punktion des linken Ventrikels. Man befreit die Herzgegend von Haaren und reinigt die Haut mit Alkohol und Äther. Dann sucht man den Herzspitzenstoß auf und sticht mit einer Kanüle Nr. 3—5 medial vom Spitzenstoß im nächst höheren Intercostalraum ein. Man fühlt das Herz gegen die Kanüle pochen. Mit einem kurzen kräftigen Stoß gelangt man in den Ventrikel. Nach dem Herausziehen der Nadel wird die Wundstelle 2—4 min komprimiert. Solche Punktionen können bei sachgemäßer Ausführung am gleichen Tier öfter wiederholt werden.

Über die Blutentnahme zur Bestimmung des Blutgaswechsels einzelner Organe hat VERZÁR[7] ausführlich berichtet.

---

[1] BARTELS, H., u. G. RODEWALD: Pflügers Arch. **256**, 113 (1952).
[2] COMROE, J. H. jr.: Methods in Medical Research. Vol. II, S. 138. Chicago 1950.
[3] GOLDSCHMIDT, S., and A. B. LIGHT: J. biol. Ch. **64**, 53 (1925).
[4] LUNDSGAARD, C., and E. MÖLLER: J. exp. Med. **36**, 559 (1922).
[5] LILIENTHAL, J. L. jr., and R. L. RILEY: J. clin. Invest. **23**, 904 (1944). J. Lab. clin. Med. **31**, 99 (1946).
[6] RONA, P.: Praktikum der Physiologischen Chemie. Bd. 2, S. 80. Berlin 1929.
[7] VERZÁR, F.: Handb. biol. Arb.-Meth. Abt. IV, Teil 10, S. 985. 1926.

SANCHEZ CUENCA[1] beschreibt, wie man bei der lebenden Maus aus dem Venensinus bis 0,5 cm³ Blut entnehmen kann. Für eine Reihe von Methoden (Distickstoffoxydmethode, Farbstoffmethoden) ist es erforderlich, eine gewisse Menge Blut aus Vene oder Arterie über eine bestimmte Zeit zu sammeln; dies kann man durch Steuerung der Spritzenfüllung mit kleinen Synchronmotoren erreichen[2].

### γ) Entnahmevorrichtungen.

**Anaerobe Entnahme.** Eine zuverlässige anaerobe Blutentnahme ist nur bei Abdichtung mit Quecksilber möglich. Die in Abb. 4 dargestellte Anordnung[3] erfüllt diesen Zweck. Die Natriumfluorid-Kaliumoxalatlösung (s. S. 188) wird in das Gefäß $C$ bei geschlossenem Hahn $E$ (0,02 cm³/cm³ Blut) einpipettiert. Unter Drehen des waagerecht gehaltenen Gefäßes wird warme Luft durch das Gefäß gesaugt oder das Gefäß in die Nähe einer Wärmequelle (z. B. 60—100 Wattbirne) gehalten. Dadurch krystallisieren die Substanzen aus, und die Gefahr der Verdünnung des Blutes durch die Lösung wird vermieden. Die Trockentemperatur darf 70° C nicht überschreiten, da sonst das Kaliumoxalat teilweise in Carbonat zerfällt.

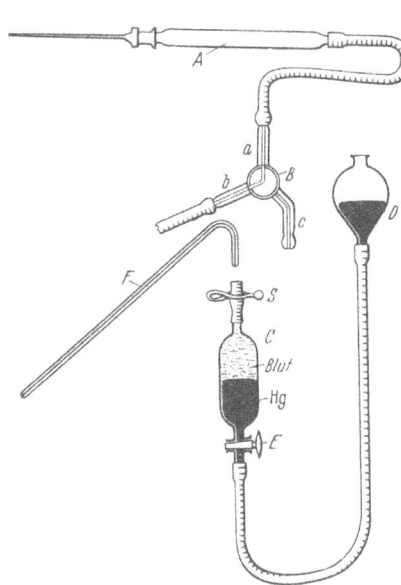

Abb. 4. Anordnung zur anaeroben Entnahme von Blut. Die Glasröhre $A$ ist an einem Ende angeschliffen, damit eine Kanüle aufgesetzt werden kann. Im Gefäß $C$ wird gerinnungs- und glykolysehemmende Lösung angetrocknet. Der capillare Heber $F$ dient dem Ansaugen von Plasma oder Serum aus Zentrifugengläsern.

Danach schließt man $C$ über den abgebildeten Gummischlauch an den Ansatz $Bc$ an und läßt, in Stellung $ac$ des Hahnes $B$, das Quecksilber aus dem Vorratsgefäß $D$, bei offenem Hahn $E$, bis in die Bohrung von $B$ steigen. Man stellt $B$ in Stellung $ab$ um und läßt nach Einstich der Kanüle in das Blutgefäß Blut bis in $Bb$ fließen; dann bringt man Hahn $B$ in Stellung $ac$. Nach Senken von $D$ gelangt das Blut in $C$. Nach der Entnahme wird Gefäß $C$ von $Bc$ abgetrennt, nachdem die Schlauchklemme $S$ geschlossen wurde. $C$ wird in Eiswasser gestellt; dabei muß Hahn $E$ offenbleiben sowie $D$ und Schlauchverbindung mit ins Wasser gestellt werden, damit bei Abkühlung kein zu großer Unterdruck entsteht, durch den Gase aus dem Blut extrahiert werden könnten. Es ist zweckmäßig, $C$ nur soweit mit Blut zu füllen, daß in jedem Fall etwas Hg in $C$ bleibt. Dadurch ist es möglich, vor der Analyse das sedimentierte Blut leicht wieder aufzuschütteln.

Der Capillaransatz $F$ dient zum Ansaugen von *Serum* oder *Plasma* aus Zentrifugengläsern. Dazu wird das Quecksilber bis in die Mündung der Capillare $F$ getrieben. Hahn $E$ wird abgestellt und $D$ gesenkt, so daß beim vorsichtigen Eintauchen von $F$ in das Serum und Öffnen von $E$ das Serum selbsttätig angesaugt wird, ohne daß Hg in das Gefäß fällt und die Zellen aufrührt.

*Defibriniertes Blut*[4] kann man mit dieser Anordnung erhalten, wenn man das Gefäß $C$, in dem sich noch etwa 1 cm³ Hg befinden soll, kräftig schüttelt. Das Fibringerinnsel bildet sich um die Hg-Kugeln.

**Entnahme in Spritzen.** Weniger exakt, aber für geringere Ansprüche ausreichend, ist die Entnahme des Blutes in Spritzen, deren Totraum mit Paraff. liq. ausgefüllt ist. Wenngleich die Löslichkeit für Sauerstoff und Kohlendioxyd in Paraff. liq. sogar größer

---

[1] SANCHEZ CUENCA, B.: [Ber. Physiol. **42**, 586].
[2] BERNSMEIER, A., u. K. SIEMONS: Pflügers Arch. **258**, 149 (1953).
[3] AUSTIN, J. H., G. E. CULLEN, A. B. HASTINGS, F. C. MCLEAN, J. P. PETERS and D. D. VAN SLYKE: J. biol. Ch. **54**, 121 (1922).
[4] EISENMAN, A. J.: J. biol. Ch. **71**, 607 (1927).

ist als in Wasser[1], so verhindert es doch für kurze Zeit[2] (nicht mehr als 10 min) größere Verluste an Kohlendioxyd und einen Zuwachs an Sauerstoff durch Abdichtung gegenüber Luft.

Besser ist es, das Blut in *Spezialspritzen zu entnehmen*. In diesen Spritzen wird die oben angegebene Lösung (s. S. 188) eingetrocknet (unter gleichmäßigem Drehen, damit der Stempel noch leidlich gut läuft). Zum Abdichten wird der Stempel in Paraff. liq. eingetaucht und eingeführt. Man setzt einen englumigen Schlauch, in dessen anderes Ende ein Rekordspritzenansatz eingeschoben wird (Abb. 5), auf die Spritze auf und saugt aus einem Napf Quecksilber an. Die Spritze wird vertikal, der Gummischlauch nach oben gehalten und Luft durch Schütteln und Herausdrücken von Hg zum Entweichen gebracht. Man schließt die Schlauchklemme, wenn der Schlauch und Spritzenansatz mit Hg gefüllt sind. Bei der Entnahme wird der Spritzenansatz direkt auf die Entnahmekanüle oder einen Verbindungsschlauch aufgesetzt. Man öffnet die Schlauchklemme zur Entnahme und schließt sie danach wieder. Nun wird die Spritze senkrecht gestellt und man läßt etwas Quecksilber aus dem nach unten gerichteten Schlauch bei geöffneter Klemme austreten. Dann wird die Schlauchklemme geschlossen und die Spritze geschüttelt, damit sich die eingetrocknete Lösung im Blut rasch löst. Nun wird die Spritze in Eiswasser gestellt. Zur Analyse wird die Spritze langsam in der Hand aufgewärmt und dabei gut geschüttelt, damit bei Probeentnahmen das ursprüngliche Plasma-Zellverhältnis besteht.

Bei Paraffinspritzen wird nach der Blutentnahme die Punktionskanüle von der Spritze abgenommen und eine etwa 10 cm lange Kanüle aufgesetzt. Das Blut wird dann in der abgebildeten Weise (Abb. 6) in ein *Zentrifugenglas übergeführt*, das wie folgt vorbereitet wurde: Eine entsprechende Menge der oben angegebenen Lösung wird im Zentrifugenglas eingetrocknet und eine Schicht von Paraff. liq. (etwa 2 cm Höhe) eingefüllt. Beim Einfüllen des Blutes in das Zentrifugenglas rührt man mit der Kanüle leicht um, bis sich die angetrocknete Lösung im Blut gelöst hat. So sollte das Blut nicht länger als 10 min aufbewahrt werden.

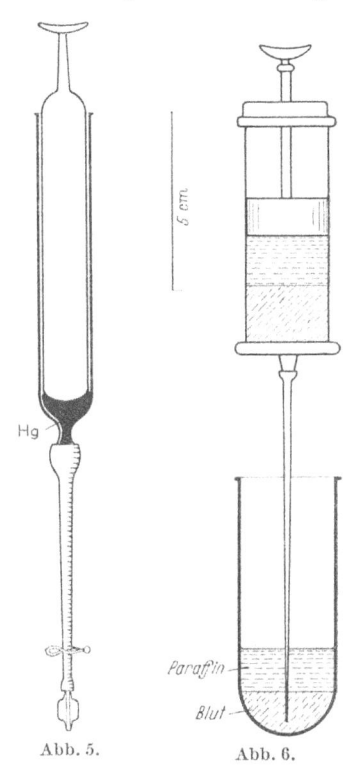

Abb. 5. Spritze zum Aufbewahren von Blut unter anaeroben Bedingungen. An der Wand befindet sich angetrocknete, gerinnungs- und glykolysehemmende Lösung. Die gefüllte Spritze wird in Eiswasser aufbewahrt.

Abb. 6. Überführung von unter Paraffin in einer Rekordspritze abgenommenem Blut in ein Zentrifugenglas, in dem sich ebenfalls Paraff. liq. befindet. Am Boden des Zentrifugenglases hat man zuvor gerinnungs- und glykolysehemmende Lösung angetrocknet (s. S. 188). Beim Einfüllen des Blutes muß man mit der Kanüle gut umrühren, jedoch soll dabei möglichst wenig Turbulenz erzeugt werden (Abdiffusion von $CO_2$!).

*Größere Fehler* macht man bei folgendem Verfahren[3], das leider sehr verbreitet ist. Mit einer Rekordspritze oder Vollglasspritze wird Heparinlösung (1%ig) aufgesaugt und unter Austreibung der Luftblasen wieder ausgespritzt, so daß der Totraum der Spritze und der Capillarenspalt zwischen Stempel und Hülse Heparinlösung enthält. Dieses Verfahren verursacht bei den handelsüblichen Vollglasspritzen (10 cm³) durch die Verdünnung des Blutes mit Heparinlösung eine Erniedrigung der gemessenen Sauerstoffkapazität um durchschnittlich 0,5 Vol.-% (!) bei einer angenommenen $O_2$-Kapazität von 20 Vol.-%. Bei Rekordspritzen beträgt der Fehler etwa 0,2 Vol.-%. Wenn man so vorgeht, sollte man mindestens den Totraum durch Auswiegen mit Wasser bei jeder Spritze bestimmen und berücksichtigen.

---

[1] KUBIE, L. S.: J. biol. Ch. **72**, 545 (1927).

[2] LOONEY, J. M., and H. M. CHILDS: J. biol. Ch. **104**, 53 (1934). [10 cm³ Blut können z. B. unter Paraff. liq. in Spritzen 1,9 Vol.-% $CO_2$ verlieren und durchschnittlich 1,3 Vol.-% $O_2$ innerhalb 30—60 min gewinnen.]

[3] COMROE, J. H. jr.: Methods in Medical Research. Bd. 2, S. 139. Chicago 1950.

Es ist zu beachten, daß die Metallteile $O_2$ aufnehmen und dadurch meßbare Fehler entstehen können[1].

Die Überführung des Blutes in die Analysenapparate ist bei den einzelnen Abschnitten beschrieben.

### δ) Anaerobe Gewinnung von Serum und Plasma.

**Anaerobes Zentrifugieren.** Es ist nur unter Quecksilberabschluß möglich. Anstatt des Gefäßes $C$ der Abb. 4 wird Gefäß $A$ der Abb. 7 verwendet. Es muß aus dickwandigem Glas hergestellt und die Größe den Ausmaßen der Zentrifugenbecher angepaßt sein. Bei abgenommenem Schlauch $G$ wird oben angegebene Lösung in $F$ eingefüllt. Die Lösung wird so angetrocknet, daß die Hauptmenge im oberen Teil des Gefäßes antrocknet, weil sich nur dort später das Blut befindet. Schlauch $G$ wird wieder aufgesetzt. Durch Heben von $C$ bei offenem Hahn $E$ wird das Gefäß $A$ mit Quecksilber gefüllt, das durch den Hahn $D$ (Stellung $ac$) in $Bb$ gedrängt wird. Man bringt Hahn $B$ in Stellung $ab$ und läßt nach erfolgter Punktion etwas Blut ausfließen. Dann wird $B$ auf $ac$ umgestellt. Senken von $C$ saugt Blut in $A$ ein. Es soll nur so viel Blut eingesaugt werden, daß $F$ noch gut in Quecksilber eintaucht. Hahn $D$ wird in Stellung $bc$ gebracht. Nach Lösen der Gummischlauchverbindung zwischen $B$ und $D$ wird Gefäß $A$ in Eiswasser gestellt. Das Niveaugefäß muß bei offenem Hahn $E$ in Verbindung mit $A$ bleiben. Nach 10 min schließt man Hahn $E$ und nimmt $G$ mit $C$ ab. Mit einer Spritze wird

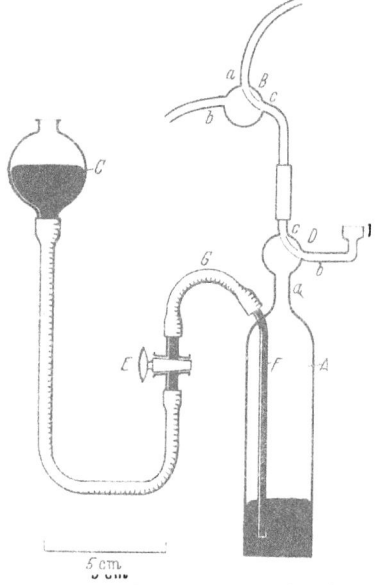

Abb. 7. Anordnung zur anaeroben Gewinnung von Blut. In Gefäß $A$ kann das Blut zur Gewinnung von Serum oder Plasma zentrifugiert werden. Näheres s. S. 192.

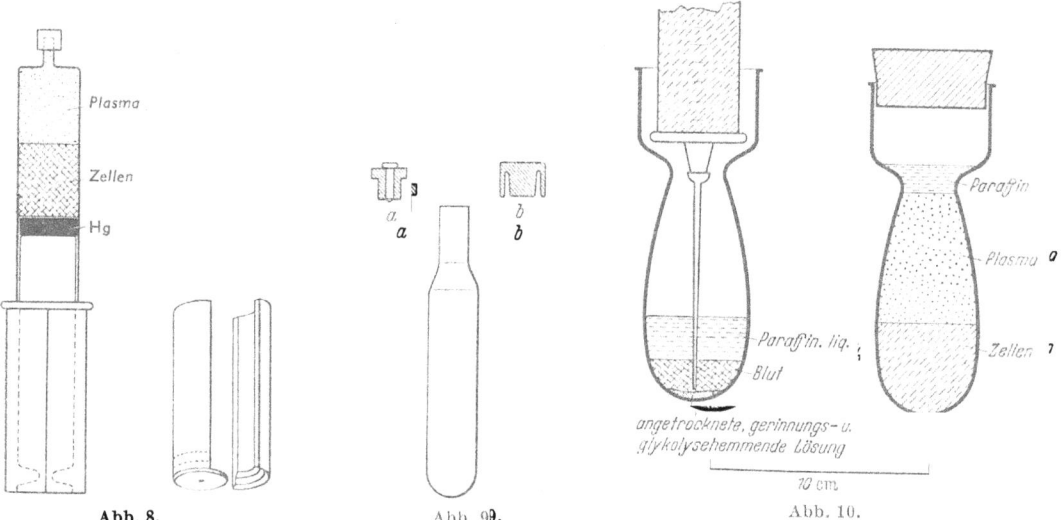

Abb. 8. Spritze zum anaeroben Zentrifugieren. Die rechts abgebildeten Schalen werden um den herausgezogenen Stempel gelegt. Die Spritze wird so in das Zentrifugenglas eingesetzt, daß die Blutzellen sich stempelwärts absetzen.

Abb. 9. Glas zum Zentrifugieren von Blut (mit zwei Gummistopfen).

Abb. 10. Gefäß zur anaeroben Gewinnung von Plasma bzw. Serum s. S. 193.

Quecksilber aus dem Rohr $F$ so weit abgesaugt, daß der Hg-Spiegel im Rohr etwas höher als der Spiegel des Hg im Gefäß steht. Bei zu hohem Stand des Hg-Meniscus im Rohr wird Blut beim Zentrifugieren aus dem Hahn $D$ gedrückt. Bei zu tiefem Stand des Hg kann ein negativer Druck Gase aus dem Blut extrahieren. Nach 5 min Zentrifugieren bei etwa

---

[1] WIESINGER, K.: Helv. physiol. Acta, Suppl. VII (1950).

2000 Touren/min wird Hg in das Rohr $F$ mit einer Spritze eingefüllt und der Schlauch $G$ wieder angeschlossen. Dabei dürfen keine Luftblasen zwischen die Quecksilbersäulen eindringen. Durch Heben von $C$ bei offenem Hahn $E$ kann bei Stellung $ab$ von $D$ Serum z. B. in eine aufgesetzte OSTWALD-Pipette getrieben werden.

**Zentrifugieren der Spritze.** Die in Abb. 8 gezeigte Spritze kann direkt zentrifugiert werden, wenn man anstatt des Schlauches unter Quecksilber eine Gummikappe auf die Spritze aufsetzt. Die abgebildeten Halterschalen werden aufgesetzt und die Spritze so zentrifugiert, daß die Zellen sich stempelwärts absetzen[1].

**Weitere Verfahren.** Bei geringeren Ansprüchen an die Genauigkeit und wenn das Blut nur kurzzeitig (etwa 10 min) aufbewahrt wird, können folgende Verfahren angewendet werden:

Das Blut wird unter Paraff. liq. in das Röhrchen Abb. 9 eingefüllt und zwar so viel, bis das Paraffin wieder praktisch vollkommen ausgelaufen ist. Dann wird ein Stopfen $a$ oder $b$ aufgesetzt. Bei Stopfen $a$ wird zum Schluß der abgebildete Glasnippel eingedrückt. Nach dem Zentrifugieren wird sofort nach der Abnahme der Gummikappe wieder Paraff. liq. aufgetropft und das Serum mit einer Paraffinspritze (s. Abb. 6) oder dem Heber $F$ der Abb. 4 abgesaugt.

Bei dem Gefäß der Abb. 10 befindet sich das Blut während des Zentrifugierens in Kontakt mit Paraff. liq. Die Austauschfläche ist durch die Einschnürung des Gefäßes klein gehalten.

Es gibt noch eine große Zahl anderer Verfahren, sie sind jedoch alle nicht ideal.

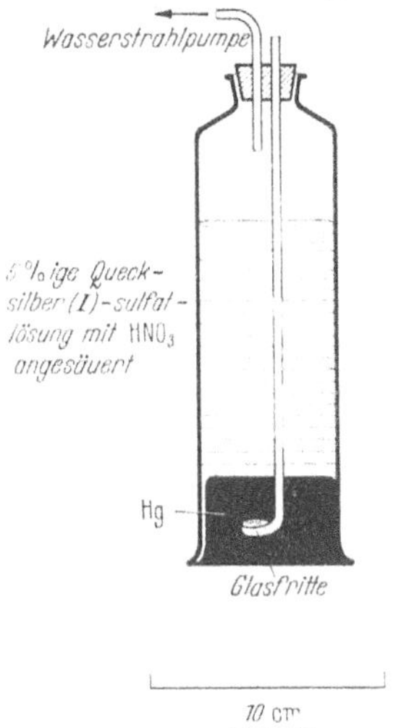

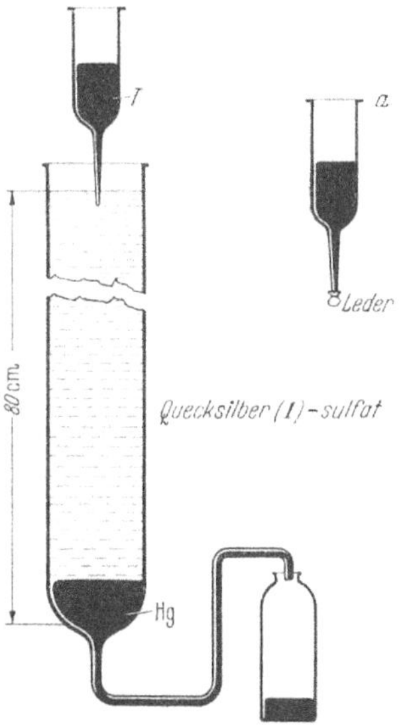

### c) Anhang.

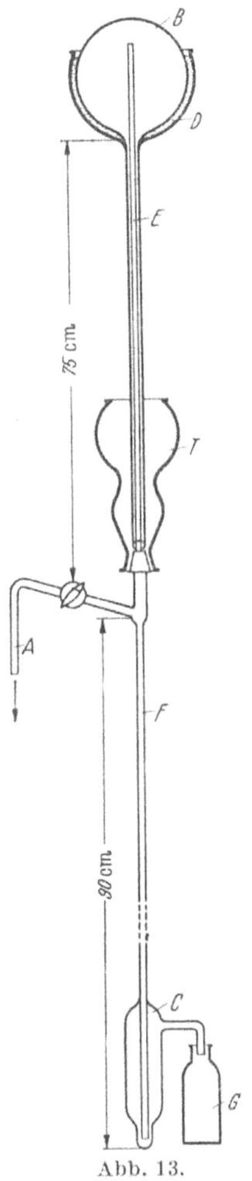

#### α) Reinigung von Quecksilber[2].

Quecksilber wird in großen Mengen bei gasanalytischen Untersuchungen gebraucht. Da es leicht mit Metallen, Fett, Gummi usw. verunreinigt wird und dann seine Oberflächeneigenschaften erheblich ändert, ist unter anderem eine Ablesung der Menisci beim Analysieren, Eichen von Pipetten usw. nicht mehr möglich. Zur Reinigung müssen folgende Schritte unternommen werden:

1. Reinigung mit 5%igem Quecksilber(I)-sulfat (mit Salpetersäure angesäuert) in dem Gefäß der Abb. 11. Das Durchsaugen von Luft sorgt für innige Berührung des

Abb. 11. Gefäß zur Reinigung von Quecksilber.

Abb. 12. Quecksilberturm zur Quecksilberreinigung. $a$ ist ein Trichter, dessen untere weite Öffnung mit Leder verschlossen ist. Näheres s. S. 194.

Abb. 13. Quecksilberdestillationsanlage. Der Trichter $T$ wird mit Quecksilber gefüllt. Durch Saugen bei $A$ steigt das Quecksilber bis in das Gefäß $B$, wenn man vorher in $C$ destilliertes Quecksilber eingefüllt hat. Durch den Heizkorb $D$ wird das Quecksilber erwärmt und der Quecksilberdampf schlägt sich in Innenrohr $E$ durch Abkühlung nieder. Das destillierte Quecksilber fällt im Rohr $F$ nach unten und wird in $G$ gesammelt.

---

[1] GABARDI, A., and H. W. DAVENPORT: J. Lab. clin. Med. **34**, 1169 (1949).
[2] OSTWALD, W., u. R. LUTHER: Physiko-chemische Messungen. 5. Aufl., S. 192. Leipzig 1931.

Quecksilbers mit der Lösung. Diese reagiert mit den metallischen Verunreinigungen. Die schmutzige Lösung wird abgesaugt.

2. Das Quecksilber wird durch sog. Reinigungstürme geschüttet (Abb. 12). Das Quecksilber strömt aus der Capillaröffnung des Trichters $T$ aus und bildet so eine große Oberfläche mit der 5%igen Quecksilber(I)-sulfatlösung (mit $HNO_3$ angesäuert).

3. In einem zweiten Turm (Abb. 12), der mit Kalilauge (etwa 10%ig) gefüllt ist, wird das Quecksilber von Fett befreit.

4. In einem dritten Turm befindet sich Aqua dest. zur Reinigung des Quecksilbers. Hierbei ist zu empfehlen, den in Abb. 12a abgebildeten Trichter zu benützen, über dessen aufgewinkeltem Rand weiches feinporiges Leder aufgebunden ist (darf nicht in Wasser tauchen!). Quecksilber, das diese Reinigungsschritte erfahren hat, ist für die meisten gasanalytischen Methoden brauchbar. Für die polarographische Analyse (s. S. 268) muß das so gereinigte Quecksilber im Vakuum destilliert werden.

5. Abb. 13 zeigt eine Hg-Destillieranlage, wie sie die Verfasser benützen. WETZEL[1] beschreibt eine Anlage, die eine Stundenleistung von 2,3 kg Quecksilber hat. Für polarographische Zwecke benützt man am besten zwei Anlagen, damit man das Quecksilber doppelt destillieren kann.

### *β) Herstellung von Gasgemischen zu Eichzwecken, Atemversuchen, zum Tonometrieren u. a.*

Größere Mengen sind am zweckmäßigsten in die käuflichen Stahlflaschen einzufüllen. Entweder füllt man mit dem Druck der Spenderflaschen oder mit Hilfe von Kompressionspumpen. Für Sauerstoff dürfen nur Glycerinpumpen benutzt werden, da bei den Ölpumpen Explosionsgefahr besteht. Es ist auch möglich, durch Abwägen auf Spezialwaagen relativ genaue Gemische herzustellen.

Reduzierventile, Übergangsstücke, Schlauchverbindungen und Manometer für solche Anlagen liefert Dräger, Lübeck.

Andere Methoden, zum Teil nur für kleine Mengen, müssen den entsprechenden Erfordernissen angepaßt sein[2-4].

### *γ) Herstellung von Hahnfett.*

Zur Abdichtung von Hähnen und Schliffen an gasanalytischen Apparaten sind Hahnfette verschiedener Konsistenz erforderlich, die vor allem der Temperatur angepaßt sein muß („Winter"- und „Sommer"-Fett). Es können deshalb keine speziellen Anweisungen gegeben werden. Allgemein läßt sich sagen: Die Hähne sollen nicht zu leicht laufen, damit keine unbeabsichtigte Änderung der Stellung eintritt, und andererseits nicht so schwer gehen, daß die Fettschicht beim Drehen abreißt und Undichtigkeit auftritt. Im allgemeinen kann man Schliffe, die nach dem Fetten nicht gedreht werden müssen, mit zähem Fett fetten, wobei man vorher die Schliffflächen erwärmt. Man mengt zusammen: Kautschukschnitzel, Vaseline und Paraffin (Verhältnis 7:3:1 bis 16:8:1). Die Mischung hält man in Brutschrank oder Trockenschrank etwa 2 Tage bei 100° C und rührt ab und zu um. Wenn eine homogene Masse entstanden ist, erhitzt man diese $1/2$—1 Std auf 150° C. Vakuumfett (RAMSAY-Fett) verschiedener Zähigkeit liefert Leybold, Köln.

---

[1] WETZEL, J.: Chem.-Ztg. **32**, 1225 (1908).
[2] AUSTIN, J. H., G. E. CULLEN, A. B. HASTINGS, F. C. MCLEAN, J. P. PETERS and D. D. VAN SLYKE: J. biol. Ch. **54**, 121 (1922).
[3] LEWIS, R. A., and G. F. KOEPP: Science, N. Y. **93**, 407 (1941).
[4] HARTREE, E. F., and C. H. HARPLEY: Biochem. J. **44**, 637 (1949).

## 3. Analyse von Gasen in Gasgemischen.
### a) Gasanalyseapparat nach HALDANE.

Der Apparat von HALDANE ist ein zuverlässiges Laboratoriumsgerät zur genauen Bestimmung des $CO_2$- und $O_2$-Gehaltes in Gasgemischen. Außerdem können Acetylen und mit Hilfe einer Verbrennungskammer Wasserstoff, CO, Methan, Äthylen, Acetylen, Distickstoffoxyd und Benzolgas bestimmt werden. Über die Handhabung des Apparates liegen ausführliche Mitteilungen[1-6] vor, ebenso kritische Zusammenfassungen[7,8] und Auseinandersetzungen mit den Fehlerquellen[9,10].

### α) Prinzip.

Ein abgemessenes Volumen eines Gasgemisches wird mit einer Absorptionsflüssigkeit in Kontakt gebracht und nach Absorption die Volumenverminderung in einer Meßbürette abgelesen. Temperatur- und Barometerschwankungen während der Analyse werden durch ein Thermobarometer eliminiert, so daß alle Gasvolumina ohne besondere Korrektur streng miteinander vergleichbar sind.

### β) Apparatur, Lösungen und Zubehör.

1. HALDANE-Apparat (s. Abb. 14).
2. *Reagentien:* Beim Ansetzen und Einfüllen der Lösungen in den Apparat Schutzbrillen aufsetzen.

*a)* Zur Absorption von *Kohlendioxyd* und als Absperrflüssigkeit: Kalilauge, spezifisches Gewicht 1,55 [454 g KOH (in rotulis) ad 250 cm³ Aqua dest.; in Pyrex-Kolben ansetzen!]. Nur zur Absorption von $CO_2$: KOH, 10%ig (Gew./Vol.).

*b)* Zur Absorption von *Sauerstoff:* 100 cm³ der KOH-Lösung (s. oben) werden mit 10—15 g Pyrogallol doppelt sublimiert DAB 6 (Riedel de Haën, Elze) versetzt. Für besonders hohe Ansprüche erfolgt Zubereitung der Pyrogallollösung nach KILDAY[10], um CO-Bildung einzuschränken.

Oder Kaliumhydroxyd (in rotulis): 14 g werden in 100 cm³ $H_2O$ gelöst; 16 g Natriumhydrosulfit und 3 g rohes anthrachinonsulfosaures Natrium werden im Mörser zusammengemischt und unter Rühren zur KOH-Lösung zugesetzt.

Beide Lösungen dürfen nicht länger als nötig mit der Außenluft in Berührung sein ($O_2$-Absorption!). Natriumhydrosulfit absorbiert den Sauerstoff vollständiger als Pyrogallol; man erhält mit Natriumhydrosulfit bei Außenluftanalysen 20,93% $O_2$, bei Pyrogallol jedoch höchstens 20,85% $O_2$. Die Natriumhydrosulfitlösung ist nur wenige Tage haltbar, die Pyrogallollösung hält sich monatelang und kann für 30—50 Analysen verwendet werden.

*c)* Zur Absorption von *Acetylen:*

Quecksilbercyanid $Hg(CN)_2$ . . . . 20,0 g
Natriumhydroxyd . . . . . . . . 8,0 g
Aqua dest. . . . . . . . . . . ad 100,0 cm³

mit einigen Tropfen Glycerin versetzt.

*d)* $H_2SO_4$, konz.

*e)* $HNO_3$, konz.

3. Sonstiges: Hahnfett, Pfeifenreiniger, Hühnerfedern.

---

[1] HALDANE, J. S., and J. I. GRAHAM: Methods of Air Analysis. London 1935.
[2] Peters-van Slyke Bd. 2, S. 86.
[3] PETERS, J. P., and D. D. VAN SLYKE: Handb. biol. Arb.-Meth., Abt. V, Teil 10, S. 113. 1934.
[4] DOUGLAS, C. G., and J. G. PRIESTLEY: Human Physiology. Oxford 1948.
[5] RONA, P.: Praktikum der Physiologischen Chemie. Bd. 3, S. 133. Berlin 1929.
[6] MURALT, A. V.: Einführung in die praktische Physiologie. 3. Aufl. S. 112. Berlin, Göttingen, Heidelberg 1948.
[7] HENDERSON, Y.: J. biol. Ch. **33**, 31 (1918).
[8] SWIFT, R. W.: J. Lab. clin. Med. **18**, 731 (1933).
[9] RENBOURNE, E. T., and J. McELLISON: J. Hyg., London **48**, 239 (1950).
[10] KILDAY, M. V.: J. Res. nat. Bur. Stand. **45**, 43 (1950).

γ) *Vorbereitung des Apparates zur Analyse.*

1. Zum Fetten werden die Hähne herausgenommen. Die Hahnhülsen entfettet man mit Lappen, desgleichen die Hahnstutzen. Die gefetteten Hähne werden eingesetzt und rasch im Stutzen gedreht, bis die ganze Schliffffläche glatt und ohne Schlieren ist.

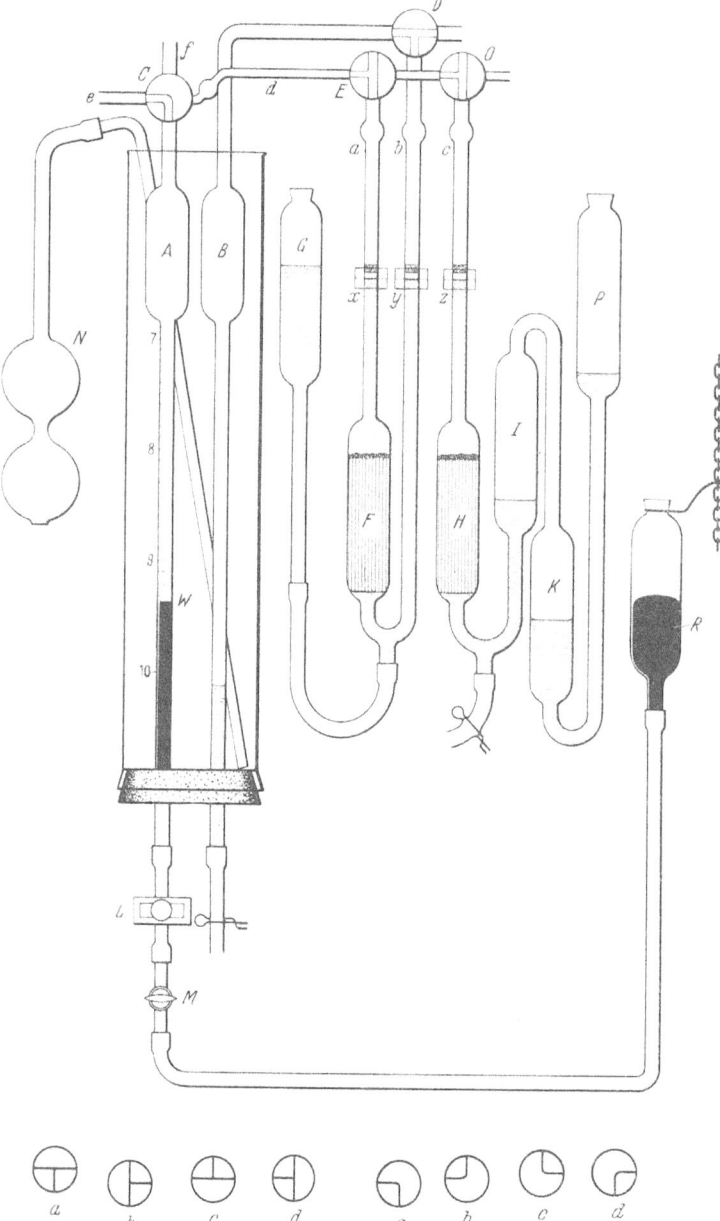

Abb. 14. HALDANE-Gasanalyseapparat. Unten sind die Hahnstellungen schematisch angedeutet. Beschreibung und Handhabung s. S. 196 ff.

Zu wenig Fett verursacht Schlieren und Undichtigkeiten, zuviel Fett verstopft die Bohrungen. Je nach Zimmertemperatur müssen verschiedene Fette verwandt werden. Haben sich Fettpfropfen in die Bohrungen gesetzt, so kann man unter Umständen bei den Hähnen $C$, $D$ und $O$ mit Hühnerfedern das Fett aus den Bohrungen stoßen. Durchsaugen von heißem Wasser bei Stellung $c$ der Hähne $C$, $E$ und $O$ löst ebenfalls die Fettpfröpfe.

2. Der Wassermantel wird mit Aqua dest. gefüllt, bis die aufgetriebenen Teile von $A$ und $B$ gut eintauchen.

3. Die Schlauchklemme am unteren Ende von $B$ wird geöffnet und über ein Glasverbindungsstück ein Gummischlauch mit Trichter angeschlossen. Bei Stellung $a$ von $D$ wird Aqua dest. eingefüllt (etwa bis zur Höhe der 10,0 cm³-Marke in $A$).

4. Quecksilber (gereinigt, s. S. 193) wird mit Trichter bei offenem Hahn $M$ und Hahn $C$ in Stellung $a$ in $R$ eingefüllt und zwar so viel, daß sich noch ein kleiner Teil davon in $R$ befindet, wenn $R$ so hoch gehalten wird, daß $w$ im Hahn $C$ steht.

5. Ein Trichter wird mit Schlauch an $e$ angesetzt. Der Hg-Meniscus $w$ steht in Hahn $C$. Mit Schwefelsäure leicht angesäuertes Wasser (1 Tropfen auf 200 cm³) wird in den Trichter gefüllt. Man senkt $R$ und saugt dadurch angesäuertes Wasser in $A$ ein. $R$ wird mehrmals gehoben und gesenkt. Zum Schluß füllt man Ansatz $e$ ganz mit Quecksilber, so daß alles überschüssige Wasser abläuft. Angesäuertes Wasser wird eingefüllt, damit einmal alles Gas mit Wasserdampf gesättigt wird und zum anderen, damit sich eventuell aus dem Glas lösendes Alkali nicht mit Kohlensäure verbindet.

6. Alle Hähne werden in Stellung $a$ gebracht; mit Trichter wird so viel Kalilauge in $G$ eingefüllt, daß die Menisci $x$ und $y$ etwa so stehen, wie in Abb. 14 gezeigt. Der Schlauch, der $F$ mit $G$ verbindet, muß geknetet werden, damit Luftblasen entweichen!

7. Pyrogallol- oder Natriumhydrosulfitlösung wird mit Trichter, Schlauch und Glasverbindungsstück durch Schlauchansatz zwischen $H$ und $I$ unten eingefüllt. Der Spiegel soll knapp unter dem Ende der Erweiterung in $H$ stehen.

8. Man füllt Absperrflüssigkeit ein (KOH, s. S. 195), damit die Absorptionsflüssigkeit keinen Kontakt mit der Außenluft hat. Es wird so viel KOH mit Trichter in $P$ eingefüllt, bis Meniscus $z$ etwa auf den in Abb. 1 gezeigten Stand ansteigt. Da der Gasraum in $I$ und $K$ zunächst noch Zimmerluft enthält, aus der langsam $O_2$ absorbiert wird, rückt der Spiegel in $P$ zu Anfang etwas tiefer und muß durch Nachfüllen von KOH wieder auf den alten Stand gebracht werden. Hahn $O$ wird in Stellung $d$ gebracht.

Der Apparat ist erst analysenbereit, wenn er $O_2$- und $CO_2$-frei ist (s. unten).

### δ) Eichung der Meßbürette.

Man kauft das Rohr $A$ mit angeschmolzenem Hahn $C$ und läßt am unteren Ende des Rohres einen weiteren Hahn anschmelzen. Das Glasrohr unter dem unteren Hahn zieht man so fein aus, daß Hg-Tropfen von nicht mehr als 0,07 g abgelassen werden können. Das Rohr wird mit angesäuertem Wasser gefüllt und durch Anschluß einer Wasserstrahlpumpe (mit Waschflasche!) bei $e$ Quecksilber von unten aufgesaugt, bis es in den Schlauch bei $e$ austritt. Das Quecksilber wird wieder abgelassen durch Öffnen des unteren Hahnes; dann läßt man es erneut bis in den Saugschlauch ansteigen. Dadurch wird die Menge des angesäuerten Wassers in der Meßbürette so vermindert, daß es nur noch einen dünnen Film an den Wänden bildet, so wie er bei den Messungen vorhanden sein soll. Man läßt Quecksilber ab und saugt wieder auf, bis die Bohrung von Hahn $C$ genau ausgefüllt ist; dann wird bis zur 7,0 cm³-Marke abgelassen. Das ausgelaufene Quecksilber wird gewogen. Nun läßt man von 7,0—10,0 cm³ auslaufen und wiegt. Schließlich läßt man nach erneutem Aufsaugen von Quecksilber bis zur 7,0 cm³-Marke von 7,0—10,0 cm³ um je 0,1 cm³ ab und wiegt aus. Es ist nicht wichtig, daß das Gesamtvolumen genau 10,0 cm³ beträgt, sondern daß auf der Teilung 0,1 „cm³" möglichst genau 0,01% des Gesamtvolumens beträgt bzw. der Fehler bekannt ist und berücksichtigt wird. Die Korrektur soll auf 0,001 cm³ angegeben und der Fehler nicht über ±0,0001 sein.

Die Teilung soll ringförmig das ganze Meßrohr umfassen. Ausführlicheres über Eichung von Glasröhren bei MÜLLER[1].

### ε) Apparatives.

Schlauch-Glasverbindungen sollen möglichst gering an Zahl sein und nicht mit Draht, sondern mit Isolierband gesichert sein. Passende Schläuche sitzen so gut, daß meist eine Sicherung, außer bei der Niveaubirne $R$, nicht erforderlich ist.

Um das etwas mühsame Heben und Senken von $R$ bei der Analyse zu erleichtern, sind verschiedene Modelle entwickelt worden, bei denen $R$ durch einen Motor bewegt wird[2].

Hahnbohrungen sollen capillar, jedoch für einen Pfeifenreiniger noch durchgängig sein. Um Verschmutzung des Quecksilbers mit Staub zu verringern, setzt man vorteilhaft in die Öffnung des Niveaugefäßes $R$ einen Wattebausch ein.

### ζ) Gang der Analyse (Zimmerluft).

Der Apparat befindet sich in dem in Abb. 14 dargestellten Zustand.

1. Hahn $M$ wird geöffnet, Hahn $C$ in Stellung $a$ gebracht. Durch Heben des Quecksilber-Niveaugefäßes $R$ steigt das Quecksilber in der Gasbürette $A$ an. Nachdem der

---

[1] MÜLLER, F.: Handb. biol. Arb.-Meth. Abt. IV, Teil 10, S. 12. 1926.
[2] GMEINER, G.: B. Z. 188, 285 (1927).

Meniscus $w$ bis in die Bohrung von $C$ angestiegen ist, senkt man $R$ wieder. Durch mehrmaliges Heben und Senken von $R$ erreicht man, daß Zimmerluft in die Bürette eingesaugt wird. Einstellung von $w$ in $A$ auf die Marke 10,0 cm³. Befindet sich am Apparat eine Feineinstellung $L$, so kann der Hahn $M$ schon abgestellt werden, wenn der Meniscus $w$ in der Nähe von 10,0 cm³ steht. Mit $L$ wird dann genau eingestellt.

2. Das Niveaugefäß der Kalilauge wird so eingestellt, daß der Meniscus in $G$ mit dem Meniscus $x$ auf gleicher Höhe steht. Dann steht Meniscus $y$ ebenfalls mit $x$ auf gleicher Höhe, da der Hahn $D$ mit der Außenluft Verbindung hat. Die verschiebbaren Marken werden auf die Menisken eingestellt und Hahn $D$ wird in Stellung $d$ gebracht. Damit ist das Kompensationsgefäß $B$ abgeschlossen. Änderungen des Gasvolumens in $B$ durch Temperaturänderungen machen sich am Meniscus $y$ bemerkbar, ebenso Änderungen des Luftdruckes. Die Flüssigkeit im Wassermantel wird mittels Durchperlen von Luft durch $N$ gerührt.

3. Hahn $C$ wird in Stellung $d$ gebracht; dabei soll sich der Meniscus $x$ nicht ändern, sonst war die Meßbürette nicht unter Atmosphärendruck gefüllt oder im Gasraum in Rohr $a$ herrschte Unter- bzw. Überdruck. Man läßt Luft durch den Wassermantel perlen und bringt, wenn nötig, Meniscus $y$ mit $G$ auf den alten Stand. Meniscus $x$ wird dann, wenn nötig, mit $L$ korrigiert. Es ist deshalb zweckmäßig, die Bürette bis 10,2 cm³ teilen zu lassen. Der Stand der Meßbürette wird abgelesen und notiert, dann Hahn $M$ geöffnet. Durch Heben von $R$ drückt man Gas in die Absorptionsbürette $F$. In $F$ befinden sich Glasrohre zur Vergrößerung der Berührungsfläche Gas-Kalilauge. Durch etwa fünfmaliges Heben und Senken von $R$ wird das Kohlendioxyd absorbiert. Die Bewegungen von $R$ werden zweckmäßig so ausgeführt, daß sich der Hg-Meniscus in der Meßbürette $A$ nur im erweiterten Teil auf und ab bewegt.

4. Nach der Absorption wird der Meniscus $x$ durch vorsichtiges Senken von $R$ auf den zu Beginn der Analyse durch die Marke gekennzeichneten Stand eingestellt. Mit dem Gummiball $N$ perlt man Luft durch den Wassermantel um $A$ und $B$. Temperaturdifferenzen im Wasser gleichen sich dadurch aus. Hat sich die Temperatur gegenüber dem Beginn der Analyse erhöht oder erniedrigt, so wird der Meniscus $y$ gesunken bzw. gestiegen sein. Durch Einstellung des alten Standes von $y$ mittels Heben oder Senken von $G$ wird das alte Volumen wieder eingestellt. Da $x$ und $y$ miteinander kommunizieren, ist, wenn man $x$ erneut auf die Marke einstellt, das Gasvolumen in $A$ korrigiert. Zu verschiedenen Zeitpunkten gemachte Ablesungen sind so miteinander vergleichbar. Änderungen des Barometerstandes werden gleichfalls korrigiert, indem jede endgültige Ablesung am Meniscus $x$ bei korrigierter Einstellung von $y$ vorgenommen wird. Die Korrektionseinrichtung ($B$, $D$, $b$, $y$) wird *Thermobarometer* genannt.

Der Hg-Meniscus $w$ wird notiert. Dann erfolgt erneutes Absorbieren, wie oben beschrieben (etwa 5mal) und Durchperlen von Luft mit $N$. $x$ und $y$ werden wie oben angegeben eingestellt. Wenn sich der Stand von $w$ nicht mehr ändert, entspricht die Volumenverminderung dem Volumen von Kohlendioxyd in der Gasprobe, z. B.

| | |
|---|---|
| Ausgangsablesung | 10,000 cm³ |
| Endablesung | 9,995 cm³ |
| Kohlensäure | 0,005 cm³ |
| | = 0,05 % |

5. Zur Absorption von Sauerstoff wird Hahn $E$ in Stellung $c$ gebracht. Das Absorbieren erfolgt durch Heben und Senken von $R$. Hier gilt besonders, daß der Hg-Meniscus in $A$ nur im erweiterten Teil auf und ab bewegt werden darf, da bei hohem $O_2$-Gehalt der Gasprobe sonst leicht die Absorptionsflüssigkeit aus $H$ (Pyrogallol oder Natriumhydrosulfit) in das Röhrensystem und $A$ gesaugt wird (s. „Zwischenfälle", S. 202).

Man absorbiert etwa 20mal, stellt den Meniscus auf $z$ ein und liest $w$ in $A$ ab. Nach weiteren 10 Absorptionen wird erneut $w$ abgelesen. Wenn sich $w$ nicht ändert, wird

Hahn $E$ in Stellung $d$ gebracht und die im Rohr $a$ zwischen $E$ und $x$ befindliche Gasmenge, die noch nicht an der $O_2$-Absorption teilgenommen hat, mit dem $O_2$-freien Rest des Gases durch Heben und Senken von $R$ (5mal) gemischt.

Man bringt Hahn $E$ in Stellung $c$ und absorbiert wiederum in $H$, wie oben beschrieben, bis nach erneutem Ablesen keine Änderung von $w$ mehr zu beobachten ist.

Dann mischt man den Gasraum in $a$ zum zweiten Mal mit dem übrigen sauerstofffreien Gas und absorbiert bis zur Konstanz von $w$.

6. $z$ wird sorgfältig eingestellt und Hahn $E$ in Stellung $d$ gebracht. Der Wassermantel wird mit Luft durchperlt. $x$ und $y$ werden mittels $R$ und $G$ (s. o.) eingestellt. Ablesung. Der Stand von $w$ wird notiert. Man bringt Hahn $E$ in Stellung $c$, absorbiert erneut in $H$ (5—10mal), stellt danach $z$ ein und bringt Hahn $E$ in Stellung $d$. $x$ und $y$ werden eingestellt. $w$ wird abgelesen und notiert. Wenn sich der Stand von $w$ gegenüber der vorherigen Ablesung nicht mehr geändert hat, entspricht die Volumenverminderung gegenüber dem Stand von $w$ vor Beginn der $O_2$-Absorption dem Anteil der Gasprobe an Sauerstoff, z. B.

Ausgangsablesung . . . . 9,995 cm³
Endablesung . . . . . . 7,915 cm³
─────────────────────────────────
Sauerstoff . . . . . . . 2,080 cm³
= 20,8%

Den Stickstoffgehalt (einschließlich Argon) errechnet man aus der Differenz $100-(20,8+0,05)=79,15\%$ Stickstoff. Hat man weniger als 10 cm³ Gas eingefüllt (es sei z. B. das Ausgangsvolumen 9,700 cm³), so werden die Ablesungen bei gleichem prozentualem Sauerstoffgehalt des Gasgemisches wie folgt lauten:

Ausgangsablesung . . . . . . 9,700 cm³
Nach $CO_2$-Absorption . . . . 9,698 cm³   0,002 $CO_2$
─────────────────────────────────────────────
Nach $O_2$-Absorption . . . . . 7,681 cm³   2,017 $O_2$

$$= \frac{2{,}017}{9{,}700} \cdot 100 = 20{,}8\%$$

7. Der in Abb. 14 dargestellte Apparat ist in der oben angegebenen Weise nur für Gasgemische mit zusammen nicht mehr als 30% $O_2$ und $CO_2$ zu benützen. Gasgemische, deren Anteil an $O_2$ und $CO_2$ mehr als 30% beträgt, können leicht in einem Apparat analysiert werden, dessen Gasbürette ($A$) von 0—10,0 cm³ durchgeteilt ist.

Der abgebildete Apparat kann für $O_2$-reiche Gemische (bzw. für Gemische mit mehr als 30% absorbierbaren Gasen) auf folgende Art benützt werden: Nach einer beendigten Analyse befindet sich in der Bürette $A$ und dem ganzen Absorptionssystem nur Stickstoff. Nach sorgfältiger Einstellung von $y$ und $x$ (Hahn $D$ in Stellung $d$, Hahn $C$ in Stellung $d$) wird der Stand von $w$ notiert. Der Stickstoff wird wie bei der $CO_2$-Absorption in die Bürette $F$ gedrängt. Die Bohrung von $C$ wird eben mit Quecksilber gefüllt. Hahn $C$ bringt man in Stellung $a$. Von dem $O_2$-reichen Gasgemisch wird etwa so viel eingesaugt, daß die verdrängte $N_2$-Menge und das $O_2$-reiche Gemisch nicht mehr als 10 cm³ zusammen ergeben. Nach Zimmerluftanalysen hat man etwa 8 cm³ $N_2$ zur Verfügung, man wird also etwa 1,5 cm³ $O_2$-reiches Gemisch einsaugen. Das ist etwa $1/5$ des Bulbusvolumen bei $A$. Hahn $C$ wird in Stellung $d$ gebracht. Die Einstellung von $x$ erfolgt durch vorsichtiges, aber zügiges Senken von $R$. $w$ wird abgelesen und notiert. Von dem abgelesenen Volumen muß das zuvor notierte $N_2$-Volumen abgezogen werden. Der Rest ist das Volumen des $O_2$-reichen Gemisches. Auf dieses Volumen werden die Prozentanteile bezogen, die die nachfolgende Analyse ergibt. Die Analyse erfolgt wie oben angegeben.

Für den HALDANE-HENDERSON-BAILEY-Apparat[1] ist ein anderes Verfahren brauchbar[2].

BAZETT[3] schaltet gegen Ende der Absorption beim Original-HALDANE-Apparat eine Bürette mit etwa 5 cm³ $N_2$ vor, um die vollständige Absorption zu erleichtern.

---

[1] BAILEY, C. V.: J. Lab. clin. Med. 104, 575 (1946).
[2] DARLING, R. C., A. COURNAND, J. S. MANSFIELD and D. W. RICHARDS jr.: J. clin. Invest. 19, 591 (1940).
[3] BAZETT, H. C.: J. biol. Ch. 139, 81 (1941).

8. Wenn der Apparat nicht benutzt wird, läßt man nach der Analyse Hahn C in Stellung d stehen, bringt E und D in Stellung a und drückt durch Heben von R Stickstoff in die Absorptionsbüretten, bis der Hg-Meniscus etwa zur Hälfte in A steht.

### η) Analyse von Gasproben.

1. Gasproben aus Bomben oder anderen Gasvorratsbehältern (DOUGLAS-Sack usw.) werden in Probebeutel (z. B. Fußballblase) abgefüllt, indem man den Beutel mehrmals füllt und wieder ausspült, um Vermischungen mit vorher im Beutel befindlichem Gas oder der Zimmerluft zu vermeiden. Der Probebeutel wird wegen der Gefahr des $CO_2$-Verlustes durch Abdiffusion möglichst rasch unter leichtem Ausströmenlassen von Gas auf den Ansatz e von C aufgesetzt. Das Quecksilber in A wurde bis an die Mündung von e vorgetrieben, so daß kein schädlicher Raum besteht. R wird gesenkt, bis w unterhalb der 10,0 cm³-Marke steht. Hahn C bringt man in eine Stellung zwischen d und a, so daß das Gas in A weder mit der Außenluft noch mit den Absorptionsbüretten in Verbindung steht. Mit der Feineinstellschraube wird w etwa 2 mm unter die 10,0 cm³-Marke eingestellt, damit das Gas unter Druck steht. Dann bringt man langsam Hahn C aus seiner d—a-Stellung über die Stellung a in die a—b-Stellung. Dadurch kann kurzzeitig ein Druckausgleich mit der Außenluft entstehen. Nun wird w genau auf die 10,0 cm³-Marke eingestellt und Hahn C langsam aus der a—b-Stellung über a in Stellung d gebracht. Beginn der $CO_2$-Absorption wie oben beschrieben.

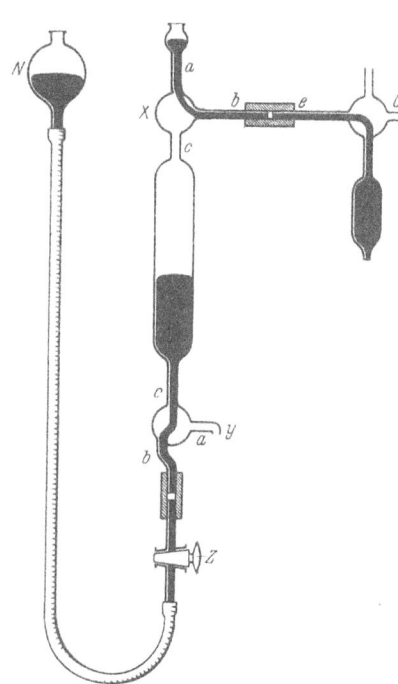

Abb. 15. Einrichtung zur Überführung von Gasproben aus einer Gassammelbürette in den HALDANE-Gasanalyseapparat. Handhabung s. S. 200.

2. Gasproben, die mit evakuierten Büretten gewonnen wurden, werden wie folgt an den Apparat angeschlossen (Abb. 15): Die Bürette wird so an einem Stativ befestigt, daß der Ansatz Xb mittels Druckschlauch mit Ce verbunden werden kann. Die Enden von e und b sollen sich berühren. Hahn X ist in Stellung ab (s. Abb. 15). Das Quecksilber aus der Bürette A des HALDANE-Apparates läßt man durch Heben von R bis nach Xa ansteigen; Hahn M wird geschlossen. Der Hahn Y hat vor Beginn der Gasüberführung die Stellung ab. Der Druckschlauch vom Niveaugefäß N wird auf Yb aufgesetzt. Unter Ya wird ein Becherglas gehalten, dann Hahn Z geöffnet und wieder geschlossen, wenn Quecksilber bei Ya ausgetreten ist, und die Ansätze luftfrei sind. Hahn Y bringt man in Stellung bc und öffnet Hahn Z. Man läßt Quecksilber in die Bürette steigen, bringt Hahn X in Stellung bc und öffnet Hahn M bei tief gestelltem R. Sobald w unterhalb der 10,0 cm³-Marke steht, bringt man Hahn C in a—d-Stellung, danach Hahn X in Stellung ab, und stellt Hahn Z ab. Die Bürette wird bei Ce abgenommen und für eventuelle Doppelanalyse stehen gelassen. Die Analyse erfolgt wie oben beschrieben.

### ϑ) Analysen von Gasgemischen, die Acetylen enthalten.

Für diese Analysen muß eine 3. Absorptionspipette zwischen die Absorptionspipetten für $O_2$ und $CO_2$ eingebaut werden bzw. man benützt den Apparat von LEE[1]. Die Absorptionslösung ist S. 195 beschrieben. Die Analyse wird wie gewöhnlich durchgeführt (s. o.). Lediglich die Zahl der Absorptionen in KOH muß festgelegt werden und für die

---
[1] LEE, D. H. K.: J. Physiol., London 85, P 38 (1935).

gleiche Versuchsreihe streng eingehalten werden, da sich Acetylen in der Kalilauge löst. Nach der $CO_2$-Absorption erfolgt die Acetylenabsorption in Quecksilbercyanid, anschließend die $O_2$-Absorption. Nach SCHWARZ[1] ist die Acetylenanalyse durch Absorption mit Hg-Cyanid nur durchführbar, wenn der Acetylenanteil 15% nicht übersteigt. GROLLMANN[2] verwendet zur $CO_2$-Absorption 10%ige KOH-Lösung, die zur Verminderung der Löslichkeit für Acetylen bei Zimmertemperatur mit NaCl gesättigt ist.

Die Berechnung der prozentualen Gasanteile erfolgt wie S. 199 angegeben.

*ι) Analysen mit Hilfe der Verbrennungskammer*[3, 4].

Wasserstoff, Kohlenmonoxyd, Methan, Äthylen, Acetylen, Distickstoffoxyd und Benzolgas können mit Hilfe einer Verbrennungskammer analysiert werden. Abb. 16 zeigt eine solche Einrichtung, die anstatt der Pyrogallol-Absorptionsbürette oder zusätzlich angeschlossen werden kann. Ein Niveaugefäß mit Quecksilber dient zur Abdichtung. Der Platindraht ist in die beiden durch den Stopfen führenden Glasröhrchen eingeschmolzen (Dichtigkeit prüfen!). Zur Ersparnis ist dann innerhalb der Glasröhrchen Kupferdraht angelötet. Man heizt den Platindraht mit 4 V. Der Hahn oberhalb der Verbrennungskammer soll mindestens 10 cm entfernt sein, da sonst bei der Erhitzung die Gefahr des Undichtwerdens besteht.

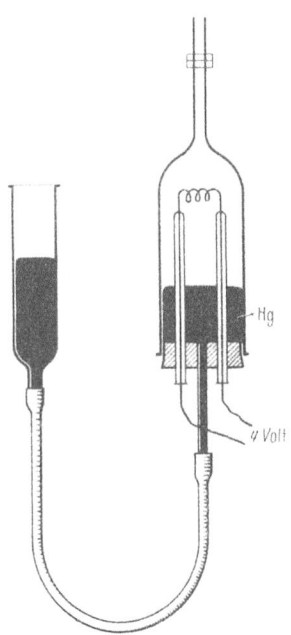

Abb. 16. Verbrennungskammer, die an den HALDANE-Apparat anstatt der Pyrogallolabsorptionspipette oder zusätzlich angeschlossen wird. Der Platindraht wird mit 4 V geheizt.

Da die genannten Gase explosive Gemische mit Luft ergeben, dürfen sie nur einen bestimmten Prozentsatz in der Meßbürette einnehmen. In Tabelle 1 ist die obere Grenze dieses Prozentgehaltes angegeben. Die Überführung von Gasgemischen erfolgt im Prinzip, wie sie auf S. 200 angegeben. Man saugt jedoch, wenn der Gehalt des zu analysierenden Gases in der Probe prozentual höher ist als in Tabelle 1 angegeben, vorher ein bestimmtes Volumen Zimmerluft, z. B. bis zur Marke 8,0 cm³, in die Meßbürette ein. Dann bringt man Hahn $C$ in Stellung $b$ und schließt die Gasbürette, wie auf S. 200 beschrieben und in Abb. 15 dargestellt, an. Hahn $X$ wird in Stellung $bc$ gebracht und Gas durch die Bohrung von $C$ zur Ausspülung des Totraumes geleitet. Hahn $C$ bringt man in Stellung $a$ und stellt den Hg-Meniscus $w$ durch Senken von $R$ bis auf die 10,0 cm³-Marke ein. Dies muß gleichmäßig zügig und ohne Hin- und Herschwanken des Hg-Meniscus geschehen. Nach dem Einfüllen des Gases wird Hahn $C$ in eine Stellung zwischen $a$ und $d$ gebracht. Dann erfolgt die Analyse zuerst, wie S. 197 ff. beschrieben.

Wenn die Probe $CO_2$ enthält, wird zuerst in KOH absorbiert. Danach wird der Rest des Gases in die Verbrennungskammer getrieben und der Platindraht geheizt (4 V). Nachdem das Gas mehrmals hin- und hergespült ist und auch der Raum in der Röhre $a$ über der Kalilauge ausgespült und das Gas erneut in die Verbrennungskammer getrieben wurde, wird die Volumenveränderung nach Abkühlung der Verbrennungskammer bei Einstellung über der Kalilauge abgelesen. Bei Kohlenstoffverbindungen, die bei der Verbrennung $CO_2$ bilden, kann diese im Apparat analysiert werden. Dabei geht man jedoch, wenn die Ausgangsprobe kein Kohlendioxyd enthält, gleich in die Verbrennungskammer, um den Totraum $a$ nicht ausspülen zu müssen. Es würde sonst das entstandene Kohlendioxyd absorbiert.

---

[1] SCHWARZ, H.: Die Mikrogasanalyse und ihre Anwendung. S. 3. Wien, Leipzig 1935.
[2] GROLLMANN, A.: Amer. J. Physiol. 88, 432 (1929).

*Ausführliche Darstellungen bei:*

[3] SCHWARZ, H.: Die Mikrogasanalyse und ihre Anwendung. S. 41—49. Wien, Leipzig 1935.
[4] MÜLLER, F.: Handb. biol. Arb.-Meth., Abt. IV, Teil 10. 1926.

Tabelle 1. *Verhalten von Gasen bei Verbrennung.*

| Gas | Gaskonzentration in Luft, bei der unter Atmosphärendruck eine explosive Mischung entsteht[1] % | Reaktion | Verbrennung | |
|---|---|---|---|---|
| | | | $a$ | $b$ Volumen entstandenes $CO_2$ / Volumen zu bestimmendes Gas |
| Wasserstoff .. | 9,0 | $2H_2 + O_2 = 2H_2O$ | 2/3 | — |
| Kohlenmonoxyd | 16,0 | $2CO + O_2 = 2CO_2$ | 2 | 1,0 |
| Methan .... | 6,0 | $CH_4 + 2O_2 = 2H_2O + CO_2$ | 0,5 | 1,0 |
| Äthylen ... | 4,0 | $C_2H_4 + 3O_2 = 2H_2O + 2CO_2$ | 0,5 | 2,0 |
| Acetylen ... | 3,0 | $2C_2H_2 + 5O_2 = 2H_2O + 4CO_2$ | 2/3 | 2,0 |
| Benzol-Gas .. | 2,5 | $2C_6H_6 + 15O_2 = 6H_2O + 12CO_2$ | 0,4 | 6,0 |

In Tabelle 1 ist das Verhalten von Gasen bei Verbrennung zusammengestellt. Nach dieser Tabelle ($a$) läßt sich das Volumen des Gases ($V_x$), d. h. sein Prozentanteil am Ausgangsvolumen ($V_0$), wie folgt berechnen:

$$\frac{V_x}{V_0} \cdot 100 = \frac{a \cdot \Delta V_1}{V_0} \cdot 100. \tag{1}$$

$\Delta V_1$ ist die Volumenverminderung, die man nach dem Verbrennungsprozeß in der Bürette abliest. Aus der entstandenen Kohlendioxydmenge ($\Delta V_2$) läßt sich aus den Werten ($b$) der Tabelle der Prozentanteil des verbrannten Gases wie folgt berechnen:

$$\frac{V_x}{V_0} \cdot 100 = \frac{b \cdot \Delta V_2}{V_0} \cdot 100. \tag{2}$$

Die Genauigkeit solcher Analysen ist etwa ± 0,1 Vol.-%.

### ϰ) *Berechnung des Gasdruckes in Gasproben.*

Jedes in $A$ eingefüllte Gasgemisch wird mit Wasserdampf gesättigt. Bei der Absorption z. B. von $CO_2$ verschwindet mit dem Volumanteil $CO_2$ ein entsprechender Anteil Wasserdampf, deshalb bestimmt man mit dem HALDANE-Apparat „Trockenprozente" der Gase.

Hat man eine Alveolarluftprobe bei 37° C entnommen und analysiert 13,5% $O_2$, so errechnet man den $O_2$-Druck wie folgt:

$$\frac{13,5}{100}(B - P_{H_2O}) = O_2\text{-Druck in mm Hg}.$$

$B$ = Barometerstand. $P_{H_2O}$ = Wasserdampfdruck (beide in mm Hg). $P_{H_2O}$ ist bei 37° C = 47 mm Hg. S. Tab. 19, S. 300.

### λ) *„Zwischenfälle" und Reinigung des Apparates.*

1. Durch unvorsichtig tiefes Senken von $R$ wurde KOH bis in die Bohrung von $E$ und $d$ gesaugt. Zur Reinigung hat folgendes zu geschehen: Hähne $C$, $E$ und $O$ bringt man in Stellung $c$. Auf $f$ setzt man den Schlauch einer Flasche mit destilliertem Wasser auf und saugt am seitlichen Ansatz von $O$ mit der Wasserstrahlpumpe Aqua dest. durch. Wenngleich der Hahn noch dicht ist, muß er trotzdem herausgenommen und neu gefettet werden, da sonst die starke Lauge die Schliffläche nach einiger Zeit angreift und der Hahn ohne neues Einschleifen dann nicht mehr benützt werden kann. Nach Entfernung des Hahnes $E$ wird die Schliffhülse zuerst mit Zellstoff, dann mit feuchtem und schließlich mit trockenem Lappen ausgerieben. Mit der Spritzflasche (feine Düse) spritzt man in die Bohrung von $a$ am Hahn $E$ Aqua dest. und spült KOH abwärts. Die Hahnhülse wird

---

[1] HALDANE, J. S.: Methods of Air Analysis. London 1912.

mit Lappen trocken gerieben, der Hahn gefettet und eingesetzt. Die gleichen Maßnahmen gelten sinngemäß für den Fall, daß die $O_2$-Absorptionslösung bis in den Hahn $O$ angesaugt wurde.

2. *Absorptionslösungen sind in die Bürette $A$ gesaugt worden.* $R$ wird gehoben, bis in $a$ stehende Absorptionslösungen in $F$ oder $H$ gedrängt sind. Die Hähne $C$, $E$ und $O$ bringt man in Stellung $c$ und saugt mit Wasserstrahlpumpe $H_2O$ durch (s. o.). Hahn $C$ wird in Stellung $a$ gebracht, Quecksilber entleert und Wasser durch $A$ gesaugt. Die Wasserstrahlpumpe wird an $e$ angesetzt und das Quecksilber gewaschen. Die Reinigung von Quecksilber und Bürette reicht aus, wenn das zum Spülen verwendete Wasser neutral ist (mit Indicatorpapier prüfen). Die Hähne werden herausgenommen und samt Hahnhülsen entfettet und gewaschen. Man spritzt Aqua dest. bei $E$ und $O$ in die Mündungen von $a$ und $c$ (s. o.), trocknet die Hahnhülsen mit Lappen, fettet die Hähne und setzt sie ein. Dann wird angesäuertes Wasser in $A$ eingebracht, wie oben beschrieben. Der Apparat ist für neue Analysen erst bereit, wenn der in das Röhrensystem und $A$ eingedrungene Sauerstoff und das Kohlendioxyd absorbiert worden sind.

3. Wenn die Bohrung von $C$ mit Fett und Quecksilber verunreinigt ist, kann es beim Füllen der Bürette $A$ geschehen, daß in der Bürette ein geringerer Druck als in der Atmosphäre herrscht. Das äußert sich in einem Ansteigen von $x$ nach Drehung des Hahnes $C$ in Stellung $d$. Stellt man vorsichtig durch Ansteigenlassen von $w$ (Feineinstellung) den Spiegel der KOH wieder auf den alten Stand $x$ zurück, so kann die Gasprobe noch analysiert werden. Man hat nur ein geringeres Ausgangsvolumen als ursprünglich bei der Berechnung zu berücksichtigen.

Ist man im Zweifel, ob das Gas in $A$ tatsächlich unter Atmosphärendruck eingefüllt wurde, so kann man dies prüfen, indem man $R$ neben $w$ hält und versucht, $R$ so einzustellen, daß $w$ und der Hg-Spiegel in $R$ auf gleicher Höhe sind (Parallaxe!). Ist das erreicht, so stellt man Hahn $M$ ab.

4. Schwer auffindbare Bruchstellen und Undichtigkeiten an Hähnen oder an den Glas-Gummiverbindungen äußern sich meist in einer dauernden Volumenverminderung beim Absorbieren. Es stellt sich kein konstanter Wert ein. Man wird nach Bruchstellen suchen, Schlauch-Glasverbindungen untersuchen und die Hähne neu fetten.

5. Zunahme des Gasvolumens findet man, wenn die Bürette $A$ trocken ist. Aus der Kalilauge wird Wasserdampf abgegeben. Dieser Vorgang wird eindrucksvoll demonstriert, wenn man eine Analyse von trockenem Gas aus einer Bombe, die kein $CO_2$ enthält, macht. Der Meniscus $w$ wird nach Absorption in KOH unter der 10,0 cm³-Marke stehen. Das Gasvolumen hat also zugenommen durch die Aufsättigung des eingefüllten trockenen Gases mit Wasserdampf. Anfeuchten der Kammer mit angesäuertem Wasser beseitigt den Fehler.

6. Auf peinliche Sauberkeit des Meßrohres ist im Hinblick auf die Genauigkeit zu achten. Zur Reinigung läßt man das Quecksilber ab und füllt durch $R$ bei Stellung $a$ von Hahn $C$ ein Gemisch von konz. Salpetersäure und Wasser (1:1) ein. Durch Heben und Senken von $R$ bespült die Säure den verschmutzten Bereich. Die Salpetersäure wird nach etwa 30 min abgelassen und mit der Wasserstrahlpumpe (bei $e$ angesetzt) Wasser durchgesaugt. Ist das Meßrohr dann noch nicht sauber, wird die Prozedur wiederholt.

*µ) Modifikationen des Apparates von* HALDANE.

Es gibt eine große Zahl von Abänderungen des HALDANE-Apparates. Dies rührt nicht etwa von einer prinzipiellen Verbesserungsbedürftigkeit her, sondern von den verschiedenen Problemstellungen der einzelnen Autoren. HENDERSON[1] beschrieb eine Modifikation, die nur einen Hahn und keine Schlauchverbindungen hat; dieser Apparat

---
[1] HENDERSON, Y.: J. biol. Ch. **33**, 31 (1918).

ist von BAILEY[1] weiter modifiziert worden. Der Apparat von LEE[2] unterscheidet sich von dem Standardmodell durch einen Fünfweghahn, an den drei Büretten angeschlossen sind (Acetylenbestimmung). SIMONSONs[3] Modell enthält einen Hahn weniger als der Originalapparat. Als Abdichtungsflüssigkeit über dem Pyrogallol verwendet der Autor flüssiges Paraffin. Dies halten wir wegen der hohen Löslichkeit von $O_2$ in Paraffin für ungünstig. Diesen Apparat hat OKUYAMA[4] weiter modifiziert.

Der Apparat von CARPENTER[5] ist nach Angaben des Autors genauer als der Originalapparat (Fehler weniger als 0,01 Vol.-%). WOLLSCHITT und KRAMER[6] geben für ihre Modifikation eine Genauigkeit von 0,02 Vol.-% an. NEWCOMER[7] senkt den ganzen Apparat ins Wasserbad, was nur theoretisch Vorteile bringt. Mit dem HALDANE-Apparat nahe verwandt ist das häufiger in der Industrie gebrauchte ORSAT[8]-Gerät. Weitere Modifikationen geben ANTHONY[9] und VOLLMER[10] sowie SHEPHERD[11] an. Der Apparat von SING und MATHUR[12] ist für 5 cm³-Proben konstruiert, seine Genauigkeit wird auf $\pm 0,1\%$ angegeben. Er arbeitet manometrisch. Um das Pyrogallol nicht zu häufig erneuern zu müssen, werden Absorptionspipetten mit größerem Fassungsvermögen und zum Teil mit einem durch Glasventile gesteuertem Umlaufsystem[13] verwendet (Abb. 17). Bei einem anderen Verfahren werden die Gase durch die Absorptionslösungen geperlt[14]; dadurch wird die Absorptionszeit verkürzt. Bei Apparaten mit Glasventilen muß man meist mit etwas größeren Fehlern rechnen. Wenn die Ventile häufig klemmen, muß man die Pyrogallollösung etwas weniger konzentriert ansetzen (bis herab auf 10 g Pyrogallol/100 g KOH-Lösung).

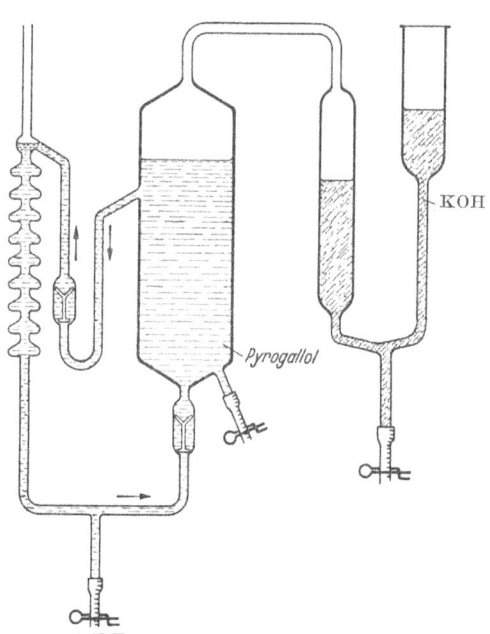

Abb. 17. Spezialabsorptionsbürette für Pyrogallol. Mit dieser Einrichtung wird erreicht, daß das Pyrogallol in dem Absorptionsrohr durch Ventilsteuerung immer wieder erneuert wird. Das Pyrogallol fließt in Pfeilrichtung. Durch den großen Vorrat an Pyrogallol ist es möglich, 300—500 Analysen ohne Erneuerung der Lösung durchzuführen.

COTTON[15] empfiehlt einen Spezialhahn mit einem besonders geringen Totraum. BARCROFT[16] beschreibt eine Sicherung gegen das „Überlaufen" der Absorptionslösung.

### b) Apparat nach SCHOLANDER *.

In den letzten Jahren hat besonders in USA der Apparat von SCHOLANDER eine rasche Verbreitung gefunden und den Apparat von HALDANE oft verdrängt. 0,5 cm³-

---

* Bei der Abfassung dieses Abschnittes beriet uns in dankenswerter Weise H. H. LOESCHCKE.
[1] BAILEY, C. V.: J. Lab. clin. Med. **6**, 657 (1921).
[2] LEE, D. H. K.: J. Physiol., London **85**, 38 P. (1935).
[3] SIMONSON, E.: Arbeitsphysiol. **1**, 564 (1929).
[4] OKUYAMA, M.: Arbeitsphysiol. **7**, 536 (1934).
[5] CARPENTER, T. M., E. L. FOX and A. F. SEREQUE: J. biol. Ch. **83**, 211 (1929).
[6] WOLLSCHITT, H., u. G. KRAMER: A. e. P. P. **178**, 378 (1935).
[7] NEWCOMER, H. S.: J. biol. Ch. **47**, 489 (1921).
[8] ORSAT, M.: Ann. Mines (VII) **8**, 4, 85, 501 (1875). — WAGNER, G.: Gasanalytisches Praktikum. S. 86. Wien 1942.
[9] ANTHONY, A. J.: Z. Biol. **90**, 633 (1930).
[10] VOLLMER, A. G.: Z. ges. exp. Med. **78**, 93 (1931).
[11] SHEPHERD, M.: J. Res. nat. Bur. Stand. **6**, 121 (1931); **26**, 351 (1941).
[12] SINGH, B. N., and P. B. MATHUR: Biochem. J. **30**, 321 (1936).
[13] BECKER-FREYSENG, H., u. H. G. CLAMANN: Kli. Wo. **1939 II**, 1274.
[14] MARGARIA, R.: J. sci. Instr. **10**, 242 (1935). B. Z. **270**, 444 (1934).
[15] COTTON, F. S.: J. Lab. clin. Med. **24**, 1178 (1939).
[16] BARCROFT, H.: J. Physiol., London **84**, 23 P. (1935).

Gasproben können mit einer Genauigkeit von ± 0,015 Vol.-% bestimmt werden. Die absorbierbaren Gasanteile der Gesamtprobe können 99% überschreiten. Die Analyse für Kohlendioxyd und Sauerstoff dauert 6—8 min. Eine ausführliche Beschreibung der Methode, der hier gefolgt wird, gibt SCHOLANDER[1].

### α) Prinzip.

Eine Reaktionskammer, in die Absorptionsflüssigkeiten ohne Veränderung des Flüssigkeitsinhaltes der Kammer eingebracht werden können, steht mit einer Kompensationskammer über eine Capillare in Verbindung. In der Capillare befindet sich ein Indicatortropfen. Bei der durch Absorption eintretenden Verringerung des Gasvolumens in der Reaktionskammer wird mit einer Mikrobürette die Lage des Indicatortropfens konstant gehalten, indem eine entsprechende Quecksilbermenge in die Reaktionskammer getrieben wird. Diese Menge wird mit der Mikrometerschraube gemessen.

### β) Apparatur und Lösungen.

**Apparat.** Der Apparat (Abb. 18) besteht aus einem Reaktionskammersystem und einer Mikrometerbürette nebst Zubehör.

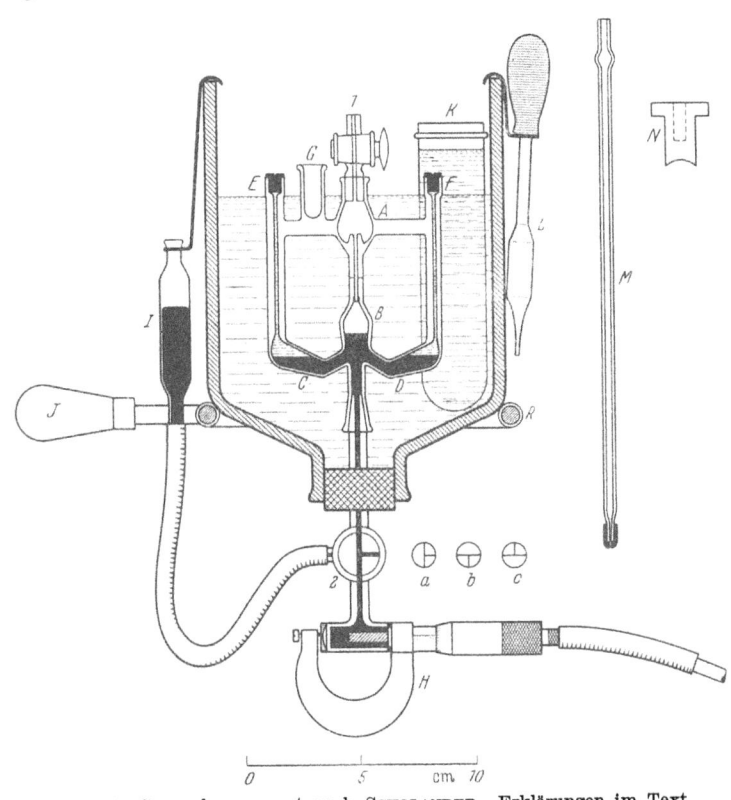

Abb. 18. Gasanalyseapparat nach SCHOLANDER. Erklärungen im Text.

**Die Reaktionskammer** setzt sich zusammen aus dem eigentlichen Reaktionsraum $B$ und dem Kompensationsgefäß $A$ (Thermobarometer). Die beiden seitlichen Schenkel $E$ und $F$ dienen zur Aufnahme der Absorptionslösungen für $O_2$ und $CO_2$ und stehen mit $B$ in Verbindung. $E$ und $F$ sind oben mit einem Gummistopfen (wie sie z. B. auf Impfstoffflaschen benützt werden) abgeschlossen; er soll die in Abb. 18 dargestellte Form haben. Neuerdings werden Hähne angeschmolzen. Die Verbindung zwischen $A$ und $B$ stellt eine Capillare mit 1 mm Weite dar. Sie trägt in der Mitte eine Ringmarke. Die Mündung der Capillare in $A$ ist trichterförmig vorgewölbt zum Einsetzen der Gaseinfüllpipette, und um ein Nachlaufen von Säure zum Indicatortropfen zu verhüten. Der Hahn 1 dient zum Verschluß von $A$ während der Analyse. Beim Gaseinfüllen wird er in $G$ aufbewahrt.

**Die Mikrometerbürette** steht über einen Dreiweghahn 2 und einen Schliff mit dem Reaktionsgefäß in Verbindung. Am seitlichen Hahnabgang ist ein Quecksilberniveaugefäß $I$ über einen Schlauch befestigt. Am unteren Hahnabgang ist in der abgebildeten Weise im rechten Winkel ein Glasrohr angeschmolzen. Das linke Ende ist flach zugeschmolzen und angeschliffen, um einen Halt für das Mikrometer zu bieten. Die Dichtung

---
[1] SCHOLANDER, P. F.: J. biol. Ch. **167**, 235 (1947).

des Glasrohres am offenen Teil geschieht mit Dichtungsringen aus gewöhnlichem Schreibmaschinenpapier. Auf die Sperrklinke des Mikrometers ist ein Schlauch aufgeschoben, dessen freies Ende mit einem Holzpflock verschlossen ist. Dieser Ansatz ermöglicht sehr fein dosierbare Bewegungen des Mikrometerstempels.

*Zubehör.* Das Reaktionsgefäßsystem befindet sich in einem Wasserbad. Der ganze Apparat ruht auf einem Ring $R$, der zweckmäßig mit Gummischlauch gepolstert ist. Der Ring trägt einen Handgriff $J$, mit dessen Hilfe die Apparatur seitlich geneigt werden kann, um Absorptionsflüssigkeit in die Reaktionskammer eintreten zu lassen. Die Achse dieser Neigung befindet sich etwa in Höhe des Gummistopfens über dem Dreiweghahn. Bei der Absorption muß der Apparat etwas geschüttelt werden, was durch einen Motor mit verstellbarer Exzenterwelle, von der ein Bindfaden an $R$ geht, erreicht werden kann. Einfacher ist es, den Apparat manuell zu erschüttern. 10 Bewegungen/sec sind wünschenswert. Das *Wasserbad* wird mittels Luftdurchperlung dauernd gerührt. In eine Ecke des Wasserbades hängt man ein 50 cm³-Zentrifugenglas $K$ für die saure Spülflüssigkeit. Eine 5 cm³-*Pipette* mit Saugballon $L$ und Halter wird an das Gefäß gehängt. Eine Wasserstrahlpumpe mit Gummischlauchleitung und zwischengeschalteter Waschflasche muß zum Absaugen von Flüssigkeit und eventuell verschüttetem Quecksilber bereit sein.

Den ganzen Apparat stellt man am besten in eine große *Wanne*, die entweder emailliert oder mit Eisenblech ausgeschlagen ist; sie darf keine Fugen haben (Quecksilber!). Pipetten zur Überführung von Gasproben ($M$) sowie ein Glasrohr (2,5—3,0 mm innerer Durchmesser, 30 cm lang) werden so ausgezogen, daß dickwandige, möglichst gleichmäßig feinlumige Spitzen entstehen. Die Länge des feinen Teiles soll so gewählt werden, daß ein etwa 3 mm langer Quecksilberfaden etwa 1 cm/sec absinkt, wenn die Pipette vertikal gehalten wird. Wegen Verschmutzungsgefahr ist eine relativ weite, lange Spitze einer kurzen und engen Spitze vorzuziehen. Die Spitze wird mit einem passenden Gummischlauchstück versehen, so daß die Pipette leicht durch die Öffnung bei $A$ (Hahn 1 herausgenommen!) geführt werden und dicht auf den trichterförmigen Ansatz zur Capillare in $A$ aufgesetzt werden kann. Am oberen Ende von $M$ befindet sich eine kugelförmige Erweiterung, damit beim Füllen der Pipette mit Gas das Quecksilber nicht aus der Pipette herausgeblasen wird.

*Spritze zur Überführung von Gasproben.* Wenn genügend Gas zur Analyse vorhanden ist, kann man eine 5 cm³-LUER-Spritze verwenden, an deren Kanülenansatz man mit Druckschlauch eine 4 cm lange Glascapillare anbringt. Die Spitze der Capillare zieht man so aus, wie oben bei der Pipette $M$ beschrieben. Der ausgezogene Teil soll so geformt sein, daß der Stempel der trockenen, sauberen Spritze langsam nach unten sinkt, wenn die Capillare nach unten gehalten wird.

*Reagentien:*

1. Kaliumdichromatlösung: 1 cm³ $H_2SO_4$ ($d$ 1,84) zu 400 cm³ destilliertem Wasser. Zu dieser Lösung unter stetigem Umrühren in kleinen Portionen 72 g $Na_2SO_4$ zufügen. Zu dieser Lösung 21 cm³ Glycerin zugeben und dann 50 cm³ Lösung in das oben angegebene Gefäß $K$ einfüllen. Erst kurz vor der Analyse 40 mg Kaliumdichromat in das Zentrifugenglas einfüllen.

2. $CO_2$-Absorptionslösung: Auf 100 cm³ Aqua dest. 11 g KOH und 40 mg Kaliumdichromat. In Erlenmeyer-Kolben aufbewahren.

3. $O_2$-Absorptionslösung:

   Lösung $A$: Auf 100 cm³ Aqua dest. 6 g KOH. In Erlenmeyer-Kolben aufbewahren.
   
   Pulver $A$: Mische im Mörser 20 g Natriumdithionit p. a. ($Na_2S_2O_4$) mit 0,1 g $\beta$-antrachinonsulfosaurem Natrium. Pulver in verschlossenem Gefäß verwahren.
   
   Lösung $B$: In ein Fläschchen von etwa 5,5 cm³ Fassungsvermögen 5 cm³ der Lösung $A$ einfüllen, 0,6 g des Pulvers $A$ hinzufügen und die Öffnung des Gefäßes sofort mit dem Finger verschließen. Schütteln, bis das Pulver sich gelöst hat.

²/₃ der Lösung mit einer Kanüle möglichst anerob vom Boden des Gefäßes aus in eine 5 cm³-Spritze saugen. In die Spritze eine kleine Luftblase mit einsaugen und Spritze mit Kanüle und Gummistopfen liegen lassen.

4. Quecksilber: Gereinigt nach der Vorschrift auf S. 193.
5. Imprägnierungsflüssigkeiten:
Lösung $A$: 3 g pulverisiertes Clarite X* in 2 cm³ Toluol lösen.
Lösung $B$: 1 g pulverisiertes Clarite X in 4 cm³ Toluol lösen.

### γ) Vorbereitung des Apparates.

**Wasserabstoßung.** Das untere Ende der Capillare der Reaktionskammer erhält einen wasserabstoßenden Überzug von Claritelösung $A$. Man nimmt das Reaktionsgefäß aus dem Wasserbad. Mit einer Capillarpipette, an die man einen Gummischlauch angeschlossen hat, saugt man Lösung $5A$ ohne Luftblasen auf. Man hält das Reaktionsgefäß horizontal und führt die vorher mit Filtrierpapier außen rasch abgewischte Capillarpipette in $B$ (Abb. 18) an die Capillarmündung. Dort drücke man einen etwa 1 mm großen Tropfen aus der Pipette. Mit dem Finger wird die Thermobarometeröffnung verschlossen, damit die Lösung nicht in die Capillare läuft. Durch leichten Fingerdruck erreicht man, daß sich die Lösung an der Wandung von $B$ ausbreitet. Überflüssige Lösung wird mit einer feinen Pipette, die an der Wasserstrahlpumpe angeschlossen ist, abgesaugt. Sofort saugt man etwas Toluol nach, damit die Pipette nicht verstopft, und läßt den Flüssigkeitsüberzug einige Minuten trocknen. Der Überzug muß in der Capillare eine scharfe Begrenzung haben, da sonst leicht Luftblasen in die Capillare gelangen.

Mit einem Pfeifenreiniger, der in Lösung $5B$ getaucht ist, wischt man den Schliffteil, die obere Hälfte des Thermobarometers und $G$ aus. Dadurch wird die Schliffläche vor Feuchtigkeit bewahrt und man braucht $1$ nur selten zu fetten. Der Überzug muß über Nacht bei Zimmertemperatur trocknen und reicht dann für 150—200 Analysen. Er muß erneuert werden, wenn beim Drehen der Mikrometerschraube die geringste Verzögerung in der Bewegung des Indicatortropfens zu beobachten ist. Man entfernt den alten Überzug durch Spülen mit Toluol und anschließend mit Aceton und Wasser sowie Trocknen im Trockenschrank.

**Mikrometerbürette.** Der Apparat wird um 45° nach links geneigt, daß $J$ nach unten gelangt. Hahn $2$ wird in Stellung $b$ gebracht und die Mikrometerschraube ganz herausgedreht. Man füllt vorsichtig reines Quecksilber in $I$ ein, bis die Mikrometerbürette gefüllt ist. Quetschen des Schlauches von $I$ dient zum Austreiben von Luftblasen. Wenn keine Luft mehr im System zu finden ist, werden Papierdichtungen und Mikrometer eingesetzt. Der Mikrometerkolben wird in die Bürette eingedreht.

**Reaktionsgefäß.** Der Schliffkern der Mikrometereinrichtung wird leicht gefettet und das Reaktionsgefäß mit Schliffhülse drehend eingesetzt. Wenn Hahn $2$ in Stellung $c$ ist, wird $B$ mit Hg gefüllt. Die Gummistopfen in $E$ und $F$ werden eingesetzt. Die Luft aus $C$ bzw. $D$ holt man mit einer leeren Spritze, mit deren Kanüle man durch den Gummistopfen stößt, heraus. Anschließend füllt man in $C$ durch den Stopfen mit einer Spritze KOH-Lösung zur $CO_2$-Absorption luftblasenfrei ein; ebenso wird die $O_2$-Absorptionslösung in $D$ eingefüllt. Beide Gefäße sollen nur halb, wie abgebildet, mit Lösung gefüllt werden. Das Wasserbad wird bis zum Hals von $A$ aufgefüllt, das Zentrifugenglas $K$ eingehängt und 40 mg Kaliumdichromat zugesetzt.

Um zu prüfen, ob der Apparat luftfrei ist bzw. genügend wenig Luft enthält, dreht man ruckartig an der Mikrometerschraube. Wenn das Quecksilber in $B$ den Bewegungen der Schraube nicht gleichmäßig folgt, sondern nachschwingt, ist zuviel Luft im System, die durch Hin- und Hertreiben des Hg ausgetrieben werden muß.

---

* Clarite ist ein Einbettungsharz, das bei uns vielleicht durch Silicon ersetzt werden kann; BARTELS und Mitarb. haben eine ausreichende Genauigkeit ohne Imprägnierung erhalten.

### δ) *Analysengang.*

**Ausspülen des Apparates.** Die Lösung (S. 206) wird in das Thermobarometer bis zum Schliffbeginn eingefüllt, Hahn *2* in Stellung *c* gebracht und die eingefüllte Lösung durch Senken von *I* in *B* bis kurz oberhalb des Schliffes eingesaugt. Durch Heben und Senken von *I* wird die Lösung hin- und hergespült. Bleibt die Lösung gelb, so ist die Spülung ausreichend; wird sie braun oder entfärbt sie sich, dann muß neue Lösung eingefüllt werden. Nach ausreichender Spülung läßt man das Hg so hoch ansteigen, daß ein Tropfen in der trichterförmigen Capillarenerweiterung steht. *A* läßt man halb mit Spülflüssigkeit gefüllt Hahn *2* in Stellung *a* bringen.

**Überführung von Gasproben.** Wenn genügend Gas zur Verfügung steht, füllt man eine gut laufende LUER-Spritze mit dem oben beschriebenen Capillaransatz durch dreimaliges Ausspülen mit dem Gas und überführt die Spritze so, daß der Stempel langsam abwärts gleitet. Dadurch wird ein Einsaugen von Luft vermieden. Durch die Lösung in *A* wird die Capillare mit ihrem Gumminippel in das Hg in der Capillarmündung eingesetzt. Man kann durch leichten Druck auf den Spritzenstempel eine Gasblase der Probe unter der Flüssigkeit entweichen lassen, wenn man befürchtet, eventuell noch Spuren von Luftbeimischungen in der Spritze durch das Überführen gehabt zu haben. Mit Hahn *2* in Stellung *a* wird die Spritze fest in die Capillarenmündung eingesetzt und Gas bis zur Ringmarke eingesaugt. Hahn *2* bringt man in Stellung *b* und dreht die Mikrometerschraube bis zur Marke *3* der Teilung ($M_0$). Hahn *2* wird in Stellung *a* gebracht und weiter Gas eingesaugt durch Herausdrehen der Mikrometerschraube, bis etwa so viel Gas eingefüllt ist, wie es in Abb. 18 dargestellt ist. Wenn genügend Gas vorhanden ist, stellt man am besten immer auf die Marke 20,0 ein. Die Spritze wird sehr vorsichtig herausgenommen und langsam die Spülflüssigkeit aus *A* herausgesaugt. Dabei ist es zweckmäßig, eine fein ausgezogene Glascapillare zu verwenden, die an einem Druckschlauch befestigt ist, der zur Wasserstrahlpumpe führt.

Durch Daumendruck kann man den Schlauch verschließen und so die Saugkraft dosieren. Es kommt darauf an, daß in der Capillarenmündung eine bestimmte Menge Spülflüssigkeit zurückbleibt. Diese wird durch weiteres Herausdrehen des Mikrometers mit ihrem unteren Ende bis zur Ringmarke eingesaugt. Man soll so vorgehen, daß bei allen Manipulationen der Tropfen von der gleichen Seite eingestellt wird.

Wenn nur wenig Gas zur Analyse verfügbar ist, verwendet man zweckmäßig die Pipette *M* (Abb. 18). Man füllt sie aus einem Recipienten, wie er z. B. in Abb. 15 dargestellt ist. Dazu wird mit einer Spritze der Totraum des Recipienten mit Quecksilber gefüllt und dann die Pipette *M* in den trichterförmigen seitlichen Ansatz eingesetzt. Dann stellt man den Hahn des Recipienten so, daß das Gasgemisch durch die Pipette getrieben wird. Dabei wird Quecksilber in der Capillare hochgetrieben; damit es nicht aus der Capillare oben austritt, befindet sich oben eine kugelförmige Erweiterung. Nach Füllung der Pipette verschließt man sie oben mit dem Zeigefinger und setzt die Spitze der Capillare *M* in die Mündung der Capillare in *A* ein. Wenn man den Finger entfernt, sinkt das Hg herab und treibt, wenn man nicht ganz dicht aufsetzt, etwas Gas aus, das als Blase in der Spülflüssigkeit aufsteigt. Dann wird die Pipette fest eingesetzt und wie oben angegeben durch Betätigung der Mikrometerschraube Gas in *B* eingesaugt. Weiteres s. oben.

**Das Einsetzen des offenen Hahnes *1*** erfolgt möglichst ohne größere Erschütterung des Apparates. Man wartet 1 min (Temperaturausgleich), schließt Hahn *1* und kontrolliert, ob der Meniscus auf der Marke bleibt. Wenn dies nicht der Fall ist, wird Hahn *1* noch einmal geöffnet, und nach Korrigieren wieder geschlossen. Jetzt erst wird der Mikrometerstand abgelesen und notiert ($M_1$).

**Kohlendioxydabsorption.** Der Apparat wird vorsichtig auf die Seite geneigt, daß eine möglichst kleine Menge KOH in den Raum *B* übertritt; gleichzeitig dreht man die Mikrometerschraube, damit die Abwärtsbewegung des Indicatortropfens kompensiert wird. Die Apparatur wird wieder senkrecht gestellt und durch Klopfen mit dem Finger etwas erschüttert. Wenn der Indicatortropfen sich nicht mehr bewegt, saugt man ihn abwärts bis zur Grenze des wasserabstoßenden Überzuges und stellt dann den unteren Rand der Flüssigkeit auf die Ringmarke ein. Mikrometerstand $M_2$ wird abgelesen und notiert. Wenn die Gasprobe einen sehr hohen Kohlendioxydgehalt hat, läßt man fraktioniert Spuren der Kalilauge zufließen, damit man mit dem Stellen der Mikrometerschraube nachkommt.

**Sauerstoffabsorption.** Man neigt den Apparat vorsichtig auf die Seite $D$ und läßt so viel Absorbens zufließen, daß es über dem Quecksilberspiegel etwa 1 mm hoch steht. Der Apparat wird wieder senkrecht gestellt und geschüttelt. Das Reagens muß rot bleiben, sonst ist zu wenig davon in $B$ und es muß nochmals etwas nachgefüllt werden. Bei der Absorption entwickelt sich Wärme, die sich etwa innerhalb 2 min ausgleicht. Der Indicatortropfen wird abwärts gesaugt bis zum Beginn des Überzuges und dann wie oben angegeben an der Ringmarke eingestellt. $M_3$ wird abgelesen und notiert.

Damit ist die Analyse beendigt.

**Kontrolle.** Zur Kontrolle wird nun *1* geöffnet, vorsichtig herausgenommen und in $G$ gesetzt. Man treibt das Gas aus $B$ durch Hineindrehen der Mikrometerschraube aus und saugt den Indicatortropfen ab; dann wird der Meniscus der Absorptionsflüssigkeit auf die Ringmarke eingestellt. Der Mikrometerstand soll auf $\pm 0,5$ der kleinsten Teilung derselbe sein wie zu Beginn der Analyse.

**Vorbereitung zur nächsten Analyse.** Hahn *2* wird in Stellung *c* gebracht; beim Hochsteigenlassen des Hg-Meniscus werden die Absorptionslösungen so abgesaugt, daß diese nicht in die Kompensationskammer $A$ übertreten. Das Spülen mit Säurelösung erfolgt wie oben angegeben, das Nachfüllen der Absorptionsflüssigkeit (erst nach etwa zehn Analysen nötig), indem man einen Tropfen der betreffenden Lösung auf den Gummistopfen auftropft und durch den Tropfen mit der Spritze, in der die Absorptionslösung ist, einsticht. Es dürfen keine Luftblasen in den Seitenarmen sein, und die Gefäße dürfen nur halb gefüllt werden.

*Berechnungen:*

$$\text{Kohlendioxyd, cm}^3/100 \text{ cm}^3 \text{ der Probe, trocken} = \frac{M_1 - M_2}{M_1 - M_0} \cdot 100,$$

$$\text{Sauerstoff, cm}^3/100 \text{ cm}^3 \text{ der Probe, trocken} = \frac{M_2 - M_3}{M_1 - M_0} \cdot 100,$$

$$\text{Stickstoff, cm}^3/100 \text{ cm}^3 \text{ der Probe, trocken} = \frac{M_3 - M_0}{M_1 - M_0} \cdot 100.$$

Doppelanalysen sollen für Sauerstoff, Kohlendioxyd und Stickstoff innerhalb 0,03% übereinstimmen.

### ε) *Technisches.*

1. Es muß vermieden werden, daß die saure Spülflüssigkeit bis in den Hahn *2* dringt. Der Hahn wird dann undicht. Man prüft die Dichtigkeit, indem man $B$ mit Spülflüssigkeit füllt, und den Gasmeniscus auf die Ringmarke einstellt. Hahn *2* wird in Stellung *a* gebracht und die Nivellierbirne *I* bis auf Höhe von *2* gesenkt. Wenn der Hahn undicht ist, sinkt der Flüssigkeitsmeniscus in der Capillare. Der Hahn muß dann gespült, getrocknet und neu gefettet werden.

2. Die größte Schwierigkeit bei der Entwicklung der Methode war es, die richtige wasserabstoßende Flüssigkeit zu finden. Das β-anthrachinonsulfosaure Natrium greift in der üblichen Konzentration den Oberflächenbezug an. Nur Clarite X war bei nur 0,5% Sulfonat widerstandsfähig genug, um den Überzug für etwa 150—200 Analysen bestehen zu lassen. Die Silicone breiten sich meist zu stark aus, bilden keine scharfe Begrenzung und lassen sich nur schwer wieder entfernen. Clarite X ist mit Toluol leicht lösbar. Das Alkali der Absorptionsflüssigkeiten fördert die wasserabstoßende Eigenschaft des Überzuges.

### c) Manometrischer Apparat nach van Slyke
(s. unter Analyse von Gasen in Flüssigkeiten, S. 254ff.).

### d) Übersicht über andere Methoden der Analyse von Gasen in Gasgemischen.

*α) Chemische Verfahren.*

Außer den beschriebenen Methoden und deren Modifikationen gibt es noch eine große Zahl anderer chemischer Verfahren, die hauptsächlich in der Technik angewendet werden. Nur die bekannteren Methoden sind angeführt.

**Kohlendioxyd.** *Titrimetrisch.* Bei Stoffwechselversuchen ist es zum Teil gebräuchlich, Kohlendioxyd in Bariumhydroxydlösung zu absorbieren und gegen Salzsäure mit Phenolphthalein als Indicator zu titrieren.

*Gravimetrisch* benützt man Natronkalk (Calciumoxyd, gelöscht mit 10%iger Natronlauge), der vor und nach Absorption gewogen wird. Es ist darauf zu achten, daß der Wasserdampf der Ausatmungsluft die Messungen nicht verfälscht. 1 mg Gewichtszunahme entspricht 0,5058 cm³ $CO_2$. Das durch die Absorptionsgefäße getriebene Gasvolumen muß gemessen werden, wenn der $CO_2$-Prozentanteil der Probe interessiert.

*Colorimetrisch* gelingt die Bestimmung mit einer Lösung von 0,4748 g wasserfreiem Natriumcarbonat auf 100 g Wasser. Als Indicator werden 0,5 g Phenolphthalein zugesetzt. Wenn man Meßreihen mit verschiedenen Mengen dieser Lösung ansetzt, kann man den $CO_2$-Gehalt von Gasproben ermitteln. Dies Verfahren ist jedoch sehr umständlich und ungenau. BRINKMAN[1] hat ein Gerät zur fortlaufenden Registrierung des $CO_2$-Gehaltes der Ausatmungsluft und anderer Gasproben angegeben, das colorimetrisch arbeitet. Die Genauigkeit beträgt ±0,2 Vol.-% $CO_2$.

**Sauerstoff.** Das *Verfahren von* WINKLER (s. S. 221) zur Bestimmung von im Wasser gelöstem $O_2$ wird auch (vorwiegend in der Technik) zur Bestimmung von Sauerstoff in Gasen in verschiedenen Modifikationen angewendet (s.[2]; dort auch weitere Literatur).

*Colorimetrisch* wird zur Bestimmung kleinerer Sauerstoffmengen (z. B. Leuchtgas) ein Verfahren[3] mit einer Genauigkeit von 5% angegeben. Natriumdithionit wird von $O_2$ oxydiert. Der Verbrauch an Dithionit wird durch Indigocarmin angezeigt. Weitere colorimetrische Verfahren zur $O_2$-Bestimmung s.[2].

In der *Verbrennungskammer* kann man $O_2$ mit $H_2$ über glühendem Platin verbrennen lassen und aus der Volumenverminderung den $O_2$-Gehalt berechnen[4, 5].

**Stickstoff.** Der Stickstoffgehalt wird bei den meisten gasanalytischen Verfahren als nach der Absorption verbliebener Rest ermittelt. Es ist darauf hinzuweisen, daß sich Fehler, die man bei den einzelnen Vorabsorptionen macht, im Hinblick auf die Berechnung des Stickstoffgehaltes summieren können. Es ist deshalb zuweilen wünschenswert, den Stickstoff über erhitztem metallischem Kalium[6] zu bestimmen. Für biologische Zwecke dürfte jedoch, abgesehen von dem apparativen Aufwand, die Stickstoffbestimmung mit dem Interferometer (s. S. 216) einfacher sein.

**Wasserstoff.** *Absorption* ist mit Silberpermanganat möglich. Dabei wird immer etwas Sauerstoff frei, den man in Pyrogallol absorbiert, da sonst das $H_2$-Volumen zu klein bestimmt wird[7]. Weitere Absorptionsmittel sind Pikrinsäurelösung mit kolloidalem Palla-

---

[1] „Carbovisor". hergestellt von der Firma Kipp, Delft (in Deutschland durch Leybold vertrieben).
[2] LIEBKNECHT, O., F. TÖDT u. S. KAHAN: Handb. analyt. Chem. (FRESENIUS-JANDER) Teil III Bd. VI a α, S. 73.
[3] MUGDAN, M., u. J. SIXT: Z. angew. Chem. 46, 90 (1933).
[4] BAYER, F.: Chem. Fabrik 7, 28 (1934).
[5] STEUER, W.: Chem.-Ztg. 49, 713 (1925).
[6] CORI, P. DE: Z. angew. Chem. 47, 372 (1934).
[7] HEIN, F., u. W. DANIEL: Z. anorg. Chem. 181, 78 (1929). Chem. Fabrik 4, 381 (1931).

dium[1,2], hydrogencarbonathaltige Natriumchloratlösung[3] und anthrachinon-2,7-disulfosaures Natrium[4].

*Verbrennungsanalyse* ist außer mit der auf S. 201 genannten Methode noch fraktioniert an Kupferoxyd[5] möglich. Die Anwesenheit von Methan stört nicht, bzw. das Methan kann nachfolgend bei höherer Temperatur ebenfalls durch Verbrennung bestimmt werden. Eine weitere in der Technik benützte Möglichkeit ist die Verbrennung an einem auf 150° C geheizten Palladium-Asbestfaden[6], wobei auch Methan bestimmt werden kann.

**Kohlenoxyd.** *Oxydation.* Verschiedene Verfahren beruhen auf der Oxydation des Gases zu $CO_2$. Eine Lösung von 18 g 10%igem Oleum (konz. $H_2SO_4$, die 10% freies $SO_3$ enthält) und 1 g Jodpentoxyd (fein verteilt) oxydiert CO nach folgender Reaktion

$$J_2O_5 + 5\,CO = J_2 + 5\,CO_2.$$

Entweder bestimmt man durch Absorption[7] die entstandene $CO_2$, oder man kann das freigewordene Jod mit Natriumthiosulfatlösung titrieren[8].

*Die Wärmetönung,* die bei der Oxydation von CO durch $MnO_2$ zu $CO_2$ entsteht, wird bei einem Gerät der Firma Dräger, Lübeck, als Meßgröße benutzt, um CO in der Luft (bis herab zu 0,002%) zu bestimmen[9].

*Palladiumabscheidung.* Durch CO wird aus einer Natriumchlorid-Palladiumchloridlösung, die etwas Natriumacetat enthält, metallisches Palladium abgeschieden:

$$CO + PdCl_2 + H_2O = CO_2 + Pd + 2\,HCl.$$

Auf dieser Reaktion beruhen drei Wege des CO-Nachweises:

1. Wägen von metallischem Palladium.

2. Colorimetrische Bestimmung (Pd gibt, abhängig von seiner Menge, auf einem mit Palladium(II)-chloridlösung getränkten Filtrierpapier verschiedene Färbung).

3. Titration.

Eine ausführliche Darstellung gibt BAYER[10].

*Absorption* mit neutraler Kupfer(I)-chloridlösung [125 g Kupfer(I)-chlorid, 265 g Ammoniumchlorid und 750 cm³ Aqua dest.) soll möglichst mit 2 Absorptionspipetten ausgeführt werden. Die Hauptmenge an CO absorbiert man in der älteren Lösung und die letzten Reste in der frischen Lösung. In die Absorptionsbüretten bringt man zur Oberflächenvergrößerung zusammengerollte feinmaschige Kupferdrahtnetze[11].

### β) *Physikalische und physikalisch-chemische Verfahren.*

**Magnetische Susceptibilität.** REIN[12] und SENFTLEBEN[13] benützten die paramagnetische Eigenschaft des Sauerstoffes zu dessen Analyse. REIN[14] verwendet ein nach Art einer WHEATSTONEschen Brücke geschaltetes Capillarsystem, durch das Gase geleitet werden (Abb. 19). Durch zwei Magneten werden in zwei Schenkeln des Capillarsystems auf Grund der paramagnetischen Eigenschaft des Sauerstoffes Viscositätsänderungen der

---

[1] PAAL, C.: B. **43**, 243 (1910).
[2] HOFMANN, K. A.: B. **49**, 1650 (1916).
[3] HOFMANN, K. A., u. R. EBERT: B. **49**, 2369 (1916).
[4] BONNEY, D. T., and W. J. HUFF: Industr. engng. Chem., analyt. Ed. **9**, 157 (1937).
[5] JÄGER, E.: J. Gasbeleucht. **41**, 764 (1888).
[6] WAGNER, G.: Gasanalytisches Praktikum. S. 57. Wien 1942.
[7] SCHLÄPFER u. MOSCA: Monatsbull. schweiz. Ver. Gas- u. Wasserfachm. **12**, 205, 253, 286 (1932).
[8] ROBESON, E. C.: J. Soc. chem. Industr. **57**, 39 (1938).
[9] WAGNER, G.: Gasanalytisches Praktikum. S. 47. Wien 1942.
[10] BAYER, F.: Gasanalyse. S. 108—136. Stuttgart 1941.
[11] LEBEAU, P., et A. DAMIENS: Ann. Chim., Paris (9) **8**, 221 (1917).
[12] REIN, H.: Schr. dtsch. Akad. Luftfahrtforsch. S. 1 (1939).
[13] SENFTLEBEN, H., u. O. RIECHEMEIER: Physik. Z. **31**, 822, 961 (1930).
[14] REIN, H.: Pflügers Arch. **247**, 576 (1944).

durchgeleiteten Gase erzeugt. Die Viscositätsänderungen rufen in der „Brücke" Druckdifferenzen hervor, die mit einem Differentialmanometer gemessen werden. Mit der abgebildeten Anordnung konnte eine lineare Beziehung zwischen dem $O_2$-Gehalt des durchgeleiteten Gasgemisches und den gemessenen Druckdifferenzen gefunden werden. Die Empfindlichkeit konnte bis zur Bestimmung von 0,025% *Sauerstoff* getrieben werden. Der Einfluß, den *Kohlendioxyd* auf die Messung hat, wird dazu benützt, auch Kohlendioxyd analysieren zu können (bis 20% $CO_2$). Analysendauer 12—15 sec. Meßbereich 0—100% $O_2$. Erforderliche Gasmenge etwa 1 Probebeutel. Fortlaufende Registrierung möglich.

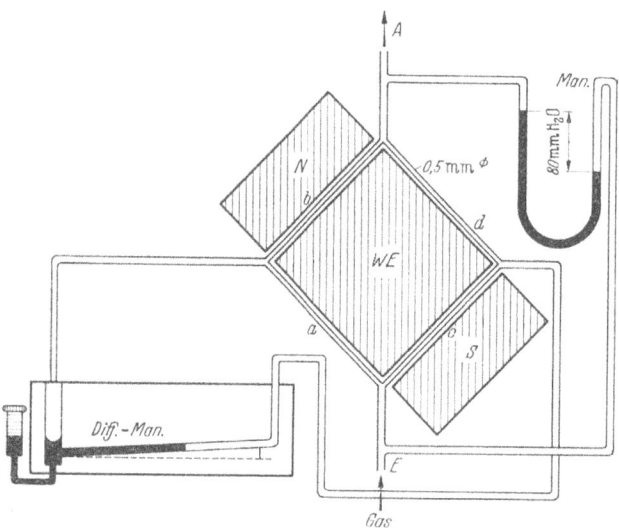

Abb. 19. Die vier Capillaren $a, b, c$ und $d$ — von 0,5 bzw. 0,25 mm lichter Weite — sind so angeordnet, daß $b$ und $c$ im Feld eines Elektromagneten (*NS*) liegen, der durch Einfügung eines Weicheisenkernes (*WE*) zwei Luftspalte von etwa 0,8 mm hat. $a$ und $d$ liegen parallel zum Feld und außerhalb desselben. Das zu prüfende Gasgemisch tritt bei $E$ ein, verteilt sich auf zwei Wege $a$—$b$ bzw. $c$—$d$ und wird bei $A$ abgesaugt. Das Druckgefälle $P$ wird durch ein Wassermanometer (*Man*) gemessen. Als Brücken-Differential-Manometer ist ein Terpentinmanometer (*Diff.-Man.*) angeschlossen. Solange der Magnet nicht erregt ist, wird es auf Null verharren. Die durch die Erregung des Magneten in $b$ und $c$ entstehende Viscositätsänderung, die von der $O_2$-Konzentration abhängt und beim Fehlen von $O_2$ überhaupt ausbleibt, stellt den eigentlichen Meßwert dar (nach REIN).

In USA haben PAULING und Mitarbeiter[1], ebenfalls eine magnetische Sauerstoffanalyse benützt und ein Gerät entwickelt, das von der Firma Beckman, Pasadena, hergestellt wird und in kurzer Zeit auch in biologische Laboratorien Eingang gefunden hat. In einem Permanentmagneten ist ein hantelförmiger Testkörper an einem Quarzfaden aufgehängt, der einen Spiegel trägt. Der Testkörper und damit der Spiegel ändern ihre Stellung im Magnetfeld, wenn sich die *Sauerstoff*-Konzentration dortselbst ändert. Es gibt verschiedene Modelle, die ziemlich robust und einfach zu bedienen sind. Am verbreitetsten ist das Modell C mit Anzeigeskalen für einen Lichtzeiger mit Bereichen von 0—40 bis 0—800 mm Hg Sauerstoffdruck. Die geringste Spanne ist 40 mm Hg, z. B. 80—120 mm Hg. Für die gebräuchlichsten atmungsphysiologischen Untersuchungen am Menschen und am Warmblüter ist der Bereich von 80—160 mm Hg $P_{O_2}$ am geeignetsten. Die Einstellzeit des Gerätes dauert beim Normalmodell etwa 55 sec, bei einer Sonderausführung etwa 8 sec. Das Gasfassungsvermögen beträgt beim Normalmodell 9 $cm^3$, bei Sonderausführungen 3 $cm^3$. Beim ersten sind also etwa 50 $cm^3$, beim zweiten etwa 15 $cm^3$ Gas für eine Einzelanalyse erforderlich. Genauigkeit: 1% der Skala. Andere Modelle sind zum Anschluß an Tintenschreiber eingerichtet und Apparate höherer Genauigkeit mit einer Nullmethode (Hand- und automatische Kompensation) zu bedienen.

MALM und VUORELAINEN[2] hängen in einem inhomogenen Magnetfeld eine dünnwandige Glaskugel, die mit Stickstoff gefüllt ist, als Testkörper auf. Die paramagnetische Komponente ($O_2$) eines Gasgemisches konzentriert sich am Ort der höchsten Feldstärke und verändert die Lage des Testkörpers. Wie bei dem BECKMAN-Modell, wird mit einem Permanentmagneten und einem Spiegel am Testkörper gearbeitet, der einen Lichtstrahl auf eine Skala wirft. Einstellzeit: 20 sec. Die Eichung ist nur von 0—55% *Sauerstoff* linear. Die Genauigkeit wird mit 0,5% angegeben.

Eine andere Anwendung hat folgendes Prinzip: Ein Heizdraht erzeugt in einem inhomogenen Magnetfeld ein Temperaturgefälle. Kaltes Gas hat eine höhere magnetische

---

[1] PAULING, L., R. E. WOOD and J. H. STURDIVANT: Science, N. Y. **103**, 338 (1946).
[2] MALM, E., and O. VUORELAINEN: Scand. J. clin. Lab. Invest. **2**, 139 (1950).

Susceptibilität und wird dadurch in das Gebiet höherer Feldstärke gesaugt. Dort wird es durch den Hitzdraht erwärmt. Mit der Erwärmung nimmt die Susceptibilität wieder ab, und es strömt neues kaltes Gas nach. So entsteht ein Gasstrom, der von der $O_2$-Konzentration abhängig ist, „der magnetische Wind". Er kühlt den Heizdraht stärker ab, als in einem Vergleichsteil. Die beiden Teile sind als Brücke geschaltet und der Widerstand dient als Meßgröße für die *Sauerstoff*-Konzentration.

Nach diesem Prinzip arbeiten Industriegeräte in verschiedenen Ausführungsformen. Magnos 1 (Hartmann & Braun) hat eine Einstellzeit von etwa 15 sec, Magnos 2 von etwa 12 sec. Die Meßbereiche sind beliebig wählbar. An beide Geräte können Punktschreiber angeschlossen werden. Ein ähnliches Gerät wird von Siemens & Halske hergestellt, seine Genauigkeit beträgt etwa 2% des Meßbereiches (wählbar von 0—1% und 0—100% $O_2$).

Zur Kontrolle der Inspirationsluft bei Inhalationsnarkosen geben FREY und GÖPFERT[1] ein Gerät (Oxytest, Hartmann & Braun) an. Es hat zwei Meßbereiche 0—30 und 0 bis 100% *Sauerstoff*, beim ersten Meßbereich ist die Genauigkeit etwa 1% $O_2$. $N_2O$-Anwesenheit stört nicht.

Mit dem oben angegebenen BECKMAN-Modell C ist es auch möglich, neben $O_2$ in einem Differenzverfahren *Kohlendioxyd* in der Exspirationsluft zu analysieren[2].

Tabelle 2. *Relatives Wärmeleitvermögen einiger Gase, bezogen auf Luft ( = 100)*\*.

| | | | | | |
|---|---|---|---|---|---|
| Sauerstoff . . | 99 | 7° C | Wasserstoff . | 576 | 0° C |
| Stickstoff . . | 92 | 0° C | Helium . . . | 597 | 0° C |
| Kohlendioxyd | 54 | 0° C | Argon . . . | 68,5 | 0° C |
| Kohlenoxyd . | 88 | 0° C | Methan . . | 114 | 7° C |

\* Berechnet nach Daten aus: Handbook of Chemistry and Physics, Cleveland/Ohio, 34. Ed., S. 2091 (1952).

Über weitere Anwendungsmöglichkeiten berichtet SCHWARZ[3].

**Wärmeleitfähigkeit.**

*Prinzip:*

In einem Glasrohr ist ein Metalldraht ausgespannt, der durch eine angelegte Spannung geheizt wird. Die sich einstellende Endtemperatur des Drahtes ist unter anderem abhängig von der Wärmeleitfähigkeit des umgebenden Gases. Zum Beispiel wird die Temperatur des Drahtes, wenn das umgebende Gas Wasserstoff ist, niedriger sein als bei $CO_2$. Das Wärmeleitvermögen von $H_2$ ist mehr als 10mal größer als das von $CO_2$ (s. Tabelle 2). Durch die Wahl von Metalldrähten, deren Widerstand stark von der Temperatur abhängig ist, läßt sich der genannte Effekt über eine Widerstandsmessung analytisch verwerten.

In der Praxis wird meist ein binäres Gasgemisch analysiert, wobei die Wärmeleitfähigkeit der beiden Gase unterschiedlich sein muß. Aus der Änderung des elektrischen Widerstandes kann man auf die Änderung des Verhältnisses der beiden Gase zueinander schließen. Auch bei Gemischen aus drei Gasen ist die Messung möglich, wie z. B. bei Exspirationsluft ($N_2$, $O_2$ und $CO_2$), wobei man einmal alle drei Gase und dann nach Absorption von $CO_2$ nur $N_2$ und $O_2$ bestimmt. Bei empfindlichen Schaltungen genügt sogar der geringe Unterschied der Wärmeleitfähigkeit zwischen $N_2$ und $O_2$, um eine ausreichende Genauigkeit zu erzielen.

KNIPPING[4] hat das Verfahren als erster in der Biologie benützt und mit seinem Apparat sehr hohe Genauigkeiten angegeben, z. B. für Wasserstoff 0,005%. Er verwendete den Apparat hauptsächlich für Stoffwechseluntersuchungen.

REIN[5] erweiterte die Möglichkeiten dieses Prinzipes durch die Messung des Wärmeüberganges zwischen Hitzdraht und strömendem Gas. Bei dem in vielen physiologischen Experimenten erprobten Stoffwechselschreiber von REIN wird mit einer Pumpe ein konstanter Gasstrom durch die Meßkammer gesaugt. Dadurch erhält der Apparat das

---
[1] FREY, R., u. H. GÖPFERT: Anaesthesist, Berlin **2**, 99 (1953).
[2] BEHRMANN, V. G., and F. W. HARTMAN: Proc. Soc. exp. Biol. Med. **78**, 412 (1951).
[3] SCHWARZ, N.: Appl. sci. Res., den Haag (A) **1**, 47 (1947).
[4] KNIPPING, H. W.: Z. ges. exp. Med. **53**, 1 (1926).
[5] REIN, H.: Handb. biol. Arb.-Meth. Abt. IV, Teil 13, S. 795. 1937.

hohe zeitliche Auflösungsvermögen, wie es für die Registrierung der Atmungsvorgänge erforderlich ist. Es werden etwa 10 cm³ Gas/min benötigt. *Kohlendioxyd* und *Sauerstoff* können auf 0,01% genau bestimmt werden. Der Apparat wird im allgemeinen mit fortlaufender Registrierung verwendet und ist für Versuche bei Mensch und Tier erprobt[1].

Ein weiteres Prinzip hat ebenfalls REIN[2] eingeführt. Hierbei wird eine unterschiedliche Strömungsgeschwindigkeit des Gases an zwei Hitzdrähten erzeugt, indem das Gas in einem Schenkel frei, in einem anderen nach Absorption der $CO_2$ zu den Hitzdrähten strömt.

Ein Grundumsatzgerät von Hartmann & Braun benützt ebenfalls die unterschiedliche Wärmeleitfähigkeit der Gase über Widerstandsmessungen zur Bestimmung des $CO_2$-Gehaltes und der $O_2$-Verarmung der Ausatmungsluft. Nach dem gleichen Prinzip arbeitet ein tragbarer Gaskonzentrationsmesser derselben Firma, dessen Empfindlichkeit durch Eichung auf verschiedene Meßbereiche variiert werden kann.

Eine Übersicht über die vornehmlich technischen Anwendungen dieses Prinzipes gab in der deutschen Literatur zuletzt LIENEWEG[3].

**Gasdichte.** Auf der unterschiedlichen Dichte der einzelnen Gase beruhen verschiedene Verfahren. BANSI[4] hat das Prinzip zu Stoffwechseluntersuchungen verwendet, fortlaufende Registrierung ist möglich.

Die Quadrate der Ausströmungszeiten zweier Gase durch eine enge Düse verhalten sich zueinander wie die Molekulargewichte dieser Gase. WAGNER[5] hat auf diesem Prinzip eine einfache Methode aufgebaut, die $\pm 1\%$ Genauigkeit hat.

Auf der unterschiedlichen Viscosität und dem spezifischen Gewicht der Gase beruhen Methoden, bei denen diese Unterschiede durch eine Ringwaage fortlaufend registriert werden[6].

**Schallgeschwindigkeit.** Unterschiede der Schallgeschwindigkeit in verschiedenen Gasen wurden zur Analyse verwendet[7]. FAULCONER und RIDLEY[8] beschreiben einen aufwandreichen Apparat zur Operationskontrolle. An beiden Enden einer Gaskammer ist je ein elektromagnetischer Wandler, wovon einer an den Eingang, der andere an den Ausgang eines Verstärkers angeschlossen ist. Die elektrischen Schwingungen, in die das System durch einen Schallimpuls versetzt wird, sind in ihrer Frequenz abhängig von der Schallleitungsgeschwindigkeit und damit für verschiedene Gase unterschiedlich. Das Gerät gestattet eine fortlaufende Analyse von drei Gasen und zusammen mit dem BECKMAN-Modell C (s. S. 212) von vier Gasen ($O_2$, $N_2O$, Äther und $N_2$).

**Massenspektrometer.**

*Prinzip:*

Das zu analysierende Gas wird in eine Hochvakuumröhre geleitet, in der die von einem geheizten Wolframdraht ausgesandten Elektronen das Gas ionisieren. Die Gasionen erhalten durch ein angelegtes elektrisches Feld eine kinetische Energie und werden anschließend entsprechend ihrer Masse und ihrer Ladung durch einen Magneten aus ihren Bahnen abgelenkt. Ein Auffänger am anderen Ende der Vakuumröhre hat eine so enge Eintrittsblende, daß nur eine bestimmte Ionensorte mit dem gleichen Verhältnis Masse/Ladung eingelassen wird. Durch Änderung der Ionenenergie (Ziehspannung) oder Änderung der Feldstärke des Magneten lassen sich verschiedene Ionen nacheinander zum Auffänger führen. Umständlicher ist es, mit mehreren Auffängern zu arbeiten, wodurch

---

[1] BENZINGER, T., u. F. BRAUCH: Kli. Wo. **1934 II**, 1852.
[2] REIN, H.: A. e. P. P. **167**, 96 (1932).
[3] LIENEWEG, F.: Arch. techn. Messen **138**, 125 (1942); **140**, 17 (1943).
[4] BANSI, H. W.: Kli. Wo. **1933 I**, 1003.
[5] WAGNER, G.: Öst. Chem.-Ztg. **44**, 164 (1941).
[6] BAYER, F.: Gasanalyse. S. 267. Stuttgart 1941.
[7] GRIFFITHS, E.: Proc. physic. Soc. London **39**, 300 [C. **1927 II**, 1181].
[8] FAULCONER, A., and R. W. RIDLEY: Anesthesiology **11**, 265 (1950).

allerdings die gleichzeitige fortlaufende Registrierung des Gehaltes an verschiedenen Ionensorten möglich ist[1].

Während des Krieges sind Massenspektrometer zur Gasanalyse besonders in USA entwickelt worden[2,3]. Für physiologische Zwecke hat diese Methode den Vorteil, daß Mengen von weniger als 1 cm³ Gas (bei Atmosphärendruck) erforderlich sind. Die Anzeigeverzögerung beträgt 0,2 sec und erlaubt so die Untersuchung der Änderung der Gaskonzentration in einzelnen Atemzügen. Für die Analysierbarkeit der einzelnen Gase gilt einschränkend nur, daß ihre Massenzahlen nicht zu nahe beisammen liegen dürfen, wenngleich es hier auch noch Möglichkeiten der Analyse gibt. HITCHCOCK und Mitarbeiter[4-6] haben die Methode in die Physiologie eingeführt. Zur Narkoseüberwachung haben NIER und Mitarbeiter[7,8] ein fahrbares Gerät entwickelt, das fünf Gase (unter anderen *Sauerstoff, Kohlendioxyd, Äther, Distickstoffoxyd*) registriert. Man erhält alle 20 sec durch eine automatische Umschaltung einen Meßpunkt für ein bestimmtes Gas.

**Änderung der Leitfähigkeit von Absorptionslösungen.**

*Prinzip:*

Die elektrische Leitfähigkeit von Natronlauge ist z. B. etwa doppelt so groß wie diejenige von Natriumcarbonat. Die Durchleitung eines zu analysierenden kohlendioxydhaltigen Gasgemisches erniedrigt die elektrische Leitfähigkeit von Natronlauge[9]. Die Methode ist nur für die Bestimmung einzelner Proben verwendbar, nicht fortlaufend. Das Verfahren wurde in der Technik auch für andere Gase und deren Absorptionslösungen, z. B. *Sauerstoff*, angewandt[10]. Ein Industriegerät (Elektroflux[11], Hartman & Braun) arbeitet nach dem genannten Prinzip und ist zur Messung von Sauerstoffspuren in Gasgemischen gedacht.

**Potentiometrische Bestimmungen.** Die $p_H$-Änderungen einer Pufferlösung bei *Kohlendioxyd*-Durchleitung wurde durch potentiometrische Messungen ebenfalls analytisch verwertet[12].

Die **elektrochemische Aktivität** von Gasen an geeigneten Elektroden und der daraus resultierende Stromfluß wurde zur Analyse von Wasserstoff benützt[13].

**Polarographisch** ist es mit der Quecksilber- oder Platinelektrode möglich, den physikalisch in Flüssigkeiten gelösten *Sauerstoff* zu messen. Nach dem Gesetz von HENRY ist die gelöste Menge des Gases proportional dem Gasdruck in der Gasphase. Bei geringen $O_2$-Mengen ist eine Methanollösung mit $CaCl_2$ als Elektrolyt zu empfehlen. Die Löslichkeit in dieser Lösung ist etwa achtmal größer als in Wasser, und die Messung deshalb genauer. Es wurden auch 0,01 n $Ca(NO_3)_2$-Lösung[14] und n KCl- bzw. Ringer-Lösung[15] benützt.

**Gasketten.** Hiermit kann bei geeigneten Elektroden und Elektrolyten der *Diffusionsstrom*[16] oder die *Spannung*[17] der Kette ein Maß für den *Sauerstoffgehalt* sein.

---

[1] DUBLIN, W. B., W. M. BOOTHBY and M. D. MARVIN: Science, N. Y. **90**, 399 (1939).

[2] NEUERT, H.: Angew. Chem. **61**, 369 (1949).

[3] HIPPLE, J. A.: J. appl. Physics **13**, 551 (1942).

[4] HITCHCOCK, F. A., and R. W. STACY: 18. Int. Congr. Physiol. Kopenhagen. S. 257. 1950.

[5] KYD, G. H., and F. A. HITCHCOCK: Fed. Proc. **8**, 89 (1949).

[6] HUNTER, J. A., R. W. STACY and E. A. HITCHCOCK: Rev. sci. Instr. **20**, 333 (1949).

[7] NIER, A. O., T. A. ABBOTT, J. K. PICKARD, W. T. LELAND, J. T. TAYLOR, C. M. STEVENS, D. L. DUKEY and G. GOERTZEL: Analyt. Chem., Washington **20**, 188 (1948).

[8] MILLER, F. A., H. HEMINGWAY, A. O. NIER, R. T. KNIGHT, E. B. BROWN and R. L. VARCO: J. thorac. Surg. **20**, 714 (1950).

[9] SMITH, A.: Industr. engng. Chem., analyt. Ed. **6**, 217, 293 (1934).

[10] SPENCE, R., and A. A. SMALES: Ann. Rep. chem. Soc. **46**, 300 (1950).

[11] LIEBKNECHT, O., F. TÖDT u. S. KAHAN: Handb. analyt. Chemie (FRESENIUS-JANDER). Teil III, Bd. VI a α, S. 83.

[12] KAUKO, Y.: Z. angew. Chemie **47**, 164 (1934); **48**, 539 (1935).

[13] DASSLER, A.: Z. angew. Chemie **50**, 725 (1937).

[14] VITEK, V.: Coll. Trav. chim. Tchéchosl. **7**, 537 (1935) [LIEBKNECHT, O., s. Zitat Nr. 17, S. 88].

[15] BARTELS, H.: Pflügers Arch. **252**, 264 (1950).

[16] KORDESCH, K., u. A. MARKO: Mikrochem. **36**, 420 (1951).

[17] LIEBKNECHT, O., F. TÖDT u. S. KAHAN: Handb. analyt. Chem. (FRESENIUS-JANDER) Teil III, Bd. VI a α, S. 89 (1953).

**Wärmetönung bei chemischen Prozessen.** Die bei der Verbrennung von Gasen auftretende Wärmetönung kann gemessen (z. B. mit Thermoelementen) und zur Analyse von brennbaren Gasen ausgenützt werden. Mit einem solchen Verfahren konnten noch 0,001% *Sauerstoff*[1] und noch 0,0004% *Kohlenoxyd*[2] nachgewiesen werden.

Die **Absorptionswärme** wird in einem von Hartmann & Braun hergestellten Meßinstrument (Thermoflux) zur Bestimmung des *Sauerstoff*gehaltes in Gasproben ausgenützt. Die Temperatur der Absorptionslösung wird mit Thermoelementen gemessen in einem Teil, in dem noch keine Absorption eintritt, gegenüber einem Teil, in dem Absorption stattfindet. Das Prinzip erlaubt die fortlaufende Registrierung.

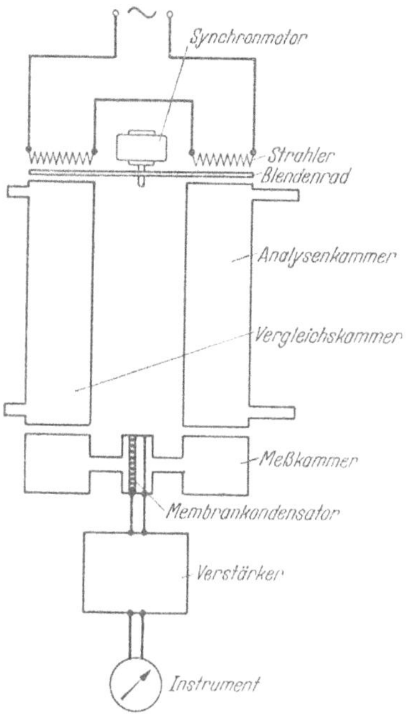

**Ultrarotabsorption.** Hauptsächlich für die Analyse von *Kohlendioxyd* wurde das von LUFT[3] angegebene Verfahren des Ultrarotabsorptionsschreibers *(Uras)* herangezogen. Zwei hintereinander geschaltete Heizdrähte (s. Abb. 20) schicken ihre Wärmestrahlen durch die Analysen- und Vergleichskammer. Durch eine Sektorenscheibe werden die Wärmestrahlen für beide Kammern gleichzeitig in kurzen Abständen unterbrochen. Das zu analysierende Gas absorbiert z. B. die Strahlung stärker als das Gas in der Vergleichskammer. Dadurch werden die periodischen Erwärmungen der beiden Meßkammern unterschiedlich stark sein. Daraus resultieren rhythmische Druckschwankungen, die eine als Membrankondensator ausgebildete Trennwand bewegen. Die Kapazitätsänderungen des Kondensators können fortlaufend registriert werden. Durch entsprechende Wahl der Vergleichskammern kann man Empfindlichkeit und Meßbereich der Methode in weiten Grenzen variieren. Es ist keine Schwierigkeit, z. B. mit der geeigneten Anordnung 0,001% $CO_2$ zu bestimmen. Die Methode wurde in der Atmungsphysiologie angewandt[4]. Für kleine Tiere wurde eine Spezialanordnung zur Bestimmung des Kohlendioxydgehaltes in der Alveolarluft entwickelt[5]. Auch für die fortlaufende $CO_2$-Analyse beim Studium der Assimilations- und Atmungsvorgänge an Pflanzen wurde die Methode mit Erfolg angewendet[6].

Abb. 20. Schematische Darstellung des Ultrarot-Absorptionsschreibers (nach ROSSMANN). Erklärung im Text.

Zur Bestimmung von *Kohlenoxyd* in Gasgemischen und in Flüssigkeiten (s. S. 220) ist das Verfahren ebenfalls geeignet[7, 8].

Der Apparat wird von Hartmann u. Braun hergestellt.

**Interferometer.** Dieses Verfahren nützt das unterschiedliche Lichtbrechungsvermögen der Gase aus. An einem Spalt werden Interferenzerscheinungen hervorgerufen, die mit einem Fernrohr beobachtet werden. Man benützt eine zweikammerige Bürette für die Gase und beobachtet, wenn in den beiden Kammern nicht die gleiche Gaszusammensetzung herrscht, eine Verschiebung der beiden Interferenzstreifenbilder gegeneinander. Einen Kompensator, der die beiden Bilder wieder übereinander stellt, kann man direkt in Prozenten oder Druckeinheiten des zu bestimmenden Gases eichen. Zeiß lieferte ein Gasinterferometer mit drei Kammern für fortlaufende *Sauerstoff-* und *Kohlendioxyd-*

---

[1] COHN, S.: Analyt. Chem., Washington **19**, 832 (1947). [LIEBKNECHT, O., F. TÖDT u. S. KAHAN: Handb. analyt. Chem. (FRESENIUS-JANDER). Teil III, Bd. IV a α, S. 87.]
[2] BAYER, F.: Gasanalyse, S. 272. Stuttgart 1941.
[3] LUFT, K. F.: Z. techn. Physik. **24**, 97 (1943).
[4] FOWLER, R. C.: Rev. sci. Instr. **20**, 175 (1949).
[5] BLINN, K. A., and W. K. NOELL: Proc. Soc. exp. Biol. Med. **71**, 141 (1949).
[6] EGLE, K., u. A. ERNST: Z. Naturforsch. **4b**, 351 (1949).
[7] ROSSMANN, H.: Kli. Wo. **1949**, 280.
[8] JÄGER, A., u. W. GREBE: Glückauf **85**, 294 (1949).

analysen zu Stoffwechseluntersuchungen. HEIM[1] konnte noch 0,05% $CO_2$ und 0,12% $O_2$ analysieren. Von den anderen analysierbaren Gasen sind für physiologische Zwecke wichtig *Kohlenoxyd, Wasserstoff, Stickstoff, Distickstoffoxyd* und *Methan*.

Ausführliche Beschreibungen der Methoden[2-4] und ihre Anwendungen[5-10] sind zitiert.

**Emissionsspektroskopie.** Beim „Nitrogenmeter" von LILLY und ANDERSON[11] dient eine auf 1—4 mm Hg evakuierte Ionisationskammer, in die zwei Elektroden eingebaut sind, zur Gasaufnahme. Wenn eine Spannung an die Elektroden angelegt wird, beginnt das zu analysierende Gas zu leuchten. Der Bereich von 310—480 m$\mu$ wird ausgefiltert und auf eine Photozelle gegeben. Über einen Verstärker kann man mit einer Verzögerung von nur 0,02 sec eine Anzeige mit einem geeigneten Galvanometer oder dem Oszillographen erhalten. $O_2$, $CO_2$ und Wasserdampf stören nicht. Das Gerät wurde verschiedentlich modifiziert[12-14].

*Helium* kann mit dem Emissionsspektrum nach Adsorption von $O_2$ und $N_2$ an Silicagel gemessen werden. Mit der Apparatur von SCHRÖER[15] können maximal 2 cm³ Helium in 500 cm³ Gas mit ±0,3—0,5% bestimmt werden.

**Sonstiges.** RINGROSE und Mitarbeiter[16] beschreiben eine einfache Methode zur groben Kontrolle des Kohlensäuregehaltes in der Exspirationsluft bei der Narkoseüberwachung.

### $\gamma$) *Mikrogasanalyse.*

Als Mikroanalyse sei hier, im Gegensatz zur Technik, eine Analyse bezeichnet, die im allgemeinen weniger als 1 cm³-Gasproben erfordert.

KROGH[17] hat mit seinem Mikrogasanalyseapparat die Analyse von Gasblasen mit nur 1—7 mm³ Volumen ermöglicht. Die Gasblasen werden in einer geeichten Thermometercapillare vor und nach Absorption gemessen. Die Volumenabnahme gibt den Prozentanteil der absorbierten Gase an. *Kohlendioxyd, Sauerstoff, Kohlenoxyd* und *Wasserstoff* können analysiert werden. Für $O_2$ und CO ist die Genauigkeit ±0,2%, für $H_2$ ±1,5%, für $CO_2$ ±2%.

Proben von weniger als 1—0,01 mm³ werden unter dem Mikroskop durch Ausmessung vor und nach den einzelnen Absorptionen analysiert.

Ein ähnliches Verfahren[18] entwirft von einer Gasblase durch Mikroprojektion ein Bild auf einem Schirm. Auch hier wird die Größenänderung nach Absorption bestimmt *(Kohlendioxyd* und *Sauerstoff)*. Genauigkeit ±0,3 Vol.-%.

SCHMIT-JENSEN[19] hat einen Mikroverbrennungsanalysenapparat angegeben. *Kohlendioxyd, Sauerstoff, Wasserstoff* und *Methan* können auf etwa 1% genau bestimmt werden.

---

[1] HEIM, R.: Z. klin. Med. **78**, 501 (1913).
[2] BERL, E., u. A. RANIS: Die Anwendung der Interferometrie in Wissenschaft und Technik. Berlin 1928.
[3] LÖWE, F.: Optische Messungen des Chemikers und des Mediziners. 6. Aufl. Dresden, Leipzig 1954.
[4] MÜLLER, F.: Handb. biol. Arb.-Meth. Abt. IV, Teil 10, S. 123 (1926).
[5] MURALT, A. v.: Praktische Physiologie. 3. Aufl. S. 114. Berlin, Göttingen, Heidelberg 1948.
[6] WOLLSCHITT, H., W. BOTHE, H. RUSKA u. E. G. SCHENK: A.e.P.P. **177**, 635 (1935).
[7] NOTHDURFT, H., u. J. HOPP: Pflügers Arch. **242**, 97 (1939).
[8] WILBRANDT, W.: Pflügers Arch. **240**, 708 (1938).
[9] ANTHONY, A. J.: Z. ges. exp. Med. **106**, 561 (1939).
[10] DIERKESMANN, H.: Z. ges. exp. Med. **107**, 736 (1940).
[11] LILLY, J.C., T.F. ANDERSON and J.P. HEWEY: Nat. Res. Council CMR-CAM Rep. Nr. 399 (1943).
[12] BOOTHBY, W. M., G. LUNDIN and H. F. HELMHOLZ jr.: Proc. Soc. exp. Biol. Med. **67**, 558 (1948).
[13] EKEROOT, S., u. G. LUNDIN: 18. Int. Congr. Physiol. Kopenhagen. S. 540. 1950.
[14] LUNDIN, G.: Scand. J. clin. Lab. Invest. **4**, 71 (1952).
[15] SCHRÖER, E.: Z. analyt. Chem. **111**, 161 (1937).
[16] RINGROSE, H. T., S. T. ROWLING and R. P. HARBORD: Brit. J. Anaesth. **22**, 25 (1950).
[17] KROGH, A.: Skand. Arch. Physiol. **20**, 279 (1908). Handb. biol. Arb.-Meth. Abt. IV, Teil 10, S. 179. 1926.
[18] LEWIS, H. E., and O. C. J. LIPPOLD: J. Physiol., London **117**, P 16 (1952).
[19] SCHMIT-JENSEN, H. O.: Biochem. J. **14**, 4 (1920).

Eine sehr vielseitige Methode (allerdings benötigt man bei dem Originalapparat 5 cm³-Gasproben) hat SCHMIDT[1] angegeben. Man kann *Kohlendioxyd, Sauerstoff, Kohlenoxyd, Wasserstoff* und *Methan* zum Teil auf ±0,05% genau bestimmen.

Die Methoden von BLACET und LEIGHTON[2], sowie von PRESCOTT[3] benötigen 5—25 mm³-Proben und analysieren *Kohlendioxyd, Sauerstoff, Kohlenstoff, Wasserstoff* und *Methan*. Die Genauigkeit der ersten Methode beträgt ±1%, die der zweiten 2—5%. Die Analyse dauert etwa 2 Std.

DIRKEN und HEEMSTRA[4] haben einen einfachen Apparat für Proben von 200 mm³ entwickelt. Für *Kohlendioxyd-* und *Sauerstoff*analysen beträgt die Genauigkeit 0,05 bis 0,08 Vol.-%. Dauer der Analyse 10 min.

LOESCHCKE[5] hat das Prinzip des cartesianischen Tauchers zur Gasanalyse verwendet und kann 15 mm³ in etwa 20 min auf *Kohlendioxyd* und *Sauerstoff* mit etwa 0,1 Vol.-% Genauigkeit analysieren.

Proben bis herab zu nur 0,07 mm³ können im Apparat von SCHOLANDER[6] auf ±0,5 Vol.-% für *Kohlendioxyd* und *Sauerstoff* in 4—6 min analysiert werden.

Einen Mikro-VAN SLYKE-Apparat gab WHITELY[7] an. Er arbeitet volumetrisch und erfordert nur 0,05—0,2 mm³ Proben. *Kohlendioxyd-* und *Sauerstoff*analysen können in etwa 10 min mit einer Genauigkeit von 0,002 Vol.-% durchgeführt werden. Der von SHEPHERD und SPERLING[8] modifizierte VAN SLYKE-Apparat benötigt als Mindestgasmenge 0,1 cm³. In 10 min kann man *Kohlendioxyd* und *Sauerstoff* auf 0,1% genau analysieren.

Mit der Methode von SCHOLANDER und ROUGHTON[9], mit der außer *Kohlendioxyd* und *Sauerstoff* auch *Kohlenoxyd* bestimmt werden kann, analysiert man 40 mm³ in 10 min mit einer Genauigkeit von ±0,2 Vol.-%.

Die Methode von BERG[10] benötigt 0,4 mm³-Proben zur *Kohlendioxyd-* und *Sauerstoff*analyse. Die Analyse ist auf ±0,3% genau und dauert 15 min.

Zur Analyse von Gasblasen in Glas und Gesteinen wurde KROGHs Blasenmethode modifiziert[11]. Die Blase wird unter Glycerin aufgestochen und unter dem Mikroskop die Größe vor und nach Absorption gemessen. Es können damit noch Blasen mit einem Volumen von 0,004 mm³(!) auf *Kohlendioxyd, Sauerstoff, Kohlenoxyd, Wasserstoff* und *Schwefelwasserstoff* analysiert werden.

Zur Bestimmung von Sauerstoffpartialdrucken bis herab zu $10^{-4}$ Atmosphären wurde eine spezielle Methode angegeben[12].

## 4. Analyse von Gasen in Flüssigkeiten.

Für die Analyse der in biologisch wichtigen Flüssigkeiten chemisch gebundenen und physikalisch gelösten Gase sind viele, meist speziellen Vorhaben angepaßte Methoden entwickelt worden (s. u.). Eine Reihe von Methoden zur Bestimmung chemisch gebundener Gase hat weite Verbreitung gefunden und ist vielseitig erprobt. Sie werden deshalb ausführlich beschrieben (S. 223ff. und 258ff.). Zur Bestimmung von $CO_2$ und $O_2$ in physikalischer Lösung bei Anwesenheit dieser Gase in chemischer Bindung (Blut) gibt es befriedigende Methoden, von denen zwei ausführlich beschrieben werden (S. 263ff.).

---

[1] SCHMIDT, A.: Gas- u. Wasserfach **73**, 1137 (1930).
[2] BLACET, F. E., and P. A. LEIGHTON: Industr. engng. Chem., analyt. Ed. **3**, 266 (1931).
[3] PRESCOTT, C. H.: Am. Soc. **50**, 3237 (1928).
[4] DIRKEN, M. N. J., and H. HEEMSTRA: Quart. J. exp. Physiol. **34**, 181 (1948).
[5] LOESCHCKE, H. H.: Ber. Physiol. **154**, 291 (1953).
[6] SCHOLANDER, P. F., and H. J. EVANS: J. biol. Ch. **169**, 551 (1947).
[7] WHITELY, A. H.: J. biol. Ch. **174**, 947 (1948).
[8] SHEPHERD, M., and E. O. SPERLING: J. Res. nat. Bur. Stand. **26**, 341 (1941).
[9] SCHOLANDER, P. F., and F. J. W. ROUGHTON: J. industr. Hyg. **24**, 218 (1942).
[10] BERG, W. E.: Science, N. Y. **104**, 575 (1946).
[11] PRICE, W. B., and L. WOODS: Analyst **69**, 117 (1944).
[12] WARBURG, O., u. F. KUBOWITZ: B. Z. **202**, 387 (1928).

Für viele Zwecke ist es ausreichend, gasanalytische Größen aus einigen experimentell ermittelten Daten nomographisch oder rechnerisch zu bestimmen. Einige dieser Möglichkeiten sind beschrieben (S. 275ff.). S. 295ff. sind einige für das gasanalytische Arbeiten wichtige Tabellen zusammengefaßt.

### a) Übersicht.

#### α) *Analyse chemisch gebundener Gase.*

Hier sollen nur die physiologisch wichtigen Gase $O_2$, $CO_2$ und CO betrachtet werden.

**Titrimetrisch.** Außer den ausführlich beschriebenen Methoden von VAN SLYKE (S. 223) und HALDANE (S. 258) gibt es einige Methoden zur vereinfachten Bestimmung des $CO_2$-Gehaltes im Serum, die auf der Austreibung des Gases mit einer Säure und anschließender Rücktitration mit Lauge zum Ausgangswert des $p_H$[1-3] beruhen. Diese Methoden sind nicht so genau wie die manometrische Methode, aber rasch und einfach durchzuführen.

**Spektrophotometrisch.** Große Verbreitung hat die spektrophotometrische Bestimmung der prozentualen Sauerstoffsättigung von Hämoglobin gefunden. Die grundlegenden Arbeiten über dieses Prinzip stammen von NICOLAI[4], KRAMER[5] und MATTHES[6,7]. Der große Vorteil der Methode besteht in der Möglichkeit, die Sauerstoffsättigung am uneröffneten Blutgefäß messen zu können. Die erforderliche Apparatur, als Oxymeter (auch Oximeter) bezeichnet, wird meistens am Ohrläppchen (Perflektionsmethode) oder an der Stirn (Reflexionsmethode) angelegt.

Zusammenfassende Darstellungen über Theorie und Anwendungsmöglichkeiten geben MATTHES[8], sowie ZIJLSTRA[9].

**Mikromethoden.** SHOCK und HASTINGS[10] arbeiteten mit 0,1 cm³ Blut, in dem mit einer Spezialpipette der Hämatokritwert, der $p_H$ (colorimetrisch) und der $CO_2$-Gehalt bestimmt werden. Mit den Makromethoden stimmt der Hämatokritwert auf 1%, der $p_H$ auf 0,02 und der $CO_2$-Gehalt auf $\pm 1$% überein.

Einen Mikro-VAN SLYKE-Apparat hat BERGGREN[11] zur Bestimmung von physikalisch gelöstem Sauerstoff im Plasma entwickelt. Mit 0,2 cm³ Plasma ist die Fehlerbreite der Einzelmessung nur $\pm 0{,}04$ Vol.-%.

Mit einer Spezialpipette bestimmt GRANT[12] an etwa 40 mm³ Blut die Sauerstoffkapazität auf volumetrischem Wege.

SCHOLANDER[13] hat eine Reihe bemerkenswerter Methoden entwickelt. An 0,7 bzw. 0,14 mm³ Blut, die mit einer Glascapillare gesammelt werden, können $CO_2$ und $O_2$ mit einem Fehler von $\pm 0{,}6$ bzw. $\pm 1{,}5$ Vol.-% analysiert werden. Die Vakuumextraktion der Gase geschieht durch Zentrifugieren. Die ausgetriebenen Gase werden im Mikrogasanalyseapparat von SCHOLANDER[14] analysiert. Analysendauer 20 min. Eine ähnliche Methode von SCHOLANDER[15] arbeitet mit 12 mm³ Blut. Genauigkeit $\pm 0{,}7$ Vol.-% für $O_2$ und $\pm 1{,}0$ Vol.-% für $CO_2$.

---

[1] CREMER, H.-D.: Kli. Wo. **1939 II**, 1034.
[2] JOHNSSON, T.: Acta paediatr., Uppsala **37**, 1 (1949).
[3] SCRIBNER, B. H., and B. VIVIAN: Proc. Staff Meet. Mayo Clinic **25**, 641 (1950).
[4] NICOLAI, L.: Pflügers Arch. **229**, 372 (1932).
[5] KRAMER, K.: Z. Biol. **95**, 126 (1934); **96**, 61 (1935).
[6] MATTHES, K.: A. e. P. P. **176**, 683 (1934); **179**, 698 (1935); **181**, 630 (1936).
[7] MATTHES, K., u. F. GROSS: A.e.P.P. **191**, 369, 381 (1939).
[8] MATTHES, K.: Kreislaufuntersuchungen am Menschen mit fortlaufend registrierenden Methoden. Stuttgart 1951.
[9] ZIJLSTRA, W. G.: Fundamentals and Applications of Clinical Oximetry. Assen 1953.
[10] SHOCK, N. W., and A. B. HASTINGS: J. biol. Ch. **104**, 565 (1934).
[11] BERGGREN, S. M.: Acta physiol. scand. 4, Suppl. 11 (1942).
[12] GRANT, W. C.: Proc. Soc. exp. Biol. Med. **66**, 60 (1947).
[13] SCHOLANDER, P. F., and L. IRVING: J. biol. Ch. **169**, 561 (1947).
[14] SCHOLANDER, P. F., and H. J. EVANS: J. biol. Ch. **169**, 551 (1947).
[15] SCHOLANDER, P. F., S. C. FLEMISTER and L. IRVING: J. biol. Ch. **169**, 173 (1947).

HOLMES[1] hat das SCHOLANDER-Prinzip für $CO_2$-Analysen im Serum modifiziert.

Für 20 mm³ Serum bzw. dessen extrahierte Gase bei konstantem, auf etwa $^1/_{10}$ Atmosphäre reduziertem Druck gibt LAZAROW[2, 3] neuerdings eine Methode an. Genauigkeit für $CO_2$ 1 Vol.-%.

**Bestimmung von Kohlenoxyd-Hämoglobin im Blut.** *Nachweis. Verdünnung mit Leitungswasser* 1:100 bis 1:150. Im Spektroskop sind die Maxima der Absorptionslinien bei 568 m$\mu$ und 539 m$\mu$ deutlich zu sehen. Da das Oxyhämoglobin ähnliche Absorptionslinien hat (576 m$\mu$ und 541 m$\mu$), reduziert man das Blut durch Zusatz einiger Milligramme Natriumdithionit. Da das Blut CO-Vergifteter meist auch noch $O_2$-Hämoglobin enthält, entsteht eine leichte Verschattung zwischen den beiden Absorptionslinien, die vom reduzierten Hämoglobin herrührt. Am besten vergleicht man das CO-Blut mit normalem Blut aus dem Ohrläppchen und setzt ebenfalls Natriumdithionit zu. Für diesen Nachweis soll das Blut mindestens 25% COHb enthalten[4, 5].

*Formalinprobe.* Das zu untersuchende Blut und das Kontrollblut werden in je einem Reagensglas mit einer gleichen Menge 40%igem Formaldehyd gut gemischt. Es entsteht eine starre Masse. CO-Blut ist rosa, das Kontrollblut braun.

*Laugenprobe.* Zu gleichen Teilen mit Kalilauge oder Natronlauge vermischt, ergibt CO-Blut keine Farbänderung, während ebenso behandeltes Kontrollblut braun wird und am Rand Grünfärbung zeigt (weiße Unterlage benützen)[6].

***Bestimmung.*** Außer der bewährten, ausführlich beschriebenen Methode von VAN SLYKE (s. S. 247) gibt es eine große Zahl anderer Verfahren, von denen nur eine Auswahl erwähnt werden kann. SCHMIDT[7] bestimmt mit einer Mikro-VAN SLYKE-Apparatur noch 0,08% CO.

Einige chemische Methoden benützen $PdCl_2$-Lösungen, wobei die Anwesenheit von CO metallisches Pd entstehen läßt[8]. Entweder wird dieses selbst durch Häutchenbildung[9] oder indirekt durch Farbreaktionen[10, 11] meßbar. Es kann auch durch Brom oxydiert werden, dann ist der Bromverbrauch ein Maß für die CO-Menge[12]. Mit Silberoxydlösung erhält man bei Anwesenheit von CO metallisches Silber, das man colorimetrisch bestimmen kann[13]. Ein Verfahren mit Jodpentoxyd[14] und eine Reihe von Methoden mit Tanninsäure[15] sind bekannt geworden.

Eine ausführliche Übersicht über derartige Methoden gab SPAUSTA[16]. Spektrophotometrische Methoden sind in vielen Variationen verbreitet[17-25].

---

[1] HOLMES, F. E.: J. Lab. clin. Med. **36**, 148 (1950).
[2] LAZAROW, A.: Lab. Invest. **2**, 22 (1953).
[3] LAZAROW, A., and M. R. CLARK: Lab. Invest. **2**, 227 (1953).
[4] PONSOLD, A.: Lehrbuch der Gerichtlichen Medizin. S. 509. Stuttgart 1950.
[5] MURALT, A. v.: Praktische Physiologie. 3. Aufl. S. 16. Berlin, Göttingen, Heidelberg 1948.
[6] PONSOLD, A.: Lehrbuch der Gerichtlichen Medizin. S. 509. Stuttgart 1950.
[7] SCHMIDT, O.: Z. klin. Med. **136**, 151 (1939). Kli. Wo. **1939** II, 938.
[8] WENNESLAND, R.: Acta physiol. scand. **1**, 49 (1940); **2**, 198 (1941).
[9] MARQUARDT, W.: Dtsch. Z. gerichtl. Med. **40**, 385 (1951).
[10] BERNDT, H.: Z. Hyg. **130**, 595 (1950).
[11] GEILMANN, W., u. W. GEBAUHR: Z. analyt. Chem. **132**, 81 (1951).
[12] RUSZNYÁK, S., u. E. B. HATZ: B. Z. **280**, 242 (1935).
[13] SHOLTEN, C.: Dtsch. Z. gerichtl. Med. **30**, 299 (1939).
[14] BLAND, D. E.: Austral. J. exp. Biol. med. Sci. **18**, 35 (1940) [Hinsberg-Lang, 2. Aufl., S. 544].
[15] SAYERS, R. R., and W. P. YANT: Techn. Pap. Bur. Mines **1925**, 373.
[16] SPAUSTA, F.: Chem. Apparatur **25**, 137, 155, 177 (1938).
[17] HARTMANN, H.: Ergebn. Physiol. **39**, 413 (1937).
[18] OETTEL, H.: A. e. P. P. **190**, 233 (1938).
[19] WOLFF, E.: Svenska Läk.-Tidn. **9**, (1941). — [Siehe a. PONSOLD, A.: Lehrbuch der Gerichtlichen Medizin. S. 509. Stuttgart 1950].
[20] GRUT, A., o. H. HESSE: Nord. Med. **16**, 3442 (1942).
[21] SEYDEL, F.: Dtsch. Milit.-Arzt **4**, 223 (1939).
[22] MAY, J.: Arch. Gewerbepath., Gewerbehyg. **8**, 21 (1938).
[23] PAUL, K. G., and H. THEORELL: Acta physiol. scand. **4**, 285 (1942).
[24] OBERSTEG, JÜRG IM, u. M. KANTER: Dtsch. Z. gerichtl. Med. **40**, 283 (1951).
[25] HARPER, P. V. jr.: J. Lab. clin. Med. **40**, 634 (1952).

Die Ultrarotabsorption wird ebenfalls zur CO-Analyse benützt[1, 2]. ROSSMANN[3] extrahiert das Blut (1—5 cm³) und bestimmt mit dem Ultrarotabsorptionsschreiber der Badischen Anilin- und Sodafabrik (s. S. 216) den CO-Gehalt in dem Gasgemisch. Bei 5 cm³ Blut kann noch 1% COHb gemessen werden. Fortlaufende Messung und Registrierung im strömenden Blut haben MATTHES und GROSS[4] beschrieben.

HINSBERG und LANG[5] geben einen guten Überblick und ausführliche Beschreibungen der wichtigeren Methoden. Eine ältere Übersicht stammt von MAY[6]. Siehe ferner Bd. V, S. 819f.

*β) Analyse physikalisch gelöster Gase.*

Prinzipiell sind auch für die physikalisch gelösten Gase die Evakuierungsmethoden (VAN SLYKE, s. S. 223) anwendbar. Da die Menge der gelösten Gase jedoch sehr gering ist (s. Tabelle 23ff., S. 305ff.), wird die Bestimmung wenig genau, wenn man nicht große Mengen (10—20 cm³) der Untersuchungsflüssigkeit zur Verfügung hat. Für kleinere Mengen sind deshalb andere Methoden vorzuziehen.

**Kohlendioxydbestimmung im Wasser.** Die meisten Verfahren der Technik[7] erfordern große Untersuchungsmengen. Mit dem manometrischen Apparat von VAN SLYKE kann man $CO_2$-Analysen an 1—2 cm³ Wasser durchführen.

**Sauerstoffbestimmung in Wasser und physiologischen Ersatzlösungen.** Die Auskochmethoden[8] erfordern für biologische Zwecke meist zu große Flüssigkeitsmengen. Die größte Verbreitung hat die WINKLER-Methode[9] mit ihren vielen Modifikationen erfahren. Die ursprüngliche Methode beruht auf der Oxydation von $Mn^{II}$- zu $Mn^{III}$-Salzen in alkalischer Lösung mit nachfolgender maßanalytischer Bestimmung. Die Methode hat den Nachteil, daß der Phosphatgehalt vieler biologischer Flüssigkeiten die Genauigkeit vermindert[10].

Andere chemische Methoden beruhen auf der Oxydation von Eisen- bzw. Kupfersalzen. Empfindlicher als vorgenannte Methoden sind Modifikationen der WINKLER-Methoden, bei denen das Oxydationspotential der Metallionen z. B. zusammen mit Redoxindicatoren eine colorimetrische Bestimmung erlaubt. Ausführliche Angaben findet man bei LIEBKNECHT[11].

**Elektrochemische Methoden.** Die Reduktion von Sauerstoff bei einem bestimmten angelegten Potential an der Platin- und an der Quecksilbertropfelektrode erlaubt die Bestimmung der $O_2$-Konzentration in Flüssigkeiten. Eine fortlaufende Registrierung ist möglich.

Die *Quecksilbertropfelektrode* wurde verschiedentlich auf biologische Probleme angewendet. Der $O_2$-Verbrauch von Algen[12], Pflanzenwurzeln[13], Hefezellen[14], Bakterien[15], Lebergewebe[10], Hautgewebe[16], quergestreiften Muskelfasern[17] wurde gemessen. In Milch[18], Meer-

---

[1] MERKELBACH, O.: Schweiz. med. Wschr. 65, 1142 (1935).
[2] WEINBACH, A.: Z. ges. exp. Med. 101, 477 (1937).
[3] ROSSMANN, A.: Kli. Wo. 1949, 280.
[4] MATTHES, K., u. F. GROSS: A. e. P. P. 191, 369 (1939).
[5] Hinsberg-Lang 2. Aufl. S. 552.
[6] MAY, J.: Zbl. Hyg. 37, 65 (1936).
[7] EMMERICH, R., u. H. TRILLICH: Anleitung zu Hygienischen Untersuchungen. München 1902.
[8] MÜLLER, F.: Handb. biol. Arb.-Meth. Abt. IV, Teil 10, S. 87 (1926).
[9] WINKLER, L. W.: B. 21, 2843 (1888); 22, 1764 (1889). Angew. Chem. 24, 341, 831 (1911).
[10] DIRSCHERL, W., u. H.-U. BERGMEYER: B. Z. 321, 68 (1950).
[11] LIEBKNECHT, O., F. TÖDT u. S. KAHAN: Handb. analyt. Chem. (FRESENIUS-JANDER), Teil III, Bd. VI a a, S. 3 (1953).
[12] PETERING, H., and F. J. DANIELS: Am. Soc. 60, 2796 (1938).
[13] WANNER, H.: Vjschr. naturforsch. Ges. Zürich 90, 98 (1945).
[14] WINZLER, R. J.: J. cellul. comp. Physiol. 17, 263 (1941).
[15] SKERMAN, V. D. D.: Austral. J. exp. Biol. med. Sci. 27, 183 (1949).
[16] BARTELS, H., H. MAYER u. J. MORITZEN: Pflügers Arch. 255, 294 (1952).
[17] BARTELS, H., u. K. BRECHT: Pflügers Arch. 254, 498 (1952).
[18] HARTMANN, G. H., and O. F. GARRET: Industr. engng. Chem., analyt. Ed. 14, 641 (1942).

wasser[1-3] und Süßwasser[4, 5] sowie in Erden[6] wurde der Sauerstoffgehalt bestimmt. Für besonders niedere $O_2$-Konzentrationen bis herab zu 1 mm Hg $P_{O_2}$ im Blutserum und physiologischen Ersatzlösungen[7] und von 0,1 mm Hg $P_{O_2}$ in KCl-Lösungen[8], sind besondere Verfahren für die Quecksilbertropfelektrode angegeben worden. Durch Austreibung von $O_2$ aus Blut bestimmte BAUMBERGER[9] mit der polarographischen $O_2$-Analyse den Hämoglobingehalt des Blutes.

Die *Platinelektrode* wurde nach dem polarographischen Prinzip ebenfalls für biologische Untersuchungen verwendet[10-12].

Der Reststrom in einem Elektrodensystem: polarisierbare Platinelektrode/unpolarisierbare Bezugselektrode ist ein Maß für die Menge an gelöstem Sauerstoff. Dieses Verfahren ist für verschiedene technische Zwecke (z. B. Kesselwasserkontrolle) ausgebaut worden[13].

Die Änderung der elektrischen *Leitfähigkeit* von sauerstoffhaltigen Flüssigkeiten bei Zusatz von NO-Gas wird ebenfalls zur $O_2$-Bestimmung benützt[13]. Alle diese Methoden erlauben nur eine Konzentrationsbestimmung. Für die Bestimmung absoluter Gasmengen muß die Löslichkeit dieser Gase in der entsprechenden Flüssigkeit bekannt sein[14, 15]. Darüber unterrichten die Tabellen 23—26.

**Bestimmung der Gewebsgase.** Durch Einführung einer Gasblase ins Gewebe wird eine Äquilibrierung mit den Gewebsgasen erreicht. Mit einer Modifikation[16] des KROGHschen Apparates analysiert man die Gasblase auf Kohlendioxyd- und Sauerstoffgehalt und kann daraus den Gasdruck im Gewebe berechnen. Die Platinelektrode wurde verschiedentlich zur Messung des Sauerstoffdruckes im Gewebe verwendet[10, 17, 18].

*γ) Analyse von $CO_2$ und $O_2$ in physikalischer Lösung bei Anwesenheit dieser Gase in chemischer Bindung.*

**Tonometrie.** Das schon im Laboratorium von PFLÜGER benützte Prinzip der Äquilibrierung einer Gasblase mit Blut unbekannter $CO_2$- und $O_2$-Konzentration wurde von KROGH[19] so verfeinert, daß brauchbare Analysen gewonnen wurden. Das Tonometer wird in das Blutgefäß eingebunden. Das Blut fließt an einer Gasblase vorbei, die nach Angleichung der Gasdrucke in eine Meßcapillare eingesaugt wird. Die Gasblase wird vor und nach Absorption der Gase gemessen. Für geringere Blutmengen wurden Methoden von BARCROFT und NAGAHASHI[20] und später von FERGUSON[21] (2 cm³ Blut, nur für $P_{CO_2}$), sowie von COMROE und DRIPPS[22] angegeben. ROOS und BLACK[23] haben die letztgenannte

---

[1] ROTTHAUWE, H. W.: Polarographische $O_2$-Bestimmung im Seewasser usw. Diss. Kiel 1952.
[2] KINNE, O.: Kiel. Meeresforsch. **9**, 134 (1952).
[3] GIGUERE, P. A., and L. LAUZIER: Canad. J. Res. (B) **23**, 76 (1945).
[4] WOOD, K. G.: Science, N. Y. **117**, 560 (1953).
[5] BERG, K.: Hydrobiologia, den Haag **5**, 331 (1953).
[6] KARSTEN, S.: Amer. J. Bot. **25**, 14 (1938).
[7] BARTELS, H.: Pflügers Arch. **252**, 264 (1950).
[8] LAITINEN, H. A., T. HIGUCKI and M. CZUHA: Am. Soc. **70**, 561 (1948).
[9] BAUMBERGER, J. P.: Amer. J. Physiol. **123**, 10 (1938).
[10] DAVIS, P. W., and F. BRINK: Rev. sci. Instr. **13**, 524 (1942).
[11] OLSON, R. A., F. S. BRACKETT and R. G. CRICKARD: J. gen. Physiol. **32**, 681 (1949).
[12] MORGAN, E. H., and G. G. NAHAS: Fed. Proc. **9**, 91 (1950).
[13] LIEBKNECHT, O.: Handb. analyt. Chem. (FRESENIUS-JANDER) Teil III, Bd. VI a α, S. 24 (1953).
[14] BARTELS, H., H. MAYER u. J. MORITZEN: Pflügers Arch. **255**, 294 (1952).
[15] BARTELS, H., u. K. BRECHT: Pflügers Arch. **254**, 498 (1952).
[16] CAMPBELL, J. A., and H. J. TAYLOR: J. Physiol., London **84**, 219 (1935).
[17] MONTGOMERY, H., and O. HORWITZ: J. clin. Invest. **29**, 1120 (1950).
[18] MOCHIZUKI, M.: Res. Biophysics, Sapporo, Monogr. Ser. 2, 39 (1951).
[19] KROGH, A.: Skand. Arch. Physiol. **20**, 279 (1908).
[20] BARCROFT, J., and M. NAGAHASHI: J. Physiol., London **55**, 339 (1921).
[21] FERGUSON, J. K. W.: J. biol. Ch. **95**, 301 (1932).
[22] COMROE, J. H. jr., and R. D. DRIPPS jr.: Amer. J. Physiol. **142**, 700 (1944).
[23] ROOS, A., and H. BLACK: Amer. J. Physiol. **160**, 163 (1950).

Methode für Analysen erweitert, bei denen der Gesamtdruck der physikalisch im Blut gelösten Gase geringer ist als der Druck der Atmosphäre. Die zur Zeit am häufigsten benutzte Methode dieses Prinzipes ist von RILEY und Mitarbeitern[1] angegeben und hier ausführlich beschrieben (s. S. 263).

**Elektrochemische Verfahren.** Neben den Tonometrieverfahren werden zur Bestimmung des Sauerstoffdruckes im Blut elektrochemische Methoden benützt. Es sind Modifikationen der Verfahren, die zur Bestimmung des $O_2$-Druckes in anderen Flüssigkeiten angewendet werden (s. S. 221).

Die *Platinelektrode*, die für die Bestimmung des $O_2$-Druckes in Flüssigkeiten und Geweben (s. S. 222) häufig angewendet wird, ist bisher im Blut kaum benützt worden[2, 3].

Die *Quecksilbertropfelektrode* wurde von BERGGREN[4] im Blutserum angewendet. Zur Messung des Sauerstoffdruckes im Blut zentrifugierte er das Blut anaerob und bestimmte $P_{O_2}$ im anaerob abgenommenen Serum. Diese Messung ist nur möglich, wenn das Hämoglobin völlig mit Sauerstoff gesättigt ist. Beim nur partiell mit $O_2$ gesättigten Hämoglobin ist das Verfahren nicht anwendbar, da bei Temperaturänderungen während des Zentrifugierens das Hämoglobin Sauerstoff aufnimmt bzw. abgibt, wodurch die Menge des physikalisch gelösten Sauerstoffes und damit $P_{O_2}$ verändert wird.

WIESINGER[5] (und fast gleichzeitig HEEMSTRA[6]) erweiterte diese Methode für Blut mit unvollständig gesättigtem Hämoglobin. Er zentrifugiert das Blut anaerob bei 37° C und mißt im anaerob abgenommenen Serum mit der Tropfelektrode den Sauerstoffdruck. Die Sauerstoffzehrung des Blutes wird durch Zusatz von NaF gehemmt.

Eine direkte Messung im Vollblut mit der Quecksilbertropfelektrode gab BARTELS[7] an. Der im allgemeinen nachteilige polarographische Ladungsstrom wird dazu benützt, um in Abänderung des polarographischen Prinzipes durch Kompensation die Spannung zu bestimmen, bei der Ladungsstrom und Abscheidungsstrom gleich groß sind. So gemessene Spannungen sind proportional dem Logarithmus des $O_2$-Druckes im Vollblut. Diese Methode ist ausführlich beschrieben (s. S. 268).

Nachteilig bei der WIESINGERschen Methode ist, daß man anaerob bei 37° C zentrifugieren muß, bei der BARTELSschen Methode, daß für jede Versuchsperson eine Eichkurve aufgestellt werden muß, bei der RILEYschen Methode, daß sie oberhalb 150 mm Hg $P_{O_2}$ sehr ungenau wird und nur bei bekanntem Gesamtgasdruck anwendbar ist (Fehler bei venösem Blut!).

**b) Die manometrische Bestimmung von Blutgasen und Gasen in Gasgemischen mit dem Apparat von VAN SLYKE[8, *].**

*α) Der manometrische Apparat und seine Verwendung zur Blutgasanalyse.*

*Prinzip:*

Blut und Reagentien werden in eine Extraktionskammer eingebracht. Die chemisch gebundenen Blutgase werden durch die Reagentien aus ihren Verbindungen ausgetrieben und zusammen mit dem kleineren Teil der physikalisch gelösten Gase durch ein in der Kammer mittels Quecksilberpumpe erzeugtes Vakuum extrahiert. Die extrahierten Gase werden auf ein bestimmtes Volumen $a$ gebracht. Der bei diesem Volumen ausgeübte Gesamtgasdruck $p_1$ wird mit einem angeschlossenen Manometer gemessen. Nach Ab-

---

[1] RILEY, R. L., D. D. PROEMMEL and R. E. FRANKE: J. biol. Ch. **161**, 621 (1945).
[2] DRENKHAHN, F. O.: Naturwiss. **38**, 455 (1951).
[3] MORGAN, E. H., and G. G. NAHAS: Amer. J. Physiol. **163**, 736 (1950).
[4] BERGGREN, S. M.: Acta physiol. scand. **4**, Suppl. 11 (1942).
[5] WIESINGER, K.: Helv. physiol. Acta, Suppl. 7 (1950).
[6] HEEMSTRA, H.: Alveolaire Zuurstofspanning en Longcirculatie. Diss. Groningen 1948.
[7] BARTELS, H.: Pflügers Arch. **254**, 107 (1951).
[8] Peters-van Slyke Bd. 2, S. 229. — PETERS, J. P., u. D. D. VAN SLYKE: Handb. biol. Arb.-Meth. Abt. V, Teil 10. S. 113—434 (1934).
* Diesen Abschnitt verdanken wir der Mitarbeit von G. RODEWALD und R. BEER.

sorption oder Entfernung einer Gasfraktion wird der Druck $p_2$ des Restgases bei dem gleichen Volumen $a$ bestimmt. Der Druckabfall $p_1-p_2$ ist der Druck, den das absorbierte Gas bei dem Volumen $a$ ausübte. Das Volumen dieses Gases bei 0° C und 760 mm Hg wird durch Multiplikation der zugehörigen Druckdifferenz mit einem temperaturabhängigen Faktor errechnet. Korrekturen für die Wasserdampfspannung in der Kammer und für die Capillarattraktion des Quecksilbers im Manometerrohr sind nicht notwendig,

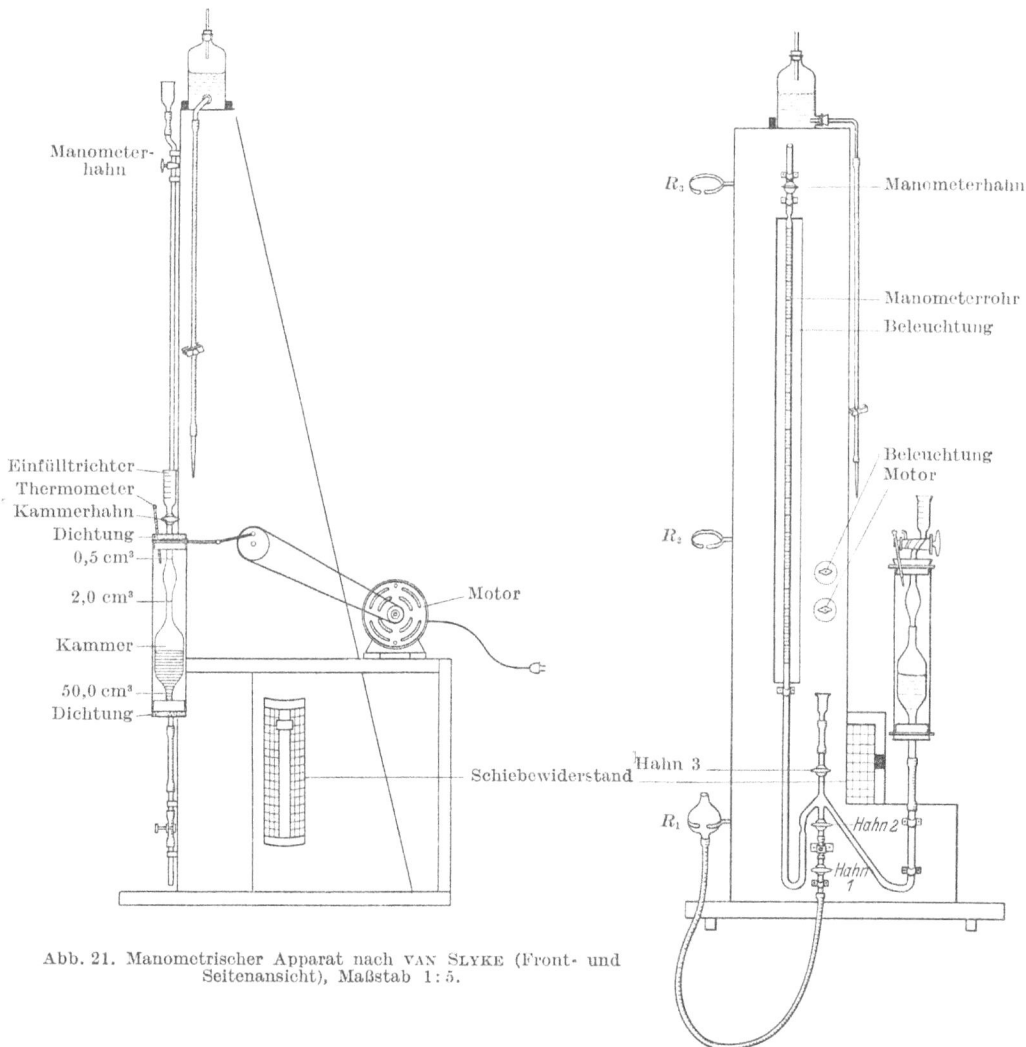

Abb. 21. Manometrischer Apparat nach van Slyke (Front- und Seitenansicht), Maßstab 1:5.

da diese Faktoren während des Analysenganges konstant bleiben. Der Barometerdruck wird nicht berücksichtigt, weil die Messungen im geschlossenen System erfolgen.

Der manometrische Apparat ist für alle Bestimmungen brauchbar, bei denen das Endprodukt ein der Messung zugängliches Gas ist oder dieses Endprodukt eine quantitative Reaktion eingeht, die ein solches Gas produziert.

**Die Genauigkeit** manometrisch durchgeführter Blutgasanalysen beträgt bei Blutproben von 0,5—2,0 cm³ für Sauerstoff $\pm$ 0,05 Vol.-%, für Kohlendioxyd $\pm$ 0,1 Vol.-%, bei Blutproben von 0,2—0,4 cm³ für Sauerstoff $\pm$ 0,1 Vol.-% (Genauigkeit bei der Analyse von Gasgemischen s. S. 254). Diese Genauigkeit ist allerdings nur erreichbar, wenn bestimmte Voraussetzungen gegeben sind hinsichtlich der Konstruktion des Apparates, der Zubereitung der Reagentien, der Behandlung der Blutproben und der Ausschaltung von Fehlerquellen bei den Analysen. Diese Punkte sollen hier besondere Beachtung finden.

**Der manometrische Apparat** (s. Abb. 21). Die Erfahrung zeigt, daß bei der Konstruktion des Apparates Einzelheiten beachtet werden müssen, die nicht jedem Hersteller bekannt sind. Es ist deshalb zweckmäßig, bei der Bestellung des Gerätes auf einige der unten angeführten Punkte hinzuweisen.

**Der Becher** ist 8—10 cm lang, er faßt etwa 10 cm³, davon sind 8,0 cm³ auf 0,5 oder besser auf 0,1 cm³ graduiert. Die sorgfältige Graduierung (s. Abb. 21) ist notwendig, um das Volumen der Lösungen exakt einfüllen zu können. So geht z. B. das Volumen der Blut-Reagensmischung als konstanter Faktor „$S$" in die Berechnung der Endwerte ein. Der Übergang vom Becher zur Bohrung des Kammerhahnes wird zweckmäßigerweise wie in Abb. 22 gefertigt. Diese enge Form besitzt gegenüber der sonst üblichen weiteren den Vorteil, daß das zur Gasabsorption verwendete Alkali bei Drehung des Kammerhahnes dessen Fett nur in einem kleinen Bereich mitnimmt, so daß der Hahn länger dicht bleibt. Der Bechergrund trägt einen Schliff, der das Einsetzen der Pipetten erleichtert.

**Der Kammerhahn** (s. Abb. 22) besitzt 2 Bohrungen, von denen eine zum Becher, die andere zur Auslaßcapillare $A$ führt. Diese Auslaßcapillare war ursprünglich für das Austreiben von Lösungen nach der Analyse gedacht, was jetzt im allgemeinen durch Absaugen mit der Wasserstrahlpumpe aus dem Becher geschieht.

Man könnte daher, wie heute an einigen Apparaten üblich, die Auslaßcapillare entfallen lassen und den Hahn lediglich mit einer zum Becher führenden Bohrung versehen. Die Auslaßcapillare ist jedoch für eine genaue Eichung der Kammer *nicht zu entbehren* 

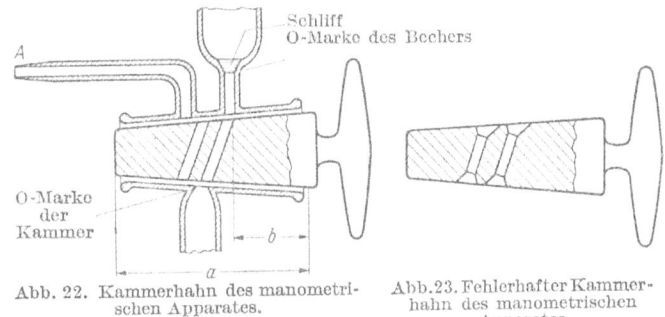

Abb. 22. Kammerhahn des manometrischen Apparates.

Abb. 23. Fehlerhafter Kammerhahn des manometrischen Apparates.

und wird ferner für die Durchführung von Luftgasanalysen benötigt (s. S. 254). Der Kammerhahn soll nicht zu klein sein: Gesamtlänge etwa 60 mm, größter Durchmesser etwa 20 mm, Länge von $a$ in Abb. 22 45 mm, Länge von $b$ 12 mm. Kleinere Hähne werden leicht undicht. Die zum Becher führende Bohrung soll 1,2—1,3 mm weit sein. Ist sie weiter, dann gelingt es nur schwer, sie zur Dichtung kontinuierlich mit Hg zu füllen, ist sie enger, dann verstopft sie zu leicht. Die zur Auslaßcapillare $A$ führende Bohrung soll etwa 1,5 mm weit sein. Sehr wesentlich ist die Form des Überganges von den Bohrungen auf den Stopfen. Abb. 22 zeigt die richtige, Abb. 23 die ungünstigere Ausführung. Die letztere hat den Nachteil, daß sich in den Trichtern stets Fett sammelt und hier Luftblasen hängen bleiben können, die Analysenfehler verursachen. Die Form nach Abb. 22 ist nur dadurch zu erreichen, daß der Stopfen geblasen wird und als Bohrungen Capillaren eingeschmolzen werden. Die Form nach Abb. 23 muß resultieren, wenn ein massiver Stopfen durchbohrt wird, da der Ansatzpunkt der Bohrung stets mit einem weiteren Bohrer vorgebohrt werden muß. Der Stopfen soll, wie bei allen bei dem Apparat verwendeten Hähnen, eine ganz gleichmäßige stumpfe Oberfläche aufweisen, anderenfalls muß er, am besten vom Glasbläser, nachgeschliffen werden.

**Die Extraktionskammer** liegt in ihrer Form für Blutgasanalysen allgemein fest: Der obere enge Teil soll einen inneren Durchmesser von 5—6 mm bei einer Länge von 8—10 cm haben. Dieses dünne Rohr bietet gegenüber einem weiteren und dabei kürzeren folgende Vorteile: Die Gasabsorption erfolgt bei der größeren inneren Oberfläche rascher, das Einstellen der Lösungsmenisken ist in dem längeren Rohr einfacher, auch ist bei dem geringeren Durchmesser der Meniscus dunkel gefärbter Lösungen besser zu erkennen. Am Übergang des Kammerhahnes soll sich die Kammer verjüngen (s. Abb. 22). Bei einer eckigen Form können hier Luftblasen oder Flüssigkeitsreste hängen bleiben.

**Kammereichung.** Die Extraktionskammer wird an drei Punkten kalibriert: bei 0,5, 2,0 und 50,0 cm³. Der Nullpunkt ist durch den unteren Abschluß des Kammerhahns gegeben (s. Abb. 22). Drei Eichmethoden sind möglich:
1. mit Wasser,
2. mit Quecksilber,
3. mit Wasser über Quecksilber.

Die hier beschriebene Eichung mit Wasser über Quecksilber ist deshalb die beste Methode, weil der auf die jeweilige Eichmarke eingestellte Wassermeniscus dem Meniscus der wäßrigen Lösung bei der Analyse entspricht, während die Eichung mit einem konvexen Hg-Meniscus eine Korrektur erfordert, die von der inneren Weite des Rohres abhängig ist. Während die Einstellung der Marken also mit einem Wassermeniscus vorgenommen wird, wird das Gewicht des abgelassenen Volumens mit Quecksilber bestimmt. Dies gewährleistet größere Genauigkeit als das Auswiegen mit Wasser.

Zur Eichung geht man folgendermaßen vor (s. Abb. 24): Das untere Ende der Extraktionskammer wird mit einem Kalibrierungshahn $A$ versehen. Dieser Hahn muß angeschmolzen sein. Es genügt nicht, wenn man ihn durch ein Stück Druckschlauch mit der Kammer verbindet, da dieser sich ausdehnt, wenn die Kammer mit Quecksilber gefüllt wird. Es ist zweckmäßig, sich die Kammer vom Hersteller in der in Abb. 24 gezeigten Form liefern zu lassen. Nach der Eichung trennt man den Kalibrierungshahn ab und baut die Kammer nach Abschmelzen der Trennstelle in den Apparat ein. Die Kammer wird senkrecht an einem Stativ aufgehängt. Zum Füllen wird die Auslaßcapillare $d$ mit einer Wasserstrahlpumpe verbunden und durch die Capillare $D$ (Hahn $A$ in Stellung $a/c$) Wasser aufgesaugt. Ist die Kammer luftblasenfrei mit Wasser gefüllt, so wird die Wasserstrahlpumpe abgestellt, der Kammerhahn und Hahn $A$ werden geschlossen. Jetzt wird vom Niveaugefäß $C$ her die Capillare $D$ mit Quecksilber gefüllt (Hahn $A$ in Stellung $b/c$), bis sie wasserfrei ist. Hahn $A$ bringt man in Stellung $a/b$ und öffnet den Kammerhahn zur Auslaßcapillare $d$. Die Kammer wird mit Hg gefüllt, bis der Hg-Meniscus kurz unterhalb des engen Kammerteils steht. Das verdrängte Wasser wird durch die Auslaßcapillare verworfen und Hahn $A$ geschlossen. Der Kammerhahn wird zum Becher geöffnet.

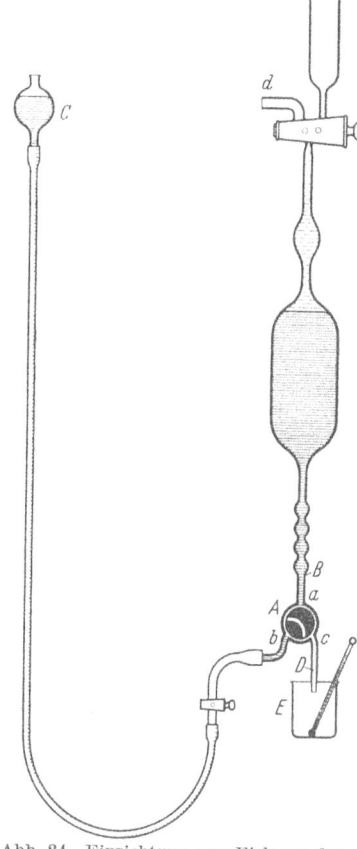

Abb. 24. Einrichtung zur Eichung der Kammer des manometrischen Apparates. $A$ = Dreiweghahn, $B$ = Schmelzstelle zwischen Kammer und Hahn. $C$ = Hg-Niveaugefäß. $D$ = Capillare. $E$ = Becherglas mit Thermometer. $a/b/c$ = Hahnmündungen (Einzelheiten s. S. 226).

Hahn $A$ bringt man in Stellung $a/c$ und fängt das auslaufende Quecksilber in einem Becherglas $E$ (mit Thermometer) auf. Da das 0,5 cm³-Volumen auf 0,002, das 2,0 cm³-Volumen auf 0,004 cm³ genau bestimmt werden muß, ist es notwendig, die Capillare $D$ entweder sehr fein auszuziehen oder besser mit einem Schliff zu versehen, auf den eine dünne, horizontal abgeschliffene Injektionskanüle[1] aufgesetzt wird (s. Abb. 25). Das Volumen der Hg-Tropfen kann so auf 0,001 cm³ reduziert werden, entsprechend einem Gewicht von etwa 14 mg. Da die Kammer im allgemeinen bereits von dem Hersteller kalibriert wird, ist es zweckmäßig, sich auf die angebrachten Marken zu beziehen und gegebenenfalls hierzu Korrekturfaktoren zu ermitteln. Der Wassermeniscus wird in der üblichen Weise auf die 0,5 bzw. 2,0 cm³-Marke eingestellt, wobei die Endablesung erst erfolgen kann, wenn das Wasser von der Kammerwand bis auf einen dünnen Film

---

[1] SHOHL, A. T.: Am. Soc. **50**, 417 (1928).

nachgelaufen ist. Die Eichung der 50,0 cm³-Marke erfolgt ausschließlich mit Quecksilber, da bei Luft-Gasanalysen die Ablesungen an dieser Marke mit dem Hg-Meniscus durchgeführt werden. Das Vorgehen ist das gleiche wie bei der Kalibrierung der 0,5- bzw. 2,0 cm³-Marke, jedoch wird die Kammer sofort bis zur Auslaßcapillare mit Hg gefüllt. Das jeweils nach Einstellung der Marken im Becherglas aufgefangene Quecksilber wird ausgewogen, die ermittelten Gewichte werden zusammen mit der Temperatur $t°$ notiert.

*Berechnung:*

Hg-Gewicht in Gramm × (Volumen von 1 g Hg bei $t°$) = Volumen in Kubikzentimetern (das Volumen von 1 g Hg bei $t°$ ist aus Tabelle 3 ersichtlich). Weicht das so ermittelte gemessene Volumen von dem mit 0,5 bzw. 2,0 cm³ markierten Volumem ab, so ist die Einführung eines Korrekturfaktors notwendig:

$$\text{Korrekturfaktor} = \frac{\text{gemessenes Volumen in cm}^3}{\text{markiertes Volumen in cm}^3}.$$

Erhält man z. B. an der 2,0 cm³-Marke ein Volumen von 1,980 cm³, so ergibt sich ein Korrekturfaktor von 0,99. Mit diesem Faktor müssen dann sämtliche, durch Analysen bei einem Volumen von 2,0 cm³ ermittelten Druckwerte oder Endwerte multipliziert werden, um die tatsächlichen Werte zu erhalten (s. S. 243). Die Kammereichung muß mit großer Sorgfalt durchgeführt und mehrere Male wiederholt werden. Differiert z. B. bei dem 2,0 cm³-Volumen der „gemessene" Wert vom markierten Wert um 0,05 cm³, so weicht der Endwert einer Analyse ohne Korrektur um 2,5% vom tatsächlichen Wert ab.

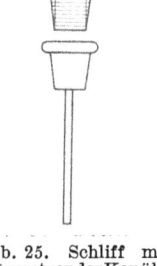

Abb. 25. Schliff mit aufzusetzender Kanüle, an Stelle der Capillare $D$ in Abb. 24.

Wird an der Kammer eine Veränderung oder eine Reparatur vorgenommen, so ergibt sich aus dem Gesagten die Notwendigkeit einer Nacheichung. Ist ceteris paribus bei Doppelanalysen zwischen zwei Apparaten keine Übereinstimmung innerhalb der Fehlerbreite zu erzielen, so eiche man beide Kammern nach.

**Mipolamschlauch.** Die Verbindung zwischen Kammer- und Rohrsystem wird an Stelle der früher üblichen Hg-Dichtung durch einen Polyvinylchloridschlauch** geeigneter Dicke und Elastizität hergestellt. Das vorgesehene Schlauchstück wird mit einem heißen Tuch erwärmt und kann dann leicht über Rohr- und Kammeransatz, die „Glas-auf-Glas" stehen sollen, gezogen werden. Beim Erkalten bildet sich ein absolut dichter Verschluß, der sich durch abermaliges Erwärmen wieder lösen läßt, falls die Kammer einmal ausgebaut werden soll. Eine zusätzliche Schlauchsicherung durch Draht- und Isolierband erübrigt sich.

**Die Form des Rohrsystems,** das Kammer, Niveaubirne und Manometer miteinander verbindet, geht aus Abb. 26 hervor (s. a. Abb. 21, S. 224). An manchen Apparaten ist das von

Tabelle 3. *Gewicht und Volumen von Wasser und Quecksilber (gewogen in Luft) für die Eichung der Kammer des manometrischen Apparates.*

| Temperatur °C | Gewicht von 1 cm³ Wasser* g | Volumen von 1 g Wasser cm³ | Gewicht von 1 cm³ Quecksilber g | Volumen von 1 g Quecksilber cm³ |
|---|---|---|---|---|
| 15 | 0,9979 | 1,0021 | 13,558 | 0,07376 |
| 16 | 78 | 22 | 55 | 77 |
| 17 | 77 | 23 | 53 | 78 |
| 18 | 75 | 25 | 51 | 79 |
| 19 | 73 | 27 | 49 | 81 |
| 20 | 72 | 28 | 47 | 82 |
| 21 | 70 | 30 | 45 | 83 |
| 22 | 68 | 32 | 43 | 84 |
| 23 | 66 | 34 | 41 | 85 |
| 24 | 64 | 36 | 39 | 86 |
| 25 | 61 | 39 | 37 | 87 |
| 26 | 59 | 41 | 34 | 89 |
| 27 | 56 | 44 | 32 | 90 |
| 28 | 54 | 46 | 30 | 91 |
| 29 | 51 | 49 | 28 | 92 |
| 30 | 48 | 52 | 26 | 93 |

der Kammer zum Kreuzungspunkt (+-Punkt $A$ in Abb. 26) führende Rohr nicht mit Rundungen, sondern mit einem oder mehreren Winkeln zum +-Punkt geführt. Bei diesen winkeligen Formen ist die Reinigung des Apparates sowie das Austreiben von Luftblasen sehr erschwert. Hahn $H_3$ dient dazu, Luftblasen zu entfernen. Diese gelangen aber

---

\* Mit Luft bei der entsprechenden Temperatur gesättigt.
\*\* Hersteller: Dynamit-Aktien-Gesellschaft Troisdorf b. Köln.

nur dann leicht unter den Hahn, wenn die Ecken der am +-Punkt aufeinandertreffenden Rohre nicht rechtwinkelig, sondern wie in Abb. 26 abgerundet sind. Hahn $H_1$ besitzt eine 4 mm-Bohrung und führt über einen Schlauch zum Niveaugefäß. Der Schlauch soll so lang sein, daß das Niveaugefäß über den das Manometerrohr schließenden Hahn gehoben werden kann. Auch für diese Verbindung verwendet man besser statt des früher üblichen Gummidruckschlauches einen durchsichtigen Polyvinylchloridschlauch, der neben seiner längeren Lebensdauer den großen Vorteil bietet, daß im Schlauch befindliche, größere Luftblasen zu beobachten sind. Die Ringe $R_1$, $R_2$ und $R_3$ dienen zur Aufnahme der Niveaubirne. $R_1$ soll etwa 10 cm oberhalb der Höhe von Hahn $H_1$, $R_2$ etwa 10 cm oberhalb der des Kammerhahnes angebracht werden. Oberhalb des Hahnes $H_1$ befindet sich eine Vorrichtung zur Feineinstellung $F$. Das Glasrohr ist hier auf etwa 2 cm Länge durch gasdichten Druckschlauch ersetzt, vor dem in einer Halterung eine mit einer Schraube versehene Platte als Quetschhahn angebracht ist. Diese Feineinstellung erleichtert die genaue Justierung der Lösungsmenisken und ist notwendig für das „Austreiben von Gas ohne Verlust von Lösung" (s. S. 239). Manche lehnen sie jedoch für den Geübten ab, da sie eine zusätzliche Möglichkeit zur Entstehung von Undichtigkeiten bedeutet.

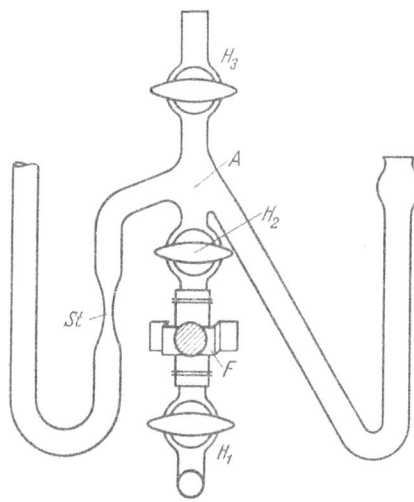

Abb. 26. Verbindung zwischen Manometerrohr, Kammer und Hg-Niveaugefäß beim manometrischen Apparat. $H_1$, $H_2$ und $H_3$ = Hähne. $A$ = +Punkt, $F$ = Feineinstellung, $St$ = Einengung (Einzelheiten s. S. 227).

**Das Manometerrohr** hat einen inneren Durchmesser von 4—5 mm. Der in Millimetern graduierte Teil ist 700 mm lang. Um Luft-Gasanalysen durchführen zu können, muß der Nullpunkt einige Millimeter unterhalb der 50,0 cm³-Marke der Kammer liegen. Die 5- und 10 mm-Marken sollen zur besseren Ablesung des Manometerstandes ringförmig sein. Der das Manometer schließende Hahn soll zur größeren Sicherheit gegen Undichtigkeit eine Schrägbohrung haben. Unterhalb des Hahn $H_3$ ist das Manometerrohr auf 1,5 mm eingeengt, um die Kraft, mit der das aufsteigende Hg gegen den Hahn schlägt, zu mindern. Die Einengung darf nicht zu eng sein, da sonst die Quecksilbersäule im Manometerrohr beim Senken des Niveaugefäßes leicht abreißt. Eine gleiche Einengung $St$ findet sich zwischen dem Fußpunkt des Manometers und dem +-Punkt (s. Abb. 26), um die Manometeroszillationen bei den Ablesungen zu verringern. Teilweise wird das Manometer an seinem unteren Ende mit einem Schliff versehen, um es zur Reinigung isoliert ausbauen zu können. Dieser Vorteil wiegt den Nachteil nicht auf, daß hier eine Möglichkeit zur zusätzlichen Entstehung von Undichtigkeit gegeben ist.

Als **Schüttelvorrichtung** für die Extraktionskammer dient ein Exzenter, der durch einen Elektromotor angetrieben wird. Die Amplitude soll in Höhe des Kammerhahnes 5—6 cm betragen. Der Motor soll mit 300—400 U/min laufen. Zur Regelung der Geschwindigkeit wird ein drehbarer Widerstand eingebaut. Es ist besser, den Motor wegen der Gefahr des Verschmutzens (Hg!) nicht auf der Bodenplatte des Stativs, sondern in Höhe der Extraktionskammer auf einer Schiene verschieblich anzubringen, dies, um die Spannung des Transmissionsriemens regeln zu können.

Die **Beleuchtung** des Manometers erfolgt durch 2 hinter einer Milchglasscheibe montierte Soffitenlampen. Eine weitere Milchglaslampe, die an manchen Apparaten zur besseren Ablesung dunkel gefärbter Lösungsmenisken hinter der Kammer angebracht ist, kann durch eine transportable Lichtquelle ersetzt werden.

Das **Stativ** soll so stabil ausgeführt sein, daß der Apparat bei laufendem Motor ruhig steht. Hierzu muß die Bodenplatte mindestens 45/55 cm groß sein. Außerdem soll sie mit einer Hohlkehlenleiste versehen sein, um herabfallendes Quecksilber aufzufangen.

**Vorbereitung des Apparates zur Analyse. *Fetten der Hähne.*** Alle Hähne sind zu reinigen. Alte Fettreste werden mit heißem Wasser entfernt. Die Stopfenbohrungen werden mit zurechtgeschnittenen Federn oder mit Pfeifenreinigern, jedoch nicht mit Draht gesäubert. Die Hähne müssen vor dem Fetten vollkommen trocken sein. Sie werden an jedem Ende mit einem gleichmäßigen Fettring versehen und beide Ringe werden durch zwei *leichte* Fettstriche so verbunden, daß die Bohrungsmündungen vollkommen frei bleiben. Unter Umständen wird das Fett über dem Bunsenbrenner unter Drehen etwas erweicht. Der Stopfen wird in der Stellung „offen" in die Hahnhülse gepreßt und dann solange gedreht, bis der Hahn vollkommen klar und durchsichtig erscheint. Alle Hähne müssen auf diese Weise tadellos gefettet sein; sie sollen nicht nur dicht halten, sondern müssen sich auch leicht und mühelos drehen lassen.

*Einzelheiten:* Während alle anderen Hähne bei Bedarf gefettet werden, muß der *Kammerhahn* vor einer Analysenreihe neu eingesetzt werden, im günstigsten Fall einmal täglich, denn er wird am meisten beansprucht. Seiner Behandlung ist die größte Sorgfalt zu widmen. Beim Säubern muß man darauf achten, daß in den Einmündungen von Becher, Auslaßcapillare und Kammer keine Feuchtigkeit zurückbleibt. Man trocknet mittels sauberer Pfeifenreiniger die Bechermündung und die der Auslaßcapillare, indem man den Docht von außen einführt, nach Passieren der Einmündung mit einer Pinzette erfaßt (Vorsicht!) und durchzieht. Mit umgebogenem Pfeifenreiniger gelingt auch die Trocknung der Kammermündung. Der Hahn wird wie oben beschrieben gefettet. Es bedarf einiger Übung, um einerseits die Bohrungen nicht hoffnungslos zu verstopfen, andererseits den Hahn nicht zu dünn zu fetten, damit er der Einwirkung der alkalischen Reagentien längere Zeit widersteht. Ganz allgemein muß der Hahn stärker gefettet werden als die übrigen Hähne oder z. B. die Hähne am HALDANE-Apparat. Es ist dabei nicht zu vermeiden, daß sich etwas Fett in den Mündungen der beiden Bohrungen festsetzt. Die Entfernung von Fettpfröpfchen in den Bohrungen von Kammer und Becher erfolgt mittels Durchpressen von Wasser. Nach jeder Schmierung werden grundsätzlich die Auslaßcapillare und die zuführende Hahnbohrung mit Hg gefüllt.

Ein gut gefetteter Kammerhahn soll ein Dutzend oder mehr Analysen dicht halten; wird er schneller unbrauchbar, kann das folgende Ursachen haben:

1. Ungeeignetes Hahnfett,
2. zu dünn gefettet und
3. Hahn als solcher entweder ungeeignet oder unbrauchbar geworden (s. S. 225, Kammerhahn).

***Einfüllen von Quecksilber und Austreiben von Luft.*** Das gereinigte Hg wird von der Niveaubirne her eingefüllt. Dabei sind Hahn *1* und *2*, sowie Manometerhahn und Kammerhahn geöffnet. Ist genügend Quecksilber im Apparat, dann läßt man unter Heben der Birne etwas davon in den Becher steigen, schließt den Kammerhahn, läßt das Hg im Manometer bis über dessen Hahn steigen und schließt auch diesen. Hahn *1* wird geschlossen, die Birne in Stellung *II* (S. 235) gehängt (s. Abb. 21, S. 224). Der Apparat ist so zwar mit Hg gefüllt, doch beginnt nun das Austreiben von Luft, die teils als dünner Film zwischen Hg und Wandungen, teils in Form von Blasen im Hg selbst sitzt. Diese Luft muß, um Beeinflussungen der Analysen zu vermeiden, sorgfältig entfernt werden, am besten folgendermaßen: Hahn *1* wird geöffnet, das Niveaugefäß auf Stellung *III* gesenkt. Das Hg läuft in die Niveaubirne zurück. Oberhalb der Hg-Menisken im Manometer und in der Kammer entstehen Vacua, die in dem aufsteigenden Manometerschenkel sowie in und unter der Kammer stehende Luft steigt dorthin, die in den zum +-Punkt führenden Schenkel stehende Luft wird vom strömenden Hg mitgerissen und gelangt unter Hahn *3*. Beginnt das Quecksilber unter Hahn *3* zu sinken, wird Hahn *1* geschlossen und das Niveaugefäß in Stellung *II* gehängt. Unter graduiertem Öffnen von Hahn *1* läßt man das Hg *langsam* wieder steigen, da nur so die noch im Schlauch befindliche Luft nicht mit in das System gerissen wird, sondern in der Nähe des +-Punktes verbleibt. Wenn die Kammer mit Hg gefüllt ist, wird das Niveaugefäß in Stellung *I* gebracht. Um die angesammelte Luft auszutreiben, werden unter entsprechendem Anheben der Niveaubirne Hahn *3*, Kammer- und Manometerhahn nacheinander geöffnet und geschlossen. Um die Luft aus dem Manometer herauszutreiben, muß die Birne über den Manometerhahn gehoben werden.

Man beginnt nun von neuem: *schnelles* Senken in Stellung *III*, wobei man das Aufsteigen der Luft bzw. deren Ansammlung unter Hahn *3* durch kräftige Schläge mit der Hand auf die Bodenplatte des Stativs fördert, *langsames* Steigen in Stellung *I* und Ablassen der Luft. Schließlich schlägt man den Niveaubirnenschlauch auf die Stativkante: befindet sich im Schlauch noch Luft, dann steigt sie unter Hahn *3*.

Auf diese Weise gelingt es *allmählich*, den Apparat luftleer zu machen. Das ganze erfordert Zeit und bevor man, gut gefettete Hähne vorausgesetzt, an eine Undichtigkeit des Schlauches denkt, wiederhole man es noch einmal. Wenn am intakten Apparat einzelne Hähne gefettet werden müssen, ist es nicht notwendig, das gesamte Hg vorher abzulassen; im einzelnen geht man am besten folgendermaßen vor:

*1. Kammerhahn* s. o.

*2. Manometerhahn:* Man bringt das Niveaugefäß in Stellung *I* und öffnet den Hahn. Nach dem Wiedereinsetzen läßt man Hg bei offenem Hahn über diesen steigen und schließt den Hahn.

*3. Hahn 1:* Das Niveaugefäß wird in Stellung *I* gebracht und Hahn *2* geschlossen. Das Niveaugefäß wird so aufgehängt, daß dessen Hg-Spiegel etwas unterhalb Hahn *1* steht. Hahn *1* kann nun ohne wesentlichen Hg-Verlust entfernt werden. Den gefetteten Hahn nimmt man in die rechte Hand, hebt das Niveaugefäß ganz langsam, so daß das Hg unmittelbar vor die Einmündung in die Hahnbohrung zu stehen kommt und führt den Hahn ein. Bei Niveaugefäß in Stellung *I* wird Hahn *2* geöffnet und dann Hahn *3* geöffnet. Der größte Teil der Luft tritt mit dem überlaufenden Hg aus, der Rest wird wie üblich ausgetrieben.

*4. Hahn 2 und 3:* Man bringt das Niveaugefäß in Stellung *I* und schließt Hahn *1*. Niveaugefäß in Stellung *II*. Hahn *2* und *3* können jetzt ohne wesentlichen Hg-Verlust entfernt werden, da der Barometerdruck die Hg-Säule im Manometer bzw. in der Kammer im Gleichgewicht hält. Nach dem Einsetzen der Hähne in Stellung „offen" wird die Niveaubirne in Stellung *I* gebraucht und Hahn *1* geöffnet. Dabei tritt auch hier der größte Teil der im System befindlichen Luft mit dem überlaufenden Hg durch Hahn *3* aus. Anmerkung: Natürlich können Hahn *2* und *3* auch bei dem Verfahren nach 3 entfernt werden, wenn der Hahn *1* entfernt ist, und umgekehrt kann auch Hahn *1* unter entsprechender Aufhängung der Niveaubirne entnommen werden, wenn Hahn *2* und *3* entfernt sind.

***Wasserdampffreiheit des Manometers.*** Nach der Reinigung des Apparates und dem Einfüllen des Hg ist das Manometerrohr nicht frei von Feuchtigkeit; außerdem gelangen im Verlauf der Analysen Spuren von Flüssigkeit mit dem strömenden Quecksilber aus der Kammer in das Manometer und beeinflussen durch ihren Dampfdruck den Manometerstand. Um diese Fehlerquelle auszuschließen, muß in das Manometer von oben her etwas „Trockenflüssigkeit" zur Wasserdampfabsorption eingebracht werden. VAN SLYKE zieht Dimethylenglykol oder Trimethylenglykol der konz. Schwefelsäure vor, da letztere zu schnell das Fett am Manometerhahn zerstöre. Die Verwendung von Glykol führt aber auf Grund seiner klebrigen Beschaffenheit zur Bildung eines Hg-Filmes und damit zu starker Verunreinigung im oberen Teil des Manometers, die die Ablesungsgenauigkeit erheblich beeinträchtigt. Schwefelsäure zeigt diese Nachteile nicht. Es ist daher unseres Erachtens besser, täglich den Manometerhahn zu fetten, was einfacher ist, als öfter den ganzen Apparat zu reinigen.

*Im einzelnen:* Man bringt das Niveaugefäß in Höhe des Manometerhahnes und füllt einige Tropfen $H_2SO_4$ (konz.) in den Ansatz des Manometers. Der Hahn wird geöffnet, die Säure etwa 10 cm weit unter Senken der Niveaubirne eingesaugt und sofort wieder ausgetrieben. Der Hahn wird geschlossen und der Rest der Schwefelsäure aus dem Ansatz abgesaugt.

***Prüfung der Funktion der Trockenflüssigkeit.*** Man stellt den Hg-Meniscus in der Kammer bei geschlossenem Kammerhahn auf die 2,0-Marke ein, ohne daß sich Luft oder Flüssigkeit in der Kammer befinden (mit Ausnahme des Flüssigkeitsfilms, der die Kammerwandung bedeckt). Hahn *1* wird geschlossen. Man vergleicht nun den Stand des Manometers mit der Höhe des Hg-Meniscus in der Kammer. Zweckmäßigerweise bringt man hierzu neben dem Manometer eine permanente Marke an, die der Höhe der 2,0-Marke an der Kammer, vom Stativboden aus gemessen, entspricht. Der Manometermeniscus muß über der 2,0-Marke stehen, weil die an der Kammerwand befindliche Feuchtigkeit einen der jeweiligen Temperatur entsprechenden Wasserdampfdruck ausübt und damit das Quecksilber im wasserdampffreien Manometer um etwa 12—25 mm hochdrückt. Ist dies nicht der Fall, dann muß die Trockenflüssigkeit erneuert werden. Es empfiehlt sich, die Funktion der Trockenflüssigkeit täglich zu prüfen.

***Prüfung des Apparates auf Dichtigkeit. Zeichen und Ursachen für Undichtigkeit.*** Da jedes Eindringen von Luft in den Apparat unter dem Analysengang die Ergebnisse unbrauchbar macht, ist es notwendig, vor einer Analysenreihe die Dichtigkeit zu prüfen:

In den Becher des analysenbereiten Apparates werden einige Kubikzentimeter destilliertes Wasser gefüllt, von denen man 2—3 cm³ in die Kammer saugt. Die zum Becher führende Bohrung wird mit Hg abgedichtet. Der Kammerinhalt wird unter Einstellung des Hg-Meniscus auf die 50,0-Marke gesenkt. Nun wird 3 min geschüttelt und der Flüssigkeitsmeniscus auf die 0,5-Marke eingestellt. Nach Druckablesung am Manometer wird $p_1$ notiert. Es wird ein 2. und 3. Mal unter 3 min Schütteln evakuiert, dabei werden $p_2$ und $p_3$ notiert. Wenn der Manometerstand von Ablesung zu Ablesung ansteigt, gelangt während des Evakuierens Luft in die Kammer. Die Ursache liegt meist am Kammerhahn. Er wird also wieder gefettet und die Probe erneut angestellt. Ist der Hahn dem Augenschein nach dicht und das Ergebnis wieder negativ, kommen als weitere Gründe in Frage: die Verbindung zwischen Kammer und Rohrsystem (Hg-Mantel oder Mipolamschlauch) ist undicht geworden. Man beobachte beim Senken des Kammerinhaltes das zur Kammer führende Rohr: steigen Luftblasen oberhalb des Verbindungsstückes auf, die sich unterhalb der Verbindung nicht beobachten lassen, dann liegt die Undichtigkeit in der Verbindung. Das ist bei Mipolamschlauch aber *sehr selten* der Fall, und man vergewissere sich besser, ob der Apparat als solcher luftfrei ist, worin die 3. Ursache für das Eindringen von Luft in die Kammer bestehen kann. Außerdem darf man sich nicht dadurch täuschen lassen, daß beim Senken des Kammerinhaltes am Grunde der enthaltenen Flüssigkeit noch Luftblasen frei werden, die nur scheinbar aus dem Hg aufsteigen.

Eine weitere Ursache für das Eindringen von Luft kann in einer Undichtigkeit des Schlauches unter der Feineinstellung liegen, der hier mechanisch stark beansprucht wird.

***Während der Analyse*** kann ebenfalls in erster Linie durch den Kammerhahn Luft eindringen und zwar dann, wenn dessen Schmierung durch die verwendeten Laugen zu stark mitgenommen wurde. Das Eindringen von Luft während der Analyse ist schwer festzustellen, doch merke man sich: Am Ende jeder Analyse stellt sich als $p_3$ ein Druck ein, der nur noch von dem im Gasraum befindlichen $N_2$ und gegebenenfalls von CO ausgeübt wird. $p_3$ ist bei einem gegebenen Apparat bei 2,0 bzw. 0,5 für jede dieser Marken ziemlich konstant, wodurch man einen gewissen Anhalt für die Dichtigkeit während der Analyse hat.

Schließlich kann Luft in das Manometer gelangen und zwar, analog dem Eindringen in die Kammer, durch den Manometerhahn oder aus dem Apparat. Man findet dann bei der Dichtigkeitsprüfung abnehmende Werte für $p_1$—$p_2$—$p_3$ oder — bei der Analyse — ungewöhnlich tiefe $p_3$-Werte. Hier muß der Manometerhahn neu gefettet werden. Die Verfasser haben es auch erlebt, daß an Schmelzstellen des Glases ganz kleine „Löcher" entstehen, die sehr schwer auffindbar waren.

Zusammenfassend lassen sich also folgende Ursachen für Undichtigkeit anführen:
1. Hähne, vornehmlich Kammer- oder Manometerhahn, undicht.
2. Noch Luft im Apparat.
3. Verbindungsstück zwischen Kammer und Rohrsystem undicht.

4. Feineinstellungsschlauch undicht.

5. Defekte an Glasteilen der Apparatur.

**Reagentien für die kombinierte Bestimmung von $CO_2$ und $O_2$ sowie für die Bestimmung der $O_2$-Kapazität nach SENDROY.** Die Angaben über die Zusammensetzung der Reagentien zur Blutgasanalyse nach VAN SLYKE sind nicht einheitlich. Die hier angegebenen Zahlen sind nicht unbedingt bindend, doch ist es wesentlich, für die Analysen nur Lösungen zu verwenden, wie sie in der gleichen Zusammensetzung auch für die Bestimmung der $c$-Korrektur (s. S. 241) gebraucht wurden. Variiert man die Konzentrationen in den einzelnen Lösungen, so muß grundsätzlich auch der Wert für die $c$-Korrektur neu bestimmt werden.

*1. Saure Saponin-Ferricyanid-Lösung* (= SF-Lösung). Diese Lösung enthält:

*1. Kaliumferricyanid* zur Freisetzung von Sauerstoff und (oder) CO aus dem Hämoglobin nach[1]:

$$K_3Hb(O_2) + K_3[Fe(CN)_6] \rightarrow K_2Hb + K_4[Fe(CN)_6] + O_2.$$

*Saponin* zur Hämolyse. Nicht alle Saponinpräparate bewirken vollständige Hämolyse. In Gegenwart von Milchsäure wird die hämolytische Wirkung von Saponin verbessert[2]. Es ist daher zweckmäßig, Milchsäure auch dann zuzusetzen, wenn nur der Sauerstoffgehalt bestimmt werden soll. Wir verwenden Saponin Merck + Milchsäure[3].

*Harnstoff.* Das Originalreagens wird ohne Harnstoff angesetzt. Zusatz von Harnstoff verhindert die Bildung störender Eiweißniederschläge in der Extraktionskammer. Harnstoff zerfällt jedoch in alkalischer Lösung, wodurch Stickstoff frei wird. Dies kann zu einer positiven $c$-Korrektur führen.

*Aqua dest.* als Lösungsmittel.

*Milchsäure* zur Freisetzung von $CO_2$.

*Octylalkohol,* um die Schaumbildung beim Schütteln zu verhindern.

**Saure SF-Lösung für die kombinierte Bestimmung des $O_2$- und $CO_2$-Gehaltes.**
Es werden zwei Stammlösungen angesetzt:

Lösung $a$: Kaliumferricyanid 32,0 g
            Saponin 8,0 g
            Octylalkohol 4,5 cm³
            Destilliertes Wasser ad 1000 cm³

Lösung $b$: Konz. Milchsäure, $d$ 1,2 10,0 cm³
            Destilliertes Wasser ad 1000 cm³

Kaliumferricyanid zersetzt sich im Sonnenlicht unter Bildung von Kaliumferrocyanid und Eisen(III)-hydroxyd. Lösung $a$ muß deshalb in einer dunklen Flasche aufbewahrt werden. Die Trennung von Lösung $a$ und $b$ ist erforderlich, weil Kaliumferrocyanid und Eisen(III)-hydroxyd in Gegenwart von Milchsäure die Berlinerblau-Reaktion eingehen, wodurch die SF-Lösung unbrauchbar wird. Für etwa 10 Analysen setzt man unmittelbar vor einer Analysenreihe 100 cm³ an, und zwar 50 cm³ der Lösung $a$ + 50 cm³ der Lösung $b$ (1:1). Diese Mischung ist einen halben Tag lang brauchbar. Die saure SF-Lösung soll vor Gebrauch 15 min mit Luft durchperlt werden (s. Abb. 27), um $CO_2$, das sich in der Lösung befindet, zum großen Teil auszutreiben. Man erhält dadurch einen bestimmten $CO_2$- und $O_2$-Gehalt, der sehr konstant ist, wie man an der $c$-Korrektur feststellen kann.

**Saure SF-Lösung für die Bestimmung der $O_2$-Kapazität nach SENDROY[4].** Da nur die Verwendung einer angesäuerten SF-Lösung bei der SENDROY-Analyse die gleichen Resultate ergibt wie bei der Sauerstoffkapazitätsbestimmung mittels Tonometer und kombinierter Analyse nach VAN SLYKE, ist der Zusatz konz. Milchsäure in einer Endkonzentration von 0,5% erforderlich[3]:

---
[1] CONANT, J. B., and N. D. SCOTT: J. biol. Ch. **69**, 575 (1926).
[2] KING, R. M.: J. biol. Ch. **184**, 485 (1950).
[3] BARTELS, H., u. G. RODEWALD: Pflügers Arch. **256**, 113 (1952).
[4] SENDROY, J. jr.: J. biol. Ch. **91**, 307 (1931).

Lösung $a$: Kaliumferricyanid 23,0 g
Saponin 8,0 g
Destilliertes Wasser ad 100,0 cm³
Lösung $b$: Konz. Milchsäure $d$ 1,2.

Man setzt vor einer Analysenreihe zu 5,0 cm³ der Lösung $a$ 0,025 cm³ der Lösung $b$ zu. Das Gemisch muß in einer dunklen Flasche aufbewahrt werden und wird am Ende einer Analysenreihe verworfen.

**2. Natronlauge.** Da die Natronlauge zur Absorption des freigesetzten Kohlendioxyd verwendet werden soll, ist es notwendig, sie $CO_2$-frei herzustellen. Gewöhnliche n NaOH ist ungeeignet, weil sie stets Hydrogencarbonat enthält. Beim Evakuieren solcher Lauge wird zwar ein Teil der gebundenen Kohlensäure freigesetzt, doch bleibt stets Carbonat zurück. Wird dieses Reagens zur Analyse verwendet, dann treibt die in der sauren SF-Lösung enthaltene Milchsäure $CO_2$ aus Carbonat aus und die Genauigkeit der Analyse wird beeinträchtigt. Man setzt daher als Stammlösung 18 n NaOH an. Sie enthält in dieser Konzentration kein Hydrogencarbonat. Läßt man die angesetzte Lauge einige Tage stehen, so setzt sich die geringe Menge vorhandener Carbonate als weißer Niederschlag ab. Bei größeren Versuchsreihen ist es zweckmäßig, 2 Gefäße mit Lauge anzusetzen. Man kann dann später die zweite Portion sofort verwenden.

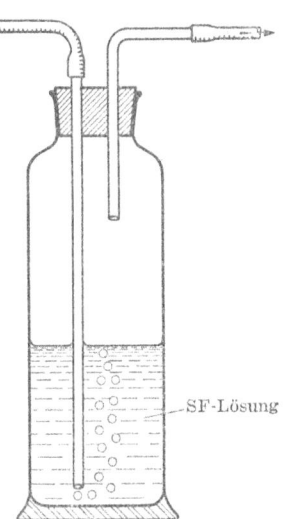

Abb. 27. Waschflasche zum Äquilibrieren der Saponin-Ferricyanidlösung.

18 n NaOH als Stammlösung:
NaOH (chemisch rein) in rotulis
Destilliertes Wasser āā,

wegen der starken Wärmeentwicklung wird ein Pyrexkolben oder ein Porzellangefäß verwendet. Ein Standzylinder wird zum Schutz des Glases gegen die konz. Lauge mit Paraffin präpariert. Die Lauge wird erst nach Abkühlung eingefüllt, da sonst der Paraffinfilm abschmelzen würde. Ein paraffinierter Korken dient als Verschluß. Das Arbeiten mit der konz. Lauge erfordert große Vorsicht. Zur Entnahme aus dem Standzylinder verwendet man Sicherheitspipetten. Es empfiehlt sich außerdem, Schutzbrillen zu tragen. Laugenspritzer auf Haut und Kleidung werden mit schwachen Säuren neutralisiert.

n NaOH zur $CO_2$-Absorption (für 10 Analysen):
18 n NaOH 2,75 cm³
Destilliertes Wasser ($CO_2$-frei) oder bidestilliertes Wasser (frisch) ad 50,0 cm³

**3. Natriumdithionitlösung.** Diese Lösung enthält:
*Natriumdithionit* ($Na_2S_2O_4$), zur Absorption von freigesetztem Sauerstoff.
*β-anthrachinonsulfosaures Natrium* als Katalysator der $O_2$-Absorption in n NaOH als Lösungsmittel.

Lösung (für 10 Analysen):
(a) Natriumdithionit 5,0 g
(b) β-anthrachinonsulfosaures Natrium 0,5 g
(c) n NaOH ($CO_2$-frei) 25,0 cm³

(a) und (b) werden in einem Becherglas abgewogen und mit einem Glasstab fein verrührt. Unmittelbar vor dem Evakuieren der Lösung wird (c) hinzugefügt und das Ganze einige Sekunden kräftig verrührt. Die Lösung muß sich dunkelrot färben. Sie ist durch Oxydation unbrauchbar geworden, wenn orangefarbene bis gelbe Verfärbung auftritt. Dies kann folgende Ursachen haben: das Natriumdithionit ist verdorben, die Natronlauge ist zu schwach (z. B. statt n nur 0,1 n) oder die Lösung stand vor der Einführung in die Kammer zu lange an der Luft.

*4. Isotonische NaCl-Lösung* (0,9%ig) für die Bestimmung der Sauerstoffkapazität nach SENDROY.

*5. Milchsäure* (3%ig) und *destilliertes Wasser* für die Säuberung der Kammer.

**Entgasen der n NaOH und der Natriumdithionitlösung.** Die zur Absorption der freigesetzten Blutgase bestimmten Reagentien müssen durch Evakuierung in der Kammer des manometrischen Apparates gasfrei gemacht werden.

Die *Natriumdithionitlösung* wird unmittelbar nach dem oben angegebenen Verrühren durch einen mit Watte versehenen Trichter in den Becher des manometrischen Apparates filtriert. Das Filtrat wird durch Senken der Niveaubirne und Öffnen des Kammerhahnes in die Kammer gesaugt. Es können bis zu 25 cm³ der Lösung in die Kammer eingebracht werden. Die zum Becher führende Kammerhahnbohrung wird mit Hg abgedichtet. Durch Senken des Hg-Meniscus auf die 50,0 cm³-Marke der Kammer und dreimaliges Schütteln von je 5 min Dauer wird die Lösung evakuiert. Nach jeweils 5 min läßt man die Lösung durch Heben der Niveaubirne bis unter den Kammerhahn steigen und treibt die überstehende Luftblase aus. Beim dritten Mal muß die Lösung luftblasenfrei sein und deshalb hörbar an den Kammerhahn anschlagen.

Eine HEMPEL-*Pipette* (s. Abb. 28) wird mittels eines Niveaugefäßes vom Ansatz $B$ her so mit Quecksilber beschickt, daß der Arm $A$, der Dreiweghahn und die Kugel $I$ vollständig, der Hg-Becher zur Hälfte und die Kugel $II$ ungefüllt sind. Der mit einem Gumminippel versehene Arm $A$ der Pipette wird luftdicht in den Bechergrund des manometrischen Apparates eingesetzt. Unter Heben der Niveaubirne und Öffnen des Kammerhahnes wird die evakuierte Lösung durch den Arm $A$ in die Kugel $I$ getrieben. Die gefüllte Pipette wird in einem entsprechend gearbeiteten

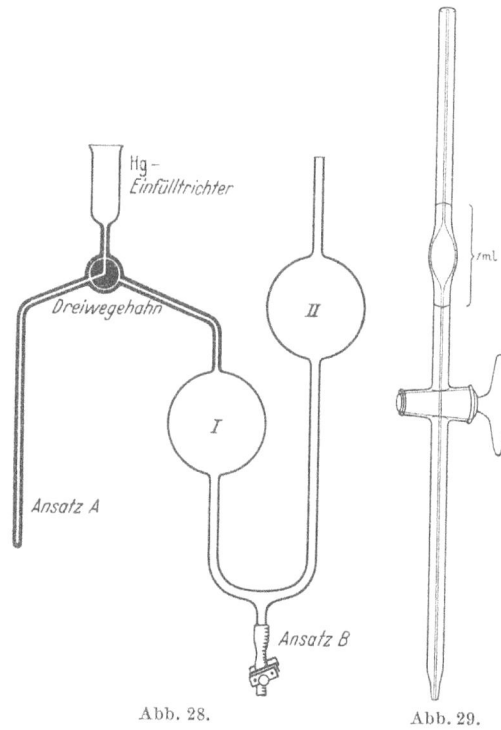

Abb. 28. HEMPEL-Pipette zur Aufbewahrung von NaOH, Na-dithionit oder CO-Gas.

Abb. 29. OSTWALD-Pipette zur Überführung des Blutes in den manometrischen Apparat. Eine ähnliche Pipette mit nur 0,13 cm³ Fassungsvermögen dient bei der SENDROY-Methode (s. S. 240) zum Einbringen von Saponin-Ferricyanidlösung in die Kammer.

Brett sicher aufgehängt. Durch Drehen des Dreiwegehahnes wird der Arm $A$ unter Verwerfen des darin befindlichen Lösungsrestes von dem Hg-Becher her mit Quecksilber gefüllt. Auf diese Weise luftdicht aufbewahrte Reagentien sind tagelang brauchbar.

Sinngemäß wird die n NaOH evakuiert und in eine zweite HEMPEL-Pipette eingebracht. (Die Lauge wird jedoch nicht filtriert, sondern direkt in den Becher des manometrischen Apparates eingefüllt.)

Die teilweise übliche Aufbewahrung entgaster Lösungen in Schütteltrichtern unter Paraffinöl gewährleistet keinen luftdichten Abschluß. Für genaue Analysen sollten auf jeden Fall HEMPEL-Pipetten verwendet werden.

Das *Blut* wird nach den S. 188 ff gegebenen Vorschriften entnommen und aufbewahrt. Wenige Minuten vor dem Einfüllen (s. S. 235) in den Apparat saugt man das Blut in eine OSTWALD-Pipette (Abb. 29) auf, so daß der Meniscus einige Millimeter über der oberen Eichmarke steht. Man wischt die Auslaufmündung mit Zellstoff ab und stellt dann durch vorsichtiges Öffnen des Hahnes genau auf die Eichmarke ein, wobei das auslaufende Blut von Zellstoff aufgesaugt wird. Es ist zweckmäßig, die Pipette dabei schräg zu halten, damit das Blut langsamer läuft. Durch die Pipette saugt man sofort nach

Gebrauch Leitungswasser, anschließend Aqua dest. und trocknet sie an der Wasserstrahlpumpe. Von Zeit zu Zeit muß der Hahn neu gefettet werden.

**Analysengang** (s. auch S. 229, Reinigung und Vorbereitung des manometrischen Apparates zur Analyse).

### Kombinierte Bestimmung des $CO_2$- und $O_2$-Gehaltes in 1 $cm^3$ Blut.

*Reagentien:*
Saure SF-Lösung nach S. 232.
1 n NaOH (luftfrei in HEMPEL-Pipette) nach S. 233.
Na-dithionitlösung (luftfrei in HEMPEL-Pipette) nach S. 233.
Octylalkohol.

*Ausführung* (s. Abb. 21):

7,5 $cm^3$ SF-Lösung in den Becher füllen, mit einigen Tropfen Octylalkohol überschichten. Niveaubirne in Stellung *II*, Hahn $H_1$ öffnen, Kammerhahn öffnen und Lösung so weit in die Kammer saugen, daß etwas Octylalkohol mit eingebracht wird. Kammerhahn schließen und mit Hg dichten.

Durch Senken des Hg-Meniscus auf die 50,0 $cm^3$-Marke und 3 min Schütteln SF-Lösung evakuieren. Dabei darf das Hg nicht im unteren Teil der Kammer und damit in der Lösung rotieren.

Niveaubirne in Stellung *I*. Unter Öffnen von Hahn $H_1$ entgaste Lösung mit überstehender Luftblase steigen lassen. Kammerhahn öffnen und unter Austreibung der Luftblase die Lösung in den Becher füllen, bis der Hg-Meniscus die 2,0 $cm^3$-Marke der Kammer erreicht hat. Flüssigkeitsmeniscus in der Tasse ablesen. Den Becherinhalt um 0,5 $cm^3$ steigen lassen, so daß 1,5 $cm^3$ entgaster SF-Lösung in der Kammer verbleiben.

Kammerhahn schließen.

Den Meniscusstand der SF-Lösung in dem Becher ablesen und merken.

Vorbereitete OSTWALD-Pipette fest in den Becher einsetzen. Pipettenhahn öffnen, Kammerhahn ganz langsam so öffnen, daß das Blut aus der Pipette gleichmäßig und ohne Hinterlassung von Rückständen an der Pipettenwand in die Kammer läuft. Bevor die Blutsäule die untere Eichmarke der Pipette erreicht, Kammerhahn schließen. Untere Eichmarke genau einstellen.

*Einzelheiten und Fehlerquellen:*

*Niveaubirnenstellungen* (s. Abb. 21):
Niveaubirne in $R_2$ = Stellung *I*
Niveaubirne in $R_1$ = Stellung *II*
Niveaubirne 76 cm unter
$\qquad R_1$ = Stellung *III*.

Keine Luftblasen in die Kammer einbringen.

Hg aus einer Tropfflasche (Undine) in den Becher füllen und mit einem dünnen Draht nachstoßen, um etwa mitgerissene Luftblasen auszutreiben.

Gegebenenfalls Hg-Meniscus etwas tiefer einstellen.

Während des Entgasens OSTWALD-Pipette vorbereiten (s. S. 234). Der Gumminippel muß fest aufsitzen und mit Sandpapier so bearbeitet sein, daß er beim Einsetzen in den Becher absolut dicht schließt. Als Beweis dafür dient, daß das Blut in der eingesetzten Pipette über deren obere Eichmarke steigt, wenn der Pipettenhahn geöffnet wird. Ist dies nicht der Fall, dann gelangt beim Einfüllen der Probe neben dem Blut aus der Pipette auch Lösung aus dem Becher in die Kammer: Die Analyse wird unbrauchbar.

Niveaubirne in Stellung *II*, Hahn $H_1$ offen.

Unter Umständen sedimentiert das Blut in der Pipette. Es empfiehlt sich deshalb, die Pipette liegend aufzubewahren und gegebenenfalls die Sedimentation durch Rotieren und Schütteln vor der Einführung aufzuheben.

Bei geschlossenem Kammer- und geöffnetem Pipettenhahn kann man durch verschieden starken Druck auf die Pipette die Blutsäule genau auf die untere Eichmarke einstellen.

Pipettenhahn schließen, Pipette entfernen, dabei das noch im unteren Becherteil und in der Hahnbohrung befindliche Blut mit 1 cm³ SF-Lösung aus dem Becher in die Kammer spülen. Kammerhahn schließen und mit Hg dichten.

*Kammerinhalt (S):*
2,5 cm³ SF-Lösung + 1,0 cm³ Blut.
($S = 3{,}5$ cm³.)

*Schwierigster Schritt der Analyse:* Es kommt darauf an, das Einspülen des restlichen Blutes in die Kammer mit dem Entfernen der Pipette so zu verbinden, daß das Blut *restlos* in die Kammer gelangt. Eine etwaige „Wölkchenbildung" des Blutes im Becher beeinträchtigt die Genauigkeit.

Am besten geht man folgendermaßen vor: die linke Hand hält die geschlossene Pipette, die rechte den geschlossenen Kammerhahn. Während die Pipette durch leichtes Drehen gelockert wird, öffnet die rechte Hand in dem Augenblick den Kammerhahn, in dem die Pipette „lose kommt". Der Kammerhahn muß aber sofort wieder geschlossen werden, um nicht zu viel SF-Lösung in die Kammer zu bringen. Das Öffnen und Schließen des Kammerhahnes ist praktisch *eine* Bewegung. Ist der Kammerhahn geschlossen, liest man den vor Einführung der Pipette kontrollierten Bechermeniscus erneut ab und läßt, wenn notwendig, noch so viel SF-Lösung nachlaufen, bis 1,0 cm³ aus dem Becher in die Kammer eingebracht ist.

Wird der Kammerhahn zu spät geöffnet, dann steigt das Blut in dem Becher nach oben, wird er zu lange geöffnet, dann fließt mehr als 1,0 cm³ SF-Lösung nach. In beiden Fällen wird die Genauigkeit der Analyse beeinträchtigt.

Niveaubirne in Stellung *III*, Hahn $H_1$ öffnen, Hg-Meniscus in der Kammer etwa auf die 50,0 cm³-Marke senken. Hahn $H_1$ schließen.

Unter Umständen kommt es beim Zusammenfließen von Blut und SF-Lösung zur Bildung feiner Niederschläge, die beim Evakuieren an der Kammerwand hängen bleiben. Um sie abzuspülen, muß der Kammerinhalt einige Male gehoben und gesenkt werden.

Kammerinhalt 3 min schütteln.

Auch hier darf das Hg beim Schütteln nicht in der Blut-Reagensmischung rotieren.

Schäumt die Lösung stark, dann ist der Octylalkoholzusatz zu gering.

Niveaubirne in Stellung *II*, Hahn $H_1$ vorsichtig so öffnen, daß der Kammerinhalt langsam und gleichmäßig ansteigt. Flüssigkeitsmeniscus mit Hilfe der Feineinstellung auf die 2,0 cm³-Marke einstellen.

Das Ansteigen der Lösung soll ungefähr 30 sec dauern, der Meniscus muß *von unten* eingestellt werden. Geschieht das Steigen ruckweise oder gerät der Meniscus über die 2,0 cm³-Marke, dann muß erneut evakuiert und 1 min geschüttelt werden. Anderenfalls wird durch Reabsorption von $CO_2$ die Genauigkeit der Analyse beeinträchtigt.

Den bei dem Volumen $a = 2{,}0$ cm³ ausgeübten Druck der extrahierten Gase am Manometer ablesen und als $p_1$ zusammen mit der Temperatur des Wassermantels der Kammer notieren.

Niveaubirne in Stellung *III*, Hahn $H_1$ öffnen, Kammerinhalt so weit senken, daß der Flüssigkeitsmeniscus an der Grenze zwischen mittlerem und oberem Drittel des erweiterten Kammerteils steht. Hahn $H_1$ schließen, Niveaubirne in Stellung *II*.

Aus der HEMPEL-Pipette 3,0 cm³ der n NaOH in den Becher füllen.

1,0 cm³ n NaOH unter vorsichtigem Öffnen des Kammerhahnes langsam in die Kammer laufen lassen.

Kammerhahn schließen und mit Hg dichten.

Kammer mit der Hand *mäßig* 2—3mal schütteln, um die Durchmischung von Blut-Reagensmischung und NaOH zu vervollständigen.

Hahn $H_1$ vorsichtig so öffnen, daß Hg und Lösung langsam und gleichmäßig ansteigen.

Flüssigkeitsmeniscus mit Hilfe der Feineinstellung auf die 2,0 cm³-Marke einstellen.

Den bei dem Volumen $a = 2{,}0$ cm³ ausgeübten Druck der nach $CO_2$-Absorption verbleibenden Restgase am Manometer ablesen und als $p_2$ zusammen mit der Temperatur des Wassermantels der Kammer notieren.

Im Gegensatz zum sonstigen Vorgehen bei der Einstellung dunkel gefärbter Lösungsmenisken auf Eichmarken muß hier auf Grund des Eichverfahrens (s. S. 226) der untere Rand des konkaven Meniscus eingestellt werden. Ein dünnes Kammerrohr (s. S. 225) und eine Lichtquelle hinter der Kammer (s. S. 228) erleichtern die Einstellung erheblich.

Ablesung an der Manometerskala mit einer Lupe auf 0,1 mm, Parallaxe beachten.

Der Dreiwegehahn der HEMPEL-Pipette wird auf Verbindung zwischen Arm *A* und Kugel *I* (s. Abb. 28) gestellt. Die überlaufende Lauge treibt das Hg in Arm *A* aus. Dann wird Arm *A* so weit in den Becher eingeführt, daß seine Mündung in die auslaufende Lauge eintaucht.

Nach Entfernung der HEMPEL-Pipette wird Arm *A* aus dem Hg-Becher der Pipette wieder mit Quecksilber gefüllt. Der Hg-Vorrat in dem Becher muß ergänzt werden.

Dauer des Einlaufens der Lauge zur vollständigen $CO_2$-Absorption mindestens 30 sec.

Dabei etwas Hg in die Kammer laufen lassen, um die Lauge vollständig hineinzuspülen.

Bei zu heftigem Schütteln kann ein Teil vom freigesetzten Sauerstoff reabsorbiert werden.

Einstellung wie oben.

Ablesung wie oben. Die Temperaturdifferenz zwischen 2 Ablesungen soll nicht mehr als 0,1—0,2° C betragen. Schwankungen der Raumtemperatur zwischen den Ablesungen müssen deshalb vermieden werden.

Niveaubirne in Stellung *III*, Hahn $H_1$ öffnen, Kammerinhalt so weit senken wie oben vor Einführung der NaOH beschrieben. Hahn $H_1$ schließen, Niveaubirne in Stellung *II*.

Aus der HEMPEL-Pipette 3,0 cm³ der Natriumdithionitlösung in den Becher füllen.

Vorgehen wie oben.

Man läßt die Lösung unter vorsichtigem Öffnen des Kammerhahnes *tropfenweise* in die Kammer laufen und beobachtet dabei das Manometer, dessen Meniscus mit dem Beginn der $O_2$-Absorption zuerst schnell, dann langsamer absinkt. Tritt kein deutlicher Abfall mehr ein, so läßt man den Kammerinhalt bei geschlossenem Kammerhahn, Niveaubirne in Stellung *II*, durch vorsichtiges Öffnen von Hahn $H_1$ langsam ansteigen. Der Kammerinhalt kommt kurz vor dem Kammerhahn zum Stehen.

Etwa nach Zusatz von 0,75 cm³ der Na-dithionitlösung.

Diese Einengung des Volumens der Restgase erleichtert die Absorption vom restlichen Sauerstoff.

Hahn $H_1$ bleibt offen. Der an 1,0 cm³ insgesamt zuzusetzender Na-dithionitlösung noch fehlende Rest wird durch vorsichtiges Öffnen des Kammerhahnes in die Kammer gelassen.

Kammerhahn schließen und mit Hg dichten.

Flüssigkeitsmeniscus *von oben* auf die 2,0 cm³-Marke einstellen.

Dauer der $O_2$-Absorption mindestens 1 min.

Hierzu Hahn $H_1$ schließen, Niveaubirne mit der linken Hand in Stellung *III*, Hahn $H_1$ unter Beobachtung des Manometerstandes graduiert öffnen, bis das Hg im Manometer langsam absinkt. Jetzt Flüssigkeitsmeniscus in der Kammer beobachten. Kurz vor Erreichen der 2,0 cm³-Marke Hahn $H_1$ schließen, dann Feineinstellung. Da von der Kammerrohrwand noch Flüssigkeit nachläuft, muß die Meniscuseinstellung kontrolliert und korrigiert werden.

Den bei dem Volumen $a = 2{,}0$ cm³ ausgeübten Druck der nach $CO_2$- und $O_2$-Absorption verbleibenden Restgase ($N_2$, unter Umständen CO) am Manometer ablesen und als $p_3$ zusammen mit der Temperatur des Wassermantels der Kammer notieren.

Soll noch das Volumen der Restgase bestimmt werden, dann muß deren Volumen auf $a = 0{,}5$ cm³ eingeengt werden. Hierzu wird der Flüssigkeitsmeniscus unter Öffnen von Hahn $H_1$ und Verwendung der

Feineinstellung auf die 0,5 cm³-Marke eingestellt.

Der entsprechende Manometerdruck wird als $p_4$ zusammen mit der Temperatur notiert.

Die Restgase werden nun ohne Verlust von Lösung aus der Kammer ausgetrieben.

„Austreibung von Gas aus der Kammer ohne Verlust von Lösung": Hahn $H_1$ öffnen, Niveaubirne mit der linken Hand so neben die Kammer heben, daß der Meniscus etwas über dem Hg-Meniscus in der Kammer steht. Bei dieser Stellung der Quecksilbermenisken Hahn $H_1$ schließen, Niveaubirne in Stellung II. Der Kammerhahn kann nun zum Austreiben der überstehenden Gasblase geöffnet werden, ohne daß im System eine Verschiebung eintritt, da überall Atmosphärendruck herrscht. Mit der Feineinstellung treibt man die überstehende Gasblase aus, bis die zum Becher führende Kammerhahnbohrung, *aber nur diese*, mit der Blut-Reagensmischung gefüllt ist. Kammerhahn schließen, Hahn $H_1$ öffnen. Kammerhahn mit Hg dichten.

Nach dem Austreiben der Restgase Hahn $H_1$ schließen, Niveaubirne in Stellung III, Hahn $H_1$ vorsichtig so öffnen, daß der Flüssigkeitsmeniscus von oben auf die 0,5 cm³-Marke eingestellt wird.

Den bei dem Volumen $a = 0,5$ cm³ abgelesenen Manometerstand als $p_5$ zusammen mit der Temperatur notieren.

(Über die Auswertung der gewonnenen Ablesungen s. S. 243.)

*Ende der Analyse:* Niveaubirne in Stellung I, Hahn $H_1$ öffnen, Kammerhahn öffnen. Den aufsteigenden Kammerinhalt mit der Wasserstrahlpumpe aus dem Becher absaugen.

Nach Beendigung der Analyse wird die Kammer mit 3%iger Milchsäure, die man in der Vorratsflasche auf dem Apparat hat, gereinigt.

Lösung in den Becher füllen, in die Kammer laufen lassen, Kammerhahn schließen. *Reinigungslösung* evakuieren.

Bereits unter dem Senken des Kammerinhaltes läßt man den Motor laufen, um die Reinigung durch die Hg-Bewegung zu erleichtern. Bei fest haftenden Niederschlägen kann man den Hg-Meniscus in deren Höhe einstellen und die Kammer einige Zeit so schütteln lassen. Zur Auflösung solcher Niederschläge empfiehlt sich auch die Verwendung alkalischer Na-dithionitlösung (ohne Zusatz von β-anthrachinonsulfosaurem Na). Die Reinigung muß gewöhnlich 2—3mal durchgeführt werden, bis

**Bestimmung der Sauerstoffkapazität des Hb nach Sättigung des Blutes mit Luftsauerstoff in der Kammer (Methode nach Sendroy[1]).**

*Prinzip:*

Das Prinzip der Methode beruht darauf, daß mit isotonischer NaCl-Lösung verdünntes Blut seine normale Sauerstoffaffinität behält und mit Luft vollständig oxydiert werden kann. Sendroy verwendet daher (a) die offene Kammer zum Äquilibrieren des Blutes mit Luft und (b) die geschlossene Kammer zur manometrischen Analyse.

*Reagentien:*

1. Isotonische NaCl-Lösung.
2. Saure Saponin-Ferricyanidlösung nach S. 232.
3. n NaOH, luftfrei in Hempel-Pipette nach S. 233.
4. Na-dithionitlösung, luftfrei in Hempel-Pipette nach S. 233.
5. Octylalkohol.

Die saure SF-Lösung wird kurz vor der Analyse in eine Pipette nach dem Muster der Ostwald-Pipette (s. Abb. 29, S. 234), jedoch mit einem Fassungsvermögen von 0,13 cm³ eingefüllt.

*Ausführung:*

a) *Luftsättigung des Blutes:* 2,5 cm³ NaCl-Lösung in den Becher geben, davon 0,5 cm³ in die Kammer einlassen. 1,0 cm³ Blut aus der Ostwald-Pipette (s. Abb. 29) zusetzen. Nach Schließen des Pipettenhahnes wird das noch im Becher und Hahnbohrung stehende Blut mit den restlichen 2,0 cm³ NaCl-Lösung in die Kammer gespült. Der Hg-Meniscus wird auf die 50,0-Marke eingestellt, dabei bleibt der Kammerhahn offen. Die Mischung wird 5 min geschüttelt.

b) *Sauerstoffbestimmung:* Nach dem Äquilibrieren Niveaugefäß in Stellung *I*, Hahn *1* öffnen und Kammerinhalt bei noch offenem Kammerhahn langsam steigen lassen. Unmittelbar bevor die Lösung den Kammerhahn erreicht, Hahn *1* schließen. Die zum Becher führende Hahnbohrung, *aber nur diese*, mit Hilfe der Feineinstellschraube vollständig mit der Lösung füllen,

*Einzelheiten und Fehlerquellen:*
(s. o. unter „Kombinierte Analyse".)

Während die linke Hand die Pipette schnell entfernt, öffnet die rechte den Kammerhahn.

Tourenzahl des Motors 350—400/min.

Das Vorgehen ist hier gegenüber der Beschreibung von van Slyke etwas vereinfacht, doch ergeben Vergleichsanalysen keine meßbaren Differenzen.

---

[1] Sendroy, J. jr.: J. biol. Ch. **91**, 307 (1931).

Kammerhahn schließen. Etwa 1,0 cm³ Octylalkohol in den Becher geben. Niveaugefäß in Stellung *II,* Hahn *1* öffnen. Etwas Octylalkohol in die Kammer lassen, Kammerhahn schließen.

SENDROY-Pipette in den Becher einsetzen und den Octylalkohol mit 0,13 cm³ SF-Lösung unterschichten.

Stellt man nach dem Aufsaugen der SF-Lösung in die SENDROY-Pipette deren obere Eichmarke ein, so empfiehlt es sich, die Lösung einfach *abtropfen* zu lassen und nach Schließen des Hahnes die Pipette kurz abzuwischen. Hält man statt dessen einen Tupfer direkt an die Pipette, so steigen unter Umständen Luftblasen in die Lösung auf, die sich nicht entfernen lassen.

Hierzu noch etwas Octylalkohol mit einführen.

Die SF-Lösung quantitativ in die Kammer lassen, Kammerhahn mit Hg dichten.

Lösung evakuieren und 3 min schütteln.

Der Analysengang ist nun derselbe, wie S. 235 ff. beschrieben, mit folgenden Unterschieden:

Für $CO_2$ brauchen keine $p$-Werte abgelesen werden; man läßt also nach dem Evakuieren den Kammerinhalt nur bis in das obere Drittel der Kammer steigen und absorbiert sofort $CO_2$ mit NaOH. Sofort daran anschließend Flüssigkeitsmeniscus auf die 0,5-Marke einstellen und $p_1$ mit der Temperatur notieren. Dann Sauerstoffabsorption und Ablesung von $p_2$.

Damit ist die Analyse beendet.

Die SENDROY-Analyse wird mit einem Gasvolumen von 0,5 cm³ ausgeführt!

(Über Berechnung und Ausführung der $c$-Korrektur s. S. 242 f.)

Am Ende der Analysenreihe wird die Kammer in der oben beschriebenen Weise (s. S. 239) sorgfältig gereinigt, mit etwa 20,0 cm³ Wasser gefüllt und der Hg-Meniscus in das untere Drittel eingestellt. Hahn *1* wird geschlossen, das Niveaugefäß in Stellung *II* aufgehängt, der Hg-Schlauch auf das Stativ gelegt. Der Kammerhahn wird nun entfernt, gereinigt und getrennt aufbewahrt. Die Hahnführung wird ebenfalls gesäubert. Bei diesem Vorgehen erübrigt sich ein Austrocknen von Bechereinmündung, Auslaßcapillare und Kammereinmündung. Man braucht am anderen Tag nur den gefetteten Hahn einzusetzen und benutzt das eingefüllte Wasser zum Durchspülen der Hahnbohrungen.

Wenn Schütteltrichter verwendet werden, muß der verbliebene Rest von Absorbentien verworfen werden.

**Bestimmung der $c$-Korrektur.** *Bei der kombinierten Bestimmung von $CO_2$ und $O_2$.* Die Druckdifferenzen $p_1-p_2$ bzw. $p_2-p_3$ und $p_4-p_5$ werden bei der Analyse größer gemessen als die tatsächlichen, den einzelnen Blutgasfraktionen zugehörigen Differenzen sind. Um genaue Ergebnisse zu erhalten, ist die Verminderung der gemessenen Werte um einen Korrekturwert — die $c$-Korrektur — erforderlich. Diese Erhöhung der Druckdifferenzen hat folgende Ursachen:

*1.* Selbst nach dem Entgasen der SF-Lösung bleibt ein kleiner, aber meßbarer Teil $CO_2$, $O_2$ und $N_2$ physikalisch gelöst zurück. Im eigentlichen Analysengang werden diese

Gase bei der Vakuumextraktion ausgezogen und dann zusammen mit den extrahierten Blutgasen absorbiert. Der Druckabfall muß also etwas größer werden, als der nur durch die Absorption der Blutgase bewirkte.

2. Auch wenn kein Gas mehr physikalisch gelöst im SF-Reagens wäre, wird allein durch die zusätzliche Einführung des $1,0 cm^3$ NaOH- und des $1,0 cm^3$ Na-dithionitvolumens eine Senkung des Manometerstandes verursacht, also ebenfalls eine Erhöhung der Druckdifferenz. Denn da der Flüssigkeitsmeniscus auf die $a$-Marke eingestellt wird, muß der Hg-Meniscus in der Kammer mit Zunahme des Flüssigkeitsvolumens absinken und folglich auch der Manometerstand. Allerdings sinkt der Manometermeniscus nicht genau auf die Höhe des Kammermeniscus ab, sondern steht, gewichtsmäßig betrachtet, um das Gewicht der Höhe der Flüssigkeitssäule in der Kammer höher.

Die Summe der beiden Komponenten 1. und 2. ergibt die $c$-Korrektur. Man bestimmt diese Größe durch eine Leeranalyse, d. h. ohne Blut, folgendermaßen: $7,5 cm^3$ SF-Lösung werden durch 3 min Schütteln im Vakuum entgast. Das extrahierte Gas wird ausgetrieben und der Hg-Meniscus auf die 2,0-Marke eingestellt. Von der in den Becher getriebenen SF-Lösung läßt man $1,5 cm^3$ wieder in die Kammer laufen. Der Kammerhahn wird mit Hg abgedichtet. Der Kammerinhalt beträgt jetzt $3,5 cm^3$ SF-Lösung, also $S = 3,5$, wie bei einer Vollanalyse, nur daß bei der Leeranalyse $1,0 cm^3$ Blut durch $1,0 cm^3$ SF-Lösung ersetzt wird. Das weitere Vorgehen entspricht dem bei einer kombinierten Analyse (Einzelheiten s. S. 235ff.): die Kammer wird evakuiert, der Inhalt 3 min geschüttelt, die 2,0-Marke eingestellt und $p_1$ notiert. Der Kammerinhalt wird in das obere Drittel gesenkt, in der beschriebenen Weise $1,0 cm^3$ NaOH zugesetzt, mäßig geschüttelt, die 2,0-Marke eingestellt und $p_2$ notiert. Jetzt erfolgt Zusatz von Na-dithionit wie bei der Vollanalyse und Ablesung von $p_3$. Anschließend wird die 0,5-Marke eingestellt und $p_4$ notiert, die überstehende Gasblase ohne Verlust ausgetrieben, erneut 0,5 eingestellt und $p_5$ notiert.

Es ist dann:
$$c_{CO_2} = p_1 - p_2,$$
$$c_{O_2} = p_2 - p_3,$$
$$c_{N_2} = p_4 - p_5.$$

$c_{N2}$ resultiert natürlich nur aus etwa gelöstem, zwischen $p_4$ und $p_5$ ausgetriebenem $N_2$, da ja zwischen beiden Druckablesungen keine Volumenänderung in der Kammer vorgenommen wird.

Es ist zu beachten:

1. Der Leeranalysengang muß dem der Vollanalyse entsprechen, d. h. die Zeiten für die jeweilige Absorption müssen auch hier eingehalten werden.

2. Die verwendeten Reagentien müssen nach Herstellung und Zusammensetzung den bei der Vollanalyse gebrauchten entsprechen. Nimmt man z. B. zur $CO_2$-Absorption 5 n NaOH, dann fällt $p_2$ stärker ab, weil die konz. Lauge durch Wasseraufnahme eine Senkung des Dampfdruckes im Gasraum der Kammer bedingt. Jede Variation der Reagentien verlangt also eine neue Bestimmung der $c$-Korrektur.

3. Die Überlegung, daß Temperaturdifferenzen im Gasraum bei gleichen Mengen extrahierter Gase verschiedene Drucke bedingen ($V$ = konstant) führt dazu, die $c$-Korrektur täglich neu zu bestimmen. VAN SLYKE schreibt dies zwar nicht vor, doch empfiehlt sich dieses Vorgehen im Interesse höherer Genauigkeit. Die richtige Ermittlung der $c$-Korrektur ist ein guter Test für die Vertrautheit mit dem Apparat. Das Einbringen kleinster Luftmengen beim Einbringen der Absorbentien oder beim Dichten des Kammerhahnes mit Hg wird die Senkung von $p_2$ usw. verhindern oder ins Gegenteil verkehren, da der Wert für $c$, je nach Form der Kammer, im allgemeinen nur 1—3 mm Hg beträgt.

**Bei der SENDROY-Methode:** Auch bei der Bestimmung der Sauerstoffkapazität nach SENDROY ist die nach $O_2$-Absorption gemessene Druckdifferenz zu hoch. Hier bildet die $c$-Korrektur die Summe aus 4 Komponenten:

*1.* der physikalisch in der NaCl-Lösung gelöste Sauerstoff,
*2.* der physikalisch in 1,0 cm³ Blut gelöste Sauerstoff,
*3.* eine Spur von $O_2$ in der zugesetzten Ferricyanidlösung,
*4.* der durch Änderung des Flüssigkeitsvolumens bedingte Manometerabfall.

Ermittlung des Wertes für „$c$":

Komponenten *1.* und *2.* = $a$. $a$ wird aus dem beigefügten Nomogramm (Abb. 30) ermittelt. Zum Beispiel ist bei 760 mm Hg Barometerstand und 20,0° C für 1,0 cm³ Blut $a = 33{,}3$ mm Hg.

Komponenten *3.* und *4.* werden durch eine Leeranalyse gemeinsam ermittelt: 3,5 cm³ NaCl-Lösung (isotonisch) werden eingefüllt, evakuiert und 3 min entgast (also nicht wie bei der Vollanalyse mit Luft geschüttelt!).

Das extrahierte Gas wird ohne Verlust von Lösung ausgetrieben. Die 0,13 cm³ Kaliumferricyanidlösung werden zugesetzt und eine Analyse wie oben beschrieben durchgeführt.

Nach Evakuieren und 3 min Schütteln erfolgt ohne vorherige Druckablesung $CO_2$-Absorption, danach wird $p_1$ bei der 0,5-Marke notiert. Nach Zusatz von Na-dithionit wird $p_2$ notiert.

*3.* und *4.* $= b = p_1 - p_2$,
und $c = a + b$.

**Berechnung der Blutgase in Vol.-% bzw. in mMolen/Liter aus den ermittelten Werten.** *Bei der kombinierten Bestimmung von $CO_2$ und $O_2$.* Um die jeweiligen Anteile der Gase in Vol.-% oder mMolen/Liter zu erhalten, müssen die Druckwerte der Gase

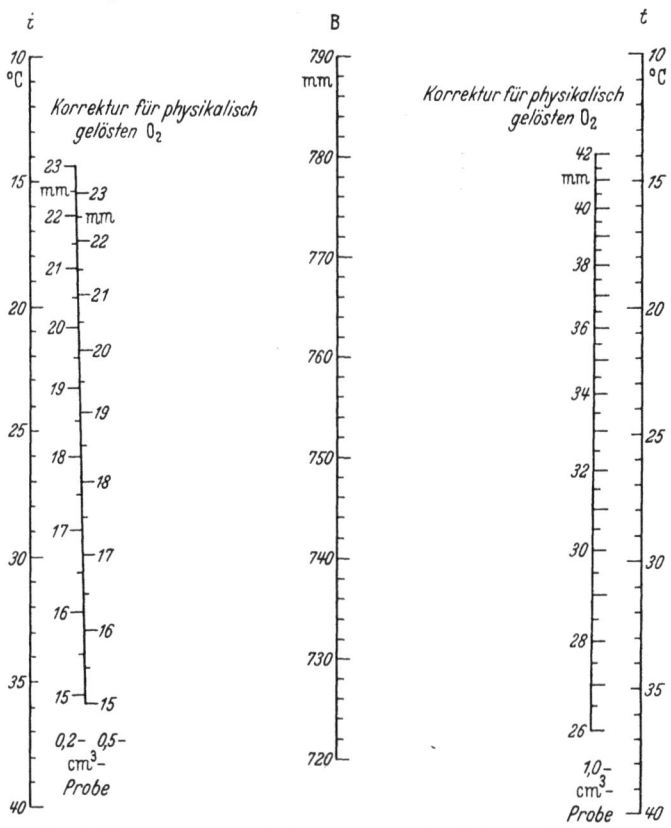

Abb. 30. Nomogramm zur Bestimmung von physikalisch gelöstem Sauerstoff bei der $O_2$-Kapazitätsbestimmung nach SENDROY (s. S. 240). Nach SENDROY, J. jr., R. T. DILLON and D. D. VAN SLYKE: J. biol. Ch. **105**, 629 (1934). Barometerstand und Temperatur ergeben für die entsprechende Probenmenge die erforderliche Korrektur an, um den chemisch gebundenen Sauerstoff errechnen zu können.

mit einem Faktor ($f$) multipliziert werden, der für $O_2$, CO und $N_2$ der Tabelle 4, für $CO_2$ der Tabelle 5 zu entnehmen ist*. Für eine unter den oben angegebenen Bedingungen angestellte kombinierte Analyse würden den Tabellen bei 20° C folgende Faktoren zu entnehmen sein:

für *Vol.-% $O_2$* unter Vol.-% $O_2$, CO und $N_2$

$\quad\quad$ Probe = 1 cm³ $\quad$ (Größe der Blutprobe)
$\quad\quad\quad\quad S = 3{,}5$ cm³ $\quad$ (2,5 cm³ SF-Lösung + 1 cm³ Blut)
$\quad\quad\quad\quad a = 2{,}0$ cm³ $\quad$ (Gasvolumen, bei dem die Druckwerte
$\quad\quad\quad\quad\, i = 1{,}0$ $\quad\quad\quad\quad$ abgelesen wurden)

$\quad\quad$ bei 20° C Faktor = 0,2450

---

* Die bei der Analyse auf 0,1° C genau notierte Wassermanteltemperatur muß bei der Ermittlung des Faktors aus Tabellen 4, 5 u. 9 berücksichtigt werden. Hierzu müssen die den gemessenen Temperaturen entsprechenden Faktoren durch rechnerische Interpolation gewonnen werden, da die Faktoren in der Tabelle nur für jeweils 1° C Differenz angegeben sind. Ohne diese Interpolation ergeben sich Fehler zwischen den tatsächlichen und den berechneten Werten, die unter Umständen größer sind, als die methodische Fehlerbreite des manometrischen Apparates.

für Vol.-% $N_2$ unter den gleichen Werten, aber mit

$$a = 0,5 \text{ cm}^3 \quad (\text{da } p_4 \text{ und } p_5 \text{ hier abgelesen})$$
$$\text{bei } 20° \text{ C Faktor} = 0,0613$$

für Vol.-% $CO_2$ unter Vol.-% $CO_2$

$$\text{Probe} = 1,0 \text{ cm}^3$$
$$S = 3,5 \text{ cm}^3$$
$$a = 2,0 \text{ cm}^3$$
$$i = 1,017$$
$$\text{bei } 20° \text{ C Faktor} = 0,2662$$

Die Druckwerte der verschiedenen Gase ergeben sich aus den Differenzen zwischen den einzelnen Ablesungen, also

$$p_{CO_2} = p_1 - p_2 - c_{CO_2} \quad \text{und} \quad p_{CO_2} \times \text{Faktor} = \text{Vol.-\% } CO_2$$
$$p_{O_2} = p_2 - p_3 - c_{O_2} \quad\quad\quad\quad p_{O_2} \times \text{Faktor} = \text{Vol.-\% } O_2$$
$$p_{N_2} = p_4 - p_5 - c_{N_2} \quad\quad\quad\quad p_{N_2} \times \text{Faktor} = \text{Vol.-\% } N_2$$

Über die Ermittlung von $c_{CO_2}$ usw. s. Bestimmung der c-Korrektur (S. 241).

Der so bestimmte $CO_2$- bzw. $O_2$-Gehalt setzt sich zusammen aus dem chemisch gebundenen und dem physikalisch gelösten Anteil.

Für $O_2$ bringt man bei 37° C und etwa 20 Vol.-% $O_2$-Kapazität
0,0031 cm³ $O_2$/100 cm³ Blut/mm Hg $P_{O_2}$ in Abzug,

für $CO_2$ bei 37° C und etwa 20 Vol.-% $O_2$-Kapazität 0,0671 cm³ $CO_2$/100 cm³ Blut/mm Hg $P_{CO_2}$ in Abzug, um den chemisch gebundenen Anteil des entsprechenden Gases zu erhalten.

*Bei der* SENDROY-*Methode.* An das Hb gebundene Vol.-% $O_2 = (p_1 - p_2 - c) \times$ Faktor. Der Faktor wird Tabelle 4 unter den oben für Vol.-% $O_2$ beschriebenen Bedingungen entnommen, jedoch unter $a = 0,5$ cm³, da die Drucke bei diesem Volumen abgelesen wurden. Im Gegensatz zur kombinierten Analyse erhält man hier durch Einführung der c-Korrektur, die den physikalisch gelösten Sauerstoff berücksichtigt, sofort den chemisch gebundenen $O_2$ ($c_{O_2}$ bei der kombinierten Analyse enthält den physikalisch gelösten Sauerstoff nicht!). Über „c" s. S. 242.

**Bestimmung der Alkalireserve mit dem manometrischen Apparat.** *Definition.* Unter Alkalireserve des Blutes versteht man den Hydrogencarbonatgehalt von 100 cm³ Blut bei voller $O_2$-Sättigung von Hämoglobin bei 40 mm Hg $P_{CO_2}$ und bei 37° C. Unter Alkalireserve des Serums versteht man den Hydrogencarbonatgehalt in 100 cm³ Serum, wobei das Serum anaerob vom Blut abgetrennt wurde, das bei 40 mm Hg $P_{CO_2}$, etwa 200 mm Hg $P_{O_2}$ und 37° C äquilibriert worden ist. In beiden Fällen wird die Hydrogencarbonatmenge durch die Analyse des Kohlendioxydgehaltes bestimmt.

*Bestimmungsmöglichkeiten.* 1. Man äquilibriert 3 cm³ frisch entnommenes Venenblut nach Zusatz von glykolyse- und gerinnungshemmenden Mitteln (s. S. 188) in einem Tonometer (z. B. Kugeltonometer, s. S. 271) bei 37° C mit etwa 40 mm Hg $P_{CO_2}$ und etwa 200 mm Hg $P_{O_2}$. Nach 30—40 min (beim Kugeltonometer 10 min) wird das Blut im manometrischen Apparat auf $CO_2$ (und zweckmäßig auch auf $O_2$) analysiert. Betrug beim Äquilibrieren $P_{CO_2}$ genau 40 mm Hg, so ist der errechnete $CO_2$-Gehalt in Vol.-% abzüglich der physikalisch gelösten $CO_2$-Menge (s. S. 278) der Alkalireservewert. Meist weicht $P_{CO_2}$ durch Barometerschwankungen etwas von 40 mm Hg ab. In diesem Fall stellt man mit Hilfe des HENDERSON-Nomogramms (hierzu muß der $O_2$-Gehalt des Blutes bekannt sein), wie S. 275ff. beschrieben, eine Dissoziationskurve auf und liest bei 40 mm Hg $P_{CO_2}$ den zugehörigen Wert für den $CO_2$-Gehalt ab. Die Umrechnung auf den $CO_2$-Gehalt des Serums ist möglich (s. S. 279).

2. Man geht vor wie unter 1. beschrieben, entnimmt jedoch das Blut aus dem Tonometer und zentrifugiert es unter anaeroben Bedingungen (s. S. 192). Die Analyse des

$CO_2$-Gehaltes im anaerob entnommenen Serum, abzüglich der physikalisch gelösten $CO_2$-Menge (s. S. 278), ergibt die Alkalireserve, wenn bei 40 mm Hg $P_{CO_2}$ und etwa 200 mm Hg $P_{O_2}$ tonometriert worden war.

3. Das folgende, angenäherte Verfahren ist ebenfalls anwendbar. Man bestimmt den $CO_2$- und $O_2$-Gehalt des arteriellen Blutes und den $CO_2$-Druck der Alveolarluft (s. S. 185). Dabei wird angenommen, daß alveolärer und arterieller $CO_2$-Druck nicht nennenswert voneinander abweichen und das arterielle Blut nahezu vollständig mit $O_2$ gesättigt ist (96—97% $S$). Man hat damit die zur Aufstellung einer $CO_2$-Dissoziationskurve mit dem HENDERSON-Nomogramm (s. S. 280) erforderlichen Werte. Bei Patienten sind die oben gemachten Voraussetzungen nicht immer erfüllt und die Methode ist dann nicht anwendbar.

4. Das häufig geübte Verfahren der Bestimmung des $CO_2$-Gehaltes im Serum von nicht anaerob abgenommenem und zentrifugiertem Venenblut ist abzulehnen, da die wichtige Funktion von Hämoglobin bei der Kohlendioxydbindung unter diesen Bedingungen undefiniert ist.

**Die Bestimmung der $O_2$-Kapazität** nach SENDROY (s. S. 240) und mit der CO-Methode (s. S. 247ff.), sowie mit der Ferricyanidmethode von HALDANE (s. S. 258ff.) ist ausführlich

Tabelle 4. *Faktoren (f) für die Berechnung des $O_2$-, $CO$- oder $N_2$-Gehaltes im Blut. Faktoren, mit denen $p_{O_2}$, $p_{CO}$ oder $p_{N_2}$ multipliziert werden müssen.*

| Temperatur °C | mMole $O_2$, CO oder $N_2$/Liter Blut | | | | | | | Vol.-% $O_2$, CO oder $N_2$ im Blut | | | | | | | |
|---|---|---|---|---|---|---|---|---|---|---|---|---|---|---|---|
| | Probe = 0,2 cm³ S = 2,0 cm³ i = 1,00 | Probe = 0,5 cm³ S = 2,0 cm³ i = 1,00 | Probe = 0,5 cm³ S = 3,5 cm³ i = 1,00 | Probe = 1 cm³ S = 3,5 cm³ i = 1,00 | Probe = 0,5 cm³ a = 0,5 cm³ i = 1,00 | Probe = 2 cm³ S = 7 cm³ a = 2,0 cm³ i = 1,00 | Probe = 0,2 cm³ S = 2,0 cm³ a = 0,5 cm³ i = 1,00 | Probe = 0,5 cm³ S = 2,0 cm³ a = 0,5 cm³ i = 1,00 | | Probe = 1 cm³ S = 3,5 cm³ a = 0,5 cm³ i = 1,00 | a = 2,0 cm³ i = 1,00 | Probe = 2 cm³ S = 7 cm³ a = 0,5 cm³ i = 1,00 | a = 2,0 cm³ i = 1,00 |
| 15 | 0,1389 | 0,05556 | 0,02780 | | 0,1113 | 0,01396 | 0,0558 | 0,312 | 0,1246 | | 0,0623 | | 0,2493 | 0,0317 | 0,1251 |
| 16 | 84 | 38 | 70 | | 09 | 90 | 56 | 10 | 42 | | 21 | | 85 | 15 | 46 |
| 17 | 80 | 20 | 61 | | 05 | 85 | 54 | 09 | 37 | | 19 | | 78 | 14 | 42 |
| 18 | 75 | 00 | 51 | | 01 | 80 | 52 | 08 | 33 | | 17 | | 68 | 12 | 37 |
| 19 | 70 | 0,05480 | 41 | | 0,1097 | 75 | 50 | 07 | 29 | | 15 | | 59 | 11 | 32 |
| 20 | 65 | 60 | 31 | | 93 | 70 | 48 | 07 | 24 | | 13 | | 50 | 09 | 28 |
| 21 | 60 | 40 | 21 | | 89 | 65 | 46 | 06 | 20 | | 10 | | 41 | 08 | 24 |
| 22 | 55 | 20 | 11 | | 85 | 60 | 44 | 05 | 16 | | 08 | | 32 | 06 | 19 |
| 23 | 50 | 00 | 02 | | 81 | 55 | 42 | 03 | 11 | | 06 | | 23 | 05 | 15 |
| 24 | 45 | 0,05380 | 0,02692 | | 77 | 50 | 40 | 02 | 07 | | 04 | | 14 | 03 | 10 |
| 25 | 40 | 60 | 83 | | 74 | 45 | 38 | 01 | 0,1203 | | 02 | | 06 | 02 | 06 |
| 26 | 35 | 40 | 73 | | 70 | 41 | 36 | 00 | 0,1199 | | 00 | | 02 | 01 | 02 |
| 27 | 31 | 22 | 64 | | 67 | 36 | 34 | 0,299 | 95 | | 0,0598 | | 0,2398 | 0,0299 | 0,1198 |
| 28 | 26 | 04 | 55 | | 63 | 31 | 32 | 98 | 91 | | 96 | | 90 | 98 | 93 |
| 29 | 22 | 0,05286 | 47 | | 59 | 27 | 30 | 97 | 87 | | 93 | | 82 | 96 | 89 |
| 30 | 18 | 70 | 38 | | 55 | 22 | 29 | 96 | 83 | | 92 | | 74 | 95 | 85 |
| 31 | 13 | 52 | 29 | | 52 | 18 | 27 | 95 | 79 | | 90 | | 66 | 94 | 81 |
| 32 | 09 | 34 | 20 | | 48 | 14 | 25 | 94 | 75 | | 88 | | 58 | 92 | 77 |
| 33 | 04 | 16 | 11 | | 44 | 09 | 24 | 93 | 71 | | 86 | | 50 | 91 | 73 |
| 34 | 00 | 00 | 02 | | 41 | 05 | 22 | 92 | 67 | | 83 | | 42 | 90 | 69 |

Tabelle 5. *Faktoren (f) zur Berechnung des $CO_2$-Gehaltes von Blut.*

Für Proben, die ein anderes Volumen als 1 cm³ haben, dividiert man die oben angegebenen Faktoren durch die cm³ der analysierten Probe. Für 2 cm³ Blut halbieren sich demnach die oben angegebenen Faktoren. Voraussetzung ist allerdings, daß $S$, $A$ (Gesamtkammervolumen) und $a$ gleichbleiben (s. S. 243).

Faktoren, mit denen $p_{CO_2}$ multipliziert werden muß.

| Temperatur °C | mMole $CO_2$/Liter Blut | | | | | Vol.-% $CO_2$ im Blut | | | | |
|---|---|---|---|---|---|---|---|---|---|---|
| | Probe = 0,2 cm³ | Probe = 1,0 cm³ | | | | Probe = 0,2 cm³ | Probe = 1,0 cm³ | | | |
| | $S=2,0$ cm³ | $S=3,5$ cm³ | | $S=7,0$ cm³ | | $S=2,0$ cm³ | $S=3,5$ cm³ | | $S=7,0$ cm³ | |
| | $a=0,5$ cm³ $i=1,037$ | $a=0,5$ cm³ $i=1,037$ | $a=2,0$ cm³ $i=1,017$ | $a=0,5$ cm³ $i=1,037$ | $a=2,0$ cm³ $i=1,017$ | $a=0,5$ cm³ $i=1,037$ | $a=0,5$ cm³ $i=1,037$ | $a=2,0$ cm³ $i=1,017$ | $a=0,5$ cm³ $i=1,037$ | $a=2,0$ cm³ $i=1,017$ |
| 15 | 0,1514 | 0,0313 | 0,1229 | 0,0341 | 0,1335 | 0,3370 | 0,0697 | 0,2735 | 0,0758 | 0,2974 |
| 16 | 07 | 11 | 22 | 38 | 25 | 54 | 93 | 19 | 52 | 50 |
| 17 | 0,1499 | 10 | 15 | 35 | 15 | 38 | 89 | 04 | 46 | 28 |
| 18 | 92 | 08 | 08 | 33 | 06 | 22 | 86 | 0,2690 | 41 | 06 |
| 19 | 86 | 06 | 02 | 31 | 0,1297 | 07 | 82 | 75 | 36 | 0,2886 |
| 20 | 79 | 05 | 0,1196 | 28 | 88 | 0,3292 | 78 | 62 | 31 | 66 |
| 21 | 72 | 03 | 90 | 26 | 79 | 78 | 75 | 48 | 26 | 48 |
| 22 | 66 | 02 | 83 | 24 | 70 | 63 | 71 | 34 | 21 | 28 |
| 23 | 59 | 00 | 77 | 22 | 62 | 48 | 68 | 20 | 16 | 08 |
| 24 | 53 | 0,0299 | 71 | 19 | 53 | 34 | 65 | 07 | 11 | 0,2790 |
| 25 | 46 | 97 | 65 | 17 | 45 | 20 | 61 | 0,2594 | 07 | 72 |
| 26 | 40 | 96 | 60 | 15 | 37 | 06 | 58 | 81 | 02 | 53 |
| 27 | 34 | 94 | 54 | 13 | 29 | 0,3193 | 55 | 69 | 0,0698 | 36 |
| 28 | 28 | 93 | 49 | 11 | 22 | 79 | 52 | 57 | 93 | 20 |
| 29 | 22 | 91 | 43 | 10 | 15 | 66 | 49 | 45 | 89 | 04 |
| 30 | 16 | 90 | 38 | 08 | 08 | 53 | 46 | 33 | 85 | 0,2688 |
| 31 | 11 | 89 | 33 | 06 | 01 | 40 | 43 | 22 | 82 | 74 |
| 32 | 05 | 88 | 28 | 05 | 0,1195 | 28 | 40 | 11 | 78 | 59 |
| 33 | 00 | 86 | 23 | 03 | 88 | 15 | 37 | 00 | 74 | 44 |
| 34 | 0,1394 | 85 | 18 | 01 | 82 | 03 | 34 | 0,2489 | 71 | 30 |

beschrieben. Es ist jedoch auch möglich, die $O_2$-Kapazität mit einer kombinierten Analyse zu bestimmen. Das oben S. 244 angegebene Verfahren der Äquilibrierung von Blut bei etwa 40 mm Hg $P_{CO_2}$ und etwa 200 mm Hg $P_{O_2}$ ergibt dann mit der SENDROY-Methode und der Ferricyanidmethode gut übereinstimmende Werte[1]. Man hat durch dieses Verfahren den Vorteil, bei einmaligem Äquilibrieren die Alkalireserve und die $O_2$-Kapazität bestimmen zu können. Mißt man gleichzeitig den $O_2$-Druck nach BARTELS, so hat man auch noch äquilibriertes Blut für einen Eichpunkt.

ROUGHTON und Mitarbeiter[2] haben geltend gemacht, daß die prozentuale $O_2$-Sättigung des Blutes immer zu tief berechnet wird. Das liegt daran, daß die $O_2$-Kapazität zu hoch bestimmt wird. Während des Äquilibrierens wird Hämoglobin, das in vivo kein $O_2$ bindet, reaktiviert (a), außerdem wird CO, das im Blut war, abgegeben (b) und schließlich bleibt an der Tonometerwand mehr Plasma zurück als Zellen, so daß das Analysenblut zellreicher ist als das Blut in vivo. Diese Faktoren zusammen sollen die Kapazität um etwa 2% erhöhen.

BARTELS und RODEWALD[1] konnten bei ihrem Vorgehen mit dem Kugeltonometer die Größe des Effektes nicht bestätigen, sie fanden nur etwa 0,8% Steigerung.

Da manche Autoren die „ROUGHTON-Korrektur" benutzen und andere nicht, gibt man die prozentuale $O_2$-Sättigung des arteriellen Blutes von Gesunden bei Luftatmung mit 96% (ohne Korrektur) bis 98% (mit Korrektur) an.

---

[1] BARTELS, H., u. G. RODEWALD: Pflügers Arch. **256**, 113 (1952).
[2] ROUGHTON, F. W. J., R. C. DARLING and W. S. ROOT: Amer. J. Physiol. **142**, 708 (1944).

**Blutgasanalysen mit dem manometrischen Apparat bei Anwesenheit von Äther.**
Analysen von $CO_2$ und $O_2$ sind mit dem manometrischen Apparat auch bei Anwesenheit von Äthyläther (bis 0,7 mg/cm³ Blut) möglich[1]. Die Analyse wird wie oben angegeben durchgeführt. Nach der Ablesung des Gesamtdruckes der extrahierten Gase $p_1$ wird NaOH zugesetzt und der Hg-Spiegel in der Kammer bis zur 50,0-Marke gesenkt. Dann wird nach der Stoppuhr 1 min geschüttelt und bei der 2,0-Marke $p_2(I)$ abgelesen. Der Hg-Spiegel wird wieder gesenkt, wieder 1 min geschüttelt und dann $p_2(II)$ abgelesen. Die erhaltene Differenz $p_2(I)-p_2(II)$ dient zur Korrektion von $p_2$.

$p_2$ korrigiert $= p_2(I) + [p_2(I) - p_2(II)]$.

Der $CO_2$-Gehalt des Blutes wird wie folgt berechnet:

$$\text{Vol.-}\% \ CO_2 = (p_1 - p_2 \text{ korr.} - c_{CO_2}) \cdot f.$$

$c$ und $f$ sind die gleichen Werte wie beim Hauptverfahren (s. S. 243). Die Sauerstoffabsorption geschieht in der üblichen Weise. Vor Ablesung von $p_3$ wird jedoch der Hg-Spiegel auf die 50,0-Marke gesenkt und nochmals 2 min geschüttelt. Der $O_2$-Gehalt des Blutes wird wie folgt berechnet:

$$\text{Vol.-}\% \ O_2 = (p_2 \text{ korr.} - p_3 - c_{O_2}) \cdot f.$$

Das Evakuieren vor Ablesung von $p_2(I)$ und $p_3$ ist notwendig, um den reabsorbierten Äther wieder zu extrahieren. Beim Schütteln nach Zugabe von NaOH verschwindet $O_2$ aus der Gasphase, da Octylalkohol und Saponin durch Ferricyanid im alkalischen Milieu oxydiert werden. Um die Menge des Sauerstoffverlustes während des 1minütigen Schüttelns zu bestimmen, wird diese Prozedur wiederholt und durch oben angegebene Formel korrigiert. Die Genauigkeit der Methode stimmt mit derjenigen des Hauptverfahrens überein.

*β) Bestimmung von CO im Blut und von aktivem und gesamtem Hämoglobin mit der CO-Kapazitätsmethode.*
(Methode von van Slyke[2].)

*Prinzip:*

Die Affinität von Hb zu CO ist in schwach alkalischer Lösung so groß, daß eine CO enthaltende Dinatriumtetraborat-Hämoglobinlösung im Vakuum geschüttelt werden kann, ohne daß meßbare Mengen von CO entweichen[3].

Die Bestimmung *des gesamten Hämoglobin* setzt sich aus folgenden Schritten zusammen:

1. Reduktion von Ferrihämoglobin (inaktives Hämoglobin; Hämiglobin) zu Ferrohämoglobin (Hämoglobin) und Absorption des $O_2$ durch Natriumdithionit ($Na_2S_2O_4$).
2. Sättigung des Hb mit CO-Gas.
3. Extraktion von physikalisch gelöstem CO und $N_2$ aus der Lösung.
4. Extraktion von $CO_2$ und gebundenem CO nach Hinzufügen von saurer Ferricyanid-Acetatlösung.
5. Absorption von $CO_2$ und Messung des ausgetriebenen CO.

Das Verfahren zur *Bestimmung von aktivem Hämoglobin* ist das gleiche wie für gesamtes Hämoglobin, lediglich Schritt *1* fällt fort.

Die Bestimmung des *Kohlenoxydgehaltes* einer anaerob abgenommenen Blutprobe wird wie die Bestimmung vom gesamten Hämoglobin durchgeführt. Hierbei wird Schritt *2* ausgelassen, und die Druckablesungen werden bei der 0,5 cm³-Marke vorgenommen, auch wenn die Blutprobe 2 cm³ beträgt.

---

[1] GOLDSTEIN, F., J. H. GIBBON, F. F. ALLBRITTEN jr. and J. W. STAYMAN jr.: J. biol. Ch. **182**, 815 (1950).
[2] SLYKE, D. D. VAN, A. HILLER, J. R. WEISIGER and W. O. CRUZ: J. biol. Ch. **166**, 121 (1946).
[3] HORVATH, S. M., and F. J. W. ROUGHTON: J. biol. Ch. **144**, 747 (1942).

**Genauigkeit der Methode.** Für 1 cm³-Proben ± 0,07 g Hämoglobin/100 cm³ Blut.

*Reagentien:*
1. Natriumdithionit ($Na_2S_2O_4$), fein pulverisiert.
2. Saponin-Dinatriumtetraboratlösung: 1 g Saponin und 3 g Dinatriumtetraborat, ($Na_2B_4O_7 \cdot 10 H_2O$), werden in 100 cm³ Wasser gelöst. 0,1 cm³ Caprylalkohol wird hinzugefügt, um das Schäumen der Lösung zu verhindern.
3. Kaliumferricyanidlösung: 32 g $K_3[Fe(CN)_6]$ auf 100 cm³.
4. Essigsäurepuffer mit einem $p_H$ von angenähert 6: 75 g Natriumacetat ($NaC_2H_3O_2 \cdot 3H_2O$) werden in 100 cm³ Wasser gelöst und 15 cm³ Eisessig hinzugefügt.

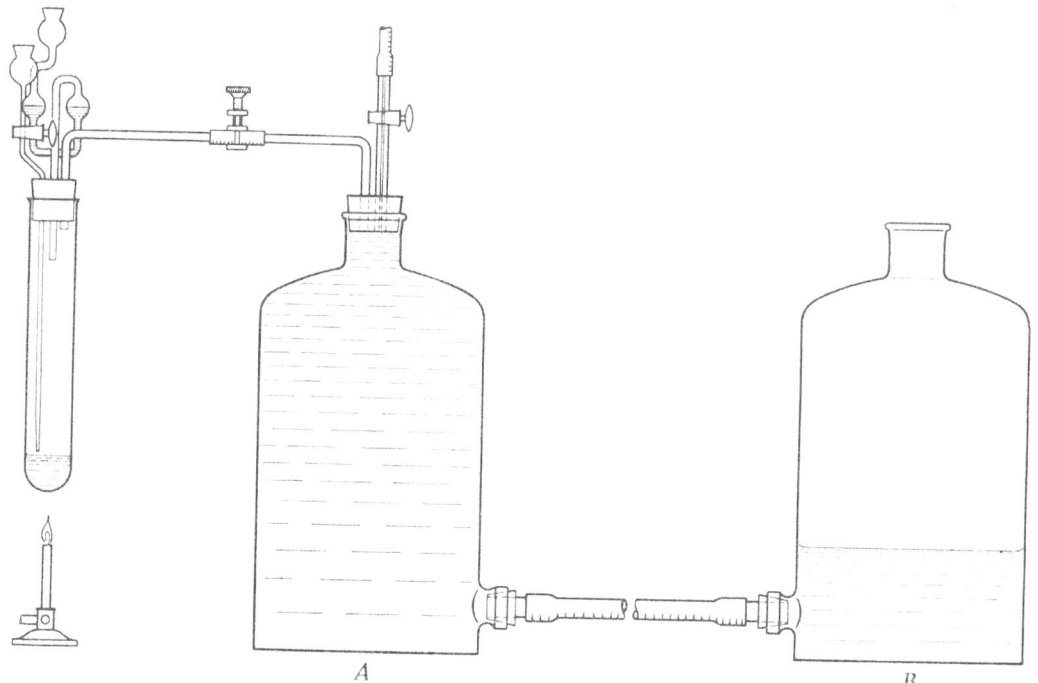

Abb. 31. Apparat zur Herstellung und Aufbewahrung von CO-Gas [nach SLYKE, D. D. VAN, and A. HILLER: J. biol. Ch. 78, 807 (1928)]. In den beiden 75-Literflaschen befindet sich Wasser mit 5% NaOH zur $CO_2$-Absorption. In dem Reagensglas ist Ameisensäure, der unter vorsichtigem Erwärmen tropfenweise $H_2SO_4$ zugesetzt wird. Das entstehende CO-Gas wird in A gesammelt und später in eine HEMPEL-Pipette (s. Abb. 28) zur Aufbewahrung überführt.

5. n Natronlauge, luftfrei, in der HEMPEL-Pipette über Hg aufbewahrt.
6. Caprylalkohol.
7. Kohlenmonoxydgas: Es wird durch Erwärmung einer Mischung von Ameisensäure und Schwefelsäure bereitet. Nach $HCOOH \rightarrow CO + H_2O$ erhält man aus 1 cm³ Ameisensäure 500 cm³ CO. Abb. 31 zeigt eine einfache Anordnung zur Herstellung und Aufbewahrung von 3 Liter Gas (reicht für 1500 Analysen). Zwei Fünfliterflaschen sind durch einen Gummischlauch verbunden, dessen innerer Durchmesser 1,5 cm betragen soll. Die Flasche A wird vollständig mit Wasser gefüllt, dem etwa 5% NaOH zur Absorption von $CO_2$ zugefügt werden. Schwefelsäure wird in das mit Ameisensäure beschickte Reagensglas tropfenweise zugegeben. Mit einem Mikrobrenner wird vorsichtig erwärmt. Wenn etwa 300 cm³ Gas in Flasche A aufgefangen sind, wird dieses Gasgemisch (Luft und CO) durch den Auslaßhahn von A durch Heben der Flasche B verworfen. Erst dann sammelt man das jetzt von Luft freie CO. Hat man genügend CO gesammelt, so wird der Gummischlauch zwischen Reagensglas und Flasche A verschlossen und das Reagensglas abgenommen. Aufbewahrung des Gases in der HEMPEL-Pipette (s. S. 234) unter Wasserabschluß. Wegen der Giftigkeit des CO-Gases sollte man diese Prozedur mit einer Schutzmaske oder in einem Abzug vornehmen.

8. **Ferricyanid in Acetatpuffer:** 5 cm³ der Acetatpufferlösung (Lösung *4*) und 15 cm³ der 32%igen Ferricyanidlösung (Lösung *3*) werden an dem Analysentag gemischt und entweder mit Luft gesättigt oder luftfrei gemacht. Die *luftgesättigte Lösung* kann bei geringeren Ansprüchen an die Genauigkeit für Hämoglobinbestimmungen benutzt werden. Sie wird bereitet, indem man die Lösung mit einer auf S. 233 beschriebenen Anordnung einige Minuten mit Luft durchperlt. Der Gasgehalt der Lösung ändert sich während eines Tages nicht wesentlich, wenn nicht ungewöhnliche Temperatur- oder Luftdruckschwankungen auftreten. Die *luftfreie* Lösung ist erforderlich für genaue Bestimmungen, z. B. für die Bestimmung von inaktivem Hämoglobin aus der Differenz zwischen gesamtem und aktivem Hämoglobin. Das gewöhnliche Verfahren des Entgasens und der Aufbewahrung kann nicht benutzt werden, da das Quecksilber das Ferricyanid zu Ferrocyanid reduzieren würde. Die Lösung wird deshalb in einem Vakuum-Kolben entgast und in eine Spritze aufgesaugt, deren Totraum mit luftfreiem Mineralöl gefüllt ist.

Diese Spritze ist eine graduierte 20 cm³-Glasspritze, an die ein Glashahn mit 1—1,5 mm Bohrung und eine Auslaßcapillare angeschmolzen sind. Letztere muß lang genug sein (15—20 cm), damit man den Boden eines 250 cm³-Vakuum-Kolben erreichen kann. Die Spitze der Auslaßcapillare ist so gestaltet, daß sie mit einem Gumminippel versehen werden kann und in den Boden des Kammer-Bechers paßt.

Die Spritze wird wie folgt mit luftfreiem Öl und Lösung beschickt:

50—60 cm³ Mineralöl werden entgast, indem man das Öl in einen 250 cm³-Vakuum-Kolben bringt und diesen evakuiert. Der Kolben wird in einem Wasserbad auf 60—70° C erwärmt und gelegentlich das Öl in ihm herumgeschwenkt. Für die Evakuierung genügt eine Wasserstrahlpumpe. Nach dem Entgasen wird der Kolben geöffnet. Vom Boden werden ungefähr 5 cm³ Öl in die Spritze gezogen und die Luftblasen ausgetrieben. Unter das im Kolben verbliebene Öl läßt man 5 cm³ der Acetatpufferlösung und 15 cm³ der 32%igen Ferricyanidlösung einlaufen. Man evakuiert wieder und entgast wie vorher beschrieben. Nachdem die Lösung einige Minuten im Vakuum gekocht hat, verschließt man den Gummischlauch am Auslaß mit einer Schraubklemme und läßt den evakuierten Kolben 5—10 min stehen, bis die wäßrige Lösung sich aus der Emulsion absetzt. Dann wird der Kolben geöffnet und die Lösung sofort in die Spritze unter Öl aufgesaugt. In der Zeit zwischen den Analysen wird die Spitze der Spritze in Hg getaucht.

**Bestimmung vom gesamten Hämoglobin in 1 cm³ Blut. Gang der Analyse.** Hinweise auf die auszulassenden Schritte, wenn aktives Hämoglobin oder der CO-Gehalt einer anaerob entnommenen Blutprobe bestimmt werden, sind eingefügt.

*Einbringen der Blutprobe in die Kammer des Apparates.* Zwei Tropfen Caprylalkohol werden in den Kammerbecher eingefüllt und so weit in die Kammer gezogen, daß genügend oberhalb des Hahnes verbleibt, um die Capillare zum Becher zu füllen. 3 cm³ der Saponin-Dinatriumtetraboratlösung werden in den Becher gegeben und ungefähr 0,5 cm³ in die Kammer gezogen. Die Beschickung mit Lösung und später mit Blut wird durch den Hahn, der zur Nivellierbirne führt, reguliert. Der Kammerhahn wird offen gelassen. Die Blutprobe wird in eine 1 cm³-Pipette (ohne Hahn, kalibriert für vollständige Entleerung) aufgesaugt. Die mit einem Gumminippel versehene Pipettenspitze wird durch die Lösung in den Becher fest eingesetzt, so daß der Gummiring die Pipette gegen die Lösung abdichtet (s. a. S. 235). Das Blut wird mit langsamer, gleichförmiger Geschwindigkeit (2 min) in die Kammer eingelassen. Nachdem alles Blut die Pipette verlassen hat und eine kleine Luftblase dem Blut in die Bechercapillare gefolgt ist, wird der Kammerhahn geschlossen. Die Blase in der Capillarenspitze wird entfernt, indem man sie mit einem dünnen, in Caprylalkohol getauchten Draht berührt. Eine kleine Menge der Saponin-Dinatriumtetraboratlösung wird noch in die Kammer eingelassen, um das Blut aus der Bechercapillare und der Hahnbohrung auszuwaschen.

*Hinzufügen von $Na_2S_2O_4$* (dieser Schritt wird ausgelassen bei der Bestimmung von aktivem Hämoglobin). $35 \pm 5$ mg $Na_2S_2O_4$ werden in die noch in dem Becher befindliche Dinatriumtetraboratlösung gegeben und rasch durch Rühren mit einem dünnen Glasstab aufgelöst. Bevor das $Na_2S_2O_4$ vom Luftsauerstoff nennenswert oxydiert werden kann, wird die Lösung in die Kammer gezogen, nur die Capillare zum Becher bleibt gefüllt. Danach werden etwa 0,5 cm³ Hg in den Becher gegeben; es dient als Abdichtung für die CO-liefernde HEMPEL-Pipette.

*Einfüllen einer bestimmten Menge CO in die Kammer des Apparates* (dieser Schritt wird ausgelassen bei der Bestimmung des CO-Gehaltes einer anaerob entnommenen Blutprobe). Die Spitze der mit Hg gefüllten Auslaßcapillare der HEMPEL-Pipette setzt man fest auf den Boden des Kammerbechers.

Der Kammerhahn und der Hahn der HEMPEL-Pipette werden so gestellt, daß das CO-Gas in die Kammer übertreten kann. Der Zufluß wird mit $H_1$ (Abb. 21 und 28, S. 233) reguliert. Während die Nivellierbirne in Stellung *II* (s. S. 235) steht, wird dieser Hahn langsam geöffnet und Hg aus der Kammer zurückgezogen, bis angenähert 10 cm³ CO $\pm 10\%$ (Volumen bei Atmosphärendruck) in die Kammer eingebracht worden sind. Das CO-Gas wird hier mit Hilfe einer Marke, die vorher an den Wassermantel der Kammer angebracht worden ist, volumetrisch abgemessen. Die Abmessung des CO-Gases kann aber auch manometrisch vorgenommen werden. Bei geschlossenem Kammerhahn wird der Hg-Meniscus auf die 50 cm³-Marke eingestellt. Während nun CO-Gas in kleinen Portionen in die Kammer gebracht wird, wird der Hg-Spiegel ständig bei der 50 cm³-Marke gelassen, indem man Hg aus der Nivellierbirne in das System schickt. 10 cm³ CO sind dann in die Kammer eingeführt worden, wenn der Druck in der Kammer, angezeigt vom Manometer, um 150 mm gestiegen ist.

*Äquilibrierung der Blutlösung mit CO* (dieser Schritt wird ausgelassen bei der Bestimmung des CO-Gehaltes in einer anaerob entnommenen Blutprobe). Bei geschlossenem und abgedichtetem Kammerhahn wird der Quecksilberspiegel auf die 50 cm³-Marke eingestellt und die Kammer 1,5 oder 2 min geschüttelt. Es soll nicht länger geschüttelt werden, da der Kontakt zwischen Hämoglobin und der alkalischen Lösung mit der Zeit eine Eiweißdenaturierung hervorzurufen scheint und den Gehalt an HbCO meßbar erniedrigen kann. Dies gilt auch für den vorangehend beschriebenen Schritt.

Die Lösung muß vor direktem Sonnenlicht und hellem, diffusem Licht geschützt werden, da Licht die Affinität von Hb zu CO herabsetzt. Nötigenfalls muß die Kammer mit einem schwarzen Tuch während der Extraktion bedeckt werden.

Nach dem Schütteln wird das Gas, das sich aus Stickstoff, $CO_2$ und dem Überschuß an CO zusammensetzt, aus der Kammer ausgetrieben (s. S. 239, „Austreiben von Gas ohne Verlust an Lösung").

*Extraktion von ungebundenem CO und restlichem $N_2$ aus der Lösung.* Nach Abdichten des Kammerhahnes mit Hg wird der Quecksilberspiegel wieder auf die 50 cm³-Marke eingestellt und die Kammer 2 min lang mit einer Geschwindigkeit von 300—400 Umdrehungen des Antriebmotors geschüttelt. Das extrahierte Gas wird ohne Verlust von Lösung ausgetrieben und der Kammerhahn wieder mit Hg abgedichtet. An Gasen befinden sich jetzt noch in der Lösung CO in Form von HbCO sowie $CO_2$.

*Extraktion von $CO_2$ und CO aus HbCO.* Man stellt den Flüssigkeitsspiegel im weiten Teil der Kammer ein, damit beim Zusatz der Ferricyanid-Acetatlösung keine Niederschläge von Methämoglobin im engen, oberen Teil entstehen. 5 cm³ Hg werden in den Kammerbecher eingefüllt. Die Spritze mit der luftfreien Ferricyanid-Acetatlösung (vorher einen Tropfen verwerfen) wird fest in den Becher eingesetzt. 1,5 cm³ des Ferricyanid-Acetatreagens werden mit Hilfe der Graduierung aus der Spritze in die Kammer eingelassen. Das Einfließen wird durch den Kammerhahn reguliert. Nach Abdichten des Kammerhahnes mit Hg und Reinigung des Bechers mit Wasser wird der Hg-Spiegel wieder auf die 50 cm³-Marke eingestellt und die Kammer 3 min geschüttelt, um CO und $CO_2$ zu extrahieren.

***Absorption von $CO_2$ und Messung des CO.*** Nach der Extraktion läßt man den Hg-Spiegel steigen, bis der in der Kammer vorhandene Gasraum 3,5 cm³ beträgt. 3 cm³ der luftfreien n NaOH-Lösung werden in den Becher gefüllt und davon 1,5 cm³ zur $CO_2$-Absorption langsam (30—60 sec) in die Kammer eingelassen. Die Alkalilösung bildet eine klare Schicht über der Hämoglobinlösung und erlaubt eine genaue Einstellung des Flüssigkeitsspiegels. Der Kammerhahn wird mit Hg abgedichtet. Man wartet 1 min, damit die Natronlauge möglichst vollständig an der Kammerwand herabläuft. Der Flüssigkeitsmeniscus wird auf die 0,5 cm³-Marke eingestellt. Am Manometer wird $p_1$ abgelesen. Das Gas wird ohne Verlust an Lösung aus der Kammer getrieben. Nach Abdichten des Kammerhahnes mit Hg wird der Flüssigkeitsspiegel auf die 0,5 cm³-Marke eingestellt und $p_0$ am Manometer abgelesen.

**Leeranalyse zur Bestimmung der $c$-Korrektur** (s. S. 241ff.). Die Leeranalyse wird wie die Blutanalyse durchgeführt, statt des Blutes wird Wasser verwendet. Der $p_1-p_0$-Wert der Leeranalyse ist die $c$-Korrektur. Bei Analysen von 1 cm³ Blut sollte der gemessene $c$-Wert bei Bestimmung von gesamtem Hämoglobin nicht 1,5 mm und bei Bestimmung von aktivem Hämoglobin nicht 3,5 mm überschreiten.

**Kammerreinigung.** Bei der Reinigung darf vom Methämoglobin in der Kammer nichts zurückbleiben, da es sonst bei der nächsten Analyse durch $Na_2S_2O_4$ reduziert wird und Fehler verursacht. Nachdem $p_0$ notiert ist, werden etwa 10 cm³ Wasser in die Kammer eingelassen. Durch leichtes Schütteln der Kammer mit der Hand wird das Wasser mit der Blutlösung gemischt und anschließend aus der Kammer ausgetrieben.

In den Kammerbecher wird n NaOH-Lösung gefüllt, in der etwa 70 mg $Na_2S_2O_4$ gelöst werden. Diese Lösung wird in die Kammer eingelassen und etwa 20 cm³ Wasser nachgeschickt. Nach Einstellen des Hg-Spiegels auf die 50 cm³-Marke wird mit dem Motor geschüttelt, bis alle an der Kammerwand haftenden Partikel gelöst sind. $Na_2S_2O_4$ reduziert das unlösliche saure Methämoglobin zu dem löslicheren reduzierten Hb. Nach Entfernung dieser Lösung aus der Kammer wird einmal mit Wasser nachgespült. Anschließend wird die Kammer mit 20 cm³ Wasser und 2 cm³ 2 n Schwefelsäure beschickt und geschüttelt, wobei der Hg-Spiegel in dem breiten Teil der Kammer etwas über der 50 cm³-Marke eingestellt wird. Die Säure reinigt das Hg von kolloidalen Stoffen, die bei der vorangegangenen Spülung der Kammer mit der alkalischen Lösung entstanden sind. Nach Entfernung der sauren Lösung wird noch zweimal mit 20 cm³ Wasser gespült.

**Analysen von Blutproben verschiedener Größe.** Die obigen Richtlinien gelten für Analysen von 1 cm³ Blut. Für Proben von 2, 1, 0,5, 0,2 und 0,1 cm³ gibt die Tabelle 6 die zu benutzenden Mengen der Reagentien und das Gasvolumen an, bei welchem $p_1$ und $p_0$ abgelesen werden müssen.

Tabelle 6. *Mengen der einzelnen Reagentien für die Bestimmung von Hämoglobin bei Blutproben verschiedener Größe.*

| Blutprobe | Capryl-alkohol | Saponin-Dinatrium-tetraborat-lösung | $Na_2S_2O_4$* | CO-Gas in der Kammer zur Sättigung von Hb** | Ferricyanid-Acetat-lösung | n NaOH | | Gas-volumen bei Ablesung von $p_1$ und $p_0$ |
|---|---|---|---|---|---|---|---|---|
| | | | | | | Einfüll-menge in den Becher | Einlaß-menge in die Kammer | |
| cm³ | Tropfen | cm³ | cm³ | cm³ | cm³ | cm³ | cm³ | cm³ |
| 2 | 3 | 4 | 35±5 | 10 | 1,5 | 3,0 | 1,5 | 2,0 |
| 1 | 2 | 3 | 35±5 | 10 | 1,5 | 3,0 | 1,5 | 0,5 |
| 0,5 | 1 | 1,5 | 18±2 | 10 | 1,0 | 2,0 | 1,0 | 0,5 |
| 0,1—0,2 | 1 | 1,0 | 7±1 | 10 | 0,5 | 2,0 | 0,5 | 0,5 |

* Bei Bestimmung von aktivem Hämoglobin wird der Analysenschritt „Hinzufügen von $Na_2S_2O_4$" ausgelassen; in allen anderen Einzelheiten wird wie bei der Bestimmung von Gesamthämoglobin verfahren.

** Bei der Bestimmung des CO-Gehaltes einer anaerob entnommenen Blutprobe wird der Analysenschritt „Sättigung mit 10 cm³ CO" ausgelassen, in allen anderen Einzelheiten wird wie bei der Bestimmung von Gesamthämoglobin verfahren. Die Druckablesungen werden bei einem Gasvolumen von 0,5 cm³ vorgenommen, auch bei der Analyse einer Blutprobe von 2 cm³.

Tabelle 7. *Faktorentabelle zur Berechnung des CO-Gehaltes im Blut.*
$p_{CO} \cdot f = $ cm³ CO/100 cm³ Blut (bzw. mMole CO/Liter Blut).

| Temperatur °C | cm³ CO/100 cm³ Blut | | | | | mMole CO/Liter Blut | | | | |
|---|---|---|---|---|---|---|---|---|---|---|
| | Probe = 2 cm³ S = 7,5 cm³ a = 2,0 cm³ i = 1,00 | Probe = 2 cm³ S = 7,5 cm³ a = 0,5 cm³ i = 1,00 | Probe = 1 cm³ S = 5,5 cm³ a = 0,5 cm³ i = 1,00 | Probe = 0,5 cm³ S = 3 cm³ a = 0,5 cm³ i = 1,00 | Probe = 0,2 cm³ S = 1,7 cm³ a = 0,5 cm³ i = 1,00 | Probe = 2 cm³ S = 7,5 cm³ a = 2,0 cm³ i = 1,00 | Probe = 2 cm³ S = 7,5 cm³ a = 0,5 cm³ i = 1,00 | Probe = 1 cm³ S = 5,5 cm³ a = 0,5 cm³ i = 1,00 | Probe = 0,5 cm³ S = 3 cm³ a = 0,5 cm³ i = 1,00 | Probe = 0,2 cm³ S = 1,7 cm³ a = 0,5 cm³ i = 1,00 |
| 15 | 0,1248 | 0,03120 | 0,06240 | 0,1246 | 0,3113 | 0,05569 | 0,01392 | 0,02784 | 0,05558 | 0,1389 |
| 16 | 43 | 08 | 16 | 41 | 02 | 50 | 87 | 74 | 38 | 84 |
| 17 | 39 | 0,03097 | 0,06194 | 37 | 0,3091 | 30 | 82 | 64 | 19 | 79 |
| 18 | 35 | 86 | 72 | 32 | 80 | 10 | 77 | 54 | 0,05499 | 74 |
| 19 | 30 | 75 | 50 | 28 | 69 | 0,05490 | 72 | 44 | 80 | 69 |
| 20 | 26 | 63 | 26 | 24 | 57 | 71 | 67 | 34 | 60 | 64 |
| 21 | 22 | 53 | 06 | 19 | 47 | 51 | 62 | 24 | 40 | 59 |
| 22 | 18 | 42 | 0,06084 | 15 | 36 | 32 | 57 | 14 | 20 | 54 |
| 23 | 13 | 31 | 62 | 10 | 25 | 12 | 53 | 05 | 00 | 50 |
| 24 | 09 | 26 | 41 | 06 | 14 | 0,05392 | 48 | 0,02695 | 0,05381 | 45 |
| 25 | 04 | 10 | 19 | 02 | 04 | 73 | 43 | 85 | 62 | 40 |
| 26 | 01 | 00 | 0,05999 | 0,1198 | 0,2993 | 54 | 38 | 76 | 42 | 35 |
| 27 | 0,1196 | 0,02989 | 78 | 94 | 83 | 36 | 34 | 67 | 24 | 31 |
| 28 | 92 | 79 | 57 | 89 | 73 | 18 | 29 | 58 | 05 | 26 |
| 29 | 88 | 68 | 36 | 85 | 62 | 0,05299 | 25 | 49 | 0,05287 | 22 |
| 30 | 83 | 58 | 15 | 81 | 51 | 79 | 20 | 39 | 68 | 17 |
| 31 | 79 | 48 | 0,05895 | 77 | 41 | 62 | 15 | 30 | 50 | 13 |
| 32 | 75 | 37 | 74 | 73 | 31 | 44 | 11 | 21 | 33 | 08 |
| 33 | 71 | 27 | 54 | 69 | 21 | 26 | 06 | 12 | 15 | 04 |
| 34 | 67 | 17 | 33 | 65 | 11 | 08 | 02 | 03 | 0,05198 | 0,1299 |

Für 0,1 cm³-Proben benutze man den 10fachen Wert des Faktors für 1,0 cm³-Proben.

Tabelle 8. *Faktorentabelle zur Berechnung des Hämoglobingehaltes im 100 cm³ Blut.*
$p_{CO} \cdot f = $ g Hb/100 cm³ Blut.

| Temperatur °C | Probe = 2 cm³ S = 7,5 cm³ a = 2,0 cm³ i = 1,00 | Probe = 2 cm³ S = 7,5 cm³ a = 0,5 cm³ i = 1,00 | Probe = 1 cm³ S = 5,5 cm³ a = 0,5 cm³ i = 1,00 | Probe = 0,5 cm³ S = 3 cm³ a = 0,5 cm³ i = 1,00 | Probe = 0,2 cm³ S = 1,7 cm³ a = 0,5 cm³ i = 1,00 |
|---|---|---|---|---|---|
| 15 | 0,09147 | 0,02288 | 0,04575 | 0,09129 | 0,2281 |
| 16 | 14 | 79 | 58 | 0,09097 | 73 |
| 17 | 0,09082 | 70 | 40 | 64 | 65 |
| 18 | 50 | 62 | 23 | 32 | 57 |
| 19 | 18 | 53 | 06 | 00 | 49 |
| 20 | 0,08986 | 45 | 0,04489 | 0,08968 | 40 |
| 21 | 54 | 37 | 73 | 36 | 33 |
| 22 | 20 | 29 | 57 | 02 | 25 |
| 23 | 0,08888 | 21 | 42 | 0,08870 | 17 |
| 24 | 56 | 13 | 26 | 38 | 09 |
| 25 | 24 | 06 | 11 | 06 | 01 |
| 26 | 0,08792 | 0,02198 | 0,04396 | 0,08776 | 0,2193 |
| 27 | 62 | 90 | 80 | 46 | 85 |
| 28 | 32 | 83 | 65 | 15 | 78 |
| 29 | 02 | 75 | 50 | 0,08684 | 70 |
| 30 | 0,08671 | 68 | 35 | 54 | 63 |
| 31 | 42 | 60 | 19 | 24 | 55 |
| 32 | 14 | 52 | 04 | 0,08594 | 48 |
| 33 | 0,08584 | 45 | 0,04290 | 66 | 40 |
| 34 | 54 | 38 | 75 | 37 | 33 |

Für 0,1 cm³-Proben benutze man den 10fachen Wert des Faktors für 1,0 cm³-Proben.

*Berechnung:*

Der Druck, $p_{CO}$, ausgeübt durch das CO-Gas ist $p_{CO} = p_1 - p_0 - c$, wobei $c$ der $p_1 - p_0$-Wert der Leeranalyse ist. Das Ergebnis in Vol.-% oder mMolen/Liter, oder Grammen Hämogobin/100 cm³ Blut wird berechnet durch Multiplikation von $p_{CO}$ mit dem entsprechenden Faktor in Tabelle 7 bzw. Tabelle 8.

γ) *Bestimmung von $CO_2$ und $O_2$ zusammen mit Cyclopropan, Äthylen oder $N_2O$ (Distickstoffoxyd, Lachgas) in 1 cm³ Blut.* (Methode nach ORCUTT und WATERS[1].)

*Prinzip:*

Das oben beschriebene Hauptverfahren für die kombinierte Bestimmung von $CO_2$ und $O_2$

---
[1] ORCUTT, F. S., and R. M. WATERS: J. biol. Ch. **117**, 509 (1937).

(s. S. 235) wird geringfügig modifiziert. Cyclopropan, Äthylen oder Distickstoffoxyd werden in ähnlicher Weise wie Stickstoff beim Hauptverfahren bestimmt.

**Genauigkeit der Methode.** Die Fehlerbreite für die $CO_2$- und $O_2$-Bestimmung wie beim Hauptverfahren. Das Anästhesiegas wird auf 0,2 Vol.-% genau bestimmt.

*Reagentien* s. beim Hauptverfahren (S. 232f.).

*Ausführung:*

Das oben beschriebene Hauptverfahren wird dadurch modifiziert, daß jedesmal nach Hinzufügen der Alkalilauge und des $O_2$-Absorbens die Lösung in Höhe der 50 cm³-Marke wieder für 2 oder 3 min evakuiert wird. Hierdurch wird der Teil des Anästhesiegases, welcher bei der Absorption von $CO_2$ und $O_2$ in Lösung gegangen ist, wieder evakuiert. Die Einstellung des Flüssigkeitsspiegels auf die 2 cm³-Marke wird mit gleicher Sorgfalt wie stets vorgenommen (40 sec), so daß die Reabsorption von $CO_2$ und $O_2$ wie beim Hauptverfahren stattfindet.

Nach Ablesung von $p_3$ wird das jetzt noch über der Flüssigkeit befindliche Anästhesiegas durch den Kammerhahn ohne Verlust von Lösung ausgetrieben („Austreiben von Gas ohne Verlust von Lösung", s. S. 239). Der Flüssigkeitsspiegel wird dann auf die 2 cm³-Marke zurückgebracht und $p_4$ abgelesen. Die Gaskonzentration des Anästhesiegases wird berechnet durch Multiplikation von $p_3-p_4$ mit dem zugehörigen Faktor aus Tabelle 9.

Tabelle 9. *Faktoren zur Berechnung des $C_3H_6$-, $C_2H_4$- oder $N_2O$-Gehaltes im Blut.*

| Temperatur °C | in mMolen/Liter | | | in Volumenprozenten | | |
|---|---|---|---|---|---|---|
| | $C_3H_6$ Probe=1 cm³ $S=3,5$ $a=2$ $i=1,01$ | $C_2H_4$ Probe=1 cm³ $S=3,5$ $a=2$ $i=1,08$ | $N_2O$ Probe=1 cm³ $S=3,5$ $a=2$ $i=1,03$ | $C_3H_6$ Probe=1 cm³ $S=3,5$ $a=2$ $i=1,01$ | $C_2H_4$ Probe=1 cm³ $S=3,5$ $a=2$ $i=1,08$ | $N_2O$ Probe=1 cm³ $S=3,5$ $a=2$ $i=1,03$ |
| 20 | 0,1146 | 0,1201 | 0,1191 | 0,2562 | 0,2690 | 0,2673 |
| 21 | 0,1141 | 0,1195 | 0,1186 | 0,2560 | 0,2676 | 0,2661 |
| 22 | 0,1136 | 0,1188 | 0,1181 | 0,2548 | 0,2662 | 0,2649 |
| 23 | 0,1131 | 0,1182 | 0,1176 | 0,2536 | 0,2648 | 0,2637 |
| 24 | 0,1126 | 0,1176 | 0,1171 | 0,2525 | 0,2635 | 0,2626 |
| 25 | 0,1121 | 0,1170 | 0,1166 | 0,2514 | 0,2622 | 0,2615 |
| 26 | 0,1117 | 0,1165 | 0,1162 | 0,2503 | 0,2608 | 0,2604 |
| 27 | 0,1112 | 0,1159 | 0,1157 | 0,2493 | 0,2596 | 0,2594 |
| 28 | 0,1108 | 0,1154 | 0,1153 | 0,2483 | 0,2585 | 0,2584 |
| 29 | 0,1103 | 0,1148 | 0,1148 | 0,2473 | 0,2573 | 0,2574 |
| 30 | 0,1099 | 0,1143 | 0,1144 | 0,2463 | 0,2561 | 0,2564 |

**Voraussetzungen für die Anwendbarkeit der Methode.** Wenn das Einatmungsgemisch nur aus dem Anästhesiegas und $O_2$ besteht und dieses Gemisch mindestens ½ Std geatmet wurde, ist eine Korrektur für den im Blut gelösten Stickstoff nicht nötig. Man nimmt an, daß nach dieser Zeit der Stickstoff praktisch abgeatmet ist.

Wird ein geschlossenes System mit $CO_2$-Absorption benutzt, so genügt es, das System von Zeit zu Zeit mit $O_2$ und dem Anästhesiegas sorgfältig zu durchströmen, um den $N_2$-Gehalt des Systems und damit des Blutes zu vermindern.

Für Durchblutungsmessungen ist es erforderlich, den Gehalt des Fremdgases im Blut nach kurzzeitiger Einatmung zu bestimmen. Die Versuchsperson atmet 20—30 min vorher reinen $O_2$. Eine Modifikation der Methode von ORCUTT und WATERS[1] erlaubt die Bestimmung von $N_2O$ im Blut auf 0,05 Vol.-%[2-4] genau. Dabei können allerdings nicht wie oben $CO_2$ und $O_2$ mitbestimmt werden. Die Methode der genannten Autoren[2-4]

---

[1] ORCUTT, F. S., and R. M. WATERS: J. biol. Ch. **117**, 509 (1937).
[2] KETY, S. S., and C. F. SCHMIDT: Amer. J. Physiol. **143**, 53 (1945).
[3] KETY, S. S.: Methods in Medical Research. Bd. 1, S. 204. Chicago 1948.
[4] KETY, S. S., and C. F. SCHMIDT: J. clin. Invest. **27**, 476 (1948).

gestattet auch, ohne vorherige $O_2$-Atmung, den $N_2O$-Gehalt im Blut innerhalb der ersten 10 min der Einatmung zu bestimmen, wenn ein Gemisch von 21% $O_2$, 64% $N_2$ und 15% $N_2O$ verwendet wird. Weitere Modifikationen sind angegeben worden[1-3]. Die Methode wird vornehmlich zur Bestimmung der coronaren[4-6] und cerebralen[1-3, 7-9] Durchblutungsgröße benutzt.

*δ) Analyse von Gasen in Gasgemischen mit dem manometrischen Apparat nach* VAN SLYKE. *Prinzip:*

Ein Gasgemisch wird in die Kammer eingefüllt und auf ein bestimmtes Volumen gebracht. Der ausgeübte Druck des Gases ändert sich bei fraktionierter Absorption einzelner Gasanteile, woraus deren Anteil an der Gasprobe berechnet werden kann.

**Genauigkeit.** 0,02—0,04%. Für Gemische mit geringem $CO_2$- oder CO-Gehalt erlaubt eine bestimmte Technik eine bei weitem höhere Genauigkeit, nämlich 0,0001% einer Atmosphäre, also 0,00076 mm Hg. Erforderliche Mengen 0,1—35 cm³.

**Apparative Veränderungen.** An Apparaten, deren Manometer-Nullmarke nicht unterhalb der 50,0-Marke der Kammer liegt, muß eine Skalenverlängerung wie folgt angebracht werden: ein Streifen transparenten Millimeterpapiers wird so auf das Manometerrohr geklebt, daß er dieses zu ²/₃ umfaßt und das vordere Drittel zur Beobachtung des Hg-Meniscus freiläßt. Der Streifen soll 100 mm lang sein, seine oberste Marke soll sich mit der Nullmarke des Manometers decken. Um das vorhandene Manometer dann in Verbindung mit der Verlängerungsskala benützen zu können, nimmt man die unterste Marke der Papierskala als Nullpunkt und zählt jedem, am alten Manometer abgelesenen Wert 100 mm zu. (Bei Blutgasanalysen kann man natürlich die normalen Manometerwerte einsetzen.)

**Temperaturkontrolle.** Die Temperaturunterschiede zwischen dem Wassermantel der Kammer und dem Untersuchungsraum sollen nicht mehr als 0,2—0,3° C betragen. Unter Umständen muß der Wassermantel mit einem Tuch erwärmt oder abgekühlt werden. Wechselt die Temperatur des Wassermantels *unter der Analyse*, so ist die Einführung eines Korrekturfaktors erforderlich, wenn dieser Wechsel 0,1° C oder mehr beträgt (deshalb sind Wassermantelthermometer mit 0,1° C-Unterteilung erforderlich). Bezeichnet man mit $P_s$ den Druck der gesamten eingeführten Gasmenge und mit $P_r$ den Druck der Restgasmenge nach Absorption einer Gasfraktion, dann muß $P_r$ im Falle eines Temperaturwechsels durch Multiplikation mit dem Faktor $T_s/T_r$ korrigiert werden, wobei $T_s = 273 + t_s$ und $T_r = 273 + t_r$ und $t_s$ bzw. $t_r$ gleich der am Thermometer des Wassermantels abgelesenen Temperatur bei Messung von $P_s$ bzw. $P_r$ sind. Zum Beispiel

$$t_s\ 21,0°$$
$$t_r\ 21,2°,$$

also

$$P_r, \text{korr.} = P_r \cdot \frac{294}{294,2}.$$

---

[1] BERNSMEIER, A., u. K. SIEMONS: Z. Kreislaufforsch. **41**, 21 (1952).
[2] BERNSMEIER, A., u. K. SIEMONS: Dtsch. Z. Nervenheilkde. **169**, 421 (1953).
[3] BERNSMEIER, A., u. K. SIEMONS: Kli. Wo. **1953**, 166.
[4] ECKENHOFF, J. E., J. H. HAFKENSCHIEL, M. H. HARMEL, W. T. GOODALE, M. LUBIN, R. J. BING and S. S. KETY: Amer. J. Physiol. **152**, 356 (1948).
[5] ECKENHOFF, J. E., J. H. HAFKENSCHIEL, E. L. FOLTZ and R. L. DRIVER: Amer. J. Physiol. **152**, 545 (1948).
[6] BING, R. J., W. T. GOODALE, J. E. ECKENHOFF, J. C. HANDELSMAN, J. O. CAMPBELL, H. E. GRISWOLD, L. D. VANDAM, M. H. HARMEL, J. H. HAFKENSCHIEL, M. LUBIN and S. S. KETY: Proc. Soc. exp. Biol. Med. **66**, 239 (1947). J. clin. Invest. **27**, 525 (1948).
[7] KETY, S. S., and C. F. SCHMIDT: Amer. J. Physiol. **143**, 53 (1945).
[8] KETY, S. S.: Methods in Medical Research. Bd. 1, S. 204. Chicago 1948.
[9] KETY, S. S., and C. F. SCHMIDT: J. clin. Invest. **27**, 476 (1948).

*Ausführung:*

**Einführung des Gases.** Die Kammer wird wie üblich gesäubert. Um das restliche Wasser soweit wie möglich zu entfernen, läßt man das Hg ganz langsam ansteigen, füllt den Becher mit etwa 2 cm³ Hg und evakuiert dann so, daß der Meniscus genau auf der 50,0-Marke steht. Wenn der Meniscus dann noch von Wasser bedeckt ist, oder sich ein Ring um den Meniscus bildet, muß das Wasser erneut ausgetrieben werden.

Die Kammer wird evakuiert und der Meniscus so genau wie möglich auf die 50,0-Marke (bzw. bei Analyse kleinerer Gasmengen auf die 2,0-Marke) eingestellt. Die Einstellung erfolgt grundsätzlich, auch später bei der Analyse, *von unten nach oben*. Der zugehörige Manometerstand wird abgelesen und als $p_0$ notiert. Die Differenz zwischen zwei solcher Ablesungen soll nicht mehr als 0,1 mm betragen (Lupe benutzen!).

Die Alveolarluftbürette wird an die Auslaßcapillare mit einem Stück Druckschlauch Glas auf Glas angeschlossen (s. a. S. 200), die Kammer mit Hg gefüllt, ebenso die Auslaßcapillare und der Dreiwegehahn der Bürette bis in deren Hg-Trichter hinein (hierzu bringt man die Niveaubirne in Stellung *I*). Das Niveaugefäß wird in Stellung *II* gehängt, der Dreiwegehahn der Bürette auf das Sammelrohr umgestellt und der Kammerhahn so geöffnet, daß Bürette und Kammer über die Auslaßcapillare miteinander verbunden sind. Den Hg-Meniscus in der Kammer läßt man so weit fallen, daß etwa ein Volumen von 35 cm³ bei 50,0-Messung (1,5 cm³ bei 2,0-Messung) eingefüllt ist. Das eingefüllte Gas soll einen Druck zwischen 450 und 550 mm Hg ausüben. (In der Alveolarluftbürette muß vorher natürlich der Druck mittels Niveaubirne erhöht werden.) Nach dem Einfüllen wird der Kammerhahn geschlossen, der Dreiwegehahn auf den Hg-Trichter der Bürette umgestellt und der Kammerhahn so geöffnet, daß Auslaßcapillare und Hahnbohrung vollständig mit Hg abgedichtet werden.

**Messung des eingeführten Volumens an dessen Druck.** Der Meniscus wird von unten auf die 50,0-Marke eingestellt und der zugehörige Druck am Manometer abgelesen und als $p_1$ notiert. Die Menge der eingeführten Gasprobe ist gegeben durch den Druck $P_s$, der sich ergibt aus

$$P_s = p_1 - p_0.$$

Da die einzelnen Anteile der eingeführten Gasprobe sich aus den Druckdifferenzen nach der jeweiligen Absorption volumenmäßig berechnen lassen (denn $P_s$ ist gleich 100%), ist die Berechnung des eingeführten Volumens in Kubikzentimetern, reduziert auf 0° C und 760 mm, an sich nicht erforderlich. Zur etwaigen Berechnung dient folgende Formel:

$$V_s = V_m \cdot \frac{P_s}{760} \cdot \frac{1}{1 + 0{,}00384\,t},$$

wobei $V_s$ das gesuchte Volumen, $V_m$ das Volumen, bei dem die Analyse durchgeführt wird, $P_s$ der Gesamtdruck (s. o.) ist und der Faktor mit $t$ (der Wassermanteltemperatur) sich aus den Gasgesetzen herleitet.

**Bestimmung von $O_2$ und $CO_2$ durch einfache Absorption der Gase.** Die Genauigkeit der hier folgenden Methode ist etwas geringer als bei der Verwendung des HALDANE-Apparates und beträgt ± 0,04—0,06 Vol.-% des jeweils gemessenen Gases.

*Reagentien:*
1. 1 n NaOH.
2. Na-dithionit, 30%ig in 4 n KOH: 15 g Na-dithionit werden mit 50 cm³ der n KOH verrührt und schnell durch Watte in eine 100 cm³-Flasche filtriert, die eine 1—2 cm starke Paraffinölschicht enthält. Die Reagentien brauchen nicht luftfrei gemacht zu werden, da sie unter fast atmosphärischen Bedingungen in der Kammer verwendet werden.

Den bei der Blutgasanalyse verwendeten Katalysator zur Sauerstoffabsorption ($\beta$-anthrachinon-sulfosaures Na) läßt man fort, um die Ablesegenauigkeit zu erhöhen. Sein Zusatz würde die $O_2$-Absorption um etwa 1 min beschleunigen.

***CO₂-Absorption.*** Hahn *1* wird geöffnet, dabei ist die Niveaubirne in Stellung *II*. Das Hg steigt etwa bis in das untere Drittel der Kammer, ihr Inhalt steht unter negativem Druck. Eine mit NaOH gefüllte OSTWALD-Pipette wird in den Becher unter das Hg eingeführt; man läßt *genau* 1 cm³ n NaOH in die Kammer laufen und schüttelt die Kammer 2 min, wobei das rotierende Hg die Absorption der $CO_2$ durch die Lauge vervollständigt. Die 50,0-Marke stellt man von unten ein und zwar den *Hg-Meniscus auf die Marke, nicht den Lösungsmeniscus!* Der Manometerstand wird abgelesen und als $p_2$ notiert.

***O₂-Absorption.*** Hahn *1* wird geöffnet und das Niveaugefäß in Stellung *II* gebracht. Nach Zusatz von 3 cm³ der Na-dithionitlösung aus einer geeichten Hahnpipette (nach Art der OSTWALD-Pipetten) in derselben Weise wie bei $CO_2$-Absorption wird die Kammer 3 min geschüttelt. Der Hg-Meniscus wird wie oben auf 50,0-Marke eingestellt und der Manometerstand als $p_3$ notiert. Das restliche Gas wird ohne Verlust von Lösung ausgetrieben, der Meniscus erneut auf die 50,0-Marke eingestellt und $p_4$ abgelesen.

*Berechnung:*

Die Fraktionen des Gasgemisches werden errechnet unter Verwendung der gemessenen Drucke bei der Temperatur von $P_s$.

*Gesamtmenge:* $\qquad P_s = p_1 - p_0$ (s. o.).

Der Druck von $O_2 + N_2$ wird gemessen bei 49,0 cm³ Volumen. Um ihn auf 50,0 umzurechnen, muß der gemessene Druck mit $49/50 = 0{,}98$ multipliziert werden, also:

$$P_{O_2 + N_2} = 0{,}98 \, [p_2 - (p_0 + c)]$$

(über den Wert für „$c$" s. u.).

Der Druck des $CO_2$-Anteiles:

$$P_{CO_2} = P_s - P_{O_2 + N_2}.$$

Der Druck des Stickstoffanteils wird gemessen bei 46,0 cm³ Volumen, also:

$$P_{N_2} = 0{,}92 \, (p_3 - p_4).$$

Und der Sauerstoffdruck:

$$P_{O_2} = P_{O_2 + N_2} - P_{N_2}.$$

Die Endresultate im Vol.-% werden nach der allgemeinen Formel:

$$\frac{\% \text{ Gasfraktion}}{\text{Gesamtgasmenge}} = \frac{\text{Druck Gasfraktion}}{\text{Gesamtgasdruck}}$$

oder $\qquad$ Vol.-% Gas $= \dfrac{\text{Gasdruck} \cdot 100}{\text{Gesamtgasdruck}}$ berechnet.

Also:

$$\% \, CO_2 = \frac{P_{CO_2} \cdot 100}{P_s}$$

$$\% \, O_2 = \frac{P_{O_2} \cdot 100}{P_s}$$

$$\% \, N_2 = \frac{P_{N_2} \cdot 100}{P_s}.$$

**Bestimmung der $c$-Korrektur.** Nach der Absorption der $CO_2$ wird $p_2$ bestimmt. Dieser Wert liegt aus 2 Gründen zu hoch und muß daher korrigiert werden:

1. Durch die Einengung des Gasvolumens auf 49,0 statt 50,0 cm³ (Korrektur s. o.).

2. Durch den Zusatz von 1,0 cm³ NaOH und Einstellung des Hg-Meniscus auf die 50,0-Marke. Liest man $p_0$ bei gas- und flüssigkeitsfreier Kammer ab, setzt dann 1,0 cm³ Flüssigkeit (gasfrei) zu und liest erneut ab, dann liegt $p_0$ höher, da die kurze Flüssigkeitssäule etwas auf den Hg-Meniscus in der Kammer drückt und damit den Manometermeniscus steigen läßt.

Die Bestimmung wird folgendermaßen durchgeführt: $p_0$ wird wie beschrieben bei gas- und flüssigkeitsfreier Kammer bestimmt. 1,0 cm³ NaOH wird zugesetzt, die Kammer evakuiert und 1 min geschüttelt. Die Luftblase wird ohne Verlust von Lösung ausgetrieben. Die Kammer wird erneut evakuiert, die 50,0-Marke von unten eingestellt und das Manometer abgelesen. Die Differenz zwischen beiden Ablesungen ist die $c$-Korrektur. Um diese auf 0,1 mm genau zu bestimmen, werden mehrere Ablesungen angestellt (sowohl von $p_0$ als auch von $p_0 + c$). Der einmal ermittelte Wert kann, solange die Kammer nicht verändert wird, dauernd verwendet werden. Seine Größe hängt natürlich von der Form der Kammer ab. Sie beträgt etwa 1,5 mm.

**Korrekturen für Temperaturwechsel** (s. a. S. 254). Falls die Temperatur $t_2$ bei der Ablesung von $p_2$ mehr als 0,1° C von der Temperatur $t_0$ bei der Ablesung von $p_0$ differiert, muß folgende Formel für die Korrektur von $P_{O_2+N_2}$ gebraucht werden:

$$\text{Korr. } P_{O_2+N_2} = 0{,}98 \,[p_2 + 1{,}3\,(t_0 - t_2) - (p_0 + c)] \cdot \frac{T_0}{T_2} \tag{1}$$

$$\text{Korr. } P_{N_2} = 0{,}92 \,(p_3 - p_4) \cdot \frac{T_0}{T_3}. \tag{2}$$

In (1) wird $1{,}3\,(t_0 - t_2)$ eingeführt, um den Wasserdampfdruck zu korrigieren, während $\frac{T_0}{T_2}$ die Druckänderung der Gase korrigiert. Zwischen $p_1$ und $p_0$, sowie zwischen $p_3$ und $p_4$ treten praktisch keine Temperaturwechsel auf, so daß sich hier eine Korrektur erübrigt.

**Die Bestimmung von Stickstoff in Luft oder als Verunreinigung von $O_2$ oder $CO_2$.** Bei der Bestimmung der Größe des Lungenvolumens mit der Stickstoffmethode bzw. bei der Analyse von „reinem" Sauerstoff oder „reinem" Kohlendioxyd auf Stickstoffverunreinigungen empfiehlt sich wegen der größeren Genauigkeit folgendes Vorgehen: Das Einfüllen des Gases erfolgt wie beschrieben. Aus $p_0$ und $p_1$ ergibt sich:

$$P_s = p_1 - p_0.$$

Dann werden 3,0 cm³ der Na-dithionitlösung wie beschrieben zugesetzt und $O_2 + CO_2$ unter 3 min Schütteln gemeinsam (alkalische Lösung) absorbiert. Je nach der Menge an vorhandenem Stickstoff kann nun auf zwei Arten verfahren werden.

*Bei größeren Mengen:* Die Ablesung von $p_2$ erfolgt nach obiger Absorption mit dem Meniscus an der 50,0-Marke, das Austreiben des $N_2$ ohne Verlust von Lösung, die Ablesung von $p_3$ mit Hg-Meniscus an der 50,0-Marke:

$$P_{N_2} = 0{,}94\,(p_2 - p_3)$$

$$\text{und} \quad \% \, N_2 = \frac{P_{N_2} \cdot 100}{P_s}$$

$$\text{und} \quad \% \, O_2 + CO_2 = 100 - \% \, N_2.$$

*Bei kleineren Mengen:* Man füllt das Volumen ein wie oben und liest $p_1$ bei 50,0 ab. Zur Absorption verwende man in solchen Fällen luftfrei gemachte Na-dithionitlösung. Nach der Absorption erfolgen Einstellung des *Lösungsmeniscus* auf die 2,0- oder 0,5 cm³-Marke, Ablesung von $p_2$, Austreiben der Restgase und in gleicher Weise Ablesung von $p_3$.

$$P_{N_2} = p_2 - p_3$$

$$\% \, N_2 = \frac{a}{A} \cdot \frac{P_{N_2}}{P_s} \cdot 100,$$

wobei $a =$ Ablesungsvolumen, $A = 50{,}0$, wenn $P_s$ hier gemessen wurde

oder gekürzt:     bei $a = 0{,}5$    $\% \, N_2 = \dfrac{P_{N_2}}{P_s}$

bei $a = 2{,}0$    $\% \, N_2 = \dfrac{P_{N_2} \cdot 4}{P_s}$.

Ein Überschlag zeigt, welche maximale Menge Stickstoff bei 2,0 bzw. 0,5 etwa gemessen werden kann. Setzt man $P_s = 500{,}0$ dann ergeben sich für $a = 2{,}0$ rund 4% $N_2$, für $a = 0{,}5$ rund 1% $N_2$ als maximale Mengen unter der Voraussetzung, daß das Manometer nicht wesentlich über 500,0 ansteigen soll. Andererseits wären an kleinen Mengen noch gut meßbar, wenn man mit einem Wert von $P_{N_2} = 5$ mm rechnet:

bei $a = 2{,}0$ 0,04% $N_2$, bei $a = 0{,}5$ 0,01% $N_2$.

Weitere Anwendungen dieser Methode sind von PETERS und VAN SLYKE beschrieben worden[1].

### c) Die Ferricyanidmethode von HALDANE.

$O_2$- und $CO_2$-Gehalt des Blutes wurden lange Zeit mit der volumetrischen Ferricyanidmethode von HALDANE[2] bzw. deren Modifikationen von BARCROFT und HALDANE[3,4] (diese Methode ist von STRAUB[5] ausführlich beschrieben), sowie VERZÁR und VÁSÁRHELYI[6] bestimmt. Nach der Einführung des manometrischen Apparates von VAN SLYKE zeigte sich, daß oben angegebene Methoden zu niedere $O_2$-Werte liefern. Dies beruht auf einer sekundären Oxydation der Lipoide und eventuell der Proteine. Dieser Fehler wurde von COURTICE und DOUGLAS[7] durch die Einführung eines neuen Puffergemisches beseitigt. In dieser modifizierten Form liefert die hier beschriebene Methode von HALDANE mit dem manometrischen Apparat nach VAN SLYKE gut übereinstimmende Werte für den $O_2$-Gehalt des Blutes. Diese Angaben wurden von anderen Untersuchern[8,9] bestätigt. Eine Modifikation der Methode von HALDANE gaben MAEGRAITH und Mitarbeiter[10] an. Sie liefert ebenfalls zuverlässige Daten für den Sauerstoff- und Kohlendioxydgehalt des Blutes.

Hier wird die ursprünglich von HALDANE angegebene, von COURTICE und DOUGLAS modifizierte und von DOUGLAS und PRIESTLEY[11] ausführlich beschriebene Methode dargestellt. Der Vorteil des verwendeten Apparates ist, daß sowohl seine Konstruktion als auch seine Handhabung erheblich einfacher sind als Apparat und Methode von VAN SLYKE. Außerdem kann man mit geringem zeitlichem und apparativem Mehraufwand Doppel- und Vierfachanalysen machen. Ein weiterer Vorteil ist, daß an derselben Blutprobe von z. B. 1 cm³ der $O_2$-Gehalt und die $O_2$-Kapazität und damit die prozentuale $O_2$-Sättigung des Blutes bestimmt werden können. Nachteilig ist, daß die Methode etwas ungenauer (für $O_2$ etwa $\pm 0{,}2$ Vol.-%) ist als die manometrische Bestimmung; dafür ist jedoch der Aufwand für Doppelanalysen geringer.

**Prinzip der Methode.** In einem Reaktionsgefäß wird Blut geschüttelt, bis es voll mit Sauerstoff gesättigt ist. Dann wird Kaliumferricyanid zugesetzt, wodurch das Oxyhämoglobin unter Freisetzung von $O_2$ in Methämoglobin umgewandelt wird.

Das Volumen des aufgenommenen bzw. ausgetriebenen Gases wird bei konstantem Druck (bei Einrichtung des Apparates mit Thermostat auch bei konstanter Temperatur) gemessen. Ein Entweichen von Kohlendioxyd während der $O_2$-Analyse wird durch eine Borat-Pufferlösung verhindert. Zur Bestimmung des Kohlendioxydgehaltes wird Weinsäurelösung zugesetzt.

**Apparatur und Lösungen.** *Reaktionsgefäße mit Volumeter und Manometer.* Das Prinzip der Einrichtung ist aus Abb. 32 zu ersehen. In einem Wasserbad befinden sich das Reaktionsgefäß $A$ und das Kompensationsgefäß $B$ (Volumen etwa je 35 cm³). In die Seitenarme von $A$ werden die Lösungen zum Austreiben von $O_2$ bzw. $CO_2$ eingefüllt und

---

[1] PETERS, J. P., u. D. D. VAN SLYKE: Handb. biol. Arb.-Meth. Abt. V, Teil 10, S. 113—434 (1934).
[2] HALDANE, J. S.: J. Physiol., London **25**, 295 (1900). J. Path. Bacteriology **23**, 443 (1920).
[3] BARCROFT, J., and J. S. HALDANE: J. Physiol., London **28**, 232 (1902).
[4] BARCROFT, J.: J. Physiol., London **37**, 12 (1908).
[5] STRAUB, H.: Handb. biol. Arb.-Meth. Abt. IV, Teil 10, S. 213.
[6] VERZÁR, F., u. B. VÁSÁRHELYI: B. Z. **151**, 246 (1924).
[7] COURTICE, F. C., and C. G. DOUGLAS: J. Physiol., London **105**, 345 (1947).
[8] CHASTONAY, J.-L. DE: Rev. suisse Tuberc. **7**, 117 (1950).
[9] BARTELS, H., u. G. RODEWALD: Pflügers Arch. **256**, 113 (1952).
[10] MAEGRAITH, B. G., E. JONES and H. H. SCULTHORPE: Ann. trop. Med. Parasitol. **44**, 101 (1950).
[11] DOUGLAS, C. G., and J. B. PRIESTLEY: Human Physiology, S. 148. Oxford 1948.

zur gegebenen Zeit durch Neigen des Gefäßes zum Blut-Puffergemisch zugesetzt, ohne daß sich dadurch das Volumen im System ändert. Das freiwerdende Gas drückt den Meniscus $C$ im Volumeter nach unten. Um konstanten Druck beizubehalten, senkt man $E$ entsprechend, bis $x$ und $y$ wieder auf gleicher Höhe stehen. Temperaturschwankungen teilen sich beiden Gefäßen $A$ und $B$ in gleicher Weise mit, d. h. $B$ funktioniert als Thermobarometer (s. a. HALDANEs Gasanalyseapparat, S. 198). Bei der Endablesung müssen $x$ und $y$ durch Verschieben von $E$ und $D$ auf den Ausgangsstand gebracht werden. Das vom Blut abgegebene oder aufgenommene Gasvolumen kann dann am Meßrohr $C$ abgelesen werden. Durch den Ansatz $F$ kann bei offenem Hahn 3 und Stellung $a$ des Hahnes 2 Luft durch das System getrieben werden, die zuvor durch eine 10%ige NaOH-Lösung geleitet wurde. Dadurch wird das System $CO_2$-frei gemacht, wodurch zu Beginn der

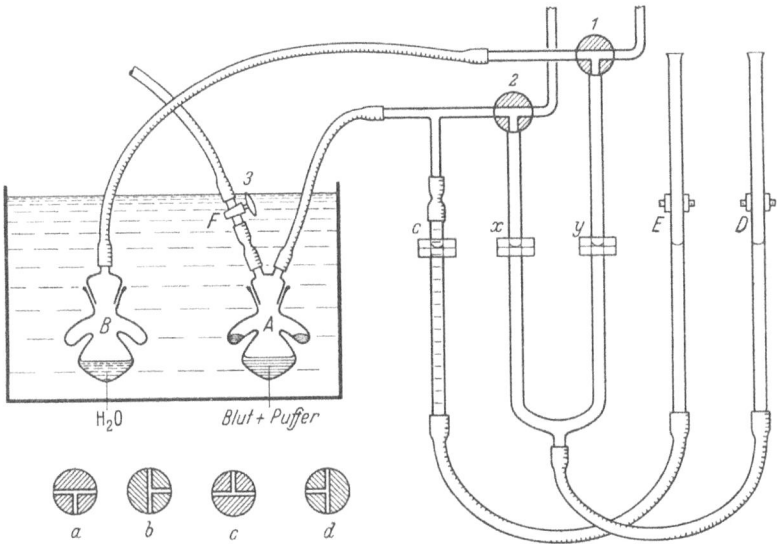

Abb. 32. Apparatur zur Bestimmung des Sauerstoff- und Kohlendioxydgehaltes im Blut nach HALDANE. Im Reaktionsgefäß ($A$) ist Blut unter einen Borat-NaOH-Puffer unterschichtet. In den beiden Seitenarmen befinden sich Kaliumferricyanid- bzw. Weinsäurelösung zum Austreiben von Sauerstoff- bzw. Kohlendioxyd aus dem Blut. Der Ansatz $F$ dient zum Durchblasen von $CO_2$-freier Luft. Während der Analyse ist Hahn 3 abgestellt. Volumenänderungen machen sich bei $C$ bemerkbar. Temperaturschwankungen, die beide Gefäße betreffen, werden durch das Gefäß $B$ über $y$ kompensiert (Thermobarometer).

Analyse die Absorption von $CO_2$ aus Luft entfällt. Dadurch erzielt man eine raschere Konstanz der Menisci. Die Schlauchverbindungen sollen aus dickwandigem (3 mm), englumigem (2 mm) Druckschlauch sein und von den Gefäßen $A$ und $B$ zum Manometersystem möglichst gleich lang sein. Das Volumeter $C$ soll eine geeichte 1 cm³-Meßröhre (Teilung 0,01 cm³) sein. In Volumeter und Manometer befindet sich als Ableseflüssigkeit Wasser mit einem Zusatz von Natriumtaurocholat. Durch die Herabsetzung der Oberflächenspannung des Wassers stellen sich die Menisci besser ein.

Reaktions- und Kompensationsgefäß sollen etwa gleiches Volumen haben. Das Volumen der Reaktionsgefäße muß bekannt sein, wenn man $CO_2$-Bestimmungen machen will. Um die $O_2$-Aufnahme bzw. Gasaustreibung zu beschleunigen, werden die Reaktionsgefäße zweckmäßig mit einem Antrieb geschüttelt. Der Mechanismus soll so sein, daß das Blut-Puffergemisch gut geschüttelt wird, ohne daß Kaliumferricyanid- bzw. Weinsäurelösung in das Blut gelangen. Es muß möglich sein, die Gefäße zu neigen, damit Kaliumferricyanid- bzw. Weinsäurelösung dem Blut-Puffergemisch zugesetzt werden können, ohne daß Blut in die Seitenarme läuft. Ein Beispiel einer solchen Einrichtung zeigt Abb. 33.

*Lösungen.*

1. Pufferlösung ($p_H$ 10,0): *a)* 12,404 g $NaH_2BO_3$ ad 1000,0 cm³ $H_2O$; *b)* 100 cm³ 0,1 n NaOH (NaOH-Lösung aus 18 n NaOH nach PETERS und VAN SLYKE kurz vor dem

Der Schüttelmechanismus wird eingeschaltet. Je nach dem Reduktionsgrad des Blutes verringert sich das Volumen im System durch Aufsättigung des Blutes mit $O_2$ aus der Luft im Apparat. Der Meniscus in $C$ steigt und erreicht nach 3—8 min einen konstanten Wert, der notiert wird, nachdem $x$ und $y$ durch Verschieben der Rohre $E$ und $D$ auf den Ausgangsstand gebracht worden sind.

Nun wird der Schüttelmechanismus abgestellt und das Gefäß $A$ so geneigt, daß die Ferricyanidlösung zum Blut-Puffergemisch tritt. Nach Schütteln senkt der ausgetriebene Sauerstoff den Meniscus in $C$. Die Ablesung erfolgt, wenn Konstanz erreicht ist (5—10 min), nachdem, wie eben beschrieben, $x$ und $y$ auf den Ausgangsstand gebracht worden sind. Soll *nur* die $O_2$-Kapazität bestimmt werden, so schüttelt man nach Einfüllen des Blutes, bis kein Gas mehr aufgenommen wird, liest den Volumetermeniscus $C$ ab und kippt dann Kaliumferricyanid zu. Weiteres s. oben. Wenn kein automatisch regulierter Thermostat verwendet wird, muß bei jeder Ablesung die Temperatur des Wasserbades notiert werden (Berechnung s. u.).

*Bestimmung des Kohlendioxydgehaltes.* Vor der Bestimmung von Kohlendioxyd ist es ratsam, Leeranalysen zu machen, d. h. eine Analyse ohne Blut. Man sieht dann, ob und wieviel $CO_2$ in der Pufferlösung gelöst ist, und kann diesen Effekt bei der Berechnung eliminieren.

Hahn 2 wird in Stellung $a$ gebracht. Durch Heben von $E$ stellt man den Meniscus in $C$ bis auf 0,05 cm³ ein, da man damit rechnen muß, daß 0,5—0,6 cm³ $CO_2$ ausgetrieben werden. Nach Schließen von Hahn 2 ($d$) erfolgt Kontrolle der Konstanz der Menisci in $C$ sowie $x$ und $y$. Der Meniscusstand in $C$ wird notiert.

Nach Zukippen der Weinsäurelösung wird geschüttelt und *größte* Volumenverschiebung in $C$ nach Korrektur der Meniscusstände $x$ und $y$ abgelesen. Der Meniscus in $C$ steigt häufig wieder etwas an, da das ausgetriebene Kohlendioxyd nach einiger Zeit in das Schlauchsystem diffundiert und in den Gummi eindringt.

*Reinigung.* Das Gefäß $A$ wird vom Schliffkern getrennt und gespült. Niederschläge lösen sich mit NaOH-Lösung. Man entfettet die Schliffhülse mit einem Tuch und trocknet im Trockenschrank. Zur Reinigung der OSTWALD-Pipetten s. S. 234.

*Berechnungen:*

*Sauerstoffkapazität.* Die nach Zugabe der Ferricyanidlösung abgelesene Volumenänderung sei 0,212 cm³ bei 19° C Thermostatentemperatur. Der Barometerstand sei 758 mm Hg. Aus Tabelle 21, S. 304, entnimmt man bei oben angeführtem Barometerstand und Temperatur den Reduktionsfaktor 0,9125, der mit 0,212 cm³ multipliziert das feuchte Gas auf sein Volumen bei 0° C, 760 mm Hg und Trockenheit reduziert. Das ergibt 0,1935 cm³ $O_2$ und bei Umrechnung auf 100 cm³ Blut eine Sauerstoffkapazität von 19,35 Vol.-%. Arbeitet man im automatisch regulierten Thermostaten bei 37° C und 758 mm Hg Barometerstand, so muß der Faktor 0,8238 benützt werden.

*Prozentuale Sauerstoffsättigung.* Die nach Schütteln mit Luft abgelesene Volumenänderung gibt noch nicht die $O_2$-Aufnahme von Hämoglobin an, da sich mehr $O_2$ physikalisch im Blut löst, erstens auf Grund der tieferen Temperatur und zweitens wegen des höheren $O_2$-Druckes in der Apparatur (etwa 150 mm Hg). Außerdem nimmt in gleichem Sinne die Löslichkeit für Stickstoff zu. Nur Kohlendioxyd braucht nicht berücksichtigt zu werden, da es in der Pufferlösung chemisch gebunden wird. Nehmen wir an, das zu analysierende Blut sei im Tonometer (37° C) bei 45 mm Hg $P_{CO_2}$, 40 mm Hg $P_{O_2}$ und 628 mm Hg $P_{N_2}$ (zusammen $713 + 47$ mm Hg $P_{H_2O} = 760$ mm Hg) äquilibriert worden. Dann waren in 100 cm³ Blut $\frac{40 \cdot 0,023}{760} \cdot 100 = 0,121$ cm³ $O_2$ und $\frac{628 \cdot 0,013}{760} \cdot 100 = 1,143$ cm³ $N_2$ gelöst, zusammen 1,264 cm³. Die Löslichkeit ($\alpha$) der einzelnen Gase im Blut bei verschiedenen Temperaturen kann man aus Tabelle 23, S. 24, entnehmen. Die Temperatur bei der Analyse sei 15° C. Dabei löst sich mehr Gas physikalisch im Blut und außerdem sind die Partialdrucke der Gase in der Apparatur andere (Berechnung s. S. 202), z. B.

für Sauerstoff bei 760 mm Hg Barometerstand 156 mm Hg $P_{O_2}$ und für Stickstoff 591 mm Hg $P_{N_2}$. Daraus errechnen sich folgende Mengen physikalisch gelöster Gase:

$$\frac{156 \cdot 0{,}038}{760} \cdot 100 = 0{,}78 \text{ cm}^3 \text{ O}_2$$

$$\frac{590 \cdot 0{,}018}{760} \cdot 100 = 1{,}4 \text{ cm}^3 \text{ N}_2$$

zusammen $\quad= 2{,}18$ cm³ gelöstes Gas

Es müßte demnach von der berechneten $O_2$-Aufnahme $2{,}18 - 1{,}264 = 0{,}916$ cm³ abgezogen werden.

Ist der $O_2$-Druck des zu analysierenden Blutes nicht bekannt, so kann man nur näherungsweise aus einer Standard-$O_2$-Dissoziationskurve (s. Abb. 52) den $O_2$-Druck ermitteln und in die Rechnung einsetzen. Man sieht, daß diese Rechnungen eine gewisse Unsicherheit der Bestimmung mit sich bringen. Dies gilt jedoch auch für die manometrische Analyse nach VAN SLYKE. Werden gleichzeitig der Sauerstoffdruck des Blutes und der $p_H$ bestimmt, so werden die möglichen Fehler kleiner. Außerdem kann man diese Unsicherheit verringern (nicht beseitigen), indem man bei 37° C im Thermostaten arbeitet. Dann ist nur die Druckänderung für Stickstoff und Sauerstoff zu berücksichtigen, da die Löslichkeit der Gase gleich der im Körper ist. Die Reduktion des Gases auf Normalbedingungen ist ebenfalls vereinfacht, da nur der Barometerstand berücksichtigt werden muß; der Temperaturfaktor ist 0,881, er muß mit dem Barometerfaktor multipliziert werden. Dieser errechnet sich wie folgt (s. a. S. 299ff.):

$$\frac{\text{Barometerstand} - \text{Wasserdampfdruck}}{760}.$$

Die Berechnung der prozentualen Sauerstoffsättigung des Blutes geschieht unter Berücksichtigung der $O_2$-Kapazität, deren Berechnung oben angegeben wurde. Zuerst wird der Sauerstoffgehalt des analysierten Blutes berechnet:

$$\text{Vol.-\% } O_2\text{-Gehalt} = \text{Vol.-\% } O_2\text{-Kapazität} - \text{Aufsättigungs-Vol.-\%}$$

$$\text{prozentuale } O_2\text{-Sättigung} = \frac{\text{Vol.-\% } O_2\text{-Kapazität} - \text{Vol.-\% } O_2\text{-Gehalt}}{\text{Vol.-\% } O_2\text{-Kapazität}} \cdot 100$$

Blut das einen höheren $P_{O_2}$ als die Zimmerluft hat (z. B. von Versuchspersonen und Tieren unter $O_2$-Atmung), kann nicht ohne weiteres mit der oben angegebenen Methode analysiert werden.

*Kohlensäuregehalt.* Von dem reduzierten ausgetriebenen Volumen (ohne unten angegebene Korrektur) muß der reduzierte Leerwert (s. S. 261) abgezogen werden. Nach der Austreibung von Kohlendioxyd aus Blut und Pufferlösung bleibt eine beträchtliche Menge $CO_2$ in Lösung. HALDANE fand, daß bei 13° C ebensoviel $CO_2$ in der Volumeneinheit der Flüssigkeit sich löst wie in der Volumeneinheit des Gases. Wenn also das Volumen des Reaktionsgefäßes 35 cm³ beträgt, und 3 cm³ Flüssigkeit im Reaktionsgefäß sind (1,5 cm³ Pufferlösung, 1,0 cm³ Blut, 0,25 cm³ Kaliumferricyanid und 0,25 cm³ Weinsäure), so muß bei 50 cm³ Kohlendioxyd (unter Normalbedingungen) für 100 cm³ Blut, wenn die Analyse bei 13° C ausgeführt wurde, die in der Flüssigkeit gelöst gebliebene Menge Kohlendioxyd wie folgt berücksichtigt werden:

$$50{,}0 \cdot \frac{35{,}0}{35{,}0 - 3{,}0} = 54{,}6.$$

Die Löslichkeit von Kohlendioxyd im Blut-Puffergemisch ändert sich in der Gegend von 13° C um $1/40$ des Wertes bei 13° C je 1° C. Die Löslichkeit nimmt zu bei abnehmender Temperatur und nimmt ab bei zunehmender Temperatur. Allgemeiner ausgedrückt läßt sich demnach das $CO_2$-Volumen wie folgt korrigieren[1]:

$$V_{CO_2} = a\left[1 + \frac{(k-1)(40-t')}{40}\right],$$

---

[1] RONA, P.: Praktikum der physiologischen Chemie. II. Teil. S. 40. Berlin 1929.

wobei $a$ = abgelesenes $CO_2$-Volumen, $k = \frac{V}{V_1}$, $V$ = Volumen des Gefäßes, $V_1$ = Volumen des Gefäßes — Volumen der Flüssigkeit und $t' = t - 13$ (°C) ist.

### d) Bestimmung der Gasdrucke im Blut.

α) *Bestimmung des Sauerstoff- und Kohlendioxyddruckes im Blut mit der Methode von* RILEY[*,1].

*Prinzip:*

Eine Gasblase wird mit Blut äquilibriert und anschließend durch Absorption auf ihren $CO_2$- und $O_2$-Gehalt analysiert. Das Verhältnis Blut/Gasblase muß möglichst groß sein, damit beim Äquilibrieren die Gasspannungen des Blutes nicht meßbar verändert werden.

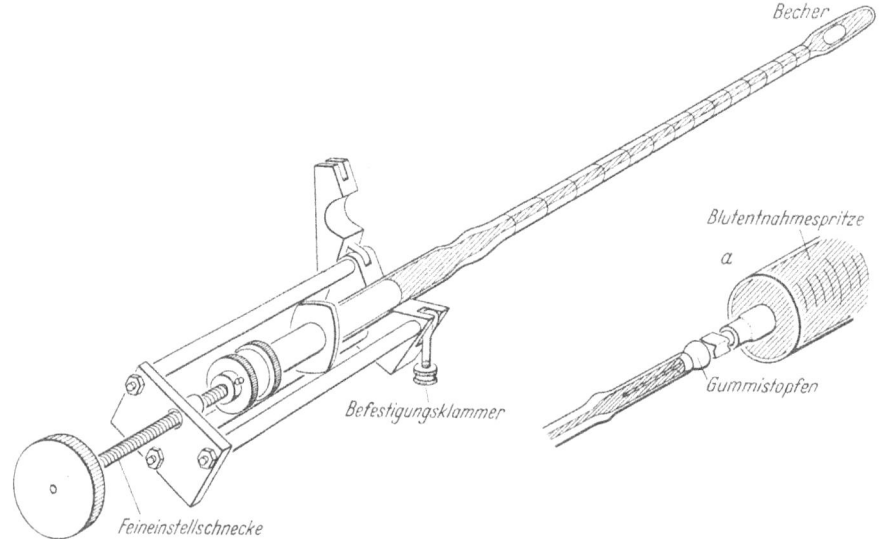

Abb. 34. ROUGHTON-SCHOLANDER-Spritze zur Bestimmung des $CO_2$- und $O_2$-Druckes im Blut. Modifikation der Spritze nach LAMBERTSEN, C. J., P. L. BUNCE, D. L. DRABKIN and C. F. SCHMIDT: J. appl. Physiol. 4, 873 (1952). Mit der Feineinstellschraube läßt sich die Gasblase zur Messung zügig und genau einstellen. *a* zeigt die Überführung des Blutes aus der Entnahmespritze in die ROUGHTON-SCHOLANDER-Spritze.

Bei arteriellem Blut verwendet man Alveolarluft zum Äquilibrieren, um möglichst geringe Unterschiede zwischen den Gasdrucken im Blut und in der Gasblase zu haben. RILEY verwendet eine Spritze, an die eine Capillare angeschmolzen ist (ROUGHTON-SCHOLANDER-Spritze[2]). In dieser Spritze wird das Blut äquilibriert, in der Capillare die Gasblase vor und nach der Absorption von $CO_2$ und $O_2$ gemessen.

**Apparatur und Lösungen.** ROUGHTON-SCHOLANDER-*Spritze* (1 cm³) mit einer angeschmolzenen dickwandigen Glascapillare. Der innere Durchmesser der Capillare soll gleichmäßig über die ganze Länge der Bohrung 0,5 mm Durchmesser haben. Die Graduierung weist eine Länge von 100 mm auf, die in Intervallen von 2 mm unterteilt ist. Die Capillare endet in einen Becher, der etwa 15 mm lang ist und einen Durchmesser von etwa 1,5 mm hat (Abb. 34).

*Thermostat* mit automatischer Temperaturregulation ($\pm 0,2°$ C Genauigkeit). Im Wasserbad befindet sich eine Vorrichtung, die zum Einspannen der Spritze unter Wasser geeignet ist und durch einen Motor angetrieben wird, so daß die Spritze rotiert. Am besten richtet man die Apparatur für vier Spritzen ein. Der Thermostat wird auf Körpertemperatur eingestellt.

---

[*] Wir folgen einer unveröffentlichten Arbeitsanleitung, die uns R. L. RILEY in dankenswerter Weise für diesen Artikel zur Verfügung stellte.

[1] RILEY, R. L., D. D. PROEMMEL and R. E. FRANKE: J. biol. Ch. 161, 621 (1945).

[2] ROUGHTON, F. J. W., and P. F. SCHOLANDER: J. biol. Ch. 148, 541 (1943).

*Apparat zur Einstellung und Messung der Gasblase* in der Capillare. Ein auf einem Schlitten angebrachtes kleines Fernrohr kann an der Capillare entlang geführt werden und dient so, zusammen mit einer am Schlitten befestigten Skala, zur Messung der Blasenlänge.

*Alveolarluftbeutel.* Eine Fußballblase oder ein Gasprobebeutel wird vom Analysator durch Auffangen der letzten 500 cm³ mehrerer Exspirationen gefüllt und dann mit einer Schraubklemme verschlossen. Mit einer Kanüle Nr. 12 sticht man durch das dickwandige Gummiansatzrohr. Durch Druck auf den Beutel wird Alveolarluft aus der Kanüle ausgeblasen.

*Drei Spritzen* für die Reagentien, eine leere Spritze mit 2—10 cm³ Fassungsvermögen zum Absaugen aus dem Becher. Blutentnahmespritze 10—20 cm³. Kanüle Nr. 12.

*Zur Überführung des Blutes* wird eine Kanüle Nr. 12 durch die lange Achse eines kleinen Gummistopfens, der eben in die Becheröffnung paßt, getrieben, bis der Kanülennippel anstößt. Das überstehende Ende der Kanüle wird so abgesägt, daß man die Überführungskanüle mit Stopfen so in den Becher einsetzen kann, wie es in Abb. 34 a gezeigt ist.

*Signaluhr.*

**Lösungen.**

1. Heparinlösung. 5 cm³ flüssiges Heparin * mit 5 cm³ destilliertem Wasser verdünnen und 200 mg NaF zusetzen, um die Glykolyse zu hemmen.

2. NaCl-Lösung, 0,9%ig.

3. n NaOH-Lösung.

4. Alkalische Dithionitlösung. Sie muß täglich neu angesetzt werden. Zu 0,5 g $Na_2S_2O_4$ gibt man 2,5 cm³ n KOH-Lösung. Nach kurzem Umrühren wird sofort durch Watte in eine 5 cm³-Spritze filtriert, der Stempel der Spritze eingesetzt und die Luft ausgetrieben.

5. Gesättigte Lösung eines der käuflichen Reinigungsmittel Pril oder Rei, welche die Oberflächenspannung herabsetzen.

6. Gereinigtes Quecksilber (s. S. 193).

**Ausführung der Analyse.** *Vorbereitung der* ROUGHTON-SCHOLANDER-*Spritze.* Die Spritze wird von Blut- und Reagentienresten der vorhergehenden Analyse durch Ausspülen mit destilliertem Wasser gereinigt. Es ist darauf zu achten, daß keine Blutgerinnsel in die Capillare gelangen. Man säubert die Spritze gründlich mit Pril oder Rei und spült mit Leitungswasser nach. Es darf keine Pril- bzw. Reilösung in der Spritze bleiben, da das Blut sonst hämolysiert. Die Spritze wird mit 0,9%iger NaCl-Lösung ausgespült, wovon man zum Schluß etwa 1 cm³ in der Spritze läßt. Man füllt reines Quecksilber durch den Becher in die Spritze ein. Durch Zurückziehen des Spritzenstempels saugt man das Quecksilber aus der Capillare. Dann treibt man langsam das Quecksilber und die Kochsalzlösung durch Hochschieben des Spritzenstempels aus (Becher oben). Dabei klopft man mit dem Finger an die Spritze, damit sich keine Luftblasen mehr in der Spritze befinden. Quecksilber und Kochsalzlösung füllen dann den Totraum der Spritze, der Capillare und des Bechers voll aus.

*Die Blutentnahmespritze.* Sofort nach der Abnahme des arteriellen Blutes wird die Kanüle abgenommen, der Spritzenansatz mit dem Finger verschlossen, und das Blut durch Schütteln der Spritze mit dem Heparin vermischt. In der Spritze darf sich keine Luftblase befinden! Man spritzt etwa 0,1 cm³ Blut aus der Spritze, damit im Ansatz keine Gerinnung auftritt. Eine mit Quecksilber gefüllte Spritzenkappe wird so aufgesetzt, daß etwas Quecksilber zum Blut in die Spritze eintritt (jedoch keine Luft). Bis zur Analyse läßt man die Spritze rotieren, damit sich das Blut nicht entmischt.

*Anaerobe Überführung des Blutes aus der Entnahme- in die* ROUGHTON-SCHOLANDER-*Spritze.* Man setzt den auf den Becher passenden Gummistopfen mit der Kanüle auf die Blutentnahmespritze und spült die Kanüle mit Blut aus der Entnahmespritze aus. Quecksilber und Kochsalzlösungen werden aus dem Becher abgesaugt. Die Blutent-

---

\* Zum Beispiel Heparin-Novo (Boehringer) oder Liquemin (Hoffmann-La Roche).

nahmespritze wird in den Becher, wie Abb. 34 a zeigt, eingesetzt, jedoch der Gummistopfen noch nicht aufgesetzt. Man hält die ROUGHTON-SCHOLANDER-Spritze so, daß der Becher nach oben sieht, und füllt diesen mit Blut. Der Gummistopfen wird jetzt dicht aufgesetzt, ohne daß Luftblasen in dem Becher sind.

Dieser wichtige Abschnitt soll noch ausführlicher beschrieben werden. Man faßt den Becher der ROUGHTON-SCHOLANDER-Spritze zwischen Daumen und Zeigefinger der linken Hand, während die übrigen Finger und die Fläche der linken Hand ihre Hülse umfassen. Man drückt so die Spritze dicht gegen den Gummistopfen der Blutentnahmespritze. Die so miteinander verbundenen beiden Spritzen hält man derart gegen den Körper, daß der Stempel der Blutentnahmespritze gegen die Brust gerichtet ist. Man hält die Spritzen so geneigt, daß die ROUGHTON-SCHOLANDER-Spritze tiefer als die Entnahmespritze gelegen ist, damit Luftblasen, die sich in den Becher befinden können, nicht in die Capillare gelangen. Durch Eindrücken des Stempels der Blutentnahmespritze wird das Blut in die ROUGHTON-SCHOLANDER-Spritze überführt. Dabei dreht man ihren Stempel, wobei jedoch keinesfalls gesaugt werden darf. Das Blut muß immer unter positivem Druck überführt werden. So wird etwa 1 cm³ Blut eingefüllt. Man überzeugt sich davon, daß keine Luftblasen in der ROUGHTON-SCHOLANDER-Spritze sind. Falls doch eine kleine Luftblase entdeckt wird, kann man sie in aufrechter Stellung der Spritze (Becher oben) durch Klopfen an der Spritze und Ausdrücken von etwas Blut in die Blutentnahmespritze eliminieren. Dies sollte jedoch im allgemeinen nicht nötig sein.

*Einfüllen einer Alveolarluftblase.* Mit der leeren Spritze oder einer Saugleitung wird das Blut aus dem Becher so vollständig wie möglich abgesaugt. Die Kanüle des Alveolarluftsackes wird mit der linken Hand in den Becher gehalten und dann Alveolarluft durch Druck auf den Entnahmebeutel (zwischen Unterarm und Körper) ausgepreßt. Während das Gas strömt, wird durch vorsichtiges Drehen und Zurückziehen des Stempels der ROUGHTON-SCHOLANDER-Spritze mit der rechten Hand Alveolarluft in die Capillare eingesaugt. Wenn der Blutmeniscus die Marke 29 erreicht hat, ist eine genügend große Blase in der Capillare. Durch Einspritzen von etwas Blut aus der Entnahmespritze dichtet man die Gasblase nach außen ab. Die Alveolargasblase wird durch Zurückziehen des Spritzenstempels in den Spritzenraum gesaugt. Der Blutrest in dem Becher wird abgesaugt. Es ist darauf zu achten, daß nur die Alveolargasblase und keine anderen Luftbläschen in der Spritze sind. Sonst muß der oben beschriebene Schritt wiederholt werden.

*Äquilibrieren des Blutes mit der Alveolargasblase.* Man bringt die ROUGHTON-SCHOLANDER-Spritze in das Wasserbad, wobei der Becher zuerst eintaucht. Dadurch bildet sich ein Luftkissen im Becher, das ein Ausfließen von Blut oder Reagentien verhindert. Die Spritze (besser 2 Spritzen gleichzeitig) werden im Wasserbad befestigt. Man läßt sie 5 min rotieren. Während dieser Zeit spannt man die bereits wieder verschlossene Blutentnahmespritze in eine Apparatur ein, in der das Blut durch Rotieren gemischt wird. So kann es für eine zweite Analyse noch benützt werden. Es ist allerdings die Gefahr der Glykolyse zu berücksichtigen. Die Blutüberführungsnadel wird gespült.

*Einbringen der Gasblase in die Capillare.* Die Spritze wird aus ihrer Halterung im Wasserbad genommen und sofort (Becher zuerst) in einen Meßzylinder von 100 cm³, der im Wasserbad steht, eingetaucht. Das Blut und die Gasblase müssen unter Wasser sein, damit keine Temperatur- und damit Gasdruckänderungen auftreten. Die Gasblase steigt nun stempelwärts, und das Quecksilber fällt in Richtung der Capillare. Schiebt man den Spritzenstempel in die Spritzenhülse hinein, so wird Quecksilber und schließlich Blut in den Meßzylinder gespritzt. Man läßt nur noch etwa 0,1—0,2 cm³ Blut und die Gasblase in der Spritze. Die Spritze wird aus dem Wasserbad genommen und vertikal gehalten (Becher oben). Die Gasblase wird dann in die Capillare gepreßt, bis der obere Meniscus die Marke 15 erreicht. Dies muß so schnell wie möglich geschehen, damit die Gasblase während der Temperaturänderung nur möglichst kurze Zeit mit dem Blut eine große Oberfläche bildet. Wenn die Gasblase in der Capillare ist, ist die Austauschfläche so klein, daß die resultierenden Fehler nicht meßbar sind. Das Blut aus dem Becher wird abgesaugt, die Spritze (Becher zuerst) in das Wasserbad gebracht und wieder auf dem Halteschlitten befestigt.

Dieser Schritt muß vom Untersucher bei jeder Analyse in gleicher Weise durchgeführt werden. Die Hülse der ROUGHTON-SCHOLANDER-Spritze wird vertikal mit der linken Hand gehalten, während man den Stempel mit Daumen und Zeigefinger der rechten Hand langsam, aber gleichmäßig, eventuell unter Drehen, vorwärts schiebt. Wenn man während dieser Manipulation die Finger der rechten Hand auch noch an die *Spritzenhülse* legt, kann man die Bewegung der Gasblase noch besser kontrollieren. Ungleichmäßige, ruckartige Bewegungen beeinflussen das Gasblasenvolumen meßbar. Schließlich betrachtet man die Wandung der Capillare unter dem Fernrohr (Lupe). Es dürfen keine Flüssigkeitströpfchen oder Blutgerinnsel in der Capillare sein, da sonst das Gasblasenvolumen fehlerhaft gemessen wird. Weiter ist es zweckmäßig, die Gasblase immer möglichst bei der gleichen Marke einzustellen. Dadurch werden Fehler durch eine ungleichmäßige Capillarbohrung verringert. Um zu erreichen, daß bei jeder Ablesung die Gasblase eine konstante Temperatur hat, hält man sich am besten an einen festen Plan. Man arbeitet zweckmäßig mit zwei Spritzen. Nachdem die Gasblase in der ersten Spritze zur Messung vorbereitet wurde, wird die Spritze in das Wasserbad gesenkt. Während die Gasblase die Temperatur des Wasserbades erreicht, wird die Gasblase in der zweiten Spritze in die Capillare getrieben. Während die ebenfalls in das Wasserbad gebrachte zweite Spritze sich erwärmt, wird die Gasblase in der ersten Spritze gemessen. Anschließend wird die Blase der zweiten Spritze gemessen. Die Spritzen müssen gezeichnet sein.

*Messung der Länge der Gasblase.* Um die Ablesung genauer, als die Teilung auf der Capillare es erlaubt, machen zu können, kann man ein kleines Fernrohr mit einem Fadenkreuz im Ocular auf einem Schlitten befestigen, auf dem sich eine Millimeterteilung befindet. Mit Hilfe eines Nonius kann die Ablesegenauigkeit noch gesteigert werden. Die Differenz zwischen den beiden Ablesungen an den Enden der Gasblase ergibt die Länge. Es ist zweckmäßig, das Fernrohr mit seinem Schlitten so einzustellen, daß die erste Ablesung immer denselben Wert ergibt.

*Absorption von Kohlendioxyd.* Die Spritze wird aus dem Wasserbad herausgenommen und in vertikaler Stellung (Becher nach oben) Blut und Wasser aus dem Becher abgesaugt. Pril- bzw. Reilösung wird in den Becher gefüllt. Es kommt vor, daß eine kleine Ansammlung von Fibringerinnsel sich am unteren Ende der Gasblase befindet. Das kann ein Abreißen der Gasblase hervorrufen. Durch ein leichtes Hin- und Herschieben der Gasblase gelingt es oft, diese Gerinnsel in den Spritzenkörper zurückzustoßen. Man saugt Pril- bzw. Reilösung in die Capillare, bis der obere Meniscus der Gasblase die Marke 50 erreicht. Die überschüssige Lösung aus dem Becher wird abgesaugt und NaOH-Lösung in den Becher eingefüllt. Diese Lösung wird langsam in die Spritze eingesaugt, so daß NaOH über die Gasblase herabfließt und dabei $CO_2$ absorbiert; die Spritze wird vertikal gehalten (Becher oben). Wenn der obere NaOH-Meniscus bei der Marke 45 angekommen ist, schiebt man den Spritzenstempel wieder aufwärts und preßt die Blase wieder in die Capillare. Die Spritze wird in das Wasserbad gebracht; während der Aufwärmung führt man die $CO_2$-Absorption mit der zweiten Spritze durch. Die Länge der Gasblasen wird gemessen, wie eben beschrieben.

*Absorption von Sauerstoff.* NaOH-Lösung und Wasser werden aus dem Becher abgesaugt und Natriumdithionitlösung in den Becher eingefüllt. Einsaugen der Lösung und Absorption, sowie Messung der Blasenlänge erfolgen, wie eben beschrieben.

*Berechnungen:*

Da der Partialdruck eines Gases proportional seinem Partialvolumen ist, kann die Berechnung des Sauerstoffdruckes in der Gasblase und damit im Blut aus den Ablesungen wie folgt vorgenommen werden:

Der Barometerstand sei 763 mm Hg. Bei 37° C und voller Wasserdampfsättigung sind vom Barometerstand 47 mm Hg abzuziehen (s. Tabelle 19).

Tabelle 10.

| Blasenlänge | | Anteil der Gase | Partialdruck der Gase (unkorrigiert) |
|---|---|---|---|
| Anfangsablesung ... | 575 | | |
| Nach $CO_2$-Absorption . | 545 | $CO_2 = \dfrac{575-545}{575} = 0{,}052$ | $0{,}052 \cdot (763-47) = 37$ |
| Nach $O_2$-Absorption . | 475 | $O_2 = \dfrac{545-475}{575} = 0{,}121$ | $0{,}121 \cdot (763-47) = 87$ |

Doppelbestimmungen, die um mehr als 0,005 Einheiten differieren, sollten verworfen werden. Für die $CO_2$-Bestimmung ist keine weitere Korrektur erforderlich. Für den Sauerstoffdruck ist Korrektionstabelle 11 zu verwenden.

In unserem Beispiel würde $P_{O_2} = 82$ mm Hg betragen. Für Sauerstoff beträgt die Genauigkeit der Methode bei 100 mm Hg $\pm 2$ mm Hg. Bei höheren Sauerstoffdrucken ist die Methode erheblich ungenauer.

**Modifikation der Rileyschen Methode.** Lambertsen[1,2] hat mehrere Verbesserungen in sorgfältigen Experimenten geprüft und eine Steigerung der Genauigkeit der Methode erreicht.

Roughton-Scholander-*Spritze und Halterung.* Die Capillare ist 200 mm lang und enthält 200 Teilstriche. Die angeschmolzene Spritze faßt 5 cm³ und der Becher der Capillare etwa 0,2 cm³. Durch die Benützung von 5 cm³ Blut wird das Blut/Gasverhältnis 150/1 anstatt 70/1 bei der ursprünglichen Methode. Die in Abb. 34 (S. 263) gezeigte Vorrichtung gestattet eine gleichmäßige Bewegung des Spritzenstempels.

Tabelle 11.

| Unkorrigierter $P_{O_2}$ | Korrekturfaktor |
|---|---|
| 100 | −7 |
| 90—100 | −6 |
| 50— 90 | −5 |
| 40— 50 | −4 |
| 30— 40 | −2 |
| <30 | 0 |

*Reagentien:*

1. Als Spülflüssigkeit wird 0,9 g NaCl in 100 cm³ einer 5%igen Pril- oder Reilösung benützt.

2. Zur Kohlendioxydabsorption: KOH 11,0 g, Kaliumdichromat 0,04 g, Aqua dest. ad 100 cm³.

3. Zur Sauerstoffabsorption: 0,6 g Natriumdithionit und 0,003 g β-anthrachinonsulfosaures Natrium in 5 cm³ einer 12%igen KOH-Lösung lösen.

Zur Verminderung eines unerwünschten Gasaustausches zwischen der Gasblase und den Reagentien werden diese mit Gasmischungen durchperlt, die in ihrer Zusammensetzung denen ähnlich sind, die man bei der Analyse erwartet. Für arterielles Blut durchperlt man die Spülflüssigkeit mit einer Mischung, die der Alveolarluft entspricht. Die $CO_2$-Absorptionslösung durchperlt man mit einem Stickstoffgemisch, das etwa 14% Sauerstoff enthält. Die $O_2$-Absorptionslösung wird dadurch mit Stickstoff äquilibriert, daß man eine kleine Luftblase in der Aufbewahrungsspritze läßt. Der Sauerstoff wird von der Lösung absorbiert, sie steht somit nur noch mit Stickstoff in Berührung. Die äquilibrierten Reagentien werden bei 37° C im Wasserbad in 5 cm³-Spritzen aufbewahrt. Sie sind mit einer Kanüle, deren Mündung man in einen Gummistopfen steckt, verschlossen.

---

[1] Lambertsen, C. J., P. L. Bunce, D. L. Drabkin and C. F. Schmidt: J. appl. Physiol. 4, 873 (1952).
[2] Comroc, I. H. jr.: Methods in Medical Research. Bd. 2, S. 165. Chicago 1950.

Versuch ansetzen; s. Arbeitsvorschrift für den manometrischen Apparat nach van Slyke S. 233). 6 cm³ Lösung $a + 4$ cm³ von Lösung $b$ werden kurz vor Gebrauch gemischt und mit $CO_2$-freier Luft durchperlt.

2. Kaliumferricyanidlösung: 0,6 g Kaliumferricyanid ad 10,0 g $H_2O$, 0,05 g Saponin zusetzen. Bei ungenügender Hämolyse Saponinzusatz erhöhen.

3. Weinsäurelösung, 10%ig: 1 g $C_4H_6O_6$ ad 10,0 g $H_2O$. Alle Lösungen werden vor der Analyse mit $CO_2$-freier Luft (s. o.) durchperlt.

**Ausführung der Analyse. *Vorbereitung der Apparatur*.** 3,0 cm³ $H_2O$ werden zur Wasserdampfsättigung in das Kompensationsgefäß $B$ eingefüllt. Dann gibt man etwa 0,25 cm³ der Kaliumferricyanidlösung (2) sowie etwa 0,25 cm³ der Weinsäurelösung (3) mit gebogener Pipette. In je einen der beiden Seitenarme des Gefäßes $A$ und zuletzt 1,5 cm³ der Pufferlösung (1).

Das aus Arterie, Vene oder einem Äquilibriergefäß unter anaeroben Kautelen (s. S. 190f.) entnommene Blut wird mit Heparin oder der auf S. 188 angegebenen Lösung ungerinnbar gemacht. Das Blut wird in eine geeichte 1 cm³-Ostwald-Pipette aufgesaugt und langsam, ohne Turbulenz zu verursachen, unter die Pufferlösung in Gefäß $A$ unterschichtet. Das Gefäß wird mit dem gefetteten Schliff geschlossen und in das Thermostatenwasser eingebracht. Dies alles muß so geschehen, daß sich das Blut nicht mit der Pufferlösung mischt. $CO_2$-freie Luft (s. o.) wird über den Ansatz $F$ bei offenem Hahn 3 und Stellung $a$ von Hahn 2 durchgeblasen (s. Abb. 32). Danach wird Hahn 3 geschlossen.

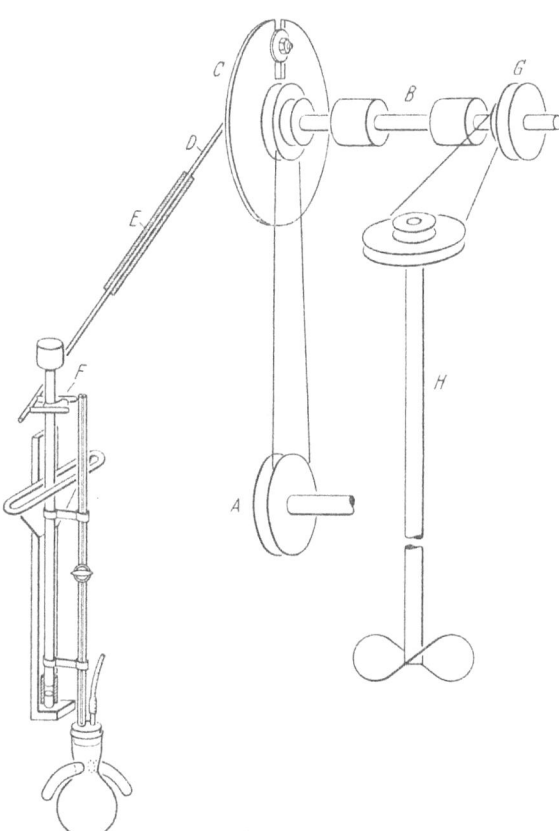

Abb. 33. Schüttelmechanismus für den Apparat zur Blutgasanalyse nach Haldane. Das von einem Motor angetriebene Rad $A$ treibt die Welle $B$ und über $G$ den Rührer $H$ zur gleichmäßigen Durchmischung des Thermostatenwassers. In dem ebenfalls angetriebenen Rad $C$ befindet sich ein Einschnitt, in dem die Stange $D$ verschiebbar befestigt ist. Dadurch ist es möglich, die Exkursion von $F$ und damit das Schütteln zu regulieren. Nach Douglas, C. G., and J. G. Priestley: Human Physiology. Oxford 1948.

Die Menisci im Volumeter $C$ und im Manometer ($x$ und $y$) werden eingestellt und markiert. Die Einstellung von $C$ hat je nach Reduktionsgrad des Blutes so zu erfolgen, daß die zu erwartende $O_2$-Aufnahme, die sich in einem Ansteigen des Meniscus äußert, noch abgelesen werden kann.

Hähne 1 und 2 bringt man in Stellung $d$. Danach beobachtet man die Menisci. Sie verändern sich noch etwas nach Abschluß der Hähne von der Außenluft, bis Temperaturausgleich zwischen Gefäßinhalt und Thermostatenwasser erfolgt ist. Wenn bei 37° C gearbeitet wird, hängt man das Reaktionsgefäß so weit ins Wasser ein, daß sich Puffer- und Reaktionslösungen auf 37° C erwärmen. Arbeitet man bei Zimmertemperatur, so ist darauf zu achten, daß die Wassertemperatur nicht zu weit von der Zimmertemperatur abweicht. Durch kurzzeitiges Öffnen von Hahn 1 und 2 (Stellung $a$) werden die alten Stände der Menisci wiederhergestellt.

***Bestimmung der prozentualen $O_2$-Sättigung des Blutes.*** Hähne 1 und 2 sind in Stellung $d$. Die Marke wird auf den Stand des Meniscus in $C$ eingestellt und der Stand notiert.

Durch diese Maßnahme ist der Ablesefehler von etwa ± 2 mm Hg auf etwa ± 0,5 mm Hg vermindert worden. Durch die veränderte Zusammensetzung der Chemikalien gelingt eine vollständigere Entfernung des Blutfilmes in der Capillare vor der Messung der Gasblase. Der Fehler ist kleiner als ± 2 mm Hg für Sauerstoffdrucke unter 160 mm Hg.

Für Analysen venösen Blutes oder von Blut, dessen Gesamtgasdruck nicht bekannt ist, sind größere Fehler zu befürchten.

FILLEY und Mitarbeiter[1] berichten ebenfalls über eine brauchbare Modifikation.

### β) Bestimmung des Sauerstoffdruckes im Blut mit der Methode von BARTELS[2].

*Prinzip:*

An eine Meßkette Quecksilbertropfelektrode/Blut/Kalomelelektrode wird diejenige Spannung angelegt, bei der im Elektrodenkreis kein Strom fließt (Abb. 35). Der durch die Reduktion von $O_2$ an der Elektrode verursachte Strom (Reduktionsstrom) und der durch die Aufladung des Quecksilbertropfens verursachte Strom (Ladungsstrom) sind einander im Bereich von 0 bis etwa 300 mV entgegengerichtet. Bei einer bestimmten, von außen angelegten Spannung heben sich beide Ströme auf, das Galvanometer zeigt keinen Stromfluß. Bei verschiedenen Sauerstoffdrucken im Blut liegt dieser Nullpunkt bei verschiedenen Spannungen. Die Spannungen sind proportional dem Logarithmus des Sauerstoffdruckes im Blut.

Das Blut wird in einem Tonometer auf einen bekannten $O_2$-Druck gebracht und die Spannung bestimmt, bei der kein Strom im Elektrodenkreis fließt. Für verschiedene $O_2$-Drucke erhält man eine Eichkurve, auf der der $O_2$-Druck für Blut unbekannten $O_2$-Druckes abgelesen werden kann. Die Messung ist weitgehend unabhängig vom $CO_2$-Druck (zw. 1 und 100 mm Hg $P_{CO_2}$) und $p_H$ und nach KREUZER[3] von 0—120% auch praktisch unabhängig vom Hämoglobingehalt. Die Genauigkeit beträgt ± 2% über den geprüften Meßbereich von 10—600 mm Hg $P_{O_2}$.

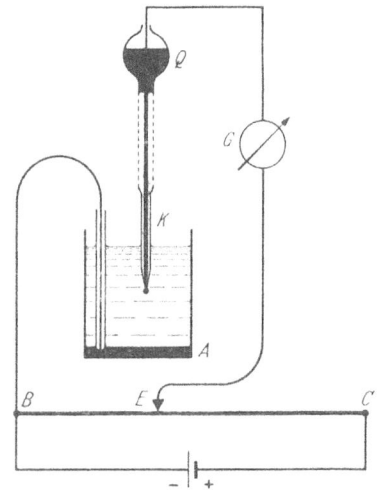

Abb. 35. Prinzip der Schaltung für polarographische Analysen. Das Quecksilbervorratsgefäß ($Q$) endet in der Capillare ($K$), die in die Analysenflüssigkeit taucht. Auf dem Boden des Gefäßes befindet sich Quecksilber als Bezugselektrode ($A$). Vom Meßdraht ($BC$) kann eine bestimmte Spannung abgegriffen ($E$) und an das Elektrodensystem angelegt werden. Mit dem Galvanometer ($G$) registriert man den Stromfluß. Für biologische Zwecke trennt man die Bezugselektrode meist von der Untersuchungsflüssigkeit durch einen Agarheber oder eine Glasfrittenscheibe.

**Apparatur und Zubehör.** Prinzipiell ist jede Anordnung zur $p_H$-Messung bzw. die einfache Schaltung der Abb. 35 zur Messung von $P_{O_2}$ verwendbar. Die hier besprochene Apparatur* ist eine spezielle Entwicklung zur Messung von $P_{O_2}$ im Blut und wurde von BARTELS und Mitarbeitern[4] Hämoxytensiometer (HOT) genannt. Sie besteht aus einem Meßteil und einem Analysenteil mit Thermostat. Zur Eichung ist ein Tonometer nach LAUE[5] eingebaut. Außerdem sind erforderlich:

1. 3—4 Gasbomben (z. B. mit 10 Liter Inhalt) mit Reduzierventilen.

2. HALDANE- oder SCHOLANDER-Gasanalyseapparat zur genauen Analyse von $P_{O_2}$ in den Gasbomben.

3. Stoppuhr.

4. Einfach-Logarithmenpapier (Schleicher & Schüll Nr. 376$^1/_2$).

5. Schläuche, Hahnfett, Filtrierpapier, Gasprobenbeutel.

---

* Hersteller ist Fa. L. Eschweiler, Kiel.
[1] FILLEY, G. F., E. GAY and G. W. WRIGHT: J. clin. Invest. **33**, 510 (1954).
[2] BARTELS, H.: Pflügers Arch. **254**, 107 (1953).
[3] KREUZER, F.: Unveröffentlichte Versuche.
[4] BARTELS, H., W. BURGER, W. ESCHWEILER u. D. LAUE: Pflügers Arch. **254**, 137 (1951).
[5] LAUE, D.: Pflügers Arch. **254**, 142 (1951).

*Reagentien:*
1. Quecksilber, doppelt im Vakuum destilliert (s. S. 193).
2. KCl-Lösung, gesättigt.
3. 0,1 n HNO$_3$.
4. Heparin, pulverisiert oder flüssig.

**Beschreibung der Apparatur.** Abb. 36 zeigt eine schematische Darstellung des *Elektrodensystems*. Das Quecksilbervorratsgefäß besteht aus einem inneren Trichter, in dem sich *reinstes, im Vakuum doppelt destilliertes Quecksilber* befindet, und einem äußeren Gefäß, in das das Niveauquecksilber eingefüllt ist. Hebt man das Niveaugefäß, so steigt bei geschlossenem Hahn *1* der Druck im Gefäß, so daß bei offenem Hahn *2* Quecksilber durch die Capillare getrieben wird. Das in den inneren Trichter tauchende Glasrohr be-

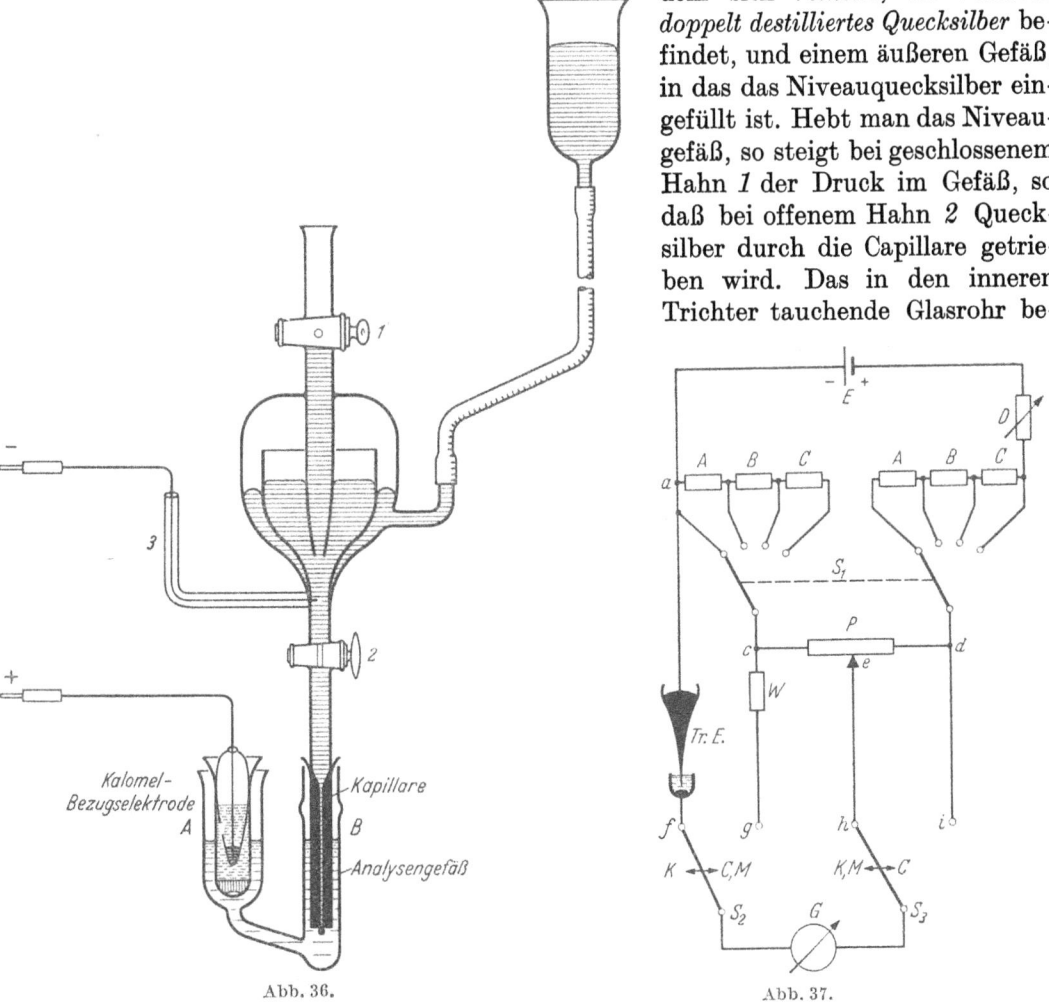

Abb. 36. Abb. 37.

Abb. 36. Elektrodensystem. Das Quecksilbervorratsgefäß mit Capillare wird durch Hahn *1* abgedichtet und steht über einen Druckschlauch mit einem Hg-Niveaugefäß in Verbindung. Hahn *2* dient zum Abstellen der Capillare. Der Platinkontakt (*3*) im Vorratsgefäß führt zur Kathode, die Kalomelbezugselektrode zur Anode. Die Kalomelelektrode taucht in den Arm *A* des Analysengefäßes, durch den zuvor das Blut eingefüllt wurde. Im Arm *B* befindet sich die Capillare.

Abb. 37. Schaltschema der Meßeinrichtung (Erklärung im Text).

wirkt, daß bei Drucksteigerung Quecksilber bis zum Hahn *1* aufsteigt und so einen luftdichten Abschluß bewirkt. Hahn *1* soll nicht gefettet werden, da das Quecksilber beim Einfüllen sonst verunreinigt werden kann. Auch Hahn *2* muß so gut eingeschliffen sein, daß bei ungefettetem Hahn kein Quecksilber austritt. Die Capillare ist mittels Schliff mit dem Hg-Vorratsgefäß verbunden. Man setzt sie auf, nachdem man einen dünnen Fettring um den oberen Teil des Schliffkernes am Vorratsgefäß gelegt hat. Länge und Weite der Capillaren müssen so beschaffen sein, daß sich innerhalb der verfügbaren Druckänderungen die Zeit für die Bildung von einem Tropfen auf 1—3 sec beläuft (etwa

10 cm Länge und 0,07 mm Weite). Hahn 2 dient zum Abstellen des Hg-Austropfens, wenn nicht gemessen wird. In das Quecksilbervorratsgefäß ist ein Platindraht (3) eingeschmolzen, der zur Schaltung führt.

Die Capillare taucht in ein Analysengefäß. In dessen Arm befindet sich eine Kalomelbezugselektrode (BARTELS und RODEWALD[1]). Sie besteht aus einem Mantelgefäß mit Glasfrittenfilter und einem eingeschliffenen Einsatz, der die eigentliche Kalomelelektrode darstellt. Die Öffnung im Einsatz dient zur Flüssigkeitskommunikation zwischen diesem und dem Mantelgefäß. Die Elektrode ist mit gesättigter KCl-Lösung gefüllt. Der Glasfrittenfilter darf nicht zu dicht sein, da sonst der elektrische Widerstand zu hoch wird. Beim Gebrauch der Elektrode diffundiert Hämoglobin in die KCl-Lösung, die deshalb von Zeit zu Zeit erneuert werden muß. Die Verbindung vom Blut zu einer Bezugselektrode kann auch durch einen Agarheber hergestellt werden. Wenn die Capillare sich nicht zur Messung im Blut befindet, taucht man sie in 0,1 n $HNO_3$ ein. Das Prinzip der verwendeten *Schaltung* ist in Abb. 37 dargestellt und wie folgt zu verstehen:

An einer Spannungsquelle $E$ liegen über einen Drehwiderstand $D$ die Festwiderstände $A$, $B$, $C$ mit dem Potentiometer $P$ derartig in Reihe, daß bei einer beliebigen Stellung des Schalters $S_1$ das Potentiometer $P$ entweder vor, zwischen oder hinter die Widerstände $A$, $B$ oder $C$ zu liegen kommt. Da die Widerstände $A$, $B$, $C$ und $P$ untereinander gleich groß sind, werden auch die Spannungsabfälle, die in ihrer Größe nur durch den Drehwiderstand $D$ regulierbaren Strom abhängig sind, gleich sein. Wird z. B. die Spannung am Potentiometer $P$ zwischen den Punkten $c$ und $d$ bei der Stellung des Schalters $S_2$, $S_3$ in $C$ (d. h. Kalibrieren) gemessen, so besteht durch Betätigung des Drehwiderstandes $D$ die Möglichkeit, die Anordnung mit dem Galvanometer $G$ — das über den Vorwiderstand als Spannungsmesser geschaltet ist — in Millivolt zu eichen. Zwischen den Punkten $a$ und $e$ steht somit eine Kompensationsspannung zur Verfügung, die gleich dem Spannungsabfall am Potentiometer $P$ bzw. durch die Stellung des Schalters $S_1$, d. h. Vor- oder Zwischenschaltung von Festwiderständen, gleich dem Spannungsabfall an den Festwiderständen und dem Potentiometer ist. Um die einzelnen Bereiche überlappen zu können, hat das Potentiometer $P$ den 1,1fachen Widerstandswert eines Festwiderstandes. Zur Bestimmung des Potentials der Tropfelektrode werden Schalter $S_2$ und $S_3$ in die Stellung *Comp* (Kompensation, wie in Abb. 37) gebracht. Dann werden Schalter $S_1$ und Potentiometer $P$ solange verändert, bis das Galvanometer, jetzt als Ampèremeter geschaltet, 0 zeigt. Die zur Kompensation benötigte Spannung wird gemessen durch die Stellung des Schalters $S_2$ und $S_3$ auf $M$ (Messen). Das Galvanometer ist über den Widerstand $W$ dann wieder als Spannungsmesser geschaltet und zeigt die Spannung an, die zwischen den Punkten $c$ und $e$ anliegt. Zu dieser Spannung wird gegebenenfalls die Spannungsstufe addiert, die durch die Stellung des Schalters $S_1$, die bei der Kompensation eingestellt wurde, angezeigt wird. Als Galvanometer wird ein Spiegelreflexsystem mit den folgenden Daten verwendet: Empfindlichkeit $3 \times 10^{-9}$ Amp/mm/m, innerer Widerstand 1000 Ohm; Schwingungsperiode 1,5 sec.

Das *Prinzip des Äquilibriersystems* zeigt Abb. 38. Das Gas gelangt vom Reduzierventil der Gasbombe über den Stutzen $I$ zur Vorwärmflasche 1. Diese ist in ihrem inneren Teil halb mit Wasser gefüllt. Durch die Fritte $F$ erhält das Gas eine große Oberfläche und wird dadurch rasch auf die Thermostatentemperatur und die zugehörige Wasserdampfspannung gebracht. Damit das Wasser bei zu starkem Strömen des Gases nicht so leicht in das Kugeltonometer 2 gelangen kann, ist eine Schutzkappe $S$ angebracht. Hochgeschleudertes Wasser läuft im Außenteil wieder herunter und kann am Stutzen $II$ abgesaugt werden. Beim Äquilibrieren muß dieser Stutzen mit einer Klemme abgeschlossen sein. Das Gas gelangt über den Schlauch $a$ in das rotierende Kugeltonometer 2, an dessen Wänden das Blut einen dünnen Film und so eine große Oberfläche mit dem Gas bildet. Über den Schlauch $b$ und die Kondenswasserflasche 3 entweicht das Gas durch den Schlauch $c$ nach außen. Das Kondenswasser, das sich in $c$ bildet, läuft dadurch nicht ins Tonometer zurück, sondern sammelt sich in 3.

**Ausführung der Analyse.** Die Eichung geht in folgenden Schritten vor sich (s. dazu Abb. 38 und 39):

***Thermostat einschalten.*** Solange die am Stellmagnet für das Kontaktthermometer eingestellte Temperatur noch nicht erreicht ist, brennt die Kontrollampe (vorne links).

---

[1] BARTELS, H., u. G. RODEWALD: Pflügers Arch. **256**, 113 (1952).

*Einsetzen des Kugeltonometers.* Thermostat abstellen. Die Schläuche *a* und *b* sind mit ihren zu dem Tonometer führenden Enden zunächst auf Haltestiften am Rand des Thermostaten befestigt. Sie werden jetzt auf die Tonometeransätze fest aufgeschoben, wobei das Eindringen von Wasser zu vermeiden ist. Nun wird das Tonometer mit seiner Anschwellung (*A*) am Stiel so in die Halteklammer eingeschoben, daß die Stielspitze in die exzentrisch angebrachte Ausbohrung der Antriebsscheibe reicht. Der Thermostat wird angestellt. Das Tonometer soll mit etwa 250 Touren/min laufen. Die Schläuche *a* und *b* müssen so bemessen sein, daß sich das Tonometer leicht bewegen kann (lang genug), andererseits sich aber nicht zu weit verdreht (nicht zu lang).

*Anstellen der Gasdurchströmung.* Dazu taucht man das freie Ende des Schlauches *c* etwas ins Thermostatenwasser und dreht *langsam* das Reduzierventil der Gasbombe auf, so daß 2—5 Luftblasen je Sekunde aus der Schlauchmündung austreten. Dann muß die Schlauchmündung aus dem Wasser genommen werden, da sonst im Tonometer beim Äquilibrieren ein höherer Druck als der Atmosphärendruck herrscht. Um das Tonometersystem mit dem Gas auszuspülen, wird es vor dem Einfüllen des Blutes 5 min durchströmt.

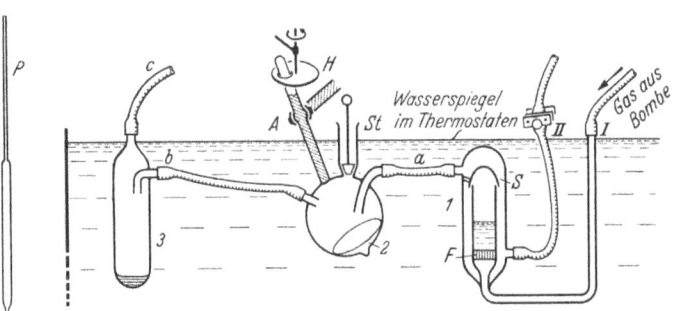

Abb. 38. Äquilibriersystem. Nach LAUE, D.: Pflügers Arch. **254**, 142 (1951). Das Gas aus der Bombe gelangt in die Vorwärmflasche (*1*), wo durch eine Frittenscheibe (*F*) eine große Oberfläche des Gases mit dem eingefüllten Wasser erzeugt wird. Dadurch werden rasche Wasserdampfsättigung und Erwärmung erzielt. Eine Glashaube (*S*) schützt vor Herausschleudern des Wassers ins Tonometer. Über den Schlauch (*a*) gelangt das Gas in das rotierende Kugeltonometer (*2*), in dem das eingefüllte Blut eine große Oberfläche mit dem Gas bildet. Der Stielstopfen (*St*) dient zum Verschluß der Einfüll- bzw. Entnahmeöffnung. Über den Schlauch (*b*) und eine Kondenswasserflasche (*3*) gelangt das Gas ins Freie. Die Pipette (*P*) dient zum Bluteinfüllen.

*Einfüllen und Äquilibrieren des Blutes.* Das aus Vene oder Arterie entnommene Blut wird mit Heparin ungerinnbar gemacht. Zusatz von NaF, wie er zur Bestimmung der Alkalireserve nötig ist, stört die potentiometrische Messung nicht (geprüft bis 2% NaF). Der Thermostat wird abgestellt und der Stielstopfen (*St*, Abb. 38) herausgenommen. 3—5 cm³ Blut, das sind 2—3 Pipettenfüllungen (*P*, Abb. 38) werden eingefüllt. Nach Schließen des Tonometers mit Stielstopfen wird der Thermostat angestellt und 10—15 min äquilibriert. Eventuell Kontrolle, ob das Gas noch strömt, mit Schlauch *c*.

*Vorbereitungen zur Messung.*

1. Einstellen der Tropfzeit auf 2 sec durch Regulieren des Hg-Niveaugefäßes (Abb. 36, s. S. 269 und Abb. 39).
2. Entfernen des Gefäßhalters mit dem $HNO_3$-Gefäß.
3. Abtrocknen der Capillare mit hartem Filtrierpapier ohne Berührung der Mündung.
4. Befestigung eines Analysengefäßes mit seinem dünneren Arm *B* (Abb. 36, s. S. 269) im Gefäßhalter und Einsetzen des Gefäßes ins Stativ, so daß sich die Mündung der Capillare etwa 3 mm oberhalb des seitlichen Abganges zum Arm *A* befindet.
5. Einfahren des Quecksilbervorratsgefäßes mit Analysengefäß in den Thermostaten. Der Rand des Analysengefäßes soll etwa 1 cm über dem Spiegel des Thermostatenwassers sein. Die Eintauchtiefe läßt sich am Stellring (Abb. 39) einstellen.

*Einbringen von Blut ins Analysengefäß aus dem Tonometer.* Der Thermostat wird abgestellt (nach 10 min Äquilibrierzeit) und der Stielstopfen aus dem Tonometer entfernt. Die Pipette *P* wird eingesetzt und Blut aufgesaugt. Dann wird die Pipette in den Arm *A* des Analysengefäßes eingesetzt. Das Blut läuft von selbst ins Analysengefäß. Das Tonometer wird mit Stielstopfen geschlossen und der Thermostat angestellt.

*Einsetzen der Kalomel-Bezugselektrode.* Die Elektrode aus dem mit gesättigter KCl gefüllten Aufbewahrungsgefäß wird herausgenommen und der feuchte Elektrodenteil mit Filtrierpapier abgetrocknet. Sie wird in den Arm *A* des Analysengefäßes eingesetzt.

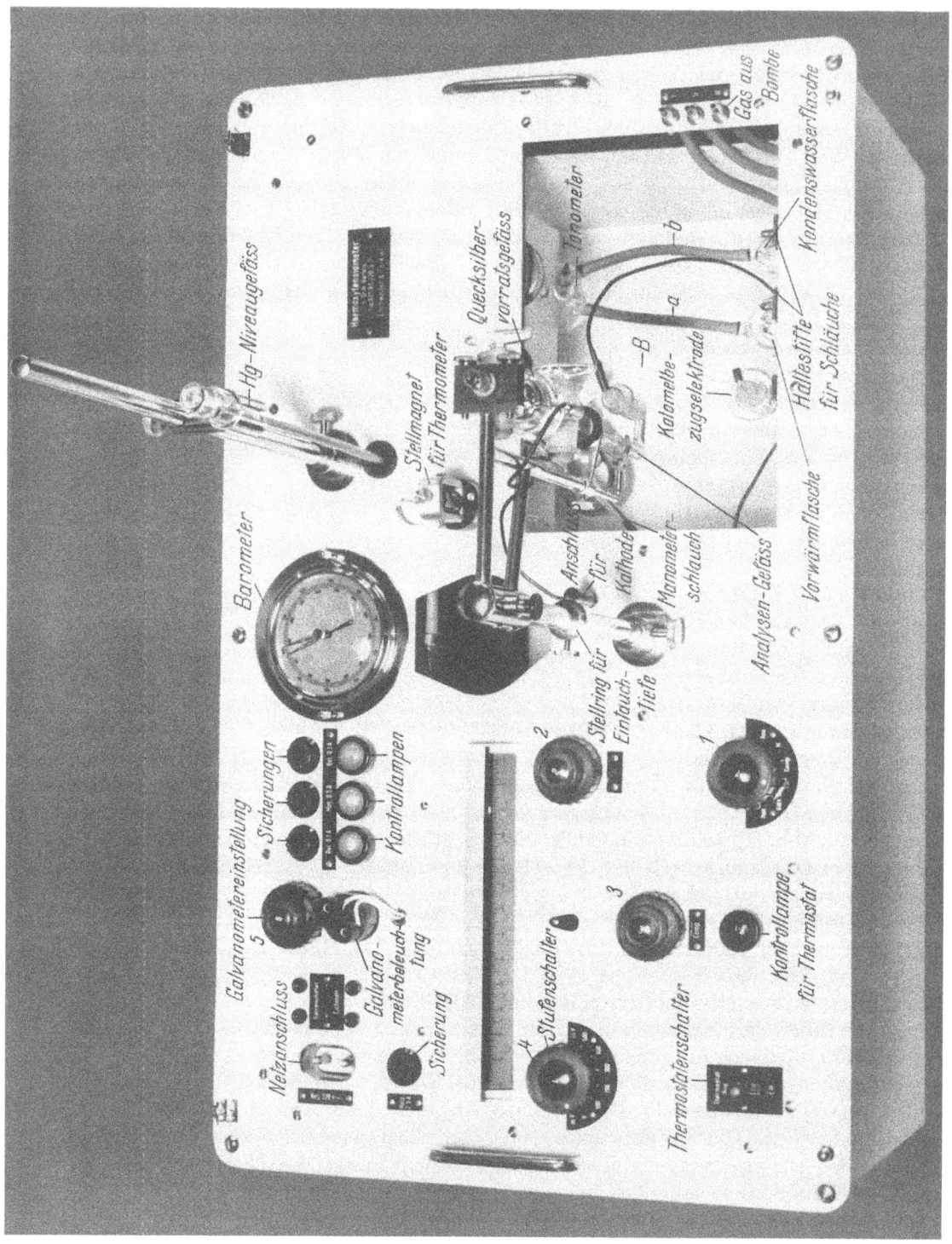

Abb. 39. Frontplatte des Haemoxytensiometers (HOT). Hergestellt nach den Angaben von BARTELS, H., W. BURGER, W. ESCHWEILER u. D. LAUE: Pflügers Arch. **254**, 137 (1951). Links Meßteil mit Galvanometer, rechts Analysenteil mit Quecksilbertropfelektrode, Kugelionometer und Thermostat (genaue Beschreibung s. S. 271 f.).

**Messung** (Abb. 39). Schalter *1* wird auf *Galv. 0* gestellt und die Nullstellung des Galvanometers kontrolliert; eventuell wird mit Knopf *5* korrigiert.

Schalter *1* wird auf *Cal* gestellt. Der Eichausschlag wird geprüft und eventuell mit Knopf *2* korrigiert. Der Lichtzeiger muß auf 110 der unteren Skalenbezeichnung stehen. Dadurch wird erreicht, daß über die 110 Skalenteile 110 mV abfallen.

Schalter *1* kommt auf *Comp.* (Kompensation). Man sieht nun den Lichtzeiger entsprechend der Tropfenbildung hin- und herpendeln. Durch Betätigung des Knopfes *3* stellt man die Galvanometeramplitude so ein, daß sie gleich weit um die Nullmarke der unteren Skalenbezeichnung pendelt. Dies erfordert einige Übung.

Bei der Kompensation mißt man die Zeit für 5 Tropfen durch Messung von 5 Vollperioden des Galvanometerausschlages. Am besten drückt man auf die Stoppuhr, wenn der Lichtzeiger seinen Umkehrpunkt *rechts* von 0 erreicht hat. Bei der erneuten Rückkehr auf diesen Punkt hat man die erste Periode mit 1 zu bezeichnen. Wenn man bei einer Tropfzeit von 2 sec arbeitet, sollte die Tropfzeit für 5 Tropfen (10 sec) um nicht mehr als ± 3% schwanken. Andernfalls muß eine Korrektur durch Höhenänderung des Niveaugefäßes erfolgen.

Schalter *1* wird auf *M* (Messen) umgeschaltet und der Galvanometerstand auf der unteren Skala in Millivolt abgelesen. Eventuell muß dazu die auf Schalter *4* angezeigte Millivoltzahl addiert werden.

Schalter *1* wird auf *Comp.* zurückgestellt; es wird erneut gemessen, wie oben beschrieben. Meist ist der erste Meßwert 2—6 mV tiefer (s. Tabelle 12) als der Endwert der nachfolgenden 2. und 3. Messung (Temperaturangleichung und andere Faktoren). Die Messungen sollten in etwa 1minütigem Abstand gemacht werden. Der Anfänger benötigt meist etwas längere Zeit, wobei in höheren Sauerstoffdruckbereichen die Autoxydation des Blutes Fehler verursachen kann. Außerdem tritt bei mit Heparin versetztem Tonometerblut, wenn es einige Stunden alt ist, unter Umständen bei der Messung schon nach wenigen Minuten Sedimentation ein, die sich in einer zunehmenden Vergrößerung des Millivoltwertes äußert. In diesem Falle hilft leichtes Auf- und Abschieben des Analysengefäßes in dem Gefäßhalter, dabei muß jedoch die Capillare immer ins Blut eintauchen. Danach tritt dann der richtige Meßwert wieder auf. Bei zu langer Meßdauer sammelt sich unter Umständen auch zu viel abgetropftes Quecksilber im Analysengefäß an, was die Messung ebenfalls stört.

In dem Beispiel der Tabelle 12 wird man den Wert von 60 mV für die Analyse verwenden, nicht das Mittel aus allen Messungen oder nur den ersten Wert. Bei zu starker Erschütterung des Galvanometers kann der Thermostat während der Kompensation abgeschaltet werden, dies darf jedoch nicht zu lange geschehen, da sonst Temperaturfehler die Meßgenauigkeit beeinträchtigen. Nach erfolgter Messung wird Schalter *1* auf „Aus" gestellt.

*Herausnehmen der Bezugselektrode.* Das Blut wird in gesättigter KCl-Lösung abgespült und die Elektrode in das Aufbewahrungsgefäß eingetaucht.

*Nach Entfernen des Analysengefäßes* samt Halter werden Blut und Quecksilber in das Quecksilbersammelgefäß ausgeschüttet. Das Analysengefäß wird in Wasser eingelegt, damit die Blutreste nicht eintrocknen.

*Versorgung der Capillare.* Die Capillare soll nur möglichst kurze Zeit frei in der Luft hängen, wenn sich noch Blutreste an ihrer Öffnung befinden. Deshalb bringt man von unten her ein kleines Reagensglas mit destilliertem Wasser und spült damit die Capillare. Wenn nicht sofort anschließend eine neue Analyse folgen soll, bringt man das Salpetersäuregefäß unter die Capillare. Es ist zweckmäßig, die Capillare tropfen zu lassen, wenn die Messungen kurzzeitig aufeinander folgen. Wenn keine Analyse gemacht wird, muß sich die *Mündung der Capillare immer in Salpetersäure* befinden.

*Reinigung der Analysengefäße* und Pipetten geschieht mittels Durchsaugen zuerst von Wasser, dann von destilliertem Wasser. Am besten benützt man eine Wasserstrahlpumpe, wofür die Analysengefäße eigens eine Olive besitzen. Dann wird im Trockenschrank getrocknet. Reinigen in Dichromat-Schwefelsäure ist nur von Zeit zu Zeit erforderlich. Das Kugeltonometer wird ebenso behandelt und ab und zu, wenn sich Niederschläge bilden, mit Natronlauge oder Kaliumdichromat-Schwefelsäure gereinigt. Beim Trocknen des Stielstopfens im Trockenschrank muß vorher der Gummiteil entfernt werden. Das Kugeltonometer und die Pipetten dürfen nicht aus dem noch heißen Trockenschrank genommen werden, da sonst Wasserdampfkondensation auftritt.

*Berechnung:*

Hat man von 3 verschiedenen Gasgemischen je 2 Messungen gemacht, so kann man eine Eichkurve zeichnen, wie sie in Abb. 40 dargestellt ist. In der Abszisse stehen die Millivoltwerte, in der Ordinate logarithmisch die $P_{O_2}$-Werte. Die Berechnung des Sauerstoffdruckes im Gasgemisch geschieht, wie auf S. 202 angegeben. Zur Eichung hält man sich, wenn Sauerstoffdrucke zwischen 10 und 150 mm Hg interessieren, 3 Eichgemische in Zehnlitergasflaschen mit etwa folgenden Sauerstoffkonzentrationen: 3%, 12% und 25% $O_2$. In jeder Flasche sollen außerdem etwa 5% $CO_2$ sein. Der Rest ist Stickstoff. Die $O_2$-Konzentration der Gasgemische muß auf 0,1% genau bekannt sein. Man analysiert sie am besten im Apparat nach HALDANE oder SCHOLANDER (s. S. 195 und 204).

Tabelle 12. *Beispiel einer Messung.*

| Tropfzeit | mV |
|---|---|
| 10,0 | 56 |
| 9,8 | 59 |
| 10,1 | 60 |
| 9,9 | 60 |

**Die Analyse von Blutproben mit unbekanntem $P_{O_2}$.** Man gewinnt das Blut mit 2 bis 5 cm³-Spritzen (mit pulverisiertem oder flüssigem Heparin) durch Punktion von Arterie oder Vene und setzt die Spritze nach Abnahme der Kanüle direkt in den freien Seitenarm des Analysengefäßes ein, der dazu eigens ausgebildet ist. Das Blut wird ins Analysengefäß eingespritzt. Die Messung erfolgt wie oben (von „Einsetzen der Kalomelbezugselektrode" ab beschrieben). Der ermittelte Millivoltwert hat auf der Eichkurve einen zugehörigen $P_{O_2}$-Wert, der abgelesen wird.

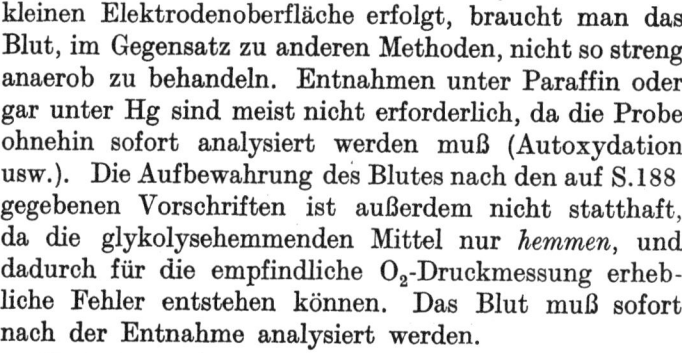

Abb. 40. Eichkurve für menschliches Blut bei 37° C. Ordinate: log $P_{O_2}$ in mm Hg, Abszisse: mV.

**Behandlung des Blutes.** Da die Analyse nur an der kleinen Elektrodenoberfläche erfolgt, braucht man das Blut, im Gegensatz zu anderen Methoden, nicht so streng anaerob zu behandeln. Entnahmen unter Paraffin oder gar unter Hg sind meist nicht erforderlich, da die Probe ohnehin sofort analysiert werden muß (Autoxydation usw.). Die Aufbewahrung des Blutes nach den auf S.188 gegebenen Vorschriften ist außerdem nicht statthaft, da die glykolysehemmenden Mittel nur *hemmen*, und dadurch für die empfindliche $O_2$-Druckmessung erhebliche Fehler entstehen können. Das Blut muß sofort nach der Entnahme analysiert werden.

**Einfluß von Medikamenten.** Verschiedene Medikamente haben einen Einfluß auf die Messung und den Eichkurvenverlauf. Das jodhaltige Kontrastmittel Perabrodil und Inaktin verursachen Verschiebungen der Eichkurve zu höheren Millivoltwerten. Die nach Injektion der genannten Mittel gemessenen Sauerstoffdruckwerte stimmen mit den vor der Injektion gewonnenen dann innerhalb der Fehlergrenzen überein, wenn man von dem Blut, das die Medikamente enthält, eine neue Eichkurve aufstellt und die nach Anwendung der Mittel gemessenen Werte auf diese neue Eichkurve bezieht. Bluttransfusionen aus Blutkonserven mit Zusatz des ACD-Stabilisators und wechselnder Hämoglobinkonzentration haben in den in der Klinik in Betracht kommenden Mengen keinen Einfluß auf die Messung und den Eichkurvenverlauf[1].

**Fehlerquellen.**

1. Ungenaue Einstellung der Nullage des Galvanometers.

2. Ungenaue Einstellung der Eichung (*Cal* auf 110).

3. Zu wenig Quecksilber im Vorratsgefäß, so daß der Platinkontakt nicht eintaucht. Bei Stellung *Comp.* von Schalter *1* kein Ausschlag.

4. Inkonstanz der Tropfzeit (Capillare verschmutzt).

---

[1] RODEWALD, G.: Anaesthesist, Berlin **3**, 4 (1954)

5. Bei der Eichung wird oft ein geringes Schütteln des Analysengefäßes zur Verhinderung der Sedimentation des Heparinblutes vergessen.

6. Ungenaue Kompensation der Galvanometerausschläge.

7. Unvorsichtiges Anschließen des Kugeltonometers, so daß Wasser in die Schläuche gelangt, das Hämolyse verursachen kann.

8. Zu lange dauernde Messung, so daß zuviel Quecksilber im Analysengefäß ist (unregelmäßige Tropfzeit), oder die Autoxydation des Blutes merklich wird (Zunahme der Millivoltwerte). Die Abdiffusion von $CO_2$ erzeugt über die zunehmende $O_2$-Bindung von Hämoglobin eine Abnahme des Sauerstoffdruckes und damit ebenfalls eine Zunahme der Millivoltwerte.

9. Kalomelelektrode enthält zu wenig KCl-Lösung, so daß ein schlechter oder gar kein Kontakt besteht.

10. Ungenaue Gasanalyse der Eichgasgemische. Frisch gefüllte Bomben sollen erst nach 2—3 Tagen analysiert werden oder, wenn es eilig ist, vor dem Analysieren gerollt werden.

Die Eichung des Blutes soll sofort nach der Entnahme und streng nach einem festen Zeitplan (Signaluhr!) erfolgen. Mit zusätzlicher Thermostatenanordnung mit 2 Kugeltonometern kann man innerhalb 40 min 2 Messungen des entnommenen Blutes und 3 Eichpunkte mit je 2 Messungen machen.

Die Anwendung bei hämolytischem Blut ist bis jetzt nur reproduzierbar, wenn der Hämolysegrad konstant ist. In Tierversuchen, bei denen Blut durch Blutpumpen lief und wiederholt reinfundiert wurde, war die Messung von $P_{O_2}$ mit dieser Methode ebenfalls möglich.

### e) Rechnerische Auswertung gasanalytischer Bestimmungen mit besonderer Berücksichtigung nomographischer Verfahren.

Eine Reihe gasanalytischer Größen ist voneinander abhängig. Die mathematisch formulierte Abhängigkeit ist meist kompliziert, man bedient sich deshalb oft mit Vorteil der nomographischen Ermittlung. Eine Übersicht der wichtigeren Verfahren geben Abb. 41 und 42.

#### α) *Bestimmung von $P_{CO_2}$ und $p_H$ im Serum und Blut.*

**$Ps_{CO_2}$ und $P_{Hs}$.** Diese Methode (nach EISENMAN[1]) erfordert äußerst komplizierte Maßnahmen, die viele Fehlerquellen in sich bergen. Vom anaerob entnommenen Blut (15 cm³) wird eine Probe (5 cm³) bei 37° C anaerob zentrifugiert und im anaerob entnommenen Serum (s. S. 192) mit dem manometrischen Apparat der $CO_2$-Gehalt bestimmt. Er sei 57,9 Vol.-%. Die restlichen 10 cm³ Blut werden bei 37° C äquilibriert, 5 cm³ bei $P_{CO_2}$ = 30 mm Hg, 5 cm³ bei $P_{CO_2}$ = 60 mm Hg. Das restliche Gas im Tonometer ist Luft. Nach dem Äquilibrieren werden die Blutproben wieder anaerob bei 37° C zentrifugiert, und das anaerob abgenommene Serum im manometrischen Apparat auf $CO_2$ analysiert. Bei der ersten Probe sei der $CO_2$-Gehalt 53,0 Vol.-%, bei der zweiten 67,2 Vol.-%.

Damit hat man zwei Punkte der Kohlensäuredissoziationskurve von „wahrem", arteriellem Serum gewonnen. Benutzt man doppelt logarithmisches Papier (Schleicher & Schüll, Nr. 375½), so kann man diese Kurve innerhalb physiologischer Bereiche, ohne nennenswerte Fehler zu machen, als Gerade betrachten und zwischen den beiden „Tonometerpunkten", bei denen $CO_2$-Druck und $CO_2$-Gehalt bekannt sind, eine Verbindungslinie ziehen (Abb. 43a). Auf der Kurve kann dann der Kohlendioxyddruck der ersten Probe (für 57,9 Vol.-% $CO_2$ erhält man 38,5 mm Hg $Ps_{CO_2}$) und die exakte *Alkalireserve des „wahren" arteriellen Serums* (58,8 Vol.-% $CO_2$) abgelesen werden.

$p_{Hs}$ wird nach der Gl. (3), Tabelle 13 ermittelt. $p_{K's}$ wird verschieden angegeben, in einigen älteren Untersuchungen für Serum von Mensch, Rind und Hund bei

---

[1] EISENMAN, A. J.: J. biol. Ch. **71**, 611 (1926).

Tabelle 13. *Formeln für einige Berechnungen mit Hilfe der* HENDERSON-HASSELBALCH-*Gleichung*[1].

1. Vol.-% $H_2CO_3$ = $0{,}1316 \, \alpha \, P_{CO_2}$.
2. Vol.-% $BHCO_3$ = Vol.-% $CO_2 - 0{,}1316 \, \alpha \, P_{CO_2}$.
3. $p_H$ = $p_{K'} + \log \dfrac{\text{Vol.-\% } CO_2 - 0{,}1316 \, \alpha \, P_{CO_2}}{0{,}1316 \, \alpha \, P_{CO_2}}$.
4. $p_{K'}$ = $p_H - \log \dfrac{\text{Vol.-\% } CO_2 - 0{,}1316 \, \alpha \, P_{CO_2}}{0{,}1316 \, \alpha \, P_{CO_2}}$.
5. $P_{CO_2}$ = $\dfrac{\text{Vol.-\% } CO_2}{0{,}1316 \, \alpha \, (10^{p_H - p_{K'}} + 1)}$.
6. Vol.-% $BHCO_3$ = Vol.-% $CO_2 \cdot \dfrac{1}{1 + 10^{p_{K'} - p_H}}$.

37° C zu 6,11[2] (WIESINGER[3] findet nur 6,09 für 37° C und Menschenserum). BARTELS und RODEWALD[4] rechneten mit 6,10 und fanden ein $p_{Hs}$, das mit elektrometrisch gemessenen Werten gut übereinstimmte. In der Gl. (1), Tabelle 13 wird zur Errechnung der physikalisch im Serum gelösten $CO_2$-Menge der Löslichkeitskoeffizient α benötigt

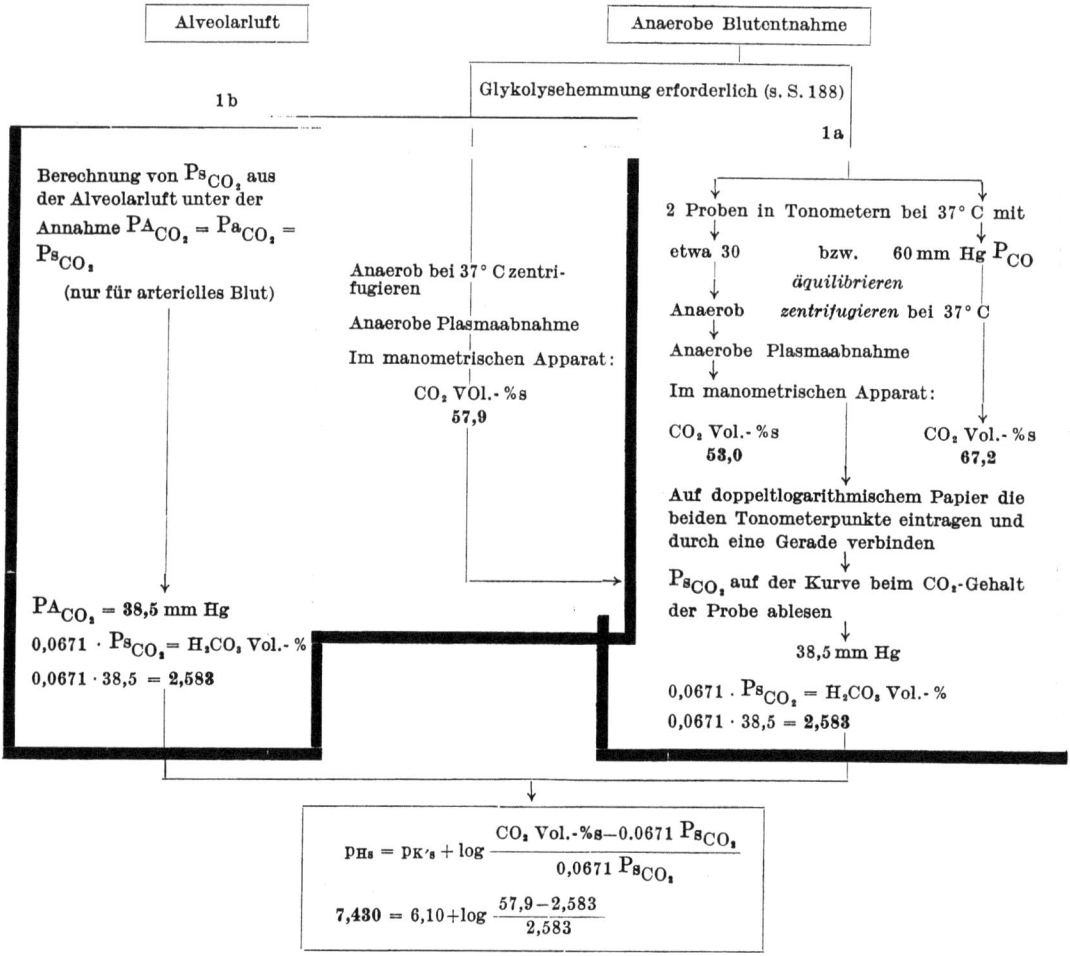

Abb. 41. Schematische Darstellung des Vorgehens bei der Ermittlung von $P_{sCO_2}$ und $p_{Hs}$ aus „wahrem" Serum. Diese Abbildung soll einen Überblick geben. Ausführliche Beschreibung s. S. 275 f.

---

[1] Nach Peters-Van Slyke Bd. I, S. 881. 1932. — Zeichenerklärung s. S. 296.
[2] DILL, D. B., C. DALY and W. H. FORBES: J. biol. Ch. **117**, 569 (1937).
[3] WIESINGER, K., P. H. ROSSIER, E. SABOZ u. G. SAMPADO: Helv. physiol. Acta **7**, 28 (1948).
[4] BARTELS, H., u. G. RODEWALD: Pflügers Arch. **256**, 113 (1952).

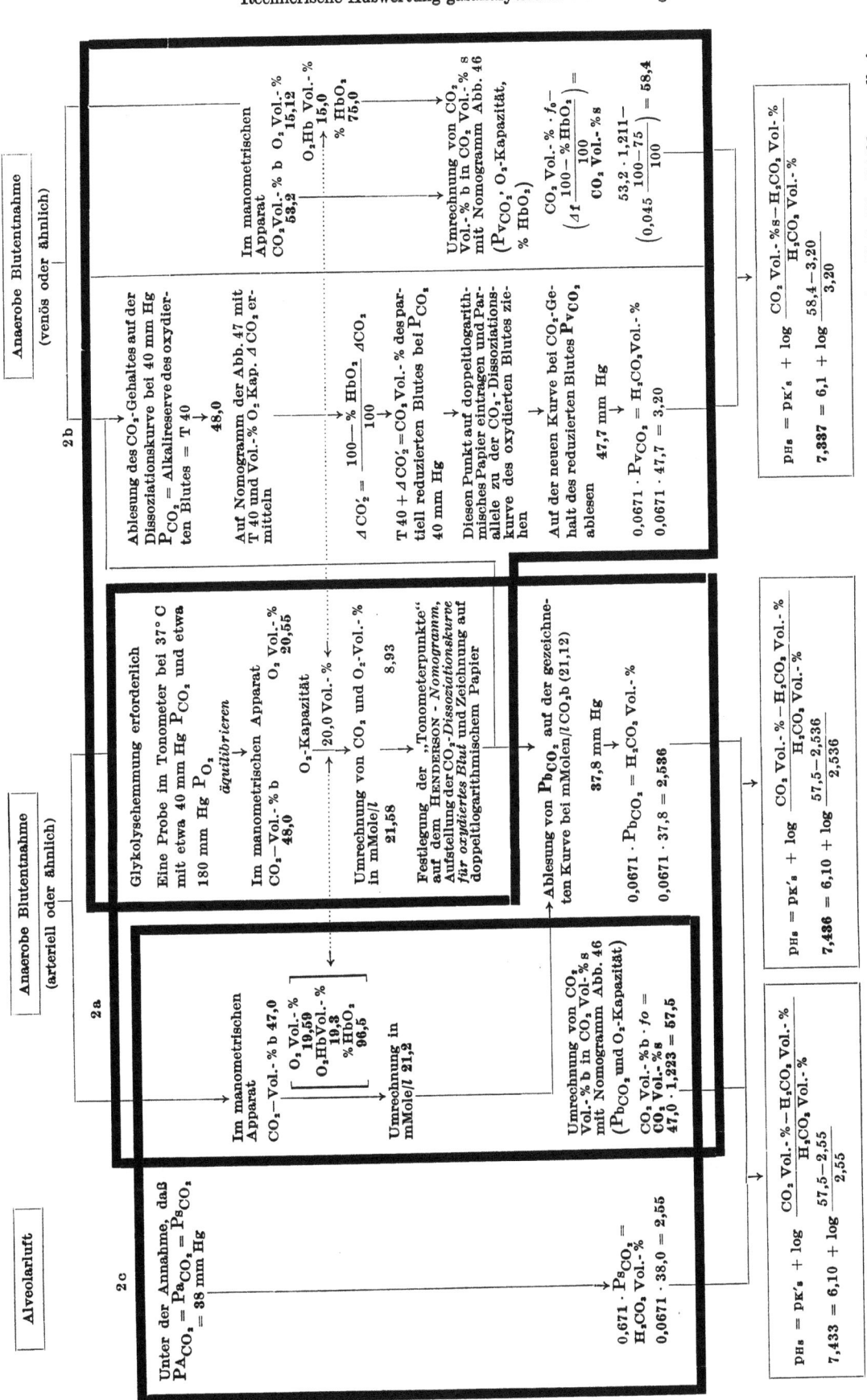

Abb. 42. Schematische Darstellung des Vorgehens bei der Ermittlung von $P_bCO_2$, $P_sCO_2$ und $pH_s$ aus arteriellem und nur partiell mit $O_2$ gesättigtem Blut. Die Abbildung soll einen Überblick über die verschiedenen Möglichkeiten geben. Ausführliche Beschreibung s. S. 278 f.

(Tabelle 26). Für 38° C gibt PETERS-VAN SLYKE[1] 0,510 an, 0,1316 α der Formel 1 ergibt 0,0671. $p_{Hs}$ ist dann mit den angenommenen Werten ($p_{K'} = 6{,}10$)

$$p_{Hs} = 6{,}10 + \log \frac{57{,}9 - (0{,}0671 \cdot 38{,}5)}{0{,}0671 \cdot 38{,}5} = 7{,}430.$$

DILL und Mitarbeiter[2] verwenden statt 0,0671 den Wert 0,0696 und für $p_{K's}$ 6,11. Für die obigen Daten resultiert ein $p_{Hs}$ von 7,424. Ein Nomogramm (Abb. 44) erlaubt die etwas ungenauere graphische Ermittlung.

*Ohne Äquilibrieren* kommt man aus, wenn man arterielles Blut von gesunden Versuchspersonen in Ruhe untersucht und sich auf die berechtigte Annahme stützt, daß

$$P_{A_{CO_2}} = P_{a_{CO_2}}.$$

Das anaerob entnommene Blut wird anaerob zentrifugiert und im anaerob abgenommenen Serum mit dem manometrischen Apparat der $CO_2$-Gehalt bestimmt, er sei

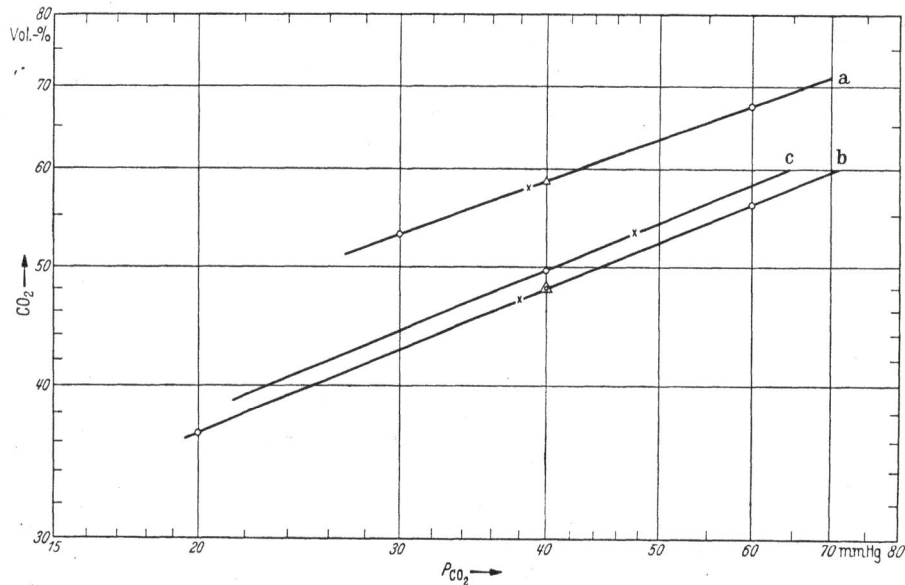

Abb. 43. Doppeltlogarithmische Darstellung von Kohlensäuredissoziationskurven des Serums (*a*), des oxydierten (*b*) und des partiell reduzierten Blutes (*c*). Ordinate: Vol.-% $CO_2$, Abszisse $P_{CO_2}$ in mm Hg, △ Alkalireservewerte. × Werte von $CO_2$-Vol.-%, bei denen der zugehörige Kohlensäuredruck ($P_{CO_2}$) abgelesen wird.

57,9 Vol.-%. Aus der Alveolarluftbestimmung erhält man $P_{A_{CO_2}}$, es sei 38,5 mm Hg (über eine weitere Möglichkeit ohne Alveolarluftentnahme s. unten). $p_{Hs}$ erhält man ebenso, wie oben angegeben.

$Pb_{CO_2}$ und $p_{Hs}$. **Arterielles Blut.** Die Schwierigkeit des anaeroben Zentrifugierens bei 37° C umgeht man mit folgender Methode, die heute wohl am meisten angewendet wird.

Das anaerob entnommene Blut wird im VAN SLYKE-Apparat auf $CO_2$- und $O_2$-Gehalt analysiert (z. B. 47,0 und 19,6 Vol.-%). 5 cm³ Blut, die gleichzeitig entnommen wurden, äquilibriert man bei 37° C in einem Tonometer (z. B. Kugeltonometer, s. S. 271) bei etwa 40 mm Hg $P_{CO_2}$ und etwa 180 mm Hg $P_{O_2}$. Im manometrischen Apparat werden $CO_2$- und $O_2$-Gehalt des Tonometerblutes bestimmt (z. B. 48,0 Vol.-% $CO_2$ und 20,0 Vol.-% $HbO_2$).

Umrechnung des $CO_2$-Vol.-%-Gehaltes in mMole $CO_2$ $\left(\frac{48{,}0}{2{,}226} = 21{,}58\right)$ und der $O_2$-Kapazität von 20,0 Vol.-% $O_2$ in mMole $O_2$ $\left(\frac{20{,}0}{2{,}24} = 8{,}93\right)$. Zusammen mit dem $CO_2$-Druck im Tonometer (40,2 mm Hg) hat man einen Punkt der $CO_2$-Dissoziations-

---

[1] Peters-van Slyke Bd. 1, S. 882.
[2] DILL, D. B., A. GRAYBIEL, A. HURTADO and A. TAQUINI: Z. Altersforsch. **2**, 20 (1939).

kurve des voll mit O₂-gesättigten Blutes. Mit dem Nomogramm von HENDERSON[1] (Abb. 45) kann man auf folgende Weise die Kurve für den physiologisch wichtigen Bereich aufstellen. Mit einem schwarzen Faden legt man an der linken Leiter (mMole $CO_2$) bei 21,58 und an der rechten Leiter bei 40,2 mm Hg $P_{CO_2}$ an (das Nomogramm sollte mindestens auf 50×40 cm vergrößert werden). Der so angelegte Faden schneidet die Konturlinien für die O₂-Kapazität (mMole $O_2$). Für unseren Fall wird an der Strecke des Fadens zwischen der Linie 8 und 9 eine Nadel mit Glasknopf so eingestochen, daß etwa der Wert 8,9 markiert ist. Damit hat man den Drehpunkt für die aufzustellende CO₂-Dissoziationskurve festgelegt. Für 20, 40 und 60 mm Hg $P_{CO_2}$ ermittelt man die zugehörigen CO₂-Werte, indem man den Punkt der $P_{CO_2}$-Leiter mit dem Kapazitätspunkt verbindet, der Faden schneidet dann die mMole-CO₂-Leiter in einem zugehörigen Wert.

Die so ermittelten Wertepaare (sie seien $P_{CO_2}$: mMole $CO_2$ = 20 : 16,45, 40 : 21,6, 60 : 25,2) trägt man (eventuell nach Rückrechnung in Vol.-% $CO_2$ = 16,45 (bzw. 21,6 und 25,2) × 2,226 = 36,6 (48,1 und 56,1) auf doppeltlogarithmischem Papier ein (s. Abb. 43b, S. 278). Sie müssen exakt auf einer Geraden liegen. Bei $P_{CO_2}$ = 40 mm Hg kann man die Alkalireserve in Vol.-% $O_2$ des Vollblutes ablesen (= 48,0 Vol.-% $CO_2$). $Pa_{CO_2}$ ist bei 47,0 Vol.-% $CO_2$ (s. o.) mit 37,8 mm Hg abzulesen.

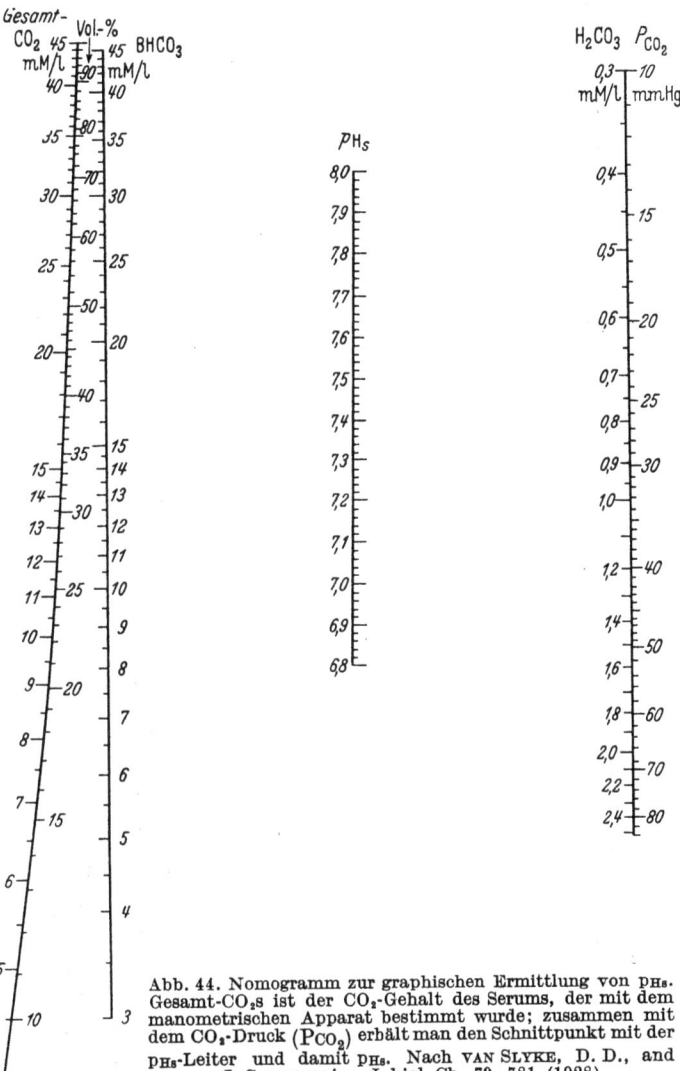

Abb. 44. Nomogramm zur graphischen Ermittlung von $pH_s$. Gesamt-CO₂s ist der CO₂-Gehalt des Serums, der mit dem manometrischen Apparat bestimmt wurde; zusammen mit dem CO₂-Druck ($P_{CO_2}$) erhält man den Schnittpunkt mit der $pH_s$-Leiter und damit $pH_s$. Nach VAN SLYKE, D. D., and J. SENDROY jr.: J. biol. Ch. 79, 781 (1928).

Die Berechnung des $pH_s$ im Serum ($pH_s$) ist vorzuziehen, weil $pK'_s$ und $\alpha_{CO_2}$ dort besser definiert sind und ihre Abhängigkeit vom Zell-Plasmaverhältnis ausscheidet.

Die Berechnung mit der HENDERSON-HASSELBALCH-Gleichung (Nr. 3 der Tabelle 13, S. 276) erfordert die Umrechnung des CO₂-Gehaltes vom Blut auf den des Serums mit dem Nomogramm der Abb. 46. Auf der $P_{CO_2}$-Leiter wird der ermittelte $Pa_{CO_2}$ (37,8 mm Hg) angelegt, auf der O₂-Kapazitätsleiter 20,0 Vol.-% (s. o.) der Schnittpunkt mit der $f_0$-Leiter wird abgelesen (1.223): $f_0 \cdot CO_2$-Vol.-% = $CO_2$-Vol.-%s (= 57,5). $pH_s$ kann nun wie oben für Serum beschrieben berechnet werden.

**Nicht voll mit O₂ gesättigtes Blut.** Das für arterielles Blut geschilderte Verfahren bedarf der Erweiterung, wenn das zu untersuchende Blut nicht voll (etwa unter 95%) mit O₂ gesättigt ist. Arterielles Blut von Gesunden ist unter Ruhebedingungen zu 96%

---

[1] Henderson, Blut S. 270.

mit $O_2$ gesättigt (s. Tabelle 33, S. 310). Diese geringe Untersättigung kann unberücksichtigt bleiben. Handelt es sich z. B. um venöses Mischblut (z. B. mit Katheter aus

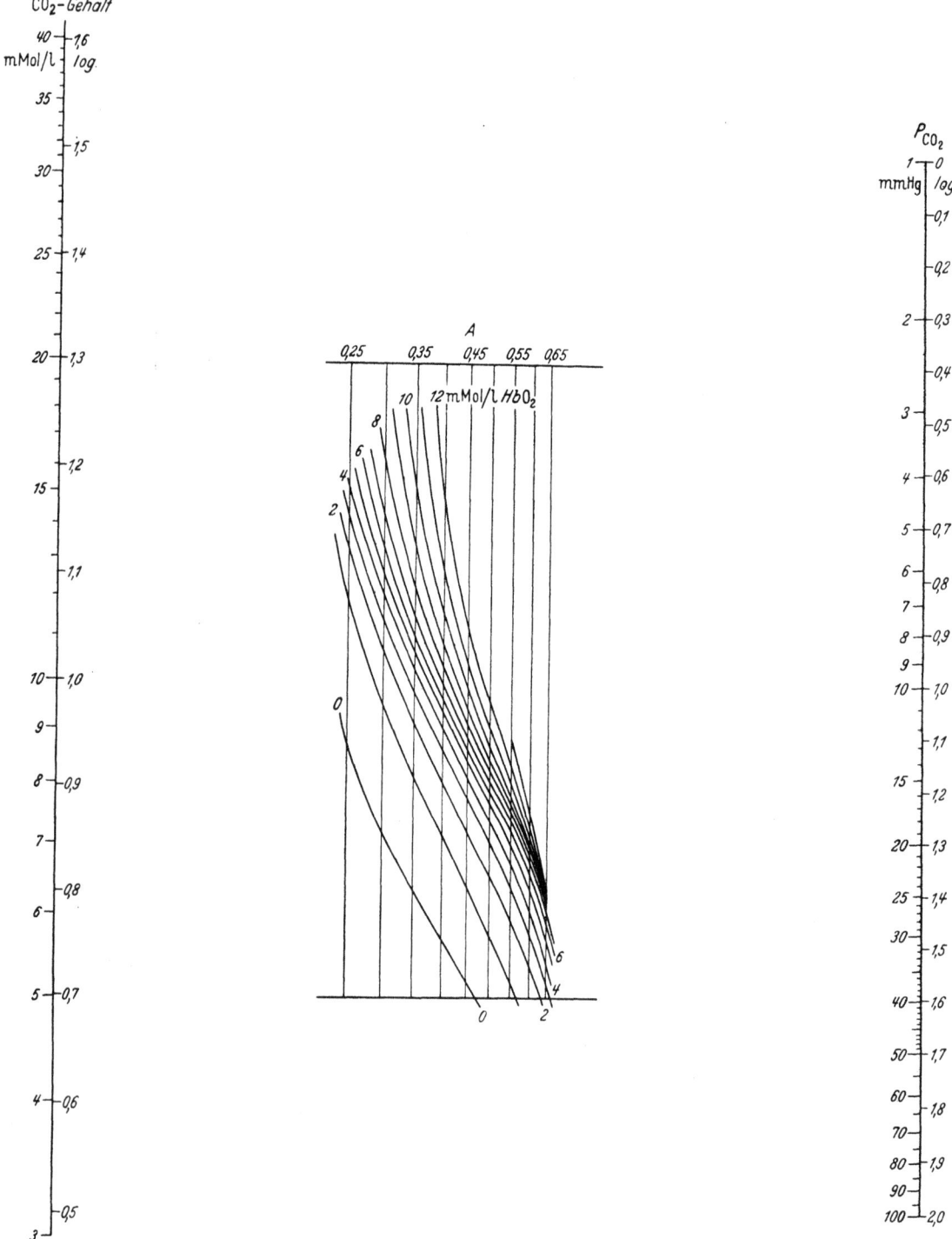

Abb. 45. Nomogramm zur Aufstellung von Kohlensäuredissoziationskurven für oxydiertes Blut in Abhängigkeit von der $O_2$-Kapazität, nach HENDERSON, Blut, S. 270. Zum Gebrauch mindestens auf 40×50 cm vergrößern.

A. pulmonalis entnommen), so muß die größere Bindungsfähigkeit für $CO_2$ berücksichtigt werden. Angenommen, das aus dem Katheter anaerob entnommene Blut hätte bei der VAN SLYKE-Analyse 53,2 Vol.-% $CO_2$ und 15,0 Vol.-% $HbO_2$ ergeben. Das gleichzeitig abgenommene Tonometerblut soll die gleichen Werte ergeben, wie oben angegeben (48,0 Vol.-% $CO_2$ und 20,0 Vol.-% $HbO_2$). Mit dem Diagramm der Abb. 47. kann man bestimmen, um wieviel der Alkalireservewert des Blutes zunimmt, wenn das Blut völlig reduziert ist. In der Ordinate geht man auf den $CO_2$-Wert (48,0 Vol.-%) und zieht eine Parallele zur Abszisse. Wo diese die entsprechende Linie für die $O_2$-Kapazität (20 Vol.-%) schneidet, geht man senkrecht auf die Abszisse und liest $\Delta CO_2$ ab ($\Delta CO_2 = 6,6$ Vol.-% $CO_2$). Wäre das Blut völlig reduziert, so wäre der ermittelte Betrag dem Alkalireservewert (48,0 + 6,6 = 54,6 Vol.-% $CO_2$) hinzuzuzählen. In unserem Fall sind jedoch nur 25% Hb reduziert $\left(\frac{15 \text{ Vol.-\% } O_2}{20,0 \text{ Vol.-}O_2} \cdot 100 = 75\% \text{ HbO}_2\right)$. Mit $\left(\Delta CO_2 \cdot \frac{100 - \% \text{HbO}_2}{100} = \right)$ $\Delta CO_2'$ kann die dem Reduktionsgrad entsprechende Korrektur $\left(6,6 \cdot \frac{100-75}{100} = 1,65\right)$ durchgeführt werden. $\Delta CO_2'$ wird zum Alkalireservewert (48,0 + 1,65 = 49,65 Vol.-% $CO_2$) hinzugezählt. Damit hat man einen Punkt der $CO_2$-Dissoziationskurve des nur zu 75% mit $O_2$ gesättigten Blutes, den man auf doppeltlogarithmischen Papier s. o. bei $P_{CO_2} = 40$ mm Hg einträgt.

Zieht man eine Parallele zu der Dissoziationskurve (Abb. 43c) für voll mit $O_2$ gesättigtem Blut, so ermittelt man den $P_{CO_2}$-Wert für den venösen $CO_2$-Gehalt von 53,2 Vol.-% mit 47,7 mm Hg.

Stellt man mit dem HENDERSON-Nomogramm (Abb. 45, S. 280) wie oben angegeben eine neue Dissoziationskurve auf, so ergibt sich daraus nur wenig Änderung.

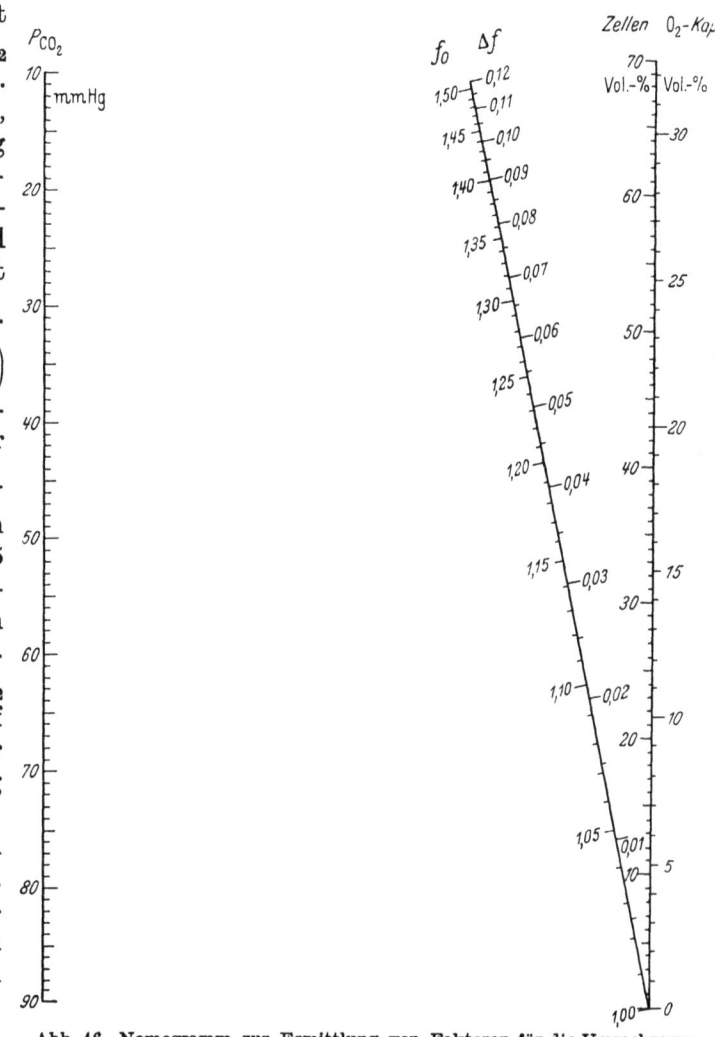

Abb. 46. Nomogramm zur Ermittlung von Faktoren für die Umrechnung des $CO_2$-Gehaltes im Blut auf den des Serums. Die Verbindung des Wertes auf der $P_{CO_2}$-Leiter mit dem auf der Leiter für die $O_2$-Kapazität bzw. dem Hämatokritwert ergibt einen Wert für $f_0$ und $\Delta f$.

$$CO_2 b \cdot (f_0 - \Delta f \frac{100 - \% \text{HbO}_2}{100}) = CO_2 s.$$

Bei voller $O_2$-Sättigung des Blutes wird der zweite Ausdruck in der Klammer 0, d. h. $CO_2 b \cdot f_0 = CO_2 s$. Nach PETERS-VAN SLYKE, Bd. II, S. 289.

Die $p_H$-Berechnung geschieht wieder mit dem Umrechnungsnomogramm der Abb. 46. Man verbindet den $P_{CO_2}$-Punkt mit der Kapazität (47,7 mm Hg und 20,0 Vol.-%) und erhält Werte von $f_0$ und $\Delta f$ (1,211 und 0,045). Mit diesen Faktoren errechnet man die Zunahme des $CO_2$-Gehaltes beim Übergang von partiell mit $O_2$ gesättigtem Blut auf Serum:

Vol.-% $CO_2 s$ = Vol.-% $CO_2 b \cdot \left(f_0 - \Delta f \frac{100 - \% \text{HbO}_2}{100}\right) : 58,4 = 53,2 \cdot 1,211 \ (0,045 \cdot 0,25).$

Mit der Konstanten 0,0671 und 6,10 für $p_{K's}$ ist $p_{Hs}$ somit 7,377.

*Ein vereinfachtes Verfahren* für arterielles Blut von gesunden Versuchspersonen benötigt die oben angegebene (S. 278) Annahme, daß $PA_{CO_2} = Pa_{CO_2}$ sei.

Das anaerob entnommene arterielle Blut wird im manometrischen Apparat auf $CO_2$- und $O_2$-Gehalt untersucht. Die Umrechnung des $CO_2$-Gehaltes im Vollblut auf den des Serums erfolgt mit dem Nomogramm Abb. 46, S. 281. Man benutzt $Pa_{CO_2}$ als $Ps_{CO_2}$ (38 mm Hg) und anstatt der $O_2$-Kapazität den Hämatokritwert (43 Vol.-%-Zellen). Mit dem gefundenen $f_0$-Wert (1,228) multipliziert man den $CO_2$-Gehalt des arteriellen Blutes (47,0 · 1,223 = 57,5 Vol.-% $CO_2$s), um den $CO_2$-Gehalt des Serums zu erhalten. Mit der Konstante 0,0671 und 6,10 für $p_{K's}$ und $Ps_{CO_2} = 38$ mm Hg ist $p_{Hs} = 7{,}433$.

Der geringe Anteil des arteriellen Blutes an reduziertem Hämoglobin (etwa 4%) wurde hierbei nicht berücksichtigt. Liegt von dem arteriellen Blut aber außerdem noch eine Bestimmung der $O_2$-Kapazität vor, so kann man die prozentuale $O_2$-Sättigung berechnen und bei der Berechnung von $CO_2$s berücksichtigen (s. a. S. 279f.). Bei der normalen arteriellen Untersättigung von nur 4% wird $f_0$ nur in der dritten Dezimale verändert, so daß nur bei Fällen mit größerer Untersättigung (etwa 10% und mehr) diese Korrektur berücksichtigt werden muß.

Mit diesem Verfahren wurden an 31 Versuchspersonen mit der elektrometrischen Methode gut übereinstimmende Werte erzielt[1].

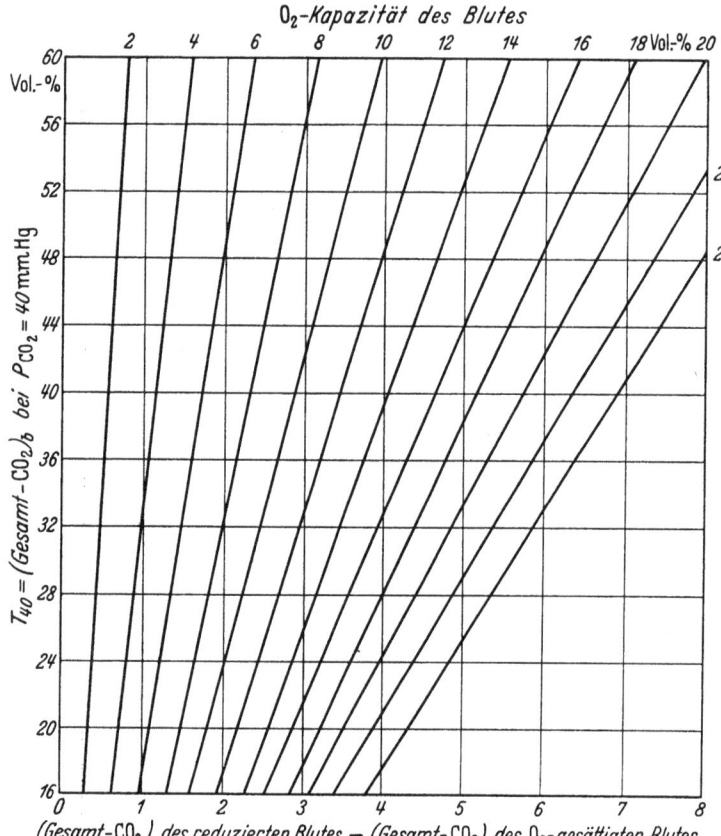

Abb. 47. Diagramm zur Ermittlung des $CO_2$-Gehaltes im reduzierten Blut aus dem $CO_2$-Gehalt des oxydierten Blutes. T 40 = $CO_2$ Vol.-% bei 40 mm Hg $P_{CO_2}$ und voll mit $O_2$ gesättigtem Hb. Man liest T 40 ab und zieht eine Parallele zur Abszisse. Der Schnittpunkt mit der Konturlinie für die $O_2$-Kapazität in Vol.-% liefert, wenn man von dort das Lot auf die Abszisse fällt, auf dieser den Wert in Vol.-%, um den der $CO_2$-Gehalt des oxydierten Blutes (T 40) erhöht werden muß, damit man den Wert für völlig reduziertes Blut erhält. Nach DILL, D. B., A. GRAYBIEL, A. HURTADO and A. TAQUINI: Z. Altersforsch. 2, 20 (1939).

**$Pb_{CO_2}$ und $p_{Hc}$. Im anaerob entnommenen Blut** werden $CO_2$- und $O_2$-Gehalt (47 Vol.-% $CO_2$ und 19,6 Vol.-% $O_2$) mit dem manometrischen Apparat bestimmt. Eine gleichzeitig entnommene Probe wird bei 37° C, etwa 40 mm Hg $P_{CO_2}$ und etwa 180 mm Hg $P_{O_2}$ äquilibriert und nachfolgend ebenso $CO_2$- und $O_2$-Gehalt (48 Vol.-% $CO_2$ und 20 Vol.-% $O_2$) bestimmt. Umrechnung der Vol.-% in mMole (s. o. S. 278). Aufstellung der $CO_2$-Dissoziationskurve mit dem HENDERSON-Nomogramm (Abb. 45, S. 280). Ablesung von $P_{CO_2}$ bei 47 Vol.-% $CO_2$ (= 37,8 mm Hg). Bis dahin unterscheidet sich das Verfahren nicht von dem S. 278f. beschriebenen.

Zur Berechnung von $H_2CO_3$-Vol.-% $b$ muß jedoch die $O_2$-Kapazität berücksichtigt werden. Aus dem Diagramm der Abb. 48. erhalten wir für unser Beispiel als Faktor 0,0643 und damit 2,430 Vol.-% $H_2CO_3$ $b$. Da $p_{K'c}$ nicht nur von der $O_2$-Kapazität, sondern auch von der prozentualen $O_2$-Sättigung des Blutes und schließlich auch noch vom $p_H$ selbst abhängt, muß das Nomogramm der Abb. 49 benutzt werden. Für unseren Fall

---

[1] BARTELS, H., u. G. RODEWALD: Pflügers Arch. **256**, 113 (1952).

erhalten wir mit 96% Hb O$_2$, 20 Vol.-% O$_2$-Kapazität und $\log \frac{47-2,430}{2,430} = 1,266$ für $p_{K'c} = 5,89$ und damit ist $p_{Hc} = 7,116$.

Diese Methode ist ohne weitere Korrektur auch für partiell reduziertes Blut verwendbar. Man sieht, daß die Berechnung des Zell-p$_H$ größere Unsicherheiten in sich birgt als die von $p_{Hs}$. Man wird deshalb, wenn möglich, die oben angegebenen Wege der Umrechnung auf Serumwerte vorziehen.

**Beim arteriellen Blut** kann man analog S. 278 und S. 281 unter Ruhebedingungen und Luftatmung die Vereinfachung machen, und $P_{A_{CO_2}} = P_{a_{CO_2}}$ setzen; damit ist jedoch bei diesem Verfahren nicht viel gewonnen, da zur $p_{K'c}$-Bestimmung O$_2$-Kapazität und prozentuale O$_2$-Sättigung erforderlich sind. Man muß also trotzdem äquilibrieren, und kann dann auch noch $P_{a_{CO_2}}$, wie S. 278 f. beschrieben, bestimmen.

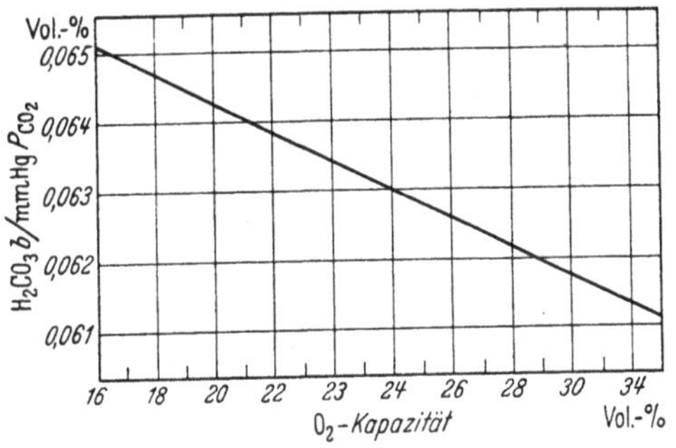

**Nomogramm zur Untersuchung des Säure-Basen-Gleichgewichtes des**

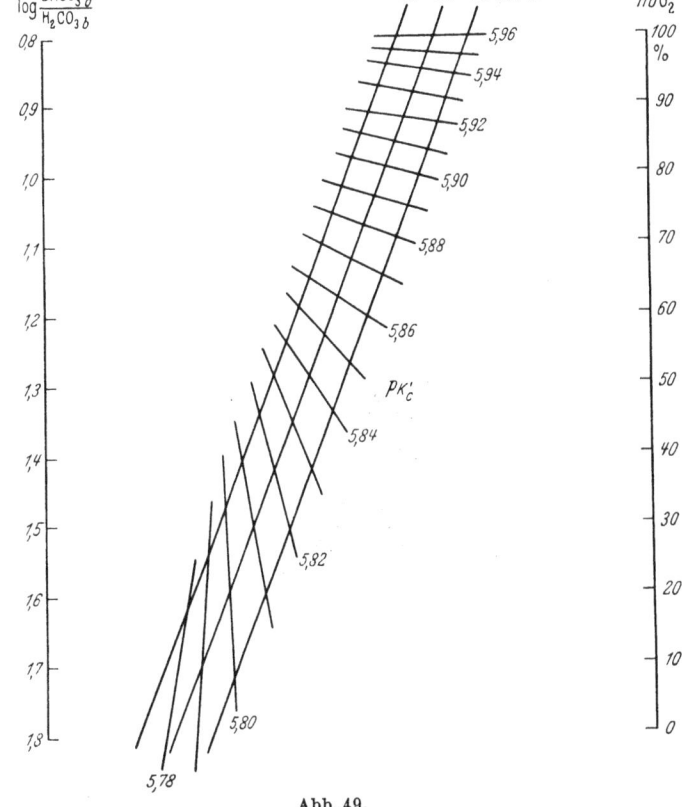

Abb. 48.  Abb. 49.

Abb. 48. Abhängigkeit der Löslichkeit von Kohlendioxyd im Vollblut von der O$_2$-Kapazität in Vol.-% O$_2$. Die Löslichkeit ist in Vol.-% H$_2$CO$_3$b je mm Hg P$_{CO_2}$ in der Ordinate angegeben. Modifiziert nach KEYS, A., E. G. HALL and E. S. G. BARRON: Amer. J. Physiol. 115, 292 (1936). Diese haben die Abbildung nach Daten von SLYKE, D. D. VAN, A. B. HASTINGS and J. M. NEILL: J. biol. Ch. 78, 765 (1928) konstruiert.

Abb. 49. Nomogramm zur Bestimmung von $p_{K'c}$ ($p_{K'}$ in den Blutzellen) in Abhängigkeit vom Verhältnis log Bicarbonat/ Kohlensäure im Blut (log BHCO$_3$b/H$_2$CO$_3$b), der O$_2$-Kapazität und der prozentualen O$_2$-Sättigung des Blutes (% HbO$_2$). Nach KEYS, A., F. E. HALL and E. S. G. BARRON: Amer. J. Physiol. 115, 292 (1936).

**menschlichen Blutes bei 37° C** (Abb. 50). Das Nomogramm von SINGER und HASTINGS[1] ist hauptsächlich zum Gebrauch in der Klinik gedacht. Es besteht aus fünf Hauptleitern. 1. CO$_2$-Gehalt des Vollblutes bzw. Plasmas (CO$_2$b in mMolen); 2. Plasma-Hydrogencarbonat (BHCO$_3$s in mVal); 3. Vollblut-Pufferbasen (BB$^+$b in mVal/l); 4. Plasma-p$_H$ ($p_{Hs}$); 5. P$_{CO_2}$ (mm Hg) und Plasma-H$_2$CO$_3$ (H$_2$CO$_3$s in mMolen/l); 6. $p_{Hs}$-Korrekturskala zur Ermittlung der Korrekturwerte für BB$^+$ und CO$_2$b (7) bei Blut mit weniger als 90% HbO$_2$.

Die Leitern 2, 4 und 5 sind eine graphische Darstellung der HENDERSON-HASSELBALCH-Gleichung (Nr. 3 in Tabelle 13, S. 276). Die Leitern 1 und 3 bestehen aus einem Netz für die einzelnen Hämatokritwerte (0,0 = Plasma). Vier Beispiele der Verfasser sollen den Gebrauch des Nomogrammes verständlich machen.

1. Gegeben: CO$_2$s = 11,1 mMole/l und $p_{Hs}$ = 7,59. Auf Leiter 1 bei Hämatokritwert 0,0 11,1 anlegen und mit $p_{Hs}$ 7,59 auf Leiter 5 verbinden. Auf Leiter 6 kann man P$_{CO_2}$ (11,8 mm Hg) und auf

---

[1] SINGER, R. B., and A. B. HASTINGS: Medicine, Baltimore 27, 223 (1948).

der „Plasmalinie" (0,0) der Leiter *3* die Plasma-Pufferbasen (29,5 mval/*l*) ablesen. Leiter *2* gibt das Plasma-Hydrogencarbonat an (10,9 mval/*l*).

2. Arterielles Blut, gegeben: $CO_2 b = 28{,}8$ mMole/*l*, $pH_s = 7{,}48$, Hämatokritwert 0,48. Verbinden von 28,8 (bei 0,48 Hämatokritwert) auf Leiter *1* mit 7,48 auf *4*. Auf Leiter *5* ermittelt man $P_{CO_2}$ (48 mm Hg), auf *3* $BB^+ b$ (58,5 mval), wobei man wieder bei 0,48 ablesen muß. Auf Leiter *1* und *3* können auch noch die Serumwerte bei 0,0 abgelesen werden, ebenso auf *2* der Hydrogencarbonatgehalt im Plasma.

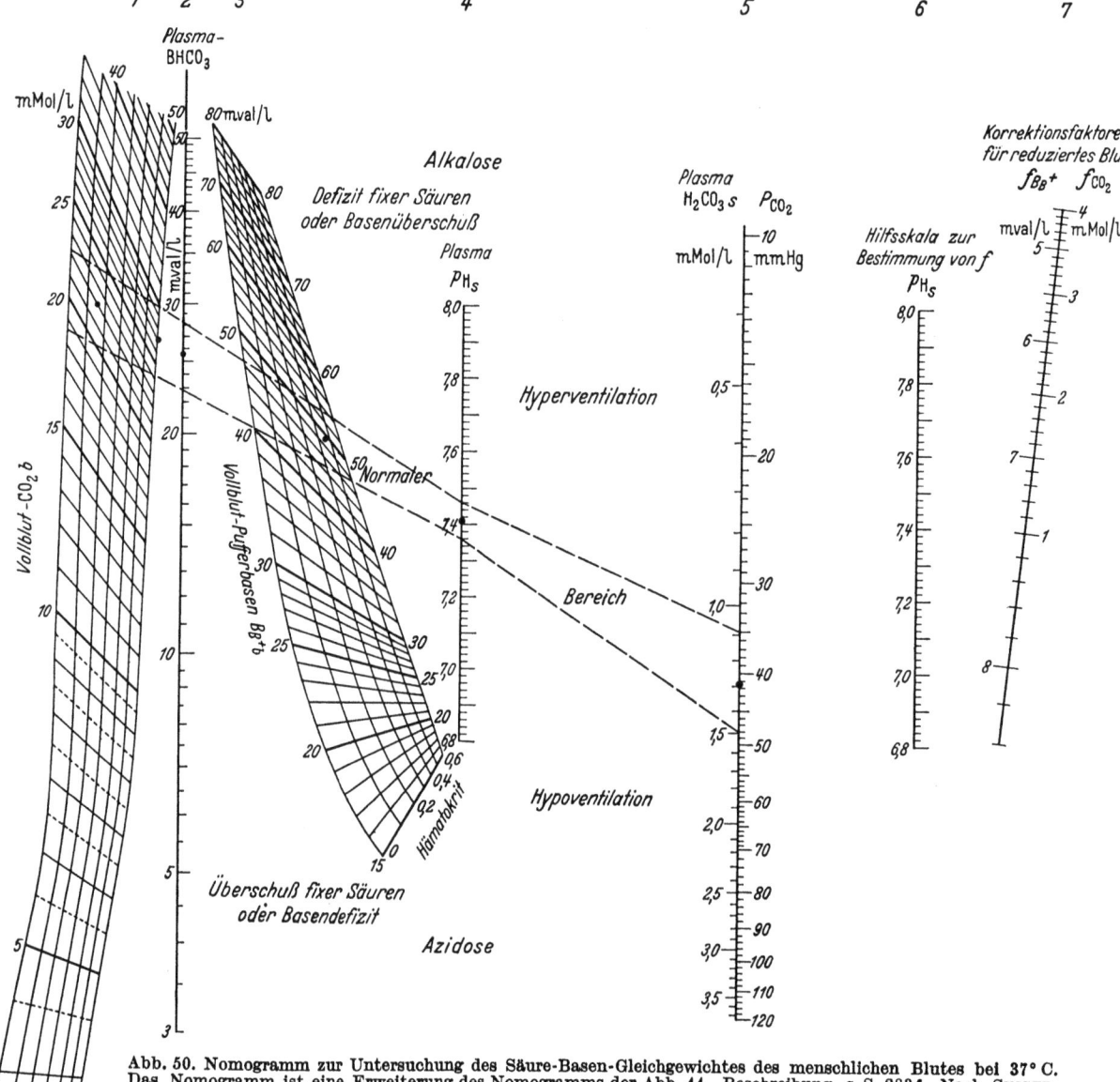

Abb. 50. Nomogramm zur Untersuchung des Säure-Basen-Gleichgewichtes des menschlichen Blutes bei 37° C. Das Nomogramm ist eine Erweiterung des Nomogramms der Abb. 44. Beschreibung s. S. 283f. Nach SINGER, R. B., and A. B. HASTINGS: Medicine, Baltimore 27, 223 (1948).

3. Gegeben Plasmadaten von nur partiell mit $O_2$ gesättigtem Blut: $CO_2 s = 11{,}1$ mMole/*l*, $pH_s = 7{,}59$, Hämatokritwert 0,59, 80% $HbO_2$. Es sollen berechnet werden: $P_{CO_2}$, $CO_2 b$ und $BB^+ b$. Wie unter *1* liest man $P_{CO_2}$ (11,8 mm Hg) ab und erhält für $CO_2 b$ (8,3 mMole/*l*) und $BB^+ b$ (45 mval) unter Berücksichtigung des Hämatokritwertes vorläufige Werte.

Die Korrekturfaktoren gewinnt man mittels Leiter *5* (11,1 mm Hg) und *6* ($p_H$ 7,59). Auf *7* liest man $fB_B^+$ (7,6) und $f CO_2$ (0,9) ab. Wie auf S. 281 berechnet man die „Unsättigung" des Blutes (100—80/100 = 0,2). Die Korrektur lautet dann $U \times$ Hämatokritwert $\times f\ CO_2$ (0,2 × 0,59 × 0,9) bzw. $U \times$ Hämatokritwert $\times fB_B^+$ (0,2 × 0,59 × 7,6).

Die Korrektur für $CO_2 b$ (0,1 mMol/*l*) muß dem zuerst abgelesenen Wert hinzugezählt werden (8,2 + 0,1 = 8,3). Die Korrektur für $B_B^+$ (0,9 mval) muß von dem zuerst abgelesenen Wert abgezogen werden (45—0,9 = 44,1).

4. Gegeben Werte von nur partiell mit $O_2$ gesättigtem Blut: $CO_2 b = 31{,}2$ mMole/*l*, $P_{ACO_2} = 62{,}3$ mm Hg Hämatokritwert 0,59, 89% $HbO_2$.

Es sollen berechnet werden: $pH_8$, $CO_2b$ für Blut mit 100% $HbO_2$ und $B_{B^+}b$. Mit $CO_2b$ und $P_{ACO_2}$ findet man ein vorläufiges $pH_8$ (= 7,41). Wie unter 3 wird mit $P_{ACO_2}$ und $pH_8$ der Korrekturfaktor $f CO_2$ (= 2,8) auf Leiter 7 abgelesen. Zusammen mit $U$ (= 0,11) ergibt die $CO_2$-Korrektur $(0,11 \times 0,59 \times 2,8 =)$ 0,2 mMole/l, die diesmal vom $CO_2b$-Wert abgezogen werden muß, da wir jetzt zuerst von reduziertem Blut zu oxydiertem übergehen müssen. $(31,2—0,2 =)$ 31,0 mMole/l ist $CO_2b$ für voll oxydiertes Blut. Mit $P_{ACO_2} = 62,3$ mm Hg und $CO_2b$ 31,0 mMolen/l liest man auf Leiter 3

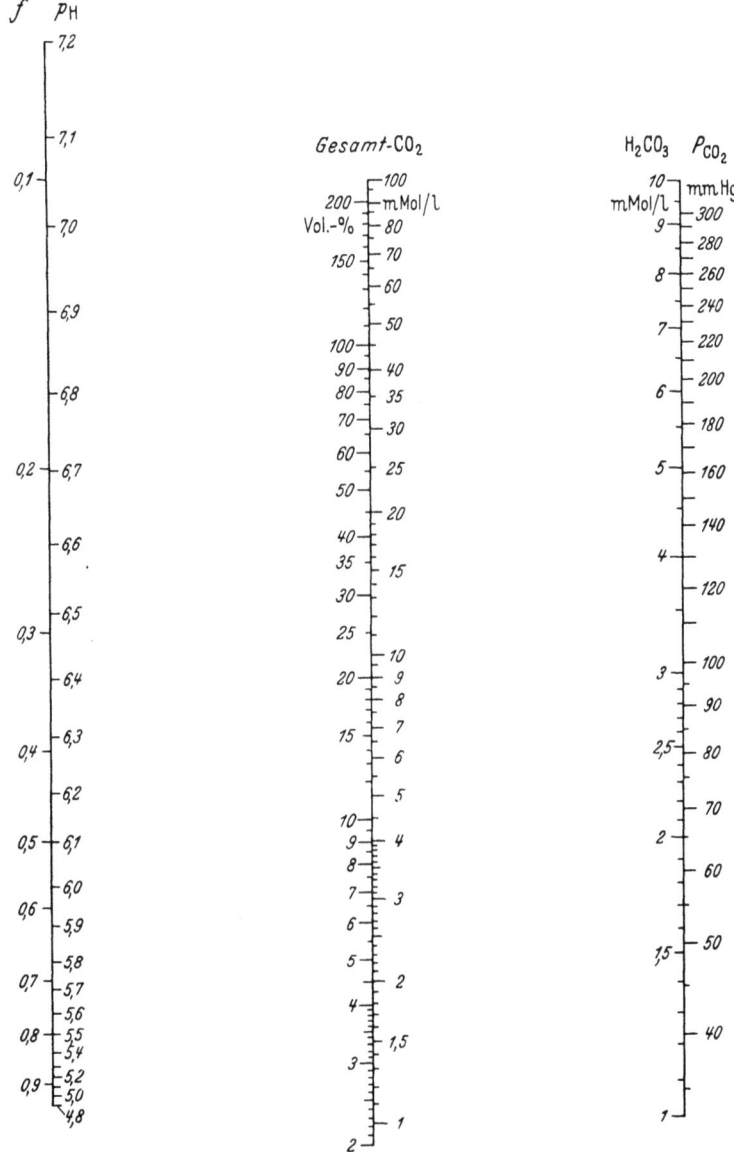

Abb. 51. Nomogramm zur Untersuchung des Säure-Basen-Gleichgewichtes im menschlichen Urin bei 37° C. Aus zwei bekannten Größen kann eine dritte graphisch ermittelt werden (s. S. 286). Nach SENDROY, J. jr., S. SELIG and D. D. VAN SLYKE: J. biol. Ch. 106, 463 (1934).

$B_{B^+}b$ mit 60,5 mval und $pH_8 = 7,41$ ab. Da die $CO_2$-Korrektur klein war, hat sich $pH_8$ nicht mehr geändert. Nun ergibt sich die gleiche $CO_2$-Korrektur, aber sie muß hinzugezählt werden, so daß man wieder 31,2 mMole/l erhält. $P_{ACO_2}$ und $pH_8$ ergeben auf Leiter 7 $fB_{B^+}$ (= 5,7 mMole /l) und somit die Korrektur $(0,11 \times 0,59 \times 5,7)$ 0,5. $B_{B^+} = 60,5—0,5 = 60$ mval/l.

Dies an sich ungeschickte Beispiel haben die Autoren gewählt, um zu zeigen, daß relativ große Reduktionsgrade meist vernachlässigt werden können.

Die Autoren empfehlen für die Anwendung des Nomogrammes die von SHOCK und HASTINGS[1] beschriebene Methode, bei der 0,1 cm³ Blut genügt, die man z. B. auch aus den Handrückenvenen oder aus Capillaren (s. S. 219 bzw. 189) erhalten kann.

---

[1] SHOCK, N. W., and A. B. HASTINGS: J. biol. Ch. 104, 565 (1934).

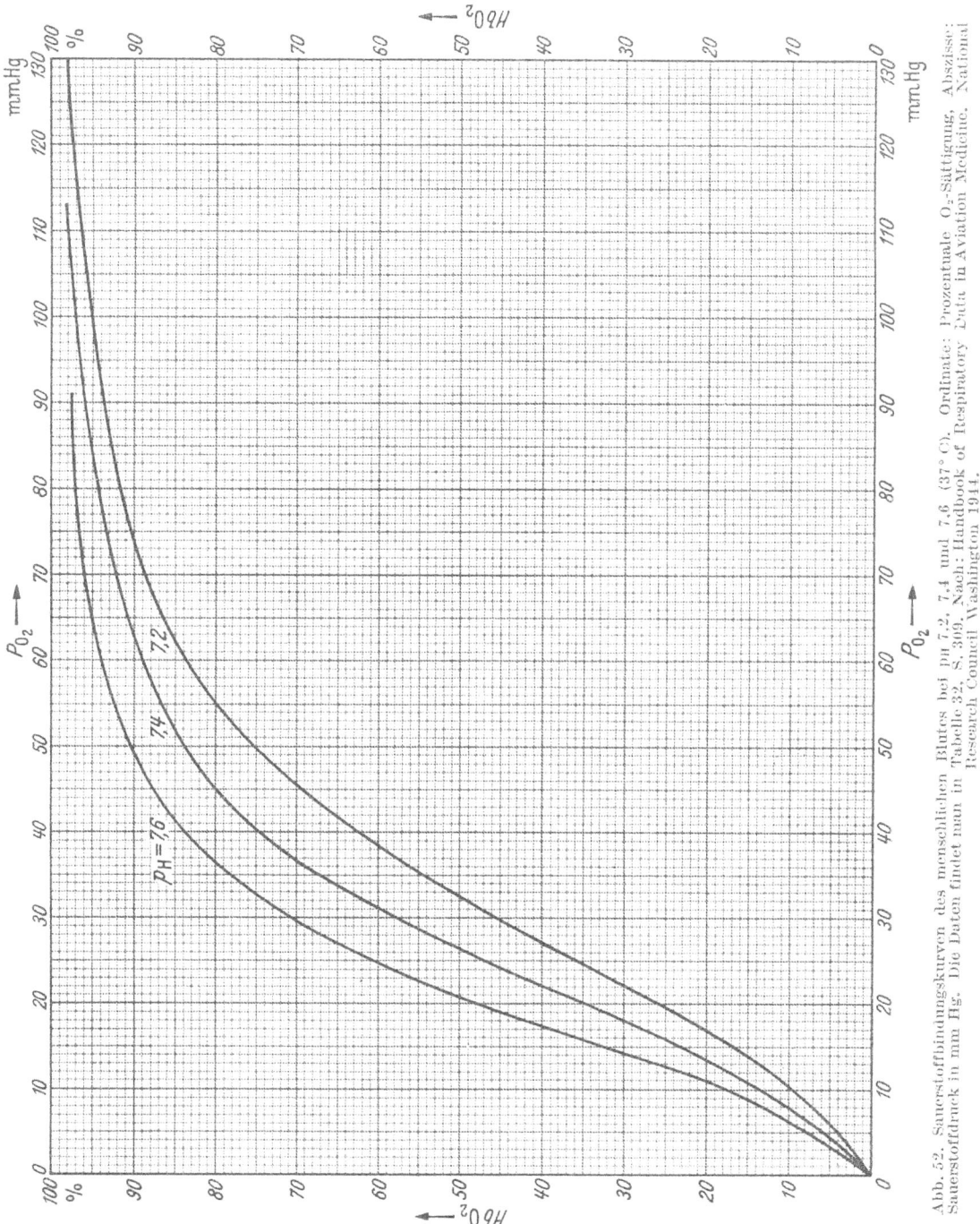

Abb. 52. Sauerstoffbindungskurven des menschlichen Blutes bei pH 7,2, 7,4 und 7,6 (37° C). Ordinate: Prozentuale $O_2$-Sättigung, Abszisse: Sauerstoffdruck in mm Hg. Die Daten findet man in Tabelle 32, S. 309. Nach: Handbook of Respiratory Data in Aviation Medicine. National Research Council Washington 1944.

### β) Nomogramm zur Untersuchung des Säurebasengleichgewichtes im menschlichen Urin bei 37° C[1].

Das in Abb. 51 dargestellte Nomogramm gestattet die Ermittlung einer dritten Größe, wenn zwei andere bekannt sind. $p_H$, $CO_2$-Gehalt in Vol.-% und mMolen/l, $P_{CO_2}$ in mm Hg und $H_2CO_3$ in mMolen/l sind auf den Leitern aufgetragen.

---

[1] SENDROY, J. jr., S. SEELIG and D. D. VAN SLYKE: J. biol. Ch. **106**, 463 (1934).

γ) *O₂-Dissoziationskurven des menschlichen Blutes.*

Die auf Grund von neueren Daten in Abb. 52 dargestellte Kurve für drei verschiedene $p_H$-Werte ist in Abb. 53 in einer zweckmäßigen Form dargestellt. In der Ordinate steht die prozentuale $O_2$-Sättigung ($\%\ HbO_2$) des Blutes, als $\log 100 \dfrac{(100 - \%\ HbO_2)}{\%\ HbO_2}$. In der Abszisse ist der Sauerstoffdruck ($P_{O_2}$) des Blutes logarithmisch aufgetragen. Durch diese

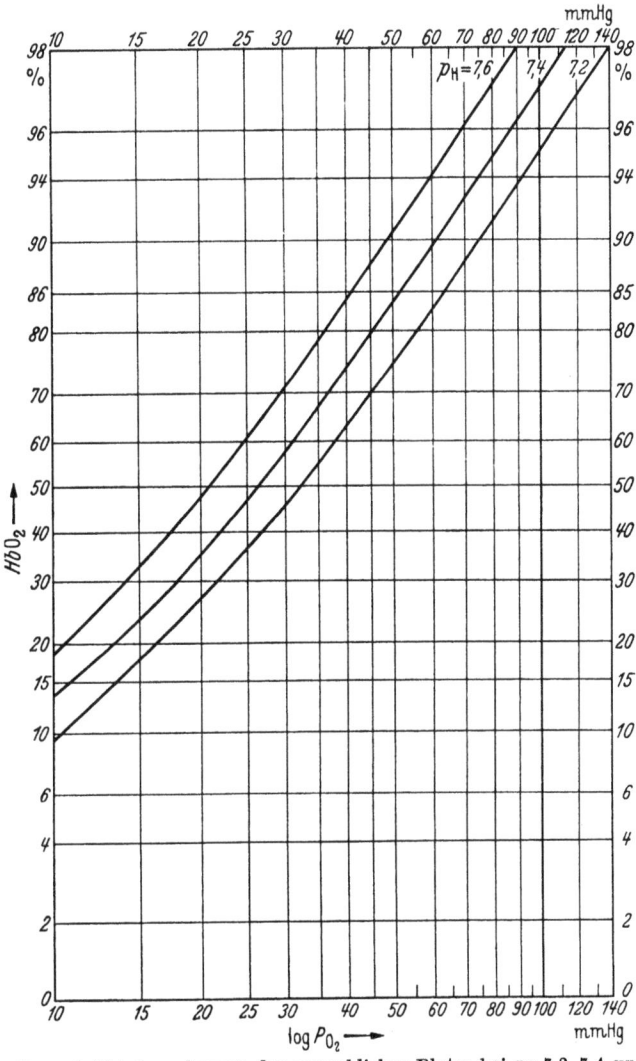

Abb. 53. Ausschnitte aus Sauerstoffbindungskurven des menschlichen Blutes bei pH 7,2, 7,4 und 7,6 (37° C). Ordinate: % $HbO_2$ (als log 100 Hb/$HbO_2$). Abszisse: $P_{O_2}$ (als log $P_{O_2}$) in mm Hg. Diese Art der Darstellung ermöglicht eine einfachere Interpolation für verschiedene $p_H$-Werte als die Darstellung der Abb. 52.

Darstellung erreicht man, daß einer $p_H$-Änderung praktisch lineare Änderungen des Sauerstoffdruckes bei gleicher $O_2$-Sättigung des Blutes entsprechen:

$$\log P_{O_2} = -0{,}048\ p_{Hs}{}^1,$$

wobei $p_{Hs} = 0{,}1\ p_H$-Einheiten sind. Man geht so vor, daß man bei einer Umrechnung von $p_H$ 7,3 auf $p_H$ 7,4 log 0,048 vom log des $P_{O_2}$ bei $p_H$ 7,3 abzieht und damit den neuen $P_{O_2}$ bei $p_H$ 7,40 erhält.

---

[1] DILL, D. B., A. GRAYBIEL, A. HURTADO and A. TAQUINI: Z. Altersforsch. 2, 20 (1939). In dieser Arbeit ist der Faktor 0,079 ein Druckfehler. Die Berichtigung am Schluß des Bandes ist falsch (es muß heißen 0,048 statt 0,48).

Für verschiedene Temperaturen beträgt die Korrektur (Abb. 54)

$$\log P_{O_2} = + (0{,}020)\, T.$$

Mit den Kurven und Korrekturformeln kann man untersuchen, ob gemeinsame Werte (% $HbO_2$, $P_{O_2}$ und $p_H$) auf der Standardlinie liegen oder ob die Affinität des Blutes zu $O_2$ eine andere ist. Häufig benützt man die Kurven dazu, um $P_{O_2}$ für gemessene % $HbO_2$ und $p_H$ bzw. °C abzulesen, wenn man für $p_H$ bzw. °C interpolieren muß.

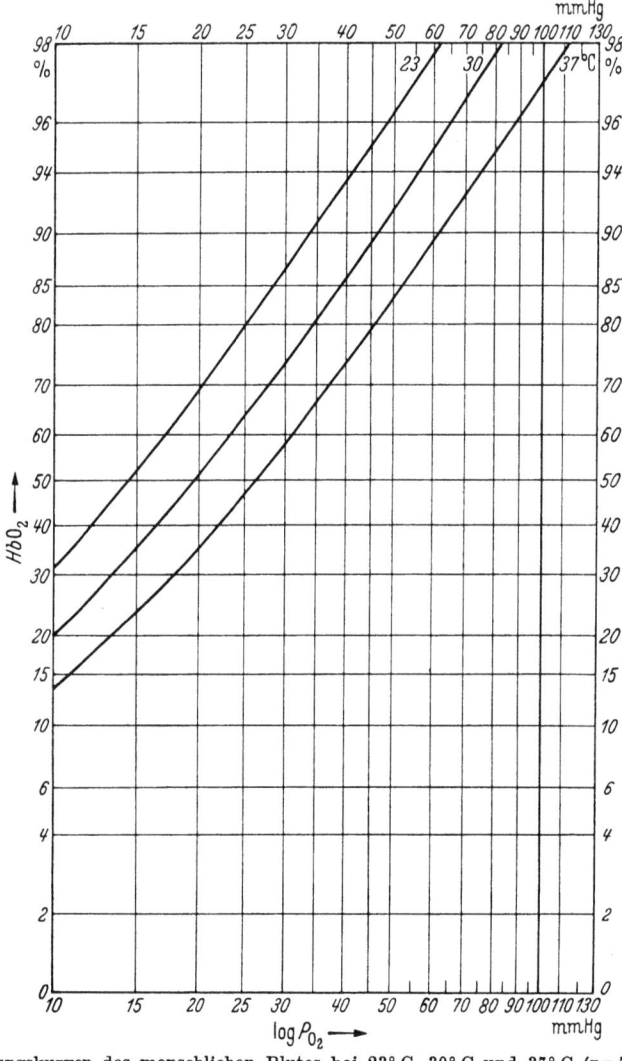

Abb. 54. Sauerstoffbindungskurven des menschlichen Blutes bei 23° C, 30° C und 37° C ($p_H$ 7,4). Ordinate: % $HbO_2$ (als $\log$ 100 Hb/$HbO_2$). Abszisse: $P_{O_2}$ (als $\log P_{O_2}$) in mm Hg. Nach DILL, D. B., and W. H. FORBES: Amer. J. Physiol. **132**, 685 (1941).

*δ) Graphische Darstellungen kombinierter $O_2$—$CO_2$-Dissoziationskurven des Blutes und des $CO_2$—$O_2$-Verhältnisses der Atemluft.*

**Mensch.** 1. Das Nomogramm der Abb. 55 gestattet die Ermittlung atmungsphysiologischer Daten für gesunde Versuchspersonen auf Meereshöhe unter Ruhebedingungen. Bei gegebener prozentualer $O_2$-Sättigung (% $HbO_2$) bzw. bekanntem $O_2$-Gehalt (Vol.-% $HbO_2$) und $CO_2$-Gehalt im Blut lassen sich Kohlendioxyddruck ($P_{CO_2}$), $p_{Hs}$ und Sauerstoffdruck ($P_{O_2}$) hinreichend genau ermitteln. Die Ermittlung des Sauerstoffdruckes im arteriellen Bereich ist unbefriedigend. Der Schnittpunkt einer arteriellen und venösen Nomogrammlinie schneidet die RQ-Linien und gibt den Blut-RQ an.

2. *Für höhenakklimatisierte Versuchspersonen* ist ein anderes Nomogramm[1] erforderlich.

3. RAHN, FENN und OTIS[2] haben in den letzten Jahren eine Reihe wichtiger graphischer Darstellungen publiziert, die neuerdings zusammengefaßt vorliegen. Das Nomogramm der Abb. 55 von DILL und Mitarbeitern[1] zeigt Abb. 56 als cartesianisches Diagramm (s. auch unter: Hund). Es kann mit Hilfe der Diagramme Abb. 57 und 58, die man

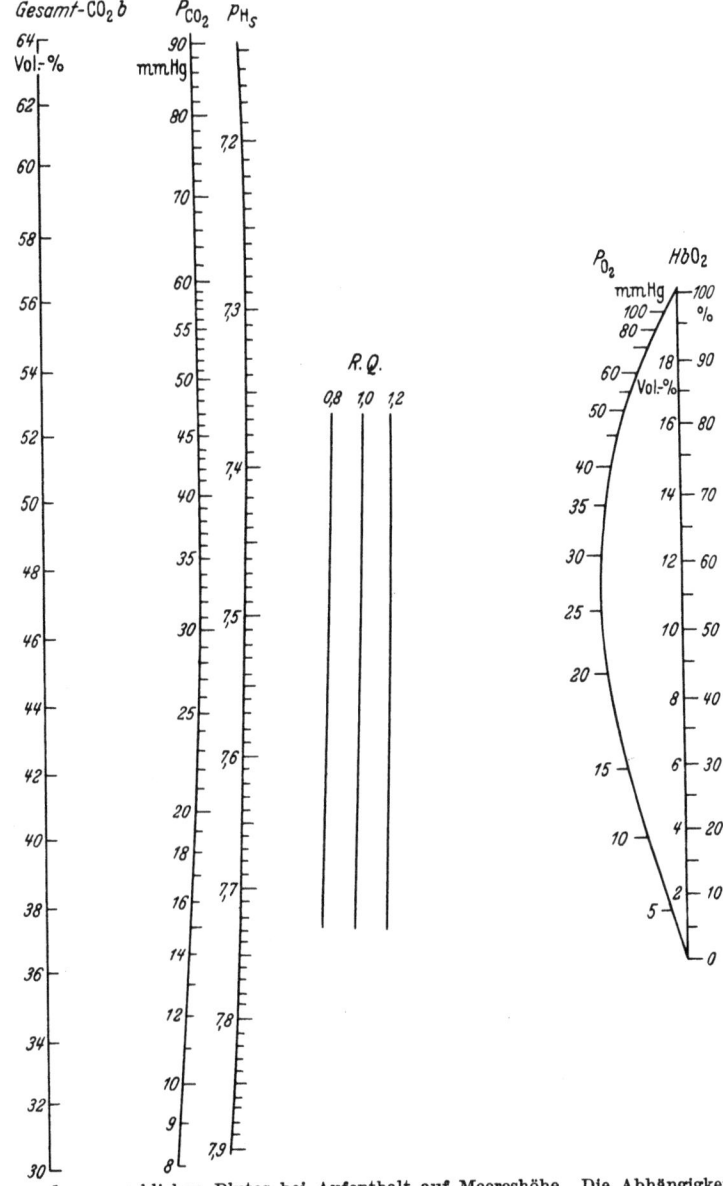

Abb. 55. Nomogramm des menschlichen Blutes bei Aufenthalt auf Meereshöhe. Die Abhängigkeit einzelner blutgasanalytischer Größen untereinander kann abgelesen werden. Nach DILL, D. B., H. T. EDWARDS and W. F. CONSOLAZIO: J. biol. Ch. **118**, 635 (1937) modifiziert von RAHN, H., and W. O. FENN: The oxygen-carbondioxide diagram. WADC Technical Report 53—255. Ohio 1953.

sich am besten auf abgewaschene Röntgenfilme aufzeichnet, vielfältig benutzt werden. Hier seien nur einige Anwendungen beschrieben. Das $O_2$—$CO_2$-Diagramm macht es möglich, gleichzeitig die verschiedenen Variablen bei der Atmung in der Gas- und Blutphase in ihrer Abhängigkeit voneinander untersuchen zu können. Die Drucke der Gase

---

[1] DILL, D. B., H. T. EDWARDS and W. V. CONSOLAZIO: J. biol. Ch. **118**, 635 (1937).
[2] RAHN, H., and W. O. FENN: The oxygen-carbondioxide diagram. WADC Techn. Rep. 53—255. Ohio 1953.

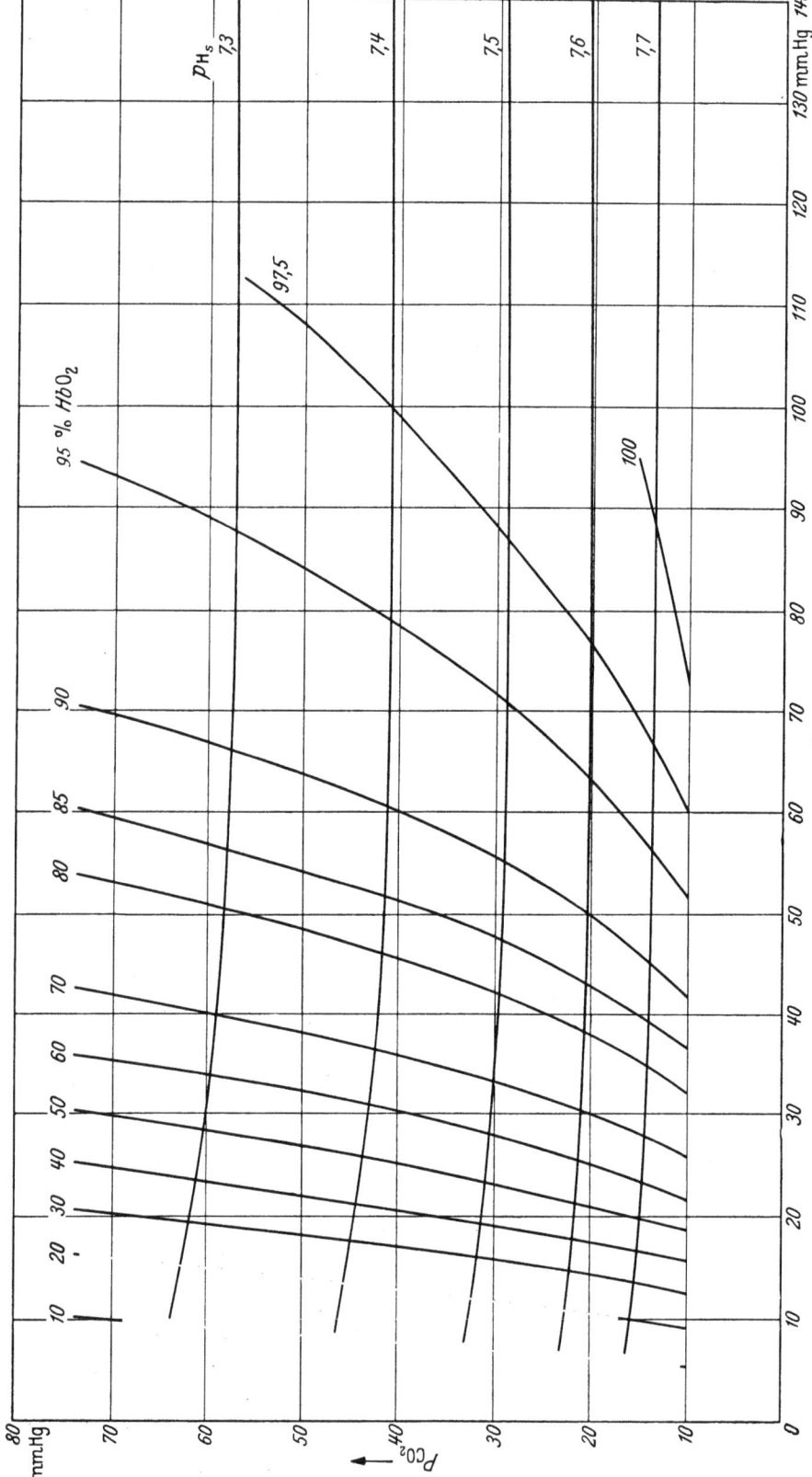

Abb. 56. Cartesianisches Nomogramm des menschlichen Blutes bei Aufenthalt auf Meereshöhe. Es handelt sich hierbei um eine andere Darstellungsweise der gleichen Daten, die dem Nomogramm der Abb. 55 zugrunde liegen. Zusammen mit den Darstellungen der Abb. 57 und 58 lassen sich eine Reihe wichtiger blutgasanalytischer Daten graphisch ermitteln (s. S. 290f.). Nach RAHN, H., and W. O. FENN: The oxygen-carbondioxide diagram. WADC Technical Report 53—255. Ohio 1953.

in der Atemluft und im Blut hängen ab vom $O_2$-Druck in der Inspirationsluft, 2. von der alveolären Ventilation und 3. vom Herzschlagvolumen.

*Ermittlung des RQ* (RG) *und der alveolären Ventilation* ($\dot{V}_A$). Angenommen, $PA_{CO_2}$ sei 40 mm Hg und $PA_{O_2}$ sei 100 mm Hg. $PI_{O_2}$ sei bei einem Barometerstand von 747 mm Hg $\frac{(747-47)\cdot 20,93}{100} = 146$ mm Hg. Die Inspirationsluft ist immer bei 37° C und mit Wasserdampf gesättigt zu berechnen. Legen wir $PI_{O_2}$ mit der durchsichtigen Abb. 57 auf der Abszisse der Abb. 56 bei 146 mm Hg $PA_{O_2}$ fest, so sehen wir, daß $PA_{CO_2} = 40$ mm

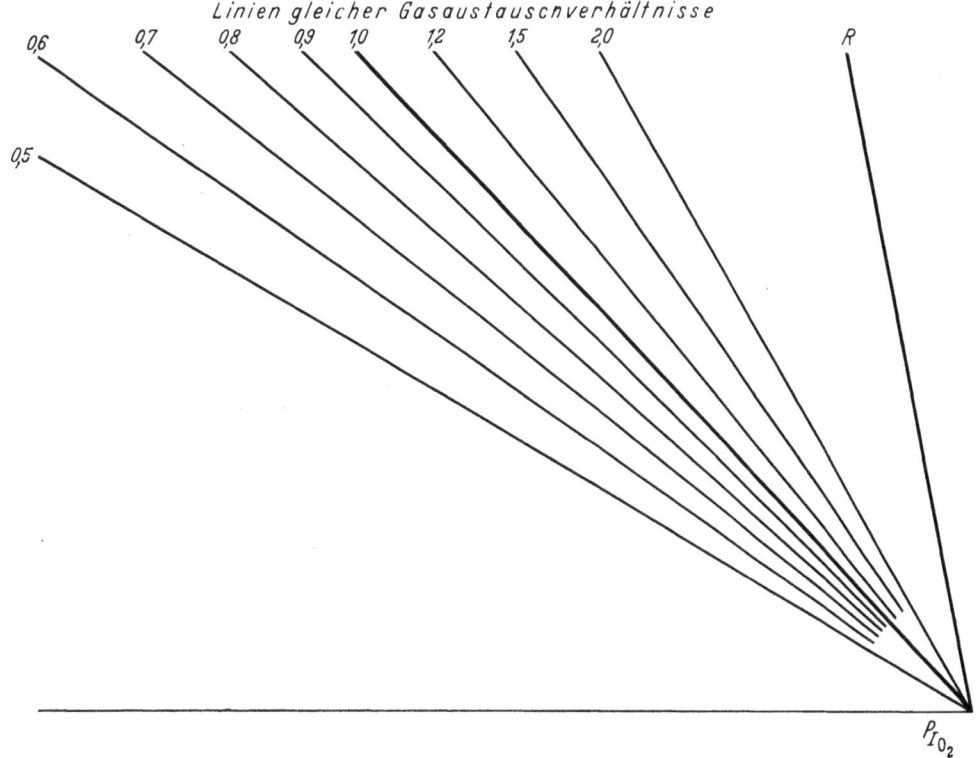

Abb. 57. Linien gleicher Gasaustauschverhältnisse (RQ). $PI_{O_2}$ = Sauerstoffdruck in der Inspirationsluft. Diese Abbildung muß auf durchsichtigem Material gezeichnet werden und dient dann zusammen mit Abb. 56 bzw. Abb. 60 zur graphischen Ermittlung des RQ (wenn die Zusammensetzung der Inspirationsluft und der Alveolarluft oder der Exspirationsluft bekannt ist). Außerdem kann $PA_{O_2}$, bei gegebenem RQ, bekanntem $PI_{O_2}$ und $PA_{CO_2}$ ermittelt werden, es ist die graphische Errechnung nach der Formel 2, S. 187. Man bringt die Abszissenlinie der Abb. 57 mit der $P_{O_2}$-Achse der Abb. 56 oder Abb. 60 so zur Deckung, daß der $PI_{O_2}$-Punkt auf den errechneten Wert in mm Hg (s. S. 202) zu liegen kommt. Bei bekanntem RQ (= R) kann man $PA_{O_2}$ am Schnittpunkt dieser Linie mit dem Wert für $PA_{CO_2}$ auf der Abszisse ablesen. Die Abb. 57 kann bei Luftatmung auch bei erniedrigtem Barometerstand benutzt werden. Nach RAHN, A., and W. O. FENN: Oxygen-carbondioxide diagram. WADC Technical Report 53—255. Ohio 1953.

Hg und $PA_{O_2} = 100$ mm Hg einem RQ von 0,95 entsprechen. Mit der durchsichtigen Abb. 57 ermitteln wir eine *alveoläre Ventilation* ($\dot{V}_A$) von 1,83 l/min für einen $O_2$-Verbrauch von 100 cm³/min. Wenn der $O_2$-Verbrauch 300 cm³/min betrug, so erhalten wir eine alveoläre Ventilation von $1,83 \times 3 = 5,5$ *l/min*.

*Ermittlung des alveolären* $O_2$-*Druckes* ($PA_{O_2}$). Im steady state ist der RQ des Blutes gleich dem der Alveolarluft und der Exspirationsluft. Es ist deshalb möglich, aus dem RQ der Exspirationsluft zusammen mit $PI_{O_2}$ eine RQ-Linie zu ziehen, auf der der Punkt der Alveolarluft liegen muß (Abb. 59). Da es meist nicht ganz einfach ist, Alveolarluft zu gewinnen, genügt es, wenn man einen Schnittpunkt mit der RG-Linie hat, um $PA_{O_2}$ zu ermitteln. Man muß dazu die RQ-Linie (Rb) des Blutes zeichnen. Diese ist wegen der besonderen Gestalt sowohl der $O_2$- als auch $CO_2$-Bindungskurve nicht linear. Mit dem Nomogramm der Abb. 55 kann man für gleiche $\Delta CO_2$ Vol.-%/$\Delta O_2$ Vol.-%-Verhältnisse (= Rb) von 30—100 mm Hg $P_{O_2}$ die zugehörigen $P_{CO_2}$ ablesen und die Wertepaare in das

Diagramm Abb. 59 (= Rb) eintragen. Im arteriellen Blut ist die Rb-Linie der Abszisse fast parallel, weil das Blut nahezu voll mit $O_2$ gesättigt ist (asymptotischer Verlauf der

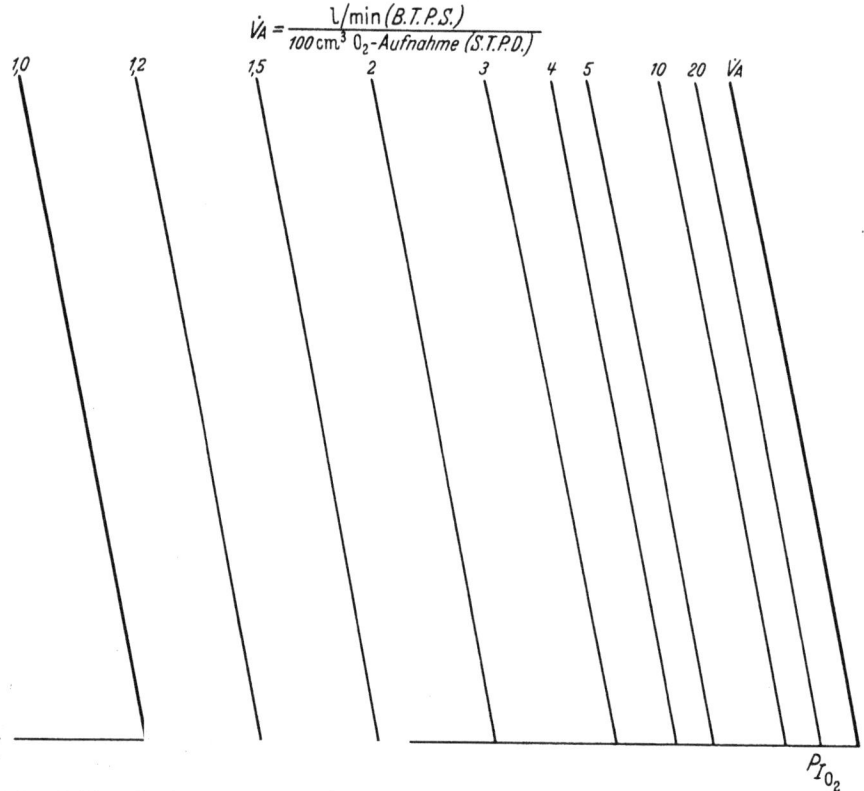

Abb. 58. Linien gleicher alveolärer Ventilation $\dot{V}_A$ in l/min (bei Körpertemperatur, 760 mm Hg und voller Wasserdampfsättigung) je 100 cm³ $O_2$-Verbrauch (bei 0° C, 760 mm Hg und Trockenheit). $P_{I_{O_2}}$ = Sauerstoffdruck in der Inspirationsluft. Diese Abbildung muß auf durchsichtigem Material gezeichnet werden und dient dann zusammen mit Abb. 56 bzw. Abb. 60 zur graphischen Emittlung der alveolären Ventilation ($\dot{V}_A$). Für den Punkt A oder E auf der RG-Linie (s. Legende Abb. 57) liest man ein bestimmtes $\dot{V}_A$ für 100 cm³ $O_2$-Verbrauch/min ab, das bei 300 cm³ $O_2$-Verbrauch/min, mit 3 multipliziert, die alveoläre Ventilation ergibt. Zusammen auf die Nomogramme Abb. 56 oder 60 gelegt ergeben die Abb. 57 und 58 sechs Parameter: RQ, $P_{A_{CO_2}}$, $P_{A_{O_2}}$, $P_{a_{CO_2}}$, $P_{a_{O_2}}$ und $\dot{V}_A$. Wenn zwei dieser Größen bekannt sind, kann man die anderen hinreichend genau aus den Diagrammen ablesen. Nach RAHN, H., and W. O. FENN: The oxygen-carbondioxide diagram. WADC Technical Report 53—255. Ohio 1953.

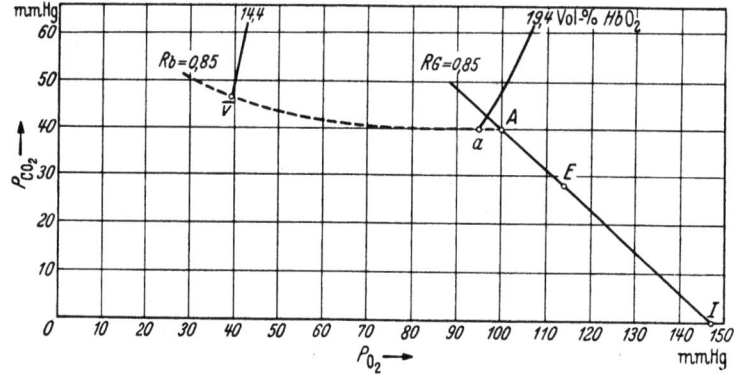

Abb. 59. Anwendungsschema des $O_2$—$CO_2$-Diagramms von H. RAHN und W. O. FENN (The oxygen-carbondioxide diagram, WADC Technical Report 53—255. Ohio 1953). Ordinate: $P_{CO_2}$ in mm Hg, Abszisse: $P_{O_2}$ in mm Hg. Erklärung s. S. 291 f.

$O_2$-Bindungskurve). Am Schnittpunkt mit der RG = 0,85-Linie findet man den alveolären Punkt (A) und kann damit $P_{A_{O_2}}$ auf der Abszisse ablesen.

Noch einfacher ist es, im Experiment nur RE und $P_{a_{CO_2}}$ (s. S. 278) zu bestimmen. Man zieht bei $P_{a_{CO_2}}$ (z. B. 40 mm Hg) eine Parallele zur Abszisse und fällt vom Schnitt-

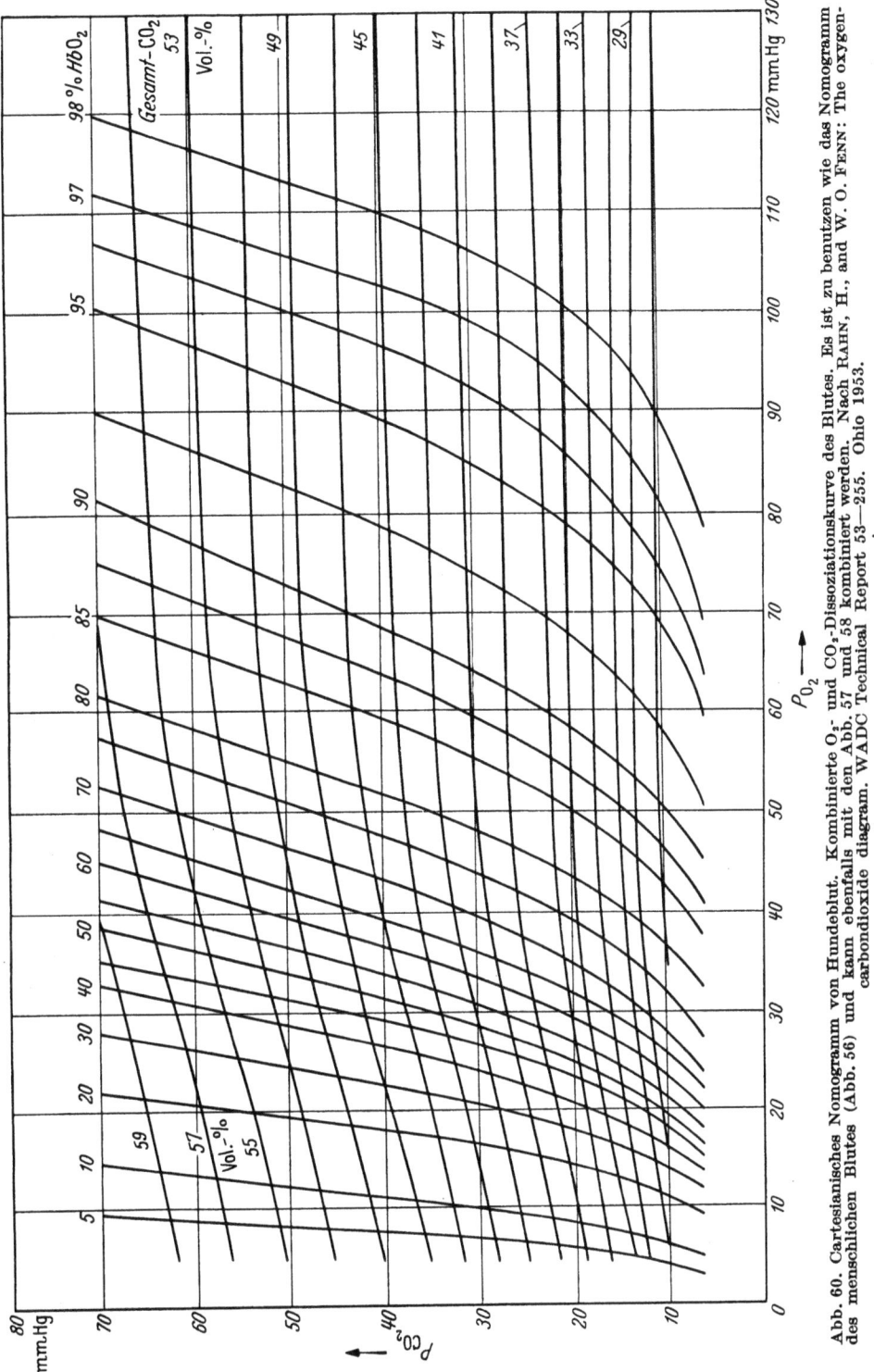

Abb. 60. Cartesianisches Nomogramm von Hundeblut. Kombinierte $O_2$- und $CO_2$-Dissoziationskurve des Blutes. Es ist zu benutzen wie das Nomogramm des menschlichen Blutes (Abb. 56) und kann ebenfalls mit den Abb. 57 und 58 kombiniert werden. Nach RAHN, H., and W. O. FENN: The oxygen-carbondioxide diagram. WADC Technical Report 53—255. Ohio 1953.

punkt mit der RG-Linie das Lot auf die Abszisse, wo man $PA_{CO_2}$ abliest. Man zeichnet also keine Rb-Linie, da diese im arteriellen Bereich praktisch parallel zur Abszisse verläuft. Das gleiche drückt auch Gl. (2), S. 187 aus.

*4. Ermittlung arterieller und venöser $O_2$- bzw. $CO_2$-Drucke ($Pa_{O_2}$, $P\bar{v}_{CO_2}$, $Pa_{CO_2}$, $P\bar{v}_{O_2}$).* In dem oben angegebenen Beispiel wurde $PA_{O_2}$ zu 100 und $PA_{CO_2}$ zu 40 mm Hg angenomen bzw. ermittelt. Bei Luftatmung kann man bei gesunden Versuchspersonen in Ruhe mit einer alveolär-arteriellen $O_2$-Druckdifferenz ($P_{A_{O_2}}-P_{a_{O_2}}$) von 5 mm Hg rechnen[1]. Damit ist $P_{a_{O_2}} = 95$ mm Hg und man gewinnt den arteriellen Punkt $a$ der Abb. 59. Bei diesem Punkt $a$ kann man auf Abb. 56 die prozentuale $O_2$-Sättigung (97%) und $p_H$ (7,4) ablesen. Auf der gezeichneten Rb-Linie (s. S. 291f.) muß der Punkt des venösen Mischblutes ($\bar{v}$) liegen. Bei einer $O_2$-Aufnahme von 300 cm³/min und einem Herzminutenvolumen von 6 l/min errechnet man eine arteriovenöse $O_2$-Differenz ($AVD_{O_2}$) von 5 Vol.-% oder bei Annahme einer $O_2$-Kapazität von 20,0 Vol.-% eine $O_2$-Sättigungsdifferenz von 20%. Geht man auf Abb. 56, in der wir die Rb-Linie eingezeichnet haben, von Punkt $a$ um 20% $HbO_2$ nach links zu 77% $HbO_2$, dann findet man den Punkt des venösen Mischblutes ($\bar{v}$). Dort kann man dann $P_{\bar{v}_{O_2}}$ und $P_{\bar{v}_{CO_2}}$ ablesen, ebenso $p_H$.

Die Nomogramme ermöglichen weiter die Betrachtung des Verhältnisses von Ventilation zu Durchblutung und können für Sauerstoffatmung, für Druck- und Sauerstoffmangelatmung u. a. benutzt werden. Hierzu müssen jedoch die Originale herangezogen werden.

RILEY und COURNAND, sowie ihre Mitarbeiter[2] haben das $O_2$—$CO_2$-Diagramm ähnlich wie RAHN, FENN und OTIS entwickelt und besonders zur klinischen Atmungsfunktionsprüfung erweitert. Für Krankheiten beim Menschen hat HENDERSON[3] besondere Nomogramme angegeben.

**Hund.** Für dieses oft gebrauchte Versuchstier sei hier eine kombinierte $O_2$—$CO_2$-Dissoziationskurve als cartesianisches Nomogramm[4] abgebildet (Abb. 60). Es kann mit Hilfe der auf durchscheinendes Papier in gleicher Größe gezeichneten Abb. 57 und 58 ebenso benutzt werden wie das Diagramm und Nomogramm des Menschen.

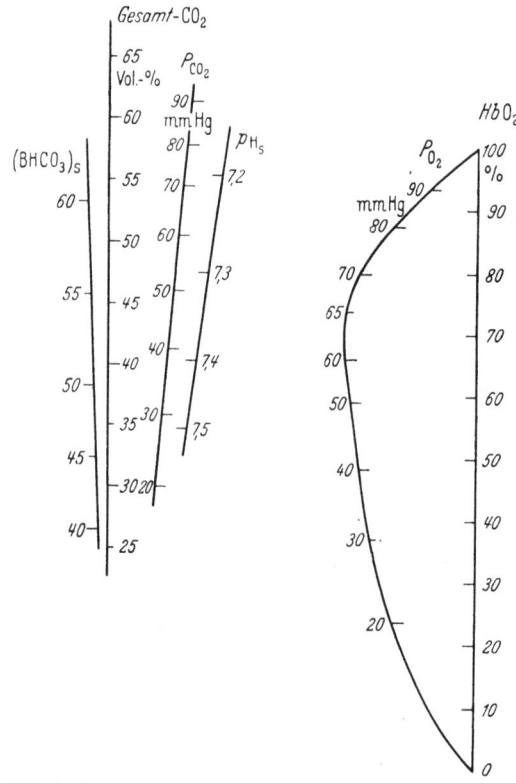

Abb. 61. Nomogramm des Blutes der Ratte. Wenn zwei der verschiedenen atmungsphysiologischen Größen bekannt sind, kann man durch Verbindung der Punkte auf den beiden Leitern die zugehörigen anderen Größen für die meisten Zwecke hinreichend genau ermitteln. Die bekannten Punkte, von denen man ausgeht, sollen möglichst auf zwei Leitern liegen, die mindestens durch eine dritte getrennt sind. Nach JONES, E. S., B. G. MAEGRAITH and H. H. SCULTHORPE: Ann. trop. Med. Parasitol. **44**, 168 (1950).

**Ratte.** Dem Nomogramm[5] der Abb. 61 können die wichtigsten atmungsphysiologischen Daten und ihre Abhängigkeit untereinander für die meisten Zwecke hinreichend genau entnommen werden.

**Andere.** Für Pferdeblut und Blut der Schildkröte bei 37,5° C und 20° C findet man Nomogramme bei HENDERSON[6].

---

[1] BARTELS, H., u. G. RODEWALD: Pflügers Arch. **256**, 113 (1952) (dort auch Daten anderer Autoren, Tabelle 3).

[2] RILEY, R. L., and A. COURNAND: J. appl. Physiol. **1**, 825 (1949); **4**, 77 (1951). — RILEY, R. L., A. COURNAND and K. W. DONALD: J. appl. Physiol. **4**, 102 (1951). — DONALD, K. W., A. RENZETTI, R. L. RILEY and A. COURNAND: J. appl. Physiol. **4**, 497 (1951).

[3] Henderson, Blood S. 265ff.

[4] RAHN, H., and W. O. FENN: The oxygencarbondioxide diagram. WADC, Techn. Rep. 53—255. Ohio 1952.

[5] JONES, E. S., B. G. MAEGRAITH and H. H. SCULTHORPE: Ann. trop. Med. Parasitol. **44**, 168 (1950).

[6] Henderson, Blut S. 209, 211 und 215.

## f) Anhang. Übersichten, Abkürzungen, Tabellen.

Tabellen 14—16. *Zusammenstellung wichtiger Methoden zur Gasanalyse in Gasen und Flüssigkeiten.*

Bei einer Reihe von Methoden und Geräten liegen verschiedene Modifikationen vor, die in dem Schema nicht berücksichtigt werden konnten. Angegebene Genauigkeit und Zeitdauer der Analyse können deshalb zum Teil etwas von den hier gemachten Angaben abweichen. Die Zusammenstellung soll einen raschen Überblick über die gegebenen Möglichkeiten erlauben.

Tabelle 14. *Methoden zur Analyse von Gasen in Gasgemischen.*

| Autoren | Zitiert Seite | Gase | Erforderliche Probenmenge cm³ | Fehler der Einzelanalyse ($Sx$) | Analysendauer min | Bemerkungen |
|---|---|---|---|---|---|---|
| HALDANE | 195 | $O_2$, $CO_2$, [$H_2$, $CO$ Methan Acetylen Äthylen] | 5—10 | ± 0,02 Vol.-% | 15 | $O_2 + CO_2$ dürfen beim gewöhnlichen Apparat nicht mehr als 30% der Probe betragen |
| SCHOLANDER | 204 | $O_2$, $CO_2$ | 0,5 | ± 0,02 Vol.-% | 10 | |
| VAN SLYKE manometrisch | 254 | $O_2$, $CO_2$ | 35 | ± 0,02 Vol.-% | 10 | |
| REIN magnetische Analyse | 211 | $O_2$ ($CO_2$) | 100 | ± 0,05 Vol.-% | 1 | Bereich 0—100% $O_2$ fortlaufend |
| PAULING (BECKMAN-Pasadena) | 212 | $O_2$ | 5—25 | ± 1% der Skala | 1 | Bereich nach Wunsch, z. B. 0—25%, 80—160 mm Hg 0—100%, fortlaufend |
| REIN Gaswechselschreiber | 213 | $O_2$, $CO_2$ | 10 | ± 0,01 Vol.-%, ± 0,01 Vol.-% | 1, 1 | fortlaufend |
| Massenspektrometer Atlas-Werke Bremen | 214 | $O_2$, $CO_2$, Äther, $N_2O$ | 1 | ± 0,1 | 0,2 bis 20 sec | fortlaufend |
| Ultrarotabsorptionsschreiber (HARTMANN u. BRAUN) | 216 | $CO_2$, $CO$ | etwa 5 | bis ± 0,001% $CO_2$, bis ± 0,001% $CO$ | 1, 1 | |
| Interferometer Zeiss | 216 | $O_2$, $CO_2$, $CO$, $H_2$, $N_2$, $N_2O$, Methan | etwa 5—50 | 0,1%, 0,05% | 1, 1 | fortlaufend |
| BRINKMAN (Carbovisor) | 210 | $CO_2$ | 10 | ± 0,2 Vol.-% | 1 | |

Das Bedürfnis nach einer einheitlichen Zeichenanwendung für gasanalytische Daten der Physiologie wächst mit der zunehmenden Anwendung gasanalytischer Methoden in theoretischen Instituten und der Klinik. Wir empfehlen deshalb allen auf diesem Gebiete Tätigen, sich einer Konvention amerikanischer Physiologen[1] anzuschließen, die

---
[1] PAPPENHEIMER, J. R.: Fed. Proc. 9, 602 (1950).

Tabelle 15. *Methoden der Mikrogasanalysen.*

| Autoren | Zitiert Seite | Gase | Erforderliche Probenmenge in mm³ | Fehler der Einzelanalyse ($Sx$) | Analysendauer min |
|---|---|---|---|---|---|
| Krogh Mikrogasanalyseapparat | 217 | $O_2$ $CO_2$ $CO$ $H_2$ | 1—7 | ± 0,2 % ± 2,0 % ± 0,2 % ± 1,5 % | 30 |
| Krogh Mikroskopische Gasanalyse | 217 | $O_2$ $CO_2$ | 0,01—1 | ± 0,3 % | 30 |
| Scholander | 218 | $O_2$ $CO_2$ | 0,07 | ± 0,5 % | 6 |
| Scholander-Roughton | 218 | $O_2$ $CO_2$ $CO$ | 40 | ± 0,2 % | 10 |
| Berg | 218 | $O_2$ $CO_2$ | 4 | ± 0,3 % | 15 |
| Whitely | 218 | $O_2$ $CO_2$ | 0,05—0,2 | ± 0,002 Vol.-% | 10 |
| Dirken u. Heemstra | 218 | $O_2$ $CO_2$ | 200 | ± 0,05—0,08 % | 10 |
| Loeschcke | 218 | $O_2$ $CO_2$ | 15 | ± 0,1 % | 20 |

ein System von Zeichen ausgearbeitet haben, das in USA ziemlich allgemein angenommen worden ist und auch in Europa zum Teil schon angewendet wird.

Der Nachteil des Systems ist, daß man es nicht exakt mit der Schreibmaschine darstellen kann. Folgende Aufteilung der Symbolgruppen und einige Beispiele sollen die Anwendung erläutern.

1. *Allgemeine Variable.*

    V Allgemein: *Gasvolumen* meist in cm³ (Druck, Temperatur und prozentuale Wasserdampfsättigung müssen angegeben werden (s. u.)
    P Allgemein: *Gasdruck*
    F Fraktion eines Gases in einem Gasgemisch (in Teilen von 1)
    Q Blutmenge
    C Gasgehalt des Blutes (chemisch gebunden und physikalisch gelöst)
    S prozentuale $O_2$-Sättigung des Blutes
    f Atemfrequenz (Atemzüge/Zeiteinheit)
    R Respiratorischer Quotient ($CO_2$-Volumen/$O_2$-Volumen)
    D Diffusionsvermögen (Diffusionskapazität) (Volumen/Zeiteinheit/Druckdifferenzeinheit).

2. *Symbole für die Gasphase.*

    G Gasphase allgemein
    I Inspirationsgase
    E Exspirationsgase
    A Alveolare Gase
    T Atemvolumengase (tidal gas)
    D Totraumgase (dead space gas)
    B Barometerstand.

Tabelle 16. *Methoden zur Blutgasanalyse.*

| Autoren | Zitiert Seite | Gase | Erforderliche Probenmenge cm³ | Fehler der Einzelmessung ($S\,x$) | Analysendauer min | Bemerkungen |
|---|---|---|---|---|---|---|
| \multicolumn{7}{c}{*Gasgehalt.*} | | | | | | |
| VAN SLYKE manometrisch | 223 | $O_2$ | 1 | ± 0,05 Vol.-% | 20 | |
| | | $CO_2$ | | ± 0,1 Vol.-% | | |
| | | CO | | ±0,5 Vol.-% | | |
| | | $O_2$ | 0,2 | ± 0,1 Vol.-% | 20 | |
| HALDANE Ferricyanidmethode | 258 | $O_2$ | 1 | ± 0,2 Vol.-% | 15 | |
| | | $CO_2$ | | | | |
| MAEGRAITH | 258 | $O_2$ | 0,5 | ± 0,2 Vol.-% | 15 | |
| | | $CO_2$ | | | | |
| \multicolumn{7}{c}{*Methoden zur Mikroblutgasanalyse.*} | | | | | | |
| BERGGREN | 219 | $O_2$ | 0,2 | ± 0,04 Vol.-% | 20 | |
| SCHOLANDER | 219 | $O_2$ | 0,012 | ± 0,7 Vol.-% | 20 | |
| | | $CO_2$ | | ± 1,0 Vol.-% | | |
| | | $O_2$ | 0,0007 | | | |
| | | $CO_2$ | | ± etwa 1 Vol.-% | etwa 30 | |
| | | $O_2$ | 0,00014 | | | |
| | | $CO_2$ | | ± etwa 1,5 Vol.-% | etwa 30 | |
| | | $CO_2$ | | | | |
| SHOCK u. HASTINGS | 219 | $CO_2$ | 0,1 | ± 1,0 Vol.-% | 15 | $p_H$ colorimetrisch |
| | | $p_H$ | | ± 0,02 | | |
| \multicolumn{7}{c}{*Gasdruck.*} | | | | | | |
| RILEY | 263 | $P_{O_2}$ | 1—5 | ± 2% | 30 | Bereich: 10—150 mm Hg |
| | | $P_{CO_2}$ | | ± 2% | | 1—80 mm Hg |
| WIESINGER | 223 | $P_{O_2}$ | 3 | ± 2% | 15 | Eichung dauert etwa 30 min, Bereich 10—500 mm Hg |
| BARTELS | 268 | $P_{O_2}$ | 1 | ± 2% | 5 | Eichung dauert 40 min, Bereich 10 bis 500 mm Hg |

**3. Symbole für die Blutphase.**

b Blut allgemein
a arteriell
v venös
$\bar{v}$ venöses Mischblut
c Capillarblut.

**4. Spezielle Symbole.**

STPD Standardtemperatur, Druck, Trockenheit (° C, 760 mm Hg)
BTPS Körpertemperatur, Druck wasserdampfgesättigt
va Venöse Beimischung
$\bar{X}$ Mittelwert
x Einzelwert.

**Wichtige, nach diesem System gebildete Symbole.** Die Beispiele sind für $O_2$ gewählt, für andere Gase werden sie entsprechend gebildet.

| | | |
|---|---|---|
| $PI_{O_2}$ | | in der Inspirationsluft |
| $PE_{O_2}$ | | in der Exspirationsluft |
| $PA_{O_2}$ | | in der Alveolarluft |
| $Pb_{O_2}$ | $O_2$-Druck | im Blut |
| $Pa_{O_2}$ | | in arteriellem Blut |
| $P\bar{v}_{O_2}$ | | in venösem Mischblut |
| $Pc_{O_2}$ | | in Capillaren |
| $Ps_{O_2}$ | | im Serum oder Plasma |

*Drucke in mm Hg*

| | | |
|---|---|---|
| $Cb_{O_2}$ | | des Blutes |
| $Ca_{O_2}$ | | des arteriellen Blutes |
| $Cc_{O_2}$ | $O_2$-Gehalt | des Capillarblutes |
| $C\bar{v}_{O_2}$ | | des venösen Mischblutes |
| $Cs_{O_2}$ | | im Serum oder Plasma |

*Gehalt in $cm^3$ Gas/100 $cm^3$ Flüssigkeit*

| | | |
|---|---|---|
| $Sb$ | | des Blutes |
| $Sa$ | Prozentuale $O_2$-Sättigung | des arteriellen Blutes |
| $Sc$ | | des Capillarblutes |
| $S\bar{v}$ | | des venösen Mischblutes |

| | | |
|---|---|---|
| $RG$ | | aus der Gasphase |
| $RE$ | Respiratorischer Quotient | aus der Exspirationsluft |
| $RA$ | | aus der Alveolarluft |
| $Rb$ | | aus dem Blut |

$\dot{V}_A$    Alveoläre Ventilation in $cm^3/min$

| | | |
|---|---|---|
| $FI_{O_2}$ | | in der Inspirationsluft |
| $FE_{O_2}$ | Anteil (Fraktion) eines Gases | in der Exspirationsluft |
| $FA_{O_2}$ | | in der Alveolarluft |

| | | |
|---|---|---|
| $pH_b$ | | des Vollblutes |
| $pH_s$ | $pH$ | des Serums |
| $pH_c$ | | der Blutzellen |

| | | |
|---|---|---|
| $pK'_b$ | Negativer Logarithmus der | im Blut |
| $pK'_s$ | scheinbaren 1. Dissoziations- | im Serum |
| $pK'_c$ | konstanten von $H_2CO_3$ | in den Blutzellen |

*Tabellen zur Korrektur der Ablesungen an Quecksilberbarometern.* Da sich Quecksilber, Barometergefäß und Ableseskala in Abhängigkeit von der Temperatur verschieden stark ausdehnen, müssen die Ablesungen bei der Temperatur $t$ an einem auf 0° C geeichten Barometer korrigiert werden.

$B = p -$ (kubischer Ausdehnungskoeffizient des Hg* — linearer Ausdehnungskoeffizient des Messings*) $p\,t$.

Das von $p$ abzuziehende Produkt auf der rechten Seite der Gleichung ist in Tabelle 16 für $p = 680$—780 mm Hg und $t = 1$ bis 35° C angegeben. Die entsprechenden Werte für ein Barometer mit Glasskala sind für 750, 760 und 770 mm Hg angegeben.

---

* 0,000182 = kubischer Ausdehnungskoeffizient des Hg, 0,00019 = linearer Ausdehnungskoeffizient des Messing, 0,00008 = linearer Ausdehnungskoeffizient des Glases.

Tabelle 17. *Daten zur Korrektur abgelesener Barometerstände in mm Hg für den Bereich von 680 bis 780 mm Hg und von 1—35° C an Barometern mit Messingskala. Für 750, 760, 770 mm Hg und den gleichen Temperaturbereich sind die erforderlichen Korrekturen für Barometer mit Glasskala angegeben.*

| t | Abgelesener Barometerstand in mm | | | | | | | | | | | | | |
|---|---|---|---|---|---|---|---|---|---|---|---|---|---|---|
| | Messingskala | | | | | | | | | | | Glasskala | | |
| °C | 680 | 690 | 700 | 710 | 720 | 730 | 740 | 750 | 760 | 770 | 780 | 750 | 760 | 770 |
| 1 | 0,11 | 0,11 | 0,11 | 0,12 | 0,12 | 0,12 | 0,12 | 0,12 | 0,12 | 0,13 | 0,13 | 0,13 | 0,13 | 0,13 |
| 2 | 0,22 | 0,23 | 0,23 | 0,13 | 0,23 | 0,24 | 0,24 | 0,24 | 0,25 | 0,25 | 0,25 | 0,26 | 0,26 | 0,27 |
| 3 | 0,33 | 0,34 | 0,34 | 0,35 | 0,35 | 0,36 | 0,36 | 0,37 | 0,37 | 0,38 | 0,38 | 0,39 | 0,40 | 0,40 |
| 4 | 0,44 | 0,45 | 0,46 | 0,46 | 0,47 | 0,48 | 0,48 | 0,49 | 0,50 | 0,50 | 0,51 | 0,52 | 0,53 | 0,53 |
| 5 | 0,55 | 0,56 | 0,57 | 0,58 | 0,59 | 0,59 | 0,60 | 0,61 | 0,62 | 0,63 | 0,64 | 0,65 | 0,66 | 0,67 |
| 6 | 0,66 | 0,67 | 0,68 | 0,69 | 0,70 | 0,71 | 0,72 | 0,73 | 0,74 | 0,75 | 0,76 | 0,78 | 0,79 | 0,80 |
| 7 | 0,78 | 0,79 | 0,80 | 0,81 | 0,82 | 0,83 | 0,84 | 0,86 | 0,87 | 0,88 | 0,89 | 0,91 | 0,92 | 0,93 |
| 8 | 0,89 | 0,90 | 0,91 | 0,93 | 0,94 | 0,95 | 0,96 | 0,98 | 0,99 | 1,00 | 1,02 | 1,04 | 1,05 | 1,07 |
| 9 | 1,00 | 1,01 | 1,03 | 1,04 | 1,06 | 1,07 | 1,08 | 1,10 | 1,11 | 1,13 | 1,14 | 1,17 | 1,18 | 1,20 |
| 10 | 1,11 | 1,12 | 1,14 | 1,16 | 1,17 | 1,19 | 1,21 | 1,22 | 1,24 | 1,25 | 1,27 | 1,30 | 1,32 | 1,33 |
| 11 | 1,22 | 1,24 | 1,25 | 1,27 | 1,29 | 1,31 | 1,33 | 1,34 | 1,36 | 1,38 | 1,40 | 1,43 | 1,45 | 1,47 |
| 12 | 1,33 | 1,35 | 1,37 | 1,39 | 1,41 | 1,43 | 1,45 | 1,47 | 1,48 | 1,50 | 1,52 | 1,56 | 1,58 | 1,60 |
| 13 | 1,44 | 1,46 | 1,48 | 1,50 | 1,52 | 1,54 | 1,57 | 1,59 | 1,61 | 1,63 | 1,65 | 1,69 | 1,71 | 1,73 |
| 14 | 1,55 | 1,57 | 1,59 | 1,62 | 1,64 | 1,66 | 1,69 | 1,71 | 1,73 | 1,75 | 1,78 | 1,82 | 1,84 | 1,87 |
| 15 | 1,66 | 1,68 | 1,71 | 1,73 | 1,76 | 1,78 | 1,81 | 1,83 | 1,85 | 1,88 | 1,90 | 1,95 | 1,97 | 2,00 |
| 16 | 1,77 | 1,80 | 1,82 | 1,85 | 1,87 | 1,90 | 1,93 | 1,95 | 1,98 | 2,00 | 2,03 | 2,08 | 2,10 | 2,13 |
| 17 | 1,88 | 1,91 | 1,94 | 1,96 | 1,99 | 2,02 | 2,05 | 2,07 | 2,10 | 2,13 | 2,16 | 2,21 | 2,23 | 2,26 |
| 18 | 1,99 | 2,02 | 2,05 | 2,08 | 2,11 | 2,14 | 2,17 | 2,20 | 2,22 | 2,25 | 2,28 | 2,33 | 2,37 | 2,40 |
| 19 | 2,10 | 2,13 | 2,16 | 2,19 | 2,22 | 2,25 | 2,29 | 2,32 | 2,35 | 2,38 | 2,41 | 2,46 | 2,50 | 2,53 |
| 20 | 2,21 | 2,24 | 2,28 | 2,31 | 2,34 | 2,37 | 2,41 | 2,44 | 2,47 | 2,50 | 2,54 | 2,59 | 2,63 | 2,66 |
| 21 | 2,32 | 2,35 | 2,39 | 2,42 | 2,46 | 2,49 | 2,53 | 2,56 | 2,59 | 2,63 | 2,66 | 2,72 | 2,76 | 2,79 |
| 22 | 2,43 | 2,47 | 2,50 | 2,54 | 2,57 | 2,61 | 2,65 | 2,68 | 2,72 | 2,75 | 2,79 | 2,85 | 2,89 | 2,93 |
| 23 | 2,54 | 2,58 | 2,62 | 2,65 | 2,69 | 2,73 | 2,77 | 2,80 | 2,84 | 2,88 | 2,91 | 2,98 | 2,02 | 3,06 |
| 24 | 2,65 | 2,69 | 2,73 | 2,77 | 2,81 | 2,85 | 2,88 | 2,92 | 2,96 | 3,00 | 3,04 | 3,11 | 3,15 | 3,19 |
| 25 | 2,76 | 2,80 | 2,84 | 2,88 | 2,92 | 2,96 | 3,00 | 3,05 | 3,09 | 3,13 | 3,17 | 3,24 | 3,28 | 3,32 |
| 26 | 2,87 | 2,91 | 2,96 | 3,00 | 3,04 | 3,08 | 3,12 | 3,17 | 3,21 | 3,25 | 3,29 | 3,37 | 3,41 | 3,46 |
| 27 | 2,98 | 3,02 | 3,07 | 3,11 | 3,16 | 3,20 | 3,24 | 3,29 | 3,33 | 3,38 | 3,42 | 3,50 | 3,54 | 3,59 |
| 28 | 3,09 | 3,14 | 3,18 | 3,23 | 3,27 | 3,32 | 3,36 | 3,41 | 3,45 | 3,50 | 3,54 | 3,63 | 3,67 | 3,72 |
| 29 | 3,20 | 3,25 | 3,29 | 3,34 | 3,39 | 3,44 | 3,48 | 3,53 | 3,58 | 3,62 | 3,67 | 3,75 | 3,80 | 3,85 |
| 30 | 3,31 | 3,36 | 3,41 | 3,46 | 3,50 | 3,55 | 3,60 | 3,65 | 3,70 | 3,75 | 3,80 | 3,88 | 3,93 | 3,99 |
| 31 | 3,42 | 3,47 | 3,52 | 3,57 | 3,62 | 3,67 | 3,72 | 3,77 | 3,82 | 3,87 | 3,92 | 4,01 | 4,06 | 4,12 |
| 32 | 3,53 | 3,58 | 3,63 | 3,68 | 3,74 | 3,79 | 3,84 | 3,89 | 3,94 | 4,00 | 4,05 | 4,14 | 4,20 | 4,25 |
| 33 | 3,64 | 3,69 | 3,75 | 3,80 | 3,85 | 3,91 | 3,96 | 4,01 | 4,07 | 4,12 | 4,17 | 4,27 | 4,33 | 4,38 |
| 34 | 3,75 | 3,80 | 3,86 | 3,91 | 3,97 | 4,02 | 4,08 | 4,13 | 4,19 | 4,24 | 4,30 | 4,40 | 4,46 | 4,51 |
| 35 | 3,86 | 3,91 | 3,97 | 4,03 | 4,09 | 4,14 | 4,20 | 4,26 | 4,31 | 4,37 | 4,43 | 4,53 | 4,59 | 4,65 |

Die unterschiedliche Adhäsionsspannung zwischen Glas und Quecksilber macht eine Korrektur der Barometerablesung erforderlich, die von der Rohrweite und der Kuppenhöhe (Reinheit des Quecksilbers) abhängt. Tabelle 18 gibt die Werte an, die für verschiedene Rohrdurchmesser und Kuppenhöhen den abgelesenen Barometerständen hinzugezählt werden müssen.

**Reduktion eines Gasvolumens auf den Normalzustand.** Die Reduktion eines Gasvolumens auf Normalbedingungen geschieht wie folgt:

$$V_R = V_0 \frac{B}{760} \cdot \frac{273}{273 + t}.$$

Tabelle 20 liefert die Faktoren für die Reduktion eines trockenen Gases auf 0° C und 760 mm Hg Barometerstand.

Tabelle 18. *Korrektur des abgelesenen Barometerstandes bei verschiedener Kuppenhöhe des Quecksilbers und Rohrdurchmessern von 7—19 mm.*

| Rohr-durch-messer in mm | Kuppenhöhe in mm | | | | | | | | |
|---|---|---|---|---|---|---|---|---|---|
| | 0,2 | 0,4 | 0,6 | 0,8 | 1,0 | 1,2 | 1,4 | 1,6 | 1,8 |
| 7  | 0,17 | 0,34 | 0,49 | 0,62 | 0,74 | 0,85 | 0,95 | 1,04 | 1,12 |
| 8  | 0,13 | 0,27 | 0,39 | 0,49 | 0,59 | 0,68 | 0,76 | 0,82 | 0,87 |
| 9  | 0,10 | 0,21 | 0,30 | 0,39 | 0,47 | 0,54 | 0,60 | 0,65 | 0,70 |
| 10 | 0,08 | 0,16 | 0,23 | 0,30 | 0,36 | 0,42 | 0,48 | 0,52 | 0,57 |
| 11 | 0,06 | 0,11 | 0,17 | 0,22 | 0,27 | 0,32 | 0,37 | 0,41 | 0,45 |
| 12 | 0,04 | 0,08 | 0,12 | 0,15 | 0,19 | 0,23 | 0,27 | 0,31 | 0,34 |
| 13 | 0,03 | 0,06 | 0,09 | 0,11 | 0,14 | 0,17 | 0,20 | 0,22 | 0,25 |
| 14 | 0,02 | 0,05 | 0,07 | 0,09 | 0,11 | 0,14 | 0,16 | 0,18 | 0,21 |
| 15 | 0,02 | 0,04 | 0,06 | 0,08 | 0,09 | 0,11 | 0,13 | 0,15 | 0,17 |
| 16 | 0,02 | 0,03 | 0,05 | 0,06 | 0,07 | 0,09 | 0,10 | 0,12 | 0,14 |
| 17 | 0,01 | 0,02 | 0,03 | 0,04 | 0,05 | 0,06 | 0,07 | 0,08 | 0,09 |
| 18 | 0,01 | 0,01 | 0,02 | 0,03 | 0,04 | 0,04 | 0,05 | 0,06 | 0,07 |
| 19 | 0,01 | 0,01 | 0,02 | 0,02 | 0,03 | 0,03 | 0,04 | 0,04 | 0,05 |

Tabelle 19. *Druck des gesättigten Wasserdampfes in mm Hg bei Temperaturen von 0—100° C.*
*P in mm Hg.*

| Zehner | Einer | | | | | | | | | |
|---|---|---|---|---|---|---|---|---|---|---|
| | 0 | 1 | 2 | 3 | 4 | 5 | 6 | 7 | 8 | 9 |
| | Temperatur in °C | | | | | | | | | |
| 0   | 4,579  | 4,926  | 5,294  | 5,685  | 6,101  | 6,543  | 7,013  | 7,513  | 8,045  | 8,609  |
| 10  | 9,209  | 9,844  | 10,518 | 11,231 | 11,987 | 12,788 | 13,634 | 14,530 | 15,477 | 16,477 |
| 20  | 17,535 | 18,650 | 19,827 | 21,068 | 22,377 | 23,756 | 25,209 | 26,739 | 28,349 | 30,043 |
| 30  | 31,824 | 33,695 | 35,663 | 37,729 | 39,898 | 42,175 | 44,563 | 47,067 | 49,692 | 52,442 |
| 40  | 55,324 | 58,34  | 61,50  | 64,80  | 68,26  | 71,88  | 75,65  | 79,60  | 83,71  | 88,02  |
| 50  | 92,51  | 97,20  | 102,09 | 107,20 | 112,51 | 118,04 | 123,80 | 129,82 | 136,08 | 142,60 |
| 60  | 149,38 | 156,43 | 163,77 | 171,38 | 179,31 | 187,54 | 196,09 | 204,96 | 214,17 | 223,73 |
| 70  | 233,7  | 243,9  | 254,6  | 265,7  | 277,2  | 289,1  | 301,4  | 314,1  | 327,3  | 341,0  |
| 80  | 355,1  | 369,7  | 384,9  | 400,6  | 416,8  | 433,6  | 450,9  | 468,7  | 487,1  | 506,1  |
| 90  | 525,76 | 546,05 | 566,99 | 588,60 | 610,90 | 633,90 | 657,62 | 682,07 | 707,27 | 733,24 |
| 100 | 760,00 | | | | | | | | | |

Tabelle 21 liefert die Faktoren für die Reduktion eines wasserdampfgesättigten Gases auf 0° C, 760 mm Hg Barometerstand und Trockenheit, bei Drucken von 740—780 mm Hg und für 10—25 und 35—40° C nach der Formel:

$$V_R = V_0 \frac{B - P_{H_2O}}{760} \cdot \frac{273}{273 + t}.$$

Die rechte Seite der Gleichungen muß mit

$$1 - x_0 B - 760$$

multipliziert werden, wenn man berücksichtigen will, daß die Reduktion kein ideales Gas betrifft. Die Werte für $x_0$ einiger in Frage kommender Gase sind in Tabelle 22 zusammengestellt. Für die meisten gasanalytischen Zwecke der Biologie erübrigt sich die Korrektur, da z. B. für $CO_2$, dessen Abweichung vom idealen Gas relativ groß ist, im ungünstigsten Fall (35° C, 710 mm Hg Barometerstand) nur 0,03% Fehler durch Unterlassung der Korrektur entstehen.

Tabelle 20. *Volumenreduktion eines idealen Gases auf 0° C und 760 mm Hg.*

| Druck des gesättigten Wasserdampfes | | °C | Druck in mm Hg | | | | | | | | | | | |
|---|---|---|---|---|---|---|---|---|---|---|---|---|---|---|
| °C | Druck mm Hg | | 700 | 701 | 702 | 703 | 704 | 705 | 706 | 707 | 708 | 709 | 710 | 711 |
| 2  | 5,291  | 2  | 0,9143 | 0,9156 | 0,9170 | 0,9183 | 0,9196 | 0,9209 | 0,9222 | 0,9235 | 0,9248 | 0,9261 | 0,9274 | 0,9287 |
| 4  | 6,097  | 4  | 0,9077 | 0,9090 | 0,9103 | 0,9116 | 0,9129 | 0,9142 | 0,9155 | 0,9168 | 0,9181 | 0,9194 | 0,9207 | 0,9220 |
| 6  | 7,010  | 6  | 0,9013 | 0,9025 | 0,9038 | 0,9051 | 0,9064 | 0,9076 | 0,9089 | 0,9102 | 0,9115 | 0,9128 | 0,9141 | 0,9154 |
| 8  | 8,041  | 8  | 0,8948 | 0,8961 | 0,8973 | 0,8986 | 0,8999 | 0,9011 | 0,9024 | 0,9037 | 0,9050 | 0,9063 | 0,9075 | 0,9088 |
| 10 | 9,204  | 10 | 0,8885 | 0,8898 | 0,8910 | 0,8923 | 0,8935 | 0,8948 | 0,8961 | 0,8974 | 0,8986 | 0,8999 | 0,9012 | 0,9025 |
| 11 | 9,839  | 11 | 0,8853 | 0,8866 | 0,8878 | 0,8891 | 0,8903 | 0,8916 | 0,8929 | 0,8912 | 0,8955 | 0,8967 | 0,8980 | 0,8993 |
| 12 | 10,51  | 12 | 0,8823 | 0,8835 | 0,8848 | 0,8860 | 0,8873 | 0,8886 | 0,8898 | 0,8911 | 0,8923 | 0,8936 | 0,8949 | 0,8961 |
| 13 | 11,22  | 13 | 0,8792 | 0,8804 | 0,8817 | 0,8829 | 0,8841 | 0,8854 | 0,8867 | 0,8880 | 0,8892 | 0,8905 | 0,8917 | 0,8930 |
| 14 | 11,98  | 14 | 0,8761 | 0,8773 | 0,8785 | 0,8798 | 0,8810 | 0,8824 | 0,8836 | 0,8849 | 0,8861 | 0,8874 | 0,8886 | 0,8899 |
| 15 | 12,78  | 15 | 0,8731 | 0,8743 | 0,8756 | 0,8768 | 0,8780 | 0,8793 | 0,8805 | 0,8818 | 0,8830 | 0,8843 | 0,8855 | 0,8868 |
| 16 | 13,63  | 16 | 0,8700 | 0,8713 | 0,8725 | 0,8737 | 0,8749 | 0,8762 | 0,8775 | 0,8787 | 0,8800 | 0,8812 | 0,8825 | 0,8837 |
| 17 | 14,52  | 17 | 0,8670 | 0,8682 | 0,8695 | 0,8707 | 0,8719 | 0,8732 | 0,8745 | 0,8757 | 0,8769 | 0,8782 | 0,8794 | 0,8807 |
| 18 | 15,47  | 18 | 0,8640 | 0,8652 | 0,8664 | 0,8677 | 0,8689 | 0,8702 | 0,8715 | 0,8727 | 0,8739 | 0,8752 | 0,8764 | 0,8776 |
| 19 | 16,47  | 19 | 0,8611 | 0,8623 | 0,8635 | 0,8647 | 0,8659 | 0,8672 | 0,8685 | 0,8697 | 0,8709 | 0,8722 | 0,8734 | 0,8746 |
| 20 | 17,53  | 20 | 0,8581 | 0,8593 | 0,8605 | 0,8618 | 0,8630 | 0,8643 | 0,8655 | 0,8667 | 0,8680 | 0,8692 | 0,8704 | 0,8716 |
| 21 | 18,64  | 21 | 0,8552 | 0,8564 | 0,8576 | 0,8588 | 0,8600 | 0,8613 | 0,8626 | 0,8638 | 0,8650 | 0,8662 | 0,8674 | 0,8687 |
| 22 | 19,82  | 22 | 0,8523 | 0,8535 | 0,8547 | 0,8559 | 0,8571 | 0,8584 | 0,8596 | 0,8609 | 0,8621 | 0,8633 | 0,8645 | 0,8657 |
| 23 | 21,07  | 23 | 0,8494 | 0,8506 | 0,8518 | 0,8530 | 0,8542 | 0,8555 | 0,8567 | 0,8579 | 0,8592 | 0,8604 | 0,8616 | 0,8628 |
| 24 | 22,37  | 24 | 0,8465 | 0,8477 | 0,8489 | 0,8501 | 0,8513 | 0,8526 | 0,8538 | 0,8551 | 0,8563 | 0,8575 | 0,8587 | 0,8599 |
| 25 | 23,75  | 25 | 0,8437 | 0,8449 | 0,8461 | 0,8473 | 0,8485 | 0,8498 | 0,8510 | 0,8522 | 0,8534 | 0,8546 | 0,8558 | 0,8570 |
| 26 | 25,20  | 26 | 0,8409 | 0,8421 | 0,8433 | 0,8444 | 0,8456 | 0,8469 | 0,8481 | 0,8493 | 0,8505 | 0,8517 | 0,8529 | 0,8541 |
| 27 | 26,73  | 27 | 0,8380 | 0,8392 | 0,8404 | 0,8416 | 0,8428 | 0,8441 | 0,8453 | 0,8465 | 0,8477 | 0,8489 | 0,8501 | 0,8513 |
| 28 | 28,34  | 28 | 0,8352 | 0,8364 | 0,8376 | 0,8388 | 0,8400 | 0,8413 | 0,8425 | 0,8437 | 0,8449 | 0,8461 | 0,8473 | 0,8485 |
| 29 | 30,03  | 29 | 0,8325 | 0,8337 | 0,8349 | 0,8361 | 0,8373 | 0,8385 | 0,8397 | 0,8409 | 0,8421 | 0,8433 | 0,8445 | 0,8456 |
| 30 | 31,81  | 30 | 0,8298 | 0,8309 | 0,8321 | 0,8333 | 0,8345 | 0,8357 | 0,8369 | 0,8381 | 0,8393 | 0,8405 | 0,8417 | 0,8429 |
| 31 | 33,69  | 31 | 0,8270 | 0,8281 | 0,8293 | 0,8305 | 0,8317 | 0,8329 | 0,8341 | 0,8352 | 0,8364 | 0,8376 | 0,8388 | 0,8400 |
| 32 | 35,65  | 32 | 0,8243 | 0,8254 | 0,8366 | 0,8278 | 0,8290 | 0,8301 | 0,8313 | 0,8325 | 0,8337 | 0,8348 | 0,8360 | 0,8722 |
| 33 | 37,72  | 33 | 0,8216 | 0,8227 | 0,8239 | 0,8251 | 0,8262 | 0,8274 | 0,8286 | 0,8298 | 0,8309 | 0,8321 | 0,8333 | 0,8345 |
| 34 | 39,89  | 34 | 0,8189 | 0,8200 | 0,8212 | 0,8224 | 0,8236 | 0,8247 | 0,8259 | 0,8271 | 0,8282 | 0,8294 | 0,8306 | 0,8317 |
| 35 | 42,17  | 35 | 0,8162 | 0,8174 | 0,8185 | 0,8197 | 0,8209 | 0,8220 | 0,8232 | 0,8244 | 0,8255 | 0,8267 | 0,8279 | 0,8290 |

Tabelle 20. (Fortsetzung.)

| °C | Druck in mm Hg | | | | | | | | | | | | | |
|---|---|---|---|---|---|---|---|---|---|---|---|---|---|---|
| | 712 | 713 | 714 | 715 | 716 | 717 | 718 | 719 | 720 | 721 | 722 | 723 | 724 | 725 |
| 2  | 0,9300 | 0,9313 | 0,9326 | 0,9340 | 0,9353 | 0,9366 | 0,9379 | 0,9392 | 0,9405 | 0,9418 | 0,9431 | 0,9444 | 0,9457 | 0,9470 |
| 4  | 0,9233 | 0,9246 | 0,9259 | 0,9272 | 0,9285 | 0,9297 | 0,9310 | 0,9323 | 0,9336 | 0,9349 | 0,9362 | 0,9375 | 0,9388 | 0,9401 |
| 6  | 0,9166 | 0,9180 | 0,9193 | 0,9205 | 0,9218 | 0,9231 | 0,9244 | 0,9257 | 0,9270 | 0,9283 | 0,9295 | 0,9308 | 0,9321 | 0,9334 |
| 8  | 0,9100 | 0,9114 | 0,9127 | 0,9139 | 0,9152 | 0,9165 | 0,9177 | 0,9190 | 0,9203 | 0,9216 | 0,9229 | 0,9241 | 0,9254 | 0,9267 |
| 10 | 0,9037 | 0,9050 | 0,9063 | 0,9075 | 0,9088 | 0,9101 | 0,9113 | 0,9126 | 0,9139 | 0,9151 | 0,9164 | 0,9177 | 0,9190 | 0,9202 |
| 11 | 0,9005 | 0,9018 | 0,9031 | 0,9043 | 0,9056 | 0,9069 | 0,9081 | 0,9094 | 0,9107 | 0,9119 | 0,9132 | 0,9144 | 0,9157 | 0,9170 |
| 12 | 0,8974 | 0,8986 | 0,8999 | 0,9012 | 0,9024 | 0,9037 | 0,9049 | 0,9062 | 0,9075 | 0,9087 | 0,9100 | 0,9112 | 0,9125 | 0,9138 |
| 13 | 0,8942 | 0,8955 | 0,8967 | 0,8980 | 0,8993 | 0,9005 | 0,9018 | 0,9030 | 0,9043 | 0,9055 | 0,9068 | 0,9081 | 0,9093 | 0,9106 |
| 14 | 0,8911 | 0,8924 | 0,8936 | 0,8949 | 0,8961 | 0,8974 | 0,8986 | 0,8999 | 0,9011 | 0,9024 | 0,9036 | 0,9049 | 0,9061 | 0,9074 |
| 15 | 0,8880 | 0,8893 | 0,8905 | 0,8918 | 0,8930 | 0,8943 | 0,8955 | 0,8968 | 0,8980 | 0,8992 | 0,9005 | 0,9017 | 0,9030 | 0,9042 |
| 16 | 0,8849 | 0,8862 | 0,8874 | 0,8887 | 0,8899 | 0,8912 | 0,8924 | 0,8936 | 0,8949 | 0,8961 | 0,8974 | 0,8986 | 0,8999 | 0,9011 |
| 17 | 0,8819 | 0,8831 | 0,8844 | 0,8856 | 0,8869 | 0,8881 | 0,8893 | 0,8906 | 0,8918 | 0,8930 | 0,8943 | 0,8955 | 0,8968 | 0,8980 |
| 18 | 0,8789 | 0,8801 | 0,8813 | 0,8826 | 0,8838 | 0,8850 | 0,8863 | 0,8875 | 0,8887 | 0,8900 | 0,8912 | 0,8924 | 0,8937 | 0,8949 |
| 19 | 0,8759 | 0,8771 | 0,8783 | 0,8795 | 0,8808 | 0,8820 | 0,8832 | 0,8845 | 0,8857 | 0,8869 | 0,8882 | 0,8894 | 0,8906 | 0,8918 |
| 20 | 0,8729 | 0,8741 | 0,8753 | 0,8765 | 0,8778 | 0,8790 | 0,8802 | 0,8814 | 0,8827 | 0,8839 | 0,8851 | 0,8863 | 0,8876 | 0,8888 |
| 21 | 0,8699 | 0,8711 | 0,8723 | 0,8736 | 0,8748 | 0,8760 | 0,8772 | 0,8784 | 0,8797 | 0,8809 | 0,8821 | 0,8833 | 0,8846 | 0,8858 |
| 22 | 0,8669 | 0,8682 | 0,8694 | 0,8706 | 0,8718 | 0,8730 | 0,8742 | 0,8755 | 0,8767 | 0,8779 | 0,8791 | 0,8803 | 0,8816 | 0,8828 |
| 23 | 0,8640 | 0,8652 | 0,8664 | 0,8677 | 0,8689 | 0,8701 | 0,8713 | 0,8725 | 0,8737 | 0,8749 | 0,8761 | 0,8774 | 0,8786 | 0,8798 |
| 24 | 0,8611 | 0,8623 | 0,8635 | 0,8647 | 0,8659 | 0,8671 | 0,8684 | 0,8696 | 0,8708 | 0,8720 | 0,8732 | 0,8744 | 0,8756 | 0,8768 |
| 25 | 0,8582 | 0,8594 | 0,8606 | 0,8618 | 0,8630 | 0,8642 | 0,8654 | 0,8666 | 0,8679 | 0,8691 | 0,8703 | 0,8715 | 0,8727 | 0,8739 |
| 26 | 0,8553 | 0,8565 | 0,8577 | 0,8589 | 0,8601 | 0,8613 | 0,8625 | 0,8637 | 0,8649 | 0,8661 | 0,8674 | 0,8686 | 0,8698 | 0,8710 |
| 27 | 0,8525 | 0,8537 | 0,8549 | 0,8561 | 0,8573 | 0,8585 | 0,8597 | 0,8609 | 0,8621 | 0,8633 | 0,8645 | 0,8657 | 0,8669 | 0,8680 |
| 28 | 0,8497 | 0,8508 | 0,8520 | 0,8532 | 0,8544 | 0,8556 | 0,8568 | 0,8580 | 0,8592 | 0,8604 | 0,8616 | 0,8628 | 0,8640 | 0,8652 |
| 29 | 0,8468 | 0,8480 | 0,8492 | 0,8504 | 0,8516 | 0,8528 | 0,8540 | 0,8552 | 0,8564 | 0,8575 | 0,8587 | 0,8599 | 0,8611 | 0,8623 |
| 30 | 0,8440 | 0,8452 | 0,8464 | 0,8476 | 0,8488 | 0,8500 | 0,8512 | 0,8523 | 0,8535 | 0,8547 | 0,8559 | 0,8571 | 0,8583 | 0,8595 |
| 31 | 0,8411 | 0,8423 | 0,8435 | 0,8448 | 0,8460 | 0,8472 | 0,8484 | 0,8495 | 0,8507 | 0,8519 | 0,8531 | 0,8543 | 0,8554 | 0,8566 |
| 32 | 0,8384 | 0,8396 | 0,8407 | 0,8420 | 0,8432 | 0,8444 | 0,8456 | 0,8467 | 0,8479 | 0,8491 | 0,8503 | 0,8515 | 0,8526 | 0,8538 |
| 33 | 0,8356 | 0,8368 | 0,8380 | 0,8393 | 0,8405 | 0,8416 | 0,8428 | 0,8440 | 0,8452 | 0,8463 | 0,8475 | 0,8487 | 0,8498 | 0,8510 |
| 34 | 0,8329 | 0,8341 | 0,8353 | 0,8365 | 0,8377 | 0,8389 | 0,8401 | 0,8412 | 0,8424 | 0,8436 | 0,8447 | 0,8459 | 0,8471 | 0,8482 |
| 35 | 0,8302 | 0,8314 | 0,8325 | 0,8338 | 0,8350 | 0,8362 | 0,8373 | 0,8385 | 0,8397 | 0,8408 | 0,8420 | 0,8432 | 0,8443 | 0,8455 |

Gasanalyse.

*Tabelle 20.* (Fortsetzung.)

| °C | \multicolumn{14}{c|}{Druck in mm Hg} |
|---|---|---|---|---|---|---|---|---|---|---|---|---|---|---|

| °C | 726 | 727 | 728 | 729 | 730 | 731 | 732 | 733 | 734 | 735 | 736 | 737 | 738 | 739 |
|---|---|---|---|---|---|---|---|---|---|---|---|---|---|---|
| 2 | 0,9483 | 0,9496 | 0,9509 | 0,9522 | 0,9535 | 0,9548 | 0,9562 | 0,9575 | 0,9588 | 0,9601 | 0,9614 | 0,9627 | 0,9641 | 0,9654 |
| 4 | 0,9414 | 0,9427 | 0,9440 | 0,9453 | 0,9466 | 0,9479 | 0,9492 | 0,9505 | 0,9518 | 0,9531 | 0,9544 | 0,9557 | 0,9570 | 0,9583 |
| 6 | 0,9347 | 0,9360 | 0,9373 | 0,9386 | 0,9398 | 0,9411 | 0,9424 | 0,9437 | 0,9450 | 0,9463 | 0,9476 | 0,9489 | 0,9502 | 0,9515 |
| 8 | 0,9280 | 0,9293 | 0,9305 | 0,9318 | 0,9331 | 0,9343 | 0,9357 | 0,9370 | 0,9382 | 0,9395 | 0,9407 | 0,9420 | 0,9434 | 0,9446 |
| 10 | 0,9215 | 0,9228 | 0,9240 | 0,9253 | 0,9266 | 0,9278 | 0,9291 | 0,9304 | 0,9316 | 0,9329 | 0,9342 | 0,9355 | 0,9367 | 0,9380 |
| 11 | 0,9182 | 0,9195 | 0,9208 | 0,9220 | 0,9233 | 0,9246 | 0,9258 | 0,9271 | 0,9284 | 0,9296 | 0,9309 | 0,9322 | 0,9334 | 0,9347 |
| 12 | 0,9150 | 0,9163 | 0,9175 | 0,9188 | 0,9201 | 0,9213 | 0,9226 | 0,9238 | 0,9251 | 0,9264 | 0,9276 | 0,9289 | 0,9301 | 0,9314 |
| 13 | 0,9118 | 0,9131 | 0,9143 | 0,9156 | 0,9168 | 0,9181 | 0,9194 | 0,9206 | 0,9219 | 0,9231 | 0,9244 | 0,9256 | 0,9269 | 0,9281 |
| 14 | 0,9086 | 0,9099 | 0,9111 | 0,9124 | 0,9136 | 0,9149 | 0,9162 | 0,9174 | 0,9187 | 0,9199 | 0,9212 | 0,9224 | 0,9237 | 0,9249 |
| 15 | 0,9055 | 0,9067 | 0,9080 | 0,9092 | 0,9105 | 0,9117 | 0,9130 | 0,9142 | 0,9155 | 0,9167 | 0,9180 | 0,9192 | 0,9205 | 0,9217 |
| 16 | 0,9023 | 0,9036 | 0,9048 | 0,9061 | 0,9073 | 0,9086 | 0,9098 | 0,9110 | 0,9123 | 0,9135 | 0,9148 | 0,9160 | 0,9173 | 0,9185 |
| 17 | 0,8992 | 0,9005 | 0,9017 | 0,9030 | 0,9042 | 0,9054 | 0,9067 | 0,9079 | 0,9091 | 0,9104 | 0,9116 | 0,9129 | 0,9141 | 0,9153 |
| 18 | 0,8961 | 0,8974 | 0,8986 | 0,8998 | 0,9011 | 0,9023 | 0,9036 | 0,9048 | 0,9060 | 0,9073 | 0,9085 | 0,9097 | 0,9101 | 0,9122 |
| 19 | 0,8931 | 0,8943 | 0,8955 | 0,8968 | 0,8980 | 0,8992 | 0,9005 | 0,9017 | 0,9029 | 0,9041 | 0,9054 | 0,9066 | 0,9078 | 0,9091 |
| 20 | 0,8900 | 0,8913 | 0,8925 | 0,8937 | 0,8949 | 0,8962 | 0,8974 | 0,8986 | 0,8998 | 0,9011 | 0,9023 | 0,9035 | 0,9047 | 0,9060 |
| 21 | 0,8870 | 0,8882 | 0,8894 | 0,8907 | 0,8919 | 0,8931 | 0,8943 | 0,8955 | 0,8968 | 0,8980 | 0,8992 | 0,9004 | 0,9017 | 0,9029 |
| 22 | 0,8840 | 0,8852 | 0,8864 | 0,8876 | 0,8889 | 0,8901 | 0,8913 | 0,8925 | 0,8937 | 0,8949 | 0,8962 | 0,8974 | 0,8986 | 0,8998 |
| 23 | 0,8810 | 0,8822 | 0,8834 | 0,8846 | 0,8859 | 0,8871 | 0,8883 | 0,8895 | 0,8907 | 0,8919 | 0,8931 | 0,8943 | 0,8956 | 0,8968 |
| 24 | 0,8780 | 0,8792 | 0,8805 | 0,8817 | 0,8829 | 0,8841 | 0,8853 | 0,8865 | 0,8877 | 0,8889 | 0,8901 | 0,8913 | 0,8925 | 0,8938 |
| 25 | 0,8751 | 0,8763 | 0,8775 | 0,8787 | 0,8799 | 0,8811 | 0,8823 | 0,8835 | 0,8847 | 0,8859 | 0,8871 | 0,8883 | 0,8895 | 0,8908 |
| 26 | 0,8722 | 0,8734 | 0,8746 | 0,8758 | 0,8770 | 0,8782 | 0,8794 | 0,8806 | 0,8818 | 0,8830 | 0,8842 | 0,8854 | 0,8866 | 0,8878 |
| 27 | 0,8692 | 0,8704 | 0,8716 | 0,8728 | 0,8740 | 0,8752 | 0,8764 | 0,8776 | 0,8788 | 0,8800 | 0,8812 | 0,8824 | 0,8836 | 0,8848 |
| 28 | 0,8664 | 0,8676 | 0,8687 | 0,8699 | 0,8711 | 0,8723 | 0,8735 | 0,8747 | 0,8759 | 0,8771 | 0,8783 | 0,8795 | 0,8807 | 0,8819 |
| 29 | 0,8635 | 0,8647 | 0,8659 | 0,8671 | 0,8682 | 0,8694 | 0,8706 | 0,8718 | 0,8730 | 0,8742 | 0,8754 | 0,8766 | 0,8778 | 0,8789 |
| 30 | 0,8606 | 0,8618 | 0,8630 | 0,8642 | 0,8654 | 0,8666 | 0,8677 | 0,8689 | 0,8701 | 0,8713 | 0,8725 | 0,8737 | 0,8749 | 0,8760 |
| 31 | 0,8578 | 0,8590 | 0,8602 | 0,8613 | 0,8625 | 0,8637 | 0,8649 | 0,8661 | 0,8673 | 0,8684 | 0,8696 | 0,8708 | 0,8720 | 0,8732 |
| 32 | 0,8550 | 0,8562 | 0,8573 | 0,8585 | 0,8597 | 0,8609 | 0,8621 | 0,8632 | 0,8644 | 0,8656 | 0,8668 | 0,8679 | 0,8691 | 0,8703 |
| 33 | 0,8522 | 0,8534 | 0,8545 | 0,8557 | 0,8569 | 0,8581 | 0,8592 | 0,8604 | 0,8616 | 0,8628 | 0,8639 | 0,8651 | 0,8663 | 0,8675 |
| 34 | 0,8494 | 0,8506 | 0,8518 | 0,8529 | 0,8541 | 0,8553 | 0,8564 | 0,8576 | 0,8588 | 0,8599 | 0,8611 | 0,8623 | 0,8635 | 0,8646 |
| 35 | 0,8467 | 0,8478 | 0,8490 | 0,8502 | 0,8513 | 0,8525 | 0,8537 | 0,8548 | 0,8560 | 0,8572 | 0,8583 | 0,8595 | 0,8607 | 0,8618 |

*Tabelle 20.* (Fortsetzung.)

| °C | 740 | 741 | 742 | 743 | 744 | 745 | 746 | 747 | 748 | 749 | 750 | 751 | 752 | 753 |
|---|---|---|---|---|---|---|---|---|---|---|---|---|---|---|
| 2 | 0,9667 | 0,9680 | 0,9693 | 0,9706 | 0,9719 | 0,9732 | 0,9745 | 0,9758 | 0,9771 | 0,9784 | 0,9797 | 0,9810 | 0,9823 | 0,9836 |
| 4 | 0,9596 | 0,9609 | 0,9622 | 0,9634 | 0,9647 | 0,9661 | 0,9674 | 0,9687 | 0,9699 | 0,9712 | 0,9725 | 0,9738 | 0,9751 | 0,9764 |
| 6 | 0,9527 | 0,9540 | 0,9553 | 0,9566 | 0,9579 | 0,9592 | 0,9605 | 0,9617 | 0,9630 | 0,9643 | 0,9656 | 0,9669 | 0,9682 | 0,9695 |
| 8 | 0,9459 | 0,9472 | 0,9484 | 0,9497 | 0,9509 | 0,9523 | 0,9536 | 0,9548 | 0,9561 | 0,9574 | 0,9587 | 0,9600 | 0,9612 | 0,9625 |
| 10 | 0,9393 | 0,9405 | 0,9418 | 0,9431 | 0,9443 | 0,9456 | 0,9469 | 0,9481 | 0,9494 | 0,9507 | 0,9520 | 0,9532 | 0,9545 | 0,9558 |
| 11 | 0,9360 | 0,9372 | 0,9385 | 0,9397 | 0,9410 | 0,9423 | 0,9435 | 0,9448 | 0,9461 | 0,9473 | 0,9486 | 0,9499 | 0,9511 | 0,9524 |
| 12 | 0,9327 | 0,9339 | 0,9352 | 0,9364 | 0,9377 | 0,9390 | 0,9402 | 0,9415 | 0,9427 | 0,9440 | 0,9453 | 0,9465 | 0,9478 | 0,9491 |
| 13 | 0,9294 | 0,9307 | 0,9319 | 0,9332 | 0,9344 | 0,9357 | 0,9369 | 0,9382 | 0,9395 | 0,9407 | 0,9420 | 0,9432 | 0,9445 | 0,9457 |
| 14 | 0,9262 | 0,9274 | 0,9287 | 0,9299 | 0,9312 | 0,9324 | 0,9337 | 0,9349 | 0,9362 | 0,9374 | 0,9387 | 0,9399 | 0,9412 | 0,9424 |
| 15 | 0,9229 | 0,9242 | 0,9254 | 0,9267 | 0,9279 | 0,9292 | 0,9204 | 0,9317 | 0,9329 | 0,9342 | 0,9354 | 0,9367 | 0,9379 | 0,9392 |
| 16 | 0,9197 | 0,9210 | 0,9222 | 0,9235 | 0,9247 | 0,9260 | 0,9272 | 0,9285 | 0,9297 | 0,9309 | 0,9322 | 0,9334 | 0,9347 | 0,9359 |
| 17 | 0,9165 | 0,9178 | 0,9191 | 0,9203 | 0,9215 | 0,9228 | 0,9240 | 0,9252 | 0,9265 | 0,9277 | 0,9290 | 0,9302 | 0,9314 | 0,9327 |
| 18 | 0,9134 | 0,9147 | 0,9159 | 0,9171 | 0,9184 | 0,9196 | 0,9208 | 0,9221 | 0,9233 | 0,9245 | 0,9258 | 0,9270 | 0,9282 | 0,9285 |
| 19 | 0,9103 | 0,9115 | 0,9128 | 0,9140 | 0,9152 | 0,9164 | 0,9177 | 0,9189 | 0,9201 | 0,9214 | 0,9226 | 0,9238 | 0,9251 | 0,9263 |
| 20 | 0,9072 | 0,9084 | 0,9096 | 0,9109 | 0,9121 | 0,9133 | 0,9145 | 0,9158 | 0,9170 | 0,9182 | 0,9194 | 0,9207 | 0,9219 | 0,9231 |
| 21 | 0,9041 | 0,9053 | 0,9065 | 0,9078 | 0,9090 | 0,9102 | 0,9114 | 0,9127 | 0,9139 | 0,9151 | 0,9163 | 0,9175 | 0,9188 | 0,9200 |
| 22 | 0,9010 | 0,9023 | 0,9035 | 0,9047 | 0,9059 | 0,9071 | 0,9083 | 0,9096 | 0,9108 | 0,9120 | 0,9132 | 0,9144 | 0,9156 | 0,9168 |
| 23 | 0,8980 | 0,8992 | 0,9004 | 0,9016 | 0,9028 | 0,9041 | 0,9053 | 0,9065 | 0,9077 | 0,9089 | 0,9101 | 0,9113 | 0,9126 | 0,9138 |
| 24 | 0,8950 | 0,8962 | 0,8974 | 0,8986 | 0,8998 | 0,9010 | 0,9022 | 0,9034 | 0,9046 | 0,9058 | 0,9071 | 0,9083 | 0,9095 | 0,9107 |
| 25 | 0,8920 | 0,8932 | 0,8944 | 0,8956 | 0,8968 | 0,8980 | 0,8992 | 0,9004 | 0,9016 | 0,9028 | 0,9040 | 0,9052 | 0,9064 | 0,9076 |
| 26 | 0,8890 | 0,8902 | 0,8914 | 0,8926 | 0,8938 | 0,8950 | 0,8962 | 0,8974 | 0,8986 | 0,8998 | 0,9010 | 0,9022 | 0,9034 | 0,9046 |
| 27 | 0,8860 | 0,8872 | 0,8884 | 0,8896 | 0,8908 | 0,8920 | 0,8932 | 0,8944 | 0,8956 | 0,8968 | 0,8980 | 0,8992 | 0,9004 | 0,9016 |
| 28 | 0,8831 | 0,8843 | 0,8855 | 0,8866 | 0,8878 | 0,8890 | 0,8902 | 0,8914 | 0,8926 | 0,8938 | 0,8950 | 0,8962 | 0,8974 | 0,8986 |
| 29 | 0,8801 | 0,8813 | 0,8825 | 0,8837 | 0,8849 | 0,8861 | 0,8873 | 0,8885 | 0,8897 | 0,8908 | 0,8920 | 0,8932 | 0,8944 | 0,8956 |
| 30 | 0,8772 | 0,8784 | 0,8796 | 0,8808 | 0,8820 | 0,8832 | 0,8843 | 0,8855 | 0,8867 | 0,8879 | 0,8891 | 0,8903 | 0,8915 | 0,8926 |
| 31 | 0,8743 | 0,8755 | 0,8767 | 0,8779 | 0,8791 | 0,8803 | 0,8814 | 0,8826 | 0,8838 | 0,8850 | 0,8862 | 0,8873 | 0,8885 | 0,8897 |
| 32 | 0,8715 | 0,8727 | 0,8738 | 0,8750 | 0,8762 | 0,8774 | 0,8785 | 0,8797 | 0,8809 | 0,8821 | 0,8833 | 0,8844 | 0,8856 | 0,8868 |
| 33 | 0,8686 | 0,8698 | 0,8710 | 0,8721 | 0,8733 | 0,8745 | 0,8757 | 0,8768 | 0,8780 | 0,8792 | 0,8804 | 0,8815 | 0,8827 | 0,8839 |
| 34 | 0,8658 | 0,8670 | 0,8681 | 0,8693 | 0,8705 | 0,8716 | 0,8728 | 0,8740 | 0,8752 | 0,8763 | 0,8775 | 0,8787 | 0,8798 | 0,8810 |
| 35 | 0,8630 | 0,8642 | 0,8653 | 0,8665 | 0,8676 | 0,8688 | 0,8700 | 0,8711 | 0,8723 | 0,8735 | 0,8746 | 0,8758 | 0,8770 | 0,8781 |

*Tabelle 20.* (Fortsetzung.)

| °C | \multicolumn{14}{c}{Druck in mm Hg} |
|---|---|---|---|---|---|---|---|---|---|---|---|---|---|---|
| | 754 | 755 | 756 | 757 | 758 | 759 | 760 | 761 | 762 | 763 | 764 | 765 | 766 | 767 |
| 2 | 0,9849 | 0,9862 | 0,9875 | 0,9888 | 0,9901 | 0,9914 | 0,9927 | 0,9940 | 0,9953 | 0,9966 | 0,9980 | 0,9993 | 1,0006 | 1,0019 |
| 4 | 0,9777 | 0,9790 | 0,9803 | 0,9816 | 0,9829 | 0,9842 | 0,9855 | 0,9868 | 0,9881 | 0,9894 | 0,9907 | 0,9920 | 0,9933 | 0,9946 |
| 6 | 0,9707 | 0,9720 | 0,9733 | 0,9746 | 0,9759 | 0,9772 | 0,9785 | 0,9797 | 0,9810 | 0,9823 | 0,9837 | 0,9849 | 0,9862 | 0,9875 |
| 8 | 0,9638 | 0,9650 | 0,9663 | 0,9677 | 0,9689 | 0,9702 | 0,9714 | 0,9727 | 0,9740 | 0,9753 | 0,9766 | 0,9779 | 0,9791 | 0,9804 |
| 10 | 0,9570 | 0,9583 | 0,9596 | 0,9608 | 0,9621 | 0,9634 | 0,9646 | 0,9659 | 0,9672 | 0,9685 | 0,9697 | 0,9710 | 0,9723 | 0,9735 |
| 11 | 0,9537 | 0,9549 | 0,9562 | 0,9575 | 0,9587 | 0,9600 | 0,9612 | 0,9625 | 0,9638 | 0,9650 | 0,9663 | 0,9676 | 0,9688 | 0,9701 |
| 12 | 0,9503 | 0,9516 | 0,9528 | 0,9541 | 0,9554 | 0,9566 | 0,9579 | 0,9591 | 0,9604 | 0,9617 | 0,9629 | 0,9642 | 0,9654 | 0,9667 |
| 13 | 0,9470 | 0,9482 | 0,9495 | 0,9508 | 0,9520 | 0,9533 | 0,9545 | 0,9558 | 0,9570 | 0,9583 | 0,9595 | 0,9608 | 0,9621 | 0,9633 |
| 14 | 0,9437 | 0,9449 | 0,9462 | 0,9474 | 0,9487 | 0,9499 | 0,9512 | 0,9524 | 0,9537 | 0,9549 | 0,9562 | 0,9575 | 0,9587 | 0,9600 |
| 15 | 0,9404 | 0,9417 | 0,9429 | 0,9441 | 0,9454 | 0,9466 | 0,9479 | 0,9491 | 0,9504 | 0,9516 | 0,9529 | 0,9541 | 0,9554 | 0,9566 |
| 16 | 0,9372 | 0,9384 | 0,9396 | 0,9409 | 0,9421 | 0,9434 | 0,9446 | 0,9459 | 0,9471 | 0,9483 | 0,9496 | 0,9508 | 0,9521 | 0,9533 |
| 17 | 0,9339 | 0,9352 | 0,9364 | 0,9376 | 0,9389 | 0,9401 | 0,9413 | 0,9426 | 0,9438 | 0,9451 | 0,9463 | 0,9475 | 0,9488 | 0,9500 |
| 18 | 0,9307 | 0,9319 | 0,9332 | 0,9344 | 0,9356 | 0,9369 | 0,9381 | 0,9393 | 0,9406 | 0,9418 | 0,9431 | 0,9443 | 0,9455 | 0,9468 |
| 19 | 0,9275 | 0,9287 | 0,9300 | 0,9312 | 0,9324 | 0,9337 | 0,9349 | 0,9361 | 0,9374 | 0,9386 | 0,9398 | 0,9410 | 0,9423 | 0,9435 |
| 20 | 0,9244 | 0,9256 | 0,9268 | 0,9280 | 0,9293 | 0,9305 | 0,9317 | 0,9329 | 0,9342 | 0,9354 | 0,9366 | 0,9378 | 0,9391 | 0,9403 |
| 21 | 0,9212 | 0,9224 | 0,9236 | 0,9249 | 0,9261 | 0,9273 | 0,9285 | 0,9298 | 0,9310 | 0,9322 | 0,9334 | 0,9346 | 0,9359 | 0,9371 |
| 22 | 0,9181 | 0,9193 | 0,9205 | 0,9217 | 0,9230 | 0,9242 | 0,9254 | 0,9266 | 0,9278 | 0,9290 | 0,9303 | 0,9315 | 0,9327 | 0,9339 |
| 23 | 0,9150 | 0,9162 | 0,9174 | 0,9186 | 0,9198 | 0,9210 | 0,9223 | 0,9235 | 0,9247 | 0,9259 | 0,9271 | 0,9283 | 0,9295 | 0,9308 |
| 24 | 0,9119 | 0,9131 | 0,9143 | 0,9155 | 0,9167 | 0,9179 | 0,9192 | 0,9204 | 0,9216 | 0,9228 | 0,9240 | 0,9252 | 0,9264 | 0,9276 |
| 25 | 0,9088 | 0,9100 | 0,9112 | 0,9124 | 0,9137 | 0,9149 | 0,9161 | 0,9173 | 0,9185 | 0,9197 | 0,9209 | 0,9221 | 0,9233 | 0,9245 |
| 26 | 0,9058 | 0,9070 | 0,9082 | 0,9094 | 0,9106 | 0,9118 | 0,9130 | 0,9142 | 0,9154 | 0,9166 | 0,9178 | 0,9190 | 0,9202 | 0,9214 |
| 27 | 0,9028 | 0,9040 | 0,9052 | 0,9064 | 0,9076 | 0,9088 | 0,9100 | 0,9112 | 0,9123 | 0,9135 | 0,9147 | 0,9159 | 0,9171 | 0,9183 |
| 28 | 0,8998 | 0,9010 | 0,9022 | 0,9034 | 0,9045 | 0,9057 | 0,9069 | 0,9081 | 0,9093 | 0,9105 | 0,9117 | 0,9129 | 0,9141 | 0,9153 |
| 29 | 0,8968 | 0,8980 | 0,8992 | 0,9004 | 0,9015 | 0,9027 | 0,9039 | 0,9051 | 0,9063 | 0,9075 | 0,9087 | 0,9099 | 0,9111 | 0,9123 |
| 30 | 0,8938 | 0,8950 | 0,8962 | 0,8974 | 0,8986 | 0,8998 | 0,9009 | 0,9021 | 0,9033 | 0,9045 | 0,9057 | 0,9069 | 0,9081 | 0,9092 |
| 31 | 0,8909 | 0,8921 | 0,8933 | 0,8944 | 0,8956 | 0,8968 | 0,8980 | 0,8992 | 0,9003 | 0,9015 | 0,9027 | 0,9039 | 0,9051 | 0,9062 |
| 32 | 0,8880 | 0,8891 | 0,8903 | 0,8915 | 0,8927 | 0,8939 | 0,8950 | 0,8962 | 0,8974 | 0,8986 | 0,8997 | 0,9009 | 0,9021 | 0,9033 |
| 33 | 0,8851 | 0,8862 | 0,8874 | 0,8886 | 0,8898 | 0,8909 | 0,8921 | 0,8933 | 0,8945 | 0,8956 | 0,8968 | 0,8980 | 0,8991 | 0,9003 |
| 34 | 0,8822 | 0,8833 | 0,8845 | 0,8857 | 0,8869 | 0,8880 | 0,8892 | 0,8904 | 0,8915 | 0,8927 | 0,8939 | 0,8950 | 0,8962 | 0,8974 |
| 35 | 0,8793 | 0,8805 | 0,8816 | 0,8828 | 0,8840 | 0,8851 | 0,8863 | 0,8875 | 0,8886 | 0,8898 | 0,8910 | 0,8921 | 0,8933 | 0,8945 |

*Tabelle 20.* (Fortsetzung.)

| °C | \multicolumn{13}{c}{Druck in mm Hg} |
|---|---|---|---|---|---|---|---|---|---|---|---|---|---|
| | 768 | 769 | 770 | 771 | 772 | 773 | 774 | 775 | 776 | 777 | 778 | 779 | 780 |
| 2 | 1,0032 | 1,0045 | 1,0058 | 1,0071 | 1,0084 | 1,0097 | 1,0110 | 1,0123 | 1,0137 | 1,0150 | 1,0163 | 1,0176 | 1,0189 |
| 4 | 0,9959 | 0,9972 | 0,9985 | 0,9998 | 1,0011 | 1,0024 | 1,0037 | 1,0050 | 1,0063 | 1,0076 | 1,0089 | 1,1010 | 1,0114 |
| 6 | 0,9887 | 0,9900 | 0,9913 | 0,9926 | 0,9939 | 0,9952 | 0,9965 | 0,9978 | 0,9991 | 1,0004 | 1,0017 | 1,0029 | 1,0042 |
| 8 | 0,9816 | 0,9829 | 0,9842 | 0,9855 | 0,9868 | 0,9881 | 0,9893 | 0,9906 | 0,9919 | 0,9932 | 0,9945 | 0,9957 | 0,9970 |
| 10 | 0,9748 | 0,9761 | 0,9773 | 0,9786 | 0,9799 | 0,9811 | 0,9824 | 0,9837 | 0,9850 | 0,9862 | 0,9875 | 0,9888 | 0,9900 |
| 11 | 0,9714 | 0,9726 | 0,9739 | 0,9752 | 0,9764 | 0,9777 | 0,9790 | 0,9802 | 0,9815 | 0,9827 | 0,9840 | 0,9853 | 0,9865 |
| 12 | 0,9680 | 0,9692 | 0,9705 | 0,9717 | 0,9730 | 0,9743 | 0,9755 | 0,9768 | 0,9780 | 0,9793 | 0,9806 | 0,9818 | 0,9831 |
| 13 | 0,9646 | 0,9658 | 0,9671 | 0,9683 | 0,9696 | 0,9708 | 0,9721 | 0,9734 | 0,9746 | 0,9759 | 0,9771 | 0,9784 | 0,9796 |
| 14 | 0,9612 | 0,9625 | 0,9637 | 0,9650 | 0,9662 | 0,9675 | 0,9687 | 0,9700 | 0,9712 | 0,9725 | 0,9737 | 0,9750 | 0,9762 |
| 15 | 0,9579 | 0,9591 | 0,9604 | 0,9616 | 0,9629 | 0,9641 | 0,9654 | 0,9666 | 0,9678 | 0,9691 | 0,9703 | 0,9716 | 0,9728 |
| 16 | 0,9546 | 0,9558 | 0,9570 | 0,9583 | 0,9595 | 0,9608 | 0,9620 | 0,9633 | 0,9645 | 0,9657 | 0,9670 | 0,9682 | 0,9695 |
| 17 | 0,9513 | 0,9525 | 0,9537 | 0,9550 | 0,9562 | 0,9575 | 0,9587 | 0,9599 | 0,9612 | 0,9624 | 0,9636 | 0,9649 | 0,9661 |
| 18 | 0,9480 | 0,9492 | 0,9505 | 0,9517 | 0,9529 | 0,9542 | 0,9554 | 0,9566 | 0,9578 | 0,9591 | 0,9603 | 0,9616 | 0,9628 |
| 19 | 0,9447 | 0,9460 | 0,9472 | 0,9484 | 0,9497 | 0,9509 | 0,9521 | 0,9534 | 0,9546 | 0,9558 | 0,9570 | 0,9583 | 0,9595 |
| 20 | 0,9415 | 0,9427 | 0,9440 | 0,9452 | 0,9464 | 0,9476 | 0,9489 | 0,9501 | 0,9513 | 0,9525 | 0,9538 | 0,9550 | 0,9562 |
| 21 | 0,9383 | 0,9395 | 0,9408 | 0,9420 | 0,9432 | 0,9444 | 0,9456 | 0,9469 | 0,9481 | 0,9493 | 0,9505 | 0,9517 | 0,9530 |
| 22 | 0,9351 | 0,9363 | 0,9376 | 0,9388 | 0,9400 | 0,9412 | 0,9424 | 0,9437 | 0,9449 | 0,9461 | 0,9473 | 0,9485 | 0,9497 |
| 23 | 0,9320 | 0,9332 | 0,9344 | 0,9356 | 0,9368 | 0,9380 | 0,9392 | 0,9405 | 0,9417 | 0,9429 | 0,9441 | 0,9453 | 0,9465 |
| 24 | 0,9288 | 0,9300 | 0,9312 | 0,9325 | 0,9337 | 0,9349 | 0,9361 | 0,9373 | 0,9385 | 0,9397 | 0,9409 | 0,9421 | 0,9433 |
| 25 | 0,9257 | 0,9269 | 0,9281 | 0,9293 | 0,9305 | 0,9317 | 0,9329 | 0,9341 | 0,9354 | 0,9366 | 0,9378 | 0,9390 | 0,9402 |
| 26 | 0,9226 | 0,9238 | 0,9250 | 0,9262 | 0,9274 | 0,9286 | 0,9298 | 0,9310 | 0,9322 | 0,9334 | 0,9346 | 0,9358 | 0,9370 |
| 27 | 0,9195 | 0,9207 | 0,9219 | 0,9231 | 0,9243 | 0,9255 | 0,9267 | 0,9279 | 0,9291 | 0,9303 | 0,9315 | 0,9327 | 0,9339 |
| 28 | 0,9165 | 0,9177 | 0,9189 | 0,9201 | 0,9213 | 0,9224 | 0,9236 | 0,9248 | 0,9260 | 0,9272 | 0,9284 | 0,9296 | 0,9308 |
| 29 | 0,9134 | 0,9146 | 0,9158 | 0,9170 | 0,9182 | 0,9194 | 0,9206 | 0,9218 | 0,9230 | 0,9242 | 0,9253 | 0,9265 | 0,9277 |
| 30 | 0,9104 | 0,9116 | 0,9128 | 0,9140 | 0,9152 | 0,9164 | 0,9175 | 0,9187 | 0,9199 | 0,9211 | 0,9223 | 0,9235 | 0,9247 |
| 31 | 0,9074 | 0,9086 | 0,9098 | 0,9110 | 0,9122 | 0,9133 | 0,9145 | 0,9157 | 0,9169 | 0,9181 | 0,9192 | 0,9204 | 0,9216 |
| 32 | 0,9045 | 0,9056 | 0,9068 | 0,9080 | 0,9092 | 0,9103 | 0,9115 | 0,9127 | 0,9139 | 0,9151 | 0,9162 | 0,9174 | 0,9186 |
| 33 | 0,9015 | 0,9027 | 0,9038 | 0,9050 | 0,9062 | 0,9074 | 0,9085 | 0,9097 | 0,9109 | 0,9121 | 0,9132 | 0,9144 | 0,9156 |
| 34 | 0,8986 | 0,8997 | 0,9009 | 0,9021 | 0,9032 | 0,9044 | 0,9056 | 0,9067 | 0,9079 | 0,9091 | 0,9103 | 0,9114 | 0,9126 |
| 35 | 0,8956 | 0,8968 | 0,8980 | 0,8991 | 0,9003 | 0,9015 | 0,9026 | 0,9038 | 0,9050 | 0,9061 | 0,9073 | 0,9085 | 0,9096 |

Tabelle 21. *Volumenreduktion eines idealen Gases auf $0°\,C$, $760\,mm\,Hg$ und Trockenheit.*

| °C Temperatur | Barometer | | | | | | | | | |
|---|---|---|---|---|---|---|---|---|---|---|
| | 740 | 741 | 742 | 743 | 744 | 745 | 746 | 747 | 748 | 749 | 750 |
| 10 | 0,9277 | 0,9289 | 0,9302 | 0,9314 | 0,9326 | 0,9339 | 0,9351 | 0,9364 | 0,9376 | 0,9389 | 0,9404 |
| 11 | 0,9236 | 0,9248 | 0,9261 | 0,9273 | 0,9285 | 0,9298 | 0,9310 | 0,9323 | 0,9335 | 0,9348 | 0,9363 |
| 12 | 0,9195 | 0,9205 | 0,9218 | 0,9230 | 0,9242 | 0,9255 | 0,9267 | 0,9280 | 0,9293 | 0,9305 | 0,9318 |
| 13 | 0,9154 | 0,9167 | 0,9180 | 0,9192 | 0,9204 | 0,9217 | 0,9229 | 0,9242 | 0,9254 | 0,9267 | 0,9280 |
| 14 | 0,9113 | 0,9126 | 0,9139 | 0,9151 | 0,9163 | 0,9176 | 0,9188 | 0,9201 | 0,9213 | 0,9226 | 0,9238 |
| 15 | 0,9071 | 0,9084 | 0,9097 | 0,9109 | 0,9121 | 0,9134 | 0,9146 | 0,9159 | 0,9171 | 0,9184 | 0,9196 |
| 16 | 0,9029 | 0,9042 | 0,9055 | 0,9067 | 0,9079 | 0,9092 | 0,9104 | 0,9117 | 0,9129 | 0,9142 | 0,9154 |
| 17 | 0,8987 | 0,9000 | 0,9013 | 0,9025 | 0,9037 | 0,9050 | 0,9062 | 0,9075 | 0,9087 | 0,9100 | 0,9111 |
| 18 | 0,8945 | 0,8958 | 0,8971 | 0,8983 | 0,8995 | 0,9008 | 0,9020 | 0,9033 | 0,9045 | 0,9058 | 0,9068 |
| 19 | 0,8902 | 0,8915 | 0,8927 | 0,8939 | 0,8951 | 0,8964 | 0,8976 | 0,8989 | 0,9001 | 0,9012 | 0,9025 |
| 20 | 0,8859 | 0,8872 | 0,8884 | 0,8896 | 0,8908 | 0,8921 | 0,8933 | 0,8946 | 0,8958 | 0,8971 | 0,8981 |
| 21 | 0,8818 | 0,8830 | 0,8843 | 0,8855 | 0,8867 | 0,8886 | 0,8892 | 0,8905 | 0,8917 | 0,8930 | 0,8940 |
| 22 | 0,8771 | 0,8783 | 0,8795 | 0,8807 | 0,8819 | 0,8832 | 0,8844 | 0,8857 | 0,8869 | 0,8882 | 0,8890 |
| 23 | 0,8726 | 0,8738 | 0,8750 | 0,8762 | 0,8774 | 0,8787 | 0,8799 | 0,8812 | 0,8824 | 0,8837 | 0,8847 |
| 24 | 0,8681 | 0,8693 | 0,8706 | 0,8718 | 0,8730 | 0,8743 | 0,8755 | 0,8768 | 0,8780 | 0,8793 | 0,8801 |
| 25 | 0,8635 | 0,8647 | 0,8659 | 0,8671 | 0,8683 | 0,8696 | 0,8708 | 0,8721 | 0,8733 | 0,8746 | 0,8757 |
| 35 | 0,8141 | 0,8152 | 0,8164 | 0,8176 | 0,8187 | 0,8198 | 0,8210 | 0,8222 | 0,8234 | 0,8245 | 0,8257 |
| 36 | 0,8079 | 0,9091 | 0,8103 | 0,8114 | 0,8126 | 0,8137 | 0,8149 | 0,8161 | 0,8172 | 0,8183 | 0,8195 |
| 37 | 0,8030 | 0,8041 | 0,8053 | 0,8064 | 0,8076 | 0,8088 | 0,8099 | 0,8111 | 0,8123 | 0,8134 | 0,8146 |
| 38 | 0,7969 | 0,7981 | 0,7993 | 0,8004 | 0,8016 | 0,8027 | 0,8039 | 0,8050 | 0,8062 | 0,8073 | 0,8085 |
| 39 | 0,7921 | 0,7932 | 0,7944 | 0,7955 | 0,7967 | 0,7979 | 0,7990 | 0,8002 | 0,8013 | 0,8024 | 0,8036 |
| 40 | 0,7861 | 0,7872 | 0,7884 | 0,7896 | 0,7907 | 0,7919 | 0,7930 | 0,7942 | 0,7953 | 0,7965 | 0,7976 |

| Temperatur | 751 | 752 | 753 | 754 | 755 | 756 | 757 | 758 | 759 | 760 |
|---|---|---|---|---|---|---|---|---|---|---|
| 10 | 0,9416 | 0,9429 | 0,9442 | 0,9454 | 0,9466 | 0,9479 | 0,9492 | 0,9505 | 0,9518 | 0,9530 |
| 11 | 0,9375 | 0,9388 | 0,9401 | 0,9413 | 0,9425 | 0,9438 | 0,9451 | 0,9464 | 0,9477 | 0,9489 |
| 12 | 0,9331 | 0,9343 | 0,9356 | 0,9368 | 0,9380 | 0,9394 | 0,9407 | 0,9420 | 0,9433 | 0,9444 |
| 13 | 0,9292 | 0,9304 | 0,9317 | 0,9329 | 0,9341 | 0,9355 | 0,9368 | 0,9381 | 0,9394 | 0,9405 |
| 14 | 0,9250 | 0,9262 | 0,9276 | 0,9288 | 0,9300 | 0,9313 | 0,9326 | 0,9339 | 0,9352 | 0,9362 |
| 15 | 0,9208 | 0,9220 | 0,9233 | 0,9245 | 0,9257 | 0,9271 | 0,9284 | 0,9297 | 0,9310 | 0,9320 |
| 16 | 0,9166 | 0,9178 | 0,9191 | 0,9203 | 0,9215 | 0,9228 | 0,9241 | 0,9254 | 0,9267 | 0,9278 |
| 17 | 0,9123 | 0,9135 | 0,9148 | 0,9160 | 0,9172 | 0,9185 | 0,9198 | 0,9211 | 0,9224 | 0,9235 |
| 18 | 0,9080 | 0,9092 | 0,9105 | 0,9118 | 0,9130 | 0,9142 | 0,9155 | 0,9168 | 0,9181 | 0,9192 |
| 19 | 0,9037 | 0,9049 | 0,9062 | 0,9074 | 0,9086 | 0,9099 | 0,9112 | 0,9125 | 0,9138 | 0,9148 |
| 20 | 0,8993 | 0,9005 | 0,9017 | 0,9029 | 0,9041 | 0,9053 | 0,9065 | 0,9077 | 0,9089 | 0,9104 |
| 21 | 0,8952 | 0,8964 | 0,8977 | 0,8989 | 0,9001 | 0,9013 | 0,9026 | 0,9039 | 0,9052 | 0,9062 |
| 22 | 0,8902 | 0,8914 | 0,8929 | 0,8941 | 0,8953 | 0,8966 | 0,8979 | 0,8992 | 0,9005 | 0,9014 |
| 23 | 0,8859 | 0,8871 | 0,8884 | 0,8896 | 0,8908 | 0,8920 | 0,8933 | 0,8946 | 0,8959 | 0,8969 |
| 24 | 0,8813 | 0,8825 | 0,8838 | 0,8850 | 0,8862 | 0,8875 | 0,8888 | 0,8901 | 0,8914 | 0,8923 |
| 25 | 0,8769 | 0,8781 | 0,8793 | 0,8805 | 0,8817 | 0,8829 | 0,8842 | 0,8855 | 0,8868 | 0,8879 |
| 35 | 0,8269 | 0,8281 | 0,8292 | 0,8304 | 0,8316 | 0,8327 | 0,8339 | 0,8351 | 0,8362 | 0,8374 |
| 36 | 0,8207 | 0,8219 | 0,8230 | 0,8242 | 0,8254 | 0,8265 | 0,8277 | 0,8288 | 0,8300 | 0,8312 |
| 37 | 0,8157 | 0,8169 | 0,8180 | 0,9181 | 0,8203 | 0,8215 | 0,8227 | 0,8238 | 0,8249 | 0,8261 |
| 38 | 0,8097 | 0,8108 | 0,8120 | 0,8131 | 0,8143 | 0,8154 | 0,8166 | 0,8177 | 0,8189 | 0,8200 |
| 39 | 0,8048 | 0,8059 | 0,8071 | 0,8082 | 0,8094 | 0,8105 | 0,8117 | 0,8128 | 0,8140 | 0,8151 |
| 40 | 0,7987 | 0,7999 | 0,8010 | 0,8022 | 0,8033 | 0,8045 | 0,8056 | 0,8068 | 0,8079 | 0,8091 |

| Temperatur | 761 | 762 | 763 | 764 | 765 | 766 | 767 | 768 | 769 | 770 |
|---|---|---|---|---|---|---|---|---|---|---|
| 10 | 0,9543 | 0,9556 | 0,9568 | 0,9580 | 0,9593 | 0,9606 | 0,9618 | 0,9631 | 0,9644 | 0,9657 |
| 11 | 0,9502 | 0,9515 | 0,9527 | 0,9539 | 0,9552 | 0,9565 | 0,9577 | 0,9590 | 0,9603 | 0,9616 |
| 12 | 0,9457 | 0,9470 | 0,9482 | 0,9494 | 0,9507 | 0,9519 | 0,9531 | 0,9544 | 0,9557 | 0,9570 |
| 13 | 0,9418 | 0,9431 | 0,9443 | 0,9455 | 0,9468 | 0,9481 | 0,9493 | 0,9506 | 0,9519 | 0,9531 |
| 14 | 0,9376 | 0,9389 | 0,9401 | 0,9413 | 0,9426 | 0,9438 | 0,9450 | 0,9463 | 0,9476 | 0,9488 |
| 15 | 0,9333 | 0,9346 | 0,9358 | 0,9370 | 0,9382 | 0,9395 | 0,9407 | 0,9420 | 0,9432 | 0,9444 |
| 16 | 0,9291 | 0,9304 | 0,9316 | 0,9328 | 0,9340 | 0,9352 | 0,9364 | 0,9377 | 0,9389 | 0,9401 |
| 17 | 0,9247 | 0,9260 | 0,9272 | 0,9285 | 0,9297 | 0,9309 | 0,9321 | 0,9334 | 0,9346 | 0,9358 |
| 18 | 0,9204 | 0,9217 | 0,9229 | 0,9242 | 0,9254 | 0,9266 | 0,9278 | 0,9291 | 0,9303 | 0,9315 |
| 19 | 0,9160 | 0,9172 | 0,9184 | 0,9197 | 0,9209 | 0,9222 | 0,9234 | 0,9247 | 0,9259 | 0,9271 |

*Tabelle 21.* (Fortsetzung.)

| °C | Barometer | | | | | | | | | |
|---|---|---|---|---|---|---|---|---|---|---|
| | 761 | 762 | 763 | 764 | 765 | 766 | 767 | 768 | 769 | 770 |
| 20 | 0,9116 | 0,9128 | 0,9140 | 0,9152 | 0,9165 | 0,9177 | 0,9189 | 0,9202 | 0,9214 | 0,9226 |
| 21 | 0,9074 | 0,9086 | 0,9098 | 0,9111 | 0,9123 | 0,9135 | 0,9147 | 0,9160 | 0,9172 | 0,9184 |
| 22 | 0,9026 | 0,9038 | 0,9050 | 0,9063 | 0,9075 | 0,9087 | 0,9099 | 0,9112 | 0,9124 | 0,9136 |
| 23 | 0,8980 | 0,8992 | 0,9004 | 0,9017 | 0,9029 | 0,9041 | 0,9053 | 0,9066 | 0,9078 | 0,9090 |
| 24 | 0,8934 | 0,8946 | 0,8958 | 0,8971 | 0,8983 | 0,8995 | 0,9007 | 0,9020 | 0,9032 | 0,9044 |
| 25 | 0,8889 | 0,8901 | 0,8913 | 0,8926 | 0,8938 | 0,8950 | 0,8962 | 0,8974 | 0,8986 | 0,8998 |
| 35 | 0,8386 | 0,8397 | 0,8409 | 0,8421 | 0,8432 | 0,8444 | 0,8456 | 0,8467 | 0,8479 | 0,8491 |
| 36 | 0,8324 | 0,8335 | 0,8347 | 0,8358 | 0,8370 | 0,8382 | 0,8393 | 0,8405 | 0,8416 | 0,8428 |
| 37 | 0,8273 | 0,8286 | 0,8296 | 0,8308 | 0,8319 | 0,8331 | 0,8342 | 0,8354 | 0,8366 | 0,8377 |
| 38 | 0,8212 | 0,8224 | 0,8235 | 0,8247 | 0,8258 | 0,8270 | 0,8281 | 0,8293 | 0,8304 | 0,8316 |
| 39 | 0,8162 | 0,8174 | 0,8186 | 0,8197 | 0,8208 | 0,8220 | 0,8232 | 0,8243 | 0,8255 | 0,8266 |
| 40 | 0,8102 | 0,8114 | 0,8125 | 0,8137 | 0,8148 | 0,8160 | 0,8171 | 0,8183 | 0,8194 | 0,8206 |
| Temperatur | 771 | 772 | 773 | 774 | 775 | 776 | 777 | 778 | 779 | 780 |
| 10 | 0,9670 | 0,9683 | 0,9696 | 0,9708 | 0,9721 | 0,9733 | 0,9746 | 0,9759 | 0,9771 | 0,9784 |
| 11 | 0,9628 | 0,9641 | 0,9634 | 0,9666 | 0,9679 | 0,9691 | 0,9701 | 0,9717 | 0,9729 | 0,9742 |
| 12 | 0,9582 | 0,9595 | 0,9608 | 0,9620 | 0,9633 | 0,9645 | 0,9658 | 0,9671 | 0,9683 | 0,9696 |
| 13 | 0,9543 | 0,9556 | 0,9569 | 0,9581 | 0,9594 | 0,9606 | 0,9619 | 0,9632 | 0,9644 | 0,9657 |
| 14 | 0,9501 | 0,9513 | 0,9526 | 0,9538 | 0,9551 | 0,9563 | 0,9575 | 0,9588 | 0,9600 | 0,9613 |
| 15 | 0,9458 | 0,9470 | 0,9483 | 0,9496 | 0,9508 | 0,9520 | 0,9532 | 0,9545 | 0,9557 | 0,9570 |
| 16 | 0,9414 | 0,9426 | 0,9439 | 0,9452 | 0,9464 | 0,9476 | 0,9488 | 0,9501 | 0,9513 | 0,9526 |
| 17 | 0,9371 | 0,9383 | 0,9396 | 0,9409 | 0,9421 | 0,9433 | 0,9445 | 0,9458 | 0,9470 | 0,9483 |
| 18 | 0,9327 | 0,9339 | 0,9352 | 0,9365 | 0,9377 | 0,9389 | 0,9401 | 0,9414 | 0,9426 | 0,9439 |
| 19 | 0,9283 | 0,9295 | 0,9308 | 0,9320 | 0,9332 | 0,9344 | 0,9356 | 0,9369 | 0,9381 | 0,9394 |
| 20 | 0,9238 | 0,9250 | 0,9263 | 0,9275 | 0,9288 | 0,9300 | 0,9312 | 0,9325 | 0,9337 | 0,9350 |
| 21 | 0,9196 | 0,9208 | 0,9221 | 0,9233 | 0,9245 | 0,9257 | 0,9269 | 0,9282 | 0,9294 | 0,9307 |
| 22 | 0,9148 | 0,9160 | 0,9172 | 0,9184 | 0,9197 | 0,9209 | 0,9221 | 0,9234 | 0,9246 | 0,9260 |
| 23 | 0,9102 | 0,9114 | 0,9126 | 0,9138 | 0,9151 | 0,9163 | 0,9175 | 0,9188 | 0,9200 | 0,9213 |
| 24 | 0,9056 | 0,9068 | 0,9080 | 0,9092 | 0,9104 | 0,9116 | 0,9128 | 0,9140 | 0,9152 | 0,9165 |
| 25 | 0,9009 | 0,9021 | 0,9033 | 0,9045 | 0,9057 | 0,9069 | 0,9081 | 0,9093 | 0,9105 | 0,9117 |
| 35 | 0,8502 | 0,8514 | 0,8526 | 0,8537 | 0,8549 | 0,8561 | 0,8572 | 0,8584 | 0,8596 | 0,8607 |
| 36 | 0,8440 | 0,8451 | 0,8463 | 0,8475 | 0,8486 | 0,8498 | 0,8509 | 0,8521 | 0,8533 | 0,8544 |
| 37 | 0,8389 | 0,8401 | 0,8412 | 0,8424 | 0,8435 | 0,8447 | 0,8458 | 0,8470 | 0,8481 | 0,8493 |
| 38 | 0,8328 | 0,8339 | 0,8351 | 0,8362 | 0,8374 | 0,8385 | 0,8397 | 0,8408 | 0,8420 | 0,8431 |
| 39 | 0,8278 | 0,8289 | 0,8301 | 0,8313 | 0,8324 | 0,8336 | 0,8347 | 0,8359 | 0,8370 | 0,8382 |
| 40 | 0,8217 | 0,8229 | 0,8240 | 0,8251 | 0,8263 | 0,8274 | 0,8286 | 0,8297 | 0,8309 | 0,8320 |

Tabelle 22. *Korrekturwerte $x_0$ für verschiedene Gase bei Gasreduktion.*

| Gas | $x_0 \cdot 10^6$ | Gas | $x_0 \cdot 10^6$ |
|---|---|---|---|
| Helium | +0,7 | Distickstoffoxyd | − 9,7 |
| Wasserstoff | +0,8 | Kohlenoxyd | − 0,6 |
| Sauerstoff | −1,3 | Kohlendioxyd | − 9,2 |
| Stickstoff | −0,6 | Methan | − 2,9 |
| Luft ($CO_2$-frei) | −0,8 | Äthan | −15,5 |
| | | Äthylen | −10,5 |
| | | Acetylen | −11,8 |

Tabelle 23. *Absorptionskoeffizienten α ($cm^3$ Gas/$cm^3$ Flüssigkeit) für $N_2$, $O_2$, $H_2$ und $CO$ von 0—100 °C, für $CO_2$ von 0—60° C in Wasser.*
Die Daten sind entnommen: Handbook of Chemistry and Physics. 34. Aufl. S. 1532/33. Ohio 1952.

| Temperatur °C | Stickstoff* α | Sauerstoff α | Wasserstoff α | Kohlendioxyd α | Kohlenoxyd α |
|---|---|---|---|---|---|
| 0 | 0,02354 | 0,04889 | 0,02148 | 1,713 | 0,03537 |
| 1 | 0,02297 | 0,04758 | 0,02126 | 1,646 | 0,03455 |
| 2 | 0,02241 | 0,04633 | 0,02105 | 1,584 | 0,03375 |

* Bei Stickstoff handelt es sich um atmosphärischen $N_2$ von 98,81% + 1,185% A.

Tabelle 23. *(Fortsetzung.)*

| Temperatur °C | Stickstoff* α | Sauerstoff α | Wasserstoff α | Kohlendioxyd α | Kohlenoxyd α |
|---|---|---|---|---|---|
| 3 | 0,02187 | 0,04512 | 0,02084 | 1,527 | 0,03297 |
| 4 | 0,02135 | 0,04397 | 0,02064 | 1,473 | 0,03222 |
| 5 | 0,02086 | 0,04287 | 0,02044 | 1,424 | 0,03149 |
| 6 | 0,02037 | 0,04180 | 0,02025 | 1,377 | 0,03078 |
| 7 | 0,01990 | 0,04080 | 0,02007 | 1,331 | 0,03009 |
| 8 | 0,01945 | 0,03983 | 0,01989 | 1,282 | 0,02942 |
| 9 | 0,01902 | 0,03891 | 0,01972 | 1,237 | 0,02878 |
| 10 | 0,01861 | 0,03802 | 0,01955 | 1,194 | 0,02816 |
| 11 | 0,01823 | 0,03718 | 0,01940 | 1,154 | 0,02757 |
| 12 | 0,01786 | 0,03637 | 0,01925 | 1,117 | 0,02701 |
| 13 | 0,01750 | 0,03559 | 0,01911 | 1,083 | 0,02646 |
| 14 | 0,01717 | 0,03486 | 0,01897 | 1,050 | 0,02593 |
| 15 | 0,01685 | 0,03415 | 0,01883 | 1,019 | 0,02543 |
| 16 | 0,01654 | 0,03348 | 0,01869 | 0,985 | 0,02494 |
| 17 | 0,01625 | 0,03283 | 0,01856 | 0,956 | 0,02448 |
| 18 | 0,01597 | 0,03220 | 0,01844 | 0,928 | 0,02402 |
| 19 | 0,01570 | 0,03161 | 0,01831 | 0,902 | 0,02360 |
| 20 | 0,01545 | 0,03102 | 0,01819 | 0,878 | 0,02319 |
| 21 | 0,01522 | 0,03044 | 0,01805 | 0,854 | 0,02281 |
| 22 | 0,01498 | 0,02988 | 0,01792 | 0,829 | 0,02244 |
| 23 | 0,01475 | 0,02934 | 0,01779 | 0,804 | 0,02208 |
| 24 | 0,01454 | 0,02881 | 0,01766 | 0,781 | 0,02174 |
| 25 | 0,01434 | 0,02831 | 0,01754 | 0,759 | 0,02142 |
| 26 | 0,01413 | 0,02783 | 0,01742 | 0,738 | 0,02110 |
| 27 | 0,01394 | 0,02736 | 0,01731 | 0,718 | 0,02080 |
| 28 | 0,01376 | 0,02691 | 0,01720 | 0,699 | 0,02051 |
| 29 | 0,01358 | 0,02649 | 0,01709 | 0,682 | 0,02024 |
| 30 | 0,01342 | 0,02608 | 0,01699 | 0,665 | 0,01998 |
| 31** | 0,01323 | 0,02574 | 0,01692 | 0,650 | 0,01947 |
| 32** | 0,01304 | 0,02541 | 0,01686 | 0,636 | 0,01950 |
| 33** | 0,01284 | 0,02507 | 0,01679 | 0,621 | 0,01925 |
| 34** | 0,01265 | 0,02474 | 0,01673 | 0,607 | 0,01901 |
| 35 | 0,01256 | 0,02440 | 0,01666 | 0,592 | 0,01877 |
| 36** | 0,01242 | 0,02413 | 0,01662 | 0,580 | 0,01857 |
| 37** | 0,01227 | 0,02386 | 0,01657 | 0,567 | 0,01836 |
| 38** | 0,01213 | 0,02360 | 0,01653 | 0,555 | 0,01816 |
| 39** | 0,01198 | 0,02333 | 0,01648 | 0,542 | 0,01795 |
| 40 | 0,01184 | 0,02306 | 0,01644 | 0,530 | 0,01775 |
| 41** | 0,01173 | 0,02262 | 0,01640 | 0,520 | 0,01758 |
| 42** | 0,01162 | 0,02218 | 0,01636 | 0,510 | 0,01741 |
| 43** | 0,01152 | 0,02175 | 0,01632 | 0,499 | 0,01724 |
| 44** | 0,01141 | 0,02131 | 0,01628 | 0,489 | 0,01707 |
| 45 | 0,01130 | 0,02187 | 0,01624 | 0,479 | 0,01690 |
| 46** | 0,01122 | 0,02168 | 0,01621 | 0,470 | 0,01675 |
| 47** | 0,01113 | 0,02148 | 0,01618 | 0,462 | 0,01660 |
| 48** | 0,01105 | 0,02129 | 0,01614 | 0,453 | 0,01645 |
| 49** | 0,01096 | 0,02109 | 0,01611 | 0,445 | 0,01630 |
| 50 | 0,01088 | 0,02090 | 0,01608 | 0,436 | 0,01615 |
| 60 | 0,01023 | 0,01946 | 0,01600 | 0,359 | 0,01488 |
| 70 | 0,00977 | 0,01833 | 0,0160 | — | 0,01440 |
| 80 | 0,00958 | 0,01761 | 0,0160 | — | 0,01430 |
| 90 | 0,0095 | 0,0172 | 0,0160 | — | 0,0142 |
| 100 | 0,0095 | 0,0170 | 0,0160 | — | 0,0141 |

\* Bei Stickstoff handelt es sich um atmosphärischen $N_2$ von 98,81% + 1,185% A.
\*\* Die Werte bei den angekreuzten Temperaturen sind durch graphische bzw. rechnerische Interpolation gewonnen.

Tabelle 24. *Löslichkeit von Sauerstoff und Kohlendioxyd bei verschiedenen Temperaturen in physiologischen Kochsalzlösungen und Blut.*

Die Werte sind berechnet auf Grund der Daten von Tab. 23 unter Berücksichtigung der Abnahme der Löslichkeit durch den Salzzusatz (s. Tab. 25). Die Werte für Blut sind durch graphische Interpolation aus der Abb. 3 der Arbeit von SENDROY, J. jr., R. T. DILLON and D. D. VAN SLYKE: J. biol. Ch. 105, 597 (1934) gewonnen. Beachte die Unsicherheit wechselnder $O_2$-Kapazität, die in die Löslichkeit mit eingeht (s. auch Tab. 26).

| °C | $O_2$ 0,155 m NaCl α | $O_2$ 0,119 m NaCl α | $O_2$ Vollblut α | $CO_2$ 0,155 m NaCl α | $CO_2$ 0,119 m NaCl α |
|---|---|---|---|---|---|
| 10 | 0,03689 | 0,03715 |        | 1,177 | 1,181 |
| 11 | 0,03605 | 0,03631 |        | 1,137 | 1,141 |
| 12 | 0,03524 | 0,03550 |        | 1,100 | 1,104 |
| 13 | 0,03446 | 0,03472 |        | 1,066 | 1,070 |
| 14 | 0,03373 | 0,03399 |        | 1,033 | 1,037 |
| 15 | 0,03302 | 0,03328 |        | 1,002 | 1,006 |
| 16 | 0,03235 | 0,03216 |        | 0,968 | 0,972 |
| 17 | 0,03170 | 0,03196 |        | 0,939 | 0,943 |
| 18 | 0,03107 | 0,03133 |        | 0,911 | 0,915 |
| 19 | 0,03048 | 0,03074 |        | 0,885 | 0,889 |
| 20 | 0,02989 | 0,03015 | 0,0344 | 0,861 | 0,865 |
| 21 | 0,02931 | 0,02957 | 0,0337 | 0,837 | 0,841 |
| 22 | 0,02875 | 0,02901 | 0,0329 | 0,812 | 0,816 |
| 23 | 0,02821 | 0,02847 | 0,0321 | 0,787 | 0,791 |
| 24 | 0,02768 | 0,02794 | 0,0312 | 0,764 | 0,768 |
| 25 | 0,02718 | 0,02744 | 0,0306 | 0,742 | 0,746 |
| 26 | 0,02670 | 0,02696 | 0,0300 | 0,721 | 0,725 |
| 27 | 0,02623 | 0,02649 | 0,0293 | 0,701 | 0,705 |
| 28 | 0,02578 | 0,02604 | 0,0285 | 0,682 | 0,685 |
| 29 | 0,02536 | 0,02562 | 0,0279 | 0,665 | 0,669 |
| 30 | 0,02495 | 0,02521 | 0,0273 | 0,648 | 0,652 |
| 31 | 0,02461 | 0,02487 | 0,0267 | 0,633 | 0,637 |
| 32 | 0,02428 | 0,02454 | 0,0261 | 0,619 | 0,623 |
| 33 | 0,02394 | 0,02420 | 0,0257 | 0,604 | 0,608 |
| 34 | 0,02361 | 0,02387 | 0,0252 | 0,590 | 0,594 |
| 35 | 0,02327 | 0,02353 | 0,0247 | 0,575 | 0,579 |
| 36 | 0,02300 | 0,02326 | 0,0241 | 0,563 | 0,567 |
| 37 | 0,02273 | 0,02299 | 0,0237 | 0,550 | 0,554 |
| 38 | 0,02247 | 0,02273 | 0,0232 | 0,538 | 0,542 |
| 39 | 0,02220 | 0,02246 | 0,0228 | 0,523 | 0,529 |
| 40 | 0,02193 | 0,02219 | 0,0223 | 0,513 | 0,517 |

Tabelle 25. *Abnahme der Löslichkeit für $O_2$ und $CO_2$ in Wasser bei Zusatz von chemischen Substanzen* (Erl. s. Tabelle 24). $\Delta\alpha$/Mol/l.

|  | $O_2$ | $CO_2$ |
|---|---|---|
| NaCl | 0,0073 | 0,111 |
| KCl | 0,0069 | 0,087 |
| KF | 0,0078 | — |
| $NaHCO_3$ | 0,0081 | — |
| Milchsäure | 0,0003 | — |
| $NaH_2PO_4$ | — | 0,218 |
| $KH_2PO_4$ | — | 0,185 |
| Korrektionen für physiologische Ersatzlösungen | | |
| 0,155 m NaCl | 0,00113 | 0,0172 |
| 0,119 m NaCl | 0,00087 | 0,0132 |

Nach SENDROY, J. jr., R. T. DILLON and D. D. VAN SLYKE: J. biol. Ch. 105, 597 (1934) für $O_2$; nach SLYKE, D. D. VAN, J. SENDROY jr., A. B. HASTINGS and J. M. NEILL: J. biol. Ch. 78, 765 (1928) für $CO_2$.

Tabelle 26. *Löslichkeit für $O_2$ und $CO_2$ in Körperflüssigkeiten und Olivenöl.*

| Medium | °C | $\alpha_{O_2}$ | Medium | °C | $\alpha_{CO_2}$ |
|---|---|---|---|---|---|
| Blut, Mensch (20 Vol.-% $O_2$-Kapazität) . . . . | 37 | 0,02356[1, 2] | Blut, Mensch (20 Vol.-% $O_2$-Kapazität) . . . . . | 38 | 0,488[7] |
| Plasma, Mensch . . . . | 37 | 0,0214[1, 2] | Plasma, Mensch . . . . . | 38 | 0,510[5] |
|  |  |  |  | 37 | 0,526[6] |
| Blut, Mensch mit verschiedenen $O_2$-Kapazitäten . . . . . . . | 37 | 0,0214 + 0,000108[1, 2, 3] (Vol.-% $O_2$-Kapazität) | Blut, Mensch . . . . . . $O_2$-Kapazität: 16 Vol.-% 18 Vol.-% 20 Vol.-% 22 Vol.-% 24 Vol.-% | 38 | 0,494[7] 0,492[7] 0,488[7] 0,485[7] 0,482[7] |
| Blut, Rind (20 Vol.-% $O_2$-Kapazität) . . . . | 38 | 0,0230[3] |  |  |  |
| Plasma, Rind . . . . . | 38 | 0,0209[3] | Blutzellen, Rind . . . . | 38 | 0,44[5] |
| Blutzellen, Rind . . . . | 38 | 0,0261[3] | (0,73 cm³ $H_2O$/cm³ Zellen) | 37 | 0,443[7] |
| Vollblut, Rind mit verschiedenen $O_2$-Kapazitäten . . . . . . . | 38 | 0,0209 + 0,000108[3] (Vol.-% $O_2$-Kapazität) | Plasma, Mensch, lipämisch . . . . . . . | 38 | 0,552[5] |
| Olivenöl . . . . . . . | 38 | 0,112[4] | Urin, Mensch . . . . . . | 38 | 0,522[8] |

Tabelle 27. *Löslichkeit von Distickstoffoxyd in biologisch wichtigen Flüssigkeiten und einigen Geweben.*

| Medium | °C | $\alpha_{N_2O}$ |
|---|---|---|
| Wasser . . . . | 25 | 0,549[9] |
| Blut, Hund . . | 37 | 0,425[10] |
| Blut, Mensch . . | 37 | 0,412[10] |
| Herz, Hund * . . | 37 | 0,447[11] |
| Herz, Mensch * . | 37 | 0,466[11] |
| Gehirn, Hund * . | 37 | 0,437[10] |
| Gehirn, Mensch * | 37 | 0,437[10] |

Tabelle 28. *Löslichkeit von Stickstoff in biologisch wichtigen Flüssigkeiten und in Geweben.*

| Medium | °C | $\alpha_{N_2}$ |
|---|---|---|
| 0,155 m NaCl . . . . . . . . | 25 | 0,01409[12] |
| 0,155 m NaCl . . . . . . . . | 38 | 0,01220[12] |
| Vollblut, Rind ($O_2$-Kapazität 20 Vol.-%) . . | 38 | 0,0130[12] |
| Plasma, Rind . . . . . . . . | 38 | 0,0117[12] |
| Erythrocyten, Rind . . . . . . | 38 | 0,0146[12] |
| Vollblut, Rind mit verschiedener $O_2$-Kapazität . . . . . . . | 38 | 0,0117[12] +0,000064 (Vol.-% $O_2$-Kapazität) |
| Gehirn, Ziege . . . . . . . . | 37 | 0,0162[13] |
| Leber, Ziege . . . . . . . . . | 37 | 0,0162[13] |
| Olivenöl . . . . . . . . . . . | 37 | 0,067[14] |

---

\* Bei den Geweben ist $\alpha = $ cm³ $O_2$/g Gewebe.

[1] BERGGREN, S. M.: Acta physiol. scand. 4, Suppl. 11 (1942).

[2] FASCIOLO, J. C., and H. CHIODI: Amer. J. Physiol. 147, 54 (1946).

[3] SENDROY, J. jr., R. T. DILLON and D. D. VAN SLYKE: J. biol. Ch. 105, 597 (1934).

[4] BEHNKE, A. R. jr.: Harvey Lect. 37, 198 (1941/42).

[5] SLYKE, D. D. VAN, J. SENDROY jr., A. B. HASTINGS and J. M. NEILL: J. biol. Ch. 78, 765 (1928).

[6] Berechnete Daten nach Diagramm von KEYS, A., F. G. HALL and E. S. G. BARRON: Amer. J. Physiol. 115, 292 (1936).

[7] Berechnete Daten von SINGER, R. B., and A. B. HASTINGS: Medicine, Baltimore 27, 223 (1948).

[8] SENDROY, J. jr., S. SEELIG and D. D. VAN SLYKE: J. biol. Ch. 106, 463 (1934).

[9] ORCUTT, F. S., and M. H. SEEVERS: J. biol. Ch. 117, 501 (1937).

[10] KETY, S. S., M. H. HARMEL, H. T. BROOMELL and C. B. RHODE: J. biol. Ch. 173, 497 (1948).

[11] Berechnet nach Daten von [2] und ECKENHOFF, J. E., J. H. HAFKENSCHIEL, M H. HARMEL, W. T. GOODALE, M. LUBIN, R. J. BING and S. S. KETY: Amer. J. Physiol. 152, 356 (1948).

[12] SLYKE, D. D. VAN, R. T. DILLON and R. MARGARIA: J. biol. Ch. 105, 571 (1934).

[13] CAMPBELL, J. A., and L. HILL: Quart. J. exp. Physiol. 23, 219 (1933).

[14] LAWRENCE, J. H., W. F. LOOMIS, C. A. TOBIAS and F. H. TURPIN: J. Physiol., London 105, 197 (1946).

Tabelle 29. *Löslichkeit von $CO_2$ in Gummi und einigen Geweben nach* WRIGHT.

| Medium | °C | $\alpha_{CO_2}$ |
|---|---|---|
| Gummi . . . . . . . | 17 | 0,86[1] |
|  | 22 | 0,93[2] |
| Gelatine, 20%ig . . . | 15 | 1,0[3] |
| Bindegewebe, Frosch . | 20 | 0,73[4] |
| Bindegewebe, Hund . | 22 | 0,73[2] |
| Skeletmuskel, Frosch . | 22 | 0,78[5] |
| Skeletmuskel, Hund . | 22 | 0,78[2] |
| Glatter Muskel, Katze | 22 | 0,78[2] |
| Nerv, Frosch . . . . | 22 | 0,87[5] |
| Haut, Frosch . . . . | 22 | 0,73[2] |

Tabelle 30. *Löslichkeit von Helium und Wasserstoff in biologisch wichtigen Flüssigkeiten.*

| Medium | °C | $\alpha_{He}$ | $\alpha_{H_2}$ |
|---|---|---|---|
| Wasser . . . . . . . | 38 | 0,0085[6] | 0,01620[8] |
| 0,155 m NaCl . . . . . | 38 | — | 0,01559[8] |
| Vollblut, Rind . . . . . | 38 | 0,0088[6] | 0,0149[8] |
| Plasma, Rind . . . . . | 38 | — | 0,01533[8] |
| Erythrocyten, Rind . . | 38 | — | 0,01454[8] |
| Vollblut, Hund . . . . 18 Vol.-% $O_2$-Kapazität | 38 | 0,0088[6] | — |
| Olivenöl. . . . . . . . | 37 | 0,015[7] | — |

Tabelle 31. *Die Löslichkeit von Äthylen ($C_2H_4$) und Acetylen ($C_2H_2$) in biologisch wichtigen Flüssigkeiten.*

| Medium | °C | $\alpha_{C_2H_4}$ | $\alpha_{C_2H_2}$ |
|---|---|---|---|
| Wasser . . . . . . . . . . . . . | 25 | 0,108[9] | — |
| Wasser . . . . . . . . . . . . . | 37,5 | 0,078[10] | 0,747[10] |
| Vollblut, Mensch. . . . . . . . . | 37,5 | 0,123[10] | 0,740[10] |
| Vollblut, Hund . . . . . . . . . | 37,5 | 0,141[10] | 0,759[10] |
| Vollblut, Kaninchen . . . . . . . | 37,5 | 0,128[10] | 0,703[10] |
| Plasma, Hund. . . . . . . . . . | 37,5 | — | 0,690[10] |
| Erythrocyten, Hund . . . . . . . | 37,5 | — | 0,778[10] |
| Vollblut bei Polycythämie . . . . | 37,5 | — | 0,710[10] |
| Vollblut bei myeloischer Leukämie | 37,5 | — | 0,735[10] |

Tabelle 32. *Werte einer Sauerstoffbindungskurve, wie sie häufig als Standardbindungskurve benutzt wird*[11].

| % $HbO_2$ | $PO_2$ mm Hg | | | % $HbO_2$ | $PO_2$ mm Hg | | |
|---|---|---|---|---|---|---|---|
|  | $p_H = 7,6$ | $p_H = 7,4$ | $p_H = 7,2$ |  | $p_H = 7,6$ | $p_H = 7,4$ | $p_H = 7,2$ |
| 2 | 1,7 | 2,1 | 2,6 | 60 | 24,7 | 31,1 | 38,2 |
| 4 | 3,0 | 3,8 | 4,6 | 70 | 28,7 | 36,1 | 44,3 |
| 6 | 4,4 | 5,5 | 6,8 | 80 | 36,3 | 45,7 | 56,2 |
| 10 | 6,5 | 8,2 | 10,5 | 85 | 41,1 | 51,7 | 63,6 |
| 15 | 8,7 | 10,9 | 13,5 | 90 | 48,7 | 61,4 | 77,2 |
| 20 | 10,7 | 13,4 | 15,5 | 94 | 59,5 | 75,0 | 92,1 |
| 30 | 14,2 | 17,9 | 22,1 | 96 | 69,7 | 87,7 | 108,0 |
| 40 | 17,5 | 22,0 | 27,1 | 98 | 89,8 | 113,0 | 139,0 |
| 50 | 20,9 | 26,3 | 32,3 |  |  |  |  |

[1] DAYNES, H. A.: Proc. R. Soc. London (A) **97**, 268 (1920).
[2] WRIGHT, C. I.: J. gen. Physiol. **17**, 657 (1934).
[3] HAGENBACH, A.: Ann. Physik (3) **65**, 673 (1898).
[4] KROGH, A.: J. Physiol., London **52**, 391 (1919).
[5] FENN, W. O.: Amer. J. Physiol. **80**, 327 (1927); **84**, 110; **85**, 207 (1928).
[6] HAWKINS, J. A., and C. W. SHILLING: J. biol. Ch. **113**, 649 (1936).
[7] BEHNKE, A. R., and O. D. YARBROUGH: US nav. med. Bull. **36**, 542 (1938).
[8] SLYKE, D. D. VAN, and J. SENDROY jr.: J. biol. Ch. **78**, 801 (1928).
[9] ORCUTT, F. S., and M. H. SEEVERS: J. biol. Ch. **117**, 501 (1937).
[10] GROLLMAN, A.: J. biol. Ch. **82**, 317 (1929).
[11] Handbook of Respiratory Data in Aviation Medicine. Washington 1944.

Tabelle 33. *Gasanalytische Normwerte gesunder Männer unter Ruhebedingungen (auf Meereshöhe).*

Für venöses Mischblut aus der A. pulmonalis gibt es Versuchsreihen mit größerer Versuchszahl, jedoch handelt es sich dabei meist nicht um gesunde Versuchspersonen, sondern nur um „an Lunge und Kreislauf" Gesunde. Deshalb wurde die Versuchsreihe von BARTELS und Mitarbeitern[2] gewählt.

$S\,\hat{x}$ = Mittlerer Fehler der Einzelmessung. $S\,\bar{x}$ = Mittlerer Fehler des Mittelwertes.

|  | Mittelwert | ± $S\hat{x}$ | ± $S\bar{x}$ | Minimum | Maximum | Zahl der Untersuchungen | Methode | Literatur |
|---|---|---|---|---|---|---|---|---|
| **A. Arterielles Blut** | | | | | | | | |
| **A. femoralis oder brachialis** | | | | | | | | |
| 1. Sauerstoffdruck mm Hg | 94,2 | 5,3 | 1,5 | 83 | 102 | 13 | I | 7 |
| 2. ............ | 93,0 | 5,6 | 0,7 | 80 | 104 | 59 | II | 1 |
| 3. Sauerstoffgehalt cm³/O₂ 100 cm³ Blut... | 19,6 | 1,2 | 0,2 | 17,3 | 22,3 | 50 | III | 4 |
| 4. | 19,1 | 1,1 | 0,2 | 17,6 | 21,2 | 31 | III | 1 |
| 5. Sauerstoffkapazität cm³/O₂/100 cm³ | 19,6 | 1,6 | 0,3 | 17,0 | 23,1 | 29 | III | 9 |
| 6. | 19,9 | 1,3 | 0,2 | 17,8 | 21,6 | 42 | III | 1 |
| 7. Prozentuale O₂-Sättigung des Blutes | 95,8 | — | — | 93 | 98 | 154 | III | 5 |
| 8. | 97,4 | 1,8 | 0,4 | 93,2 | 101,4 | 17 | IIIa | 3 |
| 9. | 95,8 | 2,7 | 0,5 | 90,5 | 99,0 | 31 | IIIb | 1 |
| 10. Kohlendioxyddruck mm Hg | 39,9 | 1,8 | 0,3 | 36,2 | 44,9 | 50 | IV | 4 |
| 11. | 40,8 | 2,8 | 0,5 | 34,4 | 45,9 | 37 | IV | 6 |
| 12. Kohlendioxydgehalt cm³/CO₂/100 cm³ Blut... | 48,2 | 1,4 | 0,2 | 44,6 | 50,2 | 50 | III | 4 |
| 13. | 48,5 | 2,7 | 0,5 | 42,8 | 53,2 | 29 | III | 9 |
| 14. $p_H$s | 7,424 | 0,016 | — | 7,374 | 7,455 | 50 | III | 4 |
| 15. | 7,428 | 0,026 | 0,005 | 7,372 | 7,493 | 31 | VI | 1 |
| **Alveolarluft** | | | | | | | | |
| 16. Sauerstoffdruck | 97,8 | 5,2 | 0,7 | 87 | 107 | 54 | VII | 1 |
| 17. Kohlendioxyddruck | 40,9 | 2,1 | 0,3 | 36,4 | 47,0 | 54 | VII | 1 |
| **B. Venöses Mischblut** | | | | | | | | |
| **A. pulmonalis (Vena jugularis interna\*)** | | | | | | | | |
| 1. Sauerstoffdruck mm Hg | 39,4 | 5,76 | 1,9 | 29,5 | 48,5 | 9 | I | 2 |
| 2. Sauerstoffgehalt cm³ O₂/100 cm³ Blut | 15,0 | 1,20 | 0,4 | 12,6 | 16,4 | 9 | III | 2 |
| 3. | 12,9* | 1,3 | 0,2 | 11,0 | 16,1 | 50 | III | 4 |
| 4. Arteriovenöse Differenz cm³/O₂/100 cm³ Blut... | 4,2 | 0,78 | 0,26 | 3,2 | 5,8 | 9 | III | 2 |
| 5. | 6,7* | 0,8 | 0,1 | 4,5 | 8,5 | 50 | III | 4 |
| 6. Prozentuale O₂-Sättigung des Blutes | 76,8 | 3,85 | 1,28 | 70,1 | 81,9 | 9 | III | 2 |
| 7. | 61,8* | 3,7 | 0,5 | 55,3 | 70,7 | 50 | III | 4 |
| 8. Kohlendioxyddruck mm Hg | 43,9 | 5,43 | 1,8 | 33,0 | 51,5 | 9 | IV | 2 |
| 9. | 49,9* | 1,9 | 0,3 | 46,9 | 54,3 | 50 | IV | 4 |
| 10. Kohlendioxydgehalt cm³/O₂/100 cm³ Blut... | 50,7 | 3,82 | 1,27 | 45,2 | 56,1 | 9 | III | 2 |
| 11. | 54,8* | 1,6 | 0,2 | 51,0 | 57,7 | 50 | III | 4 |
| 12. $p_H$s | 7,395 | 0,0375 | 0,0125 | 7,348 | 7,485 | 9 | VI | 2 |
| 13. | 7,371* | 0,015 | 0,002 | 7,321 | 7,397 | 50 | V | 4 |
| **Unterhautzellgewebe** | | | | | | | | |
| 14. Sauerstoffdruck | 22 | — | — | 15 | 24 | 5 | VIII | 8 |
| 15. Kohlendioxyddruck | 45 | — | — | 41 | 50 | 5 | VIII | 8 |

[1] BARTELS, H., u. G. RODEWALD: Pflügers Arch. **256**, 113 (1952).
[2] BARTELS, H., R. BEER, E. FLEISCHER, H. J. HOFFHEINZ, J. KRALL, G. RODEWALD, J. WENNER u. I. WITT: Pflügers Arch. **261**, 99 (1955).
[3] COMROE, J. H. jr., and P. WALKER: Amer. J. Physiol. **152**, 365 (1948).
[4] GIBBS, E. L., W. G. LENNOX, L. F. NIMS and F. A. GIBBS: J. biol. Ch. **144**, 325 (1942).

*Methoden.*

I. Äquilibriermethode nach R. L. Riley, D. D. Proemmel und R. E. Franke (s. S. 263).
II. Potentiometrische Methode nach Bartels (s. S. 268).
III. Manometrische Methode nach van Slyke (s. S. 223).
III a. Bestimmung der $O_2$-Kapazität mit der manometrischen Methode nach Sendroy und Berechnung der prozentualen $O_2$-Sättigung mit einer „Tonometerkorrektur" nach Roughton, F. W. J., R. C. Darling and W. S. Root: Amer. J. Physiol. 142, 708 (1944) (s. S. 246).
III b. Bestimmung der $O_2$-Kapazität mit kombinierter Analyse im manometrischen Apparat von van Slyke nach Tonometrieren im Kugeltonometer nach Laue, s. a. Bartels und Rodewald.
IV. Berechnung des Kohlendioxyddruckes aus dem Kohlendioxydgehalt und dem Nomogramm von Henderson (s. S. 278f.).
V. Bestimmung mit der Glaselektrode bei 38° C.
VI. Berechnung des $p_H$ aus Kohlendioxydgehalt und berechnetem Kohlendioxyddruck der Henderson-Hasselbalch-Gleichung (s. S. 276).
VII. Alveolarluftentnahme, modifiziert nach Haldane-Priestley von Bartels und Rodewald (s. S. 185).
VIII. Äquilibrierung einer unter die Haut eingebrachten Gasblase (s. S. 222).

**Literatur zu Tabelle 33.**

[5] Harvard Fatigue Lab. unveröffentlichte Daten zit. nach Roughton, F. W. J., R. C. Darling and W. S. Root: Amer. J. Physiol. 142, 708 (1944).

[6] Hurtado, A., and H. Aste-Salazar: J. appl. Physiol. 1, 304 (1948).

[7] Lilienthal, J. L. jr., R. L. Riley, D. D. Proemmel and R. E. Franke: Amer. J. Physiol. 147, 199 (1946).

[8] Seevers, M. H.: Amer. J. Physiol. 115, 38 (1936).

[9] Wood, E. H.: J. appl. Physiol. 1, 567 (1949).

# Thunberg-Methodik und verwandte Acceptor-Methoden[1-5].

Von

**W. Franke.**

Mit 15 Abbildungen.

### a) Theoretische Grundlagen ihrer Anwendung.

Die Thunberg-Methodik dient zum Nachweis und zur Bestimmung von Dehydrogenasewirkungen, wobei in der klassischen Ausführungsform ein chinoider Farbstoff, meist Methylenblau, im Vakuum als Acceptor des enzymatisch gelockerten Wasserstoffes verwendet wird. Es bildet sich dabei die farblose Leukoverbindung; die bis zum Eintreten vollständiger (eventuell auch 80-, 90- oder 95 %iger) Entfärbung verstreichende Zeit wird bestimmt.

*Zusammenfassende Darstellungen:*

[1] Ahlgren, G.: Die Methylenblaumethode zum Studium der biologischen Oxydation. Handb. biol. Arb.-Meth. Abt. IV, Teil 1, S. 671. 1927.

[2] Thunberg, T.: Acceptormethode, Dehydrasen der Carbonsäuren, Redoxpotentiale. Oppenheimer, Fermente 3, 1118 (1929).

[3] Thunberg, T.: Die Methodik der Dehydrogenasen. Handb. biol. Arb.-Meth. Abt. IV, Teil 2, S. 2295. 1936.

[4] Holmberg, C. G.: Die Dehydrasen. Allgemeines über Wirkungsbestimmungen. Acceptormethode. Bamann-Myrbäck 3, 2279 (1941).

[5] Burris, R. H.: "Thunberg Techniques" for Estimation of Dehydrogenase Activity. In Umbreit, W. W., R. H. Burris and J. F. Stauffer: Manometric Techniques and Tissue Metabolism. S. 105. Minneapolis 1949.

Ausgangspunkt war die Beobachtung von SCHARDINGER[1] gewesen, daß Methylenblau in *roher* Kuhmilch bei gelinder Wärme durch Aldehyde entfärbt wird. Später hat WIELAND[2] im Zuge der Entwicklung seiner Dehydrierungstheorie die Alkoholoxydation durch Essigbakterien in Gegenwart von Methylenblau (oder Chinon) erstmals sauerstofflos (anaerob) durchgeführt. THUNBERGs Verdienst ist es, 1917 eine für Serienbestimmungen besonders geeignete Form der Vakuummethodik ausgearbeitet[3] und ihre Brauchbarkeit bald darauf an einem umfangreichen Versuchsmaterial (Muskeldehydrogenasen) dargetan zu haben[4].

Die biologische Oxydation besteht in ihrem Hauptteil bekanntlich in einem Zusammenwirken wasserstoffaktivierender bzw. -übertragender *Dehydrogenasen* (hier im besonderen *Anaero-dehydrogenasen*) mit $O_2$-aktivierenden bzw. über ein autoxydables Schwermetallatom $O_2$-übertragenden *Oxydasen*. Dazu kommt noch die Wirkung einer begrenzten Zahl von direkt mit $O_2$ reagierenden Dehydrogenasen *(Aero-dehydrogenasen)*, im allgemeinen *Flavinfermenten*. Die THUNBERG-Methodik blendet aus diesem „Fermentspektrum" den Dehydrogenaseanteil heraus und ergänzt so in glücklicher Weise die (manometrische) WARBURG-Methodik, die das Studium der Oxydasen, Aerodehydrogenasen und der komplexen Oxydationssysteme aus Oxydasen und Dehydrogenasen ermöglicht. Im Vergleich zur WARBURG-Methodik ist der apparative Aufwand der THUNBERG-Methodik wesentlich bescheidener.

Zwischen die Mechanismen der primären Sauerstoff- und der Substratwasserstoff-Aktivierung sind in der Zelle gewisse, reversibel arbeitende *Übertragersysteme* (*Flavinfermente*, die Fe-haltigen *Cytochrome* und wahrscheinlich weitere noch nicht näher bekannte) eingeschaltet. Bei der THUNBERG-Methodik, d. h. beim Ersatz von Sauerstoff durch Acceptorfarbstoffe wie Methylenblau (MBl), wird nur ein kleiner Teil dieser Übertragersysteme benötigt, wie aus dem nachstehenden Schema für zwei typische Fälle — die Dehydrierung der Bernsteinsäure (a) und der Milchsäure (b) in tierischen Geweben — hervorgeht[5] (→ Weg der H- bzw. Elektronenwanderung):

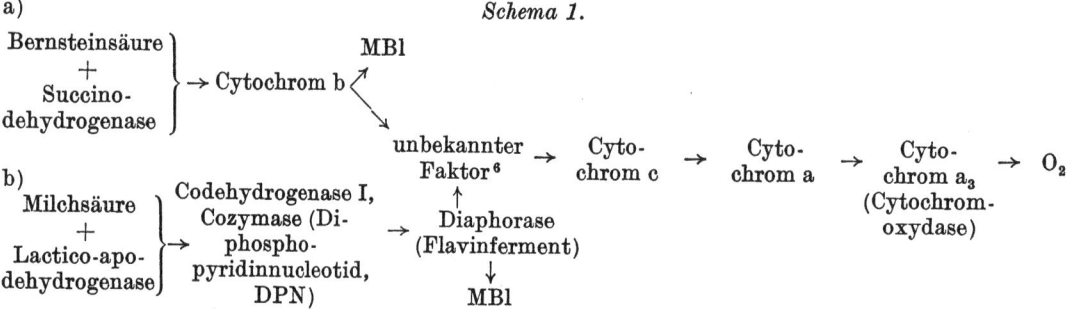

*Schema 1.*

Aus dem Schema geht zugleich hervor, daß beim Arbeiten mit gereinigten *Apodehydrogenasen* stets für Anwesenheit von *Codehydrogenase* und *Diaphorase* auch im THUNBERG-Versuch zu sorgen ist (vgl. auch S. 325/26).

Dadurch, daß in den Acceptorsystemen Fe-haltige Komponenten ganz oder größtenteils wegfallen, fehlt ihnen auch die Vergiftbarkeit durch *Schwermetallkomplexbildung* (HCN, $H_2S$, $NaN_3$, CO u. a.) weitgehend oder vollständig[7]. Da Leukomethylenblau autoxydabel ist, ist auf diesem Wege auch eine nicht oder wenig giftempfindliche „Ersatzatmung" möglich[8]. Dagegen werden die meisten Dehydrogenasen auch anaerob in unspezifischer Weise durch *Narkotica* (höhere Alkohole, Urethane,

---

[1] SCHARDINGER, F.: Z. Unters. Nahr.- u. Genußm. **5**, 1113 (1902).

[2] WIELAND, H.: B. **46**, 3327 (1913).

[3] THUNBERG, T.: Skand. Arch. Physiol. **35**, 163 (1917).

[4] THUNBERG, T.: Skand. Arch. Physiol. **40**, 1 (1920).

[5] Nach SLATER, E. C.: Nature **161**, 405 (1948); **165**, 674 (1950). Biochem. J. **46**, 484, 499 (1950).

[6] Die Identität des im „Succinoxydase"- und des im DPN-haltigen System wirksamen „unbekannten Faktors" ist nach neueren Hemmungsversuchen von A. P. NYGAARD [J. biol. Ch. **204**, 655 (1953)] sehr zweifelhaft (vgl. S. 341). Nach neuesten Befunden von WIDMER, C., H. W. CLARK, H. A. NEUFELD and E. STOTZ (J. biol. Ch. **210**, 861, 1954) schaltet sich zwischen Cytochrom b und c im Succinoxydase-System ein weiteres Cytochrom (e) ein.

[7] Für den Fall der Succinodehydrogenase: THUNBERG, T.: Skand. Arch. Physiol. **35**, 163 (1918).

[8] Vgl. für Succinodehydrogenase: FLEISCH, A.: Biochem. J. **18**, 294 (1924). — SZENT-GYÖRGYI, A. v.: B. Z. **150**, 195 (1924). — WIELAND, H., u. K. FRAGE: A. **477**, 1 (1929).

Nitrile, Amide u. ä.) gehemmt[1, 2]. Hemmungsversuche dieser beiden Typen haben bei der Aufklärung des Mechanismus der biologischen Oxydation im Sinne einer Auftrennung in Oxydase- und Dehydrogenaseanteil eine große Rolle gespielt[3].

Die THUNBERG-Methodik stellte in ihrer ursprünglichen Form nur die spezielle Ausführung einer Acceptormethode dar, charakterisiert 1. durch die Beobachtung eines Reaktionsendpunktes (Entfärbung), 2. durch die Verwendung reversibel oxydoreduzierbarer Farbstoffacceptoren und 3. durch das Arbeiten im Vakuum, das durch die Autoxydabilität der Leukofarbstoffe bedingt war. Eine erste Variante war bereits die Verwendung von Acceptoren, die im oxydierten Zustande nicht oder nur schwach, im reduzierten dagegen intensiv gefärbt waren (*Anthrachinonsulfonate, Viologene*); der Entfärbung entsprach hier die Erreichung der maximalen Farbintensität der reduzierten Form. Verwandt sind die in neuerer Zeit sehr viel verwendeten *Tetrazolium*verbindungen, aus denen bei der Reduktion in allerdings *irreversibler* Reaktion die intensiv gefärbten, schwerlöslichen und nicht autoxydablen *Formazane* entstehen. Hatte man anfangs geglaubt, hier auf das Arbeiten im Vakuum verzichten zu können, so zeigte sich später doch, daß der Sauerstoff in anderer Weise in das reagierende System eingreift und daß zur Erzielung *exakter* Ergebnisse auch hier die Vakuummethodik herangezogen werden muß (S. 324/25). Die Tetrazoliummethode soll daher, trotz abweichender Verfolgung des Reaktionsablaufes, im Rahmen dieser hauptsächlich der THUNBERG-Methodik gewidmeten Darstellung ausführlicher behandelt werden.

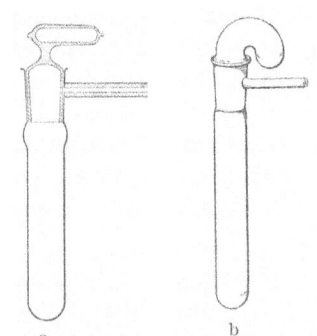

Abb. 1 a u. b. Vakuumröhrchen a nach THUNBERG (ursprüngliche Form) und b nach KEILIN.

Einen Vorläufer der Tetrazoliummethode stellt in gewissem Sinne die anfangs der 20er Jahre von LIPSCHITZ entwickelte *Dinitrobenzol*methode zur Verfolgung von Dehydrogenasewirkungen dar, bei der in gleichfalls irreversibler Reaktion aus dem schwach gelb gefärbten Dinitrobenzol intensiv gelb gefärbtes, nicht autoxydables *Nitrophenylhydroxylamin* gebildet wird. Die Methode wird wegen ihrer offenkundigen Nachteile (Schwerlöslichkeit des Acceptors, Toxicität und weitere Reduzierbarkeit des Reaktionsproduktes) heute nur noch selten verwendet. Dagegen findet die *Nitratreduktion* zu Nitrit und dessen Nachweis durch Azofarbstoffbildung heute noch des öfteren beim Studium von Dehydrogenasewirkungen (z. B. SCHARDINGER-Enzym, Pflanzen- und Bakteriendehydrogenasen) Verwendung.

Diese und einige weitere „Spezialacceptoren" (*Ferricyanid, MnO$_2$, Chinon, Cytochrom c, Glutathion*) sollen in einem Schlußabschnitt der Vollständigkeit halber kurz behandelt werden, auch wenn sie methodisch nur bedingt hierher gehören.

### b) Apparatives und Allgemeines zur Entfärbungsmethodik.

Abb. 1 und 2 zeigen zwei der gebräuchlichsten Typen von Vakuumröhrchen. Der Außendurchmesser beträgt beispielsweise 16 mm, die Länge vom Boden bis zum oberen Schliffrand etwa 10 cm. Normalschliffausführung ist zweckmäßig, doch nicht unbedingt erforderlich. Röhrchen und Schliffstopfen erhalten die gleiche Zahl eingeritzt bzw. eingeätzt. Die Schliffstopfen tragen eine Bohrung auf der Höhe des zum Evakuieren dienenden seitlichen Ansatzröhrchens, dessen Außendurchmesser wenigstens 5 mm betragen soll. Zum Fetten der Schliffe wird ein geeignetes Hahnfett verwendet, z. B. Ramsay-Fett*, dessen Zähigkeit nach der Versuchstemperatur zu wählen ist; bei 37° z. B. ist die Qualität „zäh" die richtige.

---

[1] Für Succinodehydrogenase: GRÖNVALL, H.: Skand. Arch. Physiol. **44**, 200 (1923). — SVENSSON, D.: Skand. Arch. Physiol. **44**, 306 (1923).

[2] SEN, K. C.: Biochem. J. **25**, 849 (1931); dort als Ausnahme das SCHARDINGER-Enzym der Milch angeführt.

[3] Vgl. KEILIN, D.: Proc. R. Soc. London (B) **104**, 206 (1929); **106**, 418 (1930). Ergebn. Enzymforsch. **2**, 239 (1933).

* U. a. von der Firma E. Leybolds Nachf., Köln-Bayenthal, zu beziehen.

Ein typischer Methylenblauversuch — Dehydrierung von Bernsteinsäure in Gegenwart eines m/15 $Na_2HPO_4$-Extraktes aus gewaschenem Herzmuskelbrei[1] — verläuft mit Röhrchen des THUNBERGschen Originaltyps z. B. folgendermaßen:

In zwei nebeneinander in einem Holzgestell befindliche THUNBERG-Röhrchen werden die nachstehend verzeichneten Komponenten der Reaktionslösung pipettiert (in $cm^3$):

|  | I | II |
|---|---|---|
| m/100 Natriumsuccinat . . . . . . . . . . . | 1 | — |
| m/15 Phosphatpuffer ($p_H$ 7,5) . . . . . . . . | 2 | 2 |
| Methylenblaulösung 1:5000 (etwa m/2000) . . | 1 | 1 |
| Wasser . . . . . . . . . . . . . . . . . | 0,5 | 1,5 |

Dann wird zu I 0,5 $cm^3$ Enzymlösung gegeben, umgeschüttelt, die Zeit nach einer Uhr mit Sekundenzeiger bzw. einer Stoppuhr notiert[2] (je nach dem Bereich der Entfärbungszeiten und der erwünschten Genauigkeit auf ganze, halbe oder Viertel-Minuten genau) und sofort mit dem Evakuieren an einer guten Wasserstrahlpumpe (zur Zeitersparnis am besten ohne vorgeschaltete Woulffsche Flasche oder nach dem S. 322 angegebenen Verfahren) begonnen. Der Inhalt des Röhrchens gerät rasch ins Sieden und wird unter dauerndem leichtem Schütteln, wobei das Röhrchen von der Hand umschlossen wird, wenigstens 1 min in diesem Zustand erhalten.

Für Präzisionsuntersuchungen und Versuche mit längeren Entfärbungszeiten (z. B. > 30 min) erhöht man die Evakuierungsdauer auf 3 min. Eine früher bisweilen empfohlene zweimalige Evakuierung unter Zwischenschaltung einer Stickstoffüllung der Röhrchen hat gegenüber der längeren Evakuierungsdauer keine Vorteile[3]. Durch geschicktes Neigen des Röhrchens, wobei das Ansatzrohr schräg nach oben weist und gegebenenfalls rasches Drehen des Schliffstopfens läßt sich vermeiden, daß nennenswerte Mengen der Reaktionsflüssigkeit in die Pumpe gesaugt werden (ein kleiner Verlust ist bei der Entfärbungsmethodik meist auch ohne Belang). Schließlich wird der Schliffstopfen um 180° gedreht und das Röhrchen in einen Wasserthermostaten gebracht, der ein Gestell mit einer Reihe von Messingklammern oder -federn enthält. Es ist wichtig, daß das Röhrchen bis über das seitliche Ansatzrohr und den oberen Schliffrand hinaus in Wasser taucht. Undichtigkeit eines Röhrchens wird an der Füllung des Ansatzrohres mit Wasser und dem allmählichen Vollaufen des Röhrchens leicht erkannt.

In der gleichen Weise wird dann mit Röhrchen II („Leerreduktion") und eventuell weiteren Röhrchen einer Versuchsreihe verfahren. Bei größeren Versuchsreihen empfiehlt sich Fertigstellung aller Ansätze bis auf den Zusatz einer reaktionsauslösenden Komponente (meist Enzym oder Farbstoff, bei geringer Leerreduktion eventuell auch Substrat), so daß die Röhrchen anschließend mit einem Zeitabstand weniger Minuten in den Thermostaten eingebracht werden können. Das gleichzeitige Fertigmachen neuer Röhrchen und die Beobachtung der bereits im Thermostaten befindlichen ist eine Sache der Übung; gute Protokollführung, wobei in einer Liste Röhrennummer, Zeitpunkt des Reaktionsbeginns und der Entfärbung übersichtlich verzeichnet werden, erleichtert die Aufgabe wesentlich. Doppelte Versuchsausführung ist stets anzuraten, da sie ein Bild von der Reproduzierbarkeit der Versuche vermittelt und Versuchsreihen auch bei gelegentlichem Ausfallen eines Röhrchens (z. B. durch Undichtwerden oder Bruch) zu retten vermag.

---

[1] Darstellungsvorschriften vgl. z. B. „Zusammenfassende Darstellungen"[1-3].

[2] Dies gilt für kurze Entfärbungszeiten (< 10 min). Bei im Durchschnitt längeren Entfärbungszeiten empfiehlt es sich, den Zeitpunkt der Versenkung des evakuierten Röhrchens in den Thermostaten als 0-Wert zu notieren. Natürlich muß in einer Versuchsreihe immer gleich verfahren werden; ist man sich zu deren Beginn über die zu erwartenden Entfärbungszeiten nicht im klaren, so notiert man zweckmäßig beide Zeitpunkte.

[3] TAM, R. K., and P. W. WILSON: J. Bacteriology 41, 529 (1941).

Je nach Entfärbungsgeschwindigkeit und Übung lassen sich Versuchsreihen mit 6 bis 20 Röhrchen gleichzeitig durchführen. Für ausgesprochene Serienarbeit bieten vom Glasbläser herzustellende *Aggregate* mehrerer Vakuumröhrchen den Vorteil der Zeitersparnis und des gleichzeitigen oder fast gleichzeitigen Reaktionsbeginns, dem der Nachteil einer gewissen Unhandlichkeit und Zerbrechlichkeit solcher Apparaturen gegenübersteht. Abb. 2a zeigt zwei solche Anordnungen für 8—12 gleichzeitig evakuierbare Röhrchen nach LANG[1] bzw. v. SZENT-GYÖRGYI[2].

Röhrchen vom KEILIN-Typ (Abb. 1b) haben gegenüber den ursprünglichen THUNBERG-Röhrchen den Vorteil, daß sie den Reaktionsbeginn schärfer zu präzisieren gestatten, was bei kurzen Versuchszeiten von einigen Minuten notwendig ist. Hier wird das reaktionsauslösende Agens (entweder Enzym oder Methylenblau) in die Schliffretorte pipettiert, die Evakuierung vorgenommen, das Röhrchen zum Temperaturausgleich auf wenigstens 5 min in den Thermostaten versenkt und dann durch Kippen der Inhalt des Kölbchens mit dem-

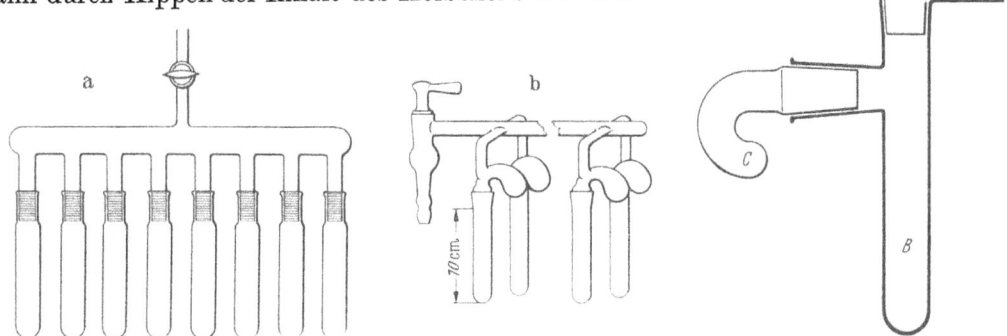

Abb. 2 a u. b. Aggregate zur gleichzeitigen Evakuierung von 8—12 THUNBERG- bzw. KEILIN-Röhrchen nach LANG (a) bzw. v. SZENT-GYÖRGYI (b).   Abb. 3. Vakuumröhrchen nach KEILIN und HARTREE.

jenigen des Hauptraums vereinigt (Reaktionsbeginn $t = 0$). Der Gefahr eines Überschäumens des Retorteninhaltes läßt sich durch Eintauchen der Schliffretorte in Eiswasser während des Evakuierens begegnen.

Auch Zugaben von Agentien nach im Hauptraum bereits erfolgter Entfärbung lassen sich in KEILIN-Röhrchen leicht bewerkstelligen. So läßt sich z. B. der Nachweis der Reversibilität des Succinat-Methylenblausystems durch nachträgliches Zukippen von Fumarat zur entfärbten Reaktionslösung unschwer erbringen[3]. In neuerer Zeit ist von KEILIN und HARTREE[4] ein weiterer Röhrchentyp angegeben worden, der sich vom KEILIN-Typ (Abb. 2) durch eine zusätzliche seitliche Schliffretorte im zylindrischen Teil des Röhrchens unterscheidet und bei bereits bestehendem Vakuum zweimaliges Zukippen von Agentien in den Hauptraum gestattet (Abb. 3).

Arbeitet man mit zur Sedimentation neigenden Zell- oder Gewebssuspensionen, so muß für gleichmäßige Verteilung des Materials Sorge getragen werden. Bei geringer Sedimentationsneigung und kurzen Versuchszeiten genügt unter Umständen schon in regelmäßigen Abständen erfolgendes Schütteln der einzelnen Röhrchen mit der Hand. Sonst müssen die Röhrchen schrägliegend in einen im Thermostaten befindlichen Schüttelrahmen gespannt werden[5]. Vorrichtungen, mittels derer die Röhrchen während des ganzen Versuches um eine Achse hin und her geschwenkt werden bzw. rotieren, sind von AHLGREN[6] (Abb. 4) und von v. EULER[7] beschrieben worden. AHLGREN verwendet dazu besondere

---

[1] LANG, K.: H. **261**, 240 (1939).
[2] SZENT-GYÖRGYI, A. v.: H. **236**, 1 (1935).
[3] QUASTEL, J. H., and M. D. WHETHAM: Biochem. J. **18**, 519 (1924).
[4] KEILIN, D., and E. F. HARTREE: Biochem. J. **41**, 503 (1947).
[5] BERTHO, A.: A. **474**, 1 (1929).
[6] AHLGREN, G.: Handb. biol. Arb.-Meth. Abt. IV, Teil 1, S. 671. 1927.
[7] EULER, U. S. v.: Skand. Arch. Physiol. **74**, 97 (1936).

T-förmige Vakuumröhrchen, in deren Bodenteil eine Glaskugel von 6—7 mm beim Schwenken hin und her rollt (Abb. 5).

Die Verfolgung des Entfärbungsvorganges wird durch einen hellen Innenanstrich des Thermostaten oder eine hinter den Vakuumröhrchen befindliche Milchglasscheibe sehr erleichtert. Im übrigen ist für diffuses Licht zu sorgen und kräftige Dauerbeleuchtung zu vermeiden, da sie eine Beschleunigung der Farbstoffreduktion bewirkt[1]. Gelegentliches Einschalten einer Glühlampe schadet nicht.

Bei kurzdauernden Entfärbungsversuchen ($t < 15$ min) notiert man gewöhnlich den Zeitpunkt vollständiger Entfärbung. Bei länger dauernden Versuchsserien ist es zweckmäßig, den Zeitpunkt 80-, 90- oder 95%iger Entfärbung festzustellen und sich für diesen Zweck eine entsprechende Vergleichslösung (mit gekochtem oder auf andere Weise inaktiviertem Enzym) in einem Vakuumröhrchen herzustellen. Die Entfärbung der letzten Farbstoffanteile in Versuchen mit geringer Reaktionsgeschwindigkeit erfolgt nämlich häufig „ziehend", was meist auf *Enzymschädigung*, z. B. durch toxische Wirkung des Farbstoffes, zurückgeht. Seltener kommt darin eine echte *Reversibilität* des Substrat-Acceptorsystems zum Ausdruck, wie sie z. B. bei Succinodehydrogenase mit Methylenblau unter bestimmten Bedingungen beobachtet worden ist (niedrige Succinatkonzentration und Fumaraseaktivität)[2]. Selbstverständlich ist der einmal gewählte Ablesungsmodus auch bei sehr unterschiedlichen Entfärbungszeiten einer Versuchsreihe beizubehalten.

Bei der Ermittlung der Donatorwirkung eines Substrates bzw. der Aktivität eines Enzympräparates ist der Eigengehalt des Enzympräparates an Wasserstoffdonatoren zu berücksichtigen; er kommt in der Eigenreduktion des substratfreien Ansatzes (II, S. 314), der sog. „Leerentfärbung", zum Ausdruck. Im früher gegebenen Beispiel der Muskel-Succinodehydrogenase spielt diese Leerentfärbung (von der Größenordnung

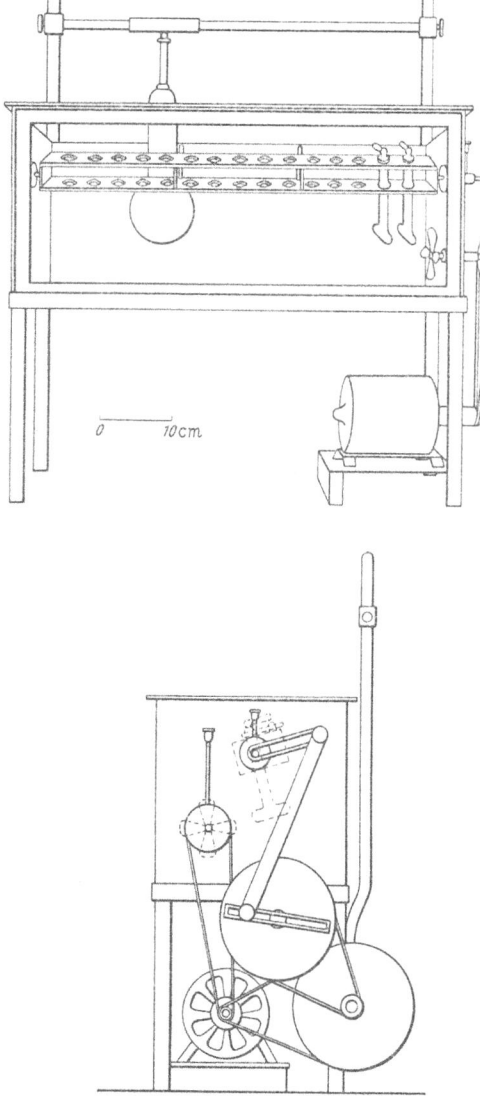

Abb. 4. Schüttelthermostat für THUNBERG-Versuche nach AHLGREN. Frontal- und Seitenansicht.

einiger bis vieler Stunden) gegenüber der Entfärbungszeit des Substratansatzes I (von einigen Minuten) quantitativ keine Rolle. In vielen anderen Fällen, z. B. beim Arbeiten mit Zell- oder Gewebssuspensionen, ist der Einfluß der Leerentfärbung aber nicht zu vernachlässigen. In solchen Fällen empfiehlt sich die Anwendung des von THUNBERG vorgeschlagenen Ausdruckes J für die *Dehydrierungsintensität*

$$J = 100 \left( \frac{1}{t} - \frac{1}{t_0} \right),$$

---

[1] Vgl. TAMIYA, H., T. HIDA and K. TANAKA: Acta phytochim., Tokyo 5, 119 (1930).
[2] WISHART, G. M.: Biochem. J. 17, 103 (1923). — QUASTEL, J. H., and M. D. WHETHAM: Biochem. J. 18, 519 (1924).

worin $t$ die Entfärbungszeit mit, $t_0$ diejenige ohne Substrat (beide meist in Minuten ausgedrückt) bedeutet. Der Quotient J/mg Enzymtrockengewicht („spezifische Dehydrierungsintensität" $J_0$) stellt ein Maß der *(anaeroben) enzymatischen Aktivität* dar und kann als solcher etwa zur Atmungsgröße $Q_{O_2} = \frac{mm^3\ O_2}{mg\ Enzymtrockengewicht \cdot Stunden}$ (als Maß einer *aeroben* Enzymaktivität) in Beziehung gesetzt werden[1]. Natürlich läßt sich die in der Zeit $t$ reduzierte Farbstoffmenge auch direkt in $O_2$-Äquivalenten ausdrücken und damit eine unmittelbare Beziehung zur Atmungsgröße $Q_{O_2}$ herstellen: 1mMol Farbstoff entspricht 11,2 cm³, 1 µMol Farbstoff 11,2 mm³ $O_2$ bzw. doppelt so viel $H_2$; die Umrechnung auf den „Stundenwert" erfolgt durch Multiplikation mit dem Faktor 60/$t$.

Der Vergleich der so ermittelten anaeroben Umsatzgröße mit der aeroben hinkt aber insofern, als die Konzentration des Farbstoffacceptors im Laufe des Versuches bis auf 0 absinkt, während die $O_2$-Konzentration unter den gewöhnlichen Bedingungen des WARBURG-Versuches praktisch konstant bleibt; der aus der Farbstoffreduktion errechnete $Q_{O_2}$- bzw. $Q_{H_2}$-Wert stellt also im allgemeinen einen Minimalwert dar.

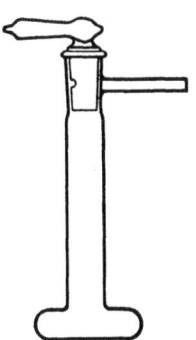

Abb. 5. Vakuumröhrchen nach AHLGREN für Gewebesuspensionen.

Soll aus Entfärbungsversuchen die Aktivität von Enzympräparaten quantitativ ermittelt werden (z. B. zum Vergleich verschiedener Dehydrogenasen des gleichen Enzymmaterials oder bei Reinigungsversuchen an einer bestimmten Dehydrogenase), dann müssen in orientierenden Versuchen erst geeignete und möglichst optimale Bedingungen ausfindig gemacht werden. Es ist also der Einfluß des $p_H$[2,3], der Enzym-[4,5], Substrat-[4,5] und Farbstoffkonzentration[5] sowie der Temperatur[2,5] zu untersuchen; bisweilen empfiehlt sich auch eine Prüfung des Einflusses der Puffersubstanz und Pufferkonzentration[5], eventuell auch des Einflusses anderer Salzzusätze[5,6].

Diese Verhältnisse sind in vorbildlicher Weise von der THUNBERG-Schule an der Muskel-Succinodehydrogenase untersucht worden, worauf sich die angeführten Literaturzitate beziehen. Im allgemeinen liegt das $p_H$-Optimum für tierische Dehydrogenasen oberhalb $p_H$ 7. Der Substrateinfluß äußert sich meist in Form ausgesprochener „Sättigungskurven" mit breitem Optimalplateau. Das Temperaturoptimum liegt meist im Bereich zwischen 40 und 55°, doch ist der Abfall oberhalb dieser Temperaturen infolge Enzymschädigung sehr ausgeprägt.

Im allgemeinen empfiehlt es sich, bei optimaler H-Ionen- und Substratkonzentration, suboptimaler Temperatur sowie im Proportionalitätsbereich zwischen Enzymkonzentration und Entfärbungsgeschwindigkeit zu arbeiten. Wenn die Möglichkeit dazu besteht, sind Enzym- und Farbstoffkonzentration so abzugleichen, daß die beobachteten Entfärbungszeiten zwischen 5 und 30 min liegen; kürzere Entfärbungszeiten sind bei Serienversuchen von einem Beobachter schwer zu beherrschen, bei längeren fällt die Enzymschädigung stärker ins Gewicht.

### c) Colorimetrische, photometrische und titrimetrische Varianten.

In ihrer ursprünglichen Form war die von THUNBERG in die biochemische Praxis eingeführte Vakuummethodik nur zur serienmäßigen Bestimmung von Entfärbungs*endpunkten* gedacht. Es ist zwischendurch aber immer wieder versucht worden, sie auch zur *kinetischen* Verfolgung des Entfärbungsvorganges heranzuziehen und sie damit zum gleichwertigen Gegenstück der aeroben manometrischen oder WARBURG-Methodik auszubilden.

---

[1] Vgl. z. B. FRANKE, W., E. M. TAHA u. L. KRIEG: Arch. Mikrobiol., Berlin **17**, 255 (1952). — FRANKE, W., u. L. KRIEG: B. **85**, 779 (1952). — FRANKE, W., u. H. FREHSE: H. **298**, 1 (1954).

[2] OHLSSON, E.: Skand. Arch. Physiol. **41**, 77 (1921).

[3] LEHMANN, J.: Skand. Arch. Physiol. **58**, 173 (1929).

[4] WIDMARK, E. M. P.: Skand. Arch. Physiol. **41**, 200 (1921).

[5] AHLGREN, G.: Skand. Arch. Physiol. **47**, 1 (Suppl.) (1925).

[6] SAHLIN, B.: Skand. Arch. Physiol. **46**, 64 (1924).

In einfachster, wenn auch nur approximativer Form läßt sich dies dadurch erreichen, daß man vor Versuchsbeginn in eine Reihe von THUNBERG-Röhrchen Ansätze mit (z. B. von 10 zu 10%) abgestuften Farbstoffmengen einfüllt und diese als Vergleichsstandards für die eigentlichen Entfärbungsversuche verwendet. Erfolgt die Entfärbung ohne Substratzusatz im Vergleich zu derjenigen mit Substrat sehr langsam, so können diese Vergleichsröhren aktives Enzym ohne Substrat enthalten. Ist diese Voraussetzung nicht erfüllt, muß durch Kochen oder Vergiftung inaktiviertes Enzym zugesetzt werden. In jedem Fall werden die Zeiten notiert, in denen Gleichheit der Farbintensität zwischen dem Versuchsröhrchen und einem der Standardröhrchen besteht. Häufig treten aber zwischen Versuchsröhrchen und Standardröhrchen infolge von Adsorptionserscheinungen u. dgl. Unterschiede in der Farbnuance auf, die einen exakten Vergleich sehr erschweren bzw. unmöglich machen. (So beobachtet man im Laufe der enzymatischen Methylenblauentfärbung oft grünblaue Farbtöne im Gegensatz zu den reinblauen der Standards.) Bei der Verwendung inaktivierten Enzyms stört

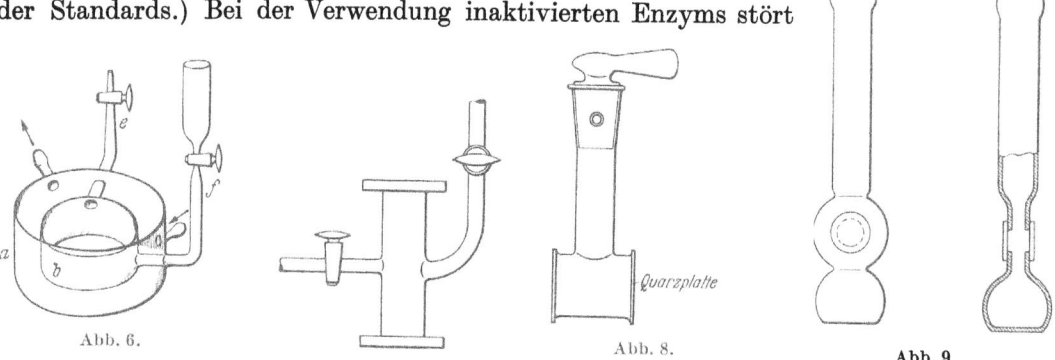

Abb. 6. Colorimetergefäß mit Wassermantel nach WIELAND und CLAREN. *a* Wassermantel, *b* Reaktionsgefäß (4,5 cm ⌀), *e* Hahn zur Entleerung von *b*, *f* Hahn mit Trichter zur Füllung von *b* und zum Einleiten von $N_2$.

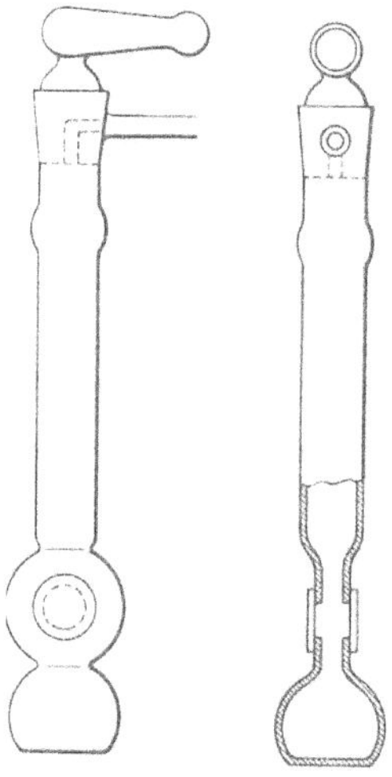

Abb. 7. Hahncuvette nach FISCHER und EYSENBACH.

Abb. 8. Vakuumröhrchen für Photometrie nach v. EULER, HELLSTRÖM und BRANDT.

Abb. 9. Vakuumröhrchen für Photometrie nach JONGBLOED. Frontal- und Seitenansicht.

häufig dessen Ausflockung. Auch sind die Vergleichslösungen meist nur von sehr beschränkter Haltbarkeit. Alles in allem genommen lassen sich nach dieser Methode zwar in vielen Fällen (z. B. bei gereinigten Enzymlösungen), keineswegs aber generell brauchbare Resultate erhalten.

Im Laufe der Zeit sind verschiedene Verfahren zur *colorimetrischen* und *photometrischen* Verfolgung von Entfärbungsreaktionen vorgeschlagen worden. WIELAND und CLAREN[1] beschreiben eine Spezialapparatur in Form einer doppelwandigen Glasdose, deren Außenmantel von Wasser bestimmter Temperatur (z. B. aus einem HÖPPLER-Ultrathermostaten) durchströmt wird, während durch die im Innenraum befindliche Reaktionslösung reinster Stickstoff geleitet werden kann (Abb. 6). Die Glasdose wird in ein DUBOSQ-Colorimeter eingebaut, mit dessen Hilfe man die Farbintensität laufend verfolgen kann. Vorherige Eichung mit Farbstofflösungen verschiedener Konzentration ist erforderlich. Einfacher sind Anordnungen, bei denen eine Temperaturkonstanz während des Meßvorganges nicht vorgesehen ist. Hierher gehören eine im HELLIGE-Colorimeter verwendbare *Hahncuvette*[2] (Abb. 7) und die von verschiedenen Seiten[3,4] vorgeschlagenen modifizierten THUNBERG-Röhren, deren unterer Teil von planparallelen Glasplatten begrenzt ist und in den Strahlengang eines Colorimeters oder Photometers gebracht werden kann (Abb. 8 und 9).

---

[1] WIELAND, H., u. O. B. CLAREN: A. **492**, 183 (1932).
[2] FISCHER, F. G., u. H. EYSENBACH: A. **530**, 99 (1937).
[3] EULER, H. v., H. HELLSTRÖM u. K. BRANDT: Naturwiss. **23**, 486 (1935).
[4] JONGBLOED, J.: Z. Biol. **98**, 497 (1938).

Moderne Colorimeter und Photometer (z. B. das lichtelektrische Universalcolorimeter IV nach LANGE, das LEITZ-Kompensationsphotometer, das ELKO II-Photometer von ZEISS-Opton, das Photometer „Eppendorf", das EVELYN-, BECKMAN- oder UNICAM-Photometer) erlauben aber auch die Verwendung gewöhnlicher Reagensgläser und Vakuumröhrchen zur Extinktionsmessung. TAM und WILSON[1] haben z. B. mit dem EVELYN-Photometer Dehydrierungen bei Knöllchenbakterien eingehend untersucht. Sie arbeiten lichtelektrisch mit Methylenblau bei 660 m$\mu$ (während JONGBLOED[2] früher — weniger gut — 580 m$\mu$ zur Messung verwendet hatte, vgl. Abb. 10; für 2,6-Dichlorphenolindophenol ist 620 m$\mu$ zur Messung empfohlen worden[3]). Bei Entfärbungszeiten von 15—30 min können 12 Röhrchen in Abständen von 15 sec alle 3 min aus dem Thermostaten genommen, abgetrocknet und im Photometer auf ihre Extinktion untersucht werden. 100%ige Entfärbung muß nicht

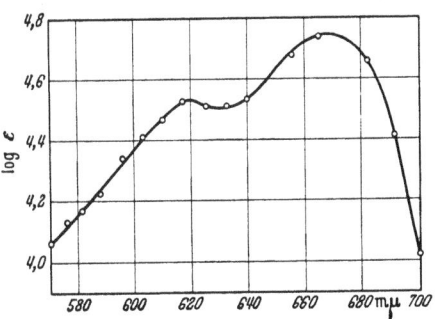

Abb. 10. Absorptionskurve von Methylenblau nach v. EULER, HELLSTRÖM und BRANDT.

erreicht werden. Eine Endablesung wird nach Zugabe einiger Kryställchen von $Na_2S_2O_4$, das vollständige Methylenblaureduktion bewirkt, zu jedem Röhrchen gemacht ($I_0$).

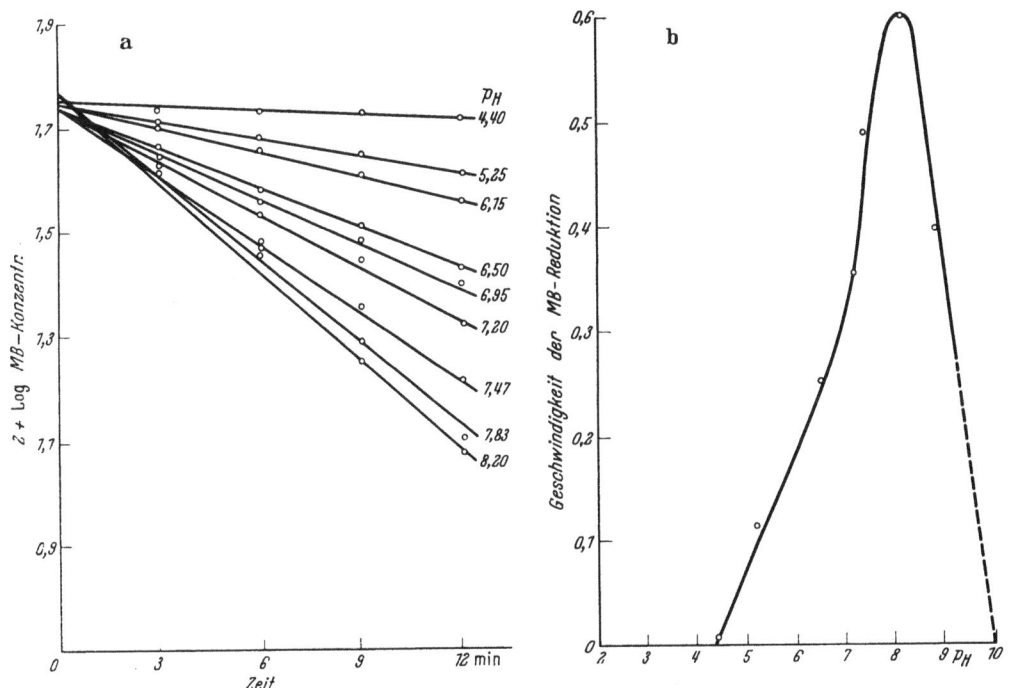

Abb. 11 a u. b. $p_H$-Abhängigkeit der Bernsteinsäuredehydrierung durch Rhizobium trifolii in Gegenwart von Methylenblau (MB) (nach TAM und WILSON). a Kinetik, b Aktivitäts-$p_H$-Kurve.

Die Methylenblaukonzentration erwies sich zu jedem Zeitpunkt annähernd proportional $\log I_0/I$, worin $I$ die Galvanometerablesung zu diesem Zeitpunkt bedeutet. Wenn die Entfärbung linear mit der Zeit fortschritte, würde man bei Auftragung von $\log I_0/I$ gegen die Zeit eine Gerade erhalten. QUASTEL und WHETHAM[4] hatten mit einfacher colorimetrischer Methodik bei der Succinat-

---

[1] TAM, R. K., and P. W. WILSON: J. Bacteriology 41, 529 (1941).
[2] JONGBLOED, J.: Z. Biol. 98, 497 (1938).
[3] SZULMAJSTER, J., M. GRUNBERG-MANAGO et C. DELAVIER-KLUTCHKO: Bull. Soc. Chim. biol. 35, 1381 (1953).
[4] QUASTEL, J. H., and M. D. WHETHAM: Biochem. J. 18, 519 (1924). — QUASTEL, J. H.: Biochem. J. 20, 166 (1926).

dehydrierung durch E. coli in der Tat solche Linearität bis zu 80% Entfärbung beobachtet; YUDKIN[1] hatte allerdings später bei eingehender Untersuchung unter Heranziehung weiterer Dehydrogenasen (Formico-, Glucosedehydrogenase) nicht nur gegen Versuchsende, sondern auch zu Versuchsbeginn erhebliche Abweichungen vor der Linearität festgestellt und deren methodische Ursachen aufzuklären versucht. TAM und WILSON fanden für die meisten Substrate (unter anderem auch Succinat) bei Rhizobium trifolii eher eine logarithmische Abhängigkeit von der Zeit, weshalb Gerade nur bei Auftragung von log log $I_0/I$ bzw. log [Methylenblau] gegen die Zeit erhalten wurden, wie dies Abb. 11a für verschiedene $p_H$-Werte wiedergibt. Trägt man die Neigungswinkel der Geraden zur Horizontalen gegen den $p_H$ auf, dann resultiert die Aktivitäts-$p_H$-Kurve der Abb. 11b. Die Kinetik solcher Entfärbungsreaktionen muß ersichtlich stets von Fall zu Fall erst festgelegt werden.

Schließlich besteht die Möglichkeit einer *titrimetrischen* Farbstoffbestimmung in zu bestimmten Zeiten abgebrochenen Ansätzen. Sie ist z. B. von WIELAND und BERTHO[2,3] beim Studium der Alkoholdehydrierung durch Essigbakterien verwendet worden, wo das jeweils nicht verbrauchte Methylenblau mit 0,01 n $TiCl_3$-Lösung (deren Titer unmittelbar vor der Analyse kontrolliert wurde) titriert wurde (Näheres S. 331).

Hier erfolgte die Farbstoffabnahme bis zu annähernd 50%iger Entfärbung proportional zur Zeit, weiterhin jedoch mit stark verringerter Geschwindigkeit, was auf Zellschädigung durch den Farbstoff bzw. seine Leukoverbindung in den mehrstündigen Versuchen zurückgeführt wird.

### d) Spezielle Fälle.

α) *Flüchtige Reaktionskomponenten. Das Arbeiten mit gasgefüllten Röhren.*

Wird mit flüchtigen Substraten (z. B. Aldehyden) oder Zusätzen (wie HCN, $H_2S$ u. dgl.) gearbeitet, so besteht bei Anwendung des ursprünglichen THUNBERGschen Verfahrens Gefahr, daß ein Teil dieser flüchtigen Substanzen durch das notwendige Evakuieren entfernt wird. Will man sich die Mühe einer mikroanalytischen Bestimmung dieser Verluste ersparen, so empfiehlt es sich, auf das Arbeiten im Vakuum zu verzichten und unter *reinstem Stickstoff* zu arbeiten. Freilich geht die besondere Eleganz und Eignung gerade zu Serienversuchen, die das ursprüngliche THUNBERG-Verfahren auszeichnet, dabei zum Teil verloren.

Es sollen hier nur zwei Verfahren ohne größeren apparativen Aufwand, das nach BERTHO[3,4] und das nach WIELAND und ROSENFELD[5], mit den Worten der Autoren beschrieben werden.

**Methode von BERTHO.** Hierbei werden etwa 12 cm lange Röhrchen mit seitlichem Hahnrohransatz (*a*) verwendet, die durch Gummistopfen mit Winkelhahnrohr (*b*) und Hahntrichter (*c*) verschlossen werden (Abb. 12). Das Arbeiten mit diesen Röhrchen gestaltet sich folgendermaßen[3]:

„In die Rohre mit Hahnrohransatz wird die Bakteriensuspension usw., die Pufferlösung und die angegebene Wassermenge hineinpipettiert. Dann werden die Verschlußgummistopfen mit Winkelhahnrohr und Hahntrichter auf die Rohre aufgesetzt. Die Hähne der Röhrchen werden geschlossen und diese in die Messinghalter der beweglichen Lamelle im Thermostaten eingesetzt und mit Spiralfedern festgemacht. Nachdem die Winkelrohre mit den Gummischläuchen einer Spinne verbunden sind, wird nacheinander ein sauerstofffreier Stickstoffstrom, der durch Überleiten von Stickstoff über eine schwach rotglühende Kupferspirale gewonnen wird, durch die Rohre geleitet und zwar so, daß man sämtliche Trichterhähne schließt bis auf einen, den der ersten Röhre. Nach 5 min — je Sekunde zwei Gasblasen — wird der Trichterhahn geschlossen und der Ansatzrohrhahn der ersten Röhre geöffnet, so daß das Gas nunmehr durch dieses Rohr entweichen kann. Nach 5 min wird der Hahn geschlossen und der Trichterhahn des zweiten Rohres geöffnet und so fort. Das Durchleiten des Stickstoffes kann in derselben Weise, aber in kürzeren

---

[1] YUDKIN, J.: Biochem. J. 27, 1849 (1933); 28, 1454 (1934).
[2] WIELAND, H., u. A. BERTHO: A. 467, 95 (1928).
[3] BERTHO, A.: A. 474, 1 (1929).
[4] BERTHO, A., u. W. GRASSMANN: Biochemisches Praktikum. S. 152. Berlin, Leipzig 1936.
[5] WIELAND, H., u. B. ROSENFELD: A. 477, 32 (1929).

Zeiten, wiederholt werden. Dann werden die Donatorvolumina in die einzelnen Trichter hineinpipettiert. Ein Zufluß in den Innenraum des Röhrchens wird ermöglicht, indem man den Trichterhahn öffnet und unter vorsichtigem Öffnen des Ansatzrohrhahns die Flüssigkeit zutreten läßt und dann beide Hähne sofort schließt. Die Donatorlösung soll bis auf einen Bruchteil zufließen. Luftzutritt ist unbedingt zu vermeiden. Danach wird auf die gleiche Weise die Methylenblaulösung in die Röhrchen gebracht und jeweils anschließend mit Wasser unter Beobachtung der erwähnten Kautelen nachgespült. Die Zeitpunkte der Methylenblauzugabe werden festgehalten."

**Methode von WIELAND und ROSENFELD.** Die verwendeten Röhrchen unterscheiden sich von den BERTHOSCHEN dadurch, daß das Winkelhahnrohr durch eine Mikrobürette ersetzt ist (Abb. 13). Im übrigen wird nach folgender Vorschrift verfahren:

„In die Röhre wird zunächst Ferment, Substrat (Aldehyd gelangt erst mit der Methylenblaulösung in die Röhre) und Pufferlösung eingebracht, dann wird der Gummistopfen mit dem Einleitungsrohr für Stickstoff aufgesetzt und die Luft durch absolut reinen Stickstoff (aus einem Glasgasometer) verdrängt, nachdem man das Reaktionsgefäß im Thermostaten befestigt hat. Der zur Pumpe führende Hahn ist geschlossen. Nach etwa 3 min wird die Bürette eingesetzt, der Stickstoffhahn geschlossen und vorsichtig bis zum beginnenden Sieden der Lösung an der Wasserstrahlpumpe evakuiert.

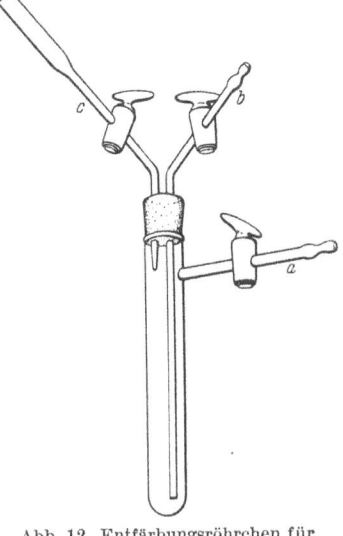

Abb. 12. Entfärbungsröhrchen für $N_2$-Füllung nach BERTHO.

Nun läßt man wieder bis zur Aufhebung des Vakuums Stickstoff auf, daß die Methylenblaulösung etwas vorher, und zwar noch unter der Rührwirkung des einperlenden Stickstoffes, eingelassen werden kann. Sobald bei ziemlich raschem Zufluß der Meniscus der blauen Lösung den Teilstrich erreicht hat, der der Hälfte der erforderlichen Menge entspricht, drückt man die Stoppuhr und läßt ohne Unterbrechung die zweite Hälfte zufließen. Diese Methodik erlaubt es, Entfärbungszeiten bis zu 1 min herab mit einer Genauigkeit von 3—4% sicher zu bestimmen."

JOHNSON[1] verwendet beim Arbeiten mit Leuchtbakterien zum Durchströmen mit reinstem Wasserstoff oder Stickstoff geeignete Doppelröhrchen, die zwei im Winkel von 45° aneinandergeschmolzenen kleinen Gaswaschflaschen entsprechen, von denen die eine Substrat + Methylenblau, die andere die Bakteriensuspension enthält; durch Neigen des Systems wird der Inhalt des ersten Röhrchens in das zweite eingekippt. Eine einige Minuten lange Durchgasung der Röhrchen ist nach JOHNSON wesentlich effektiver als eine 2 min lange Evakuierung der üblichen Vakuumröhrchen.

Kompliziertere Anordnungen zur Füllung von Vakuumröhrchen mit Stickstoff (aber auch anderen Gasen wie CO, $H_2$ usw.) sind von KEILIN[2] sowie von SHIBATA und TAMIYA[3] [die dazu einen eigenen Röhrchentyp verwenden, der zwischen den Typen von KEILIN (Abb. 1b, S. 313) und von BERTHO (Abb. 12, s. oben) steht] angegeben worden. Näheres s. die Originalarbeiten und [4,5].

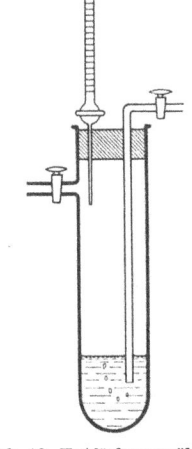

Abb. 13. Entfärbungsröhrchen für $N_2$-Füllung nach WIELAND und ROSENFELD.

---

[1] JOHNSON, F. H.: Proc. Soc. exp. Biol. Med. **36**, 387 (1937).
[2] KEILIN, D.: Proc. R. Soc. London (B) **104**, 206 (1929).
[3] SHIBATA, K., u. H. TAMIYA: Acta phytochim., Tokyo **5**, 23 (1930).
[4] THUNBERG, T.: Handb. biol. Arb.-Meth. Abt. IV, Teil 2, S. 2344. 1936.
[5] HOLMBERG, C. G.: Bamann-Myrbäck **3**, 2287 (1941).

In diesem Zusammenhang wäre noch das Bakterienferment *Hydrogenase* zu erwähnen, das Methylenblau und andere Farbstoffe in Gegenwart von molekularem Wasserstoff hydriert[1]. Seine Untersuchung erfolgt in Parallelversuchen in Vakuumröhrchen, die nach der Evakuierung einmal mit reinstem $H_2$, das andere Mal mit reinstem $N_2$ gefüllt werden[2].

### β) Die Dehydrierung von Leukofarbstoffen.

Bisweilen beansprucht die Umkehrung des Entfärbungsvorganges, die Dehydrierung eines Leukofarbstoffes, erhöhtes Interesse. Besonders Fumarsäure ist als Wasserstoffacceptor solcher Oxydoreduktionsvorgänge viel untersucht worden, wobei es sich teilweise um eine Wirkungsumkehrung der ja reversibel arbeitenden *Succinodehydrogenase* (meist tierischer[3, 4], bisweilen auch bakterieller Herkunft[5]), teilweise auch um eine einstweilen erst in Hefe nachgewiesene, offenbar irreversibel fungierende *Fumarohydrogenase*[6, 7] handelte.

Zwei Versuchsanordnungen seien hier angegeben, von denen sich die erstere, ohne Spezialapparatur arbeitende mehr für Einzelversuche und Versuchsserien begrenzter Röhrchenzahl eignet, während sich mit der zweiten eine Vielzahl gleichartiger Versuche gleichzeitig durchführen läßt.

**Methode von Fischer und Eysenbach**[6], für Untersuchungen an der Fumarohydrogenase der Hefe entwickelt, gestaltet sich folgendermaßen:

„Zur Ausführung des Versuches werden in ein Thunberg-Rohr von 15 cm³ Inhalt pipettiert: 1 cm³ m/5000 Janusrotlösung, 0,5 cm³ Fermentlösung, 0,1 cm³ m/10 Fumaratlösung. Man füllt mit Wasser auf 2 cm³ auf und leitet dann mit einer Capillare 2 min lang $CO_2$ durch die Lösung, um die Luft größtenteils zu verdrängen, entfärbt mit 3 bis 4 Tropfen der Hyposulfitlösung*, gibt noch einen Tropfen überschüssiges Hyposulfit zu und schüttelt nach dem Aufsetzen des Schliffstopfens vorsichtig um, bis der noch im Rohr vorhandene Sauerstoff das überschüssige Hyposulfit gerade oxydiert hat und die Lösung sich rosa zu färben beginnt. In diesem Augenblick evakuiert man plötzlich das Thunberg-Rohr. Das läßt sich z. B. durch Öffnen eines Quetschhahns erreichen, der die Schlauchverbindung zwischen Thunberg-Rohr und einer vor der Wasserstrahlpumpe eingeschalteten, evakuierten Woulffschen Flasche freigibt. In dieser Weise läßt sich bequem die Reoxydation des Farbstoffes gerade am Beginn abstoppen und der Sauerstoff völlig entfernen. Mit Stickstoff gelingt die Beseitigung des Sauerstoffes nicht so sicher.

Man bringt das Rohr in einen Thermostaten mit Wasser von 30° und beobachtet gegen eine durchleuchtete Milchglasscheibe die wiederkehrende Färbung. Zum colorimetrischen Vergleich stellt man sich in 10 Röhren eine Farbskala her mit $1/100 000$ bis $1/10 000$ m Janusrotlösungen und bestimmt mit der Stoppuhr die zum Erreichen der verschiedenen Stufen erforderlichen Zeiten."

Für genauere kinetische Untersuchungen des Reoxydationsvorganges verwenden die Autoren die S. 315 dargestellte *Hahncuvette*.

**Methode von v. Szent-Györgyi**[8], für den Nachweis der Reversibilität der Muskel-Succinodehydrogenase angegeben, bedient sich einer Abwandlung des S. 315 erwähnten Vakuumröhrchen-Aggregats (Abb. 14).

---

\* Durch Lösen einer kleinen Spatelspitze $Na_2S_2O_4$ (jetzt meist Natriumdithionit genannt) in 5 cm³ m/5 neutralem Phosphatpuffer erhalten; 3 Tröpfchen sollen zur Entfärbung eines Ansatzes ausreichend sein.

[1] Stephenson, M., and L. H. Stickland: Biochem. J. **25**, 205 (1931).
[2] Stephenson, M., u. D. D. Woods: Bamann-Myrbäck **3**, 2634 (1941).
[3] Thunberg, T.: Skand. Arch. Physiol. **46**, 339 (1925).
[4] Lehmann, J.: Skand. Arch. Physiol. **58**, 173 (1929).
[5] Quastel, J. H., and M. D. Whetham: Biochem. J. **18**, 519 (1924).
[6] Fischer, F. G., u. H. Eysenbach: A. **530**, 99 (1937).
[7] Fischer, F. G., A. Roedig u. K. Rauch: A. **552**, 203 (1942).
[8] Szent-Györgyi, A. v.: H. **236**, 1 (1935).

„Es wurden 12 THUNBERG-Röhren an ein Hauptrohr angeschmolzen. Gegenüber jedem Rohr wurde ein kleines blind endendes Röhrchen angebracht. Das Volumen dieses Röhrchens war 1,5 cm³. Am einen Ende des Hauptrohres befand sich ein etwa 35 cm³ fassendes Gefäß. In dieses wurde die Farbstofflösung eingebracht. Nach erfolgter Evakuierung wurde aus dem Ansatzrohr Natriumhydrosulfitlösung ($Na_2S_2O_4$) zugelassen, bis der Farbstoff entfärbt war.

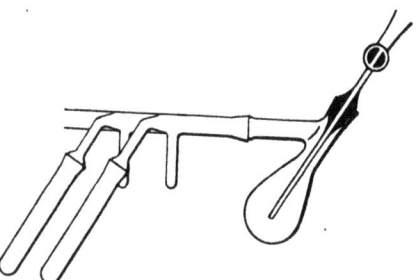

Abb. 14. Vakuumröhrchen-Aggregat für Serienversuche mit Leukofarbstoffen nach v. SZENT-GYÖRGYI.

Durch Drehen seines Receptakels wurde die Leukofarbstofflösung in das lange zentrale Rohr einlaufen gelassen und füllte die kurzen Röhrchen. Sein Überschuß wurde in das Reservoir zurückgegossen. Durch entsprechendes Neigen des Apparates wurde nun die also verteilte Leukofarbstofflösung den Versuchsröhren, in die der Muskelbrei mit sonstigen Zusätzen eingefüllt war, zugegossen. Die Farbänderungen konnten im Wasserbad beobachtet werden. Nur die Reaktionsröhren wurden in das Wasser versenkt. Für besonderes Schütteln war nicht gesorgt. Ab und zu wurde der ganze Apparat mit der Hand energisch durchgeschüttelt. Ist der Apparat genügend evakuiert, so sorgt das fortwährende Kochen der Flüssigkeit für das nötige Mischen."

### e) Die Tetrazoliummethode[1].

#### α) Allgemeines.

Der heute zunehmend Verbreitung findenden Verwendung von Tetrazoliumverbindungen als H-Acceptoren liegt die (irreversible*) reduktive Ringaufspaltung zu Formazanderivaten zugrunde, schwerlöslichen, nicht autoxydablen Verbindungen von tiefer (roter bis blauer) Färbung:

$$R-C\begin{array}{c}N-N-R'\\ {}^4\phantom{-}{}^3\\ {}_1\phantom{-}{}_2\\ N=N^+-R''\\ Cl^-\end{array} \quad +2H \longrightarrow \quad R-C\begin{array}{c}N-NH-R'\\ \\ N=N-R''\end{array} \quad +HCl$$

Bei dem zumeist verwendeten *2,3,5-Triphenyltetrazolium-chlorid*** — in der Literatur häufig TTC abgekürzt — stellen die Substituenten $R$, $R'$ und $R''$ Phenylreste ($C_6H_5$—) dar. Die Tetrazoliumsalze sind allgemein farblose bis gelbliche, gut wasserlösliche, krystallisierte Verbindungen. Eine gewisse Lichtempfindlichkeit, die sich im allmählichen Dunklerwerden äußert, ist verschiedentlich, z. B. für TTC[2,3], nachgewiesen und chemisch aufgeklärt*** worden. Entsprechend ist auch beim Arbeiten mit Tetrazoliumsalzlösungen auf die Abhaltung grellen Lichtes zu achten†.

Die Verwendung der Tetrazoliumsalze als biochemischer Redoxindicatoren geht auf die Beobachtung von KUHN und JERCHEL[4] zurück, wonach Bakterien, gärende Hefe und

---

\* Nur unter ganz speziellen Reaktionsbedingungen lassen sich Formazane zu Tetrazoliumverbindungen dehydrieren (z. B. mit Bleitetraacetat, HgO oder Amylnitrit), während die Reduktion der letzteren ganz unspezifisch mit einer Vielzahl von Reduktionsmitteln durchgeführt werden kann.

\*\* Von den Bayer-Werken Leverkusen als „Tetrazol" in den Handel gebracht.

\*\*\* Bei TTC im wesentlichen im Sinne einer „Disproportionierung" zu Formazan und 2,3-Diphenylen-5-phenyl-tetrazoliumchlorid.

† Besonders ausgeprägt war die Lichtempfindlichkeit von TTC in phosphatgepufferter Lösung.

[1] *Zusammenfassende Darstellungen über Tetrazoliumsalze und deren Verwendung:* SMITH, F. E.: Science, N. Y. **113**, 751 (1951). — RIED, W.: Angew. Chemie **64**, 391 (1952). — KIESEWALTER, J.: Pharmazie **7**, 580 (1952).

[2] WEYGAND, F., u. I. FRANK: Z. Naturforsch. **3b**, 377 (1948).

[3] HAUSSER, I., D. JERCHEL u. R. KUHN: B. **82**, 195 (1949).

[4] KUHN, R., u. D. JERCHEL: B. **74**, 941, 949 (1941).

keimende Samen durch derartige Salzlösungen rot gefärbt werden. Es wurde auf eine echte phytochemische Reduktion geschlossen, da einfache reduzierende Zellbestandteile wie Cystein, Glutathion und Ascorbinsäure erst in alkalischer Lösung ($p_H \geq 9$) Formazanbildung bewirkten. LAKON[1] gründete darauf eine „topographische Methode" für den Nachweis der Keimfähigkeit von Getreidesamen auf Grund der Formazanbildung aus Triphenyltetrazolium-chlorid durch den Embryo, die einem älteren ähnlichen Verfahren mit dem viel stärker giftigen Natriumselenit[2] wesentlich überlegen war und die er später durch die Herstellung exakterer Beziehungen zwischen gefärbtem Embryoanteil und biologisch nachgewiesener Keimfähigkeit verschiedener Samenarten weiter auszubauen vermochte. Auf die umfangreiche, zu diesem Problem seither entstandene Literatur kann hier nur verwiesen werden (vgl. [3]). Das gleiche gilt für die zahlreichen neueren Beobachtungen über die bevorzugte Anfärbung bestimmter tierischer Zellen und Gewebe (z. B. Leukocyten, Leber, Niere, graue Hirnsubstanz, zum Teil Tumoren) und über die Feststellung von *Reduktionsorten* in Zellen der verschiedensten Art einschließlich derer von Mikroorganismen (vgl. [3-5]).

Neben dem gewöhnlichen, ein *rotes* Formazan liefernden „*Tetrazol*" (TTC) sind heute auch in Deutschland (durch die Bayer-Werke, Leverkusen) die nach der Farbe des entsprechenden Formazans benannten Verbindungen annähernd doppelter Molekülgröße „*Tetrazolpurpur*" (*Neotetrazolium* der amerikanischen Literatur) und „*Tetrazolblau*" (*Ditetrazolium* oder *Blue Tetrazolium* der Amerikaner) zugänglich geworden (Formelbilder s. S. 333). Sie sind weniger lichtempfindlich[6] und haben wahrscheinlich ein höheres Redoxpotential als TTC[10].

Da die schwer löslichen Formazane praktisch nicht autoxydabel sind, galt als besonderer Vorteil der Tetrazoliummethode der, daß sie ohne Luftausschluß in gewöhnlichen Reaktionsgefäßen, z. B. Reagens- oder Zentrifugengläsern, ausgeführt werden konnte. Nach diesem einfachen Verfahren sind bis in die letzte Zeit auch die meisten Untersuchungen mit Enzymlösungen, Mitochondrien- und Zellsuspensionen durchgeführt worden. Neuerdings ist aber in mehreren Arbeiten[7-11] gezeigt worden, daß die Tetrazoliummethode unter aeroben Bedingungen zu niedrige Werte der Dehydrogenaseaktivität ergeben kann, so daß ihr in dieser Ausführungsform nur orientierende Bedeutung zukommt, während für exakte Versuche wieder auf die Vakuummethodik zurückgegriffen werden muß*.

Zum Beleg hierfür und als Beispiele von Versuchsansätzen sei in Tabelle 1 ein Versuch mit tierischer Succinodehydrogenase, in Tabelle 2 mit Hefediaphorase [Dihydrocozymase-(DPNH-)dehydrogenase] wiedergegeben.

Im Versuch der Tabelle 1 verläuft die Formazanbildung in Luft etwa $1/3$ langsamer als unter Stickstoff, während sie in den Ansätzen der Tabelle 2 in Luft günstigstenfalls

---

* Wahrscheinlich gilt das auch für andere aerobe Acceptormethoden, z. B. die Dinitrobenzolmethode von LIPSCHITZ (S. 344).

[1] LAKON, G.: Ber. dtsch. bot. Ges. **60**, 299, 434 (1942). — Weitere Mitteilungen: Plant Physiol. **24**, 389 (1949). Ber. dtsch. bot. Ges. **67**, 146 (1954).

[2] LAKON, G.: Ber. dtsch. bot. Ges. **57**, 191 (1939).

[3] SMITH, F. E.: Science, N. Y. **113**, 751 (1951).

[4] RIED, W.: Angew. Chemie **64**, 391 (1952).

[5] KIESEWALTER, J.: Pharmazie **7**, 580 (1952).

[6] Geringe Lichtempfindlichkeit bei erhöhter Farbintensität und Reduktionsbereitschaft zeigen auch die von ATKINSON, E., S. MELVIN und S. W. FOX [Science, N. Y. **111**, 385 (1950)] untersuchten jodhaltigen Tetrazoliumverbindungen [2,5-Diphenyl-3-(p-jodphenyl)-tetrazoliumchlorid, 2,3-Di-(p-jodphenyl)-5-phenyl-tetrazoliumchlorid und 2-(p-Jodphenyl)-3-(p-nitrophenyl)-5-phenyl-tetrazoliumchlorid].

[7] KUN, E., and L. G. ABOOD: Science, N. Y. **109**, 144 (1949).

[8] BRODIE, A. F., and J. S. GOTS: Science, N. Y. **114**, 40 (1951).

[9] KUHN, R., u. F. LINKE: A. **578**, 155 (1952).

[10] GLOCK, E., and C. O. JENSEN: J. biol. Ch. **201**, 271 (1953).

[11] NAKAMURA, M.: J. Biochem. **40**, 571 (1953).

nur 10% der im THUNBERG-Röhrchen beobachteten erreicht. NAKAMURA[1] findet bei der Glucosedehydrogenese aus Leber je nach Versuchsdauer Geschwindigkeitsverhältnisse Luft/Vakuum zwischen 1:10 und 1:4.

Was den Grund dieser Erscheinung anbetrifft, so ist in erster Linie an eine *Konkurrenz zwischen $O_2$ und TTC* zu denken. Im Succinodehydrogenasesystem wäre der gemeinsame Angriffspunkt nach Schema 1a (S. 312) wohl das Cytochrom b, von dem die Elektronenverteilung teils in Richtung TTC, teils in Richtung unbekannter Faktor — Cytochromsystem erfolgen würde[2]. Im Cozymase-Diaphorasesystem dürfte nach Schema 1b die Leukoform des Flavoproteins die Rolle des Verzweigungspunktes spielen[3]. Im analog aufgebauten Alkoholdehydrogenasesystem konnten KUHN und LINKE[7] Formazanbildung in Luft wohl in Gegenwart hochgereinigter (Schweineherz-) Diaphorase (= „neues gelbes Ferment" WARBURGS[8]) beobachten, nicht dagegen, wenn an Stelle des letzteren das viel stärker oxytrope „alte gelbe Ferment"[8] verwendet wurde.

Tabelle 1[4].
Ansätze (Gesamtvolumen 3,0 cm³): 0,5 cm³ 0,2 m Natriumsuccinat, 0,5 cm³ 0,1 m Phosphatpuffer ($p_H$ 7,4), 0,25 cm³ 10%iges Rattenleberhomogenat, 1,0 cm³ 0,1%ige TTC-Lösung. 38°.

| Zeit (min) | Formazanbildung (in γ) | |
|---|---|---|
| | in Luft | in $N_2$ |
| 10 | 43 | 66 |
| 20 | 66 | 97 |
| 30 | 87 | 99 |
| 40 | 93 | 99 |
| 50 | 93 | 100 |
| 60 | 98 | 100 |

Tabelle 2[5].
Ansätze (Gesamtvolumen 5,0 cm³): 1 mg Dihydrocozymase (mit $Na_2S_2O_4$ reduziert), 2,5 cm³ 0,5 m Phosphatpuffer, 0,5 cm³ Diaphorase[6] (30fach verdünnt), 1 mg TTC.

| $p_H$ | Formazanbildung (in γ) nach 120 min | |
|---|---|---|
| | in Luft | im Vakuum |
| 6,9 | 0 | 150 |
| 7,5 | 20,5 | 350 |
| 8,0 | 50,0 | 500 |
| 8,3 | 58,0 | 650 |

Auch unter exakten Vergleichsbedingungen ist nach KUHN und LINKE[7] TTC dem Methylenblau (MB) als H-Acceptor unterlegen: so verlief die Hydrierung von MB im Alkoholdehydrogenasetest 17mal, im Dihydrocozymase-Diaphorasetest 19mal schneller als diejenige von TTC. Ähnliche Befunde sind von SMITH[9] für die Dehydrogenasen des Maisembryos erhoben worden. Möglicherweise spielt das niedrigere Redoxpotential des TTC (vgl. Tabelle 5), wahrscheinlicher die Irreversibilität seiner Reduktion dabei eine Rolle.

Hierher gehört wohl auch die Beobachtung, daß in Vergleichsversuchen mit MB oder TILLMANS-Reagens (TR) und TTC am gleichen Enzymmaterial mit einer Reihe von Substraten keine oder nur mangelhafte Parallelität der Aktivitätswerte in beiden Acceptorreihen bestand[9-11]. Zum Beleg werden in Tabelle 3 und 4 zwei Versuchsreihen mit Rattenleber-Mitochondrien und mit Maisembryonen-Homogenat mitgeteilt, wobei allerdings die TTC-Versuche ohne Luftausschluß durchgeführt wurden.

Auffallend ist in Tabelle 3 vor allem die Kleinheit der mit TTC nachweisbaren Succinodehydrogenaseaktivität, während diese Enzymwirkung im Methylenblauversuch an erster Stelle steht. Die (notorisch schwache) Succinodehydrogenaseaktivität pflanzlichen

---

[1] NAKAMURA, M.: J. Biochem. 40, 571 (1953).

[2] Trifft diese Erklärung zu, so müßten in Gegenwart von HCN im TTC-Versuch aerob und anaerob annähernd gleiche Werte gefunden werden.

[3] Diaphorase gilt allerdings als Anaerodehydrogenase, doch ist über den Reinheitsgrad der von BRODIE und GOTS sowie von NAKAMURA (im Glucosedehydrogenasesystem) verwendeten Präparate nichts bekannt.

[4] KUN, E., and L. G. ABOOD: Science, N. Y. 109, 144 (1949).

[5] BRODIE, A. F., and J. S. GOTS: Science, N. Y. 114, 40 (1951).

[6] Dargestellt nach GREEN, D. E., and J. G. DEWAN: Biochem. J. 32, 1200 (1938).

[7] KUHN, R., u. F. LINKE: A. 578, 155 (1952).

[8] Zur Terminologie und zur Frage des Vorkommens von „altem gelbem Ferment" in lebenden Zellen vgl. WARBURG, O.: Wasserstoffübertragende Fermente. Berlin 1948.

[9] SMITH, F. G.: Plant Physiol. 27, 445 (1952).

[10] HÖLSCHER, H. A.: Z. Krebsforsch. 56, 587 (1950). — SCHMITZ, H.: Z. Krebsforsch. 56, 596 (1950).

[11] NORDMANN, J., R. NORDMANN et O. GAUCHERY: Bull. Soc. Chim. biol. 33, 1826 (1951).

*Tabelle 3*[1].

*Ansätze* (Gesamtvolumen 3,0 cm³): 0,011—0,055 m Substrat (Na-Salz), 0,5 cm³ 0,5 m Phosphatpuffer ($p_H$ 7,4), 1,0 cm³ Mitochondrien-Suspension, 0,0011 m Adenosintriphosphat (ATP), 0,00133 m $MgCl_2$, 1,0 cm³ 0,1%ige TTC-Lösung bzw. 0,1%iges 2,6-Dichlorphenol-indophenol (TILLMANS Reagens = TR). 37°.

| Substrat | Formazan-bildung (in γ) nach 20 min | J-Wert für TR (nach THUN-BERG S. 316) | Substrat | Formazan-bildung (in γ) nach 20 min | J-Wert für TR (nach THUN-BERG S. 316) |
|---|---|---|---|---|---|
| Citrat (0,022 m) .... | 54 | 28,6 | Pyruvat (0,011 m)* . | 3,8 | 0,72 |
| α-Ketoglutarat (0,011 m) | 3 | 6,65 | Malat (0,055 m)** . . | 2,4 | 3,01 |
| Succinat (0,022 m) . . . | 8,5 | 55,4 | Lactat (0,011 m) . . | 2,2 | 1,38 |

*Tabelle 4*[2].

*Ansätze* (Gesamtvolumen 3,0 cm³): 0,02 m—0,5 m Substrat (meist als Na-Salz), 0,033 m Phosphatpuffer ($p_H$ 8,0), 10%iges (feucht), bei 1000 g zentrifugiertes Maisembryonen-Homogenat, 1 mg Cozymase, 0,6 cm³ (Schweineherz-) Diaphorase[3], 0,02 m TTC bzw. $1,67 \cdot 10^{-5}$ m MB. 30°. Die Formazanbildung (nach 10 min) wird ausgedrückt durch die optische Dichte von 4,6 cm³ einer Dioxan-Xylollösung bei 1 cm Schichtdicke und 490 mμ.

| Substrat | TTC | | MB | |
|---|---|---|---|---|
| | Enzym-konzentration (mg Feucht-gewicht/cm³) | Optische Dichte der Formazan-lösung | Enzym-konzentration (mg Feucht-gewicht/cm³) | J-Wert (in sec) |
| L-Malat (0,05 m)*** ....... | 2,5 | 1,00 | 0,25 | 0,67 |
| Alkohol (0,5 m) ......... | 2,5 | 0,100 | 0,25 | 0,42 |
| β-Oxybutyrat (0,04 m) ...... | 50 | 0,083 | 10 | 1,00 |
| Hexosediphosphat (0,02 m) .... | 50 | 0,072 | 10 | 0,53 |
| L-Glutaminat (0,05 m) ...... | 50 | 0,037 | 10 | 0,51 |
| α-Glycerophosphat (0,03 m) .... | 50 | 0 | 10 | 0,26 |
| Citrat (0,1 m) .......... | 50 | 0 | 10 | 0,26 |
| Succinat (0,1 m) ......... | 50 | 0 | 10 | 0,30 |
| Glykokoll (0,05 m) ........ | 50 | 0 | 10 | 0.33 |

Materials war wiederholt mit TTC überhaupt nicht feststellbar[2, 4, 5] (wohl aber mit Neotetrazolium[4]). Zum Nachweis schwacher Dehydrogenasewirkungen ist die Tetrazoliumsalzreduktion wegen ihrer Langsamkeit offenbar nicht sonderlich geeignet (vgl. Tabelle 4 und [6]).

Ein interessantes „Kombinationsverfahren" haben erstmals GREEN und Mitarbeiter[7] beim Studium der Coenzym A-abhängigen Fettsäureoxydation angewandt. Sie beschleunigen die Reduktion des „Endelektronenacceptors" TTC (in der Konzentration von ungefähr 0,01 m) durch den Zusatz reversibel oxydoreduzierbarer Farbstoffe (wie Methylenblau oder Pyocyanin) in niedriger Konzentration (0,001—0,0033 m), die dabei als rasch reagierende H- bzw. Elektronenüberträger zwischen Flavinferment und TTC fungieren. Ähnliche Reaktionsbeschleunigungen durch Methylenblauzusatz erhielten ZÖLLNER und ROTHEMUND[8] unlängst bei der Succinodehydrogenase von Leberhomogenaten.

---

\* + m/18 $NaHCO_3$.
\*\* + m/90 Nicotinsäureamid.
\*\*\* Hier ausnahmsweise $p_H$ 9,5.

[1] NORDMANN, J., R. NORDMANN et O. GAUCHERY: Bull. Soc. Chim. biol. **33**, 1826 (1951).
[2] SMITH, F. G.: Plant Physiol. **27**, 445 (1952).
[3] Dargestellt nach STRAUB, F. B.: Biochem. J. **33**, 787 (1939).
[4] GLOCK, E., and C. O. JENSEN: J. biol. Ch. **201**, 271 (1953).
[5] JENSEN, C. O., W. SACKS and F. A. BALDAUSKI: Science, N. Y. **113**, 65 (1951).
[6] HÖLSCHER, H. A.: Z. Krebsforsch. **56**, 587 (1950). — SCHMITZ, H.: Z. Krebsforsch. **56**, 596 (1950).
[7] GREEN, D. E., S. MII, H. R. MAHLER and R. M. BOCK: J. biol. Ch. **206**, 1 (1954). — MII, S., and D. E. GREEN: Biochim. biophysica Acta, N. Y. **13**, 425 (1954).
[8] ZÖLLNER, N., u. E. ROTHEMUND: H. **298**, 97 (1954).

Erwähnt sei noch abschließend, daß beim Tetrazoliumverfahren bisweilen [1-3] eine „Überreduktion" beobachtet worden ist (z. B. bei gewissen Bakterien, Mäuseascites- Tumorzellen in vivo, konz. Enzymlösungen) derart, daß unter Entfärbung die Azogruppe des intermediär entstandenen Formazans reduktiv in $\omega$-*Phenylbenzamidrazon*[4] und *Anilin* gespalten wird:

$$R-C\begin{matrix}N-NH-R'\\N=N-R''\end{matrix} \xrightarrow{+2H} R-C\begin{matrix}N-NH-R'\\NH_2\end{matrix} + H_2N-R''$$

Im allgemeinen wirkt jedoch dem Fortschreiten der Reaktion die Schwerlöslichkeit des Formazans und der erhebliche Überschuß der Tetrazoliumverbindung entgegen, wie überhaupt darauf hinzuweisen ist, daß die üblicherweise verwendeten Tetrazoliumsalzkonzentrationen um 1—2 Größenordnungen höher liegen als die bei reversiblen Acceptorfarbstoffen gebräuchlichen (S. 331 und 334). Analytisch läßt sich eine Überreduktion leicht feststellen, wenn bei Versuchsende einerseits das entstandene Formazan, andererseits das noch nicht in Reaktion getretene Tetrazoliumsalz nach Reduktion mit $Na_2S_2O_4$ gleichfalls als Formazan quantitativ bestimmt werden[5] (S. 328).

### $\beta$) *Die Formazanbestimmung.*

Grundsätzlich wird bei allen Abarten der Tetrazoliummethode das entstandene Formazan colorimetrisch oder (häufiger) photometrisch bestimmt, wozu es zuerst in Lösung gebracht werden muß; dies kann entweder 1. durch Zugabe eines mit Wasser mischbaren organischen Lösungsmittels oder 2. durch Ausschütteln mittels eines mit Wasser nichtmischbaren Lösungsmittels geschehen. Im folgenden sollen einige der in der Literatur angegebenen Verfahren mitgeteilt werden.

1. KUN und ABOOD[6] versetzen die inkubierten Ansätze von 3,0 cm³ (vgl. Tabelle 1, S. 325) mit 7 cm³ *Aceton*, schütteln kräftig, wobei Formazan in Lösung geht und Protein ausfällt, zentrifugieren vom Niederschlag ab und verwenden die überstehende klare Lösung, deren Farbintensität sich mehrere Stunden unverändert hält, zur Extinktionsmessung bei 420 m$\mu$. Ein substratfreier Ansatz wird in gleicher Weise aufgearbeitet und dessen Extinktionswert in Abzug gebracht.

Sollen verschiedene Gewebe hinsichtlich Dehydrogenaseaktivität verglichen werden, so empfiehlt sich wegen der Unterschiede in der Adsorption des Farbstoffes ein weiterer, gleichfalls substratfreier Kontrollansatz, dem eine bestimmte Menge, z. B. 100 $\gamma$ von mit $Na_2S_2O_4$ reduziertem TTC zugesetzt werden. Die von den einzelnen Gewebsarten adsorbierten Formazanmengen werden beim Aktivitätsvergleich in Rechnung gestellt.

BRODIE und GOTS[7] und NORDMANN und Mitarbeiter[8] verfahren ähnlich, messen die Extinktion jedoch bei 485 m$\mu$ (molarer Extinktionskoeffizient $12,4\times10^3$) bzw. 492 m$\mu$, also in unmittelbarer Nähe des Absorptionsmaximums von Triphenylformazan (Abb. 15). SPRINZ und WALDSCHMIDT-LEITZ[9] extrahieren das abzentrifugierte Gewebematerial „erschöpfend" mit Aceton und photometrieren bei 520 m$\mu$. BIELIG, KAUSCHE und HAARDICK[10] bringen bei Suspensionen von Colibakterien das Formazan durch Zugabe des 4fachen Volumens *Methanol* in Lösung, wobei allenfalls durch kurzes Erwärmen im Wasserbad die vollständige Ablösung des Farbstoffes von den Zellen erleichtert wird; anschließend wird zentrifugiert und lichtelektrisch colorimetriert.

---

[1] KUHN, R., u. F. LINKE: A. **578**, 155 (1952).
[2] JERCHEL, D.: Fiat-Rev. Bd. 39 (Biochemie I), S. 59 (1947).
[3] SIEGERT, R., K. W. BRÜCKEL u. W. RIED: Z. ges. exp. Med. **117**, 626 (1951).
[4] Zu Darstellung und biochemischem Verhalten der *Amidrazone* vgl. JERCHEL, D., u. R. KUHN: A. **568**, 185 (1950). — JERCHEL, D., u. H. FISCHER: A. **574**, 85 (1951).
[5] KUHN, R., u. F. LINKE: A. **578**, 155 (1952).
[6] KUN, E., and L. G. ABOOD: Science, N. Y. **109**, 144 (1949).
[7] BRODIE, A. F., and J. S. GOTS: Science, N. Y. **114**, 40 (1951).
[8] NORDMANN, J., R. NORDMANN et O. GAUCHERY: Bull. Soc. Chim. biol. **33**, 1826 (1951).
[9] SPRINZ, H., u. E. WALDSCHMIDT-LEITZ: H. **293**, 16, 229 (1953).
[10] BIELIG, H.-J., G. A. KAUSCHE u. H. HAARDICK: Z. Naturforsch. **4b**, 80 (1949).

2. SMITH[1] versetzt seine Reaktionsansätze von 3,0 cm³ (vgl. Tabelle 4, S. 326) mit 6 cm³ *Dioxan*, wodurch das Enzym ausgefällt und das Formazan in Lösung gebracht wird. Letzteres wird mit 1,5 cm³ *Xylol* ausgeschüttelt und in der nach dem Zentrifugieren erhaltenen nichtwäßrigen Schicht (etwa 4,6 cm³) photometrisch bei 490 m$\mu$ bestimmt. FAHMY und WALSH[2] hatten bei Hefesuspensionen sowohl mit Aceton oder Äthanol als auch mit Xylol, Toluol, Isobutanol, Amylalkohol, Chloroform, Toluol-Methanol oder Toluol-Pyridin Schwierigkeiten bei der vollständigen Ablösung des Formazans aus den Zellen. Als erfolgreich erwiesen sich die Zugabe von *Eisessig* (6 cm³) zu den Reaktionsansätzen (4 cm³) und anschließendes Ausschütteln des Farbstoffes mit *Toluol* (6—10 cm³).

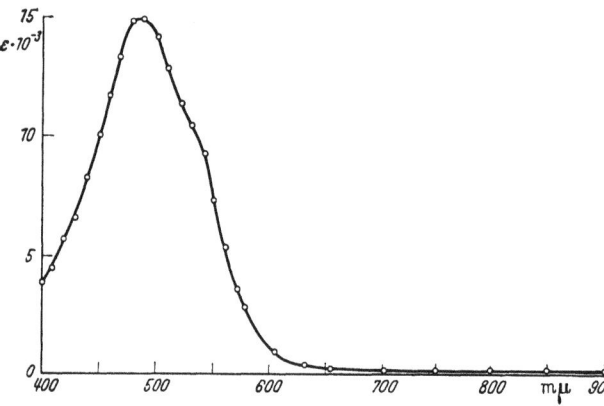

Abb. 15. Absorptionskurve von Triphenylformazan in Aceton (nach NORDMANN, NORDMANN und GAUCHERY).

Ähnlich verfährt NAKAMURA[3] bei Untersuchung der Glucosedehydrogenase aus Leber (Ansatz, Eisessig und Toluol jeweils 5 cm³). GLOCK und JENSEN[4], die bei Pflanzenextrakten sowohl mit TTC als mit Neotetrazoliumchlorid arbeiteten, empfehlen in beiden Fällen Extraktion der Ansätze mit dem doppelten Volumen wassergesättigtem *n-Butanol* und Photometrie der zentrifugierten Lösungsmittelschicht bei 490 m$\mu$ für TTC und 520 m$\mu$ für Neotetrazoliumchlorid.

Zur Aufstellung einer *Eichkurve* wird im allgemeinen empfohlen, Tetrazoliumsalzlösungen definierten Gehaltes „mit einigen Krystallen von $Na_2S_2O_4$" zu reduzieren und das Reaktionsprodukt in der oben angegebenen Weise zu lösen bzw. zu extrahieren[2,4,5]. NORDMANN und Mitarbeiter[6] halten eine quantitative Formazanbildung nach diesem Verfahren nicht für gesichert und filtrieren daher das entstandene Formazan ab, waschen es mit Wasser und wägen es nach dem Trocknen ein. Auch SPRINZ und WALDSCHMIDT-LEITZ[7] arbeiten mit Formazaneinwaagen (100—400 $\gamma$/100 cm³ Aceton). KUHN und LINKE[8] empfehlen bei der Bestimmung nicht umgesetzten Tetrazoliumsalzes (S. 327) besondere Vorsichtsmaßnahmen zwecks Vermeidung einer „Überreduktion". „Um eine Weiterreduktion des gebildeten Formazans durch $Na_2S_2O_4$ zu verhindern, muß es durch *sofortiges Ausschütteln mit Benzol* aus der Reduktionslösung entfernt werden. Die Reduktion verläuft bei Zimmertemperatur schnell und quantitativ, wenn die abgespaltene Salzsäure von 0,5 n Phosphatpuffer bei $p_H$ 7 abgefangen wird. Da Kupferspuren (destilliertes Wasser) stören, wird die Natriumdithionitlösung stabilisiert: Man löst 160 mg $Na_4P_2O_7$ und 50 mg Oxychinolin in 160 cm³ Wasser. Hiervon werden 20 cm³ zur Lösung von 100 mg $Na_2S_2O_4$ (40%ig) verwendet. 1—2 cm³ der zu prüfenden Lösung, die noch nicht umgesetztes TTC enthält, werden zunächst mit 4 cm³ Benzol überschichtet und dann mit 1 cm³ der angegebenen $Na_2S_2O_4$-Lösung versetzt. Man schüttelt, bis die wäßrige Lösung ungefärbt ist. 1,0—2,0 cm³ der benzolischen Formazanlösung dienen zur Messung der Extinktion im Colorimeter."

Exakte Proportionalität zwischen *Extinktion* und *Formazanmenge* wird für einen erheblichen Bereich (z. B. bis 150—300 $\gamma$ in den üblichen Ansätzen, vgl. S. 325/26) angegeben[2,4,6]. Ebenso wird Proportionalität zwischen Formazanmenge (zu bestimmtem

---

[1] SMITH, F. G.: Plant Physiol. **27**, 445 (1952).
[2] FAHMY, A. R., and E. O. F. WALSH: Biochem. J. **51**, 55 (1952).
[3] NAKAMURA, M.: J. Biochem. **40**, 571 (1953).
[4] GLOCK, E., and C. O. JENSEN: J. biol. Ch. **201**, 271 (1953).
[5] KUN, E., and L. G. ABOOD: Science, N. Y. **109**, 144 (1949).
[6] NORDMANN, J., R. NORDMANN et O. GAUCHERY: Bull. Soc. Chim. biol. **33**, 1826 (1951).
[7] SPRINZ, H., u. E. WALDSCHMIDT-LEITZ: H. **293**, 16, 229 (1953).
[8] KUHN, R., u. F. LINKE: A. **578**, 155 (1952).

Zeitpunkt gebildet) und *Enzymkonzentration* für eine Reihe von Materialien (Leberhomogenat[1,2] und -extrakt[3], Haferextrakt[4], Hefesuspensionen[5]) angegeben. SMITH[6] fand derartige Proportionalität allerdings bei Maisembryonenextrakten nur im Bereich niedriger Konzentrationen, während bei höheren überproportionales Ansteigen der Formazanbildung beobachtet wurde. Die *Kinetik* der Formazanbildung scheint in der Regel einfacher zu sein als die der Methylenblauentfärbung (S. 319/20); lineares Ansteigen der Formazanmenge mit der Zeit wird, zum wenigsten für kürzere Versuchszeiten (30 bis 120 min[1,2,7,8]) häufig, vereinzelt auch für längere (4 bzw. 28 Std[3,9]) angegeben. NAKAMURA[3] findet während der ersten 20 min leicht autokatalytischen Anstieg, dann bis 80 min Linearität; SMITH[6] erhielt während der ersten 4—5 min logarithmischen Anstieg, anschließend meist linearen Verlauf.

Der $p_H$-*Einfluß* auf die Formazanbildung scheint nicht systematisch untersucht worden zu sein*, doch weisen verschiedene Angaben in die gleiche Richtung. Nach KUHN und LINKE[10] ist der $p_H$-Bereich für optimale TTC-Reduktion ($p_H$ 8—8,5) durch Hefemacerationssaft etwas enger als für MB ($p_H$ 7—8,5). SMITH[6] fand bei Maisembryonen für die Äpfelsäuredehydrierung ein sehr ausgeprägtes Optimum bei $p_H$ 9,5 mit TTC, während WAYGOOD[11] für den gleichen Vorgang bei Weizenkeimlingen mit MB ein wesentlich flacheres Optimum bei $p_H$ 8,5 beobachtet hatte. Für die Glucosedehydrogenase der Leber gibt NAKAMURA[12] neuerdings mit TTC (bzw. dem Bromid TTB) ein betontes Optimum bei $p_H$ 7,5 an, während mit Methylenblau eine breite optimale Zone zwischen $p_H$ 6 und 9,5 erhalten wurde[13]. Bei Colibakterien wurde ein Reaktionsoptimum bei $p_H$ 8,4 mit steilem Abfall nach beiden Seiten gefunden[9].

### f) Auswahl der Wasserstoffacceptoren.

Während in den älteren Untersuchungen, besonders der THUNBERG-Schule, fast ausschließlich mit *Methylenblau* als Acceptorfarbstoff gearbeitet wurde, steht heute dank der systematischen Arbeiten von CLARK[14], MICHAELIS[15], WURMSER[16] u. a. eine reiche Auswahl natürlicher und synthetischer *reversibel oxydoreduzierbarer Farbstoffe* von definiertem Redoxpotential zur Verfügung. Dazu kommt noch die kleinere Gruppe der *irreversiblen Wasserstoffacceptoren* mit gefärbtem Reduktionsprodukt, für die sich bestenfalls ein „scheinbares Redoxpotential" (vgl. Bd. I, S. 651 ff.) angeben läßt; neben den heute kaum mehr verwendeten Nitroverbindungen (o-Dinitrobenzol, Nitroanthrachinon u. ä.) sind hier in erster Linie die im vorausgehenden eingehend besprochenen Tetrazoliumsalze zu erwähnen. Für den mit der THUNBERG-Methodik praktisch arbeitenden Biochemiker oder Mediziner ist

---

* Nach NORDMANN und Mitarbeitern[7] verläuft die rein *chemische* TTC-Reduktion mit $Na_2S_2O_4$ annähernd gleich zwischen $p_H$ 4,5 und 12,5, unvollständig zwischen $p_H$ 2,5 und 4,5 und nicht mehr unterhalb $p_H$ 2,5.

[1] KUN, E., and L. G. ABOOD: Science, N. X. **109**, 144 (1949).
[2] SPRINZ, H., u. E. WALDSCHMIDT-LEITZ: H. **293**, 16, 229 (1953).
[3] NAKAMURA, M.: J. Biochem. **40**, 571 (1953).
[4] GLOCK, E., and C. O. JENSEN: J. biol. Ch. **201**, 271 (1953).
[5] FAHMY, A. R., and E. O. F. WALSH: Biochem. J. **51**, 55 (1952).
[6] SMITH, F. G.: Plant Physiol. **27**, 445 (1952).
[7] NORDMANN, J., R. NORDMANN. et O. GAUCHERY: Bull. Soc. Chim. biol. **33**, 1826 (1951).
[8] BRODIE, A. F., and J. S. GOTS: Science, N. Y. **114**, 40 (1951).
[9] BIELIG, H.-J., G. A. KAUSCHE u. H. HAARDICK: Z. Naturforsch. **4b**, 80 (1949).
[10] KUHN, R., u. F. LINKE: A. **578**, 155 (1952).
[11] WAYGOOD, E. R.: Canad. J. Res. (C) **28**, 7 (1950).
[12] NAKAMURA, M.: J. Biochem. **41**, 67 (1954).
[13] HARRISON, D. C.: Biochem. J. **25**, 1016 (1931).
[14] Vgl. Zusammenfassungen: CLARK, W. M.: Chem. Reviews **2**, 127 (1925). Medicine, Baltimore **13**, 207 (1934).
[15] Vgl. Zusammenfassung: MICHAELIS, L.: Oxydations-Reduktionspotentiale mit besonderer Berücksichtigung ihrer physiologischen Bedeutung. Berlin 1933.
[16] Vgl. Zusammenfassung: WURMSER, R.: Oxydations et Réductions. Paris 1930.

diese Fülle eher verwirrend als fördernd. Für die Mehrzahl seiner Untersuchungen, namentlich solche orientierender Art, wird er nach wie vor das bewährte *Methylenblau* verwenden. Zu seinen Vorzügen gehören die große Farbtiefe, die relativ gute Löslichkeit und die Beständigkeit im oxydierten wie im reduzierten Zustande. Nachteilig wirken bisweilen die starke Adsorbierbarkeit, die Schwerlöslichkeit der Leukoverbindung und — wahrscheinlich damit zusammenhängend — eine gewisse toxische Wirkung. Wenn derartige Störungen auftreten oder wenn das nur mäßig hohe Redoxpotential von Methylenblau nicht ausreicht oder wenn gerade der Einfluß des Redoxpotentials auf Ausmaß oder Geschwindigkeit der Entfärbung untersucht werden soll, dann wird man auf eine begrenzte Zahl von Farbstoffen abgestuften Potentials zurückgreifen (z. B. die Indicatoren von MERCK[1] zur Bestimmung des Redoxpotentials; eine etwas reichhaltigere Auswahl — 29 Redoxfarbstoffe, darunter 19 Indophenole — führen The British Drug Houses (B.D.H) Ltd., Poole, England, ferner La Motte, Chemical Products Company, Baltimore, USA.).

Häufig besteht ein gewisser Parallelismus zwischen Redoxpotential und Entfärbungsgeschwindigkeit (der allerdings durch Sulfogruppen des öfteren in Richtung einer Verlängerung der Entfärbungszeit durchbrochen wird[2-5], vgl. auch Bd. I, S. 682, Protokoll B). Während sich z. B. mit *Methylenblau* — auch bei theoretisch gegenüber dem Substrat ausreichendem Redoxpotential — eine Dehydrogenaseaktivität bisweilen nicht oder nicht mit Sicherheit nachweisen läßt, gelingt dies einwandfrei mit *Indophenolen*[6] (vgl. z. B. Glucoseoxydase[5], Monoaminoxydase[7], Glykolsäuredehydrogenase[8]). Besonders das leicht zugängliche *2,6-Dichlorphenol-indophenol* (als TILLMANs Reagens viel zur Vitamin C-Bestimmung verwendet) läßt sich oft mit Vorteil an Stelle von Methylenblau verwenden; nachteilig wirkt sich nur eine gewisse Titerunbeständigkeit der Lösungen und der bei $p_H$ 5 erfolgende Umschlag von Blau nach einem wenig intensiven Weinrot aus. Die beiden anderen Indophenole der MERCKschen Reihe (m-Kresol-indophenol und Thymol-indophenol) zeigen diese Nachteile in verstärktem Maße (Umschlag bereits bei $p_H$ 8,5 bzw. 9, dazu geringe Löslichkeit). Der Indaminfarbstoff BINDSCHEDLERs Grün

$$\left[ (CH_3)_2N-\langle\phantom{x}\rangle-N=\langle\phantom{x}\rangle=N^+(CH_3)_2 \right] Cl^-$$

von fast gleichem Redoxpotential (0,224 V bei $p_H$ 7) wie TILLMANs Reagens zeigt den Farbumschlag im physiologischen $p_H$-Gebiet nicht, bei ähnlicher Haltbarkeit. Da es im Handel (z. B. Bayer-Werke, Leverkusen) meist als Zink-Doppelsalz vorkommt, kann es bei tierischen Enzymen toxisch wirken[9], während es sich bei pflanzlichen oft bewährt[10].

Erwähnt sei noch der (leider teure und nicht sehr farbstarke) Bakterienfarbstoff *Pyocyanin**, der trotz seines dem Methylenblau etwas unterlegenen Potentials (vgl. Tabelle 5) diesem als Acceptor oft überlegen ist[8,11]; seine Entfärbung erfolgt meist erheblich

---

* Zu beziehen durch Hoffmann-La Roche, Basel bzw. Grenzach/Baden, oder Th. Schuchardt, München.

[1] Vgl. MERCK, E.: Die Bestimmung des Redoxpotentials mit Indikatoren ($r_H$-Messung). Darmstadt 1954.

[2] DIXON, M.: Biochem. J. **20**, 703 (1926).

[3] QUASTEL, J. H., and W. R. WOOLDRIDGE: Biochem. J. **21**, 148 (1927).

[4] STEPHENSON, M.: Biochem. J. **22**, 605 (1928).

[5] FRANKE, W., u. F. LORENZ: A. **532**, 1 (1937). — FRANKE, W., u. M. DEFFNER: A. **541**, 117 (1939). — FRANKE, W.: A. **555**, 111 (1944).

[6] Da es sich hier meist um Flavinfermente handelt, spielt möglicherweise das Potential der prosthetischen Gruppe bei dieser Erscheinung eine Rolle [vgl. FRANKE, W.: Zbl. Bakt. I **160**, 194 (1953)].

[7] PHILPOT, F. J.: Biochem. J. **31**, 856 (1937).

[8] FRANKE, W., u. I. SCHULZ: A. **578**, 147 (1952).

[9] PHILLIPS, M., W. M. CLARK and B. COHEN: Publ. Hlth. Rep. Suppl. Nr. 61 (1927).

[10] FRANKE, W., u. H. FREHSE: H. **298**, 1 (1954).

[11] Vgl. z. B. FRANKE, W., u. M. DEFFNER: A. **541**, 117 (1939). — Ältere Literaturangaben s. Oppenheimer, Fermente, Suppl. 2, 1145.

rascher, was wohl mit der intermediären Semichinonbildung (Bd. I, S. 678 und 710) zusammenhängt.

Unter den irreversiblen Acceptoren mit gefärbter reduzierter Stufe kommt dem *2,3,5-Triphenyltetrazolium-chlorid* (TTC), z. B. in Form des Tetrazol-Bayer, infolge seiner geringen Toxicität und Wohlfeilheit eine besondere Stellung zu (S. 323 ff.). Nur in speziellen Fällen — bei denen es z. B. auf höheres Redoxpotential, geringe Lichtempfindlichkeit oder besondere Farbintensität, z. B. bei „topographischen" Untersuchungen an Geweben, ankommt — wird man sich der (mehrfach teureren) Ditetrazoliumverbindungen (z. B. *Tetrazolpurpur*- oder *Tetrazolblau*-Bayer) bedienen.

In der folgenden Tabelle 5 ist unter a) eine für die meisten Zwecke ausreichende Auswahl *synthetischer* (zellfremder) *Acceptorfarbstoffe* — im wesentlichen der MERCKschen Serie entsprechend — angegeben; hinzugefügt sind noch zwei Vertreter der besonders elektronegativen *Viologene* (die erst bei der Reduktion eine gefärbte Verbindung liefern). Unter b) finden sich die beiden (auch im Handel befindlichen) Zellfarbstoffe *Lactoflavin*[1] und *Pyocyanin*, unter c) die *Tetrazolium*verbindungen des Handels verzeichnet.

Umfangreiche neuere Zusammenstellungen *reversibler Acceptorfarbstoffe* mit Potential- und anderen Angaben finden sich unter anderen bei HOLMBERG[2], ANDERSON und PLAUT[3] und ENDER[4]. An den beiden letztgenannten Stellen, ferner bei FISCHER[5], sind auch Angaben über *Metabolitpotentiale* zu finden. Neueste, zum Teil verbesserte und ergänzende Zahlenwerte letzterer Art sind bei BURTON und WILSON[6] sowie BURTON und KREBS[7] einzusehen. Angaben über die $p_H$-*Abhängigkeit* der Redoxpotentiale — teils in graphischer Darstellung, teils in Tabellenform — finden sich bei ENDER[4] und in den S. 329 zitierten Zusammenfassungen[14-16].

Was die zweckmäßigerweise zu verwendenden *Farbstoffkonzentrationen* anbetrifft, so lassen sich nur allgemeine Angaben machen. Bei *Methylenblau* lagen die verwendeten (Gesamt-)Konzentrationen meist im Bereich zwischen 1:2000 bis 1:50000 (entsprechend 0,00125 m bis $5 \cdot 10^{-5}$ m). THUNBERG empfiehlt die Herstellung von Methylenblaustammlösungen folgender Konzentrationen bzw. Molaritäten:

| 1:500 | 1:1000 | 1:2500 | 1:5000 | 1:10000 |
|---|---|---|---|---|
| etwa 0,005 m | 0,0025 m | 0,001 m | 0,0005 m | 0,00025 m |

Gegen Licht geschützt sind diese Lösungen lange haltbar.

Bei der Mehrzahl der angeführten Farbstoffe ist allerdings die Zusammensetzung nicht so wohldefiniert, ihre Beständigkeit zum Teil auch nicht so groß, daß man mit einiger Genauigkeit durch bloßes Einwägen Lösungen bestimmten Gehaltes erhalten könnte. Während manche Farbstoffe in Lösung sehr beständig sind (wie Methylenblau und die Indigosulfonate), nimmt bei anderen (z. B. den Indophenolen und Indaminen) der Titer der Lösungen dauernd ab.

Muß der genaue Titer der Farbstofflösung bekannt sein, wie z. B. beim Vergleich der Entfärbungsgeschwindigkeit verschiedener Farbstoffe, so muß vorher eine Einstellung der filtrierten Farbstofflösung am besten mit n/100 *Titantrichloridlösung* erfolgen. Das lufttempfindliche Reagens muß unter $CO_2$ in einer Flasche mit aufgeschliffener Bürette (nach PELLET) aufbewahrt werden. Zur Herstellung der Reagenslösung wird die käufliche 15 %ige $TiCl_3$-Lösung mit dem doppelten Volumen konz. Salzsäure etwa 1 min gekocht

---

[1] Als Vitamin $B_2$ von E. Merck, Darmstadt, und Bayer, Leverkusen, zu beziehen.
[2] HOLMBERG, C. G.: Bamann-Myrbäck 1, 405.
[3] ANDERSON, L., and G. W. E. PLAUT in LARDY, H. A.: Respiratory Enzymes. S. 71. Minneapolis 1949.
[4] Siehe Bd. I, S. 628 ff.
[5] FISCHER, F. G.: Ergebn. Enzymforsch. 8, 185 (1939).
[6] BURTON, K., and T. H. WILSON: Biochem. J. 54, 86 (1953).
[7] BURTON, K., and H. A. KREBS: Biochem. J. 54, 94 (1953).

Tabelle 5. *Gebräuchliche Wasserstoffacceptoren.*

| Bezeichnung | Formel | Molekulargewicht | $E^\circ_{p_H 7}$ | Bemerkungen |
|---|---|---|---|---|
| | *a) Synthetische Farbstoffe.* | | | |
| 1. 2,6-Dichlorphenolindophenol (TILLMANS Reagens) | (Strukturformel mit Cl, O=, =N–, –OH) | 268 | 0,217 | Löslichkeit und Farbtiefe geringer als bei Methylenblau. Haltbarkeit der Lösungen begrenzt. Farbumschlag blau nach weinrot von 1, 2, 3 bzw. bei $p_H$ 5, 8,5 und 9 |
| 2. m-Kresolindophenol | (Strukturformel mit $CH_3$, O=, =N–, –OH) | 235 | 0,208 | |
| 3. Thymolindophenol | (Strukturformel mit $CH_3$, $H_3C$–CH–$CH_3$) | 263 | 0,174 | |
| 4. Toluylenblau | $[H_2N\text{–}...\text{–}N=...=\overset{+}{N}(CH_3)_2]\,Cl^-$ mit $CH_3$, $NH_2$ | 291 | 0,115 | Wenig beständig. Im sauren Gebiet Umschlag von blau nach rotbraun |
| 5. Thionin (LAUTHs Violett) | $[H_2N\text{–}\underset{S}{\overset{N}{\diagup\diagdown}}\text{–}\overset{+}{N}H_2]\,Cl^-$ | 264 | 0,063 | Verhält sich ähnlich wie Methylenblau |
| 6. Methylenblau | $[(CH_3)_2N\text{–}\underset{S}{\overset{N}{\diagup\diagdown}}\text{–}\overset{+}{N}(CH_3)_2]\,Cl^-$ | 320 | 0,011 | Enthält gewöhnlich 5 $H_2O$, im Vakuum getrocknet 3 $H_2O$. Löslichkeit in der Kälte etwa 1:30. Leukoverbindung sehr wenig löslich (1:5000 bis 1:12500 sauer bzw. alkalisch) |
| 7. Indigo-tetrasulfosäure | $C_{16}H_6O_2N_2(SO_3H)_4$ | 582 | –0,046 | Löslichkeit von K-disulfonat etwa 1:140 in der Kälte. Mit der Zahl der Sulfogruppen nimmt Löslichkeit zu, aber auch Toxicität. Boratpuffer bewirkt Anomalien in Redoxpotential und Entfärbung |
| 8. Indigo-trisulfosäure | $C_{16}H_7O_2N_2(SO_3H)_3$ | 502 | –0,081 | |
| 9. Indigo-disulfosäure | $C_{16}H_8O_2N_2(SO_3H)_2$ (Grundkörper der Indigosulfosäuren: *Indigotin*) $C_{16}H_{10}O_2N_2$ | 422 | –0,125 | |
| 10. Safranin T (Tolusafranin) | $[H_3C\text{–}...\text{–}CH_3,\ H_2N\text{–}...\text{–}\overset{+}{N}H_2]\,Cl^-$ | 351 | –0,289 | |
| 11. Neutralrot (Toluylenrot) | (Strukturformel mit $(CH_3)_2N$, N, $CH_3$, $NH_2$, Phenyl) | 252 | –0,340 | Im sauren Gebiet molekulardispers, bei $p_H > 7$ zunehmend kolloidal |

*Tabelle 5.* (Fortsetzung.)

| Bezeichnung | Formel | Molekulargewicht | $E^\circ_{pH\,7}$ | Bemerkungen |
|---|---|---|---|---|
| 2. Benzylviologen*,[1] | $Cl^- [C_6H_5-CH_2-\overset{+}{N}-\langle\!\!\!\!\!\bigcirc\!\!\!\!\!-\!\!\!\bigcirc\!\!\!\!\!\rangle-\overset{+}{N}-CH_2-C_6H_5]Cl^-$ | 409 | —0,359 | Das durch Reduktion (Aufnahme *eines* Elektrons) entstehende radikalartige Semichinon** zeigt Blaufärbung. Redoxpotential $p_H$-unabhängig |
| 3. Methylviologen[1] | $Cl^-[CH_3-\overset{+}{N}-\langle\!\!\bigcirc\!\!-\!\!\bigcirc\!\!\rangle-\overset{+}{N}-CH_3]Cl^-$ | 257 | —0,440 | |

*b) Zellfarbstoffe.*

| | | | | |
|---|---|---|---|---|
| 4. Pyocyanin | (Struktur) | 210 | —0,034 | Bei $p_H$ etwa 5 Farbumschlag von blau nach weinrot. Im sauren, nicht im alkalischen Gebiet bei Reduktion Bildung eines grünen Semichinons** |
| 15. Lactoflavin (Riboflavin) | (Struktur) | 376 | —0,208 | Starke gelbgrüne Fluorescenz. Bei $p_H$ < 4 Bildung eines roten Semichinons nachweisbar |

*c) Tetrazoliumsalze.*

| | | | | |
|---|---|---|---|---|
| 16. 2,3,5-Triphenyltetrazoliumchlorid (TTC, Tetrazol) | (Struktur) | 335 | —0,080† | In Substanz und Lösung lichtempfindlich. Liefert bei Reduktion *rotes* Formazan |
| 17. Neotetrazoliumchlorid (Tetrazolpurpur) | (Struktur) | 668 | höher als bei TTC[2] | Geringe Lichtempfindlichkeit. Liefert *purpurrotes* Diformazan |
| 18. Ditetrazoliumchlorid (Tetrazolblau) | (Struktur) | 728 | — | Geringe Lichtempfindlichkeit. Liefert *blaues* Diformazan |

und mit ausgekochtem Wasser unter $CO_2$ entsprechend verdünnt. Die Einstellung erfolgt gegen eine $Fe^{III}$-Salzlösung von bekanntem Gehalt mit Kaliumrhodanidlösung als Indicator[3].

---

\* Durch B.D.H., Poole (England) beziehbar.
\*\* Zur Theorie der Semichinonbildung s. Bd. I, S. 678ff., ausführlicher s. S. 329, Lit.[5].
† „Scheinbares Redoxpotential", da irreversibles System. Zur Definition s. Bd. I, S. 651ff.
[1] MICHAELIS, L.: B. Z. **250**, 564 (1932). — MICHAELIS, L., and E. S. HILL: J. gen. Physiol. **16**, 859 (1933).
[2] GLOCK, E., and C. O. JENSEN: J. biol. Ch. **201**, 271 (1953).
[3] Näheres vgl. z. B. TREADWELL, F. P.: Kurzes Lehrbuch der analytischen Chemie. Bd. 2, S. 606. Wien 1949, oder BILTZ, H., u. W. BILTZ: Ausführung quantitativer Analysen. S. 140. Zürich 1947, sowie Bd. I, S. 666.

Die Titration der Farbstofflösungen erfolgt unter Einleiten von $CO_2$ und Zugabe einiger Gramme Natriumcitrat, Seignettesalz oder Natriumacetat (eventuell unter gelindem Erwärmen) bis zur Entfärbung[1].

Statt mit $TiCl_3$ kann man die Farbstofflösungen auch mit *Natriumdithionit* ($Na_2S_2O_4$) titrieren, das aber noch luftempfindlicher als $TiCl_3$ ist.

Farbstoffe höheren Potentials wie z. B. TILLMANs Reagens lassen sich bequemer jodometrisch (mit 0,01 n $Na_2S_2O_3$) bestimmen oder gegen 0,01 n Eisen(II)-ammoniumsulfat (MOHRsches Salz) bzw. gegen 0,01 n Ascorbinsäure einstellen. Für die beiden letzteren Fälle gilt das an anderer Stelle des Werkes (Bd. III, S. 760ff.) für die Einstellung von TILLMANs Reagens Gesagte[2]. Für die jodometrische Bestimmung läßt man die Indophenollösung zu einem Gemisch von 4 cm³ 25%iger Kaliumjodidlösung und 6 cm³ 2 n Schwefelsäure laufen und titriert das ausgeschiedene Jod mit 0,01 n $Na_2S_2O_3$ und Stärke als Indicator[3].

Beim Arbeiten mit *Tetrazoliumverbindungen* sind erheblich höhere Konzentrationen gebräuchlich (S. 327). Die meisten Autoren verwenden 0,1—1,0%ige Stammlösungen, was 0,003 m—0,03 m TTC entspricht. Die in der Reaktionslösung herrschenden Konzentrationen variieren zwischen 0,02 und 0,6%, 0,006—0,018 m TTC entsprechend. Als Mittel 10 verschiedener Literaturangaben ergibt sich rund 0,1%, entsprechend 0,003 m TTC[4].

Es sei nochmals darauf hingewiesen, daß insbesondere TTC-Lösungen in braunen Flaschen vor Licht geschützt aufzubewahren sind. Lösungen mit nennenswerter Eigenfärbung sollten nicht mehr verwendet werden.

### g) Die Wasserstoffdonatoren (Substrate).

Es war bereits früher davon die Rede (S. 317), daß die Substrate im allgemeinen in optimaler Konzentration verwendet werden sollen (z. B. bei Enzymaktivitätsbestimmungen). Abgestuft niedrigere Donatorkonzentrationen wird man wählen, wenn z. B. Dissoziationskonstanten von Dehydrogenase-Substratkomplexen (MICHAELIS-Konstanten) aus der Reaktionsgeschwindigkeit ermittelt werden sollen.

*Organische Säuren* als Substrate werden im allgemeinen vor Verwendung zu neutralisieren sein. Dabei hat man nach THUNBERG zu beachten, daß *Phenolphthalein* und wahrscheinlich auch manche andere Indicatoren schon in minimaler Konzentration Dehydrierungsprozesse hemmen. Zur Herstellung einer geeigneten Substratlösung hat man daher erst in einem Vorversuch mit Indicator die erforderliche Laugenmenge zu ermitteln bzw. im Hauptansatz den Endpunkt durch „Tüpfeln" auf Indicatorpapier festzustellen. Bei Versuchen mit pflanzlichem Enzymmaterial ist die gute Donatorwirkung von *Äthanol* zu berücksichtigen, so daß auch aus diesem Grunde alkoholische Indicatorlösungen vermieden werden müssen.

Über das Arbeiten mit *flüchtigen* Substraten vgl. das S. 320/21 Gesagte.

Daß je nach der Natur des Donators und des Enzymmaterials (insbesondere, wenn das letztere weitgehend gereinigt ist) auch für die Zugabe von Ergänzungsstoffen (Codehydrogenasen, Diaphorase usw.) zu sorgen ist, entspricht der allgemeinen Fermentmethodik.

In Fällen, in denen bei der Reaktion hemmend wirkende Produkte, wie Carbonylverbindungen (Brenztraubensäure, Oxalessigsäure u. ä.) entstehen, kann die Reaktionszeit

---

[1] Vgl. KOLTHOFF, I. M.: Die Maßanalyse. Bd. 2, S. 562. Berlin 1931.

[2] Vgl. auch GSTIRNER, F.: Chemisch-physikalische Vitaminbestimmungsmethoden. S. 147ff. Stuttgart 1951.

[3] SCHILD, E., u. M. v. HUYMANN: Brauwiss. 1951, 49.

[4] Als optimale TTC-Konzentration werden Werte zwischen 0,02 m und 0,05 m (s. S. 328, Lit.[1,7]) angegeben, ein Beweis für die geringe Toxicität dieses H-Acceptors. AHLGREN [Skand. Arch. Physiol. 47, 1 (Suppl.) 1925)] hatte im Succinodehydrogenasesystem für Methylenblau etwa 0,001 m bereits optimal gefunden.

Tabelle 6. *Seltener verwendete oder nur in Spezialfällen oder mit Spezialmethodik verwendbare Wasserstoffacceptoren.*

| Acceptor | Formel | Molekulargewicht | $E°$ | Bemerkungen |
|---|---|---|---|---|
| *a) Anorganische Acceptoren.* | | | | |
| 1. Nitrat | $NaNO_3$ | 85 | 0,96 | $p_H$-Abhängigkeit wahrscheinlich $-0,06$ V/$p_H$-Einheit [3] |
|  | $KNO_3$ | 101 | ($p_H$ 0)[1] |  |
| 2. Trinatrium- bzw. -kaliumhexacyanoferrat (Ferricyanid) | $Na_3[Fe(CN)_6]$ | 281 | 0,43 | Potential $p_H$-unabhängig zwischen $p_H$ 4 und 9,5 |
|  | $K_3[Fe(CN)_6]$ | 329 | ($p_H$ 7)[2] |  |
| 3. Mangandioxyd | $MnO_2$ | 87 | 1,28 ($p_H$ 0)[1] | $p_H$-Abhängigkeit wahrscheinlich $-0,12$ V/$p_H$-Einheit |
| *b) Organische Acceptoren.* | | | | |
| 4. p-Chinon | O=⟨⟩=O | 108 | 0,699 ($p_H$ 7)[2] | $p_H$-Abhängigkeit zwischen 0 und 8 $-0,06$ V/$p_H$-Einheit |
| 5. Cytochrom c | (Strukturformel) | etwa 13 000 | 0,262 ($p_H$ 7)[4] | Potential $p_H$-unabhängig zwischen $p_H$ 5 und 8 |
| 6. Glutathion | HOOC-CH-CH$_2$-CH$_2$-CO-NH-CH-CO-NH-CH$_2$-COOH<br>  \|NH$_2$                         \|CH$_2$S<br>  \|NH$_2$                         \|CH$_2$S<br>HOOC-CH-CH$_2$-CH$_2$-CO-NH-CH-CO-NH-CH$_2$-COOH | 612 | $-0,22$ bis $-0,27$[4]; $+0,04$[5] ($p_H$ 7) | Potential nur bedingt reversibel. $p_H$-Abhängigkeit $-0,06$ V/$p_H$-Einheit |
| 7. Cystin | $SCH_2-CH(NH_2)-COOH$<br>$SCH_2-CH(NH_2)-COOH$ | 240 | $-0,22$ bis $-0,39$[4]; $-0,14$[5] ($p_H$ 7) | Potential nur bedingt reversibel. $p_H$-Abhängigkeit zwischen $p_H$ 0 und 9 $-0,06$ V/$p_H$-Einheit |
| 8. o-Dinitrobenzol | (Strukturformel mit $NO_2$, $NO_2$) | 168 | — | Potential unbekannt. „Scheinbares Redoxpotential" von m-Dinitrobenzol: $+0,16$ (in 0,2 n HCl in 75%igem Aceton)[6] |
| 9. Nitroanthrachinon | (Strukturformel mit CO, CO, $NO_2$) | 253 | — |  |

unter Umständen durch Zugabe von *Abfangmitteln* [bei CO-Verbindungen z. B. Hydroxylamin, Hydrazin (je etwa 0,02 m), Semicarbazid (etwa 0,04 m) oder Blausäure (etwa 0,1 m)] erheblich verkürzt werden[1].

### h) Die Redoxpotentialbestimmung von Metaboliten.

unter Verwendung der THUNBERG-Methodik — und zwar sowohl elektrometrisch als auch colorimetrisch — ist an anderer Stelle des Werkes (Bd. I, S. 659ff. bzw. 680ff.) eingehend behandelt, worauf hier verwiesen sei.

### i) Seltener angewandte oder nur bedingt hierher gehörige Acceptormethoden.

In diesem Abschnitt sollen einige Acceptoren mehr anhangsweise behandelt werden, teils weil sie nur seltener verwendet werden bzw. nur in Spezialfällen verwendet werden können, teils weil ihre Anwendung nicht notwendigerweise nach der THUNBERG-Methodik erfolgen muß. Eine Zusammenstellung dieser Acceptoren, ähnlich der in Tabelle 5 (S. 332/33) gegebenen, soll vorangestellt werden.

#### α) Anorganische Acceptoren.

*1. Nitrat* ist in Form der Alkalisalze als „Sauerstoffersatz" schon vor dem Methylenblau verwendet worden; besonders BACH und seine Schule haben sich seiner beim Studium des SCHARDINGER-Enzyms der Milch[2] und der pflanzlichen Aldehyddehydrogenase[3] ausgiebig bedient. Später wurde insbesondere die bakterielle Nitratreduktion viel studiert, wobei ein eigenes Enzym „Nitratreductase" festgestellt und isoliert wurde[4-7]. Ähnliche Fermente von Mo-Flavoproteinnatur, deren unmittelbare H-Donatoren die Dihydrocodehydrogenasen sind, finden sich im Schimmelpilz Neurospora[8] und in grünen Pflanzen[9,10]. Im Bereich der tierischen Fermente stellt das SCHARDINGER-Enzym durch seine Fähigkeit zur Nitratreduktion wahrscheinlich einen Ausnahmefall dar.

---

[1] Vgl. z. B. GREEN, D. E.: Biochem. J. 30, 2095 (1936). — GREEN, D. E., and J. BROSTEAUX: Biochem. J. 30, 1489 (1936). — GREEN, D. E., and S. WILLIAMSON: Biochem. J. 31, 617 (1937).

[2] BACH, A.: B. Z. 31, 443 (1911); 33, 282 (1911).

[3] BACH, A.: B. Z. 52, 412 (1913). — SMORODINZEW, I. A.: H. 123, 130 (1922). — MICHLIN, D.: B. Z. 185, 216 (1927); 202, 329 (1928).

[4] STICKLAND, L. H.: Biochem. J. 25, 1543 (1931).

[5] GREEN, D. E., L. H. STICKLAND and H. L. A. TARR: Biochem. J. 28, 1812 (1934).

[6] AUBEL, E., O. SCHWARZKOPF et GLASER: C. R. Soc. Biol. 126, 1142 (1937). — AUBEL, E., et GLASER: 127, 473 (1938). — AUBEL, E.: Enzymologia 4, 51 (1937). — AUBEL, E., B. LUBOCHINSKY et A. PROUVOST: Cr. 236, 145 (1953).

[7] YAMAGATA, S.: Acta phytochim; Tokyo 10, 283 (1938).

[8] NASON, A., and H. J. EVANS: J. biol. Ch. 202, 655 (1953). — NICHOLAS, D. J. D., and A. NASON: J. biol. Ch. 211, 183 (1954).

[9] KESSLER, E.: Z. Naturforsch. 7b, 280 (1952).

[10] EVANS, H. J., and A. NASON: Plant Physiol. 28, 233 (1953). — EVANS, H. J.: Plant Physiol, 29, 298 (1954).

**Literatur zu Tabelle 6.**

[1] LATIMER, W. M., and J. H. HILDEBRAND: Reference Book of Inorganic Chemistry. S. 474. New York 1940.

[2] Vgl. Zusammenfassung: MICHAELIS, L.: Oxydations-Reduktionspotentiale mit besonderer Berücksichtigung ihrer physiologischen Bedeutung. Berlin 1933.

[3] Diese und ähnliche Angaben der gleichen Spalte beziehen sich auf 30°. Zur Temperaturabhängigkeit der Werte vgl. z. B. [2] S. 39.

[4] FISCHER, F. G.: Ergebn. Enzymforsch. 8, 185 (1939).

[5] Werte von RYKLAN, L. R., and C. L. A. SCHMIDT: Univ. Calif. Publ. Physiol. 8, 257 (1944). — Diese sind unlängst von TANAKA, N., I. M. KOLTHOFF and W. STRICKS [Am. Soc. 77, 2004 (1955)] wieder in Zweifel gezogen worden. Als wahrscheinlichster Wert des Cystin/Cysteinpotentials wird — 0,33 V ($p_H$ 7) angegeben.

[6] CONANT, J. B.: Chem. Reviews 3, 1 (1927). — Vgl. Bd. I, S. 654.

In Bakterien[1-4], Neurospora[5] und höheren Pflanzen[10] erfolgt weitere Reduktion des Primärproduktes Nitrit unter der Wirkung einer besonderen „Nitritreductase". Die Giftwirkung von Nitrit in nennenswerter Konzentration ist zu berücksichtigen.

Eine Acceptorwirkung von Nitrat — meist in der Konzentration 0,02—0,1 m angewandt — läßt sich unschwer durch die Azofarbstoffbildung des entstandenen Nitrits nachweisen. Ob dabei $O_2$-Ausschluß (und damit im allgemeinen Vakuummethodik) notwendig ist, kann nur von Fall zu Fall entschieden werden. Beim SCHARDINGER-Enzym[6] z. B. ist er notwendig, da in der konkurrierenden $O_2$-Reaktion intermediär entstandenes $H_2O_2$ Nitrit sekundär zu oxydieren vermag[7]. Bei der Untersuchung der „Triphosphopyridinnucleotid-Nitratreductase" von Neurospora andererseits störte $O_2$-Gegenwart nicht[5]. Schaden kann die Anwendung der Vakuummethodik auf keinen Fall.

Von den zahlreichen, in der Literatur zum Nitritnachweis angegebenen *colorimetrischen* Methoden[8] seien hier nur zwei erwähnt, eine, die mit dem klassischen GRIESS-ILOSVAY-Reagens arbeitet, und eine andere neuere, die ursprünglich für den quantitativen Sulfonamidnachweis ausgearbeitet worden war. Zur Nitritbestimmung s. auch Bd. III, S. 176f.

### Bestimmung von Nitrit mit dem Reagens von GRIESS-ILOSVAY.

*Reagens:*

Man löst einerseits 3,3 g Sulfanilsäure in 750 cm³ Wasser durch Erwärmen und fügt dazu 250 cm³ Eisessig; andererseits kocht man 0,5 g α-Naphthylamin 5 min lang mit 100 cm³ Wasser, filtriert, setzt 250 cm³ Eisessig zu und verdünnt auf 1 Liter. Die Lösungen werden zweckmäßig vereinigt und sind, in dunkler Flasche aufbewahrt, längere Zeit haltbar.

*Ausführung[9]:*

5 cm³ aus (bestimmte Zeiten inkubierten) Reaktionsansätzen (THUNBERG-Röhrcheninhalte oder Pipettenproben) werden mit 5 cm³ des Reagens versetzt, nach etwa 15 min langem Stehen die eventuell gebildeten Eiweißniederschläge abzentrifugiert und die klaren gelbroten Lösungen colorimetriert[9] oder bei 530 mμ photometriert[10]. Auswertung erfolgt an Hand einer mit reinstem $NaNO_2$ aufgestellten Eichkurve; bis zu 0,02 mg $NaNO_2$ je Ansatz lassen sich gut messen. Die Färbung ist 30—45 min beständig.

### Bestimmung von Nitrit mit dem Reagens von BRATTON und MARSHALL[11].

*Reagentien:*
1. 200 mg Sulfanilamid/Liter.
2. 100 mg N-(1-Naphthyl)-äthylendiamin-dihydrochlorid */100 cm³. Beide Lösungen werden im Eisschrank bzw. in dunkler Flasche aufbewahrt.

*Ausführung:*

NASON und EVANS[5] arbeiten mit 0,5 cm³ Reaktionslösung, 0,1 cm³ 0,1 m $KNO_3$ enthaltend. Nach Inkubation werden 0,9 cm³ Wasser und je 0,5 cm³ Sulfanilamid- und Naphthyläthylendiaminreagens zugesetzt und die entstandene Färbung bei 540 mμ photometriert. Zur Eliminierung einer Enzymtrübung läuft ein Parallelansatz ohne H-Donatorzusatz (Dihydrocodehydrogenase II, TPNH).

---

[1] WOODS, D. D.: Biochem. J. **32**, 2000 (1938).

[2] YAMAGATA, S.: Acta phytochim., Tokyo **11**, 145 (1939).

[3] AUBEL, E.: Cr. **207**, 348 (1938). C. R. Soc. Biol. **128**, 45 (1938).

[4] TAMIGUCHI, S., H. MITSUI, J. TOYODA, T. YAMADA and F. EGAMI: J. Biochem. **40**, 175 (1953).

[5] NASON, A., and H. J. EVANS: J. biol. Ch. **202**, 655 (1953). — Zur weiteren Reduktion von *Hydroxylamin* s. ZUCKER, M., and A. NASON: J. biol. Ch. **213**, 463 (1955).

[6] DIXON, M., and S. THURLOW: Biochem. J. **18**, 989 (1924).

[7] THURLOW, S.: Biochem. J. **19**, 175 (1925).

[8] Vgl. z. B. LANGE, B.: Kolorimetrische Analyse. 4. Aufl., S. 227ff. Weinheim 1952.

[9] Vgl. FRANKE, W., u. F. SCHUMANN: A. **552**, 243 (1942).

[10] KESSLER, E.: Z. Naturforsch. **7b**, 280 (1952).

[11] BRATTON, A. C., E. K. MARSHALL jr, D. BABBIT and A. R. HENDRICKSON: J. biol. Ch. **128**, 537 (1939).

* Durch Th. Schuchardt, München, beziehbar.

Über eine manometrische Nitritbestimmung mit Amidosulfonsäure auf Grund der Reaktionsgleichung

$$HNO_2 + NH_2SO_3H = H_2SO_4 + H_2O + N_2$$

vgl. BROOKS und PACE[1].

2. *Trinatrium-* bzw. *Trikaliumhexacyanoferrat* (Ferricyanid) ist verschiedentlich, unter anderen von THUNBERG[2] und von QUASTEL und WHEATLEY[3], als H-Acceptor empfohlen worden. Vorteile sind das ziemlich hohe Redoxpotential (vgl. Tabelle 6), die geringe Toxicität in Konzentrationen von etwa 0,01—0,02 m und die fehlende Autoxydabilität des Reduktionsproduktes. Eine eingehende Arbeitsvorschrift findet sich in der Literatur allerdings nur für das *manometrische* Verfahren der Reaktionsmessung[3], das streng genommen nicht hierher gehört und zudem an einen bestimmten $p_H$ (7,4) gebunden ist. Für den naheliegenden *colorimetrischen* und *titrimetrischen* Nachweis der Acceptorreaktion werden nur kurze Hinweise gegeben.

So wird für den Nachweis von entstandenem Tetranatriumhexacyanoferrat (Ferrocyanid) die Berlinerblaubildung mit $Fe^{+++}$ empfohlen, eine Reaktion, die sich wegen ihrer großen Empfindlichkeit allerdings nur für geringe Umsätze eignet und zudem an der Unbeständigkeit der kolloiden Farbstofflösungen krankt. Nach QUASTEL und WHEATLEY[3] kommt auch die tiefe Braunfärbung, die Tetranatriumhexacyanoferrat mit Ammoniummolybdatlösung liefert, für die annähernde colorimetrische Verfolgung der Acceptorwirkung in Betracht. Dazu werden 3 cm³ Reaktionslösung mit 0,5 cm³ Eisessig versetzt, von einem eventuell entstandenen Proteinniederschlag abzentrifugiert und anschließend mit 1 cm³ 10%iger Ammoniummolybdatlösung versetzt. Die entstehende Braunfärbung wird an Hand einer Testreihe mit abgestuften Tetranatriumhexacyanoferratmengen ausgewertet.

Für größere Umsätze kommt unter Umständen die *titrimetrische* Bestimmung von verbliebenem Trinatriumhexacyanoferrat in Frage[4]. Sie erfolgt jodometrisch in schwach mineral- oder essigsaurer Lösung, wobei zusammen mit dem Jodidzusatz 3—6% Zinksulfat (zur Ausfällung von Tetranatriumhexacyanoferrat) zugefügt werden[5-7] (vgl. auch Bd. I, S. 68).

Die *manometrische* Verfolgung des Trinatriumhexacyanoferratschwundes[3] erfolgt auf Grund der Beziehungen:

$$DH_2 + 2FeCy_6''' = D + 2H^{\cdot} + 2FeCy_6''''; \quad (DH_2 = \text{H-Donator})$$

$$2H^{\cdot} + 2HCO_3' = 2H_2CO_3 = 2H_2O + 2CO_2.$$

Für jedes verbrauchte Trinatriumhexacyanoferratmolekül wird also aus Hydrogencarbonatlösung 1 Mol $CO_2$ freigesetzt. In der Praxis wird die Reaktionslösung mit 0,025 m $NaHCO_3$-Lösung angesetzt (3,0 cm³) und in die Seitenretorte des WARBURG-Gefäßes 0,2 cm³ einer Trinatriumhexacyanoferrat-Bicarbonatlösung eingefüllt; letztere wird durch Vermischen von 5 cm³ 10%iger $Na_3[Fe(CN)_6]$ und 1 cm³ 0,167 m $NaHCO_3$ hergestellt. Der Gasraum wird mit einem Gemisch von 95% $N_2$ + 5% $CO_2$ gefüllt, $O_2$-Spuren allenfalls durch einige Stäbchen von gelbem Phosphor im Mittelzylinder der Gefäße gebunden. Nach Temperaturausgleich erfolgt Zukippen der Trinatriumhexacyanoferratlösung in den Reaktionsraum der Gefäße und Messung des Druckanstieges.

---

[1] BROOKS, J., and J. PACE: Biochem. J. **34**, 260 (1940).
[2] THUNBERG, T.: Handb. biol. Arb.-Meth. Abt. IV, Teil 2, S. 2295. 1936.
[3] QUASTEL, J. H., and A. H. M. WHEATLEY: Biochem. J. **32**, 936 (1938).
[4] FRANKE, W., u. I. SCHULZ: Unveröffentlicht.
[5] KOLTHOFF, I. M.: Die Maßanalyse. Bd. 2, S. 460. Berlin 1931.
[6] TREADWELL, F. P.: Kurzes Lehrbuch der analytischen Chemie. Bd. 2, S. 598. Wien 1949.
[7] KOLTHOFF, I. M., and E. B. SANDELL: Textbook of Quantitative Inorganic Analysis. S. 624. New York 1948.

3. *Mangandioxyd* ist neuerdings von QUASTEL und seiner Schule[1-3] wiederholt als nichttoxischer terminaler H- bzw. Elektronenacceptor in Form einer manometrischen Methode verwendet worden. Da es zwar direkt mit Cytochrom c, nicht aber mit hydrierten Codehydrogenasen oder Diaphorasen zu reagieren vermag, wurden in den beiden letzteren Fällen noch *Methylenblau* (0,0008 m) oder *Trinatriumhexacyanoferrat* (0,005 m) als Zwischenacceptoren zugesetzt.

Das Prinzip der Methode ist durch die beiden Gleichungen

$$DH_2 + MnO_2 = D + Mn(OH)_2$$
$$Mn(OH)_2 + CO_2 = MnCO_3 + H_2O$$

gegeben; je $DH_2$- bzw. $MnO_2$-Molekül wird 1 Molekül $CO_2$ absorbiert.

Für die *Darstellung eines geeigneten $MnO_2$-Präparates* wird folgende Vorschrift gegeben[3]: 1 Liter einer 0,1 m $MnSO_4$-Lösung (p. a.) wurde langsam zum gleichen Volumen einer 0,1 m $KMnO_4$-Lösung (p. a.) bei Zimmertemperatur und unter Rühren zugesetzt und noch 45 min weiter gerührt. Der erhaltene dunkelbraune Niederschlag wurde abzentrifugiert, 4mal mit destilliertem Wasser (zur Entfernung von überschüssigem Permanganat), 2mal mit je 150 cm³ $NaHCO_3$-Lösung (0,3 bzw. 0,12 m) zwecks Entfernung der bei der Reaktion entstandenen $H_2SO_4$ und noch 2mal mit destilliertem Wasser gewaschen. Im letzten Waschwasser soll $p_H$ nicht unter 7,0 liegen. Schließlich wird der Niederschlag noch 2mal mit Aceton gewaschen und auf einer Nutsche bei Zimmertemperatur trocken gesaugt.

Zum Gebrauch werden 500 mg oder eine kleinere Menge des Pulvers mit 2,5 cm³ Wasser in einer Reibschale gründlich verrieben, die Suspension in ein Reagensglas gebracht und mit einer Gasmischung von 93% $N_2$ + 7% $CO_2$ durchspült. Zu den WARBURG-Ansätzen werden 0,2 cm³ dieser Suspension — 16—40 mg $MnO_2$ enthaltend — auf insgesamt 3,0 cm³ Reaktionslösung verwendet.

Die Reaktionslösung ist wieder 0,025 m an $NaHCO_3$, der Gasraum enthält die eben erwähnte Gasmischung. Nach Temperaturausgleich kann entweder die $MnO_2$-Suspension oder das Substrat aus dem Seitenarm zugekippt werden; letzteres ist nach HOCHSTER und QUASTEL[3] empfehlenswerter, da ein geringfügiger nichtenzymatischer Verbrauch von $MnO_2$ dann noch in die Zeit des Temperaturausgleiches — 20 bis 45 min werden angegeben — fällt.

Bei dem Verfahren in der vorliegenden manometrischen Ausführungsform liegt wie beim vorausgehend beschriebenen Trinatriumhexacyanoferratverfahren der $p_H$-Wert der Reaktionslösung fest. Eine *titrimetrische* Abwandlung ohne diese Beschränkung erscheint denkbar, etwa in der Form, daß das bei Reaktionsende nicht verbrauchte, abzentrifugierte $MnO_2$ in schwefelsaurer Lösung mit überschüssiger 0,5 n Oxalsäure oder Eisen(II)-sulfatlösung eventuell auch 0,1 n $As_2O_3$-Lösung in der Hitze reduziert wird[4-6] und der Überschuß des Reduktionsmittels mit Permanganat titriert wird.

β) *Organische Acceptoren.*

1. *p-Chinon* hat insbesondere in der WIELANDschen Schule sehr vielseitige Verwendung als H-Acceptor gefunden, erstmals durch WIELAND[7] selbst bei der sauerstofflosen Durchführung der Essiggärung[8]. Später hat es sich auch bei Dehydrierungen durch Buttersäure-[9]

---

[1] MANN, P. J. G., and J. H. QUASTEL: Nature **158**, 154 (1946).
[2] HOCHSTER, R. M., and J. H. QUASTEL: Nature **164**, 865 (1949).
[3] HOCHSTER, R. M., and J. H. QUASTEL: Arch. Biochem. **36**, 132 (1952).
[4] KOLTHOFF, I. M.: Die Maßanalyse. Bd. 2, S. 318, 352/53. Berlin 1931.
[5] TREADWELL, F. P.: Kurzes Lehrbuch der analytischen Chemie. Bd. 2, S.534/35. Wien 1949.
[6] KOLTHOFF, I. M., and E. B. SANDELL: Textbook of Quantitative Inorganic Analysis. S. 604/05. New York 1948.
[7] WIELAND, H.: B. **46**, 3327 (1913).
[8] Vgl. weitere Arbeiten: WIELAND, H., u. A. BERTHO: A. **467**, 95 (1928). — BERTHO, A.: A. **474**, 1 (1929). Ergebn. Enzymforsch. **1**, 231 (1932).
[9] WIELAND, H., u. M. SEVAG: A. **501**, 151 (1933).

und Milchsäurebakterien[1] bewährt, ferner — wenn auch nicht ohne Ausnahmen[2, 3, 4] — bei Dehydrogenasen aus Schimmelpilzen[5] und höheren Pflanzen[6]. Dagegen hat es bei tierischen Enzymen — vom SCHARDINGER-Enzym der Milch abgesehen, wo es ebenfalls zuerst WIELAND[7] verwendete — wie auch bei Hefe häufig versagt[8]. Hier äußert sich offenbar eine toxische Wirkung, bedingt durch das hohe Redoxpotential und die außerordentliche Reaktionsfähigkeit z. B. gegenüber SH-Gruppen von Fermentproteinen[9, 10]. Wo Chinon überhaupt verwendbar ist, ist es durch hohes Redoxpotential und niederes Molekulargewicht oft Acceptorfarbstoffen kinetisch überlegen[1, 5, 6, 11].

Hydrochinon, das Hydrierungsprodukt des Chinons, ist unterhalb und in der Nähe des Neutralpunktes nur wenig autoxydabel, so daß strenger $O_2$-Ausschluß bisweilen nicht unbedingt erforderlich ist; doch vergewissere man sich vorher (im $O_2$-Versuch) stets, ob nicht durch gleichzeitig im Enzympräparat bzw. Zellmaterial vorhandene Oxydasen die Hydrochinon-Autoxydation katalytisch beschleunigt wird. Die (sich in Verfärbung äußernde) große Alkaliempfindlichkeit des Chinons verbietet ein Arbeiten oberhalb $p_H$ 7,8 bis 8,0. Auch unterhalb dieses $p_H$ treten in stark proteinhaltigen Ansätzen häufig rötliche Färbungen auf. Substratfreie Kontrollansätze sind in jedem Falle notwendig.

Chinon ist nur mäßig wasserlöslich; eine 0,05 m-Lösung läßt sich bei gelindem Erwärmen gerade noch herstellen. Im Acceptorversuch arbeitet man gewöhnlich bei Konzentrationen zwischen 0,001 m und 0,01 m.

Die Verfolgung des Acceptorschwundes geschieht gewöhnlich *titrimetrisch*. BERTHO[12] arbeitet bei Essigbakterien in Rundkolben, die mit $N_2$ durchströmt werden; von Zeit zu Zeit wird dem Ansatz (100 cm³) eine Pipettenprobe (10 cm³) entnommen, mit 20 cm³ 2 n $H_2SO_4$ + 5 cm³ 5%iger KJ-Lösung versetzt und das ausgeschiedene Jod nach 25 bis 30 min mit 0,1 n $Na_2S_2O_3$ aus einer Mikrobürette unter Stärkezusatz titriert. Andere arbeiten mit parallelen THUNBERG-Ansätzen (5 cm³), von denen nach bestimmten Zeiten jeweils einer (nebst zugehöriger Kontrolle) abgebrochen wird[5, 6].

Eine *colorimetrische* Chinonbestimmung erscheint möglich, dürfte aber kaum Vorteile besitzen. Bei ihr wäre das nicht verbrauchte Chinon aus angesäuerten Ansätzen auszuäthern und in der Ätherlösung zu bestimmen[13].

2. *Cytochrom c.* Dieses als einzige Komponente des Cytochromsystems unschwer (aus Hefe oder Herzmuskel) rein darstellbare Häminproteid* spielt in der Zellatmung die Rolle eines Elektronenüberträgers (vgl. Schema 1, S. 312), kann aber in vitro auch als terminaler Acceptor verwendet werden. Aus Hefe und Bakterien[14, 15] wie auch aus tierischem

---

* Cytochrom c ist durch Bayer, Leverkusen, C. H. Boehringer Sohn, Ingelheim a. Rh. oder C. F. Boehringer & Söhne, Mannheim-Waldhof zu beziehen.

[1] BERTHO, A., u. H. GLÜCK: A. **494**, 159 (1932).
[2] FRANKE, W., u. F. SCHUMANN: A. **552**, 243 (1942).
[3] FRANKE, W., u. L. KRIEG: B. **85**, 779 (1952).
[4] FRANKE, W., u. H. FREHSE: H. **298**, 1 (1954).
[5] FRANKE, W., u. F. LORENZ: A. **532**, 1 (1937). — FRANKE, W., u. M. DEFFNER: A. **541**, 117 (1939). — FRANKE, W.: A. **555**, 111 (1944).
[6] FRANKE, W., u. I. SCHULZ: A. **578**, 147 (1952).
[7] WIELAND, H.: B. **47**, 2085 (1914). — Ferner WIELAND, H., u. W. MITCHELL: A. **492**, 156 (1932).
[8] Vgl. Succinodehydrogenase: WIELAND, H., u. K. FRAGE: A. **477**, 1 (1930). — WIELAND, H., u. A. LAWSON: A. **485**, 193 (1931).
[9] BERGSTERMANN, H., u. W. STEIN: B. Z. **317**, 217 (1944).
[10] Zum biochemischen Verhalten der Chinone im allgemeinen vgl. HOFFMANN-OSTENHOF, O.: Fortschr. Chem. org. Naturstoffe **6**, 154 (1950).
[11] Vgl. weitere Arbeiten: WIELAND, H., u. A. BERTHO: A. **467**, 95 (1928). — BERTHO, A.: A. **474**, 1 (1929). Ergebn. Enzymforsch. **1**, 231 (1932).
[12] Vgl. BERTHO, A., u. W. GRASSMANN: Biochemisches Praktikum. S. 158. Berlin, Leipzig 1936.
[13] Vgl. WIELAND, H., u. W. FRANKE: A. **464**, 159 (1928).
[14] TPN-spezifisch: HAAS, E., B. L. HORECKER and T. R. HOGNESS: J. biol. Ch. **136**, 747 (1940).— HAAS, E., C. J. HARRER and T. R. HOGNESS: J. biol. Ch. **143**, 341 (1942).
[15] DPN-spezifisch: ALTSCHUL, A. M., H. PERSKY and T. R. HOGNESS: Science, N. Y. **94**, 349 (1941). BRODIE, A. F.: J. biol. Ch. **199**, 835 (1952).

Gewebe[1, 2] sind in den letzten 15 Jahren sowohl DPN-Cytochrom c-Reductasen* als auch TPN-Cytochrom c-Reductasen** erhalten worden, Flavinfermente, für die Dihydrophosphopyridinnucleotide (Dihydrocodehydrogenasen) die spezifischen H-Donatoren, Cytochrom c den spezifischen Acceptor darstellen. Die Beziehungen dieser Fermente zu den nur mit Methylenblau reagierenden Diaphorasen sind noch nicht ausreichend geklärt. Das gleiche gilt für die im Succinodehydrogenasesystem zwischen Cytochrom b und Cytochrom c liegende Komponente (SLATERs „unbekannter Faktor", vgl. S. 312). Vielleicht bringt die neue Beobachtung von MAHLER und ELOWE[3], daß die tierische DPN-Cytochrom c-Reductase ein Eisen(II)-flavoprotein ist, aus dem bei Entfernung des Eisens ein Ferment von den Eigenschaften der Diaphorase entsteht, die Lösung. Auch für verschiedene andere Flavinfermente (Glucoseoxydase[4], Xanthindehydrogenase[5]) wird Reduktion von zugesetztem Cytochrom c angegeben. Die Cytochrom c-Reduktion durch Glucose-dehydrogenase ist noch nicht vollständig geklärt, scheint aber in der Hauptsache dem Schema 1,b (S. 312) zu folgen[6, 7].

Die *Bestimmung von Cytochrom c* im oxydierten oder reduzierten Zustande kann auf Grund der unterschiedlichen spektralen Eigenschaften unschwer erfolgen; reduziertes Cytochrom c weist zwei scharfe Banden bei 550 ($\alpha$) und 520 m$\mu$ ($\beta$) auf, oxydiertes Cytochrom c zwei diffuse Banden mit Schwerpunkten bei 567 und 529 m$\mu$.

Zur Konzentrationsermittlung sind die Grenzwerte der reinen Formen festzulegen. Die vollständige Oxydation von Cytochrom c geschieht am besten mit Trikaliumhexacyanoferratlösung (etwa 0,01 m), die Reduktion mittels einiger Kryställchen von $Na_2S_2O_4$. Beide Zusätze stören Extinktionsmessungen im angegebenen Spektralbereich nicht.

Steht ein Spektralphotometer mit monochromatischer Lichtquelle zur Verfügung, so empfiehlt sich die Verfolgung der Cytochrom c-Reduktion durch Messung der sehr scharfen und intensiven $\alpha$-Bande (550 m$\mu$) der reduzierten Form[8]. Es gilt die Beziehung

$$[\text{Cytochrom c}_{ox}] = \frac{E_{red} - E_t}{1{,}96 \cdot 10^4} \text{ Mole/Liter},$$

worin $E_t$ die Extinktion zur Versuchszeit $t$, $E_{red}$ die Extinktion der (mit $Na_2S_2O_4$) vollständig reduzierten Cytochrom c-Lösung, $1{,}96 \times 10^4$ die Differenz der molekularen Extinktionskoeffizienten für reduziertes und oxydiertes Cytochrom c bei 550 m$\mu$ darstellt[9].

Steht nur ein mit Filtern arbeitendes Photometer mit nichtmonochromatischer Lichtquelle zur Verfügung, so empfiehlt POTTER[8] die Messung der breiten Bande von oxydiertem Cytochrom c bei 529 m$\mu$. Zur Verwendung gelangt Filter 530, eventuell auch noch 540 m$\mu$. Als molarer Extinktionskoeffizient wird $1{,}99 \times 10^4$ (für 540 m$\mu$) angegeben.

Mit einfachen Mitteln läßt sich eine approximative Verfolgung der Cytochrom c-Reduktion in der Weise durchführen, daß in Cuvetten oder Reagensgläsern eine Reihe von Cytochrom c-Lösungen abgestufter Konzentration mit $Na_2S_2O_4$ reduziert und mit der eigentlichen Reaktionslösung mittels eines einfachen Spektroskops (z. B. des Zeiss-Handspektroskops) verglichen wird[4, 10].

---

* DPN = Diphosphopyridin-nucleotid (Codehydrogenase I).
** TPN = Triphosphopyridin-nucleotid (Codehydrogenase II).
[1] TPN-spezifisch: HORECKER, B. L.: J. biol. Ch. **183**, 593 (1950).
[2] DPN-spezifisch: LOCKHART, E. E., and V. R. POTTER: J. biol. Ch. **137**, 1 (1941). — POTTER, V. R., and H. G. ALBAUM: J. gen. Physiol. **26**, 443 (1943).
[3] MAHLER, H. R., and D. G. ELOWE: Am. Soc. **75**, 5769 (1953). — J. biol. Ch. **210**, 165 (1954).
[4] FRANKE, W., u. M. DEFFNER: A. **541**, 117 (1939).
[5] HORECKER, B. L., and L. A. HEPPEL: J. biol. Ch. **178**, 683 (1949).
[6] HARRISON, D. C.: Biochem. J. **25**, 1016 (1931). — HAWTHORNE, J. R., and D. C. HARRISON: Biochem. J. **33**, 1573 (1939).
[7] EICHEL, B., and W. W. WAINIO: J. biol. Ch. **175**, 155 (1948).
[8] POTTER, V. R. in UMBREIT, W. W., R. H. BURRIS and J. F. STAUFFER: Manometric Techniques and Tissue Metabolism. S. 211 f. Minneapolis 1949.
[9] HORECKER, B. L., and L. A. HEPPEL: J. biol. Ch. **178**, 683 (1949).
[10] FRANKE, W., u. L. KRIEG: B. **85**, 779 (1952).

*3. Glutathion und Cystin.* Eine (energetisch ziemlich begrenzte) Acceptorwirkung von SS-Glutathion ist wiederholt für tierische Zellen und Gewebe[1, 2], für Hefe[1], Bakterien[3] und in neuerer Zeit besonders für pflanzliches Material[4, 5] dargetan worden. Als Donatoren fungierten hauptsächlich Glucose und Hexose und Hexonsäure-monophosphat bzw. die hydrierte Form (TPNH) von Triphosphopyridin-nucleotid (Dihydrocodehydrogenase II). Neuerdings ist für Hefe und Erbsensamen auch eine enzymatische Reduktion von Cystin durch hydriertes Diphosphopyridin-nucleotid (DPNH) angegeben worden[6].

Daß die in tierischem Gewebe (Muskel, Leber) außerordentlich leicht vor sich gehende Reduktion von SS-Glutathion großenteils nicht durch enzymatisch aktivierten Wasserstoff erfolgt, hat schon vor drei Jahrzehnten HOPKINS[7] auf Grund der weitgehenden Thermostabilität dieser Reduktion erschlossen; sie wurde später im wesentlichen auf die SH-Gruppen von Proteinen zurückgeführt[8].

Für die Bestimmung der bei der Reduktion entstehenden SH-Verbindungen gibt es eine Reihe von Methoden, die allerdings, soweit sie auf die *reduzierenden* Eigenschaften der SH-Gruppe gegründet sind, im allgemeinen nicht spezifisch sind und z. B. auch Ascorbinsäure, Ergothionein u. ä. miterfassen. Spezifischer ist die allerdings labile Farbreaktion mit *Nitroprussidnatrium*. Streng spezifisch, aber umständlich ist die Bestimmung von SH-Glutathion auf Grund seiner cofermentähnlichen Wirkung im System der Glyoxalase, bei der entweder die entstandene Milchsäure manometrisch oder das nicht umgesetzte Methylglyoxal titrimetrisch erfaßt wird[9, 10]. Auf das Fermentverfahren kann hier nur verwiesen werden[11]; aus der Vielzahl der anderen Bestimmungsmethoden sollen hier lediglich zwei bei enzymatischen Arbeiten öfters angewandte colorimetrische und das titrimetrische (jodometrische) angeführt werden.

**Bestimmung von Glutathion durch die Farbreaktion mit Nitroprussidnatrium[12].**
*Reagentien:*

1. Metaphosphorsäure, 5%ig.
2. NaCl, gesättigte Lösung.
3. Nitroprussidnatrium, 2%ig, frisch bereitet.
4. n NH$_4$OH.

*Ausführung:*

Die Reaktionslösung wird mit Metaphosphorsäurelösung bis zu einem Endgehalt von 2—2,5% versetzt. Je Kubikzentimeter zentrifugierter Lösung werden hierauf 4 cm³ NaCl-Lösung, 0,5 cm³ Nitroprussidnatriumlösung und 0,5 cm³ NH$_3$-Lösung zugesetzt. Die entstehende Rotfärbung wird innerhalb 1—2 min bei 530 mµ photometriert; sie wird gleichermaßen von SH-Glutathion und Cystein gegeben.

Ein verbessertes Verfahren haben neuerdings GRUNERT und PHILLIPS[13] angegeben, bei dem die Stabilität der Färbung durch Arbeiten bei niedriger Temperatur (3°) und Zusatz von NaCN-Lösung bis zur Gesamtkonzentration 0,0066 m stark erhöht wird. SS-Glutathion wird unter den angegebenen Bedingungen noch nicht merklich reduziert. Nähere Angaben s. Bd. V, S. 45.

---

[1] MELDRUM, N. U.: Biochem. J. **26**, 817 (1932). — MELDRUM, N. U., and H. L. A. TARR: Biochem. J. **29**, 108 (1935).

[2] OGSTON, F. J., and D. E. GREEN: Biochem. J. **29**, 1983, 2005 (1935).

[3] ASNIS, R. E.: J. biol. Ch. **213**, 77 (1955).

[4] MAPSON, L. W., and D. R. GODDARD: Biochem. J. **49**, 592 (1951). — Nature **167**, 975 (1950).

[5] CONN, E. E., and B. VENNESLAND: J. biol. Ch. **192**, 17 (1951). — Nature **167**, 976 (1950).

[6] NICKERSON, W. J., and A. H. ROMANO: Sicence, N. Y. **115**, 676 (1952). — ROMANO, A. H., and W. J. NICKERSON: J. biol. Ch. **208**, 409 (1954).

[7] HOPKINS, F. G., and M. DIXON: J. biol. Ch. **54**, 527 (1922). — HOPKINS, F. G., and K. A. C. ELLIOTT: Proc. R. Soc. London (B) **109**, 58 (1931).

[8] MIRSKY, A. E., and M. L. ANSON: J. gen. Physiol. **18**, 307 (1935); **19**, 427, 439, 451 (1936).

[9] WOODWARD, G. E.: J. biol. Ch. **109**, 1 (1935). — SCHRÖDER, E. F., and G. E. WOODWARD: J. biol. Ch. **129**, 283 (1939).

[10] ENNOR, A. H.: Austral. J. exp. Biol. med. Sci. **17**, 157 (1939).

[11] Vgl. auch COHEN, P. P., in UMBREIT, W. W., R. H. BURRIS and J. F. STAUFFER: Manometric Techniques and Tissue Metabolism. S. 179. Minneapolis 1949.

[12] FUJITA, A., u. I. NUMATA: B. Z. **300**, 246, 257 (1939).

[13] GRUNERT, R. R., and P. H. PHILLIPS: Arch. Biochem. **30**, 217 (1951).

***Glutathionbestimmung durch die Farbreaktion mit Phosphorwolframsäure nach*** Shinohara[1].

Man verwendet das von Folin und Marenzi[2] früher zur Cystein- (und Harnsäure-) Bestimmung angegebene Phosphorwolframsäurereagens, das mit Tyrosin, Tryptophan und anderen Aminosäuren keine Farbreaktion liefert.

*Reagentien:*
1. Folin-Marenzi-Reagens.
2. 2 m Acetatpuffer $p_H$ 5,1.

*Herstellung von* Folin-Marenzi-*Reagens*[2]: Zur Lösung von 100 g Natriumwolframat (p. a.) in 200 cm³ Wasser werden unter Schütteln und Kühlen 30 cm³ 85%ige Phosphorsäure gegeben. 20 min lang wird langsam $H_2S$ eingeleitet und schließlich vom ausgefallenen Molybdänsulfid abfiltriert oder abzentrifugiert. Die klare Lösung wird im Scheidetrichter einige Minuten (zur Entfernung von Sulfomolybdat usw.) mit 300 cm³ Alkohol geschüttelt, die untere Schicht nach Trennung sofort in einen gewogenen 500 cm³-Erlenmeyer-Kolben abgelassen und mit Wasser auf 300 g gebracht. Diese Lösung wird einige Minuten zur Entfernung von $H_2S$ gekocht, vorsichtig mit weiteren 20 cm³ 85%iger Phosphorsäure versetzt und am Rückflußkühler gelinde 1 Std gekocht. Dann wird mit einigen Tropfen Brom entfärbt, der Bromüberschuß weggekocht und abkühlen gelassen. Inzwischen werden 25 g Lithiumcarbonat mit 50 cm³ 85%iger Phosphorsäure und 250 cm³ Wasser versetzt, bis zur vollständigen Lösung gekocht, nach dem Abkühlen mit der Phosphorwolframsäurelösung vereinigt und das Ganze auf 1 Liter aufgefüllt. Aufbewahrung lichtgeschützt in brauner Flasche. (Nach Shinohara[1] kann für die Bestimmung von SH-Verbindungen der Lithiumphosphatzusatz wegbleiben; das Reagens eignet sich dann allerdings nicht mehr zur Harnsäurebestimmung.) Es kann notfalls auch das bei Merck, Darmstadt, käufliche Reagens nach Folin-Denis (zur Harnsäurebestimmung) Verwendung finden, das ganz ähnliche Zusammensetzung besitzt. Wichtig ist Molybdatfreiheit. Ein ähnliches Reagens (zur Harnsäurebestimmung) wird Bd. V, S. 62 beschrieben.

*Ausführung:*

In einen 50 cm³-Meßkolben werden 13 cm³ Acetatpuffer, die Reaktionslösung und 4 cm³ Reagenslösung gegeben; es wird mit Wasser auf 50 cm³ aufgefüllt. Nach kräftigem Umschütteln tritt innerhalb einiger Minuten das Maximum der Blaufärbung auf; nach 5—10 min wird bei 620 mµ photometriert.

*Die jodometrischen Verfahren* haben nicht nur den Nachteil der Unspezifität, sondern auch den des nicht ganz einheitlichen Reaktionsverlaufes, indem neben dem Disulfid auch noch die Sulfonsäure (unter erhöhtem Jodverbrauch) gebildet werden kann (Näheres Bd. V, S. 44). Trotzdem wird die einfache Jodtitration (z. B. mit 0,002 n Jodlösung) in saurer Lösung auch heute noch bisweilen[3,4] verwendet (eventuell mit der Nitroprussidreaktion als Kontrolle). Dabei miterfaßte Ascorbinsäure kann im Parallelversuch durch Titration mit Tillmans-Reagens in saurer Lösung[5] getrennt bestimmt und der ermittelte Reduktionswert vom Gesamtjodverbrauch in Abzug gebracht werden[3].

Die Nebenreaktion der Sulfonsäurebildung soll bei der Verwendung von Jodat- an Stelle von Jodlösung stark zurückgedrängt werden[6]. Fujita und Numata[7] versetzen die mit $HPO_3$ enteiweißte und zentrifugierte Reaktionslösung (s. oben) mit 1/10 des Volumens an 4%iger KJ-Lösung und titrieren unter Eiskühlung und Stärkezusatz mit 0,001 n $KJO_3$-Lösung. (Bei Gegenwart von Ascorbinsäure wird diese bei $p_H$ 6—7 mit einem Oxydasepräparat aus Gartenkürbis[8] unter $O_2$-Durchleiten oxydiert und nach Einstellung von $p_H$ 1,8—2,2 mit Jodat das Glutathion bestimmt.)

Nach Kuhn und Mitarbeitern[9] lassen sich Nebenreaktionen durch Jodeinwirkung in starker (70—90%iger) Essigsäure vermeiden. Sie versetzen die Reaktionslösung mit

---

[1] Shinohara, K.: J. biol. Ch. **109**, 665; **110**, 263 (1935).
[2] Folin, O., and A. D. Marenzi: J. biol. Ch. **83**, 103, 109 (1929).
[3] Mapson, L. W., and D. R. Goddard: Biochem. J. **49**, 592 (1951).
[4] Nickerson, W. J., and A. H. Romano: Science, N. Y. **115**, 676 (1952). — Romano, A. H., and W. J. Nickerson: J. biol. Ch. **208**, 409 (1954).
[5] Z. B. nach Harris, L. J., and M. Olliver: Biochem. J. **36**, 155 (1942).
[6] Okuda, Y., and M. Ogawa: J. Biochem. **18**, 75 (1933).
[7] Fujita, A., u. I. Numata: B. Z. **299**, 257 (1938).
[8] Darstellung nach Ebihara, T.: J. Biochem. **28**, 415 (1938); **29**, 199 (1939).
[9] Kuhn, R., L. Birkofer u. F. W. Quackenbush: B. **72**, 407 (1939).

Eisessig (eventuell nach vorherigem Eindunsten) und geben einen Überschuß (etwa das Doppelte der Theorie) an 0,004 n Jodlösung in Eisessig zu, lassen 1 min stehen, verdünnen mit Wasser bis auf 50% Essigsäurekonzentration und titrieren mit 0,004 n $Na_2S_2O_3$-Lösung zurück.

*4. Nitroverbindungen (o-Dinitrobenzol, Nitroanthrachinon, Dinitrophenole u. ä.).* Diese zellfremden Acceptoren von vermutlich hohem, doch unbekanntem Redoxpotential[1] spielen heute in der biochemischen Praxis nur mehr eine sehr untergeordnete Rolle, was zum Teil auf ihre Toxicität bzw. die noch höhere der Reduktionsprodukte, zum Teil auf die Unbestimmtheit des über mehrere Stufen verlaufenden Reduktionsvorganges zurückgeht; dazu kommt als wenigstens in manchen Fällen nachteilig, daß es sich um *irreversible* Redoxsysteme handelt. In der Gruppe der letzteren sind ihnen die modernen *Tetrazolium*verbindungen (S. 323f.) bis auf das Potential weit überlegen.

Über das von LIPSCHITZ[2, 3, 5] in die biochemische Methodik eingeführte *o-Dinitrobenzol* ist vom gleichen Autor wiederholt eingehend berichtet worden[4]. (Ursprünglich war mit käuflichem m-Dinitrobenzol gearbeitet worden, das — an sich reaktionsträge — das aktive o-Isomere in wechselnder Menge enthielt[3].

Der Methode liegt folgende Reaktionskette zugrunde:

$$\underset{I}{\underset{NO_2}{\underset{|}{\bigcirc}-NO_2}} \xrightarrow[-2H_2O]{+2H_2} \left[\underset{II}{\underset{NO}{\underset{|}{\bigcirc}-NO_2}} \longrightarrow \right]$$

$$\underset{III}{\underset{NHOH}{\underset{|}{\bigcirc}-NO_2}} \xrightarrow[-H_2O]{+H_2} \left[\underset{IV}{\underset{NH_2}{\underset{|}{\bigcirc}-NO_2}}\right]$$

Die Reduktion von o-Dinitrobenzol (I) zu *β-(o-Nitrophenyl)-hydroxylamin* (III) erfolgt rascher als die weitere zu o-Nitranilin (IV), so daß besonders in Gegenwart eines Dinitrobenzolüberschusses das intensiv gelbgefärbte Hydroxylaminderivat III zum fast ausschließlichen Reaktionsprodukt wird. Wenngleich dieses wenig autoxydabel ist, hemmt $O_2$-Zutritt, wie schon LIPSCHITZ[5] feststellte, die Acceptorhydrierung merklich bis stark; bei exakten Versuchen wird also, obwohl dies in der ursprünglichen Anordnung nicht unbedingt vorgesehen war, auf $O_2$-Ausschluß zu achten sein (vgl. ähnliche Verhältnisse bei der Tetrazoliummethode S. 324/25). Da Dinitrobenzol in Wasser schwer löslich (etwa 0,01% in der Kälte) ist und daher in Suspension gearbeitet werden muß, wäre in einwandfreien Versuchen für dauerndes Schütteln zu sorgen.

LIPSCHITZ verwendet gewöhnlich 100 mg Dinitrobenzol (aus Alkohol umkrystallisiert, F 118—119°) auf 10 cm³ Reaktionslösung. Nach bestimmten Zeiten wird die Reaktion durch Filtrieren oder Zentrifugieren abgebrochen und in der gelb gefärbten Lösung* das Nitrophenylhydroxylamin colorimetrisch bestimmt. Zweckmäßig werden zur Gewinnung klarer Lösungen die Filtrate bzw. Zentrifugate mit Alkohol auf das Doppelte bis Vierfache verdünnt und Eiweißfällungen entfernt. Auch kann statt dessen die Reaktionslösung mit 10 cm³ Äther extrahiert werden und die Ätherphase colorimetriert werden.

---

* In alkalischer Lösung ist der Farbton mehr gelbrot; um zum Vergleich einheitliche Farbtöne zu erhalten, wird gegebenenfalls mit einigen Tropfen 2 n Essigsäure oder Schwefelsäure angesäuert.

[1] Angaben über das „scheinbare Redoxpotential" einiger verwandter Verbindungen finden sich Bd. I, S. 654.

[2] LIPSCHITZ, W., u. A. GOTTSCHALK: Pflügers Arch. **191**, 1, 33 (1921).

[3] LIPSCHITZ, W., u. J. OSTERROTH: Pflügers Arch. **205**, 354 (1924).

[4] LIPSCHITZ, W.: Handb. biol. Arb.-Meth. Abt. IV, Teil 1, S. 411. 1925. — Oppenheimer, Fermente **3**, 1135.

[5] LIPSCHITZ, W.: H. **109**, 189 (1920). — LIPSCHITZ, W., u. A. GOTTSCHALK: Pflügers Arch. **191**, 1 (1921). — LIPSCHITZ, W., u. G. HERTWIG: Pflügers Arch. **191**, 51 (1921).

Als *Vergleichsstandard* werden Lösungen von m-Nitrophenylhydroxylamin verwendet, das nach BRAND und STEINER[1] durch katalytische Hydrierung von 3,36 g (= 0,02 Mole) m-Dinitrobenzol in 80 cm³ 80%igem Alkohol mit 0,1 g Palladium-Tierkohle hergestellt wird. Unter schwacher Selbsterwärmung und unter Gelbbraunfärbung der Lösung wird in etwa 1½ Std die berechnete $H_2$-Menge (0,04 Mole) aufgenommen. Die filtrierte Lösung hinterläßt nach Abdestillieren des Alkohols im Vakuum (unter $CO_2$) einen Rückstand, der auf Wasserzusatz und Eiskühlung sofort gelbe Krystalle abscheidet, die abgesaugt, auf Ton abgepreßt und im Exsiccator über $CaCl_2$ getrocknet werden. Die nach mehrmaligem Umkrystallisieren aus Benzol erhaltene Substanz vom F 118—119° ist, im dunklen Vakuumexsiccator aufbewahrt, lange haltbar.

BIELING[2] hat als Acceptor *Nitroanthrachinon* in 0,1%iger wäßriger Lösung vorgeschlagen, das bei der Reduktion z. B. durch Bakterien hauptsächlich in rotgefärbtes Aminoanthrachinon überging. Da dieses aber offenbar kein stabiles Endprodukt darstellt, vielmehr allmählich wieder abblaßt und sich auch Farbdifferenzen zwischen Reduktionslösungen und solchen aus synthetischem Aminoanthrachinon zeigten, scheint die Methode zu quantitativen Untersuchungen wenig geeignet zu sein.

Andere Nitroverbindungen, z. B. *2,4-Dinitrophenol*[3, 4], *4,6-Dinitro-o-kresol*[3], *Trinitrotoluol*[5, 6], *p-Nitrobenzolsäure*[7, 10], *Chloromycetin (Chloramphenicol)*[8-10] u. a., sind gelegentlich als H-Acceptoren in Dehydrogenasesystemen tierischer[3-6] oder bakterieller[3, 8-10] Herkunft verwendet worden, wobei teils die Abnahme der Nitroverbindung, teils die Zunahme der entstehenden Aminoverbindung bestimmt wurde. Bezüglich Einzelheiten der Methodik[11] muß auf die Originalarbeiten verwiesen werden[12].

# Enzymatische Histochemie.

Von

**F. Duspiva.**

Mit 66 Abbildungen.

## A. Einleitung.

Es ist die Aufgabe der enzymatischen Histochemie, die enzymatischen Funktionen in den morphologischen Einheiten des lebenden Körpers zu lokalisieren. Das Ziel solcher Untersuchungen ist in letzter Linie die Aufklärung der Rolle, die den morphologischen Elementen, wie z. B. bestimmten Geweben oder Zellen, darüber hinaus aber auch den Struktursystemen der Zelle, wie Kernen, Mitochondrien und Chromidien, im Stoffwechselgeschehen der Organismen zufällt. Je nachdem, ob Gruppen funktionell gleichgearteter Zellen oder Partialsysteme von Zellen als morphologische Einheiten aufgefaßt werden, wird *Histochemie* im engeren Sinne, im anderen Falle aber *Cytochemie* betrieben.

Auf ihrem heutigen Stande vermittelt die Histochemie hauptsächlich analytische Befunde, sie ist also gegenwärtig im wesentlichen eine Histotopochemie. Von hier aus

---

[1] BRAND, K., u. J. STEINER: B. **55**, 875 (1922).
[2] BIELING, R.: Zbl. Bakteriol. (I) **89**, Beih. 147 (1922); **90**, 49 (1923). Z. Hyg. **100**, 270 (1923).
[3] GREVILLE, G. D., and K. G. STERN: Biochem. J. **29**, 487 (1935).
[4] PARKER, V. H.: Biochem. J. **51**, 363 (1951).
[5] WESTFALL, B. B.: J. Pharmacol. exp. Therap. **78**, 386; **79**, 23 (1943).
[6] BUEDING, E., and N. JOLLIFFE: J. Pharmacol. exp. Therap. **88**, 300 (1945).
[7] BRAY, H. G., H. V. THORPE and P. B. WOOD: Biochem. J. **44**, 39 (1949).
[8] SMITH, G. N., and C. WORREL: Arch. Biochem. **24**, 216 (1949). J. Bacteriology **65**, 313 (1953).
[9] EGAMI, F., M. EBATA and R. SATO: Nature **167**, 118 (1951).
[10] SAZ, A. K., and J. MARMUR: Proc. Soc. exp. Biol. Med. **82**, 783 (1953). — SAZ, A. K., and R. B. SLIE: J. biol. Ch. **210**, 407 (1954). Arch. Biochem. **51**, 5 (1954).
[11] Zur Dinitrokresolbestimmung vgl. PARKER, V. H.: Analyst **74**, 646 (1949).
[12] Zur Hemmung von Pyrovo- und Succino-dehydrogenase durch Dinitrophenole vgl. MASSART, L., et L. VANDENDRIESSCHE: Enzymologia **10**, 244 (1942).

eröffnet sich ein weites Arbeitsfeld. Bei physiologischer Betrachtung treten von der Histologie her zahlreiche Fragen auf, deren Lösung weitgehend davon abhängt, ob es gelingt, eine bestimmte enzymatische Aktivität einem besonderen Zelltyp zuzuordnen. Wenn man beispielsweise zeigen kann, daß das Propepsin nur in den Hauptzellen der Magenschleimhaut lokalisiert ist, so ist damit die Einsicht gewonnen, daß die morphologisch und färberisch unterscheidbaren Zelltypen der Magenschleimhaut sich auch funktionell unterscheiden, und nur die Hauptzellen mit der Bildung eines speziellen Proteins betraut sind, aus dem das Pepsin hervorgeht. Die Methodik der Histochemie ist heute bereits so weit entwickelt, daß sich solche relativ einfachen Probleme ohne allzu große Komplikationen bearbeiten lassen. Wesentlich schwieriger liegen die Verhältnisse auf dem Gebiete der Cytochemie.

Histochemie wird heute methodisch nach zwei wesensverschiedenen Verfahren betrieben. Die ältere Methode geht von der histologischen Technik aus, verwendet aber an Stelle von Farbstoffen Substratlösungen, in die frische oder auf geeignete Weise vorbehandelte Gewebeschnitte eingelegt werden. Als Substrat eignen sich Stoffe, die in spezifischer Weise von einem Enzym gespalten werden, wobei aber die Bedingung erfüllt sein muß, daß die entstehenden Spaltprodukte entweder direkt mikroskopisch sichtbar sind oder leicht in optisch nachweisbare Produkte übergehen können. Das entstandene Reaktionsprodukt muß aber vollständig unlöslich sein und in der Zelle am Ort der enzymatischen Aktivität liegenbleiben. Der bestechende Vorteil dieser Methodik ist die Möglichkeit, das Gewebe direkt zur Untersuchung heranzuziehen. Damit wird in eleganter Weise die vor jeder chemischen Analyse nötige Sortierung eines inhomogenen Materials in seine Komponenten vermieden, eine Arbeit, die bei biologischem Material ganz besondere Schwierigkeiten macht. Leider kennt man heute noch keine idealen Substrate. Eine intakte Zell- und Gewebestruktur ist nur bei lebenden Objekten garantiert. Aber die Verwendung lebender Gewebe führt zu Schwierigkeiten hinsichtlich eines ungestörten Kontaktes zwischen Enzym und Substrat. Um eine Zerstörung von Permeabilitätsschranken zu erreichen, ist man gezwungen, das Gewebe vor dem Test abzutöten, ein Eingriff, der einen Aktivitätsverlust bedeuten und zu schwer kontrollierbaren Verlagerungen und Readsorptionen der Enzyme an andere Zellstrukturen führen kann. Es liegt in der Wesensart dieser mikroskopischen Technik, daß die Resultate zumeist einen qualitativen Charakter tragen. Eine quantitative Auswertung histochemischer Präparate ist zwar schon oft versucht worden[1], stößt aber heute noch auf große Schwierigkeiten. Eine kritische Diskussion der hierbei auftretenden Probleme haben GLICK, ENGSTRÖM und MALMSTRÖM gebracht[2]. In ihrer heutigen Form gibt diese Technik in den Dimensionen der Gewebehistochemie oft gute Ergebnisse. Auf cytochemischem Gebiet aber unterliegen die Färbemethoden zur Zeit noch schwerer und grundsätzlicher Kritik, besonders hinsichtlich ihrer Brauchbarkeit für das Studium der intracellulären Enzymverteilung.

Neben diesen histochemischen Färbemethoden sind noch einige ausgezeichnete mikroskopische Analysenverfahren entwickelt worden, die allerdings bisher nur zum Nachweis von Nichtkatalysatoren im Gewebe Verwendung fanden und daher hier nur namentlich erwähnt werden sollen. Zum Nachweis von Ribonucleinsäuren sowie Desoxyribonucleinsäure in Zellstrukturen hat sich ein von CASPERSSON[3] entwickeltes *photoelektrisches Absorptionshistospektroskop* sehr bewährt. Es beruht auf der Messung der UV-Absorption von Zellstrukturen bei etwa 260 m$\mu$ und erfaßt noch Substanzmengen in der Größenordnung von $10^{-8}\gamma$. Zum Nachweis radioaktiver Isotopen im Gewebe, die neuerdings häufig zur Markierung bestimmter Substanzen, deren Schicksal im Stoffwechsel verfolgt werden soll, Verwendung finden, eignet sich ganz besonders gut die Methode der *Histoautoradiographie*, vor allem nach der „stripping film"-Technik[4]: Eine photographische Emulsion wird

---

[1] GOMORI, G.: Exp. Cell Res. **1**, 33 (1950).
[2] GLICK, D., A. ENGSTRÖM and B. G. MALMSTRÖM: Science, N. Y. **114**, 253 (1951).
[3] CASPERSSON, T.: J. R. microscop. Soc. **60**, 8 (1940).
[4] PELC, S. R.: Nature **160**, 749 (1947). — BOYD, G. A.: Autoradiography in Biology and Medicine. New York 1955.

in Form eines dünnen Filmes direkt auf den Gewebeschnitt aufgelegt und eine Zeitlang exponiert. Nach der Entwicklung der Emulsion und histologischen Färbung des Schnittes lassen sich die radioaktiven Strukturen durch die aufgelagerten Silbergranula identifizieren. Eine ausführliche Beschreibung solcher Verfahren findet sich S. 734ff. Ein hervorragendes Verfahren zur quantitativen Elementaranalyse einzelner Teilstrukturen auf einem Gewebeschnitt ist die *Röntgenabsorptionshistospektroskopie* von ENGSTRÖM[1]. Dem gleichen Autor verdanken wir auch ein Verfahren zur Bestimmung der Masse von Zellstrukturen, das auf der Totalabsorption monochromatischer Röntgenstrahlen durch die organische Substanz beruht. Man kann nach diesem Prinzip Strukturen bis zu 1 $\mu$ Durchmesser wägen (ENGSTRÖM und LINDSTRÖM[2]). Häufig angewandte Methoden sind die *Mikroveraschung* und die *Fluorescenzmikroskopie*. Weitere Verfahren sind die *Emissionshistospektroskopie* und die *analytische Elektronenmikroskopie*. Einen umfassenden Überblick über Verwendungsmöglichkeiten und Leistungsfähigkeiten dieser Methoden gab GLICK[3].

Die andere in der Histochemie gebräuchliche Methodik geht von vornherein auf eine quantitative Erfassung der enzymatischen Aktivität von Gewebestrukturen aus. Die Analyse beginnt mit einer Homogenisierung der Probe, um die wichtigste Voraussetzung für einen definierten Spaltungsverlauf, einen guten Kontakt von Enzym und Substrat, zu gewährleisten. Die Spaltprodukte werden auf chemisch-analytischem Wege erfaßt. Die Homogenisierung bedingt, daß keine feinere Lokalisierung eines Enzyms möglich ist, als in der zur Analyse herangezogenen Probe. Ein wesentlicher, aber sehr schwieriger Teil der Analyse besteht darin, die in komplexer Weise ineinandergreifenden Strukturelemente der Organismen zu ordnen, zu isolieren und ihrer Menge nach zu erfassen, um eine Bezugsgröße zu schaffen, auf welche die gemessene Enzymaktivität bezogen werden kann. Manche Gewebe zeigen schon von Natur aus eine gewisse Ordnung ihrer Strukturelemente, die sich öfter in einem histologischen Schichtenbau äußert (z. B. Retina des Auges). Das Problem der Probenahme kann hier methodisch dadurch gelöst werden, daß das Gewebe mittels des Mikrotoms parallel zur Schichtfolge in eine Serie von Schnitten aufgeteilt wird. Aus der histologischen Strukturanalyse und der Bestimmung der enzymatischen Aktivität der Schnitte sind Rückschlüsse auf die Verteilung der Enzyme möglich.

Zur Lokalisation von Enzymen im Cytoplasma benützt man gegenwärtig zwei verschiedene Methoden der Probenahme. Die ältere beruht auf einer Zerstörung des Zellgefüges noch vor der Separierung, wobei keine Schädigung der Cytoplasmakomponenten eintreten soll. Die Absonderung einzelner Elemente aus dem Homogenat erfolgt durch Zentrifugalkräfte. Die Methode liefert genügend Material für analytische Arbeiten, so daß sich besondere enzymatische Mikromethoden erübrigen. Im Homogenat besteht aber vor und während der Separierung von Strukturelementen die Gefahr autolytischer Veränderungen, sowie einer Elution und Readsorption von Enzymen, da zur Trennung ein halbphysiologisches Milieu (Salzlösungen, hypertonische Lösung von Nichtelektrolyten) verwendet wird. Eine auf BEHRENS[4] zurückgehende Modifikation dieser Technik sucht Enzymverlagerungen dadurch zu vermeiden, daß das Gewebe in lyophilisiertem Zustand zerkleinert und in einem nichtwäßrigen Medium in verschiedene Formelemente separiert wird. Die Gefahr einer Adsorption und Extraktion von Proteinen wird dadurch zwar vermindert, dafür aber die Möglichkeit einer Inaktivierung von Fermenten gegeben[5].

Ausführliche Vorschriften zur Gewinnung der Cytoplasmaelemente s. S. 537ff. Die chemische Zusammensetzung und Stoffwechselleistungen haben LANG und SIEBERT[6] ausführlich abgehandelt.

---

[1] ENGSTRÖM, A.: Acta radiol., Stockholm, Suppl. **63**, 106 (1946).
[2] ENGSTRÖM, A., and A. B. LINDSTRÖM: Nature **163**, 563 (1949).
[3] GLICK, D.: Techniques of Histo- and Cytochemistry. New York 1949.
[4] BEHRENS, M.: H. **209**, 59 (1932).
[5] MIRSKY, A. E.: Cold Spring Harbor Symp. quant. Biol. **16**, 481 (1951).
[6] LANG, K., u. G. SIEBERT: Flaschenträger-Lehnartz Bd. 2/1, 1064—1156.

Nach der anderen Methodik werden die Zellbestandteile vor der Homogenisierung, also noch in der intakten, lebenden Zelle sortiert. HOLTER[1] bedient sich hierzu des Verfahrens von HARVEY[2], welches auf der Zentrifugierung von lebenden Zellen in einem Medium mit einem Dichtegradienten beruht.

Das große methodische Erfahrungsmaterial, das sich in den beiden letzten Jahrzehnten angehäuft hat, sowie der beschränkte hier zur Verfügung stehende Raum zwingen zu einer Einschränkung. Die folgenden Ausführungen wollen daher nicht den Anspruch auf Vollständigkeit erheben. Dem Verfasser lag hauptsächlich daran, zum Aufbau und Gebrauch der wichtigsten histochemischen Standardmethoden Anleitungen zu geben.

Über Methoden und Ergebnisse der Histochemie wurde schon öfter zusammenfassend berichtet. Eine Beschreibung der histochemischen Technik unter Berücksichtigung aller Zweige dieser vielseitigen Disziplin hat GLICK[3] gegeben. Das Buch ist für jeden, der auf dem Gebiet der Histochemie arbeiten will, ein wertvoller Wegweiser. Die chemische Methodik haben LINDERSTRØM-LANG und HOLTER[4] zusammenfassend dargestellt. Über das Teilgebiet der mikroskopischen Methodik erschienen in letzter Zeit einige sehr empfehlenswerte Bücher (LISON[5], GOMORI[6], PEARSE[7], PANIJEL[8], DANIELLI[9]). Referate über das Gebiet der Histo- und Cytochemie finden sich bei HOLTER[10], DOUNCE[11], LANG und SIEBERT[12], sowie LIPP[13].

## B. Mikroskopische Färbemethoden.

In diesem Abschnitt wird eine Anzahl von enzymatisch-histochemischen Methoden zusammengefaßt, die auf der Bildung von Reaktionsprodukten beruhen, welche direkt am Enzymort in der Zelle entstehen und im Mikroskop sichtbar sind. Wenn nicht Eizellen oder kleine durchsichtige Wasserorganismen zur Untersuchung vorliegen, wird die Anfertigung von Mikrotomschnitten nicht zu umgehen sein, um die Gewebestruktur einer mikroskopischen Untersuchung zugänglich zu machen. In den meisten Fällen müssen die Organismen oder Gewebeschnitte vor der Durchführung des Enzymtestes abgetötet werden, um dem Substrat den Eintritt in das Plasma und an den Enzymort zu ermöglichen. Eine Fixierung ist mit wenigen Ausnahmen (Cytochromoxydase) stets zu empfehlen, um das Abwandern von Enzym aus dem Schnitt in das wäßrige Inkubationsmedium, sowie gröbere Enzymverlagerungen innerhalb des Schnittes tunlichst einzuschränken.

**Fixierung.** Allgemeingültige Angaben über ein zufriedenstellendes *Fixierungsmittel* lassen sich noch nicht machen. Man fixiert Gewebeproben „im Stück" oder fertigt aus lebendfrischem Gewebe Gefrierschnitte an, die schon beim Auftauen auf geeignete Weise fixiert werden müssen. Chloroform fixiert Gewebestrukturen stets sehr schlecht. Alkohol (80—90%) oder Aceton (absolut) fixieren nicht gerade gut, aber meist ausreichend, sie verursachen keinen allzu starken Aktivitätsverlust, wenn sie eiskalt angewendet werden und ihre Einwirkungszeit 18—24 Std nicht übersteigt. Formaldehyd fixiert nicht schlecht und erhält auch die Aktivität zahlreicher Enzyme; geeignet ist 10%iger, mit

---

[1] HOLTER, H., and W. L. DOYLE: J. cellul. comp. Physiol. **12**, 295 (1938).
[2] HARVEY, E. N.: Biol. Bull. **61**, 273 (1931).
[3] GLICK, D.: Techniques of Histo- and Cytochemistry. New York 1949.
[4] LINDERSTRØM-LANG, K., u. H. HOLTER: Bamann-Myrbäck **2**, 1132—1161.
[5] LISON, L.: Histochimie et Cytochimie animales. 2. Aufl. Paris 1953.
[6] GOMORI, G.: Microscopic Histochemistry: Principles and Practice. Chicago 1952.
[7] PEARSE, A. G. E.: Histochemistry. London 1953.
[8] PANIJEL, J.: Lés problèmes de l'histochémie et la biologie cellulaire. Paris 1952.
[9] DANIELLI, J. F.: Cytochemistry. A Critical Approach. New York, London 1953.
[10] HOLTER, H.: Adv. Enzymol. **13**, 1 (1952).
[11] DOUNCE, A. L.: Cytochemical Foundations of Enzyme Chemistry. Sumner-Myrbäck 1/1, 187.
[12] LANG, K., u. G. SIEBERT: Flaschenträger-Lehnartz Bd. 2/1, 1064—1156.
[13] LIPP, W.: Histochemische Methoden. München 1954.

Phosphat auf $p_H$ 7 gepufferter Formaldehyd, der bei 4° 2—4 Std lang angewendet wird[1]. DANIELLI[2] hat mit einem Gemisch von 25 Vol.-% Pyridin in 80%igem Alkohol gute Erfahrungen gemacht. Er empfiehlt für Untersuchungen über die alkalische Phosphatase ganz besonders ein Gemisch von 20% Pyridin, 70% Alkohol und 10% Formaldehyd (40%ig) bei einer Anwendungsdauer von 2 Std. Quecksilber(II)-chlorid, Trichloressigsäure, Essigsäure (mehr als 1%ig) zerstören in den meisten Fällen die enzymatische Aktivität völlig. Eine gute Fixierung des Gewebes und Erhaltung der enzymatischen Aktivität sind in gewisser Hinsicht Gegensätze, die sich nicht überbrücken, sondern nur durch einen Kompromiß lösen lassen. Gewebestücke werden nach der Fixierung bei Zimmertemperatur entwässert und über Xylol in geschmolzenes Paraffin eingebettet. Diese Prozedur bis zur Herstellung der Paraffinschnitte schädigt die enzymatische Aktivität stets sehr stark. LISON[3] nimmt bei der alkalischen Phosphatase eine Aktivitätsverminderung von 75% an. Man wird daher gut tun, alle Stufen möglichst kurzfristig zu durchlaufen und die Einbettungstemperatur nicht höher als 54° zu wählen.

Damit soll aber keinesfalls gesagt sein, daß diese Vorschriften für alle Enzyme Geltung haben. Die Acetylcholinesterase wird bei jeder Fixierungsart beträchtlich inaktiviert; der Zusatz eines passend gewählten reversiblen Inhibitors oder von Substrat zum Fixiermedium begünstigt aber die Erhaltung der enzymatischen Aktivität während der Fixierung. Empfindliche Enzyme können nur in Gefrierschnitten aus lebendfrischem Gewebe untersucht werden. Zur Herstellung der Schnitte empfiehlt sich das Kryostatmikrotom von LINDERSTRØM-LANG und MOGENSEN (s. S. 372ff.).

**Gefriertrocknung.** Um eine Verlagerung wasserlöslicher Inhaltstoffe der Zellen beim Auftauen der Gefrierschnitte zu vermeiden, ist es angebracht, ein Trocknen der Gefrierschnitte im gefrorenen Zustand vorzunehmen. Da die Proteinstrukturen dieser Gewebeproben nicht fixiert sind, müssen die Proben vor der Behandlung mit wäßrigen Medien kurzfristig durch absolutes Äthanol oder Formaldehyddampf geführt werden. Die Gefrierschnitte können auf einfachste Weise direkt im Kryostaten bei tiefer Temperatur getrocknet werden, wenn man ein passendes Trocknungsmittel ($P_2O_5$) in den Kryostatenraum einbringt. Die Schnitte sind in 1—2 Std trocken.

Für manche histochemische Zwecke kann es vorteilhaft sein, die Gewebeprobe „im Stück" durch Gefriertrocknen zu entwässern und anschließend in ein geeignetes Medium einzubetten und zu schneiden. Hierbei umgeht man eine Fixierung des Gewebes mit organischen, eiweißfällenden und wasserentziehenden Mitteln. Das Prinzip dieser Methode beruht auf einem sehr schnellen Einfrieren der Gewebeprobe bei tiefer Temperatur (—180°) in einem Kältebad (Isopentan in flüssigem Stickstoff) und rascher Entwässerung des gefrorenen Materials im Hochvakuum. Leider sind nicht in vielen Laboratorien die dazu nötigen Geräte vorhanden. Der hauptsächliche Vorteil des Verfahrens ist die augenblickliche Sistierung des Stoffwechsels. Auch ist die Gefahr einer Verschiebung von Enzymen und diffusiblen Stoffen auf ein Minimum beschränkt. Cytoplasmatische Einschlüsse werden oft auch strukturell so gut erhalten wie nach Fixierung mit eiweißfällenden Lösungen. Ein weiterer Vorteil ist, daß auch die direkte Einbettung der getrockneten Probe in geschmolzenes Paraffin möglich ist. Die Einbettung muß im Vakuum geschehen. Die Methodik geht auf ALTMANN zurück und wurde von GERSH[4] erweitert. Einen für histochemische Zwecke geeigneten Gefriertrocknungsapparat haben PACKER und SCOTT[5]* beschrieben**. Es herrscht heute noch geteilte Meinung darüber,

---

* Eingehende Beschreibung der Apparatur bei GLICK, D.: Techniques of Histo- und Cytochemistry. New York 1949.

** Ein in Deutschland erhältliches Gerät (G 01, Leybold, Köln-Bayental) ist eingehend beschrieben bei NEUMANN, K.-H.: Grundriß der Gefriertrocknung. Göttingen 1952.

[1] SELIGMAN, A. M., H. H. CHAUNCEY and M. M. NACHLAS: Stain Technol. **26**, 19 (1951).
[2] DANIELLI, J. F.: J. exp. Biol. **22**, 110 (1946).
[3] LISON, L.: Bull. Histol. appl. **25**, 23 (1947).
[4] GERSH, I.: Anat. Rec. **53**, 309 (1932).
[5] PACKER, D. M., and G. H. SCOTT: J. techn. Meth. & Bull. int. Ass. med. Mus. **22**, 85 (1942).

ob die Aktivität der Enzyme in den fertigen Paraffinblöcken erhalten bleibt. LISON[1] empfiehlt, die Gewebeprobe möglichst innerhalb zweier Tage von der Fixierung bis zum fertigen gefärbten Präparat aufzuarbeiten. Andere Autoren beobachteten eine bessere Haltbarkeit. Es wird auf alle Fälle ratsam sein, den Block möglichst bald aufzuschneiden und die aufgeklebten Paraffinschnitte bis zur enzymatischen Reaktion in einem Exsiccator über Calciumchlorid zu verwahren. Die Schnitte werden mit Xylol entparaffiniert und kurzfristig (3 min) in absolutem Äthanol fixiert, bevor sie in das Inkubationsmedium eingelegt werden. Es können auch nicht entparaffinierte Schnitte durch Schwimmenlassen auf dem Inkubationsmedium mit dem Substrat zur Reaktion gebracht werden, doch fällt dann die resultierende Färbung nicht immer zufriedenstellend aus. Solange es nicht gelingt, Enzyme in der lebenden Zelle sichtbar zu machen, wird man niemals ganz genau angeben können, ob eine histologische Fixierung tatsächlich eine getreue Festlegung eines Enzyms an seinem ursprünglichen Sitz in der lebenden Struktur bewirkt oder nicht. Es ist aber sicher, daß Verlagerungen von Enzymen um so stärker auftreten werden, je schlechter die Gewebestruktur nach den Manipulationen erhalten bleibt. Man soll nach einem Rat von LISON[1] unter mehreren Fixierungsmitteln stets dem histologisch besten den Vorzug geben, auch auf Kosten eines Teiles der enzymatischen Aktivität.

**Strukturgebundene Fermente.** Viele Enzyme kommen in den Geweben in zwei verschiedenen Zuständen vor, als *Lyoenzyme* im Hyaloplasma diffus verteilt und durch wäßrige Extraktionsmittel leicht auswaschbar, oder als *Desmoenzyme* mehr oder weniger fest in unlöslichen Elementen des Protoplasma verankert. Wenn auch die Lyoenzyme bei der Fixierung der Zelle mit Aceton u. dgl. fast immer zusammen mit den Plasmaeiweißkörpern ausgefällt werden, gehen sie später sicher zu einem großen Teil wieder in Lösung, wenn der Schnitt mit der wäßrigen Substratlösung inkubiert wird. Sie können mit der mikroskopischen Technik also — wenn überhaupt — so nur ganz unvollständig erfaßt werden. Man hat neuerdings versucht, die Störungen durch Enzymverlagerungen und Enzymverlust während der Inkubation der Schnitte in wäßrigen Medien dadurch zu vermindern, daß man entweder die nicht entparaffinierten Schnitte mit der Substratlösung in Reaktion bringt oder im Falle von Gefrierschnitten der Substratlösung Aceton oder Natriumsulfat in einer Konzentration zusetzt, die ausreicht, um die Löslichkeit des Enzyms herabzusetzen. Anders die Desmoenzyme; ihre Lokalisation gelingt um so schärfer, je sicherer ihre Trägerstrukturen konserviert wurden, d. h. je besser die Präparate histologisch fixiert sind. Ist ein Enzym ausschließlich als Lyoenzym in der Zelle vorhanden, so kann es sich unter Umständen dem Nachweis völlig entziehen. Es ist daher ein Grundsatz der mikroskopischen Histochemie, daß zwar ein positives Resultat die Anwesenheit eines Enzyms beweist, ein negatives Resultat aber keine Beweiskraft hat.

**Nachweis der Reaktionsprodukte.** Zum Nachweis eines Enzyms wird in den meisten Fällen der entparaffinierte Schnitt mit einer wäßrigen Substratlösung bedeckt. Es ist selten der Fall, daß schon bei der enzymatischen Umwandlung des Substrates gefärbte Verbindungen entstehen. Häufig muß ein entsprechendes Reagens zugesetzt werden. Der sich bildende, gefärbte Niederschlag ist stets das Produkt einer langen Kette von Substitutionsreaktionen. Ganz abgesehen davon, daß das Reagens natürlich von vornherein so gewählt sein muß, daß es nur mit den spezifischen Produkten der enzymatischen Reaktion und nicht etwa schon mit den Puffersubstanzen oder dem Substrat reagiert, bedarf es stets einer sorgfältigen Prüfung, ob bei diesen vielen Umsetzungen nicht eine Adsorption von Reagentien oder Zwischenprodukten der Reaktion an Cytoplasmakomponenten möglich ist. Oft sind die adsorbierten Stoffe durch einfaches Auswaschen nicht wieder entfernbar (z. B. Schwermetalle) und können dann zu Verwechslungen mit dem betreffenden Enzym Anlaß geben.

So zeigen Schnitte, die mit Kobaltritrat behandelt wurden, auch nach gründlichem Auswaschen mit Ammoniumsulfid stets eine schwache, aber deutliche Bräunung; in

---
[1] LISON, L.: Bull. Histol. appl. **25**, 23 (1947).

gleichem Sinn reagiert auch das im Schnitt enthaltene ionisierte Eisen. Beide Reaktionen darf man bei GOMORI-Präparaten nicht mit der Phosphatase verwechseln.

**Kontrollversuche.** Gegen solche Irrtümer hilft nur der sorgfältige Vergleich der Testpräparate mit umsichtig angesetzten Kontrollen. In jeder Versuchsserie sollen deshalb einige Schnitte mitlaufen, die an Stelle der kompletten Substratlösung nur mit dem Puffer und den übrigen Begleitstoffen inkubiert werden. Weiter ist zu empfehlen, einzelne Gewebeschnitte in feuchtem Zustand zur Inaktivierung der Enzyme mehrere Minuten auf 90° zu erhitzen und außerdem andere Schnitte mit spezifischen Inhibitoren des betreffenden Enzyms zu versetzen, die Schnitte aber im übrigen genau so zu behandeln wie die Testpräparate. Es muß aber vermieden werden, daß der Inhibitor sich mit dem Puffer, dem Substrat oder dem Reagens umsetzt. Wenn im Gewebe ein Stoff bereits vorliegt, welcher mit dem Reagens ähnlich reagiert wie das enzymatische Spaltprodukt, so muß dieser Stoff vor der Spaltung aus dem Gewebe entfernt werden, außer wenn er in ganz anderen Zellen lokalisiert ist als das Enzym, so daß von vornherein eine Verwechslung unmöglich ist. Die Behandlung darf aber die enzymatische Aktivität der Gewebeprobe nicht erheblich verringern.

**Lokalisation der Reaktionsprodukte.** Die wichtigste Bedingung für die Brauchbarkeit einer histochemischen Methode ist die sichere Lokalisation des Reaktionsproduktes der enzymatischen Umsetzung am Enzymort in der Zelle. Nach GOMORI[1] sind hierbei eine Anzahl von Faktoren im Spiel, von denen die Geschwindigkeit der Freisetzung von Spaltprodukten aus dem Substrat, die Geschwindigkeit ihrer Ausfällung durch das Reagens und die Löslichkeit des Präcipitats besonders wichtig sind. Wenn die beiden ersten Faktoren die Diffusionsgeschwindigkeit des Reaktionsproduktes in die Umgebung nicht bedeutend übertreffen, so kann es vorkommen, daß am Enzymort das Löslichkeitsprodukt nicht überschritten wird, d. h. also gar keine Ausfällung entsteht, die von dieser Stelle in die Umgebung abströmenden Reaktionsprodukte von verschiedenen dazu neigenden Zellstrukturen adsorbiert werden und auf diese Weise eine fehlerhafte Lokalisation vortäuschen. Eine Untersuchung über die grundsätzlichen Verhältnisse bei der Freisetzung, Diffusion und Ausfällung von Phosphat im GOMORI-TAKAMATSU-Test für alkalische Phosphatase verdanken wir JOHANSEN und LINDERSTRØM-LANG[2]. Die Überschreitung des Löslichkeitsproduktes ist wohl eine notwendige, aber keineswegs ausreichende Bedingung für die Ausfällung von Calciumphosphat. Dieses wenig lösliche Salz hat eine starke Tendenz zur Bildung übersättigter Lösungen. Daher ist die wichtigste Bedingung für eine lokalisierte Ausfällung am Enzymort, daß das Ionenprodukt, bei welchem eine spontane Krystallisation auftritt, so schnell erreicht wird, daß das Zellinnere nicht mit übersättigter Calciumphosphatlösung überschwemmt wird, was zu Fehllokalisationen an im fixierten Cytoplasma verstreut liegenden Krystallkeimen oder anderen Zellbestandteilen führen kann. Das Gleichgewicht zwischen Freisetzung, Diffusion und Ausfällung von Phosphationen durch Calciumionen wurde von den genannten Autoren an einem einfachen Modell studiert, das den Bedingungen des GOMORI-Testes entspricht. Es zeigte sich, daß freigesetzte Phosphationen unter bestimmten Bedingungen durch Diffusion so schnell vom Bildungsort entfernt werden, daß für eine lokale Ausfällung von Calciumphosphat am oder um den Enzymort nur wenig Wahrscheinlichkeit besteht. Dazu kommt, daß die bei spontaner Ausfällung von Calciumphosphat sich bildenden Krystallkeime im Reaktionsraum so schütter verteilt sind, daß eine definierte Verteilung fester Partikelchen nach dem Konzentrationsgradienten in Frage gestellt sein kann. An der Bildung von Niederschlägen im GOMORI-Test sind wohl immer zwei Faktoren beteiligt, die Lokalisation der „Enzymorte" und die Lokalisation von „Fällungszentren", wobei diese irgendwelche Stellen im Cytoplasma darstellen, an denen sich Calcium- und Phosphat-

---

[1] GOMORI, G.: Proc. Soc. exp. Biol. Med. **42**, 23 (1939).
[2] JOHANSEN, G., and K. LINDERSTRØM-LANG: Acta chem. scand. **5**, 965 (1951). Acta med. scand. **142**, Suppl. **266**, 601 (1952).

ionen ablagern können. Die Röntgenanalyse[1] des bei der GOMORI-TAKAMATSU-Technik ausfallenden Niederschlages zeigte ausschließlich die Reflexe von Apatit. Die Fällung besteht aus winzigen Kryställchen von Hydroxylapatit mit einer durchschnittlichen Teilchengröße von $(1,4 \pm 0,3) \cdot 10^{-5}$ mm. Die auftretende Partikelzahl beträgt etwa $4 \cdot 10^{14}$ je Kubikzentimeter und ist noch hoch genug, um den Detailreichtum zu ermöglichen, der in den mit diesem Test erzielten Bildern enthalten ist. Was schließlich die Umlagerung von Calciumphosphat in Kobaltphosphat betrifft, so konnten HOLTER, LØVTRUP und RUBIN[2] zeigen, daß hierbei keinerlei quantitative Beziehungen bestehen. Ein erheblicher Teil vom ursprünglich entstandenen Kobaltsulfid dürfte zu Sulfat oxydiert werden. Im Gewebe verläuft die Umsetzung sicher noch komplizierter. Es ist gar nicht abzusehen, in welcher Form Calciumphosphat in der Zellstruktur abgelagert wird, wenn der Hydroxylapatit nicht spontan ausfällt welche Komplexe mit Proteinen und Nucleinsäure von den Phosphat- und Calciumionen unter diesen Umständen gebildet werden, und welche dieser Komplexe auf späteren Phasen des GOMORI-Testes mit Kobaltchlorid und Ammoniumsulfid sichtbar gemacht werden können.

Wie weit diese Überlegungen auch für andere Testmethoden wie z. B. solche, bei denen die enzymatischen Reaktionsprodukte in Azofarbstoffe überführt werden, Geltung haben, läßt sich heute noch nicht überschauen. Auf dem heutigen Stande der Technik ist die Zuverlässigkeit der mikroskopischen Färbemethoden durch solche Einwände noch etwas in Frage gestellt, sofern diese Teste zur Lokalisation von enzymatischen Aktivitäten in Zellstrukturen wie Kernen, Mitochondrien, Bürstensäumen u. a. Anwendung finden[3]. In den Dimensionen der Gewebehistochemie haben sie aber zweifellos ihre Berechtigung.

## 1. Hydrolasen.

### a) Phosphatasen.

#### α) Alkalische Phosphatasen.

Eine histochemische Methode zur Bestimmung der alkalischen Phosphatase wurde gleichzeitig, aber unabhängig voneinander von GOMORI[4] und TAKAMATSU[5] entwickelt. Eine Überprüfung der Spezifität und Erweiterung dieser Methode erfolgte durch HEPLER[6] u. a.; KABAT und FURTH[7]; BOURNE[8]; DANIELLI[9]; MENTEN, JUNGE und GREEN[10]; BARGER[11]; LISON[12]; DEANE[13]; NEWMAN, FEIGIN, WOLF und KABAT[14] u. a. m.

*Prinzip:*

Wenn Gewebeschnitte bei alkalischer Reaktion mit einer Lösung von Natriumglycerophosphat oder einem anderen geeigneten Substrat behandelt werden, so können die Gewebeorte, die eine aktive Phosphatase enthalten, dadurch markiert werden, daß man der Substratlösung Calciumionen zusetzt, um das jeweils entstehende Phosphat auszufällen. Der farblose Niederschlag von Calciumphosphat wird durch Umlagerung in das entsprechende Kobaltsalz, welches sich mit Ammoniumsulfid schwärzen läßt, sichtbar gemacht.

---

[1] CARLSEN, F., E. JENSEN and G. JOHANSEN: C. R. Lab. Carlsberg (II) **29**, 1 (1953).
[2] HOLTER, H., S. LØVTRUP and J. RUBIN: Acta chem. scand. **5**, 194 (1951).
[3] NOVIKOFF, A. B.: Science, N. Y. **113**, 320 (1951).
[4] GOMORI, G.: Proc. Soc. exp. Biol. Med. **42**, 23 (1939).
[5] TAKAMATSU, H.: Trans. Soc. path. jap. **29**, 492 (1939).
[6] HEPLER, O. E., J. P. SIMONS and H. GURLEY: Proc. Soc. exp. Biol. Med. **44**, 221 (1940).
[7] KABAT, E. A., and J. FURTH: Amer. J. Path. **17**, 303 (1941).
[8] BOURNE, G.: Quart. J. exp. Physiol. **32**, 1 (1943).
[9] DANIELLI, J. F.: J. exp. Biol. **22**, 110 (1946).
[10] MENTEN, M. L., J. JUNGE and M. H. GREEN: J. biol. Ch. **153**, 471 (1944).
[11] BARGER, J. D.: Arch. Path., Chicago **43**, 620 (1947).
[12] LISON, L.: Bull. Histol. appl. **25**, 23 (1947).
[13] DEANE, H. W.: Amer. J. Anat. **80**, 321 (1949).
[14] NEWMAN, W., I. FEIGIN, A. WOLF and E. A. KABAT: Amer. J. Path. **26**, 257 (1950).

***Phosphatasenachweis mit der Kobaltsulfidmethode nach*** GOMORI[1] ***und*** BOURNE[2].

*Reagentien:*
1. Kobaltsalz (Nitrat, Chlorid, Acetat), 1—2%ig.
2. Ammoniumsulfidlösung: Einige Tropfen einer Lösung von gelbem Ammoniumsulfid auf eine Färbewanne mit destilliertem Wasser.
3. Substratlösung: $p_H$ 9,4. Man vermischt 25 cm³ 2%iges Natriumglycerophosphat, 25 cm³ 2%iges Natriumdiäthylbarbiturat, 5 cm³ 2%ige Calciumchloridlösung, 2 cm³ 2%ige Magnesiumsulfatlösung sowie 50 cm³ destilliertes Wasser und setzt ein paar Tropfen Chloroform zu. Die Lösung ist im Kühlschrank längere Zeit haltbar.

*Ausführung:*
1. Kleine Gewebestücke (etwa 2 mm) 12—24 Std lang in eiskaltem, absolutem Aceton oder 80%igem Äthanol fixieren und bei zweimaligem Wechsel je 6—12 Std mit absolutem Aceton oder Äthanol bei Zimmertemperatur entwässern.
2. Durchführen durch Benzol bei zweimaligem Wechsel je 30 min. Die Verwendung von Methylbenzoat als Zwischenmedium ist empfehlenswert.
3. Einbetten in Paraffin bei einer Temperatur von nicht über 56° bis zu 2 Std. Zur Beschleunigung dreimaliger Paraffinwechsel je 20 min. Das mittlere Paraffinbad im Vakuum vornehmen.
4. Anfertigung von Schnitten 5—10 $\mu$ dick; wenn möglich, das Strecken in lauwarmem Wasser vermeiden und trocken aufkleben. Die Verwendung von Eiweiß-Glycerin ist empfehlenswert (DOYLE[3]).
5. Trocknen der Schnitte, Abschmelzen im Paraffinofen (10 min) und Entparaffinieren über Xylol, absoluten Alkohol, Alkohol-Äther mit Zusatz von 1% Celloidin, absteigende Alkoholreihe bis destilliertes Wasser. Enthalten die Gewebe Calciumsalze, so behandelt man zu ihrer Auflösung 15 min mit Citratpuffer, $p_H$ 4,5—5,0, und wäscht in Wasser.
6. Einstellen der Schnitte in Substratlösung, 1—2 Std bei 37°.
7. Abspülen mit Wasser, Eintauchen in die Kobaltsalzlösung für 5 min, anschließend bei wiederholtem Wasserwechsel gründlich mit Wasser abspülen.
8. Einstellen der Schnitte in verdünnte Ammoniumsulfidlösung 1—2 min.
9. Auswaschen in Wasser, Gegenfärbung nach Wunsch, Entwässern und in Kanadabalsam einschließen.

*Resultat:* Phosphataseorte braun bis schwarz.

***Phosphatasenachweis mit der Silberfärbung nach*** KOSSA[4], GOMORI[5], TAKAMATSU KABAT[6], ***und*** FURTH[7]. Diese Methode gibt schönere Bilder, die aber histochemisch nicht ganz eindeutig sind.

*Reagentien:*
1. $AgNO_3$, 5%ig.   2. Natriumthiosulfat, 5%ig.   3. Substratlösung wie oben.

*Ausführung:*
1.—6. wie oben.
7. Abspülen mit Wasser, Eintauchen in Silbernitratlösung. 1 Std dem direkten Sonnenlicht (oder UV-Glühbirne, 275 Watt) exponieren.
8. Abspülen, die Silberfärbung in Natriumthiosulfatlösung fixieren (1 min), Wässern in fließendem Leitungswasser.
9. wie oben.

*Resultat:* Phosphataseorte braun bis schwarz.

---

[1] GOMORI, G.: Amer. J. clin. Path. 16, 347 (1946).
[2] BOURNE, G.: Quart. J. exp. Physiol. 32, 1 (1943).
[3] DOYLE, W. L.: Science, N. Y. 111, 64 (1950).
[4] KÓSSA, J. V. v.: Beitr. path. Anat. 29, 163 (1901).
[5] GOMORI, G.: Proc. Soc. exp. Biol. Med. 42, 23 (1939).
[6] TAKAMATSU, H.: Trans. Soc. path. jap. 29, 429 (1939).
[7] KABAT, E. A., and J. FURTH: Amer. J. Path. 17, 303 (1941).

### Nachweis der alkalischen Phosphatase nach RUYTER und NEUMANN[1].

*Prinzip:*
Zur Vermeidung der Translokation von Enzym, die bei der Durchführung entparaffinierter Schnitte durch die absteigende Alkoholreihe bis in Wasser stets mehr oder weniger stark ist, werden die Paraffinschnitte vom Messer direkt in die Substratlösung gebracht. Um auch Fehllokalisationen einzuschränken, die auf eine Adsorption von Kobaltionen an Kernstrukturen zurückgehen, wird der am Enzymort als Reaktionsprodukt auftretende Hydroxylapatit mittels Silberacetat in Silberphosphat überführt, welches sich bei Belichtung schwärzt.

*Reagentien:*
1. Calciumglycerophosphat, 0,4%ig, $p_H$ 8,4.
2. Silberacetatlösung. [Eine $AgNO_3$-Lösung (0,5 g in 1 cm³ Wasser) wird in eine m Natriumacetatlösung bis zur Bildung einer weißen Fällung eingetropft. Abfiltrieren des Niederschlages.]
3. Natriumthiosulfat, 1%ig.

*Ausführung:*
1. Organstücke in 80%igem Alkohol unter öfterer Erneuerung der Lösung fixieren (12—24 Std).
2. Behandlung mit 96%igem Alkohol, einmaliger Wechsel.
3. Überführen in Methylbenzoat (12—24 Std), einmaliger Wechsel.
4. Behandlung mit Xylol oder Toluol (2—3 Std).
5. Einbringen in geschmolzenes Paraffin (F 54—56°), dreimaliger Wechsel, je 30 bis 45 min.
6. Einbetten in Paraffin. In manchen Fällen empfiehlt sich eine Doppeleinbettung; hierzu sind zwischen 3. und 4. folgende Stufen einzuschalten:
    3a. Behandlung mit absolutem Alkohol.
    3b. Einbringen in 2%ige Celloidinlösung in Äthanol-Aceton (1:1), 24 Std.
7. Anfertigung 6 µ dicker Schnitte.
8. Einbringen der Schnitte in Calciumglycerophosphat, $p_H$ 8,4, bei 32°; wenn bei $p_H$ 9,4 inkubiert wird, müssen die Schnitte vorher einige Stunden bei 32° gewässert werden. Spaltungszeit 20 Std. Die Paraffinschnitte läßt man auf der Substratlösung schwimmen.
9. In Wasser waschen, mehrfacher Wechsel.
10. Einbringen in Silberacetatlösung. Die Schnitte läßt man auf der Lösung unter Belichtung schwimmen, bis deutliche Schwarzfärbung eintritt*.
11. Waschen, Montieren mit Hilfe von Eiweiß-Glycerin, Trocknen, Entparaffinieren in Xylol, absteigende Alkoholreihe, Wasser, 5 sec lang in Natriumthiosulfatlösung waschen, sorgfältig wässern, Gegenfärbung in Hämatoxylin, Eosin, einschließen in Kanadabalsam.

Bei Anwendung der Kobaltsulfidmethode nach GOMORI färben sich in allen Gewebezonen mit hoher Enzymaktivität auch die Zellkerne deutlich an. Da mit der *Azofarbstoffmethode* nach MENTEN und Mitarbeitern[2] eine solche Kernfärbung nicht auftritt, liegt die Befürchtung nahe, daß die positive Kernfärbung in sehr vielen Fällen ein Artefakt ist, dadurch hervorgerufen, daß enzymatisch aus Glycerophosphat in Gegenwart von Calciumsalzen entstandener Hydroxylapatit zunächst in übersättigter Lösung vorliegt und von den Zellkernen adsorbiert wird. GOMORI[3] selbst gibt deswegen neuerdings der Azofarbstoffmethode den Vorzug. Vorteilhafte Modifikationen der Technik von MENTEN,

---
\* Die Schwärzung der Phosphataseorte tritt mit größerer Sicherheit ein, wenn Silbernitratlösung an Stelle von Silberacetatlösung verwendet wird.

[1] RUYTER, J. H. C., and H. NEUMANN: Biochim. biophysica Acta, N. Y. **3**, 125 (1949).
[2] MENTEN, M. L., J. JUNGE and M. H. GREEN: J. biol. Ch. **153**, 471 (1944).
[3] GOMORI, G.: J. Lab. clin. Med. **37**, 520 (1951).

JUNGE und GREEN sind von MANHEIMER und SELIGMAN[1], sowie von GOMORI entwickelt worden; die Autoren empfehlen saures Natrium-α-naphthylphosphat als Substrat zu nehmen und dem Ansatz als Diazoniumbase diazotiertes α-Naphthylamin oder 4-Benzoylamino-2,5-dimethoxyanilin (Fast Blue RR, General Dyestoff Corp.), tetraazotiertes o-Dianisidin (Naphthanil Diazo Blue B, Du Pont) oder diazotiertes 4-Chlor-2-aminoanisol (Naphthanil Diazo Red RC Du Pont) zuzusetzen. An den Phosphataseorten in der Zelle bilden sich unlösliche Azofarbstoffe. Zur Verhütung der Untergrundfärbung spült man die Schnitte in 80%igem Alkohol mit Zusatz von 1% HCl. Die Zellkerne bleiben ungefärbt. GROGG und PEARSE[2] halten diese Methode für den zur Zeit besten histochemischen Phosphatasenachweis. Man erzielt eine Empfindlichkeitssteigerung, wenn man die Gewebe in der Kälte (bei $+4°$) 8—16 Std lang in Formol fixiert und anschließend 10—15 $\mu$ dicke Gefrierschnitte anfertigt. Als Diazoniumbase wird auch diazotiertes 5-Chlor-o-toluidin empfohlen; man nimmt 1 mg davon je Kubikzentimeter Substratlösung, mehr hemmt den enzymatischen Umsatz, weniger gibt eine zu blasse Färbung.

Die durch Diffusionsphänomene bedingten Störungen des Phosphatasenachweises nach GOMORI können dadurch eingeschränkt werden, daß man dem Inkubationsgemisch 40% Aceton zusetzt[3]. Aceton setzt in dieser Konzentration nicht nur die Löslichkeit des Enzyms, sondern auch die von Calciumphosphat so stark herab, daß man entparaffinierte Schnitte ohne Schaden in die Substratlösung einlegen kann. Der Vorteil gegenüber nicht entparaffinierten Schnitten ist die kurze Inkubationszeit.

Eine besondere Beachtung verdient die Methode von MENTEN, JUNGE und GREEN[4]. Die Autoren benutzen β-Naphthylphosphat als Substrat. Bei der Spaltung wird β-Naphthol frei, welches mit einem der Substratlösung beigefügten Diazoniumsalz von α-Naphthylamin kuppelt. Hierbei entsteht direkt am Enzymort ein purpurroter Farbniederschlag. Diese Methode ist zur Überprüfung der Standardmethode wertvoll, da sie nicht auf einem Phosphatnachweis beruht. Im übrigen ist sie aber weniger empfindlich und für Serienversuche nicht so gut geeignet. Diese Methode soll sich auch für Untersuchungen von Pflanzengewebe eignen, da man dabei Störungen durch vorgebildete Phosphate vermeidet (YIN[5]). Ein entscheidender Nachteil ist die Instabilität des Diazoniumsalzes, welches vor Gebrauch stets frisch bereitet werden muß und eine enzymatische Spaltung bei höheren Temperaturen verbietet. Diese Schwierigkeiten lassen sich vermeiden, wenn man nach einem Vorschlag von LOVELESS und DANIELLI[6] p-Nitrobenzol-azo-4-α-naphthylphosphat als Substrat verwendet. Dieser Ester ist löslich, stabil, hemmt das Enzym nicht und ist gut spaltbar. Eine Vorschrift zur Darstellung dieser Substanz wird von den Autoren gegeben. Nach der Abspaltung der Phosphorsäure scheidet sich an den Enzymorten im Gewebe ein tief gefärbter Farbstoff ab, der schwer löslich, aber nicht krystallin oder mikrokrystallin ist. Die Löslichkeit des aus dem Ester abgespaltenen freien Phenol in wäßrigen Medien ist aber noch so erheblich, daß Fehllokalisationen eintreten. Es hat sich daher diese Methode in der modernen Histochemie nicht einbürgern können.

Im folgenden wird eine empfehlenswerte moderne Modifikation der Azofarbstoffmethode nach MENTEN, JUNGE und GREEN gebracht, die mehrere Schwierigkeiten der älteren Methode überwunden hat.

**Nachweis der alkalischen Phosphatase nach PEARSE[7].**

*Reagentien:*
1. Substratlösung, $p_H$ 9,2. Man löst 10—20 mg Na-α-naphthylphosphat in 20 cm³ 0,1 m Veronal-Acetatpuffer; nun fügt man 20 mg eines stabilisierten Diazotates

---
[1] MANHEIMER, L. H., and A. M. SELIGMAN: J. nat. Cancer Inst. 9, 181 (1949).
[2] GROGG, E., and A. G. E. PEARSE: Nature 170, 578 (1952).
[3] GOMORI, G.: J. Lab. clin. Med. 37, 520 (1951).
[4] MENTEN, M. L., J. JUNGE and M. H. GREEN: J. biol. Ch. 153, 471 (1944).
[5] YIN, H. C.: New Phytologist 44, 191 (1945).
[6] LOVELESS, A., and J. F. DANIELLI: Quart. J. microscop. Sci. 90, 57 (1949).
[7] PEARSE, A. G. E.: Histochemistry. London 1953.

von 4-Benzoylamino-2,5-dimethoxyanilin (Diazo Fast Blue RR, General Dyestuff Corp.) zu, rührt gut um und filtriert. Man kann auch die gleiche Menge eines stabilen Diazotates von 4-Chlor-o-anisidin oder 5-Chlor-o-toluidin nehmen.

2. MAYERs Hämalaun.

*Ausführung:*

a) Für Gefrierschnitte.

1. Man fixiert kleine Gewebestückchen in 10%igem Formaldehyd 10—16 Std bei 4°.
2. Es werden 10—15 $\mu$ dicke Gefrierschnitte angefertigt und ohne Aufklebemittel auf Objektträger gebracht.
3. Man trocknet die Schnitte 1—3 Std an der Luft, um ein Festkleben zu erreichen.
4. Die Schnitte werden mit Substratlösung bedeckt und 15—60 min bei 20° inkubiert,
5. dann in fließendem Wasser 1—3 min gewaschen und
6. zur Gegenfärbung in Hämalaun gebracht, 4—6 min.
7. Dann werden die Schnitte in fließendem Wasser 30—60 min gewaschen und
8. in Glycerin-Gelatine eingeschlossen.

b) Für Paraffinschnitte (nach Fixierung in kaltem Aceton und Einbettung in Paraffin.

1. Nach Entparaffinierung mit Leichtpetroleum werden die Schnitte über absolutes Aceton in Wasser gebracht.
2. Nun werden die Schnitte mit Substratlösung, wie oben, 0,5—12 Std behandelt,
3. dann wie oben gewaschen, mit Hämalaun gegengefärbt, in fließendem Wasser gebläut und
4. in Glycerin-Gelatine eingeschlossen.

*Resultat:* Phosphataseorte je nach der Art des Diazoniumsalzes schwarz oder braunrot gefärbt, Zellkerne blau. Die Lokalisation ist sehr gut.

*β) Saure Phosphatasen.*

Das Verfahren zum Nachweis der alkalischen Phosphatasen nach GOMORI-TAKAMATSU kann zum Nachweis der sauren Phosphatase nicht ohne weiteres verwendet werden, da Calciumphosphat im sauren $p_H$-Gebiet löslich ist. GOMORI[1, 2] setzt deshalb der Substratlösung Bleiionen zu. Das bei $p_H$ 4,7 unlösliche Bleiphosphat kann zur Sichtbarmachung durch Sulfide geschwärzt oder mit Acridinrot purpurn angefärbt werden. MOOG[3] empfiehlt eine Zugabe von Mangansulfat zur Aktivierung; manchmal soll eine 0,01 m Ascorbinsäurelösung wirksamer sein[4]. Alkohol inaktiviert das Ferment, man kann daher zur Fixierung der Gewebeproben nur Aceton verwenden. Zur Herstellung von Kontrollpräparaten hemmt man das Enzym mit 0,001—0,01 m Natriumfluorid. Die saure Phosphatase läßt sich längst nicht so gut histochemisch darstellen wie die alkalische Phosphatase. Die Resultate fallen recht ungleichmäßig aus, ohne daß man einen triftigen Grund dafür angeben könnte. Die oberflächlichen Regionen der Gewebeproben geben sehr häufig ein negatives Resultat, während im Inneren die Reaktion positiv ausfällt. LISON[5] vermutet, daß die saure Phosphatase überall als Lyoenzym vorkommt und bei den Manipulationen zum größten Teil verlorengeht.

**Nachweis der sauren Phosphatase in tierischem Gewebe nach GOMORI[1, 2].**

*Reagentien:*

1. Essigsäure, 2%ig.
2. Ammoniumsulfidlösung (s. S. 353).

---

[1] GOMORI, G.: Arch. Path., Chicago **32**, 189 (1941).
[2] GOMORI, G.: Amer. J. clin. Path. **16**, 347 (1946).
[3] MOOG, F.: J. cellul. comp. Physiol. **22**, 95 (1943).
[4] MOOG, F.: Biol. Bull. **86**, 51 (1944).
[5] LISON, L.: Bull. Histol. appl. **25**, 23 (1947).

3. *Substratlösung:* $p_H$ 5. Man vermischt 30 cm³ m Acetatpuffer (100 cm³ 13,6%iges Na-acetat · 3 H₂O + 50 cm³ 6%ige Essigsäure) mit 10 cm³ 5%igem Bleinitrat sowie 60 cm³ destilliertem Wasser und fügt langsam unter Umrühren 30 cm³ 2%iges Natriumglycerophosphat zu. Die Lösung ist im Kühlschrank haltbar, muß vor Gebrauch filtriert und mit 2—3 Teilen Wasser verdünnt werden.

*Ausführung:*

1.—5. wie unter alkalische Phosphatase, S. 353.

6. Schnitte 1—24 Std bei 37° mit der Substratlösung behandeln.

7. Waschen mit destilliertem Wasser, dann in 2%iger Essigsäure und schließlich Nachwaschen mit destilliertem Wasser.

8.—9. wie unter alkalische Phosphatasen, S. 353.

*Resultat:* Phosphataseorte braun bis schwarz.

Auch die saure Phosphatase kann mit der Azofarbstofftechnik nachgewiesen werden. Nach GROGG und PEARSE[1] verwendet man als Inkubationsgemisch eine Lösung von 10 bis 20 mg Na-α-naphthylphosphat in 20 cm³ 0,1 m Veronal-Acetatpuffer von $p_H$ 5,0 mit einem Zusatz von 20 mg eines stabilen Diazotates von o-Dianinsidin (Fast Blue B salt, I. C. I. Ltd.). Die Methode entspricht im übrigen in allen Einzelheiten der Vorschrift zur histochemischen Darstellung der alkalischen Phosphatase nach PEARSE auf S. 355 ff.

**Nachweis der Phosphoamidase nach GOMORI**[2]. Die Methode lehnt sich eng an den Nachweis der sauren Phosphatase nach GOMORI an; als Substrat dient *p-Chlor-anilido-phosphorsäure*, gelöst in Acetatpuffer, $p_H$ 5,4—5,8, mit einem Zusatz von Bleiacetat, zur Festlegung von freigesetztem Phosphat, und von $MgCl_2$ zur Aktivierung des Enzyms.

### γ) Andere Phosphatasen.

GLICK und FISCHER[3] haben eine Modifikation der Methode von GOMORI für die saure Phosphatase ausgearbeitet, die auch für pflanzliche Objekte, wie Getreidekörner und Keimlinge, brauchbar ist; sie empfehlen, der besseren Spaltbarkeit halber, Natrium-α-glycerophosphat als Substrat zu wählen. Zahlreiche Autoren untersuchten die Verteilung der Phosphatasen in verschiedenen tierischen Geweben, wobei sie als Substrat nicht nur Glycerophosphat, sondern auch verschiedene andere Phosphorsäureester (bei im übrigen unveränderter Originalmethode von GOMORI) verwendeten. Mit der Färbetechnik ist es nicht leicht, die Spezifität der verschiedenen Phosphatasen im Gewebe zu bearbeiten, von denen jede zahlreiche Substrate spaltet. So wird z. B. Adenosintriphosphorsäure sowohl von einer spezifischen Adenosintriphosphatase (Adenylpyrophosphatase) als auch von der alkalischen Phosphatase gespalten, wie MOOG und STEINBACH[4] zeigten. Wenn aber die Enzyme auf verschiedene Zellen oder Gewebearten verteilt sind, so ist ihre Unterscheidung möglich. Kommen mehrere Phosphatasen an ein und derselben Stelle vor, so gelingt ihre Unterscheidung nach $p_H$-Optimum und bevorzugter Spaltung bestimmter Substrate. Nimmt man Glucose-1-phosphat als Substrat, so muß man daran denken, daß nicht nur eine Phosphatase, sondern auch eine Phosphorylase bei der Synthese des Substrates zu Glykogen anorganisches Phosphat freimacht.

NEWMAN, FEIGIN, WOLF und KABAT[5] sind auf Grund umfassender histochemischer Untersuchungen zu der Anschauung gekommen, daß man im Gewebe 3 Gruppen von Phosphatasen unterscheiden müsse. Die Gruppe 1 (= alkalische Phosphatase) spaltet am besten Hexosediphosphat und Glucose-1-phosphat neben zahlreichen anderen Substraten. Die Gruppe 2 (= 5-Nucleotidase) spaltet spezifisch Purin-ribosid-5-monophosphorsäure, mithin eine Bindung, die typisch für Muskeladenylsäure und Adenosintriphosphorsäure ist. Mit den Substraten der Gruppe 1 findet eine nur geringe oder gar keine Reaktion

---

[1] GROGG, E., and A. G. E. PEARSE: J. Path. Bacteriology **64**, 627 (1952).
[2] GOMORI, G.: Proc. Soc. exp. Biol. Med. **68**, 354; **69**, 407 (1948).
[3] GLICK, D., and E. E. FISCHER: Arch. Biochem. **8**, 91 (1945); **11**, 65 (1946).
[4] MOOG, F., and H. B. STEINBACH: Science, N. Y. **103**, 144 (1946).
[5] NEWMAN, W., I. FEIGIN, A. WOLF and E. A. KABAT: Amer. J. Path. **26**, 257 (1950).

statt. Von der Gruppe 3 (Enzyme des Zellkerns) werden am besten Muskeladenylsäure, Kreatinphosphat, Natrium-β-glycerophosphat und Hefenucleinsäure gespalten. Schlechter gespalten werden Adenosintriphosphorsäure, Hexosediphosphat und Glucose-1-phosphat. Ein Eintauchen der Schnitte in Trichloressigsäurelösung, eine Inkubation in 0,25—0,125 m Glykokoll oder Arginin hemmt die Enzyme der Gruppe 1 stärker als die der Gruppe 3. Bei Verwendung von Kreatinphosphorsäure und Natrium-β-glycerophosphat färben sich die Zellkerne ebensogut an wie mit Muskeladenylsäure, während die Enzyme der Gruppe 2 mit den ersteren kaum eine Anfärbung zeigen, sondern nur mit Muskeladenylsäure und gewissen Präparaten von Adenosintriphosphorsäure. Einen histochemischen Nachweis der 5-Nucleotidaseaktivität haben WACHSTEIN und MEISEL[1] beschrieben.

Viele der genannten Substrate sind entweder kostbar oder zumindest mühsam herzustellen. Man möchte daher für eine Färbung nicht so viel Substrat ansetzen, um eine ganze Färbecuvette zu füllen. GLICK und FISCHER[2] schlagen vor, den Schnitt auf dem Objektträger mit Vaseline kreisförmig zu umranden, einen Tropfen der Substratlösung aufzutragen und einen hohlgeschliffenen Objektträger derart darüberzulegen, daß zwar der Tropfen eingeschlossen wird, aber die Lösung die Wand des Hohlschliffes nicht berührt. Die beiden Glasplatten werden mit einem Gummiband verbunden und umgedreht, so daß sich der Schnitt in einem hängenden Tropfen aus Substratlösung befindet. Man kann so auch bei längerer Inkubation ein Verdunsten der Substratlösung vermeiden.

Es wurde wiederholt der Versuch unternommen, die histochemische Darstellung der Phosphatase quantitativ zu gestalten. Einen Vorschlag hierzu hat unter anderen GOMORI[3] unterbreitet. BARKA u. a.[4] verwenden eine mit Thorium B markierte Bleinitratlösung zur Ausfällung der freigesetzten Phosphorsäure. Bei Anwendung einer entsprechenden Blende ist der Enzymgehalt verschiedener Teile der histologischen Präparate meßbar. Auf dem Größenniveau der Gewebehistochemie dürfte die Verwendung verschiedener radioaktiver Isotope eine Zukunft haben. Nach DAVIES, BARTER und DANIELLI[5] wird ein kurz in absolutem Äthanol fixierter Gefrierschnitt in einer Kammer für kontinuierliche Beobachtung angebracht, um das Objekt ohne Unterbrechung der Messung mehrmals hintereinander mit Inkubationsmedien oder Spülflüssigkeiten behandeln zu können. Der im Inkubationsmedium nach GOMORI-TAKAMATSU am phosphatasehaltigen Zellort ausfallende Calicumphosphatniederschlag kann nun durch Messungen des optischen Gangunterschiedes (in Wellenlängen) mittels eines Interferometer-Mikroskopes in passend aufeinanderfolgenden Zeitabschnitten mengemäßig erfaßt werden. Nach Entfernung des Niederschlages mit destilliertem Wasser bei $p_H$ 7 kann die Aktivität des gleichen Zellortes, eventuell unter veränderten Bedingungen, abermals gemessen werden.

### b) Lipasen.

Zum Nachweis von Lipase kann das gleiche Prinzip verwendet werden wie zum Phosphatasenachweis. Das Substrat muß wasserlöslich sein und Spaltprodukte ergeben, die als Metallsalze gefällt werden können. Verschiedene Substrate werden je nach der Kettenlänge des Säurerestes und der Zahl der Estergruppen von Lipasen und Esterasen unterschiedlich gut gespalten. GOMORI[6] fand, daß sich als Substrat die Ester von Fettsäuren (Kettenlänge $C_{12}$—$C_{18}$) mit Polyglykolen oder Polymannit eignen, in welchen die frei bleibenden OH-Gruppen mit Äthylenoxydketten von verschiedener Länge veräthert wurden. Solche Stoffe werden von der „Atlas Powder Company" unter dem Namen „Tweens" für technische Zwecke hergestellt. Als Substrate sind am günstigsten Tween 80, G—2144, G 9446 N, G 7627 DJ. Nach neueren Untersuchungen spaltet die echte Lipase

---

[1] WACHSTEIN, M., and E. MEISEL: Science, N. Y. **115**, 652 (1952).
[2] GLICK, D., and E. E. FISCHER: Science, N. Y. **102**, 429 (1945).
[3] GOMORI, G.: Exp. Cell Res. **1**, 33 (1950).
[4] BARKA, T., S. SZALAY, Z. POSALAKY u. L. KERLESZ: Acta anat., Basel **16**, 45 (1952).
[5] DAVIES, H. G., R. BARTER and J. F. DANIELLI: Nature **173**, 1234 (1954).
[6] GOMORI, G.: Proc. Soc. exp. Biol. Med. **58**, 362 (1945).

aus Pankreas und Magen außer Estern mit gesättigten Fettsäuren auch Ester mit ungesättigten Fettsäuren gut, während die Esterasen, die in der Leber, aber auch im Pankreas vorkommen, nur Ester mit gesättigten Fettsäuren hydrolysieren (GOMORI[1]).

### Nachweise der Lipase im Gewebsschnitt nach GOMORI[2].

*Reagentien:*
1. Bleinitratlösung, 1—2%ig.
2. Ammoniumsulfidlösung: Ein paar Tropfen Ammoniumsulfid auf den ganzen Inhalt einer Färbecuvette.
3. Substratlösung: *Stammlösung 1.* Man mischt 150 cm³ Glycerin, 50 cm³ 10%iges Calciumchlorid, sowie 50 cm³ 0,2 m Veronal-Acetatpuffer, $p_H$ 7,2—7,4, und setzt destilliertes Wasser bis auf 1000 cm³ zu.
    *Stammlösung 2.* 5%ige Lösung von Tween 80. Beiden Stammlösungen wird zur Konservierung 0,02% Merthiolat zugesetzt. Die Lösungen sind im Kühlschrank viele Wochen haltbar. Vor Gebrauch mischt man 2 cm³ Stammlösung *2* mit 50 cm³ Stammlösung *1*.

*Ausführung:*
1. Kleine Gewebestückchen mit kaltem Aceton fixieren, bei Zimmertemperatur mit Aceton entwässern wie unter alkalischer Phosphatase (s. S. 353) angegeben.
2. Empfehlenswert ist die Verwendung von Gefrierschnitten, die man durch Antrocknen an den Objektträger befestigt. Nach Auswaschen in Wasser geht man gleich in das Inkubationsmedium nach Punkt 6.
3. Überführen in absoluten Alkohol, Alkohol-Äther und für 12 Std in eine Lösung von 4% Collodium in Alkohol-Äther.
4. Überführen in zweimal gewechseltes Chloroform je 1 Std.
5.—6. wie unter alkalische Phosphatase (s. S. 353).
7. Man inkubiert die Schnitte 6—12 Std lang in der Substratlösung bei 37°.
8. Waschen in destilliertem Wasser und Überführen in Bleinitratlösung für 10 min.
9. Waschen in wiederholt gewechseltem Wasser und Eintauchen in Ammoniumsulfidlösung für 1—2 min.
10. Waschen in Wasser, Gegenfärbung in Hämatoxylin und Eosin, Einschluß in Glycerin-Gelatine oder aufsteigende Alkoholreihe, Tetrachloräthylen und Einschließen in synthetisches Harz, gelöst im gleichen Mittel (in Toluol oder Xylol verblaßt die Färbung).

*Resultat:* Die Lipaseorte sind goldbraun gefärbt.

Störungen durch Diffusionsphänomene werden nach RICHTERICH[3] am besten durch Inkubation der nicht entparaffinierten Schnitte in der Substratlösung vermieden.

### c) Andere Hydrolasen.

SELIGMAN, NACHLAS, MANHEIMER, FRIEDMAN und WOLF[4] finden die Methode von MENTEN u. a.[5], die zum Nachweis der alkalischen Phosphatase dient, auch auf die Bestimmung anderer Fermente anwendbar. Das Prinzip der Methode beruht auf der Kupplung von enzymatisch freigesetztem β-Naphthol mit einem Diazoniumsalz, wobei der entstandene unlösliche Azofarbstoff den Enzymort markiert. Verwendet man an Stelle des Phosphorsäureesters den Essigsäureester, so lassen sich mit diesem Substrat Esterasen nachweisen. Die saure Phosphatase spaltet den Phosphorsäureester von β-Naphthol ebenfalls, aber im sauren $p_H$-Bereich gelingt die Kupplung von β-Naphthol mit dem Diazoniumsalz nicht gut. α-Naphthol kuppelt besser, da aber die Spaltungszeit stark verlängert werden

---
[1] GOMORI, G.: Proc. Soc. exp. Biol. Med. **72**, 697 (1949).
[2] GOMORI, G.: Amer. J. clin. Path. **16**, 347 (1946).
[3] RICHTERICH, R.: Exper. **7**, 390 (1951). Enzymologia **15**, 40 (1951).
[4] SELIGMAN, A. M., M. M. NACHLAS, L. H. MANHEIMER, O. M. FRIEDMAN and G. WOLF: Ann. Surg. **130**, 333 (1949).
[5] MENTEN, M. L., J. JUNGE and M. H. GREEN: J. biol. Ch. **153**, 471 (1944).

muß, zersetzt sich die Diazoniumverbindung zu stark. Diazotiertes 1-Aminoanthrachinon ist dagegen hinreichend stabil. Ca-α-naphthylphosphat ist ein brauchbares Substrat für den Nachweis von saurer Phosphatase. Ähnliche Schwierigkeiten treten bei der Spaltung des Schwefelsäureesters und des Glucuronids von β-Naphthol auf. Ein aussichtsreicher Weg schien die Verwendung farbloser Substrate von höherem Molekulargewicht zu sein, deren Phenolkomponente genügend unlöslich ist, um sich im Gewebe am Enzymort fest zu verankern. Die Kupplung kann dann in einem 2. Schritt bei günstigerem ph durchgeführt werden. Als Substrate für die Sulfatase und Phosphatase sind die entsprechenden Ester von 2-Oxy-6-bromnaphthalin, für die Glucuronidase das Glucuronid von 2-Oxy-8-benzolsulfaminonaphthalin vorgeschlagen worden. Die geeignete Diazoniumverbindung ist tetrazotiertes o-Dianisidin. Aber in der Folgezeit erwiesen sich alle Verfahren, die Spaltung des Esters und Kupplung der Phenolkomponente mit Diazoniumsalzen auf 2 verschiedene Arbeitsgänge verteilen, den Kupplungsmethoden mit α-Naphtholderivaten als Substrat, welche Spaltung und Kupplung in einem Gang durchführen, unterlegen. Es hat sich gezeigt, daß die Phenolkomponente in wäßrigen Medien immerhin eine noch so erhebliche Löslichkeit besitzt, daß eine unscharfe Ausfärbung der Enzymorte resultiert. Die Lokalisation ist schärfer, wenn das Phenol im Moment seiner Entstehung mit dem Diazoniumsalz reagieren kann und als unlöslicher Farbstoff niedergeschlagen wird. Empfohlen sei daher folgende Methode.

***Nachweis von Esterasen (auch Lipase, Cholinesterase und Acetylcholinesterase) mit α-Naphthylacetat* (GOMORI), *in der Modifikation nach* PEARSE[1].**

*Reagentien:*
1. Inkubationsgemisch: Man gibt 0,2 cm³ einer 1%igen Lösung von α-Naphthylacetat in Aceton zu 10 cm³ 0,1 m Phosphatpuffer, $p_H$ 7,4. Nun setzt man 10 mg eines stabilisierten Diazotates (empfehlenswert ist „Fast Blue B salt", Diazotat von o-Dianisidin) zu, schüttelt und filtriert.
2. MAYERs Hämalaun.

*Ausführung:*
1. Gefrierschnitte werden 10—15 μ dick angefertigt, auf Objektträgern ausgebreitet und an der Luft angetrocknet, um sie festzukleben. Sie kommen trocken in das Inkubationsgemisch.

Paraffinschnitte werden entparaffiniert und über Zwischenmedien bis in Wasser gebracht. Sie kommen feucht in das Inkubationsgemisch.

2. Die Schnitte werden 1—15 min bei Zimmertemperatur mit dem Inkubationsgemisch behandelt,
3. 2 min in fließendem Wasser gewaschen,
4. in Hämalaun 4—6 min gefärbt,
5. in fließendem Wasser 30 min gebläut.
6. Der Einschluß erfolgt in Glycerin-Gelatine.

*Resultat:* Die Esteraseorte sind schwarz gefärbt, die Zellkerne blau.

### α) β-Glucuronidase.

Zum Nachweis der intracellulären Lokalisation von β-Glucuronidase behandeln FRIEDEWALD und BECKER[2] Gefrierschnitte von frischem Gewebe bei 37° mit passend konjugierten Glucuroniden, so daß bei der Spaltung entweder ein unlöslicher Azofarbstoff entsteht oder ein Niederschlag von Eisen(III)-oxychinolin gebildet wird, der in Berliner Blau umgewandelt werden kann. Diese Methoden wurden von CAMPELL[3], sowie BURTON und PEARSE[4] kritisiert.

---
[1] PEARSE, A. G. E.: Histochemistry. London 1953.
[2] FRIEDENWALD, J. S., and B. BECKER: J. cellul. comp. Physiol. **31**, 303 (1948).
[3] CAMPBELL, J. G.: Brit. J. exp. Path. **30**, 548 (1949).
[4] BURTON, J. F., and A. G. E. PEARSE: Brit. J. exp. Path. **33**, 1 (1952).

*Glucuronidasenachweis nach der Eisenoxychinolinmethode von* FRIEDENWALD *und* BECKER *in der Modifikation nach* BURTON *und* PEARSE[1].

*Reagentien:*
1. Substratlösung: Man vermischt 13 cm³ einer 0,01 m Lösung von 8-Oxychinolinglucuronid in 0,1 m Acetatpuffer, $p_H$ 5,2, mit 9 cm³ 0,03 m Eisen(III)-sulfatlösung und 1 cm m Acetatpuffer, $p_H$ 5,2. Nach 2stündiger Inkubation der Mischung bei 37° wird vom Ungelösten abzentrifugiert und bei 4° im Dunkeln verwahrt.
2. 0,5 m Oxalatpuffer: 2,87 g Natriumoxalat und 0,47 g Oxalsäure werden in destilliertem Wasser gelöst und auf 100 cm³ aufgefüllt.
3. Tetrakaliumhexacyanoferratlösung, 1%ig.
4. n HCl.
5. Farblösung: 15 Volumenteile 1%ige wäßrige Neutralrotlösung werden mit 1 Volumenteil einer Mischung von 90 cm³ 5%iger Phenollösung und 9 cm³ einer 10%igen alkoholischen Lösung von basischem Fuchsin vermengt.

*Ausführung:*
1. Gewebeproben werden in 10%igem neutralem Formaldehyd 4—48 Std bei 4° fixiert.
2. Es werden Gefrierschnitte angefertigt und in kaltem 0,1 m Acetatpuffer gewaschen.
3. Inkubation der Schnitte in der Substratlösung 5—24 Std bei 37°. Kontrollschnitte in Substratlösung einlegen, der zuvor saures Kaliumsaccharat bis zu einer Endkonzentration von 0,005 m zugefügt wurde.
4. Die Schnitte werden kurz ausgewaschen und mit Eiweiß-Glycerin auf Objektträger montiert,
5. nach kurzem Auswaschen für 15 min in Oxalatpuffer eingelegt, dann
6. nach Auswaschen für 15 min in ein Gemisch aus gleichen Teilen Tetrakaliumhexacyanoferratlösung und Salzsäure eingebracht.
7. Nach Auswaschen werden die Schnitte mit der Farblösung 1 min lang behandelt, und dann
8. kurz ausgewaschen, über eine Alkoholreihe in Xylol gebracht und in Kanadabalsam eingeschlossen.

*Resultat:* Zellorte mit Glucuronidaseaktivität blau (Berliner Blau) gefärbt, Kerne rot.

### β) Cholinesterase.

Die viel diskutierte Rolle der Cholinesterase bei der axonischen und transsynaptischen Leitung von nervösen Impulsen hat zu einem intensiven Studium der methodischen Möglichkeiten geführt, das Enzym in den Strukturen des Nervensystems histochemisch nachzuweisen. Die ursprüngliche Methode von GOMORI[2], die auf der Spaltung von Fettsäureestern des Cholin und Nachweis der freigesetzten Säuren über das Kobaltsalz beruht, erwies sich zwar als gut reproduzierbar, besonders bei Verwendung von Gefrierschnitten und Myristylcholin als Substrat, sie galt aber trotzdem als unbefriedigend, da die als Substrat verwendeten langkettigen Fettsäureester (Lauryl-, Myristyl-, Stearyl- und Palmitylcholinchlorid) von der Acetylcholinesterase nur langsam gespalten werden. KOELLE und FRIEDENWALD[3] sowie KOELLE[4,5] wählen aus diesem Grunde die Thioanalogen von Acetylcholin und Butyrylcholin als Substrat. Wird diesen Stoffen Kupferglycinat beigefügt, so fällt am Enzymort Kupferthiocholin aus, welches mit Ammoniumsulfid dunkelbraunes amorphes

---
[1] BURTON, J. F., and A. G. F. PEARSE: Brit J. exp. Path. **33**, 1 (1952).
[2] GOMORI, G.: Proc. Soc. exp. Biol. Med. **68**, 354 (1948).
[3] KOELLE, G. B., and J. S. FRIEDENWALD: Proc. Soc. exp. Biol. Med. **70**, 617 (1949).
[4] KOELLE, G. B.: J. Pharmacol. exp. Therap. **100**, 158 (1950).
[5] KOELLE, G. B.: J. Pharmacol. exp. Therap. **103**, 153 (1951).

Kupfersulfid gibt. Da aber Kupferthiocholin eine gewisse Löslichkeit zeigt und vom Enzymort an andere Gewebestrukturen abwandern kann, wird das Substrat schon vor der enzymatischen Umsetzung mit dem als Reaktionsprodukt sich bildenden Mercaptid gesättigt, um das enzymatisch freigesetzte Kupferthiocholin am Bildungsort niederzuschlagen. Zur Vermeidung von Fehllokalisation durch Abdiffusion von Enzym schlägt KOELLE[1] vor, dem Ansatz eine bestimmte Menge Natriumsulfat zuzusetzen, um das Enzym fester am Gewebe zu verankern. Der Effekt einer Ausfällung durch Salze auf die Aktivität der Acetylcholinesterase und Serumcholinesterase wurde durch entsprechende Versuche ermittelt. Die Acetylcholinesterase spaltet Acetylthiocholin sehr gut, nicht aber das Thioanalogon von Butyrylcholin, das hingegen wie auch Benzoylcholin von der Serumcholinesterase gespalten wird. Das Substrat erfüllt wohl den Anspruch auf eine Enzymsubstratspezifität, neigt aber zu Fehllokalisationen der enzymatischen Aktivität infolge der hohen Ladung des Moleküls. Das nicht völlig unlösliche Reaktionsprodukt bildet leicht übersättigte Lösungen und schlägt sich dann besonders an basophile Zellstrukturen (Kerne, NISSL-Schollen) nieder, worauf RAVIN u. a.[2] verweisen. Eine bessere Lokalisation der Cholinesterase im Nervengewebe sollen Indoxylester geben, obwohl das Ferment gegen diesen Substrattyp eine viel geringere Spezifität besitzt (BARRNETT und SELIGMAN[3]). Auch zur Darstellung von Lipasen, Phosphatasen, Sulfatasen, Glucosidasen und Glucuronidasen findet HOLT[4] entsprechende Indoxylester geeignet. Das Indoxylacetat wird infolge der Acetylesterasefunktion der Cholinesterase hydrolysiert. Die Acetylcholinesterase spaltet nur Indoxylacetat, die Pseudo-Cholinesterase (Serumcholinesterase) außerdem noch Indoxylbutyrat. In allen diesen Fällen erscheint schließlich Indigoblau bei Luftzutritt als Reaktionsprodukt. Die Substanz ist schwer löslich, stabil, lichtecht und besitzt eine hohe Farbkraft. O-Acetyl-5-bromindoxylacetat ist als Substrat am besten geeignet[5]. Eine Lokalisation der Pseudo-Cholinesterase ist durch das spezifische Substrat 6-Brom-2-carbonaphthoxycholinjodid erreichbar. Es wird nur von der Pseudo-Cholinesterase gespalten. Das Reaktionsprodukt, das 6-Brom-derivat der $\beta$-Naphthylcarbonsäure, zerfällt spontan zu $\beta$-Naphthol. Dieses gibt mit Diazoblau B einen intensiv gefärbten unlöslichen Azofarbstoff. Zum Nachweis der Acetylcholinesterase auf der Basis unlöslicher Azofarbstoffe ließ sich bislang noch kein spezifisches Substrat finden. RAVIN, ZACKS und SELIGMAN[2] zeigten, daß man aber auch das völlig unspezifische $\beta$-Naphthylacetat, welches außer von der Cholinesterase auch noch durch Aliesterasen hydrolysiert wird, zum Nachweis der spezifischen Cholinesterase verwenden kann, wenn man folgenden Punkten Rechnung trägt:

1. Aus Schnitten durch Nervengewebe diffundiert während der Inkubation der kleine Anteil an Aliesterase fast zur Gänze in das Inkubationsmedium; allein dargestellt wird die viel stärker an das Gewebe gebundene Acetylcholinesterase.

2. Im Gegensatz zum Verhalten der Aliesterase hemmen schon niedere Konzentrationen an Physostigmin die Hydrolyse von $\beta$-Naphthylacetat durch die Acetylcholinesterase; kompetitiv hemmen ferner Acetylcholin, Acetyl-$\beta$-methylcholin sowie Verbindungen mit quaternärem Ammoniumion, 2 Kohlenstoffgruppen entfernt von der Hydroxylgruppe, die Hydrolyse von Naphthylacetat durch die Acetylcholinesterase.

3. Die Cholinesterasen sollen durch sämtliche Fixierungsmittel inaktiviert werden, während die Aliesteraseaktivität nur teilweise geschädigt wird.

Um die Lipoidlöslichkeit des entstehenden Azofarbstoffes herabzusetzen, wird diazotiertes 4-Benzoyl-amino-2,5-dimethoxyanilin (Fast Blue RR) als Kupplungsreagens verwendet.

---

[1] KOELLE, G. B.: J. Pharmacol. exp. Therap. 103, 153 (1951).
[2] RAVIN, H. A., S. J. ZACKS and A. M. SELIGMAN: J. Pharmacol. exp. Therap. 107, 37 (1953).
[3] BARRNETT, R. J., and A. M. SELIGMAN: Science, N. Y. 114, 579 (1951).
[4] HOLT, S. J.: Nature 169, 271 (1952).
[5] HOLT, S. J., and R. F. J. WITHERS: Nature 170, 1012 (1952).

### Nachweis der Cholinesterasen mittels Thioanalogen von Acetylcholin und Butyrylcholin nach KOELLE[1-3].

*Reagentien:*

1. Kupfer-Glycin-Lösung: 3,75 g Glycin, 2,50 g $CuSO_4 \cdot 5H_2O$ aufgefüllt auf 100 cm³ mit Wasser.
2. Maleatpuffer: 9,60 g Natriumhydrogenmaleat, gelöst in 52,2 cm³ NaOH und aufgefüllt auf 100 cm³ mit Wasser.
3. $Na_2SO_4$-Lösung: 40%ig (g/v), auf $p_H$ 6,0 eingestellt und bei 38° aufbewahrt.
4. $MgCl_2$-Lösung: 9,52 g $MgCl_2$ in 100 cm³ Wasser gelöst.
5. Acetylthiocholinjodidlösung: 23 mg Acetylthiocholinjodid, 1,2 cm³ Wasser und 0,4 cm³ 0,1 m Kupfersulfatlösung werden gemischt und zentrifugiert; die Lösung wird dekantiert und verwahrt.
6. Butyrylthiocholinjodidlösung: 43 mg Butyrylthiocholinjodid, 1,8 cm³ Wasser und 0,6 cm³ 0,1 m Kupfersulfatlösung mischen, zentrifugieren, die Lösung dekantieren und verwahren.
7. Kupferthiocholin: Eine erstmalig angesetzte Inkubationslösung unmittelbar nach Entfernung der mit dieser behandelten Schnitte filtrieren, bei 38° für 2—4 Tage zur spontanen Hydrolyse des Substrates verwahren, die Fällung durch Zentrifugieren abtrennen und waschen. Das getrocknete Präcipitat wird verwahrt. Man benötigt es, um die Inkubationslösungen künftig mit diesem Spaltprodukt sättigen zu können.
8. Aufbewahrungslösung *1*: 4,5 cm³ Wasser, 9,0 cm³ 40%iges $Na_2SO_4$ 1,5 cm³ $10^{-6}$ m Diisopropylfluorphosphatlösung. Die Lösung wird innerhalb 30 min von dem Zeitpunkt ab hergestellt, in dem eine 0,1 m Stammlösung von DFP in wasserfreiem Propylenglykol serienweise verdünnt wurde.
9. Aufbewahrungslösung *2*: 6,0 cm³ Wasser, 9,0 cm³ 40%iges Natriumsulfat.
10. Aufbewahrungslösung *3*: 4,5 cm³ Wasser, 10,5 cm³ 40%iges $Na_2SO_4$. Die Lösungen *8—10* werden in Färbecuvetten im Wasserbad bei 30—35° aufgestellt.
11.

Tabelle 1. *Inkubationsmedien zum Cholinesterasennachweis.*

| Lösung | Enzym | Reagens Nr. | | | | | | | |
|---|---|---|---|---|---|---|---|---|---|
| | | *1* cm³ | $H_2O$ cm³ | *2* cm³ | *3* cm³ | *4* cm³ | *7* | *5* cm³ | *6* cm³ |
| B | spezifische Cholinesterase | 0,6 | 2,1 | 1,5 | 9,0 | 0,6 | Spur | 1,2 | — |
| C | unspezifische Cholinesterase | 0,6 | 0,6 | 1,5 | 10,5 | 0,6 | Spur | — | 1,2 |
| D | Kontrolle | 0,4 | 1,4 | 1,0 | 6,0 | 0,4 | Spur | — | 0,8 |

12. $Na_2SO_4$, 20%ig, mit Kupferthiocholin gesättigt.
13. $Na_2SO_4$, 10%ig, mit Kupferthiocholin gesättigt.
14. $H_2O$, mit Kupferthiocholin gesättigt.
15. $(NH_4)_2S$-Lösung, mit CuS gesättigt.
16. Formaldehyd, 10%ig, mit CuS gesättigt.

*Ausführung:*
Frische Gefrierschnitte werden aufgetaut und nach Abdunsten des überschüssigen Wassers (1 min) in die passenden Aufbewahrungslösungen gebracht. Die Schnitte zum Nachweis der Acetylcholinesterase und die Kontrollschnitte werden für 30 min in Reagens *8*

---
[1] KOELLE, G. B., and J. S. FRIEDENWALD: Proc. Soc. exp. Biol. Med. **70**, 617 (1949).
[2] KOELLE, G. B.: J. Pharmacol. exp. Therap. **100**, 158 (1950).
[3] KOELLE, G. B.: J. Pharmacol. exp. Therap. **103**, 153 (1951).

gebracht*, alsdann in Reagens 9. Anschließend kommen sie in das Inkubationsmedium B bzw. D. Schnitte zum Nachweis der Serumcholinesterase kommen erst in die Aufbewahrungslösung 2, dann in das Inkubationsmedium C. Im passenden Inkubationsmedium (s. Tabelle 1) verweilen die Schnitte 5—60 min bei 38°; meist genügen 30 min. Anschließend werden sie in 20%iger $Na_2SO_4$-Lösung, gesättigt mit Kupferthiocholin, mindestens 5 min gewaschen, dann in 10% $Na_2SO_4$, gesättigt mit Kupferthiocholin, für 1 min und endlich in kupferthiocholin-gesättigtes Wasser gebracht. Dann werden die Schnitte für 20 sec in CuS-gesättigtes Ammoniumsulfid gebracht, schnell in Wasser abgewaschen, in CuS-gesättigtem 10%igem Formaldehyd fixiert, in aufsteigender CuS-gesättigter Alkoholreihe entwässert und über Xylol in Kanadabalsam eingebettet. Gegenfärbung mit Hämatoxylin-Eosin, Brillantkresylviolett oder BIELSCHOWSKYs Silbermethode möglich. Untersuchung auch im Phasenkontrastmikroskop.

*Nachweis von Esterasen mittels Indoxylester nach BARRNETT und SELIGMAN*[1]. *Substratlösung:* 25 cm³ 2 m NaCl; 10 cm³ 0,1 m Veronalpuffer, $p_H$ 8,5; 0,25 g $CaCl_2$ in 14 cm³ Wasser; 20 mg Indoxylacetat (oder -butyrat), in 1 cm³ Aceton gelöst, werden vermischt.

*Ausführung:*

5 μ dicke Gefrierschnitte werden nach der durch COONS und Mitarbeiter[2] modifizierten Methode von LINDERSTRØM-LANG und MOGENSEN hergestellt, gefroren getrocknet und anschließend 10 min in der Substratlösung inkubiert, kurz abgespült und in Glycerin-Gelatine eingebettet. Die Enzymorte färben sich infolge Abscheidung von Indigoblau intensiv an. Im Gegensatz zu Cholinesterasen spaltet die Lipase das Substrat auch in Gegenwart von Na-taurocholat. Die Serumcholinesterase spaltet sowohl Indoxylacetat als auch Indoxylbutyrat. Angaben über die Synthese beider Substrate finden sich in der Originalliteratur.

*Nachweis der Serumcholinesterase nach RAVIN, TSOU und SELIGMAN*[3]. *Substratlösung:* 20 mg 6-Bromcarbonaphthoxycholinjodid werden in 50 cm³ physiologischer Kochsalzlösung gelöst, dann werden 2 cm³ einer 1,5%igen $CaCl_2$-Lösung sowie 20 mg Diazo blue B (tetraazotiertes o-Dianisidin, stabilisiert mit Zinkchlorid und Aluminiumsulfat) zugegeben und bis zur Auflösung des Diazoniumsalzes gerührt. Dann werden noch 50 cm³ 0,1 m Veronalpuffer, $p_H$ 7,4, zugegeben; die Lösung wird filtriert.

*Ausführung:*

Gefrierschnitte, hergestellt nach der durch COONS und Mitarbeiter[2] modifizierten Methode von LINDERSTRØM-LANG und MOGENSEN, von 10 μ Dicke, werden auf Objektträger montiert, die vorher mit einem Film von getrockneter 1%iger Gelatinelösung überzogen wurden. Die Schnitte werden in der gepufferten Substratlösung 20—30 min bei 37° inkubiert. Bei geringerer Aktivität können sie noch zusätzlich 20—30 min in frische Substratlösung eingelegt werden. Zur Anfertigung von Dauerpräparaten wird in Leitungswasser gewaschen und in Glycerin-Gelatine eingebettet. Für baldige Untersuchung empfiehlt sich eine Montage in Glycerin, gesättigt mit Cadmiumchlorid. Die Synthese des Substrates wird im Original beschrieben.

*Nachweis der Acetylcholinesterase nach RAVIN, ZACKS und SELIGMAN***[4]. *Substratlösung:* 10 mg β-Naphthylacetat werden in 1 cm³ Aceton gelöst und einer Mischung aus 50 cm³ 0,1 m Veronalpuffer, $p_H$ 7,8, 50 cm³ 2 m NaCl und 5 cm³ 3%igem $CaCl_2$ unter Rühren zugesetzt. Dann werden 40 mg Diazoniumsalz (Fast Blue RR, Diazoniumsalz von 4-Ben-

---
* Eine 30 min lange Inkubation der Schnitte in einer Diisopropylfluorphosphatlösung (Endkonzentration $10^{-7}$ m) bewirkt eine 100%ige Inaktivierung der unspezifischen oder Serumcholinesterase, aber weniger als eine 5%ige Aktivitätsverminderung der Acetylcholinesterase.
** Bezüglich der α-Naphthylacetatmodifikation dieser Technik s. S. 360.

[1] BARRNETT, R. J., and A. M. SELIGMAN: Science, N. Y. 114, 579 (1951).
[2] COONS, A. H., E. H. LEDUC and M. H. KAPLAN: J. exp. Med. 93, 173 (1951).
[3] RAVIN, H. A., K. C. TSOU and A. M. SELIGMAN: J. biol. Ch. 191, 843 (1951).
[4] RAVIN, H. A., S. J. ZACKS and A. M. SELIGMAN: J. Pharmacol. exp. Therap. 107, 37 (1953).

zoylamino-2,5-dimethoxyanilin, General Dyestuff Corp. Boston) zugegeben und gut gerührt. Nun wird rasch filtriert. Das Filtrat ist gebrauchsfertig.

*Ausführung:*

Gefrierschnitte aus frisch excidiertem Gewebe nach der Coonsschen[1] Modifikation der Methode von Linderstrøm-Lang und Mogensen hergestellt, werden auf Objektträger montiert, die vorher mit einem Gelatine- oder Eialbuminfilm überzogen wurden, und getrocknet. Die Präparate werden in einer frisch bereiteten Substratlösung bei 37° 10—20 min inkubiert. Nach der Färbung werden sie einige Minuten in fließendem Leitungswasser gewaschen und in Glycerin-Gelatine oder in Glycerin eingeschlossen. Eine Kernfärbung ist möglich. Zur Darstellung der spezifischen Inaktivierung werden die Schnitte in einer Lösung von $5 \times 10^{-5}$ m Physostigminbase in Veronalpuffer, $p_H$ 7,8, 30 min lang bei Zimmertemperatur behandelt. Die Inkubation erfolgt in einer Substratlösung, die zusätzlich Physostigmin in einer Endkonzentration von $5 \times 10^{-5}$ m enthält. Der am Enzymort entstandene Azofarbstoff ist nur in geringem Grade lipoidlöslich.

### γ) Sulfatase.

**Nachweis der Arylsulfatase nach Rutenburg, Cohen und Seligman[2].** *Substratlösung:* 25 mg 6-Benzoyl-2-naphthylsulfat werden in 80 cm³ heißer 0,85%iger Kochsalzlösung gelöst. Dann werden 20 cm³ 0,5 m Acetatpuffer, $p_H$ 6,1, zugefügt. Die Lösung ist stabil und kann bei Zimmertemperatur 2 Wochen lang verwahrt werden. Die Substratlösung wird durch einen Zusatz von 2,6 g festem NaCl zu je 100 cm³ Substratlösung hypertonisch gemacht.

*Ausführung:*

Zur Untersuchung eignen sich luftgetrocknete, 10—20 μ dicke Gefrierschnitte durch frisches Gewebe, die nach der Coonsschen Modifikation der Linderstrøm-Langschen Technik hergestellt wurden[1]. Gewebe von Nagetieren können auch im Stück (3—5 mm) in kaltem, 10%igem Formaldehyd fixiert, 2mal je 30 min in 0,85%igem NaCl gewaschen und auf dem Gefriermikrotom geschnitten werden. Die Schnitte werden zur Vermeidung von Strukturschädigung 2—5 min lang in 3 verschieden starke NaCl-Lösungen (0,85%ig, 1%ig und 2%ig) eingelegt, bevor sie in die hypertonische Substratlösung getaucht werden. Schnitte mit hoher Enzymaktivität inkubiert man bei 37° in der Substratlösung 2—3 Std lang, solche mit schwacher Aktivität 4—16 Std. Die Schnitte werden dann 2mal in kalter, physiologischer NaCl-Lösung (10—15 min) oder in Wasser (formaldehydfixierte Schnitte) gewaschen. Aus hypertonischer Substratlösung kommend, empfiehlt es sich, die Schnitte eine absteigende NaCl-Reihe herabzuführen. Nach dem Auswaschen bringt man die Schnitte unter gelindem Schwenken in eine frisch zubereitete Lösung von tetraazotiertem o-Dianisidin (1 mg/cm³) in 0,05 n Phosphatpuffer, $p_H$ 7,6. Dann werden sie 3mal in kalter, 0,85%iger NaCl-Lösung und Wasser (je 15 min) gewaschen und schließlich in Glycerin oder Glycerin-Gelatine eingeschlossen.

Die Kupplung von 2 Phenolmolekülen mit der Tetraazoniumverbindung gibt einen blauen Farbstoff, wogegen das Kupplungsprodukt mit einem Phenolmolekül einen roten Farbstoff gibt. Je nach der enzymatischen Aktivität bildet sich daher blaues, purpurnes, oder rotes Pigment. Der blaue Farbstoff ist im Präparat nur 2 Wochen bei 4° haltbar und geht allmählich in Rot über.

### δ) Carbohydrasen.

**Nachweis der β-D-Galaktosidase nach Cohen, Tsou, Rutenburg und Seligman[3].**

*Reagentien:*

1. Substratlösung: 15 mg 6-Brom-2-naphthyl-β-D-galaktopyranosid werden in 10 cm³ absolutem Methanol und 15 cm³ destilliertem Wasser zum Siedepunkt erhitzt,

---

[1] Coons, A. H., E. H. Leduc and M. H. Kaplan: J. exp. Med. **93**, 173 (1951).
[2] Rutenburg, A. M., R. B. Cohen and A. M. Seligman: Science, N. Y. **116**, 539 (1952).
[3] Cohen, R. B., K. C. Tsou, S. H. Rutenburg and A. M. Seligman: J. biol. Ch. **195**, 239 (1952).

dann werden 55 cm³ destilliertes Wasser zugefügt, sowie 20 cm³ Phosphat-Citratpuffer, $p_H$ 4,95. Die Lösung ist 2 Wochen bei Zimmertemperatur haltbar. Nicht abkühlen, um Ausfällung zu vermeiden.

2. Pufferlösung: 500 cm³ 0,1 m Citronensäure und 500 cm³ 0,2 m Dinatriumphosphat werden gemischt und schließlich 20 cm³ Toluol als Konservierungsmittel beigegeben.

3. Kupplungsreagens: Unmittelbar vor Gebrauch werden in der Kälte gemischt: 20 cm³ 0,1 m Phosphatpuffer, $p_H$ 7,5; 80 cm³ kaltes Wasser und 100 cm³ tetraazotiertes o-Dianisidin.

*Ausführung:*

Frische 10 μ dicke Gefrierschnitte, nach der COONSschen[1] Modifikation der LINDERSTRØM-LANGschen Technik hergestellt, werden auf Objektträger mit etwas Eiweiß aufgeklebt und durch eine 6stufige aufsteigende Reihe von NaCl-Lösungen (1—6%ig, je 2 min) durchgeführt. Dann werden sie in die gepufferte Substratlösung gebracht, der 5,8 g NaCl je 100 cm³ zugegeben sind, und 2 Std bei 37° inkubiert. Anschließend werden die Schnitte 1 min in 1%iger NaCl-Lösung gewaschen und in das kalte Kupplungsreagens gebracht. Die maximale Färbung erscheint in 1—2 min. Die Schnitte werden in Wasser gewaschen und in Glycerin-Gelatine oder Glycerin eingeschlossen. Eine Vorschrift zur Synthese des Substrates wird gegeben.

Da 6-Brom-2-naphthol in wäßrigen Medien nicht ganz unlöslich ist, besteht die Möglichkeit für ein Auftreten von Artefakten.

## 2. Oxydasen.

Färbemethoden zum Nachweis der Oxydasen sind schon lange bekannt und haben in den meisten histologischen Nachschlagewerken Eingang gefunden. Im folgenden seien daher nur einige, zum Teil bei uns weniger bekannte Methoden in Anlehnung an GLICK[2] in Kürze gebracht, im übrigen sei auf ROMEIS[3] verwiesen.

### a) Peroxydasen.

Die meisten der in der Histochemie verwendeten Peroxydasemethoden beruhen auf der Oxydation von Benzidin. Hierbei entstehen aber leichtlösliche Produkte, deren Diffusion vom Entstehungsort aus in die Umgebung die Güte der Lokalisation beträchtlich herabsetzt.

**Peroxydasenachweis an Gewebeschnitten nach McJUNKIN[4].**

*Benzidinreagens:*

Man löst 100 mg Benzidin in 25 cm³ 80%igem Methanol und fügt 2 Tropfen 3%iges Wasserstoffperoxyd zu. Vor Gebrauch wird mit 1—2 Volumenteilen destilliertem Wasser verdünnt. Im Dunkeln aufbewahren.

*Ausführung:*

1. Fixieren von 1 mm dicken Gewebestücken in Formaldehyd; Überführen in 70%igem Alkohol für 1 Std, dann in absolutes Aceton für 30 min, in Benzol für 20 min und schließlich Einbetten in geschmolzenes Paraffin, 20 min.

2. Anfertigen von 3—5 μ dicken Schnitten, Aufkleben derselben mit Eiweiß-Glycerin und Trocknen bei Zimmertemperatur.

3. Entparaffinieren der Schnitte mit Benzol (20 min) und Überführen in Aceton (10 sec).

---

[1] COONS, A. H., E. H. LEDUC and M. H. KAPLAN: J. exp. Med. 93, 173 (1951).
[2] GLICK, D.: Techniques of Histo- and Cytochemistry. New York 1949.
[3] ROMEIS, B.: Mikroskopische Technik. 15. Aufl. München 1948.
[4] McJUNKIN, F. A.: Anat. Rec. 24, 67 (1922).

4. Eintauchen in Wasser für ein paar Sekunden, das überschüssige Wasser mit Filtrierpapier entfernen und Auftropfen von Benzidinreagens, 5 min einwirken lassen und Auswaschen in Wasser 5 min.

5. Gegenfärbung mit Hämatoxylin nach HARRIS (2 min), Abspülen und Nachfärben mit 0,1%igem Eosin (20 sec).

6. Entwässern in 96%igem Alkohol (30 sec) und in absolutem Alkohol (5 sec).

7. Überführen über Xylol in Kanadabalsam.

8. Kontrollpräparate ohne Benzidinbehandlung ansetzen.

*Resultat:* Peroxydaseorte anfangs blau, später braun.

*Peroxydasenachweis an Blut- und Knochenmarksausstrichen nach* ARMITAGE[1].

*Reagentien:*
1. Fixierungslösung: 96%iger Alkohol unter Zusatz von 10% Formaldehyd. Kurz vor Gebrauch ansetzen.
2. Benzidinlösung: 750 mg Benzidin in 500 cm³ 40%igem Äthanol lösen, filtrieren, Zusatz von 0,7 cm³ 3%iger Wasserstoffperoxydlösung, umschütteln. Im Dunkeln mehrere Wochen haltbar.

*Ausführung:*
1. Ausstrichpräparate in alkoholischem Formaldehyd fixieren.
2. Behandlung der Ausstriche mit der Benzidinlösung je nach der Frische des Materials 2—20 min.
3. Mit 40%igem Alkohol nachwaschen, bis gelbe Granula in den Leukocyten auftreten.
4. In absolutem Alkohol entwässern und bei 37° trocknen.
5. Gegenfärbung mit verdünntem GIEMSA- oder LEISHMAN-Farbgemisch (30 min), waschen, überschüssiges Wasser mit Filtrierpapier abtupfen und an der Luft trocknen.

*Resultat:* Auftreten gelber Granulationen.

## b) Dopaoxydase.

*Dopaoxydasenachweis nach* LAIDLAW[2].

*Reagentien:*
1. Dopa-Stammlösung: 0,3 g Dioxyphenylalanin in 300 cm³ kaltem destilliertem Wasser lösen. Bis zum Auftreten einer deutlichen Rotfärbung verwendbar. Im Kühlschrank aufbewahren.
2. Dopa-Substratlösung: 2 cm³ primäres Phosphat (9 g $KH_2PO_4$ je Liter) und 6 cm³ sekundäres Phosphat (11 g $Na_2HPO_4$) werden zu 25 cm³ Dopa-Stammlösung gegeben; die Mischung wird filtriert.

*Ausführung:*
1. Gefrierschnitte (manchmal sind auch 2—3 Std lang in 5%igem Formaldehyd fixierte Gewebe brauchbar) werden in destilliertem Wasser abgespült und sofort in die Substratlösung eingelegt. Man färbt bei 30—37° unter gelegentlicher mikroskopischer Kontrolle 2—4 Std lang.
2. Schnitte abspülen, entwässern und gegenfärben mit alkoholischem Kresylviolett oder Methylgrün-Pyronin; einschließen in Kanadabalsam.
3. Ansetzen von Kontrollpräparaten bei Verwendung von Pufferlösung ohne Dopa an Stelle der Substratlösung.

*Resultat:* Oxydasehaltige Zellen färben sich dunkel.

## c) Cytochromoxydase.

Dieses Enzym ist nach KEILIN und HARTREE[3] identisch mit der „Nadi-oxydase" und der „Indophenol-oxydase" der älteren Autoren. Seine Aufgabe in der lebenden Zelle

---
[1] ARMITAGE, E. L.: J. Path. Bacteriology 49, 579 (1939).
[2] LAIDLAW, G. F.: Anat. Rec. 53, 399 (1932).
[3] KEILIN, D., and E. F. HARTREE: Proc. R. Soc. London (B) 125, 171 (1938).

ist die Oxydation der Cytochrome. Auch im Test oxydiert die Cytochromoxydase das Cytochrom c, und dieses bewirkt erst die Oxydation einer Mischung von p-Aminodimethylanilin und α-Naphthol (Nadireagens) zu Indophenol. Zur Kontrolle, ob der positive Ausfall der Reaktion auf Cytochromoxydase oder andere Faktoren im Gewebe zurückgeht, behandelt man die Probe mit einer Natriumazidlösung, wodurch dieses Enzym spezifisch gehemmt wird. MOOG[1] legt zu diesem Zweck frische Gewebestücke für 3 min in eine 0,005 m Lösung von Natriumazid in saurer ($p_H$ 5,8), physiologischer Kochsalzlösung ein und überträgt sie dann in das Nadireagens, welches ebenfalls einen Zusatz von 0,005 m Natriumazid erhält. Die Möglichkeit, daß Indophenolblau durch aktive Reductasen im Gewebe in die Leukoform verwandelt wird und den Test stört, überprüft MOOG, indem er das Gewebe für 3 min in eine Lösung von 0,003 m Phenylurethan in 0,9%iger physiologischer Kochsalzlösung einlegt und nachher in das Nadireagens mit einem Zusatz von 0,003 m Phenylurethan bringt.

*Prüfung von fixiertem Gewebe mit der Indophenolreaktion nach* WINKLER-SCHULTZE[2].
*Synonyme:* M-Nadi-Oxydasereaktion oder Myelooxydasereaktion (GRÄFF); Reaktion auf stabile Oxydasen (V. GIERCKE); α-Naphtholmethode A (LOELE); Modifikation A der Oxydasereaktion (SCHULTZE).

*Reagentien:*
1. α-Naphthollösung: 1 g α-Naphthol in 100 cm³ siedendem destilliertem Wasser schmelzen und so viel 25%ige KOH zutropfen, daß eben Lösung eintritt. Abkühlen und Filtrieren. Die Lösung ist 4 Wochen haltbar.
2. 1% p-Aminodimethylanilinlösung (Dimethyl-p-phenylendiamin): als Base oder Hydrochlorid (letzteres ist stabiler). Die Substanz wird in kochendem destilliertem Wasser gelöst. Die Lösung ist im Dunkeln 2—3 Wochen haltbar.
3. Nadireagens: Unmittelbar vor Gebrauch werden gleiche Teile Naphthollösung mit Aminodimethylanilinlösung vermischt und filtriert.
4. Starke Ammoniummolybdatlösung oder LUGOLsche Lösung.
5. Lithiumcarbonatlösung, verdünnt.

*Ausführung:*
1. Fixieren von Gefrierschnitten in Formaldehyddämpfen (Gewebestücke fixiert man in einer Mischung von 10 cm³ Formaldehyd und 40 cm³ 96%igem Alkohol).
2. Fixierte Gefrierschnitte in einer PETRI-Schale in dünner Schicht ausbreiten (Zutritt von Luft!), und 1—5 min unter Schwenken in Nadireagens baden.
3. Abspülen mit destilliertem Wasser, mikroskopisch untersuchen.
4. Die unbeständige Blaufärbung durch Eintauchen in verdünnte LUGOLsche Lösung stabilisieren (Umwandlung der Blau- in eine Braunfärbung). Statt LUGOLscher Lösung kann auch Ammoniummolybdatlösung verwendet werden. Braun gefärbte Präparate bläut man durch Waschen in Lithiumcarbonatlösung. Gegenfärbung mit Bismarckbraun, Safranin oder Alauncarmin, Einschluß in Glycerin oder Glycerin-Gelatine.

*Resultat:* Granula in Leukocyten oder Drüsenzellen färben sich blau. Da Formaldehyd den Cytochromoxydase-Cytochrom c-Komplex total zerstört, kann ein positives Ergebnis nicht das Vorkommen von Cytochromoxydase bedeuten. Diese in der Histologie gebräuchliche Methode mag auf eine Monophenoloxydase zurückgehen, die teilweise formaldehydbeständig ist.

*Cytochromoxydasenachweis an frischen Geweben (Gewebsnadireaktion) nach* GRÄFF[3] *in der Modifikation nach* MOOG[1]. *Synonyme:* G-Nadireaktion, Gewebsoxydasereaktion, labile Oxydasereaktion. Diese Reaktion ist gegen chemische und thermische Einflüsse

---
[1] MOOG, F.: J. cellul. comp. Physiol. 22, 223 (1943).
[2] Zitiert bei ROMEIS, B.: Mikroskopische Technik. München 1948. S. 1154—1155.
[3] GRÄFF, S.: Zbl. Path. 27, 313 (1916).

sehr empfindlich. Der $p_H$ des Nadireagens muß jeweils dem Gewebetyp angepaßt werden. Für tierische Objekte nimmt man gewöhnlich $p_H$ 7,8—8,2, für pflanzliche 3,4—5,9. Es empfiehlt sich, die Manipulationen bei niederer Temperatur auszuführen.

*Reagentien:*
1. α-Naphthollösung: 0,01 m α-Naphthol, in Kulturmedium oder 1%iger NaCl-Lösung mit 0,066 m Phosphatpuffer gelöst.
2. p-Aminodimethylanilin-HCl: 0,01 m Lösung in gleicher Weise angesetzt wie unter 1.; im Dunkeln verwahren.
3. Nadireagens: Vor Gebrauch werden gleiche Teile der α-Naphthollösung und Aminodimethylanilinlösung vermischt.

*Ausführung:*
Lebende Zellen oder etwa 100 μ dicke Freihandschnitte durch Gewebe werden mit Substratlösung unter gutem Zutritt von Luft behandelt; dabei ist auf Isotonie der Substratlösung zu achten. Beobachtung der unbeständigen Färbung in einer 5%igen Kaliumacetatlösung oder ohne Zusatz. Dauerpräparate sind nicht möglich. Kontrollen mit $NaN_3$- oder Phenylurethanzusatz zum Nadireagens stets mit dem gleichen Zellmaterial mituntersuchen.

*Resultat:* Blaufärbung der cytochromoxydasehaltigen Granula. Es sei darauf aufmerksam gemacht, daß sich Fetttröpfchen infolge der Löslichkeit von Indophenolblau in Lipoiden blaßblau mitfärben.

### d) Andere Enzyme.

Anhangsweise sei hier auf einige weitere Untersuchungsmethoden verwiesen, bei denen infolge der leichten Diffusibilität der entstandenen Farbstoffe oder Spaltprodukte der enzymatischen Reaktion die Lokalisation der betreffenden Enzyme besonders kritisch betrachtet werden muß.

OSTER und SCHLOSSMAN[1] beschreiben eine Methode zur Lokalisation der *Aminoxydase* in Gefrierschnitten. Die Methode beruht auf dem Nachweis des bei der Desaminierung von Tyramin entstandenen Aldehyds mit dem Fuchsin-Schwefligsäurereagens nach FEULGEN. Im Gewebe bereits vorhandene Aldehyde sowie das Plasmal werden vor Zugabe des FEULGEN-Reagens mit Hydrogensulfit gebunden.

SEMENOFF[2] behandelt frische Gefrierschnitte mit einer Lösung, die sich aus 2 cm³ 0,05%iger Methylenblaulösung, 2 cm³ 10%igem Natriumsuccinat und 6 cm³ m/15 Phosphatpuffer, $p_H$ 7,6—8,0 zusammensetzt, und beobachtet bei sorgfältigem Luftabschluß (Ausschluß von Luftblasen, Paraffinumrandung) das Verblassen der Blaufärbung.

*Histochemischer Nachweis der Aminoxydase in der Leber nach* FRANCIS[3]. 15—20 μ dicke Gefrierschnitte werden zur Entfernung aller endogenen Substrate etwa 30 min lang in Phosphatpuffer gewaschen und dann mit gleichen Teilen von 0,1%igem Neotetrazolium, 0,1 m Phosphatpuffer, $p_H$ 7,4, und 0,5%iger Tyraminlösung 2—4 Std lang inkubiert. Dann werden die Schnitte in destilliertem Wasser gewaschen, in 10%igem Formaldehyd fixiert und in verdünntem Glycerin eingeschlossen. Kontrollschnitte werden 3 Std vor der Behandlung mit Tyramin in Octylalkohol und in KCN (Endkonzentration $3 \cdot 10^{-3}$ m) inkubiert, wodurch andere Oxydasen gehemmt werden. Die rote Fettfärbung mit Neotetrazolium kann durch Behandlung mit Aceton entfernt werden, es bleibt dann die rein blaue Farbe der Enzymorte zurück. Die Methode gibt nur einen Eindruck von der allgemeinen Verteilung des Enzyms im Gewebe.

*Nachweis der Bernsteinsäuredehydrogenase nach* SELIGMAN *und* RUTENBURG[4]. In Gegenwart eines geeigneten Substrates wirkt Ditetrazoliumchlorid als H-Acceptor und

---

[1] OSTER, K. A., and N. C. SCHLOSSMANN: J. cellul. comp. Physiol. **20**, 373 (1942).
[2] SEMENOFF, W. E.: Z. Zellforsch. **22**, 305 (1935).
[3] FRANCIS, M.: Nature **171**, 701 (1953).
[4] SELIGMAN, A. M., and A. M. RUTENBURG: Science, N. Y. **113**, 317 (1951).

wird zu blau gefärbtem wasserunlöslichem Diformazan reduziert. Die Rückoxydation findet nur in stärkeren Oxydationsmitteln als Luftsauerstoff statt.

*Tetrazollösung:* 1,0 mg Ditetrazoliumchlorid (Dajac Laboratories, Chicago, Ill.) je Kubikzentimeter Lösung.

*Substratlösung:* 	1 Teil Tetrazollösung,
	+ 1 Teil 0,2 m Natriumsuccinat,
	+ 1 Teil 0,1 m Phosphatpuffer, $p_H$ 7,6.

*Ausführung:*

Frische Gefrierschnitte, 20 μ dick, werden für 2 Std in der Substratlösung bei 37° inkubiert, dann in 8,5%iger NaCl-Lösung gewaschen, 30 min in 10%igem Formaldehyd fixiert und in Glycerin-Gelatine eingeschlossen. Die Bernsteinsäuredehydrogenase tritt in Form einer intracellulären Ablagerung von blauem Pigment in Erscheinung. An Orten schwacher enzymatischer Aktivität wird infolge teilweiser Reduktion ein Monoformazan von rötlich-purpurner Farbe gebildet. In Abwesenheit von Succinat wird unter diesen Bedingungen das Substrat nicht reduziert, obwohl SH-, Enol-, α-Aldol- und α-Ketolgruppen innerhalb von 2 Std bei $p_H$ 9—12 Ditetrazoliumchlorid reduzieren. Das Diformazan erscheint in wäßrigem Medium blau, in Fett gelöst bei durchfallendem Licht aber purpurrot. Die Reaktionsstärke ist von der Schnittdicke abhängig. Der optimale $p_H$ ist 7,4—7,6. Unter anaeroben Bedingungen ist die Reaktion stärker und einheitlicher. Über die Anwendung dieser Methode berichten MALATY und BOURNE[1]. Die Aktivität isolierter Mitochondrien bestimmte DIANZANI[2]. Neuere Verfahren zum Nachweis von Bernsteinsäuredehydrogenase haben GODDARD und SELIGMAN[3] (Supravitaler Nachweis), NEUMANN[4] und PADYKULA[5] beschrieben.

Eine histochemische Darstellung der *Aldolase* entwickelten ALLEN und BOURNE[6] auf der Basis der GOMORI-Technik. Aus den durch die Aldolase freigesetzten Triosephosphaten wird durch Behandlung mit Alkali anorganisches Phosphat abgespalten, welches in situ durch Magnesiamixtur niedergeschlagen wird. Der weitere Abbau der beiden Triosephosphate wird durch Zugabe von Jodacetat verhindert. Die ausgefällten Phosphate werden über das Kobaltsalz in das tiefbraune Sulfid verwandelt. Die Methode ist aber noch nicht ganz zufriedenstellend.

**Serologische Methoden.** Mit Fluorescein markierte Antikörper wurden von COONS, CREECH, JONES und BERLINER[7] als spezifisches histochemisches Reagens zum Nachweis von Antigenen in Geweben eingeführt. Das gleiche Prinzip eignet sich aber auch zur Lokalisation bestimmter Proteine, darunter Enzyme und Hormone, in den Zellen, in denen sie gebildet und gespeichert werden.

Die Voraussetzung zur Anwendung dieser Methode ist die Möglichkeit, eine ausreichende Menge des betreffenden Proteins in reiner, am besten krystallisierter Form zu erhalten, um damit in Kaninchen Antisera mit einem genügend hohen Titer herstellen zu können. Die Technik der Isolierung und Markierung der $\gamma_2$-Globulinfraktion mit Fluoresceinisocyanat ist bei MARSHALL[8] beschrieben. Mit diesem Reagens werden dünne, nach der Methode der Gefriertrocknung hergestellte Schnitte behandelt. Die Untersuchung erfolgt mit dem Fluorescenzmikroskop. Mit dieser Methode konnte MARSHALL[9] die Verteilung von Chymotrypsinogen, Procarboxypeptidase, Desoxyribonuclease und Ribonuclease in Pankreaszellen des Rindes nachweisen.

---

[1] MALATY, H. A., and G. H. BOURNE: Nature **171**, 295 (1953).
[2] DIANZANI: M. U.: Nature **171**, 125 (1953).
[3] GODDARD, J. W., and A. M. SELIGMAN: Anat. Rec. **112**, 543 (1952).
[4] NEUMANN, K.-H.: Kli. Wo. **1952**, 605. — NEUMANN, K.-H., u. G. KOCH: H. **295**, 35 (1953).
[5] PADYKULA, H. A.: Amer. J. Anat. **91**, 107 (1952).
[6] ALLEN, R. J. L., and G. H. BOURNE: J. exp. Biol. **20**, 61 (1943).
[7] COONS, A. H., H. J. CREECH, R. N. JONES and E. BERLINER: J. Immunol. **45**, 159 (1942).
[8] MARSHALL, J. M.: J. exp. Med. **94**, 21 (1951).
[9] MARSHALL, J. M.: Exp. Cell Res. **6**, 240 (1954).

## C. Chemische Methoden.

### Allgemeines.

Von einer idealen Methode der Histochemie erwartet man, daß sie die enzymatische Aktivität von Geweben oder Zellstrukturen im Zusammenhang mit ihrer funktionellen Leistung zu prüfen und zu messen ermöglicht. Um aber dieser Anforderung gerecht zu werden, müßte man nach LINDERSTRØM-LANG und HOLTER[1] eine genau bekannte Menge Substrat in die betreffende Zellstruktur so einschleusen können, daß dabei der Stoffwechselablauf nicht gestört wird und daß man nach einer gewissen Zeit das Umsetzungsprodukt wieder quantitativ entfernen und einer chemischen Analyse zuführen könnte. Von einer solchen Histochemie ist man heute noch weit entfernt. Es sind zur Zeit lediglich analytische Methoden verfügbar. Aber der schwierigste Teil einer chemischen Analyse von biologischem Material besteht in der Entnahme mengenmäßig meßbarer, strukturell aber einheitlicher Proben. Es ist nur ausnahmsweise möglich, aus Geweben mittels einer Mikrosektion morphologisch und funktionell gleichartige Zellkomplexe zu isolieren. In der Regel ist man darauf angewiesen, sich nach geeigneten Objekten umzusehen und Gewebe zu wählen, die entweder von Natur aus einheitlich sind, d. h. nur aus sehr wenigen Zelltypen aufgebaut werden, oder Gewebe zu suchen, die einen deutlichen Schichtenbau zeigen. In diesem Falle kann man das Gewebe mit Hilfe des Mikrotoms parallel zur Schichtfolge in einzelne Schnitte zerlegen. In jedem Schnitt werden seiner Lage im Organ entsprechend gewisse Zelltypen angereichert sein oder fehlen. Die Schnitte werden vor dem Enzymtest homogenisiert. Auf direktem Wege ist keine feinere Lokalisation der Aktivität zu erreichen als auf dem Schnitt als Ganzem. Die Lokalisation kann aber wesentlich verfeinert werden, wenn es gelingt, einzelne Strukturelemente im Schnitt ihrer Menge nach quantitativ zu erfassen und als Bezugsgröße für die gemessene enzymatische Aktivität zu verwenden. Die gleichen Verhältnisse, nur eben auf einem anderen Größenniveau, liegen auf cytochemischem Gebiet, sofern man Einzelzellen untersucht, die man vor der Homogenisierung stratifiziert und aufteilt. Es gelingt durch solche Verfahren niemals, einzelne Zellbestandteile rein abzuscheiden, da sie stets „verunreinigt", zumindest vom Hyaloplasma umgeben sind, so daß die Notwendigkeit vorliegt, Zellstücke und Cytoplasmastrukturen mengenmäßig zu erfassen. Im folgenden Abschnitt werden erprobte Methoden zur Wägung, Volumenbestimmung und Zellzählung an Mikrotomschnitten, sowie die Wägung von Einzelzellen und ihrer Teile beschrieben.

### 1. Die Vorbereitung des biologischen Materials zur Enzymanalyse.

#### a) Die Probenahme.

**Flüssige Proben**, die in kleinsten Mengen vorliegen, wie Sekrete einzelner Drüsenschläuche, Darmsäfte von Insekten oder der Inhalt von großen Zellkernen, läßt man unter mikroskopischer Kontrolle in feine Glascapillaren aufsaugen, wenn nötig, unter Zuhilfenahme des Mikromanipulators. Das Lumen dieser Capillaren soll auf einer Strecke von 1 cm eine gleichmäßige Weite besitzen. Die Eichung erfolgt durch Abmessen von 1 n $KJO_3$-Lösung und Titration des freigesetzten Jodgehaltes mit 0,01 n Natriumthiosulfat (s. S. 401 f.). Eine Graduierung dieser Capillaren ist nicht möglich. Man mißt mit dem Ocularmikrometer die Länge der in die Capillare aufgesaugten Flüssigkeitssäule und errechnet aus der Länge und dem Querschnitt, dessen genauen Wert man durch die Titration ermittelt hat, das Volumen der Probe.

**Einzeller** oder **isolierte Zellen** werden unter mikroskopischer Kontrolle mit einer Bremspipette (s. S. 428) aufgesaugt und mit wenig Wasser in das Reaktionsgefäß übertragen. In manchen Fällen ist es praktischer, die Proben in einem winzigen Tröpfchen Kulturflüssigkeit auf kleinen Deckglassplittern in das Reaktionsgefäß zu bringen.

---

[1] LINDERSTRØM-LANG, K., u. H. HOLTER: H. **201**, 9 (1931). C. R. Lab. Carlsberg (II) **19**, 1 (1931).

**Mikrotomtechnik.** In den seltensten Fällen hat ein Organ von vornherein die entsprechende Konsistenz, um sich direkt schneiden zu lassen. LINDERSTRØM-LANG und HOLTER[1] schmelzen frische Malzwurzeln in einen kleinen Block aus Paraffin, F 42°, ein, und fertigen nach dem Erstarren mit dem Mikrotom 100—200 $\mu$ dicke Querschnitte an. In den meisten Fällen ist man aber gezwungen, Gefrierschnitte herzustellen. Tierische Organe von flächenhafter oder massiver Form zeigen vielfach histologisch einen ausgesprochenen Schichtenbau (z. B. Magenschleimhaut, Niere u. a.). Zur histochemischen Untersuchung solcher Objekte legen LINDERSTRØM-LANG, HOLTER und SØEBORG-OHLSEN[2] Profile durch das Organ senkrecht auf die Schichtfolge. Das Organ wird flach aufgelegt bei —10° festgefroren. Aus dem vereisten Gewebe wird mit einer vorgekühlten Stanze (geschärftes, genau zylindrisch gebohrtes Stahlrohr, Durchmesser 2,5 mm) ein Gewebezylinder senkrecht auf die histologische Schichtfläche herausgeschlagen. Der Gewebezylinder wird mit einem Stempel aus der Stanze herausgeschoben, auf den Tisch des Gefriermikrotoms festgefroren und in Querschnitte zerlegt. Die Schnitte können abwechselnd zu Bestimmungs- und Kontrollansätzen, aber nach entsprechender Fixierung und Färbung auch zur histologischen Untersuchung verwendet werden. Wenn durch Abbröckeln Verluste drohen, werden die Schnitte zwischen 2 Deckglassplittern 3×3 mm ausgebreitet, photographiert und anschließend für den enzymatischen Versuch verwendet. Die Negative werden mit dem Vergrößerungsapparat auf ein Blatt Papier projiziert; auf dem Bild wird die von den Schnitträndern eingeschlossene Fläche mit dem Planimeter vermessen. Man kann aber auch nach LEVY und PALMER[3] die Schnittfläche des Eisblockes während der Anfertigung von Gefrierschnitten laufend photographieren. Man verwendet dazu am besten eine Kleinbildkamera, deren Verschluß- und Aufziehmechanismus direkt mit dem Mikrotom gekoppelt ist. Auf diese Weise werden völlig unverzerrte Bilder erhalten.

Bei einem gewöhnlichen Gefriermikrotom erfolgt die Kühlung diskontinuierlich. Die Folge davon ist eine Ungleichmäßigkeit der Schnittdicke. Man muß deshalb nach jeder Kühlphase den ersten der folgenden Schnitte verwerfen. Die Schnitte schmelzen auf dem warmen Messer. Sie können wohl in den meisten Fällen mit einer Glasnadel quantitativ abgehoben und zu chemischen Bestimmungen verwendet werden, sind aber für quantitative histologische Untersuchungen unbrauchbar.

Nach LINDERSTRØM-LANG und MOGENSEN[4] werden durch den Einbau des Mikrotoms in einen Kryostat die durch das übliche Kühlen hervorgerufenen Ausdehnungsschwankungen des Messers und Objekthalters ausgeschaltet. Dadurch wird eine gleichmäßige Schnittdicke erreicht. Man verwendet zum Schneiden ein Mikrotom vom Minottyp; eine besondere Einrichtung, die am Messer angebracht wird, verhindert das Rollen der Schnitte und bewirkt ein loses Aneinanderhaften derselben in der Reihenfolge ihrer Entstehung. Der *Kryostat* besteht aus einem doppelwandigen Holzkasten, der ausreichend dimensioniert ist, um eine bequeme Handhabung des Mikrotoms und der Hilfsgeräte zu gestatten (Abb. 1). *A* und *B* stellen 2 Öffnungen dar, an die Lederhandschuhe mit Pelzbesatz angeschlossen sind. Die Öffnung *C* ist mit einer Cuvette verschlossen, durch welche warmes Wasser strömt, um ein Vereisen zu vermeiden, da die Cuvette als Fenster dient. Die Öffnung *D* ist zum Herausnehmen der Schnitte gedacht. Sie wird mit einem Kork verschlossen. *E* ist die zur Beleuchtung dienende Lampe. Das rückwärtige Drittel des Raumes wird durch eine Holzwand abgetrennt, die an ihrer linken oberen Ecke eine Öffnung 10×10 cm besitzt. Der hintere Raum wird mit Kohlendioxydschnee gefüllt. In der großen Kammer wird das Mikrotom aufgestellt. Eine Heizplatte erwärmt das In-

---

[1] LINDERSTRØM-LANG, K., u. H. HOLTER: H. **204**, 15 (1932). C. R. Lab. Carlsberg (II) **19**, 1 (1932).

[2] LINDERSTRØM-LANG, K., H. HOLTER u. A. SØEBORG-OHLSEN: H. **227**, 1 (1934). C. R. Lab. Carlsberg (II) **20**, 66 (1935).

[3] LEVY, M., and A. H. PALMER: J. biol. Ch. **150**, 271 (1943).

[4] LINDERSTRØM-LANG, K., u. K. R. MOGENSEN: C. R. Lab. Carlsberg (II) **23**, 27 (1938).

strument während der Arbeit auf $+\,5°$, um eine Vereisung zu verhindern. Auf der rechten Seite wird ein Ventilator eingebaut, der während der Arbeit ständig läuft, die Luft aus der großen Kammer aufsaugt und durch ein Drosselventil in die Eiskammer bläst. Ein in der großen Kammer aufgestellter Regulator kontrolliert das Öffnen und Schließen des Ventiles und wird so eingestellt, daß er die Temperatur der großen Kammer auf $-\,20° \pm 0{,}5°$ konstant hält. Bei dieser Temperatur läßt sich das Gewebe am besten schneiden.

Auf die Fläche des Mikrotommessers, die von dem Objekt abgewendet ist, wird eine Glasplatte (a) aufgesetzt und durch 2 mit Kanadabalsam aufgeklebte Streifen aus Cellophan (b) von der Messerklinge in einem Abstand von 50 $\mu$ gehalten. Die Glasplatte wird durch die Feder (d) an das Messer gepreßt, kann aber um die Achse (c) weggeklappt werden. Es ist notwendig, daß der obere Rand der Glasplatte genau mit der Schärfe des Messers abschneidet, was durch die beiden Justierschrauben (f) erreicht wird. Während

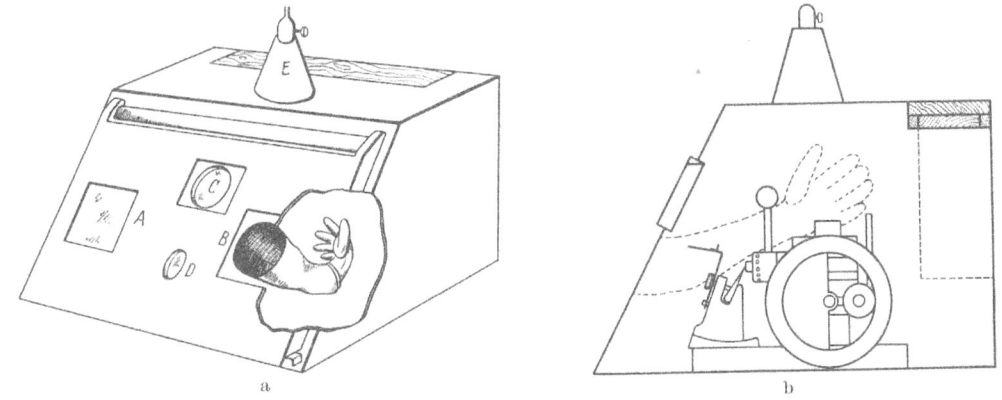

Abb. 1a u. b. Der Kryostat. a Schräg von vorne; b seitlich im Schnitt (nach LINDERSTRØM-LANG und MOGENSEN).

des Schneidens liegt die Glasplatte dem Messer an. Die Schnitte schlüpfen in den Spalt zwischen Glasplatte und Messer und bleiben an der Glasplatte der Reihe nach haften (Abb. 2a, b). Zum Entfernen der Schnitte wird die Glasplatte nach rückwärts umgelegt, die Schnitte können mit einer feinen Glasnadel oder einer dünnen Borste abgenommen werden.

Diese Methodik wurde von COONS, LEDUC und KAPLAN[1] etwas modifiziert, um die Herstellung von 4 $\mu$ dicken Schnitten bei Routinearbeit zu ermöglichen. Zur Kühlung des Kryostaten wurde an Stelle von Trockeneis ein kleines Aggregat verwendet. Der Kompressor, angetrieben durch einen $^1/_3$ PS-Motor, wurde unterhalb des Kryostaten angebracht, die Kühlschlangen wurden an die Innenflächen der Seitenwände angelehnt und die Zirkulation des Kühlmittels wurde durch ein einstellbares Expansionsventil, sowie ein den Rückdruck regulierendes Ventil geregelt. Eine Temperaturregelung ist nicht notwendig. Ein kleiner Ventilator sorgt im Kryostatenraum für Luftumwälzung, der Schalter wird durch ein Pedal bedient, um den Ventilator stillegen zu können, wenn mit den Schnitten hantiert wird. Die Arbeitstemperatur liegt bei $-16$ bis $-18°$ und kann, wenn nötig, bis auf $-25°$ herabgesetzt werden. Die Konstruktion der Haltevorrichtung für das Führungsglas zum Strecken der Gefrierschnitte geht aus Abb. 2c hervor, sie wird mittels zweier Halter an der Messerschneide befestigt. Die oberen Stellschrauben dienen zur genauen Abgleichung der oberen Kante des Glasstreifens mit der Messerschneide. Die unteren Stellschrauben drücken das Glasfenster vom Messerboden weg und ermöglichen die Justierung der Glasplatte parallel zur Facettenebene der Messerschneide. Die den Glasrahmen haltenden vertikalen und horizontalen drehbaren Stifte machen es der Glasplatte möglich, sich an die Fläche des Messers anzuschmiegen. Zwei schmale Cellophanstreifen halten den nötigen Abstand zwischen Messer und Glasplatte. Um den

---

[1] COONS, A. H., E. H. LEDUC and M. H. KAPLAN: J. exp. Med. 93, 173 (1951).

beweglich eingesetzten unteren horizontalen Balken kann der Halter mit dem Führungsglas, an dem die Schnitte kleben, nach rückwärts, dem damit Hantierenden entgegen, umgeklappt werden, wenn Schnitte entnommen werden sollen.

Die zur histologischen Kontrolle bestimmten Schnitte werden auf einen Objektträger gebracht und ganz schwach angetaut. Dadurch kleben sie etwas fest und können sofort für $2^1/_2$—3 min in das Fixierungsgemisch gebracht werden. Zur Fixierung bewährt sich

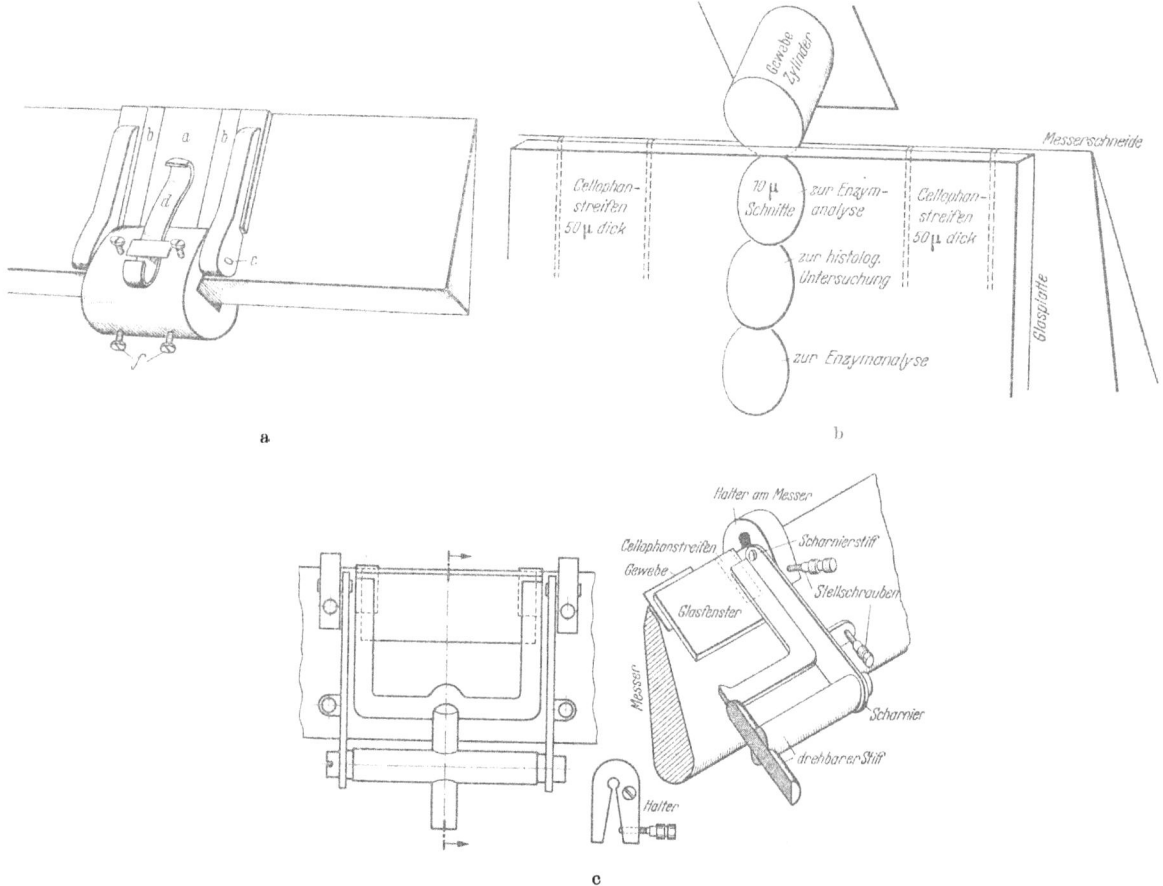

Abb. 2a—c. Einrichtung zur Gewinnung planer Gefrierschnitte. a Das Gerät von vorne; b der Gebrauch des Gerätes (nach LINDERSTRØM-LANG und MOGENSEN); c Modifikation des Gerätes (nach COONS u. a.).

eine 0,2%ige Lösung von Osmiumsäure in 60—70%igem Äthanol recht gut. Die Waschzeit beträgt 5 min, dann erfolgt Färbung in Hämalaun und Einschluß in Kanadabalsam nach der üblichen Art.

Bei extrem dünnen Geweben ist eine Entnahme von Schnitten zur histologischen Kontrolle nicht möglich, ohne empfindliche Lücken in die betreffende Serie zu reißen. Man benötigt daher für diesen Zweck ein Verfahren, das sowohl eine histologische als auch chemische Untersuchung eines jeden der gewonnenen Schnitte ermöglicht. Anläßlich einer Untersuchung über die Histochemie der Retina lassen ANFINSEN, LOWRY und HASTINGS[1] die im Kryostat hergestellten Schnitte so lange in demselben bei tiefer Temperatur stehen, bis sie ausgetrocknet sind. Nach einem Einsatz von $P_2O_5$ sind 20 $\mu$ dicke Retinaschnitte bei Atmosphärendruck in 1—1,5 Std trocken. Zur Färbung der Schnitte muß ein nichtwäßriges Lösungsmittel genommen werden, um eine Verlagerung von Enzym zu vermeiden. Es bewährte sich eine Mischung von 1 Vol. 40 mg-%igem Methylviolett in absolutem Äthanol auf 50 Vol. Xylol. Die gefärbten Schnitte werden in Xylol gewaschen, auf dem Objektträger mit einem Deckglas bedeckt, sogleich untersucht oder

---

[1] ANFINSEN, C. B., O. H. LOWRY and A. B. HASTINGS: J. cellul. comp. Physiol. **20**, 231 (1942).

photographiert. Dann wird das Deckglas abgehoben, das Xylol mit einem Filterpapier abgesaugt und der Schnitt an der Luft getrocknet. Die trockenen Schnitte werden zur chemischen Untersuchung verwendet. Diese Behandlung hatte keinen merklichen Effekt auf die Aktivität der Peptidase und der Cholinesterase.

**Die Isolierung und Anreicherung von Zellbestandteilen.** Die einschlägigen, für Säugetiergewebe anwendbaren Verfahren werden an anderer Stelle dieses Bandes (s. S. 537ff.) ausführlich behandelt.

*Technik der Stratifizierung von lebenden Zellen.* Cytoplasmakomponenten, die für gewöhnlich gleichmäßig im Plasma verteilt sind, können nach einem auf HARVEY[1] zurückgehenden Verfahren durch Anwendung von Zentrifugalkräften innerhalb der lebenden Zelle in einzelne, deutlich voneinander abgegrenzte Zonen geschichtet werden, wenn man die Zellen in ein isotonisches und durchaus physiologisches Milieu einbringt, das aber einen Dichtegradienten besitzt. Zur Stratifizierung unbefruchteter Eier von *Arbacia punctulata* füllt man kleine Röhrchen von etwa 0,7 cm$^3$ Inhalt teilweise mit einer 0,95 m Rohrzuckerlösung[2]. Man überschichtet die Zuckerlösung mit etwas Seewasser, in das man die Eier einbringt. Durch Drehen der Gläschen erzeugt man eine partielle Mischung der beiden Flüssigkeiten und erzielt damit die Ausbildung eines Dichtegradienten. Zentrifugiert man die Gläschen 3—4 min lang bei 10 000 g, so kommen die Eier in einem isopyknotischen Niveau in Schwebe. Im Cytoplasma der Eier bilden sich mikroskopisch unterscheidbare Schichten aus, in denen jeweils verschiedene Zellbestandteile wie Pigment, Dotter, Mitochondrien, Hyaloplasma, Zellkern und Öltropfen angereichert sind. Bei fortgesetztem Zentrifugieren zerfallen die Eier mancher Arten in verschieden schwere Teilstücke, die sich gemäß ihrer Dichte in verschiedenen Niveauflächen des Gläschens ansammeln. Die Eier anderer Arten oder einzellige Lebewesen, die sich im Schwerefeld nicht spontan zerteilen, werden auf gekühlte Objektträger gebracht und mit Hilfe des Mikromanipulators unter mikroskopischer Kontrolle zerschnitten. Süßwassertiere (große Amöben) zentrifugierten HOLTER und DOYLE[3] in einem Milieu, das durch partielle Mischung von 5—30%igen Gummi arabicum-Lösungen hergestellt wurde.

Das Stratifizieren von Zellen im Schwerefeld dürfte keinen allzutiefen Eingriff in die Lebensprozesse bewirken. Die Zellen überleben das Zentrifugieren im allgemeinen sehr gut. Die ihnen aufgezwungene Schichtung verschwindet nach dem Zentrifugieren sehr bald wieder und die Inhaltskörper verteilen sich gleichmäßig über den Zelleib. Es ist anzunehmen, daß auch die Aktivität und Lokalisation der Enzyme durch das Zentrifugieren nicht wesentlich verändert wird.

## b) Mengenbestimmung von Gewebe- und Zellbestandteilen.

In der Histochemie hat man es naturgemäß mit sehr kleinen Mengen an biologischem Material zu tun. Die Bestimmung der Quantität derart winziger Organproben ist eines der schwierigsten Probleme der Histochemie. Es mußten vielfach neue Wege gesucht werden, um der chemischen Mikroanalyse einen brauchbaren Bezugswert zu verschaffen.

Die im Laboratorium üblichen Mikrowaagen sind zu unempfindlich, um die Bestimmung des Gewichtes einzelner Mikrotomschnitte oder gar einzelner Zellen zu ermöglichen. Schon alt sind die Bestrebungen, die Waagen zu verfeinern. Es wurden dabei meist Konstruktionen entwickelt, welche die Elastizität feiner Quarzfäden zum Wägen benützten. Man erreicht mit manchem dieser Geräte eine Genauigkeit von 0,01 $\gamma$. Voraussetzung für eine reproduzierbare Gewichtsbestimmung ist die strenge Einhaltung von Temperaturkonstanz, das sorgfältige Ausschalten von Luftströmungen, Wärmestrahlen, elektrischen Potentialen und Feuchtigkeit. Solche Waagen eignen sich recht gut zur Gewichtsbestimmung fester Körper wie z. B. von Metalldrähten u. dgl., auch von trockenen Gewebeproben, nicht aber zur Wägung frischer Gewebeschnitte oder lebender Zellen.

---

[1] HARVEY, E. N.: Biol. Bull. **61**, 273 (1931); **62**, 141 (1932).
[2] HOLTER, H.: J. cellul. comp. Physiol. **8**, 179 (1936). Arch. exp. Zellforsch. **19**, 232 (1937).
[3] HOLTER, H., and W. L. DOYLE: C. R. Lab. Carlsberg (II) **22**, 219 (1938).

Wie LINDERSTRØM-LANG[1] gezeigt hat, ist es bei solchen wasserhaltigen und zarten Objekten viel einfacher, statt des eigentlichen Gewichtes das sog. „reduzierte Gewicht" (RW) zu bestimmen, das sich aus folgender Gleichung ergibt:

$$RW_x = W_x - v_x \cdot \varphi_M,$$

wobei $W_x$ das Gewicht, $v_x$ das Volumen der biologischen Probe ($x$) und $\varphi_M$ die Dichte des natürlichen Mediums (Seewasser, Ringer-Lösung u. dgl.) ist. Das RW entspricht also dem eigentlichen Gewicht der Probe minus dem Gewicht des verdrängten Mediums. Aus zwei unabhängigen Messungen des RW in Medien verschiedener Dichte kann auch das eigentliche Gewicht der Probe ermittelt werden. Für gewöhnlich ist diese Berechnung nicht unbedingt notwendig, da das RW meistens in einfacher Beziehung zur Masse steht, so daß also für quantitative Vergleiche allein schon die Bestimmung des RW ausreicht. Die Bestimmung des RW vermittelt also eine Maßzahl für die Größe einer Gewebeprobe, unabhängig von ihrem Wassergehalt. Damit überwindet das RW eine der Hauptschwierigkeiten bei histochemischen und cytochemischen Versuchen, einen zahlenmäßig fixierbaren meßbaren Ausdruck für die Menge an frischen Geweben oder Zellstrukturen zu finden.

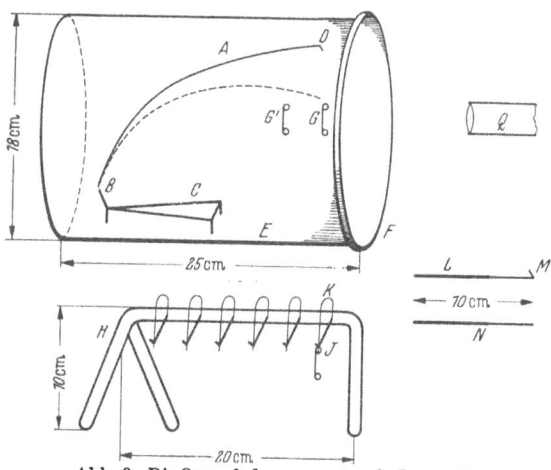

Abb. 3. Die Quarzfadenwaage (nach LOWRY).

Zur Messung des RW kann die Gewebeprobe, umgeben von einem Tropfen des wäßrigen Mediums, in das *Gradientenrohr* eingeführt werden. Aus der Position des Tropfens im Dichtegradienten läßt sich das RW der Probe errechnen (s. S. 378).

Ein anderes Verfahren zur Ermittlung des RW ist die Wägung einer lebenden Probe auf der *Taucherwaage* (s. S. 379).

Massive Gewebe können auf dem Mikrotom in dünne Schnitte zerlegt werden. Man kann durch einfache Mittel erreichen, daß diese Schnitte eine definierte Form besitzen. Solche Mikrotomschnitte stellen daher Organproben dar, deren *Volumen* von vornherein festgelegt ist. Ferner liegen bereits erprobte Verfahren vor, die eine quantitative Erfassung der verschiedenen Zellarten innerhalb eines Schnittes ermöglichen. So kann schließlich auch die *Zellzahl* als Bezugsgröße für die enzymatische Aktivität eines Gewebes herangezogen werden.

### α) Gewichtsbestimmungen.

**Die Waagen.** *Die Quarzfadenwaage.* Ein sehr einfaches Modell einer Quarzfadenwaage hat LOWRY[2] beschrieben. Wie aus Abb. 3 hervorgeht, besteht diese Waage im wesentlichen aus einem etwa 20 cm langen Quarzfaden $A$, welcher in einer kurzen Capillare $B$ leicht auswechselbar festgesteckt wird. Diese Manschette für den sehr dünnen Quarzfaden ist an einem Stativ $C$ befestigt, das aus 1—2 mm starkem solidem Pyrexglas angefertigt wird. Man bringt die Capillare $B$ — in Abweichung von der gegebenen Abbildung — besser unter einem Winkel von etwas weniger als 90° zur Ebene des Dreifußes $C$ an. Das freie Ende des Quarzfadens ist bei $D$ hakenartig abgewinkelt, um das Aufhängen von feinen Quarzhäkchen $G$ zu erleichtern. Unbelastet soll das Ende $D$ des Quarzfadens etwa 12—15 cm über dem Stativ stehen. Bei der Belastung krümmt sich der Faden. Die Position des Fadenendes wird mit dem Kathetometer $Q$ abgelesen. Die Ablesegenauigkeit soll 0,01 mm betragen. Das Instrument wird in einen Metallzylinder eingekittet (Konservenbüchse), dessen Grundflächen mit abnehmbaren Glasplatten ($F$) versehen sind.

---

[1] LINDERSTRØM-LANG, K., u. H. HOLTER: Bamann-Myrbäck 2, 1132—1161.
[2] LOWRY, O. H.: J. biol. Ch. 140, 183 (1941).

Zur Verbesserung der elektrostatischen Abschirmung beklebt man die Glasplatten mit geerdeten Stanniolfolien. Aus feinen Quarzfäden (etwa 30 γ je cm Länge) biegt man über der Mikroflamme eine Anzahl Quarzhäkchen (G) zurecht. Sie sollen 1 cm lang sein, an beiden Enden Ösen von 2 mm Durchmesser haben und alle gleich schwer sein. Diese Häkchen werden bei Nichtgebrauch auf den gläsernen Ständer (H) an einer Reihe von Glasnägeln (J) aufgehängt. Die feinen Glasfedern (K) verhindern, daß die Häkchen bei Erschütterungen abfallen oder vom Luftzug weggeblasen werden. Das Hantieren mit den Häkchen erleichtern eine Glasnadel (N) und ein Glashäkchen (L). Zur Eichung der Waage pipettiert man in die Quarzösen Mengen von 3—10 mm³ verschiedener Konzentrationsstufen von Standard-NaCl-Lösungen (vorheriges Einfüllen von 1—2 mm³ destilliertem Wasser erleichtert die Übertragung der Salzlösung). Nach gründlichem Trocknen werden die Ösen gewogen und die Ablesungswerte in eine Eichkurve eingetragen. Diese

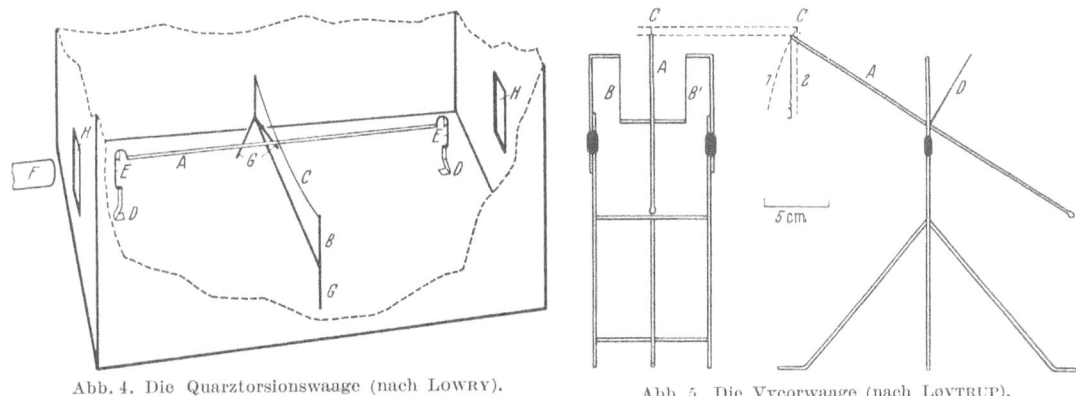

Abb. 4. Die Quarztorsionswaage (nach LOWRY).   Abb. 5. Die Vycorwaage (nach LØVTRUP).

Waage eignet sich zur Bestimmung des Trockengewichtes einzelner Mikrotomschnitte. Die maximale Belastung beträgt 200—300 γ, die Empfindlichkeit 0,03 γ, die Reproduzierbarkeit einer Wägung liegt bei etwa 0,1 γ.

**Die Quarztorsionswaage.** Dieses von LOWRY[1] beschriebene Instrument hat eine wesentlich höhere Tragkraft als die Quarzfadenwaage. Als Waagebalken (A) dient ein Quarzrohr, 25 cm lang und etwa 1 mm im Durchmesser, welches zwischen horizontalen Quarzfäden (C) aufgehängt wird (Abb. 4). Die Quarzfäden sind auf dem Quarzstativ (BG) ausgespannt. Die Enden des Waagebalkens sind mit feinen Quarzösen (E) versehen, in die Quarzhäkchen eingreifen. An das freie Ende der Häkchen werden kleine Schalen aus Aluminiumfolie (D) aufgehängt. Mit H ist ein Fenster und mit F ein Kathetometer angedeutet. Zur Ausschaltung elektrostatischer Kräfte werden alle Quarzteile der Waage platiniert. Die Tragkraft der Waage ist 50—100 mg, die Empfindlichkeit ± 0,1 γ.

**Die Vycor-Waage.** LØVTRUP[2] verwendet eine Waage, deren Aufbau aus Abb. 5 hervorgeht. Das Gestell wird aus weichem Glas hergestellt, die Träger des Waagebalkens sind feine Röhren aus Vycor-Glas und werden an das Gestände mit De Khotinsky-Zement angekittet. Auch der Waagebalken (A) besteht aus Vycor-Glas. Der Waagebalken und die Waageschalen werden an feinen Quarzfäden (B, B') von etwa 30 μ Dicke aufgehängt, welche nahe (1—2 mm) dem Anheftungspunkt über einer Mikroflamme sehr dünn ausgezogen werden. Ein Stäbchen (D) aus Vycor-Glas wird mit dem einen Ende an den Kreuzungspunkt zwischen Waagebalken und den Seitenarmen festgeschmolzen. Es dient zur Einstellung des Schwerpunktes. Korrekturen nimmt man durch Verkürzen des Stäbchens (D) vom freien Ende aus oder durch Einschmelzen des Glases vor. Die Waagschalen werden aus dünner Platinfolie (10 μ stark) hergestellt; das Aufhängen besorgt ein dünnes hakenförmig gebogenes Platindrähtchen (1, 2). Das Gewicht der Schale soll

---

[1] LOWRY, O. H.: J. biol. Ch. **152**, 293 (1944).
[2] LØVTRUP, S.: C. R. Lab. Carlsberg (II) **27**, 125 (1950).

etwa 3 mg betragen. Als Gehäuse wird ein alter Waagenkasten verwendet. Die Arretiervorrichtung wird entsprechend umgebaut. Der Kasten wird innen mit Isolierplatten ausgelegt, in welche zur Beobachtung der Wägung kleine Löcher geschnitten werden. Diese Fenster verschließt man mit wärmeundurchlässigem Glas. In den Waagekasten legt man ein Stück Pechblende und stellt eine Schale mit etwas $CaCl_2$ hinein. Die Waage wird in einem thermokonstanten Raum aufgestellt und mit einer Leuchtstoffröhre beleuchtet. Den Ausschlag des Waagebalkens mißt man mit einem Kathetometer auf 0,02 mm genau; ein kleiner Zeiger (C) am Waagebalken erleichtert die Einstellung. Die Eichung erfolgt mit KCl-Lösungen, die mit einer Konstriktionspipette von 2 $mm^3$ Inhalt in die Waagschalen eingemessen werden. Nach Verdunsten des Wassers erfolgt die Wägung. Die Standardkurve ist eine gerade Linie. 1 $\gamma$ Belastung ergibt eine Verlagerung des Zeigers um etwa 1,7 mm. Die Schwingungsperiode ist etwa 20 sec. Nach Auflage eines Gewichtes wartet man $^1/_2$ Std, bis man mit den Ablesungen beginnt. Man wiederholt die Wägung so oft, bis 2 Ablesungen nicht mehr als um 0,01—0,02 mm differieren. Man benützt Standardgewichte, die man nach der Wägung gegen die beladene Schale austauscht, und bestimmt die neue Gleichgewichtslage. Die Messung der Differenz wird so oft wiederholt, bis die Abweichungen vom Mittel weniger als 0,02 mm betragen, wozu meist 3 bis 5 Wägungen ausreichen. Die Waage eignet sich zum Abwägen kleiner fester Körper, die nicht hygroskopisch sind.

**Bestimmung des reduzierten Gewichtes mit dem Gradientenrohr.** Zur Bestimmung des reduzierten Gewichtes (RW) wird die Gewebeprobe zusammen mit einem kleinen Tropfen wäßrigen Mediums (Kulturlösung, Ringer-Lösung usw.) in das Gradientenrohr eingeführt (s. S. 416). Die Aufstellung des Gerätes und die Manipulationen entsprechen in allen Einzelheiten den Angaben von LINDERSTRØM-LANG und LANZ[1]. Der Gradient wird durch partielles Mischen zweier Brombenzol-Kerosinmischungen* erzeugt, welche die Dichte 1,01 und 0,99 besitzen. Vor dem Einfüllen werden die Mischungen 8 Std mit Wasser geschüttelt und anschließend durch öfteres Durchschütteln mit reinstem $CaCl_2$ getrocknet. Die Temperatur des Wasserbades ist 20° ± 0,003°. Zur Eichung des Gradienten werden in das Rohr eine Anzahl von Standardtropfen aus verschiedenen $D_2O$—$H_2O$-Mischungen von bekannter Dichte eingesetzt. Als Ausgangsmaterial wird im Carlsberg-Laboratorium das schwere Wasser der „Norsk Hydro" ($d_4^{20}$ $D_2O = 1{,}10495$) verwendet. Die Eichkurve ist nahezu eine Gerade.

Das RW der Probe ergibt sich aus folgender Gleichung: $RW = (\varphi - \varphi_M)v$, wobei $v$ und $\varphi$ das Volumen bzw. die Dichte der wäßrigen Tropfen einschließlich der Gewebeprobe darstellen, während $\varphi_M$ die Dichte des Mediums ist. Das Volumen des die Probe umschließenden Tropfens wird mit dem gleichen Meßmikroskop (s. S. 417) bestimmt, mit dem auch die Position der Tropfen in bezug auf 2 benachbarte Standardtropfen gemessen wird. Man stellt mit dem Fadenkreuz nacheinander auf den oberen und unteren Meniscus des Tropfens ein, die Differenz ergibt den Durchmesser des Tropfens mit hinreichend guter Genauigkeit. Aus dem Durchmesser wird das Tropfenvolumen berechnet. Wenn das betreffende Enzym, welches in den Proben studiert wird, gegen Petroleum und Brombenzol resistent ist, so kann man die gewogene Probe aus dem Gradientenrohr wieder herausfangen und für die Enzymanalyse verwenden. Das Fischen nach den Proben muß sehr vorsichtig durchgeführt werden, um die Linearität des Gradienten nicht zu zerstören. Man bedient sich hierzu langer Glasfäden, die am freien Ende einen horizontal abgewinkelten Deckglassplitter 2×2 mm tragen. Die Genauigkeit der Methode beträgt bei einer Tropfengröße von 0,1 $mm^3$ etwa $5 \times 10^{-7}$ mg, bei einer solchen von 1,0 $mm^3$ etwa $5 \times 10^{-6}$ mg.

---

\* Kerosin ist gereinigtes Leichtpetroleum.

[1] LINDERSTRØM-LANG, K., and H. LANZ: C. R. Lab. Carlsberg (II) **21**, 315 (1938). Mikrochim. Acta **3**, 210 (1938).

**Bestimmung des reduzierten Gewichtes mit der Taucherwaage.** Nach dem Prinzip des Cartesianischen Tauchers wurde von ZEUTHEN[1] eine Taucherwaage konstruiert, welche es erlaubt, einzelne lebende Zellen, wie z. B. Amöben, und winzigste Gewebeproben in ihrem natürlichen Milieu ohne die geringste Beschädigung zu wägen. Die Waage besteht aus einem Taucher, d. h. einem sehr dünnwandigen Glaskölbchen, das mit Kulturflüssigkeit (= Schwebemedium) gefüllt ist, und durch eine Luftblase schwebend erhalten wird. Die Luftkammer steht durch eine Capillare mit dem Schwebemedium in Verbindung, die so fein ausgezogen ist, daß sie den Druckausgleich ermöglicht, aber Diffusionsverluste auf ein Minimum herabsetzt. Es wird der Gleichgewichtsdruck der leeren und mit dem Objekt beladenen Waage gemessen und aus der Druckdifferenz das RW des Objektes errechnet. Absolute Gewichtsbestimmungen sind durch Wiederholung der Wägung in einem Medium von anderem spezifischem Gewicht möglich. Die Genauigkeitsgrenze beträgt je nach Größe der Waage $1-3 \times 10^{-2} \gamma$ RW.

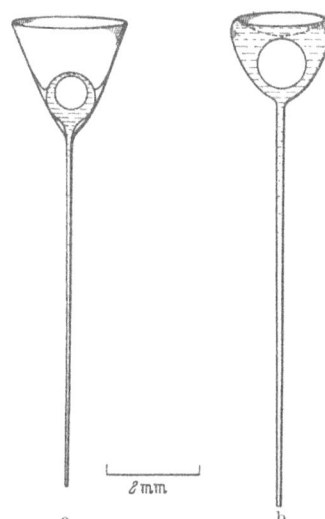
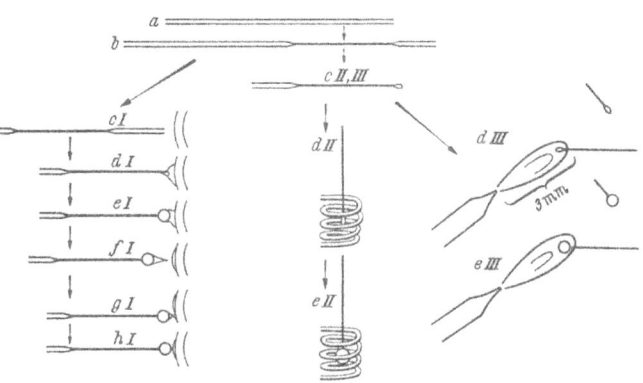

Abb. 6a u. b. Die Taucherwaage (nach ZEUTHEN). a Polystyrol-Glaswaage; b Ganzglaswaage.

Abb. 7. Die Herstellung der Taucherkammer (nach ZEUTHEN). Erklärung im Text.

**Der Taucher.** In Abb. 6 sind 2 Formen des Tauchers angegeben. Die eine Form (b) ganz aus Glas hergestellt, ist schwer anzufertigen. Daher wählt man besser die andere Form (a), ein dünnwandiges Glaskölbchen, dem ein Kragen aus Polystyrol aufgeschmolzen wird, um eine Waagschale zu bilden.

Bei der Herstellung des Tauchers geht man von dünnwandigen Glascapillaren (Außendurchmesser 0,3—0,5 mm) aus (Abb. 7a), die über der Mikroflamme zu einem äußerst dünnen Röhrchen (0,02 mm Lumen) ausgezogen werden (Abb. 7b). Wie die Skizze zeigt, kann man die Glaskammer auf dreierlei Art blasen. Der Weg *I* benützt eine auf dem Tisch des Binoculars montierte Platindrahtspirale (Durchmesser 0,4 mm), die elektrisch geheizt werden kann. Unter gelindem Einblasen wird der rotglühende Draht mit der Capillare berührt und die entstandene kugelige Auftreibung abgezogen. Der Glasüberschuß wird an dem Heizdraht abgestreift und die Form der Blase korrigiert. Das feine Röhrchen wird in einem Abstand von 5—10 mm von der Kammer abgeschnitten. Der Weg *II* benützt eine auf einem Pipettiertisch montierte Platindrahtspirale als Heizquelle. Man berührt aber den Heizdraht mit dem Glas nicht, sondern bläst die Kammer im Innern der glühenden Spirale auf. Nach Methode *III* wird die Kammer in einer winzigen, auf dem Tisch des Binoculars montierten Mikroflamme geblasen.

Zur Herstellung des Polystyrolkragens füllt man eine Bremspipette (s. S. 428) mit einer 5%igen Lösung von Polystyrol in Benzol. LØVTRUP[2] nimmt dazu eine 30%ige Lösung. Der Taucher wird in eine Arterienklemme mittels Korkschuhen eingeklemmt und auf ein

---

[1] ZEUTHEN, E.: C. R. Lab. Carlsberg (II) **26**, 243, 267 (1948). — HOLTER, H., u. E. ZEUTHEN: C. R. Lab. Carlsberg (II) **26**, 277 (1948).
[2] LØVTRUP, S.: C. R. Lab. Carlsberg (II) **27**, 137 (1950).

Pipettiertischchen gebracht. Nach dem Eintauchen der Kammer in die Polystyrollösung wird das Tischchen mit dem Taucher langsam bei gelindem Überdruck in der Pipette durch Blasen mit dem Mund oder mit dem Druckregulator (S. 388) abwärts geschraubt, wie Abb. 8 zeigt. Das Benzol verdunstet, die Blase ist nach 2 Std so hart geworden, daß man sie mit dem Rasiermesser an der passenden Stelle quer durchschneiden kann.

*Justierung des Tauchers.* Die Taucherwaage wird in einer normalen Manometerapparatur (s. S. 420ff.) verwendet. Den Schwebegefäßen gibt man hierfür einen etwas weiteren Hals. Ein frisch hergestellter Taucher muß vor Gebrauch einige Stunden gewässert werden. Anhaftende Luftblasen entfernt man mit einer Bremspipette. Der Taucher ist zunächst noch völlig mit Luft gefüllt. Ein Teil davon muß entfernt werden, damit er schweben kann. Man schließt nun an eine Abzweigung vom Verteiler der Manometerapparatur eine kräftige Bremspipette an und sperrt den Dreiwegehahn zum Manometer ab. Beim Ansaugen an der Bremspipette treten feine Luftbläschen an der Schwanzspitze des Tauchers aus. Nun verringert man auf diese Weise das Luftvolumen des Tauchers, bis dieser bei dem Druck von einer Atmosphäre $\pm$ 10—20 cm $H_2O$ schwebt. Luftbläschen an der Oberfläche des Tauchers müssen sorgfältig entfernt werden. Hat man dem Taucher zu viel Luft entnommen, so daß er zu schwer geworden ist, so saugt man ihn mit etwas Wasser in eine Pipette, läßt das Wasser ablaufen, stopft etwas Filtrierpapier in die Pipettenspitze und bringt die Schwanzspitze des Tauchers mit dem Papier in Kontakt. Man verschließt die Pipettenspitze mit dem Finger und saugt kräftig

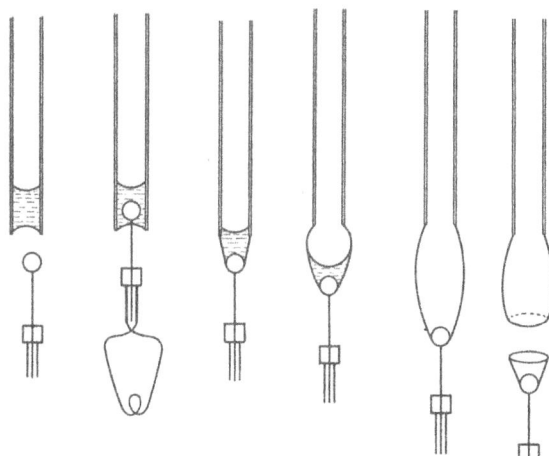

Abb. 8. Die Herstellung des Polystyrolkragens (nach ZEUTHEN). Erklärung im Text.

an der Pipette. Wenn man wieder Luft einläßt, so hat sich die Taucherkammer größtenteils mit Luft gefüllt. Man wiederholt die Justierung des Tauchers im Schwebegefäß mit mehr Sorgfalt. Da die Waage beträchtlich schwerer wird, wenn Mikroorganismen auf ihr wachsen, taucht man sie jeden 3.—4. Tag für einen Augenblick in konz. Schwefelsäure ein. Polystyrol hält diese Behandlung aus. Der Taucher wird gut mit Wasser gespült und die Kammerflüssigkeit durch die Wirkung alternierender Druckschwankungen erneuert. Der Taucher muß eventuell nachjustiert werden.

*Messung des Gleichgewichtsdruckes.* Da die winzige Waage sehr langsam schwingt, stellt man nicht den Gleichgewichtsdruck ein, sondern mittelt zwei schnell hintereinander abgelesene $\pm$ Abweichungen, die selten mehr als 2—3 mm $H_2O$ betragen. Die Ablesungen können mit einer Genauigkeit von $\pm 0{,}5$ mm $H_2O$ reproduziert werden. Der Gleichgewichtsdruck läßt sich bei der Taucherwaage nicht längere Zeit hindurch streng konstant halten. Er nimmt langsam (etwa 1—2 mm $H_2O$ je Stunde) ab. Es ist nicht sicher, ob diese Abnahme auf einem Diffusionsverlust von Luft aus der Blase oder auf einer Gewichtszunahme des Tauchers beruht. In ihrer gegenwärtigen Form eignet sich deshalb die Taucherwaage nur für den Vergleich von Proben, deren RW unbekannt ist, mit geeichten Standardgewichten, deren RW bekannt ist, wenn die beiden RW-Werte in schneller Folge gemessen werden.

*Wägung.* Bei jeder Wägung stellt man zuerst den Gleichgewichtsdruck der unbelasteten Waage fest. Er soll 3—5 min konstant bleiben. Dann wird ein Standardgewicht aufgelegt. ZEUTHEN[1] verwendet dazu Polystyrolfäden, LØVTRUP[2] Palladiumdrähte von

---

[1] ZEUTHEN, E.: C. R. Lab. Carlsberg (II) **26**, 243 (1948).
[2] LØVTRUP, S.: C. R. Lab. Carlsberg (II) **27**, 137 (1950).

10 $\mu$ Dicke. Ein 1 mm langes Drahtstück hat ein RW von etwa 1 $\gamma$. 2—4 mm lange Drahtstückchen, die zu einem Häkchen umgebogen werden, sind als Gewichte geeignet. Vor erstmaligem Gebrauch glüht man die Drähtchen in einem Porzellantiegel aus, wiegt sie auf einer Quarzfadenwaage (s. S. 376) und versenkt sie im Schwebegefäß. Zur Wägung nimmt man das Gewicht mit einem dünnen zu einem Häkchen umgebogenen Platindraht auf und legt es in die Waagschale des Tauchers. Man mißt den Gleichgewichtsdruck, nimmt das Gewicht in analoger Weise wieder ab und bestimmt noch einmal den Gleichgewichtsdruck des unbelasteten Tauchers. Die dem Standardgewicht entsprechende Änderung des Gleichgewichtsdruckes ergibt sich aus dem Mittelwert der Druckveränderung bei Beladen und Entladen des Tauchers. Anschließend wird das Objekt mittels einer Bremspipette auf die Waagschale gebracht und der Gleichgewichtsdruck festgestellt.

*Berechnung:*

ZEUTHEN benützt zur Berechnung von RW aus der gemessenen Veränderung des Gleichgewichtsdruckes folgende Formel:

$$RW_x = RW_{st} \cdot \frac{1 - \dfrac{B}{B - p_x}}{1 - \dfrac{B}{B - p_{st}}}, \tag{1}$$

wobei $x$ und $st$ sich auf das unbekannte bzw. das Standard-RW beziehen und $p$ die Differenz im Gleichgewichtsdruck zwischen beladener und leerer Waage bedeutet. $B$ ist der Barometerdruck und wird auf 1000 Brodie gesetzt. LØVTRUP erreichte einen Ausdruck ähnlicher Form auf der Basis folgender Gleichungen:

$$RW_x = W_x - v_x \cdot \varphi_M. \tag{2}$$

Das RW von $x$ ist gleich $W_x$ (Gewicht von $x$) weniger $v_x \cdot \varphi_M$ (Gewicht des verdrängten Mediums). Die Gleichung stellt die Definition des RW dar.

$$\frac{W_D + W_x}{V_x + v_D + v_x} = \varphi_M. \tag{3}$$

Diese Gleichung ist eine besondere Form der Tauchergleichung von LINDERSTRØM-LANG (s. S. 436) und besagt, daß die gesammelten Dichten der Taucherwaage und der Last $x$ der Dichte des Mediums $\varphi_M$ gleich sein müssen, wenn der Taucher schweben soll. $V_x =$ Volumen der Luftblase, $W_D$ und $v_D =$ Gewicht bzw. Volumen der Waage:

$$V_x(p + \Delta p_x) = V_0 \cdot p. \tag{4}$$

Diese Gleichung besagt, daß für die eingeschlossene Luftblase das Produkt aus Druck und Volumen konstant ist. $V_0 =$ Volumen der Luftblase bei unbelasteter Waage, $p =$ Druck derselben, $\Delta p_x =$ Veränderung im Druck bei der Belastung. Durch Kombination von (2) + (3) erhält man die Gleichung:

$$RW_x = V_x \cdot \varphi_M - RW_D, \tag{5}$$

wobei $RW_D$ das reduzierte Gewicht der Waage ist. Wenn man in dieser Gleichung $RW_x = 0$ setzt, so gilt für die unbelastete Waage:

$$RW_D = V_0 \cdot \varphi_M = Z. \tag{6}$$

Das reduzierte Gewicht der Taucherwaage wird „ZEUTHEN-Taucherwaagenkonstante" genannt und mit $Z$ bezeichnet. Wenn $\varphi_M = 1$ ist, so entspricht $Z$ zahlenmäßig dem Volumen der Luftblase (mm³ · 10⁻³). Aus (4) (5) (6) gelangt man zu folgender Formel, aus der sich das unbekannte $RW_x$ berechnen läßt:

$$RW_x = \frac{p \cdot V_0 \cdot \varphi_M}{p + \Delta p_x} - RW_D = RW_D\left(\frac{p}{p + \Delta p_x} - 1\right) = Z \frac{-\Delta p_x}{p + \Delta p_x}. \tag{7}$$

Die Formel von LØVTRUP unterscheidet sich ganz unwesentlich von der von ZEUTHEN, aber die Entwicklung der Konstante $Z$ hat einige Vorteile. Aus Gl. 7 ist direkt zu sehen, daß die Empfindlichkeit der Waage eine Funktion von $Z$ ist. Je kleiner $Z$, desto größer wird bei gegebenem $RW$ das $\Delta p$ werden. Man kann also die Empfindlichkeit verschiedener Waagen, die mit verschiedenen Gewichten geeicht wurden, vergleichen. Ferner entdeckt man durch Nachprüfung von $Z$ Veränderungen im $RW$ der Standardgewichte oder der Waage. Wenn der Zahlenwert von $Z$, der am Anfang einer Serie von Messungen bestimmt wurde, um mehr als $\pm 5\%$ von früheren Messungen abweicht, so muß man Standardgewichte und Waage reinigen.

Zur Bestimmung von $Z$ mißt man den Gleichgewichtsdruck $p_D$ der leeren Waage, dann legt man ein Standardgewicht auf und bestimmt die neue Druckdifferenz zwischen der Luftflasche und dem Tauchergefäß. Sie ist gleich $p_D + \Delta p_{st}$. Den Wert für $\Delta p_{st}$ findet man durch Subtraktion. Im allgemeinen mißt man nach Abheben des Standardgewichtes $p_D$ zurück und mittelt. $Z$ wird nun aus (7) berechnet.

$$Z = RW_{st} \cdot \frac{p + \Delta p_{st}}{-\Delta p_{st}} = RW_{st} \cdot \frac{1000 + p_D + \Delta p_{st}}{-\Delta p_{st}}. \tag{8}$$

### β) Volumenbestimmungen.

In vielen Fällen ist es vorteilhaft, das Volumen einer biologischen Probe als Vergleichswert zu verwenden. Bei regelmäßig geformten Zellen errechnet es sich einfach aus der größten und kleinsten Achse als Rotationsellipsoid. Die Ausmessung erfolgt mit dem Ocularmikrometer oder man stellt mit einer der gebräuchlichen Kleinbildkameras Mikrophotographien her, die man später sorgfältig ausmessen kann. Unregelmäßig geformte Protisten (Amöben) kann man in eine Blutkörperchenzählkammer bringen; dadurch ist ihre Höhe festgelegt. Man photographiert die Zellen und mißt auf einer Projektion des Negativbildes das Areal der Zelle mit dem Planimeter aus. In analoger Weise kann man auch auf Gewebeschnitten das Volumen von Zonen mit einheitlicher histologischer Zusammensetzung bestimmen. Unregelmäßig geformte Zellen, wie z. B. Amöben, kann man nach HOLTER[1] auch in ein Capillarrohr von bekanntem Durchmesser aufsaugen, welches mit einer Farbstofflösung von bekannter Konzentration gefüllt ist. Man mißt die Länge des Flüssigkeitszylinders aus Farbstofflösung + Amöbe, leert den Inhalt der Capillare in ein bekanntes Volumen Wasser aus und bestimmt die Farbstoffkonzentration photometrisch. Als Farbstofflösung eignet sich eine dialysierte Lösung von Säureviolett (Tetraäthyl-di-p-sulfobenzyl-p,p'-diaminofuchsonimonium, Na-Salz) in glasdestilliertem Wasser, die auf 1% verdünnt wird. Man setzt Natriumtaurocholat bis zu einer Konzentration von 0,01% zu. Die Meßcapillare wird mit einem Tropfen Farbstofflösung gefüllt, der die Zelle enthält; der Tropfen darf nicht mehr als das doppelte Volumen der Zelle betragen. Das Meßcapillarrohr muß 10 mm vom freien Ende immer noch ein konstantes Lumen haben und wird am anderen Ende fein ausgezogen und als Bremspipette montiert. Die Zelle, z. B. eine Amöbe, wird mit der passenden Menge Farbstofflösung in die Meßcapillare aufgesaugt, die Mündung derselben aus der Lösung ausgetaucht und der Tropfen etwa 2 mm tiefer in die Capillare eingesaugt. Dann wird die Spitze in Wasser getaucht und ein etwa 1 mm langer Wassertropfen nachgesaugt (Abb. 9). Nun taucht man die Mündung der Capillare in einen kleinen Tropfen Quecksilber, saugt etwas davon an und stößt das Hg vollends mit dem Finger in die Capillare hinein. Nun mißt man unter dem Meßmikroskop den Abstand der beiden Menisken des Farbstofftropfens auf $^1/_{100}$ mm genau aus. Den Hg-Tropfen entfernt man durch Vereinen mit einem größeren, den Wassertropfen saugt man mit einem Filterpapier auf. Nun entleert man den Inhalt der Meßcapillare in ein gewöhnliches Mikroreaktionsgläschen, in welches man vorher genau 100 mm$^3$ Wasser einpipettiert hat. Man spült die Capillare durch wiederholtes Aufsaugen und Ausblasen der vereinten Lösungen, setzt einen Floh zu, rührt vorsichtig, ohne die Amöbe zu verletzen, fängt den Floh mit dem Elektromagneten, die Amöbe mit einer Bremspipette heraus und bestimmt die Extinktion der Farblösung in einer Mikrocuvette

---
[1] HOLTER, H.: C. R. Lab. Carlsberg (II) **25**, 156 (1945).

im Stufenphotometer mit Gelbfilter S 37. Die Auswertung wird nach einer Eichkurve durchgeführt, die man durch Auftragen der Extinktionswerte gegen verschiedene Längen der Farbstoffsäulen in der Meßcapillare anlegt. Das Volumen des Objektes ($V$) berechnet sich nach der Formel: $V = Q(L_a - L)$, wobei $Q$ der Flächenquerschnitt der Capillare, $L_a$ die Länge des Farbstofftropfens mit der Amöbe und $L$ die Länge des Farbstofftropfens ohne Objekt bedeuten. $L$ wird aus der Eichkurve abgelesen.

Wenn das RW einer Zelle bekannt ist, kann man das Volumen nach der Gleichung $RW = (\varphi - \varphi_M) v$ errechnen, vorausgesetzt, daß die Dichte der Zelle gemessen werden kann. Løvtrup[1] verwendet dazu das Gradientenrohr, welches er für diesen Zweck mit einem Dichtegradienten aus Stärkelösungen versieht (Zulkowsky-Stärke, 20%ig, gegen Kulturmedium). Der Dichtegradient wird mit hohlen Glaskügelchen geeicht, deren spezifisches Gewicht im Brombenzol-Kerosingradienten bestimmt wurde.

Schneidet man ein Organ mit dem Mikrotom, so bekommt man Schnitte, die bereits Gewebeproben von annähernd bekannter Größe sind. Das Volumen der Schnitte ergibt sich einfach aus der Fläche des Schnittes, multipliziert mit der am Mikrotom eingestellten Schnittdicke.

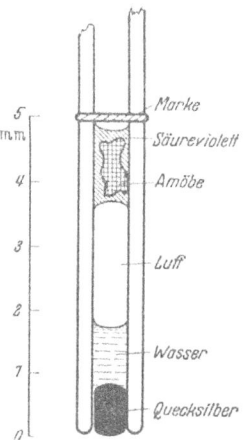

Abb. 9. Capillare zur Bestimmung des Volumens unregelmäßiger Zellen (nach Holter).

### γ) Die Zellzahl als Bezugsgröße.

Höher differenzierte Gewebe setzen sich häufig aus zahlreichen Zelltypen zusammen, von denen jeweils mehrere in jedem einzelnen Gewebeschnitt vorkommen. Es ist wahrscheinlich, daß nicht alle, sondern nur einige wenige Zelltypen ein bestimmtes Enzym enthalten. In solchen Fällen stellt die Zellzahl je Schnittvolumen eine brauchbare Bezugsgröße für die chemische Untersuchung dar. Diese Bezugsgröße ist aber nur unter der Voraussetzung brauchbar, daß ein bestimmter Zelltyp entweder der alleinige oder zumindest der Hauptträger des betreffenden Enzyms ist. Ferner müssen die Zellen strenggenommen alle gleich groß sein und gleiche Enzymmengen enthalten oder, wenn die Enzymmengen der Zellen mit dem physiologischen Zustand des Organes variieren, so doch unter definierten Bedingungen (Hunger, bestimmte Zeit nach Fütterung) untereinander gleich sein. Ein Beispiel hierfür sind Drüsen mit synchron sezernierenden Zellen. In solchen Fällen zeigt sich stets eine strenge Proportionalität zwischen Zellzahl und Enzymaktivität.

Ist eine solche Proportionalität nicht deutlich zu erkennen, so sind entweder die betreffenden Zellen nicht die Träger des Enzyms, oder sie durchlaufen ihren Sekretionscyclus chaotisch, oder aber die Zellen enthalten nur sehr wenig Enzym, oder sie speichern dasselbe in einer inaktiven Vorstufe (Proenzym), während sich die Hauptmenge an Enzym in den Sekretmassen befindet, die etwa vorhandene Ausführungsgänge der Drüsen erfüllen. Wenn die Zellen chaotisch sezernieren, so kann man die Histochemie einer solchen Drüse nur noch dann leidlich zufriedenstellend behandeln, wenn die Zellen in ihrem Sekretionscyclus wenige und mikroskopisch leicht unterscheidbare Phasen durchlaufen, und die Enzymaktivität mit der Anzahl der in einer bestimmte Phase vorhandenen Zellen verglichen werden kann.

**Beispiel für eine Zellzählung** (Rask-Nielsen[2]). Wie im vorhergehenden Abschnitt (S. 374) beschrieben, werden im Kryostat die für eine histologische Kontrolle bestimmten Gefrierschnitte auf einen Objektträger gebracht, durch Berühren mit dem Finger von unten etwas angetaut und dadurch am Glas festgeklebt. Die Präparate werden anschließend fixiert und histologisch gefärbt. Nun soll die Anzahl von Zellen einer

---

[1] Løvtrup, S.: C. R. Lab. Carlsberg (II) **27**, 137 (1950).
[2] Rask-Nielsen, R.: C. R. Lab. Carlsberg (II) **25**, 1 (1944).

bestimmten Art festgestellt und auf die Volumeneinheit bezogen werden. Dieser Wert berechnet sich als Totalzellzahl in dem betreffenden Schnitt, dividiert durch das Schnittvolumen. In einem bestimmten Fall, der hier zur Erläuterung des Verfahrens besprochen wird, wurde eine mikroskopische Vergrößerung von 300 verwendet. Das Ocular war mit einem kreisförmigen Mikrometer ausgestattet, das in 4 Quadranten aufgeteilt war, entsprechend einem Zählfeld auf dem Gewebeschnitt von 0,0638 mm². Nun werden, wahllos über den Schnitt verteilt, 6—10 Zählungen durchgeführt, wobei alle Kerne und Kernstücke der gesuchten Zellart berücksichtigt werden, die im Zählfeld des Ocularmikrometers liegen, wobei man aber besorgt sein muß, das gleiche Feld nicht zweimal zu zählen. Wenn das Präparat eine inhomogene Zellverteilung zeigt, so müssen die einzelnen homogenen Bereiche planimetrisch vermessen und jeder für sich ausgezählt und berechnet werden.

Den mittleren Fehler des Mittelwertes der wahllos verteilten Zählungen berechnet man nach der Formel $\sqrt{\frac{\Sigma \Delta^2}{q(q-1)}} \cdot \sqrt{1 - \frac{q \cdot a}{A}}$, wenn $\Sigma \Delta^2$ die Summe der Quadrate der Einzelabweichungen vom Mittelwert, $q$ die Zahl der Zählungen, $a$ der Zählbereich und $A$ die Fläche des Schnittes ist. $\sqrt{1 - \frac{q \cdot a}{A}}$ ist ein Korrektionsfaktor, der ausdrückt, daß das gleiche Zählfeld nur einmal ausgezählt wurde. Es hat sich herausgestellt, daß bei dünnen Schnitten die Zählung von Kernen plus Kernfragmenten günstiger ist als die Zählung von Zellumrissen. Um nicht eine zu hohe Zellzahl zu errechnen, da man auch die Kernteilstücke an den Schnitträndern mitzählt, muß zur Korrektur der Faktor $\frac{12}{12+h}$ eingeführt werden, wobei 12 die Schnittdicke in $\mu$ und $h$ die durchschnittliche Höhe der Kerne in $\mu$ ist. Im vorliegenden Beispiel beträgt der Faktor 0,71. Das Produkt der mittleren Anzahl von Kernen plus Kernfragmenten mit 0,71 ergibt die mittlere Zellzahl je Zählfeld.

Das Volumen der frischen Gefrierschnitte entspricht dem Produkt aus Querschnitt der Stanze $\left(\frac{\pi}{4} \cdot (2,64)^2 = 5,47 \text{ mm}^2\right)$ und der Schnittdicke (0,012 mm) und beträgt 0,066 mm³ (= 66 m$\lambda$). Wenn bei der Fixierung und Färbung der Schnitte keine Schrumpfung auftritt, so liegen auf einem Schnitt 5,47 : 0,0638 = 85,7 Zählfelder. Die Zellzahl je Schnitt entspricht daher dem Produkt aus dem Mittel der Einzelzählungen × 85,7. In der Regel wird aber eine Korrektion für die Schrumpfung notwendig sein. Man zeichnet daher jeden einzelnen Schnitt mit einem Zeichenapparat bei 50facher Vergrößerung auf ein Blatt Papier und mißt die Fläche mit dem Planimeter aus. Das Verhältnis dieser Fläche ($a$) zu dem entsprechend vergrößerten Querschnitt der Stanze gibt die Maßzahl der Deformationen der Schnitte. Man erhält dann die tatsächliche Zellzahl je Schnitt durch Multiplikation der berechneten Zellzahl mit $a/5,47$. Die Zellzahl je m$\lambda$ Gewebe errechnet sich durch Division der Zellzahl je Schnitt durch das Schnittvolumen, das zu 66 m$\lambda$ bestimmt wurde. Bei der Berechnung der enzymatischen Aktivität je Zelle muß berücksichtigt werden, wie viele Schnitte für einen Ansatz verwendet wurden. Im vorliegenden Fall waren es zwei Schnitte. Die Menge aufgespaltenen Substrates entspricht daher einem Gewebevolumen von $2 \times 66$ m$\lambda$ = 132 m$\lambda$. Die je m$\lambda$ aufgespaltene Substratmenge errechnet man durch Division des enzymatischen Spaltungswertes durch 132. Den zugehörigen Spaltungswert liest man nach Art einer graphischen Interpolation aus einer Kurve ab, welche die Spaltungswerte von Doppelschnitten gegen den Abstand dieser Schnitte von der Schleimhautoberfläche aufgetragen zeigt (Abb. 10).

*Zusammenfassung der Berechnung eines Versuches.* Bestimmung des Dipeptidasegehaltes von Pyloruszellen.

Schnitt Nr. 22. Abstand von der Schleimhautoberfläche 1,59 mm.
Hauptzellen in 7 wahllos verteilten Zählungen: 230, 214, 222, 245, 210, 232, 236.
Mittel: 229.

Mittlerer Fehler nach der Formel: $\sqrt{\frac{\Sigma \Delta^2}{q(q-1)}} \cdot \sqrt{1 - \frac{q \cdot a}{A}} = \pm 4,4$.

Kerne plus Kernfragmente je Zählareal: $229 \pm 4,4$.

Zellzahl je Zählfeld: $(229 \pm 4,4) \cdot 0,71 = 163 \pm 3,1$.

Zellzahl je m$\lambda$ Gewebe: $(163 \pm 3,1) 85,7 \cdot \dfrac{5,08}{5,47} \cdot \dfrac{1}{66} = 196 \pm 3,7$.

Im Versuch bestimmte enzymatische Aktivität von 2 Schnitten: $3,00$ mm³ $0,05$ n HCl.

Enzymatische Aktivität je m$\lambda$ Gewebe: $\dfrac{3,00}{132} = 0,0227$ mm³ $0,05$ n HCl.

Enzymatische Aktivität je Zelle: $\dfrac{0,0227}{196} = 0,116 \cdot 10^{-3}$ mm³ $0,05$ n HCl.

**Andere Bezugsgrößen.** In vielen Fällen hat sich neben der Bestimmung des Volumens und des $RW$ auch die Bestimmung des Gehaltes an Gesamtstickstoff von Gewebeproben als Bezugsgröße für enzymatische Spaltungswerte bewährt (BOTTELIER, HOLTER und LINDERSTRØM-LANG[1]). Wenn viel inertes Material eine Gewebeprobe erfüllt, so empfehlen BERENBLUM, CHAIN und HEATLEY[2] den Nucleinsäurephosphor als Vergleich zu wählen. Man entfernt zuerst die phosphorhaltigen Lipoide durch Extraktion mit Alkohol-Chloroform 3:1, dann den organischen und anorganischen löslichen Phosphor durch Extraktion mit 0,1 n HCl, schließlich

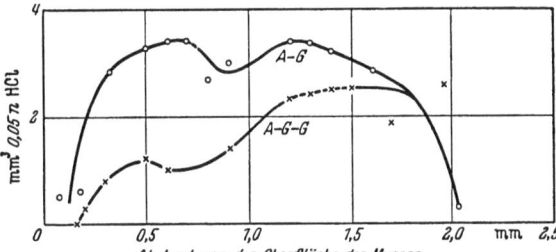

Abb. 10. Die Aktivität der Dipeptidase und Aminopolypeptidase je 132 mm³ Pylorusmucosa (2 Schnitte) in verschiedenen Abständen von der Oberfläche. $AG$ = Alanylglycin, $AGG$ = Alanylglycylglycin (nach RASK-NIELSEN).

wird das Gewebe mit Perchlorsäure verascht und der Phosphor bestimmt. Über die Verwendung des Desoxyribonucleinsäuregehaltes als Bezugsgröße s. LANG und SIEBERT[3] sowie Bd. V, S. 711 ff.

## 2. Die enzymatisch-chemische Mikroanalyse.

Die überaus geringen Mengen an Organhomogenaten, die dem Mikrochemiker zur Verfügung stehen, verlangen eine verfeinerte analytische Technik. Die von LINDERSTRØM-LANG und HOLTER entwickelte Methode unterscheidet sich von den in der Enzymchemie allgemein üblichen Verfahren in erster Linie durch eine weitgehende Herabsetzung des Volumens aller vorkommenden Lösungen und damit verbunden auch durch die andersartigen Manipulationen, die den winzigen Geräten angepaßt werden müssen. Im übrigen werden die Reagentien in den gleichen Konzentrationen verwendet wie im Makromaßstab. Die kleineren Flüssigkeitsmengen bringen es mit sich, daß man beim histochemischen Arbeiten viele im Laboratorium geläufige Handgriffe besser vermeidet. Man kann ganz allgemein den Rat geben:

1. quantitative Überführungen von Lösungen zu vermeiden, statt dessen aliquote Mengen zu entnehmen;

2. Lösungen zur Verdünnung nicht bis zu einem bestimmten Volumen auffüllen, sondern besser durch Zugabe eines bekannten Volumens zu verdünnen;

3. stets Pipetten zu verwenden, die auf Auslaufen geeicht sind und nicht auf den Inhalt. Das erspart ihre zeitraubende Reinigung bei Serienversuchen;

4. Filtrationen wenn irgendmöglich zu vermeiden und feste Partikel durch Zentrifugieren abzutrennen.

### a) Maßanalytische und colorimetrische Methoden.

#### α) Geräte und Apparate.

**Gefäße.** Die Reaktionsgefäße (Abb. 11), in denen die meisten Umsetzungen durchgeführt werden, sind einfache, einseitig geschlossene Röhren aus Jenaer Glas, 25 mm lang,

---

[1] BOTTELIER, P. H., H. HOLTER u. K. LINDERSTRØM-LANG: C. R. Lab. Carlsberg (II) **24**, 289 (1943).
[2] BERENBLUM, I., E. CHAIN and N. G. HEATLEY: Biochem. J. **33**, 68 (1939).
[3] LANG, K., u. G. SIEBERT: Flaschenträger-Lehnartz Bd. II/1, 1064—1156.

mit einem inneren Durchmesser von 4 mm und einem Volumen von etwa 250 mm³. Es erleichtert den Vergleich der Indicatorfarben, wenn alle Gläschen möglichst gleiche Glasdicke, Glasfarbe und gleichen Innendurchmesser haben. Für jodometrische Titrationen haben HOLTER und DOYLE[1] ein Reaktionsgefäß benützt, dessen obere Hälfte verengt ist, um das Anbringen von Flüssigkeitsfilmen zu erleichtern (Abb. 12). Da Flüssigkeitsfilme dieser Art leicht zusammenlaufen, ist es notwendig, die Wand der Gefäße für wäßrige Lösungen unbenetzbar zu machen. HOLTER und DOYLE kochen zu diesem Zweck etwa 50 solcher Gefäße für ein paar Minuten in 75 cm³ Wasser aus, welchem sie 0,1 g Ceresin zusetzen. Nach Abkühlung werden die Gefäße entleert und bei 130° getrocknet.

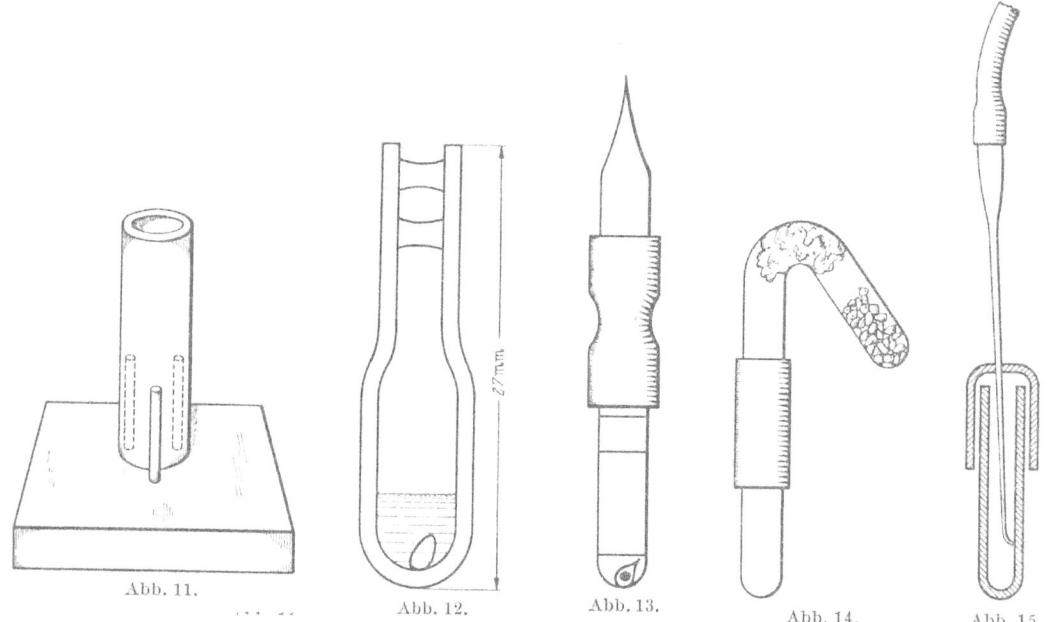

Abb. 11. Das Reaktionsgefäß (nach LINDERSTRØM-LANG und HOLTER).
Abb. 12. Reaktionsgefäß für jodometrische Titration; im verengten Hals befinden sich 2 Flüssigkeitsfilme (nach HOLTER und DOYLE).
Abb. 13. Stopfen mit ausgezogenem Glasrohr (nach LINDERSTRØM-LANG).
Abb. 14. Stopfen mit Natronkalkröhrchen (nach LINDERSTRØM-LANG, WEIL und HOLTER).
Abb. 15. Reaktionsgläschen mit Kappe (nach LINDERSTRØM-LANG und HOLTER).

Um eine Destillation von Ammoniak aus einer stark alkalischen Lösung in einen Flüssigkeitsfilm mit Standard-Salzsäure zu ermöglichen, versenken BRÜEL, HOLTER, LINDERSTRØM-LANG und ROZITS[2] die reinen trockenen Reaktionsgefäße bei 150—200° in geschmolzenes Paraffin (F 82°), holen sie mit einer Pinzette heraus, entleeren sie schnell und drehen sie so lange mit einem Tuch zwischen den Fingern, bis das Paraffin erstarrt. Die Außenseite der Gläser wird vom Paraffin freigerieben. Die paraffinierten Reaktionsgefäße müssen in einer verschließbaren Pulverflasche vor Staub und Tabakrauch geschützt verwahrt werden. Seit Silicone im Handel erhältlich sind, kann man sich auch dieser bedienen, um die Reaktionsgefäße mit einer hydrophoben Oberfläche zu versehen. Man taucht die gereinigten und getrockneten Gefäße in eine 2%ige Lösung von „Silicone DC 200" (Dow Corning Corp., erhältlich bei Dr. A. Wacker, München, Prinzregentenstr. 22) in Tetrachlorkohlenstoff, läßt den Überschuß der Lösung abtropfen und trocknet bei 105°. In den siliconierten Gefäßen haften Flüssigkeitsfilme besser als in paraffinierten, auch läßt sich der Umschlagspunkt von Indicatoren leichter beurteilen, da die Gefäße klar bleiben.

[1] HOLTER, H., and W. L. DOYLE: J. cellul. comp. Physiol. **12**, 295 (1938).
[2] BRÜEL, D., H. HOLTER, K. LINDERSTRØM-LANG u. K. ROZITS: Biochim. biophysica Acta, N. Y. **1**, 101 (1947). C. R. Lab. Carlsberg (II) **25**, 289 (1946).

Nach Gebrauch werden die Reaktionsgefäße bis zur *Reinigung* unter Wasser gesammelt. Paraffinierte Gefäße werden erst mit Wasser, dann mit Aceton, heißem Toluol, Aceton und Wasser gewaschen. Manche Flüssigkeiten wie z. B. Wasser dringen nur schlecht in die Gläschen ein. Man kocht deshalb die Luft aus den Gläschen aus, die sich beim Erkalten mit dem Lösungsmittel dann ganz von selbst füllen. Um die Flüssigkeit aus den Gläschen zu entfernen, schleudert man sie mit einer kräftigen Bewegung aus. Nach dieser Vorreinigung werden alle Reaktionsgefäße mit destilliertem Wasser ausgekocht und nach dem Abkühlen nochmals ausgeschleudert. Diese Prozedur wird zweimal wiederholt. Die Gläschen werden bei 110° getrocknet und vor Staub geschützt verwahrt. Zum Aufstellen der Reaktionsgläschen sind einfache Halter im Gebrauch, die aus einem kleinen Holzbrettchen mit 3 eingelassenen Bronzefedern bestehen, wie Abb. 11 zeigt. Für Serienversuche sind viereckige Holzklötze recht praktisch, die auf der einen Fläche 2 Reihen mit je 11 Bohrlöchern passender Weite haben, um die Reaktionsgläschen aufzunehmen. Zum *Verschließen* der Reaktionsgefäße eignen sich Glasperlen, die man auf die Mündung legt. Für länger dauernden Verschluß nimmt man etwa 2 cm lange Stücke eines gut passenden Gummischlauches, welcher an einem Ende mit einem rund geschmolzenen Glasstab verschlossen wird. Will man Reaktionsgläschen verschließen, die einen Flüssigkeitsfilm enthalten, so muß man dem Gummischlauch ein capillar ausgezogenes Glasrohr aufsetzen, um eine Verlagerung des Flüssigkeitsfilmes zu verhindern, wenn der Stopfen auf die Mündung des Reaktionsgefäßes gedrückt wird (Abb. 13). Sollen alkalische Lösungen vor Luft-Kohlendioxyd geschützt werden, so verschließt man die Proben mit Natronkalkröhrchen nach Abb. 14. Für manche Zwecke benötigt man Kappen mit einem feinen Loch, um eine Pipette durchführen zu können (Abb. 15).

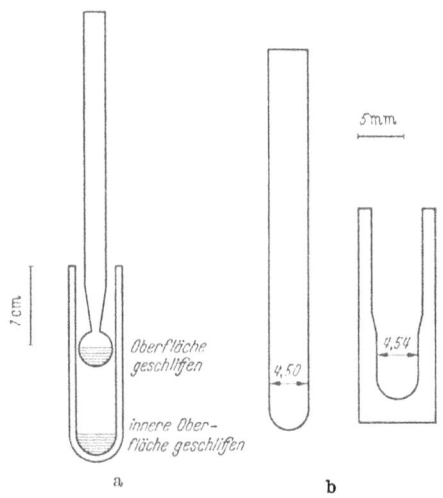

Abb. 16 a u. b. Homogenisatoren. a Aus Glas (nach GLICK); b aus „Lucite" (nach HOLTER und LØVTRUP).

Zur *Homogenisierung* winziger Gewebeproben verwendet GLICK[2] Reaktionsgläschen mit einem Pistill, das aus einem Glasstäbchen hergestellt wird. Die Kugel am Ende des Glasstäbchens wird in das Reaktionsgläschen eingeschliffen und muß auf den konkaven Boden desselben genau passen (Abb. 16a). Eine besonders gute Homogenisierung erreicht man, wenn man das Glasstäbchen mit einem vertikal aufgestellten Motor verbindet und schnell rotieren läßt. Einen ähnlich konstruierten Homogenisator benützen auch HOLTER und LØVTRUP[1] zur Zerkleinerung von Amöben (Abb. 16b).

**Rührer.** Zum Umrühren in kleinen Flüssigkeitsmengen eignen sich ganz ausgezeichnet die sog. „Flöhe" von LINDERSTRØM-LANG und HOLTER[3]. Ein solcher Rührer (in Abb. 12 und 13 am Boden der Reaktionsgläschen zu sehen) besteht aus einer dünnwandigen Glaskugel von etwa 1—2 mm Durchmesser, die mit Ferrum reductum gefüllt wird. Man kann sie aber auch leicht aus kurzen Stückchen Eisendraht passender Stärke herstellen, wenn man diese in dünnwandige Capillaren einbringt und das Glas von beiden Seiten abschmilzt. Das Rühren wird von einem starken Elektromagneten mit einem wassergekühlten Kern bewirkt, der von einem passenden Unterbrecher periodisch in Intervallen von $1/2$ sec erregt wird. Man bringt den Pol des Magneten so nahe an das vertikal stehende Reaktionsgefäß heran, daß der „Floh" im Takt mit der Erregung des Magneten auf und nieder hüpft und dabei die Flüssigkeit gründlich durchmischt.

---

[1] HOLTER, H., u. S. LØVTRUP: C. R. Lab. Carlsberg (II) **27**, 27 (1949).
[2] GLICK, D.: H. **245**, 211 (1937). C. R. Lab. Carlsberg (II) **21**, 203 (1937).
[3] LINDERSTRØM-LANG, K., u. H. HOLTER: H. **201**, 9 (1931). C. R. Lab. Carlsberg (II) **19**, Nr. 4, 1 (1931).

Zur Reinigung wäscht man die Flöhe kurz mit Wasser ab und läßt sie über Nacht in einem Wägegläschen in rauchender Salpetersäure stehen. Nach wiederholtem Spülen mit destilliertem Wasser werden die Flöhe in einer kleinen Schale auf einem Stück Filtrierpapier getrocknet. Sieht der Eisenkern verrostet aus, so deutet dies auf einen Sprung im Glasmantel. Zur genaueren Überprüfung verteilt man die gewaschenen Flöhe einzeln auf einer siliconierten Glasplatte, unter die man ein Stück Filtrierpapier legt. Nun setzt man auf jeden Floh einen Tropfen Bromphenolblaulösung. Nach einigen Minuten sind alle beschädigten Flöhe mit einem gelben Hof versehen, verursacht durch ein langsames Herausdiffundieren von Salpetersäure aus der Schadstelle.

**Pipetten.** Für die verschiedenen Zwecke der histochemischen Analyse sind eine Reihe von Pipettentypen entwickelt worden.

*Standpipetten.* Zu ihrer Herstellung wird ein Glasrohr rechtwinkelig abgebogen und capillar ausgezogen. Die Spitze verengt man noch außerdem über einer Mikroflamme derart, daß die Oberflächenspannung ein spontanes Auslaufen verhindert. Dann wird die Spitze seitlich etwas abgebogen, um einen guten Kontakt mit der Wand des Reaktionsglases zu ermöglichen. Zur Kalibrierung wiegt man die leere Pipette aus, füllt sie mit Wasser, legt ein Gewicht zu, das

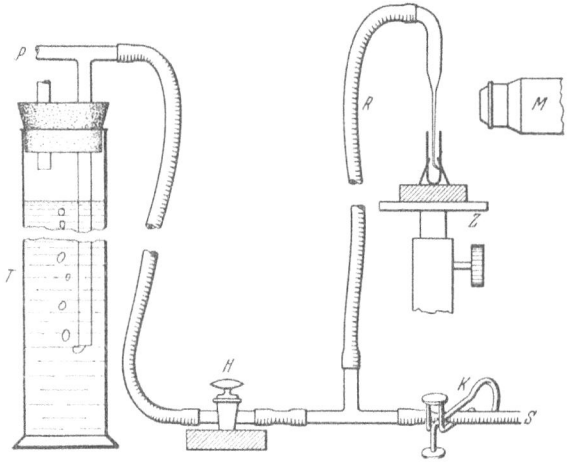

Abb. 17. Standpipette mit Druckregulator (nach LINDERSTRØM-LANG und HOLTER).

dem gewünschten Inhalt entspricht, und wiegt die Pipette, wobei man mit einem Filtrierpapier so viel Wasser absaugt, bis Gleichgewicht herrscht. Dann markiert man die Lage des Meniscus mit einem Haar, einem Tuschestrich oder am einfachsten durch Aufkleben eines schmalen Papierstreifens. Die Pipette kann anschließend auf Auslaufen nach-

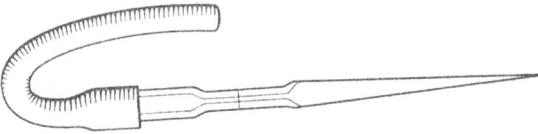

Abb. 18. Handpipette (nach LINDERSTRØM-LANG und HOLTER).

geeicht werden. Man benützt die Pipette stets in Verbindung mit einem einfachen Druckregulator, welcher aus Abb. 17 hervorgeht. Bei $P$ wird eine kleine Luftpumpe angeschlossen; es eignen sich dazu besonders gut die kleinen elektrischen Vibrationspumpen, die zur Aquarienbelüftung hergestellt werden. Die Pipette wird durch gelindes Ansaugen bei $S$ gefüllt, wobei der Hahn $H$ geschlossen und der Hahn $K$ geöffnet sein muß. Wenn der Meniscus etwas über die Marke gestiegen ist, wird $K$ geschlossen und das langsame Fallen des Meniscus durch das Horizontalmikroskop $M$ bei schwacher Vergrößerung beobachtet. In dem Augenblick, in dem der Meniscus die Marke erreicht, wird das Schraubentischchen, auf dem das Reaktionsgläschen steht, gesenkt, und die Spitze der Pipette ausgetauscht. Die Capillarkraft verhindert das Auslaufen. Nun wird das Reagensgläschen herangebracht, welches gefüllt werden soll. Die seitlich abgebogene Pipettenspitze wird mit der Glaswand nahe dem Boden des Gläschens in Berührung gebracht, und der Hahn $H$ geöffnet. Der Inhalt der Pipette läuft nun unter der Wirkung des konstanten Überdruckes (etwa 20—40 cm Wasser) ruhig aus. Wenn die Pipette einen Inhalt von 7 mm$^3$ hat, so soll die Zeitdauer der Entleerung nicht kürzer als 5, aber auch nicht länger als 10 sec sein. Solche Pipetten haben einen Fehler, der kleiner als 0,3 % ist. Nach diesem Prinzip kann man Pipetten bis zu einem Inhalt von 0,1 mm$^3$ herstellen.

*Handpipetten.* Die Form dieser Pipetten geht aus Abb. 18 hervor. Die Spitze soll so fein sein, daß die Flüssigkeit nur bei Anlegen eines geringen Überdruckes ausläuft.

Das Füllen und Entleeren geschehen mit dem Mund unter Zwischenschaltung eines Gummischlauches. Der Fehler beträgt etwa 1%.

**Konstriktionspipetten** (= halbautomatische Pipetten) (LEVY[1], LINDERSTRØM-LANG und HOLTER[2]). Diese Pipetten (Abb. 19) besitzen statt der Marke eine Verengung des Lumens, die so fein sein muß, daß die Oberflächenspannung einem Überdruck von 10 bis 30 cm Wasser das Gleichgewicht hält. Dieser Pipettentyp kann als Standpipette und als Handpipette benutzt werden. Die vermehrte Arbeit bei der Herstellung lohnt, da man im Gebrauch die mühsame Einstellung des Meniscus an der Marke vermeidet. Als Standpipette schließt man sie an das Überdrucksystem nach Abb. 17 an. Beim Füllen taucht man die Pipettenspitze in die betreffende Flüssigkeit ein und läßt diese durch Ansaugen bei $S$ ein wenig über die Konstriktionsstelle hochsteigen. Dann wird der Hahn $H$ geöffnet; durch den eingeschalteten Überdruck wird der Meniscus bis zur Verengung, aber nicht weiter, gesenkt. Nun wird das Gefäß durch Drehen am Schraubentischchen entfernt. Beim Abfüllen läßt man die seitlich etwas abgebogene Pipettenspitze die Innenwand des Reaktionsgläschens, das die Lösung aufnehmen soll, leicht berühren, und erzeugt durch ein kurzes, aber kräftiges Zusammendrücken des Schlauches hinter $K$ einen plötzlichen Druckstoß, der die Oberflächenspannung in der Konstriktion überwindet. Die Pipette läuft dann unter der

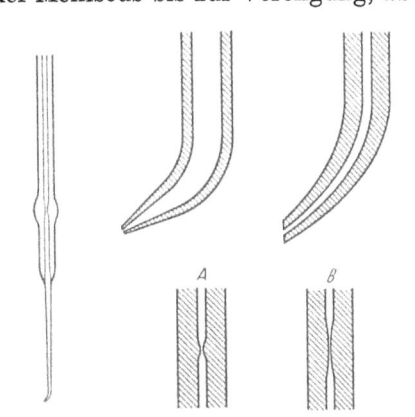
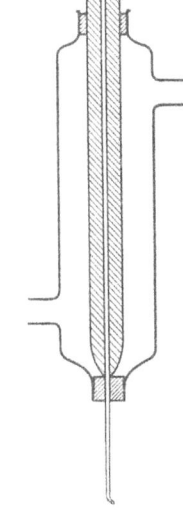

Abb. 19. Konstriktionspipette. $A$ Richtige Form; $B$ falsche Form (nach LINDERSTRØM-LANG und HOLTER).

Abb. 20. Konstriktionspipette mit Wassermantel (nach HOLTER u. DOYLE).

Wirkung des konstanten Überdruckes ruhig aus. Der Fehler solcher Pipetten von 2—20 mm³ Inhalt liegt unterhalb von 0,3%. Unter allen gebräuchlichen Pipetten arbeitet die Konstriktionspipette am genauesten und soll überall da verwendet werden, wo es auf Genauigkeit ankommt*. Man kann die Konstriktionspipetten aus einem dickwandigen Capillarrohr (z.B. zerbrochenes Stabthermometer) auch selbst herstellen. Zu diesem Zweck bläst

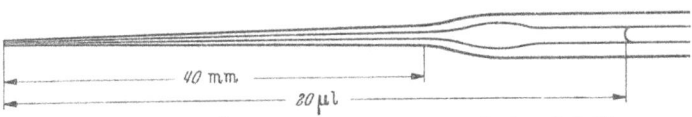

Abb. 21. Pipette zur Übertragung der veraschten Proben bei KJELDAHL-N-Bestimmungen (nach BRÜEL u. a.).

man das in der Flamme erweichte, vorher zugeschmolzene Ende der Capillare zu einer kleinen Kugel auf und zieht dieselbe, ohne sie erst erkalten zu lassen, sogleich zu einer Capillare aus, die dünnwandig ist, aber kein engeres Lumen als der dickwandige Teil des Glasrohres haben soll. Zur rohen Kalibrierung setzt man auf einen siliconierten Objektträger einen Wassertropfen und stellt ihn durch Abwägen auf das gewünschte Volumen ein. Der Tropfen wird mit der Pipette aufgesaugt, man markiert den Meniscus mit einem Fettstift, und erhitzt nach vorherigem Trocknen der Pipette die Glaswand an dieser Stelle über einer spitzen, sehr heißen Mikroflamme unter ständigem Drehen bis zu einer entsprechenden Verengung des Lumens. Die richtige Weite der Konstriktion abzupassen ist Übungssache. Nach einer neuerlichen Überprüfung des Pipettenvolumens durch Auswägen markiert man die Stelle der definitiven Spitze. Die richtige Form der Konstriktion und der Spitze geht aus Abb. 19 hervor.

---

\* Konstriktionspipetten sind bei E. Petersen, Carlsberg-Laboratorium, Kopenhagen, erhältlich.
[1] LEVY, M.: H. **240**, 33 (1936). C. R. Lab. Carlsberg (II) **21**, 101 (1936).
[2] LINDERSTRØM-LANG, K., u. H. HOLTER: Bamann-Myrbäck **2**, 1132—1161.

Konstriktionspipetten umgibt man mit einem Wassermantel, wenn das Abpipettieren bei einer bestimmten Temperatur vorgenommen werden muß (HOLTER und DOYLE[1], Abb. 20).

Besondere Anforderungen an Form und Güte der Konstriktionspipetten stellt die Stickstoffbestimmung nach BRÜEL, HOLTER, LINDERSTRØM-LANG und ROZITS[2]. Die Pipette zur Übertragung der veraschten Probe muß eine Spitze haben, die nicht zu eng sein darf, damit auch winzige Krystalle passieren können, aber auch nicht zu weit sein, damit beim Ausblasen, wenn der letzte Rest der Probe die Pipette verläßt, nicht noch Luft nachströmt, die zu einem Verspritzen der Flüssigkeit Anlaß gibt. Auch der Dicke der Pipette sind Grenzen gesetzt. Abb. 21 und 22 zeigen Diagramme, denen die geeigneten Maße zu entnehmen sind. Die Dimensionen einer Konstriktionspipette zum Abfüllen der Säure, die zur Absorption von Ammoniak gebraucht wird, zeigt Abb. 23.

Bei manchen Bestimmungsmethoden ist eine Flüssigkeitslamelle in einem bestimmten Abstand über der am Boden des Reaktionsgläschens befindlichen Probe anzubringen.

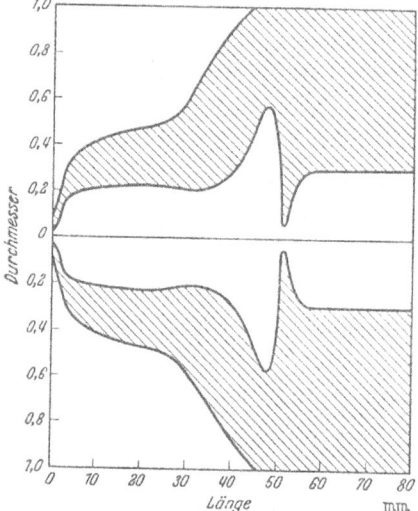

Abb. 23. Die Dimensionen einer Pipette zur genauen Abmessung der als Vorlage dienenden HCl bei der Destillation von Ammoniak (nach BRÜEL u. a.).

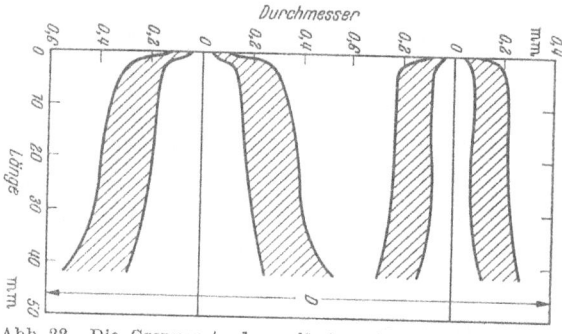

Abb. 22. Die Grenzwerte der zulässigen Dimensionen für die Pipette nach Abb. 21 (nach BRÜEL u. a.).

Eine praktische Pipettenform für diesen Zweck geht aus Abb. 24 hervor. Man saugt die zur Vorlage dienende Flüssigkeit bis zum Punkt $X$ auf, dann bläst man den Inhalt teilweise aus und bildet durch kreisende Bewegungen mit der Pipettenspitze in Kontakt mit der Wand des Reaktionsgläschens den Film und saugt schließlich den Überschuß der Lösung bis zum Punkt $Y$ zurück. Der Flüssigkeitsfilm, der im Reaktionsgefäß verbleibt, hat das Volumen der Pipette zwischen den Marken $X$ und $Y$. Zähe Flüssigkeiten wie konz. Schwefelsäure (Selen-Veraschungsgemisch für die KJELDAHL-Analyse) mißt man mit einer Horizontalpipette ab (Abb. 25a), die am besten aus einem zerbrochenen Stabthermometer hergestellt wird. Wenn das Thermometer bereits eine Teilung besessen hat, so braucht man diese nur noch auf Kubikmillimeter zu eichen. Im anderen Fall klebt man einen Streifen Millimeterpapier auf die Capillarwand.

Eine genaue Eichung der Mikropipetten nimmt man durch Abmessen von 0,1 n Kaliumjodat und Titration der mit Schwefelsäure und Kaliumjodid ausgeschiedenen Jodmenge mit 0,02 n Natriumthiosulfat vor.

*Automatische Pipetten.* Soll eine Flüssigkeit im Serienversuch genau abgemessen werden, und stehen von dieser beliebige Mengen zur Verfügung, wie z. B. die 30—40 mm$^3$ alkoholische Salzsäure, die zum Sistieren der Peptidaseansätze gebraucht werden, so wendet man mit Vorteil eine automatische Pipette an. Die eigentliche Pipette ist ein feines Glasröhrchen, das an beiden Enden capillar ausgezogen wird, so fein, daß eine Selbstentleerung durch die hohe Oberflächenspannung verhindert wird, wenn kein Über-

---

[1] HOLTER, H., and W. L. DOYLE: J. cellul. comp. Physiol. **12**, 295 (1938).
[2] BRÜEL, D., H. HOLTER, K. LINDERSTRØM-LANG and K. ROZITS: Biochim. biophysica Acta, N. Y. **1**, 101 (1947). C. R. Lab. Carlsberg (II) **25**, 289 (1946).

druck auf der Pipette lastet (Abb. 26). $R$ ist das Ende eines U-förmig gebogenen heberartigen Glasrohres, dessen freies Ende in eine Flasche mit der betreffenden Flüssigkeit taucht, welche in etwa 50 cm Höhe angebracht ist. Die Pipette ist mit einem Stückchen Vakuumschlauch in eine Glaskammer eingesetzt. Zum Füllen wird der Hahn $L$ geschlossen, die Hähne $K$ und $H$ werden geöffnet. Durch die Heberwirkung steigt die Flüssigkeit in

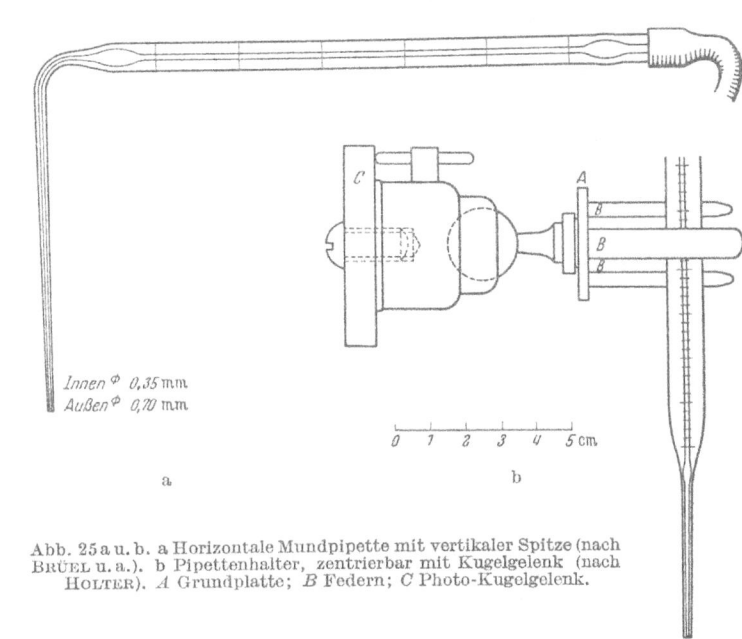

Abb. pipette zum Abmessen von Flüssigkeitsfilmen in den Hals der Reaktionsgefäße (nach BRÜEL u. a.). Erklärung im Text.

Abb. 25 a u. b. a Horizontale Mundpipette mit vertikaler Spitze (nach BRÜEL u. a.). b Pipettenhalter, zentrierbar mit Kugelgelenk (nach HOLTER). $A$ Grundplatte; $B$ Federn; $C$ Photo-Kugelgelenk.

der Kammer hoch. Befindet sich der Meniscus oberhalb der oberen Pipettenspitze, so schließt man $H$. Die Luft über dem Meniscus in der Kammer wird nun etwas komprimiert und drückt die Flüssigkeit in die Capillarpipette hinein. Man läßt erst einige Tropfen aus der unteren Pipettenspitze austreten, dann schließt man $K$ und öffnet $H$ und $L$. Die Flüssigkeit läuft nun aus der Kammer bei $L$ aus. Mit einem Filterpapierstückchen streift man den letzten an der unteren Pipettenspitze haften gebliebenen Tropfen ab und bringt die Pipettenspitze mit der Glaswand des Reaktionsgefäßes in Kontakt, das die Flüssigkeit aufnehmen soll. Man schließt $L$ und $H$; beim Öffnen von $K$ wird der Luftraum in der Kammer zusammengepreßt und drückt die Flüssigkeit aus der Pipette in das Reaktionsgefäß. Der Fehler einer automatischen Pipette mit einem Volumen von etwa 30 mm³ ist kleiner als 0,1%.

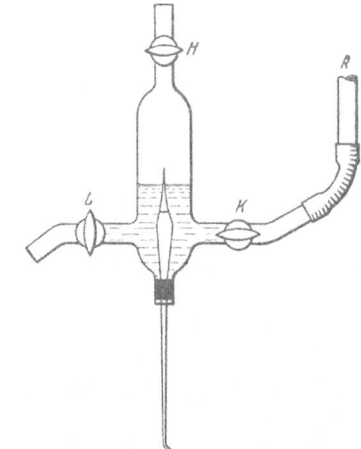

Abb. 26. Automatische Pipette (nach LINDERSTRØM-LANG und HOLTER).

β) *Die Bestimmung kleiner enzymatischer Spaltungen durch Titration.*

**Büretten.** Die heute in verschiedenen Laboratorien im Gebrauch stehenden Mikrobüretten gehören zwei verschiedenen Konstruktionstypen an. Bei dem einen ist die Capillare graduiert, welche die Titrationsflüssigkeit enthält; man liest den Verbrauch ähnlich wie bei den Makrobüretten an einem Flüssigkeitsmeniscus ab. Bei dem anderen Typ ist das Capillarrohr nicht graduiert, sondern die Flüssigkeit wird mittels einer genau gearbeiteten Mikrometerschraube aus der Bürette herausgedrückt; man liest den Verbrauch an einer graduierten Trommel ab. Es ist schwer zu entscheiden, welcher dieser beiden Typen empfehlenswerter ist; es kommt ganz darauf an, ob man besser Capillaren mit genau gleichmäßigen Lumen oder verläßlichere Mikrometergewinde herstellen kann.

LINDERSTRØM-LANG und HOLTER haben Mikrobüretten entwickelt, die eine Modifikation des Gerätes von BRANDT-REHBERG sind. Das Prinzip dieser Büretten besteht darin, daß die Titrationsflüssigkeit in der Capillare durch eine Quecksilbersäule bewegt wird. Das Quecksilber befindet sich in einem Vorratsgefäß, aus dem es mit Hilfe einer Mikrometerschraube in die graduierte Capillare eingepreßt wird. Der wesentliche Bestandteil der Bürette vom Typ *1* (Abb. 27, 28) ist ein etwa 50 cm langes dickwandiges Capillarrohr mit einem Gesamtvolumen von 100 mm³, das sehr genau auf 0,2 mm³ kalibriert ist. Man

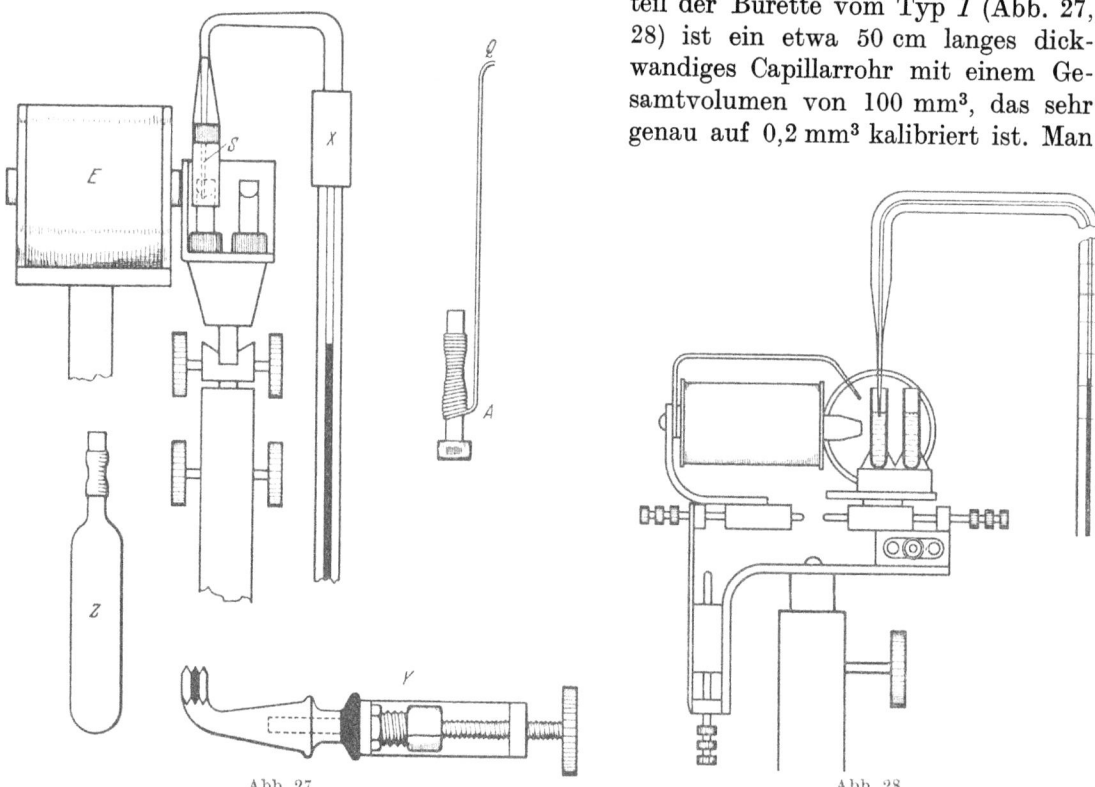

Abb. 27. Mikrotitrationseinrichtung, ältere Form. *A* Reaktionsgefäß; *Q* Drahthalter; *X* Bürette; *Y* Mikrometerschraube; *S* Bürettenspitze; *E* Magnet; *Z* Vorratsgefäß für die Titrationsflüssigkeit (nach LINDERSTRØM-LANG und HOLTER).

Abb. 28. Mikrotitrationseinrichtung, neuere Form (nach LINDERSTRØM-LANG und HOLTER).

kann den Meniscus auf 0,02 mm³ genau ablesen. Das Quecksilber stößt lückenlos auf die Titrationsflüssigkeit. Bei der geringsten Drehung an der Mikrometerschraube muß eine entsprechende Menge Titrationsflüssigkeit an der Bürettenspitze austreten. Beim erstmaligen Füllen der Bürette ist sorgfältig darauf zu achten, daß sich keine Luftbläschen irgendwo versteckt aufhalten; sie verursachen ein lästiges Nachfließen der Bürette. Die Ablesung erfolgt am Quecksilbermeniscus. Bei der Titration wird die Spitze der Bürette stets in die Probe eingetaucht. Beim Nachfüllen von Titrationsflüssigkeit wird die Spitze in die Titrationsflüssigkeit eingetaucht und die Schraube zurückgedreht. An eine solche Bürette kann auch eine Vorratsflasche, die mit Titrationsflüssigkeit gefüllt ist, dauernd angeschlossen werden (Abb. 29). Man nimmt diese Modifikation vor allem für Lösungen, die vor Luft-Kohlendioxyd geschützt werden müssen. Bis zu einem gewissen Grade verhütet die Verwendung einer lose befestigten Glaskappe rings um die Bürettenspitze *S*, die man am besten auf 3 dünnen Drähten aufhängt, eine allzu starke Verdunstung der Probe (Abb. 27). Ist während der Titration ein Schutz der Probe gegen Kohlendioxyd der Luft nötig, so nimmt man, wenn die Lösung alkoholisch ist, am einfachsten eine zentral durchbohrte Glasperle *P* (aus einer Halskette), taucht sie in

Paraffinöl und verschließt damit das Reaktionsgefäß (Abb. 30). Wäßrige Lösungen werden einfach mit einem Tropfen Paraffinöl bedeckt. Ist eine kohlendioxydfreie Atmosphäre über der Probe nötig, so wählt man einen Natronkalkverschluß nach Abb. 29.

In der Regel macht das Erkennen des Farbumschlages bei der Titration keine übermäßigen Schwierigkeiten. Sollte dies gelegentlich der Fall sein, so sei auf eine Meßanordnung zur photometrischen Endpunktablesung verwiesen, die ZAMEČNIK, LAVIN und BERGMANN[1] entwickelt haben. Die Titration wird in einem viereckigen Hämometerrohr, 6×6 mm und 3 cm lang, durchgeführt, welches in einem entsprechenden Gehäuse angebracht ist, das die Photozelle und das Lichtfilter trägt. Eine elektromagnetische Rührung ist ebenfalls möglich. Bei Verwendung eines geeigneten Filters wird der Endpunkt der Titration durch einen maximalen Galvanometerausschlag je Kubikmillimeter der zugesetzten Titrationsflüssigkeit angezeigt (Abb. 31).

Die Bürette Typ 2 ist für Lösungen bestimmt, welche sich mit Quecksilber umsetzen, wie z.B. Natriumthiosulfat. Bei dieser Bürette wird die Titrationslösung vom Quecksilber durch einen Luftraum getrennt (Abb. 32). Wenn an der Schraube $S$ gedreht wird, so steigt oder fällt das Quecksilber im rechten offenen Schenkel $P$

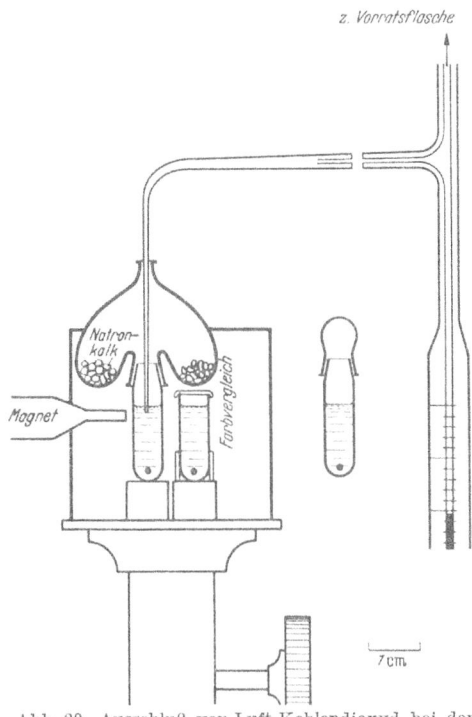

Abb. 29. Ausschluß von Luft-Kohlendioxyd bei der Titration mittels Natronkalkröhrchen.

der Bürette, was zu geringen Druckdifferenzen im linken Schenkel führt. Auf diese Weise kann man die Titrationslösung in den graduierten Teil der Bürette einfüllen und sie beim Titrieren wieder herauspressen. Wenn man bei ausgetauchter Spitze einen kleinen Überdruck einstellt — infolge der Feinheit der Spitze ist ein Auslaufen der Titrationsflüssigkeit unmöglich — und dann die Probe durch eine rasche Drehung an der Schraube des Titrationstischchens kurz ein- und sofort wieder austaucht, kann man außerordentlich kleine Flüssigkeitsmengen zusetzen. Die Ablesung erfolgt hier am Flüssigkeitsmeniscus. Die Meßcapillare hat ein Volumen von 50 mm³ und ist in 0,2 mm³ eingeteilt.

Um die Ausführung der Titration zu erleichtern, wurde ein Titrationstisch entwickelt, der, wie Abb. 28 zeigt, mittels Stellschrauben horizontal und vertikal verschiebbar ist. Am einfachsten ist es, auch den Elektromagneten an diesem Tischchen anzubringen. Im Hintergrund der Probe und des Farbstandards befindet sich eine Opalglasscheibe. Für die meisten Titrationen ist eine Beleuchtung von vorn über die Probe hinweg gegen die Opalscheibe zu empfehlen*.

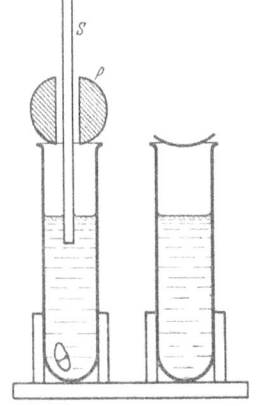

Abb. 30. Ausschluß von Luft-Kohlendioxyd bei der Titration. $P$ Glasperle, $S$ Bürettenspitze (nach LINDERSTRØM-LANG, WEIL und HOLTER).

Unter den Büretten, die nach dem Mikrometerprinzip gebaut sind, dürfte die Bürette nach SCHOLANDER[2] am weitesten entwickelt zu sein. Wie aus Abb. 33 hervorgeht, besteht

---

\* Die komplette Titrationseinrichtung ist bei E. Petersen, Carlsberg-Laboratorium, Kopenhagen, erhältlich.

[1] ZAMEČNIK, P. C., G. I. LAVIN and M. BERGMANN: J. biol. Ch. **158**, 537 (1945).
[2] SCHOLANDER, P. F., G. A. EDWARDS and L. IRVING: J. biol. Ch. **148**, 495 (1943).

diese Bürette aus einem umgebauten Mikrometer. Der Amboß des Mikrometers wird entfernt, der Spindeldorn von einer Kammer umgeben, die auf der einen Seite mit einer

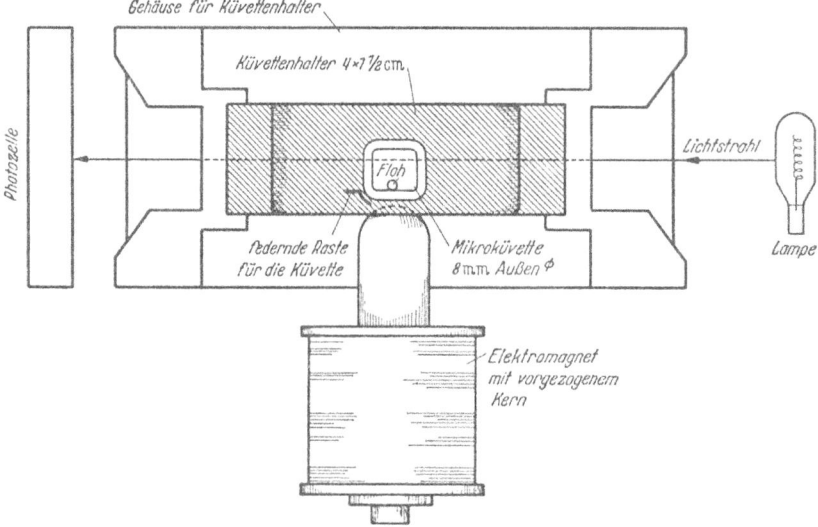

Abb. 31. Versuchsanordnung zur photometrischen Bestimmung des Titrationsendpunktes (nach ZAMEČNIK, LAVIN und BERGMANN).

Fiberscheibe (2), auf der anderen mit einer Stahlplatte (1) verschlossen wird. Die Stellschraube (3) drückt die Stahlplatte gegen die Kammer und bewirkt einen sicheren Verschluß. Das Volumen der Kammer muß so klein wie möglich gehalten werden,

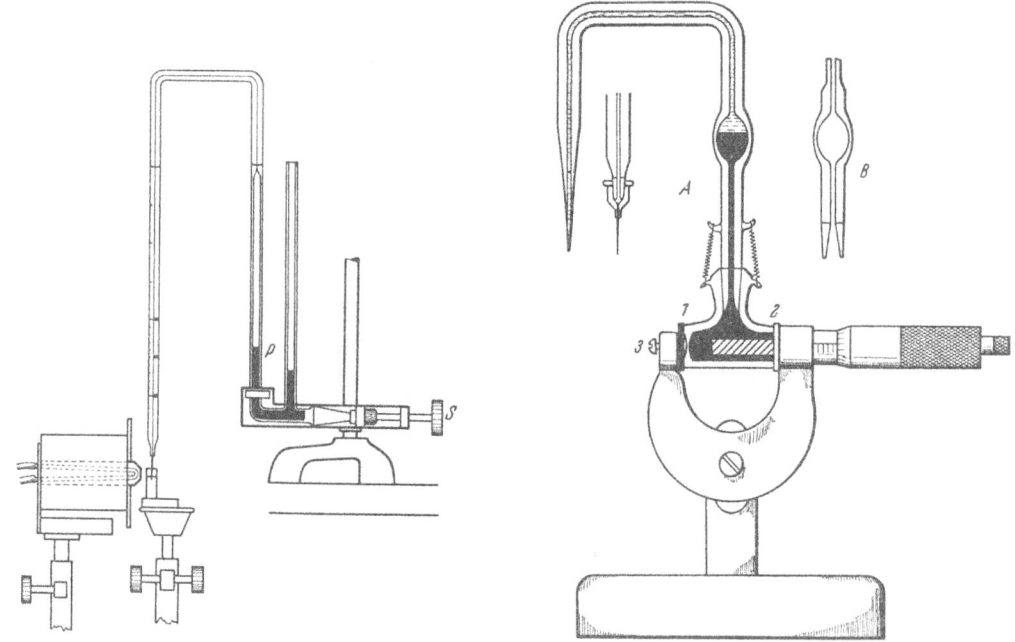

Abb. 32. Bürette, Typ 2 (nach LINDERSTRØM-LANG und HOLTER).

Abb. 33. Bürette (nach SCHOLANDER). Erklärung im Text.

um die Temperaturempfindlichkeit der Bürette herabzusetzen. Auf die Kammer wird mit einem Schliff entweder eine Bürette für Titrationszwecke (A) oder eine Bürette zum Eichen von Pipetten und Spritzen (B) angeschlossen. Die Meßspindel des Mikrometers hat eine Länge von 25 mm; diese Strecke ist in 2500 Teile kalibriert. Ein Fünftelteilstrich kann noch geschätzt werden. Mit dieser Bürette ist es möglich, Volumina auf etwa 0,1 mm³ genau abzumessen. Bei Ersatz des groben Spindeldorns durch einen feinen kann man die Genauigkeit auf etwa 0,02 mm³ steigern*.

*Allgemeine Vorschriften beim Arbeiten mit kleinsten Flüssigkeitsmengen.* Die relativ große Oberfläche der winzigen Flüssigkeitsmengen, die in der enzymatischen Histochemie verarbeitet werden, erhöht die Möglichkeit einer Verunreinigung der Proben und eines Substanzverlustes durch Verdunstung. Dem hieraus erwachsenden Gefahrenmoment kann man nur durch bestimmte Vorsichtsmaßregeln begegnen. Auf folgende Punkte sei besonders hingewiesen:

1. Sorgfältige und gründliche Reinigung aller beteiligten Gefäße, Pipetten und Rührer in der beschriebenen Art. Staubfreie Aufbewahrung.

2. Verwendung sauber gearbeiteter Reaktionsgefäße mit glattem Boden, um ein Festsetzen von Verunreinigungen zu verhüten.

3. Pipetten und Büretten vor Gebrauch etwa 10mal mit der Flüssigkeit spülen, die abgemessen werden soll.

4. Möglichst rasches Eintauchen der mit Lösungen beschickten Reaktionsgefäße in den Wasserthermostat, da die Verdunstung der Flüssigkeitstropfen im Reaktionsgefäß nur dann bedeutungslos ist, wenn es überall die gleiche Temperatur hat.

5. Gründliche Reinigung aller verwendeten Lösungen von suspendierten Staubteilchen durch Filtration oder Zentrifugieren, da eine vorübergehende Verstopfung der Pipetten durch Veränderung der Auslaufzeit beträchtliche Fehler verursacht.

6. Aufbewahrung häufig gebrauchter Pipetten durch Eintauchen ihrer Spitzen in Wasser; alle übrigen Pipetten nach Gebrauch gründlich reinigen, nach Durchsaugen von Alkohol und Luft trocken stehen lassen. Gefäße zudecken, um Bildung einer Schmutzhaut zu vermeiden.

7. Schlauchverbindungen so klein wie möglich halten, da die vielfach verwendeten alkoholischen Säuren und Basen Stoffe aus dem Gummi lösen, die sich in wäßrigen Lösungen wieder ausscheiden und Störungen hervorrufen wie Titrationsfehler, Pipettenverstopfung, Sulfidbildung an den Quecksilberkuppen u. a.

8. Gutes und baldiges Verschließen aller Mikrogefäße, um durch lokale Verdunstung hervorgerufene Konzentrationsunterschiede zu verhindern, die bei nahezu gesättigten Lösungen leicht zu Krystallabscheidungen führen können. Gelangen solche Krystalle in eine Pipette, sind stets große Fehler die Folge.

**Spezielle Methoden.** *Bestimmung proteolytischer Enzyme.* *1. Acetontitration nach* LINDERSTRØM-LANG. Nach LINDERSTRØM-LANG sind die meisten Peptide und Aminosäuren in einer Lösung, die etwa 90% Aceton enthält, mit alkoholischer Salzsäure gegen Naphthylrot als Indicator titrierbar. Im Carlsberg-Laboratorium haben LINDERSTRØM-LANG und HOLTER[1] auf diesem Prinzip aufbauend erstmalig eine Mikromethode zur Bestimmung von Peptidasen entwickelt, die bei Verwendung von D,L-Alanylglycin als Substrat die enzymatische Aktivität winziger Organproben quantitativ erfaßt. Die Fehlergrenze der Methode liegt bei etwa $5 \cdot 10^{-6}$ mMolen Substratspaltung. Zur Erläuterung der histochemischen Brauchbarkeit sei erwähnt, daß ein Seeigelei $5 \cdot 10^{-6}$ mMole Alanylglycin bei 40° C in 1 Std spaltet.

Die Acetontitration ist allen anderen bekannten maßanalytischen Methoden zur Bestimmung von Peptiden und Aminosäuren infolge ihrer Unempfindlichkeit gegen das Luft-Kohlendioxyd überlegen. Dieser Vorteil kommt unter den Bedingungen der Mikromethodik (kleine Flüssigkeitsmenge mit relativ sehr großer Oberfläche) zu besonderer

---

* Diese Büretten sind bei E. Greiner & Co., New York, N. Y., zu bekommen. Auch aus der „Agla" Micrometer Syringe (Burroughs Wellcome & Co., London) kann man eine brauchbare Mikrobürette herstellen, wenn man eine 3mal rechtwinklig gebogene, dickwandige Capillare aufsetzt, die in eine feine Spitze ausgezogen wurde.

[1] LINDERSTRØM-LANG, K., u. H. HOLTER: H. **201**, 9 (1931). C. R. Lab. Carlsberg (II) **19**, Nr. 4, 1 (1931).

Geltung. Man kann die Methode nicht nur zur Bestimmung der Dipeptidaseaktivität, sondern bei Verwendung entsprechender Peptide auch zur Bestimmung der Aminopolypeptidase, Carboxypolypeptidase und Prolinpeptidase (SØEBERG-OHLSEN[1]) verwenden. Die Spaltung von Eiweißkörpern läßt sich nur dann durchführen, wenn das Substrat die zur Titration nötige Acetonkonzentration ohne auszufallen verträgt; in besonderen Fällen ist dies durch Verwendung von 80%igem Aceton zu erreichen, wobei aber bereits die Schärfe der Titration empfindlich leidet. Da die racemischen Peptide, von denen nur die eine sterische Komponente gespalten wird, selbst eine genügende Pufferung besitzen, erübrigt sich die Zugabe eines besonderen Puffers. Synthetische Peptide, deren freie Amino- und Carboxylgruppe durch Substitution irgendwelcher Reste blockiert wurden, puffern nicht mehr. Für solche Fälle sei ein Zusatz von gegen proteolytische Enzyme resistentem N,N-Dimethyl-leucyl-glycin als Puffersubstanz empfohlen (LEONIS[2]).

Die Acetontitration ist in ihrer Mikromodifikation von LINDERSTRØM-LANG und HOLTER methodisch sehr genau ausgearbeitet worden; sie kann deshalb geradezu als histochemische Standardmethode gelten. Die Methode wird im folgenden in allen Einzelheiten behandelt; die bei der Bestimmung von Peptiden verwendeten Manipulationen sind in einem großen Umfang ganz allgemein für maßanalytische Mikroanalysen typisch; es wird daher in späteren Abschnitten wiederholt auf die folgenden Erläuterungen verwiesen werden.

*Reagentien:*
1. Extraktionsflüssigkeit für proteolytische Enzyme: 30 cm³ 88%iges Glycerin werden mit 5 cm³ m/15 primärem Kaliumphosphat und 5 cm³ m/15 sekundärem Natriumphosphat versetzt und mit Wasser bis zu 100 cm³ verdünnt.
2. Aceton, mit einem Zusatz von 2 mg Naphthylrot (Benzol-azo-α-naphthylamin) zu 100 cm³ Aceton.
3. 0,05 n HCl in 90%igem Alkohol.
4. Substrate: Racemische Peptide werden in 0,2 m Lösungen angewendet; der gewünschte $p_H$ der Lösung wird durch Zugabe von NaOH eingestellt. Eine 0,2 m Lösung von D,L-Alanylglycin hat einen $p_H$ von 7,4, wenn sie 0,036 m an Alkali ist. Bei Leucylglycin wird infolge der Schwerlöslichkeit eine 0,18 m Lösung verwendet. Man kann der Substratlösung überdies noch Metallsalze wie $MgCl_2$ oder $MnCl_2$ zur Aktivierung beifügen. Als Substrate sind gebräuchlich:

*Dipeptidase:* Alanylglycin, Leucylglycin.
*Aminopolypeptidase:* Alanylglycylglycin, Leucylglycylglycin, Glycylglycyl-D-alanin (LEVY und PALMER[3]).
*Carboxypeptidase:* Benzoylleucylglycin.
*Prolinpeptidase:* Glycyl-L-prolin.
*Kathepsin:* α-N-Benzoyl-L-argininamid.

*Ausführung:*
Bei histochemischen Versuchen werden meist Serienbestimmungen ausgeführt.

1. Man pipettiert 5—7 mm³ Extraktionsmittel (am besten mit einer Konstriktionspipette) auf den Boden einer Anzahl von Reaktionsgläschen. Mit Pipetten, Nadeln, auf Deckglassplittern u. dgl. wird die Gewebeprobe (Mikrotomschnitt, einzelne Zellen oder Teile derselben) in das Extraktionsmittel gebracht und ein Floh zugesetzt (Abb. 34).

2. Man läßt die Proben zur Extraktion des Enzyms 1—2 Std bei Zimmertemperatur nach Verschluß mit der Gummikappe stehen. Um die Gläschen in der richtigen Reihenfolge zu erhalten, werden sie in die Bohrlöcher eines Holzklotzes gesteckt, und zwar so, daß man die einzelnen Versuchsgruppen durch freigelassene Löcher voneinander abtrennt. Die Gläschen müssen nach jeder an ihnen vorgenommenen Manipulation immer

---
[1] SØEBERG-OHLSEN, A.: C. R. Lab. Carlsberg (II) **23**, 329 (1941).
[2] LEONIS, J.: C. R. Lab. Carlsberg (II) **26**, 357 (1948).
[3] LEVY, M., and A. H. PALMER: J. biol. Ch. **150**, 271 (1943).

wieder an dieselbe Stelle zurückgebracht werden. Nach der Extraktion wird mit der gleichen Pipette, wie oben, die Substratlösung zugesetzt.

3. Jedes Gläschen wird sofort wieder verschlossen und zur Vermischung von Substrat- und Enzymlösung — nach Einschalten des Unterbrechers — vor dem Pol des Elektromagneten unter gleichzeitiger Rotation um die Längsachse kreisend bewegt. Der Floh wird auf diese Weise in der Probe kräftig umhergewirbelt und bewirkt eine gründliche Vermischung derselben. Man steckt die Gläschen anschließend in einfache Drahthalter und hängt sie in den Wasserthermostaten (Temperaturkonstanz $\pm 0,1°$), wobei die Gefäße zusammen mit der Gummikappe vollständig untergetaucht werden.

4. Alternierend mit diesen Bestimmungsansätzen werden Kontrollen angesetzt. Man behandelt diese in der gleichen Weise wie die Bestimmungen, nur wird der Substrattropfen mit dem Enzymtropfen nicht vermischt, sondern sorgfältig an die Seitenwand des Gläschens gesetzt. Die Kontrollprobe wird in horizontaler Lage mit der Gummikappe verschlossen, wobei man darauf achten muß, daß der Substrattropfen nicht in den Bodentropfen abrutscht; man inkubiert anschließend die Kontrollen in horizontaler Lage bei Zimmertemperatur.

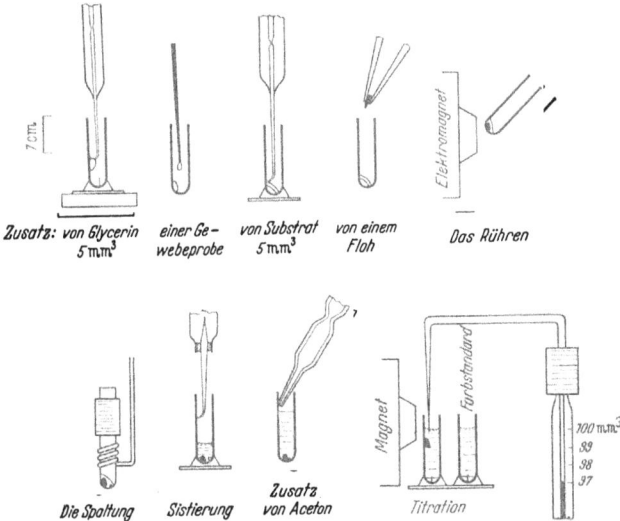

Abb. 34. Schematische Darstellung der Manipulationen bei der Peptidasebestimmung (nach LINDERSTRØM-LANG und HOLTER).

5. Nach Ablauf einer passenden Spaltungszeit werden die Proben aus dem Thermostaten herausgeholt. Die enzymatische Reaktion wird durch Zusatz von 20—30 mm³ 0,05 n alkoholischer HCl abgestoppt. Dazu verwendet man am besten eine automatische Pipette. Die Spitze dieser Pipette soll, um Fehler zu vermeiden, beim Auslaufen mit dem inneren oberen Rand des Reaktionsgläschens in Berührung gebracht werden. Anschließend wird die Gummikappe aufgesetzt und die Probe umgerührt.

6. Nun fügt man mit einer Handpipette 150 mm³ Aceton-Naphthylrotlösung zu und titriert mit der Mikrobürette Typ 1 (S. 392) bei Verwendung von 0,05 n alkoholischer Salzsäure die gelb gefärbte Lösung auf einen charakteristischen orangefarbenen Endpunkt. Ein Kontrollansatz wird nach dem Austitrieren auf den eben beschriebenen Umschlagspunkt als Farbstandard aufgestellt. Alle folgenden Proben der betreffenden Versuchsserie werden dann genau auf diesen Farbton austitriert.

Die Fehlerbreite der Methode beträgt 0,08 mm³ 0,05 n alkoholische Salzsäure, entsprechend $5,6 \times 10^{-5}$ mg Aminostickstoff. Werden Proteine als Substrat verwendet, so ist eine kleine Änderung des Verfahrens nötig, um ihrer schlechteren Löslichkeit in Aceton Rechnung zu tragen.

*Berechnung:*

1 mm³ 0,05 n HCl = 0,7 $\gamma$ Amino-N.

**Bestimmung von Pepsin und Kathepsin nach HOLTER und LINDERSTRØM-LANG[1] sowie WEIL und RUSSELL[2].**

*Reagentien:*

1. Substrat für Pepsin: 4%ige Lösung von Edestin in 0,056 n HCl, $p_H$ 2,1.
2. Substrat für Kathepsin: 4%ige Lösung von Edestin in 0,008 n HCl, $p_H$ 4,4.

---
[1] HOLTER, H., u. K. LINDERSTRØM-LANG: H. **214**, 223 (1932).
[2] WEIL, L., and M. A. RUSSELL: J. biol. Ch. **136**, 9 (1940).

*Ausführung:*

1.—4. wie bei der Standardmethode.

5. Zur Sistierung der Ansätze werden 150 mm³ 90%iges Aceton (mit einem Zusatz von 2 mg Naphthylrot auf 100 cm³) verwendet. Keine Zugabe von alkoholischer Salzsäure.

6. Die Titration der Proben wird mit 0,05 n 90%iger alkoholischer Salzsäure durchgeführt.

Die Fehlerbreite der Methode beträgt 0,16 mm³ 0,05 n HCl, entsprechend $1,1 \times 10^{-4}$ mg Aminostickstoff.

**2. Titration in Alkohol nach WILLSTÄTTER**[1]. Die Methode eignet sich vor allem zur Bestimmung von Proteinasen mit einem alkalischen Wirkungsbereich (LINDERSTRØM-LANG und DUSPIVA[2,3].).

*Reagentien:*

1. Äthanol, absolut, mit einem Zusatz von 0,05 g Thymolblau je 100 cm³.
2. 0,05 n Tetramethylammoniumhydroxydlösung in 90%igem Alkohol.
3. Farbstandard: Eine Mischung von Methylgrün, Fuchsin S und Pikrinsäure, die den typischen blaugrünen Farbton des Titrationsendpunktes hat. Mehrere Wochen lang haltbar.
4. Substratlösung: a) *Caseinstammlösung:* Man schüttelt in einem 100 cm³-Meßkolben 12 g Casein nach HAMMARSTEN mit etwas Wasser, dann fügt man 4 cm³ 2 n $NH_4OH$-Lösung und einen Tropfen Octylalkohol hinzu. Nach Auflösung von Casein füllt man zur Marke auf. Im Eisschrank 1 Woche haltbar.

b) *Substratlösung für das $p_H$-Gebiet 6,6—8,6:* Man bereitet eine 0,1 n Lithiumdiäthylbarbitursäurelösung und eine 0,1 n Salzsäure vor. Die zur Erzielung verschiedener $p_H$-Werte erforderlichen Puffergemische ergeben sich durch Vermischen von Veronallithium, 0,1 n HCl und 2 n $NH_4OH$ nach den Angaben von Tabelle 2.

Die Substratlösung erhält man durch Vermischen der Pufferlösung mit der Caseinstammlösung a) im Verhältnis 1:1.

c) *Substratlösung für das $p_H$-Gebiet 8,6—11,0:* Man stellt Pufferlösungen aus 2 n $NH_4OH$ und 2 n $NH_4Cl$ im Verhältnis a:b nach den Angaben von Tabelle 3 her. Um auch das Casein des Ansatzes zur Entlastung des Puffers auf den gewünschten

*Tabelle 2.*

| $p_H$ der Substratlösung bei 40° | cm³ 0,1 n Veronallithium | cm³ 0,1 n HCl | cm³ 2 n $NH_4OH$ |
|---|---|---|---|
| 6,6 | 5,54 | 4,46 | 0,01 |
| 7,3 | 6,12 | 3,82 | 0,06 |
| 7,8 | 7,07 | 2,81 | 0,12 |
| 8,2 | 8,08 | 1,74 | 0,18 |
| 8,6 | 8,82 | 0,89 | 0,29 |

*Tabelle 3.*

| $p_H$ der Substratlösung bei 40° | a/b | cm³ Alkali zur $p_H$-Korrektur | |
|---|---|---|---|
| | | 2 n $NH_4OH$ | 8 n $NH_4OH$ |
| 8,0 | 1/8 | 0,22 | — |
| 8,7 | 1/2 | 0,48 | — |
| 9,3 | 2/1 | 1,56 | — |
| 9,6 | 4/1 | 3,00 | — |
| 9,9 | 8/1 | 5,96 | — |
| 10,5 | 52/1 | — | 6,17 |

$p_H$-Wert zu bringen, mischt man 1 cm³ der bereiteten Pufferlösung mit der zur $p_H$-Korrektur nötigen Alkalimenge (s. Tabelle 3) und füllt mit Wasser auf 10 cm³ auf.

Die Substratlösung erhält man durch Vermischen der nach Angaben der Tabelle zubereiteten Alkalilösung mit der Caseinstammlösung a) im Verhältnis 1:1.

*Ausführung:*

1.—4. Diese Schritte entsprechen im allgemeinen der Standardmethode; da die alkalischen Ansätze begierig Kohlendioxyd aus der Luft aufnehmen, müssen Stöpsel mit Natronkalkvorlage verwendet werden (Abb. 14).

---

[1] WILLSTÄTTER, R., u. E. WALDSCHMIDT-LEITZ: B. **54**, 2988 (1921).
[2] LINDERSTRØM-LANG, K., u. F. DUSPIVA: H. **237**, 131 (1935). C. R. Lab. Carlsberg (II) **21**, 53 (1936).
[3] DUSPIVA, F.: Protoplasma, Wien **32**, 211 (1939).

5. Die enzymatische Reaktion wird durch Zugabe von 130 mm³ der alkoholischen Thymolblaulösung sistiert.

6. Titration mit 0,05 n alkoholischer Tetramethylammoniumhydroxydlösung bis zu einem blaugrünen Farbton, der von dem Farbstandardröhrchen angezeigt wird. Um die Proben bei der Titration gegen Kohlendioxyd der Luft zu schützen, werden die Gläschen mit einer in Paraffin getauchten gläsernen Halsperle bedeckt, durch deren Bohrung die Spitze der Bürette durchgeführt wird (Abb. 30, s. S. 393).

*Berechnung:*

Der Verbrauch von 1 mm³ 0,05 n Tetramethylammoniumhydroxydlösung entspricht der Freisetzung von $0{,}70 \times 10^{-3}$ mg Aminostickstoff.

**3. Formoltitration nach SØRENSEN.** Diese Methode eignet sich ebenfalls zur Bestimmung der proteolytischen Aktivität im alkalischen Bereich. Sie ist von WEIL[1] speziell zur Bestimmung von Trypsin ausgearbeitet worden.

*Reagentien:*

1. Veronalpuffer, $p_H$ 8,4: Man gibt 8,23 cm³ m Natriumdiäthylbarbiturat zu 1,77 cm³ 0,1 n Salzsäure,
2. Substratlösung: Man bringt eine 4%ige Lösung von Casein nach HAMMARSTEN mit einer entsprechenden Menge von n NaOH auf $p_H$ 8,4.
3. Formollösung: 4 cm³ 40%ige Formaldehydlösung werden mit 0,1 n NaOH neutralisiert, indem man der ersteren 2 cm³ einer 0,1%igen alkoholischen Phenolphthaleinlösung zusetzt und zum ersten Rosafarbton titriert. Die Mischung wird mit Wasser auf 25 cm³ aufgefüllt; sie muß jedesmal frisch hergestellt werden.
4. 0,05 n Tetramethylammoniumhydroxydlösung: Die wäßrige Lösung dient zur Titration.
5. Enterokinaselösung nach WALDSCHMIDT-LEITZ[2]: Abgeschabte Mucosa vom Schweineduodenum wird mit Aceton, Aceton-Äther und Äther behandelt. Man mahlt, siebt das trockene Material und extrahiert es schließlich bei 30° 2 Std lang mit 50 cm³ 0,04 n $NH_4OH$ je Gramm Trockengewicht. Nach Klärung der Suspension in der Zentrifuge wird der Extrakt bei 35° im Exsiccator konzentriert.

*Ausführung:*

1. Man beschickt eine Serie von Reaktionsgläschen mit 7 mm³ (Konstriktionspipette) der Enterokinaselösung, führt die Gewebeproben in dieselben ein und extrahiert 1 Std bei Zimmertemperatur. Es findet dabei eine Aktivierung von Trypsin statt.
2. Nun werden 7 mm³ Puffer und 7 mm³ Substratlösung zugesetzt. Die Gläschen werden mit Natronkalkstopfen (Abb. 14) verschlossen und im Wasserthermostat versenkt.
3. Zur Kontrolle werden Puffer- und Substrattropfen seitlich an die Glaswand des Reaktionsgläschens gesetzt, um mit der Enzymlösung nicht in Kontakt zu kommen. Im übrigen werden die Kontrollen wie die Spaltungsansätze behandelt.
4. Zur Sistierung setzt man 100 mm³ der Formollösung (Handpipette) zu und titriert bis zu einem kräftigen roten Farbton. Die Benützung eines Farbstandards ist empfehlenswert; gegen eine Störung der Titration durch Kohlendioxyd aus der Luft schützt man die Proben einfach durch Auftropfen von etwas Paraffinöl.

Die Fehlerbreite beträgt $7 \times 10^{-5}$ mg Aminostickstoff.

*Berechnung:*

Der Verbrauch von 1 mm³ 0,05 n Tetramethylammoniumhydroxydlösung entspricht der Freisetzung von $0{,}70 \times 10^{-3}$ mg Aminostickstoff.

**Bestimmung von Esterasen.** Als Substrat werden nur wasserlösliche Ester verwendet. Bei der enzymatischen Spaltung entsteht freie Säure, welche den Basenüberschuß eines im Ansatz befindlichen alkalischen Puffers teilweise neutralisiert. Die Abnahme der

---

[1] WEIL, L.: Biochem. J. **30**, 5 (1936).
[2] WALDSCHMIDT-LEITZ, E.: H. **142**, 217 (1925).

Basenkonzentration ist ein Maß für die enzymatische Spaltung. Sie kann durch die Differenz der Titrationssäuremengen bestimmt werden, die notwendig sind, um den $p_H$ des Ansatzes vor und nach der Spaltung auf einen passenden Wert zu bringen. Bei diesem $p_H$-Wert, der dem Endpunkt der Titration entspricht, dürfen weder der Puffer, noch die freigesetzte Säure eine Pufferwirkung besitzen. Der Wert muß also um 2 Einheiten alkalischer liegen als der $p_K$ der Säure und mindestens 2 Einheiten saurer als der $p_K$ des Puffers. Den Endpunkt legt man am besten zwischen $p_H$ 5,9—6,5, da sich in diesem Gebiet das Luftkohlendioxyd nicht mehr allzu sehr störend auswirkt. Phosphat-, Borat-, Ammoniak- und Aminpuffer sind ungeeignet.

### 1. Bestimmung von Esterase und Lipase nach GLICK[1].

*Reagentien:*
1. Glycerin, 30%ig, als Extraktionsmittel.
2. Substratlösung, *Esterase:* Die Lösung enthält 1% Methylbutyrat und ist 0,1 n an NaOH und 0,4 n an Glykokoll. Vor Gebrauch frisch herstellen.
    *Lipase:* In eben genanntem Glykokollpuffer einen Tropfen Tributyrin schütteln, grobe Tropfen absetzen lassen. Jedesmal vor Gebrauch frisch herstellen.
3. Phenol-Indicatorlösung: Mischung von 10 cm³ 2%igem Phenol und 1,5 cm³ 0,04%igem Bromthymolblau.
4. 0,05 n wäßrige HCl.
5. Farbstandard, $p_H$ 6,5: Eine Mischung von 3,1 cm³ m/15 sekundärem Natriumphosphat und 6,9 cm³ m/15 primärem Kaliumphosphat, sowie 1 cm³ 0,04%iger Bromthymolblaulösung.

*Ausführung:*
1.—4. wie bei der Bestimmung von Peptidase (s. S. 395ff.).
5. Die enzymatische Reaktion wird durch Zugabe von 50 mm³ Phenol-Indicatorlösung (Handpipette) sistiert.
6. Die Proben werden mit 0,05 n HCl bis zum Farbton der Phosphatpufferlösung austitriert. Alle Titrationen einer Serie sollen möglichst in gleichen Zeiten durchgeführt werden, da die Proben beim Stehen einen bläulichen Farbton gewinnen.

Fehlerbreite 0,1 mm³ 0,05 n HCl, entsprechend $4,4 \times 10^{-4}$ mg Buttersäure.

### 2. Bestimmung von Cholinesterase nach GLICK[2].

*Reagentien:*
1. Glycerin, 30%ig, als Extraktionsmittel.
2. Substratlösung: 0,4% Acetylcholinchlorid in 0,1 n Veronalpuffer $p_H$ 8,0 (7,15 cm³ 0,1 m Natriumdiäthylbarbiturat + 2,85 cm³ 0,1 n HCl). Jedesmal frisch ansetzen.
3. Eserin-Indicatorlösung: Man löst 0,01 g Eserinsulfat in 10 cm³ Wasser und gibt 1,5 cm³ 0,04%ige Bromthymolblaulösung zu (SAWYER[3] empfiehlt einen Zusatz von 1,5 cm³ 0,04%iger Bromkresolpurpurlösung; schärferer Umschlag).
4. 0,05 n wäßrige HCl.
5. Farbstandard: $p_H$ 6,2 (oder 5,9 nach SAWYER). 10 cm³ m/15 Phosphatpufferlösung (dem $p_H$-Wert entsprechend) + 1 cm³ 0,04%ige Bromthymolblaulösung (Bromkresolpurpurlösung).

*Ausführung:*
1.—6. Analog der Methode zur Bestimmung der Esterase und Lipase.

*Berechnung:*
Eine Differenz zwischen Probe und Kontrolle von 1 mm³ 0,05 n HCl entspricht der Freisetzung von $3,0 \times 10^{-3}$ mg Essigsäure.

---

[1] GLICK, D.: H. **223**, 252 (1934). C. R. Lab. Carlsberg (II) **20**, 6 (1934).
[2] GLICK, D.: J. gen. Physiol. **21**, 289 (1938). C. R. Lab. Carlsberg (II) **21**, 263 (1938).
[3] SAWYER, C. H.: J. exp. Zool. **92**, 1 (1943).

### Bestimmung von Katalase.

*Prinzip:*

HOLTER und LINDERSTRØM-LANG[1] sowie HOLTER und DOYLE[2] bestimmen die Aktivität der Katalase nach einer jodometrischen Mikromethode, die im Prinzip auf STERN (1932) zurückgeht. Durch einen Zusatz von Kaliumjodid wird der nach der enzymatischen Spaltung verbliebene Rest des Substrates in Jod umgesetzt, welches mit Natriumthiosulfat titrimetrisch bestimmt wird.

*Reagentien:*
1. Substratlösung: 0,01 m Wasserstoffperoxydlösung in 0,03 m Phosphatpuffer $p_H$ 7,0. Zubereitung und Aufbewahrung bei 0°.
2. Molybdän-Schwefelsäurelösung: 1 cm³ gesättigte, wäßrige Molybdänsäurelösung wird mit 33%iger Schwefelsäure auf 10 cm³ aufgefüllt.
3. KJ-Lösung, 2%ig.
4. Stärke: 0,2%ige Lösung von löslicher Stärke in 0,5%iger Kaliumjodidlösung.
5. 0,02 n Natriumthiosulfatlösung.

*Ausführung:*
1. 5—7 mm³ Enzymextrakt werden mit einer Konstriktionspipette in eine Reihe von Reaktionsgläschen eingefüllt, die mit Ceresin gewachst oder besser mit Silicon behandelt (s. S. 386) wurden. Man setzt jedem Gläschen einen Floh zu und kühlt es auf 0° ab.
2. Aus einer Konstriktionspipette, die mit einem Mantel umgeben ist, durch den Eiswasser fließt (Abb. 20), werden den Proben 15 mm³ Substratlösung zugeführt. Man mischt sofort und hält die Proben weiterhin in Eiswasser.
3. Die enzymatische Spaltung wird bei 0° durchgeführt. Nach 1—2 Std Reaktionsdauer werden 10 mm³ Molybdän-Schwefelsäure und sogleich anschließend 10 mm³ 2%ige Kaliumjodidlösung zugegeben.
4. Nun bringt man möglichst schnell etwa 5 mm über der Oberfläche des Reaktionsgemisches quer durch das Lumen des Gläschens einen Flüssigkeitsfilm an, der aus 20 bis 30 mm³ kaliumjodidhaltiger Stärkelösung besteht, um Jodverluste zu vermeiden.
5. 3 min später durchsticht man mit der capillaren Spitze der Mikrobürette den Flüssigkeitsfilm und titriert die Probe mit 0,02 n Thiosulfatlösung bis zum Verblassen der Jodfarbe. Schließlich läßt man den stärkehaltigen Flüssigkeitsfilm in die Bodenlösung herabgleiten und titriert zu Ende. Man verwendet eine Bürette vom Typ *2* (S. 394).

Die Fehlerbreite beträgt 0,06 mm³ 0,02 n $Na_2S_2O_3$.

*Berechnung:*

1 mm³ 0,02 n $Na_2S_2O_3$-Lösung entspricht $0,34 \times 10^{-3}$ mg $H_2O_2$.

### Bestimmung von Amylase.

Die von LINDERSTRØM-LANG und HOLTER[3] 1933 ausgearbeitete und von HOLTER und DOYLE[2] 1938 verfeinerte Mikromethode beruht auf einem von ROMIJN entwickelten und später von WILLSTÄTTER und SCHUDEL verbesserten Verfahren, eine Glucoselösung mit einem Überschuß einer frisch bereiteten Jodlösung von passender Alkalität stöchiometrisch zu Gluconsäure zu oxydieren. Der Jodüberschuß wird mit Thiosulfat in saurer Lösung bestimmt. Sowohl Glucose als auch Maltose brauchen zwei Äquivalente Jod je Molekül, während die an sich schon schwächere Oxydation der Saccharose, Fructose und Stärke durch eine bestimmte Einstellung der H-Ionenkonzentration ($p_H$ 10) nach AUERBACH und BODLÄNDER sehr stark gehemmt werden kann.

*Reagentien:*
1. Extraktionslösung: m/15 Phosphatpuffer oder physiologische Kochsalzlösung.
2. Substratlösung: 1,5%ige lösliche Stärke (nach ZULKOWSKY), 0,03 m an Phosphat- oder Acetatpuffer. $p_H$ je nach Eigenart des studierten Enzyms.

---

[1] HOLTER, H., u. K. LINDERSTRØM-LANG: Mh. Chem. **69**, 292 (1936).
[2] HOLTER, H., and W. L. DOYLE: J. cellul. comp. Physiol. **12**, 295 (1938).
[3] LINDERSTRØM-LANG, K., and H. HOLTER: C. R. Lab. Carlsberg (II) **19**, 1 Nr. 14, (1933).

3. 0,4 m Carbonatpuffer, $p_H$ 10,2: Wird stets frisch hergestellt aus 5 Volumenteilen 0,4 n $Na_2CO_3$ und 1 Volumenteil 0,4 n HCl.
4. 0,1 m Jod-Jodkalilösung: Man verwahrt dieselbe in einer dunklen Flasche, die durch einen Heber mit einer automatischen Pipette verbunden ist.
5. 1,2 n Schwefelsäure.
6. Lösliche Stärke, 0,5%ig.
7. 0,02 n Thiosulfatlösung.

*Ausführung:*

1.—4. wie zur Bestimmung von Peptidase (S. 396), aber unter Verwendung von speziellen Reaktionsgläschen (s. Abb. 12, S. 386).

5. Zur Sistierung werden die Proben mit 10 mm³ Carbonatpuffer versetzt (Handpipette). Nach Umrühren gibt man mittels der automatischen Pipette 6 mm³ der 0,1 m Jod-Jodkalilösung hinzu, wobei die Spitze der Pipette in die Bodenlösung eintauchen muß, um Jodverluste zu vermeiden.

6. Anschließend wird sofort etwa 5 mm über der Bodenlösung ein Film aus 10 mm³ 1,2 n Schwefelsäure quer durch den verengten Oberteil des Reaktionsgläschens gelegt und dann in 5 mm Abstand über dem ersten ein zweiter Film aus 10 mm³ Stärkelösung angebracht. Die beiden Filme verhindern Jodverluste. Als Stopfen wird eine Gummikappe mit Glascapillare aufgesetzt (Abb. 13, S. 386).

7. Der Reaktionsansatz am Boden wird umgerührt und 20 min stehen gelassen.

8. Die Probe wird 1 min lang bei 1500 Umdrehungen je Minute zentrifugiert. Dabei werden die beiden Filme abgeschleudert und mit der Bodenlösung vereint.

9. Die Probe wird sofort mit 0,02 n Thiosulfatlösung bei Benützung der Mikrobürette Typ *2* (S. 394) austitriert. Man setzt parallel zu den Proben Kontrollen mit Wasser statt Stärkelösung an, außerdem solche mit Stärkelösung ohne Zugabe von Enzymlösung. Auch durch Hitze inaktivierte Enzymlösungen sind zur Bestimmung von Blindwerten brauchbar.

Die Fehlergrenze beträgt 0,04 mm³ 0,02 n Thiosulfatlösung.

*Berechnung:*

1 mm³ 0,02 n Thiosulfatlösung entspricht $3,4 \times 10^{-3}$ mg Maltose.

**Die Bestimmung von Ammoniak.** Der Bestimmung von Ammoniak kommt in der Histochemie eine ganz besondere Bedeutung zu, nicht nur deshalb, weil die Ammoniakabspaltung durch einige Enzyme eine genaue Erfassung kleiner Ammoniakmengen erfordert, sondern vor allem der Schwierigkeit wegen, winzige Organproben ihrer Menge nach quantitativ zu erfassen. Hier gibt in vielen Fällen der KJELDAHL-Stickstoff einen guten Anhaltspunkt für die in der Probe enthaltene Eiweißmenge. Der N-Gehalt einer Organprobe kann daher als Bezugsgröße für die bei der enzymatischen Analyse ermittelten Aktivitätswerte benützt werden.

Es ist also nicht verwunderlich, daß sich in den letzten Jahren viele Institute mit der Ausarbeitung einer KJELDAHL-Methode im Kubikmillimeter-Maßstab befaßt haben. Die hierbei auftauchenden Schwierigkeiten waren aber so groß, daß es ein volles Jahrzehnt dauerte, bis das Problem in befriedigender Weise gelöst werden konnte. Einen Überblick über die von verschiedenen Autoren und Instituten erarbeiteten Verfahren gibt die von SHAW und BEADLE[1] zusammengestellte Tabelle 4.

Bezüglich Genauigkeit und Gründlichkeit der Ausarbeitung dürfte das Verfahren von BRÜEL, HOLTER, LINDERSTRØM-LANG und ROZITS[2] an der Spitze stehen. Die Probe wird mit Schwefelsäure unter Beigabe von Selen und Kupfer als Katalysatoren verascht und der saure Aufschluß in paraffinierte Reaktionsgläschen gebracht; nach Zugabe von

---

[1] SHAW, J., and L. C. BEADLE: J. exp. Biol. **26**, 15 (1949).
[2] BRÜEL, D., K. LINDERSTRØM-LANG, H. HOLTER u. K. ROZITS: Biochim. biophysica Acta, N. Y. **1**, 101 (1947). C. R. Lab. Carlsberg (II) **25**, 289 (1946).

NaOH destilliert das freigesetzte Ammoniak bei 40° in einen Flüssigkeitsfilm mit bekanntem Säuregehalt, der im oberen Teil des Reaktionsgläschens angebracht wurde. Schließlich wird der Säureüberschuß in dem Film durch Titration ermittelt. Diese Methode erlaubt die Bestimmung von 0,1—1,0 $\gamma$ Stickstoff mit einer Genauigkeit von 0,005 $\gamma$ Stickstoff. Nach einer passenden Erhöhung der Konzentration aller beteiligten Reagentien lassen sich auch etwas größere Stickstoffmengen erfassen.

*Mikro-Kjeldahl-Bestimmung nach* Brüel, Holter, Linderstrøm-Lang *und* Rozits.
*Veraschung.* Die Veraschung wird in Capillarröhrchen aus Resistenzglas durchgeführt, die eine Länge von 40 mm, einen Innendurchmesser von 1,8 mm und einen Außendurchmesser von 2,4 mm haben sollen. Die Maße müssen nicht streng eingehalten werden. Wichtig ist, daß der Boden der Röhrchen gleichmäßig abgerundet ist. Die Reinigung der Röhrchen erfolgt durch Kochen in Chrom-Schwefelsäure und reichliches Spülen mit destilliertem Wasser, welches man dabei am besten durch eine feine Capillare bis auf den Boden der Röhrchen leitet. Das Wasser entfernt man aus den Röhrchen durch Heraussaugen. Beim Reinigen darf man die Röhrchen nur mit einer Pinzette, niemals mit bloßen Fingern anfassen. Die Röhrchen werden anschließend im Vakuum bei 100° 10 min lang getrocknet und in einer sauberen Petri-Schale auf Filtrierpapier oder noch besser in einem Exsiccator verwahrt, um sie vor Ammoniak und Tabakrauch zu schützen.

Tabelle 4. Kjeldahl-*Methoden im Kubikmillimetermaßstab.*

| Autor | Erfaßbare Menge von N ($\gamma$) in einer Probe | Fehlergrenze in $\gamma$ N | Diffusionstechnik | Diffusionszeit in Stunden | Art der Titration |
|---|---|---|---|---|---|
| Bentley und Kirk[1] | 1,0—10,0 | 0,05—0,10 | Im Veraschungsgefäß | 2 (50°) | Rehberg-Bürette |
| Borsook und Dubnoff[2] | 5,0—10,0 | 0,05 | Übertragung vom Veraschungskolben in Conways Diffusionsgefäß | 1—2 (20°) | Elektrometrisch |
| Needham und Boell[3] | 1,0—10,0 | 0,3 | Im Veraschungsgefäß | 18 (37°) | Rehberg-Bürette mit magnetischer Rührung |
| Tompkins und Kirk[4] | 0,5—10,0 | 0,02 | Im Veraschungsgefäß | 5 (20°) | Rehberg-Bürette mit magnetischer Rührung |
| Boell[5] | 1,0—50,0 | 0,5 | Veraschungsgemisch wird verdünnt, ein aliquoter Teil wird in das Diffusionsgefäß gebracht | 1½ (20°) | Rehberg-Bürette mit magnetischer Rührung |
| Brüel, Linderstrøm-Lang, Holter und Rozits[6] | 0,1— 1,0 | 0,005 | Übertragung vom Veraschungsgefäß in hydrophobe Diffusionsgefäße | 1—2 (40°) | Rehberg-Bürette mit magnetischer Rührung |
| Shaw und Beadle[7] | 1,0—10,0 | 0,02—0,04 | Übertragung vom Veraschungsgefäß in Diffusionsgefäß als hängender Tropfen | 7 (20°) | Einfache Capillarbürette |

[1] Bentley, G. T., and P. L. Kirk: Mikrochem. **21**, 260 (1936).
[2] Borsook, H., and J. W. Dubnoff: J. biol. Ch. **131**, 163 (1939).
[3] Needham, J., and E. J. Boell: Biochem. J. **33**, 149 (1939).
[4] Tompkins, E. R., and P. L. Kirk: J. biol. Ch. **142**, 477 (1942).
[5] Boell, E. J.: Trans. Connecticut Acad. Arts Sci. **36**, 429 (1945).
[6] Brüel, D., K. Linderstrøm-Lang, H. Holter and K. Rozits: Biochim. biophysica Acta, N. Y. **1**, 101 (1947). C. R. Lab. Carlsberg (II) **25**, 289 (1946).
[7] Shaw, J., and L. C. Beadle: J. exp. Biol. **26**, 15 (1949).

Das Material wird je nach Konsistenz mit einer feinen Glasnadel oder Pipette in das Röhrchen eingeführt. Dann werden mit einer Konstriktionspipette (Abb. 19, S. 389), die sorgfältigst zentriert sein muß (Zentriereinrichtung nach Abb. 25b), auf den Boden der Röhrchen, ohne daß dabei die Flüssigkeit zwischen Pipette und Glaswand hochgezogen wird, 4 mm³ der folgenden „blauen Mischung" zugesetzt:

1 g $CuSO_4 \cdot 5H_2O$, 10 g $K_2SO_4$, 0,2 g Rohrzucker, 5 cm³ konz. $H_2SO_4$, verdünnt auf 100 cm³.

Die Zugabe des Zuckers dient zur Sicherstellung der Reduktion von N-haltigen Verunreinigungen der Reagentien in der Kontrolle. Die Pipette darf bei der Übertragung der blauen Mischung nur nach Anschluß an das Überdrucksystem Verwendung finden, und der Überdruck soll so eingestellt werden, daß die Pipette sich entleert, wenn die Spitze die Glaswand des Veraschungsröhrchens oder die Flüssigkeitsoberfläche der Probe berührt. Die Pipette muß jedesmal vor Gebrauch innen und außen gründlichst gereinigt werden! Das Einfüllen der blauen Mischung erfordert größte Sorgfalt. Man befestigt die Pipette in einer Haltevorrichtung nach Abb. 25b, S. 391.

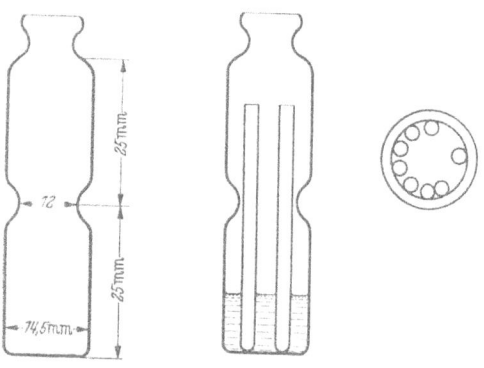

Abb. 35. Gefäße zur Veraschung (nach BRÜEL u. a.).

Die Röhrchen kommen in einen Vakuumexsiccator, gefüllt mit Phosphorpentoxyd, zur Entfernung des Wassers. Um ein Kriechen der Probe zu vermeiden, entfernt man die Hauptmenge des Wassers bei einem Druck von 150 mm Quecksilber (etwa 24 Std) und beschließt das Trocknen bei 0,1 mm Quecksilber (weitere 24 Std).

Mittels einer mit dem Mund betätigten Horizontalpipette (Abb. 25a), die eine vertikal stehende Spitze hat und gut zentriert sein muß, wird mit aller Sorgfalt, ohne die Röhrchenwand zu berühren, der Probe 1 mm³ Selen-Schwefelsäure zugesetzt. Das Reagens wird durch Kochen von 1 cm³ konz. Schwefelsäure mit 10 mg Selen bis zur Klärung hergestellt. Sollte die Flüssigkeit beim Einpipettieren durch ein Mißgeschick zwischen Pipettenspitze und Röhrchenwand bis hinauf an den Rand des Röhrchens emporgestiegen sein, so muß die Probe verworfen werden. Selbstverständlich muß auch diese Pipette vor Beginn der Arbeit sorgfältig gereinigt werden.

Die Veraschung wird in Ampullen (Maße nach Abb. 35) durchgeführt, die in der Mitte eine Einschnürung besitzen. Der Boden der Ampullen wird mit 1 cm³ konz. Schwefelsäure und 0,4 g $K_2SO_4$ bedeckt. Vor Gebrauch wird die Säure in den Ampullen ausgekocht, um Wasser und Gase zu entfernen. Bei Nichtgebrauch wird die Mündung mit einer Glaskugel verschlossen.

Die Veraschung besorgt ein elektrisch geheizter Kupferblock mit 2 Reihen von Löchern, in welche die Ampullen passen und bis zu einer Tiefe von etwa 14 mm einsinken. Die Temperatur des Blockes wird auf 295° einreguliert. Bei dieser Temperatur raucht die Schwefelsäure zwar, kocht aber noch nicht.

Vor dem Einsetzen der Röhrchen werden die Ampullen aus dem heißen Block herausgenommen und 30 sec lang abgekühlt. Die Röhrchen werden mit einer Pinzette in die Ampullen eingesetzt und in einer Reihe rund um die Einschnürung angeordnet. Während der ersten Minuten nach dem Rückstellen der Ampullen in den heißen Block muß man die Röhrchen beobachten, da das Veraschungsgemisch gelegentlich Blasen wirft und sich in Lamellen aufspaltet, die von den entstehenden Gasen getrieben nach oben wandern. Da hilft nur ein rasches Herausnehmen der Ampulle aus dem Block. Bei der Abkühlung wandern diese Lamellen bald wieder nach unten und laufen zusammen. Die Erscheinung tritt meist nicht noch einmal wieder auf. Eine Wartung der Proben ist dann nicht mehr notwendig. Die Veraschung ist nach 5—6 Std beendet. Die Röhrchen werden aus den leicht abgekühlten Ampullen mittels eines Glasstäbchens entnommen, wie Abb. 36

zeigt, außen mit destilliertem Wasser abgespült, mit einem sauberen Tuch abgetrocknet und bis zur Destillation in einem Exsiccator über $P_2O_5$ verwahrt.

*Destillation.* Zur Destillation benutzt man die gewöhnlichen Reaktionsgefäße. Ihre Innenseite wird mit einer Paraffinschicht überzogen. Der Verfasser empfiehlt die Verwendung von Silicone DC 200 an Stelle von Paraffin (Vorschrift s. S. 386).

Zur Übertragung der veraschten Probe in das Destillationsgefäß benötigt man einen Paraffinblock. Die Oberfläche desselben wird gelegentlich durch Schaben mit einem Messer gesäubert. Bei Nichtgebrauch verwahrt man den Block unter Wasser und trocknet ihn vor der Benützung mit Filtrierpapier ab. Der Verfasser verwendet einen siliconierten Objektträger an Stelle des Paraffinblockes.

Man pipettiert nun einen Tropfen (A) destilliertes Wasser (etwa 20 mm³) auf die Oberfläche des Paraffins (Abb. 37). Dann saugt man mit einer Handpipette (Abb. 21, S. 389) ungefähr $^1/_3$ dieser Wassermenge auf, führt die Spitze der Pipette sorgfältig in das Veraschungsröhrchen ein, bis die Mündung die Mitte des konkaven Bodens berührt. Auf gute Zentrierung ist dabei zu achten. Ein gelindes Anwärmen des Röhrchens verhindert das unangenehme Auskrystallisieren von Kaliumsulfat.

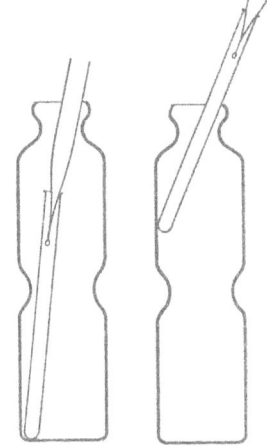

Abb. 36. Das Herausholen der Veraschungsröhrchen (nach BRÜEL u. a.).

Nun bläst man das Wasser in die veraschte Probe aus, saugt es aber zusammen mit der Hauptmenge der Säure sofort wieder auf und macht mit dieser Flüssigkeit auf dem Paraffinblock den Tropfen B. Dann saugt man ein weiteres Drittel von A in die Pipette auf und wäscht damit die Wände des Veraschungsröhrchens ab. Nun saugt man die Flüssigkeit wieder zurück in die Pipette, die an den Wänden des Röhrchens verbleibende Flüssigkeit folgt dann gewöhnlich der Pipettenspitze nach und kann am Rand desselben noch mit aufgesaugt werden. Der Inhalt der Pipette wird mit dem Tropfen B vereinigt. Mit dem Rest von A wiederholt man die Spülung des Röhrchens und setzt auch diese Flüssigkeit dem Tropfen B zu.

Nun wird der Tropfen B vollständig in die Pipette aufgenommen, was bei den hydrophoben Eigenschaften von Paraffin verlustlos gelingt, und auf den Boden eines hydrophob gemachten Reaktionsgefäßes (Abb. 11) übertragen. Die Pipette darf dabei die Wand des Gläschens nicht berühren. Es ist deshalb vorzuziehen, die Über-

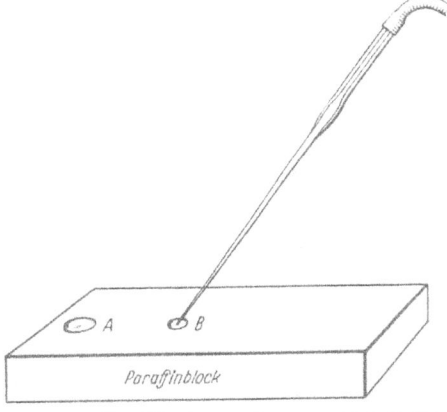

Abb. 37. Das Übertragen der veraschten Probe (nach BRÜEL u. a.).

tragung nicht aus freier Hand zu machen, sondern die Pipette vertikal in einen Halter (nach Abb. 25b) festzuklemmen. Die nach dem Entleeren der Pipette in dieser noch haften gebliebene Flüssigkeit fällt in die Fehlergrenze.

Anschließend setzt man dem am Boden des Reaktionsgefäßes befindlichen Tropfen (saures Aufschlußgemisch) 9 mm³ 18 n NaOH-Lösung zu, wofür man am besten auch eine Konstriktionspipette verwendet. Man muß streng darauf achten, hierbei die Wand des Reaktionsgläschens mit der Pipette nicht zu berühren. Die Lauge wird mit der in dem Halter festgeklemmten und gut zentrierten Pipette direkt in den Bodentropfen eingeführt. Sogleich nach Zugabe der Lauge wird mit einer Pipette nach Abb. 24 (s. S. 391) von freier Hand weg ein Wasserfilm von 45 mm³ quer durch den Hals des Reaktionsgläschens gelegt.

Man setzt nun dem Wasserfilm mit einer Konstriktionspipette, die unbedingt mit dem Überdrucksystem verbunden sein muß, 7 mm³ 0,015 n Schwefelsäure zu. Der Druck wird so eingestellt, daß sich die Pipette sofort entleert, wenn die Spitze in den Wasserfilm eintaucht (Maße der Pipette nach Abb. 23, S. 390).

Das Gefäß wird nun mit einer Gummikappe verschlossen, die mit einem capillar ausgezogenen Glasrohr ausgestattet ist (Abb. 13), und wird anschließend bis etwa zur Hälfte in einen Wasserthermostaten von 40° eingetaucht (Abb. 38a). Das Ammoniak destilliert im Verlaufe von 1½ Std in die Vorlage.

Es ist nicht ratsam, die Titration mit Lauge auszuführen. Die Erfahrung zeigte, daß die Werte dann starke und unregelmäßige Schwankungen zeigen. Es findet offenbar ein störender Ionenaustausch zwischen der basischen Titrationsflüssigkeit und der Glaswand der Bürettencapillare statt. Es ist günstiger, die Base kurz vor der Titration dem sauren Vorlagetropfen in einem kleinen Überschuß zuzusetzen und den verbliebenen Überschuß der Base durch Titration mit Säure zu ermitteln. Zu diesem Zweck gibt man mit einer Konstriktionspipette und bei Beachtung aller Vorsichtsmaßregeln (Überdrucksystem benützen) dem sauren Flüssigkeitsfilm 18 mm³ folgender alkalischer Lösung zu:

0,5 cm³ m/15 $Na_2HPO_4$,

2,0 cm³ Bromkresolgrünlösung (Lösung von 0,4 mg Farbstoff in 1 cm³ Wasser, $p_H$ 4,6),

2,5 cm³ ausgekochtes Wasser.

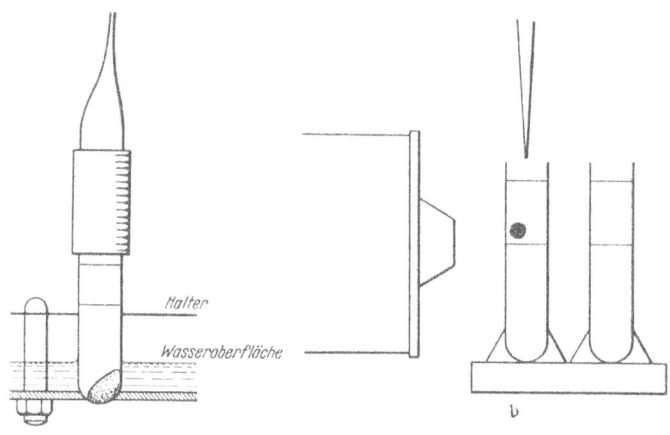

Abb. 38a u. b. a Anordnung zur Destillation von Ammoniak; b die Titration. (Nach BRÜEL u. a.)

Die Lösung muß stets frisch zubereitet werden und darf nicht offen stehen.

Der Basenüberschuß wird mit 0,01 n HCl, welche auf 100 cm³ 10 cm³ 40 mg-%iges Bromkresolgrün enthält, zurücktitriert (Abb. 38b). Man benützt dazu eine Mikrobürette Typ *1* (S. 392). Dem Flüssigkeitsfilm wird vor der Titration ein Floh zugesetzt. Man titriert auf den Farbton eines Farbstandards. Dieser wird hergestellt durch Austitrieren einer Kontrolle, bestehend aus 45 mm³ Wasser + 7 mm³ 0,015 n $H_2SO_4$ + 18 mm³ alkalischer Indicatorlösung, mit der 0,01 n HCl-Indicatorlösung bis zu einem Farbton, den die gleiche Indicatormenge in einem Citratpuffer von $p_H$ 4,6 anzeigt. Da ein kleiner Unterschied im Farbton zwischen Citratpuffer und der Farbstandardlösung besteht, sind die austitrierten Kontrollen ein besserer Farbstandard.

Bei jeder Analyse ist es notwendig, einzelne Kontrollbestimmungen unter Weglassen der Gewebeprobe mitlaufen zu lassen. Etwa 1,5 mm³ der Titrationsflüssigkeit werden benötigt, um die Blindprobe auf den Endpunkt zu titrieren.

Die Fehlerbreite dieser Methode beträgt bei der Bestimmung von 0,1—1,0 γ N etwa 0,005 γ N.

*Berechnung:*

1 mm³ 0,01 n HCl entspricht 0,14 γ Stickstoff.

SHAW und BEADLE[1] versuchten die Technik der Ammoniakbestimmung zu vereinfachen. Als Pipetten nehmen sie einfache Glascapillaren, die durch Aufsaugen und Ausblasen von heißem Paraffin innen mit einer hydrophoben Schicht versehen werden. Eine Länge der Capillare von 3 cm entspricht einem Volumen von 0,7—0,8 mm³. Als Marke dient ein Tuschestrich. Das Veraschungsgemisch wird auf einmal zugegeben. Man nimmt

---

[1] SHAW, J., and L. C. BEADLE: J. exp. Biol. **26**, 15 (1949).

12 mm³ der folgenden Mischung: 50%ige Schwefelsäure, gesättigt mit Kaliumsulfat + 2% Kupfersulfat + 0,6% Selenoxyd. Im übrigen entspricht die Technik der Veraschung den Angaben von BRÜEL und Mitarbeitern. Die Diffusion von Ammoniak in die Vorlage wird in einer Kammer durchgeführt, die aus einem Objektträger mit aufgekittetem Glasring (Durchmesser 13 mm, Höhe 5 mm) besteht. Auf den Boden der Kammer kommen als getrennte Tropfen 50—70 mm³ gesättigtes Kaliummetaborat sowie die Probelösung. Die Übertragung der Probe vom Veraschungsröhrchen in die Kammer wird direkt ohne Vermittlung eines Paraffinblockes, aber sonst wie bei BRÜEL, HOLTER, LINDERSTRØM-LANG und ROZITS durchgeführt. Als Vorlage dient ein hängender Tropfen. Zu diesem Zweck werden 7 mm³ Salzsäure (1,3 cm³ 0,1% Methylrot + 0,66 cm³ 0,1% Bromkresolgrün + 10 cm³ n HCl auf 100 cm³ mit Wasser aufgefüllt) mit einer Konstriktionspipette auf ein paraffiniertes Deckglas abgemessen. Das Deckglas wird umgedreht, so daß der Säuretropfen nach unten hängt, und mittels Hahnfett auf den Glasring aufgekittet. Durch leichtes Schwenken werden die beiden Tropfen am Boden der Kammer vereint. Das freigesetzte Ammoniak diffundiert bei 20° im Verlauf von 7 Std in den hängenden Säuretropfen. Man titriert den Säureüberschuß nach Abheben des Deckgläschens mit 0,1n NaOH (enthält die gleiche Indicatorkonzentration wie die Probe) aus einer einfachen Bürette, die in allen Einzelheiten der Horizontalpipette (Abb. 25a, S. 391) gleicht. Bei der Titration liegt das Deckglas auf einer Milchglasscheibe mit dem Säuretropfen nach oben. Das Umrühren besorgt ein kohlendioxydfreier Luftstrom. Die erzielte Genauigkeit ist erstaunlich hoch (s. S. 403).

*Bestimmung der Urease.* Die von LINDERSTRØM-LANG und HOLTER[1] 1933 ausgearbeitete Methode steht auf dem Stand der damals üblichen Technik zur Destillation von Ammoniak. Die folgenden Ausführungen entsprechen einer sinngemäßen Angleichung an die neuere Methode von BRÜEL, HOLTER, LINDERSTRØM-LANG und ROZITS.

In hydrophobierte Reaktionsgefäße (s. S. 386) werden mit einer Konstriktionspipette 7 mm³ Enzymextrakt und 7 mm³ Substratlösung eingemessen. Als Substratlösung dient eine Mischung von 1,2 g Harnstoff + 50 cm³ 0,15 n NaOH + 50 cm³ 0,3 m primärem Kaliumphosphat, $p_H$ 6,8. Die Sistierung der enzymatischen Reaktion erfolgt durch Zugabe von 7 mm³ 2 n Natronlauge. Alle weiteren Schritte vom Anbringen des bei der Destillation als Vorlage dienenden Flüssigkeitsfilmes an entsprechen der neueren Methode (s. S. 403 ff.).

LINDERSTRØM-LANG und SØEBORG-OHLSEN[2] benützen die Acetontitration zur Bestimmung der Ureaseaktivität, bei Verwendung des eben beschriebenen Ansatzes. Die Ausführung der Bestimmung ist der Peptidasemethode analog (s. S. 395 ff.).

*Bestimmung der Arginase.* Zur Bestimmung der Arginase stehen nach LINDERSTRØM-LANG, WEIL und HOLTER[3] zwei Methoden zur Verfügung. Die eine beruht auf der Messung des durch Urease freigesetzten $NH_3$ aus Harnstoff, welcher durch die Arginase aus Arginin abgespalten wurde. Die andere Methode geht davon aus, daß die Hydrolyse der starken Base Arginin das mäßig stark basische Ornithin und den sehr schwach basischen Harnstoff gibt. Wenn man den Ansatz mit einer starken Base bis zu einem $p_H$-Wert titriert, bei dem zwar die Guanidinogruppe von Arginin vollständig ionisiert, aber die ε-Aminogruppe von Ornithin nicht ionisiert ist, so ist die Menge an Base, die man zur Titration bis zu diesem bestimmten $p_H$-Wert braucht, proportional der Spaltung von Arginin. Die Methode ist bestechend einfach, aber nur dann anwendbar, wenn in dem untersuchten Gewebe neben Arginase keine größeren Ureasemengen anwesend sind. Die Titration wird in Gegenwart von Aceton-Alkohol gegen Thymolblau durchgeführt. Sie erfaßt Ornithin nur zu 95%, so daß die erhaltenen Werte einer Korrektur mit dem Faktor 1,05 bedürfen.

---

[1] LINDERSTRØM-LANG, K., u. H. HOLTER: H. **220**, 5 (1933). C. R. Carlsberg (II) **19**, 1 (1935).
[2] LINDERSTRØM-LANG, K., u. A. SØEBORG-OHLSEN: Enzymologia **1**, 92 (1936).
[3] LINDERSTRØM-LANG, K., L. WEIL u. H. HOLTER: H. **233**, 174 (1935). C. R. Lab. Carlsberg (II) **21**, 7 (1935).

### Ureasemethode.

*Reagentien:*
1. Substratlösung: 0,2104 g Arginin-HCl werden in 1,335 cm³ 0,5 n NaOH gelöst und auf 10 cm³ mit Wasser aufgefüllt; $p_H$ 9,5.
2. Urease-Pufferlösung: 7 g Urease (Squibb) werden in 35 cm³ 0,5 m Phosphatpuffer $p_H$ 6,8 gelöst und mit Wasser auf 100 cm³ aufgefüllt.
3. NaOH, 40%ig.

*Ausführung:*
Die folgende Vorschrift versucht eine Angleichung der Originalmethode an die moderne Technik der Ammoniakbestimmung von BRÜEL, HOLTER, LINDERSTRØM-LANG und ROZITS.

1. 7 mm³ Enzymextrakt und 7 mm³ Substratlösung werden auf den Boden eines Reaktionsgefäßes pipettiert; ein Floh wird zugegeben, dann wird der Ansatz umgerührt und das Gefäß in das Wasserbad gesetzt.
2. Nach Ablauf der Reaktionszeit wird der Ansatz durch Eintauchen des Gläschens in siedendes Wasser sistiert.
3. Auf den Boden eines hydrophob gemachten Reaktionsgläschens werden 20 mm³ Urease-Pufferlösung gebracht. In diese Lösung werden 7 mm³ des sistierten Arginaseansatzes übertragen; dann wird ein Floh zugesetzt und umgerührt. Man läßt die Mischung 1 Std bei 20° stehen, setzt unter Eintauchen der Pipettenspitze 10 mm³ 40%ige NaOH zu und führt die Destillation von $NH_3$ entsprechend der moderneren Vorschrift vom Anbringen des als Vorlage dienenden Flüssigkeitsfilmes ab (S. 405ff.) durch.

*Berechnung:*
1 mm³ 0,01 n HCl entspricht 0,14 γ Stickstoff.

### Titrationsmethode.

*Reagentien:*
1. Substratlösung wie oben bei der Ureasemethode.
2. Aceton-Alkoholgemisch: Gleiche Teile von Aceton und absolutem Äthanol werden mit 5 cm³ einer 0,1%igen alkoholischen Thymolblaulösung versetzt.
3. 0,05 n Tetramethylammoniumhydroxydlösung in 90%igem Äthanol.

*Ausführung:*
1. 7 mm³ Enzymextrakt und 7 mm³ Substratlösung werden auf den Boden eines Reaktionsgläschens pipettiert; dann wird dem Ansatz ein Floh zugefügt, ein Natronkalkröhrchen aufgesetzt, umgerührt und das Gläschen in das Wasserbad gesetzt.
2. Sistieren der Spaltung durch Zugabe von 150 mm³ Aceton-Alkoholgemisch.
3. Titration mit der 0,05 n Tetramethylammoniumhydroxydlösung bis zu einer grünlichen Umschlagfarbe. Einen entsprechenden Farbstandard aufstellen (S. 398) (Mischung geeigneter wasserlöslicher Farben).

*Berechnung:*
1 mm³ 0,05 n Tetramethylammoniumhydroxydlösung entspricht 0,70 γ Stickstoff.

Titrimetrische Mikromethoden sind auch zur *Bestimmung von Nichtkatalysatoren* im Gewebe verwendet worden. Im folgenden seien einige im Carlsberg-Laboratorium ausgearbeitete Analysenverfahren genannt:

Bestimmung von Säure im Schleimhautepithel des Schweinemagens[1]; Bestimmung von Chloriden[2]; Bestimmung von Alkali, Natrium und Kalium[3]; Bestimmung von Kalium[4]; Bestimmung von Calcium[5]; Bestimmung von Fett[6]; Extraktion und Fraktionierung von Lipoiden[7]; Bestimmung der

---
[1] LINDERSTRØM-LANG, K., u. H. HOLTER: H. **226**, 173 (1934). C. R. Lab. Carlsberg (II) **20**, 33 (1935).
[2] LINDERSTRØM-LANG, K., A. H. PALMER u. H. HOLTER: H. **231**, 226 (1935). C. R. Lab. Carlsberg (II) **21**, 1 (1935).
[3] LINDERSTRØM-LANG, K.: C. R. Lab. Carlsberg (II) **21**, 111 (1936).
[4] NORBERG, B.: Mikrochim. Acta **1**, 212 (1937). C. R. Lab. Carlsberg (II) **21**, 233 (1937).
[5] SIWE, S. A.: B. Z. **278**, 442 (1935).
[6] SCHMIDT-NIELSEN, K.: C. R. Lab. Carlsberg (II) **24**, 233 (1942).
[7] SCHMIDT-NIELSEN, K.: C. R. Lab. Carlsberg (II) **25**, 97 (1944).

Jodzahl von Fetten[1]; Bestimmung reduzierender Zucker[2, 3]; Bestimmung von Ascorbinsäure[4]. Auch andere Laboratorien haben wertvolle Analysenverfahren entwickelt, genannt sei LINDNER und KIRKS quantitative Tropfenanalyse (Nachweis von Calcium[5], Phosphor[6], Natrium[7]). KIRK und BENTLEY[8] beschreiben eine Methode zur Bestimmung von Eisen. CONWAY[9], WIGGLESWORTH[10] und CUNNINGHAM, KIRK und BROOKS[11] bestimmen Chloride. Über die verschiedenen Verfahren zur N-Bestimmung ist bereits an anderer Stelle gesprochen worden.

*γ) Colorimetrische Bestimmung von enzymatischen Spaltungen.*

In vielen Fällen ist eine quantitative Erfassung der enzymatischen Spaltprodukte nach Zusatz geeigneter Reagentien leichter auf colorimetrischem bzw. photometrischem Wege durchzuführen als durch eine Titration. Um diesen Weg beschreiten zu können, muß das Problem gelöst werden, die Farbtiefe kleiner Flüssigkeitsmengen, die aus Ansätzen von 10—14 mm$^3$ stammen und etwa 20—500 mm$^3$ betragen, messen zu können.

*Capillarrohrtechnik.* Eine sehr einfache Lösung findet das Problem in der Capillarrohrtechnik von RICHARDS und Mitarbeitern[12]. Sie ermöglicht eine Anzahl von Analysen in weniger als 1 mm$^3$ einer biologischen Flüssigkeit mit einer großen Genauigkeit.

Die Reaktionen zur Entwicklung des Farbstoffes finden in Capillaren statt, die 0,5 bis 0,8 mm Außendurchmesser und 0,35—0,7 mm Innendurchmesser haben. Um solche Capillaren füllen zu können, verbindet man sie mit dem Wassermanipulator. Man versteht darunter eine kleine Spritze mit einem Kolben von nur 3 mm Weite, die mittels eines Gummischlauches mit einem Glasröhrchen verbunden wird, welches eine so feine Spitze hat, daß man die Capillaren aufstecken kann. Die Spritze wird luftblasenfrei mit gefärbtem Wasser gefüllt. Mittels einer Mikrometerschraube kann man das Auspressen von Wasser fein regulieren. Dieser Manipulator wird in geeigneter Weise an das Stativ eines Mikroskops oder Binoculars befestigt. Die Spitze des Glasröhrchens und die Capillarenspitze werden in das Gesichtsfeld eingestellt. Man steckt die Capillare auf die Spitze des Glasröhrchens und drückt so viel Wasser aus dem Manipulator heraus, bis der Meniscus etwa in der Mitte der Capillare steht. Man füllt nun die verschiedenen Lösungen in die Capillare ein, indem man die Lösungen in eine Pipette aufnimmt, deren Spitze man unter mikroskopischer Kontrolle an das offene Ende der Capillare heranbringt. Man bläst den Inhalt der Pipette ruhig aus, wobei man gleichzeitig durch entsprechendes Drehen an der Mikrometerschraube des Manipulators die betreffende Lösung in die Capillare hineinzieht. Das Volumen der eingebrachten Lösungen errechnet sich als Produkt aus dem Querschnitt der Capillare der mit dem Ocularmikrometer gemessenen Länge der eingsaugten Flüssigkeitssäulchen. Ehe man eine neue Flüssigkeit heranbringt, zieht man die vorher eingefüllte etwas tiefer in die Capillare hinein. Sind alle für eine bestimmte Reaktion nötigen Flüssigkeiten in der Capillare enthalten, so schneidet man das Stück der Capillare (etwa 3—4 cm), das diese verschiedenen Flüssigkeitssäulchen enthält, ab und schmilzt es über einer Mikroflamme an beiden Enden zu. Man vermeidet es aber, einen Abschnitt der Capillare mit in den abgetrennten Teil einzubeziehen, der von dem Wasser des Manipulators benetzt wurde. Ein kurzes Zentrifugieren vereint die einzelnen Flüssigkeitssäulchen. Ein Umrühren der Mischung erreicht man durch Umdrehen der Capillare und nochmaliges Zentrifugieren. Muß die Reaktionsmischung zur Entwicklung der Farbe erhitzt werden, so versenkt man die Röhrchen in ein kochendes Wasserbad.

---

[1] SCHMIDT-NIELSEN, K.: C. R. Lab. Carlsberg (II) **25**, 87 (1944).
[2] LINDERSTRØM-LANG, K., u. H. HOLTER: C. R. Lab. Carlsberg (II) **191**, (1933).
[3] HOLTER, H., u. W. L. DOYLE: J. cellul. comp. Physiol. **12**, 295 (1938).
[4] GLICK, D.: H. **245**, 211 (1937). C. R. Lab. Carlsberg (II) **21**, 203 (1937).
[5] LINDNER, R., and KIRK, P. L.: Mikrochem. **22**, 291 (1937).
[6] LINDNER, R., and KIRK, P. L.: Mikrochem. **22**, 300 (1937).
[7] LINDNER, R., and KIRK, P. L.: Mikrochem. **23**, 269 (1938).
[8] KIRK, P. L., u. G. T. BENTLEY: Mikrochem. **21**, 250 (1936).
[9] CONWAY, E. J.: Biochem. J. **29**, 2221 (1935).
[10] WIGGLESWORTH, V. B.: Biochem. J. **31**, 1719 (1937).
[11] CUNNINGHAM, B., P. L. KIRK and S. C. BROOKS: J. biol. Ch. **139**, 21 (1941).
[12] RICHARDS, A. N., J. BORDLEY and A. M. WALKER: J. biol. Ch. **101**, 179 (1933).

Um einen korrekten Farbvergleich durchführen zu können, müssen alle für eine Versuchsserie verwendeten Capillaren gleich weit sein. Kann man eine ausreichende Menge entsprechender Capillaren nicht bekommen, um die Reaktion in diesen durchführen zu können, so schneidet man aus einer passenden Capillare kleine Stücke von 2 cm Länge ab und überträgt die Farblösung aus den Reaktionscapillaren in solche Meßröhrchen, die man schließlich zur Vermeidung von Verdunstung während der Messung an den freien Enden mit etwas Plastilin verschließt.

Der Farbvergleich wird auf einer Milchglasscheibe durchgeführt, die von zwei Lampen hell beleuchtet wird, wobei man darauf achtet, daß keine Schattenbildung auftritt. Auf die Milchglasscheibe legt man eine Reihe von Standardröhrchen, die den Farbton anzeigen, der verschiedenen Konzentrationen der gesuchten Substanz entspricht. Man sucht nun den Farbton des Proberöhrchens zwischen zwei Standardröhrchen einzuordnen. Falls die Intensität der Färbung davon unabhängig ist, ob man die Farbe in einer winzigen Capillare oder in einem gewöhnlichen Reagensglas entwickelt hat, so setzt man der Bequemlichkeit halber die Standardreihe im Makromaßstab an. Diese Vereinfachung ist aber nicht immer möglich.

RICHARDS, BORDLEY und WALKER[1] haben mit dieser Methodik die Zusammensetzung des Glomerulusharns untersucht und in diesem Zusammenhang eine Reihe von Analysenverfahren ausgearbeitet.

*Carbohydrasen* lassen sich in winzigsten Ansätzen bestimmen, wenn man die Methode von WALKER und REISINGER[2] heranzieht, welche ermöglicht, Glucosemengen in der Größenordnung von 0,1 $\gamma$ in 0,2 mm$^3$ Flüssigkeitsmenge mit einem maximalen Fehler von 3 mg-% zu bestimmen.

**Bestimmung von reduzierenden Substanzen nach WALKER und REISINGER[2].**
*Reagentien:*

1. Glucosestandard: Man bereitet 20 Konzentrationsstufen innerhalb des Bereiches von 10—100 mg Glucose je 100 cm$^3$ Wasser vor.
2. Reagens nach SUMNER: Man gibt zu 22 cm$^3$ 10%iger Natronlauge 10 g krystallisiertes Phenol, löst nach Zugabe von wenig Wasser und verdünnt auf 100 cm$^3$. 69 cm$^3$ dieser Lösung gibt man zu 6,9 g Natriumhydrogensulfit und setzt ferner 300 cm$^3$ einer Lösung aus 255 g Kaliumnatriumtartrat und 13,5 g Natriumhydroxyd, sowie 880 cm$^3$ einer 1%igen Lösung von Dinitrosalicylsäure zu. Das Reagens ist nur eine Woche haltbar.

*Ausführung:*

Man überführt in das Capillarrohr (0,35 mm Innendurchmesser) eine Säule der Probelösung von 1,5—3,5 mm Länge und nach einigem Abstand eine dreifach so lange Säule von SUMNER-Reagens. Beide offenen Enden der Capillare werden zugeschmolzen und der Inhalt durch Zentrifugieren vereint. In gewöhnlichen Reagensgläsern vermischt man 1 cm$^3$ Glucoselösung mit 3 cm$^3$ Reagens. Die Teströhrchen wie auch die Reagensgläser werden zusammen 5 min lang in ein siedendes Wasserbad getaucht. Alle Lösungen werden in Meßcapillaren überführt. Der Farbvergleich findet wie üblich über einer Milchglasplatte statt.

**Bestimmung der Phosphatase nach WEIL und RUSSELL[3].** WEIL und RUSSELL arbeiteten nach dem Prinzip der Capillarcolorimetrie eine Methode zur Phosphatasebestimmung aus, die das Enzym in 1 mm$^3$ Plasma nachzuweisen erlaubt. Der mittlere Fehler ist $\pm 3\%$. Die enzymatische Reaktion wird mit den Geräten und Einrichtungen der maßanalytischen Methoden von LINDERSTRØM-LANG und HOLTER durchgeführt, die Auswertung nach der Technik von RICHARDS, BORDLEY und WALKER[1].

---

[1] RICHARDS, A. N., J. BORDLEY and A. M. WALKER: J. biol. Ch. **101**, 179 (1933).
[2] WALKER, A. M., and J. A. REISINGER: J. biol. Ch. **101**, 223 (1933).
[3] WEIL, L., and M. A. RUSSELL: J. biol. Ch. **136**, 9 (1940).

*Reagentien:*
1. Standardphosphatlösung: Man stellt 20—40 Konzentrationsstufen innerhalb des Bereiches von 0,02—1,00 γ Phosphor je 15 mm³ Lösung her.
2. Molybdän-Schwefelsäurereagens: 5%ige Ammoniummolybdatlösung, die 15 Vol.-% konz. Schwefelsäure enthält.
3. 1-Amino-2-naphthol-4-sulfosäurelösung: Man schüttelt 0,5 g der Substanz mit 30 g Natriumhydrogensulfit sowie 6 g krystallines Natriumsulfit mit etwas Wasser, bis Lösung eintritt, und füllt auf 250 cm³ auf. Nach Stehen über Nacht wird filtriert. Zwei Wochen haltbar.
4. Veronalpuffer, $p_H$ 9,0: 9,36 cm³ 0,1 m Natriumdiäthylbarbiturat + 0,64 cm³ 0,1 n HCl; das Gemisch enthält 0,0015 m Magnesiumchlorid.
5. Substratlösung: 0,1 m Na-β-glycerophosphat.
6. Trichloressigsäure, 10%ig.

*Ausführung:*
In ein Reaktionsgefäß werden 21 mm³ Wasser, 3 mm³ Plasma, 7 mm³ Veronalpuffer-Magnesiummischung und 7 mm³ Substratlösung eingefüllt. Man mischt mit einem Floh und inkubiert 4 Std bei 37°. Kontrollen werden angesetzt, indem man Puffer- und Substratlösung als Tropfen seitlich an die Wand des Reaktionsgläschens setzt. Zur Sistierung werden die Reaktionsgefäße in Eiswasser getaucht. Man zentrifugiert nach einem Zusatz von 10 mm³ Trichloressigsäure und überträgt 15 mm³ des Überstehenden in leere Gläschen. Hier erfolgt ein Zusatz von 7 mm³ des Molybdän-Schwefelsäurereagens und 5 mm³ der Aminonaphtholsulfonsäurelösung als einzelne, getrennte Tropfen an die Wand des Reaktionsgläschens. Die Standardgläschen werden in analoger Weise mit je 15 mm³ der verschiedenen Phosphatstandardlösungen angesetzt. Nun verrührt man mit dem Floh die Seitentropfen mit den Bodentropfen und füllt die Mischung in gleich weite Capillaren (Durchmesser 0,65 mm, Länge 30 mm), deren Enden zur Verhütung einer Verdunstung mit „Duco"-Zement verschlossen werden. Der Farbvergleich erfolgt über einer gut beleuchteten Milchglasscheibe.

**Photometrie.** *Photometrische Bestimmungen* der Farbdichte sind rascher durchzuführen und genauer, erfordern allerdings die Verwendung spezieller kleiner Cuvetten und einer empfindlichen Meßapparatur. Käufliche Apparate mit Zusatzeinrichtungen für Mikrocuvetten sind: das *Stufenphotometer* von Zeiss (Mikrocuvette mit 0,2 cm³ Kapazität), das *photoelektrische* EVELYN-*Colorimeter* (Cuvetten mit 0,15 cm³ Kapazität), das *Spektrophotometer Coleman Junior* (Modell 6) (Cuvetten mit 0,2 cm³ Kapazität) und das BECKMAN-*Quarzspektrometer* (Mikrocuvetten mit 0,05 cm³ Kapazität und weniger).

Eine Apparatur für sehr geringe Flüssigkeitsmengen beschreibt NORBERG[1]. Das Prinzip des Mikrophotometers geht aus der Abb. 39 hervor. Man kann das Instrument sowohl für sichtbares als auch für UV-Licht verwenden. Zur Messung der Lichtintensität dient der rotierende Sektor (K). Die Ablesung der Absorption ist auf 0,025% genau. An Stelle von Cuvetten verwendet NORBERG sehr saubere Objektträger und Deckgläschen, die mit einer Lösung aus 1 g hochnitrierter (etwa 13% N) Cellulose, 0,1 g Diäthylphthalat und 0,01 g Butylstearat in 100 cm³ Butylacetat behandelt werden, um sie mit einer hydrophoben Schicht zu versehen. Nach dieser Behandlung müssen die Gläser 3 Tage staubfrei trocknen. Man legt dann 2 schmale Glasstreifen von der Dicke 0,35 mm (aus einem Hämocytometerdeckglas geschnitten) parallel nebeneinander auf den präparierten Objektträger. Eine Anzahl von Proben und Kontrollen der jeweiligen Bestimmungsansätze in der Menge von je 0,5—1,0 mm³ wird mit einer Pipette auf den Objektträger zwischen die Glasstreifen aufgetragen und mit einem großen Tropfen Paraffinöl bedeckt. Dann wird ein Deckglas aufgelegt. Zur Erleichterung der Schichtdickenbestimmung werden vorher mit Tinte ein paar parallele Striche auf der oberen Fläche des Objektträgers und der unteren Fläche des Deckglases gezogen. Der vertikale Abstand der Tintenstriche

---
[1] NORBERG, B.: Acta physiol. scand. 5, Suppl. 14, 99 (1942).

entspricht der Schichtdicke der Tropfen und wird in bekannter Weise mit der Mikrometerschraube des Mikroskops ausgemessen nach der Formel: Schichtdicke = Teilstrichzahl der Mikrometerschraube in $\mu \times$ Brechungsexponent von Paraffinöl.

NORBERG benützte diese Technik zur Bestimmung von Phosphor in Gewebeproben.

Eine erheblich einfachere Apparatur entwickelten HOLTER und LØVTRUP[1]. Man kann sie aus einem Mikroskop und einem „Electronic Photometer model 512" der Photovolt Corporation New York zusammenbauen nach Abb. 40. Als Lichtquelle ($A$) dient eine Philipps-Tonfilmglühbirne 6 V, 5 A, E 14, die von einer Akkumulatorbatterie gespeist wird. Der Kollektor ($B$) und die Blende ($C$) mit einer Öffnung von 4 mm lassen ein Bündel annähernd parallelen Lichtes durch, welches das Filter ($D$) (Filtersatz vom Stufenphotometer, Zeiss) passiert und vom Spiegel ($E$) in die Optik

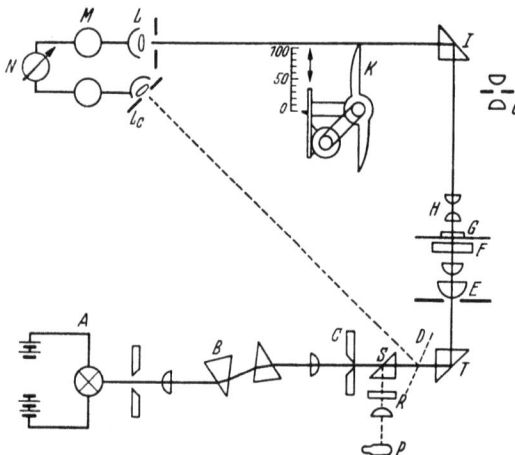

Abb. 39. Schema des Mikrophotometers (nach NORBERG). $A$ Lichtquelle, $B$ Monochromator nach Winkel-Zeiß, $C$ zweiter Monochromatorschlitz, $F$ Filter, $E$ Kondensor, $G$ Probe, $H$ Objektiv, $O$ Ocular, $P$ Quecksilberlampe, $S$ drehbares Prisma, $T$ fixes Prisma, $I$ Prisma, $R$ Spektralfilter, $D$ halbdurchlässige Platte, $K$ rotierender Sektor, $L$, $Lc$ Photozellen, $M$ Verstärker, $N$ Galvanometer.

des Mikroskops reflektiert wird. Die Iris ($F$) wird bis auf etwa 3 mm geschlossen. Als Mikrocuvette dient ein dickwandiges Capillarrohr (Lumen 1,0 mm), 5—7 mm lang, das an beiden Enden senkrecht zur Längsachse plangeschliffen ist. Diese Cuvette wird mit etwas Vaseline am unteren Außenrand eingefettet und gegen einen Objektträger gedrückt. Man kann eine solche Cuvette jederzeit leicht abnehmen, reinigen und trocknen. Die Lösung füllt man mit einer Handpipette ein und legt ein Deckglas auf. Ein Kreuztisch erleichtert die Justierung der Cuvette am Mikroskop. Bei der Messung wird auf die halbe Tiefe der Cuvette scharf eingestellt. Die Photozelle ($M$) wird mit dem Ocular durch einen Photoaufsatz (Leica, Contax) verbunden. Bei Öffnung des Auslösers ($L$) wird die Photozelle belichtet.

**Bestimmung der alkalischen Phosphatase nach KRUGELIS[2].** KRUGELIS bestimmt die alkalische Phosphatase mit dem Photometer von HOLTER und LØVTRUP[1]. Die chemische Methodik geht auf KUTTNER und COHEN (1937) zurück. Die Verwendung von Zinn(II)-chlorid als Reduktionsmittel bietet eine höhere Empfindlichkeit; allerdings müssen Acidität und Endkonzentration an Ammoniummolybdat und Zinn(II)-chlorid sehr genau eingehalten werden.

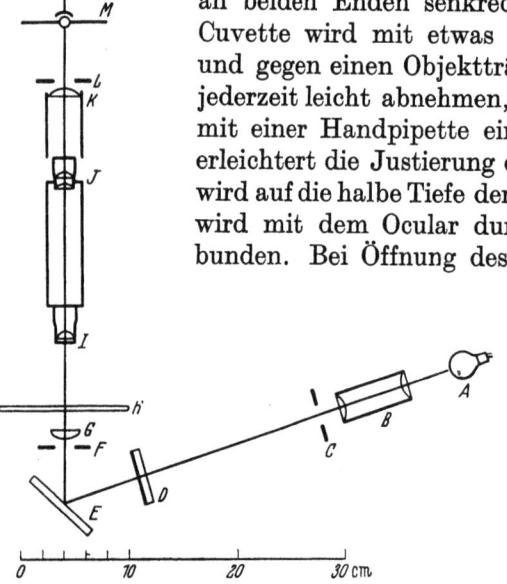

Abb. 40. Photometer (nach HOLTER und LØVTRUP). $A$ Lichtquelle, $B$ Kollektor, $C$ Blende, $D$ Filter, $E$ Spiegel, $F$ Blende, $G$ Kondensator, $H$ Kreuztisch, $I$ Objektiv, $J$ Ocular, $K$ Photoadapter, $L$ Verschluß, $M$ Photozelle.

*Reagentien:*
1. 4,0 n Schwefelsäure.
2. Ammoniummolybdat, 3,0%ig; in paraffiniertem Gefäß kalt aufbewahren.
3. Zinn(II)-chlorid, 0,08%ig; stets vor Gebrauch aus 40%igem $SnCl_2$ in konz. HCl herstellen.
4. Substratlösung: Sie enthält 10 mg Natriumglycerophosphat, 40 mg Natriumdiäthylbarbiturat und 2,5 mg $MgCl_2$; Einstellen der Lösung auf $p_H$ 9,35 und Auffüllen auf 1 cm³.
5. Uranylsulfat, 0,25%ig in 5%iger Trichloressigsäure.

---
[1] HOLTER, H., u. S. LØVTRUP: C. R. Lab. Carlsberg (II) **27**, 27 (1949).
[2] KRUGELIS, E. J.: C. R. Lab. Carlsberg (II) **27**, 273 (1950).

*Ausführung:*

5 mm³ Enzymextrakt und 5 mm³ Substratlösung werden mit einer Konstriktionspipette in Reaktionsgefäße eingemessen und nach der Standardmethode (s. S. 395ff.) weiterbehandelt. Sistieren der enzymatischen Spaltung durch Zugabe von 10 mm³ einer Lösung von 0,25% Uranylsulfat in 5,0%iger Trichloressigsäure. Zentrifugieren der Fällung bei 10000 g für 3 min. Zur Phosphatbestimmung werden 4 mm³ des Überstehenden mit 4 mm³ Schwefelsäure, 4 mm³ Ammoniummolybdatlösung und 4 mm³ Zinn(II)-chloridreagens versetzt, wozu man ein und dieselbe Pipette verwendet. Das Mischen der vereinten Flüssigkeiten erfolgt durch Vibration oder mit einem Floh. Es resultieren 16 mm³, die für 2 photometrische Ablesungen ausreichen. Die Farbintensität wird im Photometer 15—30 min nach Zusatz der Reagentien bei 660 mµ abgelesen. Die Menge an anorganischem Phosphat entnimmt man aus einer Eichkurve, die vorher mit bekannten Phosphatmengen ermittelt wurde.

Die maximale Abweichung vom Mittelwert betrug bei 3 unabhängigen Bestimmungen der Standardkurve 5%, der mittlere Fehler in 5 Fällen 3% vom Mittel.

Eine Mikromethode zur Bestimmung der Phosphatase im Blutplasma haben LUNDSTEEN und VERMEHREN[1] entwickelt. Sie verwenden Amidol zur Reduktion der Phosphormolybdänsäure. Die Auswertung erfolgt im Stufenphotometer. BESSEY, LOWRY und BROCK[2] bestimmen Phosphatase in 5 mm³ Serum bei Benützung von p-Nitrophenylphosphat als Substrat. Die farblose Substanz liefert bei der Spaltung p-Nitrophenol, welches bei der alkalischen Reaktion des Ansatzes intensiv gelb gefärbt ist. Die Spaltungswerte können daher ohne weiteren Zusatz von Reagentien photometrisch bestimmt werden.

**Bestimmung der Proteinase nach DUSPIVA[3].** Eine Angleichung der Methode von ANSON (1935) an den Kubikmillimetermaßstab beschreibt DUSPIVA[2]. Die Methode dient zum Studium eiweißspaltender Enzyme, die im schwach sauren Gebiet ihr Wirkungsoptimum haben, wo die meisten als Substrat dienenden Proteine ein Lösungsminimum haben und daher maßanalytisch schlecht erfaßt werden können. Die Ausfällung der Proteine in der Nähe ihres IEP wird durch einen Zusatz von Harnstoff vermieden. Die Methode beruht auf dem Nachweis der in Trichloressigsäure löslichen enzymatischen Spaltprodukte mit dem Phenolreagens nach FOLIN und CIOCALTEU.

*Reagentien:*
1. 1. Substratlösung: 3 g Casein (HAMMARSTEN) und 48 g Harnstoff werden mit 21,6 cm³ 0,1 n HCl gelöst und mit Wasser auf 100 cm³ aufgefüllt.
2. Phosphat-Citrat-Ammoniak-Puffer: Die Stammlösung hat folgende Zusammensetzung: 4,52 g primäres Kaliumphosphat, 7,14 g Citronensäure · 1 $H_2O$ und 48 g Harnstoff werden in einem Meßkolben in Wasser gelöst und auf 100 cm³ aufgefüllt. Um das Substrat auf den gewünschten $p_H$-Wert zu bringen, werden dem Puffer entsprechende Basenmengen zugesetzt, die aus Tabelle 5 zu entnehmen sind:

*Tabelle 5.*

| Nr. | $p_H$ (40°) | a cm³ $NH_4OH$ | b cm³ $H_2O$ | Nr. | $p_H$ (40°) | a cm³ $NH_4OH$ | b cm³ $H_2O$ |
|---|---|---|---|---|---|---|---|
| 1 | 3,80 | 0,72 | 4,28 | 8 | 6,77 | 3,07 | 1,93 |
| 2 | 4,20 | 0,98 | 4,02 | 9 | 7,18 | 3,30 | 1,70 |
| 3 | 4,90 | 1,47 | 3,53 | 10 | 7,40 | 3,40 | 1,60 |
| 4 | 5,03 | 1,58 | 3,42 | 11 | 7,61 | 3,50 | 1,50 |
| 5 | 5,43 | 1,91 | 3,09 | 12 | 7,98 | 3,69 | 1,31 |
| 6 | 5,90 | 2,26 | 2,74 | 13 | 8,37 | 4,06 | 0,94 |
| 7 | 6,36 | 2,66 | 2,34 | 14 | 8,68 | 4,60 | 0,40 |

---

[1] LUNDSTEEN, E., u. E. VERMEHREN: Enzymologia 1, 273 (1936). C. R. Lab. Carlsberg (II) 21, 147 (1936).

[2] BESSEY, O. A., O. H. LOWRY and M. J. BROCK: J. biol. Ch. 164, 32 (1946).

[3] DUSPIVA, F.: Protoplasma, Wien 32, 211 (1939).

Die fertige Pufferlösung stellt man her durch Vermischen von 5 cm³ Stammlösung + a cm³ 2n NH₄OH + b cm³H₂O.

3. Phenolreagens nach FOLIN und CIOCALTEU[1]: In 70 cm³ Wasser werden 10 g $Na_2WO_4 \cdot 2H_2O$ und 2,5 g $Na_2MoO_4 \cdot 2H_2O$ gelöst und mit 5 cm³ 85%iger Phosphorsäure sowie 10 cm³ konz. HCl versetzt. Die Mischung wird in einem 150 cm³-Kölbchen nach Aufsetzen eines Rückflußkühlers 10 Std lang gelinde gekocht. Nach der Abkühlung werden 15 g $Li_2SO_4$ zugegeben. Die Lösung wird unter Nachspülen mit 5 cm³ Wasser in ein offenes Becherglas gegossen. Man setzt 1 Tropfen elementares Brom zu und kocht anschließend etwa 15 min lang, um den Überschuß von Brom zu vertreiben. Nach Erkalten wird auf 100 cm³ aufgefüllt und filtriert. Diese Stammlösung muß staubfrei aufbewahrt werden. Die Lösung muß gelb sein und darf keinen grünlichen Farbton zeigen.

*Ausführung:*

7 mm³ Gewebeextrakt, 7 mm³ Pufferlösung und 7 mm³ Substratlösung werden in der genannten Reihenfolge in die Reaktionsgefäße pipettiert. Die Kontrollen werden mit hitzeinaktiviertem Gewebeextrakt angesetzt. Die weitere Verarbeitung bis zur Sistierung erfolgt wie bei der Standardmethode (s. S. 395). Zur Sistierung werden 140 mm³ 0,2 m Trichloressigsäure zugesetzt. Die Proben bleiben über Nacht im Eisschrank stehen; dann wird das ausgefällte, ungespaltene Casein abzentrifugiert. Aus dem Überstehenden werden 70 mm³ entnommen und in leere Reaktionsgläschen übertragen. Nach Zusatz von 140 mm³ n Natronlauge wird mit einem Strom feiner Luftbläschen umgerührt; gleichzeitig werden 42 mm³ Phenolreagens (Stammlösung mit der zweifachen Menge Wasser verdünnt) mit einer Konstriktionspipette aus der Hand in langsamem Strom zugefügt. Die je nach dem Spaltungsausmaß mehr oder weniger intensiv blau gefärbte Lösung wird mit einer Handpipette in die Mikrocuvette (1 cm Schichtdicke) des Stufenphotometers übertragen und im Verlauf von 1—5 min nach dem Zusatz von Phenolreagens bei Benützung von Filter S 72 photometriert.

HOLTER und LØVTRUP[2] haben diese Methode an die Dimensionen ihres Photometers angepaßt, indem sie alle an der Reaktion beteiligten Volumina entsprechend verkleinerten.

**Bestimmung der Phenolsulfatase nach MALMSTRÖM und GLICK[3,4].** Die Methode ist eine 500fache Verfeinerung des von HUGGINS und SMITH[5] beschriebenen Makroverfahrens und beruht auf der colorimetrischen Bestimmung von p-Nitrophenol, welches enzymatisch aus Kalium-p-nitrophenylsulfat abgespalten wurde.

*Reagentien:*

1. 0,005 m Kalium-p-nitrophenylsulfatlösung (Synthese bei HUGGINS und SMITH[5]); 0,1285 g der Substanz werden in destilliertem Wasser gelöst und mit Wasser auf 100 cm³ aufgefüllt.
2. 0,5 n Acetatpuffer, $p_H$ 5,8.
3. Puffer-Substratlösung: 3 Vol. Acetatpuffer werden mit 2 Vol. Substratlösung gemischt.
4. n NaOH.
5. p-Nitrophenol-Standardlösung: 1 mg der Substanz wird je Kubikzentimeter gelöst.

*Ausführung:*

5 mm³ Wasser werden mittels einer Konstriktionspipette in Reaktionsgefäße abgemessen, dann werden Mikrotomschnitte oder andere Enzymquellen dem Tropfen zugegeben. Man läßt die Probe 30 min bei Zimmertemperatur unter gelegentlichem Umrühren zur Extraktion stehen, setzt darauf 5 mm³ Puffer-Substratlösung zu und rührt den Ansatz sogleich um, verschließt mit Gummikappe und inkubiert 2 Std lang bei 37°.

---

[1] FOLIN, O., and V. CIOCALTEU: J. biol. Ch. **73**, 627 (1927).
[2] HOLTER, H., u. S. LØVTRUP: C. R. Lab. Carlsberg (II) **27**, 27 (1949).
[3] MALMSTRÖM, B. G., and D. GLICK: Arch. Biochem. **40**, 56 (1952).
[4] MALMSTRÖM, B. G., and D. GLICK: Analyt. Chem., Washington **23**, 1699 (1951).
[5] HUGGINS, C., and D. R. SMITH: J. biol. Ch. **170**, 391 (1947).

Dann erfolgt eine Zugabe von 10 mm³ n NaOH zur Entwicklung der Färbung und Abstoppung der Spaltung, wobei sogleich umgerührt werden muß. Dann wird 5 min bei 1000 g zentrifugiert, ein aliquoter Teil der überstehenden Flüssigkeit in eine Capillarcuvette übertragen und die Durchlässigkeit bei 420 m$\mu$ im Mikroskopcolorimeter[1] bestimmt. Die Auswertung erfolgt mittels einer p-Nitrophenol-Standardkurve.

Levy[2] hat eine Methode zur Bestimmung des Gesamt-N ausgearbeitet, die auf der direkten colorimetrischen Bestimmung von N nach Zusatz von Nesslers Reagens zu der mit Alkali versetzten veraschten Probe beruht. Die Auswertung erfolgt im Stufenphotometer.

Es hat nicht an Versuchen gefehlt, Präparate, die nach Gomori gefärbt wurden, mittels eines photometrischen Verfahrens quantitativ auszuwerten. Aber es ist sehr zweifelhaft, ob auf diesem Wege reelle Werte erhalten werden, da gewisse dem Gomori-Test zugrunde liegende Reaktionen keinen quantitativen Charakter haben.

Neumann[3] projiziert das Bild eines Gomori-Präparates auf eine Photozelle. In das Ocular eingelegte Blenden gestatten, sehr kleine Präparatausschnitte auszublenden, so daß die Intensität der Färbung einzelner Strukturelemente von 7—10 $\mu$ Durchmesser bestimmt werden kann. Die Intensität der Färbung eines bestimmten Gewebeareales wird durch einen Vergleich der Lichtmengen erfaßt, die das Ocular durch die Blende erreichen, ohne daß bzw. wenn der betreffende Gewebeausschnitt in den Strahlengang gestellt wird.

Doyle[4] bringt Gewebeschnitte nach der Durchführung der Gomori-Takamatsu-Reaktion (S. 353 und 356) — eventuell nach vorheriger mikroskopischer Untersuchung — in Reaktionsgläschen. Das enzymatisch entstandene Phosphat muß jedoch — abweichend von der genannten Methode — als Bleisalz gefällt werden, da Kobaltsulfid in Salzsäure unlöslich ist. Zu dem trockenen, Bleisulfid enthaltenden Schnitt werden 135 mm³ Wasser und 25 mm³ einer Lösung von 0,1 g p-Aminodimethyl-anilinsulfat (Eastman Kodak Comp.) in 100 cm³ 5,0 n HCl zugegeben. Das Reaktionsgemisch wird unter gelegentlichem Rühren 20 min stehengelassen. Dann werden 5 mm³ 0,023 m FeCl$_3$ in 1,2 n HCl zugegeben. Man rührt um und läßt weitere 20 min stehen. Das entstandene Methylenblau wird mit einem Mikrospektrophotometer bei 670 m$\mu$ bestimmt.

### b) Dilatometrische Methode.

Das Prinzip dieser Methode ist schon seit einer Reihe von Jahren bekannt. Es beruht auf der Beobachtung, daß bei isothermen chemischen Reaktionen Volumenänderungen auftreten, die zur Messung des Umsatzes dienen können. Die Weiterentwicklung der Dilatometrie zu einer ungemein empfindlichen Mikromethode verdanken wir Linderstrøm-Lang[5]. Ein kleiner Tropfen der Reaktionsmischung wird in ein Schweberohr eingeführt, in welchem ein Dichtegradient zweier mit Wasser nicht mischbarer Flüssigkeiten erzeugt wurde. Der Tropfen sinkt schnell ab bis in ein Niveau, das seiner Dichte entspricht. Findet in dem Tropfen eine enzymatische Reaktion statt, so steigt oder fällt er langsam von der Gleichgewichtslage ausgehend, je nachdem, ob die Reaktion eine Dilatation oder eine Kontraktion zur Folge hat. Die Position des Tropfens wird mit einem aus einem Mikroskop entwickelten Kathetometer festgestellt. Der Dichtegradient im Schweberohr wird mit Lösungen bekannter Dichte geeicht. Die Empfindlichkeit der Methode hängt weitgehend davon ab, wie groß die Kontraktionskonstante, d. h. die beim Umsatz eines Moles Substrat auftretende Volumenänderung ist. Sie ist bedeutend bei der Spaltung von Peptid-, Amid- und auch Esterbindungen, aber gering bei der Lösung von Glykosidbindungen. Bestimmungen im Schweberohr können nur durchgeführt werden, wenn die Substrate und deren Spaltprodukte in dem nicht wäßrigen Medium unlöslich sind.

---

[1] wie [4] auf S. 414.
[2] Levy, M.: H. **240**, 33 (1936). C. R. Lab. Carlsberg (II) **21**, 101 (1936).
[3] Neumann, K.: Naturwiss. **36**, 89 (1949).
[4] Doyle, W. L.: Science, N. Y. **111**, 64 (1950).
[5] Linderstrøm-Lang, K.: Nature **139**, 713 (1937).

**Das Gradientenrohr.** Der Dichtegradient wird in dem sog. Gradientenrohr erzeugt, dessen Form und Maße aus Abb. 41 hervorgehen. Das Glasrohr wird fast zur Gänze in ein Wasserbad versenkt, an dessen Temperaturkonstanz die höchsten Ansprüche gestellt werden (30° ± 0,002).

Zur Herstellung des Dichtegradienten werden zunächst 2 verschiedene Mischungen von rektifiziertem Petroleum (Kerosin, wasserklar, $d$ 0,79) und Monobrombenzol (Kahlbaum p. a., $d$ 1,48) hergestellt, die bei der Reaktionstemperatur das spezifische Gewicht $(x+0,01)$ und $(x-0,01)$ besitzen, wobei $x$ das spezifische Gewicht des enzymatischen Spaltungsansatzes bedeutet, dessen Volumenänderung gemessen werden soll.

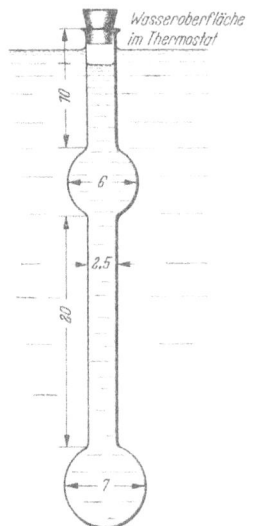

Abb. 41. Das Gradientenrohr, Maße in Zentimetern (nach LINDERSTRØM-LANG und LANZ).

Nach Versenkung des Gradientenrohres in den Thermostat wird die schwerere Mischung bis zur Hälfte des Rohres eingefüllt. Dann wird die leichtere Mischung auf 30° gebracht und vorsichtig durch ein Filter bis zu der in Abb. 41 eingezeichneten Höhe überschichtet. Zur Beschleunigung der Einstellung des Dichtegradienten wird ein langer Spatel 10 sec lang unter gelindem Drehen in dem Verbindungsrohr zwischen den beiden kugeligen Anschwellungen auf und ab bewegt. Nach 1—2tägigem ruhigem Stehen ist der Gradient nahezu linear geworden und bleibt es wenigstens einen Monat lang.

**Herstellung der Meßbereitschaft.** Vor der Eichung des Gradienten muß das Brombenzol-Petroleumgemisch mit Wasser von ungefähr passendem Dampfdruck gesättigt werden. Um dies zu erreichen, schüttelt man 10 cm³ des leichteren Brombenzol-Petroleumgemisches mit 1 cm³ einer 0,2 m-Kaliumbromidlösung (gültig für das Dichteintervall von 0,99—1,02 und die Konzentrationsverhältnisse des Peptidaseansatzes), und gießt die Emulsion in das Gradientenrohr. Die Tropfen fallen infolge ihres hohen spezifischen Gewichtes so tief, daß sie die Messungen nicht stören. Besonders vorteilhaft ist es, zur Sättigung Mischungen der Kaliumbromidlösung mit der Substratlösung zu nehmen, da man damit störende Verunreinigungen des Mediums entfernt. Nach weiteren 24 Std ist das Gradientenrohr gebrauchsfähig. Man hält es stets mit einem stanniolbekleideten Gummistöpsel verschlossen.

Tabelle 6. *Eichlösungen für den Dichtegradienten.*

| Standard Nr. | Kaliumchlorid % | Dichte $d_4^{30}$ | Standard Nr. | Kaliumchlorid % | Dichte $d_4^{30}$ |
|---|---|---|---|---|---|
| 0 | 0 | 0,995673 | 6 | 1,0272 | 1,002155 |
| 1 | 0,1719 | 0,996785 | 7 | 1,1848 | 1,003149 |
| 2 | 0,3408 | 0,997823 | 8 | 1,3442 | 1,004155 |
| 3 | 0,5122 | 0,998905 | 9 | 1,5121 | 1,005214 |
| 4 | 0,6633 | 0,999857 | 10 | 1,6904 | 1,006339 |
| 5 | 0,8450 | 1,001005 | 11 | 1,8721 | 1,007486 |

**Eichung des Gradientenrohres.** Der Gradient wird mittels 0,1—0,15 mm³ großen Tröpfchen bekannter Dichte geeicht. In das Gradientenrohr eingeführt, kommen sie nach wenigen Minuten zur Ruhe und markieren durch ihre Position den Dichtewert in dem betreffenden Horizont. Im Carlsberg-Laboratorium verwendet man zur Eichung Kaliumchloridlösungen, weil dieses Salz in einem sehr reinen Zustand gehandelt wird. Tabelle 6 gibt einige passende Kaliumchloridkonzentrationen an; diese Lösungen überdecken den Meßbereich gleichmäßig. Die Lösungen werden in 50 cm³-Meßkölbchen hergestellt und auch darin verwahrt; man bedeckt den Meniscus zweckmäßig mit einer 1 cm hohen Schicht des leichteren Brombenzol-Petroleumgemisches und benützt die Lösungen nur so lange, wie sich der Meniscus noch im Kolbenhals befindet.

Zur Abmessung der Lösungen werden geeichte Capillarpipetten von 0,1—0,15 mm³ Inhalt verwendet (Handpipetten). Die Pipettenspitze wird durch die Brombenzol-Petroleumschicht in die Standardlösung eingeführt, die Pipette durch mehrmaliges Aufsaugen und Ausblasen mit der Lösung durchgespült und dann bis zur Marke gefüllt. Man zieht noch etwa 0,1 mm³ Petroleum-Brombenzolgemisch nach, wischt die Pipette außen mit Filterpapier ab, wobei etwas von dem Ölgemisch ausgeblasen wird. Nun führt man die Pipettenspitze in das Gradientenrohr etwa 2 mm unter die Oberfläche des Mediums ein und bläst den Inhalt der Pipette vorsichtig aus. Der sich bildende Tropfen von Kaliumchloridlösung kann beim Herausziehen der Pipette aus dem Medium an der Oberfläche desselben von der Pipettenspitze abgelöst werden. Der Tropfen fällt rasch und erreicht schon nach 15 min die Gleichgewichtslage.

### Messung der Tropfenposition und Berechnung der Dichte einer unbekannten Lösung.

Die Lage der Tropfen im Gleichgewicht sowie ihr Steigen oder Fallen werden mit einem Kathetometer bei schwacher Vergrößerung beobachtet (Abb. 42). Das horizontal aufgestellte Mikroskop $A$ ist mit einem Fadenkreuz ausgestattet. Der Tubus ist genau horizontal um $B$ drehbar. Die Höhe desselben kann in vertikaler Richtung durch die Schraube $C$ roh

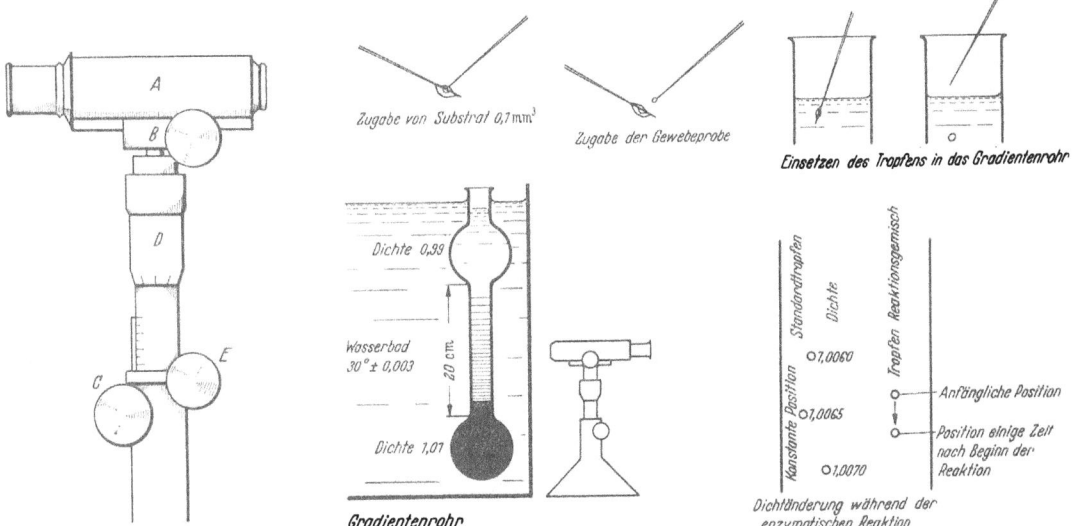

Abb. 42. Das Meßmikroskop (Kathetometer) (nach LINDERSTRØM-LANG und LANZ).

Abb. 43. Schematische Darstellung der Manipulationen bei der dilatometrischen Peptidasebestimmung.

und durch das Mikrometer $D$ fein verstellt werden. Die Vertikalverstellung muß auf 0,02 mm genau ablesbar sein. $E$ dient zur Fixierung der groben Vertikaleinstellung. Zur Bestimmung der Höhe eines Tropfens wird die Mikrometerschraube auf 0 gestellt und das Fadenkreuz mit der groben Einstellschraube auf den unteren Rand eines Standardtropfens gelegt. Diese Lage wird mit $E$ festgeklemmt. Nun wird das Fadenkreuz mit der Mikrometerschraube bis zur unteren Kante eines Tropfens der Reaktionsmischung gebracht, wobei man den Tubus beim Suchen nach diesem Tropfen horizontal schwenkt. Der Abstand der beiden Tropfen wird nun am Mikrometer $D$ abgelesen. Eine Umdrehung der Mikrometerschraube entspricht 1 mm, der Umfang ist in 100 Teile geteilt.

Wird in das Gradientenrohr ein Tropfen unbekannter Dichte gesetzt, so sinkt er bis zur Gleichgewichtslage $hx$, die zwischen den Positionen $ha$ und $hb$ der Vergleichstropfen $a$ und $b$ mit den Dichten $da$ und $db$ liegt. Seine Dichte $dx$ wird wie folgt interpoliert:

$$d_x = d_b - \frac{d_b - d_a}{h_b - h_a}(h_x - h_b).$$

### Entfernung der Tropfen.
Zur Entfernung der Tropfen nach Beendigung eines Versuches verwendet man einen langen dünnen Glasstab, an dessen Spitze ein kleines mit Wasser angefeuchtetes Filtrierpapier festgebunden ist. Mit langsamen Bewegungen werden die Tröpfchen vorsichtig eingefangen. Man kann die Tropfen auch mit der Glasspitze abfangen und an die Wand des Gradientenrohres nahe der Oberfläche anlegen, wo sie haften bleiben,

das Herausholen ist nicht möglich. Nach GLICK[1] ist es für die Erhaltung des Gradienten schonender, wenn man aus einem Salzstreufäßchen etwas Sand in das Gradientenrohr schüttet, die Tropfen bleiben an den Sandkörnern hängen.

**Bestimmung der Peptidase nach LINDERSTRØM-LANG und LANZ[2].** Die Dichteveränderung bei der Spaltung von D,L-Alanylglycin ist proportional zur Zeit. Die Kontraktionskonstante für die Spaltung der Peptidbindung ist vom $p_H$ des Ansatzes und der Konzentration des verwendeten Phosphatpuffers abhängig. Bei $p_H$-Werten über 7,7 stellen sich noch nicht ganz erklärliche Unterschiede zwischen der Makromethode und der Mikromethode ein. Man soll daher die Mikromethode nur innerhalb von $p_H$ 6,8—7,4 verwenden.

*Reagentien:*
1. Enzymlösung: Organextrakte in 60%igem Glycerin, verdünnt mit 50 Volumenteilen m/30 Phosphatpuffer $p_H$ 6,8—7,4.
2. Substratlösung: 0,2 m D,L-Alanylglycin, gelöst in 0,0346 n NaOH.

*Ausführung:*
Man setzt zuerst eine entsprechende Anzahl von verschiedenen Standardtropfen in das Gradientenrohr. Es empfiehlt sich, je 2 Tropfen von jedem Standard zu nehmen und die Vergleichstropfen auf der linken Seite des Rohres anzubringen, um die rechte Seite für die Anordnung der Versuchstropfen freizuhalten. Die Mischung von Enzym und Substrat nimmt man wie folgt vor: Man klemmt ein 0,5 mm dickes Glasstäbchen in schwach geneigter Lage so in ein Stativ ein, daß man sein Ende im Binocular gut beobachten kann. Mit einer Handpipette setzt man nun einen 5—10 mm³ großen Petroleumtropfen auf die Glasstabspitze, so daß diese völlig von Petroleum umschlossen ist. Nun werden mit einer geeichten Pipette 0,1 mm³ Substratlösung unter der Petroleumoberfläche so geschickt entleert, daß der wäßrige Tropfen mit dem Glas in Berührung kommt und haften bleibt, aber allseits von Petroleum umschlossen ist. Mit einer Bremspipette überträgt man in analoger Weise die Gewebeprobe in 0,1 mm³ Ringer- oder Pufferlösung oder als Extrakt. Nach Vereinigung der Tropfen wird die Glasstabspitze unter die Oberfläche des Gradientenrohres getaucht. Beim Zurückziehen des Glasstabes löst sich der Tropfen ab und sinkt erst rasch bis zur Gleichgewichtslage und dann langsam proportional der Spaltung weiter ab. Als Kontrollen verwendet man Ansätze mit denaturiertem Enzym. Die Bestimmung der Dichte der Tröpfchen wird im Intervall von 15 min vorgenommen (Abb. 43).

*Berechnung:*
Wenn die Volumenänderungen linear zur Zeit verlaufen, dann ist die relative Enzymaktivität einfach zu berechnen. Sie ist gleich der Neigung einer Kurve, die die Dichte der Versuchströpfchen zu verschiedenen Reaktionszeiten darstellt. Diese Berechnungsart ist nur zulässig, wenn die Größe der Versuchstropfen und die experimentellen Bedingungen immer gleich sind.

Für absolute Messungen ist $q$ ein exaktes Maß für die Aktivität:

$$q = \frac{s \cdot v}{\omega \cdot d} = \frac{\Delta m}{\Delta t},$$

Tabelle 7. *Werte von* $\omega$.

| Phosphatkonzentration der Reaktionsmischung. Molarität | $p_H$ 6,8 | $p_H$ 7,1 | $p_H$ 7,4 |
|---|---|---|---|
| 1/60 | −9,16 | −9,35 | −9,47 |
| 1/120 | −9,12 | — | −9,28 |
| 1/240 | — | — | −9,22 |

wobei $s$ die Neigung der Kurve, $v$ das Tröpfchenvolumen, $\omega$ die Kontraktionskonstante, $d$ die Dichte der Tröpfchen und $q$ die Anzahl Millimol Alanylglycin ($m$) bedeuten, die in der Zeiteinheit ($t$) gespalten werden.

---

[1] GLICK, D.: Techniques of Histo- and Cytochemistry. New York 1949.
[2] LINDERSTRØM-LANG, K., u. H. LANZ jr.: Mikrochim. Acta 3, 210 (1938). C. R. Lab. Carlsberg (II) 21, 315 (1938).

Die Genauigkeit der Dichtemessung beträgt $3 \cdot 10^{-6}$; damit ist die Fehlergrenze der Messung bei der Spaltung von Dipeptiden in einem Ansatz von 0,1 mm$^3$ auf $0,3 \cdot 10^{-7}$ mMol Substratänderung festgelegt. Eine Vorstellung von der Empfindlichkeit dieser Methode gibt der Hinweis, daß schon ein einziges Seeigelei genügt, um im Verlaufe von 20 sec eine Alanylglycinmenge zu spalten, welche die angegebene Fehlergrenze überschreitet.

### c) Gasometrische Methoden.

#### α) Der „Cartesianische Taucher" als Mikromanometer.

Im Jahre 1937 hat LINDERSTRØM-LANG[1] erkannt, daß dem Cartesianischen Taucher ein Prinzip zugrunde liegt, welches zur Messung von Volumenänderungen winziger Gasmengen ganz ausgezeichnet geeignet ist. Noch im gleichen Jahre gaben LINDERSTRØM-LANG und GLICK[2] die Grundzüge einer nach diesem Prinzip entwickelten Methode zur Messung von Gasreaktionen bekannt. Die hohe Genauigkeit und Empfindlichkeit bei auffallend einfachem apparativem Aufwand ließen diese Methodik schon von Anfang an für histochemische Zwecke sehr aussichtsreich erscheinen. So haben sich bald auch andere Laboratorien für diese Methodik interessiert und sich an ihrer Weiterentwicklung beteiligt, wie z. B. BOELL, NEEDHAM, ROGERS und KOCH[3], anläßlich einer Reihe von Arbeiten über den respiratorischen Stoffwechsel verschiedener Regionen der Amphibiengastrula. Heute sind sowohl die theoretischen Grundlagen dieser Methode — vor allem seit dem Erscheinen der umfassenden Darstellung von LINDERSTRØM-LANG[4] — eingehend klargestellt, als auch die technische Entwicklung so weit getrieben (HOLTER[5]), daß nicht nur Atmungsmessungen durchgeführt, sondern auch die verschiedensten enzymatischen Reaktionen studiert werden können, sofern dieselben mit der Bildung oder dem Verbrauch von Gasen verbunden sind. So steht also das Taucher-Mikromanometer bezüglich Genauigkeit und vielseitiger Verwendungsmöglichkeit dem WARBURG-Apparat an der Seite, ist aber ungefähr um das 1000fache empfindlicher als dieser. Eine ausführliche Darstellung der Technik des Cartesianischen Tauchers verdanken wir HOLTER[5].

Als Reaktionsgefäß dient der Taucher, ein dünnwandiges Gläskölbchen, welches die Reaktionsmischung und eine Gasfüllung enthält. Der Taucher schwebt in einer Flüssigkeit; sein Gewicht ist so bemessen, daß er bei Atmosphärendruck gerade zum Boden des Schwebegefäßes absinkt. Erniedrigt man den Druck, der auf dem Schwebegefäß lastet, so dehnt sich der Gasraum des Tauchers aus, der Taucher wird dadurch leichter und steigt in der Flüssigkeit empor. Durch eine passende Einstellung des Druckes kann man erreichen, daß der Taucher an einer am Schwebegefäß angebrachten Marke in Schwebe bleibt. Am Boden des Tauchers befindet sich das Reaktionsgemisch. Wird im Verlauf der Reaktion Gas frei oder verbraucht, so ändert sich damit auch der Druck, den man aufwenden muß, um den Taucher an der Marke in der Schwebe zu halten. Diese Druckänderung ist ein Maß für die Veränderungen im Gasraum des Tauchers nach $\frac{\Delta V}{V} = \frac{\Delta p}{p}$, wobei $V$ das Gasvolumen des Tauchers und $p$ den Gleichgewichtsdruck bedeuten. Die Taucher haben ein Gasvolumen von 5—10 mm$^3$. Die Druckmessung läßt sich auf 1 mm Wasser genau durchführen. Die Meßgenauigkeit des Taucher-Mikromanometers entspricht daher einer Änderung des Gasvolumens im Taucher von $0,5$—$1,0 \cdot 10^{-3}$ mm$^3$.

Im Jahre 1943 wurde von ZEUTHEN[6] ein *Capillartaucher* entwickelt. Ein solcher besteht aus einer beiderseits offenen Capillare, die ein Gasvolumen von 0,05—0,1 mm$^3$

---

[1] LINDERSTRØM-LANG, K.: Nature **140**, 108 (1937).
[2] LINDERSTRØM-LANG, K., u. D. GLICK: C. R. Lab. Carlsberg (II) **22**, 300 (1938).
[3] BOELL, E. J., H. KOCH and J. NEEDHAM: Proc. R. Soc. London (B) **127**, 363 (1939). — BOELL, E. J., and J. NEEDHAM: Proc. R. Soc. London (B) **127**, 356 (1939). — BOELL, E. J., J. NEEDHAM and V. ROGERS: Proc. R. Soc. London (B) **127**, 322 (1939).
[4] LINDERSTRØM-LANG, K.: C. R. Lab. Carlsberg (II) **24**, 333 (1943).
[5] HOLTER, H.: C. R. Lab. Carlsberg (II) **24**, 399 (1943).
[6] ZEUTHEN, E.: C. R. Lab. Carlsberg (II) **24**, 479 (1943).

besitzt. Dieser Taucher funktioniert wie der eben besprochene Standardtaucher; allerdings sind die Diffusionsverluste etwas größer. Die Fehlergrenze liegt deshalb hier bei $2 \cdot 10^{-5}$ mm³.

Die neuste Anwendung des Cartesianischen Tauchers ist die *Taucherwaage*, eine Idee von ZEUTHEN[1]. Die Waage besteht aus einem Taucher, der in der Schwebeflüssigkeit durch eine Luftblase getragen wird. Aus dem Gleichgewichtsdruck der leeren und mit dem Objekt belasteten Waage läßt sich das reduzierte Gewicht des Objektes berechnen. Diese Waage hat für den Histochemiker das größte Interesse, weil sie die Wägung lebender Zellen ohne Beschädigung ermöglicht. Der Wägefehler beträgt $1-3 \cdot 10^{-2} \gamma$ reduziertes Gewicht (s. S. 379).

**Die Apparatur.** *Allgemeines.* Das Prinzipielle der Apparatur geht aus Abb. 44 hervor. Der „Standardtaucher" besteht aus dem Hals, dem Hauptraum und dem Schwanz. Das Reaktionsgemisch ($a$) befindet sich am Boden des Hauptraumes (Bodentropfen), der Hals wird mit den „Halstropfen" versehen, mindestens ist *ein* solcher vorhanden, der unentbehrliche Öltropfen ($b$). Bei Volumenänderungen bewegen sich die Halstropfen frei nach oben und unten. Das Schwebemedium reicht noch als „Mündungstropfen" ($c$) ein Stück in den Hals hinein. Der Schwanz ist aus massivem Glas hergestellt; er sorgt für die aufrechte Haltung des Tauchers und dient zur Einstellung des Tauchergewichtes. Der gefüllte Taucher wird in das Schwebegefäß ($E$) gebracht, welches mit dem Schwebemedium gefüllt wird und in einen Wasserthermostaten eintaucht. Eine Reihe von solchen Schwebegefäßen ist mit dem Manometer ($D$) verbunden. Um den Gleichgewichtsdruck herzustellen, drückt man mit Hilfe der Schrauben ($B$) (grobe Einstellung) und ($C$) (feine Einstellung) den mit Manometerflüssigkeit gefüllten Gummischlauch ($A$) so weit zusammen, bis der Taucher an der Marke ($F$) schwebt. Die Niveaudifferenz in ($D$) gibt den Gleichgewichtsdruck mit der Genauigkeit von 1 mm ab. Seiner Wirkungsweise nach ist der Taucher ein Konstant-Volumen-Gasometer.

*Thermostat.* Im Carlsberg-Laboratorium werden die Messungen in einem thermokonstanten Raum von 21° durchgeführt. Die Messungen müssen aber nicht unbedingt in einem solchen ausgeführt werden. Als Wasserthermostat dient ein Becken von $58 \times 30 \times 30$ cm Größe. Vorder- und Rückwand bestehen aus Glas. Die Temperatur wird um 2° höher als die Raumtemperatur eingestellt und auf $\pm 0,01°$ konstant gehalten. Als Heizkörper dient eine Glühbirne 40 W, die gegen die Augen des Beobachters abgeblendet wird und in das Wasser eintaucht. Sie wird von einem Thermoregulator geschaltet. Der Rührmotor muß schnell laufen und erschütterungsfrei aufgestellt sein. Verlangt das Untersuchungsobjekt eine höhere Arbeitstemperatur, so wird die Heizung ein schwieriges Problem. WATERLOW und BORROW[2] nehmen bei der Untersuchung von Gewebeproben warmblütiger Tiere als intermittierenden Heizkörper eine 15 W-Glühbirne, welche durch einen Hg-Toluol-Regulator kontrolliert wird. Die kontinuierliche Heizung wird durch eine 200 W-Glühbirne bewirkt, welche an einen Reguliertransformator angeschlossen ist. Die zum Betrieb nötige Spannung ist von der Raumtemperatur abhängig und wird durch Vorversuche ermittelt und tabellarisch festgelegt. Von der Beleuchtung des Thermostaten dürfen keine lokalen Temperaturerhöhungen ausgehen, da sie von höchst unangenehmen Strömungserscheinungen in den Schwebegefäßen begleitet sind. HOLTER setzt die Lampen in eine Cuvette aus Mattglas, die in den Thermostat versenkt wird und selbst mit Wasser gefüllt ist. Eine Kühlschlange sorgt für eine Senkung der Temperatur in der Cuvette um ein paar Zehntel bis 1° unter die des Thermostaten. Konvektionsströmungen im Schwebegefäß kann man durch Anfärben einer Zone in der Schwebeflüssigkeit entdecken. In den Thermostat wird die Luftflasche versenkt (Abb. 48). Sie soll ein Volumen von 2—4 Liter haben und muß innen völlig trocken sein. Die Flasche wird mit Blei beschwert und mit einem Gummipfropfen verschlossen. Die Verbindung zum Manometer erfolgt durch eine dickwandige Capillare.

---

[1] ZEUTHEN, E.: C. R. Lab. Carlsberg (II) **26**, 243 (1948).
[2] WATERLOW, J. C., and A. BORROW: C. R. Lab. Carlsberg (II) **27**, 93 (1949).

**Schwebegefäß.** Das Aussehen und die Maße gehen unmittelbar aus Abb. 45 hervor. Der Boden der ziemlich weiten Gefäße soll konisch in eine stumpfe Spitze auslaufen, um den Taucher in Ruhestellung möglichst zentriert zu halten, und ein Hängenbleiben desselben an der Glaswand zu verhindern. Die Gefäße sind mit Normalschliffen $A$ versehen und werden mit Vakuumschlauch an den Verteiler angeschlossen. Alle Teile, die aus dem Wasser des Thermostaten ragen, sind so kurz wie möglich zu halten, um den toten Raum zu verkleinern. Eine Ringmarke $H$ zeigt die Gleichgewichtsposition des Tauchers an, der

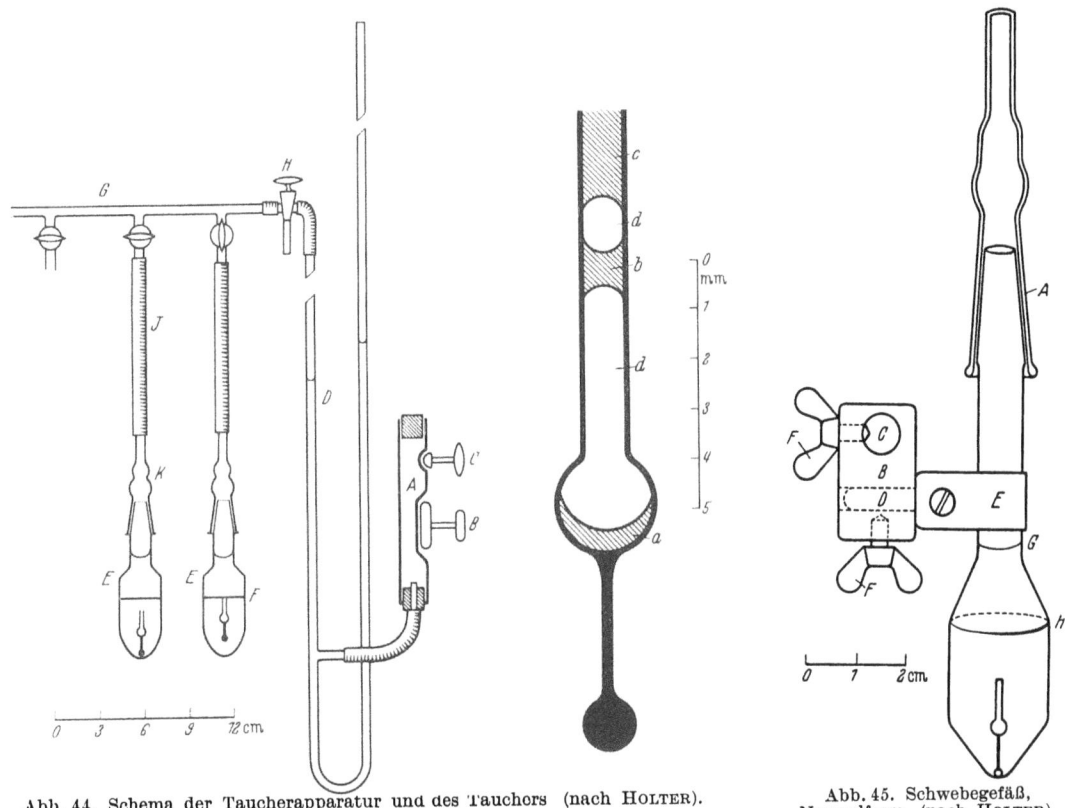

Abb. 44. Schema der Taucherapparatur und des Tauchers (nach HOLTER). Erklärung im Text.

Abb. 45. Schwebegefäß, Normalform (nach HOLTER).

Abstand zwischen dem ruhenden Taucher und der Ringmarke soll nur einige wenige Millimeter betragen. Das Schwebemedium wird bis zum Hals des Schwebegefäßes eingefüllt ($G$), aber nicht höher, um den hydrostatischen Druck so klein wie möglich zu halten. Die Schwebegefäße werden mit einer Klammer $E$ an einer Stange $C$ montiert ($B, D, F$). Die Einstellung des Tauchers in die Gleichgewichtslage wird mit einem Horizontalmikroskop oder einer Lupe beobachtet. Die Verbindung der Schwebegefäße untereinander und zum Manometer besorgt ein rechenartiges dickwandiges Glasrohr, das mit Hähnen versehen ist; die Abzweigungen sind etwa 5 cm voneinander entfernt (Abb. 44, $G$). Das Horizontalrohr des rechenartigen Verteilers ist mit dem Manometer durch einen Dreiwegehahn $H$ verbunden, der eine Kommunikation zwischen den Schwebegefäßen und dem Manometer, sowie mit dem Luftraum des Zimmers gestattet. Die Hähne werden mit Vaseline eingefettet.

**Schwebeflüssigkeit.** Nach HOLTER[1] soll das Schwebemedium so wenig Gas lösen wie nur irgend möglich. Darüber hinaus soll es eine geringe Viscosität, chemische Stabilität, Durchsichtigkeit, biologische Passivität, gute Benetzbarkeit für Glas und eine niedere, gut reproduzierbare Oberflächenspannung haben. Alle für diesen Zweck früher verwendeten Lösungen wie gesättigtes Ammoniumsulfat (LINDERSTRØM-LANG[2]) oder 11 n Lithium-

---
[1] HOLTER, H.: C. R. Lab. Carlsberg (II) **24**, 399 1943.
[2] LINDERSTRØM-LANG, K.: Nature **140**, 108 (1937). C. R. Lab. Carlsberg (II) **22**, 300 (1937).

chlorid (BOELL, NEEDHAM und ROGERS[1]) machen Schwierigkeiten. HOLTER[2] hat schließlich nach vielen Versuchen ein Salzgemisch entwickelt, welches, wie es scheint, alle Wünsche befriedigt. Man löst 27,2 g NaNO$_3$, 13,7 g NaCl und 0,2 g Natriumtaurocholat in 59,1 cm$^3$ destilliertem Wasser, dem 3 Tropfen 0,1 n HCl zugesetzt werden. Ein aliquoter Teil wird mit 0,01 n HCl bei Verwendung von Bromkresolpurpur zu einem Farbton titriert, der von diesem Indicator in einer salzarmen Lösung bei $p_H$ 5,8—6,0 gegeben wird. Nun setzt man der Hauptmenge den entsprechenden Teil an Säure in Form von 0,1 n HCl

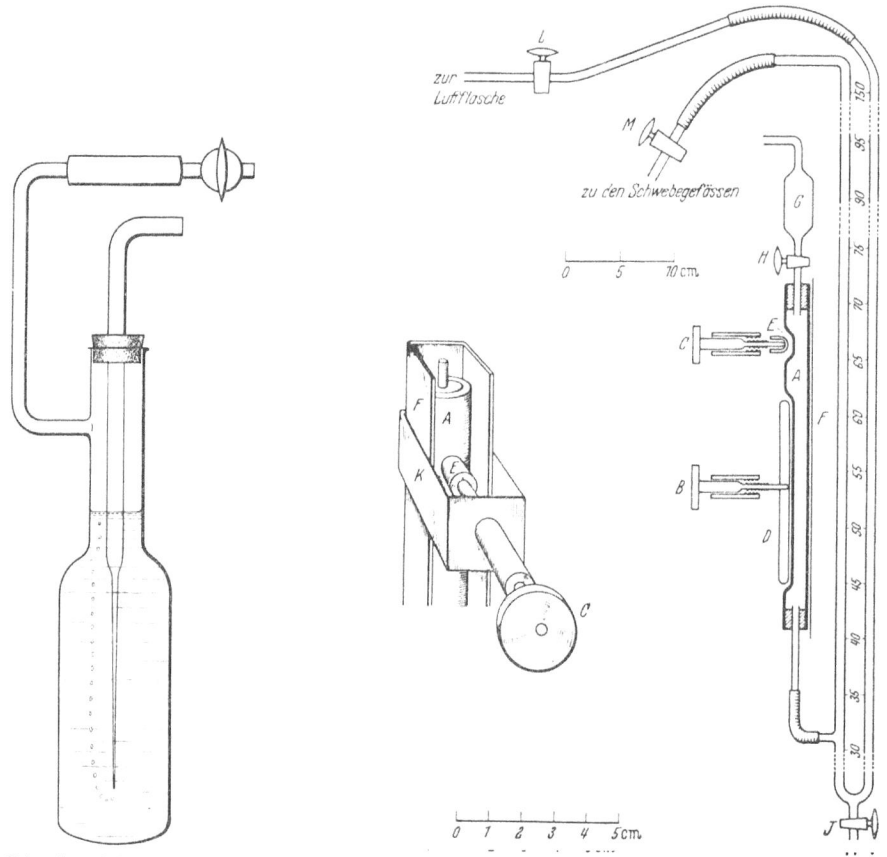

Abb. 46. Schwebegefäß mit Seitenarm (nach WATERLOW und BORROW)

Abb. 47. Manometer und Druckregulator, links Einzelheiten des Druckregulators (nach HOLTER).

zu und filtriert sorgfältig durch ein nicht faserndes Papier. Man bestimmt die Dichte des Mediums mit der MOHR-WESTPHAL-Waage bei der Versuchstemperatur auf 0,1% genau. Eine falsche Dichtebestimmung führt bei der Berechnung des Gasvolumens des Tauchers zu schwersten Fehlern.

Wenn der Taucher mit Luft gefüllt wird und keine Glasstopfen im Hals verwendet werden, so muß man das Medium mit Luft sättigen. Sollen andere Gase in den Taucher gefüllt werden, so kann man durch Verwendung von besonderen Halstropfen und Glasstopfen Diffusionsverluste herabsetzen, oder man verwendet Schwebegefäße mit einem Seitenarm nach WATERLOW und BORROW[3] (Abb. 46). Der Seitenarm wird an das rechenartige Verbindungsrohr angeschlossen. Die Hauptöffnung, durch die auch der Taucher eingeführt wird, verschließt man mit einem Gummistopfen. Zur Gassättigung taucht man durch diese Öffnung eine Pipette ein; das Gas strömt durch das Verbindungsrohr und den Dreiwegehahn in die Außenluft ab.

---

[1] BOELL, E. J., J. NEEDHAM and V. ROGERS: Proc. R. Soc. London (B) **127**, 322 (1939).
[2] HOLTER, K.: C. R. Lab. Carlsberg (II) **24**, 399 (1943).
[3] WATERLOW, J. C., and A. BORROW: C. R. Lab. Carlsberg (II) **27**, 93 (1949).

Staub verdirbt das Schwebemedium; man sammelt von Zeit zu Zeit die Schwebeflüssigkeit, filtriert sie, bestimmt die Dichte und füllt sie wieder in die Schwebegefäße ein, wozu man eine Pipette verwendet, um eine Benetzung der Hälse und das Auskrystallisieren der Salze zu verhindern.

**Manometer.** Als Manometer dient ein U-förmiges Glasrohr. Der innere Durchmesser beträgt etwa 2 mm, die Länge eines jeden Schenkels 150 cm (Abb. 47). Ein kurzes Rohr mit einem Hahn $J$ am tiefsten Punkt erleichtert das Füllen und das Leeren des Manometers. In einer Höhe von etwa 30 cm ist ein Manometerschenkel mit einer Abzweigung zum Druckregulator versehen. Das eine Ende ($M$) des Manometers führt über einen Drei-

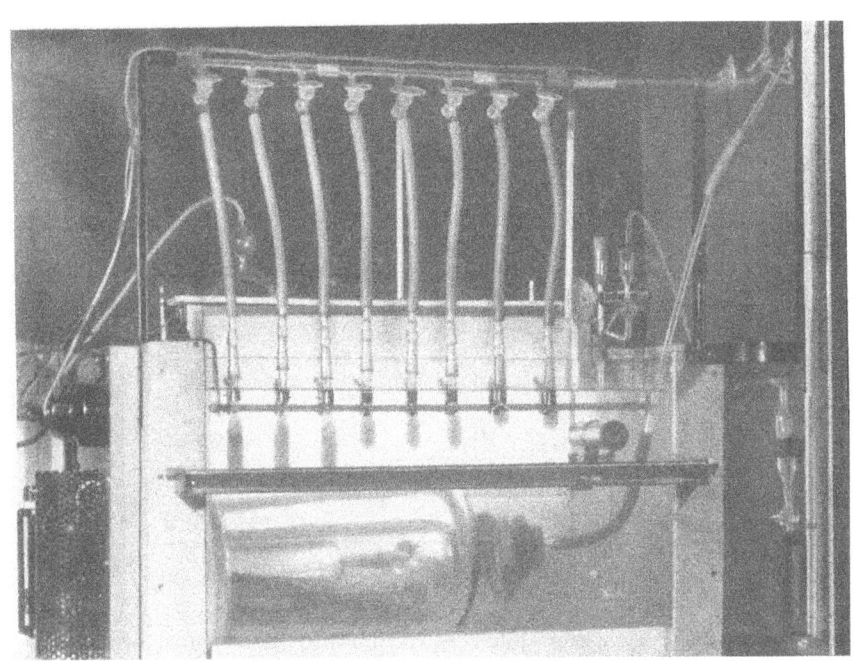

Abb. 48. Gesamtansicht der Taucherapparatur (nach HOLTER).

wegehahn zum Verbindungsrohr der Schwebegefäße, das andere Ende ($L$) über einen Dreiwegehahn zur Luftflasche. Die weiteren Verbindungen werden mittels Capillaren und Vakuumschlauch gelegt.

Beide Hähne dienen dazu, das System unter Atmosphärendruck zu setzen. Das Manometer ist in Millimetern kalibriert. Der einfache Druckregulator wird aus einem Stück Gummischlauch ($A$) gemacht, 30 cm lang, 11 mm Innendurchmesser und 2 mm Wandstärke, welcher in eine Metallhülse ($F$) gebracht wird. Die Schrauben ($B$ und $C$) drücken den Schlauch zusammen. Der Metallzylinder ($D$) vermittelt die Grobeinstellung; er ist 15 cm lang und hat die Weite der Metallhülse ($F$). Der Gang der Schraube ($B$) erzeugt bei einer Halbdrehung eine Verschiebung von ($D$) um 1 mm, entsprechend einer Druckänderung von 25 cm im Manometer. Der Gang der Feineinstellschraube ($C$) ist etwa die Hälfte von ($B$) und bewirkt bei Halbdrehung eine Druckänderung um 1 cm. Die Enden des Gummirohres ($A$) werden mit Gummistopfen verschlossen. Das Reservoir ($G$) hat etwa 20 cm³ Inhalt. ($H$) ist ein gewöhnlicher Hahn, ($E$) ist ein Metallschuh.

Das Manometer wird mit BRODIEscher Lösung gefüllt. Zu ihrer Herstellung werden 23 g NaCl und 5 g Natriumtaurocholat in 500 cm³ destilliertem Wasser gelöst. Man kann noch etwas Farbstoff und einige Krystalle Thymol zusetzen. Man füllt so viel Lösung in das Manometer, daß sich beide Menisken zwischen den Schrauben ($B$) und ($C$) befinden.

Eine Gesamtansicht der im Carlsberg-Laboratorium verwendeten Apparatur zeigt Abb. 48.

**Taucher.** *Form und Größe.* Die Form des Tauchers richtet sich nach der speziellen Aufgabe, die er zu erfüllen hat. Abb. 49 zeigt gebräuchliche Typen solcher Taucher. Am häufigsten wird der sog. Standardtaucher (a) verwendet; er hat folgende Maße: Innerer Halsdurchmesser 0,8—0,9 mm, Wandstärke des Halses 0,1 mm, Halslänge 8—10 mm, Hauptraumdurchmesser 2—3 mm, Schwanzlänge 5—8 mm, Gesamtvolumen 10—12 mm³, davon Halsvolumen 5 mm³, Gewicht 20—30 mg. Man kann diesen Taucher verwenden, wenn nicht Gasverluste zu befürchten sind oder besondere Diffusionsverhältnisse beachtet werden

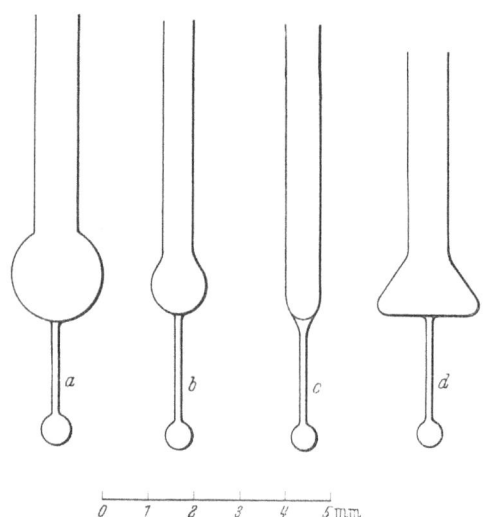

Abb. 49 a—d. Verschiedene Taucherformen. a Standardtaucher, b Langhalstaucher, c zylindrischer Taucher, d konischer Taucher.

Abb. 50. Die Herstellung von Tauchern nach Methode a (nach BOELL u. a.).

müssen, und wenn 2 Halstropfen, jeder etwa 0,5 mm³ groß, und ein Mündungstropfen von 2 mm Länge angebracht werden. Auch bei größeren Tauchern soll der Innendurchmesser des Halses 1—1,5 mm nicht überschreiten, aber auch nicht enger gemacht werden als 0,6 mm. Die Halslänge richtet sich nach der Zahl der Halstropfen. Zwei benachbarte Tropfen brauchen etwa 1,5 mm Platz. Der unterste Halstropfen muß 1 mm vom unteren Halsrand entfernt sein.

Zylindrische Taucher (c) erlauben die weitestgehenden Verkleinerungen bis hinab zu 3 mm³ Inhalt. Die konischen Taucher (d) eignen sich für sehr genaue Messungen. Sie besitzen ein relativ kleines Volumen bei größtmöglicher Oberfläche der Reaktionsmischung. Der Langhalstaucher (b) erlaubt das Anlegen zahlreicher Halstropfen.

*Anfertigen von Tauchern.* Ein richtig funktionierender Taucher muß im Schwebemedium eine stabile senkrechte Schwimmlage haben. Man erreicht dies durch Aufschmelzen von Glas an das Schwanzende, um den Schwerpunkt möglichst tief zu legen. Es ist daher schon bei der Anfertigung des Tauchers wichtig, für einen guten Auftrieb zu sorgen, um eine solche Beschwerung anbringen zu können. Die Glaswand des Tauchers darf nicht zu stark sein. Diese Bedingung ist um so schwieriger einzuhalten, je kleinere Taucher man macht. Die Aufstellung (Tabelle 8) von HOLTER[1] gibt einen Anhaltspunkt bei der Auswahl von Glascapillaren zur Herstellung von Tauchern.

*Tabelle 8.*

| Innendurchmesser der Capillare (= Halsweite des Tauchers) mm | Wandstärke mm |
|---|---|
| 0,65—0,75 | 0,08—0,09 |
| 0,75—0,85 | 0,09—0,10 |
| 0,85—1,0 | 0,10—0,12 |
| > 1,0 | 0,12—0,15 |

---

[1] HOLTER, H.: C. R. Lab. Carlsberg (II) **24**, 399 (1934).

Man geht von einem Jenaer Glasrohr aus mit einem Verhältnis von Innendurchmesser zur Wandstärke wie 1:10. Von diesem Glasrohr wird ein Stück (2—5 g) zur Bestimmung des spezifischen Gewichtes abgetrennt (MOHR-WESTPHAL-Waage). Wenn sich nach der Herstellung des Tauchers einzelne Bläschen im Glas zeigen, so mißt man das spezifische Gewicht nach der Schwebemethode nach. Geeignete Mischungen dazu sind in Tabelle 9 aufgeführt.

*Tabelle 9.*

| Äthylenbromid cm³ | Bromoform cm³ | $d_4^{22,5°}$ |
|---|---|---|
| 20 | 5 | 2,314 |
| 15 | 10 | 2,460 |
| 15 | 15 | 2,529 |
| 10 | 20 | 2,643 |

Da die Glasdichte auch innerhalb einer Sorte stark schwankt, legt man nach der Dichtebestimmung ein passendes Rohr zur Seite, und verwendet es nur noch zur Herstellung von Tauchern. Auch aller Abfall davon wird gesammelt und wieder verwendet.

Die Taucher kann man nach zwei verschiedenen Methoden machen. a) Methode nach BOELL, NEEDHAM und ROGERS[1]. Man läßt das eine Ende einer Capillare von geeigneter Länge in der Flamme zusammenfallen, bis ein solider Schwanz entsteht, (Abb. 50, *1—3*) den man noch etwas in die Länge strecken kann. Er darf aber nicht zu schwer werden. Dann sammelt man etwas Glas über der Schwanzansatzstelle an (*4*). Man schließt die Capillare am anderen Ende und erhitzt die Verbindungsstelle zwischen Schwanz und Rohr unter rotierenden Bewegungen. Unter dem Druck der erhitzten Luft bläht sich automatisch eine Kugel auf. Im geeigneten Augenblick unterbricht man die Erhitzung und schneidet den Hals an der gewünschten Stelle auf (*5*). Die Methode eignet sich vor allem zur Herstellung größerer Taucher.

b) Methode nach HOLTER[2]. Man steckt an das Ende eines passenden Capillarrohres ein langes, dünnes Gummiröhrchen an. Abfallglasfäden der gleichen Glasprobe läßt man in der Mikroflamme zu einer Kugel zusammenfließen, deren Größe sich danach richtet, wie groß der Hauptraum des Tauchers werden soll (Abb. 51a—c). Mit der heißen Kugel wird das noch freie Ende der Capillare verschlossen. Man hält die Capillare unter Drehbewegungen horizontal, erhitzt nur den Glastropfen in der Flamme und bläst mit aller Vorsicht — gegen die Regel des Glasblasens — in der Flamme eine Kugel auf, wozu oft ein erheblicher Druck notwendig ist. Die Wandstärke der Kugel soll gegen den Boden zunehmen. Zur Anheftung des Schwanzes erwärmt man den untersten Teil des Taucherbodens in der Randzone der Mikroflamme bis zur mittleren Rotglut. Mit der anderen Hand macht man am Ende eines Glasfadens eine Kugel, 1—2 mm³ groß (*d*), und drückt diese bei heller Rotglut gegen den erhitzten Taucherboden, entfernt den Taucher aus der Flamme und zieht den Schwanz sofort zu einer passenden Form und Länge aus (*e*). Man hüte sich, den Taucherboden zu heiß zu machen, sonst drückt man ihn beim Schwanzaufsetzen ein. Schließlich werden Schwanz und Hals auf eine passende Länge verkürzt.

*Reinigung des Tauchers.* Der Taucher wird erst außen abgespült, dann werden die Halstropfen einer nach dem anderen mit einem Streifchen Filterpapier entfernt. Man führt eine feine Capillare in den Taucher ein und leitet einen scharfen Strahl von doppelt destilliertem Wasser durch. In gleicher Weise spült man mit Aceton, Toluol, Aceton und zweimal Wasser. Besitzt der Taucher einen Wachsring, so sind die Spülungen mit Toluol dreimal zu wiederholen. Außergewöhnlich schmutzige Taucher werden mit Kaliumpermanganat-Schwefelsäure behandelt, und anschließend gründlichst gespült, zwischendurch mit einer starken Salzsäure.

Die Taucher werden mit Luft ausgeblasen, außen mit Filtrierpapier abgetrocknet und in einen Heißluftschrank bei 120° gestellt. Schließlich faßt man die Taucher mit einer Pinzette beim Schwanz an und zieht sie 2—3mal durch eine Mikroflamme, wobei nur der Hals erhitzt wird, aber so stark, daß die Flamme dabei eine leichte Natriumfärbung annimmt. Dieser Prozeß kann auch durch eine Erhitzung im Ofen für 20 min bei 400° ersetzt werden.

---

[1] BOELL, E. J., J. NEEDHAM and V. ROGERS: Proc. R. Soc. London (B) **127**, 322 (1939).
[2] HOLTER, H.: C. R. Lab. Carlsberg (II) **24**, 399 (1943).

*Justierung des Tauchers.* Ein neu angefertigter Taucher muß vor seiner erstmaligen Verwendung auf ein ganz bestimmtes Gewicht gebracht werden, damit er im versuchsfertig gefüllten Zustand bei einem Druck in das Schwebegleichgewicht gebracht werden kann, der nicht allzuweit vom Barometerdruck abweicht. Das Gewicht ($g_D$), das der Taucher haben muß, läßt sich aus der Tauchergleichung errechnen nach der Formel:

$$g_D = \frac{v_T \varphi_M - v_0 \varphi_0 - v_W \varphi_W - v_M \varphi_M}{1 - \frac{\varphi_m}{\varphi_{gl}}}.$$

Es bedeuten: $v_0$, $v_M$, $v_W$ in dieser Reihenfolge die der Versuchsplanung zugrunde liegenden Volumina des öligen Halstropfens sowie des wäßrigen Mündungs- und Bodentropfens. $\varphi_0$, $\varphi_W$, $\varphi_M$ und $\varphi_{gl}$ bezeichnen die Dichte des zur Füllung des Tauchers dienenden Paraffinöles, der wäßrigen Flüssigkeiten für den Boden- und Mündungstropfen sowie des Taucherglases. Das Gesamtvolumen des Tauchers ($v_T$) bestimmt man nur ganz roh durch Auswägen des leeren und des mit Wasser gefüllten Tauchers; es genügt eine Genauigkeit von 0,1 mg. Die Dichte der einzelnen Komponenten bestimmt man mit der MOHR-WESTPHAL-Waage. Nachdem $g_D$ errechnet wurde, schmilzt man so lange Glas an den Schwanz des Tauchers an, bis der Wert von $g_D$ innerhalb von 0,1 0,2 mg erreicht ist. Ein derartig justierter Taucher wird, versuchsfertig, gefüllt bei 1 Atmosphäre ±20 cm Brodie in den Schwebezustand kommen.

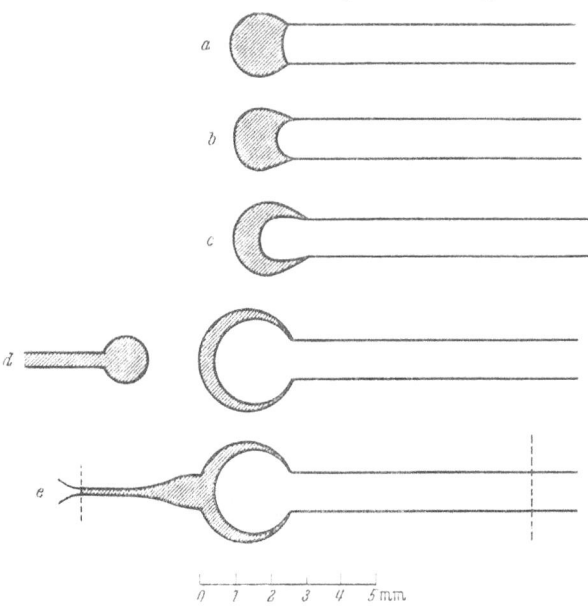

Abb. 51 a—e. Die Herstellung von Tauchern nach Methode b (nach HOLTER).

*Beispiel:* Ein Taucher aus Jenaer Glas ($\varphi_{gl} = 2,40$) wiegt 12,9 mg leer und 23,6 mg mit Wasser gefüllt. Er soll zur Bestimmung der Atmungsgröße von Infusorien dienen und folgende Füllung erhalten: als Bodentropfen 0,8 mm³ Kulturmedium, als Halstropfen 0,7 mm³ 0,1 n NaOH, 0,7 mm³ Paraffinöl und einen Mündungstropfen 2 mm lang. Der innere Halsdurchmesser ist 0,75 mm, sein Querschnitt 0,445 mm², daher beträgt das Volumen des Mündungstropfens 0,89 mm³. Die Dichte des Bodentropfens und der 0,1 n NaOH ist annähernd 1, diejenige des Paraffinöls ist 0,87, die des Schwebemediums ist 1,235, das gesamte Gasvolumen = 23,6 − 12,9 = 10,7 mm³:

$$g_D = \frac{10{,}7 \cdot 1{,}325 - 0{,}7 \cdot 0{,}87 - 1{,}5 \cdot 1 - 0{,}89 \cdot 1{,}324}{1 - \frac{1{,}325}{2{,}40}} = \frac{10{,}89}{0{,}488} = 24{,}3 \text{ mg}.$$

*Hilfsgeräte.* Taucher mit kurzem Hals steckt man mit dem Schwanzende in die Bohrung eines Stückchens Vakuumschlauch und kann sie so ganz einfach mit den gewöhnlichen Reaktionsgefäßhaltern aufstellen. Für Taucher mit engem Hals hat HOLTER[1] eine *Taucherklammer* konstruiert, die aus Abb. 52 hervorgeht.

Das *Einsetzen und Herausholen* der Taucher aus den Schwebegefäßen wird mit einem Va-Stahldraht von 15 cm Länge bewirkt, der am Ende eine etwas abgewinkelte Öse hat. Die Öse ist ein wenig enger als der Taucherkolben, so daß der Taucher mit durchgestecktem Schwanz auf der Öse aufrecht ruht.

---

[1] HOLTER, H.: C. R. Lab. Carlsberg (II) **24**, 399 (1943).

Die erforderlichen *Pipetten* sind feine Glascapillaren, mit denen man Flüssigkeitsmengen von 0,2—2,0 mm³ mit einer Genauigkeit von 1% abmessen kann. Sie müssen, ohne die Wand des Taucherhalses zu berühren, in denselben eingeführt werden können. Man befestigt sie dazu in Haltern, die der besseren Zentrierbarkeit halber mit einem Kugelgelenk versehen sind (Abb. 25b). Die Pipetten werden mit einem Gummischlauch verbunden, durch Saugen mit dem Mund gefüllt und zum Entleeren ausgeblasen. Für die verschiedenen Aufgaben sind mehrere Pipettentypen im Gebrauch.

Abb. 52. Klammerstativ und Taucherklammer (nach HOLTER).

*Typ 1.* Diese Pipette eignet sich zum Abmessen von verdünnten wäßrigen Lösungen, besonders zum Anbringen der Halstropfen. Sie muß starr sein und eine langsame Auslaufzeit haben. Die Mündung soll so fein sein, daß beim Auslaufen die Reibungskräfte mehr ins Gewicht fallen als die Oberflächenspannungskräfte. Man macht solche Pipetten aus dickwandigen Thermometercapillaren mit einer Bohrung von 0,2—0,3 mm. Für die Kalibrierung ist es am einfachsten, wenn schon eine Teilung vorhanden ist. Die Capillare wird an einem Ende zu einer Kugel aufgeblasen und sofort etwas ausgezogen (Abb. 53). Nun erhitzt man die durch den Pfeil angedeutete Stelle und zieht das Rohr noch weiter aus. Der innere Durchmesser soll jetzt nur mehr 0,07—0,12 mm betragen, der Außendurchmesser ungefähr das Doppelte. Die äußerste Spitze muß genau zylindrisch oder besser etwas trompetenförmig sein, um ein Emporkriechen der ausgeblasenen Flüssigkeit zu vermeiden.

*Typ 2.* Die Pipette ist dem Typ *1* sehr ähnlich. Sie dient zum Abmessen des viscösen Paraffinöls. Die Mündung soll nicht enger als 0,15—0,18 mm sein, der Außendurchmesser etwa 0,2—0,25 mm betragen.

*Typ 3.* Diese sog. ,,*Bremspipette*" eignet sich vor allem zur Übertragung von Zellen und kleinen Gewebestücken zusammen mit einer genau bekannten Menge von Wasser. Die Breite der Mündung wird der Größe des Objektes angepaßt. Am oberen Ende wird die Pipette (*A*) zu einer haarfeinen Spitze (*E*) ausgezogen, die als Luftbremse wirkt. Man bricht von diesem Haarröhrchen mit einer feinen Pinzette so lange kleine Stückchen ab, bis das in der Pipette capillar hochsteigende Wasser 1—5 mm/sec zurücklegt. Der äußere Durchmesser der Pipette beträgt 0,3—0,5 mm. Wie Abb. 54 zeigt, setzt man sie mit einem Gummistopfen (*B*) in einen Glasmantel (*C*) ein, an den ein Stück Gummischlauch (*D*) anschließt. Man kann nach Belieben eine jede der Mikropipetten, auch eine Konstriktionspipette, mit einer solchen Bremse versehen. Sehr unangenehm ist es, wenn sich in dem Haarröhrchen (*E*) Kondenswasser absetzt, weil man es durch Ausblasen nicht entfernen kann. Man kann sich nur durch ein lokales Erhitzen des Mantels in der Gegend des Haarröhrchens helfen. Bei gelindem Einblasen trocknet die einströmende warme Luft das Haarröhrchen wieder aus.

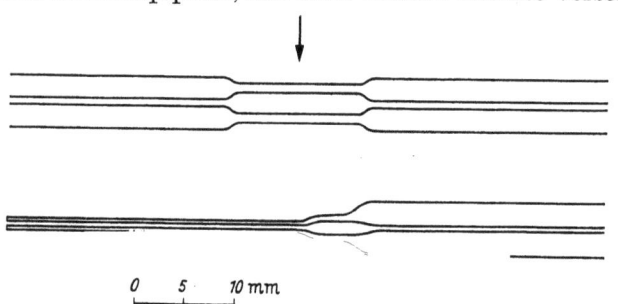

Abb. 53. Herstellung der Pipette Typ *1* (nach HOLTER).

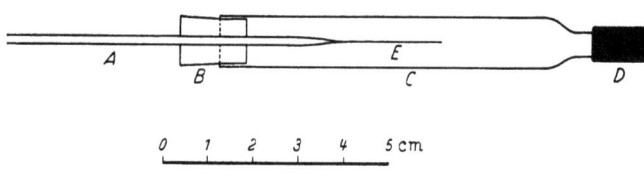

Abb. 54. Die Bremspipette (nach HOLTER).

*Typ 4.* Die sog. ,,*Kugelspitzpipette*" ist eine Spezialkonstruktion zur Herstellung von Halstropfen in ganz engen Taucherhälsen. Die Kugel hat einen Durchmesser von 0,2 bis 0,4 mm, der Stiel einen solchen von 0,15—0,25 mm. Man macht die Pipette aus einem Glasrohr mittlerer Wandstärke, läßt die Spitze in der Flamme zusammenlaufen und leitet durch einen Druckschlauch komprimierte Luft von 0,2—2 atü in die Pipette hinein. Bringt man die verschlossene Spitze an die Flamme heran, so bläht sich eine Kugel auf, die an der dünnsten Stelle platzt (Abb. 55).

*Eichung der Pipetten.* Die Pipetten vom Typ *1* und *3* werden jodometrisch oder acidimetrisch durch Abmessen von n $KJO_3$ bzw. n KOH und Mikrotitration der abgemessenen Flüssigkeit mit 0,01—0,02 n Standardlösungen geeicht. Pipetten vom Typ *2* kalibriert man durch Abwägen von abgemessenen Paraffinöltröpfchen auf der Mikrowaage. Man hat mit der Markierung der Pipetten vom Typ *1* und *2* die geringsten Schwierigkeiten, wenn man sie aus graduierten Stabthermometercapillaren macht. Viel größere Schwierigkeiten bereitet die Markierung der Bremspipette. Aufgeklebte Haare, Fasern oder Tuschestriche sind als Marken nicht gut brauchbar. Es ist am besten, auf eine Markierung zu verzichten und die Pipetten unter dem Binocular zu füllen, wobei man die Länge der Flüssigkeitssäule mit einem Ocularmikrometer mißt, was auf 0,1 mm genau geschehen kann.

*Füllen des Tauchers.* Bodentropfen. LINDERSTRØM-LANG[1] hat die Theorie der Diffusionsprozesse, die sich im Bodentropfen abspielen, in allen Einzelheiten behandelt. Seine Ergebnisse führen zu der Regel, daß die Schichtdicke des Bodentropfens 0,5 mm nicht überschreiten darf, wenn man sicher sein will, daß die Diffusion im Bodentropfen nicht der ausschlaggebende Faktor für den gemessenen Gasumsatz wird. Diese Regel gilt für den bei biologischen Prozessen üblichen Gaswechsel von rund $10^{-2}$ mm³ je Stunde. Von größter Wichtigkeit ist also, daß der Bodentropfen *über die ganze Bodenfläche des Tauchers spreitet*, d. h. eine möglichst große Oberfläche entwickelt. Daher wird an die Sauberkeit des Tauchers eine besondere Anforderung gestellt.

---

[1] LINDERSTRØM-LANG, K.: C. R. Lab. Carlsberg (II) **24**, 333 (1943).

Um bei der Übertragung von lebenden Zellen eine Beschädigung des Objektes und der Bremspipette zu vermeiden, gibt HOLTER[1] in den Taucher eine Vorlage von 0,1 mm$^3$ der betreffenden Flüssigkeit. Ist ein lebendes Objekt für eine Übertragung mit der Bremspipette zu groß, so füllt man einfach den Taucher völlig mit der Bodentropfenflüssigkeit, legt ihn in die Schale zu dem Objekt und läßt dieses durch den Hals in den Taucher hineinwandern. Man saugt den Überschuß der Flüssigkeit heraus, trocknet den Hals mit Filtrierpapier, bringt den Öltropfen an und bestimmt die Menge Bodenflüssigkeit durch Rückwaage des Tauchers. Will man ein Objekt im Taucher mikroskopisch beobachten, so bringt man es am besten in einen Halstropfen. Wenn das nicht möglich ist, klebt man einen Deckglassplitter mit etwas Wasser außen an die Taucherkugel an.

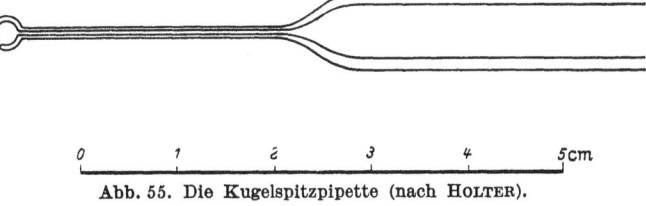

Abb. 55. Die Kugelspitzpipette (nach HOLTER).

Um ein Objekt ohne Beschädigung aus dem Taucher herauszunehmen, entfernt man erst die Halstropfen, spült den Hals, füllt den Taucher mit dem Kulturmedium und setzt ihn mit der Mündung nach unten in eine Kulturschale. Das Objekt gleitet von selbst aus dem Taucher in die Schale hinab.

Um zu verhindern, daß der Bodentropfen nach oben kriecht und in den Zwischenraum zwischen Pipette und Hals gezogen wird, besonders bei sehr schmalen Tauchern, bringt man an der Basis des Taucherhalses einen etwa 0,5 mm breiten Ring aus Bienenwachs an. Man benutzt zum Anlegen des Wachsringes eine elektrisch geheizte Platinöse (Abb. 56a, C), die man erhitzt, mit Wachs füllt, nach Ausschalten des Stromes abkühlen läßt, in den Taucher D einführt bis an die Stelle, wo der Wachsring liegen soll, und dort das Wachs schmelzen läßt (b). Dann be-

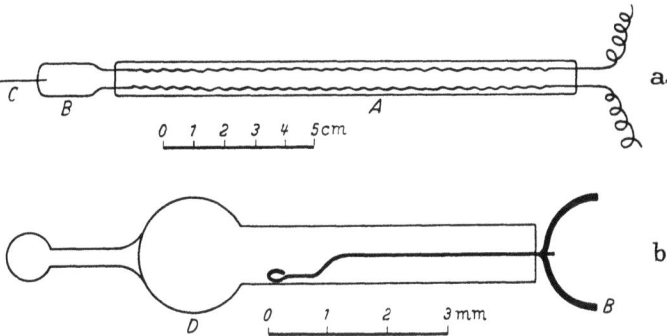

Abb. 56 a u. b. Die Platinöse zum Anbringen von Wachsringen (nach HOLTER).

wegt man die Drahtöse ringsum an der Wand entlang, bis der Wachsring entstanden ist. In erkaltetem Zustand wird die Öse aus dem Taucherhals herausgenommen. Man kann den Wachsring nicht mehr aus freier Hand machen, wenn der Durchmesser des Halses kleiner als 1 mm ist; in solchen Fällen wird der Taucher in horizontaler Lage in eine Klammer eingespannt, welche eine Rotation des Tauchers um die Längsachse ermöglicht. Auch die Platinöse wird eingespannt und zentrisch in den Taucher eingeführt.

Halstropfen. Die Halstropfen werden nach Abb. 57 mit gut zentrierten Pipetten vom Typ *1* und *2* in dem Taucherhals angebracht. Durch vorsichtiges Blasen in den Mundschlauch bildet man an der Mündung der Pipette einen Tropfen (*a*), den man so lange wachsen läßt, bis er die Halswand berührt und sich schließlich zum Halstropfen ausweitet (*b, c*). Bei breiteren Hälsen muß man erst etwas mehr Flüssigkeit austreten lassen, bis eine Flüssigkeitslamelle zustande kommt, und saugt dann den Überschuß wieder in die Pipette zurück (Pipette mit 2 Marken oder eine fortlaufend kalibrierte verwenden). Mißerfolge treten ein, wenn die Pipette nicht gut zentriert ist; dann spreitet nämlich die Flüssigkeit zwischen Pipette und Halswand. Ist der Halstropfen angebracht, so zieht man die Pipette mit einem kurzen Ruck heraus, um ein Mitschleppen des Tropfens zu vermeiden. Die Benutzung einer Lupe und eine gute Beleuchtung erleichtern das Arbeiten.

---

[1] HOLTER, H.: C. R. Lab. Carlsberg (II) **24**, 399 (1943).

Bei manchen Versuchen ist der Austausch von Halstropfen notwendig (Bestimmung des RQ), ohne dabei den Bodentropfen zu stören. Zu diesem Zweck entfernt man erst die Halstropfen mit kleinen Röllchen aus nicht faserndem Filterpapier, dann wird der Hals mit Wasser gefüllt, wobei man die Pipettenspitze 1 mm unter dem tiefsten Halstropfen ansetzt, und einen schwachen Strom von Wasser durchschickt. Schließlich wird das Wasser abgesaugt und der Hals innen mit Filtrierpapier abgetrocknet. Die höchste Eile ist dabei angebracht, um ein Eintrocknen des Bodentropfens zu vermeiden.

Die Länge der Halstropfen soll nicht weniger als 0,5 mm betragen. Zwischen den einzelnen Tropfen läßt man 1 mm trockene Glaswand. Der Abstand zwischen Öltropfen und Mündungstropfen muß auf ein Minimum beschränkt werden.

Da sich die Halstropfen während der Messung im Hals bewegen, ist eine gute Benetzbarkeit des Taucherhalses erforderlich. Man setzt deshalb dem Halstropfen 0,1 % Natriumtaurocholat zu. Die Halstropfen müssen mit dem Bodentropfen isotonisch sein. Für den Öltropfen verwendet man reines, farbloses Paraffinöl. Will man lebende Objekte in einen Halstropfen setzen, so macht man erst den Halstropfen und setzt dann das Objekt mit einer Bremspipette hinein.

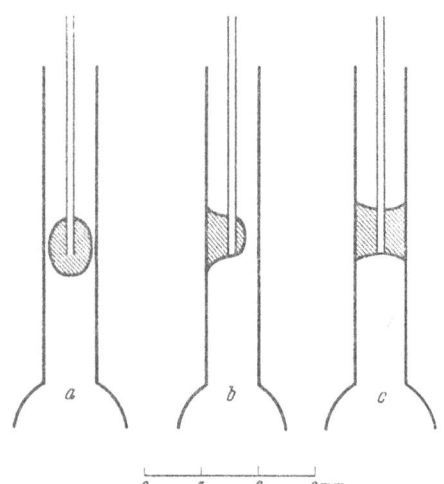

Abb. 57 a—c. Das Anbringen von Halstropfen (nach HOLTER).

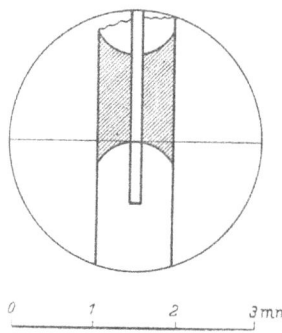

Abb. 58. Das Anbringen des Mündungstropfens (nach HOLTER).

**Mündungstropfen.** Der Mündungstropfen hat zwei wichtige Aufgaben zu erfüllen. Erstens dient er dazu, einen Verlust von Gas aus dem Taucher zu verhindern, zweitens kann man durch eine passende Wahl seines Volumens den Gleichgewichtsdruck des Tauchers auf einen gewünschten Wert einstellen. Der Mündungstropfen muß nach den Berechnungen von LINDERSTRØM-LANG eine Länge von mehreren Millimetern haben. Seine Länge wird mit dem horizontalen Meßmikroskop (s. S. 417) mit einer Genauigkeit von 0,1 mm eingestellt. Als Länge gilt der Abstand vom unteren Meniscus bis zur Tauchermündung.

Nach Anbringen des Öltropfens wird die Spitze einer „Luftpipette" (= Bremspipette mit einer fein ausgezogenen Spitze, Innendurchmesser 100 $\mu$, Außendurchmesser 150 $\mu$) so weit in den Taucherhals versenkt, daß sie sich 1 mm unter dem Punkt befindet, wo der untere Meniscus des Mündungstropfens zu stehen kommen soll. Das Fadenkreuz des Meßmikroskops wird auf den Mündungsrand des Tauchers eingestellt. Dann wird das Mikroskop mit der Mikrometerschraube um die gewünschte Länge des Mündungstropfens gesenkt. Das Fadenkreuz gibt die Lage des unteren Meniscus an (Abb. 58). Nun setzt man einen Tropfen Schwebemedium mit einer feinen Handpipette auf die Mündung des Tauchers rund um den Stamm der Luftpipette (um Krystallisationen zu vermeiden, mischt man das Originalmedium 1:1 mit einer 0,2 %igen Natriumtaurocholatlösung). Durch Ansaugen an der Luftpipette zieht man den Tropfen vorsichtig in den Hals des Tauchers hinein, bis der untere Meniscus auf dem Fadenkreuz steht. Sicherheitshalber bewegt man ihn ein paarmal an der markierten Stelle auf und ab, damit sich ein definierter Meniscus ausbildet. Dann zieht man die Luftpipette rasch aus dem Tropfen heraus, wobei man für etwas Überdruck sorgt, um ein Eindringen von Flüssigkeit und als Folge davon ein Verstopfen der Pipette zu vermeiden. Der Hals wird mit dem Medium vollgefüllt und der Taucher in das Schwebegefäß eingesetzt. Der Ausgleich des verdünnten Mediums gegen das unverdünnte vollzieht sich in ein paar Minuten von selbst. Soll der Ausgleich schneller erfolgen oder ist der Taucherhals enger als 1 mm, so muß man den Mündungstropfen mit Hilfe einer feinen Capillare mit unverdünntem Medium spülen. Eine Krystallbildung im Mündungstropfen stört die Abgleichung des Tauchers für Stunden. Erfordern die Bedingungen eines Versuches eine Veränderung des Volumens irgendeiner der Flüssigkeiten im Verlaufe der Messung, so kann der Gleichgewichtsdruck des Tauchers beibehalten werden, wenn man die Änderung am Mündungstropfeninhalt nach folgenden Gleichungen korrigiert:

1 Vol. wäßriger Lösung ($d$ 1) = 0,76 Vol. Medium ($d$ 1,325),
1 Vol. Paraffinöl ($d$ 0,87) = 0,64 Vol. Medium ($d$ 1,325).

Beim Austausch des Mündungstropfens gegen einen neuen entfernt man am besten den alten Mündungstropfen und fertigt nach Spülung des von ihm eingenommenen Halsraumes einen ganz neuen an.

Arbeitet man mit Gewebeproben, die eine höhere Reaktionstemperatur erfordern als 22,5°, muß man den Mündungstropfen etwas länger machen, weil er bei Zimmertemperatur angefertigt wird und durch die Expansion des Gases bei der Thermostatentemperatur hochgedrückt wird. WATERLOW und BORROW[1] berechnen eine Korrektur hierfür nach der Formel: $\Delta$ Mündungstropfen (mm) = $\frac{V \cdot \Delta T}{A(273 + T_0)}$), wobei $V$ = Gasvolumen des Tauchers in Kubikmillimetern (Taucherkonstante), $A$ = Querschnitt des Halses in Quadratmillimetern, $T_0$ = Temperatur des Wasserthermostaten, $\Delta T$ = Temperaturdifferenz zwischen Wasserbad und Zimmer ist.

*Taucherhalsstopfen.* Diffusionsverluste an Gas durch die Halstropfen hindurch können nach LINDERSTRØM-LANG[2] und HOLTER[3] stark eingeschränkt werden, wenn man Glasstopfen in die Halstropfen einführt. Man nimmt dazu ein kurzes Stück eines Glasstäbchens, das um 50—80 $\mu$ schwächer sein soll als die Halsweite des Tauchers. Die Länge hängt von dem Effekt ab, den man erreichen will. Es genügen meist 2—3 mm. Solide Stopfen sind zwar sehr leicht anzufertigen, können aber nur verwendet werden, wenn der Taucher dünnwandig ist und einen sehr tiefen Schwerpunkt hat, sonst wird der Taucher kopfschwer. Diese Schwierigkeit vermeidet ein hohler Stopfen, der aus einer passenden Glascapillare unter der Präparierlupe angefertigt wird. Will man einen Stopfen in den Öltropfen setzen, so läßt man ihn mit einer feinen Pinzette in denselben hineinfallen. Dabei bildet sich gewöhnlich eine Luftblase. Man stößt den Stopfen mit der Ölpipette vollends in den Öltropfen hinein und erreicht dabei meist, daß die Luftblase am unteren Meniscus platzt. Will man den Stopfen wieder herausnehmen, so entfernt man erst den Mündungstropfen, trocknet den betreffenden Teil des Taucherhalses, füllt den Hals mit Öl bis zum Rand voll und läßt den Stopfen nach Eintauchen der Tauchermündung in eine ölgefüllte Schale von selbst aus dem Hals herausfallen.

Soll der Stopfen im Mündungstropfen sitzen, so setzt man einen fertig gefüllten Taucher in das Schwebegefäß. Da er noch keinen Stopfen hat, so ist er zu leicht und schwimmt oben. Man ergreift den Stopfen mit einer speziell für diesen Zweck konstruierten Pinzette (Abb. 59) und setzt die Stopfenspitze, die aus der Pinzette herausragt, in die Tauchermündung ein. Dann wird der Taucher tief in das Schwebegefäß hineingestoßen. Ist der Taucher immer noch zu leicht, so steckt man einfach den Stopfen noch etwas tiefer in den Hals hinein. Hohle Stopfen dürfen nicht leichter sein als das

---
[1] WATERLOW, J. C., and A. BORROW: C. R. Lab. Carlsberg (II) **27**, 93 (1949).
[2] LINDERSTRØM-LANG, K.: C. R. Lab. Carlsberg (II) **24**, 333 (1943).
[3] HOLTER, H.: C. R. Lab. Carlsberg (II) **24**, 399 (1943).

Schwebemedium, sonst steigen sie aus dem Hals heraus. Man entfernt den Stopfen durch Eintauchen der Tauchermündung in Wasser; der Stopfen fällt von selbst heraus.

*Verschiedene Taucherformen und Füllungstypen.* Bisher wurde nur der Standardtaucher behandelt. Je nach den Anforderungen kann die Form der Taucher verändert werden, aber auch die Füllung sowie die Anordnung der Boden- und Halstropfen. In Abb. 60 sind verschiedene Taucherformen abgebildet, die sich bei Atmungsmessungen bewährt haben. Die Taucher enthalten die Reaktionsmischung ($R$), die auch den Organismus enthält, den Absorptionstropfen ($A$) mit der Natronlauge, den Öltropfen ($O$) und den Mündungstropfen ($M$). Die Gasphase ist Luft. Ist die Hauptbedingung des Versuches ein kleines Volumen, so wählt man zylindrische Taucher. Ist der Gasaustausch zwischen ($R$) und der Gasphase genügend auch bei kleiner Oberfläche von $R$, so nimmt man die Füllungsform $a$. Erfordert der Gasausgleich eine große Oberfläche, so wählt man $b$.

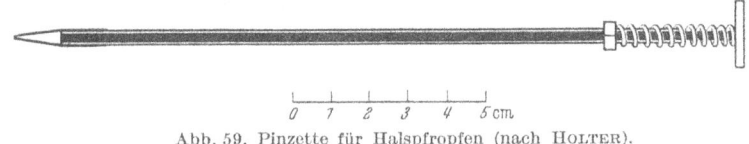

Abb. 59. Pinzette für Halspfropfen (nach HOLTER).

Letzteres ist aber nur möglich, wenn der Organismus es verträgt, einen gegen Luft grenzenden Meniscus zu berühren, ohne dabei zerrissen zu werden. Ist die Hauptbedingung eine große Oberfläche von ($R$), so wählt man kolbenförmige Taucher. Die Form $c$ hat einen großen, die Form $d$ einen kleineren Gasraum. Der Halsdurchmesser und die Länge von ($M$) regeln den Diffusionsverlust aus dem Taucher. Ist die Hauptbedingung ein Vermeiden von Gasverlust, so ist die Verwendung eines Stopfens möglich. Das Beispiel ($e$) zeigt einen Stopfen in ($O$), das Beispiel $f$ einen solchen in ($M$).

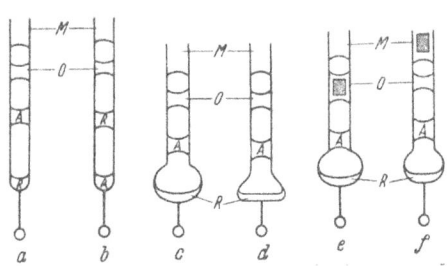

Abb. 60 a—f. Verschiedene Taucherformen und Füllungen (nach HOLTER) Erklärung im Text.

*Mischung von Halstropfen.* Benützt man den Taucher zur Messung von enzymatischen Reaktionen, so ist es oft sehr erwünscht, daß die Reaktion erst nach dem Verschließen des Tauchers eingeleitet wird, wenn der Taucher die Temperatur des Thermostaten schon eingenommen hat. Man erreicht dies grundsätzlich durch eine Aufteilung des Reaktionsgemisches in zwei Komponenten, von denen die eine als gewöhnlicher Halstropfen das ganze Lumen des Halses ausfüllt, die zweite aber 1—2 mm seitlich darunter sitzt. Der zweite Tropfen muß so klein sein ($< 0{,}3$ mm³), daß er das Halslumen nicht ausfüllt (vgl. Abb. 66). Will man die Reaktion einleiten, so setzt man einen passenden Überdruck auf das Schwebegefäß. Nun verschiebt sich der den Hals ausfüllende Tropfen, während der seitliche hängen bleibt. Man wählt den Überdruck so groß — gewöhnlich genügen 25—40 cm BRODIE-Lösung —, daß der seitliche Tropfen berührt wird, und kann nun durch wiederholtes Auf- und Abverschieben der Mischung die beiden Komponenten gründlich vermischen. Ist dieser Überdruck nicht ausreichend, so schließt man das Schwebegefäß gegen das Manometer und die Luftflasche ab und erzeugt einen kräftigeren Überdruck durch Einpusten von Luft in das Verbindungsrohr zu irgendeinem der anderen Gefäße*. Eine Voraussetzung für diese Technik ist die ausreichende Stabilisierung des seitlichen Tropfens. BOELL, NEEDHAM und ROGERS[1] sowie ANFINSEN und CLAFF[2] erreichten dies durch Paraffinieren des Tauchers. Im Carlsberg-Laboratorium fand man die Silicone geeigneter (SCHWARTZ[3], WATERLOW und BORROW[4]). Nach der Reinigung und Trocknung

---

* Diese Methodik hat bei A. BORROW und J. R. PENNEY [Exp. Cell Res. 2, 188 (1951)] eine Weiterentwicklung zur Bestimmung von Bernsteinsäureoxydase, Transaminase und der glykolytischen Aktivität in Homogenaten aus Säugetiergeweben erfahren.

[1] BOELL, E. J., J. NEEDHAM and V. ROGERS: Proc. R. Soc. London (B) **127**, 322 (1939).
[2] ANFINSEN, C. B., and C. L. CLAFF: J. biol. Ch. **167**, 27 (1947).
[3] SCHWARTZ, S.: C. R. Lab. Carlsberg (II) **27**, 79 (1949).
[4] WATERLOW, J. C., and A. BORROW: C. R. Lab. Carlsberg (II) **27**, 93 (1949).

werden die Taucher mit einer 2%igen Lösung von Silicon (DC 200, Dow Corning Corp.; erhältlich bei Dr. A. Wacker, München, Prinzregentenstr. 22) in Tetrachlorkohlenstoff gefüllt, das Lösungsmittel ausgegossen und die Taucher im Trockenschrank bei 105° getrocknet. Vor Gebrauch wird der Taucher kurz durch die Flamme gezogen. Chromsäure und Toluol entfernen das Silicon. Daher müssen die Taucher nach jeder Reinigung frisch behandelt werden. Beim erstenmal trägt man 2 Lagen Silicon auf.

Die Pipetten, die man zur Füllung des Tauchers benutzt, werden außen paraffiniert. Eigenartigerweise ist das Bedecken der Taucherwand mit einer hydrophoben Schicht in der Praxis weniger gefährlich, als es der Theorie nach scheint. Schwierigkeiten entstehen nur durch das Verhalten des Öltropfens. Das Öl benetzt die mit Silicon bedeckte Halswand äußerst gut. Beim Mischen geht der Öltropfen ziemlich tief herab und hinterläßt dabei einen dünnen Ölfilm. Manchmal kann der Öltropfen dabei durchreißen. In anderen Fällen verunreinigt er die Reaktionsmischung oder den Mündungstropfen. Man sorgt nach Möglichkeit dafür, daß der Öltropfen beim

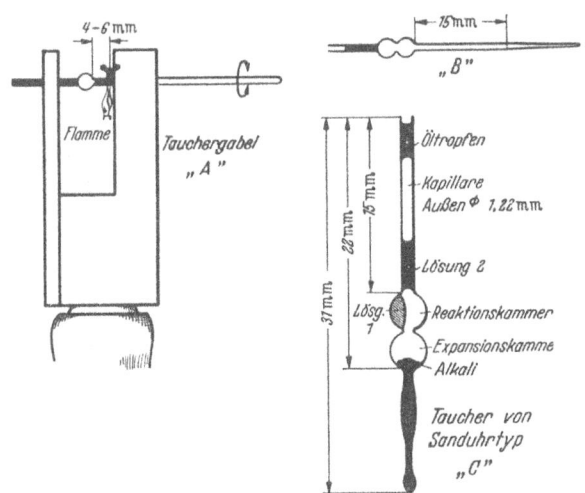

Abb. 61. Der sanduhrförmige Taucher (nach ANFINSEN und TAHMISIAN).

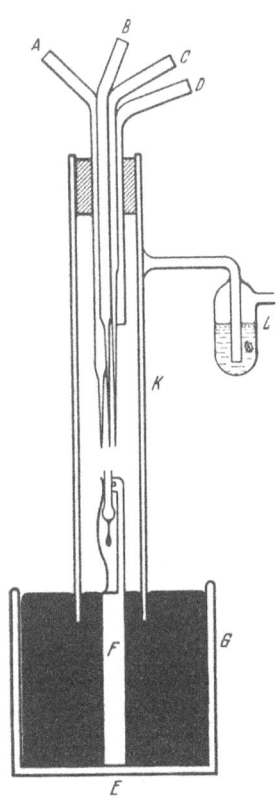

Abb. 62. Anordnung zur Füllung des Tauchers unter anaeroben Bedingungen (nach HOLTER). Erklärung im Text.

Mischen keinen allzu weiten Weg zurücklegen muß. Die beiden Teile des Reaktionsgemisches sollen aber nicht enger als 1 mm voneinander angebracht werden, da sonst die Gefahr besteht, daß sie schon vor dem Mischen zusammenlaufen. Wenn bei 37° getestet wird, setzt man den seitlichen Tropfen besser über den großen und nicht unter denselben; auf diese Weise wird der Weg verkürzt. Beim Mischen muß man dann natürlich einen Unterdruck setzen. Um zu verhindern, daß der Taucher dabei an der Oberfläche des Schwebemediums mit der Luft in Berührung kommt, kann man eine perforierte Platinplatte in den Hals des Schwebegerätes setzen. Nach CLAFF und TAHMISIAN[1] sollen Taucher von Sanduhrform das Mischen besonders einfach machen (Abb. 61). Bei der Herstellung der zweiten Kugel des Tauchergefäßes richtet man die Spitze der Mikroflamme auf eine Stelle der Capillare, die 4—6 mm neben der unteren Taucherkugel liegt. So bildet sich bei der Erhitzung die zweite Auftreibung an der richtigen Stelle.

*Füllen des Tauchers unter anaeroben Bedingungen.* Für Untersuchungen über den anaeroben Stoffwechsel haben BOELL, NEEDHAM und ROGERS[2] einen Apparat konstruiert,

---
[1] CLAFF, C. L., and T. N. TAHMISIAN: J. biol. Ch. **179**, 577 (1949).
[2] BOELL, E. J., J. NEEDHAM and V. ROGERS: Proc. Soc. London (B) **127**, 322 (1939).

welcher eine Füllung des Tauchers mit Stickstoff erlaubt. HOLTER[1] beschreibt eine einfachere und billigere Einrichtung. Der Aufbau dieses Apparates geht aus Abb. 62 hervor. Das Gefäß (G) wird mit Quecksilber gefüllt und steht auf einem Pipettiertischchen. Das Glasrohr (K) muß weit genug sein, um eine horizontale Verschiebung von (G) und damit auch der Taucherklammer (F) mit dem Taucher zu ermöglichen. Das Gas tritt durch (D) und (C) ein und entströmt durch (L). Die Pipette (A) dient zum Einmessen von wäßrigen Lösungen, (B) für Öl, (C) um Gas in den Taucher zu leiten. Diese Rohre werden alle parallel ausgerichtet und mit Picein gasdicht in die Bohrung des Gummistopfens eingekittet, der das weite Glasrohr (G) oben verschließt. Neben der Taucherklammer stehen kleine Gefäße mit den benötigten Flüssigkeiten. Das Gas wird durch Waschflaschen mit Salzlösungen geleitet, um es mit Wasserdampf von richtigem Partialdruck zu sättigen. Der Taucher wird in den Apparat eingeklemmt, nachdem er den Bodentropfen erhalten hat. Das Gas wird 5 min lang durchgeleitet [Gasstrom durch (C) 1 Blase je Sekunde, durch (D) 2—3 Blasen je Sekunde]. Gegen Ende der Begasung wird (C) für 15 sec in den Taucher eingeführt, um die letzten Luftreste zu vertreiben. Nun werden die Halstropfen angebracht. Den Mündungstropfen macht man außerhalb des Apparates. Kommt es aber auf einen völligen Ausschluß von Sauerstoff an, so setzt man noch innerhalb des Apparates mit einer besonderen Pipette einen Tropfen von verdünntem Medium auf die Tauchermündung, ehe man ihn herausnimmt. Auch die Luftpipette wird vor Gebrauch mit dem Gasgemisch durchströmt. Zur Prüfung auf Anaerobiose kann man dem Bodentropfen unter Stickstoff etwas Leukomethylenblau zusetzen.

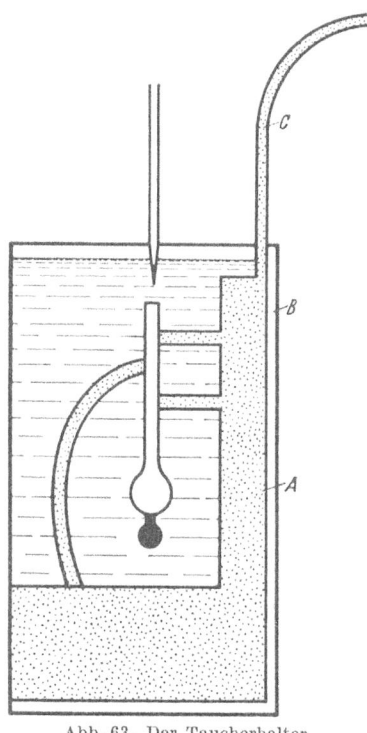

Abb. 63. Der Taucherhalter (nach WATERLOW und BORROW).

Die Füllung siliconbehandelter Taucher geht viel einfacher vor sich (WATERLOW und BORROW[2]). Man verwendet dazu einen speziellen Taucherhalter (Abb. 63A), der mit einem Handgriff (C) gehoben und gesenkt werden kann und in eine Glascuvette B 2×5 cm versenkt wird. Die Cuvette wird mit Wasser gefüllt und auf ein gewöhnliches Pipettiertischchen gestellt. Dieser Halter ist so bemessen, daß sich die Tauchermündung 2—3 mm unter der Wasseroberfläche befindet. Nun wird irgendeine der zur Füllung benötigten Pipetten mit der Gasflasche verbunden, in den Taucher eingeführt und das Gas für ein paar Minuten durchgeleitet. Die verschiedenen Halstropfen werden nun unter Wasser eingefüllt. Wenn der Taucher mit Silicon behandelt ist und die Pipetten außen paraffiniert sind, dringt kein Wasser in den Taucher ein. Während aller Operationen wird ein lebhafter Gasstrom durch die Cuvette geleitet. Man bringt schließlich mit einer gewöhnlichen Pipette im Taucherhals eine 1—2 mm lange Wassersäule als vorläufigen Mündungstropfen an. Nun wird der Taucher etwas aus dem Wasser gezogen und der Mündungstropfen mit der Luftpipette an die richtige Stelle gebracht. Nach dem Einsatz des Tauchers in das Schwebegefäß wird der Mündungstropfen auf übliche Weise mit dem Medium durchströmt.

*Messung.* Durch die Einführung einer Luftflasche ist die Verwendung eines Thermobarometers unnötig geworden. Verwendet man Kontrolltaucher, so zeigen diese verschiedene Faktoren, wie Gasabsorption der Lösungsmittel, Diffusionsverluste u. dgl. an, deren Größe meist recht gering ist. Im folgenden wird der Gebrauch der Taucherapparatur am Beispiel einer Atmungsmessung an Seeigeleiern im Zusammenhang erläutert:

---

[1] HOLTER, H.: C. R. Lab. Carlsberg (II) **24**, 399 (1943).
[2] WATERLOW, J. C., and A. BORROW: C. R. Lab. Carlsberg (II) **27**, 93 (1949).

1. Wurde das Schwebemedium schon längere Zeit nicht gebraucht, so wird es mit Luft geschüttelt, d. h. man nimmt das Schwebegefäß aus dem Thermostat heraus, verschließt die Mündung mit dem Finger und schüttelt tüchtig; nun setzt man das Schwebegefäß wieder zurück in den Thermostat und wiederholt diesen Vorgang noch zweimal. Diese Prozedur nimmt man nicht später als 1 Std vor Versuchsbeginn vor. Wird der Taucher mit einem anderen Gasgemisch als mit Luft gefüllt, so wird dieses Gas erst mit Medium oder mit einer Salzlösung vom gleichen Dampfdruck gewaschen und dann erst durch das Medium der Schwebegefäße in einem Strom feiner Bläschen durchgeleitet.

2. Man verbindet die Luftflasche im Thermostat durch Öffnen von Hahn ($L$) (Abb. 47, S. 422) mit der Außenluft.

3. Die Taucher werden in der Flamme erhitzt.

4. Jeder Taucher erhält 0,1 mm$^3$ Seewasser als Vorläufer. Die behandelten Taucher werden in eine feuchte Kammer gestellt.

5. Die Zentrierung der Pipetten für NaOH, Paraffinöl und Luft wird überprüft, und die beiden ersten Pipetten werden gefüllt. Das mit Seewasser isotonische NaOH darf nicht durch Verdunstung konzentrierter werden.

6. Der Taucher wird an der Taucherklammer festgemacht.

7. Der Organismus wird mit der Bremspipette eingefangen. Das in die Bremspipette mit demselben eingedrungene Wasser wird entweder bis zu einer Marke eingestellt oder es wird die Länge der Wassersäule gemessen.

8. Die Bremspipette wird am Ständer festgemacht und der Taucher darunter zentriert. Dann wird die Pipette in den Vorläufer entleert.

9. Nun werden der NaOH-Tropfen und der Paraffinöltropfen im Taucherhals angebracht. Man prüft unter dem Mikroskop, ob der Organismus die bisherige Behandlung ohne sichtbare Beschädigung überstanden hat.

10. Der Mündungstropfen wird angebracht.

11. Der Taucher wird in das Schwebegefäß eingesetzt und von Gasbläschen befreit, die sich möglicherweise an seiner Außenseite festgesetzt haben.

12. Die Tauchermündung wird gespült.

13. Die Luftflasche wird gegen die Außenluft abgesperrt. Es beginnen die manometrischen Messungen. Vor und zwischen den Messungen wird jeder Taucher auf den „Basaldruck" gebracht. Dieser Druck muß so hoch liegen, daß der Taucher nicht steigen kann, aber auch nicht am Boden zu fest aufliegt. Nach HOLTER soll dieser Druck 3—5 cm über dem Gleichgewichtsdruck liegen.

14. Zu gegebenen Zeiten wird der Gleichgewichtsdruck auf folgende Art gemessen: a) Das Manometer wird auf den Basaldruck gebracht, ehe man den Hahn zum Schwebegefäß öffnet. b) Man verringert langsam den Druck, bis der Taucher zu steigen beginnt. Steigt der Taucher immer noch nicht, auch wenn der Druck den erwarteten um 10 cm unterbietet, so klebt er wahrscheinlich am Boden fest. Man klopft vorsichtig an den Hals des Schwebegefäßes, aber nicht zu stark, um die Halstropfen nicht zu zerstören. c) Der Druck wird so eingestellt, daß der Taucher mindestens 10 sec in der Gleichgewichtslage schwebt. Das Manometer wird auf 0,5 mm genau abgelesen. d) Man wiederholt 30 sec später die Einstellung und Ablesung, gegebenenfalls unter vorheriger kleiner Verstellung des Druckes an der Feineinstellschraube.

15. Wenn die Messungen beendet sind, nimmt man den Taucher aus dem Thermostat heraus, spült ihn ab und prüft den Zustand des Organismus im Mikroskop.

16. Die Halstropfen werden entfernt, der Taucherhals gereinigt und der Organismus aus dem Taucher herausgeholt.

17. Der Taucher wird gereinigt und getrocknet.

*Berechnung der Messungen.* Taucherkonstante. Wenn sich der Taucher im Gleichgewicht befindet, so nimmt das Volumen der in ihm eingeschlossenen Gase einen für den

Taucher charakteristischen Wert ($V$) an (Gleichgewichtsvolumen). Ganz unabhängig davon, ob im Laufe der Zeit durch eine im Taucher ablaufende Reaktion Gas entsteht oder verschwindet, wird im Augenblick der Messung das Volumen der Tauchergase immer wieder auf diesen *einen*, für den betreffenden Taucher konstanten Wert gebracht, der durch die Schwebebedingung festgelegt ist und ,,Gleichgewichtsvolumen" oder ,,Taucherkonstante" genannt wird. Die Taucherkonstante ($V$) wird nach einer aus der Schwebebedingung gewonnenen Formel berechnet.

Nach LINDERSTRØM-LANG[1] ist beim schwebenden Taucher das spezifische Gewicht desselben (und zwar des Tauchers selbst mit allen seinen Inhaltsstoffen) gleich der Dichte des Schwebemediums:

$$\varphi_M = \frac{g_D + v_0 \varphi_0 + v_W \varphi_W}{V + v_0 + v_W + \frac{g_D}{\varphi_{gl}}} \qquad \text{(Tauchergleichung)}.$$

Es bedeuten $V$ die Taucherkonstante, $g_D$ das Gewicht des leeren Tauchers, $v_0$, $v_W$ die Volumina des Öltropfens und des Bodentropfens, $\varphi_0$, die Dichte von Paraffinöl, $\varphi_M$ des wäßrigen Bodentropfens, $\varphi_M$ des Schwebemediums und $\varphi_{gl}$ des Taucherglases. Daraus ergibt sich:

$$V = \frac{g_D + v_0 \varphi_0 + v_W \varphi_W - v_0 \varphi_M - v_W \varphi_M - \frac{g_D \varphi_M}{\varphi_{gl}}}{\varphi_M}.$$

LINDERSTRØM-LANG hat ausgerechnet, wie groß die Fehler bei der Ermittlung der Einzelgrößen sein müßten, damit bei der Bestimmung von $V$ ein Fehler von 1% auftritt:

$v_0$ . . . . 33%
$v_W$ . . . . 50%
$\varphi_{gl}$ . . . . 1%
$\varphi_M$ . . . . 0,5%
$\varphi_0$, $\varphi_W$ . . 12%

Bei Tauchern mit einem Total-$V$ von $< 5$ mm³ ist bei der Bestimmung $g_D$ eine Genauigkeit von 0,02 mg wünschenswert, während bei größeren Tauchern eine Genauigkeit von 0,1 mg genügt.

Nach HOLTER kann man im Laboratorium die Berechnung der Taucherkonstante weitgehend vereinfachen; da man doch immer das gleiche Medium mit der Dichte $\varphi_M$ verwendet, so ist die Größe $g_D - \frac{g_D \varphi_M}{\varphi_{gl}}$ eine für jeden Taucher charakteristische Größe; sie wird ein für allemal ausgerechnet und in das Protokoll eingetragen. Da man ferner das Paraffinöl aus der gleichen Flasche nimmt, so rechnet man ein für allemal die Werte von $v_0 \varphi_0 - v_0 \varphi_M$ aus und trägt sie als Funktion von $v_0$ in ein Koordinatensystem ein. Das gleiche macht man mit den Volumina der wäßrigen Lösungen, deren Dichte so wenig von 1 abweicht, daß sich eine Korrektur erübrigt. Mit diesen beiden Kurven geht die Berechnung von $V$ auf eine Ablesung der Werte von $v_W \varphi_M - v_W \varphi_M$ und $v_0 \varphi_0 - v_0 \varphi_M$ aus den Kurven, eine Addition von $g_D - \frac{g_D \varphi_M}{\varphi_{gl}}$ und eine Division der Summe durch das bekannte $\varphi_M$ zurück.

Änderung der Gasmenge. Die Messungen geben für jeden Taucher direkt die Änderung $\Delta p$ der am Manometer abgelesenen Gleichgewichtsdrucke. Der Gleichgewichtsdruck $P$ enthält außer dem Manometerdruck $p$ einige additive Glieder (hydrostatischer Druck des Mediums im Schwebegefäß über dem Niveau des Tauchers, Capillardruck an der Grenzfläche zwischen Medium und Gasphase im Taucherhals); da diese bei der Versuchsanordnung konstant gehalten werden, brauchen sie bei der Berechnung der Veränderung des Gleichgewichtsdruckes nicht berücksichtigt werden. Man kann also $\Delta P$ einfach gleich $\Delta p$ setzen. Störungen durch Oberflächenerscheinungen werden durch die

---

[1] LINDERSTRØM-LANG, K.: C. R. Lab. Carlsberg (II) **24**, 333 (1943).

Zugabe von Natriumtaurocholat zum Schwebemedium ausgeschaltet. Diese Relation bedarf noch einer Korrektur für den Druckunterschied, der bei den Messungen in der Luftflasche erzeugt wird, nach $P = p(1 + 1000\, A/V'g)$, wobei $A$ den Querschnitt der Manometerbohrung, $V'g$ das Volumen der Luftflasche und 1000 den Barometerdruck in Zentimetern Brodie-Lösung bedeuten. Diese Korrektur hat aber bei der Taucherapparatur die Größenordnung von nur 1%.

$\Delta p$ ist daher mit der Volumenänderung $\Delta V$ durch den einfachen Ausdruck verbunden: $\Delta V = \dfrac{V \cdot \Delta P}{P_0}$. Hier bezeichnet $P_0$ den Normaldruck, d. i. 1000 cm Brodie. Will man von der Versuchstemperatur $t°$ auf Normaltemperatur reduzieren, so wird dieser Ausdruck noch mit $273/(273 + t°)$ multipliziert.

a) Dieser einfache Ausdruck gilt aber mit genügender Näherung nur in den Fällen, in denen die Tauchergase aus Sauerstoff, Stickstoff und Wasserstoff bestehen, deren Löslichkeit in den Flüssigkeiten der Taucherfüllung gering ist. Er ist auch noch gültig, wenn Kohlendioxyd auftritt, aber durch einen alkalihaltigen Tauchereinsatz absorbiert wird.

b) Wenn das Gas, das gemessen werden soll, in den Flüssigkeiten des Tauchers löslich ist, wie z. B. $CO_2$, aber der Betrag an diesem geringer als 5% des Gesamtgasgehaltes ist und die anderen Gase schlecht löslich sind und in ihrer Menge konstant bleiben, so läßt sich ein Korrektionsglied errechnen.

Dieser Fall betrifft z. B. alle Versuche, bei denen eine Säure in Gegenwart eines Carbonatpuffers auftritt oder verschwindet. Unter der Voraussetzung, daß der Gleichgewichts- und der Basaldruck um nicht mehr als 50 cm voneinander abweichen, daß das Volumen des Öltropfens kleiner als 0,5 mm³ ist und enghalsige Taucher mit Glasstopfen im Mündungstropfen verwendet werden, gilt:

$$\Delta V = \frac{V \cdot \Delta P}{P_0}\left(1 + \frac{v_W \cdot \alpha'_{CO_2}}{V}\right),$$

wobei $v_W$ = Volumen des Bodentropfens, $\alpha'_{CO_2}$ = Absorptionskoeffizient (auf $t°$ bezogen) von $CO_2$ im Bodentropfen bei 760 mm Hg und $t°$ (bei Wasser von 22,5°: $\alpha'_{CO_2} = 0{,}89$) bedeuten.

c) Eine Korrektion ist auch möglich, wenn der Fall wie bei b) liegt, aber eines der schlecht löslichen Gase sich in der Menge verändert. Dieser Fall betrifft Atmungsmessungen, bei denen das entstandene $CO_2$ nicht absorbiert wird.

Unter den gleichen Voraussetzungen wie bei b) und zusätzlich, daß $v_W < 0{,}2\, V$ ist, gilt:

$$\Delta V_{O_2} + \frac{\Delta V_{CO_2}}{1 + (v_W \alpha'_{CO_2} + v_0 \beta'_{CO_2})/V} = \frac{V \cdot \Delta P}{P_0},$$

wobei $V_{O_2}$ und $V_{CO_2}$ die Volumina von $O_2$ und $CO_2$ im Taucher und $\beta'_{CO_2}$ den Absorptionskoeffizient von $CO_2$ in Paraffinöl bei 760 mm Hg und $t°$ (bei 24°: $\beta'_{CO_2} = 0{,}91$; mit Annäherung auch bei 22,5°) bedeuten.

Diese Gleichung ermöglicht die Bestimmung von RQ, wenn man $\Delta V_{O_2}$ durch eine Parallelbestimmung nach a) ermittelt.

Für besondere Fälle und für besondere Gasgemische, auf die obige Formeln nicht zutreffen, sei auf die Berechnungen von LINDERSTRØM-LANG[1] verwiesen.

### β) Der Capillartaucher.

ZEUTHEN[2] beschreibt einen Cartesianischen Taucher mit einem Gasvolumen von 0,05—0,1 mm³, welcher Atmungsmessungen von einzelnen Zellen oder Protisten ermöglicht, die einen Gasumsatz von $5 \cdot 10^{-4}$ bis $1 \cdot 10^{-2}$ mm³ je Stunde haben. Die Fehlergrenze liegt bei diesem Taucher bei etwa $2 \cdot 10^{-5}$ mm³. Der Capillartaucher ist also rund

---
[1] LINDERSTRØM-LANG, K.: C. R. Lab. Carlsberg (II) **24**, 249, 333 (1943).
[2] ZEUTHEN, E.: C. R. Lab. Carlsberg (II) **24**, 479 (1943).

100mal empfindlicher als der Standardtaucher. Die Grenze zwischen beiden Methoden geben nach ZEUTHEN Objekte mit einem Gasumsatz von $10^{-2}$ mm$^3$ je Stunde an. Intensiver atmende Zellen untersucht man im Standardtaucher.

Der *Taucher* besteht aus einer beiderseits offenen Capillare von 0,15—0,2 mm innerem Durchmesser, 5—7 mm Länge und einem Gasvolumen von 0,05—0,1 mm$^3$ (Abb. 64). An den beiden Enden wird der Taucher von den Mündungstropfen ($M_1$) und ($M_2$) verschlossen, die aus Schwebemedium nach HOLTER bestehen, mit der Modifikation, daß es 0,5% Natriumtaurocholat enthält und so viel 7,35 n Natronlauge zugesetzt wird, daß das Medium in bezug auf dieselbe 0,1 n wird. Das Schwebemedium besitzt ein spezifisches Gewicht von 1,325. Die Länge von ($M_1$) und ($M_2$) beträgt etwa 0,7—1 mm. Diese Tropfen

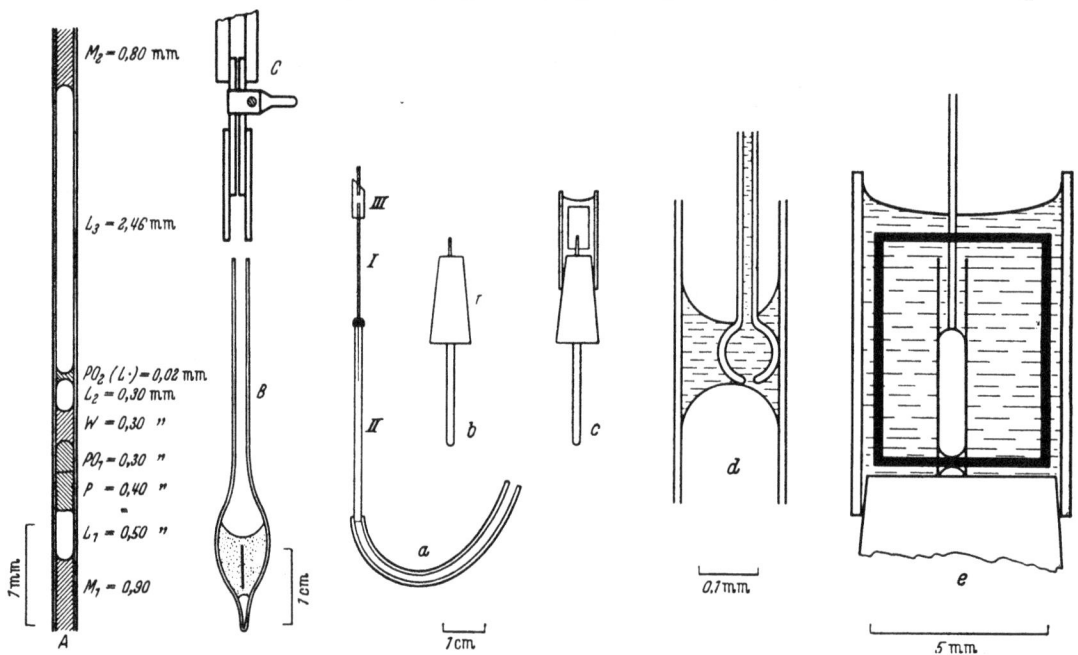

Abb. 64. Der Capillartaucher und sein Schwebegefäß (nach ZEUTHEN).

Abb. 65 a—e. Die Technik der Füllung eines Capillartauchers (nach ZEUTHEN). Erklärung im Text.

verhindern jeglichen Verlust an Luft. Nach ($M_1$) folgt der Luftraum ($L_1$), etwa 0,5 mm lang, dann ein Verschluß aus festem Paraffin ($P$) und im direktem Kontakt mit ihm 1 Tropfen $PO_1$ aus Paraffinöl. Die Länge von $P + PO_1$ beträgt etwa 0,7—1 mm. In Kontakt mit dem Paraffinöl steht der Wassertropfen $W$, welcher die atmende Zelle einschließt. Die Länge von $W$ ist 0,2—0,3 mm. Nach $W$ folgt ein kurzer Luftraum ($L_2$) mit einer Länge gleich dem 1,5—2fachen des Durchmessers der Tauchercapillare, dann ein sehr kurzer Öltropfen $PO_2$. Der engste Abstand zwischen den Menisken dieses Öltropfens ist 0,02—0,03 mm. $PO_1$ und $PO_2$ verhindern einen Verlust von Wasser aus $W$ an die konz. Salzlösungen $M_1$ und $M_2$. Das Paraffin $P$ bewirkt die Befestigung des Komplexes $P + PO_1$ und hält damit auch alle anderen Tropfen an ihrem Platz fest. $PO_2$ wird so kurz gemacht, damit das bei der Respiration entstandene $CO_2$ aus $W$ nach ($M_2$) diffundieren kann, wo es absorbiert wird. ($L_3$) ist der größte Luftraum im Taucher, 2—3 mm lang.

Die Technik der Füllung und Kalibrierung des Capillartauchers weicht sehr stark von der des Standardtauchers ab. Es ist aber infolge des beschränkten Umfanges dieses Artikels nicht möglich, die an und für sich sehr interessante Methodik in allen Einzelheiten zu besprechen, zumal der Capillartaucher bisher nur für Respirationsmessungen und noch nicht für enzymatische Umsetzungen Verwendung fand. Es kann daher nur auf folgende Punkte hingewiesen werden:

1. Die Capillaren, die als Taucher dienen sollen, müssen ein ganz bestimmtes Verhältnis zwischen Glasgewicht und dem Gewicht von Quecksilber besitzen, welches die

Capillaren ausfüllt. Bei Jenaer Glas vom spezifischen Gewicht 2,40 beträgt dieser Wert $9{,}2 > \frac{\text{Hg}}{\text{Glas}} > 7{,}7$.

2. Das Schwebegefäß wurde so konstruiert, daß sich das Medium zwischen zwei Lufträumen befindet. Dadurch wird der Austausch von Luft zwischen der Gasphase des Tauchers und des Mediums auf ein Minimum herabgesetzt.

3. Zum Füllen des Tauchers dient eine besondere Bremspipette (Abb. 65a). Auf die Mündung der Bremscapillare $I$ (Länge 3 cm, Innendurchmesser 0,1—0,2 mm) wird ein mit einer Nadel durchbohrter Block $III$ aus durchsichtigem Rohgummi ($2 \times 3 \times 5$ mm) aufgesteckt. Beim Einfüllen der Lösungen wird die Tauchercapillare durch Vermittlung dieses Gummiblockes an die Bremscapillare angeschlossen. Zum Einfüllen des Paraffintropfens $PO_2$ dient eine Kugelspitzpipette.

4. Um zu erreichen, daß der gefüllte Taucher einen Gleichgewichtsdruck nahe einer Atmosphäre hat, muß man die passende Länge der Mündungstropfen $(M_1) + (M_2)$ errechnen. Man erhält erst aus der Formel $l_M = l_D \left(1 + \frac{13{,}56}{\varphi_{gl} \cdot f} - \frac{13{,}56}{\varphi_M \cdot f}\right)$ die Länge $l_M$ eines Tropfens aus Schwebemedium, welcher den Taucher allein zum Schweben bringen würde ($l_D$ = Länge des Tauchers, $f = \frac{\text{Hg}}{\text{Glas}}$, $\varphi_{gl}$ = spezifisches Gewicht des Glases, $\varphi_M$ = spezifisches Gewicht des Schwebemediums). Nun wandelt man die Längen der geplanten Tropfen $W$, $PO_1$, $P$ und $PO_2$ in Millimeter Medium um (1 mm $H_2O$ = 0,75 mm Medium, 1 mm Paraffin oder Paraffinöl = 0,65 mm Medium) und zieht die Summe von $l_M$ ab. Die Differenz entspricht $(M_1) + (M_2)$. Man kann die ermittelte Zahl dann auf die beiden Mündungstropfen aufteilen.

5. Mit der Tauchercapillare, die auf die „Bremse" aufgesteckt wird, wird unter dem Mikroskop (Ocularmikrometer) erst der Tropfen $W$ mit der lebenden Zelle, dann sofort $PO_1$ angesaugt; nun stanzt man aus einer entsprechend dünnen Paraffinplatte mit der Tauchercapillare den Verschluß $P$ aus und stößt dann unter mikroskopischer Kontrolle mit einem feinen Glasfaden den Komplex $P + PO_1 + W$ tiefer in den Taucher hinein, um Platz für $(M_1)$ zu schaffen. Der Taucher wird von der Bremse entfernt und in den Schlitz eines konischen Gummistopfens $r$ gesteckt (Abb. 65b). Unter mikroskopischer Beobachtung wird jetzt mit einer Kugelspitzpipette der Ölfilm $PO_2$ angelegt (Abb. 65d). Um $(M_2)$ anzubringen, wird auf $r$ ein weites Glasrohr aufgesetzt, wodurch eine Kammer um den Taucher gebildet wird, die man mit Schwebemedium vollfüllt (Abb. 65c). Ein außen mit Kanadabalsam aufgekittetes Deckglas ermöglicht die mikroskopische Kontrolle. Das Fadenkreuz im Ocular markiert den richtigen Abstand des Meniscus $(M_2)$ vom Taucherende. Nun saugt man mit einer Luftpipette so viel Luft aus der Tauchercapillare heraus, bis das Medium an der Marke steht (Abb. 65e). Nach Umdrehen des Tauchers wird in analoger Weise $M_1$ angebracht.

6. Der Taucher wird zusammen mit etwas Schwebemedium in eine Pipette aufgesaugt, die innen eine Verengung hat, durch die der Taucher nicht hindurchschlüpfen kann, und in das Schwebegefäß übertragen.

7. Die Messung wird im Prinzip ähnlich durchgeführt wie beim Standardtaucher. Man beobachtet den Taucher durch das Horizontalmikroskop und stellt im Gleichgewicht einen der Menisken des Tauchers auf den horizontalen Balken des Fadenkreuzes ein.

8. Die Berechnung der Volumenänderung erfolgt nach der Formel:

$$\Delta V = V \frac{\Delta p}{10\,300},$$

wobei $V$ in Kubikmillimetern und $p$ in Millimetern $H_2O$ ausgedrückt werden.

9. Die kleinsten Taucher, mit denen man noch arbeiten kann, haben einen Durchmesser von 0,13 mm; daher haben die kleinsten Einzelzellen, deren Atmung man noch messen kann, je nach ihrer Atmungsintensität einen Durchmesser von 50—100 $\mu$.

*γ) Spezielle Methoden der Tauchertechnik zur Messung enzymatischer Umsetzungen.*

Grundsätzlich lassen sich mit dem CARTESIANIschen Taucher alle Arbeiten ausführen, die mit dem WARBURG-Apparat gemacht werden können. Bei der Beschreibung der Tauchertechnik stand die Verwendung als Mikrorespirometer im Vordergrund der Betrachtung. Im Anschluß daran soll an einigen Beispielen der Gebrauch des Tauchers bei anderen enzymatischen Untersuchungen erläutert werden.

**Bestimmung der Cholinesterase nach LINDERSTRØM-LANG und GLICK[1].** LINDERSTRØM-LANG und GLICK[1] entwickelten eine Methode zur Messung der Cholinesterase mit dem Cartesianischen Taucher, welcher auf einem von AMMON für den WARBURG-Apparat benutzten Prinzip beruht: Die gasometrische Messung von Kohlendioxyd, das aus einem Hydrogencarbonatpuffer durch die bei der Cholinesterspaltung freigesetzte Säure in äquivalenter Menge entwickelt wird. Diese Methode eignet sich selbstverständlich auch zur Messung von anderen Esterasen, wenn man die entsprechenden Substrate an Stelle von Acetylcholin nimmt.

*Reagentien:*
1. Substratlösung: 0,5%ige Lösung von Acetylcholinchlorid in Hydrogencarbonat-Ringerlösung.
2. Hydrogencarbonat-Ringerlösung: Man gibt zu 100 cm³ einer 0,9%igen NaCl-Lösung 2 cm³ 1,2%ige KCl-Lösung, 2 cm³ 1,76%ige $CaCl_2 \cdot 6H_2O$-Lösung und 20 cm³ 1,26%ige $NaHCO_3$-Lösung. Die Salzlösung wird vor Gebrauch mit einem Gasgemisch aus Stickstoff mit 5% Kohlendioxyd gesättigt.

*Ausführung:*

Man pipettiert auf den Boden der Standardtaucher 1 mm³ der mit dem Gasgemisch ($N_2 + 5\% CO_2$) gesättigten Substratlösung. Dann werden die Taucher mit dem Gasgemisch durchströmt; während der Begasung werden 0,3 mm³ Enzymlösung dem Bodentropfen zugesetzt und schließlich der Halstropfen aus Paraffinöl und der Mündungstropfen angebracht. Parallel dazu werden Kontrolltaucher gefüllt, die 0,3 mm³ inaktivierte Enzymlösung oder Wasser an Stelle der aktiven Lösungen enthalten. GLICK[2] empfiehlt, der hohen Permeabilität von Paraffinöl und Schwebemedium für $CO_2$ Rechnung zu tragen und das Paraffinöl sowie das Schwebemedium vor der Messung mit $CO_2$ zu sättigen.

**Bestimmung von Aneurin und Cocarboxylase nach WESTENBRINK[3].** WESTENBRINK[3] paßte die Methode von OCHOA und PETERS[4] an das Tauchermanometer an, welche auf der Beobachtung beruht, daß die Abspaltung von Kohlendioxyd aus Brenztraubensäure durch alkalisch gewaschene Hefe, die mit Magnesiumchlorid und Cocarboxylase versorgt wird, in Gegenwart von freiem Aneurin aktiviert wird. Die Methode erlaubt die Bestimmung von 0,00005 γ Cocarboxylase und etwa 0,0005 γ Aneurin einzeln und in einer Mischung von beiden Bestandteilen.

*Reagentien:*
1. Hefesuspension: Man verrührt 100 g Hefe mit 5 cm³ 0,1 m sekundärem Phosphat 4 min lang bei 16—20°, zentrifugiert die Hefe ab (1 min), wiederholt den Vorgang noch zweimal und wäscht den Rückstand mit 5 cm³ Wasser 4 min lang in der gleichen Weise. Man setzt nun dem Rückstand 0,12 cm³ 0,1 m $MgCl_2$ und so viel 0,1 m Phosphatpuffer vom $p_H$ 6,2 zu, daß das Gesamtvolumen 1,2 cm³ beträgt. Das Präparat muß sofort verwendet werden.
2. 1,0 m Natriumpyruvat in 0,1 m Phosphatpuffer, $p_H$ 6,2.
3. Aneurinlösung: Man löst 0,8 mg Aneurin in 1 cm³ 0,1 m Phosphatpuffer $p_H$ 6,2.
4. Cocarboxylaselösung: Man löst 0,005 mg Cocarboxylase in 1 cm³ 0,1 m Phosphatpuffer, $p_H$ 6,2.

---

[1] LINDERSTRØM-LANG, K., u. D. GLICK: C. R. Lab. Carlsberg (II) **22**, 300 (1938).
[2] GLICK, D.: Techniques of Histo- and Cytochemistry. New York 1949.
[3] WESTENBRINK, G. K.: Enzymologia **8**, 97 (1940). C. R. Lab. Carlsberg (II) **23**, 195 (1940).
[4] OCHOA, S., and R. A. PETERS: Biochem. J. **32**, 1501 (1938).

*Ausführung:*

Man pipettiert auf den Boden eines großen Tauchers ($V = 20$—$30\ mm^3$) je $0{,}2\ mm^3$ der Pyruvat-, Cocarboxylase- und Aneurinlösung. Je nachdem, ob man Aneurin oder Cocarboxylase bestimmen will, läßt man den entsprechenden Stoff weg und ersetzt ihn durch $0{,}2\ mm^3$ der Probelösung bzw. bei den Kontrollen durch $0{,}2\ mm^3$ Phosphatpuffer. Anschließend gibt man $0{,}5\ mm^3$ obiger Hefesuspension zu. Nun werden die Halstropfen eingesetzt und der Taucher meßbereit gemacht. Die Ablesungen erfolgen in Intervallen von 30 min. Bei der Analyse von beiden Komponenten in Mischung bestimmt man zuerst die Cocarboxylase. Dann gibt man in einem zweiten Versuchsansatz zu $0{,}2\ mm^3$ der Probelösung außerdem noch $0{,}2\ mm^3$ einer Cocarboxylaselösung, deren Gehalt so eingestellt wird, daß der Gesamtgehalt an Cocarboxylase im Taucher $0{,}001\ \gamma$ beträgt. Acetylaneurin aktiviert nur halb so stark wie freies Aneurin. Zur Auswertung benützt man eine Eichkurve, die mit Lösungen von bekanntem Gehalt an Aneurin bzw. Cocarboxylase hergestellt wurde.

**Bestimmung der Lysindecarboxylase nach** Schwartz [1].
Schwartz [1] verwendet zur Bestimmung dieses Enzyms mit Silicon behandelte Taucher. Die Versuchsanordnung ist ein Beispiel für eine Taucherfüllung, bei der man den Reaktionsansatz in zwei Komponenten getrennt in den Taucher bringt, um dann erst zu einem gegebenen Zeitpunkt die Vereinigung der Lösungen und den Beginn der Umsetzung herbeizuführen.

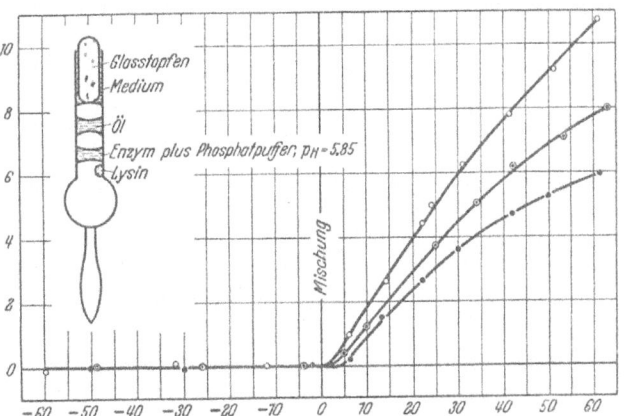

Abb. 66. Der meßfertig gefüllte Taucher für die Bestimmung der Lysindecarboxylase (nach Schwartz). Abszisse: Zeit in Min. Ordinate: Entwicklung von $CO_2$ in 3 verschiedenen Tauchern ($mm^3 \times 10^{-3}$).

Wie Abb. 66 zeigt, wird das Enzym-Puffergemisch als Halstropfen, die Lysinlösung als Seitentropfen in den Taucherhals gebracht. Die Messung wird nach den Angaben auf S. 432 durchgeführt. Der Seitentropfen besteht aus $0{,}1\ mm^3$ m/15 Lysin-HCl, welches mit NaOH auf $p_H\ 5{,}0$ gebracht wird. Als Halstropfen dient $1{,}0\ mm^3$ einer Lösung, die aus 0,1 m Phosphatpuffer $p_H\ 5{,}85$ und einem Auszug von Acetontrockenpulver aus *Escherichia coli* mit m/45 Boratpuffer $p_H\ 8{,}5$ besteht. Der Öltropfen hat ein Volumen von $0{,}5\ mm^3$, der Mündungstropfen ist 2 mm lang und umschließt einen Glasstopfen.

Bezüglich methodischer Einzelheiten zur Bestimmung von Bernsteinsäuredehydrogenase und Cytochromoxydase mit der Tauchertechnik sei auf Andresen, Engel und Holter [2], sowie auf Holter und Pollock [3] verwiesen.

**Bestimmung von *Diphosphopyridinnucleotid* (DPN) nach** Anfinsen [4]. Anfinsen [4] arbeitete die Warburg-Methode von Jandorf, Klemperer und Hastings [5] zur Bestimmung von DPN in Gewebeschnitten für den Cartesianischen Taucher um. Das Prinzip der Methode beruht darauf, daß Enzyme aus Muskelextrakt in Gegenwart von Arsenat Hexosediphosphorsäure unter Freisetzung von Säure zerlegen, wobei der Umsatz der Konzentration an Co-Enzym I proportional ist. Die freigesetzte Säure macht aus einem Hydrogencarbonatpuffer $CO_2$ frei, welches manometrisch gemessen werden kann. Die Methode von Anfinsen erlaubt die Bestimmung von $0{,}001$—$0{,}006\ \gamma$ DPN mit einem Fehler von weniger als 5%.

---

[1] Schwartz, S.: C. R. Lab. Carlsberg (II) **27**, 79 (1949).
[2] Andresen, N., F. Engel and H. Holter: C. R. Lab. Carlsberg (II) **27**, 408 (1951).
[3] Holter, H., and B. M. Pollock: C. R. Lab. Carlsberg (II) **28**, 221 (1952).
[4] Anfinsen, C. B.: J. biol. Ch. **152**, 285 (1944).
[5] Jandorf, B. J., F. W. Klemperer and A. B. Hastings: J. biol. Ch. **138**, 311 (1941).

*Extraktion von DPN aus Gewebeschnitten:* Gefroren getrocknete Schnitte werden auf einer Quarzfadenwaage (S. 376) gewogen und in Mikrozentrifugenröhrchen gebracht, welche aus 3—4 mm weiten Capillaren gemacht werden. Man zieht die Röhrchen nach Art von Ampullen etwas aus, um eine Verengung zu schaffen, die später das Zuschmelzen erleichtert. Mit einer Konstriktionspipette setzt man ein bestimmtes Quantum Wasser zu und schmilzt die Röhrchen möglichst schnell ab. Die verschlossenen Röhrchen kommen für 2 min in siedendes Wasser und werden anschließend sofort in Eiswasser gebracht. Nach kurzem Zentrifugieren, um die Flüssigkeit quantitativ am Boden des Gläschens zu sammeln, öffnet man die Röhrchen.

*Reagentien:*
1. 0,154 m Natriumhydrogencarbonatlösung, gesättigt mit einer Mischung von 5% $CO_2$ und 95% $N_2$.
2. 0,003 m Dinatriumarsenat.
3. 0,016 m Natriumhexosediphosphatlösung. Sie wird aus dem Calciumsalz hergestellt durch Zugabe von 700 mg des Stoffes zu 40 cm³ 1%iger Oxalsäure. Nach Umrühren wird mit Natriumhydrogencarbonat gegen Chlorphenolrot neutralisiert, durch Kohlefilter entfärbt, auf Oxalat geprüft, ein geringer Überschuß wird durch Zugabe von wenig Calcium ausgefällt. Dann läßt man die Lösung nochmals durch dasselbe Filter laufen. Die Lösung wird auf 1 mg organischen P je Kubikzentimeter verdünnt.
4. Muskelextrakt: Muskeln vom Hinterbein der Katze werden von Fascien befreit, mit gleichem Gewicht an Eis und Wasser homogenisiert (Waring-Blendor), zentrifugiert (Sharples-Zentrifuge); unter Rühren werden 4 Vol. eiskaltes Aceton in schwachem Strahl zugegeben. Fällung 30 min in der Kälte stehen lassen, das Überstehende dekantieren und den Rückstand zentrifugieren. Den Rückstand zweimal mit kaltem Aceton in der Zentrifuge nachwaschen, in Büchner-Trichter überführen und mit Aceton und Äther waschen. Den festen Rückstand in Stücke zerbrechen und im Vakuum über $H_2SO_4$ trocknen. 600 mg des Acetonpulvers unter sukzessiven Zugaben von je 2 cm³ Wasser (bis insgesamt 20 cm³) zu einem Brei anrühren, zentrifugieren, das Überstehende in der Kälte 24 Std gegen fließendes destilliertes Wasser dialysieren und zentrifugieren. Entfernung störender Nucleotide durch Zugabe von 600 mg Noritkohle zur dialysierten Lösung. In der Kälte 1 Std mechanisch schütteln, zentrifugieren, das Überstehende noch einmal mit Kohle 1½ Std behandeln, zentrifugieren und filtrieren. Der wäßrige Extrakt hält sich 4—5 Tage in der Kälte, das Acetonpulver ist in der Kälte im Vakuum stabil.

*Ausführung:*

Man vermischt 0,4 cm³ Hydrogencarbonatlösung mit 0,6 cm³ Hexosediphosphat und 0,3 cm³ Arsenat. Zu 1 Vol. dieser Mischung kommen 0,17 Vol. Standard-DPN-Lösung oder die Probe. Von diesen Lösungen überträgt man soviel in den Taucher, daß der Ansatz 1,6 mm³ beträgt. Man füllt den Bodentropfen mit Wasser und Muskelextrakt auf 3,14 mm³ auf (1 Vol. Muskelextrakt + 0,5 Vol. destilliertem Wasser). Nun durchströmt man den Taucher mit einem Gasgemisch aus 5% $CO_2$ und 95% $N_2$ und bringt die Halstropfen an. Der Taucher wird in den Thermostat gesetzt, die Ablesungen erfolgen in 5 min-Intervallen. Technik s. S. 435.

Eine ausgezeichnete volumetrische Mikrotechnik der Gasanalyse hat Scholander[1] entwickelt. Diese Methodik fußt auf seiner Mikrobürette (s. S. 394) und erlaubt, ein Gasvolumen von etwa 10 mm³ auf verschiedene Komponenten zu prüfen, wobei der durchschnittliche Fehler einer Bestimmung bei 0,1% liegt. Diese Mikrotechnik kann hier nur erwähnt werden; eine Zusammenfassung dieser Methoden findet sich bei Glick (s. S. 348). Besonders gut ausgearbeitet wurden Verfahren zur Bestimmung von Sauerstoff[2], Kohlen-

---
[1] Scholander, P. F.: Rev. sci. Instr. **13**, 32 (1942).
[2] Roughton: F. J. W., and P. F. Scholander, J. biol. Ch. **148**, 541 (1943).

monoxyd[1], Stickstoff[2] und Kohlendioxyd[3] in Blutmengen von der Größenordnung eines Tropfens.

Ein ingeniöses Verfahren zur Messung des Sauerstoffverbrauches einzelner Zellen beschreiben SCHOLANDER, CLAFF und SVEINSSON[4]. Die Methode beruht auf dem Taucherprinzip. Die Empfindlichkeit beträgt rund $0,2 \times 10^{-6}$ mm$^3$ bei einer Stabilität von $10-0 \times 10^{-6}$ mm$^3$ je Stunde. Die Technik soll einfacher sein, als die des 0,1 mm$^3$-Cartesianischen Tauchers von ZEUTHEN (S. 437) und läßt die Möglichkeit einer noch bedeutenden Verfeinerung offen.

Im Prinzip besteht die Apparatur aus einer winzigen Atmungskammer, die mit Kulturmedium gefüllt wird. Durch den feinen capillaren Spalt, den ein gut passender, aber nicht gefetteter Glasstopfen am Ausgang der Atmungskammer freiläßt, kommuniziert das Medium der Atmungskammer mit dem außerhalb der Kammer befindlichen Medium. Dieser Spalt dient als Diffusionswiderstand, läßt aber eine ungestörte Druckübertragung vom Außenmedium zur Kammer zu. In der luftblasenfrei gefüllten Atmungskammer befinden sich das Objekt und ein winziges, hydrophobes Gewicht, an welchem ein Luftbläschen klebt. Das Gewicht mit der Luftblase wirkt als Taucher; es wird durch die Einstellung eines passenden, an einem Hg-Manometer ablesbaren Druckes in der Atmungskammer zum Schweben gebracht. Der Messung liegt daher ein Konstant-Volumensystem zugrunde; der am Manometer abgelesene Druckunterschied, multipliziert mit einem Faktor, der aus bekannten Konstanten errechnet werden kann, ergibt den Sauerstoffverbrauch.

# Biochemical Genetics.

By

**Sterling Emerson.**

With 31 figures.

## 1. Introduction*.

Biochemical genetics makes use of heritable metabolic dissimilarities among individuals of a species in studies of fundamental biochemical problems. Through the application of its methods considerable progress has already been made in working out the metabolic pathways by which many amino acids, vitamins, and the constituents of nucleic acids are synthesized by living cells[5]. Another result of the same studies has been an increased understanding of the interdependencies which exist between different biochemical processes within living cells[6]. Furthermore, the methods of biochemical genetics offer the only means

---

* Eine Erläuterung von Fachausdrücken findet sich S. 534.
[1] SCHOLANDER, P. F., and F. J. W. ROUGHTON: J. biol. Ch. 148, 551 (1943).
[2] EDWARDS, G. A., P. F. SCHOLANDER and F. J. W. ROUGHTON: J. biol. Ch. 148, 565 (1943).
[3] SCHOLANDER, P. F., and F. J. W. ROUGHTON: J. biol. Ch. 148, 573 (1943).
[4] SCHOLANDER, P. F., C. L. CLAFF and S. L. SVEINSSON: Biol. Bull. 102, 157 (1952).
[5] HOROWITZ, N. H., and R. D. OWEN: Ann. Rev. Physiol. 16, 81 (1954). — CATCHESIDE, D. G.: Ann. Rev. Physiol. 12, 47 (1950). The Genetics of Microorganisms. London 1951. — WYSS, O., and F. L. HAAS: Ann. Rev. Microbiol. 7, 47 (1953). — KAPLAN, R.: Ann. Rev. Microbiol. 6, 49 (1952). FOSTER, J. W.: Ann. Rev. Microbiol. 5, 101 (1951). — TATUM, E. L., and D. D. PERKINS: Ann. Rev. Microbiol. 4, 129 (1950). — HOROWITZ, N. H., and H. K. MITCHELL: Ann. Rev. 20, 465 (1951). — HOROWITZ, N. H.: Adv. Genetics 3, 33 (1950).
[6] BONNER, D. M.: Cold Spring Harb. Symp. quant. Biol. 16, 143 (1952). — DAVIS, B. D.: J. Bacteriology 64, 749 (1952). — MITCHELL, M. B., and H. K. MITCHELL: Proc. nat. Acad. Sci. USA 38, 205 (1952). — EMERSON, S.: Cold Spring Harb. Symp. quant. Biol. 14, 40 (1949).

now known by which it is hoped to learn how genes enter into the control of cellular processes[1], one of the fundamental problems of biochemistry.

By and large, the methods of biochemical genetics are the standard methods of genetics, biochemistry, and microbiology. The biochemical-genetic approach has developed from the appreciation of the dependency of all physiological processes in a cell upon a genetic continuity with ancestral cells of the same capabilities. New methodology has depended upon a knowledge of the different contributing fields of study and upon a certain degree of ingenuity in applying these different disciplines simultaneously to some particular problem. One of the major considerations in undertaking biochemical-genetic investigations is the choice of biological material to be used. Not only are some organisms well suited, and others ill suited, to certain procedural practices, but their characteristics of growth and reproduction are often so dissimilar that methods applicable to one cannot readily be used with another.

Because of this diversity in biological material, with the consequent diversity in experimental procedure, it is difficult to present a generalized set of directions for biochemical-genetic research. The plan adopted for this review is to present the pertinent characteristics of a few organisms which are commonly used in these studies, before entering into a description of methods. This arrangement permits the use of illustrative examples in connection with specific procedures, as well as showing how procedures must be altered to suit the organism used.

**Choice of Biological material.** In order to carry out biochemical genetic studies of any considerable scope it is necessary to employ organisms whose echaracteristics suit them to both genetic and biochemical analysis. Ideally the biological material selected for study should possess all of the following characteristics: 1. There should be a great diversity of inherited biochemical dissimilarities, or there should be an easy way of producing them. 2. The hereditary mechanism should be adaptable to experimental controls which insure that genetic determiners can be identified with certainty. These mechanisms should be such that any desired combination of hereditary characteristics can be assembled in a single individual. A life cycle of short duration is desirable. 3. There must be the possibility of isolating single uninucleate cells from which pure lines (genetically homogeneous material) may be established. 4. There should be the possibility of perpetuating the genetic constitution of an individual without the slightest alteration even in unidentified genetic elements. This is generally most conveniently accomplished by means of vegetative or clonal reproduction. There should be the possibility of producing a large bulk of such homogeneous genetic material both rapidly and inexpensively for use in biochemical experimentation. 5. The material should be adaptable to controlled physiological and biochemical experimentation. In this connection, unicellular organisms such as yeasts and bacteria have numerous advantages.

It frequently happens that considerations other than those just outlined will determine the choice of biological material, and diverse organisms have been successfully used in studies properly classed as biochemical genetics. Heritable biochemical differences in man[2] were among the first to be so studied. The most extensive studies of the early period dealt with inherited differences in anthocyanine pigmentation in flowering plants[3]. The first thorough investigation of a number of inherited effects upon a single biosynthetic pathway dealt with the production of eye pigments in Drosophila[4]. The really

---

[1] HALDANE, J. B. S.: The biochemistry of the individual. Perspectives Biochem. London 1939. pp. 1—10. The Biochemistry of Genetics. London 1954. — BEADLE, G. W.: Chem. Reviews 37, 15 (1945). — LEUPOLD, U., and N. H. HOROWITZ: Z. indukt. Abstamm.- u. Vererb.-Lehre 84, 306 (1952).

[2] GARROD, A. E.: Inborn Errors in Metabolism. 2nd Ed. London 1923.

[3] ONSLOW, N. W.: The Anthocyanine Pigments of Plants. 2nd Ed. London 1925. — SCOTT-MONCRIEFF, R.: J. Genetics 32, 117 (1936). — LAWRENCE, W. J. C., and J. R. PRICE: Biol. Reviews 15, 35 (1940).

[4] EPHRUSSI, B., et G. W. BEADLE: Bull. biol. France Belg. 71, 54 (1937). — BUTENANDT, A., W. WEIDEL u. H. SCHLOSSBERGER: Z. Naturforsch. 4b, 242 (1949).

productive phase of the subject began with the selection of a fungus, *Neurospora crassa* (and the very similar *N. sitophila*) in studies planned to produce a large number of inherited metabolic deficiencies in a single organism[1]. Since then, because of the attributes listed above, microorganisms have been used almost to the exclusion of all others.

## 2. Life histories and cultural characteristics of representative microorganisms.

### a) Neurospora crassa, a heterothallic filamentous fungus.

Two species of Neurospora, *N. crassa* and *N. sitophila*, are so similar in all respects pertinent to the present discussion that what is to be said of one is also true of the other. The genus *Neurospora* is a member of the family *Fimetariaceae*, order *Sphaeriales* of the "*Pyrenomycetes*", class *Ascomycetes*.

#### α) Vegetative characteristics.

The plant body is a mycelium made up of branched hyphae. The hyphae are multicellular, but coenocytic in that each cell contains several to many nuclei. The septa separating the cells are perforated (fig. 1a) permitting the passage from one cell to another of protoplasmic granules, vacuoles, and presumably of nuclei[2]. Under certain circumstances nuclei of different genetic constitution may be present in the same vegetative cells. Growth of the mycelium, as in most filamentous fungi, is peripheral[3], that is hyphae increase in length at their tips only; older portions of the hyphae may increase in diameter and develop heavier cell walls. Growth in length is extremely rapid, exceeding six millimeters per hour in some strains under favorable conditions. During active growth in liquid culture the dry weight may double in less than four hours. Neurospora is an obligate aerobe and in liquid culture oxygen is usually the limiting factor in growth rate. The optimal temperature for growth varies with the strain and with the carbon source used, the upper limit being about 35°.

#### β) Asexual reproduction.

Vegetative propagation can take place by means of fragments of hyphae or by either of two types of asexual spores. Monilioid conidia, or macroconidia, are cut off at the tips of erect, branched conidiophores (fig. 1a). Monilioid conidia have variable numbers of nuclei, those with two nuclei being most frequent in many strains, followed by those with three nuclei and one nucleus, though much larger numbers of nuclei are present in some conidia[4]. Microconidia, on the other hand, are uninucleate[5]. They erupt through pores on the surface of vegetative cells or of cells of specialized microconidiophores (fig. 1b). Both types of conidia, and even isolated vegetative cells, germinate to form typical mycelium.

The production of monilioid conidia and of microconidia is under genetic control. The largest production of microconidia occurs when a gene which enhances the production of microconidia is combined with any one of a number of genes which suppress the production of monilioid conidia[6].

#### γ) Sexual reproduction.

Vegetative isolates of *Neurospora crassa* (and of *N. sitophila*) are always one or the other of two stable mating types. These alternative mating types were formerly designated

---

[1] BEADLE, G. W., and E. L. TATUM: Proc. nat. Acad. Sci. USA **27**, 499 (1941).

[2] KÖHLER, E.: Planta, Berlin **10**, 495 (1930). — DODGE, B. O.: Mycologia, Lancaster **27**, 418 (1935). DODGE, B. O.: Bull. Torrey bot. Club **69**, 75 (1942).

[3] EMERSON, S.: J. Bacteriology **60**, 221 (1950).

[4] NORMAN, A.: Exp. Cell Res. **2**, 454 (1951). — HUEBSCHMAN, C.: Mycologia, Lancaster **44**, 599 (1952).

[5] DODGE, B. O.: Bull. Torrey bot. Club **59**, 347 (1932).

[6] BARRATT, R. W., and L. GARNJOBST: Genetics **43**, 351 (1949).

as + and —[1], but since 1945 as $A$ and $a$[2]. Each mating type is hermaphroditic, functioning as either male or female, and each is self incompatible so that the sexual stage is never completed when only a single mating type is present. (In strains of mating type $a$ clusters of a few apparently mature perithecia sometimes occur, but these are sterile structures which do not produce ascospores.) The principal morphological structures occuring in the life cycle of *Neurospora crassa* are illustrated in figures 1 and 2, and are summarized diagramatically in figure 3.

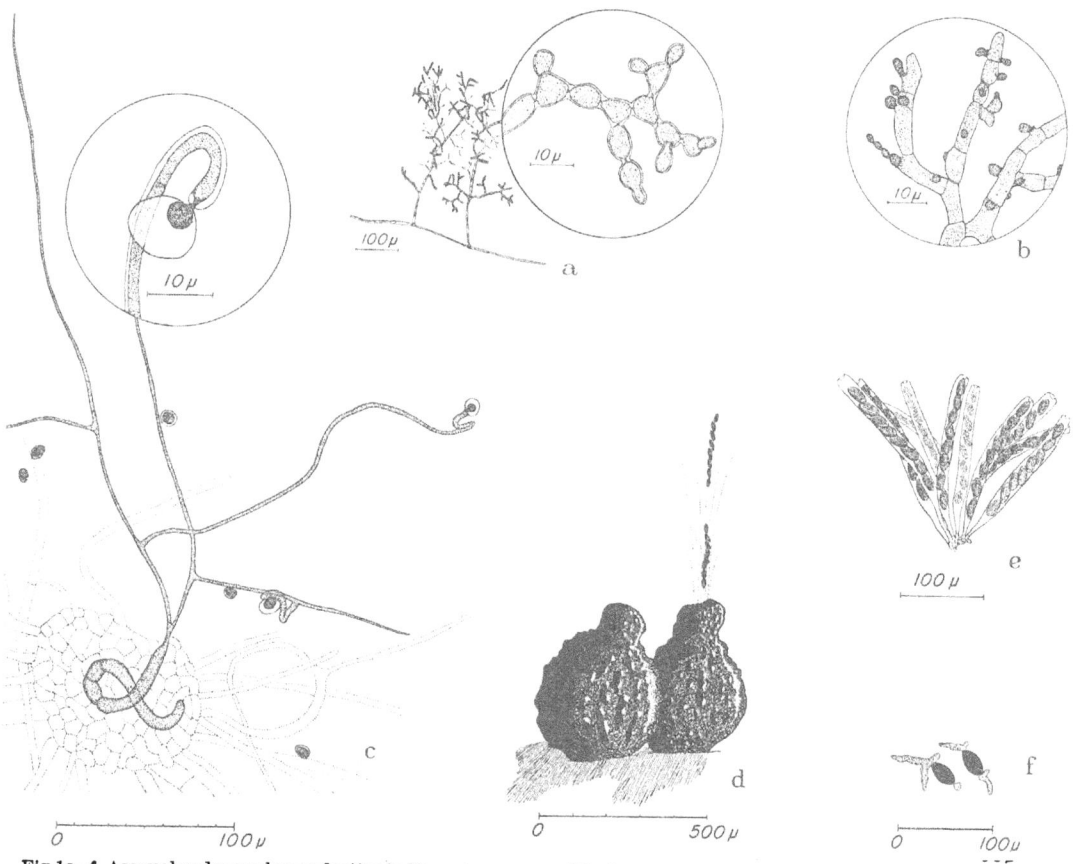

Fig.1a—f. Asexual and sexual reproduction in Neurospora: *a*, conidiophore with monilioid conidia; *b*, microconidia on portion of microconidiophore; *c*, protoperithecium with anastomoses between conidia and branches of the trichogyne; *d*, perithecia; *e* group of asci with maturing ascospores; *f*, germinating ascospores. All are *N. crassa* except *c* which is *N. sitophila*; *c* is after BACKUS[3]; *b* is after DODGE[4] and *f* is after SHEAR and DODGE[5].

The reproductive structure with female characteristics is the protoperithecium (fig. 1c), which is also sometimes known by the names "sclerotial body" and "incipient ascocarp". It consists of a wall of sterile cells surrounding a coil of larger cells, the ascogonium, which ends in a trichogyne[6]. The trichogyne anastomoses with a cell of the opposite mating type which can be a vegetative cell, a monilioid conidium (as illustrated in fig. 1c), or a microconidium. One or more nuclei from the "fertilizing" cell migrate down the trichogyne to the enlarged cells of the basal coil. Genetic investigations with heterocaryons indicate that a single "male" nucleus may "fertilize" an entire perithecium, though it is not uncommon for more than one male nucleus to take part in the further development

---

[1] LINDEGREN, C. C.: Bull. Torrey bot. Club **59**, 119 (1932).
[2] BEADLE, G. W., and E. L. TATUM: Amer. J. Bot. **32**, 678 (1945).
[3] BACKUS, M. P.: Bull. Torrey bot. Club **66**, 63 (1939).
[4] DODGE, B. O.: Bull. Torrey bot. Club **59**, 347 (1932).
[5] SHEAR, C. L., and B. O. DODGE: J. agric. Res. **34**, 1019 (1927).
[6] DODGE, B. O.: Mycologia, Lancaster **27**, 418 (1935). — BACKUS, M. P.: Bull. Torrey bot. Club **66**, 63 (1939).

of the perithecium[1]. The "fertilized" protoperithecium then develops into the mature fruiting body, the perithecium (fig. 1d).

During the development of the perithecium from the protoperithecium fusions occur between descendants of the parental nuclei. Meiotic divisions follow during which there is a segregation of genes contributed by the two parents. In other microorganisms used in biochemical-genetic studies these important phases of the life cycles are known only by

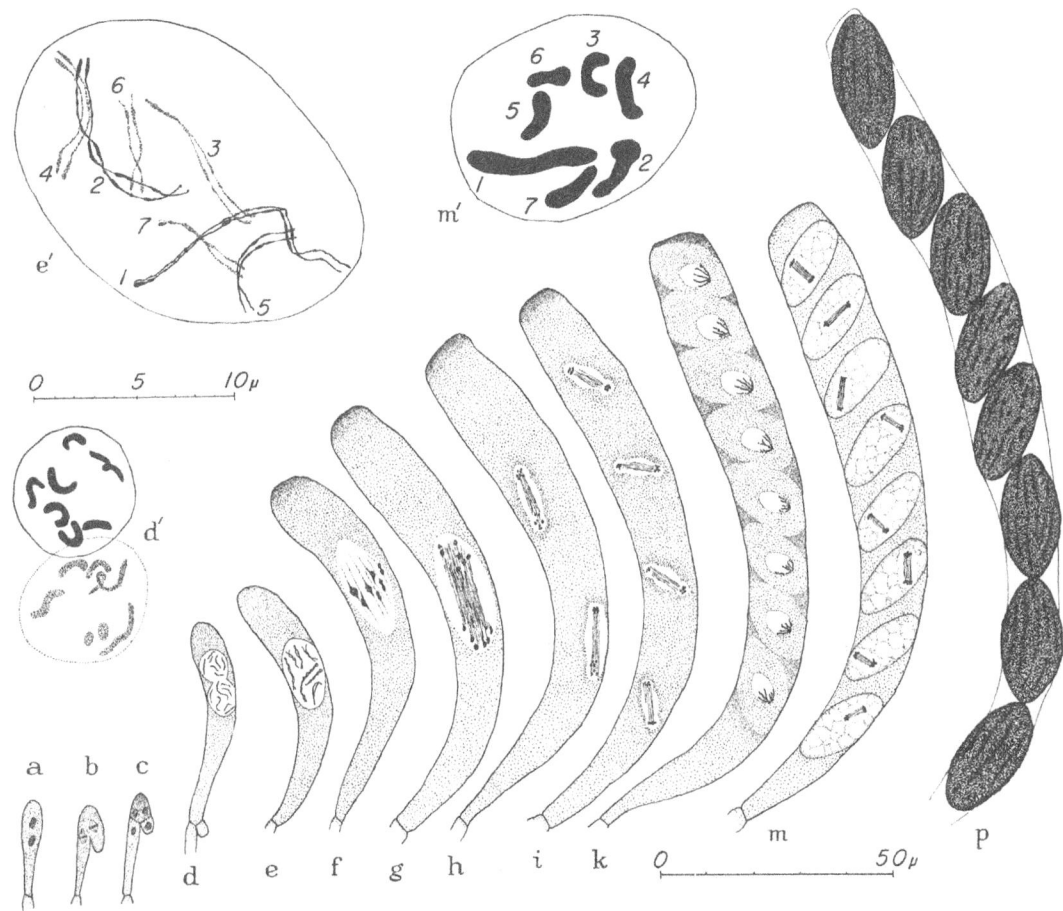

Fig. 2 a—p. Nuclear phenomena during ascospore development in *Neurospora crassa* (slightly diagrammatic drawings from photomicrographs by B. McClintock except d′ which is after Singleton[2] and p which is after Shear and Dodge[3]): a to c, conjugate nuclear divisions in the crosier and development of primary ascogenous cell; d and d′, gamete nuclei at the time of fusion; e and e′, pairing of chromosomes in prophase of the first meiotic division; f, metaphase, and g, anaphase of the first meiotic division; h, anaphase of second meiotic division; j, anaphase of the third (mitotic) division; k, telophase of third division, spores being cut out; m, anaphase of mitotic division in the ascospores; m′ chromosomes in prophase of the mitotic division in the ascospore; p, ascus with nearly mature ascospores.

inference from genetic results. In *Neurospora crassa* the genetic inferences[4] have been supported and extended by the very careful cytological observations of McClintock[5] and Singleton[2]. This mutual confirmation of cytological and genetic findings is especially important here because of the earlier extensive misinterpretations of events in the life cycles of Ascomycetes which led to the postulate that there were two successive nuclear fusions followed by a double reduction in chromosome number (brachymeiosis[6]).

---

[1] Grant, H.: A genetic analysis of the life cycle of *Neurospora crassa*. Thesis, Stanford Univ., California (1945). — Sansome, E. R.: Genetica, den Haag **24**, 59 (1947).

[2] Singleton, J. R.: Amer. J. Bot. **40**, 124 (1953).

[3] Shear, C. L., and B. O. Dodge: J. agric. Res. **34**, 1019 (1927).

[4] Lindegren, C. C.: Bull. Torrey bot. Club **60**, 133 (1933).

[5] McClintock, B.: Amer. J. Bot. **32**, 671 (1945).

[6] Harper, R. A.: Carnegie Instn. Publ. No. 37, 1—105 (1905). — Gwynne-Vaughan, H. C. I., and H. S. Williamson: Ann. Botany **46**, 653 (1932).

Important cytological events occurring during the maturation of perithecia are illustrated in figure 2. On hyphae arising from the "fertilized" basal coil cells are special hook-shaped structures, the crosiers (fig. 2a—c), in which conjugate divisions of pairs of nuclei insure that one nucleus of each mating type will be present in the resulting cell from which the ascus is to develop. It must be understood that nuclei of the two mating types are cytologically indistinguishable, but the inference that the two nuclei entering the primary ascogenous cell are derived respectively from the two parents is incontrovertibly established by the genetic observation that all chromosomal hereditary elements of both parents are present in that cell. The cytological observations are not only consistent with the genetic findings, but they demonstrate a nuclear mechanism by which that result is accomplished.

The two nuclei in the primary ascogenous cell may properly be regarded as gamete nuclei. Each has seven chromosomes (fig. 2d'), the number characteristic of haploid nuclei throughout the genus[1]. In *Neurospora crassa* each of the seven chromosomes is recognizable by distinguishing morphological and size characteristics at several stages during this critical period (fig. 2e', and m'). The two gamete nuclei fuse to form the zygote nucleus (fig. 2e), the only diploid nucleus in the entire life cycle, in which each chromosome of one gamete nucleus pairs with its homologue from the other gamete nucleus (fig. 2e'). The two meiotic divisions then occur (fig. 2e—h) during which the chromosome number is reduced to result in four haploid nuclei. In these two divisions the spindles are oriented parallel to the long axis of the ascus and there is no overlapping of spindles in the second division. This situation results in an ordered row of four nuclei in which the position of each nucleus reflects its lineage (*cf.* fig. 5). A further mitotic division occurs to produce eight nuclei about which ascospore walls develop (fig. 2j, k). After the ascospores have been formed there is still another mitotic division which makes each ascospore binucleate (fig. 2m).

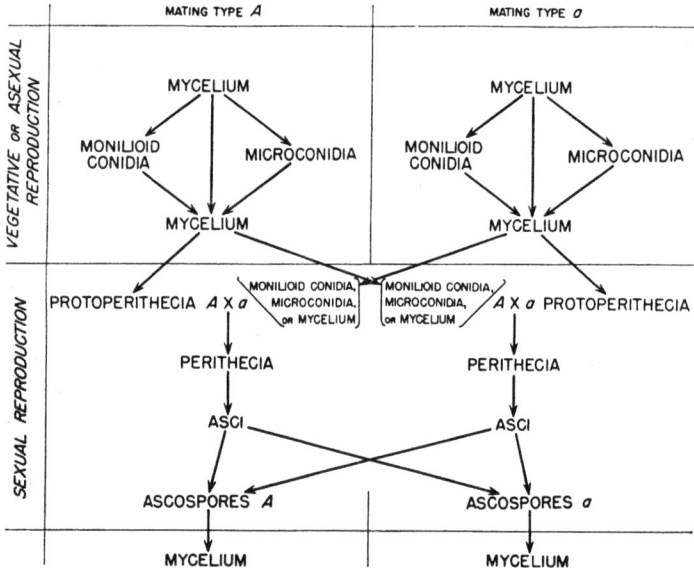

Fig. 3. Diagram of the life cycle of *Neurospora crassa*.

Mature ascospores have heavy black walls with characteristic sculpturing (fig. 2p). While the spores have been maturing, the perithecia have increased greatly in size (fig. 1d) and have developed beaks with pores, or osteoles, through which the ascospores are discharged when the asci rupture. The ascospores are dormant and ordinarily require special treatments to induce them to germinate. Germination can be induced by heating to 60° for fifteen minutes or longer[2], or by chemical activation with furfural[3]. Strains

---

[1] FINCHAM, J. R. S.: Ann. Botany (N. S.) **13**, 23 (1949). — DODGE, B. O., J. R. SINGLETON and A. ROLNICK: Proc. amer. philos. Soc. **94**, 38 (1950).

[2] SHEAR, C. L., and B. O. DODGE: J. agric. Res. **34**, 1019 (1927). — GODDARD, D. R.: Cold Spring Harb. Symp. quant. Biol. **7**, 362 (1939).

[3] EMERSON, M. R.: J. Bacteriology **55**, 327 (1948). — SUSSMAN, A. S.: J. gen. Microbiol. **8**, 211 (1953).

derived from single ascospores are pure lines, being descended from single haploid nuclei. Actually strains derived from pairs of ascospores can be considered as representing a single clone since they are derived by strictly vegetative divisions from one of the haploid nuclei produced in meiosis.

### δ) Genetic considerations.

In most organisms either a single product of meiosis survives, as in the maturation of the eggs of animals and in megasporogenesis in plants, or else the products of one meiotic event are inextricably mixed with those of others, as in spermatogenesis in animals and microsporogenesis in plants. In either case the types of segregation occurring at

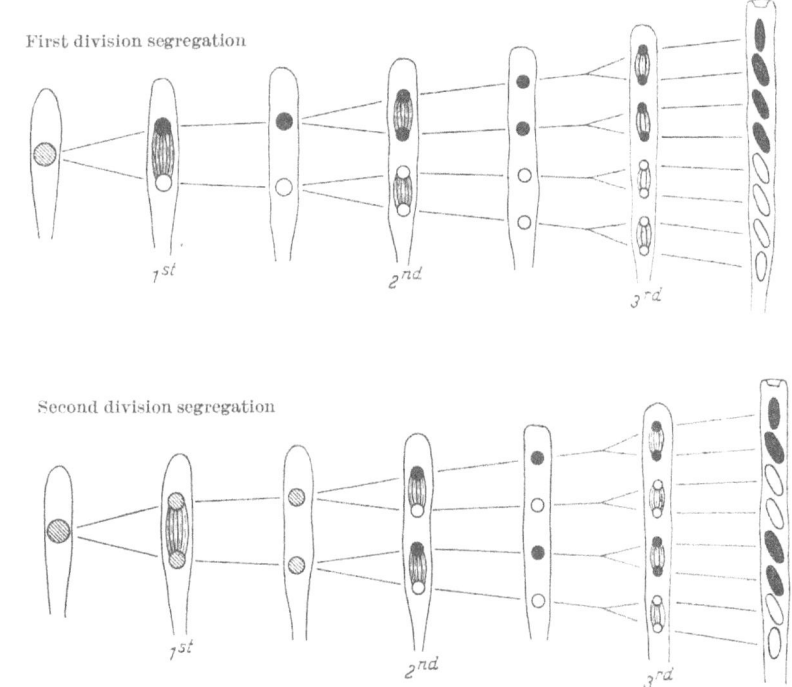

Fig. 4. Diagrams illustrating patterns of ascospore distribution following first division (above) and second division (below) segregation of a heterozygous character. Black nuclei and spores carry one allele, open nuclei and spores the other allele, shaded nuclei are heterozygous.

meiosis must be inferred from the statistical relationships observed in populations made up of the products of many separate meiotic events. A greater amount of genetic information is available when two or more of the products of a single meiosis are recovered together. For example, the first genetic proof that crossing over occurs in the "four strand stage" resulted from studies of triploidy[1] and of attached-X chromosomes[2] in Drosophila, in which two of the products taking part in meiosis were recovered instead of the usual one. Even in these examples the identification of chromosomes taking part in multiple crossing over depends upon statistical inference[3]. When all four products of a single meiotic event can be identified, as in the asci of Neurospora, Aspergillus and Saccharomyces, a still greater number of genetic happenings can be directly observed. Even more information is to be had when the four products of meiosis occur in ordered positions indicative of their ontogenetic relationships.

Segregation of heterozygous genes in *Neurospora crassa* occurs in the first and second meiotic divisions in the ascus, never in the third mitotic division. The division at which

---

[1] BRIDGES, C. B., and E. G. ANDERSON: Genetics 10, 418 (1925).
[2] ANDERSON, E. G.: Genetics 10, 403 (1925).
[3] EMERSON, S., and G. W. BEADLE: Z. indukt. Abstamm.- u. Vererb.-Lehre 65, 129 (1933). — BEADLE, G. W., and S. EMERSON: Genetics 20, 192 (1935).

segregation occurs is recognized by the positions within the ascus of spores of different genetic constitution as illustrated in figure 4.

Whether a heterozygous gene segregates in the first or second division depends upon whether or not crossing over has occurred between the locus of that gene and the centromere of the chromosome on which it is located. This dependency of segregation upon crossing over is illustrated in figure 5. At the time of crossing over each chromosome is split into two chromatids. The two chromatids of a single chromosome are attached to a common centromere which does not divide until after the first meiotic division has been

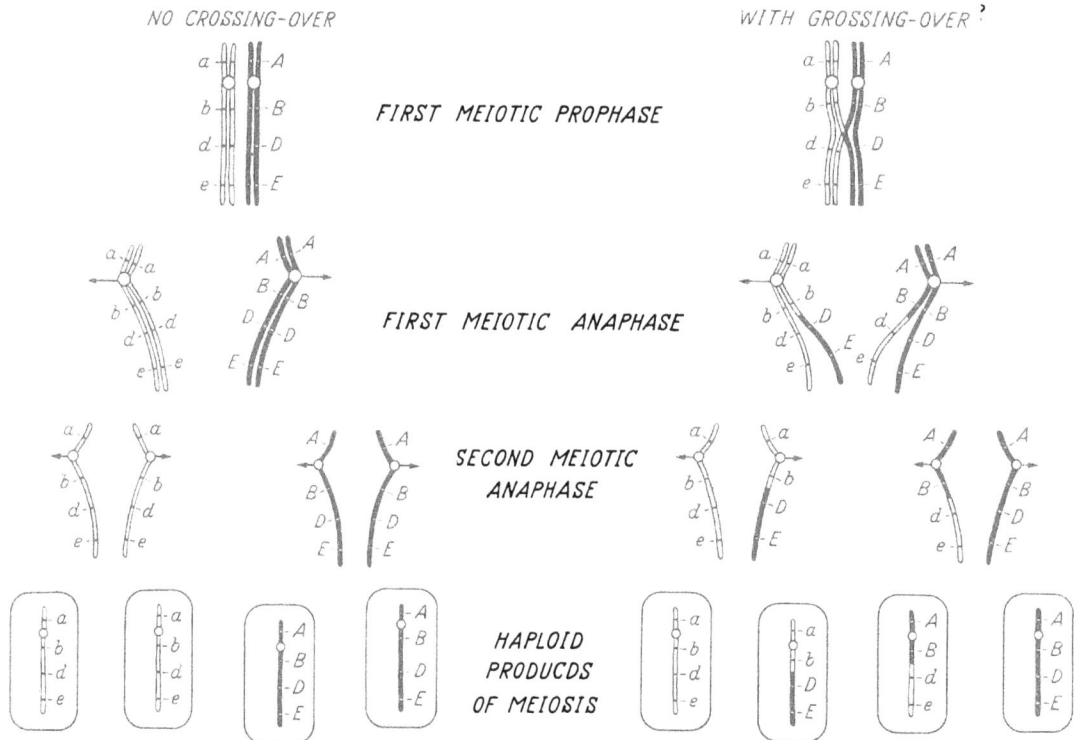

Fig. 5. Diagram illustrating the effect of crossing over on first and second division segregation of heterozygous genes. With no crossing over (left half of diagram) all heterozygous genes segregate in the first division. Following crossing over (right half), genes distal to the level of crossing over (*D/d* and *E/e*) segregate in the second division while those proximal to it (*B/b*) still segregate in the first division.

completed. Consequently, when there has been no exchange of genetic material between the two homologous chromosomes the chromatids passing together to one pole are made up entirely of material from one parent, and those passing to the other pole are entirely of that of the other parent. All heterozygous genes carried by this pair of chromosomes segregate in the first division under these conditions.

When crossing over does occur it involves an exchange of material between one chromatid of one chromosome and one chromatid of the homologous chromosome. When the chromosomes separate in the first meiotic anaphase the two chromatids passing together to one pole are no longer completely identical. In the region of the centromere the chromatids are derived from a single homologue, but distal to the point of crossing over the two chromatids are of different origin. Heterozygous genes distal to the level of crossing over are still heterozygous at the end of the first meiotic division; their segregation is completed only in the second meiotic division.

That crossing over actually occurs in the manner just outlined is shown by the genetic constitutions of the products recovered in individual asci. In the example illustrated (fig. 5) crossing over has occurred between the loci of the heterozygous genes *B/b* and *D/d*. Following such crossing over it is always observed that the tetrad of products are made up of one member identical with each parent and one of each of the two possible recombinants. That the frequency of second division segregation of any gene is a function of its distance from the centromere is an inference based on genetic observation; but it is the only interpretation so far advanced which consistently accounts for all genetic observations. Details of pertinent genetic observations and of their interpretations have

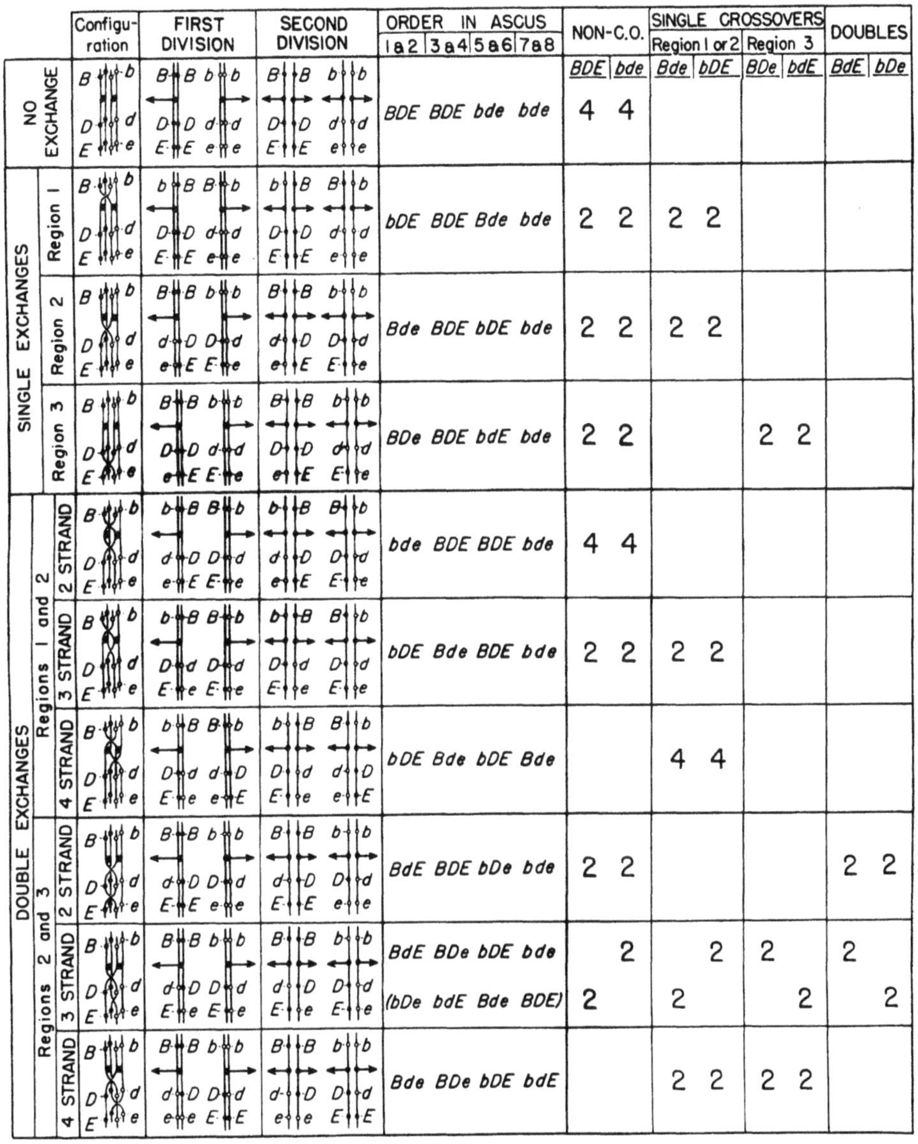

Fig. 6. Types of segregation of three linked genes, $B/b$, $D/d$, $E/e$, resulting from different types of crossing over. The centromere is located between $B/b$ and $D/d$.

been discussed in a number of papers[1]. The extent to which crossing over of different sorts can be recognized by tetrad analysis in Neurospora is summarized in figure 6.

The genes in *Neurospora crassa* are associated in seven linkage groups[2]. These seven linkage groups correspond to the seven chromosomes seen in cytological studies (fig. 3e',

---

[1] LINDEGREN, C. C.: Bull. Torrey bot. Club **60**, 133 (1933). — WHITEHOUSE, H. L. K.: New Phytologist **41**, 23 (1942). — MATHER, K., and G. H. BEAL: J. Genetics **43**, 1 (1942). — RYAN, F. J.: Bull. Torrey bot. Club. **70**, 605 (1943). — PERKINS, D. D.: Genetics **38**, 187 (1953).

[2] HOULAHAN, M. B., G. W. BEADLE and H. G. CALHOUN: Genetics **34**, 493 (1949). — BARRATT, R. W., and L. GARNJOBST: Genetics **34**, 351 (1949). — BARRATT, R. W., D. NEWMEYER, D. D. PERKINS and L. GARNJOBST: Adv. Genetics **6**, 1 (1954).

m'), though the identification of linkage groups with visible chromosomes is still incomplete[1].

As can be understood from the information just reviewed, *Neurospora* is exceptionally well adapted to genetic experimentation. Even in the best of material, however, the genetic method has an important limitation in an aspect important to biochemical-genetic studies. By purely genetic observation it is impossible to distinguish between alleles of a single gene (locus), on the one hand, and, on the other, different genes (loci) which are so closely linked that crossing over between them seldom occurs. This reservation applies to all organisms and will be discussed further in a section dealing with the genetic identification of mutant genes (p. 504).

**Pseudo-wild types.** Up to the present time there is only one known genetic event which is likely to lead to serious misinterpretation. The production of wild types (*e. g.*, isolates with no metabolic deficiencies in crosses between two mutant strains with similar deficiencies) is often considered as evidence of non-allelism between two similar mutants. In some instances it has been found that isolates which lack the mutant characteristics of both parents are not simple recombinants carrying the wild-type alleles of the mutant genes[2]. Such isolates are called pseudo-wild types. Further analysis shows that the isolates are, or rapidly become, mosaics in which some nuclei carry the mutant gene of one parent, other nuclei that of the other parent. They appear to have arisen from cells which were originally disomic for the chromosome carrying the mutant genes; that is they presumably had two chromosomes of this homologous group, and one each of the others. The phenomenon is not yet completely understood, but can be identified by further testing of wild-type segregants.

*ε) Special methods for handling Neurospora.*

Except as noted, standard methods of mycology and bacteriology are used in the culturing of Neurospora.

**Culture media.** Neurospora grows very well on a medium consisting of mineral salts, an organic source of carbon and a single vitamin, biotin. The media most commonly used are listed in table 1.

FRIES' medium[3] is used for general cultural work, either as liquid medium or solidified with agar. This is the common "minimal" medium of Neurospora studies, and is the basis of most supplemented media. HOROWITZ's medium is designed for the abundant production of monilioid conidia. WESTERGAARD's medium is the "crossing" medium used for the production of sexual stages.

*Medium for colonial growth.* In experiments in which it is desirable to restrict the growth of colonies, for example when colony counts are to be made, the 2 percent sucrose in FRIES[3] is replaced by 0,8 percent sorbose and 0,1 percent sucrose, or it can be replaced by 0,2 percent sorbose and 1,0 percent glycerol[4]. On such sorbose media the hyphae are short and excessively branched, resulting in relatively slow growing compact colonies with almost no aerial hyphae. Another method of producing the colonial type of growth on any medium is by the introduction of mutant genes which produce that type of growth. One very useful mutant produces colonial growth at 35° and normal luxuriant growth at lower temperatures[5].

---

[1] SINGLETON, J. R.: Cytogenetic studies of *Neurospora crassa*. Unpub. Thesis. Calif. Inst. Technol. Pasadena 1948.

[2] MITCHELL, M. B., T. H. PITTENGER and H. K. MITCHELL: Proc. nat. Acad. Sci. USA **38**, 569 (1952). — PITTENGER, T. H.: Genetics **39**, 326 (1945).

[3] FRIES, N.: Symp. bot. upsal. 3, (2) 1 (1938). — RYAN, F. J., G. W. BEADLE and E. L. TATUM: Amer. J. Bot. **30**, 784 (1943).

[4] TATUM, E. L., R. W. BARRATT and V. M. CUTTER jr.: Science, N. Y. **109**, 509 (1949).

[5] MITCHELL, M. B., and H. K. MITCHELL: Proc. nat. Acad. Sci. USA **38**, 442 (1952).

**Crossing techniques.** Strains of opposite mating type can be inoculated simultaneously into the same tube or dish of crossing medium and the cultures incubated at temperatures not exceeding 25°. Mature perithecia may be produced in as little as ten days, but the length of time necessary depends to a considerable extent upon the strains used. Temperatures above 25° are detrimental to ascospore production. When crosses are made between biochemically deficient mutant strains it is sometimes necessary to supplement the crossing medium with the growth factors concerned; in some instances in which mutant strains appear to be sterile it is possible to obtain fertile crosses by supplying the growth factors in much larger amounts than required for vegetative growth[4], but even this is not always successful.

Another method of making crosses, and one which must be followed whenever cytoplasmic (maternally inherited) characteristics are to be looked for[5], involves preliminary inoculation with one mating type, that one which is to be the maternal parent. Such uniparental cultures are incubated until protoperithecia are well developed at which time they are dusted with conidia of the desired strain of the contrasting mating type. This procedure is also useful whenever large numbers of isolates are to be tested for mating type. In such cases small culture tubes containing one or two ml of crossing medium are inoculated separately with standard wild-type strains of the two mating types. Conidia of each isolate to be tested are added to one culture of each mating type in which protoperithecial development is well advanced. Growth of perithecia in compatible combinations is often sufficiently advanced within 48 hours to permit scoring.

Table 1.

| | FRIES[1] | HOROWITZ[2] | WESTERGAARD[3] |
|---|---|---|---|
| Ammonium tartrate $(NH_4)_2C_4H_4O_6$ | 5,0 g | — | — |
| Potassium tartrate $K_2C_4H_4O_6 \cdot 1/2\, H_2O$ | — | 5,0 g | — |
| Ammonium nitrate $NH_4NO_3$ | 1,0 g | — | — |
| Potassium nitrate $KNO_3$ | — | — | 1,0 g |
| Sodium nitrate $NaNO_3$ | — | 4,0 g | — |
| Potassium phosphate $KH_2PO_4$ | 1,0 g | 1,0 g | 1,0 g |
| Magnesium sulfate $MgSO_4 \cdot 7\, H_2O$ | 0,5 g | 0,5 g | 0,5 g |
| Sodium chloride $NaCl$ | 0,1 g | 0,1 g | 0,1 g |
| Calcium chloride $CaCl_2$ | 0,1 g | 0,1 g | 0,1 g |
| Biotin (4 μg/ml) | 1 ml | 1 ml | 1 ml |
| Trace element solution* | 1 ml | 1 ml | 1 ml |
| Sucrose | 20 g | — | 20 g |
| Glycerol | — | 20 g | — |
| Malt extract (Difco) | — | 5,0 g | — |
| Yeast extract (Difco) | — | 5,0 | — |
| Hydrolyzed casein | — | 0,25 g | — |
| Agar (Bacto-agar) | (15 g) | 15 g | 15 g |
| Glass distilled water | 1 liter | 1 liter | 1 liter |
| Final $p_H$ (adjusted as necessary) | 5,6 | 5,6 | 6,5 |

**Dissection of asci and isolation of ascospores.** Freehand dissection of asci under a relatively low power dissecting microscope is rapid and relatively easy. The ascospores are large, compared to those of most other ascomycetes, averaging about 30 micra in length. Microscopes commonly used have 12× or 10× oculars and either 1×, 2× and 4×, or 1×, 3× and 6× objectives. The important steps in the freehand dissection of asci are illustrated in figure 7. Young ripe perithecia (in which the ascospores have darkened, but in which the asci have not ruptured) are gently crushed with a pair of fine (watchmaker's) forceps on a block of stiff agar (4 percent) which has been mounted on a microscope slide. The extruded mass of asci can be made to spread out fan-wise by

---

* Trace elements per liter solution: sodium tetraborate $(Na_2B_4O_7 \cdot 10\, H_2O)$ 88 mg; ammonium molybdate $(NH_4)_6Mo_7O_{24} \cdot 4\, H_2O$, 64 mg; ferric chloride $FeCl_3 \cdot 6\, H_2O$, 960 mg; zinc sulfate $ZnSO_4 \cdot 7\, H_2O$ 8,8 g; cupric chloride $CuCl_2 \cdot 2\, H_2O$ 270 mg; manganous chloride $MnCl_2 \cdot 4\, H_2O$ 72 mg.

[1] FRIES, N.: Symp. bot. upsal. 3 (2), 1 (1938). — RYAN, F. J., G. W. BEADLE and E. L. TATUM: Amer. J. Bot. 30, 784 (1943).
[2] HOROWITZ, N. H.: J. biol. Ch. 171, 255 (1947).
[3] WESTERGAARD, M., and H. K. MITCHELL: Amer. J. Bot. 34, 573 (1947).
[4] HOROWITZ, N. H., and U. LEUPOLD: Cold Spring Harbor Symp. quant. Biol. 16, 65 (1951).
[5] MITCHELL, M. B., and H. K. MITCHELL: Proc. nat. Acad. Sci. USA 38, 442 (1952).

placing a drop of water upon it (fig. 7b). An ascus is selected which is somewhat separated from the others but still attached to the mass by its base, and ascospores are removed one by one by placing a fine glass rod between the most distal spore and its proximal neighbour and forcing it out through the pore in the tip of the ascus (fig. 7b and c; *cf.* fig. 1e, p. 446). The ascospores are then arranged along the edge of the block in the order in which they were removed from the ascus (fig. 7d). Small blocks of agar, each with a single spore at its center, are partially cut out. A platinum-iridium needle which has been flattened and sharpened is useful in this step and those to follow. After standing for a few minutes, the surface of the agar dries somewhat, causing the ascospores to adhere to it and remain in place during the subsequent flooding with a 2 to 3 percent solution of sodium hypochlorite (fig. 7f) which kills vegetative cells but not ascospores. The small blocks are

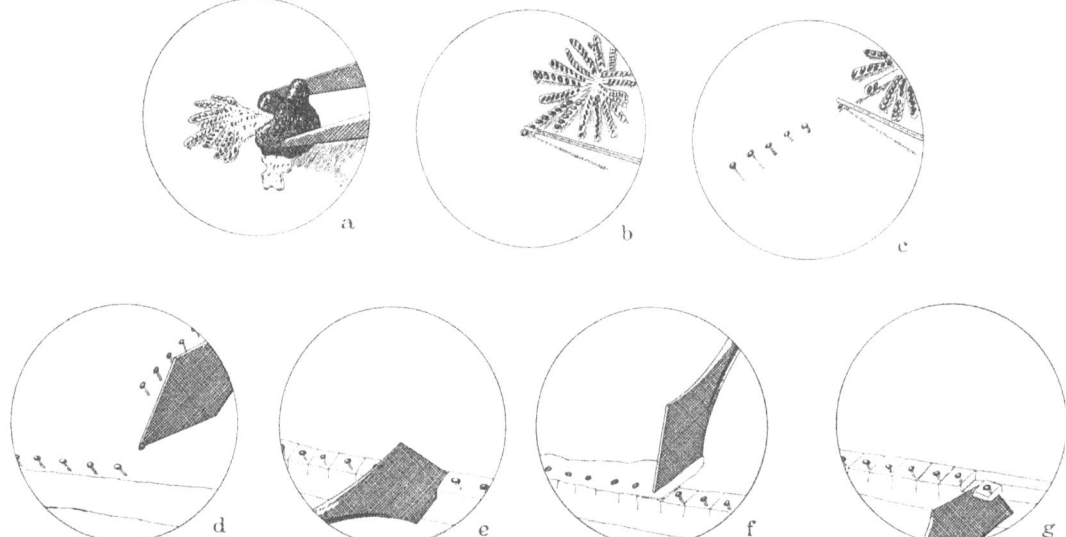

Fig. 7 a—g. Method of ascus dissection in *Neurospora crassa*. After drawings by ROGER HAYWARD[1].

then removed and transferred individually to sterile culture tubes with appropriate media. Tubes are labeled to indicate the cross, the ascus and the position of the spore within the ascus.

The ascospores still require a heat treatment to induce them to germinate. In my laboratory it is customary to incubate the isolated ascospores (after transferring to culture tubes) for two or three days at 20° to 25° before the heat treatment. This permits a further ripening of immature spores and may decrease the chance that they will be killed instead of activated by the heat treatment. At the end of this incubation period each tube is examined under the microscope to make sure no growth has occurred, and they are then placed in a 60° water bath for 30 minutes. This heat treatment in itself is sufficient to kill most accidental contaminants. One day later the tubes are again examined microscopically and germination of ascospores noted. (Certain mutant types produce characteristic germ tubes by which the mutants can be identified with fair certainty at this stage.) With these precautions it is possible to carry out the dissections in the open laboratory and still be sure of obtaining pure cultures from the intended source.

A number of variations in the procedures just described are used by different investigators. Micromanipulators of different sorts have been used but, with a little practice, freehand dissection is both more rapid and more convenient. Since pairs of adjacent spores are genetically identical, they have sometimes been isolated by pairs[2]. This method saves some work and material, but would lead to some errors if spores in the ascus had

---

[1] In BEADLE, G. W.: Sci. Amer. **179** (3), 30 (1948).
[2] FINCHAM, J. R. S.: J. Genetics **50**, 221 (1951).

become disordered. Another method which conserves material[1] involves heat treating the dissected spores on the large agar block used in dissecting by placing it in a PETRI dish (containing some water) in an oven at 55° for one hour. The spores are transferred to culture tubes only after they have germinated. In crosses with poor viability tubes are not wasted on spores failing to germinate. When rare wild-type segregants are sought, as in tests for allelism, large numbers of discharged ascospores can be spread over the surface of minimal agar in PETRI dishes in which they are heat treated (in an oven) and wild types identified by their normal growth characteristics after 12 to 20 hours incubation[2]. For a number of genetic tests it is more efficient to use random ascospores than complete asci[3]. In such instances, shed ascospores are isolated and then treated in exactly the same way as dissected ascospores.

To obtain large numbers of ascospores which are of uniform age and ripeness and reasonably free from conidia, they are collected as they are discharged from the perithecia[4]. Crosses are made in large deep PETRI dishes. When the perithecia mature the dishes are placed in the light to stimulate spore discharge. Covers of the PETRI dishes are changed daily; those on which spores have collected are placed over dishes containing moist filter paper and stored in the dark until needed.

## b) Aspergillus nidulans, a homothallic filamentous fungus.

The two large genera *Aspergillus* and *Penicillium*, both belonging to the family *Aspergilliaceae*, order *Eurotiales* (or *Plectascales*), class *Ascomycetes*, are of considerable economic importance in industrial fermentations and the production of antibiotics. The only species so far extensively studied by the methods of biochemical genetics is *A. nidulans*. It is probable that many of the things already learned from studies of that species will be directly applicable to other members of the family.

### α) Vegetative characteristics and asexual reproduction.

In most vegetative characteristics Aspergillus and Neurospora are fairly similar. Both have branched multicellular mycelia with a number of nuclei per cell. Anastomoses between hyphal branches are frequent, whether the branches have a common or dissimilar origin, permitting the formation of heterocaryons in which nuclei of different genetic constitutions may be present in the same cells. Aspergillus always forms dense colonies; the rate of elongation of hyphae is only about one-twenty-fifth of that occurring in Neurospora. Hyphae of Aspergillus grow at the rate of 4 to 6 mm per day[5] whereas wild-type Neurospora grows at a rate of 4 to 6 mm per hour. As measured by the increase in dry weight per unit time, Aspergillus probably has a greater growth rate than Neurospora.

A single type of conidium is produced by Aspergillus. In many species, including *A. nidulans*[6], the conidia are always uninucleate at the time of their formation. Conidia are born on erect conidiophores (fig. 8) which arise from specialized "foot cells" of the mycelium. The top of the conidiophore is swollen into a "vesicle" from which arises a palisade of uninucleate cells, the sterigmata. In *A. nidulans* (fig. 8r) there are two layers of sterigmata, the proximal being known as primary sterigmata, from each of which one to three secondary sterigmata arise. The single nucleus of a sterigma (secondary sterigma

---

[1] WHITEHOUSE, H. L. K.: New Phytologist **41**, 23 (1942).

[2] MITCHELL, M. B., T. H. PITTENGER and H. K. MITCHELL: Proc. nat. Acad. Sci. USA **38**, 569 (1952).

[3] PERKINS, D. D.: Genetics **38**, 187 (1953).

[4] EMERSON, M. R.: Plant Physiol. **29**, 418 (1954).

[5] PONTECORVO, G., J. A. ROPER, L. M. HEMMONS, K. D. MACDONALD and A. W. J. BUFTON: Adv. Genetics **5**, 141 (1953).

[6] BAKER, G. E.: Mycologia, Lancaster **37**, 582 (1945). — YUILL, E.: Trans. brit. mycol. Soc. **33**, 324 (1950).

in *A. nidulans*) divides repeatedly; at each division one daughter nucleus enters a bud forming at the tip which is then cut off to become a conidium, the other daughter nucleus remaining in the sterigma to divide again with the formation of the next conidium. In this way a chain of conidia is formed from each sterigma, the first formed conidium occupying the distal end of the chain, the most recently formed conidium the proximal end. Chains of conidia arising from adjacent sterigmata adhere to one another, resulting in the formation of a compact cylindrical head.

A conidiophore which is heterocaryotic produces a head in which some rows of conidia have nuclei of one genetic constitution while other rows have nuclei of a different genetic

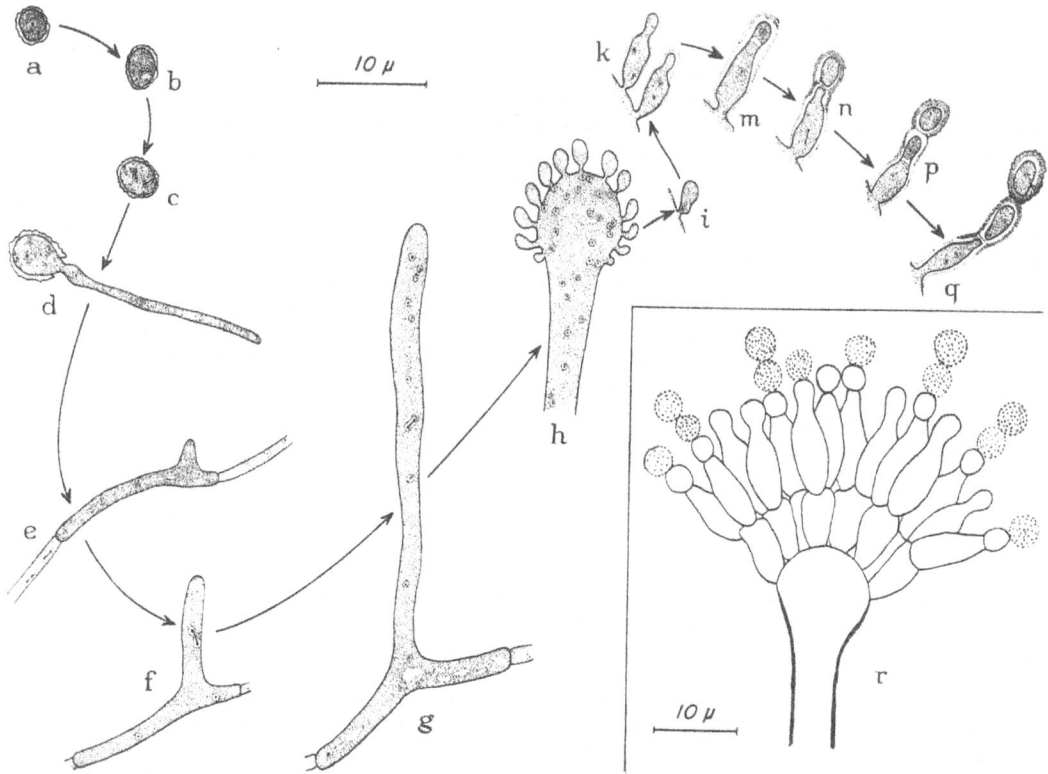

Fig. 8 a—r. Asexual reproduction in Aspergillus; a to d, f to q, *A. repens*; e, *A. fumigatus*; r, *A. nidulans*; a to d, conidial germination; e to h, development of conidiophore from foot cell; j to q, origin of conidia from sterigmata; r, conidial head with primary and secondary sterigmata and developing conidia; a to q, after BAKER[1]; r, after THOM and RAPER[2].

constitution. If the nuclei of such a heterocaryon differ in genes responsible for the pigmentation of the conidia the head will be striped, as in figure 11a (p. 460).

All cultures derived from single conidia are pure cultures, whether the conidia were produced by pure cultures or by heterocaryotic cultures, since each conidium originally has a single nucleus.

### β) *Sexual reproduction.*

Except for the absence of mating types the sexual cycle of *Aspergillus nidulans* is similar to that already described for *Neurospora crassa* in its broader outlines. All nuclei are haploid except for the fusion (zygote) nucleus in the developing ascus. Two meiotic divisions in the ascus followed by a single mitotic division result in the production of eight haploid ascospores. The details of sexual reproduction in the two fungi, however, are quite dissimilar.

---

[1] BAKER, G. E.: Mycologia, Lancaster **37**, 582 (1945).
[2] THOM, C., and K. B. RAPER: A Manual of the Aspergilli. Baltimore 1945.

Asci of *A. nidulans* are spherical (fig. 9g) and the positions of the spores within the ascus do not reflect their relationship to the two meiotic divisions. The ascospores are small, 3,8 to 4,5 micra by 3,5 to 4,0 micra (fig. 9h). The nuclear history outlined above is based almost entirely on inference from genetic studies, though the cytological observations relating to meiosis are in agreement with the interpretation as far as they go[1]. The haploid chromosome number is probably four — earlier studies[2] of related forms based on mitotic divisions in the minute vegetative nuclei are probably less accurate than studies of the larger nuclei in the asci, cf.[3].

*Aspergillus nidulans* is self-fertile, or homothallic: strains derived from single haploid ascospores (or conidia) produce perithecia with fully fertile ascospores without being

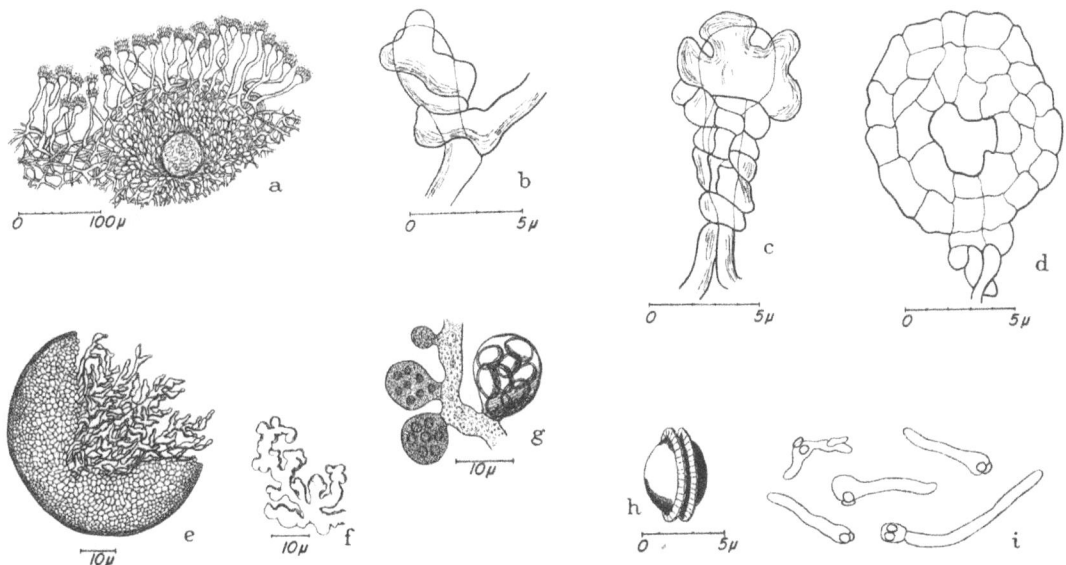

Fig. 9 a—i. Development of perithecium and ascospores in *Aspergillus nidulans*: a, perithecium surrounded by Hülle cells imbedded in the mycelium, conidiophores above; b to d, development of ascogonium; e, perithecium crushed to show contorted ascogenous hyphae; f, an ascogenous hypha; g, asci appearing as buds on an ascogenous hypha, various stages; h, mature ascospore; j, germinating ascospores; a to g after EIDAM[4], h after THOM and RAPER[5], j after SCHWARTZ[6].

mixed with any other strain. There is no stage (fig. 9) of arrested development corresponding to the protoperithecial stage in Neurospora. The two (gamete) nuclei fusing in the young ascus may be descendants of a single haploid nucleus, as they must be when produced by pure cultures, or they may be of diverse origin and genetically dissimilar in perithecia produced by heterocaryons. There is no way of predetermining that nuclear fusion in any particular instance will be between unlike nuclei to produce a hybrid ascus. The hybrid origin of asci, or of random ascospores, must be determined by genetic tests of the asci or ascospores in question.

### γ) Genetic identification of hybrids.

Any ascus in which there is segregation of alleles derived from the two presumptive parental strains is necessarily of hybrid origin. Ascus dissection in Aspergillus requires the use of a micromanipulator, and can be a tedious method when there is no certainty that the asci selected are of hybrid origin. A further difficulty in the use of ascus dissection

---

[1] PONTECORVO, G., J. A. ROPER, L. M. HEMMONS, K. D. MACDONALD and A. W. J. BUFTON: Adv. Genetics **5**, 141 (1953).
[2] SCHÜRHOFF, P.: Beih. bot. Zbl. **22** (I), 294 (1907).—WAKAYAMA, K.: Cytologia, Tokyo **2**, 291 (1931).
[3] DALE, E.: Ann. mycol., Berlin **7**, 215 (1909).
[4] EIDAM, E.: Beitr. Biol. Pflanzen **3**, 377 (1883).
[5] THOM, C., and K. B. RAPER: A Manual of the Aspergilli. Baltimore 1945.
[6] SCHWARTZ, W.: Flora, Jena **23**, 386 (1928).

in genetic analysis in *Aspergillus nidulans* results from the fragility of the asci: "rarely can more than 10 unbroken asci be extracted from each (ripe) perithecium"[1]. Consequently other methods are more commonly employed.

It has been found that most perithecia are either entirely uniparental in origin, or almost entirely biparental. That is, if a perithecium contains one ascus of hybrid origin it is probable that many or all other asci in that perithecium are also of hybrid origin. This situation is well illustrated in hybrids between strains differing in genes controlling the pigmentation of the conidia. A number of perithecia are isolated, a few intact asci from each perithecium are separately crushed on an agar medium in PETRI dishes, and the types of colonies resulting are noted. Typical results obtained from a cross between a strain with yellow conidia and one with green conidia are illustrated in figure 10. Colonies developing from entire asci of one perithecium were uniformly green, those from another

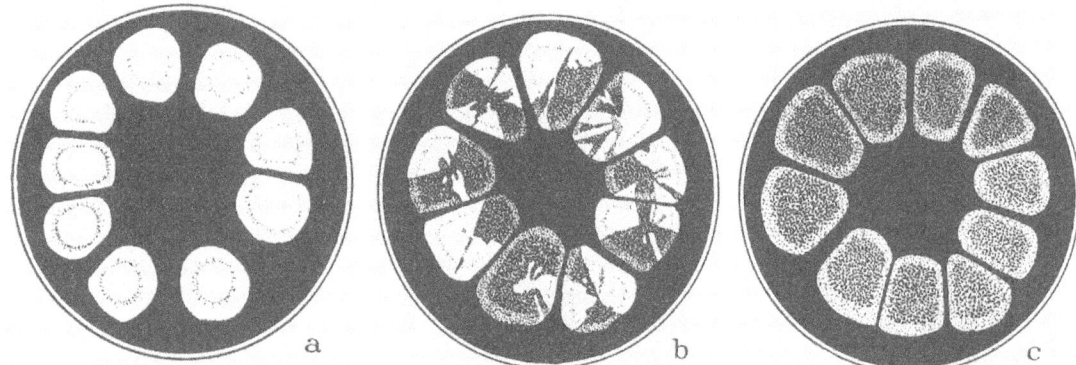

Fig. 10 a—c. Colonies of *Aspergillus nidulans*, each from an entire ascus from a cross of "yellow conidia" × "green conidia": a, colonies from 9 asci of one perithecium, all uniparental yellow; b, colonies from 9 asci of a second perithecium, all biparental, the colonies sectored green and yellow; c, colonies from 10 asci of a third perithecium, all uniparental green; after PONTECORVO, et. al.[1].

perithecium were entirely yellow, whereas from the third perithecium the colonies developing from each ascus had green and yellow sectors. The green and yellow sectors have developed from different ascospores of a single ascus, proving the hybrid origin of that ascus and, similarly, of each ascus tested from that perithecium. An indication of the extent to which asci of dissimilar origin may occur in single perithecia can be had from the following example (from PONTECORVO, et al.[1]) in which seven or more asci from each of 52 perithecia were tested:

18 perithecia had only uniparental asci (yellow conidia),
14 perithecia had only uniparental asci (green conidia),
 4 perithecia had both hybrid and uniparental asci (yellow),
 2 perithecia had both hybrid and uniparental asci (green), and
13 perithecia had only hybrid asci.

In some crosses nearly all perithecia have been of hybrid origin.

From the evidence just noted it can be seen that the entire output of ascospores from a perithecium could be used in genetic analyses if it could be shown that all asci in that perithecium were of hybrid origin. Such assurance is approximated by a procedure known as "perithecium analysis"[2], in which the equality in numbers of segregants with contrasting alleles is used as a measure of complete hybridity. Contrasting alleles at every heterozygous locus must each appear in half of the spores in each hybrid ascus and, if all asci in the selected perithecium are of hybrid origin, in half of all spores produced in

---

[1] PONTECORVO, G., J. A. ROPER, L. M. HEMMONS, K. D. MACDONALD and A. W. J. BUFTON: Adv. Genetics **5**, 141 (1953).

[2] HEMMONS, L. M., G. PONTECORVO and A. W. J. BUFTON: Heredity **6**, 135 (1952) Abstract. — PONTECORVO, G., J. A. ROPER, L. M. HEMMONS, K. D. MACDONALD, and A. W. J. BUFTON: Adv. Genetics **5**, 141 (1953).

that perithecium. Deviations from equality indicate either that some asci were of uniparental origin, or that there is a differential viability among the segregating genotypes. These two alternatives can be distinguished when a number of heterozygous loci are segregating simultaneously. Data from perithecia in which all, or nearly all, of the asci are of hybrid origin can be subjected to standard genetic treatments for the estimation of linkage, etc., but there is always the possibility of some error due to the inclusion of spores of uniparental ancestry.

Another procedure, known as "recombinant selection"[1], insures that spores derived from uniparental asci do not contribute to the sample studied, but by this procedure there is a systematic elimination of all products of biparental asci which are phenotypically indistinguishable from the two parental types. The principle involved is identical with that on which recombinant selection in *Escherichia coli* is based[2]. The method involves the selection of segregants each of which carries one or more genes derived from each parent, and within this sample studying the segregations of other genes which have not been directly selected. The selection can be made automatic in crosses between strains with different nutritional deficiencies by plating isolates on a medium deficient in both pertinent growth factors, under which conditions only those recombinants possessing neither deficiency will grow. Since hybrid perithecia are reasonably frequent in Aspergillus it is feasible to utilize visible characters in the selection of recombinants.

Once isolates have been identified as recombinants for the selected characters, the segregation of other inherited characteristics can be studied in a sample of individuals known to have a biparental ancestry. If the characters so studied are inherited independently of (i. e., not linked to) those used in making the selection, the ratios obtained should truthfully portray the ratios existing in the entire biparental population. If, however, the characters studied are linked to one or both of those used in making the selection, the observed ratios will be very different from those actually occurring in the entire biparental population, and special statistical treatments are necessary to the interpretation of the results[3]. By varying the combinations of characters in the parents of the crosses, and by using different combinations of selective characters, it is possible to verify interpretations derived by this method[4].

### δ) The production of heterozygous diploids.

The development of methods[4, 5] for the production of heterozygous diploids in *Aspergillus nidulans* is an important advance in that it led to the extension of genetic methods to certain fungi in which no true sexual cycle occurs. Heterozygous diploids can be detected by the use of two loci governing conidial pigmentation: one pair of alleles, $W/w$, determines whether or not any pigment will be produced ($W$ for pigmentation, $w$ for none), the other pair of alleles, $Y/y$, determines the characteristic of the pigment when it is produced ($WY$ for green conidia, $Wy$ for yellow, $wY$ and $wy$ without color). Heterocaryons are made between a strain with yellow conidia (genetic constitution $Wy$) and a strain with white conidia having the genetic constitution $wY$. In such a heterocaryon (fig. 11a) the genetically dissimilar nuclei are both present in many vegetative cells but, since the sterigmata are uninucleate, only one genetic type can be present in any one sterigma and hence in the row of conidia formed by it. This segregation of the

---

[1] PONTECORVO, G.: 8. Int. Conf. Genetics [Hereditas, Lund, Suppl.-Bd. p. 642 (1949)]. — PONTECORVO, G., J. A. ROPER, L. M. HEMMONS, K. D. MACDONALD and A. W. J. BUFTON: Adv. Genetics 5, 141 (1953).

[2] LEDERBERG, J., and E. L. TATUM: Cold Spring Harbor Symp. quant. Biol. 11, 113 (1946). — TATUM, E. L., and J. LEDERBERG: J. Bacteriology 53, 673 (1947).

[3] BAILEY, N. T. J.: Heredity 5, 111 (1951) — see discussion p. 487, this review.

[4] PONTECORVO, G., J. A. ROPER, L. M. HEMMONS, K. D. MACDONALD and A. W. J. BUFTON: Adv. Genetics 5, 141 (1953).

[5] ROPER, J. A.: Exper. 8, 14 (1952).

two nuclear types among different sterigmata of a single head leads to a yellow and white striping. On the other hand, should a fusion between unlike nuclei occur in a hyphal cell of the heterocaryon, a diploid nucleus would result in which genes carried by both nuclei would be represented. Such nuclei would be heterozygous for both pairs of alleles affecting conidial pigmentation, $W/w\ Y/y$. Such heterozygous diploids do occur and are recognized because conidia carrying them are green instead of yellow or white as they are in the heterocaryon. Allele $W$ for pigmentation is dominant over allele $w$ for the absence of pigmentation, and allele $Y$ for green pigmentation is dominant over allele $y$ for yellow pigmentation.

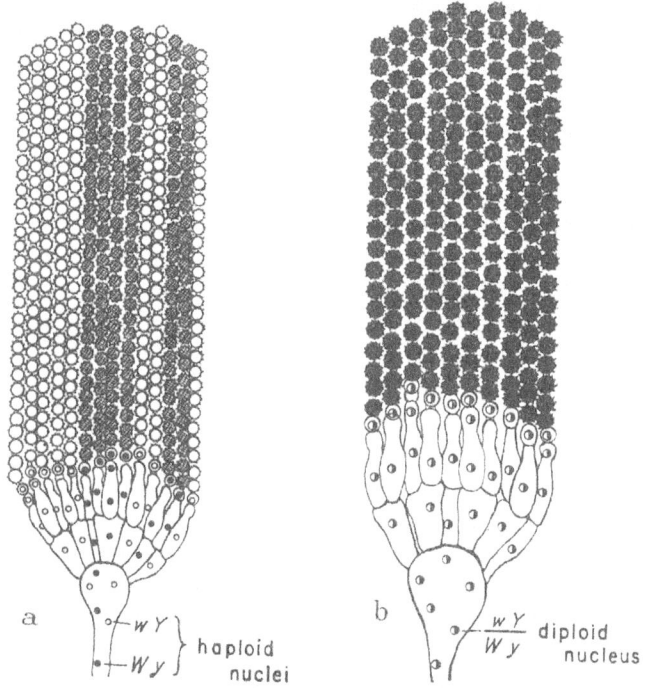

Fig. 11 a and b. Diagrammatic representations of conidial heads of *Aspergillus nidulans*: a, conidiophore of a heterocaryotic strain, haploid nuclei $wY$ and $Wy$ both present in the coenocytic conidiophore, but occurring separately in the uninucleate primary and secondary sterigmata and in the rows of conidia developed from them (the conidia are white if $wY$ and yellow if $Wy$); b, conidiophore of a diploid strain in which all nuclei are heterozygous for $W/w$ and $Y/y$ and in which the conidia are green.

Green conidia might also be expected to be produced by such heterocaryons if the conidia themselves and the sterigmata from which they develop were both multinucleate, and hence potentially heterocaryotic. (In a number of species of Aspergillus multinucleate conidia are produced from multinucleate sterigmata[1].) A number of lines of evidence show that the green conidia arising from a yellow and white heterocaryon of *Aspergillus nidulans* are truly diploid and not heterocaryons[2]. Heterocaryons are known to produce numerous conidial heads which are yellow and white striped, whereas conidial heads produced by cultures derived from presumptively diploid conidia are almost always made up entirely of green conidia (fig. 11b). Conidia produced by diploids are larger, 3,8 to 4,3 micra, than haploid conidia which are 3,1 to 3,2 micra in diameter. The nuclei in primary ascogenous cells have the cytological appearances characteristic of tetraploid meiosis in which the chromosomes are variously associated, probably ranging from four quadrivalent groups to eight bivalent groups. Finally, very few viable ascospores are produced in the perithecia arising on diploids and, curiously enough, asci frequently have 16 ascospores instead of the eight characteristically produced by haploid strains. The evidence indicates quite clearly that true diploids have been produced — previously diploidy had not been unambiguously demonstrated in a filamentous fungus, though long known to occur in a unicellular ascomycete, Saccharomyces.

Another method of selecting heterozygous diploids makes use of "balanced" heterocaryons. Such heterocaryons are made up from two strains each of which has a specific nutritional requirement. The heterocaryons can grow on an unsupplemented medium since each sort of nucleus has the normal allele governing the production of the metabolite not synthesized by the other, and thus complement one another. The typically uninucleate haploid conidia produced by such heterocaryons are unable to initiate growth

---

[1] YUILL, E.: Trans. brit. mycol. Soc. 33, 324 (1950).
[2] PONTECORVO, G., J. A. ROPER, L. M. HEMMONS, K. D. MACDONALD, and A. W. J. BUFTON: Adv. Genetics 5, 141 (1953).

on unsupplemented medium since each has the nutritional deficiency characteristic of one or the other nuclear types. Conidia with heterozygous diploid nuclei can initate growth on unsupplemented medium since they are heterozygous for the normal alleles of the genes responsible for the metabolic deficiencies. Heterozygous diploids can thus be selected following the plating of large numbers of conidia from the balanced heterocaryon, but some care must be taken to distinguish heterozygous diploids from new heterocaryons arising from anastomoses between germinating haploid conidia.

Heterocaryons spontaneously give rise to heterozygous diploids in a rather low frequency. This frequency can be increased somewhat by exposing the heterocaryons to the fumes of camphor[1].

### ε) *Somatic segregation in heterozygous diploids.*

It has been observed[2] that colonies of heterozygous diploid *Aspergillus nidulans* occasionally produce sectors in which recessive characteristics become evident. Segments showing recessive traits can frequently be shown to be diploid, and often still heterozygous for other recessive characters present in the original diploid. This somatic segregation in heterozygous diploids is interpreted to result from somatic crossing over.

Knowledge of the mechanism of somatic crossing over comes almost entirely from studies with *Drosophila melanogaster*[3]. The process is similar to meiotic crossing over in that it occurs at a time when the chromosomes are divided and involves only two of the four chromatids at any one level. It differs from meiotic crossing over in that division of the centromeres is not delayed and hence there is no reduction in chromosome number (fig. 12). In meiotic crossing over the four chromatids involved are distributed to four different haploid cells; in somatic crossing over two of the four participating chromatids are incorporated in each of the two diploid daughter nuclei and are thereafter transmitted to all nuclei descended from them through equational divisions at each mitosis. If both crossover chromatids pass to one daughter nucleus and both non-crossover chromatids to the other, a heterozygous condition is maintained throughout and the event will pass unnoticed (unless detected by altered linkage relationships which become evident in later somatic crossing over or in meiotic segregation). If one crossover and one non-crossover chromatid descend to each daughter nucleus, each nucleus will be homozygous for all genes distal to the level of crossing over, one nucleus homozygous for the alleles of one parental chromosome, the other nucleus for the alleles of the homologous chromosome.

A certain amount of genetic evidence can be gained from somatic crossing over. Linkage between genes located in a single chromosome arm (*i. e.*, the part of the chromosome on one side of the centromere) is evident because crossing over between the centromere and the nearest gene results in homozygosis for that gene and all genes distal to it, unless a second crossover occurs between these genes — a relatively rare event. Information of this sort identifies genes carried in the same chromosome arm and indicates the order of the loci in that arm. Genes in the same chromosome but located on opposite sides of the centromere do not show evidence of linkage in somatic crossing over.

In *Aspergillus nidulans* it was possible to check the deductions based on segregations occurring in the vegetative cells of heterozygous diploids by the segregations occurring during meiosis, thus showing that the interpretations are valid. It was then shown that genetic recombination is possible in some species of fungi, such as *Aspergillus niger*, in which sexual stages do not occur[4]. Balanced heterocaryons were made between strains of *A. niger* having different nutritional deficiencies. Heterozygous diploids were isolated

---

[1] ROPER, J. A.: Exper. **8**, 14 (1952).

[2] PONTECORVO, G., and J. A. ROPER: J. gen. Microbiol. **6**, VII (1952) (Abstract). — PONTECORVO, G., J. A. ROPER, L. M. HEMMONS, K. D. MACDONALD and A. W. J. BUFTON: Adv. Genetics **5**, 141 (1953).

[3] STERN, C.: Genetics **21**, 625 (1936).

[4] PONTECORVO, G., J. A. ROPER and E. FORBES: J. gen. Microbiol. **8**, 198 (1953).

from these heterocaryons by the method just described. The heterozygous diploids in turn produced different homozygous types by somatic segregation.

A number of fungi of economic importance, e. g., many plant pathogens and fungi used in industrial fermentations, have no known sexual stages but do have properties suiting them to the production of heterocaryons. If, by the methods of ROPER and PONTECORVO, heterozygous diploids can be derived from such heterocaryons it is to be expected that somatic recombinations will also occur, and it will then be possible to apply the methods of plant breeding to these sexless organisms.

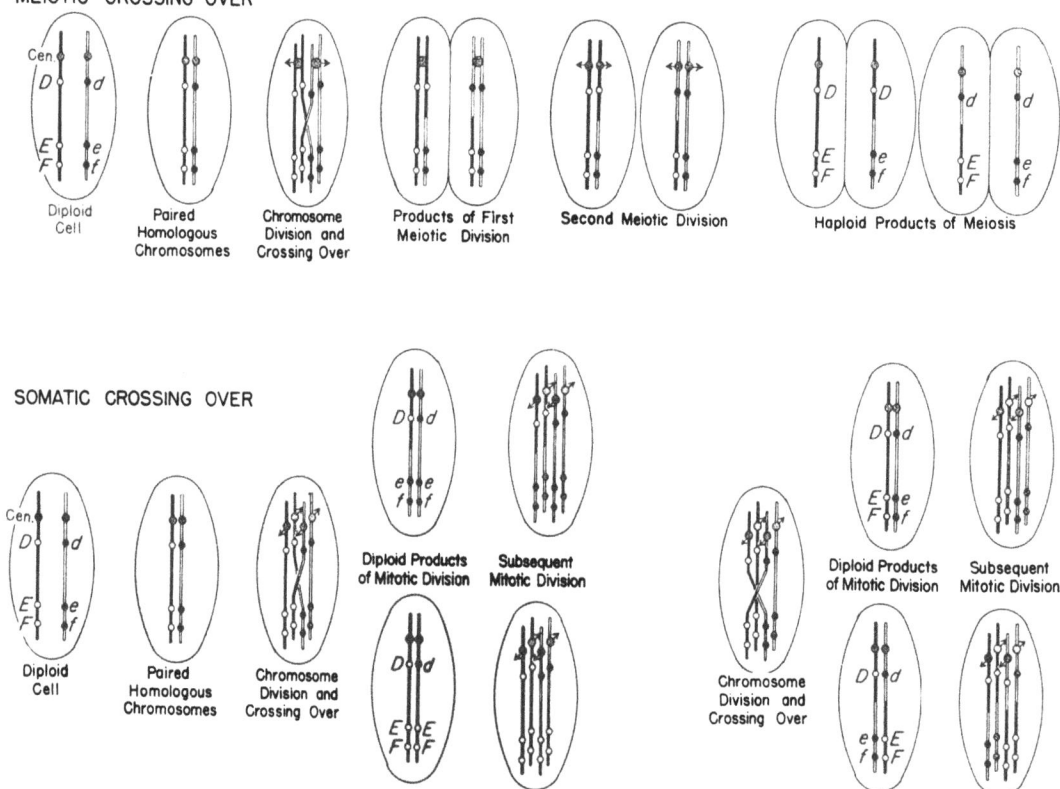

Fig. 12. Comparison of meiotic and somatic crossing over. In meiosis the centromeres (Cen.) do not divide until after the first division, resulting in a reductional separation of chromatids from the centromere to the level of the first crossing over and equational separation beyond that level. In somatic (mitotic) crossing over the centromeres divide and separate equationally in the ensuing division; if the two crossover chromatids pass to opposite poles (as at the left in the diagram) homozygosis results for all genes distal to the level of crossing over; if they pass together to the same pole (as at the right) there is no immediate obvious effect of the crossing over.

ζ) *Special methods for handling Aspergillus nidulans.*

**Culture medium.** Nothing beyond an organic source of carbon and the usual mineral salts is required for the growth of *Aspergillus nidulans*. The medium ordinarily used in genetic studies as a minimal medium for both vegetative and reproductive stages is[1]:

| | |
|---|---|
| Sodium nitrate $NaNO_3$ . . . . . . 6,0 grams | Zinc . . . . . . . . . . . . . trace |
| Potassium phosphate $KH_2PO_4$ . . . 1,52 grams | Dextrose . . . . . . . . . . . 10,0 grams |
| Magnesium sulfate $MgSO_4 \cdot 7 H_2O$. . ,52 grams | Distilled water . . . . . . . 1 liter |
| Potassium chloride KCl . . . . . . ,52 grams | $p_H$ (before autoclaving) . . . 6,5 |
| Iron . . . . . . . . . . . . . . . trace | Agar (Davies powdered) . . . (15,0 grams) |

**Crossing techniques.** Two methods have been used to obtain hybrid fruiting bodies[1]. One method makes use of balanced heterocaryons in which nuclei of both parental genotypes must be present in order for growth to occur on minimal medium. By the

---

[1] PONTECORVO, G., J. A. ROPER, L. M. HEMMONS, K. D. MACDONALD and A. W. J. BUFTON: Adv. Genetics **5**, 141 (1953).

second method, a heavy suspension containing equal numbers of viable conidia of the two parental types is spread over the top of "complete" (i. e., fully supplemented) agar medium, using at least $5 \times 10^6$ viable conidia per PETRI dish, and the inoculum is covered by a second layer of not more than 5 ml of the complete medium. Since germinating conidia form numerous anastomoses, and since such heavy inocula are used, nuclei of both parental types are presumably equally distributed throughout the resulting growth. The use of complete medium, containing growth factors for all mutant strains, is designed to permit the growth of strains of any desired genotype.

Once perithecia with ripe ascospores have been produced, hybrids must be identified by one of the methods described in section $\gamma$ above (p. 457).

**Isolation of ascospores.** Perithecia of Aspergillus have no external opening, or osteole, through which ascospores may escape and must be crushed in order to liberate asci and ascospores. Before crushing, the perithecia are cleaned of conidia and Hülle cells by repeated rolling over the surface of agar with a needle under a dissecting microsope[1].

In analyses of individual asci, cleaned perithecia are gently teased apart with needles under a dissecting microscope. By the time the ascospores are fully mature the walls of the asci are extremely fragile. A micromanipulator is used for isolating individual spores from the selected ascus (similar methods used with *Saccharomyces* are described on p. 471).

For analyses not involving individual asci, a cleaned perithecium is crushed in 0,1 or 0,2 ml of saline (sterile distilled water should be equally suitable). The suspension of ascospores is diluted and plated in the manner commonly followed in bacteriological practices; the dilutions should be such that the ascospores will be sufficiently separated on the plate to insure that nearly all colonies are derived from individual ascospores.

Ascospores germinate without any special treatment, resembling conidia in this respect. Accidental contamination by conidia should not be too serious, except in ascus analysis, since, having the genetic constitutions of the parental strains, they pose no greater problem than do uniparental ascospores.

### c) Saccharomyces cerevisiae, an unstably heterothallic unicellular fungus with alternating haploid and diploid generations.

The common yeasts of industrial importance, of which *Saccharomyces cerevisiae* is one, belong to the family *Saccharomycetaceae*, order *Endomycetales*, subclass *Hemiascomycetes* (or *Protoascales*) of the class *Ascomycetes*.

#### α) Vegetative characteristics.

*Saccharomyces cerevisiae* is a unicellular organism which increases vegetatively by budding. In this process a small bud is formed on the side or tip of the parent cell, the nucelus of the parent cell divides and one daughter nucleus passes into the bud which increases in size and finally separates from the parent cell. The most generally accepted[2] version of the nuclear history accompanying the budding process is illustrated in figure 13. The vegetative nuclei are small, 0,8 to 1,3 micra, and true mitotic figures have rarely been seen. Even the identification of nuclei and other cellular structures has been questioned[3]. While direct cytological observations of details of cell division in the yeasts are still not completely satisfactory, the regular transmission of genetic traits to daughter cells indicates that an orderly mechanism of chromosome division does exist.

---

[1] PONTECORVO, G., J. A. ROPER, L. M. HEMMONS, K. D. MACDONALD and A. W. J. BUFTON: Adv. Genetics **5**, 141 (1953).

[2] FUHRMANN, F.: Zbl. Bakt. (II) **15**, 769 (1905—1906). — GUILLERMOND, A.: Zbl. Bakt. (II) **26**, 577 (1910). — KATER, J. M.: Biol. Bull. **52**, 436 (1927). — ROCHLIN, E.: Zbl. Bakt. (II) **88**, 304 (1933). — RENAUD, J.: Cr. **206**, 1918 (1938). — DELAPORTE, B., et N. ROUKHELMANN: Cr. **206**, 1399 (1938). — BRANDT, K. M.: Protoplasma, Wien **36**, 77 (1942). — NAGEL, L.: Ann. Missouri bot. Gard. **33**, 249 (1946). — DE LAMATER, D.: J. Bacteriology **60**, 321 (1950). — OLIVE, L. S.: Bot. Rev., Lancaster **19**, 439 (1953).

[3] LINDEGREN, C. C., and M. M. RAFALKO: Exp. Cell Res. **1**, 169 (1950).

### β) Life cycle and sexual characteristics.

It is only recently that certain details in the life cycle of *Saccharomyces cerevisiae* have finally been straightened out. As a result, a number of once puzzling observations can now be reconciled with the better known genetic mechanisms occurring in other organisms. With the knowledge now available it should be possible to have adequate experimental control of the breeding behavior of this fungus.

Important steps in the development of current views regarding the life cycles of the yeasts are the result of a number of discoveries made within the last twenty years. 1. The first of these was the discovery of alternation of haploid and diploid generations in *Saccharomyces cerevisiae*[1]. 2. Then heterothallism was demonstrated[2]; haploid clones were shown to be one or the other of two contrasting mating types. 3. Diploid cells were observed to arise in haploid clones following the conjugation of two haploid cells of

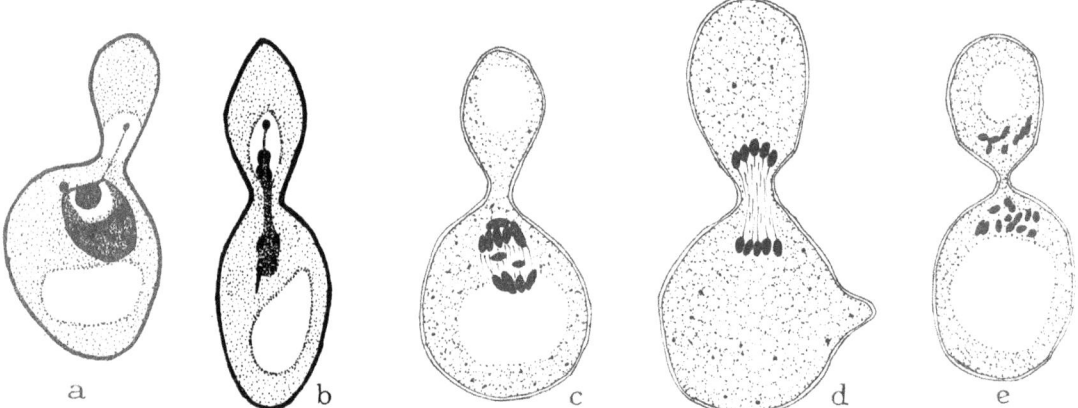

Fig. 13 a—e. Nuclear division and budding in Saccharomyces; a and b after RENAUD[3]; c to e after KATER[4].

presumed identical genetic constitution, and also to arise directly from presumed haploid ascospores[5]. 4. It was demonstrated[6] that mutation from one mating type allele to the alternative allele accompanied the production of some diploids arising in haploid clones. 5. Polyploid asci were observed to occur in crosses between presumed haploid clones[7]. 6. Clones of *S. cerevisiae* which have been derived from single haploid cells may soon become heterogeneous in genetic composition: in addition to haploid cells, which may eventually disappear from the clones, diploid cells homozygous for mating type as well as diploids heterozygous for mating type have been observed to occur in relatively high frequencies[8].

Misinterpretations which have arisen in connection with genetic investigations of the yeasts have their basis in the large number of alternative happenings that can occur at critical times in the life cycle of *S. cerevisiae*. This situation is summarized in figure 14 which illustrates the relationships expected to exist because of events now know to occur. Drawings of forms characteristic of certain important phases of the life cycle are reproduced in figures 15 and 16.

---

[1] WINGE, Ø.: C. R. Lab. Carlsberg (II) **21**, 77 (1935).

[2] LINDEGREN, C. C., and G. LINDEGREN: Proc. nat. Acad. Sci. USA **29**, 306 (1943).

[3] RENAUD, J.: Cr. **206**, 1397 (1938).

[4] KATER, J. M.: Biol. Bull. **52**, 436 (1927).

[5] WINGE, Ø.: C. R. Lab. Carlsberg (II) **21**, 77 (1935). — WINGE, Ø., and O. LAUSTSEN: C. R. Lab. Carlsberg (II) **22**, 17 (1937).

[6] LEUPOLD, U.: C. R. Lab. Carlsberg (II) **24**, 381 (1950). (In *S. pombe*.) — AHMAD, M.: Nature **170**, 546 (1952). Ann. Botany (N. S.) **17**, 329 (1953). — POMPER, S., and D. W. MCKEE: Science, Lancaster **117**, 455 (1953). — ROMAN, H., and S. M. SANDS: Proc. nat. Acad. Sci. USA **39**, 171 (1953).

[7] ROMAN, H., D. C. HAWTHORNE and H. DOUGLAS: Proc. nat. Acad. Sci. USA **37**, 79 (1951). — LINDEGREN, C. C., and G. LINDEGREN: J. gen. Microbiol. **5**, 885 (1951).

[8] ROMAN, H., and S. M. SANDS: Proc. nat. Acad. Sci. USA **39**, 171 (1953).

What may be termed the basic life cycle of *Saccharomyces cerevisiae* is simple and straightforward — in the diagram (fig. 14) it is represented by the terms printed in bolder letters and by the heavier arrows. In the haplophase there are two contrasting mating types which, in the yeasts, are now commonly represented by the symbols $a$ and $\alpha$. Cells of the haplophase are uninucleate, relatively small and more or less spherical. They reproduce vegetatively by budding, with the buds tending to be produced in the angles between attached cells. There is a tendency for buds to remain attached to parental cells, resulting in the formation of clumps of cells (fig. 15a, 16b). When haploid cells of contrasting mating type are mixed they become associated in pairs and fuse to form

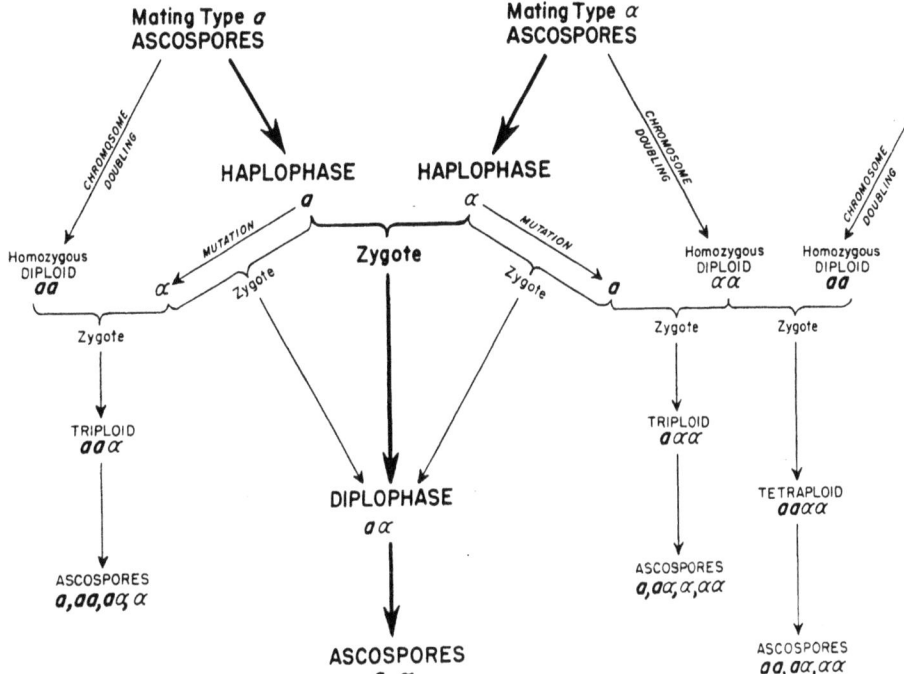

Fig. 14. Diagram of life cycle of Saccharomyces.

zygotes (copulation figures) within which the two haploid nuclei fuse (fig. 16c). Under conditions favoring vegetative growth, the zygotes germinate to produce the diplophase. Cells of the diplophase have single diploid nuclei. The cells are generally relatively large and more or less elliptical in shape. Budding is most common at the ends of the cells, and there is a tendency for daughter cells to separate from the parental cells and not to form clumps (fig. 15b; 16d, f). When diploid cells do remain attached a "long shoot" type of growth results, rather than the "short shoot" type which is characteristic of the haplophase. When diploid cells are placed under cultural conditions favoring sporulation, many cells become transformed into asci. In this process the nuclei undergo the two meiotic divisions. No buds are produced in this process; instead, cells are cut out about each nucleus, resulting in ascospores within the cell wall of the ascal cell. Optimally, four haploid ascospores are formed in each ascus (fig. 15c). Two spores in each ascus are of mating type $a$ and two are $\alpha$, and if separated each will produce a haploid clone. Under favorable conditions, ascospores germinate readily, but if they are not isolated from one another, spores of opposite mating type may fuse to form zygotes before germinating, or there may be fusion between the vegetative products of such spores after some budding has occurred. Cultures derived from entire asci are usually in diplophase.

**Uniparental diploids.** The production of fertile diploids by clones derived from single haploid ascospores was observed at the beginning of studies on yeast genetics[1], but only

---
[1] WINGE, Ø., and O. LAUSTSEN: C. R. Lab. Carlsberg (II) **22**, 99 (1937).

recently has it been shown that two different sorts of diploids, one homozygous and the other heterozygous for mating type, occur in haploid clones[1]. Diploids *heterozygous* for mating type are recognizable because: 1. they have the morphological and growth characteristics already described for the diplophase; 2. they show no mating type reaction, failing to conjugate with haploid cells or either mating type; 3. they sporulate directly (*i. e.* without further conjugation) under suitable cultural conditions; 4. during sporulation there is a typical "diploid" segregating for mating type — in four-spored

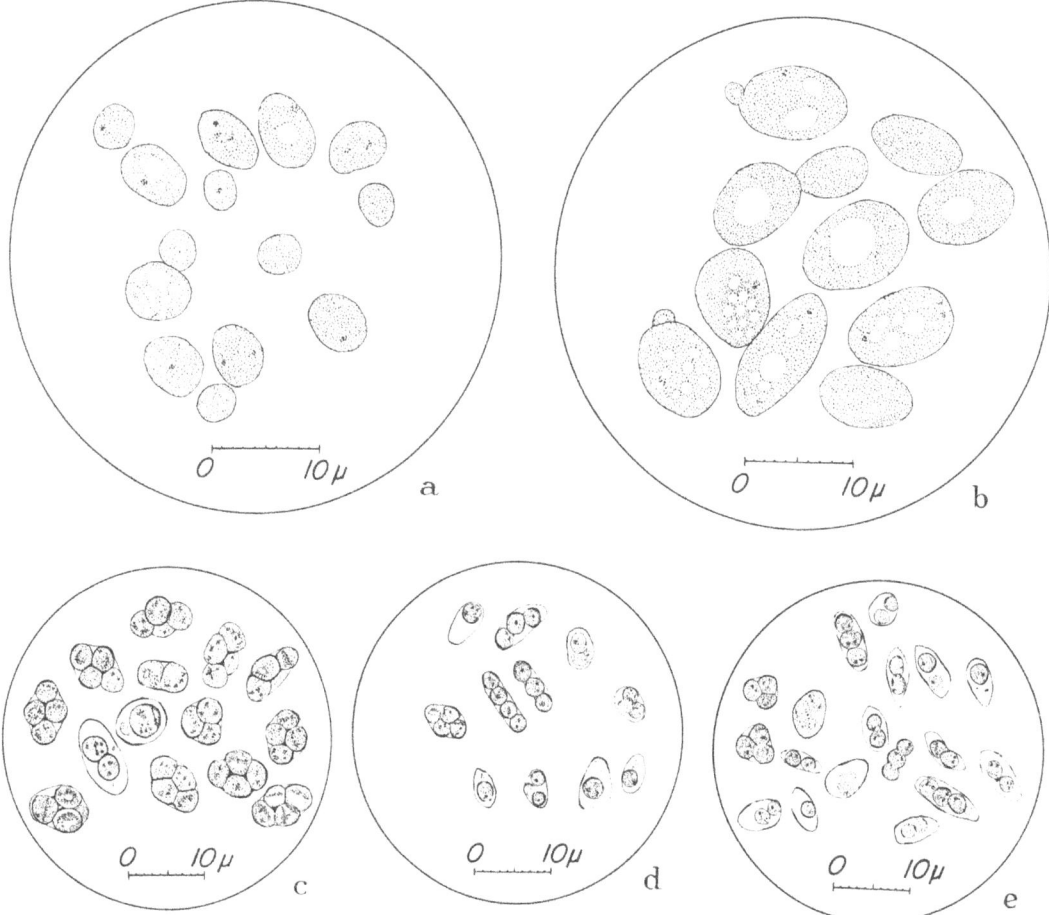

Fig. 15 a—e. *Saccharomyces cerevisiae*; a, cells of haplophase; b, cells of diplophase; c to e, asci with ascospores. After WINGE and LAUSTSEN[2].

asci two spores are $a$ and two $\alpha$; and 5. there is segregation for no genetic characters other than mating type; haplophase cultures from ascospores produced by these diploids carry the same genetic traits as the haploid culture from which the diploids arose. Diploids *homozygous* for mating type can be recognized by the following characteristics: 1. they resemble haplophase cells in shape, mode of budding and in forming clumps, but generally have the larger size characteristic of the diplophase; 2. they have definite mating type reactions, either $a$ or $\alpha$, and will conjugate and form zygotes with cells of the opposite mating type whether these are haploids or other homozygous diploids; 3. they fail to sporulate without first conjugating with cells of the opposite mating type; 4. when sporulation does occur, mating type segregates in a "triploid" fashion when the other parent was haploid, or in a "tetraploid" fashion when the other parent was diploid; and 5. segregation occurs for all genetic traits by which the two parental clones differed, and in a manner

---

[1] ROMAN, H., and S. M. SANDS: Proc. nat. Acad. Sci. USA **39**, 171 (1953).
[2] WINGE, Ø., and O. LAUSTSEN: C. R. Lab. Carlsberg (II) **22**, 17 (1937).

characteristic of polyploids. The effect on genetic observations of the inclusion of the two sorts of diploids among presumed haploid cells used in crossing is discussed below.

**Delayed nuclear fusion.** In some strains of *Saccharomyces cerevisiae* it has been observed[1] that nuclear fusion does not immediately follow the fusion of cells in zygote formation. Dicaryotic buds may be produced, the two nuclei of the zygote dividing conjugately in this case, or haploid buds may arise from the ends of the zygote, the division product of a single nucleus entering the bud in that case (fig. 16g—m). Nuclear fusion apparently occurs in dicaryotic buds to change them into typical diploid cells, though it is possible that further dicaryotic buds are produced. In the strains studied by RENAUD, delayed nuclear fusion was extremely rare in one and fairly common in the other. The effects of delayed nuclear fusion should not be too serious in genetic studies since the products of zygotes in which nuclear fusion is delayed must be either diploids of the type expected from the cross or haploids of the two parental sorts. Diploid cells which could be induced to sporulate would be of the expected parentage.

**Asci with fewer or more than four spores.** When most diploid strains of yeast are induced to sporulate, very few of the asci have the expected number of spores; the great majority usually have one, two or three spores. Abortion among meiotic products is often a symptom of irregular meiosis, which is one reason why asci with four viable spores are almost invariably selected in genetic experimentation. On the other hand, there is no direct evidence that the ascospore abortion so commonly observed in Saccharomyces actually results from irregular chromosome disjunction. No evidence of irregular segregations was obtained in one study[4] in which intact two- and three-spored asci were separately cultured. A non-genetic aspect of ascospore abortion is strongly indicated by observations that the number of spores per ascus is strongly influenced

Fig. 16 a—m. *Saccharomyces cerevisiae:* a to b, germination of ascospore, *sp*, and beginning of haploid growth; c to d, fusion of haploid cells to form zygote or "copulation figure", *zg*, and beginning of diploid growth; e to f, fusion between pairs of cells of a single haploid clone to form twin zygotes from which diploid cells arise; g to h, delayed nuclear fusion, with the production of haploid cells (small and not shaded) and diploid cells (shaded) from a single zygote; j to m, nuclear phenomena accompanying delayed nuclear fusion in zygotes, conjugate divisions shown in j. After WINGE and LAUSTSEN[2] (a to f), and RENAUD[3] (g to m).

---

[1] RENAUD, J.: Cr. **204**, 1274 (1937); **206**, 1397 (1938). — FOWELL, R. R.: J. Inst. Brewing **57**, 180 (1951).

[2] WINGE, Ø.: C. R. Lab. Carlsberg (II) **21**, 77 (1935). — WINGE, Ø., and O. LAUSTSEN: C. R. Lab. Carlsberg (II) **22**, 17 (1937).

[3] RENAUD, J.: Cr. **204**, 1274 (1937); **206**, 1397 (1938).

[4] BEVAN, E. A.: Nature **171**, 576 (1953).

by environmental factors[1]. Occasionally asci with more than four spores are produced. One interpretation[2] is that meiosis is occasionally followed by a mitosis to give eight haploid nuclei and, potentially, eight ascospores, as in Neurospora and Aspergillus; five- and six-spored asci would then be expected from the usual amount of ascospore abortion. Another interpretation[3] is that asci with more than four spores arise from the fusion of sporulating cells (primary ascogenous cells). In any event, asci with more than four spores are rarely produced.

### γ) Genetic considerations.

Since the ascospores of *S. cerevisiae* can be isolated only by direct removal from the asci it is customary to select four-spored asci and isolate all spores from each. This procedure results in genetic information equivalent to that obtained from ascus dissection in Neurospora (see p. 449), except that in most asci the spores are unordered so that first and second division segregations are not directly determinable. When three or more genes are segregating independently (*i. e.*, the genes are not linked) in one cross it is possible to estimate the frequencies with which each gene segregates in the first and second divisons and, hence, the distance in map units between such genes and their centromeres[4]. There is a suggestion[5] that asci with spores arranged in a single row (see fig. 15d, p. 466) may depict the division at which segregation occurred by the position of spores in the ascus in *Saccharomyces cereviciae*, just as they are depicted in Neurospora and in *Schizosaccharomyces pombe*[6] in which all asci are of this sort.

**Genetic effects of spontaneous diploidization.** Interpretations of genetic observations may be confused by the failure to detect the presence of diploid cells in presumed haploid clones used in crosses. The disturbances in genetic results arising from the accidental inclusion of diploid cells in clones used in genetic tests will differ depending upon the type of diploid cell involved. *Diploids heterozygous for mating type* do not enter into further mating reactions but sporulate directly along with the true hybrid diploids produced in the cross. Except for the presence of a mutated mating type allele, these monoparental diploids are homozygous for all genes carried by the haploid clone in which they arose. No segregations, except for mating type, will occur in asci produced by these diploids and they can be recognized by this characteristic whenever they occur in crosses between haploid strains with well marked genetic differences. *Diploids homozygous for mating type* do enter into mating reactions in crosses to strains of opposite mating types, just as do haploid cells of the same clone, and thus lead to potentially greater genetic disturbances. Matings between such diploid and haploid cells result in the production of triploids. If such diploids are present in both haploid clones used in crossing, unions between them result in the production of tetraploids. Segregations typical of tetraploids have been observed in crosses between inhomogeneous clones[7]; and a review of published data indicates that segregations typical of triploids have also occurred, but have been misinterpreted. As indicated in table 2, segregations in polyploid asci are often indistinguishable from typical diploid segregations; two spores from such asci give rise to

---

[1] WAGNER, F.: Zbl. Bakt. (II) **75**, 4 (1928). — STELLING-DEKKER, N. M.: Die Hefesammlung des Centraalbureau voor Schimmelcultures. I. Teil. Die Sporogenen Hefen. Amsterdam 1931. — OCHMANN, W.: Zbl. Bakt. (II) **86**, 458 (1932). — LINDEGREN, C. C.: The Yeast Cell. St. Louis, USA. 1949. — PFAFF, H. J., and E. M. MRAK: Wallerstein Lab. Commun. **12**, 29 (1949). — FOWELL, R. R.: Nature **170**, 578 (1952).

[2] WINGE, Ø., and C. ROBERTS: Nature **165**, 157 (1950).

[3] LINDEGREN, C. C., and G. LINDEGREN: Genetics **38**, 73 (1953).

[4] LINDEGREN, C. C.: 8. Int. Conf. Genetics [Hereditas, Lund Suppl. Bd. p. 338 (1949)]. — WHITEHOUSE, H. L. K.: Nature **165**, 893 (1950).

[5] ROMAN, H., and S. M. SANDS: Proc. nat. Acad. Sci. USA **39**, 171 (1953).

[6] LEUPOLD, U.: C. R. Lab. Carlsberg (II) **24**, 381 (1950).

[7] ROMAN, H., D. C. HAWTHORNE and H. DOUGLAS: Proc. nat. Acad. Sci. USA **37**, 97 (1951). — ROMAN, H., and S. M. SANDS: Proc. nat. Acad. Sci. USA **39**, 171 (1953). — LINDEGREN, C. C., and G. LINDEGREN: J. gen. Microbiol. **5**, 885 (1951).

cultures showing the characteristics of the recessive allele at a particular locus, the other two give rise to cultures showing the characteristics of the dominant allele. Isolates exhibiting the dominant trait carry and transmit nothing but the dominant allele when they are segregants of true diploid asci; but, when they are segregants of triploid asci which simulate diploids in that 2 dominants to 2 recessives are produced, most isolates showing the dominant trait will carry the recessive allele in a heterozygous condition. Failure to identify isolates of such genetic constitution can have serious effects in biochemical-genetic studies. *Diploidy in homothallic strains*[1] arises from unions between cells which are not differentiated into mating types. Diploids of homothallic origin apparently never take part in further matings, and hence do not result in the development of polyploidy.

Table 2. *Types of segregation expected in asci of yeasts with different degrees of polyploidy, and the range of frequencies in which each type is expected. Dominant alternatives are indicated by "+", recessive alternatives by "—".*

| Genotypes in ascus | Frequency when crossing over is* | | Phenotypic ratios | |
|---|---|---|---|---|
| | none % | not limiting % | With dominance (most genes) | Without dominance (mating type) |
| *a) Tetraploids* | | | +/+/—/— | a/a/α/α |
| 2 +/+, 2 —/— | 33,3 | 8,6 | 2+:2— | 2a:2α |
| 4 +/— | 66,7 | 22,9 | 4+:0— | 4 neuters |
| +/+, 2 +/—, —/— | 0 | 68,6 | 3+:1— | 1a:1α:2 neuters |
| *b) Triploids* | | | +/+/— | a/a/α |
| 2 +/+, 2 — | 33,3 | 6,7 | 2+:2— | 2a:2α |
| 2 +/—, 2 + | 66,7 | 26,7 | 4+:0— | 2a:2 neuters |
| +/+, +/—, +, — | 0 | 53,3 | 3+:1— | 2a:1α:1 neuter |
| +/+, —/—, +, + | 0 | 13,3 | | 3a:1α |
| *c) Triploids* | | | +/—/— | a/α/α |
| 2 +, 2—/— | 33,3 | 6,7 | | 2a:2α |
| 2 +/—, 2— | 66,7 | 26,7 | 2+:2— | 2a:2 neuters |
| +/—, —/—, +, — | 0 | 53,3 | | 1a:2α:1 neuter |
| +/+, —/—, 2— | 0 | 13,3 | 1+:3— | 1a:3α |
| *d) Diploids* | | | +/— | a/α |
| 2 +, 2 — | 100 | 100 | 2+:2— | 2a:2α |

δ) *Special methods for handling yeasts.*

**Culture media.** Stock cultures are frequently kept on complex media such as beer wort, wine mash, yeast-peptone-dextrose agar, etc.; media of chemically defined composition are also used, especially in connection with nutritional studies. The purely synthetic media that have been used are surprisingly dissimilar, as indicated by those described in table 3.

*Sporulation media.* Many different complex media have been used to stimulate ascus development in yeasts. PFAFF and MRAK[2] have reviewed the literature (up to 1948) dealing with the effects of media and other environmental factors on the production of spores. Not only the number of asci produced, but the viability of ascospores[3] and the number[4] of ascospores per ascus are influenced by the media employed. In general it seems that an abundance of undefined nutrilites, a low concentration of carbohydrates,

---

* The crossing over referred to is that occurring between the locus of the heterozygous gene and its centromere.

[1] WINGE, Ø., and C. ROBERTS: C. R. Lab. Carlsberg (II) **24**, 341 (1949). — THORNE, R. S. W.: C. R. Lab. Carlsberg (II) **25**, 101 (1951).

[2] PFAFF, H. J., and E. M. MRAK: Wallerstein Lab. Commun. **11**, 261 (1928); **12**, 29 (1949).

[3] LINDEGREN, C. C.: The Yeast Cell. St. Louis USA 1949.

[4] FOWELL, R. R.: Nature **170**, 578 (1952).

Table 3. *Chemically defined media used in the culture of yeasts. Quantities are expressed in weight per liter of solution.*

|  | BURK-HOLDER[1] | EPHRUSSI[2] | HUNTER[3] | WICKER-HAM[3] |
|---|---|---|---|---|
| Asparagine | 2,0 g | — | — | (1,0 g)* |
| $(NH_4)_2SO_4$ | 2,0 g | 0,6 g | — | (1,0 g)* |
| $(NH_4)_2HPO_4$ | — | — | 0,8 g | — |
| $KH_2PO_4$ | 1,5 g | 1,0 g | 1,0 g | 0,875 g |
| $K_2HPO_4$ | — | — | — | 0,125 g |
| $MgSO_4 \cdot 7 H_2O$ | 0,5 g | 0,7 g | 0,2 g | 0,5 g |
| $CaCl_2 \cdot 2 H_2O$ | 0,33 g | 0,4 g | 37 mg | 0,1 g |
| NaCl | — | 0,5 g | — | 0,1 g |
| KI | 0,1 mg | — | — | 0,1 mg |
| Na citrate | — | — | 0,8 g | — |
| Citric acid | — | — | 0,2 g | — |
| Dextrose | 20 g | 10 g | 20 g | 10 g |
| Microelements: |  |  |  |  |
| Fe | 50 µg | 1,5 mg | 4 mg | 50 µg |
| Zn | 70 µg | — | 4 mg | 70 µg |
| Bo | 10 µg | — | — | 10 µg |
| Mn | 10 µg | — | 0,5 mg | — |
| Cu | 10 µg | — | 0,1 mg | 10 µg |
| Mo | 10 µg | — | — | — |
| Supplements (as required): |  |  |  |  |
| β-alanine | — | 2 mg | — | — |
| biotin | 2 µg | 0,2 µg | 2 µg | 2 µg |
| thiamine | 0,2 mg | 80 µg | 0,2 mg | 0,4 mg |
| nicotinic acid | 0,2 mg | — | 0,2 mg | 0,4 mg |
| pyridoxine | 0,2 mg | — | 0,2 mg | 0,4 mg |
| panthothenic acid | 0,2 mg | — | 0,2 mg | 0,4 mg |
| inositol | 10 mg | — | 10 mg | 2 mg |
| adenine | — | 10 mg | — | — |
| riboflavin | — | — | — | — |
| p-aminobenzoic acid | — | — | — | 0,2 mg |
| $p_H$ adjusted to | 5,0 | — | 6,0 | 5,3 |

and a relatively high oxygen tension are favorable to spore formation. Only a few of the commonly used methods of inducing spore formation will be reviewed here. a) *Vegetable wedges* are prepared from fresh, washed, unpeeled potatoes, carrots, beets (roots), or cucumbers. The wedges are placed in test tubes containing 2 to 4 ml of water and autoclaved. Suspensions of diploid cells are spread over the exposed surfaces of the wedge, and are examined periodically for the presence of asci[4]. *Vegetable agar*[5] is prepared by mixing equal weights of washed and ground beets, carrots, cucumbers and potatoes, and autoclaving them with water equal to the total weight of the vegetables. Dried yeast and agar are added to the filtered juice to the extent of 2 percent, and test tube slants are prepared. These are inoculated with heavy suspensions of actively growing cells and observed periodically for the production of asci. The *presporulation medium* of the LINDEGRENS[6] is similar to the vegetable agar of MRAK. It is made up of 10 ml

---

* Either asparagine or ammonium sulfate, not both.
[1] BURKHOLDER, P. R.: Amer. J. Bot. **30**, 206 (1943).
[2] EPHRUSSI, B., H. HOTTINGUER et A. M. CHIMENES: Ann. Inst. Pasteur **76**, 351 (1949).
[3] Cited by LINDEGREN, C. C.: The Yeast Cell. St. Louis USA 1949.
[4] ROBERTS, C.: In Methods in Medical Research. Vol. 3, p. 37. Chicago 1950.
[5] MRAK, E. M., H. J. PFAFF and H. C. DOUGLAS: Science, N. Y. **96**, 432 (1942).
[6] LINDEGREN, C. C., and G. LINDEGREN: Bot. Gaz., Chicago **105**, 304 (1944).

of beet leaf extract (100 grams leaves extracted with 100 ml water), 10 ml of beet root extract (similarly prepared), 35 ml apricot juice (a commercial canned product), 16,5 ml grape juice (a commercial bottled product), 2 gm of dried yeast, 2,5 ml of glycerol, 1 gram of $CaCO_3$ and 3 grams of agar, made up to 100 ml with water. Test tube slants are prepared and inoculated with diploid cells. After three days growth on this presporulating medium the cells are washed off the surface of a slant with 1 ml of sterile water and pipetted onto the upper portion of a gypsum slant. The method used in the Carlsberg laboratory[1] differs in that the cells to be transferred to gypsum are first cultured for 48 hours at room temperature in 8 percent Pilsner wort and 24 hours at 25° in fresh medium. The transfer is made by decanting the culture liquid, resuspending the cells in a small amount of sterile water, and placing 0,5 ml of the suspension on a gypsum block. *Gypsum blocks* are prepared[1] by mixing eight parts of gypsum powder (plaster of Paris, $CaSO_4 \cdot 1/2 H_2O$) with three parts of water, shaping the mixture into conical forms of suitable size and, after hardening, sterilizing at 115 to 120° for two hours. *Gypsum slants*[2] are prepared by mixing gypsum powder and water to form a creamy paste, filling ($18 \times 150$ mm) culture tubes to the depth of about 25 mm, and slanting the tubes until the plaster has hardened. The gypsum slants must be well dried (*e. g.*, 24 to 48 hours at 50°) before sterilizing, otherwise the gypsum swells and breaks the tubes. When gypsum blocks or slants are to be used they are moistened by adding sterile water to at least one-half the depth of the block or slant. Dilute wort, or other medium, is sometimes used in place of water; LINDEGREN[3] advises adding sufficient acetic acid to the sterile water to bring the $p_H$ to 4,0. Heavy suspensions of yeast cells from presporulating media are placed on the upper portions of the blocks or slants and examined periodically for the production of spores. *A simple sporulation medium* containing 0,04 percent dextrose and 0,14 percent anhydrous sodium acetate[4], or simply 0,3 to 0,4 percent sodium acetate at $p_H$ 5,6 to 7,0[5], solidified with agar, is reported to produce large numbers of asci, with a relatively high frequency having four spores.

**Ascus dissection.** Ascospores of yeasts are small, colorless, are not discharged from the asci, are not long-lived, and are not resistant to treatments to which vegetative cells are susceptible[*]. For these reasons, ascospores from newly formed asci must be isolated under sterile conditions with the aid of a microscope with relatively high magnification. LINDEGREN[3] uses a 4 mm (circ. $44 \times$) objective for the isolation proper and lower magnifications for orientation, etc. Dissections are carried out with the aid of a micromanipulator, the methods employed differing considerably from laboratory to laboratory.

In WINGE's laboratory (Carlsberg Laboratory, Copenhagen[6]), the Zeiss gliding micromanipulator is used with one pair of gliding plates on either side of the microscope so that two needles can be used simultaneously. The manipulations with spores are carried out in special moist chambers (fig. 17) consisting of a glass ring with tubulations on two sides through which needles may enter. A sterile chamber with cotton plugs in both tubes is mounted on a sterile microscope slide with melted wax. A little sterile water is placed on the bottom of the slide to maintain a humid atmosphere within the chamber. A sterile circular cover slip is prepared by placing eight droplets of sterile Pilsner wort

---

[*] In yeasts belonging to the genus *Hansenula* the asci rupture and liberate ascospores which are slightly more heat resistant than the vegetative cells, thus permitting an approximate separation of the two. — WICKERHAM, L. J., and K. A. BURTON: J. Bacteriology **67**, 303 (1954). Such mass isolation of ascospores, while useful in some genetic procedures, lacks nearly all the safeguards essential to genetic analyses of *Saccharomyces cerevisiae*.

[1] ROBERTS, C.: Methods in Medical Research. Vol. 3, p. 37. Chicago 1950.
[2] GRAHAM, V. E., and E. G. HASTINGS: Canad. J. Res. (C) **19**, 251 (1941).
[3] LINDEGREN, C. C.: The Yeast Cell. St. Louis USA 1949.
[4] ADAMS, A. M.: Canad. J. Res. (C) **27**, 179 (1949).
[5] FOWELL, R. R.: Nature **170**, 578 (1952).
[6] WINGE, Ø.: C. R. Lab. Carlsberg (II) **21**, 77 (1935). — WINGE, Ø., and O. LAUSTSEN: C. R. Lab. Carlsberg (II) **22**, 17 (1937). — ROBERTS, C.: In Methods in Medical Research. Vol. 3. Chicago 1950.

in two rows of four and a somewhat larger drop of sporulating yeast cells at one side. The cover slip is then inverted over the moist chamber whose upper rim has been coated with paraffin oil and petrolatum and a seal is made by applying a hot needle to the rim. Glass needles are sterilized before introduction into the moist chamber by immersion in concentrated $H_2SO_4$, washing in distilled water, and storing in 70 percent alcohol. The two needles used are usually about 2 and 5 micra in tip diameters. A single ascus is carried on a needle from the larger droplet to the neighborhood of one of the small sterile wort droplets. As much as possible of the water surrounding the ascus is removed and the ascus wall is ruptured with as little pressure as possible from one of the needles. Using two needles, the four spores are separated and transferred individually to droplets in one row of four. Spores from a second ascus are distributed to the second row of four droplets.

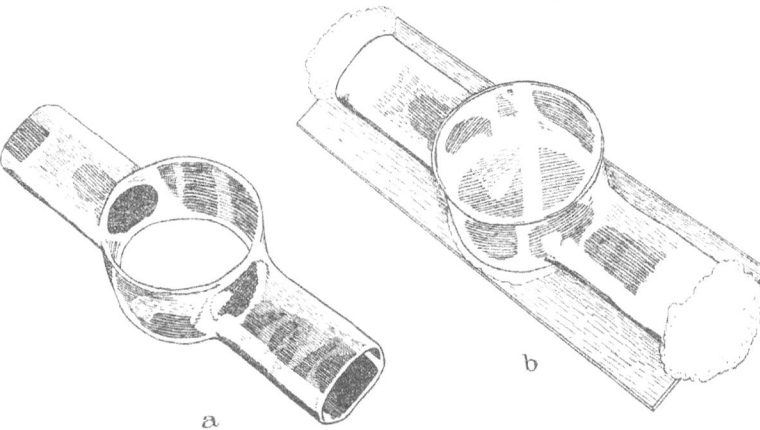

Fig. 17 a and b. The WINGE moist chamber for microdissection: a, short glass cylinder with tubular glass side arms; b, mounted on microscope slide ready for use. After ROBERTS.

The transport of spores is through microdroplets of the moisture which condenses on the cover slip, and the trails left by the movement of the spores through the microdrops are useful landmarks. The chamber is incubated at 25° until the colonies in the droplets become visible to the naked eye when they are transferred to Pilsner wort in FREUDENREICH flasks. The colonies are picked from the droplets with small triangles of sterile filter paper which are dropped directly into the new culture medium. Very young colonies, invisible to the naked eye, can be picked under the microscope with instruments introduced through the tubulation to the chamber.

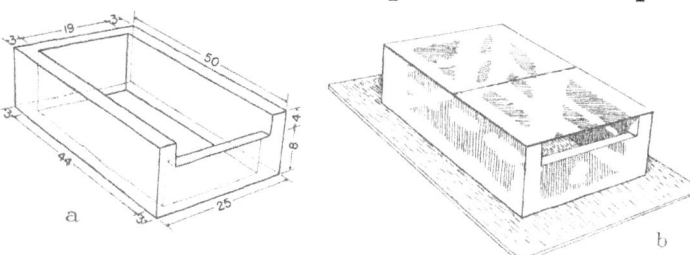

Fig. 18 a and b. The LINDEGREN moist chamber for microdissection: a, box of transparent plastic, open at top and bottom; b, mounted on microscope slide ready for use.

In EPHRUSSI's laboratory (University of Paris[1]) dissections are carried out in the same type of moist chamber (fig. 17), but with the aid of a de Fonbrune micromanipulator. Seven asci are dissected in each chamber, the spores being distributed in a regular order to 28 droplets of wort arranged in a circle near the edge of the cover slip. Germination of ascospores occurs within 24 or 48 hours after which the microcolonies are transferred with fine pipettes.

The de Fonbrune micromanipulator is also used in ascus dissections carried out in LINDEGREN's laboratory (Southern Illinois University, Carbondale, Ill.[2]), but the moist chambers used are of a different design (fig. 18). A rectangular chamber made of plastic has outside dimensions such that the upper surface is covered by two square cover slips placed side by side (fig. 18b). The walls are 12 mm high except at one end which is 8 mm high, leaving a slit for the insertion of instruments. The chamber is cemented onto a large microscope slide. The sides of the chamber are lined with filter paper to

---

[1] EPHRUSSI, B., H. HOTTINGUER et J. TAVLTZSKI: Ann. Inst. Pasteur 76, 419 (1949).
[2] LINDEGREN, C. C.: The Yeast Cell. St. Louis (USA) 1949.

which water is added to maintain a humid atmosphere within the chamber. Sporulating cells from a gypsum slant are introduced into a small drop of sterile water on a cover slip which is inverted over one half of the chamber. Four droplets of sterile nutrient agar are placed on a second cover slip which is inverted over the other half of the chamber. A flat-tipped glass needle, made by drawing a pyrex rod to about 20 micra in diameter with a right angled bend and then cutting the needle with a fine pair of scissors, is used throughout. A selected ascus is first withdrawn from the drop of sporulating cells to a dry part of the cover slip. The flat tip of the needle, which is covered by a film of water, is then brought up under the isolated ascus which is caught in the film and lowered from the cover slip. The slide to which the chamber is cemented is held in position by a mechanical stage which is now moved to bring the second cover slip into the field of the microscope. The needle with attached ascus is now raised and the ascus deposited near one of the agar droplets. The ascus is rolled with the needle until it ruptures, the liberated spores picked one at a time and deposited on separate agar droplets. The spores are moved by lowering the needle with an attached spore, bringing an agar droplet into the center of the field with the mechanical stage, and raising the needle to deposit the spore on the agar. After the spores have been distributed, the cover slip is lifted from the chamber and deposited on a van Tieghem cell which serves as a moist chamber during incubation at 29° until colonies visible to the naked eye appear. Agar droplets with young yeast colonies are individually removed with a spatulate transfer needle and streaked over the surface of agar slants.

**Hybridization.** Almost every laboratory has its own method for the production of hybrids, each with its own peculiar advantages and disadvantages. Probably no method yet devised is completely satisfactory in furnishing all controls necessary to the production of hybrids of completely known ancestry.

Winge and Laustsen[1] produced hybrids by pairing individual ascospores. The same types of micromanipulators and moist chambers are used as in ascus dissection, but the cover slip is prepared by depositing two drops of sporulating cells, one of each strain to be crossed, and only four droplets of wort. One ascus of each is dissected, and the spores are paired, one from each ascus, just outside the wort droplets. By removing the water as completely as possible from the neighbourhood of the paired spores they adhere to one another, after which they are pushed just inside the margin of the droplet where it is relatively easy to find them for further observation. Zygotes formed by the fusion of paired cells have a characteristic shape (see figs. 15, 16, 17) and are easily recognized. The first diploid bud produced by the zygote generally appears from the "isthmus" joining the paired cells. Buds appearing in lateral positions at an early stage are removed by dissection since they may be of haploid origin (see section on delayed nuclear fusion above). Germination usually commences in 16 to 18 hours after the cells have been paired. Zygote formation may fail for a number of reasons: the paired cells may be of a single mating type, hence incompatible; the paired cells may fail to adhere; etc. About one successful crossing from 15 paired spores is expected[2]. Successful zygotes are permitted to develop for 48 to 72 hours at 25°, when the young diploid colonies are transferred to fresh culture medium.

Lindegren and Lindegren[3] developed a method in which actively growing cells of two haploid strains of known compatibility are mixed in mass culture. Clones of cells from single ascospores are tested for mating type by crossing to standard $a$ and $\alpha$ "tester" stocks. Crosses between strains differing in the genetic traits to be studied and of opposite mating type, are then made by combining large inocula of each (a large loop full of cells scraped from the surface of an agar slant is used as inoculum) in 1 ml of broth in a $18 \times 150$ mm culture tube. (The broth contains, per liter, 3,5 grams of peptone, 2 grams

---

[1] Winge, Ø., and O. Laustsen: C. R. Lab. Carlsberg (II) **22**, 17 (1937).
[2] Roberts, C.: In Methods in Medical Research. Vol. 3. Chicago 1950.
[3] Lindegren, C. C., and G. Lindegren: Proc. nat. Acad. Sci. USA **29**, 306 (1943).

of $KH_2PO_4$, 1 gram each of $MgSO_4$ and yeast extract, 200 micrograms each of thiamine, pyridoxine, niacin and pantothenate, 2 micrograms of biotin, and 40 grams of glucose.) After incubating overnight at 16° the presence of zygotes is determined by microscopic examination. For genetic analysis, cells from a 72 hour subculture on presporulation medium are transferred to gypsum slants to induce sporulation (see descriptions under "sporulating media" and "ascus dissection" above).

CHEN[1] developed a method of hybridization in which certain features of the methods of WINGE and the LINDEGRENS were combined. Crosses are made in moist chambers (fig. 17a). One drop of a suspension of each of the two compatible haploid strains to be crossed is placed on the cover glass. With a de Fonbrune micromanipulator, single cells from the two drops are paired and pushed into a small droplet of wort. Fusion between paired cells is observed directly and usually occurs in from 2 to 6 hours. The zygotes can be left in the droplets for 24 hours to form small diploid colonies which are then transferred with small pipettes to solid medium.

POMPER and BURKHOLDER[2] made crosses by mass matings from which diploids were isolated by prototroph selection. To use this method, the strains to be crossed must differ in nutritional deficiencies; for example, one strain might require niacin but not methionine for growth, the other methionine but not niacin. Zygotes are produced by mass matings much as in the LINDEGRENS method. Following such mass matings the cells are cultured in a medium deficient in growth substances required by the parental strains (lacking niacin and methionine in our example) in which only hybrid diploid cells can develop. The hybrid diploid cells have the dominant normal alleles of the mutant genes responsible for the nutritional deficiencies of the parental stocks.

**Evaluation of genetic methods.** A number of events occuring in the life cycle of yeasts can have effects leading to serious errors in interpretation if they are permitted to occur and pass undetected in genetic experiments. The methods used in the production of hybrids and in the study of segregation must consequently be evaluated in terms of their abilities to guard against undesirable, or confusing, events and to detect such events should they occur.

1. Diploid cells heterozygous for mating type in a presumed haploid clone are eliminated when hybrids are produced by the method of WINGE and LAUSTSEN and by that of CHEN. Such cells do not enter into mating reactions and consequently do not form zygotes. They would be discarded with any other pairs of cells which failed to form zygotes. They are also eliminated by the method of POMPER and BURKHOLDER since, being homozygous for all genes other than mating type, they have the nutritional deficiency of the haploid clone in which they occurred and, like them, are incapable of growing on the unsupplemented medium used in the selection of true hybrids. The method of the LINDEGRENS does not eliminate this type of diploid directly. An attempt to eliminate it is made by testing for the presence, in clones to be used in crossing, of cells capable of sporulating directly. This precaution should be sufficient if the sample of cells so tested is identical in this respect with the sample used in crossing. The accidental inclusion of diploid cells heterozygous for mating type can be detected by the absence of segregation for genes by which the two crossed strains differ.

2. Diploids homozygous for mating type are not eliminated by any of the hybridizing techniques. This type of diploid cell has the morphological characteristics of true haploids, except for greater average size. These diploids enter into mating reactions with cells of the second clone used in the cross. Zygotes formed by unions of this type of diploid cell with haploid (or similar diploid) cells from the other clone are not recognized with certainty by microscopic observation, as in the methods of WINGE and LAUSTSEN and of CHEN. Furthermore they carry the dominant alleles for nutritional independence from

---

[1] CHEN, SHIH-YI: Cr. **230**, 1897 (1950).
[2] POMPER, S., and P. R. BURKHOLDER: Proc. nat. Acad. Sci. USA **35**, 456 (1949).

both strains, just as hybrid diploids do, and would not be selected against by culturing in unsupplemented media, as in the method of Pomper and Burkholder. The accidental inclusion of diploids homozygous for mating type can be detected only by the occurrence of polyploid segregations (4 dominants and no recessives, 3 dominants and 1 recessive, and 1 dominant and 3 recessives) in individual asci in place of typical diploid segregation (2 dominants and 2 recessives). The 2 to 2 segregation characteristic of diploid asci also occurs in many polyploid asci, as shown in table 2, p. 469. As a consequence, the occurrence of the diploid type of segregation in any one ascus is no guaranty that it arose from a diploid zygote. To establish the diploid nature of a zygote with certainty it is necessary to examine the segregation occurring in a number of asci formed by cells of a clone descended from that zygote. The number of asci required can not be stated arbitrarily but will be larger when there are relatively few genes segregating than when there are many, and will be larger when the heterozygous genes lie near their respective centromeres than when they are more distant. The methods of Winge and Laustsen and of Chen automatically establish clones descended from individual zygotes. Those of the Lindegrens and of Pomper and Burkholder do not but can be adapted to give the necessary information by the isolation of single cells at almost any time after the mass matings, and the establishment of clones from these.

3. Adventitious sporulation in a hybrid diploid clone followed by fusion between segregants of opposite mating type, with the possible development of homozygosis in a part of the original complement of heterozygous genes, cannot be ruled out unambiguously by any of the standard methods. Conditions under which sporulation may occur are so numerous and so diverse, and different strains of yeasts respond so differently to them, that it may be impossible to devise a culture medium in which sporulation would never occur. Assurance that an intervening sporulation has not occurred might be had from a procedure permitting continuous microscopic observation from zygote formation to sporulation, or from a procedure in which the total elapsed time between the initiation of the clone and the final induction of sporulation is insufficient to permit a cycle of sporulation and reconjugation to occur. The interval within which an extra sporulation could not possibly occur is probably very short, possibly less than 24 hours, which is the time within which mature asci are reported to develop from well nourished cells after they have been transferred to gypsum[1]. It is probable that cultural conditions which favor spore formation do not favor the germination of the spores so formed, and that the safe time interval is longer than suggested. Subculturing, on the other hand, could easily establish alternating conditions, one favoring sporulation, the other vegetative growth, thus leading to the condition most to be avoided.

### d) Bacteria, especially those in which genetic recombination occurs.

Up to the present time genetic recombination has been demonstrated in extremely few of the enormous array of bacterial "species". In the absence of genetic recombination there is no direct way of applying standard genetic criteria and methods to these organisms. The orderly transfer of permanent hereditary traits from cell generation to cell generation suggests that a hereditary mechanism does exist, and that it may not be appreciably different in many respects from the mechanisms known in higher organisms. Gene mutations in higher organisms are almost exactly simulated by the changes in heritable traits occurring in bacteria[2] and the event is usually considered to be roughly equivalent in all organisms. Mutant strains of bacteria lacking genetic recombination have been used, and are still being extensively used, in "biochemical genetic" studies related to resistance

---

[1] Lindegren, C. C.: The Yeast Cell. St. Louis (USA) 1949.
[2] Gowen, J. W.: Cold Spring Harbor Symp. quant. Biol. 9, 187 (1941). — Lindegren, C. C.: Zbl. Bakt. (II) 93, 389 (1936). — Kaplan, R. W.: Naturwiss. 37, 249, 276 (1950). Zbl. Bakt. (I) 160, 181 (1953).

to bacteriophages[1] and antibiotics[2], to the mode of formation of adaptive enzymes[3], and especially to biosynthetic pathways[4].

Bacteria have a number of characteristics suiting them to biochemical-genetic studies. One important characteristic is their diversity. The great variety of pathogenic forms offers the most extensive material for studies related to host-pathogen interactions. Because of the great diversity among bacteria in ability to attack different substrates, it is possible to isolate strains capable of degrading almost any selected organic substance, even including hydrocarbons[5] and specific polysaccharides of pneumococcus[6]. Many bacteria have "peculiarly exaggerated types of metabolism"[7]; reactions which take place at such low rates as to be practically undetectable in most organisms may be the predominant reactions in some bacteria.

The small size of bacteria and their rapid growth are also important characteristics. Due to their smallness they can be uniformly dispersed in liquid media. Equal volumes of such suspensions contain equal numbers of bacteria. Because of the uniform dispersion and the relatively constant size of the dispersed cells, increase in numbers can be followed by measuring the optical density of the suspension. Techniques have been developed which maintain a high degree of physiological uniformity among a population of cells by the use of a continuous culture apparatus, or "chemostat"[8]. By this means the organisms are maintained indefinitely in the logarithmic phase of growth, an experimental condition that cannot be duplicated with higher organisms. In addition to physiological advantages, the rapid reproduction and small size, together with adequate selective techniques, make possible the study of genetic events which occur too infrequently to be studied in most other organisms.

### α) Bacterial transformations.

Some strains of bacteria respond to extracts of other strains by developing hereditary traits characteristic of the strains from which the extracts were made. This phenomenon, by which genetic recombination is accomplished, is known as "transformation". It has been observed usually under restricted experimental conditions, with only a few kinds of bacteria; so far nothing resembling transformation has been observed in experiments with other groups of organisms.

The specific agent in bacterial extracts which is responsible for a transformation is known as the "transforming principle", or "TP". The transforming principle is believed to be a highly polymerized desoxyribonucleic acid[9] since (a) transforming activity is proportional to the concentration of this substance throughout the stages of its purification, (b) transforming activity is not diminished by the action of proteolytic enzymes or of enzymes attacking other contaminating substances, and (c) the transforming activity is specifically and irreversibly destroyed by desoxyribonuclease. Other conditions necessary for the occurrence of transformation vary with the organism concerned.

**Types of hereditary characteristics transformed.** In *Diplococcus pneumoniae* (Family *Lactobacteriaceae*) the most thoroughly studied transformations involve the change from

---

[1] DEMEREC, M., and U. FANO: Genetics 30, 119 (1945).
[2] LURIA, S. E.: Cold Spring Harbor Symp. quant. Biol. 11, 130 (1946).
[3] MONOD, J., A. M. PAPPENHEIMER and G. COHEN-BAZIRE: Biochim. biophysica Acta, N. Y. 9, 648 (1952).
[4] TATUM, E. L.: Cold Spring Harbor Symp. quant. Biol. 11, 278 (1946). — DAVIS, B. D.: Exper. 6, 41 (1950). Symposium Metabolismo Microbo, Istituto Superiore de Sanità, Roma, p. 23 (1953). — WOODS, D. D.: 2. Int. Congr. Biochem. Paris, Symposium 5 (Métabolism microbien), p. 86 (1952).
[5] ZOBELL, C. E.: Bact. Rev. 10, 1 (1946).
[6] DUBOS, R.: J. exp. Med. 62, 259 (1935).
[7] NIEL, C. B. VAN: J. cellul. comp. Physiol. 41, Suppl. 1, 11 (1953).
[8] MONOD, J.: Ann. Inst. Pasteur 79, 390 (1950). — NOVICK, A., and L. SZILARD: Science, N. Y. 112, 715 (1950).
[9] AVERY, O. T., C. M. MACLEOD and M. MCCARTY: J. exp. Med. 79, 137 (1944).

"rough", avirulent, nonencapsulated forms to different types of "smooth", virulent forms, each with its own specific type of capsular polysaccharide[1]. Other characters transformed include colony morphology of roughs[2], cell morphology[3], resistance to streptomycin and penicillin[4], and the ability to utilize manitol as sole carbon source[5]. Transformations in *Escherichia coli* (Family *Enterobacteriaceae*[6]) involve changes in serological types, again due to specific polysaccharides. Similar type transformations have been obtained with *Neisseria meningitidis* (Family *Neisseriaceae*[7]), and in *Hemophilus influenzae* (Family *Parvobacteriaceae*[8]). Transformations involving changes in virulence and host range have been observed in the plant pathogens responsible for crown-gall tumor formation, *Agribacterium tumefaciens*, *A. radiobacter*, *A. rubi* and *Rhizobium leguminosarum* (Family *Rhizobiaceae*[9]). Transformations involving a transfer of resistance to streptomycin have also been obtained in *H. influenzae*[10] and transfers of enzyme activities in *Staphylococcus* (Family *Micrococcaceae*[11]).

In the examples of transformation just enumerated the transfer of hereditary traits was in each instance between strains of a single species (or closely related group of species); a desoxyribonucleic transforming principle was demonstrated in each, and special procedures (see below) were used to select the transformations when they occurred. There have also been reports[12] of the transference of sensitivity, and occasionally of resistance, to penicillin between quite different kinds of bacteria when they were simply grown together, when one was grown in the lysate of the other, or when one was grown in a nucleic acid fraction of an extract of the other. These examples also differ in that no special methods were used to select the transformed cells, yet all individuals of one species apparently became either more susceptible or more resistant to penicillin. Reciprocal transfers were observed between *Staphylococcus (Micrococcaceae)* and *Streptococcus (Lactobacteriaceae)*, *Staphylococcus* and *Escherichia coli* and *Salmonella* (both *Enterobacteriaceae*); and transfers to *Staphylococcus* from *Diplococcus pneumoniae* (*Lactobacteriaceae*) and from *Corynebacterium diphtheriae* (*Mycobacteriaceae*).

**Characteristics of transformation.** For transformations to occur it is ordinarily necessary for a number of conditions to be met. The first essential condition is that the strain to be transformed must be responsive to transforming principles. Very closely related strains may be reactive or completely indifferent to transforming principles, but a strain reacting to the transforming principle from one source is ordinarily reactive to others from different related sources. For example, the rough strain R 36 A of pneumococcus, which has been used so extensively by AVERY and his collaborators, was the only reactive strain among four cultural variants of a newly isolated rough strain[13]; and this reactive strain has since produced variants, some of which have lost their reactivity to transforming substances, and at least one which is still reactive and even less exacting in its

---

[1] GRIFFITH, F.: J. Hyg., London **27**, 113 (1928). — DAWSON, M. H., and R. H. P. SIA: J. exp. Med. **54**, 681 (1931).
[2] TAYLOR, H. E.: Cr. **228**, 1258 (1949).
[3] AUSTRIAN, R.: J. exp. Med. **98**, 35 (1953).
[4] HOTCHKISS, R. D.: Cold Spring Harbor Symp. quant. Biol. **16**, 457 (1951). 2. Int. Congr. Biochem. Paris, Symposium 6 (Mode d'Action des Antibiotiques), p. 40 (1952).
[5] HOTCHKISS, R. D., and J. MARMUR: Proc. nat. Acad. Sci. USA **40**, 55 (1954).
[6] BOIVIN, A., A. DELAUNAY, R. VENDRELEY and Y. LEHOULT: Cr. **221**, 718 (1945). Exper. **1**, 334 (1945).
[7] ALEXANDER, H. E., and W. REDMAN: J. exp. Med. **97**, 797 (1953).
[8] ALEXANDER, H. E., and G. LEIDY: J. exp. Med. **93**, 345 (1951).
[9] KLEIN, D. T., and M. KLEIN: J. Bacteriology **66**, 220 (1953).
[10] ALEXANDER, H. E., and G. LEIDY: J. exp. Med. **97**, 17 (1953).
[11] DIANZANI, M. U.: Exp. Cell Res. **5**, 311 (1953).
[12] VOUREKA, A.: Lancet **254**, 62 (1948). — WINNER, H. J.: Lancet **254**, 674 (1948). — GEORGE, M., and K. M. PANDALAI: Lancet **256**, 955 (1949).
[13] AVERY, O. T., C. M. MACLEOD and M. MCCARTY: J. exp. Med. **79**, 137 (1944).

requirements for transformations[1]. BOIVIN[2] apparently obtained a single reactive strain of *E. coli* which similarly gave rise to non-reactive variants whereas other investigators have entirely failed to obtain reactive strains[3]. Throughout most studies of transformation there is the implication that only unencapsulated (rough) strains are susceptible to transformation; it has been suggested that the polysaccharide envelope of smooth strains may act as a deterrent to the uptake of transforming substances. In studies with *H. influenzae* one encapsulated type was apparently transformed directly into another encapsulated type through the use of type-specific antisera to select against the strain to be transformed[4]. Similar transformations were obtained in *D. pneumoniae* by the use of anti-rough antiserum to agglutinate unencapsulated cells during treatment with the transforming principle and of type-specific antisera to agglutinate untransformed cells in the selection of transformed cells following that treatment[5]. In both of these examples it is possible that transient unencapsulated cells intervened in the transformations from one encapsulated type to another, but the experiments strongly suggest that encapsulated cells can react to transforming substances under suitable conditions.

A second condition essential to transformation is that individual cells of a reactive strain be in a reactive state at the time of treatment. Growth of pneumococcal cells in a complete serum medium (see below) for 3 or 4 hours causes some of them to be sufficiently sensitive to react to a 15 minute exposure to transforming substances whereas if the transforming principle is added at the beginning of the culture in complete serum a three hour exposure is insufficient to induce transformations[1]. In *H. influenzae*[6] a similar situation was illustrated by a different experimental technique. Exposures to transforming substances in a suitable environment for as little as 3 minutes induced transformations when relatively large inocula, usually $10^6$ cells, were used, whereas with prolonged exposure transformations occurred following relatively small inocula, frequently $10^2$ cells and with one strain following single cell inocula.

Potentially reactive cells under conditions apparently favoring reaction with transforming substances may still fail to be transformed. The desoxyribonucleic acid preparations used to induce transformations are composed of many different specific transforming agents. When the strain to be transformed and that supplying the extract differ by a number of transformable hereditary traits it is observed that transformations of the different traits occur independently[7]. While the experimental methods employed do not permit accurate estimates of the frequencies with which transformations occur, comparative frequencies of different sorts of transformations taking place in the same experiment suggest that each sort has a definite probability (per reactive cell) of occurring under the prevailing conditions, and that the frequencies with which two different transformations occur simultaneously is the product of the two probabilities concerned. By this interpretation, cells in states capable of reacting with a specific transforming substance frequently fail to do so even under presumed favorable circumstances*.

* There is a new report [HOTCHKISS, R. D.: Proc. nat. Acad. Sci. USA 40, 49 (1954)] of a method for isolating cells transformed to streptomycin resistance by which rates of transformation can be accurately determined. Sensitivity to transforming agents in any cell seems to be limited to a fifteen minute period in a cycle of undetermined length, perhaps 30 to 40 minutes. It is further reported that the action of one transforming agent is inhibited by the presence of high concentrations of others, or of calf thymus desoxyribonucleic acid.

[1] MCCARTY, M., H. E. TAYLOR and O. T. AVERY: Cold Spring Harbor Symp. quant. Biol. 11, 177 (1946).

[2] BOIVIN, A.: Cold Spring Harbor Symp. quant. Biol. 12, 7 (1947).

[3] *E. g.*, See discussion by ATCHLEY (p. 441) in: LEDERBERG, J., E. M. LEDERBERG, N. D. ZINDER and E. R. LIVELY: Cold Spring Harbor Symp. quant. Biol. 16, 413 (1951).

[4] ALEXANDER, H. E., and G. LEIDY: Proc. Soc. exp. Biol. Med. 78, 625 (1951).

[5] AUSTRIAN, R.: Bull. Johns Hopkins Hosp. 90, 170 (1952); J. exp. Med. 98, 35 (1953).

[6] ALEXANDER, H. E., and G. LEIDY: J. exp. Med. 93, 345 (1951).

[7] EPHRUSSI-TAYLOR, H.: Exp. Cell Res. 2, 589 (1951). — HOTCHKISS, R. D.: Cold Spring Harbor Symp. quant. Biol. 16, 457 (1951). — AUSTRIAN, R.: J. exp. Med. 98, 35 (1953). — LEIDY, G., E. HAHN, and H. E. ALEXANDER: J. exp. Med. 97, 467 (1953).

When one encapsulated serological type is transformed by the action of a type-specific $TP$ the resulting polysaccharide capsule is in nearly all instances of the type corresponding to the $TP$. The rule is that only one type of capsular polysaccharide is formed by any one cell (or clone) and that the desoxyribonucleic acid fraction from such cells contains the $TP$ which induces the formation of that polysaccharide and of no other polysaccharide in transformation. An apparent exception to this rule has been observed in $H. influenzae$[1]. In this example an encapsulated type $b$ was treated with $TP$ from $a$, and a new transformed type ($ab$) appeared in which both type $a$ and type $b$ polysaccharides were formed in the capsules of single cells. The transforming principle from the new type $ab$ ($TPab$) differed from mixtures of transforming principles from types $a$ and $b$ ($TPa + TPb$) in that it could induce transformations of unencapsulated cells directly to type $ab$ as well as to types $a$ und $b$, whereas the mixture induced only the latter two types. In equal numbers of treated samples, $TPab$ produced 8 samples containing type $ab$, 16 containing type $a$ and 9 containing type $b$, whereas the mixture of $TPa$ and $TPb$ produced none containing type $ab$, 15 containing type $a$ und 11 type $b$. It would appear that when transforming principles $a$ and $b$ are in the same cell they become reversibly associated to form a complex which can act more or less as a unit in transformation, but mixtures of the two transforming principles do not form such complexes outside the cells. In other examples of transformation, each specific transforming substance appears to be uninfluenced by other specific transforming substances occurring within the same cells[2].

**Special methods used to induce transformations.** The effects of environmental conditions on the induction of transformations have been most thoroughly studied in investigation with the pneumococci[3]. In addition to the specific transforming substance, the media in which pneumococcal transformations are to be induced contain either anti-rough rabbit sera or human thoracic or abdominal fluids which result from pathological processes. All successful sera and fluids agglutinate rough pneumococci but their anti-rough titer does not parallel their transforming activity. Three components of these fluids are important to transformations: the anti-rough antibodies, a dialyzable factor and a nondialyzable factor. The antibodies apparently do not have a specific effect on transformation but an indirect one by producing a colonial type of growth. In liquid cultures cells of the rough strain to be transformed are agglutinated by the antibodies, which, however, do not inhibit cell division. As a result of agglutination the new rough growth appears in the form of dense colonies. Transformations occur in the absence of anti-rough antibodies under conditions resulting in a similar type of colonial growth, for example in media made semi-solid with agar (0,2%). The dialyzable serum fraction can be replaced by pyrophosphates. (The less exacting rough variant referred to earlier does not require this factor.) The nondialyzable factor is apparently protein in nature and can be replaced by saline extracts from some mammalian organs, thymus extracts in particular.

Recent experiments with the pneumococci indicate that dispersed pneumococcal cells may be transformed in the absence of agglutinating antibodies or other treatments inducing colony formation[4]. This conclusion is based on the absence of intervening non-encapsulated organisms which alone would be agglutinated in the experiments in which encapsulated cells of one type were transformed into those of another. Dispersed cells of $H. influenzae$ are also transformable. Transformations in the crown gall bacteria apparently require little in the way of special environmental conditions[5].

---

[1] LEIDY, G., E. HAHN and H. E. ALEXANDER: J. exp. Med. **97**, 467 (1953).

[2] An example of complexing or linkage between $TP$'s for two characters similar to that just described for $H. influenzae$ has recently been reported for pneumococcus: HOTCHKISS, R. D., and J. MARMUR: Proc. nat. Acad. Sci. USA **40**, 55 (1954).

[3] AVERY, O. T., C. M. MACLEOD and M. MCCARTY: J. exp. Med. **79**, 137 (1944). — MCCARTY, M., H. E. TAYLOR and O. T. AVERY: Cold Spring Harbor Symp. quant. Biol. **11**, 177 (1946).

[4] AUSTRIAN, R.: J. exp. Med. **98**, 35 (1953).

[5] KLEIN, D. T., and M. KLEIN: J. Bacteriology **66**, 220 (1953).

The methods used in the extraction and purification of transforming substances differ somewhat from one species to another. In general, large numbers of organisms must be extracted and special methods are employed to obtain large quantities of suitable cells[1]. The cells are ordinarily lysed with sodium desoxycholate which is very effective with *D. pneumoniae* and *H. influenzae* whereas many species of bacteria are not lysed by this substance. *Neisseria meningitidis* is completely lysed by desoxycholate only after long treatment and the application of heat[2]. Precautions are necessary to prevent the destruction of the transforming substances by enzymes (desoxyribonucleases) present in the cells being extracted. Heating to 60° destroys the enzyme in the pneumococci but results in much smaller yields than when the enzyme is inactivated with citrate[3]. Crude lysates are ordinarily purified by precipitating proteins at chloroform-water interfaces followed by repeated fractional precipitation with ethanol. More recently electrophoresis has been used in separating the desoxyribonucleates from contaminating substances[4].

Crude lysates are effective in bringing about transformation and when one is interested only in obtaining genetic recombinations and not in the underlying mechanisms involved this method should be satisfactory. Hotchkiss[5] reports that the penicillin induced lysate of penicillin-sensitive pneumococci is very efficient in the transformation of penicillin-resistant strains. Voureka[6] made use of bacteriophage induced lysates. In instances in which the transforming activity of lysates or extracts is destroyed by desoxyribonuclease one can infer that typical transforming principles are involved.

### β) Transduction.

Filtrates of some strains of *Salmonella* mediate the transfer of hereditary traits from one strain to others[7]. The responsible agent in such transfers is known as the "filterable agent", or *FA*, and differs in a number of ways from the "transforming principle" of the pneumococci, etc.

**Nature of the filterable agent.** According to the current interpretations[8], genetic determiners (genes) of the host bacterium become associated with, or incorporated in, bacteriophage particles which act as vectors in the transport of these determiners to other bacterial cells. *FA* is identified as that portion of the phage particles liberated into the culture fluid which have associated with them some hereditary determiner for a trait possessed by the strain of bacteria liberating the phage but not possessed by the strain to be transduced. Phage particles, whether or not associated with bacterial hereditary determiners, are identified by the production of lysis, or by the induction of lysogenicity in strains of bacteria which are sensitive to the phage concerned. The reasons for identifying *FA* with phage are: 1. they have a common filtration end point when tested with filters of different average pore diameter; 2. the activity of one parallels that of the other throughout various steps of purification; 3. they are released simultaneously from infected bacterial cells; 4. they exhibit identical specificities in adsorption by cells of different serotypes which become saturated with phage and *FA* at the same time; 5. electron micrographs do not distinguish two types of particles in preparations possessing both phage and *FA* activities; and 6. they are resistant to heat and certain other external

---

[1] MacLeod, C. M., and M. R. Krauss: J. exp. Med. **86**, 439 (1947). — Alexander, H. E., and G. Leidy: J. exp. Med. **93**, 345 (1951).

[2] Alexander, H. E., and W. Redman: J. exp. Med. **97**, 797 (1953).

[3] McCarty, M., and O. T. Avery: J. exp. Med. **83**, 97 (1946).

[4] Zamenhof, S., G. Leidy, H. E. Alexander, P. L. Fitzgerald and E. Chargaff: Arch. Biochem. **40**, 50 (1952).

[5] Hotchkiss, R. D.: Cold Spring Harbor Symp. quant. Biol. **16**, 457 (1951).

[6] Voureka, A.: Lancet **254**, 62 (1948).

[7] Lederberg, J., E. M. Lederberg, N. D. Zinder and E. R. Lively: Cold Spring Harbor Symp. quant. Biol. **16**, 413 (1951).

[8] Zinder, N. D., and J. Lederberg: J. Bacteriology **64**, 679 (1952).

agents to the same degree. *FA* differs from the transforming principles of other bacteria in being unaffected by desoxyribonuclease.

**Life cycles of temperate phages.** Virulent, or lytic, phages cause the death of sensitive bacteria which they infect and consequently are not generally satisfactory agents for transducing bacterial characters. Phages which are important as vectors in transduction produce a lysogenic state in sensitive bacteria[1]. In the lysogenic state there is continued growth of the infected bacteria accompanied by coordinated reproduction of the phage in an innocuous form, with occasional lysis of individual bacteria and the liberation of infective phage particles. Phages causing such lysogenic states have been termed symbiotic[2] phages or, more generally now, temperate[3] phages. The details of reproduction and dispersion of temperate phages and of the responses of bacterial cells to infection by them differ somewhat depending upon the strains of bacteria and of phages concerned. A generalized life cycle of temperate phages is diagrammed in figure 19.

Temperate phages infect sensitive bacterial cells by first becoming adsorbed to the surface of the bacterium and then penetrating the cell, or perhaps injecting their nucleic acid component into the cell and leaving the protein component behind as is known to happen in infections of

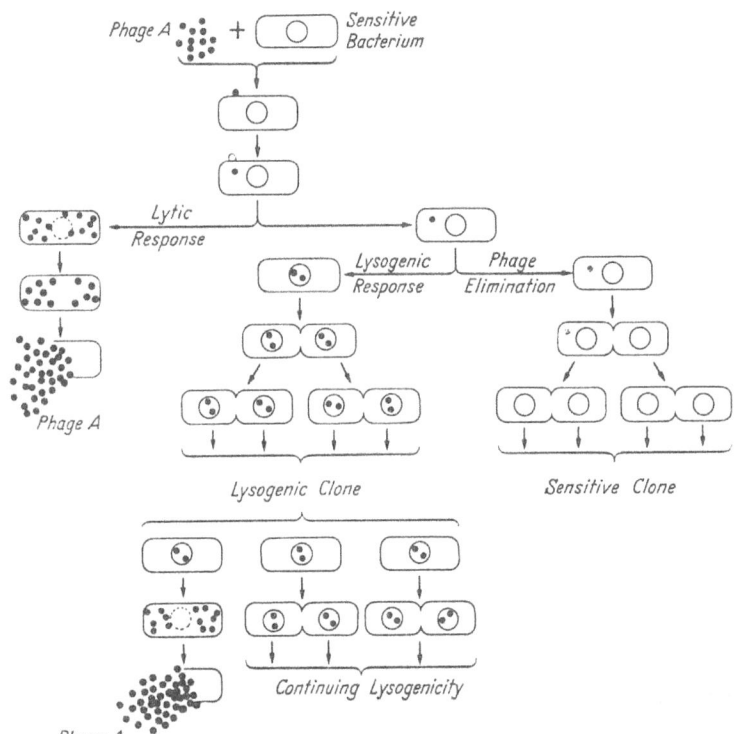

Fig. 19. Events accompanying the establishment of lysogenicity in sensitive bacteria by infection with a temperate phage. The "nucleus" drawn in the center of the bacterial cell represents the genetic material of the bacterium and is not intended to represent any known morphological structure.

*Escherichia coli* by one of the "T" phages[4]. Shortly after the infection of sensitive bacteria by temperate phages a determination is made between alternative lines of development. When *E. coli* K-12 is infected by the temperate phage *lambda*, the choice at this time is between a lytic response and a non-lytic response[5]. Cells giving the lytic response cease growth and are eventually lysed with the liberation of many phage particles of the same temperate type as those which caused the infection[6]. Infected cells failing to give the lytic response may develop into clones made up entirely of lysogenic cells, into clones composed entirely of sensitive cells, or into mixed clones

---

[1] BURNET, F. M., and D. LUSH: Austral. J. exp. Biol. med. Sci. **14**, 27 (1936). — LWOFF, A., L. SIMONOVITCH and N. KJELGAARD: Ann. Inst. Pasteur **79**, 815 (1950). — LWOFF, A.: Bact. Rev. **17**, 269 (1953).

[2] BOYD, J. S. K.: J. Path. Bacteriology **63**, 445 (1951).

[3] JACOB, F., A. LWOFF, A. SIMONOVITCH et E. WOLLMANN: Ann. Inst. Pasteur **84**, 222 (1953).

[4] HERSHEY, A. D., and M. CHASE: J. gen. Physiol. **36**, 39 (1952). — HERSHEY, A. D.: Cold Spring Harbor Symp. quant. Biol. **18**, 135 (1953).

[5] LIEB, M.: Cold Spring Harbor Symp. quant. Biol. **18**, 71 (1953).

[6] For a review of the characteristics of lytic and lysogenic responses see BERTANI, G.: Cold Spring Harbor Symp. quant. Biol. **18**, 65 (1953).

with some sensitive and some lysogenic cells. Evidence obtained from crosses between sensitive and lysogenic strains of *E. coli* K-12 (see section $\gamma$, p. 486) indicates that when lysogenicity for *lambda* is established, the reproductive element of phage becomes associated with a definite locus in the bacterial hereditary material[1]. This reproductive element of temperate phages is known as "prophage" since it is impossible to recover mature infective phage from lysogenic cells by artificial lysis. Reproduction of the prophage is synchronized with that of the host cell, the regulation presumably stemming from the association of the prophage with the genetic material of the bacterial cell. In the diagram (fig. 19) this association is represented by placing the prophage particle within the bacterial "nucleus". Sensitive clones apparently develop from infected cells when the infecting particle fails both to enter the lytic stage of reproduction and to become associated with the hereditary material of the host cell.

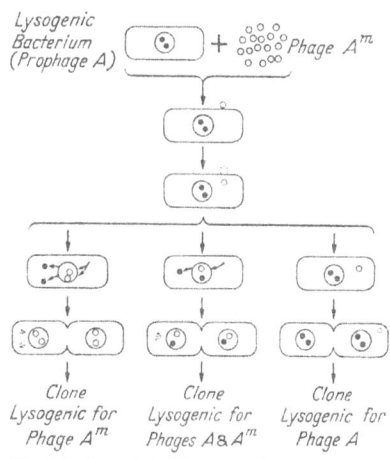

Fig. 20. Superinfection of a lysogenic bacterium by a mutant variant of the temperate phage already harbored.

Following infection with a temperate phage, the frequency with which the lytic or lysogenic alternative occurs can sometimes be altered by experimental procedures. In *Shigella dysinterica*[2] a temperature of 20° during a critical period shortly following infection favors the development of lysogenicity whereas a temperature of 40° during the same period favors the lytic response. In *Salmonella typhimurium*[3] the lytic response is relatively more frequent when the ratio of infective phage particles to sensitive bacterial cells is low; a high multiplicity of infection favors the development of lysogenicity. Following the infection of *E. coli* K-12 with *lambda* the choice between lytic and lysogenic responses is not influenced by either temperature or multiplicity of infection[4].

Whereas in most cells of a lysogenic clone the development of prophage and host cell is coordinated, in occasional cells the prophage enters the vegetative stage leading to the production of large numbers of infective phage particles. When this change occurs the bacterial cell is killed and the phage particles are freed by lysis of the bacterium just as in the typical lytic response. The phage particles produced and liberated in this way are again identical with those causing the original infection.

Lysogenic bacteria can apparently be superinfected by the same type of phage for which they are lysogenic, but such superinfection does not induce a lytic response. In most instances it can be shown that the phage is adsorbed by cells of the lysogenic strain which produced it without the production of any marked lysis such as follows the adsorption of the same phage by cells of a sensitive strain. This observation is sometimes interpreted to indicate that lysogenic bacteria are immune to infection by the phage they harbor. That superinfection does occur under these conditions has been shown in *Shigella dysenterica* by using a mutant phage (a variant derived from the phage already harbored) as the superinfecting agent[2]. Following such superinfection (illustrated in fig. 20) the mutant phage particle may be eliminated, leaving the original lysogenic condition; the mutant phage may replace the original phage; or both mutant and original phage may coexist within the same cells. In the latter case, when sporadic lysis occurs, both types of phage are liberated as infective particles. These studies of the phages of *Sh. dysenterica* show that when two such closely related prophages (where one is a mutant of the other)

---

[1] LEDERBERG, E. M.: Genetics **36**, 560 (1951). — WOLLMAN, E.: Ann. Inst. Pasteur **84**, 281 (1953). APPLEYARD, R. K.: Cold Spring Harbor Symp. quant. Biol. **18**, 95 (1953).
[2] BERTANI, G.: Ann. Inst. Pasteur **84**, 273 (1953).
[3] BOYD, J. S. K.: J. Path. Bacteriology **63**, 445 (1951).
[4] LIEB, M.: Cold Spring Harbor Symp. quant. Biol. **18**, 71 (1953).

are established in a single bacterium both are transmitted to all descendants of that bacterium. In the few instances in which three such closely related phages were known to be present within a single small clone, two only were transmitted in any line of descent, and there were always two prophages persisting in such instances, never three and, more unexpectedly, never one. These observations suggest that there are two sites in the hereditary system of the bacterial cell with which any one kind of temperate phage (including its mutants) can become associated. This interpretation seems to be supported by observations on the inheritance, as part of the bacterium's heredity, of *lambda* and its mutants in *Escherichia coli* K-12[1]. To agree with this interpretation two prophage particles are represented as occurring within the "nuclei" of the lysogenic bacteria in figures 19 through 22, though a dicaryotic condition with one prophage particle in each true nucleus would be an equally satisfactory formal interpretation.

In some lysogenic strains of bacteria it is possible to induce a change to the lytic response in all or nearly all cells of a population by special treatments. Among the agents successfully used in the induction of lysis in lysogenic strains are irradiation with ultra violet light[2] and with soft X-rays[3], exposure to organic peroxides and epoxides[4] and to nitrogen mustards. There is a considerable variation in the response of different lysogenic bacteria to agents inducing lysis[5]. Strains of Salmonella[6] in which transduction has been most studied are unfortunately rather refractory to the induction of lysis by these means.

**The role of lysogenicity in transduction in Salmonella.** There are certain characteristics of the temperate phages of Salmonella which are not yet known in as great detail as is desirable for an understanding of their exact role in transduction. The paucity of sensitive strains of bacteria which are essential to the identification of different temperate phages is largely responsible for this lack of information. Until more information becomes available it is necessary to assume that the events take place in manners analogous to those observed in other organisms concerning which there is more information.

The most detailed account of transduction to appear[6] makes use of derivatives of two strains, LT-2 and LT-22 of LILLEENGEN[7], of *Salmonella typhimurium*. Sequentially induced mutations in these strains resulted in a number of heritable differences by which they could be distinguished. LA-2, a derivative of LT-2, requires methionine ($Me^-$) and histidine ($H^-$), is independent of phenylalanine and tyrosine ($Ph.Ty^+$) and of tryptophan ($Tr^+$), and ferments galactose ($Gal^+$) and xylose ($Xyl^+$). LA-22 (SW-351) differs in each of these respects being independent of methionine and of histidine ($Me^+$, $H^+$), requiring phenylalanine, tyrosine and tryptophan ($Ph.Ty^-$, $Tr^-$), and being unable to ferment either galactose or xylose ($Gal^-$, $Xyl^-$). The manner in which transduction occurs between these strains is illustrated diagrammatically in figure 21.

Strain LA-2 does not produce either phage or *FA* (the filterable agent of transduction) spontaneously. Strain LA-22 does have sporadic lysis accompanied by the liberation of a phage to which LA-2 is somewhat sensitive. This phage does not act as *FA* in this instance since no hereditary traits of LA-22 are transduced in LA-2. A fraction of the cells of LA-2 respond to the phage from LA-22 by liberating *FA* which, when added to cultures of LA-22, transfers hereditary traits from the strain producing it (LA-2) to occasional cells of the treated strain (LA-22). Hereditary traits are ordinarily transduced singly, and each to only about one cell per million.

The production of *FA* by LA-2 can be induced by agents other than the temperate phage of LA-22. Dilute antibiotics (*e. g.*, penicillin), lithium chloride and crystal violet

---

[1] APPLEYARD, R. K.: Cold Spring Harbor Symp. quant. Biol. 18, 95 (1953).
[2] LWOFF, A.: Ann. Inst. Pasteur 81, 370 (1951).
[3] LATARJET, R.: Ann. Inst. Pasteur 81, 389 (1951).
[4] LWOFF, A., et F. JACOB: Cr. 234, 2308 (1952).
[5] The subject is reviewed by JACOB, F., and E. L. WOLLMAN: Cold Spring Harbor Symp. quant. Biol. 18, 101 (1953).
[6] ZINDER, N. D., and J. LEDERBERG: J. Bacteriology 64, 679 (1952).
[7] LILLEENGEN, K.: Acta path. microbiol. scand., Suppl. 77, 1 (1948).

induce the liberation of variable but usually small amounts of $FA$. Filtrates of LA-2 cultures which have been treated in these ways induce other cultures of LA-2 to liberate large amounts of $FA$ (fig. 22). $FA$ is identified in each instance by the transduction of

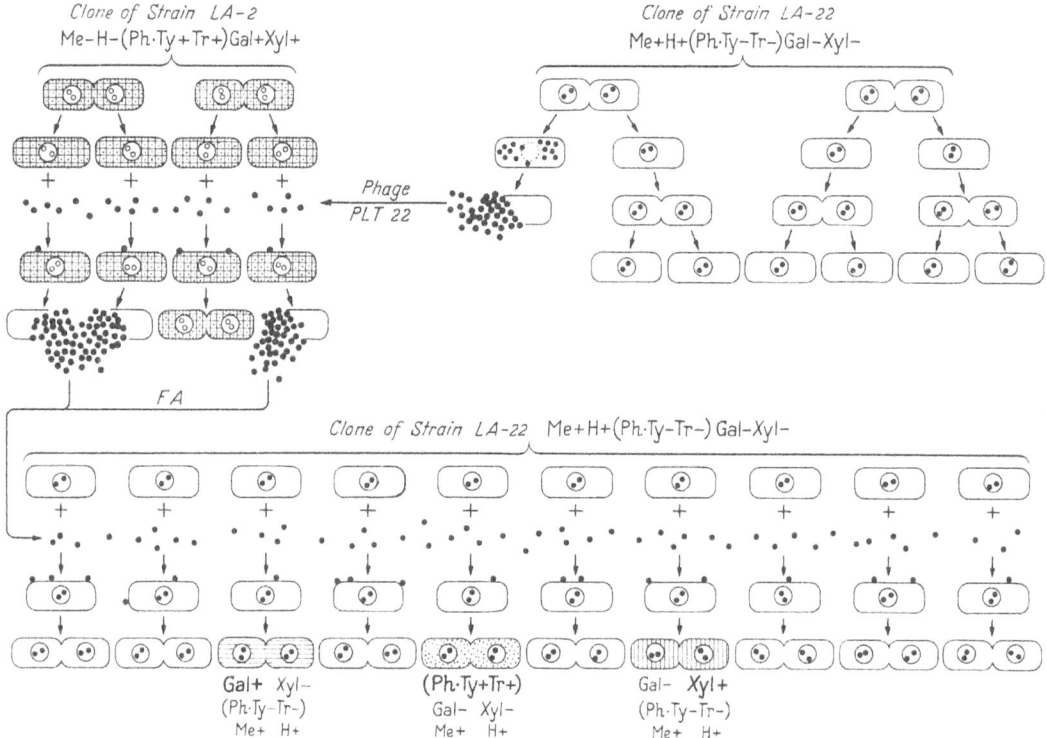

Fig. 21. Induction of $FA$ in strain LA-2 by a temperate phage liberated by strain LA-22, and the transduction of heritable traits from LA-2 to LA-22 through the agency of $FA$.

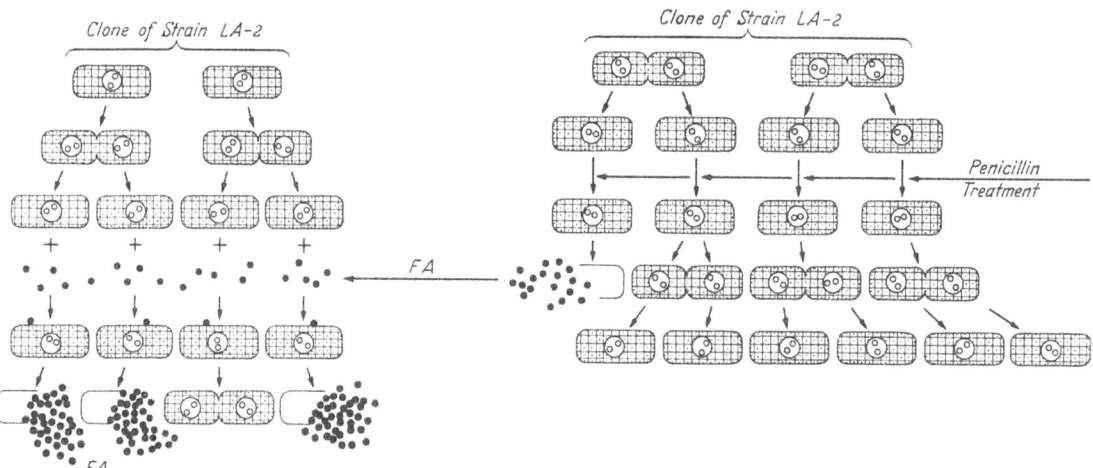

Fig. 22. Induction of small amounts of $FA$ in strain LA-2 by treatments with penicillin, and the induction of large amounts of $FA$ by treating a second culture of LA-2 with the filtrate of the first treated culture.

hereditary traits to cells of LA-22, just as in the first example (fig. 21). These results seem to indicate[1] that strain LA-2 also carries a temperate phage which is released following treatment with penicillin or crystal violet, but rarely, if ever, by spontaneous lysis. The induction of $FA$ liberation by superinfection of the parental strain by its own temperate phage may be considered unusual, but not too improbable in the light of observations on

---

[1] ZINDER, N. D., and J. LEDERBERG: J. Bacteriology **64**, 679 (1952).

superinfections in examples in which one of the phages concerned (the carried phage and the superinfecting) differs from the other by a mutation altering its virulence.

**Hereditary characters transduced.** Among the biochemical traits which have been shown to be transducible in Salmonella are independence of (*i. e.*, the ability to synthesize) a number of amino acids and ability to ferment a number of different carbohydrates[1]. The ability to produce flagella has been transduced to non-flagellated "O" types[2]. At least five independent hereditary determiners have been shown to influence the production of flagella, two others to overcome the paralysis of flagella occurring in their absence, and one other which influences the rate of movement. Flagellar antigens, or H-antigens, have been transduced among a large number of Salmonella serotypes[3]. When flagella were transduced to non-motile O-forms[2], the flagellar antigens developing are in most instances those characteristic of the motile serotype from which the O-form was derived, and only in a few combinations those of the strain from which the *FA* was derived.

**Independence of transduced characters.** As nearly as can be judged, a transduced cell ordinarily has acquired a single hereditary determiner from the donor strain. Simultaneous transduction of two hereditary traits has not occurred in most experiments. Since the maximum frequency of transduction of any one trait is about $2 \times 10^{-6}$ the simultaneous occurrence of two independent transductions must be extremely rare. The possibility exists, however, that groups of hereditary determiners may be transported by a single *FA* particle provided that most of them represent traits which are common to both bacterial strains taking part in the transduction. So far most of the hereditary differences studied have been transduced independently, but there are a few exceptions in which linked inheritance occurs. In a few combinations the transduction of the ability to produce flagella is accompanied by the transduction of the flagellar, or H-antigens, of the donor strain in relatively high frequencies[4]. In one combination in which the frequency of flagellar transduction was $10^{-6}$ simultaneous transduction occurred in 25 percent of the cells acquiring flagella. In an earlier example[5] it was observed that the nutritional independence of phenylalanine and tyrosine (Ph.Ty$^+$) and that of tryptophan (Tr$^+$) are transduced as a unit while responding as independent entities in mutation.

Simultaneous multiple transductions have been reported[6] to occur between some strains of *Salmonella typhimurium*. In the blocks of hereditary material transferred both metabolite-requiring and metabolite-independent alternatives are included. The published account does not identify the filterable agent with phage-like particles, nor establish a specific role of lysogenicity in these genetic transfers, and the time of exposure may have been sufficient to permit serial transduction.

**Other characteristics of transduction.** As a rule characters can be transduced to any "receptive" strain of bacteria, that is to any strain specifically adsorbing the *FA* particles. The phage most thoroughly studied in relation to transduction is PTL-22 of *S. typhimurium*, which is specifically adsorbed by nearly all bacteria with antigen XII. Bacteria lacking this antigen cannot be transduced by this system. Cells sensitive to the vector may be transduced and simultaneously become lysogenic, or they may be transduced and remain sensitive following an abortive infection. In cells which are "immune" because they already harbor the phage it is ordinarily impossible to tell if transduction is accompanied by change in the harbored phage.

---

[1] ZINDER, N. D., and J. LEDERBERG: J. Bacteriology **64**, 679 (1952).

[2] STOKER, B. A. D., N. D. ZINDER and J. LEDERBERG: J. gen. Microbiol. **9**, 410 (1953).

[3] LEDERBERG, J., and P. R. EDWARDS: J. Immunol. **71**, 232 (1953).

[4] STOKER, B. A. D., N. D. ZINDER and J. LEDERBERG: J. gen. Microbiol. **9**, 410 (1953). — ZINDER, N. D.: Cold Spring Harbor Symp. quant. Biol. **18**, 261 (1953).

[5] LEDERBERG, J., E. M. LEDERBERG, N. D. ZINDER and E. R. LIVELY: Cold Spring Harbor Symp. quant. Biol. **16**, 413 (1951). — ZINDER, N. D., and J. LEDERBERG: J. Bacteriol. **64**, 679 (1952). ZINDER, N. D.: Cold Spring Harbor Symp. quant. Biol. **18**, 261 (1953).

[6] BERRY, M. E., A. M. MCCARTHY and H. H. PLOUGH: Proc. nat. Acad. Sci. USA **38**, 797 (1952).

**Special methods.** Special precautions are necessary in preparing sterile filtrates of $FA$. The filtration of $FA$-containing supernatants of cultures of Salmonella through Mandler candles of eight to fourteen pound test leaves a viable bacterial count of as much as 100 per ml; whereas filtrates of untreated cultures are sterilized by this procedure[1]. This observation together with the appearance[1] of morphological features commonly associated with the occurrence of L-forms[2] has suggested the possibility that the two phenomena may be related[1]. Sterile preparations of $FA$ can be produced by filtration through sintered pyrex "UF" filters, or by heating the unsterile filtrate to 60° for 30 minutes.

Because of the very low frequency of transduction special selective methods are essential to the isolation of transduced cells. The methods used are essentially those developed in connection with the recovery of genetic recombinants in *Escherichia coli* K-12 (to be described in the following section), except for the use of specific antiserum for the immobilization of the parental serotype in the transduction of antigens[3]. The use of specific antiserum is essentially similar to techniques employed in pneumococcal transformations (described in the preceding section).

### γ) Linked inheritance in Escherichia coli K-12.

There is more information concerning genetic recombination in *Escherichia coli* than in any other bacterial form but the mechanisms involved are still somewhat obscure. Some of the characteristics of genetic recombination are sufficiently well known to indicate important differences between the process in *E. coli* and transformation in the pneumococci and transduction in Salmonella, though recent studies have brought out a number of remarkable similarities.

**Direct contact between participating cells** has been implicated from the beginning of genetic studies on strain K-12 of *E. coli*[4]. Culture filtrates and extracts were ineffective in bringing about an exchange of hereditary traits. A very sensitive test[5] for an unstable filterable agent involved forcing the culture medium back and forth through a sintered glass filter from one culture to another known to undergo genetic recombination when mixed. The result was completely negative though the same method was successful when applied to Salmonella, resulting in the first definite suggestion of the unilateral transfer of $FA$ in that organism[1]. All subsequent observations indicate that the transfer of hereditary traits from one strain of *E. coli* to another must require a direct contact between participating cells, though there is no direct evidence that the participating cells fuse to form a complete zygote[6].

**Linked inheritance.** One of the principal characteristics of the exchange of hereditary material in *E. coli* K-12 is the simultaneous transfer of several or many hereditary traits. The frequencies with which different combinations of characters are inherited concomitantly or individually suggested that linkage and crossing over of the sort occurring in higher organisms are also occurring here[7]. Because of the experimental methods necessary to the recovery of genetic recombinants in *E. coli*, however, the observed frequencies cannot be interpreted as simply as they are in higher organisms.

**Hybridization procedures.** Because the vast majority of cells in mixtures undergoing genetic exchange retain the characteristics of one parental strain or the other, it has been

---

[1] Zinder, N. D., and J. Lederberg: J. Bacteriology 64, 679 (1952).

[2] Tulasne, R.: Rev. Immunol., Paris 15, 223 (1951). — Kleinberger-Nobel, E.: Bact. Rev. 15, 77 (1951). — Dienes, L., and H. J. Weinberger: Bact. Rev. 15, 245 (1951).

[3] Lederberg, J., and P. R. Edwards: J. Immunol. 71, 232 (1953).

[4] Tatum, E. L., and J. Lederberg: J. Bacteriology 53, 673 (1947). — Lederberg, J.: Genetics 32, 505 (1947).

[5] Davis, B. D.: J. Bacteriology 60, 507 (1950).

[6] Lederberg, J., E. M. Lederberg, N. D. Zinder and E. R. Lively: Cold Spring Harbor Sympos. quant. Biol. 16, 413 (1951).

[7] Lederberg, J.: Genetics 32, 505 (1947). — Newcombe, H. B. and M. H. Nyholm: Amer. Naturalist 84, 457 (1950). — Rothfels, K. H.: Genetics 37, 297 (1952). — Cavalli, L. L., and G. A. Maccacaro: Heredity 6, 311 (1952). — Fredricq, P., et M. Betz-Bareau: Ann. Inst. Pasteur 83, 283 (1952).

necessary to devise methods whereby hybrid cells can be recognized and isolated. The original method used in the demonstration of genetic exchange in *E. coli*[1] is the basis of all modifications currently in use.

A typical cross[2] is made in this way: 1. The two strains to be crossed differ from one another in a number of genetic markers. Strain Y-53 is $B_1^- M^+ B^+ Lac^- V_1^s T^- L^-$ (thiamin-requiring, methionine independent, biotin independent, lactose non-fermenter, phage Tl sensitive, threonine requiring, and leucine requiring), and strain Y-87 is $B_1^+ M^- B^- Lac^+ V_1^r T^+ L^+$ (thiamine independent, methionine requiring, biotin requiring, lactose fermenter, phage Tl resistant, threonine independent and leucine independent). 2. Young vigorously growing cells are washed and about $10^3$ to $10^9$ cells of each strain are pipetted onto and evenly distributed over the agar surface of Petri dishes. 3. The agar contains glucose, mineral salts, thiamine and no other growth substance. Cells of strain Y-53 will not grow on this medium since they require both threonine and leucine and cells of strain Y-87 fail to grow because they require methionine and biotin. Only those recombinants which have inherited $T^+$ and $L^+$ from Y-87 and $M^+$ und $B^+$ from Y-53 will produce colonies on this medium. These four characters are known as selective markers. The remaining genetic markers by which the two strains differ are unselective markers since both alternative states of the characters concerned permit growth on this medium.

**Interpreting recovered recombinants** is not simple. The inheritance of unselective markers should be readily interpretable provided they are not associated in some definite way (linked) with the selective markers. Unfortunately, every heritable characteristic so far studied has shown a tendency, in some crosses if not in all, to be associated more often than not with the selective characters from the same parent. The heterozygous characters in the example cited have been interpreted to be members of a single linkage group (carried by a common chromosome) with the relative positions here illustrated:

$$Y\text{-}53:\quad B_1^-\quad M^+\quad B^+\quad Lac^-\quad V_1^s\quad (T^-\ L^-)$$
$$\text{Regions:}\quad 1\quad\quad 2\quad\quad 3\quad\quad 4$$
$$Y\text{-}87:\quad B_1^+\quad (M^-\ B^-)\quad Lac^+\quad V_1^r\quad T^+\quad L^+$$

To have $M^+$ and $B^+$ from Y-53 and $T^+$ and $L^+$ from Y-87 by this interpretation necessitates crossing over in the interstitial region bounded by these two pairs of selective markers. All recovered products of this cross must be single crossovers in one of the regions designated as 2, 3 and 4 in the diagram, or triple crossovers. Non-crossovers in the interstitial region, and double crossovers, will not survive since they will lack either $M^+$ and $B^+$ or $T^+$ and $L^+$. Similarly, crossovers between the loci of M and B or of T and L will not survive since each must lack one or more of these essential characters. The recovered products of the cross thus represent only a fraction of all the products that must have been produced and there is no easy method for determining the total number of products of which those recovered are a part.

A method for estimating the amount of crossing over in the subregions of this interstitial region has been proposed[3]. The essential features of this method are illustrated by the accompanying table:

| Crossover regions<br>Phenotype | 2<br>$Lac^+\ V_1^r$ | 3<br>$Lac^-\ V_1^r$ | 4<br>$Lac^-\ V_1^s$ | 2, 3 and 4<br>$Lac^+\ V_1^s$ |
|---|---|---|---|---|
| Expected | $\dfrac{up(1-q)(1-r)n}{R}$ | $\dfrac{(1-p)q(1-r)n}{R}$ | $\dfrac{v(1-p)(1-q)rn}{R}$ | $\dfrac{uvpqrn}{R}$ |
| Observed | a | b | c | d |

[1] LEDERBERG, J., and E. L. TATUM: Cold Spring Harbor Symp. quant. Biol. **11**, 113 (1946). Nature **158**, 558. — TATUM, E. L., and J. LEDERBERG: J. Bacteriology **53**, 673 (1947).
[2] LEDERBERG, J.: Genetics **32**, 505 (1947).
[3] BAILEY, N. T. J.: Heredity **5**, 111, 298 (1951).

In this formulation, p is the probability of recombination in region 2, q in region 3 and r in region 4; u designates the viability of Lac⁺ relative to Lac⁻ and v the viability of $V_1^s$ relative to $V_1^r$; n is the total number of recovered recombinants; and R is the probability of recombination over the entire interstitial region; $R = up(1-q)(1-r) + (1-p)q(1-r) + v(1-p)(1-q)r + uvpqr$. To solve for u and v it is necessary to compare observed frequencies in two crosses which are identical except that the unselective markers bear a reciprocal relationship to the selective markers in the two cases[1]. In the example used here it would be necessary to have for comparison the reciprocal cross in which Lac⁺ and $V_1^r$ were carried by the parent having M⁺ and B⁺. Recombination frequencies in the various regions are then estimated by the method of maximum likelihood[1].

When analyses are made of linkage relationship in *E. coli* K-12 certain inconsistencies have been noted. Fairly good approximations to a definite linear order of the genes in a single linkage group have been obtained[2], but it is frequently difficult to reconcile data from crosses segregating for different combinations of genes to a single standard order of linearity[3]. Even within one cross different linkage relationships may appear depending upon which characters are made selective by the medium used in isolation[4]. Another anomaly is the extraordinarily high frequency of multiple recombination. Instead of a very low frequency of simultaneous crossing over in adjacent regions, as is typical in other organisms (the phenomenon of interference), just the reverse seems to be true in *E. coli*[5] as if crossing over in one region enhanced the probability of crossing over in adjacent intervals.

**Evidence suggesting a genetic vector.** Recent studies have brought to light additional characteristics of genetic recombination in *E. coli* K-12 which demand a re-evaluation of the previously postulated mechanism. The physical basis of genetic exchange must differ from that of higher organisms in at least two respects. If there is a union of two genetically complete gametes in zygote formation there must be some mechanism to produce a systematic elimination of a large, but varied, part of the genic material derived from one parent, discrimination being regularly against the same parent in all zygotes in any one cross. Again, if crossing over as typified by that occurring in higher organisms is responsible for recombinant formation, some modification in the mechanism is needed to produce one recombinant chromosome and one chromosome identical with that of the parent not discriminated against, without producing either the reciprocally recombinant chromosome or one identical with that of the other parent. Furthermore, an infective agent now known to be present in one parent of all fertile crosses must be the cause of the elimination of part of the genetic material of its host from zygotes formed[6].

An alternative interpretation of genetic recombination in *E. coli* is based on analogies with transduction in Salmonella and to a much less extent on analogies with the sexual phenomena of higher organisms[7]. By this interpretation, the infective agent just mentioned is itself the vector which transfers genic material from the parent cell harboring it to a cell of the other parent of the cross. The extent to which these two alternative interpretations are in agreement with observations can best be considered after an enumeration of the relevant observations themselves.

---

[1] BAILEY, N. T. J.: Heredity **3**, 225 (1949); **5**, 289 (1951).

[2] LEDERBERG, J.: Genetics **32**, 505 (1947). — BAILEY, N. T. J.: Heredity **5**, 289 (1951). — ROTHFELS, K. H.: Genetics **37**, 297 (1952). — FREDRICQ, P., et M. BETZ-BAREAU: Ann. Inst. Pasteur **83**, 283 (1952). — CAVALLI, L. L., and G. A. MACCACARO: Heredity **6**, 311 (1952).

[3] LEDERBERG, J., E. M. LEDERBERG, N. D. ZINDER and E. R. LIVELY: Cold Spring Harbor Symp. quant. Biol. **16**, 413 (1951).

[4] ROTHFELS, K. H.: Genetics **37**, 297 (1952).

[5] NEWCOMBE, H. B., and M. H. NYHOLM: Amer. Naturalist **84**, 457 (1950). — ROTHFELS, K. H.: Genetics **37**, 297 (1952).

[6] See CAVALLI, L. L., J. LEDERBERG and E. M. LEDERBERG: J. gen. Microbiology **8**, 89 (1953) for discussion of pertinent observation as related to this interpretation.

[7] For discussion of observations relevant to this interpretation see HAYES, W.: Cold Spring Harbor Symp. quant. Biol. **18**, 75 (1953).

***Polarity in crosses.*** Only recently has it been demonstrated that the two parents of a recombinant are not equivalent participants[1]. Instead, varying amounts of hereditary material appear to be passed from one parent to the other. The donor parent, now designated $F^+$, can still function in the production of recombinants even though no longer capable of growth and division as a result of exposure to streptomycin or to ultra violet irradiation. Strains which are genetically $F^-$ are fertile only with $F^+$ races. Fertile crosses can be made between two strains both of which are $F^+$, but this is almost certainly because of a phenotypic failure to express the $F^+$ characteristic by one of the parents[2]. Races which are genetically $F^+$ can be made to react as $F^-$ (then known as $F^-$ phenocopies) in that they are sterile with genetically $F^-$ races but fertile with $F^+$. $F^+$ cultures grown to saturation under aeration react as $F^-$ in crosses. In some instances it is evident from the distribution of hereditary traits among recovered recombinants of $F^+ \times F^+$ crosses that one parent strain has functioned as $F^-$ and the other as $F^+$ [3] whereas in other instances it must be assumed that some cells of each $F^+$ behave as $F^-$ phenocopies. Crosses of $F^+$ by $F^+$ are in general considerably less fertile than those involving one $F^-$ parent. In one comparison between crosses which were identical except in the distribution of $F^+$ between the parents, $F^+ \times F^+$ yielded only 3,8 and 6,7 percent as many recoverable recombinants as the two corresponding $F^- \times F^+$ crosses[4].

The frequency with which an hereditary trait is transmitted to recovered recombinants depends in part on whether or not it is linked with the selective markers of one or the other parent and also upon whether it entered the cross with the $F^-$ or $F^+$ parent. The different effects of these two variables on the recovery of a number of hereditary characters are illustrated by the data summarized in table 4.

By a strictly classical interpretation of crossing over the unselective markers in table 4 would be scored as linked to selective markers $M^+$ and $S^r$ if they were recovered in significantly more than 50 percent of the isolates, and as linked to the markers selected against ($T^-L^-$) if they were recovered in significantly less than 50 percent of the isolates. If independent of both sets of selective markers, unselective markers should be recovered in frequencies not significantly different from 50 percent. The unselective characters Gal and Lac were recovered, on the average, in much less than 50 percent of the isolates, but have been classified (table 4) as independent of all selective markers because of large differences in polarity. Alleles of unselective markers closely linked to selective markers L and T, and entering the cross from the same parent as the alleles selected against (i. e., $L^-T^-$), should be recovered in frequencies significantly less than 50 percent even when derived from the $F^-$ parent, whereas if independent of selective markers they are expected to be relatively frequent when derived from the $F^-$ parent and infrequent when derived from the $F^+$ parent.

From the data summarized in table 4 it appears that there may be a greater chance of recovering the negative allele than the positive allele of the fermentation characters Xyl, Mal, Lac and Gal. Such divergencies are taken into account in formulae for calculating linkage[5] (p. 487) by the expressions u and v for viability corrections. It will be noted, however, that these divergencies are frequently insignificant in comparison with those arising from F polarity, for example Lac and Gal in the data cited.

***Infectivity of the F agent.*** In crosses between $F^-$ and $F^+$ strains, in which it has just been shown that the majority of the hereditary material is derived from the $F^-$ parent, the $F^+$ characteristic itself is passed on to the recovered recombinants almost without

---

[1] HAYES, W.: Nature **169**, 118, 1017 (1952).
[2] LEDERBERG, J., L. L. CAVALLI and E. M. LEDERBERG: Genetics **37**, 720 (1952).
[3] For example, the two such crosses recorded in table 2 of CAVALLI, L. L., J. LEDERBERG and E. M. LEDERBERG: J. gen. Microbiol. **8**, 89 (1953).
[4] HAYES, W.: J. gen. Microbiol. **8**, 72 (1953).
[5] BAILEY, N. T. J.: Heredity **5**, 289 (1951).

Table 4. *Frequencies of recovery of unselective markers from the parent with selective marker $M^+(T^-L^-)$ or $S^r(T^-L^-)$.*

| Unselective marker | Relation to selective markers | From F⁻ parent % | From F⁺ parent % | Reference |
|---|---|---|---|---|
| $B_1^-$ | Linked to $M^+$ | 94,7 | 61,3 | W. and H.[1] |
| Xyl⁻ | Linked to $S^r$ | 75,4 | 42,0 | C., L. and L.[2] |
| Xyl⁺ | ,, | 60,0 | 40,0 | ,, |
| Mal⁺ | ,, | 63,2 | 65,0 | ,, |
| Mal⁻ | ,, | 89,8 | 74,0 | ,, |
| Mal⁻ | Independent ($M^+L^-T^-$) | 99,3 | 11,7 | W. and H. |
| Man⁻ | ,, | 82,4 | 17,6* | ,, |
| $V_3^s$ | ,, | 95,3 | 2,9* | ,, |
| $S^s$ | ,, | 99,0 | 9,7 | ,, |
|  | ,, | 94,3 | 2,9* | ,, |
| Lac⁻ | ,, | 75,3 | 2,3 | ,, |
| Lac⁻ | Independent ($S^rL^-T^-$) | 46,0 | 4,8 | C., L. and L. |
| Lac⁺ | ,, | 42,0 | 1,2 | ,, |
| Gal⁻ | ,, | 67,6 | 5,5 | ,, |
| Gal⁺ | ,, | 51,6 | 0,8 | ,, |
| Ara⁻ | Linked to $T^-L^-$ | 0,2 | 0,3 | ,, |
| Ara⁺ | ,, | 4,0 | 0 | ,, |
| $Az^s$ | ,, | 16,3 | 7,3 | W. and H. |
| $V_1^r$ | ,, | 29,2 | 8,8* | ,, |

exception[3]. Furthermore F, the putative agent responsible for F⁺ characteristics, is readily transferred to F⁻ strains even in the absence of any other genetic recombination. This conclusion was suggested by the observation that the sterile cross F⁻ × F⁻ became fertile in the presence of F⁺ cells[4] when it had previously[5] been demonstrated that in mixtures of three types of cells no more than two contributed to any isolated recombinants, and yet the recombinants from the two F⁻ parents had somehow acquired the F⁺ character. Experiments set up to test for the transference of the F⁺ characteristic to F⁻ cells showed that as many as 75 percent of the F⁻ cells could become F⁺ in the absence of any other detected genetic transfer[6].

*"High frequency recombination"*. In crosses involving most strains of *E. coli* K-12 the rate of formation of recoverable recombinants is very low; something like 100 recombinants may be recovered from $10^9$ cells tested[5]. Kinetic studies[7] indicated that the number of recombinants produced agreed with the expected behavior of bimolecular reactions, the frequency being proportional to the product of the concentrations of the two types of parental cells involved. On two occasions[8] however strains have been

---

* Total recovered recombinants only 34.

[1] WATSON, J. D., and W. HAYES: Proc. nat. Acad. Sci. USA **39**, 416 (1953).
[2] CAVALLI, L. L., J. LEDERBERG and E. M. LEDERBERG: J. gen. Microbiol. **8**, 89 (1953).
[3] LEDERBERG, J., L. L. CAVALLI and E. M. LEDERBERG: Genetics **37**, 720 (1952). — HAYES, W.: J. gen. Microbiol. **8**, 72 (1953).
[4] LEDERBERG, J., L. L. CAVALLI and E. M. LEDERBERG: Genetics **37**, 720 (1952).
[5] LEDERBERG, J.: Genetics **32**, 505 (1947).
[6] LEDERBERG, J., L. L. CAVALLI and E. M. LEDERBERG: Genetics **37**, 720 (1952). — HAYES, W.: J. gen. Microbiol. **8**, 72 (1953).
[7] NELSON, T. C.: Genetics **36**, 162 (1951).
[8] CAVALLI, L. L.: Boll. Ist. sieroterap. milanese **29**, 281 (1950). — Cited by LEDERBERG, J., S. L. CAVALLI and E. M. LEDERBERG: Genetics **37**, 720 (1952). — HAYES, W.: Cold Spring Harbor Symp. quant. Biol. **18**, 75 (1953).

obtained which, when crossed to typical F⁻ strains, yield a 1000 fold increase in recombinants. These *Hfr* (high frequency recombination) strains appear to be modified F⁺ strains; both were derived from strains originally F⁺ and one (CAVALLI's) has been observed to revert to F⁺ repeatedly. Both Hfr strains differ from F⁺ in that the Hfr character is not transferred to F⁻ strains by infection, and only exceptionally transferred in the formation of recombinants. In crosses of F⁻ by Hfr nearly all recombinants are F⁻. Crosses between Hfr and F⁺ are about one tenth as fertile as Hfr × F⁻, and produce only F⁺ recombinants. Crosses between two Hfr strains are fertile, yielding only Hfr recombinants. In these respects both Hfr strains are similar, and so far little additional information relating to CAVALLI's strain has been published[1]; additional characteristics here reviewed may consequently pertain to the HAYES[2] strain only. It resembled F⁺ strains in retaining its ability to transfer hereditary traits to F⁻ strains after it had been rendered incapable of proliferation by streptomycin treatment, and in producing F⁻ phenocopies during growth in aerated broth. This strain yields a high frequency of recombinants only when selected for L⁺ and T⁺ of the Hfr strain, or for some other marker closely linked to these loci. When either M⁺ or Mal⁺ is carried by Hfr and is selected for, only the normal frequency of recombinants characteristic of crosses between F⁺ and F⁻ is observed. Furthermore, when T⁺ and L⁺ of the Hfr strain are selected for, the unselected markers M and Mal (and other unselected markers linked to them) from Hfr are very seldom included in the recovered recombinants. The increased frequency in recombinant production involves the transfer of only a few markers from the Hfr strain, all others being transferred at rates characteristic of F⁺ strains. It has already been noted that the Hfr character is almost never transferred to recombinants in crosses with F⁻ strains, but this applies only to crosses in which T⁺L⁺ were selected for with the accompanying high frequency of recombinants. When M⁺ or Mal⁺ of Hfr is selected for and the ordinary low frequency of recombinants is produced, a number of the recombinants are observed to have acquired the Hfr characteristic itself along with other characters from the Hfr strain.

*Absence of reciprocal recombination.* Recombinants which are reciprocal, or complementary, to the recovered recombinants have not been observed in experiments designed to detect them. In the cross diagrammed earlier (p. 487) the recombinants selected by the medium (which had thiamin as sole supplement) all have the constitution $M^+B^+L^+T^+$, of which about 90 percent were found to be $B_1^-$ (*i. e.*, thiamin dependent). If recombination is due to crossing over as it occurs in higher organisms, the complementary recombinant, $M^-B^-T^-L^-$, should be formed simultaneously, and 90 percent of these should be $B_1^+$ (thiamine independent). Since this complementary recombinant cannot grow on the medium employed, colonies of the selected recombinants were removed to a medium supplemented with methionine, biotin, threonine and leucine, but not with thiamine. The predominant cells in such colonies (*i. e.*, the recombinant types originally selected) cannot proliferate on this medium, but if cells of the complementary recombinant class had been formed and had remained viable they would be selectively favored by this medium. In nearly all of the 52 colonies tested in this way there were from 10 to 100 cells which produced colonies on the second medium, but in each instance these proved to be of the genetic constitution of the $B^-M^-$ parent and never the expected complementary recombinant[3].

Because the failure to detect reciprocal recombinants by this method did not necessarily prove that they did not occur (they might fail to survive the first growth period on unfavorable medium), this observation had little influence on general interpretations. Recently, however, a technique has been used which results in recombinant frequencies

---

[1] CAVALLI, L. L., J. LEDERBERG and E. M. LEDERBERG: J. gen. Microbiol. **8**, 89 (1953).
[2] HAYES, W.: Cold Spring Harbor Symp. quant. Biol. **18**, 75 (1953).
[3] LEDERBERG, J.: Genetics **32**, 505 (1947).

as high as one percent in crosses between Hfr and F⁻. From colonies produced on maximally supplemented medium, on which all types of recombinants can proliferate, those colonies containing recombinants were detected by the replica plating technique (p. 503). Entire colonies thus known to contain recombinants were picked, diluted, and plated again on complete medium, and these daughter colonies were then tested for genetic markers carried. Each of a number of original colonies so tested were composed of equal numbers of two and only two different genetic types. In each instance one was a recombinant and the other had the complete constitution of the F⁻ parent[1]. These results indicate that something other than a typical meiotic process must occur. They suggest that the entire genetic complement of the F⁻ parental cell is functionally duplicated at the time critical to genetic recombination, that replacement by a fraction of the genic material from Hfr occurs in one of the duplicate complements of F⁻, and that the remainder of the Hfr genic complement and that part of the F⁻ which was supplanted are effectively lost.

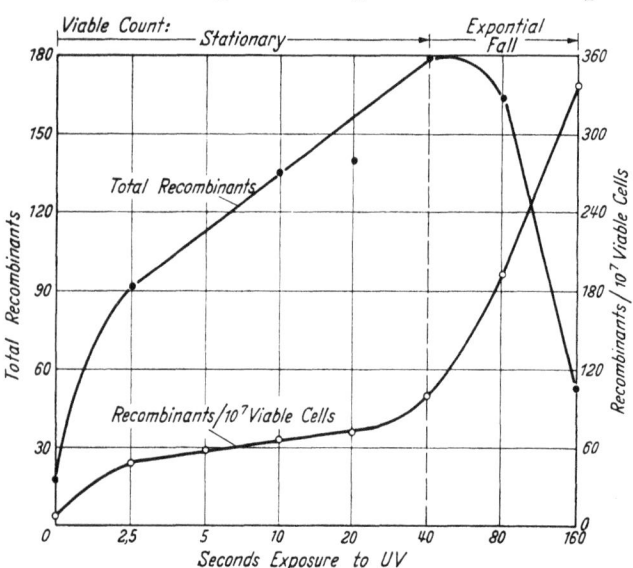

Fig. 23. Effect on frequency of recombinant formation of ultraviolet irradiation of an F⁺ *lambda*-free strain preceding crossing to an F⁻ strain. After HAYES[3].

A situation with many points of similarity has been described for aberrant persistent heterozygotes[2]. Cells have been found which are heterozygous for some of the genes derived from the F⁺ and hemizygous (a haploid condition) for the remainder of the genes from the F⁻ parent. That is they have the complete genetic complement of the F⁻ parent and in addition a part of the genetic complement of the F⁺ parent. During vegetative reproduction of such heterozygotes the heterozygous condition is maintained in some cells and others appear as fully haploid products formed by a segregation process in which complementary products again do not occur.

*Irradiation with Ultra violet light* has striking effects on the production of genetic recombinants in *E. coli* K-12[4]. When F⁻ strains are irradiated the frequency of recombinations recovered upon crossing to F⁺ decreases proportionally to the decrease in viable count of the F⁻ treated strain. The ultra violet dosages used in these experiments is very low, being insufficient to cause killing in non-lysogenic strains; the decrease in viable count of lysogenic bacteria is due to the induction of lysis by the temperate *lambda* phage (see p. 481). Similar irradiation of F⁺ strains preceding crossing results in an increased rate of recombinant formation whether there is an accompanying decrease in viable count due to lysis by *lambda*, or no decrease when *lambda* is not carried (fig. 23). Ultra violet irradiation of Hfr strains does not increase the already high rate of recombinant formation which occurs when T⁺L⁺ of Hfr are selected for, but the low rate of recombinant formation occurring when selection is for M⁺ of Hfr, for example, is increased by ultra violet irradiation, just as with F⁺ strains.

---

[1] HAYES, W.: Personal communication.

[2] LEDERBERG, J.: Proc. nat. Acad. Sci. USA **35**, 178 (1949). — ZELLE, M. R., and J. LEDERBERG: J. Bacteriology **61**, 351 (1951). — CAVALLI, L. L., J. LEDERBERG and E. M. LEDERBERG: J. gen. Microbiol. **8**, 89 (1953).

[3] HAYES, W.: Cold Spring Harbor Symp. quant. Biol. **18**, 75 (1953).

[4] HAYES, W.: Nature **169**, 1017 (1952). J. gen. Microbiol. **8**, 72 (1953). Cold Spring Harbor Symp. quant. Biol. **18**, 75 (1953).

**Postulated genetic mechanisms.** Many of the observations related to genetic recombination can be interpreted to fit either of two rather dissimilar points of view[1]. One is that there is true zygote formation, that is, cellular fusion followed by chromosome pairing and crossing over. The other is that hereditary material from one cell is carried to another where it replaces some of the existing hereditary material, with F serving as a vector. Evidence showing that hereditary material is transferred only through cell to cell contacts is in line with expectation on the zygote interpretation whereas on the vector interpretation it must be assumed that the F agent itself can be transferred only by direct contact between cells. Since infective transfer of F to F$^-$ cells in the absence of genetic recombination also seems to require direct contact between cells, the last assumption is not unreasonable. On the zygote interpretation the role of the F agent is supposed to influence sexual compatibility, on the vector interpretation it is essential to the transfer of hereditary material. The inheritance of fewer characteristics from the F$^+$ parent than from the F$^-$ is interpreted as the preferential elimination of hereditary material of one parent from the zygote[2], or else that the vector usually carries with it only a part of the hereditary material from the cell in which it arises. The change from F$^+$ to Hfr can be interpreted as an enhancement of sexual compatibility, or as a mutation of the vector to more infective but less virulent form — both F and Hfr are thought to resemble the prophage stage of temperate phages. A secondary postulate is required in this instance to account for the increased recombination rate if the vector interpretation is correct. On the other hand, ultra violet irradiation of F$^+$ strains is expected to lead to a greater frequency of recombination if the vector resembles a temperate phage whereas the zygote interpretation requires a secondary postulate to account for this observation.

Additional experimental evidence must be accumulated before it will be possible to conclude what the mechanism of inheritance in *E. coli* consists of. Until then the interpretation favored will depend largely on which analogy is considered more important, that to true sexuality in higher organisms, or that to bacterial transduction and bacterial transformation.

**Special methods for E. coli K-12**[3]. Many strains are nutritionally unexacting, requiring no organic growth factors other than a carbon source. The simplest "minimal" medium consists, in grams per liter, of 1 glucose, 7 $K_2HPO_4$, 2 $KH_2PO_4$, 0,5 $Na_3$-citrate $\cdot$ 5 $H_2O$, 0,1 $MgSO_4 \cdot 7 H_2O$, and 1$(NH_4)_2SO_4$. Trace elements are not added, being considered to be present in adequate amounts in chemicals of ordinary purity. For solid media agar is added to the extent of 1,5 percent.

*Crossing techniques* vary somewhat depending upon the aims of particular experiments[4]. In general it is important to use rapidly growing cells from young broth cultures. The strains to be crossed must be cross fertile, preferably one F$^+$ or Hfr, the other F$^-$. Because of the low absolute rate of recombinant formation the strains must differ in nutritional requirements, in carbon sources utilized, or in resistance to drugs, poisons, antibiotics, phages or colicines so that a medium can be used which will support the growth of selected recombinants and not that of the two parental strains. Young cells of the two strains are washed and plated together on the selective agar medium in numbers such that the selected recombinants will form separate isolated colonies, preferably less than 100 colonies per 30 mm diameter Petri plate. In reasonably fertile F$^+ \times$ F$^-$ combinations, yields of about the desired number of recombinants are produced from $10^8$ viable cells per plate of each parental strain when M$^+$ and T$^+$L$^+$ (see cross diagrammed on p. 487) are the selective markers.

---

[1] Cavalli, L. L., J. Lederberg and E. M. Lederberg: J. gen. Microbiol. **8**, 89 (1953). — Hayes, W.: Cold Spring Harbor Symp. quant. Biol. **18**, 75 (1953).

[2] A phenomenon known to occur in some insects, Metz, C. W.: Amer. Naturalist **72**, 485 (1938).

[3] Lederberg, J.: In Methods in Medical Research, vol. 3, p. 5, Chicago 1950; a review of methods.

[4] Tatum, E. L., and J. Lederberg: J. Bacteriology **53**, 673 (1947). — Hayes, W.: J. gen. Microbiol. **8**, 72 (1953). — Cavalli, L. L., J. Lederberg and E. M. Lederberg: J. gen. Microbiol. **8**, 89 (1953). — Nelson, T. C.: Genetics **36**, 162 (1951). — Kann, E. E.: J. Bacteriology **63**, 421 (1952).

## δ) Comparative genetics of bacteria.

Three types of genetic recombination have been described for different bacteria: transformation, transduction and the linked inheritance of *Escherichia coli*. Transformations are accomplished by solutions of desoxyribonucleic acids extracted from the donor cells. Transductions are brought about by temperate phages which carry in them, or attached to them, some of the hereditary material of the cell in which they developed. Genetic recombination in *E. coli* requires a direct contact between participating cells. On the basis of available evidence it is possible that infectivity is involved in each of these types of genetic recombination, in other words in all known instances of genetic recombination in bacteria. The transformation of cells growing in lysates of cells from which they acquire hereditary traits[1] resembles an infective process; transduction is an infective process; and there are a number of reasons (reviewed above) for concluding that the $F^+$ agent of *E. coli* conveys bacterial hereditary traits by contact infection.

A second distinction between the different types of genetic exchange in bacteria is the linked vs. independent transfer of hereditary traits. The transduction of individual inherited traits is not always as independent[2] as was once believed. Even in transformation there are now three examples in which two characteristics show linked inheritance[3], so that this distinction no longer holds completely. A mechanism whereby individual hereditary determiners were transferred completely independently of any others would give a situation in which allelism could be determined with great accuracy and simplicity. It now appears that it may be difficult to establish that such a situation exists.

**Bacterial cytology.** While in Neurospora, Aspergillus and Saccharomyces the processes of reproduction accompanying genetic recombination are known from microscopic studies as well as from genetic inference, and in *Neurospora crassa* the chromosomal mechanism has been established by cytological as well as genetic studies, the genetic mechanisms in bacteria must still be inferred solely from genetic studies. Nuclear structures in bacteria have been studied for a number of years[4], but the minute size of the structures seems to indicate that detailed pictures capable of aiding genetic interpretations are not to be expected from ordinary cytological methods. Important structures within the "nuclei" of bacteria must be beyond the range of definition of ordinary microscopes. For this reason it seems unnecessary to attempt an evaluation of contrary claims as to the very nature of the larger structures[5].

## e) Other microorganisms.

The microorganisms whose life histories, cultural characteristics and genetic behavior have been reviewed are representative of those which have been used to the greatest extent in biochemical genetic studies. There are a number of other organisms, similar to those described in important attributes, which have also been used in biochemical genetic studies, and some of these have special features making them interesting for certain

---

[1] HOTCHKISS, R. D.: Cold Spring Harbor Symp. quant. Biol. 16, 457 (1951). 2. Int. Congr. Biochem. Paris, Symposium 6, 40 (1952).

[2] STOKER, B. A. D., N. D. ZINDER and J. LEDERBERG: J. gen. Microbiol. 9, 410 (1953). — BERRY, M. E., A. M. MCCARTHY and H. H. PLOUGH: Proc. nat. Acad. Sci. USA 38, 797 (1952).

[3] LEIDY, G., E. HAHN and H. E. ALEXANDER: J. exp. Med. 97, 467 (1953). — HOTCHKISS, R. D., and J. MARMUR: Proc. nat. Acad. Sci. USA 40, 55 (1954).

[4] PIETSCHMANN, K.: Arch. Mikrobiol., Berlin 2, 310 (1931). — BADIAN, J.: Arch. Mikrobiol., Berlin 4, 409 (1933). — PIEKARSKI, G.: Arch. Mikrobiol., Berlin 11, 406 (1940). — NEUMANN, F.: Zbl. Bakt. (II) 103, 385 (1941). — LEWIS, I. M.: Chron. bot., Leiden 7, 249 (1942). — KNAYSI, G.: Elements of Bacterial Cytology. Ithaca, N.Y. 1944. — ROBINOW, C. F.: Addendum in DUBOS, R. J.: The Bacterial Cell. Cambridge, Mass. 1945. — ROBINOW, C. F.: J. Bacteriology 65, 378 (1953).

[5] BRINGMANN, G.: Zbl. Bakt. (I) 156, 493 (1950). Planta, Berlin 40, 398 (1952). — TRONNIER, E. A.: Zbl. Bakt. (I) 159, 213 (1953). — DELAMATER, E. D., and M. E. HUNTER: Amer. J. Bot. 38, 659 (1951). — DELAMATER, E. D., and M. WOODBURN: J. Bacteriology 64, 793 (1952). — DELAMATER, E. D.: Bull. Torrey bot. Club 79, 1 (1952). — BISSET, K. A.: J. gen. Microbiol. 8, 50 (1953). J. Bacteriology 67, 41 (1954).

studies. In addition there are organisms which differ greatly in many fundamental respects from those selected for detailed description and are now also beginning to be used in the types of studies pertinent to this review.

**Fungi.** Another fungus, Ophiostoma, with a life cycle very similar to Neurospora, has been used extensively in biochemical genetic studies[1]. Still another Ascomycete, *Venturia inaequalis*, is of interest as a plant pathogen in which genetic relations to both the biochemistry and pathogenicity of the organism have been studied[2]. Another plant pathogen, *Ustilago maydis*, belonging to the Protobasidiomycetes has been used in biochemical genetic studies[3]. In this form crosses are made by injecting asexual spores of contrasting mating types into maize seedlings, and since the complete life cycle of the fungus can be completed within three weeks the method should not be too tedious.

**Algae** should offer the opportunity to apply genetic methods to the study of photosynthetic processes and to the development of chlorophyll. A mutant of the asexual unicellular alga Chlorella has been used in studies of the biosynthesis of protoporphyrin[4]. Among sexually reproducing algae, unicellular members of Volvocales have been subjected to the most thorough genetic studies. Reports of curious genetic behavior[5], including crossing over at the two strand stage with segregation at only one of the two meiotic divisions, and with negative interference, were later stated[6] to have resulted when meiosis occurred at temperatures lower than 5°. Experiments conducted at more usual physiological temperatures have yielded genetic results which agree with the situation described for *Neurospora* (p. 450)[7]. It has been reported that the genetic determination of relative sexuality is mediated by the types of carotenoid derivatives synthesized[8]. While a number of morphological and biochemical mutants have been produced in Chlamydomonas[9], viable mutations lacking chlorophyll, or unable to carry out photosynthesis, did not result[10].

**Protozoa.** One of the Ciliata, *Tetrahymena geleii*, can be cultured on a chemically defined medium[11], and a number of biochemical mutants have been studied[12]. Until recently sexual reproduction was unknown in Tetrahymena, but mating types giving viable exconjugants are now known[13]. Except for the absence of autogamy, sexual reproduction and

---

[1] FRIES, N.: Ark. Bot. **32**A (8), 1 (1945); **33**A (7), 1 (1946). Svensk. bot. T. **39**, 270 (1945). Nature **155**, 757 (1945); **159**, 199 (1947). Hereditas, Lund **34**, 338 (1948); **36**, 368 (1950).

[2] CHRISTIENSEN, J. J., and E. C. STAKMAN: Phytopathology **16**, 979 (1926). — KEITT, G. W., and D. H. PALMITER: Amer. J. Bot. **25**, 338 (1938). — KEITT, G. W., and M. H. LANGFORD: Amer. J. Bot. **28**, 805 (1941). — KEITT, G. W., M. H. LANGFORD and J. R. SHAY: Amer. J. Bot. **30**, 491 (1943). — SHAY, J. R., and G. W. KEITT: J. agric. Res. **70**, 31 (1945). — PERKINS, D. D.: Genetics **34**, 607 (1949). — BOONE, D. M., and G. W. KEITT: Phytopathology **42**, 479 (1952).

[3] PERKINS, D. D.: Genetics **34**, 607 (1949). — BOWMAN, D. H.: J. agric. Res. **72**, 233 (1946). — CHRISTENSEN, J. J., and E. C. STAKMAN: Phytopathology **16**, 979 (1926).

[4] BOGORAD, L., and S. GRANICK: J. biol. Ch. **202**, 793 (1953).

[5] MOEWUS, F.: Arch. Protistenkde. **83**, 98 (1934); **86**, 1 (1935). Z. indukt. Abstamm.- u. Vererb.-Lehre **69**, 374 (1935); **73**, 63 (1937). Ber. dtsch. bot. Ges. **54**, (45) (1936).

[6] MOEWUS, F.: Biol. Zbl. **58**, 516 (1938).

[7] PASCHER, A.: Ber. dtsch. bot. Ges. **34**, 228 (1916). — PRINGSHEIM, E. G., u. K. ONDRAČEK: Beih. Bot. Zbl. **59**A, 117 (1939). — MOEWUS, F.: Biol. Zbl. **58**, 516 (1938); **60**, 484 (1940). — SMITH, G. M., and D. C. REGNERY: Proc. nat. Acad. Sci. USA **36**, 246 (1950). — LEWIN, R. A.: Nature **166**, 76 (1950). J. gen. Microbiol. **6**, 233 (1952).

[8] MOEWUS, F.: Biol. Zbl. **60**, 143 (1940); **65**, 18 (1946).

[9] LEWIN, R. A.: J. gen. Microbiol. **6**, 233 (1952).

[10] LEWIN, J. C.: Science, N. Y. **112**, 652 (1950). — LEWIN, R. A.: J. gen. Microbiol. **6**, 233 (1952). — NYBOM, N.: Personal communication.

[11] ELLIOTT, A. M.: Physiol. Zool. **23**, 85 (1950).

[12] GENGHOF, D. S.: Arch. Biochem. **23**, 85 (1949). — KIDDER, G. W., and V. C. DEWEY: Fed. Proc. **12**, 230 (1953). — DEWEY, V. C., and G. W. KIDDER: J. gen. Microbiol. **9**, 445 (1953). — RUDZINSKA, M. A., and S. GRANICK: Proc. Soc. exp. Biol. Med. **83**, 525 (1953). — SEAMAN, G. R.: Physiol. Zool. **26**, 22 (1953).

[13] ELLIOTT, A. M., and R. E. HAYES: Biol. Bull. **105**, 269 (1953). — NANNEY, D. L., and P. A. CAUGHEY: Proc. nat. Acad. Sci. USA **39**. 1057 (1953).

mating type determination appear to resemble the equivalent phenomena in the much better known *Paramecium aurelia*. The latter ciliate cannot so far be grown on a chemically defined medium, but a great deal is known about its life history, the processes involved in nuclear reorganization, the inheritance of mating type, of antigenic differences, etc.[1] There is a very good review of the methods used with this form[2]. Paramecium is interesting because of unusual nuclear phenomena with the resulting oddities in genetic behavior, and for the unusually large influence of extranuclear factors in the expression of hereditary traits. Chromosome numbers are very large, with great differences between strains.

## 3. Isolation of biochemical mutants.

### a) The method of total isolation.

In the first intensive search for nutritionally deficient mutants[3], randomly selected isolates which were capable of growth on a maximally supplemented (*i. e.*, complete) medium were individually tested for failures in ability to synthesize essential metabolites on the basis of their inability to grow on unsupplemented (commonly called minimal) medium. To reduce the number of non-mutant isolates to be tested the frequency of mutation was augmented by treatment with mutagenic agents. Even so the method is tedious — many isolates must be tested to recover relatively few mutants — now methods which automatically select for mutant forms are more generally used. All of the newer methods, however, represent modifications of the original procedures which include: 1. the induction of mutations (to be discussed in a later section), 2. the isolation of genetically homogeneous products of individually treated nuclei and the establishment of these products on complete medium, and 3. the detection of nutritionally deficient isolates by their failure to grow on minimal medium, and the identification of the metabolic deficiencies involved.

### α) *Isolation of clones descended from single haploid nuclei.*

Since the monilioid conidia (macroconidia) of *Neurospora crassa* are largely multinucleate, since a single mutational event would involve only one nucleus, and since heterocaryotic growth, composed of both mutant and non-mutant nuclei, would result from germination of these conidia, special procedures are necessary to establish a clone descended from a single haploid nucleus. Monilioid conidia from a strain of one mating type are treated with mutagenic agents and then dusted over the protoperithecia produced by a strain of opposite mating type[3]. After the perithecia have ripened, a single mature ascospore from each perithecium is isolated, induced to germinate, and a culture is established from it on complete medium (fig. 24). Since, under these conditions, only one protoperithecium is expected to be "fertilized" by any one conidium, and since a single haploid nucleus from the conidiating parent combines with a single haploid nucleus from the protoperithecial parent in any one ascus[4], each isolate is descended from a different treated nucleus. Barring spontaneous mutation occurring later than the meiotic divisions in the ascus, the culture derived from each isolate will be genetically homogeneous because complete segregation of genetic dissimilarities present in the zygote nucleus occurs during the first two (meiotic) divisions in the ascus. By this method, however, half of the potentially recoverable mutants are lost because each ascospore has an equal chance of receiving the mutant allele from the treated (conidial) parent or the normal allele from the protoperithecial parent. By isolating the four meiotic products of one ascus

---

[1] SONNEBORN, T. M.: Adv. Genetics 1, 263 (1947). Harvey Lect. 44, 145 (1950). 9. Int. Conf. Genetics Bellagio (1953).

[2] SONNEBORN, T. M.: J. exp. Zool. 113, 87 (1950).

[3] BEADLE, G. W., and E. L. TATUM: Proc. nat. Acad. Sci. USA 27, 499 (1941). Amer. J. Bot. 32, 678 (1945).

[4] See description of the life cycle of Neurospora in section 2., a), above.

per perithecium, twice as many mutants would be recovered, but the efficiency of the method would be reduced by one half.

An advantage of another kind results from methods such as this in which a sexual cycle intervenes between the induction of a mutation and its isolation. To be recovered by this method a mutant cannot be associated with any chromosomal aberration causing meiotic disturbances great enough to result in extensive sterility. The method thus screens against a number of chromosomal rearrangements which are likely to be induced by mutagenic agents and which are apt to confuse genetic interpretations until they have been recognized as rearrangements and the chromosome concerned identified.

**Other methods** of obtaining isolates from single haploid nuclei have been used with Neurospora as well as with other organisms. Cultures derived from treated uninucleate cells, such as the microconidia of Neurospora[1], conidia of Aspergillus species possessing uninucleate sterigmata[2], etc., are satisfactory in this respect provided the chromosomes are known to be effectively single at the stage treated. If, as measured by the mutational response, the chromosomes are effectively double, at the time of treatment, heterocaryons will be produced by coenocytic filamentous forms such as Neurospora and Aspergillus, and in homogeneous cultures by unicellular organisms such as Saccharomyces in the haplophase. This difficulty can be obviated by permitting nuclear divisions to occur between the time of treatment and the production of the uninucleate cells to be isolated. In Neurospora and Aspergillus it would be difficult to know that a definite number of nuclear divisions (one, two, or more) had actually intervened in any one instance.

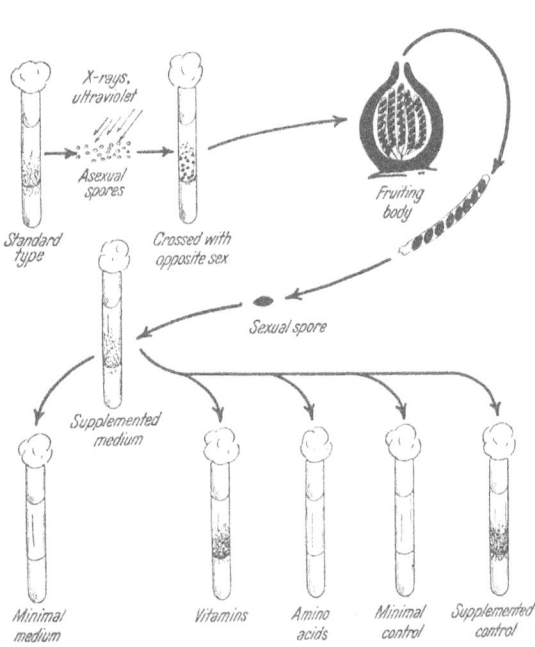

Fig. 24. Diagram illustrating BEADLE and TATUM's method of inducing, isolating, and identifying nutritionally deficient mutant strains of *Neurospora crassa*. From BEADLE[3].

In bacteria there is frequently a lag of several cell divisions following treatment with mutagenic agents and the occurrence of cells from which genetically homogeneous clones can be derived[4]. To a certain extent the production of mixed clones from individual treated bacteria is accounted for by a multinucleate condition of the treated cells. Studies of clones in which different mutants induced by a single treatment make their appearance after different numbers of cell divisions indicate that other factors must also be involved. Mechanisms postulated to account for these observations include, in addition to somatic segregation of nuclei in a heterocaryon: 1. segregation of cytoplasmic particles, 2. genetic exchange between "chromosomes" or "nuclei", and 3. delayed effects of the mutagenic agent[5]. A more complete knowledge of the hereditary mechanisms in bacteria is needed to help elucidate this question[6].

---

[1] HOLLANDER, A., E. R. SANSOME, E. ZIMMER and M. DEMEREC: Amer. J. Bot. **32**, 226 (1945). — TATUM, E. L., R. W. BARRATT, N. FRIES and D. BONNER: Amer. J. Bot. **37**, 38 (1950).

[2] PONTECORVO, G.: Adv. Genetics **5**, 141 (1953).

[3] BEADLE, G. W.: Fortschr. Chem.org. Naturstoffe **5**, 300 (1948).

[4] DEMEREC, M., and R. LATARJET: Cold Spring Harbor Symp. quant. Biol. **11**, 38 (1946).

[5] WITKIN, E. M.: Cold Spring Harbor Symp. quant. Biol. **16**, 357 (1951). — NEWCOMBE, H. B.: Genetics **38**, 134 (1953).

[6] See discussion in section 2 d) above.

## β) The identification of metabolic deficiencies.

**Complete media.** Isolates to be tested for occurrences of metabolically deficient mutants are first cultured on media designed to support the growth of mutants with diverse nutritional requirements. When an entire spectrum of nutritional mutants is sought, as many supplements as possible are introduced into a single "complete" medium upon which the isolates are established. Such media may be of known constitution, made up, for example, by adding amino acids, vitamins, purines, pyrimidines, etc., to the chemically defined medium upon which the unexacting parental strain can be grown. It is commoner to make use of more complex media, for example one containing malt extract, autolysed yeast and hydrolyzed casein. A complete medium used in Neurospora studies was made up by adding to one liter of FRIES salt solution (Table 1, p. 453) 15 grams of agar; 5 grams each of sucrose, glucose, and spray-dried malt syrup; 2,5 grams of Difco yeast extract; acid hydrolyzed casein equivalent to 250 mg of casein; 5 mg of alkali-hydrolyzed yeast nucleic acid; 4 mg of inositol; 2 mg each of pantothenic acid, nicotinamide, and choline; 1 mg of thiamine (aneurin); and 0,5 mg each of riboflavin, pyridoxin, and p-aminobenzoic acid[1]. An extract of wild type (nutritionally nonexacting) Neurospora with the addition of hydrolyzed casein has also been used as the basis for a complete medium for Neurospora[2].

So-called complete media may fail to support the growth of mutants with specific metabolite requirements, for either of two reasons. The simpler is that the specifically required metabolite is absent from the "complete" medium, or not present in sufficient amount. A more serious condition results when the required metabolite is supplied in apparently adequate amounts, but growth of the mutants requiring that metabolite is inhibited by other substances present in the complete medium. Mutants which require lysine and are inhibited by arginine[3] constitute one of the earliest examples of this relationship. Many other similar examples have since been encountered. In extreme cases, in which mutants are inhibited by a number of substances present in complete medium, it is necessary to make the original isolations on media supplemented solely with the metabolite required by the mutant looked for. Histidine-requiring mutants seem to belong to this category[2].

**Group-supplemented and individually-supplemented media.** Isolates which have been grown on complete media but fail to grow on the basal, or minimal, medium (which does support growth of the parental strain) are judged to be deficient in the ability to synthesize some substance supplied in the complete medium. To identify the specific substance required, transfers are first made to media containing groups of the substances with which complete medium is supplemented. BEADLE and TATUM[1] used as preliminary screening media one which contained all of the vitamins, another containing hydrolyzed casein, and a complete medium and a minimal medium as controls. From this preliminary test it could be told whether 1. a vitamin was required, 2. an amino acid, or 3. either some one substance in complete medium which was not one of the known amino acids or one of the known vitamins, or, alternatively, a multiple requirement for more than one substance. If a vitamin or amino acid requirement is implicated, tests are next made on media supplemented with single vitamins or amino acids. If neither vitamins nor amino acids support growth, tests are made with purines, pyrimidines, various organic acids, and any other likely known constituent of the complete medium. When all else fails, the complex additions, such as yeast extract, if capable of supporting growth of the mutants in question, are fractionated by various chemical and physical methods in an attempt to isolate the required growth factor. This method has led to the identification of

---

[1] BEADLE, G. W., and E. L. TATUM: Amer. J. Bot. **32**, 678 (1945).
[2] LEIN, J., H. K. MITCHELL and M. B. HOULAHAN: Proc. nat. Acad. Sci. USA **34**, 435 (1948).
[3] DOERMANN, A. H.: Arch. Biochem. **5**, 373 (1944). J. biol. Ch. **160**, 95 (1945).

mutants having unusual requirements such as a double requirement for isoleucine and valine in rather definite proportions[1].

**Auxanographic methods.** Instead of inoculating each mutant isolate into tubes containing the different media, a suspension of cells (conidia of Neurospora or Aspergillus, vegetative cells of yeasts or bacteria) is spread on a plate of minimal agar onto which substances to be tested are spotted[2]. Test substances may be added on small bits of filter paper previously soaked in appropriate solutions, as drops of liquid in penicillin cups, or even as crystals of the pure compounds. Diffusion of the test substances through the agar results in concentration gradients which are reflected in the amount of growth in response to them. Competitive or synergistic interactions of compounds can be detected by the growth response of suitable mutants in the region between the two spots.

## b) Selective isolation of mutants.

In order to lessen the labor involved in the isolation of mutant strains various methods have been devised which, to varying degrees, separate mutants and non-mutants more or less automatically. Such methods are useful in the recovery of organisms possessing certain traits whenever they occur in low frequencies, whether as a result of mutation or of infrequent genetic recombination such as occurs in the bacteria.

### α) Direct selection of "progressive" mutants.

In a mixed population composed of nutritionally dependent and independent cells (or nuclei, in heterocaryons) it is very often possible to supply a medium on which the nutritionally nonexacting cells (or nuclei) can be induced to multiply without an accompanying, or proportionate, increase in those which have specific nutritional requirements[3]. In most biochemical-genetic studies, however, it is the mutations to metabolite requiring states which are desired, and these cannot ordinarily be selected for by this method. On the other hand there are a number of biochemically interesting mutants which have acquired characteristics enabling them to be selected for. Such mutations are here called progressive.

**Resistance to drugs and antibiotics** endows mutants acquiring these characteristics with a selective advantage when the drug or antibiotic concerned is present in the culture medium. Mutant forms resistant to sulfanilamid[4], streptomycin[5], and penicillin[6], for example, were selected in cultures composed chiefly of sensitive organisms by growth on the respective growth inhibitors. Resistance to streptomycin[7] and to chloromycetin[8] is usually observed to occur stepwise by repeated mutations; the mutations to chloromycetin resistance have been shown to be at independent loci. Mutation to penicillin resistance has frequently been accompanied by the development of greater nutritional

---

[1] BONNER, D.: J. biol. Ch. **166**, 545 (1946).

[2] PONTECORVO, G.: J. gen. Microbiol. **3**, 122 (1949).

[3] The method may fail for a number of reasons: 1. syntrophic growth due to the elaboration and secretion of required metabolites by the independent forms; 2. the exhaustion of a substrate required by all individuals due to its metabolism by non-growing dependent forms, and 3. for an unknown reason. This problem will be discussed more fully in section 5a).

[4] MACLEOD, C. M., and G. DADDI: Proc. Soc. exp. Biol. Med. **41**, 69 (1939). — STOKINGER, H. E., R. C. CHARLES and C. M. CARPENTER: J. Bacteriology **44**, 261 (1942). — EMERSON, S., and J. E. CUSHING: Fed. Proc. **5**, 379 (1946). — OAKBURG, E. F., and S. E. LURIA: Genetics **32**, 249 (1947).

[5] MILLER, C. P., and M. BOHNHOFF: J. amer. med. Ass. **130**, 485 (1946). Ann. Rev. Microbiol. **4**, 201 (1950). — DEMEREC, M.: J. Bacteriology **56**, 63 (1948). — LEDERBERG, J.: J. Bacteriology **59**, 211 (1950). — NEWCOMBE, H. B., and J. MCGREGOR: J. Bacteriology **62**, 539 (1951).

[6] ABRAHAM, E. P., E. CHAIN, C. M. FLETCHER, A. D. GARDNER, N. G. HEATLEY, M. A. JENNINGS and H. W. FLOREY: Lancet **1941 II**, 177. — GALE, E. F., and E. S. TAYLOR: Nature **158**, 676 (1946). — DEMEREC, M.: J. Bacteriology **56**, 63 (1948).

[7] DEMEREC, M.: J. Bacteriology **56**, 63 (1948).

[8] CAVALLI, L. L., and G. A. MACCACARO: Heredity **6**, 311 (1952).

independence, and strains of staphylococci selected for mutations to independence of certain amino acids were found to be resistant to penicillin[1].

One convenient method for the selection of progressive mutations to antibiotics makes use of a gradient plate technique[2]. As illustrated in figure 25, nutrient agar is poured in two stages so as to form overlying wedges of which the upper alone contains the antibiotic. Downward diffusion into the antibiotic-free agar establishes a gradient in the concentration of the antibiotic at the upper surface. When a suspension of sensitive cells is plated over the entire surface a sharp boundary usually appears where the concentration becomes toxic. Beyond this boundary small colonies develop from resistant cells present in the suspension. These colonies can be streaked over an area of greater antibiotic concentration whereupon mutants with still greater tolerance to the antibiotic again appear as isolated colonies.

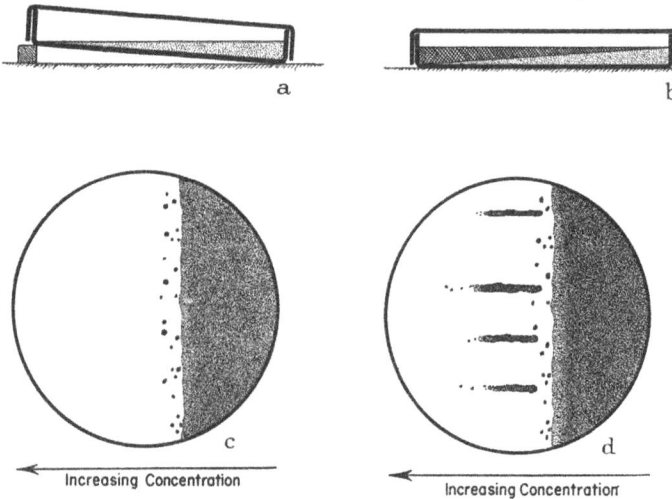

Fig. 25 a—d. Gradient plate technique: a, PETRI dish slanted until lower layer of unsupplemented medium has solidified; b, position for pouring upper layer of medium in which antibiotic or other growth inhibitor is incorporated; c, gradient plate that has been covered with suspension of sensitive bacteria, isolated colonies beyond limit of growth of sensitive cells have developed from partially resistant mutants; d, the same plate as c, four mutant colonies have been streaked over more concentrated region of plate, isolated colonies at left have developed from mutants with increased resistance. After BRYSON and SZYBALSKI.

**Resistance to infection** can also be directly selected for. Mutations to resistance to bacteriophages[3] have been selected in this way and have been used extensively in studies of the characteristics of the mutation process[4].

**Fermentation mutants.** A medium containing a single carbon source which is not utilized by the organism being studied will support growth of mutants capable of using it as a sole carbon source and thus select for them. Mutants able to ferment different sugars have been obtained by this method[5].

*β) Visual selection of "retrogressive" mutants.*

In instances in which nutritionally exacting mutant cells produce a detectable but limited growth on minimal agar media it is possible to pick individual slow-growing colonies among which the frequency of biochemical mutants is much higher than in the population as a whole. This method has been used in the most direct way with Neurospora[6]. PETRI dishes containing mature perithecia resulting from the conidiation of protoperithecia with irradiated conidia (see p. 453) are inverted over other dishes containing minimal nutrient agar upon which the ascospores are shed. When examination under a dissecting microscope shows that an appreciable number of spores have collected upon the new agar surface without excessive crowding, the plate containing perithecia is transferred to a fresh agar plate where the process of spore collection can be repeated. Minimal agar plates with shed ascospores are immediately heat treated (in a 60° oven for 30 minutes) to activate the ascospores and to kill any contaminating conidia that may be present.

---

[1] GALE, E. F., and A. W. RODWELL: J. Bacteriology **55**, 161 (1948).
[2] BRYSON, V., and W. SZYBALSKI: Science, N. Y. **116**, 45 (1952).
[3] DEMEREC, M., and U. FANO: Genetics **30**, 119 (1945).
[4] LURIA, S. E., and M. DELBRÜCK: Genetics **28**, 491 (1943). — WITKIN, E. M.: Cold Spring Harbor Symp. quant. Biol. **16**, 357 (1951). — NEWCOMBE, H. B.: Genetics **38**, 134 (1953).
[5] LEWIS, I. M.: J. Bacteriology **28**, 619 (1934). — LEDERBERG, J.: J. Bacteriology **56**, 695 (1948).
[6] LEIN, J., H. K. MITCHELL and M. B. HOULAHAN: Proc. nat. Acad. Sci. USA **34**, 435 (1948).

The plates are then incubated until the non-mutated ascospores have developed sufficient growth to distinguish them from the nutritional mutants which make little growth on minimal agar. At this time those ascospores which have germinated but which have not continued growth are transferred to supplemented media. Since groups of spores shed from a single perithecium tend to have a number of mutants among them whenever a mutant gene is segregating, the occurrence of groups of non-growing sporelings is an aid to the detection of mutants. By such visual selection of slow growing isolates an approximately five-fold increase in the efficiency of detection of nutritional mutants over the method of BEADLE and TATUM is reported.

**Delayed enrichment.** Techniques have been used with bacteria to distinguish between nutritionally exacting mutants and the nutritionally independent cells of the strain in which they arose. By one such method[1] minimal agar plates are prepared in three layers with from 50 to 400 viable cells being included in the middle layer, where they form well isolated colonies. Plates are then incubated until wild-type colonies are well developed, at which time a layer of supplemented medium is poured over the surface. After a further 6 to 24 hour incubation period suspected mutant colonies, as judged by their small size, are picked and transferred to tubes containing suitable medium.

A similar method has been used to detect mutants having nutritional requirements at one temperature but not at another[2]. Irradiated bacteria are plated on minimal agar and incubated at 40° for two days and then at 25° for an additional 5 days. Colonies which develop only during the second incubation period at the lower temperature are picked and tested for nutritional requirements at the higher temperature.

*Identification of late arising colonies* in the experiments of LEUPOLD and HOROWITZ was aided by an ingenious photographic method. At the end of the first incubation period a direct copy of each PETRI dish with its developed colonies was made on a high contrast photographic paper (Kodagraph-Contact-Standard). After the second incubation period each PETRI dish was superimposed on its earlier photographic copy on a glass plate, illuminated from below with a blue light and from above with yellow light. Primary colonies, occurring over the translucent spots on the photographic print, appear white under these conditions whereas the secondary colonies, arising during the second incubation period, receive light only from above and appear yellow.

**Limited enrichment** allows a limited growth of mutants which have absolute requirements for specific metabolites while permitting maximum growth of nutritionally independent colonies. Supplements are added in concentrations known to be limiting to mutant strains requiring them. By this method mutant cells incapable of remaining viable for any great length of time in the absence of the required metabolite might be preserved[3].

*γ) Automatic selection of "retrogressive" mutants.*

**The filtration method.** Whereas it has not been possible to devise media which favor the growth of nutritionally exacting mutants over that of nutritionally independent cells, it is sometimes possible to accomplish this purpose indirectly. To do this, use is made of a medium supporting growth of metabolically independent cells and not that of cells having nutritional requirements, followed by a means of eliminating those cells undergoing growth, thereby leaving behind a concentration of the desired mutants. The first such method was devised for filamentous fungi which reproduce by means of uninucleate haploid cells[4]. Irradiated conidia of *Ophiostoma multiannulatum* are stored in water at low temperature for three days and then transferred to liquid minimal medium at 25°. Wild-type conidia germinate under these conditions, producing mycelia which are removed

---

[1] LEDERBERG, J., and E. L. TATUM: J. biol. Ch. **165**, 381 (1946).
[2] LEUPOLD, U., u. N. H. HOROWITZ: Z. indukt. Abstamm.- u. Vererb.-Lehre **84**, 306 (1952).
[3] DAVIS, B. M.: Arch. Biochem. **20**, 166 (1949).
[4] FRIES, N.: Nature **159**, 199 (1947).

by a filter coarse enough to permit the passage of ungerminated conidia. Ungerminated conidia in the filtrate are washed by centrifuging, and returned to minimal medium. After another incubation period at 25° the filtration and centrifugation procedures are repeated; in some instances a third repetition is carried out. After the final washing the ungerminated conidia (which include all those inactivated by irradiation) are plated on a supplemented agar medium. As much as a 20-fold increase in the frequency of nutritional mutants among viable conidia resulted from this procedure. It has been reported[1] that the method is inapplicable to the microconidia of Neurospora because the microconidia are relatively short-lived and also tend to become entangled with the mycelium developing from wild-type microconidia, resulting in the formation of heterocaryons. Catcheside and his students[2], on the other hand, have had considerable success in applying the method to Neurospora microconidia and have been using it extensively for a number of years. The crux of their procedure seems to be the continuous vigorous shaking of the microconidial suspension during the incubation in minimal medium, which may help to keep the ungerminated mutant conidia from becoming entangled in developing mycelial mats. Forced aeration of suspensions of treated conidia can accomplish the same end as shaking[3].

**The penicillin technique.** Another method based on the same principle has been successfully applied to bacteria[4] by making use of the unique property of penicillin which destroys only actively growing cells. The method has recently been modified and improved by ADELBERG and MEYERS[5] in a way which increases the yield of nutritional mutants to over 90 percent of the colonies picked and in which each isolate obtained represents a separate mutational event. The steps in their procedure are as follows: 1. Cells of *Escherichia coli* collected in the logarithmic phase of growth are diluted to $10^7$ cells per ml in minimal medium from which sugar has been omitted. They are irradiated with ultraviolet light sufficient to kill 99,95 percent of the cells. 2. One ml of the irradiated suspension is immediately added to 6 ml of melted minimal agar (containing glucose) and plated on top of a "protective layer" of 5 ml minimal agar which has been poured previously. A second protective layer of 7 ml minimal agar is then poured on top of the layer containing the cells. Such a plate contains a total of $10^7$ cells of which $5 \times 10^3$ should be viable survivors, among which more than 100 nutritional mutants can be expected. 3. There follows an "intermediate cultivation period" consisting of incubation at 37° for a time sufficiently long so that nutritionally deficient mutants will have ceased growth and not be sensitive to penicillin, but short enough that wild-type colonies will not have become so large that the penicillin treatment fails to reach all cells. The optimal time for strain ATCC 9637 was found to be 7 hours, and for K-12 6 hours. During this time surviving wild-type colonies have grown to about 100 cells. 4. A layer of agar containing penicillin is then poured on top of the upper protective layer. Minimal agar has previously been mixed with the amount of penicillin G necessary to give a final concentration of 200 Oxford units per ml after diffusion through all layers. 5. The plates are immediately refrigerated for 12 to 24 hours, which permits the penicillin to reach all cells while preventing further proliferation of wild-type colonies. This step decreases the number of surviving wild-type colonies, by a factor of 10. 6. The plates are then incubated at 37° for 24 hours to allow the wild-type colonies to resume growth and be destroyed by the penicillin. Mutant colonies which are unable to grow on minimal medium are not injured. 7. A layer of minimal agar, containing one SCHENLEY unit of penicillinase for each 100 Oxford units of penicillin originally added, is then poured over the top layer of the plate.

---

[1] LEIN, J., H. K. MITCHELL and M. B. HOULAHAN: Proc. nat. Acad. Sci. USA **34**, 435 (1948).
[2] Personal communication.
[3] WOODWARD, V. M., J. R. DEZEEUW and A. M. SRB: Genetics **37**, 637 (1952) (Abstract).
[4] DAVIS, B. D.: Am. Soc. **70**, 4267 (1948). Proc. nat. Acad. Sci. USA **35**, 1 (1949). Exper. **6**, 41 (1950). — LEDERBERG, J., and N. ZINDER: Am. Soc. **70**, 4267 (1948).
[5] ADELBERG, E. A., and J. W. MEYERS: J. Bacteriology **65**, 348 (1953).

8. Incubation is continued at 37°. New colonies appearing in the first 24 hour period (10 to 20 per plate) represent most of the surviving wild types. Those appearing in the next 24 hour period are in part wild type and in part nutritionally deficient mutants which do not have absolute metabolite requirements. 9. After this 48 hour period a layer of supplemented nutrient agar is poured on top of the other layers (delayed enrichment) and incubation is continued. 10. Colonies arising after the addition of the enrichment are picked and tested — most should be nutritional mutants. It was found to be essential to use washed agar throughout the procedure; otherwise only about 25 percent of the nutritional mutants survived.

### c) Replica plating technique.

A technique having important applications to many aspects of biochemical genetics is known as "replica plating"[1]. It should be used whenever one wishes to know the effect of selective methods on the frequencies of recovered products (mutations, genetic recombinations, etc.). In essence it is a method by which inocula from a number of colonies can be transferred both simultaneously and sequentially to a number of media if desired.

For use with standard 10 cm diameter PETRI dishes, 12 cm squares of

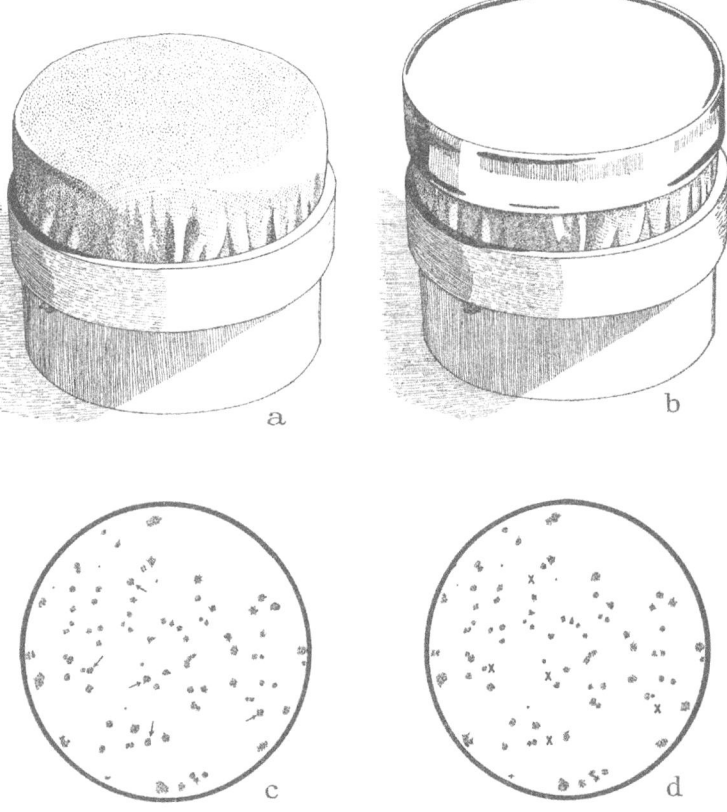

Fig. 26 a—d. Replica plating technique: a, velveteen fabric held in position on wooden cylinder by metal ring; b, same with inverted PETRI plate in position for transferring multiple inocula to or from the fabric; c, and d, replica colonies on complete and minimal medium respectively, arrows designate colonies growing on complete but not on minimal, $x$'s show positions of inocula failing to grow on minimal, c and d after LEDERBERG and LEDERBERG.

velveteen, a pile fabric, are washed, dried, packed in 20 cm diameter PETRI dishes and sterilized by autoclaving. The fabric should be dry when used. The cloth is placed nap side up over a wooden or cork cylinder 9 cm in diameter, and stretched firmly in place with a metal hoop which is passed over the cloth (fig. 26). Short pins can project through the cloth in positions selected for the easy recognition of definite locations on the agar plates in which they make impressions. A plate containing the scattered bacterial colonies to be transferred is inverted onto the cloth with the application of slight pressure, causing cells of the colonies to be transferred to the pile of the fabric. By inverting plates of fresh agar onto the fabric, replica inocula are impressed on them. The inocula occupy the same relative positions on the replica plate as on the original, and their exact positions can be determined by reference to the pin marks impressed into the agar. A number of successive replicas can be made from a single fabric pattern provided there is no danger of carryover of supplements from one replica plate to the next. The velveteen squares

---

[1] LEDERBERG, J., and E. M. LEDERBERG: J. Bacteriology **63**, 399 (1952).

can be used repeatedly if washed and sterilized between operations. For sharply defined replicas it is advisable to use stiff agar (2,5 percent) with a hard dry surface.

The method has been used to demonstrate that certain mutations occur spontaneously and are not induced by the methods used in isolating them. For example it has been shown colonies of bacteria resistant to phage or to streptomycin arise spontaneously before they have been exposed to the phage or streptomycin which must be used to distinguish them from cells of the non-resistant parent strain. In instances in which the total rate of genetic recombination approaches $10^{-2}$ the method would be most useful in obtaining genetic information free from the biases associated with the use of "selective markers" [see section 2., d) above].

## 4. Genetic identification of mutants.

The identification of the element in the hereditary material with which the altered physiology of a mutant strain is associated is an essential prerequisite to any comprehensive utilization of the biochemical genetic method. In a great many instances it would be sufficient to establish that a given element is or is not present in individual isolates, yet it may be impossible to establish this simple and fundamental genetic characteristic with complete certainty. The distinction between hereditary elements associated with the chromosomes and those independent of them (i. e., cytoplasmic factors) can be made with considerable ease or with great difficulty depending upon the modes of reproduction and the hereditary mechanisms of the organisms studied. Up to the present time nearly all heritable biochemical traits have been found to be related to chromosomal hereditary units, and it is in relation to these genes that the accuracy of identification can best be estimated.

### a) Chromosomal units of heredity.

Strains of an organism differing in a single hereditary determiner must occur, but to prove this situation in any one instance may be extremely difficult or impossible. All members of a clone derived from a genetically homogeneous individual are identical in all hereditary determiners as long as mutation has not occurred. Since mutational events are infrequent it is probable that coincidental mutations in more than one hereditary element of a cell are still less frequent. Following mutation in such a clone, individuals should be present which differ from one another by a change in a single hereditary determiner. During vegetative reproduction no information is obtained to distinguish between an altered chromosomal element and an extrachromosomal one, or between alteration in a single determiner and a change in more than one. To make such comparisons a hybrid must be made between mutant and non-mutant individuals and the mode of segregation of the mutant character determined. Such hybrids cannot be made in heterothallic organisms, in Neurospora for example, since both mutant and non-mutant would be of the same mating type and hence incompatible. In homothallic species such as *Aspergillus nidulans* it would be necessary to study segregation in individual asci in order to be sure that truly biparental hybrids were being studied (see p. 457).

In practice the difficulties just enumerated are not too serious, though they should not be completely disregarded. The majority of mutant strains studied differ sharply from wild-type strains, and segregants possessing the mutant characteristic are recognized with certainty in hybrid progenies in which other hereditary traits may also be presumed to be segregating.

α) *The determination of homologies and allelism*[1].

The problem of determining whether one or two genes are involved in the expression of an hereditary trait arises, for example, whenever a mutant strain reverts to the charac-

---

[1] Unless specifically stated to the contrary, the following discussion applies to organisms in which meiosis and crossing over are known to be of the type characteristic of higher organisms, as described above for *Neurospora crassa* (p. 450).

teristics of wild type and it is desirable to know whether the original mutant gene has "back mutated" to the wild-type allele or whether there has been a mutation of another gene which then "suppresses" the mutant character.

Let the original mutant gene be designated $m$ and its wild-type allele $M$, the suppressor mutant as $S$ and its normal allele $s$. Then, in haploid organisms such as those commonly used in biochemical genetic experiments, the original wild type has the genetic constitution $Ms$, and the mutant $ms$. If the reverted mutant is a back mutation it will have the constitution $Ms$, identical with the original wild type, and in crosses between the reverted mutant and wild type there will be no segregation of the mutant character. On the other hand, if the reversion is due to the appearance of a suppressor, the reverted mutant will have the constitution $mS$, and in crosses to wild type, $Ms$, there will be segregation for both pairs of alleles $M/m$ and $S/s$. If the two pairs of alleles are independently inherited, that is if they occupy loci on different chromosomes or at a considerable distance from one another on the same chromosome, the four possible combinations of alleles at the two loci should be produced in equal frequencies. The two parental combinations $Ms$ and $mS$ and one of the recombinants, $MS$, result in the wild-type phenotype and are indistinguishable; the remaining recombinant, $ms$, would be phenotypically mutant. That is, 75 percent of the segregants should be wild type, 25 percent mutant.

If in the above example, however, the locus of the mutant and that of the suppressor are close to one another on the same chromosome, the two will be linked in their inheritance. The two parental combinations, $mS$ and $Ms$, will recur among the segregants more frequently than the recombinants, $MS$ and $ms$, of which only the latter is phenotypically recognizable. The stronger the linkage is, that is the closer together the two loci are, the lower will be the frequency of recombinant segregants until, under conditions of extremely close linkage, only the parental types may be expected in reasonably sized samples of the progeny. This relationship between the frequency of recombination between two loci and the expected frequency with which one recombinant will be recovered is illustrated by the upper and lowermost curves in figure 27.

An essentially identical situation exists when there have been two independent occurrences of mutations which apparently have the same phenotypic expression. If one is due to mutation at locus $m_1$ and the other at $m_2$, they will have the constitutions $m_1M_2$ and $M_1m_2$ respectively and, in intercrosses between them, the two parental types and one of the recombinants, $m_1m_2$, ordinarily exhibit the same mutant phenotype while the second recombinant, $M_1M_2$, would be wild type. In this example the appearance of wild-type segregants is the sole observed evidence that two loci are involved, just as was the appearance of mutant segregants in the first example. From the frequency with which such recombinants appear it is possible to estimate the degree of linkage existing between the loci concerned. However, *the failure to recover recombinants among a sample of finite size does not prove that a single locus is involved* but only that, if two loci are involved, recombinations between them are infrequent.

**Estimated maximal probable distance between loci.** Since the failure to recover recombinants does not distinguish between a single gene and two closely linked genes the problem resolves itself into estimating the probability of failing to detect crossing over due to sampling errors.

Crossing over occurs at a time when the two participating chromosomes are divided into two chromatids each, and involves an exchange of material between one chromatid of one chromosome and one chromatid of the homologus chromosome[1]. During the ensuing two meiotic divisions the four chromatids of a homologous pair of chromosomes are distributed to different cells (ascospores in Neurospora, Aspergillus and Saccharomyces). Following crossing over the four meiotic products are all different: two are non-recombinants, one like either parent, and two are recombinants, one being complementary

---

[1] This process is diagrammed in figure 5, p. 450, and figure 12, p. 462.

to the other. Thus from any one crossing over event, usually designated as an exchange[1], there is one chance in two that any one meiotic product will be a recombinant (*i. e.*, carry a crossover chromosome). Recombination (crossover) frequencies are determined from the frequency of recombinants recovered among meiotic products; frequencies of exchange are twice as large. A standard unit of crossing over represents a region of a chromosome having a recombination frequency of one percent, or an exchange frequency of two percent.

If $r$ is the recombination frequency between two loci, then the probability that any randomly recovered meiotic product (ascospore) will be a recombinant (crossover) in that region is $r$; when only one recombinant is recognizable, as in the examples just cited, the

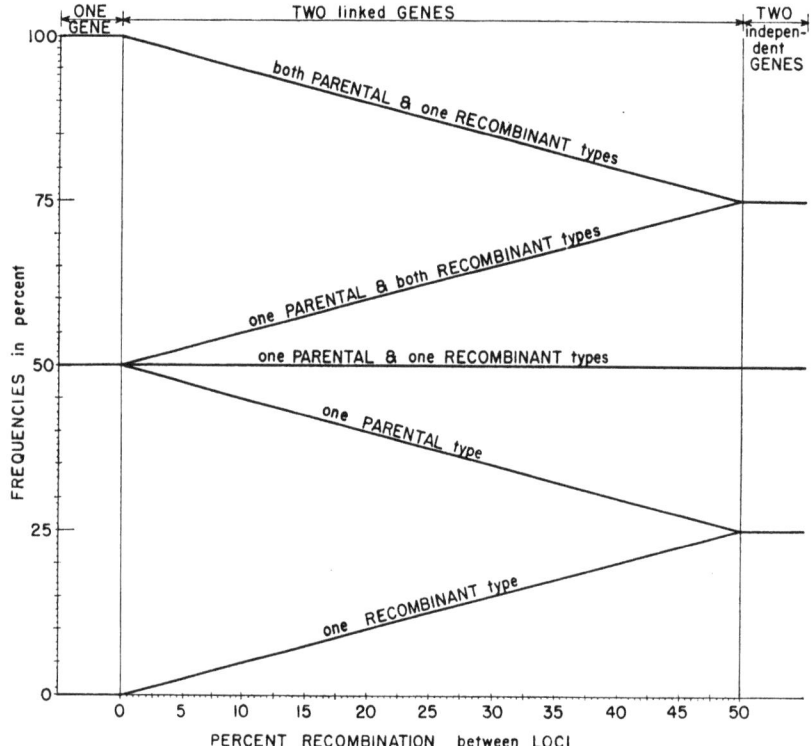

Fig. 27. Frequencies with which recombinant types are recovered depending upon the degree of linkage between the two genes concerned. Each curve represents a combination of genotypes which are identical in phenotypic expression and hence would be scored as a single class.

probability that any one ascospore will be scored as a recombinant is $0{,}5r$; and when complete tetrads (asci) are isolated, every exchange is detected whether one or both recombinants are recognizable, and the probability that any one ascus will be scored as a recombinant is $2r$ [2].

The probability that any one complete ascus will be scored as a non-recombinant then is $(1-2r)$, and the probability that $n$ complete asci will be so scored is $P' = (1-2r)^n$. To determine the number of asci which must be examined (*i. e.*, how large $n$ must be) to reduce to one percent the probability of failing to detect recombination under these circumstances, set $P'$ equal to $0{,}01$:

$$(1-2r)^n = 0{,}01$$
$$n \log(1-2r) = \log 0{,}01$$
$$n = \frac{\log 0{,}01}{\log(1-2r)}. \tag{1}$$

---

[1] EMERSON, S., and G. W. BEADLE: Z. indukt. Abstamm.- u. Vererb.-Lehre 65, 129 (1933).

[2] Similarly, for incomplete asci: if three meiotic products are recovered the probability of detecting recombination in an ascus is also $2r$ if both recombinants are recognizable, $1{,}5r$ if only one is recognizable; if two meiotic products per ascus are recovered the probabilities are $1{,}5r$ and $r$, depending on whether both recombinants are recognizable, or only one.

Similarly, the probability that recombination will be undetected in $m$ randomly isolated ascospores when both recombinants are recognizable is $P''=(1-r)^m$, and to reduce this probability to one percent the number of ascospores which must be examined is

$$m = \frac{\log 0{,}01}{\log(1-r)}. \tag{2}$$

In the same way the probability of failure to detect recombination in $q$ random ascospores when only one recombinant is recognizable is $P'''=(1-0{,}5r)^q$, and the number of spores that must be tested to reduce this probability to one percent is

$$q = \frac{\log 0{,}01}{\log(1-0{,}5r)}. \tag{3}$$

The number of asci or of random ascospores that must be examined to make it probable at the one percent level of significance that there is no more than a specified frequency of recombination between two genes (no recombinants being observed) can be determined by substituting that specified frequency for $r$ in the appropriate equation. For example, to determine the number of asci that must be examined (without observing recombinants) to make it probable that there was no more than one percent of crossing over between the loci, substitute 0,01 for $r$ in equation (1):

$$n = \frac{\log 0{,}01}{\log 0{,}98} \text{ or } 228.$$

A summary of the numbers of observations necessary to reduce to the one percent level of significance the probability of failing to detect recombinants for different frequencies of recombination is presented in figure 28.

As an aid to numerical calculations, Horowitz[1] has used simplifications of the probability formulae listed above. For example, the expression $P'=(1-2r)^n$ gives the probability of failling to detect a crossover in a chromosome region whose recombination frequency is $r$ in a sample of $n$ complete asci. The approximation is obtained by neglecting all terms after the second in Maclaurin's series for $e^{-2rn}$, giving:

$$P' = e^{-2rn} \text{ (approx.)}. \tag{1A}$$

This form is identical with the first term of a Poisson distribution of the numbers of recombinants found in samples of $n$ asci each, drawn from a population in which the frequency of recombination is $2r$. It has the advantage that values for the expression (1 A) can be read directly from tables of exponential functions. For example, at the one percent level of significance, i. e., $P'=0{,}01$, $2rn$ becomes 4,6. Then to exclude the probability that there is more than one percent recombination, i. e., $r=0{,}01$, and $n=4{,}6/0{,}02$ or 230 asci must be analyzed.

The corresponding formula for random spores, both recombinants recognizable, becomes

$$P'' = e^{-rm} \text{ (approx.)} \tag{2A}$$

and for random spores, only one recombinant recognizable,

$$P''' = e^{-0{,}5rq} \text{ (approx.)}. \tag{3A}$$

The accuracy of these approximations is sufficiently good for most purposes when recombination values are low, i. e., when $r$ is less than 0,1.

### β) The determination of allelism in bacteria.

In *Escherichia coli* K-12, in which linkage relations resembling those in Neurospora exist, it is more difficult to estimate the probable maximal distance between loci for which recombinants have not been obtained. The difficulty arises in part because there is no

---
[1] Horowitz, N. H.: Personal communication (see Microbial Genetics Bull. No. 8, p. 8. 1953).

508                               Biochemical Genetics.

direct method of observing the total number of sexual progeny from which special types of recombinants have been selected (see p. 487). A greater difficulty arises from the present lack of information regarding the mechanism of genetic recombination in this organism. Nevertheless, if present interpretations are approximately correct, it should be possible to make an estimate of the maximum distance probable between loci. If the genes to be tested are located in the region between two closely linked "selective" loci, then all recovered isolates will have a recombination occurring in the immediate neighborhood of the

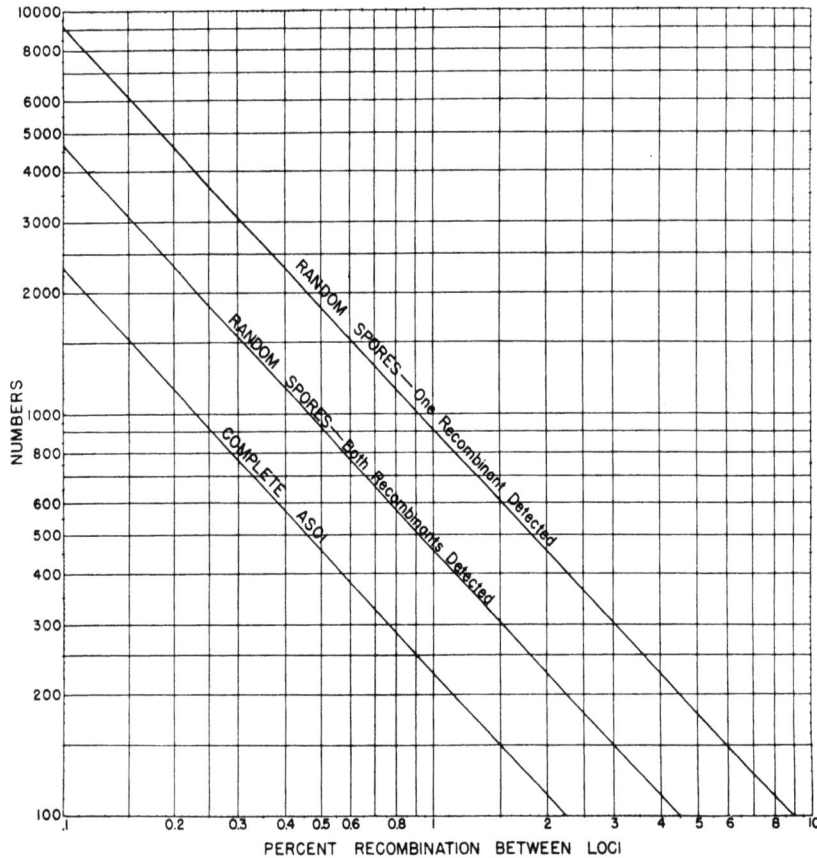

Fig. 28. Graphs showing the numbers of observations (as ordinates) necessary to exclude, at the one percent level of significance, recombination frequencies as large as those represented by the abscissae for observations made under three different sets of conditions.

genes to be tested. If no recombinations occur between the markers being tested (suspected alleles), then the two loci concerned, if there are two, must be very closely associated. Since complementary products of genetic recombination have not been observed in *E. coli* it seems possible that every recombinant produced under these conditions is detected. In this case one might read from the "complete asci" curve in figure 27, the maximum recombination values excluded by the number of observations made, but these values would be in terms of a percentage of the distance between the two selective markers rather than standard crossover units.

In bacterial transformation and transduction there is a strong tendency for hereditary determiners to be transferred individually. If all hereditary determiners were transferred as individual units in these examples, allelism would be easily demonstrated since it could not be simulated by close linkage. Unfortunately there are examples in both transformation and tranduction (see p. 494) in which separate hereditary traits are transferred simultaneously more often than expected by chance.

### γ) Other criteria for determining allelism.

In the preceding discussion of allelism the ultimate unit of the hereditary material has been implicitly taken to be a unit in inheritance which cannot be subdivided by crossing over. Other criteria have been used to establish hereditary units, especially mutation and physiological function. As a rule units defined by different characteristics seem to refer to a common element: units which have not been subdivided by crossing over usually behave as units in mutation, and different alleles of such units seem to be concerned with a single physiological process. Exceptions to this generalization are known in which units which have not been subdivided by crossing over respond as two units in mutation[1], and the units as established by mutation seem to differ slightly in function. There are other examples in which units almost indistinguishable in physiological function can be separated by crossing over, but so rarely that special techniques are necessary to produce them in usable frequencies[2]. Both of these exceptions may be referred to a special category, known as pseudoallelism, in which a region of a chromosome, somewhat differentiated in a spatial manner in respect to physiological function and to independence of alteration by mutation, may be large enough to be divided by crossing over, but still behaves as a functional unit in that all parts must be present in the "normal" (unmutated) state to be maximally effective. There are some examples in microorganisms used in biochemical-genetic studies which may belong to this category[3], but neither genetic nor biochemical studies of these examples have yet progressed far enough to add significantly to the over-all picture.

Except for instances referable to pseudoallelism, units which can be sharply separated by mutation and physiological function should probably be considered to be independent hereditary elements even though they have not been separated by crossing over. On the basis of present information, the simplest interpretation is that discrete hereditary elements have single physiological functions. It should be emphasized that, in the majority of instances, units of heredity appear to be the same whichever criterion is used to establish them.

In organisms in which reproduction is entirely vegetative, mutation is almost the only criterion that can be used to identify units of heredity. A phenotypic expression which appears and disappears as a unit is interpreted as representing mutation and back mutation of a single hereditary unit; otherwise part of the phenotypic expression might be gained or lost without affecting the remainder of the phenotypic expression. This interpretation has been used most often in relation to studies with bacteria[4]. While the interpretation may be valid in general, it is usually impossible in any specific instance to rule out other possible interpretations.

### b) Extrachromosomal inheritance.

Hereditary characteristics whose transmission is not dependent upon elements of the chromosomal material (genes, in the strict sense) are recognized by patterns of inheritance differing from that of the chromosome material itself. Such traits are not linked to ordinary gene-determined characters; if segregation is sharp it does not regularly take place at meiosis. In organisms in which little more than the nucleus is contributed to

---

[1] The examples referred to here relate to the *R* and *A* genes in maize, both of which are concerned with anthocyanin production and each of which acts as two units when judged by mutation, each such unit producing an effect in one tissue but not in another, suggesting a correlation between physiological and mutational units. STADLER, L. J.: Genetics **31**, 377 (1946). — LAUGHNAN, J. R.: Genetics **37**, 375 (1952).

[2] LEWIS, E. B.: Proc. nat. Acad. Sci. USA **27**, 31 (1941). Genetics **30**, 137 (1945). Adv. Genetics **3**, 73 (1950). — GREEN, M. M.: Proc. nat. Acad. Sci. USA **38**, 949 (1952). Genetics **38**, 91 (1953).

[3] BONNER, D. M.: Genetics **35**, 655 (1950) (Abstract). — ROPER, J. A.: Nature **166**, 956 (1950). Heredity **5**, 157 (1951) (Abstract).

[4] DAVIS, B. M.: Exper. **6**, 41 (1950).

the zygote by the male parent the inheritance of extrachromosomal characteristics is frequently strictly maternal; that is, such characteristics are inherited from the maternal parent only, with no apparent influence from the paternal parent. The chloroplasts of higher plants are largely inherited in this way[1]. There is accumulating evidence that many other characteristics may be similarly inherited[2]. Formed extranuclear elements other than plastids may also be at least partly autonomous in inheritance[3], and their modes of transmission may influence the expression of hereditary traits. Infective agents such as the seed-transmitted plant viruses show patterns of inheritance which are indistinguishable from those of plastids, for example, and the characterization of the responsible agents in examples of maternal inheritance as either normally occurring cytoplasmic elements or as foreign (including infective) particles may be completely arbitrary. It has been pointed out[4] that there need be no particulate basis at all for some instances of "cytoplasmic inheritance", that steady-state equilibria can be self-perpetuating under the right circumstances, exactly mimicking the inheritance of cytoplasmic particles.

The accuracy with which extrachromosomal inheritance can be established depends upon the reproductive characteristics of the organism concerned. In *Saccharomyces cerevisiae* an altered cytochrome spectrum with associated differences in cytochrome-dependent respiratory systems was shown to be independent of chromosomal material by the failure of segregation at meiosis and by a number of indirect observations[5]. A very similar mutant in *Neurospora crassa* was shown to be inherited as a characteristic of the maternal cytoplasm[6]. Of the organisms whose life cycles are reviewed in section 2. above, Neurospora is the only one in which maternal inheritance can be demonstrated. In *Saccharomyces cerevisiae* and in *Aspergillus nidulans* there is equal contribution from both parents of cytoplasmic as well as nuclear elements at the establishment of the phases (diploidy in Saccharomyces, the heterocaryotic condition in Aspergillus) which produce the cells that undergo meiosis. In bacterial transformation and transduction the genetic material transferred might be of either "nuclear" or "cytoplasmic" origin, except that in transformation the material is a desoxyribonucleic acid and can be considered to be part of the nuclear material by definition. Since an infective agent, the *lambda* phage, can be inherited as a part of the bacterial hereditary material of *Escherichia coli*, a distinction between chromosomal and non-chromosomal material is not meaningful at this time when applied to this organism.

## 5. Mutation and the induction of mutations.

### a) The mutation process.

Mutations are changes in the hereditary material which can be recognized by some change in the expression of an hereditary trait. Events having superficial characteristics of mutation are ordinarily called mutations, especially in micro-organisms, unless there is reason to impeach the interpretation of an associated change in the hereditary material.

**Point- or gene-mutations** are that fraction of all hereditary changes definitely attributable to alterations at distinct loci in the chromosomes. In a strict sense gene-mutations are persistent changes in the genic material which are not actual losses of the material even though the loss (deficiency, or deletion) is too small to be detected by cytological observation. The distinction between extremely small deficiencies and true gene-mutations

---

[1] RENNER, O.: Flora, Jena (N. F.) **30**, 218 (1936). — RHOADES, M. M.: Cold Spring Harbor Symp. quant. Biol. **11**, 202 (1946).

[2] MICHAELIS, P.: Z. indukt. Abstamm.- u. Vererb.-Lehre **83**, 36 (1949).

[3] LWOFF, A.: Problems of Morphogenesis in Ciliates. New York 1950.

[4] DELBRÜCK, M.: Discussion to paper by SONNEBORN, T. M., and G. H. BEALE: Coll. int. Centre nat. Rech. sci. VIII. Unites biologiques douées de continuité génétique (Paris 1948). **1949**, 25.

[5] EPHRUSSI, B., and H. HOTTINGUER: Cold Spring Harbor Symp. quant. Biol. **16**, 75 (1951).

[6] MITCHELL, M. B., and H. K. MITCHELL: Proc. nat. Acad. Sci. USA **38**, 442 (1952).

is difficult and often arbitrary. Mutations lacking the known attributes of deficiencies are generally considered to be true gene-mutations. When there are a series of alleles at one locus, those having intermediate phenotypic effects are considered to be true mutations since in many instances it is known that actual loss of the genic material results in the most extreme expression of the phenotype concerned. Mutations to allelic states capable of undergoing further mutation to other allelic states, including the original (wild-type) one, are considered to be true gene-mutations since an actual loss of material is not restored by mutation.

*Back mutations* are an example of further mutation at a mutated locus, in which the phenotypic expression has returned to that of the original "non-mutated" or "wild-type" allele. Back-mutations have been used in studies of the mutation process, especially in studies of the relative effectiveness of different mutagenic agents[1]. Not only do they represent examples of gene-mutation, but by limiting the events studied to mutations at one locus and from one particular allele to a certain other allele, a very high degree of uniformity is obtained. In obtaining such uniformity, however, much of the response of the locus to the effects of the experimental treatment may be lost: it is possible that a number of diverse changes in a wild-type allele may cause it to fail to function normally, whereas changes from mutant allele to wild-type may require a single specific change. The technical advantage of studying changes from nutritional dependence to nutritional independence, which makes the selection of mutants as easy as in mutation to drug- or phage-resistance, is probably the principal reason why back-mutations are studied so extensively.

**Mutation rates.** The rate of spontaneous mutation can be accurately determined only under special conditions. Because of the low rate at which such mutations occur (often between $10^{-7}$ and $10^{-8}$ per cell per division cycle at specific loci) it is necessary to examine large numbers of individuals, and rapid methods for selecting and identifying mutants are essential. Mutation can most readily be studied in organisms 1. which are unicellular, uninucleate, and haploid; 2. in which it can be determined whether or not all cells of a population (mutant and otherwise) reproduce at the same rate; and 3. which can be dispersed as separate cells with no tendency to adhere in clumps. Because bacteria have approximately these characteristics they have been used extensively in mutation experiments. Most bacteria also have the serious disadvantage that the mutations studied cannot be identified by direct genetic experiment.

*Rates of spontaneous mutation* have been estimated by a number of different methods, none of which has been found to be completely satisfactory[2]. A rather idealized situation is postulated in which unicellular haploid organisms reproduce by dividing to form two individuals, each of which again reproduces to form two individuals, and so on, and in which all individuals reproduce at the same rate. Mutation rate per bacterium is taken to be constant per division cycle and not to be influenced by the time required for division cycles.

Under these postulated conditions a number of simple numerical relationship hold. 1. The total number of individuals in a population (culture, or series of cultures) doubles with each division cycle. 2. If the frequency of mutant individuals in the population is low (say $10^{-6}$), and the mutation rate is low (in the order of $10^{-8}$), then the number of new mutational events will double with each division cycle. 3. At the end of a period of

---

[1] GILES, N. H., and E. Z. LEDERBERG: Amer. J. Bot. **35**, 150 (1948). — DICKEY, F. H., G. H. CLELAND and C. LOTZ: Proc. nat. Acad. Sci. USA **35**, 581 (1949). — KØLMARK, G., and M. WESTERGAARD: Hereditas, Lund **35**, 490 (1949). — JENSEN, K. A., G. KØLMARK and M. WESTERGAARD: Hereditas, Lund **35**, 521 (1949). — JENSEN, K. A., I. KIRK, G. KØLMARK and M. WESTERGAARD: Cold Spring Harbor Symp. quant. Biol. **16**, 245 (1951). — DEMEREC, M., and E. CAHN: J. Bacteriology **65**, 27 (1953). — DESERRES, F. J., and N. H. GILES: Genetics **38**, 66 (1953) (Abstract).

[2] See discussions in LURIA, S. E., and M. DELBRÜCK: Genetics **28**, 491 (1943). — NEWCOMBE, H. B.: Genetics **33**, 447 (1948). — CATCHESIDE, D. G.: The Genetics of Micro-organisms. London 1951. — WITKIN, E. M.: (in) Methods in Medical Research. Vol. 3. Chicago 1950.

growth, each division cycle has contributed an equal number of mutant individuals to the final population, since while the number of mutant individuals arising from new mutational events doubles with each cell-generation so also does the number of mutant descendants from pre-existing mutant cells. These deduced relationships are the basis of a number of methods used to estimate mutation frequencies.

If the mutation studied produced a visible change, and if individual cells could be readily identified, it would be possible to follow these relationships directly by spreading a large number of bacteria over the surface of an agar plate and, as colonies developed from these bacteria, noting the appearance of mutant cells. In any colony in which a mutation took place early, the descendants of the mutant cell would produce a large sector in the colony. From mutations occurring late in the development of colonies only small sectors of mutant cells would result. A larger number of colonies should have small sectors of mutant cells than large sectors since at the time the small sectors originated there were many more cells in each colony and hence a greater chance of a mutation occurring. If it were possible to know how many bacteria there were at all times during the experiment the rate at which mutations appeared could readily be determined, and the rate of appearance of new mutants should increase exponentially with time, but should remain constant when based on the number of bacterial divisions occurring in each short interval.

One of the methods used to estimate mutation frequency closely approximates the direct procedure just outlined. Spontaneous mutation from phage sensitivity to phage resistance was studied[1]. The number of mutant sectors present at any one time was determined by spraying the agar plate with phage, thus destroying (lysing) all non-mutant cells and allowing the mutant sectors to continue growth and produce visible colonies. If there were no mutant cells on the plate at the beginning of the experiment, the number of colonies developing after spraying with phage represents the number of mutational events that had occurred up to the time of the spraying. (A clone of mutant cells developing from any one mutational event will have formed a sector of a colony on the agar surface and all cells of the sector will contribute to a single mutant colony during later growth.) The total number of bacteria on a plate at any one time is determined by washing them off the surface of the agar and counting them by the standard dilution-plating method. The number of bacterial divisions is determined by substracting the total number of bacteria present at the beginning of the experiment from the total present at the end (at each division of each bacterium one additional bacterium is produced). Since each determination requires a separate agar plate, a number of duplicates each inoculated with the same number of cells, is set up. At selected times during subsequent growth, one or more plates can be tested for the total number of bacteria present and others sprayed with phage to determine the number of mutant clones present at that time. The rate of spontaneous mutation to phage resistance during any interval can then be determined by the following equation:

$$a = (ln\ 2)(R_2 - R_1)/(N_2 - N_1) \qquad (1)$$

in which $a$ is the mutation rate/bacterium/division cycle, $R_1$ and $R_2$ the average numbers of mutant clones per plate at times 1 and 2 respectively, and $N_1$ and $N_2$ the average numbers of total bacteria per plate at the same times. The expression $(ln\ 2)$, the natural logarithm of 2, is introduced in this and following equations to change the number of bacterial divisions into the average number of bacteria per division cycle.

A second method of determining mutation rate is based on the frequency in which mutation fails to occur in populations of small size. If the average number of mutants appearing in a large number of cultures is small the actual number of mutants per culture should follow a POISSON distribution, and the probability of obtaining cultures with no mutants will depend upon the average number of mutations per culture. By this method

---

[1] BEAL, G. H.: J. gen. Microbiol. 2, 131 (1948). — NEWCOMBE, H. B.: Genetics 33, 447 (1948).

it is necessary to use small inocula (in the order of $10^2$ cells) and volumes of culture media adjusted so that there is a reasonable chance that any one culture will fail to produce a mutation. At the end of growth each entire culture is tested for the presence of mutant cells, and the proportion of cultures containing none is recorded. The average number of total bacteria per culture is also determined. From these data the rate of spontaneous mutation can be determined by the following equation

$$a = -(ln\ 2)(ln\ P_0)/N \qquad (2)$$

in which $a$ is mutation rate/bacterium/division cycle, $P_0$ the proportion of cultures having no mutants, $N$ the average number of bacteria/culture, and $ln$ the natural logarithm[1].

The two methods just outlined are based upon the frequencies of mutant clones in populations and, since the number of mutant cells per clone is unimportant, the estimates are not influenced by differences in rates of reproduction of mutant and non-mutant cells. A number of other methods are based on the average number of mutant cells per culture, and mutation rates so derived are subject to bias due to a selective advantage of either mutant or non-mutant cells. Only one such method will be discussed here.

This method, based on the average numbers of mutant cells per culture, makes use of very large inocula to avoid statistical variation due to the rare occurrence of early mutations. Cultures from which inocula are taken should be relative free from mutant cells. The size of inoculum used depends upon the magnitude of the mutation rate being studied: if it is in the neighbourhood of $10^{-8}$, inocula should contain from 2 to $5 \times 10^8$ to give a high probability that mutation will occur in an early division in each culture. The frequency of mutant cells in the inocula and the total number of cells per inoculum are determined at the beginning of the experiment, and the number of mutant bacteria per culture and of total bacteria per culture are determined at the end. Mutation rate is determined by the following equation

$$a = 2(ln\ 2)(r_2/N_2 - r_1/N_1)/g \qquad (3)$$

in which $a$ is mutation rate/bacterium/division cycle, $ln$ the natural logarithm, $r_1$ and $r_2$ the average number of mutant bacteria per inoculum and per culture respectively, $N_1$ and $N_2$ the corresponding numbers of total bacteria, and $g$ the number of cell generations ($2^g = N_2/N_1$).

When different methods of estimating mutation rates have been applied to the same experimental material[2] it has been found that the methods based on the average frequencies of mutant individuals give values 3 to 10 times higher than are given by methods based on frequencies of mutant clones. The commonly observed delay in the phenotypic expression of induced mutations[3] may also occur following spontaneous mutations and could be responsible for part of this discrepancy. Delayed phenotypic expression would result in a bias when rates are estimated by methods based on frequencies of mutant clones since the absolute frequency of mutational events doubles at each cell generation during the experiment, and the events failing to be expressed would be those occurring latest when the events are most frequent. Estimates based on the total numbers of mutant individuals do not suffer this bias since late events failing to be expressed would each have contributed very few mutant individuals to the total population compared to mutational events occurring earlier.

Experiments designed to test certain of the postulates upon which methods of estimating mutation rates are based have not given completely consistent results. Some experiments have shown that mutation rate/bacterium/division cycle is constant when generation

---

[1] LURIA, S. E., and M. DELBRÜCK: Genetics 28, 491 (1943).

[2] NEWCOMBE, H. B.: Genetics 33, 447 (1948).

[3] DEMEREC, M., and R. LATARJET: Cold Spring Harbor Symp. quant. Biol. 11, 38 (1946). — WITKIN, E. M.: Cold Spring Harbor Symp. quant. Biol. 16, 357 (1951). — NEWCOMBE, H. B.: Genetics 38, 134 (1953).

time is varied by cultural conditions, and that the total number of mutants per culture does not increase after maximum growth has been reached[1]. Mutation rate/bacterium/division cycle was also shown to be constant and independent of generation time in other experiments[2] in which generation times of 20, 60 and 200 minutes were obtained by culturing at 37°, 25°, and 16° respectively. In other experiments[3] mutation rate was a constant function of cell division during the logarithmic phase of growth, but during the early lag phase the rate was higher. Under quite different conditions of culture[4], mutation rates have been found to be a constant function of time and independent of cell division. Cultures were maintained in a chemostat under conditions of steady growth (i. e., at a constant rate of division, a constant population density, and with a continuous supply of fresh nutrient medium). Generation time was regulated by varying the concentration of a limiting metabolite. Under conditions of steady growth, and when the frequency of mutants is low, a particular mutant will increase in frequency linearly with time at a rate proportional to the mutation rate, provided back-mutation is rare, and provided the division rates of mutant and non-mutant are the same. The occurrence of back-mutation and of differential growth rates can be experimentally determined.

In multicellular organisms such as the filamentous fungi there is no simple method of estimating the rates of spontaneous mutations. The frequencies of mutant nuclei can be determined only at times when uninucleate cells are produced, and there is no accurate method for determining the number of division cycles preceding their development. To estimate spontaneous mutation rates in Neurospora or Aspergillus, assumptions must be made regarding the constancy of nuclear division rates in all parts of the mycelium for both mutant and non-mutant nuclei, and regarding the equivalence of mutant and non-mutant nuclei in cell to cell movements, especially in entering the microconidia, sterigmata, and ascogonia. The validity of these assumptions is not readily tested by direct experiment.

*Rates of induced mutation.* Since it is frequently possible to treat non-dividing uninucleate cells with mutagenic agents, it would be a simple matter to determine the rates of induced mutation in terms of the number of cells treated were it not for the great loss of viability which usually accompanies such treatments. Rates of induction are commonly estimated from the frequencies of mutant cells among the viable survivors of the treatment. This method is based on the assumption that events resulting in mutation and events resulting in killing are completely independent, and that mutants and non-mutants are equally likely to survive the treatment. More conservative estimates are based on an increase in the number of mutants among the survivors over the number of mutants present in the entire sample before treatment (compare figures 29, 30 and 31).

**Experimental errors in mutation rate determinations** may be numerous and difficult to evaluate. Whenever growth intervenes during the course of the experiments the relative frequencies of mutants and non-mutants may be influenced by a selective advantage of one over the other. Whether or not selection will influence experimental results cannot be foretold with certainty from known responses of pure cultures of the mutants and non-mutants in question: examples are known in which the selective advantage is exactly opposite to that which would have been so predicted[5]. Selective advantages under the conditions of the mutation experiment can be tested with some confidence in "reconstruction experiments" in which varying known concentrations of the mutant type recovered in the mutation experiment and of the type from which it arose are cultured together and

---

[1] LURIA, S. E., and M. DELBRÜCK: Genetics 28, 491 (1943).
[2] WITKIN, E. M.: Proc. nat. Acad. Sci. USA 39, 427 (1953).
[3] NEWCOMBE, H. B.: Genetics 33, 447 (1948).
[4] NOVICK, A., and L. SZILARD: Proc. nat. Acad. Sci. USA 36, 708 (1950). Cold Spring Harbor Symp. quant. Biol. 16, 337 (1951).
[5] RYAN, F. J., and J. LEDERBERG: Proc. nat. Acad. Sci. USA 32, 163 (1946). — RYAN, F. J.: Cold Spring Harbor Symp. quant. Biol. 11, 215 (1947). 4. Int. Congr. Microbiol. Copenhagen 1947, p. 384 (1949). — RYAN, F. J., and L. K. SCHNEIDER: J. Bacteriology 58, 201 (1949).

tests are made of the relative frequencies of mutant and non-mutant cells at appropriate times. Some other sources of error have been noted above in connection with specific methods of estimating mutation rates[1].

*The "*Grigg *effect"* can be responsible for errors not only in mutation rate determinations but also for failures to detect the presence of mutants (or, e. g., recombinants) when they are present in low frequencies. Nutritionally independent back-mutants may fail to produce colonies on a medium supposed to support their growth, because of a growth inhibitory effect produced by the great numbers of non-growing cells with which the plate was seeded[2]. The inhibitory effect of the nutritionally dependent cells disappears when large numbers of them have been killed, as, for example, by irradiation in mutation induction experiments. It is thus possible that mutant cells appearing only after treatment represent not newly induced mutations, but mutant cells already present in the material to be treated. The extent of the Grigg effect varies with the strains of organisms being tested and with a number of external conditions. Its importance in any particular experimental procedure can be estimated by reconstruction experiments in which a known small number of mutant cells are mixed with a heavy suspension of non-mutant cells to determine the ability of the mutant cells to produce colonies on media supporting growth of the mutants only. In some instances the inhibitory effect has been shown to be due to the exhaustion of some essential constituent of the medium by the metabolism of the cells incapable of growth on the medium[3, 4]. Varying inhibitory effects produced by different nutritionally dependent strains have been correlated with the length of time cells of each strain remain viable on a minimal medium upon which they cannot grow[4].

## b) Mutagenic agents.

In order to obtain a large number of dissimilar mutants for biochemical genetic studies extensive use is made of agents which increase the frequency of mutant individuals among those which survive the treatment. The occurrence of spontaneous mutation is too infrequent to be relied upon except in those instances in which it is feasible to screen very large numbers of individuals. Without the use of mutagenic agents the field of biochemical genetics would certainly have been very much slower in developing.

In making use of induced mutations it is sometimes important to remember that most treatments employed result in the production of gross and small chromosome aberrations (translocations, inversions, deficiencies, etc.) as well as gene mutations. Several lines of investigation depend to greater or lesser extents upon the ability to distinguish between the different effects of mutagenic agents. To investigate the effects of different agents on the genic material it is obviously necessary to be able to determine the nature of induced changes in the material itself. In organisms such as *Escherichia coli*, in which critical features of the reproductive cycle must be deduced largely from genetic experiments, induced hereditary changes other than gene-mutation must make more difficult the deciphering of the underlying genetic mechanisms. Once the genetic mechanisms are sufficiently understood it is possible to detect and identify, by strictly genetic methods, most of the changes that can occur in chromosomes. Among micro-organisms used in biochemical genetic studies the cytological detection of chromosome aberrations is known only in Neurospora, and even in Neurospora the detection of chromosomal aberrations in crosses is still more or less accidental.

---

[1] See also discussions in Witkin, E. M.: Cold Spring Harbor Symp. quant. Biol. **12**, 256 (1947). Hotchkiss, R.: Discussion to paper by Witkin, E. M.: Cold Spring Harbor Symp. quant. Biol. **12**, 256 (1947). — Lederberg, J.: Heredity **2**, 145 (1948). — Miller, H., and W. D. McElroy: Science, N. Y. **107**, 193 (1948).

[2] Grigg, G. W.: Nature **169**, 98 (1952). — Stevens, C. M., and A. Mylroie: Nature **171**, 179 (1953).

[3] Kølmark, G., and M. Westergaard: Nature **169**, 626 (1952).

[4] Stevens, C. M., and A. Mylroie: Nature **171**, 179 (1953).

### α) Irradiation.

Irradiation of a number of kinds has been consistently used to increase the frequency of mutants. By far the greatest use has been made of X-rays and ultraviolet light (UV)[1]. Whereas the same spectrum of biochemical mutants apparently results from each, the types of chromosome aberrations produced are different. In Drosophila and in maize[2] X-rays produce more large chromosome rearrangements relative to point-mutations than UV. It has been suggested that X-rays produce no true gene-mutations, but small deletions instead[3]. Some Neurospora mutants recovered from X-ray experiments have produced back-mutations[4], indicating that they are not deficiencies, but in any one specific instance it is impossible to be sure that the mutation was actually induced by the radiation rather than representing a spontaneous occurrence accidentally recovered in the experimental material. A difference in the relative killing and mutagenic effects of X-rays and of alpha-particles is illustrated in figure 29.

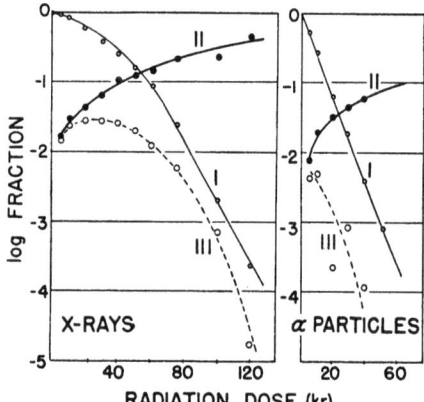

Fig. 29. Mutagenic and killing effects of irradiation with X-rays and alpha particles on conidiospores of *Aspergillus terreus*: curves I, fraction of spores surviving; II, fraction of visible mutants among surviving spores; III, fraction of visible mutants among total spores irradiated. After STAPLETON, HOLLAENDER and MARTIN[9].

A great many conditions have been shown to alter the extent to which organisms respond to irradiation. Pre-treatment with infra red irradiation alters the sensitivity of a number of organisms to both X-rays and UV as judged both by mutation frequency and by the number of chromosome breaks[5]. Some effects of UV can be reversed by a posttreatment with visible light[6]. An inverse relationship between temperature and mutability to X-rays has been observed in Drosophila[7]. A decrease in sensitivity to X-radiation accompanying a lowering of water content has been frequently observed[8] (see fig. 30). Decreased sensitivity to radiations at low oxygen tensions[10] may be related to the effectiveness of a group of chemical mutagens, the organic peroxides[11], which are also presumably responsible for the mutagenic effect of UV irradiated culture media[12]. In this connection it should be

---

[1] As examples of irradiation experiments with micro-organisms, LINDEGREN, C. C., and G. LINDEGREN: J. Heredity **32**, 404, 435 (1941). — BEADLE, G. W., and E. L. TATUM: Amer. J. Bot. **32**, 678 (1945). — GRAY, C. H., and E. L. TATUM: Proc. nat. Acad. Sci. USA **30**, 404 (1944). — HOLLAENDER, A., K. B. RAPER and R. D. COGHILL: Amer. J. Bot. **32**, 165 (1945). — DEMEREC, M., and R. LATARJET: Cold Spring Harbor Symp. quant. Biol. **11**, 38 (1946). — DEVI, P., G. PONTECORVO and C. HIGGENBOTTOM: Nature **160**, 503 (1947). — KAPLAN, R. W.: Z. Naturforsch. **3b**, 29 (1948).

[2] STADLER, L. J.: 6. Int. Conf. Genetics **1**, 274 (1932). Cold Spring Harbor Symp. quant. Biol. **9**, 168 (1941).

[3] STADLER, L. J., and H. ROMAN: Genetics **33**, 273 (1948).

[4] RYAN, F. J.: Cold Spring Harbor Symp. quant. Biol. **11**, 215 (1947). — GILES, N. H., and E. Z. LEDERBERG: Amer. J. Bot. **35**, 150 (1948).

[5] KAUFMANN, B. P., A. HOLLAENDER and H. GAY: Genetics **31**, 349 (1946). — HOLLAENDER, A., and C. P. SWANSON: Genetics **32**, 90 (1947). — SWANSON, C. P., A. HOLLAENDER and B. P. KAUFMANN: Genetics **33**, 429 (1948).

[6] KELNER, A.: Proc. nat. Acad. Sci. USA **35**, 73 (1949).

[7] BAKER, W. K.: Genetics **34**, 167 (1949).

[8] LEA, D. E.: Action of Radiations on Living Cells. New York 1947. — STAPLETON, G. E., and A. HOLLAENDER: J. cellul. comp. Physiol. **39**, Sup. 1, 101 (1949). — MOOS, W. S.: J. Bacteriology **63**, 688 (1952).

[9] STAPLETON, G. E., A. HOLLAENDER and F. L. MARTIN: J. cellul. comp. Physiol. **39**, Suppl. 1, 87 (1952).

[10] ANDERSON, R. S., and H. TURKEWITZ: Amer. J. Roentgenol. **46**, 537 (1941). — THODAY, J. M., and J. READ: Nature **160**, 608 (1947). — BAKER, W. K., and E. SGOURAKIS: Proc. nat. Acad. Sci. USA **36**, 176 (1950). — KAPLAN, R. W.: Arch. Mikrobiol., Berlin **18**, 210 (1953).

[11] DICKEY, F. H., G. H. CLELAND and C. LOTZ: Proc. nat. Acad. Sci. USA **35**, 581 (1949).

[12] WYSS, O., J. B. CLARK, F. HAAS and W. S. STONE: J. Bacteriology **56**, 51 (1948).

noted that the wave lengths of UV effective on culture media are of 2000 Å, or less, whereas direct UV irradiation of organisms is most effective between 2537 and 2650 Å.

Observations showing that chemical compounds with free sulfhydryl groups often protect against radiation damage[1] led to the suggestion that damage to sulfhydryl groups within the genic material might be a cause of mutation. Chemicals which specifically attack sulfhydryl groups have proved somewhat mutagenic[2]. A different approach was made with organisms which had incorporated $^{35}$S during growth on this isotope[3]. The results were interpreted to indicate that while part of the observed mutations resulted from the soft *beta* radiation emitted from the $^{35}$S another part must have resulted from the decay of $^{35}$S to $^{35}$Cl at critical locations in the genetic material. In any case irradiation from $^{35}$S incorporated in the cells proved to be a good mutagenic agent.

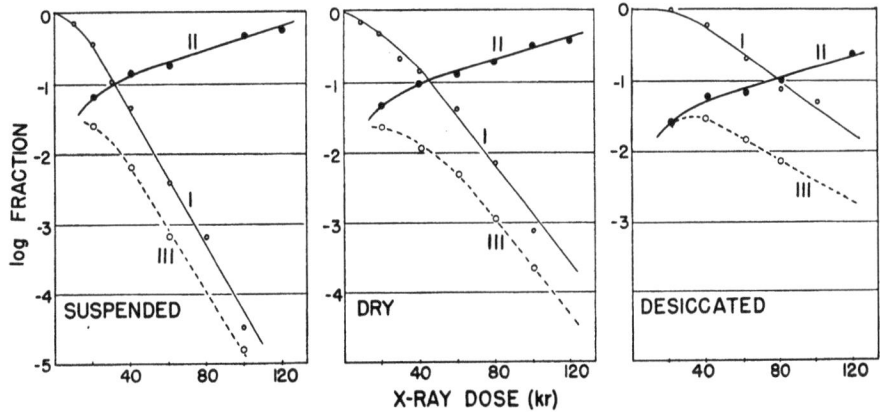

Fig. 30. Effect of moisture content of conidia of *Aspergillus terreus* on response to irradiation with X-rays: water content *circ.* 80 percent in spores suspended in water, *circ.* 42 percent in air dried spores, and *circ.* 25 percent in desiccated spores; curves I, fraction of spores surviving; II, fraction of visible mutants among survivors; III, fraction of visible mutants among total spores irradiated. After STAPLETON and HOLLAENDER[4].

A high frequency of mutation relative to the effect on viability was observed in experiments in which suspensions of bacteria were irradiated with visible light in the presence of a photodynamic dye, erythrosin[5]. It was suggested that under these experimental conditions there might be the equivalent of the visible light reactivation of UV inactivated organisms such as had been reported by KELNER (*l. c.*).

### β) *Chemical mutagens.*

Although there had been earlier reports of the induction of mutation by chemical agents[6] it was not until there was well substantiated proof that mustard gas and related compounds[7] are mutagenic that intensive tests were made of a large number of chemical compounds[8]. In general, many of these compounds are just about as effective in

---

[1] DALE, W. M.: Brit. J. Radiol., Suppl. 1, 46 (1947). — LEA, D. E.: Action of Radiation on Living Cells. New York 1947. — BARRON, E. S. G., S. DICKMAN, J. A. MUNTZ and T. P. SINGER: J. gen. Physiol. 32, 537 (1949). — BARRON, E. S. G., and S. DICKMAN: J. gen. Physiol. 32, 595 (1949).

[2] CLARK, J. B., O. WYSS and W. S. STONE: Nature 160, 340 (1952).

[3] HUNGATE, F. P., and T. J. MANNELL: Genetics 37, 709 (1952).

[4] STAPLETON, G. E., and A. HOLLAENDER: J. cellul. comp. Physiol. 39, Suppl. 1, 101 (1952).

[5] KAPLAN, R. W.: Arch. Mikrobiol., Berlin 15, 152 (1950).

[6] STEINBERG, R. A., and C. THOM: J. Heredity 31, 61 (1940). — MILLIKAN, C. R.: J. austral. Inst. agric. Sci. 6, 203 (1940).

[7] AUERBACH, C., and J. M. ROBSON: Nature 154, 81 (1944). — AUERBACH, C., J. M. ROBSON and J. G. CARR: Science, N. Y. 105, 243 (1947). — HOROWITZ, N. H., M. B. HOULAHAN, M. G. HUNGATE and B. WRIGHT: Science, N. Y. 104, 233 (1946). — TATUM, E. L.: Cold Spring Harbor Symp. quant. Biol. 11, 278 (1946).

[8] For reviews see WITKIN, E. M.: Cold Spring Harbor Symp. quant. Biol. 12, 256 (1947). — JENSEN, K. A., I. KIRK, G. KØLMARK and M. WESTERGAARD: Cold Spring Harbor Symp. quant. Biol. 16, 245 (1951). — KØLMARK, G., and M. WESTERGAARD: Hereditas, Lund 39, 209 (1953).

producing mutations as are X-rays and UV. There is recent evidence suggesting that at least one chemical mutagen affects certain genes preferentially. A Neurospora "double mutant" which back-mutates at both the adenine-requiring locus ($ad$ to $ad^+$) and the inositol-requiring locus ($inos$ to $inos^+$) was tested for the induction of back-mutation at both loci by treatment with UV irradiation and with 1:2, 3:4-diepoxybutane[1] (fig. 31). Whereas the induction of back-mutations by UV is nearly the same at each locus, the adenine locus alone responds markedly to the epoxide, but its response is truly phenomenal, there being nearly a thousand fold increase in the frequency of reverted conidia even when based on the total numbers of conidia treated (cf. figs. 29 and 30 for typical responses to irradiation). Interest attaches to the induction of mutations by analogs of the purines[2] because the latter are normal constituents of the desoxyribonucleic acids which are considered to be a fundamental part of the genic material. Support for this interpretation comes from recent studies showing that the ten fold increase over the spontaneous mutation rate induced by the analog, theophylline, is inhibited by the naturally occurring nucleoside, guanosine, when added simultaneously with the analog and in one-third the concentration[3].

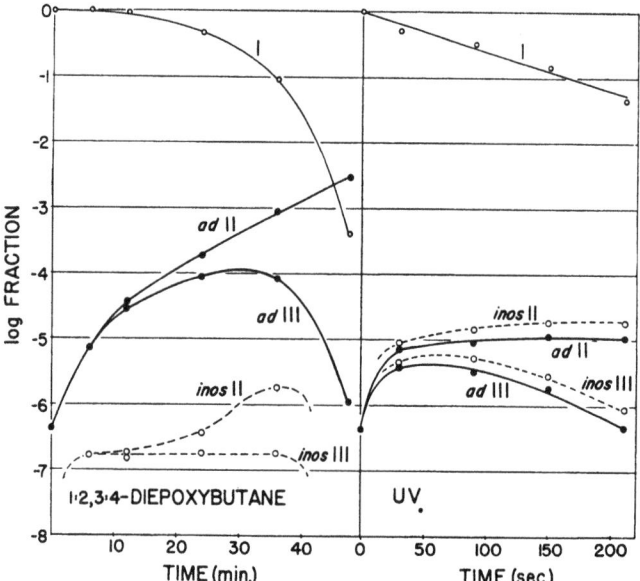

Fig. 31. Comparison of the mutagenic and killing effects of UV and of 1:2, 3:4-diepoxybutane on the monilioid (i. e., multinucleate) conidia of Neurospora crassa in which the rates of back-mutation at two loci, $ad$ and $inos$, were tested simultaneously: curves I, fraction of conidia surviving; II, fractions of reversions among surviving conidia; III, fractions of reversions among total treated conidia (144 × 10⁶ in each experiment). After KØLMARK[1].

γ) *Notes on procedures.*

**Irradiation.** The mutational response to radiations is proportional to total dosage over a considerable range. A long exposure to low intensity radiation is equivalent to a short exposure to a correspondingly higher intensity. Dosage of irradiation is commonly controlled by varying the time of exposure at a constant distance from a standard source. The magnitude of the dosage required by different organisms, or by different kinds of cells (e. g., vegetative cells and resting spores) of one organism, is determined in preliminary experiments. Because of the greater rapidity with which determinations can be made, the killing effect of radiations is generally measured in such preliminary experiments even though the induction of mutations is the ultimate purpose. When using radiations, such as UV, which may be strongly absorbed by the organisms, or by the suspending medium, special measures must be taken to insure equal irradiation of all cells being treated. The depth of the suspending medium is kept at a minimum and the organisms in suspension are continually mixed by some mechanical means.

**Chemical mutagens.** Dosage is more difficult to control with chemical mutagens than with radiations. Organisms are usually suspended in a known concentration of the chemical substance for definite times, and then removed by centrifuging and resuspending in a medium free from the chemical. The time necessary for the chemical to diffuse into the cells, the concentration reached inside the cells, and the extent to which the chemical is removed by centrifuging and washing are generally not known with any certainty.

---

[1] KØLMARK, G.: Hereditas, Lund **39**, 270 (1953).
[2] FRIES, N., and B. KIHLMANN: Nature **162**, 573 (1948).
[3] NOVICK, A., and L. SZILARD: Nature **170**, 926 (1952).

Doubling the time exposure to one concentration of a chemical mutagen often results in a response quite different from exposure to a doubled concentration for a unit time[1].

## 6. Mutants as tools in biochemical studies.

Mutant strains of micro-organisms have been used to a certain extent in studies of diverse biochemical problems. Their most direct application and the one most extensively developed relates to the deciphering of the sequential steps in the series of chemical reactions by which essential metabolites are synthesized by living organisms. In a little more than a decade, a number of biosynthetic pathways have been investigated by the methods of biochemical genetics[2]. Only a few of these will be discussed here, and these have been selected because they illustrate different ways in which genetic material can be used in investigations of physiological problems.

### a) Identification of sequential steps.

**Tests of suspected intermediates.** Early studies of mutants requiring the amino acid arginine were aided by previous knowledge of the ornithine cycle as observed in the formation of urea by mammalian liver[3]. Diagrammatically the ornithine cycle is represented as follows:

$$
\begin{array}{cccc}
& Urea & & Arginine \\
& NH_2 & & CH_2-NH-C:NH \\
& C:O & & CH_2 \quad NH_2 \\
& NH_2 & & CH_2 \\
& \uparrow \text{ (arginase)} & & CH-NH_2 \\
& \downarrow & \longleftarrow & COOH \\
& CH_2-NH_2 & & \uparrow VI \\
& CH_2 & & CH_2NH-C:O \\
I \to II \to III \to IV & CH_2 \quad \xrightarrow{V} & CH_2 \quad NH_2 \\
& CH-NH_2 & & CH_2 \\
& COOH & & CH-NH_2 \\
& & & COOH \\
& Ornithine & & Citrulline
\end{array}
$$

A number of arginine-requiring mutant strains of *Neurospora crassa* were isolated and tested for ability to utilize the other two amino acids in the ornithine cycle[4]. The mutant strains tested fell into three groups. Those belonging to one group had an absolute requirement for arginine, those in the second could utilize arginine and citrulline but not ornithine, whereas the members of the third group could utilize all three amino acids. This is the result expected if mutants of the first group have a block at a terminal step (VI in the diagram), those of the second have a block between ornithine and citrulline (V in the diagram), those of the third a block at some step (I to IV in the diagram) preceding the synthesis of ornithine, and if ornithine and citrulline are intermediates in the synthesis of arginine. The observed results support this interpretation but do not prove it to be true.

---

[1] *E. g.*, contrast varied time of exposure to 1:2,3:4-diepoxybutane with exposure to varied concentrations, in KØLMARK, G., and M. WESTERGAARD: Hereditas, Lund **39**, 209 (1953).

[2] For specific reviews of this field see BEADLE, G. W.: Chem. Reviews **37**, 15 (1945). Physiol. Rev. **25**, 643 (1945). Fortschr. Chem. org. Naturstoffe **5**, 300 (1948). — ADELBERG, E. A.: Bact. Rev. **17**, 253 (1953). — DAVIS, B. D.: Exper. **6**, 41 (1950). Symp. Metabol. Microb., Istituto Superiore di Sanità, Roma. p. 23 (1953). Current reviews appear regularly in Ann. Rev. Microbiol., and Ann. Rev. Physiol., and much related information in Ann. Rev.

[3] KREBS, H. A., u. K. HENSELEIT: H. **210**, 33 (1932).

[4] SRB, A., and N. H. HOROWITZ: J. biol. Ch. **154**, 129 (1944).

***Check of sequence of steps with double mutants.*** When two genetically blocked steps are in a single sequence, strains possessing both blocks are able to utilize the product of that blocked reaction which occurs later in the sequence, but not the product of the reaction which is earlier in the sequence. Such strains, in which two mutants are combined, are known as double mutants (whether or not they are related to a common biochemical sequence). In sexual organisms, such as Neurospora, double mutants are produced by hybridizing strains in which each mutant occurs singly. In asexual organisms, such as strains of *Escherichia coli* used in many nutritional investigations, a second mutant must be induced in a strain already carrying one mutant, resulting in some uncertainty as to the exact genetic constitution of the double mutants so produced.

Mutant strains of Neurospora belonging to different arginine requiring groups were intercrossed and double mutants were isolated. Double mutants postulated to have blocks at both steps V and VI (in the preceding diagram) could utilize arginine alone, and those postulated to have blocks at step V and an earlier step (I to IV) could use citrulline and arginine, but not ornithine, thus fulfilling the predictions in both instances.

**Cross-feeding tests.** When two mutant strains are blocked at different single steps in the synthesis of some metabolite they can sometimes be induced to co-operate in bringing about the complete synthesis[1]. Suppose A, B, and C are three intermediates occurring in that order in a biosynthetic sequence. A mutant blocked in the step which converts B to C can still carry out all reactions necessary to the synthesis of B. A mutant blocked in the step between A and B does not synthesize B but can carry out all subsequent reactions in the synthesis of the metabolite concerned. Then if strains of two such mutants can be brought into close enough association, each can supplement the deficient reaction in the other and thus permit growth of both. This situation can be represented diagrammatically as:

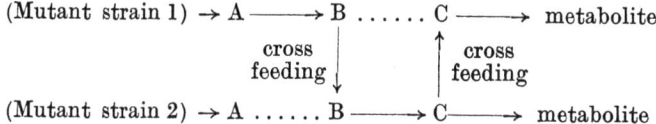

The heterocaryon test is probably capable of detecting more relations of this kind than any other test since the two types of mutant nuclei are present in the same cells. Unstable intermediates and intermediates incapable of diffusing through cell membranes could still function in "cross feeding" in heterocaryons[2]. Cross-feeding tests show only that the two mutant strains are blocked at different steps with no indication of which is blocked at an earlier step.

**Accumulation of precursors to blocked reactions.** A greater amount of information can be gained in those instances in which a mutant blocked at a late step accumulates a precursor which supports the growth of another mutant blocked at an earlier step, since it is then possible to determine the sequence of the two blocked reactions. To test for such accumulation, mutants are grown in media supplemented with a limiting amount of the required metabolite (the end product of the synthetic pathway), and both the culture filtrates and the extracts of the organisms so grown are tested for ability to support growth of other mutants blocking steps in the same synthetic series. Failure to obtain growth of one strain with an extract of another may result because 1. the extracted strain is blocked at an earlier step than (or at the same step as) the mutant tested for growth, 2. too little precursor is formed because equilibrium in the reaction preceding the block is reached at very low concentration of the product, or 3. the precursor is

---

[1] The principle involved here had been used previously in transplant experiments with Drosophila. — BEADLE, G. W., and B. EPHRUSSI: Genetics **21**, 225 (1936).

[2] Heterocaryotic growth may fail because of genetic incompatibility, or because optimal nuclear ratios for both wild-type alleles cannot occur simultaneously, as well as through the absence of cross feeding, so that negative results must be interpreted with caution. BEADLE, G. W., and V. L. COONRADT: Genetics **29**, 291 (1944). — GARNJOBST, L.: Amer. J. Bot. **40**, 607 (1953).

formed but altered by some side reaction to a compound which cannot be used as an intermediate in the chain of syntheses.

The isolation of the precursor accumulating before a blocked reaction may help to establish the compounds acting as intermediates in the synthetic pathway as well as indicate the order in which genetically blocked reactions occur. One recent example is found in the synthesis of the amino acid proline by *Escherichia coli*:

$$\text{Glutamic acid} \xrightarrow{I} \text{Glutamic semialdehyde} \xrightarrow{II} \xrightarrow{\text{(spontaneous)}} \Delta^1\text{-pyrroline-5 carboxylic acid} \xrightarrow{III} \text{Proline}$$

A mutant with an absolute requirement for proline (i. e., blocked in step III) accumulates an equilibrium mixture of glutamic semialdehyde and its spontaneously cyclized product $\Delta^1$-pyrroline-5-carboxylic acid[1]. These substances support growth of another mutant which also utilizes proline but not glutamate and hence is blocked at step II.

*Relation of double mutants to precursor accumulation.* The accumulation of a precursor (or of a side product of that precursor) before a genetically blocked reaction can be prevented by the introduction of a second genetic block at an earlier step. Double mutants have been used in this way to establish the order of blocks in the synthesis of the amino acid histidine in Neurospora[2], as illustrated by the following scheme:

$$\xrightarrow{C\,94} X \xrightarrow{C\,84} Y \xrightarrow{C\,141} Z \xrightarrow{T\,1710} \text{L-histidine}$$

with branches to:
A — 4-(trihydroxypropyl)-imidazole
B — 4-(2-keto-3-hydroxypropyl)-imidazole
C — L-histidinol

Certain histidine-requiring mutants accumulated one or more of three imidazoles, none of which would support growth of other histidine dependent mutants. The particular imidazoles accumulated by these mutants singly and as double mutants are here summarized:

|  | As single mutant | As double mutant with | | |
|---|---|---|---|---|
|  |  | T 1710 | C 141 | C 84 |
| C 94 | none | none | none | none |
| C 84 | A | A | A |  |
| C 141 | A, B | A, B |  |  |
| T 1710 | C |  |  |  |

Since accumulations can occur only before the earliest blocked step, the four mutants must be associated with the steps indicated. The nature of the true intermediates, X, Y, and Z, is not established, but it is suspected that they are the phosphorylated analogs of the corresponding imidazoles, A, B, and C. Phosphorylated derivatives of A and B were

---
[1] VOGEL, H. J., and B. D. DAVIS: Am. Soc. **74**, 109 (1952).
[2] HAAS, F., M. B. MITCHELL, B. N. AMES and H. K. MITCHELL: Genetics **37**, 217 (1951). — AMES, B. N., H. K. MITCHELL and M. B. MITCHELL: Am. Soc. **75**, 1015 (1953).

extracted from one mutant, but were inactive for other mutants, presumably because of an impermeability of Neurospora mycelium to phosphorylated organic compounds.

**In vitro demonstration of implicated reactions.** By the tests with biochemical mutants so far discussed it is not possible to distinguish with certainty between compounds which are normal intermediates in biosyntheses and other compounds which can be transformed into intermediates, or substituted for them, by the organism. Characteristics of the growth response do sometimes give some indication of such a distinction, since growth may start immediately when a true intermediate is supplied and only after a considerable lag when a related compound is substituted, suggesting that the related compound must undergo alteration before it can be used, or that the organism must become "adapted" in order to use it.

Deductions based on growth responses to suspected intermediates are strengthened when it can be shown that non-mutant strains (i. e., strains which carry out the complete synthesis of the metabolite in question) possess an enzyme, or enzyme system, which transforms the suspected precursor of some one step directly into the suspected product of that step. There are a large number of postulated synthetic reactions for which no enzymes have yet been demonstrated, but the number of enzymes identified with different steps in synthetic pathways has been increasing rapidly in recent years.

When enzymatic constitutions of mutant and non-mutant strains are compared several different situations are encountered. There are examples in which an enzyme present in non-mutant strains is absent or not detectable in the mutant strain with a genetic block to the step with which the enzyme is concerned[1]. In other cases the enzyme of the mutant strain is modified relative to that of the nonmutant in thermolability[2]. In still other cases the enzyme is present in the mutant in apparently unaltered form, and its action may be suppressed by an inhibitor[3], or it may be unimpaired[4]. In supplying confirmation of postulated reactions in biosynthetic pathways, the state of the enzyme in the mutant is helpful, but the presence of active enzyme in the non-mutant is the more critical point. Blocks to synthetic reactions can occur for many reasons other than absence or modification of the enzyme[5].

### b) Biochemical genetics and comparative biochemistry.

Information concerning biosynthetic pathways similar to that obtained with nutritional mutants can be obtained from nutritional responses of diverse species which are all unable to synthesize some one essential metabolite. For example, before the beginning of intensive biochemical-genetic studies[6], the terminal steps in the synthesis of vitamin $B_1$ (thiamine, or aneurin) from "vitamin thiazole" and "vitamin pyrimidine" had been deduced from comparative studies of very diverse organisms[7], including a bacterium, flagellates, a

---

[1] MITCHELL, H. K., and J. LEIN: J. biol. Ch. 175, 481 (1948). — FINCHAM, J. R. S.: J. gen. Microbiol. 5, 793 (1951); 11, 236 (1954). — MAAS, W. (discussion to paper by N. H. HOROWITZ): Cold Spring Harbor Symp. quant. Biol. 16, 65 (1951). — DEWEY, D., and E. WORK: Nature 169, 533 (1952). — RUDMAN, D., and A. MEISTER: J. biol. Ch. 200, 591 (1953).

[2] MAAS, W. K., and B. D. DAVIS: Proc. nat. Acad. Sci. USA 38, 785 (1953). — MAAS, W. K.: J. biol. Ch. 198, 23 (1952). — HOROWITZ, N. H., and M. FLING: Genetics 38, 36 (1953).

[3] WAGNER, R. P.: Proc. nat. Acad. Sci. USA 35, 185 (1949).

[4] FINCHAM, J. R. S.: Biochem. J. 53, 313 (1953).

[5] EMERSON, S.: Cold Spring Harbor Symp. quant. Biol. 14, 40 (1949).

[6] BEADLE, G. W., and E. L. TATUM: Proc. nat. Acad. Sci. USA 27, 499 (1941).

[7] KNIGHT, B. C. J. G.: Biochem. J. 31, 731 (1937). — ROBBINS, W. J., and M. A. BARTLEY: Proc. nat. Acad. Sci. USA 23, 385 (1937). — ROBBINS, W. J., M. A. BARTLEY, A. G. HOGAN and L. R. RICHARDSON: Proc. nat. Acad. Sci. USA 23, 388 (1937). — ROBBINS, W. J., and F. KAVANAGH: Proc. nat. Acad. Sci. USA 23, 499 (1937). Amer. J. Bot. 25, 229 (1938). Plant Physiol. 13, 611 (1938). — LWOFF, A., et H. DUSI: Cr. 205, 882 (1937). — LWOFF, A., et M. LWOFF: C. R. Soc. Biol. 126, 644 (1937). — LWOFF, M.: C. R. Soc. Biol. 126, 771 (1937). — MÜLLER, W., et W. H. SCHOPFER: Cr. 205, 687 (1937). — BONNER, J., and E. R. BUCHMAN: Proc. nat. Acad. Sci. USA 24, 431 (1938). — FRIES, N.: Symp. bot. upsal. III, Bd. 2 (1938). — SCHOPFER, W. H.: Protoplasma, Wien 31, 105 (1938).

ciliate, phycomycetes, ascomycetes, basidiomycetes, a bird, and the excised roots of flowering plants.

In some respects it is easier to work out biosynthetic pathways from mutants of a single species. In such material, mutant and non-mutant ordinarily differ in a single major respect, and interpretations will generally be simpler than when contrasts must be made between different species. Mutants of a single species have the further convenience of requiring the same set of cultural conditions, permitting conservation of apparatus, media, etc.

Biochemical processes are so similar in diverse groups of organisms that knowledge of the biochemistry of one organism frequently helps in understanding that of another. Biochemical studies have followed rather parallel courses in investigations of Neurospora and of *Escherichia coli*, and events observed in one are generally confirmed in the other. Differences do exist however and if not recognized might lead to some confusion. Methyl transfer mechanisms for example, may be rather different in these two organisms since folic acid and vitamin $B_{12}$ play important roles in *E. coli*[1] but seem to be without effect on mutants of Neurospora deficient in the metabolism of methionine, choline or p-aminobenzoic acid, and no Neurospora mutants have been produced which require either of these vitamins. The two organisms also differ in pathways of synthesis of the amino acid lysine, which is by way of α-aminoadipic acid in Neurospora[2] and by way of α, α'-diaminopimelic acid in *E. coli*[3].

**Proline-ornithine interrelationships.** Single mutants which required either proline or any one of the ornithine-citrulline-arginine group of amino acids have occured in *Penicillium notatum*[4] and in *Neurospora crassa*[5], leading to the conclusion that the two amino acids, proline and ornithine, have a common precursor. In *Escherichia coli* glutamic acid was shown to be a common precursor of these two amino acids[6]. Even though there are many similarities in the paths of synthesis of these amino acids in Neurospora and *E. coli*, it now appears that there are also important differences. That of Escherichia can be diagrammed as follows:

*N-acetylglutamic acid* → A II → *N-acetylglutamic semialdehyde* → A III → *α-N-acetyl-ornithine* → A IV → *Ornithine*

$$\begin{array}{c} COOH \\ CH_2 \\ CH_2 \\ CH-NH-CO-CH_3 \\ COOH \end{array} \quad \begin{array}{c} CHO \\ CH_2 \\ CH_2 \\ CH-NH-CO-CH_3 \\ COOH \end{array} \quad \begin{array}{c} CH-NH_2 \\ CH_2 \\ CH_2 \\ CH-NH-CO-CH_3 \\ COOH \end{array} \quad \begin{array}{c} CH-NH_2 \\ CH_2 \\ CH_2 \\ CH-NH_2 \\ COOH \end{array}$$

↑ A I

I → *Glutamic acid* → II → *Glutamic semialdehyde* → $\Delta^1$-*pyrroline-5-carboxylic acid* → III → *Proline*

$$\begin{array}{c} COOH \\ CH_2 \\ CH_2 \\ CH-NH_2 \\ COOH \end{array} \quad \begin{array}{c} CHO \\ CH_2 \\ CH_2 \\ CH-NH_2 \\ COOH \end{array}$$

The synthesis of proline from glutamic acid through glutamic semialdehyde, and the spontaneous cyclization of the semialdehyde to form the pyrroline precursor of proline, have been discussed above. The synthesis of ornithine from glutamic acid begins with the acetylation of glutamic acid, which apparently prevents the spontaneous cyclization

---

[1] WOOD, D. D.: Symp. Metabol. Microb., 2. Int. Cong. Biochem. Paris, p. 86 (1952).
[2] MITCHELL, H. K., and M. B. HOULAHAN: J. biol. Ch. **174**, 883 (1948).
[3] DAVIS, B. D.: Nature **169**, 534 (1952).
[4] BONNER, D. M.: Amer. J. Bot. **33**, 788 (1946). Cold Spring Harbor Symp. quant. Biol. **11**, 14 (1946).
[5] SRB, A. M., J. R. S. FINCHAM and D. M. BONNER: Amer. J. Bot. **37**, 533 (1950).
[6] DAVIS, B. D.: 2. Int. Congr. Biochem. Paris, Sympos. Metabol. Microb. p. 32 (1952).

of the semialdehyde formed from it[1]. The step (A IV in the diagram) between α-N-acetylornithine and ornithine is blocked by a mutant lacking an enzyme (present in other strains) which deacetylates the former compound. Acetylornithine is accumulated by this mutant from which it was isolated and identified.

*Branched vs. cyclic paths.* In *Neurospora crassa* there are mutant strains that can utilize either proline or ornithine, others require proline and are unable to use ornithine, and still others require ornithine and are not able to substitute proline for the requirement. From these observations it was once concluded[2] that proline and ornithine must be formed from a common precursor by divergent pathways, as in *E. coli*, according to the following scheme:

$$\text{(common path)} \longrightarrow \text{Intermediate} \begin{array}{c} \text{(pathway A)} \longrightarrow \text{Ornithine} \\ \text{(pathway B)} \longrightarrow \text{Proline} \end{array}$$

By this scheme, mutants blocked along pathway A would have a specific requirement for ornithine and would synthesize their own proline. Similarly blocks in steps of pathway B would lead to a specific requirement for proline and none for ornithine. Mutants blocked in the earlier common pathway could utilize either ornithine or proline provided reactions in the separate pathways A and B are reversible. In *Escherichia coli* it has been found that the reaction sequence beteen glutamic acid and ornithine is not reversible *in vivo*, whereas that between glutamic acid and proline is[3].

It has since been realized that the nutritional responses of the proline-ornithine group of mutants in Neurospora can be accounted for by a cyclic pathway in which some reactions are effectively irreversible:

$$\text{(common path)} \longrightarrow \text{Intermediate} \begin{array}{c} \text{Ornithine} \xleftarrow{\text{(sequence B)}} \\ \xrightarrow{\text{(sequence A)}} \text{Proline} \end{array}$$

Since proline and ornithine are intraconvertible through the cyclic part of the pathway, a block in the common pathway would lead to a requirement satisfied by either amino acid. A block in sequence A would lead to a requirement for proline, for which ornithine could not be substituted unless all reactions in sequence B were sufficiently reversible under physiological conditions favoring growth. Similarly, a block in a step of sequence B would lead to an absolute requirement for ornithine unless all reactions of sequence A and between the common intermediate and ornithine were sufficiently reversible.

There are now several reasons for believing that such a cyclic pathway actually exists in Neurospora. It may be diagrammed:

*Glutamic acid*
$$\begin{array}{c} \text{COOH} \\ | \\ \text{CH}_2 \\ | \\ \text{CH}_2 \\ | \\ \text{CH—NH}_2 \\ | \\ \text{COOH} \end{array}$$

$\xrightarrow{\text{I}}$

*Glutamic semialdehyde*
$$\begin{array}{c} \text{CHO} \\ | \\ \text{CH}_2 \\ | \\ \text{CH}_2 \\ | \\ \text{CH—NH}_2 \\ | \\ \text{COOH} \end{array}$$

$\xrightarrow{\text{II}}$

(ornithine transaminase)

*Ornithine*
$$\begin{array}{c} \text{CH}_2\text{NH}_2 \\ | \\ \text{CH}_2 \\ | \\ \text{CH}_2 \\ | \\ \text{CH—NH}_2 \\ | \\ \text{COOH} \end{array}$$

↓ (spontaneous)

$$\begin{array}{c} \text{H}_2\text{C}\text{——CH} \\ | \quad\quad \diagdown \\ \text{H}_2\text{C} \quad\quad \text{N} \\ \diagdown \quad \diagup \\ \text{CH} \\ | \\ \text{COOH} \end{array}$$

$\xrightarrow{\text{III}}$

↑ IV

$$\begin{array}{c} \text{H}_2\text{C}\text{——CH}_2 \\ | \quad\quad \diagdown \\ \text{H}_2\text{C} \quad\quad \text{NH} \\ \diagdown \quad \diagup \\ \text{CH} \\ | \\ \text{COOH} \end{array}$$

Δ¹-*pyrroline-5-carboxylic acid*      *Proline*

---

[1] Acetylation and deacetylation of intermediates in ornithine synthesis was worked out by Dr. H. J. VOGEL, cited by DAVIS, B. D.: Symp. Metabol. Microb., Istituto Superiore di Sanità (Roma), p. 23 (1953).

[2] SRB, A. M., J. R. S. FINCHAM and D. M. BONNER: Amer. J. Bot. **37**, 533 (1950).

[3] DAVIS, B. D.: Symp. Metabol. Microb., Istituto Superiore di Sanità (Roma), p. 23 (1953).

The biochemical-genetic evidence supporting this scheme includes the nutritional requirements of mutants previously discussed[1] and some additional evidence. Mutants able to utilize either proline or ornithine can also use glutamic semialdehyde[2] and are presumably blocked in step II (there is no absolute proof that glutamic acid is its precursor in Neurospora). Mutants with specific proline requirements are then blocked in step III, and those specifically requiring amino acids of the ornithine cycle in step IV.

Further evidence for the cyclic pathway in the synthesis of proline and ornithine results from the nutritional requirements of pertinent double mutants[3]. Double mutants blocking step II (resulting in a requirement for proline or ornithine) and step III (absolute requirement for proline) require proline, but when proline is supplied there is no ornithine requirement. This result is understandable by the cyclic interpretation since step IV is still available to produce ornithine from proline. To account for the same result by the interpretation of branched pathways it would be necessary to assume that a block in the conversion of the common intermediate to proline does not block the reconversion of proline to the common intermediate. (Examples in which the synthesis and degradation of a particular metabolite take place by different routes are known, and will be discussed later.) Similarly, double mutants presumably blocked in steps II and IV of the cyclic scheme have an absolute requirement for an amino acid of the ornithine cycle and none for proline. This result is expected by the cyclic interpretation since the pathway from ornithine to proline should still be functioning, and is expected by the interpretation of branched pathways only if a block in the conversion of the common intermediate to ornithine does not block its reconversion to the intermediate.

Ornithine transaminase[2] of Neurospora catalyzes the following reaction:

$$\underset{\text{\textit{α-keto-glutaric acid}}}{\begin{array}{c}\text{COOH}\\ \text{C:O}\\ \text{CH}_2\\ \text{CH}_2\\ \text{COOH}\end{array}} + \underset{}{\begin{array}{c}\text{H}_2\text{N}-\text{CH}_2\\ \text{CH}_2\\ \text{CH}_2\\ \text{CH}-\text{NH}_2\\ \text{COOH}\\ \text{\textit{Ornithine}}\end{array}} \underset{\text{ornithine transaminase}}{\rightleftharpoons} \underset{\text{\textit{Glutamic acid}}}{\begin{array}{c}\text{COOH}\\ \text{CH}-\text{NH}_2\\ \text{CH}_2\\ \text{CH}_2\\ \text{COOH}\end{array}} + \underset{\text{\textit{Glutamic semialdehyde}}}{\begin{array}{c}\text{O:CH}\\ \text{CH}_2\\ \text{CH}_2\\ \text{CH}-\text{NH}_2\\ \text{COOH}\end{array}} \underset{\text{spontaneous}}{\rightleftharpoons} \underset{\text{\textit{Δ}}^1\text{\textit{-pyrroline-5-carboxylic acid}}}{\begin{array}{c}\text{H}_2\text{C}-\text{CH}\\ \text{H}_2\text{C}\quad\text{N}\\ \text{CH}\\ \text{COOH}\end{array}}$$

*In vitro* experiments in which α-ketoglutarate and ornithine were added in equimolar proportions reached equilibrium when over 80 percent of the starting material had been transformed; and when glutamate and glutamic semialdehyde were used as starting materials only small amounts of ornithine were synthesized. Under conditions existing in the living cell, of course, the reaction might go more readily in the direction of ornithine synthesis. Since, however, mutant strains unable to synthesize ornithine have the same ornithine transaminase activity as strains able to synthesize it, the information gained from enzyme studies supports the cyclic interpretation of proline and ornithine synthesis rather than the branched path interpretation.

The cyclic interpretation of proline-ornithine metabolism had been advanced earlier[4] to account for the nearly equal labeling of α- and δ-amino groups of ornithine in tissue extracts of rats which had been fed with glycine labeled with $^{15}$N. It is interesting that SHEMIN and RITTENBERG tentatively suggested glutamic semialdehyde and pyrrolinecarboxylic acid as possible intermediates between ornithine and proline in the rat and that these compounds have been shown to be intermediates in proline synthesis in Escherichia and Neurospora, and to be formed by enzymatic degradation of ornithine in Neurospora.

---

[1] SRB, A. M., J. R. S. FINCHAM and D. M. BONNER: Amer. J. Bot. **37**, 533 (1950).
[2] FINCHAM, J. R. S.: Biochem. J. **53**, 313 (1953).
[3] FINCHAM, J. R. S.: Personal communication.
[4] SHEMIN, D., and D. RITTENBERG: J. biol. Ch. **158**, 71 (1945).

The observation that in mice the $^{15}N$ labeled α-amino nitrogen of ornithine contributes extensively to the labeling of proline whereas labeled δ-amino nitrogen of ornithine contributes more to glutamate[1] is an indication that a close similarity exists between rodents and Neurospora in these reactions. The opening of the proline ring by way of α-keto-δ-aminovaleric acid in the formation of ornithine, as postulated for the rat, has so far not been substantiated for Neurospora, none of the ornithine exacting mutants responding to that substance, though one mutant utilizing either proline or ornithine does[2].

## c) Interrelations of gene-controlled reactions.

Comparative biochemical-genetic studies reveal a number of close similarities in the gene controlled reactions of different organisms (for example, those of *Neurospora crassa* and of *Escherichia coli*), but since remarkable alterations in the expression of a single hereditary trait can result when only one other gene is replaced by an alternative allele, it may be unwarranted to assume that any specific gene-controlled reaction is exactly the same in two organisms that are not closely related and hence differ in a large number of genetic factors. Studies of the interrelations between different gene-controlled biochemical reactions in one organism give indications 1. of the extent to which any one reaction depends upon the internal physiological environment of the cell, and 2. of the great adaptability of the cell in achieving approximately the same physiological stability through alterations in a number of different gene-controlled reactions.

### α) Interactions within a single pathway of synthesis.

Some examples of the dependency of one gene-controlled reaction on another are extremely simple and obvious. In one such example referred to early in this review (p. 459), alternative alleles at one locus in *Aspergillus nidulans* determine whether the color of the conidia will be green or yellow, but the expression of these alternatives depends upon the presence of the "wild-type" allele at the "white" locus; otherwise there is no pigment produced, green or yellow. Similar relationships are made use of when double mutants are used to indicate the sequential order of blocked steps, as in the synthesis of arginine and histidine. In other instances, multiple genetic blocks to steps in a synthetic sequence can be used to study a number of biochemical problems, a few of which will be noted here.

**Adaptive vs. constitutive enzymes.** The block to the synthesis of an intermediate has made it possible to show that a normally "constitutive" enzyme becomes an "adaptive" enzyme in the absence of the normal substrate to the reaction catalyzed[3]. A mutant of *Escherichia coli* blocked before the synthesis of α-N-acetylornithine produces little of the enzyme which deacetylates it to form ornithine, unless acetylornithine is added to the medium whereupon the amount of enzyme produced is as great as in wild type.

**Inhibition of a late step by a precursor to an earlier step** was demonstrated when the accumulation of the precursor was prevented by the introduction of a genetic block still earlier in the sequence[4]. In *Escherichia coli* shikimic acid has been shown to be a precursor of six aromatic compounds:

→ 5-dehydro-quinic acid —a→ 5-dehydro-shikimic acid —b→ Shikimic acid ----→ *Aromatic compounds*

---
[1] STETTEN, M. R.: J. biol. Ch. **189**, 499 (1951).
[2] FINCHAM, J. R. S.: Personal communication.
[3] VOGEL, H. J., and B. D. DAVIS: Fed. Proc. **11**, 485 (1952).
[4] DAVIS, B. D.: 2. Int. Congr. Biochem., Sympos. Metabol. Microbien, p. 32. Paris 1952.

A mutant strain blocked at step *a* can utilize either 5-dehydroshikimic acid or shikimic acid to satisfy its requirement for all aromatic compounds, whereas a mutant strain blocked at step *b* can utilize shikimic acid to satisfy its requirements for tryptophan, p-aminobenzoic acid and p-hydroxybenzoic acid, but not for tyrosine, phenylalanine, and a derivative of catechol. A double mutant blocked at both steps *a* and *b* that neither accumulates nor utilizes dehydroshikimic acid can substitute shikimic acid for all aromatic compounds. The utilization of shikimic acid by the double mutant is competitively inhibited by 5-dehydroshikimic acid, but to different extents in the synthesis of different aromatic compounds: a dehydroshikimic/shikimic ratio of $1/4$ results in a requirement for tyrosine alone, increasing ratios result in requirements for phenylalanine, tryptophan, and p-aminobenzoic acid in that order, and at a ratio of 50/1 for p-hydroxybenzoic acid and the catechol derivative.

**Dissimilar synthetic and degradative pathways.** The two essential sulphur-containing amino acids, cystein and methionine, are synthesized over a common pathway in Neurospora, with cystein a precursor of methionine through the intermediates cystathionine and homocystein[1]:

$$\xrightarrow{1} \begin{array}{c} CH_2-SH \\ CH-NH_2 \\ COOH \end{array} \xrightarrow{2} \begin{array}{c} CH_2-S-CH_2 \\ CH-NH_2 \ CH_2 \\ COOH \ \ CH-NH_2 \\ \ \ \ \ \ COOH \end{array} \xrightarrow{3} \begin{array}{c} CH_2-SH \\ CH_2 \\ CH-NH_2 \\ COOH \end{array} \xrightarrow{4} \begin{array}{c} CH_2-S-CH_3 \\ CH_2 \\ CH-NH_2 \\ COOH \end{array}$$

*Cystein*　　　　*Homocystein*　　　*Cystathionine*　　*Methionine*

Since the intermediates in the synthesis of methionine from cystein in Neurospora are identical with the intermediates produced in the enzymatic degradation of methionine to cystein in mammals, degradation of methionine in Neurospora might be supposed to be by the same pathway. All mutants of Neurospora which are unable to reduce inorganic sulphate are able to use methionine as the sole source of sulphur. When a genetic block occurs between cystein and methionine (steps 2, 3, and 4 in the diagram) the reverse pathway from methionine to cystein might also be blocked at the same step. To check this possibility double mutants were made in which one block immediately precedes cystein (step 1, mutants able to use cystein but not thiosulphate or cystein-sulphinic acid) and the other block is between cystein and methionine, at step 3 in one instance[2] and 4 in another[3]. Both double mutants were able to grow with methionine as the sole source of sulphur, indicating that whereas the path from cystein to methionine was blocked, that from methionine back to cystein was not.

### β) Suppressors and the problem of alternate pathways.

Suppressors are genes whose chief discernible effect is the nullification of the effect of some other gene. A suppressor is a mutant allele at one locus which counteracts the observed effect of a mutant allele at another locus. Nutritional mutants, which have lost the ability to carry out some biosynthetic step, are said to be suppressed by mutants at other loci which restore these lost abilities.

**Restoration of lost enzyme activity.** The interpretation most often advanced to account for the suppression of a metabolic requirement is that the suppressor mutant opens up a new pathway of synthesis around the blocked step. There are instances in which the deficient step in metabolite synthesis is itself restored by the suppressor; in these cases the pertinent enzyme is lacking (undetectable) in the mutant, but is again present in the suppressed mutant. The example about which there is most information at the present

---

[1] HOROWITZ, N. H.: J. biol. Ch. **171**, 255 (1947).
[2] ZALOKAR, M.: J. Bacteriology **60**, 191 (1950).
[3] SHEN, S.-C.: Genetics and Biochemistry of the Cysteine-Tyrosine relationship in *Neurospora crassa*. Thesis. California Inst. Technology, Pasadena. 1950.

time concerns tryptophan desmolase and the condensation of indole and serine to form tryptophan in Neurospora[1].

Among a number of recurrences of mutations resulting in blocks to the terminal step in tryptophan synthesis are at least three different allelic states, each of which fails to produce a detectable amount of tryptophan desmolase. The three alleles are designated $td_1$, $td_2$, and $td_6$. A stock of $td_2$ which had reverted to tryptophan independence was found to have a suppressor mutation, $su_2$, at an independent locus. This double mutant, $td_2\,su_2$ (tryptophan dependent, suppressed) produced a tryptophan desmolase indistinguishable from the enzyme produced by wild type when tested by fractionation during purification and by the kinetics of enzyme action in relation to both substrates (indole and serine) and to the coenzyme pyridoxal phosphate. This suppressor did not restore enzyme activity to strains carrying alleles $td_1$ and $td_6$ when introduced into them by hybridization. Similarly, a stock of $td_6$ acquired a suppressor, $su_6$, which was inherited independently of both td and $su_2$. Suppressor $su_6$ restored enzyme activity to strains with either allele $td_6$ or $td_2$, but not to strains with the $td_1$ allele.

In the example just cited the suppressor mutants obviously do not perform the function lost by the wild-type allele when it mutated to $td_1$, $td_2$, and $td_6$; otherwise both suppressor mutants should restore enzyme activity in combination with each of the td mutant alleles. The mechanism by which the suppressors act in this example is not known. One rather general interpretation is that each suppressor mutant alters the intracellular environment in a way which permits certain mutant alleles to function in enzyme production much as the wild-type allele functions in the unaltered environment[2].

**Alternative precursors** to steps subsequent to genetically blocked steps may play a role in some instances of suppression. Such substitutions would actually invoke alternate pathways of synthesis which bypass the blocked steps. The suppression of mutants requiring proline or ornithine by a mutant first identified as a suppressor of a pyrimidine-requiring mutant may be a case in point. This suppressor has effects upon a number of biosynthetic steps in different sequences of reactions[3]. In addition to removing the requirement for pyrimidine of one mutant, and the requirement for either proline or an amino acid of the ornithine cycle by another mutant, this pyrimidine-suppressor also makes it more difficult for one lysine-requiring mutant to utilize its normal precursor α-aminoadipic acid, and for an arginine-requiring mutant to utilize its normal precursor ornithine. Each of these effects of the one suppressor can be formally accounted for by a postulated increase in the rate of some reaction whereby a co-enzyme is changed to its oxidized form, and an increased concentration of the oxidized co-enzyme then tends to drive certain other oxidation-reduction reactions in the direction of greater oxidation. Mutants of Neurospora requiring either proline or ornithine have genetic blocks permitting them to utilize glutamic semialdehyde but not glutamic acid (see diagram on p. 524). They are also able to utilize δ-hydroxynorvaline (α-amino-δ-hydroxyvaleric acid), the alcohol analog of glutamic semialdehyde. It is believed that glutamic semialdehyde is normally produced by the reduction of glutamic acid, the step blocked in the ornithine-proline mutants in question. The pyrimidine suppressor's effect on this step would be to increase the production of glutamic semialdehyde from the alcohol, and thus substitute a different path of synthesis of the semialdehyde.

**Suppression of the synthesis of inhibitors** is another mechanism by which the nutritional requirement of a mutant can be overcome by mutation at some other locus. There is a mutant strain of Neurospora *(sfo)* which requires either sulfonamides or threonine for growth at 35° as long as p-aminobenzoic acid and methionine are synthesized at their

---

[1] YANOFSKY, C.: Proc. nat. Acad. Sci. USA **38**, 215 (1952). Genetics **38**, 702 (1953) (Abstract).
[2] HOROWITZ, N. H.: Growth, Symposium Vol. 10, 47 (1951).
[3] HOULAHAN, M. B., and H. K. MITCHELL: Proc. nat. Acad. Sci. USA **34**, 465 (1948). — MITCHELL, M. B., and H. K. MITCHELL: Proc. nat. Acad. Sci. USA **38**, 205 (1952).

normal rates[1]. When the synthesis of either methionine or p-aminobenzoic is blocked and the appropriate metabolite is supplied in limiting amounts, the requirement for threonine or sulfanilamide is done away with. Numerous genetically independent suppressors of the "sulfonamide-requiring" mutant have appeared[2] and may act by decreasing the rates of synthesis of one or the other of the inhibiting compounds. A model experiment in which nuclei carrying *sfo* and nuclei carrying both *sfo* and a mutation blocking the synthesis of p-aminobenzoic acid were combined in a heterocaryon supported this interpretation. The heterocaryon grew without the addition of either sulfanilamide or threonine[3] by establishing a favorable ratio between nuclei able to induce the synthesis of p-aminobenzoic acid and nuclei with a genetic block to its synthesis.

### γ) Incomplete genetic blocks.

Some mutants which are completely incapable of growth except in a medium supplemented with the appropriate metabolite have been shown to carry out every step in the synthesis of that metabolite during growth on the supplemented medium. In these examples, it is possible to identify the partially blocked step just as in mutants with complete blocks, since only those intermediates occurring after the step which is partially blocked can support growth when supplied in the usual concentrations. Mutants with such incomplete blocks should be especially sensitive to the effects of genetic suppressors and modifiers.

One of the most extensively studied pathways of biosynthesis in Neurospora leads to the synthesis of nicotinic acid by way of tryptophan[4]. The principal intermediates in this biosynthesis, and the order in which they are formed, are:

With one exception, to be discussed shortly, mutants blocked at steps 2, 3, or 4 require either tryptophan or an intermediate occurring between the block and tryptophan, and are unable to substitute nicotinic acid for tryptophan. Similarly, mutants blocked in steps subsequent to tryptophan (steps 5 to 8) require either nicotinic acid or an

---

[1] ZALOKAR, M.: Proc. nat. Acad. Sci. USA **34**, 32 (1948). J. Bacteriology **60**, 191 (1950). — EMERSON, S.: J. Bacteriology **54**, 195 (1947). Cold Spring Harbor Symp. quant. Biol. **14**, 40 (1949).

[2] EMERSON, S.: (in) "Heterosis". p. 199. Ames, Iowa, USA. 1952.

[3] EMERSON, S.: Proc. nat. Acad. Sci. USA **34**, 72 (1948).

[4] For reviews see: BEADLE, G. W.: Fortschr. Chem. org. Naturstoffe **5**, 300 (1948). — HOROWITZ, N. H.: Adv. Genetics **3**, 33 (1950). — CATCHESIDE, D. G.: The Genetics of Micro-organisms. London 1951.

intermediate occurring between the blocked step and nicotinic acid, and are unable to substitute tryptophan for nicotinic acid. By using compounds labeled with $N^{15}$ it has been shown[1] that: 1. mutants lacking tryptophan desmolase have a complete block to step 4; 2. the nitrogen of nicotinic acid is derived from the indole nitrogen of tryptophan and from no other source; 3. most or all of the indole nitrogen is derived from the amino nitrogen of anthranilic acid; and 4. six of eight mutants with blocks in the sequence of reactions leading to nicotinic acid have incomplete blocks such that some of the nitrogen of nicotinic acid is derived from the inorganic nitrogen of the medium and not all from the labeled intermediate supplied to promote growth.

The exceptional mutant referred to in the preceding paragraph has a nutritional requirement which can be satisfied by either tryptophan or nicotinic acid[2]. The concentrations of amino acids necessary to produce maximum growth of amino acid deficient strains are much greater than the concentrations of vitamins necessary to support maximum growth of vitamin deficient mutants, and, curiously enough, this mutant responds maximally to concentrations of nicotinic acid equivalent to those needed by other vitamin deficient mutants, but when tryptophan is substituted the mutant requires concentrations as high as other amino acid deficient mutants. As first described, the mutant responding to either tryptophan or nicotinic acid appeared to have a block at step 3 (in the diagram above), utilizing indole, or any subsequent intermediate, but not anthranilic acid. Later it was found that in the presence of different modifying genes different steps appeared to be blocked[3], isolates from crosses responding as if the block was in any one of steps 5, 4, 3, 2, or preceding step 1. When the original mutant was grown on indole labeled with $N^{15}$ it was observed that only about 25 percent of the nicotinic nitrogen was derived from this source and nearly 75 percent from inorganic nitrogen, presumably by way of the reaction (step) which was supposedly blocked[4]. The block in this instance is very much less complete than those in other incompletely blocked mutants referred to above.

A number of interpretations have been offered to explain the alternative tryptophan or nicotinic acid requirement of this mutant. To account for the equivalence of catalytic amounts of nicotinic acid and much larger amounts of tryptophan in eliciting growth response, it was suggested that nicotinic acid might be a catalyst to the blocked step in tryptophan synthesis[5]. Another suggestion was[6] that with limited synthesis of tryptophan the amino acid might be used preferentially in other essential reactions, thus leaving an insufficient amount to be transformed into nicotinic acid. More extensive studies have been made of the nutritional characteristics of strains with different modifiers, and it has been suggested that the mutant gene responsible for the alternative nutritional requirement does not produce even a partial block to the synthesis of tryptophan, but rather a partial block somewhere between tryptophan and nicotinic acid[7]. The modifiers are postulated to affect the equilibria of reactions at preceding steps in the sequence and thus influence the amount of precursor available to the partially blocked step.

**Temperature mutants**, which are mutants with nutritional requirements at one temperature but not at another, may also be considered to be mutants with partial blocks since they have no apparent blocks at appropriate temperatures, and they may be expected to be sensitive to the effects of modifying genes and suppressors. At least one temperature mutant, the so-called sulfonamide-requiring mutant referred to earlier, is

---

[1] PARTRIDGE, C. W. H., D. M. BONNER and C. YANOFSKY: J. biol. Ch. 194, 269 (1952). — BONNER, D. M., C. YANOFSKY and C. W. H. PARTRIDGE: Proc. nat. Acad. Sci. USA 38, 25 (1952).

[2] BONNER, D. M., and G. W. BEADLE: Arch. Biochem. 11, 319 (1946).

[3] HASKINS, F. A., and H. K. MITCHELL: Amer. Naturalist 86, 231 (1952). — NEWMEYER, D., and E. L. TATUM: Amer. J. Bot. 40, 392 (1953).

[4] BONNER, D. M., and E. WASSERMANN: J. biol. Ch. 185, 69 (1950).

[5] BEADLE, G. W., H. K. MITCHELL and J. F. NYC: Proc. nat. Acad. Sci. USA 33, 155 (1947).

[6] DAVIS, B. D.: Discussion following paper by D. M. BONNER: Cold Spring Harbor Symp. quant. Biol. 16, 154 (1951).

[7] NEWMEYER, D., and E. L. TATUM: Amer. J. Bot. 40, 393 (1953).

sensitive to a number of genes which act as suppressors in heterocaryons[1]. It has been suggested[2] that, with change in temperature, unequal shifts in reaction rates and in steady-state equilibria may result in a balance of reactions favorable to the mutant strain.

### δ) Pure lines and Isogenic Stocks.

Pure lines of micro-organisms are genetically homogeneous populations. Clones developed from single uninucleate cells by vegetative reproduction are pure lines as long as no mutations have occurred, but the length of time that any growing strain is likely to remain genetically homogeneous is probably much shorter than is generally recognized. A culture of *Escherichia coli* strain K-12 growing in standard medium increases from $2.5 \times 10^7$ cells/ml at the time the culture was set up to $5 \times 10^9$ cells/ml at the completion of growth. If spontaneous mutations to streptomycin resistance, for example, occur at a rate of $10^{-8}$ per bacterium per division cycle, the mature culture should contain about 275 streptomycin resistant cells per ml (from formula 3, p. 513) resulting from about 72 new mutations/ml (from formula 1, p. 512) during the growth of the culture. At this mutation rate, and with no selective advantage, streptomycin resistant cells would thus be expected to increase at the rate of about 3 cells per 10 million in each successive subculture. While many subcultures could be made before streptomycin resistant cells would make up an appreciable fraction of the total, there are occasions in which the presence of relatively few "contaminant" cells resulting from mutation may be of considerable importance. Spontaneous mutations of many other genes, perhaps in the order of a thousand, also occur at significant rates during the growth of any strain, so that it eventually may become rather heterogeneous. Some mutants, though occurring at low rates, may have selective advantages causing them to increase much more rapidly, and reach significant frequencies much sooner. In experiments making use of "pure cultures" it is advisable to remember that a certain heterogeneity is unavoidable.

In coenocytic filamentous fungi, such as Neurospora and Aspergillus, spontaneous mutation during vegetative growth results in the production of heterocaryons in which mutant and non-mutant nuclei occur in the same cells. Genetic heterogeneity resulting in very small differences in rate of growth, in growth habit and mode of branching, and in pigmentation, which in many other organisms might pass for nongenetic variation, are recognizable in Neurospora crosses because of the absolutely identical phenotypic expression in young cultures derived from pairs of ascospores of identical genic constitution. Observations of such minor genetic differences give some indication of the extent of uncontrolled genetic dissimilarities in strains being crossed.

Ideally, in biochemical-genetic studies, any two strains being compared should differ solely in the major genes under investigation, and should be identical in all other genetic components. Such stocks, which are identical in genetic constitution except for certain identified genes, are known as isogenic stocks. Isogenicity is probably impossible to attain, but it can be approximated. Two stocks differing in a single major gene can be made approximately isogenic by continued intercrossing (*i. e.*, by inbreeding). A number of stocks can be made approximately isogenic by continued back-crossing to a single standard stock, which of course should be genetically homogeneous.

In practice, little attention is generally paid to the production and use of isogenic stocks. This practice is unfortunate because uncontrolled genetic heterogeneity is generally disregarded in the interpretation of experimental results, which may be considerably influenced by the presence of unidentified genetic modifiers. Even though complete isogenicity cannot be attained, nor maintained if it were established, the labor necessary to obtain approximate isogenicity is probably not too great compared to the advantages that would result in experiments demanding accuracy.

---

[1] EMERSON, S.: (in) "Heterosis". p. 199. Ames, Iowa, USA 1952.
[2] EMERSON, S.: Cold Spring Harbor Symp. quant. Biol. 14, 40 (1949).

### d) Identification of the reaction primarily influenced by mutation.

It has long been hoped that by the identification of the reactions in the cell which are directly under the influence of genes, and by studying differences in such reactions when under the influence of different alleles of the genes concerned, we should obtain information about how the genes exert their control over hereditary traits. From biochemical genetic studies a great deal has already been learned about biochemical reactions that are under the influence of genes. So far it has been impossible to know with certainty that any reaction studied is actually the one first influenced by the presence of a specific gene; at present there is no way of recognizing a primary gene effect when it is found.

**Loss mutations and gain mutations.** It is frequently said, especially in discussions of problems of evolution, that all, or nearly all, mutations are loss mutations. If mutation involves the actual loss of genic material it can certainly be called a loss mutation, but when no actual loss of genic material is involved the situtation is different. Nutritionally deficient mutants are sometimes called loss mutations because a metabolite is no longer synthesized. Then back mutation and suppressor mutation must be considered as gain mutations since they restore the ability to synthesize the metabolite. At the biochemical level of gene action the distinction between gain and loss mutations is meaningless until there is some way of identifying biochemical reactions at the level of gene action. In some of the examples discussed in this review, the loss observed in the final phenotypic expression of the mutant characteristic is preceded by a gain at an earlier step in the development of that characteristic. A Neurospora mutant unable to synthesize pantothenic acid has the enzyme system and substrates necessary for carrying out the blocked reaction and, in addition, an inhibitor which is responsible for the block[1]. In such examples, however, the reaction chains have in all probability been identified only part way back to the primary gene-controlled reactions, and what those reactions are in terms of gain and loss are completely unknown.

### e) Extrachromosomal mutants.

The biochemical mutants of Neurospora so far discussed, and probably all of those of *Escherichia coli* as well, involve changes in the genic material itself. Mutational changes are also possible in genetically autonomous (or semi-autonomous) extrachromosomal elements, usually spoken of as cytoplasmic elements. Strictly speaking it is not possible to distinguish with accuracy between chromosomal mutations and possible cytoplasmic mutations in strains of *Escherichia coli* in which genetic recombination does not occur. In sexual organisms, such as Saccharomyces and Neurospora, extremely few biochemical mutants appear to be associated with cytoplasmic elements.

A mutant of the yeast *Saccharomyces cerevisiae* known as "petite colonie"[2] is inherited in a manner characteristic of cytoplasmic elements. This mutant is known as the vegetative mutant to distinguish it from a very similar genic mutant known as the segregating mutant. When the segregating mutant is crossed to normal, the resulting diploid cells (see description of the life-cycle of yeast, p. 465) have the normal phenotype, and upon sporulation produce asci in which there is a 2:2 segregation into ascospores developing into normals and ascospores developing into petites. When the vegetative mutant is crossed to normal the diploid cells again are phenotypically normal, but there is no segregation during sporulation; all ascospores develop into normal colonies and none into

---

[1] WAGNER, R. P.: Proc. nat. Acad. Sci. USA **35**, 185 (1949).
[2] EPHRUSSI, B., and H. HOTTINGUER: Cold Spring Harbor Symp. quant. Biol. **16**, 75 (1951). — EPHRUSSI, B., H. HOTTINGUER et A.-N. CHIMENES: Ann. Inst. Pasteur **76**, 351 (1949). — EPHRUSSI, B., H. HOTTINGUER et J. TAVLITZKI: Ann. Inst. Pasteur **76**, 419 (1949). — EPHRUSSI, B., L. HERITIER et H. HOTTINGUER: Ann. Inst. Pasteur **77**, 64 (1949). — SLONIMSKI, P. P.: Ann. Inst. Pasteur **76**, 510; **77**, 774 (1949). — SLONIMSKI, P. P., et B. EPHRUSSI: Ann. Inst. Pasteur **77**, 47 (1949). — SLONIMSKI, P. P., et H. M. HIRSCH: Cr. **235**, 741 (1952). — MARCOVICH, H.: Ann. Inst. Pasteur **81**, 452 (1951). — TAVLITZKI, J.: Ann. Inst. Pasteur **76**, 497 (1949).

petites. Intercrosses between the two mutants, vegetative and segregating, produce diploid cells which are also normal in phenotype, the vegetative mutant contributing the normal allele of the mutant gene of the segregating mutant, and the segregating mutant contributing the cytoplasmic factor lacking in the vegetative mutant. (The phenotypic appearance of the segregating mutant is postulated to be due to the failure of the cytoplasmic elements to develop normally in the mutant genotype; the deficient cytoplasmic elements regain their normal appearance in the presence of the non-mutant allele.) When the diploid hybrids between vegetative and segregating mutants sporulate there is a 2:2 segregation into normals and segregating petites; again no vegetative petites appear as segregants. Diploid clones of both vegetative and segregating mutants can be obtained; both retain their mutant (petite) characteristics in diplophase; and both are sterile and do not sporulate.

"Petite colonie" yeasts make much slower growth under aerobic conditions than the normal, or wild-type, yeasts. Under anaerobic conditions there is no difference in growth rate. The petites lack cytochromes a and b together with all succinic dehydrogenase and cytochrome oxidase activities. They are unable to carry out the terminal steps of aerobic oxidation and must oxidize the carbohydrate substrates through the less efficient fermentative pathway.

Vegetative petites appear fairly regularly as spontaneous mutants during vegetative reproduction. The frequency of mutation is enormously increased by treating the cells with certain acridines, of which euflavine (2,8-diamino-N-methylacridinium chloride) possesses the strongest mutagenic effect. When growth takes place in the presence of euflavine in appropriate concentrations (but still insufficient to produce toxic effects) every bud produced is a vegetative mutant.

In Neurospora, a mutant known as "poky"[1] is inherited as a cytoplasmic character, and resembles "petite colonie" yeasts in phenotypic expression. In Neurospora a clearer distinction between chromosomal and cytoplasmic inheritance is possible than in Saccharomyces. When well developed protoperithecia (see description of the life cycle of Neurospora, p. 445) are dusted with conidia of the opposite mating type, the cytoplasm of the ascogenous cells is derived almost exclusively from the protoperithecial parent, whereas chromosomal elements are derived equally from both parents. There is no segregation into wild type and poky at meiosis in crosses between the two; instead all ascospores have the characteristic of the maternal (protoperithecial) parent whether it was poky or wild type. The poky phenotype results from changes in the cytochrome spectrum and associated respiratory enzymes, but there is no complete loss of terminal oxidative steps as in the petite yeasts. Such a loss in a Neurospora mutant would be lethal as no strains of Neurospora can grow under strictly anaerobic conditions.

## 7. Chemistry of the genic material.

A knowledge of the chemical nature of the genic material would be a help in understanding how the presence of a gene within a cell insures that it will be reproduced with great exactness when the cell reproduces, and how its presence in the cell influences some physiological reaction that eventually results in the expression of an inherited trait. The properties of a gene important in gene reproduction and in gene action must be properties of the material of which the gene is made, and from a knowledge of the chemical nature of that material something of its potential properties might be deduced.

The genic material has long been supposed to be desoxyribonucleoprotein in nature because the chromosomes, with which the genes are associated, have these nucleoproteins as a conspicuous component. The protein moiety of the nucleoprotein had often been postulated to be especially important in determining genic specificity since it was believed

---

[1] MITCHELL, M. B., and H. K. MITCHELL: Proc. nat. Acad. Sci. USA **38**, 442 (1952). — MITCHELL, M. B., H. K. MITCHELL and A. TISSIERES: Proc. nat. Acad. Sci. USA **39**, 606 (1953).

that proteins could assume a greater number of configurations than nucleic acids. In recent years attention has turned toward the nucleic acids as possible sole carriers of genic specificity, first because of the role of desoxyribonucleic acids in bacterial transformations (discussed on p. 476), and more recently because of their role as sole carriers of "genetic information" from infecting bacteriophages to the site of phage reproduction in the infected bacterium (referred to on p. 481). A recently postulated structure for desoxyribonucleic acid[1] accounts for the physical properties and chemical composition of this group of substances, and, of greater theoretical importance, the structure itself seems to contain a mechanism for self-duplication in the forced complementary relationship between purine and pyrimidine bases opposing one another in the two helices which make up the molecule.

*Acknowledgements.*

In preparing this review I have drawn upon ideas gained in discussions with many colleagues to an extent that cannot be adequately expressed here. In particular, I am indebted to Dr. BARBARA McCLINTOCK for permission to make drawings from her photomicrographs of the chromosomes of Neurospora, to Dr. J. R. S. FINCHAM for discussion and correspondence related to biosynthetic pathways in Neurospora, to Dr. J. A. ROPER and Dr. G. PONTECORVO for discussions related to the life history and genetics of Aspergillus, to Prof. BORIS EPHRUSSI and Prof. HERSCHEL ROMAN for discussion and correspondence related to the problems of yeast genetics, and to Dr. W. HAYES and Dr. HARRIET EPHRUSSI-TAYLOR for discussions related to genetic recombination in bacteria. I am indebted to Prof. N. H. HOROWITZ, Prof. G. W. BEADLE, and to MARY R. EMERSON for reading and criticising the manuscript during its preparation, and to GERALD FLING for his editorial reading of the manuscript.

## Glossary of biological terms.

Some of these biological terms have been used in a special, or restricted, sense, and some may be unfamiliar to physiological chemists.

**Allele.** One of two or more persistent alternative states of a gene (locus). The causal agent in the expression of one of two or more alternatives (including presence *vs.* absence) of an hereditary trait. Only one of two or more homologous (alternative) alleles is represented in any one haploid chromosome (see section 4, a, p. 504).

**Allelism.** As in "tests for allelism", which are tests to determine whether or not two hereditary units are actually alternatives, only one of which can be present in a haploid chromosome at any one time.

**Anaphase.** The stage of nuclear division during which the two qualitatively equal halves (chromatids) of a chromosome are separated and distributed to different daughter nuclei in mitosis, or during which one chromosome (consisting of two chromatids) of a pair is separated from its homologue in meiosis.

**Ascogonium.** The female sex organ in the Ascomycetes. The structure which, after receiving a nucleus, or nuclei from the "male" parent, proliferates into a tissue from which asci develop.

**Ascospore.** The "sexual" spore of the Ascomycetes, which is haploid, and a direct (or nearly direct) product of the meiotic divisions.

**Ascus.** A sac-shaped structure, originally a single cell, in which a diploid nucleus undergoes the two reduction (meiotic) divisions to produce a "tetrad" of haploid nuclei (meiotic products). In Neurospora and similar forms, the diploid nucleus arises in the ascus by a fusion of two haploid (gamete) nuclei; in Saccharomyces, the diploid nucleus of the ascus is a descendant (by a series of mitotic divisions) of a zygote nucleus which arose earlier. The tetrad of meiotic nuclei in the ascus may directly become the nuclei

---

[1] WATSON, J. D., and F. H. C. CRICK: Nature **171**, 964 (1953).

of the ascospores, as in Saccharomyces, or each may divide mitotically to produce the nuclei of two ascospores (which are genetic twins), as in Neurospora (fig. 2, p. 447) and Aspergillus.

**Centromere.** Also known as the kinetocore. A specialized region of a chromosome with which spindle fibers are associated. It is important in genetic segregation since the centromere of one chromosome separates as a unit from that of the homologous chromosome in the first meiotic division, whereas the remainder of each chromosome is divided into two chromatids, which need not separate as a unit from the two chromatids of the homologous chromosome (see fig. 12, p. 462).

**Chromatid.** One of two qualitatively equal halves of a chromosome (see fig. 12, p. 462).

**Clone.** A group, or an array, of organisms all of which have descended from a single individual by purely vegetative, or asexual, reproduction, and hence postulated to be completely uniform in genetic constitution (but see discussion of "pure lines", p. 531).

**Coenocyte.** An individual in which cells are not regularly uninucleate, or in which a large number of nuclei exist in a common cytoplasm.

**Conidium.** An asexually produced spore of certain fungi. In *Aspergillus nidulans* all conida are uninucleate. In Neurospora there are *microconidia*, which are always uninucleate, and *macroconidia*, or *monilioid* conidia, which are usually multinucleate.

**Conjugate divisions.** Synchronized mitotic divisions of pairs of nuclei (at least in the fungi) which are of different (haploid) parental origin and which are of contrasting and compatible mating types.

**Crossing over.** The process by which there occurs an *exchange* of genetic material between one chromatid of one chromosome and one chromatid of the homologous chromosome (fig. 5, p. 450).

**Crossover.** a) A chromatid which has taken part in crossing over, or a chromosome descended by mitotic divisions from it. Usually a chromosome in which the crossover can be recognized by a recombination between linked genes of different parental origin.

b) An individual carrying a crossover chromosome — preferably known as a recombinant when the crossover can be detected.

**Diploid.** a) A nucleus having two complete sets of chromosomes, commonly one set derived from each of the two parents.

b) An individual possessing diploid nuclei. (Some authors use the term diploid in reference to individuals having two haploid nuclei of different parental origin in each cell, which would be called *dicaryons* by the terminology used here.)

**Diplophase.** The diploid generation in organisms having alternating diploid and haploid generations.

**Exchange.** The process of crossing over. A *double exchange* involves two separate crossing over events at different positions in a single pair of chromosomes. See figure 6 page 451, for different types of double exchanges.

**Fertilization.** a) The union of two gamete nuclei to form the zygote nucleus. *Caryogamy.*

b) Sometimes used to refer to a fusion of cells which is not followed by nuclear fusion, as in the "fertilization" of the ascogonium of Neurospora by conidia (p. 446). *Cytogamy,* or *plasmogamy.*

**Gene.** A chromosomal hereditary determiner or "hereditary factor". Specific usage differs in one critical respect. In this review "gene" is sometimes used in a collective sense to refer to "different allelic states of a gene", which is roughly equivalent to "locus" as commonly used. Different alternative (homologous) alleles are here not spoken of as different genes, though many authors follow that usage.

**Genotype.** The genetic constitution of an individual including heterozygous recessive genes which have no detected (phenotypic) effect.

**Haploid.** A nucleus having a single set of chromosomes, or an individual whose nuclei are haploid.

**Haplophase.** The haploid generation of organisms in which there is an alternation of haploid and diploid generations.

**Heterocaryon.** An individual with nuclei of more than one genetic constitution. Generally a coenocytic individual in which two or more genotypically dissimilar types of nuclei are present in all, or most, cells. Heterocaryons in Neurospora, Aspergillus, etc., may arise from anastomoses between genetically dissimilar individuals, or from mutation in one nucleus, and, in diploid strains of Aspergillus, following somatic crossing over (p. 461).

**Heterothallic.** Requiring a mating between strains of dissimilar "mating type" for the completion of a sexual cycle.

**Heterozygote.** A diploid having one allele of a gene (at one locus) in one chromosome and a different allele of the same gene (at that locus) in the homologous chromosome. An individual which is hybrid, or *heterozygous*, for a particular characteristic.

**Homologue.** A chromosome of one set made up of genic material comparable to the genic material of a particular chromosome of another set. *Homologous* chromosomes carry the same or alternative alleles at each corresponding locus.

**Homothallic.** Capable of undergoing a complete sexual cycle without a mating between individuals (as in Aspergillus), or with mating between individuals not differentiated by mating type.

**Homozygote.** A diploid individual carrying the identical allele at the locus in question in both homologous chromosomes. (A haploid individual, in which all genes are represented only once, is said to be *hemizygous* at each locus.)

**Hypha.** A branch, or a single filament, of a filamentous fungus.

**Linkage.** The association of distinct hereditary characters in inheritance due to the proximity of the responsible genes in a single chromosome.

**Locus.** The position on a chromosome with which a particular gene (series of alternative alleles) is associated.

**Mating type.** A category within which there is sexual incompatibility. *Neurospora crassa* and the heterothallic Saccharomyces have two intercompatible, intra-incompatible, mating types; other microorganisms, such as *Paramecium* and many Basidiomycetes, may each have four or more mating types.

**Meiosis.** The two reduction divisions during which the chromosome number is reduced from the diploid to the haploid number, and during which genetic segregation occurs.

**Mitosis.** The ordinary, or vegetative, type of nuclear division in which each chromosome divides, one half being distributed to each of the two daughter nuclei. Chromosome divisions are *equational* in that each genetic unit is duplicated and distributed equally to the daughter chromosomes.

**Mutation.** a) In the broad sense, any persistent change in an hereditary trait, or the process by which such change arises.

b) In a restricted sense, a change in a chromosomal hereditary unit (gene) recognized by a change in the expression of the associated hereditary characteristic.

c) Sometimes used to designate an individual, or strain, possessing a mutated gene or trait, more appropriately termed a *mutant*, or mutant strain.

**Mycelium.** The plant body of a filamentous fungus. The entire vegetative structure of a filamentous fungus.

**Perithecium.** The fruiting body of certain Ascomycetes within which the asci develop, and possessing an opening in the neck through which ascospores are discharged (as in Neurospora, fig. 1, p. 446). The equivalent structure in Aspergillus (fig. 9, p. 457) which has no opening is, strictly speaking, a *clistothecium*.

**Phenocopy.** A non-genetic simulation of a genetic characteristic usually resulting from environmental conditions.

**Phenotype.** The genetic nature of an individual as judged solely by the observable genetic traits exhibited, without regard to the presence of genes (for example, heterozygous recessives) which do not produce an observable effect in that individual.

**Polyploidy.** The condition of having more than the usual number of sets of chromosomes, usually more than two, as in *triploidy*, with three sets, *tetraploidy*, with four sets, etc.

**Polysomy.** The condition of having extra chromosomes, but not complete sets of extra chromosomes. For example, a *trisomic* individual has one chromosome represented three times, the remainder of the set only twice — it is a diploid with one chromosome duplicated.

**Protoperithecium.** The incipient fruiting body of Ascomycetes, such as Neurospora (fig. 1, p. 446), which develops into a mature perithecium only after acquiring nuclei opposite in mating type to those originating in the protoperithecium.

**Prototroph.** In biochemical-genetic usage, an individual, or strain, having no nutritional requirements in addition to those of the wild type (or standard reference strain). For example, a strain of Neurospora requiring nothing beyond inorganic salts, an organic carbon source, and the vitamin biotin, is termed *prototrophic*, since all strains of Neurospora have these minimum requirements.

**Recombinant.** An individual, a chromosome, a chromatid, or a cell, possessing hereditary traits derived from both parents in a combination other than that existing in either parent. When linked hereditary traits are in question, recombinations appear as a result of crossing over; when independent hereditary traits are involved, recombinants result from the independent assortment of different chromosome pairs.

**Segregation.** The clean assortment of contrasting hereditary traits — most commonly the result of the separation of homologous chromosome elements during meiosis (as in fig. 4, p. 449, and fig. 5, p. 450). In other instances *somatic segregation* may result from somatic crossing over (fig. 12, p. 462), or from the separation of genetically dissimilar nuclei of a heterocaryon (fig. 11, p. 460).

**Somatic.** Unrelated to sexual stages or processes, as in somatic crossing over and somatic segregation which occur independently of the meiotic processes.

**Tetrad.** In microbial genetics, the four haploid products resulting from the meiotic divisions of a single diploid nucleus. The four ascospores produced in a single ascus of yeast, or the four pairs of twin ascospores produced in an ascus of *Neurospora crassa*.

**Zygote.** The cell containing the fusion nucleus resulting from the union of two gamete nuclei. The initial diploid cell in Saccharomyces; the young ascus in Neurospora and Aspergillus.

# Aufarbeitung von Geweben und Zellen.

Von

## K. Lang und G. Siebert.

Mit 12 Abbildungen.

Der vorliegende Beitrag beschränkt sich auf Angaben zur Präparation tierischer Gewebe; dies entspricht nicht nur dem eigenen Interessen- und Erfahrungsbereich der Verfasser, sondern liegt vor allem auch an der wesentlich größeren Widerstandsfähigkeit der Membranen von pflanzlichen Zellen und Mikroorganismen, deren Verarbeitung daher meist schwieriger ist. Die für die Aufarbeitung von Geweben und Zellen in Frage kommenden Verfahren entstammen meistens der neueren und neuesten Zeit; daher gibt es kaum ältere, zusammenfassende Darstellungen über dieses Gebiet. Zu erwähnen sind[1-3].

Zusammensetzung und Funktion der Zelle und ihrer morphologischen Strukturelemente sind von LANG und SIEBERT[4] ausführlich beschrieben worden; für alle nicht rein methodischen Probleme der Zell- und Gewebsfraktionierung wird daher auf diesen Aufsatz verwiesen. Erwähnung finden methodische Fragen in folgenden Übersichten[5].

## 1. Gewebspräparationen.

### a) Einleitung.

Untersuchungen über den intermediären Stoffwechsel lassen sich nur in wenigen Fällen am intakten Organismus durchführen. In den meisten Fällen werden die Nährstoffe oder Zwischenprodukte ihres Stoffwechsels vom intakten Organismus bis zu den Endprodukten wie $CO_2$ und $H_2O$ abgebaut. Weiterhin erhält man keine Anhaltspunkte für die Stoffwechselleistungen der einzelnen Organe. Zur Umgehung dieser Schwierigkeiten ging man dazu über, an isolierten Organen zu arbeiten. Untersuchungen an isolierten, durchströmten Organen sind aber schwierig durchzuführen und erfordern einen großen apparativen und zeitlichen Aufwand. Viel einfacher ist es, mit Präparationen des Organs zu arbeiten, etwa mit einzelnen Zellen, Schnitten, Breien, Homogenaten, Extrakten, Trockenpulvern. Die meisten Untersuchungen über den intermediären Stoffwechsel von Substanzen sind in der neueren Zeit auf diese Weise durchgeführt worden. Wichtige Ergebnisse wurden mit zellfreien Extrakten gewonnen. Zellfreie Extrakte repräsentieren Enzymlösungen, bei denen die strukturellen Beziehungen der Enzyme völlig verloren gegangen sind. Versuche an solchen Extrakten sind die unerläßlichen Voraussetzungen für die Isolierung von Enzymen, erlauben aber keine Aussagen über längere Reaktionsketten, die Konkurrenz von Enzymen um dasselbe Substrat, somit also nicht über die Richtung des Stoffwechsels. Sie sind auch nicht quantitativ auswertbar und sagen nur etwas darüber aus, ob eine gegebene Reaktion in dem betreffenden Organ möglich ist. Ähnliche Verhältnisse liegen auch beim Arbeiten mit Organbreien vor. Organbreie sind früher viel verwendet worden. Heute benützt man sie nur noch zu orientierenden Untersuchungen. Hauptursache für ihre vielfache Ablehnung ist die mangelhafte Definition des Materials.

Sehr bewährt hat sich das von WARBURG eingeführte Arbeiten mit Organschnitten. Das Verfahren eignet sich nicht nur zur Messung von Atmung und Glykolyse, sondern ist ganz allgemeiner Anwendung fähig. Auf die ältere Diskussion, inwieweit die mit der Organschnittmethode erhaltenen Resultate in quantitativer Beziehung die Verhältnisse im intakten Organ widerspiegeln und sich auf den intakten Organismus übertragen lassen, soll hier nicht näher eingegangen werden. Durch Verbesserung der Untersuchungsmethodik, insbesondere durch Verwendung günstiger zusammengesetzter Medien, sind viele der älteren Bedenken überholt[6]. Es unterliegt keinem Zweifel, daß sich bei der Herstellung der Schnitte Schädigungen der Zellen nicht völlig vermeiden lassen. Neuere Arbeiten haben jedoch gezeigt, daß die Gewebsatmung, die man im Versuch in vitro an Schnitten mißt, in der Größenordnung gelegen ist, wie man sie für den intakten Organismus annehmen muß. Man arbeitet mit einem System, dessen Struktur, insbesondere dessen Zellstrukturen, erhalten sind. Bei diesen Versuchen spielt also die Permeabilität

---

[1] Bamann-Myrbäck.
[2] UMBREIT, W. W., R. H. BURRIS and F. J. STAUFFER: Manometric Techniques and Tissue Metabolism. 2. Aufl. Minneapolis 1951.
[3] BEHRENS, M.: Handb. biol. Arb.-Meth. Abt. V, Teil 10/II, S. 1363ff.
[4] LANG, K., u. G. SIEBERT: Die chemischen Leistungen der morphologischen Zellelemente. In Flaschenträger-Lehnartz, Physiologische Chemie. Bd. 2/1, S. 1064—1157. 1954.
[5] HOLTER, H.: Adv. Enzymol. 13, 1 (1952). — DUVE, C. DE: Expos. ann. Biochim. méd. 14, 47 (1952).
[6] HUSTON, M. J., and A. W. MARTIN: Proc. Soc. exp. Biol. Med. 86, 103 (1954).

der Zellen für die zu untersuchende Substanz eine ausschlaggebende Rolle. Umsätze von Substanzen, die überhaupt nicht von den Zellen aufgenommen werden, lassen sich in Schnitten nicht verfolgen. Mit der Schnittechnik mißt man also den tatsächlichen Stoffwechselumfang des Organs.

Beim Arbeiten mit Homogenaten arbeitet man mit einem System, dessen Diffusionsschranken weitestgehend beseitigt und dessen makroskopische und mikroskopische Strukturen praktisch vollkommen zerstört sind. Man ist also in der Lage, durch Ergänzung mit im Unterschuß vorhandenen Substanzen und Schaffung optimaler Bedingungen die potentiellen Stoffwechselaktivitäten der Gewebe zu messen. Der Vorteil der Verwendung von Homogenaten besteht demnach darin, daß man die Umsätze groß gestalten kann. Im Gegensatz zu den Schnitten spiegeln aber die beim Arbeiten mit Homogenaten gewonnenen Ergebnisse nicht die im intakten Organismus herrschenden Verhältnisse, insbesondere nicht in quantitativer Beziehung, wider.

Begrenzende Faktoren beim Arbeiten mit Präparationen von überlebendem Gewebe sind die „Absterbevorgänge" und die bei längerer Versuchsdauer leicht drohende Infektion, so daß die Gefahr besteht, daß der Stoffwechsel der sich entwickelnden Mikroorganismen mitgemessen wird. Die „Absterbevorgänge" bestehen in einer Inaktivierung von Enzymsystemen, insbesondere durch enzymatische Aufspaltung der Co-Enzyme. Sie äußern sich in einem raschen Absinken der Umsatzgrößen. Diese Inaktivierungsprozesse laufen um so umfangreicher und rascher ab, je stärker die Zerstörung der Zellstrukturen ist. Das Absinken der Stoffwechselintensität läßt sich durch Zusatz der betreffenden Faktoren hintanhalten. Versuche mit überlebenden Gewebepräparationen können nur kurzfristig sein. Im allgemeinen dehnt man die Versuche nicht über 1—2 Std aus. Will man aus der gemessenen Stoffwechselintensität bei Versuchen mit Schnitten auf die Umsatzgrößen im intakten Organismus schließen, legt man den Berechnungen zweckmäßigerweise noch kürzere Zeiten, etwa 10—20 min, zugrunde.

### b) Gewebsschnitte.

Nach WARBURG[1] geschieht die Herstellung der Schnitte am besten mittels eines freihändig geführten Rasiermessers, dessen Klinge mit Wasser bzw. Ringerlösung angefeuchtet wird. In den meisten Laboratorien verwendet man heute an Stelle des Rasiermessers Rasierklingen, die in einem handlichen Halter eingespannt werden. Das zu schneidende Organ wird auf ein gehärtetes Filtrierpapier gelegt, das mit Ringerlösung befeuchtet wird. Als Unterlage sind Korkplatten zu empfehlen. Das Gewebstück, das geschnitten werden soll, hat zweckmäßigerweise etwa 1 cm Durchmesser. Die fertigen Schnitte gibt man in eine mit Ringerlösung gefüllte PETRI-Schale. Durch Vergleich im durchfallenden Licht ist es leicht möglich, die dünnsten und gleichmäßigsten Schnitte zu erkennen. Die Oberfläche der Schnitte sollte etwa 30—50 mm$^2$ betragen. Man schneidet sie mit der Schere zu rechteckigen Stücken und beseitigt etwaige, aus zerfetztem Material bestehende, Schwänze. Auf diese Weise ist es leicht möglich, bei einiger Übung Schnitte von einer mittleren Dicke von 0,2—0,3 mm herzustellen.

Manche Organe sind infolge ihrer Konsistenz oder wegen der Kleinheit des Objekts auf die geschilderte Weise schwierig zu schneiden. Bei ihnen verwendet man besser die Methode von DEUTSCH[2]. Man bringt das Organ zwischen zwei gekühlte Glasplatten, z. B. Objektträger. Die obere Glasplatte dient als Führung für die Rasierklinge. Der Druck, mit dem man die beiden Glasplatten mit der Hand aufeinander drückt, ist Erfahrungssache. UMBREIT und Mitarbeiter[3] empfehlen folgendes Vorgehen: Man legt auf die untere Glasplatte ein Stück gehärtetes Filtrierpapier, das mit Ringerlösung befeuchtet

---

[1] WARBURG, O.: B. Z. **142**, 317 (1923).
[2] DEUTSCH, W.: J. Physiol., London **87**, 56 (1936).
[3] UMBREIT, W. W., R. H. BURRIS and F. J. STAUFFER: Manometric Techniques and Tissue Metabolism. 2. Aufl. S. 110. Minneapolis 1951.

ist. Auf das Filtrierpapier kommt das zu schneidende Gewebsstück. Die zweite Glasplatte wird nach Befeuchten mit Ringerlösung auf das Organstück gelegt und leicht mit der einen Hand darauf gedrückt. Mit der anderen Hand führt man die ebenfalls mit Ringerlösung befeuchtete, in einen Halter gespannte Rasierklinge an der unteren Seite des oberen Objektträgers entlang. Ein besonderer nach diesem Prinzip konstruierter Apparat wurde von STADIE und RIGGS[1] beschrieben.

Häufig ist man gezwungen, mit kleineren Schnitten, bis etwa 1 mm² Oberfläche herab, zu arbeiten. Ihre Herstellung erfolgt ebenso wie die von den größeren Schnitten[2]. Ihre Handhabung erfordert aber besondere Vorsicht. Denn das Verhältnis der geschädigten, an der Oberfläche des Schnittes gelegenen Zellen zu den intakten ist wesentlich ungünstiger als bei den größeren Schnitten. Durch Waschen der Schnitte in Ringerlösung (bzw. einem anderen, bei der Untersuchung zu verwendenden Medium) unter mäßigem Schütteln wird ein großer Teil der geschädigten Zellen beseitigt. Das Einbringen der Schnitte in die Waschflüssigkeit und in die Versuchskammer geschieht am besten mit Hilfe eines kleinen Platinspatels. Große Schnitte kann man mit einer anatomischen Pinzette handhaben.

Die Ermittlung der Trockensubstanz der Schnitte erfolgt durch Trocknen bei 100° bis zur Gewichtskonstanz. Das Trockengewicht ergibt in den meisten Fällen, mit 5 multipliziert, mit hinreichender Genauigkeit das Frischgewicht.

Da die Stoffwechselintensität der Gewebe rasch absinkt, wenn sie unter ungünstigen Verhältnissen gehalten werden, ist es wichtig, die Schnitte aus möglichst lebensfrischen Organen herzustellen. Die Spanne zwischen Töten des Versuchstieres und Beginn des eigentlichen Versuches, d. h. Einbringen der fertigen Schnitte in die WARBURG-Apparatur, sollte nicht mehr als 20 min betragen. Kleine Tiere werden durch Nackenschlag, größere durch Entbluten getötet. In vielen Fällen hat es sich als zweckmäßig erwiesen, die entnommenen Organe rasch zu kühlen.

Sollen quantitative Untersuchungen über den Stoffwechsel durchgeführt werden, muß die Schichtdicke der Schnitte so beschaffen sein, daß sich alle Schichten am Stoffwechsel beteiligen können. Denn nur dann läßt sich der Stoffumsatz auf die Gewichtseinheit Gewebe beziehen. Die „Grenzschnittdicke", d. h. die obere Grenze, bei der alle Schichten des Schnittes am Stoffwechsel teilnehmen können, hängt von verschiedenen Faktoren ab: Größe des Stoffumsatzes, Diffusionskonstante der reagierenden Stoffe, Konzentration der reagierenden Stoffe u. a. m. Nähere Angaben über die Berechnung der Grenzschnittdicke findet man bei WARBURG[3] (s. a. LASER[4]).

Für den Fall der Atmung ergibt sich nach WARBURG die Grenzschnittdicke $d'$ (in cm) aus der Formel

$$d' = \sqrt{8\, C_0 \frac{D}{A}}\,.$$

$D$ = Diffusionskonstante für $O_2$ in cm³. Nach KROGH[5] diffundieren bei 38° durch einen Gewebequerschnitt von 1 cm² je Minute $1,4 \cdot 10^{-5}$ cm³ $O_2$ (0° und 760 mm), wenn das Gefälle 1 Atm je cm beträgt. $A$ = Atmungsintensität des Organs, angegeben in cm³ veratmetem $O_2$ je cm³ Gewebe und Minute. $A$ ist also je nach dem Gewebe verschieden. $C_0$ = $O_2$-Konzentration in der Versuchsatmosphäre, ausgedrückt in Atm.

Derartige Berechnungen haben ergeben, daß alle Zellen eines Schnittes atmen können, wenn der Schnitt dünner als $4,7 \cdot 10^{-2}$ cm ist und die Atmosphäre aus reinem $O_2$ besteht. Soll die Atmung in Luft untersucht werden, so muß der Schnitt dünner als $2,1 \cdot 10^{-2}$ cm sein.

Die Dicke von Schnitten läßt sich leicht bestimmen, wenn man ihre Oberfläche und ihr Gewicht ermittelt. Das Gewicht (Feuchtgewicht) ergibt das Volumen. Nach Division

---

[1] STADIE, W. C., and B. C. RIGGS: J. biol. Ch. **154**, 687 (1944).
[2] BERENBLUM, I., E. CHAIN and N. G. HEATLEY: Biochem. J. **33**, 68 (1939).
[3] WARBURG, O.: B. Z. **142**, 317 (1923).
[4] LASER, H.: Biochem. J. **36**, 319 (1942).
[5] KROGH, A.: J. Physiol., London **52**, 391 (1919).

des Volumens durch die Oberfläche erhält man die Dicke. Zur Ermittlung der Oberfläche stellt man die PETRI-Schale, in der sich die Schnitte befinden, auf ein Stück Millimeterpapier.

Bei Organen, die aus mehreren, anatomisch verschiedenen Anteilen aufgebaut sind (z. B. Gehirn, Niere, Nebenniere), ist darauf zu achten, daß die Schnitte nur das Gewebe umfassen, dessen Stoffwechsel bestimmt werden soll, da die Stoffwechselintensitäten der einzelnen anatomischen Bestandteile sehr unterschiedlich sein können. Beim Arbeiten mit Tumorgewebe ist darauf zu achten, daß die Schnitte keine nekrotischen Stellen umfassen.

Verschiedentlich wurden Apparate beschrieben, mit deren Hilfe in kurzer Zeit größere Mengen Schnitte von einheitlicher Schnittdicke gewonnen werden können. Als Beispiel sei die „Kreismessermethode" von VOIGT[1] erwähnt. Alle diese Methoden haben sich jedoch nicht eingebürgert.

Für die Herstellung von Hirnschnitten, die mit der freien Hand schwierig ist, da das Gewebe leicht einreißt, empfehlen GRACA und MAKAROFF[2] Einbetten in Agar und Schneiden mit einem Spezialmikrotom.

### c) Gewebebreie.

Stoffwechselversuche werden heute kaum mehr an Gewebebreien durchgeführt. Hauptursachen sind die bei der Herstellung der Breie zumeist eintretende erhebliche Schädigung des Gewebes und die mangelhafte Definition des Materials. Gewebebreie pflegen Zelltrümmer, einzelne Zellen sowie mehr oder minder große Verbände von Zellen zu enthalten.

In den älteren Zeiten der biochemischen Forschung wurden die Gewebebreie zumeist durch Zerkleinern der Gewebe mit der Schere oder dem Rasiermesser dargestellt. Häufig wurde das Gewebe auch mit Quarzsand in einer Reibschale zerrieben. Viele Autoren verwendeten die im Haushalt üblichen Fleischhackmaschinen („Fleischwolf"). Eine wesentliche Verbesserung bedeutete die Latapiemühle, bei der das Gewebe durch einen massiven Kolben gegen eine durchlöcherte, stehende Scheibe gepreßt wird. In enger Berührung mit dieser Scheibe rotieren auf deren anderer Seite scharfe Messer. Dadurch entsteht ohne wesentliche mechanische Zerreißung oder Zerrung des Gewebes ein feiner Brei, dessen Partikelchen einen Durchmesser von etwa 0,3—0,5 mm haben. Bei Leber und Niere bestehen die so erhaltenen Partikelchen aus etwa je 10000 Zellen[3].

Weiche Gewebe lassen sich einfach in einer Reibschale zerdrücken. Zum Ziel führt auch Durchpressen durch ein feines Drahtsieb.

Am schonendsten erfolgt die Herstellung von Gewebebreien durch Zerkleinern des tiefgefrorenen (Kohlendioxydschnee, flüssige Luft) Gewebes. Schon KOSSEL[4] hat einen Apparat beschrieben, in dem das hartgefrorene Organ mit Hilfe von rotierenden Messern feinst zerkleinert wird. Von demselben Autor wurde auch bereits die Gefriertrocknung empfohlen.

In der neueren Zeit wurde von MCILWAIN und BUDDLE[5] ein Apparat konstruiert, mit dem sich Gewebebrei unter weitestgehender Schonung der Zellstruktur herstellen läßt. Das durch einen Motor angetriebene Gerät führt Hackbewegungen aus. Die durch ihr eigenes Gewicht niederfallende Klinge zerlegt das auf einem Stück Filtrierpapier befindliche Organ. Ein mit der Bewegung der Klinge gekuppelter Vortrieb sorgt dafür, daß dieselbe Stelle des Gewebes nicht zweimal getroffen wird. Man erhält feine Schnitte bzw. Zylinder des Gewebes, die leicht in Suspension zu halten sind.

Ein sehr einfacher Apparat, mit dem gleichmäßige Gewebezerkleinerung erreicht wird, wurde von MONGAR und SCHILD[6] beschrieben.

---

[1] VOIGT, R.: H. **281**, 1 (1944).
[2] GRACA, J. G., and W. N. MAKAROFF: Sicence, N. Y. **115**, 374 (1952).
[3] SZENT-GYÖRGYI, A.: H. **236**, 1 (1935).
[4] KOSSEL, A.: H. **33**, 1 (1901); **84**, 354 (1913).
[5] MCILWAIN, H., and H. L. BUDDLE: Biochem. J. **53**, 412 (1953).
[6] MONGAR, J. L., and H. O. SCHILD: Brit. J. Pharmacol. **8**, 103 (1953).

### d) Homogenate.

Größte Anwendung im Laboratorium hat der Homogenisator von POTTER und ELVEHJEM[1] gefunden (Abb. 1)*. In seiner ursprünglichen Form besteht er aus einem dickwandigen Reagensglas von 16×150 mm und einem Pistill, dessen unterer Teil einen etwa 0,20—0,25 mm kleineren Durchmesser hat, als der Innendurchmesser des Reagensglases beträgt. Es ist zweckmäßig, für jedes Pistill mehrere Reagensgläser vorrätig zu haben. Ebenso ist es empfehlenswert, sich eine Reihe solcher Homogenisatoren verschiedener Größe herstellen zu lassen. Glashomogenisatoren mit wesentlich größeren Dimensionen als oben angegeben sind der Bruchgefahr wegen nicht zu empfehlen. Für viele Zwecke eignen sich an Stelle der Glaspistille solche aus Kunststoff. Von amerikanischen Autoren wird hierfür Lucite[2] verwendet. Der Vorteil der Kunststoffpistille besteht darin, daß das Gewebehomogenat nicht mit Glasstaub verunreinigt wird, was sich z.B. bei Bestimmungen der Trockensubstanz störend bemerkbar machen kann. In manchen Laboratorien werden auch aus V2a-Stahl gefertigte Homogenisatoren verwendet. Zum Antrieb des Pistills dient ein Elektromotor. Man arbeitet mit 1000 bis 1300 U/min.

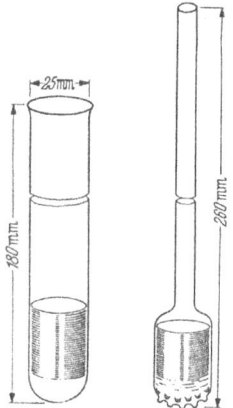

Abb. 1. Homogenisator nach POTTER und ELVEHJEM[1].

Die Herstellung von Homogenaten erfolgt folgendermaßen. Eine gewogene Menge des möglichst lebensfrischen Organs (bei Homogenisatoren der oben angegebenen Dimensionen 1—2 g) wird in das vorher mit 1 cm³ des gewünschten Mediums (Wasser, KCl-Lösung, Pufferlösung usw.) beschickte Reagensglas gegeben. Man füllt dann noch so viel Lösung zu, daß die für den betreffenden Versuch zweckmäßige Verdünnung des Homogenats erreicht wird, etwa 1:10. Sind noch größere Verdünnungen notwendig, so empfiehlt es sich, ein 1:10 verdünntes Homogenat herzustellen und dieses dann durch weiteren Zusatz von Suspensionsflüssigkeit zu verdünnen. Man stellt das Glas in Eiswasser und schiebt es von unten gegen das an den Motor angeschlossene Pistill. Während des Homogenisierens wird das Glas auf- und abwärts bewegt. Die Homogenisierungszeit hängt von dem Organ ab, sollte jedoch möglichst kurz bemessen sein.

Zum Abpipettieren aliquoter Mengen Homogenat verwende man Pipetten mit einer nicht zu engen Öffnung, da sich sonst Schwierigkeiten wegen der im Homogenat enthaltenen Bindegewebsfibrillen ergeben können. In den Homogenaten werden viele Enzyme rasch inaktiv. Man arbeite daher stets nur mit frischen Homogenaten.

Der Homogenisator von POTTER und ELVEHJEM wurde von verschiedenen Autoren für spezielle Zwecke modifiziert. POEL[3] beschreibt ein nach demselben Prinzip arbeitendes Gerät, das sich speziell für die Homogenisierung von Muskel eignet. Der mit Trockeneis gefrorene Muskel wird zuerst zerstoßen und dann in einem V2A-Homogenisator weiter zerkleinert. Zur Verarbeitung von sehr kleinen Gewebemengen (wenige Milligramme) wurde von LAZAROW und PORTIS[4] ein konisch zulaufender Mikrohomogenisator konstruiert. Das Gefäß, in dem homogenisiert wird, kann als Zentrifugenglas verwendet und, da es einen Normalschliff besitzt, unmittelbar an Glasapparaturen (etwa Rückflußkühler) angeschlossen werden.

Im Homogenisator von POTTER-ELVEHJEM läßt sich Gehirn oft nur schwierig homogenisieren, da sich Fäden von nur partiell zerkleinertem Gehirn an das Pistill anhängen[5]. Die zitierten Autoren vermeiden dies, indem sie vor Einsetzen des Pistills eine Kugel von

---

* Erhältlich bei B. Braun, Melsungen.
[1] POTTER, V. R., and C. A. ELVEHJEM: J. biol. Ch. **114**, 495 (1936).
[2] UMBREIT, W. W., R. H. BURRIS and J. F. STAUFFER: Manometric Techniques and Tissue Metabolism. 7. Aufl. S. 136. Minneapolis 1951.
[3] POEL, W. E.: Science **108**, 390 (1948).
[4] LAZAROW, A., and R. A. PORTIS: J. Lab. clin. Med. **38**, 773 (1951).
[5] GAROUTTE, B., and S. CHEIKER: Science **120**, 399 (1954).

3—4 mm Durchmesser aus schwarzem Gummi in das Reagensglas geben. Die Kugel rotiert dann zwischen dem Boden des Gefäßes und dem Pistill und verhindert das Anhängen von Fäden. Der Gummi gibt keine störenden Substanzen an das Homogenat ab.

Einen einfachen, aus Glas bestehenden Homogenisator zum kontinuierlichen Betrieb beschreiben HARRIS und MEHL[1]. Ein Gerät, bei dem der Mantel einer Glasspritze rotiert wird, während an das Kolbeninnere Vakuum angelegt wird, hat KATZBERG[2] angegeben. Das zwischen Spritzenmantel und Kolben befindliche Gewebe wird nach gebührender Zerkleinerung in das Kolbeninnere gesaugt und kann dort wieder entnommen werden (Abb. 2).

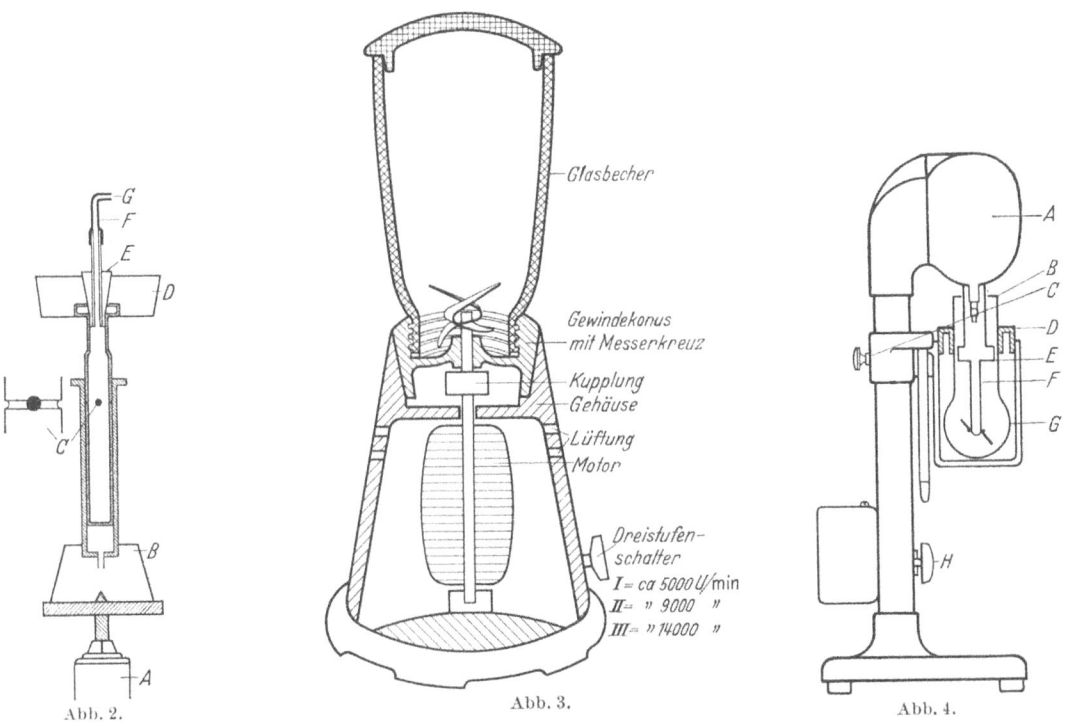

Abb. 2. Gerät zur Gewebszerkleinerung nach KATZBERG[2]. *A* Motorachse; *B* Rotorplatte, mit äußerem Spritzenteil fest verbunden; *C* Rinne im Spritzenstempel mit 2 einander gegenüberliegenden Löchern; *D* Stopfen zum Einspannen in ein Stativ; *E* Glasrohr; *F* Gummischlauch; *G* zur Vakuumpumpe.

Abb. 3. Schemazeichnung eines Homogenisators mit unten liegendem Motor.

Abb. 4. Schemazeichnung eines Homogenisators mit oben liegendem Motor. *A* Motor mit Gehäuse; *B* Glasbecher; *C* Befestigung des Behälters *G*; *D* Führungsring für Glasbecher; *E* Schutz gegen Herausspritzen von Flüssigkeit; *F* Zerkleinerungsvorrichtung; *G* Kühlbehälter; *H* Schalter und Widerstandseinstellung.

Andere, sehr häufig zur Herstellung von Gewebehomogenaten verwendete Geräte sind der WARING-*Blendor* und seine verschiedenen Modifikationen (Abb. 3 und 4). Dem WARING-Blendor entsprechende Geräte sind in Deutschland unter dem Namen „Starmix", „Turmix" usw. käuflich. Neuerdings wird von der Firma E. Bühler (Tübingen) ein eigens für wissenschaftliche Zwecke konstruierter Homogenisator hergestellt. Bei allen diesen Geräten wird das Material durch kreisende Messer, die durch einen sehr hochtourigen Motor (10000—40000 Umdrehungen) bzw. eine entsprechende Übersetzung angetrieben werden, zerkleinert. Für viele Zwecke ist es empfehlenswert, aus V2A-Stahl bestehende Flügelmesser zu verwenden. Der Homogenisator der Firma Bühler hat den Vorteil, daß das Homogenisieren unter Kühlung erfolgen kann. Auch der von McCARTY[3] beschriebene Homogenisator besitzt eine Kühlvorrichtung, desgleichen das Gerät von FOLLEY und WATSON[4].

---

[1] HARRIS, E. S., and J. W. MEHL: Science **120**, 663 (1954).
[2] KATZBERG, A. A.: Science, N. Y. **112**, 339 (1950).
[3] McCARTY, K. S.: Exp. Med. Surg. **3**, 213 (1949).
[4] FOLLEY, S. J., and S. C. WATSON: Biochem. J. **42**, 204 (1948).

Beim Arbeiten mit Homogenisatoren, insbesondere mit dem WARING-Blendor, wird das Material intensiv mit dem Luftsauerstoff in Kontakt gebracht. Es ist daher wesentlich, daß die Homogenisierungszeit so kurz wie nur möglich gehalten wird. Bei längerem Homogenisieren (mehr als 1—2 min) entstehen Proteindenaturierungen und Enzyminaktivierungen. STERN und BIRD[1] haben die Oxydation von SH-Gruppen sowie die Inaktivierung von Dehydrogenasen und der Ascorbinsäureoxydase festgestellt. Eine starke Abnahme der Succinoxydaseaktivität, aber Gleichbleiben der Aktivität der Enzyme der Glykolyse fanden[2, 3]. Über Schädigungen des Gehirngewebes beim Homogenisieren s.[4]. Die Atmungsintensität der Gehirnhomogenate sinkt in den ersten 10 min stark ab, was bei Schnitten nicht oder nicht in diesem Ausmaße der Fall ist. Weitere Stoffwechselveränderungen als Folge zu langen Homogenisierens von Gehirn wurden von TYLER[5] beschrieben. Bei Versuchen über die Verwendung von $^{14}C$-Acetat zur Biosynthese von Cholesterin fand BUCHER[6], daß bei längerem Homogenisieren von Lebergewebe als 30 sec nur noch inaktive Präparationen erhalten werden. Die angeführten Beispiele, die sich noch beliebig vermehren ließen, zeigen deutlich die Gefahren zu langen Homogenisierens.

Eine weitere Gefahr beim Homogenisieren, insbesondere wenn in wäßrigem Milieu gearbeitet wird, ist die Adsorption von Fremdmaterial an Partikelchen, so daß z. B. bei Bestimmung von Enzymaktivitäten in ihnen Enzyme gefunden werden, die primär gar nicht in diesen Partikelchen enthalten sind. Dies ist insbesondere bei der Isolierung von Strukturen der Zelle zu beachten. Näheres hierüber findet man auf S. 554ff.

## 2. Gewinnung und Trennung einzelner Zellen.

### a) Einleitung.

Die präparative Darstellung von Zellen ist dann einfach, wenn diese nicht in einem Organ oder Gewebe gebunden sind, sondern schon frei in einer Flüssigkeit suspendiert vorkommen, wie z. B. die im Blut oder in einer serösen Flüssigkeit enthaltenen Zellen. Viel schwieriger als die Trennung einzelner Zellarten ist nämlich die Freilegung einzelner Zellen aus Zellverbänden, ohne zugleich die Struktur der Zellen mehr oder minder stark zu alterieren.

Zur Isolierung einzelner Zellen aus einem Organ sowie zur Trennung verschiedener Zellarten stehen zwei verschiedene Verfahren zur Verfügung: Arbeiten in einem wäßrigen Milieu und Arbeiten in nichtwäßrigen Medien. Beide Methoden haben ihre Vorteile und Nachteile. Beim Arbeiten in nichtwäßrigen Medien, also in organischen Lösungsmitteln, werden Fette, Lipoide und anderweits fettlösliche Stoffe beseitigt, ferner werden empfindliche Enzymsysteme inaktiviert. Beim Arbeiten in wäßrigen Medien besteht die Gefahr der Auslaugung wasserlöslicher Stoffe sowie die der Adsorption von Fremdmaterial an die Zellen bzw. anderweitigen Partikelchen. Die Wahl der Isolierungsmethode und des Trennverfahrens hängt also von der Art der beabsichtigten Untersuchungen ab. Zur Bearbeitung von Stoffwechselproblemen wird man also zumeist das Arbeiten in wäßrigen Medien, zur Isolierung bestimmter Substanzen aus den Zellen die Verwendung von nichtwäßrigen Medien vorziehen. Dieselben Fragen tauchen auch bei dem Problem der Trennung der einzelnen Zellstrukturen voneinander auf (s. S. 567).

Das zur Gewinnung und Trennung einzelner tierischer Zellen notwendige Vorgehen ist in den Details von Organ zu Organ bzw. von Zellart zu Zellart verschieden. Im folgenden werden daher nur die allgemeinen Gesichtspunkte, ergänzt durch Schilderung einzelner

---

[1] STERN, R., and L. H. BIRD: Biochem. J. **44**, 635 (1949).
[2] MARQUETTE, M. M., and B. S. SCHWEIGERT: Proc. Soc. exp. Biol. Med. **74**, 860 (1950).
[3] ANDREWS, M. M., B. T. GUTHNECK, B. H. McBRIDE and B. S. SCHWEIGERT: J. biol. Ch. **194**, 715 (1952).
[4] ELLIOTT, A. A. C., and B. LIBET: J. biol. Ch. **143**, 227 (1942).
[5] TYLER, D. B.: Arch. Biochem. **25**, 221 (1950).
[6] BUCHER, N. L. R.: Am. Soc. **75**, 498 (1953).

konkreter Beispiele, herausgearbeitet. Der Erfahrungsschatz auf dem Gebiet der Isolierung und Trennung einzelner Zellen ist noch sehr gering. Fast jedes Forschungsvorhaben, bei dem mit isolierten Zellen gearbeitet werden soll, stellt den Experimentator vor neue methodische Fragen. Unter Berücksichtigung der allgemeinen Gesichtspunkte, Verwendung von schon vorliegenden Erfahrungen und der notwendigen kritischen Einstellung wird man aber der sich bietenden neuen Fragen und Schwierigkeiten Herr werden.

### b) Zellen aus Blut und anderen biologischen Flüssigkeiten.

#### α) Leukocyten.

Die beiden zur Gewinnung von Leukocyten benützten Prinzipien gehen auf HAMBURGER[1] zurück. Man läßt entweder die Erythrocyten sich spontan sedimentieren und gewinnt die im Plasma suspendiert bleibenden Leukocyten durch nachfolgendes Zentrifugieren. Dieses Verfahren führt nur bei Blut solcher Species zum Erfolg, deren Erythrocyten rasch spontan sedimentieren. Die Mehrzahl aller Autoren hat daher mit Pferdeleukocyten gearbeitet. Beim Arbeiten bei 37° gelingt nach DE HAAN[2] auch die Gewinnung von Schweineleukocyten. Auch Gänseleukocyten lassen sich darstellen[3]. Für Rinderblut ist das Verfahren nicht anwendbar. Die andere Möglichkeit zur Gewinnung von Leukocyten ist die Erzeugung eines Zellen enthaltenden Exsudates, aus dem sich dann die Leukocyten durch Zentrifugieren isolieren lassen.

**Darstellung von Leukocyten nach BEHRENS und TAUBERT[4].** Zu 200 cm³ einer 3,8%igen Trinatriumcitratlösung läßt man aus der Halsvene eines Pferdes 800 cm³ Blut zufließen. Nach 1—2stündigem Stehen wird das über den Erythrocyten stehende Plasma vorsichtig abgesaugt und dann bei mäßiger Tourenzahl 4 min zentrifugiert. Das aus Leukocyten bestehende Sediment wird einige Male mit je 100 cm³ 0,9%iger NaCl-Lösung gewaschen. Nach[5] erhält man aus 1 Liter Pferdeblut 1,6—4,5 g frische Leukocyten. Die Ausbeute pflegt im Sommer höher zu sein als im Winter.

Von BEHRENS und TAUBERT[4, 6] wurden noch Verfahren zur isolierten Darstellung der basophilen und eosinophilen Leukocyten ausgearbeitet. Im Prinzip besteht die Methode darin, daß die zuerst sedimentierten Leukocyten aus dem wäßrigen Milieu in ein organisches Lösungsmittel übergeführt und auf Grund ihres verschiedenen spezifischen Gewichtes getrennt werden (s. S. 550ff.).

POLLI[7] beschleunigt das Sedimentieren der Erythrocyten durch Mischen von 4 Teilen Blut mit einem Teil 2%iger Lösung von Gummi arabicum. Besonders geformte Zentrifugengläser zur Erleichterung des Abhebens der abzentrifugierten Leukocyten und Thrombocyten wurden von FUJITA und YAMADORI[8] beschrieben.

Zur Vermeidung des Kontaktes der Leukocyten mit blutgerinnungshemmenden Mitteln kann man das durch Punktion gewonnene Blut durch eine Säule eines Kationenaustauschers durchlaufen lassen, z. B. von Dowex-50. Eine entsprechende Arbeitsvorschrift wurde von MCKINNEY und Mitarbeitern[9] mitgeteilt. Das durch eine Säule von Dowex-50 calciumfrei gemachte und daher ungerinnbare Blut wird in einem Kunststoffbehälter aufgefangen und zur Beschleunigung der Sedimentierung der Erythrocyten mit 1 Vol. 5%iger Dextranlösung auf 5 Vol. Blut verdünnt. Man läßt 30 min im Eisschrank stehen, hebert das Plasma ab und zentrifugiert es in einem Silicon-Zentrifugenglas 15 min bei 50 g.

---

[1] HAMBURGER, H. J.: Handb. biol. Arb.-Meth. Abt. IV, Teil 4, S. 953. 1927.
[2] HAAN, J. DE: B. Z. **86**, 298 (1918).
[3] FLEISCHMANN, W., u. F. KUBOWITZ: B. Z. **181**, 395 (1927).
[4] BEHRENS, M., u. M. TAUBERT: H. **289**, 63 (1952).
[5] WILLSTÄTTER, R., u. M. ROHDEWALD: H. **203**, 189 (1931).
[6] BEHRENS, M., u. M. TAUBERT: H. **290**, 228 (1952).
[7] POLLI, E. E.: 2. Freiburger Sympos. S. 98. Berlin, Göttingen, Heidelberg 1954.
[8] FUJITA, A., and M. YAMADORI: Arch. Biochem. **28**, 94 (1950).
[9] MCKINNEY, G. R., S. P. MARTIN, R. W. RUNDLESS and R. GREEN: J. appl. Physiol. **5**, 335 (1953).

Von verschiedenen Autoren[1, 2] wurden Verfahren zur Isolierung von Leukocyten angegeben, die auf der Verwendung von Dichtegradienten, hergestellt aus Albuminlösungen, beruhen. Dieses Vorgehen ließ sich zur Trennung von Leukocyten und Lymphocyten ausbauen[3].

**Trennung von Erythrocyten, Leukocyten und Lymphocyten nach AGRANOFF, VALLEE und WAUGH[3].** Man benötigt sterile, blutisotonische Lösungen von reinem Rinderalbumin von $p_H$ 7,4, eine vom spezifischen Gewicht 1,094 und eine zweite vom spezifischen Gewicht 1,065—1,085. Zur Herstellung der verdünnteren Lösung aus der Stammlösung mit dem spezifischen Gewicht 1,094 durch Verdünnung mit physiologischer Kochsalzlösung benützt man die folgende Formel

$$D = \frac{D_a V_a + D_b V_b}{V_a + V_b}.$$

$D=$ Gewünschtes spezifisches Gewicht. $D_a=$ Spezifisches Gewicht der Stammlösung (1,094). $D_b=$ Spezifisches Gewicht der Salzlösung. $V_a=$ Volumen der Stammlösung. $V_b=$ Volumen der Salzlösung, das zugefügt werden muß, um $D$ zu erzielen.

Die Trennung erfolgt in Röhrchen, die einen inneren Durchmesser von 3 mm und Marken bei 20, 40 und 50 mm Höhe haben.

Das Röhrchen wird bis zu 20 mm Höhe mittels einer Spritze mit der konz. Albuminlösung gefüllt. Man schichtet sorgfältig die verdünntere Albuminschicht bis zur 40 mm-Marke darauf. Über diese Schicht füllt man bis zur 50 mm-Marke Oxalatblut. Das Glas wird dann in eine Zentrifuge eingesetzt (SBV-1 international centrifuge, bei welcher der Abstand des Glases von der Achse 17,1 cm beträgt). Man zentrifugiert zunächst 10 min mit 500 U/min bei 24° und dann weitere 30 min bei 3000 U/min. Das anfängliche langsame Zentrifugieren ist zur Erzielung einer sauberen Trennung unerläßlich. Nach dem Zentrifugieren befinden sich die Erythrocyten am Boden des Röhrchens, die polynucleären Leukocyten in einer Ausbeute von 93—95% an der Grenzfläche zwischen der konzentrierteren und verdünnteren Albuminlösung, sowie die Lymphocyten in einer Ausbeute von 90—96% an der Grenzfläche zwischen der verdünnteren Albuminlösung und dem darüber stehenden Plasma. Die Monocyten verhalten sich wie die Lymphocyten. Die Thrombocyten verteilen sich auf beide Schichten.

Von OTTESEN[4] wird ein Zentrifugenglas-Einsatz aus Perspex beschrieben, durch dessen trichterförmig ausgebildete Öffnung die Erythrocyten bei Zentrifugierung sedimentieren, während Leukocyten wegen des spezifischen Gewichtes des Perspexeinsatzes (1,052) nicht in den Bodensatz geraten und nach Absaugen in einem Glykogen-NaCl-Gradienten in Lymphocyten und Granulocyten getrennt werden können.

**Trennung der Zellen in einem serösen Exsudat nach FAWCETT und VALLEE[2].**
*Reagentien:*

1. Rinderalbuminlösung, 35%ig, steril.
2. Physiologische Kochsalzlösung oder Ringerlösung.

Man füllt zwei 40 cm³-Zentrifugengläser mit der serösen Flüssigkeit und zentrifugiert 5 min bei 2000—2500 U/min. Die überstehende Flüssigkeit wird verworfen und die sedimentierten Zellen werden in insgesamt 8 cm³ Salzlösung suspendiert. Man erhält so eine 10fache Konzentrierung der Zellen.

In eine 5 cm³-Spritze werden 3,4 cm³ Albuminlösung und bis zur 5 cm³-Marke Salzlösung eingesaugt. Der Inhalt der Spritze kommt in ein Zentrifugenglas und wird sorgfältig gemischt. Über die Albuminlösung in dem Zentrifugenglas wird dann die Zellsuspension geschichtet. Nach 25 min langem Zentrifugieren bei 2000—2500 U/min befinden sich die Erythrocyten am Boden des Glases, während Leukocyten, etwaige Tumorzellen und andere Zellen sich an der Grenzfläche zwischen der Albuminlösung und der Salz-

---

[1] VALLEE, B. L., W. L. HUGHES and J. B. GIBSON: Blood, spec. Issue **1**, 82 (1947).
[2] FAWCETT, D. W., and B. L. VALLEE: J. Lab. clin. Med. **39**, 354 (1952).
[3] AGRANOFF, B. W., B. L. VALLEE and D. F. WAUGH: Blood **9**, 804 (1954).
[4] OTTESEN, J.: Acta physiol. scand. **32**, 75 (1954).

lösung angesammelt haben. Man hebt diese Schicht ab, gibt sie in ein zweites Zentrifugenglas, verdünnt mit Salzlösung bis auf ein Volumen von 15 cm³ und zentrifugiert.

**Darstellung von Exsudatleukocyten nach** FLEISCHMANN **und** KUBOWITZ[1]. Man injiziert in die Bauchhöhle eines Kaninchens 200 cm³ sterile Ringerlösung und wiederholt die Injektion nach 24 Std. 3—6 Std nach der zweiten Injektion wird das Exsudat durch Punktion gewonnen und durch Zusatz von 1 Vol. Citratlösung (0,7 g NaCl und 1,1 g Trinatriumcitrat in 100 cm³ Wasser) auf 3 Vol. Exsudat ungerinnbar gemacht. Die Leukocyten werden durch Zentrifugieren als Sediment gewonnen. Man erhält so praktisch ausschließlich polynucleäre Leukocyten.

Ein und dasselbe Kaninchen kann des öfteren verwendet werden. Es müssen aber Pausen von je etwa 14 Tagen dazwischen geschaltet werden.

TSCHERNORUZKI[2] injiziert Hunden 20—40 cm³ sterilen Weizenmehlextrakt in die Pleurahöhle. Andere Autoren verwenden Stärkelösung. Man wiederholt die Injektion nach 20 Std und gewinnt etwa 4 Std später das Exsudat durch Punktion. Die Ausbeute beträgt bei 9—14 kg schweren Hunden 3—30 g Leukocyten (Frischgewicht). Es sind auch hier praktisch ausschließlich polymorphkernige Leukocyten.

Ein fast nur mononucleäre Leukocyten enthaltendes Exsudat gewinnt man, wenn man in die Bauchhöhle von Kaninchen 75 cm³ steriles flüssiges Paraffin injiziert und das Exsudat nach 9 Tagen punktiert[1].

### β) Thrombocyten.

**Darstellung von Thrombocyten nach** MORAWITZ[3]. Das Blut darf bei der Entnahme nicht mit Gewebesaft in Berührung kommen. Man verwendet daher scharf geschliffene, innen und außen paraffinierte Kanülen. Alle Gefäße müssen paraffiniert sein. Heute wird man an Stelle von Glasgeräten solche aus Kunststoff benützen. Das Blut wird in auf 0° abgekühlten Gläsern aufgefangen. Zur Gerinnungshemmung versetzt man mit NaF (1:3000) oder Natriumoxalat bzw. Trinatriumcitrat (1:1000). Man zentrifugiert, bis die Erythrocyten auf etwa die Hälfte der Höhe herabgedrückt sind und sich auf ihnen die Leukocyten in einer feinen, weißen Schicht abgesetzt haben. Es ist Übungssache, den richtigen Moment hierfür zu finden. Das Plasma, das noch die Thrombocyten enthält, wird mit einer paraffinierten Pipette sorgfältig abgehoben, wobei etwa 2 cm Flüssigkeitsschicht über den Erythrocyten stehen bleiben sollen. Das abgeheberte Plasma wird in ein gekühltes, paraffiniertes Zentrifugenglas gegeben und 3—4 Std bei 2000 U/min (bzw. 30—40 min bei 3500 U/min) zentrifugiert. Der Bodensatz besteht fast ganz aus Thrombocyten. Man wäscht ihn mit physiologischer NaCl-Lösung aus. Die Ausbeute beträgt etwa 1% des verwendeten Blutvolumens.

ENDRES und KUBOWITZ[4] konzentrieren die Thrombocyten in einem besonders konstruierten, von ENDRES[5] beschriebenen Hämatokritröhrchen.

**Darstellung von Thrombocyten nach** HITZIG[6]. Die Gerinnungshemmung erfolgt bei dieser Methode mit Äthylendiamintetraacetat (Komplexon). Zur Beschleunigung der Sedimentierung der Erythrocyten wird Subtosan (Kollidon) zugesetzt. Alle mit dem Blut in Berührung kommenden Oberflächen müssen unbenetzbar (siliconiert) sein.

In trockene, 0,5 mMol trockenes Komplexon enthaltende Zentrifugengläser gibt man 7,2 cm³ Blut sowie 0,8 cm³ Subtosan und zentrifugiert 6 min bei 1000 U/min. Etwaige, im Plasma befindliche Schlieren von Erythrocyten werden durch vorsichtiges Rühren zerteilt und dann die Erythrocyten durch erneutes Zentrifugieren bei 1000 U/min sedimentiert. Das farblose Plasma wird in einem zweiten Zentrifugenglas mit 0,9%iger

---

[1] FLEISCHMANN, W., u. F. KUBOWITZ: B. Z. **181**, 395 (1927).
[2] TSCHERNORUZKI, M.: H. **75**, 216 (1911).
[3] MORAWITZ, P.: Dtsch. Arch. klin. Med. **79**, 215 (1904).
[4] ENDRES, G., u. F. KUBOWITZ: B. Z. **191**, 395 (1927).
[5] ENDRES, G.: Z. Biol. **86**, 260 (1927).
[6] HITZIG, W. H.: Schweiz. med. Wschr. **84**, 1126 (1954).

Kochsalzlösung auf 8 cm³ ergänzt. Man sedimentiert die Thrombocyten durch 10 min langes Zentrifugieren bei 4000 U/min und resuspendiert sie in physiologischer Kochsalzlösung. Die erhaltene Thrombocytensuspension ist weitgehend rein.

Bezüglich weiterer Verfahren zur Isolierung von Thrombocyten, ihrer chemischen Zusammenfassung und Stoffwechselaktivität s. MAUPIN[1]. SCHNEIDER und Mitarbeiter[2] beschreiben eine die kontinuierlich arbeitende SHARPLES-Zentrifuge benützende Methode zur Thrombocytenisolierung aus Rinderblut im Großmaßstab.

### c) Isolierung von Organzellen.

*α) Gewinnung und Trennung von Zellen in wäßrigen Medien.*

Die Isolierung von Organzellen gelingt in manchen Fällen auf einfache Weise, indem man entblutete, mit einer physiologischen Salzlösung ausgespülte Organe durch Leinwand oder Seide preßt. Der durchgepreßte Brei besteht zum großen Teil aus freien Zellen. An Stelle von Tüchern verwenden manche Autoren feine Siebe. Mit Hilfe dieser einfachen Methodik wurden schon häufig Zellen aus Leber, Milz, Thymus und anderen Organen dargestellt. In der neueren Zeit hat es sich als vorteilhaft erwiesen, der Salzlösung, mit der das Organ vor seiner Zerkleinerung durchströmt wird, eine Calcium bindende Substanz zuzusetzen. Näheres hierüber s. weiter unten.

Tabelle 1. *Durchschnittliche Zusammensetzung der diploiden Rattenleberzelle*[3].

|  | Männchen | Weibchen |
|---|---|---|
| Zellmasse in $10^{-4}\,\gamma$ | 20,2 | 16,2 |
| Zellvolumen in $10^{-9}$ cm³ | 1,9 | 1,5 |
| Zelldurchmesser in $\mu$ | 15 | 14 |
| Zellkern, Masse in $10^{-4}\,\gamma$ | 1,6 | 1,3 |
| Zellkern, Volumen in $10^{-9}$ cm³ | 0,14 | 0,11 |
| Zellkern, Durchmesser in $\mu$ | 6,4 | 6,0 |
| Zelle, Wassergehalt in $10^{-4}\,\gamma$ | 12,5 | 10,3 |
| Zelle, Proteingehalt in $10^{-4}\,\gamma$ | 4,35 | 3,56 |
| Zelle, Glykogengehalt in $10^{-4}\,\gamma$ | 1,17 | 0,87 |
| Zelle, Neutralfett in $10^{-4}\,\gamma$ | 0,41 | 0,13 |
| Zelle, Phosphatide in $10^{-4}\,\gamma$ | 0,76 | 0,59 |
| Zelle, Ribonucleinsäure in $10^{-4}\,\gamma$ | 0,26 | 0,24 |
| Zelle, Desoxyribonucleinsäure in $10^{-4}\,\gamma$ | 0,06 | 0,06 |
| Zelle, Kalium in $10^{-9}$ mÄq. | 2,16 | 1,87 |
| Zelle, Eisengehalt in $10^{-7}\,\gamma$ | 3,5 | 9,6 |
| Zelle, Kupfergehalt in $10^{-8}\,\gamma$ | 1,1 | 1,2 |
| Zelle, Zinkgehalt in $10^{-7}\,\gamma$ | 1,1 | 0,8 |

Ein anderes, von verschiedenen Autoren benütztes Verfahren zur Isolierung von Organzellen besteht darin, Gewebeschnitte in einer Pufferlösung zusammen mit Glasperlen zu schütteln.

Weitaus die meisten Untersuchungen über den Stoffwechsel tierischer Organzellen wurden an Leberzellen angestellt. Daten über die Zusammensetzung von Zellen liegen daher praktisch ausschließlich für Leberzellen vor. Die wichtigsten Angaben sind in den Tabellen 1 und 2 wiedergegeben.

*Darstellung von Leberzellen nach* AUBIN *und* BUCHER[4]. Man stellt mit dem Rasiermesser Leberschnitte von den ungefähren Dimensionen $15 \times 5 \times 2$ mm her. Je 2 der Schnitte werden in starkwandigen Reagensgläsern nach Zusatz von 2 cm³ 0,154 m Acetatpuffer $p_H$ 6,0 und einigen Glasperlen (5 mm Durchmesser) 20 min auf der Maschine geschüttelt (Zimmertemperatur). Man erhält eine Suspension, die zu einem beträchtlichen Prozentsatz freie Leberzellen enthält.

*Darstellung von Rattenleberzellen nach* ANDERSON[5]. ANDERSON durchströmt die Rattenleber mit einer Salzlösung, der eine Calcium bindende Substanz zugesetzt ist. Auf diese Weise wird eine bessere Auflockerung der Intercellularsubstanz erreicht.

---

[1] MAUPIN, B.: Rev. Hématol. 8, 302 (1953).
[2] SCHNEIDER, C. L., E. B. CLAXTON, C. H. HUGHES and S. A. JOHNSON: Amer. J. Physiol. 179, 236 (1954).
[3] HARRISON, M. F.: Proc. R. Soc. London (B) 141, 203 (1953).
[4] AUBIN, P. M. G. S., and N. L. R. BUCHER: Anat. Rec. 112, 797 (1952).
[5] ANDERSON, N. G.: Science, N. Y. 117, 627 (1953).

Tabelle 2. *Zusammensetzung von Rattenleberzellen in Abhängigkeit vom Lebensalter*[1].

| | Alter der Ratten in Tagen | | | | | |
|---|---|---|---|---|---|---|
| | 10 | 21 | 31 | 41 | 80 | 182 |
| Lebergewicht g . . . . . . . . . . . | 0,30 | 0,98 | 2,6 | 5,7 | 8,1 | 12,0 |
| Zellzahl $10^6$ . . . . . . . . . . . | 168 | 445 | 668 | 1060 | 1270 | 1790 |
| Gehalt der Zellen an Desoxyribonucleinsäure in $10^{-6}\gamma$ . . . . . . | 5,9 | 5,1 | 9,3 | 11,1 | 11,4 | 11,4 |
| Ribonucleinsäure in $10^{-6}\gamma$ . . . . | 10,4 | 11,6 | 33,5 | 46,7 | 52,5 | 52,5 |
| Gesamt-N in $10^{-6}\gamma$ . . . . . . . . | 29,3 | 45,6 | 78,0 | 103 | 154 | 155 |
| Zellgewicht in $10^{-3}\gamma$ . . . . . . . | 1,79 | 2,20 | 3,89 | 5,36 | 6,37 | 6,70 |

Die Ratten werden getötet, decapitiert und sofort von der Aorta aus mit der erwähnten Salzlösung durchströmt, bis die Leber hell erscheint, was nach etwa 4 min der Fall ist. Dann wird die Leber nochmals von der V. hepatica aus durchströmt. Man entfernt die Leber, wiegt sie und gibt sie zusammen mit dem 9fachen Gewicht calciumfreier LOCKE-Lösung in ein Pyrex-Homogenisatorglas. Die Leber wird durch Herabpressen eines Lucite-Stempels zerkleinert. Man homogenisiert dann durch 20maliges Aufwärts- und Abwärtsbewegen des Stempels mit der Hand. Das Bindegewebe wird durch Filtrieren durch Seide entfernt. In der Gewebssuspension befinden sich etwa 50—70% freie Leberzellen. Zur Reinigung zentrifugiert man die Zellen 4 min bei 110 g bei 0°, sedimentiert sie in calciumfreier LOCKE-Lösung und wiederholt diese Behandlung noch zweimal.

Die Durchströmungsflüssigkeiten stellt man her, indem man die eine Calcium bindende Substanz enthaltende Lösung mit calciumfreier LOCKE-Lösung im Verhältnis 1:3 bis 1:19 mischt und zuletzt mit HCl oder NaOH auf $p_H$ 7,0 einstellt. Als Calcium bindende Substanzen eignen sich Citrat in einer Endkonzentration von 0,0138—0,27 m, Pyrophosphat 0,015—0,03 m, ATP 0,0055—0,0138 m und Äthylendiamintetraacetat (Versene) 0,0055—0,0276 m.

*Isolierung von Parenchymleberzellen und RES-Leberzellen nach* GEORGE, FRIEDMAN *und* BYERS[2]. Man bewirkt zuerst eine Speicherung von Eisencarbonyl in den RES-Zellen der Leber, indem man den Ratten an drei hintereinanderfolgenden Tagen je 1 cm³ einer 15%igen Suspension von Eisencarbonyl und 5% Stärke in physiologischer Salzlösung intravenös injiziert. Nach dem Töten der Tiere wird die Leber zuerst von der Aorta und dann von der V. cava aus mit einer Calcium bindenden Lösung [1 Vol. 0,11 m Äthylendiamintetraacetat (Versene) + 9 Vol. LOCKE-Lösung $p_H$ 7,4] durchströmt. Man entfernt die Leber, zerkleinert sie mit Hilfe einer Gewebepresse und stellt eine etwa 4%ige Suspension in der Durchströmungsflüssigkeit her. Die Suspension wird durch ein Seidenfilter (10XX) gepreßt. Man erhält so eine Gewebesuspension, die zu 90% aus freien Zellen besteht. Diese wird in siliconierten Zentrifugengläsern 2 min bei 45 g zentrifugiert. Es entstehen drei Schichten:

1. Eine obere, relativ klare Schicht, die zerstörte Zellen, Gefäße u. dgl. enthält und verworfen wird.

2. Eine mittlere, cremefarbige Schicht. Sie enthält im wesentlichen die Parenchymzellen.

3. Eine untere, grauschwarze, die RES-Zellen enthaltende Schicht.

Die beiden Schichten 2. und 3. werden getrennt abgehoben, in der Durchströmungsflüssigkeit resuspendiert und wieder zentrifugiert. Die Schichten werden dann nochmals getrennt. Diese Trennprozedur wird insgesamt dreimal wiederholt.

Zur Isolierung der RES-Zellen werden die vereinigten unteren Fraktionen in 20 Vol. einer 4%igen Stärkelösung in physiologischer Salzlösung (enthaltend 1 cm³ 0,3%ige Digitoninlösung + 2 cm³ isotonische Phosphatpufferlösung nach KREBS auf je 100 cm³)

---
[1] FUKUDA, M., and A. SIBATANI: J. Biochem. 40, 95 (1953).
[2] GEORGE, S. S., M. FRIEDMAN and S. O. BYERS: Science, N. Y. 120, 463 (1954).

suspendiert. Die Suspension wird in einem konischen Glas in das Feld eines starken Magneten (wie er in der Ophthalmologie üblich ist) gebracht, wobei man das Glas rotiert. Dadurch werden die RES-Zellen sedimentiert.

Die Parenchymzellen werden folgendermaßen gereinigt: Die vereinigten Fraktionen werden in der Durchströmungsflüssigkeit suspendiert. Die RES-Zellen werden in einem Magnetfeld sedimentiert. Die obere Schicht enthält dann reine Parenchymzellen, die durch Zentrifugieren abgetrennt werden.

**Darstellung von Nierenepithelzellen nach** LOWELL, GREENSPON, KRAKOWER **und** BAIN[1]. Ein Hund wird durch einen Schlag auf den Kopf getötet, entblutet und die Nieren werden möglichst rasch entnommen. Man entfernt die Kapsel, teilt die Nieren in zwei Hälften, kühlt sie auf Eis und entfernt das Mark so vollständig wie möglich. Die Rinde wird dann durch ein 200 Maschen-Metallsieb unter schwachem Druck mit einem V2A-Spatel getrieben. Für jede Nierenhälfte nimmt man ein neues Sieb. Gefäße, Bindegewebe, Membranen und die größeren Nierenkanälchen verbleiben auf dem Sieb. Die durch das Sieb gegangene Masse wird je Nierenhälfte in 20 cm³ eiskalter 0,154 m NaCl-Lösung unter gelindem Schütteln suspendiert. Alle folgenden Operationen erfolgen bei 0 bis $+4°$ C, mit Ausnahme des Zentrifugierens, das in vorgekühlten Gläsern vorgenommen wird. Die Suspension wird 3—5 min bei 500 g zentrifugiert. Man hebt dann die obere Schicht, welche die Tubuluszellen enthält, ab. Das Sediment besteht aus den Glomerula.

Das Zentrifugat wird nunmehr 5—10 min bei 1000 g zentrifugiert. Man verwirft dann die zellfreie Flüssigkeit und resuspendiert die sedimentierten Tubuluszellen in 0,154 m NaCl-Lösung (30 cm³ für je 8 Nierenhälften). Diese Suspension wird 10 min bei 2000 g zentrifugiert. Die Flüssigkeit wird verworfen und das Sediment in dem gewünschten Volumen des für die weitere Untersuchung erforderlichen Mediums suspendiert.

Die Glomerulasedimente von 8 Nierenhälften werden vereinigt und in 35 cm³ 0,154 m NaCl-Lösung suspendiert. Man verteilt die Flüssigkeit auf 4 je 50 cm³ fassende Zentrifugengläser und läßt 5 min stehen. Die Glomerula sedimentieren, während die Tubuluszellen suspendiert bleiben. Man saugt die oben stehende Flüssigkeit ab und wiederholt diese Prozedur so oft, bis eine mikroskopische Kontrolle ergibt, daß reine Glomerula vorliegen, was im allgemeinen nach der 5.—7. Wiederholung der Fall ist. Die Glomerula werden dann mit Salzlösung in ein Zentrifugenglas übergespült und durch 15 min langes Zentrifugieren bei 500 g sedimentiert. Die isolierten Glomerula neigen zur Verklumpung und zum Anhängen an der Glaswand, was man durch Siliconieren des Glases weitgehend verhindern kann.

*β) Gewinnung und Trennung von Zellen in nichtwäßrigem Milieu.*

Dieses Verfahren wurde von BEHRENS[2] gut durchgearbeitet. Der allgemeine Arbeitsgang besteht in Gefriertrocknung, Zerkleinerung des Gewebes und Trennung auf Grund des verschiedenen spezifischen Gewichtes der einzelnen Zellarten.

Man gibt die zu trocknenden Organe nach Einfrieren in $CO_2$-Schnee oder flüssiger Luft in einen Vakuumexsiccator, der mit Schwefelsäure oder Phosphorpentoxyd (eventuell auch einem anderen Trocknungsmittel) beschickt ist, und evakuiert mit einer Ölpumpe. Die Verdunstungskälte reicht aus, um die Organe während der Trocknung im gefrorenen Zustand zu halten. Über spezielle Apparate zur Gefriertrocknung sei auf die Monographie von NEUMANN[3] verwiesen.

Zum Vereisen wird das Organ in etwa 1 g schwere Stücke zerschnitten. Beim Arbeiten im Exsiccator benötigt man zur Trocknung von 10—40 g Organ etwa 2—3 Tage. Nach

---

[1] LOWELL, D. J., S. A. GREENSPON, C. A. KRAKOWER and J. A. BAIN: Amer. J. Physiol. **172**, 709 (1953).

[2] BEHRENS, M.: Handb. biol. Arb.-Meth. Abt. V, Teil 10, S. 1938.

[3] NEUMANN, K.: Grundriß der Gefriertrocknung. Göttingen 1952.

Einfrieren in $CO_2$-Schnee oder $CO_2$-Schnee-Äther-Kältemischung ist es zweckmäßig, in den Exsiccator eine Schale Natronkalk zur Absorption zu stellen. BEHRENS empfiehlt, die Organstückchen in kleinen Mullbeutelchen in den Exsiccator zu legen oder zu hängen.

Der heikelste Handgriff ist die Zerkleinerung, die so erfolgen soll, daß einerseits die Zellen freigelegt, andererseits aber nicht zerstört werden. Allgemeine Regeln lassen sich daher nicht aufstellen. Die Zerkleinerung muß stets unter histologischer Kontrolle erfolgen. Das Zerkleinern erfolgt mit Hilfe einer Mühle von geeigneter Feinheit, z. B. der von FEULGEN und BEHRENS[1] angegebenen Mühle.

Bei Benützung dieser Feinmühle werden die Organe zunächst durch eine grobe Laboratoriumsmühle oder mit Hilfe einer Reibschale vorzerkleinert. Es ist wesentlich, daß die Zerkleinerung sofort nach der Herausnahme der getrockneten Organe aus dem Exsiccator erfolgt, da sie sonst wieder Wasser anziehen. Das erhaltene Pulver wird durch Sieben (Maschenweite kleiner als 0,5 mm) vom Bindegewebe abgetrennt. Das so erhaltene Pulver wird in Benzol suspendiert und nach eventuell vorherigem Schlämmen (s. S. 553) zwecks Abtrennung der geeigneten Fraktion in das Glasgefäß der Feinmühle gegeben, in die deren Mahlwerk eintaucht. Das Mahlwerk besteht aus zwei Schmirgelscheiben von 100 mm Durchmesser und feinster Körnung. Die obere Scheibe wird durch einen Elektromotor mit etwa 1000 U/min gedreht. Die untere Scheibe hat ein zentrales Loch, die obere rotierende Scheibe radiäre Nuten. Bei der Rotation wirkt sie daher als Kreiselpumpe. Die in den Nuten befindliche Suspension wird herausgeschleudert, während durch das Loch der unteren Scheibe neue Suspension aus dem Glas nachgesaugt wird.

Andere Möglichkeiten der Zerkleinerung bestehen in Verwendung einer Kugelmühle oder Schütteln des vorgemahlenen Pulvers in einer Glasflasche mit Glasperlen auf der Schüttelmaschine. In beiden Fällen muß das Pulver gleichfalls in einer spezifisch leichten Flüssigkeit (Benzol, Äther) suspendiert sein. BEHRENS empfiehlt, die Flasche etwa bis zur Hälfte mit Glasperlen zu füllen und so viel dünnflüssige Organpulversuspension zuzugeben, daß Suspension und Glasperlen dieselbe Oberfläche haben.

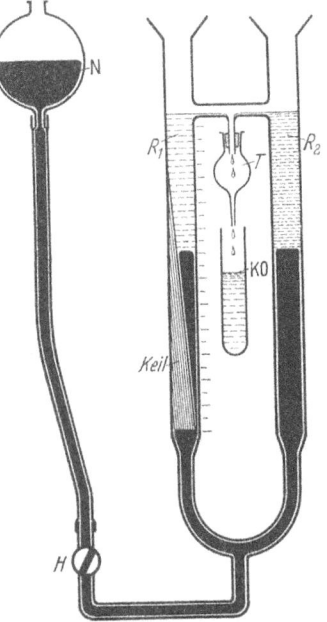

Abb. 5. Mischgerät zur Herstellung eines kontinuierlichen Dichtegradienten nach BEHRENS[2]. $R_1$ spezifisch leichtere Flüssigkeit; $R_2$ spezifisch schwerere Flüssigkeit; $T$ Tropfensammler; $KO$ Korkscheibe; $H$ Hahn; $N$ Niveaugefäß mit Quecksilber.

Da die Trennung der einzelnen Zellarten auf Grund ihres verschiedenen spezifischen Gewichtes erfolgt, muß zunächst ihr spezifisches Gewicht bestimmt werden. Dieses erfolgt durch Einbringen in einen Dichtegradienten. Die Partikelchen kommen in der Schicht mit demselben spezifischen Gewicht zum Schweben. Die bei Gewebetrennungen benötigten spezifischen Gewichte liegen zumeist zwischen 1,275 und 1,550.

Die zur Bestimmung des spezifischen Gewichtes benötigten Säulen fallenden spezifischen Gewichtes stellt man in Zentrifugengläsern von 10 cm Länge und 1—1,5 cm Durchmesser her, z. B. indem man eine Reihe von Stammlösungen verschiedenen spezifischen Gewichtes übereinander schichtet. Die Stammlösungen werden durch Mischen einer spezifisch leichten bzw. schweren Flüssigkeit bereitet. Einfacher ist die Verwendung des in der Abb. 5 dargestellten, von BEHRENS angegebenen Mischapparates.

Zwei Röhren ($R_1$ und $R_2$) stehen über den Hahn $H$ mit dem mit Quecksilber gefüllten Niveaugefäß $N$ in Verbindung. Beide Röhren besitzen oben in gleicher Höhe einen Überlauf, der in den Trichter $T$ mündet. In einer der beiden Röhren befindet sich ein Keil, so daß in dieser Röhre unten der Querschnitt fast ganz, oben nur noch wenig durch den

---

[1] FEULGEN, R., u. M. BEHRENS: H. **231**, 85 (1935).
[2] BEHRENS, M.: Handb. biol. Arb.-Meth. Abt. V. Teil 10. S. 1363ff.

Keil ausgefüllt ist. Das Rohr mit dem Keil wird mit der spezifisch leichten, das andere mit einer spezifisch schweren Flüssigkeit gefüllt. Läßt man durch Öffnen des Hahns $H$ das Quecksilber in beiden Röhren steigen, so tritt aus dem Rohr ohne Keil stets die gleiche Flüssigkeitsmenge aus, dagegen aus dem anderen Rohr am Anfang wenig, dann immer mehr und erst zum Schluß, wenn das Quecksilber über die Spitze des Keils gestiegen ist, dieselbe Menge wie aus dem anderen Rohr. Aus dem Trichter fließt daher eine ständig spezifisch leichter werdende Flüssigkeit ab, die zuerst ungefähr das spezifische Gewicht der schweren Flüssigkeit und zuletzt etwa das Mittel aus den spezifischen Gewichten der beiden Flüssigkeiten hat. Die aus dem Mischapparat abfließende Flüssigkeit wird in einem Zentrifugenglas aufgefangen, in dem sich eine dünne Korkscheibe $KO$ befindet, deren Durchmesser nur um wenig geringer ist als der des Zentrifugenglases. Sie schwimmt auf der Flüssigkeit und verhindert, daß die neu in das Glas tropfende Flüssigkeit in die tieferen Schichten eindringt. Die Flüssigkeit soll aus dem Trichter nicht im Strahl abfließen, sondern in einer raschen Folge von Tropfen austreten. Die Dimensionen von Röhren und Keil sollen derart sein, daß, wenn die Quecksilberoberfläche die ganze Länge des Keils passiert hat, rund 36 cm$^3$ Flüssigkeit abgetropft sind.

Um eine Säule des erforderlichen Bereiches des spezifischen Gewichtes herstellen zu können, muß man den Apparat eichen. Dies geschieht durch Anbringen einer Millimetereinteilung an der einen der beiden Röhren und getrenntes Auffangen der Flüssigkeitsfraktionen, wenn das Quecksilberniveau jeweils um eine bestimmte Strecke (etwa je 2 cm) gestiegen ist. Das spezifische Gewicht der einzelnen Fraktionen wird dann bestimmt.

Auf Grund der bei der Gewebetrennung zumeist erforderlichen spezifischen Gewichte von 1,275—1,550 wählt man als Stammflüssigkeiten am besten eine vom spezifischen Gewicht 1,000 und eine zweite vom spezifischen Gewicht 1,550.

Die Gradation der mit dem Apparat hergestellten Säulen hängt von den spezifischen Gewichten der Stammflüssigkeiten und dem Durchmesser des benützten Zentrifugenglases ab. Je weiter die spezifischen Gewichte der beiden Flüssigkeiten auseinander liegen, um so steiler wird die Gradation. Zentrifugengläser mit einem großen Querschnitt ergeben eine steile, solche mit einem kleinen Querschnitt eine flache Gradation. Steile Gradation wird dann benötigt, wenn man sich einen Überblick über die in Frage kommenden spezifischen Gewichte bei einer neuen Trennungsaufgabe verschaffen will. Für die feinere Bestimmung des spezifischen Gewichtes wird eine flache Gradation benützt.

Zur Bestimmung des spezifischen Gewichtes der Gewebefraktionen wird das wie oben beschrieben dargestellte Pulver, in einer leichten Flüssigkeit (Benzol) suspendiert, in einer Schicht von etwa 1 cm Dicke oben auf die Flüssigkeitssäule gebracht. Man zentrifugiert und beobachtet, in welchen Zonen die einzelnen Gewebefraktionen sich befinden.

Zur Aufarbeitung geringer Gewebemengen verwendet man zweckmäßigerweise das *Schichtverfahren*, bei dem die Trennung nach dem eben beschriebenen Verfahren zur Bestimmung des spezifischen Gewichtes erfolgt, d. h. unter Verwendung von Flüssigkeitssäulen von fallendem spezifischem Gewicht. Nach dem Zentrifugieren wird die den gewünschten Bestandteil enthaltende Zone mit der in Abb. 8, S. 562 wiedergegebenen Absaugevorrichtung abgesaugt. Beim Zentrifugieren kommt immer eine Flüssigkeitsströmung in den Zentrifugengläsern in Gang. Die Gefahr der Durchmischung ist um so größer, je flacher die Graduation und je weiter das Zentrifugenglas ist. Zur Verhinderung der Durchmischung muß man daher in Zentrifugengläsern enger Querschnitte arbeiten. Der größte, nach BEHRENS in Frage kommende Querschnitt beträgt 2,5 cm, bei dem aber nur sehr steile Gradienten verwendet werden können.

Bei der Aufarbeitung größerer Gewebemengen läßt man das Gewebepulver in einer Flüssigkeit, deren spezifisches Gewicht etwas größer ist als das der zu gewinnenden Zellen, und in einer etwas leichteren absitzen. Die Einstellung der Suspensionen auf ein bestimmtes spezifisches Gewicht erfolgt unter Kontrolle von Aräometern, die erlauben, noch die dritte

Dezimalstelle zu bestimmen. Durch Zusatz der schwereren oder leichteren Flüssigkeit wird die Suspension genau auf das gewünschte spezifische Gewicht gebracht. Es ist wichtig, daß die zu trennenden Partikelchen nicht agglutinieren. Das Agglutinieren wird durch Wahl geeigneter Trennungsflüssigkeiten vermieden. In manchen Flüssigkeitssystemen neigen die Partikelchen zur Agglutination, in anderen nicht. Wichtig ist weiterhin, daß die Konzentration der Suspension nicht zu groß ist. Die oberste Grenze ist etwa 10 g in 100 cm$^3$.

Wenn die zu isolierenden Partikelchen nur einen geringen Prozentsatz des Gesamtgewebes ausmachen, empfiehlt es sich, die Trennung nicht gleich mit dem theoretisch geforderten spezifischen Gewicht zu beginnen, da sonst die Teilchen von den anderen mitgerissen werden können und in falschen Fraktionen erscheinen. Man soll in diesem Falle erst Fraktionen abtrennen, die den zu isolierenden Bestandteil und Bestandteile ähnlichen spezifischen Gewichtes enthalten.

Zur Reinigung der gewünschten Fraktion von mitgerissenen Partikelchen kann man zum Schluß noch eine Trennung mittels Schichtverfahren anschließen.

Als Trennungsflüssigkeiten eignen sich Mischungen aus Tetrachlorkohlenstoff und Benzol in den meisten Fällen am besten. Ihr Vorteil besteht in der Indifferenz und geringen Flüchtigkeit. In Betracht kommen auch Mischungen aus Chloroform und Äther. Bei ihrer Verwendung ist zu berücksichtigen, daß beim Mischen von Äther und Chloroform Erwärmung eintritt. Da sich aber das spezifische Gewicht bei Erwärmung verändert, muß bei Einstellung auf ein bestimmtes spezifisches Gewicht jeweils der Temperaturausgleich abgewartet werden.

Teilchen desselben spezifischen Gewichtes, aber verschiedenen Durchmessers werden durch *Schlämmen* getrennt. Die Suspension wird nach Umschütteln für jeden Zentimeter Abstand der Flüssigkeitsoberfläche von der oberen Grenze des sich bildenden Bodensatzes eine bestimmte Zeit stehen gelassen und dann durch Abhebern von dem Bodensatz abgetrennt. Die größeren Partikelchen sind im Bodensatz, die kleineren noch in Suspension. Die geeignete Zeit muß empirisch festgestellt werden. Als Anhaltspunkt diene die Angabe, daß, um bei Suspension in Benzol Teilchen von Zellkerngröße von größeren Teilchen zu trennen, eine Zeit von 10 min je Zentimeter erforderlich ist. Beim Schlämmen kommen immer auch Teilchen der gewünschten Größe mit in den Bodensatz. Es empfiehlt sich daher, den Bodensatz einer zweiten Schlämmprozedur zu unterwerfen.

Bei allen geschilderten Operationen muß ein Eintrocknen des Gewebepulvers vermieden werden, da sonst die Partikelchen Feuchtigkeit aus der Luft anziehen und verkleben.

An Stelle der Gefriertrocknung kann auch eine Entwässerung des Gewebes durch Aceton treten[1], wobei Entwässerung und Zerkleinerung in einem einzigen Arbeitsgang erfolgen können, indem das in etwa kirschgroße Stücke zerschnittene Organ zusammen mit der etwa 10fachen Acetonmenge im Homogenisator (Starmix) zermahlen wird. Nach einiger Zeit wird der Motor abgestellt, nach Absitzen der Partikelchen das Aceton abgegossen und durch neues ersetzt, worauf weiter vermahlen wird. Der Ersatz des Acetons durch frisches wird noch einige Male wiederholt.

Als Beispiel der Gewinnung von Zellen in nichtwäßrigem Milieu wird die Darstellung von Schilddrüsenzellen beschrieben. Die Anwendung dieses Verfahrens zur Zellfraktionierung s. S. 577 und 592.

**Darstellung von Schilddrüsenzellen nach** BEHRENS[2]. Sofort nach dem Tode des Tieres werden die möglichst vom Fett befreiten Schweineschilddrüsen in etwa kirschgroße Stücke zerschnitten und einer Gefriertrocknung unterworfen. Etwa 200 g Trockenschilddrüse werden mit Fleischhackmaschine und Excelsiormühle unter wiederholtem Absieben zerkleinert, bis fast alles ein Sieb von der Maschenweite 0,25 mm passiert hat. Man suspendiert das Pulver in 5 Liter Benzol und läßt die Suspension für jeden Zentimeter des Abstandes der Flüssigkeitsoberfläche von der oberen Grenze des sich bildenden

---
[1] BEHRENS, M., u. M. TAUBERT: H. **291**, 213 (1952).
[2] BEHRENS, M.: H. **232**, 263 (1935).

Sedimentes 5 min stehen. Das Benzol wird mitsamt den suspendierten Teilchen vom Bodensatz abgehebert. Dieses Schlämmen wird mehrmals wiederholt. Der Bodensatz wird zwischendurch, in Benzol suspendiert, in der von FEULGEN und BEHRENS[1] angegebenen Mühle (s. S. 551) gemahlen. Zur Vermeidung des Herauslösens aller Lipoide wird zu allen Schlämmungen immer dasselbe Benzol verwendet. Das Mahlen und Schlämmen wird so lange fortgesetzt, bis der Rückstand nur noch sehr wenig Kolloid enthält (mikroskopische Kontrolle). Alles abgeschlämmte Pulver wird dann in 700 cm$^3$ Benzol suspendiert. Durch Zusatz von Tetrachlorkohlenstoff bringt man das spezifische Gewicht auf 1,333—1,334 und zentrifugiert 1 Std. Der Bodensatz wird mit Benzol herausgespült und dient zur Darstellung von Kolloid und Zellkernen (s. S. 577 und 592).

Die Suspension wird mit Benzol auf ein spezifisches Gewicht von 1,280 gebracht und zwecks Abtrennung zu kleiner Teilchen 2 min bei 3500 U/min zentrifugiert. Den Bodensatz extrahiert man einige Male mit Äther und Benzol, suspendiert ihn dann in 150 cm$^3$ einer Mischung von Äther und Chloroform vom spezifischen Gewicht 1,353—1,354 und zentrifugiert 2 Std. Der Bodensatz enthält die Zellen. Man verarbeitet ihn weiter, indem man ihn in Suspensionen von einem solchen spezifischen Gewicht zentrifugiert, daß die Zellen gerade sedimentieren, das Kolloid aber suspendiert bleibt, und dann in Suspensionen eines solchen spezifischen Gewichtes, daß die Zellen gerade eben in Suspension bleiben, während die Zellkerne sedimentieren. Das spezifische Gewicht der Zellen beträgt etwa 1,364. Zur Abtrennung kleinerer Teilchen wird die Zellsuspension bei einem spezifischen Gewicht von 1,240 eine Minute bei 250 U/min zentrifugiert. Die Ausbeute an Zellen beträgt 0,2—0,4 g.

## 3. Zellfraktionierung.

### a) Einleitung.

Die Zuordnung allgemein biologischer oder speziell biochemischer Zelleistungen zu bestimmten Strukturelementen der Zelle ist ein schon altes Problem. Seit in den letzten Jahren Verfahren zur Fraktionierung von Zellen in ihre einzelnen morphologischen Bestandteile in größerem Maßstab ausgearbeitet worden sind, ist dieses Gebiet auch experimentell besser zugänglich geworden. Die Lokalisation bestimmter Substanzen und Wirkstoffe in besonderen Zellorten ist aber nicht nur für die Kenntnis der Funktion dieser Gebilde von Bedeutung, sondern zugleich ein ganz wesentlicher Regulationsfaktor für das komplizierte Wechselspiel in einer lebenden Zelle. Durch den Sitz des Vererbungsapparates im Zellkern, durch die Anordnung aller Enzyme der biologischen Oxydation in den Mitochondrien und durch das Vorkommen der Fermente mit speziellerer Bedeutung im unstrukturierten Cytoplasma wird eine Arbeitsteilung in der Zelle erkennbar. Querverbindungen zwischen solchen einzelnen Geschehenskreisen haben dann häufig eine regelnde Funktion für das Gesamtgeschehen in der Zelle.

Wegen der in vielen Fällen bevorzugten Lokalisation bestimmter Substanzen in besonderen Zellelementen wird durch deren Abtrennung häufig auch bereits eine Reinigung bzw. Anreicherung der zu isolierenden Substanz bewirkt. Gerade in der Enzymchemie spielen diese Verfahren eine zunehmend wichtigere Rolle.

Fast alle tierischen Organe bestehen aus histologisch verschiedenartigen Zellen, z. B. das Pankreas mit seinen Inseln oder die Niere mit den verschiedenen Mark- und Rindenabschnitten. Infolgedessen erhält man bei der Fraktionierung tierischer Gewebszellen kein histologisch einheitliches Material, das nur durch spezielle Mikromethoden (s. S. 345) der Untersuchung zugänglich ist. Diese Begrenzung der vorhandenen Fraktionierungsverfahren sollte man sich bei der Diskussion von Versuchsergebnissen stets vor Augen halten.

Die oben erwähnte Möglichkeit der Regulierung von Stoffwechselprozessen in der Zelle besteht unter anderem darin, daß ein Wirkstoff und ein Hemmstoff unterschiedliche Lokalisation in der Zelle haben; in einem Homogenat wird dann die Aktivität, z. B. eines

---

[1] FEULGEN, R., u. M. BEHRENS: H. **231**, 85 (1935).

Fermentes, geringer sein, als wenn die einzelnen Zellfraktionen gesondert untersucht werden, weil dann Enzym und Inhibitor voneinander getrennt sind. In günstigen Fällen läßt sich durch Rekombination einer das Enzym tragenden mit der den Inhibitor enthaltenden Zellfraktion die im Homogenat bestehende Hemmung künstlich nachahmen. Andererseits können auch Aktivatoreffekte, die in einem Homogenat auftreten, durch Auftrennung desselben und gesonderte Untersuchung der einzelnen Bestandteile erkannt werden. Aus diesen Erfahrungen heraus ist es ganz allgemein empfehlenswert, neben der Ermittlung von Aktivitäten in einzelnen Zellelementen auch diejenige des Homogenats zu bestimmen, sowie Rekombinationen der Einzelelemente der Zelle in einer den in vivo-Verhältnissen entsprechenden Relation vorzunehmen. Man erhält so leicht den Hinweis auf besondere Wechselreaktionen zwischen den verschiedenen Zellelementen.

Der Anteil der einzelnen Strukturelemente der Zelle an deren Aufbau ist von Gewebe zu Gewebe sehr unterschiedlich; für die Leber kann man mit etwa je 25% für Mitochondrien und Mikrosomen und mit 10% für den Zellkern rechnen. In anderen Organen sind die Relationen jedoch häufig stark zugunsten des unstrukturierten Cytoplasmas verschoben. Bei allen Messungen sollte daher neben der absoluten Aktivität jeweils auch die spezifische Wirksamkeit angegeben werden. Wenn z.B. die spezifische Aktivität eines Enzyms im Zellkern gleich der im Cytoplasma ist, so bedeutet das bei einem Anteil des Zellkerns an der Zelle von 10%, daß 90% der Aktivität einer Zelle auf das Cytoplasma und nur 10% auf den Zellkern entfallen (Beispiel: Pankreasamylase)[1]. Andererseits läßt sich z. B. leicht erkennen, ob eine geringe, im Zellkern gemessene Fermentaktivität durch Verunreinigung derselben mit Mitochondrien, die wesentlich aktiver sind, zustande gekommen sein kann [Beispiel: saure Phosphatase der Bullenprostata; im Zellkern 0,7% der Aktivität der Zelle, in den Mitochondrien 41%; Verhältnis der spezifischen Aktivitäten ($\gamma$ P/Std/mg N) wie 1:15]. Mehr als 6% des Stickstoffgehaltes der Zellkernfraktion müßten auf Mitochondrien entfallen, falls die Zellkerne enzymatisch ganz inaktiv sind[2].

### α) Allgemeines.

Man pflegt bei der Fraktionierung tierischer Zellen die folgenden Fraktionen zu unterscheiden: Zellkerne, Mitochondrien, Mikrosomen, Cytoplasma.

Dazu kommen oft noch Besonderheiten in spezialisierten oder in pathologisch veränderten Geweben. Die Definition dieser Zellelemente entspricht nicht immer der in der Morphologie üblichen; das liegt an der Verschiedenheit der angewandten Kriterien. In der Biochemie eignen sich zur Charakterisierung vor allem:

1. Das Verhalten bei Zentrifugierung.
2. Die morphologische Beurteilung eines Ausstriches, soweit die Fraktionen für die mikroskopische Beobachtung groß genug sind.
3. Die chemische Zusammensetzung (einschließlich Enzymgehalt).

Diese Fragen werden in den einzelnen Abschnitten jeweils erörtert werden. Normalwerte für die einzelnen Zellelemente hinsichtlich Zusammensetzung und biochemischer Leistungen sind ausführlich von LANG und SIEBERT[3] beschrieben worden; aus diesen Angaben, auf deren Einzelheiten hier nur hingewiesen werden kann, ist die Tabelle 3 zusammengestellt.

Alle Zellelemente sind außerordentlich labile Gebilde; es ist daher unerläßlich, sämtliche Arbeitsgänge bei Temperaturen unterhalb +5°, möglichst jedoch niedriger, auszuführen. Schon kurzfristige Erwärmung kann kompliziertere Systeme, wie z. B. das der oxydativen Phosphorylierung, irreversibel inaktivieren. Ferner ist der Qualität des verwendeten Wassers (Schwermetallfreiheit) besondere Aufmerksamkeit zu schenken. Es empfiehlt sich, nur frische Gewebe zu verwenden; Organe, die in gefrorenem Zustand

---

[1] SIEBERT, G., K. LANG, S. LANG u. I. LORENZ: Unveröffentlicht.
[2] SIEBERT, G., K. LANG u. G. JUNG: B. Z. **326**, 464 (1955).
[3] LANG, K., u. G. SIEBERT: Die chemischen Leistungen der morphologischen Zellelemente. In Flaschenträger-Lehnartz Bd. 2/1, S. 1064ff.

Tabelle 3. *Chemische Zusammensetzung isolierter Zellfraktionen (Prozente vom Trockengewicht, wenn nicht anders angegeben; Mittelwerte aus zahlreichen, verschiedenen Organen und Tierarten) nach* LANG *und* SIEBERT[1].

| Substanz | Homogenat | Zellkerne | Mitochondrien | Mikrosomen | Cytoplasma |
|---|---|---|---|---|---|
| Stickstoff | 10 — 15 | 13 —15 | 7 —14 | 6 —12 | 10 —15 |
| Eiweiß (mg/g Frischgewebe bzw. deren Fraktion) | 120 —140 | 20 —40 | 20 —40 | 13 —18 | 50 —60 |
| Ribonucleinsäure (mg/g Frischgewebe bzw. deren Fraktion) | 5,5— 12,5 | 0,8— 1,6 | 0,2— 1,0 | 0,5— 4,0 | 0,9— 3,7 |
| Phosphor | 0,8— 3,3 | 0,5— 2,8 | 0,8— 1,7 | 0,9— 2,2 | 0,2— 1,3 |
| Gesamtlipide | 14 — 22 | 8 —21 | 22 —37 | 30 —48 | 3 —13 |
| Gesamtcholesterin | 1,0— 5,3 | 0,3— 1,4 | 1,7— 5,1 | | |
| Phosphatide | 8 — 14 | 7,3—12 | 6 —17 | 30 | |

aufbewahrt wurden, haben eine infolge Eiskrystallbildung bereits teilweise zerstörte Mikrostruktur. Sie sind daher noch wesentlich empfindlicher als frische Gewebe, da die Mehrzahl der autolytischen Prozesse einsetzt, sobald die Feinstruktur zerstört ist. Homogenate müssen also möglichst schnell in die einzelnen Komponenten getrennt werden, um Autolyse zu vermeiden; gelingt dies in der richtigen Weise, so haben die isolierten Elemente häufig wieder eine überraschend hohe Stabilität.

In Tabelle 4 ist der Versuch gemacht, ein Mehr oder Weniger an analytisch leicht bestimmbaren Substanzen in den einzelnen Zellfraktionen zu ihrer gegenseitigen Abgrenzung zu benutzen. Überall, wo sich ein + und ein — bei einer Fraktion gegenüberstehen,

Tabelle 4. *Gegenüberstellung der charakteristischen Zusammensetzung verschiedener Zellpartikel, insbesondere zur Erleichterung der gegenseitigen Abgrenzung.*

| | N | Eiweiß | P | RNS | DNS | Lipide |
|---|---|---|---|---|---|---|
| Zellkerne | ++ | ++ | ++ | + | ++ | + |
| Mitochondrien | ++ | ++ | + | + | 0 | + |
| Mikrosomen | + | + | ++ | ++ | 0 | ++ |
| Cytoplasma | ++ | ++ | + | + | 0 | + |

0 = fehlt, + = arm an, ++ = reich an.

haben die betreffenden Quotienten also hohe Zahlenwerte. Selbstverständlich gilt dies häufig nur cum grano salis, da in Einzelfällen echte Abweichungen vorkommen können.

*β) Zerkleinerungsverfahren.*

Der Grad der Zerstörung von Geweben oder Zellen richtet sich nach dem Untersuchungszweck; wenn man z. B. lediglich reine Mitochondrien gewinnen will, kann man auf die saubere Präparation der Zellkerne verzichten und diese zusammen mit unzerstörten Zellen und Bindegewebe verwerfen. Eine vollständige Fraktionierung eines Gewebes dagegen verlangt eine so weitgehende Zerkleinerung, daß die einzelnen morphologischen Elemente im Homogenat vollkommen voneinander getrennt sind. Eine unvollständige Zerkleinerung (z. B. Zellkerne mit Cytoplasmasaum) erschwert die nachfolgende Trennung der Komponenten außerordentlich, weil die unreinen Anteile gesondert entfernt werden müssen. Die Zerkleinerung eines Gewebes ist nach mehreren Prinzipien möglich:

1. Chemisch, durch Auflösung, Andauung oder oberflächenaktive Substanzen.

2. Mechanisch, durch Scher- und Reibungskräfte zwischen glatten (Walzenstuhl, Glasperlen), rauhen (Glashomogenisator, Quarzsand) oder scharfen (WARING-Blendor) Flächen bzw. auch durch Ultraschall oder Gefrier-Taumethoden.

Gegen beide Arten sind Einwände möglich. Im Falle des Einwirkens chemischer Agentien wie Citronensäure, Lysolecithin, Digitonin, Saponin oder Pepsin + HCl wird man im Einzelfall sehr genau abwägen müssen, ob dadurch Störungen des weiteren Untersuchungsganges eintreten können. Dies dürfte durch Denaturierung von Proteinen oder

---

[1] LANG, K., u. G. SIEBERT: Die chemischen Leistungen der morphologischen Zellelemente. In Flaschenträger-Lehnartz, Bd. 2/1, S. 1064ff.

Extraktionsverluste sehr häufig der Fall sein, z. B. bei der Messung von Fermentaktivitäten oder der quantitativen Erfassung von Inhaltsstoffen für analytische Zwecke. Die Anwendungsmöglichkeiten dieser Verfahren sind daher nur begrenzt, und sie werden in der Tat auch zunehmend seltener benutzt; S. 573f. findet man die ausführliche Darstellung einer Citronensäuremethode.

Probleme bei mechanischen Zerkleinerungsverfahren treten dadurch auf, daß in vielen Fällen die innige Durchmischung mit der Luft Schädigungen empfindlicher biologischer Systeme bedingt; teils durch Zerschäumungseffekte (Proteindenaturierung), teils durch Oxydation mit dem Luft-Sauerstoff. Diese Fragen werden S. 544 näher besprochen. Weiterhin erhalten bei intensiver Zellzerstörung ursprünglich räumlich voneinander getrennte Enzymsysteme Kontakt mit anderen Zellinhaltsstoffen und können diese weitgehend abbauen, ehe der eigentliche Versuch beginnt (z. B. DPN-Nucleosidase); auch diese Frage wird S. 544 besprochen. Schließlich muß man auch an die Gefahr lokaler Erwärmung denken.

Schließlich können Inhaltsstoffe der einzelnen morphologischen Zellelemente in das Suspensionsmedium übertreten, wenn z. B. Zellkerne in größerem Umfange zerstört werden; man findet dann lösliche Anteile aus dem Zellkern bei der Fraktionierung im Cytoplasma wieder, „unlösliche" Bruchstücke etwa in der Mitochondrienfraktion; ein Beispiel hierfür ist das Cyclophorasegel (s. S. 587f.). Mittels Desoxyribonucleinsäurebestimmungen können diese Effekte erkannt werden.

Daraus ergeben sich ganz bestimmte Anforderungen an die Zerkleinerungsgeräte. Das Wichtigste ist für vollständige Gewebsfraktionierungen offenbar die Vermeidung unnötig starker mechanischer Eingriffe. Intensive Kühlungsmöglichkeit ist selbstverständlich; wenn nötig, sollte man unter Stickstoff arbeiten können. Die zur Verfügung stehenden Geräte, die teils nach dem Homogenisatorprinzip, teils nach dem Blendorprinzip aufgebaut sind, sind bei der Herstellung von Homogenaten (S. 542ff.) bereits beschrieben worden. Spezielle Geräte zur Zellkerngewinnung sind von FEULGEN und BEHRENS[1] sowie von LANG und SIEBERT[2] entwickelt worden; sie werden S. 551 bzw. 567ff. ausführlich beschrieben.

Die Anwendung von Ultraschall bzw. von Gefrier-Tauverfahren ist ebenfalls wegen zu starker Schädigung nicht zu empfehlen. Hindurchpressen von Gewebe durch eine Siebscheibe oder eine Düse, gegebenenfalls unter Druck, schädigt Zellkerne und Mitochondrien mechanisch[3].

### γ) Suspensionsmedien.

Die Wahl des richtigen Suspensionsmediums für die Zellfraktionierung ist häufig mit Kompromissen verbunden; zudem richtet sie sich auch nach den örtlichen Verhältnissen (eventuell Äthylendiamintetraacetat-Zusatz in Abhängigkeit von der Qualität des destillierten Wassers) und insbesondere nach den weiteren Versuchserfordernissen (z. B. Inkubationsmedium für Enzymversuche). Infolgedessen findet man in der Literatur eine verwirrende Vielzahl von Angaben. Allen Lösungen gemeinsam ist eine bestimmte Dichte, die die differenzierende Sedimentierung der partikulären Elemente bei variierter Zentrifugiergeschwindigkeit erst ermöglicht.

Eine Einteilung ist nach dem polaren oder apolaren Charakter der gelösten Substanz (z. B. Elektrolyte oder Rohrzucker), der Tonicität (isotonisch oder hypertonisch) und der eventuellen Zugabe eines Puffers (z. B. Phosphat), einer biologisch wirksamen Ionenart (z. B. $Ca^{++}$ oder $HCO_3^-$), eines Substrates (z. B. Succinat) oder eines Co-Faktors ($Mg^{++}$, Cystein, ATP, Nicotinsäureamid) möglich. Die jeweilige Kombination dieser Bestandteile führt zu den in der Praxis benutzten Varianten.

Eines der Kriterien, nach denen die Unversehrtheit einer isolierten Zellfraktion beurteilt wird, ist das morphologische Verhalten im Ausstrich. Verklumpungen sind stets ein

---
[1] FEULGEN, R., u. M. BEHRENS: H. **231**, 85 (1935).
[2] LANG, K., u. G. SIEBERT: B. Z. **322**, 360 (1952).
[3] HOGEBOOM, G. H., and W. C. SCHNEIDER: J. biol. Ch. **204**, 233 (1953).

Zeichen von Schädigung. Zudem werden Mitochondrienaggregate dann zusammen mit Zellkernen sedimentiert, während die Mitochondrienfraktion mit Mikrosomenaggregaten verunreinigt wird[1]. Apolare Medien, vor allem Rohrzuckerlösungen, sind für die beiden der mikroskopischen Beobachtung zugänglichen Fraktionen, Zellkerne und Mitochondrien, wesentlich günstiger als Elektrolytlösungen. Man nimmt im allgemeinen an, daß das Erhaltenbleiben der morphologischen Eigenschaften während der Isolierung weitgehend mit dem Intaktbleiben der biochemischen Qualitäten verbunden ist[1, 2].

Auch für 0,15—0,30 m Rohrzuckerlösung ist neuerdings die Möglichkeit einer Extraktion von Zellkernsubstanzen beschrieben worden[3]. In hypertonischen Rohrzuckerlösungen dagegen bleibt z. B. Trypsinogen, das im Pankreaszellkern mehrfach aktiver ist als im Cytoplasma, trotz vielfachen Waschens auf der Zentrifuge in den Zellkernen erhalten[4]. Auch in Mitochondrien zeigt z. B. das Verhalten von Histamin in der Leber[5] oder von Adrenalin in der Nebenniere[6], daß Freisetzung aus „gebundenem" Zustand und Verlust durch Extraktion in 0,25 m Rohrzuckerlösungen viel geringer als in Salzlösungen sind. In gleichem Sinne sprechen auch Versuche von Specter[7] über die Abhängigkeit des passiven $K^+$-Verlustes bzw. der aktiven $K^+$-Aufnahme isolierter Mitochondrien von der Rohrzuckerkonzentration.

Nachteile der Rohrzuckerlösungen sind neben dem hohen Preis bei Verwendung analysenreiner Präparate (bzw. der Gefahr der Verunreinigung bei Benutzung handelsüblichen Speisezuckers) die Beeinträchtigung mancher Stoffwechselreaktionen[8-11], so daß der Rohrzucker aus den Partikelsedimenten wieder entfernt werden muß (s. S. 569f.), und die Veränderung der Permeabilität der Zellelemente gegenüber zugesetzten Substraten und Co-Enzymen[12, 13]. Nach Slater[13] sind Herzmuskelsarkosomen (s. S. 585f.) gegen höhere Rohrzuckerkonzentrationen als 0,25 m außerordentlich empfindlich; vermutlich wird der Konnex sowohl zwischen endogenem Cytochrom c und dem Succinoxydasesystem, als auch zwischen exogenem Cytochrom c und Cytochrom c-Oxydase gestört.

Für die Isolierung cytoplasmatischer Partikel hat sich heute daher die 0,25 m Rohrzuckerlösung wohl weitgehend durchgesetzt; für Zellkerne sind hypertonische Bedingungen nach eigenen Erfahrungen im allgemeinen günstiger (s. a. [1]). Zur Pufferung einer 0,25 m Rohrzuckerlösung eignet sich gut 0,01 m Natrium-β-glycerophosphat[14], das die Permeabilitätseigenschaften isolierter Mitochondrien ähnlich wie Rohrzucker kaum alteriert[12]. In den meisten Fällen ist es empfehlenswert, das in 0,25 m Rohrzuckerlösung gewonnene Sediment nach möglichst vollständiger Abtrennung der überstehenden Waschflüssigkeit in isotonischer Salzlösung aufzunehmen.

Der gelegentlich von Leuthardt und Mitarbeitern[15] verwendete Mannit bringt anscheinend keine wesentlichen Vorteile. Versuche, andere apolare Substanzen zur Herstellung der Suspensionsmedien zu verwenden, sind bislang an zu geringer Löslichkeit (daher unzureichende Dichte der Lösung) oder an der Fähigkeit zur Proteindenaturierung (Harnstoff,

---

[1] Schneider, W. C., and G. H. Hogeboom: Cancer Res. **11**, 1 (1951).
[2] Hogeboom, G. H., W. C. Schneider and M. J. Striebich: Cancer Res. **13**, 617 (1953).
[3] Allfrey, V., H. Stern, A. E. Mirsky and H. Saetren: J. gen. Physiol. **35**, 529 (1952). — Stern, H., and A. E. Mirsky: J. gen. Physiol. **37**, 177 (1953).
[4] Lang, K., G. Siebert u. F. Fischer: B. Z. **324**, 1 (1953).
[5] Hagen, P.: Brit. J. Pharmacol. **9**, 100 (1954).
[6] Hillarp, N.-Å., S. Lagerstedt and B. Nilson: Acta physiol. scand. **29**, 251 (1953). — Hillarp, N.-Å., and B. Nilson: Acta physiol. scand. **32**, 11 (1954).
[7] Specter, W. G.: Proc. Soc. R. London (B) **141**, 268 (1953).
[8] Lang, K., u. G. Siebert: B. Z. **322**, 196 (1951/52).
[9] Kielley, R. K., and W. C. Schneider: J. biol. Ch. **185**, 869 (1950).
[10] Lehninger, A. L., and E. P. Kennedy: J. biol. Ch. **173**, 753 (1948).
[11] Schneider, W. C.: J. biol. Ch. **176**, 259 (1948).
[12] Duve, C. de, J. Berthet, L. Berthet and F. Appelmans: Nature **167**, 389 (1951).
[13] Slater, E. C., and K. W. Cleland: Biochem. J. **53**, 557 (1953).
[14] Lindberg, O., M. Ljunggren, L. Ernster and L. Revesz: Exp. Cell Res. **4**, 243 (1953).
[15] Leuthardt, F., u. A. F. Müller: Exper. **4**, 478 (1948).

Polyglykole, Polyvinylpyrrolidon [s. aber [1]]) gescheitert. Die an sich naheliegende Verwendung von Albumin- oder anderen Proteinlösungen (s. S. 546) bringt wieder andere Schwierigkeiten (z. B. analytischer Art) mit sich und hat sich daher auch nicht durchgesetzt. Irgendwelche näheren Erfahrungen über das von Dounce[2] benutzte, auf $p_H$ 6,0 eingestellte Gummi arabicum liegen noch nicht vor.

Die mitunter benutzten Elektrolytlösungen sind praktisch stets isotonisch; man geht am besten von KCl aus, und versetzt mit Hydrogencarbonat bzw. Phosphat, wenn gepuffert werden soll. Ähnlich wie in Rohrzuckerlösungen kann man auch in Salzlösungen nach $Ca^{++}$-Zugabe häufig eine abdichtende Wirkung auf biologische Membranen beobachten. In manchen Fällen, insbesondere bei der Mitochondrienisolierung, ist es günstig, ein leicht oxydierbares Substrat zuzusetzen, da auf diese Weise ein gewisser ATP-Bestand der Mitochondrien gewährleistet wird. Biochemische und morphologische Schädigungen treten an Mitochondrien bei ATP-Mangel viel früher ein als bei hinreichendem ATP-Angebot[3]. Die Kenntnis der ATPase-Aktivität der jeweiligen Fraktion ist natürlich Voraussetzung für die Beherrschung der Verhältnisse.

### δ) Trennprinzipien.

Die Trennung der im Gemisch miteinander vorliegenden Zellelemente geschieht durch differenzierendes Zentrifugieren, da die einzelnen Bestandteile durch Größe und spezifisches Gewicht unterschieden sind. Hierbei arbeitet man entweder bei gleichbleibender Zentrifugiergeschwindigkeit in einem Dichtegradienten, oder bei gleichbleibender Dichte mit variierten Beschleunigungskräften bzw. bei Konstanz der Zentrifugiergeschwindigkeit mit unterschiedlichen Dichtewerten. Für präparative Zwecke ist das zweite Verfahren besser geeignet. In beiden Fällen müssen die von der Zentrifuge erreichten Beschleunigungskräfte bekannt sein; man errechnet sie nach der Formel

$$g = \frac{W^2 \cdot r}{980} = \frac{S^2 \cdot r}{89\,500}.$$

Hierbei bedeuten: $g$ = Zentrifugalkraft ($=$ Erdbeschleunigung). $W$ = Winkelgeschwindigkeit. $r$ = Radius der Zentrifuge (Achsenmitte bis Zentrifugenglasmitte) in cm. $S$ = U/min.

Wenn die physikalischen Eigenschaften der Partikel bekannt sind, läßt sich der Zeitbedarf zur Sedimentierung nach Pickels[4] angenähert errechnen nach

$$T = 54 \left(\frac{D-L}{D+L}\right)\left(\frac{N}{d^2(\sigma-\varrho)\,S^2}\right).$$

Hierbei bedeuten: $T$ = Zeit in min. $D$ = Radius von Zentrifugenachsenmitte bis Einstellhöhe der Partikelfraktion. $L$ = Radius von Zentrifugenachsenmitte bis Flüssigkeitsmeniscus. $N$ = Viscosität der Flüssigkeit in Poise. $\sigma$ = Dichte (g/cm³) der Partikel. $\varrho$ = Dichte (g/cm³) des Mediums. $d$ = mittlerer Durchmesser der Partikel in cm. $S$ = U/min.

Die zweite Formel ermöglicht naturgemäß auch eine ungefähre Abschätzung der Partikelgröße, wenn die Zeit zur Sedimentierung gemessen wird.

Eine Reihe von Faktoren bleibt bei dieser Berechnungsweise unberücksichtigt, z. B. Anlauf- und Auslaufgeschwindigkeit (bzw. Betriebsdauer) der Zentrifuge und die Differenz der Radien von Achsenmitte zur Flüssigkeitsoberfläche und Achsenmitte zum Boden des Zentrifugengefäßes. Darauf beruht zum Teil die mangelnde Reproduzierbarkeit

---

[1] Woods, M. W.: Proc. Soc. exp. Biol. Med. 87, 71 (1954).
[2] Dounce, A. L.: Exp. Cell Res., Suppl. 2, 103 (1952).
[3] Raaflaub, J.: Helv. physiol. Acta 11, 142, 157 (1953).
[4] Pickels, E. G.: J. gen. Physiol. 26, 341 (1943).

der Angaben aus verschiedenen Laboratorien[1]. Von Pickels[2] wird zur Angabe der Zentrifugierbedingungen ein Leistungsindex vorgeschlagen:

$$L_i = \frac{(\text{U/min})^2}{\log_e R_2 - \log_e R_1}.$$

Hierbei bedeuten: $L_i$ = Leistungsindex, $R_2$ = größter Radius, $R_1$ = kleinster Radius (deren Differenz demnach die Höhe der Flüssigkeitssäule im Zentrifugiergefäß). Nach Multiplikation mit der Zeit (min) erhält man die effektive Zentrifugierleistung.

De Duve und Berthet[1] haben diese Verhältnisse, soweit sie heute übersehbar sind, mathematisch eingehender behandelt und gelangen zu der nachstehenden Formel, die zugleich die Verbindung zu der bei Ultrazentrifugierungen üblichen Ausdrucksweise herstellt:

$$s = 3{,}5 \, \frac{\log 10 \frac{R_{\max}}{R_{\min}}}{\int\limits_0^\tau (r.p.m.)^2 \, dT} = 3{,}9 \cdot 10^{-5} \, \frac{R_{\text{av.}} \log 10 \frac{R_{\max}}{R_{\min}}}{\int\limits_0^\tau g_{\text{av.}} \, dT}.$$

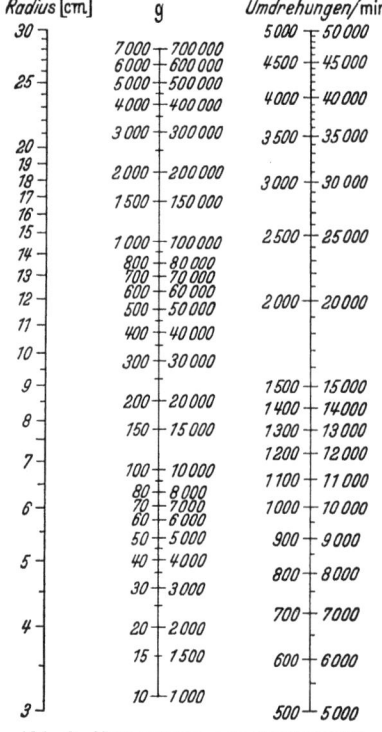

Abb. 6. Nomogramm zur Bestimmung von Beschleunigungskräften nach Dole und Cotzias[3].

$s$ (= Sedimentationskonstante des leichtesten sphärischen Partikelchens, das vollständig sedimentiert wird) ist in Sekunden angegeben. Die Umwandlung aus Svedberg-Einheiten ($10^{-13}$ sec) erfordert also die Multiplikation mit $10^{13}$. Die übrigen Ausdrücke bedeuten: $R_{\max}$ = Abstand zwischen Achsenmitte und Zentrifugenglasboden bei der Zentrifugierung in cm. $R_{\min}$ = Abstand zwischen Achsenmitte und Flüssigkeitsoberfläche bei der Zentrifugierung in cm. $T$ = Zeit in min. $r.p.m.$ = U/min. $R_{\text{av.}} = 0{,}5 \, (R_{\max} + R_{\min})$. $g_{\text{av.}}$ = mittlere Zentrifugalkraft.

Ein Nomogramm zur Ermittlung der Beschleunigungskraft aus den meist in der Literatur verzeichneten Daten haben Dole und Cotzias[3] angegeben (Abb. 6). Es beruht auf der Formel

$$g = 1{,}11 \cdot 10^{-5} \, (r) \cdot (\text{U/min})^2.$$

Folgende vereinfachende Annahmen sind dabei gemacht: 1. Die Berechnung bezieht sich auf den Boden des Zentrifugenröhrchens; dadurch ist man unabhängig von der jeweiligen Füllhöhe der zu zentrifugierenden Flüssigkeit. 2. Für spezielle Fälle ist häufig die Kenntnis des Produktes aus $g$ und der Zentrifugierdauer wichtig, das aus dem Nomogramm nicht ablesbar ist. 3. Der Gradient der Beschleunigungskräfte in der Längsrichtung des Zentrifugenröhrchens sowie die Winkelstellung desselben zur Motorachse sind außer Betracht gelassen. 4. Das Nomogramm ist der Extrapolation zugänglich; eine Änderung des Radius um den Faktor 10 beeinflußt $g$ ebenfalls um den Faktor 10, eine Änderung der Umdrehungen je Minute um den Faktor 10 dagegen ergibt für $g$ den Faktor 100.

Rohrzuckerlösung wird bekanntlich auch häufig zur Isolierung von Viruspartikeln durch Zentrifugierung verwendet. Beim Influenzavirus[4] steht die Dichte der Lösung (in g/cm³) in linearer Beziehung zum Produkt aus Viscosität $\eta$ (in Centipoise) und Sedimentationskonstante $\eta s$ (in Svedberg-Einheiten)

$$\eta s \cdot 10^{15} = 4482 - 3758 \, d.$$

---

[1] Duve, C. de, and J. Berthet: Nature 172, 1142 (1953).
[2] Pickels, E. G. in Corcoran, A. C.: Methods in Medical Research. Bd. 5, S. 107. Chicago 1952.
[3] Dole, V. P., and G. C. Cotzias: Science, N. Y. 113, 552 (1951).
[4] Lauffer, M. A., N. W. Taylor and C. C. Wunder: Arch. Biochem. 40, 453 (1952). — Lauffer, M. A., and N. W. Taylor: Arch. Biochem. 42, 102 (1953).

Die Anwendbarkeit dieser Formel, aus der sich spezifisches Partialvolumen und Sedimentationsverhalten bei unendlicher Verdünnung bequem errechnen lassen, auf makromolekulare Bestandteile tierischer Zellen ist bisher noch nicht geprüft worden; dem steht vermutlich noch die bisher ungenügende Reinheit der isolierten Fraktionen entgegen.

*Dichtegradienten* müssen in ihrem Maximal- und Minimalwert für das jeweilige Gewebe experimentell ermittelt werden. Man rechnet für Zellkerne mit Werten um 1,123 für frisches Material und 1,3—1,4 für lipidarmes Trockenmaterial (nach BEHRENS)[1]. Solche Dichtegradienten lassen sich sowohl mit wäßrigen Rohrzuckerlösungen als auch mit organischen Lösungsmitteln (s. S. 551) herstellen. Zweckmäßigerweise benutzt man dazu ein Gerät, wie es Abb. 7 zeigt. Auch die zur kontinuierlich variierten Elution von Chromatographiesäulen angegebenen Mischvorrichtungen sind geeignet [2-5].

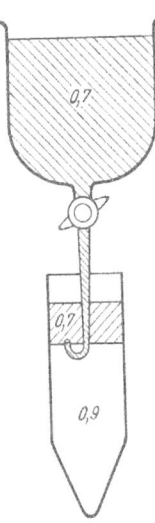

Das Arbeiten mit Dichtegradienten setzt Zentrifugengläser von kleinem Durchmesser (möglichst unter 10 mm) voraus, damit der sich während des Zentrifugierens einstellende Meniscus keinen wesentlichen Einfluß auf den Dichteverlauf im Querschnitt des Gefäßes hat; dies bedingt die geringe Leistungsfähigkeit des Verfahrens für präparative Zwecke.

Eine Abart, die manchmal mit Erfolg angewandt werden kann, ist das Übereinanderschichten zweier qualitativ gleicher Lösungen von unterschiedlicher Dichte („layering"); das zu trennende Material wird bei der Zentrifugierung teils die Grenzschicht durchwandern, teils vor ihr halt machen (s. a. S. 582f.).

Abb. 7. Gerät zum Unterschichten von Flüssigkeiten nach WILBUR und ANDERSON[6]. 0,7 und 0,9 gleich angenommene Molaritäten von Rohrzuckerlösungen.

Eine ausführliche Arbeitsanweisung für die Zentrifugierung im Dichtegradienten haben neuerdings HOLTER und Mitarbeiter[7] gegeben. Mittels Rohrzuckerlösung, die 0,03 m Äthylendiamintetraacetat enthält, und Diodon* werden die folgenden Lösungen hergestellt (Tabelle 5).

Diese bei 2° aufbewahrten Stammlösungen werden mit je 0,3 cm³ in folgender Weise für den Versuch übereinander geschichtet:

Gradient b, c, d  Dichte 1,20—1,30
Gradient a, b, c  Dichte 1,15—1,25
Gradient e, f, g  Dichte 1,10—1,20

*Tabelle 5.*

| Diodon | Rohrzuckerlösung mit 0,03 m Äthylendiamintetraacetat | | | |
|---|---|---|---|---|
| | 10 %ig | 20 %ig | 30 %ig | 40 %ig |
| 23,33 %ig | 1,16, a | 1,20, b | 1,25, c | 1,30, d |
| 11,66 %ig | 1,10, e | 1,15, f | 1,20, g | |

Die in üblicher Weise in 0,3 m Rohrzuckerlösung, 0,01 m Äthylendiamintetraacetat enthaltend, gewonnenen Sedimente werden mit 0,05—0,1 cm³ über einen der Gradienten in einem 1,5 cm³ fassenden Zentrifugenröhrchen geschichtet und bei 60 000 g geschleudert. Es kommt zur Einstellung eines echten Gleichgewichtes nach etwa 2 Std, so daß die einzelnen Zellelemente dann getrennt abgesaugt werden können. Die Dichte für Mitochondrien der Krallenfroschleber (Xenopus laevis Daud.) beträgt 1,10—1,20, für die Mikrosomen 1,25—1,30. Selbstverständlich kann ein Winkelaufsatz für diese

---

* Diäthanolaminsalz der 3,5-Dijod-4-pyridon-N-essigsäure; Fa. Lundbeck & Co., Kopenhagen (Valby).

[1] BEHRENS, M.: Handb. biol. Arb.-Meth. Abt. V, Teil 10/II, S. 1363ff.
[2] CHERKIN, A., F. E. MARTINEZ and M. S. DUNN: Am. Soc. 75, 1244 (1953).
[3] HURLBERT, R. B., H. SCHMITZ, A. F. BRUMM and V. R. POTTER: J. biol. Ch. 209, 23 (1954).
[4] ZAHN, R. K., u. I. STAHL: H. 293, 1 (1953). — Siehe auch Bd. III, S. 652.
[5] LAKSHMANAN, T. K., and S. LIEBERMAN: Arch. Biochem. 45, 235 (1953); 53, 258 (1954).
[6] WILBUR, K. M., and N. G. ANDERSON: Exp. Cell Res. 2, 47 (1951).
[7] HOLTER, H., M. OTTESEN and R. WEBER: Exper. 9, 346 (1953).

Zentrifugierungen nicht verwendet werden. Eine ähnliche Versuchsanordnung für die Gewinnung von Viren in Rohrzuckerlösungen beschreibt auch BRAKKE[1].

Auf das Absaugen der einzelnen Schichten muß entsprechende Sorgfalt verwendet werden; es empfiehlt sich, das Zentrifugenglas in Augenhöhe in einem Gestell unterzubringen und mit einem Sauggerät der Abb. 8 zu arbeiten.

Beim Arbeiten mit wechselnden Beschleunigungskräften kann man in gewissen Grenzen (in Abhängigkeit von den technischen Daten der zur Verfügung stehenden Zentrifuge) die Dichte des Mediums variieren; aus den S. 557ff. genannten Gründen heraus sind aber stärkere Abweichungen nicht empfehlenswert. Die im allgemeinen anzuwendenden Zentrifugierbedingungen sind unten angegeben.

Für präparative Zwecke können auch mit Vorteil kontinuierlich arbeitende Zentrifugen (SHARPLES-Prinzip, z. B. Fa. Padberg *) verwendet werden, besonders bei Mengen über 2 Litern[2].

### b) Spezielles.

#### α) Gleichzeitige Darstellung aller Zellfraktionen.

Die gleichzeitige und quantitative Gewinnung aller Zellfraktionen aus einem Homogenat ist eine schwierige Aufgabe; Reinheit der einzelnen Fraktion und quantitative Ausbeute schließen sich im Grunde gegenseitig aus. Zudem muß die Zerkleinerung so geleitet werden, daß die am schwierigsten in reiner Form zu gewinnende Fraktion, die Zellkerne, sauber von anderen Zellelementen getrennt werden kann; sonst ergeben sich neben unreinen Zellkernen auch noch Überschneidungen zwischen einzelnen Cytoplasmafraktionen bei der Zentrifugierung.

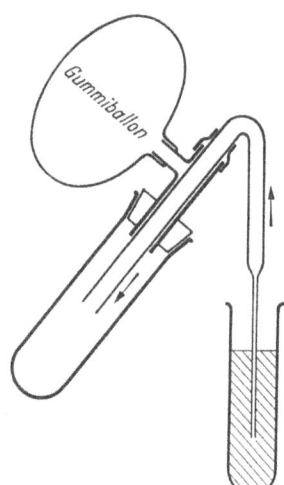

Abb. 8. Gerät zum Absaugen nach BEHRENS[3].

Wesentlich einfacher ist es, wenn auf die Vollständigkeit der Gewinnung einzelner Fraktionen verzichtet werden kann; dies ist in vielen Versuchsanordnungen der Fall. Durch Abtrennung einer Zwischenfraktion, aus einzelnen Zellkernen und einigen größeren Mitochondrien bestehend, sowie durch Verwerfen der Waschflüssigkeiten wird das Verfahren dann handlicher und sicherer.

Geeignet zur gleichzeitigen Gewinnung aller Zellfraktionen sind alle schonend genug hergestellten Homogenate (s. S. 542ff.). Das einzig sichere Verfahren zur Gewinnung reiner Zellkerne in hinreichender Ausbeute verlangt dagegen die Anwendung der Zellkernmühle (s. S. 567ff.). Die differenzierende Zentrifugierung geht entweder vom Homogenat aus, oder von einem Sediment aller Fraktionen, das nach Resuspension dann aufgeteilt wird.

Vorwiegend wird das erstgenannte Verfahren benutzt. Eigenarten der verwendeten Gewebe bedingen häufig Modifikationen einzelner Arbeitsgänge, ehe man befriedigende Resultate erhält; ein einfaches Nacharbeiten gegebener Vorschriften ist im allgemeinen nur bei demselben Organ und derselben Tierart möglich.

*Fraktionierung eines Rattenleberhomogenates in 0,88 m Rohrzuckerlösung nach* HOGEBOOM, SCHNEIDER *und* PALADE[4]. Die Tiere fasten mindestens 12 Std, um eine hinreichende Senkung des Glykogengehaltes der Leber zu erreichen. Nach Tötung durch Kopfschlag werden die Lebern entnommen und in einem Becherglas gekühlt. — Die Entblutung der Leber gelingt nach eigenen Erfahrungen wesentlich besser, wenn das Organ in situ nach Äthernarkose des Tieres und nach Durchschneidung der Vv. portae et cava inf. vom Cavastumpf aus unter gelindem Überdruck mit 10%iger Rohrzuckerlösung durchspült wird. — Die Lebern werden durch ein Sieb mit einer Maschenweite

---

* C. Padberg, Lahr/Baden.
[1] BRAKKE, M. K.: Arch. Biochem. 45, 275 (1953).
[2] SIEBERT, G., u. G. JUNG: Unveröffentlicht.
[3] BEHRENS, M.: Handb. biol. Arb.-Meth. Abt. V. Teil 10. S. 1363ff.
[4] HOGEBOOM, G. H., W. C. SCHNEIDER and G. E. PALADE: J. biol. Ch. 172, 619 (1948).

nicht über 1 mm gepreßt, wodurch die Hauptmenge Bindegewebe entfernt wird. Nach dem Wiegen wird der Gewebsbrei in 9 Vol. eiskalter 0,88 m Rohrzuckerlösung mit dem Gerät von POTTER und ELVEHJEM (s. S. 542) homogenisiert.

10 cm³ Homogenat werden in einem spitzen 15 cm³-Zentrifugenglas über 1 cm³ 0,88 m Rohrzuckerlösung geschichtet und 10 min bei 600 g geschleudert. Die überstehende Lösung wird abgesaugt und noch zweimal dieser Zentrifugierung unterworfen. Dadurch werden Zellkerne und intakte Zellen vollständig abgetrennt. Die 3 Sedimente werden vereinigt und auf ein passendes Volumen verdünnt (Zellkernfraktion).

Die überstehende Lösung wird in Kunststoff-Zentrifugenröhrchen 20 min bei 24000 g geschleudert; das Sediment enthält eine untere, bräunliche Schicht, aus ganz dicht gepackten Mitochondrien bestehend, dann eine gelbbraune, nicht so kompakte Schicht, aus weniger dicht gepackten Mitochondrien bestehend, und schließlich eine unscharf abgesetzte, rötlichweiße Schicht, welche Mikrosomen enthält und zusammen mit der überstehenden Flüssigkeit durch Absaugen entommen wird. Das verbleibende Sediment, den beiden erstgenannten Schichten entsprechend, wird in 0,88 m Rohrzuckerlösung durch Homogenisieren mit einem in die Kunststoffgefäße passenden Stempel resuspendiert und wiederum 20 min bei 24000 g zentrifugiert. Die Waschflüssigkeit enthält noch einige Mikrosomen. Das Mitochondriensediment wird in 0,88 m Rohrzuckerlösung resuspendiert und passend verdünnt; die gelblich-bräunliche Suspension zeigt Strömungsdoppelbrechung.

Zur Sedimentierung der Mikrosomen wird die überstehende Lösung nach der ersten Zentrifugierung der Mitochondrien 2 Std bei 41000 g geschleudert. Nach Entfernen des Überstandes und Resuspension in 0,88 m Rohrzuckerlösung wird erneut 2 Std bei 41000 g zentrifugiert; das Sediment ist durchscheinend, von rötlich-brauner Farbe, und zeigt

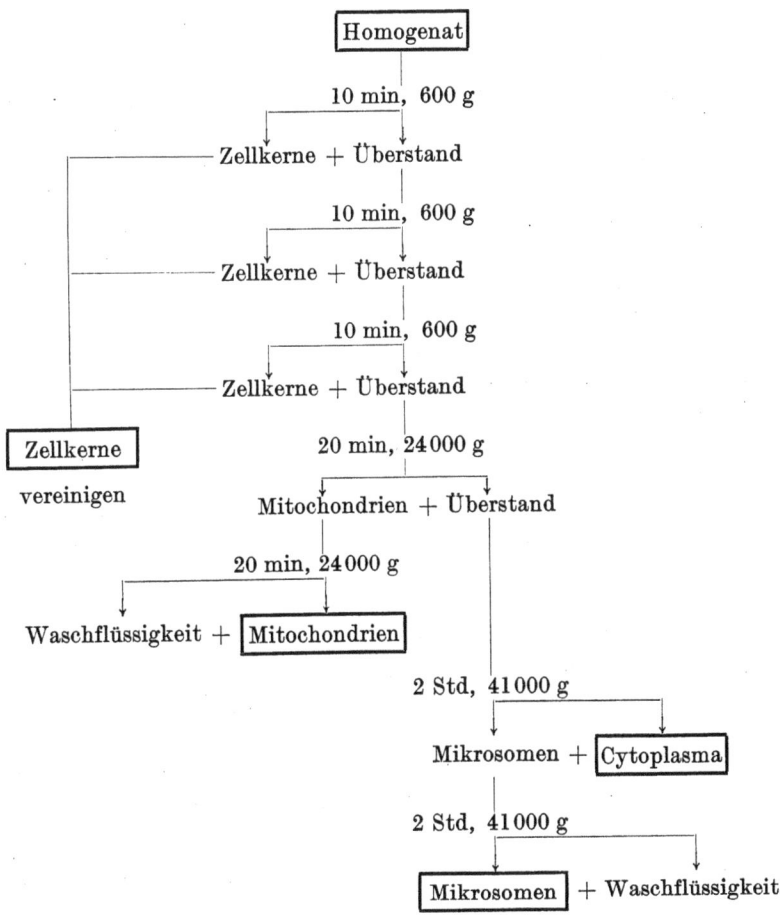

ebenfalls Strömungsdoppelbrechung. Es wird ebenfalls nach Resuspension in 0,88 m Rohrzuckerlösung zum Versuch verwendet. Die überstehende Flüssigkeit („lösliches Cytoplasma") enthält noch kleinere Mikrosomen, da sich unter Berücksichtigung der auf S. 559 genannten Formel ergibt, daß nur Mikrosomen mit einem größeren Durchmesser als 100 m$\mu$ unter diesen Bedingungen gewonnen werden können.

Das Prinzip des eben beschriebenen Verfahrens wird durch das vorstehende Diagramm wiedergegeben.

*Fraktionierung eines Rattenleberhomogenates in isotonischer (0,25 m) Rohrzuckerlösung nach* SCHNEIDER[1]. Die Gewinnung des Leberhomogenates erfolgt, wie voranstehend für hypertonische Zuckerlösungen beschrieben. 10 cm³ Homogenat werden 10 min bei 600 g geschleudert; das Sediment wird zweimal in je 2,5 cm³ 0,25 m Rohrzuckerlösung rehomogenisiert und ergibt schließlich die Zellkernfraktion.

Die vereinigten überstehenden Flüssigkeiten von der Zellkerngewinnung werden 10 min bei 8500 g zur Gewinnung der Mitochondrien zentrifugiert. Durch Resuspendieren in 2,5 cm³ 0,25 m Rohrzuckerlösung und 10 min Schleudern bei 8500 g werden die Mitochondrien zweimal ausgewaschen. Sie werden in 0,25 m Rohrzuckerlösung resuspendiert; ihr Aussehen entspricht den oben für 0,88 m Zuckerlösung angegebenen.

Überstehendes und Waschflüssigkeit der Mitochondriendarstellung werden vereinigt und 1 Std bei 18000 g zur Gewinnung der Mikrosomen zentrifugiert. Das Sediment ist durchscheinend und von rotbrauner Farbe; es wird einmal in 0,25 m Rohrzuckerlösung resuspendiert und wieder 1 Std bei 18000 g geschleudert. Zum Versuch wird es in einer passenden Menge 0,25 m Rohrzuckerlösung resuspendiert. Im Dunkelfeld erkennt man gerade eben, ohne Einzelheiten unterscheiden zu können, Partikel in rascher BROWNscher Bewegung.

Das Prinzip des eben beschriebenen Verfahrens wird durch das nebenstehende Diagramm wiedergegeben.

Fast alle anderen, in der Literatur angegebenen Verfahren sind Modifikationen[2] dieses Schemas, das bei geeigneter Abwandlung auf alle Gewebe anwendbar sein dürfte. Die von den Autoren verwendete Bezeichnung „Zellkernfraktion" spiegelt die Tatsache wider, daß die Reinheit nur mangelhaft ist. Einige der S. 567ff. beschriebenen Methoden zur Zellkerngewinnung gestatten jedoch eine Kombination mit der Gewinnung der Cytoplasmapartikel, so daß auf diesem Wege sowohl reine Zellkerne als auch die übrigen Zellfraktionen gewinnbar sind. Die für die einzelnen Zellelemente anzuwendenden morphologischen und biochemischen Tests zu ihrer Charakterisierung sind in den folgenden Abschnitten für Zellkerne S. 570, Mitochondrien S. 582 und 584 und Mikrosomen S. 588f. beschrieben.

*Fraktionierung eines Rattenleberhomogenates in 0,88 m Rohrzuckerlösung nach* CHAUVEAU *und* CLEMENT[3]. Die Tiere werden nach 24 Std Fasten durch Decapitierung getötet und die sofort entnommenen Lebern gekühlt. Durch einige Sekunden dauerndes Eintauchen in eiskaltes Wasser werden sie von anhaftendem Blut befreit, dann gut auf Filtrierpapier getrocknet und gewogen. Die Lebern werden zerschnitten und dann 5 min in einem Mörser zerstoßen. Mittels 2 cm³ 0,88 m Rohrzuckerlösung je Gramm Frischgewicht wird der Brei in einen Homogenisator nach POTTER und ELVEHJEM (s. S. 542) gespült und 8 min bei 1200 U/min homogenisiert. Dann werden weitere 8 cm³ 0,88 m Rohrzuckerlösung je Gramm Gewebe zugefügt und 2 min homogenisiert. Unter dem Phasenkontrastmikroskop überzeugt man sich, daß keine intakten Zellen mehr vorhanden sind.

Das Homogenat wird 2 Std bei 50000 g zentrifugiert und danach in die 3 Anteile frei schwimmende Fettschicht (oben), Cytoplasma (partikelfrei) und Sediment (alle Formbestandteile enthaltend) getrennt. Das Sediment wird mit 10 cm³ 0,88 m Rohrzuckerlösung je Gramm Ausgangsgewicht resuspendiert und dann 30 min bei 600 g geschleudert.

---

[1] SCHNEIDER, W. C.: J. biol. Ch. **176**, 259 (1948).
[2] Zum Beispiel STRITTMATTER, C. F., and E. G. BALL: J. cellul. comp. Physiol. **43**, 57 (1954).
[3] CHAUVEAU, J., et G. CLEMENT: Arch. Sci. physiol. **5**, 277 (1951).

Der Bodensatz enthält die mit Bindegewebstrümmern und Mitochondrien verunreinigten Zellkerne, die überstehende Lösung die Hauptmenge an Mitochondrien und Mikrosomen.

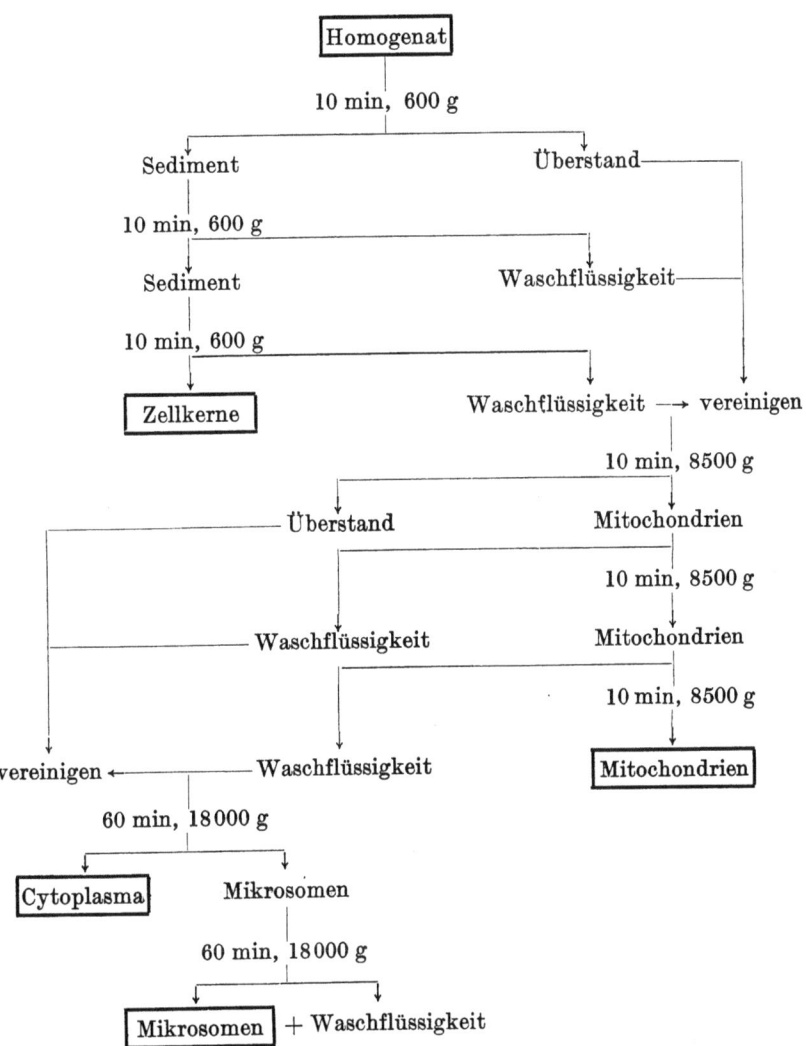

Der Bodensatz wird in 2 cm³ 0,88 m Rohrzuckerlösung je Gramm Ausgangsgewicht homogenisiert und wieder 30 min bei 600 g zentrifugiert. Die nun überstehende Flüssigkeit wird mit der zuerst gewonnenen vereinigt, der Bodensatz dagegen mit 10 cm³ 0,88 m Rohrzuckerlösung, die 0,04% Citronensäure enthält, homogenisiert und nacheinander durch 3 Siebe gegeben (Nr. 30/20, 40/24 und 120/42)*, wodurch Bindegewebstrümmer entfernt werden. Nach 20 min Zentrifugieren bei 600 g erhält man praktisch reine Zellkerne. Der Citronensäurezusatz dient zur besseren Dispersion und morphologischen Beobachtung; man kann sie ohne Einbuße an Reinheit oder Ausbeute fortlassen.

Die vereinigten überstehenden Lösungen von der Zellkerngewinnung werden 20 min bei 24 000 g zentrifugiert; die überstehende Flüssigkeit wird aufgehoben, der die Mitochondrien enthaltende Bodensatz in 5 cm³ 0,88 m Rohrzuckerlösung je Gramm Ausgangsgewicht resuspendiert und erneut 20 min bei 24 000 g zentrifugiert. Die Mitochondrien sind nun rein.

Überstehende und Waschflüssigkeit der Mitochondrien werden vereinigt und 2 Std bei 50 000 g geschleudert; der Bodensatz enthält die Mikrosomen; die überstehende Lösung wird mit dem eingangs erhaltenen Cytoplasma vereinigt.

* Messingdrahtnetz mit den Maschenweiten 600, 450 und 120 μ.

Wenn die in den einzelnen Bodensätzen enthaltenen Rohrzuckermengen ausgewaschen werden sollen, benutzt man eine 1%ige NaCl-Lösung und zentrifugiert darin die Zellkerne 10 min bei 600 g, die Mitochondrien 10 min bei 24000 g und die Mikrosomen 60 min bei 50000 g.

Das Prinzip des eben beschriebenen Verfahrens wird durch das nachstehende Diagramm wiedergegeben.

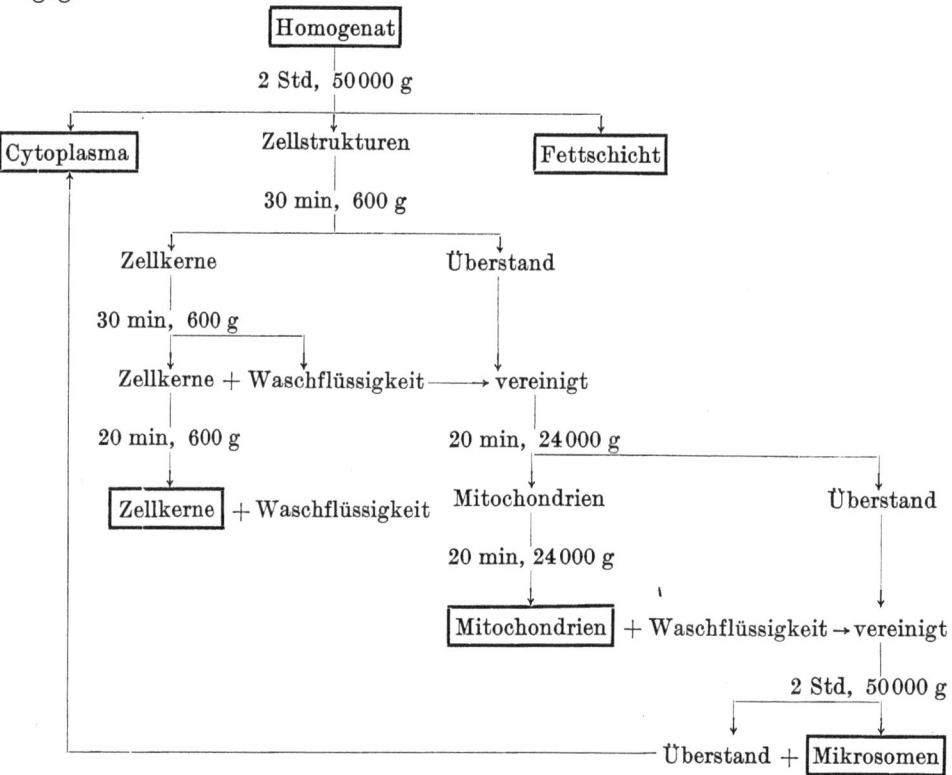

Von den dieser Methode anhaftenden Nachteilen sind die Citronensäureanwendung und das Messingsieb vermeidbar; unerwünscht bleibt die lange Dauer, durch das anfängliche 2stündige Zentrifugieren bedingt. Auch ist zu diskutieren, inwieweit nicht die möglichst sofortige Trennung der einzelnen Zellelemente voneinander vorteilhafter ist, statt daß nach der Homogenatgewinnung die Partikel noch mindestens $2^1/_2$ Std miteinander Kontakt haben.

Die ausschließliche Verwendung einer Schüttelmaschine mit Glasperlen zur Gewebszerkleinerung benutzen GRAFFI und Mitarbeiter[1]; allerdings erfordert das Verfahren mehr als 30 min Schüttelzeit. MASCHERPA[2] benutzt eine BUCHNER-Presse; nach seinen Angaben erhält man bei Druckwerten bis 100 Atm. Intercellularflüssigkeit und ganze Zellen, zwischen 100 und 200 Atm. nichtstrukturiertes Cytoplasma, zwischen 200 und 300 Atm. die Strukturelemente des Cytoplasmas, und zwischen 300 und 400 Atm. Zellkernbestandteile. Eine nähere morphologische oder biochemische Charakterisierung der Fraktionen wird indessen nicht gegeben.

### β) Zellkerne.

Manche der bei der Zellkerngewinnung zu beachtenden Gesichtspunkte sind bereits in vorhergehenden Abschnitten erwähnt worden (s. S. 555—562). Bei allen Verfahren, die mit frischem Gewebsmaterial arbeiten, gliedert sich der Arbeitsgang in:

1. Möglichst vollständige Entfernung von Blut, da sich die Erythrocyten bei der Zentrifugierung mit im Zellkernsediment absetzen.

---
[1] GRAFFI, A., u. W. HEBEKERL: Arch. Geschwulstforsch. 4, 349 (1952).
[2] MASCHERPA, P.: Bull. Soc. Chim. biol. 33, 1282 (1951).

2. Eingehende, aber schonende Vorzerkleinerung unter möglichst weitgehender Entfernung von Bindegewebe und Gefäßbäumen.

3. Eigentliche Zermahlung des Gewebes bis zu intakten Zellkernen.

4. Differenzierende Zentrifugierung mit Auswaschen des Sediments.

5. Morphologische und biochemische Reinheitsprüfung der Zellkerne sowie gegebenenfalls Zellkernzählung.

Wenn man dagegen trockene Gewebsproben verwendet, lauten die einzelnen Arbeitsschritte:

1. Gefriertrocknung des Gewebes.

2. Zerkleinerung des Trockenpulvers bis zur Stufe der Zellkerne.

3. Zentrifugierung der Zellkerne in Gemischen organischer Lösungsmittel von wechselnder Dichte.

Die Wahl des Verfahrens, Trocken- oder Frischzellkerne, muß sich nach dem Versuchszweck richten (s. a. S. 544). Bei Trockenzellkernen besteht der wesentliche Vorteil darin, daß durch die Gefriertrocknung eine plötzliche biochemische Fixierung des Gewebes einsetzt, die sekundäre Veränderungen während der Aufarbeitung durch Extraktion, Adsorption, Autolyse oder sonstige Wechselwirkung zwischen den Zellelementen ausschließt. Auch pflegen die auf diese Weise gewonnenen Zellkerne häufig sehr rein zu sein. Dem stehen als Nachteile gegenüber, daß keineswegs alle biologischen Systeme die Trocknung und Behandlung mit organischen Lösungsmitteln vertragen; durch die letzteren wird zudem die Hauptmenge an fettlöslichen Substanzen entfernt. Schließlich gelingt es auf diese Weise nicht, cytoplasmatische Formelemente wie Mitochondrien und Mikrosomen zu trennen, so daß man sich auf die Untersuchung der Zellkernfraktion beschränken muß. Der Anwendungsbereich ist daher nicht sehr groß, aber verhältnismäßig gut umschrieben: Chemische Analyse und Bestimmung einiger Fermentaktivitäten. Die Theorie der Vakuumtrocknung von Geweben ist von STEPHENSON[1] behandelt worden; es kann hier nur auf die dort gegebenen Richtlinien zur Projektierung solcher Anlagen verwiesen werden.

Demgegenüber sind in frischem Zustand gewonnene Zellkerne für sehr viel mehr Versuchszwecke verwendbar. Als immer wieder diskutierte Nachteile und Gefahrenmomente sind zu nennen:

1. Autolyseeffekte, vor allem in Abhängigkeit von der zur Darstellung benötigten Zeitdauer.

2. Extraktion von Zellkern-Inhaltsstoffen.

3. Neuverteilung von im Suspensionsmedium gelösten, cytoplasmatischen Stoffen durch Adsorption usw.

4. Unerwünschte Einflüsse des Suspensionsmediums (s. S. 557 ff. und 574).

Im allgemeinen wird man sich aber durch geeignete Versuchsanordnungen überzeugen können, ob einer dieser Faktoren den Versuchsausfall beeinflußt hat. Der Verwendung frischer Zellkerne wird daher meist der Vorzug gegeben. Die Benutzung von Citronensäure bringt allerdings außer der durch die Substanz selbst gegebenen Beeinträchtigung der Zellkerne (s. S. 574) den weiteren Nachteil mit sich, daß Cytoplasmaelemente nicht gewonnen werden können.

Einige der häufiger benutzten Verfahren zur Zellkerngewinnung werden nachstehend als Arbeitsvorschriften beschrieben.

**Isolierung in wäßrigen Medien.** *Gewinnung von Zellkernen in hypertonischer Rohrzuckerlösung nach* LANG *und* SIEBERT[2]. Zur Entblutung geht man bei Organen kleiner Tiere vor, wie S. 562 beschrieben. Größere Organe, z. B. Placenten oder Schweinenieren, gewinnt man am besten mit einem Gefäßstiel; mittels Glasspritze wird 10%ige Rohrzuckerlösung injiziert, die durch zahlreiche Einschnitte an der Oberfläche des Organs wieder abfließen kann; man erreicht so ebenfalls eine sehr weitgehende Entblutung.

---

[1] STEPHENSON, J. L.: Bull. math. Biophysics **15**, 411 (1953); **16**, 23 (1954).
[2] LANG, K., u. G. SIEBERT: B. Z. **322**, 360 (1952).

Das gewogene Gewebe wird mit Schere, Messer, Fleischwolf oder auch durch Durchpressen durch Siebplatten vorzerkleinert, möglichst in Teile von nicht mehr als 1—3 mm Kantenlänge. Die Wahl des Verfahrens richtet sich vor allem nach der Konsistenz des Gewebes, dann auch nach dem weiteren Versuchszweck; das Durchpressen durch eine Siebplatte aus Kunststoff kann z. B. unter Vermeidung jeglicher Berührung des Gewebes mit Metallteilen vorgenommen werden. Anschließend wird das Gewebe in einem modifizierten Glashomogenisator, der weiter unten ausführlich beschrieben ist, unter Zusatz von 1,5 Vol. 30%iger Rohrzuckerlösung weiter zerkleinert. Danach wird es durch ein Filtertuch*, z. B. mittels eines Porzellanpistills, getrieben, und kann nun zum Einfüllen in die Zellkernmühle verwendet werden.

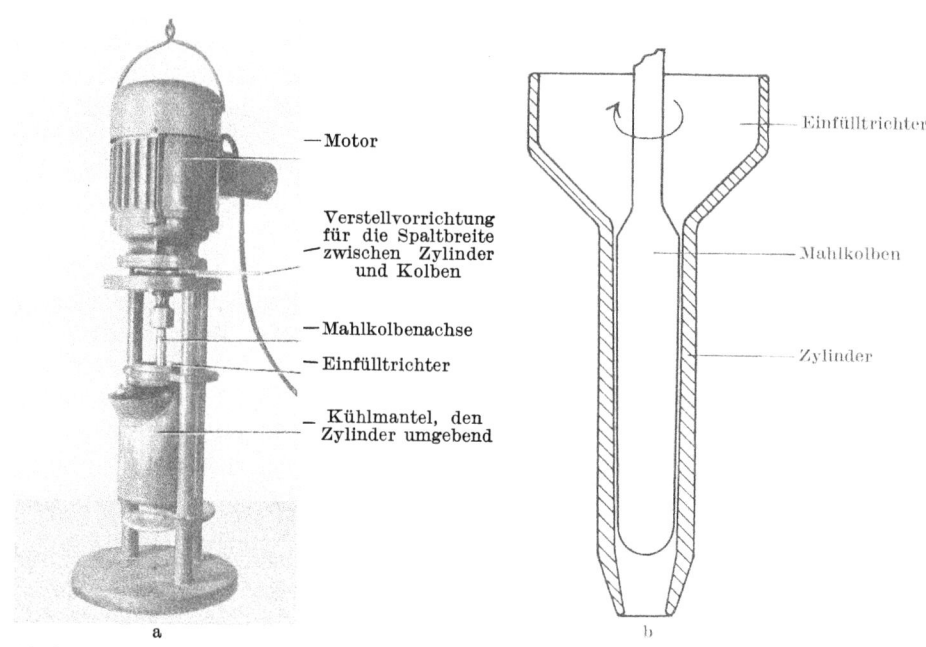

Abb. 9a u. b. Zellkernmühle nach LANG und SIEBERT[1]. a Gesamtansicht; b Prinzip der Mühle.

Die Zellkernmühle** (Abb. 9) besteht in ihren wesentlichen Teilen aus einem Kolben aus hartverchromtem V2A-Stahl, der in einem Zylinder aus dem gleichen Material um seine Achse rotiert; beide Teile haben polierte Oberflächen und sind mit 1° konisch ausgebildet; die Spaltbreite zwischen ihnen beträgt etwa 0,1 mm. Durch eine Verstellvorrichtung kann während des Laufes der Maschine der Kolben gesenkt oder gehoben werden, so daß sich die Spaltbreite den Erfordernissen des jeweils zermahlenen Gewebes anpassen läßt. Turbulenz tritt unter den Betriebsbedingungen der Zellkernmühle nicht ein (s. auch Bd. II, S. 101).

Der Zylinder ist von einem Kühlmantel umgeben, der mit einem Eis-Kochsalzgemisch beschickt wird; auch das unter dem Zylinder stehende Auffanggefäß wird mit Eis gekühlt. Modifikationen dieser Zellkernmühle betreffen die Anordnung des Motors, der auch unterhalb der eigentlichen Mühle angebracht werden kann; dann wird bei feststehendem Kolben der vom Kühlmantel umgebene Zylinder zur Einstellung der Spaltbreite gehoben oder gesenkt; am Kolbenschaft braucht man einen Abstreifer, der das aus dem Zylinder austretende gemahlene Homogenat abnimmt und ins Auffanggefäß leitet. Die Drehstrommotoren haben bei 1 PS Leistung wählbare Tourenzahlen von 700 und 1400 U/min.

---

* Zum Beispiel „WWb" und „P 4452" der Fa. Beth, Maschinenfabrik, Lübeck, oder „1400" der Fa. Ude, K.G., Kalefeld über Kreiensen.
** Hersteller: B. Bühler, Gerätebau, Tübingen.
[1] LANG, K., u. G. SIEBERT: B. Z. **322**, 360 (1952).

Das in den Einfülltrichter der Zellkernmühle gegebene, vorzerkleinerte Gewebe behält auch bei stundenlangem Betrieb der Mühle Temperaturen unter $+4°$, wenn im Kühlmantel Werte zwischen $-8$ und $-12°$ herrschen. Die Verdünnung des Gewebes mit 30%iger Rohrzuckerlösung beträgt, einschließlich der zum Nachspülen des Glashomogenisators und des Filtertuches benutzten Mengen, 2 Vol.-Teile Zuckerlösung auf 1 Gewichtsteil Gewebe. Die Einstellung der Spaltbreite erfolgt zunächst von Hand bei stehendem Motor, dann bei niedrigeren Tourenzahlen; nach einiger Erfahrung erkennt man an der Zahl der unten abfließenden Tropfen die für die richtige Zermahlung geeignete Spaltbreite; in Abhängigkeit von Gewebeart und Tierart erreicht der Abfluß 0,5—5 cm³/min bei 1400 U/min.

Von der insgesamt in die Mühle eingefüllten Gewebssuspension wird das letzte Drittel bis Viertel verworfen, indem das Mahlen nach Durchlauf von 65—75% des Volumens abgebrochen wird. Es hat sich nämlich gezeigt, daß die gröbsten Partikel der eingefüllten Gewebssuspension am längsten im Einfülltrichter verweilen; setzt man nun die Vermahlung bis zum Ende fort, so geraten schließlich auch Gewebsmembranen und andere Zelltrümmer mit in den Durchlauf hinein und vermindern damit die Reinheit der Zellkerne, da sie bei der Zentrifugierung mit diesen sedimentiert werden.

Zur differenzierenden Zentrifugierung wird das durchgemahlene Gewebshomogenat mit 4 Vol. 30%iger Rohrzuckerlösung verdünnt und dann 10 min bei 650 g geschleudert. Die überstehende Flüssigkeit wird abgehoben und kann zur Gewinnung von Mitochondrien, Mikrosomen und Cytoplasma dienen, wie z. B. S. 562ff. beschrieben. Das Zellkernsediment wird mit einem Glasstab in der Hälfte des ursprünglichen Volumens Rohrzuckerlösung resuspendiert und wieder 10 min bei 650 g zentrifugiert. Nach Verwerfen der Waschflüssigkeit wird nochmals mit dem halben Volumen 30%iger Rohrzuckerlösung ($=^1/_4$ des Ausgangsvolumens) wie eben ausgewaschen. Das nun erhaltene Sediment besteht praktisch ausschließlich aus reinen Zellkernen.

Das nachfolgende Schema gibt den Arbeitsgang im Prinzip wieder.

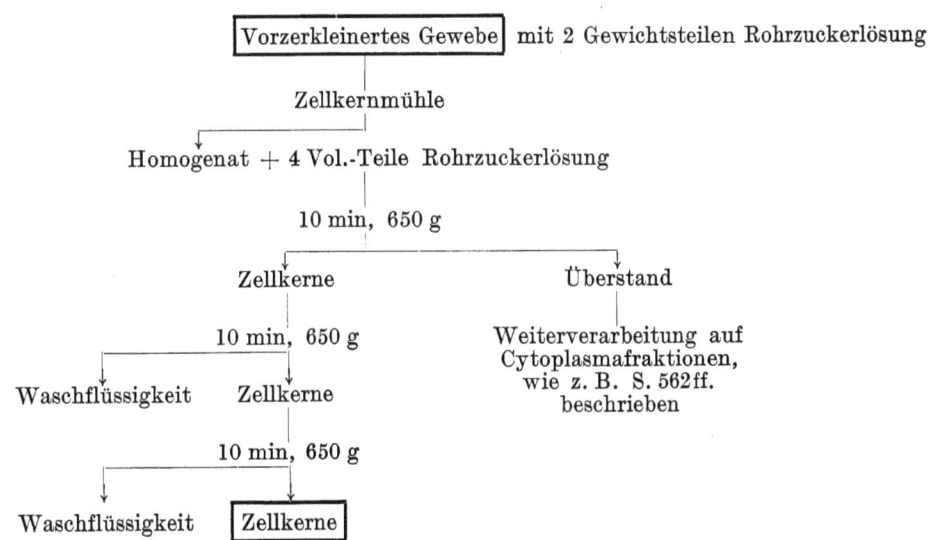

Wenn aus Versuchsgründen der Rohrzucker entfernt werden muß, benötigt man ein 4maliges Auswaschen in 2 Vol. destilliertem Wasser oder ein mehrstündiges energisches Dialysieren gegen destilliertes Wasser, bis man nur noch Spuren von Zucker findet. Zum Konservieren der Zellkerne eignet sich die Gefriertrocknung; das Trockenpulver enthält dann 60—80% Rohrzucker. Die Herstellung eines Acetontrockenpulvers kann mit der Entfernung des Rohrzuckers verbunden werden; man wäscht die isolierten Zellkerne zweimal mit 2,5 Vol. Aceton, das 20% Wasser enthält, und anschließend zweimal mit reinem

Aceton. Dadurch sinkt der Zuckergehalt der Zellkerne unter die Nachweisgrenze. Der anfängliche Wasserzusatz zum Aceton wird wegen der nur beschränkten Löslichkeit von Rohrzucker in Aceton benötigt. Nach demselben Prinzip läßt sich z. B. auch aus Mitochondrien ein Acetontrockenpulver gewinnen (s. a. S. 581f.). Eine bequeme Methode zur Rohrzuckerbestimmung s.[1].

Zur Beurteilung der Ausbeute kann davon ausgegangen werden, daß in den meisten tierischen Geweben 8—12% des Volumens bzw. des Stickstoffgehaltes auf den Zellkern entfallen. Durch Messung des Homogenatvolumens und N-Bestimmung im ausgewaschenen Sediment erhält man die benötigten Zahlenwerte. Die Reinheitsangabe in Prozenten bezieht sich auf die Anzahl nicht reiner Zellkerne bzw. Zellkerntrümmer oder intakter Zellen, die auf 400 unter dem Mikroskop zu zählende Partikel des Zellkernsediments entfallen. Man erhält so meist Zellkernpräparationen von 97—99% Reinheit. In Abb. 10

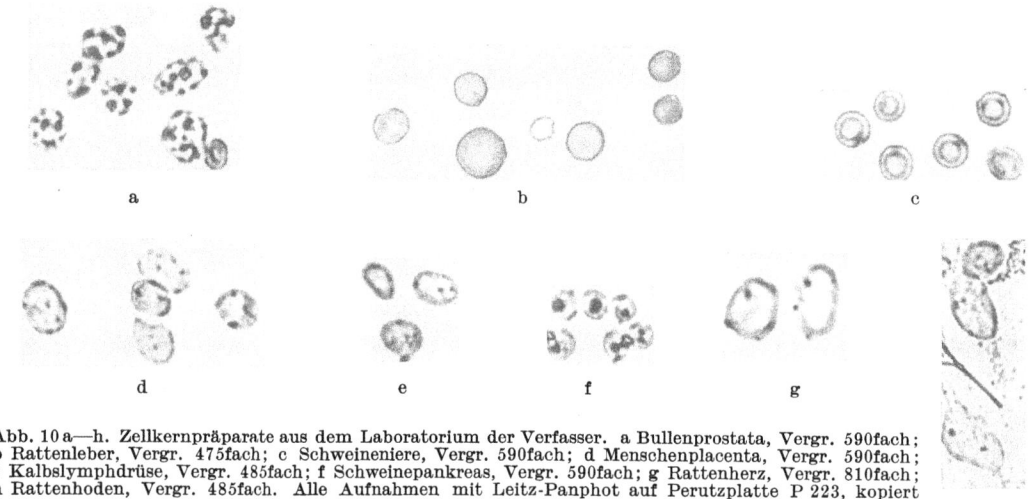

Abb. 10 a—h. Zellkernpräparate aus dem Laboratorium der Verfasser. a Bullenprostata, Vergr. 590fach; b Rattenleber, Vergr. 475fach; c Schweineniere, Vergr. 590fach; d Menschenplacenta, Vergr. 590fach; e Kalbslymphdrüse, Vergr. 485fach; f Schweinepankreas, Vergr. 590fach; g Rattenherz, Vergr. 810fach; h Rattenhoden, Vergr. 485fach. Alle Aufnahmen mit Leitz-Panphot auf Perutzplatte P 223, kopiert auf Agfa-Lupex.

sind nach LANG und SIEBERT präparierte Zellkerne dargestellt. Für jedes einzelne Gewebe hat der Zellkern ein ganz charakteristisches Aussehen, so daß bereits beim Durchmustern eines Zellkernausstriches häufig das Organ, aus dem die Zellkerne stammen, angegeben werden kann.

Zur morphologischen Reinheitsprüfung wird ein kleiner Teil des gut mit dem Glasstab durchgemischten Sedimentes auf einem Objektträger ausgestrichen und sofort nach Lufttrocknung nach MAY-GRÜNWALD gefärbt. Es empfiehlt sich in den meisten Fällen, den Ausstrich ohne weitere Fixierung 3—5 min mit der Farbstofflösung zu bedecken und dann durch Zugabe von destilliertem Wasser mit der Pipette die Farbstofflösung auf die Hälfte zu verdünnen. Nach 10 min wird gründlich mit destilliertem Wasser abgespült. Nach Trocknen an der Luft betrachtet man die Ausstriche ohne Ölimmersion bei rund 200facher Vergrößerung. Meist nimmt der auf dem Objektträger befindliche Rohrzucker etwas Farbstoff auf; durch Spiel mit der Mikrometerschraube sind aber Rohrzuckerkrystalle sofort von etwaigen zelleigenen Partikeln unterscheidbar. Eine „Einbettung" mit Glycerin-Gelatine ist oft günstig.

Die wesentlichen Kriterien für die Beurteilung sind:

1. Abwesenheit cytoplasmatischer Elemente (Cytoplasmasaum, rötlich gefärbt, granuliert; Mitochondrien; Membranen und andere Zelltrümmer).

2. Gute Färbbarkeit des meist homogen erscheinenden Zellkerninhaltes, wobei sich Nucleoli durch stärker blaue Farbe abheben.

3. Runde oder spindelförmige Form mit glatten Konturen.

---
[1] SIEBERT, G., K. TRAENCKNER u. K. LANG: Naturwiss. **41**, 460 (1954).

Eine besondere, nur für den Handbetrieb geeignete Form eines Glashomogenisators*
ist von LANG und SIEBERT[1] angegeben worden. Er wird routinemäßig zur Vorzerkleinerung des Gewebes benutzt, ehe dieses in die Zellkernmühle eingefüllt wird (s. S. 569). Daneben eignet er sich aber auch zur Gewinnung einer Zellkernfraktion von 90—95%iger Reinheit (der wesentliche Effekt der Zellkernmühle besteht nach den derzeitigen Erfahrungen in der häufig für den Versuchsverlauf entscheidenden Verbesserung der Reinheit der Zellkerne). Die Arbeitsweise geht aus Abb. 11 hervor. Der Stempel wird von Hand auf und ab bewegt. Bei Abwärtsbewegung ist das Glasnadelventil geschlossen; daher werden alle Gewebselemente zwischen Stempel und Rohrwandung vorbeigepreßt. Bei Aufwärtsbewegung öffnet sich das Ventil, und es gelangt frische Gewebssuspension ohne die Gefahr von Verlusten durch Herausspritzen in denjenigen Raum, der bei der anschließenden Abwärtsbewegung wieder vom Stempel erreicht wird. Es empfiehlt sich, mehrere Stempel von etwas verschiedenem Durchmesser zu benutzen, zuerst den am losesten sitzenden, zuletzt den engsten. Durch häufige Wiederholung der Stempelbewegung bietet sich diesem schließlich kein Widerstand mehr. In diesem Zustand untersuchte Gewebshomogenate liefern 90—95%ig reine Zellkerne, wenn wie oben angegeben, durch ein Filtertuch gegeben und dann zentrifugiert wird. Aus Ausbeute- und Reinheitsstudien[2] hat sich ergeben, daß die Ausbeute um 50—100% höher liegt als bei Verwendung der Zellkernmühle. Die Zeitersparnis beträgt das 2—4fache. Das Verfahren läßt sich gut bei Schweineniere und bei Schweinepankreas, ferner auch bei Rattenleber anwenden, aber z. B. nicht für Placenta des Menschen (die Zellkernmühle leistet praktisch dasselbe) oder Bullenprostata (wegen der Konsistenz des Gewebes). Will man aber absolut reine Zellkerne verwenden, so ist in keinem Fall die Zellkernmühle zu entbehren.

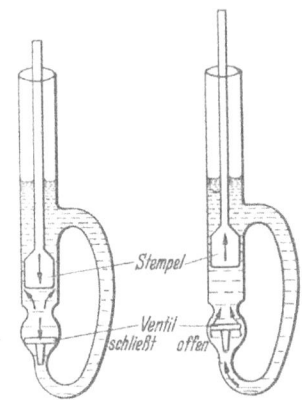

Abb. 11. Handhomogenisator nach LANG und SIEBERT[1].

Ein in dieser Weise hergestelltes Homogenat eignet sich vorzüglich zur Zellkernzählung (s. a. S. 573) und damit mittelbar zur Zellzählung in einer gegebenen Gewebsmenge.

Ein weiteres Hilfsgerät (Abb. 8, S. 562) erleichtert sehr wesentlich das Absaugen einer oder mehrerer Schichten, die in einem Zentrifugenglas nach der Zentrifugierung anfallen. Die Arbeitsweise geht ohne weiteres aus der Abb. 8 hervor. Die abgezogene Flüssigkeit oder Sedimentschicht sammelt sich im Behälter $B$ und kann von dort wieder entnommen werden. Die Saugkraft wird mittels dünnen Schlauches vom Mund oder von der Wasserstrahlpumpe ausgeübt.

Zur biochemischen Reinheitsprüfung der Zellkerne eignet sich z. B. das völlige Fehlen von Oxydationsfermenten (etwa Succinoxydasetest), ein Vergleich des Desoxyribonucleinsäuregehaltes mit dem des Ausgangsgewebes (auch zur Ausbeuteermittlung brauchbar), oder die Festlegung des Verhältnisses Desoxyribonucleinsäure zu Ribonucleinsäure, dessen Wert in Zellkernen aus tierischen Geweben in der Mehrzahl der Fälle $5:1$—$30:1$[3] beträgt. Weitere Normalwerte s. Tabelle 3, S. 556.

***Gewinnung von Zellkernen in Rohrzucker-Salzlösungen nach WILBUR und ANDERSON[4].*** Nach Tötung der Tiere (Ratten oder Hamster) durch Kopfschlag und Decapitierung werden die Lebern mit 0,15 m NaCl-Lösung durchströmt und von außen

---

\* Erhältlich bei B. Braun, Apparatebau, Melsungen.
[1] LANG, K., u. G. SIEBERT: B. Z. **322**, 360 (1952).
[2] SIEBERT, G., K. LANG, S. LANG u. D. NEUMANN: Unveröffentlicht.
[3] LANG, K., u. G. SIEBERT: Die chemischen Leistungen der morphologischen Zellelemente. In Flaschenträger-Lehnartz Bd. 2/1, S. 1064ff.
[4] WILBUR, K. M., and N. G. ANDERSON: Exp. Cell Res. **2**, 47 (1951).

abgespült. Zum Homogenisieren werden je Gramm Gewebe 5 cm³ folgender Lösung verwendet:

0,0094 m $KH_2PO_4$     0,0015 m $NaHCO_3$
0,0125 m $K_2HPO_4$     0,145 m Rohrzucker

Bei einer Dichte von 1,023 bei 25° beträgt der $p_H$ 7,1; die Lösung ist $^7/_{10}$ isotonisch. Durch je 70 Aufwärts- und Abwärtsbewegungen eines nach POTTER und ELVEHJEM konstruierten Handhomogenisators (s. S. 542), dessen Stempel eine Spaltbreite zwischen ihm und der Rohrwandung von 0,1 mm ergibt, wird das Gewebe homogenisiert und anschließend durch ein Tuch filtriert. 15—20 cm³ Homogenat werden mit der aus Abb. 7, S. 561 ersichtlichen Anordnung über 30 cm³ der folgenden Lösung geschichtet: Salzkonzentration wie oben; 0,218 m Rohrzucker.

Bei einer Dichte von 1,031 bei 25° beträgt der $p_H$ 7,1; die Lösung ist $^9/_{10}$ isotonisch. Nun wird 8 min bei 34 g zentrifugiert; nur wenn die Zentrifugenbecher innerhalb 30 bis 60 sec aus der vertikalen in die horizontale Lage übergehen, wird die unerwünschte Durchmischung der beiden Flüssigkeitsschichten vermieden. Die Zunahme der Zentrifugiergeschwindigkeit beim Anlaufen bzw. die Abnahme beim Bremsen sind entsprechend zu regeln. Durch diesen Prozeß haben sich nur die intakten Zellen am Boden abgesetzt. Die oberen 15—20 cm³ werden abgehoben und über 30 cm³ der folgenden Lösung geschichtet: Salzkonzentration wie oben; 0,272 m Rohrzucker.

Bei einer Dichte von 1,040 bei 25° beträgt der $p_H$ 7,1; die Lösung ist $^{12}/_{10}$ isotonisch. Nun wird 8 min bei 475 g zentrifugiert und die gesamte überstehende Flüssigkeit verworfen. Das Zellkernsediment wird in 5 cm³ Lösung 2 resuspendiert und über 10 cm³ Lösung 3 geschichtet. Die Zentrifugierdauer beträgt 6 min bei 135 g. Wenn erforderlich, kann diese Zentrifugierung wiederholt werden. Der Zeitbedarf für den gesamten Prozeß beträgt 90 min. Bei einem Reinheitsgrad von 99% (s. oben) beträgt die Ausbeute, nach Desoxyribonucleinsäureanalysen errechnet, 5% der vorhandenen Zellkernmenge. Das Verhältnis Protein : Desoxyribonucleinsäure beträgt im Mittel 5,1 (2,7—8,9).

Die Anwendbarkeit des Verfahrens leidet, trotz der offenbar ausgezeichneten Reinheit der Zellkerne, unter der recht schlechten Ausbeute. Dementsprechend dürfte es auch schwierig sein, von den anfallenden überstehenden Flüssigkeiten ausgehend die anderen cytoplasmatischen Elemente zu gewinnen.

Eine isoosmotische Lösung wird von COLE und Mitarbeitern[1] vorgeschlagen. Sie ist der eben genannten sehr ähnlich.

0,242 m Rohrzucker     0,0015 m $NaHCO_3$
0,0094 m $KH_2PO_4$    0,0006 m Na-ATP
0,0125 m $K_2HPO_4$

Für die Zellkernisolierung aus Hirngewebe wird der Zusatz eines Netzmittels vorgeschlagen[2], um Störungen durch den hohen Lipoidgehalt zu vermeiden; bei der Zentrifugierung findet sich dann eine oben schwimmende Fettschicht, das Cytoplasma ist transparent statt leicht opak.

*Gewinnung von Leberzellkernen in Rohrzuckerlösung nach* HOGEBOOM, SCHNEIDER *und* STRIEBICH[3]. Die Tiere werden durch Nackenschlag getötet und die Lebern von der Pfortader her mit 0,25 m Rohrzuckerlösung, 0,0018 m $CaCl_2$ enthaltend, durchspült. Die Lebern werden dann durch eine Siebplatte (Lochdurchmesser 1 mm) getrieben und 2 min in 9 Vol. obiger Rohrzuckerlösung homogenisiert; hierzu dient ein aus Kunststoff hergestellter Homogenisator nach POTTER und ELVEHJEM (s. S. 542). Anschließend wird zur Entfernung von Bindegewebe und ganzen Zellen durch ein Tuch filtriert. Zur Zentrifugierung werden 10 cm³ Homogenat über 20 cm³ 0,34 m Rohrzuckerlösung, 0,00018 m $CaCl_2$ enthaltend, geschichtet und 10 min bei 2000 U/min geschleudert (International

---

[1] COLE, L. J., M. C. FISHLER and V. P. BOND: Proc. nat. Acad. Sci. USA **39**, 759 (1953).
[2] ABOOD, L. G., R. W. GERARD, J. BANKS and R. D. TSCHIRGI: Amer. J. Physiol. **168**, 728 (1952).
[3] HOGEBOOM, G. H., W. C. SCHNEIDER and M. J. STRIEBICH: J. biol. Ch. **196**, 111 (1952).

Refrigerated Centrifuge, Horizontalaufsatz Nr. 269). Nach Abziehen der überstehenden Flüssigkeit wird das Sediment in 5 cm³ 0,25 m Rohrzuckerlösung mit 0,0018 m $CaCl_2$ durch Homogenisieren resuspendiert und mit 10 cm³ 0,34 m Rohrzuckerlösung mit 0,00018 m $CaCl_2$ vorsichtig unterschichtet. Dann wird wieder 10 min bei 2000 U/min zentrifugiert. Homogenisierung des Bodensatzes, Resuspension, Unterschichtung und Zentrifugierung werden noch 2mal in derselben Weise wiederholt. Die endgültige Verdünnung zum Versuch erfolgt in 0,25 m Rohrzuckerlösung mit 0,00018 m $CaCl_2$. Bei einer Reinheit der Zellkerne (s. S. 570) von etwa 99% erscheinen unter dem Phasenkontrastmikroskop etwa 10% der Zellkerne beschädigt. Zur Zählung der Zellkerne und Mitochondrien in den einzelnen Fraktionen wird mit 0,125 m Rohrzuckerlösung verdünnt (s. a. unten sowie S. 583f.). Wenn nur Zellkerne gezählt werden sollen, kann der 0,125 m Rohrzuckerlösung 0,00018 m $CaCl_2$ zugesetzt werden. Die Ausbeute an Zellkernen beträgt rund 80%, berechnet aus Desoxyribonucleinsäureanalysen[1].

Zur anschließenden Gewinnung der übrigen cytoplasmatischen Formelemente darf nur $Ca^{++}$-freie 0,25 m Rohrzuckerlösung verwendet werden. Gleichwohl findet man in der wie üblich (s. S. 562ff.) gewonnenen Mitochondrienfraktion eine beträchtliche Menge Mikrosomen, wie sich aus analytischen und enzymatischen Bestimmungen ergibt; dies beruht wohl auf Agglutinationseffekten der Calciumionen.

Ein $Ca^{++}$-haltiges Medium wird auch von SCHNEIDER und PETERMANN[2] zur Isolierung der Zellkerne aus Mäusemilzen verwendet (0,0018 m $CaCl_2$ in 0,88 m Rohrzucker).

*Zellkernzählung in Homogenaten nach* PRICE, MILLER, MILLER *und* WEBER[3]. Ein in passender Weise hergestelltes Homogenat der Rattenleber oder anderer Organe (siehe S. 542f. und 562ff.) wird mit 0,88 m Rohrzuckerlösung, wenn erforderlich, soweit verdünnt, daß bei der schließlichen Auszählung etwa 50 Zellkerne in 1 mm³ enthalten sind. Meist benötigt man dazu das 2—3fache Volumen des ursprünglichen Homogenats an Zuckerlösung. Dann wird dieses verdünnte Homogenat 1:20 mit 3%iger Essigsäure, welche 0,02% Methylgrün enthält, weiter verdünnt und in üblicher Weise in einer Erythrocytenzählkammer ausgezählt.

Nach LAIRD[4] verdünnt man das in 0,88 m Rohrzuckerlösung hergestellte Homogenat 1:40 mit 3%iger Essigsäure, die 1:10000 Gentianaviolett gelöst enthält. MIZEN und PETERMANN[5], die mit der Mäusemilz gearbeitet haben, verwenden 0,88 m Rohrzuckerlösung mit 0,0018 m $CaCl_2$ zur Homogenatgewinnung und 6%ige Essigsäure mit 0,0018 m $CaCl_2$ zur Verdünnung. Für leukämische Milzen muß die Ca-Konzentration auf 0,0023 m erhöht werden.

*Gewinnung von Leberzellkernen mittels Citronensäure nach* DOUNCE[6]. 200 g gefrorenes Gewebe werden in einem eisgekühlten WARING-Blendor, der in 350 cm³ Eiswasser 50 g zerstoßenes Eis enthält, 45—60 sec zerkleinert. Dann werden 8—9 cm³ 0,1 m Citronensäurelösung zugegeben, bis der $p_H$ 5,8—6,0 beträgt. Dann wird weitere 15 min im Blendor zerkleinert unter dreimaliger Zugabe von je 50 g zerstoßenem Eis. Wenn alles Eis geschmolzen ist, wird die Gewebssuspension mehrfach durch Filtriertücher gegeben, bis ein frisches Tuch ohne Schwierigkeiten passiert wird. Es folgt eine 20minütige Zentrifugierung bei 1500—2000 U/min. Die überstehende Flüssigkeit wird verworfen, das gesamte, lose gepackte Sediment aber mit 400 cm³ destilliertem Wasser gründlich verrührt (gegebenenfalls Caprylalkohol zusetzen gegen das Schäumen) und 15 min zentrifugiert. Verrühren des Bodensatzes in 400 cm³ destilliertem Wasser und Zentrifugierung werden wiederholt. Nun wird das Sediment in 200 cm³ Wasser aufgenommen und 5 min bei 1000 bis 1500 U/min geschleudert, dann wieder in 200 cm³ Wasser verrührt und 3 min bei

---

[1] HOGEBOOM, G. H., W. C. SCHNEIDER and M. J. STRIEBICH: Cancer Res. **13**, 617 (1953).
[2] SCHNEIDER, R. M., and M. L. PETERMANN: Cancer Res. **10**, 751 (1950).
[3] PRICE, J. M., E. C. MILLER, J. A. MILLER and G. M. WEBER: Cancer Res. **10**, 18 (1950).
[4] LAIRD, A. K.: Exp. Cell Res. **6**, 30 (1954).
[5] MIZEN, N. A., and M. L. PETERMANN: Cancer Res. **12**, 727 (1952).
[6] DOUNCE, A. L.: J. biol. Ch. **147**, 685 (1943). Ann. N. Y. Acad. Sci. **50**, 982 (1950).

Zentrifugiergeschwindigkeit nicht über 1000 U/min geschleudert. Aufnehmen des Bodensatzes in 200 cm³ Wasser und 3minütiges Zentrifugieren werden wiederholt. Gegebenenfalls kann eine Filtration durch ein Tuch dazwischengeschaltet werden. Das aus verhältnismäßig reinen Zellkernen bestehende Sediment wird in 100 cm³ destilliertem Wasser aufgenommen und in einem Meßzylinder 45 min der Spontansedimentation überlassen. Die oberen 95 cm³ werden sorgfältig abgehoben und daraus die reinen Zellkerne durch Zentrifugieren gewonnen. Die Spontansedimentation wird durch das in Abb. 12 gezeigte Gerät[1] erleichtert.

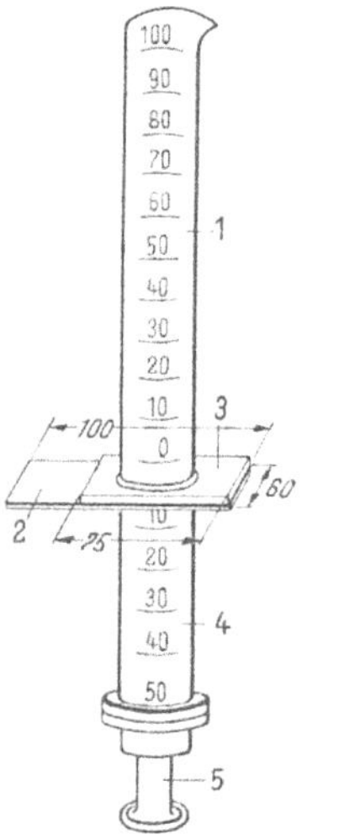

Bei diesem Verfahren können keine Cytoplasmafraktionen gewonnen werden, da sie durch die Säurebehandlung vollkommen denaturiert werden. Eine Kombination eines Rohrzuckerverfahrens in 0,25 m Lösung (s. a. S. 562ff., Abtrennung aller cytoplasmatischen Elemente) mit nachfolgender Zellkernisolierung nach Citronensäurezugabe haben z. B. SMELLIE und Mitarbeiter[2] beschrieben. Für enzymatische und Stoffwechseluntersuchungen dürften sich mit Citronensäure hergestellte Zellkerne nur schlecht eignen; für analytische Untersuchungen wird man im Einzelfall die Frage von Verlusten durch Extraktion oder von Adsorption an die Zellkernoberfläche jeweils prüfen müssen. Angaben für die Störung von Versuchsergebnissen durch Citronensäureverwendung s. z. B. [3-7]. Nach LUCK und Mitarbeitern[8] wird die Rattenleber in 5 Vol. 0,002 m Citronensäure, deren $p_H$ 6,1 beträgt und strikt konstant gehalten werden muß, aufgearbeitet.

Abb. 12. Gerät zur Spontansedimentation nach DOUNCE und BEYER[1]. Maße in Millimetern. *1* = 100 cm³-Meßzylinder ohne Boden, auf geschliffene Glasplatte gekittet. *2* = Untere geschliffene Glasplatte mit rundem Loch von gleichem Durchmesser wie in der oberen Platte; an eine 50 cm³-Glasspritze gekittet. *3* = Obere geschliffene Glasplatte mit rundem Loch von gleichem Durchmesser wie der Meßzylinder; seitlich verschiebbar, um das sedimentierte Material abzutrennen. *4* = 50 cm³-Spritze ohne Spitze, an die untere Glasplatte gekittet; an einem geeigneten Stativ anzubringen. *5* = Stempel der Spritze; dient zum Abmessen des abzutrennenden Sediments.

MARSHAK und PECK[9] haben aus Kaninchenleber in 5%iger Citronensäure gewonnene Zellkerne vorsichtig bei 900 g zentrifugiert; dabei sedimentieren sphärische Zellkerne des Leberparenchyms langsamer als ellipsoide, weniger einheitlich scheinende, welche 25—33% aller Zellkerne ausmachen.

Eine Kombination verschiedener Prinzipien versucht ADJUTANTIS[10]: Bei —20° eingefrorene Rattenleber wird im Vakuum getrocknet, pulverisiert und in 0,2% Äthylendiamintetraacetat enthaltender 0,25 m Rohrzuckerlösung differenzierend zentrifugiert. Die Zellkerne werden dann mit 0,3% Citronensäure enthaltender 0,25 m Rohrzuckerlösung gewaschen.

*Einzelzellen* widerstehen sehr häufig dem Versuch, sie mechanisch zu zerkleinern. Daran mag es liegen, daß fast alle in der Literatur genannten Verfahren zur Zellkerndarstellung aus Erythrocyten und Leukocyten von Hämolysen bzw. Plasmolysen Gebrauch machen, meist noch unter Zusatz von Saponin oder Digitonin für Erythrocyten bzw. von Citronensäure für Leukocyten. Damit eignen sich aber solche Zellkerne nur noch für sehr wenige Versuchszwecke. Vorschriften stammen für Erythrocyten z. B. von [11-13], für Leukocyten

---

[1] DOUNCE, A. L., and G. T. BEYER: J. biol. Ch. **174**, 859 (1948).
[2] SMELLIE, R. M. S., W. M. McINDOE and J. N. DAVIDSON: Biochim. biophysica Acta, N. Y. **11**, 559 (1953).
[3] DOUNCE, A. L.: J. biol. Ch. **151**, 221 (1943).
[4] DOUNCE, A. L., G. H. TISHKOFF, S. R. BARNETT and R. M. FREER: J. gen. Physiol. **33**, 629 (1950).
[5] EULER, H. v., u. I. FISCHER: Ark. Kemi, Mineral. Geol. **22**A, Nr. 4 (1946).
[6] ALLFREY, V., H. STERN, A. E. MIRSKY and H. SAETREN: J. gen. Physiol. **35**, 529 (1952).
[7] POLLISTER, A. W., and C. LEUCHTENBERGER: Proc. nat. Acad. Sci. USA **35**, 66 (1949).
[8] LUCK, J. M.: Persönliche Mitteilung.
[9] MARSHAK, A., and A. PECK: Proc. Soc. exp. Biol. Med. **73**, 479 (1950).
[10] ADJUTANTIS, G.: Biochem. J. **56**, XLII (1954).
[11] WARBURG, O.: H. **70**, 413 (1911).
[12] YAKUSHIJI, N.: Keiyo J. Med. **7**, 276, 289, 521 (1936).
[13] BACK, A., L. BLOCH-FRANKENTHAL and L. HALBERSTÄDTER: Proc. Soc. exp. Biol. Med. **66**, 366 (1947).

von [1]. RUBINSTEIN und DENSTEDT [2] verwenden zur Hämolyse von Hühnererythrocyten 0,25 m Rohrzuckerlösung mit 0,00018 m $CaCl_2$ und führen die anschließende Zellkerngewinnung nach mehrfachem Gefrieren auf $-78°$ und Tauen durch.

Zur Darstellung von Spermatozoenkernen (Spermatozoenköpfen) richtet sich die Wahl des Verfahrens nach dem Ausgangsmaterial. Für Fischhoden stammen ausführliche Vorschriften von MIESCHER [3], die auch heute noch zum Teil angewendet werden (FELIX [4]). Das lebendfrische Sperma wird auf der Zentrifuge solange mit destilliertem Wasser zentrifugiert, bis sich die Spermatozoenkerne als weißes Material deutlich absetzen und die Waschflüssigkeit farblos und klar ist. Soweit Analysen vorliegen, scheinen die Extraktionsverluste bei diesen Verfahren nicht bedeutend zu sein [5].

*Darstellung von Spermatozoenkernen aus Stiernebenhoden nach DALLAM und THOMAS [6].* Der Schwanzteil von Stiernebenhoden wird im Fleischwolf nach Entfernung allen Bindegewebes zerkleinert und anschließend 5 min im WARING-Blendor in physiologischer Salzlösung behandelt. Das Homogenat läßt man in der Kälte 6 Std unter gelegentlichem Schütteln stehen, filtriert dann sorgfältig durch ein Tuch und zentrifugiert 10 min bei 4800 U/min. Der Bodensatz wird mit destilliertem Wasser aufgenommen und erneut 3 min im WARING-Blendor bei halber Geschwindigkeit behandelt; dann wird 7 min bei 2500 U/min zentrifugiert. Dieser Prozeß wird im ganzen dreimal unter laufender Reduktion der Zentrifugierleistung durchgeführt, bis schließlich 3 min bei 1200 U/min geschleudert wird. Für Nebenhoden anderer Tierarten lauten die Vorschriften ähnlich.

Zur Isolierung von Spermatozoenkernen aus Samenflüssigkeit von Mensch und Säugetieren empfehlen dieselben Autoren, die Spermatozoen in 0,14 m NaCl-Lösung frei von Samenplasma zu waschen und dann die Suspendierung in destilliertem Wasser und Blendorbehandlung vorzunehmen, wie oben beschrieben.

Eine weitergehende Fraktionierung von Spermatozoen ist auf Grund der Angaben von ZITTLE und O'DELL [7] möglich; eine neuere Modifikation dieses Verfahrens wird nachstehend beschrieben.

*Fraktionierung von Bullenspermatozoen nach NELSON [8].* 3—6 $cm^3$ frischer Bullensamenflüssigkeit werden mit demselben Volumen redestilliertem Wasser versetzt und bei 2000 g zentrifugiert; das Samenplasma wird noch zweimal durch Resuspendieren in Wasser und Zentrifugieren entfernt. Das Sediment wird in 2 $cm^3$ destilliertem Wasser aufgenommen und nach Durchfrieren in einer Reibschale mit dem Mörser zerkleinert. Nach Verdünnen des Homogenates auf 12 $cm^3$ wird entsprechend dem S. 576 folgenden Schema differenzierend zentrifugiert.

Zur Fraktionierung von Austern-Spermatozoen s. [9].

Verschiedentlich ist von fädigem Material aus Zellkernen berichtet worden, daß es sich um isolierte Chromosomen handle [10-19]. Die Gewinnung dieser Elemente ist aber stark

---

[1] POLLI, E. E.: 2. Freiburger Symp. S. 98. 1954.
[2] RUBINSTEIN, D., and O. F. DENSTEDT: J. biol. Ch. **204**, 623 (1953).
[3] MIESCHER, F.: A. e. P. P. **37**, 100 (1896).
[4] FELIX, K.: Exper. **8**, 312 (1952).
[5] FELIX, K.: Ber. Physiol. **172**, 167 (1955) (Kongreßbericht).
[6] DALLAM, R. D., and L. E. THOMAS: Biochim. biophysica Acta, N. Y. **11**, 79 (1953).
[7] ZITTLE, C. A., and R. A. O'DELL: J. biol. Ch. **140**, 899 (1941).
[8] NELSON, L.: Biochim. biophysica Acta, N. Y. **14**, 312 (1954).
[9] HUMPHREY, G. F., and J. K. POLLAK: Austral. J. exp. Biol. med. Sci. **32**, 587 (1954).
[10] CLAUDE, A.: Trans. N. Y. Acad. Sci. (2) **4**, 79 (1942).
[11] CLAUDE, A., and J. S. POTTER: J. exp. Med. **77**, 345 (1943).
[12] MIRSKY, A. E.: Cold Spring Harbor Symp. quant. Biol. **12**, 143 (1947).
[13] MIRSKY, A. E., and H. RIS: J. gen. Physiol. **31**, 1, 7 (1947).
[14] MIRSKY, A. E., and A. W. POLLISTER: Biol. Symp. **10**, 247 (1948).
[15] RIS, H., and A. E. MIRSKY: J. gen. Physiol. **32**, 489 (1949).
[16] MIRSKY, A. E., and H. RIS: J. gen. Physiol. **34**, 451, 475 (1951).
[17] POLLI, E. E.: Exper. **7**, 138 (1951).
[18] YASUZUMI, G., and G. MIYAO: Science, N. Y. **114**, 38 (1951). Exp. Cell Res. **2**, 153 (1951).
[19] YASUZUMI, G., T. YAMANAKA, S. MORITA, Y. YAMAMOTO and J. YOKOYAMA: Exper. **8**, 218 (1952).

von den methodischen Bedingungen abhängig und läßt sich z. B. in Rohrzucker enthaltenden Lösungen nicht erreichen[1]. Auch sind die zur Zerstörung der Zellkerne benutzten Verfahren stets sehr eingreifende gewesen. Obwohl man also zweifellos Desoxy-

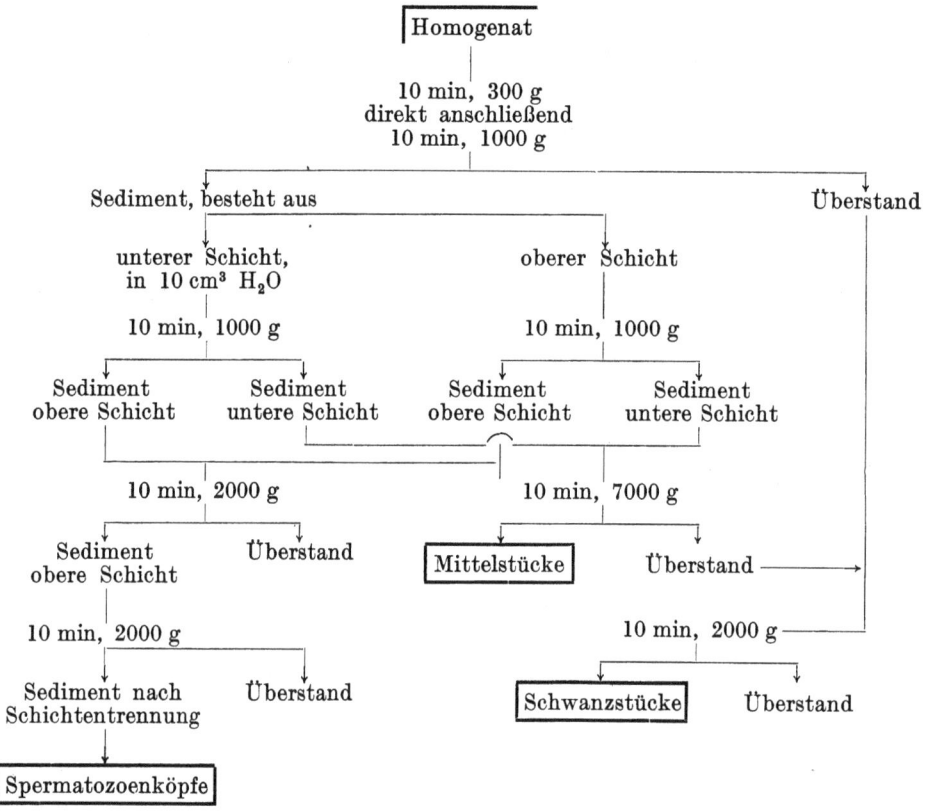

ribonucleoproteide enthaltendes, faseriges bzw. fädiges Material gewinnen kann, scheint dessen Identität mit *nativen* Chromosomen, die im Ruhekern ja nicht sichtbar sind, doch recht wenig gesichert. Wegen dieser Problematik soll hier nicht näher auf solche Verfahren eingegangen werden.

Auch die Frage der Nucleolusisolierung[2] ist derzeit noch nicht zur systematischen Behandlung geeignet. Über Seeigelovocyten-Nucleoli s.[3], über Starfishovocyten-Nucleoli s.[4].

**Isolierung in nichtwäßrigen Medien.** Die Prinzipien, welche der Zellfraktionierung in nichtwäßrigen Medien zugrunde liegen, sind bereits S. 550ff. geschildert. Das nachstehend beschriebene Verfahren basiert auf den Arbeiten von BEHRENS[5].

*Gewinnung von Trockenzellkernen nach der* BEHRENS-*Technik*[5], *modifiziert von* ALLFREY, STERN, MIRSKY *und* SAETREN[6]. Die zu untersuchenden Gewebsproben werden in Stücke von nicht mehr als 5 cm Länge geschnitten und entweder durch Aufbewahren bei —26° oder durch Eintauchen in flüssige Luft während 10—20 min durchgefroren. In gefrorenem Zustand werden sie in Stücke von höchstens 5 mm Dicke geschnitten und lyophilisiert; dann werden sie im WARING-Blendor zerkleinert und als Trockenpulver bis zur weiteren Aufarbeitung bei —16° aufbewahrt.

Zur Zerkleinerung werden 100 g Gewebetrockenpulver, mit 450 cm³ Petroläther (Kp 60°) vermischt, in eine Porzellankugelmühle gegeben und 1400 g unregelmäßig

---

[1] SCHNEIDER, W. C., and G. H. HOGEBOOM: Cancer Res. **11**, 1 (1951).
[2] LITT, M., K. J. MONTY and A. L. DOUNCE: Cancer Res. **12**, 279 (1952).
[3] BALTUS, E.: Biochim. biophysica Acta, N.Y. **15**, 263 (1954). — FUJII, T.: Nature **174**, 1108 (1954).
[4] VINCENT, W. S.: Proc. nat. Acad. Sci. USA **38**, 139 (1952).
[5] BEHRENS, M.: Handb. biol. Arb.-Meth. Abt. V, Teil 10/II, S. 1363ff. H. **258**, 27 (1938).
[6] ALLFREY, V., H. STERN, A. E. MIRSKY and H. SAETREN: J. gen. Physiol. **35**, 529 (1952).

geformte, 2—3 cm im Durchmesser betragende Mahlsteinchen zugefügt. Anschließend wird im Kälteraum bei 110 U/min 44—48 Std lang gemahlen. Das Schütteln der Kugelmühle muß abgebrochen werden, ehe alle Zellen zu Zellkernen+Cytoplasma zerkleinert sind, weil in diesem Stadium bereits ein erheblicher Teil der Zellkerne zerstört zu sein pflegt. Ein einheitlicher Vermahlungszustand wird also nicht erreicht, vielmehr müssen bei der nachfolgenden Zentrifugierung Zellkerne jeglichen Reinheitsgrades und intakte Zellen voneinander getrennt werden. Nach dem Mahlen wird die Suspension des Gewebes durch ein Sieb (0,5 mm-Löcher) oder ein Filtertuch gegeben; Mühle und Mahlsteinchen werden mit 100 cm³ Petroläther nachgewaschen, und Filtrat sowie Waschflüssigkeit vereinigt.

Etwa $1/10$ der Suspension wird in einem 100 cm³-Zentrifugenglas 20 min bei 900 g geschleudert, das Sediment in 80 cm³ eines Petroläther-Cyclohexan-Tetrachlorkohlenstoffgemisches 2:1:1 (Dichte 0,95 bei 4°) suspendiert und wieder 20 min bei 900 g zentrifugiert. Die überstehenden Flüssigkeiten werden jeweils verworfen, Resuspension im beschriebenen Lösungsmittelgemisch und 20 min Zentrifugierung bei 900 g werden noch 2—3mal wiederholt. Bis die Zellkerngewinnung beendet ist (s. unten), wird das in 80 cm³ Lösungsmittelgemisch suspendierte Sediment bei 4° aufbewahrt, dann erneut zentrifugiert und der Bodensatz in vacuo bei Zimmertemperatur getrocknet. Man erhält so eine Gewebspräparation, die den gleichen Bedingungen wie die Zellkerne unterworfen worden ist, und die als Vergleichsmaterial aller Zellbestandteile 1. gegenüber dem frischen, nicht mit Lösungsmitteln usw. behandelten Gewebe, 2. gegenüber den reinen Zellkernen verwendet werden kann.

Zur Gewinnung der Zellkerne aus den restlichen $9/10$ der gemahlenen Gewebssuspension müssen die Bedingungen der jeweiligen Gewebeart angepaßt werden. Falls der Erfolg unbefriedigend ist, wird man mit geringen Modifikationen der Dichte des Mediums immer zum Ziel kommen. Die Arbeitsgänge lassen sich für eine Reihe von Geweben wie folgt zusammenfassen (Tabelle 6, S. 578f.).

Zur laufenden mikroskopischen Verfolgung der Zellkernreinigung eignet sich am besten eine 0,1%ige Krystallviolettlösung in Wasser; Zellkerne werden kräftig blau, Cytoplasma hellblau, Bindegewebe bleibt ungefärbt. Die endgültige Reinheitsprüfung erfolgt ebenfalls durch morphologische Beobachtung; eine Verunreinigung mit Serumproteinen kann immunologisch erkannt werden. Auch Fermenttests (Katalase, Uricase) und in Sonderfällen Bestimmungen von Myoglobin (Herzgewebe), Amylase und Lipase (Pankreas) oder alkalischer Phosphatase (Dünndarm) eignen sich zur Prüfung auf Reinheit, insbesondere in Verbindung mit der Untersuchung der oben beschriebenen Kontrollpräparation nichtfraktionierten Gewebes.

*Gewinnung von Schilddrüsenzellkernen nach* BEHRENS[1]. Die bei der Darstellung von Schilddrüsenkolloid (s. S. 592) anfallenden Bodensätze werden nochmals in der FEULGEN-Mühle (s. S. 551) gemahlen. Dann stellt man empirisch die spezifischen Gewichte von Äther-Chloroformmischungen fest, bei denen die Zellkerne gerade sedimentiert werden oder nach oben wandern. Das spezifische Gewicht der Zellkerne liegt zwischen 1,385 und 1,390. Eine Abtrennung leichterer Teilchen erfolgt während der verschiedenen Zentrifugierungen durch kurzfristiges Zentrifugieren bei einem spezifischen Gewicht der Suspensionsflüssigkeit von 1,240.

*Gewinnung von Zellkernen aus Kalbsherz und Kaninchenmuskel nach* BEHRENS *und* TAUBERT[2]. In einem WARING-Blendor (s. S. 543) wird mit 50 g Frischgewebe und 500 cm³ Aceton ein Acetontrockenpulver des Muskelgewebes hergestellt; sobald durch mehrmalige Wiederholung von Resuspendieren in Aceton und Zerkleinern im Mixer der größte Teil des Wassers beseitigt ist, setzt sich die Hauptmenge des Gewebes leicht ab, während das überstehende Aceton durch feine Teilchen getrübt bleibt. Diese trüben Acetonlösungen enthalten Zellkerne und Cytoplasmateilchen; sie werden gesammelt und

---
[1] BEHRENS, M.: H. **232**, 263 (1935).
[2] BEHRENS, M., u. M. TAUBERT: H. **291**, 213 (1952).

Tabelle 6. *Schema zur differenzierenden Zentrifugierung*

| Tierart und Gewebe \ Arbeitsstufen | 1 | 2 | 3 | 4 | 5 | 6 | 7 |
|---|---|---|---|---|---|---|---|
| Hühnererythrocyten Gänseerythrocyten | Z 20' 900 g Ü —, S R in 700 cm³ C:Cl = 1:1,5 | d = 1,290 Z 40', 2000 g Ü wieder Z 40' bei 2000 g | Beide S R in 700 cm³ bei 2000 g Ü wieder Z 40', d = 1,300 Z 60' bei 2000 g C:Cl = 1:1,5 | Ü wieder Z 60' bei 2000 g Ü —, beide S R in 700 cm³ C:Cl = 1:1,5 | d = 1,310 Z 60' bei 2000 g Ü — S R in 700 cm³ C:Cl = 1:1,5 | d = 1,320 Z 60' bei 2000 g, Ü — S R in 500 cm³ C:Cl = 1:2 | d = 1,390 Z 60' bei 2000 g, S —, d mittels C auf 1,327 |
| Kalbspankreas Pferdepankreas | Z 20' bei 900 g Ü —, S R in 800 cm³ C:Cl = 1:1 Z 20' bei 900 g, Ü — | S R in 800 cm³ C:Cl = 1:1 Z 20' bei 900 g, Ü — S nochmal wie eben | S R in 700 cm³ C:Cl = 1:1,5 d = 1,335 Z 60' bei 2000 g Ü — | S R in 700 cm³ C:Cl = 1:1,5 d = 1,345 Drahtsieb mit 250 μ; Z 60' bei 2000 g, Ü — | S R in 500 cm³ C:Cl = 1:2 d = 1,386 Z 60' bei 2000 g S —, Ü mit C auf | d = 1,355 Z 80' bei 2000 g Ü — S erneut Z 80' bei 2000 g Ü — | S R in 400 cm³ C:Cl = 1:1,5, d = 1,360 Z 80' bei 2000 g, Ü —, S R in 200 cm³ |
| Kalbsthymus | Z 20' bei 900 g, Ü —, S R in 800 cm³ C:Cl = 1:1, Z 20' bei 900 g, Ü —, S 2mal | Z in C:Cl = 1:1, Ü —, S R in 700 cm³ C:Cl = 1:1,5, d = 1,312, | Z 20' bei 2000 g, Ü —, S R in 700 cm³ C:Cl = 1:1,5, d = 1,312, Z 20' bei 2000 g, Ü —, S R in | Ü —, S R in 700 cm³ C:Cl = 1:1,5, d = 1,345, Z 60' bei 2000 g, S R in 700 cm³ C:Cl = | 700 cm³ C:Cl = 1:1,5, d = 1,358, Z 60' bei 2000 g, S R in 700 cm³ C:Cl = | 1:2, d = 1,410, Z 60' bei 2000 g, Ü mit C ad d = 1,368, Z 80' bei | 2000 g, Ü —, S R in 500 cm³ C:Cl = 1:2, d = 1,410, Z 60' bei 2000 g, S —, Ü mit |
| Kalbsherz Rinderherz | Z 20' bei 900 g, S R in 800 cm³ C:Cl = 1:1, Z 20' bei 900 g, Ü —, S 2mal | 800 cm³ C:Cl = 1:1, 2mal Z 60' bei 900 g Ü —, S R in 700 cm³ C:Cl = | 1:1,5, d = 1,325, Z 60' bei 2000 g Ü erneut Z 60' bei | 2000 g, dann Ü —, beide S R in 700 cm³ C:Cl = 1:1,5, d = 1,335, | Z 60' bei 2000 g Ü —, S R in 700 cm³ C:Cl = 1:1,5, d = 1,345, Z 80' bei | 2000 g, Ü —, S R in 400 cm³ C:Cl, d = 1,355, Z 80' bei 2000 g, | Ü —, S R in 400 cm³ C:Cl, d = 1,363, Drahtsieb mit 140 Maschen, |
| Kalbsniere | Z 20' bei 900 g, Ü —, S R in 800 cm³ C:Cl = 1:1, Z 20' bei 900 g, Ü —, S 2mal | Z wie eben, S R in 700 cm³ C:Cl = 1:1,5, d = 1,325, Z 60' | bei 2000 g, Ü —, S R in 700 cm³ C:Cl = 1:1,5, d = 1,335, Z 60' bei 2000 g, Ü | —, S R in 500 cm³ C:Cl = 1:1,5, d = 1,350, Z 80' bei 2000 g, Ü — (bis hier- | her gilt auch für Kalbsnierenrinde), S R in 500 cm³ Gemisch | d = 1,365, Z 80' bei 2000 g, Ü —, S R in 400 cm³ C:Cl = 1:2, d = 1,410, | Z 60' bei 2000 g, S —, Ü mit C ad d = 1,370, Z 120' bei 2000 g, |
| Kalbsnierenrinde | Beginn siehe vorhergehende Vorschrift, dann S R in 500 cm³ | C:Cl = 1:1,5, d = 1,360, Z 60' bei 2000 g, dies | wiederholen, Ü —, S R bei 2000 g, Z 60' 80' bei 2000 g, | Ü —, S R in 400 cm³ C:Cl d = 1,405, Z 60' bei 2000 g, | S —, Ü mit C ad d = 1,363, Z 80' bei 2000 g, Ü —, S Gemisch, Ü —, | 2mal Z 80' bei d = 1,363 mit je 300 cm³ | S R in 200 cm³ C:Cl = 1:2, d = 1,400, Drahtsieb |
| Hühnerniere | Z 20' bei 900 g, Ü —, S 3mal Z mit C:Cl = 1:1 bei | 2000 g, Ü —, S R in 700 cm³ C:Cl = 1:1,5, d = 1,320, | Z 60' bei 2000 g, Ü —, S R in 600 cm³ C:Cl | 1:1,5, d = 1,330, Z 60' bei 2000 g, Ü —, S R | 600 cm³ C:Cl = 1:1,5, d = 1,340, Z 60' bei 2000 g, | Ü —, S R C:Cl = 1:1,5, d = 1,353, | Z 80' bei 2000 g, Ü —, S R in 400 cm³ C:Cl, d = |
| Kalbsleber | Z 20' bei 900 g, S 3mal Z mit C:Cl = 1:1, Ü —, S R in | 700 cm³ C:Cl = 1:1,5, d = 1,320, Z 60' bei 2000 g, Ü —, S R in | C:Cl d = 1,335, Z 60' bei 2000 g, Ü —, S R in 600 cm³ | C:Cl = 1:1,5, d = 1,345, Z 60' bei 2000 g, Ü — | in 600 cm³ C:Cl = 1:1,5, d = 1,345, Z 80' bei 2000 g, Ü —, S noch- | mal Z wie eben, Ü —, S R in C:Cl, d = 1,400 (400 cm³), | Drahtsieb mit 60 und 140 Maschen, Filtrat |
| Pferdeleber | Gewebssuspension in P:Cl = 2:1:1, Z 20' bei 900 g, Ü —, S 3mal Z mit 800 cm³ | B:Cl = 1:1 Z 60' bei 2000 g, Ü —, S R in 700 cm³ B:Cl = 1:1,5, | d = 1,325, Z 60' bei 2000 g Ü nochmal Z 60' bei 2000 g, Ü nochmal Z 60' bei | beide S R in B:Cl = 1,335, Z 60' bei 2000 g, Ü nochmal Z 60' bei | 2000 g, Ü dann —, beide S R in 600 cm³ B:Cl = 1:1,5, d = 1,343 bis | d = 1,345, Z 120' bei 2000 g, Ü —, S 2mal Z bei d = 1,370 | 1,348 (mit je 400 cm³), Ü —, S R in B:Cl, d = 1,370 (300 cm³), |
| Pferdeleber nach Fasten Rattenleber nach Fasten | Gewebssuspension in P:B:Cl = 2:1:1, Z 20' bei 900 g, Ü —, | S 3mal mit 800 cm³ B:Cl = 1:1, Z 60' bei 2000 g Ü —, S | R in 700 cm³ B:Cl = 1:1,5 d = 1,315, Z 60' bei 2000 g, Ü | —, S R in B:Cl, d = 1,330, Z 60' bei 2000 g, Ü nochmal Z | 60' bei 2000 g, Ü dann —, S (beide) R in B:Cl = 1:2, d = | 1,370, Z 60' bei 2000 g, Ü filtriert durch | Drahtsieb von 60 Maschen, Filtrat mit B ad d = 1,335, |
| Kalbsdarmschleimhaut | Z 20' bei 900 g, Ü —, S 3mal Z mit 800 cm³ C:Cl = 1:1, Ü —, | S R in 700 cm³ C:Cl = 1:1,5, d = 1,330, Z 60' bei 2000 g Ü nochmal | Z 60' bei 2000 g, Ü dann —, beide S R in C:Cl, d = 1,350, Z 60' bei | 2000 g, Ü —, S R in 500 cm³ C:Cl = 1:2, d = 1,400, Z 60' bei | 2000 g, S —, Ü mit C ad d = 1,360, Z 80' bei 2000 g, Ü —, S R | in 400 cm³ C:Cl d = 1,370, Z 120' bei 2000 g, S nochmal | Z 120' bei 2000 g und d = 1,370, Ü —, S R in 300 cm³ C:Cl, d = |

Erläuterung der Abkürzungen:

10' = 10 min, Z = Zentrifugieren, R = Resuspendieren, S = Sediment, Ü = überstehende Flüssigkeit, d = spezifisches Gewicht, — = Verwerfen, C = Cyclohexan, Cl = Tetrachlorkohlenstoff, B = Benzol, P = Petroläther, g = Zentrifugalfeld (s. S. 559 ff.).

scharf zentrifugiert. Nach Entfernung vom Aceton wird das Organpulver in lecithinhaltigem Tetrachlorkohlenstoff suspendiert und das spezifische Gewicht der Suspension mittels Petroläther auf 1,300 gebracht; das Verhältnis Organpulver:Lösungsmittelgemisch beträgt etwa 1:10—20. Durch mehrmaliges scharfes Zentrifugieren werden die im Bodensatz anzutreffenden Zellkerne von den suspendiert bleibenden Cytoplasmateilchen

*von Zellkernen in Gemischen organischer Lösungsmittel nach*[1].

| 8 | 9 | 10 | 11 | 12 | 13 | 14 | 15 |
|---|---|---|---|---|---|---|---|
| Z 80′ bei 2000 g Ü —, S R in 400 cm³ C:Cl = 1:1,5, d = 1,327 | Z 80′ bei 2000 g, Ü —, S R in C:Cl (400 cm³) d = 1,333 Z 80′ bei 2000 g | Ü —, S R wie bei 9 d = 1,333 Z 80′ 2000 g, Ü —, S R in 300 cm³ C:Cl = 1:1,5, bei d = 1,338 | d = 1,338 Z 80′ bei 2000 g, Ü —, mit S noch 2mal Z 80′ 2000 g S — | Ü stets —, S R in 200 cm³ C:Cl = 1:2 d = 1,390 Z 60′ bei 2000 g | Ü auf d = 1,338 mit C, Z 80′ 2000 g Ü —, S R in 100 cm³ P, Z 20′ 900 g | S in vacuo trocknen | Ausbeute 2,8 g aus 100 g Trockenzellen |
| C:Cl = 1:2, d = 1,386 Drahtsieb mit 105 µ; Filtrat Z 60′ bei 2000 g, S — | Ü erneut Z 60′ bei 2000 g S —, Ü mit C auf d = 1,363 Z 120′ bei 2000 g | Ü —, S R in 200 cm³ Gemisch mit d = 1,363 Z 120′ bei 2000 g, Ü — | S R in 100 cm³ P 2mal Drahtsieb mit 44 µ; Filtrat Z 20′ bei 900 g | S in vacuo trocknen | | | Ausbeute 2 g aus 100 g Trockengewebe |
| C ad d = 1,373, Z 80′ bei 2000 g, Ü —, S 2mal Z bei d = 1,373 mit 400 cm³ | Gemisch, S R in 400 cm³ C:Cl = 1:2, d = 1,378, Drahtsieb mit 140 Maschen, | Filtrat Z 80′ bei 2000 g, Ü —, S 3mal Z bei d = 1,378 mit je 400 cm³ Gemisch | S R in 200 cm³ P, 2mal Drahtsieb mit 325 Maschen, Filtrat Z 20′ bei | 900 g, S in vacuo trocknen | | | Ausbeute 23—25 g aus 100 g Trockengewebe |
| Filtrat Z 120′ bei 2000 g, Ü —, S 2mal Z bei d = 1,363 (mit | 200—300 cm³ Gemisch), Ü —, S R in 200 cm³ C:Cl = 1:2, d = 1,400, | Drahtsieb mit 200 Maschen, Filtrat Z 80′ bei 2000 g, Ü —, S — mit | C ad d = 1,360 bis 1,363, Z 80′ bei 2000 g, Ü —, S 2mal Z bei d = 1,360 | bis 1,363 mit je 100 cm³ Gemisch, Ü —, S R in 100 cm³ P, | Drahtsieb 4mal mit 325 Maschen, Z 20′ bei 900 g, S in | vacuo trocknen | Ausbeute 1,5 g aus 100 g Trockengewebe |
| Ü —, S R in 300 cm³ Gemisch d = 1,370, Z 120′ bei 2000 g, Ü —, S R | in 200 cm³ C:Cl = 1:2, d = 1,410, Z 60′ bei 2000 g, S —, Ü mit C ad d = | 1,373, Z 80′ bei 200 g, Ü —, S 3mal Z bei d = 1,373 mit | je 200 cm³ Gemisch, Ü —, S R in 100 cm³ P, Drahtsieb von 140, 200 | und 325 Maschen, Z 20′ bei 900 g, Ü —, S in vacuo trocknen | | | Ausbeute 1,5 g aus 100 g Trockengewebe |
| von 140 und 200 Maschen, Filtrat mit C ad d = 1,363 | Z 80′ bei 2000 g, Ü —, S R in 100 cm³ P, Drahtsieb | mit 325 Maschen 2mal, Z 20′ bei 900 g, Ü —, S | in vacuo trocknen | | | | Ausbeute 1,5 g aus 100 g Trockengewebe |
| 1,358, Z 80′ bei 2000 g, Ü —, S R in 200 cm³ | C:Cl, d = 1,410, Drahtsieb mit 140 und | 200 Maschen, Filtrat mit C ad d = 1,358, Z 80′ bei | 2000 g, Ü —, S R in 100 cm³ P, 2mal Drahtsieb | mit 325 Maschen, Z 20′ bei 900 g, Ü —, S in | vacuo trocknen | | Ausbeute 2 g aus 100 g Trockengewebe |
| mit C ad d = 1,365, Z 120′ bei 2000 g, Ü —, S 2mal Z bei | d = 1,365 mit je 300 cm³ Gemisch, Ü —, S R in 200 cm³ | C:Cl, d = 1,400, Drahtsieb mit 140 und 200 Maschen, | Filtrat mit C ad d = 1,365 Z 80′ bei 2000 g, Ü —, S R | in P, Drahtsieb von 325 Maschen, Z 20′ bei | 900 g, Ü —, S in vacuo trocknen | | Ausbeute 1,5 g aus 100 g Trockengewebe |
| Drahtsieb von 60 und 140 Maschen, Filtrat mit B ad d = 1,345, | Z 120′ bei 2000 g, Ü —, S R in 200 cm³ B:Cl d = 1,370, Drahtsieb | von 140 und 200 Maschen, Filtrat mit B ad d = 1,343, Z 80′ bei | 2000 g, Ü —, S 2mal Z bei d = 1,343 bis 1,348 mit je 200 cm³ Gemisch, | Ü —, S R in 100 cm³ P, 4mal Drahtsieb von 325 Maschen, | Filtrat Z 20′ bei 900 g Ü —, S in vacuo trocknen | | Ausbeute 1,2 g aus 100 g Trockengewebe |
| Z 120′ bei 2000 g, Ü —, S R in 250 cm³ B:Cl, d = 1,370, | Drahtsieb von 140 und 200 Maschen, Filtrat mit B | ad d = 1,335, Z 80′ bei 2000 g, Ü —, S 2mal Z bei | d = 1,333 bis 1,338 mit je 200 cm³ Gemisch, Ü —, S R in | 100 cm³ P, 2mal Drahtsieb von 325 Maschen, Z 20′ | 900 g, Ü —, S in vacuo trocknen | | Ausbeute 1,2 g aus 100 g Trockengewebe |
| 1,400, Drahtsieb von 140 und 200 Maschen, Filtrat mit C ad | d = 1,375, Z 120′ bei 2000 g, Ü —, S 2mal Z bei d = 1,373 bis 1,378 mit | je 200 cm³ Gemisch, Ü —, S R in 200 cm³ C:Cl = 1:2, d = 1,395, | Z 60′ bei 2000 g, S —, Ü in Drahtsieb von 325 Maschen, Filtrat | 100 cm³ P, 2mal Drahtsieb von 325 Maschen, Z 120′ bei 2000 g, S R in 100 cm³ | P, 2mal Drahtsieb von 325 Maschen, Filtrat Z 20′ bei 900 g, Ü —, | S in vacuo trocknen | Ausbeute 3 g aus 100 g Trockengewebe |

getrennt. Wenn zu wenig oder zu viel Bodensatz entsteht (mikroskopische Kontrolle), kann das spezifische Gewicht zwischen 1,280 und 1,330 variiert werden. Der zellkernhaltige Bodensatz wird in einem lecithinhaltigen Tetrachlorkohlenstoff-Petroläther-Gemisch vom spezifischen Gewicht 1,400 suspendiert. 3 cm³ dieser Suspension werden in 15 cm³-Zentrifugengläsern mit je 3 cm³ Tetrachlorkohlenstoff-Petrolälthergemisch der spezifischen Gewichte 1,350 und 1,330 überschichtet, kurz umgerührt und zentrifugiert.

---

[1] ALLFREY, V., H. STERN, A. E. MIRSKY and H. SAETREN: J. gen. Physiol. **35**, 529 (1952).

Auf diese Weise erfolgt die Anreicherung der Zellkerne im Bodensatz; die beschriebene Überschichtung und die Zentrifugierung können wiederholt werden. Die Ausbeute beträgt rund 20 mg.

*Gewinnung von Zellkernen aus Kaninchenlebern nach* BEHRENS *und* TAUBERT[1]. Vor Tötung der Tiere müssen diese zur Senkung des Glykogengehaltes der Lebern 48 Std fasten. Die weitere Aufarbeitung entspricht dem eben für Muskelzellkerne beschriebenen Verfahren. Allerdings muß zwischen die einzelnen Zerkleinerungsgänge im WARING-Blendor für das Absitzen der noch nicht hinreichend zerkleinerten Gewebeteile etwa 3 Std gewartet werden, ehe die trübe überstehende Acetonschicht abgetrennt werden kann, aus der dann Zellkerne und Cytoplasmateilchen mittels differenzierenden Zentrifugierens und Überschichtens isoliert werden.

*Gewinnung von Zellkernen aus Menschengehirn nach* HANSON *und* TENDIS[2]. 100 g lyophilisiertes Gewebepulver werden in einer Kugelmühle von 20 cm Durchmesser mit 1400 g Kugeln von 2 cm Durchmesser in 450 cm³ Petroläther 44 Std bei 110 Bewegungen/min gemahlen. Die Petroläthersuspension wird 20 min bei 900 g zentrifugiert und der Bodensatz 6—7mal mit einem Cyclohexan-Tetrachlorkohlenstoff-Gemisch 1:1 zur Entfernung der Lipide gewaschen. Das gewaschene Sediment wird in 8 Vol. Tetrachlorkohlenstoff-Cyclohexan-Gemisch vom spezifischen Gewicht 1,290 suspendiert und 1 Std bei 2000 g zentrifugiert. Durch anschließende Zentrifugierungen bei den spezifischen Gewichten der Cyclohexan-Tetrachlorkohlenstoff-Gemische 1,290, 1,300, 1,310, 1,320, 1,330, 1,340, 1,380, 1,420 und 1,460 erfolgt die Anreicherung der Zellkerne, die vor allem bei den Werten 1,380 und 1,420 in der obersten Schicht gefunden werden. Die Zentrifugierungen (jeweils 1 Std bei 2000 g) werden bei den Werten 1,340, 1,350, 1,360, 1,380, 1,400 und 1,420 wiederholt, die obersten Schichten von den Werten 1,380, 1,400 und 1,420 vereinigt, nach Vakuumtrocknung bei 1,330 zentrifugiert und dieser Bodensatz in reinem Petroläther gewaschen. Ausbeute rund 1,5 g Zellkerne und Zellkerntrümmer aus 100 g Gewebepulver.

Die Cytoplasmafraktion wird aus den überstehenden Flüssigkeiten der Zentrifugierungen bei 1,290—1,310 gewonnen, indem das nach Vakuumtrocknung anfallende Gewebematerial bei 1,300 suspendiert und zentrifugiert wird; die oberste Schicht enthält die zellkernfreie Cytoplasmafraktion. Ausbeute rund 10 g aus 100 g Gewebepulver.

Bei der Originalmethode von FEULGEN und BEHRENS[3] wurde ursprünglich die Mahlung des Gewebes nach dem Prinzip der Kugelmühle durchgeführt (Schüttelmaschine mit Glasperlen); später gaben die Autoren die „FEULGEN-Mühle" (s. S. 551) an, bei der das Mahlgut kontinuierlich zwischen 2 gegeneinander bewegten keramischen Schleifscheiben zerkleinert wird. Im allgemeinen wird man auch ohne diese Mühle zum gewünschten Ziel kommen. Statt Gefriertrocknung eignet sich nach BEHRENS[1] auch die Entwässerung mit Aceton zur Gewebskonservierung; allerdings wird man meist die Zugabe von $CO_2$-Schnee zum Aceton nicht anwenden dürfen. Neuerdings wird von BEHRENS[4] eine Emulgierung von Gewebe-Trockenpulver in Paraffinöl vorgeschlagen.

Auch aus frischen Geweben lassen sich Zellkerne mittels Glasperlen gewinnen; wenn man z. B. in einem eisgekühlten Porzellanbecher eine Gewebssuspension in 30%iger Rohrzuckerlösung und das doppelte Volumen Glasperlen von 3—4 mm Durchmesser mit einem Porzellanrührer bei 60 U/min rührt, sind nach 10—25 min zahlreiche Zellkerne freigelegt und lassen sich durch Zentrifugierung gewinnen. Die erreichbare Reinheit liegt bei etwa 80—90%[5].

---

[1] BEHRENS, M., u. M. TAUBERT: H. **291**, 213 (1953).
[2] HANSON, H., u. N. TENDIS: Z. ges. inn. Med. **9**, 224 (1954).
[3] BEHRENS, M.: H. **209**, 59 (1932). — FEULGEN, R., u. M. BEHRENS: H. **231**, 85 (1935).
[4] BEHRENS, M.: Exper. **10**, 508 (1954).
[5] LANG, K., G. SIEBERT u. W. D. WEINMANN: Unveröffentlicht.

Verfahren, die sich lediglich des Durchtreibens einer Gewebssuspension durch Filtertücher bedienen, haben sich nicht durchsetzen können[1]; nach eigenen Erfahrungen bewirken die Filterporen keine Zellzerstörung, so daß z. B. unreine Zellkerne dadurch nicht sauberer werden. Abgesehen von groben Partikeln und Bindegewebe erreicht man durch Differentialzentrifugieren meist eher eine Reinigung als durch engmaschige Filtertücher. Elektrophoretisch ist eine Abtrennung von Zellkernen aus einem Rattenleberhomogenat nicht gelungen[2].

### γ) Mitochondrien (einschließlich Sarkosomen und Cyclophorasesystem).

Die wesentlichen Grundzüge der Gewinnung von Mitochondrien sind bereits bei der Besprechung der gleichzeitigen Darstellung aller Zellfraktionen (s. S. 562ff.) beschrieben worden. Auch wenn keine Zellkerne gewonnen werden sollen, empfiehlt es sich, nach den dort gegebenen Vorschriften zu arbeiten. Es ist wichtig, durch geeignete Zentrifugierungen alle Teilchen, die größer als Mitochondrien sind, sauber abzutrennen. Im Laboratorium der Verfasser wird dazu das von den Zellkernen befreite Homogenat (s. S. 569) 10 min bei 1130—1400 g je nach der Art des Gewebes zentrifugiert; bei der hohen Rohrzuckerkonzentration erfolgt praktisch noch keine Sedimentierung von Mitochondrien, während noch einzelne Zellkerne niedergeschlagen werden. Routinemäßig wird stets ein Ausstrich angefertigt, um die Zusammensetzung dieses zu verwerfenden Sedimentes zu kontrollieren.

Auch wenn aus einem Gewebe ausschließlich die Mitochondrien gewonnen werden sollen, muß die Abtrennung gröberer Partikel sorgfältig erfolgen. Zur Trennung von Bodensatz und überstehender Flüssigkeit empfiehlt sich die Verwendung einer Glasspritze mit stumpfer Nadel[3].

Die präparative Gewinnung von Lebermitochondrien wird im allgemeinen im WARING-Blendor trotz seiner größeren Kapazität nicht vorgenommen, weil dieses Zerkleinerungsverfahren zu große Beschädigungen der Mitochondrien bewirkt; wenn man jedoch das Gewebe vorher durch eine Art Gewebspresse vorzerkleinert, kann man die zur vollständigen Zellzerstörung im WARING-Blendor benötigte Zeit soweit herabsetzen, daß empfindliche Enzymsysteme der Mitochondrien noch weitgehend intakt bleiben[4]; die Menge des in einem Arbeitsgang aufzuarbeitenden Gewebes hängt dann nicht mehr vom Fassungsvermögen eines POTTER-ELVEHJEM-Homogenisators ab, sondern nur noch von demjenigen der vorhandenen hochtourigen Zentrifuge, liegt also meist bei rund 50 g Frischgewebe.

**Gewinnung eines Acetontrockenpulvers aus Mitochondrien.** Das S. 569f. beschriebene Verfahren zur Gewinnung acetongetrockneter Zellkerne läßt sich sinngemäß auch auf die Mitochondrienfraktion anwenden. Eine sehr ähnliche Vorschrift wird von DRYSDALE und LARDY[5] gegeben: Die in üblicher Weise in 0,25 m Rohrzuckerlösung zweimal ausgewaschenen Mitochondrien werden in einer kleinen Menge Rohrzuckerlösung suspendiert und in einem großen POTTER-ELVEHJEM-Homogenisator (s. S. 542) in 20 Vol. auf —10° gekühltem Aceton homogenisiert. Der Niederschlag wird bei —5 bis —10° abzentrifugiert und erneut in 20 Vol. frischem, kaltem Aceton homogenisiert. Nach dem Zentrifugieren wird das Sediment in 20 Vol. kaltem, wasserfreiem, peroxydfreiem Äther ausgewaschen, das Sediment schnell in dünner Schicht auf Filtrierpapier ausgebreitet und 5 min an der Luft getrocknet. Das so erhaltene, leichte, gelbbraune Pulver kann bei —10° aufbewahrt werden. Die Ausbeute beträgt aus 100 g Rattenleber 4 g Mitochondrientrockenpulver. Zur Gewinnung eines Extraktes werden 500—700 mg Trockenpulver 30 min bei 0° mit

---

[1] LAZAROW, A.: J. biol. Ch. **140**, LXXV (1941).
[2] PHILPOT, J. S. R., and J. E. STANIER: Nature **174**, 651 (1954).
[3] GANGULY, J.: Arch. Biochem. **52**, 186 (1954). — THOMSON, J. F., and E. T. MIKUTA: Arch. Biochem. **51**, 487 (1954).
[4] WITTER, R. F., W. J. PORIES and M. A. COTTONE: Proc. Soc. exp. Biol. Med. **84**, 674 (1953).
[5] DRYSDALE, G. R., and H. A. LARDY: J. biol. Ch. **202**, 119 (1953).

10 cm³ Wasser oder neutraler Pufferlösung ausgezogen und dann 30 min bei 80000 g in der Kälte zentrifugiert. Bei geringeren Zentrifugiergeschwindigkeiten erhält man keinen klaren Extrakt.

Eine Tiefgefrierung isolierter Lebermitochondrien schädigt deren enzymatische Aktivitäten am wenigsten, wenn 30% Rohrzucker zugegen sind[1]; allerdings steigt auch dann der ATP- und Co-Enzymbedarf. Nierenmitochondrien werden in einer 9% Rohrzucker, 0,04 m Tris-(oxymethyl)-aminomethan $p_H$ 7,2 und 0,01 m Natriumcitrat $p_H$ 7,2 enthaltenden Lösung bei Abkühlung auf $-80°$ ebenfalls weitgehend konserviert[2].

Die Festlegung der Grenze zwischen Mitochondrien und Mikrosomen ist ein häufig diskutiertes Problem[3]. Durch besonders sorgfältige Differentialzentrifugierung[4] gelingt es, das dichter gepackte Mitochondriensediment einer in 0,25 m Rohrzuckerlösung bereiteten Gewebssuspension von den lose darüber befindlichen Mikrosomen abzutrennen; hierzu benötigt man, wie schon S. 561 erwähnt, Zentrifugengläser von höchstens 9 mm lichter Weite und wendet eine Zentrifugierung von 15 min bei 15000 g (bzw. 30 min bei 15000 g für 0,88 m Rohrzuckerlösungen) an. Nach mehrmaligem, sorgfältigem Abheben aller nicht fest sedimentierten Partikel erhält man eine reine Mitochondrienfraktion. Aus überstehender Flüssigkeit und Waschflüssigkeiten sedimentieren die Mikrosomen dann bei 100000 g. Das Mikrosomensediment unterscheidet sich vom Mitochondriensediment (s. a. S. 563f.) schon bei makroskopischer Beobachtung als rosa durchscheinendes Gel.

Auch die Frage, ob die Mitochondrienpopulation eines Gewebes einheitlich sei, ist schon mehrfach erörtert worden. Versuche von CHANTRENNE[5] legen nahe, an einen kontinuierlichen Übergang zwischen Mitochondrien und Mikrosomen zu denken, obwohl methodische Einwände gegen das von diesem Autor benutzte Fraktionierungsverfahren möglich sind. In neuerer Zeit sind mehrfach Fraktionierungen von Lebermitochondrien beschrieben worden, die auf die Heterogenität dieser Fraktion hinweisen[6-10]. Unterschiedliche analytische Zusammensetzung (N, P, Eiweiß, Phosphatide, Ribonucleinsäure), enzymatische Ausstattung (D-Aminosäureoxydase, Cytochromoxydase, Succinoxydase, Uricase, Desoxyribonuclease, Glucose-6-phosphat-phosphatase, alkalische und saure Phosphatase) und das Fraktionierungsergebnis in Gegenwart $^{32}$P-markierter Cytoplasmapartikel sprechen für die Echtheit dieser Differenzen. Die früher aufgestellten Kriterien der Unterscheidung zwischen Mitochondrien und Mikrosomen[11] (absolute und spezifische Aktivität von Oxydationsenzymen, N:RNS-Verhältnis) haben ihre grundsätzliche Bedeutung sicher nicht eingebüßt[12], aber die Grenze zwischen beiden Fraktionen scheint doch weniger scharf zu sein als früher angenommen werden konnte. Man wird also stets große Sorgfalt auf die Mitochondrienzentrifugierung verwenden.

*Fraktionierung von Mäuseleber-Mitochondrien nach* KUFF *und* SCHNEIDER[6]. Mäuselebermitochondrien werden in 0,25 m Rohrzuckerlösung wie bereits beschrieben (s. S. 564) isoliert. Dabei wird die oberhalb des Mitochondriensedimentes sitzende, lose gepackte Schicht möglichst weitgehend entfernt. Die Mitochondrien werden so in 0,25 m Rohrzuckerlösung resuspendiert, daß in 1 cm³ die 2,5fache Menge der ursprünglich in 1 cm³ Homogenat vorhandenen Partikel enthalten ist („250%ige Suspension"). Die Suspension

---

[1] PORTER, V. S., N. P. DEMING, R. C. WRIGHT and E. M. SCOTT: J. biol. Ch. 205, 883 (1953).
[2] LOOMIS, W. F.: Arch. Biochem. 26, 355 (1950).
[3] SCHNEIDER, W. C., and G. H. HOGEBOOM: Cancer Res. 11, 1 (1951). — MUNTWYLER, E., S. SEIFTER and D. M. HARKNESS: J. biol. Ch. 184, 181 (1950). — SCHNEIDER, W. C.: J. Histochem. 1, 212 (1953).
[4] JACKSON, K. L., E. L. WALKER and N. PACE: Science, N. Y. 118, 136 (1953).
[5] CHANTRENNE, H.: Biochim. biophysica Acta, N. Y. 1, 437 (1947).
[6] KUFF, E. L., and W. C. SCHNEIDER: J. biol. Ch. 206, 677 (1954).
[7] PAIGEN, K.: J. biol. Ch. 206, 945 (1954).
[8] LAIRD, A. K., O. NYGAARD, H. RIS and A. D. BARTON: Exp. Cell Res. 5, 147 (1953).
[9] NOVIKOFF, A. B., E. PODBER, J. RYAN and E. NOE: J. Histochem. 1, 17 (1953).
[10] DUVE, C. DE, F. APPELMANS and R. WATTIAUX: 2. Int. Congr. Biochem. Paris. S. 278 (1952).
[11] SCHNEIDER, W. C., and G. H. HOGEBOOM: Cancer Res. 11, 1 (1951).
[12] SCHNEIDER, W. C.: J. Histochem. 1, 212 (1953).

wird 5 cm hoch in Kunststoff-Zentrifugenröhrchen von 6,35 mm Durchmesser gefüllt und 30 min bei 108000 g im Horizontalaufsatz zentrifugiert. Das Mitochondriensediment hat sich dabei in 3 deutlich abgegrenzte Schichten getrennt, die unter Zerschneiden des Zentrifugenröhrchens mit einer Rasierklinge getrennt werden können.

Eine andere Trennmethode für Mitochondrien arbeitet mit einem diskontinuierlichen Dichtegradienten, indem die folgenden Rohrzuckerlösungen übereinander geschichtet werden:

| | |
|---|---|
| 0,4 cm³ 2,22 m Rohrzucker | 0,8 cm³ 1,34 m Rohrzucker |
| 0,8 cm³ 1,59 m Rohrzucker | 0,8 cm³ 1,26 m Rohrzucker |
| 0,8 cm³ 1,51 m Rohrzucker | 0,5 cm³ 0,636 m Rohrzucker |
| 0,8 cm³ 1,42 m Rohrzucker | |

Dann überschichtet man mit 0,4—0,5 cm³ der eben beschriebenen „250%igen" Suspension und zentrifugiert 1 Std bei 108000 g im Horizontalaufsatz. Die Hauptmenge der Mitochondrien stellt sich an den Grenzflächen 1,34—1,42 m und 1,42—1,51 m ein; eine rostbraune Fraktion findet sich bei 1,59—2,22 m; Glykogenpartikel finden sich in der 2,22 m Rohrzucker entsprechenden Bodenschicht. Auch diese Fraktionen können durch Zerschneiden des Zentrifugiergefäßes gewonnen werden.

LAIRD und Mitarbeiter[1] haben sich vorzugsweise mit der leichten, in 0,25 m Rohrzuckerlösung (s. S. 564) über den dichter gepackten Mitochondrien befindlichen Fraktion befaßt, die eine Zwischenstellung zwischen den „großen" Mitochondrien und den Mikrosomen einzunehmen scheint, während sie von SCHNEIDER[2] als zu den Mikrosomen gehörig angesehen wird.

*Fraktionierung von Rattenleber-Mitochondrien durch Zentrifugierung im Dichtegradienten nach THOMSON und MIKUTA*[3]. Der Dichtegradient wird hergestellt, indem man jeweils 9 cm³-Portionen von 30-, 25-, 20-, 15- und 10%igen Rohrzuckerlösungen in einem Zentrifugiergefäß aus Kunststoff mit flachem Boden und 28 mm innerem Durchmesser übereinanderschichtet. Nach 24 Std Aufbewahren im Kühlschrank ist das Gefäß benutzbar; der Gradient hält sich etwa 5 Tage. Die Rattenleber wird in üblicher Weise im 9 Vol. 0,25 m Rohrzuckerlösung homogenisiert, dann wird 10 min bei 500 g geschleudert; der aus unzerstörtem Gewebe und Zellkernen bestehende Bodensatz wird noch einmal in der überstehenden Flüssigkeit homogenisiert, um die Ausbeute zu erhöhen. 5 cm³-Anteile der erneut zentrifugierten, zellkernfreien Flüssigkeit werden vorsichtig über den Rohrzuckergradienten in den vorbereiteten Zentrifugiergefäßen geschichtet; dabei benutzt man zweckmäßigerweise eine Glasspritze mit aufgesetzter, gekrümmter, stumpfer Nadel. Nach längerer Zentrifugierung bei 3000 U/min wird die Zentrifuge langsam auslaufen gelassen und der Inhalt in 4 cm³-Mengen mit der beschriebenen Spritze entnommen.

Die von den Autoren gefundenen Enzymaktivitäten sprechen für eine recht erfolgreiche Fraktionierung. Ausführliche mathematische Ableitungen zur Ermittlung der Größenverteilung der Partikel aus dem Sedimentationsverhalten sind noch mit einigen, nicht exakt prüfbaren Annahmen verbunden; sie müssen in der Orginalarbeit nachgelesen werden.

*Zählung von Mitochondrien nach SHELTON, SCHNEIDER und STRIEBICH*[4]. Aus Mäuseleber wird in der bereits beschriebenen Weise (s. S. 564) ein Homogenat in 0,25 m Rohrzuckerlösung gewonnen und mit 0,125 m Rohrzuckerlösung jeweils 1:150, 1:300, 1:450 und 1:600 verdünnt. Man erhält so in der Bakterienzählkammer nach PETROFF und HAUSSER* 4—8 Mitochondrien je Gesichtsfeld bei Betrachtung mit dem Phasenkontrastmikroskop. Bei richtiger Füllung beschränkt sich die BROWNsche Bewegung auf das Gesichtsfeld, und es strömen keine Mitochondrien durch. Wichtig ist absolute Sauberkeit

---

* Spezialform zur Mitochondrienzählung erhältlich bei Arthur H. Thomas Corp., West Washington Square, Philadelphia 5, Penn.

[1] LAIRD, A. K., O. NYGAARD, H. RIS and A. D. BARTON: Exp. Cell Res. 5, 147 (1953).
[2] SCHNEIDER, W. C.: J. Histochem. 1, 212 (1953).
[3] THOMSON, J. F., and E. T. MIKUTA: Arch. Biochem. 51, 487 (1954).
[4] SHELTON, E., W. C. SCHNEIDER and M. J. STRIEBICH: Exp. Cell Res. 4, 32 (1953).

der Kammer. Man zählt 100 kleine Quadrate (gleich 25 Gesichtsfeldern). Bei einer Tiefe der Kammer von 0,02 mm und einer Seitenlänge eines kleinen Quadrats von 0,05 mm entsprechen 20 kleine Quadrate gerade $10^{-3}$ mm³. Der Mittelwert aus 5 Gruppen von 20 kleinen Quadraten wird gebildet. Aus diesen Daten leitet sich die Berechnung wie folgt ab:

Durchschnittliche Zahl der Mitochondrien in 20 kleinen Quadraten × benutzte Verdünnung × $10^6$ = Mitochondrien je Kubikzentimeter Homogenat.

Aus statistischen Ableitungen nach SANFORD und Mitarbeitern [1] ergibt sich, daß für 90% Genauigkeit mindestens 370 Mitochondrien gezählt werden müssen. Dieses Verfahren ist auch für isolierte Mitochondrienfraktionen anwendbar.

Eine etwas andere Methode zur Zählung in Mitochondrienpräparationen haben ALLARD und Mitarbeiter [2] angegeben. 0,5 cm³ einer Mitochondriensuspension, deren Partikelgehalt dem aus 200 mg Frischleber entspricht, werden mit 1,8 m Rohrzuckerlösung auf 50 cm³ verdünnt. Die hohe Zuckerkonzentration verhindert BROWNsche Bewegungen. Die Zählung erfolgt ebenfalls in der PETROFF-HAUSSER-Kammer unter dem Phasenkontrastmikroskop.

*Mikroskopische Untersuchung isolierter Lebermitochondrien nach* HOGEBOOM, SCHNEIDER *und* PALADE [3]. Im Suspensionsmedium auf einen Objektträger gebrachte Mitochondrien haben eine fädige bis stäbchenartige Form, deren Länge 1—5 $\mu$ beträgt. Der Durchmesser liegt zwischen 0,3 und 0,5 $\mu$. Charakteristisch für intakte Mitochondrien ist die Vitalfärbung mit Janusgrün B, da geschädigte Partikel den Farbstoff nicht mehr aufnehmen. Zur Färbung läßt man eine 1:10000, 1:20000 oder 1:40000 verdünnte Farbstofflösung, die dieselbe Rohrzuckerkonzentration wie das Suspensionsmedium enthält, unter das Deckglas einfließen. Neutralrot färbt intakte Mitochondrien nicht. Zur Fixation versetzt man die in Rohrzuckerlösung hergestellte Suspension mit dem gleichen Volumen einer 4%igen wäßrigen Osmiumtetroxydlösung und läßt 24 Std bei 4° stehen. Man kann dann bequem Ausstriche herstellen, die sich mit allen in der Histologie üblichen Farbstofflösungen färben lassen.

Nach BRENNER [4] hängt die Vitalfärbbarkeit der Mitochondrien von der Basizität des Farbstoffes ab; je stärker diese ist, desto geringere Mengen werden zur Färbung benötigt. Wenn man einer Mitochondriensuspension aus Rattenleber Janusgrün B zur Endkonzentration 1:100000 zusetzt und einen aliquoten Teil 5 min bei 38° hält, tritt Farbwechsel nach Rot ein; dieser Test eignet sich gut zur Unterscheidung von Mikrosomen [5].

**Gehirnmitochondrien** zu gewinnen, kann wegen des hohen Lipoidgehaltes dieses Gewebes auf Schwierigkeiten stoßen; wieweit die von ABOOD und Mitarbeitern [6] vorgeschlagene Verwendung eines Netzmittels mit dem weiteren Versuchszweck vereinbar ist, bedarf im Einzelfall sorgfältiger Prüfung. Die Trennung der Zellfraktionen auf der Zentrifuge wird jedenfalls durch ein Netzmittel erleichtert.

Eine häufiger benutzte Darstellungsmethode für Gehirnmitochondrien ist von BRODY und BAIN [7] angegeben worden. Das Homogenat des gut gekühlten Gewebes wird in 9 Vol. 0,25 m Rohrzuckerlösung im POTTER-ELVEHJEMschen Gerät hergestellt, viermal für 3 min bei 1500 g zentrifugiert unter jeweiligem Verwerfen des Bodensatzes und dann 20 min bei 18000 g geschleudert; das Sediment besteht aus fast reinen Mitochondrien. Es wird in 0,25 m Rohrzuckerlösung ausgewaschen und beim Entfernen der Waschflüssigkeit darauf geachtet, daß auch weniger gut sedimentiertes Material mit zum Bodensatz gehört.

Eine andere Vorschrift derselben Autoren [7] beginnt mit einer 10minütigen Zentrifugierung bei 800 g; daran schließen sich 10 min Zentrifugieren bei 1500 g, 15 min Zentri-

---

[1] SANFORD, K. K., W. R. EARLE, V. J. EVANS, H. K. WALTZ and J. E. SHANNON: J. nat. Cancer Inst. **11**, 969 (1950/51).
[2] ALLARD, C., R. MATHIEU, G. DE LAMIRANDE and A. CANTERO: Cancer Res. **12**, 407 (1952).
[3] HOGEBOOM, G. H., W. C. SCHNEIDER and G. E. PALADE: J. biol. Ch. **172**, 619 (1948).
[4] BRENNER, S.: Biochim. biophysica Acta, N. Y. **11**, 480 (1953).
[5] SMELLIE, R. M. S., W. M. MCINDOE, R. LOGAN, J. N. DAVIDSON and I. M. DAWSON: Biochem. J. **54**, 280 (1953).
[6] ABOOD, L. G., R. W. GERARD, J. BANKS and R. D. TSCHIRGI: Amer. J. Physiol. **168**, 728 (1952).
[7] BRODY, T. M., and J. A. BAIN: J. biol. Ch. **195**, 685 (1952).

fugieren bei 12000 g und 30 min Zentrifugieren bei 23000 g. Die jeweils erhaltenen Sedimente sind bei derselben Zentrifugiergeschwindigkeit auszuwaschen; die Mitochondrien befinden sich im 3. Bodensatz, die Mikrosomen im 4., jeweils in guter Reinheit.

Nach HESSELBACH und DU BUY[1] wird ebenfalls das Gehirngewebe in 9 Vol. 0,25 m Rohrzuckerlösung vorsichtig homogenisiert; zur Entfernung von ganzen Zellen, Zelltrümmern und Zellkernen wird in einer Kühlzentrifuge während 45—60 sec auf 7000 g beschleunigt; störende Partikel werden dadurch vollständig abgetrennt. Anschließend wird zur Gewinnung der Mitochondrien 20 min bei 25000 g zentrifugiert; der Bodensatz wird im Ausgangsvolumen 0,25 m Rohrzuckerlösung resuspendiert und durch 60 min Zentrifugieren bei 25000 g ausgewaschen. Die Autoren betonen die ausgezeichnete Reinheit ihrer aus Mäusehirn gewonnenen Mitochondrienpräparation.

**Sarkosomen.** Die Mitochondrien des Muskelgewebes werden häufig auch Sarkosomen genannt. Der wesentliche Unterschied zu den Mitochondrien besteht in der regelmäßigen Anordnung längs der Muskelfibrillen: A-Sarkosomen in ständig tätigem Muskelgewebe (z. B. Herz), I-Sarkosomen in zeitweise aktivem Muskelgewebe (z. B. Skeletmuskel); Mitochondrien anderer Gewebe dagegen sind im Cytoplasma mehr oder weniger frei beweglich. Form, Größe, Membran und biochemische Funktion in Muskel- und anderen Geweben sind praktisch identisch[2]. Die Bezeichnung Cytochondrien[3] (Summe aus Mitochondrien und kleineren Partikeln = Sarkosomen) ist für Skeletmuskelgewebe gewählt worden; I-Sarkosomen sind im allgemeinen kleiner und weniger zahlreich als A-Sarkosomen, so daß dadurch vielleicht die verschiedenen Benennungsweisen erklärbar sind. Ein wichtiger Grund, zwischen Mitochondrien und Sarkosomen zu unterscheiden, besteht aber offenbar zur Zeit nicht.

Die Gewinnung von Sarkosomen erfordert einige Besonderheiten, da Muskeln viel Bindegewebe enthalten und Myofibrillen nicht in die Präparation geraten dürfen. Das Verreiben mit feinem Quarzsand ist weniger eingreifend als die Benutzung von WARING-Blendor oder Homogenisatoren[4], so daß man trotz unvollständiger Ausbeute reinere Präparate erhält.

*Gewinnung von Sarkosomen aus Herzmuskel nach* CLELAND *und* SLATER[4]. Das Herz einer durch Kopfschlag getöteten Ratte (500—800 mg) wird mit Filtrierpapier von Blut befreit, mit dem Messer zerschnitten und 2 min im Suspensionsmedium (s. unten) zur Entfernung vom restlichen Blut gerührt. Das Gewebe wird in einer eisgekühlten Reibschale in 1,5 cm³ Suspensionsmedium mit 0,5—1,0 g säuregewaschenem Quarzsand 2 bis 3 min verrieben und mit 10 cm³ Suspensionsmedium verdünnt. Dann wird 3,5 min bei 700 g zentrifugiert (700 g sind nach 3,5 min erreicht) und das Sediment in 6 cm³ Suspensionsmedium ausgewaschen. Beide überstehenden Flüssigkeiten werden vereinigt und 7,5 min, gerechnet von der Erreichung der Maximalgeschwindigkeit an, bei 7500 g geschleudert; das Sediment, das die Sarkosomen enthält, wird einmal in 10 cm³ Suspensionsmedium ausgewaschen. Als Medien werden von den Verfassern angegeben:

| | |
|---|---|
| Phosphat-Salzlösung . . . . . . . . . . . . . | 0,051 m KCl |
| | 0,043 m Phosphat, $p_H$ 7,1—7,3 |
| Salzlösung . . . . . . . . . . . . . . | 0,135 m KCl |
| | 0,02 m Phosphat, $p_H$ 7,4 |
| Salz-Versenelösung . . . . . . . . . . | 0,115 m KCl |
| | 0,02 m Phosphat |
| | 0,01 m Äthylendiamintetraacetat, $p_H$ 7,4 |
| Isotonische Rohrzucker-Versenelösung . . . | 0,28 m Rohrzucker |
| | 0,01 m Äthylendiamintetraacetat, $p_H$ 7,4 |
| oder: | 0,30 m Rohrzucker |
| | 0,005 m Äthylendiamintetraacetat, $p_H$ 7,4 |
| Isotonische Rohrzuckerlösung . . . . . . | 0,32 m Rohrzucker |
| Hypertonische Rohrzuckerlösung . . . . . | 0,88 m Rohrzucker |

---

[1] HESSELBACH, M. L., and H. G. DU BUY: Proc. Soc. exp. Biol. Med. 83, 62 (1953).
[2] CLELAND, K. W., and E. C. SLATER: Quart. J. microscop. Sci. 94, 329 (1953).
[3] KITIYAKARA, A., and J. W. HARMAN: J. exp. Med. 97, 553 (1953).
[4] CLELAND, K. W., and E. C. SLATER: Biochem. J. 53, 547 (1953).

Herzgewebe anderer Tiere wird in der gleichen Weise aufgearbeitet. Das Sarkosomeninnere ist 0,32—0,38 osmolar, die extracelluläre Flüssigkeit des Muskels etwa 0,26 osmolar[1]. Form und Funktion isolierter Sarkosomen unterliegen Änderungen („Transformation"), die spontan, leichter aber unter hypotonischen Bedingungen eintreten können und mit Funktionsbeeinträchtigung einhergehen; Citrat, Äthylendiamintetraacetat (Versene), Adenosindiphosphat und Adenosintriphosphat hemmen diese Transformation, Calciumionen befördern sie[1]. In hypertonischen Rohrzuckerlösungen ist die Aktivität mancher Oxydationsenzyme stark herabgesetzt (s. S. 558), so daß sich deren Verwendung nicht empfiehlt[2].

Von PLAUT und PLAUT[3] wird zur Myofibrillenabtrennung zweimal 10 min bei 600 g zentrifugiert, zur Sarkosomengewinnung aus Herzmuskel dann 15 min bei 500 g. Das Verfahren von MOR[4] ist sehr ähnlich.

*Gewinnung von Cytochondrien und Myofibrillen aus Taubenbrustmuskel (Pectoralis major) nach* HARMAN *und* OSBORNE[5]. Man verwendet Muskelgewebe frisch gefangener, wilder, durch Decapitieren getöteter und entbluteter Tauben, welches sofort mit Eis gekühlt wird. 20 g Muskel werden in 150 cm³ 0,25 m Rohrzuckerlösung, die 1,5 cm³ 0,04 m $NaHCO_3$ enthält, geschnitten und dann 1 min im WARING-Blendor zerkleinert. Nach Zugabe von weiteren 150 cm³ 0,25 m Rohrzuckerlösung wird die Suspension durch ein Tuch filtriert und 2 min bei 200 g zentrifugiert; anschließend wird die Zentrifugenbeschleunigung für 10 min auf 800 g erhöht. Die überstehende Flüssigkeit wird aufgehoben, das Sediment dient zur Myofibrillenisolierung. Es wird in 160 cm³ 0,25 m Rohrzuckerlösung 5 sec im WARING-Blendor resuspendiert und wieder 10 min bei 800 g geschleudert. Der größte Teil des Sedimentes (ohne den ganz unten sitzenden Anteil) wird in 50 cm³ 0,5 m Rohrzuckerlösung aufgerührt, 3 min im WARING-Blendor unter Zusatz von Eisstücken zerkleinert, zur Entfernung von Eis durch ein Tuch filtriert und 6 min bei 800 g zentrifugiert. Die überstehende Flüssigkeit wird verworfen und das Sediment noch zweimal in einem kleineren Volumen 0,5 m Rohrzuckerlösung ausgewaschen; es stellt die Myofibrillen dar.

Zur Isolierung der Mitochondrien wird die oben genannte überstehende Flüssigkeit 15 min bei 3000 g zentrifugiert; die jetzt überstehende Flüssigkeit wird zur Sarkosomengewinnung benutzt. Das Sediment wird in 200 cm³ 0,25 m Rohrzuckerlösung resuspendiert und 15 min bei 3000 g geschleudert; man erhält als Sediment die Mitochondrien, während die überstehende Flüssigkeit mit der vorher genannten zur Sarkosomenisolierung vereinigt wird.

Die Gewinnung der Sarkosomen erfolgt durch Zentrifugieren der 0,25 m Rohrzucker enthaltenden Flüssigkeiten bei 4400 g während 1 Std. Das Verfahren wird in dem nebenstehenden Diagramm veranschaulicht.

Nach vorwiegend biochemischen Kriterien [2,4-dinitrophenolaktivierbare („latente") Adenosintriphosphatase, P:O-Quotient über 2,0 mit α-Ketoglutarat als Substrat] erweist sich das folgende Suspensionsmedium zur Aufarbeitung von Taubenbrustmuskel als optimal[6]:

0,1 m KCl,
0,05 m Tris-(oxymethyl)-aminomethan · HCl-Puffer $p_H$ 7,4,
0,001 m Na-ATP,
0,005 m $MgSO_4$,
0,001 m Äthylendiamintetraacetat.

Das Gewebe wird bei 0° in 10 Vol. dieser Lösung nach POTTER und ELVEHJEM (s. S. 542) homogenisiert, 5 min bei 600 g zentrifugiert und nach Verwerfen des Sedimentes (Zell-

---

[1] CLELAND, K. W., and E. C. SLATER: Quart. J. microscop. Sci. **94**, 329 (1953).
[2] SLATER, E. C., and K. W. CLELAND: Biochem. J. **53**, 557 (1953).
[3] PLAUT, G. W. E., and K. A. PLAUT: J. biol. Ch. **199**, 141 (1952).
[4] MOR, M. A.: Exper. **9**, 342 (1953).
[5] HARMAN, J. W., and U. H. OSBORNE: J. exp. Med. **98**, 81 (1953).
[6] CHAPPEL, S. B., and S. V. PERRY: Nature **173**, 1094 (1954).

kerne, Myofibrillen und ganze Zellen enthaltend) zur Mitochondriengewinnung 10 min bei 8000 g zentrifugiert; die Mitochondrien werden zweimal ausgewaschen.

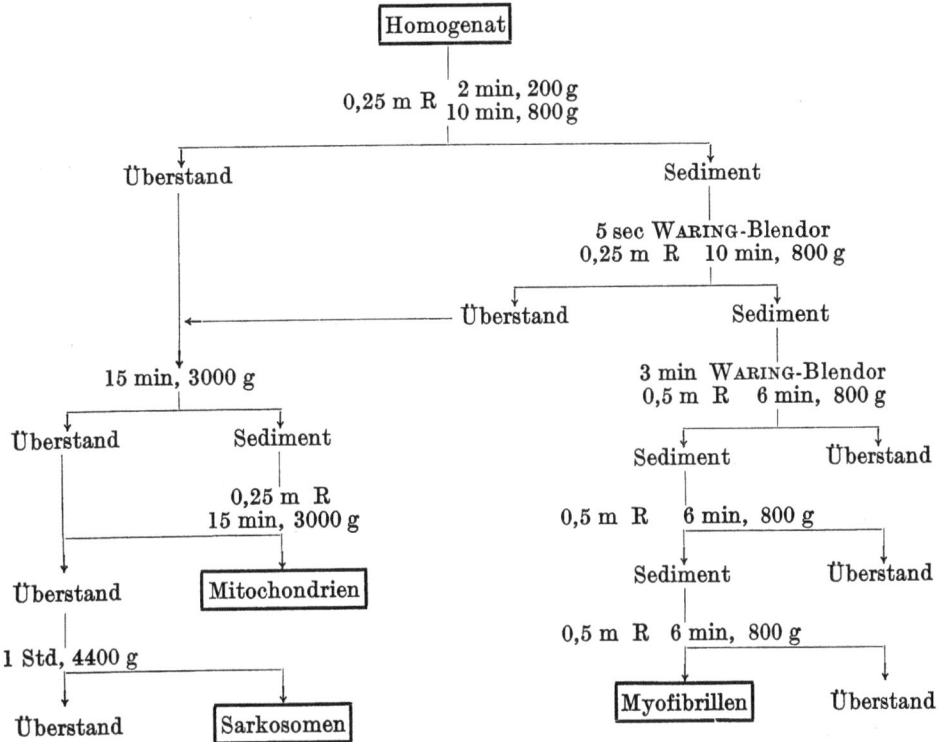

R = Rohrzucker.

Auch Insektenmuskeln sind eine gute Quelle für enzymatisch hochaktive Sarkosomen. Eine Vorrichtung zur Züchtung von Hausfliegen (Musca domestica L.) s. [1]. Man entnimmt von den Tieren den Thoraxteil und stellt in der Reibschale ein Homogenat her[2]. Aus diesem sind in 5 min bei 3000 g die Sarkosomen sedimentierbar. Als Suspensionsmedium eignet sich 0,25 m Rohrzuckerlösung[3], die mit 0,9%iger KCl-Lösung wieder ausgewaschen werden kann. Eine Aufarbeitung der Sarkosomen aus Drosophila funebris bzw. Phormia regina s. [4]. Ausführliche methodische Anweisungen s. a. bei LEWIS und SLATER[5].

**Das Cyclophorase-System.** Das Cyclophorase-System ist ein Enzymsystem, das nach Ergänzung mit gewissen Substanzen (Phosphat, Magnesium, Cytochrom c, ATP) zu denselben Stoffwechselleistungen befähigt ist wie die Mitochondrien. Zusammenfassende Darstellungen über Stoffwechselaktivitäten des Cyclophorase-System s. bei [6, 7]. Das Cyclophorase-System enthält im wesentlichen durch Nucleotidmaterial aus zerstörten Zellkernen verklebte Mitochondrien (HARMAN[8]). Da die Herstellung des Cyclophorase-Systems wesentlich einfacher ist als die Isolierung von Mitochondrien, wurden viele Untersuchungen über die Stoffwechselleistungen der Mitochondrien an dem Cyclophorase-System durchgeführt.

---

[1] SACKTOR, B.: J. econ. Entomol. **43**, 832 (1950).
[2] SACKTOR, B.: J. gen. Physiol. **36**, 371 (1953).
[3] SACKTOR, B.: J. gen. Physiol. **37**, 343 (1954).
[4] WATANABE, M. I., and C. M. WILLIAMS: J. gen. Physiol. **34**, 675 (1951); **37**, 71 (1953).
[5] LEWIS, S. E., and E. C. SLATER: Biochem. J. **58**, 207 (1954).
[6] GREEN, D. E.: Biol. Reviews **26**, 410 (1951).
[7] LANG, K.: Angew. Chem. **65**, 409 (1953).
[8] HARMAN, J. W.: Exp. Cell Res. **1**, 382 (1950).

Zur Herstellung des Cyclophorase-Systems verfährt man folgendermaßen[1, 2]: Das unmittelbar nach der Tötung des Tieres entfernte Organ wird in einem WARING-Blendor oder einem anderen hochtourigen Homogenisator bei 0° (zweckmäßigerweise in einem Kälteraum) mit 5 Vol. einer 0,9 %igen KCl-Lösung etwa 1 min lang homogenisiert, wobei ständig etwas Alkali zugetropft wird, um die bei der Zerstörung der Zellen auftretende Säuerung zu vermeiden. Das Homogenat wird zentrifugiert und die abzentrifugierte Flüssigkeit verworfen. Der Rückstand wird in der KCl-Lösung resuspendiert und wieder abzentrifugiert. Das Auswaschen wird mehrere Male, zumeist 3mal, wiederholt. Das frisch hergestellte Cyclophorase-System ist ein Gel.

Präparationen des Cyclophorase-Systems sind sehr labil und verlieren rasch an Wirksamkeit. Hauptursache ist die Aufspaltung der Coenzyme. Ein gealtertes Cyclophorase-System läßt sich zumeist durch Zugabe von Coenzymen (DPN, TPN) wieder aktivieren.

Ein typischer Ansatz zur Verfolgung der Fettsäureoxydation im WARBURG-Apparat, wie er im Laboratorium der Verfasser verwendet wird, sei als Beispiel für das Umgehen mit dem Cyclophorase-System angeführt. Man mischt 1—2 cm³ Fermentsuspension (resuspendiertes Cyclophorase-System) mit 0,5 cm³ m/15 Phosphatpuffer $p_H$ 7,5 und gibt 5—10 $\mu$Mole Substrat, 3 $\mu$Mole ATP, 4 $\mu$Mole $MgCl_2$, 0,03 $\mu$Mole Cytochrom c sowie 2—3 $\mu$Mole Succinat (oder Malat, α-Ketoglutarat bzw. sonst eine Substanz des Citronensäurecyclus) als „Sparker" zu. Das Gesamtvolumen des Ansatzes beträgt dann 3—5 cm³. Es ist zweckmäßig, das Substrat sofort und nicht erst nach dem Temperaturausgleich zuzugeben.

*δ) Mikrosomen.*

Die Grundzüge der Darstellung von Mikrosomen sind bereits S. 562ff. bei der Besprechung der gleichzeitigen Darstellung aller Zellfraktionen beschrieben worden. Der Gewinnung der Mikrosomen muß selbstverständlich eine vollständige Entfernung aller größeren Zellelemente vorangehen; zweckmäßigerweise überzeugt man sich davon in einem Ausstrichpräparat.

Die Ansprüche an die Leistungsfähigkeit der Zentrifugen sind bei der Mikrosomengewinnung erheblich; es hat daher nicht an Versuchen gefehlt, auf einfacheren Wegen zum Ziel zu kommen, z. B. durch Herstellung hypotonischer Bedingungen, Aggregation der Mikrosomen mittels Elektrolyten, insbesondere Calciumionen, Einstellung eines schwach sauren $p_H$ oder Ausfällung mittels Streptomycin[3]. Durch solche Verfahren werden aber nicht nur die Mikrosomen beträchtlich alteriert, sondern es besteht auch die Gefahr, daß Bestandteile des löslichen Cytoplasmas durch gleichzeitige Ausfällung oder durch Adsorption in die Mikrosomenfraktion geraten und damit alle Versuchsergebnisse fragwürdig machen. Solche Behelfe wird man daher nur selten anwenden können.

Wenn im Suspensionsmedium schon vor der Abtrennung aller größeren Partikel Elektrolyte vorhanden sind, kann die Aggregation der Mikrosomen[4, 5] dazu führen, daß sie bereits in der Mitochondrienfraktion sedimentiert werden (s. a. S. 573). Das ergibt Verunreinigung der Mitochondrien und mangelhafte Ausbeute an Mikrosomen. Da auf Grund der geringen Größe der Mikrosomen die mikroskopische Erkennung unmöglich ist, muß man versuchen, eine Verunreinigung der Mitochondrien aus einem analytisch zu hohen Verhältnis N:Ribonucleinsäure zu erkennen, bzw. aus zu geringer spezifischer Aktivität typischer Mitochondrienenzyme (z. B. Cytochromoxydase).

Die Charakterisierung der Mikrosomen stützt sich daher vor allem auf die Nichterkennbarkeit im Lichtmikroskop, das makroskopisch erkennbare Vorliegen eines rötlich durchscheinenden Gels und chemische oder enzymatische Analysen. Am sichersten

---

[1] GREEN, D. E.: Biol. Rev. **26**, 410 (1951).
[2] GREEN, D. E., W. F. LOOMIS and V. H. AUERBACH: J. biol. Ch. **172**, 389 (1948).
[3] HELLER, L., u. N. BARGONI: Ark. Kemi **1**, 447 (1950).
[4] HOGEBOOM, G. H., and W. C. SCHNEIDER: J. biol. Ch. **186**, 417 (1950).
[5] HUSEBY, R. A., and C. P. BARNUM: Arch. Biochem. **26**, 187 (1950).

scheint die Bestimmung des Verhältnisses Ribonucleinsäure-P (in $\gamma$) zu Gesamtstickstoff (in mg), das für Mitochondrien 16, Mikrosomen 58, Cytoplasma 15 beträgt[1].

Zur enzymatischen Charakterisierung können in manchen Geweben Esterasen, alkalische Phosphatase oder DPN-Cytochrom c-Reductase, in der Leber auch Glucose-6-phosphat-phosphatase, Vitamin A-Esterase und das die Hydrierung von Cortison zu 17-Oxycorticosteron besorgende Enzym herangezogen werden. Näheres hierzu s. bei [2].

Von MORTON[3] aus Milch isolierte Partikel sind auf Grund ihrer chemischen und enzymatischen Zusammensetzung als Mikrosomen bezeichnet worden.

*ε) Cytoplasma.*

Diese Fraktion, die häufig auch „Lösliche Fraktion", „Lösliches Cytoplasma", „Lösliche Proteinfraktion" usw. benannt wird, gibt schon durch ihre Bezeichnung zu erkennen, daß sie durch vorangehende Abtrennung aller partikulären Elemente zu gewinnen (s. S. 562ff.) und zu kennzeichnen ist. Chemisch-analytisch enthält sie mehr Protein und weniger Ribonucleinsäure und Lipide als Mitochondrien und Mikrosomen (s. Tabelle 3, S. 556). Durch solche Angaben dürfte sie stets hinreichend charakterisiert sein.

Enzymatisch zeichnet sie sich durch eine Reihe von Enzymsystemen aus, die in den partikulären Zellelementen in viel geringerer Konzentration, wenn überhaupt, gefunden werden[2]. Von diesen Fermenten dürften sich Glucose-6-phosphat-dehydrogenase und 6-Phosphogluconsäure-dehydrogenase am besten zur Charakterisierung eignen.

Lösliches Cytoplasma der Leber ist gegen Luftsauerstoff empfindlich[4,5], so daß man eventuell unter Zusatz von Cystein oder anderen Sulfhydrylverbindungen arbeiten muß.

Die Grenze zwischen Mikrosomen und Cytoplasma, meist durch das angewandte Beschleunigungsfeld gegeben, läßt sich bei Ultrazentrifugierungen nicht ganz scharf ziehen; z. B. zeigen Leberpartikel, die bei 20000 g in 30 min noch nicht, dann aber nach 2 Std bei 152000 g sedimentieren, daß neben den klassischen Mikrosomen noch kleinere, vermutlich Ribonucleoproteide enthaltende Gebilde sedimentiert werden können. Auch an der Mäusemilz kann man zwischen „großen" Mikrosomen (in 4 Std bei 20000 g aus 0,44 m Rohrzuckerlösung sedimentierend) und „kleinen" Mikrosomen (in 3 Std bei 180000 g aus 0,88 m Rohrzuckerlösung sedimentierend) unterscheiden[6], so daß anzunehmen ist, daß mit der technischen Weiterentwicklung der Zentrifugen noch weitere Feinheiten der Mikrosomen- und der Cytoplasmafraktion[7] erkennbar werden.

*ζ) GOLGI-Substanz.*

SCHNEIDER und KUFF[8] haben ein Verfahren zur Darstellung der GOLGI-Substanz aus den Epithelzellen von Rattenepididymis mitgeteilt. Es beruht auf der Zentrifugierung in einem Dichtegradienten.

Die Drüsen von 3—4 Ratten werden zerkleinert und durch eine Gewebepresse zur Entfernung des Bindegewebes getrieben. Der Gewebsbrei wird gewogen und bei 0° mit dem 3—4fachen Volumen 0,25 m Rohrzuckerlösung (oder einer 0,25 m Rohrzuckerlösung—0,34 m NaCl-Lösung) im Apparat nach POTTER und ELVEHJEM homogenisiert. Alle weiteren Operationen werden bei 0—4° ausgeführt.

Der Dichtegradient wird hergestellt, indem je 1 cm³ der folgenden Lösungen in der angegebenen Reihenfolge in einen 13 × 49 mm-Zentrifugenbecher aus Kunststoff

---

[1] SCHNEIDER, W. C.: In UMBREIT, W. W., R. H. BURRIS and J. F. STAUFFER: Manometric Techniques and Tissue Metabolism. 2. Aufl. S. 148. Minneapolis 1951.
[2] LANG, K., u. G. SIEBERT: Die chemischen Leistungen der morphologischen Zellelemente. In Flaschenträger-Lehnartz Bd. 2/1, S. 1064ff.
[3] MORTON, R. K.: Biochem. J. 57, 231 (1954).
[4] GJESSING, E. C., C. S. FLOYD and A. CHANUTIN: J. biol. Ch. 188, 155 (1951).
[5] SOROF, S.: Fed. Proc. 8, 254 (1949).
[6] PETERMANN, M. L., N. A. MIZEN and M. G. HAMILTON: Cancer Res. 13, 372 (1953).
[7] SOROF, S., R. H. GOLDER and M. G. OTT: Cancer Res. 14, 190 (1954).
[8] SCHNEIDER, W. C., and E. L. KUFF: Amer. J. Anat. 94, 209 (1954).

pipettiert wird: 1,11 m Rohrzuckerlösung, 0,975 m Rohrzuckerlösung, 0,636 m Rohrzuckerlösung und 0,335 m Rohrzuckerlösung. Neben dem Zucker enthält jede Lösung noch 0,34 m NaCl. Die Gegenwart von Salzlösung ist zur Isolierung der GOLGI-Substanz wesentlich. Mitunter wird das Volumen der ersten und letzten Rohrzuckerlösung auf 0,5 cm³ reduziert und dafür eine 5. Schicht, bestehend aus 1 cm³ 0,777 m Rohrzucker und 0,34 m NaCl zwischen die 0,975 m und 0,636 m Rohrzuckerlösung eingeschaltet. Die Grenzen zwischen den einzelnen Schichten bleiben beim Zentrifugieren befriedigend erhalten.

Innerhalb von 30 min nach Herstellung des Dichtegradienten werden 1,4 cm³ des Epididymishomogenats auf die Oberfläche des Gradienten gebracht. Das Zentrifugieren erfolgt in dem SW 39 Horizontalrotor der Spinco-Ultrazentrifuge Modell E. Die Gefäße werden bei 139000×g 60 min zentrifugiert. Nach dem Zentrifugieren liegt eine dünne Schicht von Lipoidmaterial auf der Oberfläche. Die Flüssigkeit darunter ist klar gelb gefärbt und enthält die Proteine und anderen löslichen Bestandteile des Homogenats. Am Boden des Bechers befindet sich ein Sediment. An den Grenzen zwischen den Flüssigkeitsschichten haben sich 3 Partikelschichten ausgebildet.

Die Trennung der Schichten erfolgt durch Zerschneiden des Bechers in dem Apparat von RANDOLPH und RYAN[1]. Man erhält so 5 Fraktionen: 1. Die oben liegende Fettschicht, 2. die Lösung und die oberste Partikelchenschicht, 3. die mittlere Partikelchenschicht, die aus der GOLGI-Substanz besteht, 4. die untere Partikelchenschicht und 5. das Sediment.

Tabelle 7. *Zusammensetzung der GOLGI-Substanz* (SCHNEIDER und KUFF[2]).

| | Konzentration $\gamma$ je mg N | $\gamma$-%, bezogen auf das Organ-Frischgewicht | Prozente des Bestandes des Gesamthomogenats |
|---|---|---|---|
| Stickstoff | | 87,0 ± 3,6 | 5,8 |
| Ribonucleinsäure-P | 61,3 | 4,36 | 19 |
| Lipoid-P | 205,0 | 16,0 | 25 |

Die GOLGI-Substanz macht rund 5% der Masse der Epididymiszellen aus.

Die GOLGI-Substanz sieht gelblich aus. Die Fraktion umfaßt neben vielen intakten Klumpen von GOLGI-Körperchen noch Fragmente mit einem Durchmesser von 8—0,5 $\mu$

Daten über die Zusammensetzung der GOLGI-Substanz findet man in der Tabelle 7.

Die anderen bei der Trennung der Fraktionen erhaltenen Schichten bestehen aus folgendem Material: die oberste Partikelchenschicht aus submikroskopischen Partikelchen und wenigen GOLGI-Körperchen. Auch die untere Partikelchenschicht besteht aus submikroskopischen Partikelchen. Das Sediment enthält intakte Zellen, Mitochondrien, Zellkerne und Spermatozoen.

### η) Sonderfälle.

**Gewinnung von Myofibrillen aus Kaninchenmuskulatur nach PERRY[3].** Muskeln der hinteren Extremität werden rasch gekühlt und zerschnitten. Der Muskelbrei wird in 8 Vol. 0,08 m Boratpuffer $p_H$ 7,1 suspendiert und 2 min im WARING-Blendor zerkleinert. Das Homogenat wird 15 min bei 600 g zentrifugiert und das Sediment erneut im Ausgangsvolumen Boratpuffer 2 min homogenisiert. Nach 20 min Zentrifugieren bei 600 g wird die überstehende Flüssigkeit verworfen und die obere, heller gefärbte Schicht des Sedimentes vorsichtig mit etwas Boratpuffer abgesaugt. Dieses die Myofibrillen enthaltende Material wird zur Entfernung gröberer Partikel 5 min bei 300 g zentrifugiert. Durch wiederholtes Suspendieren in Boratpuffer und Zentrifugieren bei 600 g (jeweils 20—30 min) werden lösliche Muskelproteine und Sarkosomen entfernt; meist benötigt man 4—5 Zentrifugierungen. Zum Schluß wird noch einmal 5 min bei 300 g zur Entfernung gröberer Aggregate geschleudert. Die Ausbeute beträgt 5—10 g Myofibrillen aus 200 g Muskelbrei.

---

[1] RANDOLPH, M. L., and R. R. RYAN: Science, N. Y. **112**, 528 (1950).
[2] SCHNEIDER, W. C., and E. L. KUFF: Amer. J. Anat. **94**, 209 (1954).
[3] PERRY, S. V.: Biochem. J. **51**, 495 (1952).

Die von MOR[1] angegebene Methode ist sehr ähnlich. Ein weiteres Verfahren ist S. 586f. geschildert.

Die Darstellung von Myofibrillen mittels einer Bakterienkollagenase hat PERRY[2] beschrieben.

**Isolierung von Mastzellengranula nach JULÉN, SNELLMAN und SYLVÉN[3].** Die Kapseln frischer Rinderlebern werden abgezogen, mechanisch von anhaftenden Leberzellen befreit, mit $CO_2$-Schnee durchgefroren und in einer Art Gewürzmühle gemahlen. Nach weiterem Mahlen in einem Mörser wird mit kleinen Mengen isotonischen Phosphatpuffers $p_H$ 7,0 versetzt; die dabei erhaltene rötliche, gelatinöse Masse wird mit Phosphatpuffer bis zum 4fachen Volumen des ursprünglichen Gewebebreies versetzt und der differenzierenden Zentrifugierung unterworfen, wie in nachstehendem Schema angegeben.

Auch von KÖKSAL[4] wird die Isolierung heparinhaltiger Mastzellengranula beschrieben.

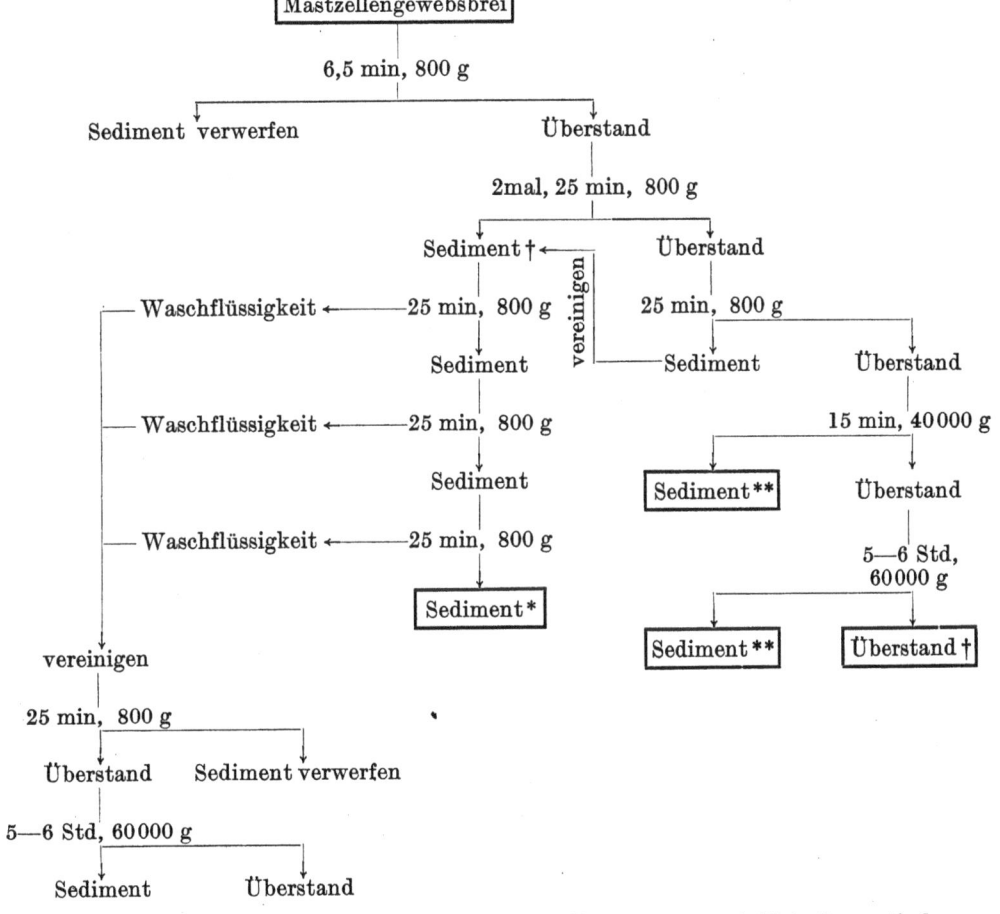

\* Mastzellengranula und Mitochondrien.   \*\* Mikrosomen.   † Metachromatisch.

Zur weiteren Charakterisierung der gewonnenen Fraktionen muß auf das Original verwiesen werden.

**Gewinnung der eosinophilen Granula aus eosinophilen Leukocyten des Pferdeblutes nach BEHRENS und MARTI[5].** Wenn bei der S. 545 beschriebenen Methode der Arbeitsgang des Schüttelns mit wasserfreiem $Na_2SO_4$ in Tetrachlorkohlenstoff 8—12 Std wiederholt

---

[1] MOR, M. A.: Exper. 9, 342 (1953).
[2] PERRY, S. V.: Biochem. J. 48, 257 (1951).
[3] JULÉN, C., O. SNELLMAN and B. SYLVÉN: Acta physiol. scand. 19, 289 (1950).
[4] KÖKSAL, M.: Nature 172, 733 (1953).
[5] BEHRENS, M., u. H. R. MARTI: Exper. 10, 315 (1954).

wird, lassen sich die Granula der Eosinophilen freilegen und durch das dort beschriebene Zentrifugierverfahren abtrennen. Die Ausbeute beträgt 50 mg Trockensubstanz aus 800 cm³ Pferdeblut. In frischem Zustand aus eosinophilen Leukocyten isolierte Granula sind ganz ungewöhnlich labile Gebilde[1], so daß ihre Eigenschaften noch nicht genau angegeben werden können.

*Isolierung einzelner Netzhautelemente.* Vorschriften zur Gewinnung einzelner Netzhautelemente sind in Bd. III, S. 1013f. angegeben; s. a. [2].

*Gewinnung von „schwarzem Pigment" aus Kaninchenleber nach* BEHRENS *und* TAUBERT[3]. Bodensätze, die bei der Gewinnung von Kaninchenleberzellkernen (s. S. 580) aus Trockengewebe erhalten worden sind, bestehen zu beträchtlichen Teilen aus schwarzem Pigment, das schwerer als andere Cytoplasmabestandteile ist und gereinigt wird, in dem es im Tetrachlorkohlenstoff-Petroläther-Gemisch vom spezifischen Gewicht 1,500 suspendiert und mit Mischungen von $d = 1,400$ sowie 1,300 überschichtet wird. Durch Zentrifugieren werden Verunreinigungen entfernt.

*Darstellung von Hämosideringranula aus Milz nach* BEHRENS[4]. 200 g gefriergetrocknete Pferdemilz werden in der Reibschale und in der Kugelmühle zerkleinert, bis 157 g ein Maschensieb von 0,25 mm Weite passiert haben. 150 g dieses Materials werden in einer Benzol-Tetrachlorkohlenstoff-Mischung vom spezifischen Gewicht 1,320 suspendiert und vorsichtig zentrifugiert; die dabei anfallenden Bodensätze werden noch mehrmals in der Kugelmühle zerkleinert und vorsichtig zentrifugiert; schließlich wird das Sediment in Tetrachlorkohlenstoff (spezifisches Gewicht 1,59) suspendiert und scharf zentrifugiert (3000 U/min). Zur Erhöhung der Ausbeute kann nicht einwandfrei sedimentiertes, hämosiderinhaltiges Material noch mehrfach gemahlen und zentrifugiert werden. Alle so erhaltenen, hämosiderinreichen Bodensätze werden mehrfach in Tetrachlorkohlenstoff resuspendiert und wie oben angegeben zentrifugiert. Die Ausbeute beträgt rund 10,5 g Trockenmaterial. Der Eisengehalt dieses Materials schwankt zwischen 29 und 36%, dementsprechend das spezifische Gewicht zwischen 1,6 und 2,6. Eine Unterfraktionierung gelingt z. B. durch Zentrifugieren in Äthylenbromid (spezifisches Gewicht 2,18) oder in Tetrachlorkohlenstoff-Äthylenbromidgemischen.

*Darstellung von Schilddrüsenkolloid nach* BEHRENS[5]. Die Aufarbeitung des Gewebes bis zur Abtrennung ganzer Schilddrüsenzellen ist S. 553 geschildert. Die dort genannten, mit Benzol herausgespülten Bodensätze werden in etwa 200 cm³ Äther-Chloroform vom spezifischen Gewicht 1,350—1,355 zentrifugiert. Dabei geht die Hauptmenge des Kolloids nach oben. Der oben entstandene, feste Kuchen und die Flüssigkeit werden vom Bodensatz abgetrennt, wiederum in Äther-Chloroform suspendiert und zentrifugiert. Wenn bei der mikroskopischen Kontrolle die Reinheit des Kolloides ungenügend bleibt, nähert man das spezifische Gewicht der Suspensionsflüssigkeit mehr der unteren Grenze an. Das nach wiederholtem Zentrifugieren schließlich reine Kolloid wird nach Ätherzusatz auf der Zentrifuge sedimentiert und mehrmals mit Äther gewaschen. Zur Abtrennung bindegewebiger Bestandteile wird zwischendurch in Äthersuspension durch Watte filtriert. Die Ausbeute an Kolloid beträgt rund 20 g.

Die bei der Kolloiddarstellung anfallenden Bodensätze dienen zur Gewinnung der Schilddrüsenzellkerne, die S. 577 beschrieben wird. Während der Zellkerndarstellung fallen noch rund 8 g Kolloid von höherem spezifischem Gewicht und höherem Jodgehalt an.

*Isolierung von Hyalin aus* SPIEGLER*schen Tumoren nach* SIEBERT, BRAUN-FALCO *und* WEBER[6]. Die von der Kopfhaut befreiten Tumorstücke werden mit der Schere

---

[1] VERCAUTEREN, R.: Enzymologia **16**, 1 (1953).
[2] HUBBARD, R.: J. gen. Physiol. **37**, 377, 381 (1954). — ARDEN, G. B.: J. Physiol., London **123**, 377 (1954).
[3] BEHRENS, M., u. M. TAUBERT: H. **291**, 213 (1953).
[4] BEHRENS, M., u. T. ASHER: H. **220**, 97 (1933).
[5] BEHRENS, M.: H. **232**, 263 (1935).
[6] SIEBERT, G., O. BRAUN-FALCO u. G. WEBER: Naturwiss. **42**, 300 (1955).

gründlich zerkleinert und dann in dem Handhomogenisator von LANG und SIEBERT[1] in 0,25 m Rohrzuckerlösung behandelt. Das so zerkleinerte Gewebe wird bei Kühlschranktemperatur der Spontansedimentation aus 50 cm³ 0,25 m Rohrzuckerlösung überlassen; aus der flüssigen Phase lassen sich freie Zellkerne gewinnen, während die Hyalinschläuche im Gewebsverband sedimentiert sind. Die mikroskopische Untersuchung der einzelnen Fraktionen ist wegen der Größe der Gebilde nicht im Ausstrichpräparat, sondern nur im Paraffinschnitt möglich; hierdurch wird das Isolierungsverfahren langwierig. Der Bodensatz der Spontansedimentation wird im POTTER-ELVEHJEM-Homogenisator vorsichtig homogenisiert, um Bindegewebe und Capillaren von den Hyalinschläuchen zu trennen, die als solche erhalten bleiben müssen. Das Homogenat wird 10 min bei 700 g zentrifugiert und der Bodensatz in 0,25 m Rohrzuckerlösung aufgenommen; 5 cm³ dieser Suspension werden über folgenden Rohrzuckergradienten geschichtet: Ganz unten 10 cm³ 30%ige Rohrzuckerlösung, dann 40 cm³ 19,5%ige und 10 cm³ 14%ige Rohrzuckerlösung. Nach 90 min Stehenlassen ist ausschließlich das Hyalin vollständig sedimentiert, während alle anderen Fraktionen an der Grenze zwischen 19,5- und 30%igem Rohrzucker haltmachen. Nach Schichtentrennung wird das Hyalin durch Zentrifugieren gesammelt und mit destilliertem Wasser bis zur Rohrzuckerfreiheit gewaschen. Ausbeute 3 mg exsiccatortrockenes Material aus 2 g frischem Tumorgewebe.

*Isolierung von Lipofuscin aus Herzgewebe nach* SIEBERT, HEIDENREICH, BÖHMIG *und* LANG[2]. 250 g möglichst lipofuscinreiche Herzmuskulatur werden als Scherenbrei in 750 cm³ 0,25 m Rohrzuckerlösung suspendiert und 8 min im Starmix bei maximaler Tourenzahl zerkleinert. Nach Passieren eines Filtertuches wird das Filtrat in 30 cm³-Portionen über 20 cm³ 40%ige sowie 40 cm³ 30%ige Rohrzuckerlösung geschichtet und 30 min bei 2000 g zentrifugiert. Danach wird die der 30%igen Rohrzuckerlösung entsprechende Schicht einschließlich je etwa 3 cm³ der benachbarten Schichten quantitativ entnommen, mit destilliertem Wasser auf einen Rohrzuckergehalt von 8,5% gebracht und 20 min bei 2000 g geschleudert; dieser Bodensatz wird in 4%iger Rohrzuckerlösung resuspendiert und in einem Meßzylinder über einem mehrfachen Volumen 8,5%iger Rohrzuckerlösung bei Kühlraumtemperatur 12 Std der Spontansedimentation überlassen. Die meisten Zellpartikel finden sich in der dichteren Lösung, die Lipofuscingranula dagegen fast ausschließlich in der 4%igen Rohrzuckerlösung; durch Zentrifugieren bei 2000 g werden sie aus 4%iger Zuckerlösung sedimentiert. Der stark bräunliche Bodensatz zeigt an seinem oberen Teil einen etwa 1—2 mm starken, dunkelbraunen Ring, der mit einem Glaslöffel entnommen wird. (Es ist in manchen Fällen besser, durch vorsichtiges Einfließenlassen von 4%iger Rohrzuckerlösung alles schwächer braungefärbte Material aus dem Zentrifugenglas herauszuspülen und den fester sitzenden tiefbraunen Ring erst dann zu entnehmen.) Wenn erforderlich, kann die Zentrifugierung in 4%iger Rohrzuckerlösung, wie eben beschrieben, wiederholt werden. Das tiefbraune Material besteht aus praktisch reinem Lipofuscin und wird durch Waschen mit physiologischer Kochsalzlösung und destilliertem Wasser auf der Zentrifuge von Rohrzucker befreit. Ausbeute 50 mg exsiccatortrockenes Pulver aus 100 g Frischgewebe.

Die Verfolgung der Lipofuscinanreicherung und Reinigung geschieht am besten, indem lufttrockne Ausstriche der jeweiligen Bodensätze 10 min mit 1:5000 verdünnter Neutralrotlösung in physiologischer Kochsalzlösung gefärbt und mit Glycerin-Gelatine eingedeckt werden. Unter diesen Bedingungen reagiert praktisch nur Lipofuscin. Zur Gegenfärbung auf etwa vorhandene Verunreinigungen eignet sich Hämatoxylin.

*Gewinnung von Amyloid aus Lebergewebe nach* PERNIS, SCHNEIDER *und* WUNDERLY*[3]. Amyloid wird allgemein als gegen Pepsin resistent angesehen. Darauf beruht eine schon

---

* Die Verfasser sind Herrn Prof. Dr. E. LETTERER (Pathologisches Institut der Universität Tübingen) für Beratung sehr zu Dank verpflichtet.
[1] LANG, K., u. G. SIEBERT: B. Z. **322**, 360 (1951/52).
[2] SIEBERT, G., O. HEIDENREICH, R. BÖHMIG u. K. LANG: Naturwiss. **42**, 156 (1955).
[3] PERNIS, B., G. SCHNEIDER u. C. WUNDERLY: Ärztl. Forsch. **7**, I/454 (1953).

vor 90 Jahren[1] angegebene Isolierungsvorschrift: 10 g Leber werden von Bindegewebe und Blutgefäßen befreit und danach auf dem Gefriermikrotom in 50 $\mu$ dicke Stücke geschnitten. Mit physiologischer Kochsalzlösung wird der Blutfarbstoff vollständig herausgespült. Dann werden die Gewebescheiben 7 Tage lang bei 37° in 0,5%iger Pepsinlösung in 0,01 n HCl gehalten, welche häufig erneuert wird. Nach vollständiger Freilegung von Amyloid (Ausstrichkontrolle) werden Pepsin- und HCl-Reste durch Waschen mit physiologischer Kochsalzlösung entfernt. Eine ähnliche Vorschrift wird von MISSMAHL[2] für Milzgewebe gegeben.

*Isolierung von Amyloid aus Milzgewebe nach* HANSSEN[3]. Amyloidmilzen des Menschen („Sagomilz") werden gründlich zerschnitten und die Amyloidpartikel, soweit möglich, durch Schneiden und Schaben mit Messer und Pinzette isoliert. Dann wird der so er-erhaltene amyloidreiche Brei in destilliertem Wasser auf der Maschine geschüttelt. Zur Abtrennung des Amyloids wird das Material in viel Wasser suspendiert und der Spontansedimentation überlassen, bei der sich die schweren Amyloidkörner zuerst absetzen. Durch mehrfaches Dekantieren gelingt die völlige Reinigung.

Von STRAUSS[4] wird die Isolierung eines proteinreichen partikulären Materials beschrieben, das in der Rattenniere nach Eiereiweißinjektion entsteht.

Eine Methode zur Isolierung der besonders in der neueren anatomischen Literatur viel diskutierten Reticularfasern s.[5].

# Das Arbeiten mit Isotopen.

Von

W. Maurer, H. Götte, H. A. Künkel, A. Niklas, L. Schachinger und K. Schmeiser.

## Physikalische Grundlagen[6-17].

Von

W. Maurer und K. Schmeiser.

Mit 29 Abbildungen.

### a) Zusammensetzung eines Atoms aus Atomkern und Elektronenhülle. Isotopie.

#### α) *Aufbau des Atoms.*

Seit den Arbeiten von RUTHERFORD wissen wir, daß jedes Atom aus einem zentralen, positiv geladenen Kern und einer Hülle von negativen Elektronen besteht. Der Durchmesser des Atoms beträgt etwa $10^{-8}$ cm, der Durchmesser des Kerns ist um etwa 5 Zehnerpotenzen kleiner, er beträgt einige $10^{-13}$ cm.

---

[1] KÜHNE, W. u. RUDNEFF: Virchows Arch. 33, 66 (1865).
[2] MISSMAHL, H.-P.: Virchows Arch. 318, 518 (1950).
[3] HANSSEN, O.: B. Z. 13, 185 (1908).
[4] STRAUS, W.: J. biol. Ch. 207, 745 (1954).
[5] GLEGG, R. E., D. EIDINGER and C. P. LEBLOND: Science, N. Y. 118, 614 (1953).
*Zusammenfassende Darstellungen:*
[6] CALVIN, M., C. HEIDELBERGER, T. C. REID, B. M. TOLBERT and P. F. YANWICH: Isotopic Carbon. New York 1949.
[7] FRIEDLÄNDER, G., and J. W. KENNEDY: Introduction to Radiochemistry. New York 1949.
[8] HEVESY, G. V.: Radioactive Indicators. New York 1948.
[9] KAMEN, M. D.: Radioactive Tracers in Biology. 2. Aufl. New York 1951.
[10] LAWRENCE, J. H., and J. G. HAMILTON (Hrsg.): Advances in Biological and Medical Physics. Bd. 1, 1948; Bd. 2, 1951; Bd. 3, 1953. New York.

Praktisch die gesamte Masse des Atoms befindet sich im Kern. So ist z. B. der Kern eines Wasserstoffatoms 1840mal schwerer als seine „Elektronenhülle", welche hier aus einem einzigen Elektron besteht. Der Größe der positiven Kernladung ist gleich $Z \cdot e$, wobei $Z$ gleich der Ordnungszahl eines Elementes und $e$ gleich dem elektrischen Elementarquantum ist ($e = 4,8 \cdot 10^{-10}$ elektrostatische Einheiten). Da das gesamte Atom neutral ist, enthält die Elektronenhülle gleichfalls $Z$-Elektronen.

Von dem Aufbau der Elektronenhülle hängen das chemische Verhalten eines Atoms, die Art seiner Licht- und Röntgenemission u. a. m. ab. Die Radioaktivität ist ausschließlich eine Eigenschaft des Atomkerns. Die Erscheinung des radioaktiven Zerfalls ist völlig unabhängig davon, in welcher chemischen Bindung das betreffende radioaktive Atom vorliegt.

### β) Begriff des Isotops.

Die massenspektrographischen Untersuchungen von ASTON haben gezeigt, daß die Atome und damit auch die Atomkerne eines Elementes nicht alle die gleiche Masse haben. So besteht z. B. der in der Natur vorkommende Wasserstoff zum überwiegenden Teil aus *leichtem* Wasserstoff und zu einem kleinen Prozentsatz aus *schwerem* Wasserstoff. Der Atomkern des schweren Wasserstoffes ist doppelt so schwer wie derjenige des leichten Wasserstoffes. Beide Atome haben die gleiche Kernladung ($= +1 \cdot e$) und verhalten sich deshalb chemisch gleich. Man sagt, der Wasserstoff enthält zwei Isotope. Unter einem Isotop versteht man also Atome gleicher Ladung aber ungleicher Masse. Die in der Natur vorkommenden Elemente sind im allgemeinen Mischungen aus mehreren Isotopen. Eine Reihe von Elementen besteht aus nur einem Isotop (Reinelemente).

### γ) Aufbau des Atomkerns aus Protonen und Neutronen.

Die massenspektroskopischen Untersuchungen haben gezeigt, daß die Atomgewichte der Isotope nahezu ein ganzzahliges Vielfaches des Atomgewichtes des leichten Wasserstoffes ($=$ rd. 1,0) betragen. Diese Ganzzahligkeit der Atomgewichte legte schon bald die Vermutung nahe, daß auch der Atomkern zusammengesetzter Natur sei. Seit den Arbeiten von HEISENBERG weiß man, daß die Atomkerne aller Isotope aus zwei elementaren Kernbausteinen zusammengesetzt sind. Der eine Baustein ist der Atomkern des leichten Wasserstoffes, das sog. *Proton* ($=$ p), der andere das *Neutron* ($=$ n). Letzteres wurde in Weiterführung der Arbeiten von BOTHE und BECKER sowie JOLIOT im Jahre 1932 von CHADWICK entdeckt. Das Neutron hat nahezu die gleiche Masse wie das Proton, ist aber im Gegensatz zum Proton elektrisch neutral.

Der Kern des schweren Wasserstoffes ($=$ Deuterium) besteht aus einem Proton und einem Neutron. Die Ladung dieses zusammengesetzten Atomkerns ist gleich derjenigen des leichten Wasserstoffatomkerns und beträgt $+1 \cdot e$. Da Proton und Neutron nahezu gleich schwer sind, ist der Kern des schweren Wasserstoffisotops doppelt so schwer wie derjenige des leichten Wasserstoffisotops. Dem entsprechend ist das Atomgewicht von Deuterium etwa doppelt so groß wie dasjenige von leichtem Wasserstoff.

Abb. 1 gibt diese Verhältnisse in schematischer Weise wieder. Der überwiegende Teil des in der Natur vorkommenden Heliums besteht aus Atomen, deren Kerne aus 2 Protonen und 2 Neutronen aufgebaut sind (Atomgewicht $=$ rd. 4). Außerdem existiert ein sehr seltenes Heliumisotop, dessen Atomkern wiederum aus 2 Protonen, aber nur aus *einem*

---

**Literatur zu S. 594.**

[11] SIRI, W. E.: Isotopic Tracers and Nuclear Radiations. New York 1949.
[12] WHITEHOUSE, W. J., and J. L. PUTMAN: Radioactive Isotopes. Oxford 1953.
[13] SCHUBERT, G.: Kernphysik und Medizin. Göttingen 1947.
[14] RIEZLER, W.: Einführung in die Kernphysik. München 1953.
[15] SCHWIEGK, H. (Hrsg.): Künstlich radioaktive Isotope in Physiologie, Diagnostik und Therapie. Berlin, Göttingen, Heidelberg 1953.
[16] HANLE, W.: Künstliche Radioaktivität. Stuttgart 1952.
[17] BLEULER, E., and G. L. GOLDSMITH: Experimental Nucleonics. New York 1952.

Neutron zusammengesetzt ist (Atomgewicht = rd. 3). Das Element Lithium besitzt zwei Isotope. Der Kern des leichteren Lithiumisotops besteht aus 3 Protonen und 3 Neutronen (Atomgewicht = rd. 6) und derjenige des schwereren Lihthiumisotops aus wiederum 3 Protonen, aber 4 Neutronen (Atomgewicht = rd. 7).

Die übrigen Elemente des periodischen Systems bestehen zu einem Teil aus nur einem Isotop (Reinelemente, 17 Fälle). So enthält z. B. das in der Natur vorkommende Natrium nur Atome ein und derselben Masse. Dasselbe gilt auch für Elemente wie Beryllium,

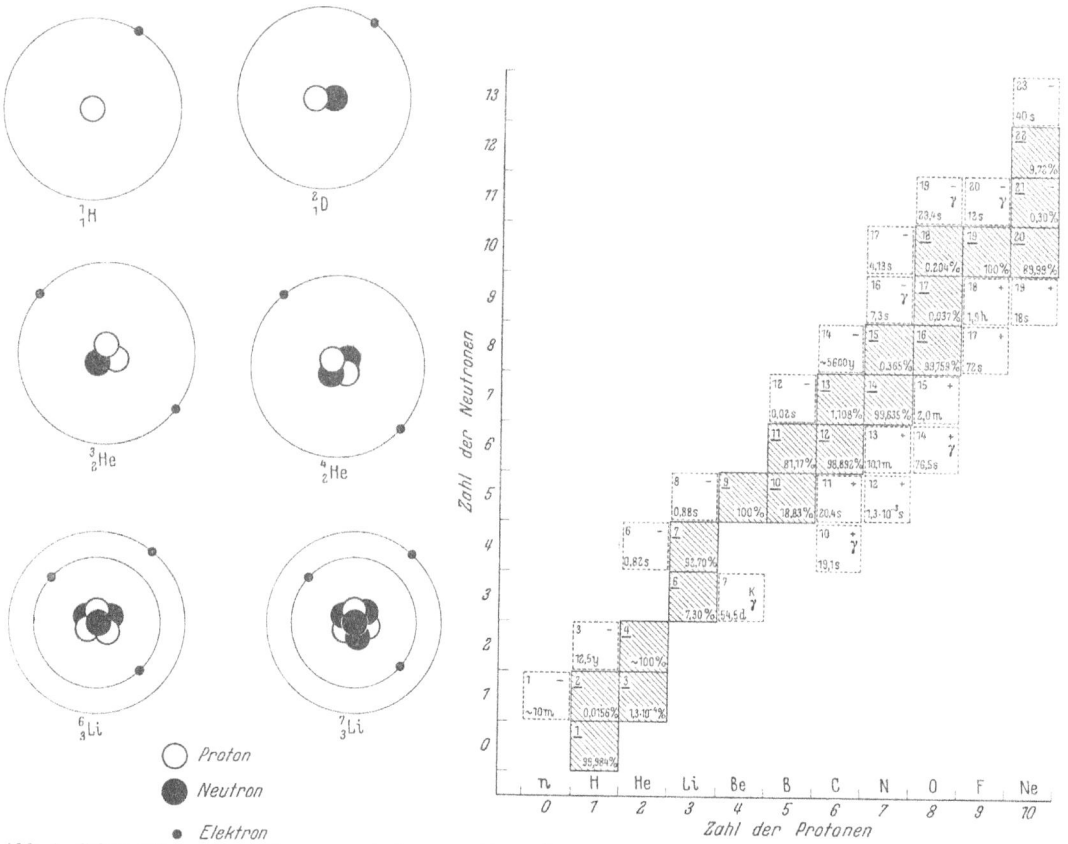

Abb. 1. Schematische Darstellung zum Aufbau eines Atoms und zur Zusammensetzung des Kerns aus Neutronen und Protonen.

Abb. 2. Übersicht über die Isotope leichter Atomkerne (p-n-Darstellung). Fest umrandet = stabile Isotope, gestrichelt umrandet = künstlich radioaktive Isotope (Abkürzungen: s Sekunde, m Minute, h Stunde, d Tage, y Jahre).

Fluor, Aluminium, Phosphor, Kobalt, Wismut u. a. m. Die größere Zahl der Elemente besteht aus mehreren Isotopen; z. B. ist das Element Zink ein Gemisch aus insgesamt 10 Isotopen.

Abb. 2 gibt eine Übersicht über die Isotope der 10 ersten Elemente im periodischen System, geordnet nach Zahl der Protonen und Neutronen (p-n—Darstellung).

### δ) Massenzahl.

Die Gesamtzahl der in einem Kern enthaltenen elementaren Bausteine *(Protonen und Neutronen)* wird die *Massenzahl* des Kerns genannt. Ihrer Definition nach ist sie ganzzahlig. Das *Atomgewicht eines Isotops* ist nicht ganzzahlig, aber nahezu gleich seiner Massenzahl.

### ε) Symbolische Schreibweise für Isotope.

Ein Isotop ist durch die Angabe der Ordnungszahl $Z$ und der Massenzahl $M$ eindeutig charakterisiert. Es ist üblich, diese beiden Größen als Indices zum chemischen Symbol hinzuzufügen. Zum Beispiel

$${}^{1}_{1}H, \quad {}^{2}_{1}D, \quad {}^{3}_{2}He, \quad {}^{4}_{2}He, \quad {}^{6}_{3}Li, \quad {}^{7}_{3}Li, \quad {}^{23}_{11}Na.$$

Der Index links unten gibt die Ordnungszahl und der Index links oben die Massenzahl des betreffenden Isotops an. Allerdings wird diese Bezeichnungsweise in der Literatur nicht einheitlich durchgeführt*.

### ζ) Die Häufigkeit eines Isotops.

Die Häufigkeit eines Isotops im natürlichen Gemisch der Isotope eines Elementes wird meist in Prozenten, bezogen auf die Anzahl der insgesamt in der Mischung vorhandenen Atome, angegeben (atomare Häufigkeit, Atom-%). So beträgt z. B. die atomare Häufigkeit von $^6_3$Li im natürlichen Lithium 7,3% (= 7,3 Atom-%) und diejenige des Isotops $^7_3$Li 92,7% (= 92,7 Atom-%).

### η) Chemische und physikalische Atomgewichtsskala.

Bei der Festlegung der chemischen Atomgewichte wird das mittlere Atomgewicht des natürlichen Gemisches der 3 Sauerstoffisotope (s. Tabelle 1) = 16,0000 gesetzt (chemische Atomgewichtsskala). In der Kernphysik ist es üblich, die Atomgewichte der Isotope auf das Sauerstoffisotop $^{16}$O zu beziehen. Das Atomgewicht des letzteren wird dabei = 16,0000 gesetzt (physikalische Atomgewichtsskala). Das hat zur Folge, daß die physikalischen Atomgewichte 1,000275mal größer sind als die chemischen. Der Unterschied ist nur gering. Der chemischen Skala haftet der Nachteil an, daß sie ein konstantes Mischungsverhältnis der 3 Sauerstoffisotope voraussetzt. Sie ist daher grundsätzlich nicht scharf definiert.

### ϑ) Bindungsenergie eines Atomkerns.

Bei allen Isotopen ist das Gewicht des Atomkerns kleiner als die Summe der Gewichte der im Kern enthaltenen Protonen und Neutronen. Diese Massendifferenz ($= m$) ist nach der EINSTEINschen Beziehung

$$m \cdot c^2 = E$$

($c = 3 \cdot 10^{10}$ cm/sec = Lichtgeschwindigkeit) als die Bindungsenergie ($E$ in Erg) der Kernbestandteile des Isotops anzusehen.

## b) Die natürliche Radioaktivität. Die radioaktiven Familien.

**Die natürliche Radioaktivität** von Uran wurde im Jahre 1896 von BECQUEREL entdeckt. Seit dieser Zeit sind am Ende des periodischen Systems rd. 40 natürlich radioaktive Isotope aufgefunden worden. Die Kerne dieser Isotope zerfallen unter Aussendung von α-Teilchen ($^4_2$He-Kerne) bzw. β-Teilchen (negative Elektronen). Bei der Emission eines α-Teilchens entsteht ein *Folgekern* mit einer um 4 kleineren Massenzahl und einer um 2 kleineren Ordnungszahl. Beim radioaktiven Zerfall unter Aussendung eines β-Teilchens bleibt die Massenzahl konstant, und die Ordnungszahl erhöht sich um den Betrag 1.

**Die radioaktiven Familien.** Da die beim radioaktiven Zerfall der natürlichen Radioisotope entstehenden Folgekerne im allgemeinen selbst wieder radioaktiv sind, entstehen radioaktive Familien (s. Abb. 3). Die Massenzahlen der einzelnen Glieder der Thoriumfamilie lassen sich durch die Formel $4n$, diejenigen der Uranfamilie durch ($4n + 2$), und diejenige der Actiniumfamilie durch ($4n + 3$) wiedergeben, wobei $n$ eine ganze Zahl ist. Nach einer ($4n + 1$)-Familie ist vergeblich gesucht worden. Natürlich radioaktive Vertreter dieser Familie kommen in der Natur nicht vor. In den letzten Jahren sind aber eine große Zahl von *künstlich radioaktiven* Vertretern der ($4n + 1$)-Familie hergestellt worden (Neptuniumfamilie[1, 2]). Diese neue radioaktive Familie endet beim stabilen $^{209}_{83}$Bi.

---

* In einem großen Teil und insbesondere der physikalischen Literatur wird die Schreibweise
$_1$H$^1$, $_1$D$^2$; $_2$He$^3$, $_2$He$^4$, $_{11}$Na$^{23}$ usw.
verwandt. Nach Meinung der Verfasser hat diese Bezeichnungsweise eine Reihe von Vorzügen. Eine internationale Vereinbarung über die Bezifferung von Isotopen steht noch aus.

[1] MATTAUCH, J. u. A. FLAMMERSFELD: Isotopenbericht 1949, S. 202.
[2] HAHN, O.: Künstliche neue Elemente. Weinheim 1948.

598                    Das Arbeiten mit Isotopen: Physikalische Grundlagen.

```
                    β↗ UX₂ ↘β                                                      β↗ RaC' ↘α
                       91                                                              84
                      (234)                                                          (214)
           α        1,14 min↘    α       α        α         α        α      β                ↘β
    UI  →  UX₁                UII   →  Jo  →  Ra  →  Ra Em →  Ra A  →  RaB →  Ra C              RaD →
Z   92     90        ↓γ       92      90     88      86      84       82      83     ca.3·10⁻⁶sec  82
A   238   (234)               (234)  (230)  226     222     218      (214)  (214)            (210)
Tₕ 4,4·10⁹a 24,5d      UZ      3·10⁵a 8,3·10⁴a 1590a 3,825d 3,05 min 28,8min 19,7min ↘RaC''↗β   22a
                       91                                                              81
                      (234)                                                           (210)
                      6,7h                                                           1,32 min
```

```
      β       α      α
   → Ra E → Ra F → Ra G
       88     84     82
      (210)  (210)  206
      5,0 d  140 d  Pb stabil
```

```
                                                                                        β↗ AcC' ↘α
                                                                                            84
                                                                                          (211)
      α      β      α       α        α       α        α           α         β                  ↘β
AcU ↓ UY  →  Pa  →  Ac  → RdAc  →  AcX  →  Ac Em  →  AcA    →   AcB   →    AcC              AcD
 92    90    91     89    (227)    (223)   (219)     (215)      (211)      (211)  ca.5·10⁻³sec (207)
 235   231  231    (227)                                                          α↘AcC''↗β   Pb stabil
 4·10⁸a 24,6h 3,2·10⁴a 13,5a 18,9d 11,4d  3,92 sec  2,0·10⁻³sec  36,0 min  2,16 min     81
                                                                                       (207)
                                                                                      4,76 min
```

```
                                                                                      β↗ ZHC' ↘α
                                                                                           84
                                                                                         (212)
    α       β        β         α         α         α         α          α        β              ↘β
 Th → Ms Th₁ → Ms Th₂ →  Rd Th  →  Th X  →  Th Em  →  Th A   →  Th B  → Th C             Th D
 90     88      89        90       88       86        84         82     83    ca.10⁻⁹sec  82
 232   (228)   (228)     (228)    (224)    (220)     (216)      (212) (212)                208
1,5·10¹⁰a 6,7a 6,13h    1,90a    3,64d   54,5sec    0,14 sec   10,6h  60,5min  ↘ThC''↗β   Pb stabil
                                                                                    81
                                                                                   (208)
                                                                                   3,1 min
```

Abb. 3. Die natürlich radioaktiven Familien[1].

## c) Kernumwandlungen. Herstellung künstlich radioaktiver Isotope.

### α) Die erste künstliche Kernumwandlung.

Die erste künstliche Atomumwandlung gelang RUTHERFORD im Jahre 1919 bei der Beschießung von Stickstoff mit den α-Teilchen eines radioaktiven Präparates. Abb. 4 gibt eine Nebelkammeraufnahme einer solchen Umwandlung wieder. Die hellen Bahnen rühren von α-Teilchen her, welche von einem radioaktiven Präparat (im Bilde unten) ausgesandt werden. An der durch einen weißen Pfeil gekennzeichneten Stelle hat ein Zusammenstoß zwischen einem α-Teilchen und einem Stickstoffkern der Gasfüllung der WILSONschen Nebelkammer stattgefunden. Der Stickstoffkern ist dabei in einen Sauerstoffkern umgewandelt worden. Die von der Stelle des Pfeils nach links unten verlaufende Bahn entspricht dem bei der Kernumwandlung ausgesandten Proton, und die kurze, nach oben verlaufende, relativ dichte Bahnspur rührt von dem entstandenen neuen Kern $^{17}_{8}O$ her. Diese Kernumwandlung läßt sich in folgender Form schreiben

$$^{14}_{7}N + ^{4}_{2}He \rightarrow ^{17}_{8}O + ^{1}_{1}H$$
$$\text{α-Teilchen (α)} \qquad \text{Proton (p).}$$

Wie es sein muß, bleibt hierbei die Summe der Kernladungen und der Massenzahlen erhalten. Der entstehende $^{17}_{8}O$-Kern kommt in der Natur als stabiler Sauerstoffkern vor (s. Abb. 2).

Nach einem Vorschlag von BOTHE und FLEISCHMANN wird obige Reaktionsgleichung in folgender abgekürzter Weise geschrieben

$$^{14}_{7}N \, (\alpha, p) \, ^{17}_{8}O \, .$$

Die Klammer enthält an erster Stelle das stoßende Teilchen (hier ein α-Teilchen) und hinter dem Komma das ausgesandte Teilchen (hier ein Proton). Bei Umwandlungen, bei welchen neben dem neuen Kern *mehrere* Teilchen entstehen, werden diese hinter dem Komma in der Klammer angegeben. So bedeutet z. B. (n, 2n) bzw. (n, np) eine Umwandlung, welche durch Neutronen ausgelöst wird und bei welcher neben dem Folgekern 2 Neutronen bzw. 1 Neutron und 1 Proton ausgesandt werden.

---
[1] BECHERT, K., u. C. GERTHSEN: Atomphysik. I. Berlin 1938.

Die Wahrscheinlichkeit für das Eintreten einer Kernumwandlung ist im allgemeinen sehr klein. Von etwa $10^5$ α-Teilchen, welche in die Nebelkammer eintreten, erzeugt im Mittel nur eines eine Stickstoffumwandlung wie in Abb. 4.

### β) Entdeckung der künstlichen Radioaktivität.

Im Jahre 1934 fanden JOLIOT und CURIE[1], daß bei der Beschießung einiger leichter Elemente mit energiereichen α-Teilchen neue Kerne entstehen, welche in der Natur nicht vorkommen. Bei der Beschießung von Bor mit α-Teilchen wurde folgende Umwandlung beobachtet

$$^{10}_{5}B\,(\alpha, n)\,^{13}_{7}N\,.$$

In der Natur sind nur die stabilen Stickstoffisotope $^{14}_{7}N$ und $^{15}_{7}N$ gefunden worden. Der bei der Beschießung von Bor entstehende $^{13}_{7}N$-Kern ist nicht stabil, sondern zerfällt unter Aussendung von positiven Elektronen (Positronen). Dieser *künstlich radioaktive Zerfall* gleicht in allem dem Zerfall der natürlich radioaktiven Isotope. Seit der Entdeckung dieser künstlichen Radioaktivität sind von fast allen Elementen zum Teil mehrere, *künstlich radioaktive Isotope* gefunden worden.

### γ) Künstliche Beschleunigung von Kerngeschossen.

Anfänglich standen als Kerngeschosse nur α-Teilchen von natürlich radioaktiven Isotopen zur Verfügung. Im Jahre 1932 gelangen

Abb. 4. Nebelkammeraufnahme einer künstlichen Kernumwandlung eines Stickstoffkernes durch α-Teilchen.

COCKROFT und WALTON die ersten Kernumwandlungen mit künstlich beschleunigten Protonen.

COCKROFT und WALTON beschleunigten Wasserstoffionen in einem Kanalstrahlrohr mit einer Spannung von mehreren 100 000 Volt. Bei der Beschießung von Lithium mit den so erhaltenen schnellen Protonen wird der Lithiumkern nach folgender Reaktionsgleichung umgewandelt

$$^{7}_{3}Li\,(p, \alpha)\,^{4}_{2}He\,.$$

Seit dieser Zeit sind eine Reihe von Hochspannungsgeneratoren wie der VAN DE GRAAFF-Generator, der Kaskadengenerator, der Stoßgenerator, entwickelt worden. Mit solchen Anlagen können heute Spannungen bis etwa 5 000 000 Volt erzeugt werden. Sie dienen zur Beschleunigung von Ionen in Kanalstrahlrohren, wobei Kerngeschosse bis zu einer Energie von 5 MeV entstehen.

Bei einer anderen Art von Anlagen zur Erzeugung von Kerngeschossen werden Ionen leichter Elemente mit einer verhältnismäßig kleinen Spannung mehrmals beschleunigt (Vielfachbeschleuniger). Hierher gehören das Cyclotron und seine Weiterentwicklungen, das Synchrocyclotron, das Betatron und das Synchrotron, sowie der Linearbeschleuniger. Das

---

[1] CURIE, J., et F. JOLIOT: Cr. **189**, 257 (1934).

Tabelle 1. *Radioaktive Isotope, die aus Harwell (England) bezogen werden können. Eigenschaften und spezifische Aktivität.*
(Nach Katalog Nr. 2 von Harwell[1], Nuclear Data[2] und MEYER-SCHÜTZMEISTER[3]).

| Art des chemischen Elementes | Symbol des radioaktiven Isotops | Halbwertszeit T | Strahlenart | $\beta$-Energie in MeV $E_{max}$ | $\beta$-Energie in MeV $E_{mittel}$ | $\gamma$-Energie in MeV | Gewicht je mC in $10^{-9}$ g | Umwandlungsprozeß | Bestrahlte Substanz | Zusätzlich entstehende radioaktive Isotope | Spezifische Aktivität in mC/g 1 Woche | Spezifische Aktivität in mC/g 4 Wochen | Spezifische Aktivität in mC/g Sättigung | Bestrahlungseinheit in g |
|---|---|---|---|---|---|---|---|---|---|---|---|---|---|---|
| Antimon | $^{122}_{51}$Sb | 2,8 d | $\beta^-, \gamma$ | 1,94; 1,36 | — | 0,568 | 2,6 | (n, $\gamma$) | Sb | $^{124}$Sb | 37 | — | 51 | 2 |
|  | $^{124}_{51}$Sb | 60 d | $\beta^-, \gamma$ | 2,37 (21); 1,62 (8); 1,00 (9); 0,65 (44); 0,48 (18) | — | 1,708; 0,732; 0,654; 0,608; 2,04 (schwach) | 57 | (n, $\gamma$) | Sb | $^{122}$Sb | 0,8 | 3 | 15 | 2 |
|  | $^{125}_{51}$Sb | 2,7 y | $\beta^-, \gamma$ | 0,616 (18); 0,299 (49); 0,128 (33) | — | 0,646 usw. 7 $\gamma$'s | 940 | $^{124}$Sn (n, $\gamma$) $^{125}$Sn $\rightarrow$ $^{125}$Sb $\beta^-$ | Sn | 113, 121Sn 123, 125 | 0,006 | 0,023 | 6,52 | 20 |
| Arsen | $^{76}_{33}$As | 26,8 h | $\beta^-, \gamma$ | 3,04 (60); 2,49 (25); 1,29 (15) | 1,18 | 1,75; 1,2; 0,55 | 0,655 | (n, $\gamma$) | $As_2O_3$ | — | 90 | — | 90 | 2 |
|  | $^{77}_{33}$As | 40 h | $\beta^-$ | 0,8 | 0,24 | — | 0,98 | $^{76}$Ge (n, $\gamma$) $^{77}$Ge $\rightarrow$ $^{77}$As $\beta^-$ | $GeO_2$ | 71, 77Ge | 0,120 | — | 0,120 | 3 |
| Barium | $^{131}_{56}$Ba | 12 d | $\varkappa, \gamma$ | — | — | 1,2 (schwach); 0,5; 0,26 | 12,1 | (n, $\gamma$) | $Ba(NO_3)_2$ | $^{131}$Cs | 0,008 | 0,030 | 0,032 | 50 |
| Brom | $^{82}_{35}$Br | 34 h | $\beta^-, \gamma$ | 0,465 | — | 1,321; 1,036; 0,769; 0,652; 0,61; 0,55 | 0,95 | (n, $\gamma$) | $NH_4Br$ | $^{80}$Br | 22 | — | 22 | 5—7 |
| Cadmium | $^{115}_{48}$Cd | 56 h; 43 d | $\beta^-, \gamma$ | 1,13; 0,6; 1,7 | — | 0,5 | — | (n, $\gamma$) | Cd | $^{109}$Cd | 3,1; 0,042 | 4,3; 0,15 | 4,3; 0,57 | 0,5 |
| Caesium | $^{131}_{55}$Cs | 9,6 d | $\varkappa$ | — | — | (0,145) | 9,7 | $^{130}$Ba (n, $\gamma$) $^{131}$Ba $\rightarrow$ $^{131}$Cs $\varkappa$ | $Ba(NO_3)_2$ | $^{131}$Ba | 0,010 | — | 0,021 | 50 |
|  | $^{134}_{55}$Cs | 1,7 y | $\beta^-, \gamma$ | 0,658 (75); 0,09 (25) | 0,16 | 1,35 (schwach); 0,794; 0,602; 0,568 | 635 | (n, $\gamma$) | $Cs_2CO_3$ | — | 1,4 | 5,6 | 290 | 2 |
| Calcium | $^{45}_{20}$Ca | 152 d | $\beta^-$ | 0,254 | 0,09 | — | 62 | (n, $\gamma$) | $CaCO_3$ | — | 0,0098 | 0,033 | 0,480 | 18 |

[1] Isotopic Division, Harwell, Berks., England, Katalog Nr. 3. 1950.
[2] Nuclear Data. National Bureau of Standards Nr. 499. Washington 1950.
[3] MEYER-SCHÜTZMEISTER, L.: Naturwiss. **37**, 501 (1950).

Kernumwandlungen. Herstellung künstlich radioaktiver Isotope.

| Element | Isotop | Halbwertszeit | Strahlung | Energien (MeV) | | γ-Energien | Wirkungsquerschnitt | Reaktion | Ausgangsmaterial | Verunreinigungen | | | | |
|---|---|---|---|---|---|---|---|---|---|---|---|---|---|---|
| Cer | $^{141}_{58}$Ce | 30 d | $\beta^-, \gamma$ | 0,56; 0,41 | — | 0,21 | 33 | (n, γ) | CeO$_2$ | $^{143}$Ce, $^{143}$Pr | 1,2 | 4,5 | 12 | 2 |
| Chrom | $^{51}_{24}$Cr | 26,5 d | $\varkappa, \gamma$ | — | 0,0054 | 0,323; 0,267; 0,237 | 10,4 | (n, γ) | Cr | — | 2,2 | 6,8 | 16 | 5 |
| Eisen | $^{55}_{26}$Fe | 5,0 y | $\varkappa$ | — | 0,0064 | — | 633 | (n, γ) | Fe$_2$O$_3$ | $^{59}$Fe | 0,009 | 0,034 | 1,46 | 20 |
| | $^{59}_{26}$Fe | 47 d | $\beta^-, \gamma$ | 0,46 (50); 0,26 (50) | 0,12 | 1,3; 1,1 | 21,3 | (n, γ) | Fe$_2$O$_3$ | $^{55}$Fe | 0,002 | 0,0072 | 0,028 | 20 |
| Europium | $^{152}_{63}$Eu | 5,3 y; 9,2 h | $\beta^-, \gamma$ | 0,9; 0,751; 1,88 | — | 1,23 usw.; 0,725; 0,163; 0,123 | — | (n, γ) | Eu$_2$O$_3$ | $^{154}$Eu | 7400 | — | 7400 | 0,25 |
| Gallium | $^{154}_{63}$Eu | 5,4 y | $\beta^-, \gamma$ | (1,6) | — | 1,4 usw. | 2300 | (n, γ) | Eu$_2$O$_3$ | $^{152}$Eu | 9,7 | 38 | 5500 | 0,25 |
| | $^{72}_{31}$Ga | 14,1 h | $\beta^-, \gamma$ | 3,17; 2,57; 1,74; 1,45; 1,0; 0,74 | 0,46 | 2,5; 2,18; 1,81; 0,835; 0,691; 0,631; (1,05; 1,3; 1,47; 1,57) | 0,32 | (n, γ) | Ga(NO$_3$)$_3$ | — | 30 | — | 30 | 0,5 |
| Germanium | $^{71}_{32}$Ge | 11,4 d | $\varkappa$ | — | — | 0,56 | 6,2 | (n, γ) | GeO$_2$ | $^{77}$Ge, $^{77}$As | 0,6 | 1,6 | 2,2 | 3 |
| Gold | $^{198}_{79}$Au | 2,69 d | $\beta^-, \gamma$ | 0,96 | 0,34 | 0,411 | 4,1 | (n, γ) | Au | — | 610 | — | 780 | 0,1 |
| Hafnium | $^{181}_{72}$Hf | 46 d | $\beta^-, \gamma$ | 0,405 | 0,2 | 0,471; 0,337; 0,134; 0,13 | 64 | (n, γ) | Hf$_2$O$_3$ | — | 2,3 | 8,5 | 32 | 2 |
| Holmium | $^{166}_{67}$Ho | 27 h | $\beta^-, \gamma$ | 1,64 | — | 0,92; 0,081 | 1,43 | (n, γ) | Ho$_2$O$_3$ | — | 600 | — | 600 | 0,2 |
| Indium | $^{114}_{49}$In | 48 d | $\gamma$ | — | — | 0,192; 0,552; 0,722; 1,27 | 44 | (n, γ) | In | — | 2,4 | 9 | 36 | 0,5 |
| Jod | $^{131}_{53}$J | 8,0 d | $\beta^-, \gamma$ | 0,605 (86); 0,25; 2,8; 0,335 (9) | 0,17 | 0,637; 0,363; 0,282; 0,08 | 8,1 | $^{130}$Te (n, γ) $^{131}$Te $\to ^{131}$J $\beta^-$ | Ir | $^{191}$Ir | erhältlich 1—250 mC | | | 1 |
| Iridium | $^{192}_{77}$Ir | 70 d | $\beta^-, \gamma$ | 0,66 | — | 0,19 bis 0,615; 11 γ's | — | (n, γ) | Ir | $^{191}$Ir | 160 | 600 | 3400 | 1 |
| Kalium | $^{42}_{19}$K | 12,4 h | $\beta^-, \gamma$ | 3,58 (75); 2,07 (25) | 1,40 | 1,51 | 0,167 | (n, γ) | K$_2$CO$_3$ KCl | $^{36}$Cl, $^{35}$S von KCl | 2,7 | — | 2,7 | 10 |
| Kobalt | $^{60}_{27}$Co | 5,3 y | $\beta^-, \gamma$ | 0,308 | 0,099 | 1,17; 1,33 | 895 | (n, γ) | Co | — | 1,45 | 5,8 | 830 | 2 |
| Kohlenstoff | $^{14}_{6}$C | 5570 | $\beta^-$ | 0,155 | 0,05 | — | 180000 | $^{14}$N (n, p) $^{14}$C | KNO$_3$ | $^{12}$K | — | — | — | — |
| Kupfer | $^{64}_{29}$Cu | 12,8 h | $\beta^-, \beta^+, \varkappa$ | $\beta^-$: 0,571; $\beta^+$: 0,657 | 0,12 | 1,2 (schwach) | 0,26 | (n, γ) | Cu | — | 50 | — | 50 | 2 |

Tabelle 1. (Fortsetzung.)

| Art des chemischen Elementes | Symbol des radioaktiven Isotops | Halbwertszeit T | Strahlenart | β-Energie in MeV $E_{max}$ | β-Energie in MeV $E_{mittel}$ | γ-Energie in MeV | Gewicht je mC in $10^{-9}$ g | Umwandlungsprozeß | Bestrahlte Substanz | Zusätzlich entstehende radioaktive Isotope | Spezifische Aktivität in mC/g 1 Woche | 4 Wochen | Sättigung | Bestrahlungseinheit in g |
|---|---|---|---|---|---|---|---|---|---|---|---|---|---|---|
| Lanthan | $^{140}_{57}La$ | 40 h | $β^-, γ$ | 2,26 (10); 1,67 (20); 1,32 (70) | — | 2,5 (sehr schwach); 1,62; 0,82; 0,49; 0,34; 0,093 | — | (n, γ) | $La_2O_3$ | — | 100 | — | 100 | 0,5 |
| Mangan | $^{56}_{25}Mn$ | 2,6 h | $β^-, γ$ | 2,81 (50); 1,04 (30); 0,75 (20) | 0,77 | 2,06; 1,18; 0,822 | 0,046 | (n, γ) | Mn | — | 320 | — | 320 | 2 |
| Molybdän | $^{99}_{42}Mo$ | 68 h | $β^-, γ$ | 1,3 | 0,54 | 0,75 | — | (n, γ) | $MoO_3$ | $^{36}Cl, ^{35}S$ v. NaCl | 1,7 | — | 1,7 | 8 |
| Natrium | $^{24}_{11}Na$ | 14,9 h | $β^-, γ$ | 1,39 | | 2,76; 1,39 | 0,113 | (n, γ) | $Na_2CO_3$, NaCl | | 32 | — | 32 | 10 |
| Osmium | $^{191}_{76}Os$ | 16 d | $β^-, γ$ | 0,143 | — | 0,0417; 0,129 | — | (n, γ) | Os | $^{193}Os$ | 5,6 | — | 5,6 | 2 |
|  | $^{193}_{76}Os$ | 30 h | $β^-, γ$ | 1,10 | | 0,066 | — | (n, γ) | Os | $^{191}Os$ | 3,3 | — | 18,5 | 2 |
| Palladium | $^{109}_{46}Pd$ | 13 h | $β^-$ | 0,95 | 0,35 | — | 0,45 | (n, γ) | Pd | $^{103}Pd$, $^{111}Ag$ | 44 | 10 | 44 | 2 |
| Phosphor | $^{32}_{15}P$ | 14,3 d | $β^-$ | 1,70 | 0,685 | — | 3,6 | (n, γ) | roter Ph. | — | 2,6 | 7,5 | 12 | 25 |
|  | $^{32}_{15}P$ | trägerfrei | | | | | | $^{32}S$ (n, p) $^{32}P$ | S | $^{35}S$ | 0,062 | 0,180 | 0,300 | 20 |
| Platin | $^{197}_{78}Pt$ | 18 h | $β^-$ | 0,65 | — | — | 1,14 | (n, γ) | Pt | $^{193, 199}Pt$, $^{199}Au$ | 2,5 | — | 2,5 | 0,5 |
| Polonium | $^{210}_{84}Po$ | 138 d | $α, γ$ | α: 5,298 | — | 0,8 (schwach) | — | $^{209}Bi$ (n, γ) $^{210}Bi$ (RaE) $\xrightarrow{β^-}$ $^{210}Po$ | $Bi_2O_3$ | $^{210}Bi$ | 0,003 | 0,012 | 0,118 | 80 |
| Praseodym | $^{142}_{59}Pr$ | 19,3 h | $β^-, γ$ | 2,52; 0,35 | 0,82 | 1,53; ~0,7 | — | (n, γ) | $Pr(NO_3)_3$ | — | 120 | — | 120 | 3 |
|  | $^{143}_{59}Pr$ | 13,8 d | | 0,93 | — | | — | $^{142}Ce$ (n, γ) $^{143}Ce \xrightarrow{β^-}$ $^{143}Pr$ | $CeO_2$ | $^{143}Ce$ | 0,23 | 0,66 | 1,05 | 2 |
| Quecksilber | $^{203}_{80}Hg$ | 47,9 d | $β^-, γ$ | 0,208 | 0,11 | 0,279 | 68 | (n, γ) | HgO, Hg | $^{197}Hg$ | 0,440 | 1,6 | 5,8 | 2 |
| Rhenium | $^{186}_{75}Re$ | 91 h | $β^-, γ$ | 1,073 | 0,38 | 0,212; 0,138 | — | (n, γ) | Re | $^{188}Re$ | 200 | 330 | 330 | 0,2 |
| Rhodium | $^{188}_{75}Re$ | 18 h | $β^-, γ$ | 215; 0,97 | — | 0,16—1,43 | — | (n, γ) | Re | $^{186}Re$ | 410 | — | 410 | 0,2 |
|  | $^{105}_{45}Rh$ | 36 h | $β^-, γ$ | 0,78 | 0,26 | 0,33 | — | $^{104}Ru$ (n, γ) $^{105}Ru \xrightarrow{β^-} ^{105}Rh$ | RuO | $^{97, 103}Ru$ | 1,92 | — | 1,92 | 10 |
| Rubidium | $^{86}_{37}Rb$ | 19,5 d | $β^-, γ$ | 1,822 (80); 0,716 (20) | 0,63 | 1,081 | — | (n, γ) | RbCl | $^{105}, ^{97}Te$ | 1,6 | 5,1 | 10 | 10 |

## Kernumwandlungen. Herstellung künstlich radioaktiver Isotope.

| Element | Isotop | Halbwertszeit | Strahlung | $E_\beta$ | $E_\gamma$ | σ | Reaktion | Ausgangsmaterial | Nebenisotope | | | |
|---|---|---|---|---|---|---|---|---|---|---|---|---|
| Ruthenium | $^{97}_{44}$Ru | 2,8 d | $\alpha, \gamma$ | — | 0,22 | — | $(n, \gamma)$ | Ru | $^{103, 105}$Ru, $^{105}$Rh, $^{97}$Tc | 0,0097 | — | 0,0097 | 10 |
| | $^{103}_{44}$Ru | 42 d | $\beta^-, \gamma$ | 0,217 (99); 0,698 (1) | 0,52 | — | $(n, \gamma)$ | Ru | $^{97, 105}$Ru, $^{105}$Rh, $^{97}$Tc | 0,480 | 1,7 | 6,2 | 10 |
| | $^{105}_{44}$Ru | 4 h | $\beta^-, \gamma$ | 1,15 | 0,726 | — | $(n, \gamma)$ | Ru | $^{97, 103}$Ru, $^{105}$Rh, $^{97}$Tc | 1,9 | — | 1,9 | 10 |
| Samarium | $^{153}_{62}$Sm | 50 h | $\beta^-, \gamma$ | 0,78 | 0,102 | 30 | $(n, \gamma)$ | $Sm_2O_3$ | — | 330 | — | 400 | 0,05 |
| Scandium | $^{46}_{21}$Sc | 85 d | $\beta^-, \gamma$ | 0,13 | 0,89; 1,12; 0,36 (98) 0,98 | | $(n, \gamma)$ | $Sc_2O_3$ | $^{45}$Ca | 34 | 128 | 810 | 0,5 |
| Schwefel | $^{35}_{16}$S | 87,1 d | $\beta^-$ trägerfrei | 0,053 | — | 24 | $(n, \gamma)$ $^{35}$Cl $(n, p)$ $^{35}$S | S KCl | $^{32}$P | 0,022 | 0,080 1–10 mC | 0,540 | 20 |
| Selen | $^{75}_{34}$S | 125 d | $\alpha, \gamma$ | — | 0,076–0,405 | — | $(n, \gamma)$ | Se | — | 0,130 | 0,500 | 4,9 | 5 |
| Silber | $^{110}_{47}$Ag | 225 d | $\beta^-, \gamma$ | 2,9 (5); 0,57; 0,19; 0,09 | 1,48; 0,9; 0,66 usw. | 190 | $(n, \gamma)$ | Ag | — | 0,220 | 0,870 | 17 | 5 |
| | $^{111}_{47}$Ag | 7,5 d | $\beta^-$ | 1,0; 0,24 | — | 6,4 | $^{110}$Pd $(n, \gamma)$ $^{111}$Pd→$^{111}$Ag $\beta^-$ | Pd | $^{103, 109}$Pd | 0,209 | 0,660 | 0,800 | 2 |
| Silicium | $^{31}_{14}$S | 2,85 h | $\beta^-$ | 1,65; 0,67 | 1,13; 1,22 (Komplex) | 0,028 | $(n, \gamma)$ | $SiO_2$ | — | 0,260 | — | 0,260 | 6 |
| Strontium | $^{89}_{38}$S | 53 h | $\beta^-, \beta^-$ | 1,46 | | 38 | $(n, \gamma)$ | $SrCO_3$ | — | 0,0049 | 0,017 | 0,078 | 30 |
| Tantal | $^{182}_{73}$Ta | 120 d | $\beta^-, \gamma$ | 0,5 | 0,097 | — | $(n, \gamma)$ | Ta, $TaO_2$ | — | 5,2 | 20 | 190 | 2 |
| Technetium | $^{97}$Tc | 93 d | $\alpha, \gamma$ | $\alpha$ | | — | $^{96}$Ru $(n, \gamma)$ $^{97}$Ru→$^{97}$Tc $\varkappa$ | $RuO_2$ | $^{105}$Rh, $^{97, 103}$Ru, $^{105}$Ru | 0,00037 | 0,0014 | 0,0099 | 10 |
| Tellur | $^{127}$Te | 90 d; 9,3 h | $e^-, \beta^-, \gamma$ | $e^-$: 0,7 | 0,0855; | 18 | $(n, \gamma)$ | Te | $^{129, 131}$Te, $^{131}$J | 0,0068 | 0,025 | 0,180 | 20 |
| Thallium | $^{204}_{81}$Tl | 2,7 y | $\beta^-$ | 0,775 | — | 124 | $(n, \gamma)$ | $TiNO_3$ | — | 0,064 | 0,260 | 18 | 20 |
| Wismut | $^{210}_{83}$Bi (RaE) | 5 d | $\beta, \beta^-$ | $\beta^-$: 1,17 | — | — | $(n, \gamma)$ | $Bi_2O_3$ | $^{210}$Po | 0,055 | 0,110 | 0,120 | 80 |
| Wolfram | $^{185}_{74}$W | 76 d | $\beta^-, \gamma$ | 0,428 | 0,1337 | — | $(n, \gamma)$ | $WO_3$, W | $^{187}$W | 0,270 | 1 | 5,7 | 5 |
| | $^{187}_{74}$W | 24,1 h | $\beta^-, \gamma$ | 1,33 (30); 0,63 (70) | 0,696; 0,618; 0,48; 0,078 | — | $(n, \gamma)$ | $WO_3$, W | $^{185}$W | 90 | — | 90 | 5 |
| Yttrium | $^{90}_{39}$Y | 62 h | $\beta^-$ | 2,2 | 1,118 | — | $(n, \gamma)$ | $Y_2O_3$ | $^{89}$Sr | 21 | — | 23 | 5 |
| Zink | $^{65}_{30}$Zn | 250 d | $\beta^+, \varkappa, \gamma$ | $\varkappa$ | | — | $(n, \gamma)$ | Zn | $^{69}$Zn | 0,092 | 0,360 | 6,8 | 15 |
| | $^{69}_{30}$Zn | 13,8 h, 59 m | $\gamma, \beta^-$ | $\beta$: 0,32 (1) $\beta$: 0,86 | 0,44; — | — | $(n, \gamma)$ | Zn | $^{65}$Zn | 1,3 | — | 1,3 | 15 |
| Zinn | $^{113}_{50}$Sn | 105 d | $\varkappa, \gamma$ | $\varkappa$ | 0,085 | — | $(n, \gamma)$ | Sn | $^{121, 123}$Sn, $^{125}$Sn, $^{125}$Sb | 0,0055 | 0,020 | 0,164 | 20 |
| Zirkonium | $^{95}_{40}$Zr | 65 d | $\beta^-, \gamma$ | 0,887 (2); 0,39 (98) | 0,91; 0,7 | — | $(n, \gamma)$ | $ZrO_2$ | — | 0,061 | 0,220 | 1,3 | 10 |

Cyclotron dient der Beschleunigung von schweren Teilchen wie Wasserstoff-, Deuterium- und Heliumionen, während das Betatron, das Synchrotron und der Linearbeschleuniger zur Herstellung energiereicher Elektronen verwandt werden.

### δ) Das Cyclotron.

Da das Cyclotron für die Herstellung bestimmter radioaktiver Isotope auch heute noch unentbehrlich ist, soll auf seine Wirkungsweise kurz eingegangen werden. Abb. 5 gibt in schematischer Weise einen Schnitt durch die Beschleunigungskammer des Cyclotrons wieder. Die vakuumdichte, auf $10^{-5}$ mm Hg ausgepumpte Beschleunigungskammer befindet sich zwischen den Polen eines Elektromagneten. Die magnetische Feldstärke verläuft senkrecht zur Zeichenebene. In der Kammer sind, elektrisch isoliert, die beiden Hälften einer Art flacher Dose im Abstand von rd. 2 cm montiert ($D_1$ und $D_2$). Die beiden Elektroden sind mit den Polen eines Hochfrequenzgenerators verbunden. In der Mitte der Kammer, im Spalt zwischen den Elektroden (Punkt $O$ in Abb. 5) befindet sich eine Ionenquelle ($O$). Die hier gebildeten Ionen werden von dem elektrischen Feld zwischen den beiden Elektroden beschleunigt und beschreiben im Innern der beiden Dosenhälften unter dem Einfluß des magnetischen Feldes angenäherte Kreisbahnen. Bei gegebener magnetischer Feldstärke wird die Frequenz der an den Elektroden $D_1$ und $D_2$ liegenden Hochspannung (70000—100000 V) so gewählt, daß immer dann eine Beschleunigung der Ionen erfolgt, wenn diese den Spalt zwischen $D_1$ und $D_2$ passieren (Resonanzfrequenz, Resonanzbeschleunigung). Die Ionen laufen auf langsam größer werdenden Spiralbahnen in der Kammer mehrere 100mal um. Bei 200 Umläufen und einer Spannung von 70000—100000 V zwischen $D_1$ und $D_2$ wird auf die umlaufenden Ionen dann insgesamt eine Energie über 10 Mill. eV übertragen.

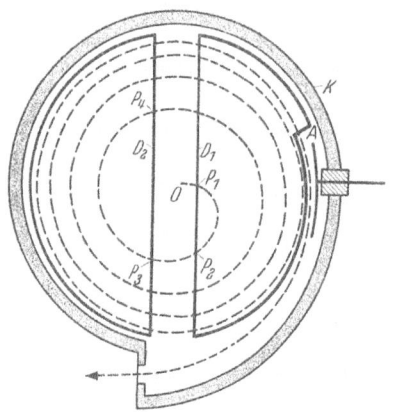

Abb. 5. Aufsicht auf die Beschleunigungskammer eines Cyclotrons (schematisch). $O$ Ionenquelle; gestrichelte Linie ---- Bahn des beschleunigten Ions; $A$ Ablenkplatte; $K$ Kammerwand.

### ε) Kernumwandlungen als Neutronenquellen.

Das Neutron ist bei der Beschießung von Beryllium mit α-Teilchen entdeckt worden. Die Reaktionsgleichung dieser Kernumwandlung lautet

$${}^9_4\text{Be}\,(\alpha, n)\,{}^{12}_6\text{C}.$$

Die ersten Neutronenquellen bestanden aus Röhrchen mit Be-Pulver und Radium bzw. Radiumemanation. Heute kennt man eine Reihe von künstlichen Kernumwandlungen mit großer Ausbeute an Neutronen, so z. B.

$${}^2_1\text{D}\,(d, n)\,{}^3_2\text{He};\quad {}^7_3\text{Li}\,(d, n)\,2\,{}^4_2\text{He};\quad {}^9_4\text{Be}\,(d, n)\,{}^{10}_5\text{B}\;\;\text{u. a. m.}$$

Mit einem großen Cyclotron kann man über diese Kernreaktionen so viele Neutronen erzeugen, wie man bei der Mischung von mehreren 100 kg Radium mit Berylliumpulver erhalten würde [= mehrere 100 kg (Ra + Be-)Äquivalent]. Die stärksten, heute verfügbaren Neutronenquellen sind die Uranmeiler (pile, reactor). Ihre Neutronenintensität ist um mehrere Zehnerpotenzen größer als diejenige, welche mit einem großen Cyclotron erhalten werden kann.

Käufliche Neutronenquellen[1] bestehen aus Mischungen von Ra bzw. RaEm oder Po mit Be-Pulver. Neutronenquellen aus Po + Be-Pulver sind vollständig frei von γ-Strahlung. Starke und relativ billige Neutronenquellen können durch Mischung von Be-Pulver mit dem künstlich radioaktiven Isotop $^{124}$Sb (HZ = 60 Tage) hergestellt werden. Hierbei werden durch die energiereichen γ-Quanten des $^{124}$Sb vom Be-Kern Neutronen abgespalten [Kernphotoeffekt, (γ, n)-Reaktion s. S. 605].

---

[1] Isotopic Division, Harwell, Berks., England, Katalog-Nr. 3. 1954.

### ζ) Typen von Kernumwandlungen.

Als künstliche Kerngeschosse stehen heute Protonen, Deuteronen, Heliumionen (und schwerere Ionen wie $_6C^{6+}$ und $_8O^{8+}$) sowie Neutronen und energiereiche $\gamma$-Quanten (Erzeugung mit Betatron oder Synchrotron als Röntgenröhre) zur Verfügung.

Tabelle 2. *Zusammenstellung verschiedener Typen von Kernumwandlungen.*

a) Umwandlungen ausgehend vom stabilem $^{31}_{15}P$

$^{31}_{15}P\ (\alpha, p)\ ^{34}_{16}S$ stabil
$^{31}_{15}P\ (\alpha, n)\ ^{34}_{17}Cl$ (HZ = 32 min)
$^{31}_{15}P\ (p, n)\ ^{31}_{16}S$ (HZ = 3,2 sec)
$^{31}_{15}P\ (p, \gamma)\ ^{32}_{16}S$ stabil
$^{31}_{15}P\ (d, p)\ ^{32}_{15}P$ (HZ = 14,3 Tage)
$^{31}_{15}P\ (n, \gamma)\ ^{32}_{15}P$ (HZ = 14,3 Tage)
$^{31}_{15}P\ (n, \alpha)\ ^{28}_{13}Al$ (HZ = 2,4 min)
$^{31}_{15}P\ (n, p)\ ^{31}_{14}Si$ (HZ = 2,5 Std)
$^{31}_{15}P\ (n, 2n)\ ^{30}_{15}P$ (HZ = 2 min)
$^{31}_{15}P\ (\gamma, n)\ ^{30}_{15}P$ (HZ = 2 min)

b) Umwandlungen mit Entstehung von künstlich radioaktivem $^{32}_{15}P$ (HZ = 14,3 Tage)

$^{29}_{14}Si\ (\alpha, p)\ ^{32}_{15}P$ (HZ = 14,3 Tage)
$^{34}_{16}S\ (d, \alpha)\ ^{32}_{15}P$ (HZ = 14,3 Tage)
$^{31}_{15}P\ (d, p)\ ^{32}_{15}P$ (HZ = 14,3 Tage)
$^{31}_{15}P\ (n, \gamma)\ ^{32}_{15}P$ (HZ = 14,3 Tage)
$^{35}_{17}Cl\ (n, \alpha)\ ^{32}_{15}P$ (HZ = 14,3 Tage)
$^{32}_{16}S\ (n, p)\ ^{32}_{15}P$ (HZ = 14,3 Tage)

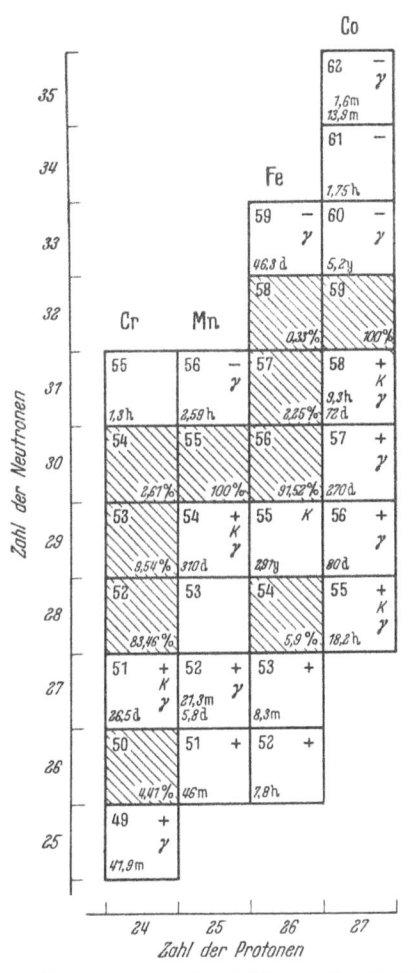

Abb. 6. Übersicht über die stabilen und radioaktiven Isotope der Elemente Chrom, Mangan, Eisen und Kobalt (p-n-Darstellung) (Abkürzungen: s Sekunde; m Minute; h Stunde; d Tag; y Jahre).

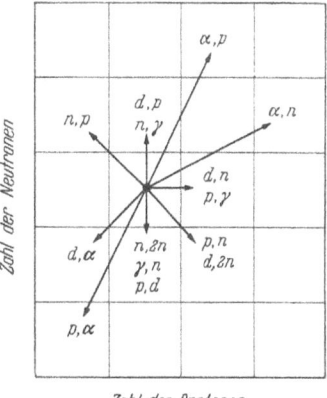

Abb. 7. Schema zum Auffinden eines durch Beschuß mit Protonen, Deuteronen, Neutronen oder α-Teilchen entstehenden Isotops.

In Tabelle 2 sind einige Kernreaktionen zusammengestellt worden. Die erste Gruppe hat den stabilen Kern $^{31}P$ als Ausgangskern. Bei allen Kernumwandlungen der zweiten Gruppe entsteht der künstlich radioaktive Kern $^{32}P$. Die Zusammenstellung zeigt, wie vielfältig die möglichen Umwandlungen sind. Genau wie in der Chemie kann derselbe Kern auf verschiedene Weise umgewandelt werden bzw. entstehen. Allerdings ist die Ausbeute der verschiedenen Umwandlungen sehr verschieden. Generell steigt sie mit der Energie der Kerngeschosse zunächst stark an *(Anregungsfunktion)*.

Mit den Deuteronen eines Cyclotrons kann man, ausgehend von *einem* der vier stabilen Eisenisotope, vier verschiedene Folgekerne herstellen, von denen drei radioaktiv sind, mit folgenden Reaktionsgleichungen

$^{56}_{26}Fe\ (d, p)\ ^{57}_{26}Fe$ (stabil); $\qquad ^{56}_{26}Fe\ (d, \alpha)\ ^{54}_{25}Mn$ (HZ = 310 d);

$^{56}_{26}Fe\ (d, n)\ ^{57}_{27}Co$ (HZ = 270 d); $\qquad ^{56}_{26}Fe\ (d, 2n)\ ^{56}_{27}Co$ (HZ = 80 d).

Da es vier stabile Eisenisotope gibt (in Abb. 6 schraffiert), entstehen bei der Bestrahlung von normalem Eisen mit den Deuteronen eines Cyclotrons noch eine ganze Anzahl anderer radioaktiver Isotope, nämlich $^{55}_{26}$Fe; $^{59}_{26}$Fe; $^{52}_{25}$Mn; $^{56}_{25}$Mn; $^{55}_{27}$Co; $^{58}_{27}$Co sowie das stabile Kobaltisotop $^{59}_{27}$Co.

Abb. 6 zeigt den hier interessierenden Ausschnitt einer Isotopentabelle (n-p—Darstellung) zwischen den Elementen Chrom und Kobalt. Die für diese Elemente bekannten radioaktiven Isotope sind mit ihren Halbwertszeiten eingetragen worden. Wenn man bestimmen will, welcher Folgekern bei einer Kernreaktion entsteht, so kann man sich des Schemas der Abb. 7 bedienen.

Bei sehr großen Energien der Kerngeschosse (mehrere 100 MeV) treten Kernumwandlungen auf, bei denen eine Reihe von Protonen und Neutronen oder auch ganze Kernbruchstücke ausgesandt werden (spallation process). Wenn z. B. $^{75}_{33}$As mit α-Strahlen von 400 MeV beschossen wird, entsteht unter anderem ein so viel leichterer Kern wie $^{38}_{17}$Cl (HZ = 38,5 min) und eine große Zahl von Protonen, Neutronen und α-Teilchen.

### η) Die Uranspaltung.

Bei den bisher besprochenen Kernumwandlungen (ausgenommen spallation-Prozesse) entsteht immer ein neuer Kern, dessen Ordnungszahl sich von derjenigen des Ausgangskerns um 0, 1 oder 2 unterscheidet (s. z. B. Tabelle 2). Der Folgekern gehört entweder dem gleichen oder einem benachbarten Element an. Eine ganz andersartige Kernumwandlung wurde im Jahre 1938 von HAHN und STRASSMANN[1] entdeckt. Sie fanden, daß Urankerne bei der Beschießung mit langsamen Neutronen in zwei angenähert gleiche Hälften aufspalten. Dabei wird eine im Vergleich zu chemischen Reaktionen $10^6$ mal größere Energie frei. Diese Uranspaltung (fission) kann zu verschiedenen Paaren von Bruchstücken führen. Nach NIER geht diese Uranspaltung von $^{235}$U aus. Die Spaltprodukte sind künstlich radioaktiv und senden negative Elektronen aus. Wegen des großen Neutronenüberschusses der Spaltprodukte entstehen zum Teil sehr ausgedehnte Zerfallsreihen wie z. B.

$$^{143}_{54}\text{Xe} \rightarrow {}^{143}_{55}\text{Cs} \rightarrow {}^{143}_{56}\text{Ba} \rightarrow {}^{143}_{57}\text{La} \rightarrow {}^{143}_{58}\text{Ce} \rightarrow {}^{143}_{59}\text{Pr} \rightarrow {}^{143}_{60}\text{Nd (stabil)}.$$

Erst mit dem stabilen $^{143}$Nd-Kern bricht diese Zerfallsreihe ab.

Bei einer $^{235}$U-Spaltung mit langsamen Neutronen werden neben den beiden Spaltstücken im Durchschnitt etwas mehr als 2 Neutronen frei. In den Uranmeilern (reactor oder pile) werden diese sekundären Neutronen zur Auslösung neuer Uranspaltungen ausgenutzt (Uran-Kettenreaktion). Die künstlich radioaktiven Uranspaltprodukte sammeln sich im Uran an und können chemisch — allerdings unter erheblichen Schwierigkeiten — abgetrennt werden.

Unter den Uranspaltprodukten[2] befinden sich eine Reihe von wichtigen künstlich radioaktiven Isotopen. Diese zeichnen sich durch große Aktivität und hohe spezifische Aktivität aus.

Gleichzeitig kann die starke Neutronenstrahlung im pile zur Neutronenbestrahlung von anderen, in diesen hineingebrachten Präparaten benutzt werden. Von Bedeutung sind hier im wesentlichen zwei Kernprozesse und zwar (n, γ)-Prozesse und (n, p)-Prozesse. Die meisten der im Handel erhältlichen radioaktiven Isotope werden über (n, γ)-Prozesse gewonnen (s. Tabelle 1). Einige radioaktive Isotope von besonderer Bedeutung und zwar $^{14}$C, $^{32}$P, $^{35}$S, $^{45}$Ca und $^{59}$Fe werden durch (n, p)-Prozesse aus $^{14}$N, $^{32}$S, $^{35}$Cl, $^{45}$Sc, $^{59}$Co hergestellt (s. Tabelle 3). Das wichtige Isotop $^3$H kann durch einen (n, α)-Prozeß aus dem stabilen $^6$Li gewonnen werden. In Tabelle 3 sind einige im Uranmeiler durch (n, p)- bzw. (n, α)-Prozesse herstellbare künstlich radioaktive Isotope zusammengestellt worden.

### ϑ) Herstellung trägerfreier Präparate von Radioisotopen.

Wenn natürlicher Schwefel, d. h. ein Gemisch aus $^{32}$S, $^{33}$S, $^{34}$S und $^{35}$S im Uranmeiler mit Neutronen bestrahlt wird, so entsteht ausgehend von $^{34}$S das bekannte Radioisotop $^{35}$S.

---

[1] HAHN, O., u. F. STRASSMANN: Naturwiss. 27, 11 (1939).
[2] Isotopic Division, Harwell, Berks., England, Katalog-Nr. 3. 1954.

Tabelle 3. *Herstellung einiger künstlich radioaktiver Isotope durch (n, p)- und (n, α)-Reaktionen im pile* (entnommen aus WHITEHOUSE und PUTMAN[1]).

| Isotop | Bestrahltes Material | Kernumwandlung | Bemerkungen |
|---|---|---|---|
| $^3$H | Li-Verbindungen | $^6$Li (n, α) $^3$H | — |
| $^{14}$C | Ca(NO$_3$)$_2$ oder KNO$_3$ | $^{14}$N (n, p) $^{14}$C | Spezifische Aktivität wird durch Verunreinigungen im bestrahlten Material herabgesetzt |
| $^{32}$P | S | $^{32}$S (n, p) $^{32}$P | Wird üblicherweise als H$_3$PO$_4$ in saurer Lösung geliefert, Herstellung trägerfreier Präparate möglich, Ausbeute gut |
| $^{35}$S | KCl | $^{35}$Cl (n, p) $^{35}$S | Erhältlich z. B. als Sulfat oder Sulfid |
| $^{37}$Ar | Ca(NO$_3$)$_2$ | $^{40}$Ca (n, α) $^{37}$Ar | Nebenprodukt bei der $^{14}$C-Herstellung |
| $^{45}$Ca | Sc$_2$O$_3$ | $^{45}$Sc (n, p) $^{45}$Ca | Ausbeute 80 μC/g Sc$_2$O$_3$ (Harwell 1950) |
| $^{59}$Fe | Co | $^{59}$Co (n, p) $^{59}$Fe | Kleine Ausbeute |

Auch bei starker Neutronenbestrahlung machen die $^{35}$S-Kerne aber nur einen geringen Bruchteil der nicht umgewandelten, stabilen Schwefelkerne aus. Anders liegen die Verhältnisse bei einer $^{35}$S-Herstellung mittels der Reaktion $^{35}_{17}$Cl (n, p) $^{35}_{16}$S. Hierbei wird z. B. KCl mit langsamen Neutronen bestrahlt, wobei aus einem Cl-Kern unter Aussendung eines Protons ein $^{35}$S-Kern entsteht. Nach der Bestrahlung enthält das KCl reines $^{35}$S, frei von anderen stabilen Schwefelisotopen *(trägerfreie Präparate)*. Das Gewicht des entstandenen $^{35}$S ist sehr gering. So wiegt z. B. 1 mC $^{35}$S nur $24 \cdot 10^{-9}$ g. Der Radioschwefel $^{35}$S liegt im KCl in „gewichtsloser" Form vor. Nach Zugabe von kleinen Mengen inaktiven Schwefels als „Träger" kann die $^{35}$S-Aktivität vom KCl abgetrennt werden. Es lassen sich so Präparate hoher spezifischer Aktivität (Aktivität je Gramm) herstellen. Trägerfreier $^{32}$P wird im Uranmeiler mittels der Reaktion $^{32}_{16}$S (n, p) $^{32}_{15}$P gewonnen. Das vielverwandte Isotop $^{131}$J kann durch Neutronenbestrahlung von Tellur hergestellt werden

$$^{130}\text{Te (n, }\gamma\text{) }^{131}\text{Te} \xrightarrow[21 \text{ min}]{\beta} {}^{131}\text{J} \quad (\text{HZ} = 8 \text{ Tage}).$$

Zunächst entsteht das radioaktive Isotop $^{131}$Te, welches mit einer HZ = 21 min in das radioaktive Isotop $^{131}$J zerfällt. Letzteres kann als gewichtsloses Präparat abgetrennt werden.

Gewichtslose Präparate können im Prinzip immer dann gewonnen werden, wenn der Folgekern vom Ausgangskern chemisch verschieden ist. Die chemische Isolierung der gewichtslosen Mengen macht aber in vielen Fällen große Schwierigkeiten.

*ι) Erhöhung der spezifischen Aktivität durch SZILARD-CHALMERS-Prozesse.*

Es sind auch chemische Verfahren entwickelt worden, um die bei (n, γ)-Prozessen entstehenden Radioisotope *desselben* Elementes in „gewichtsloser" Form abtrennen zu können (Verfahren nach SZILARD-CHALMERS). Hierbei wird der Umstand ausgenutzt, daß bei geeigneter chemischer Form der Ausgangssubstanz das durch einen (n, γ)-Prozeß entstandene Radioisotop in geänderter chemischer Bindung vorliegt. Hierdurch wird eine chemische Abtrennung möglich. Der bei der Aussendung des γ-Quantes auftretende Rückstoßimpuls kann zu einer Lösung und Änderung der chemischen Bindung führen. Durch eine Bestrahlung von Kaliumferrocyanid kann auf diese Weise künstlich radioaktives $^{55, 59}$Fe von sehr hoher spezifischer Aktivität erhalten werden.

*κ) Kernumwandlungen mit elektromagnetisch angereicherten Isotopen.*

In neuerer Zeit wird in zunehmendem Maße noch ein anderer Weg zur Gewinnung spezifisch hochaktiver Präparate beschritten. Dabei werden nicht die natürlichen Gemische der stabilen Isotope eines Elementes bestrahlt, sondern angereicherte oder isolierte stabile Isotope. Das in der Natur vorkommende Eisen ist ein Gemisch der Isotope $^{54}$Fe

---

[1] WHITEHOUSE, W. J., and J. L. PUTMAN: Radioactive Isotopes. Oxford 1953.

(5,9%), ⁵⁶Fe (91,5%), ⁵⁷Fe (2,2%) und ⁵⁸Fe (0,33%). Bei der Bestrahlung mit Neutronen entstehen durch (n, γ)-Prozesse zwei künstlich radioaktive Eisenisotope ⁵⁵Fe (HZ = 2,9 Jahre) und ⁵⁹Fe (HZ = 46,3 Tage). Bei vielen biologischen Anwendungen stört das langlebige Radioisotop ⁵⁵Fe sehr. Deshalb wird *elektromagnetisch angereichertes* ⁵⁸*Fe* in Form von Fe₂O₃ mit Neutronen bestrahlt. Das entstandene Radioeisen ⁵⁹Fe ist dann weitgehend frei von ⁵⁵Fe. Entsprechendes gilt für die Herstellung von reinem ⁵⁵Fe. Darüber hinaus kann durch eine zusätzliche Anwendung eines SZILARD-CHALMERS-Prozesses die spezifische Aktivität von ⁵⁵Fe bzw. ⁵⁹Fe noch weitgehend gesteigert werden.

Die Entwicklung geht in der Richtung, daß durch die Verwendung von angereicherten oder reinen Isotopen als Ausgangssubstanz in Verbindung mit SZILARD-CHALMERS-Prozessen immer mehr Radioisotope in *gewichtsloser* Form geliefert werden können.

### λ) *Ausschließlich im Cyclotron herstellbare Radioisotope.*

Eine Reihe von wichtigen Radioisotopen kann in einem Uranmeiler nicht erzeugt werden. Ein Radioisotop kann z. B. durch einen (n, γ)-Prozeß nur dann erzeugt werden, wenn ein stabiles Isotop desselben Elementes mit einer um 1 kleineren Massenzahl existiert. Das ist oft nicht der Fall. Man muß dann andere Kernumwandlungen mit z. B. Deuteronen als Kerngeschossen verwenden (s. Tabelle 4). Auch solche im Cyclotron

Tabelle 4. *Zusammenstellung von künstlich radioaktiven Isotopen, welche mit dem Cyclotron hergestellt werden können* (entnommen aus WHITEHOUSE und PUTMAN[1]).

| Isotop | Kern-umwandlung | Bestrahltes Material | Ausbeute in μC je μAmp × Stunde bei $E_d$ = 14 MeV | Isotop | Kern-umwandlung | Betrahltes Material | Ausbeute in μC je μAmp × Stunde bei $E_d$ = 14 MeV |
|---|---|---|---|---|---|---|---|
| ⁷Be | Li (d, n) | Li, LiF LiBO₂ | niedrig | ⁵⁷Co | ⁵⁶Fe (d, n) | Fe | hoch |
| ¹¹C | B (d, n) | B₂O₃ | 485 | ⁵⁸Co | ⁵⁷Fe (d, n) | Fe | hoch |
| ¹⁸F | O (d, n) | Li₂CO₃ LiBO₂ | — | ⁶⁵Zn | Cu (d, 2n) | Cu | 3,5 |
| | | | | ⁷⁴As | Ge (d, 2n) | Ge-Legierung | 2 |
| ²²Na | Mg (d, α) | Mg MgO | 1,8 | ⁷⁵Se | As (d, 2n) | As-Legierung | hoch |
| | | | | ⁷⁹Kr | Br (d, 2n) | NaBr | hoch |
| | | | | ⁸⁵Sr | Rb (d, 2n) | — | — |
| ⁴⁸V | Cr (d, α) | Cr | niedrig | ⁸⁸Y | Sr (d, 2n) | SrCO₃ | 38 |
| ⁵²Mn | Cr (d, 2n) | Cr | 80 | ⁸⁹Zr | Y (d, 2n) | | |
| ⁵⁴Mn | Fe (d, α) | Fe | 1 | ⁹⁰Nb | Mo (d, α) | — | — |
| ⁵⁵Fe | Mn (d, 2n) | Mn-Legierung | 0,7 | ¹⁰⁶Ag | Pd (d, n) | Pd | mäßig |
| ⁵⁹Fe | Co (n, p) (mit schnellen Neutronen) | Co | 2 × 10⁻³ g | ¹²⁶J | Te (d, n) | — | — |
| | | | | ¹³⁰J | Te (d, 2n) | Te | 900 |
| | | | | ¹²⁷Xe | J (d, 2n) | NaJ | mäßig |
| ⁵⁶Co | ⁵⁶Fe (d, 2n) | Fe | hoch | ¹⁹⁷Hg | Au (d, 2n) | Au | 800 |

hergestellte Isotope können z. B. aus Harwell, England, bezogen werden. Dort soll auch die Herstellung der Radioisotope $^{28}_{12}$Mg (HZ = 21 Std) und $^{32}_{14}$Si (HZ = 700 Jahre) aufgenommen werden[2]. Diesen Isotopen kommt vor allem für biologische Anwendungen insofern eine besondere Bedeutung zu, als durch einen (n, γ)-Prozeß nur kurzlebige Isotope mit einer HZ = 10 min bzw. = 2,6 Std hergestellt werden können.

### μ) *Aktivierungsanalyse und Empfindlichkeit des Nachweises kleinster Spuren.*

Im Inneren der modernen Uranmeiler herrscht eine so große Neutronendichte, daß auch Spuren von einzelnen Elementen in meßbarer Weise radioaktiv werden. Die auf ein bestimmtes Element hin zu untersuchende Probe wird zunächst einer starken Neutronenstrahlung ausgesetzt. Anschließend erfolgt nach Zugabe von inaktivem Träger eine chemische Isolierung des zu untersuchenden Elements, woraufhin mit einem Zähler die

---

[1] WHITEHOUSE, W. J., and J. L. PUTMAN: Radioactive Isotopes. Oxford 1953.
[2] Isotopic Division, Harwell, Berks., England, Katalog-Nr. 3. 1954.

Tabelle 5. *Vergleich der Empfindlichkeit verschiedener Methoden zur Spurenanalyse*
(Empfindlichkeit in $\gamma/\text{cm}^3$).

| Z | Element | Oak Ridge LITR Reactor | Cu-Funken | Kohlebogen | Flammenspektrophotometer | Empfindliche Farbreaktion | Konduktometrische Titration |
|---|---|---|---|---|---|---|---|
| 1 | H | | | | | | |
| 2 | He | | | | | | |
| 3 | Li | | 0,002 | | 0,02 | | |
| 4 | Be | | 0,002 | | 250,0 | 0,04 | |
| 5 | B | | 0,1 | | 10,0 | | |
| 6 | C | | | | | | |
| 7 | N | | | | | | |
| 8 | O | | | | | | |
| 9 | F | | 0,1 | | | | 0,25 |
| 10 | Ne | | | | | | |
| 11 | Na | 0,00035 | 0,1 | 20,0 | 0,002 | | |
| 12 | Mg | 0,03 | 0,01 | 0,1 | 1,0 | 0,06 | |
| 13 | Al | 0,00005 | 0,1 | 0,2 | 20,0 | 0,002 | 300,0 |
| 14 | Si | 0,05 | 0,1 | 2,0 | | 0,1 | |
| 15 | P | 0,001 | 20,0 | 50,0 | | 0,01 | 15,0 |
| 16 | S | 0,2 | | | | | 5,0 |
| 17 | Cl | 0,0015 | | | | 0,04 | 10,0 |
| 18 | A | | | | | | |
| 19 | K | 0,004 | 0,1 | | 0,01 | | 100,0 |
| 20 | Ca | 0,19 | 0,1 | | 0,03 | | 100,0 |
| 21 | Sc | 0,0001 | 0,005 | | | | |
| 22 | Ti | | 0,1 | | 2,0 | 0,03 | ~10,0 |
| 23 | V | 0,00005 | 0,05 | | 2,0 | 0,2 | 3,0 |
| 24 | Cr | 0,01 | 0,05 | 2,0 | 1,0 | 0,02 | 1,0 |
| 25 | Mn | 0,00003 | 0,02 | 0,2 | 0,1 | 0,001 | 0,0003 |
| 26 | Fe | 0,45 | 0,5 | 0,2 | 2,0 | 0,05 | 2,0 |
| 27 | Co | 0,001 | 0,5 | | 10,0 | 0,025 | 100,0 |
| 28 | Ni | 0,0015 | 0,1 | 4,0 | 10,0 | 0,04 | 0,5 |
| 29 | Cu | 0,00035 | | 0,2 | 0,1 | 0,03 | 10,0 |
| 30 | Zn | 0,002 | 2,0 | 20,0 | 2000,0 | 0,016 | 10,0 |
| 31 | Ga | 0,00035 | 1,0 | | 1,0 | | |
| 32 | Ge | 0,002 | | | | 0,08 | |
| 33 | As | 0,0001 | 5,0 | 10,0 | | 0,1 | 0,4 |
| 34 | Se | 0,0025 | | | | | |
| 35 | Br | 0,00015 | | | | | 200,0 |
| 36 | Kr | | | | | | |
| 37 | Rb | 0,0015 | 0,2 | | 0,1 | | |
| 38 | Sr | 0,03 | 0,5 | | 0,1 | | |
| 39 | Y | 0,0005 | 0,01 | | 50,0 | | |
| 40 | Zr | 0,015 | 0,1 | | | 0,13 | |
| 41 | Nb | 0,5 | 0,2 | | 20,0 | 50,0 | |
| 42 | Mo | 0,005 | 0,05 | | 30,0 | 0,1 | 5,0 |
| 43 | Tc | | | | | | |
| 44 | Ru | 0,005 | | | 10,0 | 0,2 | |
| 45 | Rh | | | | 1,0 | 0,2 | |
| 46 | Pd | 0,00025 | 0,5 | | 1,0 | 0,1 | |
| 47 | Ag | 0,0055 | | 0,1 | 0,5 | 0,1 | 1,0 |
| 48 | Cd | 0,0025 | 2,0 | 4,0 | 20,0 | 0,01 | 5,0 |
| 49 | In | 0,000005 | 1,0 | | 1,0 | 0,2 | 100,0 |
| 50 | Sn | 0,01 | | 0,2 | 10,0 | | 2,0 |
| 51 | Sb | 0,0002 | 5,0 | 4,0 | | 0,03 | 10,0 |
| 52 | Te | 0,005 | 0,5 | | 100,0 | 0,5 | |
| 53 | I | 0,0001 | | | | | 1,0 |
| 54 | Xe | | | | | | |
| 55 | Cs | 0,0015 | 0,5 | | 1,0 | | |
| 56 | Ba | 0,0025 | 0,1 | | 3,0 | | 25,0 |
| 57 | La | 0,0001 | 0,05 | | 5,0 | | |

*Tabelle 5.* (Fortsetzung.)

| Z | Element | Methode | | | | | |
|---|---|---|---|---|---|---|---|
| | | Oak Ridge LITR Reactor | Cu-Funken | Kohlebogen | Flammenspektrophotometer | Empfindliche Farbreaktion | Konduktometrische Titration |
| 58 | Ce | 0,005 | 0,5 | | 20,0 | 0,25 | ~500,0 |
| 59 | Pr | 0,0001 | 0,2 | | 100,0 | | |
| 60 | Nd | 0,005 | 0,2 | | 50,0 | | |
| 61 | Pm | | | | | | |
| 62 | Sm | 0,00003 | 0,2 | | 100,0 | | |
| 63 | Eu | 0,0000015 | 0,02 | | | | |
| 64 | Gd | 0,001 | 0,1 | | 10,0 | | |
| 65 | Tb | 0,0002 | | | | | |
| 66 | Dy | 0,0000015 | 0,5 | | 10,0 | | |
| 67 | Ho | 0,00002 | 0,2 | | | | |
| 68 | Er | 0,001 | 0,5 | | | | |
| 69 | Tm | 0,0001 | 0,05 | | | | |
| 70 | Yb | 0,0001 | 0,1 | | | | |
| 71 | Lu | 0,000015 | 2,0 | | | | |
| 72 | Hf | 0,001 | 0,5 | | | | |
| 73 | Ta | 0,00035 | 1,0 | | | | |
| 74 | W | 0,00015 | 0,5 | | | 0,4 | |
| 75 | Re | 0,00003 | 2,0 | | | 0,05 | |
| 76 | Os | 0,001 | | | | 1,0 | |
| 77 | Ir | 0,000015 | 5,0 | | | 2,0 | |
| 78 | Pt | 0,005 | 0,02 | | | 0,2 | |
| 79 | Au | 0,00015 | 0,2 | | 200,0 | 0,1 | |
| 80 | Hg | 0,0065 | 5,0 | 2,0 | 100,0 | 0,08 | |
| 81 | Tl | 0,03 | | 0,2 | 1,0 | | |
| 82 | Pb | 0,1 | 0,05 | 0,2 | 20,0 | 0,03 | 3,0 |
| 83 | Bi | ~0,02 | 0,2 | 0,2 | 300,0 | 1,0 | 300,0 |
| 84 | Po | | | | | | |
| 85 | At | | | | | | |
| 86 | Em | | | | | | |
| 87 | Fr | | | | | | |
| 88 | Ra | | 0,1 | | | | |
| 89 | Ac | | | | | | |
| 90 | Th | | 0,2 | | | | |
| 91 | Pa | | 2,0 | | | | |
| 92 | U | 0,0005 | 1,0 | | 10,0 | 0,7 | |

Aktivität gemessen, bzw. mit derjenigen von Eichproben verglichen wird. Diese *Aktivierungsanalyse* gestattet in vielen Fällen einen sehr empfindlichen Spurennachweis. In einer Reihe von Fällen ist die Empfindlichkeit der Aktivierungsanalyse größer als die aller anderen Methoden. Tabelle 5 enthält einen Vergleich der verschiedenen Methoden nach MEINCKE[1]. Die Empfindlichkeitsangaben für Aktivierungsanalyse in Tabelle 5 beziehen sich auf einen Neutronenstrom im Uranmeiler von $1 \cdot 10^{13}$ Neutronen/cm² · sec. Die Empfindlichkeit ist dem Neutronenstrom direkt proportional.

### d) Die verschiedenen Arten des radioaktiven Zerfalls.

#### α) Der α-Zerfall.

**Mechanismus des α-Zerfalls.** Radioaktiver Zerfall unter Aussendung eines α-Teilchens kommt nur bei den natürlich radioaktiven Elementen des periodischen Systems vor. Eine Ausnahme bildet das Samariumisotop $^{152}_{62}\text{Sm}$, welches gleichfalls unter Emission von α-Teilchen zerfällt. Bei der Aussendung eines α-Teilchens vermindert sich die Ordnungszahl eines Kerns um den Betrag 2 und die Massenzahl um 4 nach dem Schema

$$^{M}_{Z}A \rightarrow {}^{M-4}_{Z-2}A + {}^{4}_{2}\text{He} \quad (\alpha\text{-Teilchen}) \qquad Z = \text{Ordnungszahl},$$
$$\text{Beispiel:} \quad ^{226}_{88}\text{Ra} \rightarrow {}^{222}_{86}\text{RaEm} + \alpha \qquad M = \text{Massenzahl}.$$

---
[1] MEINKE, W. W.: Science, N. Y. **121**, 179 (1955).

**Energie der α-Teilchen.** Die von einem bestimmten α-Strahler emittierten α-Teilchen haben untereinander gleiche Energie. So sendet z. B. Polonium α-Teilchen einer Energie von 5,300 MeV und Thorium X solche von 5,681 MeV aus. Relativ energiereiche α-Teilchen werden von RaC' mit $E = 7,683$ MeV und von ThC' mit $E = 8,779$ MeV emittiert. Die Energie der emittierten α-Teilchen ist um so größer, je kürzer die Halbwertszeit des α-Strahlers ist (GEIGER-NUTALLsche Beziehung, s. Abb. 8). Radium bzw. Thorium X im Gleichgewicht mit seinen radioaktiven Folgeprodukten (s. Abb. 3) sendet je zerfallendes Radium- bzw. Thorium X-Atom 6 bzw. 5 α-Teilchen aus.

Genauere Untersuchungen haben gezeigt, daß bei einer Reihe von α-Strahlern mehrere monoenergetische Gruppen von α-Teilchen vorliegen, wobei im allgemeinen die energiereichste Gruppe die stärkste ist.

So sendet z. B. Radium nach dem Schema der Abb. 9 zwei Gruppen von α-Teilchen aus. Innerhalb jeder Gruppe ist die Energie der α-Teilchen konstant. Die α-Teilchen der Gruppe A haben alle

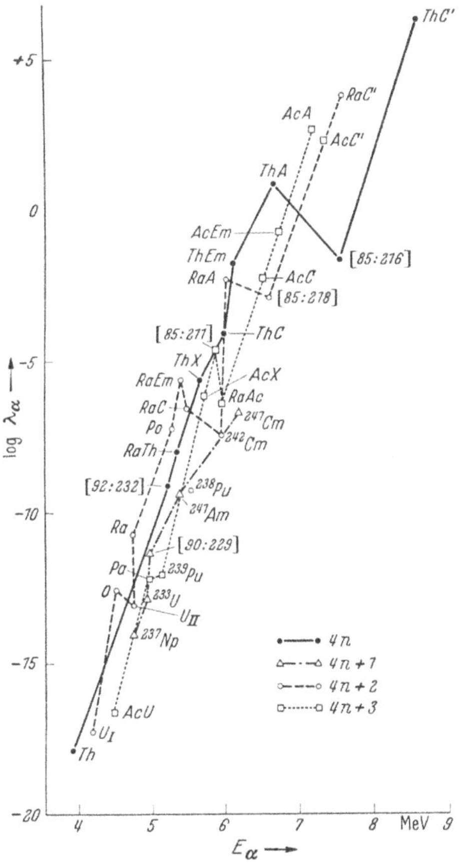

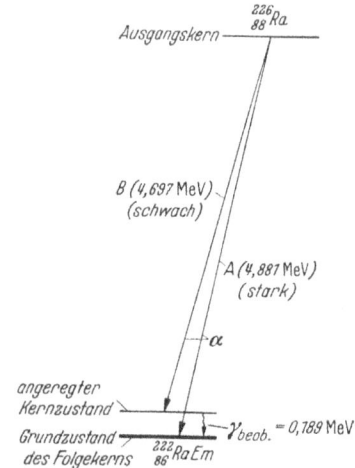

Abb. 8. Beziehung zwischen der Zerfallskonstante $\lambda$ ($= 0,693/T_{\frac{1}{2}}$) eines α-Strahles und der α-Energie (GEIGER-NUTALLsche Beziehung) (GAMOV u. CRITCHFIELD[1]).

Abb. 9. Zerfallsschema des Kerns $^{226}_{88}$Ra. (Die bei den Übergängen $A$ bzw. $B$ freiwerdenden Energien setzen sich aus der betreffenden α-Energie + der Rückstoßenergie des entstehenden RaEm-Kerns zusammen.)

die Energie $E_A = 4,725$ MeV, diejenigen der Gruppe B alle die Energie $E_B = 4,612$ MeV. Die erste Gruppe tritt in überwiegender Intensität auf. Bei dem α-Übergang der ersten Gruppe entsteht ein RaEm-Kern im tiefstmöglichen Energiezustand *(Grundzustand)*. Bei der Aussendung der energieärmeren Gruppe B entsteht ein RaEm-Kern mit einer höheren Energie, als dem Grundzustand entspricht *(angeregter Zustand)*. Der angeregte Zustand des RaEm-Kerns geht anschließend unter Emission eines γ-Quantes in den Grundzustand des RaEm-Kerns über. Ähnliche Verhältnisse liegen bei einer Reihe anderer α-Strahler vor.

*β) Der β-Zerfall (Zerfall unter Aussendung von Elektronen oder Positronen).*

**Mechanismus des Elektronen- und Positronenzerfalls.** Beim radioaktiven Zerfall unter Aussendung von negativen Elektronen gehört der entstehende Folgekern zum nächst

---

[1] GAMOV, G., and C. L. CRITCHFIELD: Theory of Atomic Nucleus and Nuclear Energy Sources. Oxford 1949.

höheren Element. Da die Masse des Elektrons im Vergleich zur gesamten Atommasse vernachlässigbar klein ist (Elektronenmasse = $1/1840$ der $^1$H-Masse), ändert sich die Massenzahl nicht

$$^M_Z A \to ^{\phantom{M}M}_{Z+1}B + _{-1}\beta^\circ \quad \text{(negatives Elektron)} \quad Z = \text{Ordnungszahl,}$$
Beispiel: $^{32}_{15}P \to ^{32}_{16}S +$ negatives Elektron. $\quad M = \text{Massenzahl.}$

Beim Positronenzerfall entsteht ein Folgekern mit einer um 1 kleineren Ordnungszahl. Die Massenzahl bleibt konstant

$$^M_Z A \to ^{\phantom{M}M}_{Z-1}B + _{+1}\beta^\circ \quad \text{(Positron)}$$
Beispiel: $^{11}_6 C \to ^{11}_5 B +$ Positron

Ein Zerfall unter Emission von negativen Elektronen kommt bei natürlich und künstlich radioaktiven Isotopen vor, der Positronenzerfall ist nur bei künstlich radioaktiven Isotopen beobachtet worden. Die Positronen haben in Materie nur eine sehr kurze Lebensdauer. Unter Vereinigung mit einem negativen Elektron „zerstrahlen" sie unter Bildung von zwei $\gamma$-Quanten mit einer Energie von je 0,510 MeV *(Vernichtungsstrahlung)*. Auch ein reiner Positronenstrahler ist also immer mit der Emission von $\gamma$-Quanten von 0,510 MeV verbunden.

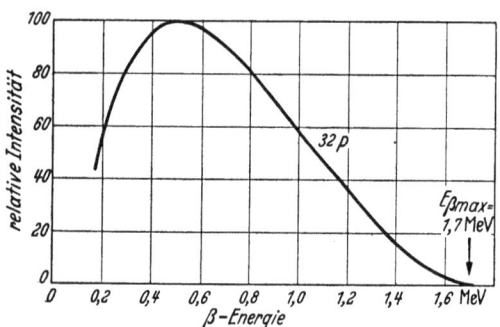

Abb. 10. Energieverteilung der Zerfallselektronen von $^{32}$P.

**Energie der β-Teilchen.** Im Gegensatz zum $\alpha$-Zerfall ist beim Elektronen- und Positronenzerfall die Energie der ausgesandten Elektronen nicht einheitlich. In Abb. 10 ist die Verteilung der $\beta$-Energien ($\beta$-Spektrum) für $^{32}$P wiedergegeben worden. Es kommen alle $\beta$-Energien zwischen Null und einer genau definierten oberen Grenzenergie ($E_{\beta\,max}$) vor. Die obere Grenzenergie der $\beta$-Teilchen von $^{32}$P hat einen Wert von $E_{\beta\,max} = 1,701$ MeV. In der Literatur wird für $E_{\beta\,max}$ oft einfach $E_\beta$ oder $E$ geschrieben.

Obgleich beim $\beta$-Zerfall Elektronen mit verschiedenen Energien ausgesandt werden, entsteht immer ein Folgekern in einem energetisch gleichen Zustand.

Die Frage, warum beim $\beta$-Zerfall nicht alle $\beta$-Teilchen die gleiche Energie erhalten, sondern immer nur einen mehr oder weniger großen Teil der insgesamt verfügbaren *Zerfallsenergie*, hat zur Aufstellung der Neutrinohypothese geführt. Zur Aufrechterhaltung des Energie- und Impulssatzes wird heute angenommen, daß neben dem $\beta$-Teilchen gleichzeitig noch ein anderes neutrales Teilchen extrem kleiner Masse ausgesandt wird *(Neutrino)*.

Die beim $\beta$-Zerfall insgesamt frei werdende Energie ist dann gleich der Summe der kinetischen Energien des $\beta$-Teilchens und des gleichzeitig mit ihm ausgesandten Neutrinos. Diese Summe ist immer $= E_{\beta\,max}$. Auch beim $\beta$-Zerfall wird so immer die gleiche Zerfallsenergie frei. Nach Versuchen aus neuerer Zeit kann an der Existenz des zunächst hypothetisch angenommenen Neutrinos nicht mehr gezweifelt werden.

Die mittlere Energie der $\beta$-Teilchen kann indirekt aus dem $\beta$-Spektrum (Abb. 10) eines $\beta$-Strahlers oder direkt durch calorimetrische Messung der freiwerdenden Energie der $\beta$-Teilchen bestimmt werden. Bei einfachen $\beta$-Spektren (s. unten) kann die mittlere $\beta$-Energie nahe gleich einem Drittel der maximalen Energie gesetzt werden. Die mittlere $\beta$-Energie ist bei der Berechnung von Strahlendosen in biologischen Versuchen u. a. m. von Bedeutung.

Abb. 11 zeigt die Energieverteilung der Zerfallselektronen von $^{59}$Fe. Das $\beta$-Spektrum ist eine Überlagerung von zwei Teilspektren mit den unterschiedlichen Grenzenergien 0,46 MeV und 0,26 MeV. Beide Arten von Zerfallsprozessen gehen von dem Isotop $^{59}$Fe aus und kommen mit einer Wahrscheinlichkeit von je 50 % vor. In beiden Fällen führt der $\beta$-Zerfall nicht zum energetisch tiefsten Zustand des Folgekerns $^{59}$Co (stabil), sondern zu zwei, energetisch verschiedenen, *angeregten Zuständen von* $^{59}Co$. Diese angeregten Zustände gehen sofort unter Emission von $\gamma$-Quanten in den Grundzustand des $^{59}$Co-Kern über (s. Abb. 12 und S. 614). Ein direkter $\beta$-Übergang zum Grundzustand des $^{59}$Co ist nicht bekannt.

Es gibt eine große Zahl von Radioisotopen, welche *nur* $\beta$-Teilchen (reine $\beta$-Strahler) aussenden wie z. B. $^{14}$C oder $^{32}$P und daneben solche, welche außerdem eine mehr oder weniger starke $\gamma$-Strahlung aussenden wie z. B. $^{59}$Fe, $^{60}$Co, $^{24}$Na u. a. m. (Gemischt-Strahler).

### $\gamma$) Der K-Einfang.

Dieser Zerfallsprozeß kann als eine Abart des Positronenzerfalls angesehen werden. Der radioaktive Kern sendet kein Positron aus, sondern fängt ein negatives Elektron aus seiner Elektronenhülle — meist aus der K-Schale — ein. Auch hierdurch wird, genau wie beim Positronenzerfall, die Ordnungszahl um den Betrag 1 erniedrigt. Energetisch ist aber der K-Einfang oft noch möglich, wenn der Positronenzerfall nicht mehr möglich ist. Während der radioaktive Kern beim Positronenzerfall die Masse eines Elektrons abgibt, fällt einmal beim K-Einfang dieser Massenverlust fort, und außerdem kommt die Masse eines Hüllenelektrons hinzu. Das Energieäquivalent dieser beiden Elektronenmassen beträgt rd. 1 MeV, und diese Energie steht für den radioaktiven Zerfall zusätzlich zur Verfügung.

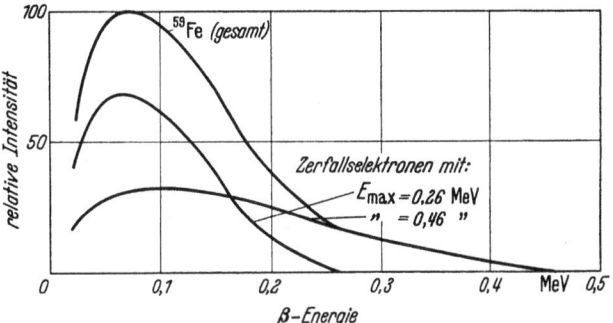

Abb. 11. Energieverteilung der Zerfallselektronen von $^{59}$Fe (nach M. DEUTSCH und Mitarbeiter[1]).

Beim K-Einfang werden keine Zerfallselektronen emittiert. Es wird lediglich ein nicht beobachtbares Neutrino ausgesandt, welches die volle Zerfallsenergie mit sich führt (Emission einer Neutrinolinie).

Dadurch, daß beim K-Einfang aus der K-Schale oder auch der L-Schale ein Elektron entfernt wird, kommt es zur Emission der charakteristischen Röntgenstrahlung des Folgekerns

$^{M}_{Z}$A + e (aus der Elektronenhülle) $\rightarrow$ $^{M}_{Z-1}$B + Neutrino-Linie (nicht beobachtbar) + Röntgenstrahlung des Kernes B.

Nur an Hand dieser Röntgenstrahlung, welche mit der Halbwertszeit des radioaktiven Kerns abklingt, kann der K-Einfang erkannt werden. Da Röntgenstrahlen aber nur mit geringer Ausbeute nachgewiesen werden können, sind K-Strahler schwer erfaßbar. Das gilt um so mehr, je kleiner die Ordnungszahl des K-Strahlers ist. K-Strahler sind deshalb im allgemeinen für Anwendungen wenig geeignet.

Der Nachweis eines K-Strahlers gestaltet sich einfacher, wenn beim Zerfall durch K-Einfang ein *angeregter* Folgekern entsteht. Ein Beispiel hierfür ist $^{7}_{4}$Be. Beim K-Zerfall in stabiles $^{7}_{3}$Li bleibt ein Teil der $^{7}_{3}$Li-Kerne in einem angeregten Zustand von 470 keV zurück. Dadurch kommt es zur Emission einer $\gamma$-Linie mit einer Energie von 470 keV. Diese $\gamma$-Emission klingt mit der Halbwertszeit des $^{7}_{4}$Be von 54,5 Tagen ab. Der $^{7}_{4}$Be-Kern emittiert also neben einer äußerst weichen Röntgenstrahlung zusätzlich eine viel leichter nachweisbare $\gamma$-Strahlung.

Eine Reihe von Radioisotopen zerfällt sowohl durch Positronen als auch durch K-Zerfall. Dabei entsteht in beiden Fällen der gleiche Folgekern. Ein Beispiel ist $^{48}_{23}$V (HZ = 16 Tage). Mit einer Häufigkeit von 58% werden Positronen ausgesandt, und mit einer Häufigkeit von 42% erfolgt Zerfall durch K-Einfang. In beiden Fällen entsteht derselbe angeregte Zustand des stabilen $^{48}_{22}$Ti.

---

[1] DEUTCH, M., J. R. DOWNING, W. G. ELLIOT, J. W. IRVINE and A. ROBERT: Physic. Rev. **62**, 3 (1942).

Auch Elektronen- und Positronenzerfall können gleichzeitig beim gleichen radioaktiven Kern vorkommen (dualer Zerfall). So zerfällt z. B. $^{64}_{29}$Cu (HZ = 12,88 Std) durch Positronen- *und* K-Zerfall in den stabilen Kern $^{64}_{28}$Ni und *gleichzeitig* durch Elektronenzerfall in den stabilen Kern $^{64}_{30}$Zn.

### e) Emission von γ-Quanten.
#### α) *Entstehungsmechanismus der γ-Quanten*.

Genau wie die Elektronenhülle des Atoms ist auch der Kern angeregter Zustände fähig. Nur sind die Anregungsenergien der Kerne im Durchschnitt um einige Zehnerpotenzen größer. Bei den verschiedenen Arten des radioaktiven Zerfalls können die Folgekerne in angeregten Zuständen zurückbleiben, wie oben bereits an Hand von Beispielen beschrieben wurde. Von besonderen Fällen abgesehen, wird diese Anregungsenergie in $10^{-13}$ bis $10^{-16}$ sec in Form von γ-Quanten ausgestrahlt. Die γ-Strahlung ist also eine bei einer Reihe von Isotopen auftretende Begleiterscheinung des radioaktiven Zerfalls. Im Handel[1] sind eine Reihe von radioaktiven Isotopen mit starker γ-Strahlung erhältlich. Diese finden in zunehmendem Maße an Stelle von natürlich radioaktiven Isotopen wie Ra und MsTh Verwendung.

An Hand der Zerfallsschemata in Abb. 12 sollen einige typische Beispiele von reinen β-Strahlern und (β+γ)-Strahlern besprochen werden.

#### β) *Zerfallsschemata*.

Abb. 12a und b geben das Zerfallsschema der reinen β-Strahler $^{11}_{6}$C und $^{32}_{15}$P wieder. So zerfällt $^{32}_{15}$P unter Emission von Elektronen einer Grenzenergie $E_{\beta max} = 1,7$ MeV sofort in den Grundzustand des stabilen Kerns $^{32}_{16}$S. Der senkrechte Abstand der waagerechten Linien für Ausgangs- und Folgekerne soll die Zerfallsenergie wiedergeben. Bei β⁻-Strahlern stehen die Folgekerne rechts vom Ausgangskern und bei β⁺-Strahlern links vom Ausgangskern.

Nach Abb. 12c emittiert der $^{42}_{19}$K-Kern (HZ = 12,44 Std) mit einer Wahrscheinlichkeit von 75% negative Elektronen mit $E_{\beta max} = 3,58$ MeV und mit einer Wahrscheinlichkeit von 25% negative Elektronen mit $E_{\beta max} = 2,04$ MeV. Im ersten Fall entsteht der Grundzustand des stabilen Kerns $^{42}_{20}$Ca und im zweiten Fall ein mit 1,54 MeV angeregter $^{42}_{20}$Ca-Kern. Dieser geht unter Aussendung eines γ-Quantes (beobachtet: $E_\gamma = 1,51$ MeV) in den Grundzustand des stabilen $^{42}_{20}$Ca über.

Nach Abb. 12d sendet $^{24}_{11}$Na zunächst Elektronen einer Grenzenergie von 1,39 MeV aus, welche zu einem mit 4,14 MeV angeregten $^{24}_{12}$Mg-Kern führen. Ein direkter Übergang zum Grundzustand des $^{24}_{12}$Mg ist nicht bekannt. Unter Emission eines γ-Quantes von 2,76 MeV wird zunächst ein tiefer liegendes angeregtes Niveau und von dort unter Aussendung eines weiteren γ-Quantes von 1,38 MeV der Grundzustand des $^{24}_{12}$Mg erreicht. Ein einzelner β-Zerfall von $^{24}_{11}$Na ist also mit der Emission von *zwei* γ-Quanten gekoppelt.

Nach Abb. 12e führen die beiden Teil-β-Spektren des $^{59}_{26}$Fe auf zwei verschiedene Anregungsniveaus des stabilen $^{59}_{27}$Co. Die entsprechenden γ-Übergänge haben eine Energie von 1,33 und 1,17 MeV. Bei vielen Kernen liegen kompliziertere Zerfallsschemata mit mehreren β- und einer ganzen Reihe von γ-Übergängen vor. So führen bei $^{131}_{53}$J vier β-Übergänge auf fünf verschiedene Anregungsniveaus. Insgesamt sind sechs verschiedene γ-Quanten beobachtet worden. Abb. 12f zeigt das Zerfallsschema von $^{131}$J.

#### γ) *Kernisomerie*.

Normalerweise erfolgt der γ-Übergang in $10^{-13}$ sec und weniger. Es gibt aber auch Fälle, in denen — vor allem tiefliegende — Anregungsniveaus metastabil sind. Der γ-Übergang erfolgt dann mit einer meßbaren Halbwertszeit. Ein Beispiel zeigt Abb. 12g. Beim Positronen- und K-Zerfall von $^{107}_{48}$Cd entsteht durch Positronenzerfall und K-Einfang

---
[1] Isotopic Division, Harwell, Berks., England, Katalog-Nr. 3. 1954.

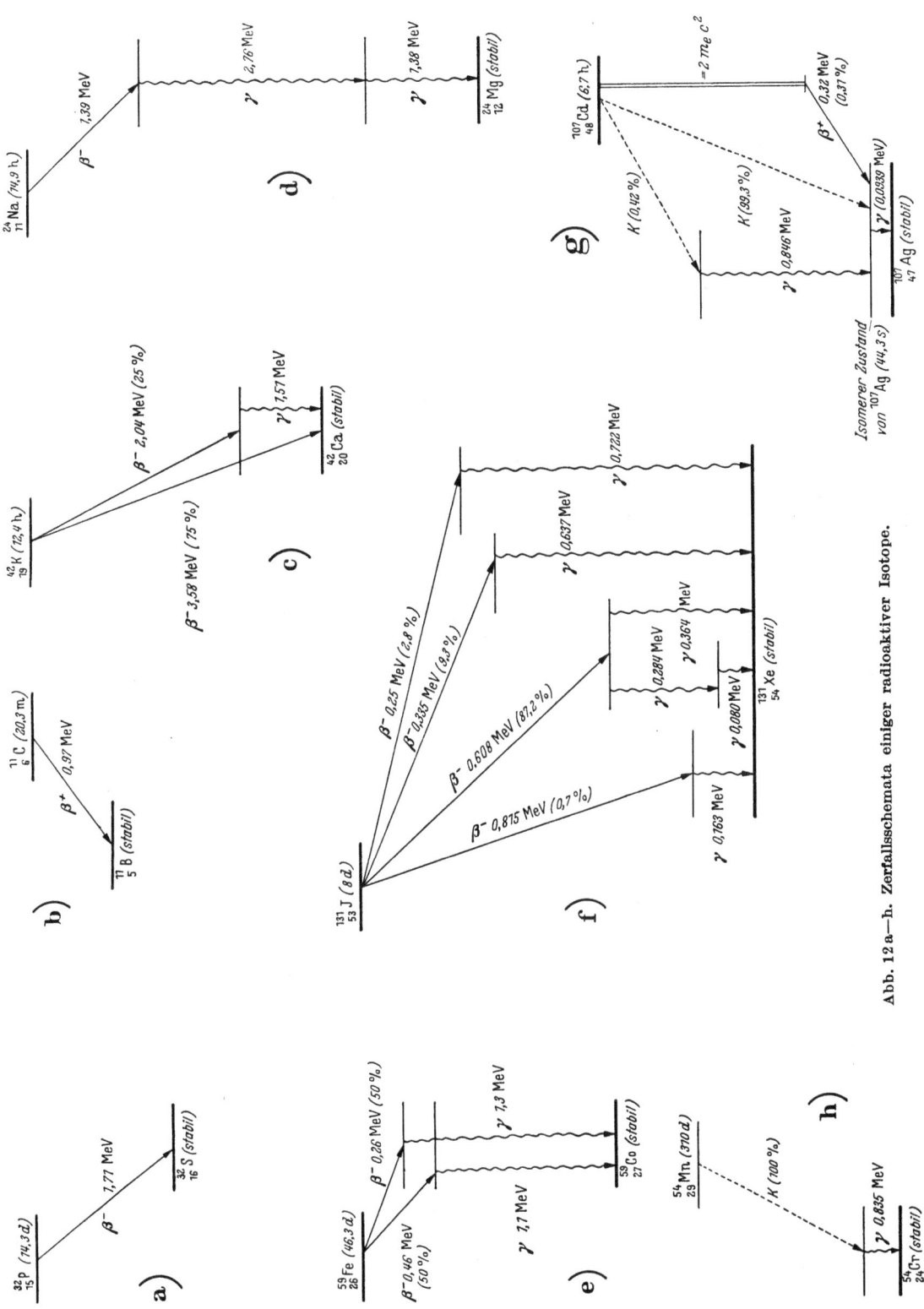

Abb. 12 a—h. Zerfallsschemata einiger radioaktiver Isotope.

ein metastabiles $^{107}_{47}$Ag mit einer Anregungsenergie von 93,9 keV. Dieser angeregte Zustand geht mit einer Halbwertszeit = 44,3 sec unter $\gamma$-Emission in den Grundzustand des $^{107}_{47}$Ag über. Es existieren normale und angeregte Ag-Kerne nebeneinander (*Kernisomerie*). Es sind eine ganze Reihe von Kernisomerien mit unterschiedlichen Halbwertszeiten beobachtet worden.

*δ) Innerer Photoeffekt. Konversionselektronen.*

Die γ-Quanten, welche von angeregten Kernen ausgesandt werden, können durch „inneren" *Photoeffekt* in der eigenen Elektronenhülle des Atoms absorbiert werden. Die γ-Energie wird dabei auf ein Hüllenelektron — meist aus der K-Schale — übertragen. Genauer liegt hier eine unmittelbare Wechselwirkung des angeregten Kerns mit der Elektronenhülle vor. An Stelle von γ-Quanten werden also Elektronen der gleichen Energie (genauer $E_e = $ γ-Energie minus Loslösungsenergie des Hüllenelektrons) ausgesandt (Konversionselektronen). In diesem Fall werden monoenergetische Elektronen ausgesandt (Elektronenlinie). Diese Umwandlung durch inneren Photoeffekt spielt nur bei kleinen γ-Energien eine Rolle. In Tabelle 3, S. 669 ist für $^{131}$J die prozentuale Häufigkeit der Konversionselektronen für verschiedene γ-Übergänge angegeben worden. Durch die Konversionselektronen erhöht sich die Gesamtzahl der von $^{131}$J ausgesandten Elektronen um 6,3 %.

## f) Gesetzmäßigkeiten des radioaktiven Zerfalls.

*α) Radioaktive Einheiten.*

Die Anzahl der in einem radioaktiven Präparat je 1 sec stattfindenden Zerfallsprozesse wird seine *Aktivität* genannt. Diese ist beim α- und β-Zerfall gleich der Anzahl der in einer Sekunde in den Raumwinkel 4π ausgesandten α- bzw. β-Teilchen. Da von K-Strahlern keine Teilchen ausgesandt werden, muß ihre Aktivität über die mit dem K-Einfang verbundene sekundäre Röntgenstrahlung gemessen werden. Eine Absolutbestimmung dieser Röntgenstrahlung ist aber mit erheblichen Schwierigkeiten verbunden und deshalb nur ungenau durchführbar.

Nach internationaler Vereinbarung ist die Einheit der Aktivität das Curie (C). Nach dieser Definition hat ein radioaktives Präparat die Aktivität = 1 Curie, wenn in ihm in 1 sec $3{,}7 \cdot 10^{10}$ Zerfallsprozesse stattfinden. Nach dieser Definition hat 1 g Radium ziemlich genau die Aktivität = 1 Curie. Der $10^3$te Teil von 1 Curie wird mit 1 milliCurie (mC), der $10^6$te Teil mit 1 mikroCurie (μC) und der $10^9$te Teil mit 1 nanoCurie (nC) bezeichnet. Es sind auch andere Einheiten vorgeschlagen worden, z. B. 1 Rutherford (1 rd $= 10^6$ Zerfallsprozesse/1 sec). Doch haben sich diese nicht eingebürgert.

Bei obiger Definition ist das Gewicht von 1 Curie bei verschiedenen Radioisotopen unterschiedlich. Bei Radium ist 1 Curie Ra laut Definition gleich 1 g Ra. Bei Radioisotopen mit kürzerer Halbwertszeit ist das Gewicht von 1 C entsprechend kleiner. So wiegt 1 C $^{32}$P (HZ = 14,3 Tage) = $3{,}6 \cdot 10^{-6}$ g. In Tabelle 1 ist für die einzelnen Radioisotope jeweils das Gewicht von 1 mC angegeben worden.

*β) Zerfallsgesetz. Halbwertszeit. Mittlere Lebensdauer.*

Durch den radioaktiven Zerfall nimmt die Gesamtzahl der in einem Präparat enthaltenen radioaktiven Kerne mit der Zeit stetig ab. Das Zerfallsgesetz kann auf verschiedene Arten geschrieben werden

$$N = N_0 \cdot e^{-\lambda \cdot t} = N_0 \cdot e^{-\frac{t}{T_{\frac{1}{e}}}} = N_0 \, 2^{-\frac{t}{T_{\frac{1}{2}}}} = N_0 \cdot e^{-\frac{0{,}693\, t}{T_{\frac{1}{2}}}}.$$

Hierin bedeuten: $N$ = Aktivität zur Zeit $t$.

$N_0$ = Aktivität zur Zeit $t = 0$.

$\lambda$ = Zerfallskonstante.

$T_{\frac{1}{e}}$ = Zeit bis zum Abfall der Aktivität auf $1/e$ des Anfangswertes ($e = 2{,}714$).

$T_{\frac{1}{2}}$ = Zeit bis zum Abfall der Aktivität auf $^1/_2$ des Anfangswertes = Halbwertszeit = HZ.

Die Halbwertszeit (HZ, $T_{\frac{1}{2}}$) ist die wichtigste Größe zur Charakterisierung eines Radioisotops. Ausgehend von $N_0$ radioaktiven Kernen sind nach 1 Halbwertszeit noch

$1/2\, N_0$, nach 2 Halbwertszeiten noch $1/2 \cdot 1/2\, N_0 = 1/4\, N_0$ usw. vorhanden. Nach 10 Halbwertszeiten ist ein Präparat auf den 1024ten Teil abgeklungen ($2^{10} = 1024$). Zur Darstellung des Zerfallsgesetzes bedient man sich in der Praxis am einfachsten halblogarithmischen Papiers. Nach obiger Gleichung ist $\ln(N/N_0) = -\lambda \cdot t$. Der Logarithmus der Aktivität eines Präparates fällt also mit der Zeit linear ab.

Die Lebensdauer der einzelnen radioaktiven Atomkerne eines Präparates ist völlig unterschiedlich; sie hat für die einzelnen radioaktiven Kerne Werte zwischen Null und Unendlich. Man kann aber eine *mittlere Lebensdauer* angeben. Wie eine diesbezügliche Rechnung zeigt, ist die mittlere Lebensdauer gleich derjenigen Zeit, in welcher ein radioaktives Präparat auf $1/e$ seines Anfangswertes abfällt, d. h. $= T_{\frac{1}{e}}$. Die mittlere Lebensdauer kann aus der Halbwertszeit $T_{\frac{1}{2}}$ nach der Beziehung

$$T_{\frac{1}{e}} = \frac{T_{\frac{1}{2}}}{\ln 2} = \frac{T_{\frac{1}{2}}}{0{,}693}$$

berechnet werden.

### γ) Berechnung der von einem radioaktiven Präparat bis zum völligen Zerfall ausgesandten Teilchen.

Bei der Dosisberechnung von inkorporierten Radioisotopen u. a. m. ist es von Interesse, die Gesamtzahl ($N_{\text{gesamt}}$) der von einem radioaktiven Präparat bis zu einem vollständigen Zerfall ausgesandten α- bzw. β-Teilchen zu kennen. Diese kann aus der Anfangsaktivität $N_0$ und der Zerfallskonstante bzw. Halbwertszeit des betreffenden Isotops ausgerechnet werden. Das Ergebnis lautet

$$N_{\text{gesamt}} = \frac{N_0}{\lambda} = N_0 \cdot T_{\frac{1}{e}} = N_0 \cdot \frac{T_{\frac{1}{2}}(=\text{HZ})}{\ln 2}.$$

Die Zahl $N_{\text{gesamt}}$ ist außerdem identisch mit der Gesamtzahl der in einem radioaktiven Präparat der Ausgangsaktivität $N_0$ vorhandenen radioaktiven Kerne, wie man sofort einsieht.

Wenn das Präparat, ausgehend von der Anfangsaktivität $N_0$, nicht vollständig, sondern nur bis zu einer Aktivität $N_1$ abfällt, so ist die Gesamtzahl der bis dahin ausgesandten Zerfallspartikel gleich

$$= N_0 \cdot T_{\frac{1}{e}} - N_1 \cdot T_{\frac{1}{e}} = (N_0 - N_1) \cdot T_{\frac{1}{e}}.$$

In einer Halbwertszeit werden dann (wegen $N_1 = 1/2\, N_0$)

$$= \tfrac{1}{2} N_0 \cdot T_{\frac{1}{e}} = \tfrac{1}{2} N_0 \cdot \frac{T_{\frac{1}{2}}}{\ln 2}$$

α- bzw. β-Teilchen ausgesandt.

Diese Zahlen beziehen sich nur auf die primären Zerfallspartikel (α- oder β-Teilchen). Wenn beim radioaktiven Zerfall auch Konversionselektronen auftreten, so muß das entsprechend berücksichtigt werden. Ist das Zerfallsschema genau bekannt, so kann bei γ-strahlenden Isotopen auch die Zahl der γ-Quanten je 1 Zerfallsprozeß angegeben werden.

### δ) Abfallskurve eines Gemisches zweier Radioisotope.

Nur ein isoliertes, reines Radioisotop fällt nach einer Exponentialfunktion ab. Wenn z. B. eine radioaktive Muttersubstanz eine gleichfalls radioaktive Tochtersubstanz nachbildet, so verläuft die Zeitabhängigkeit der Aktivität der Tochtersubstanz in komplizierterer Weise und ist auch von den Anfangsbedingungen abhängig. Wegen dieser Verhältnisse muß auf speziellere Darstellungen verwiesen werden[1].

Es soll hier lediglich auf denjenigen Fall näher eingegangen werden, daß ein radioaktives Präparat gleichzeitig zwei verschiedene Radioisotope $A$ und $B$ mit unterschiedlicher

---

[1] BOTHE, W.: Handb. Physik (GEIGER-SCHEEL) **22**, 186 (1926).

Halbwertszeit HZ enthält. Für das Präparat sei der in Abb. 13 durch die Kurve $(A + B)$ wiedergegebene zeitliche Aktivitätsverlauf gemessen worden. Nach einer Zeit von 10 Stunden ist das Isotop $B$ mit der kürzeren Halbwertszeit praktisch abgeklungen. Der weitere Verlauf wird dann lediglich durch das Isotop $A$ mit der längeren Halbwertszeit bestimmt. Die Anfangsaktivität $A_0$ des radioaktiven Isotops $A$ mit der längeren Halbwertszeit findet man durch eine Rückextrapolation der für große Zerfallszeiten gemessenen Abfallskurve (s. punktierte Linie). Die Differenz zwischen der beobachteten Kurve $(A + B)$ für beide Radioisotope und der Abfallskurve für das Isotop $A$ gibt den zeitlichen Aktivitätsverlauf für das kurzlebige Isotop $B$ sowie dessen Anfangsaktivität $B_0$ wieder.

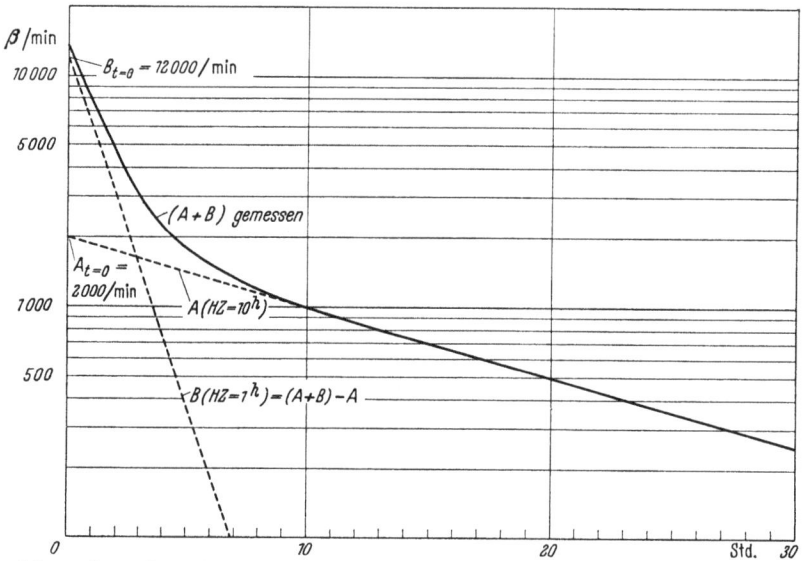

Abb. 13. Ermittlung der Anfangsaktivität zweier radioaktiver Isotope aus der Abfallskurve des Gemisches beider Isotope.

### ε) *Statistische Natur des radioaktiven Zerfalls.*

In einem radioaktiven Präparat zerfallen die einzelnen Kerne zeitlich in völlig zufälliger und voneinander unabhängiger Weise. Aus dem Zerfallsgesetz folgt, daß jeder radioaktive Kern zu jeder Zeit eine Zerfallswahrscheinlichkeit hat, welche nur von der Größe des betrachteten Zeitintervalls abhängt, aber von seinem Alter unabhängig ist. Die Zerfallswahrscheinlichkeit ist also ganz unabhängig davon, ob ein Kern z. B. vor $10^9$ Jahren oder gerade erst entstanden ist.

Die in einem Präparat ablaufenden Zerfallsprozesse sind über die Zeit nach einem Zufallsgesetz verteilt. Das hat zur Folge, daß bei wiederholten Messungen desselben Präparates in einem festen Zeitintervall unterschiedliche Anzahlen von Zerfallsprozessen gemessen werden. Eine einzelne Messung der Aktivität in einem notwendigerweise begrenzten Zeitintervall wird also von dem in einer sehr langen Zeit gewonnenen Mittelwert mehr oder weniger stark abweichen. Ein Maß für diese Unsicherheit ist der *statistische Fehler*. Hierauf soll S. 682ff. ausführlich eingegangen werden.

## g) Absorption radioaktiver Strahlungen in Materie.

### α) *Durchgang von α-Teilchen durch Materie.*

**Reichweite der α-Teilchen.** Beim Durchgang von α-Teilchen durch Materie werden deren Atome und Moleküle durch unelastische Stöße angeregt und ionisiert. Die Energie der α-Teilchen nimmt dabei stetig ab. Wie z. B. die Nebelkammeraufnahme in Abb. 4, S. 599 zeigt, sind die α-Bahnen geradlinig. Die Nebelkammeraufnahme eines α-strahlenden Präparates in Abb. 4 zeigt außerdem, daß alle α-Teilchen praktisch die gleiche Reichweite haben. Bei genauerer Betrachtung sieht man jedoch, daß kleine Schwankungen der Größe der Reichweite vorliegen. Abb. 14 gibt die Teilchenzahl in einem parallelen α-Strahlenbündel in Abhängigkeit von der Größe des im Absorber zurückgelegten Weges wieder.

Abb. 14 zeigt, daß bei kleinen Absorberdicken die Zahl der α-Teilchen zunächst konstant bleibt, aber dann in einem relativ engen Bereich steil auf Null abfällt. Die

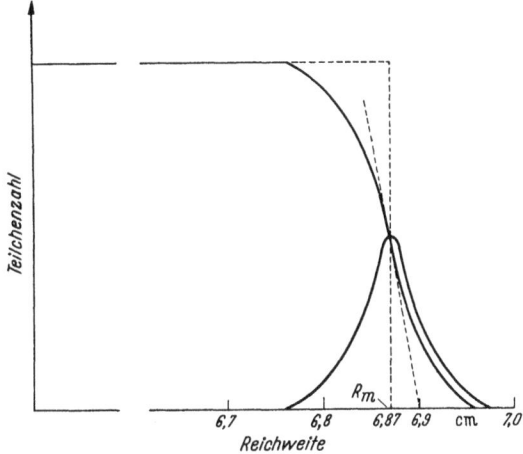

Abb. 14. Reichweitenverteilung der α-Teilchen von RaC' (nach CORK[1]).

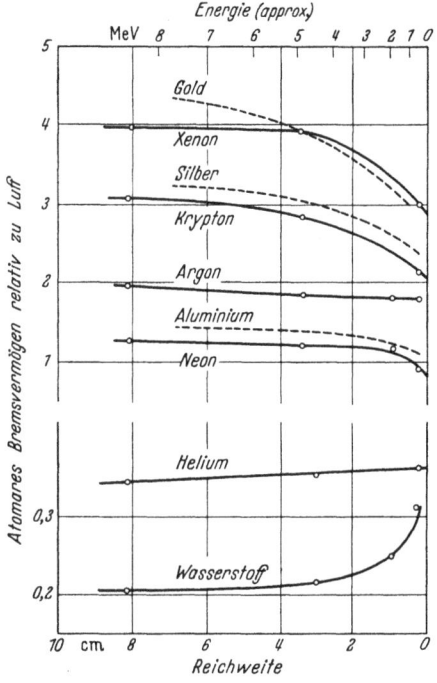

Abb. 15. Atomares Bremsvermögen für α-Teilchen in Abhängigkeit von der α-Energie für verschiedene Stoffe (nach RUTHERFORD, CHADWICK und ELLIS[2]).

Absorberdicke, bei der noch die Hälfte der α-Teilchen vorhanden ist, nennt man die *mittlere Reichweite* $R_m$. Die *extrapolierte Reichweite* ($R_{extrap}$) ist durch den Schnittpunkt der in Abb. 14 punktiert eingezeichneten Wendetangente mit der Abszisse gegeben. Die Glockenkurve in Abb. 14 gibt die Häufigkeitsverteilung der Reichweiten eines α-Präparates wieder. Das Maximum dieser Verteilungskurve liegt an der Stelle der mittleren Reichweite $R_m$.

**Atomares Bremsvermögen.** Die Reichweite von α-Teilchen ist in Stoffen mit verschiedener Ordnungszahl stark verschieden. Dünne Schichten mit gleichen Atomzahlen je 1 cm² aus Luft, Wasserstoff bzw. Xenon haben bei α-Teilchen einer Energie von z. B. 8 MeV Energieverluste zur Folge, welche sich etwa wie 1:0,2:4 verhalten. Diese Zahlen geben das *atomare Bremsvermögen* dieser Stoffe, bezogen auf Luft (15° C, 760 mm), wieder. Abb. 15 gibt das so definierte atomare Bremsvermögen für verschiedene Elemente und verschiedene α-Energien wieder. Es ist um so größer, je größer die Ordnungszahl ist und hängt in geringem Maße auch von der Energie der α-Teilchen ab. Das atomare Bremsvermögen einer Verbindung ist annäherungsweise gleich der Summe des atomaren Bremsvermögens der einzelnen Atome. Tabelle 6 enthält eine Zusammenstellung von Werten des atomaren Bremsvermögens einer Reihe von Elementen, bezogen auf Sauerstoff = 1,0.

Tabelle 6. *Atomares Bremsvermögen einiger Elemente für α-Teilchen, bezogen auf Sauerstoff = 1*[1].

| Element | Z | Atomares Bremsvermögen |
|---|---|---|
| H | 1 | 0,200 |
| Li | 3 | 0,519 |
| Be | 4 | 0,750 |
| C | 6 | 0,814 |
| N | 7 | 0,939 |
| O | 8 | 1,000 |
| Mg | 12 | 1,23 |
| Al | 13 | 1,27 |
| Si | 14 | 1,23 |
| Cl | 17 | 1,76 |
| Fe | 26 | 1,96 |
| Ni | 28 | 1,89 |
| Cu | 29 | 2,00 |
| Zn | 30 | 2,05 |
| Ag | 47 | 2,74 |
| Cd | 48 | 2,75 |
| Sn | 50 | 2,86 |
| Pt | 78 | 3,64 |
| Au | 79 | 3,73 |
| Pb | 82 | 3,86 |

---

[1] CORK, J. M.: Radioactivity and Nuclear Physics. New York 1950.
[2] RUTHERFORD, E., J. CHADWICK and C. D. ELLIS: Radioactions from Radioactive Substances. Cambridge 1930.

**Luftäquivalent von Absorbern.** Unter dem Luftäquivalent versteht man diejenige Substanzmenge in mg/cm², in der α-Teilchen den gleichen Energieverlust erleiden wie in 1 cm Luft (15° C, 760 mm). In Tabelle 7 sind einige Werte zusammengestellt worden. Ein Zählrohrfenster aus Glimmer mit 2 mg/cm² hat also ein Luftäquivalent von 1,4 cm.

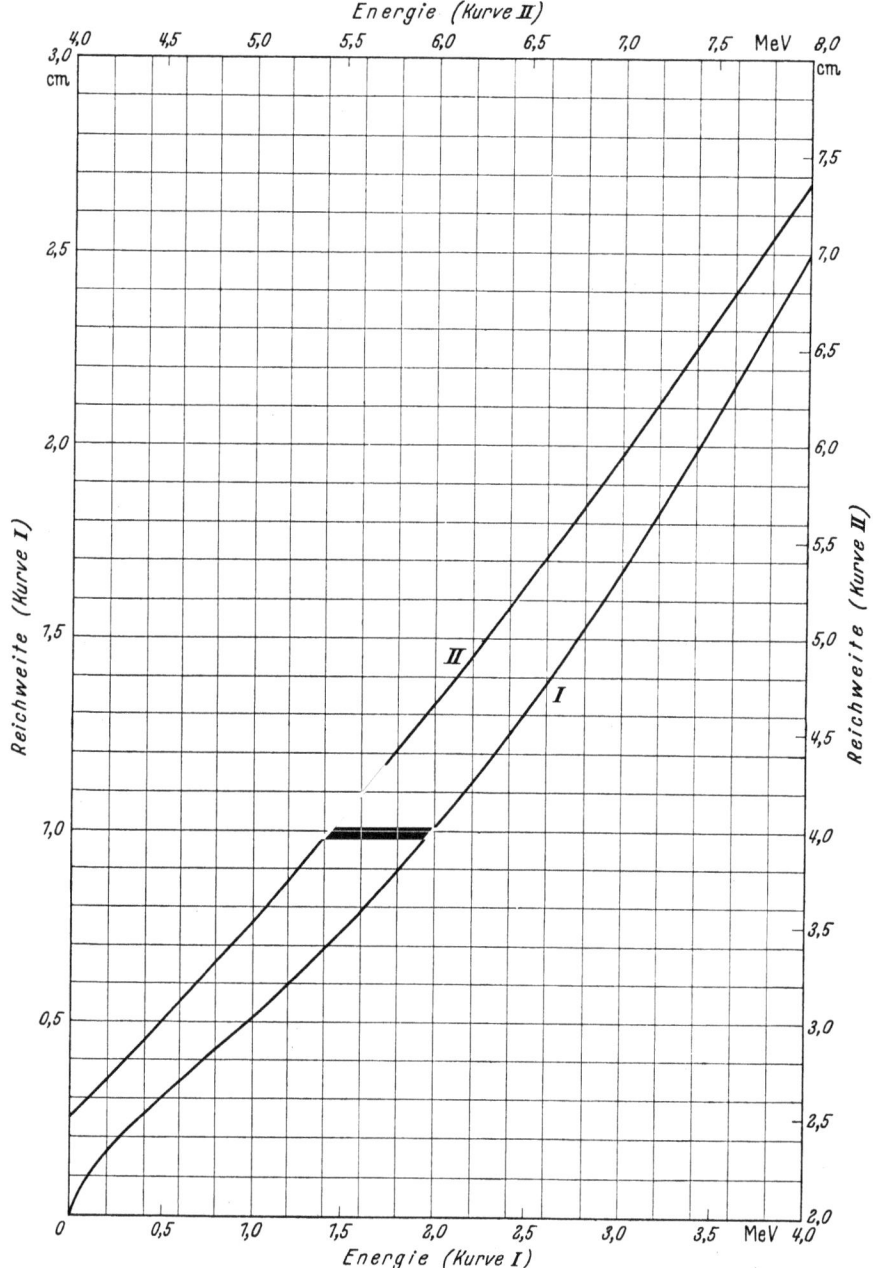

Abb. 16. Energie-Reichweitebeziehung für α-Teilchen von 0—8 MeV in Luft von 15° C und 760 mm (entnommen aus SEGRÉ[1]).

Polonium-α-Teilchen einer Reichweite von 4,8 cm treten also mit einer Rest-Reichweite von 4,8—1,4 = 3,4 cm in das empfindliche Volumen des Zählers ein.

**Energie-Reichweitebeziehung.** Die Reichweite ist um so größer, je größer die Energie der α-Teilchen ist. Abb. 16 gibt die Energie-Reichweitebeziehung für α-Energien zwischen Null und 8 MeV in Luft (15° C, 760 mm) graphisch wieder.

---

[1] SEGRÉ, E.: Experimental Nuclear Physics. New York 1952.

**Zahl der von einem α-Teilchen erzeugten Ionenpaare.** Ein α-Teilchen verbraucht zur Erzeugung eines Ionenpaares in Luft eine Energie von etwa 34,7 eV. Dieser Energiebedarf (ε/Ionenpaar) ist unabhängig von der Energie der α-Teilchen. In anderen Gasen hat der Energiebedarf je Ionenpaar andere Werte (s. Tabelle 8). Polonium-α-Teilchen, deren Energie 5,3 MeV beträgt, erzeugen also je α-Teilchen

$$\frac{5\,300\,000 \text{ eV}}{34,7 \text{ eV}} = 153\,000 \text{ Ionenpaare}.$$

Tabelle 7. *Luftäquivalent einiger Substanzen für α-Teilchen von rd. 6 MeV.*

| Substanz | Luftäquivalent in mg/cm² |
|---|---|
| Glimmer | 1,43 |
| Al | 1,51 |
| Cu | 2,09 |
| Ag | 2,71 |
| Au | 3,74 |

**Die Ionisationsdichte in Abhängigkeit von der Energie der α-Teilchen** zeigt Abb. 17. Danach nimmt die Wahrscheinlichkeit für die Erzeugung eines Ionenpaares (und auch für Anregungsprozesse) mit abnehmender Energie zu. Die Ionisationsdichte ist am Ende der Reichweite am größten.

*β) Durchgang der β-Teilchen durch Materie.*

β-Teilchen treten beim Durchgang durch Absorber in Wechselwirkung mit den Elektronen der Atomhülle und dem Atomkern. Dabei kann es zu elastischen (Streuung) und unelastischen Zusammenstößen (Anregung und Ionisation, Bremsstrahlung) kommen. Der Energieverlust von Elektronen kommt im wesentlichen durch Anregungen und Ionisationen der Atome des Absorbers zustande. Hierdurch wird die Energie der Elektronen schrittweise aufgebraucht.

Abb. 18 zeigt einen Zerfallsprozeß, bei dem neben einigen α-Teilchen (dichte, gerade Bahnspuren) auch ein Elektron (gekrümmte Bahn) frei wird. Die Aufnahme stellt einen vergrößerten Ausschnitt aus einer photographischen Platte (kernphysikalische Emulsion) dar.

Bei der Betrachtung der Elektronenspur fällt im Vergleich zu den Bahnen von α-Teilchen einmal die starke Bahnkrümmung und dann die geringe Dichte der Silberkörner auf. Außerdem sieht man deutlich, daß die Dichte der Silberkörner gegen das Ende der Bahnspur hin, d. h. also mit kleiner werdender Energie, zunimmt.

Tabelle 8. *Energieverbrauch je Ionenpaar für α-Teilchen in verschiedenen Substanzen.*

| Substanz | Energieverbrauch je Ionenpaar in eV |
|---|---|
| Wasserstoff | 35,1 |
| Helium | 30,2 |
| Stickstoff | 36,2 |
| Sauerstoff | 32,3 |
| Neon | 27,1 |
| Argon | 24,3 |
| Krypton | 22,3 |
| Xenon | 21,3 |
| Luft | 34,7 |
| $CH_4$ | 29,3 |
| $C_2H_4$ | 26,9 |
| $CCl_4$ | 26,8 |
| CO | 33,9 |
| $CO_2$ | 33,8 |

Im folgenden soll zunächst auf die Absorption von Elektronen gleicher Energie (monoenergetische Elektronen), wie sie durch künstliche Beschleunigungen mit hohen Spannungen hergestellt werden können, eingegangen werden. Bei der Absorption der β-Strahlung eines Radioisotops liegen insofern kompliziertere Verhältnisse vor, als die β-Strahlung aus Elektronen der verschiedensten Energien zwischen Null und dem maximalen Wert $E_{\beta\max}$ besteht (s. Abb. 10, S. 612).

**Energieverlust in Abhängigkeit von der Elektronenenergie.** Abb. 19 gibt den

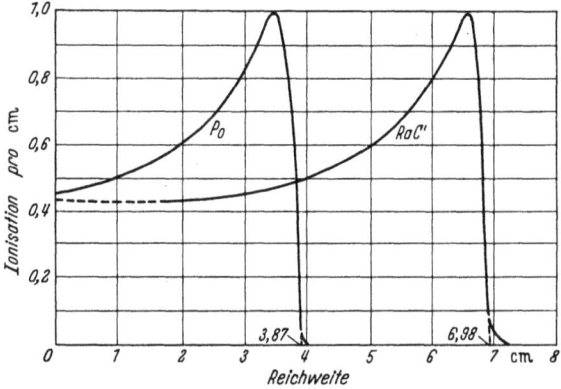

Abb. 17. Spezifische Ionisation der α-Teilchen von Polonium und Radium C' in Abhängigkeit von der Reichweite (entnommen aus CORK[1]).

Energieverlust monoenergetischer Elektronen je mg/cm² Luft für Elektronenenergien zwischen 1000 eV und 3 MeV wieder. Die Energieverluste sind um so größer, je kleiner die

---
[1] CORK, J. M.: Radioactivity and Nuclear Physics. New York 1950.

Elektronenenergie ist. Praktisch die gleiche Abhängigkeit der Energieverluste von der Elektronenenergie liegt auch bei anderen Absorbermaterialien vor, und zwar dann, wenn die Absorberdichte in mg/cm² gemessen wird. Zwei verschiedene Absorber von gleicher Masse je cm² (gleiche *Massenbelegung* in mg/cm²) haben annähernd die gleichen Energieverluste zur Folge (Massenproportionalitätsgesetz nach LENARD). Mit der Ordnungszahl des Absorbers steigen die Energieverluste bei gleicher Massenbelegung leicht an.

**Spezifische Ionisation.** Unter der *spezifischen Ionisation* versteht man die von einem Elektron beim Durchlaufen eines Absorbers der Dicke 1 mg/cm² gebildeten Ionenpaare. Diese hängt, wie Abb. 19 zeigt, von der Elektronenenergie stark ab und zwar in ähnlicher Weise wie die Energieverluste je mg/cm². Die spezifische Ionisation

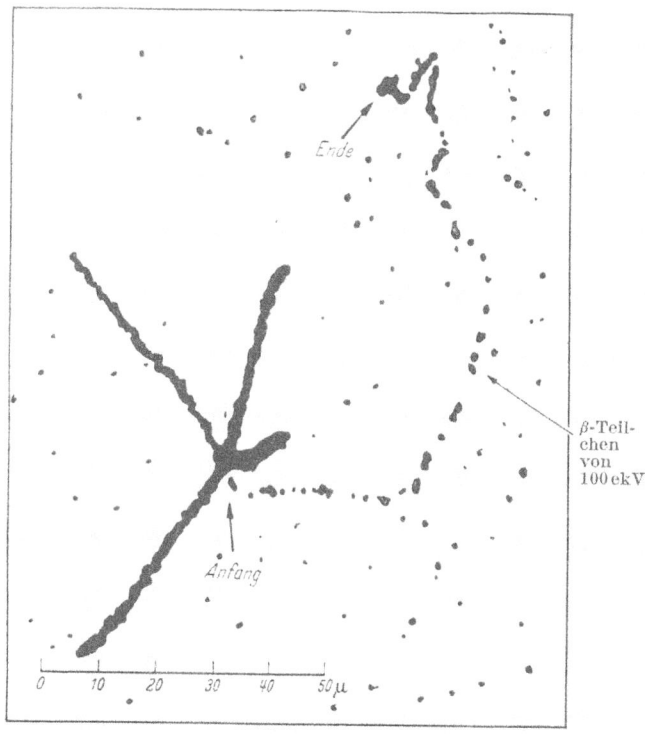

Abb. 18. Bahnspur eines β-Teilchens von 100 ekV. (Zerfall $^{228}_{90}$RaTh $\xrightarrow{\alpha}$ $^{224}_{88}$ThX $\xrightarrow{\alpha}$ $^{220}_{86}$Tn $\xrightarrow{\alpha}$ $^{216}_{84}$ThA $\xrightarrow{\alpha}$ $^{212}_{82}$ThB $\xrightarrow{\beta}$ $^{212}_{83}$ThC mit einer kernphysikalischen Emulsion [G 5] von 100 μ Dicke[1].)

ist um so größer, je kleiner die Elektronenenergie ist. Bei 1 MeV hat sie ein flaches Minimum und steigt nach größeren Energien hin wieder leicht an.

Wenn ein Elektron in einem Absorber abgebremst wird, so nimmt gegen das Ende der Elektronenbahn hin die Dichte der Ionen stark zu, wie auch aus Abb. 18 sehr anschaulich hervorgeht.

**Energieverbrauch je Ionenpaar.** In Luft verbraucht ein Elektron zur Erzeugung eines Ionenpaares im Mittel einen Energiebetrag von 32,3 eV. Zur Ionisation eines Atoms (Loslösung eines Hüllenelektrons) ist nur etwa der dritte Teil des Betrages von 32,3 eV erforderlich. Die restlichen zwei Drittel dieser Energie werden für Anregungsprozesse (Sprung eines Elektrons innerhalb der Elektronenhülle auf ein energetisch höheres Niveau, keine Entstehung von *freien* Elektronen) verbraucht. Der Energieaufwand je Ionenpaar ist unabhängig von der Elektronenenergie.

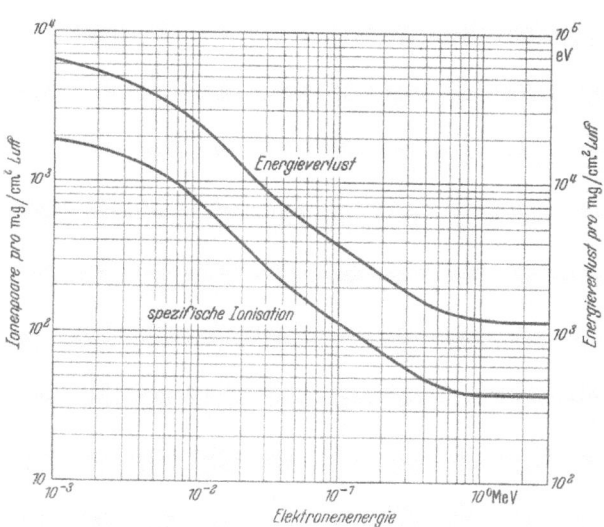

Abb. 19. Energieverlust und spezifische Ionisation für Elektronen in Normalluft in Abhängigkeit von der Elektronenenergie.

Für verschiedene Materialien hat der mittlere Energieaufwand je Ionenpaar unterschiedliche Werte, wie die Zusammenstellung in Tabelle 9 zeigt. Er beträgt z. B. für Xenon nur 20,8 V.

---
[1] Entnommen aus einem Prospekt von Ilford. London.

In fester Materie kann der Energieaufwand pro Ionenpaar nicht unmittelbar gemessen werden. In biologischem Gewebe dürfte der Energieaufwand pro Ionenpaar etwa gleich demjenigen in Luft sein. Wegen der hier bestehenden Unsicherheit ist die in festen Absorbern bei der Bestrahlung mit Elektronen oder Röntgen- und $\gamma$-Strahlen frei werdende Dosis in r-Einheiten (die Dosis 1r liegt vor, wenn in 1 cm³ Luft $2 \cdot 10^9$ Ionenpaare frei werden) nur angenähert angebbar. In neuerer Zeit ist man unter anderem auch aus diesem Grunde zur Angabe der in 1 g Materie absorbierten Energie übergegangen.

Ein Elektron von 1,7 MeV erzeugt in Luft bis zu seiner vollständigen Abbremsung 1 700 000 eV : 32,3 eV = 52 200 Ionenpaare. Oben wurde gezeigt, daß ein $\alpha$-Teilchen der gleichen Energie von 1,7 MeV etwa die gleiche Zahl von Ionenpaaren erzeugt. Nach Abb. 16 beträgt die Reichweite solcher $\alpha$-Teilchen in Luft 0,85 cm. Für $\alpha$-Teilchen beträgt also die mittlere Zahl der Ionenpaare für 1 mm Weglänge 52 200 : 8,5 = rd. 6000 Ionenpaare/mm Luft. Elektronen von 1,7 MeV durchlaufen bis zur völligen Abbremsung einen Weg von etwa 590 cm. Die mittlere Zahl der Ionenpaare je 1 mm Elektronenbahnlänge beträgt dann 52 200 : 5900 = rd. 9 Ionenpaare/mm Luft. Ein Vergleich der beiden Zahlenbeispiele zeigt, daß Elektronen eine 100—1000mal kleinere Ionisationsdichte hervorrufen als $\alpha$-Teilchen gleicher Energie. Dasselbe gilt, wenn an Stelle von Luft andere Absorber genommen werden.

Wenn z. B. für $^{32}$P die Zahl der Ionenpaare, welche im Mittel von einem einzelnen $\beta$-Teilchen erzeugt wird, angegeben werden soll, so muß man wegen der kontinuierlichen Verteilung der Elektronenenergien im $\beta$-Spektrum von der mittleren Energie eines $\beta$-Teilchens von $^{32}$P ausgehen. In relativ guter Annäherung kann allgemein die mittlere Energie gleich $^1/_3$ der maximalen $\beta$-Energie gesetzt werden. Für $^{32}$P würde sie also $^1/_3 \cdot 1{,}7 = 0{,}57$ MeV betragen. Im Mittel erzeugt also ein $\beta$-Teilchen von $^{32}$P in Luft 570 000 eV : 32,3 eV = 17 400 Ionenpaare/$\beta$-Teilchen.

Tabelle 9. *Energieverlust pro Ionenpaar für Elektronen in verschiedenen Gasen.*

| Gas | Energieverlust je Ionenpaar in eV |
|---|---|
| $H_2$ . . . | 33,0 |
| He . . . | 27,8 |
| $N_2$ . . . | 35,0 |
| $O_2$ . . . | 32,3 |
| Ne . . . | 27,4 |
| Ar . . . | 25,4 |
| Kr . . . | 22,8 |
| Xe . . . | 20,8 |
| Luft . . | 32,3 |

**Streuung von Elektronen.** Geladene Teilchen erfahren bei ihrem Durchgang durch Materie Richtungsänderungen *(elastische Stöße)*. Da die Masse des Elektrons rd. 7400mal kleiner ist als diejenige eines $\alpha$-Teilchens, werden Elektronen sehr viel stärker gestreut als $\alpha$-Teilchen. Während die letzteren eine praktisch geradlinige Bahn beschreiben (s. Abb. 4), ist die Bahn von Elektronen in Materie infolge vielfacher Ablenkungen stark gekrümmt (s. Abb. 18). Diese Streuungen können zu einer Gesamtablenkung von mehr als 180° gegenüber der Ausgangsrichtung führen, wobei unter Umständen das Elektron aus dem Absorber rückwärts wieder austreten kann *(Rückstreuung)*. Die Streuung von Elektronen ist um so stärker, je kleiner die Elektronenenergie ist. Die Bahnkrümmung nimmt also gegen das Ende der Elektronenbahn zu. Dieses Verhalten zeigt sehr anschaulich Abb. 18.

Bei den $\beta$-Energien, welche bei Radioisotopen vorkommen, spielt die Erzeugung von Bremsstrahlung durch $\beta$-Teilchen eine relativ untergeordnete Rolle. Genau wie bei dem Auftreffen von Elektronen auf die Antikathode einer Röntgenröhre können bei der Abbremsung von $\beta$-Teilchen in Materie Röntgenstrahlen (Bremsstrahlung) entstehen. Deshalb läßt sich auch bei sehr starken radioaktiven Präparaten *reiner* $\beta$-Strahlung eine elektromagnetische Strahlung nachweisen.

**Absorption der β-Strahlung von radioaktiven Isotopen.** In Abb. 20 ist die Absorption von $\alpha$-Teilchen von 3 MeV (Abb. 20a), von monoenergetischen Elektronen von 3 MeV (Abb. 20b) und einer $\beta$-Strahlung mit einer Grenzenergie von 3 MeV (Abb. 20c) wiedergegeben worden. Die Abszisse stellt die Absorberdicke $d$ (mg/cm² Luft bei $\alpha$-Teilchen, g/cm² Aluminium bei Elektronen) dar; die Ordinate gibt an, welcher Bruchteil der auftreffenden Teilchen nach Durchlaufen der Absorberdicke $d$ noch vorhanden ist. Weil die α-Teilchen den Absorber ohne wesentliche Richtungsänderung durchlaufen, nimmt ihre Zahl nach Abb. 20a erst gegen das Ende der Reichweite hin stark ab. Wegen der starken Streuung der Elektronen beschreiben nur die wenigsten Elektronen eine einigermaßen geradlinige Bahn. Nur diese können eine Absorberdicke durchlaufen, welche etwa ihrer wahren Bahnlänge entspricht, die Bahnen der meisten Elektronen enden bereits bei

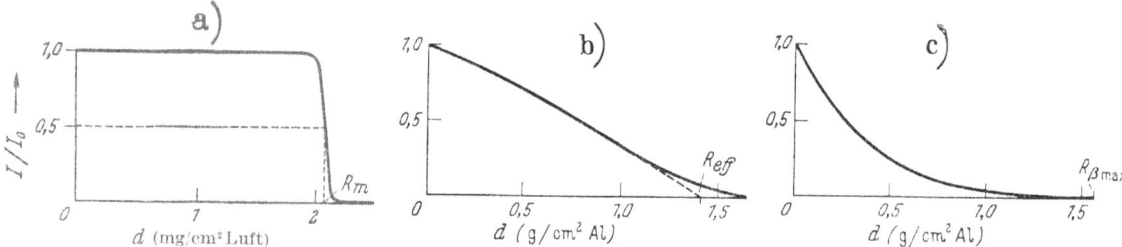

Abb. 20 a—c. Absorptionskurven für a) α-Teilchen von 3 MeV, b) Elektronen von 3 MeV und c) einer β-Strahlung mit einer Grenzenergie von 3 MeV (nach BLEULER and GOLDSMITH[1]).

kleineren Absorberdicken. Dem entsprechend fällt die Kurve in Abb. 20b schon von kleinen Absorberdicken an stetig ab. Der Verlauf ist also ein ganz anderer als bei α-Teilchen. Da die β-Strahlung eines Isotops Elektronenenergien zwischen Null und einem oberen Grenzwert enthält, nimmt die Zahl der β-Teilchen mit wachsender Absorberdicke wesentlich stärker ab als für monoenergetische Elektronen (Abb. 20c). Der starke Abfall der Teilchenzahl in Abb. 20c kommt also dadurch zustande, daß der energieärmere Teil der β-Strahlung bereits von relativ kleinen Absorberdicken vollständig absorbiert wird.

**Messung der Absorptionskurve von β-Strahlern.** Wenn man mit einer Zählanordnung, wie in Abb. 21 angegeben, die Absorptionskurve der β-Strahlung von $^{32}$P mißt, so erhält man die in Abb. 21 wiedergegebene Kurve. Der Kurvenverlauf zeigt, daß 90% aller auf den Absorber auftreffenden Elektronen bereits von einer Absorberdicke von 340 mg/cm² (= 3,4 mm Wasser) absorbiert werden. Die Form solcher Absorptionskurven hängt von der Geometrie der Zählanordnung und von dem Material des Absorbers ab. Diejenige Absorberdicke, durch welche alle auftreffenden β-Teilchen absorbiert werden, wird die *maximale Reichweite* ($R_{max}$) genannt. Diese beträgt nach Abb. 21 für $^{32}$P mehr als das Doppelte der Absorberdicke von 340 mg/cm², welche bereits 90% aller β-Teilchen absorbiert.

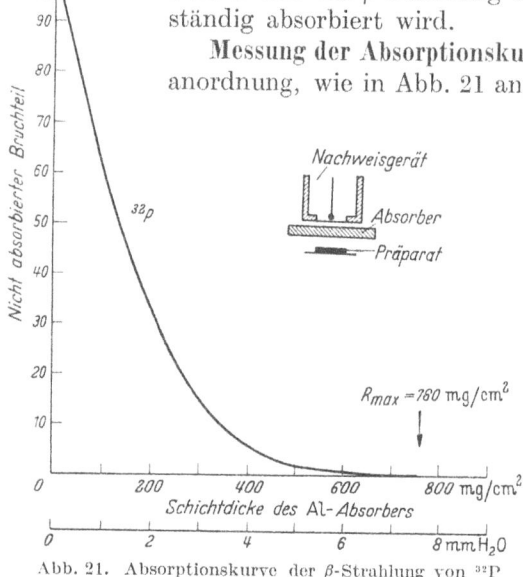

Abb. 21. Absorptionskurve der β-Strahlung von $^{32}$P in linearem Maßstab.

Die Messung der maximalen Reichweite bereitet erhebliche Schwierigkeiten. Zu ihrer Bestimmung ist eine halblogarithmische Darstellung der Absorptionskurve wie in Abb. 22 besser geeignet. Die Absorptionskurve verläuft bei kleinen Absorberdicken einigermaßen linear und fällt dann zunehmend steiler ab. Aus dem Endverlauf bei großen Absorberdicken kann auf die maximale Reichweite geschlossen werden. Diese Messung erfordert äußerste Sorgfalt und führt nur bei reinen β-Strahlern zu genauen Ergebnissen.

Wenn kein reiner β-Strahler vorliegt, sondern wie z. B. bei $^{24}$Na ein β-Strahler mit gleichzeitiger γ-Emission, so erhält man die Absorptionskurven der Abb. 23 (lineare Darstellung) bzw. der Abb. 24 (halblogarithmische Darstellung). Wegen der großen Durchdringungsfähigkeit der γ-Strahlen bleibt nach Absorption der β-Strahlung ein Rest-

---

[1] BLEULER, E., and G. J. GOLDSMITH: Experimental Nucleonics. New York 1952.

effekt übrig, welcher von der $\gamma$-Strahlung herrührt. Wenn man von der Absorptionskurve des Gesamteffektes ($\beta$- + $\gamma$-Strahlung) in Abb. 24 (Kurve 1) den $\gamma$-Effekt (gestrichelte Linie, Kurve 2) abzieht, so erhält man die Absorptionskurve der reinen $\beta$-Strahlung des $^{24}$Na (Kurve 3).

Von FEATHER[1] ist ein Verfahren angegeben worden, mit welchem die maximale Reichweite eines unbekannten, radioaktiven Isotops bestimmt werden kann. Hierzu wird die Absorptionskurve der $\beta$-Strahlung, deren maximale Reichweite gemessen werden soll, mit der Absorptionskurve eines $\beta$-Strahlers mit gut bekannter maximaler Reichweite verglichen.

Aus den beiden gemessenen Absorptionskurven entnimmt man diejenigen Absorberdicken, durch welche in beiden Fällen die $\beta$-Intensität z. B. auf $1/2$, $1/5$, $1/10$, $1/20$, $1/50$, $1/100$ usw. des Ausgangswertes geschwächt wird (s. Abb. 22). Anschließend wird das Zahlenverhältnis von zusammengehörigen Absorberdicken der beiden $\beta$-Strahlungen gegen die Schwächung graphisch aufgetragen. Aus der Kurve kann ein asymptotischer Wert für das Zahlenverhältnis der Absorberdicke bei sehr großen Schwächungen entnommen werden. Wenn die maximale Reichweite der einen $\beta$-Strahlung bekannt ist, kann dann diejenige der anderen ausgerechnet werden.

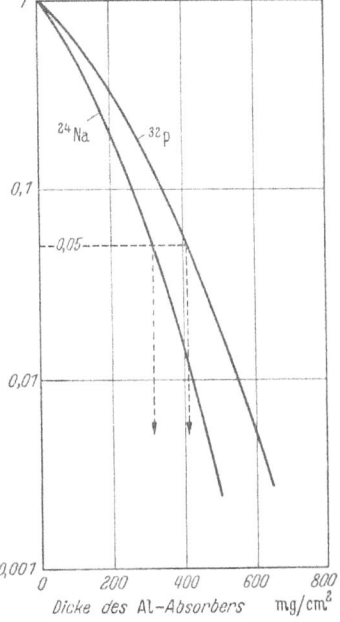

Abb. 22. Absorptionskurve von $^{32}$P und $^{24}$Na in halblogarithmischer Darstellung.

**Maximale Reichweite für β-Strahler verschiedener Grenzenergie.** Abb. 25 gibt die Abhängigkeit der maximalen Reichweite ($R_{max}$) von der maximalen $\beta$-Energie ($E_{\beta max}$) wieder. Für jedes radioaktive Isotop kann hieraus bei bekannter maximaler $\beta$-Energie die maximale Reichweite entnommen werden.

Nach GLENDENIN[2] besteht folgender empirischer Zusammenhang zwischen maximaler Reichweite ($R_{max}$) der $\beta$-Teilchen und der Grenzenergie der $\beta$-Strahlung ($E_{max}$).

$$R_{max} = 542\, E_{max} - 133$$

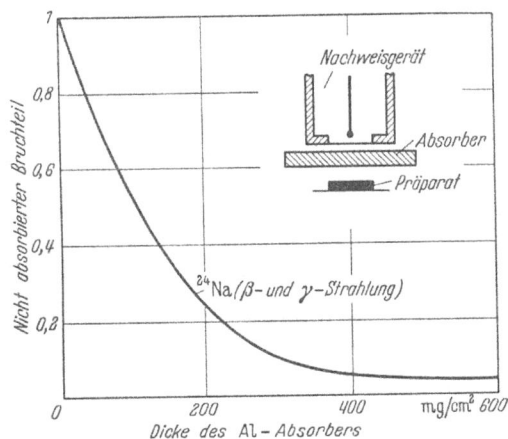

Abb. 23. Absorptionskurve von $^{24}$Na, $\beta$- und $\gamma$-Effekt.

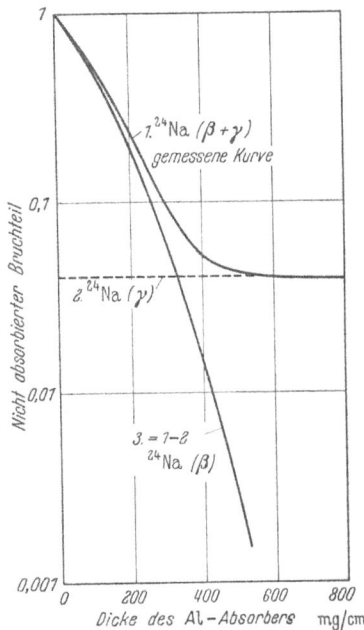

Abb. 24. Zerlegung der Absorptionskurve von $^{24}$Na in die Absorptionskurve der $\gamma$-Strahlung und der $\beta$-Strahlung (halblogarithmische Darstellung).

---

[1] FEATHER, N.: Proc. Cambridge philos. Soc. **34**, 599 (1948).
[2] GLENDENIN, W. F., and C. D. CORYELL: Atomic Energy Commission, Report MDDC-19 (1946).

($R_{max}$ in mg/cm² und $E_{max}$ in MeV). Diese Beziehung gilt für $\beta$-Grenzenergien von mehr als 0,8 MeV. FLAMMERSFELD[1] hat die Beziehung nach kleineren Energie hin erweitert

bzw.
$$E_{max} = 1{,}92 \sqrt{R_{max} + 0{,}22\, R_{max}}$$

$$R_{max} = 0{,}11\, (\sqrt{1 + 22{,}4\, E_{max}^2} - 1)$$

($R_{max}$ in g/cm² und $E_{max}$ in MeV). Diese Beziehung ist gültig für maximale Grenzenergien zwischen Null und 3 MeV.

**Zusammenhang zwischen maximaler Reichweite und dem Absorptionskoeffizienten der $\beta$-Strahlung.** Da die Absorptionskurve der $\beta$-Strahlung in halblogarithmischer Darstellung

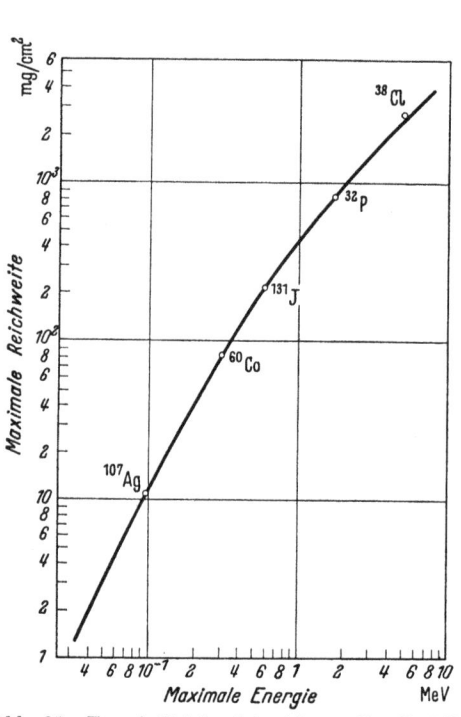

Abb. 25. Energie-Reichweitebeziehung für Zerfallselektronen (nach GLEASON, TAYLOR and TABERN[2]).

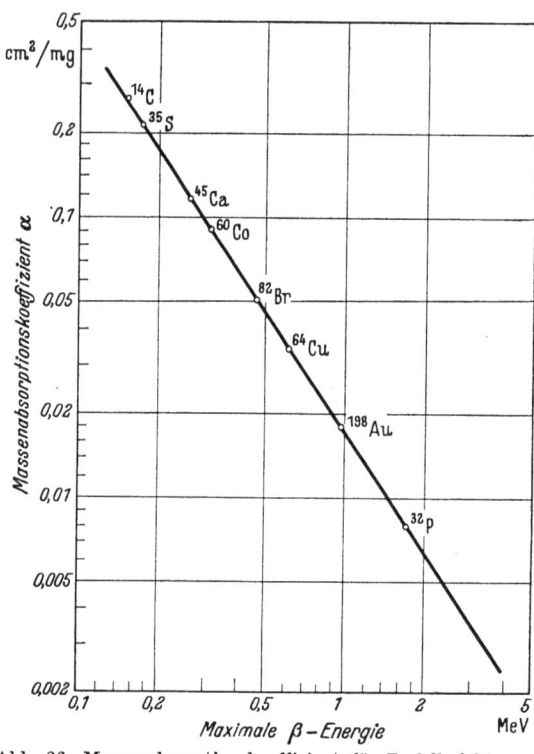

Abb. 26. Massenabsorptionskoeffizient für Zerfallselektronen in Abhängigkeit von der maximalen $\beta$-Energie (nach MEYER-SCHÜTZMEISTER und VINCENT[3]).

nach Abb. 22 und 24 bei kleinen Absorberdicken einigermaßen linear verläuft, kann die Absorption durch eine Exponentialfunktion *angenähert* wiedergegeben werden.

$$I_d = I_0 \cdot e^{-\alpha \cdot d}.$$

Hierin bedeutet $I_0$ = Intensität der $\beta$-Strahlung ohne Absorber, $I_d$ = $\beta$-Intensität nach Durchlaufen der Absorberdicke $d$ in mg/cm², $\alpha$ = Massenabsorptionskoeffizient in cm²/mg. Da die Absorptionskurve von der Geometrie der Zählanordnung abhängt, gilt ein so gemessener Absorptionskoeffizient nur in Verbindung mit einer festen Geometrie.

GLEASON und Mitarbeiter[2] haben mit der in Abb. 21 wiedergegebenen Zählanordnung für den Absorptionskoeffizienten in Abhängigkeit von der maximalen $\beta$-Energie die folgende Beziehung gefunden

$$\alpha = 0{,}017 \cdot E_{max}^{1{,}43}.$$

Abb. 26 gibt die gleiche Beziehung in graphischer Darstellung nach Messungen von MEYER-SCHÜTZMEISTER und VINCENT wieder. Mit ihrer Hilfe kann aus dem gemessenen

---

[1] FLAMMERSFELD, A.: Naturwiss. **33**, 280 (1946).
[2] GLEASON, G. J., J. D. TAYLOR and D. L. TABERN: Nucleonics 8 (5), 12 (1951).
[3] MEYER-SCHÜTZMEISTER, L., u. D. H. VINCENT: Landolt-Börnstein, 6. Aufl. Bd. 1, S. 350. 1952.

Absorptionskoeffizienten einer β-Strahlung deren Grenzenergie oder umgekehrt bestimmt werden. Alle diese Beziehungen sind rein empirischer Natur.

### γ) *Absorption von γ-Strahlen.*

**Absorptionsgesetz.** Die Absorption von γ-Quanten unterscheidet sich ganz wesentlich von derjenigen von α-Teilchen und Elektronen. Während α- und β-Teilchen ihre Energie beim Durchgang durch Absorber infolge dauernder Energieverluste praktisch kontinuierlich aufbrauchen, erfolgt die Absorption eines γ-Quants in einem einzigen Prozeß. Das hat zur Folge, daß die Absorption eines Strahls von γ-Quanten gleicher Energie nach einem Exponentialgesetz verläuft:

$$I = I_0 \cdot e^{-\mu_0 \cdot x} = I_0 \cdot e^{-\mu \cdot d}.$$

Hierin bedeuten:

$I_0$ = auf den Absorber auffallende γ-Intensität.

$I$ = γ-Intensität nach Durchlaufen des Absorbers.

$x$ = Dicke des Absorbers in cm.

$\mu_0$ = linearer Schwächungskoeffizient in cm$^{-1}$.

$d$ = Dicke des Absorbers in g/cm².

$\mu = \mu_0/\varrho$ = Massenabsorptionskoeffizient in cm²/g; $\varrho$ = Dicke des Absorbers in g/cm².

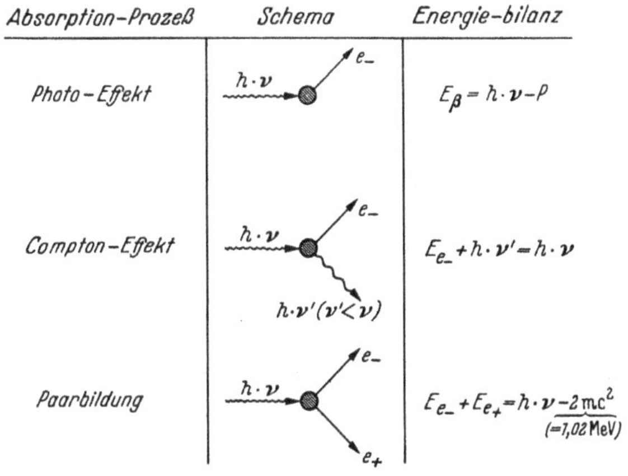

Abb. 27. Schematische Darstellung des Photoeffektes, des COMPTON-Effektes und der Paarerzeugung.

Zwischen dem linearen Schwächungskoeffizient $\mu_0$ und der Halbwertsdicke ($D_\frac{1}{2}$) besteht die Beziehung

$$\frac{\ln 2}{\mu_0} = \frac{0{,}693}{\mu_0} = D_\frac{1}{2}.$$

Der Schwächungskoeffizient ist von der Energie der γ-Quanten und der Ordnungszahl des Absorbers abhängig. Die Absorption kann durch 3 verschiedene Prozesse zustande kommen und zwar durch

1. Photoeffekt,
2. COMPTON-Effekt und
3. Paarbildung.

Je nach γ-Energie und Absorbermaterial tragen diese 3 Absorptionsprozesse in unterschiedlichem Maße zur Gesamtabsorption eines γ-Strahles bei.

Auch die Absorption durch die einzelnen Teilprozesse verläuft nach einem Exponentialgesetz und kann durch einen Absorptionskoeffizienten für Photoeffekt ($\tau$), für COMPTON-Effekt ($\sigma$) und für Paarbildung ($\varkappa$) wiedergegeben werden. Die Summe dieser Teilabsorptionskoeffizienten ist gleich dem Gesamtabsorptionskoeffizienten

$$\mu = \tau + \sigma + \varkappa.$$

Gegenüber den 3 genannten Absorptionsprozessen spielt für die hier interessierenden γ-Energien die Streuung von γ-Quanten ohne Energieänderung (kohärente Streuung) eine untergeordnete Rolle.

**Absorption durch Photoeffekt.** Bei der photoelektrischen Absorption wird das γ-Quant von einem Atom des Absorbers vollständig absorbiert (s. schematische Darstellung in Abb. 27). Seine Energie wird zur Loslösung eines Hüllenelektrons verwandt. Die Energie des gebildeten Sekundärelektrons ist gleich der Energie des γ-Quants, vermindert um die Energie, welche zur Loslösung des Elektrons aus dem Atomverband notwendig ist. Nach dem photoelektrischen Absorptionsprozeß ist das γ-Quant verschwunden, und es sind an seiner Stelle ein positiv geladenes Ion (Restatom) sowie ein Sekundärelektron entstanden.

Photoelektrische Absorption ist erst möglich, wenn das γ-Quant eine Energie hat, welche größer als die Ionisierungsarbeit ist (= Absorptionskante). Die letztere beträgt bei Blei für die K-Schale = 88,0 keV, für die $L_1$-Schale = 14,7 keV usw. Ein γ-Quant von

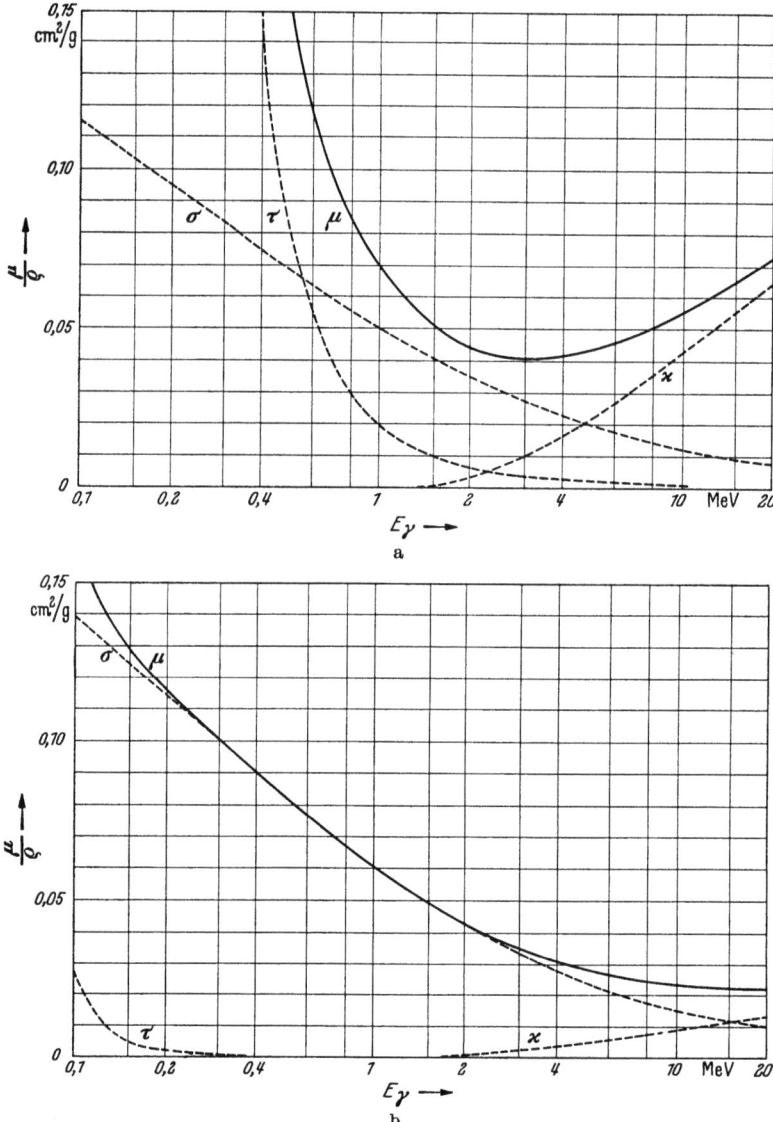

Abb. 28 a u. b. Massenabsorptionskoeffizient in Abhängigkeit von der γ-Energie für Photoeffekt (τ), COMPTON-Effekt (σ), Paarerzeugung (κ) und für die Gesamtabsorption a für Aluminium, b für Blei (nach BLEULER und GOLDSMITH[1]).

500 keV würde bei einer photoelektrischen Absorption an z. B. der K-Schale von Blei ein Sekundärelektron mit einer Energie von 500−88,0 = 412 keV auslösen.

Oberhalb der Absorptionskante nimmt die Wahrscheinlichkeit für Photoeffekt mit zunehmender γ-Energie stark ab. In Abb. 28 ist der Verlauf des Massenabsorptionskoeffizienten $\tau = \tau_0/\varrho$ ($\tau_0$ = linearer Schwächungskoeffizient für Photoeffekt, $\varrho$ = Dicke des Absorbers in g/cm²) in Abhängigkeit von der γ-Energie für Blei und Aluminium wiedergegeben worden. Die Wahrscheinlichkeit für photoelektrische Absorption von γ-Quanten steigt mit der 4. Potenz der Ordnungszahl des Absorbers an. Sie ist demnach für Blei

---
[1] BLEULER, E., and G. J. GOLDSMITH: Experimentel Nucleonics. New York 1952.

erheblich größer als für Aluminium, wie auch ein Vergleich der Kurven für $\tau$ in Abb. 28a und b zeigt.

Der Photoeffekt spielt insbesondere bei großen Ordnungszahlen und kleinen $\gamma$-Energien eine Rolle.

**Absorption durch Compton-Effekt.** Der Compton-Effekt kann als Stoß eines $\gamma$-Quants gegen ein Elektron der Elektronenhülle eines Absorberatoms aufgefaßt werden. Die Gesamtenergie und der Gesamtimpuls bleiben hierbei erhalten. Ein Teil der Energie des stoßenden $\gamma$-Quants wird als kinetische Energie auf das getroffene Elektron übertragen. Das $\gamma$-Quant fliegt mit entsprechend verminderter Energie (= Vergrößerung der Wellenlänge) in geänderter Richtung weiter (s. schematische Darstellung in Abb. 27). Bei der Absorption durch Compton-Prozeß bleibt die Zahl der $\gamma$-Quanten unverändert. Charakteristisch für ihn ist das Auftreten einer im Vergleich zur primären $\gamma$-Strahlung weichen Streustrahlung (Compton-Streustrahlung). Bei der Messung von $\gamma$-Intensitäten macht ihre Berücksichtigung erhebliche Schwierigkeiten (s. S. 674 ff.).

In Abb. 28 sind die Massenabsorptionskoeffizienten für Compton-Effekt $\sigma = \sigma_0/\varrho$ ($\sigma_0$ = linearer Schwächungskoeffizient für Compton-Effekt, $\varrho$ = Dicke des Absorbers in g/cm²) für Blei und Aluminium wiedergegeben worden. Da der atomare Absorptionskoeffizient für Compton-Effekt (=Absorptionskoeffizient bezogen auf ein Atom) nur mit der 1. Potenz der Ordnungszahl ansteigt, verhalten sich verschiedene Materialien nur wenig verschieden, wie auch ein Vergleich der Kurven in Abb. 28 zeigt.

Tabelle 10. *Relative Wahrscheinlichkeit der verschiedenen Absorptionsprozesse in Wasser in Abhängigkeit von der Energie der $\gamma$-Strahlen.*

| Energie der $\gamma$-Quanten | Photoeffekt | Compton-Effekt | Paarbildung |
|---|---|---|---|
| 10 keV | 100 % | 0 | |
| 40 keV | 75 % | 25 % | |
| 200 keV | 1 % | 99 % | |
| 400 keV | 0 | 100 % | |
| 1 MeV | | 100 % | = 0 (Einsatz) |
| 10 MeV | | 50 % | 50 % |
| 100 MeV | | 0 | 100 % |

Der Compton-Effekt ist bei mittleren $\gamma$-Energien zwischen etwa 100 keV und einigen MeV und bei kleinen Ordnungszahlen von vorherrschender Bedeutung.

**Absorption durch Paarerzeugung.** Oberhalb einer $\gamma$-Energie von 1 MeV kann $\gamma$-Absorption unter Bildung eines Elektronenpaares eintreten. Das $\gamma$-Quant verschwindet unter Bildung eines negativen und eines positiven Elektrons (Elektronenzwilling). Nach dem Einsteinschen Äquivalenzgesetz von Energie und Masse

$$E = m \cdot c^2$$

$E$ = Energie in Erg, hier Energie des $\gamma$-Quants,
$m$ = Masse in g,
$c$ = Lichtgeschwindigkeit = $3 \cdot 10^{10}$ cm/sec

ist zur Erzeugung der Masse von einem Elektron und einem Positron (= $2 \cdot 0.9 \cdot 10^{27}$ g) eine Energie von 1,02 MeV notwendig. Energetisch kann also $\gamma$-Absorption unter Paarerzeugung erst oberhalb dieser Energie auftreten, was auch der Erfahrung entspricht. Die über diese *Einsatzspannung* von 1,02 MeV hinausgehende Energie des $\gamma$-Quants wird auf die beiden entstehenden Elektronen als kinetische Energie verteilt.

Das natürlich radioaktive Isotop ThC′ sendet eine starke $\gamma$-Linie von 2,56 MeV aus. Bei seiner Absorption durch Paarerzeugung steht als kinetische Energie der beiden Elektronen eine Energie von 2,56 − 1,02 = 1,54 MeV zur Verfügung. Im Mittel entfällt davon etwas mehr als die Hälfte auf das Positron.

Aus Impulsgründen kann eine Paarerzeugung nur in der Nähe eines Atomkerns — d. h. also nur in einem Absorber und nicht im Vakuum — stattfinden. Wie ohne weiteres verständlich, liegt der Einsatz für jeden Absorber bei der gleichen Energie von 1,02 MeV. Der atomare Absorptionskoeffizient für Paarbildung (Schwächungskoeffizient bezogen auf ein Atom) steigt mit dem Quadrat der Ordnungszahl des Absorbers und mit zunehmender $\gamma$-Energie an.

Abb. 28 gibt den Verlauf des Massenabsorptionskoeffizienten für Paarbildung $\varkappa = \varkappa_0/\varrho$ ($\varkappa$ = linearer Schwächungskoeffizient für Paarbildung, $\varrho$ = Dicke des Absorbers in g/cm$^2$) mit der Energie der $\gamma$-Quanten wieder.

Bei radioaktiven Isotopen kommen selten $\gamma$-Energien von mehr als 2 MeV vor. Bei diesen Energien spielt die Absorption durch Paarerzeugung noch eine untergeordnete Rolle, wie auch aus den Kurven der Abb. 28 hervorgeht.

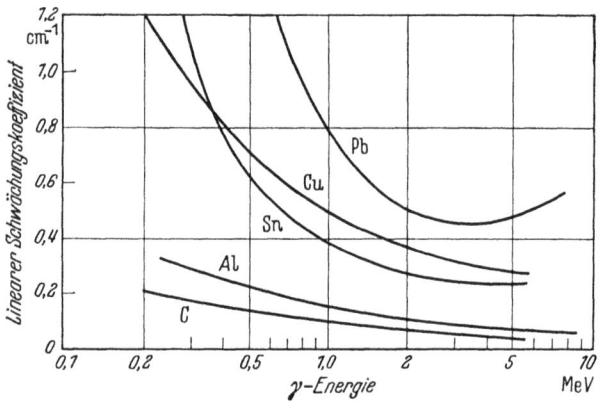

Abb. 29. Linearer Schwächungskoeffizient für verschiedene Absorber in Abhängigkeit von der $\gamma$-Energie (nach COVAN[1]).

Für Wasser als Absorber zeigt Tabelle 10, mit welcher Wahrscheinlichkeit die drei Absorptionsprozesse bei verschiedenen $\gamma$-Energien auftreten. Bis etwa 40 keV erfolgt die Absorption im wesentlichen durch Photoeffekt, zwischen 40 keV und einigen MeV durch COMPTON-Effekt und darüber hinaus durch Paarbildung.

In Abb. 29 ist der lineare Schwächungskoeffizient für verschiedene Absorber in Abhängigkeit von der Energie wiedergegeben worden.

# Meßgeräte zum Nachweis radioaktiver Isotope.

Von

W. Maurer und K. Schmeiser.

Mit 32 Abbildungen.

## a) Übersicht.

Die Messung radioaktiver Isotope beruht auf dem Nachweis der ausgesandten Zerfallspartikel ($\alpha$- oder $\beta$-Teilchen) oder der $\gamma$-Quanten (elektromagnetische Strahlung). Wenn schnelle geladene Teilchen wie $\alpha$- und $\beta$-Teilchen Materie durchsetzen, werden die Atome und Moleküle der Materie durch Stoß ionisiert oder angeregt. Die $\gamma$-Quanten werden erst dann wirksam, wenn sie absorbiert werden. Dabei entstehen schnelle Sekundärelektronen, welche ihrerseits ionisieren oder anregen können.

Man kann zwei Arten von Nachweisgeräten unterscheiden, je nachdem ob die hervorgerufene Ionisation oder die Lichtanregung in der durchsetzten Materie gemessen werden. Die entstandenen Ionen sind unmittelbar als Stromstoß meßbar. Die Energie der angeregten Atome und Moleküle wird zum Teil in Form von Licht ausgestrahlt, welches dann seinerseits gemessen werden kann.

**Nachweis der erzeugten Ionisation.** Bei der *Ionisationskammer* werden die von schnellen geladenen Teilchen in der Gasfüllung erzeugten Ionen durch ein elektrisches Feld gesammelt und als Strom mit geeigneten Instrumenten gemessen. Eine einfache Verwirklichung desselben Prinzips ist das *Elektroskop*. Im *Proportionalzähler* liegen wesentlich höhere elektrische Feldstärken vor. Dadurch gewinnen die primär erzeugten Elektronen innerhalb ihrer freien Weglänge genügend Energie, um neue sekundäre Ionisationen hervorrufen zu können. Die insgesamt gemessene Elektrizitätsmenge wird hierdurch bedeutend vermehrt, sie bleibt aber der primär erzeugten Ionenmenge proportional. Im Gegensatz hierzu wird beim GEIGER-MÜLLER-*Zählrohr* das elektrische Feld so hoch

---
[1] COVAN, C. W.: Physic. Rev. **74**, 1841 (1948).

gewählt, daß die größtmögliche Verstärkung durch sekundäre Ionisationen eintritt. Die Größe des gemessenen Stromimpulses ist dann unabhängig von der Zahl der primär erzeugten Ionenpaare (Auslösezählrohr).

*Die WILSONsche Nebelkammer* gestattet die unmittelbare Sichtbarmachung des Weges von einzelnen α- oder β-Teilchen. Die längs der Bahn der Teilchen erzeugten Ionen dienen als Kondensationskerne für übersättigten Wasserdampf, wodurch die Bahn des Teilchens sichtbar wird. Wahrscheinlich sind aber auch angeregte Atome am Zustandekommen von Wassertröpfchen beteiligt.

Beim *Krystallzähler* wird die elektrische Leitfähigkeit gemessen, welche beim Durchgang ionisierender Teilchen durch geeignete Krystalle entsteht. Es können einzelne Teilchen nachgewiesen werden.

Eine sehr wichtige Ergänzung der bisher genannten Nachweisgeräte bildet die Methode der *Autoradiographie*. Mit ihrer Hilfe kann die Feinverteilung eines Radioisotops in organischem Gewebe bis herunter zur Dimension einer Zelle untersucht werden. Der Nachweis der radioaktiven Zerfallsstrahlung geschieht mit der photographischen Platte. Wenn AgBr-Körner durch geladene Teilchen ionisiert werden, entstehen entwicklungsfähige, latente Bilder. Die Methode der Autoradiographie wird S. 734 ff. gesondert ausführlich beschrieben.

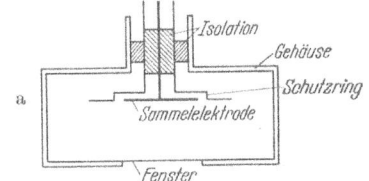
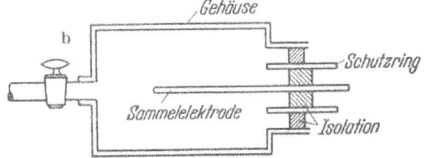

Abb. 1 a u. b. Schematische Darstellung einer Parallel-Platten-Ionisationskammer und einer zylindrischen Ionisationskammer (nach SIRI[1] bzw. BORKOWSKI[2]).

**Nachweis der Lichtanregung.** Die Methode der *Zählung von Scintillationen* ist eine der ältesten Nachweismethoden für Radioisotope. Aber erst in neuerer Zeit hat sie in der Ausführungsform des *Scintillationszählers* wieder eine sehr große Bedeutung gewonnen. In einem geeigneten Krystall oder einer organischen Substanz werden durch α-, β- und γ-Strahlung Lichtblitze erzeugt. Letztere lösen an der Photoelektrode eines *Photo-Elektronenvervielfachers* Photoelektronen aus, welche nach einer ersten Verstärkung im Elektronenvervielfacher über einen angeschlossenen Verstärker registriert werden können. Im Gegensatz zu allen bisher genannten Methoden hat der Scintillationszähler auch für γ-Strahlen eine sehr hohe Empfindlichkeit. Hierin liegt seine große Bedeutung.

Im Folgenden soll auf solche Nachweisgeräte näher eingegangen werden, welche für die Anwendung von Radioisotopen von besonderer Bedeutung sind.

## b) Ionisationskammer.

Abb. 1 zeigt zwei verschiedene Ausführungsformen von Ionisationskammern. In Abb. 1a liegt zwischen der Sammelelektrode und der gegenüberliegenden Metallwand ein homogenes elektrisches Feld. Der eingebaute Schutzring soll die Homogenität des elektrischen Feldes über den Rand der Sammelelektrode hinaus bewirken. In Abb. 1b liegt die Spannung zwischen dem Gehäuse und der Sammelelektrode, welche hier aus einem Metallstab besteht. Das elektrische Feld ist nicht homogen, sondern zylindersymmetrisch. An der Oberfläche der Sammelelektrode hat die elektrische Feldstärke ihre größten Werte. Der eingezeichnete Schutzring hat die gleiche Spannung wie die Sammelelektrode und soll das Überkriechen von Elektrizität über die Isolation zwischen Gehäuse und Sammelelektrode verhindern. Je nach Verwendungszweck werden die Ionisationskammern mit unterschiedlichen Gasen und Drucken gefüllt.

---

[1] SIRI, W. E.: Isotopie Tracers and Nuclear Radiations. New York 1949.
[2] BORKOWSKI, C. J.: Report of US Atomic Energy Commission MDDC—1099.

Wenn die α- und β-Teilchen eines radioaktiven Präparates durch das in Abb. 1a gezeichnete Fenster in die Ionisationskammer eintreten, wird das Kammergas ionisiert.

Abb. 2. Kennlinie einer Ionisationskammer (Abhängigkeit des Ionisationsstromes von der Kammerspannung).

Die erzeugten positiven Ionen und Elektronen werden durch das elektrische Feld zur Sammelelektrode bzw. zum Gehäuse abgeführt. Der entstehende Strom ist ein Maß für die Strahlungsintensität des radioaktiven Präparates.

Mit zunehmender Spannung an der Ionisationskammer wird die Wahrscheinlichkeit, daß die gebildeten positiven Ionen und Elektronen wieder rekombinieren, immer kleiner. Der gemessene Strom nimmt deshalb mit der Kammerspannung stetig zu, bis schließlich sämtliche gebildeten positiven Ionen und Elektronen auf die beiden Elektroden abgeführt werden. Bei weiterer Erhöhung der Kammerspannung bleibt der Strom dann konstant *(Sättigungsstrom)*. Abb. 2 gibt diese Verhältnisse wieder.

Jede Ionisationskammer zeigt einen *Nulleffekt*. Er rührt her von nicht idealer Isolation der Sammelelektrode, der Höhenstrahlung und unvermeidlichen radioaktiven Verseuchungen der verwandten Materialien. Der von den beiden letzten Ursachen herrührende Nulleffekt nimmt mit dem Druck des Kammergases linear zu. Abb. 3 gibt die Abhängigkeit des Nulleffektes vom Druck des Kammergases wieder. Der beim Druck Null vorhandene Strom rührt im wesentlichen von Isolationsverlusten her.

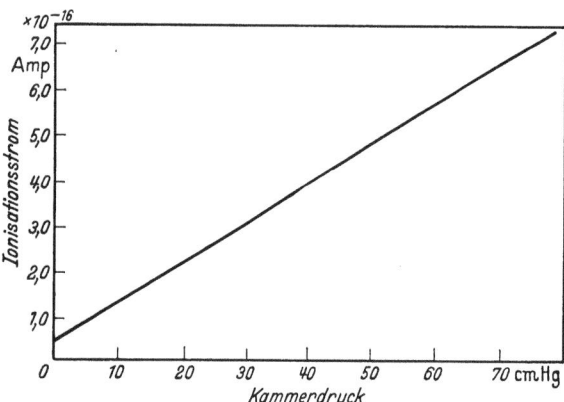

Abb. 3. Beispiel für die Druckabhängigkeit des Nulleffektes einer Ionisationskammer.

Bei fester Kammerspannung ist der von einem radioaktiven Präparat hervorgerufene Ionisationsstrom vom Druck des Kammergases abhängig, wie Abb. 4 zeigt. Der Verlauf dieser Kurve ist von den Dimensionen der Ionisationskammer, von der Art der Strahlung und ihrer Energie abhängig. Zunächst steigt der Ionisationsstrom mit dem Druck linear an. Wenn der Druck so groß genommen wird, daß alle Zerfallspartikel innerhalb der Kammer ihre Energie verlieren, wird der Ionisationsstrom vom Druck des Kammergases unabhängig, bis schließlich Rekombinationsverluste merklich werden. So werden z. B. α-Teilchen wegen ihrer Reichweite von nur wenigen Zentimeter Luft in Ionisationskammern üblicher Größe ganz abgebremst. Bei β-Strahlern dagegen trifft dies nur für die energieärmeren β-Teilchen des kontinuierlichen β-Spektrums zu.

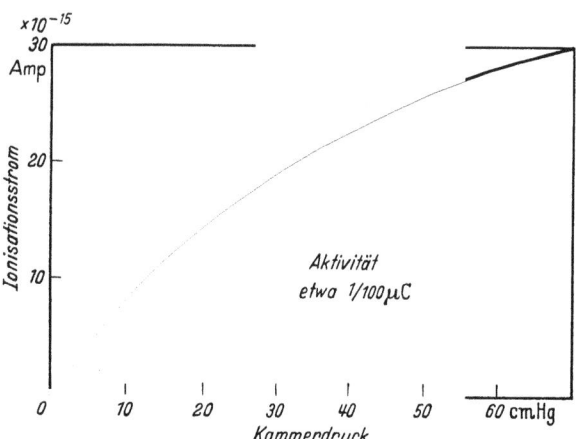

Abb. 4. Beispiel für die Druckabhängigkeit des Ionisationsstromes für ein radioaktives Präparat.

Die energiereicheren β-Teilchen erreichen die gegenüberliegende Kammerwand und verlieren im Metall des Gehäuses ihre restliche Energie. Mit zunehmendem Gasdruck in der Ionisationskammer werden auch die schnelleren β-Teilchen mehr und mehr bereits im Kammergas vollständig absorbiert. Das hat zur Folge, daß der gemessene Ionisationsstrom mit dem Kammerdruck zunimmt. Der Strom steigt in diesem Falle mit dem Druck weniger als linear an, wie Abb. 4 zeigt.

In gewissen Grenzen nimmt der Ionisationsstrom mit der Stärke des radioaktiven Präparates linear zu. Bei sehr großen Präparatstärken wird die Ionisationsdichte im Kammergas so groß, daß Rekombinationsverluste auftreten. Bei α-Teilchen, welche sehr dicht ionisieren, sind Rekombinationsverluste schwer zu vermeiden.

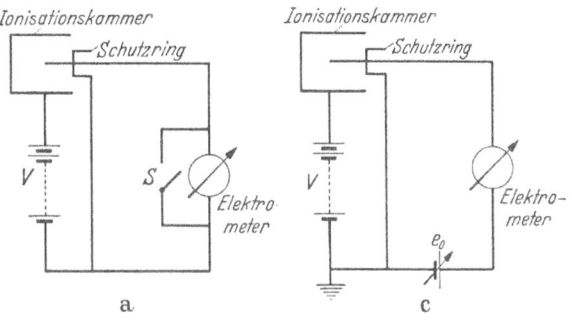

Die auf die Sammelelektrode auffließende Ladungsmenge kann durch ein Elektrometer oder ein Röhrenvoltmeter gemessen werden. Man kann entweder direkt die Ablenkung des Elektrometersystems beobachten (Abb. 5a) oder den Spannungsabfall an einem Ableitwiderstand $R$ (Abb. 5b) messen. In beiden Fällen ändert sich die Kapazität des Elektrometers mit der Einstellung. Für die zur Sammelelektrode abgeflossene Ladungsmenge gilt dann:

$$dQ = d(C \cdot V) = C \cdot dV + V \cdot dC.$$

Dabei bedeutet:

$dQ =$ In der Ionisationskammer gebildete Ladungsmenge.

$C =$ Kapazität von Ionisationskammer + Elektrometer.

$V =$ Spannung der Sammelelektrode.

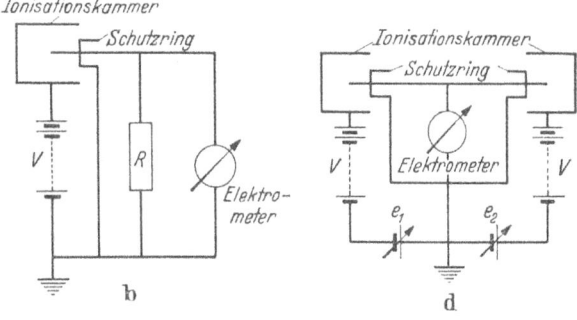

Abb. 5a—d. Elektrische Schaltungen bei Ionisationskammermessungen. a Auflademethode. b Messung bei zeitlich konstantem Elektrometerausschlag. c Nullmethode. d Schaltung zur Kompensation des Nulleffektes.

$dV =$ Spannungsänderung der Sammelelektrode, gemessen mit dem Elektrometer.

$dC =$ Kapazitätsänderung des Elektrometers bei der jeweiligen Einstellung gegenüber dem Wert in Nullstellung.

Wenn man die Drehung des Elektrometers durch eine zusätzliche Spannungsquelle wie in Abb. 5c kompensiert, wird $dC = 0$, und die Gleichung nimmt die einfachere Gestalt an

$$dQ = C \cdot dV,$$

wobei $dV$ gleich der Kompensationsspannung ist. In diesem Fall ist die auf die Sammelelektrode geflossene Elektrizitätsmenge gleich der Kapazität von Ionisationskammer und Elektrometer in Ruhestellung, multipliziert mit der Kompensationsspannung.

Eine sehr einfache Kombination von Ionisationskammer und Elektrometer stellt das *Elektroskop* dar. Wie Abb. 6 zeigt, besteht das Meßsystem aus einem

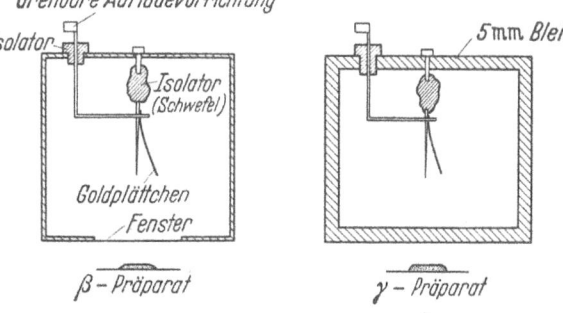

Abb. 6a u. b. Elektroskop zur Messung von β-Strahlen (a) und γ-Strahlen (b).

metallisierten Quarzfaden oder einem dünnen Goldblättchen, welches an einer senkrechten Fläche aus Metall drehbar befestigt ist. Dieses System muß gegenüber dem Gehäuse gut isoliert sein. Mittels einer drehbaren Aufladevorrichtung kann von außen auf das System Ladung aufgebracht werden. Infolge der elektrostatischen Abstoßung spreizt sich der Quarzfaden bzw. das Goldblättchen von seiner Auflage ab. Die Ablenkung ist um so größer, je größer die Spannung des Meßsystems gegenüber dem Gehäuse ist. Die jeweilige COULOMB-Kraft hält der Schwerkraft das Gleichgewicht. Wenn innerhalb des Kammervolumens Ionen entstehen, so entlädt sich das Meßsystem, und der Ausschlag geht zurück. Die Ablenkung wird mit einem Mikroskop kleiner Brennweite beobachtet.

Bei Messung von β-Strahlung kann es vorteilhaft sein, am Boden des Elektroskops ein Fenster anzubringen, durch das die β-Strahlen eindringen können (Abb. 6a). Vielfach werden auch am Boden des Elektroskops Schieber angebracht, mittels der die α- oder β-strahlenden Präparate in das Innere des Elektroskops gebracht werden können. Zur Messung der γ-Strahlung von radioaktiven Präparaten muß die Wandstärke so dick sein, daß nur γ-Quanten in das Innere eindringen können. Man umgibt dann das Elektroskop mit einem Bleipanzer von z. B. 5 mm Dicke, wie Abb. 6b zeigt.

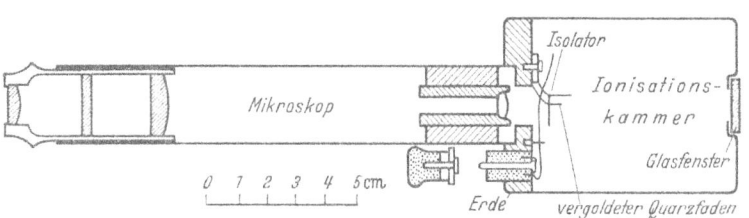

Abb. 7. Schematische Darstellung eines Elektroskops nach LAURITSON (nach GARNER[1]).

Bei der Entladung geht im allgemeinen der Ausschlag nicht gleichmäßig zurück. Man mißt deshalb die Entladezeit immer zwischen zwei fest gewählten Ablenkungen. Der reziproke Wert der Entladezeit ist direkt proportional der Präparatstärke. Der von der Höhenstrahlung, radioaktiven Verseuchungen und nicht idealer Isolation herrührende Nulleffekt wird auf dem gleichen Wege ermittelt und in Abzug gebracht. Die Empfindlichkeit des Elektroskops reicht für viele Messungen aus. Bei sehr starken Präparaten treten im Gerät so große Ionendichten auf, daß Rekombinationsverluste eintreten.

Die Empfindlichkeit des Elektroskops kann den jeweiligen Präparatstärken durch eine Vergrößerung der Kapazität des Gerätes angepaßt werden. Bei den gebräuchlichen Geräten können zwischen Meßsystem und Gehäuse Kondensatoren verschiedener Größe wahlweise eingeschaltet werden.

Von LAURITSEN[2] ist eine sehr stabile und lageunempfindliche Ausführungsform (Abb. 7) und von HENRIQUES und Mitarbeitern[3] neuerdings eine Konstruktion angegeben worden, welche eine ähnliche Empfindlichkeit hat wie das Zählrohr. So sind z. B. $10^{-4}\ \mu C\ ^{35}S$ noch meßbar. Die Genauigkeit hängt dabei sehr von der Reproduzierbarkeit des Nulleffektes ab. Seine Messung muß deshalb oft wiederholt werden.

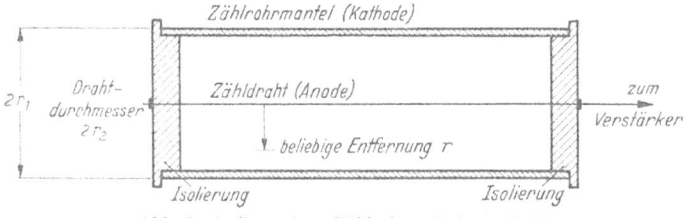

Abb. 8. Aufbau eines Zählrohres (schematisch).

Aufbau und Herstellung eines Elektroskops sind von verschiedenen Autoren, so von BOTHE[4], LAURITSON[2], GARNER[1] und GLASCOCK[5] eingehend beschrieben worden.

### c) Zählrohre.

#### α) Bau und Wirkungsweise von Zählrohren.

Abb. 8 gibt in schematischer Weise den Aufbau eines Zählrohres wieder. Das Zählrohr besteht aus einem zylindrischen Metallrohr (Zählrohrmantel), welches an beiden Seiten durch isolierendes Material luftdicht verschlossen ist. In der Achse des Zylinders befindet sich ein dünner Draht, welcher an einer Seite nach außen durchgeführt ist. Dieses Ende führt zu einem Verstärker für Spannungsimpulse. Je nach Verwendungszweck wird das Zählrohr mit bestimmten Gasen oder Gasgemischen gefüllt.

---

[1] GARNER, C. S.: J. chem. Educat. 26, 542 (1941).
[2] LAURITSEN, C. C., and T. LAURITSEN: RSI 8, 438 (1937).
[3] HENRIQUES, F. C., G. B. KISTIAKOWSKY, C. MARGRIETTI and W. G. SCHNEIDER: Industr. engng. Chem., analyt. Ed. 18, 349 (1946).
[4] BOTHE, W.: Physiko-Chemische Messungen (OSTWALD-LUTHER), S. 643 ff. Leipzig 1925.
[5] GLASCOCK, R. F.: Isotopic Gas Analysis for Biochemists. New York 1954.

Zwischen dem Zählrohrmantel und dem Zählrohrdraht liegt eine elektrische Spannung, wobei der Zählrohrmantel Kathode und der Draht Anode ist. Im Innern des Zählrohres bildet sich um den Draht herum ein zylindersymmetrisches, elektrisches Feld aus. Die Größe der elektrischen Feldstärke ist gegeben durch

$$E = \frac{V}{r \cdot \ln r_1/r_2}.$$

Dabei bedeuten:

$E$ = Elektrische Feldstärke in Volt/cm.
$V$ = Spannungsdifferenz zwischen Zählrohrmantel und Draht.
$r_1$ = Radius des Zählrohrmantels.
$r_2$ = Radius des Zählrohrdrahtes.
$r$ = Beliebiger Abstand von der Zählrohrachse.

Tabelle 1. *Radialer Feldstärkeverlauf in einem Zylinderzählrohr.*

| $r$ in cm | $E$ in V/cm |
|---|---|
| $5 \cdot 10^{-3}$ (Drahtoberfläche) | 37400 |
| $10^{-2}$ | 18700 |
| $5 \cdot 10^{-2}$ | 3740 |
| $10^{-1}$ | 1870 |
| $5 \cdot 10^{-1}$ | 374 |
| 1 (Zählrohrwand) | 187 |

Für ein Zählrohr von 2 cm Durchmesser, einem Zähldraht mit einem Durchmesser von 0,01 cm und bei einer Spannung von 1300 V zwischen Mantel und Draht ergeben sich die in Tabelle 1 wiedergegebenen elektrischen Feldstärken. Man sieht, daß die Feldstärke in unmittelbarer Nähe der Oberfläche des Zähldrahtes 200mal größer ist als an der inneren Oberfläche des Zählrohrmantels. Die Feldstärke nimmt nach außen sehr schnell ab. In einer Entfernung von 0,05 cm von der Achse (= 5facher Zähldrahtdurchmesser) ist sie bereits 10mal kleiner als an der Drahtoberfläche.

Zunächst sollen an Hand der Abb. 9 die wesentlichen Unterschiede einer Ionisationskammer der Art, wie oben bereits beschrieben, dann eines Proportionalzählers und eines GEIGER-MÜLLER-Zählrohres (Auslösezähler) behandelt werden.

Das in Abb. 8 gezeichnete Zählrohr kann als Ionisationskammer, als Proportionalzähler und als GEIGER-MÜLLER-Auslösezähler Verwendung finden. Das hängt ganz von der Größe der angelegten Spannung ab:

Bei relativ niedriger Spannung werden die von einem α- oder β-Teilchen im Zählrohrgas durch Stoßionisation erzeugten Elektronen und positiven Ionen zum Draht bzw. zum Zählrohrmantel hin abgeleitet und gemessen. Das Zählrohr arbeitet als *Ionisationskammer*. In diesem Spannungs-

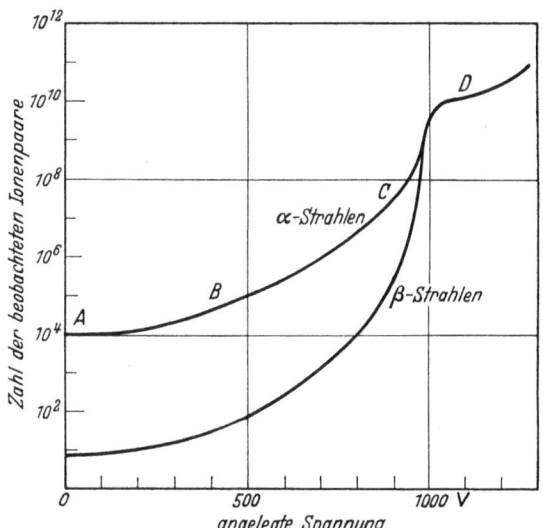

Abb. 9. Größe des Stromstoßes eines Zählrohres in Abhängigkeit von der Spannung für α- und β-Teilchen. *A* Arbeitsbereich als Ionisationskammer, *B* Proportionalbereich, *C* beschränkter Proportionalbereich, *D* Auslösebereich.

gebiet werden die von einem α- oder β-Teilchen durch Stoß gebildeten Elektronen im elektrischen Feld nur schwach beschleunigt. Sie erhalten nicht genügend Energie, um weitere Stoßionisationen durchführen zu können. Bei diesen Spannungen findet keine Verstärkung statt. Der *Verstärkungsfaktor* ist *1*. In Abb. 9 wurde dieser Spannungsbereich mit *A* bezeichnet.

Bei größeren Spannungen am Zählrohr tritt eine Vermehrung der Zahl der von einem α- oder β-Teilchen erzeugten Elektronen ein. Letztere werden nämlich innerhalb ihrer freien Weglänge im Zählrohrgas so stark beschleunigt, daß sie ihrerseits wieder Gasatome ionisieren können. Die dabei neu entstehenden Elektronen können wiederum ionisieren usw. So kann ein einziges Elektron, welches von einem β-Teilchen primär erzeugt worden ist, eine *Elektronenlawine* auslösen. Die Zahl der dabei insgesamt je Elektronenlawine erzeugten sekundären Elektronen ist von der Zählrohrspannung abhängig. Sie steigt mit der Zählrohrspannung stark an. Einer festen Zählrohrspannung entspricht eine feste Anzahl von Elektronen in der Lawine. Jedes im Zählrohrvolumen primär erzeugte Elektron wird also in der *gleichen Weise* um einen bestimmten Faktor (Verstärkungsfaktor) verstärkt. Die Gesamtzahl der zum Zähldraht fließenden Elektronen ist der Zahl der primär erzeugten Elektronen proportional. Das Zählrohr arbeitet in diesem Spannungsgebiet *(Proportionalbereich)* als *Proportionalzähler*. Die dicht ionisierenden α-Teilchen erzeugen wesentlich größere Stromimpulse als die weniger dicht ionisierenden β-Teilchen und können dadurch unterschieden werden. Der Verstärkungsfaktor kann je nach Zählrohrspannung Werte zwischen 1 und etwa $10^4$ annehmen (s. Abb. 9, Bereich $B$).

Wenn die Spannung am Zählrohr weiter gesteigert wird, breitet sich der Verstärkungsmechanismus über den gesamten Zähldraht aus. Der entstehende Stromimpuls ($10^7$—$10^9$ Elektronen) hängt dann nur noch von der Größe der Zählrohrspannung ab. Er ist unabhängig von der Art des registrierten Teilchens; α- und β-Teilchen können nicht mehr unterschieden werden, sie lösen den gleichen Stromimpuls aus. Dementsprechend gehen in Abb. 9 im Bereich $D$ die Kurven für α- und β-Teilchen ineinander über. In diesem Spannungsbereich $D$ arbeitet das Zählrohr als *Auslösezähler* (GEIGER-MÜLLER-Zählrohr). Das Gebiet $C$ in Abb. 9 wird *beschränkter Proportionalbereich* genannt. Ein Zählrohr kann im Proportionalbereich (Proportionalzähler) und im Auslösebereich (GEIGER-MÜLLER-Zählrohr) betrieben werden. Die Eigenschaften des Zählrohres in diesen beiden Fällen sind aber wesentlich verschieden. Hierauf soll im folgenden näher eingegangen werden.

### β) Proportionalzähler.

Proportionalzähler haben gegenüber GEIGER-MÜLLER-Zählrohren ein viel größeres Auflösungsvermögen und eine größere Lebensdauer. Sie liefern aber kleinere Stromimpulse, was eine größere Verstärkung erfordert. Im Gebiete der Anwendungen von Radioisotopen ist der Proportionalzähler u. a. insofern von Bedeutung, als er auf Grund seines großen Auflösungsvermögens die Messung hoher Impulshäufigkeiten gestattet.

**Größe des Stromimpulses. Nachverstärkung.** Wie oben bereits angegeben, beträgt die Verstärkung im Proportionalbereich zwischen 1 und etwa $10^4$, je nach Größe der Zählrohrspannung. Die zum Zähldraht fließende Elektrizitätsmenge ist relativ klein. Die entstehenden Spannungsimpulse betragen maximal etwa 10 mV (bei GEIGER-MÜLLER-Zählrohren etwa 10 V). Die Spannungsimpulse von Proportionalzählern müssen also zunächst einmal nachverstärkt werden, bis sie mit Impulsverstärkern üblicher Bauart (Eingangsempfindlichkeit rd. 0,1 Volt und größer) registriert werden können.

Der Proportionalzähler besitzt gegenüber dem GEIGER-MÜLLER-Zählrohr zwei große Vorteile:

**Auflösungsvermögen.** Die zeitliche Dauer eines Stromimpulses beträgt bei einem Proportionalzähler üblicher Dimensionen etwa $10^{-6}$ sec. Nach dieser Zeit sind die ursprünglichen Betriebsbedingungen wiederhergestellt und der Zähler ist zur Registrierung eines neuen Teilchens bereit. Das Auflösungsvermögen eines GEIGER-MÜLLER-Zählrohres ist rd. 1000mal kleiner. Der Proportionalzähler eignet sich also vor allem zur Ausmessung sehr starker Präparate. Es können einige 100000 Impulse je Minute ohne Zählverluste (s. S. 652) registriert werden.

**Lebensdauer.** Als Gasfüllung kommen Edelgase mit Zusätzen von organischen Dämpfen oder z. B. reines Methan in Betracht. Durch die Ionisationsprozesse im Zählrohr wird bei jedem registrierten Impuls ein Teil der organischen Substanz verbraucht. Bei einem Verstärkungsfaktor z. B. von $10^4$ würden also maximal $10^4$ Moleküle chemisch verändert werden. Bei GEIGER-MÜLLER-Zählrohren mit Verstärkungsfaktoren zwischen $10^7$ und $10^9$ ist der Verbrauch an organischer Substanz je Impuls um Zehnerpotenzen größer. Dementsprechend haben Proportionalzähler eine viel größere Lebensdauer als GEIGER-MÜLLER-Zählrohre.

In neuerer Zeit findet der *Durchströmzähler im Proportionalbereich* immer mehr Verwendung. Hierbei wird die Gasfüllung kontinuierlich erneuert, so daß die Zusammensetzung des Zählgases konstant bleibt. Die Lebensdauer ist also nicht durch einen Verbrauch an organischer Substanz beschränkt. Nach KOESTER und MEIER-LEIBNITZ[1] ist nach etwa $10^9$ Impulsen zur Konstanthaltung der Verstärkung eine Erhöhung der Betriebsspannung notwendig. Die Autoren erklären dies durch eine geringe Verdickung des Zähldrahtes durch feste Zersetzungsprodukte des verwandten Methans.

Zur Konstanthaltung der Verstärkung erfordern Proportionalzähler eine sehr gut stabilisierte Hochspannung. Bei GEIGER-MÜLLER-Zählrohren ist die notwendige Konstanz geringer. Mit Proportionalzählern können sehr genaue Messungen durchgeführt werden.

FÜNFER und NEUERT[2,3] sowie NEUERT[4,5] haben sich eingehend mit dem Mechanismus von Zählrohren mit reiner Dampffüllung beschäftigt. Diese Zähler arbeiten im beschränkten Proportionalbereich (s. Abb. 9, Bereich $C$). Die Impulsdauer ist daher kurz. Sie erzeugen verhältnismäßig große Spannungsimpulse am Zähldraht, wie sie sonst nur mit GEIGER-MÜLLER-Zählrohren im Auslösebereich erzielt werden können. Als Proportionalzählrohre haben sie aber den Vorzug des größeren Auflösungsvermögens.

*γ) GEIGER-MÜLLER-Zählrohr (Auslösezähler).*

**Wirkungsmechanismus.** Zu Beginn dieses Abschnittes wurde bereits auf die Unterschiede von GEIGER-MÜLLER-Zählrohr und Proportionalzähler hingewiesen. Im Gegensatz zum Proportionalzähler liefert ein *Auslösezähler* (GEIGER-MÜLLER-*Zählrohr*) für jedes registrierte Teilchen denselben Stromimpuls von etwa $10^8$ Ionenpaaren.

**Einsatzspannung.** Von einer bestimmten Größe der Zählrohrspannung an nimmt die Größe der Spannungsimpulse am Zählrohr stark zu. Sobald die Spannungsimpulse die Eingangsempfindlichkeit des Verstärkers (normalerweise 0,1 V) überschreiten, spricht der Verstärker an. Die dazu notwendige Zählrohrspannung wird *Einsatzspannung* des Zählrohres genannt. Sie ist eine charakteristische Größe eines GEIGER-MÜLLER-Zählrohres. Nach dem Gesagten ist verständlich, daß sie in geringem Maße von der Eingangsempfindlichkeit des Verstärkers abhängt.

**Zeitlicher Verlauf des Stromimpulses.** Da die Beweglichkeit der Elektronen um Zehnerpotenzen größer als diejenige der im Zählrohrgas entstandenen positiven Ionen ist, fließen die Elektronen viel rascher zum Zähldraht (Anode) ab als die positiven Ionen zum Zählrohrmantel (Kathode). Der Anstieg des Stromimpulses erfolgt in etwa $10^{-6}$ sec und rührt ganz überwiegend von den Elektronen her.

Da die Stoßionisationen im Zähler bevorzugt an den Stellen großer Feldstärke, also in der Umgebung des Zählrohrdrahtes stattfinden, befindet sich in der Umgebung desselben nach dem Abfluß der Elektronen eine dichte Wolke von positiven Ionen. Der ganze Zähldraht ist von einem Ionenschlauch umgeben. Wegen der geringen Beweglichkeit der positiven Ionen fließen diese nur langsam zum Zählrohrmantel ab, was Zeiten von etwa $10^{-4}$—$10^{-3}$ sec erfordert. Erst dann sind die ursprünglichen Betriebsbedingungen wiederhergestellt.

Durch den Ionenschlauch um den Zähldraht herum werden die elektrischen Feldverhältnisse im Zählrohr grundlegend verändert. Während normalerweise die elektrische Feldstärke an der Oberfläche des Drahtes den größten Wert hat, wird sie dort unter dem Einfluß der positiven Raumladung stark vermindert. Das bedeutet aber, daß damit die Ursache für den Verstärkungsmechanismus beseitigt ist. Die Feldstärke an der Oberfläche des Ionenschlauches reicht für das Zustandekommen weiterer Ionisationen nicht mehr aus. Die Entladung bricht ab.

**Totzeit. Erholungszeit.** Noch ein anderer Vorgang wirkt in derselben Richtung. Da das Zählrohr über einen hochohmigen Widerstand mit der Hochspannungsquelle verbunden

---

[1] KOESTER, L., u. H. MAIER-LEIBNITZ: S.-B. heidelberg. Akad. Wiss. (A) **1951**, 5.
[2] FÜNFER, E., u. H. NEUERT: Z. Physik. **128**, 530 (1950).
[3] FÜNFER, E., u. H. NEUERT: Naturwiss. **37**, 20 (1950).
[4] NEUERT, H.: Ann. Physik (6) **8**, 341 (1950).
[5] NEUERT, H.: Z. Naturforsch. **5a**, 231 (1950).

wird, sinkt die Spannung am Zählrohr bei Belastung durch einen Impuls stark ab und zwar bei geeigneter Dimensionierung des Widerstandes bis unter die Einsatzspannung. Durch Zufluß von Ladung über den Hochohmwiderstand stellen sich dann die alten Spannungsverhältnisse langsam wieder ein.

Die geschilderten Verhältnisse sind in Abb. 10 graphisch wiedergegeben worden. Der untere Teil der Abbildung gibt den Spannungsverlauf am Zählrohr wieder. Nach dem Einsetzen des Stromimpulses zum Zähldraht (Zeit = 0) sinkt die Spannung rasch unter die Einsatzspannung des Zählrohres ab. In dem Maße, in dem die in Zähldrahtnähe gebildeten positiven Ionen auf den Zählrohrmantel wandern und sich die entstandenen Spannungsunterschiede über den Hochohmwiderstand wieder ausgleichen, steigt die Spannung am Zählrohr relativ langsam wieder auf den normalen Wert an. Nach einer bestimmten Zeit wird die Einsatzspannung wieder erreicht (*Totzeit des Zählrohres*, dead time). Von nun an können Impulse gezählt werden. Ihre Größe ist aber zunächst noch kleiner als normal, bis schließlich die alten Spannungsverhältnisse am Zählrohr wieder erreicht werden. Das Zeitintervall zwischen dem Ende der Totzeit bis zur Wiederherstellung der normalen Betriebsbedingungen wird *Erholungszeit* (recovery time) genannt. Zwei Zerfallsteilchen mit einem zeitlichen Abstand von weniger als der Totzeit werden als nur *ein* Ereignis registriert.

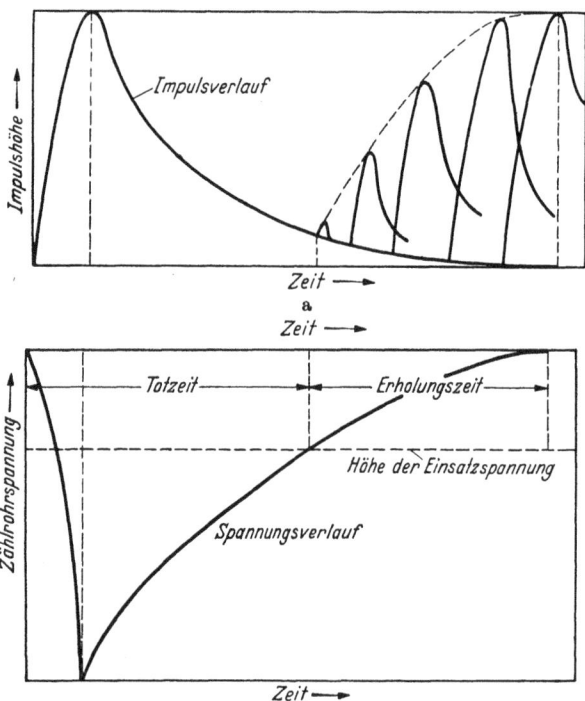

Abb. 10 a u. b. Totzeit (dead time) und Erholungszeit (recovery time) eines GEIGER-MÜLLER-Zählrohres. a Zeitlicher Verlauf eines Stromimpulses. b Zeitlicher Verlauf der Zählrohrspannung.

**Nachentladungen.** Bei Zählrohren mit einer Füllung von reinem Edelgas treten leicht Nachentladungen auf. Diese führen zu unechten Impulsen bzw. sie verhindern das selbsttätige Abbrechen der Entladung *(nicht selbstlöschende Zählrohre)*. Eine Reihe von Vorgängen im Zählrohr kann zu Nachentladungen führen. Im Verlauf des Entladungsmechanismus wird das Zählergas nicht nur ionisiert, sondern auch angeregt. Insbesondere der ultraviolette Anteil der entstehenden Lichtstrahlung kann an der Innenseite des Zählrohrmantels Photoelektronen auslösen. Diese können zu Nachentladungen führen. Auch die auf die Zählrohrwand auftreffenden positiven Ionen können dort sekundäre Elektronen auslösen, was wiederum Nachentladungen zur Folge haben kann. Besonders bei Edelgasen können durch Elektronenstoß während der Zählrohrentladung langlebige, metastabile Atome entstehen (Lebensdauer größer als Totzeit). Diese können auf der Zählrohrwand durch *Stöße zweiter Art* Sekundärelektronen auslösen, aber wegen ihrer großen Lebensdauer zu einem Zeitpunkt, in dem das Zählrohr wieder empfindlich geworden ist.

Elektronegative Substanzen, wie $O_2$, $H_2O$ u. a. sollten im Zählgas soweit wie möglich vermieden werden. Aus den Zahlen der Tabelle 2 folgt, daß diese Gase leicht negative Ionen bilden. Zu einem Zeitpunkt, zu dem die freien Elektronen bereits alle zum Zählrohr abgeflossen sind, sind wegen ihrer geringen Beweglichkeit im Zählrohrvolumen noch negative Ionen vorhanden. Wenn diese mit anderen Gasatomen zusammenstoßen, können wieder Elektronen frei werden, welche Nachentladungen hervorrufen können. Edelgase und Stickstoff zeichnen sich durch ihre ausgesprochen geringe Neigung zur Anlagerung von Elektronen, d. h. zur Bildung von negativen Ionen aus.

**Verhinderung von Nachentladungen durch Zusatz von organischen Dämpfen zum Zählgas.** Nach TROST[1] lassen sich Nachentladungen durch Zusatz von organischen Dämpfen zur Edelgasfüllung des Zählrohres weitgehend unterdrücken. Als Zusatz sind die verschiedensten organischen Substanzen geeignet. Ihre Wirkung besteht u. a. darin, daß sie die bei der Zählrohrentladung entstehenden Lichtquanten absorbieren, bevor diese die Zählrohrwand erreichen können.

Während z. B. bei mit reinen Zählgasen gefüllten Zählrohren das Abreißen der Entladung bzw. die Unterdrückung von Nachentladungen durch einen hochohmigen Ableitwiderstand erzwungen werden muß (nicht selbstlöschende Zählrohre), genügt bei Zählrohren mit Dampfzusatz ein viel kleinerer Ableitwiderstand von einigen Megohm. Wegen des Dampfzusatzes reißt die Entladung ab, Nachentladungen bleiben aus *(selbstlöschende Zählrohre)*.

Tabelle 2. *Erforderliche mittlere Stoßzahl n zur Bildung eines negativen Ions* (nach COMPTON und LANGMUIR[2]).

| Gas | n |
|---|---|
| CO . . . | $1{,}6 \cdot 10^8$ |
| $NH_3$ . . . | $9{,}9 \cdot 10^7$ |
| $C_2H_6$ . . . | $2{,}5 \cdot 10^6$ |
| Luft . . . | $2{,}0 \cdot 10^5$ |
| $O_2$, $H_2O$ . | $4 \cdot 10^4$ |
| $Cl_2$ . . . . | $< 2 \cdot 10^3$ |

Da die Ionisationsenergie von organischen Molekeln kleiner ist als diejenige von Edelgasen, ist die Einsatzspannung bei Zählrohren mit Dampfzusatz kleiner als bei Zählrohren mit reiner Edelgasfüllung. Heute werden allgemein Zählrohre mit organischem Dampfzusatz verwandt. Die Auswahl von geeigneten Gasfüllungen erfolgt im wesentlichen empirisch.

Bei Fensterzählrohren werden Gasfüllungen bevorzugt, welche noch bei Drucken von fast 1 atm gute Zähleigenschaften aufweisen. Die mechanische Beanspruchung der

Tabelle 3. *Totzeit und Erholungszeit* (nach STEVER[3]).

| Gasmischung | Druck in cm Hg | Totzeit in sec | Erholungszeit in sec |
|---|---|---|---|
| Argon (95%): Xylol (5%) . . . . | 13,4 | $2{,}6 \cdot 10^{-4}$ | $4{,}3 \cdot 10^{-4}$ |
|  | 11,0 | $2{,}4 \cdot 10^{-4}$ | $4{,}3 \cdot 10^{-4}$ |
|  | 9 | $2{,}1 \cdot 10^{-4}$ | $3{,}7 \cdot 10^{-4}$ |
|  | 7 | $1{,}8 \cdot 10^{-4}$ | $3{,}6 \cdot 10^{-4}$ |
| Argon (80%): $C_2H_5OH$ (20%) . . | 10,1 | $1{,}4 \cdot 10^{-4}$ | $2{,}3 \cdot 10^{-4}$ |
| Argon (90%): Amylacetat (10%) . | 15 | $2 \cdot 10^{-4}$ | $4 \cdot 10^{-4}$ |

empfindlichen Fensterfolien ist dann gering. Bei geeigneter Gasfüllung arbeiten solche Zählrohre bei den üblichen Zählrohrspannungen von wenig über 1000 V.

Von der Zusammensetzung des Zählrohrgases und seinem Druck hängt auch die *Größe der Totzeit und der Erholungszeit* ab. In Tabelle 3 sind für drei verschiedene Füllgemische und Drucke die zugehörigen Totzeiten und Erholungszeiten angegeben worden.

**Zählrohrcharakteristik.** Wenn man ein konstantes Präparat in die Nähe eines Zählrohres bringt und bei steigender Zählrohrspannung die Impulshäufigkeit mißt, so erhält man eine Kurve, wie in Abb. 11 wiedergegeben. Oberhalb der *Einsatzspannung* steigt die Impulshäufigkeit in einem Bereich von wenigen Volt steil an und nimmt dann bei weiterer Steigerung der Spannung nur noch wenig zu. Noch größere Spannungen führen schließlich zum Auftreten von unechten Impulsen durch innere Entladungen und damit zu einem raschen Wiederansteigen der Impulshäufigkeit. Solche Spannungen sollten vermieden werden, da die Zähleigenschaften des Zählrohres darunter leiden.

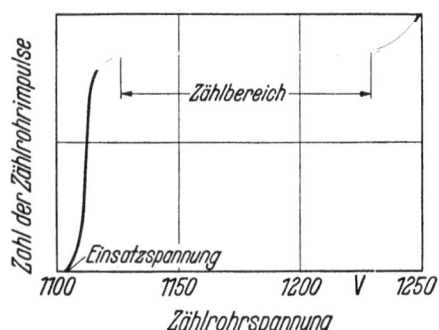

Abb. 11. Zählrohrkennlinie (Charakteristik), Impulshäufigkeit in Abhängigkeit von der Zählrohrspannung.

Der flache Teil der Zählrohrcharakteristik wird der Konstanzbereich (GEIGER-Bereich, Plateau) des Zählrohres genannt. Bei guten Zählrohren hat er eine Ausdehnung

---

[1] TROST, A.: Physik. Z. **36**, 801 (1935).
[2] COMPTON, K. T., and I. LANGMUIR: Rev. med. Physics **2**, 191 (1930).
[3] STEVER, H. G.: Physic. Rev. **59**, 765 (1941).

von mehreren hundert Volt, und eine Steilheit von einigen Prozenten je 100 V. Bei einer Steilheit des Plateaus von 2%/100 V und einer Schwankung der Hochspannung um 10 V würde sich also die gemessene Impulshäufigkeit um nur 0,2% ändern. Da die Steilheit des Plateaus mit dem Alter des Zählrohres zunimmt, müssen regelmäßige Kontrollen durchgeführt werden. Die Steigung der Charakteristik kann verschiedene Ursachen haben, worauf hier nicht eingegangen werden soll. *Die Betriebsspannung* des Zählrohres sollte so gewählt werden, daß die Zählrohrspannung trotz Netzschwankungen immer innerhalb des Plateaus bleibt. Dazu wird die Betriebsspannung 50—100 V über der Einsatzspannung gewählt.

**Nulleffekt des Zählrohres.** Jedes Zählrohr hat einen Nulleffekt. Dieser rührt von der Höhenstrahlung und einem unvermeidlichen kleinen Gehalt des Zählrohres und seiner Umgebung an natürlichen radioaktiven Substanzen her. Der Beitrag der Höhenstrahlung macht ungefähr 2 Impulse/min für 1 cm$^2$ des Querschnittes des empfindlichen Volumens aus. Durch Panzerung mit 3—5 cm Blei kann der Nulleffekt auf die Hälfte herabgesetzt werden. Bei nicht einwandfreien Zählern (z. B. bei nicht intaktem Zähldraht) kann der Nulleffekt durch unechte Entladungen erhöht sein.

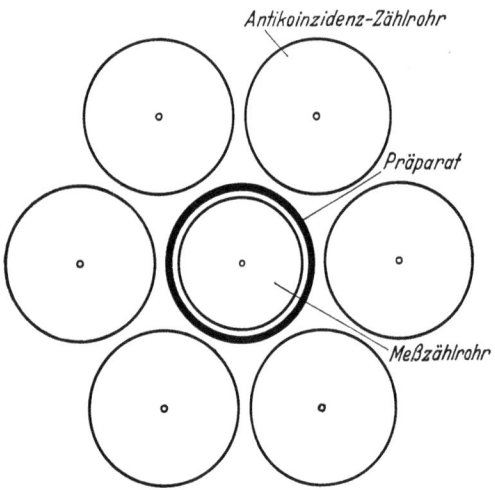

Abb. 12. Antikoincidenzanordnung von Zählrohren zur Verminderung des Zählrohrnulleffektes.

Den Hauptbeitrag zum Nulleffekt liefert die Höhenstrahlung. Durch einen Kunstgriff kann sie sehr weitgehend ausgeschaltet werden. Der Aufwand ist allerdings erheblich und lohnt sich im allgemeinen nicht. Das Zählrohr wird mit einem Kranz von anderen Zählrohren umgeben (Abb. 12). Jedes Höhenstrahlteilchen, welches das mittlere Zählrohr passiert, muß mindestens auch eins der äußeren Zählrohre durchsetzt haben. Durch eine *Antikoincidenzschaltung* kann man diejenigen Ereignisse von der Registrierung ausschalten, bei denen das mittlere und gleichzeitig eines der äußeren Zählrohre angesprochen hat. Der dann noch verbleibende Nulleffekt rührt im wesentlichen von radioaktiven Versuchungen her.

**Lebensdauer eines GEIGER-MÜLLER-Zählrohres.** Die Zähleigenschaften eines GEIGER-MÜLLER-Zählrohres verschlechtern sich mit dem zunehmenden Verbrauch des organischen Dampfzusatzes, wie bereits beim Proportionalzähler beschrieben. Da die einzelnen Stromimpulse sehr groß sind, wird beim GEIGER-MÜLLER-Zähler je Impuls viel mehr organische Substanz verbraucht als beim Proportionalzähler. Mit einem GEIGER-MÜLLER-Zählrohr üblicher Dimensionen können maximal 10$^9$ Impulse gezählt werden. Man soll also ein Zählrohr nicht unnötig stark belasten.

Eine wesentlich größere Lebensdauer haben die sog. *Halogenzähler*. Ihre Gasfüllung besteht aus einem Edelgas mit einem geringen Cl$_2$-Zusatz. Die bei einer Ionisation des Cl$_2$-Moleküls entstehenden Ionen rekombinieren wieder unter Rückbildung von Cl$_2$. Ein Verbrauch findet also nicht statt.

*δ) Zählrohrtypen zur Messung von β-Teilchen.*

Es sollen hier nur solche Zählrohre beschrieben werden, welche zur Ausmessung des β-Effekts entwickelt worden sind[1]. Zählrohre zur Messung der γ-Strahlung werden gesondert S. 674ff. behandelt.

Die Wahl eines Zählrohres hängt ganz davon ab, ob die zu messende Probe in fester oder flüssiger Form oder als Gas vorliegt. Außerdem spielt bei β-Strahlern die β-Energie eine Rolle. Eine besondere Stellung nimmt die Messung von γ-Strahlung ein. Für

---

[1] Mit der Beschreibung einzelner, spezieller Geräte soll keinerlei Werturteil verbunden werden.

$\gamma$-Messung sind Zählrohre wegen ihrer geringen Empfindlichkeit für $\gamma$-Strahlung den modernen Scintillationszählern unterlegen.

**Messung von Präparaten in fester Form.** Für harte $\beta$-Strahler wie z. B. $^{32}$P mit einer Grenzenergie von 1,7 MeV eignen sich dünnwandige Aluminiumzählrohre (0,1 mm Wandstärke). Die $\beta$-Strahlung von $^{35}$S ($E_{max} = 0,166$ MeV) und $^{14}$C ($E_{max} = 0,155$ MeV) wird von 0,1 mm Al bereits vollständig absorbiert. Zur Ausmessung von weichen $\beta$-Strahlern werden deshalb Fensterzählrohre verwandt. Bei ihnen ist die Seitenfläche (Abb. 13a und 14a) oder die Stirnfläche (Abb. 13b und 14b) *(Stirnflächenzählrohr)* durchbrochen und mit einem dünnen Fenster (herstellbar bis herab zu 1 mg/cm² Glimmer) versehen. Bei $^{35}$S und $^{14}$C wird bei Fenstern von 1 mg/cm² etwa die Hälfte der auftreffenden $\beta$-Teilchen erfaßt. Die Messung von $\alpha$-Teilchen erfordert Fensterzählrohre mit besonders dünnem

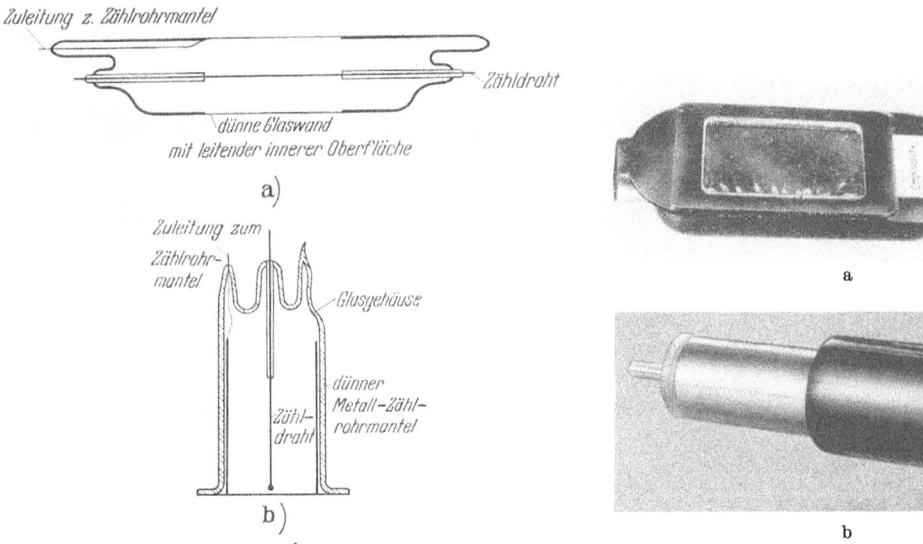

Abb. 13 a u. b. $\beta$-Zählrohr. a Mit seitlichem Fenster. b Stirnflächenzählrohr.

Abb. 14 a u. b. $\beta$-Zählrohr. a Mit seitlichem Fenster (Wannenzählrohr, FRIESECKE und HOEPFNER). b Stirnflächenzählrohr.

Fenster (1 cm Luft = 1,43 mg/cm² Glimmer). Wenn es auf die vollständige Vermeidung von Absorptionsverlusten ankommt, verwendet man *Durchflußzähler* (Flow Counter). Abb. 15a zeigt eine Ausführungsform dieses Zählrohrtyps[1]. Der Zähler steht senkrecht innerhalb des Bleiklotzes und ist nach unten offen. Er arbeitet bei Atmosphärendruck und wird dauernd von frischem Zählgas durchspült. Die Präparate können durch einen Drehscheibenmechanismus dicht unter den offenen Zähler gebracht und ohne Absorptionsverluste gemessen werden. Abb. 15b zeigt einen Durchflußzähler, welcher die Präparate selbständig auswechselt. Bei Routineuntersuchungen kann das eine große Erleichterung sein. Auch in Verbindung mit Fensterzählrohren (Stirnflächenzählrohr) sind solche Probenwechsler auf den Markt gebracht worden (s. Abb. 2b, S. 658).

Abb. 16 und 17 zeigen eine Vorrichtung zur automatischen Ausmessung von Elektrophorese- oder Chromatogrammstreifen. Nach Aufspannen der Streifen als endloses Band auf die beiden Trommeln wird die ganze Anordnung mit dem Zählgas (Methan) durchströmt. Die obere Trommel kann durch einen Elektromotor mit einstellbarer Geschwindigkeit gedreht werden. Der Proportionalzähler wird an einen registrierenden Verstärker angeschlossen.

**Messung von Präparaten in flüssiger Form.** Die Ausmessung von Proben in flüssiger Form vermeidet die mit der Herstellung fester Präparate aus Versuchsproben in flüssiger oder gasförmiger Form verbundenen Fehler. Das *Flüssigkeitszählrohr* (Abb. 18 und 19c)

---

[1] SCHMEISER, K., u. D. JERCHEL: Angew. Chem. **1955** (im Druck).

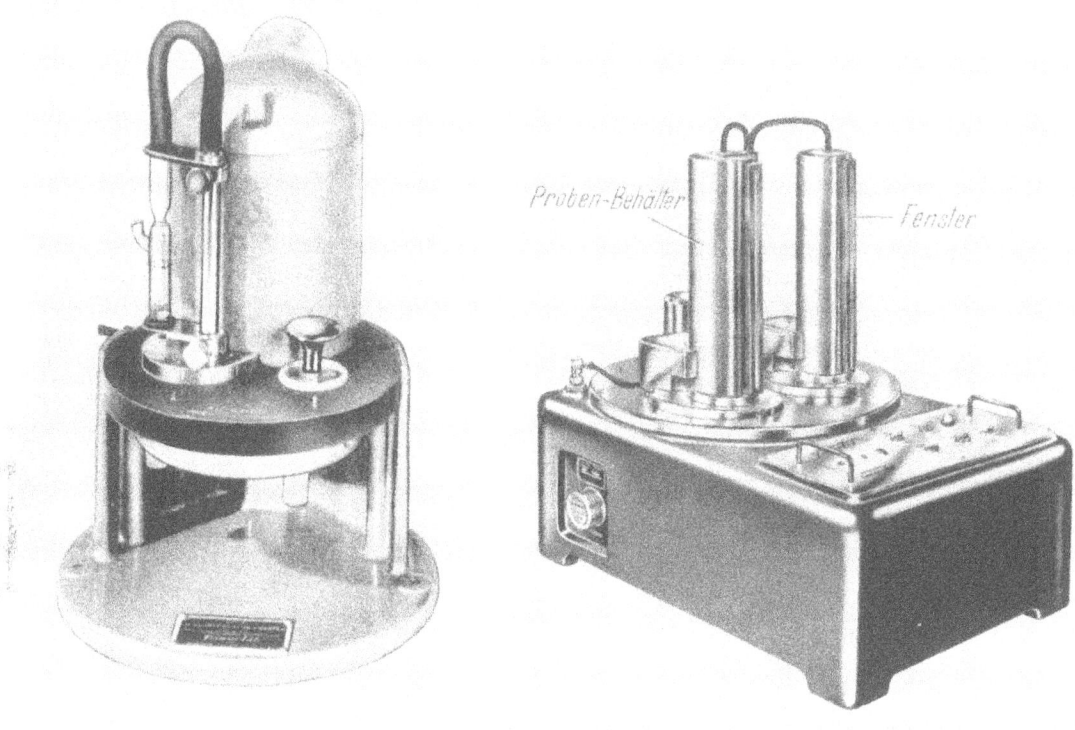

Abb. 15a u. b. Durchflußzähler (Tracerlab). a Ohne automatischen Probenwechsler. b Mit automatischem Probenwechsler.

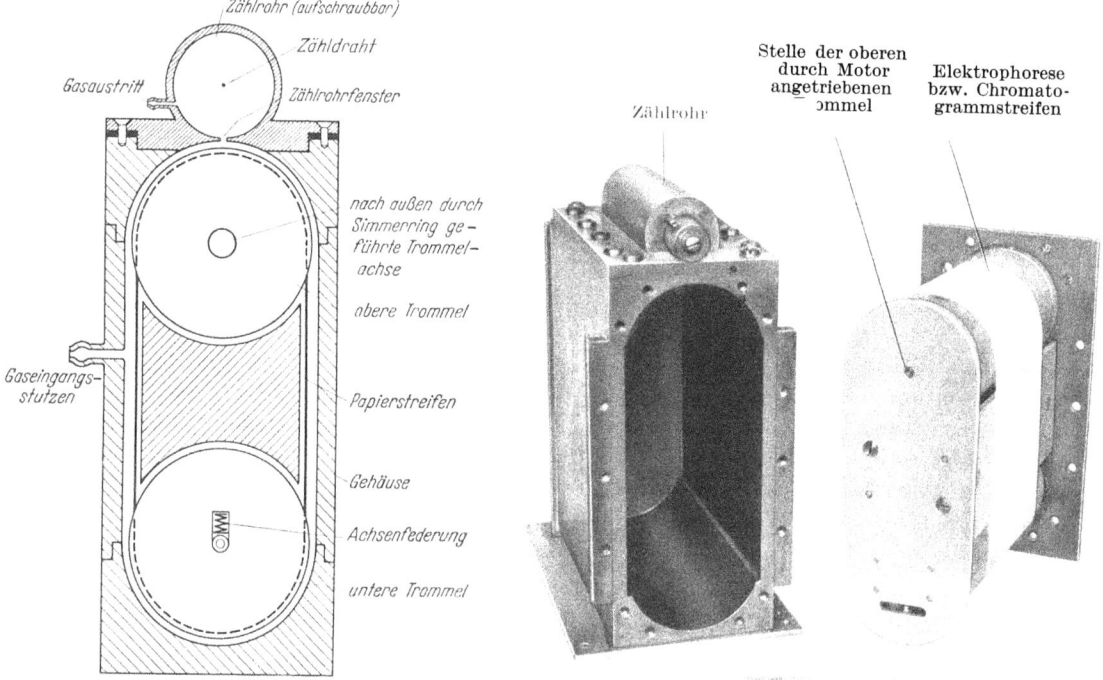

Abb. 16. Anordnung zur automatischen Ausmessung von Elektrophorese- und Chromatogrammstreifen mit einem zylindrischen Proportionaldurchströmzähler mit seitlichem Spalt. (Nach SCHMEISER und JERCHEL, photographische Wiedergabe s. Abb. 17.)

Abb. 17. Anordnung zur automatischen Ausmessung von Elektrophorese- und Chromatogrammstreifen mit einem zylindrischen Proportionaldurchströmzähler und seitlichem Spalt. (Nach SCHMEISER und JERCHEL.)

besteht aus einem möglichst dünn ausgezogenen Glasrohr (20—40 mg/cm²), welches innen metallisiert ist und als Zählrohrmantel dient. Das Ganze ist von einem zweiten dickwandigen Glasrohr umgeben, wie Abb. 18 zeigt. In den entstehenden Zwischenraum wird die zu messende Flüssigkeit eingefüllt (Vorsicht vor Kaliumsalzen! Kalium ist natürlich radioaktiv). Diese Zählrohre werden für Flüssigkeitsmengen bis herab zu 2 cm³ gebaut. Weiche $\beta$-Strahlen wie z. B. von $^{35}$S und $^{14}$C können mit Flüssigkeitszählern nicht gemessen werden, weil der Glasmantel des Zählrohres aus mechanischen Gründen nicht dünn genug gemacht werden kann. Bei geeigneter Handhabung ist die Meßgenauigkeit bei Flüssigkeitszählern sehr groß. Der Nulleffekt wird bei Füllung des Zählrohres mit einer inaktiven Flüssigkeit gemessen. Damit bei der Messung des Effektes und des Nulleffektes der Einfluß der Kalium-$\beta$-Strahlung des äußeren Glasmantels der gleiche ist, muß die inaktive Flüssigkeit dasselbe spezifische Gewicht haben wie die radioaktive flüssige Probe. Abb. 19d zeigt einen *Tauchzähler*. Er besteht aus einem dünnwandigen Glaszählrohr, genau wie das Flüssigkeitszählrohr, und wird einfach in die Flüssigkeit bis zu einer Marke eingetaucht. Für die kontinuierliche Ausmessung von strömenden Flüssigkeiten (Säulenchromatographie) eignen sich Zähler, wie sie in Abb. 19g wiedergegeben worden sind.

Für spezielle diagnostische Zwecke sind sog. *Nadelzählrohre* entwickelt worden (s. Abb. 20). Das Zählrohr befindet sich am Ende eines langen 2—3 mm dicken Rohres. Es hat den gleichen Durchmesser und eine wirksame Länge bis herab zu 10 mm.

**Messung gasförmiger Proben.** Wenn es bei weichen $\beta$-Strahlern und bei sehr schwachen Präparaten auf große Empfindlichkeit der Zählanordnung ankommt, können *Gaszähler* ver-

Abb. 18. Flüssigkeitszählrohr. (FRIESECKE und HOEPFNER.)

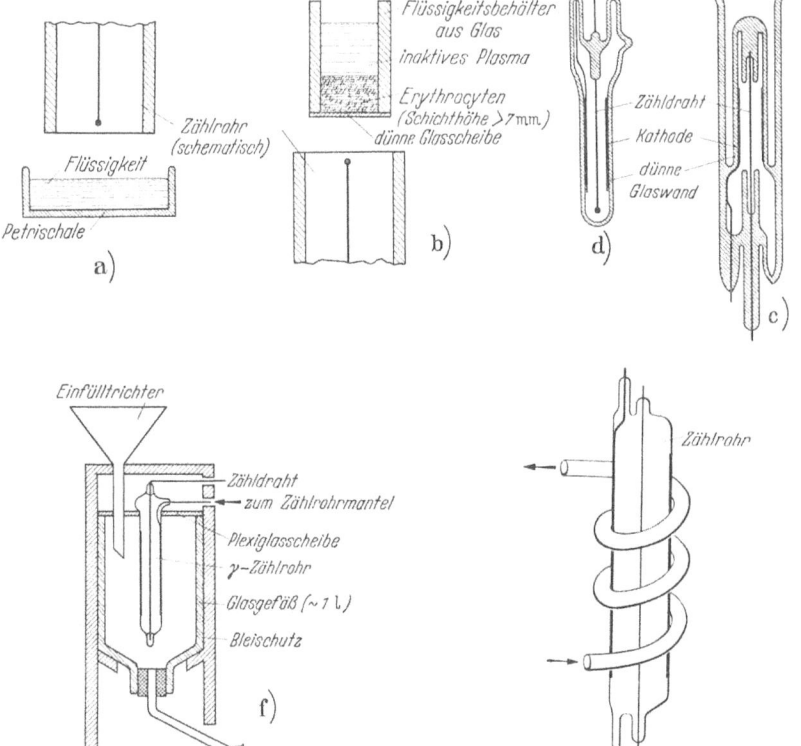
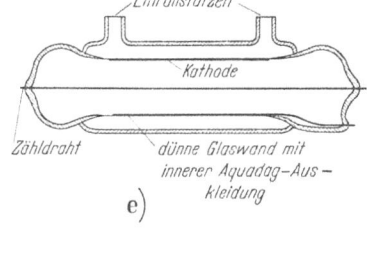
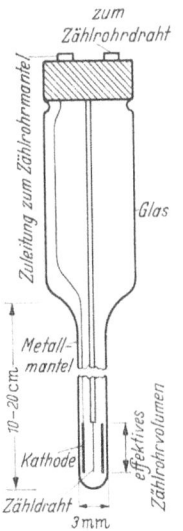

Abb. 19. Verschiedene Anordnungen und Zählrohrtypen zur Messung von Flüssigkeiten.  Abb. 20. Nadelzählrohr.

wandt werden. Die auszumessende radioaktive Substanz wird dem Füllgas beigemengt und so unmittelbar in das Innere des Zählrohres eingebracht. Es fällt dann jede Absorption der $\beta$-Teilchen fort und der ausgenutzte Raumwinkel ist optimal. Allerdings läßt sich nicht jede Substanz als Beimengung zum Füllgas verwenden. Diese Methode wird zur Ausmessung schwacher $^{14}$C-Präparate viel verwandt. Dabei wird $^{14}$C in Form von z. B. $^{14}CO_2$ dem Füllgas zugesetzt. Der extrem weiche $\beta$-Strahler $^{3}_{1}$T ($E_{\beta\,max} = 18$ keV) kann nur in gasförmiger Form oder mit den noch zu beschreibenden Scintillationszählern gemessen werden. Weitere methodische Angaben, S. 672ff.

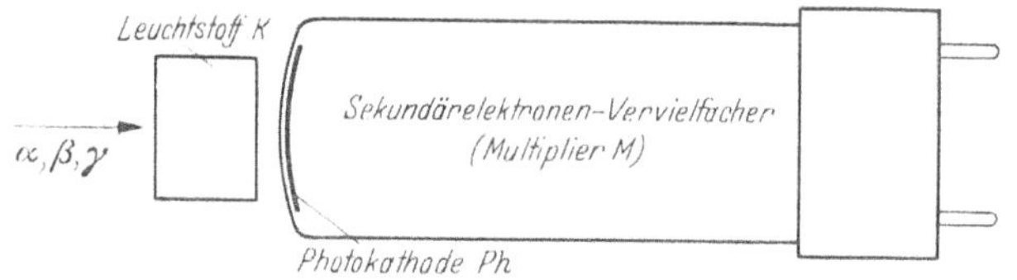

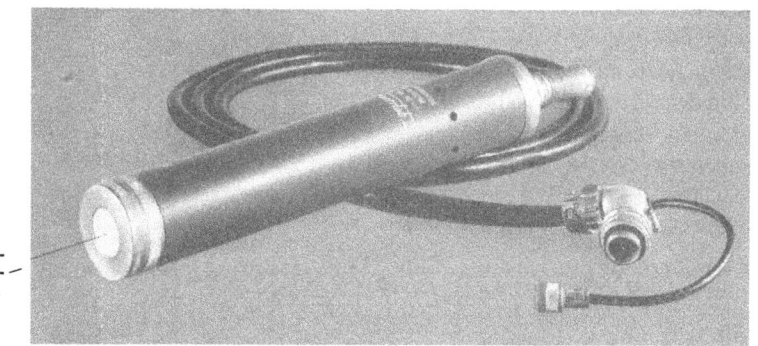

Abb. 21. Scintillationszähler (schematisch).

### d) Scintillationszähler[1, 2].

**Wirkungsweise.** Wenn $\alpha$-Teilchen auf einen Zinksulfidschirm auftreffen, so sind mit unbewaffnetem, aber gut dunkel adaptiertem Auge oder besser mit einer Lupe Lichtblitze (Scintillationen) wahrnehmbar. Diese entstehen dadurch, daß die $\alpha$-Teilchen die Atome der Zinksulfidkrystalle zur Lichtemission anregen. Der entstehende Lichtblitz hat die Dauer von etwa $10^{-4}$ sec. Auf diese einfache Weise haben GEIGER und MARSDEN bereits im Jahre 1912 die Intensität von $\alpha$-Strahlen ausgezählt. Diese Auszählung von Scintillationen einzelner $\alpha$-Teilchen ist sehr mühsam und auf die Messung sehr schwacher Präparate beschränkt. Das ist der Grund dafür, daß mit dem Aufkommen von Zählrohren und registrierenden Verstärkern diese Methode für einige Jahrzehnte in Vergessenheit geraten ist.

Abb. 22. Scintillationszähler (Tracerlab).

In den letzten Jahren konnte diese Methode unter Verwendung der modernen, sehr leistungsfähigen Elektronenvervielfacher zu einer sehr wirksamen Zählmethode nicht nur für $\alpha$-Teilchen, sondern auch für $\beta$-Teilchen und $\gamma$-Quanten ausgebaut werden. BROSER und KALLMANN[3] ersetzten das Auge des Beobachters durch eine lichtempfindliche Schicht, welche die Lichtblitze in Photoelektronen umwandelt. Diese Photoelektronen werden in einem angeschlossenen Elektronenvervielfacher verstärkt und können nach nochmaliger Verstärkung mechanisch registriert werden. Diese Kombination von Leuchtstoff, Photozelle und Sekundärelektronenvervielfacher wird *Scintillationszähler* genannt.

Gegenüber einem GEIGER-MÜLLER-Zählrohr hat der Scintillationszähler zwei wesentliche Vorzüge. Da Scintillationszähler ein um mehrere Zehnerpotenzen größeres Auflösungsvermögen haben, können entsprechend stärkere Präparate noch ausgemessen werden. Darüber hinaus ist seine Nachweiswahrscheinlichkeit für $\gamma$-Strahlen auch absolut genommen sehr viel größer als diejenige eines GEIGER-MÜLLER-Zählrohres.

**Aufbau eines Scintillationszählers.** Abb. 21 gibt in schematischer Weise den Aufbau eines Scintillationszählers wieder. Die nachzuweisende $\alpha$-, $\beta$- oder $\gamma$-Strahlung ruft in dem Krystall ($K$) Lichtblitze hervor. Die auf die Photokathode ($Ph$) auftreffenden Lichtquanten lösen dort Photoelektronen aus, welche im Sekundärelektronenvervielfacher ($M$)

---

[1] BIRKS, J. B.: Scintillation Counters. London 1953.
[2] FÜNFER, E., u. H. NEUERT: Zählrohre und Scintillationszähler. Karlsruhe 1954.
[3] BROSER, J., u. H. KALLMANN: Z. Naturforsch. 2a, 439 (1947).

Tabelle 4. *Eigenschaften von Leuchtstoffen.*

| I | Emissionsspektrum Å  II | Relative Lichtausbeute für $\beta$-Teilchen  III | Abklingzeit in $10^{-8}$ sec  IV | Transparenz mg/cm²  V | Energieaufwand je Photon in eV  VI |
|---|---|---|---|---|---|
| NaJ(Tl) | 4100 | ~2,0 | 25 | groß | 20 |
| ZnS(Ag) | 4500 | 2,0 | >1000 | 80 | 20 |
| CaWO₄ | 4300 | ~1,0 | 600 | 100 | 34 |
| Anthracen | 4400 | 1,0 | 3,0 ± 0,5 (300° x) | — | — |
| Stilben | 4080 | 0,6 | 0,6—1,2 | — | — |
| Phenanthren | 4100—4300 | 0,3 | 0,8 | — | 25 |
| Naphthalin | 3850 | 0,25 | ~6 | 1 g/cm² | 64 |

verstärkt werden. Photokathode und Sekundärelektronenvervielfacher bilden ein Bauelement, den *Photoelektronenvervielfacher*. Die Verstärkung im Elektronenvervielfacher beträgt $10^5$—$10^7$ und mehr. Seine Ausgangsimpulse können mit einem Verstärker nachverstärkt und registriert werden.

Die Eigenschaften eines Scintillationszählers hängen einmal vom verwandten Leuchtstoff, von den Eigenschaften der Photokathode und des Elektronenvervielfachers und dann vom Lichtkontakt zwischen Leuchtstoff und Photokathode ab. Auf diese 3 Punkte soll im folgenden näher eingegangen werden.

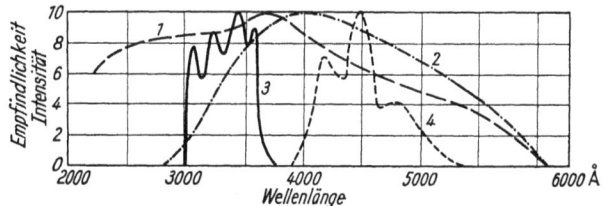

Abb. 23. Spektrale Verteilung des Fluorescenzleuchtens und spektrale Empfindlichkeit von Photoelektronenvervielfacher. (1 bzw. 2 = spektrale Empfindlichkeit des Vervielfachers 1 P 28 bzw. 1 P 21; 3 bzw. 4 = Spektrum von Naphtalin bzw. Anthracen) (nach HANLE).

Abb. 22 zeigt eine Ausführungsform eines Scintillationszählers. Er gleicht in seinem Aussehen einem zylindrischen GEIGER-MÜLLER-Zählrohr.

**Leuchtstoffe.** Die Eigenschaften eines Scintillationszählers hängen sehr wesentlich von dem verwandten Leuchtstoff ab. Solche Stoffe müssen eine Reihe von Forderungen erfüllen: 1. Je absorbiertes $\alpha$- und $\beta$-Teilchen bzw. $\gamma$-Quant sollen möglichst viele Lichtquanten entstehen. 2. Damit diese die Photokathode erreichen können, muß der Leuchtstoff eine genügend große optische Durchlässigkeit (Transparenz) haben. 3. Der Lichtblitz sollte zur Erzielung eines großen Auflösungsvermögens möglichst kurz sein. 4. Die spektrale Verteilung der Lichtemission sollte mit der spektralen Empfindlichkeit des Photoelektronenvervielfachers weitgehend übereinstimmen.

Als Leuchtstoffe sind eine Reihe von anorganischen sowie festen und flüssigen organischen Substanzen geeignet. Tabelle 4 gibt eine Auswahl zusammen mit einigen charakteristischen Eigenschaften wieder.

Die *spektrale Verteilung* des emittierten Fluorescenzlichtes ist bei den einzelnen Leuchtstoffen verschieden (s. Tabelle 4 und Abb. 23). Die *Intensitätsmaxima* liegen in dem Bereich zwischen etwa 3600 und 7600 Å-Einheiten. Der Energieaufwand je Photon ist bei den verschiedenen Stoffen nicht sehr unterschiedlich (Tabelle 4, VI). Der praktisch ausnutzbare Teil des Lichtblitzes hängt sehr von der unterschiedlichen *optischen Transparenz* ab (Spalte V).

Die *Abklingzeit der Lichtblitze* ist sehr klein (Spalte 4). Sie liegt nach Tabelle 4, Spalte IV, für anorganische Leuchtstoffe bei $10^{-6}$ sec, für organische Leuchtstoffe ist sie viel kürzer. So hat z. B. Naphthalin eine Leuchtdauer von nur etwa $10^{-8}$ sec. Das *Auflösungsvermögen* eines Scintillationszählers hängt wesentlich von der Abklingzeit des Lichtblitzes ab. Die Verstärkung des Lichtblitzes im Photoelektronenvervielfacher erfordert nur etwa $10^{-9}$ sec. Allerdings ist der Aufwand durch den notwendigen Verstärker mit entsprechend hoher Auflösung und wegen des Anspruches an die hohe Konstanz der Hochspannungsquelle für den Photoelektronenvervielfacher wesentlich größer als beim GEIGER-MÜLLER-Zählrohr.

**Photoelektronenvervielfacher.** Abb. 24 gibt den Aufbau eines Photoelektronenvervielfachers wieder. Der einfallende Lichtblitz löst an der Photokathode (0) Elektronen aus. Diese werden dann durch eine Spannung von etwa 150 V zur Elektrode 1 hin beschleunigt. Jedes der auf 1 auftreffenden Elektronen löst dort Sekundärelektronen aus, deren Anzahl vom Elektrodenmaterial abhängt. Je auffallendes Elektron mögen z. B. etwa 5 sekundäre Elektronen entstehen. Zwischen der Elektrode 1 und 2 liegt gleichfalls eine beschleunigende Spannung, so daß sich an der Elektrode 2 der Vorgang der Auslösung von Sekundärelektronen wiederholt und so fort bis zur Elektrode 9. Wenn jede Stufe eine Vermehrung der Elektronen z. B. um den Faktor 5 zur Folge hat, so beträgt der Verstärkungsfaktor des Elektronenvervielfachers bei 9 Elektroden insgesamt $= 5^9 =$ rd. $10^6$. Da die Größe der Sekundärelektronenemission von der Energie der Elektronen abhängt, kann der Verstärkungsfaktor durch Variation der Spannung am Vervielfacher in weiten Grenzen verändert werden.

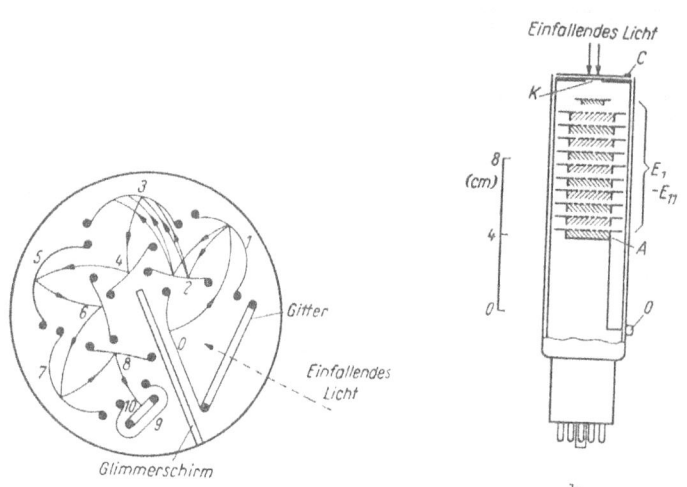

Abb. 24a u. b. Photoelektronenvervielfacher (schematisch). a RCA 931 A. *0* Photokathode, *1—9* Sekundärelektroden, *10* Anode. b E.M.I. 5060. *K* halbdurchlässige Photokathode (⌀ 10 mm), $E_1-E_{11}$ Sekundärelektroden, *A* Anode, *0* Ausgang, *C* Kontakt mit Photokathode (nach FÜNFER und NEUERT[1]).

Zur Erzielung einer zeitlich konstanten Verstärkung muß die Spannung (insgesamt 1000 bis 2000 V) bis auf wenige Volt konstant sein. Diese Ansprüche an die Stabilisierung der Hochspannung sind weitergehend als beim Betrieb von Zählrohren. Der gesamte Verstärkermechanismus benötigt eine Zeit von etwa $10^{-9}$ sec.

Abb. 23 gibt die spektrale Empfindlichkeit für zwei Photoelektronenvervielfacher wieder (s. auch Tabelle 5). In Abb. 23 ist gleichfalls die spektrale Verteilung des Fluorescenzleuchtens von Naphthalin und Anthracen eingezeichnet worden. Bei Verwendung von Anthracen wären beide Photoelektronenvervielfacher praktisch gleich geeignet, während bei Naphthalin die Type 1 P 28 die bessere spektrale Anpassung ergibt.

**Lichtübertragung von Leuchtstoffen zur Photokathode. Lichtleiter.** Damit je Lichtblitz möglichst viele Photoelektronen entstehen, muß ein maximaler Bruchteil der Lichtquanten die Photokathode erreichen. Leuchtstoff und Photokathode müssen guten

Tabelle 5. *Eigenschaften einiger Photovervielfacher.*

| Photovervielfacher | Empfindlichkeitsmaximum der Photokathode Å | Maximale Empfindlichkeit µA/µWatt | Äquivalenter Dunkelrauschstrom (Lumen) |
|---|---|---|---|
| 5819 RCA . . . . . . . | 4800 | 4650 | $2 \cdot 10^{-11}$ |
| 931 A RCA . . . . . . | 4000 | 9300 | $1 \cdot 10^{-11}$ |
| 1 P 21 RCA . . . . . . | 4000 | 74000 | $5 \cdot 10^{-13}$ |
| 1 P 22 RCA . . . . . . | 4200 | 370 | $1 \cdot 10^{-10}$ |
| 1 P 28 RCA . . . . . . | 3400 | 5665 | $1 \cdot 10^{-11}$ |
| H 5037 RCA . . . . . | — | — | — |
| 4646 RCA . . . . . . | — | — | — |
| VpA 11 tp 69 Maurer . . | 7500—8000 | — | — |
| 5060 EMI . . . . . . . | 4300 | — | — |
| 6262 KMI . . . . . . | — | — | — |

---
[1] FÜNFER, E., u. H. NEUERT: Zählrohre und Szintillationszähler, S. 87. Karlsruhe 1954.

optischen Kontakt haben. Auch durch die Formgebung des Leuchtstoffes kann man die Ausbeute beeinflussen. Die Lichtverluste lassen sich durch eine geeignete Verspiegelung der Krystallwandflächen herabsetzen.

Es ist nicht unbedingt erforderlich, daß der Leuchtstoff in unmittelbarer Nähe der Photokathode montiert wird, wie in Abb. 21 angegeben. Der im Leuchtstoff entstandene Lichtblitz kann auch durch einen *Lichtleiter* (light-pipe) zur Photokathode hingeführt werden.

Als Lichtleiter kommen Stäbe aus Quarz, Lucit, Plexiglas, Polystyrol u. a. in Frage. Der Leuchtstoff wird auf das eine Ende des Stabes montiert, das andere Ende befindet sich unmittelbar gegenüber der Photokathode des Photoelektronenvervielfachers. Das vom Leuchtstoff ausgesandte Licht tritt in das eine Stabende ein und wird innerhalb des Stabes beim streifenden Auftreffen auf die innere Wandfläche totalreflektiert. Ein großer Teil des Lichtblitzes kann so zur Photokathode hingeleitet werden.

Quarz und in etwas geringerem Maße Lucit haben eine sehr hohe optische Durchlässigkeit für die in Betracht kommenden Wellenlängen. Mit Lucitstäben kann man ohne weiteres Entfernungen bis zu einem Meter zwischen Leuchtstoff und Photokathode überbrücken.

Die Vorteile einer solchen Anordnung sind unmittelbar einleuchtend. So können z. B. an schwer zugänglichen Stellen, wie engen Spalten, Messungen durchgeführt werden. Der Lichtleiter kann auch eine gebogene Gestalt erhalten, ohne daß erhebliche Lichtverluste eintreten.

**Empfindlichkeit des Scintillationszählers für α- und β-Teilchen und für γ-Quanten.** Die Nachweiswahrscheinlichkeit beträgt für α- und β-Teilchen 100%. Für α-Teilchen werden vielfach Leuchtstoffe aus Zinksulfid, für β-Teilchen Stilbenkrystalle verwandt. Da β-Teilchen und in verstärktem Maße α-Teilchen bereits in relativ dünnen Schichten vollständig absorbiert werden, sind Leuchtstoffe von geringer Dicke ausreichend.

Damit auch für γ-Quanten die Nachweiswahrscheinlichkeit groß wird, muß die Dicke des Leuchtstoffes so groß wie möglich genommen werden (große Krystalle). Das setzt eine genügend große optische Durchlässigkeit (Transparenz) des Leuchtstoffes voraus, damit durch Absorption nicht zu viel Fluorescenzlicht verlorengeht. Außerdem ist es von Vorteil, wenn die Leuchtsubstanz Elemente von großer Ordnungszahl enthält, denn die Absorption von γ-Quanten durch Photoeffekt steigt mit der Ordnungszahl sehr stark an.

Vielfach verwandt werden große NaJ-Krystalle, die mit Spuren von Thallium aktiviert worden sind (NaJ(Tl)-Krystall). Bei geeigneter Meßanordnung und besonders geformtem Krystall (s. Abb. 29, S. 677) können 50% der von einem $^{131}$J-Präparat ausgehenden γ-Quanten gezählt werden. Die Empfindlichkeit eines Scintillationszählers für γ-Quanten ist um 1—2 Zehnerpotenzen größer als diejenige eines GEIGER-MÜLLER-Zählrohres. Hierin ist einer der wesentlichen Vorzüge des Scintillationszählers zu sehen.

**Nulleffekt.** Der Nulleffekt eines Scintillationszählers hat zwei verschiedene Ursachen:

1. Im Leuchtstoff können durch die Höhenstrahlung und durch radioaktive Verseuchung der Umgebung des Zählers unechte Lichtblitze hervorgerufen werden. Durch Panzerung des Scintillationszählers, vor allem des Krystalls, mit z. B. 5 cm Blei kann dieser Nulleffekt genau wie beim Zählrohr beträchtlich herabgesetzt werden. Bei einem zylindrischen NaJ(Tl)-Krystall von 2,5 cm Dicke und 2,5 cm Durchmesser beträgt der Nulleffekt durch unechte Lichtblitze etwa 1000 Impulse je Minute. Durch Panzerung des Krystalls mit 4 cm Blei kann dieser Nulleffekt auf 100 Impulse/min herabgedrückt werden.

2. Unechte Impulse können auch durch thermische Emission von Elektronen aus der Photoschicht des Vervielfachers zustande kommen. Diese spontane Emission kann einige 1000 Elektronen je Sekunde und je Quadratzentimeter Oberfläche der Photokathode ausmachen. Es gibt mehrere Wege, um diesen thermisch bedingten Nulleffekt zu reduzieren:

Durch Kühlung der Photokathode (d. h. also des Photoelektronenvervielfachers) auf die Temperatur der flüssigen Luft wird die spontane, thermische Emission von Elektronen praktisch vollständig unterdrückt. Das bedingt allerdings einen erheblichen Aufwand und schränkt die Verwendungsfähigkeit des Zählers ein.

Eine weitere Methode zur Unterdrückung des thermischen Nulleffektes besteht in der Kombination von einem Leuchtkrystall mit zwei Photovervielfachern[1], wie in Abb. 25 wiedergegeben. Der gleiche Lichtblitz bringt dabei beide Vervielfacher *gleichzeitig* zum Ansprechen. Die Impulse der beiden Vervielfacher werden einem Verstärker zugeführt, welcher nur dann anspricht, wenn diese Impulse gleichzeitig eintreffen (*Koinzidenzverstärker*).

Ein thermisches Elektron, das von der Photokathode einer der beiden Photoelektronenvervielfacher ausgeht, löst nur in diesem einen Impuls aus. Der andere Photoelektronenvervielfacher bleibt davon unbeeinflußt. Solche Ereignisse werden durch den Koinzidenzverstärker ausgeschlossen. Es kann natürlich vorkommen, daß in beiden Photoelektronenvervielfachern zufällig gleichzeitig je ein thermisches Elektron ausgelöst wird. Das führt zu einem unechten Impuls (thermischer Nulleffekt). Wegen des hohen Auflösungsvermögens sind solche Ereignisse sehr unwahrscheinlich und im allgemeinen vernachlässigbar. Diese an und für sich elegante Methode zur Unterdrückung des thermischen Nulleffektes bedingt einen erheblichen apparativen Mehraufwand.

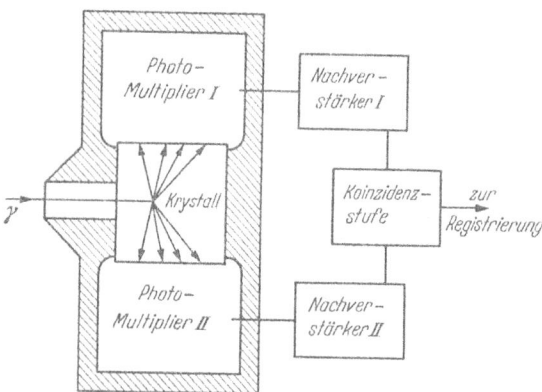

Abb. 25. Koincidenzanordnung mit 2 Photoelektronenvervielfachern zur Unterdrückung des thermischen Nulleffektes.

Zur Herabsetzung des Nulleffektes und zwar des thermischen wie auch desjenigen durch unechte Lichtblitze im Leuchtstoff existiert aber noch eine weitere Methode, welche heute allgemein verwandt wird. Während der thermische Nulleffekt nur durch ein oder seltener mehrere gleichzeitige Elektronen hervorgerufen wird, führt ein echter Lichtblitz im allgemeinen zur Auslösung einer großen Anzahl von Elektronen. In den letzten Jahren konnte die Lichtempfindlichkeit der Photokathode der Vervielfacher und damit die Anzahl der Photoelektronen je Lichtblitz beträchtlich gesteigert werden. Die Spannungsamplitude am Ausgang des Vervielfachers ist für die *echten* Impulse größer als für die thermisch bedingten Impulse. Darüber hinaus rufen auch die unechten Lichtblitze im allgemeinen kleinere Spannungsimpulse hervor als die echten Lichtblitze.

Durch eine verhältnismäßig einfache verstärkertechnische Maßnahme, nämlich durch einen *Diskriminator*, können alle diejenigen Spannungsimpulse von der Registrierung ausgeschlossen werden, welche die Diskriminatorspannung nicht überschreiten.

Wenn man bei verschiedenen Diskriminatorspannungen die Größe des Effekts sowie diejenige des Nulleffekts mißt, erhält man Kurven, wie in Abb. 26 wiedergegeben. Man sieht, daß mit wachsender Diskriminatorspannung der Effekt langsam, dagegen der Nulleffekt schnell abfällt. Das erklärt sich aus der unterschiedlichen Größe der Spannungsimpulse von Effekt und Nulleffekt.

Aus dem Kurvenverlauf ist ohne weitere verständlich, daß durch eine geeignet gewählte Diskriminatorspannung das Verhältnis von Effekt und Nulleffekt groß gemacht werden kann, ohne daß dabei die Größe des Effekts wesentlich abnimmt. Bei der Messung von α-Teilchen und in geringerem Maße bei β-Teilchen und γ-Quanten erreicht man so eine beträchtliche Senkung des Nulleffekts.

---

[1] MARSHALL, F., J. COLTMAN and A. I. BENNETT: RSI **19**, 744 (1948).

Vor einiger Zeit ist von HERBERT[1] eine weitere Möglichkeit angegeben worden, um das Zahlenverhältnis von Signal- zu Störimpulsen groß zu halten, ohne daß die Zahl der Signalimpulse dabei wesentlich herabgesetzt wird. Auf Einzelheiten soll hier nicht eingegangen werden.

**Flüssige Leuchtstoffe.** Außer festen Substanzen sind auch Flüssigkeiten und Lösungen als Leuchtstoffe verwandt worden. Tabelle 6 enthält eine Zusammenstellung mit Angaben über die relative Lichtausbeute. Bei einigen flüssigen Leuchtstoffen kommt die Lichtausbeute an diejenige eines Naphthalinkrystalls heran. Die Dauer des Abklingens von Scintillationen ist bei den Flüssigkeiten und Lösungen sehr kurz und beträgt etwa $10^{-8}$ sec. Auch mit flüssigen Leuchtstoffen kann also eine sehr große Auflösung erreicht werden.

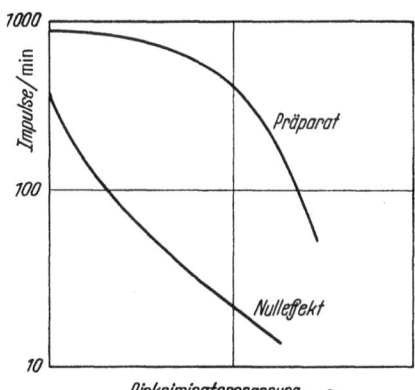

Abb. 26. Amplitudenverteilung für Nulleffekt und Effekt.

Die Verwendung flüssiger Leuchtstoffe hat den Vorteil, daß die zu messenden, radioaktiven Stoffe einfach in ihnen gelöst werden können. Diese Technik gestattet in Verbindung mit der Verwendung großer Volumina von flüssigen Leuchtstoffen auch eine Ausmessung von Präparaten geringer spezifischer Aktivität. Die Methode ist vor allem für die Messung der sehr weichen $\beta$-Strahlung von Tritium ($^3$T) und für $^{14}$C-Bestimmungen von Bedeutung. Die flüssigen Leuchtstoffe müssen allerdings extrem rein sein, da sonst Verschiebungen der spektralen Emission vorkommen können. Das hat Schwankungen des Nulleffektes zur Folge. Außerdem muß der Zähler mit allen zu messenden Proben auf konstanter tiefer Temperatur gehalten werden, um den Nulleffekt konstant und klein zu halten. Bei schwachen Proben und kleinen Stromimpulsen wie bei $^3$T muß der Nulleffekt durch Verwendung von zwei Photovervielfachern in Koinzidenzschaltung herabgedrückt werden.

**Charakteristik eines Scintillationszählers.** Um von Schwankungen der Hochspannung am Photoelektronenvervielfacher möglichst unabhängig zu sein, ist genau wie beim GEIGER-MÜLLER-Zählrohr ein ausgedehnter Spannungsbereich erwünscht, innerhalb dessen die gemessene Impulszahl von Spannungsschwankungen unabhängig ist. Die ausgezogenen Kurven in Abb. 27 stellen entsprechende Kennlinien für je eine $\alpha$-, $\beta$- und $\gamma$-Messung dar. Eine scharfe Einsatzspannung wie beim GEIGER-MÜLLER-Zählrohr existiert beim Scintillationszähler nicht. Der waagerechte Teil der Charakteristik (Plateau) kann eine Ausdehnung von mehreren hundert Volt bei einer Steilheit von etwa 2%/100 V

Tabelle 6. *Relative Lichtausbeute verschiedener Lösungen bzw. Flüssigkeiten (bei Zimmertemperatur, falls nichts anderes vermerkt[2]).*

| Substanz | Relative Lichtausbeute |
|---|---|
| Benzol | 0,07 |
| Benzol bei 70° C | 0,07 |
| Äther | 0,07 |
| m-Xylol | 0,08 |
| Naphthalin (40 g) in Benzol (100 cm³) | 0,15 |
| Naphthalin (35 g) + Anthracen (0,35 g) in Benzol (90 cm³) | 0,36 |
| Terphenyl (2 g) in Benzol (100 cm³) bei 60° C | 0,84 |
| Terphenyl (0,5 g) in m-Xylol (100 cm³) | 0,80 |
| Flüssiges Dibenzyl bei 60° C | 0,4 |
| Naphthalinkrystall | 0,87 |

---

[1] HERBERT, R. J. T.: Nucleonics 10, 37 (1952).
[2] REYNOLDS, G. T., F. B. HARRISON and G. SALVINI: Physic. Rev. 78, 488 (1950).

haben. Die Form dieser Kurven hängt von der eingestellten Diskriminatorspannung ab. Die gestrichelten Kurven in Abb. 27 geben den Verlauf des Nulleffektes in Abhängigkeit von der Spannung am Vervielfacher wieder. Die punktierten Kurven beziehen sich auf den thermischen Nulleffekt, die strichpunktierten auf den Gesamt-Nulleffekt (= thermischer Nulleffekt + Nulleffekt des Leuchtstoffes). Dieser wird erst bei größeren Spannungen merklich und bedingt den Wiederanstieg der Charakteristik bei größeren Spannungen. Der unterschiedliche Verlauf der Kurven für den Nulleffekt bei α-, β- und γ-Messungen in Abb. 27 erklärt sich aus der relativen Größe der Signalimpulse zu den Störimpulsen, wie oben bereits bei der Besprechung des Nulleffektes beschrieben.

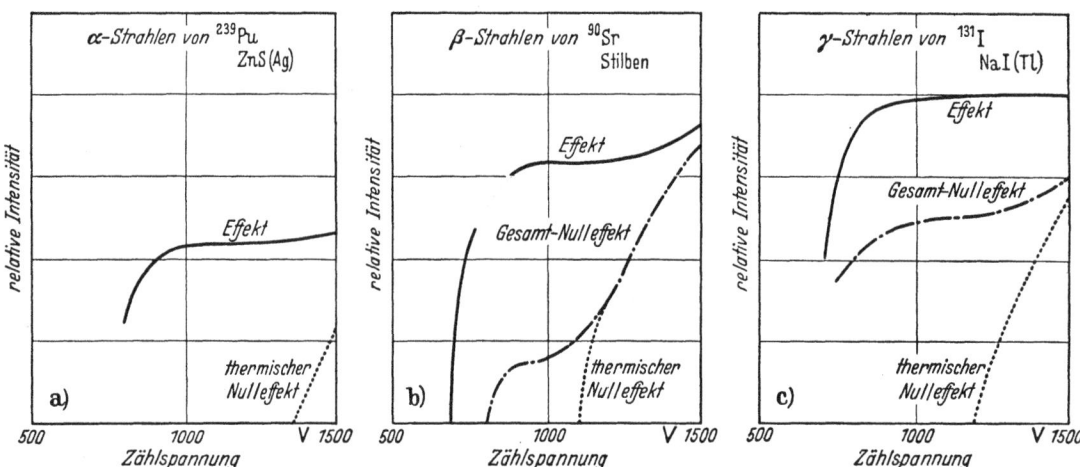

Abb. 27 a—c. Charakteristik eines Scintillationszählers für α-, β- und γ-Strahlung (Tracerlab-Katalog P-20-Scintillation Detector).

### e) Impulsverstärker.

Im Rahmen dieses Artikels kann nur ein sehr kurzer Überblick über die Aufgaben eines Impulsverstärkers gegeben werden. Wegen einer eingehenden Beschreibung muß auf andere Arbeiten[1] verwiesen werden. Nachdem heute eine große Zahl von Industriegeräten auf dem Markte ist, entfällt die Notwendigkeit der eigenen Herstellung, Überwachung und Reparatur.

Die üblichen Impulsverstärker enthalten neben der eigentlichen Impulsverstärkerschaltung einen Gleichrichter für die Anodenspannungen und ein Hochspannungsgerät für die Zählspannung. Im allgemeinen genügen Zählerspannungen bis 2000 V. Die Hochspannung darf infolge Netzschwankungen usw. beim Betrieb von GEIGER-MÜLLER-Zählrohren nicht mehr als 10—20 V schwanken, bei Proportionalzählern und Scintillationszählern sind die Ansprüche an die Spannungskonstanz etwa 10mal größer. Wenn die örtlichen Netzschwankungen sehr groß sind, empfiehlt sich die Verwendung eines magnetischen Spannungskonstanthalters.

**Eingangskreise für Auslösezählrohre.** Wenn auch der Entlademechanismus eines Auslösezählrohres durch den Zusatz von geeigneten organischen Dämpfen zum selbsttätigen Verlöschen gebracht werden kann, so ist es doch in vielen Fällen nützlich, diesen Löschvorgang durch Schaltungsmaßnahmen zu unterstützen bzw. zu erzwingen. Durch einen Eingangskreis nach NEHER-HARPER oder durch eine Multivibratorstufe kann erreicht werden, daß durch den ankommenden Spannungsimpuls die am Zählrohr liegende Hochspannung für $10^{-3}$—$10^{-4}$ sec unter die Einsatzspannung gesenkt wird. Dadurch bleiben auch solche Zählrohre noch brauchbar, deren Dampfzusatz starke Benutzung weitgehend verbraucht ist.

**Übersetzerstufen** (Scaler). In den meisten Fällen ist die zeitliche Impulsdichte so groß, daß ihre unmittelbare Registrierung mit mechanischen Zählwerken wegen deren

---

[1] ELMORE W., and M. SANDS: Electronics Experimental Techniques. New York 1949.

Trägheit nicht möglich ist. Zwischen Eingangs- und Endstufe werden deshalb Untersetzer eingeschaltet. Gebräuchlich sind Untersetzer, welche jeden zweiten Impuls (Dualuntersetzer) bzw. jeden 10. Impuls (Dekadenuntersetzer) weitergeben. Es können mehrere Untersetzer hintereinandergeschaltet werden. Die Anwendung von Untersetzerstufen hat den weiteren Vorteil, daß die zeitliche Impulsfolge hinter dem Untersetzer eine gleichmäßigere Verteilung über die Zeit zeigt, während am Verstärkereingang eine statistische Verteilung vorliegt. Eine zeitlich gleichmäßige Impulsverteilung kann aber von einem

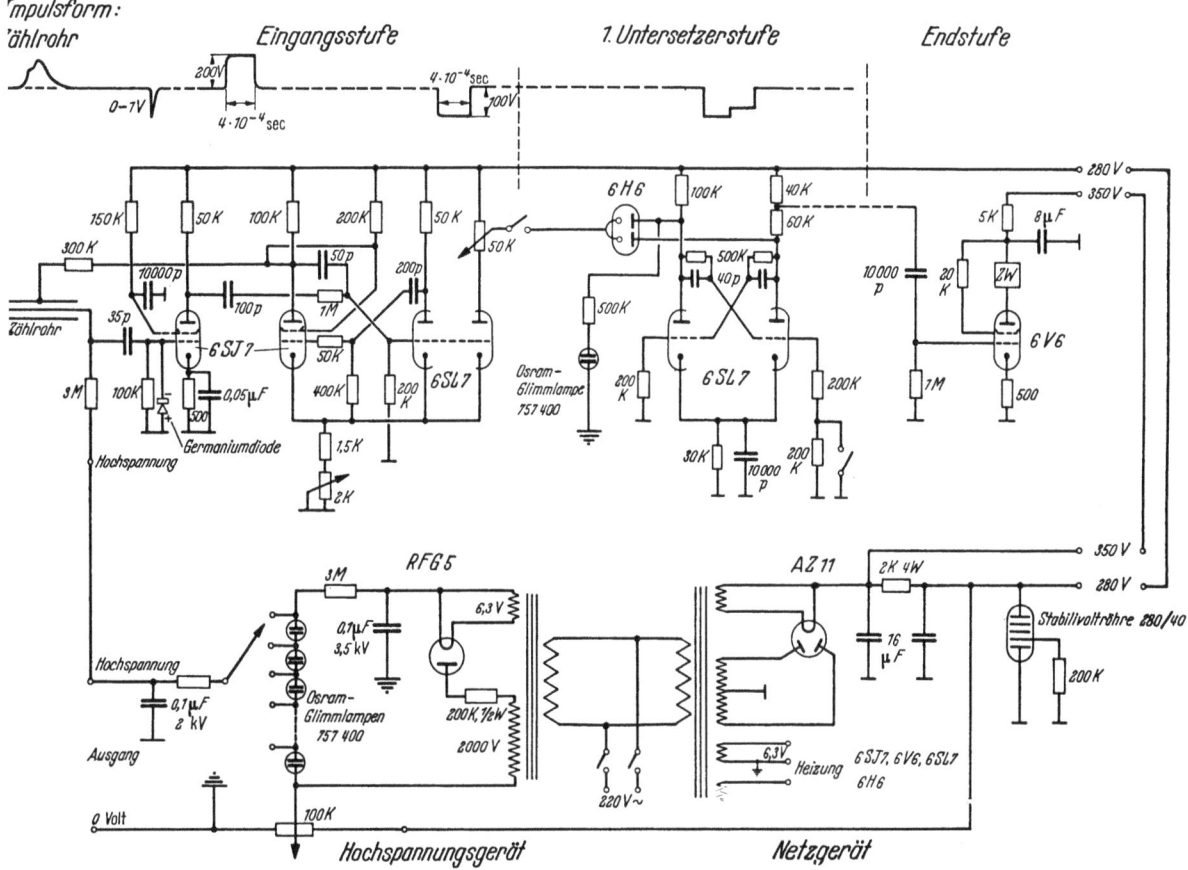

Abb. 28. Schaltschema eines Impulsverstärkers für GEIGER-MÜLLER-Zählrohre.

mechanischen Zählwerk leichter ohne Verlust bewältigt werden (s. auch Seite 652). Neuerdings werden mechanische Addierwerke durch elektrische Geräte ersetzt.

**Endstufe.** Die Endstufe hat die Aufgabe, den Spannungsimpuls so weit zu verstärken, daß das mechanische Zählwerk betrieben werden kann.

**Integratoren** (ratemeter). Oft ist es wünschenswert, die Impulszahl/sec direkt an einem Zeigergerät ablesen zu können. Das leisten die *Integratoren*. Die Impulshäufigkeit kann an einem Milliamperemeter abgelesen werden. Der Ausschlag des Gerätes ist in weiten Grenzen der Impulshäufigkeit proportional. Eine Registrierung mit einem schnell schreibenden Gerät gestattet z. B. die Durchführung von Untersuchungen, bei denen sich die Impulshäufigkeit schnell ändert (z. B. Kreislaufuntersuchungen mit Radioisotopen).

Wegen Koinzidenzschaltungen für Scintillationszähler, Proportionalverstärker, oszillographischer Meßverfahren, Diskriminatorschaltungen, Hochspannungsgeräten u. a. m. sei auf andere zusammenfassende Darstellungen verwiesen[1]. Abb. 28 gibt ein Schaltschema eines Impulsverstärkers für GEIGER-MÜLLER-Zählrohre wieder.

---

[1] ELMORE, W., and M. SANDS: Electronics Experimental Techniques. New York 1949.

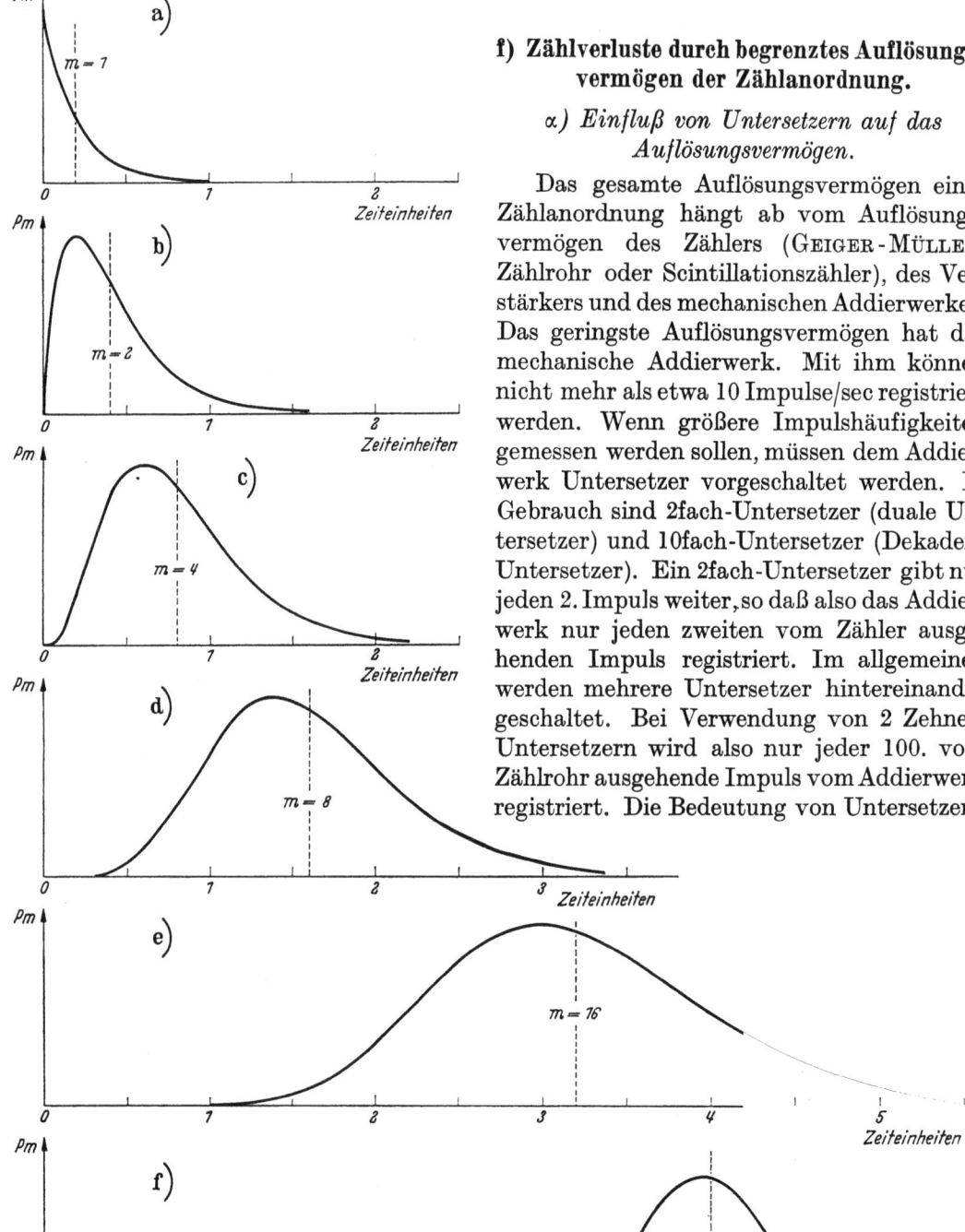

## f) Zählverluste durch begrenztes Auflösungsvermögen der Zählanordnung.

### α) Einfluß von Untersetzern auf das Auflösungsvermögen.

Das gesamte Auflösungsvermögen einer Zählanordnung hängt ab vom Auflösungsvermögen des Zählers (GEIGER-MÜLLER-Zählrohr oder Scintillationszähler), des Verstärkers und des mechanischen Addierwerkes. Das geringste Auflösungsvermögen hat das mechanische Addierwerk. Mit ihm können nicht mehr als etwa 10 Impulse/sec registriert werden. Wenn größere Impulshäufigkeiten gemessen werden sollen, müssen dem Addierwerk Untersetzer vorgeschaltet werden. In Gebrauch sind 2fach-Untersetzer (duale Untersetzer) und 10fach-Untersetzer (Dekaden-Untersetzer). Ein 2fach-Untersetzer gibt nur jeden 2. Impuls weiter, so daß also das Addierwerk nur jeden zweiten vom Zähler ausgehenden Impuls registriert. Im allgemeinen werden mehrere Untersetzer hintereinander geschaltet. Bei Verwendung von 2 Zehner-Untersetzern wird also nur jeder 100. vom Zählrohr ausgehende Impuls vom Addierwerk registriert. Die Bedeutung von Untersetzern

Abb. 29 a—f. Häufigkeitsverteilung der Zeitintervalle zwischen einzelnen Zerfallsprozessen.
Und zwar zwischen einem beliebigen Zerfallsprozeß und
a) dem folgenden Zerfall ($m = 1$; keine Untersetzung)
b) dem übernächsten Zerfall ($m = 2$; 2fach-Untersetzer)
c) dem folgenden 4. Zerfall ($m = 4$; 4fach-Untersetzer)
d) dem folgenden 8. Zerfall ($m = 8$; 8fach-Untersetzer)
e) dem folgenden 16. Zerfall ($m = 16$; 16fach-Untersetzer)
f) dem folgenden 100. Zerfall ($m = 100$; 100fach-Untersetzer)
gezeichnet für eine Aktivität von im Mittel 5 Zerfallsprozessen je Zeitintervall; $p_m$ = Häufigkeit eines bestimmten Zeitintervalls; gestrichelte, senkrechte Linien = Zeitintervall aufeinander folgender Impulse hinter dem Untersetzer bei vollkommen gleichmäßiger, zeitlicher Verteilung.

für das Auflösungsvermögen einer Zählanordnung soll an Hand der Abb. 29 näher erläutert werden.

Wegen des statistischen Charakters des radioaktiven Zerfalls sind die einzelnen Zerfallsprozesse ganz unregelmäßig über die Zeit verteilt, d. h. das Zeitintervall zwischen zwei aufeinanderfolgenden Prozessen kann ganz unterschiedliche Größen haben. In Abb. 30a ist die Wahrscheinlichkeit für das Auftreten von bestimmten Zeitintervallen zwischen aufeinanderfolgenden Prozessen wiedergegeben worden. Danach ist die Wahrscheinlichkeit für das Auftreten eines bestimmten Zeitintervalls um so größer, je kleiner dieses Zeitintervall ist. Eine völlig andere Häufigkeitsverteilung erhält man, wenn man die Zeitintervalle zwischen einem Zerfallsprozeß und dem übernächsten betrachtet (Abb. 29b). In diesem Fall hat die Kurve der Häufigkeitsverteilung im Gegensatz zu Abb. 29a ein Maximum. Das zugehörige Zeitintervall tritt häufiger auf als größere *und* auch kleinere Zeitintervalle. In verstärktem Maße gilt das, wenn die Zeitintervalle zwischen einem Zerfallsprozeß und dem 4. folgenden betrachtet werden (Abb. 29c). Hier tritt bereits ein relativ scharfes Maximum auf. Wenn nur jeder 100. Zerfallsprozeß beobachtet wird (Abb. 29f), haben die einzelnen Zeitintervalle Werte, welche im Durchschnitt nur um 10% voneinander abweichen.

Man entnimmt aus Abb. 29, daß mit zunehmender Untersetzung der Impulse (2fach, 4fach usw., 100fach usw.) der zeitliche Abstand der Impulse hinter dem Untersetzer größer *und* gleichmäßiger wird. Beide Umstände sind für die Registrierung der vom Untersetzer ausgehenden Impulse von Bedeutung. Bei zeitlich gleichmäßiger Verteilung der Impulse können von einem mechanischen Addierwerk größere Impulszahlen registriert werden als bei zeitlich ungleichmäßiger Verteilung der Impulse.

Die Kurven der Abb. 29 lassen sich mittels Wahrscheinlichkeitsbetrachtungen ableiten. Sie sind durch entsprechende Versuche bestätigt worden. Sie behalten auch dann ihre Gültigkeit, wenn nur diejenigen Zerfallsteilchen berücksichtigt werden, welche in einen bestimmten Raumwinkel ausgesandt werden, wie es bei einer Messung mit einem Zähler der Fall ist. Dasselbe gilt auch für $\gamma$-Messungen, wo gleichfalls nur ein Teil aller $\gamma$-Quanten zur Messung kommt.

In letzter Zeit sind elektronische Addiervorrichtungen entwickelt worden. Diese haben ein wesentlich größeres Auflösungsvermögen als mechanische Addierwerke.

*β) Rechnerische Ermittlung der Zählverluste.*

Zwischen der Totzeit $\tau$ der gesamten Zählanordnung von Zählrohr, Verstärker und Zählwerk, der gemessenen Impulshäufigkeit $N$ und der wahren Impulshäufigkeit $N_0$ gilt angenähert die Beziehung:

$$N_0 = \frac{N}{1 - N\tau}. \tag{1}$$

Bei bekanntem $\tau$ läßt sich also für eine gemessene Impulshäufigkeit $N$ die wahre Impulshäufigkeit $N_0$ berechnen. Die gemessene Impulshäufigkeit sollte den Wert von

$$N = \frac{1}{10\tau} \tag{2}$$

nicht überschreiten, da sonst die Beziehung (1) eine zu grobe Annäherung an die wirklichen Verhältnisse bedeutet.

Für verschiedene Totzeiten $\tau$ wurde die Beziehung (1) in Abb. 30 graphisch wiedergegeben. Als Ordinate wurde der Zählverlust $N_0 - N$ genommen, welcher also zu der gemessenen Impulshäufigkeit $N$ (= Abszisse in Abb. 30) hinzuaddiert werden muß. Man entnimmt aus der Kurve für eine Totzeit $\tau = 1000\,\mu\text{sec} = 10^{-3}$ sec (wie etwa beim GEIGER-MÜLLER-Zählrohr) und für eine gemessene Teilchenzahl von $N = 5500$ Impulse/min einen Zählverlust von $N_0 - N = 550$ Impulse/min. Die wahre Impulszahl $N_0$ beträgt demnach

$$N_0 = N + (N_0 - N) = 5500 + 550 = 6050\,\text{Impulse/min}.$$

Ohne Berücksichtigung des Zählverlustes wäre also ein Fehler von 10% entstanden. Unterhalb der gestrichelten Kurven für Zählverluste = 10%, 1% und 0,1% in Abb. 30 beträgt der relative Fehler weniger als diese Prozentzahlen. Für eine Totzeit von nur $\tau = 10\,\mu\sec = 10^{-5}$ sec (wie etwa beim Proportionalzähler oder Scintillationszähler) beträgt die Korrektur bei der gleichen gemessenen Impulshäufigkeit $N = 5500$ Impulsen/min nur 5 Impulse/min, also nur 0,1% = $^1/_{100}$ des Zählverlustes wie im ersten Zahlenbeispiel für ein GEIGER-MÜLLER-Zählrohr. Bei $\tau = 10\,\mu$ sec würde erst bei einer gemessenen Teilchenzahl von 550 000 Impulsen/min ein Zählverlust von 10% auftreten.

### $\gamma$) Messung der Totzeit $\tau$.

Die Totzeit $\tau$ kann unter Verwendung der Formel

$$\tau = \frac{N_1 + N_2 - N_{12} - NE}{N_{12}^2 - N_1^2 - N_2^2} \qquad (3)$$

bestimmt werden*. Hierzu werden zwei Präparate $P_1$ und $P_2$ einmal allein und dann gemeinsam gemessen, etwa mit einer Meßanordnung wie in Abb. 31. Die beiden Präparate sollten ungefähr gleich stark sein, und zwar so stark, daß bei ihrer gemeinsamen Messung bereits merkliche Zählverluste auftreten. In Formel (3) bedeuten $N_1$ bzw. $N_2$ gemessene Impulszahl von Präparat $P_1$ bzw. $P_2$ (einschließlich Nulleffekt), $N_{12}$ die beobachteten Impulse/min bei gleichzeitiger Messung beider Präparate und $NE$ den Nulleffekt/min. $N_1$, $N_2$ und $N_{12}$ müssen mit sehr großer Genauigkeit gemessen werden.

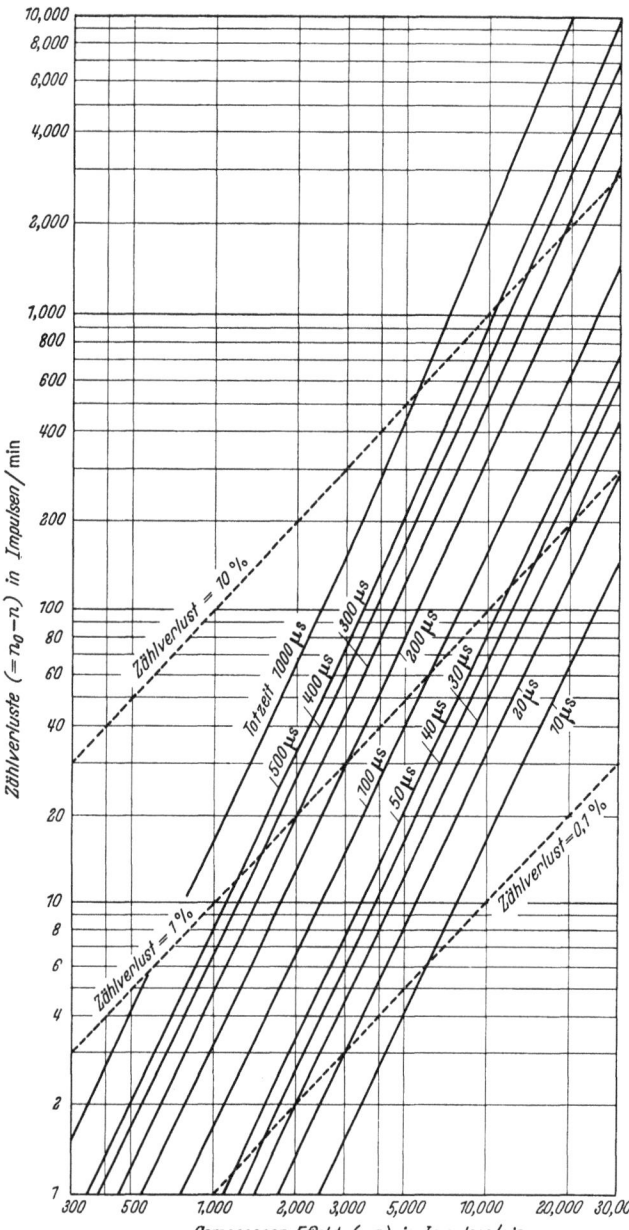

Abb. 30. Zählverluste in Abhängigkeit von der Größe des Effektes und für verschiedene Totzeiten (nach WHITEHOUSE und PUTNAM[1]).

### $\delta$) Direkte Bestimmung der Zählverluste.

Die Messung der Totzeit $\tau$ kann umgangen werden, wenn man sich der beiden folgenden Verfahren zur Bestimmung der Zählverluste bedient.

1. Man stellt sich durch Verdünnung einer radioaktiven Ausgangslösung Präparate her, deren Intensitäten sich jeweils z. B. um den Faktor 2 unterscheiden. Die schwächsten Präparate müssen so geringe Impulshäufigkeiten ergeben, daß keine Zählverluste auftreten. Aus den gemessenen Effekten der schwachen Präparate lassen sich die

---

\* Die Formel (3) stellt eine Näherungslösung der Gleichung dar, welche man erhält, wenn die Beziehung (1) auf die beschriebene Messung der Präparate $P_1$ und $P_2$ angewandt wird.

[1] WHITEHOUSE, W. J. and J. L. PUTNAM: Radioactive Isotopes. S. 221. Oxford 1953.

wahren Effekte der stärkeren und starken Präparate berechnen. Eine Messung der starken Präparate liefert dann unmittelbar den Zählverlust. Dieses Verfahren läßt sich mit jedem Isotop durchführen. Bei Verwendung von γ-Strahlern als Lösung ist die Durchführung besonders einfach. Man tut gut daran, die Messung der Auflösungskurve öfters zu wiederholen.

2. Bei der Durchführung des zweiten Verfahrens ist ein radioaktives Isotop mit einer verhältnismäßig kleinen Halbwertszeit (von etwa 1 Std oder etwas mehr) erforderlich. Dafür eignet sich z. B. das künstlich radioaktive $^{165}$Dy (Halbwertszeit = 2,14 Std) oder Thorium C (Halbwertszeit = 1 Std). Die anfängliche Präparatstärke soll größer sein als die größten bei späteren Messungen anfallenden radioaktiven Proben.

Das Dy- oder Th-Präparat wird fortlaufend bis herunter zu kleinen Impulshäufigkeiten gemessen. Abb. 32 gibt ein

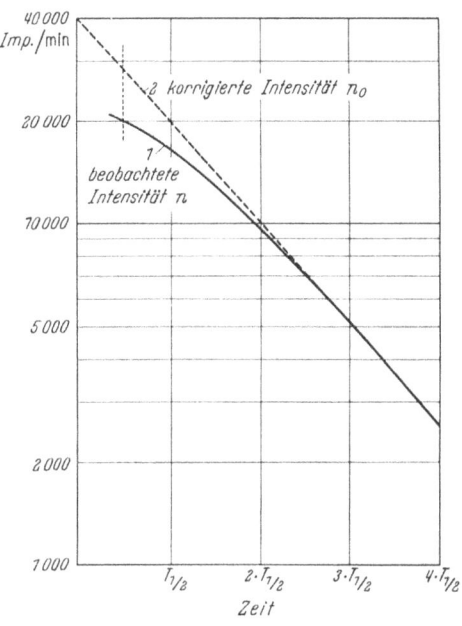

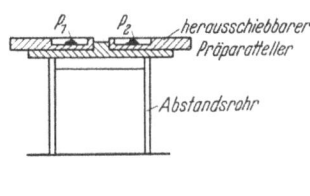

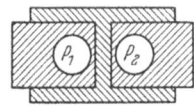

Abb. 31. Anordnung zur Messung der Totzeit.

Abb. 32. Experimentelle Bestimmung der Zählverluste durch Beobachtung einer zeitlichen Abfallskurve.

Beispiel einer solchen Messung (Kurve 1) wieder. In dem Maße, wie die Impulshäufigkeit abnimmt, werden die Zählverluste mehr und mehr vernachlässigbar, die Kurve fällt schließlich mit der bekannten Halbwertszeit des betreffenden Isotops ab. Extrapoliert man diesen exponentiellen Verlauf rückwärts nach großen Teilchenzahlen hin, so ergibt sich die Kurve 2. Die Differenz $n_0 - n$ gibt die Zählverluste für die zugehörige gemessene Impulszahl $n$ wieder. So beträgt z. B. für eine gemessene Teilchenzahl $N$ von 20000/min die wahre Teilchenzahl $N_0 = 29000$/min.

# Nachweis von β- und γ-Strahlen.

Von

W. Maurer und K. Schmeiser.

Mit 42 Abbildungen.

## 1. Nachweis von β-Strahlen.

### a) Vorbemerkungen.

α) *Kleinste nachweisbare Gewichtsmengen markierter Substanzen.*

Die Gewichtsmengen an *reinen* Radioisotopen, welche mit dem Zählrohr noch nachgewiesen werden können, sind außerordentlich klein. Die Nachweisbarkeitsgrenze liegt in der Größenordnung des Nulleffektes. Angenommen, der Nulleffekt betrage 10 Impulse/Minute und es werde von der Meßanordnung ein Zehntel der insgesamt nach allen Seiten ausgesandten $\beta$-Strahlen erfaßt, so wäre die Präparatstärke (Aktivität): $10 \times 10 = 100$ Impulse/min = 1,67 Impulse/sec, das entspricht

$$1{,}67/3{,}7 \cdot 10^7 = 4{,}5 \cdot 10^{-8} \text{ mC}.$$

Ein mC radioaktiven Phosphors ($^{32}$P) wiegt nur $3{,}6 \times 10^{-9}$ g, so daß also noch etwa $10^{-16}$ g $^{32}$P, *ohne Beimengung von inaktivem Phosphor*, nachweisbar wäre.

Bei anderen radioaktiven Isotopen sind die Gewichtsmengen je mC andere, damit ergeben sich auch andere Werte für die kleinsten nachweisbaren Mengen. Allgemein findet man für das absolute Gewicht $M$ eines trägerfreien Präparates den Ausdruck:

$$M = 2{,}4 \cdot 10^{-24} \; I \cdot A \cdot T \text{ Gramm.} \tag{6}$$

Dabei bedeutet: $I$ = Zahl der Millicurie; $A$ = Atomgewicht des betreffenden radioaktiven Isotops; $T$ = Halbwertzeit des Isotops in Sekunden.

In Tabelle 1 ist eine Zusammenstellung solcher Gewichtsangaben für oft vorkommende radioaktive Isotope gegeben worden (s. auch Tabelle 1, Seite 600).

Tabelle 1. *Gewichte von reinen radioaktiven Isotopen* (gewichtlose Präparate).

| Isotop | Halbwertzeit | Gewicht des reinen Isotops in Grammen je |
|---|---|---|
| $^{212}$Pb | $3 \cdot 10^{-7}$ sec | $5{,}7 \cdot 10^{-21}$ (= 15000 Atome) |
| $^{131}$J | 8 Tage | $8{,}0 \cdot 10^{-9}$ |
| $^{32}$P | 14,2 Tage | $3{,}6 \cdot 10^{-9}$ |
| $^{35}$S | 87,1 Tage | $2{,}3 \cdot 10^{-8}$ |
| $^{106}$Ru | 1 Jahr | $3{,}0 \cdot 10^{-7}$ |
| $^{60}$Co | 5,3 Jahre | $8{,}9 \cdot 10^{-7}$ |
| $^{90}$Sr | 25 Jahre | $6{,}3 \cdot 10^{-6}$ |
| $^{14}$C | 5570 Jahre | $2{,}2 \cdot 10^{-4}$ |
| $^{36}$Cl | 1000000 Jahre | 0,1 |

Wohlgemerkt gelten diese Überlegungen nur für das reine trägerfreie Radioisotop. Im allgemeinen liegt das radioaktive Isotop aber in Mischung mit inaktiven Isotopen desselben Elementes vor. Dementsprechend wird die *spezifische Aktivität* (Aktivität je Gramm) kleiner, in gleichem Maße erniedrigt sich die absolute Nachweisempfindlichkeit.

*β) Relative und absolute Messungen.*

Im allgemeinen handelt es sich bei den Anwendungen radioaktiver Isotope um *relative Messungen*. In einen Versuch gehe z. B. eine bestimmte Menge von $^{14}$C-markiertem Bariumcarbonat ein. Von Interesse sei derjenige Bruchteil der Aktivität, welcher in irgendeinem Versuchsabschnitt noch auftritt. Dieser Bruchteil ist angebbar, wenn die Ausgangsaktivität oder ein Teil derselben mit der Aktivität einer Probe eines späteren Versuchsabschnittes verglichen wird *(relative Messungen)*.

In nur wenigen Fällen sind Messungen der *absoluten* Aktivität erforderlich. Das ist z. B. der Fall, wenn die Verteilung des verabreichten Radioisotops in verschiedenen Organen zur Abschätzung der Strahlendosis bekannt sein muß. Die Durchführung absoluter Messungen ist sehr schwierig. Sie bildet das Arbeitsgebiet spezieller physikalischer Laboratorien, welche z. B. auch die Absoluteichungen der käuflichen Radioisotope vornehmen. Im allgemeinen genügt es, wenn man sich auf diese Eichung verläßt. Es können aber auch genau geeichte Präparate bezogen werden. Durch einen Vergleich solcher geeichten Präparate mit einem Versuchspräparat kann die absolute Aktivität des letzteren bestimmt werden. Im eigenen Laboratorium sind also wiederum nur relative Messungen des Eichpräparates und der Versuchspräparate durchzuführen. Die Genauigkeit relativer Messungen kann sehr weit getrieben werden, die Fehler von absoluten Messungen sind im allgemeinen relativ groß.

### b) Messung von Präparaten in fester Form.

Bei jedem Versuch liegt die Aufgabe vor, bestimmte Mengen von radioaktiver Substanz mit einem Zählgerät (z. B. GEIGER-MÜLLER-Zählrohr) zu bestimmen. Aus verschiedensten

Gründen wird bei der Messung nur ein Teil der vom Präparat nach allen Richtungen ausgesandten β-Teilchen erfaßt. Zwecks Erreichen einer großen Empfindlichkeit und Genauigkeit besteht der Wunsch, einen möglichst großen Bruchteil zu zählen. Diese Zählausbeute hängt z. B. von den Eigenschaften des Nachweisgerätes (z. B. Fenstergröße und -dicke) und einer Reihe anderer Faktoren wie Abstand Präparat-Zählgerät, Form und Gewichtsmenge des Präparates, Präparatunterlage u. a. m. ab. Wenn man eine möglichst große Zählausbeute erreichen will, so muß man den Einfluß der genannten Faktoren auf die Größe des gemessenen Effektes quantitativ übersehen. Im folgenden soll deshalb hierauf näher eingegangen werden. Das hierbei über Messungen mit GEIGER-MÜLLER-Zählrohren Gesagte kann sinngemäß auf andere Nachweisgeräte übertragen werden.

Selbstverständlich ist im allgemeinen anzustreben, daß alle Präparate einer Versuchsreihe in gleicher Weise hergestellt und unter identischen geometrischen Bedingungen

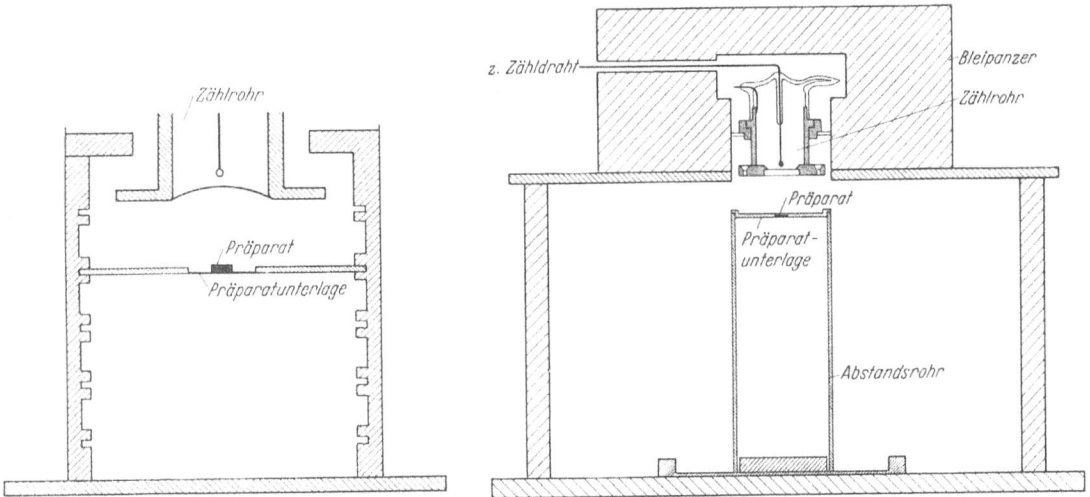

Abb. 1. Beispiele für Meßanordnungen.

gemessen werden. Wenn es nicht möglich ist, alle Faktoren, welche den gemessenen Effekt beeinflussen, konstant zu halten, so muß man die unterschiedlichen Meßbedingungen bei der Auswertung der Versuche berücksichtigen. Das gilt z. B. für den Fall, daß zwei Präparate sehr ungleicher Aktivität in verschiedenen Entfernungen vom Zählrohr ausgemessen werden müssen. Insbesondere auch aus diesem Grunde muß der Einfluß der einzelnen Faktoren auf das Meßergebnis bekannt sein.

### α) Versuchsanordnung.

Abb. 1 zeigt zwei Versuchsanordnungen, die häufig Verwendung finden. In dem einen Fall werden die Präparate mittels eines Schiebers in eine reproduzierbare Lage unter das Zählrohr gebracht. Je nach Präparatstärke können verschiedene Abstände zwischen Präparat und Zählrohrfenster gewählt werden. Direkt unter dem Zählrohr befindet sich eine Lochblende, deren Durchmesser etwas kleiner ist als das Zählrohrfenster. Bei der Meßanordnung rechts in Abb. 1 können die Präparate auf Aluminiumrohre unterschiedlicher Länge aufgesetzt werden. Zur Herabsetzung des Nulleffektes umgibt man das Zählrohr mit einem Bleipanzer. Für routinemäßige Ausmessungen einer großen Anzahl von Präparaten sind Apparaturen mit automatischem Probenwechsler wie in Abb. 2 entwickelt worden (s. auch Abb. 15b, S. 642).

### β) Ausnutzbarer Raumwinkel. Geometriefaktor.

Die Zerfallsteilchen eines radioaktiven Präparates werden nach allen Richtungen gleichmäßig ausgesandt. Im allgemeinen wird von einem Nachweisgerät nur ein Bruchteil der Gesamtstrahlung erfaßt. Dieser ist um so beträchtlicher, je größer das Zählrohrfenster und je kleiner der Abstand des Präparates vom Zählrohrfenster ist. Etwa die Hälfte des Raumwinkels wird ausgenutzt, wenn sich ein relativ kleines Präparat unmittelbar vor dem Fenster befindet.

**Punktförmige Strahlungsquelle.** Für eine punktförmige oder nahezu punktförmige radioaktive Quelle, welche auf einer dünnen Unterlage ruht (vernachlässigbare Rück-

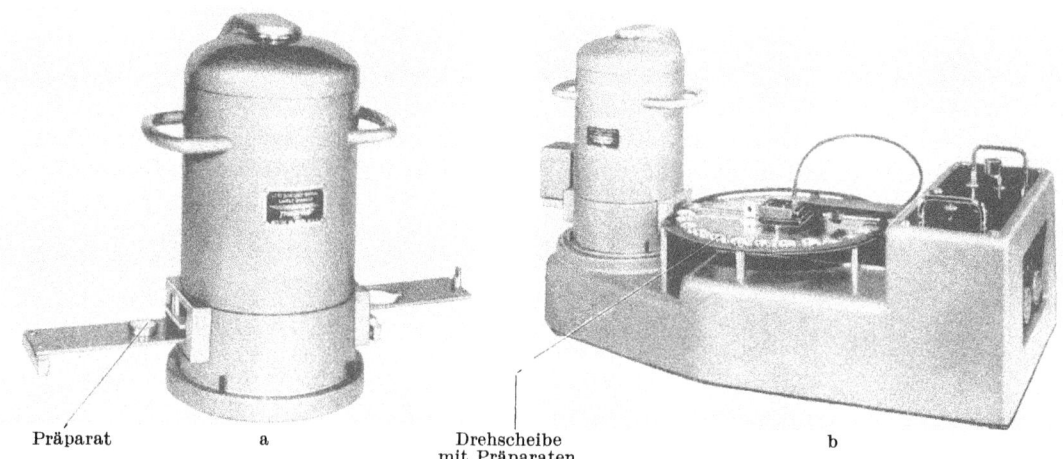

Abb. 2 a u. b. Probenwechsler (Tracerlab), a für 2 Präparate, b für 25 Präparate mit automatischem Probenwechsler.

streuung) und deren Dicke ausreichend klein ist (vernachlässigbare Selbstabsorption), gilt mit den Bezeichnungen der Abb. 3 für den *Geometriefaktor* (Verhältnis von ausnutzbarem Raumwinkel zu Gesamtraumwinkel $4\pi$) die Beziehung

$$G = 0{,}5\left(1 - \frac{h}{\sqrt{h^2 + r^2}}\right) = 0{,}5(1 - \cos\alpha) \qquad \text{tg}\,\alpha = \frac{h}{r}. \qquad (1)$$

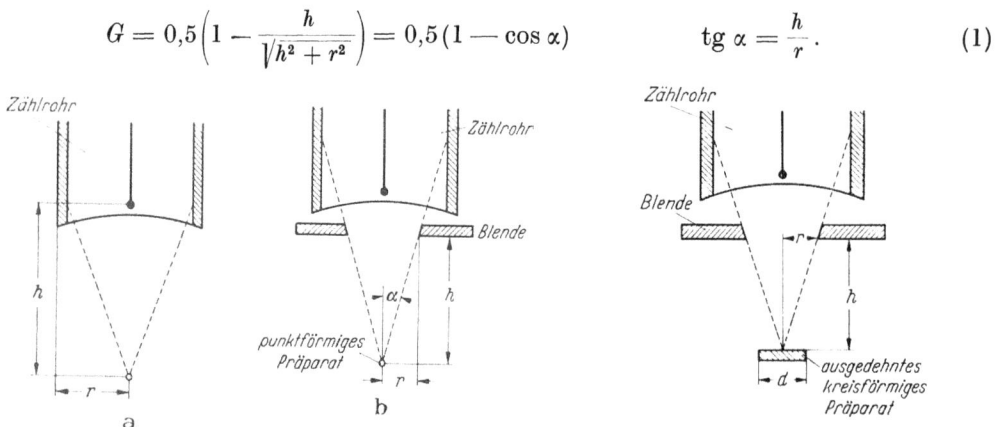

Abb. 3 a u. b. Zur Erläuterung des Geometriefaktors.   Abb. 4. Zur Erläuterung der Kurven in Abb. 5.

Ein Geometriefaktor von $G = 0{,}1$ bedeutet, daß 10% aller vom Präparat ausgesandten $\beta$-Teilchen in Richtung auf das Zählrohrfenster fliegen.

Wenn man die Gesamtheit der vom Präparat ausgesandten $\beta$-Teilchen berechnen will, muß man die beobachtete Impulshäufigkeit durch den Geometriefaktor $G$ dividieren.

**Kreisförmige ebene Präparate.** Die Gl. (1) gilt nur für eine nahezu punktförmige Quelle, welche auf der Zählrohrachse (Symmetrieachse) liegt. Meist liegen aber kreisförmige, ebene Präparate vor. Das ist von Einfluß auf den Geometriefaktor. Für alle Präparateteile, die nicht auf der Symmetrieachse liegen, ist der ausgenutzte Raumwinkel (Geometriefaktor) kleiner. Die Abweichungen sind um so geringer, je weniger ausgedehnt das Präparat gegenüber dem Durchmesser des Zählrohrfensters oder der Blende vor dem Fenster ist. Die Abweichungen sind klein für sehr nahe Präparate und andererseits für weit entfernte Präparate. Diese Verhältnisse wurden von Cook und Mitarbeitern[1] rechnerisch behandelt, die Ergebnisse enthält Abb. 5 für eine Anordnung wie in Abb. 4. Als

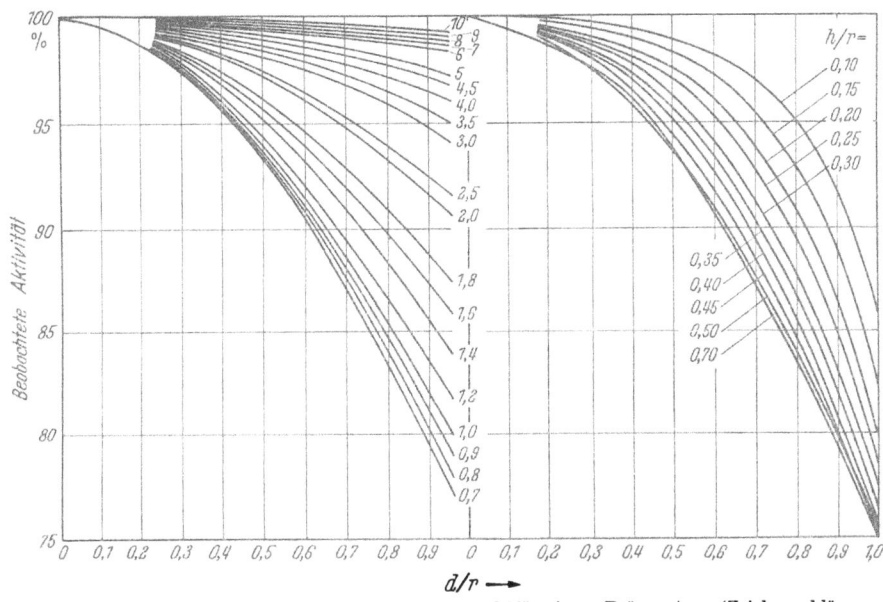

Abb. 5. Vergleich des Geometriefaktors bei kreis- und punktförmigen Präparaten (Zeichenerklärung s. Abb. 4). (Ordinate = Geometriefaktor bei kreisförmigem Präparat [$G$] bezogen auf Geometriefaktor bei punktförmigem Präparat [$G_0$] unter sonst gleichen Versuchsbedingungen, $G_0 = 100\%$ gesetzt.)

Ordinate wurde der ausnutzbare Raumwinkel bei ausgedehntem Präparat (Durchmesser $= d$), bezogen auf den bei punktförmiger Quelle ausnutzbaren Raumwinkel (gleich 100%), angenommen. Als Abszisse wurde das Verhältnis des Präparatdurchmessers $d$ zum Radius $r$ der Zählrohrblende genommen. Als Parameter der eingezeichneten Kurvenscharen wurde das Verhältnis des Abstandes $h$ des Präparates von der Blende zu deren Radius $r$ gewählt. Für $h = 9$ mm, $r = 12{,}5$ mm, $d = 10$ mm wird $h/r = 0{,}7$ und $d/r = 0{,}8$. Aus Abb. 5 ergibt sich, daß hierfür der bei einem Präparat von 10 mm Durchmesser ausgenutzte mittlere Raumwinkel um 17% kleiner als bei punktförmiger Quelle ist.

**Abhängigkeit der Impulshäufigkeit vom Präparatabstand.** In der Praxis verfährt man meist so, daß man ein

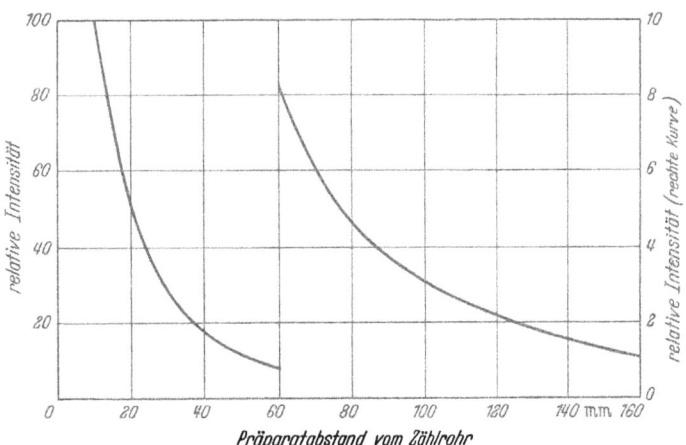

Abb. 6. Impulshäufigkeit bei verschiedenen Abständen eines Präparates vom Zählrohr.

konstantes Präparat in verschiedenem Abstand mißt und die Ergebnisse als Kurve aufträgt. In Abb. 6 ist eine solche Abstandskurve für ein $^{32}$P-Präparat wiedergegeben worden. Eine derartige Kurve gilt nur für eine bestimmte Zählanordnung, Präparatgröße und für das betreffende Isotop. Eine z. B. bei einem großen Abstand gemessene Impulshäufigkeit kann dann auf jeden anderen Abstand umgerechnet werden.

Eine Abstandskurve (Abstand wiedergegeben in mg/cm² Luft, unter Einrechnung des Fensters) für andere Werte der maximalen $\beta$-Energie gibt die Abb. 7 wieder. Daß

---
[1] Cook, G. B., J. F. Duncan and M. A. Hewitt: Nucleonics 8 (1), 24 (1951).

die Form dieser Abstandskurven von der Härte der β-Teilchen abhängt, hängt mit der β-Absorption im Zählrohrfenster und in der Luftschicht zusammen. Hierauf wird in den folgenden Abschnitten eingegangen.

**Einfluß seitlicher Verschiebungen des Präparates auf die Impulshäufigkeit.** Es muß sehr darauf geachtet werden, daß sich das Präparat symmetrisch unter dem Zählrohr befindet. Eine seitliche Verschiebung vermindert die Impulshäufigkeit. Abb. 8 enthält hierfür 2 Beispiele für ein punktförmiges Präparat.

γ) *Absorption von β-Strahlung. Ermittlung der Aktivität zweier als Gemisch vorliegender Isotope durch Absorptionsmessungen.*

Wenn zwischen ein radioaktives Präparat Materieschichten gebracht werden, wird die Impulshäufigkeit geringer. Die Größe der Schwächung der Intensität hängt von der

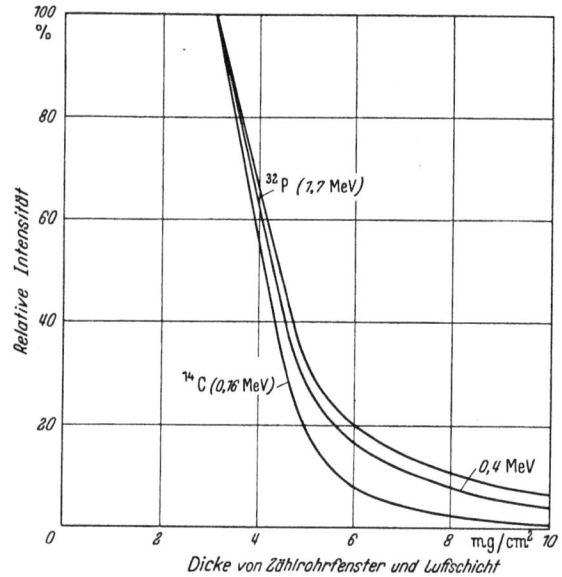

Abb. 7. Abhängigkeit des gemessenen Effektes vom Präparatabstand für Isotope mit verschiedenen Grenzenergien.

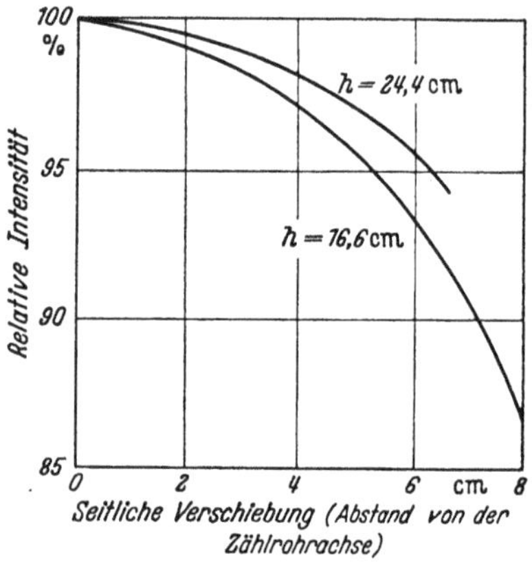

Abb. 8. Einfluß einer nicht zentralen Lage des Präparates unter dem Zählrohr bei verschiedenem Abstand $h$.

Schichtdicke, von der Energie der β-Strahlung, von der Entfernung Präparat — Zählrohr, der Dicke des Zählrohrfensters u. a. ab. Annäherungsweise gilt bei nicht zu großen Absorberdicken für die geschwächte Intensität $J$:

$$J = J_0 \cdot e^{-\alpha d} ; \qquad (2)$$

$d$ = Dicke des Absorbers in mg/cm²,
$\alpha$ = Massenabsorptionskoeffizient in cm²/mg.

Die Angabe eines Absorptionskoeffizienten ist insofern von Vorteil, als sich die in den folgenden Abschnitten berechneten Korrektionen in eine explizite Form bringen lassen. Genau genommen müßten diesen Rechnungen die gemessenen Absorptionskurven zugrunde gelegt werden, was sich auch in der Praxis zuweilen durchaus empfiehlt.

Bei manchen Versuchen fallen Präparate an, welche zwei verschiedene radioaktive Isotope enthalten. In solchen Fällen kann die Aktivität der beiden Isotope durch β-Absorptionsmessungen ermittelt werden, wenn sich die beiden β-Energien und damit die beiden β-Absorptionskurven genügend unterscheiden. Wenn die Unterschiede, wie z. B. bei $^{32}$P ($E_{\beta\,max} = 1{,}7$ MeV) und $^{35}$S ($E_{\beta\,max} = 0{,}17$ MeV) sehr groß sind, so kann man durch einen Absorber geeignet gewählter Dicke die β-Strahlen des einen Radioisotops vollständig absorbieren, ohne die β-Strahlen des anderen Radioisotops merklich zu schwächen. Es genügt z. B. zur vollständigen Absorption der $\beta$-Strahlung von $^{35}$S eine Schichtdicke von 0,1 mg/cm² Aluminium. Die $\beta$-Strahlung des $^{32}$P wird dadurch nur um etwa 10% vermindert.

Wenn sich die beiden $\beta$-Energien wenig unterscheiden, kommt man mit einem so einfachen Verfahren nicht aus. Es gibt dann keine Absorberdicke, bei der die $\beta$-Strahlung des einen Radioisotops vollständig absorbiert und bei welcher die Schwächung der energiereicheren $\beta$-Strahlung des anderen Isotops nur wenig ausmacht. In diesem Falle kann man aber mit einem rechnerischen Verfahren zum Ziele kommen. Die Massenabsorptionskoeffizienten $\alpha_1$ bzw. $\alpha_2$ für die $\beta$-Strahlung der beiden Isotope müssen bekannt sein. Die gesuchten Aktivitätsanteile $J_1$ und $J_2$ der beiden radioaktiven Isotope an der Gesamtaktivität $J_0$ können dann wie folgt berechnet werden. Zunächst wird die Aktivität des Präparates ohne Absorber gemessen ($=J_0$). $J_0$ ist die Summe der beiden gesuchten Einzelaktivitäten $J_1$ und $J_2$, also

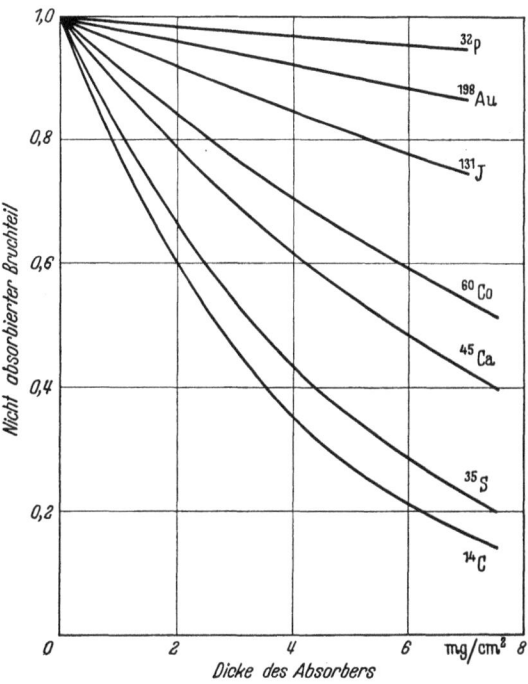

Abb. 9. Absorptionskurven der $\beta$-Strahlung verschiedener Isotope (nach GLEASON und Mitarbeiter[1]).

$$J_0 = J_1 + J_2 \qquad (3)$$

Anschließend wird die Aktivität des Präparates mit einem Absorber der Dicke $d$ (in mg/cm²) bestimmt ($=J_d$). $J_d$ ist gleich der Summe der geschwächten Teilaktivitäten, also

$$J_d = J_1 \cdot e^{-\alpha_1 d} + J_2 \cdot e^{-\alpha_2 d}. \qquad (4)$$

Aus den zwei Gleichungen lassen sich die beiden gesuchten Größen $J_1$ und $J_2$ berechnen.

$\delta$) *Absorption in Zählrohrfenster und Luftschicht.*

Die Absorption im Zählrohrfenster und in der Luftschicht kann vor allem bei weichen $\beta$-Strahlern zu einer beträchtlichen Schwächung des gemessenen Effektes führen. Abb. 9 enthält Absorptionskurven einer Reihe von $\beta$-Strahlern nach GLEASON und Mitarbeitern[1].

Die gebräuchlichen Fensterzählrohre haben eine Dicke von etwa 2 mg/cm². Bei einer Fensterdicke von 2 mg/cm² wird nach Abb. 9 die $\beta$-Strahlung von $^{32}$P auf 98%, also nur wenig geschwächt, die weiche $\beta$-Strahlung von $^{14}$C wird dagegen bereits auf 60%, also sehr viel stärker herabgesetzt.

Bei weichen $\beta$-Strahlern wie $^{14}$C oder $^{35}$S darf auch die Absorption in der Luftschicht zwischen Präparat und Zählrohrfenster nicht vernachlässigt werden. So vermindern schon 7 mm Luft (0,7 mg/cm²) die Intensität der $\beta$-Strahlung von $^{35}$S um 14%.

Unter Benutzung der Absorptionskurven in Abb. 9 sind in Tabelle 2 für verschiedene Fensterdicken und Luftschichten die zugehörigen Intensitätsverminderungen direkt angegeben worden. Aus solchen Angaben kann entnommen werden, inwieweit bestimmte Fensterdicken und Luftschichten bei der Ausmessung eines Isotops noch zulässig bzw. tragbar sind.

Es soll hier eine einfache Methode beschrieben werden, den Einfluß der Absorption im Zählrohrfenster bzw. in der Luftschicht seiner Größe nach experimentell zu bestimmen. Zwischen Zählrohr und Präparat (und zwar möglichst dicht am Zählrohrfenster) werden dünne Folien verschiedener Dicke gebracht und die zugehörigen Impulshäufigkeiten

---

[1] GLEASON, G. J., J. D. TAYLOR and D. L. TABERN: Nucleonics 8, 12 (1951).

gemessen. Wie in Abb. 10 werden die letzteren als Kurve graphisch aufgetragen. Man extrapoliert nunmehr diese Kurve nach links über den Nullpunkt (Absorptionsdicke 0) hinaus, um eine Absorberdicke, welche gleich der Dicke des Zählrohrfensters plus der Luftschicht (in mg/cm²) ist. Das Ende der gestrichelt gezeichneten, nach links extrapolierten Kurve entspricht der Impulshäufigkeit (in der Abb. 10 durch einen Pfeil gekennzeichnet), welche ohne Absorption durch Fenster und Luftschicht gemessen worden wäre.

Tabelle 2. *Prozentuale Intensitätsverminderung durch Absorption in der Zählrohrwand und in der Luftschicht.*

|  | Aktivitätsverminderung in % bei | | |
|---|---|---|---|
|  | ³²P | ⁴⁵Ca | ³⁵S |
| Zählrohrwandstärke |  |  |  |
| 1 mm Al | 90 | — | — |
| 0,1 mm Al | 20 | 98 | — |
| 2,7 mg/cm² Glimmer | 3 | 29 | 45 |
| Dicke der Luftschicht |  |  |  |
| 1 cm | 1 | 14 | 25 |
| 10 cm | 10 | 84 | 94 |
| 100 cm | 73 | — | — |

Man entnimmt aus der Abb. 10 einen extrapolierten Wert von 3600 Impulse/min gegenüber 3000 Impulsen/min (mit Fenster und Luftschicht). In diesem Falle ist also das Präparat durch die Absorption im Fenster und in der Luftschicht um

$$\frac{3600}{3000} = 1{,}2$$

geschwächt worden.

Seit einer Reihe von Jahren verwendet man Zählrohre, bei welchen der störende, die Intensität schwächende Einfluß eines Zählrohrfensters und die Absorption in der Luftschicht ausgeschaltet sind. Dazu wird das radioaktive Präparat durch eine Gasschleuse unmittelbar in das Zählrohr eingebracht (s. Abb. 15, S. 642). Es sind auch Zählrohre im Gebrauch, welche bei Atmosphärendruck arbeiten, so daß extrem dünne Fenster verwendet werden können (z. B. Folien aus Zaponlack). Selbst sehr weiche β-Strahlen können so ohne nennenswerte Schwächung gemessen werden. Das Meßgas (z. B. Methan) durchströmt den Zähler mit leichtem Überdruck.

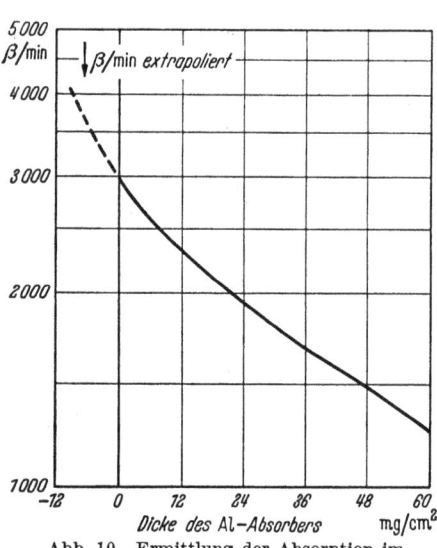

Abb. 10. Ermittlung der Absorption im Zählrohrfenster und in der Luftschicht.

ε) *Einfluß von schrägem Durchgang durch Zählrohrfenster und Luftschicht.*

Bei der Berechnung der Absorptionsverluste dürfen nicht ohne weiteres einfach die Dicken des Zählrohrfensters und der Luftschicht eingesetzt werden, weil in allen praktisch vorkommenden Fällen die β-Teilchen das Zählrohrfenster und die Luftschicht mehr oder weniger schräg durchlaufen. Je schräger im Mittel die β-Teilchen Zählrohrfenster und Luftschicht durchsetzen, um so mehr weicht der wirklich vorhandene mittlere Absorptionsweg von der Dicke des Fensters und der Luftschicht ab. Wenn der Einfluß des schrägen Durchgangs auf die Verminderung der gemessenen Impulshäufigkeit bestimmt werden soll, so muß man den Überlegungen diesen mittleren Absorptionsweg zugrunde legen. Dieser wird um so größer, je kleiner der Abstand Präparat — Zählrohr ist bzw. je größer der Durchmesser des Zählrohrfensters und des Präparates ist. Die Vergrößerung des mittleren Absorptionsweges spielt vor allen Dingen bei sehr weichen β-Strahlen eine Rolle.

Die durch den schrägen Durchgang der β-Strahlung herabgesetzte Impulshäufigkeit kann rechnerisch ermittelt werden. Die entsprechenden Ergebnisse sind in Abb. 11 enthalten, sie wurden einer Arbeit von SCHMEISER[1] entnommen. Den Rechnungen liegt die

---

[1] SCHMEISER, K.: In künstliche radioaktive Isotope. (Hrsgb. SCHWIEGK, H.) Berlin, Göttingen, Heidelberg 1953.

Annahme zugrunde, daß die $\beta$-Absorption durch einen Absorptionskoeffizienten erfaßt werden kann, was eine ausreichende Annäherung an die wirklichen Verhältnisse darstellt. Aus den Kurven der Abb. 11 kann für ein punktförmiges Präparat entnommen werden, um welchen Faktor die Impulshäufigkeit *zusätzlich* geschwächt wird, weil die $\beta$-Teilchen nicht senkrecht, sondern mehr oder weniger schräg auffallen. Dabei bedeutet in Abb. 11 die Größe $d$ die in mg/cm² ausgedrückte Gesamtdicke von Fenster und Luftschicht. $\alpha$ ist der Absorptionskoeffizient der $\beta$-Strahlung des betreffenden Isotops. Da bei einer exponentiellen Absorption die Schwächung der Impulshäufigkeit von dem Produkt von $\alpha$ (= Einfluß der Energie der $\beta$-Strahlung) mal $d$ (= Einfluß der Schichtdicke) abhängt, wurde dieses Produkt als Abszisse gewählt. Der Parameter $G$ in Abb. 11 bedeutet den weiter oben besprochenen Geometriefaktor. Bei Vergrößerung des Abstandes der punktförmigen Quelle vom Zählrohrfenster (= Abnahme von $G$) nimmt der Einfluß des schrägen Durchgangs immer mehr ab.

Für einen Abstand einer punktförmigen Strahlungsquelle von $h = 3$ mm (s. Abb. 3) und einem Durchmesser des Zählrohrfensters (bzw. Fensterblende) von $2r = 25$ mm ergibt sich nach (1) ein Geometriefaktor von 0,4. Für $^{14}$C ergibt sich mit einem Absorptionskoeffizienten $\alpha = 0,25$ cm²/mg und einer Dicke (Fenster + Luftschicht) $d = 2$ mg/cm² ein $\alpha \cdot d = 0,5$. Aus Abb. 11 entnimmt man dafür einen Ordinatenwert von 1,5. Um diesen Faktor ist die beobachtete Impulshäufigkeit kleiner als diejenige, welche gemessen würde,

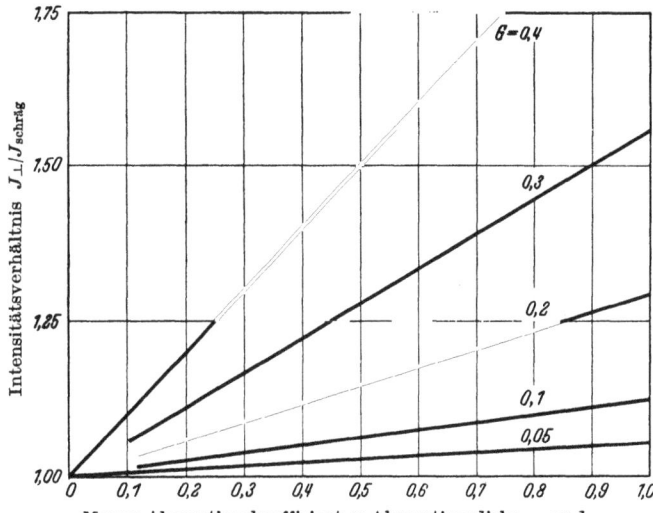

Abb. 11. Einfluß von schrägem Durchgang der $\beta$-Teilchen durch Zählrohrfenster und Luftschicht.
$I_\perp$ = Impulshäufigkeit bei senkrechtem Durchgang.
$I_{\text{schräg}}$ = Impulshäufigkeit bei schrägem Durchgang
(nach SCHMEISER[1]).

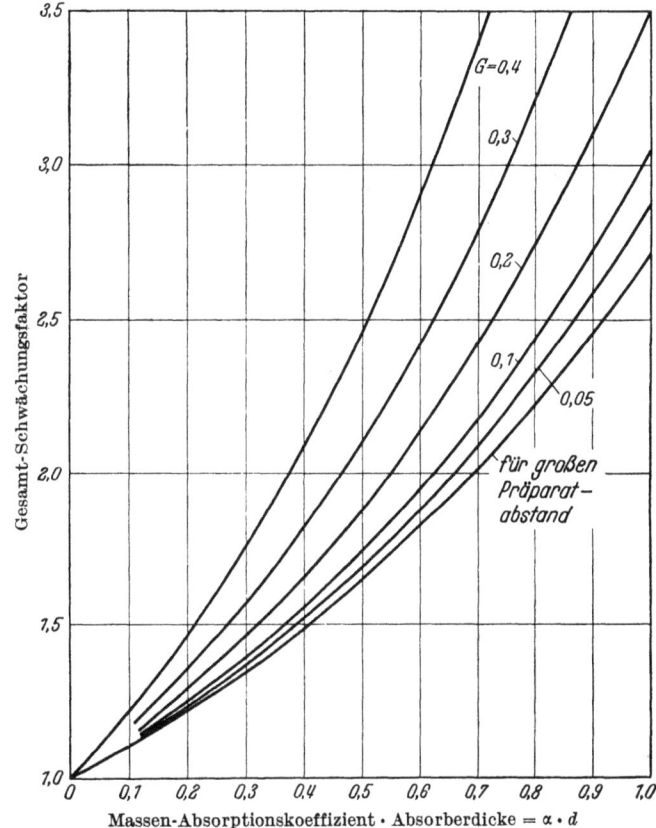

Abb. 12. Gesamtschwächung eines punktförmigen Präparates in Zählrohrfenster und Luftschicht unter Berücksichtigung des schrägen Durchgangs. $G$ = Geometriefaktor (nach SCHMEISER[1]).

wenn alle $\beta$-Teilchen der *punktförmigen* Quelle senkrecht auffallen würden. Der Einfluß des schrägen Durchgangs kann also zu großen Intensitätsschwächungen Anlaß geben.

---

[1] SCHMEISER, K.: In: Künstliche radioaktive Isotope. (Hrsg. SCHWIEGK, H.) Berlin, Göttingen, Heidelberg 1953.

In der Praxis interessiert in den meisten Fällen die durch Absorption im Zählrohrfenster *und* in der Luftschicht verursachte *Gesamtschwächung* (unter Berücksichtigung schrägen Durchgangs) der $\beta$-Strahlung. Diese Werte können aus Abb. 12 entnommen werden. Für ein $G = 0,4$ und ein $d = 0,5$, genau wie in obigem Beispiel, liegt also eine gesamte Schwächung um den Faktor 2,5 vor. Bei einem Geometriefaktor von $G = 0,4$ fliegen 40% der $\beta$-Teilchen in Richtung auf das Zählrohrfenster. Hiervon gelangen also nur $40:2,5 = 16\%$ in das Innere des Zählrohres.

$\zeta$) *Selbstabsorption im Präparat.*

Auch in dem radioaktiven Präparat selber findet eine Absorption der $\beta$-Strahlung statt. $\beta$-Strahlen, welche von tiefer liegenden Stellen innerhalb des Präparates ausgehen, werden in den darüber liegenden Präparatschichten durch Absorption zum Teil absorbiert. Der Einfluß dieser *Selbstabsorption* muß bei genaueren Messungen quantitativ bekannt sein, wenn Präparate verschiedener Dicke miteinander verglichen werden sollen. Unter vereinfachenden Annahmen läßt sich der Einfluß der Selbstabsorption berechnen. Unter der Annahme, daß alle $\beta$-Teilchen das Präparat senkrecht durchsetzen, ergibt sich

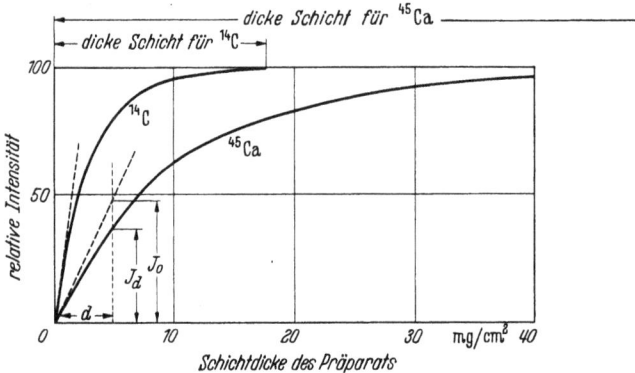

Abb. 13. Einfluß der Selbstabsorption auf die gemessene Präparatstärke (Sättigungskurve). $J_0$ = Effekt ohne Selbstabsorption, $J_d$ = Effekt mit Selbstabsorption, $d$ = zugehörige Schichtdicke.

$$J = J_0 \frac{1-e^{-\alpha \cdot d}}{\alpha d}. \quad (5)$$

Dabei bedeuten: $J_0$ = Zahl der in Richtung auf das Zählrohr ausgesandten $\beta$-Teilchen (ohne Selbstabsorption), $J$ = Zahl der aus der Präparatoberfläche tatsächlich austretenden $\beta$-Teilchen, $d$ = Dicke des Präparates in mg/cm², $\alpha$ = Absorptionskoeffizient der $\beta$-Strahlung des betreffenden Isotops im Präparat.

Für große Abstände des Präparates vom Zählrohr gibt die Formel angenähert richtige Werte.

**Sättigungskurve. Dicke Schicht.** Wenn man von einer Substanz konstanter spezifischer Aktivität Proben von zunehmender Dicke herstellt und die Intensität dieser Präparate mißt, so erhält man für z. B. $^{14}$C und $^{45}$Ca die Kurven der Abb. 13. Bei kleiner Schichtdicke nimmt die beobachtete Impulshäufigkeit proportional mit der Schichtdicke zu. Bei größerer Schichtdicke tritt eine immer stärkere Abweichung von der in Abb. 13 gestrichelten, bei kleinen Schichtdicken vorhandenen Linearität auf, bis schließlich von einer gewissen Schichtdicke an ein Sättigungswert *(Sättigungsdicke)* erreicht wird. Sobald die Sättigungsdicke erreicht ist, werden die von der untersten Schicht des Präparates emittierten $\beta$-Teilchen im Präparat vollkommen absorbiert. Bei einer weiteren Steigerung der Schichtdicke bleibt der gemessene Effekt konstant *(dicke Schicht)*.

**Messung von Präparaten in „dünner" Schicht.** Man kann die Selbstabsorption innerhalb eines radioaktiven Präparates dadurch vermeiden, daß man genügend dünne Schichten nimmt. Innerhalb des linearen Anfangsverlaufs der Sättigungskurve spielt die Selbstabsorption keine Rolle. Die noch zulässigen Dicken sind um so kleiner, je weicher die $\beta$-Strahlung ist. Dünne Schichten sollten keine größere Dicke haben als

$$d_{\max} = \frac{1}{50} D_{\frac{1}{2}}, \quad (6)$$

dabei ist $D_{\frac{1}{2}}$ gleich derjenigen Absorberdicke, welche die Hälfte der $\beta$-Teilchen des betreffenden Isotops absorbiert (*Halbwertsdicke*). Zwischen $D_{\frac{1}{2}}$ und dem Absorptionskoeffizienten besteht die Relation

$$D_{\frac{1}{2}} = \frac{0,693}{\alpha}. \quad (7)$$

Bei dieser Dicke macht die Selbstabsorption 1% aus.

**Messung der Größe der Selbstabsorption.** Aus dem Verlauf der Anfangstangente (gestrichelte Gerade) an die Sättigungskurve (ausgezogene Kurve) und aus dem Verlauf der Sättigungskurve kann die Größe der Selbstabsorption entnommen werden. In Abb. 13 bedeutet bei der Schichtdicke $d$ der mit $J_0$ bezeichnete Wert die Aktivität ohne Selbstabsorption und $J_d$ die Aktivität mit Selbstabsorption. Bei der Schichtdicke $d$ wird also die Aktivität durch Selbstabsorption um den Faktor $J_0/J_d$ geschwächt. Der reziproke Wert des Bruches $J_d/J_0$ wird *Selbstabsorptionsfaktor* genannt.

**Vergleich von Präparaten verschiedener Schichtdicken.** Wenn bei einem Versuch die gemessenen Effekte verschieden dicker Präparate verglichen werden müssen, kann man wie folgt verfahren: Man stellt eine Reihe von Präparaten desselben Isotops her, welche alle die gleiche Aktivität enthalten, aber verschiedene Schichtdicken haben. Wenn man die gemessenen Impulshäufigkeiten der einzelnen Präparate über der Schichtdicke aufträgt, so erhält man Kurven wie in Abb. 14. Wenn z. B. zwei $^{45}$Ca-oxalat-Präparate von 20 bzw. 40 mg/cm$^2$ vorliegen, so kann aus der Kurve sofort entnommen werden, welche Impulshäufigkeit sich für das 40 mg/cm$^2$-Präparat ergeben hätte, wenn es bei gleichem $^{45}$Ca-Gehalt nur 20 mg/cm$^2$ dick gewesen wäre. Nach Abb. 14 wäre dann eine etwa doppelt so große Impulshäufigkeit gemessen worden. Nach einer solchen Umrechnung aller bei einem Versuch anfallenden Präparate auf eine fest gewählte Schichtdicke sind alle Präparate direkt untereinander vergleichbar.

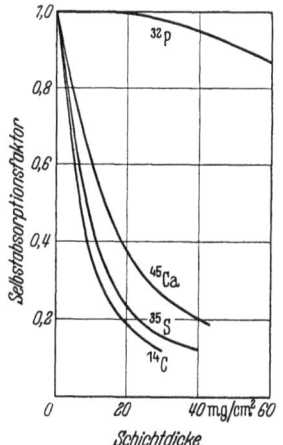

Abb. 14. Verlauf des Selbstabsorptionsfaktors mit der Schichtdicke für verschiedene Isotope.

**Messung in „dicker" Schicht.** Wenn größere Gewichtsmengen der radioaktiven Proben vorhanden sind, ist es von Vorteil, diese in Form von *dicken* Schichten zu messen. Für Schichtdicken einer Dicke $d$ von

$$d \geq 0{,}75\, R, \qquad (8)$$

wobei $R$ die maximale Reichweite der betreffenden $\beta$-Strahlung bedeutet, ist der gemessene Effekt praktisch unabhängig von der Schichtdicke. Er hängt lediglich von der spezifischen Aktivität des Präparates ab und zwar ist er dieser unmittelbar proportional. Das Produkt aus dem bei „dicker" Schicht gemessenen Effekt mal dem Gesamtgewicht des Präparates ist der Aktivität des Präparates proportional. Der Proportionalitätsfaktor ist für ein und dasselbe Radioisotop natürlich immer der gleiche. Bei Vergleichsmessungen von Präparaten des gleichen Radioisotops kommt es also nur auf den Wert des oben genannten Produktes an.

Für die Messung braucht nur ein Teil des Präparates genommen zu werden, nur muß die Schicht „dick" sein. Es muß darauf geachtet werden, daß die Oberfläche des Präparates eben ist und immer denselben Abstand vom Zählrohr hat.

Eine für eine Messung mit „dicker" Schicht ausreichende Substanzmenge steht nicht immer zur Verfügung. In diesem Falle empfiehlt sich eine Verdünnung des Präparates mit einer genügenden Menge inaktiver Substanz gleicher chemischer Zusammensetzung. Allerdings setzt das eine genügend große Präparataktivität voraus, wenn die gemessenen Effekte nicht zu klein werden sollen. Der mit dem verdünnten Präparat bei dicker Schicht gemessene Effekt, multipliziert mit dem Gesamtgewicht des verdünnten Präparates, ist, genau wie oben, der Aktivität des unverdünnten Präparates proportional. Das Aktivitätsverhältnis verschiedener Präparate ist gleich dem Verhältnis der genannten Produkte.

Die Messung in dicker Schicht ist nur bei reinen $\beta$-Strahlern (ohne $\gamma$-Strahlung) zulässig. Wenn man z. B. mit einem $^{60}$Co-Präparat ($\beta$- und $\gamma$-Strahler) Sättigungskurven aufnimmt, erhält man die Kurve *1* der Abb. 15. Der gemessene Effekt zeigt keine Sättigung mehr, sondern steigt bei Schichtdicken oberhalb 50 mg/cm$^2$ mit der Dicke linear an. Dieser lineare Anstieg rührt von der $\gamma$-Strahlung des $^{60}$Co her. Dieser $\gamma$-Effekt allein muß dann den Verlauf der Kurve *2* (parallel zum linearen Bereich der Kurve *1*) haben, und zwar deshalb, weil die gemessene γ-Strahlung wegen der geringen Absorbierbarkeit der γ-Quanten in einem weiten Bereich proportional (Kurve 2, Abb. 15) mit der Schichtdicke ansteigt und außerdem bei der Schichtdicke 0 den Wert 0 hat. Kurve 3 ist die Differenz von Kurve 1 und 2. Diese Kurve würde man messen, wenn bei $^{60}$Co keine γ-Strahlung vorläge.

**Einfluß der Fensterdicke des Zählrohres auf den Verlauf und die Größe des Selbstabsorptionsfaktors.** In Abb. 16 ist für $^{45}$Ca der Verlauf des Selbstabsorptionsfaktors

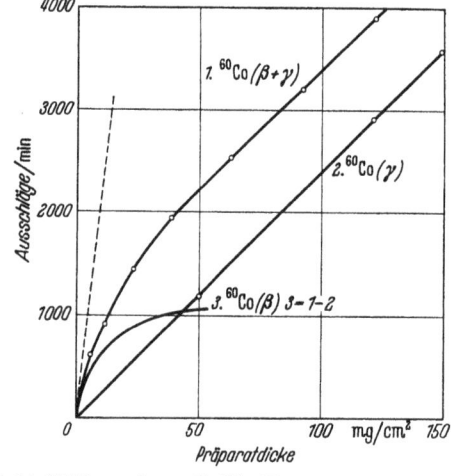

Abb. 15. Sättigungskurve für $^{60}$Co. Kurve 1: gemessener (β+γ)-Effekt. Kurve 2: γ-Effekt allein. Kurve 3: β-Effekt allein.

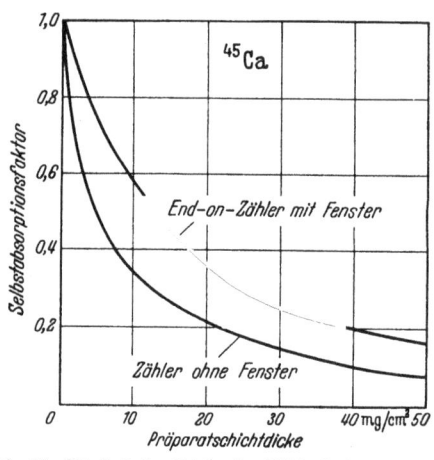

Abb. 16. Einfluß der Dicke des Zählrohrfensters auf den Selbstabsorptionsfaktor.

mit der Schichtdicke des radioaktiven Präparates wiedergegeben worden, und zwar einmal für ein fensterloses Zählrohr, das andere Mal für ein Zählrohr mit Glimmerfenster (Dicke = 3,4 mg/cm$^2$). Beide Kurven weichen stark voneinander ab. Dies erklärt sich daraus, daß im Zählrohrfenster vorzugsweise die energieärmeren β-Teilchen des kontinuierlichen β-Spektrums absorbiert werden. Der gemessene Effekt hängt also vorwiegend von energiereicheren β-Teilchen ab. Diese zeigen aber eine geringere Selbstabsorption.

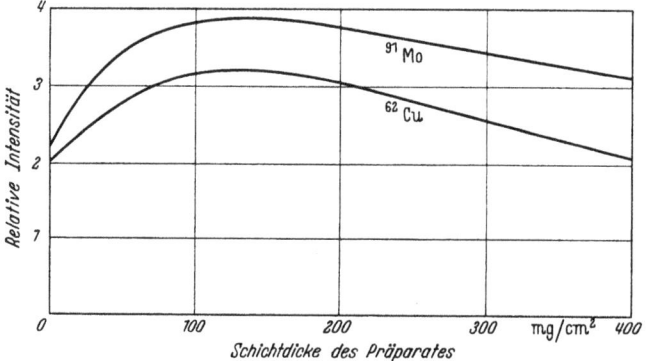

Abb. 17. Einfluß von Selbstabsorption und Selbststreuung auf den gemessenen Effekt. (Gleiche Aktivität von $^{91}$Mo [Grenzenergie = 2,65 MeV] und $^{62}$Cu [Grenzenergie = 2,92 MeV] wurden bei unterschiedlicher Schichtdicke gemessen) (nach BAKER und KATZ[1]).

η) *Selbststreuung im Präparat.*

In dem vorhergehenden Abschnitt wurde gezeigt, daß die von einer bestimmten Schicht eines Präparats ausgehende β-Strahlung beim Durchgang durch die darüberliegenden Schichten durch Absorption geschwächt wird. Es existiert aber noch ein weiterer Prozeß, welcher die Intensität dieser β-Strahlung ändert. Erst in letzter Zeit ist klarer erkannt worden, daß neben der Selbstabsorption auch die Streuung der β-Teilchen im Präparat *(Selbststreuung)* einen merklichen Einfluß auf den gemessenen Effekt haben kann. Durch diese Streuung können β-Teilchen, welche auf Grund ihrer Anfangsrichtung am Zählrohr vorbeigeflogen wären, so abgelenkt werden, daß sie das Zählrohr erreichen. In Abb. 17 ist für die beiden Isotope $^{62}$Cu und $^{91}$Mo der gemessene Effekt in Abhängigkeit von der Schichtdicke aufgetragen worden. Dabei wurde der Aktivitätsgehalt der verschieden dicken

---

[1] BAKER, R. G., and L. KATZ: Nucleonics 11 (2), 14 (1953).

Präparate konstant gehalten. Beim Vergleich dieser Kurven mit den Kurven der Abb. 14 fällt auf, daß diese zunächst ansteigen und dann erst abfallen. Bei alleiniger Wirksamkeit von Selbstabsorption sollten die Kurven von der Schichtdicke 0 an abfallen.

In Abb. 18 sind Messungen für ein $^{63}$Zn-Präparat für verschiedene Schichtdicken des Präparates wiedergegeben worden. Kurve 2 wurde unter Ausnutzung des ganzen Raumwinkels (4 $\pi$-Zählrohr) gemessen. Hierbei macht sich ein Einfluß der Selbststreuung auf das Meßergebnis nicht bemerkbar. Der Abfall der Kurve 2 nach größeren Schichtdicken hin rührt lediglich von der Selbstabsorption her. Kurve 1 wurde mit einer Geometrie gemessen, bei welcher nur ein kleiner Teil des Raumwinkels ausgenutzt wurde (z. B. großer Abstand von Präparat und Zählrohr; Geometriefaktor $G \ll 4\pi$). Der anfängliche Wiederanstieg der Kurve 1 rührt von Selbststreuung der $\beta$-Teilchen im Präparat her. Der relative Verlauf der Kurve 1 bei großen Schichtdicken ist der gleiche wie für Kurve 2. Kurve 3 gibt den Verlauf des Quotienten von zusammengehörigen Ordinatenwerten der Kurven 1 und 2 wieder. Oberhalb einer Schichtdicke von rd. 300 mg/cm²

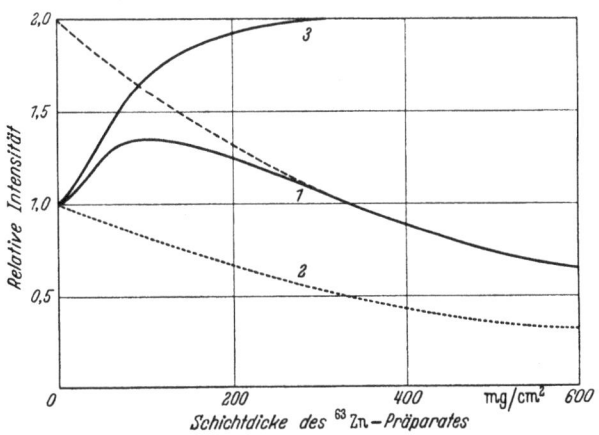

Abb. 18. Ermittlung der Größe der Selbststreuung bei einem $^{63}$Zn-Präparat ($E_{\beta\max} = 2{,}46$ MeV). Kurve 1: gemessen mit $G \ll 4\pi$. Kurve 2: Verlauf bei reiner Selbstabsorption ohne Selbststreuung, gemessen mit $G = 4\pi$. Kurve 3: Selbststreuung.

erreicht dieser Quotient den Wert 2 und bleibt von dort an konstant. Kurve 3 zeigt deutlich den Einfluß der Selbststreuung auf den gemessenen Effekt. Oberhalb 300 mg/cm² Schichtdicke ist der gemessene Effekt um den Faktor 2 größer als beim Vorliegen von nur Selbstabsorption zu erwarten. Kurve 1 zeigt, daß der bei größeren Schichtdicken ge-

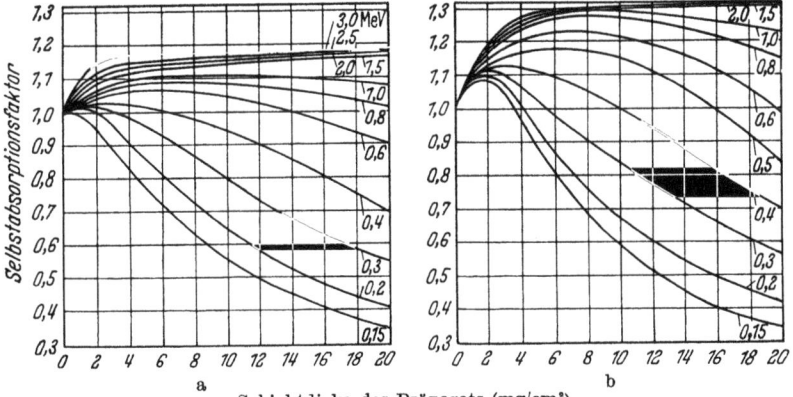

Abb. 19 a u. b. Einfluß von Selbstabsorption und Selbststreuung auf den gemessenen Effekt bei verschiedenen Schichtdicken des Präparates und für verschiedene Grenzenergien. [Präparate bestehend aus a: NaCl und b: Pb(NO$_3$)$_2$ unter Beimischung von trägerfreien $\beta$-Strahlern; die einzelnen Kurven beziehen sich auf verschiedene Grenzenergien der $\beta$-Strahler; Ordinate = gemessener Effekt, letzterer = 1 gesetzt für Schichtdicke = 0.]

messene Kurvenverlauf nicht einfach nach kleineren Schichtdicken hin extrapoliert werden darf (s. gestrichelte Extrapolation der Kurve 1). Im vorliegenden Fall würde das einen um den Faktor 2 zu großen Aktivitätswert ergeben.

Für eine Zählanordnung, wie sie normalerweise vorliegt, haben NERWIK und STEVENSON[1] die in Abb. 19 wiedergegebenen Kurven gemessen. Die einzelnen Kurven beziehen sich auf verschiedene Grenzenergien. Sie zeigen, daß der Effekt der Selbststreuung vor allem bei harten $\beta$-Strahlern ins Gewicht fällt.

---
[1] NERVIK, W. E., and P. C. STEVENSON: Nucleonics 10(3), 18 (1952).

ϑ) *Rückstreuung an der Präparatunterlage.*

Wenn man ein und dasselbe Präparat in *dünner* Schicht einmal auf eine Unterlage von z. B. Kupfer und ein anderes Mal auf eine dünne Glimmerschicht bringt, erhält man mit der Kupferunterlage eine größere Impulshäufigkeit. Diese Erhöhung des Effektes kommt durch eine Rückstreuung der β-Teilchen des Präparates an der Kupferunterlage zustande. Unter dem *Rückstreuungsfaktor* versteht man das Verhältnis der beobachteten Impulshäufigkeiten mit und ohne Unterlage.

Abb. 20 zeigt für verschiedene Isotope, in welcher Weise sich der Rückstreuungsfaktor mit der Dicke der Aluminiumunterlage ändert. Mit zunehmender Dicke der Unterlage steigt er zunächst an und bleibt dann von einer bestimmten Dicke der Unterlage an konstant (*Sättigungsdicke, Sättigungsrückstreuung*). Um bei praktischen Messungen unabhängig von dem Einfluß der Schichtdicke der Unterlage auf den gemessenen Effekt zu sein,

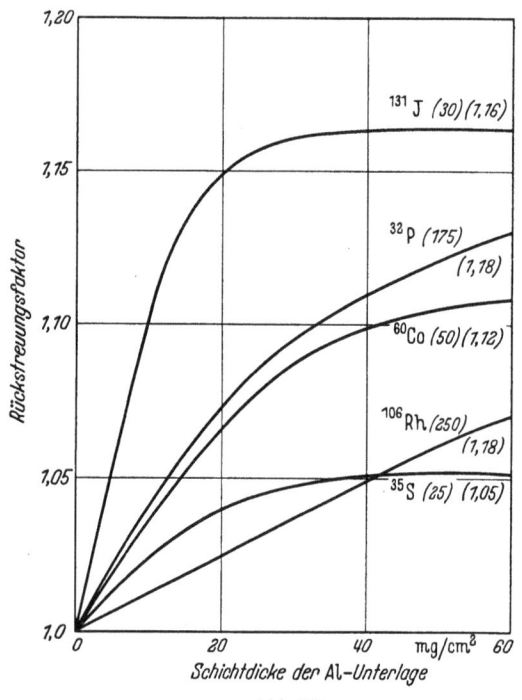
Abb. 20.

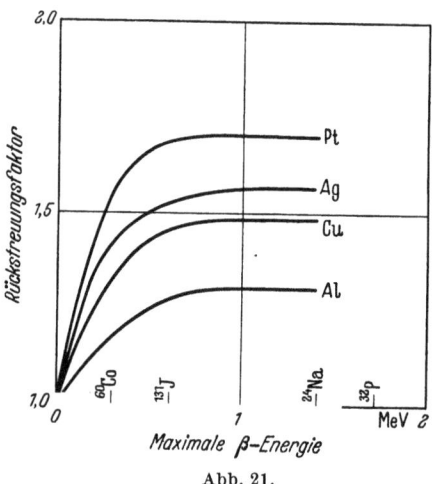
Abb. 21.

Abb. 20. Rückstreuungsfaktor bei verschiedenen Schichtdicken der Aluminiumunterlage und bei verschiedenen Isotopen. Die Zahl in der ersten Klammer gibt die Sättigungsdicke für Rückstreuung in mg/cm², die zweite Klammer den Rückstreuungsfaktor bei Sättigungsdicke wieder.

Abb. 21. Sättigungsrückstreuung in Abhängigkeit von der Grenzenergie und für verschiedene Materialien (nach JAFFÉ und JUSTUS[1].)

wählt man immer Sättigungsdicken. Den Rückstreuungsfaktor für Sättigungsdicke in Abhängigkeit von der Ordnungszahl der Präparatunterlage und von der maximalen β-Energie zeigt Abb. 21. Die Sättigungsrückstreuung nimmt mit der Ordnungszahl des Materials der Unterlage zu. Wie man sieht, wird die Sättigungsrückstreuung oberhalb etwa 0,5 MeV (maximale β-Energie) unabhängig von der β-Energie.

Der bei Präparaten mit endlicher Schichtdicke gemessene Effekt hängt also von der Selbstabsorption und der Selbststreuung im Material des Präparates und außerdem von der Rückstreuung an der Unterlage des Präparates ab. Bei großen Schichtdicken tritt die Rückstreuung an der Unterlage gegenüber den beiden anderen Prozessen an Bedeutung zurück. Bei *dicker* Schicht wird die gemessene Impulshäufigkeit unabhängig von der Rückstreuung an der Unterlage. Darin kann ein weiterer Vorteil des Arbeitens mit dicker Schicht gesehen werden.

---

[1] JAFFÉ, L., and K. M. JUSTUS: Soc. **1949**, 341.

*ι) Einfluß des Zerfallsschemas auf die gemessene Impulshäufigkeit.*

Während Isotope wie $^{14}$C, $^{35}$S, $^{32}$P u. a. ein einfaches $\beta$-Spektrum aussenden, liegen die Verhältnisse bei $^{131}$J, $^{55}$Fe u. a. komplizierter. So sendet $^{131}$J 4 $\beta$-Spektren mit unterschiedlichen Grenzenergien von 0,250 MeV (Anteil 2,8%), 0,355 MeV (9,3%), 0,608 MeV (87,2%) und 0,812 MeV (0,7%) aus. Verglichen mit einem einfachen $\beta$-Spektrum ist bei $^{131}$J die Anzahl der energieärmeren $\beta$-Teilchen relativ groß. Bei einer Abschätzung der absoluten Aktivität eines Präparates muß darauf geachtet werden, daß die weichen Teilspektren bei der Messung miterfaßt werden, z B. durch Messung mit fensterlosem Zählrohr oder einem Zählrohr mit möglichst dünnem Fenster. Eine Extrapolation der Impulshäufigkeiten mittels einer Absorptionskurve auf Fensterdicke = 0, wie S. 662 beschrieben, kann falsche Werte liefern, wenn das Zählrohrfenster zu dick ist.

Wenn ein dualer Zerfall vorliegt, z. B. bei $^{64}$Cu (Zerfall unter Emission von negativen Elektronen [38%] mit $E_{\beta^-\,max} = 0{,}571$ MeV *und* Zerfall unter Emission von Positronen [19%] mit $E_{\beta^+\,max} = 0{,}657$ MeV, 43% K-Strahlung), ist zu beachten, daß der Einfluß von Rückstreuung und Absorption der Elektronen bzw. Positronen verschieden ist.

Der Nachweis von K-Strahlern bereitet besondere Schwierigkeiten. Da K-Strahler keine Elektronen, sondern nur sekundäre Röntgenstrahlen [charakteristische Röntgenstrahlung des Folgekerns (s. S. 613)] emittieren, spielen Absorptionsverluste eine besondere Rolle. Außerdem ist die Nachweiswahrscheinlichkeit der Zählrohre für Röntgenstrahlen gering. Nur ein sehr geringer Bruchteil der Röntgenquanten wird bei der Messung erfaßt. Bei gleichzeitigem $\beta^-$-, $\beta^+$- und K-Zerfall, wie bei $^{64}$Cu, rührt der gemessene Effekt praktisch nur von den emittierten Elektronen her (= rd. 57% bei $^{64}$Cu). Wenn der Anteil der K-Strahlung wie z. B. bei $^{51}$Cr überwiegt oder wenn ein reiner K-Strahler wie z. B. $^{55}$Fe vorliegt, ist der Nachweis bei Verwendung üblicher Zählrohre besonders unempfindlich.

Zum Nachweis der sekundären Röntgenstrahlung sind vor allem bei Isotopen geringerer Ordnungszahl Zählrohre mit möglichst dünnem Fenster zu nehmen. Die charakteristische Röntgenstrahlung von $^{55}$Fe wird von etwa 3 mg/cm² Glimmer auf die Hälfte reduziert. Bei dem Nachweis weicher Röntgenstrahlung mit dem Zählrohr kann neben der Absorption in der Zählrohrwand auch diejenige im Zählgas eine Rolle spielen. Durch eine geeignete Gasfüllung kann die Empfindlichkeit beträchtlich gesteigert werden. Wegen spezieller Angaben hierzu s. S. 676.

Insbesondere bei weichen $\gamma$-Quanten besteht eine große Wahrscheinlichkeit dafür, daß sie durch inneren Photoeffekt (s. S. 616ff.) an der Elektronenhülle des zerfallenden Kerns Elektronen auslösen (*Konversionselektronen*, Elektronenlinie). Dadurch wird die Zahl der von einem Versuchspräparat ausgesandten Elektronen erhöht. Unter der Voraussetzung, daß bei einem $^{131}$J-Präparat alle emittierten Zerfalls- und Konversionselektronen gemessen werden, tritt hierdurch eine Erhöhung der Impulshäufigkeit um 6,3% auf (s. Tabelle 3).

Tabelle 3. *Erhöhung des gemessenen Effekts durch Konversionselektronen bei $^{131}$J.* (Nach Putman[1].)

| $\gamma$-Energie MeV | Zerfallshäufigkeit % | Konversionskoeffizient | Energie der Konversionselektronen MeV | Erhöhung der Ausschlagszahl bei Vernachlässigung jeglicher Absorption der Konversionselektronen % |
|---|---|---|---|---|
| 0,080 | 6 | 0,08 | 0,071 | 4,8 |
| 0,282 | 6 | 0,05 | 0,274 | 1,5 |
| 0,363 | 79 | 0,019 | 0,354 | — |
| 0,637 | 15 | — | 0,629 | — |
| | | | | zusammen 6,3% |

---

[1] Putman, J. L.: Brit. J. Radiol. **23**, 46 (1950).

κ) *Standardpräparate.*

Bei ausgedehnten Messungen oder Versuchsreihen, die sich über lange Zeiten erstrecken, muß kontrolliert werden, ob die Empfindlichkeit der Zähleinrichtung unverändert geblieben ist bzw. in welchem Ausmaß sie sich im Verlauf des Versuches geändert hat.

Man schaltet zu diesem Zweck von Zeit zu Zeit die Messung eines *Standardpräparates* ein, dessen Intensität sich während der gesamten Versuchszeit nicht oder in angebbarer Weise geändert hat. Zu bevorzugen sind Standardpräparate mit möglichst großer Halbwertszeit. Wenn sich auf Grund solcher Messungen des Standards herausstellt, daß die Empfindlichkeit während der Messungen nicht konstant war, so müssen alle Einzelmessungen auf konstanten Standard umgerechnet werden. Man kann ein Standardpräparat auch zu einer absoluten Eichung der Zählanordnung benutzen. Durch Vergleich der Versuchspräparate mit einem *geeichten Standardpräparat* kann die Intensität der $\beta$-Strahlung der Versuchsproben absolut angegeben werden. Eine wesentliche Voraussetzung hierzu ist allerdings, daß das $\beta$-Spektrum von Versuchspräparat und Standard gleich oder nahezu gleich ist. In diesem Falle können einfach die gemessenen Effekte von Versuchs- und Eichpräparat miteinander verglichen werden, ohne daß Korrektionen auf unterschiedliche Absorption im Zählrohrfenster u. a. notwendig wären. Geeichte Standardpräparate können käuflich erworben werden. Da es auf große Halbwertszeit und passendes $\beta$-Energiespektrum ankommt, ist die Auswahl begrenzt. Die Genauigkeit der Absoluteichung beträgt etwa 10%. Bei der Angabe des Eichwertes durch die Herstellerfirma ist die $\beta$-Selbstabsorption im Präparat und in der dünnen Schutzfolie über dem Präparat bereits berücksichtigt.

Um auch für so rasch zerfallende Isotope wie $^{131}$J und $^{32}$P langlebige Standardeichpräparate zur Verfügung zu haben, hat man Standardpräparate durch Mischung mehrerer anderer langlebiger Radioisotope hergestellt, und zwar derart, daß das $\beta$-Energiespektrum der Mischung im wesentlichen Bereich mit demjenigen der zu messenden $\beta$-Strahlung übereinstimmt. Als Standardpräparate bei $^{131}$J-Messungen dient eine Mischung aus $^{137}$Cs und $^{60}$Co, bei $^{32}$P-Messungen wird eine Mischung aus $^{238}$U und $^{210}$RaD verwandt.

### c) Messung von Präparaten in flüssiger Form.

α) *Vor- und Nachteile gegenüber Ausmessung fester Präparate.*

Sehr häufig fallen die Versuchspräparate zunächst in flüssiger Form an. Solche Proben können unmittelbar in flüssiger Form gemessen werden. Das hat den großen Vorteil, daß damit eine Reihe von Fehlermöglichkeiten fortfällt. Es handelt sich dabei einmal um Fehler durch Substanzverluste bei der chemischen Fällung der radioaktiven Substanz und zum anderen um einige Fehler, welche bei der Ausmessung fester Präparate auftreten können. So ist es z. B. nicht einfach, bei der Filtration eine vollkommen gleichmäßige Dicke (mg/cm$^2$) des Präparates zu erreichen. Bei nicht gleichmäßiger Präparatdicke ist der Einfluß der Selbstabsorption, Streuung und Rückstreuung an den ungleichen Stellen verschieden. Diese Effekte brauchen sich keineswegs gegenseitig aufzuheben. Eine weitere Fehlermöglichkeit bei der Ausmessung fester Präparate besteht darin, die geometrischen Meßbedingungen wirklich reproduzierbar zu gestalten. Alle diese Fehler fallen bei der direkten Ausmessung der flüssigen Präparate mit einem Flüssigkeitszähler fort.

Nicht zu unterschätzen ist auch der Zeitgewinn durch Fortfall der mit der Herstellung fester Präparate und mit ihrer Messung verbundenen Operationen. Die einfache Form einer Ausmessung von flüssigen Präparaten ist in Abb. 19, S. 643 wiedergegeben worden. Die Flüssigkeiten werden in kleine Behälter eingefüllt und unter das Zählrohr geschoben. Dieses Verfahren ist zwar sehr einfach und wird häufig angewandt, es erfordert aber konstante Geometrie. Die Schicht wird dabei etwas größer als die Sättigungsdicke für die betreffende β-Strahlung gewählt. Der gemessene Effekt ist dann von Schwankungen der Schichtdicke unabhängig. Die Nachweisempfindlichkeit bei flüssigem Präparat ist allerdings viel kleiner als bei der Ausmessung der markierten Substanz in fester Form, weil in der Flüssigkeitsschicht von Sättigungsdicke immer viel weniger markierte Substanz vorhanden ist als in einem festen Präparat von Sättigungsdicke. Bei dünnem Fenster des Zählrohres können auch weiche β-Strahler wie $^{35}$S und $^{14}$C in flüssiger Form gemessen werden, wenn genügend Aktivität vorhanden ist.

### β) Flüssigkeitszählrohre.

Bei der Anwendung eines Flüssigkeitszählrohres nach VEALL (s. Abb. 18 und 19c, S. 643) wird Flüssigkeit bis zu einer Marke eingefüllt. Die Einhaltung einer genauen Flüssigkeitsmenge ist insofern nicht kritisch, als die obersten Schichten der Flüssigkeit zum Effekt praktisch nichts beitragen, sofern es sich um reine β-Strahlen handelt. Die Forderung nach Konstanz der Geometrie bei der Durchführung der Messungen ist, in idealer Weise erfüllt. Die Empfindlichkeit des Flüssigkeitszählers nach VEALL ist verglichen mit der oben beschriebenen Anordnung in Abb. 19, S. 643, deshalb größer, weil das Zählrohr allseitig von Flüssigkeit umgeben ist. Da die Dicke der Glaswand des eigentlichen Zählrohres aus

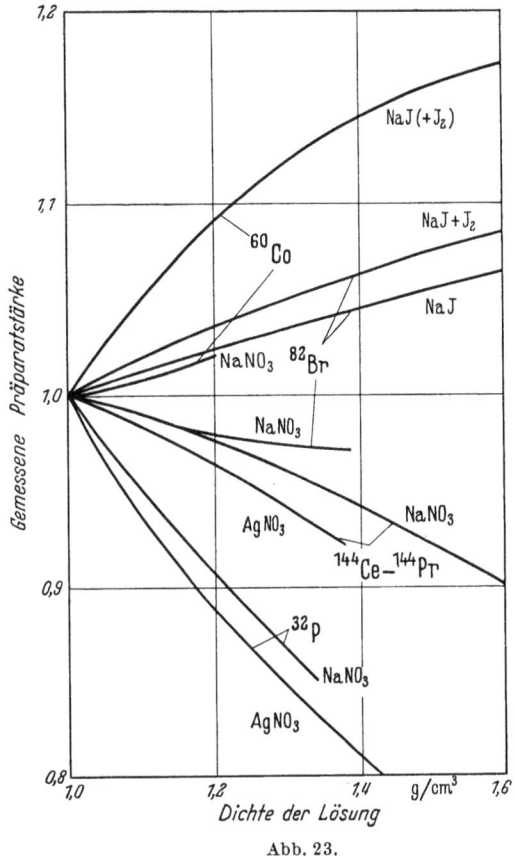

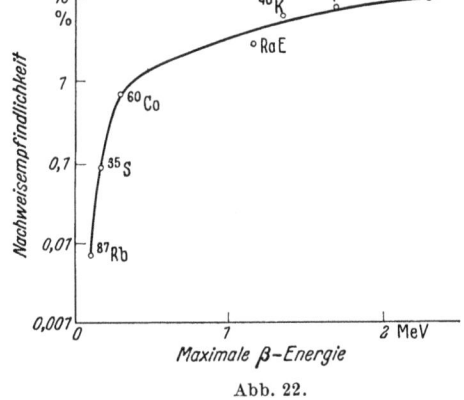

Abb. 22.

Abb. 23.

Abb. 22. Nachweisempfindlichkeit eines Flüssigkeitszählrohres für verschiedene Grenzenergien (nach BERTHOLD).
Abb. 23. Einfluß von Dichte und Zusammensetzung der radioaktiven Lösung auf den gemessenen Effekt bei einem Flüssigkeitszählrohr (nach Messungen von CHIANG, SIEH-HSUAN und WILLARD[1], sowie ROSE und EMERY[2]).

mechanischen Gründen nicht kleiner als etwa 0,1 mm (20—40 mg/cm$^2$) genommen werden kann, eignet sich das Flüssigkeitszählrohr nur zum Nachweis von β-Strahlen oberhalb einer Grenzenergie von etwa 0,3 MeV. Für weiche β-Strahlen wie $^{35}$S und $^{14}$C sind Flüssigkeitszählrohre völlig unempfindlich.

In Tabelle 4 ist die Empfindlichkeit des VEALLschen Flüssigkeitszählers für radioaktive Isotope verschiedener Grenzenergien angegeben worden. Abb. 22 gibt in graphischer Darstellung die relative Empfindlichkeit eines Flüssigkeitszählers für eine Reihe von radioaktiven Isotopen wieder.

---

[1] CHIANG, SIEH-HSUAN, R., and J. E. W. WILLARD: Science, N. Y. **112**, 81 (1950).
[2] ROSE, G., and E. W. EMERY: Nucleonics **9** (1), 5 (1951).

Das Flüssigkeitszählrohr hat wie jedes andere Zählrohr eine sehr kleine Nachweiswahrscheinlichkeit für $\gamma$-Strahlung. Bei $\beta$-Strahlern mit gleichzeitiger $\gamma$-Strahlung liefern die $\gamma$-Strahlen nur einen geringen Beitrag zur insgesamt gemessenen Impulshäufigkeit, sofern es sich nicht um eine sehr weiche, in der Glaswand des Zählrohres leicht absorbierbare $\beta$-Strahlung handelt.

Bei der Ausmessung von flüssigen radioaktiven Proben muß sehr darauf geachtet werden, daß diese neben dem radioaktiven Isotop immer die gleichen anderen Stoffe (Salze usw.) in gleichen Konzentrationen enthalten, da hiervon die gemessene Impulshäufigkeit abhängt. Bei einem reinen $\beta$-Strahler wie $^{32}$P nimmt, wie in Abb. 23 wiedergegeben, die Impulshäufigkeit mit der Dichte des Lösungsmittels ab. Abb. 23 zeigt, daß der gemessene Effekt von der Dichte und Zusammensetzung der Lösung zum Teil erheblich abhängen kann. Die einzelnen Kurven entsprechen der Messung der gleichen Aktivität bei Variation der Dichte bzw. Zusammensetzung der Lösung. Die letzteren Größen müssen also bei vergleichenden Messungen konstant gehalten werden. Wegen einer eingehenden Diskussion des Verlaufs der Kurven in Abb. 23 muß auf die Originalarbeit verwiesen werden.

Tabelle 4. *Empfindlichkeit des* VEALL*schen Flüssigkeitszählers für verschiedene radioaktive Isotope.*

| Isotop | Art der Strahlung in MeV | Empfindlichkeit Ausschläge/min je 1/1000 $\mu$C/cm³ |
|---|---|---|
| $^{32}$P | ($\beta$: 1,7; keine $\gamma$) | 2300 |
| $^{24}$Na | ($\beta$: 1,4; $\gamma$: 1,4; 2,8) | 2000 |
| $^{131}$J | ($\beta$: 0,6; 0,25; $\gamma$: 0,64; 0,36 u. a.) | 190 |
| $^{82}$Br | ($\beta$: 0,45; 0,32; $\gamma$: 1,32; 1,04; 0,77 u. a.) | 100 |
| $^{60}$Co | ($\beta$: 0,31; $\gamma$: 1,33; 1,17) | 130 |

### $\gamma$) Nulleffekt von Flüssigkeitszählrohren.

Man muß beachten, daß der Nulleffekt eines Flüssigkeitszählrohres nicht nur von Höhenstrahlung und radioaktiven Verseuchungen, sondern auch von dem unvermeidlichen Gehalt des Glases an Kalium abhängt. Das in der Natur vorkommende Isotopengemisch von Kalium enthält das sehr langlebige radioaktive Isotop $^{40}$K (HZ = 1,4 · 10⁹ Jahre) (0,012 Atom-%), welches $\beta$-Teilchen von $E_{\beta\max} = 0,8$ MeV aussendet. Insbesondere der Kaliumgehalt des dicken Glasmantels hat eine erhebliche Erhöhung des Nulleffektes zur Folge. Dieser Beitrag zum Nulleffekt wird bei einer Füllung des Zählrohres mit Flüssigkeit kleiner, weil die $^{40}$K-$\beta$-Strahlung in der Flüssigkeitsschicht durch Absorption geschwächt wird. Da bei einer Messung nur der so geschwächte Teil der $^{40}$K-Strahlung als Nulleffekt auftritt, muß bei der Messung des Nulleffektes das Zählrohr mit einer Flüssigkeit von gleichem spezifischem Gewicht wie die flüssige radioaktive Probe gefüllt werden.

Nach der Ausmessung von starken Präparaten macht eine Reinigung des Zählrohres von anhaftenden radioaktiven Resten oft Schwierigkeiten. Es empfiehlt sich ein mehrmaliges Spülen und kurzzeitiges Stehenlassen mit Chromschwefelsäure mit anschließendem längerem Spülen unter fließendem Wasser. Zwecks Desaktivierung durch Austausch wird der Chromschwefelsäure entsprechende inaktive Substanz zugegeben, z. B. Phosphat bei Messungen von $^{32}$P usw. Bei der Messung kleiner Effekte sollte nach jeder Messung kontrolliert werden, ob der Nulleffekt wieder erreicht worden ist.

### $\delta$) Empfindlichkeitskontrolle bei Flüssigkeitszählrohren.

Die Überprüfung der gesamten Zählanordnung kann durch laufend wiederholte Messungen von Eichlösungen des betreffenden Isotops vorgenommen werden.

## d) Messung gasförmiger Proben.

### $\alpha$) Empfindlichkeit der Gas-Zählmethode.

Radioaktive Präparate können in Gasform unmittelbar in Ionisationskammern und Zählrohre eingebracht werden. Das hat gegenüber der Ausmessung von festen Präparaten den Vorteil, daß der gesamte Raumwinkel ausgenutzt wird, während bei der Ausmessung von festen Proben immer nur ein Teil der $\beta$-Teilchen gezählt werden kann. Weiterhin fällt bei gasförmigen Präparaten jede Selbstabsorption der $\beta$-Teilchen fort. Bei festen Präparaten ist der Dicke der Präparate durch die Selbstabsorption eine Grenze gesetzt, wobei die Menge der zum Meßeffekt beitragenden Substanz um so kleiner ist, je weicher die $\beta$-Strahlung ist. Die Gas-Zählmethoden eignen sich deshalb vor allem zur Ausmessung weicher $\beta$-Strahler. Sie finden hauptsächlich beim Arbeiten mit Radio-Kohlenstoff ($^{14}$C; Grenzenergie = 0,15 MeV) und Tritium ($^3$T; Grenzenergie = 0,018 MeV) Verwendung.

Ein und dasselbe $^{14}$C-Präparat liefert als Gasprobe ausgezählt etwa 50mal mehr Impulse/Minute als bei Ausmessung als feste Substanz in „dicker" Schicht. Darüber hinaus können bei Gasproben zu einer Messung größere Mengen genommen werden als bei festen Präparaten. Bei $^3$T ist der Intensitätsgewinn noch größer.

Wegen der großen Empfindlichkeit der Gas-Zählmethode ist auch eine Ausmessung von Präparaten sehr geringer spezifischer Aktivität möglich, wenn nur genügend Material vorliegt. Das ist von Bedeutung z. B. bei Altersbestimmungen nach der $^{14}$C-Methode [1].

Auch können Versuche mit Ausgangspräparaten geringer spezifischer Aktivität durchgeführt werden. Das ist insofern von Bedeutung, als viele biologisch wichtige Verbindungen, wie z.B. Hormone, nur mit geringer $^{14}$C-Markierung hergestellt werden können. Eine mögliche Ersparnis an Ausgangssubstanz senkt auch die Ausgaben für die meist teuren $^{14}$C-markierten Ausgangspräparate. Dazu kommt, daß viele biologische Versuche erst möglich werden, wenn kleine Präparatmengen für die Durchführung ausreichen. Für Untersuchungen am Menschen ist wesentlich, daß kleinere Aktivitätsmengen gegeben werden können.

Insgesamt ist bei der Gas-Zählmethode der notwendige Aufwand an Zeit und vor allem an Sorgfalt größer als bei der Ausmessung fester Proben.

### $\beta$) Gaszählung mit der Ionisationskammer.

In der Literatur sind eine Reihe von Ausführungsformen von Ionisationskammern in Verbindung mit einem Elektrometer oder mit angebautem LAURITSON-Elektroskop beschrieben worden. Radio-Kohlenstoff wird in Form von $CO_2$ verwandt. Bei einem Kammervolumen von 200—250 cm$^3$ und einem Kammerdruck von 2 Atmosphären können rd. 20 mMol Kohlenstoff ausgemessen werden. Es können bis herunter zu $5 \cdot 10^{-5} \mu C$ $^{14}$C (rd. 100 Zerfallsprozesse/Minute) mit einer Genauigkeit von 2% bestimmt werden. Der Zeitaufwand einer Messung beträgt allerdings mehrere Stunden. Tritium kann in der Form von Wasserstoffgas bei Drucken von 1 Atmosphäre verwandt werden. Bei der Messung von $^3$T ist die Empfindlichkeit etwa 10mal kleiner als oben für $^{14}$C angegeben, weil die $\beta$-Teilchen von $^3$T eine entsprechend kleinere Energie haben als diejenigen von $^{14}$C. Bei der Herstellung und Messung von $^3$T muß auf die Möglichkeit eines Austausches von $^3$T gegen inaktiven Wasserstoff geachtet werden.

### $\gamma$) Gaszählung mit GEIGER-MÜLLER-Zählrohren und Proportionalzählern.

Die radioaktive Gasprobe wird dem Zählgas unmittelbar zugemischt. Da die Zähleigenschaften hierdurch beeinflußt werden, kommen nur bestimmte Gase und Gasdrucke in Frage.

Der Zähler ist im Prinzip genau so wie die auf S. 634ff. wiedergegebenen Ausführungsformen gebaut, nur mit dem Unterschied, daß ein Füllstutzen mit Hahn zum Einfüllen der Gasproben vorgesehen ist. Als Material wird Glas oder auch Metall verwandt. Die Größe des Zählers kann den jeweiligen Erfordernissen angepaßt werden, üblich sind Durchmesser von 2—3 cm und wirksame Längen von etwa 15 cm. Das entspricht einem empfindlichen Volumen von rd. 100 cm$^3$.

**Proportionalzähler.** Bei $^{14}$C-Messungen wird als Zählgas Methan mit Zusatz von $CO_2$ (= radioaktive Probe) oder auch $CO_2$ allein verwandt. Bei Fülldrucken von 1 Atmosphäre

---

[1] LIBBY, W. F.: Radiocarbon Dating. Chicago 1952.

beträgt die Arbeitsspannung einige 1000 Volt. Für Altersbestimmungen nach der $^{14}C$-Methode kommen neuerdings auch Proportionalzähler mit einem empfindlichen Volumen von 3 Liter zur Anwendung. Die auf $^{14}C$-Gehalt zu untersuchende Probe wird als Acetylen mit einem Druck von $^2/_3$ Atmosphäre eingefüllt.

Tritium wird entweder in Form von Methan oder als Wasserstoffgas ausgezählt. Im ersten Falle dient es unmittelbar als Zählgas und im zweiten Falle wird es inaktivem Methan zugesetzt.

**GEIGER-MÜLLER-Zähler.** Bei der Messung von $^{14}C$ ist reines $CO_2$ als Füllung von GEIGER-MÜLLER-Zählern nicht geeignet. Die Zähleigenschaften können aber durch Zusatz von $CS_2$ wesentlich verbessert werden. Der Fülldruck beträgt 20 cm $CO_2$ + 2 cm $CS_2$.

Tritium ist in Form von Wasser als Zusatz zum Füllgas von GEIGER-MÜLLER-Zählern verwandt worden. Der Partialdruck des Wasserdampfes muß kleiner als 2 mm sein. Die Methode hat den Nachteil, daß durch Austausch eine schwer zu beseitigende Verseuchung des Zählers eintritt. Besser geeignet ist Wasserstoffgas als Zusatz zu üblichen Zählgasgemischen. Gute Zähleigenschaften haben GEIGER-MÜLLER-Zähler bei Füllung mit n-Butan unter 14 cm Druck. Das $^3T$ der zu untersuchenden Proben muß zunächst in n-Butan umgewandelt werden. Bei Verwendung dieser Methode sind nach GLASCOCK[1] $^3T$-Messungen mit ähnlicher Verlässlichkeit durchführbar wie $^{14}C$-Messungen.

Im allgemeinen ist die Verwendung von Proportionalzählern vorzuziehen, da diese gegen Verunreinigungen des Zählgases weniger empfindlich sind und auch ein größeres Auflösungsvermögen haben.

Eine eingehende Beschreibung der Technik der Messung von $^{14}C$ und $^3T$ einschließlich der chemischen Methoden zur Herstellung der Meßproben gibt GLASCOCK[1] (dort auch ausführliche Literaturangaben).

## 2. Nachweis von γ-Strahlen.
### a) Notwendigkeit zur Durchführung von γ-Messungen. Vorteile und Nachteile.

Bei vielen Anwendungen von Radioisotopen ist man auf den Nachweis von γ-Strahlung angewiesen. Das ist immer dann der Fall, wenn sich zwischen dem Sitz des Radioisotops und den Nachweisgerät eine Materialschicht befindet, welche dicker als die maximale Reichweite der β-Teilchen ist. Letztere beträgt selbst bei harten β-Strahlern nur einige 100 mg/cm². So wird z. B. die β-Strahlung von inkorporiertem $^{131}J$ im Gewebe vollständig absorbiert. Wenn bei physikalisch-chemischen Anwendungen Radioisotope innerhalb dickwandiger Gefäße nachgewiesen werden sollen, so kommt nur eine Messung von γ-Strahlung in Frage. Damit engt sich die Zahl der zur Verfügung stehenden Radioisotope empfindlich ein. Bei der speziellen Auswahl eines Radioisotops ist ferner von Bedeutung, wie stark die γ-Strahlung pro mC ist und in welchem Energiebereich die γ-Strahlung liegt.

Zur Bestimmung des Ortes eines γ-strahlenden Radioisotops können richtungsempfindliche γ-Zähler verwandt werden (s. S. 680).

Die Messung der γ-Strahlung kann aber auch dann von Vorteil sein, wenn die Umstände die Messung des β-Effektes erlauben würden. Das gilt insbesondere bei Verwendung der für γ-Quanten sehr empfindlichen Scintillationszähler. Mit einem Scintillationszähler wie in Abb. 29 erhält man für eine $^{131}J$-Lösung (5 cm³) einen γ-Effekt, welcher rd. 60mal größer ist als der β-Effekt, gemessen mit einem Flüssigkeitszähler wie in Abb. 18, S. 643. Außerdem ist die γ-Messung viel einfacher und insgesamt schneller durchführbar. $^{131}J$-haltige Lösungen können in ihren Behältern unmittelbar gemessen werden. Insbesondere verringern sich dadurch auch die Möglichkeiten für das Auftreten radioaktiver Verseuchungen.

Auch bei Verwendung der für γ-Strahlen relativ unempfindlichen GEIGER-MÜLLER-Zähler ist die Messung des γ-Effektes unter Umständen derjenigen des β-Effektes vorzuziehen. Es liege z.B. 1 Liter Flüssigkeit mit 0,1 $\mu C$ $^{131}J$ vor. Mit einem 20 cm³ fassenden

---
[1] GLASCOCK, R. F.: Isotopic Gas Analysis for Biochemists. New York 1954.

Flüssigkeitszähler würde der $\beta$-Effekt nur 20 Impulse je Minute betragen. Unter Verwendung der ganzen Flüssigkeitsmenge würde man mit einem Tauchzähler wie in Abb. 19, S. 643 aber den viel größeren $\gamma$-Effekt von 150 Impulsen je Minute messen.

Wenn ein Gemisch von einem reinen $\beta$-Strahler mit einem $(\beta + \gamma)$-Strahler vorliegt, so kann der letztere mittels einer Messung des $\gamma$-Effektes erfaßt werden, ohne daß eine Trennung der beiden Radioisotope notwendig ist. Natürlich muß der $\beta$-Effekt durch hinreichend dicke Schichten von z. B. Aluminium absorbiert werden.

Von großer Bedeutung für die Durchführung von $\gamma$-Messungen ist die bei der Absorption von $\gamma$-Quanten auftretende, weiche COMPTON-Streustrahlung. Diese kann unter Umständen einen großen Teil des gemessenen $\gamma$-Effektes ausmachen und bei Nicht-Berücksichtigung zu ganz falschen Resultaten führen. Die in vielen Fällen notwendige Eliminierung der Streustrahlung kann erhebliche Schwierigkeiten bereiten.

### b) Ansprechwahrscheinlichkeit von GEIGER-MÜLLER-$\gamma$-Zählrohren und Scintillationszählern für $\gamma$-Quanten verschiedener Energie.

*α) Ansprechwahrscheinlichkeit für GEIGER-MÜLLER-Zählrohre.*

Das Ansprechen eines GEIGER-MÜLLER-Zählrohres für $\gamma$-Strahlung beruht auf der Registrierung der Sekundärelektronen, welche bei der Absorption von $\gamma$-Quanten im Material des Zählrohres entstehen. Von besonderen Fällen abgesehen, trägt die Absorption im Zählgas nicht nennenswert zum gemessenen Effekt bei. Ausschlaggebend ist die Absorption im Zählrohrmantel. Damit der Effekt möglichst groß wird, muß die Dicke des Zählrohrmantels mindestens gleich der maximalen Reichweite der Sekundärelektronen und die wirksame Oberfläche groß sein. Die Reichweite hängt von der Energie der

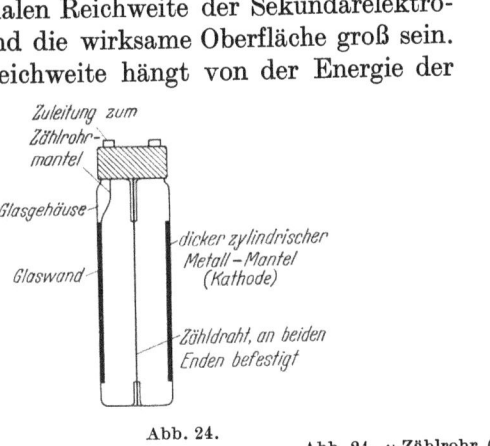

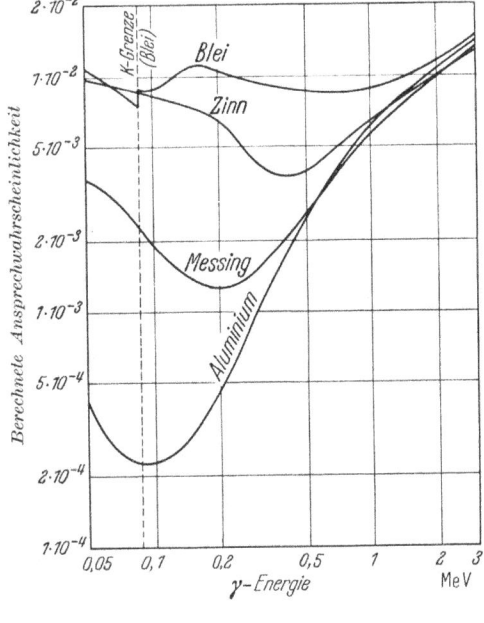

Abb. 24.  Abb. 25.

Abb. 24. $\gamma$-Zählrohr (schematisch).

Abb. 25. Ansprechwahrscheinlichkeit von $\gamma$-Zählrohren aus Blei, Zinn, Messing und Aluminium in Abhängigkeit von der $\gamma$-Energie (nach MAIER-LEIBNITZ[1]).

$\gamma$-Quanten ab. Zählrohrmanteldicken von mehr als der maximalen Reichweite der Sekundärelektronen liefern keinen höheren Effekt, weil die weiter außen im Zählrohrmantel entstehenden Sekundärelektronen das empfindliche Volumen des Zählrohres nicht erreichen können. In Abb. 24 ist eine Ausführungsform eines $\gamma$-Zählrohres wiedergegeben worden.

Unter der Ansprechwahrscheinlichkeit eines Zählers versteht man die Wahrscheinlichkeit dafür, daß ein $\gamma$-Quant, welches auf das Zählrohr auffällt, auch registriert wird. Die Kurven der Abb. 25 geben den theoretischen Verlauf der Ansprechwahrscheinlichkeit für Aluminium-, Messing-, Zinn- und Bleizählrohre nach MEIER-LEIBNITZ[1] wieder.

---

[1] MAIER-LEIBNITZ, H.: Z. Naturforsch. **1**, 244 (1946).

Die Kurven konnten durch Messungen nach der von BOTHE und VON BAYER[1] angegebenen Koincidenzmethode weitgehend bestätigt worden. Oberhalb von etwa 1 MeV ist die Ansprechwahrscheinlichkeit für die verschiedenen $\gamma$-Zählrohre angenähert gleich 1/100, d. h. von 100 auftreffenden $\gamma$-Quanten wird im Mittel eines registriert. Unterhalb 1 MeV verhalten sich die einzelnen Zählrohre sehr verschieden, wie Abb. 25 zeigt. Während Bleizählrohre im gesamten Energieintervall eine ungefähr gleichbleibende Ansprechwahrscheinlichkeit haben, nimmt diese z. B. für Aluminiumzählrohre nach kleinen Energien hin (0,1 MeV) stark ab. Ein Bleizählrohr ist für $\gamma$-Quanten von z. B. 150 keV 30mal empfindlicher als ein Aluminiumzählrohr.

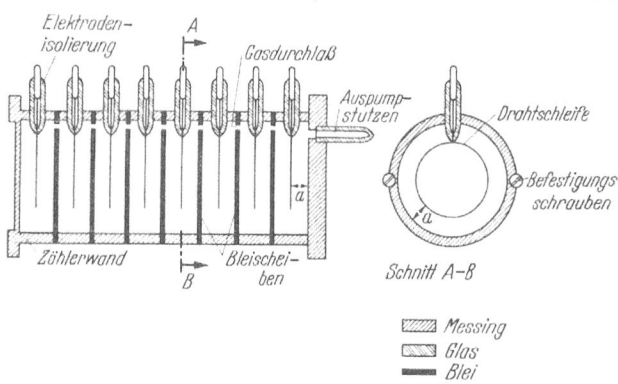

Abb. 26. Vielfachzählrohr.

Wenn ein Gemisch von $\gamma$-Quanten verschiedener Energien vorliegt, so werden die einzelnen $\gamma$-Energien von einem Bleizählrohr mit etwa gleicher Häufigkeit gemessen. Bei einem Aluminiumzählrohr tragen die $\gamma$-Quanten großer Energie zur gemessenen Impulshäufigkeit wesentlich stärker bei als $\gamma$-Quanten kleiner Energie.

Zur Erhöhung des bei der Messung von $\gamma$-Strahlung auftretenden Effektes sind sog. Vielfachzählrohre gebaut worden. Abb. 26 und 27 zeigen 2 Ausführungsformen. Ein Vielfachzählrohr ist nichts anderes als die konstruktive Zusammenfassung einer Reihe einzelner Zählrohre. Im Prinzip kann so eine erhebliche Steigerung der Ansprechwahrscheinlichkeit für $\gamma$-Quanten erreicht werden.

Beim Nachweis der charakteristischen Röntgenstrahlung, welche von K-Strahlern ausgesandt wird, kann auch die Absorption der Röntgenstrahlung im Zählgas bei geeigneter Wahl des Zählgases erheblich zum Effekt beitragen. Der K-Strahler $^{55}$Fe emittiert z. B. lediglich die charakteristische Röntgenstrahlung des Folgekerns, also diejenige

Abb. 27. Siebenfachzählrohr zur Messung von $\gamma$-Strahlen (nach TROST[2]).

von Mangan. Mit einem Zählrohr mit Berylliumfenster, gefüllt mit 610 mm Argon mißt man für ein $^{55}$Fe-Präparat einen 30mal größeren Effekt als mit einem Glimmerfensterzählrohr, gefüllt mit 700 mm Helium. Die Absorptionsverluste im Berylliumfenster sind viel kleiner als im Glimmerfenster (Halbwertsdicke für Beryllium = 800 $\mu$ und für Glimmer = 10 $\mu$) und zum anderen ist die Absorption in der Argonfüllung erheblich größer als in der Heliumfüllung.

### $\beta$) Ansprechwahrscheinlichkeit von Scintillationszählern.

Abb. 28 zeigt, mit welcher Wahrscheinlichkeit $\gamma$-Quanten verschiedener Energie von einem NaJ-Krystall einer Dicke von 25 mm absorbiert werden und damit Lichtblitze erzeugen. Für $\gamma$-Quanten von etwa 100 keV ist die Absorptionswahrscheinlichkeit nahe

---

[1] BOTHE, W., u. H. J. VON BAYER: Nachr. Ges. Wiss. Göttingen, Math.-physik. Kl. 1, 195 (1935).
[2] TROST, A.: Z. Physik 117, 257 (1940).

gleich 100%. Nach größeren Energien hin nimmt sie ab, beträgt aber bei etwa 2 MeV immer noch 30%. Die gesamte Ansprechwahrscheinlichkeit eines Scintillationszählers ist natürlich kleiner, weil nicht jeder Lichtblitz zu einem meßbaren Impuls führt. Trotzdem bleibt die absolute Nachweiswahrscheinlichkeit für $\gamma$-Quanten sehr hoch. So können z. B. mit einem Scintillationszähler wie in Abb. 29 etwa 50% aller von einem $^{131}$J-Präparat ausgesandten $\gamma$-Quanten gezählt werden.

Der Energieverlauf der Empfindlichkeit eines Scintillationszählers hat zur Folge, daß $\gamma$-Quanten kleiner Energie stärker zum gemessenen Effekt beitragen als solche großer

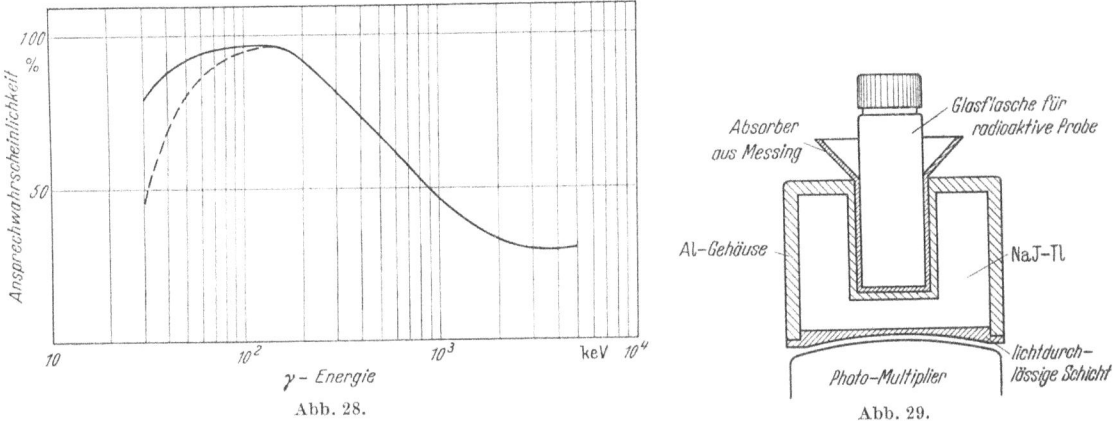

Abb. 28. Absorptionswahrscheinlichkeiten für $\gamma$-Quanten verschiedener Energie in einem 25 mm dicken NaJ-(Tl)-Krystall (Tracerlab-Katalog für P 20).
Abb. 29. Scintillationszähler mit besonders großer Ansprechwahrscheinlichkeit für $\gamma$-Quanten (für flüssige und feste Proben nach ANGER [1]).

Energie. Die von der $\gamma$-Strahlung, von z. B. $^{131}$J, ausgelöste weiche COMPTON-Streustrahlung wird also mit größerer Ausbeute gemessen als die primäre $\gamma$-Strahlung des $^{131}$J.

### c) Relative Messungen mit γ-Strahlung.

Genau wie bei den $\beta$-Messungen handelt es sich bei den $\gamma$-Messungen im allgemeinen um relative Messungen, d. h. es wird eine Versuchsprobe mit dem Ausgangspräparat oder einem bekannten Teil desselben verglichen.

#### α) Ideale Vergleichsmessung.

Vergleichsmessungen von $\gamma$-Strahlern gestalten sich sehr einfach, wenn alle Präparate unter genau identischen Bedingungen gemessen werden können. Vorhandene Streustrahlung trägt dann immer in gleichem Maße zur gemessenen Impulshäufigkeit bei. Wegen seiner großen Empfindlichkeit ist dem Scintillationszähler in jedem Fall den Vorzug zu geben.

Bei der Verwendung von GEIGER-MÜLLER-Zählrohren wird man die Wahl so treffen, daß die beobachteten Impulshäufigkeiten möglichst groß werden. Nach Abb. 25 ist ein Zählrohr, dessen Wand aus Blei besteht, besonders geeignet. Die Ausbeute beträgt dann für alle $\gamma$-Energien rund 1%. Darüber hinaus bringen Großflächenzählrohre (s. Abb. 26 und 27) einen nicht unerheblichen Intensitätsgewinn. Trotz ihrer großen Empfindlichkeit sind Bleizählrohre wegen ihrer mitunter schlechten Zähleigenschaften nicht unbedingt zu empfehlen. Sehr stabil arbeiten die etwas weniger empfindlichen Zinnzählrohre. Gute Zähleigenschaften und große Empfindlichkeit haben Zählrohre mit einer Goldauskleidung. Bei $\gamma$-Energien von etwa 50 keV sind Zinnzählrohre empfindlicher als Bleizählrohre.

Wenn für die Messung nur ein Stirnflächenzählrohr mit dünnem Glimmerfenster zur Verfügung steht, bringt man zur Erhöhung des Effektes eine Bleifolie von einigen 0,1 mm Dicke vor das Fenster. Zur Erhöhung der Streustrahlung wird das Zählrohr mit einem Bleimantel umgeben.

---
[1] ANGER, H. O.: Rev. sci. Instrum. **22**, 912 (1951).

### β) Nichtideale Vergleichsmessung.

Bei vielen Anwendungen können die Versuchsbedingungen bei γ-Vergleichsmessungen nicht vollkommen gleich gehalten werden. Die Hauptschwierigkeit besteht dann in der Eliminierung der bei den zu vergleichenden Messungen unterschiedlichen Streustrahlung. In vielen Fällen ist auch der Ort der γ-Strahlquelle nicht genau angebbar, so daß die Vergleichsmessung mit einem anderen Präparat nicht mit Sicherheit in der gleichen Entfernung durchgeführt werden kann. Je nach Energie der γ-Strahlen und der Dicke der Materieschichten zwischen γ-Strahlung und Zählanordnung kann die Absorption der primären γ-Strahlung nicht mehr vernachlässigt werden. Wenn der Ort der γ-Strahlquelle nicht genau angebbar ist, gilt dasselbe auch für diese Absorption.

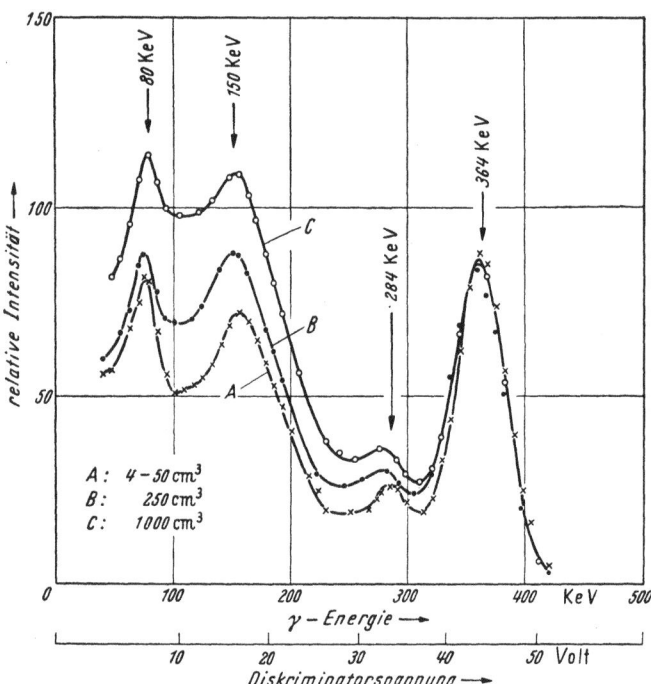

Abb. 30. Unterscheidung von Primärstrahlung und Streustrahlung von $^{131}$J mit Hilfe von Amplitudenverteilungskurven (nach Tracerlog Nr. 53, 1953).

Ein Schulbeispiel für die gekennzeichnete Situation ist die Messung der Anreicherung von $^{131}$J in der Schilddrüse. Die von der Schilddrüse ausgehende primäre γ-Strahlung des $^{131}$J hat durch Absorption im Bereich des Halses eine starke COMPTON-Streustrahlung und damit eine beträchtliche Erhöhung der Impulshäufigkeit zur Folge. Man sieht sofort ein, daß es nicht möglich ist, das $^{131}$J-Ausgangspräparat unter genau den gleichen Bedingungen zu messen. Die weiche Streustrahlung liefert dann unterschiedliche Beiträge zu den zu vergleichenden Messungen.

Der von der Streustrahlung herrührende Meßeffekt hängt ganz davon ab, wie groß die Ansprechwahrscheinlichkeit für die weiche Streustrahlung im Vergleich zur primären γ-Strahlung ist. Nach Abb. 25 liegen die Verhältnisse in dieser Hinsicht bei Al-Zählrohren besonders günstig, sofern es sich um eine primäre γ-Strahlung von etwa 500 keV handelt. Allerdings müßte die kleine absolute Nachweiswahrscheinlichkeit solcher Zählrohre in Kauf genommen werden. Da der Scintillationszähler für γ-Quanten von rund 200 keV eine *größere* Nachweiswahrscheinlichkeit hat als für 500 keV (Abb. 28), wird die Streustrahlung hier bevorzugt gemessen, ganz entgegen den Erfordernissen.

Beim Scintillationszähler besteht aber die Möglichkeit, die Streustrahlung getrennt von der primären Strahlung zu messen. Wie auf S. 648 beschrieben wurde, rufen γ-Quanten verschiedener Energie beim Scintillationszähler Impulse verschiedener Größe hervor. Abb. 30 gibt Amplitudenverteilungskurven wieder für den Fall, daß ein und dasselbe $^{131}$J-Präparat als Lösung in 50 cm³, 350 cm³ und 1000 cm³ Wasser vorlag. Die γ-Strahlung des $^{131}$J besteht zu 87% aus γ-Quanten von 0,364 MeV neben schwächeren Linien von 0,260 MeV, 0,163 MeV und 0,080 MeV. Diesen Linien entsprechen die Maxima der Amplitudenverteilungskurven in Abb. 30.

Wie diese Abbildung zeigt, rücken die Kurven bei kleineren γ-Energien mit zunehmender Lösungsmenge nach oben, was auf die COMPTON-Streustrahlung, insbesondere der γ-Quanten mit 0,364 MeV zurückzuführen ist. Wie zu erwarten, bleibt die Intensität der starken, primären Linie von 0,364 MeV gleich.

Abb. 31a zeigt die Amplitudenverteilungskurven einmal für das applizierte $^{131}$J-Präparat in 50 cm³ Wasser und zum anderen für die von der Schilddrüse ausgehende Strahlung. Infolge ungleicher Anteile von Streustrahlung in den beiden Fällen ist der Verlauf der Kurven sehr verschieden. Man erkennt deutlich den großen Anteil der Streustrahlung an der von der Schilddrüse und Umgebung ausgehenden γ-Strahlung. Das Intensitätsverhältnis des Maximums der γ-Quanten von 0,364 MeV bleibt hiervon natürlich unberührt, und es kann daraus auf eine 88%ige Speicherung geschlossen werden. Ein Vergleich der Impulshäufigkeiten o h n e Berücksichtigung der Amplitudengröße würde zu einer 125%igen (!) Anreicherung in der Schilddrüse — also zu einem völlig unsinnigen Ergebnis — geführt haben. Das zeigt, wie stark eine Vergleichsmessung durch unterschiedliche Anteile von Streustrahlung verfälscht werden kann.

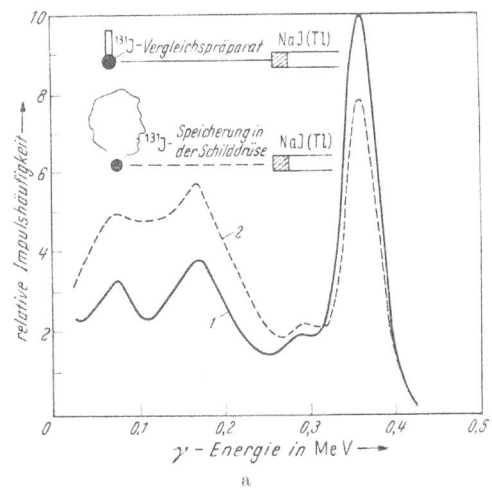

In Abb. 31b ist die Amplitudenverteilung für eine $^{131}$J-Quelle in 50 cm³ Wasser und für dieselbe Quelle, eingetaucht in 2000 cm³ Wasser, wiedergegeben worden. In letzterem Fall tritt eine beträchtliche Streustrahlung auf. Da der relative Verlauf der Amplituden-

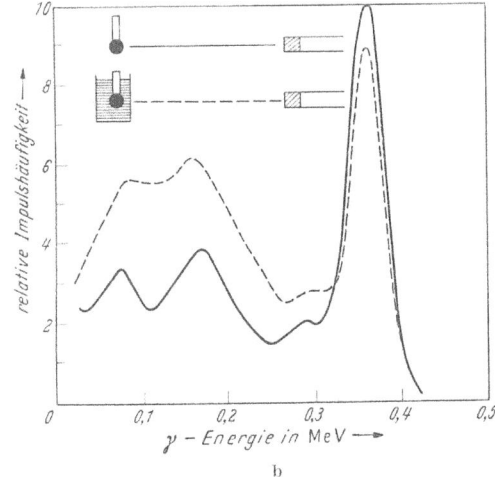
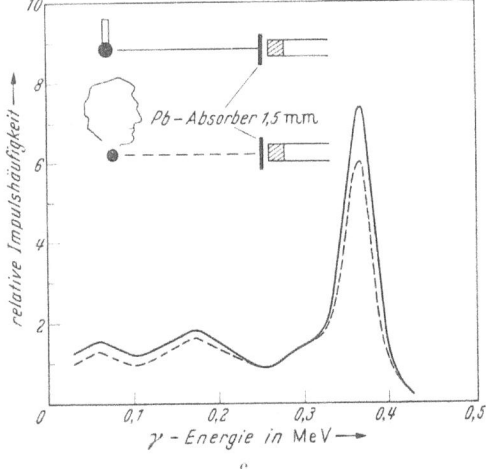

Abb. 31 a—c. Amplitudenverteilungskurven bei $^{131}$J-Messungen bei Schilddrüsenfunktionsprüfung. *a* Vergleich zwischen $^{131}$J-Ausgangsaktivität (in 50 cm³ Wasser, ausgezogene Kurve) und Schilddrüsenaktivität (γ-Strahlung, gestrichelteKurve). *b* Ausgezogene Kurve = $^{131}$J-Ausgangsaktivität wie unter *a* und gestrichelte Kurve = dasselbe mit Wasserumhüllung. *c* Wie unter *a*, aber mit jeweils 1,5 mm Bleifolie direkt vor dem Scintillationszähler (nach Tracerlog, Nr. 56, 1953).

verteilungskurven in Abb. 27a und b gestrichelte Kurven) ähnlich ist, führt die Streustrahlung in beiden Fällen zu etwa der gleichen prozentualen Erhöhung des γ-Effektes der applizierten $^{131}$J-Lösung wie auch desjenigen bei der Schilddrüsenmessung. Man könnte also daran denken, das $^{131}$J-Ausgangspräparat in der in Abb. 27b, gestrichelte Kurve, angegebenen Weise zu messen. Doch ist die Wahl einer geeignet dimensionierten Wasserumhüllung des $^{131}$J-Präparates kritisch und nicht mit genügender Genauigkeit durchführbar.

Da die γ-Strahlabsorption in Blei sehr schnell mit abnehmender γ-Energie zunimmt, und da die Energie der COMPTON-Streustrahlung des $^{131}$J etwa halb so groß ist wie die Energie der primären γ-Quanten des $^{131}$J, kann ein dünner Bleiabsorber zur Eliminierung dieser Streustrahlung verwandt werden. Ein Bleifilter von 1,5 mm Dicke reduziert die

Zahl der primären 364 keV-$\gamma$-Strahlen auf nur 63%, während die Zahl der Streuquanten auf ungefähr 3% reduziert wird.

Bei Abschirmung des NaJ-Krystalls mit 1,5 mm Blei haben die Amplitudenverteilungskurven nach Abb. 31c den gleichen relativen Verlauf, die Streustrahlung ist weitgehend beseitigt. Ein Vergleich der Gesamtimpulshäufigkeiten ohne Berücksichtigung der Amplitudenverteilung führt jetzt zum richtigen Ergebnis.

Erst in größeren Entfernungen nimmt die gemessene Impulshäufigkeit umgekehrt mit dem Quadrate der Entfernung ab. Die Form der Abstandkurve hängt von der Größe der $\gamma$-Strahlquelle und den Dimensionen des $\gamma$-Zählrohres ab. Wenn aus Messungen bei verschiedenen Entfernungen auf den Sitz der $\gamma$-Strahlquelle rückgeschlossen werden soll, so müssen diese Entfernungen so groß gewählt werden, daß für sie das $1/r^2$-Gesetz gültig ist. Auf jeden Fall ist eine solche Ortsbestimmung mit einer nicht kleinen Unsicherheit behaftet. Das gilt um so mehr, je ausgedehnter die $\gamma$-Strahlquelle ist.

### d) Richtungsempfindliche Zählrohre.

Mit richtungsempfindlichen Zählrohren kann die Verteilung eines $\gamma$-Strahlers im Inneren eines Körpers oder der Sitz von engumgrenzten Konzentrationsstellen gemessen werden. Das bekannteste Beispiel in der Medizin ist die Messung der $^{131}$J-Verteilung in der Schilddrüse und die Ortsbestimmung von Schilddrüsenmetastasen.

Die Richtungsempfindlichkeit des Zählers kann durch eine geeignete Bleiabschirmung erreicht werden, wie z. B. Abb. 32 zeigt. Das Zählrohr ist bis auf einen zylindrischen Spalt an seiner Stirnseite allseitig mit Blei umgeben. Der zylindrische Spalt ist so bemessen, daß nur solche $\gamma$-Strahlen in das Zählrohr eintreten können, welche angenähert in Richtung der Zählrohrachse fliegen und auf die Wand des Zählers auftreffen. Mit der Anordnung in Abb. 32 können zwei um 1,5 cm seitlich vonein-

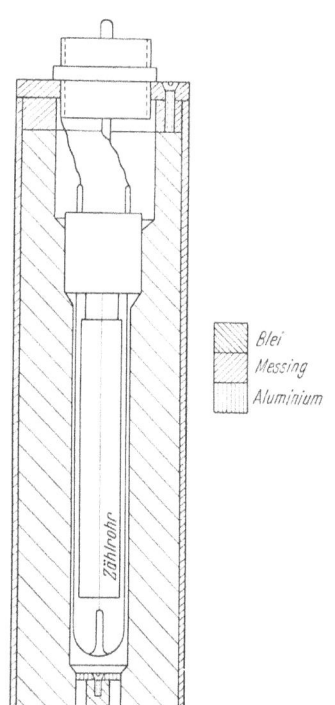

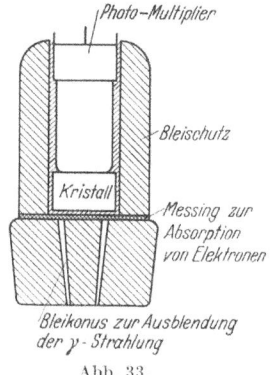

Abb. 32. Richtungsempfindlicher GEIGER-MÜLLER-Zähler für $\gamma$-Strahlung (nach VEALL[1]).
Abb. 33. Richtungsempfindlicher Scintillationszähler mit konischer Ringlochblende aus Blei. (nach ITTNER und TER-POGOSSIAN[2]).

ander entfernte, punktförmige $^{131}$J-$\gamma$-Strahlenquellen, welche sich in einem Abstand von 25 cm vom Zählrohr befinden, noch unterschieden werden.

---

[1] VEALL, N.: Brit. J. Radiol. **23**, 527 (1950).
[2] ITTNER, L. B., and M. TER-POGOSSIAN: Rev. sci. Instrum. **22**, 638 (1951). — Siehe auch NEWELL, Q. W. SAUNDERS and E. MILLER: Nucleonics **10**, 36 (1952).

Mit der Bleiabschirmung des Zählers ist ein beträchtlicher Intensitätsverlust verbunden, welcher vor allem bei Verwendung von GEIGER-MÜLLER-$\gamma$-Zählrohren sehr

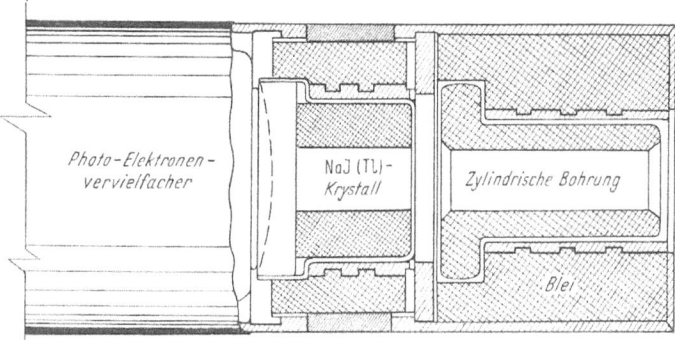

Abb. 34. Frontteil eines richtungsempfindlichen Scintillationszählers mit NaJ(Tl)-Krystall (nach Tracerlab-Katalog für P-20).

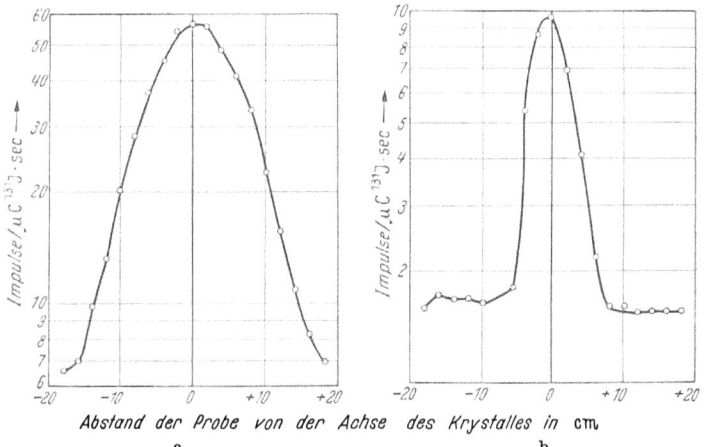

Abb. 35 a u. b. Richtungsempfindlichkeit eines Scintillationszählers mit NaJ(Tl)-Krystall von 25 mm Länge und einem Durchmesser von $a$: 12 mm und $b$: 25 mm. Abstand des punktförmigen $\gamma$-Strahlers vom Krystall 30 cm (nach Tracerlab-Katalog P-20).

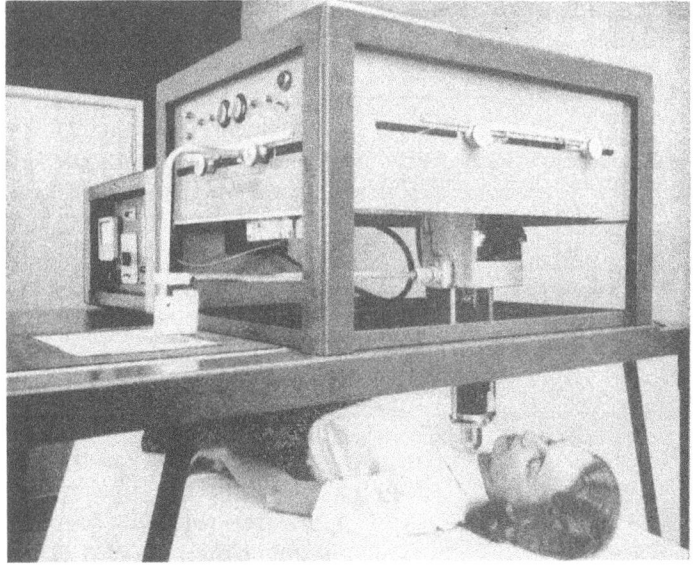

Abb. 36. Vorrichtung zur automatischen Aufzeichnung der $^{131}$J-Verteilung in der Schilddrüse (nach Tracerlog Nr. 61).

ins Gewicht fällt. Es empfiehlt sich deshalb, wenn eben möglich, die Verwendung des viel empfindlicheren Scintillationszählers. Abb. 34 gibt den Kopf eines richtungsempfindlichen Scintillationszählers wieder. Der NaJ(Tl)-Krystall hat einen Durchmesser von 12 mm und eine Länge von 25 mm. Die Bleiabschirmung läßt nur $\gamma$-Quanten von nahe axialer Richtung auf den NaJ-Krystall auftreffen. Abb. 35b zeigt, welche Auflösung mit dieser Anordnung erreicht werden kann. Es wurde die Impulshäufigkeit eines punktförmigen $^{131}$J-Präparates in 30 cm Abstand vom NaJ-Krystall gemessen und zwar in axialer Lage und seitlich verschobenen Lagen. Bei einer seitlichen Verschiebung von 4 cm fällt die Impulshäufigkeit auf etwa die Hälfte ab. Die Auflösungskurve der Abb. 35a entspricht einem NaJ-Krystall von 25 mm Durchmesser und 25 mm Länge bei entsprechend größerer frontaler Bohrung in der Bleiabschirmung. Die Anordnung ist sehr empfindlich und gestattet die grobe Lokalisation einer $\gamma$-Quelle. Mit einem NaJ-Krystall von 25 mm Durchmesser und 25 mm Länge erhält man für 1 $\mu$C $^{131}$J in 15 cm Entfernung 2000 Impulse/min und mit einem NaJ-Krystall von 12 mm Durchmesser und 25 mm Länge 520 Impulse/min.

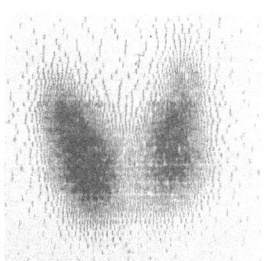

Abb. 37. Beispiel für eine automatische Aufzeichnung der $^{131}$J-Verteilung der Schilddrüse (mit Hilfe des Apparates von Abb. 36) (nach Tracerlog).

In letzter Zeit sind Geräte entwickelt worden, mit welchen eine punktweise Ausmessung der $^{131}$J-Verteilung in der Schilddrüse automatisch durchgeführt werden kann. Abb. 36 zeigt eine solche Anordnung. Der richtungsempfindliche Zähler wird automatisch in zwei zueinander senkrechten Richtungen schrittweise verschoben. Die jeweils gemessene $\gamma$-Aktivität wird registriert. Die so gewonnenen Diagramme (s. Abb. 37) geben sehr anschaulich die $^{131}$J-Verteilung in der Schilddrüse wieder. Eine solche Registrierung kann mit einer Probedosis von 100 $\mu$C in kurzer Zeit durchgeführt werden.

## 3. Statistischer Fehler bei radioaktiven Messungen.

Der radioaktive Zerfall unterliegt statistischen Gesetzen. Die einzelnen Zerfallsprozesse sind voneinander unabhängig. Ihre zeitliche Aufeinanderfolge ist rein zufälliger Natur.

Wenn das gleiche Präparat unter identischen Bedingungen mehrmals eine bestimmte Zeit lang gemessen wird, so erhält man im allgemeinen nicht das gleiche Ergebnis. Die einzelnen Messungen weichen voneinander ab und zwar im Durchschnitt um so mehr, je kleiner die Gesamtzahl der Zerfallsprozesse einer einzelnen Messung ist. Dies soll durch ein Beispiel näher erläutert werden.

Es wurde ein und dasselbe zeitlich konstante Präparat 364mal je 10 sec gemessen. Tabelle 5 gibt an, wie oft in dem gewählten Zeitintervall von 10 sec $n = 0, 1, 2 \ldots$ Zerfallsprozesse beobachtet wurden. So wurde z. B. 64mal ein Effekt von 5 Teilchen in 10 sec gemessen. In Abb. 38a ist über der gemessenen Teilchenzahl als Abszisse die Häufigkeit dieser Teilchenzahl aufgetragen worden. Es fällt auf, daß 6mal in dem Meßintervall von 10 sec gar keine Zerfallsereignisse registriert wurden. Über eine sehr lange Zeit gemessen, ergab das Präparat eine Impulshäufigkeit von 4,35 in 10 sec. Die gemessenen Werte gruppieren sich in einem weiten

Tabelle 5.

| $n$ | Beobachtete Häufigkeit | $p_n$ beob. | $p_n = \dfrac{m^n}{n!} e^{-m}$ (Poisson) |
|---|---|---|---|
| 0 | 5 | 0,014 | 0,0129 |
| 1 | 28 | 0,077 | 0,0561 |
| 2 | 42 | 0,116 | 0,1220 |
| 3 | 65 | 0,179 | 0,1770 |
| 4 | 67 | 0,184 | 0,1920 |
| 5 | 64 | 0,176 | 0,1670 |
| 6 | 42 | 0,116 | 0,1210 |
| 7 | 28 | 0,077 | 0,0750 |
| 8 | 10 | 0,028 | 0,0410 |
| 9 | 7 | 0,019 | 0,0200 |
| 10 | 5 | 0,014 | 0,0086 |
| 11 | 1 | 0,003 | 0,0034 |
| 12 | 0 | 0 | 0,0012 |
| 13 | 0 | 0 | 0,0004 |

364 = Zahl der Einzelmessungen
$m = 4,35$

Bereich um dieses Mittel herum. Der Versuch zeigt also, wie stark eine Einzelmessung von dem über sehr lange Zeit gemessenen Mittel abweichen kann.

Der Versuch wurde mit dem gleichen Präparat wiederholt, nur mit dem Unterschied, daß für eine Einzelmessung 60 sec, d. h. im Mittel also 6mal mehr Teilchen

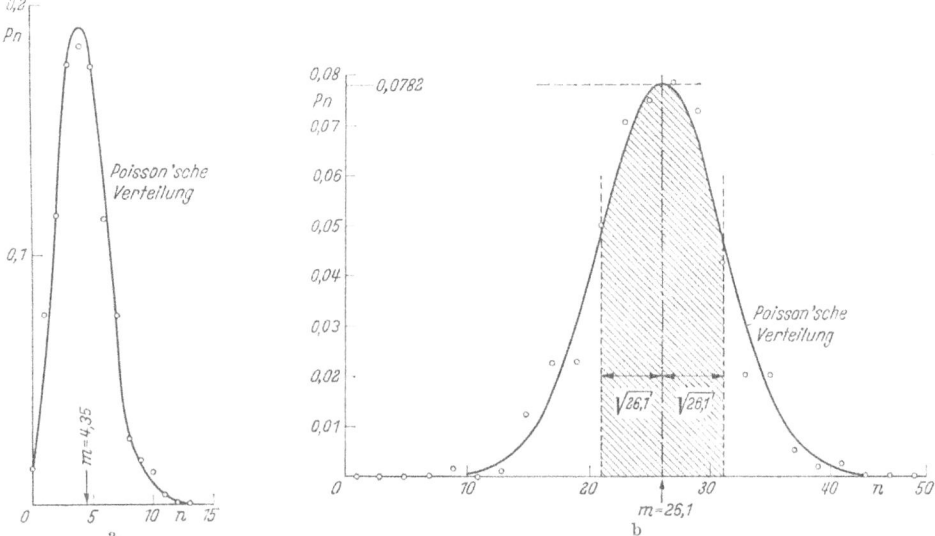

Abb. 38a u. b. POISSONsche Verteilungskurven. a Wahres Mittel = 4,35 Impulse/Einzelmessung. b Wahres Mittel = 26,10 Impulse/Einzelmessung. Kreise = Meßpunkte, ausgezogene Kurven = POISSONsche Verteilung. b praktisch = GAUSSsche Kurve.

je Einzelmessung registriert wurden. Das Ergebnis zeigt Abb. 38b. Das wahre Mittel beträgt jetzt = 26,10 Impulse je 60 sec. Die beobachteten Häufigkeiten liegen symmetrisch um diesen Wert herum. Man sieht aber deutlich, daß die relativen Schwankungen im Mittel kleiner sind als in Abb. 38a.

Die ausgezogenen Kurven in Abb. 38a und b geben die theoretisch zu erwartenden Häufigkeitskurven wieder (POISSONsche Verteilung[1]). Bei großen Teilchenzahlen je Einzelmessung geht die POISSONsche Verteilung in eine GAUSSsche Verteilung über. Abb. 39 zeigt sehr deutlich, daß mit zunehmender Teilchenzahl je Einzelmessung die POISSONschen Verteilungskurven immer schmaler werden. Eine Einzelmessung ist also um so genauer, je mehr Teilchen gezählt wurden.

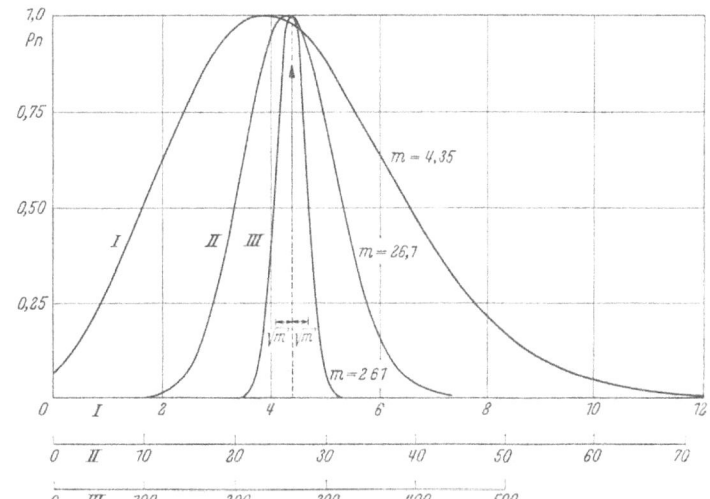

Abb. 39. POISSONsche Verteilungskurven. *I* Wahres Mittel = 4,35 Impulse/Einzelmessung; *II* wahres Mittel = 26,1 Impulse/Einzelmessung; *III* wahres Mittel = 261 Impulse/Einzelmessung. Bei der Zeichnung wurden die wahren Mittel zur Deckung gebracht. Man beachte die besonderen Abszissenmaßstäbe für *I*, *II* und *III*.

[1] Das POISSONsche Gesetz lautet: $p_n = \dfrac{m^n}{n!} e^{-m}$; dabei bedeutet $p_n$ die Wahrscheinlichkeit dafür, daß bei einer mittleren Impulszahl von $m$ Impulsen/Meßintervall ein Wert von $n$ Impulsen je Meßintervall gemessen wird.

Für große Werte von $m$ geht der Ausdruck für $p_n$ über in die GAUSSsche Verteilung:

$$p_n = \frac{1}{\sqrt{2\pi m}} \cdot e^{-\frac{(n-m)^2}{2m}}.$$

Auf Grund von Verteilungskurven, wie in Abb. 38b, kann man die *mittlere Abweichung* einer Einzelmessung vom *wahren mittleren Wert* ausrechnen *( = statistischer Fehler)*. Wenn bei einer Einzelmessung $n$ Impulse gezählt werden, so beträgt der mittlere statistische Fehler

$$m = \pm \sqrt{n}. \qquad (9)$$

Das bedeutet, daß der *wahre mittlere Wert* mit einer Wahrscheinlichkeit von 68,3 % innerhalb der Grenzen $n - \sqrt{n}$ und $n + \sqrt{n}$ liegt. Die Wahrscheinlichkeit dafür, daß die Abweichung einer Einzelmessung von dem wahren gesuchten Mittelwert größer als $\sqrt{n}$ ist, beträgt $100 - 68,3 = 31,7\%$. Die Wahrscheinlichkeiten dafür, daß Abweichungen von $K \cdot \sqrt{n}$ auftreten, sind in Tabelle 6 für verschiedene Werte von $K$ zusammengestellt worden. Man entnimmt aus der Tabelle, daß eine Abweichung vom doppelten statistischen Fehler im Durchschnitt in 4,6 von 100 Fällen und vom 3fachen Wert des statistischen Fehlers im Durchschnitt in nur 2,7 von 1000 Fällen auftritt. Mit einer Wahrscheinlichkeit von 50 % ist die Abweichung kleiner als $0,6745 \sqrt{n}$ *(wahrscheinlicher Fehler)* und mit einer Wahrscheinlichkeit von 90 % kleiner als $1,645 \sqrt{n}$ ($^9/_{10}$-*Fehler*).

Tabelle 6. *Wahrscheinlichkeit in Prozenten, daß bei einer Impulshäufigkeit von $n$ Ausschlägen/min die Abweichung vom wahren Wert größer ausfällt als $K\sqrt{n}$*

| $K$ | in % |
|---|---|
| 0,0000 | 100,00 |
| 0,6745 | 50,00 |
| 1,0000 | 31,73 |
| 1,6449 | 10,00 |
| 1,9600 | 5,00 |
| 2,0000 | 4,55 |
| 2,5758 | 1,00 |
| 3,0000 | 0,27 |
| 3,2905 | 0,10 |
| 3,8906 | 0,01 |
| 4,0000 | 0,006 |
| 4,4172 | 0,001 |
| 4,8916 | 0,0001 |
| 5,0000 | 0,00006 |

Der statistische Fehler hängt lediglich von der Gesamtzahl $n$ der gemessenen Impulse bei einer Messung ab. Dabei ist gleichgültig, in welcher Zeit diese $n$ Impulse gezählt wurden.

Wenn in der Zeit $t$ die Impulszahl $n$ mit dem statistischen Fehler $m$ gemessen wird, so beträgt der Effekt je Zeiteinheit (= z. B. 1 min)

$$N = \frac{n}{t} \qquad (10)$$

und der zugehörige statistische Fehler

$$M = \pm \frac{\sqrt{n}}{t}. \qquad (11)$$

Das Meßergebnis mit Fehlerangabe lautet dann

$$E = \frac{n}{t} \pm \frac{\sqrt{n}}{t}. \qquad (12)$$

**Beispiel:** Es seien in 17 min 2453 Impulse gezählt worden. Die Impulszahl je Minute beträgt dann

$$\frac{2453}{17} \pm \frac{\sqrt{2453}}{17} = 145 \pm 2,9 \text{ Impulse/min}.$$

Der prozentuale mittlere statistische Fehler beträgt

$$f = \pm \frac{1}{\sqrt{n}} 100 \%. \qquad (13)$$

Im obigen Beispiel beträgt der prozentuale mittlere statistische Fehler

$$f = \frac{1}{\sqrt{2453}} 100 \cong 2 \%.$$

Tabelle 7 gibt den prozentualen, statistischen Fehler an für den Fall, daß bei der Messung insgesamt 10, 100, 1000 ... Impulse registriert wurden. Wenn das Präparat so lange gemessen wird, bis die gesamte Impulszahl 10 000 beträgt, ist der prozentuale statistische Fehler 1 %. Eine weitere Ausdehnung der Meßdauer hat im allgemeinen keinen Sinn. Abb. 40 gibt den prozentualen Fehler in Abhängigkeit von den insgesamt registrierten Impulsen graphisch wieder.

Es kommt oft vor, daß ein und dasselbe Präparat mehrmals gemessen wird, unter Einschaltung anderer Messungen wie Nulleffekt, Standard u. a. m. In diesem Falle erhält man das Ergebnis als Quotient der Summe der Impulszahlen der einzelnen Messungen und der Summe der Meßzeiten. Eine erste Messung habe $n_1$ Impulse in $t_1$ min, eine zweite Messung $n_2$ Impulse mit $t_2$ min usw. ergeben. Das Ergebnis mit statistischem Fehler lautet dann

$$n = \frac{n_1 + n_2 + \cdots}{t_1 + t_2 + \cdots} \pm \frac{\sqrt{(n_1 + n_2 + \cdots)}}{t_1 + t_2 + \cdots}. \quad (14)$$

Tabelle 7. *Prozentualer Fehler für verschiedene Größe des gemessenen Effekts.*

| $n = Nt$ | 10 | 100 | 1000 | 10000 | 100000 |
|---|---|---|---|---|---|
| $f$ | 32% | 10% | 3,2% | 1,0% | 0,3% |

Die Aktivität eines Präparates ergibt sich immer als Differenz einer Messung mit Präparat und einer Messung ohne Präparat (=Nulleffekt). Für beide Messungen kann nach obigem der statistische Fehler angegeben werden. Zu beantworten wäre jetzt die Frage, wie groß der statistische Fehler für die Differenz (=gesuchter Effekt des Präparates) ist.

Wenn allgemein in ein Ergebnis mehrere radioaktive Messungen eingehen, so kann der statistische Fehler nach dem GAUSSschen *Fehlerfortpflanzungsgesetz* berechnet werden. Die

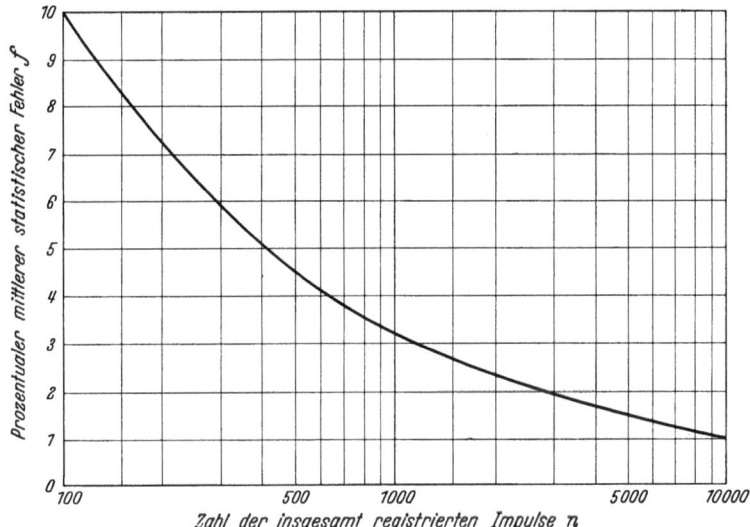

Abb. 40. Prozentualer mittlerer statistischer Fehler bei verschiedener Größe des gemessenen Effektes.

zu messende Größe $E$ sei eine Funktion der Einzelmessungen $\frac{n_1}{t_1} = N_1, \frac{n_2}{t_2} = N_2$ usw. (Impulshäufigkeit/min) mit den zugehörigen statistischen Fehlern $\frac{\sqrt{n_1}}{t_1} = M_1, \frac{\sqrt{n_2}}{t_2} = M_2$ usw. also

$$E = f\left(\frac{n_1}{t_1}, \frac{n_2}{t_2}, \cdots\right) = f(N_1, N_2 \cdots). \quad (15)$$

Der zugehörige mittlere statistische Fehler ist dann

$$M = \pm \sqrt{\left(M_1 \frac{\partial E}{\partial N_1}\right)^2 + \left(M_2 \frac{\partial E}{\partial N_2}\right)^2 + \cdots}. \quad (16)$$

Wenn ein Ergebnis die Differenz zweier radioaktiver Messungen ist, so ergibt sich aus (16) als Spezialfall

$$M = \pm \sqrt{M_1^2 + M_2^2} = \pm \sqrt{\frac{n_1}{t_1^2} + \frac{n_2}{t_2^2}}. \quad (17)$$

**Beispiel:** Die Ausmessung eines Präparates habe in $t_1 = 17$ min $n_1 = 2453$ Impulse ergeben. Für den Nulleffekt seien in $t_2 = 5$ min $n = 183$ Impulse gemessen worden. Für die Aktivität des Präparates ohne Nulleffekt ergibt sich damit

$$E = \frac{2453}{17} - \frac{183}{5} = 145 - 36{,}5 = 108{,}5 \text{ Impulse/min}$$

und für den statistischen Fehler der Differenz

$$M = \pm \sqrt{\frac{2453}{17^2} + \frac{183}{5^2}} = \pm 4{,}0 \text{ Impulse/min}.$$

Aus Abb. 41 kann bei einem bestimmten Verhältnis der registrierten Impulshäufigkeit/min zum Nulleffekt/min der prozentuale statistische Fehler entnommen werden. Die einzelnen Kurven beziehen sich auf die Gesamtzahl der registrierten Präparatimpulse. Beispiel: Die Gesamtzahl der für das Präparat beobachteten Impulse betrage 200 Impulse/min, der Nulleffekt = 20 Impulse/min (Verhältnis von Effekt zu Nulleffekt = 10). Dann beträgt der prozentuale Fehler $f = 7{,}5\%$.

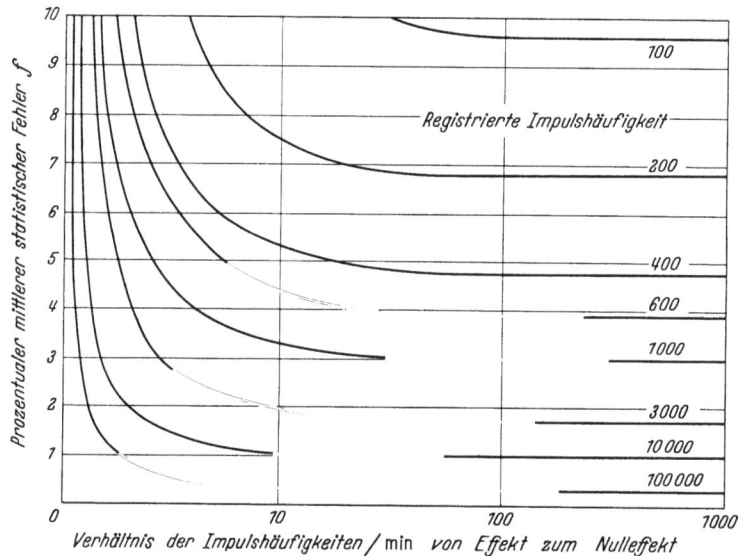

Abb. 41. Prozentualer mittlerer statistischer Fehler in Abhängigkeit von der Größe des Effektes und des Nulleffektes

Bei relativen Messungen, bei denen die Aktivität einer Versuchsprobe ($= N_1$) mit der Aktivität des Ausgangspräparates ($= N_2$) verglichen wird, muß der Fehler des Quotienten zweier radioaktiver Messungen bestimmt werden. Hierbei ist

$$E = \frac{N_1 - N_0}{N_2 - N_0}, \qquad N_0 = \frac{n_0}{t_0} = \text{Nulleffekt/min}, \qquad N_1 = \frac{n_1}{t_1} \text{ und } N_2 = \frac{n_2}{t_2} \qquad (18)$$

und der statistische Fehler

$$M = \pm \frac{N_1 - N_0}{N_2 - N_0} \sqrt{\frac{\frac{n_1}{t_1^2} + \frac{n_0}{t_0^2}}{(t_1 - t_0)^2} + \frac{\frac{n_2}{t_2^2} + \frac{n_0}{t_0^2}}{(t_2 - t_0)^2}}. \qquad (19)$$

S. 653 wurde angegeben, daß bei einer Totzeit der Meßanordnung von $\tau$ min zwischen der gemessenen Impulshäufigkeit je Minute $N$ und der wahren Impulshäufigkeit je Minute $N_0$ folgender Zusammenhang besteht

$$N_0 = \frac{N}{1 - N\tau}. \qquad (20)$$

Unter der Annahme, daß $\tau$ sehr genau bekannt ist, folgt für den statistischen Fehler von $N_0$

$$M_0 = \sqrt{\frac{N}{t}} \; \frac{1}{(1 - N\tau)^2}. \qquad (21)$$

Der Wurzelausdruck ist gleich dem statistischen Fehler der gemessenen Teilchenzahl/min ($\mp N$). Da der zweite Ausdruck in (21) wegen $N\tau < 1/10$ [s. (2) auf S. 653] größer als 1 ist,

ist der statistische Fehler der wahren Teilchenzahl/min ($\neq N_0$) größer als derjenige der gemessenen Impulshäufigkeit/min. Bei Korrektionsrechnungen wegen mangelnden Auflösungsvermögens der Zählanordnung muß also auch der statistische Fehler korrigiert werden.

Wenn für die Messung eines radioaktiven Präparates eine bestimmte Gesamtmeßdauer nicht überschritten werden soll und wenn gleichzeitig ein möglichst kleiner statistischer Fehler erreicht werden soll, so muß die Zeit in bestimmter Weise auf die Messungen des Präparates und des Nulleffektes verteilt werden. Die Aufteilung der Zeit auf Präparat- und Nulleffektmessung hängt ganz von deren relativer Größe ab. Hier soll nur das Ergebnis entsprechender Überlegungen in Form eines Nomogramms nach JARETT[1] wiedergegeben werden (s. Abb. 42). Wenn der Nulleffekt beispielsweise 10 Impulse/min und das zu messende Präparat eine Aktivität von 1000 Impulsen/min hat, so verbindet man die entsprechenden Punkte des Nomogramms durch eine gerade Linie und liest auf der mittleren Skala das günstigste Verhältnis der Einzelmeßdauern ab. Für die angegebenen Zahlen beträgt dieses 10, d. h. der Effekt sollte 10mal so lang wie der Nulleffekt gemessen werden. Eine längere Messung des Nulleffektes würde nur eine unwesentliche Verbesserung des statistischen Fehlers ergeben.

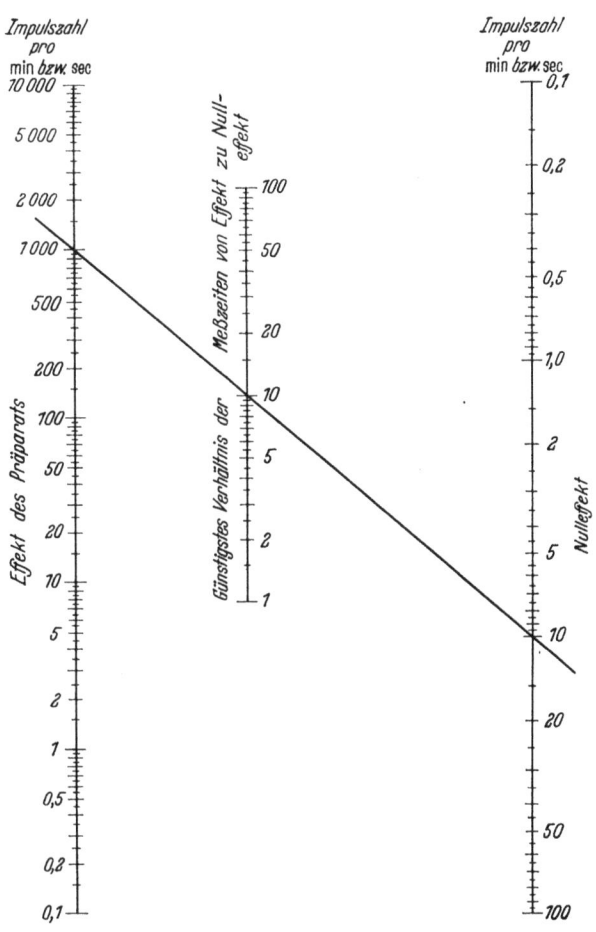

Abb. 42. Nomogramm zur Ermittlung der günstigsten Aufteilung der Meßzeit auf die Messung des Effektes und des Nulleffektes (nach JARETT[1]).

# Stabile Isotope und ihre Anwendung als Indicatoren.

Von

**W. Maurer** und **K. Schmeiser.**

Mit 2 Abbildungen.

### a) Bedeutung der stabilen Isotope für die Markierung leichter Elemente. Vorteile und Nachteile gegenüber radioaktiven Isotopen.

Mit angereicherten stabilen Isotopen können genau so wie mit radioaktiven Isotopen Indicatoruntersuchungen durchgeführt werden.

Bei den leichten Elementen füllen die stabilen Isotope insofern eine Lücke aus, als hier für einige Elemente keine brauchbaren radioaktiven Isotope existieren. Bei den biologisch wichtigen Elementen Stickstoff und Sauerstoff ist man auf die Verwendung der stabilen Isotope $^{15}N$ und $^{18}O$ angewiesen.

Tabelle 1 enthält eine Zusammenstellung der stabilen und radioaktiven Isotope von Wasserstoff, Kohlenstoff, Stickstoff und Sauerstoff. Bei Stickstoff und Sauerstoff sind

---

[1] JARETT, A. A.: US Atomic Energy Commission AECU—262 (1946).

lediglich Radioisotope von sehr kurzer Halbwertszeit bekannt. Diese sind für die Anwendungen nicht geeignet. Bei Wasserstoff existiert neben dem stabilen Isotop $^2$D (Deuterium) das radioaktive Isotop $^3$T (Tritium, Halbwertszeit = 12 Jahre). Die $\beta$-Teilchen von $^3$T sind aber extrem weich ($E_{\beta\,max}$ = 18 keV), und ihr Nachweis macht erhebliche Schwierigkeiten. Das stabile Kohlenstoffisotop $^{13}$C ist in einer großen Zahl von Arbeiten als Indicator verwandt worden. Mit dem relativ kurzlebigen radioaktiven $^{11}$C (Halbwertszeit = 20 min) können nur Versuche einer Gesamtdauer von wenigen Stunden durchgeführt werden und auch das nur, wenn sich ein leistungsfähiges Cyclotron am gleichen Ort befindet. Das radioaktive Isotop $^{14}$C kann heute in ausreichender Menge hergestellt werden. Wegen seiner langen Halbwertszeit von 5570 Jahren ist es für die Markierung von Kohlenstoff von großer Bedeutung. Über die Herstellung von $^2$D-, $^3$T-, $^{13}$C- und $^{15}$N-markierten Verbindungen ist eine Reihe von Berichten erschienen[1-6].

Tabelle 1. *Übersicht über die stabilen und radioaktiven Isotope von Wasserstoff, Kohlenstoff, Stickstoff und Sauerstoff.*

| Isotop | Häufigkeit % | Halbwertszeit | Isotop | Häufigkeit % | Halbwertszeit |
|---|---|---|---|---|---|
| $^1_1$H | 99,984 | stabil | $^{13}_7$N | — | 10 min |
| $^2_1$D | 0,0156 | stabil | $^{14}_7$N | 99,63 | stabil |
| $^3_1$T | — | 12 Jahre | $^{15}_7$N | 0,37 | stabil |
|  |  |  | $^{16}_7$N | — | 7,3 sec |
| $^{10}_6$C | — | 19 sec | $^{17}_7$N | — | 4,2 sec |
| $^{11}_6$C | — | 20,5 min |  |  |  |
| $^{12}_6$C | 98,892 | stabil | $^{14}_8$O | — | 76,5 sec |
| $^{13}_6$C | 1,108 | stabil | $^{15}_8$O | — | 2 min |
| $^{14}_6$C | — | 5570 Jahre | $^{16}_8$O | 99,757 | stabil |
|  |  |  | $^{17}_8$O | 0,039 | stabil |
|  |  |  | $^{18}_8$O | 0,204 | stabil |
|  |  |  | $^{19}_8$O | — | 29,5 sec |

Wegen der großen Massenunterschiede der Isotope leichter Elemente sind die Unterschiede im chemischen Verhalten der einzelnen Isotope nicht mehr vernachlässigbar. Das gilt insbesondere für die Wasserstoffisotope. Aber auch bei den Kohlenstoffisotopen sind überraschend große Abweichungen im chemischen Verhalten gefunden worden[7].

Die Anwendung von stabilen Isotopen bietet gegenüber der Verwendung von radioaktiven Isotopen eine Reihe von Vorteilen: Da stabile Isotope eine unendlich lange Lebensdauer haben, können mit ihnen sehr lang dauernde Versuche durchgeführt werden. Von Bedeutung ist ferner, daß jede Strahlenwirkung fortfällt, was vor allem für biologische Anwendungen wichtig ist. Da in den markierten Ausgangsverbindungen oft eine große präparative Arbeit steckt, welche man nicht mehrmals leisten möchte, ist die Lagerfähigkeit von markierten Verbindungen von großer Bedeutung. In dieser Hinsicht unterscheiden sich stabilmarkierte in keiner Weise von nichtmarkierten Substanzen. Die bei radioaktivmarkierten Verbindungen bekannten radiochemischen Zersetzungen fallen bei einer Markierung mit stabilen Isotopen fort. Gerade in letzter Zeit ist wiederholt darauf hingewiesen worden, wie unerwartet groß der Zerfall von radioaktivmarkierten Verbindungen sein kann.

Auch sind bei einer gleichzeitigen Verwendung von stabilen und radioaktiven Isotopen desselben Elements Mehrfachmarkierungen möglich. Zum Beispiel können zwei verschiedene Kohlenstoffatome im gleichen Molekül mit $^{13}$C bzw. $^{14}$C markiert werden.

Diesen Vorteilen steht ein schwerwiegender Nachteil gegenüber. Eine erhebliche Erschwerung des Arbeitens mit stabilen Isotopen bedeutet der größere Aufwand, welcher mit dem Nachweis von stabilen Isotopen verbunden ist. Die notwendigen Massenspektrometer

---

[1] RADIN, N. S.: Isotope Techniques in Biochemistry I—V, Nucleonics 1, Nr 9, 10 und 12 (1947) 2, Nr 1 und 2 (1948).
[2] LANGSETH, M. A.: Bericht über den Solvay Kongreß Brüssel 1947. S. 242. (Betr. $^2$D-markierte Verbindungen.)
[3] KAMEN, M. D.: Radioactive Tracers in Biology. New York 1947.
[4] RITTENBERG, D.: Bericht über den Solvay Kongreß Brüssel 1947. S. 391.
[5] CALVIN, M.: Bericht über den Solvay Kongreß Brüssel 1947. S. 363.
[6] GLASCOCK, R. F.: Isotopic Gas Analysis for Biochemists, S. 202ff. New York 1954.
[7] Siehe z. B. THODE, H. G.: Ann. Rev. physic. Chem. 4, 95 (1953).

sind in der Handhabung viel komplizierter und zeitraubender als Zählgeräte für radioaktive Isotope. Außerdem sind die Anschaffungskosten wesentlich höher.

Weiterhin können bei stabilen Isotopen nicht so große Verdünnungen eines markierten Ausgangspräparates wie bei Radioisotopen erfaßt werden. Das liegt daran, daß die angereicherten Isotope auch im natürlichen Isotopengemisch vorkommen. Je kleiner der Anteil eines angereicherten Isotops im natürlichen Gemisch ist, um so größer ist die noch nachweisbare Verdünnung. So können mit $^{13}C$ noch Verdünnungen bis zu 10000, bei $^{15}N$ bis zu 30000 und bei $^{18}O$ bis zu 50000 gemessen werden. Im Gegensatz hierzu ist die Nachweisempfindlichkeit für radioaktive Isotope viel größer. Mit einem Zählrohr ist der $10^7$te Teil eines Milli-Curie noch meßbar.

### b) Anreicherung von stabilen Isotopen.

Heute können von einer großen Zahl von Elementen, so insbesondere von Stickstoff, Sauerstoff und Kohlenstoff, angereicherte Isotope käuflich oder leihweise bezogen werden. Es erübrigt sich deshalb eine eingehende Wiedergabe der Darstellungsverfahren. Diese sind in der Literatur verschiedentlich ausführlich beschrieben worden[1-5]. Im folgenden soll lediglich eine kurze Übersicht gegeben werden.

#### α) $D_2O$-Anreicherung durch Elektrolyse von Wasser.

WASHBURN und UREY[6] zeigten als erste, daß leichtes Wasser ($H_2O$) bei der Elektrolyse stärker zersetzt wird als schweres Wasser ($D_2O$). In der Lösung reichert sich $D_2O$ an. Ausgehend von gewöhnlichem Wasser (normale $D_2O$-Konzentration = 0,0156%) werden in den großen schwedischen und norwegischen Wasserstoffabriken täglich erhebliche Mengen an praktisch reinem $D_2O$ gewonnen. Ein Bericht über die älteren (1934) Arbeiten über Deuterium findet sich bei FRERICHS[7].

#### β) Anreicherung durch chemische Austauschreaktionen.

Die chemischen Gleichgewichtskonstanten wie auch die Reaktionsgeschwindigkeiten hängen in geringem Maße davon ab, welches der Isotope eines Elementes an der Reaktion beteiligt ist. Da die Unterschiede gering sind, führt erst eine oftmalige Wiederholung desselben Prozesses zu einer nennenswerten Isotopentrennung.

Für eine Anreicherung des Isotopes $^{15}N$ (= 0,365% im natürlichen Isotopengemisch) ist von UREY und Mitarbeitern eine Reihe von chemischen Austauschreaktionen untersucht worden[8-10]. Wenn sich Ammoniakgas im Gleichgewicht mit seiner wäßrigen Lösung oder einer Lösung von Ammoniumsalzen befindet, ist die $^{15}N$-Konzentration in der Lösung etwas größer als in der Gasphase. Für das System 60%ige Ammoniumnitratlösung im Gleichgewicht mit $NH_3$-Gas bei 25° C macht der Unterschied 2,3% aus.

Wenn eine größere $^{15}N$-Anreicherung erzielt werden soll, muß der Austauschprozeß oft wiederholt werden. Zu diesem Zwecke läßt man die Ammoniumsalzlösung von oben in ein mit Glasspiralen o. a. gefülltes Glasrohr einströmen. Der Lösung strömt von unten her Ammoniakgas entgegen. Dabei verarmt das $NH_3$-Gas beim Aufsteigen zunehmend an $^{15}N$, während sich die Lösung beim Absteigen entsprechend anreichert. Am unteren Ende der Säule wird laufend Ammoniumsalzlösung entnommen. Daraus wird $NH_3$-Gas

---

[1] WALCHER, W.: Ergebn. exakt. Naturwiss. 18, 155 (1939).
[2] REITZ, O.: Z. Elektrochem. 45, 100 (1939).
[3] UREY, H. C.: J. appl. Physics 12, 270 (1941).
[4] GROTH, W.: Z. Elektrochem. 54, 5 (1950).
[5] COHEN, K.: Theory of Isotope Separation. New York 1951.
[6] WASHBURN, E. W., and H. C. UREY: Proc. nat. Acad. Sci. USA 18, 496 (1932).
[7] FRERICHS, R.: Ergebn. exakt. Naturwiss. 13, 257 (1934).
[8] UREY, H. C., H. R. HUFFMANN, H. G. THODE and M. FOX: J. chem. Physics 5, 856 (1937).
[9] THODE, H. G., and H. C. UREY: J. chem. Physics 7, 34 (1939).
[10] ROBERTS, I., H. G. THODE and H. C. UREY: J. chem. Physics 7, 137 (1939).

isoliert und der Säule wieder zugeführt. Ein Teil dieser mit $^{15}$N angereicherten Lösung kann zurückbehalten und für andere Zwecke verwandt werden.

Die nach diesem Prinzip von THODE und UREY[1] entwickelten Kaskadenanlage lieferte täglich 2,2 g Stickstoff mit 70% $^{15}$N. Von BECKER und BAUMGÄRTL[2] ist eine kleinere Anlage mit einer täglichen Ausbeute von 0,8 g Stickstoff mit 10—12% $^{15}$N beschrieben worden.

Zur Anreicherung von $^{13}$C (= 1,1% im natürlichen Isotopengemisch) ist von ROBERTS, THODE und UREY[1] das System HCN-Gas + KCN-Lösung verwandt worden. Im Gegensatz zu $^{15}$N wandert $^{13}$C in der Kaskadenanlage nach oben und kann dort entnommen werden. Eine sehr wirkungsvolle 4stufige Kaskadenanlage ist von BECKER, BIER, SCHOLZ und VOGELL[3] entwickelt worden. Nach einer Anlaufzeit von nur 53 Std lieferte sie täglich 0,08 Mole Kohlenstoff mit einem $^{13}$C-Gehalt von 12%.

Nach dem gleichen Prinzip ist auch eine Trennung der Schwefelisotope durchgeführt worden[4].

### γ) Elektromagnetische Trennverfahren.

Diesem Verfahren liegt dasselbe Prinzip zugrunde wie dem im nächsten Abschnitt beschriebenen Massenspektrometer. Zunächst werden von dem Element, dessen Isotope getrennt werden sollen, in einer Ionenquelle Ionen erzeugt. Diese werden durch elektrische Felder beschleunigt und treten als Strahl in ein magnetisches Feld und zwar senkrecht zu den Kraftlinien ein. Im Magnetfeld erfolgt eine Ablenkung der Ionen. Die Ionen der leichteren Isotope werden stärker abgelenkt als diejenigen der schweren. Der Ionenstrahl spaltet in die Teilstrahlen der einzelnen Isotope auf. Letztere können dann hinter dem Magnet getrennt aufgefangen werden.

Im Gegensatz zu den bisher beschriebenen Verfahren kann im Prinzip in einem Schritt eine vollständige Trennung der Isotope erzielt werden. Praktisch liegt aber immer noch eine gewisse Überlappung der einzelnen Ionenteilstrahlen vor, was die Vollständigkeit der Trennung beeinträchtigt.

Der Materialdurchsatz elektromagnetischer Trennanlagen ist gering. Er hängt von der Größe der herstellbaren Ionenströme ab. So enspricht z. B. 1 mA × Std eines Stromes von Eisenionen einer Eisenmenge von 2 mg. Diese Menge verteilt sich auf die einzelnen Eisenisotope nach Maßgabe ihrer Häufigkeit. Auf das seltene $^{58}$Fe entfallen nur 0,34%. Die Trennanlagen müssen also mit den größtmöglichen Ionenströmen und über lange Zeiten betrieben werden, wenn nennenswerte Mengen von getrennten Isotopen hergestellt werden sollen.

Während des Krieges sind in den USA elektromagnetische Trennverfahren zur großtechnischen Abtrennung von $^{235}$U entwickelt worden. Ein Teil dieser sehr leistungsfähigen Anlagen *(Calutron)* ist nach dem Kriege zur Isotopentrennung anderer Elemente für wissenschaftliche Zwecke verwandt worden. Im Prinzip lassen sich von allen Elementen getrennte Isotope gewinnen. Die Entwicklung geeigneter Ionenquellen macht aber bei vielen Elementen Schwierigkeiten.

Von der Atomic Energy Commission, USA, können von 40 Elementen getrennte Isotope in Mengen von 1 mg bis 1 g leihweise bezogen werden[5]. Eine Zusammenstellung dieser elektromagnetisch getrennten Isotope findet sich bei KEIM[6]. Vom Atomic Energy Research Establishment, Harwell, England können angereicherte Isotope von 21 Elementen in Mengen von 1—10 g bezogen werden[7]. Das Programm umfaßt bis Ende 1955 17 weitere Elemente. Auch in Dänemark, Schweden und Holland sind kleinere elektromagnetische Trennanlagen in Betrieb.

---

[1] THODE, H. G., and H. C. UREY: J. chem. Physics **7**, 34 (1939).
[2] BECKER, E. W., u. H. BAUMGÄRTL: Z. Naturforsch. **1**, 514 (1946).
[3] BECKER, E. W., K. BIER, S. SCHOLZ u. W. VOGELL: Z. Naturforsch. **7a**, 664 (1952).
[4] THODE, H. G., J. G. GORHAM and H. C. UREY: Physic. Rev. **53**, 920 (1938).
[5] Oak Ridge Report Y 625. Electromagneticly enriched isotopes.
[6] KEIM, C. P.: Nucleonics **2**, Nr. 1 (1948), und **9**, Nr. 2 und 5 (1951).
[7] Atomic Energy Research Establishment, Isotope Division, Harwell Berks., England, Katalog Nr. 3, 1954, S. 143 und Tabelle 1, S. 146.

δ) *Anreicherung durch fraktionierte Destillation.*

Der Dampfdruck einer Flüssigkeit ist für die verschiedenen Isotope eines Elementes verschieden. Durch fortgesetzte Destillation kann deshalb eine Isotopentrennung erreicht werden. Eingehende Versuche dieser Art stammen von KEESOM und Mitarbeitern[1]. Die Unterschiede der Dampfdrucke sind um so größer, je tiefer die Temperatur ist. Sie betragen aber bestenfalls nur einige Prozente. Zur Erzielung einer brauchbaren Anreicherung ist eine oftmalige Wiederholung des Destillationsprozesses erforderlich. Hierzu werden Rektifikationssäulen verwandt, wie sie in der Technik zur Gewinnung von flüssigem Sauerstoff und Stickstoff aus flüssiger Luft benutzt werden. Da für Isotopentrennungen Temperaturen in der Nähe des Tripelpunkts genommen werden müssen, erfordert eine Isotopentrennung durch fraktionierte Destillation einen großen technischen Aufwand.

Vom Atomic Energy Research Establishment, Harwell, England[2] können angereicherte Präparate von $^{13}C$ und $^{18}O$ bezogen werden, welche durch fraktionierte Destillation von CO gewonnen werden. Das Isotop $^{13}C$, angereichert auf 50—70%, wird als $BaCO_3$ und $CH_4$ geliefert und $^{18}O$, angereichert auf 6%, als $H_2O$. Das Isotop $^{12}C$, mit weniger als 0,02% $^{13}C$, kann als CO oder elementarer Kohlenstoff geliefert werden.

ε) *Trennung durch Thermodiffusion.*

CHAPMAN[3] und unabhängig von ihm ENSKOG[4] haben darauf hingewiesen, daß es in einem Gas in Richtung eines Temperaturgradienten zu einer Entmischung der Isotope kommen muß, derart, daß sich auf der Seite der höheren Temperatur die leichten Isotope und auf der Seite der niederen Temperatur die schweren anreichern. Bei einem Temperaturgradienten von einigen 100° C/cm ergeben sich bei leichten Gasen Trenneffekte von maximal einigen Prozenten.

Von CLUSIUS und DICKEL[5] ist dieser Prozeß in eleganter Weise zu einem wirksamen Isotopentrennverfahren ausgebaut worden. In einem senkrecht montierten, außen gekühlten Rohr von einigen Zentimetern Durchmesser befindet sich axial ein elektrisch auf mehrere 100° C geheizter Draht. Bei einer Füllung des Rohres z. B. mit $N_2$ reichert sich $^{15}N$ an der gekühlten Außenwand und $^{14}N$ am heißen Draht in der Mitte des Rohres an. Gleichzeitig entwickelt sich im Rohr ein Konvektionsstrom derart, daß sich das leichtere Isotopengemisch längs des warmen Drahtes nach oben und das schwerere längs der gekühlten Außenwand nach unten bewegt. Infolge der Thermodiffusion findet außerdem dauernd in jedem Querschnitt ein Transport des schweren Isotops $^{15}N$ nach außen und des leichteren Isotops $^{14}N$ nach innen statt. Das führt insgesamt zu einem Transport von $^{15}N$ zum unteren Ende des Rohres und von $^{14}N$ zum oberen Ende des Rohres. Durch diese einfache Hintereinanderschaltung von vielen Einzelprozessen können sehr beträchtliche Trenneffekte erreicht werden. Am oberen Ende des Rohres können laufend die leichteren Isotope und am unteren Ende die schweren Isotope entnommen werden. Die Gaszufuhr erfolgt an derjenigen Stelle des Trennrohres, an der die Isotopenmischung gleich der natürlichen ist.

Das Verfahren ist auf die Trennung der Isotope von Chlor, Stickstoff, Kohlenstoff, Edelgasen u. a. m. angewandt worden, wobei zum Teil eine vollständige Trennung der

---

[1] KEESOM, W. H., and H. VAN DIYK: Proc. Kon. Akad. Wet. Amsterdam **34**, 42 (1931). — Physica, Eindhoven **11**, 203 (1931). — KEESOM, W. H., H. VAN DIYK and J. HAANTJES: Proc. Kon. Akad. Wet. Amsterdam **36**, 248 (1933). Comm. Kammerlingh Onnes Lab. Leiden Nr. 224. Physica, den Haag **1**, 1109 (1934). Comm. Kammerlingh Onnes Lab. Leiden Nr. 234. — KEESOM, W. H., and J. HAANTJES: Physica, den Haag **2**, 981 (1935). Comm. Kammerlingh Onnes Lab. Leiden Nr. 239.

[2] Atomic Energy Research Establishment, Isotope Division, Harwell Berks, England Katalog Nr. 3. 1954, S. 143 und Tabelle 1, S. 146.

[3] CHAPMANN, S.: Philos. Mag. **38**, 182 (1919).

[4] ENSKOG, D.: Physik. Z. **12**, 533 (1911). Ann. Physik **38**, 731 (1912).

[5] CLUSIUS, K., u. G. DICKEL: Naturwiss. **26**, 546 (1938).

Isotope erreicht werden konnte. Eine zusammenfassende Darstellung des Verfahrens und der Ergebnisse findet sich bei FLEISCHMANN und JENSEN[1].

Die mengenmäßige Ausbeute an angereicherten Isotopen ist kleiner als bei den Verfahren mit chemischem Austausch. Sie liegt in der Größenordnung von einigen Kubikzentimetern je Tag.

*ζ) Anreicherung von Isotopen durch Diffusion.*

Wegen der unterschiedlichen Masse der Isotope eines Elements ist die Diffusionskonstante von Molekülen mit verschiedenen Isotopen verschieden. Das Molekül mit dem leichteren Isotop diffundiert durch eine permeable Wand schneller als das Molekül mit dem schweren Isotop. Nach dem von HERTZ[2] entwickelten und nach ihm von anderen verwandten Diffusionsverfahren können aber nur kleine Mengen von angereicherten Isotopen gewonnen werden. In den USA wurde die Diffusion von $UF_6$ durch poröse Wände zu einer großtechnischen Abtrennung des Uranisotops $^{235}U$ benutzt[3].

### c) Messung von Isotopenhäufigkeiten.

*α) Methodisches zur Anwendung von stabilen Isotopen als Indicatoren.*

Bei den Anwendungen von Isotopen als Indicatoren liegt immer die Aufgabe vor, den Weg eines markierten Ausgangspräparates experimentell zu erfassen. Dazu muß bestimmt werden, welcher Teil des markierten Ausgangspräparates in den beim Versuch anfallenden Proben vorhanden ist. Bei radioaktiven Indicatoren ist diese Aufgabe sehr einfach lösbar. Es braucht hierzu nur die Radioaktivität des Ausgangspräparates und diejenige der Probe bekannt zu sein. Das Verhältnis beider Radioaktivitäten liefert den gesuchten Bruchteil. Bei Indicatoruntersuchungen mit stabilen Isotopen liegen dagegen insofern weniger einfache Verhältnisse vor, als das angereicherte stabile Isotop auch im natürlichen Isotopengemisch vorkommt. Das soll an Hand eines Beispiels näher erläutert werden:

Das Ausgangspräparat eines Versuchs möge 11,1 Atom-% $^{13}C$ (= Häufigkeit der $^{13}C$-Atome, bezogen auf Gesamtzahl der C-Atome) enthalten haben. Da die $^{13}C$-Konzentration des in der Natur vorkommenden Isotopengemisches den Wert 1,1 Atom-% hat, sind also im Ausgangspräparat 10,0 Überschuß-Atom-% (Atom-% des angereicherten Isotops minus Atom-% des natürlichen Gemisches = Überschuß-Atom-%) enthalten. Eine nach dem Versuch untersuchte Kohlenstoffprobe möge 2,1 Atom-% $^{13}C$, also 2,1 Atom-% —1,1 Atom-% = 1,0 Überschuß-Atom-% enthalten haben. Man sieht unmittelbar ein (Ableitung s. Fußnote[2] S. 693), daß in diesem Falle eine Verdünnung des $^{13}C$-markierten Ausgangspräparates — bezogen auf die *Zahl* der C-Atome — um den Faktor 10 vorliegt, d. h. $^1/_{10}$ der Kohlenstoffatome der Versuchsprobe stammt vom angereicherten Ausgangspräparat. Dasselbe gilt, wenn man dieses Ergebnis nicht durch die Anzahl der C-Atome, sondern durch die Anzahl der Mole Kohlenstoff wiedergibt: Der 10. Teil der Anzahl der Mole Kohlenstoff in der Probe rührt also vom Ausgangspräparat her. Bei einem Versuch sind zunächst nur die Gewichte (Kohlenstoffanteil) von Ausgangspräparat und Probe bekannt. Die zugehörigen Mol-Zahlen müssen hieraus ausgerechnet werden. Dabei ist zu berücksichtigen, daß das Mol-Gewicht von der Isotopenzusammensetzung abhängt. Das Mol-Gewicht hat für das Ausgangspräparat und für die Probe verschiedene Werte. Diese können aber aus der entsprechenden Isotopenzusammensetzung berechnet werden.

Aus den Überlegungen folgt, daß bei Indicatoruntersuchungen mit stabilen Indicatoren die Isotopenzusammensetzung des angereicherten Ausgangspräparates und diejenige der beim Versuch anfallenden Proben gemessen werden müssen. Im folgenden soll auf die Methoden zur Messung der Isotopenzusammensetzung eines Elementes eingegangen werden.

---

[1] FLEISCHMANN, R., u. H. JENSEN: Ergebn. exakt. Naturwiss. **20**, 121 (1942). — Siehe auch DICKEL, G.: Fiat-Rev. (Physical Chem.) **30**, 7, 37 (1947).

[2] Beschreibung des Verfahrens und Literaturangaben s. WALCHER, W.: Ergebn. exakt. Naturwiss. **18**, 155 (1939).

[3] SMYTH, H. D.: Atomic Energy for Military Purposes. Princeton 1946.

Hierzu stehen verschiedene Verfahren zur Verfügung, von denen nur die wichtigsten genannt werden sollen: Eine sehr breite Verwendungsfähigkeit haben die Massenspektrometer. In speziellen Fällen führen Dichtebestimmungen von Flüssigkeiten und Gasen zum Ziel. Da die Wellenlänge der Atom- und Bandenspektren von der Isotopenmasse abhängt, kann aus der Intensität der entsprechenden Linien auf die Isotopenhäufigkeit geschlossen werden.

*β) Messung der Isotopenhäufigkeit mit dem Massenspektrometer.*

Abb. 1 enthält eine schematische Darstellung eines Massenspektrometers[1]. Das Gerät besteht im wesentlichen aus 3 Teilen: 1. der Ionenquelle, 2. dem Trennmagneten und 3. dem Ionenauffänger. Das Ganze befindet sich in einem vakuumdichten Gehäuse, welches mit einer leistungsfähigen Diffusionspumpe bis auf einen Druck von etwa $10^{-5}$ mm Hg evakuiert wird. Das auf seine Isotopenzusammensetzung zu untersuchende Gas strömt bei $G$ in die Ionenquelle ein. In der Ionenquelle wird das Gas durch Elektronenstoß ionisiert. Die entstehenden Ionen werden dann durch ein elektrisches Feld beschleunigt und treten als Ionenstrahl in das Trennrohr ein. Im Trennmagneten werden die Ionenstrahlen der einzelnen Isotope je nach ihrer Masse mehr oder weniger abgelenkt. Durch eine geeignete Formgebung der Beschleunigungsblenden und des Trennmagneten kann eine ionenoptische Abbildung des Austrittsspaltes der Ionenquelle ($S_1$) auf den Eintrittsspalt des Ionenauffängers ($S_2$) erzielt werden. Bei einer bestimmten Beschleunigungsspannung in der Ionenquelle und einem bestimmten Magnetfeld im Trennmagneten gelangen alle Ionen *eines* Isotops zum Auffänger. Die Ionenstrahlen der übrigen Isotope werden

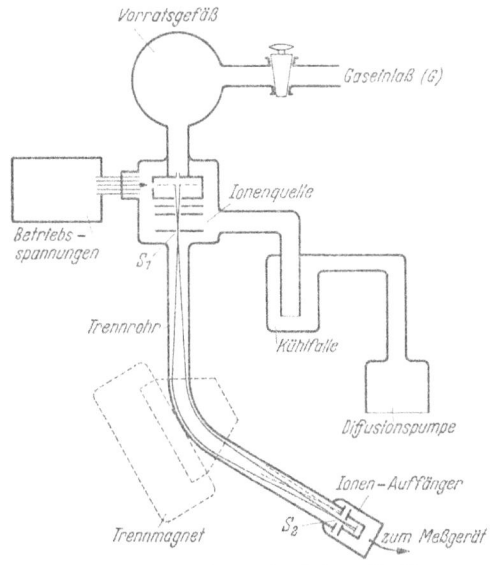

Abb. 1. Massenspektrometer (schematisch).

von Auffängerspalt ($S_2$) ausgeblendet (s. punktiertes Strahlenbündel). Die Größe des Auffängerstroms ist ein Maß für die atomare Häufigkeit des betreffenden Isotops. Durch eine Variation der Beschleunigungsspannung oder des Magnetfeldes können die Ionenstrahlen der einzelnen Isotope *nacheinander* auf den Auffängerspalt abgebildet und im Auffänger gemessen werden. Aus den Ionenströmen der einzelnen Isotope kann

---

[1] Die Zeichnung wurde freundlicherweise von Herrn Dr. JENKEL, Atlas-Werke Hamburg, zur Verfügung gestellt.

[2] Die atomare Häufigkeit des $^{13}$C im Ausgangspräparat betrage $(n+ü)$-Atom-% ($n$ = Atom-% des natürlichen Isotopengemischs von Kohlenstoff; $ü$ = Überschuß-Atom-% des angereicherten Präparats). Wenn das angereicherte Ausgangspräparat insgesamt $A$ Kohlenstoffatome enthält, ist die Zahl der in ihm enthaltenen $^{13}$C-Atome $= \dfrac{n+ü}{100} \cdot A$. Das angereicherte Präparat werde nun mit der $(V-1)$-fachen Menge von Kohlenstoffatomen natürlicher Isotopenzusammensetzung verdünnt. Das entspricht einer Verdünnung um den Faktor $V$.

Die Mischung enthält $V \cdot A$ Kohlenstoffatome. Die Anzahl der $^{13}$C-Atome in der Mischung beträgt

$$\frac{n}{100} \cdot A \cdot (V-1) + \frac{(n+ü)}{100} \cdot A = \frac{n}{100} \cdot V \cdot A + \frac{ü}{100} \cdot A.$$

Die atomare Häufigkeit im Gemisch beträgt dann

$$\frac{\left(\dfrac{n}{100} \cdot A \cdot V + \dfrac{ü}{100} \cdot A\right) \cdot 100}{V \cdot A} = n + \frac{ü}{V}.$$

Das um den Faktor $V$ verdünnte Ausgangspräparat enthält also $ü/V$-Überschuß-Atom-% $^{13}$C.

unmittelbar die atomare Häufigkeit der Isotope (Atom-%) berechnet werden. Als Beispiele zeigt Abb. 2 eine massenspektrometrische Häufigkeitsbestimmung für Quecksilber und Kohlenstoff. Die Genauigkeit bei der Messung der Ionenströme beträgt 1% bis 1⁰/₀₀. Das gleiche gilt für die abgeleiteten Werte der atomaren Häufigkeiten. Eine noch größere Genauigkeit läßt sich erreichen, wenn die Ionenströme zweier Isotope mit *zwei* Auffängern *gleichzeitig* gemessen werden. Diese Genauigkeit übertrifft diejenige von Zählrohrmessungen.

Für eine Messung der Isotopenhäufigkeit sind nur Mengen von etwa 0,5 cm³ Gas bzw. 1—10 mg Ausgangssubstanz notwendig. Wasserstoff kommt in Form von $H_2$ oder auch $H_2O$, Kohlenstoff als $CO_2$, Stickstoff als $N_2$ und Sauerstoff als $O_2$ zur Messung. Die Herstellung der zu messenden Proben erfordert große Sorgfalt, damit insbesondere Verschiebungen in der Isotopenzusammensetzung vermieden werden. Die Methoden zur Herstellung von Gasproben aus z. B. organischem Material sind vor allem von RITTENBERG und seinen Mitarbeitern[1] ausgearbeitet worden. Eine kritische Darstellung der Mikromethoden zur Darstellung von $H_2$-, $H_2O$- und $CO_2$-Proben aus organischer Ausgangssubstanz findet sich bei GLASCOCK[2]. Der große Massenunterschied von $^1H$ und $^2D$ bereitet bei der Verwendung von Wasserstoffgas erhebliche Schwierigkeiten. Nach BECKEY[3] kann aber auch bei massenspektroskopischen Bestimmungen eine Genauigkeit von etwa 5% bei 0,0167 Atom-% $^2D$ erreicht werden. Das entspricht einer Genauigkeit des Deuteriumgehaltes von rd. $8 \cdot 10^{-6}$.

Insgesamt ist der zur Messung von Isotopenhäufigkeiten mit einem Massenspektrometer notwendige Aufwand erheblich größer als bei der Messung radioaktiver Präparate. Wegen weiterer Einzelheiten sei auf die zusammenfassenden Darstellungen von EWALD und HINTENBERGER[4] sowie BARNARD[5] verwiesen.

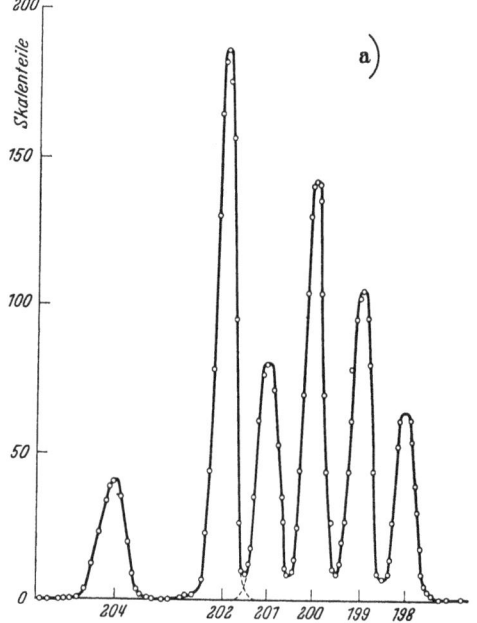
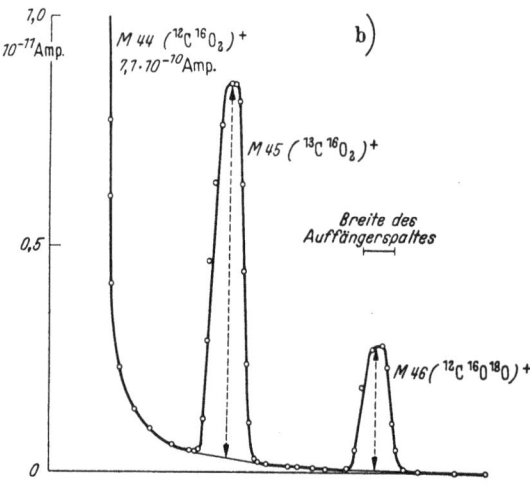

Abb. 2 a u. b. Massenspektrogramm von a Hg nd b $CO_2$ (nach BECKER, E. DÖRNENBURG u. WALCHER[6]).

*γ) Messung der Isotopenhäufigkeit durch Dichtebestimmungen.*

Bei Flüssigkeiten und Gasen können auch Dichtebestimmungen zur Messung der Isotopenhäufigkeit verwandt werden. Von Bedeutung sind diese Verfahren vor allem

---

[1] RITTENBERG, D.: The preparation of gas samples for mass-spectroscopy in isotope analysis. In: Preparation and Measurement of Isotopic Tracers. Ann Arbor 1946. — RITTENBERG, D., and D. B. SPRINSON: US nav. med. Bull. Suppl. March-April 1948.

[2] GLASCOCK, R. F.: Isotopic Gas Analysis for Biochemists. New York 1954.

[3] BECKEY, H. D.: Persönliche Mitteilung.

[4] EWALD, H., u. H. HINTENBERGER: Methoden und Anwendungen der Massenspektroskopie. Weinheim 1953.

[5] BARNARD, G. P.: Modern Mass Spectrometry. London 1953.

[6] BECKER, E. W., E. DÖRNENBERG u. W. WALCHER: Z. angew. Physik **2**, 261 (1950).

bei der Deuteriumanalyse. Wegen Einzelheiten dieser Verfahren s. S. 695 ff. Mit der Pyknometermethode (10—25 cm³ Wasser erforderlich) und der Schwimmermethode kann eine Genauigkeit von mehr als $10^{-2}$ Atom-% $D_2O$ und mit der Methode des fallenden Tropfens (100 mg Wasser erforderlich) eine etwas geringere Genauigkeit erreicht werden. Die massenspektrometrische Bestimmung des H/D-Verhältnisses hat gegenüber diesen Methoden den Vorteil, daß wesentlich kleinere Proben ausreichen. Außerdem spielen Verunreinigungen und der wechselnde $^{18}O$-Gehalt des Wassers keine Rolle. Dem stehen aber eine Reihe von Nachteilen gegenüber[1-3].

Die Gaswaage ist mit Erfolg zur Messung der Isotopenzusammensetzung von Stickstoff u. a. m. verwandt worden[4].

### δ) Maximal meßbare Verdünnungen.

Die maximal noch nachweisbaren Verdünnungen von angereicherten Isotopen hängen vor allem von der Häufigkeit ab, mit welcher das angereicherte Isotop im natürlichen Gemisch vorkommt. Je geringer seine natürliche Häufigkeit ist, um so größer sind die noch meßbaren Verdünnungen. Da mit einem Massenspektrometer die Häufigkeit eines Isotops mit einer Genauigkeit von 1% gemessen werden kann, würde man z. B. bei $^{13}C$ eine Abweichung der $^{13}C$-Häufigkeit vom normalen Wert ($^{13}C = 1,1$ Atom-%) um 0,011 Atom-% (= 0,011 Überschuß-Atom-%) gerade noch erfassen können. Ausgehend von 100% angereichertem $^{13}C$ wäre also eine Verdünnung von rund 10 000 noch nachweisbar. Bei $^{15}N$ und $^{18}O$ betragen die maximal nachweisbaren Verdünnungen 30 000 und 50 000. Oben wurde bereits gezeigt, daß durch Dichtebestimmungen $D_2O$-Verdünnungen bis zu $10^6$ noch meßbar sind. Diese maximal nachweisbaren Verdünnungen sind kleiner als bei Radioisotopen. Sie reichen aber zur Bearbeitung sehr vieler Fragestellungen aus

# Das Arbeiten mit stabilen Isotopen.
## Von
## L. Schachinger.
### Mit 25 Abbildungen.

Trotz all der Vorteile, die das Arbeiten mit radioaktiven Isotopen in der Biochemie für sich beanspruchen kann, besitzt in vielen Fällen auch die Markierung mit stabilen Isotopen ihre Bedeutung. Es handelt sich dabei im allgemeinen um Elemente, von welchen radioaktive Isotope entweder überhaupt nicht oder nur schwer erhältlich sind, oder um Versuche, bei denen man jede Beeinflussung des biologischen Ablaufs durch radioaktive Strahlung vermeiden will. Ferner wird z. B. durch Kohlenstoff nebeneinander die Doppelmarkierung von Verbindungen mit $^{13}C$ und $^{14}C$ ermöglicht. Die für biochemische und physiologische Versuche hauptsächlich in Frage kommenden stabilen Isotope sind: $^2H$, $^{13}C$, $^{15}N$ und $^{18}O$. Einzelheiten betreffend Herstellung, Bezugsmöglichkeiten und physikalisches Verhalten sind bereits behandelt worden (s. S. 689 ff.). Handhabung und analytische Bestimmung werden nachstehend beschrieben.

### 1. $^2_1H$ · Deuterium.
#### a) Deuterium und deuteriumhaltige Verbindungen.
##### α) Herstellung.

Deuterium wird durch Elektrolyse von Wasser hergestellt. Es kann in Form von etwa 99,8%igem schwerem Wasser von der „Norsk Hydro-Elektrisk Kvaelstofaktieskab, Sollit. 7, Oslo, Norwegen" bezogen werden. Zur Herstellung deuterierter Verbindungen

---

[1] EWALD, H., u. H. HINTENBERGER: Methoden und Anwendungen der Massenspektroskopie. Weinheim 1953.
[2] BARNARD, G. P.: Modern Mass Spectrometry. London 1953.
[3] GLASCOCK, R. F.: Isotopic Gas Analysis for Biochemists. New York 1954.
[4] FLEISCHMANN, R., u. H. JENSEN: Ergebn. exakt. Naturwiss. 20, 121 (1942).

stehen prinzipiell 4 Wege zur Verfügung. Sie sollen im folgenden kurz skizziert werden. Welcher von ihnen am besten zum Ziele führt, muß jeweils gesondert entschieden werden.

*1. Hydrierung von Doppelbindungen* durch $D_2$ in Gegenwart eines entsprechenden Katalysators. Hierzu muß zunächst gasförmiges $D_2$ hergestellt werden. Eine für Laboratoriumszwecke geeignete, von HALL und JONES[1] beschriebene Apparatur wird in Abb. 1 wiedergegeben. Das Wasser wird hierbei durch Versetzen mit Alkali leitend gemacht. Eine andere ähnliche Apparatur findet sich bei KIRSHENBAUM[2]. Man muß nach Möglichkeit von reinem $D_2O$ ausgehen, da bei der Elektrolyse von Gemischen von $H_2O$ und $D_2O$ in überwiegendem Maße $H_2$ gebildet wird. Als Hydrierungskatalysatoren werden meist Platin oder Nickel verwendet, man kann aber auch Na-amalgam in Verbindung mit $D_2O$ benützen. Auf dem ersten Wege wurde z. B. $CD_4$ aus CO und $D_2$ gewonnen, auf dem zweiten $CH_3D$ aus $CH_3J$ und $D_2O$. Ebenso kann man ungesättigte Fettsäuren, Aldehyde, Ketone usw. zu den entsprechenden gesättigten bzw. reduzierten deuterierten Verbindungen umwandeln. Kobaltkatalysatoren gestatten die Durchführung der FISCHER-TROPSCH-Synthese mit $D_2$ und CO, wo durch man zu einer ganzen Reihe deuterierter Kohlenwasserstoffe gelangen kann.

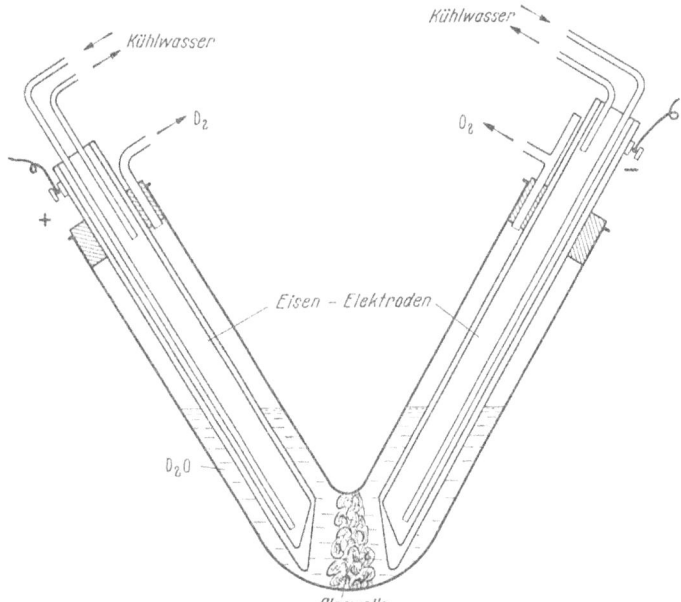

Abb. 1. Laboratoriumsapparatur zur Herstellung von $D_2$ durch Elektrolyse.

*2. Anlagerung von $D_2O$ an Doppelbindungen oder Dreifachbindungen und Hydrolyse mit $D_2O$.* Auf diesem Wege wurde z. B. Acetylen-$D_2$ (DC≡CD) aus Calciumcarbid und $D_2O$ erhalten; durch weitere Anlagerung vom $D_2O$ an $C_2D_2$ bei Gegenwart von Quecksilbersulfat gelangt man zu einem Acetaldehyd der Formel $CD_3CDO$. Hierher gehören auch die Synthesen, denen die Zersetzung einer GRIGNARD-Verbindung mit $D_2O$ zugrunde liegt.

*3. Austausch von H-Atomen gegen D-Atome* bei höherer Temperatur und Gegenwart von Katalysatoren oder Austausch mit $D_2SO_4$. Die unter *1.* und *2.* genannten Reaktionen haben den Vorteil, daß man das D-Atom an ein vorher bestimmtes C-Atom gebunden erhält. Sie sind jedoch in ihrer Anwendungsmöglichkeit beschränkt. Will man D-Atome in komplizierter gebaute Moleküle einführen, so kann man von der verschiedenen Bindungsfestigkeit der H-Atome Gebrauch machen. Dabei soll hier nicht auf die Austauschreaktionen zwischen H und D eingegangen werden, die bereits bei Zimmertemperatur ablaufen und bei biologischen Arbeiten meist unerwünscht sind (s. S. 698ff.). Bei Gegenwart von Katalysatoren oder mit $D_2SO_4$ bei höherer Temperatur können relativ stabil gebundene H-Atome gegen D ausgetauscht werden. Benzol-$D_6(C_6D_6)$ wurde erhalten: aus $C_6H_6 + DCl$ in Gegenwart von $AlCl_3$; aus $C_6H_6 + D_2SO_4$ (mit 52 Mol-% D); aus $C_6H_6 + D_2O$ in Gegenwart eines Nickelkatalysators.

---

[1] HALL, N. F., and T. O. JONES: Am. Soc. 58, 1915 (1936).
[2] KIRSHENBAUM, I., H. C. UREY and G. M. MURPHY: Physical Properties and Analysis of Heavy Water. New York, Toronto, London 1951.

Dieser Austausch läßt sich mit der Substitution der H-Atome von aromatischen Verbindungen durch Nitrogruppen, Sulfogruppen, Halogene usw. vergleichen[1]. Wie dort wird die Substitutionsfähigkeit durch bereits vorhandene Substituenten beeinflußt. So wird z. B. Benzolsulfosäure unter Bedingungen, unter denen Benzol selbst leicht deuteriert wird, durch Schwefelsäure-$D_2$ nicht deuteriert. Besonderes Interesse hat in diesem Zusammenhang die Markierung von Cholesterin mit Deuterium nach BLOCH und RITTENBERG[2]. Sie wurde mit $D_2O$, Eisessig und Platin als Katalysator bei 130° durchgeführt. Durch Abbaureaktionen konnte nachgewiesen werden[3], daß dabei 52% des aufgenommenen D in der Seitenkette an den C-Atomen 24, 25, 26 oder 27 fixiert sind, 40% am C-Atom 6 und ein geringer Prozentsatz am C-Atom 3. Dieselbe Methode kann auch auf andere Sterine übertragen werden[4]. Manchmal genügt auch längerdauerndes Erhitzen allein, um D-Atome in eine Verbindung einzuführen. So kann γ-Pyron[5] durch 18stündiges Erhitzen bei $p_H$ 7 in α,α′-Stellung deuteriert werden. In die β-Stellung tritt kein Deuterium ein, was auf eine Lockerung der α-H-Atome durch die Carbonylgruppe schließen läßt, auch wenn diese bei Zimmertemperatur nicht in Erscheinung tritt.

Eine besonders elegante Synthese besteht im Austausch labiler H-Atome und anschließender Fixierung der D-Atome durch Decarboxylierung der Verbindung, z. B.:

Darstellung von DCOOD aus wasserfreier $(COOD)_2$ bei 180° im Vakuum oder Darstellung von $CD_3COOD$ aus $CD_2(COOD)_2$ bei 150° C [6].

Es lassen sich aber auch labile H-Atome nicht in einer einzigen Operation zu 100% durch D ersetzen; vielmehr hängt der Prozentsatz an ausgetauschtem D von den Konzentrationsverhältnissen und den Massenwirkungskonstanten $K$ zwischen $D_2O$ und der zu deuterisierenden Verbindung ab. $K$ kann alle Werte zwischen 1 und $\infty$ annehmen. In dem Maße, in dem der Wert von $K$ zunimmt, gehen bevorzugt die H-Atome in das Lösungsmittel und die $D$-Atome in die organische Verbindung über, und um so weniger oft muß der Austausch wiederholt werden, um zu einer reinen Deuteriumverbindung zu gelangen. Um bei ungünstig gelegenem $K$-Wert den Trennfaktor zu erhöhen, koppeln CLUSIUS und KNOPF[7] den Austauschprozeß mit einer Rektifikation des $H_2O$—$D_2O$-Gemisches. Während auf dem ersten Wege zur Erzielung eines Moles etwa 99%iger Deuterio-Malonsäure 5malige Wiederholung des Austausches und 300 g $D_2O$ erforderlich waren, konnte sie auf dem zweiten Wege mit nur 150 g $D_2O$ in einem Zuge dargestellt werden. Zur näheren Information über die Konstruktion der Füllkörperkolonnen und theoretischen Berechnungen muß auf die Originalarbeit verwiesen werden.

*4. Biosynthese markierter organischer Verbindungen.* Prinzipiell kann jede Biosynthese zur Herstellung deuterierter Verbindungen verwendet werden. In den meisten Fällen sind aber die Substanzmengen wie der erzielbare Deuteriumgehalt so gering, daß diese Verbindungen nur als Beweis für den Syntheseweg dienen können. Bei der Vergärung von Zucker in $D_2O$ wird D-markierter Alkohol der Formel $CH_2D$—$CD_2OD$ erhalten[8], beim Verfüttern von D-haltigem Acetat[9] sowie von $D_2O$[10] an Ratten wird D-haltiges Cholesterin nachgewiesen. Die letztere Methode wird von RICE und Mitarbeitern[11] zur

---

[1] INGOLD, C. K., u. C. L. WILSON: Z. Elektrochem. **44**, 62 (1938).
[2] BLOCH, K., and D. RITTENBERG: J. biol. Ch. **149**, 505 (1943).
[3] FUKUSHIMA, D. K., and T. F. GALLAGHER: J. biol. Ch. **198**, 861 (1952).
[4] BELL, J., and S. J. THOMSON: Soc. **1952**, 576.
[5] LORD, R. C., and W. D. PHILLIPS: Am. Soc. **74**, 2429 (1952).
[6] LANGSETH, M. A.: Rapports et discussions sur les isotopes. 7e Conseil de Chimie, Institut International des Chimie Solvay 1947. Brüssel 1948.
[7] CLUSIUS, K., u. H. KNOPF: Z. Naturforsch. **2b**, 169 (1947).
[8] REITZ, O.: Z. physik. Chem. (A) **175**, 257 (1936).
[9] PONTICORVO, L., D. RITTENBERG and K. BLOCH: J. biol. Ch. **179**, 839 (1949). — POPJÁK, G., and M. L. BEECKMANS: Biochem. J. **47**, 233 (1950).
[10] ALFIN-SLATER, R. B., M. C. SCHOTZ, F. SHIMODA and H. J. DEUEL jr.: J. biol. Ch. **195**, 311 (1952).
[11] RICE, L. I., R. B. ALFIN-SLATER and H. J. DEUEL jr.: Proc. Soc. exp. Biol. Med. **80**, 562 (1952).

präparativen Herstellung von markiertem Cholesterin verwendet. Man verfüttert täglich an Hennen eine isotonische Na-acetatlösung aus markiertem Na-acetat (9,0 Atom-% D) in 2,5%igem $D_2O$. Nach 7 Tagen erhalten die Tiere nur noch 2,5%iges $D_2O$ für weitere 19 Tage. Das zur Gerinnung gebrachte Eigelb wird mit Alkohol-Äther 3:2 extrahiert und liefert je Ei 200—250 mg Cholesterin, dessen D-Gehalt zwischen dem 12. und 32. Fütterungstag 0,6 Atom-% betrug. Die D-Atome verteilen sich über das ganze Molekül.

Diese Beispiele geben nur einen kleinen Ausschnitt aus den Synthesemöglichkeiten. Zusammenstellungen bisher synthetisierter D-haltiger Verbindungen finden sich bei ERLENMEYER[1], KAMEN[2], LANGSETH[3] sowie vollständig in der Bibliographie von KIMBALL[4] und den jährlich zusammenfassenden Berichten, die vom Bureau of Standards, Washington, D.C. in Ergänzung dazu herausgegeben werden[5].

### β) Austauschreaktionen deuterierter Verbindungen.

**D-Ionen.** Wenn man D-markierte Verbindungen zur Klärung von Stoffwechselfragen heranziehen will, muß man sicher sein, daß das Deuteriumatom stabil gebunden ist und unter den Versuchsbedingungen, meist 37° und $p_H$-Werten zwischen 5 und 8, nicht gegen H-Atome aus dem Wasser ausgetauscht wird; stellt dagegen $D_2O$ die markierte Verbindung dar, so kann durch chemischen Austausch biologischer Einbau von D vorgetäuscht werden.

Augenblicklicher und vollständiger Austausch findet zwischen Wasserstoff*ionen* und Deuterium*ionen* statt, also z. B. zwischen dem kationischen H- bzw. D-Atom aller anorganischen und organischen Säuren und $H_2O$ bzw. $D_2O$ sowie zwischen Ammoniak oder Ammoniumsalzen und Wasser. Ebenso tauschen gebundenes Krystallwasser und Lösungswasser aus.

**D in organischen Verbindungen.** Bei organischen Verbindungen werden die allgemein als labil bezeichneten H-Atome ausgetauscht; dazu gehören H-Atome, die an N, O oder S gebunden sind, ferner an C gebundene H-Atome, deren Bindung durch eine Doppelbindung in Nachbarstellung gelockert ist. In besonderem Maße ist dies bei enolisierbaren H-Atomen der Fall. Aber auch die D-Atome von Aldehydgruppen tauschen langsam aus[6]. In Tabelle 1 ist die Gleichgewichtskonstante $K = \frac{(DX)(HOH)}{(HX)(DOH)}$, für $X = NR_2$, OR, SR und $CR_3$, berechnet aus spektroskopischen Daten, einigen experimentell gemessenen Werten gegenübergestellt. Falls nur 1 H bzw. 1 D ausgetauscht wird (was bei geringen D-Konzentrationen der Fall ist), entspricht $K$ dem Verhältnis:

$$\frac{\text{Konzentration } D_{\text{Verbindung}}}{\text{Konzentration } D_{\text{Wasser}}}, \text{ dem sog. Verteilungskoeffizienten.}$$

---

[1] ERLENMEYER, H.: Z. Elektrochem. 44, 8 (1938).

[2] KAMEN, M. D.: Radioactive Tracers in Biology. 2. Aufl. New York 1951.

[3] LANGSETH, M. A.: Rapports et discussions sur les isotopes. Septième Conseil de Chimie, Institut International de Chimie Solvay 1947. Brüssel 1948.

[4] KIMBALL, A. H., H. C. UREY and I. KIRSHENBAUM: Bibliography of Research on Heavy Hydrogen Compounds. New York, Toronto, London 1949.

[5] BROWN, L. M., and C. W. BECKETT: A Review of the Properties of Deuterium Compounds. Annual Bibliography 1946. NBS* 1527. May 1, 1952. Annual Bibliography 1947. NBS* 1631. June 1, 1952. Annual Bibliography 1948. NBS* 1685. July 21, 1952. Annual Bibliography 1949. NBS* 1721. Aug. 1, 1952. — BROWN, M. L., J. M. GOLDSTEIN, J. J. PARK and C. W. BECKETT: A Review of the Properties of Deuterium Compounds. Annual Bibliography 1950. NBS* 1777. Sept. 1, 1952. — BROWN, L. M., and A. S. FRIEDMAN: A Review of the Properties of Deuterium Compounds. Annual Bibliography 1951. NBS* 2529. Aug. 1, 1953. — Annual Bibliography 1952. NBS* 3144. March 15, 1954. — A Review of the Properties of Deuterium Compounds. Bibliography of Unclassified Government Reports 1947—1952. NBS* 2492.

[6] ARNSTEIN, H. R. V., and R. BENTLEY: Nucleonics 6, 11 (1950).

* NBS = National Bureau of Standards. Diese können als Mikrofilme oder als Photokopien von der New York Public Library, Fifth Ave. and 42nd Str., New York 18, N. Y. bezogen werden. Mit Ausnahme von NBS-1527 ist zur Auslieferung die vorherige Einholung der Genehmigung des „Office of the Director", National Bureau of Standards, Washington 25, D. C., nötig.

Bei gleichzeitigem Austausch mehrerer D-Atome müssen in die Gleichung für $K$ die der Reaktionsgleichung entsprechenden Exponenten eingesetzt werden; das Verteilungsverhältnis kann dann daraus berechnet werden[1]. Bei biochemischen Versuchen wird man jedoch den D-Austausch praktisch durch Blindversuche ohne oder mit inaktiviertem Ferment parallel bestimmen.

In manchen Fällen ist der Austausch durch den $p_H$-Wert beeinflußbar. So findet z. B. bei stark ungesättigten Verbindungen wie Acetylen Austausch in alkalischem Milieu statt, nicht aber in Wasser allein oder in schwachen Säuren. Der Austausch ist sowohl von der OH-Konzentration als auch von der Acetylenkonzentration abhängig[2]. Ebenso tauscht Deuterochloroform im alkalischen Bereich das D-Atom aus; durch 0,1 n Säuren kann dieser Austausch gestoppt werden. Dabei wurde keine direkte Abhängigkeit von der OH-Konzentration gefunden[3].

Für den Austausch von aromatisch gebundenem Deuterium gilt das bereits für Benzol Gesagte (s. S. 696). Bedingungen dieser Art (konz. Säuren, hohe Temperaturen) dürften jedoch bei biologischen Versuchen niemals vorliegen. Zu den stabilen D-Atomen, die während eines biologischen Versuches nicht austauschen, sind demnach nur an C gebundene D-Atome in gesättigten Kohlenwasserstoffen und in den meisten Fällen direkt an den Kern gebundene D-Atome in aromatischen Kohlenwasserstoffen zu rechnen. Dazu gehören ferner die D-Atome in Methylgruppen, Äthylgruppen usw.

Tabelle 1[5].
*Austauschgleichgewichte deuterierter Verbindungen.*

| Gruppierung | $K$ (18°C) theoretisch (Mittelwert) | Verteilungskoeffizient gefunden | Verbindung |
|---|---|---|---|
| $D-N-R^2$ .... | 0,97 | 1,11 | Anilin |
|  |  | 0,88 | Pyrrol |
| $D-O-R$ .... | 1,04 | 1,09 | n-Amylalkohol |
|  |  | 1,10 | Benzylalkohol |
|  |  | 1,04 | Benzoesäure |
|  |  | 1,08 | Phenol |
| $D-S-R-$ ... | 0,63 | 0,43 | Äthylmercaptan |
| $D-C-R_3$ *(labil)* . | 0,73 | 0,70—0,87 | Aceton |
|  |  | 0,78 | Nitromethan |
|  | 0,61 | 0,60 | Acetylen[2] |

**D-Austausch zwischen Gasen und Flüssigkeiten.** Neben dem Austausch von ionogenem D und dem von labilen, organisch gebundenen D-Atomen ist als 3. Gruppe der Austausch von D gegen H zwischen 2 Phasen, flüssig und gasförmig, zu nennen:

Reaktionen[1, 4]      Gleichgewichtskonstante

$HDO_{fl} + H_2 \rightleftharpoons H_2O_{fl} + HD$    $K = (HDO)(H_2)/(H_2O)(HD) = 3,87$

$D_2O_{fl} + HD \rightleftharpoons HDO_{fl} + D_2$    $K = (D_2O)(HD)/(HDO)(D_2) = 3,33$.

Diese Reaktionen können zu Verschlechterungen der Ausbeute bei katalytischen Deuterierungen führen (s. S. 696).

Weiterhin findet auch Austausch zwischen $H_2O_{flüssig}$ und $D_2O_{Dampf}$ bzw. $D_2O_{flüssig}$ — $H_2O_{Dampf}$ statt.

Die erstgenannte Austauschreaktion macht sich bei der Verbrennung deuterierter Verbindungen (s. S. 722ff.) unangenehm bemerkbar, da an der Wand des Verbrennungsrohres oft ein auch durch Temperaturen von 600° nicht zu vertreibender $H_2O$-Film haftet, der mit den Verbrennungsgasen in Austausch tritt. Wenn genügend Substanz

---

[1] KIRSHENBAUM, I., H. C. UREY and G. M. MURPHY: Physical Properties and Analysis of Heavy Water. New York, London Toronto 1951.
[2] STACY, I. F., and T. I. TAYLOR: Sect. 4 of Separation of Isotopes. Annual Progress Report July 1, 1953 [Nucl. Sci. Abstr. 8, 3789 (1954)].
[3] HINE, J., R. C. PEEK jr. and B. D. OAKES: Am. Soc. 76, 827 (1954).
[4] FARKAS, A., and L. FARKAS: Trans. Faraday Soc. 30, 1071 (1934).
[5] Entnommen aus: INGOLD, C. K., u. C. W. WILSON: Z. Elektrochem. 44, 62 (1938).

zur Verfügung steht, empfiehlt es sich, diesen kleinen Fehler dadurch zu vermeiden, daß man 2 Verbrennungen durchführt und erst das Verbrennungswasser der zweiten Analyse zur D-Bestimmung verwendet. Über die zweite Austauschreaktion als Fehlerquelle s. S. 722.

**D-Austausch zwischen Gasen.** Die Austauschreaktionen in der Gasphase zwischen $H_2$, HD, $D_2$, $NH_3$ und $H_2O_{gasf.}$ sind vom chemischen und physikalischen Gesichtspunkt aus nicht weniger interessant, spielen aber im Rahmen des hier aufgezeigten Aufgabenbereichs keine wesentliche Rolle. Entsprechende Literatur s. bei [1].

*γ) Unterschiede im chemischen und biochemischen Verhalten von deuterierten und normalen Verbindungen.*

**Dissoziation.** Schweres Wasser ist weniger dissoziiert als normales Wasser; das Ionenprodukt von $D_2O$ beträgt $1,9 \times 10^{-15}$ gegenüber $1 \times 10^{-14}$ bei $H_2O$[1]. Dadurch sind die Dissoziationskonstanten von Säuren in $D_2O$ kleiner als in $H_2O$. Tabelle 2 bringt darüber eine Zusammenstellung.

Tabelle 2[2]. *Dissoziationskonstante der wichtigsten Säuren in $D_2O$.*

| Säure | $pK_{H_2O}$ | $K_{H_2O}/K$ | (°C) |
|---|---|---|---|
| Oxalsäure . . . . | 1,62 | 1,04 | 15 |
| $HSO_4^-$ . . . . . . | 1,90 | 2 | 20 |
| $NH_2CH_2$—COOH . | 2,35 | 2,54 | 20 |
| $H_3PO_4$ . . . . . | 2,37 | 1,61 | 20 |
| $ClCH_2$—COOH . . | 2,85 | 2,7 | |
| Salicylsäure . . . | 2,97 | 4,05 | 25 |
| HCOOH . . . . . | 3,75 | 2,50 | 20 |
| $CH_3$—COOH . . . | 4,75 | 2,87 | 20 |
| $H_2PO_4^-$ . . . . . | 7,22 | 2,89 | 20 |
| $^-OOC$—$CH_2$—$NH_3^+$ | 9,90 | 3,41 | 20 |

Diese Änderung der Dissoziationskonstanten hat eine Änderung der $p_H$-Werte zur Folge. Nach CAGIANUT[3] ermittelt man die Dissoziationskonstanten von Säuren und Salzen in $D_2O$-haltigem Wasser (D-Konzentrationen zwischen 25% und 100%) angenähert durch lineare Interpolation zwischen $K_H$ und $K_D$ und berechnet daraus den $p_H$-Wert der Tyrodelösungen. Als maximale Abweichung erhält man 0,5 $p_H$-Einheiten bei 100% D. Ausführlicher befaßt sich HART[4] mit der $p_H$-Änderung in $D_2O$-haltigen Puffergemischen.

**Lösungsvermögen und Löslichkeit.** Die meisten Salze zeigen in $D_2O$ eine geringere Löslichkeit als in $H_2O$. Eine Ausnahme davon machen Lithiumsalze und Chinon. Andererseits zeigt $D_2O$ selbst in vielen organischen Lösungsmitteln eine geringere Sättigungskonzentration als $H_2O$. Diese beiden Eigenschaften sind für eine Reihe von Substanzen in den Tabellen 3 und 4 zusammengestellt.

In Lösungen geringerer $D_2O$-Konzentration läßt sich die Löslichkeit von $K_2Cr_2O_7$ als lineare Funktion des D-Gehaltes des Lösungsmittels darstellen[5].

**Reaktionsgeschwindigkeit deuterierter Verbindungen.** Deuterierte Verbindungen zeigen durchwegs eine geringere Umsatzgeschwindigkeit als die entsprechenden normalen Verbindungen. Während Aluminiumcarbid bei Zimmertemperatur mit $H_2O$ reagiert, sind zur Reaktion mit $D_2O$ höhere Temperaturen nötig. Bei 80° ist die Geschwindigkeit der Bildung von $C_2D_2$ rund 23mal kleiner als diejenige von $C_2H_2$[6]. In anderen Fällen, z. B. bei der Bromierung von Nitromethan und Deuteronitromethan, sind die Unterschiede geringer, liegen aber doch in der Größenordnung einer Verlangsamung auf $1/5$—$1/10$[7].

Dasselbe konnte bei enzymatischen Vorgängen beobachtet werden. Tetradeuterobernsteinsäure und α,α'-Dideuterobernsteinsäure werden durch Bernsteinsäuredehydrogenase nur mit 40—70% der Geschwindigkeit oxydiert, mit welcher normale Bernstein-

---

[1] KIRSHENBAUM, I., H. C. UREY and G. M. MURPHY: Physical Properties and Analysis of Heavy Water. New York, London, Toronto 1951.
[2] SCHWARZENBACH, G.: Z. Elektrochem. **44**, 46 (1938).
[3] CAGIANUT, B.: Exper. **5**, 48 (1949).
[4] HART, R. G.: Nat. Res. Conc. Canada, Ottawa Report N. R. C. 2385 (CRE 423), June 1949 [Nucl. Sci. Abstr. **3**, 2148 (1949)]. Bezugspreis 15 cts.
[5] NOONAN, E. C.: Am. Soc. **70**, 2915 (1948).
[6] ERLENMEYER, H.: Z. Elektrochem. **44**, 8 (1938).
[7] INGOLD, C. K., u. C. W. WILSON: Z. Elektrochem. **44**, 62 (1938).

säure dehydriert wird[1]. Ähnliche Beobachtungen machten SONDERHOFF und THOMAS[2] bei Trideuteroessigsäure und Tetradeuterobernsteinsäure. Der Umsatz war um $^1/_5$ geringer.

Welche Schwierigkeiten für die Deutung biologischer Versuche daraus entstehen können, zeigen Arbeiten, bei welchen Deuterium und Tritium ($^3_1$H, Wasserstoffisotop mit der Masse 3, radioaktiv) gleichzeitig zur Markierung verwendet wurden[3-6].

Während THOMPSON und BALLOU[5] bei gleichzeitiger Injektion von $D_2O$ (5% im Körperwasser) und $T_2O$ (1 mC/cm³) in Form 0,9%iger NaCl-Lösung bei Ratten keine Bevorzugung des Einbaus einer der beiden Komponenten in die einzelnen Organe nachweisen konnten, fanden andere Autoren beträchtliche Unterschiede. Bei Versuchen von

Tabelle 3. *Löslichkeit verschiedener Salze in $D_2O$.*

| Substanz | Temperatur °C | Löslichkeits-verringerung gegenüber $H_2O$ | Zitat |
|---|---|---|---|
| KCl | 20 | 9,8% | 7 |
| KCl | 25 | 8,7% | 7 |
| NaCl | 25 | 7,2% | 8 |
| KClO | 5 | 17,4% | 9 |
| Na-oxalat | 5 | 13,0% | 9 |
| $PbCl_2$ | 25 | 36,3% | 9 |
| $LiCl \cdot 1 H_2O$ | 25 | 15% Erhöhung | 8 |
| Chinon | 25 | 11% Erhöhung | 10 |

Tabelle 4. *Löslichkeit von $D_2O$ in organischen Flüssigkeiten (t = 25° C)*[11].

| Organische Flüssigkeit | $\frac{\text{Molenbruch (H}_2\text{O)}}{\text{Molenbruch (D}_2\text{O)}}$ bei Sättigung[12] |
|---|---|
| Schwefelkohlenstoff | 1,26 |
| Toluol | 1,19 |
| Benzol | 1,21 |
| Trichloräthylen | 1,16 |
| Tetrachloräthan | 1,15 |
| Tetrachlorkohlenstoff | 1,14 |
| Cyclohexan | 1,10 |
| Äther | 1,08 |

GLASCOCK[3] betrug unter ähnlichen Versuchsbedingungen das in die Fettsäuren der Leber aufgenommene Deuterium (in Prozenten der gegebenen Dosis) zum aufgenommenen Tritium (in Prozenten der gegebenen Dosis) 1,3; für die Fettsäuren der Brustdrüse war der entsprechende Wert 1,4. Bei Wiederholung des Versuches an trächtigen Ratten fand derselbe Verfasser[6] in den Gesamtfettsäuren der Jungtiere ein Isotopenverhältnis D/T (in Prozenten der aufgenommenen Dosis) von 1,26. Diese Unterschiede können erklärt werden, wenn man für die Synthese und den Abbau der Deuterium bzw. Tritium enthaltenden Verbindungen verschiedene Geschwindigkeitskonstanten annimmt. Man kann die Unterschiede jedoch nicht unter den Bedingungen des Stoffwechselgleichgewichtes finden, da das Verhältnis der Bildungs- zur Zerfallsgeschwindigkeit für die D- und T-Verbindung gleich oder sehr ähnlich sein dürfte. Wird dagegen vom Organismus positive Synthese, z.B. von Fettsäuren, geleistet, so tritt die geringere Bildungsgeschwindigkeit der Verbindung mit dem schwereren Isotop (D gegen H bzw. T gegen D) in Erscheinung. Mit fortschreitender Synthese wird sich das Verhältnis D/T der gebildeten Substanz dem Verhältnis der Bildungsgeschwindigkeiten nähern (mathematische Ableitung s. GLASCOCK und DUNCOMBE[6]). Noch keine Erklärung in dieser Richtung fanden die Versuche von VERLY und Mitarbeitern[4],

---

[1] THORN, M. B.: Biochem. J. 49, 602 (1951).
[2] SONDERHOFF, R., u. H. THOMAS: A. 530, 195 (1937).
[3] GLASCOCK, R. F.: Nucleonics 9, No. 5 28 (1951).
[4] VERLY, W. G., J. R. RACHELE, V. DU VIGNEAUD, M. L. EIDINOFF and J. E. KNOLL: Am. Soc. 74, 5941 (1952).
[5] THOMPSON, R. C., and J. E. BALLOU: Arch. Biochem. 42, 219 (1953).
[6] GLASCOCK, R. F., and W. G. DUNCOMBE: Biochem. J. 58, 440 (1954).
[7] SHEARMAN, R. W., and A. W. C. MENZIES: Am. Soc. 59, 185 (1937).
[8] LANGE, E.: Z. Elektrochem. 44, 31 (1938).
[9] NOONAN, E. C.: Am. Soc. 70, 2915 (1948).
[10] KORMAN, S., and V. K. LA MER: Am. Soc. 58, 1398 (1936).
[11] Entnommen aus KIRSHENBAUM, I., H. C. UREY and G. M. MURPHY: Physical Properties and Analysis of Heavy Water. New York, London, Toronto 1951.
[12] Als Molenbruch wird das Verhältnis $\frac{n_{H_2O}}{n_{H_2O} + n_L}$ bzw. $\frac{n_{D_2O}}{n_{D_2O} + n_L}$ definiert, wobei $n_{H_2O}$ = Molzahl des Wassers, $n_L$ = Molzahl des organischen Lösungsmittels, $n_{D_2O}$ = Molzahl des „schweren" Wassers.

welche Ratten subcutan Methanol, das mit Tritium, Deuterium und $^{14}$C markiert war, injizierten. Die daraus durch Umbau entstandenen Methylgruppen zeigten nur noch 22% des ursprünglichen Deuterium/$^{14}$C-Verhältnisses, jedoch 69% des Tritium/$^{14}$C-Verhältnisses.

**Reaktionsgeschwindigkeiten in D$_2$O.** Anders liegen die Verhältnisse, wenn es sich nicht um Reaktionen „schwerer" Verbindungen handelt, sondern normaler Verbindungen in schwerem Wasser. Der Wert $k_{D_2O}/k_{H_2O}$ ($k$ = Reaktionsgeschwindigkeitskonstanten in schwerem bzw. leichtem Wasser) kann alle Werte zwischen 0,1 und 3 annehmen. Hydrolyse von Estern und Acetalen durch Säurekatalyse verläuft in D$_2$O 1,7—2,7 mal schneller, die alkalische Esterspaltung 1,2—1,3 mal[1].

Die meisten Reaktionen verlaufen aber langsamer:

Mutarotation von D-Glucose . . . . . . . . . . . . . ($k_{D_2O}/k_{H_2O} = 0,4$)
Bromierung von Nitromethan . . . . . . . . . . . . ($k_{D_2O}/k_{H_2O} = 0,12$)
Keton-Enolisierung . . . . . . . . . . . . . . . . ($k_{D_2O}/k_{H_2O} = 0,2$—$0,3$).

Biochemische Reaktionen verlaufen ebenfalls meistens langsamer, doch treten Unterschiede erst bei höheren D-Konzentrationen auf[2]. In einzelnen Fällen wurde auch das Gegenteil beobachtet; so wird z. B. Methylglucosid in D$_2$O durch Emulsin 1,27mal schneller gespalten als in H$_2$O.

Eine sehr vollständige Diskussion der Reaktionsgeschwindigkeiten verschiedener chemischer und enzymatischer Reaktionen in D$_2$O findet sich bei BONHOEFFER[3].

Auf den Gesamtorganismus wirkt D$_2$O jedoch immer im Sinne einer Verlangsamung der Lebensfunktion. Die Grenze, bei welcher es toxisch zu werden beginnt, ist bei den verschiedenen Arten von Lebewesen verschieden (s. S. 727).

## b) Bestimmungsmethoden.
### α) Übersicht.

Deuterium mit der Masse 2 hat gegenüber Wasserstoff mit der Masse 1 den größten relativen Massenunterschied, der zwischen Isotopen existiert. Trotzdem bietet die *massenspektrographische Bestimmung* von D, die in den Vereinigten Staaten weitgehend angewandt wird, gewisse Schwierigkeiten, die darauf beruhen, daß die Masse 2 eben $^2_1$H$^+$ auch durch $^1_1$H$^+_2$ besetzt ist. Eine nähere Beschreibung der Massenspektroskopie s. S. 693; hier soll nur noch auf 2 Bücher verwiesen werden, die in ausgezeichneter, zusammenfassender Form auf alle Einzelheiten eingehen[4, 5].

Tabelle 5. *Eigenschaften von D$_2$O.*

|  | D$_2$O | H$_2$O |
|---|---|---|
| Schmelzpunkt . . . . | 3,82° C | 0° C |
| Siedepunkt . . . . . | 101,42° C | 100,0° C |
| Dampfdruck bei 20° . | 15,2 mm Hg | 17,535 mm Hg |
| Dampfdruck bei —21° | 0,57 mm Hg (fest) | 0,70 mm Hg (fest) |
| Dichte bei 20° . . . . | 1,1056 g/ml | 0,9982 g/ml |
| Brechungsindex bei 20°: |  |  |
| 6438 Å . . . . . . | 1,32696 | 1,33149 |
| 5461 Å . . . . . . | 1,32964 | 1,33447 |
| 4047 Å . . . . . . | 1,33741 | 1,34284 |

Der Unterschied der Masse von Wasserstoff und Deuterium bewirkt eine Verschiebung des *UV-Emissionsspektrums*, dessen H$_\beta$- bzw. D$_\beta$-Linien ebenfalls zur Konzentrationsbestimmung von Deuterium herangezogen werden können. Das *Infrarotabsorptionsspektrum* von Deuteriumoxyd und anderen, auch organischen, deuterierten Verbindungen ist gegenüber der „leichten" Verbindung in charakteristischer Weise verändert. Darauf beruht eine weitere Nachweismethode des Deuteriumgehaltes.

---

[1] REITZ, O.: Z. Elektrochem. **44**, 72 (1938).
[2] BONHOEFFER. K. F.: Z. Elektochem. **44**, 87 (1938).
[3] BONHOEFFER, K. F.: Ergebn. Enzymforsch. **6**, 47 (1937).
[4] EWALD, H., u. H. HINTENBERGER: Methoden und Anwendungen der Massenspektroskopie. Weinheim a. d. Bergstraße 1953.
[5] KIRSHENBAUM, I., H. C. UREY and G. M. MURPHY: Physical Properties and Analysis of Heavy Water. New York, London, Toronto 1951.

Bei biologischen Arbeiten ist meistens der Deuteriumgehalt einer Wasserprobe bzw. von Verbrennungswasser zu bestimmen. $D_2O$ unterscheidet sich von $H_2O$ durch eine Reihe physikalischer Eigenschaften; einige von diesen sind in Tabelle 5 zusammengestellt.

Von diesen Eigenschaften sind Dampfdruck, Brechungsindex und Dichte zur Bestimmung der Deuteriumkonzentration in Wasser herangezogen worden.

Die *interferometrische* Messung des Brechungsindex stellt eine der ältesten und genauesten Methoden zur Konzentrationsbestimmung von D in einem $H_2O$—$D_2O$-Gemisch dar. Sie ist sehr empfindlich gegen Verunreinigungen und heute weitgehend durch andere Methoden verdrängt.

Die Wärmeleitfähigkeit kann mit Hilfe eines Widerstandsdrahtes bestimmt werden. Dabei ergibt sich innerhalb eines bestimmten Bereiches eine lineare Abhängigkeit des Widerstandes des Drahtes vom D-Gehalt der Wasserproben. Die Wärmeleitfähigkeit von $D_2O$ ist geringer als diejenige von $H_2O$. Bei der Messung der Wärmeleitfähigkeit eines mit seiner flüssigen Phase im Gleichgewicht stehenden $H_2O$- bzw. $D_2O$-Dampfes wird dieser Effekt durch den ebenfalls verringerten Dampfdruck von $D_2O$ gegenüber $H_2O$ noch verstärkt. Die Methode kommt mit sehr kleinen Flüssigkeitsmengen aus, die Zeitdauer für eine Messung ist sehr kurz, doch setzt die Aufstellung und Einarbeitung der Apparatur einige experimentelle Erfahrung voraus. Ferner wurde auch die Wärmeleitfähigkeit eines $H_2$—HDO—$D_2O$-Gemisches zur D-Bestimmung herangezogen[1].

Neben der massenspektrometrischen Methode werden bei biologischen Versuchen am häufigsten *Dichtebestimmungen* zur Ermittlung des D-Gehaltes herangezogen. Sie haben die Vorteile, relativ einfach zu sein, keine allzu kostspielige Ausrüstung zu verlangen, mit sehr kleinen Wasserproben (mit Ausnahme der pyknometrischen Methode) auszukommen und genau zu sein.

In Tabelle 6 sind die einzelnen Methoden zur Bestimmung des Deuteriumgehaltes zusammengestellt und dazu einige Angaben über Materialbedarf, Genauigkeit und apparativen Aufwand gemacht. Im Anschluß daran sind die unter F—I genannten Methoden im einzelnen ausführlich dargestellt.

---

[1] CHUSINS, K. und H. V. BRÄNDLI: Dissertation Zürich 1953. Siehe ferner Tabelle 6.

**Literatur zu Tabelle 6** (s. S. 704 und 705). (Es wurden nur Arbeiten aufgenommen, die methodische Einzelheiten bringen. Andernfalls vermerkt.)

A: [1] ALFIN-SLATER, R. B., S. M. ROCK and M. SWISLOCKI: Analyt. Chem., Washington **22**, 421(1950).
 [2] NIER, A. O. C. in: WILSON, D. W., A. O. C. NIER and S. P. REIMANN: Preparation and Measurement of Isotopic Tracers. Ann. Arbor, Mich. 1948.
 [3] ORCHIN, M., I. WENDER and R. A. FRIEDEL: Analyt. Chem., Washington **21**, 1072 (1949).

B: [1] TIGGELEN, A. VAN: Bull. Soc. Chim. belge **55**, 133 (1946).
 [2] BROIDA, H. P., and G. H. MORGAN: Analyt. Chem., Washington **24**, 799 (1952).
 [3] MOROWITZ, H. J., and H. P. BROIDA: Analyt. Chem., Washington **24**, 1657 (1952).

C: [1] THORNTON, V., and F. E. CONDON: Analyt. Chem., Washington **22**, 690 (1950).
 [2] LECOMTE, J., M. CECCALDI et E. ROTH: J. Chim. physique **50**, 166 (1953).
 [3] GAUNT, J.: Analyst **79**, 580 (1954).
 [4] DOBRINER, K., T. H. KRITCHEVSKY, D. K. FUKUSHIMA, S. LIEBERMAN, T. F. GALLAGHER, J. D. HARDY, R. N. JONES and G. CILENTO: Science, N. Y. **109**, 260 (1949).

D: [1] SACHSSE, H., u. K. BRATZLER: Z. physik. Chem. (A) **171**, 331 (1934).
 [2] FARKAS, A., and L. FARKAS: Proc. R. Soc. London (A) **144**, 467 (1934).
 [3] WIRTZ, K.: Z. physik. Chem. (B) **32**, 334 (1936).
 [4] HARTECK, P.: Z. Elektrochem. **44**, 1 (1938).
 [5] CLEMO, O. R., and G. A. SWAN: Soc. **1942**, 370.
 [6] HALDEMAN, R. G.: Analyt. Chem., Washington **25**, 787 (1953).
 [7] PUDDINGTON, I. E.: Canad. J. Res. B **27**, 1 (1949).

E: [1] KIRSHENBAUM, I., H. C. UREY and G. M. MURPHY: Physical Properties and Analysis of Heavy Water. S. 348. New York, London, Toronto 1951.
 [2] CHRIST, R. H., G. M. MURPHY and H. C. UREY: J. chem. Physics **2**, 112 (1934).
 [3] HARTECK, P.: Z. Elektrochem. **44**, 1 (1938). (Siehe Tabelle und Diskussionsbemerkungen.)
 [4] HALL, N. F., and T. O. JONES: Am. Soc. **58**, 1915 (1936). Zur Berechnung siehe: LEWIS, G. N., and D. B. LUTEN: Am. Soc. **55**, 5061 (1933).

Tabelle 6. *Verschiedene Be-*

| Methode | Bestimmung als | Zugrunde liegende Eigenschaft | | Substanzbedarf für 1 Bestimmung | Zeitaufwand |
|---|---|---|---|---|---|
| Massenspektrometrie | D | Masse | | gering | |
| | $CH_3D$ | Masse | | 50—100 mg | |
| UV-Spektroskopie | $D_2$ | Emission | bei 4861,3 Å $(H_\beta)$ und 4860,0 Å $(D_\beta)$ | gering | gering |
| Infrarotspektrometrie | $D_2O$ | Infrarot-Absorption | bei 3,98 $\mu$ | 0,5 cm³ | |
| | | | bei 3,98 $\mu$ \} bei 2,95 $\mu$ \} | 0,3—3 cm³ | 5—6 min |
| | | | bei 1,66 $\mu$ | 4—5 cm³ | |
| | Steroide [11, 12-$D_2$] | | bei 2150 cm⁻¹ | 25 $\gamma$ | |
| Wärmeleitfähigkeitsmessung | $D_2$ | Wärmeleitfähigkeit | | 0,5—1 cm³ Gas (von 760 mm Hg) | gering |
| | $D_2O$ | Wärmeleitfähigkeit und Dampfdruck | | 1—3 mg | gering |
| Dampfdruckmessung | $D_2O$ | Dampfdruck | | 0,5 mg | 2 Std |
| Refraktometrie | $D_2O$ | Brechungsindex | | 0,1—2 cm³ > 10 cm³ | gering |
| Pyknometrische Bestimmung | $D_2O$ | Dichte | | 10—20 g > 10 g 0,1—1 g 20—50 cm³ | groß |
| Methode des fallenden Tropfens | $D_2O$ | Dichte | | 0,018—0,015 cm³ 200 mg Fett | gering |
| Dichtegradientenrohr | $D_2O$ | Dichte | | 0,001 cm³ | gering |
| Schwimmermethode | $D_2O$ | Dichte | | 50 cm³ 25 cm³ einige mg | ~2 Std |
| | | | | 25 cm³ 0,2—0,5 cm³ | ~10 min ~2 Std |
| | | | | 60 cm³ 20 cm³ | ~2 Std |

Literatur s. S. 703 und 706.

Bestimmungsmethoden.

*stimmungsarten für Deuterium.*

| Genauigkeit (wenn nicht anders angegeben, Gew.-% D) | Nachweisgrenzen | | Apparativer Aufwand | Bemerkungen | Literatur | |
|---|---|---|---|---|---|---|
| | untere | obere | | | | |
| 1—3% des D/H-Verhältnisses | 0% | 100% | Massenspektrometer | | A: | 1 |
| 5% und weniger des D/H-Verhältnisses | 0% | 100% | | | | 2 |
| 0,13 Mol.-% | 1 Mol.-% D | 15 Mol.-% | | | | 3 |
| 0,07% | 85% (soll nach unten erweitert werden) | 100% | UV-Spektrograph | direkte Messung | B: | 1, 2, 3 |
| 1% | | | | indirekte Messung durch Verdünnung | | |
| 0,03 Gewichtseinheiten = 1% des D-Gehalts | 3% | 100% | | | C: | 1 |
| 1% des D-Gehalts | 0% | 1% | Infrarotspektrometer | | | 3 |
| 0,003% $D_2O$ | 99% | 100% | | | | 2 |
| 0,05% | 96% | 100% | | | | |
| qualitativer Nachweis | 5% | | | | | 4 |
| 0,02—0,05% | 0% | 100% | Wärmeleitfähigkeitszelle, Hochvakuum, WHEATSTONEsche Brückenschaltung | sorgfältige Reinigung des Gases nötig | D: | 1 |
| 0,2—0,1% | 3% | 100% | | | | 2, 3 |
| 0,5—0,1% | 0,5% | 100% | | | | 4, 5, 6 ($^5$ und $^6$ Verbesserungen von $^4$) |
| 0,2 Mol.-% $D_2O$ | 0% | 14 Mol.-% | Differentialmanometer, Hochvakuum | | | 7 |
| 0,01% | 0% | 100% | ZEISSsches Wasserinterferometer | | E | 1, 2 |
| 0,001% | 0% | 100% | | | | 3, 4 |
| 0,01% | 0% | 100% | Quarz-Pyknometer, analytische Waage | s. S. 706ff. | F: | 1 |
| 0,001% | | | | | | 2 |
| 0,001% | | | | | | 5 |
| 0,01% | | | | | | |
| 0,03—0,02 Mol.-% | | | | | | 3, 4 |
| 0,02—0,04 Mol.-% | 0% | 6 Mol.-% | Fallrohr im Wasserbad Temperatur auf $^1/_{1000}°$ konstant | s. S. 710ff. | G: | 2, 3, 5 |
| | | | | | | 4 |
| 0,001% | | | | | | 1 |
| 0,1 Vol.-% | 0% | 10% | Dichtegradientenrohr Kathetometer oder Mikroskop | s. S. 715ff. | H: | 1, 2 |
| 1% des Intervalles zwischen den Eich-Eichflüssigkeiten | 0% | 0,4% | | | | 3 |
| 0,001% | Bereich 0—2% | | Druckkontrolle | s. S. 717 | I: | 1 |
| 0,002% | | | | | | 2 |
| 0,003% | | | | | | 3 |
| 0,002% | | | Temperaturkontrolle ($^5$ beschreibt sehr vereinfachte Methode) | s. S. 719 | | 4 |
| 0,003% | | | | | | 5 |
| 1 γ d (entspricht 0,01%) 0,1 γ d (entspricht 0,001%) | | | magnetische Kontrolle | s. S. 721 | | 6 |
| | | | | | | 7 |

Hoppe-Seyler/Thierfelder, Analyse, 10. Aufl., Bd. II.

### β) Pyknometrische Bestimmung.

Da es im Rahmen dieses Handbuches unmöglich ist, auf alle Bestimmungsmöglichkeiten für Deuterium im einzelnen einzugehen, wollen wir uns auf die nähere Beschreibung der verschiedenen Dichtebestimmungsmethoden für $D_2O$ beschränken.

**Pyknometer.** Für eine genaue pyknometrische Bestimmung der Deuteriumkonzentration in einem $D_2O$—$H_2O$-Gemisch wird am besten ein Quarzpyknometer in der

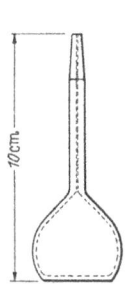
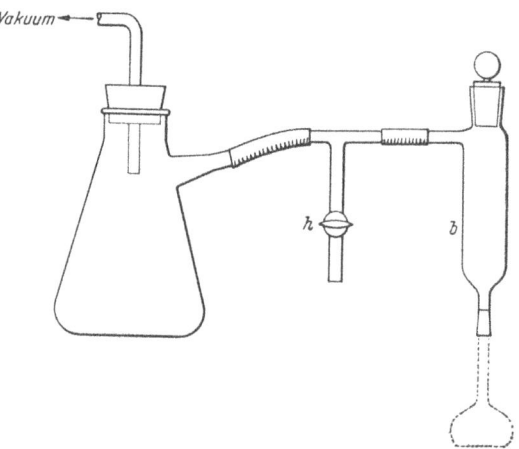

Abb. 2. Quarzpyknometer nach WIRTZ[1].  Abb. 3. Füllvorrichtung für das Quarzpyknometer nach WIRTZ[1].

von WIRTZ[1] angegebenen Form verwendet (s. Abb. 2). Ein kleiner Kolben läuft in eine feine, dickwandige Capillare von etwa 0,1 mm lichter Weite aus. Sie endet in einem Schliff, durch den das Pyknometer an die Füllvorrichtung (Abb. 3) angeschlossen wird. Zur Füllung wird das Wasser in das Gefäß $b$ gefüllt und das Pyknometer evakuiert, wobei die Luft durch das Wasser hindurchgepumpt wird. Öffnet man anschließend den Hahn $h$, so wird durch die einströmende Luft das Wasser in das Pyknometer hineingedrückt. Kleine, eventuell an der Wand des Pyknometers haftende Luftblasen lassen sich durch Erwärmen der Füllflüssigkeit entfernen. Das Volumen des Pyknometers kann je nach Art und

---

[1] WIRTZ, K.: Physik. Z. **43**, 465 (1942).

**Literatur zu Tabelle 6** (Fortsetzung von S. 703).

F: [1] WIRTZ, K.: Physik. Z. **43**, 465 (1942).
  [2] VIALLARD, R.: Bull. Soc. chim. France, Mém. (5) **16**, Mises au point D 265 (1949).
  [3] KIRSHENBAUM, I., H. C. UREY and G. M. MURPHY: Physical Properties and Analysis of Heavy Water. S. 8ff. New York, London, Toronto 1951.
  [4] SILVERMAN, L., and W. BRADSHAW: Analyt. chim. Acta, Amsterdam **10**, 68 (1954).
  [5] HARTECK, P.: Z. Elektrochem. **44**, 1 (1938). Nur Tabelle.

G: [1] FENGER-ERIKSON, K., A. KROGH and H. USSING: Biochem. J. **30**, 1264 (1936).
  [2] KESTON, A. S., D. RITTENBERG and R. SCHOENHEIMER: J. biol. Ch. **122**, 227 (1937).
  [3] COHN, M., in: WILSON, D. W., A. O. C. NIER and S. P. REIMANN: Preparation and Measurement of Isotopic Tracers. Ann. Arbor, Mich. 1948.
  [4] FAVARGER, P., R. A. COLLET et E. CHERBULIEZ: Helv. **34**, 1641 (1951).
  [5] KIRSHENBAUM, I., H. C. UREY and G. M. MURPHY: Physical Properties and Analysis of Heavy Water. S. 348. New York, London, Toronto 1951.

H: [1] LINDERSTRØM-LANG, K., O. JACOBSEN and G. JOHANSEN: C. R. Trav. Lab. Carlsberg (I) **23**, 17 (1938).
  [2] ANFINSEN, C. in: WILSON, D. W., A. O. C. NIER and S. P. REIMANN: Preparation and Mesaurement of Isotopic Tracers. Ann. Arbor, Mich. 1948.
  [3] FRIIS-HANSEN, B.: Scand. J. clin. Lab. Invest. **6**, 65 (1954).

I: [1] GREEN, C. H., and R. J. VOSKUYL: Am. Soc. **61**, 1342 (1939).
  [2] RITTENBERG, D., and R. SCHOENHEIMER: J. biol. Ch. **111**, 169 (1935).
  [3] GILFILLAN, E. S., u. M. POLANYI: Z. physik. Chem. (A) **166**, 254 (1933).
  [4] ANDERSON, J. S., R. H. PURCELL, T. G. PEARSON, A. KONG, F. W. JAMES, H. J. EMELÉUS and H. V. A. BRISCOE: Soc. **1937**, 1492.
  [5] SAPIRSTEIN, L. A.: J. Lab. clin. Med. **35**, 793 (1950).
  [6] HALL, N. F., and T. O. JONES: Am. Soc. **58**, 1915 (1936).
  [7] HALL, N. F., and O. R. ALEXANDER: Am. Soc. **62**, 3455 (1940).

Genauigkeit der zur Verfügung stehenden Waage und nach Menge der vorhandenen Wasserprobe zwischen 50 cm³ und 0,1 cm³ gewählt werden. Jedoch treten beim Hantieren mit sehr kleinen Wassermengen gewisse technische Schwierigkeiten auf. Außerdem nimmt die Genauigkeit ab.

**Thermostat.** Das gefüllte Pyknometer wird in einem auf $^1/_{100}°$ genau regulierenden Thermostaten auf konstante Temperatur angeglichen. Die Temperatur des Thermostaten muß höher liegen als die ursprüngliche Temperatur der Probe, damit diese das ganze Volumen einnimmt und das überschüssige Wasser aus der Capillare herausgedrückt wird. Dieses wird nach Erreichen der Temperaturkonstanz mit einem Filtrierpapier sorgfältig abgewischt und das Pyknometer gewogen. Da die Raumtemperatur meist unter der Temperatur des Thermostaten liegen wird, zieht sich die Flüssigkeit im Innern des Pyknometers etwas zusammen. Dies ist für die Genauigkeit der Wägung ohne Bedeutung. SILVERMAN und BRADSHAW[1] empfehlen die Verwendung eines Pyknometers mit Vakuummantel und Schliffkappe. Jedoch konnte WIRTZ[2] niemals Substanzverlust infolge von Verdunsten durch die Capillare beobachten.

**Wägung.** Die Wägung des Pyknometers muß auf 0,1 mg genau, bei Wassermengen unter 10 g sogar auf 0,01 mg genau sein. Man muß grundsätzlich unterscheiden, ob man die Dichte der Versuchsprobe oder das spezifische Gewicht bestimmen will. Zur *Bestimmung der Dichte* benötigt man ein genaues, auf die Versuchstemperatur geeichtes Pyknometer bekannten Volumens. Durch Auswägung des Pyknometers mit der unbekannten $H_2O$—$D_2O$-Mischung bestimmt man deren Gewicht je Kubikzentimeter bei der betreffenden Temperatur: $d^T$. Die Dichte hat die Dimension Masse/Volumeneinheit [g cm$^{-3}$].

Zur Bestimmung des *spezifischen Gewichtes* genügt es, wenn das Volumen des Pyknometers nur ungefähr bekannt ist. Man wiegt das Pyknometer einmal gefüllt mit der Versuchslösung, ein zweites Mal gefüllt mit destilliertem Wasser und ermittelt das Verhältnis der beiden Wassergewichte bei der Versuchstemperatur. Dazu ist es wichtig, daß die beiden Pyknometerbestimmungen bei genau derselben Temperatur ausgeführt werden. Das spezifische Gewicht $S_T^T$, ist eine dimensionslose Zahl[3].

Ferner ist zu beachten, daß auf das Pyknometer ein jeweils von Temperatur, Druck und Luftfeuchtigkeit abhängiger, anderer Auftrieb wirkt als auf den Gewichtssatz. Zur Korrektur dieses Fehlers sind 3 Wege möglich.

*1. Elimination durch Berechnung*[4]. Der Gewichtsunterschied zwischen dem gefüllten und dem leeren Pyknometer ergibt das „beobachtete" Wassergewicht. Daraus errechnet sich das „wahre" Wassergewicht zu:

$$W_{\text{wahr}} = W_{\text{beob.}} + (A_{\text{Wasser}} - A_{\text{Gewichte}}) \qquad A = \text{Auftrieb}.$$

Dies ergibt nach einigen Umformungen:

$$W_{\text{wahr}} = W_{\text{beob.}} \cdot \frac{1 - d_{\text{Luft}}/d_{\text{Gewichte}}}{1 - d_{\text{Luft}}/d_{\text{Wasser}}}.$$

$d_{\text{Luft}}$ kann aus entsprechenden Tabellenwerken entnommen werden[5]; man benötigt eine gleichzeitige Messung von Temperatur und Barometerstand. $d_{\text{Luft}}$ liegt in der Größenordnung $1,1$—$1,2 \cdot 10^{-3}$ g/cm³.

---

[1] SILVERMAN, L., and W. BRADSHAW: Analyt. chim. Acta, Amsterdam 10, 68 (1954).
[2] WIRTZ, K.: Physik. Z. 42, 465 (1942).
[3] Die Verfasserin schließt sich damit an die von F. KOHLRAUSCH (Praktische Physik, Bd. I, S. 205) gebene Definition an. Dieselbe wird auch von D'ANS-LAX (Taschenbuch für Physiker und Chemiker 2. Aufl., S. 12) sowie in der neueren amerikanischen Literatur verwendet (vgl. KIRSHENBAUM, I. u. Mitarb.: Physical Properties and Analysis of Heavy Water. New York, London, Toronto 1951). Die Größe pcm$^{-3}$, in manchen Lehrbüchern ebenfalls als spezifisches Gewicht bezeichnet, wird von den zitierten Autoren „Wichte" genannt.
[4] KIRSHENBAUM, I., H. C. UREY and G. M. MURPHY: Physical Properties and Analysis of Heavy Water. New York, London, Toronto 1951.
[5] Zum Beispiel D'ANS-LAX 2. Aufl. S. 822.

$d_{\text{Gewichte}}$ hängt von dem Metall ab, aus welchem der verwendete Gewichtssatz hergestellt ist. $d_{\text{Messing}} = 8{,}90$, $d_{\text{Platin}} = 21{,}5$.

$d_{\text{Wasser}}$ kann für diese Korrektur mit genügender Genauigkeit aus dem beobachteten Wasserwert errechnet werden.

*2. Elimination durch Verwendung eines Taragefäßes*[1]. Man läßt sich zu dem Quarzpyknometer ein Quarzgefäß von sehr ähnlichem Volumen anfertigen, das mit Wasser gefüllt und zugeschmolzen wird. Dagegen wägt man das Pyknometer: a) mit destilliertem Wasser gefüllt, b) mit der unbekannten Wasserprobe gefüllt. Man hat so in Gewichten nur die Differenz auf die Waage aufzulegen, für welche die Auftriebskorrektur zu vernachlässigen ist.

*3. Elimination durch Differenzwägung*[2]. Dazu verwendet man 2 Pyknometer ($P_1$ und $P_2$) von weitestgehend gleichen Volumina $v_1$ und $v_2$. Diese müssen bekannt sein bzw. durch Auswiegen mit Quecksilber bestimmt werden. Man geht nach folgendem Wägeschema vor:

|  | Pyknometer 1 | Pyknometer 2 | Wägedifferenz |
|---|---|---|---|
| 1. Wägung: | Versuchsprobe $(P_1 + v_1 d_x)$ | Standardprobe $(P_2 + v_2 d_{St})$ | $D_1$ |
| 2. Wägung: | Standardprobe $(P_1 + v_1 d_{St})$ | Versuchsprobe $(P_2 + v_2 d_x)$ | $D_2$ |

Die Dichte der Versuchsprobe errechnet sich daraus bei Verwendung von destilliertem Wasser als Standardlösung zu:

$$d_x = d_{St} + (D_1 - D_2)/(v_1 - v_2).$$

Bei Verwendung von reinem $D_2O$ als Standardlösung zu:

$$d_x = d_{St} + (D_1 - D_2)/(v_1 + v_2).$$

**Berechnung des Deuteriumgehaltes.** Die Berechnung des Deuteriumgehaltes gilt allgemein für alle Dichtebestimmungsmethoden. Deshalb sei darauf etwas näher eingegangen. Sie leitet sich ab von der Grundgleichung:

$$d_m = (\gamma_{H_2O} M_{H_2O} + \gamma_{D_2O} M_{D_2O})/(\gamma_{H_2O} V_{D_2O} + \gamma_{D_2O} V_{D_2O})$$

$d_m$ = Dichte des Gemisches aus $D_2O$ und $H_2O$; $M$ = Molgewicht; $V$ = Molvolumen; $\gamma$ = Molenbruch.

Durch verschiedene Umformungen und Einsetzen der Zahlenwerte für konstante Größen erhält man daraus die in Tabelle 7 angegebenen Formeln.

Tabelle 7. *Berechnung des Deuteriumoxydgehaltes*[3].

|  | Aus der Dichte bei 25° C | Aus dem spezifischen Gewicht bei 25° C |
|---|---|---|
| Mol.-% $D_2O$ | $\dfrac{927{,}35 (d_m - d_0)}{1 - 0{,}0329 (d_m - d_0)}$ | $\dfrac{924{,}64 (S_m - S_0)}{1 - 0{,}0328 (S_m - S_0)}$ |
| Vol.-% $D_2O$ | $930{,}65 (d_m - d_0)$ | $927{,}93 (S_m - S_0)$ |
| Gew.-% $D_2O$ | $\dfrac{1027{,}91 (d_m - d_0)}{d_m}$ | $\dfrac{1027{,}91 (S_m - S_0)}{S_m}$ |
| Molfraktion $D_2O$ |  | $9{,}579 \Delta S - 1{,}03 (\Delta S)^1$ [4] |

$d_m$ = gemessene Dichte der Probe bei 25°; $S_m$ = gemessenes spezifisches Gewicht der Probe bei 25°; $d_0$ = Dichte von reinem $^1H_2O = 0{,}997058$ bei 25°; $S_0$ = spezifisches Gewicht von isotopen-reinem $^1H_2O$ gegenüber normalem $H_2O$ bei 25° = $0{,}999984$ ($d_0$ und $S_0$ berücksichtigen den natürlichen D-Gehalt von destilliertem Wasser = $1/_{5960}$).

---

[1] WIRTZ, K.: Physik. Z. **43**, 465 (1942).
[2] SILVERMAN, L., and W. BRADSHAW: Analyt. chim. Acta, N. Y. **10**, 68 (1954).
[3] Zusammengestellt aus KIRSHENBAUM, I., H. C. UREY and G. M. MURPHY: Physical Properties and Analysis of Heavy Water. New York, London, Toronto 1951.
[4] LEWIS, G. N., and D. B. LUTEN: Am. Soc. **55**, 5061 (1933).

Man kann jedoch den Deuteriumgehalt der Versuchsprobe, statt ihn nach einer der Formeln der Tabelle 7 zu berechnen, auch aus den von WIRTZ[1] aufgestellten Tabellen, die auf dessen eigenen Messungen basieren, entnehmen. Sie sind anschließend wiedergegeben. Darin ist auch die Sauerstoffisotopen-Zusammensetzung des schweren Wassers berücksichtigt, da in $D_2O$, das nicht aus einer Verbrennung, sondern aus der Herstellung durch Elektrolyse stammt, auch die schweren O-Isotope angereichert sind.

Tabelle 8. *Zusammenhang zwischen Mol.-% $D_2O$ und spezifischem Gewicht der Wasserprobe*[1].

| $S_T^T$ Mol.-% $D_2O$ | T = 20° C | | T = 25° C | | T = 30° C | |
|---|---|---|---|---|---|---|
| | Normaler O-Gehalt | Schwere O-Isotope angereichert | Normaler O-Gehalt | Schwere O-Isotope angereichert | Normaler O-Gehalt | Schwere O-Isotope angereichert |
| 0,1 | 1,000088 | 1,000088 | 1,000089 | 1,000089 | 1,000089 | 1,000089 |
| 1 | 1,001043 | 1,001044 | 1,001047 | 1,001048 | 1,001049 | 1,001051 |
| 10 | 1,010602 | 1,010613 | 1,010641 | 1,010652 | 1,010669 | 1,010680 |
| 50 | 1,053321 | 1,053376 | 1,053516 | 1,053571 | 1,053656 | 1,053711 |
| 90 | 1,096424 | 1,096523 | 1,096775 | 1,096874 | 1,097027 | 1,097126 |
| 99 | 1,106175 | 1,106284 | 1,106561 | 1,106670 | 1,106839 | 1,106947 |
| 99,9 | 1,107152 | 1,107262 | 1,107541 | 1,107651 | 1,107821 | 1,107931 |
| 100 | 1,107260 | 1,107370 | 1,107650 | 1,107760 | 1,107930 | 1,108040 |

Experimentell kann man diese Fehlerquelle dadurch ausschalten, daß man trockenes $SO_2$ oder $CO_2$ durch die Wasserprobe leitet, wodurch Austausch der Sauerstoffisotope stattfindet. Anschließend kann man die Gase mit $N_2$ vertreiben.

Tabelle 9. *Zusammenhang zwischen Gewichts-% $D_2O$ und spezifischem Gewicht der Wasserprobe (schwere O-Isotope angereichert)*[1].

| $S_T^T$ Gew. % $D_2O$ | T = 20° C | T = 25° C | T = 30° C |
|---|---|---|---|
| 1 | 1,00095 | 1,00096 | 1,00096 |
| 10 | 1,00977 | 1,00981 | 1,00983 |
| 50 | 1,05094 | 1,05112 | 1,05124 |
| 90 | 1,09560 | 1,09595 | 1,09620 |
| 95 | 1,10146 | 1,10182 | 1,10209 |
| 99 | 1,10618 | 1,10657 | 1,10684 |
| 99,5 | 1,10678 | 1,10716 | 1,10744 |
| 99,8 | 1,10713 | 1,10752 | 1,10780 |
| 100 | 1,10737 | 1,10776 | 1,10804 |

Tabelle 10. *Änderung des spezifischen Gewichts je Grad Temperaturänderung*[1].

| | $\Delta S$ bei 20° | $\Delta S$ bei 25° | $\Delta S$ bei 30° |
|---|---|---|---|
| $H_2O$ | 0,000210 | 0,000260 | 0,000297 |
| $D_2O$ | 0,00177 | 0,000249 | 0,000320 |

Obwohl das spezifische Gewicht von $H_2O$—$D_2O$-Gemischen nicht über den ganzen Konzentrationsbereich linear von der Zusammensetzung abhängig ist (was auch aus den Formeln in Tabelle 7 hervorgeht), kann man über kleine Konzentrationsbereiche linear interpolieren.

Dasselbe gilt auch von der Temperaturabhängigkeit des spezifischen Gewichtes. Zur Korrektur von Meßtemperaturen zwischen 18 und 33° C dient Tabelle 10.

Will man Werte des spezifischen Gewichtes $S_T^T$, in Dichte $d^T$, umrechnen, so multipliziert man sie mit $S_4^T$ bzw. $d^T$ von reinem Wasser bei der betreffenden Temperatur. Diese ist einschlägigen Tabellenwerken zu entnehmen[2].

Für reines $D_2O$ und $H_2O$ ist dies in Tabelle 11 ausgeführt[3, 4].

Tabelle 11. *Dichte von reinem $H_2O$ und $D_2O$*.

| | T = 20° | | T = 25° | | T = 30° | |
|---|---|---|---|---|---|---|
| | Normaler O-Gehalt | Schwere O-Isotope angereichert | Normaler O-Gehalt | Schwere O-Isotope angereichert | Normaler O-Gehalt | Schwere O-Isotope angereichert |
| Normales $H_2O$ | 0,99823 | | 0,99707 | | 0,99567 | |
| $D_2O$ | 1,10530 | 1,10541 | 1,10437 | 1,10451 | 1,10315 | 1,10324 |

[1] WIRTZ, K.: Physik. Z. **43**, 465 (1942).
[2] Zum Beispiel D'ANS-LAX, 2. Aufl. S. 765.
[3] WIRTZ, K.: Naturwiss. **30**, 330 (1942).
[4] SCHRADER, R., u. K. WIRTZ: Z. Naturforsch. **6a**, 220 (1951).

γ) *Methode des fallenden Tropfens.*

Die Methode beruht darauf, daß ein Tropfen einer wäßrigen Lösung durch ein mit Wasser nicht mischbares Medium geringer Zähigkeit fällt. Dabei wird seine Fallgeschwindigkeit um so niedriger sein, je kleiner der Dichteunterschied zwischen beiden Flüssigkeiten ist. Die Methode wurde von BARBOUR und HAMILTON[1] zur Untersuchung der Dichte von Serumproben und anderen Körperflüssigkeiten entwickelt und später auf die Bestimmung von Deuterium in Wasser ausgedehnt[2]. Dabei war die Kontrolle der die Messung beeinflussenden Faktoren, wie Temperatur, Tropfengröße usw., noch ziemlich bescheiden. Zu einer Präzisionsmethode wurde die Dichtebestimmung durch Messung der Fallgeschwindigkeit eines Tropfens durch FENGER-ERIKSON und Mitarbeitern[3] ausgebaut. Am bekanntesten wurde sie durch die Arbeiten von KESTON, RITTENBERG und SCHOENHEIMER[4]. In der Folgezeit wurde die Methode mehrfach verbessert und verändert[5, 6] sowie zusammenfassend dargestellt[7, 8].

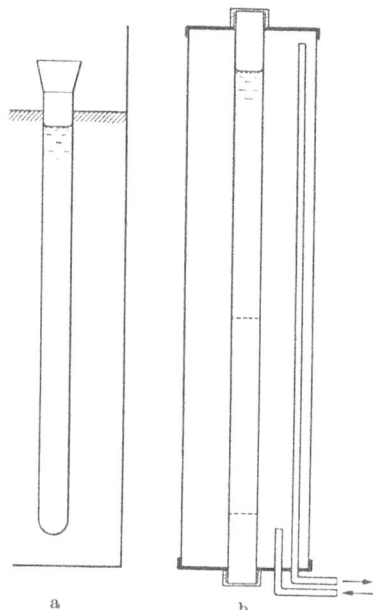

Abb. 4 a u. b. Fallrohr. a Nach KESTON, RITTENBERG und SCHOENHEIMER. b Von Verfasserin benützte Apparatur.

**Fallrohr.** Das Fallrohr (Abb. 4a und b) besteht aus einem Glasrohr von etwa 55 cm Länge, das in 8 cm und 23 cm Höhe von seinem unteren Ende entfernt 2 Marken trägt. Dazwischen liegt die Meßstrecke von 15 cm. Der längere obere Teil des Fallrohrs dient dazu, dem Tropfen die Angleichung an die Fallrohrtemperatur zu ermöglichen. Der Durchmesser des Fallrohres soll mindestens dem 3fachen Tropfendurchmesser entsprechen und am besten nicht unter 1 cm betragen. Als Füllung wurde ursprünglich eine Mischung von Xylol und Brombenzol verwendet[1-3]. Mit dem Mischungsverhältnis dieser beiden Komponenten kann man die Dichte einstellen und damit den Meßbereich variieren. Da durch stärkeres Verdunsten einer der beiden Komponenten jedoch die Gefahr einer Veränderung der Dichte besteht, wählt man heute meist o-Fluortoluol[4, 5, 9]. Dieses hat bei 26,8° C eine Dichte von 0,9996 g/cm³. Der thermische Ausdehnungskoeffizient beträgt bei dieser Temperatur 0,0012 Volumen-Einheiten/Grad, während derjenige von Wasser bei 27° 0,0002 Volumen-Einheiten/Grad ist. Da sich aber die Fallgeschwindigkeit in erster Näherung proportional der Dichtedifferenz verhält, ist auf Temperaturkonstanz besonders zu achten.

An Stelle von o-Fluortoluol kann man auch m-Fluortoluol[10] verwenden und bei 19,3° C arbeiten. m-Fluortoluol hat eine Dichte von 0,9972 bei 20° C.

**Temperatur.** Die aus den genannten Gründen geforderte Temperaturkonstanz beträgt 0,001° innerhalb des Fallrohrs, und damit etwa 0,003° innerhalb des Wasserbades. Dabei

---

[1] BARBOUR, H. G., and W. F. HAMILTON: J. biol. Ch. **69**, 625 (1926).
[2] VOGT, E., and W. F. HAMILTON: Amer. J. Physiol. **113**, 135 (1933).
[3] FENGER-ERIKSEN, K., A. KROGH and H. USSING: Biochem. J. **30**, 1264 (1936).
[4] KESTON, A. S., D. RITTENBERG and R. SCHOENHEIMER: J. biol. Ch. **122**, 227 (1937).
[5] FAVARGER, P., R. A. COLLET et E. CHERBULIEZ: Helv. **34**, 1641 (1951).
[6] SCHLOERB, P. R., B. J. FRIIS-HANSEN, J. S. EDELMAN, D. B. SHELDON and F. D. MOORE: J. Lab. clin. Med. **37**, 653 (1951).
[7] COHN, M., in: WILSON, D. W., A. O. C. NIER and S. P. REIMANN: Preparation and Measurement of Isotopic Tracers. Ann. Arbor, Mich. 1948.
[8] KIRSHENBAUM, I., H. C. UREY and G. M. MURPHY: Physical Properties and Analysis of Heavy Water. S. 324. New York, London, Toronto 1951.
[9] HOLLANDER, V., P. CHANG and CO TUI: J. Lab. clin. Med. **34**, 680 (1949).
[10] BERNHARD, K., Basel: Private Mitt.

macht es nichts aus, wenn verschiedene Stellen des Fallrohrs mehr als 0,001° voneinander differieren, da die Berechnung auf einer Vergleichsmessung mit normalem Wasser beruht. Jedoch darf die Schwankung an ein und derselben Stelle diese Größenordnung nicht übersteigen[1]. Man kann eine so feine Temperaturreglung erreichen, wenn man entsprechend große Dimensionen für den Thermostaten wählt und Heizung und Kühlung (z. B. mit einem Ventilator) durch ein empfindliches Kontaktthermometer, z. B. eine 1 m lange Glas- oder Kupferschlange, die mit Toluol oder Dibrommethan[2] gefüllt und mit Quecksilberkontakten versehen ist, geregelt wird. Eine besonders feine Temperaturreglung erzielten ANDERSON und Mitarbeiter[3] mit einem Quecksilber-Kontaktthermometer, wie es in Abb. 5 gezeigt ist.

Bei $E$ ist ein feiner Wolframdraht eingeführt. $A$ = Berührungsstelle zwischen Draht und Hg-Säule. Der Durchmesser der Säule beträgt 0,3 mm. Sie ist mit schwerem flüssigem Paraffin überschichtet, wodurch die Regulierung zuverlässiger und empfindlicher wird. $D$ = Quecksilberreservoir. $C$ = Hahn; mit diesem wird die Grobeinstellung der gewünschten Temperatur durch Veränderung der Höhe der Hg-Säule vorgenommen.

Die Feineinstellung erfolgt durch Veränderung des auf die Hg-Säule wirkenden Luftdrucks bei $E$.

Das Kontaktthermometer ist in den Gitterstromkreis einer Pentodenröhre (wie sie auch beim Bau eines Radioapparates verwendet wird) eingeschaltet. Die an Anode, Hilfsgitter und Kathode angelegten Spannungen sind so gewählt, daß bei geschlossenem Gitterkreis im Anodenkreis ein minimaler Strom fließt. Wird der Gitterstromkreis durch Abreißen des Hg-Fadens in $A$ unterbrochen, so fließt im Anodenstromkreis ein Strom von etwa 40 mA und schließt dadurch das Relais in $R$. Damit wird der Heizstrom für den Thermostaten eingeschaltet.

Das Wasserbad blieb nach Angabe der Autoren auf 0,001° konstant.

FAVARGER[4] umgibt das Fallrohr mit einem Glasmantel, der von Wasser konstanter Temperatur durchströmt wird. Auf ähnliche Weise konnte im Laboratorium der Verfasserin das Problem in Zusammenarbeit mit der Firma Colora gelöst werden[5]. Der das Fallrohr umgebende Mantel wird über ein Puffergefäß von etwa 16 Liter Inhalt mit einem Ultrathermostaten Type N[5] verbunden, dessen Kühlung durch einen Ultrathermostaten Type K[5] geregelt wird. Die Temperatur im Wassermantel wird mit einem Platin-Widerstandsthermometer gemessen.

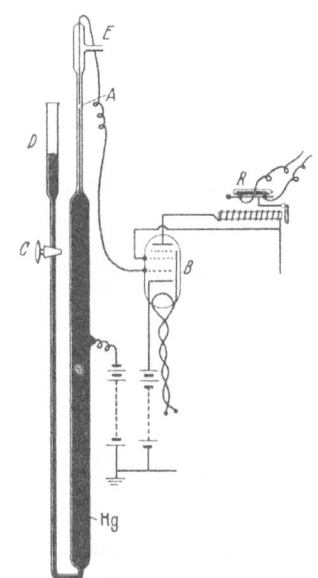

Abb. 5. Temperaturreglung nach ANDERSON u. Mitarb.[3].

**Tropfengröße.** Die Größe der Tropfen liegt bei den verschiedenen Autoren zwischen 5 mm³ (2,1 mm Durchmesser) und 45 mm³ (4,4 mm Durchmesser); am häufigsten wird eine Größenordnung 8 mm³ gewählt. Für biologische Versuche ist es günstig, mit so wenig Versuchswasser wie möglich auszukommen; doch leidet darunter die Genauigkeit, da die Differenz der Fallgeschwindigkeiten dem Quadrat des Tropfenradius proportional ist. Bei unregelmäßiger Tropfengröße beträgt der prozentuale Fehler der Fallzeit ²/₃ des prozentualen Fehlers der Tropfengröße. Eine Ungenauigkeit im Volumen des Tropfens von 1% hat bei einer Fallzeit von 20 sec einen Fehler von 0,013 sec zur Folge, was einem Fehler in der Dichtebestimmung von 2,3 ppm (= Millionstel) und in der Deuteriumbestimmung von 0,0023% entspricht. Bei längeren Fallzeiten ist der Fehler kleiner[1].

---

[1] COHN, M. in: WILSON, D. W., A. O. C. NIER and S. P. REIMANN: Preparation and Measurement of Isotopic Tracers. Ann. Arbor, Mich. 1948.
[2] FETCHER, E. S. jr.: Industr. engng. Chem., analyt. Ed. **16**, 412 (1944).
[3] ANDERSON, J. S., R. H. PURCELL, T. G. PEARSON, A. KING, F. W. JAMES, H. J. EMELÉUS and H. V. A. BRISCOE: Soc. **1937**, 1492.
[4] FAVARGER, P., R. A. COLLET et E. CHERBULIEZ: Helv. **34**, 1641 (1951).
[5] Colora G.m.b.H., Wissenschaftliche Apparate, Lorch (Württemberg).

Zur Erzielung konstanter Tropfengröße werden in der Literatur verschiedene Vorschläge gemacht, von denen einige hier näher beschrieben werden sollen:

Eine Methode zur Selbstherstellung einer automatischen Pipette aus einer 1 cm³-Injektionsspritze und dem Gestell eines Mikroskops mit ausgebautem Tubus und Objekttisch wird von FETCHER[1] angegeben. Eine weitere einfache Konstruktion stammt von HANSEN und WÜLFERT[2] (Abb. 6).

Die Pipette besteht aus 3 Teilen:

A: Kapillarrohr, innerer Durchmesser 0,74 mm, äußerer Durchmesser 4,9—5 mm; bei $I, II, III, IV$ und $V$ befinden sich Marken.

B: ist aus dem Mundstück eines Wasserleitungshahns gearbeitet und dient zur Stützung von A. A wird so tief in B eingesetzt, daß die Marke $I$ 4—5 mm über dessen oberen Rand hinausragt.

C: ist ein Eisen-T-Stück von der Sorte der Gas- oder Wasserleitungsröhren. Das Gewinde am oberen Ende dient zum Einschrauben von B. Am unteren Ende wird eine Platte aufgelötet, die in

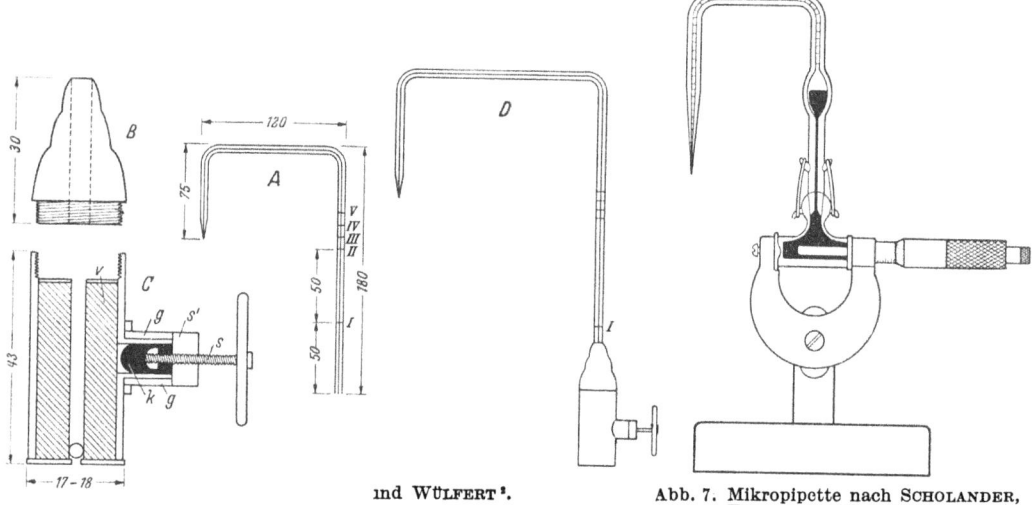

Abb. 7. Mikropipette nach SCHOLANDER, EDWARDS und IRVING[3].

der Mitte eine Bohrung trägt. Der senkrechte Hauptraum wird von einem Stück Vakuumschlauch ausgefüllt (gereinigt durch 1½stündiges Auskochen in schwacher Salzsäure und getrocknet), der an seinem unteren Ende mit einer Glasperle verschlossen ist und in dessen oberes Ende die Capillare A eingeführt wird. Vor dem Zusammenschrauben wird das Lumen des Vakuumschlauches mit Quecksilber gefüllt und auf die obere Schnittfläche ein Metallscheibchen mit Bohrung gelegt. In den seitlichen Ansatzstutzen von C wird zunächst ein gut sitzendes Glasrohr gesteckt, um das Gewinde, das hier stört, zu überdecken und dem Kolben $k$ (aus Eisen oder Messing, gut poliert) ein reibungsloses Gleiten zu ermöglichen. An seinem nach innen gewendeten Ende ist $k$ konisch abgeschliffen, im Inneren ist $k$ ausgebohrt. Eine feste Verbindung zwischen $k$ und $s$ besteht nicht. Der seitliche Ansatzstutzen ist durch eine aufgelötete Platte $s'$ von 10 mm Stärke verschlossen, die das Führungsgewinde für die Schraube $s$ trägt.

D: Gesamtansicht der Pipette. Zum Füllen der Pipette wird die Schraube $s$ so weit hineingedreht, bis Quecksilber aus der Capillare austritt und durch Rückwärtsdrehen die Flüssigkeit aufgesaugt. Anschließend wird auf Marke $I$ eingestellt und durch Heben des Quecksilberniveaus auf eine der Marken $II$—$V$ der Tropfen gewünschter Größe herausgedrückt. Die Beobachtung der Marken erfolgt mit einer Okularlupe. Die Pipette ergibt bei einer Fallzeit von 150 sec in o-Fluortoluol maximale Abweichungen von ± 0,3 sec.

Eine ähnliche Pipette wird von SCHOLANDER, EDWARDS und IRVING[3] beschrieben. Das Bauprinzip wird hier durch eine Mikrometerschraube dargestellt. Die Pipette ist in Abb. 7 gezeigt, aus welcher alle weiteren Einzelheiten ersichtlich sind. Es wird betont, daß der freie Raum um die Spindel, der mit Quecksilber gefüllt wird, kleiner sein soll, als er aus Gründen der Übersichtlichkeit in der Abbildung erscheint.

---

[1] FETCHER, E. S. jr.: Industr. engng. Chem., analyt. Ed. **16**, 412 (1944).
[2] HANSEN, L., u. K. WÜLFERT: B. Z. **300**, 328 (1938/39).
[3] SCHOLANDER, P. F., G. A. EDWARDS and L. IRVING: J. biol. Ch. **148**, 495 (1943).

Eine weitere Pipette ist die KESTON-Pipette[1], die von ROSEBURY und VAN HEYNINGEN[2] weiterentwickelt wurde. Sie arbeitet vollautomatisch und ist, wenn sie einmal sauber hergestellt und luftblasenfrei gefüllt wurde, über Jahre ohne irgendwelche Veränderung benutzbar. Abb. 8 bringt eine Gesamtansicht der Pipette, Abb. 9 einen Aufriß.

Erklärung zu Abb. 9: $N$ = Bakelitknopf, befestigt an $C$ = Schraube, mit einem Gang von 0,094 cm. $I$ = Anschlagbolzen, unmittelbar oberhalb des Gewindes von $C$ eingesetzt. $H$ = Stempel;

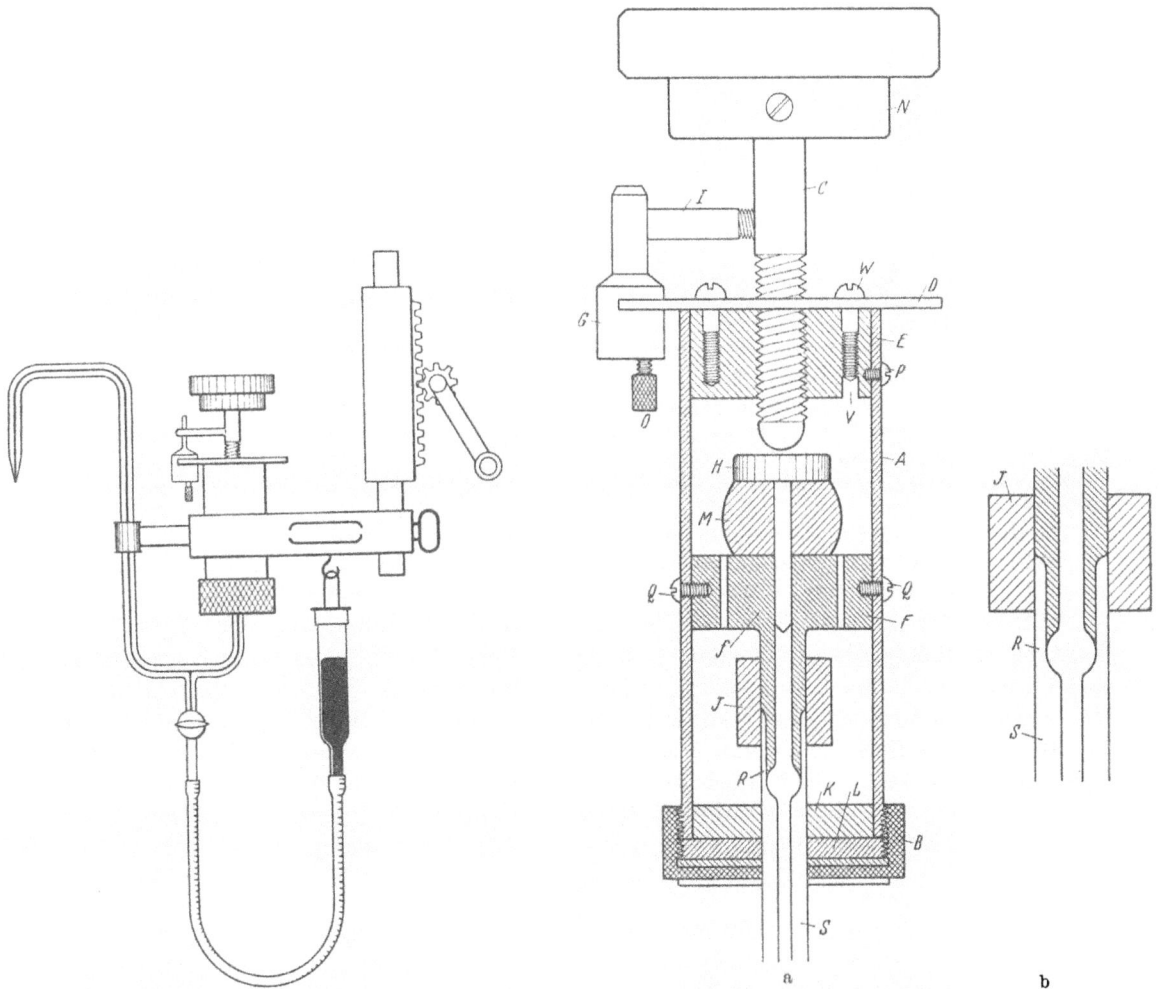

Abb. 8. Mikropipette nach ROSEBURY und VAN HEYNINGEN[2].

Abb. 9 a u. b. Mikropipette nach ROSEBURY und VAN HEYNINGEN. a Aufriß. b Übergang Metall-Glas (vergrößert gezeichnet).

auf ihn drückt das runde Ende der Schraube $C$. Der Stiel von $H$ hat einen Durchmesser von 0,290 cm und sitzt in einem Loch der Zwischenplatte $F$, das einen Durchmesser von 0,295 cm hat. Das untere Ende von $H$ ist konisch, um das Einschließen von Luftzwischenräumen beim Füllen der Pipette mit Quecksilber zu vermeiden. $F$ = Zwischenplatte, mit den Schrauben $Q$ an ihrem Platz gehalten. Sie trägt einen unteren Ansatz, an den das Glasrohr $R$ eingepaßt ist. Der Übergang von $F$ in $R$ ist in Abb. 9 vergrößert herausgezeichnet. $F$ hat ferner dem äußeren Rand zu 3 Löcher, um dem Quecksilber den Zutritt in den unteren Raum der Pipette zu gestatten. $R$ = Glasrohr, äußerer Durchmesser 0,830 cm, innerer Durchmesser 0,601 cm. $S$ = Glascapillare mit nicht mehr als 2 mm innerem Durchmesser und demselben äußeren Durchmesser wie das Glasrohr $R$, mit dem sie verschmolzen ist. $I$ = ein Stückchen Gummi- (oder Polyvinyl-)Schlauch, das über die Verbindung von

---

[1] KESTON, A. S., D. RITTENBERG and R. SCHOENHEIMER: J. biol. Ch. **122**, 227 (1937).

[2] ROSEBURY, F., and W. E. VAN HEYNINGEN: Industr. engng. Chem., analyt. Ed. **16**, 412 (1944). — KIRSHENBAUM, I., H. C. UREY and G. M. MURPHY: Physical Properties and Analysis of Heavy Water. S. 331ff. New York, London, Toronto 1951.

F und R gezogen wird. M = Gummipuffer, der dem Druck von C entgegenwirkt. Er paßt genau auf H und dichtet den Zwischenraum zwischen H und F ab. K, L = Gummipuffer bzw. Gummiplatten; K hat denselben Durchmesser wie das Innere des Gehäuses A, L hat denselben Durchmesser wie das Gewinde, das im unteren Teil der Schraubkappe B eingeschnitten ist. Die beiden Gummiplatten sind aneinandergeklebt und haben ein Loch in der Mitte für S. B = Schraubkappe. Sie ist auf A aufgeschraubt und auf der Außenseite gerieft. Das Loch in der Mitte von B für S hat einen Durchmesser von 0,952 cm. D = Deckplatte. G = Stellschrauben für den Anschlagbolzen, welche durch Rändelschrauben O befestigt werden. D und E können aus einem Stück oder miteinander verschraubt sein. P = Schrauben, die E mit dem Gehäuse A verbinden. V = Fülloch, das durch die Schraube W verschlossen wird. Alle Teile mit Ausnahme von S und R und den Gummipuffern sollen aus rostfreiem Stahl oder aus kalt gewalztem Stahl gefertigt werden*.

*Zusammensetzen der Apparatur.* Nachdem alle Teile gereinigt sind, wird zuerst die Zwischenplatte F an ihrem Platz befestigt. Dann wird das Glassystem eingesetzt und I darübergezogen, worauf K, L und B an ihre Plätze gebracht werden.

Jetzt wird die Pipette mit Quecksilber gefüllt, das man durch die Capillare S durch Heben des Niveaugefäßes einströmen läßt. Wenn das Quecksilber genügend über das Loch in F hinausgeflossen ist (meist bis fast in die Höhe der Unterfläche von E), wird der Stempel H mit dem Gummipuffer M eingesetzt. Jetzt kann man den Hg-Zulauf durch Schließen des Hahnes stoppen und die Teile D mit E, C und, nachdem der restliche freie Raum der Pipette durch V mit Hg gefüllt ist, auch W und G an ihren Plätzen befestigen.

*Arbeiten mit der Pipette.* Durch Senken des Niveaugefäßes bei geöffnetem Hahn saugt man eine kleine Menge der zu messenden Probe ein.

Die Spitze der Pipette wird mit hartem Filterpapier abgewischt und unter die Oberfläche von o-Fluortoluol gebracht. Durch Drehen der Schraube C von einem Anschlag zum anderen (bzw. bei Verwendung nur einer Stellschraube von einer Seite derselben zur andern) drückt man einen Tropfen vom Volumen $V = r^2 \pi P A/360$ heraus. $r$ = Radius des Stempelstiels, $P$ = Gang der Schraube $C$, $A$ = Drehwinkel der Schraube $C$.

Beim Herausziehen der Pipette aus dem Fallrohr reißt der Tropfen an der Oberfläche von o-Fluortoluol ab.

Der durchschnittliche Fehler wurde mit dieser Pipette zu 0,9% gefunden[1].

Man muß beim Füllen streng auf Ausschluß von Luftblasen achten; eine Luftblase in der Pipette (meist am Stempelende) läßt die mittlere Abweichung bis auf 7% (!) anwachsen[1].

**Fallzeit.** Die Fallzeit stellt bei der Deuteriumbestimmung nach der Methode des fallenden Tropfens die direkt bestimmte Größe dar. Sie soll mit einer Stoppuhr gemessen werden, die noch eine Ablesung auf 0,01 sec gestattet. Im allgemeinen wird man die Temperatur so regeln, daß man für gewöhnliches Wasser eine Fallzeit von 150—300 sec erhält. Bei einem D-Gehalt von 1% nimmt die Fallzeit auf etwa $1/6$ ab, so daß man D-Gehalte von 0,02—0,04% noch genügend genau bestimmen kann.

**Berechnung.** Die Fallgeschwindigkeit eines Tropfens wird in erster Näherung durch das STOKEsche Gesetz bestimmt:

$$6\pi \eta a v = 4/3\, a^3 \pi (d_1 - d_F)\, g;$$

$a$ = Radius des Tropfens; $v$ = Fallgeschwindigkeit = 15 cm/Fallzeit (bei den angegebenen Dimensionen); $g$ = Erdbeschleunigung; $d_1$ = Dichte der Probe; $d_F$ = Dichte von o-Fluortoluol im Fallrohr bei der Versuchstemperatur; $\eta$ = Zähigkeit von o-Fluortoluol im Fallrohr bei der Versuchstemperatur.

Da $a$, $\eta$ und Fallweg während eines Versuches konstant bleiben, folgt daraus:

$$(1/t_1 - 1/t_0) = K(d_1 - d_0),$$

wobei $d_0$ bzw. $t_0$ sich auf die Standardlösung, meistens reines destilliertes Wasser, beziehen.

In Wirklichkeit wird aber von einem in einem organischen Lösungsmittel fallenden Tropfen das STOKEsche Gesetz nicht genau befolgt, so daß diese Linearität nur für sehr kleine Konzentrationen von D gilt. Man eicht deshalb die Apparatur mit bekannten D-Konzentrationen und trägt die Differenz der reziproken Fallzeiten gegen den Deute-

---

* Ing. KÖHLER (Physiol. Inst., Universität Mainz) fertigte eine Pipette dieser Konstruktion aus Plexiglas, bei welcher jede direkte Quecksilber-Metallberührung vermieden ist. Sie arbeitet zu voller Zufriedenheit.

[1] KIRSHENBAUM, I., H. C. UREY and G. M. MURPHY: Physical Properties and Analysis of Heavy Water. New York, London, Toronto 1951.

riumgehalt auf. Man kann aber auch nach der Gleichung: $K' = \%\ D/(1/t_1 - 1/t_0)$ für die jeweilige D-Konzentration $K'$ berechnen und gegen $(1/t_1 - 1/t_0)$ auftragen[1]. Ein derartiges Diagramm ist in Abb. 10 dargestellt.

### δ) Dichtegradientenrohr.

**Gradientenrohr.** Die Messung mit dem Dichtegradientenrohr beruht ebenfalls auf dem Dichteunterschied zwischen einer $H_2O$—$D_2O$-Probe und einem mit Wasser nicht mischbaren organischen Lösungsmittelpaar. Im Gegensatz zur Methode des fallenden Tropfens wird hier nicht die Fallgeschwindigkeit, sondern die Endstellung des Tropfens beobachtet[2]. Das Gradientenrohr hat die in Abb. 11 dargestellte Form. Die Dimensionen sind in Zentimeter angegeben.

**Füllung.** Das Gradientenrohr wird mit zwei verschieden zusammengesetzten Mischungen von gereinigtem Petroleum (Kerosin), $d = 0{,}79$, und Brombenzol, $d = 1{,}48$, gefüllt. Dabei ist zunächst zu erwägen, in welchem Konzentrationsbereich man messen will. Soll

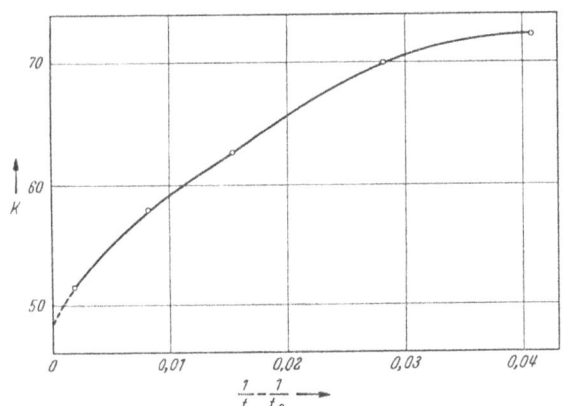

Abb. 10. Abhängigkeit der Konstanten $K'$ von der Differenz der reziproken Fallzeiten[1].

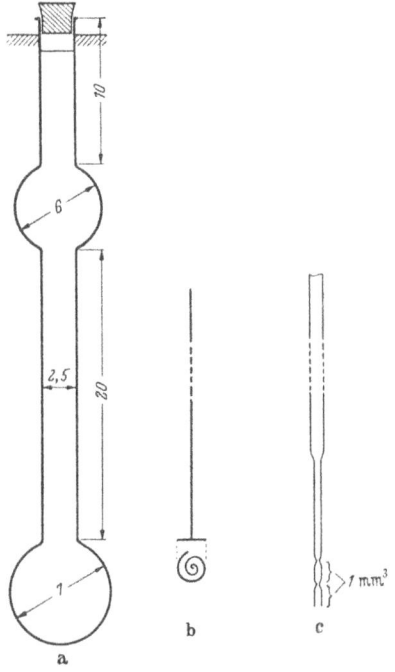

Abb. 11 a—c. Dichtegradientenrohr nach ANFINSEN[3]. a Rohr; b Rührer; c Mikropipette.

das Gradientenrohr zur Messung von Deuteriumkonzentrationen zwischen 0 und 11 Mol-% dienen, so muß die schwerere Mischung eine Dichte von etwa 1,021, die leichtere von 0,99 haben[4]. Will man geringe Konzentrationen, z. B. zwischen 0 und 0,4 Vol-%, bestimmen, so soll die schwerere Mischung eine Dichte von 1,001, die leichtere von 0,998 haben[5].

Man stellt die Mischungen her, indem man zunächst 300 cm³ Brombenzol zu 730 cm³ Petroleum gibt; die so erhaltene Dichte ist 1,00 bei Zimmertemperatur. Durch Zugabe kleiner Mengen einer der beiden Komponenten stellt man die gewünschte Dichte genau ein und prüft sie zuletzt durch eine pyknometrische Bestimmung (s. S. 706ff.). Die beiden Mischungen werden 3mal mit destilliertem Wasser ausgeschüttelt. Stehenlassen im Kühlschrank erleichtert die Trennung der Phasen. Anschließend werden sie durch 48stündiges Schütteln mit Silicagel[5] oder $CaCl_2$[3] getrocknet und sind so gebrauchsfertig.

---

[1] COHN, M., in: WILSON, D. W., A. O. C. NIER and S. P. REIMANN: Preparation and Measurement of Isotopic Tracers. Ann. Arbor., Mich. 1948.

[2] LINDERSTRØM-LANG, K., and H. LANZ jr.: C. R. Lab. Carlsberg (I) **21**, 315 (1938).

[3] ANFINSEN, C., in: WILSON, D. W., A. O. C. NIER and S. P. REIMANN: Preparation and Measurement of Isotopic Tracers. Ann. Arbor, Mich. 1948.

[4] LINDERSTRØM-LANG, K., O. JACOBSEN and G. JOHANSEN: C. R. Lab. Carlsberg (I) **23**, 17 (1938).

[5] FRIIS-HANSEN, B.: Scand. J. clin. Lab. Invest. **6**, 65 (1954).

Man füllt zuerst die schwerere Mischung in das Gradientenrohr bis zur Mitte des Verbindungsrohres zwischen den beiden kugelförmigen Erweiterungen. Die leichtere Mischung schichtet man vorsichtig darüber, indem man sie an einem Glasstab herabfließen läßt[1]. Die Ausbildung des Dichtegradienten wird durch etwa 10malige Auf- und Abwärtsbewegung eines Glasspatels oder eines an seinem Ende spiralig aufgewickelten Glasstabes oder Kupferdrahtes (Abb. 11b) beschleunigt. Nach 2 Tagen ist das Dichtegradientenrohr gebrauchsfertig.

**Temperatur.** Das Gradientenrohr wird in einen Thermostaten mit Fenstern zur Beobachtung des Rohres gestellt. Die geforderte Temperaturkonstanz beträgt $0{,}002°$[2] bis $0{,}001°$[1]. Möglichkeiten zur Erzielung solcher Temperaturkonstanz sind S. 710 besprochen. Eine weitere Konstruktionszeichnung eines Temperaturreglers ist von FRIIS-HANSEN angegeben[1].

**Tropfengröße.** Die Tropfengröße soll $1-3\ mm^3$ betragen. Neben den bereits S. 711 bis 714 genannten Pipettenkonstruktionen soll hier nur kurz auf die in Abb. 11c gezeichnete Pipette hingewiesen werden. Der Zwischenraum zwischen den Verengungen beträgt jeweils $1\ mm^3$. Die Flüssigkeit wird über die Verengungen aufgesaugt; sie läuft von selbst bis zur ersten Verengung aus. Nach Abwischen der Pipettenspitze wird diese unter die Oberfläche der Petroleum-Brombenzolmischung getaucht und der Tropfen mit Hilfe eines Gummischlauches vorsichtig herausgeblasen. Die Genauigkeit wird mit $1-2\%$ angegeben[3,4].

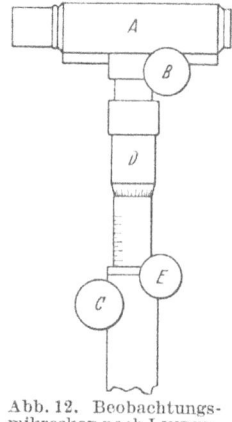

Abb. 12. Beobachtungsmikroskop nach LINDERSTRØM-LANG und LANZ[5].

**Eichung.** Das Gradientenrohr wird mit Proben bekannten Deuteriumgehaltes geeicht. Nach etwa $1/2$ Std haben die Tropfen ihre Gleichgewichtslage erreicht. Da sich der Gradient des Rohres im Laufe längerer Zeit ändert (flacher wird), muß man bei jeder Messung einige Standardlösungen mitbestimmen. Nach Beendigung des Versuchs werden die Tropfen mit einem Glasstab, um dessen Ende ein Stückchen hartes Filterpapier gewickelt ist, entfernt.

**Ablesung.** Die Ablesung der Lage der Tropfen erfolgt mit einem Kathetometermikroskop[1,5]. Dieses kann aus einem waagrecht gestellten Mikroskop langer Brennweite selbst gebaut werden, wie es von LINDERSTRØM-LANG und LANZ[5] beschrieben und in Abb. 12 dargestellt ist.

$A$ = Tubus des Mikroskops; $B$ = Zahnradgetriebe zur horizontalen Bewegung des Mikroskops; $C$ = Zahnradgetriebe zur vertikalen Bewegung des Mikroskops; $E$ = Schraube zur Fixierung von $C$; $D$ = Mikrometerschraube zur genauen Einstellung auf die Höhe der Tropfen.

Das Fadenkreuz des Mikroskops wird auf einen beliebigen Eichtropfen mittels $C$ genau festgestellt. Durch Drehen von $D$ wird die Lage aller übrigen Tropfen bestimmt. Die Ablesung soll auf $0{,}01-0{,}02\ mm$ genau sein.

*Berechnung:*

Die Berechnung erfolgt durch einfache Interpolation, da man für jeden zu messenden Tropfen 2 Eichtropfen mitmißt. Die Dichte ändert sich linear mit der Höhe des Rohres. Einige theoretische Überlegungen zu dieser Methode s. bei [5].

Die Genauigkeit wird von FRIIS-HANSEN[1] mit $2\%$ des D-Gehaltes oder $1\%$ des Intervalls zwischen den beiden Standardtropfen angegeben. Die älteren Autoren nennen eine geringere Genauigkeit.

---

[1] FRIIS-HANSEN, B.: Scand. J. clin. Lab. Invest. **6**, 65 (1954).
[2] LINDERSTRØM-LANG, K., O. JACOBSEN and G. JOHANSEN: C. R. Lab. Carlsberg (I) **23**, 17 (1938).
[3] ANFINSEN, C., in: WILSON, D. W., A. O. C. NIER and S. P. REIMANN: Preparation and Measurement of Isotopic Tracers. Ann Arbor, Mich. 1948.
[4] LOWRY, O. H., and A. B. HASTINGS: J. biol. Ch. **143**, 257 (1942).
[5] LINDERSTRØM-LANG, K., and H. LANZ jr.: C. R. Lab. Carlsberg (I) **21**, 315 (1938).

Bei einer erneuten Nachprüfung der Methode erreichte LJUNGGREN[1] eine Genauigkeit von 1% des D-Gehaltes oder von 0,0015 Gew.-% D bei einem Gesamtgehalt der Probe von 0,1—0,4 Gew.-% D.

### ε) Schwimmermethode.

Das Prinzip der Schwimmermethode besteht darin, daß ein kleiner Hohlkörper aus Glas oder Quarz so beschwert wird (dies kann durch teilweise Füllung mit Quecksilber oder durch entsprechende Abmessungen der Luftblase und der kompakten Glasmasse geschehen), daß er in reinem Wasser normaler Isotopenzusammensetzung bei der Meßtemperatur und dem Meßdruck weder steigt noch sinkt, also die Dichte des Wassers besitzt. Bringt man diesen Schwimmer in ein $H_2O$—$D_2O$-Gemisch größerer Dichte, so muß das „Schwimmergleichgewicht" durch Veränderung von Druck oder Temperatur wieder eingestellt werden. Aus dieser Veränderung kann die Dichte berechnet werden. Man kennt drei prinzipielle Methoden der Gleichgewichtseinstellung:

1. Schwimmerkontrolle durch Druckänderung.
2. Schwimmerkontrolle durch Temperaturänderung.
3. Magnetische Schwimmerkontrolle.

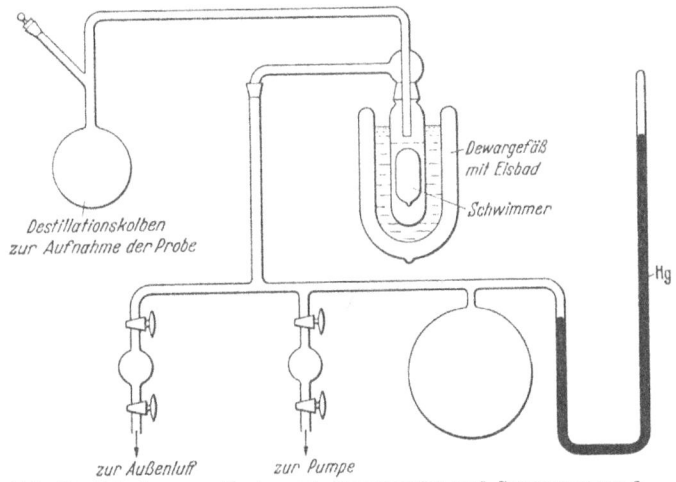

Abb. 13. Schwimmermethode nach RITTENBERG und SCHOENHEIMER 3.

**1. Schwimmerkontrolle durch Druckänderung.** Für die Bestimmung der Dichte einer Lösung durch Änderung des Druckes bei der Schwimmermethode ist Voraussetzung, daß die Lösung (bzw. Wasser) und das Material, aus welchem der Schwimmer gefertigt ist, bei der Meßtemperatur verschiedene Kompressibilität besitzen. Ist die Kompressibilität des Schwimmers kleiner als die des Wassers, so sinkt er, ist sie größer, so steigt er bei Verringerung des Druckes. GILFILLAN[2] benützt diese Methode zur Bestimmung der Isotopenzusammensetzung von Meerwasser verschiedener Herkunft. Die Schwimmer sind aus Pyrexglas gefertigt und mit Quecksilber auf die Dichte von Wasser eingestellt. Ihre Volumina liegen zwischen 0,1 cm³ und 35 cm³. Die Messungen werden in Reagensgläsern vorgenommen, die durch Schliff mit einer Pumpe und einem Manometer verbunden sind. Zur Temperaturregelung wird ein Eisthermostat verwendet. Die Apparatur wird mit KCl-Lösungen genau bekannter Konzentration geeicht. Man kann jedoch zur Eichung ebenso $H_2O$—$D_2O$-Mischungen bekannter Isotopenzusammensetzung verwenden oder den Schwimmer mit Platin- oder Glasringen (auf 0,01 mg ausgewogen) beschweren, seine neue Dichte berechnen und die entsprechenden Druck-(oder Temperatur)-änderungen feststellen. Nach derselben Methode arbeiteten SCHOENHEIMER und RITTENBERG[3]. Die Versuchsanordnung ist in Abb. 13 dargestellt.

Für eine Bestimmung werden 2,5 cm³ Wasser benötigt; Bewegung und Lage des Schwimmers werden mit einem geeigneten, waagerecht gestellten Mikroskop mit Ocularmikrometer oder einem Kathetometer beobachtet. Der Druck, bei welchem sich der Schwimmer im Gleichgewicht befindet, erweist sich als lineare Funktion der Dichte des Wassers. Einer Druckänderung von 1 cm Hg entspricht bei RITTENBERG und

---

[1] LJUNGGREN, H.: Acta physiol. scand. **33**, 69 (1955).
[2] GILFILLAN, E. S. jr.: Am. Soc. **56**, 406 (1934).
[3] RITTENBERG, D., and R. SCHOENHEIMER: J. biol. Ch. **111**, 173 (1935). ppm = part per Million = 1 Millionstel.

SCHOENHEIMER eine Dichteänderung von 0,376 ppm. Die erreichte Genauigkeit der Dichtebestimmung war 0,0000005 Dichteeinheiten oder 0,001% D.

GREEN und VOSKUYL[1] führen die Messungen statt bei 0° C bei 4,58° C durch, da bei dieser Temperatur infolge des Dichtemaximums des Wassers die Wärmeausdehnung von Wasser sehr klein ist und der Meßfehler durch Temperaturschwankungen ein Minimum erreicht. Die Temperaturkonstanz wird durch einen Wasserstrom aufrechterhalten, der vorher durch ein Eisbad gekühlt und dessen Zustrom durch ein magnetisches Ventil, das über ein Thyratronreguliersystem geschaltet ist, gesteuert wird. Der Schwimmer hat ein Volumen von 14,5 cm³, seine Form ist in Abb. 14 abgebildet. Für eine Messung sind etwa 50 cm³ Wasser erforderlich. Der gemessene Druck kann auf 0,05 mm repro-

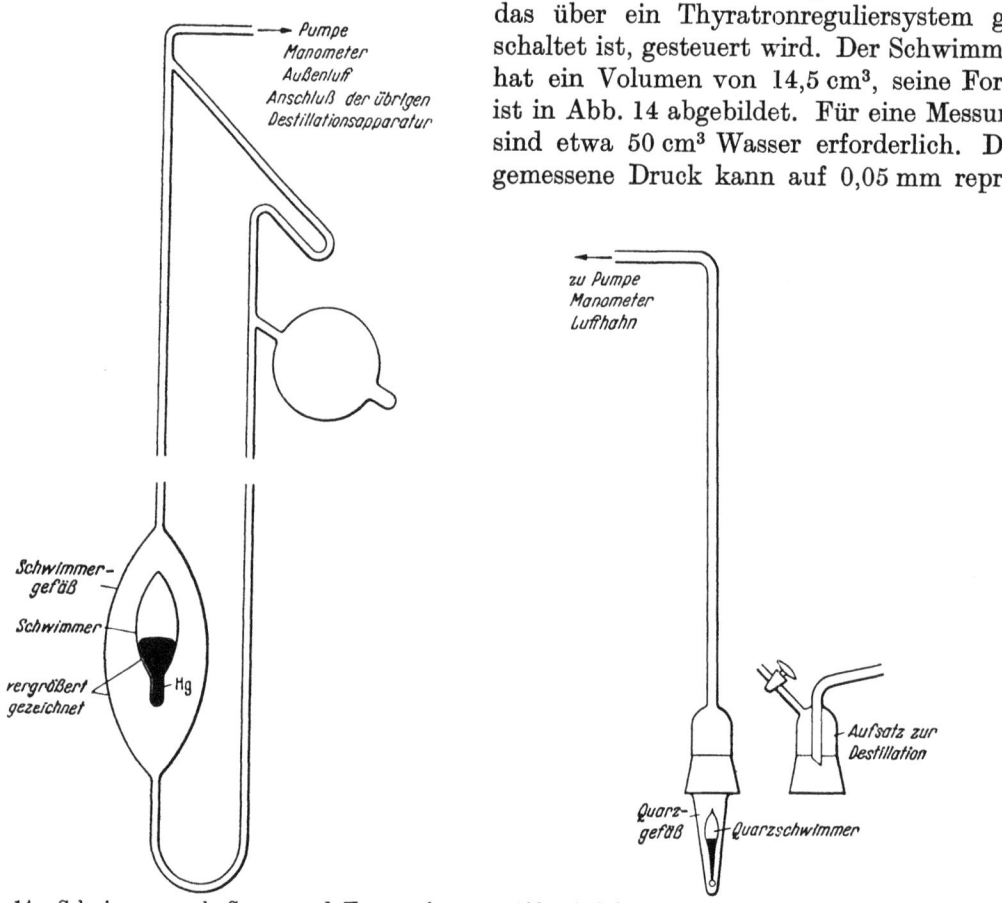

Abb. 14. Schwimmer nach GREEN und VOSKUYL[1].　　Abb. 15. Schwimmer nach FROMHERZ, SONDERHOFF und THOMAS[2].

duziert werden, was einer Genauigkeit der Dichtemessung von 0,02 Millionstel Einheiten entspricht. Die wirkliche Genauigkeit der Messung wird jedoch durch die Temperaturkonstanz begrenzt. Eine ähnliche Methode wurde von FROMHERZ, SONDERHOFF und THOMAS[2] ausgearbeitet. Infolge der Kleinheit des Schwimmers genügen 2,5 cm³ Wasser. Die Dichte wird durch gleichzeitige Änderung von Temperatur und Druck bestimmt, wobei durch die Temperaturänderung die Grobeinstellung, durch die Druckänderung die Feineinstellung bewirkt wird. Der Umrechnungsfaktor von Druck auf Temperatur wird eigens bestimmt. Hier entspricht eine Druckänderung von 0,6 cm Hg einer Temperaturänderung von 0,001° C. Die Genauigkeit ist 0,3% D bei 10 mg Wasser.

*Mikromethode.* Eine besondere Mikromethode wurde von GILFILLAN und POLANYI[3] ausgearbeitet. Sie unterscheidet sich von den bisher besprochenen dadurch, daß die zu untersuchende Flüssigkeit in den Schwimmer gefüllt wird, der die in Abb. 16 dargestellte Form hat.

---
[1] GREEN, C. H., and R. J. VOSKUYL: Am. Soc. **61**, 1342 (1939).
[2] FROMHERZ, H., R. SONDERHOFF u. H. THOMAS: B. **70**, 1219 (1937).
[3] GILFILLAN, E. S., u. M. POLANYI: Z. physik. Chem. (A) **166**, 254 (1933).

Der Schwimmer besteht aus einer Glascapillare, die an einer Seite eine Öffnung von 0,02 mm Durchmesser besitzt, an der anderen eine hohle Glaskugel angeschmolzen trägt. Zum Füllen wird er in ein evakuiertes Rohr gestellt, in welches das Versuchswasser hineinkondensiert wird. Durch Einlassen von Luft wird das Wasser in den Schwimmer hineingedrückt. Die weitere Bestimmung wird im Eisthermostaten und mit Druckänderung wie beschrieben durchgeführt.

**2. Schwimmerkontrolle durch Temperaturänderung.** Diese Methode wird am häufigsten verwendet. Sie geht zurück auf RICHARDS und SHIPLEY[1] und wurde von DOLE[2] sowie EMELÉUS und Mitarbeitern[3] verbessert. Eine große Anzahl von Arbeiten, die in Trail-Reports oder SAM-Reports veröffentlicht und daher schwer zugänglich sind, ist in einer ausführlichen Beschreibung dieser Methode bei KIRSHENBAUM[4] mit verarbeitet. Der Schwimmer kann wie bei 1. verschiedene Formen haben: Fischförmig[1], zigarrenförmig[1], zylindrisch (75 mm lang, 4 mm Durchmesser)[3], zylindrisch (40 × 1 mm, Mikroschwimmer)[5] oder von der Form der Abb. 17[4], welche in den Trail-Laboratorien verwendet wird.

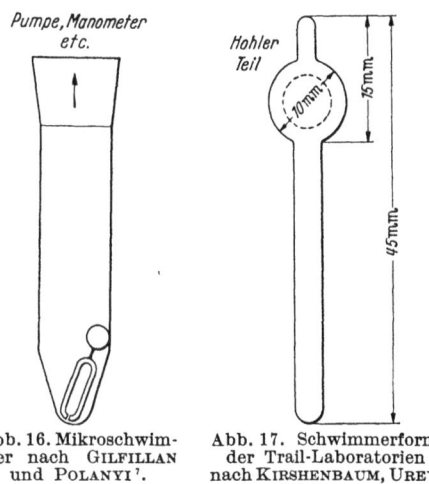

Abb. 16. Mikroschwimmer nach GILFILLAN und POLANYI[7].

Abb. 17. Schwimmerform der Trail-Laboratorien nach KIRSHENBAUM, UREY und MURPHY[4].

In diesem Fall ist es günstig, wenn der Schwimmer eine ähnliche Kompressibilität[6] besitzt wie das Wasser, da auf diese Weise eine Korrektur für atmosphärische Druckschwankungen wegfällt. Weiter werden als Eigenschaften von einem Schwimmer gefordert: Konstanz in Form und Gewicht sowie Unangreifbarkeit durch die zu messende Flüssigkeit. Die Genauigkeit der Messung ist durch die Genauigkeit der Temperatureinstellung und Ablesung begrenzt. Über Temperaturkonstanz von Thermostaten s. S. 710. Die Ablesung soll an mindestens 2 oder 3 BECKMANN-Thermometern erfolgen, wenn nicht eine Temperaturmessung mit einem Pt-Widerstandsthermometer vorgezogen wird.

Für sehr genaue Messungen kann man den Schwimmerbehälter nochmals mit einem Glaszylinder umgeben und mit diesem in das Wasserbad stellen. Eine solche Versuchsanordnung ist in Abb. 18 dargestellt.

Die Änderung der Gleichgewichtstemperatur ist eine lineare Funktion der Dichte. Da es jedoch sehr zeitraubend ist, jedesmal die Temperatureinstellung abzuwarten, messen ANDERSEN sowie EMELÉUS und Mitarbeiter[3,5] die Geschwindigkeit der Bewegung des Schwimmers bei verschiedenen Temperaturen. Die Geschwindigkeit dieser Bewegung ist eine lineare Funktion des Temperaturabstandes von der Gleichgewichtstemperatur. Durch Interpolation wird die wahre Gleichgewichtstemperatur gefunden. Sie kann auf diese Weise auf 0,0005° bestimmt werden. Dies entspricht einer Dichtedifferenz von 0,0000002 Einheiten oder einer Differenz im D-Gehalt von 0,0002%.

---

[1] RICHARDS, T. W., and J. W. SHIPLEY: Am. Soc. **34**, 599 (1912); **36**, 1 (1914). — RICHARDS, T. W., and G. W. HARRIS: Am. Soc. **38**, 1000 (1916).

[2] DOLE, M.: J. chem. Physics **2**, 337 (1934).

[3] EMELÉUS, H. J., F. W. JAMES, A. KING, T. G. PEARSON, R. H. PURCELL and H. V. A. BRISCOE: Soc. **1934**, 1207.

[4] KIRSHENBAUM, I., H. C. UREY and G. M. MURPHY: Physical Properties and Analysis of Heavy Water. S. 266. New York, London, Toronto 1951.

[5] ANDERSON, J. S., R. H. PURCELL, T. G. PEARSON, A. KING, F. W. JAMES, H. J. EMELÉUS and H. V. A. BRISCOE: Soc. **1937**, 1492.

[6] Diese ist von Material, Dicke der Wände und Form abhängig und kann nicht vorhergesagt werden.

[7] GILFILLAN, E. S., u. M. POLANY: Z. physik. Chem. (A) **166**, 254 (1933).

Eine besonders vereinfachte Anordnung wird von SAPIRSTEIN[1] angegeben. Dabei wird der Schwimmer (Volumen 0,5 cm³), der aus einem Pyrexglasrohr selbst hergestellt wird, in einem Reagensglas mit der Versuchsflüssigkeit im Wasserbad erhitzt, wobei er zu Boden sinkt. Beim langsamen Abkühlen wird der Punkt beobachtet, an welchem sich der Schwimmer vom Boden des Glases hebt. Die Genauigkeit wird mit 0,003% angegeben, die Genauigkeit der Temperaturablesung an einem BECKMANN-Thermometer mit 0,01°. Im Vergleich mit den anderen Autoren ist die angegebene Genauigkeit bei der Einfachheit der Anordnung erstaunlich und dürfte sehr von der Geschicklichkeit des einzelnen Experimentators abhängen.

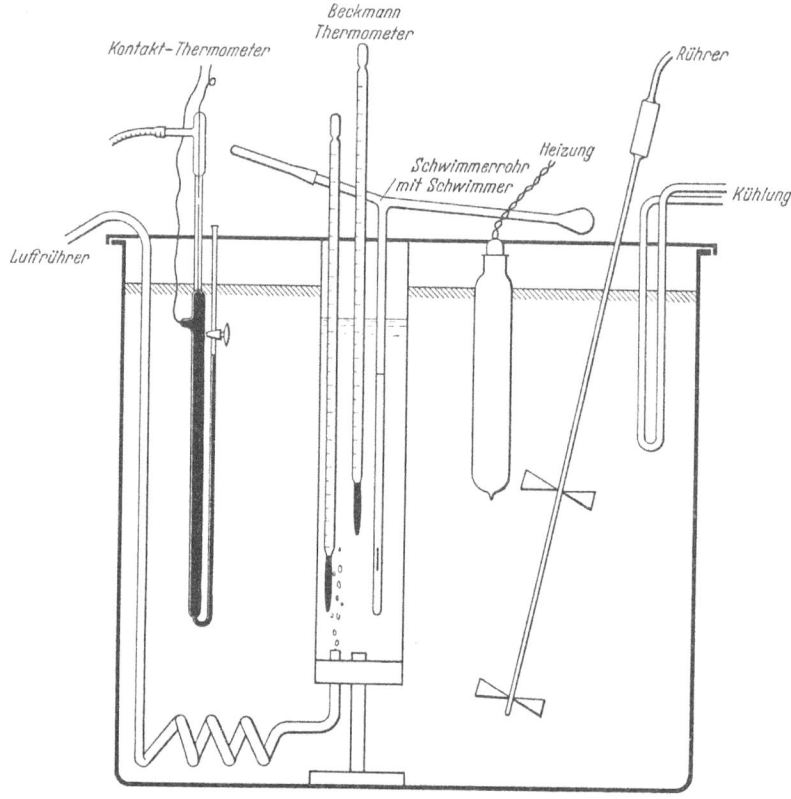

Abb. 18. Vollständige Versuchsanordnung zur Durchführung der Schwimmermethode nach ANDERSON u. Mitarb.[2].

*3. Magnetische Schwimmerkontrolle.* Bei dieser Methode werden sowohl die Temperatur konstant gehalten (4,07 ± 0,003°) als auch der Druck (Atmosphärendruck, Korrektur für Abweichungen). Ihre Abweichungen verursachen zusammen einen Fehler, der unter einer Einheit in der 7. Dezimale liegt[3].

Der Schwimmer trägt einen permanenten Kobalt-Eisenmagneten[4,5]. Unterhalb des Schwimmergefäßes befindet sich eine Stromschleife aus isoliertem Kupferdraht. Die Zahl der Windungen beträgt 40. Der Schwimmer wird zunächst durch Einschalten des Stromes zu Boden gezogen, dann durch langsames Reduzieren der Stromstärke der Punkt gesucht, an dem „Schwimmergleichgewicht" herrscht. 1 mV entspricht einer Dichteänderung von 9 $\gamma$/cm³ bei [2], von 0,7 $\gamma$/cm³ bei [5]. Die Versuchsanordnung ist in Abb. 19 gezeigt.

[1] SAPIRSTEIN, L. A.: J. Lab. clin. Med. 35, 793 (1950).
[2] ANDERSON, J. S., R. H. PURCELL, T. G. PEARSON, A. KING, F. W. JAMES, H. J. EMELÉUS and H. V. A. BRISCOE: Soc. 1937, 1492.
[3] LAMB, A. B., and R. E. LEE: Am. Soc. 35, 1666 (1913).
[4] HALL, N. F., and T. O. JONES: Am. Soc. 58, 1915 (1936).
[5] HALL, N. F., and D. R. ALEXANDER: Am. Soc. 62, 3455 (1940).

*4. Fehlerquellen bei der Dichtebestimmung nach der Schwimmermethode.* Der Einfluß von Temperatur und Druck wurde bereits eingehend besprochen.

Ein weiterer Faktor ist das Altern des Schwimmers. Neue Schwimmer zeigen in den ersten Wochen oft noch starke Volumenveränderungen, die von der Erhitzung des Quarzes bei der Herstellung des Schwimmers herrühren. Nach spätestens 3 Monaten blieben die meisten Schwimmer konstant. Ihre weitere Abweichung betrug z. B. bei GREEN und VOSKUYL[1] in 2 Jahren $2\gamma d$[2]; in vielen Fällen zeigte sich keine Änderung. Deshalb sollte der Eichfaktor der Schwimmer von Zeit zu Zeit nachgeprüft werden.

Die Messung kann durch Luftblasen am Schwimmer verfälscht werden. Der Schwimmer ist deshalb sehr sorgfältig sauber und fettfrei zu halten.

Für sehr genaue Messungen muß die Probe vorher entgast werden. Sättigung des Wassers mit Luft ergibt einen Fehler in der Dichtebestimmung von 2,5 ppm[3, 4]. Dieser liegt somit über der Meßgenauigkeit.

Um diesen Fehler auszuschalten erhitzt man die Lösung bzw. das Wasser 1—3 min im Vakuum zum Sieden und kühlt rasch ab. Man läßt erst vor dem Versuch vorsichtig Luft einströmen. Es wird auch empfohlen, die Lösung bei Atmosphärendruck 1 min zum Sieden zu erhitzen und nach Abkühlung auf 50° den Schwimmer einzusetzen.

ζ) *Reinigung der Analysenproben.*

Um Fehler in der Dichtebestimmung durch gelöste Verunreinigungen zu vermeiden, gleichgültig, welche Bestimmungsmethode man wählen will, muß das Wasser verschiedenen Destillationen unterworfen werden.

**Einfache Destillation.** Wenn die Analysenprobe bereits in Form relativ reinen Wassers vorliegt, so ist nur noch eine weitere Reinigung durch einmalige Vakuumdestillation nötig. Eventuell kann vorher ein Körnchen trockenen Kaliumpermanganats p.A. zugegeben werden. Im allgemeinen wird zur Destillation ein Vakuum von 0,5—0,05 mm gewählt, wie es durch eine gute Ölpumpe ohne Schwierigkeiten erzielt werden kann. Das Kondensationsgefäß wird dabei durch ein Bad von −80° C (Methylalkohol und festes $CO_2$ oder Aceton und festes $CO_2$), das man in einem Dewargefäß bereitet, abgekühlt. FETCHER[6] empfiehlt als Kältebad ein mit $CaCl_2$ gesättigtes Eisbad. Ein Schema einer Destillationsapparatur ist in Abb. 20 dargestellt.

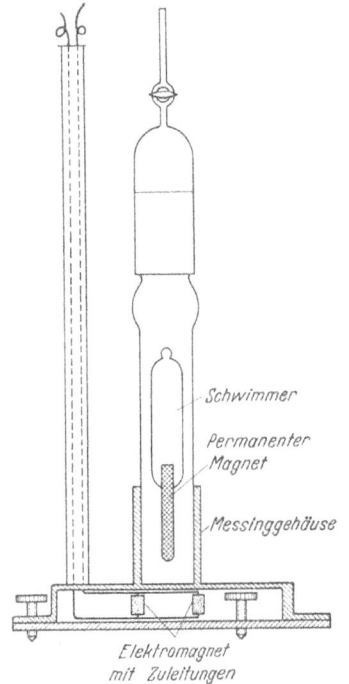

Abb. 19. Schwimmermethode mit Magnetregelung nach HALL und JONES[5].

Die Gefäßformen können nach eigenem Ermessen und Erfahrung in bestimmten Grenzen variiert werden. FETCHER[6] schlägt für das Kondensationsgefäß die in der Abb. 21 wiedergegebene Form vor. Dieselbe wird auch von FAVARGER[7] verwendet. Für größere Wassermengen ist ein Kondensationsgefäß nach Abb. 22 zu empfehlen. Das Kondensationsgefäß muß bei *geschlossener* Apparatur in die Kältemischung getaucht werden, bevor der Hahn zur Hochvakuumpumpe geöffnet wird.

Bei der Destillation von Gemischen aus $H_2O$ und $D_2O$ ist zu beachten, daß diese stets vollständig überdestilliert werden, da sonst auf Grund der verschiedenen Siedepunkte

---

[1] GREEN, C. H., and R. J. VOSKUYL: Am. Soc. **61**, 1342 (1939).
[2] $1\gamma d$ = 1 Millionstel von $d$.
[3] GILFILLAN, E. S. jr.: Am. Soc. **56**, 406 (1934).
[4] ppm = part per million = ein Millionstel.
[5] HALL, N. F. and T. O. JONES: Am. Soc. **58**, 1915 (1936).
[6] FETCHER, E. S. jr.: Industr. engng. Chem., analyt. Ed. **16**, 412 (1944).
[7] FAVARGER, P., R. A. COLLET et E. CHERBULIEZ: Helv. **34**, 1641 (1951).

bzw. Dampfdrucke der Komponenten eine Verschiebung des Isotopenverhältnisses durch Fraktionierung stattfindet, wodurch ein zu geringer D-Gehalt gefunden würde.

Das Umfüllen der Analysenproben soll bei trockener Atmosphäre, am besten in einem Klimakasten, geschehen, da der $D_2O$-Gehalt des zu analysierenden Gemisches mit dem

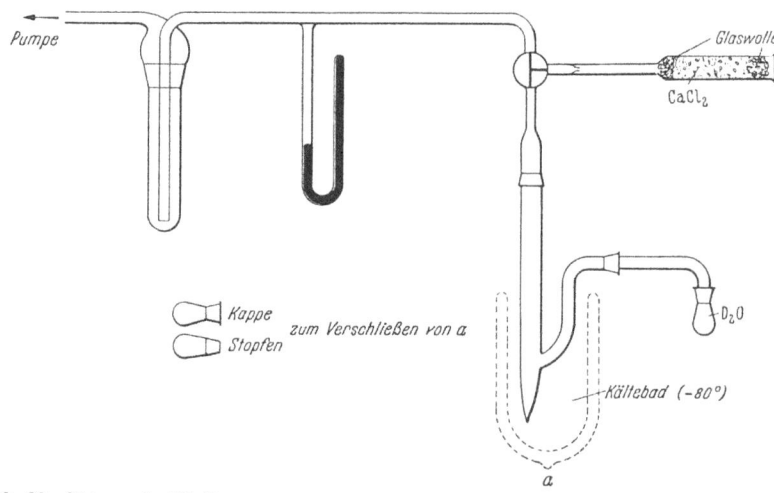

Abb. 20. Vakuumdestillationsapparatur zur Reinigung von $D_2O$-Analysenproben.

Wasserdampf der umgebenden Luft austauschen kann. Dies führt besonders bei hochkonzentriertem $D_2O$, zu einem merklichen Fehler. Dieser beträgt z. B. nach SILVERMAN und BRADSHAW[1]:

| | |
|---|---|
| Ursprünglicher D-Gehalt einer Analysenprobe | 99,85% D |
| Fehler durch 1maliges Umgießen in atmosphärischer Luft | −0,02% D |
| Fehler durch 10maliges Umgießen in atmosphärischer Luft | −0,12% D |
| Fehler durch 10maliges Umgießen in einem Trockenkasten | 0,0% D |

Beim Arbeiten in atmosphärischer Luft verlieren Standardproben nach 5maligem Öffnen für voneinander unabhängige Bestimmungen ihren Standardwert[1].

**Verbrennung und Destillation.** Liegt die deuteriumhaltige Substanz in Form einer organischen Verbindung vor, so muß das Deuterium erst in $D_2O$ übergeführt werden. Dies geschieht durch Verbrennung, wie sie bei der Elementaranalyse beschrieben ist (s. Bd. III, S. 197ff.). Im allgemeinen wird man 100—300 mg Substanz verbrennen, um genügend Wasser für die Deuteriumanalyse zu bekommen. Daher sind die Dimensionen des Verbrennungsrohres entsprechend größer zu wählen, etwa 2—2,5 cm innerer Durchmesser und 80 cm Länge. Am hinteren Ende trägt das Verbrennungsrohr einen Schliffkern, an welchen das auf −80° C gekühlte Kondensationsgefäß, das hier an Stelle des $CaCl_2$-Absorptionsrohres verwendet wird, direkt mit einer Schliffhülse angeschlossen wird. Das andere Ende des Kondensationsgefäßes ist zu einer feinen Capillare ausgezogen,

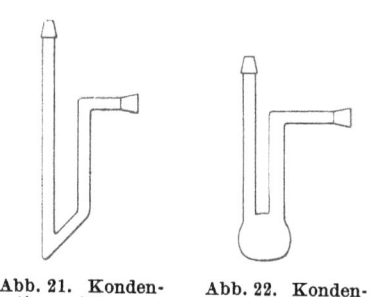

Abb. 21. Kondensationsgefäß nach FETCHER[2].

Abb. 22. Kondensationsgefäß für größere Wassermengen.

die nach beendeter Verbrennung abgeschmolzen wird, um es nun zur weiteren Reinigung des Verbrennungswassers mit der Vakuumdestillationsapparatur zu verbinden (s. unten). Verbrennungsapparatur und Gefäßbatterie zur Reinigung von Sauerstoff sind in Abb. 23 dargestellt.

---

[1] SILVERMAN, L., and W. BRADSHAW: Analyt. chim. Acta, Amsterdam 10, 68 (1954).
[2] FETCHER, E. S. jr.: Industr. engng. Chem., analyt. Ed. 16, 412 (1944).

Im Laboratorium der Verfasserin bewährt sich eine Füllung des Verbrennungsrohres, wie sie auch bei der Elementaranalyse üblich ist. Lediglich die zu Cu reduzierte CuO-Schicht läßt man weg, da durch die nachfolgende Reinigung des Verbrennungswassers eventuell entstandene Stickoxyde zu Nitrat oxydiert und als Salze gebunden werden. KESTON, RITTENBERG und SCHOENHEIMER[1] sowie SONDERHOFF und THOMAS[2] schlagen vor, das Verbrennungsrohr nur leicht mit CuO zu füllen und auf 600—700° C zu er-

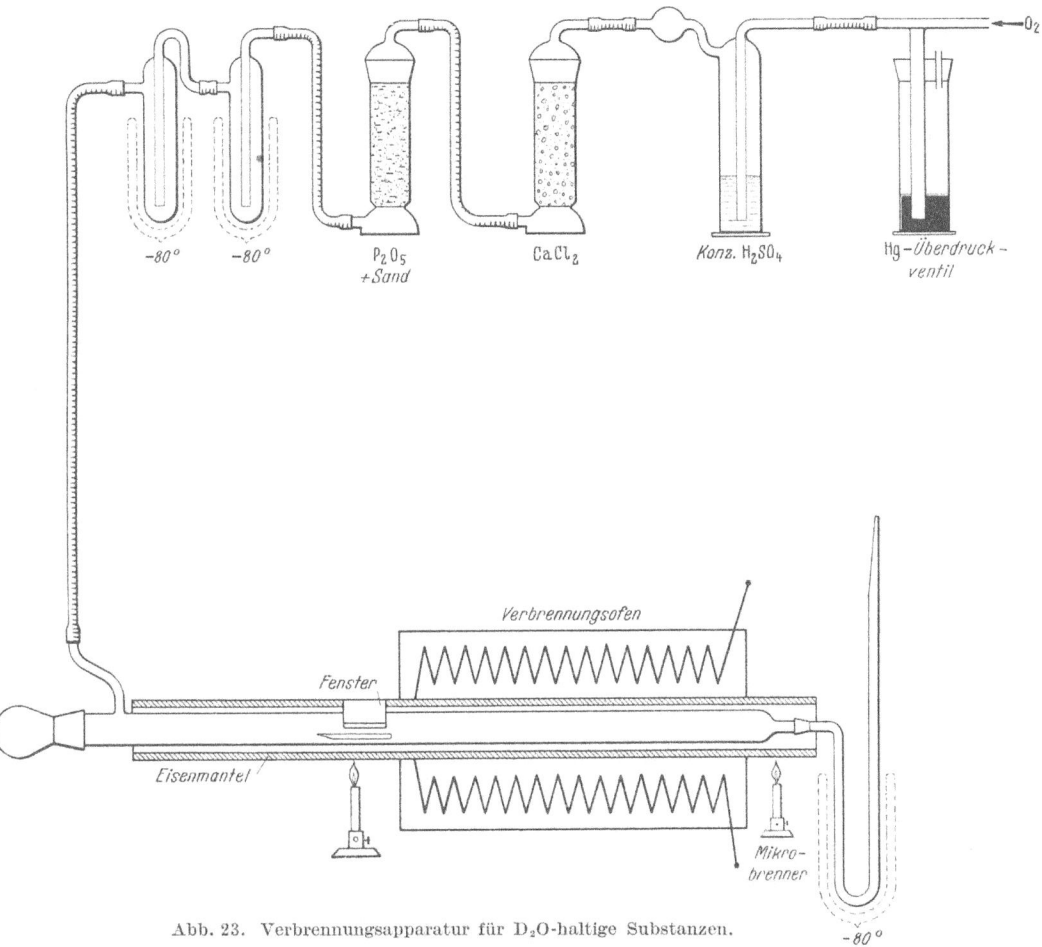

Abb. 23. Verbrennungsapparatur für D$_2$O-haltige Substanzen.

hitzen, während CORVAL, VIALLARD und PIOLET[3] eine Füllung mit MnO$_2$ und eine Temperatur von 400—450° C empfehlen.

Besondere Beachtung ist der Reinigung des zur Verbrennung verwendeten Sauerstoffs zu schenken. Sauerstoff, der durch Fraktionierung flüssiger Luft hergestellt wurde, ist elektrolytisch gewonnenem vorzuziehen, da letzterer durch den Herstellungsprozeß niemals frei von Spuren von Wasserstoff ist, welche mühsam durch Überleiten über ein glühendes Kupfernetz (oder reduziertes CuO p.a.) entfernt werden müssen. Zur Trocknung leitet man den Sauerstoffstrom durch Trockentürme, die mit CaCl$_2$ sowie mit P$_2$O$_5$ gefüllt sind, und zuletzt durch 2 Fallen in einem Kältebad von —80° C. (Um das Zusammenkleben von P$_2$O$_5$ zu verhindern, kann man es mit getrocknetem Seesand vermischen.)

Die Reinigung des Verbrennungswassers durch Destillation geschieht im Prinzip ähnlich wie oben beschrieben, nur wird die Zahl der Destillationen auf 3—5 erhöht.

---

[1] KESTON, A. S., D. RITTENBERG and R. SCHOENHEIMER: J. biol. Ch. 122, 227 (1937).
[2] SONDERHOFF, R., u. H. THOMAS: A. 530, 195 (1937).
[3] CORVAL, M., et R. VIALLARD: Mikrochim. Acta 1954, 231.

Vor den einzelnen Destillationen werden dem Wasser ein bis einige Milligramm von $BaCO_3$, CaO, $CrO_3$ oder $KMnO_4$ zugesetzt. Einzelheiten sind aus Abb. 24 und Tabelle 12 zu entnehmen.

Tabelle 12. *Reinigung und Destillation des Verbrennungswassers.*

| | Falle | | | | | | Literatur |
|---|---|---|---|---|---|---|---|
| | a (letzte) | b | c zum Zurückhalten fester Teilchen | d | e | f (Verbrennungswasser) | |
| Zugabe von | — | — | — | ( ) | CaO | $BaCO_3$ | 1, 2 |
| | — | ( ) | ( ) | ( ) | $KMnO_4 + KOH$ h. | $CrO_3$ h. | 3 |
| | — | — | — | $KMnO_4 + KOH$ | $CrO_3$ | $BaCO_3$ | 4 |
| | — | — | — | $KMnO_4 + KOH$ | $CrO_3$ | Cu (12 Std) dann Zugabe $BaCO_3$ | 5 |

—: keine Zugabe; ( ): Falle weggelassen; h.: 1 min zum Sieden erhitzt.

Zur Reinheitsprüfung kann man mit einem Teil des Wassers den Destillationsvorgang wiederholen. Aus der Falle *a* wird das gereinigte Verbrennungswasser mit einer Pipette

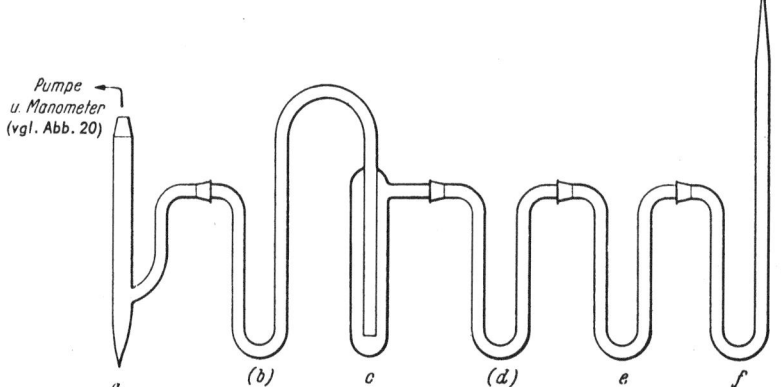

Abb. 24 a—f. Destillationsapparatur für das Verbrennungswasser.

entnommen und zur *Dichtemessung* weiterverwendet. Am besten eignen sich dazu durch Ausziehen eines gereinigten und getrockneten (s. unten) Glasrohrs selbst angefertigte Pipetten. Die Pipetten werden am besten jeweils nur einmal verwendet und dann vernichtet. Der Zeitaufwand ist geringer, als wenn man sie „D-spurenfrei" reinigt.

*Reinigung der Glasgeräte*[6]. Die Glasgeräte werden zunächst mit heißer $Na_3PO_4$-Lösung gespült und mit destilliertem Wasser nachgespült. Anschließend werden sie mit heißer, konz. Salpetersäure behandelt und 10mal mit frisch destilliertem Wasser nachgespült. Sie werden in einem Trockenschrank getrocknet, der nicht zu einem anderen Zweck verwendet werden darf; insbesondere dürfen sich keine organischen Stoffe, wie Filtrierpapier, Korke usw., darin befinden.

---

[1] FETCHER, E. S. jr.: Industr. engng. Chem., analyt. Ed. **16**, 412 (1944).
[2] FAVARGER, P., R. A. COLLET et E. CHERBULIEZ: Helv. **34**, 1641 (1951).
[3] RITTENBERG, D., and R. SCHOENHEIMER: J. biol. Ch. **111**, 169 (1935).
[4] Bei Gegenwart von Aminosäuren in der Verbrennungssubstanz: KESTON, A. S., D. RITTENBERG and R. SCHOENHEIMER: J. biol. Ch. **122**, 227 (1937).
[5] Bei Gegenwart von Halogen in der Verbrennungssubstanz: KESTON, A. S., D. RITTENBERG and R. SCHOENHEIMER: J. biol. Ch. **122**, 227 (1937).
[6] KESTON, A. S., D. RITTENBERG and R. SCHOENHEIMER: J. biol. Ch. **122**, 227 (1937).

## c) Biologisches Arbeiten mit Deuterium.

### α) Übersicht.

Das zur Untersuchung mit Deuterium am besten geeignete und am meisten bearbeitete Gebiet ist der Stoffwechsel der Fette und Lipoide. Damit sind verbunden die Namen SCHOENHEIMER, RITTENBERG, BLOCH, FAVARGER, BERNHARD. Wertvolle Befunde über Teilreaktionen des Citronensäurecyclus konnten mit Hilfe deuterierter Essigsäure und Bernsteinsäure gewonnen werden. Schließlich wurden mit Hilfe deuterierter Methylgruppen Transmethylierungen untersucht, womit sich vor allem DU VIGNEAUD und Mitarbeiter befaßt haben. Da sich die Entwicklung dieser Arbeitsgebiete noch im Fluß befindet, sei hier nur auf einige zusammenfassende Darstellungen der mit Deuteriummarkierung gewonnenen Ergebnisse hingewiesen[1-7].

### β) Bestimmung des Körperwassers.

Zur Bestimmung des Körperwassers[8] stellt Deuteriumoxyd wohl die Idealsubstanz dar, da es sich in seinem biologischen Verhalten nicht wesentlich von dem des Wassers unterscheidet. Es ist nicht radioaktiv und in den zur Körperwasserbestimmung verwendeten Konzentrationen unschädlich (s. auch S. 727).

Bei intravenöser Gabe setzt sich $D_2O$ in etwa 2 Std mit dem gesamten Körperwasser, den vasculären, intercellulären und intracellulären Räumen, ins Gleichgewicht. Bei oraler und subcutaner Gabe beträgt die „Gleichgewichtszeit" etwa 3 Std. Sehr viel rascher findet bei oraler Gabe jedoch der D-Ausgleich nur mit dem Serum statt. LONDON und RITTENBERG[9] beobachteten diesen Ausgleich in einem Zeitraum von 40 min, SCHLOERB und Mitarbeiter[10] in 30 min. Einen besonders günstigen Umstand für die Verwendung von Deuteriumoxyd bei der Bestimmung des Körperwassers stellt die Tatsache dar, daß die Niere nicht zwischen $H_2O$ und $D_2O$ unterscheidet, so daß die Konzentration von $D_2O$ im Körper sowohl aus dem Serum als auch aus dem Harn bestimmt werden kann[9,11,12]. Bei einer vom „Surgeon General Department of the US-Army" ausgearbeiteten Routinemethode zur Bestimmung des Körperwassers beim Menschen[12] werden nach oraler Gabe von 50 cm³ reinem $D_2O$ an nüchterne Personen in einem Zeitraum von 3 Std 2—3 Harnproben gesammelt (erste Phase, vor Einstellung des Gleichgewichts), in den folgenden 3 Std 2—3 weitere Proben (Gleichgewichtsphase).

Die Berechnung des Gesamtkörperwassers $V_K$ wird nach dem Prinzip der Isotopenverdünnung vorgenommen[10,12]:

$$V_K = \frac{C_1 V_1 - C_u V_u}{C_K}$$

wobei: $C_1$ = Konzentration des gegebenen $D_2O$, $V_1$ = Volumen der $D_2O$-Gabe, $C_u$ = Konzentration von $D_2O$ im Harn der ersten Versuchsphase, $V_u$ = ausgeschiedene Harnmenge der ersten 3 Std, $C_K$ = $D_2O$-Konzentration im Harn nach Erreichung des Gleichgewichts.

---

[1] SCHOENHEIMER, R., and D. RITTENBERG: Science, N. Y. **87**, 221 (1938).

[2] SCHOENHEIMER, R.: The Dynamic State of Body Constituents. Cambridge, Mass. 1949.

[3] BERNHARD, K.: Stoffwechsel mit Deuterium als Indikator. Mitt. Lebensm.-Unters. **37**, 58 (1946).

[4] WEYGAND, F.: Angew. Chem. **61**, 285 (1949).

[5] HEVESY, G.: Historical sketch of the biological application of tracer elements. Cold Spring Harbor Symp. quant. Biol. **13**, 129 (1948).

[6] BERNHARD, K.: Mitt. naturwiss. Ges. Winterthur. Heft **25**, 51 (1948).

[7] BERNHARD, K.: Bull. schweiz. Akad. med. Wiss. **5**, 331, 405 (1949).

[8] Übersicht s. MANERY, J. F.: Physiol. Rev. **34**, 334 (1954).

[9] LONDON, I. M., and D. RITTENBERG: J. biol. Ch. **184**, 687 (1950).

[10] SCHLOERB, P. R., B. J. FRIIS-HANSEN, I. S. EDELMAN, A. K. SOLOMON and F. D. MOORE: J. clin. Invest. **29**, 1296 (1950).

[11] HURST, W. W., F. R. SCHEMM and W. C. VOGEL: J. Lab. clin. Med. **39**, 41 (1952).

[12] PASCALE, L. R., T. FRANKEL, S. FREEMAN, I. L. FALLER and E. E. BOND: Army Medical Nutrition Laboratory. Report No 135. Denver, Col. 1954.

Für $C_u V_u$ verwendeten SCHLOERB und Mitarbeiter[1] einen Wert von 0,4% der injizierten Menge an $D_2O$. Diese Zahl schließt sowohl die Ausscheidung im Urin der ersten Phase als auch die Ausscheidung durch Haut und Lunge ein. FREEMAN und Mitarbeiter[2] fanden im Harn der ersten 3 Std eine Ausscheidung von 0,07—0,21% der $D_2O$-Gabe. Unter der Annahme, daß diese etwa die Hälfte der insgesamt ausgeschiedenen Wassermenge darstellt, gelangten sie zu ähnlichen Werten wie SCHLOERB[1].

Bei der Verwendung von $D_2O$ zur Körperwasserbestimmung tragen auch „labile" H-Atome von Körpersubstanzen (Proteine, Kohlenhydrate) zur Verdünnung des D-Gehaltes bei, worauf schon LONDON und RITTENBERG[3] hingewiesen haben. Dies dürfte auch der Grund dafür sein, daß bei Verwendung von $D_2O$ (und $T_2O$) ein etwas größeres Körperwasservolumen als das wahre gefunden wird[4], während man bei Verwendung von Antipyrin meist ein etwas zu kleines Volumen erhält. LJUNGGREN[5] fand zwischen beiden Methoden eine Differenz von 9% des Gesamtkörperwassers bei einem relativen Fehler der $D_2O$-Methode von 1,9% und der Antipyrinmethode von 5%. Außerdem können durch Wasserverschiebungen innerhalb des Körpers, die nicht in einer Wasserbilanz in Erscheinung treten, fehlerhafte Ergebnisse verursacht werden[6].

Mit Hilfe von $D_2O$ wurden folgende Werte für das Gesamtkörperwasser erhalten[1]: Mann 55,9—70,3%, Mittelwert 61,8%; Frau 45,6—59,9%, Mittelwert 51,9%.

Die Genauigkeit der Bestimmung steigt proportional der gegebenen Menge an $D_2O$[1]. 90 cm³ $D_2O$ ergeben eine Konzentration im Serum von 0,2%. Diese liegt in einem günstigen Meßbereich. Bei Gabe von nur 45 cm³ $D_2O$ muß man mit einer geringeren Genauigkeit rechnen. Die Genauigkeit hängt ferner ab von der zur Bestimmung des D-Gehaltes verwendeten Methode. Sie beträgt bei der massenspektroskopischen Methode ±0,0005 Vol-% bei 0,368 Vol-%, bei der Methode des fallenden Tropfens ±0,0012 Vol-% bei 0,305 Vol-%; d. h., beide Methoden sind auf ±0,5% des Deuteriumgehaltes genau. Dies entspricht einem Fehler in der Gesamtwasserbestimmung von 200 cm³ beim normalen Erwachsenen. Unter Berücksichtigung einer Reihe anderer Fehlerquellen (Injektion, Probeentnahme usw.) kamen SCHLOERB und Mitarbeiter[1] auf eine Genauigkeit von ±400 cm³.

Nach Erreichung des Gleichgewichts verschwindet das $D_2O$ wieder aus dem Körper, und zwar entspricht die Funktion der Eliminierung einer Reaktion erster Ordnung[1]: $-d \ln C_K/dt = k$ bzw. in integrierter Form: $C_K = A e^{-kt}$, wobei $C_K$ = Konzentration an $D_2O$ nach Erreichung des Gleichgewichts, $k$ = Reaktionskonstante, $t$ = Zeit (in Tagen).

Daraus ergibt sich[1], daß bei einem normalen Menschen täglich 7,7% ±1,2% des gesamten Körperwassers ersetzt werden. Die Halbwertszeit für Wasser im Körper beträgt 9,3 ±1,5 Tage, die durchschnittliche Lebenszeit eines Wassermoleküls im Körper 13,3 ±2,2 Tage. Diese Werte liegen in derselben Größenordnung wie die Werte von HEVESY und HOFER[7] mit einer Halbwertszeit von 9,0 Tagen und einer durchschnittlichen Lebensdauer von 13,0 Tagen.

Mit Hilfe von Deuteriumoxyd ließ sich auch erstmalig feststellen, daß das Wasser der Amnionflüssigkeit, von welchem man früher annahm, daß es nicht mit dem Körperwasser austauschbar sei, durchschnittlich in 2,9 Std vollständig ersetzt wird[8].

---

[1] SCHLOERB, P. R., B. J. FRIIS-HANSEN, I. S. EDELMAN, A. K. SOLOMON and F. D. MOORE: J. clin. Invest. **29**, 1296 (1950).

[2] PASCALE, L. R., T. FRANKEL, S. FREEMAN, I. L. FALLER and E. E. BOND: Army Medical Nutrition Laboratory. Report No 135. Denver, Col. 1954.

[3] LONDON, I. M., and D. RITTENBERG: J. biol. Ch. **184**, 687 (1950).

[4] KEITH, N.: Ann. Rev. Physiol. **15**, 69 (1953).

[5] LJUNGGREN, H.: Acta physiol. scand. **33**, 69 (1955).

[6] BURCH, G. E., C. T. RAY and S. A. THREEFOOT: J. Lab. clin. Med. **42**, 34 (1953).

[7] HEVESY, G., and E. HOFER: Nature **134**, 879 (1934).

[8] VOSBURGH, G. J., L. B. FLEXNER, D. B. COWIE, L. M. HELLMAN, N. K. PROCTOR and W. S. WILDE: Amer. J. Obstet. Gynec. **56**, 1156 (1948).

Ein weiteres Problem, das erst durch die Verwendung von $D_2O$ und anderen markierten Verbindungen zugänglich wurde, ist die Frage nach dem Mechanismus des capillaren Austausches. FLEXNER, COWIE und VOSBURGH[1] konnten nachweisen, daß beim Menschen je Minute 78% des Plasmawassers mit der extravasculären Flüssigkeit ausgetauscht werden. Bei den genannten Autoren findet sich auch eine ausführliche Diskussion über Wesen und Reaktionsmechanismus dieses Austausches.

### γ) Toxicität.

Der Säugetierorganismus ist gegen höhere $D_2O$-Konzentrationen empfindlich. Gaben von reinem $D_2O$ als Trinkwasser an Mäuse führen innerhalb einer Woche zum Tod der Versuchstiere[2]. Dabei auftretende Erscheinungen sind: typische Symptome des Zentralnervensystems, Gewichtsverlust und schließlich ein hypometabolischer Zustand. Die $D_2O$-Konzentration im Serum lag dabei bei Werten um 25%. Geringe Konzentrationen, also auch solche, die zur Bestimmung des Körperwassers (0,2% $D_2O$ im Serum) angewendet werden, erwiesen sich jedoch bei Tier und Mensch als völlig unschädlich.

Einzeller sind gegen $D_2O$-Konzentrationen relativ unempfindlich. Bis zu 50% $D_2O$ sind sie unvermindert lebensfähig[3]. Zwischen 50% und 85% $D_2O$ gehen Algen ein[3]. Hefe zeigt bei 98% $D_2O$ nur noch die Hälfte der normalen Atmungs- und Gärungsgröße, jedoch bleibt sie am Leben[4].

CRUMLEY und MEYER[5] untersuchten die Keimungsfähigkeit der Samen von Radieschen, Tabak, verschiedenen Gräsern und der Sporen von Pilzen und einigen Moosen. Der Beginn der Keimung war in allen Fällen in $D_2O$ verzögert, am meisten bei den Sporen. Auch das anschließende Sporenwachstum war gehemmt, wobei der Grad der Hemmung von der Konzentration abhing. Als Grund wird die Abnahme der Diffusionsgeschwindigkeit von $D_2O$ gegenüber $H_2O$ in die Samen infolge der größeren Masse des Deuteriumatoms angenommen. Der Einfluß verschiedener $D_2O$-Konzentrationen auf tierische Zellen wurde zum ersten Mal von CAGIANUT[6] an Gewebskulturen von Kaninchenfibrocyten untersucht. Konzentrationen von 25—33% $D_2O$ bewirkten einen Rückgang der beobachtbaren Mitosezahl, doch blieb der Ablauf der Mitose noch weitgehend normal. Nur die Äquatorialplatte blieb etwas länger bestehen. Von 33% $D_2O$ bis 75% $D_2O$ zeigten sich Störungen im Ablauf der Mitose, die sich vor allem in einer zunehmenden Dauer der frühen Metaphase ausdrückten. Es kam schließlich zum Mitosenstop im Stadium der Metakinese. Von 75% $D_2O$ an rundeten sich zahlreiche Zellen ab, der Kern wurde pyknotisch, das Plasma zeigte eigenartige bläschenartige Fortsätze und zerfiel schließlich. Als Erklärung werden Veränderung der Diffusionsgeschwindigkeit des Wassers durch den Gehalt an $D_2O$, Veränderungen in der Viscosität des Zellplasmas und $p_H$-Verschiebungen herangezogen.

## 2. $^{13}_{6}C$. Schwerer Kohlenstoff.

**Herstellung.** $^{13}C$ wird im Austauschverfahren nach UREY mit KCN-Lösungen angereichert. Er kommt in Konzentrationen von etwa 60% in den Handel und kann von der Eastman Kodak Co., Organic Chemicals Sales Division, Rochester, New York, USA, oder vom Isotope Information Office, AERE Harwell, Berkshire, England, bezogen

---

[1] FLEXNER, L. B., D. B. COWIE and G. J. VOSBURGH: Cold Spring Harbor Symp. quant. Biol. **13**, 88 (1948).

[2] SCHLOERB, P. R., B. J. FRIIS-HANSEN, J. S. EDELMAN, A. K. SOLOMON and T. D. MOORE: J. clin. Invest. **29**, 1296 (1950).

[3] REITZ, O., u. K. F. BONHOEFFER: Z. physik. Chem. (A) **172**, 369 (1935); **174**, 424 (1935).

[4] BONHOEFFER, K. F.: Z. Elektrochem. **44**, 87 (1938).

[5] CRUMLEY, H. A., and S. L. MEYER: J. Tennessee Acad. Sci. **25**, 171 (1950) [Nucl. Sci. Abstr. **4**, 5861 (1950)].

[6] CAGIANUT, B.: Exper. **5**, 48 (1949).

werden. Weitere Einzelheiten über die Herstellung s. S. 690ff. Eine Reindarstellung des $^{13}$C-Isotops als $^{13}$CH$_4$ im Trennrohr wird von CLUSIUS und BÜHLER[1] beschrieben.

**Arbeitsmethoden.** Die Arbeitsmethoden mit $^{13}$C sind dieselben, wie sie bereits für $^{14}$C beschrieben wurden (s. S. 800ff.). Obwohl in $^{14}$C ein sehr günstig zu handhabendes radioaktives Isotop von Kohlenstoff zur Verfügung steht, wird $^{13}$C noch weitgehend zur Markierung verwendet, vor allem bietet sich dadurch die Möglichkeit zur Doppelmarkierung ein und derselben Verbindung.

Zur Gewinnung von $^{13}$CO$_2$ wird die markierte Verbindung entweder über CuO verbrannt oder naß mit Chrom-Schwefelsäure oxydiert[2, 3] und das entstandene CO$_2$ in Ba(OH)$_2$ aufgefangen. Man kann auch den Isotopengehalt bestimmter Gruppierungen untersuchen, z. B. durch Decarboxylierung von Aminosäuren mit Ninhydrin, Decarboxylierung von $\beta$-Ketosäuren mit Säuren usw. Das gefällte BaCO$_3$ wird mehrmals zentrifugiert und ausgewaschen und kann so entweder zur eigentlichen Analyse verschickt oder selbst aufgearbeitet werden.

**Bestimmung.** $^{13}$C wird mit dem Massenspektrometer als $^{13}$CO$_2$ bestimmt. Dieses kann aus dem BaCO$_3$-Niederschlag leicht mit Säuren in Freiheit gesetzt werden. Für die $^{13}$C-Analyse ist es ein besonders günstiger Umstand, daß die Massen 44 und 45 ($^{12}$CO$_2$ und $^{13}$CO$_2$) durch keine anderen störenden Verbindungen besetzt sind. Dadurch ist die Methode gegen geringe Verunreinigungen weniger empfindlich.

Außer der massenspektrometrischen werden keine anderen Methoden zur Bestimmung von $^{13}$C verwendet.

### 3. $^{15}_{7}$N. Schwerer Stickstoff.

#### $\alpha$) Herstellung.

$^{15}$N kann durch das Austauschverfahren nach UREY in Form von Ammoniumnitrat (oder einem anderen Ammoniumsalz) bis auf 30—60% angereichert werden. In dieser Form ist er käuflich erhältlich (Eastman Kodak Co., Organic Chemical Sales Division, Rochester 4, New York, USA). Durch Thermodiffusion läßt er sich im Trennrohr in Form von N$_2$ bis auf 100%ige Reinheit konzentrieren[4] (s. auch S. 689ff.).

Im Gegensatz zu den anderen stabilen Elementen sind mit $^{15}$N markierte Verbindungen gut durch chemische Synthese zugänglich. Eine ausgezeichnete Beschreibung ihrer Herstellung findet sich bei CLUSIUS[5]; aus dieser Arbeit ist auch die nachfolgende Tabelle entnommen.

Tabelle 13. *Herstellung $^{15}$N-markierter Verbindungen*[5].

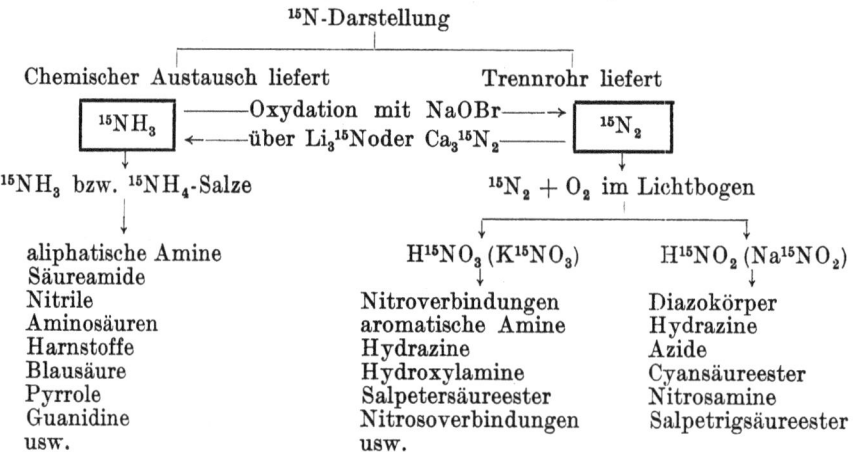

[1] CLUSIUS, K., u. H. H. BÜHLER: Z. Naturforsch. **9a**, 775 (1954).
[2] WEINHOUSE, S., in: WILSON, D. W., A. O. C. NIER and S. P. REIMANN: Preparation and Measurement of Isotopic Tracers. Ann Arbor, Mich. 1948.
[3] SLYKE, D. D. VAN, and J. FOLCH: J. biol. Ch. **136**, 509 (1940).
[4] CLUSIUS, K.: Helv. **33**, 2134 (1950).
[5] Nach CLUSIUS, K.: Angew. Chem. **66**, 497 (1954).

### β) Chemisches und biologisches Arbeiten mit $^{15}N$.

Gegenüber D und $^{18}O$ hat $^{15}N$ den Vorteil, überhaupt nicht austauschfreudig zu sein. Alle mit $^{15}N$ markierten Verbindungen können ohne besondere Vorsichtsmaßregeln an der Luft hergestellt und aufbewahrt werden. So konnten in den letzten Jahren eine Reihe organisch-chemischer Reaktionsmechanismen geklärt werden, z. B. bei der Spaltung von Phenyl- und Diphenylhydrazin sowie bei der Indol- und Harnsäuresynthese. Andere Arbeiten betrafen die Konstitution von Diazoverbindungen und Aziden[1].

Für die physiologische Chemie eröffnete die Markierungsmöglichkeit mit $^{15}N$ ein weites Arbeitsfeld der Klärung des Stoffwechsels von Aminosäuren und Purinen, dessen Bearbeitung bis heute noch nicht abgeschlossen ist. Die Pionierarbeiten auf diesem Gebiet sind mit den Namen SCHOENHEIMER und RITTENBERG verknüpft. Die Ergebnisse dieser und anderer Forscher wurden in den letzten Jahren mehrmals in zusammenfassenden Referaten dargestellt[2-4].

### γ) Bestimmung.

Zur Bestimmung des Isotopenverhältnisses von Stickstoff stehen 2 Methoden zur Verfügung: Bestimmung mit dem Massenspektrometer und mit dem UV-Spektralapparat.

**Massenspektrometrische Methode.** N wird im Massenspektrometer als $N_2$-Gas durch Vergleich der Masse $^{14}N^{15}N = 29$ mit $^{14}N_2 = 28$[5] bestimmt. Hinsichtlich Gerät und Meßvorgang s. S. 693. Bei biologischen Versuchen wird Stickstoff jedoch zunächst nicht als $N_2$-Gas erhalten, sondern muß erst in dieses übergeführt werden.

Die Umwandlung von organisch gebundenem Stickstoff in $N_2$ erfolgt über 2 Stufen: 1. Überführung in Ammoniak, 2. Oxydation von Ammoniak zu $N_2$.

*Bestimmung von Aminostickstoff*[5]. Will man markierte Aminogruppen analysieren, so werden diese durch alkalische Hydrolyse bei 100° abgespalten und das Ammoniak durch einen Stickstoffstrom in Salzsäure übergetrieben. Die erhaltene Ammoniumchloridlösung kann wie später folgt weiterverarbeitet werden.

*Ammoniak- und Harnstoff-N aus dem Urin*[5]. Die Harnprobe (entsprechend etwa 1 mg Ammoniak-N) wird mit destilliertem Wasser 1:10 verdünnt. Zur Absorption von Ammoniak werden etwa 2 g mit Säure gewaschenen Permutits zugegeben und 8 min geschüttelt. Anschließend wird der Urin dekantiert und der Permutit 10mal mit destilliertem Wasser nachgewaschen. Durch Behandlung mit Alkali wird das adsorbierte Ammoniak wieder in Freiheit gesetzt und durch Wasserdampfdestillation in 5 cm³ 0,05 n HCl übergetrieben. Dazu kann eine gewöhnliche KJELDAHL-Apparatur verwendet werden.

Aus der vom Permutit dekantierten und mit den Waschwässern vereinigten Harnprobe wird mit Xanthydrol (s. Bd. III, S. 1083ff.) der Harnstoff gefällt. Die Fällung wird weiter nach der KJELDAHL-Methode verascht. Eine andere Möglichkeit besteht darin, den Harnstoff mit Urease abzubauen und das entstandene Ammoniak in 5 cm³ 0,05 n HCl aufzufangen.

*Gesamtstickstoff*[5]. Um das Isotopenverhältnis des Gesamt-N einer Verbindung zu bekommen, wird diese mit $SeO_2 +$ Schwefelsäure nach der üblichen KJELDAHL-Methode oxydiert (s. Bd. III, S. 236ff.). Es ist besondere Sorgfalt auf vollständigen Ablauf der Reaktion zu verwenden, da bei unvollständigem Abbau Methylamin, Äthylamin oder Dimethylamine unangegriffen bleiben, welche später bei der massenspektrometrischen Analyse Störungen bei den Massen 45, 31 und 29 verursachen. Substanzen, aus denen diese „Verunreinigungen" vorzugsweise entstehen, sind Lysin, Kreatin, Sarkosin, Arginin und Ornithin. Besonders Lysin widersteht einer vollständigen Oxydation sehr hartnäckig[5].

---

[1] CLUSIUS, K.: Angew. Chem. 66, 497 (1954). Dort auch zahlreiche Literaturhinweise auf die zum größten Teil von demselben Verfasser stammenden einzelnen Arbeiten.

[2] WEYGAND, F.: Angew. Chem. 61, 285 (1949).

[3] SCHOENHEIMER, R.: The Dynamic State of Body Constituents. Cambridge, Mass. 1949.

[4] Biological Applications of Tracer Elements (25 Vorträge): Cold Spring Harbor Symp. quant. Biol. 13 (1948).

[5] RITTENBERG, D. in: WILSON, D.W., A. O. C. NIER and S. P. REIMANN: Preparation and Measurement of Isotopic Tracers. Ann Arbor, Mich. 1948.

### Oxydation von Ammoniak zu Stickstoffgas[1].

*Prinzip:*

Ammoniak wird quantitativ mit Hypobromit zu Stickstoff oxydiert nach der Gleichung

$$2NH_3 + 3NaOBr \rightarrow N_2 + 3H_2O + 3NaBr.\ [2]$$

*Reagentien:*

1. Hypobromitlösung: 200 g NaOH werden in 300 cm³ Wasser gelöst. Zur Hälfte dieser Lösung werden unter Rühren 60 cm³ Br₂ innerhalb 10 min zugegeben. Anschließend wird der restliche Teil der Natronlauge zugefügt. Im Eisschrank monatelang haltbar.
2. Herstellung von $N_2$ zur massenspektroskopischen Analyse erfolgt in der in Abb. 25 angegebenen Apparatur.

Abb. 25. $A$ = Schliffkolben, 15 cm³ mit Schliffkern, dient zur Aufnahme von 3—5 cm³ Hypobromitlösung. $B$ = Schliffkolben, 50 cm³, dient zur Aufnahme der Analysenprobe [zur Analyse wird diese (5 cm³) auf 1—2 cm³ eingeengt und heiß mit einem Tropfrohr in Kolben $B$ übergeführt]. $C$ = fest verbunden mit $B$, Kühlfalle. Kommt in ein Bad von Alkohol-Trockeneis. $D$ = Sammelgefäß für den entwickelten Stickstoff mit Hahn und Schliff (15 cm³ Inhalt). $E$ = TÖPLER-Pumpe mit 250 cm³ Inhalt. $F$ = Saugflasche, 500 cm³. $H\,1$ = Verbindungshahn zur Hochvakuumpumpe. $H\,2$ = Hahn am Gassammelgefäß, 3 mm Bohrung. $H\,3$ = Dreiweghahn. $H\,4$ = Dreiweghahn, verbunden mit Wasserstrahlpumpe.

Schliffe: Im Original ist für den Schliff zwischen $A$ und $B$ eine Weite von $^{19}/_{38}$ angegeben, für die anderen Schliffe $^{7}/_{25}$.

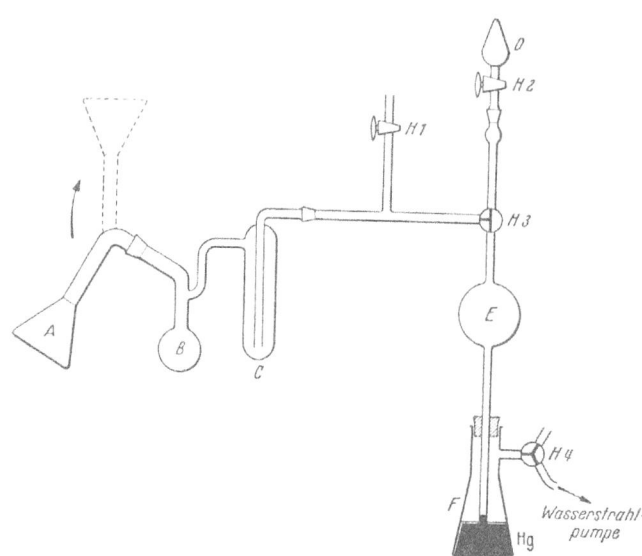

Abb. 25. Apparatur zur Oxydation von Ammoniak nach RITTENBERG[1].

*Ausführung*[1]:

Nach Einfüllen der Versuchsprobe und der Hypobromitlösung wird der Hahn $H\,1$ zur Vakuumpumpe geöffnet. Gleichzeitig beginnt das Quecksilber in der TÖPLER-Pumpe zu steigen. Durch Verbindung des Hahnes $H\,4$ mit einer Wasserstrahlpumpe kann man die Steighöhe des Quecksilbers regulieren.

Bei weiterer Drucksenkung in der Hauptapparatur beginnt die Versuchslösung in $B$ zu kochen. Die Siedestärke kann durch Hahn $H\,1$ reguliert werden; durch den Wärmeverlust gefriert die Lösung in $B$ nach kurzer Zeit, während sich in der Hypobromitlösung in $A$ Gasblasen bilden. Nach 3 min wird der Hahn $H\,3$ um 180° gedreht, so daß die TÖPLER-Pumpe vollständig von der übrigen Apparatur abgeschnitten ist. Durch Öffnen des Hahnes $H\,4$ zur Außenluft wird das Quecksilber in der TÖPLER-Pumpe bis in die Spitze des Gassammelgefäßes $D$ hinaufgedrückt. Nachdem so geprüft wurde, ob die Apparatur genügend evakuiert ist, wird durch Schließen des Hahnes $H\,1$ die gesamte Apparatur von der Vakuumpumpe abgetrennt. Jetzt kann man mit der eigentlichen Stickstoff-

---

[1] RITTENBERG, D., in: WILSON, D. W., A. O. C. NIER and S. P. REIMANN: Preparation and Measurement of Isotopic Tracers. Ann Arbor, Mich. 1948.

[2] Von K. CLUSIUS u. G. RECHNITZ [Helv. **36**, 59 (1953)] wurde dagegen nachgewiesen, daß der bei der genannten Reaktion gebildete $N_2$ stets 1,5—3% $N_2O$ enthält, welches bei der massenspektrographischen Analyse als $^{14}N^{16}O^-$ von der Masse 30 Störung verursachen kann. Nur dem Umstand, daß bei biologischen Arbeiten meist niedrige Konzentrationen von $^{15}N$ zur Messung kommen und daher die Masse 30 selten zur Charakterisierung von $^{15}N$ herangezogen wird, ist es zuzuschreiben, daß trotz Nichtbeachtung dieser Tatsache systematische Fehler in der $^{15}N$-Bestimmung unterblieben.

entwicklung beginnen. *H 4* wird nach der Saugflasche geöffnet, um das Quecksilberniveau in der TÖPLER-Pumpe wieder zu senken. Kolben *A* wird in Richtung des Pfeiles gedreht und sein Inhalt mit dem des Kolbens *B* vereinigt. Gleichzeitig wird Kolben *B* mit einem Mikrobrenner erwärmt. Sobald die Gasentwicklung aufgehört hat, wird der Hahn *H 3* zur TÖPLER-Pumpe geöffnet, um den entwickelten Stickstoff im Kolben *E* sammeln zu können.

Darauf wird Hahn *H 3* wieder zur Apparatur hin geschlossen und die Gasprobe durch Heben des Quecksilberniveaus (Öffnen von Hahn *H 4* zur Außenluft) in das Sammelgefäß *D* gedrückt, in welchem sie durch Schließen des Hahnes *H 2* aufbewahrt werden kann. Wenn zwischen Herstellung des Stickstoffs und Analyse der Probe mehr als einige Stunden liegen, soll das Sammelgefäß in einem auf 20—100 mm evakuierten Exsiccator aufbewahrt werden. Wenn die Analysenproben noch längere Zeit in dem Sammelgefäß aufbewahrt werden müssen, wird dieses vorteilhaft durch Abschmelzen verschlossen. Je nach den Anschlußbedingungen des Massenspektrometers kann die Konstruktion des Sammelgefäßes etwas verändert werden.

**Bandenspektroskopische $^{15}$N-Analyse**[1]. $^{15}$N kann auf einfachere Weise mit einem durchschnittlichen Fehler des Isotopengehaltes von $\pm 2\%$ durch Aufnahme des Bandenspektrums bestimmt werden. Dazu ist ein guter UV-Spektralapparat mit einer Dispersion von 6 Å/mm bei 3150 Å nötig. Das Ammoniumsalz muß dazu als Chlorid vorliegen. Einige Milligramm davon werden in einem hochevakuierten Glühröhrchen über 1 g entgastes, glühendes Kupferoxyd in Drahtform sublimiert. Der gebildete Stickstoff wird nach dem Ausfrieren von $H_2O$ und $NH_3$ in kleine Entladeröhrchen aus Pyrexglas von 5 cm³ Inhalt mit capillarem Mittelstück eingefüllt. Sie haben Außenelektroden und werden in einem luftgekühlten Paraffinölbad mit einem stabilisierten Hochfrequenzsender konstanter Leistung zum Leuchten angeregt. Eine Kühlung ist notwendig, da heißes Pyrexglas für Luftstickstoff etwas durchlässig ist, so daß dann der $^{15}$N-Gehalt nachweisbar während der Analyse abnimmt. Das Spektrum wird mit einem HILGER-„Large"-Quarz-spektrographen* auf Ilford thin film halftone-Platten (backed*) aufgenommen. Diese werden mit Entwickler JD 13* bei 18° C 3 min entwickelt und mit einem MOLLschen Mikrophotometer* ausgewertet. Auf jede Platte werden bei gleicher Belichtungszeit 20 Aufnahmen so exponiert, daß die Schwärzungen zwischen $S = 0,3$ und $S = 1,2$ liegen, was durch intermittenzfrei rotierende Sektoren bekannter Extinktion *E* erreicht wird. Sechs Aufnahmen, über die Platte verteilt, werden ohne vorgeschalteten Sektor gemacht, um die Schwärzung $S_2$ des $^{14}N^{15}N$-Bandenkopfes auszumessen. Die Schwärzung $S_1$ des $^{14}N_2$-Bandenkopfes variiert mit der Extinktion nach:

$$S_1 = \gamma \log \frac{i_1 t^p}{a} - \gamma E,$$

wobei $i_1$ die Intensität, $t$ die Belichtungszeit und $\gamma, p, a$ Konstanten des SCHWARZSCHILDschen Gesetzes bedeuten. Man trägt nun $S_1$ als Funktion der Extinktion *E* des Sektors auf und erhält nach obiger Gleichung eine Gerade, auf der man für den Mittelwert von $S_2$ die Extinktion $E(\bar{S}_2)$ aufsucht. Letztere entspricht der Extinktion desjenigen Sektors, der die Intensität des Bandenkopfes von $^{14}N_2$ gleich der von $^{14}N^{15}N$ machen würde. Berücksichtigt man noch, daß im Entladerohr das Gleichgewicht $^{14}N_2 + {}^{15}N_2 \rightleftharpoons 2\,{}^{14}N^{15}N$ über die Atome eingestellt ist, so erhält man

$$\log [^{14}N]/[^{15}N] = \log 2 + E(\bar{S}_2).$$

Diese Beziehung gilt erfahrungsgemäß um so besser, je ähnlicher die beiden Isotopenkonzentrationen werden, da dann der Einfluß einer zusätzlichen Belichtung des Platten-

---

\* Diese Geräte bzw. Platten wurden bei den Arbeiten des Verf. verwendet. Es eignen sich jedoch ebenso Fabrikate anderer Firmen, soweit sie in ihren Eigenschaften den angegebenen entsprechen.
[1] Nach CLUSIUS, K.: Angew. Chem. **66**, 497 (1954).

untergrundes durch falsches, von dem häufigeren Isotop herrührendes Streulicht praktisch wegfällt. Die Autoren benützten deshalb im Meßbereich von 0,37 $^{15}$N (natürliche Häufigkeit) bis 3% $^{15}$N eine empirische Eichkurve. Diese Bestimmungsmethode wird als in kurzer Zeit erlernbar bezeichnet.

## 4. $^{18}_{8}$O. Schwerer Sauerstoff.

### α) Herstellung.

$^{18}$O kann angereichert werden: In H$_2$O durch fraktionierte Destillationsverfahren, in O$_2$ durch Thermodiffusion und in CO$_2$ durch Austauschverfahren. Einzelheiten der verschiedenen Methoden s. S. 691 ff. Die technisch erzielbare Anreicherung ist etwa 4%, während der natürliche Gehalt von O$_2$ an $^{18}$O bereits 0,2% beträgt. Mit dem Thermodiffusionsverfahren kann man die $^{18}$O-Konzentration auf 100% steigern[1]. $^{18}$O kann in Form angereicherter Präparate von Carbonaten und von H$_2$O bezogen werden (Adresse: Isotope Information Office, AERE Harwell, Berkshire, England).

### β) Austauschreaktionen.

**Mit Säuren.** $^{18}$O tauscht mit dem Sauerstoff einer Reihe anorganischer und organischer Säuren aus. Einige davon sind in Tabelle 14 zusammengestellt. (Eine ausgezeichnete Zusammenstellung des O-Austausches aller bis 1939 untersuchten Verbindungen findet sich auch bei Reitz[2]. Jedoch wurden damals die O-Atome von SO$_4''$ und PO$_4''$ noch für austauschfähig angesehen.)

Tabelle 14. *Austauschreaktionen von $^{18}$O*.

| Besonders leichter Austausch mit | Kein Austausch mit |
|---|---|
| Borat[4] | Nitrit[3] |
| Chromat[3] | Nitrat[3] |
| Dichromat[3] | Na$_2$SO$_4$ neutrale und alkalische Lösung[3] |
| Permanganat[3] | |
| Sulfit ⎫ neutrale Lösung[3] | Sulfit ⎫ saure Lösung[3] |
| Thiosulfat ⎭ | Thiosulfat ⎭ |
| Carboxysäuren[5] | Alkohole (Ausnahme Trianisylmethanol[4]) |
| Aldehyde[5] | Sulfat[4] |
| Ketone[5] | Phosphat[4] |
| Zucker (nur Carbonylgruppe)[5] | Perchlorat[4] |
| Proteine (nur freie —COOH-Gruppen)[5] | |

Daneben gibt es Verbindungen, die ihren Sauerstoff teilweise austauschen, wobei der Austausch meist von Temperatur, Zeit und p$_H$-Wert abhängig ist. Als Beispiel dafür, mit welchen Schwierigkeiten eine einwandfreie Feststellung des Austausches mit $^{18}$O verbunden ist, sei angeführt, daß frühere Autoren die O-Atome von PO$_4$[6] wie SO$_4$[7] für austauschbar hielten, was von Winter[4] widerlegt und auf Austausch mit dem Silicat der verwendeten Gläser zurückgeführt wurde. Dazu kann durch Fermente auch der reine Austausch von Carboxyl-O aktiviert werden, wie durch die Einwirkung von Chymotrypsin auf Phenylalanin und Carbobenzoxy-L-phenylalanin[8] sowie Acetyl-3,5-dibrom-L-tyrosin[9] gezeigt wurde. Während ohne Ferment kein Austausch an der Carboxylgruppe stattfand, wurde

---

[1] Clusius, K., G. Dickel u. E. Becker: Naturw. 31, 210 (1943).
[2] Reitz, O.: Z. Elektrochem. 45, 100 (1939).
[3] Hall, N. F., and O. R. Alexander: Am. Soc. 62, 3455 (1940).
[4] Winter, E. R. S., M. Carlton and H. V. A. Briscoe: Soc. 1940, 131.
[5] Mills, G. A.: Am. Soc. 62, 2833 (1940).
[6] Blumenthal, E., and J. B. M. Herbert: Trans. Faraday Soc. 33, 849 (1937).
[7] Datta, S. C., J. N. E. Day and C. K. Ingold: Soc. 1937, 1968.
[8] Sprinson, D. B., and D. Rittenberg: Nature 167, 484 (1951).
[9] Doherty, D. G., and F. Vaslow: Am. Soc. 74, 931 (1952).

nach Inkubation der einzelnen Substanzen mit Chymotrypsin in $H_2^{18}O$ ein Austausch von 0,4 Atom-% (Carbobenzoxy-L-phenylalanin), 0,028 Atom-% (L-Phenylalanin) und 0,74% (Acetyl-3,5-dibrom-L-tyrosin) gefunden.

**Austausch mit Gasen.** $H_2^{18}O$ tauscht seinen Sauerstoff mit gasförmigem $CO_2$ aus. Das Gleichgewicht dieser Reaktion liegt so, daß sich $^{18}O$ in der Gasphase anreichert.

$$C^{16}O_2 + H_2^{18}O \rightleftharpoons C^{16}O^{18}O + H_2^{16}O \qquad K = 2,076\ [1, 2].$$

Man macht von dieser Reaktion bei der Konzentrationsbestimmung von mit $^{18}O$ angereichertem Wasser Gebrauch. Nach Einstellung des Gleichgewichts wird das Verhältnis $^{16}O/^{18}O$ massenspektrometrisch gemessen.

MILLS und UREY nehmen an, daß dieser Austausch auf reversibler Hydratation beruht. Die Reaktionsgeschwindigkeit ist $k = 0,0020$ [3]. Sie kann durch Zugabe von Spuren von Carboanhydratase stark erhöht werden [4]. Durch Zugabe von Hydrogencarbonat wird der Austausch an $^{18}O$ durch die damit verbundene Erhöhung der $CO_2$-Konzentration ebenfalls gesteigert ($p_H$ 8) [3]. Durch weitere Zugabe von OH-Ionen ($Na_2CO_3$), sinkt die Austauschgeschwindigkeit durch Verminderung von *freiem* $CO_2$ in der Lösung wieder ab.

Daneben findet auch ein Sauerstoffaustausch zwischen Wasser und dem Luftsauerstoff statt. Meerwasser hat einen geringeren Gehalt an $^{18}O$ als Wasser, das man durch Verbrennen von Wasserstoff in atmosphärischen Sauerstoff erhält, korrigiert auf gleiche Zusammensetzung der Wasserstoffisotope. Der Dichteunterschied durch verschiedenen $^{18}O$-Gehalt beträgt ungefähr 6 $\gamma d$ [5, 6].

### $\gamma$) Bestimmung.

**Massenspektrometer.** $^{18}O$ wird in Form von $CO_2$ mit dem Massenspektrometer bestimmt (s. S. 693 sowie [7]). Liegt es als $H_2^{18}O$ vor, so läßt man $C^{16}O_2$ mit diesem ins Isotopengleichgewicht treten (s. oben).

**Interferometer.** Es existieren aber auch einige Methoden, um den Gehalt an $^{18}O$ direkt aus interferometrischen und Dichtemessungen an $H_2^{18}O$ zu ermitteln. Im Prinzip dienen dazu dieselben Methoden, wie sie zur Bestimmung des D-Isotopengehalts von Wasserproben beschrieben wurden. Nur sind die Effekte hier um eine Zehnerpotenz kleiner.

Während beim Ersatz von H durch D der Brechungsindex sich nach der Beziehung ändert:

$$n = -0,00449 \cdot X \qquad X = \text{Molfraktion von D},$$

gilt für die Abhängigkeit des Brechungsindex vom $^{18}O$-Gehalt:

$$n = 0,0008 \cdot Y \qquad Y = \text{Molfraktion von } ^{18}O\ [8].$$

Durch eine gleichzeitige Bestimmung von Dichteunterschied und Brechungsindex kann man die Veränderung einer Wasserprobe im D- und $^{18}O$-Gehalt berechnen [8].

**Dichtebestimmungsmethoden.** Zur Bestimmung des $^{18}O$-Isotopengehaltes durch Dichtemessung von Wasser ist jede Methode geeignet, mit welcher unter den entsprechenden Vorsichtsmaßregeln eine größere Genauigkeit in der Dichtemessung als $\pm 1\gamma$ Differenz erreicht werden kann. GREEN und VOSKUYL [9] untersuchten die Dichte von Wasser von verschiedenen Orten mit der Schwimmermethode und kommen zu einer Genauigkeit

---

[1] UREY, H. C., and L. J. GREIFF: Am. Soc. **57**, 321 (1935).
[2] MEARS, W. H., and H. SOBOTKA: Am. Soc. **61**, 880 (1939).
[3] MILLS, G. A., and H. C. UREY: Am. Soc. **62**, 1019 (1940).
[4] BENTLEY, R.: Cold Spring Harbor Symp. quant. Biol. **13**, 11 (1948).
[5] JONES, T. O., and N. F. HALL: Am. Soc. **59**, 259 (1937).
[6] DOLE, M.: J. chem. Physics **4**, 268 (1936).
[7] EWALD, H., u. H. HINTENBERGER: Methoden und Anwendungen der Massenspektroskopie. Weinheim/Bergstr. 1953.
[8] LEWIS, G. N., and D. B. LUTEN: Am. Soc. **55**, 5061 (1933).
[9] GREEN, C. H., and R. J. VOSKUYL: Am. Soc. **61**, 1342 (1939).

von 0,02 γ. Nach derselben Methode arbeiteten WINTER und Mitarbeiter[1]; MILLS verfeinerte die Methode des fallenden Tropfens, DATTA[2] und Mitarbeiter bestimmten die Dichte durch Differenzwägung mit Pyknometern. Die einzelnen Methoden wurden bereits ausführlich bei der Bestimmung von Deuterium besprochen.

### δ) Biologisches Arbeiten mit $^{18}O$.

Wegen der Schwierigkeiten, die das Arbeiten mit $^{18}O$ bietet, wurde dieses zu biologischen Versuchen weit weniger herangezogen als die anderen stabilen Isotope. Übersicht s. [3]. Wohl das wichtigste Problem, das mit $^{18}O$ gelöst wurde, war die Herkunft des bei der Photosynthese entwickelten Sauerstoffs. RUBEN, RANDALL, KAMEN und HYDE[4] konnten zeigen, daß dieser aus dem Wasser des Nährmediums stammt. Dies wurde durch neue Versuche von MEHLER und BROWN[5] bestätigt, welche die „HILL-Reaktion" auf diesem Wege auch dann nachweisen konnten, wenn sie durch einen gleichzeitig ablaufenden Oxydationsvorgang scheinbar überdeckt wurde. Der oben erwähnte Sauerstoffaustausch von Acetyl-L-tyrosin, der durch Chymotrypsin aktiviert wird, wurde von DOHERTY und VASLOW[6] auch zu Studien über die Thermodynamik des Enzym-Substratkomplexes herangezogen. In den letzten Jahren wurde mit $^{18}O$ erneut das Problem der Esterspaltung bearbeitet, von der rein chemischen Seite aus mit der Frage nach der Art der dabei entstehenden Zwischenprodukte[7], von der biochemischen Seite aus durch die Untersuchung des Wirkungsmechanismus von Phosphorylasen[8] und Phosphatasen[9].

# Autoradiographie.

### Von
### A. Niklas und W. Maurer.

Mit 32 Abbildungen.

## A. Einleitung.

Die Methode der Autoradiographie besteht in dem Nachweis und der Lokalisation von radioaktiven Substanzen mittels photographischer Emulsionen. Sie ist so alt wie die Entdeckung der Radioaktivität selber. Angeregt durch die Versuche von RÖNTGEN untersuchte BECQUEREL[10] im Jahre 1896, ob Uran — ähnlich wie die kurz zuvor entdeckten Röntgenstrahlen — in der Lage wäre, eine photographische Platte zu schwärzen. Die tatsächlich beobachtete Schwärzung führte dann bald zu der Erkenntnis, daß Uran ein radioaktives Element ist.

Die Schwärzung der photographischen Platte kommt dadurch zustande, daß die geladenen α- und β-Teilchen der radioaktiven Elemente sowie die von γ-Quanten ausgelösten Sekundärelektronen in einer photographischen Emulsion entwicklungsfähige, latente Bilder hervorrufen. Der Vorgang ist der gleiche wie bei Licht.

---

[1] WINTER, E. R. S., M. CARLTON and H. V. A. BRISCOE: Soc. **1940**, 131.
[2] DATTA, S. C., J. N. E. DAY and C. K. INGOLD: Soc. **1937**, 1968.
[3] BENTLEY, R.: Cold Spring Harbor Symp. quant. Biol. **13**, 11 (1948).
[4] RUBEN, S., M. RANDALL, M. D. KAMEN and J. L. HYDE: Am. Soc. **63**, 877 (1941).
[5] MEHLER, A. H., and A. H. BROWN: Arch. Biochem. **38**, 365 (1952).
[6] DOHERTY, D. G., and F. VASLOW: Am. Soc. **74**, 931 (1952).
[7] BENDER, M. L.: Am. Soc. **73**, 1626 (1951).
[8] COHN, M.: J. biol. Ch. **180**, 771 (1949).
[9] STEIN, S. S., and D. E. KOSHLAND jr.: Arch. Biochem. **39**, 229 (1952).
[10] BECQUEREL, H.: Cr. **122**, 420, 501 (1896).

Nach BECQUEREL[1] wurde die photographische Platte öfters zum qualitativen Nachweis von natürlich radioaktiven Substanzen herangezogen. LACASSAGNE und LATTÈS[2] waren die ersten, welche diese autoradiographische Methode in größerem Umfange zum Nachweis von in biologisches Material eingelagerten radioaktiven Isotopen verwandten. Sie applizierten den α-Strahler Polonium an Tiere, stellten Gewebsschnitte her und brachten diese in Kontakt mit einer photographischen Schicht. Die Verteilung der Schwärzung zeigte sehr deutlich Menge und Lokalisation von Polonium an.

Solange lediglich natürlich radioaktive Isotope bekannt waren, war die Methode der Autoradiographie histologischer Schnitte — ähnlich wie die Indicatormethode mit Radioisotopen — trotz schöner Erfolge von begrenzter Bedeutung. Mit der Entdeckung der künstlichen Radioaktivität änderte sich diese Situation grundlegend genau wie bei der Indicatormethode. Jetzt lag die Möglichkeit vor, den Stoffwechsel von radioaktiv markierten, biologisch wichtigen Substanzen in Bereichen von der Größenordnung einer Zelle zu untersuchen. Die Aussichten, welche sich hier eröffneten, gingen weit über das mit rein chemischen Methoden Erreichbare hinaus. Allerdings waren in zweierlei Richtungen zunächst noch erhebliche Vorarbeiten zu leisten.

Zur Erzielung eines großen Auflösungsvermögens der Autoradiogramme sind photographische Emulsionen mit sehr feinem Korn notwendig. Nun nimmt aber die Empfindlichkeit von Photoplatten mit abnehmender Korngröße der Silberbromidkrystalle gleichfalls ab. Es mußten also Emulsionen entwickelt werden, welche bei genügend feinem Korn eine ausreichende Empfindlichkeit aufwiesen. Gerade der Nachweis von β-Teilchen im Minimum ihrer Ionisationsdichte bei einer Energie von rund 1 Million-Elektronenvolt (MeV) scheiterte zunächst an der Unempfindlichkeit der vorhandenen Emulsionen. Heute verfügen wir in den sog. kernphysikalischen Platten über photographische Schichten, mit welchen die Spuren von einzelnen, geladenen Teilchen bei allen Energien nachgewiesen werden können. Für die Autoradiographie von markierten Gewebsschnitten sind eine Reihe von Spezialemulsionen entwickelt worden.

Parallel mit der Entwicklung geeigneter Photoemulsionen ging die Ausarbeitung von Methoden zur Durchführung der autoradiographischen Aufnahme. Zur Erzielung des entscheidend wichtigen, guten Kontaktes zwischen histologischem Schnitt und Emulsion sind verschiedene Wege beschritten worden. Die Darstellung dieser Methoden, ihrer Vorzüge und Nachteile, ist das Ziel des vorliegenden Berichtes.

Im allgemeinen werden Autoradiographien von histologischen Schnitten lediglich zu Angaben der Lokalisation eines Isotops benutzt, wobei man sich mit einer Abschätzung der Intensität zufrieden geben kann. Es liegen aber auch Ansätze zu einer quantitativen Auswertung von Autoradiographien vor. Doch sind hier noch eine Reihe von theoretischen und methodischen Fragen zu klären.

Mit den zur Zeit bekannten Methoden läßt sich ein Auflösungsvermögen von etwa $3\,\mu$ erreichen. Die große Bedeutung der autoradiographischen Methode besteht darin, daß nur mit ihr der Stoffwechsel in Bereichen dieser Größenordnung untersucht werden kann. Die bisher erschienenen Arbeiten über die autoradiographische Untersuchung histologischer Schnitte sind außerordentlich zahlreich. In den letzten Jahren sind eine Reihe von zusammenfassenden Berichten veröffentlicht worden [3-17]. Wegen der extremen

---

[1] BECQUEREL, H.: Cr. **122**, 420, 501 (1896).
[2] LACASSAGNE, A., et J. LATTÈS: Cr. **178**, 488 (1924).
[3] AXELROD-HELLER, D.: The radioautographic technique. Adv. biol. med. Physics **2**, 133 (1951).
[4] GROSS, J., R. BOGOROCH, N. J. NADLER and C. P. LEBLOND: Amer. J. Roentgenol. **65**, 420 (1951).
[5] NADLER, N. J.: Canad. J. med. Sci. **29**, 182 (1951).
[6] MACDONALD, A. M., J. COBB and A. K. SOLOMON: Science, N. Y. **107**, 550 (1948).
[7] PELC, S. R.: Nature **160**, 749 (1949).
[8] DONIACH, J., and S. R. PELC: Brit. J. Radiol. **23**, 184 (1950).
[9] FITZGERALD, P. J.: Cancer, N. Y. **5**, 166 (1952).
[10] FITZGERALD, P. J., and A. ENGSTRÖM: Cancer, N. Y. **5**, 643 (1952).
[11] PELC, S. R., and A. HOWARD: Brit. med. Bull. **8**, 132 (1952).

Ansprüche, welche bei der autoradiographischen Darstellung von radioaktiv markierten histologischen Schnitten an das Auflösungsvermögen gestellt werden müssen, nimmt dieses Arbeitsgebiet unter den autoradiographischen Methoden eine besondere Stellung ein.

Unter den Begriff der Autoradiographie fällt auch die Lokalisation von radioaktiv markierten Substanzen z. B. auf Papierchromatogrammen oder Elektrophoresestreifen. In diesen Fällen stehen auch der Ermittlung der quantitativen Verteilung des Radioisotops keine besonderen Schwierigkeiten entgegen. Das gleiche gilt für viele andere ähnliche Anwendungen der Autoradiographie in den verschiedensten Gebieten.

## B. Methodische Grundlagen.
### 1. Der photographische Vorgang.
#### a) Schwärzung einer photographischen Platte durch geladene Teilchen.

Eine photographische Emulsion besteht aus Gelatine, in welche Silberbromidkrystalle eingelagert sind. Beim Durchgang eines geladenen Teilchens durch einen Silberbromidkrystall werden dessen Atome ionisiert. Genau dasselbe geschieht bei der Bestrahlung mit Licht. Diese Elektronen werden an Stellen, an denen das Gitter Unregelmäßigkeiten zeigt, festgehalten, z. B. an Spuren von eingelagertem Silbersulfid. Dann wandern Silberionen zu diesen Punkten hin und werden neutralisiert. Dieses sog. photolytische Silber bildet das „latente" Bild. Wenn genügend photolytisches Silber in einem Korn vorhanden ist, wird es „entwickelbar". Durch den Entwicklungsprozeß werden Silberionen zu metallischem Silber reduziert, welches sich an der Stelle des latenten Bildes niederschlägt. Der Silberbromidkrystall wird dadurch als schwarzes Korn sichtbar. Die nach der Entwicklung im Korn enthaltene Silbermenge ist $10^7$—$10^8$mal größer als diejenige im latenten Bild.

Latente Bilder können auch andere Ursachen haben. Durch die Einwirkung kosmischer Strahlen, durch einen schwer vermeidbaren Gehalt der Photoplatte und ihrer Umgebung an radioaktiven Substanzen, dann durch Druck, erhöhte Temperatur und chemische Dämpfe können gleichfalls latente Bilder entstehen, welche bei der Entwicklung zur Entstehung eines störenden Schwärzungsuntergrundes führen. Alle diese Einflüsse nehmen mit der Zeit (Alter der Platten) und vor allem bei langen Expositionszeiten zu.

Nach dem Entwickeln wird die Photoplatte in ein Fixierbad gebracht. Hierbei wird das nichtreduzierte Silberbromid in lösliche Komplexverbindungen überführt, welche dann beim anschließenden Entwässern aus der Photoplatte entfernt werden.

#### b) Photographische Emulsionen für Autoradiographie.

Für autoradiographische Aufnahmen, bei denen es auf große Auflösung nicht ankommt, eignen sich die üblichen Röntgenemulsionen. Sie sind grobkörnig, so daß die Auflösung mäßig bleibt, sind aber viel empfindlicher als die autoradiographischen Spezialemulsionen. Von den Firmen Ilford, Kodak (England) und Eastman Kodak (USA) sind eine Reihe von Spezialemulsionen in den Handel gebracht worden. Die verschiedenen Typen der einzelnen Firmen unterscheiden sich durch die Korngrößen und damit durch die Empfindlichkeit. Die Korndurchmesser liegen zwischen 0,1 und 0,4 $\mu$. Diese Zahlen beziehen sich auf das unentwickelte Korn. Nach der Entwicklung sind die Körner, abhängig von der Entwicklung, etwas größer. Alle Emulsionen haben einen relativ hohen Gehalt von über 80% Silberhalogenid, bezogen auf Trockensubstanz.

---

**Literatur zu S. 735.** (Fortsetzung.)

[12] SCHMEISER, K.: Autoradiographie, in SCHWIEGK, H. (Hrsgb.): Künstliche radioaktive Isotope in Physiologie, Diagnostik und Therapie. S. 76. Berlin, Göttingen, Heidelberg 1953.
[13] HARBERS, E., u. K. NEUMANN: Kli. Wo. **1954**, 337.
[14] BOURNE, G. H.: Biol. Reviews **27**, 108 (1952).
[15] HILLER, J., u. A. JAKOB: Die Radio-Isotope. S. 200. München, Berlin 1952.
[16] LEBLOND, C. P., and J. GROSS: Autoradiography as a tool in medical research, in HAHN, P. F.: A manual of Artificial Radioisotope Therapy. S. 250. New York 1951.
[17] Boyd, G. A.: Autoradiography in Biology and Medicine, New York 1955

Zur Beobachtung einzelner Bahnspuren von α- und β-Teilchen sind die sog. kernphysikalischen Emulsionen entwickelt worden. Trotz großer Feinkörnigkeit gestatten sie auch Elektronen im Minimum ihrer Ionisationsdichte in der Umgebung von einigen MeV nachzuweisen.

### c) Notwendige Belichtungszeiten.

Die optische Dichte einer geschwärzten Photoplatte ist definiert durch die Beziehung $D = {_{10}}\log(I_0/I)$. Hierbei bedeutet $I_0$ die auf die geschwärzte Emulsion senkrecht auffallende Lichtmenge und $I$ diejenige Lichtmenge, welche aus der Emulsion austritt. Für Autoradiographien von großen Objekten, wobei es auf Einzelheiten nicht ankommt, sind optische Dichten von 0,2—0,6 für die Beobachtung am günstigsten. Für die mikroskopische Beobachtung von feineren Einzelheiten ist eine etwa zehnmal kleinere optische Dichte am günstigsten. Nach PELC[1] sollte die Zahl der Silberkörner je Quadratzentimeter wenigstens 100000 betragen, wobei der Untergrund unter 40000—60000 Silberkörner je Quadratzentimeter bleiben sollte.

Zur Erzielung dieser Schwärzungen müssen $10^7$—$10^9$ β-Teilchen je Quadratzentimeter auffallen[2,3]. Man kann die Größe der notwendigen Belichtungszeit dadurch abschätzen, daß man die Radioaktivität der für die Autoradiographie vorbereiteten Schnitte mit einem GEIGER-MÜLLER-Zählrohr ausmißt. Die Fläche der Schnitte kann dadurch bestimmt werden, daß man durchsichtiges Millimeterpapier auf den Schnitt legt und die Fläche des Schnittes in Quadratmillimetern auszählt. Man gewinnt auf diesem Wege einen ungefähren Wert der notwendigen Belichtungszeit. Wenn die Radioaktivität sehr ungleichmäßig über den Schnitt verteilt ist, kann die richtige Belichtungszeit nur durch Probeaufnahmen bestimmt werden. In der Praxis wird man immer mehrere Schnitte ein und desselben Präparates gleichzeitig aufsetzen. Die ersten entwickelten Schnitte zeigen dann bald, welche Belichtungszeit die günstigste ist. Man kann auch so vorgehen, daß zunächst Probeaufnahmen mit den viel empfindlicheren gebräuchlichen Röntgenplatten gemacht werden. Zu diesem Zweck muß man dann einmal ausprobieren, wieviel mal länger mit den autoradiographischen Emulsionen im Vergleich zum Röntgenfilm belichtet werden muß. Der für die Probeaufnahmen notwendige Zeitaufwand wird hierdurch wesentlich kleiner.

### d) Grenzen des autoradiographischen Verfahrens.

Der Nachweis eines Radioisotops hat immer den Charakter einer chemischen Elementaranalyse. Die Radioaktivität ist eine Eigenschaft des Kernes und damit unabhängig von der chemischen Bindung des betreffenden Isotops. Aussagen über die chemische Bindung, in welcher das Radioisotop vorliegt, können nur auf chemischem Wege erhalten werden.

Da es keinen großen Zweck hat, länger als eine Halbwertszeit des verwandten Isotops zu belichten und außerdem längere Belichtungszeiten als etwa 3 Monate leicht eine zu große Untergrundschwärzung liefern, darf die im Schnitt enthaltene Radioaktivität einen bestimmten Wert nicht unterschreiten. Die Menge der erforderlichen Radioaktivität ist um so größer, je kleiner die Halbwertszeit ist, jedenfalls soweit es sich um Halbwertszeiten von weniger als 3 Monaten handelt. Je nach der zu untersuchenden Frage kann das zur Folge haben, daß den Versuchsobjekten relativ große Mengen an markierten Substanzen gegeben werden müssen. Es ist in jedem Falle zu untersuchen, ob der physiologische Stoffwechselablauf nicht durch Strahlungseffekte geändert wird.

Leider sind die notwendigen Aktivitäten so groß, daß das autoradiographische Verfahren nur in besonderen Fällen auf die Untersuchung von menschlichen Geweben

---

[1] PELC, S. R., and A. HOWARD: Brit. med. Bull. 8, 132 (1952).
[2] WAINWRIGHT, W. W., E. C. ANDERSON, P. C. HAMMER and C. A. LEHMAN: Nucleonics 12, Nr. 1, 19 (1954).
[3] MARINELLI, L. D., and M. A. HILL: Amer. J. Roentgenol. 59, 396 (1948).

anwendbar ist. Da z. B. die $^{131}$J-Anreicherung in der Schilddrüse sehr groß ist, reicht die Radioaktivität im Schilddrüsengewebe nach therapeutischen Gaben von $^{131}$J zu einer Darstellung der $^{131}$J-Verteilung im Schilddrüsengewebe aus. Abgesehen von diesen besonders günstigen Fällen ist die Methode der Autoradiographie auf die Untersuchung tierischer und pflanzlicher Gewebe beschränkt.

Eine Grenze ganz anderer Art bildet das mit der autoradiographischen Technik heute erreichbare Auflösungsvermögen. Zur Zeit können 2 Strahlungsquellen von einem Abstand von weniger als etwa 3 $\mu$ nicht mehr getrennt werden. Im folgenden Abschnitt soll auf die Faktoren, von denen das Auflösungsvermögen abhängt, näher eingegangen werden.

## 2. Auflösungsvermögen.

### a) Einfluß der Dicke des histologischen Schnittes, der Zwischenschicht und der photographischen Emulsion auf das Auflösungsvermögen.

Die autoradiographische Methode besteht darin, daß radioaktiv markierte histologische Präparate, Papierchromatogramme, Elektrophoresestreifen u. a. m. in Kontakt mit einer photographischen Schicht gebracht werden. Die Schwärzungsverteilung in der photographischen Schicht gibt dann in gewissen Grenzen die Verteilung des Radioisotops im untersuchten Objekt an.

Es ist wichtig, sich klar zu machen, daß hierbei keine eigentliche Abbildung wie bei optischen Systemen vorliegt. Während bei optischen Systemen alle Strahlen, welche von einer punktförmigen Quelle ausgehen, wieder in einem Punkt vereinigt werden, ist das bei der Autoradiographie keineswegs der Fall. Abgesehen von Streuprozessen durchsetzen die von einer punktförmigen Quelle ausgehenden radioaktiven Zerfallspartikel die photographische Emulsion in der Richtung, in der sie bei radioaktivem Zerfall entstanden sind. Dabei sind alle Richtungen gleich wahrscheinlich. Die Photoplatte wird also in einem weiten Bereich von Zerfallspartikeln durchsetzt und ionisiert. Die räumliche Dichte der Ionisationen und damit der Silberkörner ist lediglich um so größer, je näher die betrachtete Stelle der Photoplatte bei der Strahlenquelle liegt. Zur Erzielung einer guten Auflösung ist es notwendig, daß die Dichte der Silberkörner zu beiden Seiten der größten Dichte möglichst schroff abnimmt.

In Abb. 1 ist angenommen worden, daß sich unter einer photographischen Schicht zwei punktförmige Strahlungsquellen befinden. Die Zerfallsteilchen werden nach allen Richtungen gleichmäßig ausgesandt und durchsetzen die Emulsion in mehr oder weniger schräger Richtung, nur wenige fallen einigermaßen senkrecht auf. Die in der Emulsion eingezeichneten Punkte sollen die von den einzelnen $\alpha$- oder $\beta$-Teilchen hervorgerufenen Silberkörner darstellen. Auch bei Berücksichtigung der starken Streuung der $\beta$-Teilchen würde eine ähnliche Körnerverteilung entstehen. Die beobachtete Schwärzung hängt von der Menge der Silberkörner senkrecht zur Photoplatte ab. Die in Abb. 1 oben eingezeichneten Kurven geben diese Körnerverteilung für jede einzelne Quelle und für beide Quellen zusammen wieder. Es ist unmittelbar einleuchtend, daß die beiden Quellen nur dann als getrennte Quellen erkannt werden können, wenn die Verteilungskurve der Silberkörner eine deutliche Einsattelung zwischen den beiden Maxima enthält. Das ist dann der Fall, wenn die Halbwertsbreite einer einzelnen Verteilung kleiner als der seitliche Abstand der beiden Quellen ist. Die Halbwertsbreite kann also als Maß für das Auflösungsvermögen genommen werden. Wenn die beiden Quellen von verschiedener Intensität oder nicht punktförmig sind, werden die Verhältnisse komplizierter. Das Auflösungsvermögen wird dadurch auf jeden Fall aber kleiner.

Im Folgenden soll auf diejenigen geometrischen Verhältnisse eingegangen werden, von denen das Auflösungsvermögen abhängt. Vor allem bei der Untersuchung der Verteilung von Radioisotopen in histologischen Schnitten ist größtes Auflösungsvermögen wünschenswert. Bei der Untersuchung von Papierchromatogrammen, Elektrophoresestreifen u.a.m.

werden weit geringere Ansprüche an das Auflösungsvermögen gestellt. In diesen Fällen können durch eine einfache Kontaktaufnahme mit z. B. Röntgenplatten befriedigende Ergebnisse erzielt werden.

Aus Abb. 1 ist unmittelbar zu entnehmen, daß die von einer punktförmigen Strahlungsquelle hervorgerufene Korndichte um so größer ist, je kleiner der Abstand des betrachteten Emulsionsbereiches von der Strahlungsquelle ist. Das hängt damit zusammen,

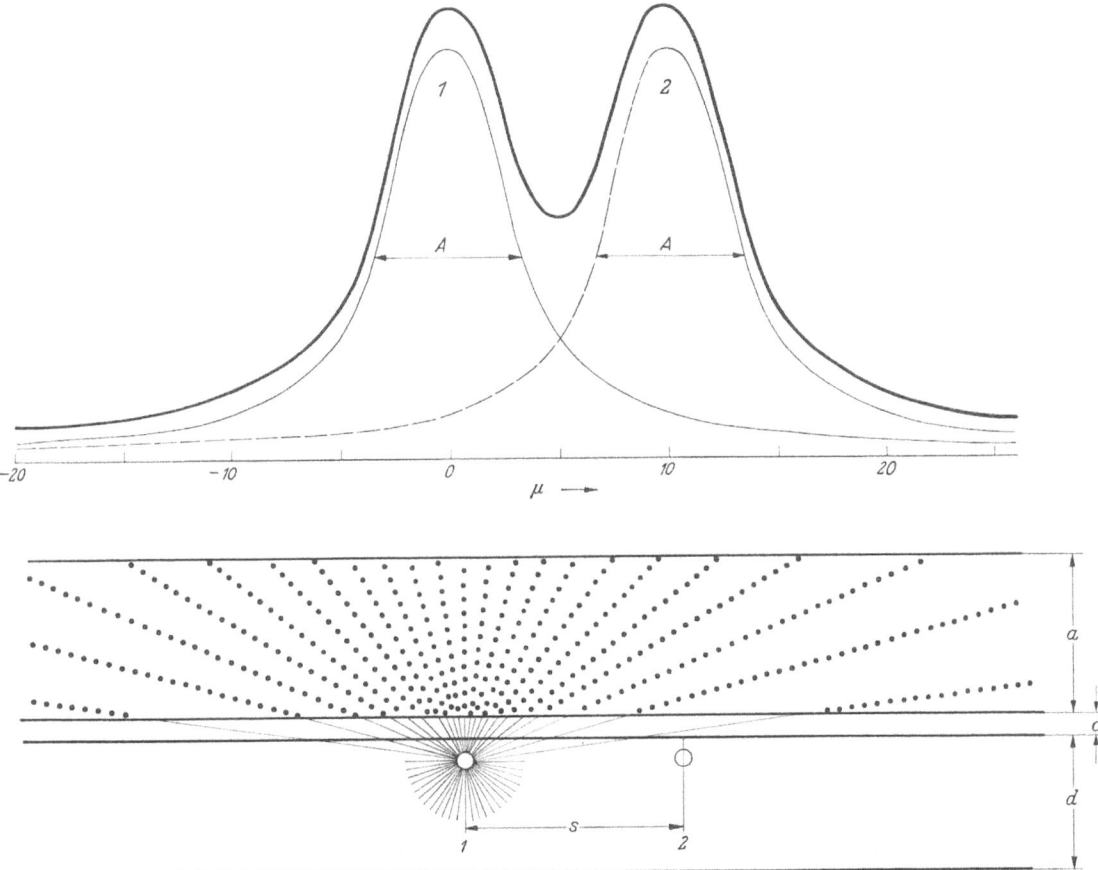

Abb. 1. Schematische Darstellung zum Auflösungsvermögen des autoradiographischen Verfahrens. *a* Dicke der photographischen Emulsion. *d* Dicke des histologischen Schnittes. *δ* Dicke der Zwischenschicht zwischen Schnitt und Emulsion. *s* Abstand der beiden punktförmigen Strahlungsquellen. Die von der Quelle *1* in der Emulsion hervorgerufene Schwärzung ist durch die eingezeichneten Punkte wiedergegeben worden. Die Glockenkurve *1* gibt die Dichteverteilung der Silberkörner bei Aufsicht auf die Emulsion für die Quelle *1* wieder. Für die Quelle *2* wurde nur die Dichteverteilung der Silberkörner eingezeichnet. Die stark ausgezogene Kurve gibt die Dichteverteilung der beiden punktförmigen Quellen wieder.

daß die von den $\beta$-Teilchen hervorgerufene Ionisationsdichte mit dem Quadrat der Entfernung von der Strahlungsquelle abnimmt. Die photographischen Aufnahmen der Abb. 2 geben diese Verhältnisse deutlich wieder[1]. Allerdings handelt es sich hier nicht um punktförmige Strahlungsquellen.

Aus technischen Gründen kann die Zwischenschicht zwischen dem histologischen Schnitt und der Emulsion nicht beliebig klein gemacht werden. Eine Strahlungsquelle, welche sich an der Oberseite des Schnittes befindet, ist um die Dicke der Zwischenschicht von der Emulsion entfernt. Es ist unmittelbar einleuchtend, daß die Halbwertsbreite der Korndichteverteilung um so kleiner sein wird, je dünner diese Zwischenschicht ist. Gleichzeitig wird die Korndichte im Maximum der Verteilungskurve um so größer, je kleiner die Dicke der Zwischenschicht genommen wird. Die für ausreichende Schwärzungen notwendigen Belichtungszeiten werden damit beträchtlich kleiner.

---

[1] GROSS, J., R. BOGOROCH, N. J. NADLER and C. P. LEBLOND: Amer. J. Roentgenol. **65**, 420 (1951).

Von GROSS und Mitarbeitern[1] sind diese Verhältnisse rechnerisch behandelt worden. In Abb. 3 ist das Ergebnis dieser Rechnungen in Form einer graphischen Darstellung wiedergegeben worden. Die in Abb. 3 eingezeichneten Kurven zeigen, daß die Halbwertsbreite der Korndichteverteilung um so größer wird, je weiter die punktförmige Strahlungsquelle von der Unterseite der Emulsion entfernt ist. Eine beträchtliche Vergrößerung der Dicke der Emulsion ist dabei von relativ geringem Einfluß. Letzteres hängt damit zusammen, daß die Korndichte in der Photoschicht von unten nach oben rasch abnimmt, wie besonders deutlich aus Abb. 2 hervorgeht. Es sei betont, daß zwei gleich starke Strahlungsquellen, welche sich in verschiedenen Entfernungen von der Emulsion befinden (etwa an der Ober- bzw. Unterseite des Schnittes), ganz unterschiedliche Halbwertsbreiten der Korndichteverteilung liefern. Noch wichtiger ist, daß die weiter entfernte Strahlungsquelle bei gleicher Belichtungszeit ein viel schwächeres Bild liefert und das um so mehr, je dicker der Schnitt ist. Die Oberseite der Schnitte wird also bei der autoradiographischen Darstellung bevorzugt.

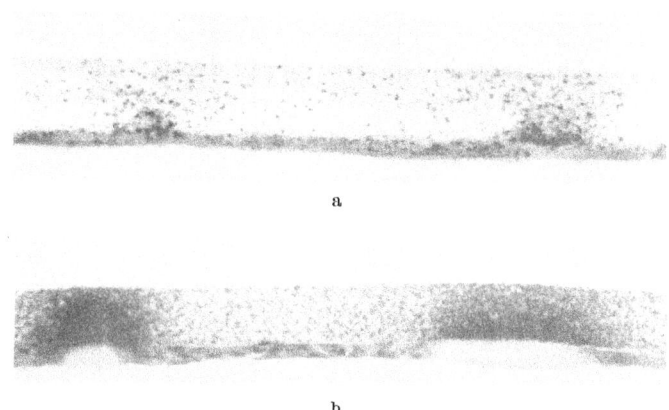

Abb. 2 a u. b. Schnitt durch ein Autoradiogramm („coated" nach BÉLANGER und LEBLOND) (unten der Schnitt, darüber in festem Kontakt die photographische Emulsion; Schnitte von $^{131}$J-markiertem Schilddrüsengewebe der Ratte; a optimale Belichtung, b überbelichtet)[1].

Für den Fall, daß das strahlende Isotop auf einer Linie senkrecht zum histologischen Schnitt gleichmäßig verteilt liegt, ist der Einfluß der geometrischen Verhältnisse auf das Auflösungsvermögen von DONIACH, PELC[2] und von GROSS und Mitarbeitern[1] rechnerisch untersucht worden. Abb. 4 gibt einige Korndichteverteilungen nach DONIACH und PELC[1] wieder. Die Kurven zeigen, daß das Auflösungsvermögen sehr stark mit abnehmender Dicke der Zwischenschicht zunimmt. Bei einer Schnittdicke von 5 $\mu$ und einer Emulsionsdicke von 15 $\mu$ hat die Halbwertsbreite der Korndichteverteilung bei einer Zwischenschicht von 3 $\mu$ einen Wert von 17 $\mu$ und bei einer Zwischenschicht von 0,1 $\mu$ einen Wert von nur 3 $\mu$. Tabelle 1 enthält eine Zusammenstellung von berechneten Werten des Auflösungsvermögens für verschiedene Dicken von Schnitt, Zwischenschicht und Emulsion. Man sieht, daß eine weitere Verkleinerung der Dicke der Zwischenschicht von 0,1 $\mu$ auf 0,01 $\mu$ keinen wesentlichen Gewinn an Auflösungsvermögen bringt.

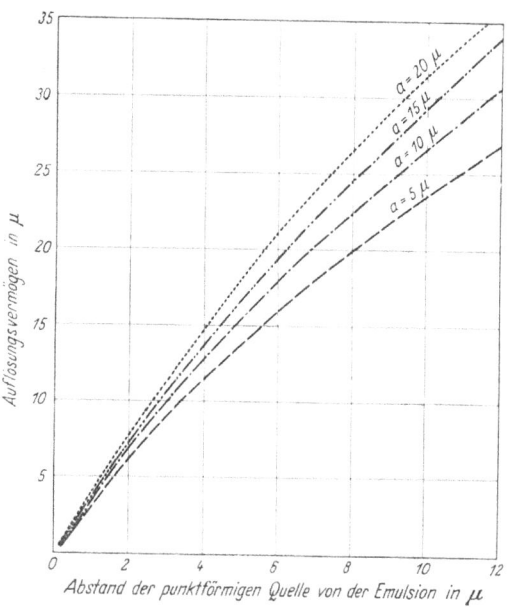

Abb. 3. Einfluß des Abstandes der Strahlungsquelle von der Emulsion und der Dicke der Emulsion auf das Auflösungsvermögen (punktförmige Strahlungsquelle)[1]. a Dicke der Emulsion in $\mu$. Abszisse: Abstand der punktförmigen Strahlungsquelle von der Unterseite der Emulsion in $\mu$.

---

[1] GROSS, J., R. BOGOROCH, N. J. NADLER and C. P. LEBLOND: Amer. J. Roentgenol. 65, 420 (1951).

[2] DONIACH, J., and S. R. PELC: Brit. J. Radiol. 23, 184 (1950).

In Tabelle 1 sind auch die relativen Belichtungszeiten zur Erzielung einer vergleichbaren Schwärzung eingetragen worden. Diese sind um so kürzer, je dünner die Zwischenschicht ist.

Ähnliche Rechnungen wurden von GROSS und Mitarbeitern[1] angestellt. Tabelle 2 enthält einen Auszug aus ihren Ergebnissen. Ein Vergleich der Zahlen zeigt, daß eine

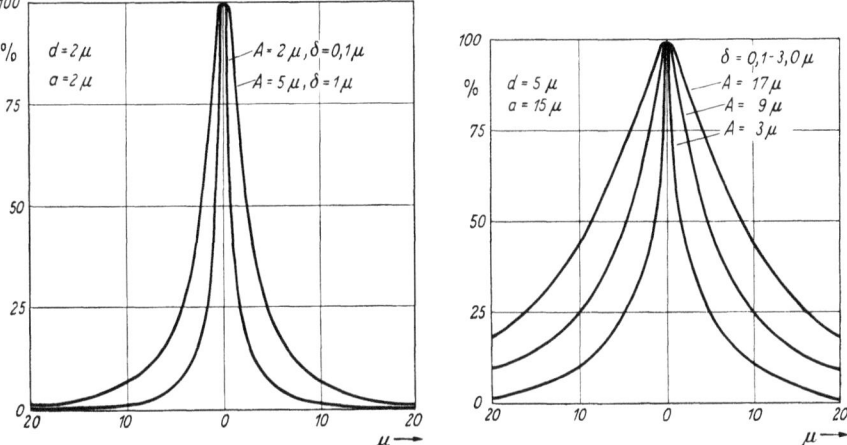

Abb. 4. Einfluß der Dicke der Zwischenschicht $\delta$ auf das Auflösungsvermögen bei verschiedenen Dicken von Schnitt und Emulsion (linienförmige Strahlungsquelle senkrecht zur Fläche des Schnittes)[2]. $d$ Dicke des Schnittes in $\mu$. $a$ Dicke der Emulsion in $\mu$. $A$ Berechnetes Auflösungsvermögen in $\mu$.

Variation von Schnittdicke bzw. Emulsionsdicke einen relativ geringen Einfluß auf das Auflösungsvermögen hat.

Von GROSS und Mitarbeitern[1] sind auch für den Fall einer flächenhaften Verteilung des Radioisotops Korndichteverteilungen ausgerechnet worden. Sie setzten voraus, daß

Tabelle 1. *Auflösungsvermögen und relative Belichtungszeit für verschiedene Dicken des histologischen Schnittes, der Emulsion und der Zwischenschicht zwischen Schnitt und Emulsion.*
(Zusammengestellt nach DONIACH und PELC[2].)

| Dicke, histologischer Schnitt in $\mu$ | Dicke der Emulsion in $\mu$ | Abstand Schnitt-Emulsion in $\mu$ | Auflösungsvermögen in $\mu$ | Relative Belichtungszeiten für gleiche Schwärzung |
|---|---|---|---|---|
| 5 | 15 | 3 | 17 | 80 |
|  |  | 1 | — | 39 |
|  |  | 0,1 | 3 | 16 |
|  |  | 0,01 | 2 | — |
| 2 | 2 | 3 | — | 340 |
|  |  | 1 | 5 | = 100 |
|  |  | 0,1 | 2 | 25 |
|  |  | 0,01 | 1,5 | — |

Tabelle 2. *Einfluß der Dicke des histologischen Schnittes und der Emulsion auf das Auflösungsvermögen.*
(Zusammengestellt nach Angaben von GROSS und Mitarbeitern[1].)

| Dicke der Emulsion in $\mu$ | Dicke der Zwischenschicht in $\mu$ | Dicke des Schnittes in $\mu$ | Auflösungsvermögen in $\mu$ |
|---|---|---|---|
| 5 | 0,1 | 5 | 2,3 |
| 10 | 0,1 | 5 | 2,7 |
| 15 | 0,1 | 5 | 3,3 |
| 5 | 0,1 | 10 | 2,8 |
| 10 | 0,1 | 10 | 3,7 |
| 15 | 0,1 | 10 | 4,4 |

die Radioaktivität im Schnitt gleichmäßig über einen flachen Zylinder von 40 $\mu$ Durchmesser und einer Höhe von der Dicke des Schnittes verteilt sei, wie in Abb. 5 eingezeichnet. Abb. 5 und Tabelle 3 geben die erhaltenen Ergebnisse wieder. Man sieht zunächst, daß die Korndichteverteilung durchaus nicht den rechteckigen Verlauf wie diejenige des Radioisotops hat. In der Zylindermitte ist die Korndichte doppelt so groß wie am Zylinderrand, wie auch leicht anschaulich einzusehen ist. Außerdem reicht die Korn-

---

[1] GROSS, J., R. BOGOROCH, N. J. NADLER and C. P. LEBLOND: Amer. J. Roentgenol. **65**, 420 (1951).
[2] DONIACH, J., and S. R. PELC: Brit. J. Radiol. **23**, 187 (1950).

dichteverteilung beträchtlich über den Zylinderrand hinaus. Als Maß für das Auflösungsvermögen bei bestimmten geometrischen Verhältnissen nehmen GROSS und Mitarbeiter[1] diejenige Entfernung, in welcher die Korndichte am Zylinderrand nach außen hin noch-

Abb. 5. Einfluß der geometrischen Faktoren auf das Auflösungsvermögen bei einer zylindrischen Strahlungsquelle von 40 μ Durchmesser[1]. $S$ Abstand von der Mitte des Zylinders; Zylinderrand durch gestrichelte Linien angegeben; die Kurven geben die Korndichteverteilung in relativem Maß an; die römischen Zahlen beziehen sich auf die in Tabelle 3 angegebenen geometrischen Verhältnisse.

mals um den Faktor 2 abnimmt. Die so bestimmten Werte des Auflösungsvermögens gibt Tabelle 3 wieder. Man sieht, daß die Dicken von Schnitt, Zwischenschicht und Emulsion in diesem Falle einen relativ geringen Einfluß auf das Auflösungsvermögen haben.

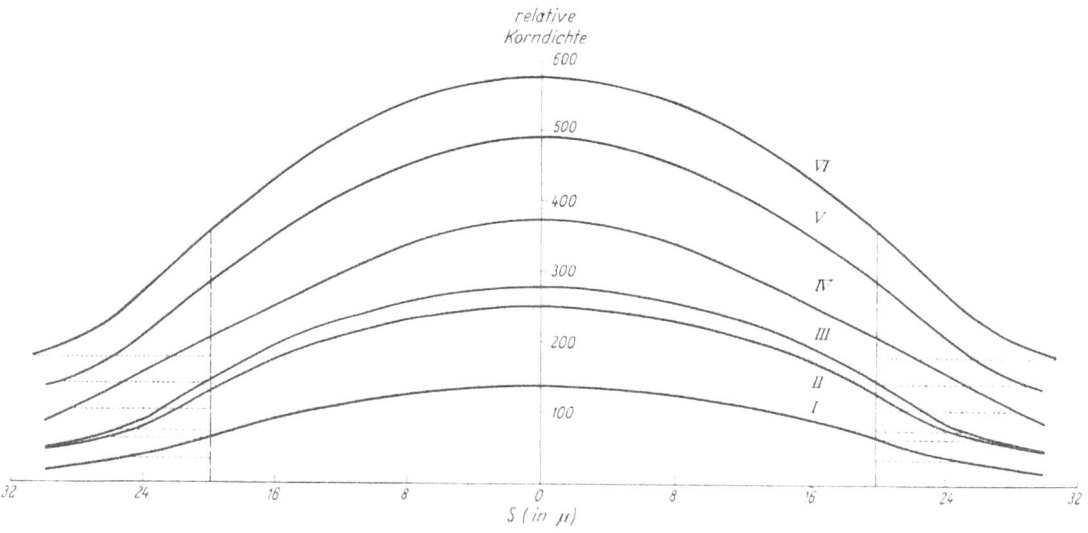

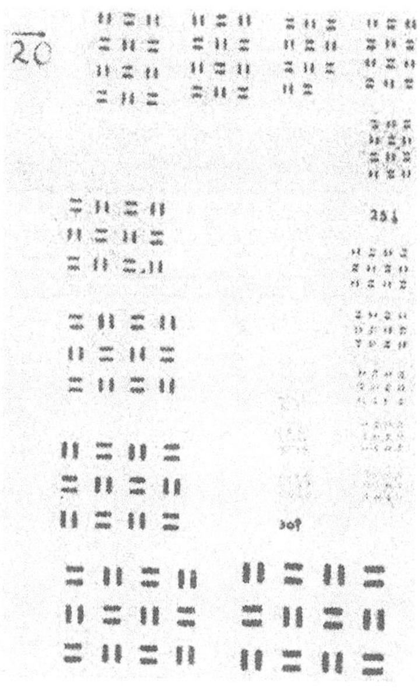

Abb. 6. Vergrößerung einer Testplatte nach STEVENS[1] (Größe des gesamten Bildes auf der Photoplatte = 1 mm × 1,3 mm; die schwarzen Rechtecke bestehen aus Silberkörnern, Kodak Maximum Resolution Plate). [Aus HERZ, R. H.: Nucleonics 9, Nr. 3, 24 (1951).]

Weil der angenommene Durchmesser des strahlenden Zylinders beträchtlich größer ist als die Dicke der Emulsion, nehmen in diesem Fall die relativen Belichtungszeiten mit zunehmender Dicke der Emulsion erheblich ab, wie aus den Ordinatenwerten der Abb. 5 hervorgeht.

Bei den bisher durchgeführten Abschätzungen des Auflösungsvermögens ist die endliche Ausdehnung der Silberbromidkrystalle in der Emulsion nicht berücksichtigt worden. Bei einem Korndurchmesser von einigen Zehnteln μ sollten sich die Halbwertsbreiten der Korndichteverteilung um 0,5—1 μ vergrößern. Unter optimalen Bedingungen sollten also Strahlungszentren mit einem Abstand von mehr als etwa 3 μ noch unterschieden werden können.

Die oben besprochenen theoretischen Überlegungen konnten von STEVENS[2] in sehr eleganter Weise experimentell bestätigt werden. STEVENS stellte zunächst eine Strichzeichnung wie in Abb. 6 her. Diese wurde dann auf eine sehr feinkörnige photographische Platte verkleinert abgebildet. Auf der Photoplatte befinden sich dann scharf begrenzte Linien, welche aus sehr dicht verteilten feinen Silberkörnern bestehen. Die Linienbreiten und die Abstände benachbarter Linien variieren zwischen einigen Zehnteln μ und einigen μ. Das Silber wurde

---

[1] GROSS, J., R. BOGOROCH, N. J. NADLER and C. P. LEBLOND: Amer. J. Roentgenol. 65, 420 (1951).
[2] STEVENS, W. W.: Nature 161, 432 (1948). Brit. J. Radiol. 23, 723 (1950).

Tabelle 3. *Auflösungsvermögen für eine zylinderförmige Strahlungsquelle von 40 μ Durchmesser bei verschiedenen Dicken von histologischem Schnitt, Zwischenschicht und Emulsion.* (Die römischen Ziffern beziehen sich auf die Kurven der Abb. 5.) (Nach GROSS, BOGOROCH, NADLER und LEBLOND[1].)

| Dicke der Emulsion in μ | Dicke der Zwischenschicht in μ | Dicke des Schnittes in μ | Auflösung in μ | Kurvennummer in Abb. 5 | Dicke der Emulsion in μ | Dicke der Zwischenschicht in μ | Dicke des Schnittes in μ | Auflösung in μ | Kurvennummer in Abb. 5 |
|---|---|---|---|---|---|---|---|---|---|
| 5 | 0,1 | 2 | 5,0 | I | 10 | 0,1 | 5 | 8,0 | IV |
| 5 | 0,1 | 5 | 6,0 | III | 20 | 0,1 | 5 | 9,0 | V |
| 5 | 0,5 | 5 | 6,4 | II | 35 | 0,1 | 5 | 10,2 | VI |

durch Einwirkung von $^{131}$J in Ag$^{131}$J umgewandelt. Die Flächen der einzelnen Linien bilden so Strahlungszentren bekannter Größe. Von diesen Platten wurden dann genau so wie bei histologischen Schnitten Autoradiographien hergestellt. In Abb. 7 sind einige Beispiele wiedergegeben worden, aus denen der Einfluß der Dicke der Zwischen-

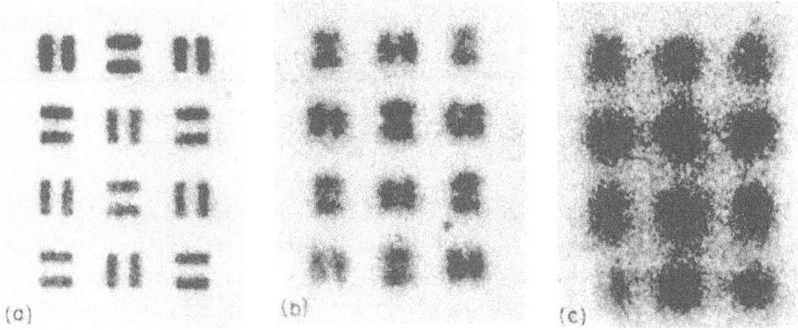

Abb. 7a—c. Mikrophotographie von Autoradiographien (Abstand der rechteckigen Linien 8,9 μ nach STEVENS)[2]. a Vollkommener Kontakt. b Dicke der Zwischenschicht = 3 μ. c Dicke der Zwischenschicht = 10 μ. [Aus HERZ, R. H.: Nucleonics 9, Nr. 3, 24 (1951).]

schicht auf das Auflösungsvermögen entnommen werden kann. Hierbei betrug die Linienbreite 8,9 μ. Die 3 Autoradiogramme beziehen sich auf eine Zwischenschicht mit einer Dicke von nahe 0 μ, 3 μ und 10 μ. Bei 3 μ sind die benachbarten Linien noch deutlich als getrennte Objekte zu erkennen, während bei 10 μ die Korndichteverteilungen von jeweils benachbarten Linien ineinander übergehen. Die Ergebnisse bestätigen in sehr schöner Weise die von DONIACH und PELC[3] sowie GROSS und Mitarbeitern[1] durchgeführten Rechnungen.

### b) Einfluß von Art und Energie der radioaktiven Zerfallsteilchen auf das Auflösungsvermögen.

Bei den bisherigen Betrachtungen wurde die Annahme gemacht, daß ein einzelnes Elektron längs seiner Bahn in der Emulsion eine konstante Korndichte hervorruft. Tatsächlich nehmen aber der Energieverlust je Längeneinheit und damit die Korndichte mit kleiner werdender β-Energie beträchtlich zu. In Abb. 8 ist der Energieverlust eines β-Teilchens in Silberbromid als Absorber in Abhängigkeit von der Energie wiedergegeben worden. Er ist bei β-Energien bis herunter zu etwa 0,4 MeV relativ konstant und steigt dann nach kleineren Energien hin stark an. In diesem Energiegebiet nimmt also die Korndichte gegen das Ende der Reichweite der β-Teilchen hin stark zu.

Wie man leicht einsieht, hat das zur Folge, daß die von einer Strahlungsquelle hervorgerufene Kornverteilung breiter wird, als nach den oben besprochenen Rechnungen zu

---
[1] GROSS, J., R. BOGOROCH, N. J. NADLER and C. P. LEBLOND: Amer. J. Roentgenol. 65, 420 (1951).
[2] STEVENS, W. W.: Nature 161, 432 (1948). Brit. J. Radiol. 23, 723 (1950).
[3] DONIACH, J., and S. R. PELC: Brit. J. Radiol. 23, 184 (1950).

erwarten wäre. Bei großen $\beta$-Grenzenergien wie z. B. bei $^{32}$P ($E_{\max} = 1{,}7$ MeV) sollte dieser Effekt von geringer Bedeutung sein, da von den relativ großen $\beta$-Energien der einzelnen $\beta$-Teilchen in der Emulsion nur verhältnismäßig geringe Beträge absorbiert werden. Anders liegen die Dinge z. B. bei den weichen $\beta$-Teilchen des $^{35}$S mit einer Grenzenergie von nur 0,170 MeV. Hier ist die Reichweite der $\beta$-Teilchen einmal von ähnlicher Größenordnung wie der mittlere Weg in der Emulsion, und zum anderen liegen die $\beta$-Energien innerhalb der Emulsion in demjenigen Energiegebiet, in dem die Korndichte mit abnehmender Energie stark zunimmt.

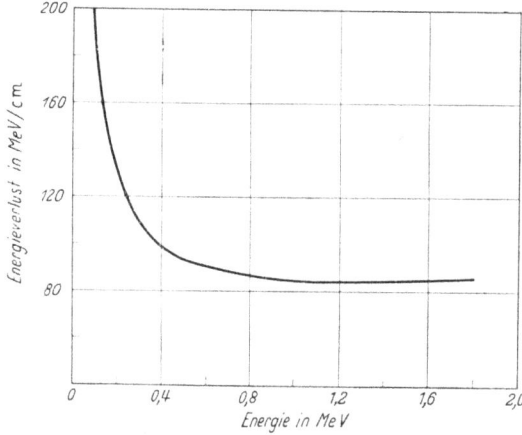

Abb. 8. Energieverlust in MeV/cm von Elektronen in AgBr in Abhängigkeit von der Elektronenenergie. [Aus GROSS, J., R. BOGOROCH, N. J. NADLER and C. P. LEBLOND: Amer. J. Roentgenol. **65**, 420 (1951).]

Auch die Reichweite der $\beta$-Teilchen ist von Einfluß auf das Auflösungsvermögen. Für $^{35}$S und $^{14}$C beträgt die maximale Reichweite in der Emulsion etwa $= 20\ \mu$, für $^{131}$J etwa $= 200\ \mu$ und für $^{32}$P etwa $= 1400\ \mu$. $\alpha$-Teilchen haben in der Emulsion eine sehr geringe Reichweite von nur wenigen $\mu$. Da die Energien der von einem Isotop ausgesandten $\beta$-Teilchen zwischen 0 und der oberen Grenze liegen, haben die meisten $\beta$-Teilchen eine beträchtlich kleinere Reichweite, als es den oben angegebenen Zahlen entspricht. In der gleichen Richtung wirkt sich die bei $\beta$-Teilchen relativ starke Streuung aus. Insgesamt hat das zur Folge, daß bei $^{35}$S und $^{14}$C viele $\beta$-Teilchen bei schrägem Durchgang durch die Emulsion die Oberfläche der Emulsion nicht mehr erreichen. Bei weichen $\beta$-Strahlern sind also bei sonst gleichen geometrischen Verhältnissen kleinere Halbwertsbreiten der Korndichteverteilungen zu erwarten. Aus dem gleichen Grunde zeigen Autoradiographien mit $\alpha$-Strahlern ein besonders großes Auflösungsvermögen.

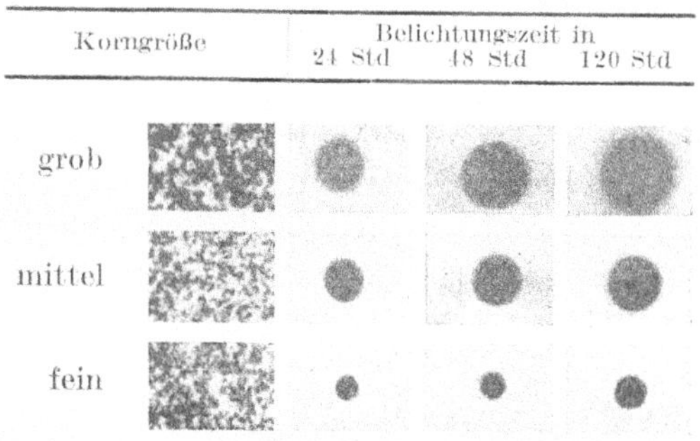

Nicht unerheblich ist der Einfluß der Rückstreuung der $\beta$-Teilchen in dem den Schnitt tragenden Objektträger. Die S. 668 wiedergegebene Abb. 21 zeigt, daß das Ausmaß der Rückstreuung mit der Größe der $\beta$-Grenzenergie zunimmt. Sie ist also bei $^{32}$P größer als bei $^{35}$S und $^{14}$C. Diese rückgestreuten Elektronen haben eine diffuse Verbreiterung der Korndichteverteilung zur Folge.

Insgesamt ist zu erwarten, daß mit weichen $\beta$-Strahlern eine größere Auflösung erreicht werden kann als mit harten $\beta$-Strahlern, was auch mit der Erfahrung übereinstimmt.

Abb. 9. Einfluß von Korngröße und Belichtungszeit auf die Größe des autoradiographischen Bildes nach BOYD[1]. Kreisrunde Strahlungsquelle aus Radio-Rubidium, welche mit drei verschieden feinkörnigen Platten in Kontakt gebracht wurde. Die Größe des autoradiographischen Bildes nimmt mit der Grobkörnigkeit der Emulsion und der Länge der Belichtungszeit zu. [Aus SCHMEISER, K., in SCHWIEGK, H. (Hrsgb.): Künstliche radioaktive Isotrope in Physiologie, Diagnostik und Therapie. S. 80. Berlin, Göttingen, Heidelberg 1953.]

### c) Einfluß von Korngröße und Belichtungszeit auf das Auflösungsvermögen.

Oben wurde bereits erwähnt, daß das Auflösungsvermögen um so größer ist, je feinkörniger die verwandte Emulsion ist. Das zeigt Abb. 9, welche einer Arbeit von BOYD[1] entnommen wurde. Bei gleicher Belichtungszeit liefern feinkörnige Platten von einer kreisrunden Strahlungsquelle ein wesentlich kleineres und schärferes Bild als grobkörnige.

---

[1] BOYD, G. A.: J. biol. photogr. Ass. **16**, 65 (1947).

Auch eine Vergrößerung der Belichtungszeit über das notwendige Maß hinaus wirkt in Richtung auf eine Verschlechterung des Auflösungsvermögens, wie die in Abb. 9 wiedergegebenen Aufnahmen desselben Autors zeigen. Hierbei kommt die Verbreiterung des Bildes bei großen Belichtungszeiten dadurch zustande, daß auch in von der Bildmitte weiter entfernten Emulsionsbereichen die Ionisationsdichte den zur Erzeugung eines latenten Bildes notwendigen Wert erreicht.

## 3. Quantitative Autoradiographie.

Es existieren nur wenige Arbeiten[1-5], in denen die autoradiographische Methode zu quantitativen Aussagen über die Mikroverteilung von Radioisotopen in histologischen Schnitten verwandt wurde. Zur Beantwortung der Frage nach der Größe des Stoffwechsels genügt in sehr vielen Fällen eine mehr qualitative Kenntnis der Verteilung des Radioisotops im Gewebe. Die quantitative Auswertung von Autoradiogrammen begegnet erheblichen Schwierigkeiten, worauf im folgenden eingegangen werden soll.

Sehr viel einfacher liegen die Verhältnisse, wenn die Verteilung eines Radioisotops auf einem Papierchromatogramm oder auf Papierelektrophoresestreifen quantitativ bestimmt werden soll. In diesen Fällen ist die flächenhafte Ausdehnung der radioaktiven Substanzen auf dem Papier im allgemeinen viel größer als die Dicken der verwandten Papiere und photographischen Emulsionen. Unter diesen Verhältnissen hängt die photographische Schwärzung lediglich von der Flächendichte der radioaktiven Substanz ab. Dagegen liegen bei histologischen Präparaten die Dinge ganz anders. Hier sind die Dimensionen der strahlenden Objekte von ähnlicher Größenordnung wie die Dicken von Schnitt, Zwischenschicht und Emulsion. Neben der Flächendichte der Radioisotope hängt jetzt die bewirkte Schwärzung auch von den Dimensionen der strahlenden Bereiche ab.

### a) Quantitative Auswertung von großflächigen Autoradiogrammen.

Zunächst sei kurz auf die sehr einfache quantitative Auswertung von Autoradiographien von Papierchromatogrammen u. a. eingegangen. Auf die gleiche Photoplatte, welche das Autoradiogramm enthält, werden außerdem Schwärzungsmarken mit flächenhaften Präparaten bekannter Mengen des gleichen Radioisotops aufgebracht und dann gleichzeitig mit dem Autoradiogramm entwickelt. Anschließend werden die Schwärzungsverteilung des Autoradiogramms und die Schwärzung der aufgedruckten Marken mit einem Photometer bestimmt. Aus der optischen Dichte der Marken ergibt sich die Schwärzungskurve der Photoplatten (optische Dichte in Abhängigkeit von der Flächendichte des Radioisotops). Bei Kenntnis dieser Kurven kann die optische Dichte der einzelnen Teile des Autoradiogramms unmittelbar in quantitative Angaben über die Aktivitätsverteilung im Autoradiogramm umgewertet werden.

### b) Quantitative Auswertung von Autoradiogrammen histologischer Schnitte.

#### α) *Beobachtung einzelner Bahnspuren.*

Mit den sog. kernphysikalischen Platten läßt sich die Bahn einzelner α- oder β-Teilchen sichtbar machen. Die Abb. 10 zeigt eine solche Aufnahme[6]. Bei stärkster Vergrößerung und Ölimmersion sind die einzelnen α-Bahnspuren deutlich erkennbar. Durch Höhenverstellung des Mikroskops erkennt man dann leicht, wo insbesondere der Anfang der Bahnspur liegt. Die statistische Häufigkeit der einzelnen Ursprungsorte liefert dann die gesuchte quantitative Verteilung des Radioisotops im histologischen Schnitt. Solche

---

[1] NADLER, N. J.: Amer. J. Roentgenol. **70**, 814 (1953).
[2] ENDICOTT, K. M., and H. YAGODA: Proc. Soc. exp. Biol. Med. **64**, 170 (1947).
[3] DUDLEY, R. A., and B. M. DOBYNS: Science, N. Y. **109**, 327 (1949).
[4] BOSTRÖM, H., E. ODEBLAD and U. FRIBERG: Arch. Biochem. **38**, 283 (1952).
[5] BHATNAGER, A. S., and P. C. GHOSH: Nucleonics **12**, Nr. 4, 58 (1954).
[6] SCOTT, K. G., D. AXELROD, J. CROWLEY and J. G. HAMILTON: Arch. Path., Chicago **48**, 31 (1949).

Untersuchungen sind mit α-Strahlern mit den heutigen Mitteln durchführbar. Der Übertragung dieser Methode auf β-Teilchen stehen insofern Schwierigkeiten gegenüber, als die Bahnen von einzelnen Zerfallselektronen weit weniger gut festgelegt werden können.

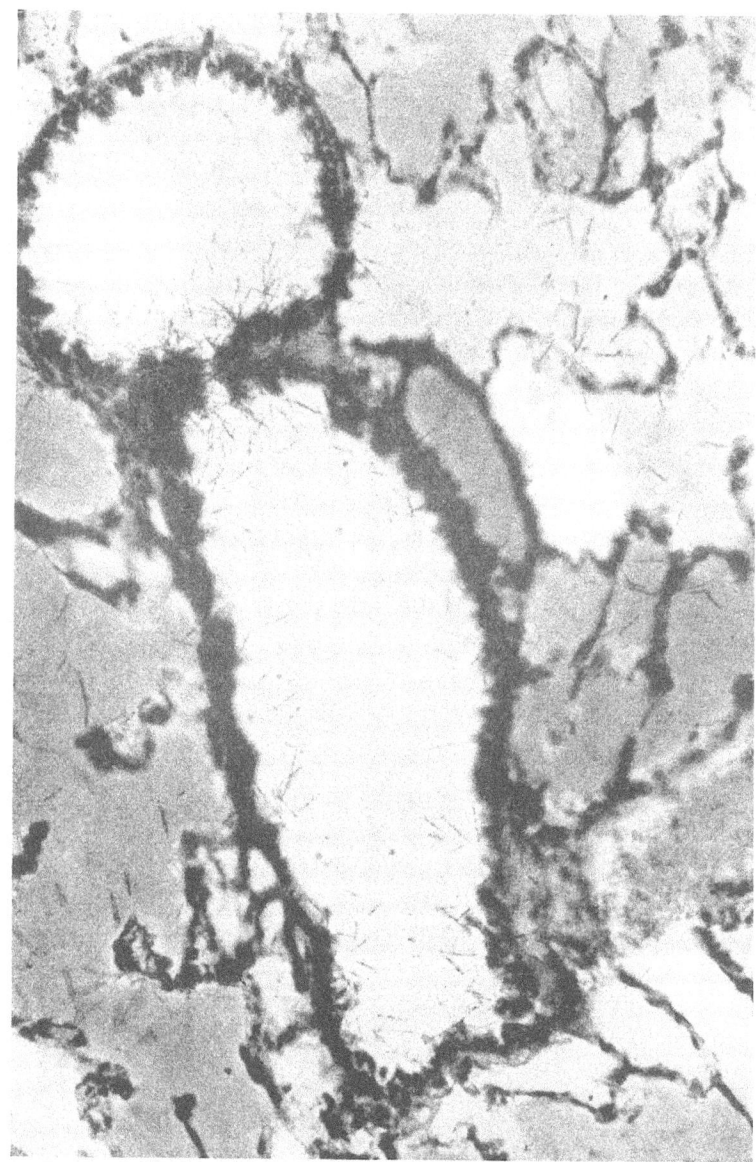

Abb. 10. Autoradiogramm eines Lungenschnittes nach Einatmen eines Aerosols von Plutoniumoxyd durch Ratten Das Autoradiogramm zeigt die Spuren von α-Teilchen des Plutoniums, welches im Bronchial- und Alveolarepithel abgelagert worden ist. (Nach SCOTT und Mitarbeitern[1].)

Der andere Weg, zu einer quantitativen Auswertung von Autoradiogrammen zu kommen, besteht in einer Messung der Schwärzung der Photoemulsion. Diese kann auf 2 Wegen erfolgen, einmal durch eine direkte Bestimmung der Schwärzung mittels eines Mikrophotometers, oder durch Auszählung der Silberkörner unter dem Mikroskop.

### β) Mikrophotometrische Bestimmung der Schwärzung.

Für eine Mikrobestimmung von Schwärzungen mit dem Mikrophotometer sind optische Dichten der Emulsion von 0,2—0,6 wünschenswert. (Optische Dichte $=_{10}\log(I_0/I)$; hierbei

---

[1] SCOTT, K. G., D. AXELROD, J. CROWLEY and J. G. HAMILTON: Arch Path., Chicago 48, 31 (1949).

bedeuten $I_0$ die senkrecht auf die Emulsion auffallende Lichtmenge und $I$ die aus der Emulsion austretende Lichtmenge). Bei diesen optischen Dichten wird das auffallende Licht um Faktoren zwischen 1,6—4,0 — also relativ stark — geschwächt. Bei so großen Schwärzungen ist die optische Dichte nicht mehr proportional zur Menge der auf die Emulsion aufgefallenen $\beta$-Teilchen. Sobald die Zahl der entwicklungsfähig gewordenen Silberbromidkrystalle nicht mehr vernachlässigbar klein gegenüber der Gesamtzahl der Silberbromidkrystalle ist, nimmt die Menge der entwicklungsfähigen Silberbromidkrystalle weniger als proportional mit der Zahl der $\beta$-Teilchen zu und erreicht schließlich unabhängig von der Stärke der Bestrahlung einen Sättigungswert. Es ist eine Komplikation dieser Methode, daß die Beziehung zwischen optischer Dichte und der Zahl der aufgefallenen $\beta$-Teilchen ermittelt werden muß. Die Bestimmung der optischen Dichte selber leidet darunter, daß das Licht beim Photometrieren auch den histologischen Schnitt und den Objektträger durchsetzt. Die hierdurch eintretende zusätzliche Lichtschwächung kann an äquivalenten Stellen des histologischen Präparates, welche keine Schwärzung der Photoschicht aufweisen, bestimmt werden. Die Auswahl solcher Stellen kann aber nicht mit Sicherheit getroffen werden. Das beeinträchtigt die Genauigkeit des Verfahrens. Bei der Auswertung der optischen Dichten ist grundsätzlich noch zu berücksichtigen, daß die Schwärzung bei mikroskopisch kleinen Strahlungsbereichen nicht nur von der Zahl der $\beta$-Teilchen, sondern auch von den Dimensionen des strahlenden Objektes abhängt (s. z. B. Abb. 5).

Von ODEBLAD und Mitarbeitern[1] sind nach diesem mikrophotometrischen Verfahren eine Reihe von quantitativen autoradiographischen Untersuchungen durchgeführt worden.

### $\gamma$) Auszählung von einzelnen Silberkörnern.

Eine dritte Möglichkeit zur quantitativen Auswertung von Autoradiogrammen besteht darin, daß man die nach der Entwicklung vorhandenen Silberkörner auszählt. Diese Methode hat eine Reihe von Vorteilen. Der günstigste Schwärzungsbereich entspricht etwa zehnmal kleineren optischen Dichten als bei dem mikrophotometrischen Verfahren (Fläche der Emulsion in der Aufsicht etwa zu 10% durch Silberkörner bedeckt). Es ist das der geringe Schwärzungsbereich, welcher auch bei einer visuellen, qualitativen Beobachtung am günstigsten ist. Es vereinfacht die Methode, daß bei diesen kleinen optischen Dichten die Zahl der Silberkörner noch gut proportional der Zahl der aufgefallenen $\beta$-Teilchen ist. Bei der Auszählung der Silberkörner stört auch der in seiner Farbe wechselnde Untergrund des histologischen Präparates nicht. Bei sehr kleinen $\beta$-strahlenden Objekten des Schnittes kann einfach die Gesamtzahl der entstandenen Silberkörner ausgezählt werden. Hiervon ist der an einer geeigneten Stelle der Emulsion ausgezählte Nulleffekt in Abzug zu bringen. Bei größeren Objekten, z. B. einem $^{131}$J-markierten Follikel der Schilddrüse ist die vollständige Auszählung aller Silberkörner zu zeitraubend und auch wegen des ermüdenden Verfahrens kaum durchführbar. Für diesen Fall ist von NADLER[2] ein spezielles Verfahren ausgearbeitet und auf die Bestimmung des $^{131}$J-Gehaltes von verschieden großen Follikeln der Schilddrüse angewandt worden. NADLER zählt die Silberkörner über der Mitte des Follikels in einem Quadrat von $75\,\mu$ Kantenlänge aus. Dabei wird eine Schicht von rund $2\,\mu$ Dicke der Emulsion erfaßt. Die Zählung wird in verschiedenen Höhen der Emulsion in Abständen von $2\,\mu$, angefangen mit der Unterseite der Emulsion, welche dem Schnitt zugewandt ist, wiederholt. Eine Auszählung nur der Silberkörner an der Unterseite der Schicht hat den Vorteil, daß dort der Nulleffekt relativ am wenigsten ins Gewicht fällt. Das hängt damit zusammen, daß die Dichte der von den $\beta$-Teilchen herrührenden Silberkörner von der Unterseite zur Oberseite der Emulsion stark abnimmt, während der Nulleffekt in der Schicht eine konstante räumliche Dichte hat. Das Verhältnis von Effekt zu Nulleffekt ist also an der Unterseite der Emulsion am größten. Wenn nur die Körner in einer bestimmten Schicht

---
[1] BOSTRÖM, H., E. ODEBLAD and U. FRIBERG: Arch. Biochem. **38**, 283 (1952).
[2] NADLER, N. J.: Amer J. Roentgenol. **70**, 814 (1953).

an der Unterseite der Emulsion ausgezählt werden, spielt auch eine wechselnde Dicke der Emulsion keine Rolle. Bei der Photometrierung tragen dagegen unvermeidlicherweise *alle* Silberkörner in der Emulsion zum gemessenen Werte der optischen Dichte bei.

Auch bei dieser Methode muß berücksichtigt werden, daß die von z. B. einem kreisrunden, gleichmäßig mit Radioaktivität erfüllten flachen Zylinder erzeugte Dichte der Silberkörner von dem Durchmesser des Zylinders abhängt. Diese Relation wurde durch entsprechende Rechnungen ermittelt (s. a. Abb. 5). Wegen der Einzelheiten der von NADLER[1] ausgearbeiteten Methode und wegen der Ergebnisse der $^{131}$J-Speicherung von Schilddrüsenfollikeln verschiedener Größe muß auf die Originalarbeiten verwiesen werden.

Die beiden letzten Abschnitte zeigen, daß das Auflösungsvermögen der autoradiographischen Methode gerade bis zu den Zelldimensionen herabreicht. Eine quantitative Auswertung bereitet aber noch erhebliche Schwierigkeiten. Auf keinen Fall darf übersehen werden, daß die Schwärzung der Emulsion nur unter der Berücksichtigung von bestimmten geometrischen Faktoren als ein quantitatives Maß für die Zahl der aufgefallenen $\beta$-Teilchen genommen werden darf. Für die übliche *qualitative* Auswertung bedeutet das aber keine wesentliche Beschränkung.

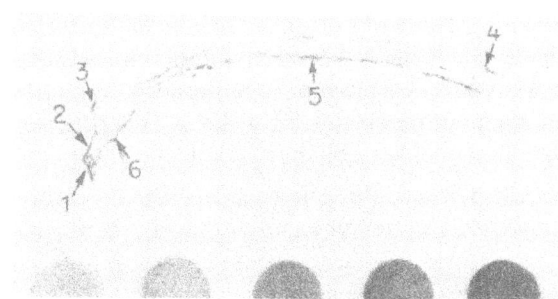

Abb. 11. Bestimmung der örtlichen Strahlendosis im Knochen nach $^{45}$Ca-Ablagerung (oben: Autoradiogramm des $^{45}$Ca-markierten Knochens, unten: 5 aufgedruckte Intensitätsmarken, deren Intensität von links nach rechts um den Faktor 2 zunimmt)[2].

### c) Bestimmung der örtlichen Strahlendosis in organischem Gewebe (Mikro-Dosisverteilung).

Die Autoradiographie kann auch zur Messung der örtlichen Strahlendosis herrührend von einer Inkorporation von Radioisotopen verwandt werden. Die von einer räumlichen Gleichverteilung oft stark abweichende Verteilung eines Radioisotops (s. z. B. Abb. 21, 22, 23) hat Strahlendosen zur Folge, welche von Ort zu Ort sehr verschieden sein können. Da bei der Festlegung der Toleranzmengen von Radioisotopen die *maximalen* örtlichen Strahlendosen im Gewebe zugrunde gelegt werden müssen, besteht ein großes Interesse an der Messung der „Mikro"-Verteilung der Strahlendosis im Gewebe.

Bei der üblichen Autoradiographie soll die örtliche Verteilung eines Radioisotops bestimmt werden. Wenn die *Strahlendosis* gemessen werden soll, muß die örtliche Verteilung der *Ionisationsdichte* bestimmt werden. Bei der autoradiographischen Bestimmung der Ionisationsdichte muß die Dicke der Schnitte größer als die maximale Reichweite der $\beta$-Teilchen (s. S. 625) genommen werden. Diese beträgt z. B. für $^{14}$C und $^{35}$S: $R_{\beta\,max}$ = 27 mg/cm² und für $^{32}$P: $R_{\beta\,max}$ = 760 mg/cm². Die Schnitte müssen also relativ dick sein, damit an der Stelle der photographischen Emulsion die gleiche Ionisationsdichte zustande kommt wie im ungeschnittenen Gewebe.

Da die Dosisverteilung im Bereich einer bestimmten Schnittfläche von allen $\beta$-Teilchen abhängt, welche von *beiden* Seiten der Schnittfläche ausgehen, gibt ein einzelnes Autoradiogramm nur diejenige Dosisverteilung wieder, welche von *nur einer* Seite herrührt. Bei einer stark unsymmetrischen Verteilung des Radioisotops (z. B. Schnitt durch Knochenmark in der Nähe von Knochensubstanz bei Markierung mit $^{32}$P) müssen die Gewebshälften zu beiden Seiten eines Schnittes untersucht werden. Die Summe der beiden Teilergebnisse ergibt dann die gesuchte „Mikro"-Dosisverteilung im Bereich der Schnittfläche.

Die Eichung der Photoemulsion auf r-Werte (Röntgeneinheiten) erfolgt mit einer gewebsähnlichen Substanz, welche das Radioisotop in gleichmäßiger Verteilung enthält.

---

[1] NADLER, N. J.: Amer. J. Roentgenol. **70**, 814 (1953).
[2] DUDLEY, A., u. B. M. DOBYNS: Science **109**, 327 (1949).

Die Dosis im Inneren dieser Eichpräparate ist berechenbar (893ff.), diejenige an der Oberfläche beträgt die Hälfte von derjenigen im Innern. Dieses Verfahren berücksichtigt im wesentlichen nur die Strahlendosis, welche von den $\beta$-Teilchen herrührt, und ist deshalb vorzugsweise bei reinen $\beta$-Strahlern anwendbar.

Von DUDLEY und DOBYNS[1] ist auf diesem Wege die örtliche Strahlendosis in Knochen, herrührend von eingebautem $^{45}$Ca, gemessen worden. Abb. 11 zeigt einmal das Autoradiogramm des $^{45}$Ca-markierten Knochens und zum anderen eine Reihe von aufgedruckten Eichmarken. Die Dosis nimmt von Marke zu Marke um den Faktor 2 ab. Die gemessenen, örtlichen Strahlendosen waren bis zu 6mal größer, als bei einer gleichmäßigen Verteilung des $^{45}$Ca im Knochen zu erwarten gewesen wäre.

## C. Autoradiographie von biologischem Material.
### 1. Vorbereitung des Materials zur Autoradiographie.

Zur autoradiographischen Untersuchung läßt sich jedes biologische Material verwenden, ganze Tiere oder einzelne Organe, einzelne Pflanzenteile, hartes oder weiches Gewebe, in frischem oder fixiertem Zustand. Im allgemeinen erfolgt die Aufarbeitung der Gewebe nach dem üblichen histologischen Verfahren, jedoch sind für autoradiographische Arbeiten einige spezielle Punkte zu beachten.

Zunächst muß verhindert werden, daß diejenigen radioaktiv markierten Substanzen, deren Verteilung im Gewebe untersucht werden soll, durch das histologische Präparationsverfahren aus dem Schnitt entfernt werden.

Da die Radioaktivität eine von der chemischen Bindung des betreffenden Atoms unabhängige Eigenschaft ist, kann aus Radioaktivitätsmessungen nichts über die chemische Natur der radioaktiv markierten Substanz ausgesagt werden. Wenn es auf die Verteilung einer bestimmten chemischen Substanz im Gewebe ankommt, müssen alle anderen, mit dem gleichen Isotop markierten Verbindungen vorher aus dem Schnitt entfernt werden, bzw. es müssen entsprechende Differenzmessungen durchgeführt werden. So wurde z. B. von LEBLOND, STEVENS, BOGOROCH[2] sowie HOWARD und PELC[3] die Verteilung von Desoxyribonucleinsäure im tierischen Gewebe bzw. in Wurzelzellen von Vicia faba untersucht. Bei der üblichen histologischen Präparation der Paraffinschnitte werden wasserlösliches Phosphat, Hexosephosphate, Kreatinphosphat und Lipoide aus dem Schnitt entfernt. An $^{32}$P-markierten Substanzen bleiben im wesentlichen nur die beiden Nucleinsäuren übrig. Zuletzt wurde dann die Ribonucleinsäure mit Ribonuclease aus dem Schnitt entfernt.

#### a) Auswahl der Fixationsmethode bei speziellen Fragestellungen.

Die Wahl der Fixations- und Entwässerungsmittel ist äußerst wichtig. Als Fixationsmittel haben sich in der Autoradiographie je nach Fragestellung folgende Substanzen bewährt: Formalin, Formalin-Trichloressigsäure, BOUINs Gemisch und Alkohol.

Bei der Fixation von $^{131}$J- oder $^{32}$P-haltigen Organen mit Formalin geht z. B. ein Teil des $^{131}$J oder $^{32}$P in Lösung[4]. Dieses Fixationsmittel wäre also unbrauchbar zur Untersuchung von freiem Phosphat und freiem Jodid in den betreffenden Organen. Umgekehrt kann man diese Reaktion auch ausnützen, um eine unerwünschte Fraktion aus dem histologischen Schnitt zu entfernen.

Weitere Verluste an Radioaktivität können bei der Entkalkung von Knochen auftreten[4]. Es ist unerläßlich, jeden einzelnen Schritt der Präparation bei der Bearbeitung einer speziellen Frage durch entsprechende Versuche zu kontrollieren.

---

[1] DUDLEY, R. A., and B. M. DOBYNS: Science, N. Y. **109**, 327 (1949).
[2] LEBLOND, C. P., C. E. STEVENS and R. BOGOROCH: Science, N. Y. **108**, 531 (1948).
[3] HOWARD, A., and S. R. PELC: Nature **167**, 599 (1951).
[4] AXELROD-HELLER, D.: The radioautographic technique. Adv. biol. med. Physics **2**, 133 (1951).

Bei vielen Fragestellungen ist es notwendig, die wasserlöslichen Substanzen im Organ zu halten. Dies kann auf zwei Wegen erreicht werden: 1. durch Gefriertrocknung des Organs, Einbetten in Paraffin und Strecken des Schnittes auf Paraffin[1] und 2. durch Niederschlagen der löslichen Substanz im Organ bei der Fixation. Zu letzterem Punkt haben HOLT und Mitarbeiter[2] einige Arbeiten veröffentlicht. Für $^{35}$S finden sich dazu Anhaltspunkte in Arbeiten von DZIEWIATKOWSKI[3].

Die quecksilberhaltigen Fixationsmittel (z. B. ,,Susa"-Gemisch nach HEIDENHAIN und ZENKERsches Gemisch) sind für autoradiographische Arbeiten unbrauchbar, da Quecksilber wegen seiner Stellung in der Spannungsreihe vor dem Silber reduziert wird. Es findet sich dann in den späteren Autoradiogrammen neben den Silberkörnern auch niedergeschlagenes metallisches Quecksilber, wenn es vorher nicht quantitativ entfernt wurde.

### b) Einbettung.

Am einfachsten ist die Einbettung in Paraffin. Paraffinschnitte sind für alle autoradiographischen Methoden brauchbar und in den notwendigen Dicken herstellbar.

Die Einbettung in Celloidin ist zeitraubender und für kurzlebige Radioisotope nicht geeignet. Da sich die Celloidineinbettung für manche Fragestellung aber nicht umgehen läßt, ist von BERTRAND[4] ein abgekürztes Verfahren ausgearbeitet worden. Für die ,,mounting"-Methode der Autoradiographie sind Celloidinschnitte ungeeignet wegen dabei auftretender technischer Schwierigkeiten.

Zum Einbetten von hartem Gewebe (Zähnen, Knochen) ist von PUCKETT[5] sowie SOGNNAES und Mitarbeitern[6] Äthylacrylat bzw. Methacrylat verwandt worden. Es ist eine durchsichtige plastische Masse, die sich auch zum Einbetten von hartem und weichem Gewebe gleichzeitig eignet.

Ist eine Einbettung z. B. bei der Untersuchung von Fetten nicht möglich, so können auch Gefrierschnitte autoradiographisch untersucht werden. Zum Schutze der Photoschicht vor der chemischen Einwirkung dieser Schnitte ist es lediglich notwendig, zwischen Schnitt und Photoschicht eine Cellophanfolie zu bringen.

### c) Schneiden der Probe.

Noch mehr als bei rein histologischen Arbeiten ist zum Schneiden auf gut gesäuberte Messer ohne Scharten Wert zu legen. Die Auflösung ist um so besser, je dünner der Schnitt ist. Für autoradiographische Untersuchungen werden Schnitte zwischen 1—10 $\mu$ verwandt; eine gute Auflösung geben Schnitte von 3—5 $\mu$ Dicke.

Um sehr dünne Schnitte zu erhalten, schneidet man einen Block an und tropft Paraffin auf. Nachdem dieses hart geworden ist, führt man den nächsten Schnitt aus. Sehr dünne Schnitte von z. B. 1 $\mu$ Dicke erhalten dadurch eine größere Festigkeit.

Einige Schwierigkeiten bereitet das Schneiden von Knochen, besonders das Schneiden von unentkalkten älteren Knochen. AXELROD[7] beschrieb eine Methode, die es erlaubt, 6—10 $\mu$ dicke Schnitte von nichtentkalktem Knochen herzustellen. LOTZ und Mitarbeiter[8], LAUDE und Mitarbeiter[9] sowie SOGNNAES[10] entwickelten große Maschinen zum Schneiden von großen Knochen und hartem Gewebe.

---

[1] LEBLOND, C. P.: J. Anat. 77, 149 (1943).
[2] HOLT, M., R. F. COWING and S. WARREN: Science, N. Y. 110, 328 (1949).
[3] DZIEWIATKOWSKI, D. D.: J. exp. Med. 93, 451 (1951); 95, 489 (1952).
[4] BERTRAND, J. J.: Science, N. Y. 107, 152 (1948).
[5] PUCKETT, W. O.: Science, N. Y. 91, 625 (1940).
[6] SOGNNAES, R. F., J. H. SHAW, A. K. SOLOMON and E. HARVOLD: Anat. Rec. 104, 319 (1949).
[7] AXELROD, D.: Anat. Rec. 98, 19 (1947).
[8] LOTZ, W. E., J. C. GALLIMORE and G. A. BOYD: Nucleonics 10, 28 (1952).
[9] LAUDE, P. P., R. G. JANES and J. D. BOYD: Anat. Rec. 104, 11 (1949).
[10] SOGNNAES, R. F.: Anat. Rec. 99, 133 (1947).

#### d) Färben der Schnitte.

Das Färben der histologischen Schnitte stört das Autoradiogramm nicht, wenn es nach der photographischen Entwicklung der Photoschicht geschieht. Allerdings färbt sich die photographische Schicht dann auch mehr oder weniger mit an. Am wenigsten ist das der Fall, wenn Hämalaun als Farbstoff benutzt wird. Auch Metanilgelb und Eisenhämatoxylin haben sich für diesen Zweck als besonders geeignet erwiesen. Die Einzelheiten der Nachfärbung von Autoradiogrammen werden bei den autoradiographischen Methoden beschrieben.

LEBLOND und Mitarbeiter[1] benutzten unter anderem auch gefärbte Schnitte zur Herstellung von Autoradiogrammen. Dieses Vorfärben ist nicht in allen Fällen möglich, da die Farblösungen meist auch einen Teil der radioaktiv markierten Substanzen herauslösen. So fand z. B. AXELROD-HELLER[2], daß durch das Färben mit Hämatoxylin-Eosin 80% von Plutonium, Europium, Promethium, Curium und anderen Transuranen in Lösung gehen. Der Gehalt der Schnitte von $^{131}J$ wird nach LEBLOND[1] durch die Farblösung nicht beeinflußt.

Die Anfärbung des Autoradiogramms kann ganz vermieden werden, wenn man den Schnitt ungefärbt mit einer Phasenkontrastoptik betrachtet. In vielen Fällen ermöglicht dieses Verfahren auch eine genaue Lokalisation, besonders dann, wenn man das Autoradiogramm mit dem nächstfolgenden gefärbten Schnitt ohne Photoschicht vergleicht.

## 2. Die verschiedenen autoradiographischen Verfahren.

Allen autoradiographischen Methoden ist gemeinsam, daß der zu untersuchende Schnitt in möglichst engen Kontakt mit der photographischen Emulsion gebracht wird. Die einzelnen, in der Literatur beschriebenen Verfahren unterscheiden sich lediglich in der Art und Weise, wie dieses Ziel erreicht wird.

### a) Autoradiographie durch direkten Kontakt des Schnittes mit einer photographischen Platte (Kontaktmethode).

Es ist die einfachste und älteste Methode. Sie wird auch heute noch angewandt zur groben Orientierung der Lokalisation von Radioaktivität in einem histologischen Schnitt oder zur Untersuchung von ganzen Tieren und Organen, dicken Schnitten, Papierchromatogrammen und Elektrophoresestreifen. Das Auflösungsvermögen ist nicht sehr groß, etwa 50—100 $\mu$, da bei dieser Methode der Kontakt schlecht ist. Bei exakter Präparation kann eine Auflösung von 20—30 $\mu$ erreicht werden (AXELROD[3]).

Ganze Organe oder dicke Schnitte bringt man mit einer möglichst ebenen, trockenen Fläche in der Dunkelkammer auf eine photographische Platte. Präparat und Platte werden fest zusammengepreßt und in einem lichtdichten Behälter aufbewahrt. Nach bestimmter Belichtungszeit wird die Platte entwickelt.

Auch frische Präparate können auf einen Röntgenfilm aufgesetzt werden, z. B. halbierte Knochen, Längs- und Querschnitte von gefrorenen Tieren und Organen. Bei diesen Präparaten ist es allerdings notwendig, zum Schutze der Photoschicht eine Cellophan- oder Papierfolie zwischen Präparat und Photoschicht zu bringen. Die Wahl der Folie richtet sich nach der Härte der zu untersuchenden $\beta$-Strahlung. Die frischen Präparate werden während der Expositionszeit im Kühlschrank aufbewahrt.

Bei histologischen Schnitten geht die Kontakt-Autoradiographie folgendermaßen vor sich: Die Organe werden fixiert, entwässert, eingebettet und geschnitten in der üblichen Weise (s. auch S. 750). Die Schnitte werden dann mit Eiweiß-Glycerin auf Objektträger aufgeklebt, entparaffiniert und getrocknet. Zum Schutze des Präparates während der Weiterverarbeitung werden die Objektträger in eine 1%ige Celloidin- oder Gelatinelösung

---

[1] LEBLOND, C. P., W. L. PERCIVAL and J. GROSS: Proc. Soc. exp. Biol. Med. 67, 74 (1948).
[2] AXELROD-HELLER, D.: The radioautographic technique. Adv. biol. med. Physics 2, 133 (1951).
[3] AXELROD, D.: Anat. Rec. 98, 19 (1947).

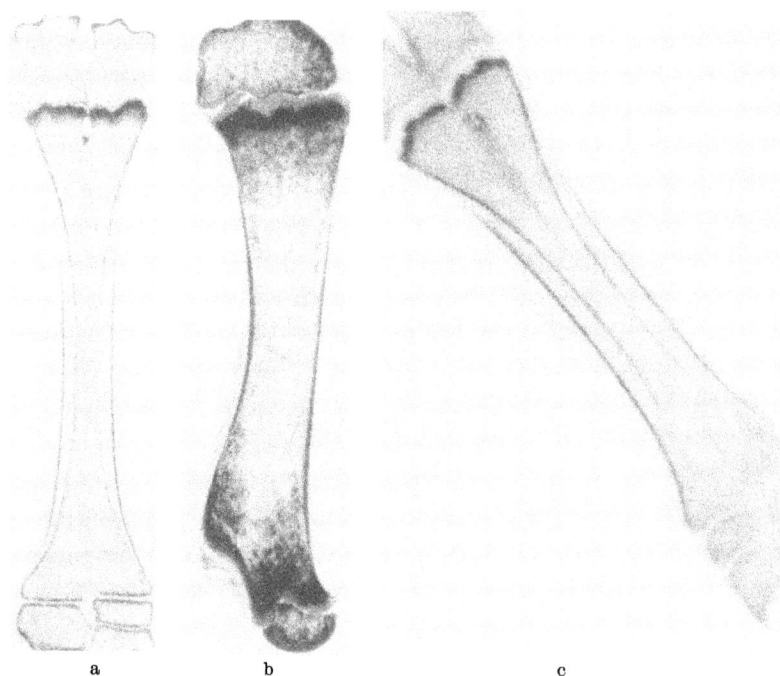

Abb. 12a—c. Kontakt-Autoradiographie großer Knochen. a Metatarsus eines Kalbes ($^{45}$Ca per os). b Femur eines Schweines ($^{45}$Ca i.v.). c Metatarsus eines Stieres ($^{90}$Sr, $^{90}$Y per os). (Nach LOTZ und Mitarbeitern[1].)

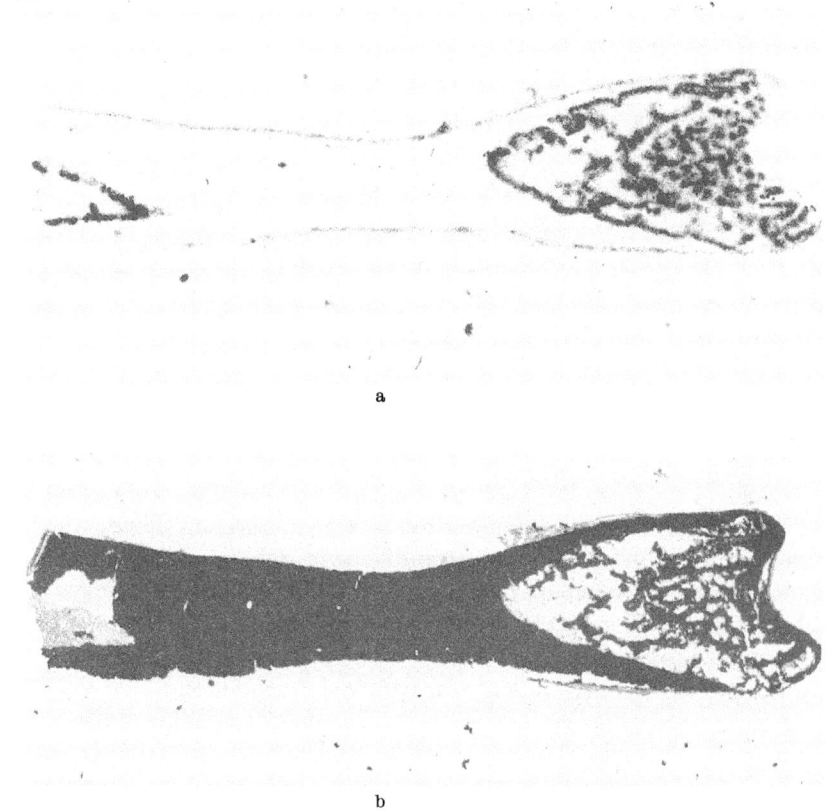

Abb. 13a u. b. Femur einer erwachsenen Ratte nach Injektion von 15 γ Plutonium, Tötung nach 8 Wochen. a Autoradiogramm. b Gefärbter Schnitt, AgNO$_3$, Hämatoxylin und Eosin. (Nach HAMILTON[2].)

---

[1] LOTZ, W. E., J. C. GALLIMORE and G. A. BOYD: Nucleonics 10, Nr. 3, 30 (1952).
[2] HAMILTON, J. G.: Radiology 49, 335 (1947).

getaucht. Diese Lösung bildet nach Trocknung über dem histologischen Schnitt einen Film von 1—2 μ Dicke. Die so vorbehandelten Präparate werden dann in direkten Kontakt mit einer photographischen Platte gebracht und mit einer Klammer zusammengehalten. Nach bestimmter Expositionszeit wird das Präparat von der photographischen Platte entfernt und nach den üblichen histologischen Methoden gefärbt. Entwicklung und Fixation der photographischen Platte erfolgen nach den bekannten photographischen Verfahren.

Abb. 12 zeigt als Beispiel für die Kontaktmethode großer Organe Autoradiogramme von Kälber-, Schweine- und Ochsenknochen. Die Abbildung ist aus einer Arbeit von LOTZ, GALLIMORE und BOYD[1] entnommen. Links ist autoradiographisch der Metatarsus eines Kalbes nach oraler Gabe von $^{45}$Ca dargestellt. Das mittlere Autoradiogramm gibt den Oberschenkel eines Schweines wieder nach intravenöser Gabe von $^{45}$Ca. Das rechte Autoradiogramm ist vom Metatarsus eines Stieres gewonnen, dem ($^{90}$Sr + $^{90}$Y) oral gegeben wurde. Abb. 13 gibt das Kontakt-Autoradiogramm des Femurs einer Ratte nach Injektion von 15 γ Plutonium (α-Strahler) und Tötung nach 8 Wochen wieder[2]. Der Aufnahme liegt im Vergleich zu der Abb. 12 ein dünner Knochenschnitt zugrunde. Man bemerkt eine oberflächliche Ablagerung von Plutonium im Periost, Endost und in den Trabekeln. Das Knochenmark ist

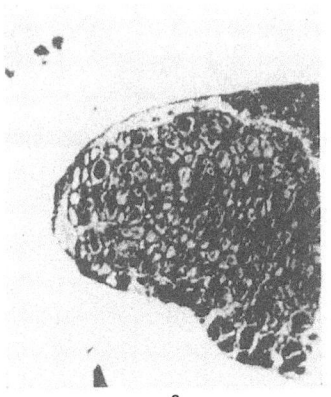 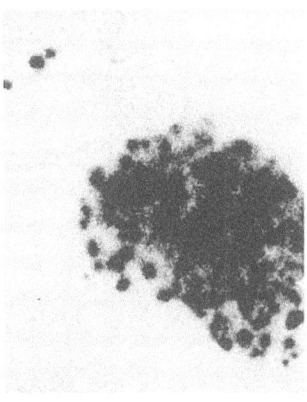

a  b
Abb. 14a u. b. Kontakt-Autoradiogramm von normalem Schilddrüsengewebe einer Ratte. 24 Std nach Gabe von $^{131}$J. a Histologischer, gefärbter Schnitt. b Kontakt-Autoradiogramm. (Nach LEBLOND[3])

frei von Aktivität. Abb. 14b stellt ein Kontakt-Autoradiogramm von normalem Schilddrüsengewebe der Ratte, 24 Std nach Gabe von $^{131}$J, dar[3]. Abb. 14a gibt den gleichen, mit MASSONs Trichrom gefärbten Schnitt wieder. Man sieht deutlich die Anreicherung des $^{131}$J in den Follikeln. Im Vergleich zu anderen autoradiographischen Methoden (s. Abb. 15, 17 und 18) liefert das Kontaktverfahren eine geringere Auflösung.

Die Kontaktmethode hat den großen Vorteil, sehr einfach und als Routinemethode geeignet zu sein. Präparat und Autoradiogramm können nach der Exposition getrennt ohne gegenseitige Beeinflussung verarbeitet werden. Der große Nachteil der Methode ist aber das mangelnde Auflösungsvermögen wegen des relativ schlechten Kontaktes zwischen Präparat und Photoschicht. Eine celluläre Lokalisation von Radioelementen ist mit dieser Methode nicht möglich.

### b) Autoradiographie durch direktes Aufsetzen des Schnittes auf die photographische Platte („mounted" nach EVANS).

Diese von EVANS[4] (1947) und ENDICOTT und YAGODA[5] (1947) beschriebene Methode gewährleistet durch direktes Aufsetzen der Schnitte auf die photographische Platte einen engeren Kontakt zwischen Präparat und Photoschicht als die vorhergehende Methode. Sie ist häufig angewandt worden zur Untersuchung der Lokalisation von $^{131}$J in der Schilddrüse und von Blutausstrichen.

---

[1] LOTZ, W. E., J. C. GALLIMORE and G. A. BOYD: Nucleonics 10, Nr. 3, 28 (1952).
[2] HAMILTON, J. G.: Radiology 49, 325 (1947).
[3] LEBLOND, C. P.: J. Anat., London 77, 149 (1943).
[4] EVANS, T. C.: Proc. Soc. exp. Biol. Med. 64, 313 (1947).
[5] ENDICOTT, K. M., and H. YAGODA: Proc. Soc. exp. Biol. Med. 64, 170 (1947).

Die Organe werden fixiert, entwässert, eingebettet und geschnitten. Die Paraffinschnitte werden auf warmem Wasser von 42° C gestreckt. Dann läßt man sie langsam abkühlen und überspült sie in Aqua dest. von Zimmertemperatur. Es ist praktisch, jeden Schnitt in einem besonderen Gefäß aufzufangen. In der Dunkelkammer wird dann jeder Schnitt mit einem Stück der photographischen Platte (Schichtseite nach oben) unterfahren. Den Schnitt hält man inzwischen mit einer Nadel fest. Nach Trocknen der Platte wird diese in einem lichtdichten Kasten während der Exposition aufbewahrt. Anschließend wird der Schnitt zunächst mit Xylol entparaffiniert. Das Xylol muß danach sehr sorgfältig wieder entfernt werden, da es bei Entwicklung des Filmes eine Schwärzung der Platte verursacht. Die photographischen Platten werden dann in der

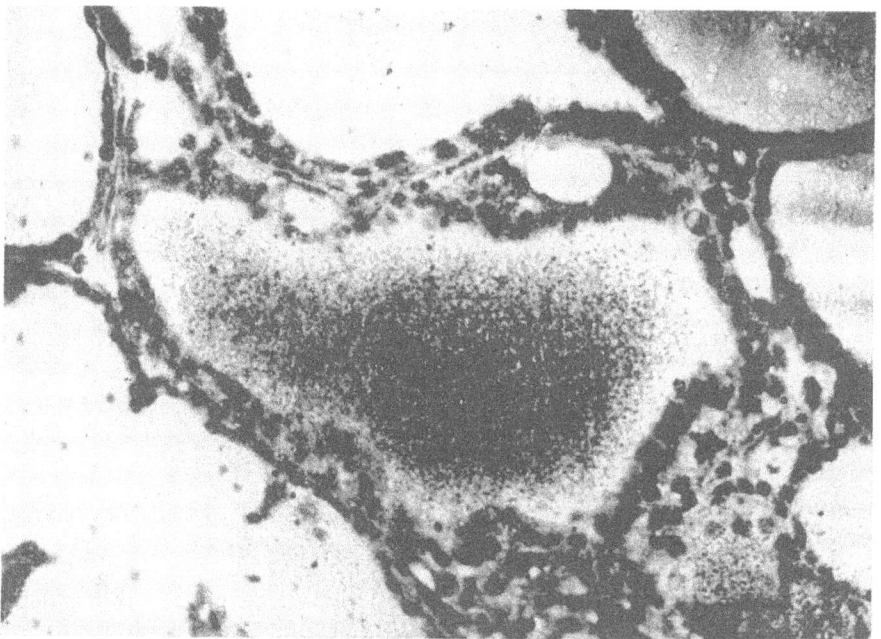

Abb. 15. Autoradiogramm einer menschlichen Schilddrüse nach therapeutischer Gabe von $^{131}$J. Methode: „mounted" nach EVANS. [Aus FITZGERALD, P. J., and F. W. FOOTE: J. clin. Endocrinol. 9, 1155 (1949).]

üblichen Weise bei 18—20° C entwickelt. Nach Fixation werden die Platten 30 min in fließendem Wasser gewässert und der darauf befindliche histologische Schnitt anschließend gefärbt, meist mit Hämatoxylin-Eosin. Es ist vorteilhaft, mit einer verdünnten Farbe längere Zeit zu färben, da sich dann die photographische Platte relativ wenig anfärbt. Als Farbe ist auch Eisen-Hämatoxylin brauchbar. Zum Vorfärben kann warmes, neutrales Carbol-Fuchsin verwandt werden, da diese Farbe beim Entwicklungsprozeß nicht zerstört wird. Die Schnitte werden dann in der aufsteigenden Alkoholreihe und Xylol entwässert und mit Canadabalsam oder anderen geeigneten Substanzen eingedeckt. Schnitt und Photoplatte bleiben während der Präparation immer in Kontakt und werden auch gemeinsam eingedeckt.

Celloidinschnitte werden aus 80%igem Alkohol heraus auf die photographische Platte gebracht und mit dem Finger festgedrückt. Wenn Schnitt und Platte trocken sind, wird das Celloidin quantitativ entfernt. Anschließend wird die photographische Platte in Kontakt mit dem Schnitt in einem lichtdichten Kasten exponiert und nach bestimmter Zeit entwickelt und fixiert. Bei Knochenschnitten verursachen die üblichen photographischen Fixiersalzlösungen eine geringe Entkalkung. Nach AXELROD-HELLER[1] ist es daher besser, zum Fixieren eine schwach alkalische, 20%ige Thiosulfatlösung zu verwenden. Die histologische Färbung erfolgt in der oben beschriebenen Weise.

[1] AXELROD-HELLER, D.: The radioautographic technique. Adv. biol. med. Physics 2, 133 (1951).

Abb. 15. gibt ein Autoradiogramm einer menschlichen Schilddrüse nach therapeutischer Gabe von $^{131}$J wieder. Man sieht deutlich die Anreicherung von $^{131}$J im Follikel. Gegenüber der Kontaktmethode ist die Auflösung wesentlich besser. Am Rande der Schwärzung sind einzelne Körner erkennbar.

EVANS[1] hat 1953 eine Variation seiner Methode angegeben. Auf die Einzelheiten des Verfahrens soll nicht eingegangen werden. Ausgehend von zwei Folgeschnitten erhält EVANS das in Abb. 16 wiedergegebene Gesamtbild. Das mittlere Bild stellt das Autoradiogramm zusammen mit dem gefärbten Schnitt dar. Das rechte Bild gibt den gefärbten Schnitt ohne Autoradiogramm und das linke Bild das Autoradiogramm ohne Schnitt wieder.

Die Vorteile gegenüber dem Kontaktverfahren sind die bessere Auflösung von etwa 5—6 $\mu$ durch engeren Kontakt und das gleichzeitige Beobachten von Autoradiogramm

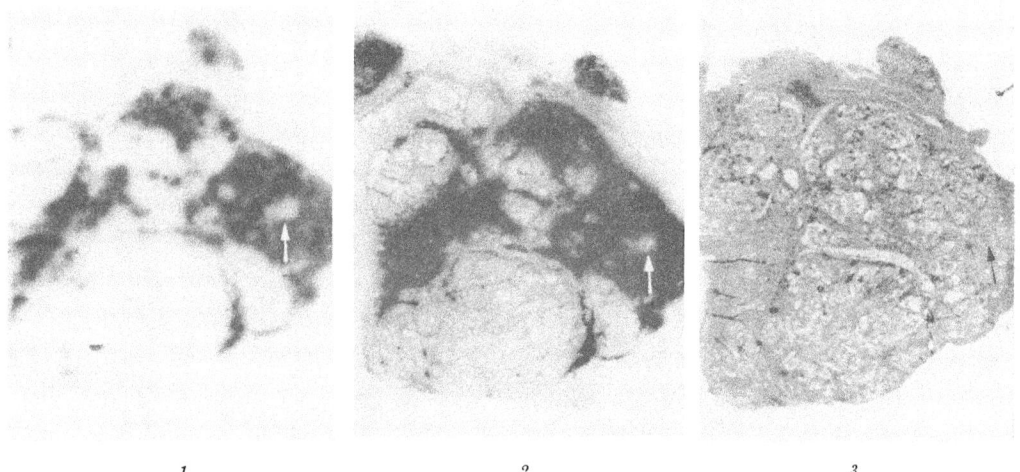

Abb. 16. Schnitte menschlicher Schilddrüsen nach Gabe von $^{131}$J, Vergleich von Schnitt (3), Autoradiogramm und Schnitt (2) und Autoradiogramm (1) auf demselben Objektträger (6,5fache Vergrößerung). Methode „mounted" nach EVANS[1].

und Schnitt. Ein Nachteil der Methode besteht darin, daß der Entwickler nicht immer gleichmäßig durch den Schnitt diffundiert, so daß möglicherweise die Photoschicht stellenweise unterentwickelt bleibt. Außerdem färbt sich die Gelatine der Photoschicht relativ stark an, wodurch das Autoradiogramm getrübt wird. Die Autoradiographie von Celloidinschnitten mit dieser Methode ist ausgesprochen schwierig.

### c) Autoradiographie unter Verwendung flüssiger photographischer Emulsionen („coated" nach BÉLANGER und LEBLOND).

Die gleiche Auflösung wie die zuletzt beschriebene Methode erzielten BÉLANGER und LEBLOND[2] durch Bedecken des histologischen Schnittes mit einer flüssigen photographischen Emulsion. Die Schichtdicke kann kontrolliert werden durch Profilschnitte, wie es aus Abb. 2 (S. 740) hervorgeht. Zwei Tropfen einer Photoemulsion auf einem Objektträger verteilt ergeben nach dem Ausstreichen der flüssigen Photoemulsion eine Schicht von 18—22 $\mu$ Dicke, 3 Tropfen eine solche von 27—34 $\mu$ Dicke. Dünnere Emulsionen kann man durch Verdünnen der Ausgangslösung erzeugen.

Abb. 2 gibt nach einer Arbeit von GROSS und Mitarbeitern einen Querschnitt durch histologischen Schnitt und Photoemulsion nach Entwicklung des Autoradiogramms wieder. Die Schwärzungen liegen über dem Kolloid der $^{131}$J-markierten Schilddrüse nach Gabe von $^{131}$J. Abb. 2A ist optimal belichtet, während Abb. 2B ein überbelichtetes Autoradiogramm darstellt.

---

[1] EVANS, T. C., and W. E. MCGINN: Cancer Res. 13, 661 (1953).
[2] BÉLANGER, L. F., and C. P. LEBLOND: Endocrinology 39, 8 (1946).

Nach BÉLANGER und LEBLOND[1] wird das Verfahren im einzelnen wie folgt durchgeführt: Die Schnitte werden auf Objektträger aufgeklebt und entparaffiniert. Es können gefärbte oder ungefärbte Schnitte benutzt werden. Die Photoemulsion, die zunächst auf Platten gegossen vorliegt, wird in der Dunkelkammer bei möglichst dunklem Licht (WRATTEN-Lampe Nr. 1) 10 min in Aqua dest. von 19° C getaucht zum Aufweichen der Emulsion. In diesem Zustand kann die Emulsion leicht in ein Becherglas gebracht werden. Das Becherglas wird nun 15 min lang in einem Wasserbad bei 37° C gehalten. Zur gleichen Zeit werden die Objektträger mit den Schnitten über einem Wasserbad auf 37° C vorgewärmt. Dann werden einige Tropfen der Emulsion auf den Objektträger gegeben und sofort mit einem Haarpinsel verteilt. Durch Kippen des Objektträgers erreicht man eine

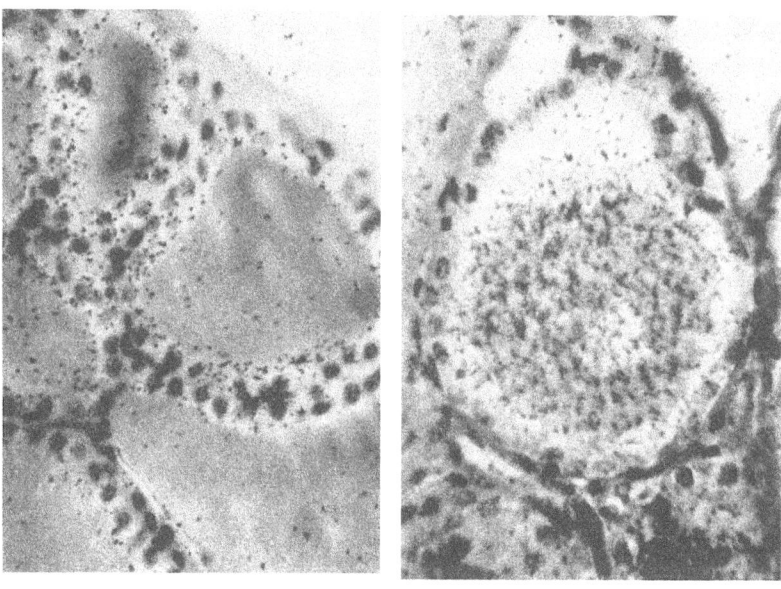

Abb. 17a u. b. Autoradiogramme von Rattenschilddrüsen. a 1 Std. b 24 Std nach Injektion von $^{131}$J. Methode: „coated" nach BÉLANGER und LEBLOND[1].

gleichmäßige Verteilung der Emulsion. Der Objektträger wird dann auf eine horizontale Platte über dem Wasserbad bei 37° C zurückgebracht. Die Platte über dem Wasserbad reicht über dieses hinaus, so daß der Objektträger nun Minute für Minute an eine kältere Stelle geschoben werden kann. Nach etwa 30 min ist die Emulsion hart genug und wird dann in lichtdichten Kästen, die ein Trocknungsmittel enthalten, während der Zeit der Exposition aufbewahrt. Während der ganzen Präparation muß darauf geachtet werden, daß die Lage des Schnittes streng horizontal ist. Nach der Expositionszeit werden die Schnitte $1^1/_2$ min bei 18—20° C mit Kodak D 72-Entwickler entwickelt und 3—6 min fixiert. Die Zeiten sind so kurz, damit die Farbe der Schnitte nicht gelöst wird. Beim Wässern (15 min) muß die Temperatur unter 20° C gehalten werden, weil sonst die Emulsion geschädigt werden kann. Das Entwässern der Schnitte geschieht in 95%igem Alkohol, absolutem Alkohol, Alkohol-Xylol und dreimal Xylol. In jedem Bad wird der Schnitt 3 min lang gehalten. Zur Vermeidung von Artefakten bleibt der Schnitt dann mindestens 1 Std in mit Xylol verdünntem Canadabalsam und kann dann mit Canadabalsam eingedeckt werden. Auch während dieser Präparation bleibt der Schnitt in horizontaler Lage.

BÉLANGER[2] hat 1950 eine Variation dieser Methode für besondere Fragestellungen vorgeschlagen. Nach der photographischen Entwicklung des Autoradiogramms wird dieses einschließlich Schnitt mit einer Rasierklinge vom Objektträger abgelöst und

---

[1] BÉLANGER, L. F., and C. P. LEBLOND: Endocrinology **39**, 8 (1946).
[2] BÉLANGER, L. F.: Anat. Rec. **107**, 149 (1950).

umgekehrt auf einen neuen Objektträger mit Eiweiß-Glycerin aufgeklebt. Die Ränder des Schnittes werden mit Celloidin zugekittet zum Schutze der Photoschicht vor der Farblösung; erst dann färbt man, was leicht vonstatten geht, da der histologische Schnitt in direkter Verbindung mit der Farblösung steht. Durch die Umkehrung des Schnittes erfolgen sowohl die photographische Entwicklung als auch die histologische Färbung jeweils in direktem Kontakt mit den entsprechenden Flüssigkeiten.

Eine weitere Variation dieser „coating"-Methode ist von ARNOLD[1] beschrieben worden. Die Methode ist besonders bei Benutzung von radioaktiven Elementen langer Halbwertszeit geeignet.

Abb. 17 gibt das Autoradiogramm eines Schilddrüsenschnittes nach der Methode von BÉLANGER und LEBLOND wieder, und zwar 1 Std (a) und 24 Std (b) nach Injektion von $^{131}$J. In Abb. 17a ist die $^{131}$J-Aktivität im Epithel der Follikel und in Abb. 17b im Follikel selbst lokalisiert.

Die Methode von BÉLANGER und LEBLOND[2] hat den Vorteil, daß Präparat und Emulsion gleichzeitig betrachtet werden können. Außerdem liefert sie eine gute Auflösung. Die Durchführung der Methode erfordert erhebliche Erfahrung. Der Nachteil der Methode besteht darin, daß es technisch schwer ist, an allen Stellen des Präparates die gleiche Schichtdicke der Emulsion zu erreichen. Außerdem verursacht das Schmelzen und erneute Härten der Emulsion eine geringe Erhöhung des Schleiers. Das Färben durch die Emulsion hindurch ist nicht einfach, die Technik ist aber von LEBLOND sehr gut ausgearbeitet worden.

### d) Autoradiographie durch Aufsetzen einer festen photographischen Schicht auf den Schnitt („stripping-film"-Technik nach PELC sowie BOYD und MACDONALD).

Wegen der einfachen Handhabung und der besonders guten Auflösung von etwa 2 $\mu$ dieser von PELC[3] sowie BOYD[4] und MACDONALD[5] beschriebenen Methode wird diese sehr häufig zur Autoradiographie histologischer Schnitte angewandt. In Deutschland sind zur Zeit „Kodak-Autoradiographic-Plates" über die deutsche Kodakvertretung in Stuttgart-Wangen erhältlich. Die gelieferten Platten bestehen aus Glasplatten, auf denen eine 10 $\mu$ dicke Gelatine-Trägerschicht und auf dieser eine gewöhnlich 5 $\mu$ dicke Photoemulsion in konstanter Schichtdicke aufgetragen ist. Die Photoemulsion mit der Trägerschicht ist trocken und naß sehr leicht von der Glasunterlage ablösbar.

Die Organe werden fixiert, entwässert und eingebettet, meist in Paraffin. Die 3—5 $\mu$ dicken Schnitte werden dann mit Eiweiß-Glycerin auf einen Objektträger aufgeklebt und mit Xylol entparaffiniert. Das Xylol wird in der üblichen Weise durch die absteigende Alkoholreihe und Aqua dest. entfernt. Der Schnitt wird dann in eine 0,5%ige Gelatinelösung, die einen Zusatz von 0,05% Chromalaun enthält, getaucht. Diese Lösung bildet nach Trocknen des Schnittes einen etwa 1 $\mu$ dicken Film auf der Oberfläche des histologischen Präparates zum Schutze der photographischen Schicht vor der chemischen Einwirkung des Schnittes und zum Schutze des Schnittes vor der Einwirkung der Entwicklungs- und Fixationsmittel. In der Dunkelkammer bei möglichst großer Dunkelheit (WRATTEN-Lampe Nr. 1) werden Stücke der Photoschicht von der Glasplatte langsam mit dem Rasiermesser entfernt und umgekehrt — mit der Photoschicht nach unten — auf eine Wasseroberfläche gebracht (Aqua dest.). Nach einigen Minuten wird dieses Stück der Photoschicht mit dem Objektträger unterfahren und mit diesem aus dem Wasser herausgenommen. Die dünne Photoschicht ist dann in direktem Kontakt mit dem histologischen Schnitt. Das so erhaltene Präparat wird langsam an der Luft getrocknet und in einem lichtdichten Kasten zur Exposition aufbewahrt. Nach der Expositionszeit wird das Präparat zunächst photographisch entwickelt und zwar 4 min in

---

[1] ARNOLD, J. S.: Proc. Soc. exp. Biol. Med. 85, 113 (1954).
[2] BÉLANGER, L. F., and C. P. LEBLOND: Endocrinology 39, 8 (1946).
[3] PELC, S. R.: Nature 160, 749 (1947).
[4] BOYD, G. A., and A. I. WILLIAMS: Proc. Soc. exp. Biol. Med. 69, 225 (1948).
[5] MACDONALD, A. M., J. COBB and A. K. SOLOMON: Science, N. Y. 107, 550 (1948).

einem Metol-Hydrochinon-Entwickler mit Zusatz von Natriumsulfit, Natriumcarbonat und Kaliumbromid. Anschließend wird die Entwicklung 1 min in einem Bad von 1%iger Essigsäure gestoppt. Die Fixation wird mit käuflichem saurem Fixierbad 20 min durchgeführt. Anschließend werden die Schnitte zunächst in Leitungswasser, dann in Aqua dest. gewässert. Die Färbung erfolgt mit Hämalaun durch die Photoschicht hindurch. Die Photoschicht wird bei dieser Farbe nur wenig mit angefärbt, so daß das Autoradiogramm deutlich erkennbar ist. Das Präparat wird zuletzt gewässert und mit Glycerin-Gelatine eingedeckt.

Die von BOYD[1] angegebene Methode ist im Prinzip die gleiche wie bei PELC[2], nur mit Änderung einiger technischer Einzelheiten.

Abb. 18. gibt einen Eindruck von Auflösungsvermögen des Stripping-Film-Verfahrens im Vergleich zu den anderen bisher beschriebenen Methoden (vgl. Abb. 14, 15, 17). Die Abb. 18 gibt das Autoradiogramm eines Schilddrüsenschnittes der Ratte nach Injektion von $^{131}$J wieder nach DONIACH und PELC[3]. Das gute Auflösungsvermögen dieser Methode zeigt in besonders anschaulicher Weise Abb. 19. Das Autoradiogramm (PELC und HOWARD[4]) stellt Zellkerne aus den Testes einer

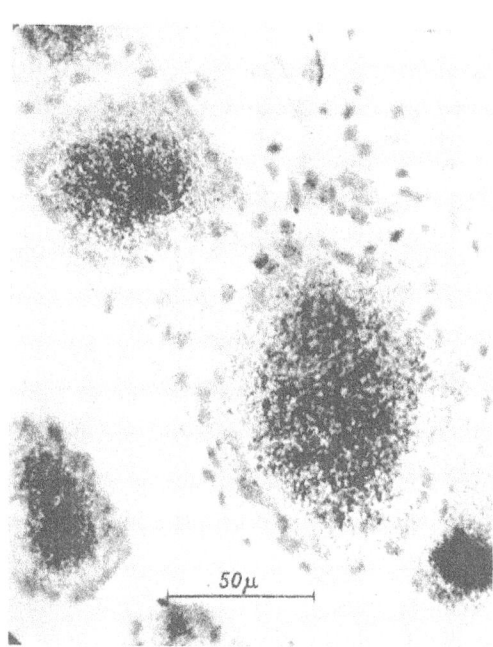

Abb. 18. Autoradiogramm einer Rattenschilddrüse nach Injektion von $^{131}$J. (stripping-film-Methode nach PELC.) [Aus DONIACH, J., and S. R. PELC: Brit. J. Radiol. 23, 184 (1950).]

Maus in Meiose dar nach Gabe von $^{32}$P. Die linke Abb. 19a ist eine Phasenkontrastaufnahme, die rechte Abb. 19b gibt die $^{32}$P-Verteilung mit gewöhnlicher Optik wieder. Abb. 20 zeigt ein von KALLEE und SEYBOLD[5] hergestelltes Autoradiogramm einer Rattenniere nach Injektion von $^{131}$J-markiertem Insulin (Original = Farbaufnahme). Die Lokalisation von $^{131}$J-Insulin ist in den Tubuli contorti 1. Ordnung erfolgt. Ein mit der Stripping-Film-Methode

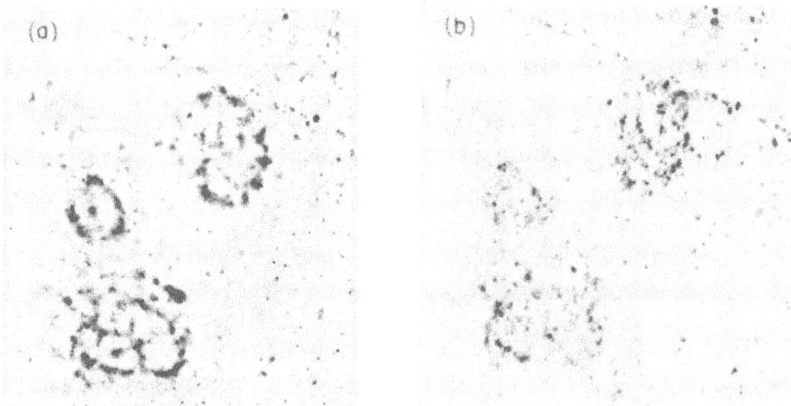

Abb. 19a u. b. Zellkerne aus Testes der Maus in Meiose nach Gabe von $^{32}$P. a Phasenkontrastaufnahme mit Autoradiogramm. b Autoradiogramm in gewöhnlicher Optik (nach PELC). Stripping-film-Methode. [Aus HERZ, R. H.: Nucleonics 9, Nr. 3, 35 (1951).]

---

[1] BOYD, G. A., and A. I. WILLIAMS: Proc. Soc. exp. Biol. Med. 69, 225 (1948).
[2] PELC, S. R.: Nature 160, 749 (1947).
[3] DONIACH, J., and S. R. PELC: Brit. J. Radiol. 23, 184 (1950).
[4] HERZ, R. H.: Nucleonics 9, Nr. 3, 24 (1951).
[5] KALLEE, E., u. G. SEYBOLD: Z. Naturforsch. 9b, 307 (1954).

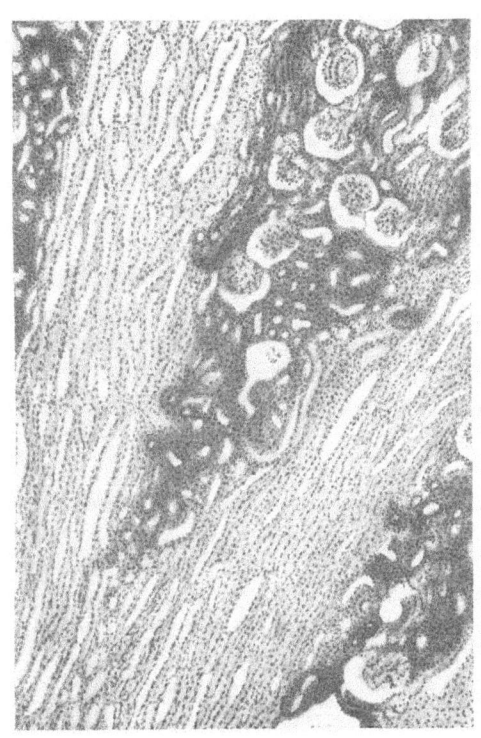
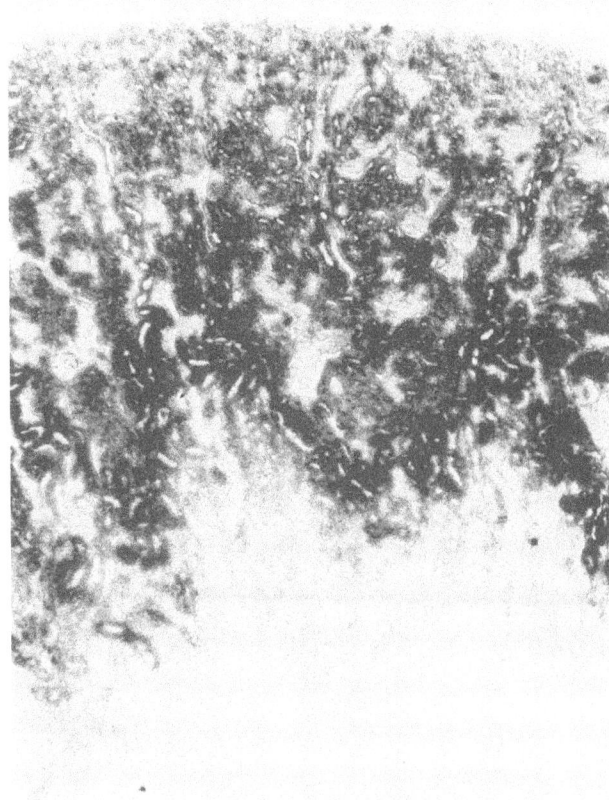

Abb. 20. Autoradiogramm einer Rattenniere nach Injektion von $^{131}$J-markiertem Insulin (Original ist Farbaufnahme). Lokalisation der Radioaktivität in den Tubuli contorti 1. Ordnung (stripping-film-Technik) [2].

Abb. 21. Autoradiogramm einer Rattenniere 3 Std nach Injektion von $^{35}$S-markierten Thioaminosäuren (stripping film, Färbung des Schnittes mit Hämalaun). Anreicherung der $^{35}$S-Aktivität hauptsächlich im Gebiete der Tubuli contorti, Glomerula sehr viel weniger aktiv; Nierenmark praktisch frei von $^{35}$S-Aktivität [1].

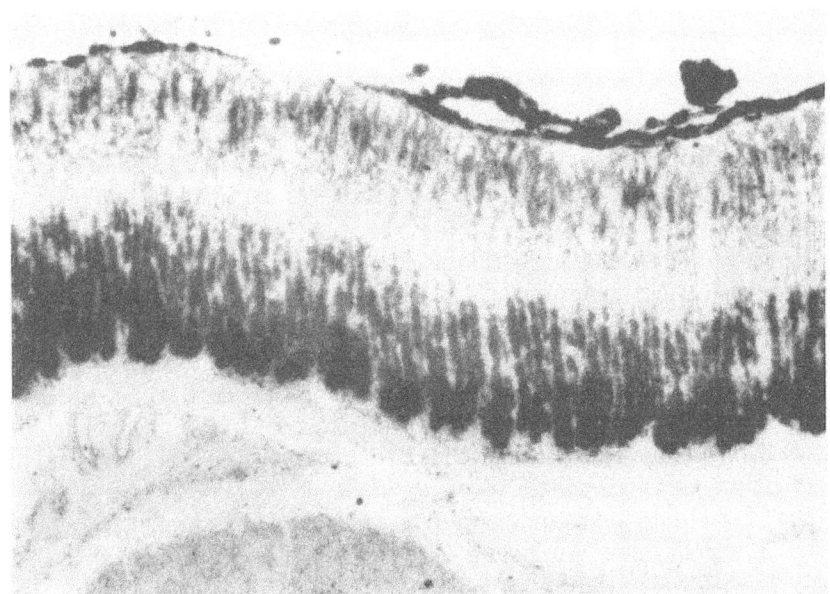

Abb. 22. Autoradiogramm eines Querschnittes des Magens (Ratte) 1½ Std nach Injektion von $^{35}$S-markierten Thioaminosäuren (stripping film, Färbung mit Hämalaun). $^{35}$S-Einbau in die Mucosa des Magens besonders im Bereiche des Drüsengrundes, geringere $^{35}$S-Aktivität im Bereiche des Drüsenhalses [1].

---

[1] NIKLAS, A., u. W. OEHLERT: Zieglers Beiträge, Bd. 116 (1956), im Druck.
[2] KALLE, E., u. G. SEYBOLD: Z. Naturforsch. 9b, 307 (1954).

erhaltenes Übersichtsbild gibt Abb. 21 wieder[1]. Es zeigt die Verteilung der $^{35}$S-Aktivität innerhalb einer Rattenniere nach Gabe von $^{35}$S-markierten Thioaminosäuren. Auch in diesem Falle zeigt sich eine hohe Aktivität in den Tubuli contorti, während die Glomerula und das Nierenmark bedeutend weniger $^{35}$S-Aktivität enthalten. Abb. 22 zeigt einen Querschnitt durch den Magen einer Ratte, $1^1/_2$ Std nach Gabe von $^{35}$S-Thioaminosäuren[1]. Die größte Anreicherung von $^{35}$S ist in den Drüsenschläuchen zu sehen und zwar besonders im Bereich des Drüsengrundes, schwächer radioaktive Bezirke finden sich außerdem im Bereich der Drüsenhälse. Abb. 23 enthält das Autoradiogramm eines Rattenovars[1], 3 Std nach Gabe von $^{35}$S-Thioaminosäuren. Es zeigt sich eine starke Schwärzung der photographischen Platte im Bereiche von Follikeln und Corpora lutea.

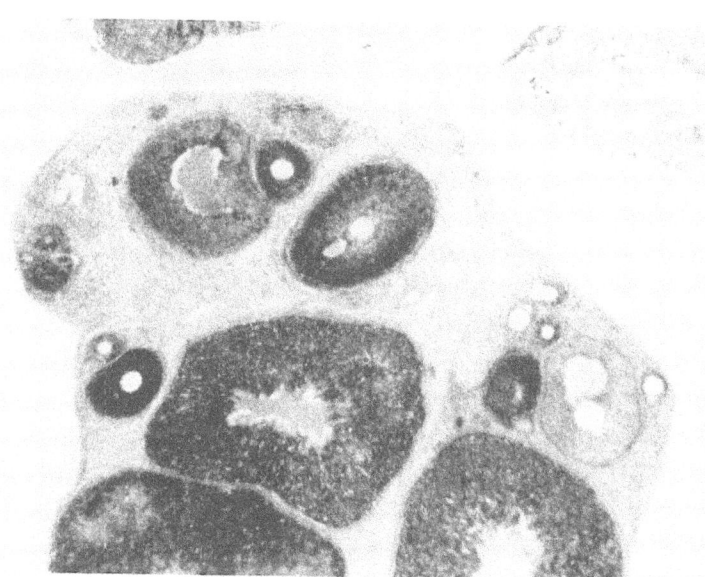

Abb. 23. Autoradiogramm eines Rattenovars 3 Std nach Gabe von $^{35}$S-markierten Thioaminosäuren (stripping film, Färbung mit Hämalaun). Starker Einbau von $^{35}$S im Bereich von Follikeln und Corpora lutea[1].

Die Stripping-Film-Methode hat den Vorteil, einfach und für routinemäßige Arbeiten gut brauchbar zu sein. Das Auflösungsvermögen ist das beste unter den bisher gebräuchlichen Methoden. Der Nachteil der Methode ist der gleiche wie bei derjenigen von BÉLANGER und LEBLOND[2], nämlich, daß der histologische Schnitt durch die Photoschicht hindurch gefärbt werden muß. Bei Benutzung geeigneter Farben und Farbkonzentrationen macht das aber keine großen Schwierigkeiten.

### e) Andere Methoden.

BOYD und LEVI[3] sowie KING, HARRIS und TKACZYK[4] machten Versuche zur Verwendung von sog. kernphysikalischen Platten für autoradiographische Zwecke. Die Autoren geben an, eine größere Auflösung und Empfindlichkeit erreicht zu haben.

FINK[5] ging einen völlig anderen Weg zur Erzielung eines größeren Auflösungsvermögens. Er rollte den normalen histologischen Schnitt zwischen zwei Bleifolien mit einer Walze nach beiden Richtungen aus. Dabei wird eine Bleifolie bis 0,2 $\mu$ Dicke ausgewalzt. Solche Bleidicken sind für die $\beta$-Teilchen des $^{131}$J noch durchlässig. Von dem ausgewalzten Schnitt zwischen den Bleifolien wurde dann ein Kontakt-Autoradiogramm gemacht. Im Prinzip läßt sich damit natürlich eine größere Auflösung erreichen; eine nicht formgetreue Vergrößerung beim Walzprozeß dürfte kein sehr ins Gewicht fallender Nachteil sein. Selbstverständlich nehmen die Belichtungszeiten entsprechend der Flächenvergrößerung zu.

GOMBERG[6] berichtete über ein autoradiographisches Verfahren („wet processing autoradiography"), welches eine Auflösung von 1 $\mu$ liefern soll. Wegen der Einzelheiten sei

---

[1] NIKLAS, A., u. W. OEHLERT, Zieglers Beiträge, Bd. 116 (1956), im Druck.
[2] BÉLANGER, L. F., and C. P. LEBLOND: Endocrinology **39**, 8 (1946).
[3] BOYD, G. A., and H. LEVI: Science, N. Y. **111**, 58 (1950).
[4] KING, D. T., J. E. HARRIS and S. TKACZYK: Nature **167**, 273 (1951).
[5] FINK, R. M.: Science, N. Y. **114**, 143 (1951).
[6] GOMBERG, H. I.: Nucleonics **8**, Nr. 4, 28 (1951).

auf die Originalarbeit verwiesen. Zunächst werden die auf Radioaktivität zu untersuchenden Schichten in eine Collodiumlösung mit Zusatz von Bromiden getaucht. Dann wird das Ganze in eine Silbernitrat enthaltende Lösung gebracht. Auch während der Belichtung muß die Photoschicht naß bleiben. Die Größe der Silberkörner hängt von den gewählten Versuchsbedingungen ab.

Um einen idealen Kontakt von histologischem Schnitt und Emulsion zu erhalten, haben SIESS und SEYBOLD[1] die photographische Emulsion in den Schnitt hinein verlegt. Paraffinschnitte werden nach der Entfernung des Paraffins mit einer Celloidinschicht überzogen und dann nacheinander in Bromidsalz- und dann in Silbernitratlösung gebracht. Die Silberbromidkörner liegen dann im Schnitt und in der Celloidinfolie. Allerdings setzt das Verfahren voraus, daß die Dichte der Silberbromidkörner im Schnitt gleichmäßig ist und daß keine chemische Beeinflussung der Emulsion von seiten des Schnittes vorliegt, was nicht ohne weiteres angenommen werden kann.

Das autoradiographische Verfahren ist auch zu einer Mikrobestimmung der absoluten Menge eines Elements in histologischen Schnitten verwandt worden. Die gleiche Fragestellung liegt in der quantitativen Histochemie vor. DERSHEM[2] brachte Knochenschnitte in Kontakt mit einer photographischen Schicht und bestrahlte beides zusammen mit Röntgenstrahlen von geringer Härte. Da Calcium weiche Röntgenstrahlen wesentlich stärker absorbiert als das übrige Gewebe, werden vor allem im Calcium des Knochens Sekundärelektronen ausgelöst. Diese schwärzen die Photoschicht genau so wie bei der bisher beschriebenen Autoradiographie von radioaktiv markierten Schnitten. Während bei der letzten Methode die Schwärzung nur von den radioaktiven Isotopen eines Elements herrührt, hängt die Schwärzung bei den Versuchen von DERSHEM[3] von der Gesamtmenge an Calcium ab. Solche Versuche können also einen Überblick über die Verteilung eines Elementes im Schnitt geben.

ODEBLAD und TOBIAS[3] bestrahlten nichtradioaktive Schnitte mit schnellen Deuteronen. Dabei wird bevorzugt der stabile Phosphor durch einen $(d,p)$-Prozeß in den radioaktiven $^{32}P$ umgewandelt. Die entstehende $^{32}P$-Verteilung im Schnitt wurde dann autoradiographisch dargestellt. Die Schwärzung ist der Menge an Phosphor im Schnitt proportional.

Es liegt der Gedanke nahe, die von einem Schnitt ausgehenden $\beta$-Teilchen elektronenoptisch auf eine photographische Platte abzubilden. Im Gegensatz zum autoradiographischen Verfahren würde dann eine echte Abbildung des $\beta$-strahlenden Schnittes auf die Photoplatte vorliegen, was mit einem sehr erheblichen Gewinn an Auflösungsvermögen verbunden sein müßte. Das scheitert aber daran, daß die Energie der $\beta$-Teilchen kontinuierlich zwischen Null und der Maximalenergie verteilt ist. Eine elektronenoptische Abbildung setzt aber Elektronen von hinreichend gleicher Energie voraus. Bei Verwendung von Radioisotopen, welche sog. Inversionselektronen (monoenergetisch) aussenden, fällt dieser Einwand fort. Da die Menge der in einem Schnitt enthaltenen Radioisotope bei physiologischen Arbeiten immer sehr begrenzt ist, dürfte es aber schwer sein, die Belichtungszeiten erträglich zu halten. Von MARTON und ABELSON[4] sind vorläufige Versuche in dieser Richtung unter Verwendung von magnetischen Linsen durchgeführt worden. Die erreichte Auflösung betrug 30 $\mu$ (1947).

## 3. Artefakte in der Autoradiographie.

Artefakte können an verschiedenen Stellen der Präparation histologischer Schnitte oder ganzer Gewebe auftreten. Schon für eine intravenöse Injektion des Isotops muß die Lösung sorgfältig vorbereitet werden. Während der histologischen Präparation und

---

[1] SIESS, M., u. G. SEYBOLD: Kli. Wo. 1952, 601.
[2] DERSHEM, E.: Proc. nat. Acad. Sci. USA 25, 6 (1939).
[3] ODEBLAD, E., and C. A. TOBIAS: Arch. Biochem. 49, 452 (1954).
[4] MARTON, L., and P. ABELSON: Physic. Rev. 72, 161 (1947).

während der Expositionszeit gibt es naturgemäß viele Möglichkeiten zur Produktion von Artefakten. Nicht zu vergessen sind die Artefakte, die durch die photographische Emulsion selbst bedingt sind. Im folgenden sollen eine Reihe von möglichen Artefakten und ihre Verhinderung beschrieben werden.

### a) Artefakte herrührend von den verwandten radioaktiven Ausgangspräparaten.

Für physiologische Untersuchungen ist es notwendig, die absolute Menge des zu applizierenden radioaktiven Isotops möglichst klein zu halten. Auf der anderen Seite neigen trägerlose Präparate oft zu Präcipitationen, Adsorptionen und Bildung von kolloidalen Lösungen, wie z. B. von BONNER und KAHN[1] sowie LAMERTON und HARRIS[2] gezeigt worden ist.

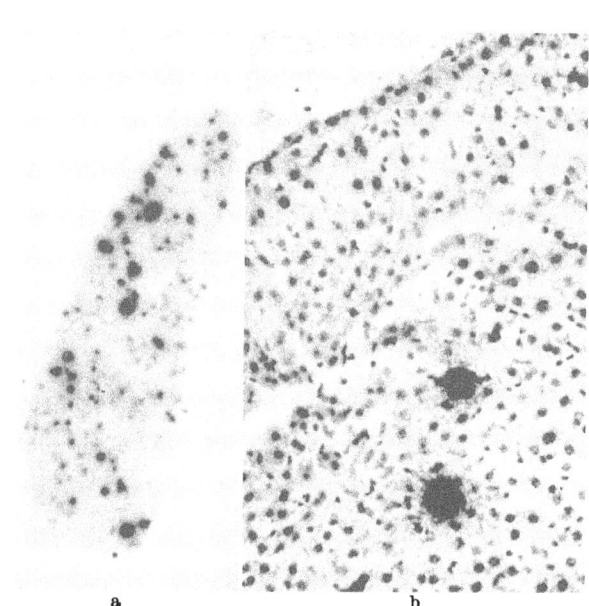

Abb. 24 a u. b. Autoradiogramm einer Rattenleber nach intravenöser Injektion von $^{32}$P. Tötung 1½ Std nach Injektion. a Kontakt-Autoradiogramm. b Stripping film. Die fleckige Verteilung der Radioaktivität rührt von dem Vorhandensein kolloidaler Partikel im injizierten Präparat her. [Aus LAMERTON, L. F., and E. B. HARRIS: Brit. Med. J. 1951 II, 932.]

Diese Änderungen des Präparates wirken sich dann besonders nach intravenöser Injektion aus. So konnten LAMERTON und HARRIS[2] zeigen, daß sich $^{32}$P nach intravenöser Injektion in Ratten besonders in Leber, Milz und Lunge in großen Flecken anlagert. Abb. 24 zeigt links ein Kontakt-Autoradiogramm der Leber aus der genannten Arbeit und rechts eine stärkere Vergrößerung des Leberschnittes mit stripping-film-Autoradiogramm. Verfasser deuten dieses Ergebnis als Ablagerung von radioaktiven, kolloidalen Partikeln in den Zellen des reticulo-endothelialen Systems. Nach starkem Zentrifugieren der Ausgangslösung und intravenöser Injektion der überstehenden Flüssigkeit war das Autoradiogramm der Leber weniger fleckig.

Es ist besonders darauf zu achten, daß das verwandte Radioisotop hinreichend frei von anderen radioaktiven Isotopen, insbesondere von solchen langer Halbwertszeiten ist. Vor allem bei langen Belichtungszeiten, innerhalb der das zur Untersuchung verwandte Radioisotop stark abfällt, können sich radioaktive Verunreinigungen des Präparates mit Radioisotopen anderer Elemente sehr störend bemerkbar machen.

Bei autoradiographischen Arbeiten, besonders mit unempfindlichem, gut auflösendem Filmmaterial, ist es oft notwendig, eine große Dosis des radioaktiven Isotops zu verabreichen, um gute Bilder zu erhalten. Es darf aber nicht übersehen werden, daß damit eine Strahlenschädigung des Gewebes verbunden sein kann. So fand ODEBLAD[3] histologische Schädigungen von Ovarien, wenn die $^{32}$P-Dosis 3 $\mu$C/g des in den Ovarien enthaltenen markierten Phosphats überstieg.

### b) Artefakte im Zusammenhang mit der histologischen Präparation.

S. 749 wurde bereits beschrieben, was bei der histologischen Aufarbeitung der Organe zur Vorbereitung der Autoradiographie zu beachten ist. Über den Verlust an Radioaktivität in den verschiedenen Lösungen der histologischen Technik haben WINTERING-

---

[1] BONNER, N. A., and M. KAHN: Nucleonics 8, Nr. 2, 46; Nr. 3, 40 (1951).
[2] LAMERTON, L. F., and E. B. HARRIS: Brit. med. J. 1951 II, 932.
[3] ODEBLAD, E.: Acta radiol., Stockholm 39, 192 (1953).

HAM, HARRISON und HAMMOND[1], LEBLOND[2] u. a. berichtet. Verwendung quecksilberhaltiger Fixationsmittel verursacht einen Quecksilberniederschlag auf der photographischen Platte, wenn dieses nicht quantitativ vorher entfernt wird.

Durch den direkten Kontakt der Schnitte mit der photographischen Emulsion ist eine chemische Einwirkung durch Oxydations- und Reduktionsmittel von seiten des Schnittes auf die photographische Emulsion möglich. Kontrollversuche von BOYD und BOARD[3] mit inaktiven Knochenmarksausstrichen auf kernphysikalischen Platten ergaben eine Schwärzung der Platte an den Stellen vieler Knochenmarkszellen, wie Abb. 25 zeigt. Peripheres Blut gibt diese Schwärzungen nicht. Auch Leber und Nieren schwärzen die Photoplatte bei direktem Kontakt. Bei Rückenmarksschnitten ist das Umgekehrte der Fall, und zwar sind diejenigen Stellen des Films, die sich in unmittelbarem Kontakt mit dem Gewebe befinden, nicht entwickelbar. WILLIAMS[4] gibt eine Methode an, die diese Fehler vermeidet. Er setzt die Schnitte trocken auf und schützt die Photoschicht

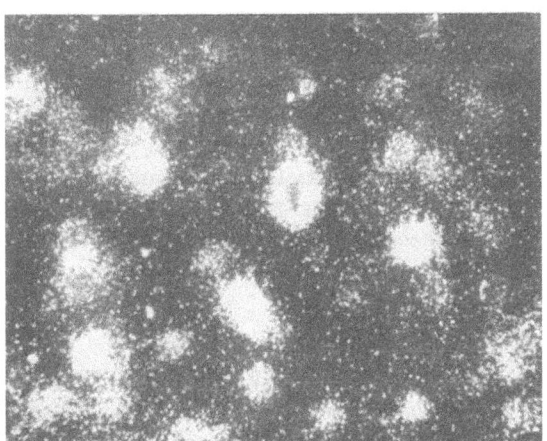

Abb. 25. Schwärzung einer photographischen Platte durch chemische Einwirkung von Knochenmark einer Ratte. Knochenmarkbrei mit Hundeserum verdünnt, wurde direkt auf eine photographische Platte aufgetragen. Schwärzungen im Bereiche von Knochenmarkszellen. (Nach BOYD und BOARD[3].) Photographisches Negativ.

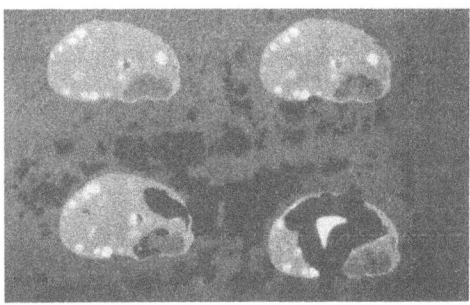

Abb. 26. Vier Autoradiogramme von Meerschweinchenovarien nach Gabe von $Na_2{}^{35}SO_4$. (photographisches Negativ!). Ovar unten rechts enthält einen Artefakt durch mangelhafte Entfernung des Paraffins (dunkle Stellen, nicht entwickelt). Der helle Fleck in der Mitte rührt von AgBr, das durch die Fixation nicht entfernt worden ist, her. (Nach ODEBLAD[6].)

durch Zwischenlegen von Cellophan. Zusammenfassend hat YAGODA[5] 1949 über die chemische Einwirkung von histologischen Schnitten auf die photographische Platte berichtet.

Während der Fixation der Autoradiogramme können Schrumpfungen auftreten, die eine Lokalisation erschweren oder unmöglich machen. Die gleiche mechanische Ursache haben auftretende Fissuren, die besonders bei starker Vergrößerung des Autoradiogramms deutlich zu sehen sind. Sehr wichtig ist auch, daß das Mikrotommesser völlig sauber und frei von Scharten ist. Zur Vermeidung von Artefakten ist es außerdem notwendig, den Schnitt sorgfältig zu strecken und glatt aufzuziehen.

ODEBLAD[6] berichtet über Artefakte bei mangelhafter Entfernung des Paraffins. Abb. 26 zeigt Schnitte des Ovars nach Injektion von $^{35}$S-Sulfat bei mangelhafter Entfernung des Paraffins. An den dunkleren, paraffinhaltigen Stellen (photographisches Negativ) wurde die photographische Schicht in geringerem Maße geschwärzt.

### c) Artefakte durch fehlerhafte Behandlung der photographischen Emulsion.

Die Fehler, die in der Emulsion selbst liegen, sind von vornherein nicht zu kontrollieren. Es ist daher notwendig, laufend Kontrollen der Platten durchzuführen. Auch bei

---

[1] WINTERINGHAM, F. P. W., A. HARRISON and J. H. HAMMOND: Nature 165, 149 (1950).
[2] LEBLOND, C. P.: Stain Technol. 18, 159 (1943).
[3] BOYD, G. A., and F. A. BOARD: Science, N. Y. 110, 586 (1949).
[4] WILLIAMS, A. L.: Nucleonics 8, Nr. 6, 10 (1951).
[5] YAGODA, H.: Radioactive Measurements with Nuclear Emulsions. New York 1949.
[6] ODEBLAD, E.: Acta radiol., Stockholm 39, 192 (1953).

unbelichteten Platten tritt ein Schleier auf, der nicht ganz zu vermeiden ist. LIEBERMANN und BARSCHALL[1] berichten über eine Methode, diesen Schleier weitgehend zu entfernen.

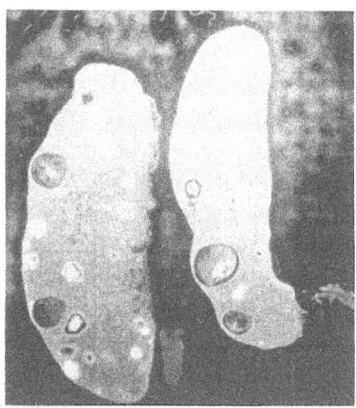

Abb. 27. Kontakt-Autoradiogramm von Kaninchenovarien nach Gabe von $Na_2{}^{35}SO_4$ (photographisches Negativ!). Artefakte durch ungleichen Druck und Feuchtigkeit zwischen Schnitt und Photoschicht. (Nach ODEBLAD[2].)

Außerdem ist zu berücksichtigen, daß Emulsionen altern und dann unbrauchbar werden können.

Bei Kontakt-Autoradiographie ist es oft notwendig, den Kontakt zwischen Platte und Präparat durch Druck zu vergrößern. Ist der Druck aber nicht gleichmäßig, entstehen Bilder, wie sie Abb. 27 zeigt (ODEBLAD[2], Ovarien von Kaninchen nach Injektion von $^{35}S$). ODEBLAD[2], DONIACH und PELC[3] sowie YAGODA[4] haben ausführlich über diese Möglichkeit der Artefakte berichtet.

Bei Reibung der Photoschicht, z. B. beim Abstreifen des Stripping-Films von der Unterlage, können statische elektrische Ladungen entstehen, die bei zu schnellem Arbeiten auch als Funken zu sehen sind. Es entstehen dann Bilder, wie sie in Abb. 28 zu sehen sind (ODEBLAD[2], Ovar des Kaninchens nach Injektion von $^{35}S$).

Während der Expositionszeit ist darauf zu achten, daß die Radioaktivität des einen Schnittes nicht den danebenliegenden beeinflußt. Je nach Härte der $\beta$-Strahlung eines Schnittes ist es daher notwendig, die Schnitte gegenseitig vor der Einwirkung der Strahlung zu schützen.

Die Expositionszeit darf nicht zu lang sein, da das Bild sonst verblaßt. Das gleiche wird durch Feuchtigkeit während der Expositionszeit hervorgerufen. Es ist daher praktisch, ein Trockenmittel in den zur Exposition vorgesehenen Kasten zu bringen. Kästen aus manchen Kunststoffen sind unzweckmäßig, da die von ihnen ausgehenden Dämpfe die Platte auf die Dauer schwärzen. Polyvinylchlorid und trockenes Holz sind als Material geeignet.

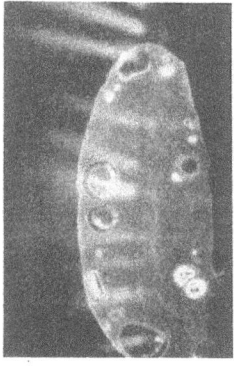

Abb. 28. Autoradiogramm eines Kaninchenovars nach Gabe von $Na_2{}^{35}SO_4$ (photographisches Negativ!). Die weißen Bänder rühren von einer Belichtung der Platten durch statische Entladungen her. (Nach ODEBLAD[2].)

Die Entwicklung der Autoradiographien muß bei konstanter Temperatur erfolgen, damit sie gleichmäßig wird. Was außerdem bei der Entwicklung zu beachten ist, ist in den photographischen Handbüchern (s. EDER[5]) beschrieben.

ODEBLAD[2] hat die zur Verhütung von Artefakten zu beachtenden Punkte wie folgt zusammengefaßt:

1. Es müssen saubere Lösungen des Radioisotops zur Injektion benutzt werden.
2. Die Wahl des Fixationsmittels muß sorgfältig getroffen werden.
3. Vorsicht bei dem Aufziehen der Schnitte auf Objektträger.
4. Kein Berühren der photographischen Emulsion mit den Fingern.
5. Der Druck bei der Kontakt-Autoradiographie darf nicht zu groß sein.
6. Mechanische Beanspruchung des Films muß vermieden werden.
7. Zur Entwicklung und Fixation müssen frische, filtrierte Lösungen verwandt werden.
8. Die Präparate müssen in einem dampffreien Raum exponiert werden.
9. Kontrollen der Photoplatten mit inaktiven Schnitten müssen laufend durchgeführt werden.
10. In der Dunkelkammer muß größte Sauberkeit herrschen.

---

[1] LIEBERMANN, L. N., and H. H. BARSCHALL: Rev. sci. Instrum. 14, 89 (1943).
[2] ODEBLAD, E.: Acta radiol., Stockholm 39, 192 (1953).
[3] DONIACH, J., and S. R. PELC: Brit. J. Radiol. 23, 184 (1950).
[4] YAGODA, H.: Radioactive Measurements with Nuclear Emulsions. New York 1949.
[5] EDER, J. M.: Ausführliches Handbuch der Photographie. Bd. II. 1927.

## D. Anwendungsgebiete der Autoradiographie histologischer Schnitte.

Um einen Eindruck von den vielseitigen Anwendungsmöglichkeiten der autoradiographischen Methode zu vermitteln, soll im folgenden an Hand einiger Beispiele ein kurzer Überblick über bisher bearbeitete Fragestellungen gegeben werden. Wegen eingehender Literaturangaben sei auf die eingangs (S. 735) genannten zusammenfassenden Berichte verwiesen.

*α) Knochenstoffwechsel.*

An Fällen von Radiumvergiftung zeigten HOECKER und ROOFE[1] sowie GETTLER und NORRIS[2] autoradiographisch die Anreicherung von Radium in Knochen. SPIESS[3] untersuchte die Thorium X-Verteilung in Knochen gesunder und rachitischer Kaninchen.

LOMHOLT[4] sowie BEHRENS und BAUMANN[5] untersuchten die Ablagerung von radioaktivem Blei in normalen und pathologischen Knochen und fanden bei kleinen Dosen vorzugsweise eine Anreicherung im Knochen, bei großen Dosen eine solche vorzugsweise in der Milz.

Die Ablagerung von Uranspaltprodukten und schweren Elementen im Knochen ist von einer Reihe von Autoren [6-13] untersucht worden, vor allem von HAMILTON und AXELROD. Abb. 13 zeigt ein Autoradiogramm des Knochens einer Ratte nach Injektion von Plutonium. Man sieht, daß Plutonium in der Hauptsache im Endost und Periost und in den Trabekeln angereichert wird.

Im Gegensatz zu den Uranspaltprodukten und den schweren Elementen werden Calcium und Strontium im mineralisierten Teil des Knochens abgelagert, wie Untersuchungen von PECHER[14] zeigen.

$^{14}C$ wird im Knochen da abgelagert, wo sich neuer Knochen bildet, nicht in vorhandenem Mineral. Daher ist es nach BLOOM, CURTIS und MCLEAN[15] mit Hilfe von $^{14}C$ möglich, das Längen- und Dickenwachstum des Knochens zu verfolgen.

RUF, PHILIPP und HALSE[16] untersuchten mit Hilfe von $^{32}P$ und $^{45}Ca$ die Physiologie der Frakturheilung und ihre Beeinflussung durch Marbadal-Puder.

LEBLOND, WILKINSON, BÉLANGER und ROBICHON[17] berichten über die Verteilung von $^{32}P$ in jungen und alten Knochen der Ratte, DOLS, JANSEN, SIZOO und VAN DER MAAS[18] im rachitischen Knochen. Dabei ergab sich, daß der Umsatz von $^{32}P$ im rachitischen Knochen größer war als im normalen.

DZIEWIATKOWSKI [19-21] sowie BOSTRÖM, ODEBLAD und FRIBERG[22] untersuchten in einer Reihe von Arbeiten die Ablagerung von anorganischem Sulfat im Knorpel. Es

---

[1] HOECKER, F. E., and P. G. ROOFE: Radiology **52**, 856 (1949).
[2] GETTLER, A. O., and C. NORRIS: J. amer. med. Ass. **100**, 400 (1933).
[3] SPIESS, H.: Z. ges. exp. Med. **117**, 567 (1951).
[4] LOMHOLT, S.,: J. Pharmacol. exp. Therap. **40**, 11 (1930).
[5] BEHRENS, B., u. A. BAUMANN: Z. ges. exp. Med. **92**, 241 (1933).
[6] NEUMAN, M. W., and W. F. NEUMAN: J. biol. Ch. **175**, 711 (1948).
[7] SCOTT, K. G., D. J. AXELROD and J. G. HAMILTON: J. biol. Ch. **177**, 325 (1949).
[8] HAMILTON, G. J.: New Engl. J. Med. **240**, 863 (1949).
[9] COPP, D. H., D. J. AXELROD and J. G. HAMILTON: Amer. J. Roentgenol. **58**, 10 (1947).
[10] HAMILTON, G. J.: Rev. mod. Physics **20**, 718 (1948).
[11] SCOTT, K. G., D. H. COPP, D. J. AXELROD and J. G. HAMILTON: J. biol. Ch. **175**, 691 (1948).
[12] HAMILTON, J. G.: Radiology **49**, 325 (1947).
[13] SCOTT, K. G., D. J. AXELROD, J. CROWLEY and J. G. HAMILTON: Arch. Path., Chicago **48**, 31 (1949).
[14] PECHER, C.: Proc. Soc. exp. Biol. Med. **46**, 86 (1941).
[15] BLOOM, W., H. J. CURTIS and F. C. MCLEAN: Science, N. Y. **105**, 45 (1947).
[16] RUF, F., K. PHILIPP u. T. HALSE: Arch. klin. Chir. **263**, 417 (1950).
[17] LEBLOND, C. P., G. W. WILKINSON, L. F. BÉLANGER and J. ROBICHON: Amer. J. Anat. **86**, 289 (1950).
[18] DOLS, M. J. L., B. C. P. JANSEN, G. J. SIZOO and G. J. VAN DER MAAS: Nature **142**, 953 (1938).
[19] DZIEWIATKOWSKI, D. D.: J. exp. Med. **93**, 451 (1951).
[20] DZIEWIATKOWSKI, D. D.: J. exp. Med. **95**, 489 (1952).
[21] DZIEWIATKOWSKI, D. D.: J. exp. Med. **100**, 11, 25 (1954).
[22] BOSTRÖM, H., E. ODEBLAD and U. FRIBERG: Arch. Biochem. **38**, 283 (1952).

ergab sich, daß der größte Teil des $^{35}$S in Form von Chondroitinschwefelsäure im Knorpel abgelagert wird.

### β) Stoffwechsel der Zähne.

Mit der Kontaktmethode ist auch eine Reihe von Untersuchungen über den Stoffwechsel der Zähne und zwar meist mit $^{32}$P durchgeführt worden. ERBACHER und WANNEMACHER[1] zeigten, daß der Schmelz einen Stoffwechsel hat. BEVELANDER und AMBLER[2] fanden eine erhöhte $^{32}$P-Anreicherung in jungen gegenüber alten Zähnen. BÉLANGER und LEBLOND[3] untersuchten die Verteilung von $^{32}$P in Schmelz, Dentin und Zement. COUCEIRO[4] fand bereits 2 Std nach Injektion von $^{32}$P eine Anreicherung in den Zähnen. Der Stoffwechsel geht also sehr rasch vor sich. BARTELSTONE und Mitarbeiter[5] stellten fest, daß zwischen Blut und Zähnen ein dynamisches Gleichgewicht besteht.

PECHER[6] fand eine stärkere Anreicherung von $^{89}$Sr in den Zahnwurzeln als im Knochen. $^{24}$Na liegt nach BERGGREN[7] im Zahn in diffuser Verteilung vor.

Von BARTELSTONE und Mitarbeitern[5] sind Untersuchungen mit $^{131}$J an Zähnen durchgeführt worden. Es ergab sich eine Anreicherung in Schmelz, Dentin und Zement.

### γ) Stoffwechsel der Schilddrüse.

Sobald durch HERTZ und Mitarbeiter[8] bekannt wurde, daß sich $^{131}$J nahezu selektiv in der Schilddrüse anreichert, wurden sehr viele autoradiographische Arbeiten über die Lokalisation dieses Elementes in der Schilddrüse durchgeführt, und zwar an den verschiedensten Tieren, menschlichem Operationsmaterial, bei gesunden und kranken Schilddrüsen. Alle Arbeiten zeigen, daß das $^{131}$J sehr schnell in den Follikeln in organischer Bindung abgelagert wird.

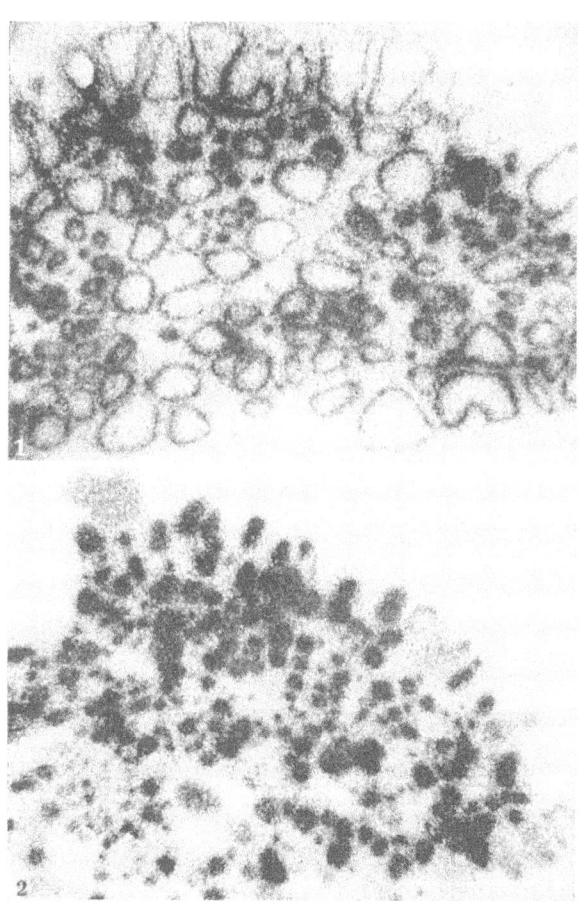

Abb. 29. Autoradiogramm einer Rattenschilddrüse[9]. (1) 1 Std nach Injektion von $^{131}$J. (2) 24 Std nach Injektion von $^{131}$J.

Abb. 29 gibt die physiologischen Verhältnisse sehr deutlich wieder. Die beiden Autoradiogramme stammen aus einer Arbeit von LEBLOND und GROSS[9]. Beide Figuren stellen ungefärbte Schnitte einer Rattenschilddrüse dar, das obere Bild 1 Std, das untere 24 Std

---

[1] ERBACHER, O., u. E. WANNEMACHER: Dtsch. Zahn-, Mund- u. Kieferheilkde. 8, 201 (1941).
[2] BEVELANDER, G., and M. AMBLER, zitiert nach BARTELSTONE u. Mitarb.: Science, N. Y. 106, 132 (1947).
[3] BÉLANGER, L. F., and C. P. LEBLOND: Proc. Soc. exp. Biol. Med. 73, 390 (1950).
[4] COUCEIRO, A.: Mem. Inst. Oswaldo Cruz, Rio de Janeiro 41, 541 (1944).
[5] BARTELSTONE, H. J., J. D. MANDEL, E. OSHRY and S. M. SEIDLIN: Science, N. Y. 106, 132 (1947).
[6] PECHER, C.: Proc. Soc. exp. Biol. Med. 46, 86 (1941).
[7] BERGGREN, H.: Acta radiol., Stockholm 27, 248 (1946).
[8] HERTZ, S., and R. D. EVANS: Proc. Soc. Exp. Biol. Med. 38, 510 (1938).
[9] LEBLOND, C. P., and J. GROSS: Endocrinology 43, 306 (1948).

nach Injektion von $^{131}$J. Man sieht, daß nach 1 Std der größte Teil der $^{131}$J-Aktivität noch in den Epithelien der Follikel angereichert ist, während nach 24 Std das radioaktive Jod lediglich im Kolloid der Follikel zu finden ist.

Die Methode der Autoradiographie gestattet auch, eine beginnende Schilddrüsenfunktion bei Feten festzustellen. So fanden HANSBOROUGH und SEAY[1], daß die Feten des

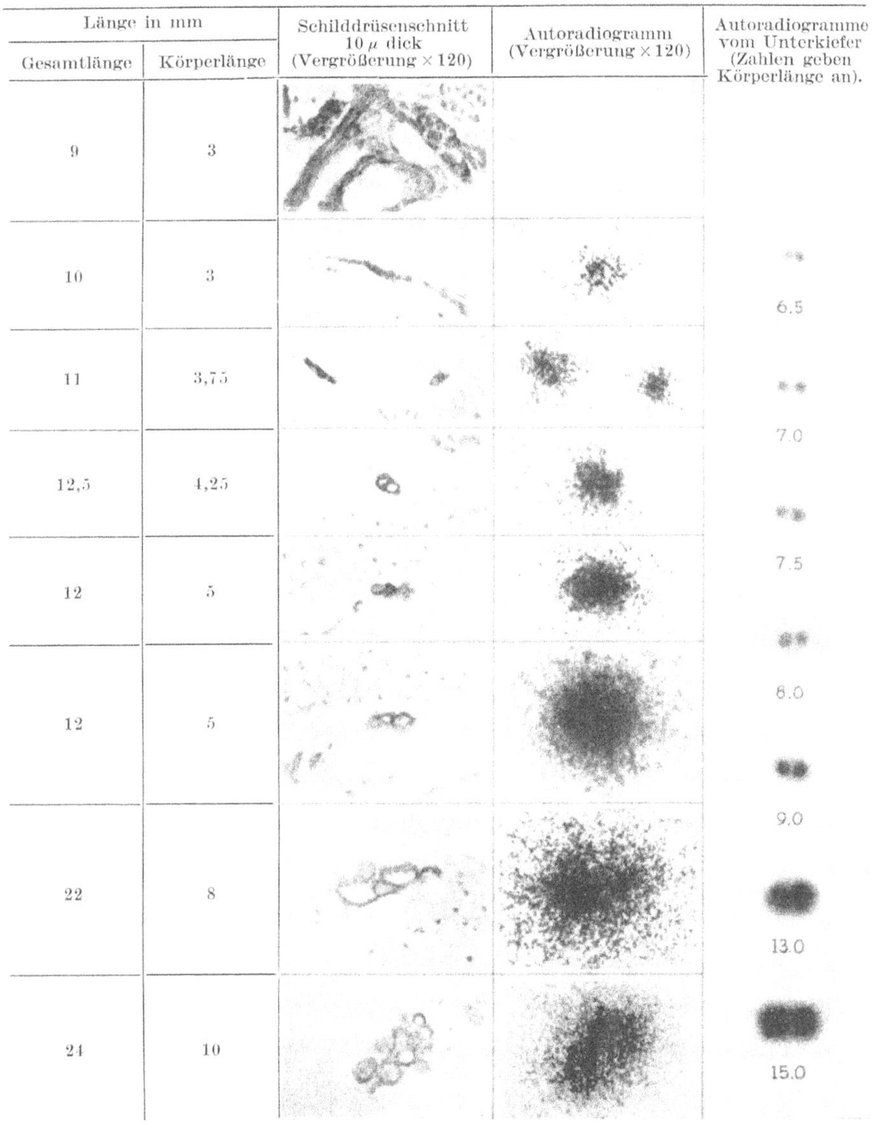

| Länge in mm | | Schilddrüsenschnitt 10 μ dick (Vergrößerung × 120) | Autoradiogramm (Vergrößerung × 120) | Autoradiogramme vom Unterkiefer (Zahlen geben Körperlänge an). |
|---|---|---|---|---|
| Gesamtlänge | Körperlänge | | | |
| 9 | 3 | | | |
| 10 | 3 | | | 6,5 |
| 11 | 3,75 | | | 7,0 |
| 12,5 | 4,25 | | | 7,5 |
| 12 | 5 | | | 8,0 |
| 12 | 5 | | | 9,0 |
| 22 | 8 | | | 13,0 |
| 24 | 10 | | | 15,0 |

Abb. 30. Untersuchung der Schilddrüsenfunktion bei Kaulquappen in Abhängigkeit von der Länge der Tiere nach Gabe von $^{131}$J. (Nach GORBMAN und EVANS[3].)

Goldhamsters ab 13. Schwangerschaftstag $^{131}$J in ihrer Schilddrüse speichern. Die Funktion der Rattenschilddrüsen beginnt nach GORBMAN und EVANS[2] am 19. Tage der Schwangerschaft. Die Kaulquappen zeigen nach den Untersuchungen von GORBMAN und EVANS[3] eine beginnende Schilddrüsenfunktion, wenn sie 10 mm lang sind, bei noch dottergeladenem Schilddrüsenlappen, wie aus Abb. 30 hervorgeht.

---

[1] HANSBOROUGH, L. A., and H. SEAY: Proc. Soc. exp. Biol. Med. 78, 481 (1951).
[2] GORBMAN, A., and H. M. EVANS: Endocrinology 32, 113 (1943).
[3] GORBMAN, A., and H. M. EVANS: Proc. Soc. exp. Biol. Med. 47, 103 (1941).

Die selektive Anreicherung von $^{131}$J in der Schilddrüse läßt sich auch benutzen, um die Vollständigkeit einer Thyreodektomie zu untersuchen, wie von REINHARD[1] gezeigt wurde.

JENSEN und CLARK[2] injizierten Kaninchen $^{131}$J-L-Thyroxin. Dieses reicherte sich selektiv im Hypophysenhinterlappen und im medianen Teil des Tuber cinereum an, wie Abb. 31 zeigt.

Nach Gabe von Thiouracil an Frösche fand MATTHEWS[3] nur $^1/_5$ der $^{131}$J-Aktivität in der Schilddrüse im Vergleich zu unbehandelten Fröschen.

*δ) Stoffwechsel von Tumoren.*

Wegen der selektiven Anreicherung des $^{131}$J in der Schilddrüse sind naturgemäß die Schilddrüsentumoren am meisten untersucht worden. Hyperthyreosen reichern $^{131}$J im

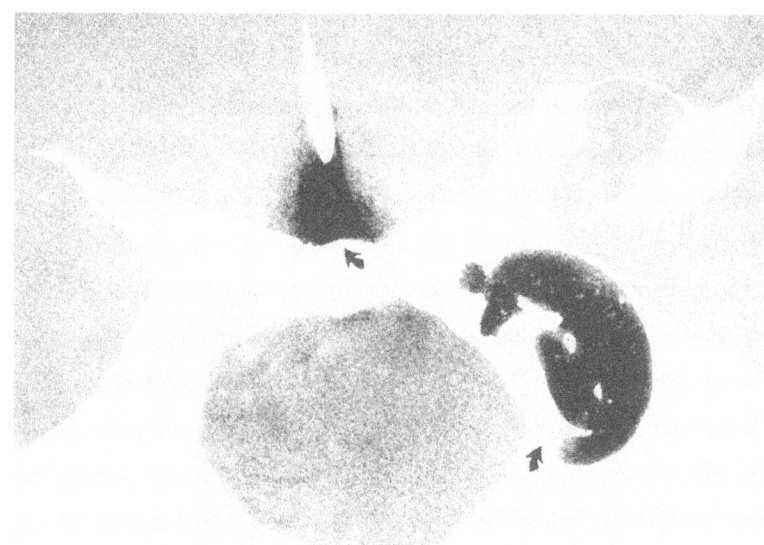

Abb. 31. Autoradiogramm von Hypophyse und Tuber cinereum eines Kaninchens nach Gabe von $^{131}$J-L-Thyroxin (JENSEN und CLARK[2]).

allgemeinen sehr viel stärker als normales Schilddrüsengewebe an, wobei die Lokalisation ähnlich wie in Abb. 29 erfolgt. Die gutartigen Adenome nehmen relativ wenig $^{131}$J auf, entzündete Stellen der Schilddrüse überhaupt nichts.

MONEY und RAWSON[4] erzeugten experimentelle Schilddrüsentumoren und fanden eine $^{131}$J-Anreicherung in den peripheren Follikeln, nicht aber in den zentral gelegenen hyperplastischen. Sie schließen daraus und aus histologischen Beobachtungen, daß die Schilddrüse aus zwei funktionell verschiedenen Teilen besteht.

Ganz unterschiedlich ist die $^{131}$J-Anreicherung in den verschiedenen Schilddrüsencarcinomen. Die reinen papillären Carcinome speichern $^{131}$J nicht, einige Follikel enthaltende Carcinome dagegen mehr oder weniger. Eine ausführliche Untersuchung über die $^{131}$J-Speicherfähigkeit von Schilddrüsentumoren ist von MARINELLI und Mitarbeitern[5] durchgeführt worden.

*ε) Allgemeine Verteilung von radioaktiven Elementen im Organismus.*

Die Verteilung eines radioaktiven Elementes im Organismus wurde erstmals von LACASSAGNE und LATTÈS[6] mit Hilfe von Polonium untersucht. Dieser α-Strahler reicherte

---

[1] REINHARDT, W. O.: Proc. Soc. exp. Biol. Med. **50**, 81 (1942).
[2] JENSEN, J. M., and D. E. CLARK: J. Lab. clin. Med. **38**, 663 (1951).
[3] MATTHEWS, S. A.: Amer. J. Physiol. **162**, 590 (1950).
[4] MONEY, W. L., and R. W. RAWSON: Cancer, N. Y. **3**, 321 (1950).
[5] MARINELLI, L. D., F. W. FOOTE, R. F. HILL and A. F. HOCKER: Amer. J. Roentgenol. **58**, 17 (1947).
[6] LACASSAGNE, A., et J. LATTÈS: Cr. **178**, 488 (1924).

sich vorwiegend in lymphatischem Gewebe, Nierenrinde und Knochenmark an. LACASSAGNE brachte ganze, in Paraffin eingebettete Organe in direkten Kontakt mit einer photographischen Platte.

Die Verteilung von kolloidalen Substanzen wie radioaktivem kolloidalem Gold und Chromphosphat ist von HERVE und Mitarbeitern[1], FISHER und Mitarbeitern[2], JONES und Mitarbeitern[3] u.a.m. autoradiographisch untersucht worden. Diese Substanzen reicherten sich vorwiegend in den Organen mit reticuloendothelialem System an.

Über die Verteilung von radioaktivem Blei, Radium und Thorium B liegen ältere Arbeiten vor[4,5]. Blei wurde in Leber, Milz, Darm, Nieren, Muskel und Pankreas gefunden. Alle diese Elemente lagern sich, wie schon beschrieben, vorzugsweise im Knochen ab.

DZIEWIATKOWSKI[6-8], BÉLANGER[9] sowie ODEBLAD und BOSTRÖM[10] injizierten Ratten und Kaninchen radioaktives, anorganisches Sulfat. BÉLANGER fand eine Einlagerung in die schleimbildenden Zellen des Magens, ODEBLAD ganz allgemein in die Gewebe, die Mucopolysaccharide enthalten, DZIEWIATKOWSKI in den Gelenkknorpel.

Autoradiographische Abbildungen einzelner Blutzellen erhielten BOYD und Mitarbeiter[11] nach Injektion von $^{14}C$ in eine Ratte. Am frühesten erscheint die Radioaktivität in den Lymphocyten, dann in den polymorphkernigen Leukocyten und schließlich in den Erythrocyten. AUSTONI[12] untersuchte die Ablagerung von radioaktivem Eisen in Knochenmarkserythrocyten.

PELC[13] sowie LEBLOND, STEVENS und BOGOROCH[14] konnten durch spezielle histologische Präparation die Neubildungsstätten von Desoxyribonucleinsäure und Ribonucleinsäure nach Gabe von $^{32}P$ untersuchen. Ribonucleinsäure wurde in Leber, Niere, Nebennierenrinde und in vielen Epithelien gebildet. Andere ribonucleinsäurereiche Organe wie Pankreas, Speicheldrüsen und Schilddrüse zeigten keine nennenswerte Neubildung. Eine Anreicherung der Desoxyribonucleinsäure fand sich in den stark regenerierenden Organen, so in lymphatischem und myelogenem Gewebe, in Ovarien und im Intestinal-Epithel.

*ζ) Niere.*

Als Ausscheidungsorgan zeigte die Niere gewöhnlich eine Anreicherung des injizierten Elementes. Und zwar reichern sich z. B. Polonium, Plutonium, Phosphor, Cer, Praseodym, Zirkonium, Columbium und Yttrium in der Nierenrinde, Strontium, Barium und Lanthan vorwiegend im Nierenmark an. $^{24}Na$ zeigt eine Lokalisation in der äußeren Zone der Rinde und in der inneren Zone des Markes[15]. SONENBERG und Mitarbeiter[16] fanden injiziertes Prolactin bei mit ACTH behandelten Tieren in den Tubuli der Nieren wieder. Eine ähnliche Lokalisation fand sich in eigenen Versuchen[17] nach Gabe von $^{35}S$-Methionin an Ratten, wie Abb. 21 zeigt. In den Glomerula ist keine $^{35}S$-Methioninaktivität nachweisbar.

---

[1] HERVE, A., et J. CLOSON: Schweiz. med. Wschr. 82, 522 (1952).
[2] FISHER, E. R., J. C. NEERING, J. B. HAZARD and R. A. HAYS: Amer. J. med. Sci. 223, 502 (1952).
[3] JONES, H. B., C. J. WROBEL and W. R. LYONS: J. clin. Invest. 23, 783 (1944).
[4] LOMHOLT, S.: J. Pharmacol. exp. Therap. 40, 11 (1930).
[5] BEHRENS, B., u. A. BAUMANN: Z. ges. exp. Med. 92, 241 (1933).
[6] DZIEWIATKOWSKI, D. D.: J. exp. Med. 93, 451 (1951).
[7] DZIEWIATKOWSKI, D. D.: J. exp. Med. 95, 489 (1952).
[8] DZIEWIATKOWSKI, D. D.: J. exp. Med. 100, 11, 25 (1954).
[9] BÉLANGER, L. F.: Nature 172, 1150 (1953).
[10] ODEBLAD, E., and H. BOSTRÖM: Acta path. microbiol. scand. 31, 339 (1952).
[11] BOYD, G. A., G. W. CASARETT, K. I. ALTMAN, T. R. NOONAN and K. SALOMON: Science, N. Y. 108, 529 (1948).
[12] AUSTONI, M. E.: Proc. Soc. exp. Biol. Med. 85, 48 (1954).
[13] PELC, S. R., and F. G. SPEAR: Brit. J. Radiol. 23, 287 (1950).
[14] LEBLOND, C. P., C. E. STEVENS and R. BOGOROCH: Science, N. Y. 108, 531 (1948).
[15] JENNINGS, R., and J. KRAKUSIN: J. Lab. clin. Med. 40, 815 (1952).
[16] SONENBERG, M., W. L. MONEY, A. S. KESTON, P. J. FITZGERALD and J. T. GODWIN: Endocrinology 49, 709 (1951).
[17] NIKLAS, A., u. W. OEHLERT: Zieglers Beiträge, Bd. 116 (1956), im Druck.

Von CRISTOL[1] wurde die autoradiographische Methode dazu benutzt, das Wachstum von Harnsteinen zu verfolgen. Ein Patient mit einem Blasenstein erhielt wegen seiner Polycythämie eine therapeutische Dosis $^{32}$P in 2 Injektionen. Mehrere Monate nach der 1. Injektion wurde der Stein entfernt, halbiert und autoradiographisch die Lokalisation der $^{32}$P-Aktivität festgestellt. Es fand sich eine äußere radioaktive Zone, die sich während der $^{32}$P-Behandlung gebildet hatte. Die Methode ist geeignet, tierexperimentell Medikamente zur Verhütung von Steinen zu erproben.

LIPPMAN und Mitarbeiter[2] untersuchten autoradiographisch die Durchlässigkeit der Niere für $^{203}$HgCl$_2$ bei gesunden Ratten und Tieren mit Proteinurie. Die gesunden Tiere lagerten $^{203}$Hg in der Nierenrinde ab, die kranken Tiere zeigten nur eine sehr geringe Aktivitätsanreicherung in der Rinde und entlang den Pyramiden. Die letzteren Tiere zeigten die größte HgCl$_2$-Ausscheidung. Verfasser sind der Ansicht, daß die Ausscheidung durch eine Bindung von Quecksilber an Eiweiß zustande kommt.

### η) Haut und Haare.

AXELROD und HAMILTON[3] untersuchten die Verteilung von $^{35}$S-Lost und $^{74}$As-Lewisit in der Haut nach 24stündiger Einwirkung auf die menschliche Haut. Lost reicherte sich in der Epidermis und weniger im Corium an, Lewisit fast nur in der Epidermis, in Haarbälgen und einigen Blutgefäßen. Nach Lewisitbehandlung war die Haut bereits geschädigt im Gegensatz zu Lost.

SOMMERS und Mitarbeiter[4] untersuchten autoradiographisch die Einlagerung von $^{74}$As in Epidermis, Haarfollikel und andere Hautanhänge. Eine Anreicherung von $^{74}$As in Fibroblasten und Epithelien wurde von den gleichen Autoren auch in Gewebskulturen festgestellt.

Eigene Versuche[5] mit $^{35}$S-Thioaminosäuren zeigten eine Anreicherung von $^{35}$S in den Haarbälgen und Talgdrüsen der Ratte. Geringere $^{35}$S-Aktivität fand sich in der Epidermis.

### ϑ) Augen.

In einer Arbeit über die Verteilung von $^{35}$S-Lost und $^{74}$As-Lewisit berichten AXELROD und HAMILTON[3] über eine Anreicherung dieser Stoffe in Kaninchenaugen. Die Radioaktivität war hauptsächlich in der Cornea, weniger in der Conjunctiva und sehr gering in Iris und Linse lokalisiert.

Den Phosphorstoffwechsel der isolierten Linse untersuchte PALM[6] mit Hilfe von $^{32}$P. Er inkubierte Kaninchenlinsen in einer $^{32}$P-haltigen Lösung und fand die Radioaktivität in einer dünnen peripheren Zone lokalisiert. SALLMANN und Mitarbeiter[7,8] führten ausgedehnte Versuche über die Verteilung von $^{131}$J und $^{24}$Na an gesunden und kranken Augen durch.

### ι) Zentrales Nervensystem.

SMITH und GRAY[9] untersuchten die Verteilung von $^{64}$Cu in Hühnerembryonen. In den frühen Entwicklungsstadien zeigte sich eine starke Anreicherung im Vorderhirn, in den späteren Stadien war die Radioaktivität hauptsächlich in Augen, Gehör- und Sehzentren lokalisiert. Verfasser zeigen eine Parallele der Aktivitätsverteilung mit der Sauerstoffaufnahme des Gehirns.

---

[1] CRISTOL, D. S., A. E. BOTHE and P. W. GROTZINGER: New Engl. J. Med. **239**, 427 (1948).
[2] LIPPMAN, R. W., R. D. FINKLE and D. GILETTE: Proc. Soc. exp. Biol. Med. **77**, 68 (1951).
[3] AXELROD, D. J., and J. G. HAMILTON: Amer. J. Path. **23**, 389 (1947).
[4] SOMMERS, S. C., B. S. GEYER and R. N. CHUTE: Proc. Soc. exp. Biol. Med. **84**, 234 (1953).
[5] NIKLAS, A., u. W. DEHLERT: Zieglers Beiträge, Bd. 116 (1956), im Druck.
[6] PALM, E.: Acta ophthalm., København Suppl. **32** (1948).
[7] SALLMANN, L. v., and B. DILLON: Amer. J. Ophthalmol. **33**, 429 (1950).
[8] SALLMANN, L. v., T. C. EVANS and B. DILLON: Arch. Ophthalm., Chicago **41**, 611 (1949).
[9] SMITH, E., and P. GRAY: Anat. Rec. **99**, 608 (1947).

Nach Gabe von $^{89}$Sr fand BLOOM[1] eine diffuse Schwärzung des Autoradiogramms über dem gesamten Tiergehirn. $^{198}$Au wird nach TOBIAS[2] hauptsächlich von der Hirnrinde und den Blutgefäßen aufgenommen. COLFER und ESSEX[3] fanden nach Gabe von $^{42}$K an Ratten eine homogene Verteilung dieses Isotops in Rattengehirnen. Es scheint eine Bevorzugung des Kleinhirns und der Basalganglien vorzuliegen.

STEINBERG und SELVERSTONE[4] untersuchten die $^{32}$P-Anreicherung in Hirntumoren. Die primären Hirntumoren und auch die Metastase eines Bronchialcarcinoms zeigten eine eindeutige Aktivitätsanreicherung. Im allgemeinen war die $^{32}$P-Konzentration in der grauen Substanz größer als in der weißen Substanz. Bei eigenen Versuchen[5] mit $^{35}$S-Thioaminosäuren zeigte sich eine Anreicherung von $^{35}$S in den Zellkernen des Rattengehirns, besonders in den PURKINJEschen Ganglienzellen des Kleinhirns, wie Abb. 32 zeigt.

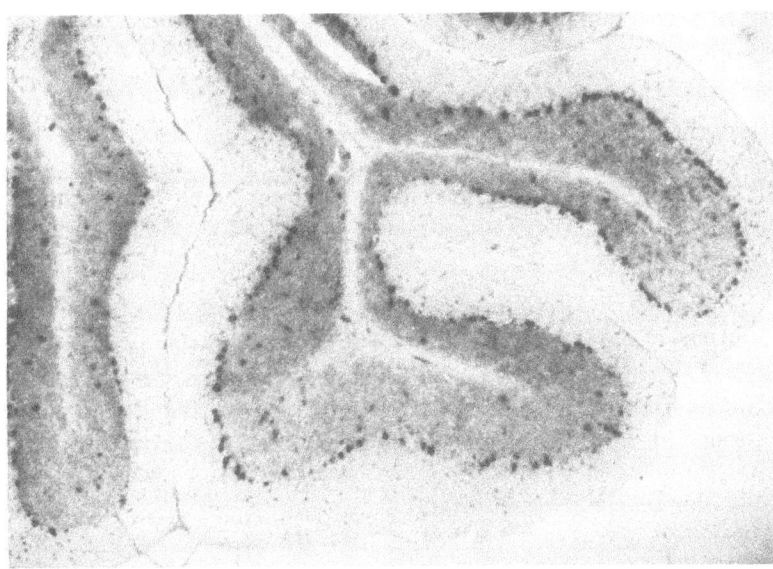

Abb. 32. Autoradiogramm des Kleinhirns einer Ratte nach oraler Gabe von $^{35}$S-Thioaminosäuren. Anreicherung der $^{35}$S-Aktivität in den Kernen der Ganglienzellen, besonders in denen der PURKINJEschen Ganglienzellen[5].

Das sind gerade diejenigen Zellen, für die ein großer Kohlenhydratstoffwechsel und eine große Anfälligkeit für $O_2$-Mangel gefunden wurden. Die stärkste Anreicherung fand sich über dem Plexus chorioideus.

*κ) Genitalsystem.*

ODEBLAD und Mitarbeiter[5] haben eine Reihe von Untersuchungen über die Anreicherung von $^{32}$P in Ovarien und Testes durchgeführt. Sie fanden starke Anreicherungen in normalen GRAAFschen Follikeln, dagegen keine Radioaktivität in atretischen. Bei Untersuchungen des Corpus luteum[6] fanden sich in allen Stadien eine $^{32}$P-Anreicherung in der Peripherie des Corpus luteum (Granulosa lutein-Zellen), keine Anreicherung im zentralen Teil (Blut). Autoradiogramme[7] von unbefruchteten Eiern zeigten die größte $^{32}$P-Aktivität

---

[1] BLOOM, W.: Histopathology of irradiation from external sources. National Nuclear Energy Series, Manhatten Project Technical Section. Division IV-Plutonium Project Record. Vol. 22 I. New York 1948.

[2] TOBIAS, C. A., J. J. BERTRAND and J. WAINE, zitiert nach HEVESY, G.: Radioactive Indicators. S. 184. New York 1948.

[3] COLFER, H. F., and H. E. ESSEX: Proc. Soc. exp. Biol. Med. **63**, 243 (1946).

[4] STEINBERG, D., and B. SELVERSTONE: Proc. Soc. exp. Biol. Med. **74**, 471 (1948).

[5] NIKLAS, A., u. W. OEHLERT: Zieglers Beiträge Bd. 116 (1956), im Druck. — BLOCK, E., G. MAGNUSSON and E. ODEBLAD: Acta obstet. scand. **32**, 1 (1953).

[6] ENGLUND, S., and E. ODEBLAD: Acta obstet. scand. **32**, 13 (1953).

[7] AMINOFF, U., G. MAGNUSSON, E. ODEBLAD and K. H. WETTERDAL: Exp. Cell Res. **3**, 609 (1952).

über der Membran zwischen Ei und Granulosa. Die Granulosa reicherte etwas weniger Radioaktivität an.

ODEBLAD und BOSTRÖM[1] sowie GRAD und Mitarbeiter[2] zeigten eine $^{32}$P-Anreicherung in den Testes, hauptsächlich in den Septen und der Tunica albuginea. Ähnliche Bilder ergaben sich auch bei eigenen Untersuchungen[3] nach Gabe von $^{35}$S-Methionin. Die $^{35}$S-Aktivität fand sich hierbei hauptsächlich in den Hodenzwischenzellen und Reticulumzellen. HOWARD und PELC[4] berichteten über die Reifung der Spermien. Es gelang ihnen, auch einzelne Chromosomen aus einem Mäusehoden autoradiographisch darzustellen, wie Abb. 19 zeigt. Auch Radium, Strontium, Plutonium und die Spaltprodukte von Uran lagern sich teils mehr, teils weniger in den Testes ab.

Die Verteilung des Wachstumshormons Prolactin, nach Markierung mit $^{131}$J, untersuchten SONENBERG und Mitarbeiter[5]. Die Ratten waren teilweise mit Gonadotropin vorbehandelt. Es zeigte sich eine Anreicherung im Corpus luteum und in den parenchymatösen Organen.

*λ) Autoradiogramme ganzer Körperteile beim Menschen.*

Zu therapeutischen Zwecken werden teilweise recht hohe Dosen $\gamma$-strahlender Elemente an Patienten appliziert. Die Lokalisation dieser Substanzen kann dann leicht autoradiographisch mit einem Röntgenfilm kontrolliert werden. LOEHR[6] konnte auf diese Weise die Anreicherung von $^{131}$J in den Lungenmetastasen eines papillären Adenocarcinoms der Schilddrüse zeigen.

*μ) Immunbiologische Untersuchungen.*

WARREN und DIXON[7] untersuchten die Verteilung des Antigens während eines anaphylaktischen Schocks beim Meerschweinchen. Als Antigen injizierten sie $^{131}$J-markiertes Rinder-$\gamma$-Globulin. Das Antigen wurde bei gesunden und kranken Meerschweinchen an den gleichen Stellen in Leber und Lungen angereichert, nur war der Antigengehalt bei den kranken Tieren doppelt so groß. Diese vermehrte Anreicherung war im ödematösen, fibrösen Gewebe der Bronchien lokalisiert.

Die Lokalisation markierter Antikörper untersuchten PRESSMAN und Mitarbeiter[8]. Als Antikörper verwandten sie Antinierenserum von Mäusen, das mit $^{131}$J markiert war. Nach intravenöser Injektion des Antikörpers in Mäusen fand sich eine Anlagerung lediglich in den Glomerula der Nieren. Antiplasmaserum von Mäusen wurde nicht in den Glomerula abgelagert.

*ν) Einzeller, Bakterien und Antibiotica.*

EIDINOFF, FITZGERALD, SIMMEL und KNOLL[9] führten ausgedehnte Untersuchungen mit $^3$H an Paramaecien durch. Die Paramaecien reicherten $^3$H im Ektoplasma und Endoplasma an, die Hefezellen peripher und zentral.

ANDRESEN und Mitarbeiter[10] boten der Amöba Chaos Chaos $^{14}$C in Form von Lösung und in Form von $^{14}$C-markierten Tieren als Futter an. Sie fanden Aktivitätsanreicherungen in einer mitochondrienhaltigen Zone und im dichten und hyalinen Cytoplasma.

---

[1] ODEBLAD, E., and H. BOSTRÖM: Acta path. microbiol. scand. **32**, 448 (1953).
[2] GRAD, B., C. E. STEVENS and C. P. LEBLOND: Acta Un. int. Cancr., Bruxelles **7**, 834 (1950/52).
[3] NIKLAS, A., u. W. OEHLERT: Zieglers Beiträge, Bd. 116 (1956), im Druck.
[4] HOWARD, A., and S. R. PELC: Brit. J. Radiol. **23**, 634 (1950).
[5] SONENBERG, M., W. L. MONEY, A. S. KESTON, P. J. FITZGERALD and J. T. GODWIN: Endocrinology **49**, 709 (1951).
[6] LOEHR, W. M.: Amer. J. Roentgenol. **68**, 355 (1952.
[7] WARREN, S., and F. J. DIXON: Amer. J. med. Sci. **216**, 136 (1948).
[8] PRESSMAN, D., R. F. HILL and F. W. FOOTH: Science N. Y. **109**, 65 (1949).
[9] EIDINOFF, M. L., P. J. FITZGERALD, E. B. SIMMEL and J. B. KNOLL: Proc. Soc. exp. Biol. Med. **77**, 225 (1951).
[10] ANDRESEN, N., C. CHAPMAN-ANDRESEN and H. HOLTER: C. R. Trav. Lab. Carlsberg (Sér. chim.) **27**, 189 (1952).

ULLBERG[1] untersuchte die Verteilung von $^{35}$S-markiertem Penicillin. Die Penicillinkonzentration war in Leber, Nieren und Lunge höher als im Blut. Besonders interessiert in diesem Zusammenhang eine Anreicherung im Absceß.

HEITE[2] berichtet über eine Anreicherung von Penicillin in Spirochäten. Er injizierte lueskranken und gesunden Kontrollkaninchen $^{35}$S-markiertes Penicillin und fand autoradiographisch eine Anreicherung von Penicillin an allen Stellen, in denen viele Spirochäten auftreten, und in den Ausscheidungsorganen Leber und Nieren.

### ξ) Pflanzenstoffwechsel.

MALLET[3] untersuchte die Aufnahme von Thorium X in verschiedenen Pflanzen. HOWARD und PELC[4] untersuchten die Nucleoproteidsynthese in Bohnenwurzeln mit Hilfe von $^{32}$P und $^{35}$S. Es ergab sich, daß phosphorhaltige Produkte nicht während der Zellteilung und in der unmittelbar darauffolgenden Phase synthetisiert werden, sondern in der Interphase. $^{32}$P reichert sich im Kern an und geht auf den Tochterkern über. Durch Ribonuclease wird diese Aktivität aus dem Schnitt herausgelöst. $^{35}$S wird in den gleichen Zeiten und in den gleichen Wachstumsstadien eingebaut wie $^{32}$P.

Über Desoxyribonucleinsäuresynthese in den Mikrosporocyten von Lilium Henryi berichtet PLAUT[5]. ARNON und Mitarbeiter[6] untersuchten die $^{32}$P-Aufnahme in Tomaten. Sie fanden eine Anreicherung in der Pulpa und den Samen der unreifen Früchte und in den Transportgefäßen. Außerdem ist die Verteilung von einer Reihe von anderen Elementen in Pflanzen untersucht worden, so z. B. von $^{14}$C[7], $^{35}$S[8], Sr[9], K, Mn, Zn und Mo[10]. Die Pflanze ist zur Untersuchung cellulärer Lokalisationen besonders gut geeignet, da die Zellen groß und gut zu präparieren sind.

# Das Arbeiten mit radioaktiven Atomarten (chemischer Teil).

Von

### H. Götte

unter Mitarbeit von

### H. Becker und F. Weigel.

Mit 40 Abbildungen.

### Vorbemerkung: Originalberichte (reports) von staatlichen Forschungsstätten.

Im vorliegenden Kapitel treten bei den Literaturhinweisen häufig Zitate auf, die aus einer Reihe großer Buchstaben und einer Nummer bestehen, wie etwa MDDC—1541 u. ä. Es handelt sich hier um Originalreports staatlicher Forschungsstellen, wie z. B. der US Atomic Energy Commission. Im vorliegenden Kapitel sind die folgenden Bezeichnungen gebraucht worden:

MDDC = *M*anhattan *D*istrict *D*eclassification *C*ode. AECD = *A*tomic *E*nergy *C*ommission *D*eclassified *D*ocument. AECU = *A*tomic *E*nergy *C*ommission *U*nclassified Document. NP = *N*on-*P*roject Report. CC, CK, CN, CP = Originalreports des Manhattanprojektes aus den Jahren 1942

---

[1] ULLBERG, S.: Proc. Soc. exp. Biol. Med. 85, 550 (1954).
[2] HEITE, H. J.: Kli. Wo. 1951, 449.
[3] MALLET, L.: J. Radiol. Électrol., Paris 26, 4 (1944).
[4] HOWARD, A., and S. R. PELC: Nature 167, 599 (1951).
[5] PLAUT, W. S.: Hereditas, Lund 39, 438 (1953).
[6] ARNON, D. I., P. R. STOUT and F. SIPOS: Amer. J. Botany 27, 791 (1940).
[7] GROSSE, A. V., and J. G. SNYDER: Science, N. Y. 105, 240 (1947).
[8] HARRISON, B. F., M. D. THOMAS and G. R. HILL: Plant Physiol. 19, 245 (1944).
[9] JAKOBSON, L., and R. OVERSTREET: Soil Sci. 65, 129 (1948).
[10] STOUT, P. R., and W. R. MEAGHER: Science, N. Y. 108, 471 (1948).

bis 1946, größtenteils unveröffentlicht. ANL = *A*rgonne *N*ational *L*aboratory Report. BNL = *B*rookhaven *N*ational *L*aboratory Report. ORNL = *O*ak *R*idge *N*ational *L*aboratory Report. UCRL = *U*niversity of *C*alifornia *R*adiation *L*aboratory Report. TID = *T*echnical *I*nformation *D*ivision, USAEC, Oak Ridge, Tenn. Y = Clinton Engineer Works, Separation Plant Y—12 Report.

Von diesen Reports sind veröffentlicht:
a) Die gesamten MDDC-, AECD- und AECU-Reihen.
b) Die übrigen Reihen teilweise.

Referate aller zur Veröffentlichung freigegebenen Reports finden sich in den beiden Referatenorganen:

ADD = Abstracts of Declassified Documents Vol. 1 u. 2 (1947/48).
NSA = Nuclear Science Abstracts, ab Vol. 1 (1948) laufend erscheinend.

Ausführliche Darstellungen vieler Reports finden sich in der in Handbuchform vom Verlag McGraw-Hill in New York N. Y. herausgegebenen National Nuclear Energy Series (NNES).

Käufliche Reports: US Government Printing Office, Department of Commerce, Washington, D. C. und der Superintendent of Documents, ebenfalls in Washington, D. C., geben in zwangloser Folge Preislisten aus, in denen die käuflich erhältlichen Reports verzeichnet sind. Diese Preislisten werden auf Anforderung durch den Superintendent of Documents kostenlos zugesandt. Lehr- und Forschungsinstitute, die mit den Stellen der US Atomic Energy Commission einen Sonderdruckaustausch pflegen, können Originalreports direkt von der Technical Information Division, P. O. Box 62, Oak Ridge, Tenn. im Austauschwege beziehen. Sonstige Interessenten erhalten Reportliteratur über die US Government Printing Office, Department of Commerce, Washington 25 D. C. gegen Vorausbezahlung. Alle nichtklassifizierten Reports sind ferner als Mikrokarten erhältlich *.

Reports, die weder veröffentlicht noch zum Verkauf angeboten sind, können, sofern sie in den Nuclear Science Abstracts referiert wurden, von den gleichen Stellen als Photokopien oder Mikrofilme geliefert werden.

In Band 7 der Nuclear Science Abstracts findet sich ein Verzeichnis aller bis 31. Dezember 1953 erschienenen Reports mit genauer Angabe des Referatenzitates in den NSA und gegebenenfalls Angabe des Zeitschriftenzitats einer Veröffentlichung des betreffenden Reports. Ein Gesamtverzeichnis aller bisher deklassifizierten Reports, TID—4000, ist im Druck und wird voraussichtlich im Laufe des Jahres 1955 erscheinen.

Britische Reports: AERE = *A*tomic *E*nergy *R*esearch *E*stablishment. Reports der AERE-Reihe sind ebenfalls in den Nuclear Science Abstracts referiert. Zum Verkauf angebotene Titel sind erhältlich durch: Her Majesty's Stationery Office, London.

## 1. Grundlagen.

### a) Definition des Begriffes „Aktivität".

Da der Ausdruck „Aktivität" in anderen Zweigen der Chemie ebenfalls häufig gebraucht wird, empfiehlt es sich, ihn im Zusammenhang mit Radioindicatoren-Untersuchungen durch das Wort „Radioaktivität" zu ersetzen.

Der Begriff „Aktivität" ist bei Messungen der Radioaktivität nicht ganz eindeutig. Daher ist eine genauere Definition dieses Wortes im Hinblick auf das später Folgende notwendig.

Man unterscheidet absolute, relative und spezifische Aktivität.

1. Unter der *absoluten Aktivität* versteht man die Anzahl der sich in einer radioaktiven Substanz in der Zeiteinheit umwandelnden Atomkerne. Als Maßeinheit gilt das Millicurie, das einer Umwandlungsrate von $3,7 \cdot 10^7$ Zerfällen/sec oder $2,2 \cdot 10^9$ Zerfällen/min entspricht. Die Bestimmung der absoluten Aktivität ist nur möglich durch Vergleich mit geeigneten Standardpräparaten oder vermittels exakter physikalischer Messungen.

2. Die Einheit der *relativen Aktivität* ist gegeben durch das verwendete Meßinstrument. Während im Zählrohr Impulse/min und im Scintillationszähler die Anzahl der Lichtblitze/min bestimmt werden, mißt man in der Ionisationskammer den Ionisationsstrom und bei der Photoplatte den Schwärzungsgrad bzw. die Zahl der in der Flächeneinheit auftretenden Partikelbahnen.

3. Unter der *spezifischen Aktivität* ist die Aktivität je Gewichtseinheit, je Mol oder je Volumen zu verstehen. Sie wird entweder in absoluten Einheiten als mC/mg, mC/Mol oder mC/cm³, aber auch in relativen Einheiten angegeben. Letzteres ist im allgemeinen der Fall bei Indicatoruntersuchungen, bei denen jedoch die gemessenen relativen Akti-

---
* Durch Microcard Foundation, Midwest Division P. O. Box 2145 Madison 5 Wisc.

vitäten durch Vergleichsmessung an Hand der Standardpräparate in absolute Einheiten umgerechnet werden können. Eine derartige Umrechnung erübrigt sich indes in den meisten Fällen, da hier ein Vergleich der relativen Aktivitäten völlig ausreicht.

### b) Radiometrische Analyse nach HEVESY und PANETH[1].

In der Biochemie und Physiologie spielen die radioaktiven Atomarten als analytische Hilfsmittel eine immer größer werdende Rolle. Dabei sind drei verschiedene Verfahren zu unterscheiden: Die Aktivierungsanalyse, das Radioindicatoren-Verdünnungsverfahren und ein drittes, für das ein die Art der Methode kennzeichnendes Wort fehlt. Mit dieser letztgenannten Methode führten v. HEVESY und PANETH die Radioindicatoren-Methode in die Chemie ein, und sie soll daher im folgenden als HEVESY-PANETH-Analyse bezeichnet werden.

Das Verfahren beruht darauf, daß bei radioaktiv markierten Substanzen gleicher spezifischer Aktivität Proportionalität zwischen relativer Aktivität und gemessener Substanzmenge besteht, wenn vergleichbare Meßbedingungen vorliegen. Da es sich bei derartigen Messungen stets um den Vergleich zweier Präparate unter reproduzierbaren Bedingungen handelt, ist es nicht erforderlich, die absolute spezifische Aktivität der verwendeten markierten Substanz zu kennen. Es genügt vielmehr, die zu untersuchenden Substanzen mit einem GEIGER-MÜLLER-Zählrohr, einem Scintillationszähler oder einer Ionisationskammer zu messen, um sie quantitativ bestimmen zu können.

Die sonst üblichen Meßverfahren, wie Gravimetrie, Colorimetrie oder Volumetrie, werden also bei derartigen Analysen durch eine radiometrische Messung ersetzt.

Das Analysenverfahren von HEVESY und PANETH ist anwendbar, wenn es gelingt, die quantitativ zu ermittelnde Substanz mit einer der Empfindlichkeitsforderung entsprechenden spezifischen Aktivität herzustellen. Die höchste Empfindlichkeit wird erreicht, wenn trägerfreie Radionuklide verwendet werden bzw. aus ihnen hergestellte Substanzen. Es lassen sich dann z. B. noch etwa $8 \cdot 10^{-16}$ g $^{131}$J und $2 \cdot 10^{-9}$ g $^{14}$C nachweisen oder äquivalente Mengen von Verbindungen, die unter Verwendung der reinen radioaktiven Atomarten synthetisiert wurden.

Im allgemeinen wird diese hohe Empfindlichkeit nicht gefordert werden, um so mehr als sie äußerst schwierig zu erlangen ist, da es schwer ist, mit Mengen von $10^{-8}$ bis $10^{-4}$ mg Synthesen auszuführen. Man verwendet daher in der Mehrzahl der Fälle Verbindungen, die aus einem Gemisch radioaktiver und radioinaktiver Isotope* hergestellt wurden, wobei natürlich die Empfindlichkeit des Nachweises proportional der sich aus der Zugabe inaktiven Materials ergebenden Substanzvermehrung sinkt.

Die untere Grenze der Nachweisempfindlichkeit ergibt sich daraus, daß man mit einem Strahlennachweisgerät nur noch diejenige relative Aktivität genügend genau bestimmen kann, die der Größe des Nulleffektes entspricht. Bei einem GEIGER-MÜLLER-Zählrohr beträgt demnach der noch mit ausreichender Genauigkeit bestimmbare Effekt 20—40 Impulse/min. Die zu bestimmende Substanz muß also so markiert werden, daß die der erwünschten Nachweisgrenze entsprechende Substanzmenge diese Zählrohraktivität aufweist.

Die Höhe der spezifischen Aktivität, die für den Nachweis einer markierten Verbindung erforderlich ist, hängt sowohl von der Energie der Strahlen, die das zur Markierung verwendete Radionuklid emittiert, als auch von der Empfindlichkeit der Meßanordnung ab. Außerdem spielen auch die Eigenschaften des zur Messung verwendeten Stoffes eine Rolle, weil die im Präparat emittierte Strahlung in der Schicht des Präparates selbst sowohl gestreut als auch teilweise absorbiert wird (vgl. S. 782). Schließlich

---

* Der Begriff „Isotop" sollte nur im Zusammenhang mit dem Begriff „chemisches Element" verwendet werden. Man darf daher korrekterweise nicht von einem „Radio-Isotop" oder den „Radio-Isotopen" sprechen, sondern verwendet besser den Ausdruck „*Radio-Nuclid*", d. h. radioaktive Kernart.

[1] HEVESY, G., u. F. A. PANETH: Z. anorg. Chem. 82, 323 (1913).

ist auch zu berücksichtigen, daß die Menge des für eine Messung verwendeten Präparates begrenzt ist. Mit GEIGER-MÜLLER-Zählrohren lassen sich feste Substanzen nur bis zu etwa 200 mg messen, d. h. häufig nur ein Bruchteil des insgesamt anfallenden radioaktiven Materials. Für grobe Abschätzungen kann man rechnen, daß bei $\beta$-Messungen radioaktiver Nuclide, deren $\beta$-Teilchen Maximalenergien von mehr als 1 MeV betragen, etwa 10% der Zerfälle von einem Zählrohr registriert werden, während von $\beta$-Strahlern mit Maximalenergien von 0,1—0,2 MeV nur 0,5—1 % der Gesamtzerfälle nachweisbar sind.

Viel wichtiger als die erreichbare hohe Empfindlichkeit des Verfahrens ist die sich häufig bietende Möglichkeit, die gesuchten Verbindungen auch dann quantitativ zu bestimmen, wenn spezifische, selektive und quantitativ verlaufende Reaktionen nicht bekannt sind oder durch störende Begleitsubstanzen beeinträchtigt werden. Außerdem hat die HEVESY-PANETH-Analyse organischer Verbindungen den Vorteil, daß man nicht unbedingt die markierte Verbindung selbst aus dem Gemisch, in dem sie zu bestimmen ist, isolieren muß, sondern daß es lediglich darauf ankommt, das radioaktiv gekennzeichnete Atom in eine für die Messung geeignete Form zu überführen. Es ist daher vielfach möglich, die umständliche und schwierige Bestimmung organischer Substanzen oft unbekannter Struktur durch die häufig besser bekannte der einfachsten Verbindungen, die das zur Markierung verwendete Element eingehen kann, zu ersetzen, d. h. in den meisten Fällen durch die Bestimmung seiner Ionen in wäßriger Lösung. Da sich die zahlreichen organischen Verbindungen oft in ihrer Struktur und ihren Eigenschaften unterscheiden, ergibt sich somit eine wesentliche Vereinfachung der Bestimmung radioaktiv markierter Stoffe.

Diese Vereinfachung wird dadurch erreicht, daß man die markierte organische Verbindung trocken oder naß zusammen mit nichtmarkierten Begleitstoffen verascht. Das gekennzeichnete chemische Element und damit auch die zur Kennzeichnung verwendete radioaktive Atomart befinden sich dann in der durch die Oxydation bedingten chemischen Form und lassen sich von den übrigen, durch den Verbrennungsvorgang entstandenen Reaktionsprodukten trennen, so daß sie in geeigneter Weise präpariert, gewogen und gemessen werden können.

In dieser Weise können phosphor-, schwefel- und halogenhaltige organische Substanzen ebenso wie metallorganische Verbindungen mit Hilfe der Analysenmethode nach HEVESY und PANETH quantitativ nachgewiesen werden, indem das nach der Oxydation des markierten organischen Materials anfallende radioaktive Phosphat, Sulfat, Chlorid usw., bzw. die entstandenen Metallionen abgeschieden und auf ihre Radioaktivität untersucht werden. Da nur die gemessene Radioaktivität ein Maß für die Menge der markierten Verbindung ist, spielt die Gegenwart des zur Markierung verwendeten Elements aus anderen Verbindungen, die mitoxydiert werden, keine Rolle. Vgl. aber S. 777.

Natürlich ist es auch möglich, die zu bestimmende Substanz mit Hilfe des sog. *Trägerverfahrens* zu isolieren und zur Messung zu bringen. Dazu wird dem Gemisch, das die quantitativ zu ermittelnde, radioaktiv markierte Substanz enthält, eine bekannte Menge der gleichen Verbindung, jedoch in nicht markierter Form, beigemischt. Der Zusatz muß die zu bestimmende Menge um 2—3 Größenordnungen übertreffen und außerdem so groß sein, daß man aus dem Gemisch nach homogener Verteilung bequem einen beliebigen Bruchteil in der Größe eines Meßpräparates in chemisch reiner Form isolieren kann. Ist dies geschehen, so ist die Größe dieses Bruchteils durch Wägung oder dgl. zu bestimmen und die isolierte Substanz oder ein aliquoter Teil davon wird gemessen. Es läßt sich aus dem wiedergewonnenen Bruchteil des Trägers die Gesamtaktivität der im Analysengemisch vorhandenen, radioaktiv markierten Substanz errechnen. Da die spezifische Aktivität des isolierten Trägermaterials bei diesem Verfahren verringert wird, muß die der zu bestimmenden Verbindung so hoch gewählt werden, daß auch nach der durch den Trägerzusatz bedingten Verringerung der spezifischen Aktivität die relative Aktivität noch ausreichend für die Messung ist.

Das Trägerverfahren kann natürlich auch nach vollzogener Oxydation angewendet werden, z. B. wenn die Menge der nachzuweisenden Verbindung so gering ist, daß die anfallenden Quantitäten der Oxydationsprodukte nicht mehr zu handhaben sind oder wenn es ratsam erscheint, von mikrochemischen zu makrochemischen Operationen überzugehen.

Auch in Fällen, in denen das nach der Oxydation anfallende Material zwar ausreicht, um damit manipulieren zu können, jedoch eine für die Messung zu hohe spezifische Aktivität aufweist, muß inaktives Material gleicher chemischer Art, d. h. also Träger in geeigneter Menge zugesetzt werden, um die relative spezifische Aktivität auf ein für die Messung geeignetes Maß zu reduzieren. Umgekehrt können natürlich die bei der Veraschung mit dem radioaktiven Material zusammen oxydierten inaktiven Begleitsubstanzen das zur Markierung verwendete Element enthalten, so daß von dieser Seite her bereits Trägersubstanz anfällt. In derartigen Fällen ist die Gesamtmenge des radioaktiven Materials quantitativ zu ermitteln, da es andernfalls nicht möglich ist, die Gesamtaktivität zu bestimmen. Es wird also unter diesen Voraussetzungen die Empfindlichkeitsgrenze durch die vorhandene Menge Begleitsubstanz herabgesetzt, da häufig mehr Meßsubstanz entsteht, als auf einmal unter einem GEIGER-MÜLLER-Zählrohr untersucht werden kann. Dies gilt vor allem bei Markierungen von organischen Verbindungen mit $^{14}$C, da hier neben dem Kohlenstoff eventuell vorliegender Begleitsubstanzen auch noch der von anderen Stellen des markierten Moleküls herstammende bei der Oxydation zusätzlich radioinaktives Kohlendioxyd liefert.

Aus dem Vorangehenden läßt sich entnehmen, daß eine quantitative Analyse von markierten Substanzen auch dann noch möglich ist, wenn sich die zu bestimmende Verbindung durch eine chemische Reaktion verändert hat, da man ja das zur Markierung verwendete Nuclid unabhängig von der Form, in der es vorliegt, nachweisen kann. Damit wird die Analysenmethode von HEVESY und PANETH zu einem besonders wertvollen Hilfsmittel bei der Klärung analytischer Probleme in Physiologie, Pharmakologie und Toxikologie, da dem Organismus verabreichte Stoffe häufig umgebaut werden, so daß sie sich dem direkten Nachweis entziehen.

*Ausführung der* HEVESY-PANETH-*Analyse:* Von der markierten Ausgangssubstanz wird ein bekannter Anteil verascht, so daß das in ihm enthaltene markierte Element quantitativ in der Form vorliegt, aus der es sich in die für die Messung vorgesehene Verbindung überführen läßt (z. B. als Carbonation, das als Bariumcarbonat ausgefällt wird). Nachdem man, wenn nötig, Träger zugefügt hat, füllt man die Veraschungslösung in einem Meßkolben auf. Aus der so erhaltenen Standardlösung wird die zur Messung vorgesehene Verbindung abgeschieden und an dieser Standardsubstanz die relative spezifische Aktivität bestimmt. Dies muß unter den gleichen Bedingungen geschehen, unter denen auch die relativen spezifischen Aktivitäten der aus den zu analysierenden Substanzen hergestellten Proben gemessen werden (vgl. S. 781 ff.).

In gleicher Weise wird eine Lösung definierten Volumens von der durch Veraschung des quantitativ zu analysierenden Materials gewonnenen Substanz hergestellt, aus der ebenfalls die zur Messung vorgesehene Verbindung gewonnen wird. Es ist darauf zu achten, daß die abgeschiedene Substanz nicht durch andere aus der Veraschung der Begleitsubstanzen stammende Stoffe verunreinigt ist (z. B. Ba$^{14}$CO$_3$ durch BaSO$_4$ vgl. S. 810). Anschließend wird die relative spezifische Aktivität des so erhaltenen Materials bestimmt.

*Berechnung:*
Die Standardlösung enthält je Volumeneinheit die Radioaktivität $r_1$ entsprechend einer Menge $q$ der veraschten radioaktiv markierten Ausgangsverbindung. Diese Radioaktivität verteilt sich in der durch die Veraschung bedingten Form auf die Menge des nach der Veraschung vorliegenden Markierungselements und die eventuell zugefügte Trägermenge, also auf die Menge $m_1$. Sinngemäßes gilt für die Radioaktivität aus der quantitativ zu bestimmenden Substanz. Die Volumeneinheit der aufgefüllten Veraschungslösung der zu untersuchenden Substanz enthält die Radioaktivität $r_2$, und diese entspricht dem

Substanzgewicht $x$. $r_2$ verteilt sich sowohl auf die aus dem Markierungselement stammende Substanzmenge als auch auf zusätzlich zugefügtes oder eventuell aus Begleitstoffen herrührendes Trägermaterial, nach Überführung in die zu messende Verbindung also auf die Menge $m_2$. Es ist dann

$$\frac{x}{q} = \frac{r_2}{r_1}$$

$$\frac{r_2/m_2}{r_1/m_1} = \frac{S_2}{S_1} = \frac{Z_2}{Z_1}.$$

Darin bedeuten $S_2$ und $S_1$ die spezifischen Radioaktivitäten, die unter vergleichbaren Meßbedingungen den gemessenen Zählrohraktivitäten $Z_2$ und $Z_1$ proportional sind. Es ergibt sich:

$$x = \frac{Z_2 \cdot q \cdot m_2}{Z_1 \cdot m_1}.$$

Vergleichbare Meßbedingungen sind gegeben, wenn die Präparate unter gleichen geometrischen Bedingungen (vgl. S. 781 ff.) und in gleicher Schichtdicke gemessen werden. Die Präparate sind daher entweder mit gleicher Schichtdicke herzustellen, oder man muß darauf umrechnen. Um die angegebene Formel für den letzteren Fall benutzen zu können, wird daher zunächst eine Eichkurve (vgl. S. 786) mit der Substanz, deren spezifische Aktivität $S_1$ beträgt, aufgenommen. Dann werden die Meßpräparate der Substanz mit der spezifischen Aktivität $S_2$ hergestellt, ihre Schichtdicke bestimmt und ihre Zählrohraktivität $Z_2$ gemessen. Anschließend wird die bei derselben Schichtdicke vorhandene Zählrohraktivität $Z_1$ auf der Eichkurve abgelesen.

#### c) Radioindicatoren-Verdünnungsanalyse [1-8].

Dem HEVESY-PANETHschen Analysenverfahren steht die Radioindicatoren-Verdünnungsmethode gegenüber. Diese beruht darauf, daß die spezifische Aktivität einer radioaktiv markierten Substanz sinkt, wenn ihr dieselbe Verbindung in radioinaktiver Form zugemischt wird. Um eine solche Verdünnungsanalyse auszuführen, müssen die spezifische Aktivität einer Ausgangssubstanz und die spezifische Aktivität einer Mischung von Ausgangssubstanz und zu bestimmender verglichen werden. Es genügt dazu, einen beliebigen Bruchteil dieser Mischung chemisch und radiochemisch rein (vgl. S. 793) zu isolieren und ihn auf seine spezifische Aktivität zu untersuchen. Das Verfahen erlaubt es, quantitative Analysen zu machen, ohne daß der quantitativ zu bestimmende Stoff quantitativ abgetrennt werden muß. Es lassen sich daher Verbindungen bestimmen, die sich nicht gleichzeitig chemisch rein und quantitativ abscheiden lassen.

Es gibt drei Variationen dieses Verfahrens. Einmal lassen sich radioinaktive Verbindungen bestimmen, indem man dem Gemisch, das die quantitativ zu ermittelnde Substanz enthält, eine bekannte Menge markierter Substanz derselben Art von bekannter spezifischer Aktivität zusetzt und für ihre homogene Verteilung innerhalb des Gemenges sorgt. Anschließend wird ein beliebiger Bruchteil des Gemisches aus radioaktiver und radioinaktiver Substanz in chemisch reiner Form isoliert. Aus der relativen spezifischen Aktivität des zugesetzten Ausgangsmaterials und der des aus dem Gemenge isolierten Bruchteils läßt sich dann die unbekannte Menge $x$ des radioinaktiven Materials ausrechnen. Weist die zugesetzte Menge $a$ der markierten Verbindung eine relative Akti-

---

[1] RITTENBERG, D., and G. L. FOSTER: J. biol. Ch. 133, 737 (1940).
[2] WIELAND, T., u. W. PAUL: B. 77/79, 34 (1944/46).
[3] HEVESY, G., and E. HOFER: Nature 134, 879 (1934).
[4] RADIN, N. S.: Nucleonics 1, (Jan.), 24; (Febr.), 48; (April), 51 (1947); Nucleonics 2, (Jan.), 50 (1948).
[5] GÖTTE, H.: Angew. Chem. Erscheint demnächst.
[6] ABRAMS, R.: Arch. Biochem. 30, 44 (1951).
[7] KESTON, A. S., S. UDENFRIEND and R. K. CANNAN: Am. Soc. 68, 1390 (1946); 71, 249 (1949). — KESTON, A. S., S. UDENFRIEND and M. LEVY: Am. Soc. 69, 3151 (1947).
[8] ROPP, G. A.: Am. Soc. 72, 4459 (1950).

vität $z_1$ auf, so ergibt sich eine spezifische Aktivität $S_1 = z_1/a$. Nach Zugabe dieser Substanz zu dem Gemenge sinkt die spezifische Aktivität auf den Betrag $S_2 = \frac{z_1}{a+x}$, wobei $x$ die zu bestimmende Quantität des radioaktiven Materials bedeutet. $S_2$ läßt sich an dem aus dem Gemenge isolierten Teil $b$ ermitteln, dessen relative Aktivität $z_2$ ist. Es ist dann $S_2 = z_2/b$ und daraus ergibt sich $x = (S_1/S_2 - 1)\,a$.

Umgekehrt erlaubt es das Verdünnungsverfahren, unbekannte Mengen markierter Substanzen zu ermitteln, wenn deren relative spezifische Aktivität bekannt ist. Dazu mischt man dem Gemenge, das die zu bestimmende Substanz enthält, eine bekannte Quantität gleichen radioaktiven Materials zu und bestimmt die spezifische Aktivität des Gemisches aus radioaktiver und radioaktiver Substanz an einem beliebigen, chemisch rein isolierten Bruchteil. Das Verfahren ist also in den Fällen anwendbar, in denen es möglich ist, die relative spezifische Aktivität der quantitativ zu analysierenden Verbindung durch Messung einer kleinen Probe $p$ zu ermitteln. Es ist dann $S_1 = z_p/p = z_x/x$, wobei $z_p$ die relative Aktivität der Probe $p$ und $z_x$ die nicht bekannte relative Aktivität der unbekannten Menge im zu analysierenden Gemenge bedeutet. Wird nun eine bekannte Menge $a$ radioinaktiver Verbindungen innerhalb des Gemenges mit der markierten Verbindung homogen vermischt, so läßt sich an einem chemisch rein isolierten Bruchteil $b$ wiederum dessen relative Aktivität $z_b$ bestimmen. Dann ergibt sich $S_2 = \frac{z_x}{a+x} = \frac{z_b}{b}$ und damit $x = \frac{S_2 \cdot a}{S_1 - S_2}$.

Die Meßwerte für $S_1$ und $S_2$ bzw. die Mengen $x$ und $a$ müssen mindestens um den Faktor 10 verschieden sein, da andernfalls die durch die Statistik des radioaktiven Zerfalls bedingten Ungenauigkeiten zu groß werden.

Als dritte Variante schließlich existiert die Methode der doppelten Verdünnungsanalyse[1-4]. Sie wird dann angewendet, wenn ein Reaktions- oder Stoffwechselzwischenprodukt erfaßt werden soll, dessen spezifische Anfangsaktivität unbekannt ist. Man entnimmt 2 aliquote Teile des radioaktiven Probematerials und versetzt sie mit jeweils verschiedenen Mengen $a_1$ bzw. $a_2$ an inaktivem Material. Die sich dann ergebenden spezifischen Aktivitäten der so verdünnten Proben sind $S_1$ und $S_2$. Die unbekannte Menge $x$ der gesuchten Substanz ergibt sich aus der Gleichung:

$$x = \frac{a_2 S_2 - a_1 S_1}{S_1 - S_2}.$$

Um die Meßwerte nach den vorstehenden Formeln auswerten zu können, muß auch hier wieder darauf hingewiesen werden, daß sich bei gleicher Geometrie und Schichtdicke die Zählrohraktivitäten verhalten wie die spezifischen Aktivitäten. Für die Anwendung der Formeln gilt also bei vergleichbaren Meßbedingungen das auf S. 778, Abs. 2 ausgeführte.

### d) Ermittlung des Nutzeffekts von Zählrohren.

Zu Beginn einer Versuchsreihe empfiehlt es sich, mit dem für die Versuche vorgesehenen Radionuclid den Nutzeffekt oder Wirkungsgrad des verwendeten Zählrohres zu ermitteln. Zwischen der absoluten Aktivität und der im Zählrohr bestimmten relativen Aktivität besteht, wie S. 782 beschrieben, Proportionalität, da nur ein bestimmter, durch die Meßbedingungen gegebener Bruchteil der vom Präparat emittierten Strahlen vom Zählrohr gezählt wird. Der Nutzeffekt ist also gegeben durch den Quotienten aus Zählrohraktivität und absoluter Aktivität. Die Kenntnis dieser Größe ist wichtig, um

---

[1] BLOCH, K., and H. S. ANKER: Science, N. Y. **107**, 228 (1948).
[2] MAYOR, R. H., and C. J. COLLINS: Am. Soc. **73**, 471 (1951).
[3] CHRISTIAN, J. E., and J. J. PINAJIAN: J. amer. pharmaceut. Ass., sci. Ed. **42**, 304 (1953) [Z. analyt. Chem. **146**, 432].
[4] PINAJIAN, J. J., J. E. CHRISTIAN and W. E. WRIGHT: J. amer. pharmaceut. Ass., sci. Ed. **42**, 301 (1953) [Z. analyt. Chem. **142**, 219].

die spezifische Aktivität der für die Durchführung von Indicatorversuchen benötigten Ausgangspräparate zu berechnen.

In der Mehrzahl der Fälle dürfte es in einem Indicatorlaboratorium unmöglich sein, die absolute Aktivität der von den Reaktoren oder Cyclotrons gelieferten Präparate zu bestimmen. Man wird sich daher auf die auf den Lieferzetteln vermerkten Daten verlassen müssen und die absoluten Aktivitäten aus ihnen entnehmen.

Um den Nutzeffekt zu bestimmen, verfährt man wie folgt: Das vorhandene Präparat wird in Lösung gebracht und auf ein definiertes Volumen aufgefüllt. Sodann wird mit einer Mikropipette ein aliquoter Teil, der etwa 0,1 $\mu$C enthalten soll, abgenommen. Ist es, bei zu hoher volumenspezifischer Aktivität der Lösung, nicht möglich, eine derartige Menge abzupipettieren, so wird diese erste Abfüllung erneut verdünnt und erst von dieser Verdünnung ein Volumen abgenommen, das 0,1 $\mu$C entspricht. Der zweiten Verdünnung ist Trägersubstanz zuzusetzen (vgl. S. 879) und die zum Abpipettieren der ursprünglichen Lösung verwendete Pipette ist entsprechend S. 879 vorzubehandeln.

Die ungefähr 0,1 $\mu$C entsprechende Radioaktivität wird anschließend in die Form übergeführt, in der die Präparate der geplanten Versuchsreihe gemessen werden sollen. Wenn die Trägermenge nicht ausreicht, wird weiterer Träger zugesetzt, so daß sich bei weichen $\beta$-Strahlern und reinen $\gamma$-Strahlern 2—5 Präparate von je etwa $2 \cdot 10^{-2} - 5 \cdot 10^{-2}$ $\mu$C und bei Nucliden, die harte $\gamma$-Teilchen emittieren, 10 Präparate mit je $10^{-2}$ $\mu$C gewinnen lassen. Man stellt dann einige Präparate aus entsprechenden aliquoten Teilen her und zählt sie aus. Die sich ergebende Zählrohraktivität wird durch die im einzelnen Präparat vorhandene absolute Aktivität dividiert, um so den Nutzeffekt zu berechnen.

Die so gewonnenen Präparate können als Standardaktivitäten dienen.

*Beispiel:* Es liegt ein Präparat von 100 mC praktisch trägerfreiem $^{131}$J in 10 cm³ vor. Mit Hilfe einer geeichten Mikropipette, die zuvor mit konz. Kaliumjodidlösung behandelt wurde (vgl. S. 879), werden 10 mm³, d. h. 100 $\mu$C abpipettiert und zu 1 Liter Kaliumjodidlösung (1 mg Jod je Kubikzentimeter) gegeben. Die Lösungen werden gut vermischt. 1 cm³ der Verdünnung enthält $10^{-1}$ $\mu$C entsprechend 220000 Zerfällen/min. Die so erhaltene Lösung verdünnt man auf das 100fache, entnimmt 10 cm³ der Verdünnung, mißt sie im Flüssigkeitszählrohr und bestimmt den oben genannten Quotienten. Will man im Glockenzählrohr messen, so wird je nach der Schichtdicke, in der man die Versuchspräparate auszählen will, eine den in Aussicht genommenen Meßpräparaten entsprechende Menge Lösung abpipettiert und nach Zugabe der benötigten Menge Trägerjodid das Jod als Silberjodid gefällt, abfiltriert und gemessen (vgl. S. 791). Der Wirkungsgrad des Zählrohrs ergibt sich wieder aus der Zählrohraktivität und der im Präparat vorhandenen absoluten Aktivität.

Wenn die spezifische Aktivität der zur Verfügung stehenden Präparate gering ist, wird es stets möglich sein, mit nur einer Verdünnung zu arbeiten, der dann auch kein Träger zugesetzt zu werden braucht. Trägerzusatz ist dann nur für die Herstellung der zu messenden Präparate nötig.

### e) Berechnung der spezifischen Aktivität von für Indicatorversuche vorgesehenen Präparaten.

Der so ermittelte Wirkungsgrad erlaubt es zu berechnen, wie groß die spezifische Aktivität der Ausgangspräparate für einen Indicatorversuch sein muß.

*Beispiel:* Es soll nachgewiesen werden, wieviel Phosphat nach einer Knochenfraktur in der Zeiteinheit im Callus abgelagert wird. Es wird gefordert, daß noch $10^{-2}$ $\gamma$ erfaßt werden können. Das bedeutet, daß $10^{-2}$ $\gamma$ des markierten Phosphats nach Abzug des Nulleffekts noch eine Zählrohraktivität in der Größe des Nulleffekts ergeben müssen. Wird in einem Flüssigkeitszählrohr gemessen, so beträgt diese Aktivität etwa 30 Impulse/min. In einem guten Zählrohr dieser Art läßt sich der $^{32}$P mit einem Wirkungsgrad von etwa 15% nachweisen. 30 Impulse/min entsprechen demnach 200 Zerfällen/min, d. h. etwa $10^{-7}$ mC. Auf $10^{-2}$ $\gamma$ markierter Substanz kommen demnach $10^{-7}$ mC, so daß sich die spezifische Aktivität der Ausgangssubstanz zu $10^{-2}$ mC/mg Phosphat ergibt.

Unter Ausgangssubstanz ist hierbei die Phosphatmenge zu verstehen, die im Organismus zum Aufbau des Callus beiträgt. Das zu injizierende Phosphat muß also, wegen des bereits vorliegenden inaktiven, eine viel höhere spezifische Aktivität aufweisen. Seine Gesamtaktivität errechnet sich aus der im Organismus vorhandenen gelösten Phosphatmenge $a$ mg multipliziert mit der spezifischen Aktivität $10^{-2}$ mC/mg.

Beabsichtigt man im Fensterzählrohr zu messen, bei dem 20 Impulse/min bei einem angenommenen Wirkungsgrad von etwa 10% noch nachweisbar sein sollen, so errechnet sich genau so, daß auch hier die gleiche spezifische Aktivität der Ausgangssubstanz verwendet werden kann, wenn der gesamte, aus dem veraschten Callus stammende Phosphor einschließlich eventuell hinzugefügtem Träger als Magnesiumpyrophosphat oder Ammoniumphosphormolybdat nicht mehr als 200 mg Substanz ergibt. Mehr läßt sich unter einem Glockenzählrohr nicht messen. Fällt jedoch mehr Phosphat aus der Veraschungslösung an, so muß ein aliquoter Teil gemessen werden, der entsprechend weniger von dem radioaktiven Phosphat enthält, wodurch die Zählrohraktivität unter die geforderte Grenze von 20 Impulsen/min sinkt. In derartigen Fällen muß also die spezifische Aktivität der Ausgangsmaterialien um den reziproken Wert des vom Gesamtphosphat gemessenen Wertes größer werden. Die Menge des anfallenden Gesamtphosphats ist zuvor im Blindversuch festzustellen.

### f) Die Abfallskorrektur.

Viele der verwendeten Radioindicatoren haben so kleine Halbwertszeiten, daß bereits während der Dauer des Versuchs ein merkbarer Abfall der Aktivität auftritt. Will man die im Laufe der Untersuchung gewonnenen Präparate miteinander vergleichen, so muß dieser Abfall korrigiert werden, indem man die gemessenen Aktivitätswerte auf einen festgelegten Zeitpunkt umrechnet. Die Wahl des Bezugspunktes steht frei. Im allgemeinen wird man die Zeit zu Beginn des Versuches dafür nehmen. Das gilt für kurzlebige Indicatoren. Bei langlebigen kann man ebensogut den Zeitpunkt nehmen, an dem das von der Lieferstelle gelieferte Präparat dort gemessen wurde.

Die Umrechnung läßt sich auf zwei Wegen durchführen. Man kann einmal ein Meßpräparat von etwa $10^{-5}$ mC aus einem aliquoten Teil des vorliegenden Ausgangsmaterials herstellen, das ebenso beschaffen sein muß wie die Meßpräparate des Versuchs (vgl. S. 787 ff.). Dieses Standardpräparat wird zur festgelegten Zeit Null, z. B. dem Beginn der Versuchsreihe, gemessen. Der ermittelte Anfangswert $St_0$ bei bekannter spezifischer Aktivität des Ausgangsmaterials gibt gleichzeitig den Nutzeffekt des Zählrohres an (vgl. S. 779). Zu späterer Zeit $t$ gemessene Aktivitäten der anfallenden Versuchspräparate werden, um die Abfallskorrektur durchzuführen, mit dem Verhältnis $St_0/St_t$ multipliziert, wobei $St_t$ für den zur Zeit $t$ gemessenen Wert des Standardpräparates steht. Diese Methode der Abfallskorrektur muß angewendet werden, wenn der Radioindicator aus einem Gemisch verschiedener Radionuklide besteht, wie das z. B. bei Verwendung von Radioeisen (vgl. S. 855) der Fall ist, oder bei einem Gemisch verschiedener Zinnisotope, da hier die empirische Methode einfacher ist als die graphische oder rechnerische.

Ein weiteres Verfahren, das jedoch nur bei reinen, nicht durch andersartige Aktivitäten verunreinigten Radionukliden angewendet werden kann, arbeitet graphisch. Man verwendet dazu Papier, dessen Ordinate logarithmisch und dessen Abszisse metrisch geteilt ist. Auf letztere wird die Zeit aufgetragen. Die Einheiten werden so gewählt, daß 3—5 Halbwertszeiten auf dem verwendeten Papier aufgetragen werden können. Dann ordnet man die Ordinatenwerte 100% und 50% der Zeit Null und der Halbwertszeit des verwendeten Radionuklids zu und zieht durch die beiden so gegebenen Punkte eine Gerade. Auf ihr läßt sich zu jeder beliebigen Zeit der Prozentsatz der noch vorhandenen Radioaktivität des Radionuklids ablesen. Die Korrektur der zu einer beliebigen Zeit $t$ gemessenen Versuchspräparate erfolgt so, daß man die ausgezählten Aktivitäten mit dem reziproken Wert des zu dieser Zeit an Hand der Geraden ermittelten Prozentsatzes multipliziert. Schließlich kann die Abfallskorrektur bei Gebrauch reiner Radionuklide auch rein rechnerisch vorgenommen werden, indem man die Gleichung $A_t = A_0 e^{-\frac{0{,}693\,t}{T_{1/2}}}$ benutzt. In ihr bedeuten $A_0$ und $A_t$ die Aktivitäten zur Zeit Null und $t$. $T_{1/2}$ steht für die Halbwertszeit des verwendeten Radionuklids.

## 2. Voraussetzungen für den Vergleich von mit dem GEIGER-MÜLLER-Zählrohr gemessenen Aktivitäten.

Bei der Messung radioaktiver Substanzen mit dem GEIGER-MÜLLER-Zählrohr werden nun nicht alle Zerfälle erfaßt, da nur ein Teil der vom Präparat emittierten Teilchen in die Nachweisgeräte gelangt. Zwischen absoluter und gemessener relativer Aktivität besteht jedoch Proportionalität, die von einer Reihe veränderlicher Größen abhängt. Diese ergeben sich bei Messungen mit dem $\beta$-Zählrohr aus

a) der Energie der zu messenden Strahlung,
b) der Empfindlichkeit des Zählrohrs,
c) der Absorption in der Zählrohrwand,
d) der Geometrie der Meßanordnung,
e) der Streuung und
f) der Absorption im Präparat.

Um brauchbare Ergebnisse bei Vergleichsmessungen zu erzielen, muß für Konstanz *aller* angeführten Faktoren gesorgt werden[2,5]. Grundsätzlich gilt daher für alle Messungen radioaktiver Präparate das Folgende:

a) Einmal dürfen nur Präparate desselben Radioisotops verglichen werden. So ist z. B. der Vergleich zweier Kupferpräparate, die gleiche absolute Aktivitäten von $^{60}$Cu und $^{64}$Cu enthalten, nicht zulässig, da beide infolge der Energiedifferenz der von ihnen ausgesandten Strahlen trotz sonst gleicher Bedingungen verschiedene Impulszahlen ergeben.

b) und c). Zum anderen ist es praktisch unmöglich, Zählrohre anzufertigen, die sich in ihren Zähleigenschaften völlig gleichen. Selbst bei gleicher Dicke und Beschaffenheit der Zählrohrfensterfolien, die in den seltensten Fällen gegeben ist, unterscheiden sich alle Zählrohre stets etwas in der Größe des für den Zählvorgang empfindlichen Volumens. Unter dem empfindlichen Volumen versteht man denjenigen Raumbereich des Gesamtvolumens, in dem das durch die angelegte Spannung erzeugte elektrische Feld ausreicht, um einem eintretenden Elektron genügend Energie zur Auslösung eines Zählstoßes zuzuführen. Um zu brauchbaren Vergleichswerten bei Aktivitätsmessungen zu kommen, ist es am besten, alle Messungen mit demselben Zählrohr vorzunehmen. Läßt es sich jedoch nicht umgehen, z. B. wenn das bisher benutzte Zählrohr ausfällt, mit zwei Zählrohren zu messen, dann müssen die Meßergebnisse der untersuchten Präparate mit Hilfe der jeweils erhaltenen Zählwerte eines unter beiden Zählern gemessenen Standardpräparates korrigiert werden.

Es seien z. B. der bisher unter dem ausgefallenen Zählrohr 1 gemessene Standardwert $St_1$, die nicht mehr zu bestimmende, aber zu errechnende Zählrohraktivität des untersuchten Präparates $A_1$, der Standardwert am Zählrohr 2 $St_2$ und die Zählrohraktivität des Präparates am gleichen Zählrohr $A_2$. Dann ist

$$St_1/St_2 = A_1/A_2.$$

d) Die registrierte Impulszahl wird ferner stark beeinflußt durch die *geometrische Anordnung* von Zählrohr und Präparat[1-5]. Die Flächen des Präparates, sein Abstand vom Zählrohr und die Größe des Zählrohrfensters müssen daher bei allen Vergleichsmessungen konstant gehalten werden.

e) Treffen die von einem radioaktiven Nuclid ausgesandten Teilchen oder Quanten auf die umgebende Materie, so werden dort *Sekundärelektronen* frei, die, wenn sie in das Nachweisgerät gelangen, dort ebenfalls registriert werden. In gleicher Weise werden Primärelektronen nachgewiesen, die durch elastische Streuung reflektiert werden. Die so veränderte Strahlung kann die Materie, in der sie ausgelöst wird, in den verschiedensten Richtungen, unter anderem auch entgegen der Einfallsrichtung, verlassen. Dieser als Streuung bzw. Rückstreuung[6] bezeichnete Effekt nimmt einmal mit wachsender $\beta$-Maximalenergie,

---

[1] YAFFE, L., and K. M. JUSTUS: Soc. 1949, Suppl. 341.
[2] CHRISTIAN, D., W. W. DUNNING and D. S. MARTIN jr.: Nucleonics 10, (May), 41 (1952).
[3] PUTMAN, J. L.: Brit. J. Radiol. 20, 190 (1947).
[4] COOK, G. B., J. F. DUNCAN and M. A. HEWITT: Nucleonics 8, (Jan.), 24 (1951).
[5] COOK, G. B., and J. F. DUNCAN: Soc. 1949, Suppl. 369.
[6] BURTT, B. P.: Nucleonics 5, (Aug.), 28 (1949).

zum andern mit steigender Kernladungszahl und Menge des Materials, an dem die Streuung erfolgt, zu (Abb. 1). Zur „umgebenden Materie" eines radioaktiven Nuclids gehören außer dem Präparat selbst und dem Präparatenhalter auch noch die Zählrohrhalterung und die Abschirmung. Daher muß man beim Vergleich von Aktivitäten darauf achten, daß die einzelnen Teile der Umgebung des Präparats jeweils aus dem gleichen Stoff bestehen und in der gleichen geometrischen Form vorliegen. Zur Vermeidung einer zu starken Streuung erweist es sich als günstig, wenn die hauptsächlich zur Streuung beitragende Präparatenunterlage keine Atome sehr hoher Kernladungszahl aufweist. Gut geeignet für diesen Zweck sind Stoffe, die nur Elemente mit verhältnismäßig niedrigen Kernladungszahlen enthalten, wie Aluminium, Glas, Quarz und Kunststoff.

Bei sehr dünnen Präparatschichten besteht eine funktionelle Abhängigkeit von Streuung und Schichtdicke[1], d. h. mit zunehmender Schichtdicke wird infolge der ebenfalls

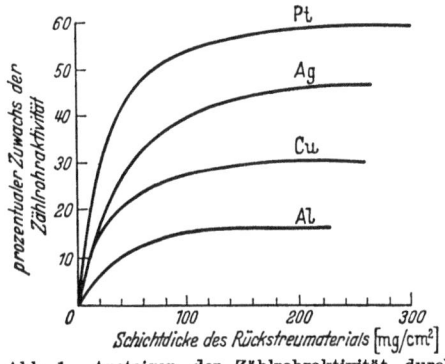

Abb. 1. Ansteigen der Zählrohraktivität durch Rückstreuung als Funktion der Schichtdicke verschiedener Metalle.

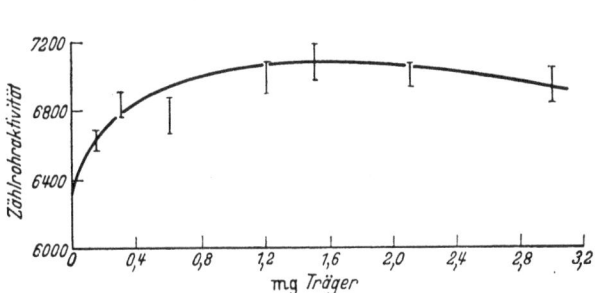

Abb. 2. Anwachsen der Zählrohraktivität bei Zusatz von Träger $(^{90}Y, Y)_2(SO_4)_3$ [1].

stärker werdenden Streuung eine größere Aktivität registriert, als der tatsächlichen Zunahme an aktivem Material entspricht (Abb. 2).

f) Eine wesentliche Rolle spielt bei der Messung markierter Verbindungen, besonders bei schwachen $\beta$-Strahlern wie $^{14}C$ und $^{35}S$, die *Selbstabsorption*. Die tatsächlich vorhandene Aktivität wird dadurch geschwächt, daß die im Inneren eines Präparates ausgesandten Strahlen durch die darüber liegenden Präparatenschichten teilweise oder ganz absorbiert werden. Bei dünnen Schichten ist dieser Effekt jedoch nicht zu beobachten, hier herrscht noch eine von der Energie der $\beta$-Strahlen abhängige Proportionalität zwischen der Menge der eingewogenen Substanz und der gemessenen Aktivität. Dies gilt selbstverständlich nur dann, wenn alle vorstehend erwähnten Voraussetzungen für Vergleichsmessungen erfüllt sind, eine chemisch einheitlich markierte Verbindung vorliegt und der bei sehr dünnen Schichten auftretende Streueffekt vernachlässigt werden kann. Dieser tritt bei energiearmen $\beta$-Strahlen nicht sehr in Erscheinung, da die Erhöhung der Zählrohraktivität durch Streuung durch die auftretende Selbstabsorption wieder kompensiert wird. In einzelnen Fällen läßt sich der Streueffekt als Abweichung von der Proportionalität bei geringen Schichtdicken indessen beobachten[2].

Die graphische Darstellung der Abhängigkeit der beobachtbaren Aktivität von der Schichtdicke (in mg/cm²) bei $Ba^{14}CO_3$ und $^{45}CaCO_3$ zeigt deutlich, daß bei stärker anwachsender Schichtdicke die Aktivität nicht mehr proportional mit der Schichtdicke zunimmt (Abb. 3). Die Selbstabsorption macht sich immer deutlicher bemerkbar, bis bei weiterer Zunahme der Einwaage schließlich eine Schichtdicke vorliegt, bei der die gemessene Aktivität einen konstanten Wert erreicht. Die Höhe der Schicht ist dann größer geworden als die Reichweite der $\beta$-Strahlen maximaler Energie des benutzten Nuclids, und die von den unteren Schichten ausgesandten Strahlen werden restlos von den darüberliegenden absorbiert.

---
[1] FREEDMAN, A. J., and D. N. HUME: Science, N. Y. **112**, 461 (1950).
[2] SCHWEITZER, G. K., and B. R. STEIN: Nucleonics **7**, (Sept.), 65 (1950).

Eine über diese Schichtdicke hinausgehende Präparatmenge bedingt keine Zunahme an beobachtbarer Aktivität. Man befindet sich im Bereich der maximal beobachtbaren Aktivität bei „unendlicher Schichtdicke".

Die Gestalt der Kurve wird von verschiedenen Faktoren beeinflußt, von denen die Maximalenergie der $\beta$-Strahlen des Nuclids die größte Rolle spielt. Ferner machen sich bemerkbar: die Selbstabsorptionseigenschaften des zur Messung bestimmten Materials, die Streuung, sowie die Geometrie der Zählanordnung und die Dicke des Zählrohrfensters. Einen konstanten Aktivitätswert für die „unendliche Schichtdicke" erhält man allerdings nur bei der Messung reiner $\beta$-Strahler. Werden außerdem noch $\gamma$-Quanten ausgesandt, steigt die Aktivität geringfügig weiter.

Es muß hervorgehoben werden, daß Substanzen gleicher absoluter grammspezifischer Aktivität sehr unterschiedliche Zählrohraktivitäten aufweisen können, wenn ihre die Streuung und Selbstabsorption beeinflussenden Eigenschaften sehr verschieden sind. Jedoch ist es schwer, über die Richtung dieser Abweichung auf Grund des Molekulargewichtes oder der Dichte Aussagen zu machen. In einzelnen Fällen, wie z. B. bei $Ba^{14}CO_3$ und $Ca^{14}CO_3$, scheinen Selbstabsorption und Streuung nur geringen Einfluß zu haben bzw. sich teilweise gegenseitig aufzuheben[1]. Denn es erweisen sich in diesem Falle die Zählrohraktivitäten von Präparaten gleicher molspezifischer Aktivität, gemessen in unendlicher Schichtdicke, umgerechnet auf gleiche grammspezifische Aktivität, annähernd gleich. Spielen diese Faktoren jedoch eine Rolle, wie dies z. B. bei $Ba^{35}SO_4$, $Pb^{35}SO_4$ und $^{35}S$-Benzidinsulfat der Fall ist, so unterscheiden sich diese Größen beträchtlich. Abb. 4 zeigt die Abhängigkeit zwischen Schichtdicke und gemessener Zählrohraktivität bei gleicher molspezifischer Aktivität der drei Verbindungen, während Abb. 5 den Zusammenhang derselben Größen für gleiche grammspezifische Aktivität bei im übrigen vergleichbaren Meßbedingungen erkennen läßt.

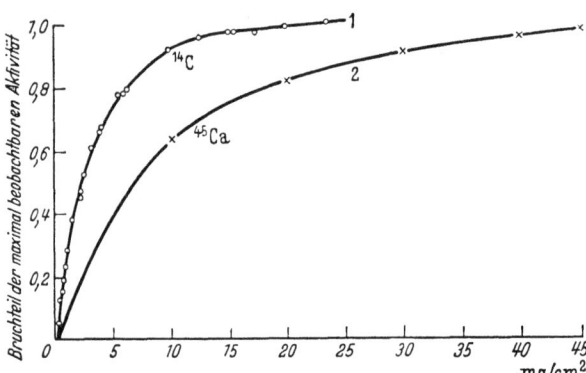

Abb. 3. Abhängigkeit der beobachtbaren Zählrohraktivität von der Schichtdicke für $Ba^{14}CO_3$ und $^{14}CaCO_3$ jeweils einheitlicher spezifischer Aktivität.

Für die Messung radioaktiver Verbindungen unter Berücksichtigung der *Selbstabsorption* sind vier Methoden anwendbar:

1. Messung von Präparaten gleicher Schichtdicken, bei denen die Schwächung der Aktivität in allen Fällen konstant bleibt.

2. Bestimmung der „maximal beobachtbaren Aktivität" in „unendlicher Schichtdicke". Die Aktivitäten sind hier unabhängig von den Einwaagen und verhalten sich wie die absoluten spezifischen Aktivitäten der zu untersuchenden Präparate.

3. Untersuchung von Präparaten, deren Schichtdicken so gering sind, daß sie noch im geradlinigen Teil der Selbstabsorptionskurve liegen.

4. Korrektur der durch die Selbstabsorption beeinflußten Meßwerte von Präparaten, die in beliebiger Schichtdicke hergestellt werden, an Hand einer Eichkurve.

Zu den einzelnen Methoden ist folgendes zu bemerken: Gleiche Schichtdicken lassen sich z. B. bei Metallen durch Elektrolyse[2-4] herstellen. Auch durch Sedimentation oder Filtration lassen sich Präparate mit reproduzierbarer Schichtdicke gewinnen, wenn es möglich ist, aus aliquoten Teilen einer die zu messende Radioaktivität enthaltenden

---

[1] BEAMER, W. H., and G. J. ATCHISON: Analyt. Chem., Washington **22**, 303 (1950).
[2] DUNN, R. W.: The preparation of thin films of radioactive elements. In SIRI, W. E.: Isotopic Tracers and Nuclear Radiation. S. 37. New York 1949.
[3] HAHN, P. F.: Industr. engng. Chem., analyt. Ed. **17**, 45 (1945).
[4] COMAR, C. L.: Nucleonics **3** (Sept.), 32; (Oct.) 30; (Nov.) 34 (1948).

Lösung gleiche Mengen Meßsubstanz niederzuschlagen und die erhaltenen Fällungen anschließend quantitativ so zu filtrieren bzw. zu sedimentieren, daß Niederschlag oder Sediment direkt auf ihrer Unterlage gewogen und gemessen werden können (vgl. S. 787 ff.). Die Methode ist ungeeignet, wenn es notwendig ist, aus einem bereits vorliegenden Niederschlag Präparate herzustellen, denn dann ist es sehr umständlich und schwierig, gleichmäßige Einwaagen bzw. Schichtdicken zu erzielen.

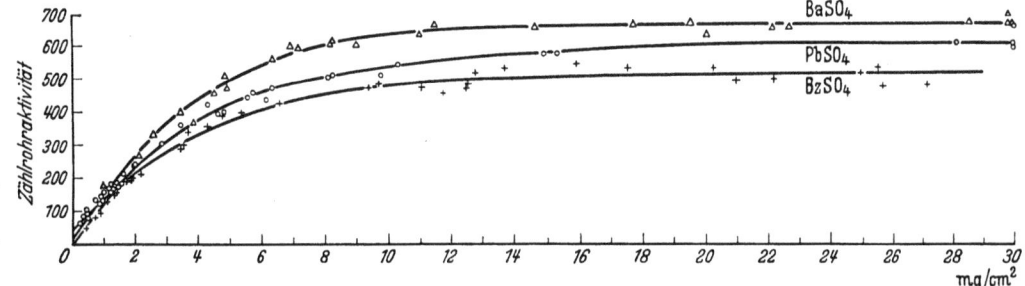

Abb. 4. Abhängigkeit zwischen gemessener Zählrohraktivität und Schichtdicke der gemessenen Substanz für Ba³⁵SO₄, Pb³⁵SO₄ und ³⁵S-Benzidinsulfat gleicher absoluter molspezifischer Aktivität.

Die Ermittlung der relativen Aktivitäten energiearmer β-Strahler erfolgt am leichtesten durch Messen von Präparaten „unendlicher Schichtdicke". Nachteilig für dieses Verfahren ist in manchen Fällen der hohe Substanzbedarf für die einzelne Messung (100—300 mg). Auch lassen sich so Präparate sehr hoher spezifischer Aktivität nicht messen, weil Zählrohraktivitäten von über 30000 Impulsen/min nicht mehr gemessen

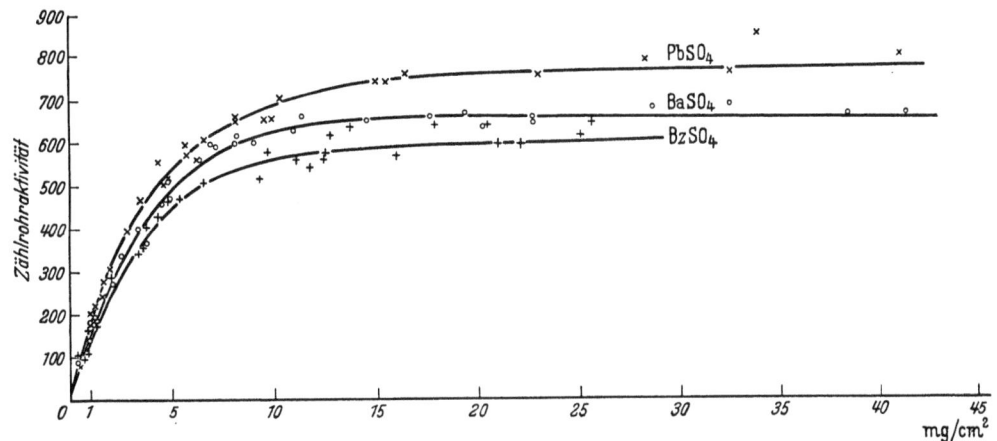

Abb. 5. Abhängigkeit zwischen gemessener Zählrohraktivität und Schichtdicke der gemessenen Substanz für Ba³⁵SO₄, Pb³⁵SO₄ und ³⁵S-Benzidinsulfat gleicher absoluter grammspezifischer Aktivität.

werden können. In derartigen Fällen muß man entweder die spezifische Aktivität durch homogene Vermischung mit inaktivem Material (durch gemeinsames Ausfällen aus einer Lösung, nicht durch mechanisches Vermengen, das niemals Homogenität garantiert) die spezifische Aktivität herabsetzen[1] oder zum dritten Verfahren greifen.

Diese dritte Methode eignet sich in erster Linie zur Untersuchung von harten β-Strahlern, da bei einer β-Maximalenergie von z. B. 1 MeV und einer Schichtdicke von 10 mg/cm² nur eine Schwächung von 8% durch Selbstabsorption eintritt. Man kann somit feste Präparate, die in etwa gleicher Einwaage in einem Schichtdickenbereich von 1—10 mg/cm² gemessen werden, direkt vergleichen.

Bei der Messung weicher β-Strahler bereitet allerdings die Herstellung der erforderlichen dünnen Schichten wegen des sehr kleinen Proportionalitätsbereiches ihrer Selbstabsorptionskurve einige Schwierigkeiten. Außerdem ist von Nachteil, daß Substanzen

---

[1] COMAR, C. L.: Nucleonics 3 (Sept.), 32; (Oct.), 30; (Nov.), 34 (1948).

geringer spezifischer Aktivität infolge der kleinen Einwaagen lange Meßzeiten erfordern. Dagegen eignet sich aus dem gleichen Grund dieses Verfahren zur Messung von Substanzen höherer spezifischer Aktivität.

Das vierte Verfahren erscheint kompliziert, weil die Aufnahme einer Selbstabsorptionskurve zur Eichung notwendig ist. Es bietet aber den wesentlichen Vorteil, daß sich Präparate verschiedener Schichtdicken vergleichen lassen.

Für die bei dieser Meßmethode erforderliche Korrektur muß die Abhängigkeit der beobachtbaren Aktivität von der Schichtdicke des zu messenden Präparates bestimmt werden. Man trägt dazu die Zählrohraktivität eines Präparates einheitlicher spezifischer Aktivität als Funktion der Schichtdicke auf (vgl. Abb. 3, 4 und 5), wobei es zweckmäßig ist, den geradlinigen Teil der Kurve unter einer Neigung von 45° zu zeichnen, da sich dann die Streuung der Meßpunkte am deutlichsten erkennen läßt.

Für den Vergleich von bei verschiedenen Schichtdicken gemessenen Aktivitäten gibt es dann zwei Möglichkeiten:

a) Man rechnet alle bei verschiedenen Schichtdicken bestimmten Aktivitätswerte der zu prüfenden Substanzen mit Hilfe der Eichkurve auf „unendliche Schichtdicke" um. Dazu müssen die Meßwerte mit dem aus der Eichkurve bestimmten Faktor

$$F = \frac{A}{A_x}$$

multipliziert werden, wobei $A$ = Meßwert bei „unendlicher Schichtdicke", $A_x$ = Meßwert bei der Schichtdicke $x$ bedeutet (vgl. Abb. 4 und 5).

Ebensogut kann die „maximal beobachtbare Aktivität" gleich 1 gesetzt werden, um dann mit dem bei beliebiger Schichtdicke erhaltenen Bruchteil dieses Wertes die gemessene Aktivität auf „maximal beobachtbare" umzurechnen (vgl. Abb. 3).

b) In gleicher Weise kann auch auf „unendlich dünne Schicht" und „maximal beobachtbare spezifische Aktivität" bezogen werden. Zu diesem Zweck errechnet man aus der Originaleichkurve den Quotienten

$$S_x = \frac{A_x}{x}.$$

$S_x$ wird in Abhängigkeit von der Schichtdicke $x$ in einem Diagramm aufgetragen. Die Extrapolation dieser Kurve auf die Schichtdicke 0 ergibt dann die Größe $S_0$, d. h. die der direkten Messung nicht zugängliche relative Aktivität je Schichtdickeneinheit der Eichsubstanz bei „unendlich dünner Schicht". Aus ihr läßt sich durch Multiplikation mit der Fläche des Meßpräparates die „maximal beobachtbare spezifische Aktivität" errechnen.

Bei den zu messenden Substanzen muß nun die maximal beobachtbare spezifische Aktivität aus den bei beliebigen Schichtdicken gemessenen Aktivitäten errechnet werden. Dies geschieht mit Hilfe eines für jede dieser Schichtdicken aus dem oben genannten Diagramm zu bestimmenden Selbstabsorptionsfaktors

$$I_k = \frac{S_x}{S_0} = \frac{A_x}{S_0 \cdot x}.$$

Der *Selbstabsorptionsfaktor* gibt den Bruchteil der maximal beobachtbaren spezifischen Aktivität bei der jeweils vorliegenden Schichtdicke an. Zur maximal beobachtbaren spezifischen Aktivität des Versuchspräparates kommt man, wenn die bei beliebiger Schichtdicke gemessene Aktivität mit dem bei dieser Schichtdicke geltenden reziproken Selbstabsorptionsfaktor multipliziert wird.

Eine zweite Möglichkeit zur Bestimmung von $I_k$ ergibt sich aus dem Anstieg der an den Anfang der Selbstabsorptionskurve gelegten Tangente. Diese zeigt die Abhängigkeit von Aktivität und Einwaage ohne den Einfluß der Selbstabsorption. Dividiert man eine auf der Tangente abgelesene Aktivität $A_c$ durch die dazugehörige Schichtdicke $x$, so ergibt sich ebenfalls der oben erwähnte Quotient

$$S_0 = \frac{A_c}{x} = \text{konst},$$

d. h. die spezifische Aktivität der Schichtdickeneinheit. Aus

$$\frac{S_x}{S_0} = \frac{A_x}{A_c} = \frac{A_x}{S_0 \cdot x} = I_k$$

ergibt sich dann der Selbstabsorptionsfaktor. In Abb. 6 ist der Verlauf von $I_k$ in Abhängigkeit von der Schichtdicke $x$ für $Ba^{14}CO_3$ dargestellt.

Um $I_k$ für dünne Schichten bestimmen zu können, muß der erste Teil der Selbstabsorptionskurve sehr sorgfältig gemessen werden.

Die Schwierigkeit bei der Herstellung von sehr gleichmäßigen Präparaten dünner Schichten sowie die dabei auftretende Streuung der Meßwerte beeinflussen Messung und Kurvenverlauf. Daher wird der extrapolierte Kurventeil ungenau, und die Extrapolation der Eichkurve auf die Schichtdicke 0 führt in manchen Fällen infolge der durch den Streueffekt zusätzlich gelieferten Aktivität zu einem von 0 merklich verschiedenen Aktivitätswert, der wiederum einen zu hohen Wert für $I_k$ bei der Schichtdicke 0 ergibt.

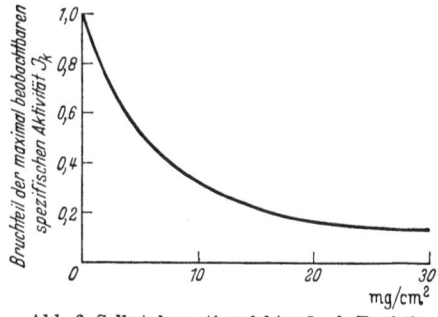

Abb. 6. Selbstabsorptionsfaktor $I_k$ als Funktion der Schichtdicke für $Ba^{14}CO_3$.

Um diesen Fehler zu vermeiden, wählt man hier zweckmäßig innerhalb des Bereiches noch einwandfreier Meßpunkte eine beliebige Schichtdicke, z. B. beim $Ba^{14}CO_3$ 1 mg/cm² [1].

Einen zusammenfassenden Bericht über die rechnerische Behandlung der Selbstabsorptionskorrektur geben SCHWEITZER und STEIN [2].

## 3. Die Messung radioaktiver Substanzen in fester Phase und die Herstellung der erforderlichen Präparate.

### a) Die Gewinnung geeigneter Meßpräparate durch Einengen von Lösungen.

Radioaktive Messungen fester Präparate sind nur dann vergleichbar, wenn die zu untersuchenden Substanzen einheitlich präpariert sind, d. h. in bezug auf Schichtdicke, Oberfläche und Geometrie reproduzierbar hergestellt werden können. In der Praxis verfährt man dabei nach folgenden zwei Methoden:

Einmal gewinnt man die zu messende Verbindung durch Eindampfen als Rückstand aus ihrer Lösung, zum anderen kann man das Meßpräparat aus einer Suspension der Untersuchungssubstanz durch Verdunsten des Suspensionsmittels oder durch Filtration erhalten.

Welche Methode im Einzelfall anzuwenden ist, entscheiden Form und Beschaffenheit der zur Verfügung stehenden Substanz, Art und Stärke ihrer Radioaktivität und die verlangte Genauigkeit der Aktivitätsmessung.

Liegen z. B. mit $^{14}C$ markierte organische Verbindungen zur Untersuchung vor, von denen genau definierte und besonders dünne Schichten von weniger als 1 mg/cm² gemessen werden sollen, dann gewinnt man das Meßpräparat am besten durch Eindampfen aus seiner Lösung. Dabei sind solche organischen Lösungsmittel zu bevorzugen, in denen die markierte Substanz gut löslich ist, weil dann die Auskrystallisation erst unmittelbar vor dem Ende des Verdampfens einsetzt. Dadurch wird eine gleichmäßige Verteilung des Präparates über die ganze Fläche hin erreicht.

---
[1] KOHMAN, T. P.: Analyt. Chem., Washington **21**, 352 (1949).
[2] SCHWEITZER, G. K., and B. R. STEIN: Nucleonics **7**, (Sept.), 65 (1950).

Als Präparatenunterlage finden unter anderem Plättchen aus Aluminium oder Glas Verwendung, auf denen die das Präparat aufnehmende Fläche von einer scharfen Rille mit senkrechtem Rand begrenzt wird, deren Kante verhindert, daß die Flüssigkeit sich weiter ausbreitet. Beim Eindampfen wäßriger Lösungen läßt sich ein besseres Ausbreiten der Flüssigkeit innerhalb der von der Rille begrenzten Fläche und damit eine gleichmäßigere Verteilung der aufgetragenen Aktivitäten dadurch erzielen, daß auf den Schälchen vor der Benutzung eine rauhe Oberfläche erzeugt wird. Zu diesem Zweck werden Aluminiumgeräte mit verdünnter Salzsäure angeätzt, während Glasgefäße kurze Zeit mit Glasätztinte behandelt werden. Derartig präparierte Geräte eignen sich jedoch nicht für das Verdampfen von organischen Lösungsmitteln geringer Oberflächenspannung wie Alkohol oder Äther, da sich dann die Flüssigkeit zu schnell auseinanderzieht und der Niederschlag sich nicht gleichmäßig verteilt.

Sehr zweckmäßig für die Herstellung dünner homogener Schichten ist die Verwendung eines geheizten, drehbaren Tischchens[1], auf dem der Präparatenhalter angebracht ist. Der Tisch wird gedreht und die abgemessene Lösung mit einer Pipette in die Mitte des Schälchens aufgegeben und verteilt, während gleichzeitig ein trockener Luftstrom darüber geleitet wird.

Lösungen schlecht krystallisierender und capillaraktiver Substanzen, wie z. B. Fette und Seifen, die wegen ihrer geringen Oberflächenspannung beim Eindampfen leicht am Rand der Schälchen hochkriechen, werden am besten von Lösch- oder Filtrierpapier aufgesaugt[2]. Das Papier wird auf eine geheizte Platte gelegt und aus einer Pipette die Lösung tropfenweise in dem Maße zugegeben, wie sie verdampft. Nach dem Trocknen ist das Präparat zur Messung fertig.

Man kann auch so arbeiten, daß die zur Messung bestimmte Lösung als möglichst großer Tropfen etwas ausgebreitet auf die Mitte des Präparatenhalters gebracht wird, um anschließend die Flüssigkeit durch ein von oben aufgelegtes Filtrierpapier aufsaugen zu lassen. Ein Zusatz von etwas Kollodium zur Lösung soll beim anschließenden Trocknen im Trockenschrank durch Ankleben an den Boden das Zusammenrollen des Papiers verhindern[3]. Dieser Zusatz ist jedoch beim Trocknen im Vakuumexsiccator nicht nötig, da hier keine so starke Neigung zum Zusammenrollen besteht wie beim Trocknen an der Luft.

Auch bei diesen Präparaten ergeben sich nur bei gleichmäßiger Verteilung im aufsaugenden Papier gut auswertbare Resultate. Alle papierchromatographischen Effekte, bei denen sich die Substanz im Mittelpunkt oder am Rande anreichern kann, müssen vermieden werden, um reproduzierbare geometrische Verhältnisse und optimale Meßbedingungen zu sichern. Durch einen Vorversuch mit Hilfe der Autoradiographie (S. 734ff.) kann man die gleichmäßige Verteilung der Aktivität auf dem Papier kontrollieren. Dazu wird ein derartiges Präparat so lange auf eine gewöhnliche Photoplatte gelegt, daß etwa $10^7-10^8$ Teilchen auf 1 cm$^2$ der Platte auftreffen. Die gleichmäßige Aktivitätsverteilung ist leicht an der homogenen Schwärzung der entwickelten Platte festzustellen, während verschieden starke Schwärzung an bestimmten Stellen zeigt, daß die Radioaktivität dort angereichert ist.

Die Korrektur der Selbstabsorption der nach obigem Verfahren hergestellten Untersuchungssubstanzen wird unter der Voraussetzung gemacht, daß die zu messende Substanz gleichmäßig über das Papier verteilt ist. Die Schichtdicke setzt sich aus Papier und radioaktiver Substanz zusammen. Bis zu Schichtdicken von 4—6 mg/cm$^2$ verläuft die Selbstabsorption annähernd wie beim Ba$^{14}$CO$_3$.

---

[1] CALVIN, M., C. HEIDELBERGER, J. G. REID, B. M. TOLBERT and P. E. YANKWICH: Isotopic Carbon. S. 119 (1949).

[2] YANKWICH, P. E., and J. W. WEIGL: Science, N. Y. **107**, 651 (1948).

[3] CALVIN, M., C. HEIDELBERGER, J. G. REID, B. M. TOLBERT and P. E. YANKWICH: Isotopic Carbon. S. 107 (1949).

Nach dieser Methode lassen sich auch gut großflächige Präparate messen, wenn dazu Zylinderzählrohre, z. B. screenwall-counter[1] unter günstigen geometrischen Bedingungen verwendet werden. Ein als Präparatenhalter dienender Metallnetzzylinder wird mit dem in rechteckige Form geschnittenen und mit der Aktivität versehenen Papier bedeckt und in das Innere des Zählrohrs eingeführt, worauf man mit der Messung beginnt.

Suspensionen aktiver Substanzen dagegen können nicht nach dieser Methode auf Filtrierpapier präpariert werden, weil infolge der unterschiedlichen Teilchengröße die kleineren Partikel durch Capillarwirkung tiefer in die Poren eindringen, während die größeren mehr an der Oberfläche zurückbleiben. Da diese Verteilung bei jedem Präparat anders ist, erhält man bei den Aktivitätsmessungen keine reproduzierbaren Werte mehr.

### b) Herstellung von Meßpräparaten aus Suspensionen.

Liegt die zu messende Substanz in anorganischer Form vor, z. B. $Ba^{14}CO_3$, $Ba^{35}SO_4$ oder $^{35}S$-Benzidinsulfat, so ist es erforderlich, die Meßpräparate aus Suspensionen der radioaktiven Verbindungen herzustellen.

Ein brauchbares Verfahren für die Messung von Präparaten mit einer Schichtdicke von 1,5—20 mg/cm² schreibt vor, die Suspensionen in kleinen Schälchen einzutrocknen. Da sich der Durchmesser der Meßpräparate nach der Größe des Zählrohrfensters richtet, benutzt man im allgemeinen Gefäße von 2,5—3 cm Durchmesser bei einer Randhöhe von 1,5—2 mm.

Bei der Bereitung von Meßpräparaten sehr kleiner Schichtdicken von 1 mg/cm² und darunter besteht die Gefahr, daß die Partikelchen des Niederschlages durch die Wirkung der Oberflächenspannung kurz vor dem Austrocknen sich mehr in der Mitte oder am Rande der Unterlage ansammeln.

Will man die Substanz sehr fein verteilen, so ist es ratsam, die Suspension in einer Reibschale herzustellen, in der der Niederschlag zunächst einmal gründlich verrieben wird. Vor dem Auftragen der Suspensionen wartet man noch kurze Zeit, damit die gröberen Teilchen sich nach unten absetzen können und bringt nun einen Tropfen der Aufschlämmung mit einem Glasstab oder Pistill auf das Schälchen und verteilt anschließend z. B. mit einem dünnen Glasstäbchen gleichmäßig über die ganze Fläche.

Auf diese Art lassen sich auch Meßpräparate aus ziemlich dickflüssigen Suspensionen herstellen. Beim Eindampfen solcher Suspensionen, besonders auf der Heizplatte oder im Trockenschrank, kann es allerdings geschehen, daß ein Teil des Präparates am Schälchenrand hochkriecht. Um diesen Effekt zu vermeiden, wird die Suspension durch Wärmebestrahlung der Flüssigkeitsoberfläche mit Hilfe einer Solluxlampe oder eines Infrarotstrahlers eingetrocknet. Nach einem anderen Verfahren werden die Schälchen derart in einen genau passenden metallenen Hohlzylinder gebracht, daß dessen innere Wandung vom Schälchenrand berührt wird. Das Hochsteigen der Substanz wird dadurch verhindert, daß bei Heizung des Hohlzylinders die Aufschlämmung vom Rande her erwärmt wird.

Um zu vermeiden, daß die zu messende Substanz verspritzt, darf das Suspensionsmittel auf keinen Fall beim Eindampfen zum Sieden kommen. Außerdem bilden sich dann Blasen, die eine ungleichmäßige Schichtausbreitung verursachen. Schlecht zusammenhaltenden Präparaten gibt man kleine Mengen Klebemittel oder Lack zu, die jedoch im Verhältnis zur Gesamteinwaage sehr gering sein müssen (etwa 0,1 bis 1 mg/cm²). Für organische Lösungsmittel empfiehlt sich die Verwendung von Zaponlack oder Kollodium und für wäßrige Suspensionen Stärkelösung oder Gummi arabicum. Einem Zusammenballen des Niederschlages während des Eindampfens wird durch gelegentliches Schütteln vorgebeugt.

---

[1] CALVIN, M., C. HEIDELBERGER, J. G. REID, B. M. TOLBERT and P. E. YANKVICH: Isotopic Carbon. S. 72 (1949).

Die Suspensionen stellt man zweckmäßig in nach unten sich verjüngenden Zentrifugengläsern her. Um sie in die Schälchen zu überführen, benutzt man entweder Pipetten oder Gummitropfer, wie sie zum Füllen von Füllfederhaltern gebraucht werden. Diese müssen mit der Spitze den Boden des Zentrifugenglases erreichen, damit der Niederschlag auch vollständig erfaßt wird. Die Aufschlämmung wird nun in Portionen von 1 cm³ oder weniger in die Schälchen gebracht und wie vorstehend beschrieben eingedampft. Ist es nicht möglich, die Gesamtmenge auf einmal aufzutragen, muß erst ein Teil des Suspensionsmittels verdampft werden. Der Rest der Substanz wird dann so vorsichtig zugesetzt, daß es durch die nachfolgende Flüssigkeit nicht nachträglich noch zu einer ungleichmäßigen Verteilung der Präparatenschicht kommt.

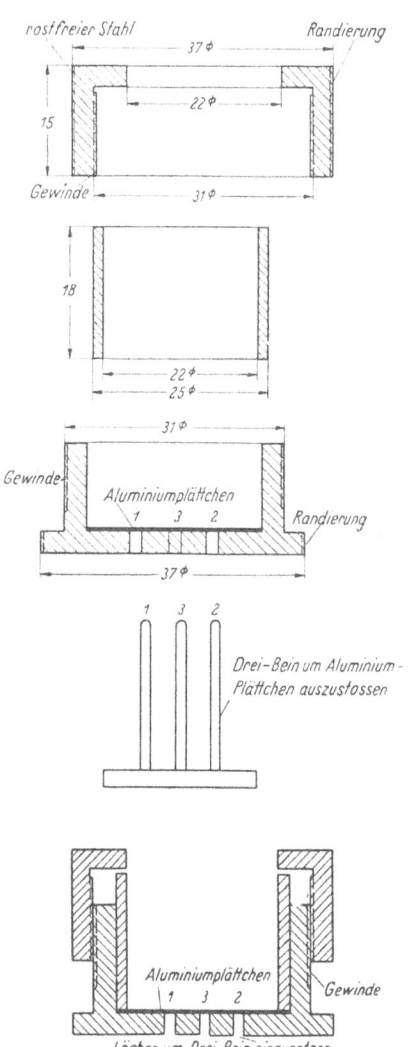
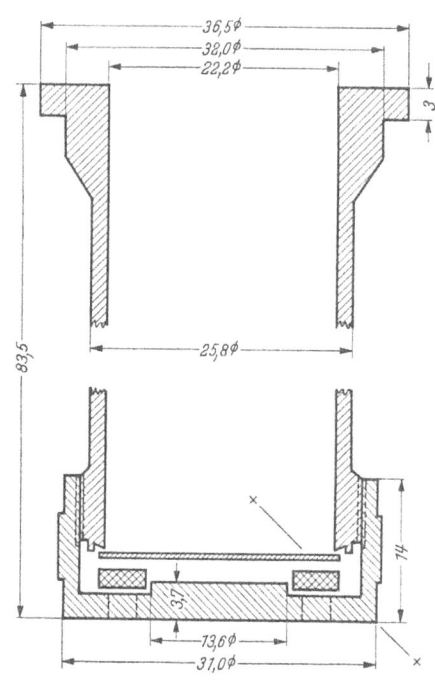

Abb. 7. Anordnung zur Herstellung von Meßpräparaten gleichmäßiger Oberfläche aus Suspensionen.

Abb. 8. Zentrifugiergefäß zur Gewinnung von Meßpräparaten aus Aufschlämmungen in leichtflüchtigen Lösungsmitteln[1].

Wird die Schicht dennoch ungleichmäßig, so kann durch Rühren mit einem dünnen Glasstäbchen in vielen Fällen die Substanz doch noch so homogen verteilt werden, daß nach dem Trocknen eine einheitliche Schichtdicke entsteht.

Eine Abwandlung des oben beschriebenen Verfahrens eignet sich besonders für die Messung von $Ba^{14}CO_3$. Man pipettiert die Suspension in ein zylindrisches Metallgefäß, bei dem zwischen Boden und Oberteil eine Aluminiumfolie so fest verschraubt wird, daß sie flüssigkeitsdicht eingespannt ist. Das Metallgefäß wird auf einer Heizplatte erwärmt, während man zu gleicher Zeit durch einen Infrarotstrahler von der Oberfläche her eindampft. Nach dem Trocknen der Präparate wird die Aluminiumplatte entfernt, gewogen und gemessen. Die Präparatenunterlage läßt sich leicht mittels eines

---

[1] EVANS, E. A., and J. L. HUSTON: Analyt. Chem., Washington 24, 1483 (1952).

Dreifußes herausheben, dessen Beine durch drei Bohrungen der Grundplatte hindurchgeführt werden können[1-4] (Abb. 7).

Sehr gleichmäßig ausgebreitete dünne Schichten kann man auch erzielen, wenn eine Suspension in einem zylindrischen Metallgefäß mit abnehmbarem Boden zentrifugiert wird, das so beschaffen ist, daß es in die Aufhängevorrichtung einer Zentrifuge eingehängt werden kann (Abb. 8). Das Gefäß wird vor dem Einbringen der Aufschlämmung auf eine Temperatur erwärmt, die noch unterhalb der Siedetemperatur des benutzten leichtflüchtigen Suspensionsmittels liegt. Nun wird bis zur vollständigen Verdampfung der Flüssigkeit zentrifugiert. Da man mit dieser Methode Schichten bis zu 1 mg/cm$^2$ gewinnt, eignet sie sich besonders für die Messung von Ba$^{35}$SO$_4$ und Ba$^{14}$CO$_3$ [5-6].

Als Suspensionsmittel sind neben Wasser auch leichtflüchtige organische Lösungsmittel wie Äthylalkohol, Aceton, Äther und Essigester üblich. Der Gebrauch von Methanol soll wegen der freiwerdenden giftigen Dämpfe vermieden werden. Am vorteilhaftesten für die Herstellung gleichmäßig dicker Schichten haben sich Suspensionen in 95%igem Äthanol erwiesen.

Nach einer dritten Methode werden die Meßpräparate durch Filtration aus einer Suspension hergestellt. Für qualitative und halb quantitative Aktivitätsuntersuchungen ist eine Nutsche mit abnehmbarem Oberteil völlig ausreichend. (Nutschen dieser Art nach OTTO HAHN von 4 cm Durchmesser sind lieferbar durch die Staatliche Porzellanmanufaktur Berlin, Selb i. Obfr.) Man saugt mit dieser den Niederschlag über einem Filter ab, verwirft eventuell am Rande der Nutsche anhaftende Teile des Niederschlages und klebt ihn nach dem Auswaschen und Trocknen mit Hilfe eines Cellophanstreifens zusammen mit dem Filtrierpapier auf eine dünne Pappunterlage, die dann entsprechend der Größe des Präparatenhalters zugeschnitten und auf diesem mit Klebwachs angeheftet wird. Geeignetes 4,5 cm breites Cellophan wird durch die Firma Kalle und Co., Wiesbaden, auf Sonderbestellung geliefert.

Diese Maßnahme ist erforderlich, um eine glatte Präparatenoberfläche zu erzielen, da sich das Filtrierpapier erfahrungsgemäß beim Trocknen rollt und der trockene Niederschlag durch entstandene Risse leicht abbröckeln und sich verstreuen kann.

Dieses Verfahren ist speziell zur Bestimmung harter $\beta$-Strahler geeignet, da sehr energiearme $\beta$-Strahlen durch die darüberliegende Cellophanschicht vollständig zurückgehalten werden.

Da es sehr schwer ist, die Präparate geometrisch reproduzierbar aufzukleben, ist das Verfahren verhältnismäßig ungenau.

Die Filtrationsmethode läßt sich jedoch auch zur Herstellung quantitativ ausmeßbarer Präparate verwenden. Es ist in diesem Falle dafür zu sorgen, daß keinerlei Niederschlag am Nutschenrand hängen bleibt. Das Filter wird sodann mit dem darauf befindlichen Präparat auf den in Abb. 9 gezeigten flachen zylindrischen Untersatz gelegt, dessen Durchmesser etwas geringer ist als der des Rundfilters. Anschließend preßt man einen Ring, dessen Durchmesser um ein geringes größer ist als der des Zylinders, so über letzteren, daß die überstehenden Teile des Filtrierpapiers umgebogen und im Zwischenraum zwischen Ring und Zylinder festgeklemmt werden.

Neuerdings ist dies Verfahren verbessert worden. Rundfilter und zylindrischer Untersatz erhalten gleichen Durchmesser. Der Ring paßt ohne Spiel auf den Zylinder. Er ist überdies so gearbeitet, daß er, auf den Zylinder aufgeschoben, ein darauf befindliches Filtrierpapier festhält (Abb. 9). Es werden so Verwerfungen des Filtrierpapiers, die bei der ersten Methode auftreten können, vermieden.

---

[1] HENDRICKS, R. H., L. C. BRYNER, M. D. THOMAS and J. O. IVIE: J. physic. Chem. 47, 469 (1943).
[2] YANKWICH, P. E., E. G. ROLLEFSON and T. H. NORRIS: J. chem. Physics 14, 131 (1946).
[3] DAUBEN, W. G., J. C. REID and P. E. YANKWICH: Analyt. Chem., Washington 19, 828 (1947).
[4] SMITH, R. E., and J. F. BRONSON: Science, N. Y. 107, 603 (1948).
[5] EVANS, E. A., and J. L. HUSTON: Analyt. Chem., Washington 24, 1482 (1952).
[6] HUTCHENS, T. T., C. K. CLAYCOMB, W. J. CATHEY and J. T. VAN BRUGGEN: Nucleonics 7, (Sept.), 41 (1950).

Eine ganze Anzahl Literaturvorschriften befaßt sich mit der Sammlung radioaktiver Niederschläge durch Filtration, die über Filtrierpapier abgesaugt und mit Fensterzählrohren gemessen werden[1, 2]. Suspensionen lassen sich auch über Filterplatten absaugen und auf diesen messen. Die dazu benutzte Filtriervorrichtung besteht aus den in Abb. 10 dargestellten Teilen: einer plangeschliffenen Filterplatte. F (zweckmäßig mit Sinterung G4) und einem ebenfalls plangeschliffenen Trichter und Aufsatz[3]. Die einzelnen Stücke werden mit Gummiverbindungen oder Klammern fest zusammengehalten. Die im Handel erhältlichen Filterplatten werden, falls nötig, folgendermaßen plangeschliffen: Man läßt sie sich mit flüssigem Hartparaffin vollsaugen und schleift, wenn das Paraffin erstarrt ist. Das Eindringen des Schleifstaubes in die Poren wird

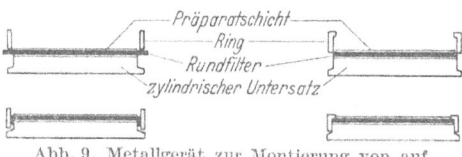

Abb. 9. Metallgerät zur Montierung von auf Rundfiltern abfiltrierten Niederschlägen.

durch das dort befindliche Paraffin verhindert. Nach beendigtem Planschleifen wird das Paraffin mit Toluol ausgekocht und dieses anschließend mit Alkohol ausgewaschen.

Für jede quantitative Aktivitätsbestimmung ist von entscheidender Bedeutung, daß eine möglichst einheitliche Oberfläche vorliegt und das gesamte filtrierte Material gemessen wird. Zu diesem Zweck verfährt man wie folgt:

Der in seiner Mutterlauge oder in einem geeigneten organischen Lösungsmittel suspendierte Niederschlag wird in einem Guß in den Zylinder gebracht. Den aufgeschlämmten Partikelchen muß etwas Zeit zum Absetzen gelassen werden, bevor man schwach zu saugen beginnt. Nur so kann ein über die ganze Fläche gleichmäßig verteiltes Präparat erhalten werden. Nach dem Absaugen wird die am Zylinderrand noch verbliebene Substanz sehr vorsichtig mit dem Suspensionsmittel herunter gespült. Nach Ablaufen der Flüssigkeit soll man nur noch kurze Zeit weitersaugen, da sich andernfalls Risse im Präparat bilden können. Wie weit abgesaugt werden darf, um den Zylinder ohne Beschädigung des Präparatenrandes abheben zu können, muß durch einige Vorproben entschieden werden. Nach Abnehmen des Zylinders wird die Fritte von der Nutsche gehoben, getrocknet, gewogen und dann gemessen.

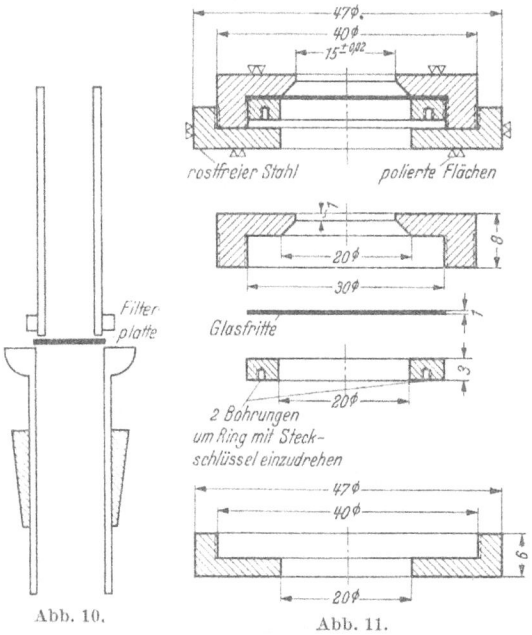

Abb. 10. Filtriergerät zur Sammlung von Niederschlägen auf Glasfritten[3].

Abb. 11. Filtrieransatz mit eingespannter Glasfilterplatte zur Gewinnung von Niederschlägen aus Suspensionen.

Die in Abb. 11 gezeigte Anordnung ermöglicht ein Arbeiten ohne Substanzverluste, da am Zylinderrand haftendes Material mit dem benutzten Aufschlämmungsmittel leicht abzuspülen ist. Sie wird zweckmäßig aus V2A-Stahl gefertigt. Man spannt sie zwischen die beiden Teile der Filtriereinrichtung der Abb. 10 ein und sammelt den Niederschlag auf der in der Mitte befindlichen Glasfritte. Danach wird das Gerät auseinander genommen und die Glasfritte mit dem getrockneten Niederschlag gewogen und gemessen.

---

[1] ARMSTRONG, W. D., and J. SCHUBERT: Analyt. Chem., Washington **20**, 270 (1948).
[2] HENRIQUES, F. C., J. G. B. KISTIAKOWSKY, C. MARGNETTO and W. SCHNEIDER: Industr. engng. Chem., analyt. Ed. **18**, 349 (1946).
[3] SLYKE, D. D. VAN, R. STEELE and J. PLAZIN: J. biol. Ch. **192**, 773 (1951).

Sehr gut lassen sich nach dieser Methode Präparate „unendlicher Schichtdicke" bereiten. Vor allem kommen hierfür in Frage $Ba^{14}CO_3$, $Ba^{35}SO_4$ und $^{35}S$-Benzidinsulfat, jedoch können auch Präparate energiereicher $\beta$-Strahler mit Schichtdicken von etwa 10 mg/cm² gut gemessen werden.

Ein anderes Verfahren[1], das eine direkte Messung in verkürzten Filtertiegeln beschreibt, bietet den Vorteil, daß alle Operationen, Filtration, Wägung und Messung im gleichen Gerät durchgeführt werden. Da auch in diesem Falle alle Präparate die gleiche Geometrie aufweisen, kann man in unendlicher Schichtdicke bereitete Meßpräparate direkt vergleichen. Nach diesem Verfahren können mit $^{14}C$, $^{45}Ca$, $^{35}S$ und $^{32}P$ markierte Substanzen gut gemessen werden.

Bei allen vorstehend angeführten Herstellungsverfahren der Meßpräparate aus Suspensionen kann es hin und wieder trotz aller Sorgfalt zu ungleichmäßiger Verteilung des Materials in den Randzonen kommen, da sich dort leicht kleine Substanzmengen hochziehen können.

Um die einheitlichen Teile zu messen, empfehlen einzelne Autoren, den Rand der Präparate mit einer schmalen, kreisförmigen Blende abzudecken.

Größte Sorgfalt ist bei der Gewinnung von Meßpräparaten aus Suspensionen auf radiochemische Reinheit*, d. h. auf das Auswaschen der Niederschläge zu verwenden. Bereits geringste Spuren nichtentfernter Mutterlauge, die eine um Größenordnungen stärkere spezifische Aktivität aufweisen kann als die Untersuchungssubstanz, vermögen bei der Aktivitätsbestimmung völlig falsche Ergebnisse zu bewirken. Am vorteilhaftesten wäscht man das Präparat durch Zentrifugieren in Zentrifugengläsern aus, da sich hierbei die Waschflüssigkeit ohne Substanzverluste von dem am Boden abgesetzten Niederschlag abgießen und erneuern läßt, während beim Auswaschen der Niederschläge in Nutschen und Fritten durch Einbringen in andere Gefäße immer Substanz verloren geht. Die benutzten Suspensions- und Waschflüssigkeiten müssen allerdings miteinander mischbar sein; andernfalls ballen sich die mit dem einen Lösungsmittel behafteten Teilchen zusammen, wenn sie mit der zweiten Flüssigkeit zusammen kommen, wodurch die Bildung einheitlich ausgebreiteter Schichten sehr erschwert wird.

Nach einer weiteren Methode erfolgt die Aktivitätsbestimmung des Meßpräparates in einem Gefäß, bestehend aus einem Metallring von 1,5 cm Höhe, dessen Boden von einer sehr dünnen Lupolenfolie (1 mg/cm²) gebildet wird, die durch Aufdrücken auf den heißen Metallring angeschweißt werden muß. Die Substanz wird dann durch leichtes Schütteln und Klopfen gleichmäßig verteilt. Nach dem Auswägen ist dieses Gefäß unmittelbar über dem nach oben gerichteten Zählrohrfenster anzubringen und die Aktivität zu messen[2,3]. Auch dieses Verfahren eignet sich in erster Linie zur Untersuchung „unendlicher Schichtdicken".

Zur Messung fester Substanzen verwendet man heute im allgemeinen Glockenzählrohre oder Strömungszähler.

---

* Radiochemische und chemische Reinheit unterscheiden sich wesentlich. Chemische Reinheit ist gegeben, wenn weniger als 1⁰/₀₀ Verunreinigungen in einer Substanz vorliegen. In einem radiochemisch reinen Präparat dürfen jedoch 1. keine anderen Radionuklide als das zur Markierung verwendete vorliegen und 2. muß das zur Kennzeichnung benutzte Radionuklid ausschließlich in der Form der zu markierenden Verbindung vorhanden sein. So ist z. B. 1 mg $Ba^{14}CO_3$, das $10^{-5}$ mC/mg $^{14}C$ enthält, durch 1 μg $Ba^{32}PO_4$ einer spezifischen Aktivität von $10^{-2}$ mC/mg zu 100 % radiochemisch verunreinigt, während die chemische Verunreinigung nur 1⁰/₀₀ beträgt. In gleicher Weise kann ein $^{35}S$-Thioharnstoff mit einer spezifischen Aktivität von $10^{-5}$ mC/mg als Einschlußverbindung 1⁰/₀₀ einer anderen $^{35}S$-Verbindung enthalten, deren spezifische Aktivität $10^{-2}$ mC/mg beträgt, so daß wieder eine 100 %ige radiochemische Verunreinigung vorliegt. Andererseits können Präparate, die ein in einheitlicher Form vorliegendes Radionuklid, an einen chemisch verschiedenen (nicht isotopen) Träger gebunden, enthalten, als radiochemisch rein bezeichnet werden.

[1] BERNSTEIN, W., and R. BALLENTINE: Rev. sci. Instr. **20**, 347 (1949).
[2] HOFMANN, H.: Diss. Darmstadt 1953.
[3] SCHÖNEMANN, K., u. H. HOFMANN: Dechema-Monogr. **21**, 203—233 (1953).

### c) Ausmessung von Papierchromatogrammen und -elektropherogrammen [1].

Feste Substanzen oder auch flüssige mit hohem Dampfdruck lassen sich nach papierchromatographischer oder -elektrophoretischer Trennung auch auf dem Papierstreifen ausmessen, wenn die getrennten Substanzen radioaktiv markiert sind. Es ist notwendig, die Papierstreifen gut zu trocknen und von allen Säure- und organischen Dämpfen zu befreien, bevor man sie unter dem Zählrohr mißt. Meßergebnisse lassen sich nur dann vergleichen, wenn sowohl Schichtdicke und Oberfläche als auch alle anderen Eigenschaften des verwendeten Papiers, wie spezifisches Gewicht und chemische Zusammensetzung gleich sind. Ganz besonders ist darauf hinzuweisen, daß quantitative Aussagen nur dann gemacht werden können, wenn Größe und Form der Flecken sich nicht unterscheiden. Dies ist allerdings so gut wie nie der Fall, so daß immer mit einem schwer zu ermittelnden Fehler gerechnet werden muß. Selbstverständlich müssen auch im übrigen unveränderte Zählverhältnisse in bezug auf Geometrie, Streuung und Zählrohr vorliegen (vgl. S. 782).

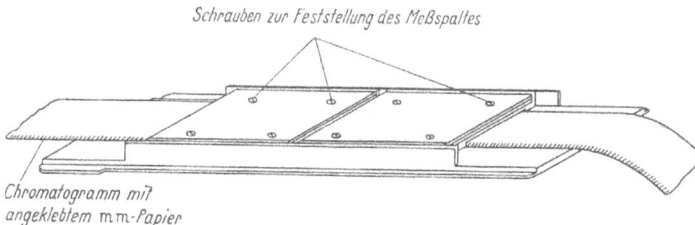

Abb. 12. Halter aus Aluminium zum Ausmessen von Papierchromatogrammen.

Zum Ausmessen der Streifen werden diese in eigens dafür hergestellte Streifenhalter gelegt, deren Deckplatten es erlauben, einen Meßschlitz verschiedener Breite einzustellen. Dieser Meßspalt befindet sich unter der Mitte des zur Messung verwendeten Glockenzählrohrs (Abb. 12). Die Breite des Streifenhalters richtet sich nach dem Durchmesser des Zählrohrfensters. Die ganze Anordnung muß sich an Stelle des sonst verwendeten Präparatenhalters unter das Zählrohr einschieben lassen. Die Dicke der Deckplatte des Streifenhalters soll so beschaffen sein, daß sie die $\beta$-Strahlung des untersuchten Präparates völlig abschirmt. Bei energiearmen $\beta$-Strahlern kann sie also sehr dünn sein, bei energiereichen muß sie stärker gewählt werden. Für $\beta$-Maximalenergien von 1 MeV muß die Schicht 400 mg/cm², für 2 MeV 1000 mg/cm² und für 3 MeV 1600 mg/cm² betragen.

Wird neben der $\beta$-Strahlung auch eine $\gamma$-Strahlung emittiert, so ist es ratsam, die Abdeckung aus Aluminium oder Kunststoff herzustellen, um möglichst wenig Photo- und COMPTON-Elektronen in der Abschirmplatte entstehen zu lassen. Man erkennt eine derartige $\gamma$-Aktivität bei geschlossenem Meßspalt. Ihre Verteilung über dem auszumessenden Fleck muß bei geschlossenem Spalt bestimmt werden, indem man den Streifen genau wie später bei der $\beta$-Messung unter dem Zählrohr durchzieht. Die so erhaltenen Meßpunkte müssen von den später an den gleichen Stellen des Streifens bei geöffnetem Meßspalt gezählten $\beta$-Aktivitäten abgezogen werden.

Der Meßschlitz wird je nach der auftretenden Zählrohraktivität mehr oder weniger geöffnet. Die Öffnung wird bei schwachen Aktivitäten groß gewählt, damit eine größere Menge aktiver Substanz zur Messung beiträgt.

Die Aktivitätsbestimmung erfolgt so, daß der zu untersuchende Streifen in Abschnitten, die so groß sind wie die Breite des Meßspalts, unter dem Zählrohr weiter geschoben wird. Die Entfernung von einem Meßpunkt zum anderen darf niemals geringer sein als die Meßspaltbreiten, da in diesem Falle bereits ausgemessene Teile des radioaktiven Flecks abermals ausgezählt würden. Um die Abstände von Meßpunkt zu Meßpunkt gleichmäßig einhalten zu können, wird dem auszumessenden Papierstreifen Millimeterpapier unterklebt. Man kann die Millimetereinteilung auch mit Klebstoff am Rande befestigen.

Die Meßergebnisse werden in ein Diagramm eingetragen. Als Abszisseneinheit dient die Breite des Meßspalts, die Zählrohraktivitäten bilden die Ordinaten. Die sich ergebende

---

[1] Vgl. z. B. LISSITZKY, S., et R. MICHEL: Bull. Soc. chim. France **1952**, 891, 903 [Z. analyt. Chem. **140**, 286 (1953)].

Kurve zeigt die Verteilung der Radioaktivitäten über dem ausgemessenen Streifen. Die sich unter dem Kurvenzug ergebenden Flächen sind um so schärfer gegeneinander abgegrenzt, je dichter die einzelnen Meßpunkte aneinander liegen. Die Größe der Flächen ist ein Maß für die Zählrohraktivitäten der ausgemessenen Flecke. Man kann sie planimetrisch bestimmen, indem man sie entweder auszählt oder ausschneidet und wägt. Läßt man Standardsubstanzen bekannter Radioaktivität unter gleichen Bedingungen über einen Papierstreifen wandern und zählt diesen aus, so lassen sich nach graphischer Integration der unter den Kurven liegenden Flächen die Mengen der im vorher ausgezählten Versuchsstreifen vorhandenen Substanzen ermitteln. Als Standard dient in diesem Falle eine bekannte Menge der zu untersuchenden, radioaktiv markierten Verbindung.

Es sei hinzugefügt, daß die auszumessenden Streifen auch in eine Gleitschiene eingespannt werden können, die sich unter dem Meßschlitz bewegen läßt und an der die Millimetereinteilung angebracht ist.

Die direkte Ausmessung zweidimensionaler Papierchromatogramme mit Hilfe einer automatisch registrierenden Zählvorrichtung beschreibt WINGO[1].

Bei der Ausmessung von Papierchromatogrammen $^{14}$C- und $^{35}$S-haltiger Substanzen werden auch Strömungszählrohre zur Auszählung benutzt. Tritiumhaltige Chromatogramme können wegen der weichen $\beta$-Strahlung dieses Isotops nur nach dieser Methode untersucht werden. Eine hierfür geeignete Anordnung beschreiben DEMOREST und BASKIN[2].

Da das Ausmessen der Papierstreifen bei kleiner Spaltbreite sehr zeitraubend ist und außerdem die in der Abdeckung erzeugte Streustrahlung die tatsächlichen Zählrohraktivitäten vergrößert, ist es in vielen Fällen angebracht, eine vereinfachte Auszählmethode anzuwenden. Dazu wird der (eventuell vorher autoradiographierte) Papierstreifen in $^1/_2$ cm breite Stückchen zerschnitten und diese unter vergleichbaren Bedingungen auf einem Präparatenhalter geeigneter Form unter einem Glockenzählrohr gemessen. Natürlich ist die Auflösung, d. h. die Abgrenzung der einzelnen radioaktiven Zonen gegeneinander, nicht so gut wie bei dem anderen Verfahren. Jedoch ist die Methode insbesondere für die Messung schwach aktiver Chromatogramme sehr viel zeitsparender. Auch apparativ ist diese Art der Auszählung einfacher, da kein Streifenhalter benötigt wird und die Arbeit, einen Maßstab anzukleben, entfällt. Ebenso ist die Korrekturmessung, die sich aus den in der Abschirmung des Streifenhalters durch $\gamma$-Strahlen erzeugten Sekundärelektronen ergibt, nicht erforderlich.

Will man die Messung graphisch auswerten, so trägt man die Zählrohraktivitäten der einzelnen Streifenstücke in Balkenform als Ordinaten auf und wählt als Abszisseneinheit die Breite der Streifen.

Die autoradiographische Methode erlaubt es, die Größe der Flecken festzustellen, ohne sie anzufärben. Dazu wird der von allen die photographische Platte beeinflussenden Stoffen (wie z. B. $H_2O_2$, $HNO_3$, HCl usw.) befreite Versuchsstreifen gut getrocknet auf einen normalen Röntgenfilm aufgelegt und am besten mit einer Metallplatte aus Material mit höherer Kernladungszahl beschwert. Die Platte dient einmal dazu, den Streifen unverrückbar auf dem Film zu fixieren und zum anderen hat sie den Zweck, die in ihr rückgestreuten Elektronen zusätzlich auf der photographischen Schicht wirksam werden zu lassen. Papierstreifen mit den oben erwähnten Standardsubstanzen werden in gleicher Weise aufgelegt. Die Belichtungszeit ist so einzurichten, daß mindestens $10^6$—$10^8$ $\beta$-Teilchen je Quadratzentimeter auffallen. Diese Mengen bewirken bereits wahrnehmbare Schwärzungen der photographischen Schicht. Dabei gilt die untere Zahl für energiearme, die obere für energiereiche $\beta$-Teilchen. $\alpha$-Strahlen lassen sich 10fach empfindlicher nachweisen. Während $\alpha$- und $\beta$-Strahlen scharfe Bilder über die

---

[1] WINGO, W. J.: Analyt. Chem., Washington **26**, 1527 (1954).
[2] DEMOREST, H. L., and R. BASKIN: Analyt. Chem., Washington **26**, 1531 (1954) [Z. analyt. Chem. **146**, 446 (1955)].

Verteilung ergeben, liefern γ-strahlende Substanzen wegen der großen Reichweite dieser Strahlenart diffuse Bilder.

Die Abbildung der Flecken auf autoradiographischem Wege ist auch dann noch möglich, wenn die Substanzmengen so gering sind, daß die normalen Farbreaktionen den Nachweis nicht mehr erlauben. Da man außerdem selbst mit dem Zählrohr kaum nachweisbare Radioaktivitäten, d. h. solche, die kleiner sind als der Nulleffekt, durch genügend langes Exponieren noch feststellen kann, ist diese Methode dem Nachweis durch Farbreaktionen weit überlegen.

Die Schwärzung kann photometriert und dann quantitativ ausgewertet werden. Da der photographische Effekt in der Bromsilberschicht von der Energie der sie treffenden Strahlen abhängt, dürfen nur Schwärzungen verglichen werden, die durch das gleiche Radionuclid hervorgerufen wurden.

Wie schon erwähnt, ist es wegen der Schwierigkeit, gleich große und gleich geformte Flecke zu erzielen, kaum möglich, ihre Zählrohraktivitäten durch Auszählen der Streifen vergleichbar auszumessen. Verläßliche Ergebnisse lassen sich erzielen, wenn man die Flecke ausschneidet und sie eluiert oder naß verascht, um dann die Veraschungsflüssigkeit im Flüssigkeitszählrohr zu messen. Ist die Messung in fester Form vorzuziehen, so muß das entsprechende Radionuclid nach Zugabe von Träger aus der Veraschungslösung ausgefällt und nach einer der auf S. 787 ff. beschriebenen Methoden präpariert werden.

Ein besonderer Vorzug der Radio-Papierchromatographie oder -Elektrophorese liegt darin, daß sie es erlaubt, Identifizierungsreaktionen empfindlich durchzuführen. Da die Mittelpunkte der Flecke unter den Maxima der Zählrohraktivitätsverteilungskurve liegen, lassen sich die $R_F$-Werte leicht bestimmen. Zur Identifizierung radioaktiv markierter Substanzen läßt man diese im Gemisch mit radioinaktivem Material gleichzeitig und unter gleichen Bedingungen mitlaufen, um anschließend die $R_F$-Werte von radioinaktiver Substanz, die man durch Farbreaktionen nachweist und radioaktiver, die man auf Grund des Aktivitätsmaximums oder autoradiographisch feststellt, vergleicht[1-3].

Umgekehrt kann man in gleicher Weise radioaktive Stoffe identifizieren, indem man radioaktive Vergleichssubstanzen mit ihnen mischt und chromatographiert. Die eintretende oder ausbleibende Trennung läßt auf Identität oder Nichtidentität schließen.

Abschließend muß noch darauf hingewiesen werden, daß Chromatogramme von Substanzen, die außer Sauerstoff, Stickstoff und Kohlenstoff noch andere Elemente enthalten (insbesondere Metalle und Halogene), sehr oft durch nachträgliches Bestrahlen mit den Neutronen eines Uranreaktors oder Cyclotrons radioaktiv gemacht und damit identifiziert werden können[4].

## 4. Messungen in flüssiger Phase.

In vielen Fällen gewährt das Messen von Flüssigkeiten in besonderen Flüssigkeitszählrohren große Vorteile. Da die Untersuchungssubstanz vor ihrer Reinabscheidung fast stets in Lösung vorliegt, werden einerseits alle Operationen für ihre Überführung in die feste Form überflüssig, andererseits werden alle Schwierigkeiten vermieden, die das Bereiten fester Meßpräparate und ihre Messung mit sich bringen. Verwendet man für die Messung mit dem Flüssigkeitszählrohr jedesmal die gleiche Menge der Meßlösung, dann ist durch die Gestalt des Zählrohres die Geometrie der Zählanordnung vorgegeben. Außerdem entfallen bei Vergleichsmessungen infolge der stets gleichen Schichtdicke bei gleichen Konzentrationen der zu messenden Lösungen die Korrekturen für die Selbstabsorption. Einen weiteren Vorteil bietet die Möglichkeit, Aktivitäten und Volumina

---

[1] FREIRSON, W. J., and W. JONES: Analyt. Chem., Washington 23, 1447 (1951).
[2] MICHALOWICZ, A., et M. LEDERER: J. Physique Radium 13, 669 (1952).
[3] GÖTTE, H., u. D. PÄTZE: Z. Elektrochem. 58, 636 (1954).
[4] SCHMEISER, K., u. D. JERCHEL: Angew. Chem. 65, 490 (1953).

der zu messenden Lösungen so zu variieren, daß sie eine günstige Impulszahl/min ergeben. Abb. 13 zeigt die Abhängigkeit der gemessenen Zählrohraktivität vom eingefüllten Volumen einer Flüssigkeit einheitlicher volumenspezifischer Aktivität. Man erkennt, daß bei dem hier durchgemessenen Zählrohr von 3—9 cm³ Proportionalität zwischen Zählrohraktivität und Volumen herrscht, sowie, daß ab 13 cm³ diese Größe durch Zugabe weiterer Volumina nicht mehr geändert wird. Letzteres gilt natürlich nur bei reinen $\beta$-Strahlern (vgl. S. 784). Unter diesen Umständen läßt sich eine für die Messung günstige Zählrohraktivität leicht durch Einfüllen mehr oder weniger großer Volumina der radioaktiven Flüssigkeit auswählen, und man kann innerhalb des geradlinigen Teils, ebenso wie im zur Abszisse parallelen, Zählrohraktivitäten verschiedener Präparate vergleichen. Dabei muß man im ersten Fall die eingefüllten Mengen genauestens mit einer geeichten Pipette einmessen, während im zweiten Fall die Menge der Flüssigkeit ohne Einfluß auf das Meßergebnis ist.

Eine andere Möglichkeit, die Zählrohraktivität bei gegebenem Präparat zu variieren, besteht darin, die volumenspezifische Aktivität in bekannter Weise zu verringern, d.h. die zu messende Flüssigkeit mit einer genau bekannten Menge Lösungsmittel zu verdünnen und anschließend einen aliquoten Teil der Lösung auszuzählen.

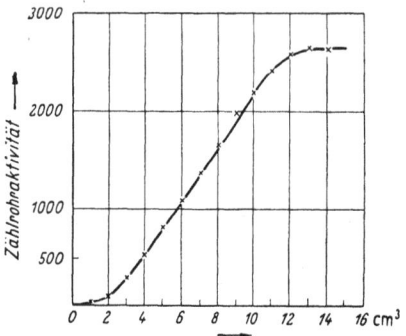

Abb. 13. Abhängigkeit zwischen Zählrohraktivität und eingefülltem Volumen in einem Flüssigkeitszählrohr.

Bei Vergleichsmessungen verschiedener Meßpräparate ist weiter auf folgendes zu achten:

1. Die Meßlösungen müssen gleiches spezifisches Gewicht aufweisen. Im anderen Fall ist es nötig, vergleichbare Bedingungen zu schaffen. Das geschieht, indem man entweder an Hand einer aufgenommenen Eichkurve eine entsprechende Korrektur vornimmt, oder indem man die zu vergleichenden Flüssigkeiten auf gleiches spezifisches Gewicht bringt. Dabei ist es wichtig, daß das zugesetzte Verdünnungsmittel aus Atomen der gleichen Kernladungszahl besteht wie die in der Lösung bereits vorhandenen, weil Absorption und Streuung nicht nur vom spezifischen Gewicht der Lösung, sondern auch von der Kernladung der in der Lösung befindlichen Atome bestimmt werden.

2. Meßpräparate, die mit verschiedenen Zählrohren gemessen werden, können nur nach Messung eines Standardpräparates miteinander verglichen werden, weil die Geometrie der verschiedenen Flüssigkeitszählrohre, ihr empfindliches Volumen und ihre Wandstärke sich unterscheiden (vgl. S. 782).

3. In einer Lösung von „trägerfreien" Substanzen (das sind reine Radionuklide ohne Zusatz der entsprechenden stabilen Isotope) oder von Verbindungen sehr hoher spezifischer Aktivität werden die radioaktiven Verbindungen häufig merklich von der Glaswand des Zählrohres adsorbiert. Da die am Zählrohr adsorbierten Atome bevorzugt gemessen werden, tritt somit eine Veränderung der Geometrie auf und die Messung wird falsch. Derartig festgehaltene Radioaktivitäten lassen sich häufig auch sehr schwierig entfernen und sind damit eine Quelle von Störungen für die anschließend im gleichen Zählrohr ausgeführten weiteren Messungen.

Diese Fehlerquellen lassen sich vermeiden, wenn der zu messenden Flüssigkeit einige mg/cm³ Träger zugegeben werden. Um wirklich gleiche Bedingungen für die Adsorption inaktiven und aktiven Materials herzustellen, ist es notwendig, den Träger in der gleichen chemischen Form zu verwenden, in der das radioaktive Nuklid vorliegt.

In Tabelle 1 ist eine Aufstellung über die Empfindlichkeit von Messungen mit Flüssigkeitszählrohren zu finden[1].

---

[1] LAVIK, P. S., H. HARRINGTON and G. W. BUCKALOO: Nucleonics 9 (Dec.), 68 (1951).

Radioaktive Flüssigkeiten können nach einer zweiten Methode auch in offenen flachen Schälchen in Mengen von 1—2 cm³ gemessen werden. Die Vorteile bezüglich Geometrie und reproduzierbarer Schichtdicke bleiben die gleichen wie beim Messen mit zylindrischen Flüssigkeitszählrohren, nur muß berücksichtigt werden, daß durch Verdunsten von Flüssigkeit Meßfehler entstehen können. Diese Gefahr besteht jedoch nicht bei Flüssigkeiten mit sehr niedrigem Dampfdruck, z. B. Formamid. Bei schneller verdampfenden Lösungsmitteln kann das Verdunsten verhindert werden, wenn man die Lösung mit einer dünnen Haut überzieht. Auf wäßrige Lösungen wird zweckmäßig auf die Flüssigkeitsoberfläche im Handel erhältlicher Zaponlack 5mal verdünnt getropft und das Lösungsmittel verdampft[1].

Tabelle 1. *Empfindlichkeit des Nachweises für einige wichtige Nuclide bei Messung im Flüssigkeitszählrohr.*

| Isotop | Strahlenenergie (Mev) | | Prozente der Zerfälle gezählt |
|---|---|---|---|
| | $\beta$ | $\gamma$ | |
| $^{24}$Na | 1,39 | 1,38 | 17,2 |
| | | 2,76 | |
| $^{32}$P | 1,71 | | 15,5 |
| $^{198}$Au | 0,97 | 0,41 | 4,3 |
| $^{131}$J | 0,6 | 0,37 | 1,5 |
| | 0,315 | 0,638 | |
| | | 0,283 | |
| | | 0,080 | |

Beide Verfahren sind gut geeignet auch für den Nachweis der weichen $\beta$-Strahlen von $^{35}$S und $^{14}$C. Sie sind besonders für die Messung $^{14}$C-markierter organischer Verbindungen häufig angewandt worden. Für die Messung soll eine Schichtdicke von 20 mg/cm², die der „unendlich dicken" Schicht der weichen $\beta$-Strahlung entspricht, nicht unterschritten werden. Die weichen $\beta$-Strahlen des $^{14}$C besitzen im Wasser eine Reichweite von 0,28 mm.

Um harte $\beta$-Strahlen in strömenden Flüssigkeiten bestimmen zu können, braucht man nur handelsübliche Flüssigkeitszählrohre mit Zu- und Abflüssen zu versehen. Es ist vorteilhaft, zwischen beiden Glasmänteln zur besseren Durchmischung der durchlaufenden Flüssigkeit eine Spirale anzubringen.

Abb. 14 zeigt Anordnungen zur Messung energiearmer Strahlen in strömenden Flüssigkeiten. Die Untersuchungslösung wird durch ein Rinnensystem aus Kunststoff bzw. Glas geleitet, auf dessen Oberfläche eine dünne Folie von etwa 1 mg/cm² befestigt ist[2, 3]. Der Glasblock trägt überdies eine Bohrung, in die ein $\gamma$-Standard (z. B. Uranpecherz oder $^{60}$Co) eingeführt werden kann. So sind Standardmessungen bei mit destilliertem Wasser gefüllter Rinne möglich, ohne daß die Anordnung auseinandergenommen werden muß. Auch der Nulleffekt kann bei zusammengesetzter Anlage bestimmt werden.

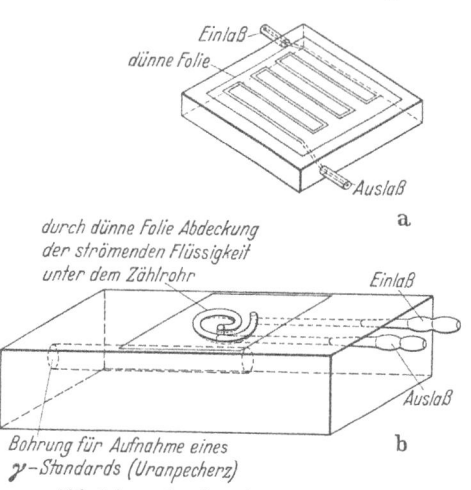

Abb. 14 a u. b. Anordnungen zur Messung strömender Flüssigkeiten mit einem Glockenzählrohr. a Gerät aus Kunststoff (COOK, C. B., und J. F. DUNCAN: Modern Radiochemical Practice, S. 151. Oxford 1952). b Entsprechende Anordnung aus Glas nach GÖTTE.

Die Aktivitätsmessung von Flüssigkeiten ist auch möglich vermittels der bereits erwähnten Metallringe, die durch eine Lupolenfolie abgeschlossen sind. Gleiche Schichtdicken lassen sich leicht durch Einpipettieren gleicher Lösungsmengen herstellen, so daß auch hier eine Selbstabsorptionskorrektur unnötig wird, allerdings nur dann, wenn für die Veränderung der spezifischen Aktivität die oben angeführten Vorschriften bezüglich des spezifischen Gewichtes und der atomaren Zusammensetzung beachtet werden.

## 5. Messungen in gasförmiger Phase.

Die empfindlichste Methode zur Bestimmung der Radioaktivität ist die Messung des aktiven Materials in gasförmigem Zustand.

---

[1] FREEDMAN, A. J., and D. N. HUME: Science, N. Y. **112**, 461 (1950).
[2] KETELLE, B. H., and G. E. BOYD: Am. Soc. **69**, 2804 (1947).
[3] COOK, G. B., and J. F. DUNCAN: Modern Radiochemical Practice. S. 151. Oxford 1952.

Im Gegensatz zur Messung fester oder flüssiger Substanzen ist der Nutzeffekt hier nur abhängig vom Verhältnis des empfindlichen zum Gesamtvolumen. Da die ausgesandten Strahlen weder im Präparat selbst noch in der Zählrohrwand bzw. durch das Zählrohrfenster absorbiert werden, lassen sich praktisch alle innerhalb des empfindlichen Volumens zerfallenden Atome erfassen, sofern es sich nicht um einen reinen $\gamma$-Strahler handelt. Für die Messung weicher $\beta$-Strahlen bzw. sehr geringer spezifischer Aktivitäten erweist sich dieses Verfahren als besonders günstig, da die wesentlich erhöhte Empfindlichkeit eines Gaszählrohres gegenüber den anderen Zählgeräten einen größeren Nutzeffekt bedingt. [Das radioaktive Isotop Tritium ($^3$H) läßt sich am besten nach dieser Methode messen.] Ein weiterer Vorteil ist die größere Lebensdauer eines Gaszählrohres. Außerdem läßt sich das Gaszählrohr besser an die gegebenen Meßbedingungen anpassen. Bei der Messung fester Substanzen mit dem Glockenzählrohr ist die Geometrie der Zählanordnung nur wenig veränderlich, da die Größe der Fensterfolie und damit die Größe des Präparates vorgegeben ist. Gaszählrohre hingegen können in verschiedenen Größen (bis zu 1 Liter Inhalt) gebaut werden. Diese Möglichkeit gestattet es, auch größere Substanzmengen niedriger spezifischer Aktivität zu bestimmen. Vor allem aber hat der Experimentator es in der Hand, sich ohne weiteres die für die Messung günstige spezifische Aktivität durch Verdünnen hochaktiven Materials mit inaktivem in einer Vakuumapparatur leicht herzustellen, während die gleiche Operation bei festen Substanzen auf viel größere Schwierigkeiten stößt.

Von Nachteil dagegen ist bei allen Gaszählungen, daß das Zählrohr für jede Messung neu gefüllt werden muß. Dadurch können Fehler verursacht werden, weil einmal schon geringe Verunreinigungen die Zähleigenschaften der Gase beeinflussen und zum andern an der Zählrohrwand adsorbierte radioaktive Substanzen das Meßergebnis wesentlich verfälschen können. Das Zählrohr ist daher vor der Füllung mit nichtmarkierten Gasen der gleichen Art wie die vorher gemessenen mehrmals auszuspülen, um die adsorbierten Substanzen möglichst vollständig zu entfernen.

Radioaktive Gase können nun nach zwei Methoden gemessen werden. Nach der ersten wird das Zählrohr zuerst mit einer der üblichen Zählgasmischungen, z. B. 60 Torr Argon und 6 Torr Äthanol, beschickt und anschließend das zu untersuchende Gas dazugegeben. Da jede Beimischung eines Fremdgases eine Verunreinigung bedeutet, die die Zähleigenschaften der ursprünglichen Gasfüllung beeinflußt, ist es erforderlich, vor der Messung festzustellen, bei welcher Menge der zu untersuchenden Beimischung eine wesentliche Beeinträchtigung der Zähleigenschaften eintritt. Zu diesem Zweck wird nach der Füllung mit der üblichen Gasmischung der Nulleffekt bestimmt und danach mit einem $\gamma$-Standard die relative Empfindlichkeit ermittelt sowie die Haltestrecke aufgenommen. Dann werden steigende Mengen des Meßgases, dessen Menge man an Hand eines Manometers kontrolliert, in inaktiver Form zugegeben, bis sich eine Änderung der Zähleigenschaften der Zählgasmischung feststellen läßt. Die zu messenden Gasbeimischungen müssen innerhalb des so bestimmten Mischungsverhältnisses liegen. Werden verschiedene Gaspräparate miteinander verglichen, so ist möglichst bei gleichem Partialdruck des radioaktiven Gases zu messen.

Den Bereich der gleichbleibenden Zähleigenschaft bei steigender Zumischung des zu zählenden Gases kann man auch mit Hilfe einer Standardgasmischung bestimmen. Diese muß die gleiche chemische Zusammensetzung haben wie das zu zählende Gas. Man füllt dieses Standardgas, das eine den Meßbedingungen angepaßte Zählrohraktivität haben soll, in steigender Menge der fertigen Zählmischung zu und ermittelt die Zählrohraktivität. Diese muß, solange die Zähleigenschaften des Gemisches erhalten bleiben, proportional der Menge des Standardgases ansteigen.

Eine geeignete Füllungsapparatur ist in Abb. 15 dargestellt.

Diese Methode der Aktivitätsmessung arbeitet so genau wie die dazu gehörige Druckmessung, und die beobachtete Aktivität entspricht (selbstverständlich unter Berücksichtigung des empfindlichen Volumenbereiches) praktisch der absoluten Zerfallsrate.

Für diese Messungen sind die üblichen Linearverstärker zu verwenden, da im GEIGER-Bereich gearbeitet wird.

Das zweite Verfahren, das ausschließlich das zu untersuchende Gas als Zählrohrfüllung benutzt, bietet den Vorteil, daß außerordentlich kleine spezifische Aktivitäten gemessen werden können. Durch möglichst groß gebaute Zählrohre werden außerdem die Meßverhältnisse trotz des durch die Vergrößerung erhöhten Nulleffektes noch günstiger gestaltet. Dies sei an einem Beispiel näher erläutert:

Ein Zählrohr von 10 cm³ Volumen ergibt z. B. bei Füllung mit einem radioaktiven Gas bei 10 min Meßdauer 1000 Impulse, von denen 600 Impulse auf den Nulleffekt kommen sollen. Die um den Nulleffekt verminderte Aktivität beträgt also $40 \pm 4$ Impulse/min. Die 10fache Menge, die in einem 10mal größeren Zählrohr gemessen wird, ergibt eine Aktivität von $400 \pm 12{,}6$ Impulsen je min. Der mittlere Fehler ist also von 10% auf 3,2% gesunken.

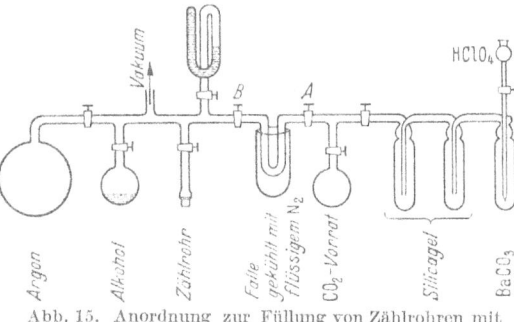

Abb. 15. Anordnung zur Füllung von Zählrohren mit $^{14}CO_2$, Alkohol und Argon[1].

In den meisten Fällen weisen allerdings die zu untersuchenden Gase sehr schlechte Zähleigenschaften auf, so daß es notwendig ist, geeignete Zusätze beizumischen.

Eine solche Zählgasmischung wird außerhalb des Zählrohres bereitet und fertig eingefüllt.

## 6. Hinweise zur Aktivitätsbestimmung und zur Handhabung einzelner wichtiger Radionuclide.

### a) Der radioaktive Kohlenstoff.

α) *Bestimmung der Radioaktivität durch Messung von ausgefälltem Bariumcarbonat.*

Das für die organische Chemie und die Biochemie wichtigste Nuclid ist das Kohlenstoffisotop mit der Masse 14. Seine lange Halbwertszeit von etwa 5660 Jahren gestattet es, ohne Berücksichtigung einer Abfallskorrektur ausgedehnte Versuchsreihen entfernt vom Erzeugungsort durchzuführen. Die ungewöhnlich weiche β-Strahlung, deren Maximalenergie nur 0,159 MeV beträgt, sowie die Tatsache, daß keinerlei γ-Strahlen beim Zerfall des $^{14}C$ auftreten, schließen die Gefahr einer Strahlenschädigung beim Arbeiten im Laboratorium weitestgehend aus, da bereits die Glaswand der Reaktionsgefäße die weichen β-Strahlen völlig zurückhält. Zu Strahlenschäden kann es nur dann kommen, wenn $^{14}C$-markierte Substanzen eingeatmet oder anderweitig aufgenommen und dann im Organismus abgelagert werden. Eingeatmetes Radiokohlendioxyd dagegen hat kaum schädigende Folgen, da es schon nach 3 Std zu 95% wieder ausgeatmet wird[2,3]. Andererseits aber kompliziert die geringe Durchdringungsfähigkeit der sehr weichen β-Strahlen die Aktivitätsmessungen von $^{14}C$-Präparaten. In den meisten Fällen muß das zu untersuchende Material, das entweder als einheitliche Verbindung oder als $^{14}C$-haltiges Gewebe vorliegt, vor der Messung zu Kohlendioxyd verbrannt werden, dessen Aktivität sowohl direkt als auch nach Überführung in Bariumcarbonat bestimmt werden kann. Grundsätzlich kann jede Kohlenstoffverbindung direkt gemessen werden, da die sehr geringen Unterschiede in den Selbstabsorptions- und Streukoeffizienten bei organischen Verbindungen, die nur Elemente niedriger Kernladungszahl wie Kohlenstoff, Wasserstoff, Sauerstoff, Phosphor und Schwefel enthalten, einen Aktivitätsvergleich verschiedener Substanzen innerhalb geringer Fehler zulassen.

Leider machen es jedoch die großen Unterschiede im physikalischen Verhalten der einzelnen organischen Verbindungen unmöglich, eine einheitliche Präparationsvorschrift

---

[1] FELDSTEIN, O., and E. BRODA: Nature **168**, 599 (1951).
[2] BUCHANAN, D. L.: Nuclear Sci. Abstr. **5**, 532, Nr. 3330 (1951).
[3] BRUES, A. M., and A. N. STROUD: Nuclear Sci. Abstr. **5**, 238, Nr. 1493 (1951).

aufzustellen, so daß diese so einfach erscheinende Meßmethodik meist nicht angewendet werden kann.

Man ist daher auf chemisch einheitliche Verbindungen angewiesen, in die sich alle organischen Substanzen nach bekannten Analysenverfahren der organischen Chemie leicht und quantitativ überführen lassen. Es sind dies das Kohlendioxyd bzw. die Carbonate der Erdalkalien. Von den letztgenannten hat sich das Bariumcarbonat wegen seiner guten Krystallisationsfähigkeit und Filtrierbarkeit am günstigsten erwiesen, obwohl Verbindungen wie Calciumcarbonat oder Magnesiumcarbonat wegen ihres leichteren Molekulargewichtes das Gewichtsverhältnis wesentlich zugunsten des Kohlenstoffs verschieben. Es sind auch Meßpräparate als Calciumcarbonat hergestellt worden[1], die je Gewichtseinheit doppelt soviel Kohlenstoff enthalten wie die entsprechenden Bariumcarbonatpräparate, so daß sich eine gegenüber dem Bariumcarbonat verdoppelte Meßempfindlichkeit beobachten läßt (vgl. auch S. 784, Abs. 3). Außerdem soll das Calciumcarbonat in viel geringerem Maße mit dem Kohlendioxyd der Luft austauschen.

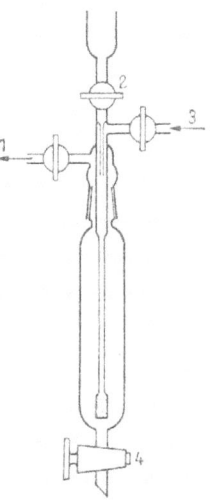

Abb. 16. Gefäß zur Absorption von $^{14}$C-markiertem Kohlendioxyd[2].

**Oxydationsverfahren in Anlehnung an die trockene Verbrennung der Elementaranalyse.** Die Verbrennung der $^{14}$C-markierten Substanzen erfolgt unter ähnlichen Bedingungen, wie sie für die organische Elementaranalyse üblich sind. Da es sich hierbei meistens darum handelt, den in Kohlendioxyd übergeführten Kohlenstoff zu erfassen und auf die Wasserstoffbestimmung ganz verzichtet werden kann, ergeben sich gegenüber der normalen Verbrennungsanalyse gewisse Unterschiede. An Stelle der beiden Absorptionsgefäße wird z. B. nur eins verwendet, das dazu dient, das markierte Kohlendioxyd in Natronlauge aufzunehmen, aus der es später als Bariumcarbonat ausgefällt wird. Da somit das Absorptionsgefäß nicht gewogen werden muß, wird die Analyse wesentlich vereinfacht. So sind z. B. die zusätzlichen Füllungen des Verbrennungsrohres zur Bindung der störenden Nebenprodukte aus halogen- oder stickstoffhaltigen Substanzen nicht erforderlich. Nur die Verbrennungen schwefelhaltiger Substanzen machen eine Füllung aus Silberwolle am Ende der Verbrennungszone notwendig, damit kein in der Natronlauge absorbiertes Schwefeltrioxyd das auszufällende Bariumcarbonat durch Bariumsulfat verunreinigt.

Das verwendete Absorptionsgefäß zeigt Abb. 16. Die als Absorptionsmittel dienende Natronlauge (bis zu 1 n) muß gegenüber der zu erwartenden Kohlendioxydmenge in mindestens fünffachem Überschuß vorliegen. Ferner hat man dafür zu sorgen, daß der in das Absorptionsgefäß eintretende Gasstrom durchgesaugt wird, damit die in der Glasfritte herrschenden Capillarkräfte keinen Überdruck in der Apparatur verursachen, der zu Substanzverlusten führen kann.

Nach Beendigung der Verbrennung läßt man über Hahn *3* kohlendioxydfreien Stickstoff oder Sauerstoff bis zum Druckausgleich in das Absorptionsgefäß ein, schließt dann Hahn *3* und bringt vor dem zu öffnenden Hahn *1* ein Natronkalkröhrchen an. Nun wird das Fällungsgefäß, in das das Auslaufrohr von Hahn *4* des Absorptionsgefäßes hineinreicht, ebenfalls mit kohlendioxydfreiem Stickstoff oder Sauerstoff gut durchgespült und anschließend durch Hahn *4* die Natronlauge in das Fällungsgefäß abgelassen. Nach Schließen von *4* wird an Hahn *1* schwaches Vakuum gelegt, das über Hahn *2* eine der Natronlauge äquivalente Lösung von Ammoniumchlorid in das Absorptionsgefäß saugt. Auch diese gelangt dann über Hahn *4* in das Ausfällungsgefäß. Nachdem die letzten Spuren der Natronlauge mit kohlendioxydfreiem Wasser ausgewaschen worden sind, wird die Carbonatlösung im Ausfällungsgefäß durch Zugabe einer doppelt äquivalenten Menge

---
[1] BEAMER, W. H., and G. J. ATCHISON: Analyt. Chem., Washington **22**, 303 (1950).
[2] CALVIN, M., C. HEIDELBERGER, J. G. REID, B. M. TOLBERT and P. E. YANKWICH: Isotopic Carbon S. 97. 1949.

an Bariumchlorid in 1 m Lösung umgesetzt. Das Reaktionsgefäß wird umgeschüttelt und für weitere 20 min ein kohlendioxydfreier Gasstrom über die Flüssigkeitsoberfläche geleitet.

Durch den Ammoniumchloridzusatz wird die Hydroxylionen-Konzentration der Lösung so weit vermindert, daß kein Bariumhydroxyd mit dem Bariumcarbonat ausfallen kann. Der aus ammoniakalischer Lösung ausgefallene Niederschlag weist überdies eine für die weitere Verarbeitung günstige Beschaffenheit auf.

Sehr gut geeignet für die Bereitung von Meßpräparaten, besonders von solchen mit „unendlich dicker Schicht" (vgl. S. 784), sind grob krystalline Niederschläge, da diese beim Trocknen keine Risse bilden. Zu diesem Zweck wird das Bariumcarbonat aus einer verdünnten Lösung, die bis nahe zum Siedepunkt erhitzt ist, ausgefällt, indem man das Fällungsmittel ($BaCl_2$) in gleichmäßigem Strahl langsam zufließen läßt[1].

Auch hier ist es empfehlenswert, mit einem 20%igen Überschuß an Ammoniumchlorid gegenüber der vorhandenen Natronlauge zu arbeiten.

Anschließend muß schnell filtriert werden, um die Lösung nur ganz kurz dem Kohlendioxyd der Luft auszusetzen. Während man den Niederschlag in einen gewogenen Glasfiltertiegel filtriert, ist es ratsam, diesen mit einem Uhrglas abzudecken. Um eine ausreichende Filtriergeschwindigkeit zu gewährleisten, muß die Größe der Filterplatte entsprechend gewählt werden. Nach dem Absaugen wird mit heißem Wasser nachgewaschen, bei 120° getrocknet und gewogen.

Die Bariumcarbonatpräparate müssen immer trocken und unter Ausschluß von kohlendioxydhaltiger Luft (am besten im Exsiccator über Natronkalk) aufbewahrt werden, da sonst das $Ba^{14}CO_3$ merklich sein radioaktives $CO_2$ gegen inaktives der Luft austauscht, so daß beachtliche Aktivitätsverluste auftreten können. Dies gilt besonders für Standardpräparate aus Bariumcarbonat, die über einen längeren Zeitraum benutzt werden müssen. Man hat z. B. bei der Lagerung der Präparate an der freien Atmosphäre eines organischen Laboratoriums nach 9 Wochen einen Aktivitätsverlust bis zu 6% festgestellt[2].

Die Aktivität der Einwaage kann nun auf *zwei* Wegen ermittelt werden, wenn die Absorption in Natronlauge erfolgt ist. Nach dem *ersten* wird die spezifische Aktivität der Einwaage, wenn es sich um Substanzen bekannter stöchiometrischer Zusammensetzung handelt, mit Hilfe der beobachteten Aktivität des erhaltenen Bariumcarbonats errechnet. Hierbei ist es nicht notwendig, das ausgefällte Bariumcarbonat quantitativ zu erfassen, es genügt vielmehr, wenn ein bestimmter Teil des Niederschlages gewogen und gemessen wird, da sich ja die Gesamtmenge des ausfallenden Bariumcarbonats errechnen läßt, vorausgesetzt, daß der Niederschlag nur Carbonat-Ionen enthält, die von der Verbrennung herrühren.

Aus dem gemessenen Bruchteil des gesamt zu erwartenden Bariumcarbonatniederschlages muß seine Gesamtaktivität errechnet werden. Diese entspricht auch der Gesamtaktivität der verbrannten Substanz, deren spezifische Aktivität sich als Quotient von Gesamtaktivität und Einwaage ergibt. Das ausgefällte Bariumcarbonat kann, wenn reine Substanzen unbekannter Zusammensetzung vorliegen, natürlich auch zur Bestimmung des Kohlenstoffgehaltes der verbrannten Substanz dienen, wenn es quantitativ gesammelt wird. Vor derartigen Bestimmungen empfiehlt es sich jedoch immer, mit der Verbrennungsapparatur und der verwendeten Natronlauge einen Blindversuch anzustellen, um die Menge der noch vorhandenen Kohlendioxydverunreinigung, die ja mitgefällt wird, zu ermitteln, weil die Darstellung einer völlig carbonatfreien Natronlauge sehr schwierig ist. Eine verläßliche Aussage über den Kohlenstoffgehalt des verbrannten Materials und seine spezifische Aktivität läßt sich nur dann machen, wenn der Kohlendioxydgehalt der verwendeten Natronlauge einen bekannten geringen,

---

[1] REGIER, R. B.: Analyt. Chem., Washington **21**, 1020 (1949).
[2] CALVIN, M., C. HEIDELBERGER, J. G. REID, B. M. TOLBERT und P. E. YANKWICH: Isotopic Carbon. S. 125 (1949). — GÖTTE, H.: Angew. Chem. **63**, 89 (1951).

konstanten Wert hat, damit man die Beeinflussung der spezifischen Aktivität durch das vorliegende Kohlendioxyd berücksichtigen kann.

Eine *praktisch carbonatfreie Natronlauge*, deren Kohlendioxydgehalt vernachlässigbar klein ist, kann aus metallischem Natrium nach folgendem Verfahren bereitet werden:

30 g metallisches Natrium werden in möglichst großen Stücken unter Toluol sorgfältig von ihren Krusten befreit und ausgewogen. Die Stücke werden dann in Hexan gespült, mit Filtrierpapier getrocknet und einzeln in einen Erlenmeyer-Kolben mit 300 cm³ gut ausgekochtem Alkohol gegeben. Durch die Entwicklung von Wasserstoff und Alkoholdampf wird der Zutritt von Kohlendioxyd aus der Luft verhindert. Läßt die Wasserstoffentwicklung nach, gießt man vorsichtig gut ausgekochtes kaltes Wasser hinzu und verschließt den Kolben mit einem Natronkalkrohr. Die alkoholische Lösung wird anschließend mit 800 cm³ gut ausgekochtem Wasser vermischt und ihr Gehalt durch Titration bestimmt. Die so hergestellte Natronlauge ist etwa 1 n und kann in dem in Abb. 17 skizzierten Gefäß mindestens 3 Monate ohne wesentliche Zunahme an Carbonatgehalt aufbewahrt werden.

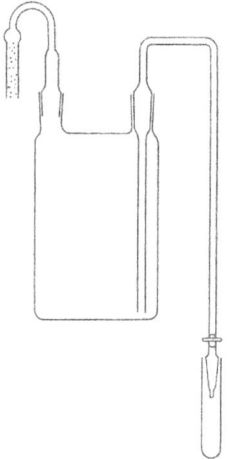

Abb. 17. Vorratsgefäß zur Aufbewahrung kohlendioxydfreier Natronlauge ².

Die ersten Tropfen der auslaufenden Lauge sind jedesmal zu verwerfen. Es ist zweckmäßig, den Auslauf nach Gebrauch mit einem Schutzgefäß zu verschließen.

Ein anderes Verfahren[1] zur Herstellung carbonatfreier Natronlauge beruht auf der Verwendung eines stark basischen Ionenaustauschers. Man füllt eine Röhre von 50 cm³ Inhalt zu ²/₃ mit IRA-400 (Amberlite)\* und kann dann damit, da die Beladbarkeit dieses Harzes 1,43 mÄq/g beträgt, 1 Liter 0,1 n Natronlauge herstellen. In diesem Fall wird die Ausgangslösung aus NaOH-Plätzchen ohne besondere Vorsichtsmaßregeln zum Anschluß des Kohlendioxyds bereitet und dann langsam über das in der Cl-Form vorliegende Harz geschickt. Man sammelt den Durchlauf, sobald er chloridfrei wird (falls man auf die Abwesenheit von Chlor Wert legt), in einem gegen die Atmosphäre abgeschlossenen Vorratsgefäß und titriert die erhaltene Natronlauge.

Um das Harz zu regenerieren, wird es mit konz. Salzsäure wieder in die Cl-Form rückgeführt, wobei die am Austauscher gebundene Kohlensäure entweicht. Natronlauge ist zur Regeneration ungeeignet.

Der *zweite* Weg dient der Aktivitätsbestimmung von Substanzen wie $^{14}C$-haltigen Geweben, deren stöchiometrische Zusammensetzung nicht bekannt ist. In diesem Fall läßt sich die Menge des anfallenden Bariumcarbonats nicht im voraus berechnen und es muß daher quantitativ gesammelt werden. Nur aus dem Gewicht des entstandenen $Ba^{14}CO_3$ läßt sich, wenn nur ein Bruchteil des Materials gemessen werden kann, die Gesamtaktivität der verbrannten Substanz bestimmen.

Werden stöchiometrisch definierte Substanzen verbrannt und die Verbrennungsprodukte in carbonathaltiger Natronlauge unbekannten $CO_2$-Gehalts aufgefangen, so liegen die Verhältnisse ebenso. Auch hier ist es nicht möglich, das insgesamt anfallende Bariumcarbonat zu berechnen, da das radioaktive Kohlendioxyd durch die in der Lösung vorhandene unbekannte Carbonatmenge verdünnt wird. Es muß daher das gesamte Bariumcarbonat quantitativ bestimmt werden.

Eine weitere Voraussetzung für einwandfreie Ergebnisse ist die vollständige Verbrennung der Untersuchungssubstanzen, auch wenn für die Aktivitätsbestimmung nicht das gesamte Bariumcarbonat benötigt wird. Einerseits kann nämlich der sogenannte

---

\* Bezugsquelle: Serva-Entwicklungslabor von Grothe & Co., Heidelberg, Dossenheimer Landstraße 63.

[1] DAVIDES, C. W., and G. H. NANCOLLAS: Nature **165**, 237 (1950).

[2] CALVIN, M., C. HEIDELBERGER, J. G. REID, B. M. TOLBERT and P. E. YANKWICH: Isotopic Carbon S. 84. 1949.

Isotopieeffekt[1] auftreten und fehlerhafte Ergebnisse herbeiführen, andererseits können die einzelnen Kohlenstoffatome in Abhängigkeit von der chemischen Bindung durchaus verschieden verbrennen[2] und so die entstehenden Bariumcarbonatpräparate molspezifische Aktivitäten aufweisen, die von der verbrannten Substanz verschieden sind. Bei der Untersuchung der Verbrennungsprodukte von Xanthylharnstoff, dessen Harnstoffrest mit $^{14}C$ markiert war, hat man durch Auffangen der Verbrennungsgase in verschiedenen Zeitabständen festgestellt, daß bei der trockenen Oxydation die am Sauerstoff gebundenen Kohlenstoffatome zuerst, die am Wasserstoff gebundenen zuletzt verbrannt werden, während die Oxydation bei nasser Verbrennung gerade umgekehrt verläuft. Die Vollständigkeit der Verbrennung wird aus diesem Grund am besten an Hand einer üblichen C—H-Bestimmung kontrolliert.

Um homogene Meßpräparate zu erhalten, ist es daher auch unbedingt notwendig, das ausgefällte Bariumcarbonat durch Rühren und Umschütteln in der Bariumchloridlösung gleichmäßig zu verteilen.

Nach einem abgewandelten PREGLschen Verfahren können Kohlenstoff und Wasserstoff zusammen mit der $^{14}C$-Aktivität bestimmt werden. Von ANDERSON, DELABARRE und BOTHNER-BY[3] stammt ein Verfahren, das eine bereits bekannte Methode zur Kohlenstoff-Wasserstoffbestimmung[4] auch für den Nachweis von $^{14}C$-Aktivitäten nutzbar macht. Die dazu verwandte Apparatur ist in Abb. 18 dargestellt.

Das Verbrennungsrohr aus Quarz, das mit Silberwolle, Kupferoxyd und einem Platindrahtnetz beschickt wird, ist so lang, daß bis zu 7 Schiffchen darin Platz finden. Dadurch können, wenn die Apparatur einmal in Betrieb ist, ohne großen Zeitverlust die einzelnen Verbrennungen schnell hintereinander durchgeführt werden. Der zur Verbrennung benötigte Sauerstoff ist nach den üblichen Vorschriften zu reinigen und vorzuerhitzen. Werden Substanzen verbrannt, die keinen Stickstoff enthalten, so schaltet man hinter die Verbrennungsöfen *1* und *2* ein Verbindungsstück ein. Liegen jedoch stickstoffhaltige Substanzen vor, wird dieses Zwischenstück durch einen Apparateteil ersetzt, in dem die Stickoxyde an reduziertem Kupfer zu Stickstoff und Sauerstoff zersetzt werden (s. Abb. 18a).

Die Anordnung wird vervollständigt durch zwei Fallen und mehrere Volumengefäße, die mit einem Manometer verbunden sind. Die gesamte Apparatur wird über eine Rückdiffusionsfalle mit einer Vakuumpumpe evakuiert.

Das in Abb. 18b gezeigte 2-Flüssigkeitsmanometer ist der am schwierigsten herstellbare Teil der Apparatur. Es besteht aus einem U-förmig gebogenen Rohr von 10 mm Durchmesser. Auf den Rohrenden der beiden 220 mm langen Schenkel sitzen zwei Zylinder von 37 mm Durchmesser und 60 mm Länge. Von dem linken Zylinder zweigen zwei 10 mm weite Rohre ab, das eine in horizontaler Richtung und das andere vertikal in Verlängerung der Zylinderachse. Dieses Rohr ist nach Anschmelzen eines Kölbchens nach oben weiter geführt und geht nach einer Biegung um 180° in einen gleich dimensionierten dritten Zylinder über, der genau in der Achse des zweiten Zylinders steht. Diese beiden Zylinder sind durch eine Capillare miteinander verbunden; außerdem ist an dem oberen Zylinder noch ein zweites Kölbchen angeschmolzen. Nachdem die ganze Anordnung gründlich gesäubert worden ist, wird in das erste Kölbchen gereinigtes Queck-

---

[1] CLUSIUS, K.: Angew. Chem. **56**, 241 (1943). — UREY, H.: Soc. **1947**, 562. — LINDSAY, J. G., D. E. MCELCHERAN and H. G. THODE: J. chem. Physics **17**, 589 (1949). — YANKWICH, P. E., and M. CALVIN: J. chem. Physics **17**, 109 (1949). — ROPP, G. A.: Nucleonics 10, (Oct.) 22 (1952). — ROPP, G. A., and O. K. NEVILLE: Nucleonics 9, (Aug.) 22 (1951). — HARRIS, G. M.: Trans. Faraday Soc. **47**, 716 (1951). — YANKWICH, P. E., E. C. STIVERS and R. F. NYSTROM: J. chem. Physics **20**, 344 (1952). — DOWNES, A. M., and G. M. HARRIS: J. chem. Physics **20**, 196 (1952). — YANKWICH, P. E.: Analyt. Chem., Washington **21**, 318 (1949). — BIGELEISEN, J.: J. Chem. Physics **17**, 675 (1949).
[2] ARMSTRONG, W. D., L. SINGER, S. H. ZBARSKY and B. DUNSHEE: Science, N. Y. **112**, 531 (1950).
[3] ANDERSON, R. C., Y. DELABARRE and A. A. BOTHNER-BY: Analyt. Chem., Washington **24**, 1298 (1952).
[4] NAUGHTEN, J. J., and M. M. FRODYMA: Analyt. Chem., Washington **22**, 711 (1950).

silber und in das zweite Dibutoxytetraäthylenglykol eingefüllt, ein Öl, das sich durch geringe Viscosität und niedrigen Dampfdruck auszeichnet. Nach Zuschmelzen der beiden Kölbchen ist das gesamte System mit einer Hochvakuumpumpe zu evakuieren, wobei das Dibutoxytetraäthylenglykol durch mehrmaliges Erwärmen und Einfrieren entgast wird, bis sich ein konstantes Vakuum von $10^{-4}$ Torr einstellt. Nun destilliert man das Quecksilber aus dem ersten Kölbchen über, bis es eine Höhe von 2 cm in den unteren Zylindern erreicht hat. Nach Abschmelzen des Quecksilberkölbchens und der zu den beiden anderen Zylindern führenden Rohrverbindung wird das Dibutoxytetraäthylenglykol in den anderen Schenkel destilliert, bis es 1—2 cm hoch in der Capillare steht. Sobald

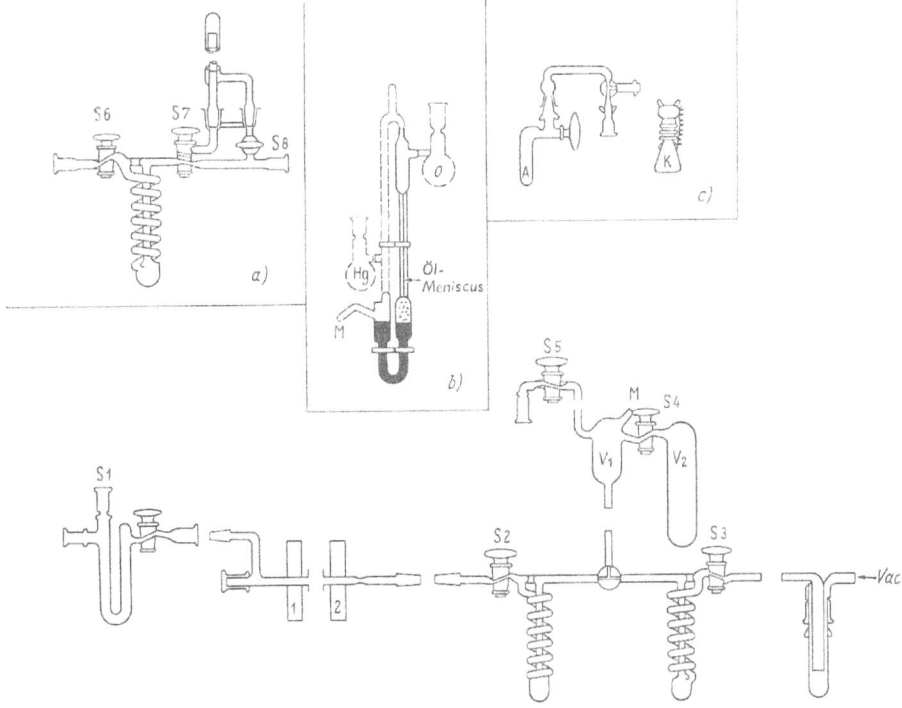

Abb. 18 a—c. Anordnung zur trockenen Verbrennung und Bestimmung $^{14}$C-haltiger Substanzen[1].

das Vakuum unverändert bleibt, schmilzt man auch dieses Kölbchen ab. Das Manometer ist nun ohne weitere Behandlung gebrauchsfertig, nur muß darauf geachtet werden, daß es durch Eindringen von Gasen in den das Öl enthaltenden Schenkel nicht unbrauchbar wird. Die so hergestellte Meßanordnung ist außerordentlich empfindlich, da schon ganz geringe Senkungen des Quecksilberspiegels genügen, um deutliche Niveauunterschiede im Öl hervorzurufen. Durch eine Noniuseinteilung ist es möglich, den Ölmeniscus bis auf 0,1 mm genau abzulesen.

Vor Beginn der Verbrennung werden die Öfen angeheizt und die Hähne $S_1$ und $S_5$ der Apparatur geschlossen, während die Hähne $S_2$, $S_3$ und $S_4$ offen bleiben. Alle Teile der Anordnung sind durch den Dreiwegehahn miteinander verbunden. Nach Kühlen der Rückdiffusionsfalle mit flüssigem Stickstoff wird das ganze System einige Minuten evakuiert. Ein Vakuum von $5 \times 10^{-3}$ Torr, das mit einer mechanischen Pumpe erzeugt wird, reicht vollkommen aus und sollte auch nicht überschritten werden, da noch niedere Drucke Gasausbrüche herbeiführen können, die falsche Analysenresultate ergeben.

Nach Ablesen des Druckes wird bei geöffnetem $S_1$ und geschlossenem $S_2$ Sauerstoff eingelassen, bis der Druck von 1 Atm. wieder hergestellt ist. Nun wird unter dauerndem

---

[1] ANDERSON, K. C., Y. DELABARRE and A. A. BOTHNER-BY: Analyt. Chem., Washington **24**, 1300 (1952).

Pumpen durch vorsichtiges Drehen von Hahn $S_2$ gerade so viel Sauerstoff in den Fallenteil eingelassen, daß das Manometer bei ständigem Abpumpen des einströmenden Gases auf 3 cm ansteigt. Bei diesem Stand des Manometers, das jetzt als Strömungsmesser dient, wird für die Dauer von 15 min Sauerstoff durch die Apparatur geleitet. Man führt jetzt einen Blindversuch durch, bei dem ein Sauerstoffstrom weitere 10 min lang mit der gleichen Strömungsgeschwindigkeit durch das System geleitet wird, während die Wassersammelfalle in einer Trockeneis-Acetonmischung und die Kohlendioxydfalle in flüssigem Stickstoff zu kühlen sind. Anschließend wird bei geschlossenem $S_2$ der Sauerstoff wieder abgesaugt und das Meßvolumen $V_1$ über den Dreiwegehahn mit der Kohlendioxydfalle verbunden. Der Hahn $S_4$ muß dabei geschlossen bleiben. Nachdem die Kohlendioxydfalle mit einem Wasserbad auf Zimmertemperatur gebracht worden ist, wird nach Einstellen des Gleichgewichtes der Druck abgelesen. Genau so wird der Wasserblindwert ermittelt. Eine fehlerfreie Anordnung darf zu keinerlei Druckschwankungen führen. Die Ursachen eventuell beobachteter Druckänderungen, die von verunreinigtem Sauerstoff herrühren können, müssen auf jeden Fall vor Beginn der eigentlichen Verbrennungen beseitigt werden.

Die zu verbrennende Substanz wird durch den Tubus des Verbrennungsrohres bei ausströmendem Sauerstoff eingebracht, wobei im Fallenteil ständig ein Manometerstand von 3 cm aufrecht erhalten bleiben muß. Nun wird der bewegliche Ofen innerhalb von 5 min über das Präparat gesetzt und die Gefäße mit den Kältebädern unter den Fallen angebracht. Das Verbrennungsrohr wird nach Schließen von $S_1$ über Hahn $S_2$, der so langsam geöffnet wird, daß die Manometerablesung konstant bleibt, evakuiert. Nach der Verbrennung wird der Ofen erneut über das Präparat gebracht und bei geöffnetem Hahn $S_1$ 2 min lang Sauerstoff unter den gleichen Strömungsbedingungen durchgeleitet. Die Verbrennungszeiten sind mit der Stoppuhr zu bestimmen. Nach Schließen von $S_1$ wird das System 3—5 min evakuiert. Bei geschlossenen Hähnen $S_2$ und $S_3$ wird nun der Weg von der Kohlendioxydfalle zu den Volumengefäßen $V_1$ und $V_2$ geöffnet. Nach Erwärmen der Falle auf Zimmertemperatur wird der Kohlendioxyddruck gemessen, worauf das Kohlendioxyd in das Gefäß $A$ (Abb. 18c) übergeführt wird. In gleicher Weise ist dann der Wasserwert zu bestimmen.

Die Verbrennung stickstoffhaltiger Präparate geschieht in der gleichen Weise wie die nicht stickstoffhaltiger Verbindungen, nur wird an Stelle des Zwischenstückes ein Apparateteil eingeschaltet, der das für die Zersetzung der Stickoxyde bestimmte reduzierte Kupfer enthält (Abb. 18a). Die Kältefalle dieses Teiles wird in flüssigen Stickstoff getaucht. Der Hahn $S_6$ reguliert an Stelle von Hahn $S_2$ den Sauerstoffstrom. Bei geöffnetem $S_8$ wird der Sauerstoff entfernt, während sich alle anderen Gase in der Kühlfalle ansammeln. Nach vollständiger Verbrennung evakuiert man die Apparatur bei geschlossenem $S_8$. Anschließend werden die eingefrorenen Gase aus der mit Wasser erwärmten Falle durch Hahn $S_7$ bei geöffnetem $S_8$ über das im Umgehungsweg $S_7$ und $S_8$ befindliche, vorher erhitzte Kupfer geleitet. Die Verbrennungsprodukte Kohlendioxyd und Wasser gelangen unverändert, ohne Beimischung fremder Bestandteile, in die dafür vorgesehenen Fallen, da die durch Reduktion der Stickoxyde entstandenen Gase, Stickstoff und Sauerstoff, unter den gegebenen Versuchsbedingungen nicht mehr kondensiert werden können. Nach Evakuieren des Systems wird die Druckmessung von Kohlendioxyd und Wasser wie oben beschrieben vorgenommen.

Für die Eichung der Apparatur verwendet man Substanzen bekannter stöchiometrischer Zusammensetzung und bestimmt nach der Verbrennung die am Manometer ablesbare Niveaudifferenz je Milligramm Kohlenstoff bzw. Wasserstoff. Versuche mit Benzoesäure ergaben einen Anstieg von $6{,}17 \pm 0{,}016$ cm je Milligramm Kohlenstoff und $35{,}85 \pm 0{,}17$ cm je Milligramm Wasserstoff. Massenspektrometrische Messungen, die nach der Bestimmung an den einzelnen Gasen durchgeführt wurden, bewiesen, daß die Trennung zwischen Kohlendioxyd und Wasser vollständig war.

Zur Aktivitätsbestimmung wird das $^{14}CO_2$ nach der Druckmessung mit Hilfe von flüssigem Stickstoff über den Hahn $S_5$ in das Gefäß $A$ kondensiert, bevor es als Bariumcarbonat ausgefällt wird. Auf eine quantitative Überführung kann verzichtet werden, da die Gesamtmenge ja aus der quantitativen Bestimmung bekannt ist und die Gesamtaktivität infolgedessen aus der Aktivität einer bestimmten Teilmenge des Bariumcarbonatniederschlages leicht errechnet werden kann. Die so erzielten Resultate können durch eine Druckmessung des nicht kondensierten Teiles bequem kontrolliert werden.

Das verschlossene Gefäß $A$ wird nun mit seinem Überführungsstück an das Kölbchen $K$ angeschlossen, in dem sich 4 cm³ einer Bariumhydroxydlösung bekannten Gehaltes befinden. Man evakuiert $K$ mit einer Wasserstrahlpumpe verbindet $A$ und $K$ über den Dreiwegehahn miteinander und öffnet auch den Hahn von $A$.

Damit das Kohlendioxyd, das sofort als Bariumcarbonat ausfällt, vollständig absorbiert wird, muß das Ganze heftig geschüttelt werden. Nach beendeter Reaktion wird das überstehende Bariumhydroxyd sofort mit 0,1 n Salzsäure gegen Phenolphthalein titriert. Dadurch hat man die Möglichkeit, die übergegangene Menge an Kohlendioxyd zu bestimmen bzw. die Druckmessung noch einmal zu kontrollieren.

Durch die sofortige Neutralisation mit Salzsäure wird auch die Gefahr der Aufnahme von Kohlendioxyd aus der Luft verringert. Um den schon erwähnten Austausch von inaktivem gegen aktives Kohlendioxyd zu vermeiden, muß jedoch das Gefäß $K$ mit einer Kappe verschlossen werden, damit der atmosphärischen Luft der Zutritt verwehrt wird. Das ausgefallene Bariumcarbonat ist nach einer der schon beschriebenen Methoden zu verarbeiten und zu messen.

Die zur Fällung benutzte Bariumhydroxydlösung bekannten Titers wird folgendermaßen bereitet: Man stellt sich zuerst eine gesättigte Bariumhydroxydlösung her, indem man zu frisch ausgekochtem Wasser einen Überschuß an Bariumhydroxyd gibt. Von dieser Lösung, die unter einem Natronkalkrohr aufbewahrt werden muß, werden 2,4 Liter durch einen Siphon in eine Flasche gebracht, in der sich eine kohlendioxydfreie Stickstoffatmosphäre befindet. Man fügt eine zweite Lösung von 51,6 g Bariumchlorid in 880 cm³ Wasser zu, gibt das Gemisch in eine unter Stickstoff stehende Bürette und titriert mit 0,1 n Salzsäure gegen Phenolphthalein. In den Kolben $K$ werden nun nach Ausspülen mit kohlendioxydfreiem Stickstoff 4 cm³ der so bereiteten Lösung gegeben.

Werden hochaktive Substanzen verbrannt, so liefern sie häufig schlecht auszuwertende Meßpräparate. Einmal kann ihre spezifische Aktivität so groß sein, daß sie nicht mehr gut mit dem Zählrohr zu messen ist, zum anderen kann das Bariumcarbonat in so geringen Mengen anfallen, daß es nicht mehr sicher zu handhaben ist. Diese Schwierigkeiten lassen sich jedoch durch entsprechende Zugabe von Träger vermeiden.

Nach dem einen Verfahren kann man der Natronlauge vor der Fällung des Bariumcarbonats eine bekannte Menge Carbonationen zusetzen, nach einem anderen wird die radioaktive Verbindung und eine bekannte Menge inaktiver Verbindung in zwei Schiffchen in das Verbrennungsrohr gebracht. Zuerst wird die aktive Verbindung verbrannt und anschließend die inaktive. Ein großer Vorteil dieser Methode liegt darin, daß das radioaktive Kohlendioxyd mit dem inaktiven Kohlendioxyd ausgespült wird. Dadurch werden Aktivitätsverluste vermieden, die durch Adsorption von Kohlendioxyd an Kupferoxyd entstehen können (bei Einwaagen von 1 mg wurden bis zu 8% Kohlendioxydverluste festgestellt).

Ein Mitverbrennen inaktiver Substanz bei der Analyse stark aktiver Präparate ist also schon deshalb erforderlich, damit bei einer nachfolgenden Aktivitätsbestimmung schwächerer Präparate keine Fehler entstehen können.

In Tabelle 2 sind Meßergebnisse von Präparaten aufgeführt, die nach beiden Methoden verdünnt wurden. Ein Vergleich zeigt deutlich die Ausspülwirkung durch den inaktiven mitverbrannten Zusatz.

**Oxydation in der Mikrobombe.** In vielen Fällen, bei denen neben der Aktivitätsbestimmung eine Kohlenstoffbestimmung nicht erforderlich erscheint, führt eine

Verbrennung in der Mikrobombe[1] sehr viel einfacher und schneller zum Ziel. Dies gilt z. B. für die Aktivitätsbestimmung von Substanzen unbekannter stöchiometrischer Zusammensetzung, vor allem aber für Reihenuntersuchungen von Gewebeteilen, die aus biologischen Versuchen stammen. Das bei allen diesen Oxydationen anfallende Bariumcarbonat muß jedesmal, da seine Menge sich im voraus ja nicht berechnen läßt, in seiner Gesamtheit gewogen werden, wenn man die Aktivität der Untersuchungssubstanz ermitteln will. Enthält das zu oxydierende Material außer Kohlenstoff noch Elemente wie Schwefel, Phosphor oder Arsen, so werden diese mit dem Bariumcarbonat zusammen als Sulfat, Phophat oder Arsenat ausgefällt. Ist das Mengenverhältnis dieser Elemente dem Kohlenstoff gegenüber nicht zu groß, dann ist der Fehler bei der Messung dieser Mischfällungen nur unerheblich, andernfalls muß eine Reinigung des $Ba^{14}CO_3$ erfolgen (vgl. S. 810).

Tabelle 2. *Einfluß des „Ausspülens" mit inaktivem Kohlendioxyd auf die ermittelte Aktivität*[2].

| Verbrannte Verbindung | Einwaage in mg | Spez. Aktivität × $10^5$ | Träger |
|---|---|---|---|
| β-Naphthalincarbonsäure . . | 1,180 | 1,00 | Natriumcarbonat |
|  | 1,451 | 1,07 | 26 mg Benzoesäure |
|  | 1,181 | 1,08 | 31 mg Benzoesäure |
| Dibenzanthracen . . . . . | 1,092 | 0,615 | Natriumcarbonat |
|  | 1,159 | 0,670 | 17 mg Benzoesäure |

Vor Beginn der Verbrennung werden 225 mg Kaliumnitrat oder Kaliumchlorat in die in Abb. 19 skizzierte Bombe eingefüllt; darauf folgt die zu oxydierende, abgewogene Substanz, die durch Zusatz von Zucker auf ein Gewicht von 75 mg gebracht wird. Zum Schluß gibt man noch 1,5 g Natriumperoxyd dazu. Nachdem die Bombe verschlossen ist, wird der Inhalt durch kräftiges Schütteln vermischt und das untere Ende des Geräts auf eine harte Unterlage aufgestoßen, damit das Stoffgemisch nach unten zusammensackt. Man leitet die Zündung mit einer kleinen spitzen Gebläseflamme ein, die etwa 5—10 sec mit dem unteren Ende der Bombe in Berührung bleibt. Ist die Reaktion, die deutlich hörbar abläuft, beendet, läßt man zunächst 90 sec an der Luft abkühlen und taucht dann die Bombe noch kurze Zeit in Wasser. Anschließend wird sie gut abgetrocknet, geöffnet und in ein Becherglas mit heißem destilliertem Wasser gebracht. Das Becherglas ist mit einem Uhrglas abzudecken, damit die Substanz nicht durch den sich entwickelnden Sauerstoff verspritzt wird, der sich bildet, wenn das überschüssige Peroxyd mit dem Wasser reagiert. Nach etwa 5 min hat sich die Schmelze klar gelöst, bis auf einige Flocken schwarzen Nickeloxyds, die durch Oxydation des Bombenmaterials entstanden sind (aus Sicherheitsgründen ist es ratsam, die Bombe nach einem Gewichtsverlust von 1% nicht mehr zu verwenden). Um diese Flocken zu entfernen, wird die Lösung durch eine Glasfilternutsche abgesaugt.

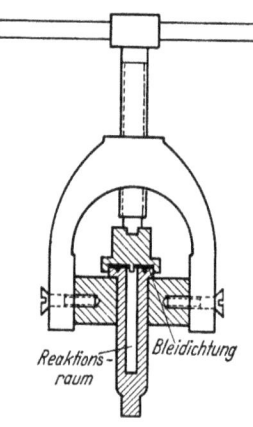

Abb. 19. Mikrobombe nach PARR zur Verbrennung $^{14}$C-haltiger Substanzen[1].

Nach sorgfältigem Ausspülen von Bombe, Uhrglas und Nutsche mit heißem destilliertem Wasser wird die abgekühlte Lösung mit 15 cm³ 40%igem Formaldehyd versetzt, um noch vorhandenes Wasserstoffperoxyd zu reduzieren, da anderenfalls bei der späteren Zugabe von Bariumchlorid Bariumperoxyd mit ausfällt. Wenn die Wasserstoffentwicklung beendet ist, fällt man das Bariumcarbonat durch Zugabe von 2,5 cm³ einer 6 n Ammoniumchloridlösung und 5 cm³ einer 1 n Bariumchloridlösung aus. Nach

---

[1] CALVIN, M., C. HEIDELBERGER, J. C. REID, B. M. TOLBERT and P. E. YANKWICH: Isotopic Carbon. S. 90. 1949.
[2] CALVIN, M., C. HEIDELBERGER, J. G. REID, B. M. TOLBERT and P. E. YANKWICH: Isotopic Carbon. S. 87. 1949.

20 min wird der Niederschlag auf einem Glasfiltertiegel gesammelt, gewaschen, getrocknet und gewogen.

Für den gleichen Zweck kann auch die von WURZSCHMITT[1] angegebene Mikrobombe für Mikro- sowohl als auch für Makroansätze verwendet werden. Es handelt sich hier um eine wesentlich mildere Verbrennung, bei der die Zündung (ebenfalls akustisch wahrnehmbar) mit Hilfe einer Sparflamme erfolgt. An Stelle von Zucker werden zuerst 8 Tropfen (etwa 170 mg) Äthylenglykol in die Bombe gegeben. Diese Substanz reagiert bereits bei 56° mit dem Peroxyd und setzt so die Oxydation in Gang. Darauf folgt die eingewogene Analysensubstanz, während das Natriumperoxyd über beides geschichtet wird.

**Oxydation nach VAN SLYKE in flüssiger Phase.** Neben der trockenen Verbrennung gewinnt die nasse Oxydation nach VAN SLYKE zur Herstellung von $^{14}$C-Meßpräparaten immer mehr an Bedeutung. Für die Analyse von organischen Substanzen werden verschiedene Oxydationsmischungen von wechselnder Zusammensetzung verwendet[2-4].

Eine dieser Mischungen eignet sich zur Oxydation aller organischen Verbindungen mit Ausnahme von Kohlenhydraten und Polyalkoholen, eine andere ist besonders gut anwendbar, um diese zuletzt genannten Verbindungen zu oxydieren. Beide Mischungen bestehen jeweils aus einem festen und einem flüssigen Anteil. Für den festen Anteil der ersten Mischung werden 1 Teil Kaliumdichromat und 1 Teil Kaliumjodat miteinander verrieben. Der flüssige Anteil setzt sich zusammen aus 67 cm³ rauchender Schwefelsäure mit einem Gehalt von 20% Schwefeltrioxyd und 33 cm³ sirupöser Phosphorsäure mit einem spezifischen Gewicht von 1,7—1,72, die zusammen mit 1 g Kaliumjodat so lange auf 160—190° C erhitzt werden, bis sich das Salz gelöst hat. Während dieses Vorganges werden auch die letzten noch vorhandenen Reste organischer Substanzen zerstört.

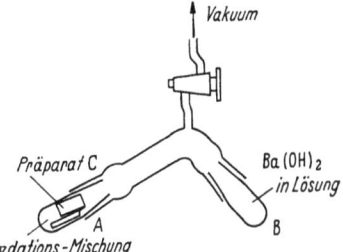

Abb. 20. Einfache Vorrichtung zur nassen Oxydation organischer Substanzen, die radioaktiven Kohlenstoff enthalten[5].

Bei der zweiten Mischung besteht der feste Anteil aus 1 Teil Kaliumdichromat und 10 Teilen Kaliumjodat; der flüssige Anteil wird hergestellt aus 50 cm³ Schwefelsäure (spezifisches Gewicht 1,84) und 50 cm³ Phosphorsäure (spezifisches Gewicht 1,72). Die Mischung wird gleichfalls nach Zugabe von 1,5 g Kaliumjodat auf 160—190° C erhitzt.

Fester und flüssiger Anteil der bereiteten Mischungen werden am besten voneinander getrennt aufbewahrt, da sich andernfalls die Reagentien nach einiger Zeit zersetzen.

Vor der Oxydation wird zuerst die zu untersuchende Substanzprobe in das Reaktionsgefäß eingefüllt. Die Mengen an festem und flüssigem Oxydationsreagens, die anschließend zugegeben werden, richten sich nach der Menge des zu oxydierenden Kohlenstoffs.

Für Submikroansätze von 0,1—0,7 mg Kohlenstoff sind 0,15 g festes und 2 cm³ flüssiges Reagens notwendig, und für Mikrooxydationen von 0,7—3,5 mg Kohlenstoff 0,3 g festes und 2 cm³ flüssiges Oxydationsmittel; Makrooperationen von 7—15 mg Kohlenstoff erfordern 1 g von der festen und 5 cm³ von der flüssigen Mischung. Die angeführten Oxydationsmischungen gewährleisten eine vollständige Verbrennung jeglichen organischen Materials innerhalb von 1—3 min. Nur schwer oxydierbare organische Verbindungen, wie z. B. die Acetylgruppe von Natriumacetat, verlangen ein längeres Erhitzen.

Eine sehr einfache Apparatur zur Durchführung nasser Oxydationen ist in Abb. 20 dargestellt. Der kleine Behälter *C* enthält 5—10 mg der zu oxydierenden Verbindung,

---

[1] WURZSCHMITT, B.: Chem.-Ztg. **74**, 356 (1950).
[2] SLYKE, D. D. VAN, J. PLAZIN and J. R. WEISIGER: J. biol. Ch. **191**, 299 (1951).
[3] SLYKE, D. D. VAN, and J. FOLCH: J. biol. Ch. **136**, 509 (1940).
[4] SLYKE, D. D. VAN: Analyt. Chem., Washington **26**, 1706 (1954).
[5] CALVIN, M., C. HEIDELBERGER, J. G. REID, B. M. TOLBERT and P. E. YANKWICH: Isotopic Carbon S. 93. 1949.

in $A$ befindet sich die Oxydationsmischung und in $B$ eine 0,25 n Bariumhydroxydlösung. Die zusammengesetzte Apparatur wird kurze Zeit vorsichtig evakuiert, damit später das entstehende Kohlendioxyd schneller nach $B$ diffundieren kann. Nach Schließen des Hahnes wird die Substanzprobe durch vorsichtiges Schütteln mit dem Oxydationsreagens zusammengebracht und das entstandene Gemisch 10—15 min mit schwacher Flamme erhitzt. Man wartet dann noch 5 min, um dem Kohlendioxyd Gelegenheit zu geben, vollständig in die Bariumhydroxydlösung zu diffundieren, bevor man das ausgefällte Bariumcarbonat über einem Filtertiegel filtriert, wäscht, trocknet und wägt.

Bei diesem Oxydationsverfahren nach VAN SLYKE kann es vorkommen, daß bei der Verbrennung organischer Substanzen Schwefeltrioxyd mit in das Bariumhydroxyd gelangt, so daß der Bariumcarbonatniederschlag durch ausgefälltes Bariumsulfat verunreinigt ist. Ebenso können solche und andere Verunreinigungen, z. B. Bariumphosphat oder -arsenat, im Bariumcarbonat auftreten, wenn die Substanz in einer Mikrobombe verascht wurde[1] (vgl. S. 807). Mit der in Abb. 21 gezeigten Apparatur ist es möglich, das so verunreinigte Bariumcarbonat zu reinigen. Außerdem kann man mit diesem Gerät den Isotopieeffekt studieren oder Untersuchungen nach ARMSTRONG durchführen[2] (s. S. 804), da sich das während einer Oxydation entstehende Kohlendioxyd in getrennten Fraktionen auffangen läßt.

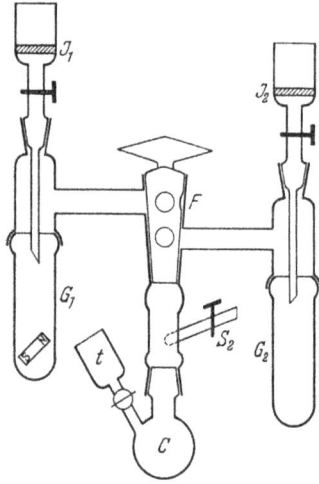

Abb. 21. Apparatur zur nassen Oxydation $^{14}$C-haltiger Verbindungen und anschließenden Reinigung des ausgefällten Ba$^{14}$CO$_3$[1].

Die zu oxydierende Probe wird vom Kölbchen $C$ aufgenommen, dessen Hahn und Schliff mit sirupöser Phosphorsäure abgedichtet ist. Für alle anderen Schliffe genügt Vakuumfett. Man evakuiert die Apparatur über den Ansatz $S_2$ und saugt anschließend durch das Glasfilter $J_1$ Bariumhydroxydlösung nach $G_1$, wobei alles durch das Kohlendioxyd der Luft gebildete Bariumcarbonat auf dem Glasfilter zurückgehalten wird. Aus $t$ wird nun die Oxydationsflüssigkeit in $C$ eingefüllt und das Reaktionsgemisch erhitzt. Während der Verbrennung ist Hahn $F$ so eingestellt, daß das entstehende Kohlendioxyd in das Absorptionsgefäß übertreten kann. Um auch bei einem auftretenden Isotopieeffekt oder bei ungleichmäßiger Oxydation des markierten Kohlenstoffes eine homogene Aktivitätsverteilung im ausfallenden Bariumcarbonat zu erzielen, wird der Inhalt des Absorptionsgefäßes mit einem Magnetrührer kräftig gerührt.

Ist die Oxydation zu Ende, wird das Kölbchen $C$ nach Schließen von $F$ über $S_2$ belüftet und gegen ein gleich großes Gefäß ausgetauscht, das in $t$ jedoch eine Glasfilterplatte wie $J_1$ trägt. Über diese läßt man eine 0,25 n Bariumhydroxydlösung in das zuvor evakuierte Kölbchen $C$ ein. Dann wird der im Absorptionsgefäß ausgefallene Bariumcarbonatniederschlag von mitgefälltem Bariumsulfat folgendermaßen gereinigt: Man evakuiert erneut und läßt bei geöffnetem $F$ über $J_1$ Salzsäure nach $G_1$ zufließen. Das in Freiheit gesetzte Kohlendioxyd, das jetzt von allen störenden Verunreinigungen befreit ist, wird diesmal in $C$ absorbiert. Da eine homogene Verteilung der Aktivität im Niederschlag bereits in $G$ erfolgt ist, braucht in $C$ nicht gerührt zu werden. Der Kohlenstoffgehalt der verbrannten Substanz läßt sich aus der Gesamtmenge an Bariumcarbonat errechnen. Das Gefäß $G_2$ mit der Filterplatte $J_2$ dient dazu, das bei der Oxydation anfallende Kohlendioxyd nötigenfalls in zwei Fraktionen aufzufangen.

---

[1] EVANS, E. A., and J. L. HUSTON: Analyt. Chem., Washington **24**, 1482 (1952).
[2] ARMSTRONG, W. D., L. SINGER, S. H. ZBARSKY and B. DUNSHEE: Science, N. Y. **112**, 531 (1950).

Diese Methode wird in zahlreichen Abwandlungen verwendet[1-5].

Sehr gute Analysenresultate lassen sich erzielen, wenn man die von VAN SLYKE und FOLCH entwickelte manometrische Kohlenstoffbestimmungsmethode mit einer Kohlenstoffaktivitätsbestimmung koppelt[6,7].

Abb. 22 zeigt die für dieses Verfahren benutzte Anordnung. Ihre wesentlichen Bestandteile sind: das Oxydationsrohr $T$, das in Volumina von 2, 10 und 50 cm³ unterteilte Gefäß $C$, das von einem Wassermantel umgeben ist, und das Manometer mit Niveaugefäß $L$.

Die zu oxydierende Substanz wird auf einem Löffel aus Aluminiumblech gewogen und so in das Röhrchen eingeführt, daß keine Substanz am Glasrand hängen bleibt. Bei

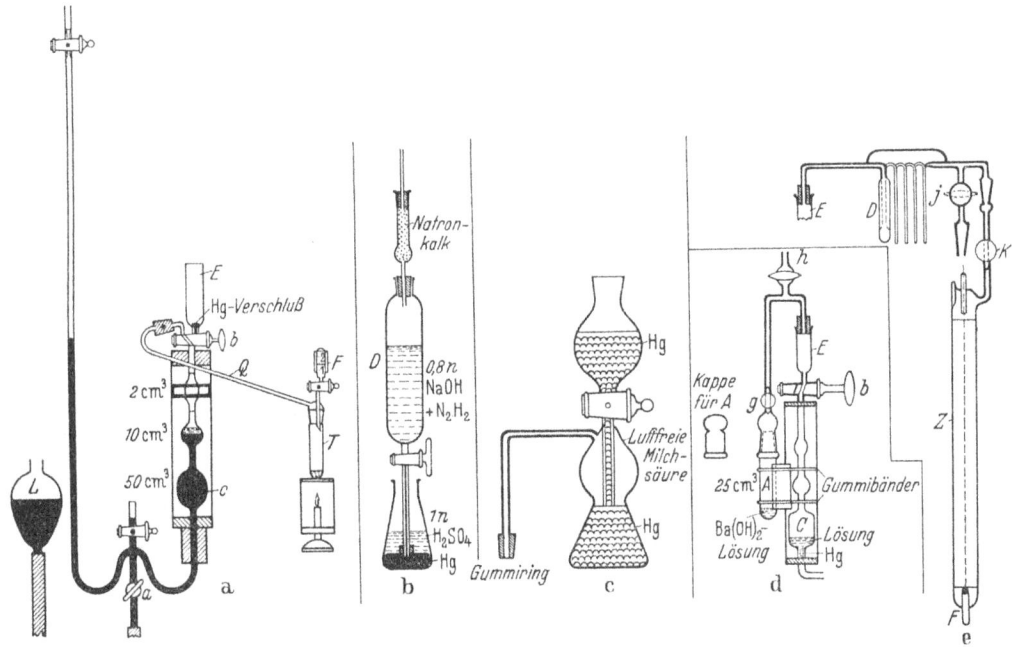

Abb. 22 a—e. Apparatur nach VAN SLYKE zur kombinierten Bestimmung des Kohlenstoffgehalts und der Radioaktivität ¹⁴C-haltiger Substanzen. Bestimmung des Kohlenstoffgehaltes manometrisch, Aktivitätsbestimmung durch ausgefälltes Ba¹⁴CO₃ [8,9].

der Wägung befindet sich auf der anderen Waagschale ein Aluminiumblech von gleicher Größe, das die Aufgabe hat, die auf dem Löffel adsorbierte Wasserhaut zu kompensieren. Aluminiumfolie hat sich als geeignetes Material für Wägelöffelchen erwiesen, da sie keine statischen Ladungen annimmt und schnell wieder temperaturkonstant wird. Vor dem Aufbringen der Substanz empfiehlt es sich, 3—10 min zu warten, damit das Temperatur- und Feuchtigkeitsgleichgewicht sich einstellen kann.

Für Submikroansätze von 0,3—0,7 mg Einwaagen werden 1—2 cm³ der wäßrigen oder alkoholischen Substanzlösung, deren Konzentration durch Eindampfen festgestellt worden ist, in das Röhrchen $T$ eingefüllt. Während wäßrige Lösungen in einem Exsiccator über Schwefelsäure eingetrocknet werden, dampft man alkoholische Lösungen

---

[1] LINDENBAUM, A., J. SCHUBERT and W. D. ARMSTRONG: Analyt. Chem., Washington **20**, 112 (1948).
[2] GURIN, S., and A. M. DELLUVA: J. biol. Ch. **170**, 545 (1947).
[3] CALVIN, M., C. HEIDELBERGER, J. G. REID, B. M. TOLBERT and P. E. YANKWICH: Isotopic Carbon. S. 93. 1949.
[4] STELLE, R., and T. S. FORTUNATO: Techniques in the Use of ¹⁴C. Technical Report. BNL-T-6, Brookhaven National Laboratory. Upton 1949. [Nucl. Sci. Abstr. **2**, 392, Nr 1759 (1949).]
[5] SKIPPER, H. E., C. E. BRYAN, L. WHITE jr., and O. S. HUTCHISON: J. biol. Ch. **173**, 371 (1948).
[6] SLYKE, D. D. VAN, R. STEELE and J. PLAZIN: J. biol. Ch. **192**, 769 (1951).
[7] SLYKE, D. D. VAN: Analyt. Chem., Washington **26**, 1706 (1954).
[8] SLYKE, D. D. VAN, and J. FOLCH: J. biol. Ch. **136**, 509 (1940).
[9] SLYKE, D. D. VAN, R. STEELE and J. PLAZIN: J. biol. Ch. **192**, 771, 782 (1951).

unter größter Vorsicht auf dem Wasserbad ein. Anschließend werden einige Alaunkristalle als Siedesteinchen hinzugefügt. Nun wird zu der Substanzprobe in $T$ aus dem Behälter $F$, der durch einen mit sirupöser Phosphorsäure abgedichteten Hahn mit $T$ verbunden ist, das Gemisch von Kaliumjodat und Kaliumdichromat zugegeben. Darauf wird das Verbindungsstück $Q$ an das Volumengefäß $C$, das vollständig mit Quecksilber gefüllt ist, angeschlossen. Nunmehr kann bei geöffnetem Hahn $b$ die Luft aus $T$ über $Q$ nach $C$ evakuiert werden, wenn das Quecksilber bis auf die 50 cm$^3$-Marke gesenkt wird. Auf diese Weise werden 60% der Luft aus dem Rohr $T$ entfernt. Nachdem Hahn $b$ so eingestellt ist, daß die Verbindung nach $Q$ unterbrochen und nach $E$ geöffnet ist, wird durch Heben des Quecksilberniveaus die in $C$ eingetretene Luft über $E$ wieder hinausgedrückt. Dieser Vorgang muß unter Umständen wiederholt werden. Durch das Evakuieren von $T$ erreicht man, daß mit der Luft die darin noch enthaltenen Kohlendioxydspuren entfernt werden und außerdem das später in $T$ entwickelte Kohlendioxyd schneller nach $C$ diffundiert.

Das Vorratsgefäß $D$ in Abb. 22b enthält eine carbonatfreie Lösung von Natronlauge und Hydrazinsulfat, die in bezug auf die Natronlauge 0,8 n und bezüglich des Hydrazinsulfates 0,3 m ist, (für Makrobestimmungen muß die Natronlauge 2 n sein). Das beigemischte Hydrazinsulfat soll die bei der Oxydation stickstoffhaltiger Substanzen entstehenden nitrosen Gase zersetzen und in elementarer Form auftretende Halogene reduzieren, wenn halogenhaltige Verbindungen verbrannt werden. Die Hydrazinkonzentration dieser Lösung muß von Zeit zu Zeit durch Titration kontrolliert werden, da der Gehalt an Hydrazin nach längerem Stehen durch Zersetzung merklich abnimmt. Nun werden 2 cm$^3$ dieser Lauge durch den Quecksilberverschluß in $E$ nach $C$ gebracht, worauf $E$ sofort mit säurehaltigem Wasser ausgewaschen wird. Nach Schließen von Hahn $b$ wird das Quecksilber im Manometerrohr soweit gesenkt, daß es in Höhe der 2 cm$^3$-Marke stehenbleibt. Danach wird bei geschlossenem Hahn $a$, $Q$ mit $C$ über Hahn $b$ verbunden und das Steiggefäß $L$ angehoben, bis sein Quecksilberniveau sich in Höhe der 50 cm$^3$-Marke befindet, wo es bis zum Ende der Verbrennung stehen bleibt.

Jetzt läßt man das flüssige Oxydationsreagens aus $F$ in $T$ einfließen und erwärmt anschließend das Reaktionsgemisch in $T$ mit einer Sparflamme. Wenn die alsbald einsetzende Kohlendioxydentwicklung ihren Höhepunkt überschritten hat und nachzulassen beginnt, wird langsam bis zum Sieden erhitzt. Infolge der Entwicklung von Kohlendioxyd und Sauerstoff senkt sich der Quecksilberspiegel in $C$ und steigt im Manometer an; durch Hahn $a$ wird daher soviel Quecksilber eingelassen, daß sich das Quecksilberniveau in $C$ ständig auf 1 cm$^3$ einspielt. Bereits 1 min nach Beginn des Erhitzens kann $a$ geöffnet bleiben, da sich dann soviel Gas entwickelt hat, daß keine Alkalien mehr von $C$ nach $T$ zurücksteigen können. Hahn $a$ bleibt nun geöffnet, während die Reaktion bei einem Druck von etwa 600 Torr zu Ende geführt wird. Die Flamme unter $T$ ist so zu regulieren, daß beim Sieden des Reaktionsgemisches ein Drittel bis die Hälfte der Röhre mit Schaum bedeckt ist. Unter diesen Umständen verbrennen die organischen Substanzen bereits nach 1,5 min vollständig. Auch Fettsäuren benötigen keine längere Verbrennungszeit, da durch die heftige Bewegung beim Sieden der Film, den diese Substanzen auf Flüssigkeitsoberflächen zu bilden pflegen, immer wieder zerstört wird. Erhitzt man länger als 1,5 min so besteht die Gefahr, daß die Jodsäure sich zersetzt. Dabei wird Sauerstoff abgegeben, der dann die Absorption von Kohlendioxyd erschwert, so daß 25 statt 20 der später erforderlich werdenden Niveaubewegungen des Quecksilbers erfolgen müssen. Liegt die Erhitzungsdauer dagegen unter 2 min, so entstehen keinerlei Komplikationen.

Nach vollendeter Oxydation wird durch 20maliges Auf- und Abbewegen des Niveaugefäßes $L$ das Quecksilber zwischen den Marken von $C$ hin- und hergependelt, so daß das in $C$ befindliche Kohlendioxyd vollständig absorbiert wird. Während dieser Operation, die etwa 3 min dauert, brennt die Flamme weiter unter dem Oxydationsröhrchen. Anschließend wird $b$ nach Entfernen der Flamme geschlossen und das Verbindungsstück $Q$

abgenommen. Nun bleibt $b$ geschlossen und durch Heben des Quecksilberniveaus wird in $C$ ein Überdruck erzeugt, den man bei geschlossenem $a$ über $b$ nach $E$ entweichen läßt, bis die Alkalilösung unmittelbar unter Hahn $b$ steht. Dabei braucht eine eventuell in der Capillare des Hahnes $b$ zurückbleibende kleine Luftblase nicht berücksichtigt zu werden.

Die in der Lösung noch vorhandenen Fremdgase wie Sauerstoff, Stickstoff und Wasserstoff werden nach Senken des Alkalispiegels durch Schütteln der ganzen Kammer ausgegast und durch Heben des Quecksilberniveaus über Hahn $b$ entfernt. Nachdem dieser Vorgang noch einmal wiederholt wurde, werden aus dem Vorratsgefäß (Abb. 22c) 2 cm³ luftfrei gemachte 2 n Milchsäure in $E$ eingefüllt. Das mit einem Gummiring versehene Auslaufrohr des Vorratsgefäßes muß dabei so nahe an den Boden von $E$ gebracht werden, daß die Milchsäure bei der Überführung nach $E$ so wenig wie möglich mit der Luft in Berührung kommt. Gleich darauf wird 1 cm³ der Milchsäure über $b$ nach $C$ abgelassen, Hahn $b$ wird mit Quecksilber abgedichtet und die restliche Milchsäure in $E$ durch Auswaschen entfernt.

Um den Druck des in Freiheit gesetzten Kohlendioxyds zu messen, wird das Quecksilberniveau entsprechend der Substanzeinwaage auf die einzelnen Volumenmarken eingestellt und $P_1$ am Manometer abgelesen. Für Submikrobestimmungen gilt die 2 cm³-Marke, für Mikrobestimmungen die 10 cm³- und für Makrobestimmungen die 50 cm³-Marke. Die Einstellung des Quecksilbers muß in spätestens 30—40 sec erfolgen, wobei jegliches Hin- und Herpendeln zu vermeiden ist, damit das Kohlendioxyd nicht mehr in größerem Ausmaße von der Flüssigkeit rückabsorbiert werden kann. Hält man diese Vorschriften ein, so betragen die reproduzierbaren Rückabsorptionswerte von Kohlendioxyd bei Kompression auf das 2 cm³-Volumen 1,6% bei 0,3% Fehler und bei Kompression auf die 10 cm³-Marke 0,7% bei 1 ⁰/₀₀ Fehler.

Um aus Milchsäure alle Luft zu entfernen, gast man sie in Portionen von 20 cm³ in der Kammer $C$ durch Senken des Quecksilberspiegels aus und läßt die abgegebenen Gase über $b$ durch Heben des Quecksilberniveaus wieder entweichen. Das Ende der Ausgasung ist daran zu erkennen, daß sich beim Heben des Quecksilberspiegels vor $b$ keine Gasblasen mehr bilden.

Um eine Kontrollablesung durchführen zu können, wird das Quecksilber ein zweites Mal auf die 50 cm³-Marke gesenkt und nach Ausschütteln der Kammer wieder auf die alte Marke gehoben. Nach Bestimmung von $P_1$ wird $E$, wie in Abb. 22d gezeigt, zur Überführung des radioaktiven Kohlendioxyds mit den Absorptionsteilen der Apparatur verbunden. Dazu muß in das Röhrchen $A$ eine dem aufzunehmenden Kohlendioxyd entsprechende Menge der Absorptionslösung, die 0,25 n in bezug auf Bariumhydroxyd und 2%ig an Bariumchlorid-dihydrat ist, unter einem kohlendioxydfreien Gasstrom einpipettiert werden. Gleich darauf wird das Röhrchen so schnell wie möglich durch den Schliff an die übrige Apparatur angeschlossen und Hahn $h$ nach Öffnen von $g$ bei geschlossenem $b$ auf 20 Torr evakuiert. Nun wird Hahn $b$ geöffnet und der Lactatspiegel bis an ihn herangebracht, worauf er wieder geschlossen und das Quecksilberniveau bis auf die 50 cm³-Marke gesenkt wird. Nach 1,5 min langem Schütteln der Apparatur, wobei das Bariumcarbonat sich in $A$ abscheidet, ist die Lösung in $C$ erneut auszugasen. Das ausgegaste Kohlendioxyd läßt man ebenfalls über $b$ in $A$ eintreten. Wird diese Operation ein zweites Mal wiederholt, so ist das Kohlendioxyd so gut wie quantitativ aus der Lactatlösung überführt. Um eine weitere Aufnahme von Kohlendioxyd aus der Luft zu verhindern, wird die überschüssige Bariumhydroxydlösung in $A$ sofort mit 0,1 n Salzsäure gegen Phenolphthalein titriert. Danach wird $A$ bis zur Weiterverarbeitung des Inhaltes mit einer Schliffkappe verschlossen. Man reinigt die Apparatur, indem man sie zweimal mit kohlendioxydfreiem Wasser ausspült.

Ist das radioaktive Kohlendioxyd überführt, so wird der Restdruck $P_2$ gemessen, der in der Hauptsache aus dem Partialdruck des Wasserdampfes der Lactatlösung stammt. Zu diesem Zweck wird der Lactatspiegel soweit gehoben, daß die Lösung in die Bohrung von Hahn $b$ eindringt. Nachdem bei geschlossenem $b$ die Lactatlösung auf die Marke gesenkt worden ist, bei der $P_1$ bestimmt wurde, erfolgt die Ablesung des Restdruckes $P_2$ an dieser Marke. Der wahre Druck des Kohlendioxyds ist dann gleich der Differenz aus $P_1$ und $P_2$, die noch um einen Betrag $c$ vermindert werden muß, der in einem Blindversuch zu ermitteln ist. Dieser wird genau so, wie oben beschrieben, nur mit dem Oxydationsgemisch ohne Zusatz organischer Substanz durchgeführt, wobei der Blindwert $c$ der Differenz der beiden als $P_1$ und $P_2$ abgelesenen Werte entspricht. Der zu bestimmende Kohlenstoff läßt sich nach folgender Formel berechnen:

$$\text{mg Kohlenstoff} = P_{CO_2} \frac{0{,}0007099\, i \cdot a}{1 + 0{,}00384\, t} \cdot \frac{(1 + S \cdot \alpha')}{A - S}.$$

Dabei bedeuten:

$A$ = gesamtes Volumen von $C$. $S$ = Volumen der bei der Extraktion von Kohlendioxyd anwesenden Flüssigkeit. $a$ = Volumen, in dem $P_{CO_2}$ bestimmt wurde. $t$ = Temperatur. $i$ = Reabsorptionsfaktor bei der Druckmessung. $\alpha'$ = Verteilungskoeffizient von Kohlendioxyd zwischen Gasphase und Flüssigkeit.

Für die benutzte Lactatlösung ist $\alpha' = \alpha_{H_2O} \cdot (0{,}752 + 0{,}0019\, t)$.

Da jedoch diese theoretische Formel Fehlerquellen wie Thermometerkorrektur und Wägefehler nicht berücksichtigt, ist es ratsam, die Apparatur mit bekannten Substanzen zu eichen.

**Persulfatoxydation in wäßrigem Medium.** Nach einer anderen Methode können wasserlösliche organische Substanzen in einer Persulfatlösung oxydiert werden. Die Oxydationsanordnung, die von WEINHOUSE[1] entwickelt wurde, ist in Abb. 23 dargestellt. Ein 100 cm³ fassender Kolben $A$ nimmt etwa 5 mg des zu oxydierenden Präparates und 36 cm³ kohlenstofffreies Wasser auf. Damit möglichst viel Substanz in Lösung geht, wird das Ganze gut geschüttelt, bevor unter weiterem Schütteln 1 g Kaliumpersulfat zugefügt wird. Nach Zugabe von 1 cm³ einer 4%igen Silbernitratlösung verbindet man den Kolben sofort mit dem Rückflußkühler und saugt über $D$ einen Luftstrom mit einer Geschwindigkeit von 1 Blase je Sekunde durch die Apparatur. Kolben $A$ wird nun im Wasserbad 20 min auf 70—80° erwärmt, bis die Reaktionsmischung sich dunkel färbt und die Gasentwicklung nachläßt. Dann muß nach Entfernen des Wasserbades der Gasstrom auf das 3—4fache verstärkt und der Kolbeninhalt mit kleiner Flamme 10 min zu gelindem Sieden erhitzt werden. (Durch zu starkes Erhitzen wird das Persulfat vorzeitig zersetzt.)

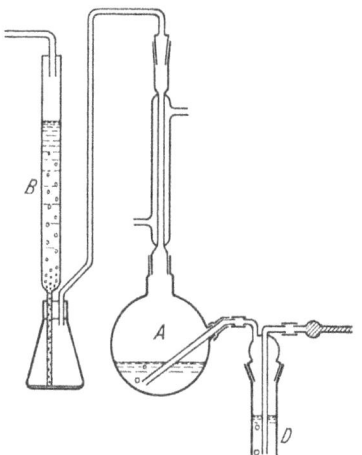

Abb. 23. Anordnung nach WEINHOUSE zur Oxydation wasserlöslicher organischer Substanzen, die radioaktiven Kohlenstoff enthalten[2].

Das Absorptionsrohr $B$, das mit seinem unteren Ende in einen Erlenmeyer-Kolben hineinragt, der 10 cm³ 0,5 n Natronlauge enthält, ist mit Glasperlen gefüllt, die von Glaswolle gehalten werden. Nach beendeter Reaktion wird $B$ von $A$ getrennt, und anschließend werden die Glasperlen mehrmals mit kohlendioxydfreiem Wasser in dem Erlenmeyer-Kolben ausgewaschen, in dem dann das Bariumcarbonat in bekannter Weise ausgefällt wird.

Kohlenstofffreies Wasser wird wie folgt hergestellt: Eine Lösung von 10 g Kaliumpersulfat und 0,4 g Silbernitrat in 1 Liter destilliertem Wasser wird 1 Std am Rückflußkühler erhitzt. Bei der nachfolgenden Destillation werden die ersten 10% des Destillates verworfen und der Rest unter Ausschluß von Kohlendioxyd aufbewahrt.

---

[1] CALVIN, M., C. HEIDELBERGER, J. G. REID, B. M. TOLBERT and P. E. YANKWICH: Isotopic Carbon. S. 94. 1949.

[2] CALVIN, M., C. HEIDELBERGER, J. G. REID, B. M. TOLBERT and P. E. YANKWICH: Isotopic Carbon S. 95. 1949.

Auch für die aus dem vorstehend beschriebenen Verfahren gewonnenen Bariumcarbonatniederschläge gelten die auf den S. 801f. angeführten Vorschriften zur Herstellung der Meßpräparate.

*β) Aktivitätsbestimmung von radioaktivem Kohlendioxyd im* GEIGER-MÜLLER-*Zählrohr.*
Wie schon auf S. 798f. ausgeführt, läßt sich die Radioaktivität des $^{14}$C am empfindlichsten im gasförmigen Zustand bestimmen. Bei der Messung von $^{14}$C-markiertem Kohlendioxyd liegt aber ein Gas vor, das sich nach manchen Autoren[1] durch außerordentlich schlechte Zähleigenschaften auszeichnet. Durch Zusätze von Methan oder Schwefelkohlenstoff ist es indessen gelungen, Kohlendioxydmischungen mit brauchbaren Zähleigenschaften zu erhalten. Mit Schwefelkohlenstoff gefüllte Zählrohre benötigen, wenn sie einen nicht zu hohen Kohlendioxydpartialdruck aufweisen, Spannungen bis zu 2000 V. Sie arbeiten dann im GEIGER- oder Auslösebereich, und sie können mit Linearverstärkern betrieben werden. In methanhaltigen Mischungen entstehen jedoch so schwache Impulse, daß ein Proportionalverstärker erforderlich ist. Sowohl bei Methan- als auch bei Schwefelkohlenstoffüllungen muß darauf geachtet werden, daß Luft und Wasserdampf ausgeschlossen bleiben.

Das aus der trockenen Verbrennung nach dem ANDERSON-Verfahren[2] gewonnene Kohlendioxyd kann unmittelbar nach der Druckbestimmung mit Hilfe von flüssigem Stickstoff in die Ausfriertasche eines mit der Verbrennungsapparatur verbundenen Zählrohres kondensiert werden, da das bei der Verbrennung entstandene Wasser bereits vorher durch fraktioniertes Ausfrieren isoliert wurde. Man kann dabei darauf verzichten, das Kohlendioxyd quantitativ zu erfassen, da sich die nicht in das Zählrohr überführte Menge sehr leicht zurückmessen läßt. Dies muß geschehen, um den gemessenen Bruchteil zu bestimmen. Sobald die Kondensation des Kohlendioxyds im Zählrohr erfolgt ist, wird dieses verschlossen und danach mit einer Vakuumapparatur verbunden, mit deren Hilfe man die zur Messung erforderlichen Fremdgase beimischen kann.

Auch das durch die nasse Oxydation nach VAN SLYKE[3] entstandene Kohlendioxyd wird in einer Ausfriertasche des Zählrohres aufgefangen; jedoch muß in diesem Fall das Gas von dem noch beigemischten Wasserdampf befreit werden. Eine mit Trockeneis gekühlte einfache Falle ist zu diesem Zweck wenig geeignet, da die Gefahr besteht, daß das Wasser Nebel bildet, die nicht mehr kondensiert werden können. Man hilft sich hier mit der in Abb. 22e gezeigten Kühlschlange, die sich aus mehreren Windungen zusammensetzt, die zur Hälfte auf der Temperatur des festen Kohlendioxyds und zur Hälfte auf Zimmertemperatur gehalten werden. Dadurch, daß der durchgeleitete Wasserdampf abwechselnd eine kalte und eine warme Zone durchlaufen muß, gelingt es, den im kälteren Teil auftretenden Eisnebel in der wärmeren Zone wieder aufzutauen, während der aus dem Nebel entstandene Wasserdampf in dem nun folgenden kalten Teil kondensiert wird.

Sobald das gereinigte Kohlendioxyd durch mehrmaliges Ausgasen der Lactatlösung quantitativ in das Zählrohr überführt worden ist, läßt man die zur Messung notwendigen Gasbeimischungen nachfolgen.

Selbstverständlich kann das zu messende Kohlendioxyd auch aus den Bariumcarbonatniederschlägen in Freiheit gesetzt werden, wenn diese nach dem S. 801 beschriebenen Verfahren ausgefällt und zur Bestimmung des Kohlenstoffgehaltes der Probesubstanz gewogen wurden.

Ein geeignetes Gasentwicklungsgefäß zeigt Abb. 24. Im Kolben *A* befindet sich das Bariumcarbonat, auf das aus *C* die zur Kohlendioxydentwicklung benötigte Säure unter Hochvakuum zugetropft wird. Um zu verhindern, daß bei dieser Reaktion sich bildender

---
[1] EIDINOFF, M. L.: Analyt. Chem., Washington **22**, 529 (1950). Vgl. aber S. 819.
[2] ANDERSON, R. C., Y. DELABARRE and A. A. BOTHNER-BY: Analyt. Chem., Washington **24**, 1298 (1952).
[3] SLYKE, D. D. VAN, R. STEELE and J. PLAZIN: J. biol. Ch. **192**, 769 (1951).

Wasserdampf mit übergeht, gibt man in $C$ entweder hochkonzentrierte Phosphorsäure oder noch besser konzentrierte Schwefelsäure, da das während der Umsetzung entstehende Bariumsulfat in der Wärme in konzentrierter Schwefelsäure löslich ist. Dadurch wird erreicht, daß keine Bariumcarbonateinschlüsse unzersetzt zurückbleiben. Letzte Reste von Wasserdampf werden in einer mit Trockeneis gekühlen Falle zurückgehalten. Nach Ausfrieren des Kohlendioxyds mit flüssigem Stickstoff wird die vor der Zersetzung am Bariumcarbonat adsorbierte Luft mit der Hochvakuumpumpe abgesaugt.

Nach van Slyke[1] wird die Messung mit 100 cm³ fassenden Zählrohren durchgeführt, die bei einem Durchmesser von 2 cm, 30 cm lang sind.

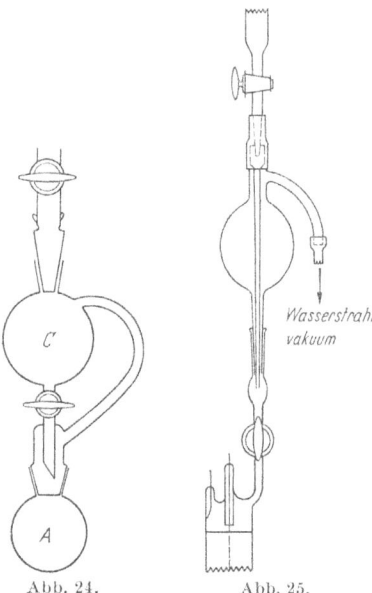

Abb. 24. Evakuierbare Anordnung zur Entwicklung von radioaktivem Kohlendioxyd aus $Ba^{14}CO_3$ [3].

Abb. 25. Hilfsgerät zur Füllung eines Gaszählrohres mit Toluol bei der Bestimmung des empfindlichen und des gesamten Volumens[4].

Aber auch größere Zählrohre sind im Gebrauch[2]. In einem solchen Zählrohr erstreckt sich das empfindliche Volumen auf den Raum, der sich innerhalb der mit einer Graphitschicht versehenen Versilberung befindet, die als Kathode dient. Nur die innerhalb des empfindlichen Volumens vorkommenden Zerfälle werden registriert. Zur Ermittlung dieses Volumens wird das Rohr bis zu den einzelnen Markierungen der Versilberung vermittels der in Abb. 25 gezeigten Apparatur mit Toluol gefüllt und dann gewogen. Auf Grund des so ermittelten Verhältnisses von empfindlichem Zählvolumen zum Gesamtvolumen läßt sich dann aus der gemessenen Aktivität die Gesamtaktivität des eingefüllten Gases berechnen.

Die Bestimmung der Gesamtaktivität kann auch durch eine Eichmessung mit einem gasförmigen Präparat bekannter absoluter Radioaktivität erfolgen.

Bevor das in Teil $C$ (Abb. 22) der van Slyke-Folchschen Oxydationsanordnung befindliche Kohlendioxyd in das Zählrohr überführt wird, muß dieses, sowie das Verbindungsstück mit der Kühlschlange, bei geschlossenem Hahn $b$ auf 0,3 Torr oder darunter 5 min lang evakuiert werden, um Luft und Wasserdampf sowie die Reste von noch aus dem letzten Versuch herrührendem aktivem Kohlendioxyd weitgehendst zu entfernen. Nachdem die Kühlspirale bis zur Hälfte in die Kältemischung und das Zählrohr bis zum Anfang der Versilberung in flüssigen Stickstoff eingetaucht worden sind, schließt man die Verbindung zur Vakuumpumpe und läßt aus $C$ das Kohlendioxyd in den evakuierten Teil der Apparatur eintreten. Ein ständig durch $b$ austretender Wasserdampfstrom reißt alles Kohlendioxyd mit hinüber in die Kühlspirale. Dieser Vorgang ist an der Bewegung des in $b$ zur Abdichtung eingefüllten Quecksilbers deutlich zu erkennen. In der Lösung noch vorhandene Kohlendioxydreste werden durch 10maliges Heben und Senken des Quecksilberniveaus in etwa 2 min beseitigt und anschließend wird der Lactatspiegel bis unmittelbar unter den Hahn $b$ gebracht, bevor man diesen schließt. Sofort wird jetzt der Zählrohrhahn geschlossen, das Zählrohr abgenommen und zur Messung vorbereitet. Arbeitet man in der angegebenen Weise, so bleibt nicht mehr als etwa $1/1000$ des gesamten Kohlendioxyds in $C$ zurück.

Wird dem zu messenden Kohlendioxyd Methan beigemischt, so geschieht dies in folgender Weise: Nach Entfernen des Kältebades wird das Zählrohr zuerst auf Zimmertemperatur erwärmt, darauf läßt man so viel Methan eintreten, daß der Gesamtdruck

---

[1] Slyke, D. D. van, R. Steele and J. Plazin: J. biol. Ch. **192**, 769 (1951).
[2] Eidinoff, M. L.: Analyt. Chem., Washington **22**, 529 (1950).
[3] Calvin, M., C. Heidelberger, J. G. Reid, B. M. Tolbert and P. E. Yankwich: Isotopic Carbon S. 162. 1949.
[4] Slyke, D. D. van, R. Steele and J. Plazin: J. biol. Ch. **192**, 780 (1951).

des Gasgemisches im Zählrohr etwa eine Atmosphäre beträgt. Da sich das Gas beim Einströmen in die Kohlendioxydatmosphäre des Zählrohres durch Expansion abkühlt, herrscht nach Temperaturausgleich auf Raumtemperatur im Zählrohrinnern ein leichter Überdruck, der zu Verlusten an aktiver Substanz führen kann, wenn infolge dieses Überdruckes Methan und Teile vom radioaktiven Kohlendioxyd austreten. Dieser Effekt läßt sich jedoch vermeiden, wenn das Zählgas mit der in Abb. 26 gezeigten Apparatur beigemischt wird.

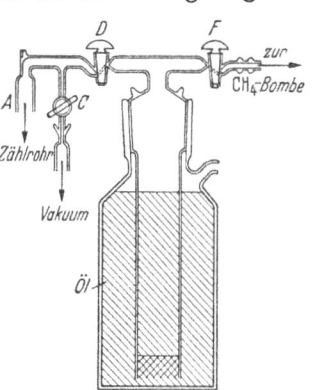

Abb. 26. Apparatur zum Einfüllen von Methan in Gaszählrohre[1].

In dem Gefäß befindet sich ein Öl von niedrigem Dampfdruck, in das ein Zylinder eintaucht, dessen Volumen für eine Füllung des Zählrohres ausreicht. Durch abwechselndes Evakuieren über $C$ und Füllen mit Methan über $F$ wird der Zylinder mehrmals ausgespült, um alle Luft daraus zu entfernen. Darauf schließt man $D$ und läßt aus der Bombe so viel Methan einströmen, daß sich der Ölspiegel auf die Höhe der in der Abb. 26 eingezeichneten Linie senkt. Das Zählrohr mit dem radioaktiven Kohlendioxyd wird über $A$ mit dem Gefäß verbunden. Nachdem das Verbindungsstück $A-D$ bei geschlossenem Zählrohrhahn und geschlossenem $D$ über $C$ evakuiert worden ist, wird nach Schließen von $C$ zuerst der Zählrohrhahn und dann Hahn $D$ geöffnet, so daß unter dem Druck des im Zylinder rasch ansteigenden Öls das Methan in das Zählrohr gelangt. Sobald die Anstiegsgeschwindigkeit des Öls merklich nachläßt, muß das Zählrohr verschlossen werden und man kann sofort messen.

Wird Methan als Zählgasbeimischung verwendet, so beträgt der Wirkungsgrad der beschriebenen Zählrohre bis zu einem Partialdruck des Kohlendioxyds von 120 Torr 98%, d. h. 98% aller vorkommenden Zerfälle werden registriert, wenn der sich aus dem Verhältnis $V_{ges}/V_{empfindlich}$ ergebende Faktor berücksichtigt wird. Die Empfindlichkeit des Zählrohrs ändert sich jedoch mit weiter anwachsendem Kohlendioxydpartialdruck. Die Kurve in Abb. 27 zeigt deutlich eine Abnahme der Empfindlichkeit, wenn der Partialdruck des Kohlendioxyds ansteigt. Bei 3600—4000 V Zählspannung lassen sich aber nur bis zu einem Partialdruck von 100 Torr noch gute Haltestrecken mit einer Steigung von etwa 1% erzielen. Bei höheren Spannungen als 4000 V beginnt der Bereich der selbständigen Entladungen.

Einige Autoren[2,3] benutzten Schwefelkohlenstoff als Löschgas und arbeiteten im GEIGER-Bereich. Für Messungen mit

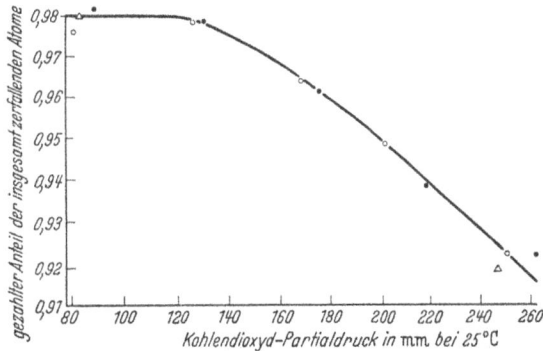

Abb. 27. Die Zählempfindlichkeit eines Gaszählrohres mit Methan-Kohlendioxydfüllung in Abhängigkeit vom Partialdruck an Kohlendioxyd[4] bei 3800 V Zählspannung.

Schwefelkohlenstoffmischungen beträgt bei einem Partialdruck des Schwefelkohlenstoffs von 18,5 Torr und einem Partialdruck an Kohlendioxyd von 10 Torr die Einsatzspannung 1400 V, wenn Zählrohre mit einem Durchmesser von 15,5 mm und ein Wolframzähldraht von 0,05 mm Durchmesser benutzt werden. Mit steigendem Partialdruck des Kohlendioxyds bis zu 90 Torr erhöht sich auch die Einsatzspannung um etwa 80 V für 10 Torr. Während sich für Kohlendioxyddrucke unter 20 Torr kleinere Haltestrecken ergeben als 100 V, erhält man für Drucke zwischen 20 und 30 Torr Haltestrecken zwischen 100 und 200 V, die einen Anstieg von 2% aufweisen. Die Proportionalität zwischen

---

[1] SLYKE, D. D. VAN, R. STEELE and J. PLAZIN: J. biol. Ch. **192**, 781 (1951).
[2] EIDINOFF, M. L.: Analyt. Chem., Washington **22**, 529 (1950).
[3] LABEYRIE, L: J. Physique Radium **12**, 146 (1951).
[4] SLYKE, D. D. VAN, R. STEELE and J. PLAZIN: J. biol. Ch. **192**, 780 (1951).

dem Druck des Kohlendioxyds und der Einsatzspannung bleibt auch dann noch annähernd gewahrt, wenn man den Kohlendioxyd-Partialdruck noch weiter ansteigen läßt.

Bei Zählrohren, in denen Schwefelkohlenstoffdrucke von z. B. 9,2 oder 18,5 Torr herrschen, steigen bei Zugabe von markiertem Kohlendioxyd von gleicher spezifischer Aktivität bis zu Drucken von 40 Torr die Aktivitäten mit dem Druck und damit mit der Menge der aktiven Substanz an.

Auch in Zählrohren mit einem konstanten Kohlendioxyddruck von 500 Torr sind die gemessenen Aktivitäten bei Schwefelkohlenstoffpartialdrucken von 18—21 Torr mit steigender spezifischer Aktivität proportional der Menge des eingefüllten radioaktiven Gases.

Verwendet man Schwefelkohlenstoff als Zählgasbeimischung, so wird dieser in ähnlicher Weise in die Ausfriertasche des Zählrohres einkondensiert, wie das bereits dort befindliche Kohlendioxyd. Das Vorratsgefäß für den Schwefelkohlenstoff (Abb. 28) besteht aus zwei Teilen, dem die Flüssigkeit enthaltenden Vorratsgefäß und dem darüber angeordneten Volumengefäß mit bekanntem Inhalt, das durch zwei Hähne abgeschlossen werden kann. Diese Apparatur ist über eine Vakuumlinie durch eine Schliffverbindung mit dem Zählrohr verbunden. Zunächst wird bei geschlossenem Hahn 1 der obere Teil evakuiert, worauf nach Schließen von Hahn 2 Schwefelkohlenstoffdampf aus dem Flüssigkeitsbehälter über Hahn 1 in das Volumengefäß zu saugen ist, bis sich Druckausgleich zwischen den beiden Teilen eingestellt hat. Sobald Hahn 1 wieder geschlossen ist, wird der in das Volumengefäß eingetretene Dampf über Hahn 2 in das Zählrohr kondensiert, das nach Schließen des Zählrohrhahnes und Erwärmen auf Raumtemperatur sofort meßbereit ist.

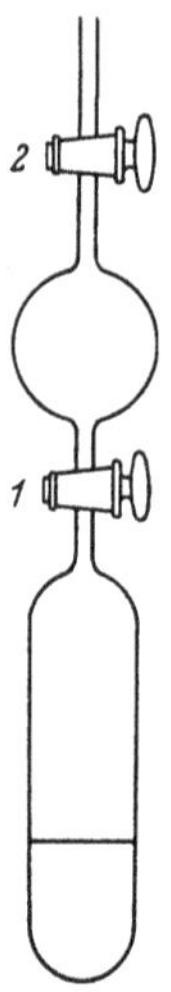

Da die Art des Kathoden- und Anodenmaterials erfahrungsgemäß ohne großen Einfluß auf die Empfindlichkeit dieser Zählrohre ist, können die Kathoden z. B. aus Stahl oder Messing und die Anoden aus Eisen- oder Wolframdraht hergestellt werden.

Abb. 28. Vorrats- und Dosierungsgefäß zur Beimischung gleicher Schwefelkohlenstoffmengen zu Zählgasmischungen.

Ein einfaches Verfahren nach FELDSTEIN und BRODA[1] zur Messung von radioaktivem Kohlendioxyd im Auslösebereich arbeitet mit Hilfe der in Abb. 15 skizzierten Apparatur, an die das Zählrohr angeschlossen wird. In diesem sind als Kathode ein 8 cm langer Messingzylinder und als Anode ein Wolframdraht von 0,06 mm Durchmesser angebracht. Alle zu dichtenden Verbindungen sind mit Araldit* gekittet. Das radioaktive Kohlendioxyd, das in diesem Fall mit Perchlorsäure entwickelt wird, deren Bariumsalze leicht löslich sind, kann durch Silicagel von beigemischtem Wasserdampf befreit und in ein mit flüssiger Luft oder flüssigem Stickstoff gekühltes U-Rohr kondensiert werden. Nach Schließen der Hähne A und B läßt man 15 Torr Alkoholdampf in das Zählrohr eintreten. Danach wird aus dem vorsichtig geöffneten Hahn B so lange Kohlendioxyd in das Rohr überführt, bis sich der gewünschte Druck eingestellt hat. Sobald Hahn B wieder geschlossen ist, wird die Füllung mit 60 Torr Argon vervollständigt. Aus dem Vorratsgefäß vor Hahn A, das mit inaktivem Kohlendioxyd gefüllt ist, kann eine bestimmte, durch die Druckablesung kontrollierte Kohlendioxydmenge zusätzlich geliefert werden, wenn das aus dem Bariumcarbonat stammende aktive Kohlendioxyd nicht ausreicht, um den im Zählrohr erforderlichen Kohlendioxydpartialdruck zu erzeugen. Die so hergestellte Mischung aus aktivem und inaktivem Kohlendioxyd muß noch einmal in die Kühlfalle kondensiert werden, bevor man sie zur Messung in das Zählrohr überführt. Eine Aktivitätsbestimmung erfordert etwa 2 Std. Die entsprechenden Einsatzspannungen liegen für 10, 30 und 50 Torr Kohlendioxyd bei 1150, 1450 und 1850 V; die Haltestrecke beträgt etwa 200 V bei einem

---

* Zu beziehen durch die Firma Ciba AG., Wehr/Baden.
[1] FELDSTEIN, O., and E. BRODA: Nature **168**, 599 (1951).

Anstieg von 1—2 %. Als Nulleffekt wurden unter einem 3 cm dicken Bleimantel 28 Impulse/min ermittelt.

Nach neueren Arbeiten von ROHRINGER und BRODA[1] können in gleicher Weise auch Gasfüllungen von reinem $^{14}CO_2$ bei Drucken von 100—400 Torr und bei Arbeitsspannungen zwischen 2800 und 4600 V gemessen werden.

Es ist notwendig, mit einem Löschkreis zu arbeiten, da das Kohlendioxyd nicht selbstlöschend ist. Zur Füllung der mit Kühlfinger versehenen Zählrohre wird die in Abb. 15 skizzierte Apparatur verwendet. Erst unterhalb 100 Torr Kohlendioxyddruck empfiehlt sich die Beimischung von Argon-Alkohol. Das Verfahren ist an Empfindlichkeit dem anderen weit überlegen, da sich noch spezifische Aktivitäten von $3 \cdot 10^{-6}$ mC je Mol nachweisen lassen.

### γ) Empfindlichkeit der Nachweismethoden zur Messung von $^{14}C$.

Die Nachweisempfindlichkeit von $^{14}$C-Aktivitäten wird stark durch die verwendete Meßmethodik beeinflußt. MÜNNICH und HAXEL[2] haben die Empfindlichkeiten der verschiedenen Meßverfahren einander gegenübergestellt. In Abb. 29 bedeutet die Länge des oberen schwarzen Balkens, die sich auf die obere Skala bezieht, die geringste Konzentration, die mit der rechts daneben angegebenen Methode noch so gemessen werden kann, daß der Meßeffekt gleich dem Nulleffekt ist. Die schraffierten Fortführungen der schwarzen Balken lassen erkennen, wie sich die Nachweisbarkeitsgrenzen verschieben, wenn die Zählrohre durch Blei abgeschirmt werden, oder wenn zusätzlich zur Bleiabschirmung eine Antikoinzidenzschaltung benutzt wird*. Dieses Verfahren hat hauptsächlich Bedeutung für die Messung äußerst geringer spezifischer

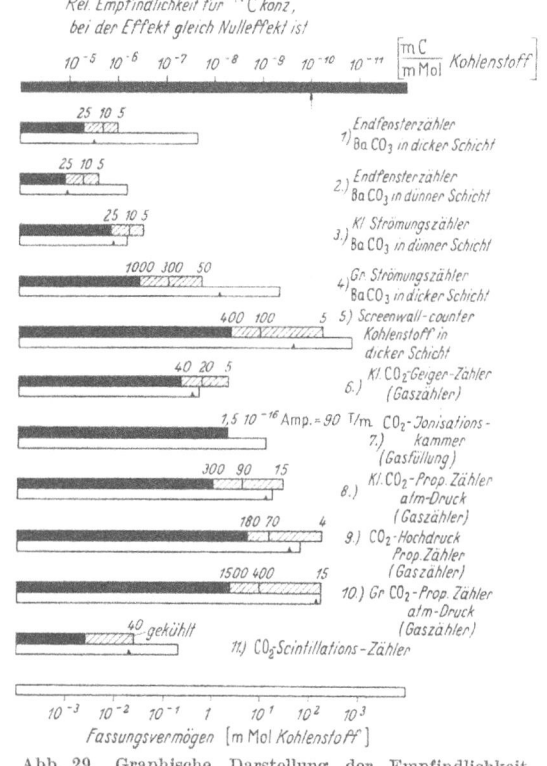

Abb. 29. Graphische Darstellung der Empfindlichkeit verschiedener Verfahren zur Bestimmung von $^{14}C$. (Nach MÜNNICH, A., u. O. HAXEL: Heidelberg, private Mitteilung.)

Aktivitäten. So wird z. B. der in der Natur vorkommende $^{14}C$ in dieser Weise gezählt[3]. Die Zahlen geben die Größe des Nulleffekts in Impulsen/min an.

Die untere Skala mißt die Länge des unteren weißen Balkens. Hier ist angegeben, wie groß die Zahl der Millimole Kohlenstoff ist, die erforderlich sind, um das Zählrohr zu beschicken (F). Die Dreiecksmarke gibt an, welcher Bruchteil dieser Menge wirksam ist ($\mu$F). Der Quotient der am oberen und unteren Balken abgelesenen Werte ergibt die Wirtschaftlichkeit.

---

* Diese Schaltung besteht darin, daß man das zur Messung bestimmte Zählrohr mit einer Reihe anderer Zählrohre möglichst dicht umgibt und es jedesmal dann für die Dauer eines Zählrohrimpulses unempfindlich werden läßt, wenn eins der umgebenden Zählrohre von einem ionisierenden Teilchen getroffen wird. Da die Mehrzahl der zum Nulleffekt beitragenden Teilchen, die das mittlere Zählrohr treffen und dort normalerweise gezählt werden würden, die umgebenden Zählrohre durchsetzen, wird so erreicht, daß alle diese Partikel vom Hauptzählrohr nicht registriert werden, so daß der Nulleffekt erheblich herabgedrückt wird.

[1] ROHRINGER, G., u. E. BRODA: Z. Naturforsch. 8b, 159 (1953).
[2] MÜNNICH, H., u. O. HAXEL: Private Mitteilung. Heidelberg.
[3] LIBBY, W.: Radiocarbon Dating, Univ. of Chicago Press (1952). Z. Elektrochem. 58, 574 (1954).

Das Diagramm der Abb. 29 vergleicht die Nachweisempfindlichkeit folgender Geräte:

1. Normaler dünnwandiger Endfensterzähler (1 mg/cm² Fensterdicke, z. B. etwa Frieseke und Hoepfner FHZ 15). Fläche des Präparats = 3 cm², 30 mg/cm² $BaCO_3$-Schichtdicke.

2. Fläche des Präparates = 3 cm², jedoch nur 1 mg/cm² $BaCO_3$-Schichtdicke, geringerer Substanzbedarf bei nahezu gleicher Empfindlichkeit (schwache Selbstabsorption, $\mu$ größer).

3. Kleiner Flow-Counter derselben Größe (errechnet), $\mu$ größer als bei 2., kein Fenster, bessere Geometrie.

4. Großer Flow-Counter, 140 cm² Präparatfläche, $BaCO_3$ in dicker Schicht (Methan-Flow-Counter), kürzere Meßzeit, größere Empfindlichkeit, aber großer Substanzbedarf.

5. Screenwall-Counter[1]. $F$ vor allem durch Verwendung von elementarem Kohlenstoff statt $BaCO_3$ vergrößert.

6. Kleiner Kohlendioxyd-GEIGER-MÜLLER-Zähler[2], $\mu$ nahezu 100%, geringer Substanzbedarf.

7. Kohlendioxyd-Ionisationskammer[3], zitiert nach BLEUER-GOLDSMITH[4]. Da hier der Ionisationsstrom gemessen wird, ist eine Beurteilung von $\mu$ nicht möglich.

8. Kleiner Proportionalzähler, Messingrohr 60 mm Durchmesser, Volumen etwa 400 cm³, Atmosphärendruck, nicht auf kleinen Nulleffekt gezüchtet.

9. Hochdruckzähler[5], Fülldruck 3 Atm, 50 mm Durchmesser, kleiner Nulleffekt, geringer Substanzbedarf.

10. Niederdruckzähler, Atmosphärendruck, Cu-Rohr 80 mm Durchmesser, 4500 cm³, größerer Substanzbedarf als bei 9.

11. Kohlendioxyd-Scintillationszähler[6].

Meßtechnische und sonstige experimentelle Vorteile bzw. Nachteile wurden nicht in Betracht gezogen.

Einen weiteren Empfindlichkeitsvergleich der verschiedenen Meßmethoden geben in tabellarischer Form M. REINHARDS, G. ROHRINGER und E. BRODA[7].

### $\delta$) Verarbeitung und Abfüllung von Substanzen mit hohem Dampfdruck und großer spezifischer Aktivität.

Ergibt sich die Notwendigkeit, leicht flüchtige Substanzen hoher spezifischer Aktivität (z. B. Benzol, Acetylen, Tetrachlorkohlenstoff u. a.) zur Analyse oder zur Dosierung der Ausgangsaktivität für Indicatoruntersuchungen in kleinste Mengen quantitativ aufzuteilen, so bedient man sich zweckmäßig der in Abb. 30 aufgezeichneten Apparatur. Eine die hochaktive Verbindung enthaltende Glasampulle, die durch eine Fallkugel geöffnet werden kann, befindet sich in einem Schliffgefäß, das über $A$ mit der Apparatur verbunden wird. Anschließend wird das System gut evakuiert und zur Entgasung der Glasrohre mit einer Bunsenflamme erwärmt. Nachdem Hahn $D$ geschlossen und das Quecksilber bis zum Unterbrecher $M$ (bestehend aus einem U-förmigen Glasrohr mit einem Durchmesser von 1,25 cm) gehoben ist, öffnet man die Ampulle und kondensiert die aktive Substanz durch ein Kühlbad mit flüssigem Stickstoff nach $B$. Nun wird das Quecksilber gesenkt, der Druck in $TC$ bestimmt, und alle nicht kondensierten Beimischungen, wie Stickstoff, Sauerstoff oder Wasserstoff, werden mit der Vakuumpumpe abgesaugt und mit Hilfe eines Bunsenbrenners ausgast. Jetzt erwärmt man $B$ mit einem geeigneten Bad, so daß die dort kondensierte Verbindung verdampft, worauf im

---

[1] ANDERSON, E. C., I. R. ARNOLD und W. F. LIBBY: Rev. sci. Instr. 22, 225 (1951).
[2] ROHRINGER, G., u. E. BRODA: Z. Naturforsch. 8b, 159 (1953).
[3] WORKOWSKI, C. J.: MDDC—1099 (1947). [ADD 1, 622 (1947)].
[4] BLEULER, E., and G. J. GOLDSMITH: Experimental Nucleonics. London 1952.
[5] VRIES, H. DE, u. G. W. BARENTSEN: Physica, den Haag 19, 987 (1953).
[6] HANLE, W., K. HENGST u. H. SCHNEIDER: Z. Naturforsch. 7b, 633 (1953).
[7] REINHARDS, M., G. ROHRINGER u. E. BRODA: Austr. physica Acta 8, 285 (1954).

Manometersteigrohr unter $M$ ein meßbarer Druckunterschied abgelesen werden kann. Dann läßt man das Quecksilber in $M$ wieder steigen, und der in der Apparatur links von $M$ verbliebene Anteil der aktiven Substanz wird wieder in $B$ kondensiert.

Darauf wird das Quecksilber in $E$ bis zum Bruchteil eines Millimeters unter den Rand des bekannten Volumens $V$ gebracht. Das sich einspielende Quecksilberniveau in $M$ wird mit einem Kathetometer nach Einstellen des Temperaturgleichgewichtes gemessen und daraus der Druck im rechten Teil der Anordnung ermittelt. Wenn nun das Quecksilber in $E$ so weit gehoben wird, daß das Volumen $V$ abgeschlossen ist, hat man in $V$ eine bei bekanntem Druck und bekannter Temperatur gemessene Substanzmenge abgetrennt. Der Rest des Gases wird nach Öffnen von $M$ in $B$ eingefroren und das System wieder wie beschrieben evakuiert und ausgegast.

Nachdem $M$ von neuem geschlossen ist, kondensiert man die in $V$ befindliche Substanz in eines der Röhrchen von $F$. Wenn $TC$ anzeigt, daß kein Gas mehr im rechten Teil der Anordnung zurückgeblieben ist, wird das die Substanz enthaltende Röhrchen abgeschmolzen.

Soll eine nach diesem Verfahren dosierte Mikroprobe zur Analyse verbrannt werden, so taucht man das der Abschmelzstelle gegenüber liegende Ende des Röhrchens in flüssigen Stickstoff. Sobald der Inhalt eingefroren ist, wird das Röhrchen geöffnet und unmittelbar danach in das Verbrennungsrohr gebracht. Wegen der geringen Mengen an hochaktivem Material ist es notwendig, inaktives Material mit zu verbrennen, damit das zu messende Kohlendioxyd oder Bariumcarbonat in genügenden Quantitäten vorliegt (s. S. 807).

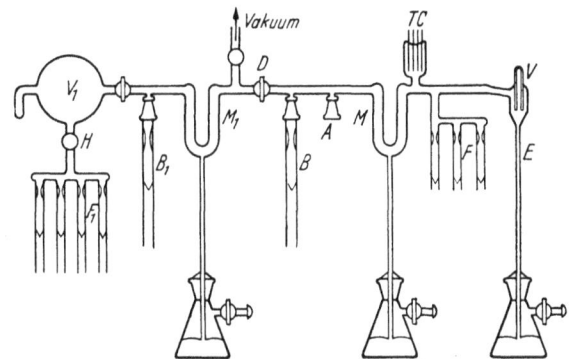

Abb. 30. Apparatur zur quantitativen Aufteilung von Gasen hoher spezifischer Aktivität in kleinste Mengen[1].

Um größere Substanzmengen zu dosieren, benutzt man den links von Hahn $D$ befindlichen Teil der Anordnung. Sobald das aktive Präparat unter den oben angegebenen Bedingungen in $B_1$ kondensiert worden ist, wird die gesamte linke Seite evakuiert. Hahn $H$ und $M_1$ sind zu schließen, worauf $B_1$ erwärmt werden kann. Nun wartet man Temperaturausgleich ab und mißt an $M_1$ den Gasdruck der Versuchssubstanz. Jetzt wird auch der Hahn zwischen dem bekannten Volumen $V_1$ und dem Gefäß $B_1$ geschlossen und Hahn $H$ nach $F_1$ geöffnet, so daß der Inhalt von $V_1$ nach $F_1$ überführt und dort eingefroren werden kann.

### b) Der radioaktive Schwefel.

Von den drei radioaktiven Isotopen des Schwefels ist allein das Isotop mit der Masse 35 für Indicatoruntersuchungen geeignet. Seine niedrige $\beta$-Maximalenergie von 0,167 MeV liegt in derselben Größenordnung wie die des $^{14}$C (0,156 MeV). Für die Herstellung und Messung von $^{35}$S-Präparaten gelten daher die gleichen Bedingungen wie für die von $^{14}$C-Aktivitäten. Die viel kürzere Halbwertszeit des $^{35}$S von 87 Tagen beschränkt die Zeitdauer vom Versuchsbeginn bis zur Aktivitätsmessung auf etwa 8—9 Halbwertszeiten und macht Abfallskorrekturen notwendig.

Als Beispiel sei die Oxydation von radioaktivem Äthylxanthat und die anschließende Ausfällung des $^{35}$S als Bariumsulfat angeführt: Von einer Xanthatlösung wird ein aliquoter Teil entnommen, der 0,1—1 mg der Verbindung enthält und mit 3 cm³ einer Lösung von 16 g Kaliumpermanganat und 10 g Kaliumhydroxyd in 1 Liter Wasser versetzt. Nach Erhitzen der Mischung dampft man vorsichtig zur Trockne ein und wiederholt diese Operation noch einmal nach Zugabe von 2—3 cm³ konz. Salzsäure. Um die letzten Reste Kaliumpermanganat zu zerstören, wird der Rückstand erneut

---

[1] BEAMER, W. H., and G. J. ATCHINSON: Analyt. Chem., Washington **22**, 303 (1950).

mit konz. Salzsäure versetzt, bevor man ihn mit Wasser auf 400 cm³ auffüllt. Anschließend fügt man so viel Trägersulfat zu, daß die Lösung etwa 100 mg Bariumsulfat enthält, und erhitzt zum Sieden. Nun wird das Sulfat gefällt, indem man in der Siedehitze unter ständigem Rühren nach und nach 25 cm³ einer Bariumchloridlösung (50 g $BaCl_2 \cdot 2 H_2O$ in 1 Liter) zutropft. Man läßt über Nacht absitzen und filtriert dann den Niederschlag ab, der in bekannter Weise gemessen wird[1].

Sehr günstig für die Messung von $^{35}S$ hat sich der Benzidinsulfatniederschlag erwiesen, weil er eine zusammenhängende Oberfläche bildet, die nicht abblättert[2]:

Um den Schwefel der zu messenden Verbindung in Benzidinsulfat zu überführen, werden 5—10 mg davon zunächst mit 5 mg Natriumchlorid und 0,3 cm³ konz. Salpetersäure in einem Mikrobombenröhrchen eingeschmolzen und 30 min auf 300° erhitzt. Nach Abkühlen öffnet man das Röhrchen und gibt seinen Inhalt in ein Fällungsgefäß, in dem die Lösung unter vermindertem Druck eingedampft wird. Wenn der trockene Rückstand mit 3 cm³ Wasser aufgenommen, keine Glassplitter enthält, fällt man das Sulfat mit Benzidinlösung aus. Anschließend wird der Niederschlag filtriert, mit 95%igem Alkohol gewaschen und unter einem kräftigen Luftstrom getrocknet.

Der Radioschwefel kann auch in gasförmigem Zustand als Schwefelwasserstoff im Gaszählrohr bestimmt werden[3].

### c) Der radioaktive Phosphor.

Das für Indicatoruntersuchungen verwendete Isotop des Phosphors mit der Masse 32 ist ein harter $\beta$-Strahler. Es hat eine Halbwertszeit von 14,3 Tagen. Die Aktivitätsmessung von $^{32}P$-Präparaten ist einfacher als die von $^{14}C$- und $^{35}S$-Präparaten, da die harten $\beta$-Strahlen des $^{32}P$ bei Schichtdicken bis zu 40 mg/cm² eine Selbstabsorptionskorrektur überflüssig machen.

Zur Aktivitätsbestimmung werden $^{32}P$-markierte organische Verbindungen nach den bekannten Verfahren der organischen Chemie zu Phosphat oxydiert, das als Magnesiumammonium-phosphat oder Ammonium-phosphor-molybdat gefällt, gewogen und gemessen wird. Ammonium-phosphor-molybdat hat die unangenehme Eigenschaft, beim Filtrieren an den Wänden der Filtertiegel hochzusteigen; daher ist es zweckmäßig, den Niederschlag zuerst zur Entfernung der Salpetersäure mit 5%iger Ammoniumnitratlösung zu waschen und danach mit 5%iger Ammoniumnitratlösung zu behandeln, die 0,1% einer oberflächenaktiven Substanz enthält. Während des Waschens werden die hochgestiegenen Substanzteilchen mit einem Gummiwischer vom Tiegelrand abgelöst. Anschließend werden Nitrat und Netzmittel durch Nachspülen mit Äthanol entfernt. (Vom Nachspülen mit Aceton ist abzuraten, da dadurch leicht eine ungleichmäßige Präparatenoberfläche entsteht[4].)

Soll nur die Aktivität, nicht aber der Phosphorgehalt bestimmt werden, kann man sich die Oxydation der aktiven Verbindung und die Herstellung von festen Meßpräparaten ersparen und den Aktivitätsnachweis der $^{32}P$-markierten Substanz in Lösung im Flüssigkeitszählrohr vornehmen, da die ausgesandten energiereichen $\beta$-Strahlen eine genügend große Durchdringungsfähigkeit besitzen.

### d) Die radioaktiven Halogene.

Aus der relativ großen Zahl radioaktiver Halogenisotope sind auf Grund ihrer Eigenschaften nur sehr wenige für die Indicatormethode geeignet. Diese sind in Tabelle 3 zusammengestellt.

---

[1] GAUDIN, A. M., and J. S. CARR: Analyt. Chem., Washington **24**, 887 (1952).
[2] NIEDERL, J. B., H. BAUM, J. S. McCOY and J. A. KUCK: Industr. engng. Chem., analyt. Ed. **12**, 428 (1940).
[3] BERNSTEIN, W., and R. BALLENTINE: Rev. sci. Instr. **21**, 158 (1950).
[4] SACKS, J.: Analyt. Chem., Washington **21**, 876 (1949).

Tabelle 3. *Für biochemische und biologische Untersuchungen geeignete radioaktive Halogenisotope.*

| Isotop | Halbwertszeit | Strahlung | $\beta$-Energie * | $\gamma$-Energie * | Erhältliche Verbindungen |
|---|---|---|---|---|---|
| $^{18}$F | 112 min | $\beta^+, \gamma$ | 0,64 MeV | 0,56 MeV | — |
| $^{36}$Cl | $4{,}5 \cdot 10^5$ Jahre | $\beta^-, \gamma$ | 0,76 | 0,10<br>0,57 | K $^{36}$Cl, H $^{36}$Cl |
| $^{38}$Cl | 38,5 min | $\beta^-, \gamma$ | 4,18 (53%)<br>2,77 (15%)<br>1,11 (30%) | 1,6 (438)<br>2,2 (578) | Fe $^{38}$Cl$_3$ |
| $^{82}$Br | 1,63 Tage | $\beta^-, \gamma$ | 0,465 | 0,55<br>0,79<br>1,7<br>1,35<br>0,07<br>0,05 | — |
| $^{131}$J | 8,0 Tage | $\beta^-, \gamma$ | 0,3 (20%)<br>0,6 (80%) | 0,08<br>0,28<br>0,36<br>0,64<br>(im Verhältnis)<br>8:9:100:8) | Jodid in schwach basischer Na$_2$S$_2$O$_3$-Lösung<br><br>Vielzahl anorganischer und organischer Verbindungen |
| $^{132}$J | 2,4 Std | $\beta^-, \gamma$ | 0,9 (50%)<br>2,2 (50%) | 0,6 (50%)<br>1,4 (50%)<br>2,0<br>$\sim$0,8 | Geliefert wird die Muttersubstanz 77-Std $^{123}$Te in LiCl-KCl-Eutektikumschmelze. $^{132}$J wird bei Bedarf aus der Schmelze abdestilliert |
| $^{211}$At | 7,5 Std | $\alpha$, K | 5,9 ($\alpha$) | — | — |

### $\alpha$) Fluor.

$^{18}$F ist das einzige Fluorisotop, das bisher als Indicator verwendet wurde. Die kurze Halbwertszeit (112 min) des $\beta$-Strahlers $^{18}$F, sowie die große chemische Reaktionsfähigkeit der meisten Fluorverbindungen bringen es mit sich, daß mit diesem Isotop sehr schwer markierte Substanzen herzustellen sind. Daher ist es in der Biologie und Biochemie kaum zu verwenden. Eine ausführliche Zusammenfassung der Eigenschaften und Verwendungsmöglichkeiten von $^{18}$F findet sich bei BERNSTEIN und KATZ[1].

### $\beta$) Chlor.

$^{36}$Cl. Dieses Isotop entsteht als Bestrahlungsprodukt in Kernreaktoren. Seine lange Halbwertszeit macht es gut geeignet für Untersuchungen, die sich über längere Zeiträume erstrecken. Die emittierte $\beta^-$-Strahlung mit einer Maximalenergie von 0,76 MeV läßt sich unter Verwendung eines Glockenzählers mit Glimmerfenster gut nachweisen. Die Selbstabsorption der $\beta$-Strahlung in den Meßpräparaten muß bei höheren Schichtdicken berücksichtigt werden.

$^{38}$Cl. Wegen seiner kurzen Halbwertszeit läßt sich dieses Isotop nicht verschicken. Daher ist seine Verwendung in der Biochemie oder Biologie stark eingeschränkt. Nur an Stellen, an denen geeignete Neutronenquellen zur Bestrahlung verfügbar sind, läßt sich mit ihm arbeiten. ERBACHER und PHILIPP[2] haben ein einfaches Gewinnungsverfahren dafür angegeben. Die ungewöhnlich harte Strahlung von $^{38}$Cl bietet gewisse Vorteile. So läßt es sich beispielsweise ohne Schwierigkeiten im Flüssigkeitszählrohr bestimmen. Da die Reichweite der energiereichsten $\beta$-Komponente in der Gegend von etwa 2 g/cm$^2$ liegt, ist der Nachweis auch bei hohen Schichtdicken möglich.

---

* Die Angaben differieren bei verschiedenen Autoren; die neuesten Werte sind dem National Bureau of Standards Circular NBS—499 „Nuclear Data" und seinen Ergänzungsheften zu entnehmen.

[1] BERNSTEIN, R. B., and J. J. KATZ: Nucleonics 11 (Oct.), 46 (1953).
[2] ERBACHER, O., u. K. PHILIPP: Z. physik. Chem. (A) 176, 169 (1936).

*Chemische Abtrennung der Cl-Aktivitäten* aus biologischem Material: Diese kann durch Aufschluß nach CARIUS erfolgen (übliche Mikrohalogenbestimmung in organischen Stoffen) unter Zusatz von inaktivem Chlor als Träger. Gezählt wird das aus der Veraschungslösung ausgefällte Silberchlorid, das nach einer der für Silberbromid (s. u.) beschriebenen Methoden weiter behandelt wird (vgl. etwa das Verfahren von WINTERINGHAM[1]).

## γ) Brom.

$^{82}$**Br.** Dieses Bromisotop ist das einzige, das gut für biologische und biochemische Zwecke geeignet ist. Da jeder $\beta^-$-Zerfall von einer $\gamma$-Kaskade mit den drei Energien 0,547; 0,787 und 1,35 MeV begleitet ist und außerdem noch eine ganze Reihe anderer $\gamma$-Quanten auftreten, macht der Nachweis mit einem normalen $\gamma$-Zählrohr oder einem Scintillationszähler keine Schwierigkeiten. Es läßt sich indes auch gut im $\beta$-Zählrohr bestimmen, wenn man die sich aus der weichen Strahlung ergebende Selbstabsorption berücksichtigt und nicht zu dickwandige Fensterzähler verwendet. Angaben über die Brauchbarkeit verschiedener Zählverfahren finden sich bei WINTERINGHAM[1]. Man kann auch in Flüssigkeitszählern[2] messen. Der Wirkungsgrad von Glimmerfensterzählern bei Verwendung eines festen Zählpräparates ist nach WINTERINGHAM 15mal größer als derjenige eines Flüssigkeitszählers, da im letzteren Fall im wesentlichen die $\gamma$-Strahlung gemessen wird. Die kurze Halbwertszeit macht Abfallskorrekturen notwendig.

*Chemische Abtrennung der Bromaktivität* aus biologischem Material und die Gewinnung und Herstellung der zur Messung vorgesehenen Präparate: 0,5—100 mg des getrockneten Untersuchungsmaterials werden in einer WURTZSCHMITT- oder PARR-Bombe aus Nickel mit einem vorbereiteten Gemisch von 2 g Natriumperoxyd, 0,2 g Kaliumnitrat und 50 mg Zucker, sowie 10 mg Natriumbromid als inaktiver Trägersubstanz versetzt und mit einem Magnesiastäbchen gut durchgerührt. Die Bombe wird dann verschraubt und gezündet (S. 808). Nach Ablauf der Verbrennung wird 10 min auf dem Mikrobrenner erhitzt und dann abgekühlt. Sodann öffnet man die Bombe und gibt den Inhalt in ein 250 cm³-Becherglas. Nach Zugabe von destilliertem Wasser wird mit einer kleinen Flamme vorsichtig auf etwa 70° C erwärmt, bis sich die Schmelze völlig aufgelöst hat. Das Volumen von Lösungswasser + Waschlösungen soll etwa 35 cm³ betragen. Um zu vermeiden, daß bei der nachfolgenden Neutralisation Bromat entsteht, wird auf 0° abgekühlt, etwa 70 mg Natriumbromid zugegeben und mit 4 n Salpetersäure bis zum Aufbrausen des vorher in der Bombe belassenen Magnesiastäbchens versetzt. Man fällt mit Silbernitratlösung. Der entstandene Silberbromidniederschlag wird abfiltriert, ausgewaschen und mit einem GEIGER-MÜLLER-Zähler die Aktivität bestimmt[3].

Zur *Herstellung geometrisch einheitlicher Zählpräparate* empfiehlt WINTERINGHAM folgendes Verfahren[1]:

Das als lösliches Bromid vorliegende aktive Brom wird nach Zusatz geeigneter Mengen Träger als Silberbromid gefällt und umgeschwenkt, damit es sich zusammenballt. Das Gewicht des erhaltenen Niederschlages soll 10—50 mg betragen. Zu der Silberbromidsuspension wird ein Tropfen Netzmittel gegeben und alles in das Pyrexrohr der Filtriervorrichtung (Abb. 31) gegossen. Als Filter dient eine Scheibe Whatman-Papier Nr. 50, die von zwei Scheiben Whatman-Papier Nr. 4* unterlegt ist. Der Durchmesser beträgt 1,75 cm. Nach dem Absaugen und Nachwaschen mit Aceton wird das Pyrexrohr vorsichtig abgenommen, so daß der Niederschlag als gleichmäßige, feuchte Schicht von 1,5 cm Durchmesser auf dem Filter bleibt. Der Niederschlag wird nun zusammen mit den drei unterlegten Filterpapieren auf eine Aluminiumschale gelegt (Niederschlag

---

\* Entspricht Schleicher & Schüll-Papier 2040a und 2040b.

[1] WINTERINGHAM, F.P.W.: Nature **164**, 183 (1949).
[2] VEALL, N.: Brit. J. Radiol. **21**, (247) 347 (1948).
[3] DAUDEL, P., M. FLON et C. HERCZEG: Cr. **228**, 1059 (1949).

nach oben) und eine mit „Alkathene"* oder einem anderen thermoplastischen Kunststoff überzogene Bleischeibe mit der Kunststoffschicht auf den Niederschlag gelegt. Nunmehr ist mit einem massiven Messingzylinder (Durchmesser 1,35 cm, auf 140° C aufgeheizt) 1—2 sec die Bleischeibe fest aufzupressen, wodurch das Aceton vertrieben wird und der Kunststoff den Niederschlag bindet. Das Filtrierpapier läßt sich von dem entstehenden harten Silberbromidplättchen sauber abziehen. Die Kunststoff-Bleifolien werden durch „Aufbügeln" von ausgestanzten Kunststoffolien (1,40 · 0,025 cm) auf die Bleischeiben 1,75 cm · 0,18 cm) hergestellt. Nach diesem Verfahren gewonnene Präparate ließen nach Angabe des Verfassers[1] eine Meßgenauigkeit von 1,8% zu, wobei die verwendeten Präparatendicken zwischen 6,2 und 43,7 mg/cm² betrugen.

### δ) Jod.

$^{131}$J. Von allen radioaktiven Halogenen hat $^{131}$J bisher am meisten Anwendung gefunden. Dies ist einerseits bedingt durch die günstigen Kerneigenschaften (lange Halbwertszeit, zufriedenstellende Nachweisbarkeit), andererseits durch die große physiologische Bedeutung des Jods. Die Zahl der über das $^{131}$J erschienenen Arbeiten ist so groß, daß es nicht möglich ist, hier eine vollständige Bibliographie zu geben.

$^{131}$J ist in Form der verschiedensten chemischen Verbindungen erhältlich. Als Ausgangsprodukt für alle Verbindungen dient das als Uranspaltprodukt mit hoher spezifischer Aktivität anfallende $^{131}$J, das auch als Tochtersubstanz des $^{131}$Te aus im Uranreaktor bestrahltem Tellur als Jodid abdestilliert werden kann.

Abgesehen von den käuflichen Verbindungen sind eine große Zahl weiterer, mit $^{131}$J markierter anorganischer und organischer Verbindungen synthetisiert worden. Eine Zusammenstellung solcher Synthesen findet sich bei CROMPTON und WOODRUFF[2], sowie bei TABERN, TAYLOR und GLEASON[3].

Abb. 31. Filtriervorrichtung für aktive Silberhalogenide nach WINTERINGHAM[4].

*Nachweis.* Die Bestimmung und der Nachweis der $^{131}$J-Aktivität kann sowohl über die β- als auch über die γ-Strahlung erfolgen. In der Literatur ist eine Reihe von Spezialzählern beschrieben[5-10]. Einen kritischen Vergleich der verschiedenen Zählertypen und eine Überprüfung ihrer Brauchbarkeit geben BRUNER und PERKINSON[5]. Die Ergebnisse dieser Untersuchungen sind in Tabelle 4 zusammengestellt.

*Chemische Abtrennung der Jodaktivitäten* und Vorbereitung zur radiochemischen Bestimmung: Zur chemischen Abtrennung von $^{131}$J aus biologischem Material ist, entsprechend seiner Bedeutung, eine Reihe von Methoden vorgeschlagen worden. Das Prinzip ist im wesentlichen bei allen das gleiche.

1. Aufschluß des organischen Materials unter sehr stark oxydierenden Bedingungen. Hierdurch wird einmal die organische Substanz zerstört, zum andern das Jod in nichtflüchtiges Jodat oder Perjodat überführt.

---

* „Alkathene" ist ein Äthylenpolymerisat, ein sog. Polythen, und findet unter anderem Verwendung als elektrischer Isolator für Kabelumhüllungen. Vgl. Karrer, Lehrb. org. Chem. 12. Aufl. S. 60. 1954.

[1] WINTERINGHAM, F. P.: Nature 164, 183 (1949).
[2] CROMPTON, C. E., and N. H. WOODRUFF: Nucleonics 7 (Oct.), 56 (1950).
[3] TABERN, D. L., J. D. TAYLOR and G. I. GLEASON: Nucleonics, 7 (Nov.), 6 (1950); (Dez.) 40 (1950).
[4] WINTERINGHAM, F. P. W.: Analyst 75, 627 (1950).
[5] BRUNER, H. D., and J. D. PERKINSON: Nucleonics 10 (Oct.), 57 (1952).
[6] EDWARDS, R. R., W. A. REILLY and R. C. HOLMES: Proc. Soc. exp. Biol. Med. 72, 158 (1949).
[7] FREEDBERG, A. S., R. RUKA and M. J. McMANUS: J. clin. Endocrinol. 9, 841 (1949).
[8] FREEDBERG, A. S., A. L. URELES, M. VAN DILLA and M. J. McMANUS: J. clin. Endocrinol. 10, 437 (1950).
[9] GOODWIN, W. E., and W. D. HARRIS: J. Lab. clin. Med. 38, 470 (1951).
[10] PERKINSON, J. D., and H. D. BRUNER: Nucleonics 10 (Nov.), 66 (1952).

Tabelle 4. *Relativer Wirkungsgrad von 9 verschiedenen Methoden zum $^{131}J$-Nachweis* *,[1].

| Nr. | Methode und Präparatenart | Präparaten-träger | Präparat-volumen cm³ | Nulleffekt-impulse/min | Impulszahl je min | Wirkungs-grad % | Nachweis-grenze $^{131}J$ ($\mu C$) | Maxi-males Präparat-volumen | Literaturzitat, in dem der Zähler beschrieben wird |
|---|---|---|---|---|---|---|---|---|---|
| 1 | MARINELLI; $2\pi$-Zähler (flüssige Proben) | — | 5,0 | 36 | 287 | 0,166 | 0,01 | 40 | L. D. MARINELLI and R. F. HILL BNL—C—5 (unveröffentlicht) |
| 2 | „Texas" $4\pi$-Zähler (flüssige Proben) | — | 0,4 | 306 | 1106 | 8,01 | 0,002 | 75 | H. D. BRUNER und J. D. PERKINSON [Nucleonics 10, Oct. S. 57 (1952)] |
| 3 | Hochdruckionisationskammer ($4\pi$) (flüssige Proben) „Driftgeschwindigkeit" „Elektrometer" | — — | 25,0 25,0 | 93** 10** | 110** 40—44** | niedrig niedrig | ~0,1 ~0,1 | 200 200 | C. BORKOWSKI [Analyt. Chem., Washington 21, 348 (1949)] J. W. JONES and R. D. OVERMAN [AECD—2367 (1948)] |
| 4 | Quarzfadenelektroskop (trockene Proben) | Porzellan Stahl | 1,0 1,0 | 0,068** 0,061** | 2,65** 2,10** | hoch hoch | 0,0008 0,0009 | 10 3 | H. D. BRUNER, J. D. PERKINSON [Nucleonics 10, Oct. S. 57 (1952)] |
| 5 | Glimmerfenster-GM-Zähler (flüssige Proben) | Porzellan Stahl | 1,0 1,0 | 38 27 | 648 353 | 1,83 1,02 | 0,001 0,0013 | 10 2,5 | H. D. BRUNER, J. D. PERKINSON [Nucleonics 10, Oct. S. 57 (1952)] |
| 6 | Glimmerfenster-GM-Zähler (trockene Proben) | Porzellan Stahl nahe am Zählrohr-fenster | 1,0 1,0 | 38 28 28 | 1775 1669 3909 | 5,14 4,93 11,3 | 0,00033 0,00026 0,00011 | 10 2,5 | H. D. BRUNER, J. D. PERKINSON [Nucleonics 10, Oct. S. 57 (1952)] |
| 7 | Scintillationszähler (flüssige Proben) | Porzellan Stahl | 1,0 1,0 | 260 229 | 98 60 | 0,28 0,17 | 0,042 0,061 | 10 2,5 | H. D. BRUNER, J. D. PERKINSON [Nucleonics 10, Oct. S. 57 (1952)] |
| 8 | Scintillationszähler (trockene Proben) | Porzellan Stahl sehr nahe am Krystall | 1,0 1,0 | 260 229 229 | 65 60 268 | 0,19 0,17 0,78 | 0,62 0,61 0,13 | 10 2,5 | H. D. BRUNER, J. D. PERKINSON [Nucleonics 10, Oct. S. 57 (1952)] |
| 9 | Gasdurchfluß-Proportionalzähler (trockene Proben) | Porzellan Stahl | 1,0 1,0 | 105 45 | 9762 8953 | 28,3 25,9 | 0,00016 0,00008 | 10 2,5 | W. L. GRAF, C. L. COMAR and I. B. WHITNEY [Nucleonics 9, No 4, 22 (1951)] |

* Gemessen an einem NBS-Standard mit 34510 Zerfällen je Minute je Kubikzentimeter.
** Teilstriche je Minute (nicht Imp je Minute gemäß Angaben der Instrumentenskala).
[1] Nach BRUNER H. D., and J. D. PERKINSON: Nucleonics 10 (Oct.), S. 57 (1952).

2. Destillation von Jod nach vorausgegangener Reduktion zu Jodid, das als Jodwasserstoff in verdünnter Lauge aufgefangen wird.

3. Fällung als Silberjodid.

Als Beispiel für eine Methode zur Isolierung von Jod aus biologischem Material sei das von CHANEY[1] angegebene Verfahren beschrieben, das von SOBEL und SAPSIN[2] verbessert und von RALL, JOHNSON, POWER und ALBERT[3] auf die Bestimmung von radioaktivem Jod übertragen wurde.

Arbeitsvorschrift nach CHANEY: 3 cm³ 60%ige Chromsäurelösung und 25 cm³ konz. Schwefelsäure oder 25 cm³ beider Reagentien in gemeinsamer Lösung werden in einen 300 cm³-Zweihalsschliffkolben gegeben. Nach Abkühlen fügt man 3—4 cm³ Analysensubstanz (etwa Blutplasma) zu und schüttelt bis zum Aufhören des Schäumens. Die Oxydation wird durch 4 min langes Erhitzen auf einer elektrischen 350 W-Heizplatte beendet, wobei ein Überschuß von Wasser verdampft, die Temperatur auf 200—220° C steigt und die Schwefelsäure zu rauchen beginnt. Der Strom ist dann abzuschalten, und der Kolben wird, um überschüssige Chromsäure zu zersetzen, noch weitere 3—4 min auf der Heizplatte belassen. Es darf jedoch nicht zu lange erhitzt werden, da sonst Chromsalze ausfallen, die bei der nachfolgenden Destillation einen Siedeverzug bewirken können. Nachdem das Aufschlußgemisch auf Zimmertemperatur abgekühlt ist, werden vorsichtig weitere 15 cm³ Wasser zugegeben und nochmals bis zum Rauchen der Schwefelsäure erhitzt. Nach dem Abkühlen wird auf den einen Ansatz des Kolbens der in Abb. 32 gezeigte Aufsatz aufgesetzt; auf den zweiten Schliffhals kommt ein ebenfalls mit Schliff versehener Tropftrichter. Durch A läßt man nun bei vorübergehend abgenommenem Kühler ein Gemisch von 1 cm³ 1%iger Natronlauge + 1 cm³ Wasser in den U-förmigen Teil B einlaufen; durch den anderen Kolbenhals werden nochmals 15 cm³ Wasser direkt in den Kolben gegeben. Dann erhitzt man auf der Heizplatte zum Sieden. Sobald der Kolbeninhalt kräftig kocht, werden durch den Tropftrichter 3 cm³ 50%ige phosphorige Säure + 2 Tropfen 30%iges Wasserstoffperoxyd zugegeben. Dann wird 6—8 min kräftig destilliert. Anschließend gibt man den Inhalt von B (die oben genannte verdünnte Lauge, die jetzt alles Jod enthält) in ein geeichtes Gefäß und spült mit destilliertem Wasser nach, um in aliquoten Teilen dieser Lösung

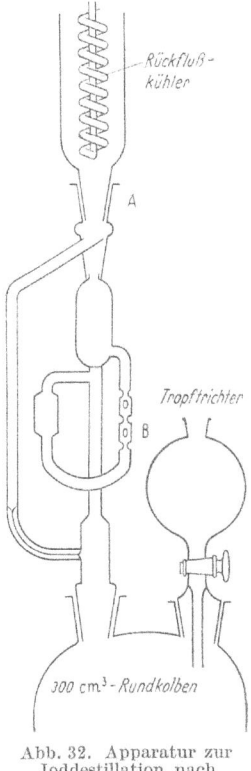

Abb. 32. Apparatur zur Joddestillation nach CHANEY[1].

das Jod zu bestimmen. Liegt aktives Jod vor, so kann die Bestimmung entweder durch Eindampfen eines aliquoten Teiles der Lösung auf einem Präparatenträger und direktes Auszählen erfolgen, oder man mißt nach Zugabe bekannter Menge von inaktivem Jod als Träger das anschließend gefällte Silberjodidpräparat. Man kann jedoch den Inhalt von B auch zu einem bekannten Volumen auffüllen und direkt im Flüssigkeitszählrohr messen. RALL und Mitarbeiter[3] verwenden zum Aufschluß an Stelle von Schwefelsäure und Chromsäure ein Gemisch von Kaliumpermanganat, Schwefelsäure und Wasser\*; um im Kolben beim Aufschluß entstandenes Jodat zu reduzieren, dienen Lithiumarsenit und Oxalsäure.

Statt der Destillation kann unter Umständen auch eine Extraktion ausgeführt werden. Dazu versetzt man die im Kolben befindliche Aufschlußlösung, die außer dem beim

---

\* Für den Kaliumpermanganataufschluß darf nur verdünnte Schwefelsäure (50%ig) verwendet werden, da konz. Schwefelsäure mit Kaliumpermanganat unter Bildung von explosivem $Mn_2O_7$ reagiert.

[1] CHANEY, M.: Industr. engng. Chem., analyt. Ed. 12, 179 (1940).
[2] SOBEL, H., and S. SAPSIN: Analyt. Chem., Washington 24, 1829 (1952).
[3] RALL, J. E., H. W. JOHNSON, M. H. POWER and A. ALBERT: Proc. Soc. exp. Biol. Med. 75, 390 (1950).

Aufschluß entstandenen Jodat kein anderes Oxydationsmittel mehr enthalten darf, mit Jodid und Jodat als Träger und extrahiert das nach der Gleichung

$$5\,HJ + HJO_3 = 3\,J_2 + 3\,H_2O$$

entstehende elementare Jod mit Tetrachlorkohlenstoff, Chloroform oder Schwefelkohlenstoff oder destilliert es mit Wasserdampf in elementarer Form ab, um es in Natriumhydrogensulfitlösung aufzufangen.

Eine Weiterentwicklung des CHANEYschen Verfahrens als direktes Mikroverfahren für Jodmengen unter 1 $\mu\gamma$ beschreiben SHAHROKH und CHESBRO[1]. Dabei auftretende Fehlerquellen werden von MORAN[2] diskutiert.

Weitere Bestimmungsmethoden für $^{131}J$ im Urin mit $\gamma$-Tauchzählrohren[4], $\beta$-, $\gamma$-[5] oder Szintillationszählern[6] sowie mit einer speziellen Anordnung von vier GEIGER-MÜLLER-Zählern[7] seien nur angeführt. Einen zusammenfassenden Bericht über Routinemethoden zur Bestimmung von $^{131}J$ im Rahmen von Stoffwechseluntersuchungen gibt ODDIE[3].

BARRY[3] reduziert das in der Aufschlußlösung als Jodat vorliegende Jod zu Jodid, gibt eine bekannte Menge Trägersubstanz zu und fällt mit Palladiumchlorid Palladiumjodid aus. Das Palladiumjodid wird abfiltriert und gezählt.

Eine vergleichende Übersicht über verschiedene Verfahren um Gewebe zur Bestimmung von $^{131}J$ vorzubereiten, wird von PERKINSON und BRUNER[9] gegeben. Am besten eignet sich nach diesen Autoren die folgende Methode: Das Gewebe wird mechanisch homogenisiert, mit 2 n Natronlauge sowie mit je 0,1 cm³ 0,5 n Natriumjodid- und 0,5 n Natriumhydrogensulfit-Lösung versetzt und über Nacht bei 70° aufbewahrt. Kalilauge darf nicht verwendet werden, da Kalium selbst radioaktiv ist und die Aktivitätsbestimmung von $^{131}J$ verfälschen würde. Am folgenden Tag wird der Gewebebrei im Flüssigkeitszähler gemessen.

*Rückgewinnung von radioaktivem Jod aus Urin.* Hierfür werden eine Reihe von Verfahren in der Literatur beschrieben[10-12]:

Nach BAUMANN und METZGER[10] ist der aktive Urin mit verdünnter Schwefelsäure zu versetzen, im Vakuum auf 200—300 cm³ einzudampfen und in 2—3 Fraktionen aufzuteilen, deren jede gesondert wie folgt verarbeitet wird: Organische Substanz und Chlorid werden durch Behandlung mit Schwefelsäure und Chromsäure durch Erhitzen auf 180° C zerstört, wobei ein Überschuß an Chromsäure notwendig ist, um alles Jod in Jodat zu überführen. Anschließend muß der Chromsäureüberschuß mit Oxalsäure zerstört werden und das Jod wie beschrieben als Jodwasserstoff nach vorausgegangener Reduktion abdestilliert werden.

Nach CRAIG und JACKSON[11] wird zu dem Urin, der sich in einem 3 Liter-Filtrierstutzen befindet und mit Salzsäure auf $p_H$ 5 eingestellt ist, eine 1 n Silbernitratlösung, entsprechend etwa 15% des im Urin enthaltenen Chlorids, gegeben. Man läßt den sich bildenden Niederschlag 5 Std oder besser über Nacht absitzen. Die überstehende Flüssigkeit wird sorgfältig abdekantiert und der Rückstand mit einem Überschuß (10 g) Brom

---

[1] SHAHROKH, B. K., and R. M. CHESBRO: Analyt. Chem., Washington **21**, 1003 (1949).
[2] MORAN, J. J.: Analyt. Chem., Washington **24**, 378 (1952).
[3] BARRY, M. C.: J. biol. Ch. **175**, 179 (1948).
[4] EDWARDS, R. R., W. A. REILLY and R. C. HOLMES: Proc. Soc. exp. Biol. Med. **72**, 158 (1949).
[5] FREEDBERG, A. S., R. RUKA and M. J. MCMANUS: J. clin. Endocrinol. **9**, 841 (1949).
[6] GOODWIN, W. E., and W. D. HARRIS: J. Lab. clin. Med. **38**, 470 (1951).
[7] FREEDBERG, A. S., A. L. URELES, M. VAN DILLA and M. J. MCMANUS: J. clin. Endocrinol. **10**, 437 (1950).
[8] ODDIE, T. H.: Nuclear Sci. Abstr. **4**, 12, Nr. 6 (1950).
[9] PERKINSON, J. D., and H. D. BRUNER: Nucleonics **10**, (Nov.), 66 (1952).
[10] BAUMANN, E. J., and N. METZGER: J. biol. Ch. **121**, 231 (1937).
[11] CRAIG, A., and H. JACKSON: Nature **167**, 80 (1951).
[12] PURVES, H. D.: Nature **169**, 111 (1952).

unter Rühren behandelt. Das Gemisch wird 2—3 Std, oder besser über Nacht stehengelassen, durch ein Faltenfilter gegossen und mit Bromwasser nachgewaschen. Das Filtrat und die Waschlösungen, die die Hauptmenge Jod als Jodat enthalten, werden in einen 1 Liter-Rundkolben mit Schliffhals gegeben, das Brom wird verkocht und die Flüssigkeit auf ein Volumen von 30 cm³ konzentriert. Dieses Konzentrat, das außer Jodat noch andere Halogenate, sowie Phosphat enthält, kann nach Einstellung eines geeigneten $p_H$-Wertes und Reduktion von Jodat zu Jodid mit Schwefeldioxyd sofort wieder verwendet werden. Es wird jedoch vorgeschlagen, das Rohprodukt wie folgt weiter zu verarbeiten: Zu dem auf etwa 30 cm³ eingedampften bromhaltigen Filtrat gibt man 20 cm³ einer 100%igen Chromsäurelösung (aus p. a. $CrO_3$) und 60 cm³ konz. Schwefelsäure (p. a.). Das Gemisch ist dann einige Minuten auf 180° C zu erhitzen. Nach dem Abkühlen werden 30 cm³ Wasser und 30 g Oxalsäure (p. a.) zugegeben und der Kolben an eine völlig aus Glas bestehende Destillationsapparatur angeschlossen. Vorgelegt wird eine Lösung von einigen Tropfen 10%iger Natronlauge in 2 cm³ Wasser. Dann wird vorsichtig aufgeheizt, bis die kurze, aber heftige Reaktion nachgelassen hat. Man destilliert 20—30 cm³ ab, in denen sich etwa 95% der vorhandenen Jodaktivität befinden. Diese Lösung gibt mit Silbernitrat fast keine Reaktion, da das $^{131}$J in praktisch unwägbarer Menge vorliegt. Sie ist frei von Sulfat und Phosphat.

Ein weiteres sehr elegantes Verfahren wird von PURVES[1] vorgeschlagen. Es beruht auf dem Ionenaustausch zwischen Cl⁻- und J⁻-Ionen, der eintritt, wenn Silberchlorid mit einer jodidhaltigen Lösung in Berührung gebracht wird.

*Arbeitsvorschrift.* 1 g GOOCH-Asbest wird gleichmäßig in 100 cm³ Wasser verteilt, das 0,1 g Silbernitrat gelöst enthält und mit Schwefelsäure angesäuert ist. Durch einen geringen Überschuß an Chlorid fällt man in dieser Suspension unter Rühren Silberchlorid. Dieses Asbest-Silberchloridgemisch wird nun sorgfältig auf eine Glasfritte von 40 mm Durchmesser mit der Porenweite 3 gegeben, auf die vorher, ohne Luft durchzusaugen, eine Schicht gewöhnlichen Asbestes aufgebracht worden ist. Nach dem Abtropfen der überschüssigen Lösung ist das auf der Fritte zurückgebliebene Silberchlorid mit einer Schicht trockenem, mit Säure ausgewaschenem Sand gleichmäßig zu bedecken, auf den nunmehr noch eine Schicht Filterpapier aufgelegt wird, so daß die einzelnen Schichten nicht beim Aufgießen einer Lösung aufwirbeln. Das fertige Filter wird mit 0,1 n Schwefelsäure ausgewaschen. Ein auf diese Weise hergestelltes Filter ist ausreichend für die Aufarbeitung von 2 Liter Urin. Vorbereitete Filter lassen sich bei Ausschluß von Licht und unter Schutz vor Austrocknung aufbewahren.

Der aufzuarbeitende Urin wird auf $p_H$ 5 eingestellt und auf 95° erhitzt, um die Flüssigkeit zu entgasen. Ist die Lösung trübe, so muß sie filtriert und dann auf 50° abgekühlt werden. Anschließend säuert man mit Schwefelsäure an, bis die Lösung 0,1 n ist und filtriert durch das Silberchloridfilter, wobei die Durchlaufgeschwindigkeit etwa 100 cm³/min betragen soll. Es ist darauf zu achten, daß die Filtration unterbrochen wird, bevor das Filter trocken gesaugt ist. Das Filter ist dann mit 0,1 n Schwefelsäure nachzuwaschen.

Um das am Filter durch den beschriebenen Ionenaustausch adsorbierte Jod zurück zu gewinnen, wird es mit etwa 50—60 cm³ Chlorwasser ausgewaschen, das 0,1 n an Schwefelsäure ist, wobei fast die gesamte Aktivität in den ersten 25 cm³ erscheint. Das überschüssige Chlor entfernt man, indem man 5 cm³ der Lösung abdestilliert. Die entstandene Jodsäure wird anschließend durch Zusatz von 10 mg Kaliumpyrosulfit (Kaliummetabisulfit) reduziert und mit Natriumcarbonat neutralisiert. Die Lösung ist frei von Geruch oder unangenehmem Geschmack und kann sofort wieder dem Patienten zugeführt werden (Volumen etwa 45 cm³). Durch die Chlorwasserbehandlung wird das Filter regeneriert und kann erneut benutzt werden. Zu beachten ist lediglich, daß alle mit dem Filter in Berührung kommenden Lösungen 0,1 n an Schwefelsäure sein sollen, um

---
[1] PURVES, H. D.: Nature **169**, 111 (1952).

zu verhindern, daß das im Filter enthaltene Silberchlorid peptisiert wird. Desgleichen darf das Filter nicht trocken gesaugt werden, um keine Luftblasen entstehen zu lassen. Andernfalls kann ein Teil des Urins ablaufen, ohne das Jod ausgetauscht zu haben.

$^{132}$J. Ein weiteres, kurzlebiges Jodisotop, das eine gewisse Bedeutung erlangt hat, ist das $^{132}$J, dessen Halbwertszeit 2,4 Std beträgt. Es entsteht als Tochtersubstanz des $^{132}$Te (77 Std Halbwertszeit) das als Spaltprodukt anfällt. Es kann bei der Lokalisierung und Bestrahlung von Tumoren von Nutzen sein, bei denen diese einen aufgenommenen markierten Farbstoff, etwa Jodeosin, schon nach kurzer Zeit wieder abgeben. Wegen der kurzen Halbwertszeit klingt die Aktivität rasch ab, so daß der Versuch schon bald wiederholt werden kann, ohne von noch vorhandener Restaktivität gestört zu werden.

Die kurze Lebensdauer des $^{132}$J bringt Schwierigkeiten bei seiner Gewinnung mit sich. Es sind Präparate erhältlich, in denen sich das $^{132}$J im Gleichgewicht mit seiner Muttersubstanz, dem $^{132}$Te, befindet. Beide sind homogen in einer kleinen Menge eines Salzeutektikums verteilt, das bei 365° C schmilzt. Dieser Schmelzkuchen befindet sich in einem durch eine Glühspirale heizbaren Behälter mit einem Gaseinleitungs- und Absaugrohr, dem sog. Generator. Zum Gebrauch wird der Generator durch die Heizspirale angeheizt, bis das Salzeutektikum geschmolzen ist. Dann kann das im radioaktiven Gleichgewicht befindliche $^{132}$J abgesaugt und verwendet werden[1-4]. Die harte $\gamma$-Strahlung (1,4 MeV für die Komponente höchster Energie) macht es erforderlich, daß der Generator nur benutzt wird, wenn die entsprechenden Strahlenschutzmaßnahmen beachtet werden.

### ε) Bestimmung von Brom- und Jodaktivitäten nebeneinander.

Bei sowohl mit Brom als auch mit Jod markierten Verbindungen kann es notwendig werden, Brom- und Jodaktivitäten nebeneinander zu bestimmen. In diesem Fall bedient man sich eines Verfahrens, das von HAHN, STRASSMANN und SEELMANN-EGGEBERT[5] für die Trennung von Halogenisotopen aus der Uranspaltung angegeben wurde und hier sinngemäß übertragen werden kann.

Zu der schwefelsauren Aufschlußlösung der organischen Substanz (etwa nach dem beschriebenen Verfahren von CHANEY, S. 827) werden äquivalente Mengen Kaliumbromid und Kaliumbromat gegeben. Das entwickelte Brom wird in eine vorgelegte Natriumhydrogensulfitlösung abdestilliert. Jod bleibt unter diesen Bedingungen zurück, da das Brom es zur Jodatstufe oxydiert. Der Rückstand wird mit 50 mg Kaliumjodid als Träger versetzt und nach Zugabe von 1—2 Spatelspitzen Natriumnitrit nunmehr das Jod abdestilliert. In den Destillaten werden Brom und Jod in bekannter Weise bestimmt. Der quantitative Verlauf der Destillation hängt von schwer kontrollierbaren Nebenumständen ab; es ist daher im Einzelfall zu prüfen, ob die Trennungen quantitativ gelungen sind. Gegebenenfalls wird durch Wiederholung der Destillation mit den aufgefangenen Destillaten eine quantitative Trennung herbeigeführt. Zu diesem Zweck werden die zum Auffangen benutzten Natriumhydrogensulfitlösungen mit Schwefelsäure angesäuert, Schwefeldioxyd verkocht, die für die Brom- und Joddestillation erforderlichen Reagentien zugesetzt und nochmals wie oben destilliert.

### ζ) Astat (Element 85).

$^{211}$At. Dieses ist das einzige Astat-Isotop, das bisher biochemische und physiologische Verwendung gefunden hat[6]. Es kann durch Bestrahlung von Wismut im Cyclotron er-

---

[1] WINSCHE, W. E., L. G. STANG and W. D. TUCKER: Nucleonics 8 (March), 14 (1951).
[2] STANG jr., L. G., W. D. TUCKER, H. O. BANKS jr., R. F. DOERING and T. H. MILLS: Nucleonics 12 (Aug.), 22 (1954).
[3] SMITH, B. C., and E. H. QUIMBY: Surg., Gynec. Obstet. 79, 142 (1944).
[4] DAVIS, M., L. ASHKENAZY and T. FIELDS: J. Lab. clin. Med. 34, 1580 (1949).
[5] HAHN, O., F. STRASSMANN u. W. SEELMANN-EGGEBERT: Z. Naturforsch. 1, 545 (1946).
[6] GARRISON, W. M., J. D. GILE, R. D. MAXWELL and J. G. HAMILTON: Analyt. Chem., Washington 23, 204 (1951).

halten werden und läßt sich vom bestrahlten Metall in unwägbaren Mengen durch einfaches Abdestillieren bei Temperaturen in der Nähe des Wismutschmelzpunktes abtrennen. Physiologisch verhält sich Astat ähnlich wie Jod[1].

Ein *Verfahren für die Abtrennung* von Astat aus biologischem Material geben GARRISON und Mitarbeiter[2] an. Die organische Substanz wird durch Digerieren mit Perchlorsäure und Salpetersäure naß verascht, wobei das Astat in nichtflüchtige, höhere Wertigkeitsstufen überführt wird. Um die α-Teilchen zu zählen, kann man das Astat aus der Aufschlußlösung entweder mit Tellur als Träger ausfällen oder durch elektrolytische Abscheidung an einer Silberfolie abtrennen. Da zum Nachweis von Astat nur seine α-Strahlung verwendet werden kann, müssen zur Messung dünnwandige Fensterzählrohre, Gasströmungszähler oder α-Ionisationskammern verwendet werden. Die gleichzeitig auftretende K-Strahlung, eine weiche Röntgenstrahlung, ist zum Nachweis mit den normalen Zählertypen weniger geeignet, da sie zu energiearm ist. Vgl. aber die Methode von PEACOCK, DEUTSCH sowie COOK und DUNCAN[3,4].

### e) Tritium (T = $^3$H).

Dem Tritium kommt als dem einzigen radioaktiven Isotop des biologisch sehr wichtigen Wasserstoffs besondere Bedeutung zu.

Tritium läßt sich durch eine ganze Reihe von Kernprozessen darstellen. Am häufigsten wird dieses Isotop mit Hilfe der Reaktion Li(n, α) T hergestellt, die mit guter Ausbeute bei der Reaktorbestrahlung von Lithium auftritt. Tritium ist als Tritiumgas in zugeschmolzenen Ampullen in Aktivitäten bis zu mehreren Curie erhältlich.

**Eigenschaften.** Tritium ist ein $\beta$-Strahler mit 12,5 Jahren Halbwertszeit. Die $\beta$-Energie (18,9 keV) ist ungewöhnlich niedrig. Dies bedingt eine hohe Selbstabsorption in den zu messenden Präparaten. Die „unendliche Schichtdicke" (vgl. S. 784) liegt bereits bei 1 mg/cm$^2$. Für die Anwendung als Markierungsisotop ist die niedrige $\beta$-Energie von Nachteil, da sie den Nachweis erschwert, so daß man mit entsprechend empfindlichen Zählmethoden arbeiten muß. Für die Zählung fester Präparate können nur Gasdurchflußzähler verwendet werden (vgl. S. 641), da auch die dünnsten Zählerfenster die Strahlung vollständig absorbieren. Empfindlicher, aber auch apparativ schwieriger ist die Zählung gasförmiger Präparate, die direkt in die Zählrohre eingefüllt werden. Die apparative Schwierigkeit liegt darin, daß für die Herstellung und Einfüllung der gasförmigen Tritiumverbindungen ein Vakuumsystem benötigt wird. Bei der Messung von gasförmigem Wasserstoff und Verbindungen, deren T-markierter Wasserstoff nicht in homöopolarer Form gebunden ist, wie z. B. bei Alkoholen, tritt der sog. „memory effect" (vgl. S. 879) besonders stark auf, da derartige Gase mit an der Zählrohrwand haftenden Wasserspuren einen Teil ihres Tritiums austauschen können. Das hat zur Folge, daß auch nach mehrfachem Durchspülen des Zählers mit einem inaktiven Gas eine hartnäckig festsitzende Restaktivität im Zähler verbleibt, so daß der Nulleffekt scheinbar vergrößert wird. Aus diesem Grunde wird Tritium vielfach in Form von Kohlenwasserstoffen gemessen, da in diesen der Wasserstoff fester gebunden ist und nicht so leicht zum Austausch neigt. Es werden jedoch auch Meßverfahren beschrieben, bei denen reiner Wasserstoff gemessen wird[5-8].

---
[1] ATEN, A. H. W. jr., T. DOORGEST, U. HOLLSTEIN and H. P. MOEKEN: Analyst 77, 774 (1952).
[2] GARRISON, W. M., J. D. GILE, R. D. MAXWELL and J. G. HAMILTON: Analyt. Chem., Washington 23, 204 (1951).
[3] PEACOCK, W. C., and W. H. GOOD: Rev. sci. Instr. 17, 255 (1946).
[4] DEUTSCH, M., and L. G. ELLIOT: Physic. Rev. 65, 211 (1944). — Vgl. auch COOK, G. B., and J. F. DUNCAN: Modern Radiochemical Practices. S. 160. Oxford 1952.
[5] BIGGS, M. W., D. KRITCHEVSKY and M. R. KIRK: Analyt. Chem. Washington 24, 223 (1952).
[6] HENRIQUES, F. C. jr., and C. MARGNETTI: Industr. engng. Chem., analyt. Ed. 18, 420 (1946).
[7] WILZBACH, K. E., and A. R. VAN DYKEN: AECD—2998 [Nucl. Sci. Abstr. 5, 53 (1951)].
[8] KAMEN, M. D.: Radioactive Tracers in Biology. S. 202ff. New York 1952.

**Nachweis- und Bestimmungsmethoden.** Praktisch alle in der Literatur beschriebenen Nachweis- und Bestimmungsmethoden für Tritium[1-12] beruhen auf demselben Prinzip:
 1. Verbrennung der organischen Substanz zu tritiumhaltigem Wasser.
 2. Überführung des tritiumhaltigen Wassers in eine gut zu messende Verbindung.

Die erste der genannten Operationen ist in allen Fällen die gleiche: man verbrennt die organische Substanz in der bei der normalen organischen Elementaranalyse üblichen Weise, absorbiert das Wasser aber nicht an Calciumchlorid oder Phosphorpentoxyd, sondern friert es in einer Kühlfalle aus (Abb. 35). Die Kühlfalle wird dann von der Verbrennungsapparatur abgenommen und das Wasser nach dem Auftauen der zweiten Operation unterworfen, in deren Verlauf entweder eine feste oder eine gasförmige tritiumhaltige Verbindung hergestellt wird.

Ein recht elegantes, aber nicht sehr genaues Verfahren zur Tritiumbestimmung in festen Proben beschreibt JENKINS[6]: Die tritiumhaltige Substanz wird durch Verbrennen in tritiumhaltiges Wasser (HTO) überführt, eine abgemessene Menge davon zusammen mit einer gewogenen Menge Ammoniumchlorid (p. A.) in einen weithalsigen Destillierkolben eingefüllt und dieser zugedeckt. Die Mengenverhältnisse sind dabei so zu bemessen, daß je 10 cm³ HTO 1,5 bis maximal 2 g Ammoniumchlorid verwendet werden. Diese Konzentration darf man im markierten Wasser in keinem Fall überschreiten, da wie der Autor rein empirisch feststellt, bei größeren Mengen Ammoniumchlorid ein starkes Absinken der spezifischen Aktivität des $NH_3TCl$ eintritt. Eine befriedigende Erklärung dieser Erscheinung wird nicht gegeben.

Der zugedeckte Destillierkolben wird, um vollständigen Austausch zu erreichen, 10 min stehen gelassen, dann an einen Kühler angeschlossen und das HTO abdestilliert. Danach erhitzt man den Kolben auf der elektrischen Heizplatte bis zur kräftigen Sublimation des $NH_3TCl$, kühlt ab und überführt das Salz in eine Krystallisierschale. Diese wird mit einem Uhrglas bedeckt, das mit kaltem Wasser gefüllt ist und das $NH_3TCl$ durch Erhitzen der Schale an dieses Uhrglas sublimiert. Das Sublimat wird abgekratzt und, wie weiter unten beschrieben, gezählt. Nach dieser Methode hergestelltes $NH_3TCl$ soll frei von HTO sein.

*Zählung.* Um das Salz zu messen, wird es in Schichtdicken von mindestens 1 mg/cm² auf einen Aluminiumpräparatenträger gegeben und auf diesem mit einem Spatel gleichmäßig festgedrückt. Das so vorbereitete Präparat zählt man dann mit einem fensterlosen Gasströmungszähler. Nach der ersten Messung wird das Salz mit dem Spatel auf dem Präparatenträger umgerührt, erneut festgedrückt und wiederum gezählt. Diese Operation ist gegebenenfalls noch einige Male zu wiederholen und der Mittelwert aus den einzelnen Messungen anzugegeben*.

---
\* Bei der Zählung des $NH_3TCl$ ist nach Angaben des Autors unbedingt zu beachten, daß die gemessene Zählrohraktivität bei aufeinander folgenden Zählungen rasch abnimmt, bis sie auf einem konstanten Wert, etwa 20% tiefer als die Anfangsaktivität, stehen bleibt. Eine Erklärung für dieses Verhalten wird nicht gegeben. Es empfiehlt sich jedoch auf alle Fälle, alle Eichkurven auf diese Endaktivität zu beziehen. Aus diesen und einigen anderen, im Text erwähnten Gründen ist die vorliegende Methode nicht zur exakten Tritiumbestimmung geeignet, läßt sich jedoch als halbquantitative orientierende Zwecke verwenden.

[1] BERNSTEIN, W., and R. BALLENTINE: Rev. sci. Instr. **21**, 158 (1950).
[2] EIDINOFF, M. L., and J. E. KNOLL: Science, N. Y. **112**, 250 (1950).
[3] FITZGERALD, P. J.: Science, N. Y. **114**, 494 (1951).
[4] GLASCOCK, R. F.: Nucleonics **9**, (Nov.), 28 (1951).
[5] GRAY, J.: Rev. Sci. Instr. **21**, 1022 (1950). — SABURO, IKEDA, A. A. BENSON and D. KRITCHEVSKY: UCRL—743 (1950) [Nucl. Sci. Abstr. **4**, Nr 5389, 809 (1950)].
[6] JENKINS, W. A.: Analyt. Chem., Washington **25**, 1477 (1953).
[7] MELANDER, L.: Acta chem. scand. **2**, 440 (1948).
[8] PAYNE, P. R., I. G. CAMPBELL and D. F. WHITE: Biochem. J. **50**, 500 (1952).
[9] ROBINSON, C. V.: Rev. sci. Instr. **22**, 353 (1951).
[10] WHITE, D. F., J. G. CAMPBELL and P. R. PAYNE: Nature **166**, 628 (1950).
[11] WILZBACH, K. E., A. R. VAN DYKEN and L. KAPLAN: Analyt. Chem., Washington **26**, 880 (1954).
[12] WILZBACH, K. E., L. KAPLAN and W. G. BROWN: Science, N. Y. **118**, 522 (1953).

*Eichung.* Für viele Indicatorversuche, bei denen es im allgemeinen auf den Vergleich relativer Aktivitäten ankommt, genügt es, einige Standardpräparate nach dem angegebenen Verfahren aus einem gemessenen Tritiumpräparat zu gewinnen (S. 780) und die bei den einzelnen Versuchen gewonnenen Zählrohraktivitäten mit der Zählrohraktivität des Standards zu vergleichen. Die erforderlichen Standards gewinnt man in der Weise, daß man eine gegebene Menge des gelieferten markierten Gases, dessen T-Gehalt bekannt ist, zusammen mit einer bekannten Quantität Wasserstoffgas (z. B. aus einer Vorratsbombe) zu T-haltigem Wasser verbrennt und mit bekannten Mengen inaktiven Wassers verdünnt. Das so erhaltene $H_2O$—HTO-Gemisch wird mehrmals destilliert, um es zu reinigen und ein aliquoter Teil davon mit Ammoniumchlorid, wie oben beschrieben, zum Austausch gebracht. Die Genauigkeit dieser Tritiumbestimmung wird infolge der zahlreichen ihr anhaftenden Fehlermöglichkeiten nur zu 15% angegeben.

Eine Methode zur *Tritiumbestimmung in Papierchromatogrammen* geben GRAY und Mitarbeiter[1] an. Das Verfahren beruht im wesentlichen auf der Verwendung eines Gasdurchflußzählers, unter dem das Chromatogramm vorbeigeführt wird. Als Zählgas dient bei 0° C mit Alkohol gesättigtes Helium. Mit diesem Verfahren lassen sich nur solche Verbindungen untersuchen, die das Tritium in einer nicht austauschfähigen Form enthalten, also

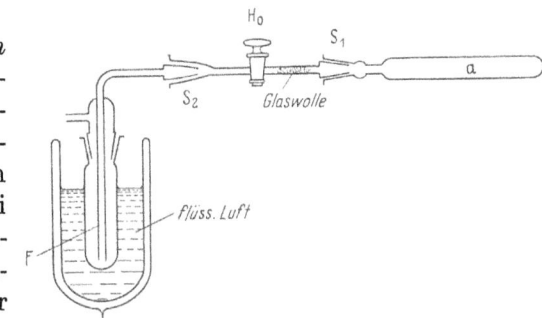

Abb. 33. Vorbereitung des GRIGNARD-Rohres[2].

etwa Kohlenwasserstoffe oder andere organische Verbindungen, bei denen das Tritium direkt an Kohlenstoff gebunden ist. Verbindungen mit austauschfähigem Tritium, wie etwa im Carboxyl markierte Carbonsäuren oder in der OH-Gruppe markierte Alkohole, lassen sich auf diese Weise nicht messen. Desgleichen ist die Methode dann nicht anwendbar, wenn die zu untersuchenden Verbindungen flüchtig sind.

Nach dem *Verfahren von* GLASCOCK[2] wird das radioaktive Wasser in Butan überführt. 1,5 cm³ einer 2 n ätherischen Lösung von n-Butylmagnesiumbromid werden in das Rohr *a* der in Abb. 33 skizzierten Apparatur einpipettiert und dieses mit dem Normalschliff $S_1$ an den Hahn $H_0$ angesetzt, der seinerseits über einen weiteren Schliff $S_2$ mit der Kühlfalle $F$ verbunden ist. $H_0$ und $S_1$ werden mit Siliconfett gedichtet. Zwischen $H_0$ und $S_1$ wird ein Bausch Glaswolle eingelegt, so daß beim späteren Abdestillieren des Äthers kein Spritzer in den Hahn gelangt. Zuerst friert man die GRIGNARD-Lösung mit flüssiger Luft ein und evakuiert das Rohr *a* über $F$. Dann muß der Äther unter gelindem Erwärmen im Vakuum abdestilliert werden. Nachdem aller Äther entfernt ist, wird das Rohr *a* bei $S_2$ abgenommen und an den Hahn $H_3$ der Vakuumanlage (Abb. 34), zusammen mit einer Reihe weiterer, in gleicher Weise behandelter GRIGNARD-Röhren, angeschlossen. Sodann ist unter Hochvakuum 2 Std bei 120° auszuheizen, um die letzten Spuren Äther aus dem GRIGNARD-Reagens zu entfernen. Wenn dann bei geschlossenem $H_2$ und $H_4$ eine weitere Stunde entgast worden ist, sollten nicht mehr als 150 mm³ Gas entstehen, d. h. der Blindwert darf 1,5% des auf Grund der eingefüllten Wassermenge zu erwartenden Butanvolumens nicht übersteigen.

Man läßt nun die jeweils zur nächsten Bestimmung vorgesehene GRIGNARD-Röhre abkühlen und kondensiert mit flüssiger Luft 10 mg des aus der Verbrennung der T-markierten Substanz gewonnenen radioaktiven Wassers ein. Nach Schließen von $H_0$ wird erwärmt und 1 Std auf 120° C gehalten. Es entwickelt sich in quantitativer

---

[1] GRAY, J.: Rev. Sci. Instr. **21**, 1022 (1950). — SABUR IKEDA, A. A. BENSON and D. KRITCHEVSKY: UCRL—743 (1950) [Nucl. Sci. Abstr. **4**, 809, Nr. 5388 (1950)].
[2] GLASCOCK, R. F.: Nucleonics **9** (Nov.), 28 (1951).

Ausbeute tritiumhaltiges Butan, das durch Eindestillieren in das mit festem Kohlendioxyd und Aceton auf −78° C gekühlte U-Rohr gereinigt wird. Die verwendete GRIG-

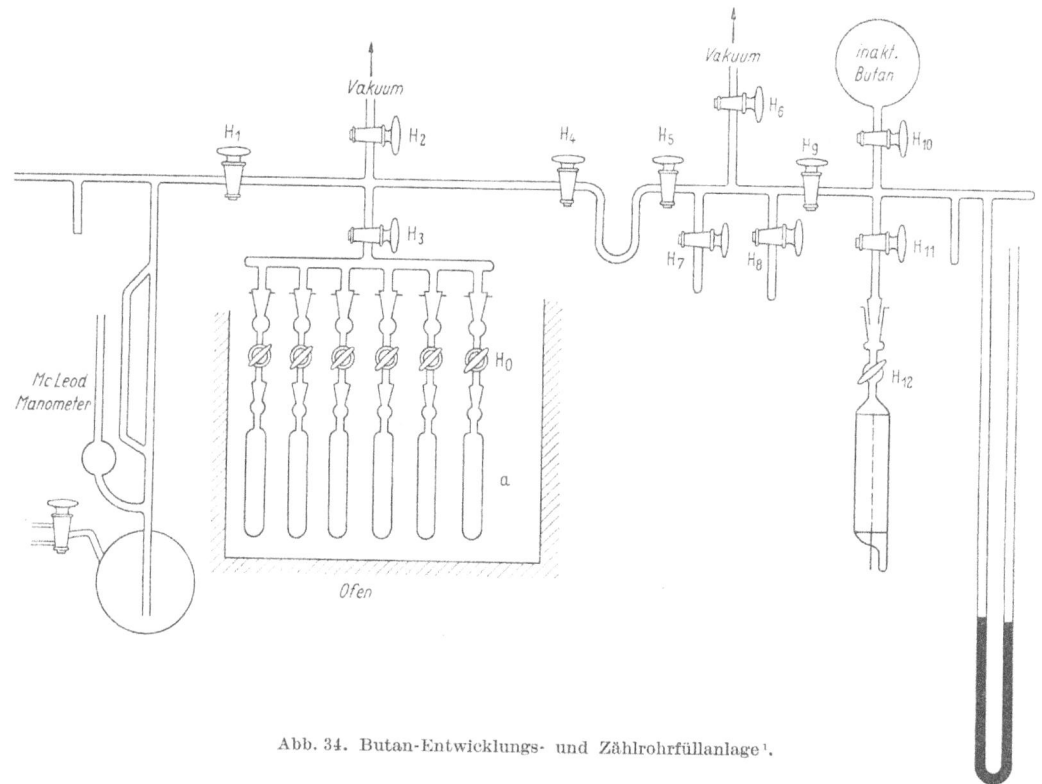

Abb. 34. Butan-Entwicklungs- und Zählrohrfüllanlage[1].

NARD-Lösung sollte jede Woche neu bereitet werden, da alte GRIGNARD-Lösungen verminderte Butanausbeuten ergeben.

Die Aktivität des Butans wird bestimmt, indem man an Hand des Manometers eine abgemessene Menge davon in den Zähler einkondensiert, dann das Kältebad entfernt

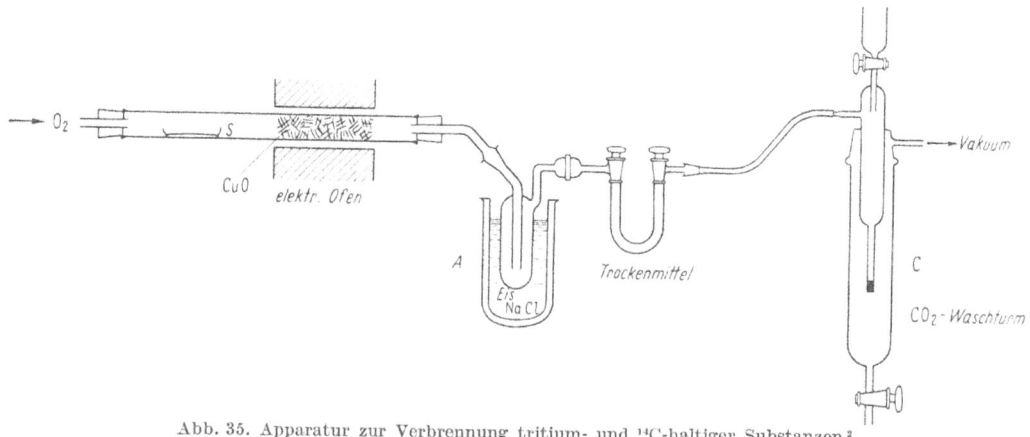

Abb. 35. Apparatur zur Verbrennung tritium- und $^{14}$C-haltiger Substanzen[2].

und mit inaktivem Butan aus einem Reservoir einen Druck von 14 Torr einstellt. Gezählt wird das Butan direkt. Nach Angaben des Autors tritt auch bei längerem Zählen kein „memory effect" auf und der Untergrund bleibt nahezu konstant.

---

[1] GLASCOCK, R. F.: Nucleonics 9 (Nov.), 28 (1951).
[2] BIGGS, M. W., D. KRITCHEVSKY and M. R. KIRK: Analyt. Chem., Washington 24, 223 (1952).

Ein Verfahren zur *Bestimmung von $^{14}C$ und $T$ nebeneinander* beschreiben BIGGS, KRITCHEVSKY und KIRK[1]. Die organische Substanz wird im Schiffchen $S$ der Verbrennungsapparatur (Abb. 35) im Sauerstoffstrom verbrannt, das entstehende T-haltige Wasser in der Falle $A$ mit Eis-Kochsalzmischung ausgefroren und das $^{14}CO_2$ im Waschturm $C$ mit konz. Natronlauge ausgewaschen. Zur Bestimmung des $^{14}C$ fällt man aus dieser Lösung in der üblichen Weise Bariumcarbonat (s. S. 801). Die Falle $A$ mit

Tabelle 5. *T-Messung gasförmiger Proben.*

| Nr. | Aufschluß der organischen Substanz | Gasentwicklungsreagens | Entwickeltes tritiumhaltiges Gas, als Zählgas benutzt | Meßgerät | Literatur |
|---|---|---|---|---|---|
| 1 | Verbrennung im $O_2$-Strom | n-Butylmagnesiumbromid | n-Butan | Gaszähler | GLASCOCK[2] |
| 2 | Verbrennung im $O_2$-Strom über CuO | $LiAlH_4$, gelöst in „Carbitol" | $H_2$ | Ionisations-Kammer mit Schwingkondensator-Elektrometer | BIGGS, KRITCHEVSKY und KIRK[1] |
| 3 | Verbrennung im $O_2$-Strom über CuO | Zn-Metall auf 400° erhitzt | $H_2$ | Ionisations-Kammer | WILZBACH und VAN DYKEN[3] |
| 4 | Verbrennung im $O_2$-Strom | Methylmagnesiumbromid oder -jodid | $CH_4$ | Ionisations-Kammer | ROBINSON[4] |
| 5 | Verbrennung im $O_2$-Strom über Pt-Drahtnetz | Al-Carbid bei 100° | $CH_4$ | GM-Zähler | WHITE, CAMPBELL und PAYNE[5] |
| 6 | Verbrennung im $O_2$-Strom | Mg-Amalgam | $H_2$ | Ionisations-Kammer | HENRIQUES und MARGNETTI[6] |
| 7 | Verbrennung im $O_2$-Strom | Mg-Späne | $H_2$ | GM-Zähler | KENNEDY und RUBEN zitiert bei KAMEN[7] |
| 8 | Verbrennung im $O_2$-Strom | Mg-Späne | $H_2$ (+$CH_4$ zum Zählen zugemischt) | GM-Zähler | MELANDER[8] |
| 9 | Keine Angaben | heißes Zn | $H_2$ + 1—2 Torr Äthylen + ~3 Torr Argon als Zählgas | elektronisch abgeschirmter GM-Zähler | LIBBY[9] |
| 10 | Verbrennung im $O_2$-Strom | auf 480° erhitztes Mg | 40 Torr $H_2$ + 10 Torr Alkohol + 90 Torr Argon | Gaszähler | VIALLARD, CORVAL, DREYFUS-ALAIN, GRENON und HERRMANN[10] |

---

[1] BIGGS, M. W., D. KRITCHEVSKY and M. R. KIRK: Analyt. Chem., Washington **24**, 223 (1952).
[2] GLASCOCK, R. F.: Nucleonics **9** (Nov.), 28 (1951).
[3] WILZBACH, K. E., and A. R. VAN DYKEN: AECD—2998 [Nucl. Sci. Abstr. **5**, 53, Nr. 349 (1951)].
[4] ROBINSON, C. V.: Rev. sci. Instr. **22**, 353 (1951).
[5] WHITE, D. F., J. G. CAMPBELL and P. R. PAYNE: Nature **166**, 628 (1950).
[6] HENRIQUES, F. C. jr., and C. MARGNETTI: Industr. engng. Chem. analyt. Ed. **18**, 420 (1946).
[7] KAMEN, M. D.: Radioactive Tracers in Biology. 2. Aufl. S. 202ff. New York 1951.
[8] MELANDER, L.: Acta chem. scand. **2**, 440 (1948).
[9] LIBBY, W. F.: Z. Elektrochem. **58**, 578 (1954).
[10] VIALLARD, R., M. CORVAL, B. DREYFUS-ALAIN, M. GRENON et J. HERRMANN: Chim. analyt. **36**, 102 (1954).

dem T-haltigen Wasser wird nun an die Apparatur der Abb. 36 angesetzt (Hahn *1* geschlossen) und in das Rohr *B* 3 cm³ einer gesättigten Lösung von LiAlH₄ in wasserfreiem Carbitol (Diäthylenglykolmonoäthyläther) eingefüllt. Dann friert man die radioaktive Wasserprobe mit flüssigem Stickstoff aus, öffnet Hahn *1* und entgast die LiAlH₄-Lösung. Anschließend wird Hahn *1* geschlossen, die Wasserprobe aufgeschmolzen und die LiAlH₄-Lösung schnell der Wasserprobe zugefügt, wobei Hahn *2* geschlossen und Hahn *4* geöffnet ist. Das System füllt sich mit dem T-haltigen Wasserstoff, der mittels der TÖPLER-Pumpe in die Ionisationskammer befördert wird.

Außer den beiden vorstehend behandelten Verfahren ist noch eine ganze Anzahl weiterer Varianten beschrieben worden. Sie sind in Tabelle 5 zusammengestellt.

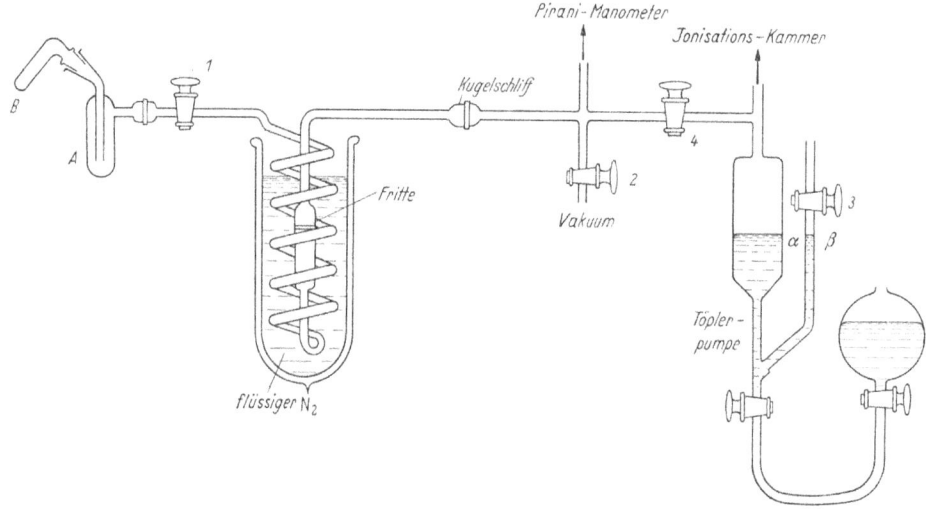

Abb. 36. Tritiumentbindungsapparatur[1].

### f) Die radioaktiven Alkalimetalle.

Außer von Lithium und Francium haben alle Alkalimetalle radioaktive Isotope von so langer Halbwertszeit, daß eine Anwendung in der biochemischen und biologischen Forschung möglich ist. Wichtig sind in erster Linie Natrium und Kalium. Die seltenen Alkalimetalle Rubidium und Cäsium sind nur von untergeordneter Bedeutung. Eine Zusammenstellung der wichtigsten radioaktiven Alkalimetalle findet sich in Tabelle 6.

*α) Natrium.*

Vom Natrium werden die Isotope ²²Na und ²⁴Na verwendet[2,3].

**²²Na** besitzt eine Halbwertszeit von 2,6 Jahren und ist ein Positronenstrahler mit einer maximalen $\beta^+$-Energie von 0,575 MeV. Daneben treten $\gamma$-Quanten von 1,30 MeV auf. Die günstigen Strahleneigenschaften machen die Bestimmung einfach. Es kann im Flüssigkeitszähler gemessen werden. Indes ist ²²Na nur schwer zugänglich, da es im Cyclotron hergestellt werden muß. ²²Na ist als Natriumchloridlösung mit spezifischen Aktivitäten bis 1 mC/g erhältlich.

**²⁴Na** ist kurzlebiger als ²²Na, jedoch leichter herzustellen und wird infolgedessen viel verwendet. Es ist als reaktorbestrahltes Natriumcarbonat oder Natriumchlorid in Aktivitäten bis zu 20 C (spezifische Aktivität bis zu 4,6 C/g) erhältlich. Es hat eine Halbwertszeit von 14,8 Std, emittiert $\beta^-$-Teilchen mit 1,39 MeV Maximalenergie, sowie $\gamma$-Quanten von 2,758 und 1,38 MeV. Infolge der kurzen Halbwertszeit müssen Versuche langer Dauer mit hoher Anfangsaktivität begonnen werden. Da ²⁴Na harte $\gamma$-Strahlen emittiert, ist in solchen Fällen auf ausreichenden Strahlenschutz zu achten.

---

[1] BIGGS, M. W., D. KRITCHEVSKY and M. R. KIRK: Analyt. Chem., Washington **24**, 223 (1952).
[2] HEVESY, G. v.: Radioactive Indicators in Biology. S. 15ff., 150ff. New York 1948.
[3] KAMEN, M. D.: Radioactive Tracers in Biology. 2. Aufl. S. 317ff. New York 1951.

Tabelle 6. *Für biochemische und biologische Untersuchungen geeignete Alkalimetalle.*

| Isotop | Halbwertszeit | Strahlung | $\beta$-Energie | $\gamma$-Energie | Erhältliche Verbindungen |
|---|---|---|---|---|---|
| $^{22}$Na | 2,6 Jahre | $\beta^+, \gamma$ | 0,575 | 1,30 | NaCl in wäßriger Lösung |
| $^{24}$Na | 15,0 Std | $\beta^-, \gamma$ | 1,39 | 2,758<br>1,38 | Na$_2$CO$_3$, NaCl |
| $^{42}$K | 12,4 Std | $\beta^-, \gamma$ | 3,58 (75%)<br>2,07 (25%) | 1,51 (25%) | K$_2$CO$_3$, KCl |
| $^{43}$K | 22,4 Std | $\beta^-, \gamma$ | 0,25<br>0,8 | 0,4 | — |
| $^{83}$Rb | 107 Tage | K, $\gamma$ | — | 0,15<br>0,45 | — |
| $^{84}$Rb | 36 Tage | K, $\beta^+, \beta^-, \gamma$ | 1,53 ($\beta^+$) | 0,85 | — |
| $^{86}$Rb | 19,5 Tage | $\beta^-, \gamma$ | 1,76 (80%)<br>0,57 (20%) | 1,08 (20%) | R$_2$CO$_3$, RbCl |
| $^{131}$Cs | 9,6 Tage | K, e$^-$, $\gamma$ | — | 0,145 | Ba(NO$_3$)$_2$ oder BaCO$_3$, mit $^{131}$Cs als Tochtersubstanz von $^{131}$Ba |
| $^{134}$Cs | 2,3 Jahre | $\beta^-, \gamma$ | 0,66 (75%)<br>0,09 (25%) | 1,35 (5%)<br>0,79 (95%)<br>0,60 (95%)<br>0,57 (25%) | Cs$_2$CO$_3$<br>CsCl in HCl-Lösung |
| $^{135}$Cs | $2,1 \cdot 10^6$ Jahre | $\beta^-$ | 0,21 | — | — |
| $^{136}$Cs | 13,7 Tage | $\beta^-, \gamma$ | 0,3 | 0,9<br>1,2 | — |
| $^{137}$Cs (mit Tochtersubstanz $^{137}$Ba) | 33 Jahre<br>2,6 min | $\beta^-$ | 1,19<br>0,5 | 0,662 ($^{137}$Ba) | CsNO$_3$ in HNO$_3$-Lösung<br>Cs$_2$CO$_3$ |

Außerdem ist daran zu denken, daß bestrahltes NaCl auch die radioaktiven Isotope $^{36}$Cl und $^{38}$Cl enthalten kann.

*Chemische Abtrennung der Natriumaktivitäten aus biologischem Material.* Die Abtrennung bietet wegen der leichten Löslichkeit der meisten Natriumsalze keine Schwierigkeiten. Man verascht das biologische Material und extrahiert mit Wasser oder Salpetersäure[1]. Die Extraktionslösung kann direkt im Flüssigkeitszähler gemessen werden. Soll das Natrium von anderen Aktivitäten abgetrennt werden, so empfiehlt sich die Verwendung von Ionenaustauschern oder die Papierchromatographie[2]. (Über spezielle Trennungen, etwa vom Kalium und über den Nachweis neben Kalium vgl. TAIT und WILLIAMS[3], sowie KAYAS[4].)

Die Bestimmung nach vorausgegangener Abscheidung als Natriumzink- oder Natriummagnesiumuranylacetat nach dem Verfahren von DREGUSS[5] oder BUTLER und TUTHILL[6] ist möglich, wenn das Uran und sein Folgeprodukt Uran X wieder abgetrennt werden.

### $\beta$) *Kalium.*

Als Indicatoren sind hier die Isotope $^{42}$K und $^{43}$K verwendbar.

$^{42}$K emittiert zwei $\beta^-$-Komponenten mit den Maximalenergien 2,07 MeV (25%) und 3,58 MeV (75%), sowie eine $\gamma$-Strahlung von 1,5 MeV. Seine Halbwertszeit beträgt

---

[1] KAMEN, M. D.: Radioactive Tracers in Biology. 2. Aufl. S. 317 ff. New York 1951.
[2] FRIERSON, W. J., and J. W. JONES: Analyt. Chem., Washington **23**, 1447 (1951).
[3] TAIT, J. F., and E. S. WILLIAMS: Nucleonics **10** (Dez.), 47 (1952).
[4] KAYAS, G.: Cr. **228**, 1002 (1949).
[5] DREGUSS, M.: B. Z. **303**, 69 (1939). — Ausführlich beschrieben Bd. III, S. 80.
[6] BUTLER, A. M., and E. TUTHILL: J. biol. Ch. **93**, 171 (1931). — Ausführlich beschrieben Bd. III, S. 81.

nur 12,4 Std, doch ist es durch Reaktorbestrahlung leicht zugänglich und wird infolgedessen sehr viel verwendet. Es ist als Kaliumcarbonat mit Aktivitäten bis zu 1,4 C (spezifische Aktivität 250 mC/g) erhältlich. Wird Kaliumchlorid bestrahlt, so entstehen auch die beiden radioaktiven Chlorisotope $^{36}$Cl und $^{38}$Cl. Wichtig ist, daß das verwendete Kaliumsalz absolut natriumfrei ist, da sich sonst $^{24}$Na bildet, das bei den mit $^{42}$K durchgeführten Versuchen zu Fehlschlüssen Anlaß geben kann. Es ist daher zweckmäßig, das zu bestrahlende Kaliumsalz durch wiederholtes Umfällen als K-Hexanitritokobaltiat oder Kaliumperchlorat zu reinigen, bevor man es bestrahlt. Die Halbwertszeiten von $^{24}$Na und $^{42}$K sind fast gleich, so daß eine Na-Verunreinigung nicht ohne weiteres zu erkennen ist. $^{24}$Na in einem $^{42}$K-Präparat läßt sich jedoch feststellen, wenn man eine $\beta$-Absorptionskurve aufnimmt. Über Ausführung derartiger Absorptionsmessungen vgl. COOK und DUNCAN[1].

Die Bestimmung der $^{42}$K-Aktivität ist einfach. Sie läßt sich in jedem $\beta$-Zählrohr und im Flüssigkeitszählrohr durchführen. In allen Fällen, in denen natürliches Kalium als Träger verwendet wird, ist jedoch darauf zu achten, daß auch die Aktivität von $^{40}$K auftritt, die durch geeignete Korrektur berücksichtigt werden muß. Um diesen Effekt genau zu bestimmen, verarbeitet man eine Probe natürlichen Kaliumsalzes in der gleichen Weise wie die Kaliumaktivität aus dem Veraschungsrückstand des biologischen Materials und mißt die relative Aktivität des so erhaltenen natürlichen Kaliumpräparats. Der sich ergebende Blindwert wird von der unter gleichen Bedingungen (S. 782) gemessenen relativen Aktivität des Untersuchungspräparates abgezogen. Die Differenz zwischen Blind- und Analysenprobe ergibt dann den gesuchten Wert.

$^{43}$K. Dieser $\beta^-$-Strahler von 22,4 Std Halbwertszeit emittiert zwei $\beta^-$-Komponenten von 0,25 und 0,8 MeV, sowie ein 0,4 MeV $\gamma$-Quant. Gegenüber dem $^{42}$K weist dieses Isotop kaum Vorteile auf.

*Chemische Abtrennung der Kaliumaktivitäten aus biologischem Material.* Für die Kaliumaktivitäten gilt im wesentlichen das bereits für Natrium Gesagte[2]. Nach der trockenen Veraschung der organischen Substanz läßt sich das Kalium mit heißem Wasser extrahieren. Von mitextrahiertem Natrium kann man es als Kaliumperchlorat, Kaliumhexanitritokobaltiat-III oder Kaliumtetraphenylboranat abtrennen. Eine ausführliche Diskussion der letztgenannten Fällung von Kalium, Rubidium und Cäsium sowie eine Fällungsvorschrift findet sich bei GEILMANN und GEBAUHR[3]. (Vgl. auch bei [4], ferner Bd. III, S. 50ff).

### $\gamma$) Rubidium.

Verglichen mit Kalium und Natrium ist Rubidium für biochemische und biologische Zwecke nur von untergeordneter Bedeutung. Es kann jedoch in manchen Fällen als Ersatz für das kurzlebige $^{42}$K benutzt werden (s. unten).

$^{83}$Rb ist nur im Cyclotron darstellbar. Es wird aber wegen seiner langen Halbwertszeit von 107 Tagen benutzt. $^{83}$Rb ist ein K-Strahler, daneben emittiert es $\gamma$-Strahlung von 0,45 und 0,8 MeV. Der Nachweis erfolgt daher zweckmäßig im Berylliumfensterzähler[5] oder einem $\gamma$-Zählrohr.

$^{84}$Rb. Dieses Isotop ist ein $\beta^-$-Strahler von 40 Tagen Halbwertszeit mit sehr einheitlicher Strahlung (1,53 MeV $\beta^-$ und 0,85 MeV $\gamma$). Es läßt sich gut in Fenster- und Flüssigkeitszählern nachweisen. Die lange Halbwertszeit macht es für länger dauernde Versuche geeignet. $^{84}$Rb ist nur im Cyclotron herstellbar und infolgedessen nicht leicht zugänglich.

---

[1] COOK, G. B., and J. F. DUNCAN: Modern Radiochemical Practice. S. 298ff. Oxford 1952.
[2] Vgl. auch Bd. III, S. 50ff.
[3] GEILMANN, W., u. W. GEBAUHR: Z. analyt. Chem. **139**, 161 (1953); **142**, 241 (1954).
[4] FRESENIUS, L., R. FRESENIUS u. E. BRENNECKE: Handb. analyt. Chem. (FRESENIUS-JANDER). Teil III, Bd. 1a, S. 113ff.
[5] DEUTSCH, M., and L. G. ELLIOT: Physic. Rev. **65**, 211 (1944).

$^{86}$Rb. Die sehr günstigen Strahlungseigenschaften dieses Isotops, eines β-Strahlers von 19,5 Tagen Halbwertszeit, machen seinen Nachweis einfach. Daher ist es als Indicator gut brauchbar. $^{86}$Rb emittiert β⁻-Teilchen mit einer Maximalenergie von 0,72 und 1,82 MeV, sowie eine γ-Strahlung von 1,68 MeV. Man kann es leicht im Reaktor darstellen und als $^{86}$Rb$_2$CO$_3$ mit einer Gesamtaktivität von etwa 3 C und einer spezifischen Aktivität bis zu 740 mC/g erhalten.

*Abtrennung der Rubidiumaktivitäten aus biologischem Material.* Es gilt hier im wesentlichen das beim Kalium Gesagte, da sich das Rubidium dem Kalium chemisch sehr ähnlich verhält. Rubidium kann mit den gleichen Reagentien wie Kalium gefällt werden. Es eignet sich daher als Ersatz für Kaliumisotope, wenn diese infolge ihrer Kurzlebigkeit nicht verwendet werden können. Dabei ist jedoch stets zu bedenken, daß das biologische Verhalten beider Elemente recht verschieden sein kann.

Die große chemische Ähnlichkeit von Kalium und Rubidium bringt es mit sich, daß beide Elemente relativ schwierig voneinander zu trennen sind. Kleine Mengen, wie sie bei Indicatoruntersuchungen häufig auftreten, trennt man am zweckmäßigsten auf papierchromatographischem Wege[1, 2]. Aus reinen Rubidiumlösungen läßt sich das Element am besten als Rubidiumtetraphenylboranat, als Rubidiumperchlorat, als Rubidiumhexanitritokobaltiat[3] oder als Rubidiumchloroplatinat[3] ausfällen (vgl. auch [4]).

Werden Rubidiumaktivitäten in Gegenwart natürlichen Rubidiums untersucht, so ist unbedingt die $^{87}$Rb-Aktivität (Halbwertszeit 6,3 · 10$^{10}$ Jahre) zu beachten. Die sich hieraus ergebende Korrektur muß in der gleichen Weise, wie bei $^{42}$K beschrieben, erfolgen. Eine ausführliche Beschreibung zur Bestimmung von aktivem Rubidium und Cäsium findet sich bei SMALES und SALMON[3].

*δ) Cäsium.*

Dieses Element spielt, ähnlich wie das Rubidium, bei biologischen und biochemischen Untersuchungen nur eine geringe Rolle. Für Indicatorversuche kommen mehrere Isotope in Betracht, die alle durch Neutronenbestrahlung oder als Spaltprodukte sehr gut herstellbar sind.

$^{131}$Cs fällt als Tochtersubstanz aus dem K-Zerfall von $^{131}$Ba an, das man im Reaktor gewinnen kann. $^{131}$Cs hat 9,6 Tage Halbwertszeit und ist ein K-Strahler. Daneben tritt eine γ-Strahlung von 0,145 MeV auf. Es ist daher zweckmäßig, zum Nachweis ein Beryllium-Fensterzählrohr, einen Szintillationszähler oder ein γ-Zählrohr zu verwenden. $^{131}$Cs wird durch Bestrahlung von Bariumcarbonat erhalten. Die käuflichen Präparate enthalten neben der Cäsiumaktivität noch die von $^{131}$Ba und $^{133}$Ba (13 Tage bzw. 38,8 Std Halbwertszeit). Die spezifische Aktivität derartiger Präparate beträgt 0,02 mC $^{131}$Cs je g Barium.

Zur Isolierung des mit $^{131}$Ba im Gleichgewicht stehenden $^{131}$Cs geht man nach LEDERER[5] wie folgt vor: 50 g bestrahltes Bariumcarbonat werden in Salzsäure gelöst und das Bariumchlorid fraktioniert krystallisiert. Die ausgeschiedenen Krystalle trennt man ab. Das in der Mutterlauge verbliebene $^{131}$Cs wird durch Papierchromatographie vom restlichen Barium getrennt. Als Lösungsmittelgemisch benutzt man ein Gemisch von Phenol und 2 n HCl.

$^{134}$Cs. Dieses Isotop ist ein β⁻-Strahler von 2,7 Jahren Halbwertszeit. Es emittiert zwei β⁻-Komponenten mit den Maximalenergien von 0,66 MeV (75%) und 0,09 MeV (25%). Daneben treten 4 γ-Quanten mit den Energien 1,35 MeV, 0,79 MeV, 0,60 MeV und 0,57 MeV auf. $^{134}$Cs ist als bestrahltes Cäsiumcarbonat mit einer spezifischen

---
[1] FRIERSON, W. J., and J. W. JONES: Analyt. Chem., Washington **23**, 1447 (1951).
[2] MILLER, C. C., and R. J. MAGGEE: Soc. **1951**, 3183, 3188.
[3] SMALES, A. A., u. L. SALMON: Analyst **80**, 37—50 (1955) [Z. analyt. Chem. im Druck].
[4] BUSCH, F.: Handb. analyt. Chem. (FRESENIUS-JANDER). Teil III, Bd. 1a, S. 390.
[5] LEDERER, M.: Analyt. chim. Acta, N. Y. **11**, 528 (1954).

Aktivität bis zu etwa 450 mC/g erhältlich. Ferner sind Cäsiumchloridpräparate in salzsaurer Lösung mit einer spezifischen Aktivität von 6—10 C/g zu haben.

$^{135}$Cs fällt als Spaltprodukt an und ist unter Umständen wegen seiner sehr langen Halbwertszeit (2,1 · 10$^6$ Jahre) von Bedeutung. Es emittiert $\beta^-$-Teilchen von 0,21 MeV. Der Nachweis muß also im dünnwandigen Fensterzähler oder Strömungszähler erfolgen. Auf Selbstabsorption ist zu achten (vgl. S. 784).

$^{136}$Cs. Dieser $\beta^-$-Strahler mit 13,7 Tagen Halbwertszeit ist ebenfalls ein Spaltprodukt. Er emittiert $\beta^-$-Teilchen einer Maximalenergie von 0,3 MeV, sowie $\gamma$-Quanten von 0,9 und 1,2 MeV.

$^{137}$Cs ist ein $\beta^-$-Strahler von 33 Jahren Halbwertszeit. Es emittiert zwei $\beta^-$-Komponenten mit den Maximalenergien 0,5 und 1,19 MeV. $^{137}$Cs-Präparate stehen stets im Gleichgewicht mit der Tochtersubstanz $^{137}$Ba, die eine $\gamma$-Strahlung von 0,662 MeV aussendet. Als $\gamma$-Strahlenquellen sind $^{137}$Cs/$^{137}$Ba-Präparate bis zu mehreren tausend C hergestellt worden[1]. $^{137}$Cs ist ein Spaltprodukt und daher leicht zugänglich. Es ist erhältlich als Cäseiumcarbonat, -chlorid oder -nitrat. Die spezifische Aktivität trägerfreier $^{137}$Cs-Präparate beträgt 825 C/g. Die zur Bestrahlungstherapie verwendeten $^{137}$Cs-Einheiten enthalten 25 C/g, sind also nicht trägerfrei[2-4].

Für die Bestimmung der Cäsiumaktivitäten gilt dasselbe wie für Kalium und Rubidium. Es sind die gleichen Fällungsreaktionen brauchbar[5]. Die Löslichkeit der Fällungen nimmt im allgemeinen in der Richtung K → Rb → Cs ab. Daher können außer den bei Kalium und Rubidium beschriebenen Reaktionen weitere verwendet werden, so z. B. die Fällung als Cäsiumalaun[6] und Cäsium-Wismutjodid[7-9]. Die Cäsiumaktivitäten werden aus biologischem Material in gleicher Weise wie die des Kaliums und Rubidiums abgetrennt. Die Trennung vom Kalium kann über das Cäsium-Wismutjodid erfolgen. Die Abtrennung von Rubidium ist jedoch nicht ganz einfach. Bewährt haben sich chromatographische[10] und Ionenaustauschermethoden[11-13].

## g) Die radioaktiven Erdalkalimetalle.

### α) Beryllium.

Es sind zwei radioaktive Isotope dieses Elementes bekannt, die für Indicatorversuche geeignet sind: $^7$Be und $^{10}$Be.

$^7$Be ist ein K- und $\gamma$-Strahler von 52,9 Tagen Halbwertszeit. Die $\gamma$-Energie beträgt 0,478 MeV und ist somit in jedem normalen Szintillations- oder $\gamma$-Zähler, aber auch im Flüssigkeitszählrohr noch erfaßbar. $^7$Be wird durch Cyclotronbestrahlung erhalten und ist deshalb schwer zu beziehen.

$^{10}$Be. Diesen $\beta$-Strahler von 2,5 · 10$^6$ Jahren Halbwertszeit gewinnt man aus natürlichem Be im Reaktor. Die Maximalenergie der $\beta$-Strahlung beträgt 0,555 MeV.

---

[1] PIERCE, E.: Nucleonics 12 (Nov.), 86 (1954).
[2] Nucleonics 12 (Aug.), 49 (1954); 11 (April), 60 (1953).
[3] EASTWOOD, E. W. S.: Nucleonics 10 (Febr.), 62 (1952).
[4] BRUCER, M.: TID—5086 (käuflich); 1952 [Nucl. Sci. Abstr. 6, 731, Nr. 5960 (1952)].
[5] GLENDENIN, L. E., and C. M. NELSON, AECD—2556—C in CORYELL, C. D., and N. SUGARMAN: Radiochemical Studies. The Fission Products. NNES, Div. IV, 9, Book 3, Part VI, Paper 283, 1642, McGraw Hill N. Y. 1951.
[6] GRESKY, A. T.: AECD—2999, ORNL—742 [Nucl. Sci. Abstr. 5, 56, Nr. 375 (1951)].
[7] EVANS, H. B: AECD—2556—D in CORYELL, C., and N. SUGARMAN: Radiochemical Studies. The Fission Products. NNES, Div. IV, 9, Book 3, Part VI, Paper 284, 1646, McGraw Hill N. Y. 1951.
[8] BUSCH, F.: Handb. analyt. Chem. (FRESENIUS-JANDER). Teil III, Bd. 1a, S. 397. Berlin 1940.
[9] SMALES, A. A., u. L. SALMON: Analyst 80, 37—50 (1955) [Z. analyt. Chem. im Druck].
[10] MILLER, C. C., and R. J. MAGGEE: Soc. 1951, 3183, 3188.
[11] KAYAS, G.: J. Chim. Physique 47, 408 (1950).
[12] COHN, W. E., and H. W. KOHN: Am. Soc. 70, 1986 (1948).
[13] MILLER, H. S., and G. E. KLINE: AECD—2932 [Nucl. Sci. Abstr. 4, 984, Nr. 6720 (1950)].

Tabelle 7. *Die für die Praxis wichtigsten Erdalkaliaktivitäten.*

| Isotop | Halbwertszeit | Strahlung | $\beta$-Energie (MeV) | $\gamma$-Energie (MeV) | Erhältliche Verbindungen |
|---|---|---|---|---|---|
| $^7$Be | 52,9 Tage | K, $\gamma$ | — | 0,478 | — |
| $^{10}$Be | $2,7 \cdot 10^6$ Jahre | $\beta^-$ | 0,555 | — | — |
| $^{28}$Mg | 22,1 Std | $\beta^-$ | 0,3 | — | — |
| $^{45}$Ca | 152 Tage | $\beta^-$ | 0,260 | | Calciumcarbonat<br>Calciumchloridlösung |
| $^{89}$Sr | 53 Tage | $\beta^-$ | 1,50 | — | Strontiumcarbonat |
| $^{90}$Sr | 19,9 Jahre | $\beta^-$ | 0,53 | — | Strontiumchloridlösung |
| + Folgeprodukt $^{90}$Y | 61 Std | $\beta^-$ | 2,24 | | |
| $^{131}$Ba | 13 Tage | K, e$^-$ $\gamma$ | — | 0,494 (80%)<br>0,372 (20%)<br>0,206 (16%)<br>0,122 (20%) | Bariumcarbonat |
| $^{140}$Ba | 12,8 Tage | $\beta^-$, $\gamma$ | 0,48 | 0,540 (größere<br>0,306 Zahl)<br>0,160 | Bariumcarbonat |
| + Folgeprodukt $^{140}$La | 40 Std | $\beta^-$, $\gamma$ | 1,3<br>1,7<br>2,3 | | |
| $^{226}$Ra | 1620 Jahre | $\alpha$, $\beta^-$ $\gamma$ | 4,791 ($\alpha$)<br>4,610 ($\alpha$)<br>($\beta^-$-Strahlung von Folgeprodukten) | 0,188 | Radiumchlorid, Radiumbromid, Radiumcarbonat, Radiumsulfat u.a. |
| $^{228}$Ra (MsTh$_1$) | 6,7 Jahre | $\beta^-$ | 0,053<br>(daneben Strahlungen von Folgeprodukten) | — | in Gestalt verschiedener Verbindungen erhältlich |

*Die Bestimmung von Beryllium in biologischem Material* beschreiben KLEMPERER und MARTIN[1]. Die Originalmethode ist zur Bestimmung von inaktivem Beryllium verwendet worden, dürfte sich jedoch ohne Schwierigkeit auch auf aktives Material in der Weise übertragen lassen, daß die Berylliumphosphatfällung direkt gezählt wird. Die Arbeitsvorschrift für das Verfahren ist jedoch umständlich. Wegen der praktischen Ausführung wird auf Bd. III, S. 19ff. verwiesen. Weitere Verfahren zur Mikrobestimmung von Beryllium in biologischem Material werden von ALDRIDGE und LIDELL[2], sowie von TORIBARA und CHEN angegeben[3] (vgl. Bd. III, S. 22).

### $\beta$) Magnesium.

**$^{28}$Mg.** Dieses Isotop ist ein $\beta^-$-Strahler mit 22,1 Std Halbwertszeit. Die maximale $\beta^-$-Energie beträgt 0,3 MeV; daneben treten $\gamma$-Quanten mit 0,03, 0,40, 0,95 und 1,35 MeV auf. Die Intensität der 1,35 MeV-Quanten beträgt 71% der $\beta$-Intensität. Damit ist $^{28}$Mg im Scintillations-, $\gamma$- oder Flüssigkeitszähler erfaßbar. Es ist nur mit schlechter Ausbeute aus $^{26}$Mg im Cyclotron zu gewinnen[4]. Über die Verwendung von $^{28}$Mg als Markierungsisotop vgl. BECKER und SHELINE[5].

---

[1] KLEMPERER, F. W., and A. P. MARTIN: Analyt. Chem., Washington **22**, 828 (1950).
[2] ALDRIDGE, W. N., and H. F. LIDELL: Analyst **73**, 607 (1948).
[3] TORIBARA, T. Y., and P. S. CHEN jr.: Analyt. Chem., Washington **24**, 539 (1952). — Vgl. Bd. III, S. 21ff.
[4] SHELINE, R. K., and N. R. JOHNSON: Physic. Rev. **89**, 520; **90**, 325 (1953).
[5] BECKER, R. S., and R. K. SHELINE: J. chem. Physics **21**, 946 (1953).

*Bestimmung von Magnesiumaktivitäten in biologischem Material*[1]. Die organische Substanz wird trocken oder naß verascht und aus dem Ascherückstand das Magnesium nach üblichen Verfahren abgeschieden, als Magnesiumammoniumphosphat gefällt und entweder in dieser Form oder als Magnesiumpyrophosphat gemessen.

### γ) Calcium.

Von den radioaktiven Isotopen dieses Elements wird das sehr leicht erhältliche $^{45}$Ca weitgehend verwendet[2].

$^{45}$Ca ist ein $\beta^-$-Strahler mit 152 Tagen Halbwertszeit. Es emittiert lediglich eine weiche $\beta^-$-Strahlung (Maximalenergie 0,26 MeV), deren Reichweite 64 mg/cm$^2$ beträgt. Die Selbstabsorption ist daher zu berücksichtigen (vgl. S. 784).

$^{45}$Ca kann durch eine ganze Reihe von Kernreaktionen gewonnen werden. Man erhält es im Reaktor aus natürlichen oder an $^{44}$Ca angereicherten Calciumsalzen oder im Cyclotron aus Scandium. Im allgemeinen lassen sich aus natürlichen Calciumsalzen Präparate genügend hoher spezifischer Aktivität gewinnen. $^{45}$Ca ist als Calciumcarbonat oder als Calciumchlorid in salzsaurer Lösung lieferbar. Erhältlich sind Gesamtaktivitäten bis zu etwa 200 mC bei einer spezifischen Aktivität von 45 mC/g. Die Darstellung aus Scandium wird man nur in Fällen benutzen, in denen besonders hohe spezifische Aktivitäten erforderlich sind.

Eigenschaften und Handhabung von $^{45}$Ca werden bei COMAR und Mitarbeitern[2], SCHLEICHER und LANG[3] sowie SCHWIEGK[4] beschrieben.

Als Zähler verwendet man entweder Fensterzähler mit Glimmerfolien (nicht dicker als 3 mg/cm$^2$) oder Gasströmungszähler (Flow counters). Ausgezählt wird das veraschte Material selbst oder das nach analytischer Behandlung der Asche (s. unten) ausgefällte Calciumoxalat, -carbonat oder -sulfat.

*Chemische Abtrennung der $^{45}$Ca-Aktivität.*

1. Direkte Messung der Asche. Dazu werden z. B. 5 g Gewebe auf geeigneten Präparathaltern verascht; nach Zugabe von etwas verdünnter Salzsäure wird bei 110° C getrocknet und gezählt[5, 6].

2. Bestimmung nach Fällung als Calciumoxalat[2].

*a) Fleisch und Organteile.* Ungefähr 20 g frisches Gewebe werden in einen tarierten Porzellantiegel eingewogen und über Nacht bei 100° C getrocknet. Sodann stellt man den Tiegel in einen Muffelofen, steigert die Temperatur langsam auf 650° C und verascht 24 Std bei dieser Temperatur. Sofern die Asche nicht rein weiß erscheint, wird sie mit einigen Tropfen destilliertem Wasser und 2—4 cm$^3$ konz. Perchlorsäure unter den üblichen Vorsichtsmaßregeln behandelt. Man stellt sodann den Tiegel auf eine Heizplatte und erhitzt langsam bis die Perchlorsäure raucht. Die trockene Probe ist erneut in der Muffel zu glühen. Die Aschemenge wird gewogen und, sofern es Mengen unter 200 mg sind, quantitativ mit 2 n Salzsäure in einen 25 cm$^3$-Meßkolben überführt, zur Marke aufgefüllt und ein aliquoter Teil in ein 50 cm$^3$-Zentrifugenglas pipettiert. Zu der abgefüllten Lösung gibt man anschließend 1 cm$^3$ gesättigte Ammoniumoxalatlösung, 2 Tropfen 0,05%ige Methylrotlösung sowie 4 cm$^3$ Essigsäure. Es wird gründlich durchgemischt und unter dauerndem Rühren so lange verdünntes Ammoniak (1 Teil konz. Ammoniak + 4 Teile Wasser) zugefügt, bis die Lösung schwach alkalisch reagiert.

---

[1] BUSCH, F., G. SIEBEL, C. TANNE u. B. WANDROWSKY: Handb. analyt. Chem. (FRESENIUS-JANDER). Teil III, Bd. 2a, S. 122ff. Berlin 1940. Dieses Werk Bd. III, S. 68—69.

[2] COMAR, C. L., S. L. HANSARD, S. L. HOOD, M. P. PLUMLEE and B. F. BALLENTINE: Nucleonics 8, März, 19 (1951).

[3] SCHLEICHER, A., u. K. LANG: Handb. analyt. Chem. (FRESENIUS-JANDER). Teil III, Bd. 2a, S. 208 und S. 329ff. Berlin 1940.

[4] SCHWIEGK, H. (Hrsgb.): Künstlich radioaktive Isotope in Physiologie, Diagnostik und Therapie. Berlin, Göttingen, Heidelberg 1953.

[5] HENREUX, M. V. L., W. R. TWEEDY and E. M. ZORN: Proc. Soc. exp. Biol. Med. 71, 729 (1949).

[6] LANSING, A. T., T. B. ROSENTHAL and M. D. KAMEN: Arch. Biochem. 19, 177 (1948).

Nun ist mit einigen Tropfen Essigsäure auf eine schwache Rosafärbung ($p_H$ 5,0) einzustellen, über Nacht stehen zulassen und am nächsten Morgen abzuzentrifugieren. (Im Filtrat kann man eventuell als Markierung zugefügten radioaktiven Phosphor bestimmen.) Das ausgefallene Oxalat wird mit 10 cm³ verdünntem Ammoniak (1 Teil konz. Ammoniak + 49 Teile Wasser) aufgeschwemmt und nochmals abzentrifugiert. Ist das Salz so gereinigt, wird es mit 2 cm³ verdünnter Schwefelsäure (4 Teile Wasser + 1 Teil konz. Schwefelsäure) behandelt, auf 80—90° C erhitzt und, wenn nötig, die Lösung in üblicher Weise mit 0,02 n Kaliumpermanganatlösung titriert. Diese Titration dient zur Bestimmung der aus dem Gewebe abgeschiedenen Gesamtcalciummenge. Zu der so erhaltenen Lösung gibt man eine ausreichende Menge Calcium zu und neutralisiert sie mit verdünntem Ammoniak (1 Teil Ammoniak + 4 Teile Wasser). Nach Zugabe von 3 cm³ gesättigter Ammoniumoxalatlösung wird das Calcium, wie oben beschrieben, gefällt und nach einem der auf S. 789 angegebenen Verfahren präpariert, gewogen und gezählt.

*b) Knochen und Zähne.* Eine Probe von etwa 2 g wird in einem tarierten Porzellantiegel eingewogen und im Muffelofen, wie beschrieben, verascht. Es ist selten erforderlich, die Veraschung zu wiederholen. Man zerreibt die Asche im Tiegel mit einem Pistill. Dabei zieht sie Feuchtigkeit an, so daß sie vor dem Wägen getrocknet werden muß. Dann überführt man 500 mg mit verdünnter Salzsäure in einen Meßkolben und füllt auf 50 cm³ auf. Die Oxalatfällung wird aus je 5 cm³, wie oben beschrieben, vorgenommen. Es wird wie üblich präpariert, gewogen und gemessen (vgl. S. 789).

*c) Faeces.* Ungefähr 20 g frische Faeces werden getrocknet und, wie bei a) beschrieben, verascht. Die Asche wird in einigen Kubikzentimetern 2 n Salzsäure gelöst und mit destilliertem Wasser auf 50 cm³ aufgefüllt. Einen eventuell vorhandenen unlöslichen Rückstand läßt man absitzen und entnimmt Anteile von 10 cm³ der überstehenden Lösung, die wie bei b) weiter verarbeitet werden. Der Calciumgehalt ist hier im allgemeinen hoch genug, um die gravimetrische und radiometrische Calciumbestimmung an der gleichen Probe zu ermöglichen.

*d) Blutplasma.* Calcium im Blutplasma bestimmt man nach dem Verfahren von CLARK und COLLIP[1], das für die radiochemischen Erfordernisse abgeändert werden muß. Zu 10 cm³ Plasma werden 10 cm³ einer schwach sauren Lösung gegeben, die 8 mg Calcium als Träger und 3 cm³ gesättigte Ammoniumoxalatlösung enthält. Nach Zugabe der Oxalatlösung wird auf $p_H$ 4,8 (Umschlag von Methylrot) eingestellt. Die Lösung wird gründlich gemischt, über Nacht stehen gelassen und das ausgefallene Calciumoxalat, wie beschrieben, abfiltriert.

3. Abscheidung von Calcium als Calciumcarbonat.

Nach SHIRLEY und Mitarbeitern[2] wird das biologische Material mit konz. Salpetersäure naß verascht, die Lösung mit Natronlauge alkalisch gemacht und unter Rühren mit Natriumcarbonat versetzt. Nach mehreren Stunden wird das ausgefallene Calciumcarbonat abfiltriert, gewaschen und gezählt.

Natürlich muß auch bei diesen beiden Methoden die Selbstabsorption an Hand einer mit dem betreffenden Calciumsalz bekannter spezifischer Aktivität aufgenommenen Eichkurve bestimmt werden (vgl. S. 784ff.). Bei einem kritischen Vergleich der Verfahren kommen die Autoren zu dem Schluß, daß beide Methoden nahezu gleich gute Ergebnisse liefern. Indes ist der Oxalatmethode deshalb der Vorzug zu geben, weil das ausfallende Calciumoxalat leichter filtrierbar ist als Calciumcarbonat.

*δ) Strontium.*

$^{89}$Sr. Dieses Isotop ist ein β-Strahler mit einer Maximal-β-Energie von 1,50 MeV und einer Halbwertszeit von 54 Tagen. Es ist sowohl durch Neutronenbestrahlung von natürlichem Strontium als auch als Uranspaltprodukt zu gewinnen und kann in Aktivitäten

---
[1] CLARK, E. P., and J. B. COLLIP: J. biol. Ch. **63**, 461 (1925).
[2] SHIRLEY, R. L., R. D. OWENS and G. K. DAVIS: Analyt. Chem., Washington **22**, 1003 (1950)

bis zu mehreren Millicurie bezogen werden. Spezifische Aktivitäten bis zu 5 mC/g sind erhältlich. Es läßt sich mit jedem $\beta$-Zähler nachweisen.

$^{90}$Sr. Dieser $\beta$-Strahler von 19,9 Jahren Halbwertszeit ist ebenfalls als Spaltprodukt zugänglich. Die maximale $\beta$-Energie beträgt 0,54 MeV. $^{90}$Sr bildet ein radioaktives Y nach, das wie seine Muttersubstanz nur $\beta$-Teilchen emittiert. Da diese eine Maximalenergie von 2,1 MeV aufweisen, werden sie bevorzugt gemessen (im Flüssigkeitszählrohr z. B. mit einem 30mal größeren Nutzeffekt).

Arbeitet man mit $^{90}$Sr, so muß diese *Tochteraktivität* $^{90}$Y (Halbwertszeit 60 Std) berücksichtigt werden. Wird das Strontium als Sulfat gefällt, so bleibt die Yttriumaktivität in Lösung. Fällt man hingegen das Strontium als Carbonat oder Oxalat, so geht das Yttrium quantitativ in den Niederschlag. Es liegt also im ersteren Falle zunächst reines Radiostrontium vor, in dem sich die Yttriumaktivität nachbildet. Im anderen Fall befinden sich die beiden Radioelemente im Gleichgewicht, so daß zusätzlich die Yttriumaktivität gemessen wird. Man kann die Aktivitätsbestimmung also einmal durchführen, indem man das Strontium nach Zusatz der erforderlichen Trägermenge in Gegenwart einiger Milligramm Yttrium (Zurückhaltetträger) als Sulfat fällt und innerhalb von 20 min nach der Fällung präpariert und mißt. Natürlich läßt sich auch zu einer späteren Zeit messen. Jedoch müssen in diesem Falle alle zu vergleichenden Präparate in genau derselben Zeit nach der Fällung gemessen werden, da sich dann stets derselbe Prozentsatz der Yttriumaktivität nachgebildet hat. Nach 5—10 Halbwertszeiten des Yttriums hat sich das radioaktive Gleichgewicht zwischen den beiden Radioelementen praktisch eingestellt, so daß, wenn diese oder eine größere Zeit seit der Fällung verstrichen ist, die Präparate zu beliebigen Zeiten gemessen werden können.

Die Trennung vom Radio-Yttrium kann auch so vorgenommen werden, daß man der das Trägerstrontium enthaltenden Lösung, die gut ausgekocht sein soll, einige Milligramm Yttrium oder besser dreiwertiges Eisen zusetzt und dann mit gasförmigem, kohlendioxydfreiem Ammoniak die Hydroxyde dieser Elemente ausfällt. Aus der verbleibenden Lösung kann das Strontium als Sulfat[1], Carbonat oder Oxalat gefällt werden.

Schließlich läßt sich ohne Trennung der beiden Radioelemente arbeiten. Man fällt dabei das Strontium als Carbonat oder Oxalat in ammoniakalischer Lösung und erhält so Niederschläge, die unmittelbar oder zu beliebiger Zeit nach der Fällung gemessen werden können, da sie das Radio-Strontium und das Radio-Yttrium im Gleichgewicht enthalten.

*Bestimmung der Strontiumaktivitäten in biologischem Material*[2]. Man kann hier in gleicher Weise vorgehen wie beim Calcium. Präparate des Radiostrontiums können in verschiedenen Formen hergestellt werden. Es läßt sich als Carbonat[3], als Naphtholhydroxamsäurekomplex[4,5] und als Oxalat[6] fällen und messen. Vgl. auch SCHLEICHER[7].

Die Bestimmung im Urin oder Wasser durch Oxalatfällung bei Gegenwart von Calcium als Träger beschreiben MAWSON und FISCHER[8].

### $\varepsilon$) Barium.

Für biochemische Untersuchungen kommen vor allem zwei Isotope, $^{131}$Ba und $^{140}$Ba, in Betracht.

---

[1] TOMPKINS, P. C., A. BROIDO, G. W. PARKER, E. R. TOMPKINS, W. E. COHN, W. KISIELESKI and R. D. FINKLE: AECD—2552 C [Nucl. Sci. Abstr. 2, 341, Nr. 1530 (1949)], in CORYELL, C. D., and N. SUGARMAN: Radiochemical Studies. The Fission Products. NNES Div. IV. 9, 1482 (1951).

[2] SCHWIEGK, H. (Hrsgb.): Künstlich radioaktive Isotope in Physiologie, Diagnostik und Therapie. S. 375. Berlin, Göttingen, Heidelberg 1953.

[3] HOAGLAND, E. J.: MDDC—1493 B [ADD 1, 800 (1947)], in CORYELL, C. D. and N. SUGARMAN: Radiochemical Studies. The Fission Products. NNES Div. IV, 9, 1465 (1951).

[4] BECK, G.: Mikrochem. 36/37, 245 (1951).

[5] HERRMANN, G.: Z. Elektrochem. 58, 626 (1954).

[6] GLENDENIN, L. E.: MDDC—1223 J [ADD 1, 680 (1947)], in CORYELL, C D., and N. SUGARMAN: Radiochemical Studies. The Fission Products. NNES Div. IV, 9, 1460 (1951).

[7] SCHLEICHER, A.: Handb. analyt. Chem. (FRESENIUS-JANDER). Teil III, Bd. II a, S. 346. Berlin 1940.

[8] MAWSON, C. A., and I. FISCHER: CRM—455 [Nucl. Sci. Abstr. 5, 7, Nr. 50 (1951)].

**131Ba** ist ein K-Strahler von 13 Tagen Halbwertszeit, der außerdem eine Reihe von $\gamma$-Quanten im Bereich von 0,12—0,49 MeV emittiert. Es entsteht durch Neutronenbestrahlung von gewöhnlichem Barium im Reaktor und ist in Aktivitäten von einigen $\mu$C (spezifische Aktivitäten etwa 0,02 mC/g) erhältlich. Der Nachweis erfolgt an Hand der $\gamma$-Strahlung im Flüssigkeits-, Scintillations- oder $\gamma$-Zähler.

**140Ba.** Hier handelt es sich um einen $\beta^-$-Strahler von 12,8 Tagen Halbwertszeit. Er emittiert $\beta$-Teilchen einer maximalen Energie von 0,48 und 1,02 MeV, wie auch $\gamma$-Quanten im Bereich von 0,160—0,540 MeV. 140Ba fällt als Spaltprodukt in großen Mengen an und ist in starken Aktivitäten (mehrere Curie) erhältlich.

*Bestimmung der Bariumaktivitäten.* Die Substanz wird in der beim Calcium beschriebenen Weise aufgeschlossen. Aus der Lösung kann das Barium, gegebenenfalls nach Zusatz von inaktivem Barium, sowohl als Chlorid aus eiskaltem Äther-Salzsäure-Gemisch[1], als Chromat aus essigsaurer Lösung[2], als Nitrat aus konz. Salpetersäure[3,4], als Carbonat wie Calcium oder als Sulfat wie das Strontium abgeschieden werden. Als Trägersubstanzen für die Nitrat-, Chromat- und Sulfatfällung werden auch Bleisalze empfohlen[5]. Die Trennung vom Strontium erfolgt durch Chromatfällung in essigsaurer Lösung[2]. Über die Bestimmung von Strontium, Barium und seltenen Erden im Urin vgl. TOMPKINS[6]. Beim 140Ba tritt die gleiche Erscheinung wie beim 90Sr auf. Es bildet ständig seine Tochtersubstanz 140La nach, die in gleicher Weise berücksichtigt werden muß, wie das 90Y beim 90Sr. Die Trennverfahren sind im wesentlichen die gleichen. 140La ist ein $\beta$-Strahler mit 40,4 Std Halbwertszeit, so daß sich nach erfolgter Trennung der beiden Radioaktivitäten das Gleichgewicht nach 8—10 Tagen praktisch wieder eingestellt hat.

*ζ) Radium.*

Die Bedeutung des Radiums als Indicator in der Biochemie ist gering. Dagegen ist es für die Strahlentherapie wichtig und besitzt ein gewisses toxikologisches Interesse[7]. Benutzt werden die zwei Isotope: 226Ra und 228Ra(MsTh$_1$).

**226Ra.** Aus diesem Isotop besteht gewöhnliches Radium, das über eine Kette radioaktiver Folgeprodukte in Blei zerfällt. Dabei geht es zunächst in das ebenfalls α-strahlende, gasförmige 222Rn („Emanation") über, das aus dem Präparat entweichen kann. Daher ist unbedingt zu beachten, daß offene, d. h. nicht in zugeschmolzenen Ampullen verpackte Präparate, nur unter einem gut funktionierenden und dauernd in Betrieb befindlichen Abzug gehandhabt werden dürfen, da in das Laboratorium diffundierende Emanation Anlaß zu schwerer radioaktiver Kontamination geben kann. Auch das Einatmen von Radon kann zu Vergiftungen führen. Beim Arbeiten mit größeren Mengen Radium sind, auch wegen der $\gamma$-Strahlung, entsprechende Strahlenschutzmaßnahmen zu treffen. Selbst kleinere Mengen müssen in einem Strahlenschutzkasten verarbeitet werden (s. S. 881).

---

[1] RUSSELL, E. R., R. C. LESKO and J. SCHUBERT: AECD—2892 [Nucl. Sci. Abstr. 4, 982, Nr. 6711 (1950)]. Nucleonics 7 (Juli), 60 (1950).

[2] GLENDENIN, L. E.: MDDC—1223 J [ADD 1, 680 (1947)], in CORYELL, C. D., u. N. SUGARMANN: Radiochemical Studies. The Fission Products. NNES, Div. IV, 9, 1460 (1951).

[3] GLENDENIN, L. E.: AECD—2552 A [Nucl. Sci. Abstr. 2, 341, Nr. 1528 (1949)], in CORYELL, C. D., and N. SUGARMAN: Radiochemical Studies. The Fission Products. NNES Div. IV, 9, 1466 (1951).

[4] TOMPKINS, P. C., L. WISH and J. X. KHYM: AECD—2552 B [Nucl. Sci. Abstr. 2, 341, Nr. 1529 (1949)], in CORYELL, C. D., and N. SUGARMAN: Radiochemical Studies. The Fission Products. NNES Div. IV, 9, 1470 (1951).

[5] TOMPKINS, P. C., A. BROIDO, G. W. PARKER, E. R. TOMPKINS, W. E. COHN, W. KISIELESKI and R. D. FINKLE: AECD—2552 C [Nucl. Sci. Abstr. 2, 341, Nr. 1530 (1949)], in CORYELL, C. D., and N. SUGARMAN: Radiochemical Studies. The Fission Products. NNES, Div. IV, 9, 1482 (1951).

[6] TOMPKINS, P. C., L. B. FARABEE, and J. X. KHYM: AECD—2692 (1949) [Nucl. Sci. Abstr. 3, 366, Nr. 1537 (1949)].

[7] LOONEY, W. B., and L. A. WOODRUFF: AECU—2174; UAC—598 [Nucl. Sci. Abstr. 6, 680, Nr. 5555 (1952)]. A.M.A. Arch. Path. 56, 1—12 (1953).

*Bestimmung von Radium in biologischem Material.* Nach RUSSELL und Mitarbeitern[1] werden der radiumhaltige Urin oder die zu untersuchenden Organteile mit 100 cm³ konz. Salpetersäure versetzt und auf der Heizplatte zur Trockne gedampft. Dann läßt man abkühlen, gibt 20 cm³ Salpetersäure zu und verascht erneut. Dies wird wiederholt, bis die Asche weiß ist. Zu diesem Rückstand gibt man 150 cm³ 0,1 n Salpetersäure, erwärmt 5 min, füllt alles in ein 250 cm³-Zentrifugenglas und zentrifugiert ab. (Die Gefahr, daß Radium als unlösliches Radiumsulfat zurückgehalten wird, was vor allem möglich erscheint, wenn bei der Veraschung Sulfat entsteht, ist nicht so groß, wie man vermuten könnte. Bereits in Wasser beträgt nach ERBACHER und NIKITIN[2] die Löslichkeit 1,4 mg Radiumsulfat je Liter, also 1,4 $\gamma$/cm³. In salpetersaurer Lösung ist die Löslichkeit sicher erheblich höher. Die im allgemeinen in Geweben auftretenden Radiummengen liegen wesentlich unter diesem etwa 1 $\mu$C entsprechenden Grenzwert.) Die überstehende Lösung wird in ein zweites 250 cm³-Zentrifugenglas umgegossen. Den Rückstand im ersten Glas versetzt man mit 50 cm³ 0,1 n Salpetersäure, rührt auf, zentrifugiert ab und vereinigt die überstehende Lösung mit dem ersten Zentrifugat. Die Lösungen werden nunmehr mit einem Platindraht gerührt und mit 3 cm³ konz. Schwefelsäure und 0,5 cm³ Bleilösung versetzt. Dann rührt man 15 min lang unter Eiskühlung weiter, zentrifugiert ab und verwirft die überstehende Lösung. Das gefällte Radium-Bleisulfat wird erwärmt und in Äther-Salzsäure aufgenommen, die Lösung quantitativ in ein 50 cm³-Zentrifugenglas gegeben und mit 10 cm³ Äther-Salzsäure nachgewaschen. Man kühlt im Eisbad ab, gibt 0,4 cm³ Bariumlösung zu, rührt 5 min und zentrifugiert in einem eisgekühlen Zentrifugenglas. Das abzentrifugierte Radium-Bariumchlorid wird mit 1 cm³ 0,1—1 n Salpetersäure versetzt, der Niederschlag mit einem Platinstab zerdrückt und verteilt und der entstehende Brei mit einer Capillarpipette auf einen mit einem Zaponlackrand versehenen Präparatenträger aus Platin gebracht. Anschließend ist 2—3 min unter der Infrarotlampe einzudampfen, 0,5 cm³ 1 n Schwefelsäure zuzugeben und zur Trockne abzurauchen. Der Zaponlack wird durch Befächeln mit einer Mikroflamme abgebrannt und sodann das Präparat über dem TECLU-Brenner oder MEKER-Brenner zur Rotglut erhitzt. Man zählt die $\alpha$-Aktivität mit einem dünnwandigen (1 mg/cm²) Glimmerfensterzählrohr oder einem Strömungszähler. Die Messung muß unmittelbar im Anschluß an die Fällung erfolgen oder in stets gleichen Zeitabständen danach, weil das Radium seine Folgeprodukte nachbildet (vgl. S. 844).

Faeces werden trocken bei 80—100° C verascht und im Muffelofen bei 450—500° C weitere 24 Std erhitzt. Der Rückstand kann, wie beschrieben, mit Salpetersäure naß weiter oxydiert werden. Für das angegebene Verfahren werden folgende p.a.-Reagentien benötigt:

1. Salpetersäure konz. und 0,1 n.
2. Bleilösung: 32 g Bleinitrat werden in Wasser gelöst und auf 100 cm³ aufgefüllt, entsprechend 200 mg Blei je cm³.
3. Bariumlösung: 1,9 g Bariumnitrat werden in Wasser gelöst und auf 100 cm³ aufgefüllt, entsprechend 10 mg Barium je cm³.
4. Schwefelsäure konz. und 1 n.
5. Äther-Salzsäure: 6 Volumteile konz. Salzsäure + 1 Volumen Äthyläther.

Über weitere Methoden zur Radiumbestimmung vgl. andere Autoren[3-6]. Eine ausführliche Beschreibung der Anwendung und Eigenschaften von Radium findet sich in der 390 Seiten umfassenden Broschüre[7] der Union Minière.

---

[1] RUSSELL, E. R., R. C. LESKO and J. SCHUBERT: AECD—2892 [Nucl. Sci. Abstr. 4, Nr. 6711, 982 (1950). Nucleonics 7, July, 60 (1950).
[2] ERBACHER, D., u. B. NIKITIN: Z. physik. Chem. (A) 158, 216 (1931).
[3] HARLEY, J. H., and S. FOTI: Nucleonics 10 (Febr.), 45 (1952).
[4] KIRBY, H. W.: AECD—3463; MLM—675, Analyt. Chem., Washington 25, 1238 (1953).
[5] LONDON, E. S.: Das Radium in der Biologie und Medizin. Leipzig 1911.
[6] ERBACHER, O.: Handb. analyt. Chem. (FRESENIUS-JANDER). Teil III, Bd. IIa, S. 403ff. Berlin 1940.
[7] Union Minière du Haut Katanga: Radium. Herstellung, allgemeine Eigenschaften, seine Anwendung in der Strahlentherapie, Apparate. Verl. Casterman N. Y. Tournai 1930 (nicht datiert).

## h) Die seltenen Erden und die Transurane.

Mit ganz wenigen Ausnahmen sind die seltenen Erden sowie die als Transurane bezeichneten Elemente für Biologie und Biochemie ohne Bedeutung. Das Thulium 170 ($^{170}$Tm) dient neuerdings als $\gamma$-Strahlenquelle [1, 2]. Die übrigen, insbesondere Yttrium, Lanthan und Cer, sind für Stoffwechseluntersuchungen benutzt worden [3-25]. Von den seltenen Erden ist eine größere Anzahl von radioaktiven Isotopen für biologische Untersuchungen geeignet. Sie sind in der Tabelle 8 zusammengestellt.

*Chemisches Verhalten der seltenen Erden und ihre Bestimmung im biologischen Material.*

Die Abtrennung aus biologischem Material ist für alle seltenen Erden gleich. Man verascht die organische Substanz und bestimmt in der salzsauren oder salpetersauren Lösung der Asche die Erden in der Weise, daß man zunächst mit kohlendioxydfreiem gasförmigem Ammoniak fällt, um sie von den Erdalkalien zu trennen. Dann wird abzentrifugiert und der Niederschlag wieder in Salzsäure oder Salpetersäure gelöst. Aus dieser Lösung werden die Erden mit Oxalsäure oder Flußsäure gefällt. Einzelvorschriften zur Bestimmung der seltenen Erden finden sich bei CORYELL und SUGARMAN [26], WURM [13] und PETROW [27].

Über toxikologische und gewerbehygienische Untersuchungen mit Hilfe der Transurane und über die Bestimmung der Transurane vgl. FINK [28] und STONE [29]. Einzelbestimmungsverfahren für Plutonium in Urin oder Faeces vgl. bei LANGHAM und Mitarbeitern [30, 31].

---

[1] UNTERMYER, S., F. H. SPEDDING, A. H. DAANE, J. E. POWELL u. R. J. HASTERLIK: Nucleonics 12 (Mai), 35ff. (1954).

[2] WEST, R.: Nucleonics 11 (Febr.), 20 (1953).

[3] DOBSON, E. L.: UCRL-92; AECD-2055 (1948). Acta Un. int. Cancr., Bruxelles 6, 775 (1949). — DOBSON, E. L., J. W. GOFMAN, H. B. JONES, L. S. KELLY and L. A. WALKER: J. Lab. clin. Med 34, 305 (1949).

[4] JACOBSON, L.O., and E. L. SIMMONS: AECD-2037, CH-3859 (1946) [Nucl. Sci. Abstr. 1, 4, Nr. 15 (1948)].

[5] KIDMAN, B., M. TUTT and J. VAUGHAN: Nature 167, 858 (1951).

[6] KIDMAN, B., M. TUTT and J. VAUGHAN: J. Path. Bacteriology 62, 209 (1950).

[7] SCHUBERT, J.: AECD-2358; ANL-HDY-592. Science, N. Y. 105, 389 (1947). — Vgl. auch AECU-38; ANL-4206. J. Lab. clin. Med. 34, 313 (1949).

[8] SCHUBERT, J., M. P. FINKEL, M. R. WHITE and G. M. HERSCH: AECD-2651 (1949). J. biol. Ch. 182, 635 (1950).

[9] SCHUBERT, J., and M. R. WHITE: J. biol. Ch. 184, 191 (1950).

[10] WHITE, M. R., and J. SCHUBERT: J. Pharmacol. exp. Therap. 104, 317 (1952).

[11] BOWEN, V. T.: BNL-1018 [Nucl. Sci. Abstr. 6, 63, Nr. 503 (1952)].

[12] BOWEN, V. T. and A. CARBONE: AECU-1073 [Nucl. Sci. Abstr. 5, 193, Nr. 1211 (1951)].

[13] WURM, M.: J. biol. Ch. 192, 707 (1951).

[14] LISCO, H., and M. P. FINKEL: AECU-510 (UAC-46) [Nucl. Sci. Abstr. 3, 421, Nr. 1794 (1949)].

[15] MEYER, F.: A. e. P. P. 210, 247 (1950).

[16] RÉINOSUKÉ, HARA: Bull. chem. Soc. Jap. 22, 179 (1949).

[17] RÉINOSUKÉ, HARA: Bull. chem. Soc. Jap. 22, 225 (1949).

[18] CLEAVE, C. D VAN: AECU-218 [Nucl. Sci. Abstr. 2, 466, Nr. 2081 (1948)].

[19] HAMILTON, J. G.: Rev. mod. Physics 20, 718 (1948).

[20] HAMILTON, J. G., D. H. COPP, D. M. GREENBERG, M. J. CHACE, L. VAN MIDDLESWORTH, and E. M. CUTHBERTSON: AECD-2483 [Nucl. Sci. Abstr. 2, 295, Nr. 1326 (1949)].

[21] University of California Radiation Laboratory, Medical and Health Physics Quarterly Reports AECD-2901 (Januar, Februar, März 1950); AECD-3141; UCRL-960 (Juli, August, September 1950) und AECD-3200, UCRL-1142 (Oktober, November, Dezember 1950).

[22] Annual Report on Lanthanum and other Rare Earths, Calcium and Phosphorus in Cancer AECU-2425 [Nucl. Sci. Abstr. 7, 300, Nr. 2480 (1953)].

[23] SCHMID, J.: Die Blutgerinnung in Theorie und Praxis. Wien 1951.

[24] LASZLO, D., D. M. EKSTEIN, R. LEWIN and K. G. STERN: J. nat. Cancer Inst. 13, 559 (1952/53).

[25] RAYNER, B., M. TUTT and J. VAUGHAN: Brit. J. exp. Path. 34, 138 (1953).

[26] CORYELL, C. D., and N. SUGARMAN: Radiochemical Studies: The Fission Products. NNES, Div. IV, Vol. 9; größere Zahl von Arbeiten.

[27] PETROW, H. G.: Analyt. Chem., Washington 26, 1514 (1954) [Z. analyt. Chem. 146, 434 (1955)].

[28] FINK, R. M.: Biological Studies with Polonium, Radium and Plutonium, NNES, Div. VI, Vol. 3.

[29] STONE, R. S.: Industrial Medicine on the Plutonium Project, NNES, Div. IV, Vol. 20.

[30] LANGHAM, W. H.: MDDC-1555 (1947) [ADD 2, 32 (1948)].

[31] MAXWELL, E., R. FRYXELL and W. H. LANGHAM: J. biol. Ch. 172, 185 (1948).

Tabelle 8. *Brauchbare Radionuklide der seltenen Erden.*

| Isotop | Halbwertszeit | Strahlung | β-Energie* (MeV) | γ-Energie* (MeV) | Erhältliche Verbindungen |
|---|---|---|---|---|---|
| $^{46}$Sc | 85 Tage | $\beta^-$ | 1,49 (2%)<br>0,36 (98%) | 1,12 (98%)<br>0,89 (100%) | $Sc_2O_3$ |
| $^{90}$Y | 61 Std | $\beta^-$ | 2,24 | — | $Y_2O_3$ |
| $^{91}$Y | 57 Tage | $\beta^-, \gamma$ | 1,53 | 1,22<br>0,2 } (schwach) | Yttriumchloridlösung in 1 n HCl |
| $^{140}$La | 40,4 Std | $\beta^-, \gamma$ | 2,26 (10%)<br>1,67 (20%)<br>1,32 (70%)<br>u. a. | 2,9 (6,1%)<br>2,55 (4%)<br>1,63 (74%)<br>0,83 (14%)<br>0,49 (7%)<br>0,335 (1%) | $La_2O_3$ |
| $^{141}$Ce | 32,5 Tage | $\beta^-, \gamma$ | 0,56 (30%)<br>0,41 (70%) | 0,141 | $CeO_2$ |
| $^{143}$Ce | 33 Std | $\beta^-, \gamma$ | 1,39<br>1,09<br>0,71 | 0,720<br>0,660<br>u. a. | $CeO_2$<br>Cerchloridlösung in 1 n HCl |
| $^{144}$Ce + Folgeprodukt | 290 Tage | $\beta^-, \gamma$ | 0,3<br>0,17 | 0,13<br>u. a. | Cerchloridlösung in HCl |
| $^{144}$Pr | 17,5 min | $\beta^-, \gamma$ | { 3,0<br>2,3<br>0,8 | 2,2<br>1,5 }<br>0,7 | |
| $^{142}$Pr | 19 Std | $\beta^-, \gamma$ | 2,15 (96%)<br>0,64 (4%) | 1,57 (4%) | $Pr_2O_3$ |
| $^{143}$Pr | 13,7 Tage | $\beta^-$ | 0,93 | — | unwägbares $^{143}$Pr in bestrahltem $CeO_2$ |
| $^{147}$Nd | 11,3 Tage | $\beta^-, \gamma$ | 0,78 (65%)<br>0,35 (32%) | 0,52 (32%)<br>0,091 (66%) | $Nd_2O_3$ |
| $^{147}$Pm | 4 Jahre | $\beta^-$ | 0,223 | — | Chloridlösung in 1 n HCl, unwägbares $^{147}$Pm in bestrahltem $Nd_2O_3$ |
| $^{149}$Pm | 54 Std | $\beta^-, \gamma$ | 1,05 | 0,285<br>1,3 | unwägbares $^{149}$Pm in bestrahltem $Nd_2O_3$ |
| $^{153}$Sm | 47 Std | $\beta^-, \gamma$ | 0,80 (33%)<br>0,68 (67%) | 0,601<br>0,530<br>0,103<br>0,0695 | $Sm_2O_3$ |
| $^{152}$Eu | 13 Jahre | K, $\beta^-$ | 1,58 | 1,086<br>u. a. | $Eu_2O_3$ |
| | 9,2 Std | K, $\beta^-$ | 1,88 | 0,344<br>0,122 | $Eu_2O_3$ |
| $^{154}$Eu | 16 Jahre | $\beta^-, \gamma$ | 1,9 (10%)<br>0,7 (40%)<br>0,3 (50%) | 1,116<br>u. a. | $Eu_2O_3$ |
| $^{155}$Eu | 1,7 Jahre | $\beta^-, \gamma$ | 0,243 (20%)<br>0,154 (80%) | 0,099 (40%)<br>0,085 (70%) | unwägbares $^{155}$Eu in bestrahltem $Sm_2O_3$ |
| $^{153}$Gd | 236 Tage | K, $\gamma$ | — | 0,104 | $Gd_2O_3$ |
| $^{160}$Tb | 73,5 Tage | $\beta^-, \gamma$ | 0,860 (43%)<br>0,521 (41%)<br>0,396 (16%) | 0,086<br>0,195<br>0,212<br>0,297<br>1,15 u. a. | $Tb_4O_7$; $Tb_2O_3$ |

\* Die Werte schwanken bei den einzelnen Autoren.

Tabelle 8. (Fortsetzung.)

| Isotop | Halbwertszeit | Strahlung | β-Energie* (MeV) | γ-Energie* (MeV) | Erhältliche Verbindungen |
|---|---|---|---|---|---|
| $^{166}$Ho | 27 Std | $\beta^-, \gamma$ | 1,84 (89%)<br>0,55 (11%) | 1,36 (11%)<br>0,92<br>0,081 | $Ho_2O_3$ |
| $^{171}$Er | 7,5 Std | $\beta^-, \gamma$ | 1,49 (6%)<br>1,05 (72%)<br>0,67 (22%) | 0,113 (71%)<br>0,308 (71%)<br>0,81 (22%) u. a. | $Er_2O_3$ |
| $^{170}$Tm | 127 Tage | $\beta^-, \gamma$ | 0,97 (90%)<br>0,886 (10%) | 0,084 (10%) | $Tm_2O_3$ |
| $^{177}$Lu | 6,8 Tage | $\beta^-, \gamma$ | 0,495 (65%)<br>0,37 (17%)<br>0,17 (18%) | 0,318<br>0,206<br>0,112 | $Lu_2O_3$ |
| $^{227}$Ac | 22 Jahre | $\alpha, \beta^-, \gamma$ | 4,94 ($\alpha$)<br>0,02 ($\beta$) | 0,037 | Kaum wägbare Mengen $^{227}$Ac in bestrahltem $^{226}$Ra |

* Vgl. Anm. S. 848.

### i) Elemente der Nebengruppe Va.

#### α) Vanadium.

Es gibt zwei Vanadiumisotope, die sich für Indicatoruntersuchungen eignen:

$^{48}$V ist ein $\beta^+$- und K-Strahler von 16 Tagen Halbwertszeit. Die $\beta^+$-Maximalenergien betragen 0,716 und 1,0 MeV. Die daneben noch auftretenden $\gamma$-Quanten haben Energien von 1,33 und 1,0 MeV. Das Isotop läßt sich an Hand seiner $\beta^+$-Strahlung mit dem Fensterzähler, aber auch durch seine $\gamma$-Strahlung mit dem Flüssigkeitszähler oder $\gamma$-Zähler nachweisen. $^{48}$V ist nur durch Cyclotronbestrahlung erhältlich.

$^{49}$V ist ein reiner K-Strahler von 600 Tagen Halbwertszeit. Außerdem emittiert er Konversionselektronen von 0,08 und 0,119 MeV. Der Nachweis erfolgt demnach am besten nach der von DEUTSCH und ELLIOT[1] angegebenen Methode. $^{49}$V ist nur mit Hilfe des Cyclotrons aus Titan zu gewinnen[2].

Stoffwechseluntersuchungen mit $^{49}$V sind von SCOTT, HAMILTON und WALLACE[3] vorgenommen worden.

*Abtrennung von Vanadium aus biologischem Material.* TALVITIE[4] beschreibt ein Verfahren, Vanadium aus biologischem Material abzuscheiden, bei dem man das Vanadium colorimetrisch bestimmt. Diese Abscheidungsmethode läßt sich auch für den radiometrischen Nachweis benutzen. Je nach der Art des zu untersuchenden biologischen Materials wird in üblicher Weise naß mit Salpetersäure und Perchlorsäure oder trocken durch Veraschen im Muffelofen aufgeschlossen. Man kann dann nach verschiedenen Verfahren weiterarbeiten.

a) Nach Aufschluß mit Salpetersäure oder Perchlorsäure wird auf 25 cm³ eingedampft und diese Lösung in einen 125 cm³-Scheidetrichter gegeben, mit Wasser nachgewaschen und die vereinigten Waschflüssigkeiten auf 50 cm³ aufgefüllt. Zu dieser Lösung fügt man einen Tropfen 0,1%ige Methylorangelösung und stellt mit 4 n Ammoniak oder 4 n Salpetersäure auf $p_H$ 3,8 (Orangefärbung) ein. Die so vorbereitete Lösung wird dann, wie weiter unten beschrieben, extrahiert.

b) Nach trockener Veraschung im Platintiegel, der sich eine Sodaschmelze anschließt, löst man in Wasser und füllt auf 100 cm³ auf. 50 cm³ der aus der Sodaschmelze

---

[1] DEUTSCH, M., and L. G. ELLIOT: Physic. Rev. **65**, 211 (1944). — Vgl. auch PEACOCK, W. C., and W. M. GOOD: Rev. sci. Instr. **17**, 255 (1946). — COOK, G. B., and I. F. DUNCAN: Modern Radiochemical Practices. S. 160. Oxford 1952.

[2] WALKE, H., E. J. WILLIAMS and G. R. EVANS: Proc. R. Soc. London (A), **171**, 362 (1939).

[3] SCOTT, K. G., J. G. HAMILTON and P. C. WALLACE: UCRL-1318 [Nucl. Sci. Abstr. 5, 692, Nr. 4363 (1951)].

[4] TALVITIE, N. A.: Analyt. Chem., Washington **25**, 604 (1953).

hergestellten Lösung werden in einen 125 cm³-Scheidetrichter gegeben und mit 4 n Schwefelsäure gegen Methylorange auf $p_H = 3{,}8$ eingestellt.

Man vertreibt das Kohlendioxyd und extrahiert folgendermaßen: Zu den im Scheidetrichter befindlichen Lösungen aus a bzw. b gibt man 5 cm³ einer 0,5%igen 8-Oxychinolinlösung in Chloroform, schüttelt kräftig und läßt den Chloroformextrakt in einen zweiten Schütteltrichter laufen. Die Extraktion wird noch zweimal mit frischer 8-Oxychinolinlösung wiederholt. Dann vereinigt man die Chloroformextrakte im zweiten Scheidetrichter mit 50 cm³ ammoniakalischer Pufferlösung vom $p_H = 9{,}4$ (200 cm³ 4 n Ammoniak + 100 cm³ 4 n Salpetersäure auf 2 Liter aufgefüllt). Das Vanadin wird 5 min lang ausgeschüttelt. Zur radiometrischen Bestimmung neutralisiert man die Lösung fast mit Salpetersäure und fällt das Vanadin mit Quecksilber(I)-nitrat als Quecksilber(I)-vanadat. Das Quecksilbervanadat wird zum Vanadinpentoxyd verglüht, gewogen und gemessen[1].

### k) Elemente der Nebengruppe VIa.

#### α) Chrom.

Für Indicatorversuche ist nur ein Isotop des Chroms geeignet.

$^{51}$Cr emittiert K- und γ-Strahlung. Die γ-Quanten haben Energien von 0,25 und 0,32 MeV. Der Nachweis erfolgt im γ-Zählrohr oder Scintillationszähler. $^{51}$Cr läßt sich durch Bestrahlung im Reaktor gewinnen. Es ist sowohl als metallisches Chrom als auch in Form von Verbindungen in Aktivitäten bis zu 80 C bei spezifischen Aktivitäten bis zu 2 C/g erhältlich.

***Bestimmung von Radio-Chrom in biologischem Material.*** Der Aufschluß zur Chrombestimmung kann nach einem der Verfahren, die in Bd. III, S. 40 beschrieben sind, erfolgen. Die bei diesen Verfahren anfallende Chromatlösung kann nun in verschiedener Weise weiterverarbeitet werden:

a) Nach BERNHARDT[2] wird die Lösung mit einem Überschuß einer verdünnten Diphenylcarbazidlösung versetzt. Der entstehende tiefviolette Chromkomplex läßt sich dann aus der Lösung mit Cyclohexanol extrahieren und kann daraus durch Eindampfen gewonnen werden.

b) Eine andere Möglichkeit besteht darin, die Lösung mit Natriumacetat zu puffern und das Chrom mit Bariumchloridlösung in üblicher Weise als Bariumchromat zu fällen.

#### β) Molybdän.

Von den radioaktiven Isotopen dieses Elements ist das $^{99}$Mo am besten als Radioindicator geeignet.

Es ist ein β⁻-Strahler von 67 Std Halbwertszeit. Die Maximalenergien der beiden auftretenden β-Komponenten liegen bei 1,2 und 0,5 MeV. Die γ-Strahlung ist komplex. Beobachtet wurden Komponenten von 0,726, 0,360, 0,181 und 0,141 MeV. $^{99}$Mo wird im Reaktor aus natürlichem Molybdän gewonnen. Geliefert werden Präparate von mehreren C bei spezifischen Aktivitäten bis zu 380 mC/g in Form von Molybdänmetall oder Molybdäntrioxyd. Auch aus den Spaltprodukten kann $^{99}$Mo erhalten werden. Bei der Bestimmung der Molybdänaktivität ist zu beachten, daß durch den β-Zerfall in den Präparaten stets die Tochtersubstanz, das ebenfalls radioaktive Technetiumisotop $^{99}$Tc entsteht. 10% der β-Zerfälle von $^{99}$Mo führen zu einem kurzlebigen Technetiumisomer (Halbwertszeit 6 Std), das durch die Emission von γ-Quanten einer Energie von 0,13 und 0,18 MeV in den langlebigen Grundzustand von $^{99}$Tc (Halbwertszeit $9{,}4 \cdot 10^5$ Jahre) übergeht. Dieses langlebige Technetium entsteht direkt bei den übrigen 90% der Zerfälle. Es stört bei der Messung der Molybdänaktivität nicht, da es infolge seiner langen

---

[1] RODDEN, C.: Analytical Chemistry of the Manhattan-Project, NNES, Div. VIII, Vol. 1. New York N. Y. 1951.

[2] BERNHARDT, H. A., MDDC-1541 (käuflich) [ADD **2**, 22 (1948)].

Halbwertszeit mit so niedriger Intensität auftritt, daß es praktisch nicht nachweisbar ist. Die kurzlebige Technetiumaktivität muß indessen berücksichtigt werden. Bei der Herstellung der Molybdänpräparate wird nämlich in vielen Fällen das Technetium abgetrennt. Man muß dann unmittelbar nach der Abscheidung des Molybdänpräparates messen oder mindestens 5 Halbwertszeiten des Technetiumisomers, d. h. etwa 30 Std, abwarten, damit das Gleichgewicht zwischen den beiden Aktivitäten annähernd erreicht ist.

Eine völlige Abtrennung der Technetiumaktivität kann auf verschiedenen Wegen erfolgen[1-4]. So ist es z. B. möglich, das Technetium mit Tetraphenylarsoniumchlorid[4] in neutraler oder schwach alkalischer Lösung bei Gegenwart von einigen Milligrammen Perrhenat als Träger zu fällen, wobei das radioaktive Molybdän gelöst bleibt. Umgekehrt läßt sich das Molybdän mit Hilfe von α-Benzoinoxim vom Technetium abtrennen (s. unten bei der Molybdänbestimmung). Ferner kann das Technetium aus perchlorsaurer oder schwefelsaurer Lösung bei Gegenwart von Rhenium als Träger destilliert werden, wobei das Molybdän im Rückstand der Destillation verbleibt und dort bestimmt werden kann[2-4].

Es ist jedoch auch möglich zu beliebiger Zeit zu messen, wenn man die Strahlung des 6 Std-Technetiums herausfiltriert. Dies kann nach FINKLE, HOAGLAND, KATCOFF und SUGARMAN[5] in einfachster Weise dadurch geschehen, daß man das Zählpräparat mit einer Aluminiumfolie von 20 mg/cm$^2$ bedeckt, wodurch die Technetiumstrahlung absorbiert wird. Bei Messung im Flüssigkeitszählrohr tritt Absorption bereits in der Zählrohrwand auf.

*Abtrennung von radioaktivem Molybdän aus biologischem Material.* Diese erfolgt nach NEILANDS, STRONG und ELVEHJEM[6] in folgender Weise: Das biologische Material wägt man in tarierte Porzellantiegel ein und verascht nach vorherigem Eintrocknen bei 100° C im Muffelofen. Die Asche wird gewogen, mit konz. Salzsäure gelöst, bzw., wenn nicht alles in Lösung geht, darin dispergiert und ein aliquoter Teil der Suspension eingetrocknet und gezählt[7, 8].

Will man die Molybdänaktivität isolieren, so kann man nach dem Verfahren von BALLOU[9] arbeiten. Die organische Substanz wird, wie vorstehend beschrieben, aufgeschlossen und der Ascherückstand in 5 cm$^3$ 6 n Salpetersäure + 1 cm$^3$ gesättigter Oxalsäurelösung aufgenommen. Dann fügt man noch 20—30 mg Träger in Form von Ammoniummolybdat hinzu. Aus dieser Lösung ist Molybdän mit 5 cm$^3$ 2%iger alkoholischer α-Benzoinoximlösung unter Rühren zu fällen. Man läßt 2 min stehen, zentrifugiert ab und wäscht den Niederschlag mit 20 cm$^3$ 1 n Salpetersäure aus. Der Niederschlag wird mit 2 cm$^3$ konz. Salpetersäure und 1 cm$^3$ 70%iger Perchlorsäure vorsichtig erwärmt, bis alles gelöst ist. Bei diesem Aufschluß muß Salpetersäure zugegen sein. Perchlorsäure allein kann zu Explosionen führen. Wenn alles gelöst ist, erhitzt man

---

[1] GLENDENIN, L. E.: In CORYELL, C. A., and N. SUGARMAN: Radiochemical Studies. The Fission Products. NNES, Div. IV, Vol. 9, S. 773, Paper 98; MDDC-1774 [ADD 2, 206 (1946)].

[2] LINCOLN, D. C. and W. H. SULLIVAN: In CORYELL, C. D., and N. SUGARMAN: Radiochemical Studies. The Fission Products. NNES, Div. IV, Vol. 9, S. 778, Paper 99; MDDC-1774 I [ADD 2, 207 (1948)].

[3] SCHUMAN, R. P.: In CORYELL, C. D., and N. SUGARMAN: Radiochemical Studies: The Fission Products. NNES, Div. IV, Vol. 9, S. 783, Paper 100; MDDC-1694 G [ADD 2, 128 (1948)].

[4] GLENDENIN, L. E.: In CORYELL, C. D., and N. SUGARMAN: Radiochemical Studies. The Fission Produkts. NNES, Div. IV, Vol. 9, S. 1542, Paper 258, S. 1545, Paper 259; MDDC-1493 E, MDDC-1493 F [ADD 1, 801 (1948)].

[5] FINKLE, B., E. J. HOAGLAND, S. KATCOFF and N. SUGARMAN: In CORYELL, C. D., and N. SUGARMAN: Radiochemical Studies. The Fission Products. NNES, Div. IV, Vol. 9, S. 770, Paper 96.

[6] NEILANDS, J. B., F. M. STRONG and C. A. ELVEHJEM: J. biol. Ch. 172, 431 (1948).

[7] KAMEN, M. D.: Radioactive Tracers in Biology. 2. Aufl., S. 362ff. New York 1951.

[8] COMAR, C. L.: Nucleonics 3 (Nov.), 42 (1948).

[9] BALLOU, N. E.: In CORYELL, C. D., and N. SUGARMAN: Radiochemical Studies. The Fission Products. NNES, Div. IV, Vol., S. 1538, Paper 257; MDDC-1493 D [ADD 1, 801 (1948)].

unter den üblichen Vorsichtsmaßregeln für Perchlorsäure bis zum Rauchen, läßt abkühlen und fügt 20 cm³ Wasser sowie 2 cm³ konz. Ammoniak zu. Einen etwa ausfallenden Niederschlag beläßt man in der Lösung. Dann gibt man unter Rühren 5 mg Eisen(III)-salz als Träger zu und trennt das ausgefallene Eisen(III)-hydroxyd durch Zentrifugieren ab. Zu der überstehenden Lösung werden 6 cm³ konz. Salpetersäure gegeben. Das Molybdän wird erneut mit 5 cm³ α-Benzoinoximlösung gefällt, abzentrifugiert und mit 20 cm³ 1 n Salpetersäure gewaschen. Man löst die Molybdänfällung wie oben in Salpeter- und Perchlorsäure, erhitzt zum Rauchen und läßt abkühlen. Dann wird mit 30 cm³ Wasser verdünnt, 1 Tropfen Methylorange zugegeben und mit 0,5—1 cm³ 6 n Ammoniak auf schwach alkalische Reaktion eingestellt. Zu dieser Lösung wird tropfenweise bis zur sauren Reaktion 6 n Schwefelsäure gegeben. Dann puffert man mit 10%iger Natriumacetatlösung auf $p_H$ 5—6 ab, erhitzt zum Sieden, fällt das Molybdän unter Rühren mit 0,5 cm³ 1 n Silbernitratlösung als Silbermolybdat aus und läßt unter Rühren abkühlen, so daß sich der Niederschlag gut zusammenballt. Das so gewonnene Silbermolybdat muß abfiltriert oder abzentrifugiert und dabei mit 7—8 Portionen von je 5 cm³ 0,03 n Silbernitratlösung und 3mal mit 5 cm³ 95%igem Äthanol gewaschen werden. Dann wird es nach einem der auf S. 787 beschriebenen Verfahren präpariert, bei 110° C getrocknet und anschließend gemessen. An Stelle von Silbermolybdat empfehlen CORYELL und SUGARMAN[1] Bleimolybdat mit verdünnter Bleiacetatlösung (20 g/Liter) in der mit Ammoniumacetat gepufferten und zum Sieden erhitzten Lösung zu fällen. Sowohl das Silber- als auch das Bleimolybdat können in Salpetersäure gelöst und dann im Flüssigkeitszähler gemessen werden.

### γ) Wolfram.

Von den Wolframisotopen eignen sich zwei als Radioindicatoren.

¹⁸⁵W ist ein $\beta^-$-Strahler von 74 Tagen Halbwertszeit. Er emittiert $\beta^-$-Teilchen einer Maximalenergie von 0,43 MeV und eine $\gamma$-Strahlung von 0,134 MeV. Der Nachweis erfolgt daher am besten im Fensterzähler durch die $\beta$-Strahlung, wobei die Selbstabsorption zu berücksichtigen ist. ¹⁸⁵W ist leicht durch Bestrahlung von natürlichem Wolfram im Reaktor erhältlich. Geliefert werden Präparate aus bestrahltem Wolframtrioxyd mit Aktivitäten bis zu 8 Curie bei spezifischen Aktivitäten bis zu 400 mC/g.

¹⁸⁷W. Dieser $\beta^-$-Strahler hat eine Halbwertszeit von 24,1 Std. Neben der $\beta$-Strahlung [Maximalenergien 0,62 MeV (70%) und 1,30 MeV (30%)] tritt ein komplexes $\gamma$-Spektrum auf, dessen energiereichste Komponente bei 0,767 MeV liegt, so daß es auch im $\gamma$-Zähler nachgewiesen werden kann. ¹⁸⁷W ist als Wolframtrioxyd in sehr hohen Aktivitäten (bis über 300 C bei spezifischen Aktivitäten von bis zu 18 C/g) erhältlich. Wegen der kurzen Halbwertszeit müssen länger dauernde Versuche mit hohen Anfangsaktivitäten begonnen werden.

**Bestimmungsmethoden für radioaktives Wolfram.** Man schließt die Untersuchungssubstanz naß mit Salpetersäure auf und dampft zur Trockne ein[2]. Zum Rückstand gibt man 5 cm³ konz. Schwefelsäure und raucht ab. Nunmehr läßt man abkühlen, verdünnt auf 100 cm³ und fügt 15 cm³ alkoholische α-Benzoinoximlösung (2 g auf 100 cm³ Äthanol) unter Rühren zu. Dann wird soviel Bromwasser zugegeben, bis die Lösung deutlich gelb gefärbt ist. Man fügt weitere 10 cm³ α-Benzoinoximlösung zu, läßt 2 min bei 20° C stehen, rührt etwas Filterbrei ein und filtriert ab. Der ausgefallene Niederschlag ist mit verdünnter, α-Benzoinoxim enthaltender Schwefelsäure und schließlich mit Wasser zu waschen, zu trocknen und bei möglichst niederer Temperatur zu veraschen. Der Rückstand (Wolframtrioxyd und die Oxyde oder Wolframate anderer, mit α-Benzoinoxim fällbarer Elemente) wird mit etwas Natrium-Kaliumcarbonatgemisch (1:2)

---

[1] CORYELL, C. D., and N. SUGARMAN: Radiochemical Studies. The Fission Products. NNES, Div. IV, Vol. 9, S. 1540 Anm.

[2] SHORT, H. G.: BR-193 (1942) unveröffentlicht, beschrieben bei RODDEN, C.: Analytical Chemistry of the Manhattan Project. NNES, Div. VIII, Vol. 1, S. 456.

aufgeschlossen, in Wasser gelöst und vom Unlöslichen abfiltriert. Aus der alkalischen Wolframatlösung kann Wolfram wie folgt als Quecksilber(I)-wolframat gefällt werden [1, 2]: Man neutralisiert 25 cm³ Wolframatlösung möglichst genau mit Salpetersäure (Indicator: Methylorange), kocht auf um das Kohlendioxyd zu entfernen und versetzt mit einem Überschuß einer Quecksilber(I)-nitratlösung. Es fällt gelbes Quecksilber(I)-wolframat aus. Etwa überschüssige Säure stumpft man mit Ammoniak ab, wobei sich der Niederschlag durch ausgeschiedene Quecksilberverbindungen schwarz färbt. Der schwere, sich schnell absetzende Niederschlag wird abdekantiert oder abzentrifugiert, mehrmals mit Quecksilber(I)-nitrat enthaltendem Wasser gewaschen, getrocknet, zu Wolframtrioxyd verglüht, gewogen und gezählt.

Auch ein von ALLEN und HAMILTON[3] angegebenes Verfahren läßt sich für den radiochemischen Nachweis des Wolframs abwandeln.

### l) Uran.

Obwohl das Uran zu den natürlich radioaktiven Elementen zählt, erfolgt sein Nachweis in erster Linie durch chemische Verfahren. Biologisches Material schließt man zweckmäßig mit konz. Salpetersäure auf und extrahiert aus dieser Lösung das entstandene Uranylnitrat mit Äther. Nach dem Verdampfen des Äthers kann der Nachweis von Uran im Rückstand nach den üblichen mikrochemischen Verfahren erfolgen. Will man es jedoch radiometrisch bestimmen, so muß man sich entweder eines $\alpha$-Zählers und eines Proportionalverstärkers bedienen, der die $\beta$-Strahlung der Folgeprodukte von Uran nicht registriert. Es ist jedoch auch möglich, das Uran durch seine $\beta$-strahlenden Tochtersubstanzen $UX_1 = {}^{234}Th$ (Halbwertszeit 24 Tage), $UX_2 = {}^{234}Pa^m$ (Halbwertszeit 1,2 min) und $UZ = {}^{234}Pa$ (Halbwertszeit 6,7 Std) mittels der von diesen emittierten $\beta$- und $\gamma$-Strahlungen zu messen. Bezüglich der sehr umfangreichen Literatur über die Pharmakologie und Toxikologie des Urans vgl. das vierbändige Werk von VOEGTLIN und HODGE[4], sowie die Untersuchungen von TANNENBAUM[5]. Analytische Verfahren beschreiben RODDEN[6] sowie GRAVES und FROMAN[7]. Allgemeines über die Chemie von Uran s. KATZ und RABINOVITCH[8].

### m) Elemente der Nebengruppe VIIa.

#### α) Mangan.

Von den radioaktiven Isotopen des Mangans sind $^{52}Mn$ und $^{54}Mn$ für biochemische Indikatorversuche geeignet, aber schwer zu gewinnen. $^{56}Mn$ wird im Reaktor aus natürlichem Mangan gewonnen. Es besitzt trotz seiner sehr kurzen Halbwertszeit von nur 2,6 Std für biochemische Untersuchungen Bedeutung, weil es mit großer spezifischer Aktivität darstellbar ist.

$^{52}Mn$ ist ein K- und $\beta^+$-Strahler von 6,5 Tagen Halbwertszeit. Die maximale $\beta^+$-Energie beträgt 0,582 MeV, außerdem treten drei $\gamma$-Quanten mit den Energien 0,73, 0,94 und 1,46 MeV auf. Der Nachweis kann im Fensterzähler durch die $\beta^+$-Strahlung,

---

[1] MOORE, R. B.: Die chemische Analyse seltener technischer Metalle. S. 129. Leipzig 1927.

[2] Chemiker. Fachausschuß des Metall u. Erz eV.: Analyse der Metalle. Schiedsverfahren. S. 397. Berlin 1942.

[3] ALLEN, S. H., and M. B. HAMILTON: Analyt. chim. Acta, N. Y. 7, 483 (1952) [Z. analyt. Chem. 141, 235 (1954)].

[4] VOEGTLIN, C., and H. C. HODGE: Pharmacology and Toxicology of Uranium Compounds. NNES, Div. VI, Vol. 1, Part I—IV. New York, Y. Y. 1949—1954.

[5] TANNENBAUM, A. T.: Toxicology of Uranium. NNES, Div. IV, Vol. 23. New York 1951.

[6] RODDEN, C.: Analytical Chemistry of the Manhattan Project. NNES, Div. VIII, Vol. 1. New York, N. Y. 1951.

[7] GRAVES, D. K., and A. C. FROMAN: Miscellaneous physical and chemical techniques of the Los Alamos project: NNES, Div. V, Vol. 3. New York, N. Y. 1952.

[8] KATZ, J. J., and E. RABINOVITCH: The Chemistry of Uranium. NNES, Div. VIII, Vol. 5, Part I. New York, N. Y. 1951. Part II im Druck. NNES Div. VIII, Vol. 7 (Collected Papers), im Druck.

aber auch im Flüssigkeits- oder Scintillationszähler durch die $\gamma$-Strahlung erfolgen. $^{52}$Mn wird durch Bestrahlung von Eisen und Chrom im Cyclotron erhalten. Hierbei entsteht aus Eisen ein Gemisch von $^{52}$Mn und $^{54}$Mn, aus Chrom jedoch nur $^{52}$Mn. Im ersteren Falle liegt also nach der Bestrahlung ein Gemisch zweier Isotope mit verschiedener Halbwertszeit vor (vgl. S. 781). Die bestrahlten Präparate werden nach KAMEN[1] aufgearbeitet.

$^{54}$Mn. Mit einer Halbwertszeit von 310 Tagen ist dieser K-Strahler das langlebigste radioaktive Manganisotop. Außer der K-Strahlung wird lediglich eine $\gamma$-Strahlung von 0,85 MeV emittiert. Zum Nachweis der K-Strahlung ist ein Glockenzähler mit Berylliumfenster oder sehr dünnem Cellophanfenster, gefüllt mit 600 Torr Argon, geeignet. Etwa 50% der in den Zähler eintretenden K-Strahlung werden im Füllgas (Argon oder Krypton) absorbiert und gezählt[2].

*Bestimmung von Manganaktivitäten im biologischen Material*[3,4].

*Gewebeproben.* Weichteile und Organe werden getrocknet und bei 500° C verascht. Zu jeder Probe wird inaktives Mangan, z. B. Mangansulfat, als Träger zugesetzt. Dann löst man die Ascherückstände in möglichst wenig verdünnter Salzsäure und filtriert. Das Filtrat dampft man, um die Chloridionen zu entfernen, 3mal mit konz. Salpetersäure zur Trockne und löst den Rückstand in heißer konz. Salpetersäure. Durch Zusatz einiger Krystalle Kaliumchlorat wird das Mangan als Mangandioxyd gefällt und abfiltriert. Zum Filtrat gibt man nochmals etwas inaktives Mangan, fällt in gleicher Weise und filtriert durch das gleiche Filter, durch das bereits die erste Fällung abgesaugt wurde.

*Knochenproben.* Die im Knochen enthaltenen großen Calciummengen müssen zuerst abgetrennt werden. Die Knochenasche, die nach dem gleichen Veraschungsverfahren wie oben gewonnen wird, löst man in verdünnter Salzsäure und dampft zur Trockne. Der Chloridrückstand wird in einem Erlenmeyer-Kolben in Wasser gelöst, mit Ammoniumchlorid versetzt und Mangansulfid mit frisch bereitetem Ammoniumsulfid gefällt. Darauf füllt man den Kolben mit abgekochtem Wasser, verschließt ihn luftdicht und stellt ihn 12 Std beiseite. Dann läßt sich das Mangansulfid abfiltrieren, und kann anschließend in wenig verdünnter Salzsäure gelöst und nach Verkochen des dabei entwickelten Schwefelwasserstoffes wie oben beschrieben als Mangandioxyd gefällt werden. Bei Versuchen mit dem kurzlebigen $^{56}$Mn muß, je nach der vorhandenen Aktivität, die Zeit zwischen Sulfidfällung und Filtration verkürzt werden.

## n) Elemente der Nebengruppe VIIIa.

### α) Eisen.

Von den radioaktiven Isotopen des Eisens werden in erster Linie $^{55}$Fe und $^{59}$Fe für Indicatorversuche verwendet. Über ihre Anwendung ist bereits eine sehr große Zahl von Arbeiten erschienen.

$^{55}$Fe ist ein K-Strahler von 4 Jahren Halbwertszeit. Durch den K-Zerfall wird eine weiche Röntgenstrahlung (6,5 KeV) ausgelöst, die zum Nachweis benutzt werden kann. Außerdem treten Konversionselektronen sehr niedriger Energie auf. Die Röntgenstrahlung läßt sich durch ein mit Berylliumfenster versehenes Zählrohr messen, das mit 600 Torr Argon gefüllt ist. Da die emittierte Strahlung sehr weich ist, muß die Selbstabsorption in den Zählpräparaten berücksichtigt werden. Nach PEACOCK und Mitarbeitern[5] wird

---

[1] KAMEN, M. D.: Radioactive Tracers in Biology. 2. Aufl. S. 348ff. New York 1951.
[2] DEUTSCH, M., and L. G. ELLIOT: Physic. Rev. 65, 211 (1944). — Vgl. auch PEACOCK, W. C., and W. M. GOOD: Rev. sci. Instr. 17, 255 (1946). — COOK, G. B., and J. F. DUNCAN: Modern Radiochemical Practices. S. 160. Oxford 1952.
[3] GREENBERG, D. M., and W. W. CAMBBELL: Proc. nat. Acad. Sci. USA 26, 448 (1940).
[4] COMAR, C. L.: Nucleonics 3 (Oct.), 38 (1948).
[5] PEACOCK, W. C., R. D. EVANS, J. W. IRVINE jr., W. M. GOOD, A. F. KIP, S. WEISS and J. G. GIBSON: J. clin. Invest. 25, 605 (1946).

durch 10 mg/cm² Ascherückstand aus einem biologischen Durchschnittsmaterial die Intensität auf die Hälfte reduziert. KAMEN[1] empfiehlt, die Dicke der Zählpräparate kleiner als 1—2 mg/cm² zu halten.

**$^{59}$Fe.** Dieses Isotop ist ein $\beta^-$-Strahler mit 47,5 Tagen Halbwertszeit. Es emittiert 2 $\beta$-Komponenten mit den Maximalenergien 0,26 und 0,46 MeV; daneben treten $\gamma$-Quanten von 1,1 und 1,3 MeV auf. Der Nachweis erfolgt mit Hilfe eines dünnwandigen Fensterzählrohrs oder mit einem Scintillationszähler.

**$^{55, 59}$Fe.** Bei der Bestrahlung von Eisen im Reaktor entstehen die Atomarten $^{55}$Fe und $^{59}$Fe im Gemisch, sofern man nicht getrennte Isotope bestrahlt. Im allgemeinen werden solche Gemische geliefert. Sie genügen für die Praxis und sind wesentlich billiger als die reinen $^{55}$Fe- bzw. $^{59}$Fe-Präparate. Über den Nachweis beider Isotope nebeneinander in einem derartigen Gemisch vgl. PEACOCK und GOOD[2], sowie STEWART und ROSSI[3] (vgl. auch S. 781).

Reines $^{55}$Fe läßt sich aus Mangan im Cyclotron[4] gewinnen. Es ist auch möglich, reines oder stark angereichertes $^{54}$Fe im Reaktor zu bestrahlen. Präparate dieser Art enthalten entsprechend der Anreicherung noch mehr oder weniger $^{59}$Fe. Es werden $^{55}$Fe-Aktivitäten von 1,2 C bei spezifischen Aktivitäten bis zu 36 mC/g geliefert. $^{59}$Fe entsteht in gleicher Weise, wenn reines oder angereichertes $^{58}$Fe im Reaktor bestrahlt wird. Auch hier ist in Abhängigkeit vom Anreicherungsgrad $^{55}$Fe-Aktivität vorhanden. Erhältlich sind Präparate von 80 mC mit spezifischen Aktivitäten von 2 mC/g.

### Bestimmung von radioaktivem Eisen in biologischem Material.

a) *Aufschlußverfahren.* Nach CHASE und Mitarbeitern[5] gibt man das biologische Material in ein 1000 cm³-Becherglas und versetzt mit 100 cm³ konz. Salpetersäure sowie 25—30 cm³ Wasser. Das Becherglas wird über Nacht auf 37° gehalten, anschließend mit einigen Glasperlen bis zum Klarwerden leicht aufgekocht und dann auf Zimmertemperatur abgekühlt, bis die Fettschicht erstarrt. Nun filtriert man den flüssigen Anteil über eisenfreie Glaswolle in einen 200 cm³-Meßkolben, wäscht das Fett dreimal mit kleinen Mengen destillierten Wassers und vereinigt die Waschlösungen mit der Hauptmenge. Nach Auffüllen auf die Marke des Meßkolbens kann ein aliquoter Teil zur Elektrolyse (s. unten) entnommen werden. Das Fett wird verworfen.

Ross und CHAPIN[6] behandeln eine kleine Probe des biologischen Materials mit 3 bis 5 cm³ konz. Schwefelsäure und 1—3 cm³ Perchlorsäure in einem KJELDAHL-Kolben über kleiner Gasflamme (Vorsicht!). Der Aufschluß wird so lange unter weiterem Zusatz von Schwefelsäure und Perchlorsäure fortgeführt, bis eine farblose Lösung von 2—3 cm³ entstanden ist. Diese wird wie unten beschrieben verarbeitet.

PETERSON[7] arbeitet nach der Methode von CHASE[5], verascht jedoch die nach der nassen Oxydation mit Salpetersäure anfallenden Eindampfrückstände im Muffelofen. Da Gewebe, Blut und Faeces Eisen enthalten, ist es nicht notwendig, den Veraschungslösungen dieser Substanzen Eisen-Ionen als Träger zuzugeben. Bei Untersuchungen von Urin, der eisenfrei ist, empfiehlt es sich jedoch, 5—10 mg Eisen hinzuzufügen.

Die erwähnte trockene Veraschung erfolgt in Tiegeln oder Porzellanschalen. Man stellt diese mit den Eindampfrückständen in einen kalten Muffelofen, heizt ihn langsam auf 500—600° C und beläßt 15—20 Std bei dieser Temperatur. Danach entfernt man die

---

[1] KAMEN, M. D.: Radioactive Tracers in Biology. 2. Aufl. New York 1951.
[2] PEACOCK, W. C., and W. M. GOOD: Rev. sci. Instr. **17**, 255 (1946).
[3] STEWART, W. B., and H. H. ROSSI: Nucleonics **11** (Oct.), 66 (1953).
[4] GILE, J. D., W. M. GARRISON and J. G. HAMILTON: UCRL-1315. J. chem. Physics **19**, 1217 (1951).
[5] CHASE, M. S., C. J. GUBLER, G. E. CARTWRIGHT and M. M. WINTROBE: J. biol. Ch. **199**, 757 (1952).
[6] ROSS, J. F., and M. A. CHAPIN: Rev. sci. Instr. **13**, 77 (1942).
[7] PETERSON, R. E.: Analyt. Chem., Washington **24**, 1850 (1952).

Tiegel und Schalen aus dem Ofen und läßt sie abkühlen. Eventuell noch vorhandene Reste unverbrannten Kohlenstoffs werden durch Abrauchen mit Salpetersäure und anschließendes Erhitzen auf 200—300° auf der elektrischen Heizplatte beseitigt. Ist viel Kohlenstoff zurückgeblieben, so muß nochmals in der Muffel verascht werden.

*b) Abtrennung von Fremdelementen und Vorbereitung zur Elektrolyse.* Ross und Chapin[1] versetzen die schwefelsaure Lösung, deren Volumen etwa 2—3 cm³ beträgt (s. S. 855), nach dem Abkühlen mit Phenolsulfophthalein („Phenolrot"), neutralisieren mit Natronlauge, geben alles in ein Zentrifugenglas und waschen mit destilliertem Wasser nach. Aus dieser Lösung fällt man nach Zusatz von Ammoniak das Eisen mit Schwefelwasserstoff als Eisen(II)-sulfid. Dieses erwärmt man bis es sich zusammenballt und zentrifugiert es ab. Das abgeschiedene Eisensulfid wird mit 0,5 cm³ 6 n Schwefelsäure zersetzt, der Schwefelwasserstoff durch Kochen innerhalb 1 min entfernt und zu der dann erhaltenen Eisen(II)-sulfatlösung so lange kleine Mengen Ammoniak gegeben, bis die Lösung fast neutral ist. Durch Zugabe von 20 cm³ gesättigter Ammoniumoxalatlösung erzeugt man einen Oxalatokomplex, den man direkt zur Elektrolyse (s. unten) verwenden kann.

Die nach der Veraschungsmethode von Peterson[2] erhaltenen, weißen oder rötlich gefärbten Ascheproben werden mit konz. Salzsäure versetzt und bei einer Temperatur von wenig über 100° bis eben zur Trockne eingedampft.

Zu den so erhaltenen Rückständen gibt man 50—100 cm³ 6 n Salzsäure und erwärmt auf etwa 100°, bis der Rückstand ganz gelöst und die Lösung auf ein Volumen von 20—50 cm³ eingeengt ist. Es ist nun soviel Wasser zuzusetzen, daß sie 1,0—2,0 n salzsauer wird. Um anorganische Rückstände aufzulösen, wird jetzt einige Minuten erhitzt. Man läßt abkühlen, gibt die Flüssigkeit in einen Meßkolben, füllt zur Marke auf und entnimmt, wenn nötig, einen aliquoten Teil. Dieser wird mit 5%iger wäßriger Kupferronlösung versetzt, bis sich ein weißer Niederschlag von freiem Kupferron abzuscheiden beginnt. Man läßt nun 10—20 min bei Zimmertemperatur stehen und gibt dann alles in einen Scheidetrichter. Das Becherglas, in dem die Kupferronfällung vorgenommen wurde, ist mit mindestens 20 cm³ Chloroform nachzuwaschen, dieses Chloroform in den Scheidetrichter zu geben und einige Sekunden kräftig zu schütteln. Man läßt absitzen und füllt die organische Phase in eine 100 cm³-Porzellanschale ab. Die Extraktion wird mit derselben Menge Chloroform wiederholt und die vereinigten Extrakte werden anschließend im Luftstrom abgedampft. Schließlich stellt man die Schale mit dem Rückstand 1—3 Std in einen auf 40—50° geheizten Trockenschrank. Zu dem zähen Rückstand werden 0,5 cm³ Caprylalkohol gegeben, der Tiegel wird bedeckt und der Inhalt verascht. Es muß langsam angeheizt werden, um ein Verspritzen des noch kupferronhaltigen Rückstandes zu vermeiden. Das nach der Zerstörung des Kupferronkomplexes im Tiegel zurückbleibende Eisen(III)-oxyd löst man mit einigen Kubikzentimetern konz. Salzsäure aus dem Tiegel heraus und dampft es bei einer Temperatur von etwas unter 100° C zur Trockne. Zu dem trockenen Rückstand werden 0,1—0,2 cm³ konz. Salzsäure sowie, nachdem sich alles gelöst hat, 10 cm³ gesättigte, wäßrige Ammoniumoxalatlösung gegeben, und es wird gut durchgemischt. Die so vorbereitete Lösung verwendet man für die Elektrolyse.

*c) Elektrolysegeräte.* Für die Elektrolyse läßt sich eine der im folgenden beschriebenen Zellen verwenden, die auch käuflich zu haben sind.

Die Elektrolysezelle nach Ross und Chapin[1] zeigt Abb. 37. Als Anode dient ein 15 cm langer Platindraht, der spiralig um ein Glasrohr gewickelt ist und durch eine Einschmelzung in das Innere dieses Rohres geführt wird. Der Platindraht ist dort mit einem Kupferdraht verlötet, der zum positiven Pol der Stromquelle führt. Die gesamte Anode ist als Rühranode ausgebaut und wird durch einen kleinen Elektromotor gedreht. Als Schleifkontakt für die Stromübertragung dient die Anodenwelle.

---

[1] Ross, J. F., and M. A. Chapin: Rev. sci. Instr. **13**, 77 (1942).
[2] Peterson, R. E.: Analyt. Chem., Washington **24**, 1850 (1952).

Die Kathode besteht aus einer Kupferfolie, deren Fläche durch die jeweils verwendete Zählergeometrie bestimmt wird. Meistens verwendet man runde Scheiben von 2,5 cm Durchmesser. Werden auf eine solche Scheibe 10 mg $^{59}$Fe-Eisen aufelektrolysiert, so ist die Selbstabsorption praktisch vernachlässigbar. Die Rückseite der Kathode wird mit einer dünnen Kunstharzschicht versehen, wobei man ein Harz verwendet, das sowohl dem Rühren als auch der Eigenerwärmung des Elektrolyten widersteht, z. B. Glyptalharz, das nach dem Aufstreichen bei 125° C getempert wird.

Weitere Elektrolysezellen werden bei VOSBURGH[1], bei GUBLER[2] und bei DUNN[3] beschrieben.

Sehr gut arbeitet die in Abb. 38 gezeigte Zelle, bei der die Kathode einfach als Boden eingeschraubt wird[4]. Derartige Zellen sind im Handel erhältlich (z. B. bei Tracerlab Inc., zu beziehen durch E. Leybold, Köln-Bayenthal).

*d) Arbeitsweise.* Die nach dem Aufschlußverfahren von PETERSON[5] gewonnene Lösung wird in eine derartige Zelle gegeben. Das Gefäß in dem verascht und gelöst wurde, muß 1—2mal mit gesättigter Ammoniumoxalatlösung nachgewaschen und die Hauptlösung mit den Waschflüssigkeiten vereinigt werden. Bei Verwendung

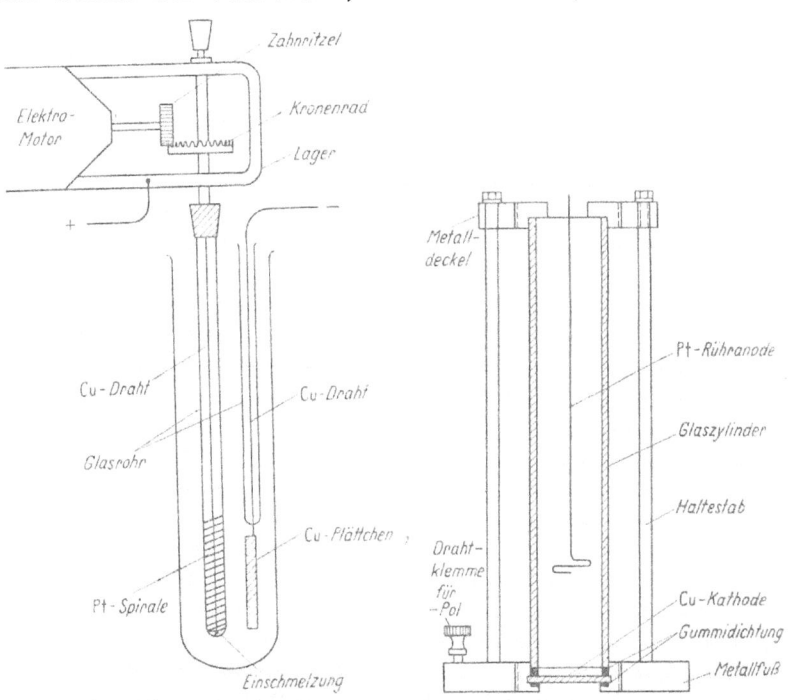

Abb. 37. Elektrolysezelle mit Rühranode und freihängender Cu-Kathode nach J. F. Ross und M. A. CHAPIN[6].

Abb. 38. Elektrolysezelle mit herausnehmbarer Bodenkathode nach A. VAN CLEVE und F. D. McDONOUGH[4].

einer 25 cm³-Zelle sollte das Gesamtvolumen der Lösung 17 cm³ nicht überschreiten. Man elektrolysiert 4—5 Std bei 170—200 mA und 8 V. Die Anode soll dabei etwa 2,5 cm von der Kupferkathode entfernt sein. Nach beendeter Elektrolyse wird die Kupferkathode mit Wasser und Aceton gewaschen, im Exsiccator getrocknet und gemessen. Um festzustellen, ob alles Eisen abgeschieden ist, entnimmt man vor dem Ende der Elektrolyse 0,5 cm³ des Elektrolyten, gibt sie in ein Reagensglas und prüft z. B. mit 2—3 Tropfen Thioglykolsäurelösung sowie 0,5 cm³ konz. Ammoniak auf Eisen.

Nach Ross und CHAPIN[6] wird die Lösung des Oxalatokomplexes bei möglichst genau 1,8 Amp und 7 V elektrolysiert, wobei die Anode sich gleichmäßig dreht. Während der Elektrolyse gibt man tropfenweise insgesamt 5—6 cm³ gesättigter wäßriger Oxalsäurelösung mit einer Geschwindigkeit von 0,1—0,2 cm³/min zu. Dadurch wird das bei der Elektrolyse freiwerdende Ammoniak neutralisiert, so daß kein Eisenhydroxyd ausgeschieden werden kann. Die besten Ergebnisse erhält man in schwach saurer Lösung. Bei zu stark saurer Reaktion scheidet sich das Eisen unvollständig ab. Zu alkalisches Medium,

---

[1] VOSBURGH, G. J., L. B. FLEXNER and D. B. COWIE: J. biol. Ch. **175**, 391 (1947).
[2] GUBLER, C. J., G. E. CARTWRIGHT and M. M. WINTROBE: J. biol. Ch. **184**, 563 (1950).
[3] DUNN, R. W.: J. Lab. clin. Med. **37**, 644 (1951).
[4] CLEVE, A. VAN, and F. D. McDONOUGH: Nucleonics **12** (Dez.), 53 (1954).
[5] PETERSON, R. E.: Analyt. Chem., Washington **24**, 1850 (1952).
[6] ROSS, J. F., and M. A. CHAPIN: Rev. sci. Instr. **13**, 77 (1942).

zu hohe Stromstärke und zu hohe Temperatur führen zu schwammigem Eisen. Aus diesem Grunde hält man das Elektrolysegefäß durch ein Wasserbad auf 60—70°. Bereits nach etwa 10 min verschwindet die grünlichgelbe Farbe des Oxalatokomplexes. Um eine Menge von 5—10 mg Eisen sicher abzuscheiden, muß jedoch 50 min elektrolysiert werden. Längere Elektrolysendauer führt zur Abscheidung von Kohlenstoff. Die Kathode wird nach der Elektrolyse herausgenommen, mit destilliertem Wasser sowie Alkohol gewaschen, über einer kleinen Flamme getrocknet und dann gezählt. Man prüft den Elektrolyten mit einem Überschuß von Ammoniumsulfid auf Abwesenheit von Eisen. Die Methode erlaubt es, noch $5 \cdot 10^{-4}$ g Eisen zu erfassen.

Weitere Verfahren zur elektrolytischen Eisenbestimmung finden sich in der Literatur[1-4].

REDISKE[5] gewinnt $^{55}$Fe-Präparate ohne Elektrolyse auf folgendem Wege: Nachdem das biologische Material, wie oben beschrieben, mit Schwefelsäure und Perchlorsäure aufgeschlossen und in einem Meßkolben auf ein geeignetes Volumen aufgefüllt worden ist, wird von der Lösung ein aliquoter Teil entnommen und mit 1 cm³ 20%iger Kaliumrhodanidlösung versetzt. Man extrahiert die entstandene, tiefrote Eisenverbindung mit einer bekannten Menge Isoamylalkohol. Aus der organischen Phase ist ein aliquoter Teil abzupipettieren und in einen vorher über der freien Flamme erwärmten Präparatenträger aus rostfreiem Stahl zu geben. Sodann wird sofort unter der Infrarotlampe zur Trockne gedampft, wobei sich die Eisenverbindung zersetzt und metallisches Eisen in dünner Schicht zurückbleibt.

Über eine Methode zur Bestimmung der Eisenaktivität mit Hilfe von Radiographien vgl. CAMPBELL[6].

### β) Kobalt.

Von den acht bekannten radioaktiven Kobaltisotopen sind vier als Indicatoren verwendbar.

$^{56}$Co ist ein K- und $\beta^+$-Strahler von 72 Tagen Halbwertszeit. Die maximale $\beta^+$-Energie beträgt 1,50 MeV, daneben treten 6 $\gamma$-Komponenten mit den Energien 0,845, 1,26, 1,74, 2,55, 3,25 und 2,01 MeV auf. Der Nachweis ist infolgedessen in jedem $\beta$- oder $\gamma$-Zähler ohne Schwierigkeiten möglich. Nachteilig ist jedoch, daß $^{56}$Co nur durch Bestrahlung von Eisen im Cyclotron gewonnen werden kann.

$^{57}$Co zerfällt ebenfalls durch K-Einfang und $\beta^+$-Strahlung. Seine Halbwertszeit beträgt 270 Tage, die maximale $\beta^+$-Energie 0,26 MeV. Das $\gamma$-Spektrum weist Linien bei 0,117, 0,130, 0,202 und 0,215 MeV auf, die zum großen Teil konvertiert werden. Man mißt daher zweckmäßig im $\gamma$-Zählrohr. Die $\beta^+$-Strahlen sind im dünnwandigen Fensterzähler nachweisbar. $^{57}$Co kann wie $^{56}$Co, nur im Cyclotron hergestellt werden.

$^{58}$Co besitzt eine Halbwertszeit von 72 Tagen und zerfällt zu 85,5% durch K-Einfang, zu 14,5% durch $\beta^+$-Emission. Die maximale $\beta^+$-Energie beträgt 0,470 MeV. Die $\beta^+$-Teilchen lassen sich daher im Fensterzähler nachweisen. Außer der $\beta^+$-Strahlung wird noch eine $\gamma$-Strahlung von 0,805 MeV emittiert, die man im Scintillationszähler oder auch im Flüssigkeitszählrohr messen kann. $^{58}$Co ist ebenfalls nicht leicht zu gewinnen, so daß es für Indicatorversuche kaum Bedeutung hat.

$^{60}$Co. Im Gegensatz zu den vorgenannten Radiokobaltisotopen läßt sich dieses Isotop leicht im Reaktor aus Kobalt gewinnen. Es hat eine Halbwertszeit von 5,3 Jahren und emittiert $\beta$-Teilchen von 0,308 MeV Maximalenergie, sowie $\gamma$-Quanten von 1,115 bzw. 1,317 MeV. Man kann es sowohl im Fensterzähler als auch im Flüssigkeits- oder Scintilla-

---

[1] SALERA, U., e G. TAMBURINO: Arch. Sci. biol., Bologna **36**, 297 (1952) [Z. analyt. Chem. **139**, 156 (1953)].

[2] GOVAERTS, J., et A. LAMBRECHTS: Bull. Soc. R. Sci. Liège **21**, 531 (1952).

[3] VOSBURGH, G. J., L. B. FLEXNER and D. B. COWIE: J. biol. Ch. **175**, 391 (1947).

[4] DUNN, R. W.: J. Lab. clin. Med. **37**, 644 (1951).

[5] REDISKE, J. H.: AECU-732 [Nucl. Sci. Abstr. **4**, 459, Nr. 2595 (1950)].

[6] CAMPBELL, D.: Nature **167**, 274 (1951).

tionszähler sehr gut nachweisen. Präparate mit Aktivitäten bis zu mehreren tausend Curie bei spezifischen Aktivitäten bis zu 2,4 C/g sind erhältlich. $^{60}$Co wird als bestrahltes Kobaltmetall in Draht-, Blech- oder Blockform geliefert, außerdem sind Kobaltchloridlösungen mit spezifischen Aktivitäten von mehr als 1 mC/cm$^3$ bei 99%iger radiochemischer Reinheit käuflich. Wegen der durchdringenden $\gamma$-Strahlung sind beim Arbeiten mit größeren Mengen $^{60}$Co in jedem Fall entsprechende Strahlenschutzmaßnahmen zu treffen. Wird Kobaltmetall unter Luftzutritt im Reaktor bestrahlt, so überzieht es sich mit einer dicken, leicht abblätternden Oxydschicht. Da dieses Oxyd leicht verstäubt und dann zur Kontamination Anlaß geben kann, müssen offene Radiokobaltmetallpräparate mit großer Vorsicht gehandhabt werden.

*Bestimmung von radioaktivem Kobalt in biologischem Material.* Das biologische Material wird mit konz. Salpetersäure naß verascht, wobei z. B. nach ROSENFELD abwechselnd Wasserstoffperoxyd und konz. Salpetersäure hinzugefügt werden[1]. Wenn der nach Eintrocknen einer Probe erhaltene Ascherückstand fast farblos ist, kann die Oxydation als beendet angesehen werden. Der Trockenrückstand wird in einigen Tropfen konz. Salzsäure gelöst und in einem Meßkolben zur Marke aufgefüllt. Dann gibt man einen aliquoten Teil in eine Elektrolysezelle nach DUNN[2] und fügt die folgenden Lösungen hinzu: 1 cm$^3$ Trägerlösung (Kobaltsulfat, in Wasser gelöst) entsprechend 5 mg Kobalt, 4 cm$^3$ 10%ige, frisch bereitete Hydroxylaminhydrochloridlösung und 20 cm$^3$ 2%ige Ammoniumsulfatlösung in konz. Ammoniak. Man elektrolysiert 3 Std bei 400 mA (vgl. S. 857).

An Stelle der oben beschriebenen Elektrolytlösung ist noch eine Vielzahl anderer vorgeschlagen worden. COMAR und Mitarbeiter[3-6] geben zur Aufschlußlösung 10 mg inaktives Kobalt als Träger und verwenden für die Elektrolyse 20 cm$^3$ einer Lösung von 100 g Ammoniumsulfat, 180 cm$^3$ konz. Ammoniak und 5 g Ammoniumhypophosphit je 1 Liter. Nach WEYMOUTH, WASSERMAN, BERLIN und ROSENTHAL[7] verascht man die Gewebeproben naß mit Salpetersäure, Perchlorsäure und Schwefelsäure, raucht mit Schwefelsäure ab und neutralisiert mit Ammoniak. Der Rückstand wird mit 20 cm$^3$ einer Lösung, die 2% Ammoniumsulfat in konz. Ammoniak gelöst enthält, in die Elektrolysezelle gespült, 10 mg Kobaltsulfat als Träger zugesetzt und 2 Std bei 200 mA elektrolysiert.

Um das Element vor der Elektrolyse anzureichern, empfiehlt COMAR[8], das aktive Kobalt nach Zusatz von inaktivem Träger mit $\alpha$-Nitroso-$\beta$-naphthol zu fällen. Nähere Einzelheiten und Arbeitsvorschrift vgl. PRODINGER[9].

Nach COPP und GREENBERG[10] gibt man zu jeder der zu analysierenden Gewebeproben 2 mg inaktives Kobalt, trocknet das Material und verascht mehrere Stunden im Muffelofen bei 600° C. Die Asche löst man in wenig verdünnter Salzsäure, filtriert, wenn nötig, vom Ungelösten ab, dampft zur Trockne und löst in destilliertem Wasser. Aus der Lösung wird Kobalt als Sulfid gefällt. Den Sulfidniederschlag filtriert man ab, wäscht mit etwas verdünnter Salzsäure aus, trocknet und bestimmt seine Aktivität. Das Verfahren wurde auf die Bestimmung von $^{56}$Co angewandt. Um zu verhindern, daß der Niederschlag peptisiert wird, muß mit überschüssigem, frisch bereitetem Ammoniumsulfid gefällt werden.

---

[1] ROSENFELD, I., and C. A. TOBIAS: J. biol. Ch. 191, 339 (1951).
[2] DUNN, R. W.: J. Lab. clin. Med. 33, 1169 (1948).
[3] COMAR, C. L., G. K. DAVIS and R. F. TAYLOR: Arch. Biochem. 9, 149 (1946).
[4] COMAR, C.L., G. K. DAVIS, R. F. TAYLOR, C.F. HUFFMAN and R.E. ELY: J. Nutrit. 32, 61 (1946).
[5] COMAR, C. L., and G. K. DAVIS: Arch. Biochem. 12, 257 (1947).
[6] COMAR, C. L., and G. K. DAVIS: J. biol. Ch. 170, 379 (1947).
[7] WEYMOUTH, P. P., L. R. WASSERMAN, N. BERLIN and R. ROSENTHAL: BP-127, MDDC-1597, Aug. 1947 (käuflich) [ADD 2, 62 (1948)].
[8] COMAR, C. L.: Nucleonics 3, Okt., 33 (1948).
[9] PRODINGER, W.: Organische Fällungsmittel in der quantitativen Analyse. Samml. chem. u. chem.-techn. Vortr., Bd. XXXVII. S. 108ff. Stuttgart 1939.
[10] COPP, D. H., and D. M. GREENBERG: Proc. nat. Acad. Sci. USA 27, 153 (1941).

DE WAEL[1] beschreibt ein Verfahren zur Radiokobaltbestimmung in pflanzlichem Material. Die Substanz wird mit Salpetersäure und Wasserstoffperoxyd naß verascht, inaktives Kobalt als Träger zugegeben, zur Trockne gedampft und mit 37%iger Salzsäure aufgenommen. Man zentrifugiert vom Unlöslichen ab und wäscht mit verdünnter Salzsäure, die etwas Träger enthält, nach. Nunmehr wird auf $p_H$ 7 eingestellt, mit Essigsäure angesäuert und das Kobalt als Kaliumhexanitritokobaltiat-(III) ausgefällt. Man läßt die Fällung über Nacht stehen, filtriert ab, trocknet und mißt die Aktivität. Kieselsäure in größeren Mengen stört und muß vor der Bestimmung entfernt werden.

Ein Verfahren für die Bestimmung von radioaktivem Kobalt in Flußwasser beschreiben DUNCAN und Mitarbeiter[2].

### o) Elemente der Nebengruppe Ib.

#### α) Kupfer.

Von diesem Element kommen als Indicatoren die zwei Isotope $^{64}Cu$ und $^{67}Cu$ in Betracht.

$^{64}Cu$. Für dieses Isotop (Halbwertszeit 12,8 Std) ist die wichtigste Darstellungsmethode die Bestrahlung von natürlichem Kupfer im Reaktor. Es lassen sich Präparate mit Aktivitäten bis zu mehreren hundert Curie und spezifischen Aktivitäten bis zu 1,5 C/g gewinnen. $^{64}Cu$ emittiert $\beta^+$-Teilchen (18%) mit der Maximalenergie 0,65 MeV, $\beta^-$-Teilchen (39%) mit der Maximalenergie 0,75 MeV und $\gamma$-Quanten von 1,35 MeV (0,5%). 42% aller Zerfälle erfolgen durch K-Einfang. Die $\beta^+$- und $\beta^-$-Strahlung läßt sich gut mit einem $\beta$-Zählrohr nachweisen, die Vernichtungs- und $\gamma$-Strahlung kann im Szintillations-, $\gamma$- oder Flüssigkeitszähler gemessen werden.

$^{67}Cu$. Dieses Isotop kann aus Arsen und Deuteronen[3] sowie aus Zink mit schnellen Neutronen erhalten werden[4]. $^{67}Cu$ besitzt eine Halbwertszeit von 61 Std und emittiert $\beta^-$-Teilchen von 0,5 MeV Maximalenergie sowie zwei $\gamma$-Quanten von 0,19 und 0,096 MeV.

**Bestimmung von radioaktivem Kupfer in biologischem Material.** Für die radiometrische Kupferbestimmung ist eine Reihe von Verfahren vorgeschlagen worden[5-9].

POURADIER, VENET und CHATEAU[5] geben die folgende Arbeitsvorschrift, um Kupferaktivitäten neben Silber und Quecksilber zu bestimmen. Das biologische Material wird in einem Porzellantiegel trocken verascht und die Ascherückstände mehrmals mit heißer konz. Salpetersäure behandelt. Man filtriert vom Ungelösten ab und gibt zum Filtrat nach und nach die folgenden Lösungen: 5 cm³ Kupfer(II)-sulfatlösung (8 g Kupfer/Liter), 5 cm³ 0,2 n Silbernitratlösung, 0,1 g Quecksilber(II)-nitrat und 7 cm³ 0,2 n Kaliumbromidlösung. Es wird kurz aufgekocht, abfiltriert und das ausgefallene Silberbromid mehrmals mit Wasser gewaschen. Die Lösung neutralisiert man mit konz. Lauge und fügt einen Überschuß von Natriumsulfid hinzu. Das ausfallende Quecksilber(II)-sulfid, geht in einem Überschuß des Fällungsmittels wieder in Lösung, und das Kupfersulfid bleibt zurück. Dieses löst sich in konz. siedender Salzsäure und fällt mit Schwefelwasserstoff wieder aus, wenn man mit Wasser verdünnt. Der Niederschlag wird in heißer Salpetersäure gelöst und aus essigsaurer Lösung mit einer 1%igen Salicylaldoximlösung in Wasser gefällt, abfiltriert getrocknet und gezählt.

---

[1] WAEL, J. DE: Rec. Trav. chim. Pays-Bas **71**, 757 (1952) [Z. analyt. Chem. **139**, 281 (1953)].
[2] DUNCAN, J. F., T. F. JOHNS, K. D. B. JOHNSON, H. A. C. MCKAY, W. R. E. MATON, E. W. A. PIKE and G. N. WALTON: J. Soc. chem. Industr. **69**, 25 (1950).
[3] HOPKINS, H. H., and B. B. CUNNINGHAM: Physic. Rev. **73**, 1406 (1948).
[4] KUNDU, D. N., and M. L. POOL: Physic. Rev. **78**, 488 (1950).
[5] POURADIER, J., A. M. VENET and H. CHATEAU: Chim. analyt. **35**, 125 (1953) [Z. analyt. Chem. **142**, 216 (1954)].
[6] SCHUBERT, G., H. VOGT, W. MAURER u. W. RIEZLER: Naturwiss. **31**, 589 (1943).
[7] COMAR, C. L., G. K. DAVIS and L. SINGER: J. biol. Ch. **174**, 905 (1948).
[8] YOSHIKAWA, H., P. F. HAHN and W. F. BALE: J. exp. Med. **75**, 489 (1942).
[9] SCHULTZE, M. O., and S. J. SIMMONS: J. biol. Ch. **142**, 97 (1942).

SCHUBERT und Mitarbeiter[1] schließen das biologische Material (Gewebe, Organe, Plasma, Blutkörperchenproben, Exkremente) durch Kochen mit konz. Schwefelsäure und Salpetersäure auf. Wenn alles oxydiert ist, wird mit konz. Ammoniak neutralisiert, 10 mg inaktives Kupfer zugesetzt und in schwach saurer Lösung mit Natriumsulfid (DAB 6) gefällt. Das ausgefallene Kupfersulfid filtriert man ab und mißt es.

Nach COMAR und Mitarbeitern[2] wird eine Durchschnittsprobe des biologischen Materials von etwa 50 g Gewicht zerkleinert, in ein 400 cm³-Becherglas gegeben und 40 cm³ konz. Salpetersäure hinzugefügt. Man läßt 10 min einwirken und erwärmt dann gelinde. Die entstehende Lösung wird auf etwa 15 cm³ eingedampft und die überschüssige Säure auf dem Dampfbad vertrieben. Den Rückstand spült man mit kleinen Portionen Wasser in einen Schütteltrichter und wäscht das Becherglas mehrere Male mit 10 cm³ Amylalkohol nach, die ebenfalls in den Scheidetrichter gegeben werden. Dann wird ausgeschüttelt und, nachdem sich die beiden Phasen getrennt haben, die Aktivität in ihnen bestimmt. Die Isoamylalkoholextraktion dient dazu, die bei der nassen Veraschung unaufgeschlossen zurückbleibenden Fette abzutrennen. Je nach der Art des biologischen Materials wird dieses Grundverfahren abgeändert.

YOSHIKAWA, HAHN und BALE[3] veraschen die biologische Substanz mit 5 cm³ konz. Schwefelsäure und etwas Perchlorsäure. Dann wird mit Wasser verdünnt und mit 40%iger Natronlauge neutralisiert. Zu der Lösung werden 20 cm³ gesättigte Natriumpyrophosphatlösung bis zur schwach alkalischen Reaktion gegeben. Man läßt abkühlen, überführt in einen Scheidetrichter und gibt 30—40 cm³ Äther sowie 2 cm³ 0,1%ige Natriumdithiocarbaminatlösung zu. Nach kräftigem Schütteln wird die Ätherschicht abgetrennt. Zur wäßrigen Phase gibt man noch einige hundertstel Milligramm inaktives Kupfer als Träger und extrahiert nochmals in gleicher Weise. Die ätherischen Extrakte werden eingedampft, einige Tropfen konz. Salpetersäure zugegeben und auf 10 cm³ aufgefüllt. Die Messung kann im Flüssigkeitszähler erfolgen.

Die Methode von SCHULTZE und SIMMONS[4] beruht ebenfalls auf der Extraktion des Kupfers. Das gewogene biologische Material wird in einem 60 cm³-KJELDAHL-Kolben mit Schwefelsäure und Perchlorsäure aufgeschlossen, mit Wasser verdünnt und auf $p_H$ 2 (Indicator: Patentblau) eingestellt. Dazu gibt man 3 cm³ einer Lösung von 0,1 mg Dithizon/cm³ in Tetrachlorkohlenstoff und extrahiert das Kupfer durch 15 min langes Schütteln in die organische Phase. Die Tetrachlorkohlenstofflösung, die das Radiokupfer enthält, wird direkt im Flüssigkeitszähler gemessen.

*β) Silber.*

Für Indicatorzwecke eignen sich die Isotope $^{106}$Ag, $^{110}$Ag und $^{111}$Ag.

$^{106}$Ag ist ein K-Strahler von 2,8 Tagen Halbwertszeit. Außer der beim K-Einfang entstehenden Röntgenstrahlung, die mit einem Berylliumfensterzählrohr[5-7] gemessen werden kann, treten Konversionselektronen von 1,2 MeV, sowie γ-Quanten von 0,505, 0,69, 1,06 und 1,63 MeV auf. Die γ-Strahlung erlaubt auch im Flüssigkeitszählrohr, γ- oder Scintillationszähler zu messen. $^{106}$Ag ist in ausreichenden Mengen nur im Cyclotron darstellbar.

$^{110}$Ag zerfällt durch K-Einfang und β⁻-Emission mit einer Halbwertszeit von 225 Tagen. Die maximale β⁻-Energie beträgt 0,59 MeV; die γ-Strahlung weist Komponenten von 1,40, 0,90 und 0,66 MeV auf. Der Nachweis kann im Fensterzähler mittels der β-Strahlen, bei Messung der γ-Strahlen auch im γ-Zähler oder Flüssigkeitszähler

---

[1] SCHUBERT, G., H. VOGT, W. MAURER u. W. RIEZLER: Naturwiss. 31, 589 (1943).
[2] COMAR, C. L., G. K. DAVIS and L. SINGER: J. biol. Ch. 174, 905 (1948).
[3] YOSHIKAWA, H., P. F. HAHN and W. F. BALE: J. exp. Med. 75, 489 (1943).
[4] SCHULTZE, M. O., and S. J. SIMMONS: J. biol. Ch. 142, 97 (1942).
[5] DEUTSCH, M., and L. G. ELLIOT: Physic. Rev. 65, 211 (1944).
[6] PEACOCK, W. C., and W. M. GOOD: Rev. sci. Instr. 17, 255 (1946).
[7] COOK, G. B., and J. F. DUNCAN: Modern Radiochemical Practices. S. 160. Oxford 1952.

erfolgen. $^{110}$Ag läßt sich im Reaktor mit Aktivitäten bis 4,5 C bei spezifischen Aktivitäten bis zu 900 mC/g gewinnen.

$^{111}$**Ag** ist ein reiner $\beta^-$-Strahler von 7,5 Tagen Halbwertszeit. Die maximale $\beta^-$-Energie beträgt 1,06 MeV. Das Isotop kann infolgedessen im normalen $\beta$-Zählrohr, sowie im Flüssigkeitszähler nachgewiesen werden. $^{111}$Ag wird durch Neutronenbestrahlung von metallischem Palladium im Reaktor erhalten. Das zunächst entstehende $^{111}$Pd wandelt sich unter $\beta^-$-Emission in $^{111}$Ag um. Aus diesem Palladium muß die Silberaktivität erst chemisch abgetrennt werden[1]. Dazu wird das bestrahlte Material in Königswasser gelöst, zur Trockne gedampft und mit 500 cm³ 0,5 n Salzsäure aufgenommen, die je 50 mg Rhodium und Ruthen als Träger enthält, um etwa aus Verunreinigungen gebildete Aktivitäten dieser Elemente zurückzuhalten. Unter kräftigem Rühren gibt man nun zu dieser Lösung 0,5 cm³ einer gesättigten Quecksilber(I)-nitratlösung. Das ausfallende Quecksilber(I)-chlorid enthält über 95% der Silberaktivität. Man filtriert es ab, wäscht mit 0,5 n Salzsäure und löst in wenig 16 n Salpetersäure. Nach Zugabe von 200 mg Natriumsulfat wird die Lösung in einer Porzellanschale eingedampft und dann zur Vertreibung des Quecksilbers 2 Std auf 450° C erhitzt. Der Rückstand, der die Aktivität enthält, läßt sich quantitativ in 10 cm³ Wasser lösen und kann in dieser Form direkt für Indicatorexperimente verwendet werden.

*Bestimmung von Radiosilber in biologischem Material.* Ein Verfahren zur Bestimmung von radioaktivem Silber in organischem Material beschreiben PARKS und LYKKEN[2]. Die organische Substanz wird trocken verascht und der Rückstand mit konz. Salpetersäure nicht ganz bis zur Trockne verdampft. Der noch feuchte Rückstand wird mit Wasser in ein 100 cm³-Becherglas gespült, stark ammoniakalisch gemacht und bei Siedetemperatur digeriert. Anschließend läßt man auf ein Volumen von 15 cm³ eindampfen, kühlt ab und füllt die Lösung in ein 50 cm³-Becherglas. Nunmehr neutralisiert man mit Salpetersäure, gibt, wenn erforderlich, inaktives Silber als Träger in die Lösung, fügt 2 cm³ konz. Ammoniak hinzu und fällt das Silber unter Rühren durch Zugabe von 3 cm³ einer 0,1 n Kaliumjodidlösung aus. Das ausgefallene, radioaktive Silberjodid wird abfiltriert, mit schwach ammoniakalischem Wasser ausgewaschen, 1 Std bei 110° getrocknet und die Aktivität bestimmt.

### $\gamma$) Gold.

Für Indicatoruntersuchungen kommen die Isotope $^{198}$Au und $^{199}$Au in Betracht.

$^{198}$**Au** ist ein $\beta^-$-Strahler von 2,7 Tagen Halbwertszeit. Seine maximale $\beta^-$-Energie beträgt 0,96 MeV. Gleichzeitig wird eine $\gamma$-Strahlung von 0,411 MeV emittiert. Man kann das Isotop entweder im $\beta$-Zählrohr oder im $\gamma$-, Scintillations- bzw. Flüssigkeitszähler messen. $^{198}$Au ist als im Reaktor bestrahltes metallisches Gold in Aktivitäten bis 1000 C bei spezifischen Aktivitäten bis zu 180 C/g erhältlich.

$^{199}$**Au** emittiert $\beta^-$-Strahlen von 0,38 MeV Maximalenergie, sowie eine $\gamma$-Strahlung von 0,2 MeV. Seine Halbwertszeit beträgt 3,3 Tage. Man kann die $\beta^-$-Strahlung nur im dünnwandigen Fensterzähler messen. Die $\gamma$-Strahlen lassen sich mit einem $\gamma$- oder Scintillationszähler nachweisen. $^{199}$Au entsteht durch den $\beta^-$-Zerfall des Platinisotops $^{199}$Pt, das seinerseits bei der Bestrahlung von Platin mit Neutronen gebildet wird. Die Aktivität käuflicher Präparate beträgt bis zu 27 C bei spezifischen Aktivitäten von 500 mC/g. Um die Goldaktivität aus bestrahltem Platin abzutrennen, geht man nach GILE, GARRISON und HAMILTON[3] wie folgt vor: Man löst das Platin in Königswasser und dampft die Lösung mehrmals mit 12 n Salzsäure auf dem Wasserbad zur Trockne. Der Rückstand wird in etwa 15 cm³ 3 n Salzsäure gelöst und 4mal

---

[1] HAYMOND, H. R., K. H. LARSON, R. D. MAXWELL, W. M. GARRISON and J. M. HAMILTON: J. chem. Physics **18**, 391 (1950).

[2] PARKS, T. D., and L. LYKKEN: Analyt. Chem., Washington **22**, 1505 (1950).

[3] GILE, I. D., W. M. GARRISON and J. G. HAMILTON: UCRL-1483 [Nucl. Sci. Abstr. **6**, 21, Nr. 153 (1952)]. J. chem. Physics **20**, 339 (1952).

mit Äther extrahiert, der vorher mit 3 n Salzsäure gesättigt wurde. Anschließend wäscht man mit 6 n Salzsäure. Dabei bleibt die Aktivität in der Ätherphase. Aus der ätherischen Lösung läßt sich die Goldaktivität trägerfrei gewinnen. Um das empfindliche Goldsalz zu stabilisieren und in eine für physiologische Zwecke brauchbare Form zu überführen, empfiehlt es sich, dem Äther beim Abdampfen eine geringe Menge Kochsalz zuzusetzen.

*Bestimmung von Radiogold in biologischem Material.* Nach SHEPPARD, WELLES, HAHN und GOODELL[1] kann die Bestimmung in der Weise erfolgen, daß man die Gewebeproben mit etwas inaktivem Gold versetzt, wie üblich trocknet und in der Muffel bei 600—700° trocken verascht. Der Ascherückstand wird in Königswasser gelöst und seine Aktivität direkt gemessen. Will man das aktive Gold aus der Lösung isolieren, so kann man sie in der oben bei GILE, GARRISON und HAMILTON beschriebenen Weise weiter verarbeiten, oder das folgende Verfahren anwenden[2]:

Zu der Lösung des Ascherückstandes in Königswasser gibt man 30 mg Gold als Gold(III)-chlorid und dampft zur Trockne. Der Rückstand wird in 30 cm$^3$ 10%iger Salzsäure aufgenommen und das Goldsalz in 30 cm$^3$ Essigsäureäthylester extrahiert. Der Ester ist 2—3mal mit 20 cm$^3$ 10%iger Salzsäure auszuwaschen und auf dem Dampfbad einzutrocknen. Den Rückstand nimmt man in 5 cm$^3$ konz. Salzsäure auf, erhitzt zum Sieden und gibt 10 cm$^3$ einer 5%igen Hydrochinonlösung hinzu. Dann läßt man 20 min stehen, bis sich das ausgefallene metallische Gold zusammengeballt hat. Der Goldniederschlag wird auf Filtrierpapier abfiltriert, mit zwei Portionen von je 25 cm$^3$ heißem Wasser und einmal mit 25 cm$^3$ Äthanol gewaschen, 15 min bei 110° getrocknet, gewogen und gezählt. In gleicher Weise wie die Goldchlorwasserstoffsäure kann auch die entsprechende Bromverbindung extrahiert werden. Man dampft dann mit Bromwasserstoffsäure ein und extrahiert mit Isopropylalkohol[3]. Über ein weiteres Verfahren vgl. auch WEISS und Mitarbeiter[4].

*Herstellung von radioaktivem Goldsol.* Für therapeutische Zwecke hat sich vielfach die Anwendung von kollodialem metallischem Gold bewährt. Um ein solches Sol herzustellen, dampft man z. B. die Lösung von 16 mg aktivem Gold nach Zusatz von Träger im Vakuum bei niedriger Temperatur zur Trockne und fügt 50 cm$^3$ destilliertes Wasser sowie 0,5 cm$^3$ Gelatinelösung (als Schutzkolloid) zu. Die Lösung wird dann mit 1—2 Tropfen Kalilauge alkalisch gemacht und mit 25 mg Ascorbinsäure in 10 cm$^3$ Wasser versetzt. Es bildet sich sofort ein tiefrotes Goldsol[5].

### p) Elemente der Nebengruppe IIb.

#### α) Zink.

Als Radioindicator ist nur ein einziges Isotop dieses Elements, das $^{65}$Zn, verwendbar.

$^{65}$Zn. Dieses Isotop ist ein K-Strahler von 250 Tagen Halbwertszeit. Neben der K-Strahlung treten in geringer Intensität (1%) $\beta^+$-Teilchen mit einer Maximalenergie von 0,325 MeV auf. Weiterhin emittiert es $\gamma$-Quanten von 1,114 MeV. Es wird in Form von Zinkmetall in Gesamtaktivitäten bis zu 5,7 C bei spezifischen Aktivitäten bis zu 360 mC/g geliefert.

*Bestimmung von $^{65}$Zn in biologischem Material.* Das biologische Material wird mit konz. Salpetersäure und Wasserstoffperoxyd verascht[6]. Die Oxydation ist vollständig,

---

[1] SHEPPARD, C. W., E. B. WELLS, P. F. HAHN and J. P. B. GOODELL: J. Lab. clin. Med. **32**, 274 (1947).
[2] GOLDBERG, E. D., and H. BROWN: Analyt. Chem., Washington **22**, 308 (1950).
[3] MCBRYDE, W. A. E., and J. H. YOE: Analyt. Chem., Washington **20**, 1094 (1948).
[4] WEISS, L. C., A. W. STEERS and H. M. BOLLINGER: Analyt. Chem., Washington **26**, 586 (1954) [Z. analyt. Chem. **146**, 393 (1955)].
[5] SHEPPARD, C. W., J. P. B. GOODELL and P. F. HAHN: J. Lab. clin. Med. **32**, 1437 (1947).
[6] ROSENFELD, I., and C. A. TOBIAS: J. biol. Ch. **191**, 339 (1951).

wenn der Eindampfrückstand farblos ist. Er wird in einigen Tropfen Salzsäure gelöst und in einem Meßkolben aufgefüllt. Um das Zink zu bestimmen, entnimmt man einen aliquoten Teil, gibt ihn in eine Elektrolysezelle nach Dunn[1] und fügt 5,0 cm³ einer 1%igen Kaliumcyanidlösung in 1 n Natronlauge sowie 5 mg Zinksulfat als Träger zu. Dann füllt man auf 10 cm³ auf und elektrolysiert 1 Std bei 200 mA.

Nach einem anderen Verfahren[2] werden Urin oder Faeces eingetrocknet und bei 450° C 12—18 Std lang verascht. Sind dann größere Anteile noch nicht völlig oxydiert, so wird mit Salzsäure extrahiert und der unlösliche Rückstand erneut geglüht und abermals mit Salzsäure behandelt. Die Lösung gibt man in einen Meßkolben und füllt auf. Nunmehr entnimmt man einen aliquoten Teil, gibt ihn in ein Becherglas, verdünnt auf 25—30 cm³ und fügt 30 mg Zink als Zinkchlorid zu. Dann wird mit verdünnter Natronlauge neutralisiert und durch Zugabe von gesättigter Kaliumcarbonatlösung das Zink als Zinkcarbonat gefällt, gewogen und gemessen.

Ein sehr elegantes Verfahren, um Zink in Mineralien, Böden u. dgl. zu bestimmen, das jedoch ohne weiteres auf die Bestimmung von Radiozink in biologischem Material übertragbar sein dürfte, beschreiben Geilmann und Neeb[3]. Das organische Material wird bei einer Temperatur unterhalb von 800° C über der offenen Flamme sorgfältig verascht, gegebenenfalls, indem man Sauerstoff durch einen Rosetiegeldeckel einleitet. Vom Ascherückstand werden, je nach Zinkgehalt, 0,5—1,0 g in ein Schiffchen aus Graphit oder Sinterkorund gegeben und dieses in ein Sublimationsrohr aus Quarz eingeschoben. Das Quarzrohr hat eine Wandstärke von etwa 1 mm und einen inneren Durchmesser von 10—20 mm. Es wird auf einer Seite zu einer Capillare von 15—20 cm Länge ausgezogen, deren Innendurchmesser zum Ende hin auf 1,5—2 mm abnimmt. Das Schiffchen wird direkt bis an die Capillare in das Rohr eingeschoben und dahinter ein Diffusionskörper aus Quarz eingeführt, der nur um ein weniges dünner ist als der Innendurchmesser des Sublimationsrohres. Dann leitet man vom weiten Rohrende her einen langsamen, mit Phosphorpentoxyd getrockneten Wasserstoffstrom über das Schiffchen. Wenn die Luft aus dem Rohr verdrängt ist, schiebt man dieses in einen kleinen, auf 1000—1100° C erhitzten Röhrenofen so ein, daß sich das Schiffchen in der heißesten Zone befindet und die Capillare zu etwa ²/₃ aus dem Ofen herausragt. Das Zink destilliert als Metall aus der Probe ab und sammelt sich in der Capillare an der Stelle, an der diese aus dem Ofen herausragt, als silberglänzender Spiegel an. Nach 1 Std wird das Rohr schnell aus dem Ofen herausgezogen. Nach dem Abkühlen im Wasserstoffstrom entnimmt man das Schiffchen und löst den in der Capillare abgeschiedenen Zinkbeschlag mit Hilfe von Wasserstoffperoxyd und konz. Salzsäure heraus. In der so gewonnenen Zinklösung können sich andere flüchtige Metalle wie Silber, Cadmium, Gallium, Thallium, Zinn, Blei, Antimon, Wismut und Tellur befinden. Wenn radioaktive Isotope von ihnen vorliegen, müssen sie nach üblichen Verfahren abgetrennt werden. Es ist unbedingt notwendig, das biologische oder organische Material vollständig zu veraschen, da sonst bei der nachfolgenden Zinkdestillation teerige Produkte in der Capillare auftreten und die Zinkbestimmung stören können. Andererseits sollte jedoch die Temperatur von etwa 800° C nicht überschritten werden, da sich sonst Zinkoxyd verflüchtigen kann. Bezüglich weiterer Einzelheiten sei auf die sehr ausführliche Originalarbeit[3] verwiesen.

*β) Cadmium.*

Als radioaktive Indicatoren kommen das $^{109}$Cd und $^{115}$Cd in Frage.

$^{109}$**Cd** ist ein reiner K-Strahler. Er wird bei der Bestrahlung von natürlichem Cadmium im Reaktor erhalten, jedoch nur in kleiner Ausbeute. Seine Halbwertszeit beträgt

---

[1] Dunn, W.: J. Lab. clin. Med. **33**, 1169 (1948).
[2] Sheline, G. E., I. L. Chaikoff, H. B. Jones and M. L. Montgomery: J. biol. Ch. **147**, 409 (1943).
[3] Geilmann, W., u. R. Neeb: Angew. Chem. **67**, 26 (1955).

470 Tage. Der Nachweis erfolgt am besten mit dem Berylliumfensterzähler, wobei Argon oder Krypton als Zählgase[1-3] verwendet werden.

$^{115}$Cd entsteht, wenn Cadmium im Reaktor bestrahlt wird, in zwei isomeren Zuständen. Einer davon besitzt eine Halbwertszeit von 43 Tagen und emittiert eine $\beta^-$-Strahlung mit der Maximalenergie 1,67 MeV sowie eine $\gamma$-Strahlung von 0,5 MeV. Das andere Isomer zerfällt mit 2,3 Std Halbwertszeit unter Emission zweier $\beta^-$-Komponenten mit den Maximalenergien 0,46 und 1,13 MeV. Außerdem wird eine $\gamma$-Strahlung von 3,4 MeV ausgesandt. $^{115}$Cd ist in Gestalt dünner, im Reaktor bestrahlter Cadmiummetallfolien erhältlich mit spezifischen Aktivitäten von 20 mC/g (43 Tage-Cadmium) und 220 mC/g (2,3 Tage-Cadmium). Der Nachweis der beiden $^{115}$Cd-Isomere erfolgt zweckmäßig im $\beta$-, $\gamma$- oder Flüssigkeitszähler.

Das kurzlebige $^{115}$Cd geht in ein Isomer des $^{115}$In von 4,5 Std Halbwertszeit über, dessen Aktivität berücksichtigt werden muß. Es emittiert eine $\beta$-Strahlung von 0,830 MeV Maximalenergie, sowie Konversionselektronen von 0,308 und 0,330 MeV. Mißt man also Präparate des kurzlebigen Cadmiumisomeren, so muß man entweder direkt nach der chemischen Abtrennung von Cadmium messen, wenn die Indiumaktivität praktisch noch nicht nachgebildet ist, oder man läßt 4—5 Halbwertszeiten des $^{115}$In verstreichen und mißt die Aktivität nach Einstellung des radioaktiven Gleichgewichtes.

Um das Cadmium vom Indium abzutrennen, gibt METCALF[4] die folgende Arbeitsvorschrift: Zu der cadmiumhaltigen Lösung gibt man Cadmiumnitrat als Träger, sowie 25 mÄq Schwefelsäure und verdampft die Hauptmenge Salpetersäure. Dann wird auf 25 cm$^3$ verdünnt und mit Schwefelwasserstoff gesättigt. Das ausfallende gelbe Cadmiumsulfid filtriert man ab und löst es in Salzsäure. Um etwa vorhandene Fremdaktivitäten abzutrennen, läßt sich nach dem Verfahren von GLENDENIN[5] arbeiten (s. S. 866). Nachdem man vom Antimonsulfid abgetrennt hat, fällt man das Cadmium aus ammoniakalischer Lösung als Cadmiumsulfid, zentrifugiert ab, löst das Cadmiumsulfid in Salzsäure und fällt nach Zugabe von einigen Milligrammen inaktivem Trägerindium das Indium als Hydroxyd mit Ammoniak aus. Im Filtrat von Indium wird das Cadmium als Cadmiumammoniumphosphat (s. unten[6]) bestimmt.

**Bestimmung von Cadmium in biologischem Material.** Nach JACOBS[7] wird das biologische Material mit einer genügenden Menge Salpetersäure übergossen und vorsichtig erhitzt. Ist alles gelöst, so fügt man 10 cm$^3$ konz. Schwefelsäure und, wenn notwendig, weitere kleine Mengen Salpetersäure zu, bis die Oxydation vollständig ist. Nach Zugabe von etwas Cadmium als Träger bringt man die Aufschlußlösung mit Ammoniak auf p$_H$ 3 (Indicatoren: Thymolblau und Bromphenolblau, auf gelbe Farbe einstellen) und fällt das Cadmium durch Einleiten von Schwefelwasserstoff aus. Das Cadmiumsulfid muß abzentrifugiert, mit Wasser gewaschen und anschließend zweckmäßig nach dem Verfahren von GLENDENIN[5] folgendermaßen verarbeitet werden: Man löst es in 1 cm$^3$ 6 n Salzsäure, verdünnt auf 10 cm$^3$, fügt 5 mg Eisen(III)-salz als Träger zu und neutralisiert mit 6 n Ammoniak so weit, daß Eisen(III)-hydroxyd eben auszufallen beginnt. Dann wird dieser Niederschlag in 1—2 Tropfen Salzsäure gelöst, zum Sieden erhitzt und Ammoniumacetatlösung zugetropft bis basisches Eisen(III)-acetat ausfällt.

---

[1] COOK, G. B., and J. F. DUNCAN: Modern Radiochemical Practices. S. 160. Oxford 1952.

[2] DEUTSCH, M., and L. G. ELLIOT: Physic. Rev. 65, 211 (1944).

[3] PEACOCK, W. C., and W. M. GOOD: Rev. sci. Instr. 17, 255 (1946).

[4] METCALF, R. P.: In CORYELL, C. D., and N. SUGARMAN: Radiochemical Studies. The Fission Products. MDDC-614 GG [ADD. 1, 391 (1947)], NNES, Div. IV, Vol. 9, S. 898, Paper 127.

[5] GLENDENIN, L. E.: In CORYELL, C. D., and N. SUGARMAN: Radiochemical Studies. The Fission Products. NNES, Div. IV, Vol. 9, Paper 265, S. 1575 (1951).

[6] METCALF, R. P.: In CORYELL, C. D., and N. SUGARMAN: Radiochemical Studies. The Fission Products. NNES, Div. IV, Vol. 9, Paper 126, S. 891; Paper 127, S. 898; Paper 268, S. 1584 (1951).

[7] JACOBS, M. B.: The Analytical Chemistry of Industrial Poisons, Hazards and Solvents. S. 261 ff. New York 1949.

Darauf ist zu zentrifugieren und die überstehende Flüssigkeit vom Niederschlag zu dekantieren. Die Lösung wird mit 10—15 Tropfen 6 n Salzsäure versetzt, Schwefelwasserstoff eingeleitet, das ausgefallene Cadmiumsulfid abzentrifugiert und ausgewaschen. Den Niederschlag löst man erneut in Salzsäure. Aus dieser Lösung werden die Eisenacetatfällung und die anschließende Cadmiumsulfidfällung noch einmal wiederholt. Den so gewonnenen Cadmiumsulfidniederschlag löst man wiederum in 2 cm³ 6 n Salzsäure, verdünnt auf 10 cm³, fügt 10 mg Palladium(II)- oder Antimon(III)-salz als Träger zu, erhitzt und leitet Schwefelwasserstoff ein. Das Sulfid ist abzuzentrifugieren und die Reinigungsfällung erneut vorzunehmen. Die von diesem zweiten Niederschlag abgetrennte Lösung versetzt man mit 2 cm³ 6 n Ammoniak und fällt durch Einleiten von Schwefelwasserstoff nochmals Cadmiumsulfid aus. Das Präcipitat wird nun in wenigen Tropfen Salzsäure gelöst, der Schwefelwasserstoff verjagt und auf 15 cm³ verdünnt. Zu dieser Lösung fügt man 1,5 cm³ 3 n Ammoniumchlorid, erhitzt zum Sieden, gibt 1,5 cm³ 5 n Ammoniumphosphat dazu und wartet, bis das zunächst flockige Cadmiumammoniumphosphat krystallin wird. Der so erhaltene Niederschlag muß abfiltriert, gewaschen, bei 110° C getrocknet und dann gemessen werden.

### γ) Quecksilber.

Für Indicatorversuche stehen 2 radioaktive Isotope mit den Massen 197 und 203 zur Verfügung.

$^{197}$Hg besitzt zwei Isomere mit den Halbwertszeiten 24 und 65 Std. Das erste Isomere emittiert zwei $\gamma$-Komponenten von 0,161 und 0,131 MeV, das zweite aber nur eine $\gamma$-Strahlung von 0,076 MeV. Der Nachweis erfolgt daher zweckmäßig im $\gamma$-Zähler. Ein Gemisch beider Isomere entsteht bei der Bestrahlung von Quecksilber oder seinen Verbindungen im Reaktor. Es wird z. B. als bestrahltes Quecksilberoxyd geliefert. Die Aktivität beträgt bis zu 22 C (24 Std-Isomeres) und 25 C (65 Std-Isomeres) bei spezifischen Aktivitäten von 7,5 C/g bzw. 9 C/g. Bezüglich der Abfallskorrektur des Isomerengemisches s. S. 781.

$^{203}$Hg. Dieses zweite radioaktive Quecksilberisotop zerfällt mit 44 Tagen Halbwertszeit unter Emission einer $\beta^-$-Strahlung von 0,21 MeV Maximalenergie und einer $\gamma$-Strahlung von 0,28 MeV. Es läßt sich daher sowohl im dünnwandigen Fensterzählrohr, als auch im $\gamma$-Zähler nachweisen. $^{203}$Hg wird ebenso wie $^{197}$Hg durch Bestrahlung von Quecksilberoxyd gewonnen. Geliefert werden Präparate von 2,5 C bei 110 mC/g, sowie 1,8 C bei 650 mC/g.

Bestrahlt man Quecksilber natürlicher Isotopenzusammensetzung im Reaktor, so entstehen stets alle genannten Radioaktivitäten. Eine mehr oder weniger reine $^{203}$Hg-Aktivität erhält man, wenn die Präparate nach Bestrahlungsende so lange lagern, daß die kurzlebigeren Radioaktivitäten abgefallen sind.

**Bestimmung von radioaktivem Quecksilber in biologischem Material.** Nach dem Verfahren von GOLDMAN[1], das für die Bestimmung von inaktivem Quecksilber in biologischem und organischem Material entwickelt wurde, dürften sich auch Präparate für die Messung des radioaktiven Quecksilbers gewinnen lassen.

Man schließt die organische Substanz dazu in üblicher Weise durch nasse Veraschung auf. Wenn alles gelöst ist, gibt man die Lösung in ein großes Zentrifugenglas, fügt 1 cm³ 0,5%iger Kupfer(II)-sulfatlösung zu und fällt das Quecksilber zusammen mit dem Kupfer durch halbstündiges Einleiten von Schwefelwasserstoff. Dann zentrifugiert man den Niederschlag ab und wäscht ihn mit Wasser. Anschließend wird die Sulfidfällung in 5 cm³ Wasser suspendiert und durch Einleiten von gasförmigem Chlor gelöst. Im allgemeinen ist nach 15 min alles in Lösung gegangen. Man vertreibt das überschüssige Chlor durch Einleiten von Luft, gibt dann die Lösung in eine Elektrolysezelle (vgl. S. 856) und fügt 2 cm³ gesättigte Oxalsäurelösung sowie 5 cm³ gesättigte

---

[1] GOLDMAN, F. H.: US Public Health Service, Reprint 1804 (1937), beschrieben in JACOBS, M. B.: The Analytical Chemistry of Industrial Poisons, Hazards and Solvents. S. 228. New York 1949.

Ammoniumoxalatlösung zu. Elektrolysiert wird bei 1,3—1,5 V an einer Kathode aus reinem Gold. Sobald das Quecksilber abgeschieden ist wäscht man die Elektrode mit Wasser, Alkohol und Äther, trocknet im Exsiccator und bestimmt die Aktivität. Das Quecksilber läßt sich jedoch auch als Sulfid direkt messen.

Über die Aktivitätsbestimmung vgl. BURCH[1]. Über weitere Abscheidungsmethoden für Quecksilber aus biologischem Material vgl. Bd. III, S. 88ff.

### q) Elemente der Gruppe III.

#### α) Gallium.

Das wichtigste Markierungsisotop ist $^{72}$Ga.

$^{72}$Ga ist ein $\beta^-$-Strahler von 14,3 Std Halbwertszeit. Die auftretenden $\beta^-$-Maximalenergien betragen 3,15, 2,52, 1,48, 0,96 und 0,64 MeV, die $\gamma$-Strahlung besitzt Komponenten von 2,51, 2,21, 1,87, 1,59, 1,05, 0,84 und 0,63 MeV. Das Isotop läßt sich mit allen Zählertypen leicht nachweisen $^{72}$Ga ist als Galliumoxyd in Aktivitäten von 42 C bei spezifischen Aktivitäten bis zu 3,8 C/g im Reaktor darstellbar. Über Verhaltensmaßregeln bei biologischen Untersuchungen mit $^{72}$Ga vgl. DUDLEY[2].

*Bestimmung der Galliumaktivität in biologischem Material.* Um das Gallium abzutrennen, verascht man das biologische Material in üblicher Weise, löst den Rückstand in Salzsäure, Bromwasserstoffsäure oder Jodwasserstoffsäure und extrahiert das Gallium mit Äthyläther. Über die Extraktion des Bromids und Jodids mit Äther vgl. IRVING[3]. An Stelle dieses Lösungsmittels kann auch $\beta,\beta'$-Dichloräthyläther benutzt werden[4]. Das Gallium läßt sich, wenn der Äther verdampft und der Rückstand mit Wasser oder verdünnter Salzsäure aufgenommen wurde, in verschiedener Weise fällen: SUNAO ATO[5] fällt es als Camphorat und bestimmt es nach dem Verglühen als Oxyd. Vorschriften zur Fällung mit Tannin, Kupferron und 8-Oxychinolin werden bei FLAGG[6] angegeben. Das Eisen begleitet das Gallium bei der Mehrzahl der genannten Bestimmungsverfahren. Es kann durch Fällung als Eisen(II)-sulfid aus weinsäurehaltiger Lösung abgetrennt werden.

#### β) Indium.

Für Indicatorzwecke eignet sich lediglich $^{114}$In.

$^{114}$In hat 48 Tage Halbwertszeit. Es emittiert sowohl $\beta^-$-Teilchen von 2,05 MeV als auch $\beta^+$-Teilchen von 0,650 MeV, außerdem werden 5 $\gamma$-Komponenten von 1,27, 0,715, 0,548 und 0,192 MeV ausgesandt. Es ist als metallisches Indium mit Aktivitäten bis zu 7,2 C (spezifische Aktivität 3,6 C/g) im Reaktor zu gewinnen. Der Nachweis bietet sowohl im $\beta$-Fensterzähler als auch im $\gamma$- oder Flüssigkeitszähler keine Schwierigkeiten.

*Bestimmung von Indiumaktivitäten in biologischem Material.* Diese kann nach dem Verfahren von HUDGENS und NELSON[7] erfolgen. Man löst den bei der nassen oder trockenen Veraschung anfallenden Rückstand in 10 cm³ konz. Bromwasserstoffsäure, fügt 10 mg inaktives Indium als Träger, sowie einige Milligramme Eisen(III)-nitrat zu, und dampft zur Trockne ein. Der Rückstand wird in 1 n Bromwasserstoffsäure aufgenommen, in einen Scheidetrichter gespült und mit der gleichen Säure auf 8 cm³ aufgefüllt. Diese Lösung extrahiert man 2mal mit je 30 cm³ Isopropyläther. Der Äther wird verworfen. Nunmehr fügt man soviel 48%ige Bromwasserstoffsäure zu der im

---

[1] BURCH, G. E., P. B. REASER, C. T. RAY and S. A. THREEFOOT: J. Lab. clin. Med. 35, 606, 626, 631 (1950).

[2] DUDLEY, H. C., J. F. BRONSON and R. O. TAYLOR: Science, N. Y. 110, 16 (1949).

[3] IRVING, H. M., and F. J. C. ROSETTI: Analyst 77, 801 (1952).

[4] Vgl. CORYELL, C. D., J. W. IRVINE jr. and J. D. ROBERTS: AECU-2494 [Nucl. Sci. Abstr. 7, 409 (1953)].

[5] ATO, S.: Sci. Pap. Inst. physic. chem. Res., Tokyo 40, 228 (1943).

[6] FLAGG, J. F.: Organic Reagents, Used in Gravimetric and Volumetric Analysis. New York, London 1948.

[7] HUDGENS, J. E., and L. C. NELSON: Analyt. Chem., Washington 24, 1472 (1952).

Scheidetrichter befindlichen indiumhaltigen Lösung, daß die Bromwasserstoffsäurekonzentration 4,5 n ist. Die Lösung wird 2mal mit 30 cm³ Isopropyläther je 1 min extrahiert und die wäßrige Phase nach der zweiten Extraktion verworfen. Die ätherischen Phasen sind zu vereinigen und 3mal mit je 5 cm³ 4,5 n Bromwasserstoffsäure auszuwaschen. Das Indium bleibt unter diesen Bedingungen in der ätherischen Phase. Ist die Bromwasserstoffsäure abgetrennt, so versetzt man die organische Phase 3mal mit je 5 cm³ 5 n Salzsäure, vereinigt die wäßrigen Anteile und wäscht sie mit weiteren 15 cm³ Isopropyläther. Die nun das Indium enthaltende wäßrige Lösung verdünnt man auf 50 cm³, fügt 5 g Ammoniumnitrat zu und neutralisiert mit Ammoniak. Das ausfallende Indiumhydroxyd wird abzentrifugiert, mit Wasser ausgewaschen und für die Messung präpariert. Zu diesem Zweck wird der Niederschlag quantitativ in einen Tiegel überführt, bei 800—850° C geglüht und als Indiumoxyd ausgewogen. Die gesamte Operation dauert weniger als 1 Std.

Die Bestimmung von Indium in Nahrungsmitteln und Faeces beschreiben HARROLD, MEEK, WHITMAN und McCORD[1].

### γ) Thallium.

Von diesem Element gibt es nur ein für Markierungszwecke geeignetes Isotop.

$^{204}$Tl ist ein $\beta^-$-Strahler mit der Maximalenergie von 0,775 MeV und 2,7 Jahren Halbwertszeit. Man mißt es im $\beta$-Fensterzähler. $^{204}$Tl ist als bestrahltes Thallium(III)-oxyd, sowie als Thallium(I)-nitrat in salpetersaurer Lösung mit Aktivitäten bis zu 3 C (spezifische Aktivität bis zu 0,5 C/g) erhältlich. Derartige Präparate werden im Reaktor hergestellt.

**Bestimmung von radioaktivem Thallium in biologischem Material**[2-4].

Ist in üblicher Weise mit Schwefelsäure und Salpetersäure verascht worden, so muß anschließend mit Kaliumchlorat in 4 n Salzsäure in der Aufschlußlösung freies Chlor erzeugt werden. Besser ist es jedoch, die organische Substanz mit konz. Salzsäure und Kaliumchlorat zu zerstören oder in Gegenwart von Chlorat und Kaliumpermanganat als Katalysator mit 4 n Salzsäure zu arbeiten. Die so erhaltene, chlorhaltige Flüssigkeit wird in einen Scheidetrichter gegeben und mit dem gleichen Volumen Äther versetzt. Man schüttelt kräftig durch, läßt absitzen, und trennt die ätherische Schicht ab. Diese enthält das gesamte Thallium als Thallium(III)-chlorid. Man fügt 1—2 cm³ einer gesättigten Lösung von schwefliger Säure zu und schüttelt so lange, bis die wäßrige Phase nicht mehr mit Kaliumjodid-Stärkepapier reagiert. Dann wird das Volumen des wäßrigen Anteils auf etwa 5 cm³ gebracht und dieser in eine Abdampfschale abgelassen. Die im Scheidetrichter bleibende ätherische Phase muß mit 2 cm³ Wasser gewaschen und diese Waschlösung mit der Hauptmenge der Thalliumlösung in der Abdampfschale vereinigt werden. Die Ätherextraktion der Aufschlußlösung und die anschließende Rückextraktion mit wäßriger schwefliger Säure sind noch 2mal zu wiederholen. Nun gibt man die so gewonnenen wäßrigen Extrakte ebenfalls zu der in der Abdampfschale befindlichen Hauptlösung. Den Inhalt der Schale dampft man unter dem Abzug ein, überführt den Rückstand mit einigen Tropfen Salpetersäure quantitativ in ein geeignetes Fällungsgefäß und raucht mit 0,2 cm³ konz. Schwefelsäure ab. Sobald die verbleibende Lösung leicht gelb oder farblos wird, ist die Umsetzung vollständig. Darauf fügt man 0,8 cm³ Wasser zu, mischt gut durch, kühlt und filtriert von etwa Ungelöstem durch eine Glasfritte in ein Fällungsgefäß, z. B. ein Zentrifugenglas, ab. Das Volumen wird auf 1,8 cm³ aufgefüllt, 0,1 cm³ einer frisch bereiteten Natriumsulfitlösung zugefügt und durchgemischt. Das Thallium läßt sich mit 0,2 cm³ einer 10%igen Kaliumjodidlösung als orangegelbes Thallium(I)-jodid ausfällen. Das bedeckte Fällungsgefäß bleibt über

---

[1] HARROLD, G. C., S. F. MEEK, N. WHITMAN and C. P. McCORD: J. industr. Hyg. **25**, 233 (1943).
[2] JACOBS, M. B.: The Analytical Chemistry of Industrial Poisons, Hazards and Solvents. S. 277ff. New York, London 1949.
[3] NOYES, A. A., W. C. BRAY and E. B. SPEAR: Am. Soc. **30**, 516 599 (1908).
[4] REITH, J. F., and K. W. GERRITSMA: Recu. Trav. chim. Pays-Bas **65**, 770 (1946).

Nacht, 12—18 Std, im Dunkeln stehen. Dann wird abzentrifugiert, die überstehende Lösung abdekantiert und der Niederschlag mit 2 cm³ 50%igem Alkohol unter Aufrühren ausgewaschen. Man zentrifugiert und dekantiert abermals, wäscht mit 2 cm³ 90%igem Alkohol, trocknet und wägt.

Dieses für inaktives Thallium ausgearbeitete Verfahren dürfte auch für die Gewinnung von radioaktiven Thalliumpräparaten geeignet sein. Man fügt nur in diesem Fall nach dem Aufschluß ein lösliches Thalliumsalz als Träger zu, oxydiert und trennt das Thallium wie oben beschrieben ab. Das radioaktive Thalliumjodid wird dann wie üblich weiterverarbeitet, vgl. auch DELBECQ, GLENDENIN und YUSTER[1].

Die chromatographische Abtrennung von Thalliumaktivitäten aus Gemischen anderer Ionen beschreiben PEREY und ADLOFF[2].

### r) Elemente der Gruppe IV.

#### α) Germanium.

Für Indicatoruntersuchungen eignet sich lediglich das $^{71}$Ge.

$^{71}$Ge ist ein K-Strahler, der auch Konversionselektronen emittiert, sowie eine $\gamma$-Strahlung von 0,32 MeV. Die Halbwertszeit beträgt 11,4 Tage. Der Nachweis erfolgt am besten im Berylliumfenster- oder $\gamma$-Zähler[3-5]. Eine ausführliche Beschreibung spezieller Zählmethoden für $^{71}$Ge findet sich bei BRADACS, LADENBAUER und HECHT[6]. $^{71}$Ge ist als bestrahltes Germaniumdioxyd erhältlich. Geliefert werden Aktivitäten von etwa 2 C bei spezifischen Aktivitäten bis zu 240 mC/g.

**Bestimmung von radioaktivem Germanium in biologischem Material.** Man verascht das biologische Material trocken, wobei nach TUCKER und WARING[7] Germanium nicht flüchtig ist, löst in Salzsäure und destilliert das Germanium nach dem Verfahren von GEILMANN und BRÜNGER[8], oder nach WINSBERG[9] als Germaniumtetrachlorid ab. Arbeitet man dabei in Gegenwart von Chlor, so wird anwesendes Arsen zur 5wertigen Stufe oxydiert und bleibt zurück. Das destillierte Germaniumtetrachlorid wird in 1 cm³ 3 n Salzsäure unter Eiskühlung aufgefangen und aus dieser Lösung durch Schwefelwasserstoff als weißes Sulfid gefällt. Das Sulfid löst man in Kalilauge. Durch Ansäuern der Lösung mit konz. Salzsäure und erneutes Einleiten von Schwefelwasserstoff wird das Germanium erneut als Sulfid gefällt, abfiltriert, mit Wasser, Alkohol und Äther gewaschen, 10 min bei 110° getrocknet, gewogen und gemessen.

Eine Zusammenstellung und kritische Diskussion der Germaniumbestimmungsmethoden findet sich bei KRAUSE und JOHNSON[10]. Spezielle Bestimmungsverfahren in biologischem Material werden von verschiedenen Autoren beschrieben[11-13].

#### β) Zinn.

Für Indicatoruntersuchungen sind die Isotope $^{113}$Sn, $^{117}$Sn, $^{123}$Sn und $^{125}$Sn verwendbar.

$^{113}$Sn ist ein K-Strahler von 105 Tagen Halbwertszeit. Außer der K-Strahlung treten Konversionselektronen und sehr weiche $\gamma$-Quanten von 0,085 MeV auf. Der Nachweis

---

[1] DELBECQ, C. J., L. E. GLENDENIN and P. H. YUSTER: Analyt. Chem., Washington **25**, 350 (1953).
[2] PEREY, M., et P. ADLOFF: Cr. **236**, 1664 (1953).
[3] PEACOCK, W. C., and W. M. GOOD: Rev. sci. Instr. **17**, 255 (1946).
[4] DEUTSCH, M., and L. G. ELLIOTT: Physic. Rev. **65**, 211 (1944).
[5] COOK, G. B., and J. F. DUNCAN: Modern Radiochemical Practice. S. 106. Oxford 1952.
[6] BRADACS, W. K., I.-M. LADENBAUER u. F. HECHT: Mikrochim. Acta **1953**, 229.
[7] TUCKER, W. P., and C. L. WARING: TEI-267 [Nucl. Sci. Abstr. **7**, 15 (1953)].
[8] GEILMANN, W., u. K. BRÜNGER: Z. anorg. Chem. **196**, 312 (1931).
[9] WIRSBERG, L.: In CORYELL, C. D., and N. SUGARMAN: Radiochemical Studies. The Fission Products. NNES, Div. IV, Vol. 9, S. 1440, Paper 228 (1951).
[10] KRAUSE, H. H., and O. H. JOHNSON: Analyt. Chem., Washington **25**, 134 (1953).
[11] DUDLEY, H. C., E. J. WALLACE and L. J. LOUVIERE: NP-4048 [Nucl. Sci. Abstr. **6**, 703 (1952)].
[12] DUDLEY, H. C., and E. J. WALLACE: Arch. industr. Hyg. **6**, 263 (1952).
[13] ROSENFELD, G.: NP-4042 [Nucl. Sci. Abstr. **6**, 704 (1952)].

ist also in ähnlicher Weise zu führen wie beim $^{71}$Ge. $^{113}$Sn ist als bestrahltes metallisches Zinn mit Aktivitäten von 240 mC bei spezifischen Aktivitäten von 8,2 mC/g erhältlich.

Von $^{117}$Sn ist ein Isomer bekannt. Dieses zerfällt unter Emission konvertierter $\gamma$-Quanten von 0,175 MeV mit einer Halbwertszeit von 14,5 Tagen. Die Konversionselektronen lassen sich am besten im Gasströmungszähler oder im dünnwandigen Fensterzähler messen. Die $\gamma$-Strahlung kann mit Scintillations- oder $\gamma$-Zählern registriert werden. $^{117}$Sn entsteht, wenn $^{116}$Sn, das mit einer Häufigkeit von 14,28% im natürlichen Isotopengemisch von Zinn vorkommt, Neutronen einfängt. Daher findet sich dieses radioaktive Isotop in allen bestrahlten Präparaten von natürlichem Zinn.

$^{123}$Sn tritt in zwei Isomeren auf. Das langlebige $^{123}$Sn mit einer Halbwertszeit von 130 Tagen emittiert $\beta^-$-Teilchen von 1,4 MeV Maximalenergie. Daneben werden $\gamma$-Quanten von 0,394 MeV in geringer Intensität ausgesandt. Das andere Isomer (Halbwertszeit 40 min) zerfällt unter $\beta^-$-Emission mit den Maximalenergien 1,2 und etwa 1,7 MeV, außerdem werden 3 $\gamma$-Quanten von 0,153, etwa 0,17 und etwa 0,4 MeV emittiert. Die beiden Isomeren entstehen beim Einfang von Neutronen durch $^{122}$Sn, das zu 4,7% im natürlichen Zinn enthalten ist.

$^{125}$Sn besitzt ebenfalls zwei Isomere. Das eine mit einer Halbwertszeit von 10 Tagen emittiert $\beta^-$-Teilchen von 2,3 MeV Maximalenergie. Das kurzlebige Isomer hat nur 90 min Halbwertszeit. Der Nachweis von $^{125}$Sn erfolgt am besten im $\beta$-Fensterzähler. Die langlebigen Zustände von $^{123}$Sn und $^{125}$Sn lassen sich ebenfalls mit einem $\beta$-Zählrohr oder Flüssigkeitszähler nachweisen.

Die käuflichen Präparate von radioaktivem Zinn werden durch Bestrahlung von natürlichem Zinnisotopengemisch im Kernreaktor hergestellt. Es sind daher in den Präparaten alle vorstehend beschriebenen Sn-Aktivitäten vertreten. Die Abfallskorrektur des jeweils vorliegenden Aktivitätsgemisches muß daher empirisch erfolgen, wie auf S. 781 beschrieben. Überdies ist noch zu berücksichtigen, daß $^{125}$Sn eine langlebige Tochtersubstanz, $^{125}$Sb mit einer Halbswertszeit von 2,7 Jahren nachbildet. Es ist in jedem Fall zweckmäßig, dieses Antimonisotop vor der Messung abzutrennen. Nach LEADER[1] gibt man zu der das Zinn enthaltenden Lösung inaktives Antimon als Träger, macht 1 n an Flußsäure und 1 n an Salzsäure und leitet Schwefelwasserstoff ein. Es fällt nur orangerotes Antimonsulfid aus, während das Zinn als Fluorokomplex in Lösung bleibt.

*Bestimmung von Zinnaktivitäten in biologischem Material.* Die für inaktives Zinn vorgeschlagenen Analysenverfahren dürften auch geeignet sein, radioaktives Zinn zu bestimmen. Zur Veraschung gibt man nach JACOBS[2] die Untersuchungsprobe in einen KJELDAHL-Kolben und schließt mit einem Gemisch von Salpetersäure und Schwefelsäure auf. Wenn alle organische Substanz zerstört ist, fügt man inaktives Zinn als Träger zu und überführt alles in ein 600 cm³-Becherglas. Der KJELDAHL-Kolben wird mit 3 Portionen kochendem destilliertem Wasser ausgewaschen und die Waschlösungen mit der Hauptlösung vereinigt. Das Gesamtvolumen der Lösung soll an diesem Punkt etwa 400 cm³ betragen. Man kühlt ab, fügt Ammoniak bis eben zur alkalischen Reaktion zu und säuert dann mit 5 cm³ konz. Salzsäure oder 15%iger Schwefelsäure (1:3) auf je 100 cm³ Lösung an. Das Becherglas mit der so vorbereiteten Lösung stellt man auf eine Heizplatte, erhitzt auf etwa 95° C und leitet 1 Std lang Schwefelwasserstoff ein. Anschließend wird eine weitere Stunde auf 95° C erhitzt und die Lösung dann $^1/_2$ Std sich selbst überlassen. Nunmehr filtriert man das ausgefallene Zinnsulfid ab und wäscht es abwechselnd 3mal mit einer Waschlösung, die aus 100 cm³ gesättigter Ammoniumacetatlösung, 50 cm³ Eisessig und 850 cm³ Wasser besteht, sowie 3mal mit destilliertem

---

[1] LEADER, G. R.: In CORYELL, C. D., and N. SUGARMAN: Radiochemical Studies. The Fission Products. NNES, Div. IV, Vol. 9, Paper 130, S. 919ff. (1951).

[2] JACOBS, M. B.: The Analytical Chemistry of Industrial Poisons, Hazards and Solvents. S. 289. New York, London 1949.

Wasser aus. Anschließend gibt man das Filter mitsamt dem Niederschlag in ein 50 cm³-Becherglas, fügt 10—20 cm³ Ammoniumpolysulfid zu, digeriert und filtriert. Diese Operation wird 2mal wiederholt. Schließlich wäscht man das ausgelaugte Filter noch mit heißem Wasser aus. Die vereinigten, filtrierten Ammoniumsulfidextrakte und Waschflüssigkeiten werden mit 10%iger Essigsäure angesäuert, 1 Std auf die Heizplatte gestellt, über Nacht stehen gelassen und am nächsten Tag abfiltriert. Man wäscht 2mal mit der oben beschriebenen Waschlösung und 2mal mit Wasser aus, trocknet in einem Porzellantiegel und verascht. Das zurückbleibende Zinndioxyd wird gewogen und gezählt.

### γ) Blei.

Das wichtigste radioaktive Bleiisotop ist $^{210}$Pb.

**$^{210}$Pb** kommt in der Natur innerhalb der Zerfallsreihe des Radiums als RaD vor. Das Isotop besitzt eine Halbwertszeit von 22 Jahren und emittiert eine sehr weiche $\beta$-Strahlung mit der Maximalenergie 0,026 MeV, sowie eine $\gamma$-Strahlung von 0,047 MeV. Es ist daher direkt sehr schwer nachzuweisen. $^{210}$Pb ist als Nitrat oder elektrolytisch niedergeschlagenes Bleidioxyd erhältlich.

Das $^{210}$Pb bildet bei seinem Zerfall eine Tochtersubstanz $^{210}$Bi(RaE) mit einer Halbwertszeit von 5 Tagen nach, die $\beta^-$-Teilchen von 1,17 MeV emittiert. Es gilt daher auch in diesem Fall das, was bereits bei anderen Radionukliden, die radioaktive Folgeprodukte haben, betont wurde (s. S. 844). Da das reine $^{210}$Pb wegen seiner sehr weichen $\beta^-$-Strahlung nur schwer nachzuweisen ist, empfiehlt es sich, sein Folgeprodukt zur Messung zu verwenden. Man trennt daher zunächst die Aktivität des Radiowismuts ab und mißt alle $^{210}$Pb-Präparate im gleichen Zeitabstand nach dieser Abtrennung, so daß sich in jedem Fall derselbe Prozentsatz der Gleichgewichtsaktivität nachgebildet hat. Es besteht auch die Möglichkeit, 5—6 Halbwertszeiten des $^{210}$Bi abzuwarten, bis das radioaktive Gleichgewicht erreicht ist. Die Tochtersubstanz des $^{210}$Bi, ein langlebiges Poloniumisotop stört nicht, wenn in einem nicht zu dünnwandigen Fensterzähler (Wandstärke > 7 mg/cm²) gemessen wird.

Will man im Gasströmungszähler messen, so werden die von $^{210}$Po emittierten $\alpha$-Teilchen jedoch registriert. Infolge seiner langen Halbwertszeit von 138 Tagen bildet es sich aber so langsam nach, daß seine Aktivität praktisch nicht in Erscheinung tritt, wenn seit der Abtrennung weniger als 24 Std verstrichen sind. Trägerfreies $^{210}$Pb und $^{210}$Bi können getrennt werden, indem man ihre Lösung in 7%iger Salpetersäure zwischen Platinelektroden elektrolysiert, wobei sich radiochemisch reines Blei abscheidet[1].

**Bestimmung von Bleiaktivitäten in biologischem Material.** Nach NORWITZ[2] schließt man die organische Substanz mit 15 cm³ Perchlorsäure und 25 cm³ Salpetersäure auf, dampft stark ein und verdünnt auf 160 cm³. Nunmehr gibt man 20 cm³ einer Lösung zu, die in 500 cm³ 11,6 g Kupfer(II)-nitrat-5-hydrat enthält und elektrolysiert 1 Std bei 2 Amp/dm². Nach beendeter Elektrolyse wird die Anode, auf der sich das Blei als Bleidioxyd niedergeschlagen hat, mit Wasser und Alkohol gewaschen, ½ Std bei 110° C getrocknet und gewogen. Das Verfahren wurde für die Bestimmung von inaktivem Blei entwickelt, dürfte sich jedoch ohne weiteres auf die Bestimmung von Radioblei übertragen lassen, wenn man nach der Veraschung etwas Bleinitrat als Träger zugibt und für die Elektrolyse eine Zelle mit Bodenelektrode von der beim Eisen (S. 857) beschriebenen Art verwendet. Cl⁻, Br⁻, As⁺⁺⁺, Sb⁺⁺⁺ und Sn⁺⁺ bis zu Mengen von 0,5 g stören nicht, dagegen müssen J⁻, Selen und Tellur entfernt werden, auch Quecksilber soll stören. Das Blei kann auch als Chromat gefällt und gemessen werden[3].

---

[1] ERBACHER, O.: Angew. Chem. **59**, 8 (1947).

[2] NORWITZ, G., and I. NORWITZ: Metallurgia, Manchester **46**, 318 (1952) [Z. analyt. Chem. **140**, 63 (1953)].

[3] MYERS, C. N., F. GUSTAFSON and B. THRONE: J. Lab. clin. Med. **20**, 648 (1935). — Ausführliche Beschreibung vgl. Bd. III, S. 31 ff.

## s) Elemente der Gruppe V.

### α) Arsen.

Als radioaktive Indicatoren eignen sich 5 Isotope: $^{72}$As, $^{73}$As, $^{74}$As, $^{76}$As und $^{77}$As.

$^{72}$As hat eine Halbwertszeit von 26 Std. Es emittiert $\beta^+$-Strahlung mit der Maximalenergie 2,78 MeV, sowie $\gamma$-Strahlung von 2,4 MeV, ist also im $\beta$-, $\gamma$- oder Flüssigkeitszähler ohne Schwierigkeit nachweisbar. Seine Bedeutung ist gering, da es nur im Cyclotron darstellbar ist.

$^{73}$As ist ein K-Strahler von 90 Tagen Halbwertszeit. Außer der K-Strahlung treten Konversionselektronen von 0,052 MeV auf. Der Nachweis geschieht daher am besten im Berylliumfensterzähler[1-3]. $^{73}$As kann ebenfalls nur im Cyclotron hergestellt werden.

$^{74}$As ist ein $\beta^+$- und $\beta^-$-Strahler. Seine Halbwertszeit beträgt 17,5 Tage, die maximalen $\beta$-Energien sind 1,3 MeV ($\beta^-$) und 0,9 MeV ($\beta^+$). Außerdem emittiert $^{74}$As eine $\gamma$-Strahlung von 0,582 MeV. Man kann es daher im $\beta$-Fenster oder $\gamma$-Zähler messen. $^{74}$As ist wie $^{72}$As und $^{73}$As nur mit Hilfe des Cyclotrons zu gewinnen.

$^{76}$As (Halbwertszeit 26,8 Std) kann sowohl im Cyclotron als auch im Reaktor leicht erhalten werden. Es emittiert drei $\beta^-$-Komponenten mit den Maximalenergien 1,29, 2,49 und 3,04 MeV, sowie drei $\gamma$-Komponenten mit den Energien 0,557, 1,22 und 1,78 MeV. Seine Halbwertszeit beträgt 26,8 Std. $^{76}$As ist als Arsen(III)-oxyd erhältlich. Geliefert werden Aktivitäten bis zu 300 C bei spezifischen Aktivitäten von 20 C/g.

$^{77}$As entsteht aus Germanium als radioaktives Folgeprodukt des sich primär bildenden $^{77}$Ge. Außerdem tritt es als Spaltprodukt auf. Es emittiert $\beta^-$-Strahlung mit der Maximalenergie 0,8 MeV und besitzt eine Halbwertszeit von 39 Std. Geliefert wird im Reaktor bestrahltes Germaniumdioxyd, das das $^{77}$As enthält. Die Aktivität derartiger Präparate beträgt bis zu 290 mC, die spezifische Aktivität, bezogen auf Germaniumdioxyd, 35 mC/g.

Das $^{77}$As muß also vom Germanium abgetrennt werden[4,5]. Es läßt sich bei dieser Trennung trägerfrei und somit in hohen spezifischen Aktivitäten gewinnen. Nach SMALES und PATE[5] geht man dabei wie folgt vor: Das bestrahlte Germaniumdioxyd (0,3—0,5 g) wird im Kolben einer Destillierapparatur in Natronlauge (aus 0,5 g Natriumhydroxyd und 5 cm³ destilliertem Wasser) gelöst und mit einigen Tropfen Perhydrol versetzt. Will man das Arsen nicht in trägerfreiem Zustande gewinnen, so müssen außerdem noch 10 mg inaktives Arsen zugegeben werden. Nunmehr ist langsam zu erwärmen, gleichzeitig durch einen Tropftrichter ein Gemisch von 10 cm³ konz. Salzsäure und 5 cm³ Perhydrol zuzugeben und mit etwas destilliertem Wasser nachzuwaschen. Man destilliert darauf alles bis auf einen Rest von etwa 2—3 cm³ ab. Dann wird die Vorlage mit einer neuen vertauscht, die so viel kaltes Wasser (etwa 10 cm³) enthält, daß das Auslaufrohr des Kühlers gerade eintaucht. Nach Zugabe von 10 cm³ 40%iger Bromwasserstoffsäure destilliert man das Arsen ab. Das Destillat wird mit einer Lösung von etwas inaktivem Natriumgermanat als Zurückhalteträger sowie mit 1—2 g Natriumhypophosphit versetzt und das elementare Arsen bei 90—95° ausgeschieden. Man zentrifugiert das ausgefällte metallische Arsen ab, wäscht es gut mit Wasser aus und trocknet unter der Infrarotlampe. Arbeitet man ohne Träger, so muß die Hypophosphitfällung unterbleiben und das Destillat, wenn besondere Reinheit vom radioaktiven Germanium gewünscht wird, erneut in Gegenwart von inaktivem Germanium als Träger, wie anfangs beschrieben, destilliert werden. Eine Zusammenstellung verschiedener Verfahren zur Abtrennung von Arsenaktivität findet sich im GMELIN-Handbuch[6].

***Bestimmung der Arsenaktivitäten in biologischem Material.*** Nach SMALES und PATE[5,7] wird die organische Substanz unter Zusatz von einigen Milligrammen inaktivem Arsen in

---

[1] PEACOCK, W. C., and W. M. GOOD: Rev. sci. Instr. **17**, 255 (1946).
[2] DEUTSCH, M., and L. G. ELLIOTT: Physic. Rev. **65**, 211 (1944).
[3] COOK, G. B., and J. F. DUNCAN: Modern Radiochemical Practice. S. 160. Oxford 1952.
[4] KAMEN, M. D.: Radioactive Tracers in Biology. 2. Aufl., S. 365 ff. New York 1951.
[5] SMALES, A. A., and B. D. PATE: Analyt. Chem., Washington **24**, 717 (1952).
[6] Handb. anorg. Chem. (GMELIN) 8. Aufl. System-Nr. 17: Arsen. S. 98—99.
[7] SMALES, A. A., and B. D. PATE: Analyst **77**, 188, 196 (1952) [Z. analyt. Chem. **139**, 206 (1953)].

einem Säuregemisch aus Salpetersäure, Schwefelsäure und Perchlorsäure in Gegenwart von Wasserstoffperoxyd verascht, die Lösung verdünnt und das Arsen mit Hypophosphit gefällt. Man kann diesen Niederschlag entweder direkt messen oder ihn auflösen und im Flüssigkeitszähler untersuchen.

### β) Antimon.

Vom Antimon sind die drei Isotope $^{122}$Sb, $^{124}$Sb und $^{125}$Sb für Indicatorversuche verwendbar.

$^{122}$Sb besitzt eine Halbwertszeit von 2,8 Tagen und emittiert $\beta^-$-Strahlen mit Maximalenergien von 1,36 und 1,94 MeV, sowie eine $\gamma$-Strahlung von 0,57 MeV. Es ist somit im $\beta$- oder $\gamma$-Zähler ohne Schwierigkeiten zu zählen. $^{122}$Sb ist als metallisches Antimon mit spezifischen Aktivitäten bis zu 12 C/g im Reaktor herstellbar.

$^{124}$Sb emittiert drei $\beta^-$-Komponenten mit den Maximalenergien 2,37, 0,65 und 0,48 MeV, sowie $\gamma$-Quanten mit den Energien 2,04, 1,708, 0,732, 0,654, 0,608 und 0,121 MeV. Seine Halbwertszeit beträgt 60 Tage. Die energiereiche Strahlung macht den Nachweis im $\beta$-, $\gamma$- oder Flüssigkeitszähler einfach. Wie $^{122}$Sb ist auch $^{124}$Sb in Form von Antimonmetall erhältlich. Geliefert werden Aktivitäten bis zu 29 C bei spezifischen Aktivitäten bis zu 850 mC/g.

Wird Antimon natürlicher Isotopenzusammensetzung mit Neutronen bestrahlt, so entsteht stets ein Gemisch beider Isotope. Es sind dann die Gesichtspunkte zu beachten, die sich beim Nachweis eines Gemisches zweier Radioisotope, die verschiedene Halbwertszeit haben, ergeben (vgl. S. 781).

$^{125}$Sb ist das radioaktive Folgeprodukt des $^{125}$Sn. Dieses bildet sich durch Neutroneneinfang und geht dann durch $\beta^-$-Emission in $^{125}$Sb über. $^{125}$Sb ist ein $\beta^-$-Strahler von 2,7 Jahren Halbwertszeit. Er emittiert $\beta^-$-Teilchen von 0,28 und 0,62 MeV Maximalenergie, sowie eine Reihe von $\gamma$-Quanten im Energiebereich 0,125—0,64 MeV. Der Nachweis erfolgt am besten im $\beta$-Zählrohr oder mittels der $\gamma$-Strahlung in einem $\gamma$-Zähler. $^{125}$Sb wird sowohl als abgetrenntes Isotop als auch in bestrahltem metallischen Zinn geliefert, aus dem es z. B. durch das bei den Zinnisotopen beschriebene Verfahren (vgl. S. 870) abgetrennt werden muß. $^{125}$Sb-Präparate werden in Aktivitäten bis zu 120 mC bei spezifischen Aktivitäten bis zu 3 mC/g Zinn geliefert.

***Bestimmung von Antimonaktivitäten in biologischem Material.*** Antimonaktivitäten können in biologischem Material auf verschiedene Weise bestimmt werden. Wegen der Flüchtigkeit mancher Antimonverbindungen kann die Veraschung nur auf nassem Wege geschehen.

Man schließt z. B. mit 10—20 cm³ konz. Schwefelsäure und Salpetersäure auf, vertreibt die überschüssige Salpetersäure und erhitzt bis zum Rauchen der Schwefelsäure. In der so entstandenen Lösung kann das Antimon z. B. nach dem Verfahren von Norwitz[1] in folgender Weise bestimmt werden: Man verdünnt die abgekühlte Aufschlußlösung mit Wasser auf 125 cm³ und gibt 15—20 cm³ 38%ige Salzsäure sowie 10 cm³ 30%iges Wasserstoffperoxyd zu. Der Überschuß an Wasserstoffperoxyd wird anschließend verkocht, dann auf 190 cm³ verdünnt, mit 5 g Hydroxylaminhydrochlorid versetzt und erst 15 min bei 2 Amp/dm², anschließend 45 min bei 1 Amp/dm² elektrolysiert. Die Kathode muß mit Wasser und Alkohol gewaschen, 3 min bei 105° C getrocknet und dann die Antimonmenge bestimmt werden.

Die vorstehende Methode wurde für die elektrolytische Abscheidung von inaktivem Antimon entwickelt, dürfte jedoch auch für radioaktives anwendbar sein, wenn man sich einer Elektrolysezelle mit Bodenkathode, wie S. 857 beim Eisen beschrieben, bedient. Nach dem genannten Verfahren verarbeitete Antimonmengen sollen 0,4 g keinesfalls überschreiten. Die üblichen Trägermengen (Größenordnung 10 mg) erlauben es dabei, mit kleineren Volumina zu arbeiten. Kupfer, Cadmium, Zinn, Arsen, Blei, Wismut und Silber werden ebenfalls abgeschieden und stören. Sie müssen aus diesem Grunde vorher abgetrennt werden.

---

[1] Norwitz, G.: Analyt. Chem., Washington **23**, 386 (1951).

Eine Reihe ausführlicher Vorschriften, nach denen sich das radioaktive Antimon von allen übrigen Fremdaktivitäten abtrennen läßt, finden sich bei CORYELL und SUGARMAN[1]. Nach STANLEY und GLENDENIN[2] wird die das Radio-Antimon enthaltende konz. Schwefelsäure wie folgt weiter verarbeitet: Man fügt inaktives Antimon als Träger sowie 0,5 cm³ Brom zu, kocht auf, um das Antimon zur 5wertigen Stufe zu oxydieren, und entfernt das überschüssige Brom durch weiteres Kochen. Die oxydierte Lösung wird mit Wasser soweit verdünnt, daß sie 6 n an Schwefelsäure ist. Antimon und Zinn werden anschließend mit Schwefelwasserstoff gefällt und abzentrifugiert. Das Sulfid wäscht man mit 5 cm³ 6 n Schwefelsäure aus, löst es in 2 cm³ konz. Schwefelsäure und entfernt den Schwefelwasserstoff durch Erhitzen. Nun ist mit 4 cm³ Wasser auf eine Säurekonzentration von 12 n zu verdünnen, 6 cm³ einer 45%igen Lösung von Hydrazinhydrat sowie 1 cm³ Flußsäure zuzugeben und das Antimon auszufällen, indem man die Lösung mit Schwefelwasserstoff sättigt. Die Flußsäure hält das Zinn in Lösung, das Hydrazin reduziert das Antimon, das in 3wertigem Zustand keinen stabilen Fluorokomplex bildet und daher mit Schwefelwasserstoff fällt. Man löst das ausgefallene Antimontrisulfid in konz. Schwefelsäure, verdünnt auf 6 n, fügt 2—3 mg Zinn als Zurückhalteträger zu, fällt nach Zugabe von 1 cm³ Flußsäure das Antimon wiederum mit Schwefelwasserstoff und zentrifugiert ab. Das Antimonsulfid ist nun in 5 cm³ konz. Salzsäure zu lösen. Vorhandenes Radiotellur läßt sich zusammen mit 5 mg inaktivem Tellur durch Schwefelwasserstoff fällen. Die vom Tellurniederschlag abzentrifugierte Lösung kocht man auf, um den Schwefelwasserstoff zu entfernen, fügt 10 cm³ konz. Salzsäure zu, kühlt auf Zimmertemperatur ab und oxydiert durch Zugabe von 1 cm³ Brom. Das überschüssige Brom wird verjagt, die Lösung auf Zimmertemperatur abgekühlt und das Antimon mit 15 cm³ Isopropyläther, der vorher mit Bromwasser geschüttelt wurde, extrahiert. Aus der ätherischen Lösung kann das Antimon mit 5 cm³ 3 n Salzsäure und 5 cm³ 45%iger wäßriger Hydrazinhydratlösung in die wäßrige Phase zurückextrahiert werden. Der Äther ist mit 5 cm³ 3 n Salzsäure nachzuwaschen. Aus den vereinigten wäßrigen Antimonextrakten dampft man den restlichen Äther ab und verdünnt mit etwa 15 cm³ Wasser, so daß die Säure 1 n wird. Aus dieser Lösung kann eventuell vorhandenes Radio-Molybdän mit 1 mg Träger durch 1 cm³ 2%iger α-Benzoinoximlösung ausgefällt und dann abzentrifugiert werden. Aus der überstehenden Lösung wird das Antimon wiederum als Sulfid gefällt. Dieses löst man in 3 cm³ konz. Salzsäure, verdünnt mit Wasser auf 10 cm³ und fällt das Antimon mit einem Überschuß (etwa 10 cm³) einer molaren Lösung von Chrom(II)-chlorid in normaler Salzsäure. Das ausfallende metallische Antimon ist zu filtrieren, mit Wasser, Alkohol und Äther zu waschen, bei 110° zu trocknen und kann dann gemessen werden.

Das Verfahren kann wesentlich abgekürzt werden, wenn keine Fremdaktivitäten anwesend sind.

Eine ausführliche Diskussion verschiedener Fällungsmethoden für Radioantimon geben BOLDRIDGE und HUME[3]. Das Gesamtantimon läßt sich mit Chrom(II)-chlorid oder mit Pyrogallol fällen. Antimon$^{III}$ kann bei Gegenwart von Antimon$^V$ als Caesium-antimon(III)-chlorid selektiv abgeschieden werden. Die Autoren führen geeignete Vorschriften auf.

SEILER[4], sowie LEADER und SULLIVAN[5] trennen das Antimon durch Destillation aus einer schwefelsäurehaltigen Lösung unter Einleiten von Chlorwasserstoff- und Brom-

---

[1] CORYELL, C. D., and N. SUGARMAN: Radiochemical Studies. The Fission Products. NNES, Div. IV, Vol. 9, Paper 132, S. 931ff. Paper 270, 1589ff. (1951).

[2] STANLEY, C. W., and L. E. GLENDENIN: In CORYELL, C. D., and N. SUGARMAN: Radiochemical Studies. The Fission Products. NNES, Div. IV, Vol. 9, Paper 271, S. 1593 (1951).

[3] BOLDRIDGE, W. F., and D. N. HUME: In CORYELL, C. D., and N. SUGARMAN: Radiochemical Studies. The Fission Products. NNES, Div. IV, Vol. 9, Paper 272, S. 1595 (1951).

[4] SEILER, J. A.: In CORYELL, C. D., and N. SUGARMAN: Radiochemical Studies. The Fission Products. NNES, Div. IV, Vol. 9, Paper 270, S. 1589 (1951).

[5] LEADER, G. R., and W. H. SULLIVAN: In CORYELL, C. D., and N. SUGARMAN: Radiochemical Studies. The Fission Products. NNES, Div. IV, Vol. 9, Paper 133, S. 934 (1951).

wasserstoffgas ab. Um das Zinn zur 2wertigen Stufe zu reduzieren, fügt man zu der im Destillierkolben befindlichen Lösung 1 g Kupfer(I)-chloridlösung in konz. Salzsäure. Das Zinn bleibt dann bei der Destillation zurück.

### γ) Wismut.

Als Radioindicatoren kommen die Isotope $^{206}$Bi und $^{210}$Bi(RaE) in Frage.

$^{206}$**Bi** ist ein K-Strahler von 6,4 Tagen Halbwertszeit. Außer der K-Strahlung wird eine große Zahl von γ-Quanten mit Energien von 0,182—1,720 MeV emittiert. Der Nachweis erfolgt daher am besten im γ- oder Scintillationszähler. $^{206}$Bi ist nur mit Hilfe des Cyclotrons darstellbar.

$^{210}$**Bi(RaE)** ist ein Glied der Radiumzerfallsreihe und kommt in der Natur vor. Es kann aus dem sog. aktiven Niederschlag alter Radonampullen in unwägbaren Mengen abgetrennt werden, ist jedoch auch durch Bestrahlung von metallischem Wismut oder Wismutoxyd im Reaktor darstellbar. Seine Halbwertszeit beträgt 5 Tage. $^{210}$Bi emittiert β$^-$-Teilchen einer Maximalenergie von 1,17 MeV. Im Reaktor entsteht außerdem ein α-strahlendes Isomeres des $^{210}$Bi, das aber neben der β-Aktivität zu vernachlässigen ist. Zu beachten ist jedoch, daß beim Zerfall $^{210}$Po entsteht, das unter α-Emission mit 138 Tagen Halbwertszeit in stabiles $^{206}$Pb übergeht. Seine α-Aktivität beeinflußt das Meßergebnis aber nicht, da sie vom Zählerfenster (man verwendet für die Bestimmung von $^{210}$Bi am besten gewöhnliche β-Zähler mit einer Fensterdicke von $> 6$ mg/cm$^2$) absorbiert wird. $^{210}$Bi ist als bestrahltes Wismutoxyd in Aktivitäten bis zu 470 mC bei einer spezifischen Aktivität von 22 mC/g erhältlich.

***Bestimmung von Radiowismut in biologischem Material.*** Man verascht z. B. nach dem Verfahren von ENGELHARDT[1] mit konz. Salzsäure und Kaliumchlorat und filtriert vom Ungelösten ab. Zum Filtrat gibt man etwas inaktives Wismut als Träger, stumpft mit Natriumacetat gegen Kongopapier ab und fällt mit Schwefelwasserstoff. Das ausgefällte Wismutsulfid kann nun nach dem Verfahren von NORWITZ[2] wie folgt weiterverarbeitet werden: Das Sulfid wird in 15 cm$^3$ Salpetersäure (1:1) gelöst, mit 5 cm$^3$ Wasser verdünnt und 5 min zum Sieden erhitzt. Nach Zugabe von 10 cm$^3$ 3%igem Wasserstoffperoxyd läßt man 10 min sieden, verdünnt mit Wasser auf 190 cm$^3$ und setzt 5 cm$^3$ einer stark verdünnten Salzsäure (5 Tropfen konz. Säure auf 500 cm$^3$ Wasser) zu. Nun wird unter Rühren 10 min bei 2 Amp/dm$^2$ und dann 50 min bei 1 Amp/dm$^2$ elektrolysiert. Nach beendeter Elektrolyse ist die Kathode mit Wasser abzuspülen, mit Alkohol nachzuwaschen, 3 min bei 110° zu trocknen und zu wägen. Das Verfahren wurde für die Bestimmung von inaktivem Wismut ausgearbeitet. Werden die bereits bei der analogen Antimonbestimmung beschriebenen Gesichtspunkte berücksichtigt, so läßt es sich jedoch ohne Schwierigkeiten auf die radiometrische Bestimmung übertragen.

### t) Elemente der Gruppe VI.

#### α) Selen.

Von den Radio-Selenisotopen ist nur das $^{75}$Se für Indicatorversuche brauchbar.

$^{75}$**Se** ist ein K-Strahler von 127 Tagen Halbwertszeit. Außerdem emittiert es Konversionselektronen und eine große Zahl weicher γ-Quanten im Energiebereich 0,077 bis 0,405 MeV. Es läßt sich daher am besten im Gasströmungszähler oder im Berylliumfensterzähler[3-5] messen, kann aber auch im Scintillationszähler nachgewiesen werden. $^{75}$Se ist als mit Neutronen bestrahltes elementares Selen in Aktivitäten bis zu 7,5 C bei spezifischen Aktivitäten von 300 mC/g erhältlich.

---

[1] ENGELHARDT, W.: Derm. Z. **41**, 287 (1924) [Ber. Physiol. **28**, 439]. Handb. anorg. Chem. (GMELIN), System Nr. 19, Wismut S. 103.
[2] NORWITZ, G.: Analyt. chim. Acta, N. Y. **5**, 195 (1951) [Z. analyt. Chem. **135**, 428 (1952)].
[3] PEACOCK, W. C., and W. M. GOOD: Rev. sci. Instr. **17**, 255 (1946).
[4] DEUTSCH, M., and L. G. ELLIOTT: Physic. Rev. **65**, 211 (1944).
[5] COOK, G. B., and J. F. DUNCAN: Modern Radiochemical Practice. S. 160. Oxford 1952.

***Bestimmung von Selenaktivitäten in biologischem Material.*** Um radioaktives Selen aus biologischem Material zu isolieren, wird nach McConnell[1] mit konz. Salpetersäure und 30%igem Wasserstoffperoxyd verascht. Man zerstört das Wasserstoffperoxyd durch Kochen und dampft vorsichtig bis fast zur Trockne, fügt etwas Selen als Träger zu, spült alles mit etwa 10 cm³ konz. Bromwasserstoffsäure in einen Destillierkolben und destilliert das Selen nach dem Verfahren von Winsberg und Glendenin[2] in eine eisgekühlte, mit Wasser beschickte Vorlage ab. Wenn alles bis auf einen Rest von 2—3 cm³ überdestilliert ist, ist die Destillation zu unterbrechen und das Selen im Eisbad aus dem Destillat durch Einleiten von Schwefeldioxyd auszufällen. Man läßt dann 2—3 min stehen, bis sich der rote Selenniederschlag zusammengeballt hat, zentrifugiert ab und wäscht mit Wasser aus. Der Niederschlag muß in 5—10 Tropfen konz. Salpetersäure gelöst und fast bis zur Trockne eingedampft werden. Dann nimmt man mit 10 cm³ konz. Salzsäure auf und fällt abermals mit Schwefeldioxyd aus. Diese Operation wird nochmals wiederholt. Die letzte Selenfällung filtriert man, wäscht erst mit 5—10 cm³ Wasser, dann je 3mal mit 5 cm³ Äthanol und 5 cm³ Äther, trocknet 10 min bei 110° C, wägt und zählt.

Weitere Methoden zur Bestimmung von inaktivem Selen finden sich in Gmelins Handbuch[3]. Sie dürften sich auch für die Abscheidung radioaktiven Selens modifizieren lassen.

### β) Tellur.

Für Indicatoruntersuchungen kommen die beiden Isomeren von $^{121}$Te und die angeregten Zustände von $^{125}$Te und $^{127}$Te in Betracht.

$^{121}$**Te.** Die beiden Isomeren dieses Isotops entstehen durch eine Anzahl von Reaktionen im Cyclotron. Im Reaktor können sie dagegen nicht gewonnen werden. Das eine besitzt eine Halbwertszeit von 17 Tagen und zerfällt durch K-Einfang und Emission eines γ-Quants von 0,615 MeV. Die Messung geschieht daher am besten im γ-Zähler. Das andere ist langlebiger (Halbwertszeit 143 Tage) und emittiert γ-Quanten von 0,082, 0,088, 0,159 und 0,213 MeV. Auch in diesem Fall wird der Nachweis am besten mit dem γ-Zähler geführt.

$^{125}$**Te.** Der angeregte Zustand dieses Isotops besitzt eine Halbwertszeit von etwa 60 Tagen und zerfällt unter Emission zweier γ-Quanten von 0,0354 und 0,109 MeV in seinen stabilen Grundzustand. Man mißt es mit dem γ- oder Scintillationszähler. Das angeregte $^{125}$Te entsteht durch Neutronenbestrahlung von $^{124}$Te.

$^{127}$**Te.** Auch von diesem Isotop existiert ein angeregter Zustand, der eine Halbwertszeit von 90 Tagen besitzt und eine weiche γ-Strahlung von 0,088 MeV emittiert. Es geht dabei in sein kurzlebiges Isomer $^{127}$Te (Halbwertszeit 9,3 Std) über, das unter Emission einer β⁻-Strahlung von 0,8 MeV Maximalenergie in stabiles $^{127}$J zerfällt. Zum Nachweis bedient man sich daher am besten der β⁻-Strahlung von $^{127}$Te, die im β-Fensterzähler gemessen werden kann. $^{127}$Te ist als im Reaktor bestrahltes metallisches Tellur erhältlich. Lieferbar sind Präparate mit bis zu 350 mC für das langlebige und 3,3 C für das kurzlebige Isomer bei spezifischen Aktivitäten von 10 mC/g bzw. 94 mC/g.

Da bei der Bestrahlung von Tellur meist das natürliche Isotopengemisch verwendet wird, treten die genannten Telluraktivitäten nicht rein auf. Der Abfall des Aktivitätsgemisches muß empirisch korrigiert werden (vgl. S. 781). Haben die Tellurpräparate nach Bestrahlungsende vor der Verarbeitung lange genug gelagert, um alles $^{131}$Te zerfallen zu lassen (mindestens 12 Tage), so braucht das $^{131}$J bei den Messungen nicht berücksichtigt zu werden. Andernfalls müssen die Präparate vor der Messung umgefällt werden. $^{129}$Te wird wegen seiner langen Halbwertszeit in bestrahlten Tellurpräparaten stets mehr oder weniger vorkommen. Sein Folgeprodukt, $^{129}$J, ist jedoch langlebig (Halbwertszeit 1,7 · 10⁷ Jahre), so daß es bei der Messung nicht berücksichtigt zu werden braucht.

---

[1] McConnell, K. P.: J. biol. Ch. **141**, 427 (1941); **145**, 55 (1942); **173**, 653 (1948).

[2] Winsberg, L., and L. E. Glendenin: In Coryell, C. D., and N. Sugarman: Radiochemical Studies. The Fission Products. NNES, Div. IV, Vol. 9, Paper 229, S. 1443 (1951).

[3] Handb. anorgan. Chem. (Gmelin) 8. Aufl. System Nr. 10, Selen, Teil A, S. 291.

***Bestimmung der Telluraktivität in biologischem Material.*** Diese kann nach dem Verfahren von GLENDENIN[1] erfolgen. Man verascht die organische Substanz naß mit Salpetersäure, engt fast bis zur Trockne ein und dampft noch 2mal mit je 5 cm³ konz. Bromwasserstoffsäure ab. Der Rückstand, der etwa 20—30 mg Tellur als Träger enthalten muß, wird mit 20 cm³ 3 n Salzsäure aufgenommen, in ein 50 cm³-Zentrifugenglas gegeben, fast bis zum Sieden erhitzt und durch Einleiten von Schwefeldioxyd das Tellur gefällt. Dann ist noch 1—2 min Schwefeldioxyd einzuleiten, bis sich der schwarze Niederschlag von elementarem Tellur zusammengeballt hat. Den abzentrifugierten und mit 10 cm³ Wasser nachgewaschenen Niederschlag löst man in 5—10 Tropfen 6 n Salpetersäure, dampft die Lösung bis fast zur Trockne, fügt 2—3 Tropfen 6 n Salzsäure zu und verdünnt auf 10 cm³. Ein an dieser Stelle etwa ausfallender weißer Niederschlag von telluriger Säure geht beim Erwärmen und tropfenweisen Zufügen von 6 n Ammoniak wieder in Lösung. Ist alle tellurige Säure wieder gelöst, so fügt man noch 10 weitere Tropfen Ammoniak zu, rührt 1—2 mg Eisen als Eisen(III)-chloridlösung ein und wartet einige Sekunden, bis sich der ausfallende Eisen(III)-hydroxyd-Niederschlag zusammengeballt hat. Er ist abzuzentrifugieren und zu verwerfen. Das Filtrat wird mit der gleichen Menge 6 n Salzsäure versetzt, das Tellur mit Schwefeldioxyd ausgefällt, in Salpetersäure, wie oben beschrieben, gelöst und nochmals mit Schwefeldioxyd gefällt. Die letzte Fällung saugt man auf ein Filter ab, wäscht 3mal mit 5 cm³ Wasser und 3mal mit 5 cm³ Äthanol. Das Filter wird bei 110° 10 min getrocknet, gewogen und gemessen.

## 7. Richtlinien für die Handhabung radioaktiver Atomarten.

Für das Arbeiten mit radioaktiven Substanzen sind besondere Vorsichtsmaßnahmen erforderlich. Ungenügende Achtsamkeit führt zu radioaktiver Verseuchung und Verschmutzung (Kontamination), die nicht nur den Experimentator gefährden, sondern auch die Versuchsergebnisse verfälschen können. Das gilt ganz besonders dann, wenn mit trägerfreien radioaktiven Atomarten oder ihren Verbindungen gearbeitet wird, die mit dem Auge fast nie festzustellen sind, da sie meistens in unsichtbaren und unwägbaren Mengen vorliegen. Auch in sichtbaren Mengen vorhandene radioaktive Präparate unterscheiden sich in keiner Weise von radioinaktiven Substanzen, da die radioaktiven Strahlen von keinem der menschlichen Sinne wahrgenommen werden.

Schon kleinste Mengen radioaktiven Materials können eine Kontamination verursachen. Daher müssen alle Operationen mit markierten Substanzen, wie Ausfällen von Niederschlägen, Filtrieren, Pulvern und Abfüllen fester Substanzen, Destillieren usw. mit äußerster Sorgfalt durchgeführt werden.

Arbeitet man mit reinen radioaktiven Atomarten oder Verbindungen hoher spezifischer Aktivität und kurzer oder mittlerer Halbwertszeit, so hat man es mit Quantitäten zu tun, die um Größenordnungen kleiner sind als die in der gewöhnlichen Chemie üblichen. Daher können Effekte wie Adsorption an Glas- und Metallwänden oder an Filterpapier, Verflüchtigung durch Sublimation oder im Dampfstrom, Entstehung von Kolloiden usw., die in der Makrochemie kaum ins Gewicht fallen und häufig vernachlässigbar klein sind, die Ergebnisse radioaktiver Untersuchungen ganz wesentlich beeinflussen. Dabei kann es sogar vorkommen, daß die Radioaktivität unerwartet völlig verloren geht und an unerwünschten Stellen wieder auftaucht. Weitere Fehlerquellen entstehen dadurch, daß alle mit radioaktivem Material in Berührung kommenden Geräte und Gefäße Spuren der verarbeiteten Substanz zurückhalten. Diese Effekte werden, je nach Art des Gerätematerials, der benutzten chemischen Verbindung sowie des verwendeten Lösungsmittels in erster Linie durch Adsorptionsvorgänge und chemische Bindung, aber auch durch Benetzung und mechanisches Anhaften hervorgerufen. Eine wichtige Rolle spielt auch der $p_H$-Wert. So können sich z. B. Ionen und Molekeln in alkalischem Medium an der

---

[1] GLENDENIN, L. E.: In CORYELL, C. D., and N. SUGARMAN: Radiochemical Studies. The Fission Products. NNES, Div. IV, Vol. 9, Paper 274, S. 1614 (1951).

Wand eines Gefäßes niederschlagen, die sich im sauren Milieu nicht oder nur ganz wenig abscheiden. Da die in alkalischer Lösung festgehaltenen Radioaktivitäten im sauren Milieu aber wieder von der Wand gelöst werden, können sie bei einer nachfolgenden Operation erneut auftreten und dadurch völlig falsche Versuchsergebnisse herbeiführen. Dieser Vorgang ist eine der häufigsten Ursachen für das unerwünschte Verschleppen von Aktivitäten innerhalb einer Versuchsreihe.

Wie sich ein solcher Versuchsfehler auswirken kann, läßt sich an folgendem Beispiel erkennen:

Von einer gelösten radioaktiven Verbindung werde der $10^{-6}$. Teil an der Glaswand eines Gefäßes zurückgehalten, nachdem es gereinigt wurde. Enthielt die Lösung 1 mg der Substanz mit einer Aktivität von 1 mC, so wurden $10^{-6}$ mg adsorbiert, entsprechend einer Aktivität von 2200 Zerfällen/min. Wird anschließend in demselben Becherglas eine Verbindung verarbeitet, deren Aktivität geringer ist (etwa 700 Zerfälle/min), so kann das Ergebnis etwa um 300% verfälscht werden, wenn die adsorbierte Radioaktivität abgelöst und mit der zu verarbeitenden gemeinsam abgeschieden und gemessen wird.

Als Grundsatz für das radiochemische Arbeiten sollte daher gelten, alle benutzten Glasgeräte (Bechergläser, Erlenmeyer-Kolben, Pipetten usw.) innerhalb einer Versuchsreihe nach Möglichkeit nur einmal zu verwenden. Um Verwechslungen zu vermeiden ist es zweckmäßig, alle Geräte unmittelbar nachdem sie benutzt sind, vom Arbeitstisch zu entfernen, damit nicht verschleppte Aktivitäten die Resultate späterer Arbeiten unbrauchbar machen.

Arbeitet man gleichzeitig mit mehreren verschiedenen radioaktiven Atomarten, so ist darauf zu achten, daß die benutzten Geräte nach der Art der in ihnen verwendeten Aktivitäten zusammengefaßt und besonders gekennzeichnet werden. Im radiochemischen Labor gebrauchte Geräte dürfen unter keinen Umständen in das allgemeine Glasmagazin zurückgestellt werden.

Will man die Geräte weiter benutzen, so müssen sie nach jedem Versuch so gründlich gereinigt werden, daß hinterher keine Radioaktivität mehr vorgefunden wird. Da der Augenschein hier nichts erkennen läßt, sollte man gebrauchte Laborgeräte mit einem besonderen Zählrohr kontrollieren, das es erlaubt, die zu prüfenden Gegenstände von allen Seiten zu messen. Vor allem muß auch die Möglichkeit bestehen, das Innere von Bechergläsern, Abdampfschalen usw. zu untersuchen. Da es hierbei lediglich darauf ankommt, die An- oder Abwesenheit von Radioaktivitäten festzustellen, ist ein kompliziertes und kostspieliges Impulszählgerät überflüssig. Es genügt vollkommen, wenn die Zählrohrimpulse über einen Verstärker geleitet und in einem Lautsprecher oder Kopfhörer akustisch wahrnehmbar gemacht werden. Auch die Hände des Versuchspersonals sind auf diese Weise während der Arbeit zu überprüfen. Derartige Kontrollgeräte bezeichnet man als Monitoren. Sie werden von der Industrie geliefert.

Sind radioaktive Substanzen an Gefäßwänden adsorbiert oder chemisch gebunden, so ist es häufig schwierig, die Geräte ausreichend zu reinigen. Glasgefäße, die spezifisch hochaktive Präparate enthielten, können oft nicht mehr von ihrer Aktivität befreit werden. So läßt sich z. B. aus Ampullen, in denen $^{32}$P-Phosphorsäure geliefert wurde, die $^{32}$P-Aktivität nicht mehr ganz entfernen, obwohl 60 $\mu$g inaktiver Phosphorsäure je Millicurie als Träger zugesetzt sind.

Häufig ist mit einer solchen Adsorption auch ein ziemlicher Aktivitätsverlust verbunden, der die Meßergebnisse verfälschen kann.

Diese unangenehmen Erscheinungen lassen sich jedoch vermindern, wenn die benutzten Gefäße, bevor man sie mit dem aktiven Präparat in Verbindung bringt, mit inaktivem Material von gleicher chemischer Form vorbehandelt werden. Im oben angeführten Beispiel der radioaktiven Phosphorsäure füllt man die zu verwendenden Geräte vorher mit inaktiver konz. Phosphorsäure und läßt sie nach vorübergehendem Erwärmen einige Tage stehen. Die Adsorptionszentren für die Phosphationen werden dadurch mit inaktivem Material besetzt, so daß weniger radioaktives Phosphat adsorbiert werden kann.

Auch Metallteile, die mit $^{14}CO_2$ in Berührung kommen, z. B. Ionisationskammern, setzt man, bevor sie mit dem radioaktiven Gas in Berührung kommen, einem mehrtägigen Kontakt mit inaktivem Kohlendioxyd aus, um auf ihren Metallflächen eine Schicht von inaktivem Carbonat zu erzeugen.

Dieser in der amerikanischen Literatur als „Memory" bezeichnete Effekt läßt sich jedoch auch durch eine solche Vorbehandlung nur verringern, da das adsorbierte inaktive Material mit dem radioaktiven mehr oder weniger austauscht.

Beim Gebrauch von Pipetten oder Flüssigkeitszählrohren lassen sich Aktivitätsverluste vermeiden, wenn man die Geräte zuvor mit einem kleinen Teil der zu handhabenden radioaktiven Lösung auspült, die anschließend zu verwerfen ist. Dadurch wird erreicht, daß die Oberfläche schon vorher mit der radioaktiven Substanz gesättigt ist.

Auch durch den Zusatz einiger Milligramme inaktiver Verbindung als Träger kann die Adsorption und damit der Verlust radioaktiven Materials herabgesetzt werden. Jedoch muß dabei in Kauf genommen werden, daß die spezifische Aktivität sinkt. In manchen Fällen, z. B. wenn Standardlösungen aus den angelieferten hochaktiven Substanzen hergestellt werden sollen, ist dieses Verfahren das gegebene. Selbstverständlich muß, damit gleiche Verhältnisse bezüglich Adsorption und chemischer Bindung für den zugesetzten Träger und die radioaktiv markierten Ionen bzw. Moleküle gegeben sind, die Trägersubstanz in gleicher chemischer Form vorliegen wie die markierte Verbindung.

Eine weitere Möglichkeit, um zu erreichen, daß weniger Aktivität adsorbiert wird, besteht darin, die Geräteoberflächen mit Siliconen zu überziehen[1]. Die Adsorption aktiver Phosphationen läßt sich auf diese Weise auf weniger als 10 % herabsetzen. Derartige Überzüge sind jedoch organischen Lösungsmitteln gegenüber nicht beständig.

Die zu behandelnden Glasgeräte, z. B. Pipetten, werden zuerst gründlich gereinigt und in der Hitze getrocknet, bevor sie in eine 2 %ige Lösung von D.C. 200* in Chloroform eingetaucht werden. Nach dem Herausziehen läßt man sie gut ablaufen, trocknet sie dann 2 Std bei 90° und danach 4 Std (aber nicht länger als über Nacht) bei 250°.

Verluste markierter Substanzen und damit verbundene Kontamination können aber außerdem durch Verdampfen und durch Diffusion in die Gefäßwände auftreten, wenn z. B. anorganische oder organische Substanzen trocken erhitzt werden. Radioaktive Phosphate vermögen z. B. bei trockener Veraschung einmal in die Tiegelwand hinein zu diffundieren, sie lassen sich aber auch zu elementarem Phosphor reduzieren, der dann durch Verdampfung entweicht. Ebenso besteht beim Aufschluß von radioaktiven Brom- oder Jodverbindungen wegen der Flüchtigkeit der elementaren Halogene und vieler Halogenverbindungen die Gefahr von Verdampfungsverlusten.

Die durch derartige Effekte bedingten Fehler machen sich beim Arbeiten mit Substanzen hoher spezifischer Aktivität viel mehr bemerkbar als bei den sonst üblichen chemischen Operationen. Um sicher zu sein, daß sie bei den angewandten Veraschungsverfahren nicht auftreten, ist es ratsam, Verdampfungsverluste festzustellen, indem man über dem Abdampfgefäß ein mit Wasser gefülltes Uhrglas befestigt, dieses nachher mit einem geeigneten Lösungsmittel abspült und das Spülwasser auf seine Radioaktivität untersucht. Natürlich findet man so auch die beim Sieden auftretenden Spritzer auf dem Uhrglas, so daß man durch reine Verdampfung flüchtig gehende Aktivitäten auf diesem Wege nur an nichtsiedenden Flüssigkeiten feststellen kann. In Tiegel eindiffundierte Aktivitäten lassen sich leicht mit einem GEIGER-MÜLLER-Zähler auffinden.

Eine einmal bestehende Kontamination ist oft nicht mehr zu beseitigen. Aus z. B. mit radioaktiven Lösungen kontaminierten porösen Kachel- oder Holzbelägen läßt sich die Aktivität nicht mehr völlig entfernen, wenn es sich um Nuclide verhältnismäßig langer Halbwertszeit handelt. In solchen Fällen müssen die betroffenen Stücke entfernt werden. Wurde die Kontamination dagegen durch kurzlebige Atomarten verursacht, so werden die kontaminierten Gegenstände, bis die Radioaktivität abgeklungen

---

* Amerikanisches Silicon, hergestellt von Dow Corning Company.
[1] RUBIN, B. A.: Science, N. Y. 110, 425 (1949).

ist (etwa 10—20 Halbwertszeiten), nicht benutzt und sind für diese Zeit aus dem Arbeitsraum zu entfernen.

Holzbeläge und nichtglasierte Kacheln lassen sich so gut einwachsen, daß keine Flüssigkeiten in die Poren eindringen können. Holztische überzieht man zum Schutz auch mit Packpapier. Dabei ist es vorteilhaft, an den Tischkanten unter den Papierbogen einen Bindfaden einzulegen, der an den Ecken hervorragt. Mit seiner Hilfe kann der Bogen leicht an den Tischkanten eingerissen und anschließend schnell vom Tisch entfernt werden, ehe eine eventuell vergossene radioaktive Lösung Zeit hat, durch das Papier hindurch auf die Tischplatte zu gelangen. Mit Reißzwecken oder Cellophanklebestreifen befestigtes Papier ist sehr viel schwieriger und langsamer zu entfernen.

Um kleine Spritzer aufzunehmen und zum Abtupfen von Gläsern, Pinzetten, Ausgüssen von Bechergläsern und Flaschen, Pipetten usw. sind ganz hervorragend weiche Zellstofftücher wie z. B. Kleenex, Tissue, Handkerchiefs geeignet[1]. Diese Zellstofftücher sollten jeweils nur einmal benutzt und nach Gebrauch unmittelbar, noch bevor sie trocken werden, in einen verschlossenen Abfalleimer geworfen werden, um jede Möglichkeit, radioaktiven Staub entstehen zu lassen, zu verhindern.

Als Oberflächenschutz hat sich auch folgender Lack bewährt: BFC-Liquid Envelope-Spray Booth Coating White No. 5396-2, Better Finishes and Coatings, Inc., 268—276 Doremus Avenue, Newark 5, N. J. Die zu schützende Oberfläche wird mit diesem Lack bestrichen. Er bildet nach dem Trocknen eine zusammenhängende Haut, die gut abwaschbar ist und die nach einer Kontamination leicht wieder abgezogen werden kann. Danach wird die Oberfläche erneut mit dem Lack überzogen. Leider sind diese Lackschichten gegen Temperaturen über 100° nicht mehr beständig.

Dagegen bietet ein Labortischbelag, der anscheinend auf Siliconbasis aufgebaut ist und in zusammenhängender Oberfläche hergestellt wird, neben der Temperaturbeständigkeit noch den Vorteil, daß er säure- und laugenfest sowie leicht abwaschbar ist[2].

Es ist ratsam, wenn irgendmöglich Tischplatten, auf denen radiochemisch gearbeitet wird, zusätzlich mit Filtrierpapierbogen zu belegen, um darauf gelangende Spritzer nach jedem Versuch sicher beseitigen zu können. Noch besser und sicherer arbeitet es sich, wenn auf den Arbeitstischen, in den Abzügen und in den verwendeten Strahlenschutzkästen emaillierte Wannen ($80 \times 60 \times 3$—$4$ cm) stehen. Verschüttetes radioaktives Material kann so gefahr- und mühelos beieinander gehalten und beseitigt werden. Diese Wannen können zusätzlich noch mit Filterbogen ausgelegt sein.

Alle Arbeiten, bei denen radioaktiver Staub oder radioaktive Gase entstehen können, sind in gut ziehenden Abzügen (Windgeschwindigkeit mindestens 50 cm/sec) durchzuführen.

Um Laborgeräte von radioaktiven Substanzen zu säubern werden die allgemein üblichen Reinigungsmittel verwandt, z. B. für Glas und Quarz rauchende Salpetersäure, Chrom-Schwefelsäure oder alkalische Permanganatlösung. Aluminiumgeräte sind mit sehr verdünnter Salzsäure zu reinigen. Es ist darauf zu achten, daß zur Reinigung nur solche Chemikalien gewählt werden, die mit der verwendeten radioaktiven Atomart keine schwer löslichen Verbindungen bilden können, da sich sonst auf den zu säubernden Geräten ein dünner, möglicherweise unsichtbarer Belag bildet. Behandelt man z. B. Glasschälchen, die $Ba^{14}CO_3$ enthielten, mit Salpetersäure und anschließend mit derselben Lösung Gefäße, die mit $^{35}S$-markierten organischen Verbindungen gefüllt waren, so kann es durch Oxydation des $^{35}S$ zu aktiven Bariumsulfatniederschlägen kommen.

Die dünnen Glaszylinder der Flüssigkeitszählrohre lassen sich nicht mit konz. Alkalien behandeln, da sie durch diese angegriffen und bald zerstört werden. Ebensowenig halten diese empfindlichen Teile einer größeren mechanischen Belastung stand. Man kann daher den für die Flüssigkeit bestimmten Raum nicht mit Bürsten od. dgl. reinigen.

---

[1] Parfumerie Royale GmbH., Berlin-Wilmersdorf, Hohenzollerndamm 204.
[2] Lieferbar als Asplit CN durch Farbwerke Höchst.

Gefäße, in denen trägerfreie oder trägerarme Radionuclide verarbeitet wurden, lassen sich um vieles schwerer von Radioaktivitäten befreien, wenn die verbleibenden Lösungsreste antrocknen. Können also die benutzten Geräte nicht sofort gereinigt werden, so müssen sie entweder mit dem Lösungsmittel gefüllt stehenbleiben oder zum mindesten gleich in die Reinigungsflüssigkeit getaucht werden.

Lösungen und Suspensionen die zur Gewinnung fester Meßpräparate eingetrocknet werden, ergeben nur dann gleichmäßige Schichten, wenn die Präparatenhalter völlig fettfrei sind.

### a) Regeln zur Errichtung eines radiochemischen Laboratoriums.

Jedes radiochemische Labor sollte in mindestens drei voneinander getrennte Räume aufgeteilt sein, in denen die für die Versuche benötigten radioaktiven Substanzen, entsprechend der Stärke ihrer Aktivität, getrennt behandelt werden können. Allein schon durch diese Aufteilung wird die Kontaminationsgefahr weitgehend vermindert.

Im ersten Raum sind die Ausgangsmaterialien für die späteren Versuche vorzubereiten. Dort werden die Versandbehälter geöffnet, und die in ihnen befindlichen radioaktiven Substanzen abgefüllt, gelöst und gegebenenfalls mit stabilen Isotopen verdünnt. Da in dieser Abteilung mit den stärksten Aktivitäten des ganzen Laboratoriums gearbeitet wird, die sich in der Größenordnung von einigen Millicurie bewegen, muß ein ausreichender Bleischutz und ein gut ziehender Abzug vorhanden sein.

Der zweite Raum stellt das eigentliche Indicatorlabor dar, in dem man die chemischen Reaktionen und Untersuchungen durchführt, sowie die zur Messung bestimmten Präparate herstellt. Die hier gehandhabten Aktivitäten sollen nicht größer sein als 0,1—1 mC.

In beiden Laboratorien müssen Strahlenschutzkästen (Dry-Boxes) verfügbar sein*, die es erlauben, Radioaktivitäten völlig getrennt vom übrigen Laboratorium

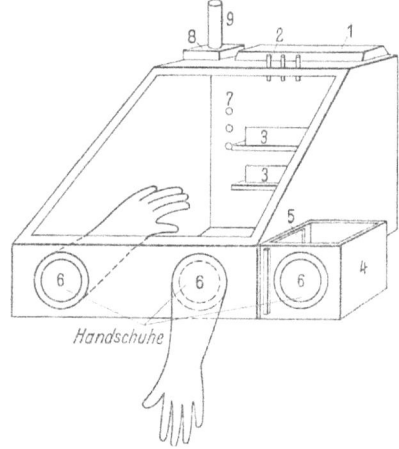

Abb. 39. β-Strahlenschutzkasten aus Holz für die Handhabung α- und β-aktiver Substanzen nach WHITEHOUSE, W. J. und J. L. PUTMAN[1]. *1* Lampengehäuse, *2* Rohröffnungen zum Einführen von Gasschläuchen, *3* Reagentienregale, *4* Tür und Luftfilter, *5* Schleuse zum Einführen von Geräten während des Versuches, *6* Handschuhhalter, *7* Stromzuführung, *8* Filterkasten zur Abscheidung radioaktiven Staubes, *9* Absaugstutzen.

zu verarbeiten. α- und β-Strahlenschutzkästen bestehen aus Leichtmetall, rostfreiem Stahl oder Holz. Die Vorderfront ist aus 5—10 mm dickem Plexiglas gefertigt, damit man hineinsehen kann. Die Plexiglasschicht schützt nur gegen β-Strahlen, nicht aber gegen γ-Strahlung. In zwei Öffnungen sind Gummihandschuhe fest eingebaut, in die man nur von außen mit beiden Händen hineinschlüpft. So wird vermieden, daß die nach innen gestülpten Teile jemals nach außen kommen, und jede Kontamination ist ausgeschlossen. Im Kasten herrscht Unterdruck. Außerdem ist Anschluß für Elektrizität, Wasser und Vakuum vorhanden. Eine seitliche Schleuse, die ebenfalls mit einem Handschuh versehen sein kann, erlaubt es, die benötigten Geräte und Präparate einzuführen. Eine schematische Darstellung der Ansicht einer solchen Anordnung zeigt Abb. 39.

Um γ-strahlende Nuclide zu verarbeiten, ist ein Strahlenschutzkasten erforderlich, dessen Wände aus Bleiziegeln aufgebaut sind. Die einzelnen Geräte werden mit Fernbedienungsinstrumenten, d. h. Zangen, Pinzetten usw. betätigt, deren Griffe sich außerhalb des Bleischutzes befinden. Flüssigkeiten lassen sich ebenfalls mit ferngesteuerten Pipetten umfüllen. Diese sind durch Schläuche mit Rekordspritzen verbunden, deren

---

\* Hersteller: Leybolds Nachf., Köln-Bayenthal; Frieseke u. Höpfner, Erlangen-Bruck; Kewaunee Coup., Advian Mich.; Blickman Inc. 9710, Gregovy Ave Weehawken, N. Y.

[1] WHITEHOUSE, W. J., and J. L. PUTMAN: Radioactive Isotopes. S. 347. Oxford 1953.

Stempel sich außerhalb der Abschirmung bewegen lassen. Die im Innern befindlichen Pipetten hingegen muß man mit den vorerwähnten Zangen und Pinzetten handhaben. Benötigte Lösungen und Chemikalien werden mit Hilfe eines um den Bleischutz herum fahrenden Wagens hinter ihn gebracht.

Der letzte Raum schließlich ist als Meßzimmer eingerichtet. Hier dürfen lediglich die Aktivitäten der bereiteten Meßpräparate bestimmt werden. Alle chemischen Operationen müssen in dieser Abteilung nach Möglichkeit unterbleiben, damit jegliche Kontamination vermieden wird und die empfindlichen Meßgeräte nicht durch korrodierende Dämpfe beschädigt werden. Die hier gehandhabten Aktivitäten sollen 0,1 $\mu$C möglichst nicht übersteigen.

Als Fußbodenbelag für radiochemische Laboratorien ist „Spoknol" hervorragend geeignet[1], ein laugen- und säurebeständiges Material, das keiner Pflege bedarf und nur mit Wasser feucht aufgewischt werden muß. Außerdem ist es biegsam und kann leicht zu einer einheitlichen Oberfläche verschweißt werden, so daß es sich an den Wänden hochziehen läßt.

Für das Arbeiten mit radioaktiven Substanzen sind noch einige Regeln zu beachten. Einmal dürfen die in den einzelnen Abteilungen verwendeten Geräte und Gefäße nicht ausgetauscht werden, zum andern soll auch das Versuchspersonal so eingeteilt sein, daß es während eines Versuches nur am eigenen Platz tätig ist und nicht die übrigen Räume zu betreten braucht. Ferner sollen die Mitarbeiter eines Indicatorlabors sich und andere nicht mit Handschlag begrüßen und Türklinken nicht mit der Hand, sondern mit dem Ellenbogen öffnen. An Stelle von Wasserhähnen wird die Verwendung von Fuß- oder Knieventilen empfohlen.

Alle Abteilungen müssen regelmäßig auf radioaktive Verseuchung überprüft werden. Einen gewissen Anhalt bietet bereits die ständige Kontrolle des Nulleffektes, allerdings müssen es schon größere Aktivitäten sein, die sich so bemerkbar machen. Eine einfache Kontrollmaßnahme besteht darin, daß man die kontaminationsverdächtigen Gegenstände mit feuchten Papierröllchen aus Filterpapier abwischt und anschließend die Aktivität unter einem Zählrohr mißt. Am besten ist es jedoch, mit einem besonders für diesen Zweck konstruierten beweglichen GEIGER-MÜLLER-Zählrohr („Monitor") alle Einrichtungsgegenstände und Apparaturen zu überprüfen, wenn Verdacht auf Kontamination besteht. Ein solches Gerät besteht aus einem beweglichen, an langem Kabel befestigten Zählrohr, einem Lautsprecher, indem die vom Zählrohr registrierten Impulse akustisch wahrgenommen werden können und einem Zeigergerät, das die Zahl der Impulse je Zeiteinheit anzeigt, wobei die Skala häufig so geeicht ist, daß sie erlaubt, die Dosisleistung für $\gamma$-Strahlen abzulesen. Der Monitor soll ununterbrochen in Betrieb sein, da sich so jede plötzlich auftretende Radioaktivität sofort durch Änderung des Geräusches im Lautsprecher wahrnehmbar macht. Das Zählrohr ist für den Nachweis reiner $\beta$-Strahlen je nach der Energie der in Frage kommenden Strahlung unter Umständen auszuwechseln.

Emanationen werden durch ihre an negativ geladenen Blechen niedergeschlagenen Folgeprodukte nachgewiesen. Dazu erdet man einfach den positiven Pol einer Anodenbatterie und schließt an den negativen ein 10—20 $cm^2$ großes Kupferblech an, das bei Anwesenheit von Emanation deutlich radioaktiv wird. Die Expositionszeit für den Nachweis von Thoron und Actinon beträgt 1—2 Std, bei Radon dagegen sind 40 Std erforderlich, um den Niederschlag zu 50% nachzuweisen.

Während eines Versuches eingeschleppte Fremdaktivitäten sind für das Versuchsergebnis deshalb so gefährlich, weil sie, wenn überhaupt, erst am Ende des Versuches durch die erzielten Ergebnisse erkannt werden können. Es bleibt in diesem Falle oft nichts anderes übrig, als ganze Versuchsreihen noch einmal zu wiederholen.

---

[1] Zu beziehen durch Firma Spohn und Knoll, Chemische Fabrik, Freiburg.

Auch die Kontamination der Zählgeräte selbst, wie sie durch radioaktive Dämpfe oder Staubteilchen herforgerufen wird, hindert die Messung. Häufig werden aber auch geringe Mengen der gemessenen Präparate durch Unachtsamkeit im Abschirmblock verstreut. Besonders groß ist die Gefahr, daß Aktivität durch die Hände des Experimentierenden verschleppt wird. In diesen Fällen muß man die eingeschleppten Aktivitäten durch Auswaschen von Zählrohr und Gehäuse mit einem in Alkohol getauchten Wattebausch zu beseitigen versuchen.

Ein erhöhter Nulleffekt kann aber auch andere Ursachen haben, die nicht auf Kontamination oder Schäden im Zählgerät zurückzuführen sind. So können schlecht abgeschirmte $\gamma$-Strahler, z. B. neu eingetroffene Radionuclide oder in Nebenräumen befindliche Radiumpräparate den Nulleffekt stark erhöhen. Daher muß es angezeigt werden, wenn $\gamma$-strahlende Substanzen in der Nähe von Meßräumen vorbeigetragen werden, damit die im Augenblick des Vorübertragens möglicherweise erhöhten Impulszahlen nicht zu falschen Meßresultaten führen.

Radioaktiv verunreinigtes Abfallmaterial (Filterpapiere, zerbrochene Geräte, Schläuche, Stopfen usw.) muß in einem besonderen, mit Fußbedienung versehenen Abfalleimer gesammelt werden. Wenn die kürzerlebigen Radioaktivitäten abgeklungen sind und langlebige nur in geringen Mengen vorliegen, bestehen keine Bedenken, sie bis zu 0,1 mC je Monat in die Müllabfuhr zu geben. Hervorgehoben muß werden, daß Filterpapier und Zellstoff, die radioaktive Lösung aufgesaugt haben, vor dem Trocknen in die Abfalleimer kommen, um so zu vermeiden, daß sich radioaktiver Staub bildet.

Im allgemeinen sind die bei Indicatorversuchen abfallenden Radioaktivitäten so gering, daß man sie auch in das Abwassersystem geben kann. Sie werden dort durch die übrigen Abwässer so stark verdünnt, daß von einem einzelnen radiochemischen Indicatorlabor keine Gefahr zu befürchten ist, selbst wenn man in einem mittelgroßen Institut mit etwa wöchentlich 1 mC in der Entwässerung rechnet.

### b) Spezielle Geräte.

Radioaktive Lösungen dürfen nicht mit dem Munde pipettiert werden. Man verwendet daher die von Firma F. Bergmann, Hamburg 1, gelieferten Peleusbälle, um radioaktive Flüssigkeiten mit gewöhnlichen Pipetten zu handhaben. Die Bälle werden auf das obere Ende der Pipette aufgesetzt und gestatten dann durch Bedienung dreier Ventile, die sich auf Druck öffnen, den Flüssigkeitsspiegel zu heben und zu senken.

Sehr vorteilhaft verwendet man Meßpipetten, in denen das Flüssigkeitsniveau mit einem beweglichen Stempel einer am oberen Ende angeschmolzenen Mediziner-Ganzglasspritze eingestellt wird. In anderen Fällen wieder, wenn es sich um den Transport von Flüssigkeiten handelt, ohne daß dabei quantitativ zu arbeiten ist, erweisen sich ungeeichte Glasrohrpipetten mit Gummisauger (Füllfederpipetten) als sehr geeignet. Sie dienen einmal, um Aufschlämmungen aus Zentrifugengläsern zu überführen, lassen sich aber auch besonders gut benutzen, um kleine Mengen spezifisch hochaktiver Lösungen ab- und umzufüllen. Derartige Pipetten dienen z. B. dazu, in Lösung befindliche Ausgangsaktivitäten aus ihren Ampullen, in denen sie geliefert werden, zu entfernen. Man benötigt dazu drei Pipetten der genannten Art und verfährt folgendermaßen: Mit der ersten Pipette wird soviel wie möglich von der Ausgangsmenge aufgesaugt und in das Gefäß überführt, in dem weitergearbeitet werden soll. Sodann füllt man mit der zweiten ein geeignetes Lösungsmittel zu dem in der Ampulle befindlichen Lösungsrest zu, mischt und überführt auch diese Lösung mit der ersten Pipette in das Aufnahmegefäß. Diese Operationen werden wechselweise so lange wiederholt, bis eine mit der dritten Pipette entnommene Waschlösung, auf Filterpapier aufgetropft und unter einem Glockenzählrohr gemessen, keine Zählrohraktivität mehr aufweist.

An Stelle der sonst im Labor üblichen Spritzflaschen haben sich beim radiochemischen Arbeiten sehr die von der Firma Kautex-Werke, Reinhold Hagen, Hangelar über Siegburg,

Tabelle 9. *Im vorliegenden Kapitel speziell behandelte Radionuclide.*

| Isotop (Symbol) | Chemische Abscheidungs- und Bestimmungsform | Nachweisgerät * | Chemische Form der radioaktiven Ausgangssubstanz | Maximal lieferbare Aktivität | Maximal lieferbare spezifische Aktivität | Ausführliche Beschreibung Seite |
|---|---|---|---|---|---|---|
| $^{3}$H (T) | 1. gasförmige Tritiumverbindungen (tritiumhaltiges Methan, Butan, Wasserstoff) | Gaszähler | tritiumhaltiges Wasserstoffgas | > 65 C | ~2,7 C/cm³ | 831 |
|  | 2. tritiumhaltiges Ammoniumchlorid | Gasströmungszähler |  |  |  |  |
| $^{22}$Na | beliebiges, lösliches Natriumsalz | Flüssigkeitszähler, β-Zähler | Natriumchloridlösung | — | 1 mC/g | 836 |
| $^{24}$Na | wie $^{22}$Na | Flüssigkeitszähler, β-Zähler, γ-Zähler | Natriumcarbonat | ~20 C | 4,6 C/g | 836 |
| $^{42}$K | beliebiges, lösliches Kaliumsalz: Kaliumperchlorat Kaliumtetraphenylboranat | Flüssigkeitszähler β-Zähler γ-Zähler | Kaliumcarbonat | ~1,4 C | 250 mC/g | 837 |
| $^{43}$K | wie $^{42}$K | β-Zähler, γ-Zähler | — | — | — | 838 |
| $^{83}$Rb | wie $^{42}$K; dazu Rubidiumchloroplatinat | Berylliumfensterzähler, γ-Zähler, Gasströmungszähler | — | — | — | 838 |
| $^{84}$Rb | wie $^{83}$Rb | Flüssigkeitszähler, β-Zähler, γ-Zähler | — | — | — | 838 |
| $^{86}$Rb | wie $^{83}$Rb | Flüssigkeitszähler, β-Zähler, γ-Zähler | Rubidiumcarbonat | ~3 C | 740 mC/g | 839 |
| $^{131}$Cs | Caesiumperchlorat Caesiumtetraphenylboranat Caesiumalaun Caesiumwismutjodid Caesiumchloroplatinat | Dünnwandiger Fensterzähler, Gasströmungszähler, Berylliumfensterzähler | unwägbares $^{131}$Cs in bestrahltem Bariumcarbonat | 0,4 mC | 0,036 mC je Gramm Bariumcarbonat | 839 |
| $^{134}$Cs | wie $^{131}$Cs | Flüssigkeitszähler, β-Zähler, γ-Zähler | Caesiumcarbonat, Caesiumchlorid in salzsaurer Lösung | 24 C >1 C | 450 mC/g 6—10 C/g 10 mC/cm³ | 839 |
| $^{135}$Cs | wie $^{131}$Cs | Dünnwandiger Fensterzähler, Gasströmungszähler | — | — | — | 840 |
| $^{136}$Cs | wie $^{131}$Cs | Dünnwandiger Fensterzähler, Gasströmungszähler, γ-Zähler | — | — | — | 840 |
| $^{137}$Cs | wie $^{131}$Cs | β-Zähler γ-Zähler | Caesiumcarbonat, Caesiumchlorid, Caesiumnitratlösung in Salpetersäure | >1000 C >1000 C | >100 C/g >100 C/g >5 mC/cm³ ~1 C/g | 840 |
| $^{7}$Be | Berylliumacetylacetonat Berylliumphosphat | γ-Zähler, Flüssigkeitszähler | — | — | — | 840 |
| $^{10}$Be | wie $^{7}$Be | β-Zähler | — | — | — | 840 |
| $^{28}$Mg | Magnesiumammoniumphosphat Magnesiumpyrophosphat | γ-Zähler, Flüssigkeitszähler | — | — | — | 841 |
| $^{45}$Ca | Calciumcarbonat Calciumoxalat | Dünnwandiger Fensterzähler, Gasströmungszähler | Calciumcarbonat, Calciumchlorid in salzsaurer Lösung | ~200 mC | 45 mC/g | 842 |

* Unter γ-Zähler ist hier auch der Scintillationszähler zu verstehen.

*Tabelle 9.* (Fortsetzung.)

| Isotop (Symbol) | Chemische Abscheidungs- und Bestimmungsform | Nachweisgerät | Chemische Form der radioaktiven Ausgangssubstanz | Maximal lieferbare Aktivität | Maximal lieferbare spezifische Aktivität | Ausführliche Beschreibung Seite |
|---|---|---|---|---|---|---|
| $^{89}$Sr | Strontiumcarbonat, Strontiumoxalat, Strontiumsulfat, Strontium-Naphtholhydroxamsäurekomplex | β-Zähler, Flüssigkeitszähler | Strontiumcarbonat | ∼35 mC | 5 mC/g | 843 |
| $^{90}$Sr | wie $^{89}$Sr | β-Zähler, Flüssigkeitszähler (Folgeprodukt $^{90}$Y beachten!) | Strontiumchlorid in 6n Salzsäure | | >15 mC/cm³ bzw. 100 mC/mMol | 844 |
| $^{131}$Ba | Bariumcarbonat, Bariumoxalat, Bariumsulfat, Bariumchromat aus essigsaurer Lösung, Bariumchlorid aus Äther-Salzsäure, Bariumnitrat aus konz. Salpetersäure | Gasströmungszähler, γ-Zähler, Flüssigkeitszähler | Bariumcarbonat | ∼83 mC | 8 mC/g | 845 |
| $^{140}$Ba | wie $^{131}$Ba | β-Zähler, γ-Zähler, Flüssigkeitszähler (Folgeprodukt $^{140}$La beachten!) | | | sehr hoch | 845 |
| $^{226}$Ra | wie $^{131}$Ba, daneben Bestimmung über das Folgeprodukt $^{222}$Em | Ionisationskammer, α-Zähler mit Proportionalverstärker, β- und γ-Zähler (Folgeprodukte der natürlichen Zerfallsreihe beachten!) | Radiumcarbonat, Radiumchlorid, Radiumbromid | >1 C | 1 C/g Radiumelement | 845 |
| $^{228}$Ra (MsTh$_1$) | wie $^{131}$Ba | Fensterzähler oder Gasströmungszähler (Folgeprodukte der natürlichen Zerfallsreihe beachten!) | Radiumsulfat wie $^{226}$Ra | | | 846 |
| $^{46}$Sc | Scandium(III)-oxalat Scandium(III)-oxyd | β-Zähler, γ-Zähler | Scandium(III)-oxyd | 630 C | 65 C/g | nur kurz erwähnt |
| $^{90}$Y | Yttrium(III)-oxalat Yttrium(III)-oxyd | β-Zähler | Yttrium(III)-oxyd | 90 C | 5 C/g | nur kurz erwähnt |
| $^{91}$Y | wie $^{90}$Y | β-Zähler, γ-Zähler | Yttrium(III)-chlorid in salzsaurer Lösung | | | nur kurz erwähnt |
| $^{140}$La | Lanthan(III)-oxyd Lanthan(III)-oxalat Lanthan(III)-fluorid | β-Zähler, γ-Zähler | Lanthan(III)-oxyd | 420 C | 23 C/g | nur kurz erwähnt |
| $^{141}$Ce | Cer(III)-oxalat Cer(IV)-oxyd Cer(IV)-jodat Cer(III)-fluorid | Dünnwandiger Fensterzähler, γ-Zähler | Cer(IV)-oxyd | 7 C | 360 mC/g | nur kurz erwähnt |
| $^{143}$Ce | wie $^{141}$Ce | β-Zähler, γ-Zähler (Folgeprodukt $^{143}$Pr beachten!) | — | — | — | nur kurz erwähnt |
| $^{144}$Ce | wie $^{141}$Ce | β-Zähler, γ-Zähler (Folgeprodukt $^{144}$Pr beachten!) | Cer(III)-chlorid in salzsaurer Lösung | — | ∼1 mC/mg Festsubstanz | nur kurz erwähnt |
| Andere seltene Erden | Oxalate, Oxyde, Fluoride der 3wertigen Ionen | Je nach Eigenart der Strahlung | — | — | — | eine Zusammenstellung brauchbarer Isotope vgl. Tabelle 8 |

Tabelle 9. (Fortsetzung.)

| Isotop (Symbol) | Chemische Abscheidungs- und Bestimmungsform | Nachweisgerät | Chemische Form der radioaktiven Ausgangssubstanz | Maximal lieferbare Aktivität | Maximal lieferbare spezifische Aktivität | Ausführliche Beschreibung Seite |
|---|---|---|---|---|---|---|
| $^{48}$V | 8-Oxychinolinkomplex, Quecksilber(I)-vanadat, Vanadin(V)-oxyd | Fensterzähler, $\gamma$-Zähler, Flüssigkeitszähler | — | — | — | 849 |
| $^{49}$V | wie $^{48}$V | Berylliumfensterzähler | — | — | — | 849 |
| $^{51}$Cr | Diphenylcarbazid, Blei(II)-chromat, Bariumchromat | $\gamma$-Zähler, Berylliumfensterzähler, $\beta$-Fensterzähler | metallisches Chrom, verschiedene Verbindungen | 90 C | 2 C/g | 850 |
| $^{99}$Mo | Silbermolybdat, Bleimolybdat | $\beta$-Zähler, $\gamma$-Zähler (Folgeprodukt $^{99}$Tc beachten!) | metallisches Molybdän, Molybdän-(VI)-oxyd | 3,8 C | 380 mC/g | 850 |
| $^{185}$W | Quecksilber(I)-wolframat Wolfram(VI)-oxyd | $\beta$-Zähler $\gamma$-Zähler | Wolfram-(VI)-oxyd | 8 C | 400 mC/g | 852 |
| $^{187}$W | wie $^{185}$W | $\beta$-Zähler $\gamma$-Zähler | Wolfram-(VI)-oxyd | 360 C | 18 C/g | 852 |
| $^{52}$Mn | Mangan(IV)-oxyd | $\beta$-Zähler, $\gamma$-Zähler, Flüssigkeitszähler | — | — | — | 853 |
| $^{54}$Mn | wie $^{52}$Mn | $\beta$-Zähler, $\gamma$-Zähler | — | — | — | 854 |
| $^{55}$Fe | metallisches Eisen, elektrolytisch abgeschieden | Berylliumfensterzähler | metallisches Eisen | 1,2 C | 36 mC/g | 854 |
| $^{59}$Fe | wie $^{55}$Fe | $\beta$-Zähler, Flüssigkeitszähler | metallisches Eisen; verschiedene Verbindungen | 77 mC | 2,2 mC/g | 855 |
| $^{56}$Co | metallisches Kobalt, elektrolytisch abgeschieden, Kobalt-(II)-sulfid, $\alpha$-Nitroso-$\beta$-naphtholkomplex, Kaliumhexanitritokobaltiat(III) | $\beta$-Zähler $\gamma$-Zähler | — | — | — | 858 |
| $^{57}$Co | wie $^{56}$Co | Gasströmungszähler, Fensterzähler, $\gamma$-Zähler | — | — | — | 858 |
| $^{58}$Co | wie $^{56}$Co | Gasströmungszähler, Berylliumfensterzähler | — | — | — | 858 |
| $^{60}$Co | wie $^{56}$Co | $\gamma$-Zähler, Flüssigkeitszähler | metallisches Kobalt als Draht, Blech, Block Kobalt(II)-chloridlösung Kobalt(II)-nitratlösung | mehrere Tausend Curie | > 2,4 C/g > 1 mC/cm$^3$ > 1 mC/cm$^3$ | 858 |
| $^{64}$Cu | Salicylaldoximkomplex, Kupfersulfid | $\beta$-Zähler, Flüssigkeitszähler | metallisches Kupfer | 350 C | 7,5 C/g | 860 |
| $^{67}$Cu | wie $^{64}$Cu | $\beta$-Zähler | — | — | — | 860 |
| $^{106}$Ag | Silberhalogenide, besonders Silberjodid | $\gamma$-Zähler, Flüssigkeitszähler | — | — | — | 861 |
| $^{110}$Ag | wie $^{106}$Ag | $\beta$-Zähler, $\gamma$-Zähler Flüssigkeitszähler | metallisches Silber | 4,5 C | 900 mC/g | 861 |
| $^{111}$Ag | wie $^{110}$Ag | $\beta$-Zähler, Flüssigkeitszähler | unwägbares $^{111}$Ag in bestrahltem metallischem Palladium | 7,2 C | 120 mC $^{111}$Ag/g Palladium | 862 |

Tabelle der behandelten Radionuclide.

Tabelle 9. (Fortsetzung.)

| Isotop (Symbol) | Chemische Abscheidungs- und Bestimmungsform | Nachweisgerät | Chemische Form der radioaktiven Ausgangssubstanz | Maximal lieferbare Aktivität | Maximal lieferbare spezifische Aktivität | Ausführliche Beschreibung Seite |
|---|---|---|---|---|---|---|
| $^{198}$Au | metallisches Gold | β-Zähler, γ-Zähler Flüssigkeitszähler | kolloides Goldsol, metallisches Gold | 1000 C | 180 C/g | 862 |
| $^{199}$Au | wie $^{198}$Au | γ-Zähler, dünnwandiger Fensterzähler, Gasströmungszähler | unwägbares $^{199}$Au in bestrahltem metallischem Platin | 27 C | 550 mC $^{199}$Au/g Platin | 862 |
| $^{65}$Zn | metallisches Zink, elektrolytisch abgeschieden, evtl. nach vorheriger Abtrennung durch Destillation im Wasserstoffstrom, Zinkcarbonat | β-Zähler γ-Zähler Flüssigkeitszähler | metallisches Zink | 5,7 C | 360 mC/g | 863 |
| $^{115}$Cd $^{115}$Cd$^m$ | Cadmiumammoniumphosphat | β-Zähler, γ-Zähler (Folgeprodukt $^{115}$In beachten!) | metallisches Cadmium als Folie | 2 mC ($^{115}$Cd) 22 mC ($^{115}$Cd$^m$) | 20 mC/g ($^{115}$Cd) 220 mC/g ($^{115}$Cd$^m$) | 864 864 |
| $^{197}$Hg $^{197}$Hg$^m$ | metallisches Quecksilber auf Goldelektrode abgeschieden, Quecksilbersulfid | γ-Zähler | Quecksilberoxyd | 25 C ($^{197}$Hg) 22 C ($^{197}$Hg$^m$) | 9 C/g ($^{197}$Hg) 7,5 C/g ($^{197}$Hg$^m$) | 866 866 |
| $^{203}$Hg | wie $^{197}$Hg und $^{197}$Hg$^m$ | Dünnwandiger Fensterzähler, β-Zähler, γ-Zähler | Quecksilberoxyd | 2,5 C 1,8 C | 110 mC/g 650 mC/g | 866 |
| $^{72}$Ga | Gallium(III)-oxyd, gewonnen durch Veraschung von organischen Komplexen mit Tannin, Kupferron und β-Oxychinolin. Abtrennung durch Lösungsextraktion von Gallium(III)-halogeniden | β-Zähler γ-Zähler Flüssigkeitszähler | Gallium(III)-oxyd | 42 C | 3,8 C/g | 867 |
| $^{114}$In | Indium(III)-oxyd, gewonnen durch Verglühen von Indium(III)-hydroxyd. Abtrennung durch Lösungsextraktion von Indium(III)-halogeniden | β-Zähler γ-Zähler Flüssigkeitszähler | metallisches Indium | 7,2 C | 3,6 C/g | 867 |
| $^{204}$Tl | Thallium(I)-jodid, nach voraufgegangener Extraktion als Thallium(III)-chlorid | β-Zähler | Thallium(III)-oxyd, Thallium(I)-nitrat in salpetersaurer Lösung | >1 C | >500 mC/g | 868 |
| $^{71}$Ge | Germanium(IV)-oxyd | Berylliumfensterzähler | Germanium(IV)-oxyd | 2 C | 240 mC/g | 869 |
| $^{113}$Sn | Zinn(IV)-oxyd | Berylliumfensterzähler (Aktivität anderer Zinnisotope beachten!) | metallisches Zinn | 240 mC | 3,2 mC/g | 869 |
| $^{117}$Sn$^m$ | wie $^{113}$Sn | γ-Zähler, Berylliumfensterzähler | — | — | — | 870 |
| $^{123}$Sn $^{123}$Sn$^m$ | wie $^{113}$Sn | β-Zähler γ-Zähler | — | — | — | 870 |
| $^{125}$Sn $^{125}$Sn$^m$ | wie $^{113}$Sn | β-Zähler, γ-Zähler (Folgeprodukt $^{125}$Sb beachten!) | — | — | — | 870 |

Tabelle 9. (Fortsetzung.)

| Isotop (Symbol) | Chemische Abscheidungs- und Bestimmungsform | Nachweisgerät | Chemische Form der radioaktiven Ausgangssubstanz | Maximal lieferbare Aktivität | Maximal lieferbare spezifische Aktivität | Ausführliche Beschreibung Seite |
|---|---|---|---|---|---|---|
| $^{210}$Pb (RaD) | Bleidioxyd, anodisch abgeschieden Bleichromat | Gasströmungszähler (Folgeprodukt $^{210}$Bi beachten!) | Nitrat in fester oder gelöster Form, Bleidioxyd auf Platinfolie abgeschieden, metallisches Blei | $<100$ mC $>100$ mC | 5 C/g Festsubstanz | 874 |
| $^{72}$As | Arsen(III)-sulfid | $\beta$-Zähler, $\gamma$-Zähler, Flüssigkeitszähler | — | — | — | 872 |
| $^{73}$As | wie $^{72}$As | $\gamma$-Zähler, Gasströmungszähler | — | — | — | 872 |
| $^{74}$As | wie $^{72}$As | $\beta$-Zähler, $\gamma$-Zähler | — | — | — | 872 |
| $^{76}$As | wie $^{72}$As | $\beta$-Zähler, $\gamma$-Zähler, Flüssigkeitszähler | Natriumarsenitlösung, Arsen(III)-oxyd | 300 C | 5 mC/mgAs 20 C/g | 872 |
| $^{77}$As | wie $^{72}$As | $\beta$-Zähler | unwägbares $^{77}$As in bestrahltem Germaniumdioxyd | 290 mC | 35 mC/g Ge-dioxyd | 872 |
| $^{122}$Sb | metallisches Antimon, elektrolytisch abgeschieden, metallisches Antimon, durch Reduktion mit Chrom(II)-chlorid pulverförmig abgeschieden | $\beta$-Zähler, $\gamma$-Zähler (Aktivität anderer Antimonisotope beachten!) | metallisches Antimon | | 12 C/g | 873 |
| $^{124}$Sb | wie $^{122}$Sb | $\beta$-Zähler, $\gamma$-Zähler, Flüssigkeitszähler (Aktivität anderer Antimonisotope beachten!) | metallisches Antimon | 29 C | 850 mC/g | 873 |
| $^{125}$Sb | wie $^{122}$Sb | $\beta$-Zähler, $\gamma$-Zähler (Folgeprodukt $^{125}$Te$^m$ beachten!) | metallisches Zinn | 120 mC | 3 mC/g Zinn | 873 |
| $^{206}$Bi | metallisches Wismut, elektrolytisch abgeschieden | $\gamma$-Zähler | — | — | — | 875 |
| $^{210}$Bi (RaE) | wie $^{206}$Bi | $\beta$-Zähler | Wismut-(III)-oxyd | 470 mC | 22 mC/g | 875 |
| $^{75}$Se | elementares Selen, mit Schwefeldioxyd gefällt | $\gamma$-Zähler, Gasströmungszähler | elementares Selen | 7,5 C | 300 mC/g | 875 |
| $^{121}$Te $^{121}$Te$^m$ | elementares Tellur, mit Schwefeldioxyd gefällt | $\gamma$-Zähler | — | — | — | 876 |
| $^{125}$Te$^m$ | wie $^{121}$Te und $^{121}$Te$^m$ | $\gamma$-Zähler | — | — | — | 876 |
| $^{127}$Te$^m$ $^{127}$Te | wie $^{121}$Te und $^{121}$Te$^m$ | Gasströmungszähler, Berylliumfensterzähler, $\beta$-Zähler (Aktivität anderer Tellurisotope beachten!) | elementares Tellur | 350 mC ($^{127}$Te$^m$) 3,3 C ($^{127}$Te) | 10 mC/g ($^{127}$Te$^m$) 94 mC/g ($^{127}$Te) | 876 |

fabrizierten Polyäthylenflaschen bewährt. Sie lassen sich mit der Hand zusammendrücken, da sie plastisch sind und es ist so leicht, einen geeignet dosierten Wasserstrahl zum Auswaschen von Niederschlägen oder Abspritzen von Glaswänden zu regulieren. Überdies wird aus derartigen Flaschen keine Kieselsäure herausgelöst, so daß die Bildung von Radiokolloiden unterdrückt wird. Besonders gut lassen sie sich in den α- und β-Strahlenschutzkästen verwenden.

Zum Umkrystallisieren kleiner Substanzmengen ist der in Abb. 40 skizzierte Becher nach EMICH sehr geeignet. Er erlaubt es, in einem Gefäß zu lösen, umzukrystallisieren, zu waschen, zu filtrieren, zu trocknen und zu wägen, und so Substanzverluste zu vermeiden. Mutterlauge und Waschflüssigkeit werden mit Hilfe von Druckluft, die mit dem aufgesetzten Gummiball erzeugt wird, über die Filterplatte herausgedrückt.

### c) Vorbereitung von Präparaten, die im Reaktor bestrahlt werden sollen.

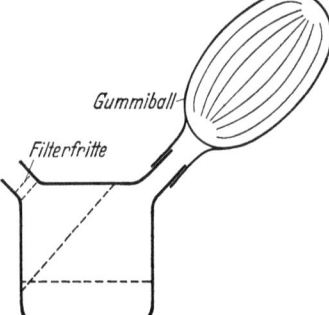

Abb. 40. EMICH-Becher zum Lösen, Krystallisieren, Waschen, Filtrieren, Trocknen und Wägen von radioaktiven Materialien.

Will man Substanzen im Reaktor bestrahlen, so sind folgende Gesichtspunkte zu beachten:

1. Im allgemeinen ist die in einem Reaktor zu bestrahlende Substanzmenge begrenzt. Das Gewicht des Einzelpräparates kann zwischen einigen Milligrammen und etlichen Grammen liegen. Die Gründe für diese Begrenzung sind folgende: Einmal steht für jede Probe im Reaktor nur ein beschränkter Raum zur Verfügung. Zum anderen wird bei großen Präparaten von den äußeren Schichten ein mehr oder weniger großer Teil der Neutronen absorbiert, so daß das Innere der Probe nicht ebenso stark bestrahlt wird wie das Äußere. Schließlich absorbieren Substanzen, die gewisse Elemente wie z. B. Cadmium, Bor oder manche seltenen Erden enthalten, in besonders hohem Maße Neutronen, so daß sie in größeren Mengen den Betrieb des Reaktors stören.

2. In allen Reaktoren wird Wärme frei. Je nach der Art der Anlage muß man mit Temperaturen von 40—500° C rechnen. Daher können temperaturempfindliche Substanzen unter Umständen nicht bestrahlt werden.

3. Beim Betrieb eines jeden Reaktors entsteht eine starke $\gamma$-Strahlung, die zu strahlenchemischen Reaktionen Anlaß geben und organische Materialien zersetzen oder verändern kann. Auch ist daran zu denken, daß Wasser unter der Einwirkung der Strahlung zu Knallgas zersetzt wird, so daß bei langdauernder Bestrahlung von Lösungen oder feuchten Substanzen in zugeschmolzenen Gefäßen ein erheblicher Druck auftreten kann.

4. Sehr wichtig ist der Hinweis, daß bereits sehr geringe Mengen von Verunreinigungen zu erheblichen Fremdaktivitäten führen können. Es ist z. B. ohne weiteres möglich, daß sich die geringe Menge Natrium, die beim Berühren der Substanz mit der Hand übertragen wird, durch das entstandene $^{24}$Na bemerkbar macht.

5. Ganz besondere Aufmerksamkeit ist der Verpackung zu widmen. Trockene Substanzen werden in dicht verschraubbaren Aluminiumblechgefäßen bestrahlt. Flüssigkeiten

---

*Anmerkungen zur vorstehenden Tabelle 9.*

Spalte 1: Ein hochgestelltes kleines m hinter dem Isotopensymbol (z. B. $^{121}$Te$^m$) bedeutet isomerer (metastabiler) Zustand.

Spalte 3: Flüssigkeitszähler: Wenn in Spalte 3 das Wort „Flüssigkeitszähler" vermerkt ist, ist es möglich, auch homogenisiertes Gewebe oder Veraschungslösung direkt zu messen, sofern keine störende Fremdaktivität eine Trennung erfordert. $\gamma$-Strahlen lassen sich sowohl mit einem $\gamma$-Zähler als auch mit einem Scintillationszähler nachweisen.

Spalten 5 und 6: Die angegebenen Aktivitäten und spezifischen Aktivitäten sind lediglich als derzeitige Richtwerte zu betrachten. Sie stammen aus den Originalkatalogen von Oak Ridge, USA, Chalk River, Canada a. Harwell, England. Mit der Entwicklung besserer Anreicherungs- und Bestrahlungsmethoden dürften sie sich nach höheren Werten verschieben.

schließt man in Quarzampullen ein oder in Polyäthylenschläuche, die man an den Enden mit einer heißen Zange oder Pinzette verschweißt. Von den genannten Materialien werden das Aluminium und das Silicium selbst radioaktiv, jedoch sind die entstehenden Aktivitäten kurzlebig (3 min und 2,8 Std), so daß nach kurzer „Abkühlzeit" die Gefäße den größten Teil der in ihnen entstandenen Aktivität verloren haben. Ideal verwendbar ist Polyäthylen, da in ihm nur ganz geringe Aktivitäten erzeugt werden. Andere Materialien, z. B. Glas, sind für Bestrahlungsgefäße völlig ungeeignet, da hier langlebige Radioaktivitäten, wie z. B. $^{24}$Na, auftreten.

# Dosimetrie und Strahlenschutz.

## Von
## H. A. Künkel.

Mit 10 Abbildungen.

### 1. Die Dosierung radioaktiver Substanzen.

Der Begriff der „Strahlendosis" ist, wie schon HOLTHUSEN[1] dargelegt hat, kein sehr glücklicher. Er ist eigentlich eine aus der Pharmakologie entlehnte Bezeichnung, bei der man unter einer Dosis die Menge einer chemischen Substanz versteht, welche man einem Organismus zuführt, um einen bestimmten physiologischen Effekt hervorzurufen. Im Gegensatz hierzu wird jedoch auf dem Gebiete der ionisierenden Strahlen der Begriff „Dosis" auf einen rein physikalischen Sachverhalt angewandt. Die Strahlendosis ist also, obwohl ihre Messung, ebenso wie ihre Berechnung oftmals mit großen Schwierigkeiten verbunden und häufig exakt garnicht durchzuführen ist, eine rein physikalisch definierte Größe. Dieses ist insbesondere bei der Anwendung der radioaktiven Isotope in der Biologie und Medizin zu beachten.

Enthält nämlich eine chemische Substanz, welche wir einem lebenden Organismus zuführen, nicht nur die natürlichen stabilen Atome, sondern auch instabile, also radioaktive Isotope, so kommt zu dem rein chemisch-pharmakologischen Effekt noch eine physikalisch bedingte, nämlich aus der Zerfallsstrahlung resultierende physiologische Wirkung hinzu. Es ist nun lediglich von der spezifischen Aktivität der betreffenden Substanz abhängig, ob die chemische oder die Strahlenwirkung überwiegt. So ist es im Tierversuch beim Arbeiten mit schwach aktiven Präparaten — z.B. solchen, die durch Biosynthese gewonnen wurden — gelegentlich notwendig, bis an die Grenze der „pharmakologischen Verträglichkeitsdosis" zu gehen, um noch eine ausreichende Nachweismöglichkeit der Substanz zu haben, während die „Strahlentoleranzdosis" bei weitem noch nicht erreicht ist. Meist wird allerdings das Gegenteil der Fall sein, wie z.B. bei der eben erwähnten biosynthetischen Herstellung radioaktiv markierter Verbindungen. Um Präparate möglichst hoher spezifischer Aktivität zu erhalten, führt man dem betreffenden Organismus möglichst „trägerfreie" Verbindungen zu, muß sich aber davor hüten, zu große Aktivitäten zu verabfolgen, damit die Strahlendosis nicht so hoch wird, daß durch die von ihr verursachten Schädigungen der betreffende Organismus nicht mehr imstande ist, die gewünschte Verbindung zu synthetisieren.

Da unter Umständen schon geringe, chemisch oftmals kaum nachweisbare Spuren eines radioaktiven Isotops bereits außerordentliche Energiemengen in Form von Strahlung abgeben, deren physiologische Wirkungen beträchtlich sein können, wird der Begriff der „Dosierung" bei der Anwendung radioaktiver Substanzen im allgemeinen ausschließlich auf die ionisierende Strahlung bezogen. Will man z.B. einen Patienten mit einem Schilddrüsencarcinom mit Radiojod behandeln, so erfolgt die Dosierung nicht in Milli-

---
[1] HOLTHUSEN, H.: Strahlentherapie 82, 487 (1950).

grammen radioaktivem Natriumjodid, sondern man „dosiert" die Aktivität, deren Maß die Zahl der Atomzerfälle je Zeiteinheit ist, man verabfolgt also eine bestimmte Anzahl Millicurie, um den gewünschten physiologischen Effekt, in diesem Falle die Zerstörung des kranken Gewebes zu bewirken.

Da jedoch allgemein eine unmittelbare Korrelation zwischen der „verabfolgten Aktivität" und dem biologischen Effekt nicht vorhanden ist, weil mit dem Begriff der Aktivität noch keine Aussage über die ausgestrahlte oder gar vom Gewebe absorbierte Energie gemacht ist, und da andererseits auch ohne Inkorporierung eines Isotops durch Einstrahlung von außen erhebliche biologische Wirkungen hervorgerufen werden können, bezeichnet man als *Dosis* die von der Gewichtseinheit der durchstrahlten Materie absorbierte Energie. Hierdurch hat man sich auf dem Gebiete der Radiologie also vom ursprünglichen pharmakologischen Begriff der Dosis entfernt, indem man unter einer Strahlendosis nicht mehr das von außen her auf den Organismus einwirkende Agens, sondern praktisch den in der durchstrahlten Materie erzielten physikalischen Effekt versteht.

### a) Dosis und Dosisleistung.

Als Maßeinheit der Strahlendosis hat man auf Grund internationaler Übereinkunft für die Röntgen- und $\gamma$-Strahlung das *Röntgen* (r) eingeführt. Es ist definiert als diejenige Menge von Röntgen- oder $\gamma$-Strahlen, welche in 1 cm³ Luft von 0° C und 760 mm Hg Druck eine Elektrizitätsmenge (beiderlei Vorzeichens) von einer elektrostatischen Ladungseinheit durch Ionisation freimacht[*]. Das entspricht einer Zahl von $2,1 \times 10^9$ Ionenpaaren je Kubikzentimeter Luft (bzw. von rund $1,6 \times 10^{12}$ Ionenpaaren je Kubikzentimeter Wasser). Da auf die Erzeugung eines Ionenpaares im Mittel ein Energiebetrag von etwa 32,5 eV entfällt, so entspricht einer Dosis von 1 r eine Energieabsorption von rund 83,8 erg je Gramm Luft.

Diese zunächst nur für Röntgen- oder $\gamma$-Strahlung definierte Einheit kann unter gewissen einschränkenden Voraussetzungen auch auf andere ionisierende Strahlenarten angewandt werden. Hierfür ist von PARKER[1] die Dosiseinheit „rep" eingeführt worden (Abkürzung von „roentgen equivalent physical"). Sie ist definiert als diejenige Menge irgendeiner ionisierenden Strahlenart, welche in 1 g Gewebe eine Energieabsorption von 83,8 erg hervorruft. Es sei hier noch einmal ausdrücklich hervorgehoben, daß diese Einheiten rein physikalisch definiert sind, bezüglich ihrer biologischen Wirkung jedoch keinerlei Aussagen gemacht werden. Sie beziehen sich nur auf die je Masseneinheit erzeugte Ionenmenge bzw. auf die absorbierte Energie. Sie sagen jedoch nichts aus über die räumliche Verteilung der Ionen (differentiale Ionisation, Bildung von Ionenhaufen usw.) oder über die Quantenenergie der Strahlung. Sie enthalten ferner auch nicht die Zeitdauer der Strahleneinwirkung. Diese Faktoren können jedoch für das Ausmaß der biologischen Wirkung oft von großer Bedeutung sein, und man wird in jedem Einzelfalle zu klären haben, welchen Einfluß Wellenlänge (Strahlungsenergie), Reichweite, räumliche Ionenverteilung und Zeitfaktor haben.

Unter der „Dosisleistung" versteht man die Dosis je Zeiteinheit. Sie wird daher je nach den Anforderungen der Praxis in r/sec, r/min oder r/Std gemessen. Die beim Strahlenschutz gebräuchlichen Bezeichnungen „Tagesdosis" oder „Wochendosis" sind strenggenommen nicht ganz korrekt, da es sich hier eigentlich auch um Dosisleistungen handelt. Man will dabei nur zum Ausdruck bringen, daß es in diesem Falle gleichgültig ist, ob die betreffende Dosis in wenigen Sekunden verabfolgt wurde oder kontinuierlich im Verlauf eines Tages bzw. einer Woche, da man hier mit einer Summation aller Strahlenwirkungen zu rechnen hat.

---

[*] Amtliche Definition des „r": „Das Röntgen soll eine solche Menge von Röntgen- oder $\gamma$-Strahlung sein, daß die mit ihr verbundene Corpuscularemission bezogen auf 0,001293 g Luft in Luft Ionen beiderlei Vorzeichens erzeugt, welche eine freie Elektrizitätsmenge von 1 esE mit sich führen." Fortschr. Röntgenstr. **57**, 99 (1938). Amer. J. Roentgenol. **71**, 139 (1954).

[1] PARKER, H. M.: Health Physics. Adv. biol. med. Physics **1**, 223 (1948).

## b) Biologische Wirksamkeit ionisierender Strahlen.

Nach unseren heutigen Anschauungen ist für die biologische Strahlenwirkung in erster Linie die *Ionisierung* der Atome und Moleküle des Gewebes verantwortlich zu machen. Über den Einfluß der Atom- und Molekülanregungen ist bislang nur wenig bekannt. Durch die von der Strahlung im organischen Gewebe erzeugten Ionen können Atomumlagerungen innerhalb der Moleküle, also Änderungen der molekularen Struktur hervorgerufen, ja sogar gewisse Bindungen innerhalb einzelner Moleküle gelöst werden. Natürlich führt nicht jede Ionisation nun auch zu einer bleibenden Veränderung, da ein Teil der atomaren Vorgänge sofort wieder rückgängig gemacht wird (Rekombination). Nach der *Treffertheorie* der biologischen Strahlenwirkung (s. z.B. LEA, TIMOFÉEFF-RESSOVSKY und ZIMMER[1]) sind nun eine oder mehrere Ionisationen in einem strahlenempfindlichen Bereich als primäres physikalisches Ereignis, als sog. „Treffer" anzusehen, durch welchen dann eine Kette weiterer physiko-chemischer Reaktionen im getroffenen Gewebe in Gang gesetzt wird. Es sind also stets die gleichen Primärvorgänge, welche bei allen ionisierenden Strahlenarten Veränderungen des Gewebes und seiner Struktureinheiten hervorrufen. Aus der Gleichheit dieser Primärvorgänge also und der unspezifischen Wirkung der einzelnen Ionisationen ergibt sich, daß keine qualitativen Unterschiede in der biologischen Wirkung der verschiedenen Strahlenarten bestehen können, eine Tatsache, die durch zahlreiche strahlenbiologische Experimente bewiesen wurde. Wohl aber konnten erhebliche quantitative Unterschiede der biologischen Strahlenwirkung beobachtet werden, wenn die einzelnen Strahlenarten bezüglich ihrer Energie, sowie der zeitlichen und räumlichen Ionenverteilung wesentlich voneinander abweichen.

Tabelle 1. *Umrechnung der physikalischen Dosis (rep) in biologische Dosiseinheiten (rem) bei verschiedenen Strahlenarten.*

| | |
|---|---|
| Röntgenstrahlung | 1 r = 1 rep = 1 rem |
| $\gamma$-Strahlung | 1 r = 1 rep = 1 rem |
| $\beta$-Strahlung | 1 rep $\sim$ 1 rem |
| Neutronen | 1 rep $\sim$ 10 rem |
| Protonen | 1 rep $\sim$ 10 rem |
| Deuteronen | 1 rep $\sim$ 20 rem* |
| $\alpha$-Strahlung | 1 rep $\sim$ 20 rem* |

Diese quantitativen Unterschiede in der biologischen Wirksamkeit, welche schon grob makroskopisch in der verschieden starken Reaktion des organischen Gewebes auf gleiche physikalische Dosen unterschiedlich dicht ionisierender Strahlen sichtbar werden, haben dazu Anlaß gegeben, eine biologische Maßeinheit der Strahlendosis einzuführen, welche diesen Tatsachen Rechnung trägt. Die von PARKER vorgeschlagene biologische Dosiseinheit, das „rem" (Abkürzung von „roentgen equivalent man") ergänzt also die physikalischen Größen in bezug auf ihren biologischen Effekt. Eine rein empirisch gewonnene Umrechnungsskala von rep in rem, welche naturgemäß nur grobe Richtwerte liefern kann, ist in Tabelle 1 zusammengestellt. Die Zahlen entstammen den „Londoner Empfehlungen (1950)"[2] und gelten für langdauernde Strahleneinwirkung bei mäßigen Dosisleistungen.

Man sieht, daß für die bei den künstlich radioaktiven Isotopen fast ausschließlich vorkommende Positronen-, Elektronen- und $\gamma$-Quantenemission 1 rep stets etwa gleich 1 rem gesetzt werden kann. Für die von den Transuranen und vielen natürlichen radioaktiven Elementen ausgesandten und sehr dicht ionisierenden $\alpha$-Strahlen hingegen ist 1 rep $\sim$ 20 rem zu setzen. Hier ist also mit einer etwa 20fach höheren biologischen Wirksamkeit bei gleicher physikalischer Dosis zu rechnen*.

---

* Nach den auf dem Internationalen Radiologenkongreß in Kopenhagen (1953) gegebenen Empfehlungen wird den Deuteronen- und $\alpha$-Strahlen bei Dauerbestrahlung mit kleiner Dosisleistung nur eine relative biologische Wirksamkeit von etwa 10 zugeordnet, so daß hiernach bei diesen Strahlenarten 1 rep $\sim$ 10 rem zu setzen wäre. Jedoch sind diese Werte noch umstritten.

[1] LEA, D. E.: Action of Radiations on Living Cells. Cambridge 1946. — TIMOFÉEFF-RESSOVSKY, N. W.: Strahlentherapie 66, 684 (1939). — TIMOFÉEFF-RESSOVSKY, N. W., u. K. G. ZIMMER: Biophysik. I. Das Trefferprinzip in der Biologie. Leipzig 1947.

[2] International Recommendations on Radiological Protection. Revised by the International Commission on Radiological Protection. 6. Int. Congr. Radiol. London 1950 [Radiology 56, 431 (1951)].

### c) Toleranzdosen.

Durch die ständig steigende Verwendung radioaktiver Isotope in allen Zweigen der Forschung, der Technik und der Medizin sind auch die Möglichkeiten von Strahlenschädigungen immer weiterer Kreise der Bevölkerung im Anwachsen begriffen[1]. Die im Laufe der Zeit gewonnenen Erfahrungen über Schädigungen durch ionisierende Strahlen, auf welche im folgenden Abschnitt noch näher eingegangen wird, ließen es ebenso wie zahlreiche tierexperimentelle Untersuchungen als notwendig erscheinen, eine maximale Dosisleistung festzulegen, welche, auch auf die Dauer, weder die Gesundheit des Individuums noch die seiner Nachkommenschaft schädigt. Eine solche Strahlendosis, die von einer gesunden Person innerhalb eines bestimmten Zeitraumes noch ohne Schädigung vertragen werden kann, wird als Strahlenschutz- oder Toleranzdosis bezeichnet. Natürlich ist es strenggenommen gar nicht möglich, eine völlig unschädliche Strahlendosis anzugeben. Das trifft vor allen Dingen auf die strahleninduzierten Veränderungen der Erbsubstanz zu. Auch kleinste Strahlendosen sind genetisch wirksam und werden unter allen Umständen über Generationen hinweg voll akkumuliert. Trotzdem erschien es gerade auch im Hinblick auf die Möglichkeit von Erbschädigungen zweckmäßig, Toleranzdosiswerte festzulegen, welche die mutationsauslösende Wirkung der ionisierenden Strahlen berücksichtigen[2]. So hatte man zunächst in Deutschland neben einer somatischen Toleranzdosis von 0,25 r je Tag eine genetische Toleranzdosis von 0,025 r je Tag festgesetzt, welche offiziell noch heute gültig sind. In den angelsächsischen Ländern hatte man eine solche Unterscheidung zwischen somatischer und genetischer Toleranzdosis nicht getroffen, sondern nur einen einzigen, dafür aber wesentlich niedrigeren Toleranzwert festgesetzt (0,1 r/Tag). Um eine Angleichung der verschiedenen nationalen Strahlenschutzbestimmungen zu erreichen, wurde daher von der Internationalen Strahlenschutzkommission unter Berücksichtigung der Erfahrungen, welche in den USA beim Atomenergieprojekt gemacht werden konnten, eine neue internationale Toleranzdosis vorgeschlagen, welche für die deutschen Verhältnisse eine erhebliche Verschärfung der Schutzvorschriften mit sich bringt (Londoner Empfehlungen, 1950)[3]. Diese Vereinheitlichung findet nun auch Berücksichtigung in den neuen deutschen Schutzvorschriften, welche zur Zeit vom Fachnormenausschuß Radiologie, den verschiedenen Berufsgenossenschaften und vom Bundes-Verkehrsministerium (Transport von Radioisotopen) ausgearbeitet werden. Danach wird für die Gesamtkörperbestrahlung eine einzige Toleranzdosis von **0,05 r/Tag** bzw. **0,3 r/Woche** festgesetzt. Dieser Wert ist auch für die Inkorporation von Isotopen in den nachfolgenden Formeln und Tabellen zugrunde gelegt.

Für die Straheinwirkung von außen beim Arbeiten mit radioaktiven Substanzen gelten die gleichen Werte (in freier Luft gemessen), was etwa einer Dosis von 0,5 r/Woche, auf der Körperoberfläche gemessen, entspricht. Lediglich für die Hände und Unterarme ist eine Dosis von 1,5 r/Woche zugelassen.

Es sei ausdrücklich betont, daß diese mit einer gewissen Willkür festgesetzten Werte als eine maximale obere Grenze anzusehen sind und daß stets angestrebt werden sollte, die Strahlenbelastung so weit wie möglich zu reduzieren. Das trifft vor allem auf die berufliche Strahlenexposition zu und auf die Inkorporierung von langlebigen und selektiv vom Organismus gespeicherten radioaktiven Isotopen.

### d) Berechnung der Strahlendosis.

Bei der Bearbeitung physiologisch-chemischer Fragen, bei biologischen und medizinischen Untersuchungen werden häufig radioaktiv markierte Substanzen durch Injektion oder orale Applikation — meist in gelöster Form — verabfolgt. Fast stets werden sie hierbei in verschiedenem Ausmaß von einzelnen Geweben und Organen zunächst

---
[1] Vgl. z. B. MOELLER, D. W., J. G. TERRILL jr. and S. C. INGRAHAM: Publ. Hlth. Rep. 68, 57 (1953).
[2] MUTSCHELLER, A.: Amer. J. Roentgenol. 13, 65 (1925).
[3] s. Radiology 56, 431 (1951).

angereichert, um dann mehr oder weniger schnell aus dem Körper ausgeschieden zu werden. In vielen Fällen tritt auch eine ausgesprochene Speicherung und Ablagerung in einzelnen Geweben ein.

Eine direkte Messung der Strahlendosis im Körper ist, von wenigen Ausnahmen abgesehen, im allgemeinen nicht durchführbar. In allen diesen Fällen ist man also auf eine Berechnung der aus der Inkorporation radioaktiver Isotope resultierenden Strahlendosis angewiesen, für welche naturgemäß einige vereinfachende Voraussetzungen zu machen sind. Um eine solche Berechnung durchführen zu können, ist hier zunächst von einer Ausscheidung oder Anreicherung in einzelnen Organen abzusehen und eine homogene und stabile Verteilung des Isotops im Körper anzunehmen, eine Forderung, die nur in wenigen Ausnahmefällen angenähert erfüllt wird (z. B. Applikation von radioaktivem Kochsalz). Für die Berechnung der aus der $\alpha$- oder $\beta$-Strahlung resultierenden Strahlendosis sei ferner vorausgesetzt, daß diese Strahlen auch völlig vom Gewebe absorbiert werden. Hierfür ist es notwendig, daß die Dimensionen des betreffenden biologischen Objekts groß sind gegenüber der Reichweite dieser Strahlen. Bei Menschen und bei größeren Versuchstieren ist diese Voraussetzung natürlich stets gegeben, bei pflanzlichen Objekten oder bei Untersuchungen mit Corpuscularstrahlern an Insekten oder Bakterien usw. trifft sie meist nicht mehr zu. Die in den Tabellen angeführten Dosiswerte können in solchen Fällen also nicht unverändert übernommen werden.

Unter den oben gemachten Voraussetzungen aber ist eine Abschätzung der $\alpha$- oder $\beta$-Strahlendosis verhältnismäßig einfach durchzuführen. Man braucht nur die Zahl der in einer bestimmten Zeitspanne ausgesandten $\alpha$- oder $\beta$-Teilchen mit ihrer Energie zu multiplizieren und erhält so die gesamte ausgestrahlte Energie, von welcher wir ja annehmen, daß sie vollständig vom Körper absorbiert wird. Da nun, wie oben erwähnt, auf die Erzeugung eines Ionenpaares ein Energiebetrag von rund 32,5 eV entfällt, ist hieraus unschwer die Zahl der im Gramm Gewebe gebildeten Ionen und somit auch die Dosis in rep zu ermitteln.

*α)* α-*Strahler.*

Zu einer Abschätzung der beispielsweise von einem α-Strahler bis zu seinem vollständigen Zerfall an das Gewebe abgegebenen Strahlendosis gelangt man dadurch, daß man aus der Anfangsaktivität $A_0$ und der Halbwertszeit $T$ die Zahl $N_0$ der zu Beginn vorhandenen radioaktiven Kerne errechnet:

$$N_0 = A_0 \cdot \frac{T}{0{,}693} \, . \qquad (1)$$

Das Produkt aus $N_0$ und der Energie $E_\alpha$ der α-Teilchen ergibt dann den Gesamtbetrag an Energie, welcher beim totalen Zerfall aller radioaktiven Kerne an das Gewebe abgegeben wird. Für die überschlagsmäßige Abschätzung der Strahlendosis kann eine Faustformel oft recht gute Dienste leisten, nach der beim totalen Zerfall von 1 mC einer α-strahlenden Substanz in 1 kg Gewebe eine Strahlendosis von

$$D_\alpha \sim 3{,}2 \cdot E_\alpha \cdot T_h \text{ (rep)} \qquad (2)$$

abgegeben wird (SCHUBERT und Mitarbeiter[1]). Hierin bedeuten $E_a$ die Energie der α-Strahlen in MeV und $T_h$ die Halbwertszeit in Stunden.

Kommt es bei α-Strahlern zu einer selektiven Ablagerung in einzelnen Geweben, so ist zu prüfen, ob die Dosis für die betreffenden Organe einzeln berechnet werden kann, d.h. ob wenigstens in den betreffenden Organen die Verteilung als homogen angesehen werden kann. Bei der außerordentlich kurzen Reichweite der α-Strahlen im Gewebe ist es nämlich möglich, daß bei einer selektiven Anreicherung in kleinsten Bezirken (z. B. bestimmte Zellen oder Zellbestandteile) eine Homogenität der Strahlendosis über das gesamte Gewebe nicht mehr gegeben ist und daß es hierdurch zu einer Bestrahlung mikro-

---

[1] SCHUBERT, G., W. DITTRICH, H. A. KÜNKEL u. H. J. SCHMERMUND: Strahlentherapie 84, 165, 328 (1951).

*β) β-Strahler.*

Die Berechnung der von einem β-Strahler im Gewebe erzeugten Strahlendosis erfolgt auf gleichem Wege wie bei den α-Strahlern. Nur ist hierbei zu beachten, daß die β-Strahlen keine einheitliche Energie, sondern ein ganzes Energiespektrum besitzen, daß hier also Elektronen emittiert werden, deren Energien zwischen $E_\beta = 0$ und einer für das betreffende Isotop charakteristischen Maximalenergie $E_{max}$ liegen. Die mittlere Energie $\overline{E}_\beta$, welche in die Berechnung der Strahlendosis eingeht, hat bei β-Strahlern mit einem einfachen Emissionsspektrum einen angenäherten Wert von etwa einem Drittel der Maximalenergie. Viele Isotope besitzen jedoch kein einfaches, sondern ein komplexes Spektrum der β-Strahlung. In einigen Fällen sind die Art und Zusammensetzung des Spektrums noch nicht genau bekannt, so daß die Tabellenwerte der mittleren β-Energie teilweise mit einer gewissen Unsicherheit behaftet sind.

Zur überschlagsmäßigen Berechnung der gesamten Strahlendosis ist eine von SCHUBERT und RIEZLER[1] angegebene Formel geeignet, nach der beim totalen Zerfall von 1 mC einer β-strahlenden Substanz in 1 kg Gewebe eine Dosis von

$$D_\beta \sim 1{,}1 \cdot E_{max} \cdot T_h \text{ (rep)} \tag{3}$$

entsteht. Hierin bedeuten $E_{max}$ die maximale Energie der β-Strahlung und $T_h$ die Halbwertszeit in Stunden.

Eine größere Genauigkeit liefert die Dosisberechnung nach MARINELLI und Mitarbeitern[2], zu deren Anwendung jedoch die Kenntnis der mittleren Elektronenenergie $\overline{E}_\beta$ erforderlich ist. Hiernach ist beim totalen Zerfall eines β-Strahlers, welcher in einer Konzentration von 1 mC/kg Gewebe homogen verteilt ist, die an das Gewebe abgegebene Dosis

$$K_\beta = 88 \cdot \overline{E}_\beta \cdot T_d \text{ (rep)}. \tag{4}$$

Hierin ist $\overline{E}_\beta$ die mittlere β-Energie in MeV und $T_d$ die Halbwertszeit in Tagen. Bei einer Konzentration von $c$ mC/kg Gewebe ist demnach die Dosis, welche beim totalen Zerfall entsteht

$$D_\beta = 88 \cdot c \cdot \overline{E}_\beta \cdot T_d \text{ (rep)}. \tag{5}$$

Zur Berechnung der Dosis in einem Zeitraum von $t$ Tagen, welcher nicht sehr klein ist gegenüber der Halbwertszeit $T_d$, muß der Abfall der Aktivität in dieser Zeit berücksichtigt werden. Die nach einer Zeit von $t$ Tagen an das Gewebe abgegebene Dosis ist proportional dem Anteil der in dieser Zeit zerfallenen Atome und ergibt sich zu

$$d_\beta(t) = D_\beta \cdot (1 - e^{-0{,}693\,t/T_d}) \text{ (rep)}, \tag{6}$$

wobei $D_\beta$ nach Gl. (5) zu berechnen ist. Nach Ablauf einer Halbwertszeit $T_d$ ist also auch die Dosisleistung auf die Hälfte abgesunken.

Nach Gl. (6) kann nun auch diejenige Konzentration des β-Strahlers im Gewebe ermittelt werden, welche gerade die Toleranzdosis liefert. Zunächst ergibt sich die innerhalb der ersten 24 Std nach Applikation an das Gewebe abgegebene Strahlendosis zu

$$d_\beta(1) = K_\beta \cdot c \cdot (1 - e^{-0{,}693/T_d}) = K_\beta \cdot c \cdot f_d \text{ (rep)}, \tag{7}$$

wobei $f_d = 1 - e^{-0{,}693/T_d}$ die Zerfallsrate des Isotops in 24 Std ist.

---

[1] SCHUBERT, G., u. W. RIEZLER: Strahlentherapie **76**, 414 (1945).
[2] MARINELLI, L. D., E. H. QUIMBY and G. J. HINE: Nucleonics **2** (April), 56 (1948). Amer. J. Roentgenol. **59**, 260 (1948).

Bezeichnet man nun die Toleranzkonzentration des Isotops, also diejenige Konzentration im Gewebe, bei welcher die resultierende $\beta$-Strahlendosis gerade gleich der Internationalen Toleranzdosis von 0,05 rep/Tag ist, mit $S_\beta$ („safe tracer concentration"), so ergibt sich, wenn man in Gl. (7) für $c$ die Größe $S_\beta$ einsetzt, aus

$$0{,}05 = K_\beta \cdot S_\beta \cdot f_d \qquad S_\beta = \frac{0{,}05}{K_\beta \cdot f_d}$$

oder, wenn man — wie allgemein gebräuchlich — die Toleranzkonzentration $S_\beta$ in $\mu$C/kg Gewebe angibt

$$S_\beta = \frac{50}{K_\beta \cdot f_d} \, (\mu\text{C/kg}). \tag{8}$$

### $\gamma$) $\gamma$-Strahler.

Viele radioaktive Isotope, welche unter Aussendung geladener Korpuskeln wie $\alpha$- oder $\beta$-Strahlen zerfallen, emittieren gleichzeitig eine Kern-$\gamma$-Strahlung, und zwar immer dann, wenn nach dem Zerfall ein angeregter Folgekern zurückbleibt. Diese Kern-$\gamma$-Strahlung kann aus einem oder mehreren Quanten je Zerfall bestehen. Bei allen Positronenstrahlern tritt zusätzlich eine $\gamma$-Strahlung auf, welche auch als sog. „Vernichtungsstrahlung" bezeichnet wird und durch die Neutralisation der nach Durchquerung der Materie auf thermische Energien abgebremsten Positronen mit Elektronen entsteht. Sie besteht aus zwei $\gamma$-Quanten von je 0,51 MeV, welche in einem Winkel von annähernd 180° zueinander emittiert werden. Man kennt auch eine ganze Reihe von Atomkernen, welche lediglich eine $\gamma$-Strahlung aussenden, ohne durch Emission von Korpuskularstrahlung in den Kern eines anderen Elementes zu zerfallen. Es handelt sich um die sog. isomeren Kerne, und zwar um solche, welche angeregte Zustände von stabilen Kernen darstellen. Wegen der meist sehr kurzen Halbwertszeiten haben diese, von wenigen Ausnahmen abgesehen, bislang jedoch keine wesentliche praktische Anwendung gefunden.

Während nun die aus der $\beta$-Strahlung resultierende Dosis eine einfach zu berechnende Größe ist, welche bei homogener und stabiler Verteilung im Körper an allen Stellen den gleichen Wert hat, gestaltet sich die Berechnung der $\gamma$-Strahlendosis wesentlich komplizierter, und es ergeben sich auch bei homogener Verteilung des Isotops an verschiedenen Stellen verschiedene Dosiswerte. Die $\gamma$-Strahlen werden nämlich infolge ihrer Durchdringungsfähigkeit auf Wegstrecken absorbiert, welche nicht mehr klein sind gegenüber den Körperdimensionen. Auch ist die Absorption stark abhängig von der Ordnungszahl der Elemente, aus welchen sich die durchstrahlte Materie zusammensetzt.

Um die Dosis der $\gamma$-Strahlung zu berechnen, welche von einem homogen im Körper verteilten Strahler an das Gewebe abgegeben wird, geht man zunächst von der Dosisleistung einer punktförmigen Strahlenquelle aus. Hierfür wurde von MARINELLI[1] eine Konstante $J_\gamma$ eingeführt, welche die Dosisleistung in r/Std in 1 cm Luftabstand von einer punktförmigen $\gamma$-Strahlenquelle mit einer Aktivität von 1 mC angibt. Diese $J_\gamma$-Werte, welche sich bei Kenntnis der oftmals recht komplizierten Zerfallsspektren mit den jeweiligen Energien und Zerfallswahrscheinlichkeiten für die einzelnen $\gamma$-Übergänge berechnen lassen, sind jedoch glücklicherweise recht gut meßbar, weil das an sich für alle punktförmigen Strahler geltende Gesetz des Abfalls der Intensität mit dem Quadrat der Entfernung von der Strahlenquelle hier nicht durch andere Faktoren gestört wird. Man kann daher bequem die Dosisleistung auch in größerer Luftentfernung messen und hierfür Ionisationskammern normaler Dimensionen benutzen.

Diese zur Dosisberechnung wichtige Konstante $J_\gamma$ entspricht z.B. im Falle des Radiums (mit 0,5 mm Pt-Filterung) dem bekannten Wert von 8,4 r/mg-Std in 1 cm Luftentfernung[2]. Die in Tabelle 2 zusammengestellten $J_\gamma$-Werte beziehen sich jedoch auf *ungefilterte* Strahlenquellen.

---

[1] MARINELLI, L. D.: J. clin. Invest. **28**, 1271 (1949).
[2] Neuere Messungen ergaben den Standardwert von 8,44 r/mg · Std in 1 cm Abstand [GLOSH, A., J. KASTNER and G. N. WHYTE: Nucleonics **11** (Juni), 70 (1953)].

Mit Hilfe dieser Dosisleistungskonstanten $J_\gamma$ läßt sich nun bequem die gesamte $\gamma$-Strahlendosis berechnen, welche beim totalen Zerfall einer punktförmigen Quelle von 1 $\mu$C in 1 cm Luftentfernung entsteht:

$$K_\gamma = 1{,}44 \cdot 10^{-3} \cdot T_h \cdot J_\gamma \quad (\text{r}/\mu\text{C in 1 cm Abstand}). \tag{9}$$

Diejenige $\gamma$-Strahlendosis aber, welche beim totalen Zerfall eines homogen und stabil in einer Konzentration von $c$ $\mu$C/g Gewebe im Körper verteilten Isotops an das Gewebe abgegeben wird, beträgt

$$D_\gamma = c \cdot g \cdot K_\gamma \ (\text{r}), \tag{10}$$

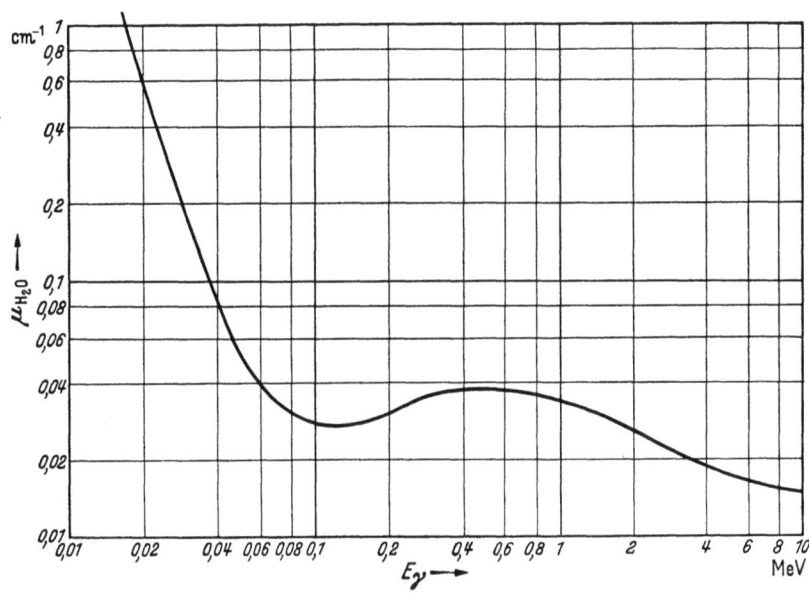

Abb. 1. Linearer Absorptionskoeffizient $\mu_j$ für $\gamma$-Strahlen in Wasser als Funktion der Quantenenergie.

wobei $g$, der sog. „Geometriefaktor", sowohl die Größe und Gestalt des durchstrahlten Gewebes, als auch die unterschiedliche Absorption der $\gamma$-Strahlung berücksichtigt. Und zwar ist

$$g = \varrho \cdot \int \frac{e^{-\mu_j \cdot s}}{s^2} dV, \tag{11}$$

wobei $s$ = Abstand des Volumenelementes $dV$ von dem Punkt, in welchem die Dosis bestimmt werden soll,
$\varrho$ = Dichte des Gewebes,
$\mu_j$ = linearer Absorptionskoeffizient.

Dieser Faktor $g$ hängt also in komplizierter Weise vom Ort der Messung, der Dichte des Gewebes und dem linearen Absorptionskoeffizienten ab und muß für jeden Punkt des Körpers gesondert bestimmt werden, was sich praktisch nur für die geometrisch einfachsten Körper durchführen läßt. So kann man z. B. als Modell für den Rumpf eines erwachsenen Menschen einen Zylinder von 40 cm Durchmesser und 60 cm Höhe wählen, für welchen die Größe $g$ von 4140 $\mu_j$ im Zentrum des Rumpfes bis auf 314 $\mu_j$ an der äußersten Peripherie abnimmt, wobei $\mu_j$ der lineare Absorptionskoeffizient der Strahlung im Gewebe ist. In Abb. 1 ist $\mu_j$ als Funktion der $\gamma$-Energie angegeben, und zwar für Wasser, welches etwa dem weichen Gewebe entspricht. Zur Berechnung erforderliche Werte lassen sich diesem Diagramm entnehmen.

Die in einem Zeitraum von $t$ Tagen an das Gewebe abgegebene Dosis ergibt sich analog wie bei den $\beta$-Strahlern (vgl. Gl. 6) zu

$$d_\gamma(t) = c \cdot g \cdot K_\gamma \left(1 - e^{-0{,}693\, t/T_d}\right)\ (\text{r}). \tag{12}$$

Die in den ersten 24 Std nach Applikation freiwerdende Dosis beträgt (entsprechend Gl. 7)

$$d_\gamma(1) = c \cdot g \cdot K_\gamma \cdot f_d \ (\text{r}), \tag{13}$$

wobei $f_d = 1 - e^{-0,693/T_d}$ wiederum die tägliche Zerfallsrate des Isotops darstellt.

Die Toleranzkonzentration $S_\gamma$ des Isotops für die $\gamma$-Strahlung, bei welcher also in den ersten 24 Std nach Applikation die Toleranzdosisleistung von 0,05 r/Tag nicht überschritten wird, ergibt sich demnach zu

$$S_\gamma = \frac{50}{K_\gamma \cdot g \cdot f_d} (\mu \text{C/kg}). \tag{14}$$

Die in der Tabelle 2 aufgeführten $S_\gamma$-Werte sind für den Ort der größten Dosisleistung, also für das Körperzentrum berechnet und gewährleisten, daß bei homogener Verteilung die $\gamma$-Strahlendosis an keiner Stelle des Körpers den Wert von 0,05 r/Tag überschreitet, vorausgesetzt, daß der maximale Durchmesser des Rumpfes nicht mehr als 40 cm beträgt.

Bei starker Anreicherung des betreffenden $\gamma$-Strahlers in einem bestimmten Organ kann gelegentlich eine Faustregel für die Bestimmung des Geometriefaktors $g$ von Wert sein, wonach für eine Kugel mit einem Radius $R < 10$ cm und der Dichte $\varrho \sim 1$ bezüglich ihres Mittelpunktes mit nur wenigen Prozenten Abweichung $g \sim 4\pi R$ ist. Genauere Werte erhält man nach einer von MINDER[1] angegebenen Berechnungsmethode.

Die bei manchen $\gamma$-Strahlern mit einer bestimmten Wahrscheinlichkeit auftretenden Konversionselektronen (innere Umwandlung), deren Beitrag zur Dosisleistung in einigen Fällen nicht vernachlässigt werden kann, sind bei den betreffenden Tabellenwerten bereits berücksichtigt.

*δ) K-Strahler.*

Die Umwandlung von Atomkernen durch Positronenemission konkurriert mit einem Kernzerfall, welcher durch Einfang eines Hüllenelektrons aus der $K$-Schale vor sich geht bei gleichzeitiger Aussendung eines Neutrinos. Der Folgekern ist in beiden Fällen der gleiche. Oft werden auch bei einer Isotopenart beide Zerfallsprozesse nebeneinander beobachtet, wobei für jede Zerfallsmöglichkeit eine bestimmte Wahrscheinlichkeit besteht. Als Folge dieses $K$-Einfangs wird eine meist sehr weiche Röntgenstrahlung emittiert, welche ihren Ursprung in der Auffüllung der $K$-Schale, also im Ersatz des eingefangenen Hüllenelektrons hat. Es werden hierbei eine oder mehrere der für das betreffende Element charakteristischen Röntgenlinien ausgesandt. Wegen der im Vergleich zu den $\gamma$-Strahlen geringen Quantenenergie der $K$-Strahlung ist auch ihr Durchdringungsvermögen klein. Sie werden also bereits auf Wegstrecken im Körper absorbiert, welche mehr in der Größenordnung der Reichweiten der $\beta$-Strahlung liegen, so daß bei Inkorporation von $K$-Strahlern für die Dosisberechnung die Annahme gemacht werden kann, daß fast die gesamte Energie vom Gewebe absorbiert wird und der Energieverlust durch Ausstrahlung nach außen vernachlässigbar klein ist. Es wird daher die Berechnung der aus der $K$-Strahlung resultierenden Gewebsdosis mit Hilfe der oben für die $\beta$-Strahlung angegebenen Formeln durchgeführt. In Tabelle 2 ist daher für diese Isotope die Energie der $K$-Strahlung auch in der Spalte der $\beta$-Energie aufgeführt.

*ε) Mischstrahler.*

Wie bereits oben erwähnt, wird von Positronen-, Elektronen- und $K$-Strahlern oftmals auch gleichzeitig eine Kern-$\gamma$-Strahlung emittiert, so daß beide Strahlenarten einen Beitrag zu der vom Gewebe absorbierten Strahlenenergie leisten. Da sich die in den ersten 24 Std aus der Applikation eines solchen Mischstrahlers resultierende Strahlendosis nach Gl. 7 und Gl. 13 bei einer Konzentration von $c$ $\mu$C/g zu

$$d_{\beta+\gamma}(1) = (K_\beta + g \cdot K_\gamma) \cdot c \cdot f_d \ (\text{rep}) \tag{15}$$

---

[1] MINDER, W., u. H. SCHINDLER: Radiol. clin., Basel **21**, 143 (1952).

ergibt, so ist die bei homogener Verteilung einzuhaltende Toleranzkonzentration

$$S_{\beta,\gamma} = \frac{50}{(K_\beta + g \cdot K_\gamma) \cdot f_d} \; (\mu C/kg). \tag{16}$$

Viele Fragen des Stoffwechsels, der physiologisch-chemischen Synthese und Analyse können untersucht werden durch Anwendung zweier verschieden markierter Verbindungen oder durch Doppelmarkierung einer Verbindung mit zwei verschiedenen radioaktiven Isotopen. Liegen in solchen Präparaten die beiden aktiven Isotope in dem festen Mischungsverhältnis $z = A_1/A_2$ vor, wobei $A_1$ und $A_2$ die Aktivitäten der Isotope I und II sind, und sind die errechneten oder aus Tabellen entnommenen Toleranzkonzentrationen der beiden Isotope $S_1$ und $S_2$, so ergibt sich die neue Toleranzkonzentration des Isotopengemisches $S(\text{I})$ (bezogen auf Isotop I) bzw. $S(\text{II})$ (bezogen auf Isotop II) nach einer von MEYER-SCHÜTZMEISTER angegebenen Formel zu

$$S(\text{I}) = z \cdot S(\text{II}) = \frac{1}{\frac{1}{S_1} + z\frac{1}{S_2}}. \tag{17}$$

### ζ) Zerfallsketten.

Die meisten natürlich radioaktiven Isotope gehen nicht direkt in stabile Endprodukte über, sondern bilden lange Ketten einander folgender Zerfälle, die man als radioaktive Familien oder Reihen bezeichnet. Eine durch chemische Abtrennung aus einer solchen Reihe isolierte Substanz bildet nach einiger Zeit wieder sämtliche daraus entstehenden Folgeprodukte nach (so z.B. das Radium aus der Uran-Radiumreihe). Nach genügend langer Zeit stellt sich dann ein Gleichgewicht ein, bei welchem von jedem Folgeprodukt gleichviel Atomkerne in der Zeiteinheit zerfallen, und zwar so viele, wie die Muttersubstanz je Zeiteinheit nachbildet, vorausgesetzt, daß die Muttersubstanz erheblich langlebiger ist als die Tochtersubstanzen. Im radioaktiven Gleichgewicht sind also die Aktivitäten von Muttersubstanz und Folgeprodukten einander gleich:

$$\lambda_1 N_1 = \lambda_2 N_2 = \lambda_3 N_3 = \cdots \lambda_k N_k. \tag{18}$$

Hierin bedeutet $\lambda$ die Zerfallskonstante und $N$ die Anzahl der vorhandenen aktiven Kerne. Ein radioaktives Gleichgewicht kann sich natürlich nicht einstellen, wenn die Muttersubstanz kurzlebiger ist als die Folgeprodukte. Die Aktivität wird dann durch die Substanz mit der längsten Halbwertszeit bestimmt und erst für diese und deren Tochterprodukte kann es in einer solchen Reihe zu einem Gleichgewichtszustand kommen.

Unter den künstlich radioaktiven Isotopen sind einige der Spaltprodukte, wie z.B. das $^{90}$Sr und das $^{144}$Ce solche Muttersubstanzen, welche durch $\beta$-Zerfall zunächst in instabile Kerne übergehen, die dann ihrerseits erst unter $\beta$-Emission zu stabilen Endprodukten zerfallen. Auch das viel verwandte Wismut-Isotop $^{210}$Bi, welches der natürlichen Uranreihe angehört und jetzt auch durch einen $(n, \gamma)$-Prozeß im Uranreaktor künstlich hergestellt werden kann, zerfällt unter Aussendung von Elektronen mit einer Halbwertszeit von etwa 5 Tagen in das Polonium-Isotop $^{210}$Po, welches ein $\alpha$-Strahler ist und sich mit einer Halbwertszeit von etwa 140 Tagen in das stabile Endprodukt Blei $^{206}$Pb umwandelt. Bei dieser Zerfallskette ist die $\beta$-Aktivität der Muttersubstanz $^{210}$Bi nach einiger Zeit verschwunden (sie beträgt nach 50 Tagen nur noch rund $^1/_{1000}$ der Anfangsaktivität), während die $\alpha$-Aktivität der Tochtersubstanz $^{210}$Po vom Anfangswert 0 aus zunächst ansteigt, nach etwa 25 Tagen ein Maximum durchläuft und dann allmählich mit der Halbwertszeit von 140 Tagen abklingt.

Die Dosis muß bei solchen Zerfallsketten für jedes beteiligte Isotop einzeln berechnet werden, da zwar die Dosisleistung eines jeden Isotops seiner Aktivität proportional ist, die gesamte Dosisleistung aller radioaktiven Produkte wegen der verschiedenen Zerfallsenergien, der verschiedenen differentialen Ionisation und eventuell auch wegen der unterschiedlichen biologischen Wirksamkeit ihrer Strahlen niemals der Gesamtaktivität proportional sein kann.

Das zeitliche Ansteigen und Abfallen der Aktivität der einzelnen, zu einer Zerfallsreihe gehörenden Isotope kann man aus einem System einfacher Differentialgleichungen berechnen. Liegt zur Zeit $t=0$ von der Substanz 1 die Menge von $N_1^0$ aktiven Kernen vor und ist von ihren Folgeprodukten 2, 3, 4 usw. zur Zeit $t=0$ noch nichts vorhanden, bezeichnet man ferner mit $\lambda_1, \lambda_2, \lambda_3, \ldots$ die Zerfallskonstanten und mit $N_1, N_2, N_3 \ldots$ die Anzahl der vorhandenen Kerne zur Zeit $t$, so bestehen die Gleichungen

$$\left.\begin{aligned} A_1 &= \frac{dN_1}{dt} = -\lambda_1 N_1, \\ A_2 &= \frac{dN_2}{dt} = -\lambda_2 N_2 + \lambda_1 N_1, \\ A_3 &= \frac{dN_3}{dt} = -\lambda_3 N_3 + \lambda_2 N_2, \\ A_4 &= \ldots \text{ usw.} \end{aligned}\right\} \quad (19)$$

für die Aktivitäten der einzelnen Glieder der Zerfallskette. Die Lösung dieses Systems von Differentialgleichungen zu den angegebenen Bedingungen ergibt die Aktivität der einzelnen Isotope zu irgendeinem Zeitpunkt $t$

$$\left.\begin{aligned} A_1 &= A_0 \cdot e^{-\lambda_1 t}, \\ A_2 &= A_0 \cdot \frac{\lambda_2}{\lambda_2 - \lambda_1} \cdot \{e^{-\lambda_1 t} - e^{-\lambda_2 t}\}, \\ A_3 &= A_0 \cdot \frac{\lambda_2 \cdot \lambda_3}{(\lambda_1 - \lambda_2) \cdot (\lambda_2 - \lambda_3) \cdot (\lambda_3 - \lambda_1)} \cdot \{(\lambda_3 - \lambda_2) e^{-\lambda_1 t} + (\lambda_1 - \lambda_3) e^{-\lambda_2 t} + (\lambda_2 - \lambda_1) e^{-\lambda_3 t}\}, \\ A_4 &= \cdots \text{ usw.} \end{aligned}\right\} \quad (20)$$

($A_0$ bedeutet die Anfangsaktivität der Muttersubstanz).

Mit Hilfe dieser Aktivitätsgleichungen kann für jedes einzelne Isotop nach den oben angegebenen Formeln die Dosisleistung als Funktion der Zeit ermittelt werden. Nach Multiplikation der Dosisleistungen mit dem entsprechenden biologischen Wirkungsfaktor und Addition erhält man dann die Gleichung für die gesamte, an das Gewebe abgegebene Dosisleistung in Abhängigkeit von der Zeit. Diese etwas mühsame und umständliche Rechnung ist notwendig, um bei Zerfallsketten feststellen zu können, ob die gesamte Dosisleistung in biologischen Maßeinheiten mit der Zeit monoton abfällt oder ob — was häufig der Fall ist — die Dosisleistung zwischenzeitlich ansteigt und eventuell den Anfangswert und die tägliche Toleranzdosis überschreitet. So ist es ja bekannt, daß z.B. ein frisch hergestelltes geschlossenes Radiumpräparat zunächst einen starken Dosisanstieg aufweist und erst nach Erreichen eines bestimmten Höchstwertes quasi konstant bleibt.

Die Gesamtdosis, welche beim totalen Zerfall der gesamten Menge und bis zum völligen Abklingen der Gesamtaktivität entsteht, ist wesentlich einfacher zu berechnen. Man ermittelt zunächst die Zahl $N_0$ der ursprünglich von der Muttersubstanz vorhandenen Kerne aus der Anfangsaktivität $A_0$ und ihrer Halbwertszeit $T_1$. Hiermit bestimmt man für jeden einzelnen Zerfallsprozeß die entstehende biologische Strahlendosis, da ja jeder aktive Kern sämtliche Umwandlungen bis zum stabilen Endprodukt durchläuft.

### e) Maximal zulässige Mengen inkorporierter Isotope.

#### α) *Dosiskonstanten und Toleranzkonzentration.*

Die nach den oben angegebenen Formeln errechneten Dosiskonstanten und Toleranzkonzentrationen haben, wie bereits mehrfach betont, nur Gültigkeit für eine homogene und stabile Verteilung im Körper. MARINELLI und Mitarbeiter haben für eine Anzahl der am häufigsten verwandten Isotope eine Berechnung dieser Werte durchgeführt unter

Zugrundelegung einer Toleranzdosis von 0,1 rep/Tag. Eine Neuberechnung unter Berücksichtigung neuester physikalischer Daten und des unter Umständen nicht unbeträchtlichen Dosisanteils der Konversionselektronen stammt von MEYER-SCHÜTZMEISTER[1]. Diese Werte, welche als die zur Zeit zuverlässigsten gelten dürfen, wurden in Tabelle 2 zusammengestellt, wobei die Toleranzkonzentrationen $S_\beta$, $S_\gamma$, $S_{\beta,\gamma}$ auf die neue internationale Toleranzdosis von 0,05 rep/Tag umgerechnet wurden.

## β) Anreicherung und Ausscheidung.

Bei der Berechnung der aus einer Inkorporierung radioaktiver Isotope resultierenden Strahlendosis und bei der Verwendung der Tabellenwerte für die Toleranzkonzentrationen ist natürlich zu beachten, daß eine homogene und stabile Verteilung nur einen Idealfall darstellt, eine Voraussetzung, die in Wirklichkeit von keinem der Isotope oder einer ihrer Verbindungen erfüllt wird, da ja jede chemische Substanz dem Stoffwechselgeschehen des Organismus unterworfen ist. Zunächst wird stets eine gewisse Zeitspanne nach der Applikation vergehen, ehe eine Art von biologischem Gleichgewicht entstehen, also eine denkbare Gleichverteilung im Körper eintreten könnte. Am nächsten kommt einem solchen Idealfall noch das radioaktiv markierte Kochsalz, wobei allerdings die Stabilität der homogenen Verteilung auch nur für eine relativ kurze Zeit gewährleistet ist, da sehr schnell eine Ausscheidung aus dem Körper erfolgt. Alle anderen chemischen Verbindungen werden jedoch sehr bald von einzelnen Organen und Geweben in unterschiedlichem Ausmaß angereichert und mehr oder weniger schnell ganz oder wenigstens teilweise wieder ausgeschieden. Alle diese Vorgänge sind entscheidend abhängig von der chemischen Verbindung, in welcher das betreffende Isotop vorliegt, und sind ferner starken individuellen Schwankungen unterworfen. Aus diesen Gründen hat man davon abgesehen, feste Tabellenwerte anzugeben, welche die Anreicherung und Ausscheidung aus dem Organismus berücksichtigen, zumal unsere Kenntnis der Stoffwechselvorgänge bei der Vielzahl der möglichen Isotopenverbindungen nur außerordentlich lückenhaft ist.

Schon 1942 wurde von SCHUBERT[2] auf die Wichtigkeit einer Kenntnis der „relativen Absorptionsverhältnisse im Körper" hingewiesen, welche einen entscheidenden Einfluß auf die resultierende Strahlendosis haben. In zahlreichen Arbeiten sind Aufnahme, Speicherung und Ausscheidung biologisch wichtiger Isotopenverbindungen in den einzelnen Organen untersucht worden. Die Auswertung solcher Versuche geschieht meist durch Berechnung des Organanreicherungsfaktors und seiner Abhängigkeit von der Zeit[3]. Hierfür hat die von MARINELLI und Mitarbeitern eingeführte Bezeichnung DAR („differential absorption ratio") Eingang in die Literatur gefunden, deren Zahlenwert sich aus

$$\mathrm{DAR} = \frac{\dfrac{\text{Aktivität im Organ}}{\text{Organgewicht}}}{\dfrac{\text{Applizierte Aktivität}}{\text{Körpergewicht}}} \tag{21}$$

ergibt. Diese Anreicherungsfaktoren, welche durch den Quotienten aus der Isotopenkonzentration in dem betreffenden Organ durch diejenige Konzentration ausgedrückt werden, welche bei homogener Verteilung im ganzen Körper vorhanden wäre, müssen also als Grundlage für die Dosisberechnung dienen, welche stets so durchzuführen ist, daß das Organ mit dem größten DAR-Wert nicht höher als mit der Toleranzdosis belastet wird.

---

[1] MEYER-SCHÜTZMEISTER, L.: Naturwiss. **37**, 501 (1950).
[2] SCHUBERT, G.: Kernphysik und Medizin. Göttingen 1947. 2. Aufl. 1948.
[3] COHN, W. E.: Nucleonics **3**, (Jan.), 21 (1948). — MORGAN, K. Z.: J. physic. Colloid Chem. **51**, 984 (1947). — MARINELLI, L. D., F. H. QUIMBY and G. J. HINE: Nucleonics **2**, (April), 56 (1948). — ROSSI, H. H., and R. H. ELLIS jr.: Amer. J. Roentgenol. **67**, 980 (1952). — LOW-BEER, B. V. A., R. S. BLAIS and N. E. SCOFIELD: Amer. J. Roentgenol. **67**, 28 (1952).

Tabelle 2. *Dosiskonstanten und Toleranzkonzentrationen für verschiedene radioaktive Isotope* (nach MEYER-SCHÜTZMEISTER[1]).

Die Toleranzkonzentrationen $S_\beta$, $S_\gamma$ und $S_{\beta,\gamma}$ geben diejenigen Aktivitätskonzentrationen in $\mu$C/kg Körpergewicht an, die innerhalb der ersten 24 Std nach Applikation eine $\beta$-, $\gamma$- oder Gesamtstrahlendosis von 0,05 rep liefern.

| Isotop | Halbwertszeit $T$ | Zerfallsanteil je Tag $t_d$ | Zerfallsart % | $\overline{E}_\beta$ (MeV) | $K_\beta$ $\left(\dfrac{\text{rep}\cdot\text{g}}{\mu\text{C}}\right)$ | $S_\beta$ ($\mu$C/kg) | $J_\gamma$ (r/mC·Std) in 1 cm Abstand | $K_\gamma$ (r·g/$\mu$C) in 1 cm Abstand | $S_\gamma$ ($\mu$C/kg) | $S_{\beta,\gamma}$ ($\mu$C/kg) |
|---|---|---|---|---|---|---|---|---|---|---|
| $^{14}_{6}$C | 5600 a | $3{,}4\cdot 10^{-7}$ | $\beta^-$ 100 | 0,05 | $10{,}1\cdot 10^6$ | 14,5 | | | | 14,5 |
| $^{24}_{11}$Na | 14,8 h | 0,68 | $\beta^-$ 100 | 0,54 | 29,4 | 2,5 | 19,5 | 0,41 | 0,94 | 0,65 |
| $^{31}_{14}$Si | 2,63 h | 0,998 | $\beta^-$ 100 | 0,72 | 6,93 | 7,2 | | | | 7,2 |
| $^{32}_{15}$P | 14,1 d | 0,050 | $\beta^-$ 100 | 0,685 | 856 | 1,15 | | | | 1,15 |
| $^{35}_{16}$S | 88 d | 0,0079 | $\beta^-$ 100 | 0,053 | 410 | 15 | | | | 15 |
| $^{42}_{19}$K | 12,44 h | 0,74 | $\beta^-$ 100 | 1,40 | 63,9 | 1,05 | 2,0 | 0,036 | 13,8 | 0,95 |
| $^{45}_{20}$Ca | 152 d | 0,0039 | $\beta^-$ 100 | 0,09 | 1200 | 10,5 | | | | 10,5 |
| $^{46}_{21}$Sc | 85 d | 0,008 | $\beta^-$ 100 | 0,13 | 1000 | 6,25 | 11,5 | 33,8 | 1,0 | 0,86 |
| $^{51}_{24}$Cr | 26,5 d | 0,025 | $K$[2] 100 | 0,0054 | 10 | 200 | 0,06 (10,5)[4] | 0,055 (9,61) | 208 | 102 |
| $^{56}_{25}$Mn | 2,56 h | 0,998 | $\beta^-$ 100 | 0,77 | 7,25 | 6,9 | 9,8 | 0,036 | 7,15 | 3,5 |
| $^{55}_{26}$Fe | ~3 a | $6{,}3\cdot 10^{-4}$ | $K$ 100 | 0,0064 | 780 | 102 | (7,2) | (363) | | 102 |
| $^{59}_{26}$Fe | 45,5 d | 0,015 | $\beta^-$ 100 | 0,12 | 480 | 6,95 | 6,75 | 10,6 | 1,67 | 1,35 |
| $^{60}_{27}$Co | 5,3 a | $3{,}6\cdot 10^{-4}$ | $\beta^-$ 100 | 0,099 | 16800 | 8,25 | 13,5 | 902 | 0,82 | 0,74 |
| $^{64}_{29}$Cu | 12,8 h | 0,73 | $\beta^+$ 15 $\beta^-$ 32 $K$ 53 | 0,12 | 5,63 | 12,15 | 1,1[5] (2,4) | 0,02 (0,044) | 20,45 | 7,6 |
| $^{65}_{30}$Zn | 250 d | 0,003 | $\beta^+$ 2,2 $K$ 97,8 | 0,01 | 220 | 75,5 | 3,0[5] (4) | 25,9 (34,5) | 3,39 | 3,25 |
| $^{69}_{30}$Zn $^{69}_{30}$Zn* | 57 m 13,8 h | 0,70 | $\beta^-$ 100 I. Ü.[3] | 0,31 | 15,7 | 4,55 | 2,5 | 0,050 | 8,1 | 2,9 |
| $^{72}_{31}$Ga | 14,25 h | 0,69 | $\beta^-$ 100 | 0,46 | 23,9 | 3,0 | 5,7 | 0,11 | 3,2 | 1,5 |
| $^{76}_{33}$As | 1,19 d | 0,46 | $\beta^-$ 100 | 1,18 | 124 | 0,85 | 2,3 | 0,095 | 6,2 | 0,76 |
| $^{77}_{33}$As | 1,66 d | 0,34 | $\beta^-$ 100 | 0,24 | 35 | 4,2 | | | | 4,2 |
| $^{86}_{37}$Rb | 19,5 d | 0,035 | $\beta^-$ 100 | 0,63 | 1081 | 1,32 | 1,24 | 0,836 | 9,15 | 1,15 |
| $^{89}_{38}$Sr | 54,5 d | 0,014 | $\beta^-$ 100 | 0,58 | 2781 | 1,25 | | | | 1,25 |
| $^{90}_{39}$Y | 2,54 d | 0,239 | $\beta^-$ 100 | 0,97 | 217 | 0,95 | | | | 0,95 |
| $^{103}_{44}$Ru $^{103}_{45}$Rh* | 45 d 52 m | 0,015 | $\beta^-$ 100 I. Ü. | 0,09[6] | 356 | 9,36 | 2,95 | 4,59 | 4,19 | 2,89 |
| $^{105}_{45}$Rh | 1,54 d | 0,361 | $\beta^-$ 100 | 0,26 | 35 | 3,95 | | | | 3,95 |
| $^{109}_{46}$Pd | 14,1 h | 0,692 | $\beta^-$ 100 | 0,35 | 18,2 | 3,95 | | | | 3,95 |
| $^{110}_{47}$Ag* $^{110}_{47}$Ag | 225 d 24,5 s | 0,0032 | $\beta^-$ 100 I. Ü. | 0,23[6] | 4554 | 3,44 | 16,47 | 128 | 0,67 | 0,55 |
| $^{111}_{47}$Ag | 7,5 d | 0,088 | $\beta^-$ 100 | 0,26 | 172 | 3,3 | | | | 3,3 |
| $^{124}_{51}$Sb | 60 d | 0,012 | $\beta^-$ 100 | 0,45[6] | 2376 | 1,75 | 5,7 | 11,8 | 1,85 | 0,9 |
| $^{127}_{52}$Te* $^{127}_{52}$Te | 90 d 9,3 h | 0,0075 | I. Ü. $\beta^-$ 100 | 0,42[6] | 3320 | 2,0 | | | | 2,0 |
| $^{131}_{53}$J | 8,0 d | 0,083 | $\beta^-$ 100 | 0,17 | 120 | 5 | 3,0 | 0,83 | 4,09 | 2,25 |
| $^{134}_{55}$Cs | 1,7 a | 0,0011 | $\beta^-$ 100 | 0,16 | 8736 | 5,2 | 9,2 | 175 | 1,37 | 1,08 |
| $^{142}_{59}$Pr | 19,3 h | 0,577 | $\beta^-$ 100 | 0,82 | 57,7 | 1,5 | 0,18 | 0,005 | 86,65 | 1,47 |
| $^{181}_{72}$Hf | 47 d | 0,015 | $\beta^-$ 100 | 0,2[5] | 827 | 4,0 | 3,0 | 4,8 | 3,78 | 1,95 |
| $^{185}_{74}$W | 73,2 d | 0,0094 | $\beta^-$ 100 | 0,13 | 837 | 6,35 | | | | 6,35 |
| $^{186}_{75}$Re | 3,87 d | 0,164 | $\beta^-$ 100 | 0,38[6] | 129 | 2,35 | 1,9 | 0,25 | 6,35 | 1,75 |
| $^{198}_{79}$Au | 2,66 d | 0,23 | $\beta^-$ 100 | 0,34[6] | 80 | 2,7 | 2,3 | 0,21 | 5,9 | 1,85 |
| $^{203}_{80}$Hg | 43,5 d | 0,015 | $\beta^-$ 100 | 0,11[6] | 421 | 7,9 | 1,21 | 1,82 | 10,2 | 4,45 |
| $^{204}_{81}$Tl | 3,5 a | 0,000564 | $\beta^-$ 100 | 0,28 | 31470 | 2,8 | | | | 2,8 |

[1] MEYER-SCHÜTZMEISTER, L.: Naturwiss. **37**, 501 (1950).
[2] K-Elektroneneinfang.
[3] Isomerer Übergang.
[4] Die eingeklammerten Werte beziehen sich auf die Ionisierungswirkung der durch K-Elektroneneinfang entstehenden Röntgenstrahlung. Der Beitrag der K-Strahler zur Toleranzdosis ist jedoch beim Fehlen einer $\gamma$-Strahlung in $S_\beta$ enthalten.
[5] Enthält den Beitrag der Vernichtungsstrahlung.
[6] Enthält den Beitrag der Konversionselektronen.

In Tabelle 3 sind für eine Reihe häufig verwandter Isotope die besonders bevorzugten Speicherungsorgane zusammengestellt. Als besonders gefährliche Isotope erscheinen hier $^{90}$Sr, $^{238}$Pu und $^{239}$Pu wegen ihrer langen Halbwertszeiten und selektiven Speicherung in den Knochen.

Tabelle 3. *Bevorzugte Speicherungsorte verschiedener Isotope im tierischen oder menschlichen Körper* (nach SCHUBERT[1]).

| | Isotop | Halbwertszeit | Strahlung | Bevorzugter Speicherungsort |
|---|---|---|---|---|
| Fluor | $^{18}$F | 2 h | $\beta^+$ | Zahndentin |
| Natrium | $^{22}$Na | 3 a | $\beta^+, \gamma$ | Blutplasma, Skelet, Niere |
| | $^{24}$Na | 14,8 h | $\beta^-, \gamma$ | Knochenmark, Lunge, Leber |
| Silicium | $^{31}$Si | 2,63 h | $\beta^-$ | Knochengewebe |
| Phosphor | $^{32}$P | 14,1 d | $\beta^-$ | Knochen, Knochenmark, Leber, Darm, Milz, Lymphknoten, Knochentumoren (Sarkomzellen) |
| Schwefel | $^{35}$S | 88,0 d | $\beta^-$ | Gelenke |
| Chlor | $^{34}$Cl | 33 min | $\beta^+$ | Blutplasma, Lunge, Niere |
| | $^{36}$Cl | 10 a | $\beta^-$ | |
| | $^{38}$Cl | 37 min | $\beta^-, \gamma$ | |
| Kalium | $^{42}$K | 12,44 h | $\beta^-, \gamma$ | Leber, Knochen, Nebenniere |
| Calcium | $^{45}$Ca | 152 d | $\beta^-, \gamma$ | Knochensystem, Zähne, Leber |
| | $^{49}$Ca | 2,5 h | $\beta^-$ | |
| Mangan | $^{56}$Mn | 2,56 h | $\beta^-, \gamma$ | Leber, Niere, Muskulatur, Schilddrüse, Erythrocyten, Leber, Milz, Knochenmark, Darmschleimhaut |
| Eisen | $^{55}$Fe | ~3 a | $K$ | Erythrocyten, Leber, Milz, Knochenmark, Darmschleimhaut |
| | $^{59}$Fe | 45,5 d | $\beta^-, \gamma$ | |
| Kobalt | $^{57}$Co | 18,2 h | $\beta^+, \gamma$ | Pankreas |
| Kupfer | $^{64}$Cu | 12,8 h | $\beta^+, \beta^-, K$ | Leber, Niere, Knochenmark, Milz, Nebenniere, tuberkulöses Lungengewebe, Lungenneoplasmen |
| Arsen | $^{76}$As | 26,8 h | $\beta^-, \gamma$ | Niere, Leber, Geschlechtsdrüsen |
| Brom | $^{82}$Br | 34 h | $\beta^-, -$ | Milz, Erythrocyten, Blutplasma, Knochengewebe, Niere |
| | $^{83}$Br | 140 min | $\beta^-$ | |
| Strontium | $^{89}$Sr | 54,5 d | $\beta^-$ | Skeletsystem, Knochentumoren |
| Jod | $^{128}$J | 25 min | $\beta^-, \gamma$ | Schilddrüse |
| | $^{131}$J | 8 d | $\beta^-, \gamma$ | |
| Plutonium | $^{238}$Pu | 50 a | $\alpha$ | Skeletsystem, Leber, Milz, Niere |
| | $^{239}$Pu | 24110 a | $\alpha$ | |

*γ) Toleranzkonzentrationen in Atemluft und Trinkwasser.*

Zweifellos stellt beim Arbeiten mit radioaktiven Isotopen die unbeabsichtigte Inkorporation die größte Gefahr dar. Hierbei kann die Aufnahme in den Körper durch Inhalation, oral oder durch Eindringen durch intakte oder verletzte Hautschichten erfolgen. Insbesondere bei jahrelangem regelmäßigem Umgang mit Radioisotopen ist die Gefahr von Ablagerungen im Körper durch die Ansammlung kleinster Aktivitäten gegeben, welche durch Unvorsichtigkeit beim Aufarbeiten im Laboratorium an Händen, Kleidung und Geräten haften bleiben und beim Essen, Trinken oder Rauchen in den Mund gelangen. Da radioaktive Stoffe auch als Staub, Dampf oder Gas die Luft der Arbeitsräume verseuchen können, besteht auch die Gefahr des Einatmens, wobei meist ein erheblicher Teil der Aktivität in den Lungen zurückbleibt.

Eine Zusammenstellung der maximal zulässigen Mengen von radioaktiven Isotopen im Körper, sowie der „Toleranzkonzentrationen" in Trinkwasser und Atemluft (bei Dauerzufuhr) unter Berücksichtigung der besonderen Organaffinität der einzelnen Elemente ist in Tabelle 4 aufgeführt. Die Zusammenstellung dieser Werte wurde einer Gemeinschaftsarbeit des Max-Planck-Institutes für Biophysik in Frankfurt a.M.

---

[1] SCHUBERT, G.: Kernphysik und Medizin. 2. Aufl. Göttingen 1948.

Tabelle 4. *Maximal zulässige Mengen von radioaktiven Isotopen im Gesamtkörper und maximal zulässige Konzentrationen im Trinkwasser und in der Atemluft bei Dauerzufuhr*[1].

| Isotop | µC im Gesamtkörper | µC/cm³ Wasser | µC/cm³ Luft | Isotop | µC im Gesamtkörper | µC/cm³ Wasser | µC/cm³ Luft |
|---|---|---|---|---|---|---|---|
| ³H | 10⁴ | 0,2 | 10⁻⁵ | ¹²⁹Te | 1,4 | 10⁻² | 4·10⁻⁸ |
| ⁷Be | 725 | 1 | 5·10⁻⁶ | ¹³¹J | 0,6 | 6·10⁻⁵ | 6·10⁻⁹ |
| ¹⁴C | 260 | 3·10⁻³ | 10⁻⁵ | ¹³³Xe | 320 | 4·10⁻³ | 4·10⁻⁶ |
| ¹⁸F | 5 | 0,2 | 3·10⁻⁵ | ¹³⁵Xe | 100 | 10⁻³ | 2·10⁻⁶ |
| ²⁴Na | 15 | 8·10⁻³ | 2·10⁻⁶ | ¹³⁷Cs + ¹³⁷Ba | 98 | 2·10⁻³ | 2·10⁻⁷ |
| ³²P | 10 | 2·10⁻⁴ | 10⁻⁷ | ¹⁴⁰Ba + ¹⁴⁰La | 1 | 5·10⁻⁴ | 2·10⁻⁸ |
| ³⁵S | 100 | 5·10⁻³ | 10⁻⁶ | ¹⁴⁰La | 7 | 0,3 | 4·10⁻⁷ |
| ³⁶Cl | 230 | 3·10⁻³ | 4·10⁻⁷ | ¹⁴⁴Ce + ¹⁴⁴Pr | 1 | 8·10⁻³ | 2·10⁻⁹ |
| ⁴¹A | 33 | 5·10⁻⁴ | 5·10⁻⁷ | ¹⁴³Pr | 6 | 8·10⁻² | 2·10⁻⁷ |
| ⁴²K | 21 | 10⁻² | 2·10⁻⁶ | ¹⁴⁷Pm | 25 | 0,2 | 4·10⁻⁸ |
| ⁴⁵Ca | 14 | 10⁻⁴ | 8·10⁻⁹ | ¹⁵¹Sm | 90 | 5·10⁻² | 3·10⁻⁹ |
| ⁴⁶Sc | 5 | 0,3 | 5·10⁻⁸ | ¹⁵⁴Eu | 7 | 10⁻² | 2·10⁻⁹ |
| ⁴⁸V | 10 | 0,3 | 6·10⁻⁷ | ¹⁶⁶Ho | 4 | 5 | 8·10⁻⁷ |
| ⁵¹Cr | 600 | 0,7 | 10⁻⁵ | ¹⁷⁰Tm | 4 | 6·10⁻² | 10⁻⁸ |
| ⁵⁶Mn | 2 | 0,15 | 3·10⁻⁶ | ¹⁷⁷Lu | 18 | 6 | 10⁻⁶ |
| ⁵⁵Fe | 10⁻³ | 5·10⁻³ | 7·10⁻⁷ | ¹⁸¹W | 24 | 0,1 | 5·10⁻⁶ |
| ⁵⁹Fe | 13 | 10⁻⁴ | 2·10⁻⁸ | ¹⁸³Re | 37 | 9·10⁻² | 9·10⁻⁶ |
| ⁶⁰Co | 3 | 2·10⁻² | 10⁻⁶ | ¹⁹⁰Ir | 21 | 0,2 | 10⁻⁶ |
| ⁵⁹Ni | 42 | 0,3 | 2·10⁻⁵ | ¹⁹²Ir | 3 | 9·10⁻⁴ | 5·10⁻⁸ |
| ⁶⁴Cu | 120 | 6·10⁻² | 5·10⁻⁶ | ¹⁹¹Pt | 2 | 6·10⁻³ | 2·10⁻⁷ |
| ⁶⁵Zn | 400 | 6·10⁻² | 2·10⁻⁶ | ¹⁹³Pt | 3 | 5·10⁻³ | 2·10⁻⁷ |
| ⁷²Ga | 3 | 3 | 10⁻⁶ | ¹⁹⁶Au | 8 | 5·10⁻² | 2·10⁻⁷ |
| ⁷¹Ge | 72 | 10 | 4·10⁻⁵ | ¹⁹⁸Au | 3 | 4·10⁻² | 2·10⁻⁷ |
| ⁷⁶As | 11 | 0,2 | 2·10⁻⁶ | ¹⁹⁹Au | 9 | 9·10⁻² | 4·10⁻⁷ |
| ⁸⁶Rb | 64 | 3·10⁻³ | 4·10⁻⁷ | ²⁰⁰Tl | 40 | 2·10⁻² | 2·10⁻⁶ |
| ⁸⁹Sr | 2 | 7·10⁻⁵ | 2·10⁻⁸ | ²⁰¹Tl | 310 | 8·10⁻² | 7·10⁻⁶ |
| ⁹⁰Sr + ⁹⁰Y | 1 | 8·10⁻⁷ | 2·10⁻¹⁰ | ²⁰⁴Tl | 200 | 8·10⁻³ | 8·10⁻⁷ |
| ⁹¹Y | 3 | 4·10⁻² | 9·10⁻⁹ | ²⁰³Pb | 61 | 0,1 | 7·10⁻⁶ |
| ⁹⁵Nb | 44 | 2·10⁻³ | 2·10⁻⁷ | ²²⁶Ra | 0,1 | 4·10⁻⁸ | 8·10⁻¹² |
| ⁹⁹Mo | 17 | 5 | 6·10⁻⁴ | Th (natürlich) | 0,01 | 5·10⁻⁷ | 3·10⁻¹¹ |
| ⁹⁶Tc | 5 | 3·10⁻² | 3·10⁻⁶ | U (natürlich, löslich) | 0,04 | 10⁻⁴ | 3·10⁻¹¹ |
| ¹⁰⁶Ru + ¹⁰⁶Rh | 4 | 0,1 | 3·10⁻⁸ | | | | |
| ¹⁰⁵Rh | 9 | 0,4 | 2·10⁻⁶ | U (natürlich, unlöslich) | 0,01 | — | 3·10⁻¹¹ |
| ¹⁰³Pd + ¹⁰³Rh | 7 | 10⁻² | 8·10⁻⁷ | ²³⁹Pu (löslich) | 0,04 | 6·10⁻⁶ | 2·10⁻¹² |
| ¹⁰⁵Ag | 19 | 2 | 10⁻⁵ | ²³⁹Pu (unlöslich) | 0,02 | — | 2·10⁻¹² |
| ¹¹¹Ag | 39 | 5 | 3·10⁻⁵ | ²⁴¹Am | 0,06 | 2·10⁻⁴ | 4·10⁻¹¹ |
| ¹⁰⁹Cd + ¹⁰⁹Ag | 45 | 7·10⁻² | 7·10⁻⁸ | ²⁴²Cm | 0,06 | 10⁻³ | 2·10⁻¹⁰ |
| ¹¹³Sn | 84 | 0,2 | 6·10⁻⁷ | | | | |
| ¹²⁷Te | 4 | 3·10⁻² | 10⁻⁷ | | | | |

entnommen, welche im Rahmen der Arbeiten der Schutzkommission der Deutschen Forschungsgemeinschaft durchgeführt wurde, bei welcher die biologischen und physikalischen Daten einer großen Anzahl von Einzelarbeiten über Radioisotope, sowie die Empfehlungen der Internationalen Kommission für radiologische Einheiten und Strahlenschutz (London 1950) und Angaben der Atomenergiekommission der USA einer kritischen Auswertung unterzogen wurden.

## 2. Grundsätze des Strahlenschutzes.

Schon bald nach der Entdeckung des Radiums wurden die zerstörenden Eigenschaften der beim Zerfall dieses Elementes freiwerdenden Strahlen festgestellt. Diese Schädigungen waren denen sehr ähnlich, welche bei der Einwirkung von Röntgenstrahlen auf organisches Gewebe beobachtet wurden. Verhältnismäßig spät aber erkannte man erst die tiefere Ursache für diese Ähnlichkeit, welche sich auf eine Vielzahl biologischer

---

[1] Aus RAJEWSKY, B.: Strahlendosis und Strahlenwirkung. Stuttgart 1954.

Effekte erstreckte, in dem gleichartigen biologischen Wirkungsmechanismus dieser Strahlungen. Wie bereits erwähnt, werden sowohl die Röntgenstrahlen als auch die Strahlungen von Radium und anderen radioaktiven Isotopen primär auf dem Wege über die im Gewebe entstehenden Ionisationen biologisch wirksam.

Unter dem Eindruck der schädigenden Wirkungen der ionisierenden Strahlen begann man allmählich dem Problem des Strahlenschutzes zunehmende Aufmerksamkeit zu schenken, zumal diese Schädigungen mit der Anwendung der Röntgenstrahlen und der Verbreitung radioaktiver Substanzen immer häufiger wurden. Jedoch konnte erst durch die Entwicklung geeigneter Dosismeßverfahren und Festlegung meßbarer Dosiseinheiten ein entscheidender Fortschritt auf dem Gebiete des Strahlenschutzes erzielt werden. Seit der Entdeckung der künstlichen Radioaktivität und dem Einsetzen der Massenproduktion von Radioisotopen im Uranpile sind die Aufgaben des Strahlenschutzes und der Aufwand für geeignete Schutzeinrichtungen erheblich angewachsen. Auch biochemische, biologische und medizinische Arbeiten mit radioaktiven Isotopen sind ohne einen gewissen Mindestaufwand an Mitteln für die Zwecke des Strahlenschutzes nicht durchführbar.

### a) Die Gefahren einer Schädigung durch ionisierende Strahlen.

Die durch den Einfluß ionisierender Strahlen hervorgerufenen Krankheitserscheinungen können trotz des gleichen biologischen Wirkungsmechanismus im einzelnen durchaus verschieden sein. Diese Unterschiede sind z.B. davon abhängig, ob es sich um eine Strahleneinwirkung von außen handelt oder ob durch Inkorporation von radioaktiven Substanzen die Strahlung im Innern des Körpers ihren Ursprung hat. Eine wesentliche Rolle spielen auch die Höhe der Dosis, die zeitliche Dosisverteilung, die Größe des bestrahlten Körpervolumens und vor allem die Strahlenqualität.

#### α) Frühschäden.

Ganzkörperbestrahlungen durch radioaktive Substanzen können sowohl durch Strahleneinwirkung von außen als auch nach Inkorporation von Radioisotopen erfolgen. Da die in den Körper aufgenommenen strahlenden Substanzen mit dem Blut- und Lymphstrom zunächst verteilt werden, so kommt es, zumindest kurzfristig, meist zu einer Ganzbestrahlung. Ist das inkorporierte Isotop ein $\gamma$-Strahler, so muß selbst bei starker selektiver Anreicherung in einzelnen Organen immer auch mit einer Strahlenbelastung des Gesamtorganismus gerechnet werden. Die nach solchen Ganzbestrahlungen zu beobachtenden Allgemeinwirkungen sind völlig identisch mit den nach einer Röntgenganzbestrahlung auftretenden Erscheinungen, die sich je nach der Höhe der Dosis vom leichten „Strahlenkater" bis zu den schwersten Symptomen einer „Strahlenvergiftung" und zum Strahlentod erstrecken. Als Symptome finden sich Mattigkeit, Kopfschmerzen, Schwindelzustände, Augenflimmern, Erbrechen und Durchfall. Bei Ganzbestrahlungen mit 200 r ist bereits mit Todesfällen zu rechnen. 800 r gelten als unbedingt tödliche Dosis.

Besonders strahlenempfindlich ist das blutbildende Gewebe. Schon nach Dosen von 25 rep an ist innerhalb von 24—36 Std nach kurzzeitigem Ansteigen ein Absinken der Leukocytenzahl festzustellen[1]. Auch tierexperimentelle Untersuchungen zeigen, daß gerade das hämatopoetische System durch Ganzkörperbestrahlungen in Mitleidenschaft gezogen wird[2]. Regelmäßige und sorgfältig durchgeführte Blutzellzählungen können daher zur frühzeitigen Feststellung einer Strahlenüberexposition mit herangezogen werden[3]. Allerdings ist hierbei zu berücksichtigen, daß sowohl eine Verminderung der Gesamtzahl der weißen Zellen als auch ein von der Norm abweichendes Verhältnis Neutrophile/Lymphocyten, sowie sonstige Blutbildveränderungen mannigfache andere

---
[1] CRONKITE, E. P.: J. amer. med. Ass. **139**, 366 (1949).
[2] EVENS, T. C., and E. H. QUIMBY: Amer. J. Roentgenol. **55**, 55 (1946).
[3] HELDE, M.: Strahlentherapie **83**, 283 (1950).

Ursachen haben können[1]. Daher sind strahlenbedingte Frühschäden nur schwer und selten eindeutig durch Blutbilduntersuchungen allein festzustellen[2]. Glücklicherweise ist die Regenerationsfähigkeit des hämatopoetischen Systems verhältnismäßig stark. Wie Untersuchungen an den durch Ganzkörperbestrahlung bei den Atombombenangriffen in Japan geschädigten Personen ergeben haben, ist für den Fall, daß die Patienten über die ersten 6—8 Wochen am Leben erhalten werden können, die Regeneration des Knochenmarkes in den meisten Fällen gewährleistet[3]. Die frühzeitige Feststellung eines massiven Strahlenschadens durch Ganzbestrahlung mit subletalen Dosen kann durch elektrophoretische Auftrennung des Serumeiweißes in seine Einzelfraktionen erfolgen. Wie an Ratten, welche mit Dosen von etwa 600 r bestrahlt worden waren, gezeigt werden konnte, treten bereits nach 3—6 Tagen erhebliche Verschiebungen in der Eiweißzusammensetzung des Blutserums auf, welche nach 8—10 Tagen ihr Maximum erreichen. Einem starken Absinken der Albumin- und $\gamma$-Globulinfraktion steht ein starker Anstieg der $\alpha$- und $\beta$-Globuline gegenüber. Der Gesamteiweißgehalt des Serums ist ebenfalls etwas vermindert[4]. Nach Einwirkung noch höherer Strahlendosen, bei welchen die Überlebensdauer nur noch etwa 3 Tage oder weniger beträgt, kommt es jedoch nicht mehr zu solchen Veränderungen im Serumeiweißbild, wie von HÖHNE u. a. an Ratten nachgewiesen wurde, die mit 3000 r totalbestrahlt worden waren[5].

Zum Glück sind beim praktischen Arbeiten mit Radioisotopen die Möglichkeiten für eine schwere kurzzeitige Ganzkörperbestrahlung relativ gering, wenn man von seltenen Unglücksfällen, wie z. B. Überdosierungen, schwersten radioaktiven Verseuchungen usw. absieht. Die weitaus häufigere Gefahr liegt in der Entstehung chronischer Strahlenschäden durch Dauerbelastung mit niedrigen Dosen, wie weiter unten ausgeführt wird.

Zu den sog. Frühschäden gehören ferner die besonders häufigen „Strahlenverbrennungen" der Haut. Die Haut reagiert auf ionisierende Strahlungen zunächst mit Erythembildung. Dem Strahlenerythem, welches zumeist in mehreren Wellen abläuft, liegt eine Erweiterung von Capillaren, Arteriolen und kleinen Venen zugrunde. Die Zahl der Erythemwellen kann von der Strahlenqualität und ihrer Eindringtiefe abhängen. In ihrer oberflächlichsten epithelialen Schicht, dem Stratum corneum, besitzt die Haut einen gewissen natürlichen Schutz, der gegen die $\alpha$-Strahlen mit ihrer geringen Eindringtiefe zunächst voll wirksam ist. Die $\beta$-Strahlen hingegen durchdringen in den meisten Fällen diese äußerste Hornschicht. Wegen ihrer großen Ionisationsdichte geben sie ihre gesamte Energie in den äußeren Gewebsschichten ab und sind daher besonders gefährlich, vor allem auch für die Schleimhäute und das ungeschützte Auge. Bei starker Straßleneinwirkung von außen, wie sie wegen des engen Kontaktes mit der Strahlenquelle besonders bei radioaktiven Verseuchungen der Haut bestehen kann, geht das Strahlenerythem unter Blasenbildung meist in chronische Ulcerationen über.

Eine weitere Gefahr liegt in der Störung der Keimdrüsenfunktion durch ionisierende Strahlen. Bestrahlungen der Ovarien mit etwa 400 r, der Hoden mit Dosen zwischen 800—1000 r können bereits zur Sterilität führen. Bei den Ovarien kommt es zu einer Kumulierung der Dosis, unabhängig von ihrer zeitlichen Verteilung, während das Hodengewebe eine gewisse Regenerationsfähigkeit besitzt[6].

*β) Spätschäden.*

Sowohl akute Überbestrahlungen, als vor allem auch Dauerbestrahlungen mit relativ kleinen Dosen können nach einer längeren oder kürzeren Latenzzeit zu Spätschädigungen

---

[1] RALL, I. E., C. G. FOSTER, J. ROBBINS, R. LAZERSON, L. E. FARR and R. W. RAWSON: Amer. J. Roentgenol. **70**, 274 (1953).
[2] LORENZ, E., W. E. HESTON, A. B. ASCHENBRENNER and M. K. DERINGER: Radiology **49**, 274 (1947). — LANGENDORFF, H.: Strahlentherapie **90**, 408 (1953).
[3] BRUEGGE, C. F. VOR DER: Ann. internal Med. **36**, 1444 (1952).
[4] HÖHNE, G., R. JASTER u. H. A. KÜNKEL: Kli. Wo. **1952**, 952.
[5] HÖHNE, G., H. A. KÜNKEL u. R. ANGER: Kli. Wo. **1955**, 284.
[6] SCHUBERT, G.: Kernphysik und Medizin. 2. Aufl. Göttingen 1948.

führen. Wie sich in zahlreichen Tierversuchen gezeigt hat, tritt als Folge einer chronischen Bestrahlung im allgemeinen eine Herabsetzung der Lebenserwartung ein. Nach MULLER[1] besteht sogar die Möglichkeit einer völligen Kumulierung aller jener Strahleneffekte, welche für eine Lebensverkürzung verantwortlich zu machen sind, ohne Einfluß der Dosisleistung oder des Zeitfaktors. Nach seinen Berechnungen müßte bereits eine 30jährige Belastung mit einer Dosis von 0,1 r je Tag zu einer Lebenskürzung von etwa $1^1/_2$ Jahren führen.

An erster Stelle stehen bei den Spätschädigungen wiederum die Störungen der blutbildenden Organe. So kann es als weitgehend statistisch gesichert gelten, daß z.B. Ärzte, welche ständig mit Röntgenstrahlen und Radium umgehen, etwa 10—20mal häufiger an Leukämie erkranken als der Durchschnitt der Ärzte[2].

Bei den wesentlich komplizierteren Verhältnissen, wie sie das Arbeiten mit Radioisotopen, insbesondere mit offenen Präparaten mit sich bringt, bei der Vielfalt der Arbeitsgänge und Arbeitsmethoden dürfte die Gefahr von Strahlenschädigungen jedoch erheblich größer sein. So sind als Folge einer Strahleneinwirkung von außen, wie auch nach Inkorporation von radioaktiven Substanzen aplastische Anämien[3] beobachtet worden, welche im allgemeinen als irreparable Schäden anzusehen sind.

Eine Übersicht über einige zur Beobachtung gekommene Spätschäden durch künstlich radioaktive Isotope wird von LEUCUTIA[4] gegeben. Eine ausführliche Darstellung histopathologischer Veränderungen nach innerer und äußerer Bestrahlung ist bei BLOOM[5] zu finden. LEUCUTIA[6] berichtet über Hornhauttrübungen und Kataraktbildung nach starker Strahleneinwirkung, insbesondere durch $\beta$-Strahlung. Nach jahrelanger Einwirkung kleiner Strahlendosen auf die Haut können Spätschäden entstehen, ohne daß jemals vorher ein Strahlenerythem beobachtet wird[7]. Da die Hände am häufigsten der Strahleneinwirkung ausgesetzt sind, finden sich chronische Strahlenschäden der Haut vor allem an den Fingern. Die ersten Anzeichen hierfür bestehen in einer teilweisen Abflachung der Hautleisten an den Fingerspitzen, Rötung, Trockenheit, Glätte und Sprödigkeit der Haut in der Umgebung der Nägel, Haarausfall, Brüchigkeit und Leistenbildung an den Fingernägeln selbst. Später finden sich häufig Pigmentierungen, Hautatrophien, Indurationen und warzenähnliche Neubildungen. Kleine Abschürfungen und Verletzungen können chronische Ulcerationen zur Folge haben. Ein häufiges Waschen mit stark desinfizierenden Lösungen beim Arbeiten mit Radioisotopen kann als Kombinationsschaden schwere lokale Hautveränderungen verursachen.

Wie bereits seit langem bekannt, kann durch Einwirkung ionisierender Strahlen (allein oder in Verbindung mit anderen Reizen) Krebs hervorgerufen werden. Über die Entstehung von Carcinomen nach Einwirkung von Röntgenstrahlen ist schon frühzeitig berichtet worden[8]. Seit den Untersuchungen von RAJEWSKY[9] über den Schneeberger Lungenkrebs ist den cancerogenen Wirkungen inkorporierter Isotope besondere Aufmerksamkeit geschenkt worden. Hier sind es insbesondere die sog. „knochensuchenden" Elemente (boneseeker), welche in erster Linie als gefährlich anzusehen sind, wie z.B. die radioaktiven Isotope der Erdalkalien (Ca, Sr, Ba, Ra), vieler seltener Erden, sowie von Gallium und Plutonium. Über die carcinogenen Eigenschaften von radioaktiven

---

[1] MULLER, H. J.: Strahlentherapie 85, 362 (1951).
[2] MARCH, H. C.: Radiology 43, 275 (1944). Amer. J. med. Sci. 220, 282 (1950). — ULRICH, H.: New Engl. J. Med. 234, 45 (1946).
[3] BRINNITZER, H. N.: Strahlentherap. 52, 699 (1935).
[4] LEUCUTIA, T.: Amer. J. Roentgenol. 60, 679 (1948).
[5] BLOOM, W.: Histopathology of radiation from external and internal sources. National Nuclear Energy Series Div. IV — Plutonium Project Record. Bd. 22/1. New York 1948.
[6] LEUCUTIA, T.: Amer. J. Roentgenol. 67, 998 (1952).
[7] BRAASCH, N. K., and M. J. NICKSON: Radiology 51, 719 (1948).
[8] COENEN, H.: Berlin. klin. Wschr. 1909, 292. — HESSE, O.: Fortschr. Röntgenstr. 17, 82 (1911).
[9] RAJEWSKY, B.: Z. Krebsforsch. 49, 315 (1939).

Spaltprodukten und Plutonium ist von LISCO und Mitarbeitern[1] berichtet worden. Im Tierversuch konnten GOLDBERG und CHAIKOFF[2] durch intraperitoneale Gaben von 400 bis 600 µC radioaktivem Jod Hypophysentumoren und Schilddrüsencarcinome erzeugen. Die Latenzzeit betrug 8—18 Monate. Bei Strahleneinwirkung von außen ist vor allem mit dem Auftreten von Hauttumoren zu rechnen, wie in zahlreichen Tierexperimenten nachgewiesen werden konnte[3]. Hier sind es besonders wieder die $\beta$-Strahlen, welche als besonders gefährlich anzusehen sind, da sie bereits auf Weglängen von wenigen Millimetern ihre gesamte Energie an das Gewebe abgeben. Oberflächendosen von insgesamt einigen hundert rep bis zu etwa 5000 rep müssen als „krebserzeugend" angesehen werden. Während nach einmaliger kurzzeitiger Straheneinwirkung verhältnismäßig selten Tumoren beobachtet werden konnten, scheint eine langdauernde Bestrahlung mit kleiner Dosisleistung eine Krebsentstehung besonders günstig zu beeinflussen. Auf die Möglichkeit einer Erzeugung von Leukämien, Leber- und Ovarialtumoren durch Inkorporation von Radioisotopen sei hier nur kurz hingewiesen, desgleichen auch auf das Auftreten von Fertilitätsstörungen, sowie die Möglichkeit von Schädigungen der reifenden Frucht, welche in allen Stadien der embryonalen Entwicklung erfolgen kann.

### $\gamma$) Genetische Schädigungen.

Zu den Spätschäden im weiteren Sinne gehören auch die durch die ionisierenden Strahlen hervorgerufenen genetischen Schädigungen. Wegen der besonderen und weitgehenden Folgen dieser strahleninduzierten Veränderungen des Erbgutes für die Allgemeinheit sei ihnen in diesem Zusammenhang ein gesonderter Abschnitt gewidmet.

Durch die Einwirkung ionisierender Strahlen auf die Keimdrüsen kann nicht nur die Gesundheit des Individuums, sondern auch die seiner späteren Nachkommenschaft erheblich beeinträchtigt werden. Man bezeichnet daher die ionisierenden Strahlen als „mutagen", d.h. sie können erbliche Veränderungen der Chromosomen und Gene sowohl in Körper- als auch in Keimzellen hervorrufen. Während nun die somatischen Mutationen von vielen Autoren für die Entstehung des Strahlenkrebses verantwortlich gemacht werden, sind die Mutationen in den Keimzellen als Ursache für eine Erbschädigung der Nachkommenschaft anzusehen.

Wie bereits S.893 (Toleranzdosen) dargelegt, können schon kleinste Strahlenmengen Erbschädigungen hervorrufen, falls sie im strahlenempfindlichen Bereich der Gene und Chromosomen Ionisationen erzeugen. Strahleninduzierte Mutationen sind zumeist recessiv. Nach unserer heutigen Kenntnis sind die strahlengenetischen Effekte nicht an das Überschreiten einer Schwellendosis geknüpft, und es gibt für die einmal veränderte Struktur der Gensubstanz — wenn man von dem seltenen Ereignis einer Rückmutation absieht — keinen „Erholungsfaktor", so daß hier als gesichert gelten kann, daß auch beim Menschen — wie in zahllosen Versuchen an Tieren und Pflanzen experimentell bewiesen — mit einer völligen Akkumulierung, d.h. einer Summation aller, auch kleinster Strahlendosen gerechnet werden muß.

Nach tierexperimentellen Untersuchungen kann die strahleninduzierte Mutationsrate je r und Gen bei Drosophila (Genzahl etwa $4 \times 10^3$) mit etwa $3 \times 10^{-8}$, bei der Maus (Genzahl etwa $2 \times 10^4$) mit etwa $2,5 \times 10^{-7}$ angenommen werden. Die zur Verdopplung der Spontanmutationsrate je Individuum und Generation erforderliche Dosis beträgt bei Drosophila etwa 33 r, bei der Maus 32 r. Sie wird von MULLER für den Menschen auf etwa 80 r geschätzt.

Je größer die Bevölkerungsgruppe ist, welche von der erbschädigenden Wirkung ionisierender Strahlen betroffen wird, mit um so größeren Auswirkungen auf die Gesund-

---

[1] LISCO, H., M. P. FINKEL and A. M. BRUES: Radiology 49, 361 (1947).
[2] GOLDBERG, R. C., and I. L. CHAIKOFF: Proc. Soc. exp. Biol. Med. 76, 563 (1951).
[3] NOONAN, T., F. VAN SLYKE and G. HURSH: Apr. 20 (1951); 12p (UR-161). — HENSHAW, P. G., E. F. RILEY and G. E. STAPLETON: Radiology 49, 349 (1947). — RAPER, J. R.: Radiology 49, 314 (1947).

heit kommender Generationen ist zu rechnen, da die Manifestation der strahleninduzierten Mutationen, welche, wie oben erwähnt, meist recessiv sind, von der Wahrscheinlichkeit abhängt, daß sich im weiteren Erbgang zwei gleichsinnig mutierte Gene vereinigen. Die Gefahr von Schädigungen des Erbgutes wird somit zum Kollektivproblem, welches um so schwerwiegender wird, je mehr die Zahl derer anwächst, welche mit ionisierenden Strahlen umgehen. Aus diesem Grunde sollte stets angestrebt werden, jedwede Strahlenbelastung so gering wie nur irgend möglich zu halten und auf einen Wert herabzudrücken, welcher in der Größenordnung der natürlichen Umweltstrahlung (also etwa 0,003 r/Tag) liegt. So wird von MAYNEORD[1] sehr ernsthaft darauf hingewiesen, daß die Toleranzdosen Maximalwerte sind, welche in der Praxis nach Möglichkeit erheblich unterschritten werden sollten.

### b) Schutz gegen Corpuscularstrahlung von außen.

Beim Umgang mit radioaktiven Substanzen können die damit hantierenden Personen durch die äußere Strahleneinwirkung Schädigungen erleiden, wenn nicht sowohl durch das Verhalten der Betreffenden, als auch durch entsprechende Schutzeinrichtungen dafür Sorge getragen wird, daß die geltenden Toleranzdosen nicht überschritten werden.

Da die von der Strahlenquelle nach allen Richtungen ausgesandte Strahlung sich in ihrer Intensität dem Quadrat der Entfernung von der Strahlenquelle umgekehrt proportional verhält, ist ein genügend großer Abstand von der strahlenden Substanz der wirksamste Strahlenschutz. Da sich jedoch beim Arbeiten mit radioaktiven Isotopen ein ausreichender Abstand in der Praxis nicht immer einhalten läßt, müssen gegebenenfalls die Strahlenquellen durch Schutzschichten so abgeschirmt werden, daß die Strahlung — falls möglich — bereits völlig von der Schutzschicht absorbiert oder doch zumindest in ihrer Intensität so weit geschwächt wird, daß auf jeden Fall die Toleranzdosen eingehalten werden. Hierbei ist zu beachten, daß nicht nur die von den Radioisotopen emittierte Primärstrahlung eine Gefahrenquelle darstellt, sondern auch die von der Primärstrahlung ausgelösten Sekundärstrahlen (wie z. B. Röntgenbremsstrahlung) und die unter Umständen entstehende Streustrahlung. Schließlich ist aber auch zu bedenken, daß die vom Körper absorbierte Strahlendosis der Expositionszeit proportional ist. Es sollte daher stets die Arbeitszeit in der Nähe der strahlenden Substanz auf ein Minimum reduziert werden. Insbesondere, wenn beim Arbeiten mit stärkeren Präparaten durch Abstand und Schutzschichten die Toleranzdosisleistung am Arbeitsplatz nicht eingehalten werden kann, ist eine Verkürzung der Arbeitszeit unbedingt erforderlich, damit die tägliche Gesamtdosis den Wert von 0,05 rep nicht überschreitet.

#### α) α- und β-Strahler.

Die Reichweite der α-Strahlen aus den natürlichen radioaktiven Isotopen, deren Zerfallsenergien zwischen 2 und 8 MeV liegen, beträgt in Luft nur wenige Zentimeter. Im Gewebe werden diese α-Strahlen bereits auf Wegstrecken bis zu 50 $\mu$ völlig absorbiert. Wie bereits oben erwähnt, können sie also durch die unempfindlichen Hornhautschichten nicht bis zu den strahlenempfindlichen Basalzellen der Epidermis hindurchdringen. Ebenso werden sie bereits durch sehr dünne Materialschichten völlig abgeschirmt. Aus diesen Gründen sind die α-Strahlen radioaktiver Isotope hinsichtlich der Gefahr einer Schädigung durch äußere Einstrahlung von geringerer Bedeutung.

Demgegenüber stellen die β-Strahlen, und zwar sowohl die Positronen als auch die Elektronen, eine erhebliche Gefahrenquelle dar. Ihre Reichweite in Luft kann je nach der Energie bis zu mehreren Metern betragen. Im Gewebe beträgt ihre Eindringtiefe nur wenige Millimeter. Als grober Richtwert kann gelten, daß die Reichweite der β-Strahlen in Wasser oder Gewebe je MeV Teilchenenergie etwa 0,5 cm beträgt. Die Gefahr einer äußeren Einstrahlung ist daher für den Gesamtorganismus nicht sehr groß. Dadurch

---
[1] MAYNEORD, W. V.: Brit. J. Radiol. 24, 6 (1951).

jedoch, daß die β-Strahlen ihre Gesamtenergie auf Wegstrecken von nur wenigen Millimetern abgeben, sind vor allem die ungeschützte Haut und das Auge besonders stark gefährdet, da hier infolge der dichten Ionisation erhebliche Strahlendosen wirksam werden können. Insbesondere die Hände und vor allem die Finger sind beim unmittelbaren Kontakt mit offenen β-strahlenden Präparaten oder dicht über ihrer Oberfläche stark gefährdet. Für den besonders häufig bei medizinischen und biochemischen Problemen angewandten radioaktiven Phosphor gibt TOMPKINS[1] einige interessante Zahlen, welche über die Dosisverhältnisse beim Umgang mit radioaktiven Flüssigkeiten und die Dosisabhängigkeit von der Konzentration Auskunft geben. So entsteht 10 cm über der Öffnung eines Becherglases, in welchem eine trockene Probe von 5 mC $^{32}$P enthalten ist, eine Dosisleistung von 4 r/Std, während sie dicht unter dem Glasboden 1,5 r/Std und 20 cm von der Becherwand entfernt 0,06 r/Std beträgt. Bei Verdünnung der Probe mit 10 cm³ inaktivem Lösungsmittel betragen die entsprechenden Werte 1 r/Std, 0,275 r/Std und 7 mr/Std.

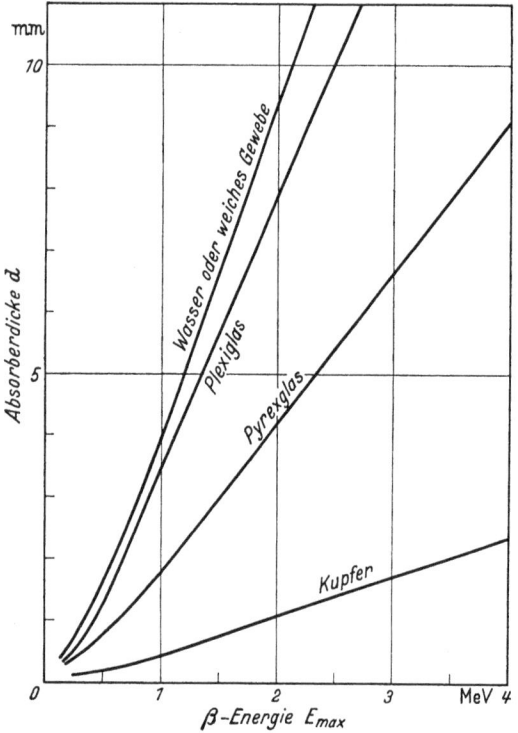

Abb. 2. Absorberdicke $d$ zur Totalabsorption von β-Strahlen der Maximalenergie $E_{max}$ (aus "Safe Handling of Radioactive Isotopes"[2]).

Beim Durchtritt von β-Strahlen durch dünne Materialschichten wie auch durch Luft entsteht meist eine starke Streustrahlung, die auch außerhalb des Primärstrahlenbündels noch beachtliche Intensität besitzen kann. Außerdem darf die Bremsstrahlung nicht außer acht gelassen werden, die besonders dann merkbar wird, wenn das absorbierende Material aus schweratomigen Substanzen besteht. Versucht man einen β-Strahlenschutz aus schweratomigen und womöglich noch zu dünnen Materialschichten zu errichten, so erreicht man unter Umständen genau das Gegenteil, daß nämlich die Dosisleistung, anstatt niedriger zu werden, noch erhöht wird, wobei zu beachten ist, daß die β-Strahlung hierbei in eine durchdringende Quantenstrahlung umgewandelt wird (s. S. 911). Hieraus folgt, daß für die Abschirmung von β-Strahlung leichtatomiges Material wie Holz, Kunststoffe, Plexiglas und auch Glas (kein Bleiglas!) geeignet ist, dessen Dicke so bemessen sein muß, daß sie mindestens so stark ist wie die maximale Reichweite der emittierten Elektronen in dem betreffenden Material. In Abb. 2 ist für verschiedene Substanzen die für eine vollständige Absorption von β-Strahlung erforderliche Materialdicke als Funktion der β-Energie aufgetragen.

*β) Neutronenquellen.*

Neutronenquellen werden zwar in biophysikalischen und biochemischen Laboratorien im allgemeinen selten vorhanden sein. Da sie jedoch für spezielle Forschungsaufgaben oder auch für die gelegentliche Herstellung kurzlebiger Isotope Verwendung finden können, seien hier wenigstens kurz die Grundsätze eines wirksamen Neutronenschutzes skizziert.

In der Praxis finden hauptsächlich zwei Arten von Neutronenquellen Anwendung: Die Radium-Berylliumquelle, welche aus einer in einem Röhrchen verschlossenen Mischung

---

[1] TOMPKINS, P. C.: USAEC MDDC-1527 (s. a. S. 921).
[2] "Safe Handling of Radioactive Isotopes". National Bureau of Standards. Handbook 42. U.S.-Department of Commerce (1949).

von Radiumbromid und Berylliumpulver besteht und ein Neutronenspektrum emittiert, dessen Höchstenergie bei etwa 13,7 MeV liegt, sowie die Antimon-Berylliumquelle, bei welcher die $\gamma$-Strahlung von künstlich radioaktivem $^{124}$Sb zur Auslösung eines $(\gamma, n)$-Prozesses im Beryllium ausgenutzt wird. Die Energie der emittierten Neutronen liegt hier um 30 keV.

Bei beiden Arten von Neutronenquellen ist außer auf die Abschirmung der emittierten Kern-$\gamma$-Strahlung (s. S. 912) auch auf die Besonderheiten des Neutronenschutzes zu zu achten. Da die Neutronen keine elektrische Ladung tragen, verlieren sie ihre Energie in der Materie nicht durch direkte Ionisation. Schnelle Neutronen werden am besten durch wasserstoffhaltige Substanzen abgebremst, da sie die gleiche Masse haben wie die Wasserstoffkerne und daher beim elastischen Zusammenstoß mit ihnen im Mittel die Hälfte ihrer Energie an sie abgeben. Nach 20 Stößen ist die Energie der Neutronen durchschnittlich auf etwa $10^{-6}$ ihrer Anfangsenergie gesunken. Dieser Bremsmechanismus funktioniert so lange, bis die Energie der Neutronen von der gleichen Größenordnung geworden ist, wie die thermische Energie der Protonen (bei Zimmertemperatur etwa $^1/_{30}$ eV). Die freie Weglänge von Stoß zu Stoß in Wasser (wie auch in Paraffin) ist von der Größenordnung $\lambda \sim 1$ cm. Sind nach einem Zusammenstoß alle Richtungen gleich wahrscheinlich, so hat das Neutron nach n Stößen eine direkte Entfernung von $\lambda \sqrt{n}$ zurückgelegt. Eine 8—10 cm dicke Wasserschicht bremst daher fast alle emittierten Neutronen von ihrer Anfangsenergie von einigen MeV bis auf thermische Energien ab. Thermische Neutronen werden in einfachster Weise durch Cadmiumbleche bis zu 1 mm Stärke fast restlos absorbiert.

### c) Schutz gegen Quantenstrahlung von außen.

#### $\alpha$) K- und Bremsstrahlung.

Wie bereits oben erwähnt, werden einige Radioisotope dadurch umgewandelt, daß ihr Kern aus der eigenen Elektronenhülle, und zwar aus der K-Schale, ein Elektron einfängt. Die in der K-Schale entstehende Lücke wird durch ein Elektron der L-Schale aufgefüllt usw. Hierbei wird jeweils die für das betreffende Atom charakteristische Röntgen-K-Linie (gegebenenfalls auch die L- und M-Linie) emittiert. Diese verhältnismäßig energiearme Röntgenstrahlung wird bereits durch dünne Materieschichten fast völlig absorbiert (ein Grund für die schlechte Nachweisbarkeit), so daß ein wirksamer Schutz gegen K-Strahlung von außen bequem durchzuführen ist.

Auch die beim Auftreffen energiereicher Elektronen und Positronen auf schweratomige Substanzen entstehende Bremsstrahlung besteht aus Röntgenquanten, deren Energiespektrum infolge der Inhomogenität der primären Elektronenstrahlung ($\beta$-Spektrum) eine komplizierte Zusammensetzung hat, dessen Maximalwerte der maximalen $\beta$-Energie entsprechen. Aus diesem Grund ist es, wie bereits S. 910 angedeutet wurde, unzweckmäßig, $\beta$-Strahlen durch Kupfer- oder Bleibleche abschirmen zu wollen, da hierdurch zwar die $\beta$-Teilchen absorbiert werden, aber gleichzeitig eine starke Bremsstrahlung auftreten würde. Läßt sich das Auftreffen von Elektronen und Positronen auf Schwermetallschichten nicht vermeiden, so muß dafür gesorgt werden, daß entweder diese Schichten so dick sind, daß auch die sekundär entstehende Bremsstrahlung genügend geschwächt wird, oder es muß durch eine zweite Schutzschicht die Intensität der Bremsstrahlung so weit vermindert werden, daß die Toleranzdosisleistung nicht überschritten wird. Diese zweite Schutzschicht muß dann nach den im folgenden Abschnitt angegebenen Regeln für $\gamma$-Strahlen der entsprechenden Energien bemessen sein.

#### $\beta$) $\gamma$-Strahlung und Positronenvernichtungsstrahlung.

Ein Schutz gegen die energiereiche Quantenstrahlung radioaktiver Isotope kann im Prinzip nach den bekannten Regeln des Röntgenstrahlenschutzes erfolgen. Insbesondere die Tatsache, daß eine kurzwellige elektromagnetische Strahlung im Gegensatz zur α- oder β-Strahlung keine streng begrenzte Reichweite besitzt, sondern ihre Durchdringungsfähigkeit durch die sog. Halbwertsschicht eines bestimmten Materials charakterisiert wird, macht den Strahlenschutz hier wesentlich schwieriger. Sowohl die von den Atomkernen vieler radioaktiver Isotope emittierte γ-Strahlung (Kern-γ-Strahlung), als auch die von den Positronenstrahlern durch Vereinigung der emittierten Positronen mit freien Elektronen ausgesandte Positronenvernichtungsstrahlung bedürfen zu ihrer Abschwächung auf Toleranzniveau je nach der Intensität des betreffenden Präparates wesentlich stärkerer Schichtdicken als die α- oder β-Strahlen. Für die Absorption von γ-Strahlung sind

Tabelle 5. *Halbwertsdicke von verschiedenem Strahlenschutzmaterial.*

| $E$ (MeV) | Halbwertsdicke (cm) | | | | $E$ (MeV) | Halbwertsdicke (cm) | | | |
|---|---|---|---|---|---|---|---|---|---|
| | Wasser | Beton | Eisen | Blei | | Wasser | Beton | Eisen | Blei |
| 0,2 | 5,1 | 2,1 | 0,66 | 0,138 | 2,5 | 16,5 | 6,9 | 2,12 | 1,47 |
| 0,5 | 7,8 | 3,0 | 1,11 | 0,42 | 3,0 | 18,3 | 7,8 | 2,31 | 1,47 |
| 1,0 | 10,2 | 4,5 | 1,56 | 0,9 | 4,0 | 21,0 | 8,4 | 2,55 | 1,47 |
| 1,5 | 12,0 | 5,1 | 1,74 | 1,2 | 5,0 | 23,1 | 9,9 | 2,88 | 1,47 |
| 2,0 | 14,4 | 5,9 | 2,10 | 1,35 | | | | | |

Tabelle 6. *Schutzdicken zur Abschirmung von γ-Strahlen für eine Dosisleistung von 50 mr/Tag* (nach MEYER-SCHÜTZMEISTER[1]).

| MeV | 0,2 | 0,5 | 0,8 | 1,0 | 1,5 | 2 | 2,5 | 3,0 | 6,0 |
|---|---|---|---|---|---|---|---|---|---|
| **a) Aktivität** Erforderliche Bleidicke in Zentimetern bei 1 m Luftabstand | | | | | | | | | |
| 10 mC | −0,36 | −0,44 | −0,33 | −0,14 | +0,33 | +0,76 | +1,06 | +1,36 | +1,68 |
| 20 mC | −0,22 | −0,02 | +0,37 | +0,77 | +1,44 | +2,12 | +2,50 | +2,83 | +3,14 |
| 50 mC | −0,03 | +0,50 | +1,28 | +1,95 | +2,97 | +3,92 | +4,41 | +4,79 | +5,03 |
| 100 mC | +0,10 | +0,91 | +1,97 | +2,85 | +4,11 | +5,27 | +5,84 | +6,26 | +6,47 |
| 200 mC | +0,24 | +1,33 | +2,67 | +3,76 | +5,22 | +6,63 | +7,28 | +7,73 | +7,93 |
| 500 mC | +0,42 | +1,86 | +3,57 | +4,94 | +6,75 | +8,43 | +9,19 | +9,69 | +9,82 |
| 1 C | +0,56 | +2,27 | +4,27 | +5,84 | +7,87 | +9,78 | +10,63 | +11,16 | +11,25 |
| 2 C | +0,70 | +2,69 | +4,97 | +6,75 | +8,98 | +11,14 | +12,07 | +12,63 | +12,71 |
| 5 C | +0,89 | +3,22 | +5,87 | +7,94 | +10,52 | +12,94 | +13,98 | +14,59 | +14,60 |
| 10 C | +1,03 | +3,63 | +6,57 | +8,84 | +11,67 | +14,31 | +15,43 | +16,08 | +16,06 |
| | + | + | + | + | + | + | + | + | + |
| **b) Abstand** | | | | | | | | | |
| 20 cm | +0,64 | +1,90 | +3,22 | +4,19 | +5,28 | +6,31 | +6,70 | +6,86 | +6,70 |
| 50 cm | +0,28 | +0,83 | +1,39 | +1,83 | +2,32 | +2,76 | +2,93 | +3,00 | +2,93 |
| 1 m | 0,00 | 0,00 | 0,00 | 0,00 | 0,00 | 0,00 | 0,00 | 0,00 | 0,00 |
| 2 m | −0,28 | −0,83 | −1,39 | −1,83 | −2,32 | −2,76 | −2,93 | −3,00 | −2,93 |
| 5 m | −0,64 | −1,90 | −3,22 | −4,19 | −5,28 | −6,31 | −6,70 | −6,86 | −6,70 |
| 10 m | −0,92 | −2,71 | −4,60 | −5,98 | −7,55 | −9,02 | −9,57 | −9,80 | −9,57 |
| | + | + | + | + | + | + | + | + | + |
| **c) Tägliche Arbeitszeit** | | | | | | | | | |
| 1 Std | −0,41 | −1,22 | −2,08 | −2,69 | −3,40 | −4,06 | −4,31 | −4,41 | −4,31 |
| 2 Std | −0,28 | −0,81 | −1,37 | −1,79 | −2,26 | −2,70 | −2,87 | −2,94 | −2,87 |
| 4 Std | −0,14 | −0,41 | −0,69 | −0,90 | −1,14 | −1,35 | −1,44 | −1,47 | −1,44 |
| 8 Std | 0,00 | 0,00 | 0,00 | 0,00 | 0,00 | 0,00 | 0,00 | 0,00 | 0,00 |
| 24 Std | +0,22 | +0,65 | +1,10 | +1,43 | +1,81 | +2,15 | +2,29 | +2,34 | +2,29 |
| | × | × | × | × | × | × | × | × | × |
| **d) Absorbermaterial** | | | | | | | | | |
| Pb | 1,00 | 1,00 | 1,00 | 1,00 | 1,00 | 1,00 | 1,00 | 1,00 | 1,00 |
| Fe | 4,75 | 2,68 | 2,11 | 1,75 | 1,51 | 1,53 | 1,53 | 1,53 | 1,77 |
| Al* | 17,23 | 7,71 | 5,43 | 5,13 | 4,70 | 4,25 | 4,81 | 5,22 | 6,01 |
| H₂O | 35,00 | 17,80 | 12,50 | 11,15 | 9,93 | 10,00 | 11,20 | 12,35 | 14,13 |

* Oder Beton.

[1] MEYER-SCHÜTZMEISTER, L.: Naturwiss. 37, 501 (1950).

Elemente höherer Ordnungszahl wesentlich wirksamer als leichtatomige Substanzen. Drei verschiedene Effekte sind für die Absorption der $\gamma$-Strahlung verantwortlich: der Photoeffekt, der COMPTON-Effekt und die Paarbildung. Letztere kann erst bei $\gamma$-Energien von über 1 MeV auftreten. Bei Energien über 5 MeV überwiegt die Absorption durch Paarbildungsprozesse.

Zur Errechnung der Schichtdicke zur Abschirmung der $\gamma$-Strahlung kann das exponentielle Absorptionsgesetz für die primäre Strahlung benutzt werden

$$J_d = J_0\, e^{-\mu d}, \tag{22}$$

wobei $J_d$ die Intensität hinter der Schichtdicke $d$, $J_0$ die auf das Absorbermaterial auftreffende Intensität, $d$ die Schichtdicke in Zentimeter und $\mu$ der aus Photoabsorption, COMPTON-Absorption und Paarbildung zusammengesetzte Absorptionskoeffizient in cm$^{-1}$ ist.

Bezüglich des äußeren Schutzes gegen die $\gamma$-Strahlung radioaktiver Isotope können die seit langem bekannten Regeln, welche für die Handhabung von Radium gelten, im großen und ganzen unverändert angewandt werden. Auf Grund der Schwierigkeiten, die Absorption bei den in der Praxis meist sehr schlecht definierten geometrischen Verhältnissen zu berechnen, sollen Dosismessungen ausschlaggebend sein für die Aufstellung des Strahlenschutzes, und die Berechnungen dienen nur zur Orientierung.

In Tabelle 5 sind die Halbwertsdicken einiger Strahlenschutzmaterialien für die verschiedenen $\gamma$-Energien zusammengestellt.

In Tabelle 6 sind die Schutzdicken für verschiedene Materialien aufgeführt, welche für eine Toleranzdosis von 0,05 r je 8 Stundentag gelten. Viele Isotope senden jedoch zwei oder mehrere $\gamma$-Quanten verschiedener Energien je Zerfallsakt aus. Bei einigen von ihnen sind das Zerfallsschema und die Emissionswahrscheinlichkeit je Zerfall für die Ausstrahlung eines $\gamma$-Quantes einer bestimmten Energie bekannt. In diesen Fällen kann auch bei komplexem $\gamma$-Spektrum die Tabelle 6 verwendet werden unter Zuhilfenahme der Tabelle 7, in welcher die sog. effektiven $\gamma$-Energien und ein entsprechender Multiplikationsfaktor für die Aktivität angegeben ist, welcher der mittleren Quantenzahl je Zerfallsakt Rechnung trägt.

Tabelle 7. *Effektive $\gamma$-Energie und Multiplikationsfaktor für die Aktivität einiger $\gamma$-Strahler* (nach MEYER-SCHÜTZMEISTER[1]).

| Radioaktives Isotop | Halbwertszeit | Effektive $\gamma$-Energie in MeV (abgerundet) | Multiplikationsfaktor für die Aktivität | Radioaktives Isotop | Halbwertszeit | Effektive $\gamma$-Energie in MeV (abgerundet) | Multiplikationsfaktor für die Aktivität |
|---|---|---|---|---|---|---|---|
| $^{22}_{11}$Na | 2,60 a | 1,5 | 2 | $^{110}_{47}$Ag | 24,5 s | — | — |
| $^{24}_{11}$Na | 15,04 h | 2,5 | 2 | $^{124}_{51}$Sb | 60 d | 1,5 | 1 |
| $^{41}_{18}$A | 1,82 h | 1,5 | 1 | $^{131}_{53}$J | 8,02 d | 0,8 | 1 |
| $^{42}_{19}$K | 12,44 h | 1,5 | 0,2 | $^{134}_{55}$Cs | 254 d | 0,8 | 2 |
| $^{46}_{21}$Sc | 85 d | 1,0 | 2 | $^{140}_{56}$Ba | 12,5 d | 2,0 | 1,5 |
| $^{56}_{25}$Mn | 2,59 h | 2,0 | 1,5 | $^{140}_{57}$La | 1,67 d | 2,0 | 1,5 |
| $^{59}_{26}$Fe | 46 d | 1,5 | 1 | $^{141}_{58}$Ce | 35,5 d | 0,2 | 0,6 |
| $^{60}_{27}$Co | 5,26 a | 1,5 | 2 | $^{142}_{59}$Pr | 19,1 h | 1,5 | 0,04 |
| $^{65}_{28}$Ni | 2,56 h | 1,5 | 0,5 | $^{147}_{60}$Nd | 11,1 h | 0,5 | 0,4 |
| $^{64}_{29}$Cu | 12,88 h | 0,5 | 0,4 | $^{154}_{63}$Eu | 5,4 a | 0,5 | 1,5 |
| $^{65}_{30}$Zn | 250 d | 1,0 | 0,5 | $^{153}_{64}$Gd | 236 d | 0,2 | 1 |
| $^{69}_{30}$Zn* | 13,8 h | 0,5 | 1 | $^{160}_{65}$Tb | 71 d | 1,0 | 0,7 |
| $^{69}_{30}$Zn | 57 m | — | — | $^{175}_{70}$Yb | 4,2 d | 0,5 | 2 |
| $^{72}_{31}$Ga | 14,08 h | 2,0 | 0,6 | $^{181}_{72}$Hf | 45 d | 0,5 | 2 |
| $^{76}_{33}$As | 1,19 d | 2,0 | 0,3 | $^{187}_{74}$W | 24,1 h | 0,8 | 0,7 |
| $^{82}_{35}$Br | 1,5 d | 1,5 | 2 | $^{186}_{75}$Re | 3,87 d | 0,2 | 2 |
| $^{86}_{37}$Rb | 19,5 d | 1,0 | 0,2 | $^{185}_{76}$Os | 94,7 d | 0,8 | 1 |
| $^{99}_{43}$Tc* | 6,6 h | 0,2 | 0,9 | $^{198}_{79}$Au | 2,69 d | 0,5 | 1 |
| $^{103}_{44}$Ru | 39,8 d | 0,5 | 0,9 | $^{203}_{80}$Hg | 43,5 d | 0,2 | 1 |
| $^{110}_{47}$Ag* | 270 d | 1,0 | 2,5 | $^{226}_{88}$Ra** | 1590 a | 2 | 1 |

\* Metastabil. ** Im Gleichgewicht mit seinen Folgeprodukten bis RaC′, C″.

[1] MEYER-SCHÜTZMEISTER, L.: Naturwiss. **37**, 501 (1950).

### d) Die Gefahren radioaktiver Verseuchungen und der Inkorporation von Radioisotopen.

Beim Arbeiten mit offenen radioaktiven Präparaten stellt die Möglichkeit des Versprühens, Verspritzens und Verschüttens der radioaktiven Substanz eine besondere Gefahr dar. Durch die Verseuchung von Arbeitsräumen und deren Einrichtungsgegenständen, von Kleidung und Arbeitsgerät werden diese selbst zu mehr oder weniger starken Strahlenquellen, deren Beseitigung oder Abschirmung oft ein unlösbares Problem ist. Besonders gefährlich ist die radioaktive Verseuchung der menschlichen Haut, da durch den engen Kontakt mit der strahlenden Substanz eine maximale Dosis von der Körperoberfläche absorbiert wird. Durch das Entweichen von radioaktiven Stoffen als Gas, Dampf oder Staub, wie es bei chemischen Manipulationen leicht vorkommen kann, wird die Zimmerluft selbst radioaktiv und es entstehen unbeachtete und unkontrollierbare Strahlenquellen am Arbeitsort, die ihrerseits weiter verschleppt werden können. Auch ein unvorsichtiger Umgang mit radioaktiven Abfällen kann die Umgebung in weitem Umfang radioaktiv machen.

Durch solche Verseuchungen des Arbeitsbereiches, der Zimmerluft, der Kleidung, sowie des eigenen Körpers besteht aber nicht nur die Gefahr einer Strahlenbelastung des Organismus von außen, sondern in noch viel stärkerem Maße einer unkontrollierbaren Inkorporierung der strahlenden Substanzen. Gerade bei der chemischen Aufarbeitung der radioaktiven Isotope und ihrer Verbindungen ist das Risiko eines solchen ungewollten Eindringens besonders groß. Gas-, dampf- oder staubförmige Verbindungen können durch Inhalation in die Atemwege und in die Lunge gelangen und diese Organe durch die an ihrer Oberfläche niedergeschlagenen und abgefilterten strahlenden Partikel schädigen. Es wird im wesentlichen von der Teilchen- oder Tröpfchengröße abhängen, wie groß die Menge der in den Luftwegen zurückgehaltenen Substanzen ist, wobei Tröpfchenaerosole wegen der großen Benetzungsfähigkeit als besonders gefährlich zu bezeichnen sind[1].

Aber auch durch Berührung des Mundes mit radioaktiv verunreinigten Fingern, durch Pipettieren radioaktiver Lösungen, durch verseuchte Nahrungsmittel und Getränke können radioaktive Stoffe in den Körper gelangen und hier, je nach ihrer Affinität zu bestimmten Organen, angereichert und unter Umständen abgelagert werden. Es können

Tabelle 8. *Verseuchungsgefahr und erforderliche Kontrollgenauigkeit beim Arbeiten mit radioaktiven Lösungen* (nach Tompkins und Levy [2]).

| Aktivitätsstufe | < 1 Mikrocurie $\mu C$ | 1 Mikrocurie — 1 Millicurie $1\,\mu C$ — $1\,mC$ | 1 Millicurie — 1 Curie $1\,mC$ — $1\,C$ |
|---|---|---|---|
| Erforderliche Technik | Chemisch-quantitativ mit „aseptischen" Bedingungen 99,9 % Kontrolle | Sondereinrichtung zur Verhütung von Verseuchung 99,999 % Kontrolle | Arbeiten in abgeschlossenen Systemen 99,999 999 % Kontrolle |
| Laboratoriumsbedingungen | Gewöhnliches Laboratorium | Geschützte Arbeitsplätze, eventuell radiochemische Abzugsschränke, erhöhte Aufbewahrungs- und Reinigungsbedingungen | Radiochemischer Abzugsschrank notwendig, besondere Abfallbeseitigung |
| Besondere Probleme | Abschirmung bei höheren Aktivitätsmengen | Adsorption von Material hoher spezifischer Aktivität, Handverseuchung | Oberflächenreinigung, Akkumulation langlebiger Isotope, Entlüftung, Unfallverhütung |
| Beispiele | Spuren-Experimente mit $\beta$-Zählung | Experimente mit $\gamma$-Zählung, Präparat von Stammlösung für $\beta$-Spuren-Experiment, diagnostische Arbeit | Präparation von Stammlösungen für $\gamma$-Indicatoruntersuchungen; hochaktive $^{14}C$-Synthese; Isotopentherapie |

---

[1] Stokinger, H. E., and S. Laskin: Nucleonics 6, (März), 15 (1950).
[2] Tompkins, P. C., and H. A. Levy: Industr. engng. Chem. 41, 228 (1949).

ferner durch die intakte Haut und erst recht natürlich durch Hautverletzungen Radioisotope in den Körper eindringen. Besonders gefährlich sind Verletzungen mit radioaktiv verseuchten Geräten.

Aus diesen Gründen soll man unbedingt bestrebt sein, jede Verunreinigung des Arbeitsplatzes und seiner Umgebung, sowie des eigenen Körpers und der Kleidung zu verhindern. Allerdings muß man sich darüber im klaren sein, daß bei jeder Manipulation mit radioaktiven Lösungen und Pulvern bestimmte Mengen verloren gehen und sich der Kontrolle entziehen können. So können beim gewöhnlichen Pipettieren Mengen von 10—20 mm$^3$ leicht verschwinden und das „Verunreinigungspotential" erhöhen. Je höher die spezifischen Aktivitäten sind, welche verarbeitet werden, um so größer wird auch die Verunreinigungsgefahr. Der Versuch einer systematischen Erfassung der Verseuchungsgefahr beim Arbeiten mit radioaktiven Flüssigkeiten wurde von TOMPKINS und LEVY[1] unternommen, die auf Grund experimenteller Untersuchungen die Verseuchungsgefahren und erforderlichen Kontrollgenauigkeiten schematisch in einer Tabelle (Tabelle 8) zusammengestellt haben.

### e) Chemischer Strahlenschutz.

Obwohl der chemische Strahlenschutz bislang für die Strahlengefährdung durch radioaktive Isotope noch keine praktische Bedeutung erlangt hat, sei hier der Vollständigkeit halber auf dieses neue Forschungsgebiet wenigstens kurz hingewiesen. Unter chemischem Strahlenschutz seien hier alle jene Maßnahmen verstanden, welche darauf hinzielen, den Organismus durch Zuführung bestimmter chemischer Substanzen gegen die schädigenden Wirkungen ionisierender Strahlen resistenter zu machen, und welche LANGENDORFF[2] unter dem Begriff des „Biologischen Strahlenschutzes" zusammengefaßt hat.

Wie PATT und Mitarbeiter[3] in zahlreichen Tierversuchen nachweisen konnten, bewirkt eine einmalige Gabe von Cystein kurz vor einer Röntgenganzbestrahlung mit subletalen Dosen eine erhebliche Erhöhung der Überlebensrate der Versuchstiere. Diese Schutzwirkung von Cystein zeigt sich auch in einer Abschwächung und schnelleren Restitution der strahlenbedingten Verschiebungen im peripheren roten und weißen Blutbild[4], wie auch in einem deutlich hemmenden Effekt auf die Ausbildung der S. 906 beschriebenen strahleninduzierten Verschiebungen in der Zusammensetzung des Serumeiweißes[5]. Auch eine ganze Reihe anderer Stoffe, wie z. B. Rutin, Glutathion u. a., zeigen eine solche Schutzwirkung. In neuerer Zeit wurde von der belgischen Forschergruppe um BACQ und HERVÉ[6] das $\beta$-Mercapto-äthylamin als besonders wirksames Schutzmittel gefunden und in zahlreichen Tierversuchen geprüft. Der Wirkungsmechanismus dieser Schutzsubstanzen ist bislang noch nicht eindeutig geklärt, so daß hier nur auf die Spezialliteratur verwiesen werden kann[7].

Allen diesen Strahlenschutzstoffen ist gemeinsam, daß die Dauer ihrer Wirksamkeit im Körper nur auf Minuten, bestenfalls auf Stunden begrenzt ist. Um daher eine Schutzwirkung erzielen zu können, müssen sie dem Organismus möglichst unmittelbar *vor* der Strahleneinwirkung zugeführt werden. Bei den langprotrahierten Bestrahlungen, wie sie beim Arbeiten mit Isotopen durch äußere Einstrahlung oder Inkorporation radioaktiver

---

[1] TOMPKINS, P. C., and H. A. LEVY: Industr. engng. Chem. 41, 228 (1949).

[2] LANGENDORFF, H., R. KOCH u. H. SAUER: Strahlentherapie 93, 37, 44, 381; 94, 250 (1954).

[3] PATT, H. M., D. E. SMITH, E. B. TYREE and R. L. STRAUBE: Science, N. Y. 110, 213 (1949). Proc. Soc. exp. Biol. Med. 73, 18 (1950). — SMITH, D. E., H. M. PATT, E. B. TYREE and R. L. STRAUBE: Proc. Soc. exp. Biol. Med. 73, 198 (1950).

[4] PATT, H. M., D. E. SMITH and E. JACKSON: Blood 5, 758 (1950).

[5] HÖHNE, G., R. JASTER u. H. A. KÜNKEL: Kli. Wo. 1953, 910.

[6] BACQ, Z. M., A. HERVÉ, J. LECOMTE, P. FISCHER, J. BLAVIER, G. DESCHAMPS, H. LEBIHAN et P. RAYET: Arch. int. Physiol. 59, 442 (1951). — BACQ, Z. M., et A. HERVÉ: Bull. Acad. R. Méd. Belg. 1952, 13. Schweiz. med. Wschr. 82, 1018 (1952). — BACQ, Z. M., A. HERVÉ, P. FISCHER, J. LECOMTE, M. PIEROTTE, G. DESCHAMPS, H. LEBIHAN et P. RAYET: Rev. med. Liège 8, 104 (1953).

[7] BACQ, Z. M., u. A. HERVÉ: Strahlentherapie 95, 215 (1954). — LANGENDORFF, H., R. KOCH u. U. HAGEN: Strahlentherap. 95, 238 (1954).

Substanzen erfolgen können, ist daher mit den bislang bekannten Schutzstoffen eine Schutzwirkung kaum zu erwarten.

Es sind ferner zahlreiche Versuche unternommen worden, Substanzen zu finden, die eine Wirksamkeit *nach* erfolgter Bestrahlung zeigen. Bei den bisher untersuchten Stoffen ist jedoch eine wirklich eindeutige Strahlenschutzwirkung, welche über eine reine symptomatische Wirkung nach der Art der bekannten Mittel gegen den sog. „Strahlenkater" hinausgeht, nicht gefunden worden.

Im Zusammenhang mit dem Umgang mit Radioisotopen gehören zum Begriff des chemischen Strahlenschutzes im weiteren Sinne auch jene Versuche, inkorporierte radio-

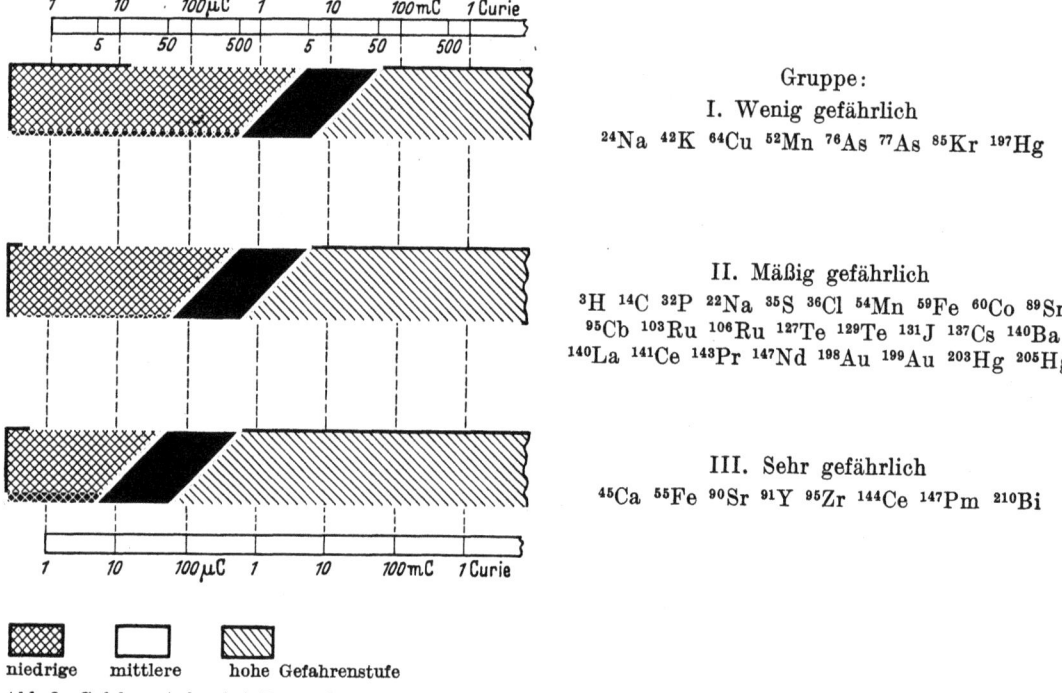

Gruppe:
I. Wenig gefährlich
$^{24}$Na $^{42}$K $^{64}$Cu $^{52}$Mn $^{76}$As $^{77}$As $^{85}$Kr $^{197}$Hg

II. Mäßig gefährlich
$^{3}$H $^{14}$C $^{32}$P $^{22}$Na $^{35}$S $^{36}$Cl $^{54}$Mn $^{59}$Fe $^{60}$Co $^{89}$Sr $^{95}$Cb $^{103}$Ru $^{106}$Ru $^{127}$Te $^{129}$Te $^{131}$J $^{137}$Cs $^{140}$Ba $^{140}$La $^{141}$Ce $^{143}$Pr $^{147}$Nd $^{198}$Au $^{199}$Au $^{203}$Hg $^{205}$Hg

III. Sehr gefährlich
$^{45}$Ca $^{55}$Fe $^{90}$Sr $^{91}$Y $^{95}$Zr $^{144}$Ce $^{147}$Pm $^{210}$Bi

niedrige   mittlere   hohe Gefahrenstufe

Abb. 3. Gefahrenstufen bei Verwendung radioaktiver Isotope unter Berücksichtigung ihrer relativen Radiotoxicität (aus „Safe Handling of Radioactive Isotopes"[1]).

aktive Verbindungen aus dem Körper zu entfernen, ehe sie eine so hohe Strahlendosis an das Gewebe abgegeben haben, daß eine Schädigung eingetreten ist. Abgesehen von den bei sonstigen Vergiftungen zu treffenden Maßnahmen wie Magenausheberung und Zuführung niederschlagender Reagentien zur Verringerung der Resorption kann man versuchen, falls es die chemischen Eigenschaften des betreffenden Elementes erlauben, das radioaktive Isotop durch Zuführung reichlicher Mengen eines stabilen Isotopes des gleichen Elementes zu verdünnen und aus dem Körper auszuschwemmen[2].

## f) Gefahrenklassen der Isotopenarbeit.

Die einzelnen radioaktiven Isotope unterscheiden sich, wie aus dem vorhergehenden ersichtlich ist und besonders S. 900ff. dargelegt wurde, hinsichtlich ihrer Gefährlichkeit ganz erheblich. Hierzu tragen nicht nur ihre physikalischen Eigenschaften bei, wie Strahlenart, Strahlenenergie und Halbwertszeit, sondern auch ihre biologischen Daten der Aufnahme, der Anreicherung und Ausscheidung und vor allem der selektiven Speicherung im Organismus. Es ist daher unmöglich, Regeln aufzustellen, welche alle diese Eigenheiten im Speziellen berücksichtigen. Aus diesem Grund empfiehlt sich eine Ein-

---

[1] „Safe Handling of Radioactive Isotopes". National Bureau of Standards. Handbook 42. U.S.-Department of Commerce (1949).

[2] SCHWOB, C. R.: Radiology 56, 670 (1951). — FOREMAN, H., and J. G. HAMILTON: AECD-3247.

teilung der Isotopenarbeit in Gefahrenklassen, wie sie in den englischen Strahlenschutzbestimmungen vorgesehen ist und welche die physikalischen Daten, die Toxicität der verschiedenen Isotope und die im Durchschnitt zu verarbeitenden Aktivitäten berücksichtigen (tracer-level, warmlevel und hotlevel)[1]. Natürlich lassen sich die Grenzen zwischen den einzelnen Gefahrenklassen nicht so streng ziehen, sondern unterliegen einer gewissen Willkür. In Abb. 3 ist für einige wichtige und oft verwendete Isotope eine solche Einteilung in Gefahrenklassen dargestellt. Das Diagramm ist den amerikanischen Schutzanweisungen entnommen, berücksichtigt jedoch weniger die Gefahren durch Einstrahlung von außen, welche im wesentlichen ja nur von der $\gamma$-Energie abhängig sind, sondern mehr das Risiko der Inkorporation[2]. Es enthält ferner keine $\alpha$-Strahler.

### 3. Praktische Maßnahmen zum Strahlenschutz.

#### a) Schutzvorschriften.

Während im Auslande, vor allem in den angelsächsischen Ländern, in welchen die Entwicklung der Isotopentechnik schon frühzeitig begonnen hat, bereits seit längerer Zeit Vorschriften und Richtlinien über den Umgang mit radioaktiven Präparaten, ja in einzelnen Ländern sogar gesetzliche Regelungen bestehen, existieren in Deutschland bislang noch keine bindenden Vorschriften über den Strahlenschutz bei der Handhabung von Radioisotopen. Hier sind einstweilen noch die älteren Verordnungen[3] in Kraft, welche sich noch nicht mit den künstlich radioaktiven Isotopen befassen. Auch die zur Zeit noch geltenden Normblätter[4] beziehen sich nur auf natürlich radioaktive Substanzen, ihre Regeln können jedoch sinngemäß auch auf die künstlichen Radioisotope angewandt werden. Von der deutschen Röntgengesellschaft wurden in den Jahren 1951/52 Empfehlungen und Richtlinien für die Isotopenarbeit in der Medizin herausgegeben[5]. Es werden ferner zur Zeit 4 neue Normblätter vom deutschen Normenausschuß bearbeitet, welche Vorschriften und Regeln für den Umgang mit radioaktiven Isotopen in medizinischen und nichtmedizinischen Betrieben enthalten und sowohl das Arbeiten mit geschlossenen als auch mit offenen Präparaten berücksichtigen und die beiden oben genannten Normblätter ersetzen sollen.

In den USA hat die Atomic Energy Commission die Anwendung der radioaktiven Isotope in Medizin, Forschung und Industrie außerordentlich gefördert. Gleichzeitig hat sie aber auch ein besonderes Komitee eingesetzt, welches die Verteilung der Isotope und die Genehmigung zur Anwendung von gewissen Bedingungen abhängig macht, die bezüglich der Arbeitsräume, der Arbeitsgeräte, des Strahlenschutzes und der personellen Besetzung der Abteilung erfüllt sein müssen.

In Deutschland war bis vor kurzem die einzige Verteilungsstelle für die (importierten) künstlich radioaktiven Isotope das Isotopenlaboratorium der Medizinischen Forschungsanstalt der Max-Planck-Gesellschaft in Göttingen, welche die Abgabe von Isotopen von einer Verpflichtung zur Einhaltung der Strahlenschutzbestimmungen abhängig machte.

Mangels einer zentralen gesetzlichen Regelung ist es heute bereits möglich, Radioisotope durch verschiedene private Industriefirmen zu beziehen. Es ist jedoch zu

---

[1] „Introductory Manual on the Control of Health Hazards from Radioactive Materials". Med. Res. Council 1949. Ministry of Supply. A.E.E. — JOYET, G.: Verh. schweiz. naturforsch. Ges. **1954**, 109.

[2] „Safe Handling of Radioactive Isotopes." National Bureau of Standards. Handbook 42. U.S.-Department of Commerce (1949).

[3] Reichsgesetzblatt 1941 I, Nr. 18: Verordnungen zum Schutz gegen Schädigungen durch Röntgenstrahlen und radioaktive Stoffe in nichtmedizinischen Betrieben.

[4] DIN 6804: Vorschriften für den Strahlenschutz in medizinischen Radiumbetrieben (1933). DIN 6808: Vorschriften für den Strahlenschutz in nichtmedizinischen Betrieben (1937).

[5] RAJEWSKY, B.: Fortschr. Röntgenstr. **74**, 599 (1951). — Dtsch. Röntgenges.: Richtlinien für die Anwendung offener radioaktiver Präparate in medizinischen Betrieben. Fortschr. Röntgenstr. **76**, 256 (1952).

erwarten, daß mit der Schaffung eines Atomenergiegesetzes eine einheitliche gesetzliche Regelung sowohl der Isotopenverteilung als auch des Strahlenschutzes und entsprechender Kontrollmaßnahmen erfolgen wird.

### b) Arbeits- und Aufbewahrungsräume.

Die Arbeit mit radioaktiven Isotopen erfordert eine so große experimentelle Genauigkeit und birgt so viele Gefahren in sich, daß vor einem Sparen an Laboratoriumsraum und Ausstattung dringend zu warnen ist. Grundsätzlich ist auch davon abzuraten, Untersuchungen mit Radioisotopen zusammen mit normalen chemischen oder klinischen Laboratoriumsarbeiten in *einem* Raum durchzuführen. Denn die Einhaltung der Strahlenschutzregeln, die Vermeidung von Verseuchungen durch aktive Substanzen und die zur Erlangung exakter Versuchsergebnisse erforderliche Sauberkeit machen ein Mindestmaß an Raum und Ausstattung zur Voraussetzung. Auch das Arbeiten mit kleinen Aktivitäten soll nur in einem speziell für diesen Zweck vorgesehenen und von den übrigen Laboratorien getrennten Raum erfolgen. Am günstigsten ist die Einrichtung einer geschlossenen Isotopenabteilung.

Die Größe des erforderlichen Laboratoriumsraumes richtet sich natürlich nach Art und Menge der zu verarbeitenden Isotope. Selbstverständlich muß die Messung der radioaktiven Meßproben in einem Raum erfolgen, in welchem sich keinerlei radioaktive Substanzen befinden, da sonst wegen der unvermeidlichen Erhöhung des Nulleffektes keine einwandfreien Meßergebnisse mehr erzielt werden können. Ein *Meßraum* und ein *Präparationsraum* sind also das Mindestmaß an Platz, welches für Spurenuntersuchungen mit Radioisotopen benötigt wird. Diese beiden Räume sind aber auch nur dann ausreichend, wenn mit kleinsten Aktivitäten gearbeitet wird. Sobald größere Aktivitätsmengen zur Anwendung gelangen, ist aus Gründen des Strahlenschutzes und der Sicherheit ein gesonderter *Aufbewahrungsraum* für alle radioaktiven Stoffe, welche sich nicht gerade in irgendeinem Arbeitsgang befinden, unbedingt erforderlich. Werden außer radiochemischen Analysen, Abtrennungen und der Herstellung der Meßproben auch Synthesen markierter Verbindungen vorgenommen, so empfiehlt sich unbedingt, diese Arbeiten in einem weiteren besonderen Raum durchzuführen. So wie für klinische Isotopenabteilungen besondere Krankenzimmer für die mit Isotopen behandelten Patienten vorzusehen sind, sollten biochemische und biophysikalische Institute, die tierexperimentell mit radioaktiven Substanzen arbeiten, diejenigen Versuchstiere, welchen Isotope appliziert wurden, von den übrigen Tieren getrennt halten. Auf die Verseuchungsgefahr durch radioaktive Ausscheidungen ist besonderes Augenmerk zu richten[1]. Empfehlenswert sind ferner ein Raum zum Abstellen und zur Reinigung von radioaktiv verseuchtem Gerät und Glasmaterial, sowie ein Wasch- und Duschraum für das Personal.

Falls nicht allzugroße Aktivitäten verarbeitet werden sollen, benötigen Isotopenlaboratorien bautechnisch keinen besonderen Aufwand. Gegebenenfalls müssen Wandverstärkungen oder besondere Abschirmmaßnahmen getroffen werden, um Nachbarräume zu schützen. Hier ist besondere Aufmerksamkeit auf den Aufbewahrungsraum für größere Aktivitäten zu richten. Als Grundregel hat zu gelten, daß in keinem angrenzenden Raum, in welchem sich Personen längere Zeit oder dauernd aufhalten (Büroräume, Wohnräume!), die Toleranzdosisleistung überschritten wird. Photolaboratorien und Dunkelkammern sollen zweckmäßigerweise möglichst weit entfernt liegen.

Die Wände der genannten Laboratorien sollen möglichst glatt und fugenlos sein, keine spitzen Winkel, Nischen und Vorsprünge haben, um Ablagerungen von radioaktivem Staub zu verhindern. Empfehlenswert ist ein abwaschbarer Hartlackanstrich oder Kachelung mit verstrichenen Fugen, zumindest in der Nähe der Arbeitsplätze. Auch abwaschbare Tapeten, die notfalls leicht entfernt und durch neue ersetzt werden können, haben sich bewährt. Alle porösen Materialien wie Holz, Beton, Asphalt und rohe Ziegel-

---

[1] SOGNNAES, R. F., and J. H. SHAW: Arch. industr. Hyg. 3, 316 (1951). — HANSARD, S. L.: Nucleonics 9 (Jan.), 13 (1951).

steine sind möglichst zu vermeiden. Als Fußbodenbelag eignet sich am besten Linoleum oder Gummi. Er soll an den Scheuerkanten hochgezogen und ebenfalls möglichst fugenlos sein. In den Räumen, in welchen größere Aktivitäten verarbeitet werden, hat es sich als zweckmäßig erwiesen, wenn die Türen ohne Handbedienung zu öffnen sind, da gerade durch Berühren der Türklinken mit radioaktiv verseuchten Fingern oder Gummihandschuhen leicht eine Übertragung aktiver Substanzen erfolgen kann. Gute Beleuchtung und günstige Temperaturverhältnisse sind Voraussetzung für sauberes und exaktes Arbeiten. Die Belüftung soll so beschaffen sein, daß an keiner Stelle des Arbeitsraums die Toleranzkonzentration der Aktivität in der Atemluft (s. Tabelle 4, S. 904) überschritten wird. Bei Belüftung mit Ventilatoren ist darauf zu achten, daß die Luftströmung nicht von Orten höherer Aktivität zu Orten niederer Aktivität oder in inaktive Räume gerichtet ist und daß vor allem die Luft aus den Abzügen nicht infolge Unterdruckes in den Raum zurückströmen kann.

Zahlreiche Veröffentlichungen befassen sich mit dem Aufbau und der Einrichtung von Isotopenlaboratorien und -abteilungen für verschiedene Arbeitsprogramme und geben praktische Hinweise auf die zweckmäßige Ausstattung. Verhältnismäßig kleine Laboratorien werden von PREUSS und WATSON, von REID und BIZZELL und von RICE[1] beschrieben, größere Anlagen von SWARTOUT, TOMPKINS und von QUIMBY und BRAESTRUP[2]. Planung und Einrichtung spezieller radiochemischer Labors behandelt eingehend eine Arbeit von FAY[3].

Die für Isotopenlaboratorien als Oberflächen der Arbeitsplätze in Frage kommenden Materialien wurden von TOMPKINS[4] auf ihre Adsorptionseigenschaften („spillindex") bezüglich verschiedener gebräuchlicher Isotopenverbindungen untersucht. Als besonders günstig (geringe Adsorption) erwiesen sich rostfreier Stahl, Monel-Metall, Glasplatten und Kunststoffe. Auch poröse Oberflächen können durch Imprägnation oder chemisch resistente Lacküberzüge brauchbar werden für eine Verwendung im Isotopenlabor. Eine Zusammenstellung leicht zu reinigender Oberflächen für Laboratorien, in denen mit Aktivitäten in der Größenordnung von einigen Millicurie („warm level") gearbeitet wird, geben EATON und BOWEN[5].

### c) Schutzeinrichtungen.

Es ist dringend zu empfehlen, die Arbeitsplätze im Isotopenlaboratorium nach dem Aktivitätsniveau anzuordnen und entsprechend zu kennzeichnen („hochaktiv", „mäßigaktiv", „schwachaktiv" und „inaktiv"). Für die Verarbeitung größerer Aktivitäten von $\gamma$-Strahlern müssen zur Abschirmung Schutzschichten errichtet werden. Hierzu können gewöhnliche Bleiziegel verwandt werden, deren Dicke je nach Aktivität und $\gamma$-Energie aus Tabelle 6 und 7 (S. 912ff.) zu bestimmen ist. Allerdings ist zu beachten, daß Strahlenschutzwände, die aus einzelnen normalen Bleiklötzen zusammengesetzt sind, Fugen enthalten, durch welche schmale Strahlenbündel hoher Intensität hindurchdringen können. Besser sind daher speziell für diese Zwecke hergestellte ineinanderfügbare Bleiziegel, wie sie in Abb. 4 dargestellt sind. Für Dauerarbeiten sind geschützte Arbeitstische zweckmäßig, wie sie in der Radium verarbeitenden Industrie benutzt werden[6]. Einen Strahlenschutztisch für kleine und mittlere Aktivitäten zeigt Abb. 7. Die Ränder der Arbeitstische werden zweckmäßigerweise etwas erhöht, um ein Abfließen radioaktiver Flüssigkeiten zu verhindern. Sehr bewährt haben sich auch Arbeitstische, welche ständig von einem leichten (nicht spritzenden!) Wasserstrahl berieselt werden.

---

[1] PREUSS, L. E., and J. H. L. WATSON: Nucleonics **6** (Mai), 11 (1950). — REID, G. W., and O. BIZZELL: Industr. Med., Chicago **19**, 449 (1950). — RICE, C. N.: Industr. engng. Chem. **41**, 244 (1949).

[2] SWARTOUT, J. A.: Industr. engng. Chem. **41**, 227, 233 (1949). — TOMPKINS, P. C.: Industr. engng. Chem. **41**, 239 (1949). — QUIMBY, H. E., and C. B. BRAESTRUP: Amer. J. Roentgenol. **63**, 6 (1950).

[3] FAY, J. W. J.: Atomics **3**, 91, 105 (1952).

[4] TOMPKINS, P. C., O. M. BIZZELL and C. D. WATSON: Industr. engng. Chem. **42**, 1469, 1475 (1950); Nucleonics **7** (Febr.), 42 (1950).

[5] EATON, S. E., and R. J. BOWEN: Nucleonics **8** (Mai), 27 (1951).

[6] GORUP, G. v.: Strahlentherapie **84**, 467 (1951).

Alle Arbeiten, bei welchen radioaktive Lösungen erhitzt oder zum Sieden gebracht werden, das Trocknen radioaktiver Präparate, kurz alle Manipulationen, bei welchen die strahlende Substanz als Gas oder Dampf entweichen kann, sollen unter einem Abzug durchgeführt werden, welcher nicht mit dem allgemeinen Ventilationssystem in Verbindung stehen darf. Wasser-, Gas- und Stromanschluß, sowie ein Ausguß und Luftzufuhr sollen vorhanden und nach Möglichkeit von außen (am besten durch Fußbedienung) regulierbar sein[1].

Der mit Schiebetüren versehene Abzug soll eine völlige Abschirmung gegen $\beta$-Strahlung gewährleisten und die Möglichkeit einer zusätzlichen Abschirmung gegen $\gamma$-Strahlung durch Anbringung von Bleischichten bieten. Falls nicht zu große Aktivitäten verarbeitet

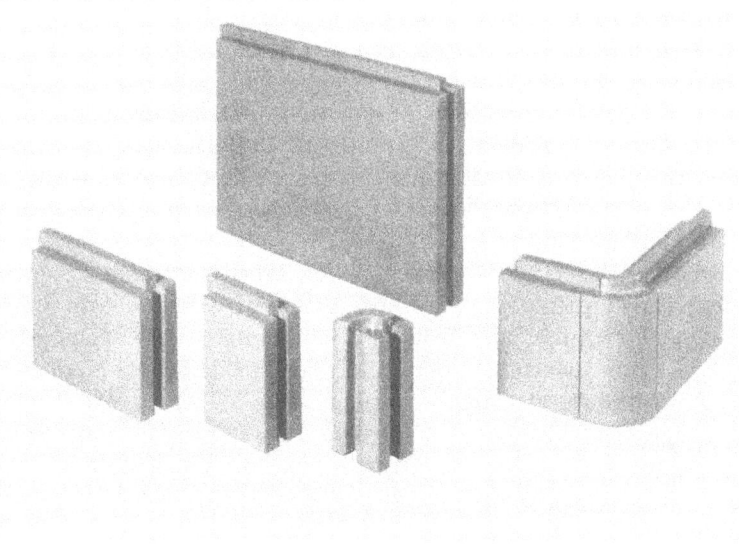

Abb. 4. Zusammensetzbare Bleiziegel (Stärke 40 mm) zum Aufbau eines strahlengeschützten Arbeitsplatzes (Hersteller Chininfabrik Braunschweig, Buchler & Co.).

werden, genügen auch die üblichen Abzüge, wie sie in chemischen Laboratorien gebräuchlich sind, wenn sie für den beabsichtigten Zweck der Isotopenverarbeitung durch Glätten der Innenflächen, Verkitten der Fugen, Lackanstrich, Abdichtung und eventuellen Einbau von Schutzschichten hergerichtet werden. Günstiger ist das Arbeiten in einer sog. „Handschuhbox" (s. Abb. 5), welche ein völlig dichtes, durch Bleiglasscheiben geschütztes Abzugssystem darstellt, bei welchem in die Vorderwand Gummihandschuhe eingelassen, sowie Fernbedienungsgeräte angebracht sind, mit deren Hilfe auch gefährliche Manipulationen mit eventuell radioaktiv verseuchten Apparaturen (Filtriergeräten, Rührwerken usw.) durchgeführt werden können.

### d) Arbeitsgeräte.

Wie bereits in diesem Kapitel mehrfach erwähnt wurde, ist ein möglichst großer Abstand von der strahlenden Substanz der beste Strahlenschutz. Im Hinblick auf diese Grundregel ist eine große Anzahl von Arbeitsgeräten verschiedener Typen konstruiert worden, welche jeweils einen genügend großen Abstand des Körpers und vor allem auch der Hände von der Strahlenquelle gewährleisten und andererseits auch das Hantieren und Manipulieren mit den radioaktiven Stoffen nicht unnötig erschweren und verlängern. Für viele Zwecke dürften gewöhnliche Pinzetten, Tiegelzangen u. dgl. vollkommen ausreichen. Für gefährlichere Arbeiten sind speziell für das Isotopenlabor Fernbedienungs-

---

[1] SCHUBERT, G., W. DITTRICH, H. A. KÜNKEL u. H. J. SCHMERMUND: Strahlentherapie 84, 165, 328 (1951).

geräte wie Kreuzpinzetten, Ampullenhalter und Ampullenöffner, Greifzangen usw. entwickelt worden, die sich in der Praxis sehr bewährt haben (s. Abb. 6). Für Aktivitäten über 100 mC („hot level") müssen bereits automatische bzw. ortsfest eingebaute Fernbedienungswerkzeuge verwandt werden, wie sie von MAYNEORD und von TOMPKINS[1] beschrieben werden.

Eine besondere Gefahr der Strahlenüberexposition ist beim Pipettieren radioaktiver Lösungen gegeben. Die Benutzung gewöhnlicher, mit dem Mund anzusaugender Pipetten erfordert nicht nur einen sehr geringen Abstand von der Strahlenquelle, sondern führt auch sehr leicht zu einer Inkorporation der radioaktiven Lösungen. Injektionsspritzen mit Schlauchverbindung zur Pipette oder sog. „Peleusbälle" aus Gummi bieten hier mehr Sicherheit.

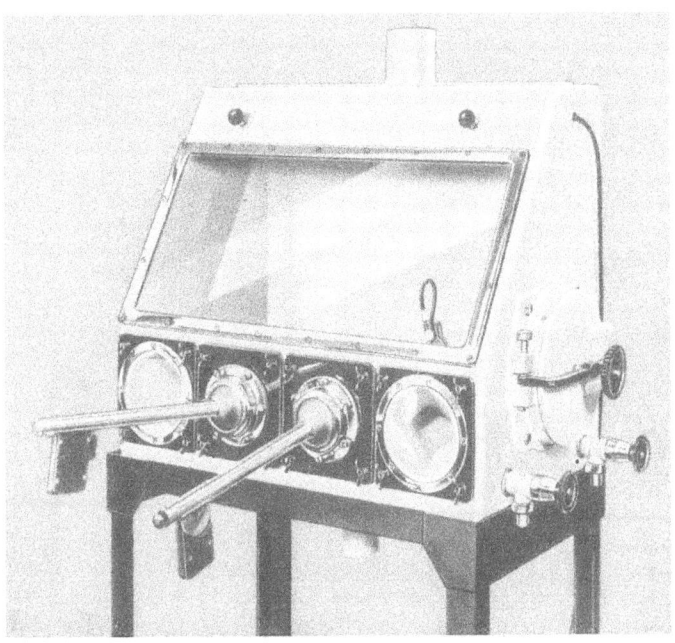

Abb. 5. Strahlenschutzkammer mit Umlaufentgiftung und Fernbedienungswerkzeugen („Handschuh-Box"). (Hersteller: Frieseke und Hoepfner, Erlangen.)

Zum Pipettieren hochaktiver Lösungen hat man komplizierte Sicherheitspipetten konstruiert, die aus größerem Abstand bedient werden können und an einem dreidimensionalen Hebelsystem montiert sind[2]. Abb. 7 zeigt einen Strahlenschutztisch mit Bleiglasplatte, verschiedenen Teleinstrumenten und einer Fernbedienungspipette für das

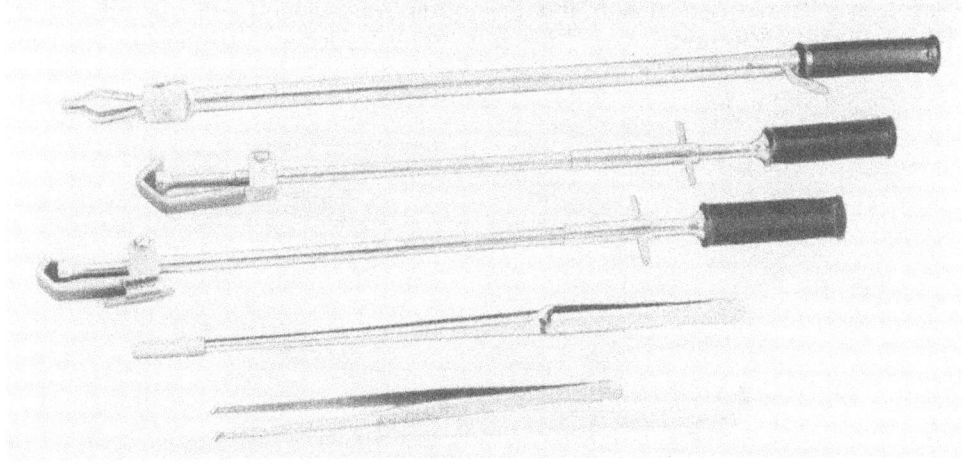

Abb. 6. Fernbedienungswerkzeuge. Von oben nach unten: Ferngreifer, Ampullenhalter, Ampullenöffner, Kreuzpinzette und Röhrchenpinzette (Hersteller: Chininfabrik Braunschweig, Buchler & Co.).

Arbeiten mit radioaktiven Lösungen. Eine Injektionsspritze mit Strahlenschutzmantel für stärker aktive Flüssigkeiten ist in Abb. 8 dargestellt[3].

---

[1] TOMPKINS, P. C.: USAEC MDDC-1424, 1527. — MAYNEORD, W. V.: Brit. J. Radiol. **24**, 6 (1951).

[2] KLAUER, F., u. H. BILLION: Fortschr. Röntgenstr. **75**, 352 (1951). — „Telepipette": J. sci. Instr. **29**, 30 (1952).

[3] Siehe auch WHEELER, H. B., J. H. RUBENSTEIN, M. D. COLEMAN and T. W. BOTSFORD: A.M.A. Arch. Surg. **65**, 283 (1952).

Eine besonders große Gefahr ist mit dem Öffnen der Ampullen verbunden, welche die von der Isotopenverteilungsstelle gelieferten Stammlösungen hoher spezifischer Aktivität

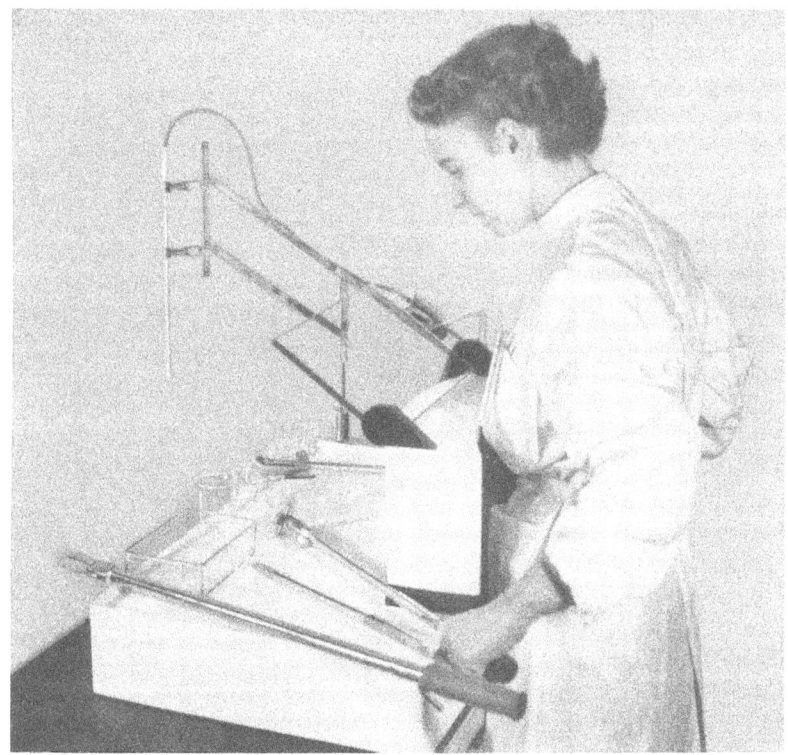

Abb. 7. Strahlenschutztisch mit Fernbedienungswerkzeugen (Hersteller: Chininfabrik Braunschweig, Buchler & Co.).

enthalten. Das Öffnen solcher Ampullen kann mit einer erhitzten Drahtschlinge an langem Stiel erfolgen oder mit den in Abb. 6 dargestellten Ampullenöffnern, die allerdings nicht einfach zu handhaben sind. Auch die mit Schleifrädchen versehenen fernbedienten

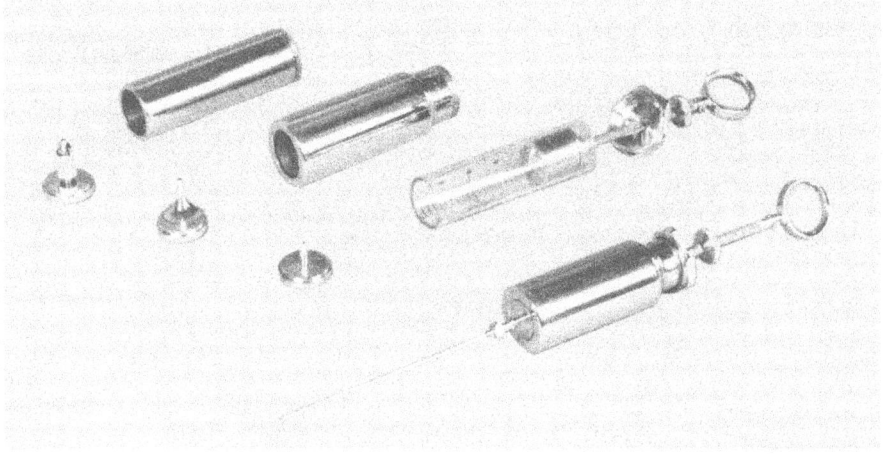

Abb. 8. Injektionsspritze mit Strahlenschutzmantel nach J. H. MÜLLER, Zürich (Hersteller: Chininfabrik Braunschweig, Buchler & Co.).

Ampullenöffner, welche von COBURN und ROAN[1] beschrieben werden, sind noch keine technisch vollkommene Lösung des Problems. Beim Zentrifugieren radioaktiver Flüssig-

---
[1] COBURN, H. H., and C. C. ROAN: Science, N. Y. **112**, 125 (1950).

keiten und Suspensionen ist die Gefahr der radioaktiven Verseuchung durch Verspritzen und Verschütten besonders groß. Vor allem auch durch Zerbrechen der Röhrchen in der Zentrifuge können schwere Verunreinigungen der Geräte und des Arbeitsplatzes eintreten. Insbesondere beim Arbeiten mit starken Beschleunigungen (hochtourige Zentrifugen, Ultrazentrifugen), wie sie für die differentielle Zentrifugation, Trennung und Fraktionierung von Zellbestandteilen bei intracellulären Verteilungsuntersuchungen (HÖHNE und KÜNKEL, sowie LETTRÉ und Mitarbeiter[1]) angewandt werden, ist peinlichste Sauberkeit und besonders vorsichtiges Manipulieren zu beachten. An Stelle der leicht zerbrechlichen Glasröhrchen werden hier besser Zentrifugenröhrchen aus Stahl oder Kunststoff verwendet, die auch leichter von radioaktiven Spuren zu reinigen sind.

Große Vorsicht ist beim Arbeiten mit flüchtigen Isotopen oder Isotopenverbindungen, wie z. B. $^3$H, $^{14}CO_2$, $^{35}$S-Verbindungen, zu beachten. Die hierfür notwendigen Einrichtungen und Geräte werden von RICE[2] beschrieben. Über die Handhabung des energiereichen $\gamma$-Strahlers $^{60}$Co werden von PARRY[3] ausführliche Angaben gemacht. Hochaktive Bestrahlungsanlagen mit $^{60}$Co von mehreren Curie, wie sie für Untersuchungen in der Strahlenchemie oder zur Sterilisation von pharmazeutischen Präparaten, Nahrungsmitteln u. a. verwandt werden, werden am zweckmäßigsten in die Erde versenkt (SCHWARZ und ALLEN[4]). Auf diese Weise kann der größte Teil der sonst notwendigen und sehr kostspieligen Abschirmungsmaßnahmen eingespart werden.

Da die Entwicklung auf dem Gebiete der Hilfsgeräte für die Isotopenarbeit noch stark im Fluß ist, kann hier nur ein kurzer Überblick über bereits in der Praxis bewährte Instrumente gegeben und im übrigen auf die zahlreichen Veröffentlichungen in der Fachliteratur verwiesen werden.

### e) Schutzkleidung.

Die Laboratoriumskleidung, welche beim Arbeiten mit radioaktiven Isotopen getragen wird, soll nur diesem Zweck dienen und nicht in inaktiven Räumen getragen werden. Sie soll besonders gekennzeichnet sein, oft gewechselt und nicht gemeinsam mit inaktiver Wäsche gewaschen werden. Besonders stark verseuchte Stücke sollen einzeln einer radioaktiven Entseuchung (s. S. 924) unterzogen und gereinigt werden. Beim Arbeiten mit nicht zu starken Aktivitäten können normale Laborkittel getragen werden, die zweckmäßigerweise am Hals und an den Handgelenken geschlossen sind. Auch Überhosen und Überschuhe sind sehr zu empfehlen. Bei Arbeiten, bei welchen leicht radioaktive Substanz verspritzt werden kann (Sieden, Abdampfen, Umfüllen pulverförmiger Substanzen), ist es zweckmäßig, die Haare durch Kopfhauben und die Augen durch eine Schutzbrille gegen Verseuchung zu schützen. Jede Manipulation mit radioaktiven Stoffen sollte nur mit Gummihandschuhen durchgeführt werden. Leder- und Stoffhandschuhe sind wegen ihrer Durchlässigkeit und starken Adsorptionsfähigkeit ungeeignet. Bleihandschuhe sind wegen ihrer Unhandlichkeit nur für grobe Arbeiten brauchbar. Energiereiche $\beta$-Strahlen erzeugen in ihnen eine starke Bremsstrahlung (vgl. S. 910ff.). Das Verarbeiten sehr hoher Aktivitäten erfordert Spezialkleidung aus Gummi oder Kunststoffen (Hersteller: Plysu Products Ltd., Woburn Sands, Bletchlex, England).

Diese Schutzkleidung dient in erster Linie zur Verhinderung einer radioaktiven Verseuchung des arbeitenden Personals. Gegen $\alpha$-Strahlung und energiearme $\beta$-Strahlung gewährt sie vollen Strahlenschutz. Energiereiche $\beta$-Strahlung (z. B. von $^{32}$P und $^{90}$Y) kann jedoch entsprechend ihrer Reichweite in vielen Fällen die Laborkleidung durchdringen. $\gamma$-Strahlung wird durch Kleidung in ihrer Intensität praktisch nicht geschwächt. Auch die sonst im Röntgenlabor üblichen Bleischürzen haben für das Arbeiten mit

---

[1] HÖHNE, G., u. H. A. KÜNKEL: Naturwiss. 41, 168 (1954). — LETTRÉ, H., F. HEMPRICH u. B. SPIRIG: Z. Krebsforsch. 59, 64 (1953).
[2] RICE, C. N.: Industr. engng. Chem. 41, 244 (1949).
[3] PARRY, K. J.: Atomics 1, 159 (1950).
[4] SCHWARZ, H. A., and A. O. ALLEN: Nucleonics 12 (Febr.), 58 (1954).

γ-Strahlern praktisch keine Bedeutung. Über Schutzmöglichkeiten durch Kleidung gegen Strahlenschädigung haben HOLDEN und OWINGS[1] eingehende Untersuchungen angestellt.

### f) Radioaktive Entseuchung.

Eine wichtige Aufgabe im Isotopenlaboratorium ist die Reinigung des benutzten Glasmaterials, der Geräte und Arbeitsplätze, sowie des gesamten Labors. Selbst bei sorgfältigster Handhabung der aktiven Substanzen läßt es sich nicht vermeiden, daß die Verseuchung eines solchen Labors laufend zunimmt, wenn nicht ständig gründliche Reinigungsmaßnahmen getroffen werden. Es ist zweckmäßig, schon während der Arbeit jede Verunreinigung des Arbeitsbereiches sofort zu beseitigen, da die Entfernung um so schwieriger wird, je länger die Zeitspanne ist, während der ein enger Kontakt der radioaktiven Substanz mit der betreffenden Materialoberfläche besteht. Bei längerer Einwirkung einer radioaktiven Lösung kann ein erheblicher Teil in das Material hineindiffundieren oder mit der Materialoberfläche chemisch reagieren. Es ist erstaunlich, wie stark selbst beim Glas die Diffusion radioaktiver Flüssigkeit in das Material hinein bereits nach einer halben Stunde fortgeschritten ist. Besonders ungünstig wirkt sich auch das Eintrocknen von radioaktiven Lösungen, von Spritzern und anderen Verunreinigungen aus. Spritzer und verschüttete Lösungen sollen sofort mit Fließpapier aufgenommen werden. Gebrauchte Glasgefäße sollen nicht länger als unbedingt notwendig stehen bleiben, sondern wenigstens erst einmal provisorisch gespült werden. Benutzte Pipetten sind sofort in Standgläser mit Wasser zu stellen, welches häufig zu erneuern ist.

Tischflächen und Fußböden sollen stets feucht gereinigt werden. Das Reinigungsgerät (Besen, Wischlappen, Reinigungsbürsten) darf nicht aus dem radioaktiven Labor entfernt und zum Reinigen inaktiver Räume oder Gegenstände benutzt werden. In regelmäßigen Abständen müssen auch die für aktive Flüssigkeiten bestimmten Ausgüsse, sowie die Abzüge auf den Grad der radioaktiven Verseuchung geprüft und einer Säuberung unterzogen werden.

Für die Reinigung von Glasgefäßen kann Chrom-Schwefelsäure, Trinatriumphosphat, Ammoniumbifluorid und Ammoniumcitrat verwandt werden. In vielen Fällen hartnäckiger Verseuchung mit radioaktiven Isotopen kann durch längeres Liegenlassen der Glasgeräte in einer Lösung, welche das entsprechende inaktive Isotop enthält, eine Verdünnung erzielt werden. So kann Glasmaterial, welches für $^{32}$P benutzt worden war, durch eine Mischung von 3 n $HNO_3$ + 3 n $H_3PO_4$ entseucht werden. Für $^{131}$J kann 50%iges Kaliumjodid benutzt werden[2]. Metalloberflächen und viele Kunststoffe können mit verdünnten Säuren gereinigt werden[3]. Gut bewährt hat sich hier auch ein Besprühen der angefeuchteten Oberfläche mit Siliciumtetrachlorid, welches in Gegenwart von Wasser durch Hydrolyse in Salzsäure und gelartige Kieselsäure zerfällt. Letztere bindet die Verunreinigungen sehr stark und kann selbst leicht wieder entfernt werden. Dieses Verfahren kann jedoch wegen der Salzsäure in statu nascendi nur für korrosionsfeste Materialien verwandt werden. Um die Korrosionswirkung etwas zu mildern, kann auch Silicochloroform zur Anwendung kommen, welches 1:1 mit Benzol oder Tetrachlorkohlenstoff verdünnt wurde[4].

Für Gummi empfiehlt sich ein Abwaschen mit verdünnter Salpetersäure. Poröse Oberflächen sind schwer zu reinigen, insbesondere wenn seit der Verseuchung längere Zeit verstrichen ist. Bei Holz ist vielfach die einzige Möglichkeit zur Beseitigung einer radioaktiven Verseuchung ein Abhobeln der Oberfläche. Eine Entseuchung größerer Oberflächen kann, falls es sich um eine Verunreinigung mit radioaktiven Metallisotopen

---

[1] HOLDEN, F. R., and A. F. OWINGS: Arch. industr. Hyg. 6, 67 (1952).

[2] TOMPKINS, P. C., O. M. BIZZELL and C. D. WATSON: Nucleonics 7 (Febr.), 42 (1950). Industr. engng. Chem. 42, 1469 (1950).

[3] „Control and Removal of Radioactive Contamination in Laboratories." National Bureau of Standards. Handbook 48 (1951).

[4] KÜNKEL, H. A.: Strahlentherapie 95, 326 (1954).

handelt, bis zu einem gewissen Grade durch Abspülen mit Äthylendiamintetraessigsäure erzielt werden. Für staubförmige Verunreinigungen auf rauhen oder porösen Oberflächen, wie z. B. Laboratoriumsfußböden, empfehlen HOLDEN, SKOW und TODD [1] einen fahrbaren Exhaustor, der nach dem Prinzip eines Staubsaugers mit strahlensicher abgeschirmtem Staubbehälter arbeitet.

Sind Personen an ihrer Haut, an den Händen oder im Gesicht von radioaktiven Isotopen verseucht worden, so kann durch wiederholtes gründliches Waschen mit Wasser und Seife ein großer Teil der aktiven Substanzen weggeschwemmt werden.

Eine ganze Reihe handelsüblicher Seifen wurde von GREGORY [2] auf ihre Wirksamkeit bei der radioaktiven Entseuchung der Haut untersucht. Die Nägel sind gründlichst mit der Nagelbürste zu bearbeiten. Auch das Waschen mit einer gesättigten Lösung von Kaliumpermanganat und anschließend mit 5%igem Natriumhydrogensulfit kann Erfolg haben. In hartnäckigen Fällen können auch stark verdünnte Säuren zum Waschen verwandt werden [3]. Bei allen diesen Reinigungsmethoden ist unbedingt darauf zu achten, daß die Haut weder verletzt noch zu stark beansprucht wird, damit keine Inkorporation durch die verletzten Stellen erfolgen kann. Bei den Maßnahmen zur radioaktiven Entseuchung der Haut ist grundsätzlich ein Unterschied zu machen zwischen einer Verunreinigung größerer Teile der Körperoberfläche, wofür ein gründliches Waschen unter fließendem Wasser zunächst die beste Methode ist, und einer eng umgrenzten Verseuchung durch hochaktive Spritzer oder Tropfen, bei welcher ein Waschen mit Wasser oder anderen Mitteln ein Verschmieren und unkontrollierbares Verteilen der aktiven Substanz über größere Flächen und damit unter Umständen eine Verschlimmerung der Situation bedeuten würde. Hier empfiehlt sich die Anwendung einer breiartigen Paste aus Titandioxyd, 0,1 n Salzsäure und feinem Quarzstaub, mit welcher Verseuchungen durch mehrmalige Anwendung bis zu 98% entfernt werden können [4]. Ist die Haut an irgendeiner Stelle verletzt, so muß äußerste Vorsicht beachtet werden, damit keinerlei radioaktive Spuren in die Wunde hinein gebracht werden. Ist trotzdem eine Verseuchung verletzter Stellen oder Wunden durch radioaktive Substanzen erfolgt, so ist ein Auswaschen mit lauwarmem Wasserstrahl und anschließende Behandlung mit isotonischer Natriumhydrogencarbonatlösung zu empfehlen.

Für die Reinigung verseuchter Textilien empfiehlt sich Waschen mit verdünnter Essigsäure oder Äthylendiamintetraessigsäure.

In allen Fällen einer radioaktiven Verseuchung von Gegenständen, Geräten und sonstigem Material ist stets zu überlegen, ob sich — zumindest bei kurzlebigen Isotopen — eine langwierige Reinigungsprozedur lohnt oder ob diese Gegenstände nicht besser so lange in einem dafür zu bestimmenden Abstellraum aufbewahrt werden, bis ihre Aktivität abgeklungen ist (nach 10 Halbwertszeiten beträgt sie nur noch $1/_{1000}$ der Anfangsaktivität!).

### g) Beseitigung radioaktiver Abfälle.

Ein schwieriges Problem bei allen Arbeiten mit radioaktiven Isotopen ist die gefahrlose Beseitigung radioaktiver Abfälle. Hier muß man sich ebenso wie auch bei der radioaktiven Entseuchung immer wieder darüber im klaren sein, daß es eine „Vernichtung radioaktiver Stoffe" nicht gibt. Während bei chemischen Giften eine Neutralisation der gefährlichen Substanzen, bei bakteriellen Verseuchungen eine Abtötung durch chemische Desinfektion oder Hitzeeinwirkung möglich ist, im schlimmsten Falle durch Verbrennen der verseuchten Gegenstände die Gefahr beseitigt werden kann, ist ein solcher Weg für die Radioaktivität, welche ja eine Eigenschaft der Atomkerne ist, nicht vorhanden. Es kann sich also stets nur darum handeln, die gefährliche Substanz von einer

---

[1] HOLDEN, F. R., R. K. SKOW and J. TODD: Nucleonics 11 (Febr.), 67 (1953).
[2] GREGORY, J.: Brit. J. industr. Med. 10, 32 (1953).
[3] KÜNKEL, H. A.: Atomschutzfibel. Göttingen 1950.
[4] KÜNKEL, H. A.: Strahlentherapie 90, 100 (1953); 95, 326 (1954).

unerwünschten Stelle an einen Ort zu bringen, wo eine Gefahr der Strahlenschädigung nicht zu befürchten ist.

Besondere Schwierigkeiten treten in dieser Beziehung bei den Uranreaktoren und den ihnen angeschlossenen radiochemischen Aufbereitungslaboratorien auf, bei welchen ungeheure Mengen radioaktiver Abfallprodukte anfallen (in Oak Ridge z. B. etwa 9000 Liter je Tag bei einer durchschnittlichen spezifischen Aktivität von 20 C/Liter). Die Möglichkeiten der Beseitigung bestehen in einem Einpumpen in unterirdische Schächte (bis 3000 m unter der Erde) oder Einbringen in dichte Behälter und Versenkung ins Meer. Die Kosten für die Abfallbeseitigung solcher Atomenergiezentren sind außerordentlich hoch und belaufen sich auf rund 1 Dollar je Gallone[1].

Aber auch für die „Verbraucher" der radioaktiven Isotope, für die Medizin, die Forschungslaboratorien und die Industrie beginnt das Problem der Beseitigung der radioaktiven Abfälle allmählich immer schwieriger zu werden. Wie eine Rundfrage der Atomenergiekommission in den USA bei über 1000 Abnehmern von Radioisotopen ergeben hat, läßt fast die Hälfte aller Verbraucher ihre radioaktiven Abfälle in der öffentlichen Kanalisation verschwinden, eine Methode, welche zwar heute noch bei Beachtung entsprechender Vorsichtsmaßnahmen als ungefährlich, bei steigendem Verbrauch radioaktiver Stoffe jedoch allmählich als bedenklich anzusehen ist[2].

In Anbetracht der immer stärkeren Verbreitung der Anwendung radioaktiver Isotope wird die Beseitigung des radioaktiven Abfalls zu einem dringlichen Problem der öffentlichen Gesundheitspflege. Wenn auch der Verbrauch an Radioisotopen und damit die Abfallmenge in klinischen Betrieben und biochemischen Forschungsstätten nur einen kleinen Bruchteil jener Mengen beträgt, welche bei den großen Atomenergiezentren anfallen, so ist doch die Gefahr einer größeren Verseuchung auch hier gegeben. In ganz besonderem Maße betrifft sie aber Industriebetriebe.

Im Isotopenlaboratorium ist grundsätzlich zwischen festen und flüssigen Abfällen zu unterscheiden. Bei den letzteren besteht die Möglichkeit einer Verdünnung und damit einer Herabsetzung ihrer spezifischen Aktivität. Eine solche Verdünnung ist unbedingt notwendig, wenn flüssige Abfälle in die Ausgüsse geschüttet werden sollen, welche mit der öffentlichen Kanalisation in Verbindung stehen. Für den Grad der Verdünnung, welcher für die einzelnen Isotope als notwendig erachtet wird, sind in Großbritannien und den USA Richtlinien ausgearbeitet worden[3]. So soll bei $^{32}$P eine Verdünnung von 0,1 $\mu$C/Liter Spülwasser erreicht werden. Ein Zusatz von je 100 g inaktivem Phosphat je mC $^{32}$P wird empfohlen. Bei $^{131}$J soll die Verdünnung mindestens 0,5 $\mu$C/Liter betragen. Mehr als 200 mC je Woche sollen nicht in denselben Ausguß geschüttet werden. Vor allem muß damit gerechnet werden, daß sich radioaktive Substanzen an unvorhergesehenen Stellen des Abflußsystems festsetzen können und daß sie bei stärkeren Aktivitäten im Schlamm des Klärwassers und auf Rieselfeldern Verseuchungen größeren Stils hervorrufen können[4].

Für feste Abfälle sollen im Laboratorium besonders gekennzeichnete Abfalleimer aufgestellt werden. Diese dürfen nicht in die allgemeinen Müllabfuhrtonnen entleert werden. Hierfür sind besondere, abgelegene und abgedichtete (z. B. betonierte) Gruben anzulegen, die für Unbefugte unzugänglich sind. Hierbei ist unbedingt auf die Gefahr einer Verseuchung des Grundwassers zu achten. Tierleichen, radioaktive Organteile und andere halbfeste Abfälle können in speziellen Veraschungsöfen verbrannt werden, ihre Asche wie die festen Abfälle beseitigt werden. Von einem Verbrennen fester und halbfester radioaktiver Abfälle in normalen Heizungsanlagen ist dringend abzuraten, da hierdurch die Öfen,

---

[1] HERRINGTON, A. C., R. G. SHAVER and C. W. SORENSON: Nucleonics 11 (Sept.), 34 (1953).

[2] MILLER, H. S., F. FAHNOE and W. R. PETERSON: Nucleonics 12 (Jan.), 68 (1954).

[3] „Introductory manual on the control of health hazards from radioactive materials." Med. Res. Council 1949; Ministry of Supply, AEE. — „Interim recommendations for the disposal of radioactive wastes by non-AEC users." Nucleonics 5 (Febr.), 22 (1949).

[4] „Recommendations for Waste Disposal of $^{32}$P and $^{131}$J for Medical Users." National Bureau of Standards. Handbook 49.

Roste und Schornsteine selbst stark versucht werden können, abgesehen von der bei stärkeren Aktivitäten entstehenden Gefahr einer radioaktiven Verseuchung der Luft.

### h) Transport von Isotopen.

Radioaktive Präparate müssen auch beim Transport so abgeschirmt sein, daß eine Überexposition von Personen durch die emittierte Strahlung ausgeschlossen ist. Das gilt schon für den Transport innerhalb des Laboratoriums, zwischen den einzelnen Räumen und von einem Gebäudeteil zum anderen. Hierfür genügen bei reinen β-Strahlern Behälter aus Holz oder Kunststoff von 10—20 mm Wandstärke. Für γ-Strahler sind speziell für diesen Zweck konstruierte Bleibehälter geeignet, die an langen Stielen oder Gurten getragen werden[1]. Für sehr stark aktive Präparate werden Bleibehälter auf kleinen Karren verwendet, die mit langen Deichseln versehen sind.

Für den Transport von Radioisotopen auf der Straße und in öffentlichen Verkehrsmitteln sind die im jeweiligen Lande geltenden Bestimmungen maßgebend. Vorbildlich sind hier die Methoden der Verpackung und des Versandes der A.E.R.E. in Harwell, des zur Zeit größten Lieferanten von Isotopen für die Bundesrepublik. Reine β-Strahler werden zunächst in Glasampullen eingeschmolzen, welche (durch Watte gegen Bruch gesichert) in zylinderförmige Behälter aus einer Preßholzmasse eingebettet sind. Die Glasampulle ist mit saugfähigem Material reichlich umgeben, so daß für den Fall des Zerbrechens eine radioaktive Verseuchung des Päckchens nicht zu befürchten ist. Schwieriger sind Verpackung und Versand von γ-Strahlern. Diese befinden sich in Bleibehältern, welche im Zentrum größerer Kisten oder Körbe angebracht sind, so daß ein gewisser Mindestabstand (etwa 30—40 cm) von der Außenseite des Transportbehälters gewährleistet ist. In Großbritannien sind z. B. auf der Eisenbahn zwei Klassen für den Versand zugelassen:

1. Die Strahlung darf an keinem Punkt der Oberfläche des Transportbehälters eine Dosisleistung von 10 mr je 24 Std überschreiten.

2. Maximale Dosisleistung an der Oberfläche des Transportbehälters 10—300 mr je 24 Std.

Sendungen der Klasse 1 brauchen beim Transport nicht von anderem Frachtgut getrennt befördert zu werden, während Sendungen der Klasse 2 mindestens 1,20 m entfernt von anderen Gütern gehalten werden müssen. Für den See- und Lufttransport sind höhere Dosisleistungen zugelassen. Besonders gefährdet sind Sendungen mit unentwickeltem photographischem Material. Daher müssen alle Transportbehälter für radioaktive Substanzen als solche deutlich gekennzeichnet sein. Die Einführung eines internationalen Warnzeichens für radioaktive Stoffe ist geplant. Sonderbestimmungen für den Transport auf der Deutschen Bundesbahn wie auch auf deutschen Schiffen sind in Kürze zu erwarten.

### i) Strahlenschutzmessungen.

Die Vielfalt der Arbeitsgänge und -methoden bei der Isotopenarbeit, insbesondere beim Umgang mit offenen radioaktiven Präparaten, bringt es selbst bei exaktem Arbeiten leicht mit sich, daß die Toleranzdosisleistung gelegentlich überschritten wird. Für jede Arbeit mit radioaktiven Isotopen ist deshalb eine unerläßliche Voraussetzung das Vorhandensein entsprechender Meßgeräte und die laufende Überwachung und sachgemäße Messung der Strahlungsintensität von Räumen und Arbeitsplätzen, sowie der Körperdosis, welche das Personal im Laufe bestimmter Zeitintervalle erhalten hat.

#### α) *Personelle Dosismessung.*

Bei jeder Arbeit mit radioaktiven Isotopen — auch wenn nur geringe Aktivitäten zur Anwendung kommen — soll die Strahlendosis am Körper des Arbeitenden laufend

---
[1] GORUP, G. v.: Strahlentherapie 84, 467 (1951).

gemessen werden. Eine Meßmethode, die schon vor zwei Jahrzehnten von SIEVERT[1] für medizinische Röntgen- und Radiumbetriebe angegeben wurde, ist die Dosismessung mit kleinen Kondensatorkammern, welche auf der Kleidung getragen werden können. Diese hochisolierten Kondensatoren sind als kleine Ionisationskammern ausgebildet, welche auf eine bestimmte Normalspannung aufgeladen werden und ihre Ladung mehrere Tage ohne nennenswerten Verlust behalten, falls sie nicht von ionisierenden Strahlen getroffen und dadurch entladen werden. So kann täglich nach Arbeitsschluß durch Messung des Ladungsverlustes mittels eines kapazitätsarmen Elektrometers die vom Träger der Kondensatorkammer empfangene Strahlendosis bestimmt werden. Der Meßbereich umfaßt etwa 200 mr, also nur die 4fache Tagestoleranzdosis, so daß erhebliche Überbestrahlungen nicht mehr quantitativ erfaßt werden können.

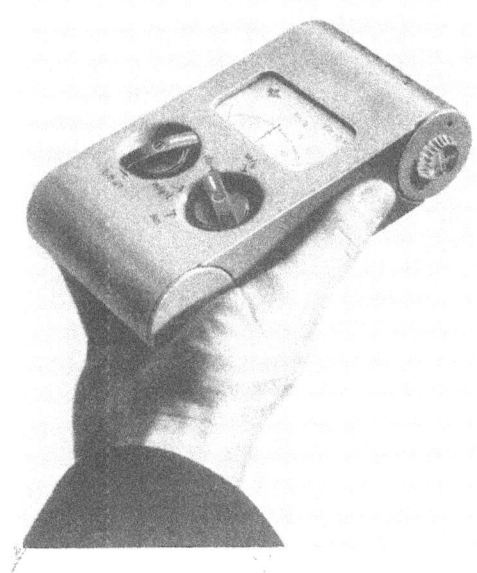

Abb. 9. Strahlenschutzmeßgerät FH 40 H für quantitative Messungen in Taschenformat (Hersteller: Frieseke & Hoepfner, Erlangen).

Die zur Zeit gebräuchlichste und bislang am besten bewährte Methode der Strahlenschutzmessung ist die Dosisbestimmung durch die Schwärzung photographischer Filme. Seit es gelungen ist, Photoemulsionen herzustellen, welche sowohl eine genügende Empfindlichkeit gegen ionisierende Strahlen besitzen, als auch eine Konstanz der Schwärzung des latenten Bildes über längere Zeit (mehrere Wochen) aufweisen, wird diese Methode in allen größeren Strahlenbetrieben routinemäßig zur Strahlenschutzüberwachung des Personals angewandt. Die Filme werden in kleinen Kassetten auf der Kleidung oder in Fingerringen an der Hand getragen. Vor den Film geschaltete Filterfolien verschiedener Dicke und aus verschiedenem Material ermöglichen auch eine Aussage über die Strahlenqualität. Die Bestimmung der Dosis erfolgt durch Vergleich mit der Schwärzung eines Filmstreifens, welcher mit einer bekannten Dosis bestrahlt und mit den Meßfilmen unter den gleichen Standardbedingungen entwickelt wurde[2].

Wegen der erforderlichen Exaktheit bei der Entwicklung und Auswertung der Filme, welche auch mit erheblichem Zeitaufwand verbunden sind, können sie nur an zentralen Stellen ausgewertet werden, welche über die entsprechende Erfahrung verfügen.

Neuerdings sind in Großbritannien und den USA Taschendosimeter zur Strahlenschutzüberwachung entwickelt worden, welche in Füllfederhalterform ausgebildet sind und im Innern eine kleine Ionisationskammer mit einem Quarzfadenelektrometer tragen, welches durch ein Fensterchen abgelesen werden kann. Die Anzeige ist direkt in Milliröntgen geeicht.

*β) Messung der Ortsdosis.*

Mit den für die Messung radioaktiver Proben bestimmten Zählrohrgeräten, die zumeist nur im Auslösebereich arbeiten, sind nur Aktivitätsmessungen durchzuführen, während im allgemeinen eine Dosismessung nicht möglich ist. Bei Isotopenarbeiten mit mittleren oder starken Aktivitäten ist daher ein besonderes Dosismeßgerät, welches speziell für die Überwachung des Strahlenschutzes geeignet ist, unbedingt erforderlich. Zweckmäßig sind solche Geräte, die auch eine Unterscheidung der einzelnen Strahlenarten ermöglichen. Diese sind mit einem dünnwandigen Fenster versehen, welches Corpuscularstrahlung hindurchläßt und andererseits durch eine Kappe verschlossen werden kann,

---

[1] SIEVERT, R. M.: Acta radiol., Stockholm, Suppl. 14 (1932).
[2] SPIEGLER, G.: Brit. J. Radiol. 18, 36 (1945); 24, 525 (1951). — LANGENDORFF, H., G. SPIEGLER u. F. WACHSMANN: Fortschr. Röntgenstr. 77, 143 (1952). — LANGENDORFF, H., u. F. WACHSMANN: Fortschr. Röntgenstr. 80, 382 (1954). — HENRY, J. A., et P. KIPFEL: J. belge Radiol. 35, 629 (1952).

so daß dann nur die Quantenstrahlung gemessen wird. Es befinden sich auch Dosismesser in der Entwicklung, deren Fensterdicke so bemessen ist, daß sie gerade der Dicke der unempfindlichen Hornschicht der Haut entspricht, damit z. B. bei $\beta$-Strahlung nur diejenige Dosis, welche an die strahlenempfindlichen Bereiche des Epithels abgegeben wird, aus den Meßwerten entnommen werden kann. Einige dieser Dosismeßgeräte arbeiten mit Ionisationskammern. Sie sind meist für Batteriebetrieb eingerichtet, um sie ortsunabhängig zu machen. Andere besitzen als Strahlendetektoren Niedervoltzählrohre, welche im Proportionalbereich arbeiten und bis zu einem gewissen Grade auch wellenlängenunabhängig sind. Ein Gerät im Taschenformat, welches für zwei Meßbereiche (0....25 mr/h und 0....1 r/h) eingerichtet ist und eine Dosismessung der $\gamma$-Strahlung, sowie den Nachweis von $\beta$-Strahlung gestattet, ist in Abb. 9 dargestellt. Viele dieser

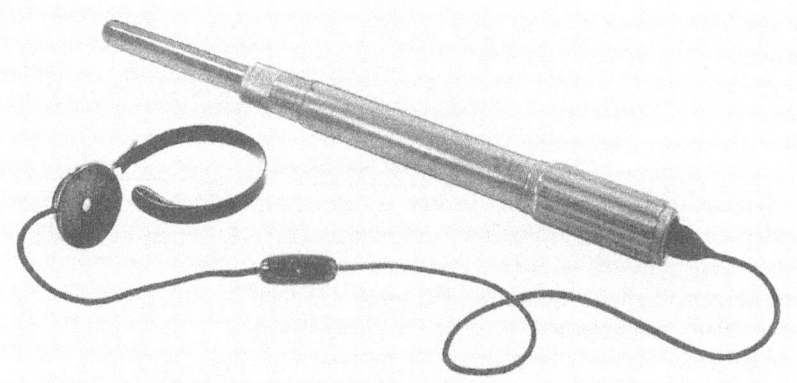

Abb. 10. Strahlennachweisgerät FH 40 M mit akustischer Anzeige für qualitative Strahlenschutzmessungen (Hersteller: Frieseke & Hoepfner, Erlangen).

Geräte haben zusätzlich auch eine akustische Anzeige. Die Meßgenauigkeit beträgt bei den meisten dieser Apparate nur etwa $\pm 20\%$, was aber für die Zwecke des Strahlenschutzes im allgemeinen ausreichend ist. In den größeren Isotopenlaboratorien der angelsächsischen Länder findet man auch vielfach ortsfest eingebaute Warngeräte (Monitoren), welche bei Überschreiten einer einstellbaren maximalen Dosisleistung ein akustisches Warnzeichen ertönen lassen, sowie ferner Geräte, welche speziell der Messung radioaktiver Verseuchungen der Hände oder der Kleidung dienen.

Für die Feststellung radioaktiver Verseuchungen, das Auffinden verlorengegangener Präparate und orientierende qualitative Strahlenschutzmessungen sind einfache und handliche Instrumente entwickelt worden, deren Benutzung im Isotopenlabor sich vielfach als günstig erwiesen hat. Sie arbeiten meist mit akustischer Anzeige (vgl. Abb. 10). Als brauchbar für orientierende $\gamma$-Strahlenmessungen haben sich auch die sog. Kryptometer bewährt[1], bei welchen die Dosisleistung durch Helligkeitsvergleich eines fluorescierenden Schirms mit einer beleuchteten gleichfarbigen Fläche bestimmt wird. Eine praktische Methode zur quantitativen Messung radioaktiver Verseuchungen mittels „smears" und adsorbierender Plättchen wird von BARRY und SOLON[2] angegeben. Die Messung der entnommenen „Verseuchungsproben" erfolgt unter dem Zählrohr oder Scintillationszähler.

Infolge der Vielzahl der im Handel befindlichen Strahlenschutzmeßgeräte ist es nicht möglich, im Rahmen dieser Ausführungen einen umfassenden Überblick über alle zur Zeit erhältlichen Typen zu geben. Fast allen Konstruktionen haften mehr oder weniger gewisse Nachteile an, wie z. B. eine starke Richtungsabhängigkeit und Wellenlängenabhängigkeit, welche jedoch bei vernünftiger und sachgemäßer Handhabung für die Zwecke des Strahlenschutzes nicht schwer wiegen. Man muß sich darüber im klaren sein, daß Strahlenschutzmessungen keine Präzisionsmessungen sein sollen und auch wegen

---

[1] EBERHARD, H., u. R. JAEGER: Fortschr. Röntgenstr. **76**, 382 (1952).
[2] BARRY, E. V., and L. R. SOLON: Nucleonics **11**, (Okt.), 60 (1953).

der fast nie exakt zu definierenden geometrischen Verhältnisse gar nicht sein können. Ihr Wert liegt vielmehr in der Orientierung über die Größenordnung der Strahlungsintensität am Arbeitsplatz und den Grad der radioaktiven Verseuchung. Sie sollen vor allem rechtzeitig einen Hinweis auf zu treffende Strahlenschutzmaßnahmen geben.

*γ) Aktivitätsmessung von Wasser und Atemluft.*

Messungen der Radioaktivität des Wassers und der Atemluft sind im allgemeinen nur bei Arbeiten mit mittleren und starken Aktivitäten erforderlich. Gefährliche Verseuchungen der Luft können beim Sieden und Abdampfen radioaktiver Lösungen, beim Veraschen fester Substanzen oder Umschütten feinpulverisierter aktiver Präparate auftreten. Die Messung kann in Durchströmungszählrohren, mit Scintillationszählern oder nach Filterung bzw. elektrostatischer Abscheidung der radioaktiven Teilchen als Niederschlag erfolgen[1].

Eine Verseuchung des Wassers ist nur bei Betrieben, welche laufend mit sehr starken Aktivitäten arbeiten, zu befürchten. Nachweismethoden und entsprechende Meßgeräte werden von LOOSEMORE, sowie von GOLDIN und Mitarbeitern[2] ausführlich beschrieben.

### j) Ärztliche Überwachung.

Wegen der Gefährlichkeit der radioaktiven Substanzen bedürfen alle Personen, welche regelmäßig beruflich mit diesen Stoffen umgehen, einer besonderen ärztlichen Überwachung. Gesundheitlich ungeeignete Personen dürfen nicht zu Arbeiten mit Radioisotopen herangezogen werden. So sollen Personen, welche bereits früher einen Strahlenschaden erlitten oder eine schwere Knochenmarkserkrankung bzw. eine Blutkrankheit durchgemacht haben oder an chronischen Infektionskrankheiten leiden, von Arbeiten mit radioaktiven Substanzen ausgeschlossen bleiben. Das gleiche gilt für werdende Mütter und solche Frauen, die vor weniger als 3 Monaten eine Geburt oder Fehlgeburt durchgemacht haben.

Aus diesem Grunde ist eine sorgfältige ärztliche Einstellungsuntersuchung vor Beginn der Strahlenarbeit zur Pflicht zu machen. In regelmäßigen Abständen (empfohlen wird vierteljährlich) sollen diese Untersuchungen wiederholt werden. Sie werden zweckmäßigerweise durch laufende Überwachung des Blutbildes ergänzt[3]. Je häufiger und regelmäßiger solche Untersuchungen durchgeführt werden, um so frühzeitiger und leichter kann eine beginnende chronische Strahlenschädigung entdeckt werden. Insbesondere erscheint es zweckmäßig, alle Personen, welche zu einer gemeinsamen Arbeitsgruppe gehören, an den gleichen Tagen zu untersuchen. Ergibt der ärztliche Befund Verdacht auf Strahleneinwirkung, welche zu dauernden Schädigungen führen könnte, so sind die Betreffenden einer erhöhten ärztlichen Aufsicht zu unterstellen und gegebenenfalls umgehend aus dem Isotopenbetrieb herauszuziehen.

Wichtige Hinweise für die ärztliche Untersuchung kann die laufende Dosiskontrolle der beschäftigten Personen geben. Besteht der Verdacht auf Inkorporation von Radioisotopen, so muß eine laufende Messung der Aktivität der Körperausscheidungen vorgenommen werden. Die Methodik solcher Messungen wird eingehend von COWAN und WEISS[4] beschrieben. MORGAN[5] hat zur Abschätzung der maximal zulässigen Konzentration eines Isotopes im Urin eine Überschlagsformel angegeben. Von SCHUBERT[6] wurden für verschiedene Isotope Anreicherungs- und Ausscheidungswerte ermittelt, welche für die Beurteilung von Messungen der Urinaktivität von großem Wert sind.

---

[1] KUPER, J. B. H., E. H. FOSTER and W. BERNSTEIN: Nucleonics 6, (April), 44 (1950). — BRALOVE, A. L.: Nucleonics 8, (April), 37 (1951).

[2] LOOSEMORE, W. R.: Nucleonics 11, (Okt.), 36 (1953). — GOLDIN, A. S., J. S. NADER and L. R. SETTER: J. amer. Water Works Ass. 44, 583 (1952); 45, 73 (1953).

[3] DIN 6808/1937: Vorschriften für den Strahlenschutz in nichtmedizinischen Radiumbetrieben.

[4] COWAN, F. B., and J. WEISS: Nucleonics 10, (Febr.), 33 (1952). Amer. J. Roentgenol. 67, 805 (1952).

[5] MORGAN, K. Z.: In HAHN, P. F.: A Manual of Artificial Radioisotope Therapy. S. 232. New York 1951.

[6] SCHUBERT, J.: Nucleonics 8, (Febr.), 13; (März), 66; (April), 59 (1951).

# Statistische Auswertung der Versuchsergebnisse[*].

Von

## S. Koller.

Mit 26 Abbildungen.

## A. Einleitung.

Statistische Auswertungsmethoden sind überall da notwendig, wo experimentelle Ergebnisse nicht beliebig oft und exakt reproduzierbar sind. Mögen die Gründe hierfür

---

[*] **Zusammenfassende Darstellungen:**

*Führende Lehrbücher:*

[1] BLISS, C. J.: The Statistics of Bioassay. New York 1952.
[2] BLISS, C. J.: Statistical Methods in Vitamin Research. In GYÖRGY, P.: Vitamin Methods. Bd. 2, S. 448. New York 1951.
[3] CRAMER, H.: Mathematical Methods of Statistics. Uppsala 1945.
[4] COCHRAN, W. G., and G. COX: Experimental Designs. New York 1950.
[5] EMMENS, C. W.: The Principles of Biological Assay. London 1948.
[6] FINNEY, D. J.: Statistical Method in Biological Assay. London 1952.
[7] FINNEY, D. J.: Statistical Analysis. In BURN, J. H., D. J. FINNEY and L. G. GOODWIN: Biological Standardization. Oxford Univ. Press. 2. Aufl. 1952.
[8] FISHER, R. A.: Statistical Methods for Research Workers. 11. Aufl. Edinburgh 1950.
[9] FISHER, R. A.: The Design of Experiments. 5. Aufl. Edinburgh 1949.
[10] GOULDEN, C. H.: Methods of Statistical Analysis. 2. Aufl. New York 1952.
[11] HALD, A.: Statistical Theory with Engineering Applications. New York 1952.
[12] KEMPTHORNE, O.: The Design and Analysis of Experiments. New York 1952.
[13] KENDALL, M. G.: The Advanced Theory of Statistics. 2 Bde. London 1948.
[14] LINDER, A.: Statistische Methoden für Naturwissenschaftler, Mediziner und Ingenieure. 2. Aufl. Basel 1951.
[15] LINDER, A.: Planen und Auswerten von Versuchen. Basel 1953.
[16] QUENOUILLE, M. H.: The Design and Analysis of Experiment. London 1953.
[17] RAO, C. R.: Advanced Statistical Methods in Biometric Research. New York 1952.
[18] SNEDECOR, G. W.: Statistical Methods. Iowa State College Press. 4. Aufl. 1946.

*Hilfsmittel:*

[19] FISHER, R. A., and F. YATES: Statistical Tables for Biological, Agricultural and Medical Research. Edinburgh 1949.
[20] GRAF, U., u. H. J. HENNING: Formeln und Tabellen der mathematischen Statistik. Berlin-Göttingen-Heidelberg 1953.
[21] HALD, A.: Statistical Tables and Formulas. New York 1952.
[22] KOLLER, S.: Graphische Tafeln zur Beurteilung statistischer Zahlen. 3. Aufl. Darmstadt 1953.
[23] PEARSON, K.: Tables for Statisticians and Biometricians. 2 Bde. London 1930/31.
[24] PEARSON, E. S., u. H. O. HARTLEY: The Biometrica Tables for Statisticians. Cambridge Univ. Press. 1953.

*Einführende Darstellungen auf Einzelgebieten:*

[25] ANDERSON, O. N.: Einführung in die mathematische Statistik. Wien 1935.
[26] GEBELEIN, H., u. H. J. HEITE: Statistische Urteilsbildung. Berlin-Göttingen-Heidelberg 1951.
[27] GRAF, U., u. H. J. HENNING: Statistische Methoden bei textilen Untersuchungen. Berlin-Göttingen-Heidelberg 1952.
[28] HILL, A. B.: Principles of Medical Statistics. London 1950.
[29] KOLLER, S.: Allgemeine statistische Methoden. In Handb. Erbbiol. Mensch. (JUST) Bd. II, 112. Berlin 1940.
[30] MAINLAND, D.: The Treatment of Clinical and Laboratory Data. Edingburgh 1938.
[31] MATHER, K.: Statistical Analysis in Biology. London 1946.
[32] MITTENECKER, E.: Planung und statistische Auswertung von Experimenten. Wien 1952.
[33] MOORE, F. J., F. B. CRAMER and R. G. KNOWLES: Statistics for Medical Students. New York-Philadelphia-Toronto 1951.
[34] QUENOUILLE, M. H.: Introductory Statistics. London 1950.
[35] WEBER, E.: Grundriß der biologischen Statistik. Jena 1948.
[36] YOUDEN, W. J.: Statistical Methods for Chemists. New York 1951.
[37] Eine verkürzte Übersicht über das hier behandelte Gebiet bei KOLLER, S.: Statistische Auswertungsmethoden. In RAUEN, H. M.: Biochemisches Taschenbuch. Berlin-Göttingen-Heidelberg 1956.

in einer nicht vermeidbaren Ungleichartigkeit der Versuchsobjekte, der Versuchsbedingungen, der Versuchstechnik oder der Beobachtungsmethode liegen, oder mag es sich um die Auswirkung dauernd wechselnder physiologischer Regulationsvorgänge handeln, die Ergebnisse weichen voneinander ab und zeigen eine „Streuung", deren Gründe nicht im einzelnen genau verfolgt werden können oder sollen.

Die Bestimmungsfehler von Messungen sind oft sehr gering, sie liegen bei Routinebestimmungen nur selten über 5—10% und gehen bei Präzisionsmessungen weit darunter. Die biologische Variabilität ist demgegenüber meist viel größer. Das Streuungsmaß (s. u.) für die Unterschiede *von Tier zu Tier* liegt bei vielen Merkmalen in der Größenordnung von 10% der Merkmalswerte und kann durch Einflüsse der Tageszeit, Jahreszeit und der Versuchstechnik erheblich größer sein. Ferner ergeben sich bei wiederholten Messungen derselben Beobachtungsgrößen *bei demselben Individuum* — auch abgesehen von systematischen Beeinflussungen durch den Tagesrhythmus u. a. — unregelmäßige Schwankungen, die im allgemeinen kleiner sind als die von Tier zu Tier. Diese Grundtatsachen müssen in der Versuchsplanung und der Versuchsauswertung berücksichtigt werden, da sonst die Verallgemeinerungsfähigkeit des Ergebnisses in Frage gestellt sein kann.

Wenn auch ein gefundener Einzelwert, ein Einzelablauf eines biologischen Geschehens für sich nicht reproduzierbar ist, so besteht doch eine Reproduzierbarkeit auf höherer Ebene, indem aus der Übersicht über eine Reihe solcher Einzelbefunde Schlüsse und Gesetzmäßigkeiten statistischen Charakters abgeleitet werden können, die an anderen Orten, zu anderer Zeit und mit anderen Individuen als Gesamtergebnis reproduzierbar sind.

Die Basis für die Beurteilung der Verallgemeinerungsfähigkeit liefern die Unterschiede zwischen den Einzelversuchen. Das Bestreben der statistischen Bearbeitung muß sein, die quantitativen Beziehungen in dem durch den Beobachtungsrahmen erfaßten Bereich so zu analysieren, daß man aus den Schwankungen heraus weiß, welche anderen Werte anstatt der beobachteten „zufällig" auch hätten auftreten können und welche nicht. Dann kann man bei einem Vergleich mit anderen Beobachtungsreihen gegebenenfalls folgern, daß *zwischen* den Reihen größere Unterschiede vorliegen als *innerhalb* jeder Reihe für sich. Damit sind dann Unterschiede „statistisch gesichert", die z. B. zwischen den Versuchsobjekten, den Versuchsbedingungen oder den Behandlungsarten bestehen können. Das Wesen der Verallgemeinerungsfähigkeit eines Ergebnisses besteht also in der Berücksichtigung seines möglichen Streuungsbereiches bei Wiederholungen (vgl. S. 940). „Verallgemeinerungen" in einem anderen Sinne, nämlich als Extrapolationen weit über den Beobachtungsbereich hinaus oder als Übertragungen auf andere Verhältnisse gehören nicht in den Rahmen der statistischen Methodik.

Es ist ein strikter Widerspruch zur Erkenntnis von der Wichtigkeit der Streuung, wenn im Schrifttum vielfach nur summarische Werte, Mittelwerte, mittlere oder „typische" Kurven angegeben werden. Erst die Kennzeichnung und Veranschaulichung des ganzen beobachteten Wertebereiches entscheidet von der Zahlenseite her über die Tragweite der Ergebnisse. Bei der Auswertung verzichtet der Autor geradezu auf einen Teil der Versuchserkenntnisse — analog einem Verzicht auf einen Teil seines Materials —, wenn z. B. die beobachteten Streuungen einfach in einer Mittelwertsbildung untergehen, also etwa wenn die durchgeführten Doppelbestimmungen und Versuchswiederholungen nicht in ihrer Streuung bei der Auswertung berücksichtigt werden, sondern nur zur Aufstellung des Mittelwertes dienen, oder wenn von 100 Messungen physiologischer Normalwerte an 100 Tieren nur die Mittelwerte übrigbleiben und die Angabe der Verteilungskurve unterbleibt. *Streuung gibt Erkenntnis!*

## 1. Die grundlegenden statistischen Begriffe und Maßzahlen.
### a) Häufigkeitsverteilung.

Die Statistik stützt sich auf *Beobachtungswerte*, die durch *Zählen* oder *Messen* gewonnen sind.

Man *zählt* z. B. Sterbefälle, Heilungen, Individuen mit bestimmten Reaktionen usw. Man erhält dabei die absoluten *Anzahlen* als Beobachtungswerte, die man auch relativ als *Häufigkeiten* — meist in Prozentzahlen — ausdrücken kann. Durch Zählen bestimmte Merkmale sind oft *qualitativer* Art; besondere Bedeutung haben Alternativmerkmale, bei denen man nur zwei Ausprägungen unterscheidet (z. B. lebend-tot). Zählmerkmale werden auch homograde Merkmale genannt.

Man *mißt quantitative* Merkmale wie Gewichte, Konzentrationen, Reaktionszeiten usw., aus denen man später Mittelwerte und andere statistische Größen errechnet. Solche quantitativen Merkmale (auch heterograde Merkmale genannt) werden gelegentlich auch durch Zählen gewonnen, z.B. Erythrocytenzahlen, die aber in der Bearbeitung ganz wie Meßmerkmale behandelt werden.

Die wichtigste grundlegende Kennzeichnung einer Beobachtungsreihe ist die *Häufigkeitsverteilung* der Merkmalswerte. Bei Zählmerkmalen, bei denen man mehrere Ausprägungen unterscheidet, ist $n_i$ die Anzahl der Beobachtungen in der Klasse $i$. Dividiert man die Besetzungszahlen $n_i$ der einzelnen Klassen durch die Gesamtzahl $n$ der Beobachtungswerte, so erhält man die *relativen Häufigkeiten*, mit denen die einzelnen Klassen in der Beobachtungsreihe vertreten sind.

Unterscheidet man $k$ Klassen eines Merkmals, so ist

$$n = n_1 + n_2 + \cdots + n_k = \sum_{i=1}^{k} n_i, \quad (1)$$

wobei das Summenzeichen $\sum$ die Summierung der $n_i$ bezeichnet. Ferner ist

**Beispiel 1:**

Tabelle 1. *α-Globulin in Serumeiweiß bei 100 gesunden Personen* (Material von HARTMANN und SCHUMACHER[1]).

| α-Globulinfraktion in Prozenten des Serumeiweißes | Anzahl $n_i$ | Häufigkeit $p_i$ (%) | Summenhäufigkeit (%) |
|---|---|---|---|
| unter 4,0 | 1 | 1 | 1 |
| 4,0 bis unter 5,0 | 3 | 3 | 4 |
| 5,0 ,, ,, 6,0 | 8 | 8 | 12 |
| 6,0 ,, ,, 7,0 | 6 | 6 | 18 |
| 7,0 ,, ,, 8,0 | 14 | 14 | 32 |
| 8,0 ,, ,, 9,0 | 23 | 23 | 55 |
| 9,0 ,, ,, 10,0 | 15 | 15 | 70 |
| 10,0 ,, ,, 11,0 | 13 | 13 | 83 |
| 11,0 ,, ,, 12,0 | 9 | 9 | 92 |
| 12,0 ,, ,, 13,0 | 4 | 4 | 96 |
| 13,0 ,, ,, 14,0 | 3 | 3 | 99 |
| 14,0 ,, ,, 15,0 | — | — | — |
| 15,0 und darüber | 1 | 1 | 100 |
| Summe | $n = 100$ | 100 | |

$$p_1 = \frac{n_1}{n}, \ldots, p_i = \frac{n_i}{n}; \quad p_1 + p_i + \cdots + p_k = \sum_{i=1}^{k} p_i = 1 \quad (2)$$

oder in Prozenten

$$p_1(\%) = \frac{100\, n_1}{n}, \ldots, p_i(\%) = \frac{100\, n_i}{n}; \quad p_1(\%) + p_2(\%) + \cdots + p_k(\%) = \sum_{i=1}^{k} p_i(\%) = 100(\%).$$

Prozentzahlen sollte man möglichst nur berechnen, wenn $n$ etwa 100 ist; Prozentzahlen mit einer Stelle hinter dem Komma für $n > 1000$, mit 2 Stellen für $n > 10000$. Nur ausnahmsweise gehe man unter diese Grenzen.

Werden weitere Berechnungen mit den Häufigkeiten durchgeführt, so ist von der Benutzung der Prozentzahlen abzuraten, da leicht Kommafehler entstehen (es ist $5\% \cdot 3\% = 0{,}15\%$! Man rechnet besser mit Dezimalbrüchen: $0{,}05 \cdot 0{,}03 = 0{,}0015$).

Bei Alternativmerkmalen ($k = 2$) unterscheidet man nur die Merkmalshäufigkeit $p = n_1/n$ (Heilungsziffer o. a.) von der der Gegenhäufigkeit, die zahlenmäßig die Ergänzung zu 1 (bzw. 100%) bildet und oft mit $q\,(=1-p)$ bezeichnet wird (Sterbeziffer u. a).

Bei quantitativen Merkmalen ist die Häufigkeitsverteilung ebenfalls die wichtigste Arbeitsgrundlage. Man faßt die Werte in Klassen zusammen und bestimmt durch Auszählen die in jede Klasse fallenden Anzahlen $n_i$, die man dann in Häufigkeiten $p_i$ umrechnet.

Aus der Bezeichnung der Klassengrenzen muß klar hervorgehen, welcher Klasse die genau auf den Grenzen liegenden Werte zugeteilt sind. Außerdem ist die Bestimmungsgenauigkeit der Einzelwerte anzugeben, ferner ob ein z. B. als 7,2 bezeichneter Wert die Spanne von 7,15 bis unter 7,25 oder von 7,20 bis unter 7,30 umfaßt (Bestimmung, Rundung und Einteilung der Zahlen).

---

[1] HARTMANN, F., u. G. SCHUMACHER: Z. Naturforsch. **5b**, 361 (1950). — Einzelzahlen nach brieflicher Mitteilung.

Die graphische Darstellung einer Häufigkeitsverteilung erfolgt entweder durch ein Treppenpolygon (vgl. Abb. 15) oder ein Linienpolygon (Abb. 1a), das die Klassenmitten verbindet. Beim ersteren tritt die Klassenzusammenfassung sinnfällig hervor, die zweite Art eignet sich besser zur vergleichenden Darstellung mehrerer Verteilungskurven.

Hat man Klassen ungleicher Breite, so muß man berücksichtigen, daß die Häufigkeiten durch die Flächen zwischen der $X$-Achse und dem Polygonzug in der Klassenbreite dargestellt werden. Bei doppelter Klassenbreite, z. B. bei Zusammenlegung zweier Randklassen gilt für die $Y$-Achse (Häufigkeitsskala) nur ein halb so großer Maßstab.

Die zweckmäßigste Klassenzahl richtet sich nach dem Umfang der Reihe. Man wählt bei $n = 100$ (bzw. 1000) mindestens $k = 10$ (bzw. 20) Klassen zur Berechnung von Mittelwert und mittleren Abweichung. Zur graphischen Darstellung kann man je zwei dieser Klassen zusammenfassen.

Wichtig ist auch die Darstellung der aufaddierten Häufigkeiten. Die Summenhäufigkeitslinie (Abb. 1b) gibt an jedem Punkt an, welcher Anteil auf diese und niedrigere

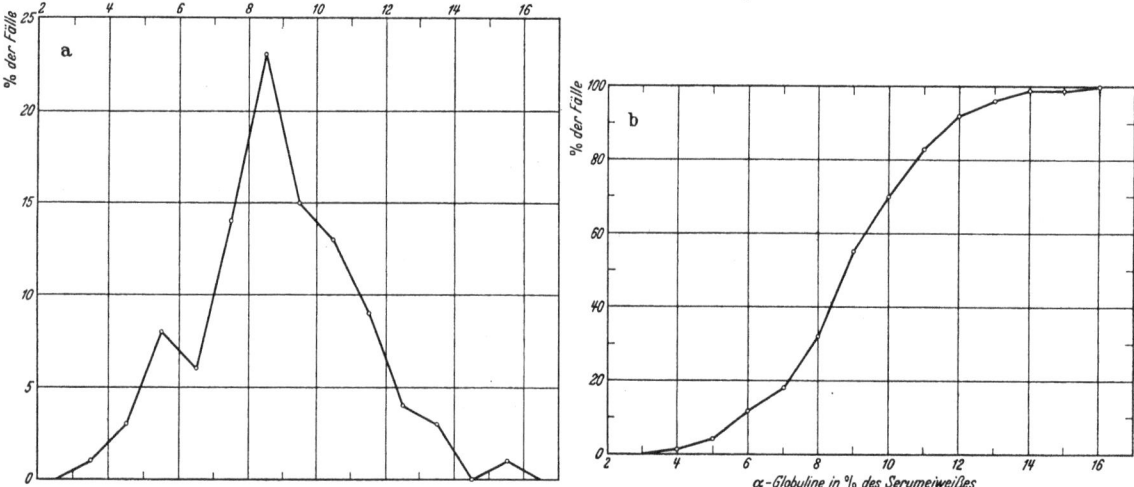

Abb. 1 a u. b. α-Globulinfraktionen (in Prozenten des Serumeiweißes). a Häufigkeitsverteilung. b Summenhäufigkeitslinie.

Werte entfällt. Die Zeichnungspunkte werden sinngemäß an das Ende jeder Klasse gesetzt. Diese Darstellung eignet sich gut zu Interpolationen von Zwischenwerten, z. B. des 50%-Wertes (Zentralwertes).

In der Statistik werden folgende *Arten von Relativzahlen* (Verhältniszahlen) unterschieden:

a) Gliederungszahlen (z. B. Anteil der Globuline im Serumeiweiß);
b) Beziehungszahlen (z. B. Calorien in 100 g eines Lebensmittels);
c) Meßziffern (Vergleichszahl = 100; z. B. Hb-Gehalt in Prozent der Norm);
d) Indexzahlen (Kombination mehrerer Meßziffern: Färbeindex = Hb-Gehalt in Prozenten der Norm: Erythrocytenzahl in Prozenten der Norm).

### b) Mittelwerte.

Die Kennzeichnung der mittleren Lage einer Zahlenreihe erfolgt in erster Linie durch den *arithmetischen Mittelwert* (engl. mean, average, arithmetic mean), der durch das Überstreichen des Buchstabens der Variablen bezeichnet wird. Ist die Variable $x$ und $n$ die Beobachtungszahl, so sind die Varianten die einzelnen $x$-Werte $x_1, x_2, x_i, \ldots, x_n$. Es ist

$$\bar{x} = \frac{x_1 + x_2 + \cdots + x_n}{n} = \frac{1}{n} \cdot \sum_{i=1}^{n} x_i. \tag{3}$$

Bei umfangreichen Reihen berechnet man den Mittelwert nicht aus den Einzelwerten der Urliste, sondern führt eine vereinfachte Berechnung unter Benutzung der Häufigkeitsverteilung durch. Bedeutet jetzt $a_1$ die Mitte der 1. Klasse, $a_2$ die der 2. Klasse usw., so ist bei $k$ Klassen nach (2)

$$\bar{x} = \frac{n_1 a_1 + n_2 a_2 + \cdots + n_k a_k}{n} = p_1 a_1 + p_2 a_2 + \cdots + p_k a_k = \sum_{i=1}^{k} p_i a_i. \qquad (4)$$

*Beispiel* s. u.

Hat man keine Rechenmaschine zur Verfügung, so vereinfacht man sich die Rechnung dadurch, daß man den niedrigsten oder einen mittleren Wert als Hilfswert einführt, diesen gleich Null setzt und nur mit den Differenzen rechnet. Man muß später nur wieder auf die Orginalskala zurückrechnen (vgl. S. 937).

Bildet man aus mehreren Mittelwerten einen neuen Mittelwert, so ist die jedem Mittelwert zugrunde liegende Beobachtungszahl zu berücksichtigen. Die Berechnung erfolgt nach dem ersten Teil von (4), wobei $n_1, n_2, \ldots$ die Beobachtungszahlen und $a_1, a_2, \ldots, a_n$ die Mittelwerte bedeuten.

Das geometrische Mittel tritt bei der Benutzung der Logarithmen der Merkmale auf, das harmonische bei Verwendung der reziproken Merkmalswerte.

Mittelwerte können Werte sein, die als Beobachtungswerte selten oder gar nicht vorkommen. Mittelwerte sind nur Hilfswerte der Beschreibung; sie sind *nicht* ohne weiteres als „typische" oder „normale" Werte anzusehen und können niemals den Erkenntniswert einer Häufigkeitsverteilung erreichen oder ersetzen.

### c) Streuungsmaße. Die mittlere Abweichung.

**Spannweite.** Eine erste grobe Übersicht über den Streubereich der Werte in einer Beobachtungsreihe gibt die *Differenz zwischen größtem und kleinstem Wert* (Spannweite, Variationsweite, engl. range). Da dieses Maß nur auf zwei Werten beruht, ist es stark durch Zufälligkeiten beeinflußbar und als erschöpfendes Streuungsmaß ungeeignet. Neuerdings gewinnt es bei kleinem $n$ zur Vereinfachung von Zahlenprüfungen wieder an Bedeutung.

**Durchschnittliche Abweichung.** Das Mittel der Abweichungen der Einzelwerte vom Mittelwert ohne Berücksichtigung der Vorzeichen ist die durchschnittliche Abweichung (mean deviation, average deviation).

$$e = \frac{|x_1 - \bar{x}| + |x_2 - \bar{x}| + \cdots + |x_n - \bar{x}|}{n} = \frac{1}{n} \sum_i |x_i - \bar{x}|. \qquad (5)$$

Statt des arithmetischen Mittels wird auch der 50%-Wert der Reihe als Bezugsgröße benutzt. — Die durchschnittliche Abweichung hat den Nachteil, daß sie nicht so vielseitig verwendbar ist wie die allein zu empfehlende mittlere quadratische Abweichung, die die Hauptrolle im ganzen System der statistischen Methodik spielt.

**Mittlere (quadratische) Abweichung** (Standardabweichung, engl. standard deviation, franz. écart type). Die Abweichungen der Einzelwerte vom Mittelwert werden quadriert. Die Quadratwurzel aus dem Mittelwert der Abweichungsquadrate wird mit $s$ (in empirischen Zahlenreihen) oder $\sigma$ (Sigma) bei theoretischen Berechnungen bezeichnet.

$$s = \sqrt{\frac{(x_1 - \bar{x})^2 + (x_2 - \bar{x})^2 + \cdots + (x_n - \bar{x})^2}{n-1}} = \sqrt{\frac{1}{n-1} \sum_{i=1}^{n} (x_i - \bar{x})^2}. \qquad (6)$$

Das Rechnen mit den Quadraten, das zunächst umständlich erscheint, erweist sich als außerordentlich zweckmäßig und ist die Grundlage für viele Arbeitsmethoden, die sonst unmöglich wären.

Die zunächst unverständliche Division durch $(n-1)$ anstatt durch $n$ ist ein Teil der allgemeinen Regel, bei der $s$-Berechnung die „Zahl der Freiheitsgrade" zugrunde zu legen (vgl. S. 979). Nur in rein theoretischen Berechnungen von $\sigma$, in denen auch der Mittelwert theoretisch berechnet und nicht empirisch aus der Beobachtungsreihe ermittelt wurde, ist durch $n$ zu dividieren. Da jedoch im allgemeinen der Mittelwert der Beobachtungen zur Abweichungsberechnung benutzt wird, geht ein „Freiheitsgrad" verloren.

Viele Berechnungen werden mit dem Quadrat $s^2$ durchgeführt; $s^2$ hat im Englischen einen eigenen Namen (variance), der auch im Deutschen gebraucht wird (Varianz). Im Deutschen ist „Streuung" ein Oberbegriff, der weder mit $s$ noch mit $s^2$ identifiziert werden kann.

Um einen vorläufigen Anhaltspunkt für die Größe von $s$ zu geben, sei erwähnt, daß in vielen Fällen fast alle Werte einer Beobachtungsreihe im Bereich von $\pm 3s$ um den Mittelwert liegen.

**Rechenverfahren für $s$.** Nach (6) kann man bei kleinen Zahlen unmittelbar rechnen:

*Beispiel*: Gegeben seien die 5 Zahlen 8, 11, 9, 6, 14. Mittelwert $\bar{x} = \frac{48}{5} = 9{,}6$. Streuungsquadrat $s^2 = \frac{1}{4}(1{,}6^2 + 1{,}4^2 + 0{,}6^2 + 3{,}6^2 + 4{,}4^2) = \frac{37{,}20}{4} = 9{,}30$. Mittlere Abweichung $s = \sqrt{9{,}30} \sim 3{,}0$.

Statt des Quadrierens der Abweichungen vom Mittelwert, die meist durch Dezimalstellen unhandlich sind, kann man die Beobachtungswerte selbst quadrieren. Die Summe der Abweichungsquadrate, für die die abkürzende Bezeichnung $S_{xx}$ gebraucht werden soll, kann auf die drei folgenden Arten berechnet werden:

$$S_{xx} = \sum_{i=1}^{n}(x_i - \bar{x})^2 = \sum_{i=1}^{n} x_i^2 - n\bar{x}^2 = \sum_{i=1}^{n} x_i^2 - \frac{1}{n}\left(\sum_{i=1}^{n} x_i\right)^2. \tag{7}$$

Es ergibt sich im Beispiel für die Quadratsumme $\sum_i x_i^2 = 64 + 121 + 81 + 36 + 196 = 498$. Ohne Benutzung der Abweichungen vom Mittelwert ist die Summe der Abweichungsquadrate als $S_{xx} = 498 - \frac{1}{5} \cdot 48^2 = 498 - 460{,}8 = 37{,}2$ zu berechnen, was mit der direkten Berechnung übereinstimmt.

**Vereinfachung durch Hilfswert.** Man wählt einen bequemen Hilfswert $a$ etwa in der Mitte der Reihe und berechnet die Quadratsumme mit den vereinfachten Werten $(x_i - a)$. Dann ist

$$S_{xx} = \sum_i (x_i - a)^2 - n(\bar{x} - a)^2 = \sum_i (x_i - a)^2 - \frac{1}{n}\left(\sum_i (x_i - a)\right)^2. \tag{8}$$

Hier ergibt sich, wenn man $a = 10$ als Hilfswert wählt, $-2, +1, -1, -4, +4$. Mittelwert $-\frac{2}{5} = -0{,}4$; auf die Originalskala umgerechnet: $10 - 0{,}4 = 9{,}6$. Die Summe der Abweichungsquadrate ist $4 + 1 + 1 + 16 + 16 = 38$; $S_{xx} = 38 - 5 \cdot 0{,}4^2 = 37{,}20$. Es ergibt sich wieder $s^2 = \frac{1}{4} 37{,}20$.

**Klasseneinteilung.** Man benutzt die Werte der Klassenmitten anstatt der $x_i$ und zählt jeden Wert so oft als Klassenmitte, wie die Besetzungszahl der Klasse angibt.

Zur Vereinfachung der Zahlenrechnung setzt man eine mittlere Klassenmitte $a$ als 0, bezeichnet die höheren Klassen mit $1, 2, 3, \ldots$, die niedrigeren mit $-1, -2, \ldots$ (Klassenbreite in der Originalskala $b$) und führt für diese Hilfsskala $\xi_i = \frac{x_i - a}{b}$ die $s$-Rechnung durch. Man muß dann nur $s$ auf die ursprüngliche Klassenbreite zurückrechnen:

$$\bar{x} = a + b \cdot \bar{\xi}; \qquad s_x = b \cdot s_\xi.$$

Die Verwendung der Klassenmitten an Stelle der Einzelwerte bringt eine kleine Verzerrung mit sich, die durch die SHEPPARDsche Korrektur — Subtraktion von $\frac{1}{12}$ bei der Klassenbreite 1, von $\frac{b^2}{12}$ bei der Klassenbreite $b$ — im Durchschnitt ausgeglichen wird.

Die Summe der Abweichungsquadrate in der $\xi$-Skala wird

$$S_{\xi\xi} = \sum_{i=1}^{h} n_i \xi_i^2 - \frac{1}{n}\left(\sum_i n_i \xi_i\right)^2; \qquad s_\xi^2 = \frac{1}{n-1} S_{\xi\xi} - \frac{1}{12}. \tag{9}$$

**Rechenbeispiel 2:** Aus Tabelle 1 ergibt sich zur Berechnung von $\bar{x}$ und $s_x$ folgendes Rechenschema, wobei für 8,5 Null gesetzt ist (Tabelle 2).

Der Mittelwert ist $\bar{\xi} = \frac{+39}{100} = 0{,}39$, in der Originalskala $\bar{x} = 8{,}5 + 0{,}39 = 8{,}89$.

Das Streuungsquadrat ist nach (8)

$$s_\xi^2 = \frac{1}{99} \cdot 503{,}8 - \frac{1}{12} = 5{,}09 - 0{,}08 = 5{,}01.$$

Daraus wird $s_\xi = \sqrt{5{,}01} = 2{,}24$. Da $b = 1$, ist auch $s_x = 2{,}24$.

Die Brauchbarkeit des Rechenverfahrens bei grober Klasseneinteilung zeigt das gleiche Beispiel bei Zusammenfassung von je drei Klassen zu einer neuen, wobei gleichzeitig die Umrechnung der Klassenbreiten gezeigt wird (Tabelle 2 a).

Mittelwert: $\bar{\xi} = +\frac{15}{100} = 0{,}15$; in der Originalskala $\bar{x} = 8{,}5 + 3 \cdot 0{,}15 = 8{,}95$.

Streuungsquadrat $s_\xi^2 = \frac{1}{99} \cdot 60{,}75 - \frac{1}{12}$
$= 0{,}614 - 0{,}083 = 0{,}531$ und die mittlere Abweichung $s_\xi = 0{,}729$, in der Originalskala $s_x = 3 \cdot 0{,}729 = 2{,}19$ in ausreichender Übereinstimmung mit obigem Wert.

Die SHEPPARDsche Korrektur wird von manchen Autoren nicht angewandt. Es ist zweifellos auch besser, die Rechnungen an den Originalwerten oder bei sehr feiner Klasseneinteilung durchzuführen, bei der die Korrektur praktisch nichts ausmacht. Steht aber nur eine grobe Klasseneinteilung zur Verfügung, so sollte sie benutzt werden.

Tabelle 2. *Rechenschema für Mittelwert und mittlere Abweichung.*

| $\xi_i$ | Anzahl $n_i$ | $n_i \xi_i$ | $\xi_i^2$ | $n_i \xi_i^2$ |
|---|---|---|---|---|
| $-5$ | 1 | $-5$ | 25 | 25 |
| $-4$ | 3 | $-12$ | 16 | 48 |
| $-3$ | 8 | $-24$ | 9 | 72 |
| $-2$ | 6 | $-12$ | 4 | 24 |
| $-1$ | 14 | $-14$ | 1 | 14 |
| 0 | 23 | — | 0 | 0 |
| $+1$ | 15 | $+15$ | 1 | 15 |
| $+2$ | 13 | $+26$ | 4 | 52 |
| $+3$ | 9 | $+27$ | 9 | 81 |
| $+4$ | 4 | $+16$ | 16 | 64 |
| $+5$ | 3 | $+15$ | 25 | 75 |
| $+6$ | — | — | 36 | — |
| $+7$ | 1 | $+7$ | 49 | 49 |
| | | $+106\quad -67$ | | |
| Summe | 100 | $+\quad 39$ | | 519 |
| | | | $-\frac{39^2}{100} =$ | $-15{,}2$ |
| | | | $S_{\xi\xi} =$ | 503,8 |

### d) Häufigkeitsverteilung mehrerer Merkmale, Korrelation und Regression.

**Korrelation.** Die Untersuchung mehrerer Merkmale und ihrer *Beziehungen* zueinander erfordert deren gleichzeitige statistische Bearbeitung. Die kombinierte Häufigkeitsverteilung zweier Merkmale $x$ und $y$ gibt die Häufigkeiten an, mit denen die verschiedenen $x$-$y$-Kombinationen auftreten (Korrelationstafel; im allgemeinen mit absoluten Anzahlen aufgestellt). Die Randsummen rechts und unten ergeben die Verteilungen von $x$ und $y$ einzeln.

**Beispiel 3:** Tabelle 3 und Abb. 2 zeigen die Hb-Werte im Kubikzentimeter Blut bei 40 Männern und die im Kubikzentimeter desselben Blutes vorhandenen Erythrocytenoberflächen (Werte nach HORNEFFER[1]).

Die graphische Darstellung durch ein Korrelationsbild, in dem jedes Wertepaar $(x_i, y_i)$ durch einen Punkt im Koordinatensystem dargestellt wird, ist zur Veranschaulichung der Beziehungen zwischen den Merkmalen unentbehrlich.

Tabelle 2a. *Klassenzusammenfassung der Tabelle 2.*

| $\xi_i$ | $n_i$ | $n_i \xi_i$ | $\xi_i^2$ | $n_i \xi_i^2$ |
|---|---|---|---|---|
| $-2$ | 1 | $-2$ | 4 | 4 |
| $-1$ | 17 | $-17$ | 1 | 17 |
| 0 | 52 | 0 | 0 | — |
| $+1$ | 26 | $+26$ | 1 | 26 |
| $+2$ | 4 | $+8$ | 4 | 16 |
| Summe | 100 | $+15$ | — | 63 |
| | | | $-\frac{15^2}{100} =$ | 2,25 |
| | | | $S_{\xi\xi} =$ | 60,75 |

Tabelle 3. *Korrelationstafel.*

| Hämoglobingehalt in g je cm³ | Erythrocytenoberfläche (m² je cm³) | | | | | | | Summe |
|---|---|---|---|---|---|---|---|---|
| | unter 47 | 47 bis unter 49 | 49 bis unter 51 | 51 bis unter 53 | 53 bis unter 55 | 55 bis unter 57 | 57 bis unter 59 | 59 und mehr | |
| unter 15 | 1 | 2 | 2 | 1 | — | — | — | — | 6 |
| 15 bis unter 16 | — | 2 | 7 | 3 | 1 | — | — | — | 13 |
| 16 „ „ 17 | — | — | 3 | 6 | 6 | 1 | — | — | 16 |
| 17 „ „ 18 | — | — | — | — | — | 2 | 1 | 1 | 4 |
| 18 und mehr | — | — | — | — | 1 | — | — | — | 1 |
| Summe | 1 | 4 | 12 | 10 | 8 | 3 | 1 | 1 | 40 |

[1] HORNEFFER, L.: Pflügers Arch. **220**, 703 (1928).

In der üblichen Methodik der Versuchsauswertung wird von diesen Punktdiagrammen arbeitstechnisch viel zu wenig Gebrauch gemacht. Es gibt kaum Messungsreihen, in denen nur eine einzige Größe festgestellt wird; stets sind Begleitgrößen vorhanden, die mehr oder weniger starke Zusammenhänge mit dem Hauptmerkmal aufweisen und bei der Auszählung mit herangezogen werden sollten. Meist sind es sogar eher zuviele als zu wenig; auch dann sollte man die Mühe nicht scheuen und paarweise für die wichtigsten Kombinationen der Haupt- und Nebenmerkmale die Punktediagramme aufstellen. Es sollte geradezu verpönt sein, die Häufigkeitsverteilung eines Merkmals allein auszuzählen — es ist Verzicht auf Erkenntnis!

Die Korrelationstafel zeigt die *gemeinsame Variation* von $y$ mit $x$ und von $x$ mit $y$. Die statistische Auswertung erfordert eine Erweiterung der Streuungsmaßzahlen auf ein zweidimensionales System. Zu den Mittelwerten und mittleren Abweichungen jeder Variablen ($\bar{x}, \bar{y}, s_x, s_y$) tritt der Korrelationskoeffizient $r$ (genauer $r_{xy}$), der aus der Summe der Abweichungsprodukte $(x_i-\bar{x})\cdot(y_i-\bar{y})$ berechnet wird. Es ist

$$S_{xy} = (x_i - \bar{x})(y_i - \bar{y}) \quad \text{und} \quad r_{xy} = \frac{S_{xy}}{\sqrt{S_{xx}\cdot S_{yy}}} = \frac{S_{xy}}{(n-1)s_x\cdot s_y}, \qquad (10)$$

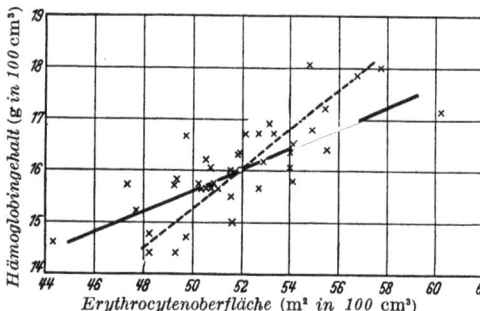

Abb. 2. Korrelationsbild, Erythrocytenoberflächen- und Hb-Werte bei 40 Männern (Material von HORNEFFER).

$r$ liegt zwischen $+1$ und $-1$; diese Werte werden nur erreicht, wenn zwischen $x$ und $y$ eine lineare Beziehung besteht und keine Abweichungen von der Beziehungsgeraden vorliegen. Bei Fehlen eines Zusammenhanges zwischen $x$ und $y$, d. h. bei gegenseitiger Unabhängigkeit von $x$ und $y$ ist $r_{xy}=0$. $r$ mißt die Strammheit einer Korrelation — ohne etwas über die Art des Zusammenhanges, insbesondere über kausale Zusammenhänge aussagen zu können (vgl. S. 1004). Es ist zweckmäßig, $r$ als Maß der Kovariation, der Streuungsverknüpfung zu sehen und den Begriff des „Zusammenhanges" zurücktreten zu lassen. Die im angelsächsischen Schrifttum eingeführte Bezeichnung „covariance" für $\frac{1}{n-1}\cdot S_{xy}$ hebt die Analogie zur „variance" $\frac{1}{n-1}\cdot S_{xx}$ klar hervor.

*Berechnung von $r$:* Zur Vereinfachung der Rechnungen, besonders bei Benutzung einer Rechenmaschine, bildet man nicht die Differenzen von den Mittelwerten, sondern arbeitet mit den Beobachtungswerten oder mit den durch Nullpunktsverschiebung vereinfachten Beobachtungswerten unmittelbar. Man erhält analog zu (8) folgende Berechnungsarten:

$$S_{xy} = \sum(x_i-\bar{x})\cdot(y_i-\bar{y}) = \sum x_i y_i - n\cdot\bar{x}\cdot\bar{y} = \sum x_i y_i - \frac{1}{n}\left(\sum x_i \sum y_i\right). \qquad (11)$$

Die Berechnung zeigt das folgende Schema, bei dem die der Tabelle 3 zugrunde liegenden Originalwerte durch Subtraktion von 52 bzw. 16 vereinfacht sind.

*Beispiel 4:* Korrelationsberechnung an den Einzelwerten zu Tabelle 3.

Tabelle 4. *Berechnung des Korrelationskoeffizienten.*

| Beobach-tungs-Nr. | Beobachtungswerte | | Vereinfachte Werte | | $\xi_i^2$ | $\eta_i^2$ | $\xi_i \cdot \eta_i$ |
|---|---|---|---|---|---|---|---|
| | $x_i$ | $y_i$ | $(x_i - 52)$ $\xi_i$ | $(y_i - 16)$ $\eta_i$ | | | |
| 1 | 47,7 | 15,2 | −4,3 | −0,8 | 18,49 | 0,64 | +3,44 |
| 2 | 50,3 | 15,7 | −1,7 | −0,3 | 2,89 | 0,09 | +0,51 |
| 3 | 53,1 | 16,9 | +1,1 | +0,9 | 1,21 | 0,81 | +0,99 |
| ⋮ | ⋮ | ⋮ | ⋮ | ⋮ | ⋮ | ⋮ | ⋮ |
| 39 | 52,1 | 16,7 | +0,1 | 0,7 | 0,01 | 0,49 | +0,07 |
| 40 | 51,5 | 16,0 | −0,5 | 0,0 | 0,25 | 0,00 | 0,00 |
| | | Summe | −6,0 | 1,5 | 365,62 | 28,01 | +72,87 |
| | | | | | −0,90 | −0,06 | + 0,23 |
| | | | | | 364,72 | 27,95 | 73,10 |

Es ergibt sich

$$\xi = \frac{-6{,}0}{40} = -0{,}15; \quad \bar{\eta} = \frac{+1{,}5}{40} = +0{,}04; \quad \bar{x} = 51{,}85; \quad \bar{y} = 16{,}04,$$

$$S_{\xi\xi} = S_{xx} = 364{,}72; \quad S_{\eta\eta} = S_{yy} = 27{,}95; \quad S_{\xi\eta} = S_{\xi y} = +73{,}10,$$

$$s_x = \frac{364{,}72}{39} = 9{,}36; \quad s_y = \frac{27{,}95}{39} = 0{,}72; \quad r_{xy} = \frac{+73{,}10}{\sqrt{364{,}72 \cdot 27{,}95}} = +0{,}72.$$

Bei großem $n$ vereinfacht man die Berechnung dadurch, daß man beide Variable in Klassen einteilt und mit den Besetzungszahlen der Tabelle 3 und den Klassenmitten rechnet. Bei zu grober Klasseneinteilung (wie in Tabelle 3) können erhebliche Rundungsfehler eintreten.

**Regression.** Teilt man das Korrelationsbild in senkrechte Streifen ein und berechnet in jedem Streifen den Mittelwert von $y$, so geben diese Mittelwerte die *Beziehung von $x$ auf $y$* wieder. Sie beantworten die Aufgabe der besten *Schätzung von $y$ für ein gegebenes $x$*. Ist die Verbindungslinie (Regressionslinie) linear, so läßt sich die *Regressionsgerade*

$$y_R = a + b \cdot x \quad \text{oder} \quad y_R - \bar{y} = b \cdot (x - \bar{x}), \tag{12}$$

die den Mittelwerten am besten angepaßt ist, einfach berechnen:

$$a = \frac{\sum y_i - b \cdot \sum x_i}{n} = \bar{y} - b \cdot \bar{x}; \quad b = \frac{S_{xy}}{S_{xx}} = r \cdot \frac{s_y}{s_x} \text{ (,,Regressionskoeffizient'')}. \tag{13}$$

Im Beispiel ist

$$b = \frac{+73{,}10}{364{,}72} = +0{,}201; \quad a = 16{,}04 - 0{,}201 \cdot 51{,}85 = 5{,}62.$$

Die *Schätzung* der $x$-Werte für gegebenes $y$ läßt sich *nicht* nach derselben Regressionslinie durchführen, sondern erfordert die Aufstellung einer eigenen Regressionslinie. Man teilt hierzu das Korrelationsbild in waagerechte Streifen und kann in jedem Streifen den Mittelwert von $x$ berechnen. Legt man durch diese Mittelwerte die best angepaßte Gerade

$$x_R = a' - b' \cdot y,$$

so findet man sie aus

$$b' = \frac{S_{xy}}{S_{yy}} = r \cdot \frac{s_x}{s_y} \quad \text{und} \quad a' = \bar{x} - b' \cdot \bar{y}. \tag{14}$$

Im Beispiel ist $b' = \frac{73{,}10}{27{,}95} + 2{,}62$ und $a' = 51{,}9 - 2{,}62 \cdot 16{,}0 = 9{,}9$. In Abb. 2 sind die beiden Regressionslinien eingezeichnet; sie schneiden sich im Schwerpunkt (Mittelpunkt) mit den Koordinaten $\bar{x}$, $\bar{y}$. Regressionslinien können auch gekrümmt verlaufen (vgl. S. 1006).

Die Aufstellung von Regressionslinien setzt nicht voraus, daß eine gemeinsame Häufigkeitsverteilung von Zufallswerten von $x$ und $y$ vorliegt; eine Variable kann auch vorgegeben sein, wie z. B. die Dosis in Dosis-Wirkungskurven oder die Zeit in Zeitreihen.

## 2. Die statistischen Schlußweisen.

### a) Kollektiv und Stichprobe. Das Problem der Verallgemeinerung.

Die wichtigste Grundvorstellung, die allen neueren statistischen Methoden zugrunde liegt, ist die Auffassung einer Beobachtungsreihe als Stichprobe (engl. sample) aus einer größeren Gesamtheit (Grundgesamtheit, Kollektiv, engl. universe, population), die außer der Beobachtungsreihe alle die real existierenden oder auch nur gedachten Möglichkeiten von Beobachtungen bzw. Beobachtungsergebnissen enthält, die statt der vorliegenden Reihe auch hätten auftreten können.

Man kann nun eine Beobachtungsreihe von z. B. 100 Blutzuckerbestimmungen an 100 gesunden Männern (je eine Bestimmung) in verschiedener Weise als Stichprobe aus einem Kollektiv auffassen. Nimmt man die Beobachtungspersonen, die Zeitpunkte der Blutentnahme, die vorangegangenen Nahrungsaufnahmen usw. als fest gegeben an, so sind die noch verbleibenden Variationsmöglichkeiten lediglich auf die Bestimmungstechnik beschränkt. Die Beobachtungsreihe tritt hier als Stichprobe von je einer Blutzuckerbestimmung an 100 verschiedenen Blutproben auf. Die Gesamtheit sind die im Rahmen der Bestimmungstechnik möglichen Werte. Diese Gesamtheit ist bereits aus 100 einfacheren Messungskollektiven zusammengesetzt, deren jedes alle denkbaren Bestimmungswerte einer gegebenen Blutprobe umfaßt. Die tatsächlichen Beobachtungswerte werden in dem Sinne als Stichprobe aufgefaßt, daß aus jedem dieser 100 Kollektive ein Wert „zufällig" realisiert ist. Durch Parallelbestimmungen kann man mehrere Werte dieser Kollektive kennenlernen.

Dieselbe Beobachtungsreihe kann auch in anderer Weise als Stichprobe aufgefaßt werden. Bei denselben Personen werden die Werte als Kollektiv betrachtet, die an anderen Tagen — zur gleichen Zeit nach der Nahrungsaufnahme — beobachtet werden könnten. Auch hier gibt es für jede Person ein eigenes Kollektiv, dem der vorliegende Beobachtungswert als ein „zufällig" herausgegriffener Wert angehört. Durch besondere Wiederholungsreihen kann dieses Kollektiv näher untersucht werden. — Man könnte auch die Gesamtheit aller Werte, die überhaupt bei einem Individuum — zu beliebigen Zeiten — auftreten können, als das Wiederholungskollektiv ansehen, aus dem der gerade vorliegende Wert „zufällig" herausgegriffen ist.

Eine weitere Klasse von Kollektiven ergibt sich, wenn man auch die untersuchten Personen als Zufallsproben aus einer Gesamtheit von Personen ansieht, die ebensogut hätten untersucht werden können (Individuenkollektiv). — Die einzelnen Kollektivarten überlagern sich; das *Individuenkollektiv* wird durch *Wiederholungskollektive bei denselben Personen* und durch *Messungskollektive bei demselben Untersuchungsmaterial* überlagert.

Kollektiv und Stichprobe sind dadurch miteinander verbunden, daß die Stichprobenwerte als *„zufällig"* dem Kollektiv entnommen angesehen werden müssen. Alle Kollektivglieder gehören nur insofern zum Kollektiv, als sie als gleichwertige Beobachtungsobjekte bzw. -ergebnisse vorstellbar sind. Wenn die tatsächlichen Beobachtungen sich z. B. auf hundert 20jährige Studenten einer deutschen Universität bezogen, so ist es von der Auswahl der in die Untersuchung einbezogenen Studenten abhängig, ob alle 20jährigen Studenten — oder nur die Mediziner oder eine psychologisch besonders angesprochene Gruppe oder (z. B. wenn honoriert wird) die finanziell schlecht gestellten, schlechter ernährten — als das Kollektiv anzusehen sind, aus dem die tatsächlich untersuchten Personen eine Zufallsstichprobe darstellen, an deren Stelle ebensogut auch eine andere Gruppe ohne wesentlichen Unterschied hätte stehen können. Zufallsstichproben aus demselben Kollektiv sind gleichwertig, können einander ersetzen. Die zahlenmäßigen Eigenschaften einer Stichprobe gelten mit gewissem Spielraum im Rückschluß für das ganze Kollektiv (Repräsentationsschluß) oder für andere Stichproben aus dem Kollektiv (Transponierungsschluß nach WAGEMANN und GEBELEIN).

Der erste Schritt der *Verallgemeinerung* von beobachteten Zahlen oder zahlenmäßigen Beziehungen ist identisch mit dem Rückschluß von der Stichprobe auf ein zugrunde liegendes Kollektiv. Im zweiten Schritt wird die Frage gestellt, ob die Zahlen über das ursprüngliche Kollektiv hinaus z. B. auf alle Studenten überhaupt oder für alle Männer dieses Alters in der Stadt oder im Land oder für alle Männer usw. überhaupt verallgemeinert werden können. Diese Frage ist aus einer einzelnen und einseitigen Reihe niemals entscheidbar, sondern nur durch weiteres umfassenderes Vergleichsmaterial zu prüfen; erst wenn sich daraus keine Unterschiede zwischen Studenten und Nichtstudenten, zwischen verschiedenen Orten usw. ergeben, können die Ergebnisse „verallgemeinert" werden. *Verallgemeinerung bedeutet Erkennung und Beschreibung derjenigen Kollektive und ihrer Merkmalsverteilungen, aus denen die vorliegenden Beobachtungswerte als repräsentative Stichproben angesehen werden können.* Nun gibt es aber praktisch kaum jemals eine experimentelle Beobachtungsreihe, die eine unmittelbare reine Zufallsauswahl ist. Stets sind die Versuchsobjekte nach irgendwelchen Merkmalen — zum mindesten nach örtlicher und zeitlicher Zugehörigkeit — bestimmt. Eine bewußte und systematische Auswahl steht dann einer reinen Zufallsauswahl gleich, wenn das Auswahlmerkmal der Beobachtungsreihe (z. B. Beruf, Klinikaufnahme, Zuchtverhältnis der Versuchstiere usw.) vom Beobachtungsmerkmal völlig unabhängig ist.

Die Verallgemeinerung ist ein rein statistisches Problem des Variationsspielraumes, solange Beobachtungen aus allen in Betracht kommenden Kollektiven vorhanden sind. Häufig wird aber auch dann von „Verallgemeinerung" gesprochen, wenn über die Kollektive, insbesondere über die Unabhängigkeit der Auswahlmerkmale der Beobachtungsreihe vom Untersuchungsmerkmal, nichts bekannt ist. Eine solche willkürliche Übertragung auf andere Verhältnisse ohne empirische Rechtfertigung ist ebenso wie eine Extrapolation weit über den Beobachtungsbereich hinaus theoretisch unhaltbar, praktisch allerdings manchmal unvermeidlich. Die Zuhilfenahme des Kollektivbegriffes erleichtert auch in diesen Fällen die Übersicht über die eingeführten Hypothesen.

Fast in jedem Experiment werden derartige unausgesprochenen Hilfshypothesen angenommen, z. B. die Unabhängigkeit der Ergebnisse von der speziellen Ausgangssituation des Versuchstages, den jeweiligen Fütterungs-, Wartungs-, Erregungsverhältnissen der Tiere, der Wetterlage, von der psychologischen Situation des Experimentators usw. Erst Wiederholungen, in denen diese Verhältnisse wechseln, lassen die Berechtigung der Hilfshypothesen erkennen.

Begründete Annahmen über das Kollektiv lassen sich nur insoweit machen, als die Merkmale der Beobachtungsreihe keine einseitige Auslese der im Kollektiv möglichen Merkmale gleicher Art darstellen. Dies ist besonders wichtig bei der Verwendung besonderer Zuchttiere bei den Versuchen, z. B. von aus langer Inzucht hervorgegangenen Tieren, von Wurfgeschwistern usw. So notwendig dies oft für die Erzielung einwandfreier Vergleiche ist, so ist es trotzdem fraglich, ob die Gesamtheit der Inzuchttiere, die für Versuchszwecke verfügbar sind, noch als repräsentative Stichprobe der ganzen Tierart angesehen werden kann, d. h. ob die Ergebnisse stets verallgemeinerungsfähig sind. Es besteht ein Gegensatz zwischen Vergleichbarkeit und Verallgemeinerungsfähigkeit, der in der Versuchsplanung berücksichtigt werden muß (vgl. S. 1024).

### b) Die statistischen Maßzahlen im Kollektiv und in der Stichprobe. Mittlerer Fehler.

Die möglichen Merkmalswerte in einem *Kollektiv* sind ebenso wie die in einer Stichprobe durch ihre *Häufigkeitsverteilung* charakterisiert, deren Grundeigenschaften durch Mittelwert, mittlere Abweichung usw., die sog. Parameter der Verteilung, näher beschrieben werden. Die Werte der Parameter sind gelegentlich theoretisch exakt berechenbar (z. B. in reinen Zufallsserien der Wahrscheinlichkeitsrechnung, Vererbungsversuchen), im allgemeinen jedoch nur empirisch, d. h. aus Stichproben mit einer gewissen Ungenauigkeit zu schätzen.

Was bedeutet nun ein empirisch gefundener Mittelwert in den verschiedenen Zusammenhängen?

Der Mittelwert des Blutzuckers bei 100 Studenten ist

1. der wirkliche (beschreibende) Mittelwert der Beobachtungswerte selbst;
2. eine Schätzung des „wahren" mittleren Blutzuckerwertes der gegebenen 100 Blutproben, d. h. des Mittelwertes des Kollektivs aller nach der Bestimmungsmethode und dem Beobachter möglichen Ablesungswerte (Messungskollektiv);
3. eine Schätzung des den gegebenen Umständen entsprechenden „wahren" mittleren Blutzuckerwertes der 100 Studenten, d. h. des Mittelwertes des Kollektivs aller möglichen Blutproben der 100 Studenten (Wiederholungskollektiv — je nach Berücksichtigung oder Nichtberücksichtigung der Tageszeit, der letzten Mahlzeit usw. sind verschiedene Wiederholungskollektive und verschiedene „wahre" Werte möglich);
4. eine Schätzung des „wahren" mittleren Blutzuckerwertes der 20jährigen Männer (Individuenkollektiv — je nach Berücksichtigung des Berufs, Ortes, Ernährungszustandes usw. sind verschiedene Individuenkollektive und verschiedene „wahre" Werte möglich).

Im gleichen Sinne ist die beobachtete Häufigkeitsverteilung als eine Schätzung der verschiedenen „wahren" Häufigkeitsverteilungen in den verschiedenen Kollektiven aufzufassen, die empirische mittlere Abweichung $s$ als Schätzung der „wahren" $\sigma$-Werte usw.

Jede dieser Schätzungen ist mit einem „Fehler" behaftet, der bei wenigen Beobachtungswerten groß, bei vielen kleiner ist. Die Messung der Bestimmungsgenauigkeit erfolgt durch den „*mittleren Fehler*". Zum Beispiel ist der mittlere Fehler $\sigma_{\bar{x}}$ eines Mittelwertes $\bar{x}$ aus $n$ Beobachtungen

$$\sigma_{\bar{x}} = \frac{\sigma_x}{\sqrt{n}}. \tag{15}$$

Als beschreibender Mittelwert der Beobachtungswerte selbst hat $\bar{x}$ keinen „Fehler". Als Schätzungswert der Mittelwerte der zugrunde liegenden Kollektive hat er dagegen einen Fehlerwert $\sigma_{\bar{x}}$, der proportional zur mittleren Abweichung in diesen Kollektiven ist und umgekehrt proportional zur Quadratwurzel aus der Beobachtungszahl.

Dieser „mittlere Fehler" $\sigma_{\bar{x}}$ ist gleichzeitig die mittlere Abweichung in einem gedachten Kollektiv, das aus allen denkbaren Mittelwerten aus je 100 Einzelwerten des Grundkollektivs entsteht. Im gleichen Sinne wie der Mittelwert hat auch jede andere empirische statistische Kennziffer einen „mittleren Fehler", wenn sie als Schätzung des entsprechenden Parameters des Kollektivs angesehen wird. Diese hier vorweggenommenen Vorstellungen werden in Abschnitt C 1 a, S. 62 näher ausgeführt.

### c) Der Schluß vom Kollektiv auf die Stichprobe (direkter Schluß).

**Wahrscheinlichkeit und Erwartungswert.** Im Gegensatz zur bisherigen empirisch-induktiven Darstellungsweise geht die mathematische Betrachtung zunächst vom Kollektiv aus. Der methodisch einfachste Schluß ist der von einer gegebenen Gesamtheit auf eine Stichprobe aus dieser Gesamtheit. Die Häufigkeitsverteilung eines Merkmals in einer Gesamtheit kann theoretisch aus einer Hypothese entwickelt werden, z. B. bei Zufallsspielen, bei Vererbungsversuchen, oder kann durch umfangreiches Beobachtungsmaterial hinreichend bekannt sein. Die in Gesamtheiten bestimmten Häufigkeiten haben den Stichproben gegenüber den Charakter von „Wahrscheinlichkeiten". Die Wahrscheinlichkeit ist bei theoretisch übersehbaren Fällen der Quotient aus der Anzahl der „günstigen Fälle" durch die Anzahl der „gleichmöglichen Fälle". Allgemein ist sie der als existierend gedachte Grenzwert, dem eine Häufigkeit bei immer weiterer Vergrößerung des Stichprobenumfanges zustrebt.

Wenn z. B. ein bestimmtes Merkmal bei Versuchstieren in einem Kreuzungstyp erfahrungsgemäß bei 25% der Nachkommen auftritt, so ist $P = 25\%$ die Wahrscheinlichkeit für das Auftreten des Merkmals bei Nachkommen aus demselben Kreuzungstyp. Für eine Stichprobe von $n = 50$ Tieren ist der „Erwartungswert" $n \cdot P = 12{,}5$ Merkmalsträger. Nach der aus der Wahrscheinlichkeitsrechnung abgeleiteten Binomischen Verteilung (vgl. S. 946) ergibt sich, mit welcher Wahrscheinlichkeit $z = 12, 11, 10, \ldots$ oder $z = 13, 14, \ldots$ Merkmalsträger zu erwarten sind. Je weiter die betrachteten Zahlen der Merkmalsträger vom Erwartungswert entfernt sind, um so seltener treten sie auf. Am wichtigsten sind die Feststellungen, mit welchen Merkmalszahlen man nicht mehr zu rechnen braucht. So beträgt z. B. die Wahrscheinlichkeit, in einer Stichprobe von 50 Tieren gar keine Merkmalsträger zu finden, $0{,}75^{50} = 0{,}000\,000\,6$. Unter 10 Millionen derartigen Stichproben würde man 6 Stichproben erwarten können, in denen kein Merkmalsträger vorkommt. Daß ein so seltenes Ereignis in einem vorliegenden Fall gerade verwirklicht sein sollte, ist theoretisch zwar denkbar, die Notwendigkeit praktischer Entscheidungen zwingt aber dazu, diese Möglichkeit abzulehnen. Man verwirft also die der Rechnung zugrunde gelegte Arbeitshypothese als „widerlegt". Ohne die Vernachlässigung kleiner Gegenwahrscheinlichkeiten würde man weder im Alltag über die Straße gehen dürfen, noch als Arzt eine Diagnose stellen und einen Patienten behandeln können, noch in einer empirischen Wissenschaft einen Schluß ziehen können. Von welcher Größenordnung an man kleine Wahrscheinlichkeiten vernachlässigen kann, hängt von der Art und der Bedeutung der zu treffenden Entscheidungen ab.

Beim *direkten Schluß* wird theoretisch aus der Kenntnis des Kollektivs berechnet, mit welcher Wahrscheinlichkeit die in einer Beobachtungsreihe gefundenen oder noch extremer liegende Werte in einer echten Stichprobe aus dem Kollektiv vorkommen können. $z$ sei die zu beurteilende Maßzahl der Beobachtungsreihe und $\alpha$ die Wahrscheinlichkeit, daß die entsprechende Maßzahl in einer echten Stichprobe außerhalb des Bereichs zwischen einer unteren Grenze $z_u$ und einer oberen Grenze $z_0$ liegt (Abb. 3).

$(1-\alpha)$ wird als „statistische Sicherheit" bezeichnet. Bestimmte Werte von $\alpha$, insbesondere 5%, 1%, 0,27% und 0,1% sind die „Sicherheitsstufen" oder Sicherheitsschwellen einer statistischen Aussage. Die ihnen entsprechenden $z$-Werte sind die Sicherungsgrenzen.

### d) Der Rückschluß von der Stichprobe auf das Kollektiv.

**Rückschluß** (Repräsentationsschluß). Bei den meisten Anwendungen ist das Kollektiv nicht bekannt. Man versucht dann umgekehrt, aus den Werten der Stichprobe Rückschlüsse auf das Kollektiv zu ziehen, wie schon auf S. 941ff. ausgeführt wurde. Da nur der direkte Schluß wahrscheinlichkeitstheoretisch unmittelbar durchführbar ist, muß der zahlenmäßige Rückschluß auf logischen Umwegen durchgeführt werden. Als Beispiel für die Abschätzung der „*Mutungsbereiche*" sei das einfachste Verfahren der „*Vertrauensbereiche*" *(confidence intervals)* genannt. Man geht von gegebenen Sicherheitsstufen $\alpha$ aus und sucht dasjenige hypothetische Kollektiv zu bestimmen, von dem aus der beobachtete Wert von $z$ gerade auf die Grenze $z_u$ oder $z_0$ fällt (vgl. Abb. 4).

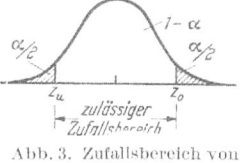

Abb. 3. Zufallsbereich von $z$ in Stichproben.

Man hat damit für den Rückschluß Vertrauensgrenzen für das Kollektiv-$z$ angegeben, von denen aus die Forderungen für eine echte Stichprobe gerade noch zutreffen. Man hat allerdings keine Wahrscheinlichkeit dafür aufgestellt, daß das $z$ des wahren Kollektivs zwischen den Vertrauensgrenzen liegt. Um eine solche Wahrscheinlichkeit formulieren zu können, sind andere Hypothesen nötig. Allgemeiner ausgedrückt bedeutet diese Feststellung: Es ist gewöhnlich nicht möglich, im Rückschluß eine Wahrscheinlichkeit dafür zu bestimmen, daß die untersuchte Hypothese richtig ist.

Vertrauensgrenzen sind auch für die Abschätzung der Lage der Grenzen entwickelt worden, zwischen denen z. B. 75%, 90%, 99% der Werte der Verteilung vermutet werden. Tabellen dieser „Toleranzgrenzen" bei Bowker[1].

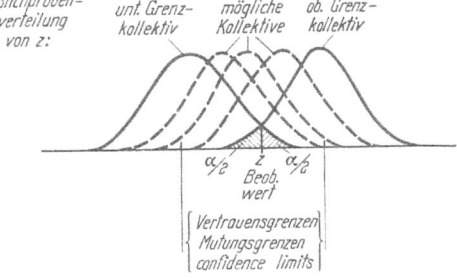

Abb. 4. Verteilungen von $z$ in Stichproben aus verschiedenen (unbekannten) Kollektiven.

Man muß beim Rückschluß die Parameter des Kollektivs aus den Stichprobenwerten schätzen. Für diese Aufgabe ist eine umfangreiche Schätzmethodik entwickelt worden, deren Prinzipien entweder darauf beruhen, bestimmte Abweichungsquadrate möglichst klein zu machen (Methode der kleinsten Quadrate), oder darauf, eine wahrscheinlichkeitsähnliche Funktion für die Beobachtungswerte zum Maximum zu machen (method of maximum likelihood). Vgl. hierzu die Lehrbücher auf S. 931.

### e) Die Sicherheitsstufen einer statistischen Aussage.

Aus der Tatsache, daß kleine Abweichungen häufiger und große seltener sind, folgt der fundamentale Gegensatz zwischen der Schärfe und der Sicherheit einer statistischen Aussage (vgl. Abb. 5). *Sichere Aussagen sind unscharf und scharfe Aussagen sind unsicher.*

Die im Schrifttum benutzten Sicherheitsstufen sind nicht einheitlich. Die vier hauptsächlich verwendeten Stufen lassen sich in zwei Gruppen teilen. Als Beispiel für die

---

[1] BOWKER, A. H.: In: Selected Techniques of Statistical Analysis (Statistical Research Group. Columbia University). New York 1947.

Formulierung der Aussagen möge die Hypothese betrachtet werden, daß eine Beobachtungsreihe als Stichprobe aus einem Kollektiv betrachtet werden kann.

*1. Der Bereich unter der Warngrenze:*

$\alpha = 5\% \to z_{5\%}$ (Warngrenze). Statistische Sicherheit $(1-\alpha) = 95\%$.

Die aus $\alpha = 5\%$ abzuleitende Grenze der benutzten statistischen Maßzahl $z_{5\%}$ wird als „Warngrenze" bezeichnet (GRAF und HENNING).

*Liegt die beobachtete Maßzahl der Beobachtungsreihe innerhalb des 95%-Bereiches, so ist die Hypothese mit der Beobachtung vereinbar (nicht: „die Hypothese ist bewiesen"!).* Es besteht keine Veranlssung, einen etwaigen Unterschied zu diskutieren.

*2. Der Bereich über der Sicherungsgrenze:*

$$\left.\begin{array}{l}\alpha = 1\% \to z_{1\%} \\ \alpha = 0{,}27\% \to z_{0{,}27\%} \\ \alpha = 0{,}1\% \to z_{0{,}1\%}\end{array}\right\} \begin{array}{l}\text{Sicherungsgrenzen,} \\ \text{Widerspruchsgrenzen}\end{array} \qquad \begin{array}{l}\text{Statistische} \\ \text{Sicherheit} \\ (1-\alpha)\end{array} \left\{\begin{array}{l}99\% \\ 99{,}73\% \\ 99{,}9\%\end{array}\right.$$

*Liegt die geprüfte Maßzahl der Beobachtungsreihe außerhalb der Sicherungsgrenzen, so besteht ein Widerspruch zwischen Hypothese und Beobachtung; die Hypothese ist abzulehnen.*

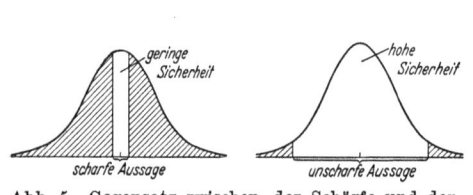

Abb. 5. Gegensatz zwischen der Schärfe und der Sicherheit einer statistischen Aussage.

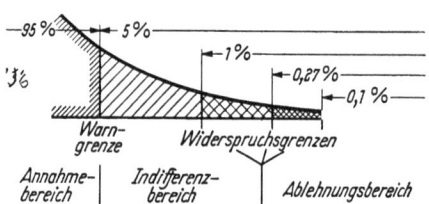

Abb. 6. Schema der Sicherheitsstufen der statistischen Aussagen.

Die zahlenmäßige Festlegung der Sicherungsgrenzen ist nicht einheitlich und kann sich nach der sachlichen Bedeutung der zu treffenden Entscheidung richten. Andererseits ist eine gewisse Starrheit zweckmäßig, um zu verhindern, daß die Grenzsetzung willkürlich ist und sich gar nach den erhaltenen Ergebnissen richtet.

Im englischen Schrifttum wird im allgemeinen die 1%-Grenze gewählt, in Deutschland und zum Teil in den USA ist die 0,27%-Grenze (3-Sigmaäquivalente; s. S. 951) verbreitet, z. B. in den „Graphischen Tafeln" von KOLLER. Die 0,1%-Grenzen sind in den neueren Tabellenwerken (Tabellen von FISHER-YATES, HALD und GRAF-HENNING) und im vorliegenden Beitrag enthalten. Noch weitergehende Grenzen werden praktisch nicht verwendet.

*3. Der Bereich zwischen Warn- und Sicherungsgrenze:*

Liegt die geprüfte Maßzahl der Beobachtungsreihe *zwischen der Warngrenze und der Sicherungsgrenze*, so kann man die Gültigkeit der Hypothese als fraglich bezeichnen, den gefundenen Unterschied als „bemerkenswert" oder als „auffällig". Ein Widerspruch ist jedoch nicht als gesichert anzusehen.

Aus dem englischen Schrifttum wird vielfach „signifikant" in einer Bedeutung übernommen, die äquivalent zu „gesichert" ist. Im englischen Schrifttum wird jedoch „significant" bereits bei Überschreitung der 5%-Grenze gebraucht, und zwar vielfach ohne nähere Angaben über die Abgrenzung; erst die jetzt übliche Hinzufügung „significant at the 1%-level" oder „5%-level" läßt die wirkliche Bedeutung erkennen.

Wenn man dann bei einer sehr kleinen Wahrscheinlichkeit $\alpha$ die Hypothese ablehnt, so ist das ein jenseits der Statistik liegender Willensakt, der grundsätzlich bei jeder praktischen Folgerung aus einem Wahrscheinlichkeitsergebnis eintreten muß. Die *Ablehnung* einer Hypothese auf Grund kleiner Wahrscheinlichkeiten für die vorliegende Beobachtung ist eine logisch klarere Entscheidung als die *Annahme* einer Hypothese auf Grund einer höheren Wahrscheinlichkeit für die vorliegende Beobachtung. Die Übereinstimmung zwischen Erwartung und Beobachtung bedeutet nur das Fehlen eines Widerspruches, nur die Möglichkeit der Richtigkeit der Hypothese. Die eigentlich für die Annahme einer Hypothese notwendige Feststellung, daß nicht auch andere Hypothesen mit der Beobachtung übereinstimmen, läßt sich nur ganz selten treffen. Es ist daher stets günstiger, zu versuchen, Gegenhypothesen zu widerlegen, als Hypothesen zu beweisen. Man beweist seine eigene Hypothese noch nicht durch Übereinstimmung mit der Beobachtung, sondern erst darüber hinaus in dem Maße, in dem Gegenhypothesen widerlegt werden.

### f) Die statistischen Prüfverfahren.

Die Prüfverfahren nehmen den breitesten Raum in der Anwendung der statistischen Methoden in den experimentellen Wissenschaften ein. Alle Zahlenprüfungen werden in die Form der Prüfung einer Hypothese gebracht. Zunächst wird festgestellt, welche Maßzahl sich zur Prüfung der Hypothese eignet. Dann wird aus der Hypothese ein Kollektiv dieser Maßzahlen konstruiert, aus dem eine Wahrscheinlichkeitsverteilung der Maßzahlen in Stichproben vom Umfang der Beobachtungsreihe abgeleitet wird. Es wird geprüft, ob die beobachtete Maßzahl Element des Kollektivs dieser Maßzahlen sein kann.

So kann z. B. die Frage, ob die Mittelwerte zweier Beobachtungsreihen an denselben Personen einen sicheren Unterschied aufweisen, durch Formulierung und Prüfung einer Nullhypothese beantwortet werden. Die Nullhypothese ist die, daß die beiden Reihen nur Zufallsunterschiede aufweisen und beide als Stichproben aus demselben Kollektiv aufgefaßt werden können. Man stellt das Kollektiv der Differenzen von je zwei gleichartigen Beobachtungen an denselben Personen auf, so gut man dieses aus den Beobachtungen schätzen kann, und prüft, ob die beobachtete Differenzenreihe eine Stichprobe daraus sein kann. Die Prüfverfahren werden um so schwieriger, je mehr man darauf angewiesen ist, die Kennziffern des Kollektivs erst aus den Beobachtungswerten zu schätzen.

**Fehler 1. und 2. Art.** In manchen Fällen ist es möglich, die Prüfung einer Hypothese $H_0$ so zu formulieren, daß eine Entscheidung zwischen zwei zahlenmäßig durchgearbeiteten Hypothesen getroffen werden soll. Für jede dieser Hypothesen gelten die Überlegungen des direkten oder des Rückschlusses. Für jede gibt es eine Überschreitungswahrscheinlichkeit. $H_0$ und $H_1$ seien die beiden Hypothesen, $\alpha$ die Wahrscheinlichkeit, daß das Prüfmaß $z$ einer echten Stichprobe bei Gültigkeit von $H_0$ jenseits einer festgelegten Grenze außerhalb des Annahmebereiches von $H_0$ liegt (Fehler 1. Art; in der Industrie: Herstellerrisiko). Demgegenüber ist der Fehler 2. Art, daß bei Richtigkeit von $H_1$ die Maßzahl $z$ in den Annahmebereich von $H_0$ fällt. Die Wahrscheinlichkeit hierfür wird mit $\beta$ bezeichnet (in der Industrie: Abnehmerrisiko).

$\alpha$ ist die Wahrscheinlichkeit, daß $H_0$ abgelehnt wird, obwohl $H_0$ richtig ist.

$\beta$ ist die Wahrscheinlichkeit, daß $H_0$ angenommen wird, obwohl $H_1$ richtig ist.

*Beispiel 5:* Bei Reihenuntersuchungen sollen solche Substanzen gefunden werden, die höhere $z$-Werte ergeben, als dem bisherigen Erfahrungsbereich entspricht. $H_0$: Die geprüfte Substanz hat die übliche Wirkung; $H_1$: die Substanz hat höhere $z$-Werte. Dann wählt man $\alpha$ groß und $\beta$ klein, um zu erreichen, daß man möglichst wenige Fälle übersieht, in denen $H_1$ richtig ist. Es kommt auf die Kosten an, ob man $\alpha$ groß sein lassen kann, so muß man eine größere Zahl von bloßen Zufallsabweichern in die engere Wahl für eine neue Untersuchungsreihe bekommt, oder ob man $\alpha$ auch klein wählt und dadurch eine höhere Untersuchungszahl bis zur Entscheidung braucht.

WALD hat das Prinzip der Folgeprüfungen in der „sequential analysis" entwickelt. Hiernach wird eine Prüfung nicht mit einer vorher festgesetzten Beobachtungszahl $n$ durchgeführt, wobei es ja vorkommen kann, daß der zu einer Entscheidung ausreichende Sachverhalt schon bei einem Teil der Versuche erreicht war und die letzten Versuche gewissermaßen überflüssig waren. In den Folgeprüfungen (s. S. 973) wird die Prüfung der Hypothesen Schritt für Schritt bei jedem Versuch laufend durchgeführt.

## B. Die statistische Bearbeitung von Häufigkeiten.
### 1. Verteilungsgesetze von Häufigkeiten.
#### a) Die binomische Verteilung.

Bei einem Alternativmerkmal, bei dem nur die beiden zueinander komplementären Merkmalsausprägungen $A$ und $B$ unterschieden werden, sei $P$ die Wahrscheinlichkeit für $A$ und $Q=1-P$ die für $B$. Durch $P$ und $Q$ ist das theoretische Kollektiv vollständig bestimmt, aus dem die Merkmalsverteilung in Stichproben ableitbar ist. Nach den Gesetzen der Wahrscheinlichkeitsrechnung[1] ergibt sich folgendes Schema der Wahrscheinlichkeiten für das Auftreten von 0, 1, 2, 3, ... $B$-Fällen in Stichproben vom Umfang $n$.

Tabelle 5. *Binomische Verteilung* (BERNOULLI-*Verteilung*).

| Umfang der Stichprobe $n$ | \multicolumn{7}{c|}{Zahl der $B$-Merkmale} | Summe |
|---|---|---|---|---|---|---|---|---|
| | 0 | 1 | 2 | 3 | 4 | $i$ | $(n-i)$ | |
| 1 | $P$ | $Q$ | | | | | | $P+Q=1$ |
| 2 | $P^2$ | $2PQ$ | $Q^2$ | | | | | $(P+Q)^2=1$ |
| 3 | $P^3$ | $3P^2Q$ | $3PQ^2$ | $Q^3$ | | | | $(P+Q)^3=1$ |
| 4 | $P^4$ | $4P^3Q$ | $6P^2Q^2$ | $4PQ^3$ | $Q^4$ | | | $(P+Q)^4=1$ |
| ⋮ | ⋮ | ⋮ | ⋮ | ⋮ | ⋮ | | | ⋮ |
| $n$ | $P^n$ | $nP^{n-1}Q$ | $\binom{n}{2}P^{n-2}Q^2$ | $\binom{n}{3}P^{n-3}Q^3$ | $\binom{n}{4}P^{n-4}Q^4$ | $\binom{n}{i}P^{n-i}Q^i$ | $\binom{n}{i}P^iQ^{n-i}$ | $(P+Q)^n=1$ |

Die Binomialkoeffizienten $\binom{n}{i}$ („$n$ über $i$") sind nach

$$\binom{n}{i} = \frac{n!}{i!(n-i)!} \tag{16}$$

zu berechnen, wobei $n! = 1 \cdot 2 \cdot 3 \ldots (n-1) \cdot n$ ist („$n$-Fakultät").

**Rechenbeispiel:** $\binom{4}{2} = \frac{4!}{2! \cdot 2!} = \frac{1 \cdot 2 \cdot 3 \cdot 4}{1 \cdot 2 \cdot 1 \cdot 2} = 6$. Die Werte ergeben sich auch aus dem PASCALschen Dreieck, in dem jede Zahl die Summe der beiden darüberstehenden Zahlen ist:

```
         1   1
       1   2   1
     1   3   3   1
   1   4   6   4   1
 1   5  10  10   5   1
1  6  15  20  15   6   1
```
. . . . . . . . . . . . . . . . . . . . . . . . . .

Die Tafeln von HALD enthalten die Logarithmen von $n!$ bis 1000 und von $\binom{n}{i}$ bis $n=100$. Der Erwartungswert

für die $A$-Fälle ist $E_{(A)} = n \cdot P$, für die $B$-Fälle $E_{(B)} = n \cdot Q$. (17)

Die mittlere Abweichung der Merkmalszahlen $z$ um den Erwartungswert $E$ in Stichproben von $n$ Fällen ist

$$\sigma_{\text{abs.}} = \sigma_z = \sqrt{n \cdot P \cdot Q}. \tag{18}$$

Die mittlere Abweichung der Häufigkeiten $p = z/n$ um die Wahrscheinlichkeit $P$ in Stichproben von $n$ Fällen ist

$$\sigma_{\text{rel.}} = \sigma_p = \sqrt{\frac{P \cdot Q}{n}}. \tag{19}$$

Die binomische Verteilung ist im allgemeinen asymmetrisch, und zwar um so stärker, je mehr $P$ von $\frac{1}{2}$ verschieden ist (vgl. Abb. 7). Bei großen Beobachtungszahlen wird die

---

[1] Lehrbücher der Wahrscheinlichkeitsrechnung: MISES, R. v.: Wahrscheinlichkeitsrechnung. Leipzig, Wien 1931. — FELLER, W.: An Introduction to Probability Theory and Its Applications. New York 1950. — DÖRGE, K., u. H. KLEIN: Wahrscheinlichkeitsrechnung für Nichtmathematiker. 2. Aufl. Berlin 1947.

Verteilung auch bei kleinem oder großem $P$ um so symmetrischer, je weiter sie von den Grenzen 0 und $n$ entfernt ist.

Bezeichnet man $P:Q = K$, so kann man die binomische Verteilung auch schreiben:

| Zahl der $A$: | $n$ | $(n-1)$ | $i$ | $(i-1)$ | 2 | 1 | 0 |
|---|---|---|---|---|---|---|---|
| Zahl der $B$: | 0 | 1 | $(n-i)$ | $(n-i+1)$ | $(n-2)$ | $(n-1)$ | $n$ |
| Glied-Nr.: | $G_n$ | $G_{n-1}$ | $G_i$ | $G_{i-1}$ | $G_2$ | $G_1$ | $G_0$ |
| Wahrscheinlichkeit: | $\dfrac{K^n}{(1+K)^n}$ | $n \cdot \dfrac{K^{n-1}}{(1+K)^n}$ | $\binom{n}{i}\dfrac{K^i}{(1+K)^n}$ | $\binom{n}{i-1}\dfrac{K^{i-1}}{(1+K)^n}$ | $\binom{n}{2}\dfrac{K^2}{(1+K)^n}$ | $n\dfrac{K}{(1+K)^n}$ | $\dfrac{1}{(1+K)^n}$ | (20)

Drückt man in der Reihenfolge von rechts nach links ein Glied durch das vorangehende aus, so ergibt sich

$$\frac{1}{n} K G_{n-1} \quad \cdots \quad \frac{n-i+1}{i} \cdot K G_{i-1} \quad \cdots \quad \frac{n-1}{2} K G_1 \quad n \cdot K \cdot G_0 \quad G_0. \tag{21}$$

**Anwendung bei der Gegenstromverteilung.** Bei der *Gegenstromverteilung* [1] entsteht eine Binomialverteilung von Messungswerten, sofern eine einheitliche Substanz in $n$ Verteilungsschritten auf $(n+1)$ Fraktionen verteilt wird. In diesem Fall besteht die Aufgabe darin, die Verteilungszahl $K$ aus den Beobachtungswerten $B_i$ zu bestimmen und die zugehörige Binomialverteilung zu berechnen, die dann aus der Häufigkeitsskala auf die Messungsskala mittels eines Faktors $C$ umgerechnet wird ($B_i = C \cdot G_i$, wobei $B_i$ die Binomialverteilung in der Messungsskala ist).

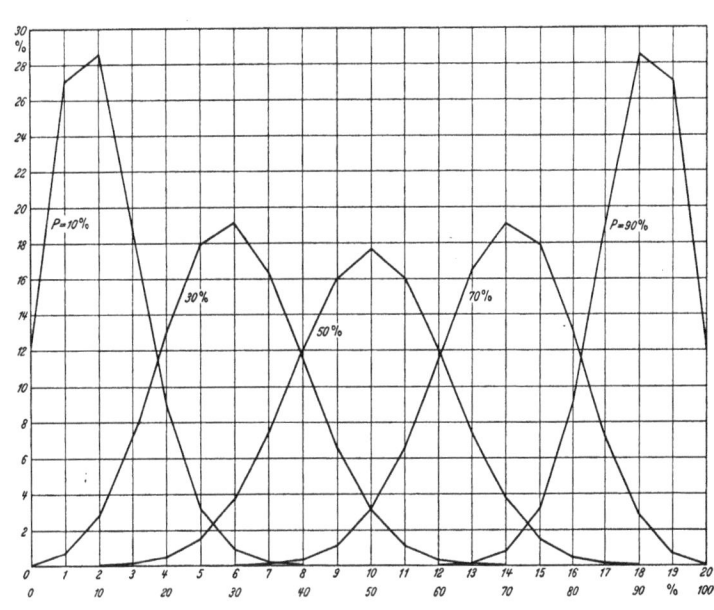

Abb. 7. Binomische Verteilung für $n = 20$ und $P = 10\%$, $30\%$, $50\%$, $70\%$ und $90\%$.

Substanzgemische ergeben eine Überlagerung von zwei oder mehr Binomialverteilungen mit verschiedenen Verteilungszahlen. Bei der Reinheitsprüfung besteht die Aufgabe in der Zerlegung der beobachteten Verteilung in die einzelnen Komponenten, wobei zunächst die Verteilungszahlen bestimmt werden müssen.

Ist das Maximum der Kurve (mit der Fraktionsnummer $i_m$) nicht durch Überlagerungen gestört, so läßt sich die Verteilungszahl schätzen

$$K \sim \frac{i_m + \frac{1}{2}}{n - i_m + \frac{1}{2}}; \text{ entsprechend ist } i_m \sim \frac{(n+1)K}{1+K} - \frac{1}{2}. \tag{22}$$

Kann man die ganze Verteilungskurve zur Schätzung von $K$ benutzen, läßt sich $K$ aus dem Mittelwert $\bar{i}$ bestimmen

$$\bar{i} = \frac{\sum i \cdot G_i}{\sum G_i} = \frac{\sum i \cdot B_i}{\sum B_i} \quad \text{und} \quad K = \frac{\bar{i}}{n - \bar{i}}. \tag{23}$$

---

[1] RAUEN, H., u. W. STAMM: Chem.-Ing.-Techn. **21**, 259 (1949). — KARLSON, P., u. E. HECKER: Z. Naturforsch. **5b**, 237 (1950). — HECKER, E.: Z. Naturforsch. **8b**, 77 (1953).

Bei Überlagerung mehrerer Binomialkurven schätzt man die verschiedenen $K$ aus den Quotienten aufeinanderfolgender Werte

$$K_i = \frac{i}{n-i+1} \cdot \frac{G_i}{G_{i-1}} = \frac{i}{n-i+1} \cdot \frac{B_i}{B_{i-1}}. \qquad (24)$$

Es ist zweckmäßig, die $K_i$ in jedem Falle zu berechnen und in eine Kontrollkarte einzutragen. Im Falle von Überlagerungen ergeben sich gruppenweise verschiedene $K_i$, während Zufallsschwankungen oder Fehler der Beobachtungswerte unregelmäßig verteilt sind oder entgegengesetzte Ausschläge hintereinander bewirken.

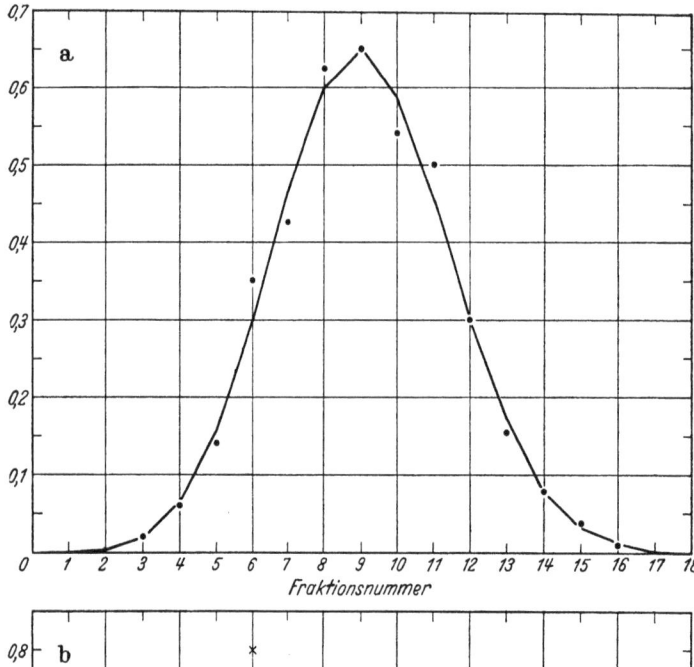

Abb. 8 a u. b. Gegenstromverteilung von Argininmethylesterhydrochlorid (Beobachtungen von W. STAMM). a Beobachtungswerte und berechnete Binomialverteilung; b Kontrollkarte für die Werte der Verteilungszahlen $K_i$.

Für die Umrechnung der binomischen Werte $G_i$ auf die Messungsskala kann man den Faktor $C$ aus jedem beliebigen Glied bestimmen; meist wird das Maximum hierzu benutzt. Um Zufallsschwankungen auszugleichen, empfiehlt sich die Bestimmung aus einer Summe benachbarter Werte

$$C = \frac{\sum B_i}{\sum G_i}; \qquad (25)$$

bei Einheitlichkeit der Substanz auch aus der Gesamtsumme.

**Beispiel 6:** In Tabelle 6 wird aus der beobachteten Verteilung zunächst die Reihe der $K_i$ errechnet und in der Kontrollkarte (Abb. 8 b) eingetragen. Es ergibt sich kein Anhalt für unterschiedliche $K$-Werte.

Tabelle 6. *Gegenstromverteilung von Argininmethylesterhydrochlorid (Beobachtung von W. STAMM).*

| Fraktion $i$ | Beobachtungswerte $B_i$ | $\frac{i}{n-i+1}=f_i$ | $K$-Schätzung $\frac{B_i \cdot f_i}{B_{i-1}}$ | $G_i$ (mit $K=0{,}606$) | $G_i \cdot 3{,}895$ | Fraktion $i$ | Beobachtungswerte $B_i$ | $\frac{i}{n-i+1}=f_i$ | $K$-Schätzung $\frac{B_i \cdot f_i}{B_{i-1}}$ | $G_i$ (mit $K=0{,}606$) | $G_i \cdot 3{,}895$ |
|---|---|---|---|---|---|---|---|---|---|---|---|
| 0 | — | — | — | — | — | 9 | 0,652 | 0,563 | 0,59 | 0,166 | 0,647 |
| 1 | — | — | — | — | — | 10 | 0,540 | 0,667 | 0,56 | 0,151 | 0,589 |
| 2 | — | — | — | 0,001 | 0,004 | 11 | 0,500 | 0,787 | 0,73 | 0,117 | 0,456 |
| 3 | 0,021 | — | — | 0,005 | 0,020 | 12 | 0,302 | 0,923 | 0,55 | 0,077 | 0,300 |
| 4 | 0,060 | 0,190 | 0,54 | 0,017 | 0,066 | 13 | 0,154 | 1,08 | 0,55 | 0,043 | 0,168 |
| 5 | 0,140 | 0,250 | 0,58 | 0,040 | 0,156 | 14 | 0,078 | 1,27 | 0,64 | 0,020 | 0,078 |
| 6 | 0,352 | 0,316 | 0,80 | 0,077 | 0,300 | 15 | 0,038 | 1,50 | 0,73 | 0,008 | 0,031 |
| 7 | 0,424 | 0,389 | 0,47 | 0,120 | 0,468 | 16 | 0,010 | 1,78 | 0,47 | 0,003 | 0,012 |
| 8 | 0,624 | 0,471 | 0,69 | 0,155 | 0,604 | 17 | — | — | — | — | — |

Als $K$-Schätzung nach (23) ergibt sich aus

$$\bar{i} = \frac{3 \cdot 0{,}021 + 4 \cdot 0{,}060 + \cdots + 16 \cdot 0{,}010}{0{,}021 + 0{,}060 + \cdots + 0{,}010} = \frac{35{,}291}{3{,}895} = 9{,}06,$$

$$K = \frac{9{,}06}{14{,}94} = 0{,}606.$$

Die Berechnung der binomischen Häufigkeitsverteilung wird nach (20) vorgenommen. Bei RAUEN und STAMM[1] ist der Rechengang unter Benutzung von Logarithmen ausführlich angegeben. Die Umrechnung auf die Beobachtungsskala erfolgt mit der Gesamtsumme 3,895 der $B_i$; bei Benutzung nur des Maximums wäre der Umrechnungsfaktor $0,652:0,166 = 3,93$. Die mittlere Abweichung ist $s = \sqrt{npq} = \sqrt{24 \cdot \frac{9,06}{24} \cdot \frac{14,94}{24}} = \sqrt{24 \cdot 0,377 \cdot 0,623} = 2,38$. Weitere Berechnungen an diesem Beispiel s. S. 952.

Für die Beurteilung der Abweichungen der Experimentalkurven von der Binomialverteilung steht kein theoretisches Maß zur Verfügung; auch aus der Erfahrung ist bisher noch kein Maß für zulässige Schwankungen entwickelt worden. Die Beurteilung der Übereinstimmung erfolgt meist nach dem graphischen Eindruck.

### b) Die POISSON-Verteilung.

Bei sehr kleinem $P$ ist die binomische Verteilung auch bei großem $n$ asymmetrisch und hängt nicht mehr von $P$ und $n$ unmittelbar, sondern nur vom Produkt $n \cdot P$, dem Erwartungswert $E$ ab. Die Wahrscheinlichkeit, $i$ Merkmale zu beobachten, ist

$$W_i = \frac{E^i \cdot e^{-E}}{i!}. \qquad (26)$$

Die mittlere Abweichung der Merkmalszahlen ist $\sigma = \sqrt{E}$.

Die Berechnung erfolgt am besten mit Rekursionsformeln. Der Quotient des Gliedes $i$ durch das Glied $(i-1)$ ist

$$W_i : W_{i-1} = E : i. \qquad (27)$$

In Abb. 9 sind die POISSON-Verteilungen für $E = 0,1$ bis 10,0 gezeichnet; bereits

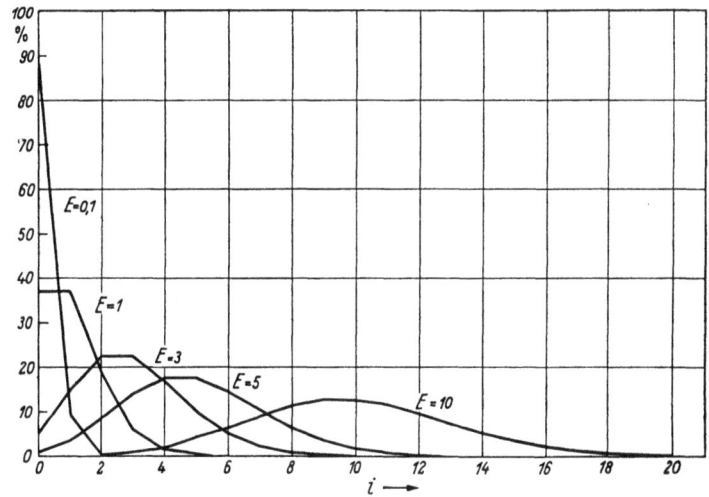

Abb. 9. Verteilung seltener Ereignisse (POISSON-Verteilung) für die Erwartungswerte $E = 0,1$; 1; 3; 5; 10.

für $E = 10$ ist die Symmetrie beachtlich, für $E > 30$ ist praktisch keine Schiefe mehr festzustellen. Tabellen bis $E = 100$ sind von MOLINA[2] veröffentlicht.

Bei praktischer Anwendung muß man meist statt $E$ einen empirischen Mittelwert $\bar{x}$ einsetzen. Ob die POISSON-Verteilung in einem Einzelfall anwendbar ist, kann durch Berechnung des empirischen Streuungsquadrats $s^2$ und Vergleich mit $\bar{x}$ geprüft werden. $s^2 : \bar{x}$ darf nicht wesentlich größer als 1 sein (Prüfung nach Abschnitt C 5, S. 977). Ist dieser Quotient größer, können die sog. „negativ-binomische Verteilung" oder die doppelte POISSON-Verteilung angewandt werden, die zwei Parameter haben und daher anpassungsfähiger sind[3].

Wichtige Anwendungsgebiete sind die Häufigkeiten von Zählrohrimpulsen, Verteilung von Zellen in Ausstrichpräparaten usw.

### c) Die Normalverteilung als Grenzfall der binomischen Verteilung.

Bei größeren Werten von $n$ wird die Breite der einzelnen Stufen zwischen den natürlichen Zahlen gegenüber der Breite der Gesamtverteilung immer kleiner. Dann nähert sich die binomische Verteilung einer symmetrisch verlaufenden stetigen Kurve, deren Ordinate $\varphi(u)$ dem Gesetz der sog. Normalverteilung

$$\varphi(u) = \frac{1}{\sqrt{2\pi}} e^{-\frac{1}{2}u^2} \qquad (28)$$

---
[1] Siehe Bd. I, S. 260ff.
[2] MOLINA, E. C.: POISSON's Exponential Binomial Limit. New York 1945.
[3] HALDANE, J. B. S.: Ann. Eugenics 11, 179 (1941). — FISHER, R. A.: Ann. Eugenics 11, 182 (1941). — THOMAS, M.: Biometrika, London 36, 18 (1949).

Tabelle 7a. *Ordinaten der Normalverteilung* $\varphi(\mu) = \dfrac{1}{\sqrt{2\pi}} e^{-\frac{1}{2}\mu^2}$.

|      | 0,00 | 0,01 | 0,02 | 0,03 | 0,04 | 0,05 | 0,06 | 0,07 | 0,08 | 0,09 |
|------|------|------|------|------|------|------|------|------|------|------|
| 0,0  | 0,3989 | 0,3989 | 0,3989 | 0,3988 | 0,3986 | 0,3984 | 0,3982 | 0,3980 | 0,3977 | 0,3973 |
| 0,1  | 0,3970 | 0,3965 | 0,3961 | 0,3956 | 0,3951 | 0,3945 | 0,3939 | 0,3932 | 0,3925 | 0,3918 |
| 0,2  | 0,3910 | 0,3902 | 0,3894 | 0,3885 | 0,3876 | 0,3867 | 0,3857 | 0,3847 | 0,3836 | 0,3825 |
| 0,3  | 0,3814 | 0,3802 | 0,3790 | 0,3778 | 0,3765 | 0,3752 | 0,3739 | 0,3725 | 0,3712 | 0,3697 |
| 0,4  | 0,3683 | 0,3668 | 0,3653 | 0,3637 | 0,3621 | 0,3605 | 0,3589 | 0,3572 | 0,3555 | 0,3538 |
| 0,5  | 0,3521 | 0,3503 | 0,3485 | 0,3467 | 0,3448 | 0,3429 | 0,3410 | 0,3391 | 0,3372 | 0,3352 |
| 0,6  | 0,3332 | 0,3312 | 0,3292 | 0,3271 | 0,3251 | 0,3230 | 0,3209 | 0,3187 | 0,3166 | 0,3144 |
| 0,7  | 0,3123 | 0,3101 | 0,3079 | 0,3056 | 0,3034 | 0,3011 | 0,2989 | 0,2966 | 0,2943 | 0,2920 |
| 0,8  | 0,2897 | 0,2874 | 0,2850 | 0,2827 | 0,2803 | 0,2780 | 0,2756 | 0,2732 | 0,2709 | 0,2685 |
| 0,9  | 0,2661 | 0,2637 | 0,2613 | 0,2589 | 0,2565 | 0,2541 | 0,2516 | 0,2492 | 0,2468 | 0,2444 |
| 1,0  | 0,2420 | 0,2396 | 0,2371 | 0,2347 | 0,2323 | 0,2299 | 0,2275 | 0,2251 | 0,2227 | 0,2203 |
| 1,1  | 0,2179 | 0,2155 | 0,2131 | 0,2107 | 0,2083 | 0,2059 | 0,2036 | 0,2012 | 0,1989 | 0,1965 |
| 1,2  | 0,1942 | 0,1919 | 0,1895 | 0,1872 | 0,1849 | 0,1826 | 0,1804 | 0,1781 | 0,1758 | 0,1736 |
| 1,3  | 0,1714 | 0,1691 | 0,1669 | 0,1647 | 0,1626 | 0,1604 | 0,1582 | 0,1561 | 0,1539 | 0,1518 |
| 1,4  | 0,1497 | 0,1476 | 0,1456 | 0,1435 | 0,1415 | 0,1394 | 0,1374 | 0,1354 | 0,1334 | 0,1315 |
| 1,5  | 0,1295 | 0,1276 | 0,1257 | 0,1238 | 0,1219 | 0,1200 | 0,1182 | 0,1163 | 0,1145 | 0,1127 |
| 1,6  | 0,1109 | 0,1092 | 0,1074 | 0,1057 | 0,1040 | 0,1023 | 0,1006 | 0,0989 | 0,0973 | 0,0957 |
| 1,7  | 0,0940 | 0,0925 | 0,0909 | 0,0893 | 0,0878 | 0,0863 | 0,0848 | 0,0833 | 0,0818 | 0,0804 |
| 1,8  | 0,0790 | 0,0775 | 0,0761 | 0,0748 | 0,0734 | 0,0721 | 0,0707 | 0,0694 | 0,0681 | 0,0669 |
| 1,9  | 0,0656 | 0,0644 | 0,0632 | 0,0620 | 0,0608 | 0,0596 | 0,0584 | 0,0573 | 0,0562 | 0,0551 |
| 2,0  | 0,0540 | 0,0529 | 0,0519 | 0,0508 | 0,0498 | 0,0488 | 0,0478 | 0,0468 | 0,0459 | 0,0449 |
| 2,1  | 0,0440 | 0,0431 | 0,0422 | 0,0413 | 0,0404 | 0,0396 | 0,0387 | 0,0379 | 0,0371 | 0,0363 |
| 2,2  | 0,0355 | 0,0347 | 0,0339 | 0,0332 | 0,0325 | 0,0317 | 0,0310 | 0,0303 | 0,0297 | 0,0290 |
| 2,3  | 0,0283 | 0,0277 | 0,0271 | 0,0264 | 0,0258 | 0,0252 | 0,0246 | 0,0241 | 0,0234 | 0,0229 |
| 2,4  | 0,0224 | 0,0219 | 0,0213 | 0,0208 | 0,0203 | 0,0198 | 0,0194 | 0,0189 | 0,0184 | 0,0180 |
| 2,5  | 0,0175 | 0,0171 | 0,0167 | 0,0163 | 0,0159 | 0,0155 | 0,0151 | 0,0147 | 0,0143 | 0,0139 |
| 2,6  | 0,0136 | 0,0132 | 0,0129 | 0,0126 | 0,0122 | 0,0119 | 0,0116 | 0,0113 | 0,0110 | 0,0107 |
| 2,7  | 0,0104 | 0,0101 | 0,0099 | 0,0096 | 0,0093 | 0,0091 | 0,0088 | 0,0086 | 0,0084 | 0,0081 |
| 2,8  | 0,0079 | 0,0077 | 0,0075 | 0,0073 | 0,0071 | 0,0069 | 0,0067 | 0,0065 | 0,0063 | 0,0061 |
| 2,9  | 0,0060 | 0,0058 | 0,0056 | 0,0055 | 0,0053 | 0,0051 | 0,0050 | 0,0048 | 0,0047 | 0,0046 |
|      | 0,0 | 0,1 | 0,2 | 0,3 | 0,4 | 0,5 | 0,6 | 0,7 | 0,8 | 0,9 |
| 3,0  | 0,00443 | 0,00327 | 0,00238 | 0,00172 | 0,00123 | 0,00087 | 0,00061 | 0,00042 | 0,00029 | 0,00020 |
| 4,0  | 0,00013 | 0,00009 | 0,00006 | 0,00004 | 0,00002 | 0,00002 | 0,00001 | 0,00001 | 0,00000 | 0,00000 |

folgt. Dabei ist die Abszisse

$$u = \frac{i - n \cdot P}{\sqrt{nPQ}} = \frac{i - E}{\sigma_{\text{abs.}}}, \qquad (29)$$

die Abweichung des Wertes $i$ vom Erwartungswert, gemessen in Vielfachen der mittleren Abweichung $\sigma_{\text{abs.}} = \sqrt{nPQ}$ als Bezugsgröße.

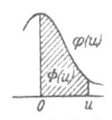

Abb. 10. Die bei der Normalverteilung auftretenden Größen.

Die $\varphi(u)$ sind keine Wahrscheinlichkeiten; diese erhält man erst durch Berechnung der Flächen, die über einem Abschnitt der Abszissenachse liegen. Die Flächen werden mathematisch durch Integration gewonnen;

$$\Phi_{(u)} = \int_0^u \varphi(x)\,dx \qquad (30)$$

ist die Wahrscheinlichkeit dafür, daß ein Wert zwischen 0 und $u$ liegt (Abb. 10). Praktisch werden die Wahrscheinlichkeiten aus Tabelle 2 entnommen. Tabellen 7a und 7b enthalten die Ordinaten und Flächen der Normalverteilung.

Die Normalverteilung hat Glockenform (Abb. 11); die Wendepunkte liegen an der Stelle $u = \pm 1$. Die Kurve geht asymptotisch für $n \to \infty$ in die Abszissenachse über; auch ganz extreme Werte haben eine — freilich verschwindend kleine — Wahrscheinlichkeit. Dies steht zwar im Anwendungsfall oft im Widerspruch zu den realen Möglichkeiten,

Tabelle 7b. *Flächenwerte der Normalverteilung von der Mitte bis u (einseitig)* $\Phi(u) = \frac{1}{\sqrt{2\pi}} \int_0^u e^{-\frac{1}{2}x^2} dx$.

| R.T.(10 Cl)E | 0,00 | 0,01 | 0,02 | 0,03 | 0,04 | 0,05 | 0,06 | 0,07 | 0,08 | 0,09 |
|---|---|---|---|---|---|---|---|---|---|---|
| 0,0 | 0,0000 | 0,0040 | 0,0080 | 0,0120 | 0,0160 | 0,0199 | 0,0239 | 0,0279 | 0,0319 | 0,0359 |
| 0,1 | 0,0398 | 0,0438 | 0,0478 | 0,0517 | 0,0557 | 0,0596 | 0,0636 | 0,0675 | 0,0714 | 0,0753 |
| 0,2 | 0,0793 | 0,0832 | 0,0871 | 0,0910 | 0,0948 | 0,0987 | 0,1026 | 0,1064 | 0,1103 | 0,1141 |
| 0,3 | 0,1179 | 0,1217 | 0,1255 | 0,1293 | 0,1331 | 0,1368 | 0,1406 | 0,1443 | 0,1480 | 0,1517 |
| 0,4 | 0,1554 | 0,1591 | 0,1628 | 0,1664 | 0,1700 | 0,1736 | 0,1772 | 0,1808 | 0,1844 | 0,1879 |
| 0,5 | 0,1915 | 0,1950 | 0,1985 | 0,2019 | 0,2054 | 0,2088 | 0,2123 | 0,2157 | 0,2190 | 0,2224 |
| 0,6 | 0,2257 | 0,2291 | 0,2324 | 0,2357 | 0,2389 | 0,2422 | 0,2454 | 0,2486 | 0,2517 | 0,2549 |
| 0,7 | 0,2580 | 0,2611 | 0,2642 | 0,2673 | 0,2703 | 0,2734 | 0,2764 | 0,2794 | 0,2823 | 0,2852 |
| 0,8 | 0,2881 | 0,2910 | 0,2939 | 0,2967 | 0,2995 | 0,3023 | 0,3051 | 0,3078 | 0,3106 | 0,3133 |
| 0,9 | 0,3159 | 0,3186 | 0,3212 | 0,3238 | 0,3264 | 0,3289 | 0,3315 | 0,3340 | 0,3365 | 0,3389 |
| 1,0 | 0,3413 | 0,3438 | 0,3461 | 0,3485 | 0,3508 | 0,3531 | 0,3554 | 0,3577 | 0,3599 | 0,3621 |
| 1,1 | 0,3643 | 0,3665 | 0,3686 | 0,3708 | 0,3729 | 0,3749 | 0,3770 | 0,3790 | 0,3810 | 0,3830 |
| 1,2 | 0,3849 | 0,3869 | 0,3888 | 0,3907 | 0,3925 | 0,3944 | 0,3962 | 0,3980 | 0,3997 | 0,4015 |
| 1,3 | 0,4032 | 0,4049 | 0,4066 | 0,4082 | 0,4099 | 0,4115 | 0,4131 | 0,4147 | 0,4162 | 0,4177 |
| 1,4 | 0,4192 | 0,4207 | 0,4222 | 0,4236 | 0,4251 | 0,4265 | 0,4279 | 0,4292 | 0,4306 | 0,4319 |
| 1,5 | 0,4332 | 0,4345 | 0,4357 | 0,4370 | 0,4382 | 0,4394 | 0,4406 | 0,4418 | 0,4430 | 0,4441 |
| 1,6 | 0,4452 | 0,4463 | 0,4474 | 0,4485 | 0,4495 | 0,4505 | 0,4515 | 0,4525 | 0,4535 | 0,4545 |
| 1,7 | 0,4554 | 0,4564 | 0,4573 | 0,4582 | 0,4591 | 0,4599 | 0,4608 | 0,4616 | 0,4625 | 0,4633 |
| 1,8 | 0,4641 | 0,4649 | 0,4656 | 0,4664 | 0,4671 | 0,4678 | 0,4686 | 0,4693 | 0,4700 | 0,4706 |
| 1,9 | 0,4713 | 0,4719 | 0,4726 | 0,4732 | 0,4738 | 0,4744 | 0,4750 | 0,4756 | 0,4762 | 0,4767 |
| 2,0 | 0,47725 | 0,47778 | 0,47831 | 0,47882 | 0,47932 | 0,47982 | 0,48030 | 0,48077 | 0,48124 | 0,48169 |
| 2,1 | 0,48214 | 0,48257 | 0,48300 | 0,48341 | 0,48382 | 0,48422 | 0,48461 | 0,48500 | 0,48537 | 0,48574 |
| 2,2 | 0,48610 | 0,48645 | 0,48679 | 0,48713 | 0,48745 | 0,48778 | 0,48809 | 0,48840 | 0,48870 | 0,48899 |
| 2,3 | 0,48928 | 0,48956 | 0,48983 | 0,49010 | 0,49036 | 0,49061 | 0,49086 | 0,49111 | 0,49134 | 0,49158 |
| 2,4 | 0,49180 | 0,49202 | 0,49224 | 0,49245 | 0,49266 | 0,49286 | 0,49305 | 0,49324 | 0,49343 | 0,49361 |
| 2,5 | 0,49379 | 0,49396 | 0,49413 | 0,49430 | 0,49446 | 0,49461 | 0,49477 | 0,49492 | 0,49506 | 0,49520 |
| 2,6 | 0,49534 | 0,49547 | 0,49560 | 0,49573 | 0,49586 | 0,49598 | 0,49609 | 0,49621 | 0,49632 | 0,49643 |
| 2,7 | 0,49653 | 0,49664 | 0,49674 | 0,49683 | 0,49693 | 0,49702 | 0,49711 | 0,49720 | 0,49728 | 0,49737 |
| 2,8 | 0,49745 | 0,49752 | 0,49760 | 0,49767 | 0,49774 | 0,49781 | 0,49788 | 0,49795 | 0,49801 | 0,49807 |
| 2,9 | 0,49813 | 0,49819 | 0,49825 | 0,49831 | 0,49836 | 0,49841 | 0,49846 | 0,49851 | 0,49856 | 0,49861 |
|  | 0,0 | 0,1 | 0,2 | 0,3 | 0,4 | 0,5 | 0,6 | 0,7 | 0,8 | 0,9 |
| 3,0 | 0,49865 | 0,49903 | 0,49931 | 0,49952 | 0,49966 | 0,49977 | 0,49984 | 0,49989 | 0,49993 | 0,49995 |
| 4,0 | 0,499968 | 0,499979 | 0,499987 | 0,499991 | 0,499994 | 0,499997 | 0,499998 | 0,499999 | 0,499999$_2$ | 0,499999$_5$ |

schränkt jedoch die praktische Brauchbarkeit kaum ein. Die zeichnerische Darstellungsmöglichkeit hört etwa bei $u = \pm 3$ auf.

Bei der Normalverteilung liegen symmetrisch um den Mittelwert

50% der Werte innerhalb von $u = -0,674$ und $u = +0,674$
68,26%   $-1,000$   $+1,000$
90%   $-1,645$   $+1,645$
95%   $-1,960$   $+1,960$
95,45%   $-2,000$   $+2,000$
99%   $-2,576$   $+2,576$
99,73%   $-3,000$   $+3,000$
99,9%   $-3,291$   $+3,291$
99,99%   $-3,891$   $+3,891$
99,9937%   $-4,000$   $+4,000$

Wichtige einseitig abgegrenzte Intervalle sind:

50% der Werte liegen innerhalb von $u = -\infty$ und $u = 0$
90%   $-\infty$   $+1,282$
95%   $-\infty$   $+1,645$
99%   $-\infty$   $+2,326$
99,73%   $-\infty$   $+2,782$
99,9%   $-\infty$   $+3,090$

**Darstellung einer Normalverteilung.** Soll eine gegebene Verteilung durch eine Normalverteilung dargestellt werden, so erhält der Mittelwert den $u$-Wert 0; die Abweichungen vom Mittelwert werden durch die mittlere Abweichung $s$ dividiert, um die $u$-Skala zu erhalten. Ist $b$ die Klassenbreite der Verteilung, so sind die $\varphi(x)$ der Tabelle 7a mit $b/s$ zu multiplizieren.

Im Beispiel der Gegenstromverteilung (Tabelle 6) ist die Klassenbreite 1 und die mittlere Abweichung $s = 2{,}38$. Die Abszisse des Maximums ist 9,06, die zugehörige Ordinate nach Tabelle 7a $0{,}3989 \cdot \dfrac{1}{2{,}38} = 0{,}168$, also fast gleich dem binomischen Wert 0,166 in Tabelle 6. Die Stelle 7 hat in der $u$-Skala den Wert $\dfrac{7-9{,}06}{2{,}38} = -0{,}866$, die Ordinate ist nach Tabelle 7a $0{,}2742 \dfrac{1}{2{,}38} = 0{,}115$ gegenüber 0,120 der binomischen Verteilung.

Die Klassenwerte der Normalverteilung ergeben sich als Differenzen zwischen den bis zu den äußeren und inneren Klassengrenzen erstreckten Flächenwerten der Tabelle 7b.

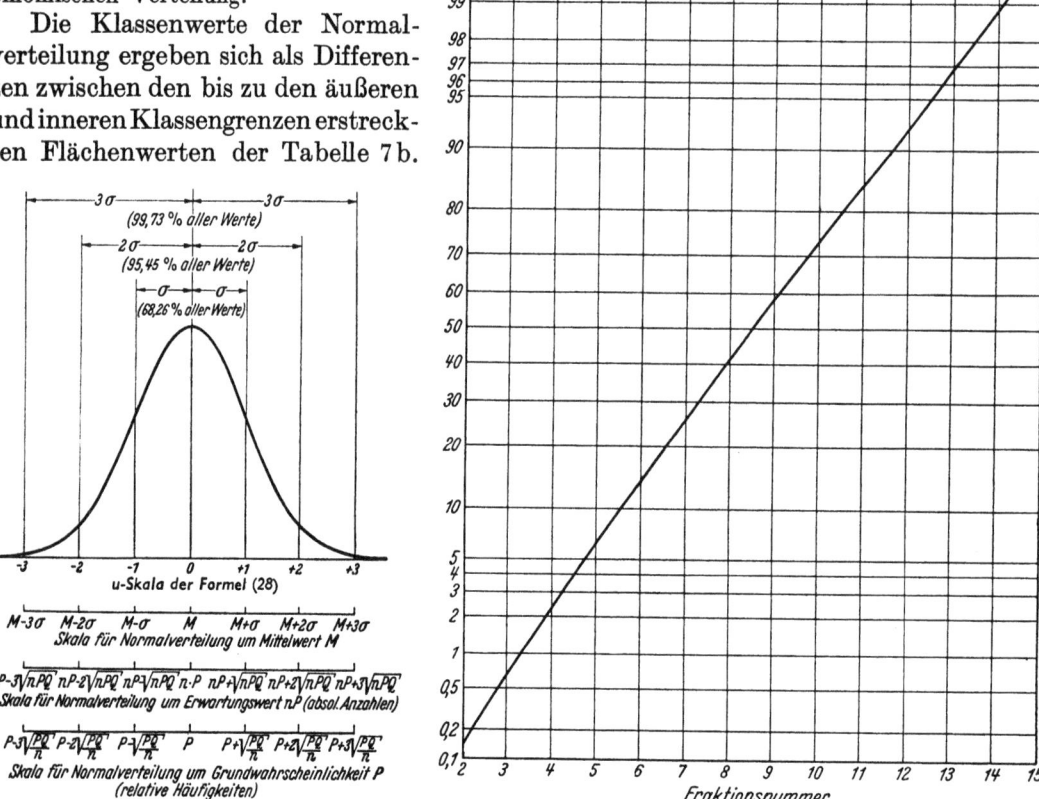

Abb. 11. Normalverteilung.

Abb. 12. Binomische Verteilung $(0{,}394 + 0{,}606)^{24}$ im Wahrscheinlichkeitsnetz. Gegenstromverteilung von Abb. 8.

Im obigen Beispiel erstreckt sich die Klasse 7 von 6,5—7,5. (Da die Normalverteilung stetig ist, muß bei nur ganzzahligen Abszissenwerten das Klassenintervall von $i-0{,}5$ bis $i+0{,}5$ abgegrenzt werden.) In der $u$-Skala sind die entsprechenden Werte $-1{,}075$ und $-0{,}656$. Nach Tabelle 7b sind die von der Mitte bis zu diesen Werten reichenden Flächen 0,359 und 0,244, der Inhalt der Klasse 7 also 0,115, hier gerade mit dem Ordinatenwert übereinstimmend (weiteres Beispiel S. 961).

**Summenkurve der Normalverteilung.** Die Summenkurve der Abb. 1b läßt sich im Falle einer Normalverteilung durch Transformation der Ordinatenskala gemäß $\Phi_{(u)}$ aus der $S$-Form in eine Gerade verwandeln. Zeichnet man in das sog. Wahrscheinlichkeitsnetz[1] die binomische Verteilung der Tabelle 6, ergibt sich Abb. 12. Man kann auf diese Weise bequem zeichnerisch prüfen, ob eine Verteilung ungefähr Normalform aufweist. Die Binomialverteilung von Tabelle 6 ist nach Abb. 12 durch eine Normalverteilung ersetzbar. Weitere Anwendungen s. Abschnitt D 8 (S. 1016ff.).

---

[1] Zeichenpapier mit Wahrscheinlichkeitsnetz wird von der Firma Schleicher & Schüll, Einbeck, hergestellt.

Eine andere graphische Methode der Prüfung auf Normalverteilung besteht darin, die Höhe $\varphi$ und Breite ($B = 2u$) der nicht aufsummierten Verteilungskurve an verschiedenen Stellen zu vergleichen. Zeichnet man $\log \varphi$ und $B^2$ als Koordinaten (halblogarithmisch-quadratisches Netz) der Prüfpunkte, so liegen die Punkte bei Normalverteilung auf einer Geraden (Beispiel: Prüfung von Diffusions-Gradientenkurven[1]). Die Prüfung erfolgt nach dem graphischen Eindruck; rechnerische Prüfverfahren für die versuchstechnische Zulässigkeit von Abweichungen sind bisher nicht bekannt geworden.

### d) Andere kombinatorische Verteilungen.

#### α) Die hypergeometrische Verteilung.

Bei endlichem Kollektiv (Umfang $N$) ist die binomische Verteilung nicht anwendbar, da sich mit jeder Entnahme eines Beobachtungswertes („ohne Zurücklegen") die Merkmalswahrscheinlichkeit ändert. Ist $N_1$ die Merkmalszahl im Kollektiv, so ist die Wahrscheinlichkeit für das Auftreten von $i$ Merkmalen

$$\frac{\binom{N_1}{i}\binom{N-N_1}{n-i}}{\binom{N}{n}}. \tag{31}$$

**Beispiel 7:** In einem Ernährungsversuch enthalten 4 von 10 Freßnäpfen einen bestimmten Bestandteil im Futter. 5 Versuchstiere wählen gleichzeitig je einen Freßnapf; an jedem Napf hat nur 1 Tier Platz. Mit welcher Wahrscheinlichkeit sind 0, 1, 2, 3, 4 Spezialnäpfe besetzt, wenn der besondere Nahrungsbestandteil keinen Einfluß auf die Wahl hat?

| Gewählte Näpfe: | 0 | 1 | 2 | 3 | 4 |
|---|---|---|---|---|---|
| Wahrscheinlichkeit: | $\dfrac{\binom{4}{0}\binom{6}{5}}{\binom{10}{5}}$ | $\dfrac{\binom{4}{1}\binom{6}{4}}{\binom{10}{5}}$ | $\dfrac{\binom{4}{2}\binom{6}{3}}{\binom{10}{5}}$ | $\dfrac{\binom{4}{3}\binom{6}{2}}{\binom{10}{5}}$ | $\dfrac{\binom{4}{4}\binom{6}{1}}{\binom{10}{5}}$ |
| | $\dfrac{6}{252}$ | $\dfrac{60}{252}$ | $\dfrac{120}{252}$ | $\dfrac{60}{252}$ | $\dfrac{6}{252}$ |

#### β) Die Besetzungsverteilung.

$k$ Elemente mögen sich auf $n$ Plätze verteilen können. Mehrfachbesetzung eines Platzes ist zugelassen. Die Wahrscheinlichkeit, daß gerade $i$ Plätze besetzt sind, ist

$$W_{n,k}(i) = C_{k,i} \frac{n!}{(n-i)!\, n^k}. \tag{32}$$

Die Koeffizienten $C_{k,i}$ folgen der Rekursionsformel

$$C_{k,i} = i \cdot C_{(k-1),i} + C_{(k-1),(i-1)}. \tag{33}$$

Die ersten Werte von $C_{k,i}$ sind (s. nebenstehende Tabelle).

Die Besetzungsverteilung tritt bei der indirekten Keimzahlbestimmung auf. Zum Beispiel seien $n=4$ Röhrchen und $k=3$ Keime gegeben. Die Wahrscheinlichkeiten, daß 1, 2, 3 Röhrchen keimhaltig sind, werden $\dfrac{1}{16}$; $\dfrac{9}{16}$; $\dfrac{6}{16}$. Für den Rückschluß auf $k$ s. Schäfer[2].

| | $k=1$ | 2 | 3 | 4 | 5 | 6 |
|---|---|---|---|---|---|---|
| $i=1$ | 1 | 1 | 1 | 1 | 1 | 1 |
| 2 | | 1 | 3 | 7 | 15 | 31 |
| 3 | | | 1 | 6 | 25 | 90 |
| 4 | | | | 1 | 10 | 65 |
| 5 | | | | | 1 | 15 |
| 6 | | | | | | 1 |

## 2. Die Beurteilung von Häufigkeiten.
### a) Die Beurteilung einer Häufigkeit.

**Vergleich einer Häufigkeit mit der zugrunde liegenden Wahrscheinlichkeit (direkter Schluß).** Eine theoretisch bekannte oder empirisch geschätzte Wahrscheinlichkeit $P$ ist gegeben; es soll geprüft werden, ob die in einer Beobachtungsreihe gefundene Häufigkeit $p = z/n$ mit der Grundwahrscheinlichkeit innerhalb der Zufallsgrenzen übereinstimmt. Nach Tabelle 5 ergibt sich die Wahrscheinlichkeit dafür, daß in Stichproben vom

---
[1] Portzehl, H.: Z. Naturforsch. 5b, 75 (1950).
[2] Schäfer, W.: Mitt.-Bl. math. Statistik 6, 1 (1954).

Umfang $n$ aus dem $P$-Kollektiv Abweichungen auftreten, die größer als $|p-P|$ sind. Bei kleinen Zahlen muß Tabelle 5 benutzt werden, bei größeren ist die Vereinfachung nach (29) erlaubt. Ist $u_\alpha$ der Wert der Normalvariablen, der der Sicherungsgrenze $\alpha$ entspricht, so ist zu prüfen, ob

$$|p-P| > u_\alpha \cdot \sqrt{\frac{PQ}{n}} + \frac{1}{2n} \qquad (34)$$

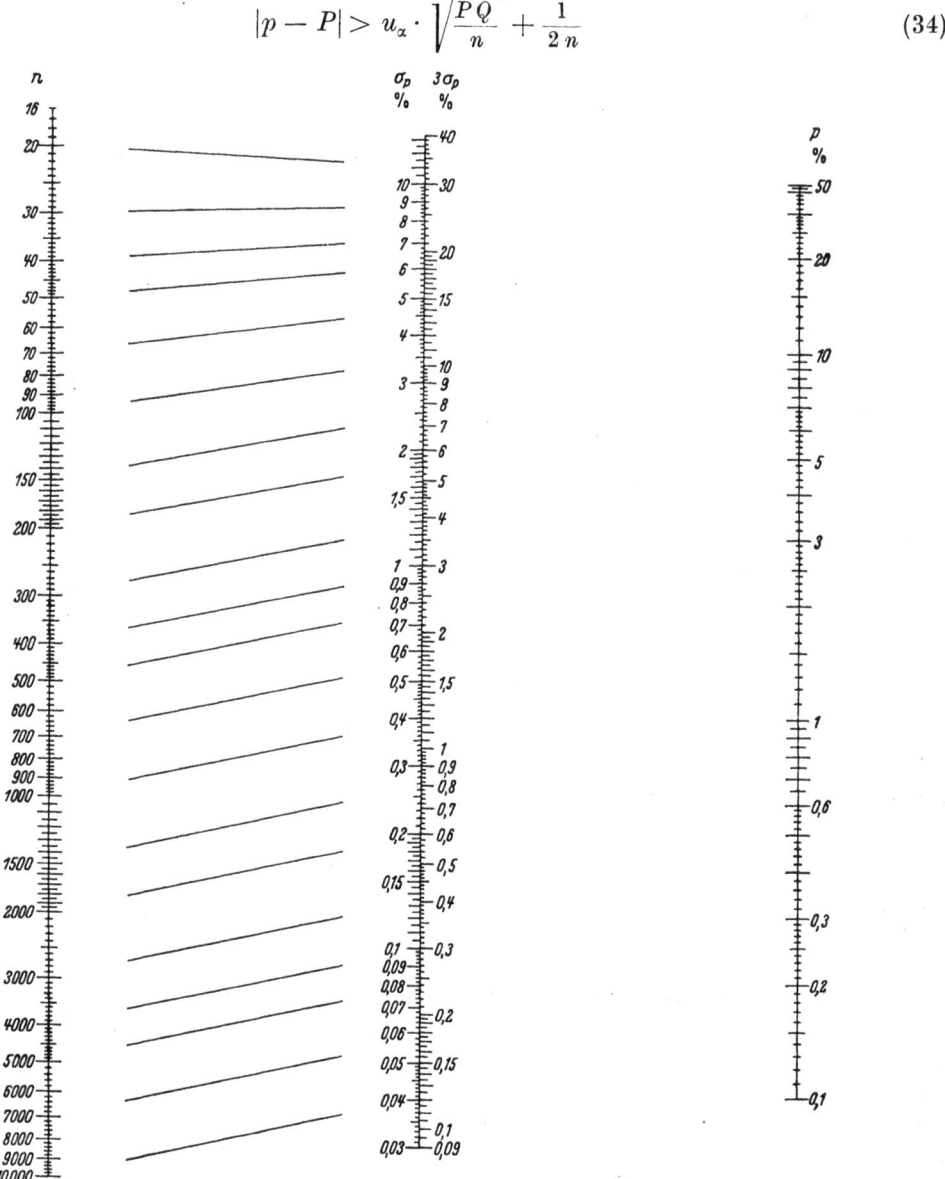

Abb. 13. Fluchtlinientafel für den mittleren Fehler $\sigma_p$ einer Häufigkeit bei der Grundwahrscheinlichkeit $P$ und $u$ Beobachtungen. (Aus KOLLER, Hdb. d. Erbbiol. d. Menschen Bd. II.)

oder in absoluten Zahlen

$$|z - nP| > u_\alpha \sqrt{n \cdot P \cdot Q} + \frac{1}{2}. \qquad (34a)$$

Zur Berechnung von $\sigma_p = \sqrt{\frac{PQ}{n}}$ dient die in Abb. 13 wiedergegebene Fluchtlinientafel[1]. Verbindet man einen Wert $n$ auf der linken Skala mit einem $P$ auf der rechten durch einen straff gespannten Faden, so liest man auf der mittleren Skala $\sigma_p$ ab, sowie als wichtige Sicherungsgrenze $3\sigma_p$. Die schrägen Striche auf der linken Bildseite sind

---

[1] Nach KOLLER, S.: Handb. Erbbiol. Mensch. (JUST) Bd. II, S. 141. 1940. (Dort ist die Wahrscheinlichkeit mit $p$ bezeichnet.)

Warnungsstriche: Die Ablesungslinie darf nie stärker nach rechts unten geneigt sein als die benachbarten Warnungslinien, da sonst die Anwendung der Normalverteilung anstatt der binomischen nicht zulässig ist. In den „Graphischen Tafeln"[1] ist eine graphische Darstellung enthalten, in der die für die gleiche Sicherungsstufe α = 0,27 % geltenden Zufallsgrenzen auch für kleinere, nach der genauen binomischen Formel zu beurteilende Zahlen abgelesen werden können.

**Beispiel 8:** Ein Merkmal kommt unter Gesunden in $P = 20\%$ vor. Bei einer bestimmten Krankheit sei es unter 120 Fällen 38mal beobachtet ($p = 31,7\%$). Kann das eine Zufallsabweichung sein?

In der Fluchtlinientafel liest man zu $P = 20\%$ und $n = 120$ ab: $\sigma_p = 3,6\%$.

Die genauere Rechnung ergibt $\sigma_p = 3,65\%$. Wählt man die $3\sigma$-Grenzen als Sicherungsstufe, so ist $3\sigma_p = 10,95\%$; dazu kommt als Korrektur noch $\frac{1}{240} = 0,0042 = 0,42\%$. Da die beobachtete Differenz (11,7 %) größer als die kritische Zahl 10,95 % + 0,42 % = 11,4 % ist, ist die Hypothese „Zufallsabweichung" als widerlegt anzusehen.

Die Prüfung kann sich von vornherein auf *einseitige Abweichungen* beziehen, wenn z. B. nur Abweichungen nach oben betrachtet werden. Nach S. 951 gelten dann etwas geringere $u_\alpha$-Werte; die jeweilige Sicherungsstufe ist etwas früher erreicht. Man darf jedoch hiervon nur dann Gebrauch machen, wenn die Richtung der Abweichung schon von vornherein im Versuchsziel festgelegt war.

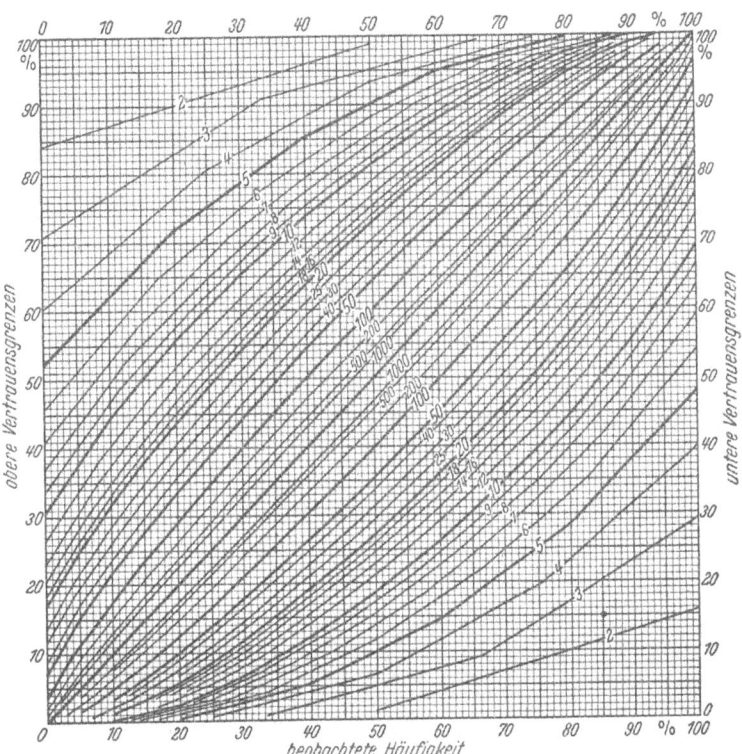

Abb. 14a—c. Vertrauensgrenzen einer beobachteten Häufigkeit.
a Sicherungsstufe α = 5 %; statistische Sicherheit 95 %.

**Die Mutungsgrenzen (Vertrauensgrenzen) einer Häufigkeit.** Ist über die Grundwahrscheinlichkeit nichts bekannt, bestimmt man die obere und untere Mutungsgrenze $P_0$ und $P_u$, zwischen denen die Grundwahrscheinlichkeit vermutet wird, in den Fällen der Anwendbarkeit der Normalverteilung nach

$$\left.\begin{array}{r}P_0\\P_u\end{array}\right\} = \frac{1}{n+u_\alpha^2}\left[z \pm \frac{1}{2} + \frac{u_\alpha^2}{2} \pm u_\alpha \sqrt{\frac{\left(z \pm \frac{1}{2}\right)\left(n - z \mp \frac{1}{2}\right)}{n} + \frac{u_\alpha^2}{4}}\right]. \quad (35)$$

Bei kleinen Zahlen ist die Binomialverteilung unmittelbar heranzuziehen. In den „Graphischen Tafeln" sind die Mutungsgrenzen für $u_\alpha = 3$ und die Äquivalente hierzu („3-Sigma-Äquivalente") bei der Binomialverteilung abzulesen. Eine Übersicht in einfacher Darstellung enthält Abb. 14a—c, die zusammen mit den für die Sicherungsstufe α = 5 % und α = 1 % aus dem Biochem. Taschenbuch[2] übernommen ist. Man sucht bei der beobachteten Häufigkeit $p$ als Abszisse den Schnittpunkt mit dem Polygonzug für $n$ und findet als Ordinate in der oberen Bildhälfte die obere, in der unteren Hälfte die

---
[1] KOLLER, S.: Zitiert S. 931, Nr. 22.
[2] KOLLER, S.: Zitiert S. 931, Nr. 37.

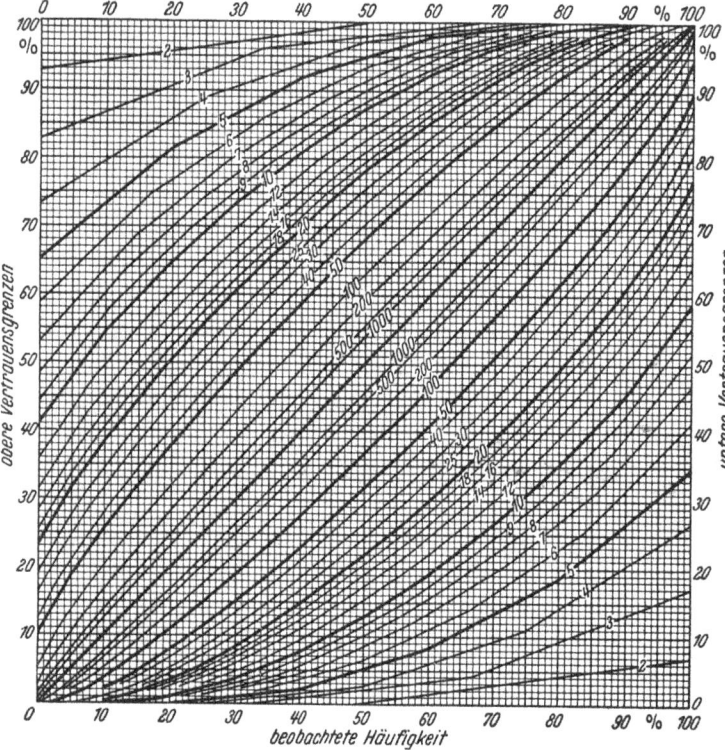

Abb. 14b. Sicherungsstufe α = 1 %; statistische Sicherheit 99%

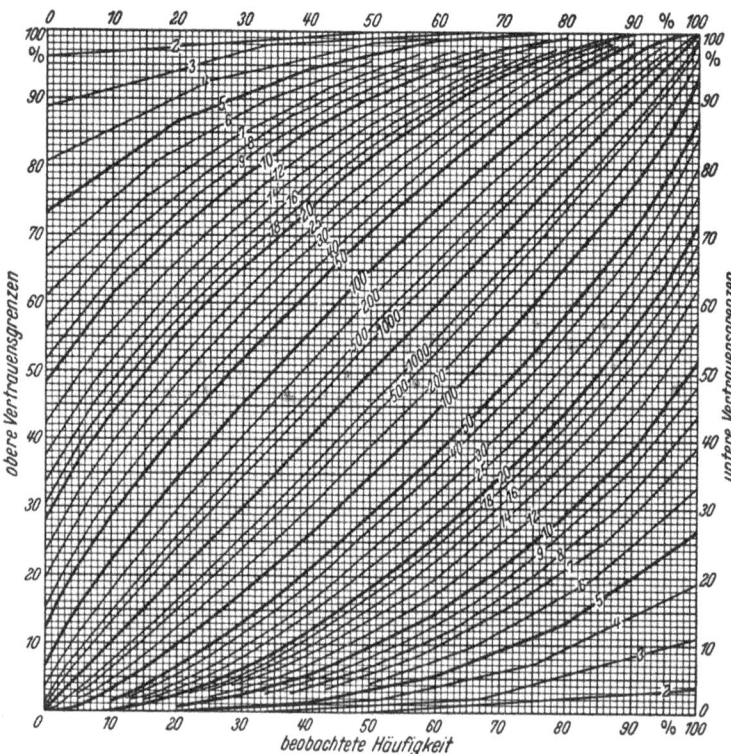

Abb. 14c. Sicherungsstufe α = 0,27 % (3-Sigma-Äquivalent); statistische Sicherheit 99,73%

untere Vertrauensgrenze. Der Polygonzug ist an Stelle einer Kurve deshalb zulässig, weil die Zwischenwerte zwischen den Eckpunkten nicht vorkommen können.

**Beispiel 9:** Sind unter 120 Fällen 20% Merkmalsträger beobachtet, so liegt die Merkmalswahrscheinlichkeit im Kollektiv bei 95% Aussagesicherheit nach Abb. 14a zwischen 28,5% und 13%, bei 99% Aussagesicherheit zwischen 31% und 11,5% und bei 99,73% Aussagesicherheit zwischen 33% und 10,5%. (Der Ablesefehler für solche nicht in der Abb. 14 enthaltenen Zwischenwerte ist etwa 0,5%.)

**Der zur Erreichung einer bestimmten Genauigkeit notwendige Beobachtungsumfang n** kann aus den Tafeln abgelesen werden.

**Beispiel 10:** Will man eine in der Nähe von 25% liegende Häufigkeit so bestimmen, daß der Vertrauensbereich $P_o - P_u = 10\%$ ist, so müssen bei Zugrundelegung der Sicherheit 99% rund 500 Fälle untersucht werden ($P_o \sim 30{,}5\%$; $P_n \sim 20{,}3\%$); bei der Sicherheit 95% kann man auf rund $n \sim 300$ schätzen.

Eine formelmäßige Überschlagsrechnung kann man nach

$$n \sim \frac{u_\alpha^2 p(1-p)}{d^2} \quad (36)$$

durchführen, wobei $d$ die nach oben und unten zugelassene Spanne $d = \frac{1}{2}(P_o - P_u)$ ist.

**Beispiel 11:** Für $p = 25\%$ und $P_o - P_n = 10\%$ ergibt sich bei $u_\alpha = 2{,}576$ (d. h. 99%-Stufe; $\alpha = 1\%$) $n = \frac{2{,}576^2 \cdot 0{,}25 \cdot 0{,}75}{0{,}05^2} = 498$ und bei $u_\alpha = 1{,}960$ (d. h. 95%-Stufe; $\alpha = 5\%$) $n = 288$.

**Nullergebnis.** Wenn ein Merkmal bei $u$ Beobachtung keinmal aufgetreten ist, so kann die beobachtete Häufigkeit $p = 0$ nur eine nach unten gerichtete Zufallsabweichung von der Grundwahrscheinlichkeit sein. Es liegt also eine einseitige Fragestellung vor. Die obere Grenze des Vertrauensbereichs ist aus

$$(1 - P_0)^n = \alpha \quad \text{oder aufgelöst} \quad P_0 = 1 - \sqrt[n]{\alpha} \tag{37}$$

zu berechnen. Zur Übersicht dient Tabelle 8. Die Werte unterscheiden sich von den Ablesungswerten der Abb. 14a—c dadurch, daß dort $\alpha/2$ in Gl. (35) eingesetzt war.

Bei großem $n$ nähert sich $n \cdot P_0$ den angegebenen Grenzwerten. Man kann z. B. bei $n = 200$ und der Sicherungsstufe $\alpha = 1\%$ näherungsweise $P_0$ als $5,9 : 200 = 2,95\%$ bestimmen.

Tabelle 8. *Vertrauensgrenzen (einseitig) zu $p = 0$.*

| $n$ | $\alpha = 5\%$ | $\alpha = 1\%$ | $\alpha = 0,27\%$ | $\alpha = 0,1\%$ |
|---|---|---|---|---|
| 5 | 45,1% | 60,2% | 69,4% | 74,9% |
| 10 | 25,9% | 36,9% | 44,7% | 49,9% |
| 20 | 13,9% | 20,6% | 25,6% | 29,2% |
| 50 | 5,8% | 8,8% | 11,2% | 12,9% |
| | Grenzwert von $n \cdot P_0$ | | | |
| ∞ | 3,0 | 4,6 | 5,9 | 6,9 |

**b) Vergleich zweier Häufigkeiten.**

Beim Vergleich zweier Häufigkeiten wird die „Nullhypothese" geprüft, daß kein echter Unterschied zwischen den beiden Reihen besteht, sondern beide nur solche Unterschiede aufweisen, wie sie zufällig auch zwischen 2 Stichproben aus demselben Kollektiv vorkommen. Durch diese Angaben ist jedoch das Vergleichsmaß mathematisch noch nicht ausreichend definiert, so daß verschiedene methodische Ansätze gemacht werden können, die jedoch im zahlenmäßigen Ergebnis meist weitgehend übereinstimmen.

Unter Benutzung der hier wiedergegebenen Tafeln geht man für eine einfache Überschlagsrechnung von den Mutungsgrenzen in Abb. 14 aus, die man für jede der beiden Reihen in Richtung auf die andere bestimmt. Es sei $p_1$ die kleinere der beiden Häufigkeiten, zu der man die obere Vertrauensgrenze $P_{0(1)}$ abliest; zur größeren Häufigkeit $p_2$ bestimmt man die untere Vertrauensgrenze $P_{u(2)}$. Aus beiden bestimmt man die Grenzdifferenz

$$\text{Grenzdifferenz} = \sqrt{(P_{0(1)} - p_1)^2 + (p_2 - P_{u(2)})^2}. \tag{38}$$

Wenn zwischen $p_1$ und $p_2$ gerade die Grenzdifferenz besteht, so ist diese gleichzeitig das $u_\alpha$-fache der mittleren Abweichung in einem Kollektiv der Differenzen zwischen je 2 Stichproben mit den Umfängen $n_1$ und $n_2$, die aus einem einheitlichen Grundkollektiv mit einem mittleren $P$ entnommen sind. Ist $p_2 - p_1$ kleiner als die Grenzdifferenz, so hat die Differenz $p_2 - p_1$ die Sicherungsstufe $\alpha$ nicht erreicht; ist die Grenzdifferenz überschritten, so gilt die Differenz mit der Aussagesicherheit $\alpha$ als gesichert (bzw. auffällig). Das Verfahren gilt für große und kleine Zahlen.

**Beispiel 12:** $n_1 = 50$, $z_1 = 10$, $p_1 = 20\%$; $n_2 = 80$, $z_2 = 37$, $p_2 = 46,3\%$. Legt man die $3\sigma$-Äquivalente zugrunde, so liest man in Abb. 14c ab: $P_{0(1)} = 21\%$ und $P_{u(2)} = 17\%$. Die der Sicherheitsstufe 0,27% entsprechende Grenzdifferenz wird $\sqrt{0,21^2 + 0,17^2} = 27\%$. Die gegebene Differenz liegt mit 26,3% knapp darunter. Nach einem anderen Näherungsverfahren[1] erhält man eine Grenzdifferenz von 26,8%.

Eine im angelsächsischen Schrifttum verbreitete Methode des Vergleichs zweier Häufigkeiten s. S. 959.

**c) Vergleich mehrerer Häufigkeiten ($\chi^2$-Verfahren).**

**Gleichheitsprüfung.** Sind mehr als zwei Häufigkeiten $p_1, p_2, p_3, \ldots p_k$ zu vergleichen, so prüft man die Nullhypothese, daß es sich nur um Zufallsschwankungen handelt, nach dem $\chi^2$-Verfahren (K. PEARSON). Man schätzt aus der Zusammenfassung aller Beobachtungen die Grundwahrscheinlichkeit $(p)$. Wenn überall $p$ zugrunde liegen würde, so wären in der ersten Reihe $n_1 p$, in der zweiten $n_2 p$ Merkmale zu erwarten usw. Sind $z_1, z_2, \ldots, z_i, \ldots, z_k$ die beobachteten Merkmalszahlen, so bildet man

$$\chi^2 = \frac{\sum (z_i - n_i p)^2}{n_i p}. \tag{39}$$

---

[1] KOLLER, S.: Zit. S. 931 Nr. 22. Tafel 5 und 6.

Die Maßzahl $\chi^2$ folgt einer theoretisch berechenbaren Verteilung, deren Hauptwerte entsprechend den üblichen Sicherheitsstufen in Tabelle 9 wiedergegeben sind. Die Grenzwerte hängen noch von der „Zahl der Freiheitsgrade $f$" ab, die sich aus der Zahl der zu vergleichenden unabhängigen Werte ergibt und hier gleich $k-1$ ist.

Tabelle 9. *Sicherheitsstufen von $\frac{\chi^2}{f}$.*

| Zahl der Freiheitsgrade $f$ | Sicherungsgrenze α | | | | Zahl der Freiheitsgrade $f$ | Sicherungsgrenze α | | | |
|---|---|---|---|---|---|---|---|---|---|
| | 5 % | 1 % | 0,27 % | 0,1 % | | 5 % | 1 % | 0,27 % | 0,1 % |
| | Statistische Sicherheit | | | | | Statistische Sicherheit | | | |
| | 95 % | 99 % | 99,73 % (3 σ-Äquivalent) | 99,9 % | | 95 % | 99 % | 99,73 % (3 σ-Äquivalent) | 99,9 % |
| 1 | 3,84 | 6,64 | 9,00 | 10,83 | 22 | 1,54 | 1,83 | 2,04 | 2,19 |
| 2 | 3,00 | 4,60 | 5,92 | 6,91 | 24 | 1,52 | 1,79 | 1,99 | 2,13 |
| 3 | 2,60 | 3,78 | 4,72 | 5,42 | 26 | 1,50 | 1,76 | 1,94 | 2,08 |
| 4 | 2,37 | 3,32 | 4,06 | 4,62 | 28 | 1,48 | 1,72 | 1,90 | 2,03 |
| 5 | 2,21 | 3,02 | 3,64 | 4,10 | 30 | 1,46 | 1,70 | 1,87 | 1,99 |
| 6 | 2,10 | 2,80 | 2,34 | 3,74 | 35 | 1,42 | 1,64 | 1,79 | 1,90 |
| 7 | 2,01 | 2,64 | 3,12 | 3,47 | 40 | 1,39 | 1,59 | 1,73 | 1,83 |
| 8 | 1,94 | 2,51 | 2,95 | 3,27 | 45 | 1,37 | 1,55 | 1,69 | 1,78 |
| 9 | 1,88 | 2,41 | 2,81 | 3,10 | 50 | 1,35 | 1,52 | 1,65 | 1,73 |
| 10 | 1,83 | 2,32 | 2,69 | 2,96 | 60 | 1,32 | 1,47 | 1,58 | 1,66 |
| 12 | 1,75 | 2,18 | 2,51 | 2,74 | 80 | 1,27 | 1,40 | 1,50 | 1,56 |
| 14 | 1,69 | 2,08 | 2,37 | 2,58 | 100 | 1,24 | 1,36 | 1,44 | 1,49 |
| 16 | 1,64 | 2,00 | 2,26 | 2,45 | 200 | 1,17 | 1,25 | 1,30 | 1,34 |
| 18 | 1,60 | 1,93 | 2,18 | 2,35 | 500 | 1,11 | 1,15 | 1,18 | 1,21 |
| 20 | 1,57 | 1,88 | 2,10 | 2,27 | ∞ | 1,00 | 1,00 | 1,00 | 1,00 |

*Beispiel 13:* Es werden 5 Häufigkeiten verglichen (Tabelle 10). Man berechnet die Gesamthäufigkeit, dann die Erwartungswerte, dann $\chi^2$ und prüft in Tabelle 9, ob die Sicherungsgrenzen, z. B. die 1%-Grenzen überschritten sind. Die Zahl der Freiheitsgrade ist $f=4$.

Bei 4 Freiheitsgraden beträgt die 1%-Grenze 3,3; der Beobachtungswert 3,9 liegt außerhalb. Die Gleichheitsannahme trifft nicht zu.

Tabelle 10. *Gleichheitsprüfung nach dem $\chi^2$-Verfahren.*

| Nr. | $n_i$ | $z_i$ | $n_i \cdot p$ | $(z_i - n_i p)$ | $\frac{(z_i - n_i p)^2}{n_i p}$ |
|---|---|---|---|---|---|
| 1 | 28 | 11 | 6,8 | 4,2 | 2,6 |
| 2 | 76 | 28 | 18,5 | 9,5 | 4,9 |
| 3 | 45 | 17 | 11,0 | 6,0 | 3,3 |
| 4 | 231 | 42 | 56,2 | −14,2 | 3,6 |
| 5 | 92 | 17 | 22,4 | − 5,4 | 1,3 |
| Zus. | 472 | 115 | 114,9 | 0,1 | $\chi^2 = 15,7$ |

$$p = \frac{115}{472} = 24,3\% \qquad \frac{\chi^2}{4} = 3,9.$$

$k \times l$-Schema von Anzahlen.

| | | | | | Summe |
|---|---|---|---|---|---|
| $n_{11}$ | $n_{12}$ | ... $n_{1j}$ ... | $n_{1k}$ | | $n_1.$ |
| $n_{21}$ | $n_{22}$ | ... $n_{2j}$ ... | $n_{2k}$ | | $n_2.$ |
| . . . . . . . . . . . . . . . | | | | | : |
| $n_{i1}$ | $n_{i2}$ | ... $n_{ij}$ ... | $n_{ik}$ | | $n_i.$ |
| . . . . . . . . . . . . . . . | | | | | : |
| $n_{l1}$ | $n_{l2}$ | ... $n_{lj}$ ... | $n_{lk}$ | | $n_l.$ |
| $n_{.1}$ | $n_{.2}$ | ... $n_{.j}$ ... | $n_{.k}$ | | $n$ |

**Unabhängigkeitsprüfung im $k \times l$-Schema.** Es sei eine nach 2 Merkmalsarten kombiniert aufgegliederte Häufigkeitstabelle gegeben. $n_{ij}$ sei die Beobachtungszahl im Feld $j$ der Zeile $i$. Die Untergliederung der Merkmalsarten kann sachlich auf quantitativen oder qualitativen Merkmalen beruhen. Die Merkmalsarten sind voneinander *unabhängig*, wenn die Häufigkeitsverteilung in allen Zeilen — abgesehen von Zufallsschwankungen — die gleiche ist und wenn auch in allen Spalten die gleiche Verteilung vorliegt. Bei Unabhängigkeit ist der Erwartungswert $E_{ij}$ für $n_{ij}$

$$E_{ij} = \frac{n_{i.} \cdot n_{.j}}{n} = n_{i.} \cdot \frac{n_{.j}}{n} = n_{.j} \cdot \frac{n_{i.}}{n}. \tag{40}$$

Vergleich mehrerer Häufigkeiten ($\chi^2$-Verfahren).

Um die Erwartungswerte zu berechnen, stellt man die prozentischen Verteilungszahlen in der Summenzeile oder Summenspalte auf und rechnet nach der letzten oder vorletzten Form von (38). Als Maßzahl für die Abweichungen von der Unabhängigkeitsannahme wird $\chi^2$ nach

$$\chi^2 = \sum_{i,j} \frac{(n_{ij} - E_{ij})^2}{E_{ij}} \qquad (41)$$

bestimmt. Die Sicherungsgrenzen ergeben sich nach der $\chi^2$-Tabelle 9, die Zahl der Freiheitsgrade ist $f = (k-1)(l-1)$.

**Beispiel 14:** In Tabelle 11 ist als schematisches Beispiel eine 5 × 3-Tafel angegeben.

Tabelle 11. *Zahlenbeispiel für Unabhängigkeitsprüfung.*
In jedem Feld steht eine Anzahl von Beobachtungsfällen.

|  |  | Merkmal $A$ |  |  |  |  | Zusammen | % |
|---|---|---|---|---|---|---|---|---|
|  |  | $A_1$ | $A_2$ | $A_3$ | $A_4$ | $A_5$ |  |  |
| Merkmal $B$ | $B_1$ | 12 | 25 | 28 | 14 | 17 | 96 | *28,9* |
|  | $B_2$ | 19 | 22 | 23 | 18 | 20 | 102 | *30,7* |
|  | $B_3$ | 31 | 28 | 27 | 25 | 23 | 134 | *40,4* |
| Zusammen |  | 62 | 75 | 78 | 57 | 60 | 332 | *100,0* |

Tabelle 12. *Rechenschema für $\chi^2$ zur Unabhängigkeitsprüfung.*
In jedem Feld steht links oben der Erwartungswert, darunter $(n_{ij} - E_{ij})$ und daneben $\frac{(n_{ij} - E_{ij})^2}{E_{ij}}$

|  | $A_1$ | $A_2$ | $A_3$ | $A_4$ | $A_5$ | Zusammen |
|---|---|---|---|---|---|---|
| $B_1$ | 17,9<br>−5,9  1,95 | 21,7<br>+3,3  0,50 | 22,5<br>+5,5  1,35 | 16,5<br>−2,5  0,38 | 17,4<br>−0,4  0,01 | 96,0 |
| $B_2$ | 19,2<br>−0,2  0,00 | 23,0<br>−1,0  0,04 | 23,9<br>−0,9  0,03 | 17,5<br>+0,5  0,01 | 18,4<br>+1,6  0,14 | 102,0 |
| $B_3$ | 25,0<br>+6,0  1,44 | 30,3<br>−2,3  0,17 | 31,5<br>−4,5  0,64 | 23,0<br>+2,0  0,17 | 24,2<br>−1,2  0,05 | 134,0 |
| Summe d. $\chi^2$-Komponenten | 3,39 | 0,71 | 2,02 | 0,56 | 0,20 | $\chi^2 = 6,88$ |

Die Zahl der Freiheitsgrade ist $f = 4 \cdot 2 = 8$. Der Wert von $\chi^2/f$ ist $\frac{6,88}{8} = 0,86$. Nach Tabelle 9 liegt die 5%-Warngrenze bei 1,94. Die Zahlenschwankungen in Tabelle 11 liegen also weit im Zufallsbereich; es besteht kein Widerspruch zur Unabhängigkeitshypothese.

**Vergleich zweier Häufigkeitsverteilungen.** Vergleicht man 2 Häufigkeitsverteilungen miteinander, so ist $l = 2$. Man kann dann von einer Vereinfachung der Formel Gebrauch machen. Man beschränkt die Rechnung auf die eine der Verteilungen $(n_{1j})$, errechnet deren Erwartungswerte $E_{1j}$ und bestimmt

$$\chi^2 = \sum_j \frac{(n_{1j} - n_{.j} \cdot p)^2}{n_{.j} \cdot p \cdot q} = \frac{1}{q} \sum \frac{(n_{1j} - E_{1j})^2}{E_{1j}}. \qquad (42)$$

**Beispiel 15:** Vergleicht man die Häufigkeitsverteilungen der beiden ersten Zeilen der Tabelle 11, so rechnet man nach Tabelle 13.

Es ergibt sich $\chi^2 = \frac{1}{0,515} \left( \frac{3,0^2}{15,0} + \frac{3,2^2}{22,8} + \frac{3,3^2}{24,7} + \frac{1,5^2}{15,5} + \frac{1,0^2}{18,0} \right) = 3,30$ bei $f = 4$ Freiheitsgraden. $\chi^2/f = 0,83$ liegt weit im Zufallsbereich (Tabelle 9).

Tabelle 13. *Vergleich zweier Häufigkeitsverteilungen.*

|  | $A_1$ | $A_2$ | $A_3$ | $A_4$ | $A_5$ | Zusammen | % |
|---|---|---|---|---|---|---|---|
| $B_1$ | 12<br>15,0 | 25<br>22,8 | 28<br>24,7 | 14<br>15,5 | 17<br>18,0 | 96<br>96,0 | $p = 48,5$ |
| $B_2$ | 19 | 22 | 23 | 18 | 20 | 102 | $q = 51,5$ |
| Zus. | 31 | 47 | 51 | 32 | 37 | 198 |  |

**Vergleich zweier Häufigkeiten nach dem $\chi^2$-Verfahren.** Im angelsächsischen Schrifttum wird der Vergleich zweier Häufigkeiten (vgl. S. 957) meist nach dem $\chi^2$-Verfahren unter Benutzung einer 2 × 2-Tafel durchgeführt.

Die $\chi^2$-Formel wird[1]

$$\chi^2 = \frac{(n_{11} \cdot n_{22} - n_{12} \cdot n_{21} - n/2)^2 \cdot n}{n_1. \cdot n_2. \cdot n._1 \cdot n._2} = (n_{11} - E_{11} - 0{,}5)^2 \left( \frac{1}{n_1.} + \frac{1}{n_2.} + \frac{1}{n._1} + \frac{1}{n._2} \right). \quad (43)$$

**Beispiel 16:** Das Beispiel 12 von S. 957 nimmt folgende Form an:

Tabelle 14. *Unabhängigkeitsprüfung im 2×2-Schema.*

|  | Merkmals-träger | Nichtmerk-malsträger | Zusammen |
|---|---|---|---|
| 1. Reihe | $10 = n_{11}$ | $40 = n_{12}$ | $50 = n_1.$ |
| 2. Reihe | $37 = n_{21}$ | $43 = n_{22}$ | $80 = n_2.$ |
| Zus. | $47 = n._1$ | $83 = n._2$ | $130 = n$ |

Es ergibt sich

$$\chi^2 = \frac{(10 \cdot 43 - 40 \cdot 37 - 65)^2 \cdot 130}{50 \cdot 80 \cdot 47 \cdot 83} = 8{,}1$$

bei $f = 1$ Freiheitsgrad. Nach Tabelle 9 ist die 99,73%-Grenze nicht erreicht (9,0). Dies stimmt mit dem Ergebnis von S. 957 überein.

**Voraussetzungen für die Anwendbarkeit des $\chi^2$-Verfahrens.** Das $\chi^2$-Verfahren ist bei den Unabhängigkeitsprüfungen dieses Abschnitts gut anwendbar, wenn kein Erwartungswert unter 5 liegt. Dies gilt auch für Häufigkeitsvergleiche nach (42) und (43), wenn nicht alle Erwartungswerte unmittelbar berechnet werden; z. B. sollen bei Vergleichen von Sterbehäufigkeiten bei pharmakologischen Beobachtungen nicht nur die Erwartungswerte der toten, sondern auch die der überlebenden Tiere > 5 sein. Nach neueren Untersuchungen von COCHRAN[2] ist das $\chi^2$-Verfahren beim Vergleich von Häufigkeitsverteilungen mit schwach besetzten Randklassen in der üblichen Form auch noch brauchbar, wenn die Erwartungswerte dieser Klassen > 1 sind. — Weitere Voraussetzung ist, daß die für jedes Feld anzunehmende Streuung dem binomischen Gesetz folgt.

**Unabhängigkeitsprüfung in der 2×2-Tafel bei kleinen Zahlen.** Nach FISHER geht man von dem am schwächsten besetzten Feld aus und stellt unter Festhalten der Randsummen alle 2×2-Tafeln auf, die noch weniger Fälle in diesem Feld haben. In der Gesamtheit aller 2×2-Tafeln, die man aus den gegebenen Randsummen bei Vorliegen einer einheitlichen Grundwahrscheinlichkeit zusammensetzen könnte, haben diejenigen mit der beobachteten oder einer noch geringeren Besetzung des schwächsten Feldes eine Wahrscheinlichkeit

$$\alpha = \frac{n_1.!\, n_2.!\, n._1!\, n._2!}{n!} \sum_i \frac{1}{n_{11}^{(i)}! \cdot n_{12}^{(i)}! \cdot n_{21}^{(i)}! \cdot n_{22}^{(i)}!}. \quad (44)$$

Dabei bedeutet (i) die einzelnen oben genannten Tafeln. Zur Berechnung kann man sich der Tafeln der Logarithmen von $n!$ bedienen, die z. B. in den Sammlungen von GRAF-HENNING und HALD enthalten sind.

**Beispiel 17:** Die erste der folgenden Tafeln sei gegeben. Das schwächst besetzte Feld ist $n_{22}$. Man stellt dazu die Tafeln mit $n_{22} = 1$ und $n_{22} = 0$ auf:

| 25 | 25 | 50 |   | 24 | 26 | 50 |   | 23 | 27 | 50 |
|---|---|---|---|---|---|---|---|---|---|---|
| 18 | 2 | 20 |   | 19 | 1 | 20 |   | 20 | 0 | 20 |
| 43 | 27 | 70 |   | 43 | 27 | 70 |   | 43 | 27 | 70 |

Die Überschreitungswahrscheinlichkeit $\alpha$ wird

$$\alpha = \frac{50!\, 20!\, 43!\, 27!}{70!} \left( \frac{1}{25!\, 25!\, 18!\, 2!} + \frac{1}{24!\, 26!\, 19!\, 1!} + \frac{1}{23!\, 27!\, 20!\, 0!} \right) = 0{,}13\%.$$

**Vergleich einer empirischen mit einer theoretischen Häufigkeitsverteilung.** Um zu prüfen, ob eine beobachtete Häufigkeitsverteilung mit einer theoretischen Verteilung im Rahmen der Zufallsabweichungen übereinstimmt oder ob die zulässigen Abweichungen überschritten sind, berechnet man

$$\chi^2 = \sum_i \frac{(n_i - E_i)^2}{E_i}. \quad (45)$$

---
[1] Die von YATES eingeführte Korrektur von $n/2$ bzw. $1/2$ bezieht sich auf die richtige Abgrenzung der Intervalle bei Benutzung der Normalverteilung (vgl. S. 952). Eine entsprechende Korrektur für umfangreichere als 2×2-Tafeln ist bisher nicht aufgestellt.

[2] COCHRAN, W. C.: Biometrics 10, 417—451. 1954.

Dabei ist $E_i$ der Erwartungswert für die beobachtete Fallzahl $n_i$. Die Zahl der Freiheitsgrade ist gleich der Zahl der berücksichtigten Klassen, vermindert um die Zahl der Parameter der theoretischen Verteilung, die aus den Beobachtungswerten geschätzt wurden.

*Beispiel 18:* Die Häufigkeitsverteilung der Tabelle 2 soll durch eine Normalverteilung dargestellt werden. Es ist zu prüfen, ob die Abweichungen im zulässigen Zufallsbereich liegen.

Tabelle 15. $\chi^2$-*Prüfung der Anpassung einer Normalverteilung an eine empirische Verteilung.*

| Klassen-mitte in der Hilfsskala | Klassengrenzen | | Normalverteilung | | Erwartungswert $E_i$ | Fallzahl $n_i$ | $n_i - E_i$ | $\dfrac{(n_i - E_i)^2}{E_i}$ |
|---|---|---|---|---|---|---|---|---|
| | Abweichungen vom Mittelwert $+0{,}39$ | Umgerechnet auf $s$-Skala | Fläche von 0 bis Klassengrenze | Klasseninhalt | | | | |
| $-5$ | $-4{,}89$ | $-2{,}183$ | $(-)0{,}486$ | $0{,}014$ | $1{,}4\}$ | $1\}$ | | |
| $-4$ | $-3{,}89$ | $-1{,}737$ | $(-)0{,}459$ | $0{,}027$ | $2{,}7\}\,9{,}8$ | $3\}\,12$ | $+2{,}2$ | $0{,}50$ |
| $-3$ | $-2{,}89$ | $-1{,}291$ | $(-)0{,}402$ | $0{,}057$ | $5{,}7\}$ | $8\}$ | | |
| $-2$ | $-1{,}89$ | $-0{,}844$ | $(-)0{,}301$ | $0{,}101$ | $10{,}1$ | $6$ | $-4{,}1$ | $1{,}66$ |
| $-1$ | $-0{,}89$ | $-0{,}398$ | $(-)0{,}155$ | $0{,}146$ | $14{,}6$ | $14$ | $-0{,}6$ | $0{,}02$ |
| $0$ | $+0{,}11$ | $+0{,}049$ | $0{,}020$ | $0{,}175$ | $17{,}5$ | $23$ | $+5{,}5$ | $1{,}73$ |
| $+1$ | $+1{,}11$ | $+0{,}496$ | $0{,}190$ | $0{,}170$ | $17{,}0$ | $15$ | $-2{,}0$ | $0{,}24$ |
| $+2$ | $+2{,}11$ | $+0{,}942$ | $0{,}327$ | $0{,}137$ | $13{,}7$ | $13$ | $-0{,}7$ | $0{,}04$ |
| $+3$ | $+3{,}11$ | $+1{,}389$ | $0{,}418$ | $0{,}091$ | $9{,}1$ | $9$ | $-0{,}1$ | $0{,}00$ |
| $+4$ | $+4{,}11$ | $+1{,}835$ | $0{,}467$ | $0{,}049$ | $4{,}9\}$ | $4\}$ | | |
| $+5$ | $+5{,}11$ | $+2{,}282$ | $0{,}489$ | $0{,}022$ | $2{,}2\}\,8{,}2$ | $3\}\,8$ | $-0{,}2$ | $0{,}00$ |
| $+6$ | $+6{,}11$ | $+2{,}728$ | $0{,}497$ | $0{,}008$ | $0{,}8\}$ | $-\}$ | | |
| $+7$ | | | | $0{,}003$ | $0{,}3\}$ | $1\}$ | | |
| | | | | | $100{,}0$ | $100$ | $0{,}0$ | $\chi^2 = 4{,}19$ |

Die Berechnung der Normalverteilung ist nach den Angaben auf S. 952 erfolgt. Es ergibt sich $\chi^2 = 4{,}19$ bei $f = 8 - 2 = 6$ Freiheitsgraden, $\chi^2/f = 0{,}70$. Der Wert liegt weit innerhalb des zugelassenen Bereichs. Die Darstellung der Beobachtungen durch eine Normalverteilung ist zulässig.

## C. Die statistische Bearbeitung von Meßreihen.

### 1. Verteilungsgesetze in Meßreihen.

#### a) Die Kennzeichnung von Häufigkeitsverteilungen.

Die statistische Beschreibung einer Meßreihe erfolgt am vollständigsten durch die Häufigkeitsverteilung selbst. Die wichtigsten Hilfswerte sind das arithmetische Mittel $\bar{x}$ (S. 934), die mittlere Abweichung $s$ (S. 935), ferner das dritte und vierte Potenzmoment um den Mittelwert

$$p_{(3)} = \frac{1}{n} \sum_i n_i (x_i - \bar{x})^3 \quad \text{und} \quad p_{(4)} = \frac{1}{n} \sum_i n_i (x_i - \bar{x})^4. \tag{46}$$

Aus ihnen[1] wird ein Maß der Schiefe

$$\varrho = \frac{p_{(3)}}{s^3} \tag{48}$$

und ein Maß des Exzesses (Überschusses von extremen Varianten)

$$\varepsilon = \frac{p_{(4)}}{s^4} - 3 \tag{49}$$

---

[1] Berechnung der Potenzmomente, wenn $p'_{(3)}$ und $p'_{(4)}$ auf den Ausgangswert 0 bezogen sind:

$$p_{(3)} = \frac{1}{n} \sum n_i x_i^3 - \frac{3}{n^2} \sum n_i x_i^2 \cdot \sum n_i x_i + \frac{2}{n^3} (\sum n_i x_i)^3, \tag{47}$$

$$p_{(4)} = \frac{1}{n} \sum n_i x_i^4 - \frac{4}{n^2} \sum n_i x_i^3 \cdot \sum n_i x_i + \frac{6}{n^3} \sum n_i x_i^2 (\sum n_i x_i)^2 - \frac{3}{n^4} (\sum n_i x_i)^4.$$

gebildet. $\varrho$ ist bei symmetrischen Verteilungen 0, bei linksasymmetrischen Kurven, bei denen das Maximum links vom Mittelwert (z. B. Abb. 15b) liegt, $>0$ und bei rechtsasymmetrischen Kurven $<0$.

Das Exzeßmaß $\varepsilon$ ist bei der Normalverteilung 0 und bei Verteilungen mit mehr extremen Varianten (z. B. $t$-Verteilung) $>0$.

**Beispiel 19:** Im Beispiel von S. 937 ergibt sich das dritte Potenzmoment um den Mittelwert

$$p_{(3)} = \frac{741}{100} - \frac{3 \cdot 519 \cdot 39}{100^2} + \frac{2 \cdot 39^3}{100^3} = 1{,}46$$

und das vierte

$$p_{(4)} = \frac{8403}{100} - \frac{4 \cdot 741 \cdot 39}{100^2} + \frac{6 \cdot 519 \cdot 39^2}{100^3} - \frac{3 \cdot 39^4}{100^4} = 77{,}14.$$

Daraus findet man $\varrho = \frac{1{,}46}{2{,}24^3} = 0{,}13$ und $\varepsilon = \frac{77{,}14}{2{,}24^4} - 3 = 0{,}08$ (vgl. Abb. 1).

Alle Maßzahlen, mit denen eine empirische Häufigkeitsverteilung gekennzeichnet wird, sind Näherungswerte für die entsprechenden Maßzahlen im zugrunde liegenden Kollektiv. Als Schätzungen dieser Werte haben sie mittlere Fehler. Bedeutet $\sigma$ die mittlere Abweichung im Kollektiv, so ist

$$\sigma_{\bar{x}} = \frac{\sigma}{\sqrt{n}}; \quad \sigma_{s^2} = \sqrt{\frac{p_{(4)} - \sigma^4}{n}} \quad \text{und bei Normalverteilung} \quad \sigma_{s^2} = \sigma^2 \sqrt{\frac{2}{n}}; \quad \sigma_s = \sigma \sqrt{\frac{1}{2n}}. \tag{50}$$

Die mittleren Fehler von $\varrho$ und $\varepsilon$ sind abhängig von der Grundverteilung und folgen keinem einfachen Gesetz. Liegt eine Normalverteilung vor, so ist der theoretische mittlere Fehler von $\varrho$ und $\varepsilon$ in grober Näherung[1]

$$\sigma_\varrho = \sqrt{\frac{6}{n+3}} \quad \text{und} \quad \sigma_\varepsilon = \sqrt{\frac{24}{n+5}}. \tag{51}$$

Im Beispiel weichen $\varrho$ und $\varepsilon$ offensichtlich nur im Rahmen der Zufallsschwankungen von 0 ab ($\sigma_\varrho = 0{,}24$ und $\sigma_\varepsilon = 0{,}48$), was mit dem Ergebnis der $\chi^2$-Prüfung (S. 961) im Einklang steht.

### b) Die Normalverteilung in biologischen Reihen.

**Die Normalverteilung als GAUSSsche Fehlerkurve.** Die grundlegenden Untersuchungen von GAUSS zur Theorie der Beobachtungsfehler im Anfang des 19. Jahrhunderts haben ergeben, daß die Häufigkeitsverteilung von Beobachtungsfehlern dem Gesetz (28) folgt. Die Normalverteilung ergibt sich theoretisch, wenn man annimmt, daß ein Beobachtungsfehler durch das Zusammentreffen von sehr vielen, kleinen, voneinander unabhängigen, additiv wirkenden Elementarfehlern zustande kommt. Die praktische Erfahrung bei umfangreichen Wiederholungsserien derselben Messung bestätigt dies. In (28) ist dann

$$u = \frac{x - x^0}{\sigma} \tag{52}$$

zu setzen, wobei $x$ der Beobachtungswert, $x^0$ der wahre Wert und $\sigma$ die mittlere Abweichung bei sehr großer Wiederholungszahl ist. Wenn ein Instrumentalfehler oder ein wiederkehrender persönlicher Fehler des Beobachtenden eine einseitige Verzerrung (systematischer Fehler, bias) bewirkt, so verteilen sich die Messungsergebnisse nicht um $x^0$, sondern um einen nach oben oder unten verschobenen Wert. In einer empirischen Wiederholungsreihe tritt der Mittelwert $\bar{x}$ an die Stelle von $x^0$ und $s$ an die Stelle von $\sigma$, was nur bei großen Zahlen ohne weitere Korrektur möglich ist (vgl. S. 968).

**Die Normalverteilung als biologische Variationskurve.** Beobachtet man anatomische oder physiologische Meßgrößen in großen Reihenuntersuchungen an vielen Individuen (Individuenkollektiv), so erhält man oft glockenförmige Verteilungskurven, die der Normalverteilung sehr ähnlich sind (vgl. Abb. 1). Auch bei physiologischen Größen, die infolge von Regulationsvorgängen kurz- oder langfristigen Schwankungen unterliegen, findet man bei Wiederholungsversuchen Glockenkurven dieser Art (Wiederholungskollektiv). Die Analogie zur Fehlerkurve hat früher dazu Veranlassung gegeben, auch die Vorstellungen der Fehlertheorie auf die biologischen Kollektive zu übertragen und in dem

---

[1] Genauere Formeln z. B. bei GOULDEN, C. H.: Methods of Statistical Analysis. S. 36, New York 1952.

Mittelwert einer physiologischen Beobachtungsreihe etwas Ähnliches wie einen „wahren Wert" zu sehen, der in den einzelnen Individuen gewissermaßen fehlerhaft realisiert sei, dessen möglichst genaue Kenntnis anzustreben sei und demgegenüber die Kenntnis der Streuung nur zweitrangige Bedeutung habe. Heute steht die ganze Verteilungskurve der Messungswerte im Vordergrund; der Mittelwert ist nur der erste Hilfswert zur Kennzeichnung der Lage und zur Durchführung von Vergleichen, und die Streuung ist die Grundlage von Urteilen und Schlußfolgerungen.

Der Wert einer physiologischen Variablen ist — abgesehen von Beobachtungsfehlern — abhängig von den genetischen Grundanlagen des Individuums und von der jeweiligen Reaktionslage, die sich ihrerseits aus vielen Einzelkomponenten zusammensetzen. Bei der Analogie zum GAUSSschen Fehlermodell werden aber vor allem zwei Vorstellungen nicht zutreffen: 1. Die Einflüsse sind nicht voneinander und vom Merkmalswert selbst unabhängig; 2. die Wirkungen sind nicht alle klein.

Der wichtigste Fall der Abhängigkeit dürfte darin bestehen, daß ein Einzeleinfluß proportional zur Merkmalsgröße ist. In diesem Fall erfahren die Werte bei niedriger Ausgangslage nur geringe Änderungen, bei hoher Ausgangslage große. Aus diesem multiplikativen Prinzip ergibt sich eine linksasymmetrische Kurve, die *logarithmische Normalverteilung*. Trägt man statt der $x$-Werte deren Logarithmen als Abszissen auf, so wird diese Verteilung eine symmetrische Normalkurve. Seit FECHNER[1] auf die logarithmischen Verteilungen hingewiesen hat, ist ihre Bedeutung mehrfach besonders betont worden[2]; auch die Verbindung zum WEBER-FECHNERschen Gesetz spielt eine große Rolle.

Die log-normale Verteilung ist aber nur dann eine wirklich adäquate Darstellung einer Variantenkurve, wenn alle Variationskomponenten multiplikativ wirken. Bei gemischtem Verhalten, wenn einige additiv und einige multiplikativ wirken, kann eine Verteilungskurve entstehen, die näherungsweise als log-normale Kurve mit verändertem Fluchtpunkt (Nullpunkt) dargestellt werden kann (Einzelheiten, z. B. über die Ermittlung des Fluchtpunktes bei GEBELEIN-HEITE).

Als weiterer wichtiger Störungsfaktor ist die zweite Möglichkeit anzusehen, daß die Wirkungen nicht alle klein sind. Erst durch das Zusammentreffen zahlreicher elementarer Komponenten soll im Modell eine merkliche Gesamtwirkung entstehen. Sind einige Einzelkomponenten den anderen gegenüber jedoch groß, so kommt der statistische Ausgleich nicht zustande. Eine normale oder log-normale Verteilung eines Merkmals ist also nur dann in einer Individuengruppe zu erwarten, wenn keine Unterschiede in besonders einflußreichen einzelnen Variationskomponenten vorliegen, d. h. wenn die Individuengruppe und die Reaktionsweise „homogen" sind.

**Inhomogenität.** Die meisten empirischen Verteilungen sind in diesem Sinne Mischverteilungen. Es ist nicht zu erwarten, daß sie *exakt* normal oder log-normal sind und daß die Verteilungskurven in verschiedenen Individuengruppen, an verschiedenen Orten, zu verschiedenen Jahreszeiten usw. gleich sind. Unter den Mischverteilungen befinden sich auch solche, die gerade so gemischt sind, daß eine normal oder log-normal erscheinende Gesamtverteilung resultiert. Als Beispiel hat KOLLER[3] auf die Verteilungskurve des Corneadurchmessers hingewiesen, die sehr gut mit einer Normalverteilung übereinstimmt, aber sich doch in zwei deutlich unterschiedene Verteilungen in den beiden Geschlechtern zerlegen läßt. Aus dem Befund einer normalen oder log-normalen Verteilungsform kann man also *nicht* auf Homogenität des Materials im Sinne des Fehlens wesentlicher bei geeigneter Untergliederung auffindbarer Unterschiede schließen. — *Homogenität ist nicht beweisbar; nur Inhomogenitäten sind feststellbar.*

---

[1] FECHNER, G. T.: Kollektiv-Maßlehre. Leipzig 1897.
[2] GEBELEIN-HEITE (Statistische Urteilsbildung. 1951) haben sie als Normalverteilung 2. Art bezeichnet. WACHHOLDER [Naturwiss. **39**, 177, 195 (1952)] hat Beispiele zur log-normalen Verteilung zusammengestellt.
[3] Zitiert S. 931, Nr. 29.

Unter den Mischverteilungen sind die besonders zu erwähnen, die sich auf jugendliche Individuengruppen beziehen. Durch unterschiedliche Wachstums- und Entwicklungsgeschwindigkeiten entsteht hier auch bei kalendermäßig gleichem Alter eine Überlagerung verschiedener Variationskurven. — Eine weitere wichtige Kurvenverzerrung kann dadurch erfolgen, daß das untersuchte Merkmal in pathologischen Fällen erhöhte oder erniedrigte Werte aufweist. Die Gesamtkurve aller Untersuchungen ist dann eine Mischverteilung, deren Bild auch von der Häufigkeit der pathologischen Fälle abhängt. — Will man die Verteilungskurve für „normale" Fälle aufstellen, so kann bei dem zu den pathologischen Werten hin liegenden Kurventeil eine Auslese auftreten: Bei verdächtigen Werten, die jenseits einer bestimmten Grenze liegen, wird eine Durchuntersuchung der Beobachtungsperson erfolgen, die häufig einen pathologischen Befund ergibt; die Person wird aus der Reihe ausgeschlossen. Da aber nur der Extremteil der Kurve so bereinigt wird, wird vor der Grenze die Überlagerung mit pathologischen Fällen nicht ausgeschaltet. Die Folge ist eine einseitig „gestutzte" Verteilung. — Wird von einer Grenze an jeder überschreitende Merkmalswert als pathologisch erklärt und ausgeschaltet, so erhält man eine „abgeschnittene" Verteilung.

Wenn eine physiologische Größe normal verteilt ist, müssen *Funktionen* dieser Größe Verteilungen aufweisen, die entsprechend dem Charakter der funktionalen Abhängigkeit gegenüber der Normalverteilung verzerrt sind. Wenn z. B. Längenmaße normal verteilt sind, müssen die zugehörigen Oberflächen und Gewichte, sofern geometrische Ähnlichkeit beibehalten wird, schiefe Verteilungen aufweisen; wenn die Flächen normal verteilt sind, sind Längen und Volumina nicht normal verteilt (vgl. Abb. 15a und b). Exponentielle Zusammenhänge von Meßgrößen treten häufig auf, z. B. bei Absorptionsvorgängen, bei Reiz-Empfindungs-Beziehungen nach dem WEBER-FECHNERschen Grundgesetz (vgl. Abb. 15c). Hier liegt eine Möglichkeit für das Auftreten log-normaler Verteilungen, die von der obenerwähnten Auswirkung des multiplikativen Prinzips zu unterscheiden ist.

Von den zahlreichen weiteren Transformationstypen, die die Form einer empirischen Verteilung beeinflussen können, sei auf die Auswirkungen einer steilen S-förmigen Kurve hingewiesen, die im Grenzfall in ein Alles-oder-Nichts-Gesetz übergeht. LÜLLMANN und FÖRSTER[1] haben an einem chemischen Beispiel der Indicatorfarbenverteilung in der Nähe des Umschlagpunktes gezeigt, daß durch eine derartige Transformation zweigipflige Verteilungskurven entstehen können. In Abb. 15d ist ein schematisches Beispiel für diesen Transformationstyp angegeben.

Findet man empirisch *mehrgipflige Häufigkeitsverteilungen*, die sich auch bei der $\chi^2$-Prüfung als echt bestätigen, so geht daraus eine *Inhomogenität in der Struktur der Beobachtungsreihe oder in der Reaktionsweise* hervor. Inhomogenität bedeutet nicht Unbrauchbarkeit des Materials, sondern erfordert Berücksichtigung der Inhomogenität in der Auswertung, meist durch Unterteilung in Untergruppen.

Eine Inhomogenität des Beobachtungsmaterials kann auf Unterschieden der Tiergruppen nach Geschlecht, Alter, Erbfaktoren, Fütterung, Reaktionslage beruhen, auf der Zusammenfassung von Sommer- und Winterbeobachtungen, von Untersuchungen verschiedener Beobachter usw. Findet man die Inhomogenitätsquelle, so führt man alle Vergleiche in den vergleichbaren Untergruppen getrennt durch, am besten mittels der Streuungszerlegung nach Abschnitt 6, S. 986.

Als Inhomogenität der Reaktionsweise kann man den Fall bezeichnen, daß die gemessenen Merkmale oder wesentliche Zwischenreaktionen im Variationsbereich sprunghaften Änderungen unterliegen, so daß die Reaktionsweise über dem kritischen Bereich wesentlich anders verläuft als unterhalb desselben.

Die *Zerlegung von Mischverteilungen* setzt die Kenntnis des Verteilungsgesetzes der Einzelverteilungen voraus. Sie kann bei Normalverteilung graphisch versucht werden (Verfahren von DAEVES und BECKEL[2] unter Benutzung des Wahrscheinlichkeitsnetzes).

---
[1] LÜLLMANN, A., u. A. FÖRSTER: Exper. 9, 110 (1953).
[2] DAEVES, K.: Rationalisierung durch Großzahlforschung. Düsseldorf 1952.

WIEDEMANN[1] empfiehlt für die Routinezerlegung von Elektrophoresekurven die Anwendung von Kurvenschablonen für Normalverteilungen verschiedener Höhe und Breite. Auch rechnerische Verfahren sind für die Rekonstruktion von Normalverteilungen aus Kurventeilen entwickelt worden (Tabellen z. B. bei HALD).

**Ausschaltung extremer Werte** (Ausreißerproblem). Wenn bei einem extrem hohen oder niedrigen Wert $x_a$ der Verdacht besteht, daß ein Ablesungs- oder Schreibfehler vorliegt oder daß der Fall aus anderen Gründen nicht in die Reihe gehört, ist die Streichung von $x_a$ von einem statistischen Kriterium abhängig zu machen. Nach GRAF und HENNING[2] berechnet man $s$ ohne Einbeziehung von $x_a$ und verwerfe $x_a$ unter Zugrundelegung der Sicherungsgrenze $\alpha = 5\%$, wenn $(x_a - \overline{x}) > 4\,s$ ist (gültig für $n > 10$). Bei $\alpha = 0,27\%$ ist $x_a$ zu verwerfen, wenn $(x_a - \overline{x}) > 6\,s$ ist (gültig für $n > 25$). Bei kleinerem $n$ ist eine stärkere Überschreitung zu fordern[2].

c) **Genauigkeit und Fehlerfortpflanzung in Meßreihen.**

**Streuungs- und Fehlerfortpflanzung.** Betrachtet man eine Funktion $f(x)$ einer Zufallsvariablen $x$, so sind Mittelwert und mittlere Abweichung am besten aus der Verteilung der $f(x)$-Werte zu bestimmen. Die näherungsweise Umrechnung aus $\overline{x}$ und $s_x$ gibt nur

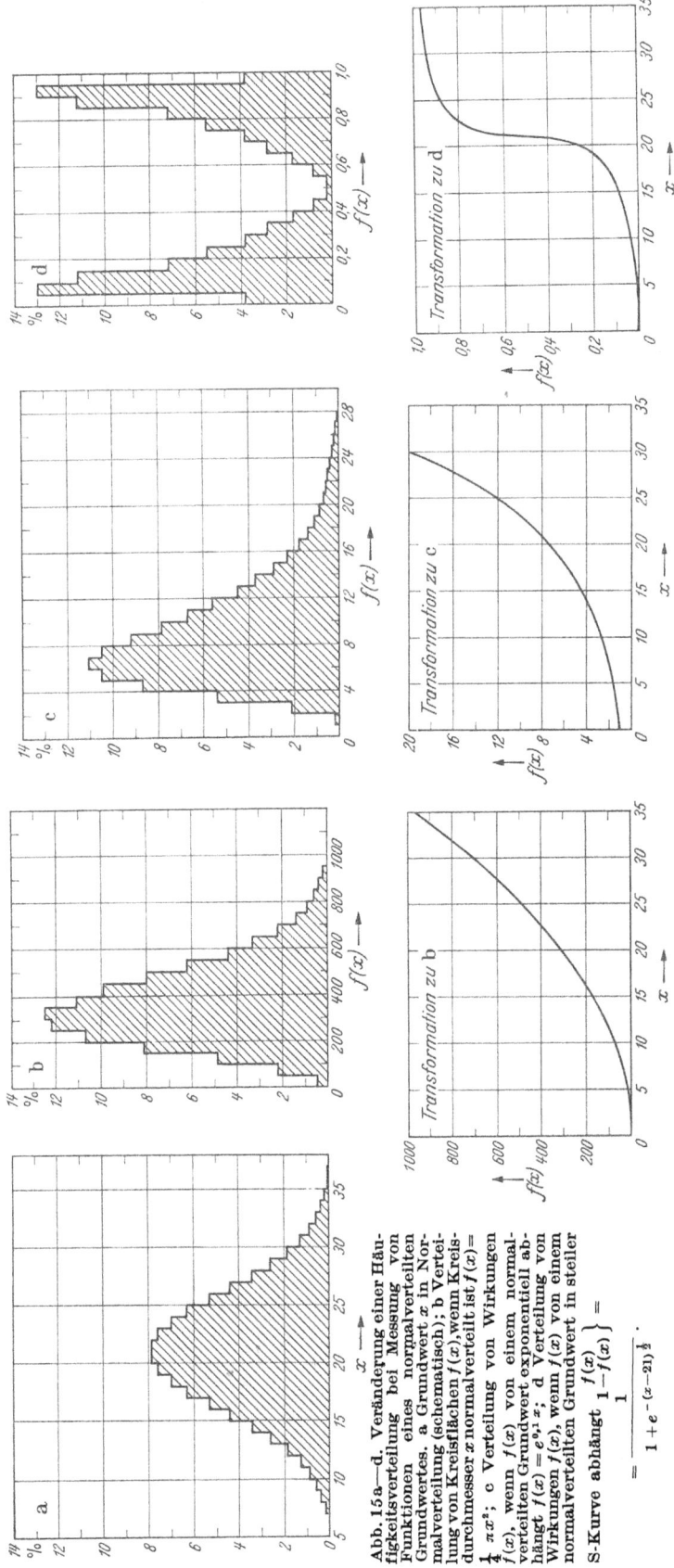

Abb. 15a—d. Veränderung einer Häufigkeitsverteilung bei Messung von Funktionen eines normalverteilten Grundwertes. a Grundwert $x$ in Normalverteilung (schematisch); b Verteilung von Kreisflächen $f(x)$, wenn Kreisdurchmesser $x$ normalverteilt ist $f(x) = \frac{1}{4}\pi x^2$; c Verteilung von Wirkungen $f(x)$, wenn $f(x)$ von einem normalverteilten Grundwert exponentiell abhängt $f(x) = e^{0,1\,x}$; d Verteilung von Wirkungen $f(x)$, wenn $f(x)$ von einem normalverteilten Grundwert in steiler S-Kurve abhängt $1 - f(x) = \dfrac{1}{1 + e^{-(x-21)^{\frac{1}{2}}}}$.

---

[1] Siehe Bd. I, S. 54.
[2] GRAF, U., u. H. J. HENNING: Zit. S. 931, Nr. 20.

einen ungefähren Anhaltspunkt. Auch bei Kenntnis der Kollektivwerte erhält man für $M_{(f(x))}$ und $\sigma^2_{(f(x))}$ nur Näherungswerte nach

$$M_{(f(x))} \sim f(\bar{x}) + \frac{1}{2} f''_{(\bar{x})} \sigma^2_x, \tag{53}$$

$$\sigma^2_{(f(x))} \sim f'^2_{(\bar{x})} \sigma^2_x. \tag{54}$$

Dabei sind $f'$ und $f''$ die 1. und 2. Differentialquotienten von $f(x)$ an der Stelle $\bar{x}$. Eine Zusammenstellung weiterer Formeln bei KOLLER[1].

Für eine Funktion $f(x, y)$ von zwei Variablen $x$ und $y$ gilt näherungsweise

$$M_{(f(\bar{x}, \bar{y}))} = f(\bar{x}, \bar{y}) + \frac{1}{2}(f_{\bar{x}\bar{x}} \sigma^2_x + f_{\bar{y}\bar{y}} \sigma^2_y + f_{\bar{x}\bar{y}} \sigma_x \sigma_y r_{xy}), \tag{55}$$

$$\sigma^2_{(f(x,y))} = f^2_{\bar{x}} \sigma^2_x + f^2_{\bar{y}} \sigma^2_y + 2 f_{\bar{x}} f_{\bar{y}} \sigma_x \sigma_y r_{xy}. \tag{56}$$

Dabei sind $f_{\bar{x}}$ und $f_{\bar{y}}$ die ersten partiellen Ableitungen von $f(x,y)$ an der Stelle $\bar{x}, \bar{y}$ und $f_{\bar{x}\bar{x}}$, $f_{\bar{y}\bar{y}}$, $f_{\bar{x}\bar{y}}$ die zweiten partiellen Ableitungen.

Für die Summe oder Differenz gilt exakt

$$M_{(x \pm y)} = \bar{x} \pm \bar{y}; \qquad \sigma^2_{(x \pm y)} = \sigma^2_x + \sigma^2_y \pm 2 r_{xy} \sigma_x \sigma_y, \tag{57}$$

für den Quotienten näherungsweise

$$M_{\left(\frac{x}{y}\right)} = \frac{\bar{x}}{\bar{y}} \left(1 + \frac{\sigma^2_x}{\bar{y}^2} - r_{xy} \frac{\sigma_x \sigma_y}{\bar{x}\bar{y}}\right), \tag{58}$$

$$\sigma^2_{\left(\frac{x}{y}\right)} = \frac{\bar{x}^2}{\bar{y}^2} \left(\frac{\sigma^2_x}{\bar{x}^2} + \frac{\sigma^2_y}{\bar{y}^2} - 2 r_{xy} \frac{\sigma_x \sigma_y}{\bar{x}\bar{y}}\right). \tag{59}$$

**Streuungsüberlagerung in Meßreihen.** In Abschnitt A 2a, S. 940 war ausgeführt worden, daß manche Meßreihen als Stichproben aus mehreren übereinander gelagerten Kollektiven zu betrachten sind, indem sich die Variation von Tier zu Tier (mittlere Abweichung $\sigma_1$), die individuelle Variabilität ($\sigma_2$) und die Messungsfehler[2] ($\sigma_3$) überlagern können (Individuenkollektiv, Wiederholungskollektiv und Messungskollektiv). Hat man $k$ Wiederholungsbestimmungen am selben Tier zu verschiedenen Zeiten und bei jeder Beobachtung $l$ Parallelbestimmungen, so setzt sich die mittlere Abweichung zwischen den Tiermittelwerten auf folgende Weise zusammen

$$\sigma = \sqrt{\sigma^2_1 + \frac{\sigma^2_2}{k} + \frac{\sigma^2_3}{k \cdot l}}. \tag{60}$$

Ist jede Beobachtung an einem Tier nur einmal durchgeführt ($k = l = 1$), so erhält man als mittlere Abweichung durch die Überlagerung der drei Streuungskomponenten

$$\sigma = \sqrt{\sigma^2_1 + \sigma^2_2 + \sigma^2_3}. \tag{60a}$$

Die Überlagerung kann sehr stark sein. Wenn z. B. die mittlere Abweichung zwischen den Tieren 10% ist, die individuelle Variation ebenfalls 10% und der Beobachtungsfehler 5%, so erhält man als mittlere Abweichung in einer ohne Wiederholungen durchgeführten Beobachtungsreihe an verschiedenen Individuen $\sigma = \sqrt{0{,}1^2 + 0{,}1^2 + 0{,}05^2} = 15\%$, also eine um 50% breitere Verteilungskurve, als der Streuung im Tierkollektiv entspricht.

---

[1] Zitiert S. 931, Nr. 37.

[2] Zusammensetzung des Messungsfehlers aus Einstell- und Ablesefehler vgl. KORTÜM, G., u. M. KORTÜM-SEILER (s. Bd. I, S. 312). — Chemische Messungsfehler vgl. KOLTHOFF, I. M., and E. B. SANDELL: Textbook of Quantitative Inorganic Analysis. 3. Aufl. New York 1952. — Ferner YOUDEN, W. J. zitiert S. 931, Nr. 36. — LEVEY, S. [J. HOWER and R. LONGHRIDGE, J. Lab. clin. Med. 41, 316 (1953)] haben genaue Untersuchungen über Pipettenfehler, Gefäßbesonderheiten usw. durchgeführt und Kontrollkarten für die verschiedenen Gefäße angelegt. — CHAMBERLEIN, A. C., und F. M. TURNER haben Pipettenfehler und Zählkammerfehler als Komponenten der Streuung von Leukocytenbestimmungen untersucht [Biometrics 8, 55 (1952)].

**Beobachtungen verschiedener Genauigkeit.** Wenn aus Beobachtungen verschiedener Genauigkeit Mittelwerte, mittlere Abweichungen, Regressionen usw. berechnet werden sollen, so gilt als Prinzip, jede Beobachtung bei der Rechnung mit einem Gewicht zu multiplizieren, das umgekehrt proportional dem Streuungsquadrat ist. Bezeichnet man das Gewicht der Beobachtung $x_i$ mit $g_i$, so ist der Mittelwert

$$\bar{x} = \frac{\sum_i g_i x_i}{\sum_i g_i} \text{ und die mittlere Abweichung } \sigma_x = \frac{\sum_i g_i (x_i - \bar{x})^2}{\sum_i g_i}. \tag{61}$$

Es sollen z. B. zwei Beobachtungsreihen mit den Werten $x_{1i}$ und $x_{2j}$ zusammengefaßt werden, die von zwei verschiedenen Beobachtern mit verschiedener Genauigkeit durchgeführt wurden. $s_1$ sei die mittlere Abweichung in der ersten Reihe, $s_2$ die in der zweiten, so ist $g_1 = \frac{1}{s_1^2}$ das Gewicht jeder Beobachtung in der ersten Reihe und $g_2 = \frac{1}{s_2^2}$ das in der zweiten Reihe.

Der Mittelwert wird

$$\bar{x} = \frac{\frac{\sum_i x_{1i}}{s_1^2} + \frac{\sum_j x_{2j}}{s_2^2}}{\frac{n_1}{s_1^2} + \frac{n_2}{s_2^2}} \tag{62}$$

und der mittlere Fehler des Mittelwertes

$$s_{\bar{x}} = \sqrt{\frac{1}{\frac{n_1}{s_1^2} + \frac{n_2}{s_2^2}}}, \tag{63}$$

wobei der durch die Ungenauigkeit der empirischen Bestimmung von $s_1$ und $s_2$ entstehende Fehler vernachlässigt ist.

**Beispiel 20:** 1. Reihe: 11, 10, 10, 12, 10, 11, 10; $\bar{x}_1 = \frac{74}{7} = 10{,}57$,

2. Reihe: 10, 8, 12, 10, 9, 7, 12, 14, 8, 9; $\bar{x}_2 = \frac{99}{10} = 9{,}90$.

In der ersten Reihe ist $s_1^2 = \frac{3{,}7}{6} = 0{,}6$, in der zweiten $s_2^2 = \frac{42{,}9}{9} = 4{,}8$.

Es wird

$$\bar{x} = \frac{\frac{74}{0{,}6} + \frac{99}{4{,}8}}{\frac{7}{0{,}6} + \frac{10}{4{,}8}} = 10{,}46 \text{ und } s_{\bar{x}} = \sqrt{\frac{1}{\frac{7}{0{,}6} + \frac{10}{4{,}8}}} = \sqrt{\frac{1}{13{,}43}} = 0{,}27.$$

Bei einer einfach ungewogenen Zusammenfassung hätte sich als Mittelwert $\frac{74+99}{7+10} = 10{,}16$ ergeben, also ein wesentlich stärker von der weniger genauen Meßreihe beeinflußter Wert. Der mittlere Fehler des Mittelwerts ist bereits in der ersten Reihe 0,29, die Verringerung durch Hinzufügung der weniger genauen zweiten Reihe ist unerheblich.

Will man zwei Beobachtungsreihen verschiedenen Umfangs, aber mit etwa gleicher Genauigkeit der Einzelbeobachtungen ($s_1 = s_2 = s$) zusammenfassen, so wird das Mittel aus allen Beobachtungen gebildet:

$$\bar{x} = \frac{\sum_i x_{1i} + \sum_j x_{2j}}{n_1 + n_2} \quad \text{und} \quad s_{\bar{x}} = s \sqrt{\frac{1}{n_1 + n_2}}, \tag{64}$$

wobei $s$ nach (69) geschätzt wird.

## 2. Die Beurteilung von Mittelwerten.

### a) Beurteilung eines Mittelwertes (t-Prüfung).

Der zentrale Grenzwertsatz besagt, daß die Summen bzw. die Mittelwerte von Stichproben nach dem Normalgesetz verteilt sind, wenn der Stichprobenumfang hinreichend groß ist. Die Form der Ausgangsverteilung ist grundsätzlich gleichgültig, sie spielt nur insofern eine Rolle, als in den Fällen, in denen die Ausgangsverteilung nicht allzusehr von einer Normalverteilung abweicht, die Mittelwerte bereits bei sehr kleinen Stichproben normal verteilt sind.

Kennt man näherungsweise $M$ und $\sigma$ des Kollektivs, so kann man die Übereinstimmung eines Stichprobenmittels $\bar{x}$ mit dem Kollektivmittel $M$ nach der Normalverteilung prüfen. Das Prüfmaß ist

$$u = \frac{\bar{x} - M}{\sigma_{\bar{x}}} = \frac{\bar{x} - M}{\frac{\sigma_x}{\sqrt{n}}}. \quad (65)$$

Es ist zu prüfen, ob der der gegebenen Sicherungsstufe entsprechende $u$-Wert überschritten ist oder nicht. Die Prüfung kann auf die Feststellung einer Differenz überhaupt (zweiseitige Prüfung) oder auf die Feststellung einer Erhöhung oder Erniedrigung (einseitige Prüfung) gerichtet sein. Im letzteren Falle muß aber die Richtung der Prüfung schon vor dem Vorliegen der Ergebnisse fixiert sein.

**Beispiel 21:** Aus langer Erfahrung sei ein $M = 11,5$ mit einem $\sigma = 1,2$ für eine bestimmte Standardmessung bekannt. Ist die zweite Reihe des Beispiels 20 damit vereinbar? ($\bar{x} = 9,9$ bei $n = 10$ Beobachtungen). Es ist $\sigma_{\bar{x}} = \frac{1,2}{\sqrt{10}} = 0,38$ und daraus $u = \frac{-1,6}{0,38} = 4,2$ weit außerhalb des Streubereiches; die 0,1%-Grenze ist überschritten.

**Vertrauensbereich.** Sind $M$ und $\sigma$ der Grundgesamtheit nicht bekannt, so müssen sie durch $\bar{x}$ und $s$ der Beobachtungsreihe geschätzt werden. Die hierdurch entstehende Unsicherheit vergrößert den Schwankungsbereich, so daß der Mutungs- (Vertrauens-) bereich des Rückschlusses besonders bei kleinen Zahlen erheblich breiter als der $u$-Bereich der Normalverteilung ist. Die Verteilung von

$$t = \frac{M - \bar{x}}{s_{\bar{x}}}, \quad (66)$$

ist spitzer als die Normalverteilung und hat wesentlich mehr Extremwerte. Die Sicherheitsstufen der STUDENTschen[1] $t$-Verteilung mit $\alpha = 5\%$; $1\%$; $0,27\%$; $0,1\%$ (statistische Sicherheit $1-\alpha = 95\%$, $99\%$, $99,73\%$ und $99,9\%$) für die zweiseitige Prüfung enthält die folgende Tabelle 16. Die Zahl der Freiheitsgrade ist $f = n-1$. Die Verteilung gilt bei normaler Grundverteilung genau, sonst in guter Näherung.

Tabelle 16. *Sicherheitsstufen der t-Verteilung.*

| Freiheitsgrade $f$ | Statistische Sicherheit | | | | Freiheitsgrade $f$ | Statistische Sicherheit | | | |
|---|---|---|---|---|---|---|---|---|---|
| | 95% | 99% | 99,73% | 99,9% | | 95% | 99% | 99,73% | 99,9% |
| | Sicherungsgrenze $\alpha$ | | | | | Sicherungsgrenze $\alpha$ | | | |
| | $\alpha = 5\%$ | $\alpha = 1\%$ | $\alpha = 0,27\%$ 3-Sigma-Äquivalent | $\alpha = 0,1\%$ | | $\alpha = 5\%$ | $\alpha = 1\%$ | $\alpha = 0,27\%$ 3-Sigma-Äquivalent | $\alpha = 0,1\%$ |
| 1 | 13 | 64 | 236 | 637 | 14 | 2,15 | 2,98 | 3,63 | 4,14 |
| 2 | 4,3 | 9,9 | 19,2 | 31,6 | 16 | 2,12 | 2,92 | 3,54 | 4,02 |
| 3 | 3,2 | 5,8 | 9,2 | 12,9 | 18 | 2,10 | 2,88 | 3,47 | 3,92 |
| 4 | 2,8 | 4,6 | 6,6 | 8,6 | 20 | 2,09 | 2,85 | 3,42 | 3,85 |
| 5 | 2,57 | 4,03 | 5,51 | 6,86 | 25 | 2,06 | 2,79 | 3,33 | 3,72 |
| 6 | 2,45 | 3,71 | 4,90 | 5,96 | 30 | 2,04 | 2,75 | 3,27 | 3,65 |
| 7 | 2,37 | 3,50 | 4,53 | 5,41 | 50 | 2,01 | 2,68 | 3,16 | 3,50 |
| 8 | 2,31 | 3,36 | 4,27 | 5,04 | 100 | 1,98 | 2,63 | 3,08 | 3,39 |
| 9 | 2,26 | 3,25 | 4,09 | 4,78 | ∞ | 1,960 | 2,576 | 3,000 | 3,291 |
| 10 | 2,23 | 3,17 | 3,96 | 4,59 | (Normal- | | | | |
| 12 | 2,18 | 3,06 | 3,76 | 4,32 | verteilung) | | | | |

[1] Pseudonym, unter dem der englische Chemiker W. S. GOSSET seine mathematisch-statistischen Arbeiten veröffentlichte.

Der mittlere Fehler $s_{\bar{x}}$ des Mittelwertes kann auch unmittelbar nach der Formel

$$s_{\bar{x}} = \sqrt{\frac{\sum(x_i - \bar{x})^2}{n(n-1)}} \qquad (67)$$

bestimmt werden.

*Beispiel 22:* Die 10 Werte der zweiten Reihe in Beispiel 20 hatten $\bar{x} = 9{,}9$ und $s_x = \sqrt{0{,}48} = 0{,}7$ ergeben. Wenn über das Grundkollektiv nichts bekannt ist, ist — bei Zugrundelegung der 1%-Grenzen und $f = 9$ Freiheitsgraden — zu vermuten, daß $M$ im Bereich $9{,}9 - 3{,}3 \cdot 0{,}7 = 7{,}6$ bis $9{,}9 + 3{,}3 \cdot 0{,}7 = 12{,}2$ liegt.

Es ist zu beachten, daß die Schreibweise eines Mittelwertes mit einer $\pm$-Angabe (z. B. $13{,}8 \pm 2{,}5$) nicht genormt ist und in ganz verschiedenem Sinne gebraucht wird. Hinter $\pm$ könnte $s$, $s_{\bar{x}}$, $2s_{\bar{x}}$, $3s_{\bar{x}}$ oder eine andere Grenze stehen. Diese Schreibweise sollte nie ohne genaue Definition des Bereichs gebraucht werden.

**Toleranzgrenzen.** Die $t$-Verteilung gibt den aus einer Beobachtungsreihe geschätzten Erwartungswert für den Bereich an, in dem ein Teil, z. B. 95% aller Stichprobenmittel, liegt. Tatsächlich werden diese 95% in 50% solcher Beobachtungsreihen über- und in 50% unterschritten. Will man den gewünschten Bereich aber so bestimmen, daß er in wiederum 95% innegehalten wird, hat man die „Toleranzgrenzen" zu ermitteln, die erheblich weiter sind[1]. Die sicherere Aussage muß mit einer geringeren Schärfe erkauft werden.

*Beispiel 23:* 95% der Mittelwerte in Stichproben zu 10 Werten liegen in den Grenzen $M \pm 1{,}96 \dfrac{\sigma}{\sqrt{10}}$, wenn $M$ und $\sigma$ des Kollektivs bekannt sind. Schätzt man $M$ und $\sigma$ aus einer Stichprobe mit 10 Freiheitsgraden, so liegen erwartungsgemäß 95% in den Grenzen $\bar{x} \pm 2{,}23 \dfrac{s}{\sqrt{10}}$. Die Grenzen, in denen die 95% mit einer statistischen Sicherheit von 90% liegen, sind $\bar{x} \pm 3{,}02 \dfrac{s}{\sqrt{10}}$. Fordert man eine statistische Sicherheit von 95%, muß man auf $\bar{x} \pm 3{,}38 \dfrac{s}{\sqrt{10}}$ heraufgehen und bei 99% statistischer Sicherheit für die Innehaltung des 95%-Bereichs auf $\bar{x} \pm 4{,}27 \dfrac{s}{\sqrt{10}}$.

**Faustregel.** Bei einer kleinen Reihe mit $n$ zwischen 3 und etwa 15 kann man überschlagsweise die Spannweite $W$ zwischen dem größten und dem kleinsten Wert zur bequemen Abschätzung der Größenordnung von $s_{\bar{x}}$ benutzen: $s_{\bar{x}} \sim W/n$.

**Notwendiger Beobachtungsumfang.** Die zur Innehaltung bestimmter Genauigkeitsgrenzen ($\pm d$) erwartungsgemäß erforderliche *Beobachtungszahl* $n$ kann man nach

$$n = \frac{t^2 \sigma^2}{d^2} \qquad (68)$$

errechnen.

*Beispiel 24:* $\sigma \sim 10\%$ des Mittelwertes. Man will unter Zugrundelegung der $3\sigma$-Grenze den Bereich $\pm 5\%$ für den Vertrauensbereich des Mittelwertes erreichen. Es ergibt sich zunächst überschlagsweise ohne Berücksichtigung der $t$-Verteilung $n \sim \dfrac{9 \cdot 0{,}01}{0{,}0025} \sim 36$. Nach der $t$-Tabelle ist das $3\sigma$-Äquivalent für 35 Freiheitsgrade $t = 3{,}2$, danach ist $n$ zu korrigieren in $n \sim \dfrac{3{,}2^2 \cdot 0{,}01}{0{,}0025} \sim 41$.

Statt des erwartungsgemäß erforderlichen $n$ kann man durch Anwendung der Toleranzgrenzen auch das $n$ bestimmen, das mit einer bestimmten statistischen Sicherheit eine gegebene Genauigkeitsforderung erfüllt.

### b) Der Vergleich zweier Mittelwerte.

#### α) *Die Differenz zweier Mittelwerte.*

**Unabhängige Beobachtungsreihen.** Beim Vergleich zweier Mittelwerte wird stets die Nullhypothese geprüft, daß beide Reihen Stichproben aus Grundgesamtheiten sind, die

---

[1] Tafeln bei BOWKER, A. H.: Zit. S. 943. — Vgl. auch HALD, A.: Zit. S. 931.

denselben Mittelwert haben, so daß die beobachteten Unterschiede zwischen den Mittelwerten nur zufallsbedingt sind. Die Hypothese kann zwei Fassungen annehmen: 1. Die hypothetischen Kollektive stimmen in Mittelwert und Streuung überein, bzw. es liegt nur ein einheitliches Kollektiv zugrunde. 2. Die hypothetischen Kollektive haben gleiche Mittelwerte, aber verschiedene Streuung.

1. Die Werte der ersten Reihe seien mit $x_{1i}$, $\bar{x}_1$, $s_1$, $n_1$ bezeichnet, die der zweiten Reihe mit $x_{2j}$, $\bar{x}_2$, $s_2$, $n_2$. Prüft man die Hypothese, daß nur ein Grundkollektiv vorhanden ist, aus dem beide Reihen Zufallsstichproben sind, so sind $s_1$ und $s_2$ Schätzungen der dort vorhandenen $\sigma$. Man kann beide Werte zu einer Gesamtschätzung $s$ verbinden

$$s^2 = \frac{1}{n_1 + n_2 - 2}\left[(n_1-1)s_1^2 + (n_2-1)s_2^2\right] = \frac{\sum_i (x_{1i} - \bar{x}_1)^2 + \sum_j (x_2 - \bar{x}_2)^2}{n_1 + n_2 - 2}. \tag{69}$$

Wegen der Benutzung von 2 Mittelwerten ist die Zahl der Freiheitsgrade $f = n_1 + n_2 - 2$. Der mittlere Fehler der zu prüfenden Differenz ist

$$s_{(\bar{x}_1 - \bar{x}_2)} = s_{\text{Diff.}} = s\sqrt{\frac{1}{n_1} + \frac{1}{n_2}}. \tag{70}$$

Man berechnet

$$t = \frac{|\bar{x}_1 - \bar{x}_2|}{s_{\text{Diff.}}} \tag{71}$$

und prüft nach der $t$-Verteilung (Tabelle 16) mit $f = n_1 + n_2 - 2$ Freiheitsgraden. Wenn die Widerspruchsgrenzen überschritten sind, gilt die Nullhypothese als widerlegt, ein Unterschied zwischen den Mittelwerten als „statistisch gesichert".

**Beispiel 25:** 1. Reihe: 11, 10, 10, 12, 10, 11, 10   $\bar{x}_1 = \dfrac{74}{7} = 10{,}6$,

2. Reihe: 13, 11, 11, 14, 12, 11, 12, 11, 14, 13   $\bar{x}_2 = \dfrac{12{,}2}{10} = 12{,}2$.

Nimmt man 10 als Hilfswert für die Rechnung, so erhält man

$$s_1^2 = \frac{1}{6}\left(6 - \frac{1}{7}\cdot 4^2\right) = \frac{3{,}7}{6} = 0{,}62 \quad \text{und} \quad s_2^2 = \frac{1}{9}\left(62 - \frac{1}{10}\cdot 22^2\right) = \frac{13{,}6}{9} = 1{,}51,$$

$s$ errechnet man als

$$s = \sqrt{\frac{3{,}7 + 13{,}6}{15}} = 1{,}07 \quad \text{und} \quad s_{\text{Diff.}} = 1{,}07\sqrt{\frac{1}{7} + \frac{1}{10}} = 0{,}53.$$

Das Prüfmaß $t$ wird $t = \dfrac{1{,}6}{0{,}53} = 3{,}0$. Bei $f = 15$ Freiheitsgraden ist die 1%-Sicherungsstufe überschritten ($t = 2{,}95$ nach Tabelle 16).

2. Die zweite Form der Nullhypothese nimmt zwei Grundkollektive an, die gleichen Mittelwert, aber möglicherweise verschiedene Streuung haben (BEHRENS-FISHER-Test)[1]. Der mittlere Fehler der Mittelwertsdifferenz ist dann

$$s_{(\bar{x} - \bar{x})} = \sqrt{s_{\bar{x}_1}^2 + s_{\bar{x}_2}^2} = \sqrt{\frac{s_1^2}{n_1} + \frac{s_2^2}{n_2}}. \tag{72}$$

Prüfmaß für die Differenz ist

$$t = \frac{|\bar{x}_1 - \bar{x}_2|}{s_{(\bar{x}_1 - \bar{x}_2)}}.$$

Die Zahl der Freiheitsgrade ist näherungsweise $f = n_1 + n_2 - 2$; eine genaue Berechnung erfolgt nach

$$\frac{1}{f} = \frac{c^2}{f_1} + \frac{(1-c)^2}{f_2}, \quad \text{wobei} \quad c = \frac{s_{\bar{x}_1}^2}{s_{\bar{x}_1}^2 + s_{\bar{x}_2}^2} \text{ ist}. \tag{73}$$

**Beispiel 26:** Nach den Zahlen des vorigen Beispiels ergibt sich bei dieser Prüfung

$$s_{(\bar{x}_1 - \bar{x}_2)} = \sqrt{\frac{0{,}62}{7} + \frac{1{,}51}{10}} = 0{,}49; \quad t = \frac{1{,}6}{0{,}49} = 3{,}3.$$

---

[1] Ausführliche Tafeln bei FISHER-YATES, Zit. 19, S. 931.

$f$ ist näherungsweise 15; die genaue Rechnung ergibt $c = 0{,}368$ und $1/f = \dfrac{0{,}135}{6} + \dfrac{0{,}400}{9} = 0{,}067; f = 15$. Die Prüfung stimmt hier praktisch mit dem Verfahren 1 überein.

Vor der Durchführung eines Mittelwertvergleiches muß man prüfen, ob er in der ersten Form überhaupt möglich ist. Das ist dann nicht der Fall, wenn $s_1$ und $s_2$ echte Unterschiede aufweisen; dann *muß* die zweite Form angewandt werden. Die Unterschiedsprüfung von $s_1$ und $s_2$ ist nach (88) vorzunehmen (Beispiel 34a).

Bei beiden Mittelwertvergleichen ist vorausgesetzt, daß beide Reihen voneinander unabhängig sind. Die genaue Modellvorstellung ist die, daß aus einer Gesamtheit möglicher Versuchsobjekte $n_1$ und $n_2$ Objekte zufällig herausgegriffen werden und die beiden Beobachtungsreihen bilden. Sobald jedoch einige Objekte in beiden Reihen gemeinsamen Einflüssen unterliegen, wird das bisherige Verfahren ungültig.

**Gepaarte Beobachtungsreihen.** Von beiden Reihen werden im Versuchsplan die Beobachtungen einander zugeordnet, die die meisten Gemeinsamkeiten in den Beobachtungsbedingungen aufweisen und daher vermutlich am ähnlichsten reagieren. Die Voraussetzung ist das Vorhandensein einer Inhomogenität und die Möglichkeit, innerhalb von Untergruppen des Materials (in der Versuchsplanung „Blöcke" genannt) bessere Vergleichbarkeit der Werte und damit ergiebigere Vergleiche zu erreichen.

Der einfachste Fall liegt vor, wenn die gleichen $n$ Versuchsobjekte zwei verschiedenen Behandlungen unterworfen sind. Je stärker die Reaktionsunterschiede von Objekt zu Objekt sind, um so wichtiger ist es, die beiden Behandlungen am selben Objekt zu vergleichen, um einen Wirkungsunterschied festzustellen. In der Auswertung ermittelt man die Differenzen zwischen den beiden Behandlungen für jedes Individuum und prüft die Reihe der Differenzen.

Ist $x_{1i}$ der Wert der ersten Behandlung am Individuum $i$ und $x_{2i}$ der der zweiten Behandlung, so ist $d_i = x_{1i} - x_{2i}$ die Grundlage der Auswertung. Die Mittelwertsdifferenz aus $n$ Beobachtungspaaren ist

$$\bar{d} = \bar{x}_1 - \bar{x}_2$$

und wird mit dem mittleren Fehler von $\bar{d}$

$$s_{\bar{d}} = \sqrt{\frac{\sum (d_i - \bar{d})^2}{n \cdot (n-1)}} \tag{74}$$

verglichen. Das Prüfmaß ist

$$t = \frac{\bar{d}}{s_{\bar{d}}}. \tag{75}$$

Der Unterschied ist gesichert, wenn bei $f = n - 1$ Freiheitsgraden die Sicherungsgrenzen der Tabelle 16 überschritten sind.

*Beispiel 27:* Die ersten 7 Werte von Beispiel 25 mögen sich auf dieselben Personen beziehen. Die Reihe der Differenzen $d_i = x_{2i} - x_{1i}$ ist: 2, 1, 1, 2, 2, 0, 2; $\bar{d} = \dfrac{10}{7} = 1{,}43$. Der mittlere Fehler $s_{\bar{d}}$ wird

$$s_{\bar{d}} = \sqrt{\frac{3{,}7}{6 \cdot 7}} = 0{,}30 \quad \text{und} \quad t = \frac{1{,}43}{0{,}30} = 4{,}8.$$

Bei $f = 6$ Freiheitsgraden ist fast die 0,27%-Grenze ($f = 4{,}9$) erreicht. — Dieses Auswertungsverfahren hat eine größere Trennschärfe als die summarischen Prüfverfahren α.

*β) Der Quotient zweier Mittelwerte.*

Der Vergleich zweier Mittelwerte kann auch durch die Prüfung ihres Quotienten erfolgen. Werden mit den $x$-Werten Wirkungen gemessen, so wird oft der Quotient $\bar{x}_1/\bar{x}_2$ zur Beurteilung der *relativen Wirkung* zweier Behandlungsverfahren benutzt. Insbesondere ist bei Standardisierungsprüfungen $\bar{x}_2$ die mittlere Wirkung des Standards, auf die die Wirkung der Prüfsubstanz bezogen wird. Ist $R$ der relative Wirkungsquotient

$$R = \frac{\bar{x}_1}{\bar{x}_2}, \tag{76}$$

so ist näherungsweise nach (59) bei Unabhängigkeit der Reihen und Annahme eines einheitlichen $s$ nach (69) in beiden Reihen

$$s_R^2 = R^2 \cdot s^2 \left(\frac{1}{n_1 \bar{x}_1^2} + \frac{1}{n_2 \bar{x}_2^2}\right) = \frac{s^2}{\bar{x}_2^2}\left(\frac{1}{n_1} + \frac{R^2}{n_2}\right). \tag{77}$$

Die Verwendung eines Quotienten setzt voraus, daß der Nenner nicht in seinen Zufallsschwankungen in die Nähe von Null kommt. Diesem Nachweis dient die $g$-Prüfung

$$g = \frac{s^2 \cdot t^2}{n_2 \bar{x}_2^2} < 0{,}1. \tag{78}$$

Dabei ist $t$ gemäß der gewählten Sicherungsstufe bei $n_1 + n_2 - 2$ Freiheitsgraden einzusetzen[1]. Ist $g > 0{,}1$, so ist das Verfahren nicht brauchbar.

**Beispiel 28:** Die erste Reihe des Beispiels 24 sei die Standardreihe, jetzt mit $x_2$ bezeichnet. Auf diese soll die aus 10 Werten bestehende andere Reihe — jetzt $x_1$ — bezogen werden. Es ist für die 1%-Grenzen ($t = 2{,}95$ bei $f = 15$)

$$g = \frac{1{,}07^2 \cdot 2{,}95^2}{7 \cdot 10{,}6^2} = 0{,}013.$$

Die $g$-Prüfung ist erfüllt. Nun ist

$$R = \frac{12{,}2}{10{,}6} = 1{,}15 \quad \text{und} \quad s_R^2 = \frac{1{,}07^2}{10{,}6^2}\left(\frac{1}{7} + \frac{1{,}15^2}{10}\right) = 0{,}0028;\quad s_R = 0{,}053.$$

Mit $t \cdot s_R = 2{,}95 \cdot 0{,}053 = 0{,}16$ lassen sich näherungsweise Vertrauensgrenzen um $R$ abschätzen, die hier von 0,99 bis 1,31 reichen.

Der Wirkungsquotient läßt sich auch durch Verwendung von Logarithmen und deren Differenzen erhalten. Dieses Verfahren ist besonders dann vorzuziehen, wenn mit höheren Merkmalswerten auch eine größere Streuung verbunden ist. Nach Logarithmierung kann die Streuung einheitlich werden, so daß das Verfahren α sinnvoll anwendbar ist. Dabei ist allerdings darauf hinzuweisen, daß der in die Originalskala zurückverwandelte arithmetische Mittelwert der Logarithmen das *geometrische* Mittel der Merkmalswerte ist; für Vergleichszwecke und Unterschiedsprüfungen macht dies aber meist wenig aus.

Auch im Falle der paarweisen Anordnung der Versuche kann das Arbeiten mit Quotienten notwendig sein. Die Arbeitsweise entspricht dann genau der mit Differenzen (Beispiel: relative Steigerung gegenüber dem Ausgangswert).

Hier wie an zahlreichen anderen Stellen besteht eine gewisse Freiheit in der Wahl des additiven oder des multiplikativen Prinzips, also der Bildung von Differenzen oder Quotienten. Da die statistischen Methoden überwiegend auf der Beurteilung von Differenzen aufgebaut sind, sind diese meist den Quotienten vorzuziehen; insbesondere kann durch Transformation in Logarithmen gleiche Streuung hergestellt und damit das additive Prinzip besonders gut anwendbar gemacht werden.

## 3. Vergleich von Anordnungsreihen.

Die Anwendung der $t$-Verteilung ist dann mathematisch völlig korrekt, wenn die Merkmalswerte eine Normalverteilung aufweisen. Auch bei Nichterfüllung dieser Voraussetzung ist das Verfahren näherungsweise meist recht gut brauchbar. Wenn man die Hypothese von nicht allzu großen Abweichungen von der Normalverteilung vermeiden will, läßt sich die statistische Bearbeitung mit Hilfe von *Anordnungszahlen* durchführen. Man benutzt die Beobachtungswerte nur dazu, eine Reihenfolge der Werte nach ihrer Größe herzustellen: Man bezeichnet z. B. den niedrigsten Wert mit 1, den nächsthöheren mit 2 usw. Haben mehrere Objekte den gleichen Wert, so wird ihnen allen gleichmäßig der Mittelwert ihrer Anordnungszahlen (Nummern) zugeteilt.

Die Anordnungsreihen sind unabhängig von der speziellen Verteilungsform der eigentlichen Merkmalswerte; auch Mittelwert und mittlere Abweichung sind ohne Einfluß. Die Prüfungs- und Vergleichsmethoden an Anordnungsreihen werden in diesem

---

[1] Vgl. FINNEY, D. J. in BURN-FINNEY-GOODWIN, Zit. S. 931, Nr. 7.

Sinne als nichtparametrische, parameterfreie oder verteilungsfreie Tests bezeichnet. Die Variationsmöglichkeiten der Anordnung werden nur durch die Anzahl der Werte bestimmt.

Ein Vergleich zweier Beobachtungsreihen vom Umfang $n_1$ und $n_2$ kann folgendermaßen vorgenommen werden[1]: Man numeriert die Werte beider Reihen gemeinsam durch und berechnet als Prüfgröße die Summe $S_1$ der Rangordnungszahlen (Nummern) der kleineren Reihe mit $n_1$ Werten. Ist diese Reihe eine Zufallsstichprobe aus der Gesamtheit beider Reihen, so gilt für die Nummernsumme der Erwartungswert

$$E(S_1) = \frac{1}{2} n_1 (n_1 + n_2 + 1) \tag{79}$$

mit einer mittleren Abweichung

$$\sigma_{(S_1)} = \sqrt{\frac{n_2 E}{6}}. \tag{80}$$

Bei größeren Werten von $n_1$ und $n_2$ folgt die Nummernsumme $S_1$ einer Normalverteilung, bei kleineren Zahlen kann die Verteilung durch kombinatorische Berechnungen unmittelbar erhalten werden. Es handelt sich um die Kombinationen ohne Wiederholung, die mit $n_1$ Elementen aus $(n_1 + n_2)$ Elementen insgesamt gebildet werden. Deren Zahl ist

$$\binom{n_1 + n_2}{n_1}.$$

Für jeden Fall ist die Nummernsumme zu bilden und deren Häufigkeitsverteilung aufzustellen.

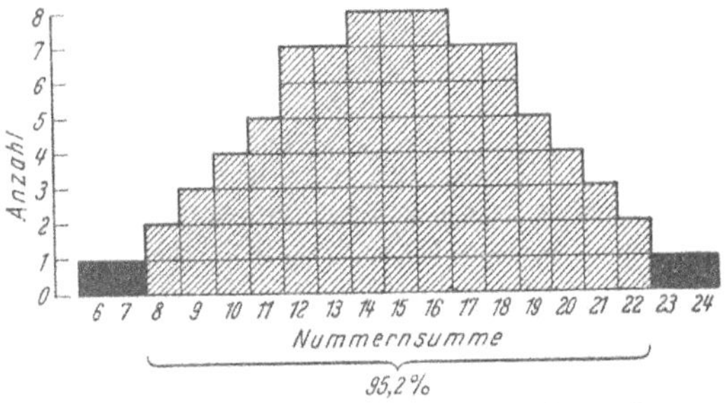

Abb. 16. Nummernsumme (Summe der Rangordnungszahlen von $n_1 = 3$ Nummern aus einer Gesamtheit von $n_1 + n_2 = 9$ Nummern).

*Beispiel 29:* Als Beispiel mit kleinen Zahlen sei die Häufigkeitsverteilung für $n_1 = 3$ und $n_2 = 6$ in Abb. 16 dargestellt. Es sind alle Möglichkeiten für die Summe dreier Zahlen aus der Reihe 1, 2, ..., 9 ohne Wiederholung aufgeführt, insgesamt $\binom{9}{3} = 84$. Will man die 95%-Grenzen bestimmen, so hat man die 2 niedrigsten und die 2 höchsten Fälle (4 von $84 = 4{,}8\%$) abzugrenzen. Die Nummernsummen 6 und 7, sowie 23 und 24 liegen außerhalb der Zufallsgrenzen. Die 99%- und 99,9%-Grenzen treten erst bei größeren Zahlen $n_1$ und $n_2$ auf. — Die Form der Verteilung zeigt bereits eine deutliche Näherung an die Normalkurve.

*Beispiel 30:*

Beobachtungswerte 1. Reihe: 8,9 −12,5 −14,3 −9,2 −6,3 −14,8 −10,1 −12,5; $n_1 = 8$
2. Reihe: 4,7 − 3,9 − 6,4 −4,9 −5,6 −10,2 − 4,7 − 9,2 −5,2 −12,8; $n_2 = 10$

Anordnungsreihe 1. Reihe: 9    14,5   17   10,5   7   18   12   14,5
2. Reihe: 2,5   1   8   4   6   13   2,5   10,5   5   16

Die Nummernsumme der 1. Reihe ist $S_1 = 102{,}5$. Der Erwartungswert bei Gültigkeit der Nullhypothese (nur Zufallsunterschiede) ist

$$E(S_1) = \frac{1}{2} \cdot 8 \cdot 19 = 76 \text{ mit } \sigma_{(S_1)} = \sqrt{\frac{10 \cdot 76}{6}} = 11{,}3.$$

Die Differenz $S_1 - E = 26{,}5$ beträgt das 2,3fache des mittleren Fehlers und liegt damit zwischen der 5%- und 1%-Grenze.

Das Arbeiten mit Anordnungsreihen ist im allgemeinen einfach; man verzichtet aber auf einen erheblichen Teil der quantitativen Information aus den Versuchswerten. Dieser Verzicht lohnt nur dann, wenn man gewichtige Gründe gegen die Brauchbarkeit der üblichen Methoden hat. Dann allerdings sind die Verfahren dieser Art unentbehrlich.

## 4. Folgeprüfung (Sequenzanalyse).

Bei Versuchsreihen, insbesondere bei solchen, in denen routinemäßig bestimmte Vergleiche durchgeführt werden, lohnt es, durch Anwendung des Prinzips der laufenden

---
[1] WHITE, C.: Biometrics 8, 33 (1952). Dort auch Tabellen für die Werte $(n_1 + n_2) < 30$ mit den Sicherungsgrenzen 5%; 1%; 0,1%.

Prüfungen bei jedem neuen Beobachtungsfall (vgl. S. 945) den Versuchsaufwand zu vermindern. Man muß hierbei 2 Hypothesen $H_0$ und $H_1$, zwischen denen entschieden werden soll, genau präzisieren. Als Hypothese $H_0$ möge geprüft werden, ob die Werte der Variablen $x$ in der Beobachtungsreihe als Stichproben aus einem Kollektiv mit dem wahren Mittelwert $x°$ angesehen werden können, der gleich einem vorgegebenen unteren Grenzwert $g_u$ (oder kleiner) ist. Die Gegenhypothese $H_1$ ist, daß $x°$ gleich einem vorgegebenen oberen Grenzwert $g_0$ (oder größer) ist. Die mittlere Abweichung im Kollektiv sei $\sigma$. Die Prüfung soll so erfolgen, daß die Summe der jeweils ersten $n$ Beobachtungswerte $\sum x$ mit zwei für diese Beobachtungszahl $n$ gültigen Grenzwerten verglichen wird, deren Unter- oder Überschreitung die Annahme oder Ablehnung von $H_0$ (bzw. $H_1$) zur Folge hat. Liegt $\sum x$ zwischen den beiden Grenzwerten, so wird noch keine Entscheidung getroffen. Die Beobachtungsreihe wird so lange fortgesetzt, bis eine der beiden Grenzen erreicht ist. Dieses Verfahren wird dadurch technisch einfach, daß nur eine graphische Darstellung von 2 geraden Linien erforderlich ist, die leicht berechnet werden können.

Aus der Versuchssituation müssen zunächst zwei Wahrscheinlichkeiten festgelegt werden, die für die Lage der Grenzwerte entscheidend sind. $\alpha$ ist die Wahrscheinlichkeit, daß $H_0$ abgelehnt ($H_1$ angenommen) wird, obwohl $H_0$ richtig ist; $\beta$ ist die Wahrscheinlichkeit, daß $H_0$ angenommen ($H_1$ abgelehnt) wird, obwohl $H_1$ richtig ist. Die erste Möglichkeit wird auch als $\alpha$-Fehler oder Fehler erster Art bezeichnet, in der Industrie: Herstellerrisiko. Die zweite Möglichkeit ist der Fehler zweiter Art ($\beta$-Fehler, Abnehmerrisiko). Das Verfahren[1] beruht auf dem Quotienten der Wahrscheinlichkeiten, die die jeweilige Beobachtungssumme bei Richtigkeit von $H_0$ und von $H_1$ hat (Wahrscheinlichkeitsverhältnistest). Es wird Normalverteilung der Grundgesamtheit vorausgesetzt.

Die beiden Grenzgeraden für die Prüfung der Beobachtungssumme der ersten $n$ Fälle sind

$$a_n = \frac{\sigma^2}{g_0 - g_u} \cdot \log \text{nat} \frac{\beta}{1-\alpha} + \frac{g_0 + g_u}{2} \cdot n \quad \text{(Annahmegleichung für } H_0\text{)}, \tag{81}$$

$$r_n = \frac{\sigma^2}{g_0 - g_u} \cdot \log \text{nat} \frac{1-\beta}{\alpha} + \frac{g_0 + g_u}{2} \cdot n \quad \text{(Rückweisungsgleichung für } H_0\text{)}. \tag{82}$$

Die erwartete Anzahl der bis zur Entscheidung erforderlichen Fälle ist

$$E_{0(n)} = -\frac{(1-\alpha) \log \text{nat} \dfrac{\beta}{1-\alpha} + \alpha \log \text{nat} \dfrac{1-\beta}{\alpha}}{(g_0 - g_u)^2} \cdot 2\sigma^2, \text{ wenn } H_0 \text{ richtig ist, und} \tag{83}$$

$$E_{1(n)} = \frac{\beta \log \text{nat} \dfrac{\beta}{1-\alpha} + (1-\beta) \log \text{nat} \dfrac{1-\beta}{\alpha}}{(g_0 - g_u)^2} \cdot 2\sigma^2, \text{ wenn } H_1 \text{ richtig ist.} \tag{84}$$

*Beispiel 31:* In pharmakologischen Reihenversuchen werden Substanzen auf ihre Wirksamkeit geprüft. Gesucht werden Substanzen mit höherer als der üblichen Wirkung. Die Nullhypothese $H_0$ sei die, daß es sich nur um Kollektive mit dem Mittelwert 100 (oder darunter) handelt. Die mittlere Abweichung sei erfahrungsgemäß $\sigma = 20$. Es werden Substanzen gesucht, deren Beobachtungswerte als Stichproben aus Kollektiven mit einem Mittelwert von 110 (und darüber) und derselben mittleren Abweichung aufgefaßt werden können. Bei der praktischen Anwendung muß man aber gleichzeitig auch die Fälle mit heraussuchen, die nur hohe Zufallsabweichungen von $H_0$ zeigen. In Abb. 17 sind die Lösungen für 4 verschiedene Festsetzungen von $\alpha$ und $\beta$ angegeben, sowie eine eingezeichnete Beobachtungsreihe von 11 Werten, die in den Fällen a, b, c zur Entscheidung genügte.

Die Rechnung sei für $\alpha = 10\%$ und $\beta = 1\%$ gezeigt. Es ist bei Rechnung mit den üblichen Logarithmen und dem Faktor $\log \text{nat } 10 = 2{,}303$

$$\log \text{nat} \frac{\beta}{1-\alpha} = \log \text{nat} \frac{0{,}01}{0{,}90} = 2{,}303 \cdot (\log 0{,}01 - \log 0{,}90) = 2{,}303 \,[-2 - (0{,}9543 - 1)] = -4{,}50$$

$$\log \text{nat} \frac{1-\beta}{\alpha} = \log \text{nat} \frac{0{,}99}{0{,}10} = 2{,}303 \,(\log 0{,}99 - \log 0{,}10) = 2{,}303 \,[(0{,}9956 - 1) - (-1)] = +2{,}29$$

---

[1] WALD, A.: Sequential Analysis. 2. Aufl. New York 1948.

Daraus ergibt sich die Annahmegleichung für $H_0$ („Substanz hat nur die übliche Wirkung")

$$a_n = \frac{20^2}{110-100}(-4{,}50) + \frac{110+100}{2} \cdot n = 105 \cdot n - 180$$

und die Annahmegleichung für $H_1$ („Substanz hat höhere Wirkung")

$$r_n = \frac{20^2}{110-100}(+2{,}29) + \frac{110+100}{2} \cdot n = 105 \cdot n + 92.$$

Als Beobachtungszahl bis zur Entscheidung ist zu erwarten

$$E_{0(n)} = -\frac{0{,}90 \cdot (-4{,}50) + 0{,}10 \cdot 2{,}29}{10^2} \cdot 2 \cdot 20^2 = 31,$$

wenn es sich um Substanzen mit der üblichen Wirkung handelt, und

$$E_{1(n)} = \frac{0{,}01 \cdot (-4{,}50) + 0{,}99 \cdot 2{,}29}{10^2} \cdot 2 \cdot 20^2 = 18,$$

wenn es sich um Substanzen mit einem wahren Mittelwert von 110 handelt.

Die 4 Festsetzungen von $\alpha$ und $\beta$ für Abb. 17 sind

a) $\alpha = 10\%$, $\beta = 10\%$. Grobe Unterscheidung mit geringen Versuchszahlen. Fehleinordnung nach beiden Seiten tragbar; mit je 10% zugelassen. Erwartete Beobachtungszahl $E_{0(n)} = E_{1(n)} = 14$.

Bei einem Versuchsplan mit fester Beobachtungszahl, nach deren Erreichen erst eine statistische Auswertung vorgenommen wird, müßte man 26 Beobachtungen ansetzen, um Entscheidungen mit der gleichen Sicherheit zu treffen. Berechnung: Ein in der Mitte bei 105 liegender Mittelwert müßte von Stichproben des Umfanges $n$ aus jedem der beiden Kollektive mit der (einseitigen) Wahrscheinlichkeit von 10% überschritten werden. Dem entspricht das 1,28fache des mittleren Fehlers des Mittelwertes.

Aus $\quad\quad\quad 5 = 1{,}28 \cdot \dfrac{20}{\sqrt{n}} \quad\quad$ ergibt sich $\quad\quad n = \dfrac{1{,}28^2 \cdot 20^2}{5^2} = 26.$

Durch die laufende Prüfung der jeweils vorliegenden Beobachtungssumme nach der Sequenzanalyse *spart man rund die Hälfte des Beobachtungsaufwandes.*

b) $\alpha = 1\%$, $\beta = 1\%$. Feine Unterscheidung mit größeren Versuchszahlen. Fehleinordnungen nach beiden Seiten unerwünscht; nur mit je 1% zugelassen. Erwartete Beobachtungszahl $E_{0(n)} = E_{1(n)} = 36$. Bei festem $n$ hätte man 86 Beobachtungen ansetzen müssen, spart somit fast 60% der Versuchszahl!

c) $\alpha = 10\%$, $\beta = 1\%$. Übersehen der $H_0$-Fälle ist unerwünscht; nur mit 1% zugelassen. Inkaufnahme von Zufallsabweichern von $H_0$ mit 10%. Erwartete Beobachtungszahl bei $H_1$-Fällen 18, bei $H_0$-Fällen 31. Einsparung beträgt rd. die Hälfte.

d) $\alpha = 10\%$, $\beta = 0{,}1\%$. Übersehen der $H_1$-Fälle schärfstens reduziert. Dafür Erhöhung der Versuchszahl infolge der Erschwerung der Entscheidung. Die erwartete Beobachtungszahl steigt bei $H_0$-Fällen auf 47 und liegt bei den $H_1$-Fällen mit 18 gleich mit Fall c.

Die Ersparnis durch das Sequenzverfahren kann man überschlägig allgemein mit der Hälfte ansetzen.

**Folgeprüfung bei Häufigkeiten.** Das gleiche Verfahren läßt sich auch auf Fälle anwenden, in denen das zu beurteilende Merkmal eine Häufigkeit ist. Dann ist die Hypothese $H_0$, daß die Grundwahrscheinlichkeit $P$ den unteren Grenzwert $P_u$ hat, während die Hypothese $H_1$ den oberen Grenzwert $P_0$ zugrunde legt. Bezeichnet man $Q_u$ und $Q_0$ die Gegenwahrscheinlichkeiten $(1-P_u)$ und $(1-P_0)$, so werden die Gleichungen, wenn zur Abkürzung log durch $l$ ersetzt wird

$$a_n = \frac{l\dfrac{\beta}{1-\alpha}}{lP_1 - lP_0 - lQ_1 + lQ_0} + \frac{lQ_0 - lQ_1}{lP_1 - lP_0 - lQ_1 + lQ_0} \cdot n \quad \text{(Annahmegleichung für } H_0\text{)} \quad (85)$$

und

$$r_n = \frac{l\dfrac{1-\beta}{\alpha}}{lP_1 - lP_0 - lQ_1 + lQ_0} + \frac{lQ_0 - lQ_1}{lP_1 - lP_0 - lQ_1 + lQ_0} \cdot n \quad \begin{array}{l}\text{(Rückweisungsgleichung für}\\H_0\text{, Annahmegleichung für }H_1\text{).}\end{array} \quad (86)$$

Die Rechnung kann mit gewöhnlichen Logarithmen durchgeführt werden.

***Beispiel 33:*** Der übliche Wirkungsprozentsatz sei 20% = $P_0$; es werden Substanzen mit Wirkungsprozentsätzen 30% gesucht. Es sei $\alpha = 10\%$, $\beta = 1\%$. Es ist $\log \dfrac{\beta}{1-\alpha} = -1{,}9543$;

$\log \frac{1-\beta}{\alpha} = 0{,}9956$; $\log P_0 = 0{,}3010 - 1$; $\log Q_0 = 0{,}9031 - 1$; $\log P_1 = 0{,}4771 - 1$ und $\log Q_1 = 0{,}8451 - 1$. Daraus ergibt sich

und
$$a_n = -8{,}4 + 0{,}248\, n$$
$$r_n = +4{,}3 + 0{,}248\, n.$$

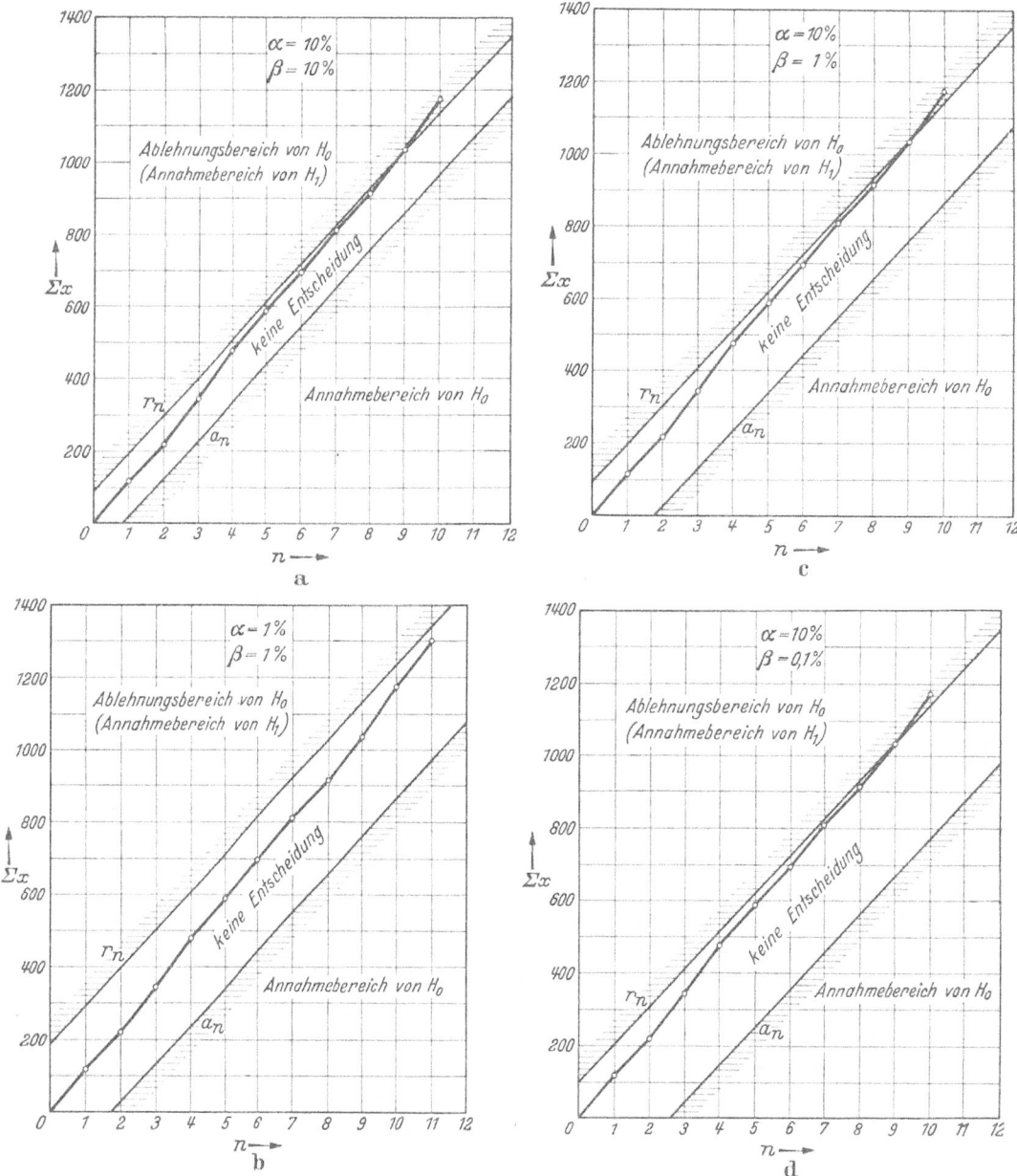

Abb. 17 a—d. Folgeprüfung (Sequenzanalyse).

Bei $n = 100$ lautet z. B. die Annahmezahl für $H_0$: $a_{100} = 16{,}4$ und die Annahmezahl für $H_1$: $r_{100} = 29{,}1$. Liegt die bis zum 100. Fall beobachtete Zahl der +-Fälle zwischen beiden Grenzen, so wird weiter beobachtet. Beträgt sie 16 und weniger, wird die Substanz als nur durchschnittlich betrachtet ($H_0$). Wird 30 oder mehr erreicht, wird $H_1$ angenommen (Substanz gut). Dieser Vergleich mit den Grenzen wird bei jedem neuen Fall vorgenommen; bei Erreichung einer Grenze wird die Prüfung eingestellt.

## 5. Die Beurteilung von Streuungen.

Ist ein Merkmal im Kollektiv normal verteilt und sind $M$ und $\sigma$ des Kollektivs bekannt, so schwankt nach (50) in Stichproben vom Umfang $n$ das empirische $s$ um $\sigma$ mit dem mittleren Fehler

$$\sigma_s = \frac{\sigma}{\sqrt{2n}},$$

das Streuungsquadrat („Varianz") $s^2$ um $\sigma$ mit dem mittleren Fehler

$$\sigma_{s^2} = \sigma^2 \sqrt{\frac{2}{n}}.$$

$s$ und $s^2$ sind *nicht* normal verteilt. Liegt eine Normalverteilung in $x$ zugrunde, so folgt $s^2$ der $\chi^2$-Verteilung, die schon in B 2c genannt war (Tabelle 9). Die Verteilung von $s$ ist ohne Bedeutung, da alle Vergleiche, die $s$ betreffen, mit $s^2$ durchgeführt werden können.

Man berechnet als Prüfmaß für die Abweichung eines $s^2$ von $\sigma^2$

$$\frac{\chi^2}{f} = \frac{s^2}{\sigma^2}. \tag{87}$$

Die Zahl der Freiheitsgrade ist $f = n - 1$.

*Beispiel 34:* Für eine Standardbestimmung sei aus langer Erfahrung $M = 10,0$ und $\sigma^2 = 2,0$ bekannt. Ein neuer Untersucher habe bei seinen ersten 10 Untersuchungen $\bar{x} = 9,9$ und $s^2 = 4,8$ erhalten. Bedeutet das größere $s$ eine größere individuelle Beobachtungsfehlerspanne? Oder liegt die Vergrößerung noch im Zufallsbereich? Es ist $\frac{\chi^2}{9} = \frac{4,8}{2,0} = 2,4$. Nach Tafel 9 ist bei $f = 9$ die 1%-Grenze gerade bei 2,4.

Der *Vergleich zweier empirischer Streuungen* erfolgt nach der durch FISHER aufgestellten $F$-Verteilung, die die allgemeinste der zur Zeit gebräuchlichen theoretischen Verteilungsfunktionen der mathematischen Statistik ist und die wichtigsten bisher erwähnten Verteilungen (Normalverteilung, $t$-Verteilung, $\chi^2$-Verteilung) als Spezialfälle enthält. Die Prüfgröße ist

$$F = \frac{s_1^2}{s_2^2}. \tag{88}$$

Die Prüfung der Nullhypothese erfolgt so, daß das kleinere Streuungsquadrat als $s_2^2$ in den Nenner kommt und man unter Berücksichtigung der Freiheitsgrade $f_1$ und $f_2$ in Zähler und Nenner nach Tabelle 22 prüft, ob $F$ signifikant größer als 1 ist.

*Beispiel 34a:* Die beiden Vergleichsreihen von Beispiel 25 ergeben die Streuungsquadrate 0,62 und 1,51 mit den Freiheitsgraden 6 und 9. Die Bezeichnungen sind jetzt so zu wählen, daß $s_2^2 = 0,62$ wird. Man prüft

$$F = \frac{1,51}{0,62} = 2,4$$

nach Tabelle 22 mit $f_1 = 9$ und $f_2 = 6$. Man findet für die 5%-Grenze $F_{5\%} = 4,1$; der gefundene Unterschied ist also unwesentlich. — Im Falle des Beispiels 25 ist es dann zulässig, beim Mittelwertsvergleich ein gemeinsames $s$ aus beiden Reihen zu berechnen.

## 6. Die Methode der Streuungszerlegung. Vergleich mehrerer Mittelwerte.

Das in der modernen mathematisch-statistischen Methodik dominierende Verfahren der Streuungszerlegung („analysis of variance", auch im Deutschen oft als Varianzanalyse bezeichnet) ist von R. A. FISHER seit etwa 1920 zur heutigen Vielseitigkeit entwickelt worden. Das Verfahren eignet sich besonders dazu, systematisch mehrstufige und ineinandergreifende Vergleiche, wie sie in Experimentalserien häufig vorkommen, einheitlich und optimal zu bearbeiten. Die Systematisierung der Versuchsplanung und deren Abstimmung auf die Auswertung sind daher am zweckmäßigsten auf die Anwendung der Streuungszerlegung auszurichten.

Ein einführendes Beispiel soll vorangestellt werden.

## a) Das Zusammenwirken von methodischem Fehler und biologischer Variabilität.

**Beispiel 35:** Auf S. 966 wurde die Grundtatsache behandelt, daß das Streuungsquadrat $\sigma^2$ (bzw. $s^2$) sich bei Vorhandensein mehrerer Komponenten der Streuung *additiv* zusammensetzt. Im schematischen Beispiel 31 sind Mehrfachbestimmungen einer Substanz an verschiedenen Tieren angenommen; es soll das Verhalten des methodischen Fehlers (Bestimmungsfehlers) $s_2$ gegenüber den Schwankungen von Tier zu Tier (mittlere Abweichung $s_1$) betrachtet werden. Dabei muß beachtet werden, ob sich die Fehler auf Einzelwerte oder auf Mittelwerte beziehen. Weiterhin soll gefragt werden, ob der Bestimmungsfehler so groß ist, daß die individuellen Unterschiede von Tier zu Tier in den Streuungsbereich fallen.

Tabelle 17. *Schematisches Beispiel für Mehrfachbestimmungen an 10 Tieren.*

| Tier Nr. $i$ | 1. | 2. | 3. | 4. | Summe $\sum_j x_{ij} = X_i$ | Mittelwert $\bar{x}_i$ |
|---|---|---|---|---|---|---|
| | $x_{i1}$ | $x_{i2}$ | $x_{i3}$ | $x_{i4}$ | | |
| 1 | 22 | 25 | 23 | 26 | 96 | 24 |
| 2 | 18 | 19 | 18 | 21 | 76 | 19 |
| 3 | 25 | 22 | 22 | 23 | 92 | 23 |
| 4 | 21 | 24 | 20 | 23 | 88 | 22 |
| 5 | 26 | 25 | 23 | 22 | 96 | 24 |
| 6 | 20 | 17 | 19 | 20 | 76 | 19 |
| 7 | 22 | 20 | 20 | 22 | 84 | 21 |
| 8 | 16 | 18 | 17 | 21 | 72 | 18 |
| 9 | 21 | 20 | 20 | 19 | 80 | 20 |
| 10 | 18 | 20 | 18 | 23 | 80 | 20 |
| Summe: | 210 | 210 | 200 | 220 | 840 | 210 |
| Mittelwert: | 21,0 | 21,0 | 20,0 | 22,0 | 84,0 | 21,0 |

Tabelle 18. *Berechnung des Bestimmungsfehlers zu Tabelle 17.*

| Tier Nr. | Quadrat der Abweichung vom Mittelwert jedes Tieres | | | | Summe |
|---|---|---|---|---|---|
| | 1. | 2. | 3. | 4. | |
| | Bestimmung | | | | |
| 1 | 4 | 1 | 1 | 4 | 10 |
| 2 | 1 | — | 1 | 4 | 6 |
| 3 | 4 | 1 | 1 | — | 6 |
| 4 | 1 | 4 | 4 | 1 | 10 |
| 5 | 4 | 1 | 1 | 4 | 10 |
| 6 | 1 | 4 | — | 1 | 6 |
| 7 | 1 | 1 | 1 | 1 | 4 |
| 8 | 4 | — | 1 | 9 | 14 |
| 9 | 1 | — | — | 1 | 2 |
| 10 | 1 | — | 4 | 9 | 14 |
| | | | | | 82 |

Um den *methodischen Fehler* zu bestimmen, bildet man die Abweichungen der vier Einzelbestimmungen von ihrem Mittelwert und quadriert sie (Tabelle 18).

Wenn man annehmen kann, daß der Bestimmungsfehler bei allen Tieren gleich ist, kann man alle diese Abweichungsquadrate summieren und erhält analog zu (69)

$$s_2^2 = \frac{82}{30} = 2,7; \quad s_2 = 1,6.$$

Da 10 Mittelwerte bei der Berechnung benutzt wurden, ist statt der Anzahl 40 nur 30 bei der Division einzusetzen.

Jeder Mittelwert ist mit einem mittleren Fehler $s_{\bar{x}_i} = \frac{1,6}{\sqrt{4}} = 0,8$ festgestellt. Von den 10 Mittelwerten der Tiere liegen 3 außerhalb des dreifachen mittleren Fehlers; die Unterschiede der Mittelwerte können also nicht nur auf Unsicherheiten der Bestimmung zurückgeführt werden.

Die *Variabilität von Tier zu Tier* wird an den Schwankungen der Mittelwerte der Tiere gemessen. Man berechnet die Abweichungsquadrate der Einzelmittelwerte vom Gesamtmittel und erhält

$$s_1^2 = \frac{1}{9}(3^2 + 2^2 + 2^2 + 1^2 + 3^2 + 2^2 + 0^2 + 3^2 + 1^2 + 1^2) = \frac{42}{9} = 4,7; \quad s_1 = 2,2.$$

Der Vergleich der Tiervariabilität mit dem Messungsfehler kann nicht durch unmittelbare Gegenüberstellung von $s_1$ und $s_2$ erfolgen, weil sich $s_1$ auf Einzelbeobachtungen und $s_2$ auf Mittelwerte bezieht. Der Vergleich muß entweder auf Einzelwertbasis oder auf Mittelwertbasis erfolgen. Die Berechnungen werden statt mit $s_1$ und $s_2$ mit den Varianzen $s_1^2$ und $s_2^2$ selbst vorgenommen. Die Varianz zwischen den Tiermittelwerten ist $s_1^2$; die methodische Fehlervarianz der aus je 4 Werten gewonnenen Mittelwerte $\bar{x}_i$ ist $s_{\bar{x}_i}^2 = \frac{s_2^2}{4}$. Nach (88) erfolgt der Vergleich von Streuungsmassen am besten mittels des Quotienten

$$F = \frac{s_1^2}{s_{\bar{x}_i}^2} = \frac{4,7}{\frac{1}{4} \cdot 2,7} = 7,0.$$

Der zulässige Zufallsgrenzwert ist davon abhängig, auf wieviel Freiheitsgraden die Berechnung der beiden $s^2$-Werte beruht. $F$ ist aus $f_1 = 9$ und $f_2 = 30$ Freiheitsgraden berechnet. Die Ablesung in Tabelle 22 ergibt bei der Sicherungsgrenze von 0,1 % den Wert $F_{0,1\%} = 4,4$. Der noch größere Beobachtungswert 7,0 bedeutet, daß die Tiervariabilität sicher größer als der Beobachtungsfehler ist.

Die Nullhypothese des Beispiels war, daß alle 40 Werte sich nur durch methodische Bestimmungsfehler unterscheiden. In bezug auf andere Merkmale (hier: Tierindividualität) wäre die Reihe dann homogen gewesen. Die Prüfung einer solchen Homogenitätsannahme ist das Kernstück der weiteren Methodik, bei der Vergleiche zwischen verschiedenen Behandlungsarten im Vordergrund stehen werden.

### b) Das Grundschema der Streuungszerlegung. Homogenitätsprüfung für eine Gruppierung.

Es seien $k \cdot l$ Beobachtungen gegeben, die gemäß dem Schema angeordnet werden können. Bei den Einzelwerten bezieht sich der erste Index auf die Zeile, der zweite auf die Spalte.

Bei den Mittelwerten ist nur die Nummer der Zeile oder Spalte an erster oder zweiter Stelle angegeben, auf die sich der Mittelwert bezieht; an der anderen Stelle steht ein Punkt. Wenn alle Beobachtungswerte aus einer homogenen Gesamtheit stammen, so liegt allen Schwankungen dasselbe Streuungsmaß $\sigma$ zugrunde. Aus dem einheitlichen $\sigma$ leiten sich die Schwankungen innerhalb der Zeilen (Reihen), innerhalb der Spalten, ebenso die zwischen den Zeilenmittelwerten und die zwischen den Spaltenmittelwerten ab. Umgekehrt kann man aus allen diesen Schwankungsreihen Schätzungen für $\sigma$ gewinnen. Stimmen diese untereinander genügend überein, so ist damit die Annahme der Homogenität bestätigt, bei Nichtübereinstimmung widerlegt. Es lassen sich folgende Abweichungsquadrate bilden, wobei zunächst nur die Zeilen als unterscheidbare Gruppen betrachtet werden:

Tabelle 19. *Werteschema für die Streuungszerlegung.*

| | Summe | Mittelwert |
|---|---|---|
| $x_{11} \; x_{12} \; x_{13} \ldots x_{1j} \ldots x_{1k}$ | $X_1.$ | $\bar{x}_1.$ |
| $x_{21} \; x_{22} \; x_{23} \ldots x_{2j} \ldots x_{2k}$ | $X_2.$ | $\bar{x}_2.$ |
| $x_{31} \; x_{32} \; x_{33} \ldots x_{3j} \ldots x_{3k}$ | $X_3.$ | $\bar{x}_3.$ |
| $x_{i1} \; x_{i2} \; x_{i3} \ldots x_{ij} \ldots x_{ik}$ | $X_i.$ | $\bar{x}_i.$ |
| $x_{l1} \; x_{l2} \; x_{l3} \ldots x_{lj} \ldots x_{lk}$ | $X_l.$ | $\bar{x}_l.$ |
| Summe: $X_{.1} \; X_{.2} \; X_{.3} \ldots X_{.j} \ldots X_{.k}$ | $X$ | |
| Mittelwert: $\bar{x}_{.1} \; \bar{x}_{.2} \; \bar{x}_{.3} \ldots \bar{x}_{.j} \ldots \bar{x}_{.k}$ | | $\bar{x}$ |

Tabelle 20. *$\sigma^2$-Schätzungen bei Homogenität.*

| Abweichungsquadrate | | Erwartungswert bei Einheitlichkeit des Materials |
|---|---|---|
| (1.) aller Einzelwerte $x_{ij}$ vom Gesamtmittel $\bar{x}$ | $\sum_{i,j} (x_{ij} - \bar{x})^2$ | $(k \cdot l - 1)\sigma^2$ |
| (2.) der Einzelwerte $x_{ij}$ der $i$-ten Reihe vom Reihenmittel $\bar{x}_i.$ | $\sum_j (x_{ij} - \bar{x}_i.)^2$ | $(k-1)\sigma^2$ |
| (3.) Summe nach (2) für alle Reihen | $\sum_{i,j} (x_{ij} - \bar{x}_i.)^2$ | $l(k-1)\sigma^2$ |
| (4.) der Reihenmittel $\bar{x}_i.$ vom Gesamtmittel $\bar{x}$ | $\sum_i (\bar{x}_i. - \bar{x})^2$ | $\dfrac{(l-1)}{k}\sigma^2$ |

Der Vergleich der Streuungen wird mit den $\sigma^2$-Schätzungen, also auf Einzelwertbasis vorgenommen.

Tabelle 21. *Schema der Streuungszerlegung in $l$ Gruppen zu je $k$ Werten.*

| Art der Streuung | Summe der Abweichungsquadrate (sum of squares) S A Q | Zahl der Freiheitsgrade (degrees of freedom) $f$ | Mittelwert der Abweichungsquadrate (mean square) M A Q | F |
|---|---|---|---|---|
| *Zwischen* den Gruppen (Reihen, Personen, Behandlungen) | $k \sum_i (\bar{x}_i. - \bar{x})^2 = S_1$ | $l - 1 = f_1$ | $\dfrac{S_1}{f_1} = s_1$ | $\dfrac{s_1^2}{s_2^2}$ |
| *Innerhalb* der Gruppen | $\sum_{i,j} (x_{ij} - \bar{x}_i.)^2 = S_2$ | $l(k-1) = f_2$ | $\dfrac{S_2}{f_2} = s_2$ | |
| Insgesamt | $\sum_{i,j} (x_{ij} - \bar{x})^2 = S_3$ | $k \cdot l - 1$ | | |

Die in der vorletzten Spalte berechneten Werte $s_1^2$ und $s_2^2$ sind die zu vergleichenden $\sigma^2$-Schätzungen auf Einzelwertbasis.

Tabelle 22. *Sicherheitsstufen*

| $n_2$ = Zahl der Freiheitsgrade im Nenner | $n_1$ = Zahl der Freiheits- | | | | | |
|---|---|---|---|---|---|---|
| | 1 | 2 | 3 | 4 | 5 | 6 |

a) Warngrenze $\alpha = 5\%$.

| | | | | | | |
|---|---|---|---|---|---|---|
| 1 | *161* | *200* | *216* | *225* | *230* | *234* |
| 2 | 19 | 19 | 19 | 19 | 19 | 19 |
| 3 | 10 | 9,6 | 9,3 | 9,1 | 9,0 | 8,9 |
| 4 | 7,7 | 6,9 | 6,6 | 6,4 | 6,3 | 6,2 |
| 5 | 6,6 | 5,8 | 5,4 | 5,2 | 5,1 | 5,0 |
| 6 | 6,0 | 5,1 | 4,8 | 4,5 | 4,4 | 4,3 |
| 7 | 5,6 | 4,7 | 4,4 | 4,1 | 4,0 | 3,9 |
| 8 | 5,3 | 4,5 | 4,1 | 3,8 | 3,7 | 3,6 |
| 9 | 5,1 | 4,3 | 3,9 | 3,6 | 3,5 | 3,4 |
| 10 | 5,0 | 4,1 | 3,7 | 3,5 | 3,3 | 3,2 |
| 12 | 4,8 | 3,9 | 3,5 | 3,3 | 3,1 | 3,0 |
| 14 | 4,6 | 3,7 | 3,3 | 3,1 | 3,0 | 2,9 |
| 16 | 4,5 | 3,6 | 3,2 | 3,0 | 2,9 | 2,7 |
| 18 | 4,4 | 3,6 | 3,2 | 2,9 | 2,8 | 2,7 |
| 20 | 4,4 | 3,5 | 3,1 | 2,9 | 2,7 | 2,6 |
| 25 | 4,2 | 3,4 | 3,0 | 2,8 | 2,6 | 2,5 |
| 30 | 4,2 | 3,3 | 2,9 | 2,7 | 2,5 | 2,4 |
| 40 | 4,1 | 3,2 | 2,8 | 2,6 | 2,5 | 2,3 |
| 50 | 4,0 | 3,2 | 2,8 | 2,6 | 2,4 | 2,3 |
| 60 | 4,0 | 3,2 | 2,8 | 2,5 | 2,4 | 2,3 |
| 80 | 4,0 | 3,1 | 2,7 | 2,5 | 2,3 | 2,2 |
| 100 | 3,9 | 3,1 | 2,7 | 2,5 | 2,3 | 2,2 |
| $\infty$ | *3,84* | *3,00* | *2,60* | *2,37* | *2,21* | *2,10* |

b) Sicherungsgrenze $\alpha = 1\%$.

| | | | | | | |
|---|---|---|---|---|---|---|
| 1 | *4100* | *5000* | *5400* | *5600* | *5800* | *5900* |
| 2 | 98 | 99 | 99 | 99 | 99 | 99 |
| 3 | 34 | 31 | 29 | 29 | 28 | 28 |
| 4 | 21 | 18 | 17 | 16 | 16 | 15 |
| 5 | 16 | 13 | 12 | 11 | 11 | 11 |
| 6 | 14 | 11 | 9,8 | 9,2 | 8,8 | 8,5 |
| 7 | 12 | 9,6 | 8,5 | 7,8 | 7,5 | 7,2 |
| 8 | 11 | 8,7 | 7,6 | 7,0 | 6,6 | 6,4 |
| 9 | 11 | 8,0 | 7,0 | 6,4 | 6,1 | 5,8 |
| 10 | 10 | 7,6 | 6,6 | 6,0 | 5,6 | 5,4 |
| 12 | 9,3 | 6,9 | 6,0 | 5,4 | 5,1 | 4,8 |
| 14 | 8,9 | 6,5 | 5,6 | 5,0 | 4,7 | 4,5 |
| 16 | 8,5 | 6,2 | 5,3 | 4,8 | 4,4 | 4,2 |
| 18 | 8,3 | 6,0 | 5,1 | 4,6 | 4,3 | 4,0 |
| 20 | 8,1 | 5,9 | 4,9 | 4,4 | 4,1 | 3,9 |
| 25 | 7,8 | 5,6 | 4,7 | 4,2 | 3,9 | 3,6 |
| 30 | 7,6 | 5,4 | 4,5 | 4,0 | 3,7 | 3,5 |
| 40 | 7,3 | 5,2 | 4,3 | 3,8 | 3,5 | 3,3 |
| 50 | 7,2 | 5,1 | 4,2 | 3,7 | 3,4 | 3,2 |
| 60 | 7,1 | 5,0 | 4,1 | 3,7 | 3,3 | 3,1 |
| 80 | 7,0 | 4,9 | 4,0 | 3,6 | 3,3 | 3,0 |
| 100 | 6,9 | 4,8 | 4,0 | 3,5 | 3,2 | 3,0 |
| $\infty$ | *6,64* | *4,60* | *3,78* | *3,32* | *3,02* | *2,80* |

Wenn man aus (1), (3) und (4) $\sigma^2$-Schätzungen berechnet, so hat man den Vorteil, daß die benötigten Quadratsummen untereinander in Beziehung stehen. Es ist in der $i$-ten Zeile

$$\sum_j (x_{ij} - \bar{x})^2 = \sum_j (x_{ij} - \bar{x}_{i.})^2 + k(\bar{x}_{i.} - \bar{x})^2$$

und für alle Zeilen insgesamt

$$\sum_{ij} (x_{ij} - \bar{x})^2 = \sum_{i,j} (x_{ij} - \bar{x}_{i.})^2 - k \sum_i (\bar{x}_{i.} - \bar{x})^2. \tag{89}$$

*der F-Verteilung.*

| grade im Zähler | | | | | | | $n_2$ |
|---|---|---|---|---|---|---|---|
| 8 | 10 | 15 | 20 | 30 | 50 | ∞ | |

Statistische Sicherheit 95%.

| | | | | | | | |
|---|---|---|---|---|---|---|---|
| *239* | *242* | *246* | *248* | *250* | *252* | *254* | 1 |
| 19 | 19 | 19 | 19 | 20 | 20 | 20 | 2 |
| 8,8 | 8,8 | 8,7 | 8,7 | 8,6 | 8,6 | 8,5 | 3 |
| 6,0 | 6,0 | 5,9 | 5,8 | 5,8 | 5,7 | 5,6 | 4 |
| 4,8 | 4,7 | 4,6 | 4,6 | 4,5 | 4,4 | 4,4 | 5 |
| 4,2 | 4,1 | 3,9 | 3,9 | 3,8 | 3,8 | 3,7 | 6 |
| 3,7 | 3,6 | 3,5 | 3,4 | 3,4 | 3,3 | 3,2 | 7 |
| 3,4 | 3,4 | 3,2 | 3,2 | 3,1 | 3,0 | 2,9 | 8 |
| 3,2 | 3,1 | 3,0 | 2,9 | 2,9 | 2,8 | 2,7 | 9 |
| 3,1 | 3,0 | 2,9 | 2,8 | 2,7 | 2,6 | 2,5 | 10 |
| 2,9 | 2,8 | 2,6 | 2,5 | 2,5 | 2,4 | 2,3 | 12 |
| 2,7 | 2,6 | 2,5 | 2,4 | 2,3 | 2,2 | 2,1 | 14 |
| 2,6 | 2,5 | 2,4 | 2,3 | 2,2 | 2,1 | 2,0 | 16 |
| 2,5 | 2,4 | 2,3 | 2,2 | 2,1 | 2,0 | 1,9 | 18 |
| 2,5 | 2,4 | 2,2 | 2,1 | 2,0 | 2,0 | 1,8 | 20 |
| 2,3 | 2,2 | 2,1 | 2,0 | 1,9 | 1,8 | 1,7 | 25 |
| 2,3 | 2,2 | 2,0 | 1,9 | 1,8 | 1,8 | 1,6 | 30 |
| 2,2 | 2,1 | 1,9 | 1,8 | 1,7 | 1,7 | 1,5 | 40 |
| 2,1 | 2,0 | 1,9 | 1,8 | 1,7 | 1,6 | 1,4 | 50 |
| 2,1 | 2,0 | 1,8 | 1,8 | 1,7 | 1,6 | 1,4 | 60 |
| 2,1 | 2,0 | 1,8 | 1,7 | 1,6 | 1,5 | 1,3 | 80 |
| 2,0 | 1,9 | 1,8 | 1,7 | 1,6 | 1,5 | 1,3 | 100 |
| *1,94* | *1,83* | *1,67* | *1,57* | *1,46* | *1,35* | *1,00* | ∞ |

Statistische Sicherheit 99%.

| | | | | | | | |
|---|---|---|---|---|---|---|---|
| *6000* | *6100* | *6200* | *6200* | *6300* | *6300* | *6400* | 1 |
| 99 | 99 | 99 | 99 | 99 | 100 | 100 | 2 |
| 27 | 27 | 27 | 27 | 27 | 26 | 26 | 3 |
| 15 | 15 | 14 | 14 | 14 | 14 | 13 | 4 |
| 10 | 10 | 9,7 | 9,6 | 9,4 | 9,2 | 9,0 | 5 |
| 8,1 | 7,9 | 7,6 | 7,4 | 7,2 | 7,1 | 6,9 | 6 |
| 6,8 | 6,6 | 6,3 | 6,2 | 6,0 | 5,9 | 5,7 | 7 |
| 6,0 | 5,8 | 5,5 | 5,4 | 5,2 | 5,1 | 4,9 | 8 |
| 5,5 | 5,3 | 5,0 | 4,8 | 4,7 | 4,5 | 4,3 | 9 |
| 5,1 | 4,9 | 4,7 | 4,4 | 4,3 | 4,1 | 3,9 | 10 |
| 4,5 | 4,3 | 4,0 | 3,9 | 3,7 | 3,6 | 3,4 | 12 |
| 4,1 | 3,9 | 3,7 | 3,5 | 3,4 | 3,2 | 3,0 | 14 |
| 3,9 | 3,7 | 3,4 | 3,3 | 3,1 | 3,0 | 2,8 | 16 |
| 3,7 | 3,5 | 3,2 | 3,1 | 2,9 | 2,8 | 2,6 | 18 |
| 3,6 | 3,4 | 3,1 | 2,9 | 2,8 | 2,6 | 2,4 | 20 |
| 3,3 | 3,1 | 2,9 | 2,7 | 2,5 | 2,4 | 2,2 | 25 |
| 3,2 | 3,0 | 2,7 | 2,6 | 2,4 | 2,3 | 2,0 | 30 |
| 3,0 | 2,8 | 2,5 | 2,4 | 2,2 | 2,1 | 1,8 | 40 |
| 2,9 | 2,7 | 2,4 | 2,3 | 2,1 | 2,0 | 1,7 | 50 |
| 2,8 | 2,6 | 2,4 | 2,2 | 2,0 | 1,9 | 1,6 | 60 |
| 2,7 | 2,6 | 2,3 | 2,1 | 1,9 | 1,8 | 1,5 | 80 |
| 2,7 | 2,5 | 2,2 | 2,1 | 1,9 | 1,7 | 1,4 | 100 |
| *2,51* | *2,32* | *2,04* | *1,88* | *1,70* | *1,52* | *1,00* | ∞ |

In (89) ist die linke Seite die Summe der Abweichungsquadrate (SAQ) „insgesamt", das erste Glied rechts die SAQ „innerhalb der Gruppen" und das zweite Glied die SAQ „zwischen den Gruppen", genauer zwischen den Gruppenmitteln.

Für die Angabe der Rechenergebnisse ist das Schema Tabelle 21, S. 979 üblich, bei dem die etwas umständlicher zu berechnende Quadratsumme der zweiten Zeile sich als Differenz zwischen der ersten und der Summenzeile ergibt. Auch die zugehörige Zahl der Freiheitsgrade ergibt sich als Differenz.

Tabelle 22.

| $n_2$ = Zahl der Freiheitsgrade im Nenner | $n_1$ = Zahl der Freiheits- | | | | | |
|---|---|---|---|---|---|---|
| | 1 | 2 | 3 | 4 | 5 | 6 |

c) Sicherungsgrenze $\alpha = 0{,}27\%$.

| | 1 | 2 | 3 | 4 | 5 | 6 |
|---|---|---|---|---|---|---|
| 1 | 55000 | 68000 | 74000 | 77000 | 78000 | 79000 |
| 2 | 369 | 370 | 370 | 370 | 370 | 370 |
| 3 | 85 | 76 | 72 | 70 | 69 | 68 |
| 4 | 44 | 36 | 34 | 32 | 31 | 30 |
| 5 | 30 | 24 | 22 | 21 | 20 | 19 |
| 6 | 24 | 19 | 16 | 15 | 14 | 14 |
| 7 | 21 | 15 | 13 | 12 | 12 | 11 |
| 8 | 18 | 14 | 12 | 11 | 10 | 9,6 |
| 9 | 17 | 12 | 11 | 9,5 | 8,9 | 8,5 |
| 10 | 16 | 11 | 9,7 | 8,7 | 8,1 | 7,7 |
| 12 | 14 | 10 | 8,5 | 7,6 | 7,1 | 6,7 |
| 14 | 13 | 9,3 | 7,8 | 6,9 | 6,4 | 6,0 |
| 16 | 13 | 8,7 | 7,3 | 6,5 | 6,0 | 5,6 |
| 18 | 12 | 8,3 | 6,9 | 6,1 | 5,6 | 5,3 |
| 20 | 12 | 8,1 | 6,7 | 5,9 | 5,4 | 5,0 |
| 25 | 11 | 7,6 | 6,2 | 5,4 | 5,0 | 4,6 |
| 30 | 11 | 7,3 | 5,9 | 5,2 | 4,7 | 4,4 |
| 40 | 10 | 6,9 | 5,6 | 4,9 | 4,4 | 4,1 |
| 50 | 10 | 6,7 | 5,4 | 4,7 | 4,2 | 3,9 |
| 60 | 9,8 | 6,5 | 5,3 | 4,6 | 4,1 | 3,8 |
| 80 | 9,6 | 6,4 | 5,2 | 4,5 | 4,0 | 3,7 |
| 100 | 9,5 | 6,3 | 5,1 | 4,4 | 3,9 | 3,6 |
| $\infty$ | 9,00 | 5,92 | 4,72 | 4,06 | 3,64 | 3,34 |

d) Sicherungsgrenze $\alpha = 0{,}1\%$.

| | 1 | 2 | 3 | 4 | 5 | 6 |
|---|---|---|---|---|---|---|
| 1 | 410000 | 500000 | 540000 | 560000 | 580000 | 590000 |
| 2 | 1000 | 1000 | 1000 | 1000 | 1000 | 1000 |
| 3 | 168 | 148 | 141 | 137 | 135 | 133 |
| 4 | 74 | 61 | 56 | 53 | 52 | 51 |
| 5 | 47 | 37 | 33 | 31 | 30 | 29 |
| 6 | 36 | 27 | 24 | 22 | 21 | 20 |
| 7 | 29 | 22 | 19 | 17 | 16 | 16 |
| 8 | 25 | 18 | 16 | 14 | 13 | 13 |
| 9 | 23 | 16 | 14 | 13 | 12 | 11 |
| 10 | 21 | 15 | 13 | 11 | 10 | 9,9 |
| 12 | 19 | 13 | 11 | 9,6 | 8,9 | 8,4 |
| 14 | 17 | 12 | 9,7 | 8,6 | 7,9 | 7,4 |
| 16 | 16 | 11 | 9,0 | 7,9 | 7,3 | 6,8 |
| 18 | 15 | 10 | 8,5 | 7,5 | 6,8 | 6,4 |
| 20 | 15 | 9,9 | 8,1 | 7,1 | 6,5 | 6,0 |
| 25 | 14 | 9,2 | 7,5 | 6,5 | 5,9 | 5,5 |
| 30 | 13 | 8,8 | 7,1 | 6,1 | 5,5 | 5,1 |
| 40 | 13 | 8,3 | 6,6 | 5,7 | 5,1 | 4,7 |
| 50 | 12 | 8,0 | 6,3 | 5,5 | 4,9 | 4,5 |
| 60 | 12 | 7,8 | 6,2 | 5,3 | 4,8 | 4,4 |
| 80 | 12 | 7,5 | 6,0 | 5,1 | 4,6 | 4,2 |
| 100 | 12 | 7,4 | 5,9 | 5,0 | 4,5 | 4,1 |
| $\infty$ | 10,83 | 6,91 | 5,42 | 4,62 | 4,10 | 3,74 |

Wenn das Streuungsquadrat $s_1^2$, das aus den Unterschieden der Gruppen gegeneinander ermittelt wird, statistisch sicher größer als das Streuungsquadrat $s_2^2$ innerhalb der Gruppen ist, so liegen echte Unterschiede zwischen den Gruppen vor; das Material ist als nicht homogen erkannt. Den in Tabelle 22 angegebenen Zufallsgrenzen für $F$ liegen die Wahrscheinlichkeiten zugrunde, mit denen bei wirklicher Homogenität (alle Werte entstammen dem gleichen Kollektiv) die betreffenden $F$-Werte zufällig überschritten werden. Als „Warngrenze" ist die Überschreitungswahrscheinlichkeit von 5%, als Sicherungsgrenze 1%, 0,27% und 0,1% angegeben[1].

(Fortsetzung.)

| grade im Zähler | | | | | | | $n_2$ |
|---|---|---|---|---|---|---|---|
| 8 | 10 | 15 | 20 | 30 | 50 | ∞ | |

Statistische Sicherheit 99,73% (3σ-Äquivalent).

| 80000 | 81000 | 82000 | 83000 | 84000 | 85000 | 88000 | 1 |
|---|---|---|---|---|---|---|---|
| 370 | 370 | 370 | 370 | 370 | 370 | 370 | 2 |
| 68 | 67 | 66 | 65 | 64 | 64 | 63 | 3 |
| 29 | 29 | 28 | 28 | 27 | 27 | 27 | 4 |
| 18 | 18 | 17 | 17 | 16 | 16 | 16 | 5 |
| 13 | 13 | 12 | 12 | 12 | 12 | 11 | 6 |
| 11 | 10 | 9,8 | 9,5 | 9,2 | 9,0 | 8,6 | 7 |
| 9,1 | 8,7 | 8,2 | 7,9 | 7,7 | 7,5 | 7,1 | 8 |
| 8,0 | 7,6 | 7,1 | 6,8 | 6,6 | 6,4 | 6,1 | 9 |
| 7,2 | 6,9 | 6,4 | 6,2 | 5,9 | 5,7 | 5,4 | 10 |
| 6,2 | 5,9 | 5,4 | 5,2 | 4,9 | 4,7 | 4,4 | 12 |
| 5,5 | 5,2 | 4,8 | 4,6 | 4,3 | 4,2 | 3,9 | 14 |
| 5,1 | 4,8 | 4,4 | 4,2 | 3,9 | 3,8 | 3,5 | 16 |
| 4,8 | 4,5 | 4,1 | 3,9 | 3,6 | 3,5 | 3,2 | 18 |
| 4,6 | 4,3 | 3,9 | 3,7 | 3,4 | 3,3 | 2,9 | 20 |
| 4,2 | 3,9 | 3,5 | 3,3 | 3,0 | 2,9 | 2,5 | 25 |
| 4,0 | 3,7 | 3,3 | 3,1 | 2,8 | 2,7 | 2,3 | 30 |
| 3,7 | 3,4 | 3,0 | 2,8 | 2,6 | 2,4 | 2,1 | 40 |
| 3,5 | 3,2 | 2,9 | 2,7 | 2,4 | 2,2 | 1,9 | 50 |
| 3,4 | 3,1 | 2,8 | 2,6 | 2,3 | 2,1 | 1,8 | 60 |
| 3,3 | 3,0 | 2,7 | 2,5 | 2,2 | 2,0 | 1,6 | 80 |
| 3,2 | 2,9 | 2,6 | 2,4 | 2,1 | 1,9 | 1,5 | 100 |
| 2,95 | 2,69 | 2,31 | 2,10 | 1,87 | 1,65 | 1,00 | ∞ |

Statistische Sicherheit 99,9%.

| 600000 | 610000 | 620000 | 620000 | 630000 | 630000 | 640000 | 1 |
|---|---|---|---|---|---|---|---|
| 1000 | 1000 | 1000 | 1000 | 1000 | 1000 | 1000 | 2 |
| 131 | 129 | 127 | 126 | 125 | 125 | 124 | 3 |
| 49 | 48 | 47 | 46 | 45 | 45 | 44 | 4 |
| 28 | 27 | 26 | 25 | 25 | 24 | 24 | 5 |
| 19 | 18 | 18 | 17 | 17 | 16 | 16 | 6 |
| 15 | 14 | 13 | 13 | 13 | 12 | 12 | 7 |
| 12 | 12 | 11 | 11 | 10 | 9,8 | 9,3 | 8 |
| 10 | 9,9 | 9,2 | 8,9 | 8,5 | 8,3 | 7,8 | 9 |
| 9,2 | 8,8 | 8,1 | 7,8 | 7,5 | 7,2 | 6,8 | 10 |
| 7,7 | 7,3 | 6,7 | 6,4 | 6,1 | 5,8 | 5,4 | 12 |
| 6,8 | 6,4 | 5,9 | 5,6 | 5,3 | 5,0 | 4,6 | 14 |
| 6,2 | 5,8 | 5,3 | 5,0 | 4,7 | 4,5 | 4,1 | 16 |
| 5,8 | 5,4 | 4,9 | 4,6 | 4,3 | 4,1 | 3,7 | 18 |
| 5,4 | 5,1 | 4,6 | 4,3 | 4,0 | 3,8 | 3,4 | 20 |
| 4,9 | 4,6 | 4,1 | 3,8 | 3,5 | 3,3 | 2,9 | 25 |
| 4,6 | 4,2 | 3,8 | 3,5 | 3,2 | 3,0 | 2,6 | 30 |
| 4,2 | 3,9 | 3,4 | 3,2 | 2,9 | 2,6 | 2,2 | 40 |
| 4,0 | 3,7 | 3,2 | 3,0 | 2,7 | 2,4 | 2,0 | 50 |
| 3,9 | 3,5 | 3,1 | 2,8 | 2,6 | 2,3 | 1,9 | 60 |
| 3,7 | 3,4 | 2,9 | 2,7 | 2,4 | 2,2 | 1,7 | 80 |
| 3,6 | 3,3 | 2,9 | 2,6 | 2,3 | 2,1 | 1,6 | 100 |
| 3,27 | 2,96 | 2,51 | 2,27 | 1,99 | 1,73 | 1,00 | ∞ |

**Fußnote zu S. 982.**

[1] Im Schrifttum findet man folgende Tafeln: FISHER-YATES-Tafeln: 20%, 10%, 5%, 1%, 0,1%. — HALD-Tafeln: 50%, 30%, 10%, 5%, 1%, 0,5%, 0,05% — GRAF-HENNING-Tafeln: 5%, 1%, 0,1% (ebenso im Lehrbuch von LINDER). — KOLLER-Tafeln: 0,27% (für $Q = s_1 : s_2 = \sqrt{F}$). — MITTENECKER: 5%, 1%.

In Tabelle 22 sind die Zahlen bewußt nur grob gerundet angegeben, um zum Ausdruck zu bringen, daß sie in der Praxis nicht als exakte, sondern — wegen der meist nicht vollständigen Erfüllung der mathematischen Voraussetzungen — nur als Näherungswerte Gültigkeit haben.

Der Ableitung der $F$-Verteilung liegt die Voraussetzung einer Normalverteilung in dem hypothetisch angenommenen homogenen Kollektiv zugrunde. Bei einer praktischen Prüfung auf Inhomogenität ist der wesentliche Teil der Voraussetzung, daß die Streuung der Werte innerhalb der Gruppen annähernd Normalverteilung aufweist. Ist das deutlich nicht der Fall, so kann man manchmal eine gute Anwendbarkeit der Methode durch Transformation der Variablen erzielen (z. B. Logarithmen) oder dadurch, daß man als $x_{ij}$ die Mittelwerte mehrerer Beobachtungen nimmt, die sich nach S. 967 bei beliebiger Ausgangsverteilung einer Normalverteilung nähern.

**Rechentechnik.** Der Rechenaufwand verringert sich erheblich, wenn man 1. die Beobachtungswerte durch Einführung einer Hilfsskala vereinfacht, sofern man keine Rechenmaschine zur Verfügung hat, 2. durch ein übersichtliches Rechenschema Irrtümer vermeidet.

Die Summen der Abweichungsquadrate werden grundsätzlich nicht über die Abweichungen von den Mittelwerten gebildet, sondern durch Quadrieren der Werte der Hilfsskala. Man nimmt entweder in der Nähe des Mittelwertes einen bequemen Nullpunkt an oder, wenn man negative Werte vermeiden will, dicht unterhalb des niedrigsten Wertes. Man rechnet am einfachsten und sichersten mit kleinen ganzen Zahlen, was man stets durch eine Klasseneinteilung der Beobachtungswerte in höchstens etwa 50 (bis 100) Klassen erreichen kann. Damit fallen überflüssige Dezimalstellen fort.

Benutzt man keine Mittelwerte, sondern arbeitet unmittelbar mit den Summen, so rechnet man:

$$\left. \begin{array}{l} \text{Zwischen den Gruppen} \quad S_1 = \dfrac{1}{k} \sum_i X_{i\cdot}^2 - \dfrac{1}{k \cdot l} X^2 \\[2pt] \text{Innerhalb der Gruppen} \quad S_2 = \sum_{i,j} x_{ij}^2 - \dfrac{1}{k} \sum_i X_{i\cdot}^2 \\[2pt] \hline \text{Insgesamt} \quad S_G = \sum_{i,j} x_{ij}^2 - \dfrac{1}{k \cdot l} X^2 \end{array} \right\} \quad (90)$$

Man braucht dazu ein Rechenschema, das die Quadrate der Einzelwerte und die der Zeilensumme und der Gesamtsumme enthält. Das Quadratschema der Tabelle 23b ist dadurch übersichtlich, daß es parallel zum Schema der Beobachtungswerte aufgebaut ist.

**Beispiel 36:** Das Rechenschema sei an den Zahlen der Tabelle 17 demonstriert. Zunächst werden die Beobachtungswerte durch Subtraktion von 20 vereinfacht und Tabelle 23a aufgestellt. Die Fragestellung ist, ob die Zeilenmittelwerte Unterschiede aufweisen, die über die Schwankungen innerhalb der Zeilen hinausgehen.

Tabelle 23. *Rechenschema zur einfachen Streuungszerlegung.*

a) Vereinfachte Werte zu Tabelle 17.    b) Tabelle der Quadrate.

| Tier Nr. | Wiederholungen (vereinfachte Beobachtungswerte) | | | | Summe $X_{i\cdot}$ | Quadrate der Einzelwerte | | | | Zusammen | Summenquadrate |
|---|---|---|---|---|---|---|---|---|---|---|---|
| | $x_{i1}$ | $x_{i2}$ | $x_{i3}$ | $x_{i4}$ | | | | | | | |
| 1 | 2 | 5 | 3 | 6 | 16 | 4 | 25 | 9 | 36 | 74 | 256 |
| 2 | −2 | −1 | −2 | 1 | −4 | 4 | 1 | 4 | 1 | 10 | 16 |
| 3 | 5 | 2 | 2 | 3 | 12 | 25 | 4 | 4 | 9 | 42 | 144 |
| 4 | 1 | 4 | 0 | 3 | 8 | 1 | 16 | 0 | 9 | 26 | 64 |
| 5 | 6 | 5 | 3 | 2 | 16 | 36 | 25 | 9 | 4 | 74 | 256 |
| 6 | 0 | −3 | −1 | 0 | −4 | 0 | 9 | 1 | 0 | 10 | 16 |
| 7 | 2 | 0 | 0 | 2 | 4 | 4 | 0 | 0 | 4 | 8 | 16 |
| 8 | −4 | −2 | −3 | 1 | −8 | 16 | 4 | 9 | 1 | 30 | 64 |
| 9 | 1 | 0 | 0 | −1 | 0 | 1 | 0 | 0 | 1 | 2 | 0 |
| 10 | −1 | 0 | −2 | 3 | 0 | 1 | 0 | 4 | 9 | 14 | 0 |
| Summe | | | | | 40 | | | | | 290 | 832 |

Daraus ergibt sich

$$S_1 = \frac{1}{4} \cdot 832 - \frac{1}{4 \cdot 10} \cdot 40^2 = 208 - 40 = 168$$

$$S_2 = 290 - \frac{1}{4} \cdot 832 = 82$$

und die Summe der Abweichungsquadrate aller Einzelwerte vom Gesamtmittel („insgesamt")

$$S_G = 290 - \frac{1}{4 \cdot 10} \cdot 40^2 = 250.$$

Das Schema der Streuungszerlegung nach Tabelle 21 wird:

Tabelle 24. *Streuungszerlegung zu Tabelle 23.*

| Art der Streuung | Summe der Abweichungsquadrate SAQ | Zahl der Freiheitsgrade $f$ | Mittelwert der Abweichungsquadrate MAQ | F | Grenzwert $F_{0,1\%}$ |
|---|---|---|---|---|---|
| Zwischen den Tieren . . . . . . . | 168 | 9 | 18,7 | 6,9 | 4,4 |
| „Innerhalb" der Tiere (zwischen den Wiederholungen) . . . . . . . | 82 | 30 | 2,7 | | |
| Insgesamt | 250 | 39 | | | |

Die Prüfung stimmt (bis auf Fehler der Zahlenrundung) mit der Auswertung der Tabelle 18 überein.

Dieses Verfahren dient als Standardmethode zum *Vergleich mehrerer Mittelwerte*. Dabei wurden die Mittelwerte der Zeilen verglichen, die Beobachtungszahl in jeder Zeile war gleich (je $k$ Fälle).

**Vergleich mehrerer Mittelwerte bei ungleichen Beobachtungszahlen.** Bei verschiedenen Beobachtungszahlen $k_1, k_2, \ldots k_l$ in den $l$-Gruppen (Zeilen) ändert sich das Rechenschema entsprechend Tabelle 25. Die Gesamtzahl aller Beobachtungen sei $n = \sum k_i$.

Tabelle 25. *Streuungszerlegung bei ungleicher Reihenlänge.*

| Art der Streuung | Summe der Abweichungsquadrate | | Zahl der Freiheitsgrade |
|---|---|---|---|
| Zwischen den Zeilen . | $S_1 = \sum_i k_i (\bar{x}_i. - \bar{x})^2$ | $= \sum \frac{1}{k_i} X_i^2. - \frac{1}{n} X^2$ | $l-1$ |
| Innerhalb der Zeilen . | $S_2 = \sum_{i,j} (x_{ij} - \bar{x}_i.)^2$ | $= \sum x_{ij}^2 - \sum \frac{1}{k_i} X_i^2.$ | $n-l$ |
| Insgesamt | $S_G = \sum_{i,j} (x_{ij} - \bar{x})^2$ | $= \sum_{i,j} x_{ij}^2 - \frac{1}{n} X^2$ | $n-1$ |

Die praktische Rechnung erfolgt auch hier am einfachsten unter Benutzung der Summen nach den rechten Formelseiten.

**Beispiel 37:** Von den Werten der Tabelle 23a seien die ersten Zeilen als Rechenbeispiel abgeändert.

Tabelle 26. *Rechenschema für Streuungszerlegung bei ungleicher Reihenlänge.*

a) Beobachtungswerte.   b) Quadrate.

| Tier Nr. | Wiederholungen (vereinfachte Beobachtungswerte) $x_{ij}$ | | | | Summe $X_i.$ | Quadrate der Einzelwerte $x_{ij}^2$ | | | | Zusammen | Summenquadrate $X_i^2$ | Reihenlänge $k_i$ | $\frac{X_i^2.}{k_i}$ |
|---|---|---|---|---|---|---|---|---|---|---|---|---|---|
| 1 | 2 | 5 | 3 | 6 | 16 | 4 | 25 | 9 | 36 | 74 | 256 | 4 | 64 |
| 2 | −2 | −1 | −2 | | −5 | 4 | 1 | 4 | | 9 | 25 | 3 | 8,3 |
| 3 | 5 | 2 | 2 | 3 | 12 | 25 | 4 | 4 | 9 | 42 | 144 | 4 | 36 |
| 4 | 1 | 4 | | | 5 | 1 | 16 | | | 17 | 25 | 2 | 12,5 |
| Zusammen | | | | | 28 | | | | | 142 | | | 120,8 |

Die Streuungszerlegung wird dann bei $n = 13$ Einzelbeobachtungen:

Tabelle 26c. *Streuungszerlegung zu Tabelle 26a.*

| Art der Streuung | Summe der Abweichungsquadrate SAQ | Zahl der Freiheitsgrade | Mittelwert der Abweichungsquadrate MAQ | F |
|---|---|---|---|---|
| Zwischen den Tieren . . . . . . . | $120{,}8 - \dfrac{28^2}{13} = 60{,}5$ | 3 | 20,2 | 8,5 |
| „Innerhalb" der Tiere (zwischen den Wiederholungen) . . . . . . . | $142 - 120{,}8 = 21{,}2$ | 9 | 2,4 | |
| Insgesamt | $142 - \dfrac{28^2}{13} = 81{,}7$ | 12 | | |

Die Unterschiede zwischen den 4 Tieren haben gegenüber den Schwankungen bei den einzelnen Tieren ein $F = 8{,}5$ bei $f_1 = 3$ und $f_2 = 9$ Freiheitsgraden. Tabelle 22 ergibt ein $F_{1\%} = 7{,}0$.

### c) Streuungszerlegung bei 2 Gruppierungen. Vergleich mehrerer Mittelwerte mit Ausschaltung eines Störungsfaktors.

Beim Vergleich mehrerer Beobachtungsreihen tritt oft der Fall auf, daß die Ergiebigkeit der Vergleiche durch Störungsfaktoren beeinträchtigt wird. Vergleicht man z. B. die Wirksamkeit mehrerer Behandlungsverfahren an verschiedenen Tieren, so stören die Schwankungen zwischen den Tieren infolge individueller Reaktionsunterschiede die Erkennung der Behandlungswirkungen. Die Ausschaltung dieser Störung ist wichtig. Führt man an jedem Tier alle Behandlungen durch, so sind diese Werte vergleichbar. Bei 2 Behandlungen war auf S. 971 die Bearbeitung für „gepaarte Beobachtungsreihen" durch Differenzbildung angegeben worden, wobei die individuellen Unterschiede eliminiert sind. Hier soll ein Verfahren entwickelt werden, das bei beliebig vielen Behandlungsarten eine Fehlerquelle, z. B. die Individualität der Tiere, ausschaltet.

Die zugrunde liegende Vorstellung ist die, daß ein Beobachtungswert sich aus mehreren Komponenten additiv zusammensetzt:

*Beobachtungswert = Gesamtmittel + Behandlungseffekt + individuelle Tierkonstante + Versuchsfehler.* (91)

Jeder der auf der rechten Seite der Gleichung genannten Variationsfaktoren trägt zur Streuung der Beobachtungswerte bei. Durch geeignete Versuchsanlage kann es gelingen, die verschiedenen Komponenten zu isolieren, zahlenmäßig zu schätzen und auf signifikante Unterschiede zu prüfen (vgl. Abschnitt E).

Schreibt man die Behandlungsarten in die Spalten und die Tiere in die Zeilen, so besteht die Aufgabe, Unterschiede zwischen den Spaltenmitteln nachzuweisen. Zunächst sei ein einführendes Beispiel behandelt.

*Beispiel 38:* Drei Behandlungsarten seien an 10 Tieren verglichen (schematische Zahlen). Da die Auswertung sich sowohl auf Zeilenvergleiche als auch auf Spaltenvergleiche erstrecken wird, sei das Schema der Quadrate gleich symmetrisch angelegt; im Inneren der Tabelle stehen die Quadrate der

Tabelle 27. *Rechenschema für die Streuungszerlegung in zweifacher Gruppierung.*

a) Beobachtungswerte.

| Tier (T) | Beobachtungswerte Behandlungsart (B) | | | Summe |
|---|---|---|---|---|
| | 1 | 2 | 3 | |
| 1 | 3 | 6 | 4 | 13 |
| 2 | −2 | 1 | 2 | 1 |
| 3 | 2 | 3 | 7 | 12 |
| 4 | 0 | 3 | 3 | 6 |
| 5 | 3 | 2 | 8 | 13 |
| 6 | −1 | 0 | 0 | −1 |
| 7 | 0 | 2 | 4 | 6 |
| 8 | −3 | 1 | 0 | −2 |
| 9 | 0 | −1 | 1 | 0 |
| 10 | −2 | 3 | 1 | 2 |
| Summe | 0 | 20 | 30 | 50 |

b) Quadrate.

| | Quadrate der Einzelwerte | | | Zusammen | Quadrate der Summen |
|---|---|---|---|---|---|
| | | | | | |
| | 9 | 36 | 16 | *61* | 169 |
| | 4 | 1 | 4 | *9* | 1 |
| | 4 | 9 | 49 | *62* | 144 |
| | 0 | 9 | 9 | *18* | 36 |
| | 9 | 4 | 64 | *77* | 169 |
| | 1 | 0 | 0 | *1* | 1 |
| | 0 | 4 | 16 | *20* | 36 |
| | 9 | 1 | 0 | *10* | 4 |
| | 0 | 1 | 1 | *2* | 0 |
| | 4 | 9 | 1 | *14* | 4 |
| Zusammen | 40 | 74 | 160 | *274* | *564* |
| Quadrate der Summen | 0 | 400 | 900 | *1300* | 2500 |

Einzelwerte und ihre Summen. Durch Doppelstriche abgetrennt folgen die Quadrate der Summen, die im Beobachtungsschema am rechten und unteren Rand standen. In der rechten unteren Ecke steht das Quadrat der Totalsumme. — Alle gerade gedruckten Zahlen der Tabelle 27 b sind Quadrate der Tabelle 27 a, die kursiv gedruckten sind dazwischen geschobene Summen.

Würde man zunächst die einfache Streuungszerlegung für die Behandlungsarten durchführen, so erhielte man Tabelle 28a, wobei die SAQ „innerhalb" als Differenz zwischen erster und dritter Zeile gewonnen würde.

Die Unterschiede zwischen den Behandlungen werden durch den MAQ = 23,3 gekennzeichnet. Die Vergleichszahl MAQ „innerhalb" ist ein Maß der Streuung innerhalb der Behandlungsarten, indem die Abweichungen der Einzelbeobachtungen vom Mittelwert jeder Behandlungsart zugrunde gelegt sind. Die individuellen Unterschiede zwischen den Tieren sind aber noch in dieser Zahl enthalten, während die Versuchsanordnung ja gerade so getroffen war, daß diese ausgeschaltet werden können.

Tabelle 28a. *Einfache Streuungszerlegung zu Tabelle 27 (unvollständige Zerlegung).*

| Art der Streuung | Summe der Abweichungsquadrate SAQ | Freiheitsgrade $f$ | Mittelwert der Abweichungsquadrate MAQ |
|---|---|---|---|
| Zwischen den Behandlungsarten .... | $\frac{1300}{10} - \frac{2500}{30} = 46{,}67$ | 2 | 23,3 |
| Innerhalb der Behandlungsarten .... | 144,00 | 27 | 5,3 |
| Insgesamt | $274 - \frac{2500}{30} = 190{,}67$ | 29 | |

Zur näheren Untersuchung sei an den Unterschieden zwischen den Tieren eine Streuungszerlegung in der gleichen Art durchgeführt. Es ergibt sich Tabelle 28b. Hier sind in der ersten Zeile die Unterschiede „zwischen den Tieren" in der Form eines Streuungsmaßes herausgeholt; im Rest stecken die Unterschiede zwischen den Behandlungen.

In den ersten Zeilen der beiden Tabellen 28a und b hat man die Komponenten der Gesamtstreuung isoliert, die auf die Unterschiede zwischen den Behandlungsarten und auf die individuellen Unterschiede zwischen den Tieren zurückgehen ($B$- und $T$-Komponente). Wenn man diese beiden Komponenten von der Gesamtstreuung abzieht, so muß gemäß (91) und (60) die Differenz die eigentliche Versuchsstreuung infolge Methodenfehlers ergeben. Man führt daher die doppelte Streuungszerlegung der Tabelle 28c durch.

Tabelle 28b. *Einfache Streuungszerlegung zu Tabelle 27 (unvollständige Zerlegung).*

| Art der Streuung | SAQ | $f$ | MAQ |
|---|---|---|---|
| Zwischen den Tieren . . | $\frac{564}{3} - \frac{2500}{30} = 104{,}67$ | 9 | 11,6 |
| „Innerhalb" der Tiere . | 86,00 | 20 | 4,3 |
| Insgesamt | $274 - \frac{2500}{30} = 190{,}67$ | 29 | |

Tabelle 28c. *Doppelte Streuungszerlegung zu Tabelle 27.*

| Art der Streuung | Summe der Abweichungsquadrate SAQ | Freiheitsgrade $f$ | Mittelwert der Abweichungsquadrate MAQ | $F$ | $F_{0,1\%}$ |
|---|---|---|---|---|---|
| Zwischen den Behandlungsarten . | $\frac{1300}{10} - \frac{2500}{30} = 46{,}67$ | 2 | 23,3 | 10,5 | 10,4 |
| Zwischen den Tieren ..... | $\frac{564}{3} - \frac{2500}{30} = 104{,}67$ | 9 | 11,6 | 5,3 | 5,6 |
| Rest .............. | 39,33 | 18 | 2,2 | | |
| Summe | $274 - \frac{2500}{30} = 190{,}67$ | 29 | | | |

Hiermit ist nun für die Beurteilung der Behandlungseffekte ein Maß der Versuchsstreuung verfügbar, aus dem die individuellen Unterschiede ausgeschaltet sind. Die Wirkung ist sehr deutlich: von 5,3 Tabelle 28a ist der Wert auf 2,2 herunter gegangen. Im gleichen Maß ist die Ergiebigkeit der Versuchsauswertung gestiegen; der $F$-Wert überschreitet jetzt die 0,1%-Grenze, obwohl durch die Ausschaltung der $T$-Komponente sich die Zahl der Freiheitsgrade verringert hat.

Bevor die Methode mit allgemeinen Formeln dargestellt wird, soll noch an diesem einführenden Beispiel die Bedeutung der Reststreuung genau erörtert werden. In Tabelle 29 sind für alle Beobachtungen die Abweichungen vom Behandlungsmittelwert (Spaltenmittel) angegeben. Für diese Differenzen wird dann die Streuungszerlegung durchgeführt, indem die Unterschiede von Tier zu Tier abgespalten werden.

Man erkennt, daß die Reststreuung, die das Hauptergebnis der Tabelle 28c war, durch Differenzenbildung von den Spaltenmittelwerten unmittelbar erhalten werden kann. Die gleiche Rechnung wie in Tabelle 29 kann auch für die Differenzen der Einzelwerte von den Zeilenmitteln durchgeführt werden. Nach Ausschaltung der Unterschiede zwischen den Behandlungsarten ergibt sich dann

Tabelle 29. *Streuungszerlegung der Differenzen von den Spaltenmitteln der Tabelle 27a.*

a) Differenzen von den Spaltenmittelwerten der Tabelle 27a.

b) Quadrate zu Tabelle 29a.

| Tier | Differenzen vom Spaltenmittelwert | | | Summe | Quadrate der Einzelwerte | | | Zusammen | Quadrate der Summen |
|---|---|---|---|---|---|---|---|---|---|
| | $B_1$ | $B_2$ | $B_3$ | | | | | | |
| 1 | 3 | 4 | 1 | 8 | 9 | 16 | 1 | 26 | 64 |
| 2 | −2 | −1 | −1 | −4 | 4 | 1 | 1 | 6 | 16 |
| 3 | 2 | 1 | 4 | 7 | 4 | 1 | 16 | 21 | 49 |
| 4 | 0 | 1 | 0 | 1 | 0 | 1 | 0 | 1 | 1 |
| 5 | 3 | 0 | 5 | 8 | 9 | 0 | 25 | 34 | 64 |
| 6 | −1 | −2 | −3 | −6 | 1 | 4 | 9 | 14 | 36 |
| 7 | 0 | 0 | 1 | 1 | 0 | 0 | 1 | 1 | 1 |
| 8 | −3 | −1 | −3 | −7 | 9 | 1 | 9 | 19 | 49 |
| 9 | 0 | −3 | −2 | −5 | 0 | 9 | 4 | 13 | 25 |
| 10 | −2 | 1 | −2 | −3 | 4 | 1 | 4 | 9 | 9 |
| Summe | 0 | 0 | 0 | 0 | Zusammen | | | 144 | 314 |

c) Streuungszerlegung.

| Art der Streuung | SAQ | $f$ |
|---|---|---|
| Zwischen den Tieren . . . . . . . . . . . . . . . . . . . . | $\frac{314}{3} - 0 = 104{,}67$ | 9 |
| Rest . . . . . . . . . . . . . . . . . . . . . . . . . . . . . . . . . | 39,33 | 18 |
| Insgesamt (zwischen den Differenzen von den Spaltenmitteln) | $144 - 0 = 144{,}00$ | 27 |

ebenfalls die gleiche Reststreuung. Man erhält sie auch unmittelbar, indem man in Tabelle 29a in jeder Zeile die Differenzen vom Zeilenmittel bildet, nämlich

Mittelwert der 1. Zeile: $\frac{8}{3}$; Abweichungen davon: $+\frac{1}{3}, +\frac{4}{3}, -\frac{5}{3}$

Mittelwert der 2. Zeile: $-\frac{4}{3}$; Abweichungen davon: $-\frac{2}{3}, +\frac{1}{3}, +\frac{1}{3}$

. . . . . . . . . . . . . . . . . . . . . . . . . . . . . . . . . . . . . . . . . . . . . . . . . . . . . . . . . . . . . . . . . .

Quadriert man die Abweichungen, so ergibt sich die Summe $\frac{354}{9} = 39{,}33$. Damit ist die Entstehung der Reststreuung aus den Differenzen klargestellt.

**Formeln der Streuungszerlegung für 2 Gruppierungen.** In der Bezeichnungsweise der Tabelle 21 ergibt sich für die Streuungszerlegung nach Zeilen und Spalten folgendes Schema für die Gewinnung der SAQ:

Tabelle 30. *Streuungszerlegung für 2 Gruppierungen.*

| Art der Streuung | Summe der Abweichungsquadrate SAQ | Freiheitsgrade $f$ |
|---|---|---|
| Zwischen den Zeilen . . . . . . | $k \cdot \sum_i (\bar{x}_{i.} - \bar{x})^2 = \frac{1}{k} \sum_i X_{i.}^2 - \frac{1}{k \cdot l} X^2$ | $l - 1$ |
| Zwischen den Spalten . . . . . | $l \cdot \sum_j (\bar{x}_{.j} - \bar{x})^2 = \frac{1}{l} \sum_j X_{.j}^2 - \frac{1}{k \cdot l} X^2$ | $k - 1$ |
| Rest . . . . . . . . . . . . . . . | (Differenz) | $(k-1)(l-1)$ |
| Insgesamt | $\sum_{i,j} (x_{ij} - \bar{x})^2 = \sum_{i,j} x_{ij}^2 - \frac{1}{k \cdot l} X^2$ | $k \cdot l - 1$ |

Bei den SAQ steht jedesmal links die auf die Mittelwerte bezogene Definition, rechts die tatsächlich zu benutzende Rechenformel, die nur die Summen verwendet. Die Reststreuung wird praktisch als Differenz ermittelt, die die beiden oberen SAQ zur Gesamt-SAQ ergänzt. Das richtige Verständnis dieser Größe ist entscheidend für die richtige

Anwendung der ganzen Methode der Streuungszerlegung. Deshalb soll auf die nachfolgende Darstellung der Grundlage für das Maß der Reststreuung besonders hingewiesen werden:

Sie ist die mittlere Abweichung der $x_{ij}$ von einem „Erwartungswert" $x_{ij}^0$.

$$x_{ij}^0 = \underset{\substack{\text{Gesamt-}\\\text{mittel}}}{\bar{x}} + \underset{\substack{\text{Korrektion}\\\text{durch Zeilen-}\\\text{mittel}}}{(\bar{x}_{i.} - \bar{x})} + \underset{\substack{\text{Korrektion}\\\text{durch Spalten-}\\\text{mittel}}}{(\bar{x}_{.j} - \bar{x})} \qquad (92)$$

Die Rest-SAQ ist

$$\left.\begin{array}{l} \sum\limits_{i,j}(x_{ij} - x_{ij}^0)^2 = \sum\limits_{i,j}(x_{ij} + \bar{x} - \bar{x}_{i.} - \bar{x}_{.j})^2 \\ \qquad = \sum x_{ij}^2 + \dfrac{1}{k\cdot l}X^2 - \dfrac{1}{k}\sum\limits_i X_{i.}^2 - \dfrac{1}{l}\sum\limits_j X_{.j}^2. \end{array}\right\} \quad (93)$$

Die rechte Seite der zweiten Zeile wird für die Routinerechnung verwendet (ist identisch mit der Subtraktion in Tabelle 29c), die rechte Seite der ersten Zeile kann als Kontrolle der Zahlenrechnung benutzt werden.

Damit ist die Aufgabe eines *Vergleichs mehrerer Mittelwerte unter Ausschaltung eines Störungsfaktors* gelöst. Die praktische Anwendung erfordert nur die Aufstellung der Tabelle der Beobachtungswerte (s. Tabelle 27a), die der Quadrate (s. Tabelle 27b) und der Tabelle der Streuungszerlegung (s. Tabelle 28c). Eine Rechenkontrolle kann nach Tabelle 29 vorgenommen werden.

**Methodische Voraussetzungen.** Die in der mathematischen Ableitung der $F$-Verteilung erhaltene *Voraussetzung der Normalverteilung* betrifft hier in erster Linie die Reststreuung. Es wird die Nullhypothese geprüft, ob die Zahlenverteilung nach Zeilen und Spalten ein Zufallsergebnis einer Stichprobe aus einem homogenen normal verteilten Kollektiv sein kann, dessen mittleres Abweichungsquadrat der Rest-MAQ ist. Je mehr der Rest-MAQ dem wirklichen Versuchsfehler entspricht, um so mehr ist die Annahme einer Normalverteilung im Falle des Zutreffens der Nullhypothese berechtigt. Die Voraussetzung der Normalverteilung ist daher für die Anwendung bei der Analyse von Versuchsergebnissen nicht sehr einschneidend.

Als zweiter Punkt sei die Annahme einer einheitlichen Streuung im ganzen Kollektiv bei Zutreffen der Nullhypothese genannt. Oft ist jedoch auch die Versuchsstreuung bei hohen Werten größer als bei niedrigen. Wenn der Variationskoeffizient etwa konstant ist, die mittlere Abweichung also etwa proportional zum Mittelwert steigt, kann dann durch Benutzung der Logarithmen die Voraussetzung der Methode hergestellt werden. Dies ist auch in den Fällen angebracht, in denen die Wirkungen sich nicht additiv, sondern multiplikativ zusammensetzen.

Die dritte wichtige Voraussetzung steckt in der Anwendung von (91) und (92). Wenn die Addierbarkeit der Wirkungen der Zeilen- und Spaltenmerkmale nicht zutrifft, sind im Rest noch Komponenten enthalten, die nicht zur eigentlichen Versuchsstreuung gehören. Außer der Möglichkeit eines anderen Formaltyps ist auch der Kombinationseffekt zu erwähnen. Wenn z. B. der Behandlungseffekt $B_1$ bei bestimmten Tieren — etwa nach Geschlecht oder Alter — größer ist als bei anderen, der Effekt $B_2$ aber nicht, so müßte für die Kombinationen $T_i B_j$ ein weiteres Korrektionsglied zu (92) hinzugefügt werden, wenn man den Kombinationseffekt („Wechselwirkung") ausschalten wollte; dies wird im nächsten Abschnitt näher ausgeführt werden und setzt das Vorliegen von Parallelversuchen voraus. Ist dies aber nicht möglich und arbeitet man mit dem bisher geschilderten Verfahren, so wird die Versuchsstreuung überschätzt und die Annahme einer Normalverteilung für die überhöhte Streuung ist unsicher.

**Fehlende Werte.** Die Streuungszerlegung erfordert das lückenlose Vorhandensein aller im Vergleichssystem notwendigen Werte. Sollte aber durch ein technisches Mißgeschick ein Wert im System fehlen, so wirkt sich diese Lücke gleich in mehreren betroffenen Vergleichen aus, und es wird die Ergiebigkeit auch der anderen Werte beeinträchtigt.

Um die Auswertung mittels der Streuungsanalyse zu ermöglichen, schätzt man einen Ersatzwert als den aus den vorhandenen Werten nach (92) ermittelten Erwartungswert.

$$\text{Ersatzwert für } x_{ij} = \frac{l \cdot X_{i.} + k \cdot X_{.j} - X}{(k-1)(l-1)}. \tag{94}$$

Dabei geht ein Freiheitsgrad verloren. Näheres bei LINDER[1].

### d) Streuungszerlegung bei zweifacher Gruppierung mit Wiederholungen.

Wenn für jede Beobachtung Wiederholungsversuche bzw. Wiederholungsbestimmungen gemacht sind, kann die Versuchsstreuung aus den Wiederholungen unmittelbar bestimmt werden. Bei je $r$ Wiederholungen in jeder Kombination der Versuchsfaktoren — formal: in jedem Tabellenfeld $(i, j)$ — berechnet man

$$\text{SAQ}_{(\text{Wdh. im Feld } i,j)} = S_{ij} = \left[\sum_r x^2 - \frac{1}{r} X_{..}^2\right]_{(\text{im Feld } i,j)}, \tag{95}$$

wobei $x$ (unter Ersparnis eines weiteren Summationsindex) die $r$ Einzelwerte der Wiederholungsversuche im Feld $(i, j)$ und $X$. deren Summe bedeuten. Diese Abweichungsquadrate summiert man über alle Tabellenfelder und erhält als SAQ der Versuchsstreuung

$$\text{SAQ}_{(\text{Wdh.})} = \sum_{i,j} S_{ij}. \tag{95a}$$

Ist in jedem Feld ein Versuch und eine Wiederholung vorgenommen ($r = 2$), so vereinfacht sich die Formel, indem man die Differenzen $d_{ij}$ zwischen beiden Versuchen verwenden kann. Dann ist

$$\text{SAQ}_{(\text{Wdh.})} = \frac{1}{2} \sum_{i,j} d_{ij}^2. \tag{96}$$

Die Streuungsanalyse der Zeilen und Spalten geht genau so vor sich, wie im vorigen Abschnitt beschrieben, nur werden in jedem durch Tiernummer und Behandlungsart bestimmten Feld die Summen der Einzelergebnisse aller Wiederholungen verwendet. Die Reststreuung der Analyse dieser Feldersummen braucht nun nicht mehr zur Schätzung des Versuchsfehlers herangezogen zu werden, sondern es kann geprüft werden, ob diese Reststreuung mit dem unmittelbar ermittelten Versuchsfehler übereinstimmt. Ist sie signifikant größer, so enthält sie außer dem Versuchsfehler noch eine „Wechselwirkung" zwischen den Zeilen- und Spaltenmerkmalen.

*Beispiel 39:* In Tabelle 31 ist ein Schema angegeben, in dem 3 Behandlungsarten bei 10 Tieren mit je einer Versuchswiederholung verglichen werden. Die Werte sind so gewählt, daß die Summen der

Tabelle 31. *Schema von Beobachtungswerten mit Wiederholungen.*

| Tier | Behandlungsart | | | | | | | | | Zusammen |
|---|---|---|---|---|---|---|---|---|---|---|
| | 1 | | | 2 | | | 3 | | | |
| | Versuch | | Zusammen | Versuch | | Zusammen | Versuch | | Zusammen | |
| | 1 | 2 | | 1 | 2 | | 1 | 2 | | |
| 1 | 2 | 1 | *3* | 3 | 3 | *6* | 1 | 3 | *4* | *13* |
| 2 | −2 | 0 | *−2* | 1 | 0 | *1* | 1 | 1 | *2* | *1* |
| 3 | 1 | 1 | *2* | 2 | 1 | *3* | 4 | 3 | *7* | *12* |
| 4 | 1 | −1 | *0* | 1 | 2 | *3* | 0 | 3 | *3* | *6* |
| 5 | 2 | 1 | *3* | 0 | 2 | *2* | 4 | 4 | *8* | *13* |
| 6 | 0 | −1 | *−1* | −1 | 1 | *0* | 1 | −1 | *0* | *−1* |
| 7 | −1 | 1 | *0* | 1 | 1 | *2* | 1 | 3 | *4* | *6* |
| 8 | −1 | −2 | *−3* | 1 | 0 | *1* | −1 | 1 | *0* | *−2* |
| 9 | 0 | 0 | *0* | 1 | −2 | *−1* | 0 | 1 | *1* | *0* |
| 10 | −2 | 0 | *−2* | 0 | 3 | *3* | 1 | 0 | *1* | *2* |
| Zusammen | | | *0* | | | *20* | | | *30* | *50* |

---
[1] LINDER, H.: Zit. S. 931, Nr. 15.

Parallelversuche die Werte der Tabelle 27a ergeben. Zuerst wird die Streuungsanalyse dieser Summen rechnerisch durchgeführt. Die Zahlen entsprechen der Tabelle 28c, nur werden alle SAQ noch durch 2 dividiert, da jede dort benutzte Zahl jetzt die Summe zweier Originalwerte ist und das Schema der Streuungszerlegung alle Quadratsummen auf die Größenordnung der Schwankungen der Originalwerte (Einzelwertbasis) umrechnet.

Dann berechnet man die SAQ „insgesamt" aus den Quadraten der 60 nichtkursiv gedruckten Zahlen von Tabelle 31, deren Summe $2^2 + 1^2 + \cdots = 176$ ist. Daraus ergibt sich

$$\text{SAQ}_{(\text{insgesamt})} = 176 - \frac{2500}{60} = 134{,}33.$$

SAQ$_{(\text{Wdh.})}$ ergibt sich aus dem Streuungszerlegungsschema (Tabelle 32) durch Differenzenbildung oder zur Kontrolle unmittelbar nach (84) aus den Differenzen der Parallelversuche

$$\text{SAQ}_{(\text{Wdh.})} = \frac{1}{2}[(2-1)^2 + (-2-0)^2 + (1-1)^2 + \cdots]$$

$$= \frac{1}{2}[1 \quad + \quad 4 \quad + \quad 0 \quad + \cdots] = \frac{1}{2} \cdot 78 = 39.$$

Das endgültige Schema der Streuungszerlegung für die Werte der Tabelle 31 ist in Tabelle 32 wiedergegeben.

Tabelle 32. *Streuungszerlegung bei zweifacher Gruppierung mit Wiederholungen.*

| Art der Streuung | Summe der Abweichungsquadrate (SAQ) | | Freiheitsgrade $f$ | Mittelwert der Abweichungsquadrate MAQ | $F$ | $F_{0,1\%}$ |
|---|---|---|---|---|---|---|
| Zwischen den Behandlungsarten ($B$) | $\frac{1300}{20} - \frac{2500}{60} =$ | 23,33 | 2 | 11,7 | 9,0 | 8,8 |
| Zwischen den Tieren ($T$) . . . . . | $\frac{564}{6} - \frac{2500}{60} =$ | 52,33 | 9 | 5,8 | 4,5 | 4,4 |
| Wechselwirkung ($BT$) . . . . . . | (Differenz) | 19,67 | 18 | 1,1 | 0,8 | |
| (Zwischensumme) . . . . . . . | $\left(\frac{274}{2} - \frac{2500}{60} = 95{,}33\right)$ | | (29) | | | |
| Rest (zwischen den Wiederholungen) | (Differenz) | 39,00 | 30 | 1,3 | | |
| Insgesamt | $176 - \frac{2500}{60} =$ | 134,33 | 59 | | | |

Bei den Zahlen des Beispiels ist keine Wechselwirkung vorhanden; die Streuung zwischen den Wiederholungen ist zufällig noch etwas größer (eine signifikant kleinere Wechselwirkung als die Reststreuung kann es nicht geben). Die $F$-Werte sind etwas kleiner, dafür ist die Zahl der Freiheitsgrade höher, so daß ebenfalls die $F_{0,1\%}$-Werte erreicht sind. — Man kann auch die SAQ der Wechselwirkung und des Restes zusammenfassen, um eine Gesamtschätzung der Versuchsstreuung zu erhalten, die auf noch mehr Freiheitsgraden beruht. Man erhält dann

$$\text{SAQ}_{(\text{Rest}+BT)} = 58{,}67; \quad f_{(\text{Rest}+BT)} = 48; \quad \text{MAQ}_{(\text{Rest}+BT)} = 1{,}22.$$

Für die Prüfung der Behandlungsunterschiede wird $F = \frac{11{,}7}{1{,}22} = 9{,}6$. Bei 2 und 48 Freiheitsgraden ist nach Tabelle 22 das $F_{0,1\%} = 8{,}0$. Infolge der größeren Zahl der Freiheitsgrade ist diese Sicherung noch deutlicher als vorher. Das gleiche ergibt sich für die Tierunterschiede mit $F = 4{,}7$ gegenüber $F_{0,1\%} = 3{,}8$.

### e) Streuungszerlegung bei Untergruppierung. Einzelvergleiche.

**Beispiel 40:** Im Beispiel 38 (Tabelle 27) sei angenommen, daß von den 10 Versuchstieren die ersten 5 männlich, Nr. 6—10 weiblich seien. Damit erweitern sich die Vergleichsmöglichkeiten. Es ist zu

Tabelle 33a. *Tabelle der Geschlechtersummen zu Tabelle 27a (GB-Tafel).*

| Geschlecht ($G$) | Behandlungsart ($B$) | | | Summe |
|---|---|---|---|---|
| | 1 | 2 | 3 | |
| Männlich (Tier 1—5) . . | 6 | 15 | 24 | 45 |
| Weiblich (Tier 6—10) . . | −6 | 5 | 6 | 5 |
| Summe | 0 | 20 | 30 | 50 |

Tabelle 33b. *Quadrate zu Tabelle 33a.*

| 36 | 225 | 576 | 837 | 2025 |
|---|---|---|---|---|
| 36 | 25 | 36 | 97 | 25 |
| 72 | 250 | 612 | 934 | 2050 |
| 0 | 400 | 900 | 1300 | 2500 |

prüfen, ob die Werte allgemein bei den Geschlechtern verschieden sind und ob die 3 Behandlungsarten bei beiden Geschlechtern Wirkungsunterschiede aufweisen.

Man führt zunächst die Streuungszerlegung nur für die Zeilen 1—5 durch, dann für 6—10 für sich
und stellt als drittes Schema eine Summentafel für die beiden Geschlechter auf. Die beiden ersten
Tafeln brauchen nicht angegeben zu werden, die dritte ist Tabelle 33a und b.

Die Streuungszerlegung dieser Kombinationstafel der Geschlechter mit den Behandlungsarten —
reduziert auf Einzelwerte — ist in Tabelle 34a wiedergegeben. Tabellen 34b und c sind die Einzel-
tafeln für männliche und weibliche Tiere. Die dabei neu auftretenden Zahlen sind 519 und 45, die
zusammen 564 der früheren Tabellen ergeben, sowie $227 + 47 = 274$.

Tabelle 34a. *Streuungszerlegung (GB-Tafel)*.

| Art der Streuung | SAQ | f |
|---|---|---|
| Zwischen den Behandlungsarten (B) | $\frac{1300}{10} - \frac{2500}{30} = 46{,}67$ | 2 |
| Zwischen den Geschlechtern (G) | $\frac{2050}{15} - \frac{2500}{30} = 53{,}33$ | 1 |
| Rest (Wechselwirkung GB) | 3,47 | 2 |
| Insgesamt | $\frac{934}{5} - \frac{2500}{30} = 103{,}47$ | 5 |

Tabelle 34b. *Streuungszerlegung bei den männlichen Tieren*.

| Art der Streuung | SAQ | f |
|---|---|---|
| Zwischen den Behandlungsarten (B) | $\frac{837}{5} - \frac{2025}{15} = 32{,}4$ | 2 |
| Zwischen den männlichen Tieren (M) | $\frac{519}{3} - \frac{2025}{15} = 38{,}0$ | 4 |
| Rest (Wechselwirkung MB) | 21,6 | 8 |
| Insgesamt | $227 - \frac{2025}{15} = 92{,}0$ | 14 |

Tabelle 34c. *Streuungszerlegung bei den weiblichen Tieren*.

| Art der Streuung | SAQ | f |
|---|---|---|
| Zwischen den Behandlungsarten (B) | $\frac{97}{5} - \frac{25}{15} = 17{,}73$ | 2 |
| Zwischen den weiblichen Tieren (W) | $\frac{45}{3} - \frac{25}{15} = 13{,}33$ | 4 |
| Rest (Wechselwirkung WB) | 14,27 | 8 |
| Insgesamt | $47 - \frac{25}{15} = 45{,}33$ | 14 |

Die zusammenfassende Streuungszerlegung mit Untergruppierung nach dem Geschlecht der Tiere
gibt Tabelle 34d, die mit Tabelle 28c zu vergleichen ist.

Tabelle 34d. *Streuungszerlegung bei zweifacher Gruppierung mit Untergruppen*.

| Art der Streuung | SAQ | f | MAQ | F | $F_{0{,}1\%}$ |
|---|---|---|---|---|---|
| Zwischen den Behandlungsarten (B) | 46,67 | 2 | 23,3 | 10,5 | 10,4 |
| Zwischen den Tieren (T) | 104,67 | 9 | 11,6 | 5,3 | 5,6 |
| davon zwischen den Geschlechtern (G) | 53,33 | 1 | 53,3 | 24,3 | 15,4 |
| zwischen den männlichen Tieren (M) | 38,00 | 4 | 9,5 | 4,3 | 7,5 |
| zwischen den weiblichen Tieren (W) | 13,33 | 4 | 3,3 | 1,5 | 7,5 |
| Rest (Wechselwirkung BT) | 39,33 | 18 | 2,2 | | |
| davon Wechselwirkung GB | 3,47 | 2 | 1,7 | | |
| Wechselwirkung MB | 21,60 | 8 | 2,7 | | |
| Wechselwirkung WB | 14,27 | 8 | 1,8 | | |
| Insgesamt | 190,67 | | | | |

Bei den Unterschieden zwischen den Tieren zeigt sich, daß sie überwiegend durch die Unterschiede zwischen den Geschlechtern bedingt sind, während die Unterschiede bei den männlichen Tieren nicht die 1%-Grenze (4,6) erreichten und die zwischen den weiblichen Tieren noch ganz im Zufallsbereich liegen. Bei der Reststreuung zeigen sich keine Besonderheiten bei der Aufteilung; der niedrige Wert für die Wechselwirkung $GB$ gibt keinen Anhalt dafür, daß die 3 Behandlungsarten auf männliche und weibliche Tiere verschieden wirken; ein allgemeiner Geschlechtsunterschied war zwar vorhanden, die 3 Behandlungsarten weisen dabei untereinander keine Unterschiede auf.

Die Untergruppierung ist wichtig, um bei Vergleichen, die zunächst eine größere Zahl von Mittelwerten summarisch gegenüberstellen, im Falle signifikanter Unterschiede die Abweicher zu finden. Die Streuungszerlegung erfolgt dabei für Unterteilungen, die voneinander unabhängig sind, in der Art, daß die einzelnen SAQ-Komponenten sich zur SAQ ohne Unterteilung addieren und daß ebenso die Zahl der Freiheitsgrade sich additiv zusammensetzt.

**Orthogonale Vergleiche.** Die Methodik der Untergruppierung ist weiter ausgebaut worden und hat mit Hilfe von Kunstgriffen die Isolierung von Einzelunterschieden erreichbar gemacht. Durch das Prinzip der *orthogonalen Vergleiche* werden alle Sammelvergleiche in Einzelvergleiche mit je einem Freiheitsgrad aufgeteilt.

Zwei Funktionen
$$g_1 = a_1 x_1 + a_2 x_2 + \cdots a_n x_n$$
$$g_2 = b_1 x_1 + b_2 x_2 + \cdots b_n x_n$$

sind zueinander *orthogonal*, wenn

$$\sum a_i^2 = \sum b_i^2 = 1 \quad \text{und vor allem} \quad \sum a_i b_i = 0 \tag{97}$$

ist.

Der Durchführung von Vergleichen liegt die Aufstellung von Funktionen zugrunde. Hat man z. B. 3 Mittelwerte $\bar{x}_1, \bar{x}_2, \bar{x}_3$ und vergleicht $\bar{x}_1$ mit $\bar{x}_2$, so ist die Differenz

$$\bar{x}_1 - \bar{x}_2 \quad \text{auch als } g_1 \text{ mit dem Koeffizienten} \quad a_1 = +1, \, a_2 = -1 \quad \text{und} \quad a_3 = 0$$

auszudrücken. Will man als zweiten Vergleich, durch den $\bar{x}_3$ in die Vergleiche einbezogen werden soll, $\bar{x}_1 - \bar{x}_3$ bilden, also

$$g_2 \text{ mit den Koffizienten} \quad b_1 = +1, \, b_2 = 0 \quad \text{und} \quad b_3 = -1,$$

so erfüllt die Produktsumme der Koeffizienten

$$\sum a_i b_i = 1 + 0 + 0 = 1$$

nicht die Bedingung (97). Die beiden Vergleiche $(\bar{x}_1 - \bar{x}_2)$ und $(\bar{x}_1 - \bar{x}_3)$ sind nicht zueinander orthogonal.

Stellt man als zweiten Vergleich dagegen $\bar{x}_3$ dem Mittelwert $\frac{1}{2}(\bar{x}_1 + \bar{x}_2)$ gegenüber, bildet also

$$g_2 \text{ mit den Koeffizienten} \quad b_1 = +\frac{1}{2}, \, b_2 = +\frac{1}{2} \quad \text{und} \quad b_3 = -1,$$

so sind diese Vergleiche zueinander orthogonal, da die Produktsumme

$$\sum a_i b_i = \frac{1}{2} - \frac{1}{2} - 0 = 0$$

ist. Wegen des Fortfalls der Produktsummen haben orthogonale Vergleiche den Vorzug, daß sich ihre zugehörigen Streuungsquadrate addieren und das Streuungsquadrat des Sammelvergleichs ergeben. Sie können daher als Untergruppierung in das Schema der Streuungszerlegung aufgenommen werden.

Das Koeffizientenschema für diese beiden Vergleiche lautet (s. Tabelle 35), wobei die Koeffizienten zur Erfüllung des ersten Teils von (97) durch die rechts angegebenen Werte zu dividieren sind.

Tabelle 35.

|  | $\bar{x}_1$ | $\bar{x}_2$ | $\bar{x}_3$ | Quadrat des Nenners (= Summe der Quadrate) |
|---|---|---|---|---|
| $a_i$ | +1 | −1 | 0 | 2 |
| $b_i$ | +1 | +1 | −2 | 6 |

Bei Einbau in die Streuungszerlegung ergibt sich folgendes Rechenverfahren: Beim Vergleich von $l=3$ Mittelwerten $\bar{x}_{1.}$, $\bar{x}_{2.}$, $\bar{x}_{3.}$ aus je $k$ Beobachtungen (Bezeichnungen nach Tabelle 19) arbeitet man mit den Summen $X_{1.}$, $X_{2.}$, $X_{3.}$ und berechnet die Einzelkomponenten der Summe der Abweichungsquadrate zwischen den Zeilen.

$$\begin{array}{ll}
\text{Vergleich} & \text{Abweichungsquadrate} \\
\bar{x}_{1.} - \bar{x}_{2.} & \dfrac{1}{2k}(X_{1.} - X_{2.})^2 \\
\dfrac{1}{2}(\bar{x}_{1.} + \bar{x}_{2.}) - \bar{x}_{3.} & \dfrac{1}{6k}(X_{1.} + X_{2.} - 2X_{3.})^2 \\
\hline
\text{Summe} & \dfrac{1}{k}\left[X_{1.}^2 + X_{2.}^2 + X_{3.}^2 - \dfrac{1}{3}(X_{1.} + X_{2.} + X_{3.})^2\right].
\end{array} \quad (98)$$

Die Summe ist die SAQ „zwischen den Gruppen" nach (90).

**Beispiel 41:** Untergruppierung der Behandlungsarten bei Beispiel 38. Die Streuungszerlegung hat einen gesicherten Unterschied zwischen den Behandlungsarten ergeben. Welches sind die Einzelkomponenten? Aus den Grundwerten von Tabelle 27 ergibt sich die folgende Untergliederung.

Tabelle 36a. *Einzelvergleiche zwischen den Behandlungsarten (1. Anordnung).*

| Art der Streuung | Abweichungsquadrate | Freiheitsgrade | MAQ | F | $F_{0,1\%}$ |
|---|---|---|---|---|---|
| Vergleich $\bar{x}_{1.} - \bar{x}_{2.}$ | $\dfrac{1}{20}(0-20)^2 = 20,0$ | 1 | 20,0 | 9,1 | 15,4 |
| Vergleich $\dfrac{1}{2}(\bar{x}_{1.} + \bar{x}_{2.}) - \bar{x}_{3.}$ | $\dfrac{1}{60}(0+20-60)^2 = 26,7$ | 1 | 26,7 | 12,1 | 15,4 |
| Summe (Vergleich „zwischen den Behandlungsarten") | $\dfrac{1}{10}\left(1300 - \dfrac{2500}{3}\right) = 46,7$ | 2 | 23,3 | 10,5 | 10,4 |
| Rest (nach Tabelle 28c) | | 18 | 2,2 | | |

Die im Sammelvergleich „zwischen den Behandlungsarten" erreichte Sicherungsstufe 99,9% wird bei keinem der Einzelvergleiche erreicht, da durch die Reduktion der Freiheitsgrade auf 1 wesentlich höhere $F$-Werte erforderlich werden. Bei der gewählten Anordnung der Einzelvergleiche sind beide als etwa gleichwertige Komponenten zu betrachten.

Vergleicht man in anderer Anordnung, so kann man zuerst $\bar{x}_{2.}$ mit $\bar{x}_{3.}$ und dann $\bar{x}_{1.}$ mit dem Mittel von $\bar{x}_{2.}$ und $\bar{x}_{3.}$ vergleichen. Dann ergibt sich

Tabelle 36b. *Einzelvergleiche zwischen den Behandlungsarten (2. Anordnung).*

| Art der Streuung | Abweichungsquadrate | $f$ | MAQ | F | $F_{0,1\%}$ |
|---|---|---|---|---|---|
| Vergleich $\bar{x}_{2.} - \bar{x}_{3.}$ | $\dfrac{1}{20}(20-30)^2 = 5,0$ | 1 | 5,0 | 2,3 | 15,4 |
| Vergleich $\dfrac{1}{2}(\bar{x}_{2.} + \bar{x}_{3.}) - \bar{x}_{1.}$ | $\dfrac{1}{60}(20+30-0)^2 = 41,7$ | 1 | 41,7 | 19,0 | 15,4 |
| Summe | 46,7 | 2 | 23,3 | 10,5 | 10,4 |
| Rest | | 18 | 2,2 | | |

Hiernach weist die 1. Behandlungsart gegenüber den beiden anderen stark gesicherte Unterschiede auf.

Als dritte mögliche Anordnung kann man $\bar{x}_{1.}$ mit $\bar{x}_{3.}$ und dann $\bar{x}_{2.}$ mit dem Mittel von $\bar{x}_{1.}$ und $\bar{x}_{3.}$ vergleichen. Es ergibt sich

Tabelle 36c. *Einzelvergleiche zwischen den Behandlungsarten (3. Anordnung).*

| Art der Streuung | Abweichungsquadrate | $f$ | MAQ | F | $F_{0,1\%}$ |
|---|---|---|---|---|---|
| Vergleich $\bar{x}_{1.} - \bar{x}_{3.}$ | $\dfrac{1}{20}(0-30)^2 = 45,0$ | 1 | 45,0 | 20,5 | 15,4 |
| Vergleich $\bar{x}_{2.} - \dfrac{1}{2}(\bar{x}_{1.} + \bar{x}_{3.})$ | $\dfrac{1}{60}(0+30-2\cdot 20)^2 = 1,7$ | 1 | 1,7 | 0,8 | 15,4 |
| Summe | 46,7 | 2 | 23,3 | 10,5 | 10,4 |
| Rest | | 18 | 2,2 | | |

Hier ist der Unterschied zwischen 1. und 3. Behandlungsart besonders stark gesichert. Die Untergliederung führt also zu dem Ergebnis, daß die 1. Behandlungsart gegenüber den beiden anderen für den Hauptteil des Unterschiedes „zwischen den Behandlungsarten" verantwortlich ist.

Das Beispiel zeigt deutlich, daß die 3 Anordnungen der Einzelvergleiche andersartige Resultate liefern. In Tabelle 36c ist der Vergleich zwischen dem höchsten und niedrigsten Mittelwert herausgegriffen; es ist selbstverständlich, daß ein hoher $F$-Wert resultiert. *Ist ein solcher Einzelvergleich zulässig?* Diese Frage tritt an vielen Stellen der statistischen Methodik auf, wenn eine willkürliche Auswahl der statistischen Gegenüberstellungen und Vergleiche möglich und unter Umständen notwendig ist. Nach Vorliegen der Zahlen ist ein nachträgliches Herausgreifen der Extrema für einen Vergleich nicht zulässig. Die üblichen statistischen Kriterien gelten nur dann, wenn die durchzuführenden Vergleiche im voraus festgelegt sind. Wenn sich im Verlauf der Bearbeitung auf Grund der Zahlen andere Gesichtspunkte ergeben, so haben diese Zahlen für die aus ihnen abgeleiteten Gesichtspunkte keine Beweiskraft mehr. — Demgegenüber ist die Aufstellung des vollständigen Systems aller Vergleiche, wie im Beispiel 36 durchgeführt, stets zulässig.

Bei dem Vergleich von $l = 4$ Mittelwerten sind mehrere Koeffizientensysteme möglich, in denen je zwei Vergleiche zueinander orthogonal sind.

*Tabelle 37 a.*

|  | $\bar{x}_1$ | $\bar{x}_2$ | $\bar{x}_3$ | $\bar{x}_4$ | Quadrat des Nenners (Summe der Quadrate) |
|---|---|---|---|---|---|
| $a_i$ | +1 | −1 | 0 | 0 | 2 |
| $b_i$ | +1 | +1 | −2 | 0 | 6 |
| $c_i$ | +1 | +1 | +1 | −3 | 12 |

Hier wird erst $\bar{x}_2$ mit $\bar{x}_1$, dann $\bar{x}_3$ mit dem Mittel von $\bar{x}_1$ und $\bar{x}_2$ und zuletzt $\bar{x}_4$ mit dem Mittel von $\bar{x}_1$, $\bar{x}_2$ und $\bar{x}_3$ verglichen. Dieses System läßt sich über 4 hinaus erweitern.

Für $l = 4$ gilt auch das in sich orthogonale System:

*Tabelle 37 b.*

|  | $\bar{x}_1$ | $\bar{x}_2$ | $\bar{x}_3$ | $\bar{x}_4$ | Quadrat des Nenners |
|---|---|---|---|---|---|
| $a_i$ | +1 | −1 | 0 | 0 | 2 |
| $b_i$ | 0 | 0 | +1 | −1 | 2 |
| $c_i$ | +1 | +1 | −1 | −1 | 4 |

*Tabelle 37 c.*

|  | $\bar{x}_1$ | $\bar{x}_3$ | $\bar{x}_2$ | $\bar{x}_4$ | Quadrat des Nenners |
|---|---|---|---|---|---|
| $a_i$ | +1 | +1 | −1 | −1 | 4 |
| $b_i$ | +1 | −1 | +1 | −1 | 4 |
| $c_i$ | +1 | −1 | −1 | +1 | 4 |

Hier wird zunächst $\bar{x}_1$ und $\bar{x}_2$, dann $\bar{x}_3$ und $\bar{x}_4$ getrennt verglichen. Der dritte Vergleich von $(\bar{x}_1 + \bar{x}_2)$ mit $(\bar{x}_3 + \bar{x}_4)$ verbindet dann beide.

Schließlich kann in einem dritten Vergleichssystem jeder Einzelvergleich unter Benutzung aller 4 Mittelwerte durchgeführt werden.

Welches System gewählt wird, ist nach dem Versuchsziel zu entscheiden.

**Mittlerer Fehler für Mittelwertsvergleiche.** Die Einzelvergleiche sind im letzten Beispiel in das Schema der Streuungszerlegung eingebaut worden. Wenn man sie gesondert behandelt, benutzt man die $t$-Verteilung und berücksichtigt die Vergleichsfunktion. Ist $g$ eine lineare Funktion

$$g(x) = a_1 \bar{x}_1 + a_2 \bar{x}_2 + \cdots + a_r \bar{x}_r,$$

wobei die Mittelwerte $\bar{x}_1, \bar{x}_2, \ldots$ auf $n_1, n_2 \ldots$ Beobachtungen beruhen, und gilt für alle Beobachtungen $x_i$ dasselbe Versuchsstreuungsmaß $s$, so ist der mittlere Fehler von $g$

$$s_g = s \cdot \sqrt{\frac{a_1^2}{n_1} + \frac{a_2^2}{n_2} + \cdots + \frac{a_r^2}{n_r}}. \tag{99}$$

Im Beispiel der Tabelle 36a ist der Vergleich $d_1 = \bar{x}_1 - \bar{x}_2$ enthalten. Nach (99) ergibt sich als mittlerer Fehler

$$s_{d_1} = s \sqrt{\frac{1}{10} + \frac{1}{10}} = \sqrt{2{,}2} \cdot \sqrt{\frac{2}{10}} = 0{,}66.$$

Für den Vergleich $d_2 = \frac{1}{2}(\bar{x}_1 + \bar{x}_2) - \bar{x}_3$ wird

$$s_{d_2} = s\sqrt{\frac{1}{4\cdot 10} + \frac{1}{4\cdot 10} + \frac{1}{10}} = \sqrt{2{,}2} \cdot \sqrt{\frac{3}{20}} = 0{,}57.$$

Es ist $\bar{x}_1 = 0$; $\bar{x}_2 = 2{,}0$; $\bar{x}_3 = 3{,}0$. Die Prüfgröße für den ersten Vergleich ist

$$t_1 = \frac{0 - 2{,}0}{0{,}66} = -3{,}0 \quad \text{und} \quad t_2 = \frac{1{,}0 - 3{,}0}{0{,}57} = -3{,}5.$$

Die $t$-Tabelle ist mit $f = 18$ zu benutzen, da $s$ aus 18 Freiheitsgraden berechnet wurde. Der Vergleich mit den $F$-Werten der Tabelle 36a zeigt, daß jeweils $F = t^2$ ist, so daß man die Identität der Zahlenprüfungen nach beiden Verfahren erkennt.

**Reststreuung als Vergleichsbasis.** Die bei der Varianzanalyse erhaltene Reststreuung ist für die meisten Prüfungen die richtige Vergleichsbasis und dient in gleicher Weise zur Berechnung der mittleren Fehler und der Vertrauensgrenzen. Es ist jedoch in jedem Anwendungsfall sorgfältig zu prüfen, ob dies berechtigt ist oder ob für bestimmte Fragestellungen andere Streuungswerte als Vergleichsbasis benutzt werden müssen. Wenn z. B. in einer Beobachtungsreihe von Blutuntersuchungen an verschiedenen Tieren Parallelbestimmungen der betrachteten Blutbestandteile an derselben Blutprobe gemacht werden, so wird damit nur eine technische Komponente der Versuchsstreuung erfaßt. Würde man die — möglicherweise sehr geringe — Streuung zwischen den Parallelbestimmungen als Vergleichsbasis benutzen, so erhielte man leicht „signifikante" Unterschiede zwischen Behandlungsarten, Tieren usw. Man würde sich bei dieser Prüfung aber nur in einem Kollektiv von Parallelbestimmungen bewegen und feststellen, daß man in neuen Serien von Parallelbestimmungen mit hoher statistischer Sicherheit wieder so unterschiedliche Beobachtungswerte erhalten würde.

Für alle Vergleiche ist grundsätzlich an die Ausführungen in Abschnitt A 2a, S. 939 ff. zu erinnern, in denen die verschiedenen Arten der Kollektivbildung im Zusammenhang mit der beabsichtigten Schlußweise dargestellt sind. Auch bei der Abgrenzung des Vertrauensbereiches eines Mittelwertes können die verschiedenen bei der Varianzanalyse ermittelten Streuungsarten statt der Reststreuung in Frage kommen. Insbesondere ist oft die Streuung zwischen den Tieren als Vergleichsbasis zu wählen, wenn es sich um eine Verallgemeinerung auf das Individuenkollektiv handelt, also um die Frage, wie die Beobachtungen bei anderen Individuen ausgefallen wären.

### f) Streuungszerlegung bei mehr als 2 Gruppierungen.

Analog zu den Tabellen 28c, 32 und 34 können auch 3 und mehr Gruppierungen behandelt werden. Dabei handelt es sich entweder um ineinander geschachtelte Vergleiche

Tabelle 38a. *Werteschema in dreifacher Gruppierung.*      Tabelle 38b. *Quadrate zu 38a.*

| Tier Nr. | Behandlung | | | | | | Summe | Quadrate der Einzelwerte | | | | | | Zusammen | Quadrate der Summen |
|---|---|---|---|---|---|---|---|---|---|---|---|---|---|---|---|
| | $B_1$ | | $B_2$ | | $B_3$ | | | | | | | | | | |
| | Vorbehandlung | | | | | | | | | | | | | | |
| | $V_1$ | $V_2$ | $V_1$ | $V_2$ | $V_1$ | $V_2$ | | | | | | | | | |
| $T_1$ | 3 | −1 | 6 | 0 | 4 | 0 | 12 | 9 | 1 | 36 | 0 | 16 | 0 | 62 | 144 |
| $T_2$ | −2 | 0 | 1 | 2 | 2 | 4 | 7 | 4 | 0 | 1 | 4 | 4 | 16 | 29 | 49 |
| $T_3$ | 2 | −3 | 3 | 1 | 7 | 0 | 10 | 4 | 9 | 9 | 1 | 49 | 0 | 72 | 100 |
| $T_4$ | 0 | 0 | 3 | −1 | 3 | 1 | 6 | 0 | 0 | 9 | 1 | 9 | 1 | 20 | 36 |
| $T_5$ | 3 | −2 | 2 | 3 | 8 | 1 | 15 | 9 | 4 | 4 | 9 | 64 | 1 | 91 | 225 |
| Summe | 6 | −6 | 15 | 5 | 24 | 6 | 50 | Zusammen 26 | 14 | 59 | 15 | 142 | 18 | 274 | 554 |
| | | | | | | | | Quadrate der Summen 36 | 36 | 225 | 25 | 576 | 36 | 934 | 2500 |

Streuungszerlegung bei mehr als 2 Gruppierungen.

oder um die Ausschaltung mehrerer Störfaktoren. Es treten mehrere Wechselwirkungsglieder auf, je eines für jede Kombination, zweier, dreier, ... Gruppierungsmerkmale. Ohne auf die allgemeinen Formeln einzugehen, sei das Vorgehen an einem Beispiel gezeigt.

**Beispiel 42:** Es seien 3 Behandlungsarten in Kombination mit 2 Vorbehandlungen an denselben 5 Tieren durchgeführt (Zahlen der Tabelle 27a, umgruppiert).

Man stellt nun stufenweise für je 2 Gruppierungen die Tabellen der Werte und der Quadrate auf, wobei jeweils die dritte Gruppierung durch Zusammenfassung verloren geht. Es sind folgende Gegenüberstellungen möglich: $TB$, $TV$, $BV$, während die Originaltabelle symbolisch $TBV$ zu schreiben wäre. Tabellen 39 a—f enthalten diese Tabellen der Teilsummen und deren Quadrate.

Tabelle 39 a—f. *Nebenrechnungen zur Streuungszerlegung der Tabelle 38a.*

a) $TB$-Tabelle.

|  | $B_1$ | $B_2$ | $B_3$ |  |
|---|---|---|---|---|
| $T_1$ | 2 | 6 | 4 | 12 |
| $T_2$ | −2 | 3 | 6 | 7 |
| $T_3$ | −1 | 4 | 7 | 10 |
| $T_4$ | 0 | 2 | 4 | 6 |
| $T_5$ | 1 | 5 | 9 | 15 |
|  | 0 | 20 | 30 | 50 |

b) *Quadrate zu a.*

|  | Einzelquadrate | | | Zusammen | Summenquadrate |
|---|---|---|---|---|---|
|  | 4 | 36 | 16 | 56 | 144 |
|  | 4 | 9 | 36 | 49 | 49 |
|  | 1 | 16 | 49 | 66 | 100 |
|  | 0 | 4 | 16 | 20 | 36 |
|  | 1 | 25 | 81 | 107 | 225 |
| Zusammen | 10 | 90 | 198 | 298 | 554 |
| Summenquadrate | 0 | 400 | 900 | 1300 | 2500 |

c) $TV$-Tabelle.

|  | $V_1$ | $V_2$ | Summe |
|---|---|---|---|
| $T_1$ | 13 | −1 | 12 |
| $T_2$ | 1 | 6 | 7 |
| $T_3$ | 12 | −2 | 10 |
| $T_4$ | 6 | 0 | 6 |
| $T_5$ | 13 | 2 | 15 |
| Summe | 45 | 5 | 50 |

d) *Quadrate zu c.*

|  | Einzelquadrate | | Zusammen | Summenquadrate |
|---|---|---|---|---|
|  | 169 | 1 | 170 | 144 |
|  | 1 | 36 | 37 | 49 |
|  | 144 | 4 | 148 | 100 |
|  | 36 | 0 | 36 | 36 |
|  | 169 | 4 | 173 | 225 |
| Zusammen | 519 | 45 | 564 | 554 |
| Summenquadrate | 2025 | 25 | 2050 | 2500 |

e) $BV$-Tabelle.

|  | $V_1$ | $V_2$ | Summe |
|---|---|---|---|
| $B_1$ | 6 | −6 | 0 |
| $B_2$ | 15 | 5 | 20 |
| $B_3$ | 24 | 6 | 30 |
| Summe | 45 | 5 | 50 |

f) *Quadrate zu e.*

|  | Einzelquadrate | | Zusammen | Summenquadrate |
|---|---|---|---|---|
|  | 36 | 36 | 72 | 0 |
|  | 225 | 25 | 250 | 400 |
|  | 576 | 36 | 612 | 900 |
| Zusammen | 837 | 97 | 934 | 1300 |
| Summenquadrate | 2025 | 25 | 2050 | 2500 |

Die Streuungszerlegung der Tabellen der Teilsummen zeigt Tabelle 40, wobei die Abweichungsquadrate auf Einzelwertbasis berechnet sind.

Bei der praktischen Zahlenrechnung ist stets darauf zu achten, daß alle Abweichungsquadrate auf die Größenordnung der Abweichungsquadrate der Einzelbeobachtungswerte gebracht werden müssen. Das Abweichungsquadrat jeder Teilsumme ist durch die Zahl der Beobachtungen zu dividieren, die der einzelnen Teilsumme zugrunde liegen. Zum Beispiel ist bei der Streuungskomponente „zwischen den Behandlungsarten" 1300:10 zu nehmen, weil jede der 3 Teilsummen 0, 20, 30 auf 10 Beobachtungen beruht. In der $TV$-Tabelle 39c ist jeder Innenwert aus 3 Originalwerten zusammengesetzt; daher ist in Tabelle 40 die Quadratsumme 564 durch 3 zu teilen.

998                     Statistische Auswertung der Versuchsergebnisse.

Tabelle 40. *Streuungszerlegung der Tabellen der Teilsummen (Tabelle 39 a—f).*

| Art der Streuung | Symbol | Summe der Abweichungsquadrate | Freiheitsgrade | |
|---|---|---|---|---|
| Zwischen den Behandlungsarten . . | $B$ | $\dfrac{1300}{10} - \dfrac{2500}{30} = 46{,}67$ | 2 | |
| Zwischen den Tieren . . . . . . . | $T$ | $\dfrac{554}{6} - \dfrac{2500}{30} = 9{,}00$ | 4 | nach Tabelle 39 a, b |
| Rest (Wechselwirkung) . . . . . | $TB$ | (Differenz) $= 10{,}00$ | 8 | |
| Insgesamt | $T, B$ | $\dfrac{298}{2} - \dfrac{2500}{30} = 65{,}67$ | 14 | |
| Zwischen den Vorbehandlungsarten | $V$ | $\dfrac{2050}{15} - \dfrac{2500}{30} = 53{,}33$ | 1 | |
| Zwischen den Tieren . . . . . . . | $T$ | $\dfrac{554}{6} - \dfrac{2500}{30} = 9{,}00$ | 4 | nach Tabelle 39 c, d |
| Rest (Wechselwirkung) . . . . . | $TV$ | (Differenz) $= 42{,}33$ | 4 | |
| Insgesamt | $T, V$ | $\dfrac{564}{3} - \dfrac{2500}{30} = 104{,}67$ | 9 | |
| Zwischen den Behandlungsarten . . | $B$ | $\dfrac{1300}{10} - \dfrac{2500}{30} = 46{,}67$ | 2 | |
| Zwischen den Vorbehandlungsarten | $V$ | $\dfrac{2050}{15} - \dfrac{2500}{30} = 53{,}33$ | 1 | nach Tabelle 39 e, f |
| Rest (Wechselwirkung) . . . . . | $BV$ | (Differenz) $= 3{,}47$ | 2 | |
| Insgesamt | $B, V$ | $\dfrac{934}{5} - \dfrac{2500}{30} = 103{,}47$ | 5 | |

Aus Tabelle 38 ergibt sich eine weitere Streuungszerlegung, die auf den Einzelwerten selbst beruht und bei der die 3 Behandlungs- und die 2 Vorbehandlungsarten als 6 verschiedene Behandlungsarten $(B, V)$ aufgefaßt werden.

Tabelle 41. *Streuungszerlegung der Tabelle 38.*

| Art der Streuung | Symbol | Summe der Abweichungsquadrate | Freiheitsgrade |
|---|---|---|---|
| Zwischen den Behandlungs- und Vorbehandlungsarten | $(B, V)$ | $\dfrac{934}{5} - \dfrac{2500}{30} = 103{,}47$ | 5 |
| Zwischen den Tieren . . . . . . . . . . . . . . | $T$ | $\dfrac{554}{6} - \dfrac{2500}{30} = 9{,}00$ | 4 |
| Rest (Wechselwirkung) . . . . . . . . . . . . | $(B,V)T$ | (Differenz) $= 78{,}20$ | 20 |
| Insgesamt | $B, V, T$ | $274 - \dfrac{2500}{30} = 190{,}67$ | 29 |

Diese Zerlegung ist nun der Rahmen, in den die Einzelkomponenten der Tabelle 40 einzuordnen sind. Die Untergliederung der ersten Zeile (Summe der Abweichungsquadrate für $B, V$) findet sich im dritten Teil der Tabelle 40 in die drei Streuungskomponenten $B, V, BV$. Die Reststreuung in Tabelle 41 ist die Wechselwirkung zwischen $B, V$ einerseits und $T$ andererseits. Hier ergibt die Untergliederung die Streuungskomponenten $TB, TV$ und die dreifache Wechselwirkung $BVT$.

Ordnet man dies in Tabelle 41 ein, so entsteht die endgültige Streuungszerlegung für die drei Gliederungen $B, V$ und $T$.

Tabelle 41a.

| | SAQ | $f$ |
|---|---|---|
| Wechselwirkung $TB$ . . . . | 10,00 | 8 |
| Wechselwirkung $TV$ . . . . | 42,33 | 4 |
| Wechselwirkung $BVT$ . . . | 25,87 | 8 (Differenz) |
| Wechselwirkung $(B, V)T$ . . | 78,20 | 20 |

Als *Rechenkontrolle* empfiehlt es sich, für eine Gruppierung die Summe der Abweichungsquadrate „innerhalb" zu berechnen. Diese Werte treten in den Tabellen 39—42 nicht auf, ergeben sich aber als Summe der entsprechenden Glieder. Besonders einfach gestaltet sich die Rechnung bei Alternativ-

Tabelle 42. *Streuungszerlegung nach 3 Gruppierungen (ohne Wiederholungen).*

| Art der Streuung | Symbol | SAQ | f | MAQ | F | $F_s$ | $F_1$ |
|---|---|---|---|---|---|---|---|
| Zwischen den Behandlungsarten . . | B | 46,67 | 2 | 23,33 | 7,2 | 4,5 | 8,7 |
| Zwischen den Vorbehandlungsarten . | V | 53,33 | 1 | 53,33 | 16,5 | 5,3 | 11,3 |
| Zwischen den Tieren . . . . . . . | T | 9,00 | 4 | 2,25 | 0,7 | | |
| Wechselwirkungen . . . . . . . . | BV | 3,47 | 2 | 1,73 | 0,5 | | |
| | TB | 10,00 | 8 | 1,25 | 0,4 | | |
| | TV | 42,33 | 4 | 10,58 | 3,3 | 3,8 | 7,0 |
| (Rest) | TBV | 25,87 | 8 | 3,23 | | | |
| Insgesamt | | 190,67 | 29 | | | | |

merkmalen, im Beispiel bei den Vorbehandlungen. Man braucht hier nur die Differenzen der zusammengehörigen $V$-Werte zu bilden und diese zu quadrieren. Aus Tabelle 38a ergibt sich

$$4^2 + 2^2 + 5^2 + \cdots + 2^2 + 7^2 = 250.$$

Nach (96) ist $250/2 = 125$ die Summe der Abweichungsquadrate zwischen den $V$-Werten innerhalb der $B$- und $T$-Gruppen. Nach Tabelle 42 sind die einzelnen Komponenten, die zur $V$-Streuung „innerhalb" beitragen:

Art der Streuung: $V$ . . . . . . 53,33
$VB$ . . . . . 3,47
$VT$ . . . . . 42,33
$VBT$ . . . . 25,87
125,00; Rechenkontrolle richtig.

Bei den Berechnungen von $F$ dient das Rest-Streuungsquadrat 3,23 als Vergleichsbasis, sofern keine Mehrfachbeobachtungen vorliegen. In diesem Wert sind die dreifache Wechselwirkung $TBV$ und der eigentliche Versuchsfehler gemeinsam enthalten. Die Unterschiede zwischen den $B$-Mittelwerten überschreiten die 5%-Stufe, die zwischen den $V$-Mittelwerten die 1%-Sicherungsstufe. Von den zweifachen Wechselwirkungen hat die zwischen $T$ und $V$ einen etwas höheren Wert; man erkennt auch an der $VT$-Tabelle, daß die Unterschiede von $V_1$ und $V_2$ bei den verschiedenen Tieren sehr uneinheitlich sind. Der $F$-Wert liegt jedoch noch im Zufallsbereich.

Es kann vorkommen, daß bei mehrfacher Gruppierung durch die Reduktion der Zahl der Freiheitsgrade die Bestimmung der Reststreuung unsicher wird. Wenn keine Unterschiede zwischen den verschiedenen Wechselwirkungen bestehen, kann man diese zusammenfassen, gegebenenfalls noch unter Einbeziehung von Streuungen „zwischen", um durch die Verwendung einer größeren Zahl von Freiheitsgraden eine größere Sicherheit für die Beurteilung der $F$-Werte zu erreichen.

Im Beispiel könnte man die Summen der Abweichungsquadrate von $T$ bis $TBV$ zusammenfassen und erhielte 90,67 mit 26 Freiheitsgraden. Der Mittelwert der Abweichungsquadrate wäre 3,49, die beiden $F$-Werte für $B$ und $V$ wurden 6,7 und 15,3. Die zugehörigen $F_{1\%}$-Werte sinken infolge der höheren Zahl der Freiheitsgrade auf 5,5 und 7,7 gegenüber 8,7 und 11,3 in Tabelle 42.

Gelegentlich ist empfohlen worden[1], etwa die drei niedrigsten MAQ-Werte zusammenzufassen, um so eine möglichst günstige Vergleichsbasis zu gewinnen, im Beispiel also etwa die Streuungskomponenten $T$, $BV$ und $TB$. Dieses Verfahren ist jedoch nicht zu billigen, da — auch bei der Prüfhypothese der Homogenität aller Variationen — durch Zufall auch kleine $s^2$-Werte in einigen Untergruppen vorkommen werden, deren einseitige Auslese eine Unterschätzung des wahren $\sigma^2$ und möglicherweise eine fälschliche Sicherung der zufällig großen $s^2$ ergeben kann.

### g) Streuungszerlegung bei mehr als 2 Gruppierungen mit Wiederholungen.

Die Zuverlässigkeit der statistischen Auswertung kann erheblich steigen, wenn zu jeder Beobachtung ein oder mehrere Vergleichswerte bestimmt werden und daraus die Versuchsstreuung unmittelbar errechnet wird. Die Bearbeitung erfolgt analog zu Tabelle 31 und 32, indem die Abweichungsquadrate zwischen den Wiederholungen gesondert bestimmt werden.

**Beispiel 43:** Die Zahlen des Beispiels 42 (Tabelle 38a) seien Summen von je zwei Wiederholungen (Zahlen nach Tabelle 31, umgruppiert).

Die Berechnungen erfolgen zunächst mit den Summenzahlen für beide Parallelversuche und stimmen mit Tabelle 39—42 überein, nur sind wegen der doppelt so großen Zahl der Beobachtungen,

---

[1] MITTENECKER, E.: Zit. S. 931, Nr. 32. S. 121.

die bei jeder Teilsumme zugrunde liegen, alle Abweichungsquadrate noch durch 2 zu dividieren. Die Summe der Abweichungsquadrate zwischen den Wiederholungen ist (vgl. Tabelle 31) 39,00.

Tabelle 43. *Streuungszerlegung nach 3 Gruppierungen mit Wiederholung.*

| Tier Nr. | Versuch Nr. | Behandlung | | | | | | Summe |
|---|---|---|---|---|---|---|---|---|
| | | $B_1$ | | $B_2$ | | $B_3$ | | |
| | | Vorbehandlung | | | | | | |
| | | $V_1$ | $V_2$ | $V_1$ | $V_2$ | $V_1$ | $V_2$ | |
| 1 | 1 | 2 | 0 | 3 | −1 | 1 | 1 | |
| | 2 | 1 | −1 | 3 | 1 | 3 | −1 | |
| | Zusammen | 3 | −1 | 6 | 0 | 4 | 0 | 12 |
| 2 | 1 | −2 | −1 | 1 | 1 | 1 | 1 | |
| | 2 | 0 | 1 | 0 | 1 | 1 | 3 | |
| | Zusammen | −2 | 0 | 1 | 2 | 2 | 4 | 7 |
| 3 | 1 | 1 | −1 | 2 | 1 | 4 | −1 | |
| | 2 | 1 | −2 | 1 | 0 | 3 | 1 | |
| | Zusammen | 2 | −3 | 3 | 1 | 7 | 0 | 10 |
| 4 | 1 | 1 | 0 | 1 | 1 | 0 | 0 | |
| | 2 | −1 | 0 | 2 | −2 | 3 | 1 | |
| | Zusammen | 0 | 0 | 3 | −1 | 3 | 1 | 6 |
| 5 | 1 | 2 | −2 | 0 | 0 | 4 | 1 | |
| | 2 | 1 | 0 | 2 | 3 | 4 | 0 | |
| | Zusammen | 3 | −2 | 2 | 3 | 8 | 1 | 15 |
| | Summe | 6 | −6 | 15 | 5 | 24 | 6 | 50 |

Die Streuungszerlegung der nebenstehenden Tabelle 43 erhält dann folgende Form.

Im Vergleich mit den Bestimmungsfehlern, wie sie an den Parallelversuchen gemessen werden, sind die Unterschiede zwischen den Behandlungsarten sowie zwischen den Vorbehandlungsarten gesichert, auch die Wechselwirkung $TV$ überschreitet gerade die 1%-Sicherungsstufe. Es gibt also individuelle Unterschiede zwischen den Tieren in bezug auf ihre Reaktion auf die Vorbehandlung. Dagegen liegt keine Wechselwirkung $VB$ vor, ein unterschiedlicher Einfluß der Vorbehandlung auf die Wirkung der Behandlungsarten ist nicht festzustellen.

Die Durchführung von Parallelversuchen bringt im allgemeinen einen erheblichen Gewinn für die Ergiebigkeit der Auswertung. Es ist allerdings zu beachten, daß Parallelen in verschiedener Weise durchgeführt werden können: als technische Doppelbestimmungen z. B. bei einer Blutprobe, als doppelte Entnahme unmittelbar hintereinander beim gleichen Versuch, als Versuchswiederholung in verschiedenen Zeitabständen mit und ohne andere Zwischenversuche. Jede Art der Wiederholungen hat andere Streuungen und eine andere Bedeutung. Als Vergleichsbasis bei der Streuungszerlegung ist eine unabhängige volle Versuchswiederholung geeignet.

Wenn die Vergleiche nicht am gleichen Tier durchführbar sind, kann die $T$-Gruppierung oft durch andere Merkmale ersetzt werden, die für zusammengehörige Gruppen von gut vergleichbaren Versuchen charakteristisch sind, z. B. die Wurfgeschwister oder die Versuchstage o. a. (vgl. Abschnitt E).

Die Streuungszerlegung für mehrere Variable wird auf S. 1008 ff. behandelt.

Tabelle 44. *Streuungszerlegung zu Tabelle 43.*

| Art der Streuung | Symbol | SAQ | f | MAQ | F | $F_{1\%}$ |
|---|---|---|---|---|---|---|
| Zwischen den Behandlungsarten | $B$ | 23,33 | 2 | 11,67 | 9,0 | 5,4 |
| Zwischen den Vorbehandlungsarten | $V$ | 26,67 | 1 | 26,67 | 20,5 | 7,6 |
| Zwischen den Tieren | $T$ | 4,50 | 4 | 1,13 | 0,9 | |
| Wechselwirkung | $BV$ | 1,73 | 2 | 0,87 | 0,7 | |
| | $TB$ | 5,00 | 8 | 0,63 | 0,5 | |
| | $TV$ | 21,17 | 4 | 5,29 | 4,1 | 4,0 |
| | $TBV$ | 12,93 | 8 | 1,62 | 1,2 | |
| (Zwischensumme) | | (95,53) | (29) | | | |
| Rest (zwischen den Wiederholungen) | | 39,00 | 30 | 1,30 | | |
| Insgesamt | | 134,33 | 59 | | | |

## D. Die statistische Bearbeitung von Zusammenhängen.
### 1. Die Beurteilung eines Korrelations- und Regressionskoeffizienten.

**Existenzprüfung.** Die Existenz eines Zusammenhanges zwischen zwei Merkmalen mit den paarweise zusammengehörigen Werten $x_i$ und $y_i$ wird am Korrelations- oder Regressionskoeffizienten (10), (13) geprüft. Als Nullhypothese wird die Annahme zugrunde gelegt, daß die Merkmale unabhängig voneinander sind und daß die beobachteten Korrelations- bzw. Regressionskoeffizienten $r$ und $b$ sich von 0 nur zufällig unterscheiden. Für diese Prüfung berechnet man

$$s_r^2 = \frac{1-r^2}{n-2} \quad \text{und} \quad s_b^2 = \frac{s_y^2}{s_x^2} \cdot \frac{1-r^2}{n-2} \tag{100}$$

und

$$\frac{r}{s_r} = \frac{b}{s_b} = \frac{r\sqrt{n-2}}{\sqrt{1-r^2}}. \tag{101}$$

Die $r$- und $b$-Existenzprüfungen sind identisch. (101) folgt der $t$-Verteilung für $f = n-2$ Freiheitsgrade. Die Existenz eines Zusammenhanges ist gesichert, wenn die Werte der Tabelle 45 überschritten sind.

Tabelle 45. *Sicherheitsstufen für die Existenzprüfung eines Korrelationskoeffizienten.*

| Zahl der Freiheits- gerade $f$ | Sicherungsgrenze α 5% | 1% | 0,27% | 0,1% | Zahl der Freiheits- grade $f$ | Sicherungsgrenze α 5% | 1% | 0,27% | 0,1% |
| --- | --- | --- | --- | --- | --- | --- | --- | --- | --- |
| | Statistische Sicherheit 95% | 99% | 99,73% | 99,9% | | Statistische Sicherheit 95% | 99% | 99,73% | 99,9% |
| 5 | 0,75 | 0,87 | 0,93 | 0,95 | 50 | 0,27 | 0,35 | 0,41 | 0,44 |
| 10 | 0,58 | 0,71 | 0,78 | 0,83 | 60 | 0,25 | 0,32 | 0,38 | 0,41 |
| 15 | 0,48 | 0,61 | 0,68 | 0,73 | 80 | 0,22 | 0,28 | 0,33 | 0,36 |
| 20 | 0,43 | 0,54 | 0,61 | 0,66 | 100 | 0,19 | 0,25 | 0,29 | 0,32 |
| 25 | 0,38 | 0,49 | 0,55 | 0,60 | 150 | 0,16 | 0,21 | 0,24 | 0,26 |
| 30 | 0,35 | 0,45 | 0,51 | 0,55 | 200 | 0,14 | 0,18 | 0,21 | 0,23 |
| 35 | 0,33 | 0,42 | 0,48 | 0,52 | 500 | 0,09 | 0,11 | 0,13 | 0,15 |
| 40 | 0,30 | 0,39 | 0,45 | 0,49 | 1000 | 0,06 | 0,08 | 0,09 | 0,10 |

Nach FISHER[1] folgt die Korrelationsziffer[2]

$$z = \frac{1}{2} \log \text{nat} \frac{1-r}{1+r}, \tag{102}$$

in Stichproben praktisch ausreichend einer Normalverteilung mit dem mittleren Fehler

$$s_z = \frac{1}{\sqrt{n-3}}. \tag{103}$$

Im Gegensatz zu (100) und (101) gilt (103) für die Prüfung beliebiger Korrelationen, nicht nur für die Unabhängigkeitshypothese $r = z = 0$. Auch die Prüfung der Differenz zweier Korrelationskoeffizienten läßt sich unter Benutzung von (102) und (103) vornehmen. Die Differenz der Korrelationsziffern $z_1 - z_2$ hat den mittleren Fehler $\sqrt{\frac{1}{n_1-3} + \frac{1}{n_2-3}}$ und ist nach den Sicherungsgrenzen der Normalverteilung zu prüfen.

**Regression.** Die Aufgabe der Regressionslinien besteht in dem Schluß von Werten der einen Variablen auf die der anderen (vgl. S. 939). Dadurch treten bei Regressionsberechnungen noch weitere Streuungs- und Fehlermaße auf. Geht man von den $x_i$ aus

---

[1] Vgl. FISHER, R. A.: Zit. S. 931, Nr. 8.
[2] Die Transformation von $r$ in $z$ und umgekehrt kann bei KOLLER [„Graphische Tafeln" (Tafel 11a)] unmittelbar abgelesen werden, ebenso die größte zulässige Zufallsdifferenz zweier Korrelationsziffern (Tafel 11b).

und betrachtet die $y_i$ als abhängige Veränderliche, so entspricht dem die flache Regressionsgerade in Abb. 2. Der mittlere Fehler eines Schätzwertes $y_R$ auf der Regressionsgerade zu einem gegebenen $x$ ist — unter Verwendung der Rechengrößen $S_{xx}$, $S_{xy}$, $S_{yy}$ —

$$s_{y_R} = s_b \sqrt{\frac{S_{xx}}{n} + (x - \bar{x})^2} = \sqrt{\frac{(S_{yy} - b\,S_{xy})}{(n-2)} \left(\frac{1}{n} + \frac{(x-\bar{x})^2}{S_{xx}}\right)}. \qquad (104)$$

Die mittlere Abweichung der Einzelpunkte im Korrelationsfeld von der Regressionsgeraden, gemessen parallel zur $Y$-Achse, ist

$$s'_y = s_y \sqrt{1 - r^2}\,. \qquad (105)$$

Weitergehende Untersuchungen und Vergleiche von Regressionskoeffizienten werden am besten mit Hilfe der Kovarianzanalyse vorgenommen (vgl. 1008).

Korrelations- und Regressionskoeffizient setzen *lineare* Abhängigkeitsverhältnisse voraus.

## 2. Deutung von Korrelationen.

Eine Korrelationsanalyse, ob sie rein betrachtend am Korrelationsbild (vgl. Abb. 2 und 18—20) oder als rechnerisch ausgebaute Methode durchgeführt wird, liefert keine unmittelbare Erkenntnis über Zusammenhänge, sondern erfaßt lediglich die Gemeinsamkeit der Streuung zweier verbundener Variablen (Mitstreuung, Verbundstreuung, Kovarianz). Je nach der Art der Zusammenhänge kann man 5 Arten der Korrelation unterscheiden, wobei die Korrelation selbst jeweils positives oder negatives Vorzeichen haben kann.

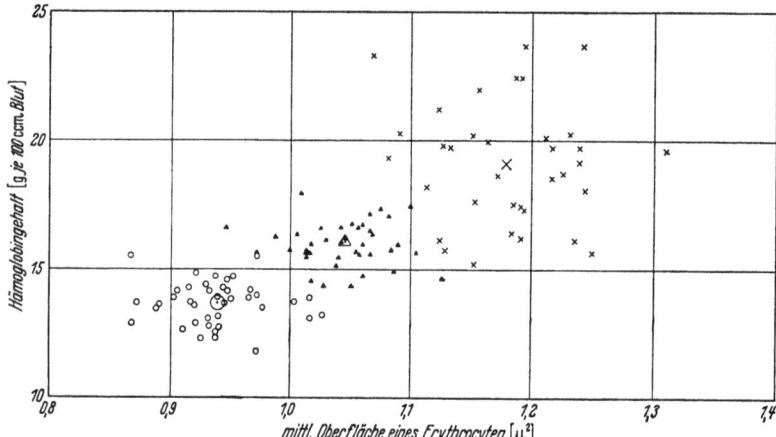

Abb. 18. Korrelation zwischen mittlerer Oberfläche eines Erythrocyten und Hb-Gehalt im Blut von Männern △, Frauen ○ und Neugeborenen ×.

**1. Abhängigkeitskorrelation.** Eine Variable ist von der anderen unmittelbar abhängig. Im Kausalnetz beeinflußt nur die eine Variable die andere, nicht umgekehrt. Beispiele sind Dosis-Wirkungsbeziehungen, Reizantwort u. a.

**2. Wechselseitigkeitskorrelation.** Jede Variable ist von der anderen unmittelbar abhängig, beide beeinflussen sich gegenseitig. Beispiele sind Merkmale aus physiologischen Regulationskomplexen.

**3. Gemeinsamkeitskorrelation.** Beide Variable sind ohne unmittelbare Beziehungen zueinander von dritten Größen oder Allgemeinfaktoren abhängig. Beispiele sind Korrelationen zwischen quantitativen Indicatoren oder Symptomen eines Grundmerkmals, morphologische Korrelationen, Merkmalskorrelationen zwischen Geschwistern durch gemeinsame Gene u. a.

Zwischen diesen drei Arten gibt es Zwischenformen und Übergänge, z. B. ist die Korrelation zwischen Größe und Gewicht eine Zwischenform zwischen 1 und 3. Auch der ganze Problemkreis der Form-Funktionsbeziehungen dürfte zu den Zwischenformen gehören.

**4. Inhomogenitätskorrelationen** kommen dadurch zustande, daß eine Beobachtungsreihe aus mehreren Teilen zusammengesetzt ist, in denen die Merkmalswerte verschiedene Größe haben. Dadurch entsteht im undifferenzierten Gesamtmaterial der Eindruck einer Korrelation. Innerhalb der einzelnen Materialteile kann dabei eine Korrelation ganz fehlen oder völlig andersartig sein. Die Gesamtkorrelation ist nicht durch einen einheitlichen Zusammenhang der Variablen bedingt, sondern durch die Inhomogenität des Materials und kann demgemäß in einem anders zusammengesetzten Material ein völlig anderes Bild ergeben.

*Beispiel 44:* Abb. 18 zeigt die Korrelation zwischen der mittleren Oberfläche eines Erythrocyten und dem Hämoglobingehalt bei Männern, Frauen und Neugeborenen (nach Beobachtungen von HORNEFFER, SCHMOLL und BÖRNER[1]; Abbildung aus KOLLER[2]). Innerhalb keiner dieser Gruppen ist eine positive Korrelation vorhanden (—0,03, —0,07, —0,06); bei Zusammenfassung der 3 Gruppen ergibt sich $r = +0{,}75$ (vgl. auch Beispiel 51).

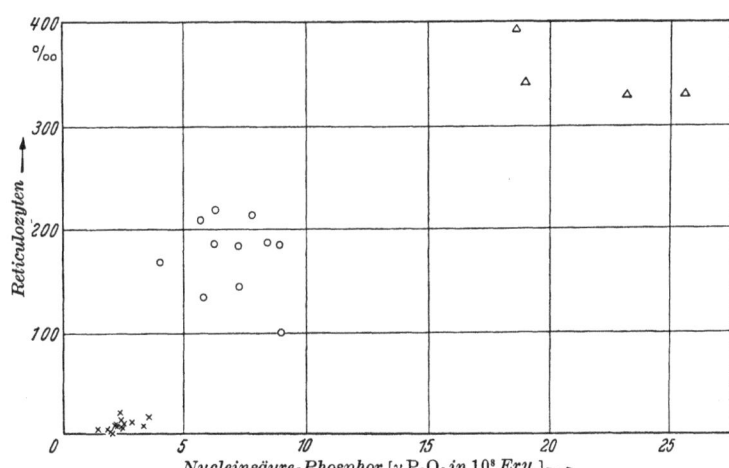

Abb. 19. Nucleinsäure-Phosphorgehalt und Reticulocytenanteil im Kaninchenblut (Beobachtungen von RUHENSTROTH-BAUER und HERMANN). × Normale Kaninchen. ○ Chronisch entblutete Kaninchen. △ Chronisch entblutete Kaninchen nach Reticulocytenanreicherung.

*Beispiel 45:* In Abb. 19 ist die Korrelation zwischen dem Nucleinsäure-Phosphorgehalt und dem Reticulocytenanteil im Kaninchenblut unter verschiedenen Versuchsbedingungen dargestellt (nach Beobachtungen von RUHENSTROTH-BAUER und HERMANN[3]). Innerhalb der Gruppen ist keine Korrelation erkennbar. Die Versuchsbedingungen verschieben jedoch beide Variablen gleichsinnig, so daß im Gesamtbild der Eindruck einer Korrelation entsteht. Es besteht also kein einheitlicher Zusammenhang zwischen Reticulocytenanteil und Nucleinsäure-Phosphorgehalt, sondern lediglich ein solcher, der den Änderungen der Versuchsbedingungen entspricht.

Bei einer praktischen Verwendung von Korrelationen ist dies zu beachten. Bei Vorliegen einer Inhomogenität wie in Abb. 19 wäre es z. B. nicht berechtigt, die Phosphorwerte allgemein als Maß des Reticulocytenanteils zu verwenden — was die Verfasser auch aus anderen Gründen abgelehnt haben.

Ein weiterer wichtiger Fall für die Beeinflussung von Korrelationen durch die Inhomogenität des Materials liegt z. B. bei Korrelationsuntersuchungen an wachsenden Individuen vor. Beispiele sind Längen-Gewichtskorrelationen bei Schulkindern, wobei die eigentliche Beziehung zwischen Länge und Gewicht durch die gemeinsame Abhängigkeit von den unterschiedlichen Entwicklungsstadien überdeckt wird, die auch bei gleichem Kalenderalter zwischen den Kindern bestehen.

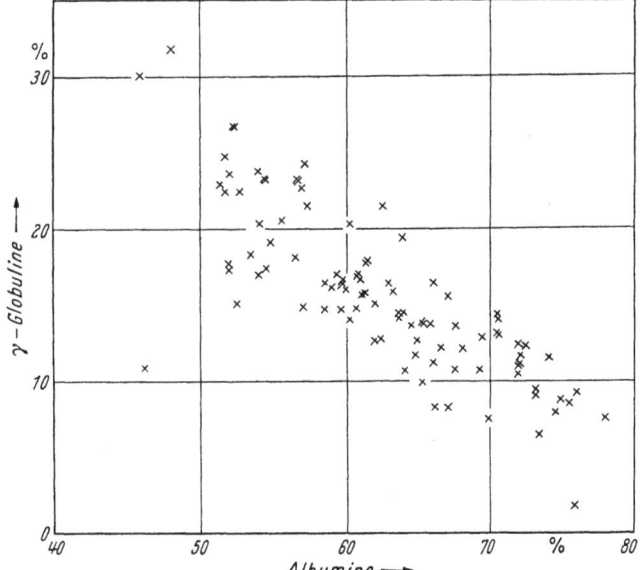

Abb. 20. Albumin- und γ-Globulinanteil im Serumeiweiß bei 100 Gesunden (Material von HARTMANN und SCHUMACHER).

**5. Formale Korrelation** liegt bei formaler, z. B. rechnerischer Verknüpfung der Variablen vor. Formeln für die verschiedenen Fälle bei KOLLER[2]. Hier sei nur auf den Fall der Korrelation zweier Prozentzahlen für zwei einander ausschließende Merkmale hingewiesen, z. B. Fett- und Eiweißgehalt. Wegen der prozentischen Verknüpfung können nicht beide

---

[1] HORNEFFER, L., G. SCHMOLL u. R. BÖRNER: Pflügers Arch. **220**, 703 (1928).
[2] KOLLER, S.: Zit. S. 931, Nr. 29.
[3] RUHENSTROTH-BAUER, G., u. G. HERMANN: Z. Naturforsch. **5b**, 416 (1950).

Variablen zugleich sehr hohe Werte annehmen, hohe Werte der einen Variablen gehen im allgemeinen mit niedrigeren Werten der anderen einher. Sind $p_1$ und $p_2$ die Durchschnittswerte der beiden Häufigkeiten und gilt die binomische Verteilung, so führt die Annahme einer Unabhängigkeit in der Variation der absoluten Werte beider Merkmale nur infolge der prozentischen Verknüpfung zu einer negativen Korrelation

$$r = -\sqrt{\frac{p_1 \cdot p_2}{(1-p_1)(1-p_2)}}. \tag{106}$$

*Beispiel 46:* In Abb. 20 ist ein Korrelationsbild für die Beziehung zwischen dem Albuminanteil und dem $\gamma$-Globulinanteil im Serumeiweiß nach Beobachtungen von HARTMANN und SCHUMACHER[1] wiedergegeben. Die negative Korrelation ist deutlich sichtbar. Die Rechnung ergibt $r = -0,82$, was den nach (106) berechneten Wert $r = -0,56$ deutlich übertrifft. Dies ist dadurch bedingt, daß es sich nicht um echte Häufigkeiten handelt, die der binomischen Verteilung folgen, sondern um Anteilsziffern, deren mittlere Abweichungen größer als nach (106) sind.

Es gibt keinen methodisch sicheren Weg, eine *Scheinkorrelation* zu erkennen. Man muß prüfen, ob eine rechnerische Verknüpfung vorliegt, z. B. durch gemeinsame Zahlenbestandteile, ob das Material inhomogen ist oder ob Fernwirkung von Allgemeinfaktoren eine Rolle spielen kann. Letzteres ist besonders bei der Korrelation von Zeitreihen wichtig, die mit ganz besonderer Vorsicht behandelt werden müssen. Alle Größen, die einen zeitlichen Entwicklungsgang aufweisen, sei es die Geburtenziffer, der Zigarettenverbrauch, die Kunstdüngermenge o. a. stehen in positiver oder negativer Korrelation zueinander; der Allgemeinfaktor „Zeit" kann dabei viel Verwirrung anrichten, gelegentlich auch der Allgemeinfaktor „Ort".

**Kausalität und Korrelation/Regression.** Die Fragestellung der Regression, d. h. der zahlenmäßige Schluß von dem Wert der einen Variablen auf den der anderen ist rein formal und hat mit den zugrunde liegenden sachlichen Abhängigkeiten nichts zu tun. Es sei nochmals betont, daß für den Schluß von $y$ auf $x$ eine andere Gleichung gilt als für den Schluß von $x$ auf $y$ (vgl. S. 939). Es gibt keine Möglichkeit, aus einem einzelnen Korrelationssystem die Richtung der sachlichen Abhängigkeit, die gegenseitige Stellung der Variablen im Kausalnetz nach formalen Kriterien festzustellen. KOLLER[2] vertritt die Auffassung, daß man auf Grund einer Analyse *mehrerer* zusammengehöriger Korrelationssysteme und der gegenseitigen Lage der Mittelpunkte und Regressionslinien Schlüsse auf die gegenseitigen Abhängigkeitsverhältnisse ziehen kann. Zum Beispiel könnte man aus einer innerhalb der Zufallsgrenzen bestätigten Übereinstimmung der flachen Regressionsgeraden und der Mittelpunktsverbindungen in Abb. 23 folgern, daß die Erythrocytenoberfläche im Blut im Regulationssystem primär gegenüber dem Hämoglobingehalt ist (vgl. Beispiel 51). Im Hinblick auf die grundsätzliche Bedeutung einer derartigen auf *formale statistische* Kriterien gegründete Schlußweise sollte die Anwendbarkeit dieser Methode weiter geprüft werden.

### 3. Korrelation und Regression bei mehr als zwei Variablen.

Wenn Zusammenhänge zwischen mehr als zwei Variablen untersucht werden, so müssen im ersten Schritt alle Variablen paarweise einander zugeordnet und auf ihre gegenseitige Korrelation geprüft werden. Aus der Matrix der Quadrat- und Produktsummen lassen sich dann zusammenfassende Maßzahlen ableiten, die sich auf mehrere Variablen gleichzeitig beziehen und deren Art von der jeweiligen Fragestellung abhängt. Das Formelsystem der partiellen und multiplen Korrelationen und Regressionen setzt Linearität der Beziehungen voraus. Es wird unterschieden:

**1. Partielle Korrelation.** Besteht ein Zusammenhang zwischen $x$ und $y$, wenn die gemeinsame Korrelation zu anderen Variablen $z, u, \ldots$ „ausgeschaltet" wird? Wie groß

---

[1] HARTMANN, F., u. G. SCHUMACHER: Originalzahlen nach brieflicher Mitteilung.
[2] KOLLER, S.: Metron, Rovigo **12**, 73—105 (1936).

wäre der Korrelationskoeffizient zwischen $x$ und $y$, wenn $z, u, \ldots$ konstant wären? Das Grundprinzip der Methode besteht darin, formal statt der Werte $x$ und $y$ die Abweichungen $(x-x_R)$ und $(y-y_R)$ von den Regressionslinien zu betrachten, wobei $x_R$ und $y_R$ die Schätzwerte von $x$ und $y$ auf Grund der Kenntnis der jeweils zugehörigen auszuschaltenden $z, u, \ldots$-Werte darstellen.

**Beispiel 47:** In Abb. 20 ist für ein übersichtliches schematisches Beispiel[1] mit wenigen Werten $x, y, z$ die Ausschaltung von $y$ graphisch dargestellt. Die in Abb. 21a und b gezeichneten Abstände von den Regressionsgeraden sind in 21d zur partiellen Korrelation zusammengestellt, in der $y$ ausgeschaltet ist.

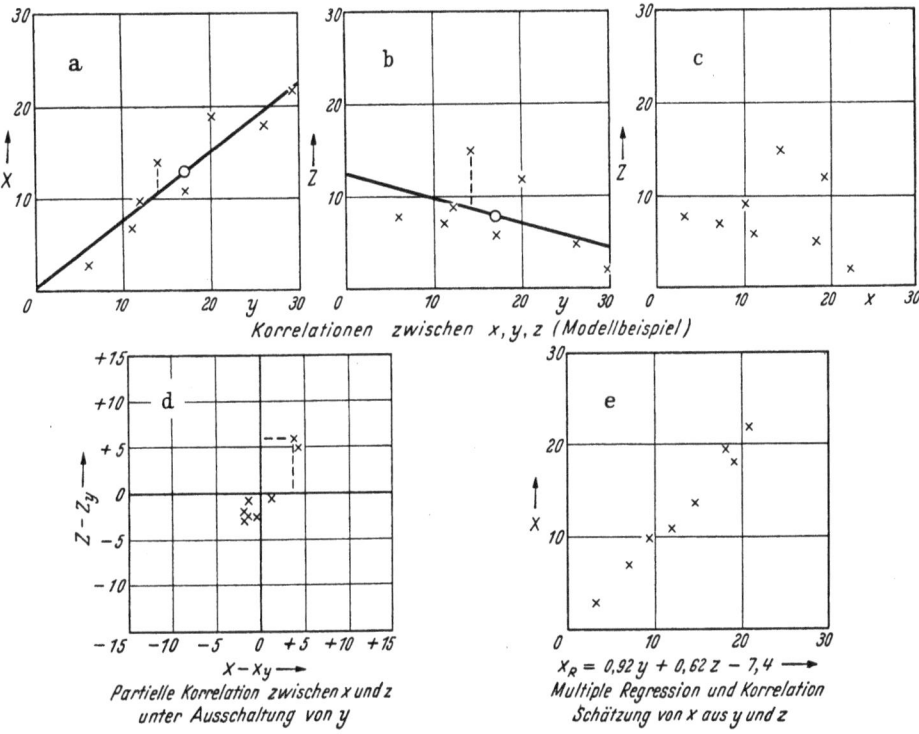

Abb. 21 a—e. Korrelation zwischen 3 Variablen (Modellbeispiel).

Bei der praktischen Anwendung verzichtet man auf die Durchführung der einzelnen Schritte der Abb. 20, man berechnet vielmehr die partielle Korrelation unmittelbar nach

$$r_{xz \cdot y} = \frac{r_{xz} - r_{xy} \cdot r_{yz}}{\sqrt{(1 - r^2_{xy})(1 - r^2_{yz})}}. \tag{107}$$

Je nachdem ob es sich bei den ausgeschalteten Variablen um die der Korrelation $xy$ zugrunde liegenden Allgemeinfaktoren, um Störfaktoren o. a. handelt, kann die resultierende partielle Korrelation größer oder kleiner werden.

**2. Mehrfachregression.** Von großer Bedeutung, aber bisher zu wenig angewandt, ist die Methode der Mehrfachregression (multiplen Regression). Es handelt sich um die Aufgabe, den Wert einer Variablen, z. B. von $x$, durch die Werte der übrigen Variablen mittels einer linearen Funktion möglichst gut auszudrücken. Ein wichtiger Anwendungsfall wäre die Aufgabe, die Korrelationen der Ergebnisse eines schwierigen und kostspieligen oder spezifischen Untersuchungsverfahrens mit mehreren einfachen Verfahren zu untersuchen, von denen jedes für sich zwar einfach und billig, aber unspezifisch oder ungenau ist. Es ist durchaus möglich, daß eine statistische Kombination mehrerer einfacher Methoden sehr gute Schätzwerte des kostspieligen Verfahrens liefert und es so gegebenenfalls in der Praxis weitgehend ersetzen kann.

---

[1] In den „Graphischen Tafeln" von KOLLER ist eine Fluchtlinientafel (Nr. 12) angegeben, an der die partielle Korrelation unmittelbar abgelesen werden kann.

Die lineare Schätzfunktion für $x$ aus der Kenntnis von $y$ und $z$ ist

$$x_R = \bar{x} + b_{xy \cdot z}(y - \bar{y}) + b_{xz \cdot y}(z - \bar{z}). \tag{108}$$

Die $b$ sind die partiellen Regressionskoeffizienten

$$\left. \begin{aligned} b_{xy \cdot z} &= \frac{s_x}{s_y} \cdot \frac{r_{xy} - r_{xz} \cdot r_{yz}}{1 - r_{yz}^2} = r_{xy \cdot z} \frac{s_x \sqrt{1 - r_{xz}^2}}{s_y \sqrt{1 - r_{yz}^2}}, \\ b_{xz \cdot y} &= \frac{s_x}{s_z} \cdot \frac{r_{xz} - r_{xy} \cdot r_{yz}}{1 - r_{yz}^2} = r_{xz \cdot y} \cdot \frac{s_x \sqrt{1 - r_{xy}^2}}{s_z \sqrt{1 - r_{yz}^2}}. \end{aligned} \right\} \tag{109}$$

*Beispiel 48:* In Abb. 21e ist für die gleichen Grundkorrelationen der Abb. 21a—c die Schätzung von $x$ auf Grund von $y$ und $z$ dargestellt. Man erkennt deutlich die außerordentlich enge Korrelation zwischen den Schätzwerten $x_R$ und den wirklichen $x$-Werten.

Die Korrelation zwischen $x_R$ und $x$ wird durch den multiplen Korrelationskoeffizienten $R$ gemessen; es ist

$$R_{x \cdot yz} = \sqrt{1 - (1 - r_{xy}^2)(1 - r_{xz \cdot y}^2)} = \sqrt{1 - (1 - r_{xz}^2)(1 - r_{xy \cdot z}^2)}. \tag{110}$$

Für die Formeln bei 4-Variablenproblemen sei auf das Schrifttum verwiesen.

## 4. Nichtlineare Korrelationen und Rangkorrelationen.

**Nichtlineare Korrelation und Regression.** Nichtlineare Beziehungen können durch Transformationen linearisiert werden. Prüft man die Anwendbarkeit der für Linearität geltenden Formeln, so bedient man sich der Streuungszerlegung. Das Arbeitsprinzip besteht darin, für die einzelnen Klassen der $x$-Werte die $y$-Streuung um die zugehörigen $y$-Mittelwerte der Klassen zu bilden. Diese Reststreuung dient als Maß für die Abweichungen dieser $y$-Mittelwerte der Klassen von der Regressionsgeraden[1].

Wenn diese Prüfung sichere Abweichungen von der Linearität ergeben hat, kann man mit einer rationalen Funktion 2., 3. oder höheren Grades arbeiten. Hier ist die in Deutschland von LORENZ[1,2] eingeführte Methode der orthogonalen Polynome besonders zu empfehlen.

**Rangkorrelation.** Sind die zu untersuchenden Merkmale nicht meßbar, lassen sich aber in eine *Rangordnung* bringen, so können an den Rangordnungszahlen Homogenitätsprüfungen, Korrelationsrechnungen usw. vorgenommen werden. Diese Anordnungsstatistik spielt bei psychologischen Untersuchungen eine große Rolle, wird bei Geschmacks-, Geruchs- usw. Proben angewandt und erschließt eine Reihe nichtquantitativer Beobachtungen der statistischen Testmethodik.

Hier sei nur der SPEARMANsche Rangkorrelationskoeffizient $\varrho$ erwähnt. Bezeichnet man mit $v_x$ die Ordnungsnummern eines Merkmals bei $n$ Objekten und $v_y$ die Nummern eines anderen Merkmals bei denselben Objekten, so ist $\varrho$

$$\varrho = 1 - \frac{6 \sum (v_x - v_y)^2}{n(n^2 - 1)}. \tag{111}$$

Die Existenzprüfung einer Korrelation erfolgt näherungsweise so wie bei $r$, sofern $n > 10$ ist. Genauere Angaben bei GRAF-HENNING[3].

*Beispiel 49:* Zwei Anordnungsreihen an $n = 15$ Objekten seien:

| $v_x$: | 1 | 2 | 3 | 4 | 5 | 6 | 7 | 8 | 9 | 10 | 11 | 12 | 13 | 14 | 15 |
|---|---|---|---|---|---|---|---|---|---|---|---|---|---|---|---|
| $v_y$: | 3 | 1 | 4 | 7 | 2 | 10 | 8 | 5 | 13 | 6 | 9 | 14 | 11 | 15 | 12 |
| $(v_x - v_y)^2$: | 4 | 1 | 1 | 9 | 9 | 16 | 1 | 9 | 16 | 16 | 4 | 4 | 4 | 1 | 9 |

Der Augenschein zeigt eine ähnliche Anordnung beider Reihen.

---

[1] Formeln und Beispiele bei KOLLER: Zit. S. 931, Nr. 37.
[2] LORENZ, P.: Der Trend. Vjh. Konjunkt.-Forsch., Sonderh. 21. Berlin 1931. — GEBELEIN, H.: Zahl und Wirklichkeit. Leipzig 1943.
[3] GRAF, U., u. H. J. HENNING: Zit. S. 931, Nr. 20.

Es ergibt sich $\varrho = 1 - \frac{6 \cdot 104}{15 \cdot 224} = 0{,}82$. Nach Tabelle 45 liegt bei $f = 13$ Freiheitsgraden das gefundene $\varrho = 0{,}82$ jenseits der 99,9%-Sicherungsgrenze. Das Vorhandensein einer Korrelation ist gesichert.

Literatur über Anordnungsstatistiken bei KENDALL, der auch ein anderes Korrelationsmaß aufgestellt hat. Vgl. auch S. 972.

## 5. Trennverfahren (Diskriminanzanalyse).

Es werden zwei Gruppen von Objekten untersucht, die in mehreren quantitativen Merkmalen Unterschiede aufweisen. Das Ziel besteht darin, die Zugehörigkeit der einzelnen Objekte zur einen oder anderen Gruppe mit Hilfe dieser Merkmale möglichst zuverlässig zu bestimmen. In jedem Merkmal für sich überschneiden sich die Verteilungskurven und erlauben keine sichere Trennung der Gruppen (vgl. Abb. 22; Einzelverteilung der $x$ und $y$ bei den Kreuzen und Kreisen auf der unteren und linken Randlinie). Betrachtet man dagegen die beiden Merkmale gemeinsam, so zeigt schon ein Blick auf das Korrelationsbild, daß dann eine gute Trennung möglich ist.

FISHER hat zur Lösung dieser Aufgabe „Trennfunktionen" eingeführt. Im einfachsten Fall einer linearen Trennfunktion bestimmt man

$$T = d_1 x + d_2 y + d_3 z + \cdots . \tag{112}$$

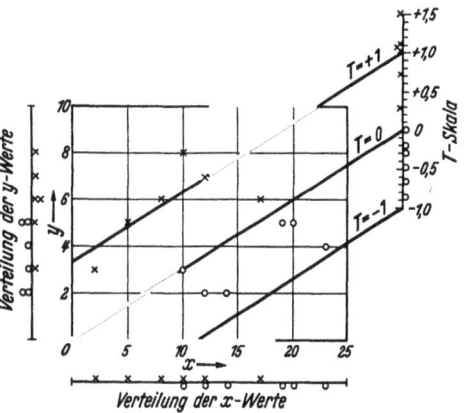

Abb. 22. Trennverfahren für zwei Gruppen nach zwei Merkmalen (schematisches Beispiel: Kranke ×, Gesunde ○).

Die Koeffizienten $d_1, d_2, d_3$ werden in einem System linearer Gleichungen aus den Summen der Abweichungsquadrate und -produkte der $x, y, z$ von ihren Mittelwerten $\bar{x}, \bar{y}, \bar{z}$ errechnet. Zur Unterscheidung der beiden Gruppen seien die Einzelwerte und Mittelwerte der zweiten Gruppe mit $x', y', z'$ und $\bar{x}', \bar{y}'$ und $\bar{z}'$ bezeichnet. Die Bestimmungsgleichungen der Koeffizienten beruhen auf der Forderung, daß in der Skala der Trennfunktion $T$ der Unterschied zwischen den Mittelwerten der Gruppen möglichst groß und die Streuung innerhalb der beiden Gruppen möglichst klein sein soll. Es ergibt sich folgendes Gleichungssystem:

$$\left. \begin{array}{l} d_1 S_{xx} + d_2 S_{xy} + d_3 S_{xz} + \cdots = \bar{x} - \bar{x}' \\ d_1 S_{xy} + d_2 S_{yy} + d_3 S_{yz} + \cdots = \bar{y} - \bar{y}' \\ d_1 S_{xz} + d_2 S_{yz} + d_3 S_{zz} + \cdots = \bar{z} - \bar{z}' \\ \cdots\cdots\cdots\cdots\cdots\cdots\cdots\cdots\cdots\cdots \end{array} \right\} \tag{113}$$

Bei mehr als 3 Variablen sind an Stelle der Punkte weitere, analog gebildete Glieder bzw. Gleichungen zu setzen. Die Quadrat- und Produktsummen sind die Summen der entsprechenden Quadrat- und Produktsummen beider Gruppen

$$S_{xx} = \sum_i (x_i - \bar{x})^2 + \sum_j (x'_j - \bar{x}')^2, \quad S_{xy} = \sum_i (x_i - \bar{x})(y_i - \bar{y}) + \sum_j (x'_j - \bar{x}')(y'_j - \bar{y}'). \tag{114}$$

**Beispiel 50:** Es seien 2 Merkmale an 6 Personen mit bestimmtem pathologischem Befund und an 6 gesunden Vergleichspersonen untersucht. Läßt sich auf Grund dieser Merkmale die Diagnose der Krankheit durchführen, d. h. läßt sich eine Meßziffer so konstruieren, daß die beiden Personengruppen in der Skala des Index klar getrennt sind?

Die 6 Wertepaare der Kranken und die Vergleichswerte der Gesunden, sowie ihre Quadrate und Produkte seien (vgl. Abb. 22).

Die Zusammenfassung beider Gruppen ergibt

$$S_{xx} = 269{,}3; \quad S_{yy} = 24{,}3; \quad S_{xy} = +56{,}0.$$

Die beiden Bestimmungsgleichungen für $d_1$ und $d_2$ sind

$$269{,}3\, d_1 + 56{,}0\, d_2 = -7{,}3,$$
$$56{,}0\, d_1 + 24{,}3\, d_2 = +2{,}3.$$

Tabelle 46. *Rechenbeispiel zum Trennverfahren.*

| Nr. | Pathologische Fälle | | Vergleichsfälle | | $x_i^2$ | $y_i^2$ | $x_i y_i$ | $x_j'^2$ | $y_j'^2$ | $x_j' y_j'$ | Werte der Trennfunktion | |
|---|---|---|---|---|---|---|---|---|---|---|---|---|
| | $x_i$ | $y_i$ | $x_j'$ | $y_j'$ | | | | | | | $T_i$ | $T_j'$ |
| 1 | 8 | 6 | 12 | 2 | 64 | 36 | 48 | 144 | 4 | 24 | 1,1 | −0,5 |
| 2 | 2 | 3 | 19 | 5 | 4 | 9 | 6 | 361 | 25 | 95 | 0,7 | −0,2 |
| 3 | 17 | 6 | 14 | 2 | 289 | 36 | 102 | 196 | 4 | 28 | 0,3 | −0,7 |
| 4 | 5 | 5 | 23 | 4 | 25 | 25 | 25 | 529 | 16 | 92 | 1,0 | −0,9 |
| 5 | 10 | 8 | 20 | 5 | 100 | 64 | 80 | 400 | 25 | 100 | 1,5 | −0,3 |
| 6 | 12 | 7 | 10 | 3 | 144 | 49 | 84 | 100 | 9 | 30 | 1,0 | 0 |
| Summe | 54 | 35 | 98 | 21 | 626 | 219 | 345 | 1730 | 83 | 369 | | |
| Mittelwert | 9,0 | 5,8 | 16,3 | 3,5 | | | | | | | | |
| $\frac{1}{6}$ Summenquadrat bzw. -produkt | | | | | 486,0 | 204,2 | 315,0 | 1600,7 | 73,5 | 343,0 | | |
| | | | | | 140,0 | 14,8 | +30,0 | 129,3 | 9,5 | +26,0 | | |

Die Auflösung ergibt

$$d_1 = \frac{(\bar{x} - \bar{x}') S_{yy} - (\bar{y} - \bar{y}') S_{xy}}{S_{xx} S_{yy} - S_{xy}^2}; \quad d_2 = \frac{(\bar{y} - \bar{y}') S_{xx} - (\bar{x} - \bar{x}') S_{xy}}{S_{xx} S_{yy} - S_{xy}^2} \quad (115)$$

und in den Zahlen des Beispiels

$$d_1 = \frac{-7,3 \cdot 24,3 - 2,3 \cdot 56,0}{269,3 \cdot 24,3 - 56,0^2} = -0,09; \quad d_2 = \frac{2,3 \cdot 269,3 + 7,3 \cdot 56,0}{269,3 \cdot 24,3 - 56,0^2} = +0,30.$$

Die Trennfunktion lautet

$$T = -0,09\,x + 0,30\,y.$$

Die $T$-Skala, deren Ausgangsgerade $T = 0$ gezeichnet ist, erfüllt die Anforderungen der Trennung völlig; in der $T$-Skala (rechts oben im Bild) überschneiden sich die beiden Verteilungen nicht mehr. — Weitere Beispiele im englischen Schrifttum, sowie bei LINDER.

## 6. Streuungszerlegung mit zwei Variablen (analysis of covariance).

Die Methode der Streuungszerlegung ist in ihrer Anwendung nicht auf 1-Variablenprobleme beschränkt, sondern ist auf die Behandlung mehrerer Variablen erweitert worden (analysis of covariance). Diese Kovarianzanalyse schließt praktisch die ganze Korrelations- und Regressionsrechnung in sich ein.

Die Grundgleichung (89) erlaubte die Zerlegung der Summe der Abweichungsquadrate vom Gesamtmittel in einen Teil „innerhalb" der Gruppen und einen Teil „zwischen" den Gruppen. Für die Summe der Abweichungsprodukte gilt eine analoge Zerlegung

$$\sum_{ij}(x_{ij}-\bar{x})(y_{ij}-\bar{y}) = \sum_{ij}(x_{ij}-\bar{x}_{i.})(y_{ij}-\bar{y}_{i.}) + k \cdot \sum_{i}(x_{i.}-\bar{x})(y_{i.}-\bar{y}). \quad (116)$$

Dabei bedeuten $\bar{x}$ und $\bar{y}$ die Gesamtmittel und $\bar{x}_{i.}$ und $\bar{y}_{i.}$ die Mittelwerte der $i$-ten Zeile. Bei einer umfassenden Kovarianzanalyse führt man ein Zerlegungsschema nicht nur einmal durch, sondern in drei parallelen Rechnungen für die Abweichungsquadrate $x^2$, für die Abweichungsquadrate $y^2$ und für die Abweichungsprodukte $xy$. Man erhält dann für jeden Materialteil die zugehörigen Quadrat- und Produktsummen und kann für jeden Materialteil nach

$$b = \frac{S_{xy}}{S_{xx}}$$

Regressionskoeffizienten, Regressionsgerade usw. berechnen. Die Abweichungen von den Regressionsgeraden sind als Reststreuungen besonders wichtig.

Bei der Auswertung von Versuchen sei ein Anwendungsfall hervorgehoben: Die Steigerung der Ergiebigkeit der Versuchsauswertung durch Berücksichtigung einer Begleitvariablen, die mit der Hauptvariablen in Korrelation steht (z. B. der Ausgangswert vor Versuchsbeginn, Körpergewicht, ein früheres Ergebnis eines andersartigen Versuchs bei demselben Tier o. a.). Das Ziel besteht — wie bei der partiellen Korrelation — darin, den Einfluß der Begleitvariablen auszuschalten, d. h. Zahlenverhältnisse zu konstruieren, wie sie wären, wenn die Begleitvariable konstant wäre.

Beispiele zu dieser Anwendungsform finden sich in den englischen Lehrbüchern, insbesondere in denen über Versuchsplanung.

Eine andere Anwendung bietet der Fall der Inhomogenitätskorrelationen (vgl. S. 1002). Man prüft die Übereinstimmung der Mittelwertsverschiebung und der Regressionslinien an den verschiedenen Materialteilen. Die Homogenitätsprüfung kann z. B. die Frage

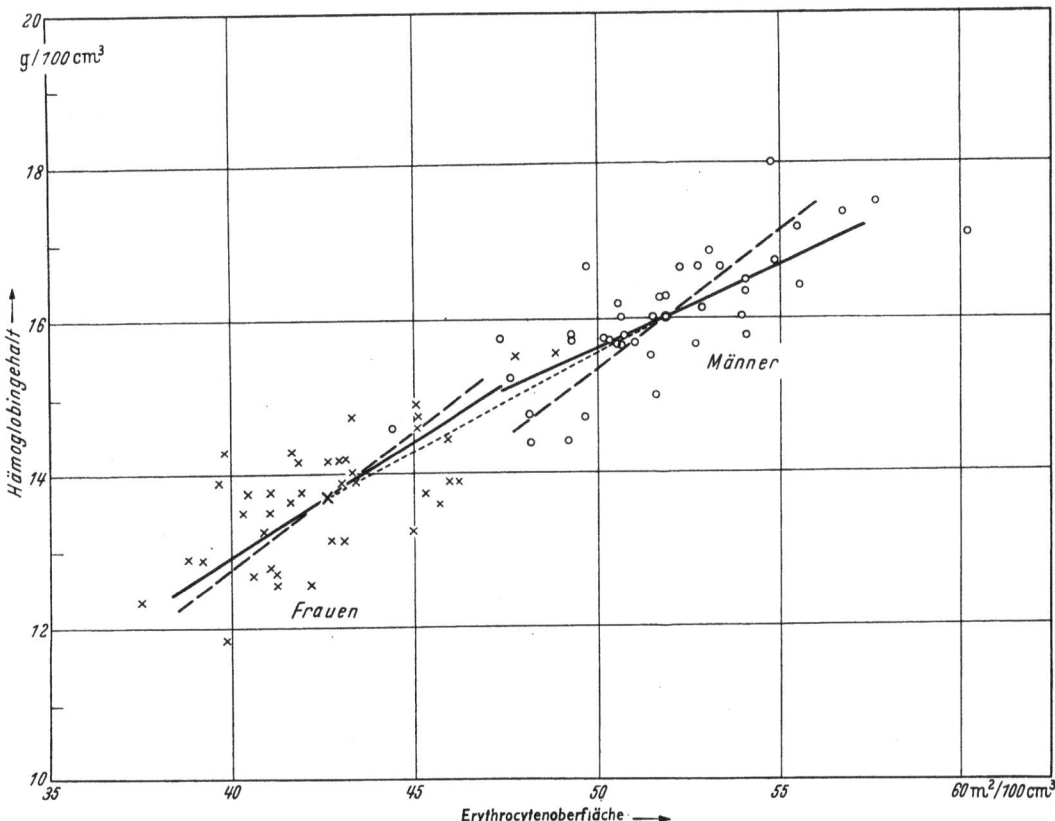

Abb. 23. Hämoglobingehalt und Erythrocytenoberfläche in 100 cm³ Blut (Material von HORNEFFER und SCHMOLL[1]).

entscheiden, ob eine empirisch gefundene Beziehung vollständiger Ausdruck einer allgemeinen Gesetzmäßigkeit ist, die für alle Geschlechter, Alter usw. gleichmäßige Gültigkeit hat.

*Beispiel 51:* In Abb. 23 ist die Korrelation des Hb-Gehalts in 100 cm³ Blut $(y)$ mit der Erythrocytenoberfläche in 100 cm³ Blut $(x)$ für 40 Männer und 40 Frauen dargestellt. Nach BÜRKER handelt es sich bei dieser Beziehung um eine allgemeine Konstante (etwa $31 \cdot 10^{-14}$ g Hb je $\mu^2$ Oberfläche). Während die Beziehung auf die mittlere Oberfläche eines Erythrocyten (vgl. Abb. 18) eine deutliche Inhomogenität zeigte, stimmen hier die beiden flachen Regressionsgeraden untereinander und mit der Verbindungslinie der beiden Schwerpunkte nach dem graphischen Bild besser überein. Eine genaue Beurteilung der Einheitlichkeit liefert die Regressionsanalyse; auf die Prüfung des Quotienten Hb/Oberfläche sei nicht eingegangen. Die Zahlenwerte des Beispiels siehe Tabelle 47.

Die Untersuchung der Regressionen erfolgt im Rechenschema der Kovarianzanalyse. Zunächst wird eine Streuungszerlegung für die Abweichungsquadrate $x^2$, $y^2$ und die

Tabelle 47.

|  | Männer | Frauen |  | Männer | Frauen |
|---|---|---|---|---|---|
| $\bar{x}$ | 51,85 | 42,66 | $r_{xy}$ | +0,78 | +0,92 |
| $\bar{y}$ | 16,02 | 13,69 | $b$ | 0,216 | 0,301 |
| $s_x$ | 3,05 | 2,55 | $b'$ | 2,79 | 2,80 |
| $s_y$ | 0,85 | 0,84 |  |  |  |

[1] Zit. S. 1003.

Abweichungsprodukte $xy$ (wobei jetzt $x$ und $y$ für die Abweichungen von den jeweils zugehörigen Mittelwerten stehen) durchgeführt. Für alle Zeilen wird der Regressionskoeffizient $b$ errechnet, der in der ersten Zeile mit dem Richtungskoeffizienten der Verbindungslinie der beiden Schwerpunkte identisch ist, in der dritten und vierten Zeile den Regressionskoeffizienten der Männer- bzw. der Frauenpunkte einzeln bedeutet, in der zweiten einen gemeinsamen Regressionskoeffizienten beider Gruppen, der parallele Regressionsgerade durch die beiden Schwerpunkte liefern würde. In der Schlußzeile steht der Regressionskoeffizient für das Gesamtmaterial. (Es handelt sich jeweils um die flachen Regressionslinien mit $b = \sum xy : \sum x^2$).

Tabelle 48. *Kovarianzanalyse zu Abb. 23.*

| Art der Streuung | Summe der Abweichungsquadrate bzw. -produkte | | | $b$ | $f$ | $b \cdot \sum xy$ | $\sum d^2$ | $f$ | MAQ $\frac{1}{f}\sum d^2$ | $F$ | $F_{5\%}$ |
| --- | --- | --- | --- | --- | --- | --- | --- | --- | --- | --- | --- |
| | $\sum x^2$ | $\sum y^2$ | $\sum xy$ | | | | | | | | |
| Zwischen den Geschlechtern | 1687,28 | 108,39 | 427,65 | 0,254 | 1 | (108,4) 0,01 | (—) 1 | (—) 0,01 | (—) 0,05 | 4,0 |
| Innerhalb der Geschlechter | 615,29 | 55,14 | 154,32 | 0,251 | 78 | 38,71 | 16,43 | 77 | 0,21 | | |
| Davon innerhalb der Männer . . | 362,48 | 27,98 | 78,21 | 0,216 | 39 | 16,88 | 11,10⎱ 15,35 | 38⎱ 76 | | | |
| innerhalb der Frauen . . | 252,81 | 27,16 | 76,11 | 0,301 | 39 | 22,91 | 4,25⎰ | 38⎰ | | | |
| Insgesamt | 2302,57 | 163,53 | 581,97 | 0,253 | 79 | 147,09 | 16,44 | 78 | | | |

Die parallel zur $Y$-Achse gemessenen Abweichungsquadrate der Punkte von den Regressionslinien werden berechnet als

$$\sum d^2 = \sum y^2 - \frac{(\sum xy)^2}{\sum x^2} = \sum y^2 - b \cdot \sum xy. \tag{117}$$

Die $\sum d^2$ werden zunächst in jeder Zeile für sich berechnet, wobei jedesmal ein Freiheitsgrad verloren geht. In der ersten Zeile ergibt sich 0, da die Verbindungslinie durch die beiden Schwerpunkte selbst geht; bei mehr als 2 Materialteilen stehen hier auch Zahlen. Im vorliegenden Fall steht die Homogenitätsprüfung aller Regressionen im Vordergrund. Die Hypothese lautet, daß beiden Materialteilen eine einzige Gesetzmäßigkeit zugrunde liegt, von der sowohl die Schwerpunktsverbindung als auch die Regressionsgeraden nur Zufallsabweichungen aufweisen. Die weitere Analyse gilt den $\sum d^2$.

Zunächst ist zu prüfen, ob die Mittelwerte eine stärkere Komponente liefern, als ihnen im Vergleich zur Streuung der Einzelpunkte zukommt. Man subtrahiert dafür die $\sum d^2$ (innerhalb der Geschlechter) von $\sum d^2$ (insgesamt) und prüft die so erhaltene $\sum d^2$-Komponente (zwischen den Geschlechtern) auf Signifikanz. Hier ergibt sich nur ein kleiner Wert 0,01; die Abweichung liegt völlig im Zufallsbereich.

Dann wird die Regression innerhalb der beiden Materialteile verglichen. In der $\sum d^2$-Spalte sieht man, daß die Summe der beiden Komponenten des Männer- und des Frauenmaterials mit 15,35 kleiner ist als $\sum d^2$ „innerhalb der Geschlechter" mit 16,43. Der Unterschied ist durch die Abweichungen von der Parallelität bedingt. Hieraus ergibt sich die Zerlegung.

Tabelle 48a. *Regressionsanalyse zu Abb. 23.*

| Art der Streuung | SAQ | $f$ | MAQ | $F$ | $F_{5\%}$ |
| --- | --- | --- | --- | --- | --- |
| Abweichungen von der Parallelität der Regressionsgeraden . . . | 1,08 | 1 | 1,08 | 5,4 | 4,0 |
| Abweichungen von jeder Regressionsgeraden . . . . . . . . . | 15,35 | 76 | 0,20 | | |
| Abweichungen von Regressionsgeraden mit gemeinsamer Richtung | 16,43 | 77 | | | |

Die Abweichungen von der Parallelität sind durch Überschreitung der 95%-Grenze zwar auffallend, aber noch nicht gesichert. Das Material reicht zur sicheren Beurteilung der Einheitlichkeit des zugrunde liegenden Gesetzes noch nicht aus.

Die Möglichkeit, daß die gestrichelt gezeichneten steilen Regressionsgeraden und die Schwerpunktsverbindung nur Zufallsabweichungen von einer einheitlichen Geraden aufweisen, ist auf Grund einer analogen Rechnung, bei der $x$ und $y$ vertauscht sind, abzulehnen (weit außerhalb der 99,9%-Grenzen). — Die auf S. 1004 erwähnte Hypothese, daß die Übereinstimmung der flachen Regressionslinien und der Mittelpunktsverbindung auf eine Überordnung der Oberfläche über den Hb-Gehalt schließen läßt, ist am behandelten Material nicht widerlegt.

## 7. Zeit-Wirkungskurven.

*Zeitliche Verlaufsreihen* treten bei der Untersuchung von Reaktionsverläufen, Wachstumsvorgängen usw. außerordentlich häufig auf. Die statistischen Bearbeitungsmethoden sind jedoch im allgemeinen noch unbefriedigend. Wenn eine bestimmte Kurvenform vorliegt, die mathematisch bekannt ist, so erfordert die Auswertung gegebener Versuche eine praktische Kurvenanpassung nach der Methode der kleinsten Quadrate (vgl. den Abschnitt über Regressionen[1]).

Oft kann man keine feste Kurvenform zugrunde legen, insbesondere wenn es sich um die Messung der Wirkungen von Eingriffen, Giftverabreichungen und Reizungen jeder Art handelt, die an der Zusammensetzung des Blutes, an Stoffwechselvorgängen oder beliebigen anderen physiologischen Meßwerten festgestellt werden. Für jedes Versuchstier liegt die individuelle Zeitreihe vor, meist beginnend mit einem Vorbeobachtungswert, dann den Reaktionswerten, die oft zu den Ausgangswerten abklingen. Das statistische Auswertungsziel ist im allgemeinen die Beurteilung von Unterschieden zwischen den Reaktionsverläufen bei verschiedenen Behandlungsarten. Man stellt die zu gleichen Zeiten nach dem Versuchsbeginn beobachteten Werte zusammen, berechnet für jede Behandlungsart den mittleren Verlauf und stellt diese Mittelwertslinien der $x_i$ graphisch dar (Abb. 24). Meist wird bisher keine weitere statistische Analyse angeschlossen. Gelegentlich vergleicht man die für die gleiche Zeit geltenden Mittelwerte nach den Methoden von Abschnitt C 2 b miteinander, ohne damit den Erkenntniswert der Verlaufskurven auch nur annähernd auszuschöpfen.

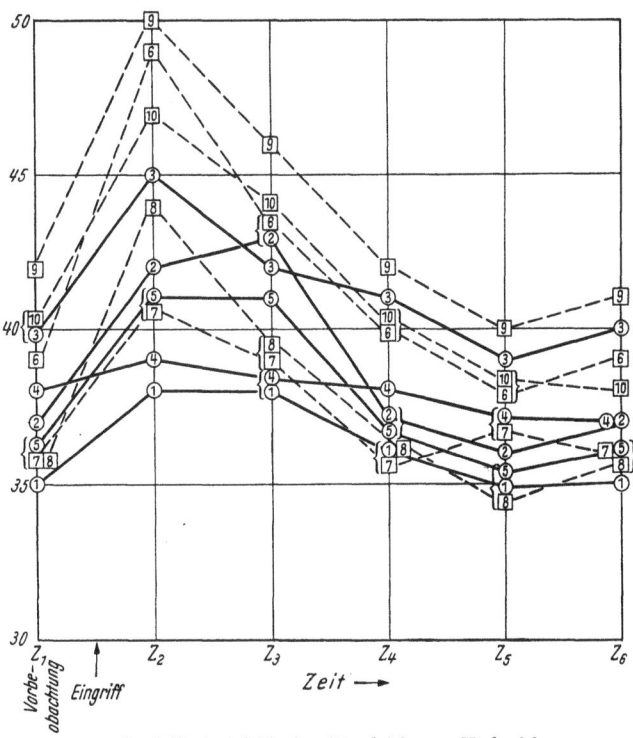

Abb. 24a. Modellbeispiel für den Vergleich von Verlaufskurven.
○—○ Behandlungsart 1. □—□ Behandlungsart 2.

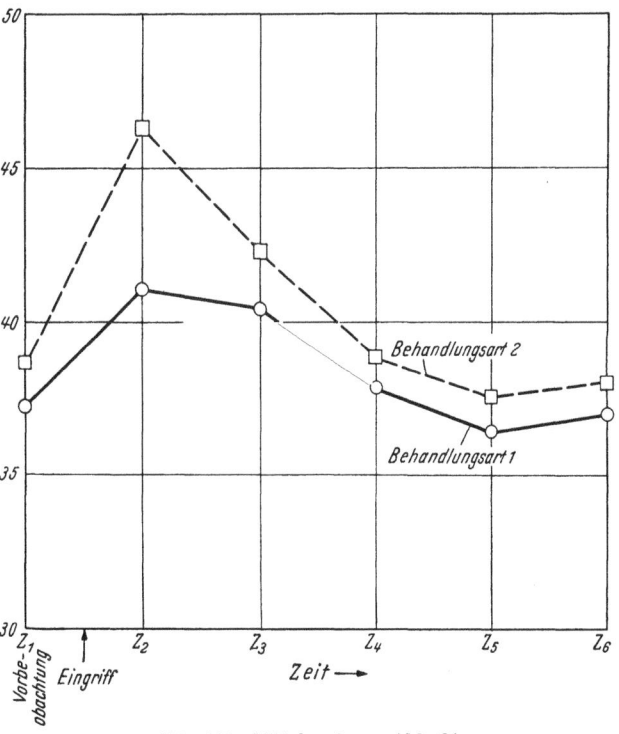

Abb. 24b. Mittelwerte zu Abb. 24a.

In Abb. 23 ist ein schematisches Zahlenbeispiel angegeben. Man erkennt, daß es sich bei diesem Kurvenvergleich nicht nur um die Gegenüberstellung gleichzeitiger Werte handelt,

---

[1] Spezielle Untersuchungen z. B. bei SAMPFORD, M. R.: Biometrics 8, 13, 307 (1952); 10, 531 (1954).

sondern auch um die Feststellung einer Beschleunigung oder Verzögerung des Verlaufs, um die erreichten Gesamtwerte (z. B. bei Ausscheidungen) usw. Ein statistisches Bearbeitungsschema für Verlaufskurven ist erst dann für die praktischen Bedürfnisse befriedigend, wenn es alle diese Gesichtspunkte gleichmäßig enthält, ohne den Bearbeiter zu einer einseitigen Bevorzugung eines dieser Gesichtspunkte zu zwingen.

Ein Ansatz für eine allgemeine Behandlung des Vergleichs von Verlaufskurven, der über die Einzelvergleiche der gleichzeitigen Mittelwerte hinausführt, ist von GEBELEIN und RUHENSTROTH-BAUER[1] durchgeführt worden. Die Autoren gehen von den innerhalb einer Behandlungsart zum gleichen Zeitpunkt zwischen den Tieren bestehenden Unterschieden aus und verwenden diese zur Berechnung des Streuungsmaßes zur Beurteilung der Unterschiede zwischen einzelnen und zusammengefaßten Mittelwerten mit Hilfe des $\chi^2$-Verfahrens. Die $\chi^2$-Verteilung wäre jedoch nur anwendbar, wenn die zum Vergleich benutzte Streuung theoretisch bekannt wäre; bei empirischer Bestimmung muß das allgemeinere Verfahren der Streuungszerlegung mit der $F$-Verteilung herangezogen werden.

Noch wichtiger ist die Schwierigkeit der gegenseitigen Abhängigkeit der Beobachtungswerte, da alle statistischen Grundmethoden auf der Voraussetzung der Unabhängigkeit der einzelnen Beobachtungswerte beruhen. Beim vorliegenden Problem ist der Fall besonders wichtig, daß die Kurvenwerte eines Versuchstieres aus unbekannten Gründen der individuellen Reaktion durchweg über oder unter den Durchschnittswerten liegen können. Wenn z. B. bei 5 Versuchstieren die 2-Stundenwerte eine bestimmte Reihenfolge der Tiere zeigen, so wird vielfach die gleiche Reihenfolge sich bei den 3-Stundenwerten wiederholen. Die 3-Stundenwerte sind dann sicher nicht als eine von den 2-Stundenwerten unabhängige neue Gruppe von 5 Beobachtungen aufzufassen. Diese Schwierigkeit bleibt grundsätzlich auch dann — wenn auch abgeschwächt — bestehen, wenn man nicht die Originalbeobachtungen zur Auswertung verwendet, sondern z. B. Differenzen oder Quotienten zum Ausgangswert, um dessen unmittelbaren Einfluß auszuschalten: auch dann bleiben vielfach einzelne Tiere dauernd über bzw. unter dem Durchschnitt. Aufeinanderfolgende Beobachtungen liefern keine unabhängigen Beiträge zur Bestimmung der Durchschnitte $\bar{x}_i$.

Würde man nun aber nicht die jeweiligen Abweichungen vom Tierdurchschnitt betrachten, sondern die Abweichungen von einem modifizierten Tierdurchschnitt, der jeweils um die durchschnittliche Abweichung des Einzeltiers verschoben ist, so ist die Situation anders. Soweit man schematisch die individuelle Komponente eines Tiers als additives Glied zum Gruppendurchschnitt ansehen kann (91), ist diese nun ausgeschaltet. Die restlichen Differenzen können nun in stärkerem Maße als unabhängig angesehen werden: Wenn z. B. für ein bestimmtes Tier die Verlaufskurve durchschnittlich um $d$ unterhalb der Durchschnittskurve liegt, so liefern zwei aufeinanderfolgende Einzelwerte unabhängige Beiträge zur Bestimmung von $(x_i-d)$. Dabei ist angenommen, daß der Reaktionsverlauf der Einzeltiere bei einer Behandlungsart grundsätzlich — bis auf individuelle Verschiebungen — der gleiche ist. Ist dies nicht der Fall, so gehen die Fehler dieser Annahme in den Zahlenwert für den Versuchsfehler mit ein und vergrößern diesen, so daß das Verfahren zwar etwas an Wirksamkeit einbüßt, aber für die Durchführung von Vergleichen adäquat bleibt. Die Modellgleichung ist

Beobachtungswert = Gesamtmittel + Behandlungswirkung + Zeitwirkung + individuelle Tierkonstante + Versuchsfehler

Diese allgemeinen Grundsätze lassen sich durch Anwendung der Streuungszerlegung praktisch verwirklichen, wie sich am besten an einem Beispiel zeigen läßt. Als besonders wichtiges Glied der Analyse wird sich dabei die Wechselwirkung zwischen Behandlungsarten und Zeiten ergeben, die als Testgröße für einen unterschiedlichen Zeitablauf bei den verglichenen Behandlungen zu werten ist.

---

[1] GEBELEIN, H., u. G. RUHENSTROTH-BAUER: Naturwiss. **39**, 457 (1952).

Zeit-Wirkungskurven. 1013

*Beispiel 52:* Zwei Behandlungsarten (z. B. Injektionen von Giftlösungen) seien an je 5 verschiedenen Tieren geprüft. Ein physiologischer Meßwert werde vor der Injektion, danach und weiter in stündlichen Abständen ermittelt. Die 10 Versuchstiere sind durch Verlosung zufällig auf die beiden Behandlungsarten verteilt (ohne grundsätzliche Beachtung des Zufallsprinzips dieser Zuteilung würde die Auswertung hinfällig; vgl. Abschnitt E1).

Tabelle 49. *Rechenbeispiel für den Vergleich von Verlaufskurven*
(Skala der Abb. 24 um 30 verringert).

| Behand-lungsart | Tier Nr. | Zeit | | | | | | Summe |
|---|---|---|---|---|---|---|---|---|
| | | 1 | 2 | 3 | 4 | 5 | 6 | |
| $B_1$ | 1 | 5 | 8 | 8 | 6 | 5 | 5 | 37 |
| | 2 | 7 | 12 | 13 | 7 | 6 | 7 | 52 |
| | 3 | 10 | 15 | 12 | 11 | 9 | 10 | 67 |
| | 4 | 8 | 9 | 8 | 8 | 7 | 7 | 47 |
| | 5 | 6 | 11 | 11 | 7 | 5 | 6 | 46 |
| | *Summe* | *36* | *55* | *52* | *39* | *32* | *35* | *249* |
| $B_2$ | 6 | 9 | 19 | 13 | 10 | 8 | 9 | 68 |
| | 7 | 6 | 11 | 9 | 6 | 7 | 6 | 45 |
| | 8 | 6 | 14 | 9 | 6 | 5 | 6 | 46 |
| | 9 | 12 | 20 | 16 | 12 | 10 | 11 | 81 |
| | 10 | 10 | 17 | 14 | 10 | 8 | 8 | 67 |
| | *Summe* | *43* | *81* | *61* | *44* | *38* | *40* | *307* |
| | Summe | 79 | 136 | 113 | 83 | 70 | 75 | 556 |

Tabelle 49a. *Quadrattafel für TZ.*

| | $Z_1$ | $Z_2$ | $Z_3$ | $Z_4$ | $Z_5$ | $Z_6$ | Zusammen | Summenquadrat |
|---|---|---|---|---|---|---|---|---|
| $T_1$ | 25 | 64 | 64 | 36 | 25 | 25 | 239 ⎫ | 1369 ⎫ |
| $T_2$ | 49 | 144 | 169 | 49 | 36 | 49 | 496 ⎪ | 2704 ⎪ |
| $T_3$ | 100 | 225 | 144 | 121 | 81 | 100 | 771 ⎬ 2265 | 4489 ⎬ 12887 |
| $T_4$ | 64 | 81 | 64 | 64 | 49 | 49 | 371 ⎪ | 2209 ⎪ |
| $T_5$ | 36 | 121 | 121 | 49 | 25 | 36 | 388 ⎭ | 2116 ⎭ |
| $T_6$ | 81 | 361 | 169 | 100 | 64 | 81 | 856 ⎫ | 4624 ⎫ |
| $T_7$ | 36 | 121 | 81 | 36 | 49 | 36 | 359 ⎪ | 2025 ⎪ |
| $T_8$ | 36 | 196 | 81 | 36 | 25 | 36 | 410 ⎬ 3603 | 2116 ⎬ 19815 |
| $T_9$ | 144 | 400 | 256 | 144 | 100 | 121 | 1165 ⎪ | 6561 ⎪ |
| $T_{10}$ | 100 | 289 | 196 | 100 | 64 | 64 | 813 ⎭ | 4489 ⎭ |
| Zusammen | 671 | 2002 | 1345 | 735 | 518 | 597 | 5868 | 32702 |
| Summen-quadrat | 6241 | 18496 | 12769 | 6889 | 4900 | 5625 | 54920 | 309136 |

Die Streuungszerlegung beginnt mit den 60 Einzelwerten in der *TZ*-Tafel, bei der die beiden Behandlungsarten nicht unterschieden sind.

Tabelle 50a. *Streuungszerlegung der ZT-Tafel.*

| Art der Streuung | Symbol | SAQ | | f |
|---|---|---|---|---|
| Zwischen den Zeiten . . . . . . | Z | $\dfrac{54920}{10} - \dfrac{309136}{60} =$ | 339,7 | 5 |
| Zwischen den Tieren . . . . . | T | $\dfrac{32702}{6} - \dfrac{309136}{60} =$ | 298,0 | 9 |
| Rest (Wechselwirkung $ZT$) . . | $ZT$ | (Differenz) | 78,0 | 45 |
| Insgesamt in der $ZT$-Tafel . . | | $5868 - \dfrac{309136}{60} =$ | 715,7 | 59 |

Die Streuung zwischen den 10 Tieren setzt sich aus der Streuung zwischen den beiden Behandlungsarten und den Streuungen zwischen den 5 Tieren innerhalb jeder Behandlungsart zusammen.

Tabelle 50b. *Untergliederung der T-Streuung.*

| Art der Streuung | Symbol | SAQ | f |
|---|---|---|---|
| Zwischen den Behandlungsarten | $B$ | $\frac{156250}{30} - \frac{309136}{60} = 56{,}0$ | 1 |
| Zwischen $T_1$ bis $T_5$ | $T_{1-5}$ | $\frac{12887}{6} - \frac{62001}{30} = 81{,}1$ | 4 |
| Zwischen $T_6$ bis $T_{10}$ | $T_{6-10}$ | $\frac{19815}{6} - \frac{94249}{30} = 160{,}9$ | 4 |
| Zwischen den Tieren insgesamt | $T$ | $\frac{32702}{6} - \frac{309136}{60} = 298{,}0$ | 9 |

Zur Ermittlung der Wechselwirkung $BZ$ wird die Quadrattafel für die kursiv gedruckten Zwischensummenzeilen der Tabelle 49 aufgestellt.

Tabelle 51a. *Quadrattafel für BZ.*

| | $Z_1$ | $Z_2$ | $Z_3$ | $Z_4$ | $Z_5$ | $Z_6$ | Zusammen | Summenquadrat |
|---|---|---|---|---|---|---|---|---|
| $B_1$ | 1296 | 3025 | 2704 | 1521 | 1024 | 1225 | 10795 | 62001 |
| $B_2$ | 1849 | 6561 | 3721 | 1936 | 1444 | 1600 | 17111 | 94249 |
| Zusammen | 3145 | 9586 | 6425 | 3457 | 2468 | 2825 | 27906 | 156250 |
| Summenquadrat | 6241 | 18496 | 12769 | 6889 | 4900 | 5625 | 54920 | 309136 |

Die Wechselwirkung $BZ$ ergibt sich als Differenz in Tabelle 51b.

Tabelle 51b. *Streuungszerlegung in der BZ-Tafel.*

| Art der Streuung | Symbol | SAQ | f |
|---|---|---|---|
| Zwischen den Zeiten | $Z$ | $\frac{54920}{10} - \frac{309136}{60} = 339{,}7$ | 5 |
| Zwischen den Behandlungsarten | $B$ | $\frac{156250}{30} - \frac{309136}{60} = 56{,}0$ | 1 |
| Rest (Wechselwirkung $BZ$) | $BZ$ | (Differenz) 33,2 | 5 |
| Insgesamt in der $BZ$-Tafel | | $\frac{27906}{5} - \frac{309136}{60} = 428{,}9$ | 11 |

Schließlich ist noch die Reststreuung als Schätzung des Versuchsfehlers zu ermitteln, die die Wechselwirkung zwischen den Zeiten und den je 5 Tieren innerhalb jeder Behandlungsart enthält. Die Werte ergeben sich aus den verschiedenen Quadrattafeln.

Tabelle 52. *Streuungszerlegung in den Tafelhälften für $B_1$ und $B_2$ ($T_{1-5}Z$-Tafel und $T_{6-10}Z$-Tafel).*

| Art der Streuung | SAQ | f |
|---|---|---|
| Zwischen den Zeiten bei $T_{1-5}$ | $\frac{10795}{5} - \frac{62001}{30} = 92{,}3$ | 5 |
| Zwischen $T_{1-5}$ | $\frac{12887}{6} - \frac{62001}{30} = 81{,}1$ | 4 |
| Rest (Wechselwirkung $T_{1-5}Z$) | (Differenz) 24,9 | 20 |
| Insgesamt in der $T_{1-5}Z$-Tafel | $2265 - \frac{62001}{30} = 198{,}3$ | 29 |
| Zwischen den Zeiten bei $T_{6-10}$ | $\frac{17111}{5} - \frac{94249}{30} = 280{,}6$ | 5 |
| Zwischen $T_{6-10}$ | $\frac{19815}{6} - \frac{94249}{30} = 160{,}9$ | 4 |
| Rest (Wechselwirkung $T_{6-10}Z$) | (Differenz) 19,9 | 20 |
| Insgesamt in der $T_{6-10}Z$-Tafel | $3603 - \frac{94249}{30} = 461{,}4$ | 29 |

Die gesamte Streuungszerlegung ist in Tabelle 53 zusammengefaßt, wobei die Zwischensummen kursiv gedruckt sind.

Tabelle 53. *Endgültige Streuungszerlegung zu Tabelle 49.*

| Art der Streuung | Symbol | SAQ | f | MAQ | F | $F_{0,1\%}$ |
|---|---|---|---|---|---|---|
| Zwischen den Zeiten . . . . . . . . | $Z$ | 339,7 | 5 | 67,9 | 60,6 | 5,1 |
| Zwischen den Behandlungsarten . . | $B$ | 56,0 | 1 | 56,0 | 50,0 | 12,6 |
| Zwischen den Tieren $T_{1-5}$ . . . . . | $T_{1-5}$ | 81,1 | 4 | 20,3 | 18,1 | 5,7 |
| Zwischen den Tieren $T_{6-10}$ . . . . . | $T_{6-10}$ | 160,9 | 4 | 40,2 | 35,9 | 5,7 |
| *(Zwischen den Tieren insgesamt)* . . . | *(T)* | *(298,0)* | *(9)* | | | |
| Wechselwirkungen . . . . . . . . | $BZ$ | 33,2 | 5 | 6,6 | 5,9 | 5,1 |
| | $T_{1-5}Z$ | 24,9 | 20⎱40 | 1,25⎱1,12 | | |
| | $T_{6-10}Z$ | 19,9 | 20⎰ | 0,99⎰ | | |
| | *(TZ)* | *(78,0)* | *(45)* | | | |
| Insgesamt | | 715,7 | 59 | | | |

Die Versuchsstreuung ist aus den Restpositionen $(T_{1-5}Z)$ und $(T_{6-10}Z)$ zusammenzufassen. Dieser Wert erfüllt die eingangs gestellten Anforderungen: Es liegen die Abweichungen der einzelnen Beobachtungswerte vom gleichzeitigen Mittelwert der Tiere in derselben Behandlungsgruppe, verschoben um den durchschnittlichen individuellen Abstand des Tieres von der Durchschnittskurve, zugrunde. Es ist die Reststreuung nach Berücksichtigung der Versuchszeit, der Behandlungsart und der Individualität. Das mittlere Abweichungsquadrat ist 1,12. Betrachtet man die Abb. 23, so muß als sehr bemerkenswert darauf hingewiesen werden, daß durch die Rechnung ein mittlerer Versuchsfehler von $\sqrt{1,12} = 1,06$ bestimmt worden ist. Dieser gegenüber den Unterschieden von Tier zu Tier niedrige Wert dürfte die — hier nur schematisch angenommene — wirkliche Größe des Versuchsfehlers richtig treffen, wenn man die Einzelverläufe miteinander vergleicht.

**Ergebnisse.** 1. Die Unterschiede zwischen den Zeiten ($Z$-Streuung) sind statistisch gesichert. Der Eingriff hat eine Wirkung.

2. Die Unterschiede zwischen den Behandlungsarten ($B$-Streuung) ist statistisch gesichert. Die Wirkung des Eingriffs führt bei den Behandlungsarten zu verschiedener Durchschnittshöhe der Meßwerte.

3. Die Unterschiede zwischen den einzelnen Tieren ($T$-Streuung) sind auch bei gleicher Behandlungsart statistisch gesichert. Die Tiere haben eine individuell verschiedene Durchschnittshöhe der Meßwerte.

4. Die Wechselwirkung $B \times Z$ ist statistisch gesichert. Die nach $B_1$ behandelten Tiere weisen einen anderen zeitlichen Kurvenverlauf der Reaktion auf als die nach $B_2$ behandelten — außer der in 2. erwähnten unterschiedlichen Durchschnittshöhe.

An den Mittelwertskurven fällt der Unterschied zwischen den $B_1$- und $B_2$-Tieren bereits vor Versuchsbeginn auf. Handelt es sich hierbei nur um Zufallsunterschiede, wie nach dem Auswahlprinzip zu erwarten ist? Nach dem Verfahren von Abschnitt C 2 b wird die Differenz der Mittelwerte $\frac{43}{5} - \frac{36}{5} = 1,4$ mit ihrem mittleren Fehler verglichen, der aus der Variabilität der Tiere in der Vorbeobachtung berechnet wird und gemäß den Einzelwerten der Tabelle 49 den Wert

$$\sqrt{\frac{\left(671 - \frac{1}{5} 1296 - \frac{1}{5} 1849\right)}{8} \cdot \left(\frac{1}{5} + \frac{1}{5}\right)} = \sqrt{2,1} = 1,4$$

hat. Der Unterschied liegt im Zufallsbereich.

Wenn eine *nähere Untersuchung des zeitlichen Verlaufs* erforderlich ist, kann sie durch Zerlegung der $Z$-Streuung und der $BZ$-Wechselwirkung in orthogonale Vergleiche (s. Abschnitt C b e) erfolgen. Die summarische Behandlung in Tabelle 53 ergibt eine zusammenfassende Wertung für je 5 Freiheitsgrade. Durch Untergliederung kann eine Auflösung in 5 orthogonale Vergleiche durchgeführt werden.

Diese Aufteilung kann auf verschiedene Weisen erfolgen, als Beispiel sei die folgende durch ein Koeffizientenschema angegeben.

| Nr. | Art des Vergleichs | $Z_1$ | $Z_2$ | $Z_3$ | $Z_4$ | $Z_5$ | $Z_6$ | Nenner |
|---|---|---|---|---|---|---|---|---|
| 1 | $Z_2$ und $Z_3$ gegenüber allen anderen Zeiten . | +1 | −2 | −2 | +1 | +1 | +1 | $12k$ |
| 2 | $Z_4$ gegenüber $Z_1, Z_5, Z_6$ ohne $Z_2$ und $Z_3$ . . . | −1 | 0 | 0 | +3 | −1 | −1 | $12k$ |
| 3 | $Z_2$ gegenüber $Z_3$ ohne alle anderen . . . . . | 0 | +1 | −1 | 0 | 0 | 0 | $2k$ |
| 4 | $Z_5$ gegenüber $Z_6$ ohne alle anderen . . . . . | 0 | 0 | 0 | 0 | +1 | −1 | $2k$ |
| 5 | $Z_1$ gegenüber $Z_5$ und $Z_6$ ohne alle anderen . | +2 | 0 | 0 | 0 | −1 | −1 | $6k$ |

Die 5 Vergleiche sind gegenseitig orthogonal, da die Summe der Produkte der entsprechenden Koeffizienten stets 0 ist. Zum Beispiel ergibt sich für den ersten und letzten Vergleich

$$(+1)(+2) + (-2) \cdot 0 + (-2) \cdot 0 + (+1) \cdot 0 + (+1)(-1) + (+1)(-1) = 0.$$

Analog zu (98) läßt sich nach diesem Koeffizientenschema eine einfache Zerlegung der Streuung in Komponenten durchführen, deren Summe die SAQ der Tabelle 53 ergibt. Für alle Tiere insgesamt erhält man

| Vergleich Nr. | Abweichungsquadrate | | |
|---|---|---|---|
| 1 | $\frac{1}{120}(79 - 2 \cdot 136 - 2 \cdot 113 + 83 + 70 + 75)^2$ | $= \frac{191^2}{120} =$ | 304,0 |
| 2 | $\frac{1}{120}(-79 + 3 \cdot 83 - 70 - 75)^2$ | $= \frac{25^2}{120} =$ | 5,2 |
| 3 | $\frac{1}{20}(136 - 113)^2$ | $= \frac{23^2}{20} =$ | 26,4 |
| 4 | $\frac{1}{20}(70 - 75)^2$ | $= \frac{5^2}{20} =$ | 1,3 |
| 5 | $\frac{1}{60}(2 \cdot 79 - 70 - 75)^2$ | $= \frac{13^2}{60} =$ | 2,8 |
| Streuung zwischen den Zeiten insgesamt | | | 339,7 |

Führt man diese Berechnung für die der Behandlungsarten $B_1$ und $B_2$ unterworfenen Tiere getrennt durch, so ergibt sich Tabelle 54, in der durch Differenzenbildung auch die Zerlegung der Wechselwirkung $BZ$ durchgeführt ist.

Tabelle 54. *Zerlegung der Streuung zwischen den Zeiten in 5 orthogonale Vergleiche mit gleichzeitiger Unterscheidung der Behandlungsarten.*

| Vergleich Nr. | Tiere $T_1$ bis $T_5$ ($B_1$) | Tiere $T_6$ bis $T_{10}$ ($B_2$) | Tiere insgesamt ($B_1 + B_2$) | Wechselwirkung $BZ$ |
|---|---|---|---|---|
| 1 | 86,4 | 236,0 | 304,0 | 18,4 |
| 2 | 3,3 | 2,0 | 5,2 | 0,1 |
| 3 | 0,9 | 40,0 | 26,4 | 14,5 |
| 4 | 0,9 | 0,4 | 1,3 | 0,0 |
| 5 | 0,8 | 2,1 | 2,8 | 0,1 |
| Streuung zwischen Zeiten insgesamt | 92,3 | 280,6 | 339,7 | 33,2 |

Jede der in Tabelle 54 aufgeführten Einzelkomponenten besitzt einen Freiheitsgrad, der Grenzwert $F_{0,1\%}$ beträgt 12,6, was einem MAQ von $12,6 \cdot 1,12 = 14,0$ entspricht. Der erste Vergleich liegt in allen Fällen weit außerhalb der Zufallsgrenzen; auch in der Wechselwirkung $BZ$ ist ein Unterschied gesichert. Die Erhöhung der Werte von $Z_2$ und $Z_3$ gegenüber den anderen ist also bei beiden Behandlungsarten verschieden. $Z_4$ ist dagegen den anderen niedrigen Werten gegenüber nicht sicher erhöht (Vergleich 2). Im dritten Vergleich ist bei der ersten Behandlungsart der $Z_2$-Wert nicht sicher höher als $Z_3$, dagegen deutlich höher bei $B_2$. Demgemäß liefert auch der dritte Vergleich eine signifikante Komponente zur Wechselwirkung $BZ$.

Die Abhängigkeit vom Anfangswert kann dadurch ausgeschaltet werden, daß man nur die individuellen Differenzen oder Quotienten zum Anfangswert betrachtet. Das Rechenverfahren ändert sich dadurch nicht, nur fällt $Z_1$ bei der Analyse aus.

## 8. Dosis-Wirkungskurven.

### a) Auswertung einer Einzelkurve.

Wenn bei Dosis-Wirkungsuntersuchungen an Tierkollektiven die Wirkung durch Häufigkeiten gemessen wird (Sterblichkeit, Erkrankungshäufigkeit), so kann die Bearbeitung oft durch Zugrundelegung eines bestimmten Funktionstyps der Wirkung vereinfacht werden. Im allgemeinen wird eine S-förmige Kurve beobachtet, die in guter Näherung durch die Kumulationskurve einer logarithmischen Normalverteilung beschrieben werden und durch Transformation in eine Gerade umgeformt werden kann (HAZEN, GADDUM). Eine praktisch ebenso gute Anpassung erhält man mit der logistischen Kurve (vgl. S. 1019) oder anderen Transformationen, die im wichtigsten mittleren Kurventeil der S-Kurve kaum voneinander abweichen. Das Rechnungsziel besteht in der Bestimmung empirischer Werte für die Parameter der Ausgleichungsfunktion und für die 50%-Dosis ($D_{50}$; Dosis, bei der gerade 50% der Tiere sterben bzw. krank werden) mit ihrem mittleren Fehler. Wirksamkeitsvergleiche werden im allgemeinen mit den $D_{50}$-Werten bzw. mit deren Logarithmen vorgenommen.

Es ist eine Reihe von verschiedenartigen Berechnungsverfahren vorgeschlagen worden, bei denen die auftretenden methodischen Probleme verschieden gelöst sind, und zwar:

a) Die Gewichtung der Beobachtungswerte. Da die mittleren Fehler einer Häufigkeit bei Werten um 50% kleiner als bei extremen Werten sind, müssen die mittleren Häufigkeitswerte größeres Gewicht erhalten. Dabei ist zu berücksichtigen, daß die mittleren Fehler nicht mit der beobachteten Häufigkeit berechnet werden dürfen, sondern daß die Grundwahrscheinlichkeiten selbst in der Formel stehen (vgl. S. 954) bzw. daß die Mutungsgrenzen angewandt werden müssen. Ferner ist die Fehlerfortpflanzung durch die Transformation zu beachten.

b) Die Verwertung der 0%- und 100%-Ergebnisse. Bei einigen Näherungsverfahren fallen diese Werte formal bei der Berechnung fort, während sie doch wesentliche Information über den Kurvenverlauf enthalten.

c) Die Erreichung der besten Anpassung der Ausgleichskurve an die Beobachtungswerte.

d) Die Prüfung der Abweichungen zwischen Beobachtungswerten und Ausgleichskurve auf Überschreitung der Zufallsgrenzen, wobei Binomialverteilung vorausgesetzt wird[1].

Die Bearbeitungsverfahren seien in drei Gruppen geteilt: die graphischen Verfahren, die rechnerische Probit- und die Logitanalyse.

*α) Probitanalyse.*

Bei den beiden ersten Verfahrensgruppen werden die Häufigkeiten als Werte des Normalintegrals

$$P = \Phi(-\infty, u)$$

aufgefaßt. Die zugehörigen $u$-Werte bilden die transformierte Wirkungsskala, bezeichnet als „normal equivalent deviate". Als Teilstellen der Normalverteilung kann man sie auch Normalfraktile nennen. BLISS hat $+5$ hinzugefügt, um negative Werte zu vermeiden, und für diese Skala den Namen Probits (*pro*bability un*its*) eingeführt.

**Graphische Methoden.** PRIGGE[2,3], SCHÄFER[2,4] und v. SCHELLING[5] empfehlen die Eintragung der beobachteten Häufigkeiten in ein Wahrscheinlichkeitsnetz (vgl. S. 952) mit Kennzeichnung der Vertrauensgrenzen. Dann ist nach Augenmaß eine gerade Linie durch diese Bereiche hindurchzulegen, die erstens möglichst nahe an den Beobachtungswerten liegt und zweitens möglichst alle Bereiche schneidet. Wählt man die dem einfachen mittleren Fehler entsprechenden Vertrauensgrenzen, so braucht die Ausgleichsgerade nur etwa $^2/_3$ der Bereiche zu schneiden; wählt man die Bereiche der Abb. 14a, so sollen alle Bereiche geschnitten werden (vgl. Abb. 25). Näherungswerte für die Vertrauensgrenzen der Ergebnisse ($D_{50}$-Werte oder Wirkungsquotienten) werden aus der Zusammenfassung aller Werte zu einer mittleren Wirkung ebenfalls graphisch gewonnen (vgl. [2-4]).

---

[1] Die binomiale Streuungsbreite kann gelegentlich weit überschritten sein, wie z. B. aus Untersuchungen von BROCK und GEKS über die Oxyurensterblichkeit hervorgeht [BROCK, N., u. F. J. GEKS: Arzneim.-Forsch. **1**, 63 (1951)].
[2] PRIGGE, R., u. W. SCHÄFER: A. e. P. P. **191**, 281 (1939).
[3] PRIGGE, R.: Arb. exp. Therap. Chemotherap. **51**, 29 (1954).
[4] SCHÄFER, W.: Z. Hyg. **124**, 401 (1942).
[5] SCHELLING, H. v.: Arb. exp. Therap. Chemotherap. **37**, 28; **41**, 47 (1941).

LITCHFIELD und WILCOXON[1] tragen die Beobachtungswerte ohne Vertrauensgrenzen in ein Wahrscheinlichkeitsnetz ein und legen nach Augenmaß eine gerade Linie hindurch. Sie prüfen die Abweichungen von der Geraden mittels einer durch ein Nomogramm vereinfachten $\chi^2$-Rechnung. Die erhebliche Unsicherheit der graphischen Bestimmung der Ausgleichsgeraden wird bei der Anwendung dieses Verfahrens trotz der angefügten Fehlerrechnung, die sich aber nur auf die Zulässigkeit der erhaltenen Abweichungen bezieht, nicht zum Bewußtsein gebracht. Im Verfahren von PRIGGE und seinen Mitarbeitern steht dagegen die Gewinnung einer guten Ausgleichsgeraden mehr im Vordergrund. Es ist daher zu empfehlen, auch bei der Anwendung des LITCHFIELD-WILCOXON-Verfahrens vorher die Vertrauensbereiche der Werte in die graphische Darstellung einzuzeichnen. Freilich wird man dann in der Praxis oft erkennen, wie viele verschiedene Ausgleichsgeraden man legen könnte, und erhält damit einen anschaulicheren Eindruck vom Zuverlässigkeitsbereich etwa der $D_{50}$-Schätzung, als die Fehlerrechnung gibt. Diese wird ebenfalls unter Benutzung vereinfachender Nomogramme vorgenommen.

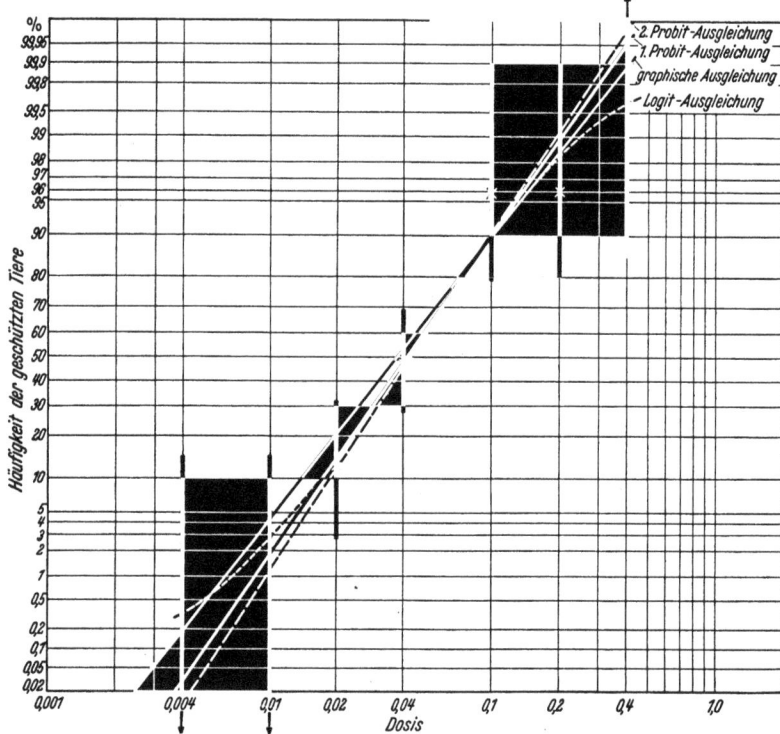

Abb. 25. Dosis-Wirkungskurve (Schutzwirkung eines Diphtherieimpfstoffes nach R. PRIGGE).

**Rechnerische Methoden.** Die rechnerischen Methoden sind hauptsächlich von BLISS[2], FINNEY[3] und FISHER-YATES[4] ausgearbeitet. Die beste Lösung liefert die Berechnung nach der maximum likelihood-Methode (Methode der maximalen Plausibilität), die allerdings als Iterativverfahren mehrere Berechnungscyclen erfordert.

Auch bei diesem Verfahren wird zunächst näherungsweise eine graphische Ausgleichsgerade ermittelt. Deren Werte gelten für die Gewichtsbestimmung als Grundwahrscheinlichkeiten. Zwischen den graphisch ausgeglichenen Zeichnungsprobits und den beobachteten Probits werden Zwischenwerte als Rechenprobits (working probits) definiert, die bei der Weiterrechnung zur Festlegung einer verbesserten Ausgleichsgeraden benutzt werden.

Es seien $p_i$ die beobachteten Häufigkeiten, $P_i$ die graphisch ausgeglichenen Häufigkeiten, $y_i'$ die zugehörigen graphisch ausgeglichenen Zeichnungsprobits und $\varphi_i$ die zu $P_i$ der kumulierten Normalkurve gehörenden Ordinaten der Normalverteilung. Dann ist das Gewicht einer Beobachtung

$$g_i = \frac{\varphi_i^2}{P_i(1-P_i)}. \tag{118}$$

---

[1] LITCHFIELD, J. T., and F. WILCOXON: J. Pharmacol. exp. Therap. 96, 99 (1949).
[2] BLISS, C. J.: Ann. appl. Biol. 22, 134, 307 (1935). Quart. J. Pharmacy 11, 192 (1938). — Siehe auch Zit. S. 931.
[3] FINNEY, D. J.: Probit Analysis. 2. Aufl. London 1951. — Siehe auch Zitat S. 931.
[4] Zit. s. S. 931.

Die Rechenprobits $y_i$ erhält man nach

$$y_i = y_i' - \frac{P_i - p_i}{\varphi_i}. \tag{119}$$

Ist $x_i$ der Logarithmus der $i$-ten Dosis und $n_i$ die zugehörige Beobachtungszahl, so errechnet man folgende Werte, die den üblichen Formeln für die Mittelwerte und die Summen der Abweichungsquadrate und -produkte entsprechen

$$\left.\begin{array}{l} \bar{x} = \dfrac{\sum n_i g_i x_i}{\sum n_i g_i}; \quad \bar{y} = \dfrac{\sum n_i g_i y_i}{\sum n_i g_i}; \quad S_{xx} = \sum n_i g_i x_i^2 - \dfrac{(\sum n_i g_i x_i)^2}{\sum n_i g_i}; \\[2mm] S_{yy} = \sum n_i g_i y_i^2 - \dfrac{(\sum n_i g_i y_i)^2}{\sum n_i g_i}; \quad S_{xy} = \sum n_i g_i x_i y_i - \dfrac{(\sum n_i g_i x_i)(\sum n_i g_i y_i)}{\sum n_i g_i}. \end{array}\right\} \tag{120}$$

Die Linearitätsprüfung erfolgt im Probitmaßstab mit $f = k-2$ Freiheitsgraden nach

$$\chi^2 = S_{yy} - \frac{S_{xy}^2}{S_{xx}}, \tag{121}$$

wobei $k$ die Zahl der nicht mit 0 oder $n_i$ besetzten Klassen ist.

Für die Gleichung
$$y_R = a + bx$$
ist der Richtungskoeffizient

$$b = \frac{S_{xy}}{S_{xx}} \quad \text{mit} \quad s_b^2 = \frac{1}{S_{xx}} \tag{122}$$

und

$$a = \bar{y} - b\bar{x} = \frac{\sum n_i g_i y_i - b \sum n_i g_i x_i}{\sum n_i g_i}. \tag{123}$$

Der Logarithmus von $D_{50}$ ist (zu $y = 5$ in der Probitskala)

$$x_{50} = \bar{x} + \frac{5 - \bar{y}}{b} \tag{124}$$

mit einem mittleren Fehler

$$s_{x_{50}} = \frac{1}{b}\sqrt{\frac{1}{\sum n_i g_i} + \frac{(x_{50} - \bar{x})}{S_{xx}}}. \tag{125}$$

Die erhaltenen Dosenlogarithmen und ihre Fehlergrenzen (gemäß Normalverteilung abzugrenzen) transformiert man dann in die ursprüngliche Dosisskala zurück[1].

Dieses Verfahren ist eine Iterativmethode. Man bestimmt für alle Dosen die $y_R$-Werte, faßt diese als provisorische Zeichnungsprobits $y_i$ auf und rechnet das Verfahren damit von neuem durch. Theoretisch setzt man diese Prozedur so lange fort, bis sich die Ergebnisse nur noch unwesentlich ändern (vgl. Abb. 25). Ein einziger Rechengang liefert keine maximum-likelihood-Lösung.

*β) Logitanalyse.*

Die $S$-Kurve wird durch die logistische Funktion

$$P = \frac{1}{1 + e^{-(\alpha + \beta x)}} \tag{126}$$

dargestellt[2]. Führt man mit gewöhnlichen Logarithmen die Transformation

$$l = \log \frac{P}{1-P} \tag{127}$$

ein, so ist

$$l \cdot \log \text{nat } 10 = \alpha + \beta x.$$

---

[1] Rechenbeispiel für Probit- und Logitanalyse bei KOLLER: Zit. S. 931, Nr. 37. Zahlreiche Rechenbeispiele in der anglo-amerikanischen Literatur (zit. S. 931).

[2] Diese Transformation wurde von J. BERKSON „Logit"-Transformation genannt, der das hier sinngemäß benutzte Verfahren entwickelt hat, bei dem die Ausgleichslinie das Abweichungs-$\chi^2$ zum Minimum macht. Lit. s. Biometrics **7**, 327 (1951); **10**, 130 (1954).

Setzt man
$$\alpha = a \cdot \log \text{nat } 10 = 2{,}3 \cdot a \quad \text{und} \quad \beta = b \cdot \log \text{nat } 10 = 2{,}3\, b, \tag{128}$$
so wird die transformierte logistische Funktion zu
$$l = a + b\, x. \tag{129}$$

Diese Funktion ist von Druckrey[1] als Dosis-Wirkungsfunktion für elementare Receptorenzahlen am Einzeltier treffertheoretisch umfassend begründet worden. Beobachtet man jedoch in Tierkollektiven abgeleitete Wirkungen, z. B. den Tod, so können die vermittelnden Vorgänge die Sterbewahrscheinlichkeiten in eine völlig andersartige funktionale Abhängigkeit von der Dosis bringen. Ist die Sterbewahrscheinlichkeit proportional zur Zahl der veränderten Receptoren, so gilt die logistische Funktion auch unmittelbar für Tierkollektive.

Wegen der geringen effektiven Unterschiede in der Kurvenform zwischen den verschiedenen Funktionen empfiehlt es sich, diese in erster Linie als formale Näherungen zu betrachten und eine Übereinstimmung mit empirischen Werten nicht als Bestätigung der dem mathematischen Ansatz zugrunde liegenden Vorstellungen anzusehen.

Die Gewichte sind bei $n_i$ Beobachtungen
$$n_i g_i = n_i p_i (1 - p_i) \cdot (\log \text{nat } 10)^2 = 5{,}3 \cdot n_i p_i (1 - p_i) = 5{,}3 \cdot z_i q_i, \tag{130}$$
wobei die $z_i$ die beobachteten Anzahlen (z. B. gestorbene Tiere) und $q_i = 1 - p_i$ sind. Analog zu (120) — bis auf den Faktor 5,3 — berechnet man

$$\left.\begin{array}{l} \dfrac{1}{5{,}3} S_{xx} = \sum z_i q_i x_i^2 - \dfrac{(\sum z_i q_i x_i)^2}{\sum z_i q_i}; \quad \dfrac{1}{5{,}3} S_{ll} = \sum z_i q_i l_i^2 - \dfrac{(\sum z_i q_i l_i)^2}{\sum z_i q_i}; \\[2mm] \dfrac{1}{5{,}3} S_{xl} = \sum z_i q_i x_i l_i - \dfrac{(\sum z_i q_i x_i) \cdot (z_i q_i l_i)}{\sum z_i q_i}; \quad b = \dfrac{S_{xl}}{S_{xx}}; \quad a = \dfrac{\sum z_i q_i l_i - b \cdot \sum z_i q_i x_i}{\sum z_i q_i}. \end{array}\right\} \tag{131}$$

Es ergibt sich
$$x_{50} = -\frac{a}{b}. \tag{132}$$

Die Fehlerquadrate von $b$ und $x_{50}$ sind
$$s_b^2 = \frac{1}{S_{xx}} \quad \text{und} \quad s_{x_{50}}^2 = \frac{1}{b^2}\left(\frac{1}{5{,}3 \sum z_i q_i} + \frac{(x_{50} - \bar{x})^2}{S_{xx}}\right). \tag{133}$$

Die Prüfung der Linearitätsannahme erfolgt nach dem $\chi^2$-Verfahren wie in (121).

Die Rechnung nach diesem Verfahren ist kürzer als die oben wiedergegebene Probitrechnung und erfordert nur einen Rechengang. Sie hat unter anderem den Nachteil, daß 0%- und 100%-Ergebnisse ausfallen. Der einfache Ausweg, der von Bartlett bei einer anderen Transformation empfohlen wurde, 0% durch $100/4n_i$% und 100% durch $100\% - 100/4n_i\%$ zu ersetzen, ist eine Notlösung, durch die nicht viel Schaden angerichtet werden kann, deren Nutzen allerdings auch nicht überzeugend ist.

Die Gewichte werden unter Benutzung der empirischen Häufigkeiten bestimmt. Dies ist praktisch kein wesentlicher Nachteil, da auch die durch die Vertrauensgrenzen bestimmten Gewichte von den mit den empirischen $p_i q_i$ bestimmten Gewichten kaum abweichen[2].

Die graphische Darstellung kann auf doppeltlogarithmischem Netz erfolgen, wobei auf der $x$-Achse die Dosenlogarithmen, auf der $y$-Achse die Logarithmen von $p_i : q_i$ eingetragen werden. Im Wahrscheinlichkeitsnetz bleibt eine Krümmung bestehen (vgl. Abb. 25).

### b) Vergleich zweier paralleler Dosis-Wirkungskurven.

**Parallel-Linienauswertung bei Häufigkeiten.** Wirksamkeitsvergleiche erfolgen oft durch Aufstellung von Dosis-Sterblichkeitskurven für die zu vergleichenden Stoffe.

---
[1] Druckrey, H., u. K. Küpfmüller: Dosis und Wirkung. Freiburg i. Br. u. Aulendorf, Wttbg. 1949.
[2] Prigge, R., u. W. Schäfer: A. e. P. P. **191**, 293 (1939).

Insbesondere werden unbekannte oder zu prüfende Stoffe mit solchen bekannter Wirksamkeit, die als Standard dienen, mittels der Wirkungskurven verglichen. Für die Vergleichsmethodik ist es dabei grundlegend, daß die transformierten Wirkungsgeraden stets *parallel* laufen, wenn es sich nur um verschiedene Ausgangskonzentrationen des gleichen oder eines im Wirkungsmechanismus gleichen Stoffes handelt. Die statistische Bearbeitung erfordert somit die Anpassung zweier paralleler Wirkungsgeraden an die beiden Punktreihen. Die rechnerische Ermittlung der gemeinsamen Richtungskoeffizienten erfolgt wieder nach (122), nur werden $S_{xx}$ und $S_{xy}$ als Summe der beiden $S_{xx}$-Werte bzw. $S_{xy}$-Werte der beiden Vergleichsgruppen bestimmt. Das gemeinsame $b$ wird dann in jeder Gruppe für sich zur Bestimmung von $a$, $x_{50}$ usw. benutzt.

Das Ziel des Vergleichs besteht darin, das Verhältnis der Wirksamkeit der beiden Stoffe zu bestimmen, das in der graphischen Darstellung durch den horizontalen Abstand der beiden Parallelen bestimmt ist. Rechnerisch gewinnt man $D'_{50}:D_{50}$ aus $(x'_{50}-x_{50})$. Das Fehlerquadrat ist in grober Näherung

$$s^2(x'_{50} - x_{50}) = \sqrt{s^2_{x'_{50}} + s^2_{x_{50}}}$$

und genauer

$$\frac{1}{b^2}\left(\frac{1}{\sum n'_i g'_i} + \frac{1}{\sum n_i g_i} + \frac{[(x'_{50} - \bar{x}') - (x_{50} - \bar{x})]^2}{S_{xx}}\right). \quad (134)$$

**Beispiel 53:** Mit einem Standardpräparat seien die Dosen 4 und 6 mit 10% und 80% gestorbenen von je 20 Tieren, mit einem Testpräparat die Dosen 6 und 9 mit 35% und 95% von je 20 Tieren beobachtet. Die Durchrechnung nach dem Logitverfahren ist in Tabelle 55 dargestellt.

Tabelle 55. *Analyse des Wirkungsverhältnisses von Test- und Standardpräparat nach der Logitmethode.*

Standardpräparat.

| $D$ | $x$ | $n$ | $z$ | $p\%$ | $q\%$ | $p/q$ | $l=\log p/q$ | $zq$ | $zqx$ | $zqx^2$ | $zql$ | $zql^2$ | $zqxl$ |
|---|---|---|---|---|---|---|---|---|---|---|---|---|---|
| 4 | 0,602 | 20 | 2 | 10 | 90 | 0,11 | $-0,954$ | 1,80 | 1,08 | 0,652 | $-1,716$ | 1,640 | $-1,032$ |
| 6 | 0,778 | 20 | 16 | 80 | 20 | 4,00 | $+0,602$ | 3,20 | 2,49 | 1,940 | $+1,928$ | 1,153 | $+1,500$ |
| | | | | | | | | 5,00 | 3,57 | 2,592 | $+0,212$ | 2,793 | $+0,468$ |
| | | | | | | | | | | $-2,549$ | | $-0,009$ | $-0,151$ |
| | | | | | | | | | | 0,043 | | 2,784 | $+0,317$ |

Testpräparat.

| | | | | | | | | | | | | | |
|---|---|---|---|---|---|---|---|---|---|---|---|---|---|
| 6 | 0,778 | 20 | 7 | 35 | 65 | 0,54 | $-0,268$ | 4,55 | 3,54 | 2,755 | $-1,219$ | 0,327 | $-0,946$ |
| 9 | 0,954 | 20 | 19 | 95 | 5 | 19,0 | 1,279 | 0,95 | 0,91 | 0,865 | $+1,215$ | 1,554 | $+1,158$ |
| | | | | | | | | 5,50 | 4,45 | 3,620 | $-0,004$ | 1,881 | $+0,212$ |
| | | | | | | | | | | $-3,600$ | | $-0,000$ | $+0,003$ |
| | | | | | | | | | | 0,020 | | 1,881 | $+0,215$ |
| | | | | | | | | | | 0,063 | | 4,665 | $+0,532$ |

Der gemeinsame Regressionskoffizient wird

$$b = \frac{0,532}{0,063} = 8,44.$$

Daraus ergibt sich für das Standardpräparat

$$a' = \frac{+0,212 - 8,44 \cdot 3,57}{5,00} = -6,0 \quad \text{und} \quad x'_{50} = -\frac{-6,0}{8,44} = 0,71,$$

für das Testpräparat

$$a = \frac{-0,001 - 8,44 \cdot 4,45}{5,50} = -6,8 \quad \text{und} \quad x_{50} = -\frac{-6,8}{8,44} = 0,81.$$

Für die Differenz findet man

$$x'_{50} - x_{50} = -0,10 \; (= \log 0,795)$$

und

$$s^2_{(x'_{50} - x_{50})} = \frac{1}{8,44^2}\left(\frac{1}{5,3 \cdot 5,0} + \frac{1}{5,3 \cdot 5,0} + 0,00\right) = 0,0010; \quad s_{(x'_{50} - x_{50})} = 0,032.$$

Bei Rückverwandlung von den Logarithmen zu den Dosen ergibt sich der Wirkungsquotient im umgekehrten Verhältnis gleichwirksamer Dosen

$$\frac{D'_{50}}{D_{t0}} = 0{,}795.$$

Die 5%-Grenzen des Wirkungsquotienten erhält man aus den logarithmischen Grenzen $-0{,}10 \pm 0{,}064$. Die obere Grenze ist 0,92, die untere 0,68. — Eine von FINNEY[1] durchgeführte Bearbeitung des gleichen Rechenbeispiels nach dem Probitverfahren ergab fast die gleichen Werte.

**Parallel-Linienauswertung (4-Punktversuch) bei quantitativen Merkmalen.** Auch bei quantitativer Wirkungsmessung findet man oft eine lineare Abhängigkeit von den Dosenlogarithmen. Der Wirkungsvergleich zweier Stoffe, insbesondere der Vergleich mit einem Standard, kann dann durch Bestimmung zweier paralleler Geraden erfolgen, für die im einfachsten Fall nur je zwei Beobachtungspunkte (je zwei verschiedene Dosen) vorzuliegen brauchen. Die günstigste Planung für einen solchen Versuch besteht darin, die vier Versuche, die zu vergleichen sind, an denselben Tieren durchzuführen, oder, wenn das nicht möglich ist, je vier Wurfgeschwister zu wählen oder sonstwie Vierergruppen mit möglichst gut vergleichbaren Versuchsbedingungen zu bilden. Gleiche Beobachtungs-, d. h. Wiederholungszahlen sind zu empfehlen, ferner gleiche Vielfache für die Dosen.

Es seien $x_1$ und $x_2$ die Dosenlogarithmen für die Prüfsubstanz, $x'_1$ und $x'_2$ für den Standard, die Wirkungssummen für die Behandlungsarten seien $Y_1$, $Y_2$, $Y'_1$, $Y'_2$. Bei jeder Behandlungsart seien $n$ Tiere untersucht. Die Wirkungssumme der 4 Behandlungen der Tiere des 1. Wurfes sei $T_i$ und $Y$ die Gesamtsumme aller Einzelwirkungen $y_{ij}$. Die Streuungszerlegung wird nach folgendem Schema vorgenommen.

Tabelle 56. *Streuungszerlegung zur Parallel-Linien-Auswertung (4-Punktversuch).*

| Art der Streuung | Summe der Abweichungsquadrate | $f$ |
|---|---|---|
| Zwischen den Würfen | $\frac{1}{4}\sum T_i^2 - \frac{1}{4n_2} Y^2$ | $n-1$ |
| Zwischen den Behandlungen | $\frac{1}{n}(Y_1^2 + Y_2^2 + Y_1'^2 + Y_2'^2) - \frac{1}{4n} Y^2$ | 3 |
| Davon: Zwischen Prüfsubstanz und Standard | $\frac{1}{4n}(Y_1 + Y_2 - Y'_1 - Y'_2)^2$ | 1 (Vergleich 1) |
| Zwischen den Dosierungen | $\frac{1}{4n}(-Y_1 + Y_2 - Y'_1 + Y'_2)^2$ | 1 (Vergleich 2) |
| Abweichungen von der Parallelität | $\frac{1}{4n}(Y_1 - Y_2 - Y'_1 + Y'_2)^2$ | 1 (Vergleich 3) |
| Rest | Differenz | $3(n-1)$ |
| Insgesamt | $\sum y_{ij}^2 - \frac{1}{4n} Y^2$ | $4n-1$ |

Wenn bei Prüfsubstanz und Standard die zweite Dosis dasselbe Vielfache der ersten Dosis (z. B. das Doppelte) ist, vereinfachen sich die Formeln erheblich. Die gemeinsame Richtung der beiden Regressionsgeraden wird

$$b = \frac{Y_2 - Y_1 + Y'_2 - Y'_1}{2n(x_1 - x_2)}. \tag{135}$$

Der horizontal gemessene Abstand der beiden Regressionsgeraden ist

$$M = x_1 - x'_1 - \frac{Y_1 + Y_2 - Y'_1 - Y'_2}{2nb}. \tag{136}$$

Der hierzu gehörende Numerus (Antilogarithmus) ist der gesuchte Quotient gleichwirksamer Dosen.

---
[1] FINNEY, D. J.: Zit. S. 931, Nr. 7.

Tabelle 57. *Rechenbeispiel zum Wirksamkeitsvergleich (4-Punktversuch).*

| | Dosis | log Dosis | Wirkungszahlen im Wurf Nr. | | | Zusammen | Vergleich 1 | Vergleich 2 | Vergleich 3 |
|---|---|---|---|---|---|---|---|---|---|
| | | | 1 | 2 | 3 | | | | |
| Prüfsubstanz . . . | 2 | 0,301 | 12 | 14 | 7 | $33 = Y_1$ | + | − | + |
| | 4 | 0,602 | 20 | 17 | 11 | $48 = Y_2$ | + | + | − |
| Standard . . . . . | 1 | 0 | 20 | 24 | 17 | $61 = Y'_1$ | − | − | − |
| | 2 | 0,301 | 28 | 31 | 22 | $81 = Y'_2$ | − | + | + |
| Zusammen | | | 80 | 86 | 57 | $223 = Y$ | | | |

Tabelle 58. *Streuungszerlegung zu Tabelle 57.*

| Art der Streuung | SAQ | f | MAQ | F | $F_{0,1\%}$ |
|---|---|---|---|---|---|
| Zwischen den Würfen . . . . . . . . . . . . | 117,2 | 2 | 58,6 | 20 | 27 |
| Zwischen den Behandlungen . . . . . . . . . | 414,2 | 3 | 138,1 | 48 | 24 |
| Davon: Zwischen Prüfsubstanz und Standard . | 310,1 | 1 | 310,1 | 107 | 36 |
| Zwischen den Dosierungen . . . . . . | 102,1 | 1 | 102,1 | 35 | 36 |
| Abweichungen von der Parallelität . . | 2,1 | 1 | 2,1 | | |
| Rest . . . . . . . . . . . . . . . . . . . . | 17,6 | 6 | 2,9 | | |
| Insgesamt | 548,9 | 11 | | | |

Das Fehlerquadrat von $M$ zur Berechnung der Vertrauensgrenzen ist in grober Näherung

$$s^2_{(M)} = \frac{s^2}{n b^2} \left[ 1 + \frac{(Y_1 + Y_2 - Y'_1 - Y'_2)^2}{(Y_2 - Y_1 + Y'_2 - Y'_1)^2} \right]. \quad (137)$$

Diese Formel ist nur dann zuverlässig, wenn

$$g = \frac{4 n \cdot s^2 \cdot t^2}{(Y_2 - Y_1 + Y'_2 - Y'_1)^2} < 0,1 \quad (138)$$

ist, wobei $t$ aus der $t^2$-Verteilung mit $3(n-1)$ Freiheitsgraden zu entnehmen ist und $s^2$ die Reststreuung bedeutet.

**Beispiel 54:** 3 Würfe mit je 4 Tieren seien zur Wirksamkeitsbestimmung einer Prüfsubstanz gegenüber einem Standard verwendet (Tabelle 57 und Abb. 26).

Der Richtungskoeffizient $b$ hat den Wert

$$b = \frac{35}{6 \cdot 0,301} = 19,4,$$

der horizontale Abstand $M$ ist

$$M = 0,301 + \frac{61}{6 \cdot 19,4} = 0,825,$$

wozu der Numerus 6,7 gehört. Die gleiche Wirkung wie von Dosis 1 der Standards wird also von der Dosis 6,7 des Prüfstoffes erreicht; der Standard ist also 6,7mal wirksamer als der Prüfstoff.

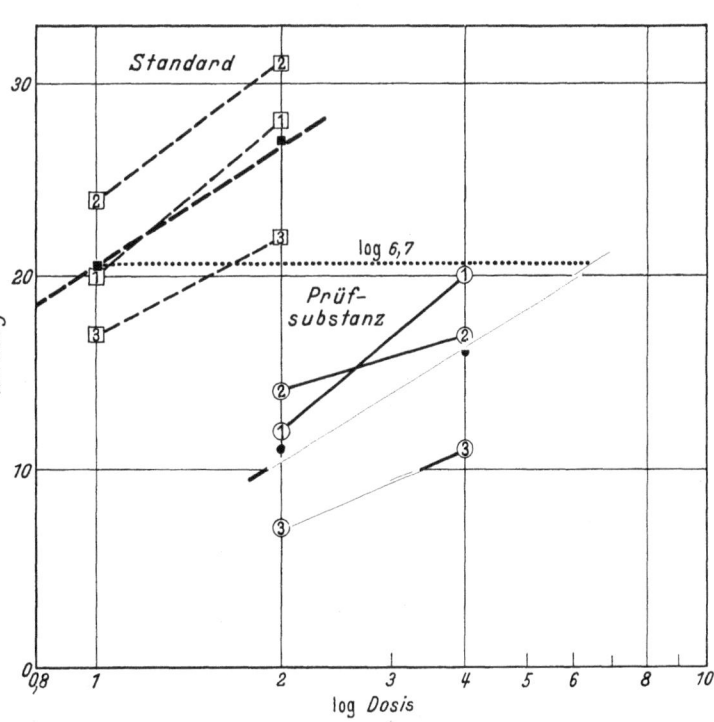

Abb. 26. 4-Punktvergleich einer Prüfsubstanz mit einem Standard. (Quantitative Wirkungen.)

Die Vertrauensgrenzen zu $M$ findet man aus

$$s^2_{(M)} = \frac{2,9}{3 \cdot 19,4^2} \cdot \left[1 + \frac{61^2}{35^2}\right] = 0,0103; \quad s_{(M)} = 0,101.$$

Da die Versuchsstreuung $s^2$ mit 6 Freiheitsgraden bestimmt wurde, ist nach der $t$-Verteilung für die 5%-Grenze das 2,45fache von $s_M$ zur Abgrenzung zu verwenden. $M$ liegt also etwa zwischen 0,578 und 1,072, der Wirkungsquotient zwischen 3,8 und 11,8.

Die Verwendung der Formel (137) ist hier ungenau, da das $g$-Kriterium $g = \dfrac{2,9 \cdot 2,45^2}{102,1} = 0,17$ ergibt, was über der zugelassenen Grenze von 0,1 liegt. Genauere Rechnungen vgl. FINNEY und BLISS.

## E. Versuchsplanung.
### 1. Prinzipien der Versuchsplanung.

Das Ziel der Planung besteht darin, für eine gegebene Problemstellung ein System von Beobachtungen bzw. Versuchen so aufzubauen, daß mit dem geringsten Aufwand der höchste Grad der Ergiebigkeit und Verallgemeinerungsfähigkeit der Ergebnisse erreicht wird. Die Planung muß auf dem *vollständigen System aller Vergleiche* beruhen, die zwischen den verschiedenen Materialteilen bei der späteren Auswertung angestellt werden sollen, sie muß also unmittelbar auf das statistische Auswertungsschema zugeschnitten werden.

Die statistische Auswertung wird oft nur als sekundärer Akt angesehen, der mit möglichst wenig Mühe erledigt werden soll; die Versuchsanordnung, die Vergleiche und Wiederholungen werden so durchgeführt, wie sie dem Experimentator gelegen kommen, ohne daß er eine vollständig durchgearbeitete Systematik der Vergleiche aufgestellt hätte. Dabei ergibt sich dann oft die bedauerliche Tatsache, daß bestimmte Vergleiche, Kontrollen, Wiederholungen, die für die Schlußfolgerungen grundlegend sind, fehlen oder unvollständig sind, so daß der ganze Versuchsaufwand mehr oder weniger vergebens war. Mit kostspieligen und umfangreichen Versuchsserien wird dann nur soviel erreicht, wie bei richtiger Planung schon mit einem kleinen Teil von Kosten und Arbeit hätte erreicht werden können.

Eine wichtige Planungsaufgabe besteht in der gegenseitigen Abstimmung der versuchstechnischen Möglichkeiten, insbesondere der Wiederholbarkeit an demselben Individuum und der Herstellung maximaler Vergleichbarkeit in Parallelversuchen überhaupt, mit den Auswertungsprinzipien. Die Auswertungsprinzipien bestehen — summarisch ausgedrückt — darin, daß die Einflüsse aller wesentlichen Versuchs- und Variationsfaktoren, die das Ergebnis beeinflussen können, durch eine ausgewogene Vergleichssystematik erfaßt und damit isoliert und ausgeschaltet werden.

**Vergleichbarkeit und Verallgemeinerung.** Unterschiede in einem Merkmal zwischen zwei Gruppen lassen — auch wenn sie zahlenkritisch sichergestellt sind — nur dann einen Schluß zu, wenn die Gruppen „vergleichbar" sind, d. h. wenn sie in allen anderen wesentlichen Merkmalen übereinstimmen. Der festgestellte Unterschied ist aber zunächst nur auf die gerade vorliegende Kombination „aller anderen wesentlichen Merkmale" beschränkt und wird erst in dem Maße verallgemeinerungsfähig, in dem diese anderen Merkmale in anderen Materialteilen wechseln. Verallgemeinerung wurde in Abschnitt A 2a, S. 939 als Problem des Variationsspielraums aufgefaßt und als Aufstellung derjenigen Kollektive definiert, aus denen die vorliegende Reihe eine Zufallsstichprobe sein kann. Während Vergleichbarkeit Homogenität erfordert, beruht Verallgemeinerung auf Heterogenität. *Vergleichbarkeit und Verallgemeinerungsfähigkeit sind* in diesem Sinne *Gegensätze*. (Dieser Gegensatz ist für die Statistik ähnlich fundamental wie der auf S. 943 erwähnte Gegensatz zwischen der Genauigkeit und der Sicherheit einer statistischen Aussage.) Vergleiche erfordern Wiederholungskollektive, Verallgemeinerungen Variationskollektive. Erst in einem ineinandergreifenden System von Gleichem und Ungleichem, von Homogenität und Heterogenität, von Ordnung und Zufall wird eine Planungsaufgabe gelöst.

**Aufstellung der Versuchs- und Variationsfaktoren.** Für jedes Versuchsprojekt beachte man die in der folgenden Übersicht zusammengestellten Gesichtspunkte. In einer Ver-

Tabelle 59. *Variationsfaktoren und ihre Berücksichtigung bei der Versuchsplanung.*

| Variationsfaktoren | Planungserfordernis für | |
|---|---|---|
| | Vergleichbarkeit | Verallgemeinerungsfähigkeit |
| 1. *Beobachtungs- und Messungsverfahren:* Bestimmungs- und Meßtechnik, Registrierung, Messungsgenauigkeit | Wiederholung mit gleicher Methode am gleichen Objekt (gleiche Blutprobe usw.) (Messungs-Wiederholungskollektiv) | Variierte Wiederholung mit anderer Methode am gleichen Objekt (Messungs-Variationskollektiv) |
| 2. *Individuelle Besonderheiten der Versuchsobjekte:* Geschlecht, Alter, Konstitution, Erbanlagen, Tierart, -rasse, „Individualität" | Wiederholung möglichst am gleichen Tier, Rechts-Links-Wiederholungen, Wiederlungen an Wurfgeschwistern, Tieren mit gleichem Geschlecht, Gewicht (Individuen-Wiederholungskollektiv) | Variierte Wiederholung an anderen Tieren, in anderem Alter, aus anderer Züchtung (Individuen-Variationskollektiv) |
| 3. *Zeitlich-örtlich-persönliche Besonderheiten der Versuche:* Klima, Witterung, Jahreszeit, Tageszeit, Fütterung, Tierhaltung, Versuchsort, persönliche Disposition des Experimentators | Wiederholung unter möglichst gleichen Bedingungen (Bedingungen-Wiederholungskollektiv) | Variierte Wiederholung unter anderen Bedingungen (Bedingungen-Variationskollektiv [Literaturkollektiv]) |
| 4. *Versuchstechnik:* Apparative Ausstattung, Detaildurchführung von Operationen, Verabreichungsart von wirksamen Substanzen und Kontrollsubstanzen, Nachwirkung von Behandlungen, Wahl und Definition der Beobachtungsgrößen, Hilfs- und Kontrollgrößen | Wiederholung mit gleicher Versuchstechnik, mit denselben Beobachtungsgrößen (versuchstechnisches Wiederholungskollektiv) | Variierte Wiederholung mit anderer Versuchstechnik, mit anderen Beobachtungsgrößen (versuchstechnisches Variationskollektiv) |

suchsreihe wird man stets nur einige dieser Faktoren herausgreifen und in die Versuchsplanung einbauen können. Dementsprechend ist die dann eingeschränkte Verallgemeinerungsfähigkeit zu beachten. Der letzte Schritt der Verallgemeinerung wird erst durch die Bestätigung der Befunde unter anderen zeitlichen, örtlichen und persönlichen Bedingungen, mit anderen Tieren, in anderen Instituten, mit anderer Versuchstechnik usw., also durch andere Veröffentlichungen erreicht, was kurz durch die Bezeichnung „Literaturkollektiv" angedeutet sein soll.

Aus der Fragestellung ergeben sich die eigentlichen Versuchsfaktoren, deren Gegenüberstellung das eigentliche Ziel der Versuche ist. Sie werden kurz als Behandlungen oder Verfahren (treatments) bezeichnet. Häufig kommt es besonders auf die Kombination von Vor- und Nachbehandlungen, auf die Kombination von Nahrungselementen usw. an („faktorielle" Versuche). Die Anzahl und die Kombinationen der Behandlungsarten sind entscheidende Planungselemente.

Für die Aufstellung des Versuchsplans ist eine Vorstellung darüber wichtig, wie groß die Streuungsbreite der Ergebnisse erwartet wird und wie groß die Streuungskomponenten der einzelnen Faktoren sein könnten. Um diese Vorstellung zu gewinnen, wird es oft zweckmäßig sein, *Vorversuche* mit wenigen Wiederholungen durchzuführen, um die Streuungsverhältnisse richtig abschätzen und an diesen Beobachtungen gleichzeitig das Auswertungsschema durcharbeiten zu können. Eine erste Übersicht über die notwendigen Beobachtungszahlen liefert Formel (68).

**Prinzip der Zufallszuteilung.** Eine in ihrer umfassenden Bedeutung erst von FISHER erkannte Grundvoraussetzung einer beweiskräftigen statistischen Auswertung ist die Zufallszuteilung (randomization) der Versuchselemente. Der ganze Versuch ist wertlos und die Deutung der Ergebnisse geht fehl, wenn z. B. im Versuch eine — unbekannte — Geschlechtsabhängigkeit eine Rolle spielt und bei der einen Behandlungsart gerade überwiegend männliche und bei der anderen überwiegend weibliche Tiere verwendet wurden.

Bei Zufallszuteilung der Tiere zu den Behandlungsarten können die Anteile nur im Rahmen der Zufallsgrenzen schwanken und gleichen sich bei Wiederholungen aus. Dieses Prinzip ist zum Ausgleich von Fehlerquellen, die man von vornherein kennt, nicht wirksam genug; hier muß der bewußte Ausgleich schon bei der Planung gefordert werden. Im Beispiel müssen bei beiden Behandlungsarten gleichviel männliche und weibliche Tiere vorhanden sein, die Zuteilung der einzelnen Individuen geschieht nach Zufall, um einseitige Häufungen unbekannter Faktoren zu vermeiden. Man scheue sich dabei nicht, eine wirklich schematisierte Zufallsauswahl vorzunehmen, etwa durch Ausschreiben, Mischen und Ziehen von Loszetteln, durch Aufschlagen von Zufallszahlen, die in vielen statistischen Lehrbüchern enthalten sind[1].

**Drei Grundsätze der Versuchsplanung.** Die drei wichtigsten Grundsätze der Versuchsplanung sind:
1. Wiederholung.
2. Zufällige Zuteilung.
3. Blockbildung.

Dieses dritte Prinzip der *Blockbildung* ist der Hauptpunkt der praktischen Planung, von dem die größtmögliche Ausnutzung der Versuche abhängt. Als „Block" wird eine Gruppe von Versuchen bezeichnet, die unter besonders gleichartigen Versuchsbedingungen durchgeführt werden können und damit in sich besonders gut vergleichbar sind, z. B. die Versuche an demselben Versuchstier oder an Wurfgeschwistern oder die Beobachtungen an demselben Tag oder die an den in demselben Käfig gehaltenen Tieren oder die mit derselben Stammlösung durchgeführten Versuche, die Parzellen eines Feldes in einem landwirtschaftlichen Versuch oder andere versuchstechnische Gruppierungen. Man vereinigt diejenigen Versuche zu einem Block, die in einem besonders wichtigen Variationsfaktor übereinstimmen. Von Block zu Block, also „zwischen" den Blöcken bestehen erhebliche Unterschiede in gerade diesem Faktor, meist jedoch ohne daß man diese Unterschiede quantitativ erfassen könnte. Es ist sehr zweckmäßig, alle Blöcke von gleicher Größe zu haben.

## 2. Die Hauptschemata der Versuchsplanung[2].

Die Planung hat die real gegebene Zahl der zu vergleichenden Behandlungsarten (einschließlich verschiedener Abstufungen), die Wiederholungsmöglichkeiten und die Zahl der auszuschaltenden Variationsfaktoren zu berücksichtigen. Als Hauptgruppierung sind nichtfaktorielle Pläne und faktorielle Pläne zu unterscheiden; bei letzteren handelt es sich um die Kombination mehrerer Behandlungsarten, die je in mehreren Stufen durchgeführt werden (s. unten).

**Nichtfaktorielle Versuchspläne.** Es werden $v$ „Behandlungsverfahren" miteinander verglichen; Kombinationen zwischen ihnen treten nicht auf. Als „Verfahren" werden jetzt alle Gruppenbildungen bezeichnet, zwischen denen Unterschiede nachgewiesen werden sollen; Leerversuche als Kontrollen gehören auch dazu. Die Zahl der Versuche m Block ist $k$, die Zahl der Blöcke $b$.

*Ohne Ausschaltung von Variationsfaktoren;* keine Blockbildung.

**Beispiel 55:** Unterschied der durchschnittlichen täglichen Gewichtszunahme junger Ratten bei verschiedenen Diätformen. — Unterschied des Serumkupfergehaltes bei Schwangeren und Nichtschwangeren. — Zahl der Fälle beliebig. Sicherung der Unterschiede, zwischen den (verschiedenen) Frauen der einzelnen Schwangerschaftsmonate nach C 6b, S. 979.

*Mit Ausschaltung eines Variationsfaktors.* Blockbildung entsprechend diesem Faktor. *Vollständige Blöcke* liegen vor, wenn in jedem Block jedes Verfahren einmal vorkommt.

**Beispiel 56:** Unterschied der durchschnittlichen täglichen Gewichtszunahme junger Ratten bei verschiedener Diät. Auszuschaltender Variationsfaktor: Unterschiede zwischen verschiedenen Würfen. Blöcke: die einzelnen Würfe. Die Auswertung gestaltet sich am günstigsten, wenn die von jedem

---
[1] Ausführlich bei LINDER: Zit. 15, S. 931.
[2] Die wichtigsten Lehrbücher der Versuchsplanung sind auf S. 931 angegeben.

Wurf in den Versuch genommene Zahl $k$ von Wurfgeschwistern gleich der Zahl $v$ der zu vergleichenden Verfahren oder gleich $2v$, $3v$ ... ist. Die Zuteilung der Einzeltiere zu den Verfahren muß nach Zufall erfolgen, damit nicht z. B. die Tiere mit dem größten Gewicht überwiegend für Verfahren 1 genommen werden.

Die Auswertung erfolgt nach dem Beobachtungsschema und der Streuungszerlegung nach Abschnitt C 6c, S. 986. Es sei für $v = 4$, $k = 4$ und $b = 12$ angedeutet:

|  | Behandlung | | | |
|---|---|---|---|---|
|  | 1 | 2 | 3 | 4 |
| Wurf  1 | . | . | . | . |
| (Block) 2 | . | . | . | . |
| . |  |  |  |  |
| 12 | . | . | . | . |

| Art der Streuung | Zahl der Freiheitsgrade $f$ | |
|---|---|---|
| Zwischen den Behandlungen ... | $v - 1$ | 3 |
| Zwischen den Würfen ...... | $b - 1$ | 11 |
| Rest (Versuchsstreuung) ..... | $(v - 1)(b - 1)$ | 33 |
| Insgesamt | $vb - 1$ | 47 |

Ist $k = 8$, so kann in jedem Wurf jede Behandlung zweimal durchgeführt werden. Es ergibt sich nach Abschnitt C 6d, S. 990:

|  | Behandlung | | | | | | | |
|---|---|---|---|---|---|---|---|---|
|  | 1 | 2 | 3 | 4 | 1 | 2 | 3 | 4 |
| Wurf  1 | . | . | . | . | . | . | . | . |
| (Block) 2 | . | . | . | . | . | . | . | . |
| . |  |  |  |  |  |  |  |  |
| 12 | . | . | . | . | . | . | . | . |

| Art der Streuung | $f$ |
|---|---|
| Zwischen den Behandlungen ... | 3 |
| Zwischen den Würfen ...... | 11 |
| Wechselwirkung (BW) ....... | 33 |
| Rest (Versuchsstreuung) zwischen den Wiederholungen ...... | 48 |
| Insgesamt | 95 |

Hier kann eine etwa vorhandene unterschiedliche Reaktion der einzelnen Würfe auf die Behandlungen an der Wechselwirkung (BW) geprüft werden. Ist sie vorhanden, so verbessert ihre Ausschaltung die restliche Versuchsstreuung.

*Beispiel 57:* Veränderung des Serumkupfergehaltes in der Schwangerschaft. Auszuschaltender Variationsfaktor: individuelle Unterschiede zwischen den Frauen. Blöcke: die einzelnen Schwangeren (Anzahl $b$). $v$: Zahl der Untersuchungen jeder Frau (z. B. ab 4. Monat 4wöchentlich bis nach der Entbindung). $n = b \cdot v =$ Gesamtzahl der Untersuchungen. Auswertung nach Abschnitt C 6c, S. 986. Signifikanzprüfung der Streuung zwischen den Monaten gegenüber der Reststreuung nach Ausschaltung der Unterschiede zwischen den Blöcken (Schwangeren).

*Mit Ausschaltung zweier Variationsfaktoren (lateinische Quadrate).* Die Blockbildung erfordert jetzt gewissermaßen zwei Dimensionen, indem die Anordnung in den Zeilen den einen und die in den Spalten den anderen Variationsfaktor berücksichtigt. Die Anordnung der Verfahren erfolgt so, daß jedes Verfahren in jeder Zeile und in jeder Spalte genau einmal vorkommt. Bezeichnet man die Verfahren mit Buchstaben (von den lateinischen Buchstaben des Schemas leitet sich der Name her), so ist eine der möglichen Lösungen für $v = 4$.

In diesem Schema ist noch die weitere Nebenbedingung erfüllt, daß niemals 2 Buchstaben in derselben Reihenfolge hintereinander stehen, was bei Behandlung mit Nachwirkungen erforderlich sein kann. Die Auswertung von lateinischen Quadraten erfolgt mittels der Streuungszerlegung für den Fall einer 3fachen Gliederung, nur fehlen infolge der Eigenart der Anordnung die Wechselwirkungen.

|  |  | Erster Variationsfaktor | | | |
|---|---|---|---|---|---|
|  |  | 1 | 2 | 3 | 4 |
| Zweiter Variationsfaktor | 1 | $a$ | $b$ | $c$ | $d$ |
|  | 2 | $c$ | $a$ | $d$ | $b$ |
|  | 3 | $b$ | $d$ | $a$ | $c$ |
|  | 4 | $d$ | $c$ | $b$ | $a$ |

Die Komponenten der Streuung ergeben sich durch Quadrieren aus den 4 Spaltensummen, den 4 Zeilensummen und den 4 Behandlungssummen. Die Zahl der Freiheitsgrade ist

| | | im Beispiel |
|---|---|---|
| Zwischen den Beobachtungen............... | $f = k - 1$ | 3 |
| Zwischen den Spalten (erster Variationsfaktor) ....... | $k - 1$ | 3 |
| Zwischen den Zeilen (zweiter Variationsfaktor) ....... | $k - 1$ | 3 |
| Rest (Versuchsstreuung) ................ | $k^2 - 3k + 2$ | 6 |
| Insgesamt | $k^2 - 1$ | 15 |

Kleine Quadrate bis zu $k = v = 4$ sind nicht zweckmäßig, weil zur Ermittlung der Versuchsstreuung nur wenige Freiheitsgrade zur Verfügung stehen, nämlich nur 2 bei $v = 3$ und 6 bei $v = 4$; erst bei $v = 5$ sind 12 und bei $v = 6$ sogar 20 Freiheitsgrade für die Reststreuung vorhanden. Die Schemata findet man bequem in den FISHER-YATES-Tafeln[1]. Die Zufallszuteilung wird verwirklicht, indem man von den dort angegebenen Tafeln eine nach Zufall auswählt und die Buchstaben nach Zufall den Behandlungen zuteilt. Man kann auch nach Zufall die Spalten untereinander und die Zeilen untereinander auswechseln.

Wenn die Zahl der Zeilen das Mehrfache der Zahl der Behandlungen ist, kann man mehrere lateinische Quadrate aneinanderreihen und damit weitere Streuungskomponenten zwischen den Quadraten, sowie Wechselwirkungen gewinnen.

*Beispiel 58:* Unterschied der durchschnittlichen täglichen Gewichtszunahme junger Ratten bei verschiedener Diät. Auszuschaltende Variationsfaktoren: 1. Gewicht bei Versuchsbeginn. 2. Unterschiede zwischen verschiedenen Würfen. Es sei $v = 4$, aus jedem Wurf werden 4 Tiere verwendet und in der Reihenfolge ihrer Gewichte angeordnet (1, 2, 3, 4 jeder Zeile). Die Zuteilung der Würfe als 1., 2., ... Zeile wird ausgelost. — Bei 12 Würfen sind 3 lateinische Quadrate aufzustellen, die in der Buchstabenanordnung nicht übereinzustimmen brauchen. Die ausführliche Streuungszerlegung berücksichtigt folgende Freiheitsgrade:

|  | Bei 3 Quadraten | Bei 2 Quadraten |
|---|---|---|
| Zwischen den Behandlungen | $f = 3$ | 3 |
| Zwischen den Würfen innerhalb der Quadrate | 3 | 3 |
| Zwischen den Gewichten innerhalb der Quadrate | 3 | 3 |
| Zwischen den Quadraten | 2 | 1 |
| Wechselwirkung Quadrate—Gewichte | 6 | 3 |
| Wechselwirkung Quadrate—Behandlungen | 6 (36) | 3 (21) |
| Wechselwirkung Quadrate—Würfe | 6 (24) | 3 (15) |
| Rest | 18 | 12 |
| Insgesamt | 47 | 31 |

Für die Versuchsstreuung ergeben sich zunächst 18 Freiheitsgrade, bei Zusammenfassung mit der Quadrat-Wurf-Wechselwirkung 24 und, sofern die Zusammenfassung mit allen Wechselwirkungen zulässig ist, 36.

Sind in jedem Wurf 8 Tiere verwendbar, so kann man z.B. jedem Quadrat ein zweites gegenüberstellen, in dem die Buchstaben die umgekehrte Reihenfolge haben; im ersten Quadrat werden die Tiere 1, 3, 6, 8 nach der Nummernfolge der Gewichte eingetragen, im zweiten die Tiere 2, 4, 5, 7. Die Auswertung von 4 Würfen mit je 8 Tieren (in 2 Quadraten) würde der letzten Spalte der obigen Aufstellung über die Freiheitsgrade entsprechen.

*Unvollständige Blöcke.* Wenn nicht alle Verfahren in jedem Block auftreten können, nennt man die Blöcke unvollständig. Dieser Fall ist in der experimentellen Praxis häufig verwirklicht, wenn eine natürliche Blockbildung nur wenige Elemente umfaßt, z. B. bei Rechts-Links-Vergleichen, Vergleichen an Zwillingspaaren, bei technischen, zeitlichen Beschränkungen der Durchführbarkeit von Parallelversuchen am gleichen Tag usw.

Das Ergebnis einer Behandlung kann zunächst nur mit denjenigen anderer Behandlungen verglichen werden, die im gleichen Block sind. Bei der Planung muß angestrebt werden, jede Behandlung mit jeder anderen gleich oft in einem Block zusammentreffen zu lassen. Da aber eine Behandlungsart nicht in jedem Block vorkommt, könnte es sein, daß sie überwiegend gerade in solchen Blöcken aufgetreten ist, die besonders hohe oder besonders niedrige Werte — aus Gründen, die im Block, nicht in den angewandten Verfahren liegen — ergaben. Zum Vergleich mit den anderen Behandlungsergebnissen ist daher hier grundsätzlich eine *Bereinigung* der Ergebniswerte notwendig, nach deren Durchführung erst die eigentlichen Vergleiche erfolgen können.

---

[1] FISHER, R. A., and F. YATES: Statistical Tables for Biological, Agricultural and Medical Research. 3. Aufl. Edingburgh 1948.

*Ausgewogene unvollständige Blöcke (balanced incomplete blocks).*

**Beispiel 59:** Blöcke mit $k=2$ Elementen, gebildet aus $v=4$ Behandlungsarten:

$$a\,b, \quad a\,c, \quad a\,d, \quad b\,c, \quad b\,d, \quad c\,d.$$

Die sechs kombinatorisch bestehenden Möglichkeiten erfüllen die Forderungen; jede Behandlung kommt 3mal vor und ist stets mit einer anderen kombiniert; jedes Vergleichspaar tritt nur einmal auf. — Auch bei größeren Zahlen ist das kombinatorische System aller Möglichkeiten stets ausgewogen; d. h. keine Behandlungsart ist bevorzugt; auch alle Kombinationen kommen gleich oft vor. Allerdings sind die erforderlichen Versuchszahlen sehr groß.

Bei günstigen Zahlenverhältnissen kann man jedoch zu einer Beschränkung der Versuchszahlen kommen. Es seien z. B. Blöcke zu $k=4$ Elementen aus $v=7$ Behandlungen betrachtet. Die Zahl der Kombinationen ist $\binom{7}{4}=35$. Bei 35 Blöcken zu 4 wären die Anforderungen eines vollständigen Ausgewogenseins erfüllt. Beschränkt man sich jedoch auf die Forderung, daß alle *Paare* von Behandlungsarten gleichmäßig verteilt sein sollen, so läßt sich dies bereits an 7 Blöcken durchführen:

$$a\,b\,c\,d - a\,b\,e\,f - a\,c\,e\,g - a\,d\,f\,g - b\,c\,f\,g - b\,d\,e\,g - c\,d\,e\,f.$$

(Die Reihenfolge im Block ist hier nur alphabetisch.) Jede Behandlungsart kommt 4mal vor, jedes Vergleichspaar 2mal. Aber schon die 3-Kombinationen sind nicht mehr vollständig; so kommt z. B. $a\,b\,g$ gar nicht vor. Übersichten über ausgewogene Schemata von unvollständigen Blöcken bei COCHRAN und COX[1].

Die Behandlungsart $a$ kommt in den letzten Blöcken nicht mehr vor. Wenn die Blöcke eine abgestufte Folge systematischer Unterschiede aufweisen, z. B. eine Zeitreihe bilden würden (was aber bei Zufallszuteilung nicht sein soll), so würde $a$ zu hohe oder zu niedrige Werte haben. Auch bei Zufallszuteilung können Unterschiede bestehen, so daß in jedem Fall eine Bereinigung erforderlich ist.

*Bereinigte Mittelwerte für die Behandlungsarten.* Es sei $v$ die Anzahl der Behandlungsverfahren, $k$ die Versuchszahl in jedem Block, $r$ die Zahl der Wiederholungen für jedes Verfahren, ferner sei $A$ die Ergebnissumme der Versuche mit dem Verfahren $a$, ihr (unkorrigierter) Mittelwert $\bar{a}=A:r$, $B_a$ die Ergebnissumme aller Versuche in den Blöcken, in denen $a$ vorkommt und $G$ die Gesamtsumme aus allen Versuchen überhaupt. Der bereinigte Mittelwert $\bar{a}'$ der Versuche mit dem Verfahren $a$ ist näherungsweise

$$\bar{a}' = \frac{G}{v\cdot r} + \frac{v-1}{v\cdot r\,(k-1)} \cdot (kA - B_a). \tag{139}$$

Bei der Streuungszerlegung ist die Summe der Abweichungsquadrate zwischen den bereinigten Behandlungsergebnissen

$$SAQ_{(B)} = \frac{v-1}{v\cdot r\cdot k(k-1)}\,(Q_a^2 + Q_b^2 + \cdots), \tag{140}$$

wobei

$$Q_a = k\,A - B_a,$$

die zur Korrektur beim Verfahren $a$ benutzte Differenz ist, $Q_b$ die entsprechende Differenz beim Verfahren $b$ und diese Differenzenquadrate für alle Behandlungsarten zu summieren sind.

*Ausgewogene Gitterpläne (balanced lattice design).* Eine besonders günstige Art der unvollständigen Blöcke liegt vor, wenn $v=k^2$, also die Zahl der Verfahren gleich dem Quadrat des Blockumfanges ist. Dann werden je $k$ Blöcke als quadratisches Schema zusammengefaßt, in dem alle Verfahren einmal vorkommen. Die Gesamtzahl $b$ der Blöcke muß ein Vielfaches von $k$ sein. Diese Anordnung ist dann zweckmäßig, wenn außer den Unterschieden zwischen den Blöcken (Zeilen) noch Unterschiede zwischen den Quadraten erfaßt werden können.

$$\begin{array}{cccc}
a\,b\,c & a\,d\,g & a\,f\,h & a\,i\,e \\
d\,e\,f & b\,e\,h & i\,b\,d & f\,b\,g \\
g\,h\,i & c\,f\,i & e\,g\,c & h\,d\,c
\end{array}$$

---
[1] Zit. S. 931.

Jedes Verfahren kommt in jedem Quadrat einmal vor und hat alle anderen Verfahren als Partner in derselben Zeile, aber jede nur einmal.

Die Bereinigung erfolgt näherungsweise nach (139), wobei $v = k^2$ und $r = k+1$ ist. Dadurch wird

$$\bar{a}' = \frac{G}{k^2(k+1)} + \frac{kA - B_a}{k^2}. \tag{141}$$

*Beispiel 60:* Unterschied der täglichen durchschnittlichen Gewichtszunahme von Versuchstieren bei 9 verschiedenen Diätformen in Blöcken zu je 3 Wurfgeschwistern. Der Gitterplan mit $k = 3$ und den 4 ausgewogenen Quadraten habe folgende Zahlenwerte ergeben:

```
4 9 6    2 4 4    5 6 7    2 7 3
3 3 5    8 2 7    8 8 2    4 6 1
2 8 9    7 4 5    5 3 6    6 1 3
```

Die Gesamtsumme ist $G = 175$, der Mittelwert $175:36 = 4{,}86$.

Man stellt für jede Behandlungsart die Werte und die zugehörigen Zeilensummen fest. Für Verfahren $a$ ergibt sich $A = 4 + 2 + 5 + 2 = 13$; die zugehörigen Zeilensummen sind $B_a = 19 + 10 + 18 + 12 = 59$. Daraus ergibt sich $Q_a = 3A - B_a = 39 - 59 = -20$. Die Zusammenstellung für alle Verfahren ist:

Tabelle 60. *Rechenverfahren für die Mittelwertsbereinigung bei ausgewogenem Gitterplan.*

| Verfahren | Summe | Unbereinigter Mittelwert | Zugehörige Zeilensumme | $Q$ | $\frac{Q}{9}$ | $\bar{a}' = 4{,}86 + \frac{Q}{9}$ | $Q^2$ |
|---|---|---|---|---|---|---|---|
| $a$ | 13 | 3,25 | 59 | $-20$ | $-2{,}22$ | 2,64 | 400 |
| $b$ | 31 | 7,75 | 65 | $+28$ | $+3{,}11$ | 7,97 | 784 |
| $c$ | 22 | 5,50 | 59 | $+7$ | $+0{,}78$ | 5,64 | 49 |
| $d$ | 10 | 2,50 | 49 | $-19$ | $-2{,}11$ | 2,75 | 361 |
| $e$ | 13 | 3,25 | 54 | $-15$ | $-1{,}67$ | 3,19 | 225 |
| $f$ | 19 | 4,75 | 56 | $+1$ | $+0{,}11$ | 4,79 | 1 |
| $g$ | 10 | 2,50 | 54 | $-24$ | $-2{,}67$ | 2,19 | 576 |
| $h$ | 28 | 7,00 | 64 | $+20$ | $+2{,}22$ | 7,08 | 400 |
| $i$ | 29 | 7,25 | 65 | $+22$ | $+2{,}44$ | 7,30 | 484 |
| Zusammen | 175 | 43,75 | 525 | | | 43,73 | 3280 |

Die Bereinigung hat z. B. für Verfahren $a$ eine Herabsetzung der Ergebnisse erbracht. Für die Streuungszerlegung ist die SAQ zwischen den Verfahren nach (140): $3280:27 = 121{,}5$. Die Berechnung der anderen Streuungskomponenten erfolgt in üblicher Weise und führt zum Zerlegungsschema in Tabelle 61.

Tabelle 61. *Streuungszerlegung bei ausgewogenem Gitterplan.*

| Art der Streuung | Summe der Abweichungsquadrate | $f$ | Mittelwert der Abweichungsquadrate | $F$ | $F_{1\%}$ |
|---|---|---|---|---|---|
| Zwischen den Zeilen (Blöcken) | 48,3 | 11 | 4,4 | 3,4 | 3,6 |
| Zwischen den Behandlungen (bereinigt) | 121,5 | 8 | 15,2 | 11,2 | 3,9 |
| Rest (Versuchsstreuung) | 20,5 | 16 | 1,3 | | |
| Insgesamt | 190,3 | 35 | | | |

Die hier erhaltene Reststreuung ermöglicht Einzelvergleiche zwischen den Behandlungsarten.

Die als schematisches Beispiel gegebene Auswertung berücksichtigt nur Vergleiche innerhalb der Blöcke, während die Vergleiche zwischen den Blöcken ganz vernachlässigt sind. In einer vollständigen Auswertung sind die Vergleiche, für die eine andere Streuung gilt, einzubeziehen. Einzelheiten vgl. LINDER und die englischen Lehrbücher.

***Teilweise ausgewogene unvollständige Blöcke.*** Es ist oft nicht möglich, die zu einem ausgewogenen Versuchsplan nötigen großen Versuchszahlen zu erreichen. Man führt nur einen Teil des ganzen Planes durch. So sind z. B. die beiden ersten 3×3-Blöcke des vorigen Beispiel nur teilweise ausgewogen, weil eine Reihe von Kombinationspaaren fehlt.

$$\begin{array}{ccc} a & b & c \\ d & e & f \\ g & h & i \end{array} \qquad \begin{array}{ccc} a & d & g \\ b & e & h \\ c & f & i \end{array}$$

Sind die Zeilen die Blöcke, so trifft $a$ nur mit $b, c, d, g$ in demselben Block zusammen. Diese Vergleiche können von dem Vorteil der Blockbildung profitieren und haben höhere Genauigkeit als Vergleiche von $a$ mit $e, f, h, i$, die nur zwischen verschiedenen Blöcken vorgenommen werden können. Wenn es die Fragestellung zuläßt, daß einige Vergleiche nur mit geringerer Genauigkeit durchgeführt zu werden brauchen, dann ist ein solches Schema von großer Bedeutung und spart viel Versuchsaufwand.

Die Auswertung erfordert die Berücksichtigung mehrerer Fehlerberechnungen nebeneinander. Ein Beispiel gibt LINDER[1].

*Gitterquadrate.* In dem Gitterplan auf S. 1029 ist noch auf die Erfüllung einer zweiten Bedingung hinzuweisen, daß nämlich auch für die Spalten der Quadrate dieselben Forderungen (jedes Vergleichspaar kommt genau einmal in derselben Spalte zusammen vor) erfüllt sind wie für die Zeilen. Man kann also diesen Plan als 4 lateinische Quadrate auffassen und einen *zweiten Variationsfaktor* ausschalten.

*Beispiel 61:* Gewichtszunahme bei 9 Diätformen bei je 3 Wurfgeschwistern. Es können immer nur je 9 Tiere gleichzeitig im Versuch stehen. Je drei Tierställe stehen im gleichen Raum, die Räume sind verschieden ruhig. Die Würfe sind der erste Variationsfaktor, der Einfluß der Räume der zweite. Unterschiede zwischen den Quadraten, also den Versuchszeiten können auch geprüft werden.

*Vorzüge der unvollständigen Blöcke.* Sobald eine größere Zahl von Verfahren zu untersuchen ist, steigt die Größe und Anzahl der Blöcke bei Forderung der Vollständigkeit oft über die technisch möglichen Grenzen. Die Blockbildung soll den Sinn haben, strikt vergleichbare Versuche zusammenzufassen; je weniger Versuche man zur Zusammenfassung braucht, um so besser läßt sich die Vergleichbarkeit verwirklichen, oft bei 2 Versuchen am besten. Das Streben der Versuchsplanung geht also in allen Anwendungsgebieten dahin, nicht allzu große, dafür aber in sich möglichst homogene Blöcke zu bilden. Bei unvollständigen Blöcken teilt man die Vergleiche auf mehrere Blöcke auf und reduziert dadurch deren Größe. Kann man dann noch durch Verzicht auf Genauigkeit für bestimmte Vergleiche sich auf nur teilweise ausgewogene Versuche beschränken, erreicht man ein Optimum an versuchstechnischer Rationalisierung. Man muß dafür allerdings eine kompliziertere statistische Auswertung in Kauf nehmen.

**Faktorielle Versuchspläne; Versuche mit mehreren Faktoren.** Die zu vergleichenden Behandlungsverfahren bilden nicht eine Reihe parallel laufender Versuche, sondern die Verfahren unterscheiden sich in mehreren Faktoren, von denen jeder in verschiedenen Stufen auftritt. Die Kombination der Faktoren ist ebenso wichtig wie die Einzelprüfungen. Die statistische Auswertung richtet sich nach Abschnitt C 6c, wo die Analyse von Vorbehandlungen und Behandlungen mit Ausschaltung eines Störungsfaktors wiedergegeben war. Im Vordergrund der faktoriellen Pläne stehen die $2^n$ (und $3^n$)-Pläne, in denen $n$ Faktoren in je zwei (drei) Stufen in ihrer Wirksamkeit gleichzeitig geprüft werden. Während früher als Versuchsprinzip die Untersuchung eines Faktors nach dem anderen, wobei jeweils die anderen Faktoren konstant gehalten wurden, bevorzugt wurde, hat R. A. FISHER[2] die Überlegenheit der gleichzeitigen Untersuchung mehrerer Faktoren nachgewiesen.

Der Kernpunkt liegt erstens darin, daß bei $n$ einzelnen Versuchsserien für die Sicherung eines Unterschiedes zwischen den beiden Stufen des Faktors $A$ eine bestimmte Zahl von Versuchen notwendig ist, die wegen ihrer Übereinstimmung in allen anderen Faktoren für andere Vergleiche nicht verwendbar ist; für die anderen Faktoren $B, C \ldots$ müssen neue Serien durchgeführt werden. Bei einer „faktoriellen" Planung, bei der die Kombinationen aller $n$ Faktoren in ihren Vergleichsstufen von vornherein vorgesehen

---
[1] Zit. S. 931.
[2] FISHER, R. A.: The Design of Experiments. Edinburgh 1935.

sind, sind *alle* Werte für den Vergleich der beiden *A*-Stufen brauchbar, *gleichzeitig* liefern *alle* Werte einen Vergleich der *B*-Stufen usw. Jedem Versuch entspricht ja genau ein Gegenversuch, der sich von ihm nur in der *A*-Stufe unterscheidet, aber in allen anderen Faktoren übereinstimmt; ein anderer Versuch ist sein Gegenversuch in der *B*-Stufe usw. Damit werden in einer Versuchsreihe alle Vergleiche gleichzeitig ermöglicht. Die hierdurch zu erzielende Einsparung an Versuchszahlen ist außerordentlich groß.

Tabelle 62. *$2^4$-Versuchsplan mit je zwei Stufen der Faktoren a, b, c, d.*

|   |   | c niedrig |   | c hoch |   |
|---|---|---|---|---|---|
|   |   | d niedrig | d hoch | d niedrig | d hoch |
| a niedrig | b niedrig | 1 | d | c | cd |
|   | b hoch | b | bd | bc | bcd |
| a hoch | b niedrig | a | ad | ac | acd |
|   | b hoch | ab | abd | abc | abcd |

Die faktorielle Planung liefert darüber hinaus aber noch weitere Erkenntnisse und ist in höherem Maße verallgemeinerungsfähig als getrennte Einzelreihen. Durch die Untersuchung der Signifikanz von Wechselwirkungen bei der Streuungszerlegung wird die Unabhängigkeit der Wirkung der Faktoren in die Prüfung einbezogen und gegebenenfalls eine über die Wirkung der Einzelkomponenten hinausgehende *Kombinationswirkung* festgestellt. Außerdem ist die induktive Basis für die Verallgemeinerung der Ergebnisse verbreitert, da in bezug auf die Nebenbedingungen nicht nur Wiederholungs-, sondern auch Wechselkollektive zugänglich werden.

In Tabelle 62 ist das Schema eines $2^4$-Versuchsplans dargestellt, aus dem man die Vollständigkeit der Vergleichsmöglichkeiten erkennen kann. Ferner ist die für faktorielle Pläne übliche Bezeichnungsweise eingetragen, bei der nur die hohen Stufen eines Faktors gekennzeichnet und die niedrigen durch 1 bezeichnet oder fortgelassen werden. Der ganze Plan kann in mehreren Wiederholungen durchgeführt werden.

Bei den faktoriellen Versuchsplänen ist die Zerlegung in orthogonale Vergleiche (s. Abschnitt C 6 e) besonders ausgearbeitet worden, so daß alle einzelnen Gegenüberstellungen in der Routineauswertung gesondert auf Signifikanz geprüft werden.

Tabelle 63. *Werteschema für $2^3$-Versuchsplan mit r = 2 Wiederholungen.*

|   |   | c − | c + | Zusammen |
|---|---|---|---|---|
| a − | b − | (1): 3; 5 | (c): 8; 10 | 26 |
|   | b + | (b): 2; 3 | (bc): 7; 6 | 18 |
| a + | b − | (a): 6; 7 | (ac): 14; 19 | 46 |
|   | b + | (ab): 4; 4 | (abc): 12; 13 | 33 |
|   |   |   |   | 123 |

Es ist üblich, die Wirkungsunterschiede der zwei Stufen des Faktors *a* als Hauptwirkung *A* zu bezeichnen und darunter die Differenz der 3. und 4. Zeile des obigen Schemas von der 1. und 2. zu verstehen. Entsprechendes gilt für die anderen Hauptwirkungen *B, C, D*. Die Wechselwirkung *BC* bedeutet, daß die Wirkung *C* bei Vorhandensein der einen Stufe von *b* anders ist als bei Vorhandensein der anderen Stufe von *b*. Die Wechselwirkung *ABC* bedeutet, daß die Wechselwirkung *BC* bei Vorhandensein der ersten Stufe von *a* anders ist als bei der zweiten Stufe von *a*. Die Wechselwirkungen können auch unter Vertauschung der Buchstaben definiert werden. Jede Hauptwirkung und jede Wechselwirkung wird so durch eine lineare Gleichung aus den Beobachtungswerten definiert. Da jede Wirkung nur einen Freiheitsgrad hat, erfolgt die Zusammensetzung zur Varianzanalyse durch einfaches Quadrieren (vgl. S. 994).

Als **Beispiel 62** soll ein $2^3$-Schema durchgerechnet werden, das in 2 Wiederholungsserien aufgestellt ist. Als experimentelle Grundlage möge man an einen Ernährungsversuch denken, bei dem 3 Wirkstoffe *a, b, c* fehlen (−) oder vorhanden sind (+). Die 8 kombinatorisch entstehenden Diätformen seien je an 2 Tieren geprüft. Gemessen sei eine durchschnittliche tägliche Gewichtszunahme. Im Schema sind die beiden Werte in jedem Feld hinter der Verfahrensbezeichnung angegeben

Die Auswertung erfolgt nach dem Schema der Tabelle 64 zunächst für die Summen der beiden Wiederholungen in jedem Feld. Die Vorzeichen geben die Zusammensetzung der Prüffunktionen für die Wirkungsvergleiche an.

Die Streuungszerlegung ergibt zwischen den Verfahren als Summe der Abweichungsquadrate bei Zurückführung auf Einzelwertbasis

$$\frac{1}{2}(8^2 + 18^2 + 5^2 + \cdots + 25^2) - \frac{123^2}{16} = 318{,}9,$$

Tabelle 64. *Zerlegung in orthogonale Vergleiche der Haupt- und Wechselwirkungen.*

| Wirkung | Verfahren | | | | | | | | Prüfwert | $P^2$ | $\dfrac{P^2}{8r}$ |
|---|---|---|---|---|---|---|---|---|---|---|---|
|  | (1) | (a) | (b) | (c) | (ab) | (ac) | (bc) | (abc) |  |  |  |
|  | Beobachtungssumme | | | | | | | | $P$ | | |
|  | 8 | 13 | 5 | 18 | 8 | 33 | 13 | 25 |  |  |  |
| $A$ | − | + | − | − | + | + | − | + | +35 | 1225 | 76,6 |
| $B$ | − | − | + | − | + | − | + | + | −21 | 441 | 27,6 |
| $C$ | − | − | − | + | − | + | + | + | +55 | 3025 | 189,1 |
| $AB$ | + | − | − | + | + | − | − | + | − 5 | 25 | 1,6 |
| $AC$ | + | − | + | − | − | + | − | + | +19 | 361 | 22,6 |
| $BC$ | + | + | − | − | − | − | + | + | − 5 | 25 | 1,6 |
| $ABC$ | − | + | + | + | − | − | − | + | − 1 | 1 | 0,1 |
|  |  |  |  |  |  |  |  |  |  |  | 319,2 |

was bis auf Rundungsfehler mit der Komponenten-Quadratsumme der Tabelle übereinstimmt. Die Versuchsstreuung wird nach (84) aus den Differenzen zwischen den Wiederholungen bestimmt.

$$\frac{1}{2}[(3-5)^2 + (2-3)^2 + \cdots + (12-13)^2] = 18{,}5.$$

Daraus ergibt sich die gesamte Streuungszerlegung.

Tabelle 65. *Streuungszerlegung bei $2^3$-Versuchsplan mit 2 Wiederholungen.*

| Art der Streuung | Summe der Abweichungsquadrate | $f$ | Mittelwert der Abweichungsquadrate | F |
|---|---|---|---|---|
| Hauptwirkung $A$ | 76,6 | 1 | 76,6 | 33,3 |
| Hauptwirkung $B$ | 27,6 | 1 | 27,6 | 12,0 |
| Hauptwirkung $C$ | 189,1 | 1 | 189,1 | 82,2 |
| Wechselwirkung $AB$ | 1,6 | 1 | 1,6 |  |
| Wechselwirkung $AC$ | 22,6 | 1 | 22,6 | 9,8 |
| Wechselwirkung $BC$ | 1,6 | 1 | 1,6 |  |
| Wechselwirkung $ABC$ | 0,1 | 1 | 0,1 |  |
| (Zwischen den Verfahren) | (318,9) | (7) |  |  |
| Rest (Versuchsstreuung zwischen den Wiederholungen) | 18,5 | 8 | 2,3 |  |
| Insgesamt | 337,4 | 15 |  |  |

Für $f_1 = 1$ und $f_2 = 8$ Freiheitsgrade sind die Signifikanzgrenzen $F_{1\%} = 11$ und $F_{0,1\%} = 25$. Bei allen drei Hauptwirkungen ist $F_{1\%}$ überschritten; die Wechselwirkung $AC$ liegt noch etwas darunter.

Wenn keine Wiederholungen gemacht sind, kann die Varianzanalyse nur bis zur Zerlegung in Einzelvergleiche gemäß Tabelle 64 geführt werden. Als Schätzungen der Versuchsstreuungen dienen dann die Wechselwirkungen. Eine willkürliche Auswahl der niedrigsten Werte, etwa von $AB$, $BC$, $ABC$ in Tabelle 64, ist jedoch nicht zulässig (vgl. S. 999).

**Blockbildung.** Es ist zweckmäßig, die Wiederholungen in Blöcken anzuordnen. Jeder komplette $2^n$-Plan mit allen Kombinationen bildet einen in sich möglichst homogenen Block. Unterschiede zwischen den Blöcken können dann von der Versuchsstreuung abgespalten werden, so daß die Ergiebigkeit durch Reduktion der Versuchsstreuung steigt.

*Beispiel 63:* Im $2^3$-Schema seien alle 8 Kombinationen einmal im Frühjahr ausgeführt, die Wiederholungen im Herbst. Es entstehen 2 natürliche Blöcke. Mit den Zahlen der Beispiele ergibt sich als

Summe des ersten Blocks 56, als Summe des zweiten Blocks 67. Die Streuungskomponente zwischen den Blöcken wird

$$\frac{1}{8}(56^2 + 67^2) - \frac{1}{16} 123^2 = 7,5.$$

Damit vermindert sich die Reststreuung

$$SAQ_{(Rest)} = 18,5 - 7,5 = 11,0 \text{ bei } f = 7 \text{ Freiheitsgraden}.$$

Das mittlere Abweichungsquadrat wird

$$MAQ_{(Rest)} = \frac{11,0}{7} = 1,6.$$

Damit steigen die $F$-Werte erheblich an. Selbst für die Wechselwirkung $AC$ wird $F = \frac{22,6}{1,6} = 14$, was trotz des Verlustes eines Freiheitsgrades über $F_{1\%}$ liegt.

**Vermengen (confounding).** Bei einer größeren Zahl von Faktoren steigt die Zahl der Kombinationen und damit die Größe eines Blocks so stark, daß homogene Blöcke oft nicht mehr erreichbar sind. Man hat — ausgehend von landwirtschaftlichen Versuchen, in denen die faktoriellen Versuchspläne am weitesten verbreitet sind — die Blockgröße dadurch vermindert, daß man auf die Errechnung bestimmter Wechselwirkungen verzichtet. Die Wechselwirkungen höherer Ordnung liefern oft wenig Erkenntnis und entsprechen nur der Versuchsstreuung; auf sie läßt sich am ehesten verzichten.

Dieses Ziel wird so verwirklicht, daß man gemäß der Prüffunktion für die Wechselwirkungen die in einem Block zusammenfaßt, die dasselbe Vorzeichen haben. Im $2^3$-Schema wird man auf $ABC$ als Wechselwirkung höchsten Grades verzichten. Dann kann man die Blockgröße auf 4 reduzieren und die Verfahren $(1), (ab), (ac), (bc)$ einerseits und $(a), (b), (c), (abc)$ andererseits zu je einem Block zusammenfassen. Bei dieser Anordnung ist die Wechselwirkung $ABC$ niemals durch Vergleiche im selben Block erfaßbar, sondern die hierzu erforderlichen Vergleiche sind stets solche zwischen verschiedenen Blöcken. Die Streuungskomponente „zwischen Blöcken" enthält somit die Wechselwirkung $ABC$. Man sagt, die Wechselwirkung $ABC$ ist mit den Unterschieden zwischen Blöcken „vermengt" (confounded with blocks).

**Beispiel 64:** Im obigen Beispiel der Ernährungsversuche im $2^3$-Schema sei auf die Wechselwirkung $ABC$ verzichtet, um Blöcke zu 4 Tieren, z. B. aus Wurfgeschwistern bilden zu können. Es ergibt sich:

| Block 1 | | Block 2 | | Block 3 | | Block 4 | |
|---|---|---|---|---|---|---|---|
| (1) | 3 | (a) | 6 | (1) | 5 | (a) | 7 |
| (ab) | 4 | (b) | 2 | (ab) | 4 | (b) | 3 |
| (ac) | 14 | (c) | 8 | (ac) | 19 | (c) | 10 |
| (bc) | 7 | (abc) | 12 | (bc) | 6 | (abc) | 13 |
| | 28 | | 28 | | 34 | | 33 |

1. Wiederholung      2. Wiederholung

Die Streuungskomponente zwischen den Blöcken ist

$$\frac{1}{4}(28^2 + 28^2 + 34^2 + 33^2) - \frac{1}{16} 123^2 = 7,6$$

mit 3 Freiheitsgraden.

Tabelle 66. *Streuungszerlegung bei $2^3$-Versuchsplan mit Vermengen von $ABC$ (die Streuungskomponenten der Haupt- und Wechselwirkungen s. Tabelle 65).*

| Art der Streuung | SAQ | f |
|---|---|---|
| Zwischen den Blöcken (einschließlich $ABC$) | 7,6 | 3 |
| Zwischen den Verfahren (ohne $ABC$) | 318,8 | 6 |
| Rest (Versuchsstreuung) | 11,0 | 6 |
| Insgesamt | 337,4 | 15 |

Bei den Zahlen des Beispiels waren die Blockunterschiede unwesentlich.

Das Vermengen kann auf verschiedene durch die Versuchslage bestimmte Arten erfolgen; auch teilweises Vermengen ist möglich. Beispiele hierfür bei LINDER und in den angelsächsischen Lehrbüchern.

*Versuchspläne mit uneinheitlicher Genauigkeit.* Ein weites Gebiet für die Rationalisierung von Stichprobenplänen eröffnet sich, wenn man von den Vergleichen zwischen den Verfahrensfaktoren grundsätzlich nur einige innerhalb von Blöcken durchführt, andere nur zwischen Blöcken mit entsprechend geringerer Genauigkeit. Gelegentlich wird dies durch die Versuchstechnik erzwungen, wenn man z. B. Kostformen bei Tieren vergleicht, von denen mehrere in einem Käfig gehalten werden, man aber in einem Käfig nur eine einheitliche Fütterung vornehmen kann. Der Kostvergleich erfolgt nur zwischen Käfigen, innerhalb können aber Vergleiche zwischen den Geschlechtern oder den Wirkungen einer Vorbehandlung vorgenommen werden. Diese Versuchspläne entsprechen den in der Landwirtschaft entwickelten „Versuchen in Teilparzellen" (split plot designs).— Ein anderer Weg der Reduktion der Versuchszahlen besteht in der nur teilweisen Durchführung von Wiederholungen.

Hier konnte nur eine einführende Übersicht über das Gebiet der Versuchsplanung gegeben werden, um einen Einblick in die Art der Problemstellung und der Lösungen zu geben. Dieses erst in den letzten zwei Jahrzehnten entwickelte Arbeitsgebiet wird schnell auch in der Experimentalpraxis umfassende Bedeutung erhalten. Die Wege dazu sind durch die Theorie aufgezeigt. Die Umsetzung in die Praxis erfordert zwar gründliches Einarbeiten, wird aber dadurch belohnt, daß mit demselben experimentellen Aufwand mehr und sicherere Ergebnisse als früher erreicht werden.

## Häufig benutzte Symbole.

| Bezeichnung | Englische Bezeichnung | Symbol | Eingeführt auf Seite | Andere im Schrifttum häufig benutzte Symbole |
|---|---|---|---|---|
| Gesamtzahl der Fälle; Umfang der Beobachtungsreihe (Stichprobe) | number of observations; size of the sample | $n$ | 933 | $N$ |
| Zahl der Freiheitsgrade | degrees of freedom | $f$ | 958 | $n; m; d.f.; \nu$ |
| *Zählmerkmale* | enumeration data | | | |
| Anzahl der Fälle in der $i$-ten Merkmalsklasse; Besetzungszahl | (absolute) frequency | $n_i, z$ | 933, 946 | |
| Häufigkeit (relative Häufigkeit) in der $i$-ten Merkmalsklasse | relative frequency | $p_i = \dfrac{n_i}{n}$ | 933 | |
| Wahrscheinlichkeit für das Eintreten eines Ereignisses | probability | $P$ | 946 | $p, w$ |
| Gegenwahrscheinlichkeit (Wahrscheinlichkeit für das Nichteintreten des Ereignisses) | | $Q = 1 - P$ | 946 | $q$ |
| Obere Vertrauensgrenze der Grundwahrscheinlichkeit | upper confidence limit | $P_0$ | 955 | |
| Untere Vertrauensgrenze der Grundwahrscheinlichkeit | lower confidence limit | $P_u$ | 955 | |
| Mittlerer Fehler einer Anzahl | standard error of a frequency | $\sigma_z$ | 946 | |
| Mittlerer Fehler einer Häufigkeit | standard error of a relative frequency | $\sigma_p$ | 946 | |
| *Meßmerkmale* | measurement data | | | |
| Mittelwert; arithmetisches Mittel, Durchschnittswert (gesprochen: „$x$ quer") | (arithmetic) mean; average („$x$ bar") | $\bar{x}$ (im Kollektiv: $M$) | 934 | (im Kollektiv: $\mu; \mu_1$) |
| Mittlere Abweichung; Standardabweichung | standard deviation | $s$ (im Kollektiv: $\sigma$) | 935 | |

*Häufig benutzte Symbole.* (Fortsetzung.)

| Bezeichnung | Englische Bezeichnung | Symbol | Eingeführt auf Seite | Andere im Schrifttum häufig benutzte Symbole |
|---|---|---|---|---|
| Varianz; Streuungsquadrat | variance | $s^2$ (im Kollektiv: $\sigma^2$) | 935 | var.; (im Kollektiv $\mu_2$) |
| Summe der Abweichungsquadrate (SAQ) | sum of squares (s. s.) | $S_{xx}$ | 936 | |
| Mittelwert der Abweichungsquadrate (MAQ) | mean square (m. s.) | $S:f$ | 979 | |
| Mittlerer Fehler eines Mittelwertes | standard error of a mean | $s_{\bar{x}}\,(\sigma_{\bar{x}})$ | 942 | |
| Merkmalswert im Feld der $i$-ten Zeile und $j$-ten Spalte | | $x_{ij}$ | 979 | |
| Summe der $i$-ten Zeile | | $X_{i.}$ | 979 | |
| Mittelwert der $i$-ten Zeile | | $\bar{x}_{i.}$ | 979 | |
| Summe der $j$-ten Spalte | | $X_{.j}$ | 979 | |
| Mittelwert der $j$-ten Spalte | | $\bar{x}_{.j}$ | 979 | |
| Gesamtsumme | (grand) total | $X$ | 979 | |
| Summe der Abweichungsprodukte | sum of products | $S_{xy}$ | 938 | |
| Korrelationskoeffizient | coefficient of correlation | $r,\ r_{xy}$ | 938 | |
| Regressionskoeffizient Richtungskoeffizient | coefficient of regression; slope | $b,\ b'$ | 939 | |
| **Prüfverfahren** Prüfgrößen: | tests | | | |
| $u$ (Normalverteilung) | | $u$ | 949 | $\lambda,\ t$ |
| $t$ ($t$-Verteilung, „Student"-Verteilung) | | $t$ | 968 | |
| $\chi^2$ ($\chi^2$-Verteilung) | | $\chi^2$ | 957 | |
| $F$ ($F$-Verteilung) | | $F$ | 977 | |
| Überschreitungswahrscheinlichkeit | level of significance | $\alpha$ | 943 | $P;\ \varepsilon$ |
| Statistische Sicherheit | degree of confidence | $1-\alpha$ | 943 | $(1-P);\ S$ |
| Warngrenze der Prüfgrößen | | $u_{5\%},\ t_{5\%},\ \chi^2_{5\%},\ F_{5\%}$ | 944 | |
| Sicherungsgrenzen der Prüfgrößen für $\alpha = 1\%;\ 0{,}27\%;\ 0{,}1\%$ | critical points 5%-; 1%-; 0,1%- point | $u_\alpha,\ t_\alpha,\ \chi^2_\alpha,\ F_\alpha$ | 944 | Index $(1-\alpha)$ statt $\alpha$ |
| 3-Sigma-Äquivalente der Prüfgrößen $t,\ \chi^2,\ F$ | | $t_{0,27\%};\ \chi^2_{0,27\%};\ F_{0,27\%}$ | 944 | |

# Namenverzeichnis.

Abbott, T. A. s. Nier, A. O. 215.
Abegg, R. 25, 32.
Abelson, P. s. Marton, L. 761.
Abood, L. G., R. W. Gerard, J. Banks u. R. D. Tschirgi 572, 584.
— s. Kuhn, E. 324, 325, 327, 328, 329.
Abraham, E. P., E. Chain, C. M. Fletcher, A. D. Gardner, N. G. Heatley, M. A. Jennings u. H. W. Florey 499.
Abrams, R. 778.
Abribat, M., u. A. Dognon 5.
Adair, G. S. 39.
— u. M. E. Robinson 130.
Adam, N. K. 3.
Adams, A. M. 471.
— L. H. 32.
Adelberg, E. A. 519.
— u. J. W. Meyers 502.
Adjutantis, G. 574.
Adloff, P. s. Perey, M. 869.
Aeby, A. s. Signer, R. 113.
Agranoff, B. W., B. L. Vallee u. D. F. Waugh 546.
Ahlgren 334.
— G. 311, 315, 317.
Ahmad, M. 464.
Albaum, H. G. s. Potter, V. R. 341.
Albert, A. s. Rall, J. E. 827.
Alderton, G., W. H. Ward u. H. L. Fevolt 135.
Aldridge, W. N., u. H. F. Lidell 841.
Alexander, A. E., u. T. Teorell 10.
— s. Gray, V. R. 105.
— H. E., u. G. Leidy 477, 478, 480.
— u. W. Redman 477, 480.
— s. Leidy, G. 478, 479, 494.
— s. Zamenhof, S. 480.
— O. R. s. Hall, N. F. 706, 720, 732.
Alfin-Slater, R. B., S. M. Rock u. M. Swislocki 703.
— M. C. Schotz, F. Shimoda u. H. J. Deuel jr. 697.
— s. Rice, L. I. 697.
Allard, C., R. Mathieu, G. de Lamirande u. A. Cantero 584.

Allbritten jr., F. F. s. Goldstein, F. 247.
Allen, A., u. E. Ponder 50.
— A. O. s. Schwarz, H. A. 923.
— R. J. L., u. G. H. Bourne 370.
— S. H., u. M. B. Hamilton 853.
Allfrey, V., H. Stern, A. E. Mirsky u. H. Saetren 558, 574, 576, 579.
Altman, K. I. s. Boyd, G. A. 769.
Altschul, A. M., H. Persky u. T. R. Hogness 340.
Ambler, M. s. Bevelander, G. 766.
Ames, B. N., H. K. Mitchell u. M. B. Mitchell 521.
— s. Haas, F. 521.
Aminoff, U., G. Magnusson, E. Odeblad u. K. H. Wetterdal 771.
Anderson, A., u. J. E. Bowen 3.
— E. C., J. R. Arnold u. W. E. Liby 820.
— s. Wainwright, W. W. 737.
— E. G. 449.
— s. Bridges, C. B. 449.
— J. S., R. H. Purcell, T. G. Pearson, A. Kong, F. W. James, H. J. Eméleus u. H. V. A. Briscoe 706, 711, 719, 720.
— L., u. G. W. E. Plaut 331, 336.
— N. G. 548.
— s. Wilbur, K. M. 561, 571.
— O. N. 931.
— R. C., Y. Delabarre u. A. A. Bothner-By 804, 805, 815.
— R. S., u. H. Turkewitz 516.
— T. F. s. Harkins, W. D. 5.
— s. Lilly, J. C. 217.
Andresen, N., C. Chapman-Andresen u. H. Holter 772.
— F. Engel u. H. Holter 441.
Andrews, M. M., B. T. Guthneck, B. H. McBride u. B. S. Schweigert 544.
Anfinsen, C. 706, 715, 716.
— C. B. 441.
Anfinsen, C. B. u. C. L. Claff 432.

Anfinsen, O. H. Lowry u. A. B. Hastings 374.
Anger, A. s. Höhne, G. 906.
— H. O. 677.
Anker, H. S. s. Bloch, K. 779.
Anson, M. L. s. Mirsky 342.
Anthony, A. J. 204, 217.
Appelmans, F. s. Duve, C. de 558, 582.
Appleyard, R. K. 482, 483.
Arden, G. B. 592.
Arkin, L., u. C. R. Singleterry 108.
Armitage, E. L. 367.
— G. H., W. M. Arnott u. A. C. Pinlock 186.
Armstrong jr., S. H., M. J. E. Budka, K. C. Morrison u. M. Hasson 177, 178.
— s. Scatchard, G. 141.
— W. D., u. J. Schubert 792.
— u. L. Singer, S. H. Zbarsky u. B. Dunshee 804, 810.
— s. Lindenbaum, A. 811.
Arnold, J. R. s. Anderson, E. C. 820.
— J. S. 757.
Arnon, D. I., P. R. Stout u. F. Sipos 773.
Arnott, W. M. s. Armitage, G. H. 186.
Arnstein, H. R. V., u. R. Bentley 698.
Aschenbrenner, A. B. s. Lorenz, E. 906.
Asher, T. s. Behrens, M. 592.
Ashkenazy, L. s. Davis, M. 830.
Asnis, R. E. 342.
Aste-Salazar, H. s. Hurtado, A. 311.
Atchinson, G. J. s. Beamer, W. H. 784, 801, 821.
Aten jr., A. H. W., T. Doorgest, U. Hollstein u. H. P. Moeken 831.
Atkinson, E., S. Melvin u. S. W. Fox 324.
Ato, S. 867.
Aubel, E. 336, 337.
— u. Glaser 336.
— B. Lubochinsky u. A. Prouvost 336.
— O. Schwarzkopf u. Glaser 336.
Aubin, P. M. G. S., u. N. L. R. Bucher 548.

Auerbach, C., u. J. M. Robson 517.
— — u. J. G. Carr 517.
— V. H. s. Green, D. E. 588.
Austin, J. H., G. E. Cullen, A. B. Hastings, F. C. McLean, J. P. Peters u. D. D. van Slyke 190, 194.
Austoni, M. E. 769.
Austrian, R. 477, 478, 479.
Avery, O. T., C. M. McLeod u. M. McCarthy 476, 477, 479.
— s. McCarthy, M. 478, 480.
Aviado jr., D. M. s. Barker, S. 187.
Axelrod, D. J. 750, 751.
— u. J. G. Hamilton 770.
— s. Copp, D. H. 765.
— s. Scott, K. G. 745, 746, 765.
Axelrod-Heller, D. 735, 749, 751, 754.

Babb, A. L., u. H. G. Drickamer 132.
Babbit, D. s. Bratton, A. C. 337.
Bach, A. 336.
Back, A., L. Bloch-Frankenthal u. L. Halberstädter 574.
Backus, J. K., u. H. A. Scheraga 108.
— s. Scheraga, H. A. 105, 107, 108.
— M. P. 446.
Bacq, Z. M., u. A. Hervé 915.
— — P. Fischer, J. Lecomte, M. Pierotte, G. Deschamps, H. Lebihan u. P. Rayet 915.
— — J. Lecomte, P. Fischer, J. Blavier, G. Deschamps, H. Lebihan u. P. Rayet 915.
Badger, R. M. s. Blaker, R. H. 167.
Badian, J. 494.
Ballentine, B. F. s. Comar, C. L. 842.
Bärlund, H. s. Collander, R. 62, 65.
Bailey, C. V. 188, 199, 204.
— N. T. J. 459, 487, 488, 489.
Bain, J. A. s. Brody, T. M. 584.
— s. Lowell, D. J. 550.
Baker, G. E. 455, 456.
— R. G., u. L. Katz 666.
— W. K. 516.
— u. E. Sgourakis 516.
Bakker, G. 1.
Baldauski, F. A. s. Sacks, W. 326.
Baldes, E. J. 33, 36.
Baldwin, E. de F. s. Cournand, A. 188.
Ball, E. G. s. Strittmatter, C. F. 564.
Ballantyne, M. s. Palmer, K. J. 135.

Ballentine, R. s. Bernstein, W. 793, 822, 832.
Ballou, J. E. s. Thompson, R. C. 701.
— N. E. 851.
Baltus, E. 576.
Bamann-Myrbäck 538.
Banfield jr., W. G. s. Goodale, W. T. 188.
Bang, I. 52.
Banks jr., H. O. s. Stang jr., L. G. 830.
Banks, J. s. Abood, L. G. 584.
Bansi, H. W. 214.
Barbour, H. G., u. W. F. Hamilton 710.
Barcroft, H. 204.
— J., u. J. S. Haldane 258.
— u. M. Nagahashi 222.
Barentsen, G. W. s. Vries, de H. 820.
Barger, G. 32, 33, 34.
— J. D. 352.
Bargoni, N. s. Heller, L. 588.
Barka, T., S. Szalay, Z. Posalaky u. L. Kerlesz 358.
Barker, S., R. G. Pontius, D. M. Aviado jr. u. C. J. Lambertsen 187.
Barnard, G. P. 694, 695.
Barnes, M. D. s. La Mer, V. K. 144.
Barnett, S. R. s. Dounce, A. L. 574.
Barnum, C. P. s. Huseby, R. A. 588.
Barratt, R. W., u. L. Garnjobst 445, 451.
— D. Newmeyer, D. D. Perkins u. L. Garnjobst 451.
— s. Tatum, E. L. 452, 497.
Barrnett, R. J., u. A. M. Seligman 362, 364.
Barron, E. S. G. 61, 62, 63, 69, 283.
— S. Dickman, J. A. Muntz u. T. P. Singer 517.
— s. Keys, A. 283, 308.
Barry, E. V., u. L. R. Solon 929.
— M. C. 828.
Barschall, H. H. s. Liebermann, L. N. 764.
Bartels, H. 207, 215, 222, 223, 268.
— R. Beer, E. Fleischer, H.-J. Hoffheinz, J. Krall, G. Rodewald, J. Wenner u. J. Witt 310.
— — H.-P. Koepchen, S. Wenner u. J. Witt 187.
— u. K. Brecht 221.
— W. Burger, W. Eschweiler u. D. Laue 268, 272.
— H. Mayer u. J. Moritzen 221, 222.

Bartels, H., u. G. Rodewald 183, 185, 187, 188, 189, 246, 258, 270, 276, 282, 294, 310.
Bartelstone, H. J., J. D. Mandel, E. Oshry u. S. M. Seidlin 766.
Barter, R. s. Davies, H. G. 358.
Bartley, M. A. s. Robbins, W. J. 522.
Barton, A. D. s. Laird, A. K. 582, 583.
Baskin, R. s. Demorest, H. L. 795.
Batchelder, A. C. s. Scatchard, G. 130, 138, 141.
Baum, H. s. Niederl, J. B. 822.
Baumann, A. s. Behrens, B. 765, 769.
— E. J., u. N. Metzger 828.
Baumberger, J. P. 222.
Baumgärtl, H. s. Becker, E. W. 690.
Bayer, F. 183, 210, 211, 214, 216.
— H. J. v. s. Bothe, W. 676.
Bazett, H. C. 199.
Beadle, G. W. 444, 454, 519, 529.
— u. V. L. Coonradt 520.
— u. B. Ephrussi 520.
— H. K. Mitchell u. J. F. Nyc 530.
— u. E. L. Tatum 445, 446, 496, 498, 516, 522.
— s. Bonner, D. M. 530.
— s. Emerson, S. 449, 506.
— s. Ephrussi, B. 444.
— s. Houlahan, M. B. 451.
— s. Ryan, F. J. 452, 453.
— L. C. s. Shaw, J. 402, 403, 406.
Beal, G. H. 512.
— s. Mather, K. 451.
Beale, G. H. s. Sonneborn, T. M. 510.
Beamer, W. H., u. G. J. Atchinson 784, 801, 821.
Bechert, K., u. C. Gerthsen 598.
Beck, G. 844.
Becker, B. s. Friedenwald, J. S. 360.
— E. s. Clusius, K. 732.
— E. W., u. H. Baumgärtl 690.
— K. Bier, S. Scholz u. W. Vogell 690.
— E. Dörnenburg u. W. Walcher 694.
— R. S., u. R. K. Sheline 841.
Becker-Freyseng, H., u. H. G. Clamann 185, 204.
Beckett, C. W. s. Brown, L. M. 698.
Beckey, H. D. 694.
Beckmann, E. 29.
Becquerel, H. 734, 735.

Beeckmans, M. L. s. Popják, G. 697.
Beer, R. s. Bartels, H. 187, 310.
Behnke, A. R., u. O. D. Yarbrough 309.
— jr., A. R. 308.
Behrens, B., u. A. Baumann 765, 769.
— M. 538, 550, 551, 553, 561, 562, 576, 577, 580, 592.
— u. T. Asher 592.
— u. H. R. Marti 591.
— u. M. Taubert 545, 553, 577, 580.
— s. Feulgen, R. 551, 554, 557.
Behrmann, V. G., u. F. W. Hartman 213.
Beier, H. s. Brintzinger, H. 72, 76, 78, 79, 83.
Bélanger, L. F. 556, 769.
— u. C. P. Leblond 755, 756, 757, 760, 766.
— s. Leblond, C. P. 765.
Bell, J., u. S. J. Thomson 697.
Bender, M. L. 734.
Bennett, A. J. s. Marshall, F. 648.
Benoit, H. 150.
— u. M. Goldstein 150.
— s. Horn, P. 150, 157.
Benson A. s. Sabur, Ikeda 832, 833.
Bentley, G. T., u. P. L. Kirk 403.
— s. Kirk, P. L. 409.
— R. 733, 734.
— s. Arnstein, H. R. V. 698.
Benzinger, T. 187.
— u. F. Brauch 186, 214.
Berenblum, I., E. Chain u. N. G. Heatley 385, 540.
Berendt, H. 220.
Berg, H. J. van den s. Bungenberg, H. G. de Jong 108.
— K. 222.
— W. E. 218.
Berggren, H. 766.
— S. M. 219, 223, 308.
Bergmann, M. s. Zamečnik, P. C. 393.
Bergmeyer, H.-U. s. Dirscherl, W. 221.
Bergold, G. 128.
Bergstermann, H., u. W. Stein 340.
Lord Berkeley 24.
— u. E. G. J. Hartley 24, 25, 26.
Berkson, J. 1019.
Berl, E., u. A. Ranis 217.
Berlin, N. s. Weymouth, P. P. 859.
Berliner, E. s. Coons, A. H. 370.
Bernhard, K. 710, 725.
Bernhardt, H. A. 850.
Bernsmeier, A., u. K. Siemons 190, 254.

Bernstein, R. B., u. J. J. Katz 823.
— W., u. R. Ballentine 793, 822, 832.
— s. Kuper, J. B. H. 930.
Berry, M. E., A. M. McCarthy u. H. H. Plough 485, 494.
Bertani, G. 481, 482.
Berthet, J. s. Duve, C. de 558, 560.
— L. s. Duve, C. de 558.
Bertho, A. 315, 320, 339, 340.
— u. H. Glück 340.
— u. W. Grassmann 320, 340.
— s. Wieland, H. 320, 339, 340.
Bertrand, J. J. 750.
— s. Tobias, C. A. 771.
Bessey, O. A., O. H. Lowry u. M. J. Brock 413.
Betz-Bareau, M. s. Fredricq, P. 486, 488.
Bevan, E. A. 467.
Bevelander, G., u. M. Ambler 766.
Beyer, G. T. s. Dounce, A. L. 574.
Beyers, S. O. s. George, S. S. 549.
Beyl, G. s. Sheppard, C. W. 52.
Bhagavantam, S. 116.
Bhatnager, A. S., u. P. C. Ghosh 745.
Bielig, H.-J., G. A. Kausche u. H. Haardick 327, 329.
Bieling, R. 345.
Bier, K. s. Becker, E. W. 690.
Bigeleisen, J. 804.
Biggs, M. W., D. Kritchevsky u. M. R. Kirk 831, 834, 835, 836.
Bikerman, J. J. 9.
Billion, H. s. Klauer, F. 921.
Billmeyer, F. W. jr. 162, 163.
Biltz, H., u. W. Biltz 333.
— W. s. Biltz, H. 333.
Bing, R. J., W. T. Goodale, J. Eckenhoff, J. C. Handelsmann, J. O. Campbell, H. E. Griswold, L. D. Vandam, M. H. Harmel, J. H. Hafkenschiel, M. Lubin u. S. S. Kety 254.
— s. Eckenhoff, J. E. 254, 308.
Binkley, F. 107.
Bird, L. H. s. Stern, R. 544.
Birks, J. B. 644.
Bischoff, J., u. V. Desreux 167.
Bisset, K. A. 494.
Bizzell, O. M. s. Reid, G. W. 919.
— s. Tompkins, P. C. 919, 924.
Bjerrum, N., u. E. Manegold 44.
Björnståhl, G. s. Snellmann, O. 88, 104, 105, 107.
— J. 104.

Blacet, F. E., u. P. A. Leighton 218.
Black, E. S. s. Scatchard, G. 141.
— H. s. Ross, A. 222.
Blais, R. S. s. Low-Beer, B. V. A 901.
Blaker, R. H., R. M. Badger, u. T. S. Gilman 167.
Bland, D. E. 220.
Blaschke, F. s. Schulz, G. V. 20.
Blavier, G. s. Bacq, Z. M. 915.
Bleuler, E., u. G. J. Goldsmith 595, 624, 628, 820.
Blinn, K. A., u. W. K. Noell 187, 216.
Bliss, C. J. 931, 1018.
Bloch, K., u. H. S. Anker 779.
— u. D. Rittenberg 697.
— s. Ponticorvo, L. 697.
Bloch-Frankenthal, L. s. Back, A. 574.
Block, E., G. Magnusson u. E. Odeblad 771.
Bloom, W. 771, 907.
— H. J. Curtis u. F. C. McLean 765.
Blosser, L. G., u. H. G. Drickamer 132, 167.
Blum, J. J., u. M. F. Morales 141.
Blumenthal, E., u. J. B. M. Herbert 732.
Blumer, H. 115, 124, 144, 153.
Board, F. A. s. Boyd, G. A. 763.
Bock, R. M. s. Green, D. E. 326.
Bodman, O. s. Schulz, G. V. 176, 177.
Boeder, P. 87.
Boehm, G., u. R. Signer 106.
Böhmig, R. s. Siebert, G. 593.
Boell, E. J. 403.
— H. Koch u. J. Needham 419.
— u. J. Needham 419.
— — u. V. Rogers 419, 422, 425, 432, 433.
— s. Needham, J. 403.
Börner, R. s. Horneffer, L. 1003.
Böttcher, C. J. F. 119, 129.
Bogdan, P. 25.
Bogorad, L., u. S. Granick 495.
Bogoroch, R. s. Gross, J. 735, 739, 740, 741, 742, 743.
— s. Leblond, C. P. 749, 769.
Bohlmann, J. K. 80.
Bohnhoff, M. s. Miller, C. P. 499.
Boissonnas, C. G., u. K. H. Meyer 45.
Boivin, A. 478.
— A. Delaunay, R. Vendreley u. Y. Lehoult 477.
Boldridge, W. F., u. D. N. Hume 874.

Bollinger, H. M. s. Weiss, L. C. 863.
Boltzmann 152.
Bond, E. E. s. Pascale, L. R. 725, 726.
— V. P. s. Cole, L. J. 572.
Bonhoeffer, K. F. 702, 727.
— s. Reitz, O. 727.
Bonner, D. 499.
— s. Tatum, E. L. 497.
— D. M. 443, 509, 523.
— u. G. W. Beadle 530.
— u. E. Wassermann 530.
— C. Yanofsky u. C. W. H. Partridge 530.
— s. Partridge, C. W. H. 530.
— s. Srb, A. M. 523, 524, 525.
— u. E. R. Buchman 522.
— N. A., u. M. Kahn 762.
Bonney, D, T., u. W. J. Huff 211.
Boone, D. M., u. G. W. Keitt 495.
Boothby, W. M. s. Dublin, W. B. 215.
— G. Lundin u. H. F. Helmholz jr. 217.
Bordley, J. s. Richards, A. N. 409, 410.
Borkowski, C. J. 631.
Born, M. 116, 155, 157.
Borrow, A. s. Waterlow, J. C. 420, 422, 431, 432, 434.
Borsook, H. 326.
— u. J. W. Dubnoff 403.
Boström, H., E. Odeblad u. U. Friberg 745, 747, 765.
— s. Odeblad, E. 769, 772.
Bosworth, P., C. R. Masson, H. Melville u. F. W. Peaker 167.
Bothe, A. E. s. Cristol, D. S. 770.
— W. 617, 634.
— u. H. J. v. Bayer 676.
— s. Wollschitt, H. 217.
Bothner-By, A. A. s. Anderson, R. C. 804, 805, 815.
Botsford, T. W. s. Wheeler, H. B. 921.
Bottelier, P. H., H. Holter u. Linderstrøm-Lang, K. 385.
Bourdillon, J. 40.
Bourne, G. 352, 353.
— G. H. 736.
— s. Allen, R. J. L. 370.
— s. Malaty, H. A. 370.
Bowen, J. E. s. Anderson, A. 3.
— R. J. s. Eaton, S. E. 919.
— V. T. 847.
— u. A. Carbone 847.
Bowker, A. H. 943, 969.
Bowman, D. H. 495.
Boyd, G. A. 346, 736, 744.
— u. F. A. Board 763.
— G. W. Casarett, K. I. Altman, T. R. Noonan u. K. Salomon 769.

Boyd, G. A. u. H. Levi 760.
— u. A. I. Williams 757, 758.
— s. Lotz, W. E. 750, 752, 753.
— G. E. s. Ketelle, B. H. 798.
— J. D. s. Laude, P. P. 750.
Braasch, N. K., u. M. J. Nickson 907.
Brackett, F. S. s. Olson, R. A. 222.
Bradacs, W. K., J.-M. Ladenbauer u. F. Hecht 869.
Bradshaw, W. s. Silverman, L. 707, 708, 722.
Brändli, H. U. s. Clusius, K. 703.
Braestrup, C. B. s. Quimby, H. E. 919.
Brakke, M. K. 562.
Bralove, A. L. 930.
Brand, K., u. J. Steiner 345.
Brandt, K. s. Euler, H. v. 318.
— K. M. 463.
Bratton, A. C., u. E. K. Marshall jr., D. Babbit u. A. R. Hendrickson 337.
Bratzler, K. s. Sachsse, H. 703.
Brauch, F. s. Benzinger, T. 186, 214.
Braun, B. 542, 571.
Braun-Falko, O. s. Siebert, G. 592.
Bray, H. G., H. V. Thorpe u. P. B. Wood 345.
— W. C. s. Noyes, A. A. 868.
Brecht, K. s. Bartels, H. 221.
Bredig, G. 25.
Breed, E. S. s. Cournand, A. 188.
Brennecke, E. s. Fresenius, L. 838.
Brenner, S. 584.
Brice, B. A., u. M. Halwer 161, 162, 176.
— — u. R. Speiser 135, 160, 161, 162, 167, 170, 175.
— s. Halwer, M. 135, 159, 162, 177, 178.
Bridges, C. B., u. E. G. Anderson 449.
Bringmann, G. 494.
Brink, F. s. Davis, P. W. 222.
Brinkman, H. C., u. J. J. Hermans 140, 141.
Brinnitzer, H. N 907.
Brintzinger, H. 72, 78, 82, 83.
— u. H. Beier 72, 78, 79, 83.
— u. W. Brintzinger 72.
— u. W. Eckardt 72.
— u. M. Götze 78, 79, 83.
— u. F. Jahn 72.
— u. H. Plessing 72.
— — u. W. Rudolph 72.
— A. Rothhaar u. H. Beier 76.
— u. H. Troemer 72.
— W. s. Brintzinger, H. 72.

Briscoe, H. V. A. s. Anderson, J. S. 706.
— s. Eméleus, H. J. 719.
— s. Winter, E. R. S. 732, 734.
Brock, M. J. s. Bessey, O. H. 413.
— N., u. F. J. Geks 1017.
Broda, E. s. Feldstein, O. 800, 818.
— s. Reinhards, M. 820.
— s. Rohringer, G. 819, 820.
Brodie, A. F., u. J. S. Gots 324, 325, 327, 329.
Brody, T. M., u. J. A. Bain 584.
Broida, H. P., u. G. H. Morgan 703.
— s. Morowitz, H. J. 703.
Broido, A. s. Tompkins, P. C. 844, 845.
Bronson, J. F. s. Dudley, H. C. 867.
— s. Smith, R. E. 791.
Brooks, J., u. J. Pace 338.
— S. C. s. Cunningham, B. 409.
Broomell, H. T. s. Kety, S. S. 308.
Broser, J., u. H. Kallmann 644.
Brosteaux, J. s. Putzeys, P. 116, 130, 167.
Brown, A., u. A. L. Goodell 183.
— s. Oncley, J. L. 130.
— s. Scatchard, G. 107, 130, 138, 141.
— A. H. s. Mehler, A. H. 734.
— E. B. s. Miller, F. A. 215.
— F. E. s. Harkins, W. D. 8, 11.
— H. s. Goldberg, E. D. 863.
— L. M., u. C. W. Beckett 698.
— u. A. S. Friedman 698.
— J. M. Goldstein, J. J. Park u. C. W. Beckett 698.
— W. J. s. Jacobs, M. H. 55, 59.
Brucer, M. 840.
Brückel, K. W. s. Siegert, R. 327.
Bruegge, C. F. vor der 906.
Brüel, D., H. Holter, K. Linderstrøm-Lang u. K. Rozits 386, 390, 402, 403.
Brünger, K. s. Geilmann, W. 869.
Brues, A. M., u. A. N. Stroud 800.
— s. Lisco, H. 908.
Bruggen, J. T. van s. Hutchens, T. T. 791.
Brumm, A. F. s. Hurlbert, R. B. 561.
Bruner, H. D., u. J. D. Perkinson 825.
— s. Perkinson, J. D. 825, 828.
Bryan, C. E. s. Skipper, H. E. 811.

Bryner, L. C. s. Hendricks, R. H. 791.
Bryson, V., u. W. Szybalski 500.
Buchanan, D. L. 800.
Bucher, K., u. H. Emmenegger 188.
— N. L. R. 544.
— s. Aubin, P. M. G. S. 548.
Buchheim, W. s. Stuart, H. A. 156.
Buchman, E. R. s. Bonner, J. 522.
Buchtal, F., u. E. Warburg 46.
Buckaloo, G. W. s. Lavik, P. S. 797.
Buddle, H. L. s. McIlwain, H. 541.
Budka, M. J. E. s. Armstrong jr., S. H. 177, 178.
Bueche, F., P. Debye u. W. M. Cashin 151, 179.
Bücher, T. 118, 128, 161, 166, 167, 177, 178.
Bueding, E., u. N. Jolliffe 345.
Bühler, B. 568.
— H. H. s. Clusius, K. 728.
Bufton, A. W. J. s. Hemmons, L. M. 458.
— s. Pontecorvo, G. 455, 457, 458, 459, 460, 461, 462, 463.
Bull, H. B. 6, 41, 130.
— u. B. T. Currie 135.
— s. Yasnoff, D. S. 139.
Bunce, P. L. s. Lambertsen, C. J. 263, 267.
Bungenberg, H. G. de Jong, u. H. J. van den Berg 108.
Burch, G. E., C. T. Ray u. S. A. Threefoot 726.
— P. B. Reaser, C. T. Ray u. S. A. Threefoot 867.
Burger, W. s. Bartels, H. 268, 272.
Burkholder, P. R. 470.
— s. Pomper, S. 474.
Burn-Finney-Goodwin 972.
Burn, J. H., D. J. Finney u. L. G. Goodwin 931.
Burnet, F. M., u. D. Lush 481.
Burris, R. H. 311.
— s. Umbreit, W. W. 311, 341, 342, 538, 539, 542, 589.
Burton, J. F., u. A. G. E. Pearse 360, 361.
— K., u. H. A. Krebs 331.
— u. T. H. Wilson 331.
— K. A. s. Wickerham, L. J. 471.
Burtt, B. P. 782.
Burwell, C. S. s. Dexter, L. 188.
Busch, F. 839, 840.
— G. Siebel, C. Tanne u. B. Wandrowsky 842.
Butenandt, A., W. Weidel u. H. Schlossberger 444.
Butler, A. M., u. E. Tuthill 837.

Button, P. A. s. Stamm, R. F. 162.
Buy, H. G. du s. Hesselbach, M. L. 585.
Byers, S. O. s. George, S. S. 549.

Cabannes 137.
— J. 116, 156.
— u. P. Daure 162.
Cagianut, B. 700, 727.
Cahn, E. s. Demerec, M. 511.
Calhoun, H. G. s. Houlahan, M. B. 451.
Calvin, M. 688.
— C. Heidelberger, T. C. Reid, B. M. Tolbert u. P. F. Yankwich 594, 788, 789, 801, 802, 803, 808, 809, 811, 814, 816.
— s. Yankwich, P. E. 804.
Campbell, D. 858.
— I. G. s. Payne, P. R. 832.
— J. A., u. L. Hill 308.
— u. H. J. Taylor 222.
— J. G. 360.
— s. White, D. F. 832, 835.
— J. O. s. Bing, R. J. 254.
— W. W. s. Greenberg, D. M. 854.
Cannan, R. A. s. Kekwick, R. A. 139.
Cantero, A. s. Allard, C. 584.
Cantor, M. 11.
Cantow, H. J. 167.
— u. G. V. Schulz 148, 161, 164, 165, 167, 168, 169, 173.
— s. Schulz, G. V. 148, 176, 177, 180.
Carbone, A. s. Bowen, V. T. 847.
Carlsen, F., E. Jensen u. G. Johannes 352.
Carlton, M. s. Winter, E. R. S. 732, 734.
Carpenter, C. M. s. Stokinger, H. E. 499.
— T. M., E. L. Fox u. A. F. Sereque 204.
Carr, C. I. jr., u. B. H. Zimm 159, 160, 161, 162, 163.
— J. G. s. Auerbach, C. 517.
— J. S. s. Gaudin, A. M. 822.
Carter, S. R. 39.
Cartwright, G. E. s. Chase, M. S. 855.
— s. Gubler, C. J. 857.
Casarett, G. W. s. Boyd, G. A. 769.
Cashin, W. M. s. Bueche, F. 151, 179.
Caspersson, T. 346.
Catcheside, D. G. 443, 511, 529.
Cathey, W. J. s. Hutchens, T. T. 791.
Caughey, P. A. s. Nanney, D. L. 495.

Cavalli, L. L. 490.
— J. Lederberg u. E. M. Lederberg 488, 490, 491, 492, 493.
— u. G. A. Maccacaro 486, 488, 499.
— s. Lederberg, J. 489, 490.
Ceccaldi, M. s. Lecomte, J. 703.
Cecil, R., u. A. G. Ogston 135.
Cerf, R. 98, 104, 107, 110.
— s. Schwander, H. 109, 110.
Cerini, L. 76.
Chace, M. J. s. Hamilton, J. G. 847.
Chadwick, J. s. Rutherford, E. 619.
Chaikoff, H. B. s. Sheline, G. E. 864.
— I. L. s. Goldberg, R. C. 908.
Chain, E. s. Abraham, E. P. 499.
— s. Berenblum, I. 385, 540.
Chamberlein, A. C., u. F. M. Turner 966.
Chance, B. 159.
Chaney, M. 825.
Chang, P. s. Hollander, V. 710.
Chantrenne, H. 582.
Chanutin, A. s. Gjessing, E. C. 589.
Chapin, M. A. s. Ross, J. F. 855, 856, 857.
Chapman-Andresen, C. s. Andresen, N. 772.
Chapmann, S. 691.
Chappel, S. B., u. S. V. Perry 586.
Chargaff, E. s. Zamenhof, S. 480.
Charles, R. C. s. Stokinger, H. E. 499.
Chase, M. s. Hershey, A. D. 481.
— M. S., C. J. Gubler, G. E. Cartwright u. M. M. Wintrobe 855.
Chastonay, J.-L. de 258.
Chateau, H. s. Pouradier, J. 860.
Chauncey, H. H. s. Seligman, A. M. 349.
Chauveau, J., u. G. Clement 564.
Cheiker, S. s. Garoutte, B. 542.
Chen jr., P. S. s. Toribara, T. Y. 841.
— Shih-Yi 474.
Cherbuliez, E. s. Favarger, P. 706, 710, 711, 721, 724.
Cherkin, A., F. E. Martinez u. M. S. Dunn 561.
Chesbro, R. M. s. Shahrokh, B. K. 828.
Chiang, R. Sieh-Hsuan u. J. E. W. Willard 671.
Chiang-Sien-Husan, R., u. J. E. W. Willard 671.
Chibnall, A. C. 128.

Childs, H. M. s. Looney, J. M. 191.
Chimenes, A. M. s. Hottinger, H. 470.
— A.-N. s. Ephrussi, B. 532.
Chiodi, H. s. Fasciolo, J. C. 308.
Christ, R. H., G. M. Murphy u. H. C. Urey 703.
Christensen, L. K. 37, 43.
Christian, D., W. W. Dunning u. D. S. Martin jr. 782.
— J. E., u. J. J. Pinajian 779.
— s. Pinajian, J. J. 779.
— W. s. Warburg, O. 128, 166.
Christiensen, J. J., u. E. C. Stakman 495.
Chute, R. N. s. Sommers, S. C. 770.
Cilento, G. s. Dobriner, K. 703.
Ciocalteu, V. s. Folin, O. 414.
Claff, C. L., u. T. N. Tahmisian 433.
— s. Anfinsen, C. B. 432.
— s. Scholander, P. F. 443.
Clamann, H. G. s. Becker-Freyseng, H. 185, 204.
Clark, D. E. s. Jensen, J. M. 768.
— E. P., u. J. B. Collip 843.
— H. W. s. Widmer, C. 312.
— J. B., O. Wyss u. W. S. Stone 517.
— s. Wyss, O. 516.
— W. M. 329.
— s. Phillips, M. 330.
Claude, A. 575.
— u. J. S. Potter 575.
Clausius 136.
Claxton, E. B. s. Schneider, C. L. 548.
Claycomb, C. K. s. Hutchens, T. T. 791.
Cleave, C. D. van 847.
Cleland, G. H. s. Dickey, F. H. 511, 516.
— K. W., u. E. C. Slater 558, 586.
— s. Slater, E. C. 558, 586.
Clement, G. s. Chauveau, J. 564.
Clemo, O. R., u. G. A. Swan 703.
Closon, J. s. Hervé, A. 769.
Clusius, K. 728, 729, 731, 804.
— u. H. U. Brändli 703.
— u. H. H. Bühler 728.
— u. G. Dickel 691.
— — u. E. Becker 732.
— u. H. Knopf 697.
— u. G. Rechnitz 730.
Co Tui s. Hollander, V. 710.
Cobb, J. s. McDonald, A. M. 735, 757.

Coburn, H. H., u. C. C. Roan 922.
Cochran, W. C. 960.
— W. G., u. G. Cox 931.
Coenen, H. 907.
Coghill, R. D. s. Hollander, A. 516.
Cohen, B. s. Phillips, M. 330.
— K. 689.
— R. B., K. C. Tsou, S. H. Rutenburg u. A. M. Seligman 365.
— s. Rutenberg, A. M. 365.
Cohen-Bazire, G. s. Monod, J. 476.
Cohn, E. J., W. L. Hughes jr. u. J. H. Weare 137.
— M. 706, 710, 711, 715, 734.
— S. 216.
— S. H. s. Gucker, F. T. jr. 144.
— W. E. 52, 901.
— u. H. W. Kohn 840.
— s. Tompkins, P. C. 844, 845.
Cohnen, P. P. 342.
Cole, L. J., M. C. Fishler u. V. P. Bond 572.
Coleman, M. D. s. Wheeler, H. B. 921.
Colfer, H. F., u. H. E. Essex 771.
Collander, R., u. H. Bärlund 62, 65.
Collet, R. A. s. Favarger, P. 706, 710, 711, 721, 724.
Collins, C. J. s. Mayor, R. H. 779.
Collip, J. B. s. Clark, E. P. 843.
Colora G.m.b.H. 711.
Coltman, J. s. Marshall, F. 648.
Comar, C. L. 784, 785, 851, 854, 859.
— u. G. K. Davis 859.
— — u. L. Singer 860, 861.
— — u. R. F. Taylor 859.
— — — C. F. Huffman u. R. E. Ely 859.
— S. L. Hansard, S. L. Hood, M. P. Plumlee u. B. F. Ballentine 842.
Compton, K. T., u. I. Langmuir 639.
Comroc jr., J. H. 183, 189, 191, 267.
Comroe 186.
— jr., J. H., u. R. D. Dripps jr. 222.
— u. P. Walker 310.
Conant, J. B. 336.
— u. N. D. Scott 232.
Condon, F. E. s. Thornton, V. 703.
Conn, E. E., u. B. Vennesland 342.

Conner, W. P., u. P. I. Donnelly 100.
Consolazio, W. C. s. Dill, D. B. 289.
Conway, E. J. 409.
Cook, G. B., u. J. F. Duncan 798, 831, 838, 861, 865, 869, 872, 875.
— — u. M. A. Hewitt 659, 782.
Coonradt, V. L. s. Beadle, G. W. 520.
Coons, A. H., H. J. Creech, R. N. Jones u. E. Berliner 370.
— E. H. Leduc u. M. H. Kaplan 364, 365, 366, 373.
Copp, D. H., D. J. Axelrod u. J. G. Hamilton 765.
— u. D. M. Greenberg 859.
— s. Hamilton, J. G. 847.
— s. Scott, K. G. 765.
Corcoran, A. C. 560.
Cork, J. M. 619.
Corval, M., u. R. Viallard 723.
— s. Viallard, R. 835.
Coryell, C. D., J. W. Irvine jr. u. J. D. Roberts 867.
— u. N. Sugarman 840, 844, 845, 847, 851, 852, 865, 869, 870, 874, 876, 877.
Cotton, F. S. 186, 204.
Cottone, M. A. s. Witter, R. F. 581.
Cotzias, G. C. s. Dole, V. P. 560.
Couceiro, A. 766.
Cournand, A., R. L. Riley, E. S. Breed, E. de F. Baldwin u. D. W. Richards 188.
— s. Darling, R. C. 199.
— s. Donald, K. W. 294.
— s. Riley, R. L. 294.
Courtice, F. C., u. C. G. Douglas 258.
— u. W. J. Simmonds 184.
Covan, C. W. 630.
Cowan, F. B., u. J. Weiss 930.
Cowie, D. B. s. Flexner, L. B. 727.
— s. Vosburgh, G. J. 726, 857, 858.
Cowing, R. F. s. Holt, M. 750.
Cox, R. T., u. E. Ponder 50.
Craig, A., u. H. Jackson 828.
Cramer, F. B. s. Moore, F. J. 931.
— H. 931.
Creech, H. J. s. Coons, A. H. 370.
Creeth, J. M. 130.
Cremer, H.-D. 219.
Crick, F. H. C. s. Watson, J. D. 534.
Crickard, R. G. s. Olson, R. A. 222.

Cristol, D. S., A. E. Bothe u. P. W. Grotzinger 770.
Critchfield, C. L. s. Gamov, G. 611.
Crompton, C. E., u. N. H. Woodruff 825.
Cronkite, E. P. 905.
Crowley, J. s. Scott, K. G. 745, 746, 765.
Crumley, H. A., u. S. L. Meyer 727.
Cruz, W. O. s. Slyke, D. D. van 247.
Cullen, G. E. s. Austin, J. H. 190, 194.
Cunningham, B., P. L. Kirk u. S. C. Brooks 409.
— B. B. s. Hopkins, H. H. 860.
Curie, J., u. F. Joliot 599.
Currie, B. T. s. Bull, H. B. 135.
Curtis, H. J. s. Bloom, W. 765.
— s. Fricke, H. 50.
Cushing, J. E. s. Emerson, S. 499.
Cuthbertson, D. M. s. Hamilton, J. G. 847.
Cutter jr., V. M. s. Tatum, E. L. 452.
Czapek, A. 10.
Czuha, M. s. Laitinen, H. A. 222.

Daane, A. H. s. Untermyer, S. 847.
Daddi, G. s. MacLeod, C. M. 499.
Daeves, K. 964.
Dainty, M., A. Kleinzeller, A. S. C. Lawrence, M. Miall, J. Needham u. S. C. Shen 107.
Dale, E. 457.
— W. M. 517.
Dallam, R. D., u. L. E. Thomas 575.
Dallwitz-Wegener, R. v. s. Lenard, P. 6.
Daly, C. s. Dill, D. B. 276.
Damiens, A. s. Lebeau, P. 211.
Dandliker, W. B. 124, 145, 153.
— s. Edsall, J. T. 117, 142, 153.
Daniel, W. s. Hein, F. 210.
Danielli, J. F. 348, 349, 352.
— s. Davies, H. G. 358.
— s. Loveless, A. 355.
Daniels, F. J. s. Petering, H. 221.
Danning, J. s. Eckstein, R. W. 188.
D'Ans-Lax 707, 709.
Darling, R. C., A. Cournand, J. S. Mansfield u. D. W. Richards jr. 199.
— s. Roughton, F. W. 246, 311.
Dassler, A. 215.
Datta, S. C., J. N. E. Day u. C. K. Ingold 732, 734.

Dauben, W. G., J. C. Reid u. P. E. Yankwich 791.
Daudel, P., M. Flon u. C. Herczeg 824.
Daure, P. s. Cabannes, J. 162.
Davenport, H. W. s. Gabardi, A. 193.
Davidson, J. N. s. Smellie, R. M. S. 574, 584.
Davies, C. W., u. G. H. Nancollas 803.
— H. G., R. Barter u. J. F. Danielli 358.
Davis, B. D. 443, 476, 486, 502, 519, 523, 524, 526, 530.
— s. Maas, W. K. 522.
— s. Vogel, H. J. 521, 526.
— B. M. 501, 509.
— G. K. s. Shirley, R. L. 843.
— K. G. s. Comar, C. L. 859, 860, 861.
— M., L. Ashkenazy u. T. Fields 830.
— P. W., u. F. Brink 222.
Dawson, I. M. s. Smellie, R. M. S. 584.
— M. H., u. R. H. P. Sia 477.
Day, J. N. E. s. Datta, S. C. 732.
Daynes, H. A. 309.
Dean, R. B., T. R. Noonan, L. Haege u. W. O. Fenn 52.
Deane, H. W. 352.
Debye 140, 157.
— P. 115, 116, 127, 145, 147, 149, 150.
— s. Bueche, F. 151, 179.
— s. Ewart, R. H. 141.
— P. P. 148, 161, 167, 176.
Dedrick, D. S. s. Eversole, W. G. 11.
Deffner, M. s. Franke, W. 330, 341.
Delabarre, Y. s. Anderson, R. C. 804, 805, 815.
DeLamater, D. 463.
— E. D. 494.
— u. M. Woodburn 494.
Delaporte, B., u. N. Roukhelmann 463.
Delaunay, A. s. Boivin, A. 477.
Delavier-Klutchko, C. s. Szulmajster, J. 319.
Delbecq, C. J., L. E. Glendenin u. P. H. Yuster 869.
Delbrück, M. 510.
— s. Luria, S. E. 500, 511, 513, 514.
Delluva, A. M. s. Gurin, S. 811.
Demerec, M. 499.
— u. E. Cahn 511.
— u. U. Fano 476, 500.
— u. R. Latarjet 497, 513, 516.
— s. Hollander, A. 497.
Deming, N. P. s. Porter, V. S. 582.

Demorest, H. L., u. R. Baskin 795.
Denstedt, O. F. s. Rubinstein, D. 575.
Deringer, M. K. s. Lorenz, E. 906.
Dershem, E. 761.
Dervichian, D. G. 5.
Deschamps, G. s. Bacq, Z. M. 915.
DeSerres, F. J., u. N. H. Giles 511.
Desreux, V. s. Bischoff, J. 167.
— s. Frédéricq 105.
— s. Oth, A. 164.
Deuel jr., H. J. s. Alfin-Slater, R. B. 697.
— s. Rice, L. I. 697.
Deutsch, M., J. R. Downing, L. G. Elliot, J. W. Irvine u. A. Robert 613, 831, 838, 849, 854, 861.
— u. L. G. Elliot 831, 838, 849, 861, 865, 869, 872, 875.
— W. 539.
Devi, P., G. Pontecorvo u. C. Higgenbottom 516.
Dewan, J. G. s. Green, D. E. 325.
Dewey, D., u. E. Work 522.
— V. C., u. G. W. Kidder 495.
— s. Kidder, G. W. 495.
Dexter, L., F. W. Haynes, C. S. Burwell, E. C. Eppinger, R. P. Sagerson u. J. M. Evans 188.
DeZeeuw, J. R. s. Woodward, V. M. 502.
Dianzani, M. U. 370, 477.
Dickel, G. s. Clusius, K. 691, 732.
Dickey, F. H., G. H. Cleland u. C. Lotz 511, 516.
Dickinson, W. 11.
Dickman, S. s. Barron, E. S. G. 517.
Dienes, L., u. H. J. Weinberger 486.
Dierkesmann, H. 217.
Dijk, H. van s. Keesom, W. H. 691.
Dill, D. B., C. Daly u. W. H. Forbes 276.
— H. T. Edwards u. W. C. Consolazio 289.
— u. W. H. Forbes 288.
— A. Graybiel, A. Hurtado u. A. Taquini 278, 282, 287.
Dilla, M. van s. Freedberg, A. S. 825, 828.
Dillon, B. s. Sallmann, L. v. 770.

Dillon, R. T. s. Sendroy jr., J. 243, 307, 308.
— s. Slyke, D. D. van 308.
Dirken, M. N. J., u. H. Heemstra 186, 218.
Dirscherl, W., u. H.-U. Bergmeyer 221.
Dittrich, W. s. Schubert, G. 894, 920.
Dixon, F. J. s. Warren, S. 772.
— M. 330.
— u. S. Thurlow 337.
— s. Hopkins, F. G. 342.
Diyk, H. van s. Keesom, W. H. 691.
Dobriner, K., T. H. Kritchevsky, D. K. Fukushima, S. Lieberman, T. F. Gallagher, J. D. Hardy, R. N. Jones u. G. Cilento 703.
Dobson, E. L., J. W. Gofman, H. B. Jones, L. S. Kelly u. L. A. Walker 847.
Dobyns, B. M. s. Dudley, R. A. 745, 749.
Dodge, B. O. 445, 446.
— J. R. Singleton u. A. Rollnick 448.
— s. Shear, C. L. 446, 447, 448.
Dörge, K., u. H. Klein 946.
Doering, R. F. s. Stang jr., L. G. 830.
Doermann, A. H. 498.
Dörnenburg, E. s. Becker, E. W. 694.
Dognon, A. 10.
— s. Abribat, M. 5.
Doherty, D. G., u. F. Vaslow 732, 734.
Dole, M. 719, 733.
— u. J. A. Swartout 7.
— V. P., u. G. C. Cotzias 560.
Dols, M. J. L., B. C. P. Jansen, G. J. Sizoo u. G. J. van der Maas 765.
Donald, K. W., A. Renzetti, R. L. Riley u. A. Cournand 294.
— s. Riley, R. L. 294.
Doniach, J. 764.
— u. S. R. Pelc 735, 740, 741, 743, 758.
Donnan, F. G. 11.
Donnely, P. I. s. Conner, W. P. 100.
Donnet, J. B. 106.
Doorgest, T. s. Aten jr., A. H. W. 831.
Doryell, C. D. s. Glendenin, W. F. 625.
Doty, P. 157.
— u. J. T. Edsall 117, 142, 150, 156.
— u. S. Katz 143.
— u. H. S. Kaufman 157, 173, 174.

Doty, P. u. S. J. Stein 157, 173, 174.
— u. R. F. Steiner 143, 146, 147, 149, 150, 151, 152, 158, 162, 179.
— s. Zimm, B. H. 117, 131, 140, 145, 149, 157.
Doty, P. M. s. Oster, G. 146, 148, 177.
— s. Zimm, B. H. 140,
Douglas, C. G., u. J. G. Priestley 195, 258, 260.
— s. Courtice, F. C. 258.
— H. s. Roman, H. 464, 468.
— H. C. s. Mrak, E. M. 470.
Dounce, A. L. 348, 559, 573, 574.
— u. G. T. Beyer 574.
— G. H. Tishkoff, S. R. Barnett u. R. M. Freer 574.
— s. Litt, M. 576.
Downes, A. M., u. G. M. Harris 804.
Downing, J. R. s. Deutch, M. 613.
Doyle, W. L. 353, 415.
— s. Holter, H. 348, 375, 386, 390, 401, 409.
Drabkin, D. L. s. Lambertsen, C. J. 263, 267.
Dreguss, M. 837.
Drenan, I. W. s. Wall, F. T. 143.
Drenkhahn, F. O. 223.
Dreyfus-Alain, B. s. Viallard, R. 835.
Drickamer, H. G. s. Blosser, L. G. 132, 167.
Dripps jr., R. D. s. Comroe jr., J. H.
Driver, R. L. s. Eckenhoff, J. E. 254.
Druckerey, H., u. K. Küpfmüller 1020.
Drysdale, G. R., u. H. A. Lardy 581.
Dublin, W. B., W. M. Boothby u. M. D. Marvin 215.
Dubnoff, J. W. s. Borsook, H. 403.
Dubos, R. 476.
Dudley, A., u. B. M. Dobyns 748.
— H. C., J. F. Bronson u. R. O. Taylor 867.
— u. E. J. Wallace 869.
— — u. L. J. Louviere 869.
— R. A., u. B. M. Dobyns 745, 749.
Dukey, D. L. s. Nier, A. O. 215.
Duncan, J. F., T. F. Johns, K. D. B. Johnson, H. A. C. McKay, W. R. E. Maton, E. W. A. Pike u. G. N. Walton 860.
— s. Cook, G. B. 659, 782, 798, 831, 838, 861, 865, 869, 872, 875.
Duncombe, W. G. s. Glascock, R. F. 701.

Dunken, H. 8, 11.
Dunn, M. S. s. Cherkin, A. 561.
— R. W. 784, 857, 858, 859.
— W. 864.
Dunning, W. W. s. Christian, D. 782.
Dunshee, B. s. Armstrong, W. D. 804, 810.
Dusi, H. s. Lwoff, A. 522.
Duspiva, F. 398, 413.
— s. Linderstrøm-Lang, K. 398.
Dutrochet 24.
— R. 24.
Duve, C. de 538.
— F. Appelmans u. R. Wattiaux 582.
— u. J. Berthet 560.
— — L. Berthet u. F. Appelmans 558.
Du Vigneaud, V. s. Verly, W. G. 701.
Dyken, A. R. van s. Wilzbach, K. E. 831, 832, 835.
Dziewiatkowski, D. D. 750, 765, 769.

Earle, W. R. s. Sanford, K. K. 584.
Eastwood, E. W. S. 840.
Eaton, S. E., u. R. J. Bowen 919.
Ebata, M. s. Egami, F. 345.
Eberhard, H., u. R. Jaeger 929.
Ebihara, T. 343.
Eckardt, W. s. Brintzinger, H. 72.
Eckenhoff, J. E., J. H. Hafkenschiel, E. L. Foltz u. R. L. Driver 254.
— M. H. Harmel, W. T. Goodale, M. Lubin, R. J. Bing u. S. S. Kety 254, 308.
— s. Bing, R. J. 254.
Eckstein, R. W., J. A. McEachen, J. Danning u. W. D. Newbery 188.
Edelhoch, H. s. Edsall, J. T. 137, 138, 141, 142.
Edelman, J. S. s. Schloerb, P. R. 710, 725, 726, 727.
Eder, J. M. 764.
Edsall, J. T. 118, 159, 175.
— u. W. B. Dandliker 117, 142, 153.
— H. Edelhoch, R. Lontie u. P. R. Morrison 137, 138, 141, 142.
— u. J. F. Foster 106.
— — u. H. Scheinberg 106.
— C. G. Gordon, J. W. Mehl, H. Scheinberg u. D. W. Mann 105, 106.
— A. Rich u. M. Goldstein 105.
— s. Doty, P. 117, 142, 150, 156.

Edsall, J. T. s. Foster, J. F. 106.
— s. Muralt, A. v. 103, 106, 107.
— s. Scheraga, H. A. 89, 91, 92, 94, 95.
Edwards, G. A., P. F. Scholander u. F. J. W. Roughton 443.
— s. Scholander, P. F. 393, 712.
— H. T. s. Dill, D. B. 289.
— P. R. s. Lederberg, J. 485, 486.
— R. R., W. A. Reilly u. R. C. Holmes 825, 828.
Egami, F., M. Ebata u. R. Sato 345.
— s. Tamiguchi, S. 337.
Egle, K., u. A. Ernst 216.
Eichel, B., u. W. W. Wainio 341.
Eidam, E. 457.
Eidinoff, M. L. 815, 816, 817.
— P. J. Fitzgerald, E. B. Simmel u. J. B. Knoll 772.
— u. J. E. Knoll 832.
— s. Verly, W. G. 701.
Einstein, A. 13, 115, 130.
Eirich, F., u. E. K. Rideal 130.
— s. Rosen, B. 114.
Eisenman, A. J. 190, 275.
Ekeroot, S., u. G. Lundin 217.
Ekstein, D. M. s. Laszlo, D. 847.
Elliot, L. G. s. Deutsch, M. 613, 831, 838, 849, 861, 865, 869, 872, 875.
Elliott, A. A. C., u. B. Libet 544.
— A. M. 495.
— u. R. E. Hayes 495.
— K. A. C. s. Hopkins, F. G. 342.
Ellis, C. D. s. Rutherford, E. 619.
— jr., R. H. s. Rossi, H. H. 901.
Elmore, W., u. M. Sands 650, 651.
Elowe, D. G. s. Mahler, H. R. 341.
Elvehjem, C. A. s. Neilands, J. B. 851.
— s. Potter, V. R. 542.
Ely, R. E. s. Comar, C. L. 859.
Emeléus, H. J., F. W. James, A. King, T. G. Pearson, R. H. Purcell u. H. V. A. Briscoe 719.
— s. Anderson, J. S. 706, 711, 719.
Emerson, M. R. 448, 455.
— S. 443, 445, 522, 529, 531.
— u. G. W. Beadle 449, 506.
— u. J. E. Cushing 499.
Emery, E. W. s. Rose, G. 671.
Emmenegger, H. s. Bucher, K. 188.
Emmens, C. W. 931.

Emmerich, R., u. H. Trillich 221.
Endicott, K. M., u. H. Yagoda 745, 753.
Endres, G. 547.
— u. F. Kubowitz 547.
Engel, F. s. Andresen, N. 441.
Engelhardt, W. 875.
Englund, S., u. E. Odeblad 771.
Engström, A. 347.
— u. L. Lindström 347.
— s. Fitzgerald, P. J. 735.
— s. Glick, D. 346.
Ennor, A. H. 342.
Enskog, D. 691.
Eötvös, R. 3.
Ephrussi, B., u. G. W. Beadle 444.
— L. Heritier u. H. Hottinguer 532.
— u. H. Hottinguer 510, 532.
— — u. A. M. Chimenes 470.
— — u. A.-N. Chimenes 532.
— — u. J. Tavlitzki 472, 532.
— s. Beadle, G. W. 520.
— s. Slonimski, P. P. 532.
Ephrussi-Taylor, H. 478.
Eppinger, E. C. s. Dexter, L. 188.
Erbacher, D., u. B. Nikitin 846.
— O. 846, 871.
— u. K. Philipp 823.
— u. E. Wannemacher 766.
Eriksson-Quensel, J. B. s. Svedberg, T. 130.
Erk, S. 14.
Erlenmeyer, H. 698, 700.
Ernst, A. s. Egle, K. 216.
Ernster, L. s. Lindberg, O. 558.
Eschweiler, L. 268.
— W. s. Bartels, H. 268, 272.
Essex, H. H. s. Colfer, H. F. 771.
Eucken, A. 3, 23, 136.
Euler, H. v., u. I. Fischer 574.
— H. Hellström u. K. Brandt 318.
— U. S. v. 315.
Evans, E. A., u. J. L. Huston 790, 791, 810.
— G. R. s. Walke, H. 849.
— H. B. 840.
— H. J. 336.
— u. Nason, A. 336.
— s. Nason, A. 336, 337.
— s. Scholander, P. F. 218, 219.
— H. M. s. Grobman, A. 767.
— J. M. s. Dexter, L. 188.
— R. D. s. Hertz, S. 766.
— s. Peacock, W. C. 855.
— T. C. 753.
— u. W. E. McGinn 755.
Evens, T. C., u. E. H. Quimby 905.
— s. Sallmann, L. v. 770.
— V. J. s. Sanford, K. K. 584.

Eversole, W. G., u. D. S. Dedrick 11.
Ewald, H., u. H. Hintenberger 694, 695, 702, 733.
Ewan, T. 25.
Ewart, R. H., C. P. Roe, P. Debye u. J. R. McCartney 141.
Eysenbach, H. s. Fischer, F. G. 318, 322.

Fahnoe, F. s. Miller, H. S. 926.
Faller, I. L. s. Pascale, L. R. 725, 726.
Famy, A. R., u. E. O. F. Walsh 328, 329.
Fankuchen, I. 130.
Fano, U. s. Demerec, M. 476, 500.
Farabee, L. B. s. Tompkins, P. C. 845.
Farkas, A., u. L. Farkas 699, 703.
— L. s. Farkas, A. 699, 703.
Farr, L. E. s. Rall, I. E. 906.
Fasciolo, J. C., u. H. Chiodi 308.
Faulconer, A., u. R. W. Ridley 214.
Favarger, P., R. A. Collet u. E. Cherbuliez 706, 710, 711, 721, 724.
Fawcett, D. W., u. B. L. Vallee 546.
Fay, J. W. J. 919.
Feather, N. 625.
Fecher, G. T. 962.
Feigin, J. s. Newman, W. 352, 357.
Feldstein, O., u. E. Broda 800, 818.
Felix, K. 575.
Fenger-Eriksen, K., A. Krogh u. H. Ussing 706, 710.
Fenn, W. O. 309.
— H. Rahn u. A. B. Otis 187.
— s. Dean, R. B. 52.
— s. Mullins, L. J. 52.
— s. Rahn, H. 289, 290, 291, 292, 293, 294.
Fent, P. s. Pauli, W. 48.
Ferguson, J. K. W. 222.
Ferry, J. D. s. Foster, J. F. 107.
Fetcher jr., E. S. 711, 712, 721, 722, 724.
Feulgen, R., u. M. Behrens 551, 554, 557.
Fevolt, H. L. s. Alderton, G. 135.
Fields, T. s. Davis, M. 830.
Filley, G. F., E. Gay u. G. W. Wright 268.
Fincham, J. R. S. 448, 454, 522, 525, 526.
— s. Srb, A. M. 523, 524, 525.
Findlay, A. 23.

Fink, R. M. 760, 847.
Finkel, M. P. s. Lisco, H. 847, 908.
— s. Schubert, J. 847.
Finkle, B., E. J. Hoagland, S. Katcoff u. N. Sugarman 851.
— R. D. s. Lippman, R. W. 770.
— s. Tompkins, P. C. 844, 845.
Finney, D. J. 931, 972, 1018, 1020.
— s. Burn, J. H. 931.
Fischer, E. E. s. Glick, D. 357, 358.
— F. s. Lang, K. 558.
— F. G. 331, 336.
— u. H. Eysenbach 318, 322.
— A. Roedig u. K. Rauch 322.
— H. s. Jerchel, D. 327.
— I. s. Euler, H. v. 574.
— s. Mawson, C. A. 844.
— P. s. Bacq, Z. M. 915.
Fisher, E. R., J. C. Neering, J. B. Hazard u. R. A. Hays 769.
— R. A. 931, 949, 1001, 1031.
— u. F. Yates 931, 1028.
Fisher-Yates 970, 983.
Fishler, M. C. s. Cole, L. J. 572.
Fitzgerald, P. J. 735, 832.
— u. A. Engström 735.
— s. Eidinoff, M. L. 772.
— s. Sonenberg, M. 769, 772.
— P. L. s. Zamenhof, S. 480.
Fixman, M. s. Zimm, B. H. 138.
Flagg, J. F. 867.
Flammersfeld, A. 626.
— s. Mattauch, J. 597.
Fleisch, A. 312.
Fleischer, E. s. Bartels, H. 310.
Fleischmann, R., u. H. Jensen 692, 695.
— W., u. F. Kubowitz 545, 547.
Flemister, S. C. s. Scholander, P. F. 219.
Fletcher, C.M. s. Abraham, E.P. 499.
Flexner, L. B., D. B. Cowie u. G. J. Vosburgh 727.
— s. Vosburgh, G. J. 726, 857, 858.
Flink, M. s. Horowitz, N. H. 522.
Flon, M. s. Daudel, P. 824.
Florey, H. W. s. Abraham, E.P. 499.
Floyd, C. S. s. Gjessing, E. C. 589.
Förster, A. s. Lüllmann, A. 964.
Folch, J. s. Slyke, D. D. van 728, 809, 811.
Folin, O., u. V. Ciocalteu 414.
— u. A. D. Marenzi 343.
Folley, S. J., u. S. C. Watson 543.

Foltz, E. L. s. Eckenhoff, J. E. 254.
Foote, F. W. s. Marinelli, L. D. 768.
Footh, F. W. s. Pressman, D. 772.
Forbes, E. s. Pontecorvo, G. 461.
— W. H. s. Dill, D. B. 276, 288.
Foreman, H., u. J. G. Hamilton 916.
Forssander, C. A. 186.
Forster, C. G. s. Rall, I. E. 906.
Fortunato, T. S. s. Steller, R. 811.
Foster, E. H. s. Kuper, J. B. H. 930.
— G. L. s. Rittenberg, D. 778.
— J. F., u. J. T. Edsall 106.
— E. G. Samsa, S. Shulman u. J. D. Ferry 107.
— s. Edsall, J. T. 106.
— J. W. 443.
Foti, S. s. Harley, J. H. 846.
Fournet, G., u. A. Guinier 150.
Fowell, R. R. 467, 468, 469, 471.
Fowler, R. C. 216.
Fox, E. L. s. Carpenter, T. M. 204.
— M. s. Urey, H. C. 689.
— S. W. s. Atkinson, E. 324.
Fraenkel-Conrat, H. s. Lewis, J. C. 135.
Frage, K. s. Wieland, H. 312, 340.
Francis, M. 369.
Frank, I. s. Weygand, F. 323.
Franke, R. E. s. Lilienthal jr., J. L. 311.
— s. Riley, R. L. 187, 223, 263, 311.
— W. 330, 340.
— u. M. Deffner 330, 341.
— u. H. Frehse 317, 330, 340.
— u. L. Krieg 317, 340, 341.
— u. F. Lorenz 330.
— u. F. Schumann 337, 340.
— E. M. Taha u. L. Krieg 317.
— s. Wieland, H. 340.
Frankel, T. s. Pascale, L. R. 725, 726.
Fraser, F. R., G. Graham u. R. Hilton 188.
Frazer, J. W. C. s. Morse, H. N. 24, 25.
Fredenhagen, K. 26.
Frédéricq u. V. Desreux 105.
Fredricq, P., u. M. Betz-Bareau 486, 488.
Freedberg, A. S., R. Ruka u. M. J. McManus 825, 828.
— A. L. Ureles, M. van Dilla u. M. J. McManus 825, 828.
Freedman, A. J., u. D. N. Hume 783, 798.

Freeman, S. s. Pascale, L. R. 725, 726.
Freer, R. M. s. Dounce, A. L. 574.
Frehse, H. s. Franke, W. 317, 330, 340.
Freirson, W. J., u. W. Jones 796.
Frerichs, R. 689.
Fresenius, L., R. Fresenius u. E. Brennecke 838.
— R. s. Fresenius, L. 838.
Fresenius-Jander 183.
Freundlich, A. 3.
— H. 6, 99.
— F. Stapelfeldt u. H. Zocher 83, 100, 103.
Frey, R., u. H. Göpfert 213.
Frey-Wyssling, A., u. E. Weber 104.
Friberg, U. s. Boström, H. 745, 747, 765.
Fricke, H. 50.
— u. H. J. Curtis 50.
Friedel, R. A. s. Orchin, M. 703.
Friedenwald, J. S., u. B. Becker 360.
— s. Koelle, G. B. 361, 363.
Friedländer, G., u. J. W. Kennedy 594.
Friedman, A. S. s. Brown, L. M. 698.
— M. s. George, S. S. 549.
— O. M. s. Seligman, A. M. 359.
Friedmann, E. W., u. R. S. Weiner 188.
Friehoff, F., u. K. Karrasch 188.
Frierson, W. J., u. J. W. Jones 837, 839.
Fries, N. 452, 453, 495, 501, 522.
— u. B. Kihlmann 518.
— s. Tatum, E. L. 497.
Friis-Hansen, B. 706, 715, 716.
— B. J. s. Schloerb, P. R. 710, 725, 726, 727.
Frisman, E. s. Tsvetkov, V. N. 109, 111, 112.
Frodyma, M. M. s. Naughten, J. J. 804.
Fromageot, C., u. M. P. de Garilhe 135.
Froman, A. C. s. Graves, D. K. 853.
Fromherz, H., R. Sonderhoff u. H. Thomas 718.
Fryxell, R. s. Maxwell, E. 847.
Fünfer, E., u. H. Neuert 637, 644, 646.
Fuhrmann, F. 463.
Fujita, A., u. I. Numata 342, 343.
— u. M. Yamadori 545.
Fukuda, M., u. A. Sibatani 549.
Fukushima, D. K., u. T. F. Gallagher 697.
— s. Dobriner, K. 703.

Fuoss, R. M., u. D. J. Mead 45.
— u. R. Signer 114.
— s. Strauss, U. P. 21, 22, 23, 117.
Furth, J. s. Kabat, E. A. 352, 353.

Gabardi, A., u. H. W. Davenport 193.
Gadd, J. O. s. Scheraga, H. A. 89, 91, 92, 94, 95.
Gale, E. F., u. A. W. Rodwell 500.
— u. E. S. Taylor 499.
Gallagher, T. F. s. Dobriner, K. 703.
— s. Fukushima, D. K. 697.
Gallay, W., u. J. E. Puddington 108.
Gallimore, J. C. s. Lotz, W. E. 750, 752, 753.
Galvin, J. A. s. Palmer, K. J. 135.
Gamov, G., u. C. L. Critchfield 611.
Ganguly, J. 581.
Gans, R. 92, 115, 132, 155, 156.
Gardner, A. D. s. Abraham, E. P. 499.
Garilhe, M. P. de s. Fromageot, C. 135.
Garner, C. S. 634.
Garnjobst, L. 520.
— s. Barratt, R. W. 445, 451.
Garoutte, B., u. S. Cheiker 542.
Garret, O. F. s. Hartman, G. H. 221.
Garrison, W. M. s. Gile, J. D. 855, 862.
— J. D. Gile, R. D. Maxwell u. J. G. Hamilton 830, 831.
— s. Haymond, H. R. 862.
Garrod, A. E. 444.
Gauchery, O. s. Nordmann, J. 325, 326, 327, 328, 329.
Gaudin, A. M., u. J. S. Carr 822.
Gaunt, J. 703.
Gay, E. s. Filley, G. F. 268.
— H. s. Kaufmann, B. P. 516.
Gebauhr, W. s. Geilmann, W. 838.
Gebelein, H. 1006.
— u. H. J. Heite 931.
— u. G. Ruhenstroth-Bauer 1012.
Gebelein-Heite 962.
Geiduschek, E. P. 135, 137, 174.
Geilmann, W., u. K. Brünger 869.
— u. W. Gebauhr 220, 838.
— u. R. Neeb 864.
Geks, F. J. s. Brock, N. 1017.
Genghof, D. S. 495.

George, M., u. K. M. Pendalai 477.
— S. S., M. Friedman u. S. O. Byers 549.
Gerard, R. W. s. Abood, L. G. 584.
Gerritsma, K. W. s. Reith, J. F. 868.
Gersh, I. 349.
Gerthsen, C. s. Bechert, K. 598.
Gertz, H. s. Mond, R. 52.
Gettler, A. O., u. C. Norris 765.
Geyer, B. S. s. Sommers, S. C. 770.
Ghosh, P. C. s. Bhatnager, A. S. 745.
Gibbon, J. H. s. Goldstein, F. 247.
Gibbs, E. L., W. G. Lennox, L. F. Nims u. F. A. Gibbs 188, 310.
— F. A. s. Gibbs, E. L. 188, 310.
Gibson, J. B. s. Vallee, B. L. 546.
— J. G. s. Peacock, W. C. 855.
Giguere, P. A., u. L. Lauzier 222.
Gile, J. D., W. M. Garrison u. J. G. Hamilton 855, 862.
— s. Garrison, W. M. 830, 831.
Giles, N. H., u. E. Z. Lederberg 511, 516.
— s. DeSerrs, F. J. 511.
Gilette, D. s. Lippman, R. W. 770.
Gilfillan E. S. jr., 717, 721.
— u. M. Polany 706, 718, 719.
Gilman, T. S. s. Blaker, R. H. 167.
Gjessing, E. C., C. S. Floyd u. A. Chanutin 589.
Glascock, R. F. 634, 674, 688, 694, 695, 701, 832, 833, 834, 835.
— u. W. G. Duncombe 701.
Glaser s. Aubel, E. 336.
Gleason, G. I., J. D. Taylor u. D. L. Tabern 626, 661.
— s. Tabern, D. L. 825.
Glegg, R. E., D. Eidinger u. C. P. Leblond 594.
Glendenin, C. J. s. Delbecq, C. J. 869.
— L. E. 844, 845, 851, 865, 877.
— u. C. M. Nelson 840.
— s. Stanley, C. W. 874.
— s. Winsberg, L. 876.
— W. F., u. C. D. Doryell 625.
Glick, D. 347, 348, 349, 366, 387, 400, 409, 418, 440.
— A. Engström u. B. G. Malmström 346.
— u. E. E. Fischer 357, 358.

Glick, D. s. Linderstrøm-Lang, K. 419, 440.
— s. Malmstrøm, B. G. 414.
Glock, E., u. C. O. Jensen 324, 326, 328, 329, 333.
Glück, H. s. Bertho, A. 340.
Gmeiner, G. 195.
Gmelin 872, 876.
Goddard, D. R. 448.
— s. Mapson, L. W. 342, 343.
— J. W., u. A. M. Seligman 370.
Godwin, J. T. s. Sonenberg, M. 769, 772.
Göpfert, H. s. Frey, R. 213.
Goertzel, G. s. Nier, A. O. 215.
Götte, H. 778, 802.
— u. D. Pätze 796.
Götze, M. s. Brintzinger, H. 79, 83.
Gofman, J. W. s. Dobson, E. L. 847.
Gold, G. L. s. Solomon, A. K. 52.
Goldberg, E. D., u. H. Brown 863.
— R. C., u. I. L. Chaikoff 908.
— R. J. s. Kirkwood, J. G. 141.
Golder, R. H. s. Sorof, S. 589.
Goldin, A. S., J. S. Nader u. L. R. Setter 930.
Goldman, F. H. 866.
Goldschmidt, S., u. A. B. Light 189.
Goldsmith, G. J. s. Bleuler, E. 595, 624, 628, 820.
Goldstein, F., J. H. Gibbon, F. F. Allbritten jr. u. J. W. Stayman jr. 247.
— J. M. s. Brown, L. M. 698.
— M. 150, 151.
— s. Benoit, H. 150.
— s. Edsall, J. T. 105.
Gomberg, H. I. 760.
Gomori, G. 346, 348, 351, 352, 353, 354, 355, 356, 357, 358, 359, 361.
Good, W. M. s. Peacock, W. C. 831, 855, 861, 865, 869, 872, 875.
Goodale, W. T., M. Lubin, W. G. Banfield jr. u. D. B. Hackel 188.
— s. Bing, R. J. 254.
— s. Eckenhoff, J. E. 254, 308.
Goodell, A. L. s. Brown, A. 183.
— J. P. B. s. Sheppard, C. W. 863.
Goodwin, L. G. s. Burn, J. H. 931.
— W. E., u. W. D. Harris 825, 828.
Gordon, C. G. s. Edsall, J. T. 105.
Gorham, J. G. s. Thode, H. G. 690.
Goring, D. A. J., u. P. Johnson 167.

Gorup, G. v. 919, 927.
Gots, J. S. s. Brodie, A. F. 324, 325, 327, 329.
Gottschalk, A. s. Lipschitz, W. 344.
Goulden, C. H. 931, 962.
Govaerts, J., u. A. Lambrechts 858.
Gowen, J. W. 475.
Graca, J. G., u. W. N. Makaroff 541.
Grad, B., C. E. Stevens u. C. P. Leblond 772.
Gräff, S. 368.
Graf-Henning 983.
Graf, U., u. H. J. Henning 931, 965, 1006.
Graffi, A., u. W. Hebekerl 566.
Graham, J. I. s. Haldane, J. S. 183, 195.
— T. 72.
— V. E., u. E. G. Hastings 471.
Grahm, G. s. Fraser, F. R. 188.
Granick, S. s. Bogorad, L. 495.
— s. Rudzinska, M. A. 495.
Grant, H. 447.
— W. C. 219.
Grassmann, W. s. Bertho, A. 320, 340.
Gray, C. H., u. E. L. Tatum 516.
— J. 832, 833.
— P. s. Smith, E. 770.
Graybiel, A. s. Dill, D. B. 278, 282, 287.
Graves, D. K., u. A. C. Froman 853.
Grebe, W. s. Jäger, A. 216.
Green, C. H., u. R. J. Voskuyl 706, 718, 721, 733.
— D. E. 336, 587, 588.
— W. F. Loomis u. V. H. Auerbach 588.
— u. J. G. Dewan 325.
— S. Mii, H. R. Mahler u. R. M. Bock 326.
— L. H. Stickland u. H. L. A. Tarr 336.
— s. Mii, S. 326.
— s. Ogston, F. J. 342.
— M. H. s. Menten, M. L. 352, 354, 355, 359.
— M. M. 509.
— R. s. McKinney, G. R. 545.
Greenberg, D. M., u. W. W. Campbell 854.
— s. Copp, D. H. 859.
— s. Hamilton, J. G. 847.
Greenspon, S. A. s. Lowell, D. J. 550.
Gregory, J. 925.
Greiff, L. Y. s. Urey, H. C. 733.
Grenon, M. s. Viallard, R. 835.
Gresky, A. T. 840.
Greville, G. D., u. K. G. Stern 345.
Griffith, F. 477.

Griffiths, E. 214.
Grigg, G. W. 515.
Griswold, H. E. s. Bing, R. J. 254.
Grobman, A., u. H. M. Evans 767.
Grönvall, H. 313.
Grogg, E., u. A. G. E. Pearse 355, 357.
Grollman, A. 201, 309.
Gross, F. s. Matthes, K. 219, 221.
— H. s. Signer, R. 103, 105, 109, 111.
— J., R. Bogoroch, N. J. Nadler u. C. P. Leblond 735, 739, 740, 741.
— s. Leblond, C. P. 736, 751, 766.
Grosse, A. V., u. J. G. Snyder 773.
Groth, W. 689.
Grotzinger, P. W. s. Cristol, D. S. 770.
Grunberg-Manago, M. s. Szulmajster, J. 319.
Grunert, R. R., u. P. H. Phillips 342.
Grut, A., u. H. Hesse 220.
Gryns, G. 49.
Gstirner, F. 334.
Gubler, C. J. s. Chase, M. S. 855.
— G. E. Cartwright u. M. M. Wintrobe 857.
Gucker jr., F. T., u. S. H. Cohn 144.
Güntelberg, A. V., u. K. Linderstrøm-Lang 41, 130.
Guérin, H. 183.
Guggisberg, H. s. Kausche, G. A. 105, 106.
— s. Nitschmann, H. 105, 107.
Guillermond, A. 463.
Guinier, A. 150.
— s. Fournet, G. 150.
Gurin, S., u. A. M. Delluva 811.
Gurley, H. s. Hepler, O. E. 352.
Gustafson, F. s. Meyers, C. N. 871.
Gutfreund, H. 130.
Guthneck, B. T. s. Andrews, M. M. 544.
Guye, P., u. F. L. Perrot 9.
Gwynne-Vaughan, H. C. I., u. H. S. Williamson 447.

Haan, J. de 545.
Haantjes, J. s. Keesom, W. H. 691.
Haardick, H. H. s. Bielig, H.-J. 327, 329.
Haas, E., C. J. Harrer u. T. R. Hogness 340.
— B. L. Horecker u. T. R. Hogness 340.

Haas, F., M. B. Mitchell, B. N. Ames u. H. K. Mitchell 521.
— F. L. s. Wyss, O. 443, 516.
Haber, F. 176.
Hackel, D. B. s. Goodale, W. T. 188.
Haege, L. s. Dean, R. B. 52.
— s. Mullins, L. J. 52.
Hafkenschiel, J. H. s. Bing, R. J. 254.
— s. Eckenhoff, J. E. 254, 308.
Hageboom, G. H., W. C. Schneider u. M. J. Striebich 558.
— s. Schneider, W. C. 558.
Hagen, P. 558.
— U. s. Langendorff, H. 915.
Hagenbach, A. 309.
Hahn, E. s. Leidy, G. 478, 479, 494.
— L. L., G. C. Hevesy u. O. H. Rebbe 52.
— O. 597.
— u. F. Strassmann 606.
— F. Strassmann u. W. Seelmann-Eggebert 830.
— P. F. 736, 784, 930.
— s. Goodell, I. B. 863.
— s. Sheppard, C. W. 863.
— s. Yoshikawa, H. 860, 861.
Halberstädter, L. s. Back, A. 574.
Hald, A. 931, 969, 983.
Haldane 196, 200, 201, 259.
— J. B. S. 444, 949.
— J. S. 202, 258.
— u. J. I. Graham 183, 195.
— u. J. G. Priestley 185.
— s. Barcroft, J. 258.
Haldeman, R. G. 703.
Hall, F. G. s. Keys, A. 283, 308.
— N. F., u. O. R. Alexander 706, 720, 732.
— u. T. O. Jones 696, 703, 706, 720, 721.
— s. Jones, T. O. 733.
— R. E. s. Harkins, W. D. 32.
— T. P. 6.
Haller, W. 98.
Halse, T. s. Ruf, F. 765.
Halwer, M., G. C. Nutting u. B. A. Brice 135, 159, 162, 177, 178.
— s. Brice, B. A. 135, 160, 161, 162, 167, 170, 175, 176.
Hamburger, H. J. 49, 545.
Hamilton, J. G. 752, 753, 765, 847.
— D. H. Copp, D. M. Greenberg, M. J. Chace, L. van Middlesworth u. E. M. Cuthbertson 847.
— s. Axelrod, D. J. 770.
— s. Copp, D. H. 765.

Hamilton, J. G. s. Foreman, H. 916.
— s. Garrison, W. M. 830, 831.
— s. Gile, J. D. 855, 862.
— s. Haymond, H. R. 862.
— s. Lawrence, J. H. 594.
— s. Scott, K. G. 745, 746, 765, 849.
— M. B. s. Allen, S. H. 853.
— M. G. s. Peterman, M. L. 589.
— W. F. s. Barbour, H. G. 710.
— s. Vogt, E. 710.
Hammer, P. C. s. Wainwright, W. W. 737.
Hammond, J. H. s. Winteringham, F. P. W. 763.
Handelsman, J. C. s. Bing, R. J. 254.
Hanle, W. 595.
— K. Hengst u. H. Schneider 820.
Hansard, S. L. 918.
— s. Comar, C. L. 842.
Hansborough, L. A., u. H. Seay 767.
Hansen, A. T. 46, 47.
— L., u. K. Wülfert 712.
Hanson, H., u. N. Tendis 580.
Hanssen, O. 594.
Harbers, E., u. K. Neumann 736.
Harbord, R. P. s. Ringrose, H. T. 217.
Hardy, J. D. s. Dobriner, K. 703.
Harington, C. R. s. Hastings, A. B. 56.
Harkins, W. D., u. T. F. Anderson 5.
— u. F. E. Brown 8, 11.
— u. R. E. Hall 32.
Harkness, D. M. s. Muntweyler, E. 582.
Harley, J. H., u. S. Foti 846.
Harman, J. W. 587.
— u. U. H. Osborne 586.
— s. Kitiyakara, A. 585.
Harmel, M. H. s. Bing, R. J. 254.
— s. Eckenhoff, J. E. 254, 308.
— s. Kety, S. S. 308.
Harper jr., P. V. 220.
— R. A. 447.
Harpley, C. H. s. Hartree, E. F. 194.
Harrer, C. J. s. Haas, E. 340.
Harrington, H. s. Lavik, P. S. 797.
Harris, E. B. s. Lamerton, L. F. 762.
— E. S., u. J. W. Mehl 543.
— G. M. 804.
— G. W. s. Richards, T. W. 719.

Harris, J. E. 53.
— s. King, D. T. 760.
— L. J., u. M. Olliver 343.
— W. D. s. Goodwin, W. E. 825, 828.
Harrison, A. s. Winteringham, F. P. W. 763.
— B. F., M. D. Thomas u. G. R. Hill 773.
— D. C. 329, 341.
— s. Hawthorne, J. R. 341.
— F. B. s. Reynolds, G. T. 649.
— M. F. 548.
Harrold, G. C., S. F. Meek, N. Whitman u. C. P. McCord 868.
Hart, R. G. 700.
Harteck, P. 703, 706.
Hartley, E. G. J. s. Lord Berkeley 24, 25, 26.
— H. O. s. Pearson, E. S. 931.
Hartman, F. W. s. Behrmann, V. G. 213.
— G. H., u. O. F. Garret 221.
Hartmann, F., u. G. Schumacher 933, 1004.
— H. 220.
Hartree, E. F., u. C. H. Harpley 194.
— s. Keilin, D. 315, 367.
Harvey, E. N. 348, 375.
Harvold, E. s. Sognnaes, R. F. 750.
Haskins, F. A., u. H. K. Mitchell 530.
Hasson, M. s. Armstrong jr., S. H. 177, 178.
Hasterlik, R. J. s. Untermyer, S. 847.
Hastings, A. B., D. D. van Slyke, J. M. Neill, M. Heidelberger u. C. R. Harington 56.
— s. Anfinsen, C. B. 374.
— s. Austin, J. H. 190, 194.
— s. Jandorf, B. J. 441.
— s. Lowry, O. H. 716.
— s. Raker, J. W. 52.
— s. Shock, N. W. 219, 285.
— s. Signer, R. B. 283, 284, 308.
— s. Slyke, D. D. van 283, 307, 308.
— E. G. s. Graham, V. E. 471.
Hatfield, M. R. s. Wall, F. T. 143.
Hatschek, E. 12, 14, 17.
Hatz, E. B. s. Rusznyák, S. 220.
Hauser, I., D. Jerchel u. R. Kuhn 323.
Hawkins, J. A., u. C. W. Shilling 309.
Hawthorne, D. C. s. Roman, H. 464, 468.
— J. R., u. D. C. Harrison 341.
Haxel, O. s. Münnich, H. 819.

Hayes, R. E. s. Elliott, A. M. 495.
— W. 488, 489, 490, 491, 492.
— s. Watson, J. D. 490.
Haymond, H. R., K. H. Larson, R. D. Maxwell, W. M. Garrison u. J. M. Hamilton 862.
Haynes, F. W. s. Dexter, L. 188.
Hays, R. A. s. Fisher, E. R. 769.
Hazard, J. B. s. Fisher, E. R. 769.
Heatley, N. G. s. Abraham, E. P. 499.
— s. Berenblum, I. 385, 540.
Hebekerl, W. s. Graffi, A. 566.
Hecht, F. s. Bradacs, W. K. 869.
Hecker, E. 947.
— s. Karlson, P. 947.
Hedin, S. G. 49.
Heemstra, H. 223.
— s. Dirken, M. N. J. 186, 218.
Heidelberger, C. s. Calvin, M. 594, 788, 789, 801, 802, 803, 808, 809, 811, 814, 816.
— M. s. Hastings, A. B. 56.
Heidenreich, O. s. Siebert, G. 593.
Heilmeyer, L., u. A. Sundermann 76.
Heim, R. 217.
Hein, F., u. W. Daniel 210.
Heite, H. J. 773.
— s. Gebelein, H. 931.
Helde, M. 905.
Heller, L., u. N. Bargoni 588.
Hellman, N. K. s. Vosburgh, G. J. 726.
Hellström, H. s. Euler, H. v. 318.
Helm, J. O., u. M. H. Jacobs 59.
Helmholz jr., H. F. s. Boothby, W. M. 217.
Hemingway, H. s. Miller, F. A. 215.
Hemmons, L. M., G. Pontecorvo u. A. W. J. Bufton 458.
— s. Pontecorvo, G. 455, 457, 458, 459, 460, 461, 462, 463.
Hempel 248.
— W. 183.
Hemprich, F. s. Lettré, H. 923.
— Y. 195, 203, 279, 294.
Hendricks, R. H., L. C. Bryner, M. D. Thomas u. J. O. Ivie 791.
Hendrickson, A. R. s. Bratton, A. C. 337.
Hengst, K. s. Hanle, W. 820.
Hengstenberg, J. 167.
Henning, H. J. s. Graf, U. 931, 965, 1006.

Henreux, M. V. L., W. R. Tweedy u. E. M. Zorn 842.
Henriques jr., F. C., u. C. Margnetti 831, 835.
— F. C., G. B. Kistiakowsky, C. Margerietti u. W. G. Schneider 634, 792.
Henry, J. A., u. P. Kipfel 928.
Henseleit, K. s. Krebs, H. A. 519.
Henshaw, P. G., E. F. Riley u. G. E. Stapleton 908.
Hepler, O. E., J. P. Simons u. H. Gurley 352.
Heppel, L. A. s. Horecker, B. L. 341.
Herbert, D. s. Riley, D. P. 130.
— J. B. M. s. Blumenthal, E. 732.
— R. J. T. 649.
Herczeg, C. s. Daudel, P. 824.
Heritier, L. s. Ephrussi, B. 532.
Hermann, G. s. Ruhenstroth-Bauer, G. 1003.
Hermans, J. H. 98.
— J. J. 98, 141.
— u. S. Levinson 160, 162, 163.
— s. Brinkman, H. C. 140, 141.
Herrintgon, A. C., R. G. Shaver u. C. W. Sorenson 926.
Herrmann, J. s. Viallard, R. 835.
— E. s. Wilbrandt, W. 54.
— G. 844.
Hersch, G. M. s. Schubert, J. 847.
Hershey, A. D. 481.
— u. M. Chase 481.
Hertwig, G. s. Lipschitz, W. 344.
Hertz, S., u. R. D. Evans 766.
Hervé, A., u. J. Closon 769.
— s. Bacq, Z. M. 915.
Herz, R. H. 758.
Herzog, R. O., u. H. M. Spurlin 45.
Hesse, H. s. Grut, A. 220.
— O. 907.
Hesselbach, M. L., u. H. G. du Buy 585.
Heston, W. E. s. Lorenz, E. 906.
Hevesy, G. 725, 771.
— u. E. Hofer 726, 778.
— — u. A. Krogh 63.
— u. F. A. Paneth 775.
— G. v. 594, 836.
— G. C. s. Hahn, L. L. 52.
Hewey, P. s. Lilly, J. C. 217.
Hewitt, M. A. s. Cook, G. B. 659, 782.
Heyde, J. L. s. Ruben, S. 734.
Heyningen, W. E. van s. Rosebury, F. 713.
Hida, T. s. Tamiya, H. 315.
Higgenbottom, C. s. Devi, P. 516.

Higucki, T. s. Laitinen, H. A. 222.
Hildebrand, J. H. s. Latimer, W. M. 336.
Hill, A. B. 931.
— A. V. 33, 36, 51.
— E. S. s. Michaelis, L. 333.
— G. R. s. Harrison, B. F. 773.
— L. s. Campbell, J. A. 308.
— M. A. s. Marinelli, L. D. 737.
— R. F. s. Marinelli, L. D. 768.
— s. Pressman, D. 772.
Hillarp, N.-Å., S. Lagerstedt u. B. Nilson 558.
— u. B. Nilson 558.
Hiller, A. s. Slyke, D. D. van 247, 248.
— J., u. A. K. Jakob 736.
Hilton, R. s. Fraser, F. R. 188.
Hine, G. J. s. Marinelli, L. D. 895, 901.
— J., R. C. Peek jr. u. B. D. Oakes 699.
Hinsberg-Lang 221.
Hintenberger, H. s. Ewald, H. 694, 695, 702, 733.
Hipple, J. A. 215.
Hirsch, H. M. s. Slonimski, P. P. 532.
Hirschmann, D. J. s. Lewis, J. C. 135.
Hitchcock, F. A., u. R. W. Stacy 215.
— s. Hunter, J. A. 215.
— s. Kyd, G. H. 215.
Hitzig, W. H. 547.
Hoagland, E. J. 844.
— s. Finkle, B. 851.
Hochster, R. M., u. J. H. Quastel 339.
Hocker, A. F. s. Marinelli, L. D. 768.
Hocking, C., M. Laskowski u. H. A. Scheraga 107.
Hodge, H. C. s. Voegtlin, C. 853.
Hoecker, F. E., u. P. G. Roofe 765.
Höfler, K. 61.
Höhne, G., R. Jaster u. H. A. Künkel 906, 915.
— u. H. A. Künkel 923.
Hölscher, H. A. 325, 326.
Höppler, F. 18.
Hofer, E. s. Hevesy, G. 63, 726, 778.
Hoffheinz, H.-J. s. Bartels, H. 310.
Hoffmann-Ostenhof, O. 340.
Hofmann, H. 793.
— s. Schönemann, K. 793.
— K. A. 211.
Hogan, A. G. s. Robbins, W. J. 522.
Hogeboom, G. H., u. W. C. Schneider 557, 588.

Hogeboom, G. H., W. C. Schneider u. G. E. Palade 562, 584.
— — u. M. J. Striebich 558, 572, 573.
— s. Schneider, W. C. 558, 576, 582.
Hogness, T. R. s. Altschul, A. M. 340.
— s. Haas, E. 340.
Holden, F. R., u. A. F. Owings 924.
— R. K. Skow u. J. Todd 925.
Hollaender, A., K. B. Raper u. R. D. Coghill 516.
— u. C. P. Swanson 516.
— s. Kaufmann, B. P. 516.
— s. Stapleton, G. E. 516, 517.
— s. Swanson, C. P. 516.
Hollander, A., E. R. Sansome, E. Zimmer u. M. Demerec 497.
— V., P. Chang u. Co Tui 710.
Hollstein, U. s. Aten jr., A. H. W. 831.
Holm-Jensen, I. 48.
Holmberg, C. G. 311, 321, 331.
Holmes, F. E. 220.
— R. C. s. Edwards, R. R. 825, 828.
Holt, M., R. F. Cowing u. S. Warren 750.
— S. J. 362.
— u. R. F. J. Withers 362.
Holter, H. 42, 348, 375, 382, 419, 421, 422, 424, 425, 426, 429, 431, 434, 538.
— u. W. L. Doyle 348, 375, 386, 390, 401, 409.
— u. K. Linderstrøm-Lang 397, 401.
— u. S. Løvtrup 387, 412, 414.
— — u. J. Rubin 352.
— M. Ottesen u. R. Weber 561.
— u. B. M. Pollock 441.
— u. E. Zeuthen 379.
— s. Andresen, N. 441, 772.
— s. Bottelier, P. H. 385.
— s. Brüel, D. 386, 390, 402, 403.
— s. Linderstrøm-Lang, K. 348, 371, 372, 376, 387, 389, 395, 401, 407, 408, 409.
Holthusen, H. 890.
Hood, S. L. s. Comar, C. L. 842.
Hoover, C. R., F. W. Putnam u. E. G. Wittenberg 173.
Hopkins, F. G., u. M. Dixon 342.
— u. K. A. C. Elliott 342.
— H. H., u. B. B. Cunningham 860.
Hopp, J. s. Nothdurft, H. 217.
Horecker, B. L. 341.
— u. L. A. Heppel 341.
— s. Haas, E. 340.

Horn, P., u. H. Benoit 150, 157.
— — u. G. Oster 150, 157.
Horneffer, L. 937.
— G. Schmoll u. R. Börner 1003.
Horowitz, N. H. 443, 453, 507, 527, 528, 529.
— u. M. Flink 522.
— M. B. Houlahan, M. G. Hungate u. B. Wright 517.
— u. U. Leupold 453.
— u. H. K. Mitchell 443.
— u. R. D. Owen 443.
— s. Leupold, U. 444, 501.
— s. Srb, A. 519.
Horvath, S. M., u. F. J. W. Roughton 247.
Horwitz, O. s. Montgomery, H. 222.
Hotchkiss, R. D. 477, 478, 480, 494, 515.
— u. J. Marmur 477, 479, 494.
Hottinguer, H. s. Ephrussi, B. 470, 472, 510, 530, 532.
Houlahan, M. B., G. W. Beadle u. H. G. Calhoun 451.
— u. H. K. Mitchell 528.
— s. Horowitz, N. H. 517.
— s. Lein, J. 498, 500, 502.
— s. Mitchell, H. K. 522.
Houwink, R. 21.
Howard, A., u. S. R. Pelc 749, 772, 773.
— s. Pelc, S. R. 735, 737.
Hower, J., u. R. Longhridge 966.
Høyrup, M. s. Sørensen, S. P. L. 135.
Hubbard, R. 592.
Hudgens, J. E., u. L. C. Nelson 867.
Huebschmann, C. 445.
Hürter 188.
Huffman, C. F. s. Comar, C. L. 859.
Huffmann, H. R. s. Urey, H. C. 689.
Huggins, C., u. D. R. Smith 414.
Hughes, C. H., s. Scheider, C. L. 548.
— W. L. s. Vallee, B. L. 546.
— jr., W. L. s. Cohn, E. J. 137.
Hulst, H. C. van de 145.
Hume, D. N. s. Boldridge, W. F. 874.
— D. N. s. Freedman, A. J. 783, 798.
Humperey, G. F., u. J. K. Pollak 575.
Hungate, F. P., u. T. J. Mannell 517.
— M. G. s. Horowitz, N. H. 517.
Hunter, J. A., R. W. Stacy u. F. A. Hitchcock 215.
— T. H. s. Shohl, A. T. 51.

Hurlbert, R. B., H. Schmitz, A. F. Brumm u. V. R. Potter 561.
Hursh, G. s. Noonan, T. 908.
Hurst, W. W., F. R. Schemm u. W. C. Vogel 725.
Hurtado, A., u. H. Aste-Salazar 311.
— s. Dill, D. B. 278, 282, 287.
Huseby, R. A., u. C. P. Barnum 588.
Huston, J. L. s. Evans, E. A. 790, 791, 810.
— M. J., u. A. W. Martin 538.
Hutchens, T. T., C. K. Claycomb, W. J. Cathey u. J. T. van Bruggen 791.
Hutchison, O. S. s. Skipper, H. E. 811.
Huymann, M. v. s. Schild, E. 334.

Ingold, C. K., u. C. W. Wilson 697, 699, 700.
— s. Datta, S. C. 732, 734.
Ingraham, S. C. s. Moeller, D. W. 893.
Irvine jr., J. W. s. Coryell, C. D. 867.
— s. Peacock, W. C. 855.
— J. W. s. Deutch, M. 613.
Irving, H. M., u. F. J. C. Rosetti 867.
— L. s. Scholander, P. F. 712.
Ittner, L. B., u. M. Ter-Pogossian 680.
Ivie, J. O. s. Hendricks, R. H. 791.

Jackson, E. s. Patt 915.
— H. s. Craig, A. 828.
— K. L., E. L. Walker u. N. Pace 582.
Jacobs, M. B. 865, 866, 868, 870.
— M. H. 59, 61, 62, 63, 64, 67, 68, 69.
— u. A. K. Parpart 55, 56, 70.
— u. D. R. Stewart 61, 67.
— — W. J. Brown u. L. J. Kimmelman 55, 59.
— s. Helm, J. O. 59.
Jacobson, L. O., u. E. L. Simmons 847.
— O. s. Linderstrøm-Lang, K. 706, 715, 716.
Jäger, A., u. W. Grebe 216.
— E. 211.
Jaeger, R. s. Eberhard, H. 929.
Jagemann, W. 80, 81, 83.
Jahn, F. s. Brintzinger, H. 72.
— H. 32.
Jakob, A. K. s. Hiller, J. 736.
— F., A. Lwoff, A. Simonovitch u. E. Wollmann 481.

Jakob, F., u. E. L. Wollmann 483.
— s. Lwoff, A. 483.
Jakobson, L., u. R. Overstreet 773.
James, F. W. s. Anderson, J. S. 706, 711, 719, 720.
— s. Emeléus, H. J. 719.
Jandorf, B. J., F. W. Klemperer u. A. B. Hastings 441.
Janes, R. G. s. Laude, P. P. 750.
Jansen, B. C. P. s. Dols, M. J. L. 765.
Jarett, A. A. 687.
Jaster, R. s. Höhne, G. 906, 915.
Jeffery, G. B. 87, 89.
Jenkins, W. A. 832.
Jennings, M. A. s. Abraham, E. P. 499.
— R., u. J. Krakusin 769.
Jensen, C. O., W. Sacks u. F. A. Baldauski 326.
— s. Glock, E. 324, 326, 328, 329, 333.
— E. s. Carlsen, F. 352.
— H. s. Fleischmann, R. 692, 695.
— J. M., u. D. E. Clark 768.
— K. A., I. Kirk, G. Kølmark u. M. Westergaard 517.
— G. Kølmark u. M. Westergaard 511.
Jerchel, D. 327.
— u. H. Fischer 327.
— u. R. Kuhn 327.
— s. Hauser, I. 323.
— s. Kuhn, R. 323.
— s. Schmeiser, K. 641, 796.
Jirgensons, B. 23.
Joel, A. 52.
Johannes, G., u. K. Linderstrøm-Lang 351.
— s. Carlsen, F. 352.
Johansen, G. s. Linderstrøm-Lang, K. 706, 715, 716.
Johns, T. F. s. Duncan, J. F. 860.
Johnson, F. H. 321.
— K. D. B. s. Duncan, J. F. 860.
— N. R. s. Sheline, R. K. 841.
— H. W. s. Rall, J. E. 827.
— O. H. s. Krause, H. H. 869.
— P. s. Doring, D. A. J. 167.
— S. A. s. Schneider, C. L. 548.
Johnsson, T. 219.
Joliot, F. s. Curie, J. 599.
Jolliffe, N. s. Bueding, E. 345.
Joly, M. 107.
Jones, E. S., B. G. Maegraith u. H. H. Sculthorpe 294.
— s. Margraith, B. G. 258.
— G., u. W. A. Ray 5.
— H. B., C. J. Wrobel u. W. R. Lyons 769.
— s. Dobson, E. L. 847.

Jones, H. B., s. Sheline, G. E. 864.
— J. W. s. Frierson, W. J. 837, 839.
— R. N. s. Coons, A. H. 370.
— s. Dobriner, K. 703.
— T. O., u. N. F. Hall 733.
— s. Hall, N. F. 696, 703, 706, 720, 721.
— W. s. Freirson, W. J. 796.
Jongbloed, J. 318, 319.
Joyet, G. 917.
Julén, C., O. Snellman u. B. Sylvén 591.
Jullander, I. 45.
— u. T. Svedberg 45, 46.
Jung, G. s. Siebert, G. 555, 562.
Junng, J. s. Menten, M. L. 352, 354, 355, 359.
Justus, K. M. s. Yaffe, L. 668, 782.

Kabat, E. A., u. J. Furth 352, 353.
— s. Newman, W. 352, 357.
Kahan, S. s. Liebknecht, O. 183, 210, 215, 216, 221.
Kahn, M. s. Bonner, N. A. 762.
Kallee, E., u. G. Seybold 758, 759.
Kallmann, H. s. Broser, J. 644.
Kamath, B. s. Rosen, B. 114.
Kamen, M. D. 594, 688, 698, 831, 835, 836, 837, 854, 855, 872.
— s. Lansing, A. T. 842.
— s. Ruben, S. 734.
Kanamaru, K., u. T. Tanioku 105.
Kann, E. E. 493.
Kanter, M. s. Obersteg, Jürg im 220.
Kaplan, L. s. Dyken, A. R. van 832.
— M. H. s. Coons, A. H. 364, 365, 366, 373.
— R. 443.
— R. W. 475, 516, 517.
Karlson, P., u. E. Hecker 947.
Karrasch, K. s. Friehoff, F. 188.
Karsten, S. 222.
Kastner, J., u. G. N. Whyte 896.
Katchalsky, A. 114.
Katcoff, S. s. Finkle, B. 851.
Kater, J. M. 463, 464.
Katz, J. J., u. E. Rabinovitch 853.
— s. Bernstein, R. B. 823.
— L. s. Baker, R. G. 666.
— S. 151.
— s. Doty, P. 143.
Katzberg, A. A. 543.
Kaufman, H. S. s. Doty, P. 157, 173, 174.

Kaufmann, B. P., A. Hollaender u. H. Gay 516.
— s. Swanson, C. P 516.
Kauko, Y. 215.
Kausche, G. A., H. Guggisberg u. A. Wissler 105, 106.
— s. Bielig, H.-J. 327, 329.
Kavanagh, F. s. Robbins, W. J. 522.
Kayas, G. 837, 840.
Keesom, W. H., u. H. van Diyk 691.
— — u. J. Haantjes 691.
— u. J. Haantjes 691.
Keilin, D. 313, 321.
— u. E. F. Hartree 315, 367.
Keim, C. P. 690.
Keith, N. 726.
Keitt, G. W., u. M. H. Langford 495.
— — u. J. R. Shay 495.
— — u. D. H. Palmiter 495.
— s. Boone, D. M. 495.
— s. Shay, J. R. 495.
Kekwick, R. A. 130.
— u. R. A. Cannan 139.
Kelly, L. S. s. Dobson, E. L. 847.
Kelner, A. 516.
Kempthorne, O. 931.
Kendall, M. G. 931.
Kennedy, E. P. s. Lehninger, A. L. 558.
— J. W. s. Friedländer, G. 594.
Kerlesz, L. s. Barka, T. 358.
Kern, W. 22.
— u. W. Mehren 15.
Kessler, E. 336, 337.
Keston, A. S., D. Rittenberg u. R. Schoenheimer 706, 710, 713, 724.
— S. Udenfriend u. M. Levy 778.
— s. Sonenberg, M. 769, 772.
Ketelle, B. H., u. G. E. Boyd 798.
Kety, S. S. 253, 254.
— M. H. Harmel, H. T. Broomell u. C. B. Rhode 308.
— u. C. F. Schmidt 253, 254.
— s. Bing, R. J. 254.
— s. Eckenhoff, J. E. 254, 308.
Keys, A. 188.
— F. G. Hall u. E. S. G. Barron 283, 308.
Khym, J. X. s. Tompkins, P. C. 845.
Kidder, G. W., u. V. C. Dewy 495.
— s. Dewey, V. C. 495.
Kidman, B., M. Tutt u. J. Vaughan 847.
Kielley, R. K., u. W. C. Schneider 558.
Kiesewalter, J. 323, 324.

Kihlmann, B. s. Fries, N. 518.
Kilday, M. V. 195.
Kimball, A. H., H. C. Urey u. I. Kirshenbaum 698.
Kimmelman, L. J. s. Jacobs, M. H. 55, 59.
King, A. s. Emeléus, H. J. 719.
— D. T., J. E. Harris u. S. Tkaczyk 760.
— R. M. 232.
Kinne, O. 222.
Kip, A. F. s. Peacock, W. C. 855.
Kipfel, P. s. Henry, J. A. 928.
Kipp 210.
Kirby, H. W. 846.
Kirk, I. s. Jensen, K. A. 517.
— M. R. s. Biggs, M. W. 831, 834, 835, 836.
— s. Kritchevsky, D. 836.
— P. L. 183.
— u. G. T. Bentley 409.
— s. Bentley, G. T. 403.
— s. Cunningham, B. 409.
— s. Lindner, R. 409.
— s. Tompkins, E. R. 403.
Kirkwood, J. G., u. R. J. Goldberg 141.
Kirshenbaum, I. 707.
— H. C. Urey u. G. M. Murphy 696, 699, 700, 701, 702, 703, 706, 707, 708, 710.
— s. Kimball, A. H. 698.
Kisieleski, W. s. Tompkins, P. C. 844, 845.
Kistiakowsky, J. G. B. s. Henriques, F. C. 792.
Kitiyakara, A., u. J. W. Harman 585.
Kjelgaard, N. s. Lwoff, A. 481.
Klauer, F., u. H. Billion 921.
Klein, D. T., u. M. Klein 477, 479.
— H. s. Dörge, K. 946.
— M. s. Klein, D. T. 477, 479.
Kleinberger-Nobel, E. 486.
Kleinzeller, A. s. Dainty, M. 107.
Klemperer, F. W., u. A. P. Martin 841.
— s. Jandorf, B. J. 441.
Kline, G. E. s. Miller, H. S. 840.
Knaysi, G. 494.
Knight, B. C. J. G. 522.
— R. T. s. Miller, F. A. 215.
Knipping, H. W. 213.
Knoll, J. B. s. Eidinoff, M. L. 772.
— J. E. s. Eidinoff, M. L. 832.
— s. Verly, W. G. 701.
Knopf, H. s. Clusius, K. 697.
Knowles, R. G. s. Moore, F. J. 931.
Koch, G. s. Neumann, K.-H. 370.
— H. s. Boell, E. J. 419.

Koch, R. s. Langendorff, H. 915.
Köhler 714.
— E. 445.
Köksal, M. 591.
Koelle, G. B. 361, 362, 363.
— u. J. S. Friedenwald 361, 363.
König, K. H. 83.
Koepchen, H.-P. 187.
— s. Bartels, H. 187.
Koepp, G. F. s. Lewis, R. A. 194.
Köppe, H. 52.
Koester, L., u. H. Maier-Leibnitz 637.
Koetoed-Johnson, V. s. Ussing, H. H. 63.
Kohlrausch, F. 3, 4, 8, 707.
Kohman, T. P. 787.
Kohn, H. W. s. Cohn, W. E. 840.
Koller, S. 931, 954, 955, 957, 983, 1001, 1003, 1004, 1005, 1006, 1019.
Kølmark, G. 517.
— u. M. Westergaard 511, 515, 517, 519.
— s, Jensen, K. A. 511, 517.
Kolthoff, I. M. 334, 338, 339.
— u. E. B. Sandell 338, 339, 966.
— s. Tanaka, N. 336.
Kong, A. s. Anderson, J. S. 706, 711, 719, 720.
Kordesch, K., u. A. Marko 215.
Korman, S., u. V. K. La Mer 701.
Kortüm, G., u. M. Kortüm-Seiler 966.
Kortüm-Seiler, M. s. Kortüm, G. 966.
Kosland jr., D. E. s. Stein, S. S. 734.
Kossa, J. V. v. 353.
Kossel, A. 541.
Krakower, C. A. s. Lowell, D. J. 550.
Krakusin, J. s. Jennings, R. 769.
Krall, J. s. Bartels, H. 310.
Kramer, G. s. Wollschitt, H. 204.
— K. 219.
Kramers, H. A. 98.
Kratz, L. 77.
Krause, H. A., u. O. H. Johnson 869.
Krauss, M. R. s. McLeod, C. M. 480.
Krebs, H. A., u. K. Henseleit 519.
— s. Burton, K. 331.
Kreuzer, F. 268.
Krieg, L. s. Franke, W. 317, 340, 341.
— s. Taha, E. M. 317.

Krishnan 154.
— K. S. s. Raman, C. V. 99.
— R. S. 153, 154.
Kritchevsky, D. s. Biggs, M. W. 831, 834, 835, 836.
— s. Sabur, Ikeda 832, 833.
— T. H. s. Dobriner, K. 703.
Krogh, A. 217, 222, 309, 311, 540.
— u. F. Nakazawa 38, 47.
— s. Fenger-Erikson, K. 706, 710.
— s. Hevesy, G. 63.
Krugelis, E. J. 412.
Kubie, L. S. 191.
Kubowitz, F., u. P. Ott 166.
— s. Endres, G. 547.
— s. Fleischmann, W. 545, 547.
— s. Warburg, O. 218.
Kuck, J. A. s. Niederl, J. B. 822.
Kühne, W., u. Rudneff 594.
Künkel, H. A. 924, 925.
— s. Höhne, G. 906, 915, 923.
— s. Schubert, G. 894, 920.
Kuff, E. L., u. W. C. Schneider 582.
— s. Schneider, W. C. 589, 590.
Kuhn, H. 149, 157.
— F. Moning u. W. Kuhn 14.
— s. Kuhn, W. 21, 98.
— R., L. Birkofer u. F. W. Quackenbusch 343.
— u. D. Jerchel 323.
— u. F. Linke 324, 325, 327, 328, 329.
— s. Jerchel, D. 323, 327.
— W. 21, 23.
— u. H. Kuhn 21, 98.
— s. Kuhn, H. 14.
Kun, E., u. L. G. Abood 324, 325, 327, 328, 329.
Kundt, A. 83.
Kundu, D. N., u. M. L. Pool 860.
Kuper, J. B. H., E. H. Foster u. W. Bernstein 930.
Kupfmüller, K. s. Druckerey, H. 1020.
Kyd, G. H., u. F. A. Hitchcock 215.

Labeyrie, L. 817.
Lacassagne, A., u. J. Lattès 735, 768.
Ladenbauer, I.-M. s. Bradacs, W. K. 869.
Lagerlöf, H., u. L. Werkö 188.
Lagerstedt, S. s. Hillarp, N.-Å. 558.
Laidlaw, G. F. 367.
Laird, A. K. 573.
— O. Nygaard, H. Ris u. A. D. Barton 582, 583.
Laitinen, H. A., T. Higucki u. M. Czuha 222.

Lakon, G. 324.
Lakshmanan, T. K., u. S. Lieberman 561.
Lamb, A. V., u. R. E. Leer 720.
Lambertsen, C. J., P. L. Bunce, D. L. Drabkin u. C. F. Schmidt 263, 267.
— s. Barker, S. 187.
Lambie, C. G., u. M. J. Morrisey 186.
Lambrechts, A. s. Govaerts, J. 858.
LaMer, V. K., u. M. D. Barnes 144.
— u. D. Sinclair 144.
— s. Korman, S. 701.
Lamerton, L. F., u. E. B. Harris 762.
Lamirande, G. de s. Allard, C. 584.
Lang, K. 315. 587.
— u. G. Siebert 347, 348, 385, 538, 555, 556, 557, 558, 567, 568, 571, 589, 593.
— — u. F. Fischer 558.
— — u. W. D. Weinmann 580.
— — s. Schleicher, A. 842.
— s. Siebert, G. 555, 570, 571, 593.
— S. s. Siebert, G. 555, 571.
Lange, B. 337.
— E. 701.
Langendorff, H. 906.
— R. Koch u. U. Hagen 915.
— — u. H. Sauer 915.
— G. Spiegler u. F. Wachsmann 928.
— u. F. Wachsmann 928.
Langford, M. H. s. Keitt, G. W. 495.
Langham, W. H. 847.
— s. Maxwell, E. 847.
Langmuir, I. s. Compton, K. T. 639.
Langseth, M. A. 688, 697, 698.
Lansing, A. T., T. B. Rosenthal u. M. D. Kamen 842.
Lanz, H. s. Linderstrøm-Lang, K. 378.
— jr., H. s. Linderstrøm-Lang, K. 418, 715, 716.
Lardy, H. A. 331, 336.
— s. Drysdale, G. R. 581.
Larson, K. H. s. Haymond, H. R. 862.
Laser, H. 540.
Laskin, S. s. Stokinger, H. E. 914.
Laskowski, M. s. Hocking, C. 107.
Laszlo, D., D. M. Ekstein, R. Lewin u. K. G. Stern 847.
Latarjet, R. 483.
— s. Demerec, M. 497, 513, 516.
Latimer, W. M., u. J. H. Hildebrand 336.

Lattès, J. s. Lacassagne, A. 735, 768.
Laude, P. P., R. G. Janes u. J. D. Boyd 750.
Laue, D. 268, 271, 311.
— s. Bartels, H. 268, 272.
Lauffer, M. A. 105.
— u. W. M. Stanley 100, 105.
— u. N. W. Taylor 560.
— — u. C. C. Wunder 560.
Laughnan, J. R. 509.
Lauritsen, C. C., u. T. Lauritsen 634.
— T. s. Lauritsen, C. C. 634.
Laustsen, O. s. Winge, Ø. 464, 465, 466, 467, 471, 473.
Lauzier, L. s. Giguere, P. A. 222.
Lavik, P. S., H. Harrington u. G. W. Buckaloo 797.
Lavin, G. J. s. Zamečnik, P. C. 393.
Lawrence, A. S. C., M. Miall, J. Needham u. S. C. Shen 107.
— J. Needham u. S. C. Shen 105, 107.
— s. Dainty, M. 107.
— s. Needham, J. 107.
— J. H., u. J. G. Hamilton 594.
— W. F. Loomis, C. A. Tobias u. F. H. Turpin 308.
— W. J. C., u. J. R. Price 444.
Lawson, A. s. Wieland, H. 340.
Lazarow, A. 220, 581.
— u. R. A. Portis 542.
Lazerson, R. s. Rall, I. E. 906.
Lea, D. E. 516, 517, 892.
Leader, G. R. 870.
— u. W. H. Sullivan 874.
Lebeau, P., u. A. Damiens 211.
Lebihan, H. s. Bacq, Z. M. 915.
Leblond, C. P. 750, 753, 763.
— u. J. Gross 736, 766.
— W. L. Percival u. J. Gross 751.
— C. E. Stevens u. R. Bogoroch 749, 769.
— G. W. Wilkinson, L. F. Bélanger u. J. Robichon 765.
— s. Bélanger, L. F. 755, 756, 757, 760, 766.
— s. Glegg, R. E. 594.
— s. Grad, B. 772.
— s. Gross, J. 735, 739, 740, 741, 742, 743.
Lecomte, J., M. Ceccaldi u. E. Roth 703.
— s. Bacq, Z. M. 915.
Lecomte du Nouy, P. 6.
Lederberg, E. M. 482.
— s. Cavalli, L. L. 488, 489, 490, 491, 492, 493.
— s. Lederberg, J. 478, 480, 485, 486, 488.

Lederberg, E. Z. s. Giles, N. H. 511, 516.
— J. 486, 487, 488, 490, 491, 492, 493, 499, 500, 515.
— L. L. Cavalli u. E. M. Lederberg 489, 490.
— u. P. R. Edwards 485, 486.
— u. E. M. Lederberg 503.
— — N. D. Zinder u. E. R. Lively 478, 480, 485, 486, 488.
— u. E. L. Tatum 459, 487, 501.
— u. N. Zinder 502.
— s. Cavalli, L. L. 488, 489, 490, 491, 492, 493.
— s. Stoker, B. A. D. 485, 494.
— s. Tatum, E. L. 459, 486, 493.
— s. Zinder, N. D. 480, 483, 484, 485, 486.
Lederer, M. 839.
— s. Michalowicz, A. 796.
Leduc, E. H. s. Coons, A. H. 364, 365, 366, 373.
Lee, D. H. K. 200, 204.
Leer, R. E. s. Lamb, A. B. 720.
Lehman, C. A. s. Wainwright, W. W. 737.
Lehmann, J. 317, 322.
Lehninger, A. L., u. E. P. Kennedy 558.
Lehoult, Y. s. Boivin, A. 477.
Leidy, G., E. Hahn u. H. E. Alexander 478, 479, 494.
— s. Alexander, H. E. 477, 478, 480.
— s. Zamenhof, S. 480.
Leighton, P. A. s. Blacet, F. E. 218.
Lein, J., H. K. Mitchell u. M. B. Houlahan 498, 500, 502.
— s. Mitchell, H. K. 522.
Leland, W. T. s. Nier, A. O. 215.
Lenard, P., R. v. Dallwitz-Wegener u. E. Zachmann 6.
Lennox, W. G. s. Gibbs, E. L. 188, 310.
Leonis, J. 396.
Lepschitz 324.
Lesko, R. C. s. Russell, E. R. 845, 846.
Letterer, E. 593.
Lettré, H., F. Hemprich u. B. Spirig 923.
Leuchtenberger, C. s. Pollister, A. W. 574.
Leucutia, T. 907.
Leupold, U. 464, 468.
— u. N. H. Horowitz 444, 501.
— s. Horowitz, N. H. 453.
Leuthardt, F., u. A. F. Müller 558.
Levey, S. 966.
Levi, H. s. Boyd, G. A. 760.

Levinson, S. s. Hermans, J. J. 160, 162, 163.
Levy, H. A. s. Tompkins, P. C. 914, 915.
— M. 389, 415.
— u. A. H. Palmer 372, 396.
— s. Keston, A. S. 778.
Lewin, J. C. 495.
— R. s. Laszlo, D. 847.
— R. A. 495.
Lewis, E. B. 509.
— G. N., u. D. B. Luten 703, 708, 733.
— H. E., u. O. C. J. Lippold 217.
— I. M. 494, 500.
— J. C., N. S. Snell, D. J. Hirschmann u. H. Fraenkel-Conrat 135.
— R. A., u. F. G. Koepp 194.
— S. E., u. E. C. Slater 587.
Libby, W. 819.
— W. F. 673, 835.
— s. Anderson, E. C. 820.
Libet, B. s. Elliott, A. A. C. 544.
Lidell, H. F. s. Aldridge, W. N. 841.
Lieb, M. 481, 482.
Lieberman, S. s. Dobriner, K. 703.
— s. Lakshmanan, T. K. 561.
Liebermann, L. N., u. H. H. Barschall 764.
Liebknecht, O. 222.
— F. Tödt u. S. Kahan 183, 210, 215, 216, 221.
Liechti, H. s. Signer, R. 114.
Lieneweg, F. 214.
Light, A. B. s. Goldschmidt, S. 189.
Lilienthal jr., J. L., u. R. L. Riley 189.
— — D. D. Proemmel u. R. E. Franke 311.
— s. Riley, R. L. 187.
Lilleengen, K. 483.
Lilly, J. C., T. F. Anderson u. J. P. Hewey 217.
Lincoln, D. C., u. W. H. Sullivan 851.
Lindberg, O., M. Ljunggren, L. Ernster u. L. Revesz 558.
Lindegren, C. C. 446, 447, 451, 464, 468, 469, 470, 471, 472, 475.
— u. G. Lindegren 464, 468, 470, 473, 516.
— u. M. M. Rafalko 463.
— G. s. Lindegreen, C. C. 464, 468, 470, 473, 516.
Lindenbaum, A., J. Schubert u. W. D. Armstrong 811.
Linder 983.
— A. 931, 1026.
— H. 990.

Linderstrøm-Lang, K. 408, 415, 419, 421, 428, 431, 436, 437.
— u. Duspiva, F. 398.
— u. Glick, D. 419, 440.
— u. H. Holter 348, 371, 372, 376, 387, 389, 395, 401, 407, 408, 409.
— — u. A. Søeborg-Ohlsen 372.
— O. Jacobsen u. G. Johansen 706, 715, 716.
— u. H. Lanz 378.
— u. H. Lanz jr. 418, 715, 716.
— u. K. R. Mogensen 372.
— u. A. H. Palmer u. H. Holter 408.
— u. A. Søeborg-Ohlsen 407.
— L. Weil u. H. Holter 407.
— s. Bottelier, P. H. 385.
— s. Brüel, D. 386, 390, 402, 403.
— s, Güntelberg, A. V. 41, 130.
— s. Holter, H. 397, 401.
— s. Johannes, G. 351.
Lindner, R., u. Kirk, P. L. 409.
Lindsay, J. G., D. E. McElcheran u. H. G. Thode 804.
Lindström, L. s. Engström, A. 347.
Linke, F. s. Kuhn, R. 324, 325, 327, 328, 329.
Lipp, W. 348.
Lippman, R. W., R. D. Finkle u. D. Gilette 770.
Lippold, O. C. J. s. Lewis, H. E. 217.
Lipschitz, W. 344.
— u. A. Gottschalk 344.
— u. G. Hertwig 344.
— u. J. Osterroth 344.
Lisco, H., u. M. P. Finkel 847.
— — u. A. M. Brues 908.
Lison, L. 348, 349, 350, 352, 356.
Lissitzky, S., u. R. Michel 794.
Litchfield, J. T., u. F. Wilcoxon 1018.
Litt, M., K. J. Monty u. A. L. Dounce 576.
Lively, E. R. s. Lederberg, J. 478, 480, 485, 486, 488.
Ljunggren, H. 717, 726.
— M. s. Lindberg, O. 558.
Lochet, R. s. Rousset, A. 162.
Lockhart, E. E., u. V. R. Potter 341.
Loehr, W. M. 772.
Loeschcke, H. H. 218.
— E. Opitz u. W. Schoedel 186.
Löwe, F. 217.
Logan, R. s. Smellie, R. M. S. 584.
Lohnstein, T. 8.
Lomholt, S. 765, 769.
London, E. S. 846.
— I. M., u. D. Rittenberg 725, 726.

Long, F. A., u. G. C. Nutting 10.
Longhridge, R. s. Hower, J. 966.
Longsworth, L. G. s. Perlmann, G. F. 176, 177, 178.
Lontie, R. 118.
— u. P. R. Morrison 143.
— s. Edsall, J. T. 137, 138, 141, 142.
Loomis, E. H. 32.
— W. F. 582.
— s. Green, D. E. 588.
— s. Lawrence, J. H. 308.
Looney, J. M., u. H. M. Childs 191.
— W. B., u. L. A. Woodruff 845.
Loosemoore, W. R. 930.
Lord, R. C., u. W. D. Phillips 697.
Lorenz, E., W. E. Heston, A. B. Aschenbrenner u. M. K. Deringer 906.
— F. s. Franke, W. 330.
— I. s. Siebert, G. 555.
— P. 1006.
Lotmar 154, 157.
— W. 153, 155, 156, 157, 173, 174.
Lottermoser, A., u. H. Winter 7, 10.
Lotz, C. s. Dickey, F. H. 511, 516.
— W. E., J. C. Gallimore u. G. A. Boyd 750, 752, 753.
Louviere, L. J., s. Dudley H. C. 869.
Loveless, A., u. J. F. Danielli 355.
Løvtrup, S. 377, 379, 380, 383.
— s. Holter, H. 352, 387, 412, 414.
Low-Beer, B. V. A., R. S. Blais u. N. E. Scofield 901.
Lowell, D. J., S. A. Greenspon, C. A. Krakower u. J. A. Bain 550.
Lowry, O. H. 376, 377.
— u. A. B. Hastings 716.
— s. Anfinsen, C. B. 374.
— s. Bessey, O. A. 413.
Lubin, M. s. Bing, R. J. 254.
— s. Eckenhoff, J. E. 254, 308.
— s. Goodale, W. T. 188.
Lubochinsky, B. s. Aubel, E. 336.
Lucas, R. 26.
Luck, J. M. 574.
Lucké, B. s. McCutcheon, M. 61.
Lüllmann, A., u. A. Förster 964.
Luft, K. F. 216.
Lundin, G. 217.
— s. Boothby, W. M. 217.
— s. Ekeroot, S. 217.
Lundsgaard, C., u. E. Möller 189.

Lundsteen, E., u. E. Vermehren 413.
Luria, S. E. 476.
— u. M. Delbrück 500, 511, 513, 514.
— s. Oakburg, E. F. 499.
Lush, D. s. Burnet, F. M. 481.
Luten, D. B. s. Lewis, G. N. 703, 708, 733.
Luther, R. s. Ostwald, W. 193.
Lwoff, A. 483, 510.
— u. H. Dusi 522.
— u. F. Jakob 483.
— u. M. Lwoff 522.
— L. Simonovitch u. N. Kjelgaard 481.
— s. Jakob, F. 481.
— M. 522.
— s. Lwoff, A. 522.
Lykken, L. s. Parks, T. D. 862.
Lyons, W. R. s. Jones, H. B. 769.

Maas, G. J. van der s. Dols, M. J. L. 765.
— W. K. 522.
— u. B. D. Davis 522.
Maccacaro, G. A. s. Cavalli, L.L. 486, 488, 499.
MacDonald, A. M., J. Cobb u. A. K. Solomon 757.
Macdonald, K. D. s. Pontecorvo G. 455, 457, 458, 459, 460, 461, 462, 463.
Maclagan, N. F., u. M. M. Sheahan 187.
MacLeod, C. M., u. G. Daddi 499.
Maegraith, B. G., E. S. Jones u. H. H. Sculthorpe 258.
— s. Jones, E. S. 294.
Maggee, R. J. s. Miller, C. C. 839, 840.
Magnusson, G. s. Aminoff, U. 771.
— s. Block, E. 771.
Mahler, H. R., u. D. G. Elowe 341.
— s. Green, D. E. 326.
Maier-Leibnitz, H. 675.
— s. Koester, L. 634.
Mainland, D. 931.
Maizels, M. 53.
Makaroff, W. N. s. Graca, J. G. 541.
Malaty, H. A., u. G. H. Bourne 370.
Mallet, L. 773.
Malm, E., u. O. Vuorelainen 212.
Malmström, B. G. s. Glick, D. 346, 414.
Mandel, J. D. s. Bartelstone, H. J. 766.
Manegold, E. 76.
— s. Bjerrum, N. 44.

Manery, J. F. 725.
Manheimer, L. H., u. A. M. Seligman 355.
— s. Seligman, A. M. 359.
Mann, D. W. s. Edsall, J. T. 105.
— P. J. G., u. J. H. Quastel 339.
Mannell, T. J. s. Hungate, F. P. 517.
Mansfield, J. S. s. Darling, R. C. 199.
Mapson, L. W., u. D. R. Goddard 342, 343.
March, H. C. 907.
Marcovich, H. 532.
Marenzi, A. D. s. Folin, O. 343.
Margaria, R. 204, 308.
Margnetti, C. s. Henriques jr., F. C. 831, 835.
Margnetto, C. s. Henriques, F. C. 792.
Marinelli, L. D. 896.
— F. W. Foote, R. F. Hill u. A. F. Hocker 768.
— u. M. A. Hill 737.
— E. H. Quimby u. G. J. Hine 895, 901.
Mark, H. 117, 126, 132, 145.
Marko, A. s. Kordesch, K. 215.
Marmur, J. s. Hotchkiss, R. D. 477, 479, 494.
— s. Saz, A. K. 345.
Marquette, M. M., u. B. S. Schweigert 544.
Marshak, A., u. A. Peck 574.
Marshall jr., E. K. s. Bratton, A. C. 337.
— F., J. Coltman u. A. J. Bennett 648.
— J. M. 370.
Marsland, D. s. Ponder, E. 70
Marti, H. R. s. Behrens, M. 591.
Martin, A. P. s. Klemperer, F. W. 841.
— A. W. s. Huston, M. J. 538.
— jr., D. S. s. Christian, D. 782.
— F. L. s. Stapleton, G. E. 516.
— K. A. s. Stadie, W. C. 56.
— S. P. s. McKinney, G. R. 545.
— W. R. s. Sheppard, C. W. 52.
Martinez, F. E. s. Cherkin, A. 561.
Marton, L., u. P. Abelson 761.
Marvin, M. D. s. Dublin, W. B. 215.
Mascherpa, P. 566.
Massart, L., u. L. Vandendriessche 345.
Masson, C. R. s. Bosworth, P. 167.
Mather, K. 931.
— u. G. H. Beal 451.

Mathieu, R. s. Allard, C. 584.
Mathur, P. B. s. Singh, B. N. 204.
Maton, W. R. E. s. Duncan, J. F. 860.
Mattauch, J., u. A. Flammersfeld 597.
Matthes, A. 20.
— K. 219.
— u. F. Gross 219, 221.
Matthews, S. A. 768.
Maupin, B. 548.
Maurath, J., u. P. Uhlbach 188.
Maurer, W. s. Schubert, G. 860, 861.
Mawson, C. A., u. I. Fischer 844.
Maxwell, E., R. Fryxell u. W. H. Langham 847.
— J. C. 83.
— R. D. s. Garrison, W. M. 830, 831.
— s. Haymond, H. R. 862.
May, J. 220, 221.
Mayer, H. s. Bartels, H. 221, 222.
Mayneord, W. V. 909, 921.
Mayor, R. H., u. C. J. Collins 779.
McBride, B. T. s. Andrews, M. M. 544.
McBryde, W. A. E., u. J. H. Yoe 863.
McCarthy, M., u. O. T. Avery 480.
— H. E. Taylor u. O. T. Avery 478.
— s. Avery, O. T. 476, 477, 479.
— s. Berry, M. E. 485, 494.
McCartney, J. R. s. Ewart, R. H. 141.,
McCarty, K. S. 543.
McClintock, B. 447.
McConnell, K. P. 876.
McCord, C. P. s. Harrold, G. C. 868.
McCoy, J. S. s. Niederl, J. B. 822.
McCutcheon, M., u. B. Lucké 61.
McDonald, A. M., J. Cobb u. A. K. Solomon 735.
McEachen, J. A. s. Eckstein, R. W. 188.
McElcheran, D. E. s. Lindsay, J. G. 804.
McEllison, J. s. Renbourne, E. T. 195.
McElroy, W. D. s. Miller, H. 515.
McGinn, W. E. s. Evans, T. C. 755.
McGregor, J. s. Newcombe, H. B. 499.

McIlwain, H., u. H. L. Buddle 541.
McIndoe, W. M. s. Smellie, R. M. S. 574, 584.
McJunkin, F. A. 366.
McKay, H. A. C. s. Duncan, J. F. 860.
McKee, D. W. s. Pomper, S. 464.
McKinney, G. R., S. P. Martin, R. W. Rundless u. R. Green 545.
McLean, F. C. s. Austin, J. H. 190, 194.
— s. Bloom, W. 765.
McLeod, C. M., u. M. R. Krauss 480.
— M. s. Avery, O. T. 476, 477, 479.
McManus, M. J. s. Freedberg, A. S. 825, 828.
Mead, D. J. s. Fuoss, R. M. 45.
Meagher, W. R. s. Stout, P. R. 773.
Mears, W. H., u. H. Sobotka 733.
Meek, S. F. s. Harrold, G. C. 868.
Mehl, J. W. s. Edsall, J. T. 105.
— s. Harris, E. S. 543.
Mehler, A. H., u. A. H. Brown 734.
Mehren, W. s. Kern, W. 15.
Meier, D. J. 163, 165.
Meinke, W. W. 610.
Meisel, E., s. Wachstein M. 358.
Meister, A. s. Rudman, D. 522.
Melander, L. 832, 835.
Meldrum, N. U. 342.
— u. H. L. A. Tarr 342.
Melville, H. s. Bosworth, P. 167.
Melvin, E. S. s. Atkinson, E. 324.
Menten, M. L., J. Junge u. M. H. Green 352, 354, 355, 359.
Menzies, A. W. C. s. Shearman, R. W. 701.
Merck, E. 330.
Merkelbach, O. 221.
Merrington, A. C. 12.
Metcalf, R. P. 865.
— W. 26.
Metz, C. W. 493.
— G. de 83.
Metzger, N. s. Baumann, E. J. 828.
Meyer, F. 847.
— K. H. s. Boissonnas, C. G. 45.
— S. L. s. Crumley, H. A. 727.
— W. s. Signer, R. 115.
Meyer-Schützmeister, L. 901, 902, 912, 913.
— u. D. H. Vincent 626.
Meyerhoff, G. s. Schulz, G. V. 148, 180.

Meyers, C. N., F. Gustafson u. B. Throne 871.
— J. W. s. Adelberg, E. A. 502.
Miall, M. s. Dainty, M. 107.
— s. Lawrence, A. S. C. 107.
Michaelis, L. 329, 333, 336.
— u. E. S. Hill 333.
— P. 510.
Michalowicz, A., u. M. Lederer 796.
Michel, R. s. Lissitzky, S. 794.
Michlin, D. 336.
Middlesworth, L. van s. Hamilton, J. G. 847.
Middleton, W. E. K., u. C. L. Sanders 161.
Mie, G. 115, 143.
Miescher, F. 575.
Mii, S., u. D. E. Green 326.
— s. Green, D. E. 326.
Mikuta, E. T. s. Thomson, J. F. 581, 583.
Millar, G. W. 50.
Miller, C. C., u. R. J. Maggee 839, 840.
— C. P., u. M. Bohnhoff 499.
— E. s. Newell, Q. 680.
— E. C. s. Price, J. M. 573.
— F. A., H. Hemingway, A. O. Nier, R. T. Knight, E. B. Brown u. R. L. Varco 215.
— H., u. W. D. McElroy 515.
— H. S., F. Fahnoe u. W. R. Peterson 926.
— u. G. E. Kline 840.
— J. A. s. Price, J. M. 573.
Millikan, C. R. 517.
Mills, G. A. 732.
— u. H. C. Urey 733.
— T. H. s. Stang jr., L. G. 830.
Minder, W., u. H. Schindler 898.
Mirsky, A. E. 347, 575.
— u. M. L. Anson 342.
— u. A. W. Pollister 575.
— u. H. Ris 575.
— s. Allfrey, V. 558, 574, 576, 579.
— s. Ris, H. 575.
— s. Stern, H. 558.
Mises, R. v. 946.
Missmahl, H.-P. 594.
Mitchell, H. K., u. M. B. Houlahan 523.
— u. J. Lein 522.
— s. Beadle, G. W. 530.
— s. Haas, F. 521.
— s. Haskins, F. A. 530.
— s. Horowitz, N. H. 443.
— s. Houlahan, M. B. 528.
— s. Lein, J. 498, 500, 502.
— s. Mitchell, M. B. 443, 452, 453, 455, 510, 528, 533.
— s. Westergaard, M. 453.
— M. B., u. H. K. Mitchell 443, 452, 453, 510, 528, 533.

Mitchell, M. B., H. K. Mitchell u. A. Tissieres 533.
— T. H. Pittenger u. H. K. Mitchell 452, 455.
— s. Ames, B. N. 521.
— s. Haas, F. 521.
— W. s. Wieland, H. 340.
Mitsui, H. s. Tamiguchi, S. 337.
Mittenecker, E. 931, 983, 999.
Mizen, N. A., u. M. L. Petermann 573.
— s. Petermann, M. L. 589.
Mochizuki, M. 222.
Moeken, H. P. s. Aten jr., A. H. W. 831.
Moeller, D. W., J. G. Terrill jr. u. S. C. Ingraham 893.
Möller, E. s. Lundsgaard, C. 189.
Moewus, F. 495.
Mogensen, K. R. s. Linderstrøm-Lang, K. 372.
Mohammed, A. 135.
Molina, E. C. 949.
Mommaerts, W. F. H. M. 107, 159, 175.
Mond, R., u. H. Gertz 52.
Money, W. L., u. R. W. Rawson 768.
— s. Sonenberg, M. 769, 772.
Mongar, J. L., u. H. O. Schild 541.
Moning, F. s. Kuhn, H. 14.
Monod, J. 476.
— A. M. Pappenheimer u. G. Cohen-Bazire 476.
Montgomery, H., u. O. Horwitz 222.
— M. L. s. Sheline, G. E. 864.
Monty, K. J. s. Litt, M. 576.
Moog, F. 356, 368.
— u. H. B. Steinbach 357.
Moore, F. J., F. B. Cramer u. R. G. Knowles 931.
— s. Schloerb, P. R. 710, 725, 726, 727.
— R. B. 853.
Moos, W. S. 516.
Mor, M. A. 586, 591.
Morales, M. F. s. Blum, J. J. 141.
Moran, J. J. 828.
Morawitz, P. 547.
Morgan, E. H., u. G. G. Nahas 222, 223.
— G. H. s. Broida, H. P. 703.
— K. Z. 901, 903.
Morita, S. s. Yasuzumi, G. 575.
Moritzen, J. s. Bartels, H. 221, 222.
Morowitz, H. J., u. H. P. Broida 703.
Morrisey, M. J. s. Lambie, C. G. 186.
Morrison, K. C. s. Armstrong jr., S. H. 177, 178.

Morrison, P. R. s. Edsall, J. T. 137, 138, 141, 142.
— s. Lontie, R. 143.
Morse, H. N. 24, 25.
— u. J. C. W. Frazer 24, 25.
Morton, R. K. 589.
Mosimann, H. s. Sadron, C. 96, 114.
Mrak, E. M., H. J. Pfaff u. H. C. Douglas 470.
— s. Pfaff, H. J. 468, 469.
Müller, A. F. s. Leuthardt, F. 558.
— F. 197, 201, 217, 221.
— W., u. W. H. Schopfer 522.
Münnich, H., u. O. Haxel 819.
Mugdan, M., u. J. Sixt 210.
Muller, H. J. 907.
Mullins, J. L., W. O. Fenn, T. R. Noonan, L. Haege 52.
Muntwyler, E., S. Seifter u. D. M. Harkness 582.
Muntz, A. s. Barron, E. S. G. 517.
Muralt, A. v. 183, 195, 217, 220.
— u. J. T. Edsall 103, 106, 107.
Murphy, G. M. s. Christ, R. H. 703.
— s. Kirshenbaum, I. 696, 699, 700, 701, 702, 703, 706, 707, 708, 710, 713, 714.
Mutscheller, A. 893.
Mylroie, A. s. Stevens, C. M. 515.

Nachlas, M. M. s. Seligman, A. M. 349, 359.
Nader, J. S. s. Goldin, A. S. 930.
Nadler, N. J. 735, 745, 747, 748.
— s. Gross, J. 735, 739, 740, 741, 742, 743.
Nagahashi, M. s. Barcroft, J. 222.
Nagel, L. 463.
Naggiar, V. 3.
Nahas, G. G. s. Morgan, E. H. 222, 223.
Nakamura, M. 324, 325, 328, 329.
Nakazawa, F. s. Krogh, A. 38, 47.
Nancollas, G. H. s. Davies, C. W. 803.
Nanney, D. L., u. P. A. Caughey 495.
Nason, A., u. H. J. Evans 336, 337.
— s. Evans, H. J. 336.
— s. Nicholas, D. J. D. 336.
— s. Zucker, M. 337.
Naughten, J. J., u. M. M. Frodyma 804.
Neeb, R. s. Geilmann, W. 864.
Needham, D. M. s. Needham, J. 107.
— J., u. E. J. Boell 403.

Needham, J., S. Cl Shen, D. M. Needham u. A. S. C. Lawrence 107.
— s. Boell, E. J. 419, 422, 425, 432, 433.
— s. Dainty, M. 107.
— s. Lawrence, A. S. C. 105, 107.
Neering, J. C. s. Fisher, E. R. 769.
Neilands, J. B., F. M. Strong u. C. A. Elvehjem 851.
Neill, J. M. s. Hastings, A. B. 56.
— s. Slyke, D. D. van 283, 307, 308.
Nelson, C. M. s. Glendenin, L. E. 840.
— L. 575.
— L. C. s. Hudgens, J. E. 867.
— T. C. 490, 493.
Nervik, W. E., u. P. C. Stevenson 667.
Netter, H., u. S. Ørskov 59.
Neubert, H. 215.
Neuert, H. 637.
— s. Fünfer, E. 637, 644, 646.
Neugebauer, T. 147, 149.
Neuman, M. W., u. W. F. Neuman 765.
— W. F. s. Neuman, M. W. 765.
Neumann, D. s. Siebert, G. 571.
— F. 494.
— H. s. Ruyter, J. H. C. 354.
— K. 415, 550.
— s. Harbers, E. 736.
— K.-H. 349, 370.
— u. G. Koch 370.
Neurath, H. s. Tietze, F. 166, 177.
Neville, O. K. s. Ropp, G. A. 804.
Newbery, W. D. s. Eckstein, R. W. 188.
Newcombe, H. B. 497, 500, 511, 512, 513, 514.
— u. J. McGregor 499.
— u. M. H. Nyholm 486, 488.
Newcomer, H. S. 204.
Newell, Q., W. Saunders u. E. Miller 680.
Newman, W., I. Feigin, A. Wolf u. E. A. Kabat 352, 357.
Newmeyer, D., u. E. L. Tatum 530.
— s. Barratt, R. W. 451.
Nicholas, D. J. D., u. A. Nason 336.
Nicholson, J. W. s. Schuster, A. 153.
Nickerson, W. J., u. A. H. Romano 342, 343.
— s. Romano, A. H. 342, 343.
Nickson, M. J. s. Braasch, N. K. 907.
Nicolai, L. 219.

Niederl, J. B., H. Baum, J. S. McCoy u. J. A. Kuck 822.
Niel, C. B. van 476.
Nielsen, E. O., u. C. Sonne 186.
Nier, A. O., T. A. Abott, J. K. Pickard, W. T. Leland, J. T. Taylor, C. M. Stevens, D. L. Dukey u. G. Goertzel 215.
— s. Miller, F. A. 215.
— A. O. C. 703.
— s. Wilson, D. W. 703, 706, 710, 711, 715, 716, 728, 729, 730.
Nikitin, B. s. Erbacher, D. 846.
Niklas, A., u. W. Oehlert 759.
Nilson, B. s. Hillarp, N.-Å. 558.
Nims, L. F. s. Gibbs, E. L. 188, 310.
Nitschmann, H. 105.
— u. H. Guggisberg 105, 107.
Noe, E. s. Novikoff, A. B. 582.
Noell, W. K. s. Blinn, K. A. 187, 216.
Nollet, Abbé 24.
Noonan, E. C. 700, 701.
— T., F. van Slyke u. G. Hursh 908.
— T. R. s. Boyd, G. A. 769.
— s. Dean, R. B. 52.
— s. Mullins, L. J. 52.
Norberg, B. 408, 411.
Nordmann 329.
— J., R. Nordmann u. O. Gauchery 325, 326, 327, 328, 329.
— R. s. Nordmann, J. 325, 326, 327, 328, 329.
Norman, A. 445.
Norris, C. s. Gettler, A. O. 765.
— T. H. s. Yankwich, P. E. 791.
Northrop, J. H. 61, 139.
Norwitz, G. 873, 875.
— u. I. Norwitz 871.
— I. s. Norwitz, G. 871.
Nothdurft, H., u. J. Hopp 217.
Novick, A., u. L. Szilard 476, 514, 518.
Novikoff, A. B. 352.
— E. Podber, J. Ryan u. E. Noe 582.
Noyes, A. A. 25.
— W. C. Bray u. E. B. Spear 868.
Numata, I. s. Fujita, A. 342, 343.
Nutting, G. C. s. Halwer, M. 135, 159, 162, 177, 178.
— s. Long, F. A. 10.
Nybom, N. 495.
Nyc, J. F. s. Beadle, G. W. 530.
Nygaard, A. P. 312.
— O. s. Laird, A. K. 582, 583.
Nyholm, M. H. s. Newcombe, H. B. 486, 488.
Nystrom, R. F. s. Yankwich, P. E. 804.

Oakburg, E. F., u. S. E. Luria 499.
Oakes, B. D. s. Hine, J. 699.
Oakley, H. B. 39.
Obersteg, Jürg im, u. M. Kanter 220.
Ochmann, W. 468.
Ochoa, S., u. R. A. Peters 440.
Oddie, T. H. 828.
Odeblad, E. 762, 763, 764.
— u. H. Boström 769, 772.
— u. C. A. Tobias 761.
— s. Aminoff, U. 771.
— s. Block, E. 771.
— s. Boström, H. 745, 747, 765.
— s. Englund, S. 771.
O'Dell, R. A. s. Zittle, C. A. 575.
Oehlert, W. s. Niklas, A. 759.
Oettel, H. 220.
Ogawa, M. s. Okuda, Y. 343.
Ogston, A. G. s. Cecil, R. 135.
— F. J., u. D. E. Green 342.
Ohlsson, E. 317.
Okuda, Y., u. M. Ogawa 343.
Okuyama, M. 204.
Olive, L. S. 463.
Olliver, M. s. Harris, L. J. 343.
Olson, R. A., F. S. Brackett u. R. G. Crickard 222.
Oncley, J. L., G. Scatchard u. A. Brown 130.
— J. W. s. Scatchard, G. 107.
Ondraček, K. s. Pringsheim, E. G. 495.
Onslow, N. W. 444.
Opderbeck, F. s. Signer, R. 113.
Opitz, E. s. Loeschcke, H. H. 186.
Orchin, M., I. Wender u. R. A. Friedel 703.
Orcutt, F. S., u. M. H. Seevers 308, 309.
— u. R. M. Waters 252, 253.
Orsat, M. 204.
Ørskov, S. s. Netter, H. 59.
Osborne, U. H. s. Harman, J. W. 586.
Oshry, E. s. Bartelstone, H. J. 766.
Oster, G. 117.
— P. M. Doty u. B. H. Zimm 146, 148, 177.
— s. Horn, P. 150, 157.
— K. A., u. N. C. Schlossmann 369.
Osterroth, J. s. Lipschitz, W. 344.
Ostwald 234.
— W., u. R. Luther 193.
Ostwald-Luther 14, 23.
Oth, A., u. V. Desreux 164.
Otis, A. B. s. Fenn, W. O. 187.
— s. Rahn, H. 186.
Ott u. Desreux 164.

Ott, M. G. s. Sorof, S. 589.
— P. s. Kubowitz, F. 166.
Ottesen, J. 546.
— M. s. Holter, H. 561.
Outer, P. 117.
Overstreet, R. s. Jakobson, L. 773.
Owen, R. D. s. Horowitz, N. H. 443.
Owens, R. D. s. Shirley, R. L. 843.
Owings, A. F. s. Holden, F. R. 924.

Paal, C. 211.
Pace, J. s. Brooks, J. 338.
— N. s. Jackson, K. L. 582.
Packer, D. M., u. G. H. Scott 349.
Padberg, C. 562.
Padykula, H. A. 370.
Pätze, D. s. Götte, H. 796.
Paigen, K. 582.
Paintner, C. L. s. Wall, F. T. 143.
Palade, G. E. s. Hogeboom, G. H. 562, 584.
Palm, E. 770.
Palmer, A. H. 135.
— s. Levy, M. 372, 396.
— s. Linderstrøm-Lang, K. 408.
— K. J., M. Ballantyne u. J. A. Galvin 135.
Palmiter, D. H. s. Keitt, G. W. 495.
Palva, P. 63.
Paneth, F. A. s. Hevesy, G. 775.
Panijel, J. 348.
Pappenheimer, A. M. s. Monod, J. 476.
— J. R. 187, 295.
Park, J. J. s. Brown, L. M. 698.
Parker, G. W. s. Tompkins, P. C. 844, 845.
— H. M. 891.
— V. H. 345.
Parks, T. D., u. L. Lykken 862.
Parpart, A. K. 59.
— s. Jacobs, M. H. 55, 56, 70.
Parry, K. J. 923.
Partridge, C. W. H., D. M. Bonner u. C. Yanofsky 530.
— s. Bonner, D. M. 530.
Pascale, L. R., T. Frankel, S. Freeman, I. L. Faller u. E. E. Bond 725, 726.
Pascher, A. 495.
Pate, B. D. s. Smales, A. A. 872.
Patt, H. M., D. E. Smith u. E. Jackson 915.
— — E. B. Tyree u. R. L. Straube 915.
— s. Smith, D. E. 915.

Paul, K. G., u. H. Theorell 220.
— W. s. Wieland, T. 778.
Pauli, W., u. P. Fent 48.
— Wo. 72, 78.
Pauling, L., R. E. Wood u. J. H. Sturdivant 212.
Payne, P. R., I. G. Campbell u. D. F. White 832.
— s. White, D. F. 832, 835.
Peacock, W. C., R. D. Evans, J. W. Irvine jr., W. M. Good A. F. Kip, S. Weiss u. J. G. Gibson 855.
— u. W. M. Good 831, 855, 861, 865, 869, 872, 875.
Peaker, F. W. s. Boswotrh, P. 167.
Pearse, A. G. E. 348, 355, 360.
— s. Burton, J. F. 360, 361.
— s. Grogg, E. 355, 357.
Pearson, E. S., u. H. O. Hartley 931.
— K. 931.
— T. G. s. Anderson, J. S. 706, 711, 719, 720.
— s. Eméleus, H. J. 719.
Pecher, C. 765, 766.
Peck, A. s. Marshak, A. 574.
Peek jr., R. C. s. Hine, J. 699.
Pelc, S. R. 346, 735, 757, 758.
— u. A. Howard 735, 737.
— u. F. G. Spear 769.
— s. Doniach, J. 735, 740, 741, 743, 758.
— s. Howard, A. 749, 772, 773.
Pendalai, K. M. s. George, M. 477.
Percival, W. L. s. Leblond, C. P. 751.
Perey, M., u. P. Adloff 869.
Perkins, D. D. 451, 455, 495.
— s. Barratt, R. W. 451.
— s. Tatum, E. L. 443.
Perkinson, J. D., u. H. D. Bruner 825, 828.
— s. Bruner, H. D. 825.
Perlmann, G. F., u. L. G. Longsworth 176, 177, 178.
Pernis, B., G. Schneider u. C. Wunderly 593.
Perrin, F. 92, 154.
Perrot, F. L. s. Guye, P. 9.
Perry, S. V. 590, 591.
— s. Chappel, S. B. 586.
Persky, H. s. Altschul, A. M. 340.
Petering, H., u. F. J. Daniels 221.
Peterlin, A. 14, 20, 21, 88, 89, 90, 98, 117, 150.
— u. R. Signer 20, 111.
— u. H. A. Stuart 88, 91, 93, 95, 99, 112.
Petermann, M. L., N. A. Mizen u. M. G. Hamilton 589.

Petermann, M. L., s. Mizen N. A. 573.
— s. Schneider, R. M. 573.
Peters, J. P., u. D. D. van Slyke 195, 223, 258.
— s. Austin, J. H. 190, 194.
— R. A. s. Ochoa, S. 440.
Peters-van Slyke 183, 195, 223, 276, 278.
Petersen, E. 389, 393.
Peterson, R. E. 855, 856, 857.
— W. R. s. Miller, H. S. 926.
Petrova, A. s. Tsvetkov, V. N. 105, 113.
Petrow, H. G. 847.
Pfaff, H. J., u. E. M. Mrak 468, 469.
— s. Mrak, E. M. 470.
Pfeffer 24.
— W. 24.
Philipp, K. s. Erbacher, O. 823.
— s. Ruf, F. 765.
Philippoff, W. 12, 14, 16.
Phillips, M., W. M. Clark u. B. Cohen 330.
— P. H. s. Grunert, R. R. 342.
— W. D. s. Lord, R. C. 697.
Philpot, F. J. 330.
— J. S. R., u. J. E. Stanier 581.
Pickard, J. K. s. Nier, A. O. 215.
Pickels, E. G. 559, 560.
Piekarski, G. 494.
Pierce, E. 840.
Pierotte, G. s. Bacq, Z. M. 915.
Pietschmann, K. 494,
Pijper, A. 50.
Pike, E. W. A. s. Duncan, J. F. 860.
Pinajian, J. J., J. E. Christian u. W. E. Wright 779.
— s. Christian, J. E. 779.
Pinlock, A. C. s. Armitage, G. H 186.
Pittenger, T. H. 452.
— s. Mitchell, M. B. 452, 455.
Planck, M. 119.
Plaut, G. W. E., u. K. A. Plaut 586.
— s. Anderson, L. 331, 336.
— K. A. s. Plaut, G. W. E. 586.
— W. S. 773.
Plazin, J. s. Slyke, D. D. van 792, 809, 811, 815, 816, 817.
Plessing, H. s. Brintzinger, H. 72.
Plough, H. H. s. Berry, M. E. 485, 494.
Plumlee, M. P. s. Comar, C. L. 842.
Podber, E. s. Novikoff, A. B. 582.
Poel, W. E. 542.
Poisson 683.

Polanyi, M. s. Gilfillan, E. S. 706, 718, 719.
Pollak, J. K. s. Humperey, G. F. 575.
Polli, E. E. 545, 575.
Pollister, A. W., u. C. Leuchtenberger 574.
— s. Mirsky, A. E. 575.
Pollock, B. M. s. Holter, H. 441.
Polson, A. 13.
Pomper, S., u. P. Burkholder 474.
— u. D. W. McKee 464.
Ponder, E. 51, 54.
— u. D. Marsland 70.
— u. G. Saslow 51.
— s. Allen, A. 50.
— s. Cox, R. T. 50.
Ponsold, A. 220.
Pontecorvo, G. 459, 497, 499.
— u. J. A. Roper 461.
— — u. E. Forbes 461.
— — L. M. Hemmons, K. D. Macdonald u. A. W. J. Bufton 455, 457, 458, 459, 460, 461, 462, 463.
— s. Devi, P. 516.
— s. Hemmons, L. M. 458.
Ponticorvo, L., D. Rittenberg u. K. Bloch 697.
Pontius, R. G. s. Barker, S. 187.
Pool, M. L. s. Kundun, D. N. 860.
Poole, B. D. H. 333.
Popják, G., u. M. L. Beeckmans 697.
Pories, W. J. s. Witter, R. F. 581.
Porter, J. D. 4.
— V. S., N. P. Deming, R. C. Wright u. E. M. Scott 582.
Portis, R. A. s. Lazarow, A. 542.
Portzehl, H. 953.
Posalaky, Z. s. Barka, T. 358.
Potter, J. S. s. Claude, A. 575.
— V. R. 341.
— u. H. G. Albaum 341.
— u. C. A. Elvehjem 542.
— s. Hurlbert, R. B. 561.
— s. Lockhart, E. E. 341.
Pouradier, J., A. M. Venet u. H. Chateau 860.
Powell, J. E. s. Untermyer, S. 847.
Power, M. H. s. Rall, J. E. 827.
Prescott, C. H. 218.
— D. M., u. E. Zeuthen 63.
Pressman, D., R. F. Hill u. F. W. Footh 772.
Preuss, L. E., u. J. H. L. Watson 919.
Price, J. M., E. C. Miller, J. A. Miller u. G. M. Weber 573.
— J. R. s. Lawrence, W. J. C. 444.
Price, W. B., u. L. Woods 218.
— W. C. 106.
— R. C. Williams u. R. W. G. Wyckoff 106.
Priestley, J. G. s. Douglas, C. G. 195, 258, 260.
— s. Haldane, J. S. 185.
Prigge, R. 1017.
— u. W. Schäfer 1017, 1020.
Pringsheim, E. G., u. K. Ondraček 495.
Proctor, N. K. s. Vosburgh, G. J. 726.
Prodinger, W. 859.
Proemmel, D. D. s. Lilienthal jr., J. L. 311.
— s. Riley, R. L. 187, 223, 263, 311.
Prouvost, A. s. Aubel, E. 336.
Puckett, W. O. 750.
Puddington, I. E. 703.
Puddington, J. E. s. Gallay, W. 108.
Purcell, R. H. s. Anderson, J. S. 706, 711, 719, 720.
— s. Eméleus, H. J. 719.
Purves, H. D. 828, 829.
Putman, J. L. 669, 782.
— s. Whitehouse, W. J. 595, 607, 608, 654, 881.
Putnam, F. W. s. Hoover, C. R. 173.
Putzeys, P., u. J. Brosteaux 116, 130, 167.

Quackenbush, F. W. s. Kuhn, R. 343.
Quastel, J. H. 319.
— u. A. H. M. Wheatley 338.
— u. M. D. Whetham 315, 316, 319, 322.
— u. W. R. Wooldridge 330.
— s. Hochster, R. M. 339.
— s. Mann, P. J. G. 339.
Quenouille, M. H. 931.
Quimby, E. H. s. Evens, T. C. 905.
— s. Marinelli, L. D. 895, 901.
— H. E., u. C. B. Braestrup 919.
Quimby, E. H. s. Smith, B. C. 830.

Raaflaub, J. 559.
Rabinovitch, E. s. Katz, J. J. 853.
Rachele, J. R. s. Verly, W. G. 701.
Radin, N. S. 688, 778.
Rafalko, M. M. s. Lindegren, C. C. 463.
Rahn 186.
— H., u. W. O. Fenn 289, 290, 291, 292, 293, 294.
— u. A. B. Otis 186.
Rahn, H., s. Fenn, W. O. 187.
Rajewsky, B. 904, 907, 917.
Raker, J. W., J. M. Taylor, J. M. Weller u. A. B. Hastings 52.
Rall, J. E., C. G. Forster, J. Robbins, R. Lazerson, L. E. Farr u. R. W. Rawson 906.
— H. W. Johnson, M. H. Power u. A. Albert 827.
Raman, C. V., u. K. S. Krishnan 99.
— u. K. R. Ramanathan 115, 132.
Ramanathan, K. R. s. Raman, C. V. 115, 132.
Ramsay, W., u. J. Shields 4.
Randall, M. s. Ruben, S. 734.
Randolph, M. L., u. R. R. Ryan 590.
Ranis, A. s. Berl, E. 217.
Ransom, Wm. & Son. s. Stockdale, R. A. G. 80.
Rao, C. R. 931.
Raoult, F. 32.
Raper, J. R. 908.
— K. B. s. Hollander, A. 516.
— s. Thom, C. 456, 457.
Rask-Nielsen, R. 383.
Rauch, K. s. Fischer, F. G. 322.
Rauen, H. M. 931.
— u. W. Stamm 947.
Ravin, H. A., K. C. Tsou u. A. M. Seligman 364.
— S. J. Zacks u. A. M. Seligman 362, 364.
Rawlins, T. E. s. Takahashi, W. N. 105.
Rawson, R. W. s. Money, W. L. 768.
— s. Rall, I. E. 906.
Ray, C. T. s. Burch, G. E. 726, 867.
— W. A. s. Jones, G. 5.
Rayet, P. s. Bacq, Z. M. 915.
Rayleigh, Lord 8, 115, 147, 149, 155.
Rayner, B., M. Tutt u. J. Vaughan 847.
Read, J. s. Thoday, J. 516.
Reaser, P. B. s. Burch, G. E. 867.
Rebbe, O. H. s. Hahn, L. L. 52.
Rechnitz, G. s. Clusius, K. 730.
Rediske, J. H. 858.
Redman, W. s. Alexander, H. E. 477, 480.
Regier, R. B. 802.
Regnery, D. C. s. Smith, G. M. 495.
Reid, G. W., u. O. Bizzell 919.
— J. C. s. Dauben, W. G. 791.
— J. G. s. Calvin, M. 788, 789, 801, 802, 803, 808, 809, 811, 814, 816.
— T. C. s. Calvin, M. 594.

Reilly, W. A. s. Edwards, R. R. 825, 828.
Reimann, S. P. s. Wilson, D. W. 703, 706, 710, 711, 715, 716, 728, 729, 730.
Rein 212.
— H. 211, 213, 214.
Reinhards, M., G. Rohringer u. E. Broda 820.
Reinhardt, W. O. 768.
Réinosuké, Hara 847.
Reisinger, J. A. s. Walker, A. M. 410.
Reith, J. F., u. K. W. Gerritsma 868.
Reitz, O. 689, 697, 702, 732.
— u. K. F. Bonhoeffer 727.
Renaud, J. 463, 464, 467.
Renbourne, E. T., u. J. McEllison 195.
Renner, O. 510.
Renzetti, A. s. Donald, K. W. 294.
Revesz, L. s. Lindberg, O. 558.
Reynolds, G. T., F. B. Harrison u. G. Salvini 649.
Rhoades, M. M. 510.
Rhode, C. B. s. Kety, S. S. 308.
Rice, C. N. 919, 923.
— L. I., R. B. Alfin-Slater u. H. J. Deuel jr. 697.
Rich, A. s. Edsall, J. T. 105.
Richards, A. N., J. Bordley u. A. M. Walker 409, 410.
— D. W. s. Cournand, A. 188.
— jr., D. W. s. Darling, R. C. 199.
— T. W. 32.
— u. G. W. Harris 719.
— u. J. W. Shipley 719.
Richardson, L. R. s. Robbins, W. J. 522.
Richterich, R. 359.
Rideal, E. K. s. Eirich, F. 130.
Ridley, R. W. s. Faulconer, A. 214.
Riechemeier, O. s. Senftleben, H. 211.
Ried, W. 323, 324.
— s. Siegert, R. 327.
Riezler, W. 595.
— s. Schubert, G. 860, 861, 895.
Riggs, B. C. s. Stadie, W. C. 540.
Riley, D. P., u. D. Herbert 130.
— E. F. s. Henshaw, P. G. 908.
— R. L. 263.
— u. A. Cournand 294.
— — u. K. W. Donald 294.
— — J. L. Lilienthal jr., D. D. Proemmel u. R. E. Franke 187.
— D. D. Proemmel u. R. E. Franke 223, 263, 311.
— s. Cournand, A. 188.

Riley, R. L. s. Donald, K. W. 294.
— s. Lilienthal jr., J. L. 189, 311.
Ringrose, H. T., S. T. Rowling u. R. P. Harbord 217.
Ris, H., u. A. E. Mirsky 575.
— s. Laird, A. K. 582, 583.
— s. Mirsky, A. E. 575.
Rittenberg, D. 688, 694, 729, 730.
— u. G. L. Foster 778.
— u. R. Schoenheimer 706, 717, 724.
— u. D. B. Sprinson 694.
— s. Bloch, K. 697.
— s. Keston, A. S. 706, 710, 713, 723, 724.
— s. London, I. M. 725, 726.
— s. Ponticorvo, L. 697.
— s. Schoenheimer, R. 725.
— s. Shemin, D. 525.
— s. Sprinson, D. B. 732.
Roan, C. C. s. Coburn, H. H. 922.
Robbins, J. s. Rall, I. E. 906.
— W. J., u. M. A. Bartley 522.
— — A. G. Hogan u. L. R. Richardson 522.
— u. F. Kavanagh 522.
Robert, A. s. Deutch, M. 613.
Roberts, C. 470, 471, 473.
— s. Winge, Ø. 468, 469.
— I., H. G. Thode u. H. C. Urey 689.
Robertson, A. J. s. Walker, J. 32.
Robeson, E. C. 211.
Robichon, J. s. Leblond, C. P. 765.
Robinow, C. F. 494.
Robinson, C. V. 832, 835.
— M. E. s. Adair, G. S. 130.
Robson, J. M. s. Auerbach, C. 517.
Rochlin, E. 463.
Rock, S. M. s. Alfin-Slater, R. B. 703.
Rodden, C. 850, 853.
Rodewald, G. 274.
— s. Bartels, H. 183, 185, 187, 188, 189, 232, 246, 258, 270, 276, 282, 294, 310.
Rodwell, A. W. s. Gale, E. F. 500.
Roe, C. P. s. Ewart, R. H. 141.
Roedig, A. s. Fischer, F. G. 322.
Roess, L. C., u. C. G. Shull 150.
Rogers, V. s. Boell, E. J. 419, 422, 425, 432, 433.
Rohdewald, M. s. Willstätter, R. 545.
Rohringer, G., u. E. Broda 819, 820.
— s. Reinhards, M. 820.

Rollefson, G. E. s. Yankwich, P. E. 791.
Rollnick, A. s. Dodge, B. O. 448.
Roman, H., D. C. Hawthorne u. H. Douglas 464, 468.
— u. S. M. Sands 464, 466, 468.
— s. Stadler, L. J. 516.
Romano, A. H., u. W. J. Nickerson 342, 343.
— s. Nickerson, W. J. 342, 343.
Romeis, B. 366, 368.
Rona, P. 189, 195, 262.
Roofe, P. G. s. Hoecker, F. E. 765.
Roos, A., u. H. Black 222.
Root, W. S. s. Roughton, F. W. 246, 311.
Roper, J. A. 459, 461, 509.
— s. Pontecorvo, G. 455, 457, 458, 459, 460, 461, 462, 463.
Ropp, G. A. 778, 804.
— u. O. K. Neville 804.
Rose, G., u. E. W. Emery 671.
Rosebury, F., u. W. E. van Heyningen 713.
Rosen, B., B. Kamath u. F. Eirich 114.
Rosenberg, T., u. W. Wilbrandt 66.
Rosenfeld, B. s. Wieland, H. 320.
— G. 869.
— J., u. C. A. Tobias 859, 863.
Rosenthal, R. s. Weymouth, P. P. 859.
— T. B. s. Lansing, A. T. 842.
Rosetti, F. C. J. s. Irving, H. M. 867.
— J. D. s. Coryell, C. D. 867.
Ross, J. F., u. M. A. Chapin 855, 856, 857.
Rossi, H. H., u. R. H. Ellis jr. 901.
— s. Stewart, W. B. 855.
Rossier, P. H. s. Wiesinger, K. 276.
Rossmann, H. 216, 221.
Roth, E. s. Lecomte, J. 703.
— W. A. 32.
Rothemund, E. s. Zöllner, N. 326.
Rothfels, K. H. 486, 488.
Rothhaar, A. s. Brintzinger, H. 76.
Rottauwe, H. W. 222.
Roughton, F. J. W., u. P. F. Scholander 263, 442.
— s. Scholander, P. F. 218, 443.
— s. Edwards, G. A. 443.
— s. Horvath, S. M. 247.
— F. W. J., R. C. Darling u. W. S. Root 246, 311.
Roughton-Scholander 263.
Roukhelmann, N. s. Delaporte, B. 463.

Rousset, A., u. R. Lochet 162.
Rowling, S. T. s. Ringrose, H. T. 217.
Rozits, K. s. Brüel, D. 386, 390, 402, 403.
Ruben, S., M. Randall, M. D. Kamen u. J. L. Heyde 734.
Rubenstein, J. H. s. Wheeler, H. B. 921.
Rubin, B. A. 879.
— J. s. Holter, H. 352.
Rubinstein, D., u. O. F. Denstedt 575.
Rudman, D., u. A. Meister 522.
Rudneff s. Kühne, W. 594.
Rudolph, W. s. Brintzinger, H. 72.
Rudzinska, M. A., u. S. Granick 495.
Ruf, F., K. Philipp u. T. Halse 765.
Ruhenstroth-Bauer, G., u. G. Hermann 1003.
— s. Gebelein, H. 1012.
Ruka, R. s. Freedberg, A. S. 825, 828.
Rummel, W., u. W. Wilbrandt 59.
Rundless, R. W. s. McKinney, G. R. 545.
Runnström, J. 61.
Ruska, H. s. Wollschitt, H. 217.
Russell, E. R., R. C. Lesko u. J. Schubert 845, 846.
— M. A. s. Weil, L. 397, 410.
Rusznyák, S., u. E. B. Hatz 220.
Rutenburg, A. M., R. B. Cohen u. A. M. Seligman 365.
— s. Seligman, A. M. 369.
— S. H. s. Cohen, R. B. 365.
Rutherford, E., J. Chadwick u. C. D. Ellis 619.
Ruyter, J. H. C., u. H. Neumann 354.
Ryan, F. J. 451, 514, 516.
— G. W. Beadle u. E. L. Tatum 452, 453.
— u. J. Lederberg 514.
— u. L. K. Schneider 514.
— J. s. Novikoff, A. B. 582.
— R. R. s. Randolph, M. L. 590.
Ryklan, L. R., u. C. L. A. Schmidt 336.

Saboz, E. s. Wiesinger, K. 276.
Sabur, Ikeda, A. A. Benson u. D. Kritchevsky 832, 833.
Sachsse, H., u. K. Bratzler 703.
Sacks, J. 822.
— W. s. Jensen, C. O. 326.
Sacktor, B. 587.
Sackuhr, O. 25.

Sadron, C. 96, 103, 105, 112, 117, 159, 175.
— u. H. Mosimann 96, 114.
Saetren, H. s. Allfrey, V. 558, 574, 576, 579.
Säverborn, S. s. Snellman, O. 113.
Sagerson, R. P. s. Dexter, L. 188.
Sahlin, B. 317.
Salera, U., u. G. Tamburino 858.
Sallmann, L. v., u. B. Dillon 770.
— T. C. Evans u. B. Dillon 770.
Salomon, K. s. Boyd, G. A. 769.
— L. s. Smales, A. A. 839, 840.
Salvini, G. s. Reynolds, G. T. 649.
Sampado, G. s. Wiesinger, K. 276.
Sampford, M. R. 1011.
Samsa, E. G. s. Foster, J. F. 107.
Sanchez Cuenca, B. 190.
Sandell, E. B. s. Kolthoff, I. M. 338, 339, 966.
Sanders, C. L. s. Middleton, W. E. K. 161.
Sands, M. s. Elmore, W. 650, 651.
— S. M. s. Roman, H. 464, 466, 468.
Sanford, K. K., W. R. Earle, V. J. Evans, H. K. Waltz u. J. E. Shannon 584.
Sansome, E. R. 447.
— s. Hollander, A. 497.
Sapirstein, L. A. 706, 720.
Sapsin, S. s. Sobel, H. 827.
Saslow, G. s. Ponder, E. 51.
Sato, R. s. Egami, F. 345.
Saunders, W. s. Newell, Q. 680.
Sawyer, C. H. 400.
Sayers, R. R., u. W. P. Yant 220.
Saz, A. K., u. J. Marmur 345.
Scatchard, G. 40, 141.
— A. C. Batchelder u. A. Brown 130, 138, 141.
— u. E. S. Black 141.
— J. L. Oncley, J. W. Williams u. A. Brown 107.
— J. H. Scheinberg u. S. H. Armstrong jr. 141.
— s. Oncley, J. L. 130.
Schäfer, W. 953, 1017.
— s. Prigge, R. 1017, 1020.
Schardinger, F. 312.
Scheinberg, H. s. Edsall, J. T. 105, 106.
— J. H. s. Scatchard, G. 141.
Schelling, H. v. 1017.
Schemm, F. R. s. Hurst, W. W. 725.

Schenk, E. G. s. Wollschitt, H. 217.
Scheraga, H. A. 92, 97.
— u. J. K. Backus 105, 107, 108.
— J. T. Edsall u. J. O. Gadd 89, 91, 92, 94, 95.
— s. Backus, J. K. 108.
— s. Hocking, C. 107.
Schild, E., u. M. v. Huymann 334.
— H. O. s. Mongar, J. L. 541.
Schindler, H. s. Minder, W. 898.
Schläpfer u. Mosca 211.
Schleicher, A. 844.
— u. K. Lang 842.
Schloerb, P. R., B. J. Friis-Hansen, I. S. Edelman, A. K. Solomon u. F. D. Moore 710, 725, 726, 727.
Schlossberger, H. s. Butenandt, A. 444.
Schlossmann, N. C. s. Oster, K. A. 369.
Schmeiser, K. 662, 663, 736.
— u. D. Jerchel 641, 796.
Schmermund, H. J. s. Schubert, G. 894, 920.
Schmid, J. 847.
Schmidt, A. 218.
— C. F. s. Kety, S. S. 253, 254.
— s. Lambertsen, C. J. 263, 267.
— C. L. A. s. Ryklan, L. R. 336.
— O. 220.
Schmidt-Nielsen, K. 408, 409.
Schmit-Jensen, H. O. 217.
Schmitz, H. 325, 326.
— s. Hurlbert, R. B. 561.
Schmoll, G. s. Horneffer, L. 1003.
Schneider, C. L., E. B. Claxton, C. H. Hughes u. S. A. Johnson 548.
— G. s. Pernis, B. 593.
— H. s. Hanle, W. 820.
— M. 188.
— R. M., u. M. L. Petermann 573.
— W. s. Henriques, F. C. 792.
— W. C. 558, 564, 582, 583, 589.
— u. G. H. Hogeboom 558, 576, 582.
— u. E. L. Kuff 589, 590.
— s. Hogeboom, G. H. 557, 558, 562, 572, 573, 584, 588.
— s. Kielley, R. K. 558.
— s. Kuff, E. L. 582.
Schoedel, W. s. Loeschcke, H. H. 186.
Schönemann, K., u. H. Hofmann 793.
Schoenheimer, R. 725, 729.
— u. D. Rittenberg 725.

Schoenheimer, R. s. Keston, A. S. 706, 710, 713, 723, 724.
— s. Rittenberg, D. 706, 717, 724.
Scholander 205.
— P. F. 205, 442.
— C. L. Claff u. S. L. Sveinsson 443.
— G. A. Edwards u. L. Irving 393, 712.
— u. H. J. Evans 218, 219.
— S. C. Flemister u. L. Irving 219.
— u. L. Irving 219.
— u. F. J. W. Roughton 218, 443.
— s. Edwards, G. A. 443.
— s. Roughton, F. J. W. 263, 442.
Scholz, S. s. Becker, E. W. 690.
Schoon, E. s. Thiessen, P. A. 4.
Schopfer, W. H. 522.
— s. Müller, W. 522.
Schotz, M. C. s. Alfin-Slater, R. B. 697.
Schrader, R., u. K. Wirtz 709.
Schramm, G. 146.
Schreinemakers, F. N. H. 23.
Schröder, E. 217.
— E. F., u. G. E. Woodward 342.
Schrödinger, E. 9.
Schubert, G. 595, 901, 903, 906.
— W. Dittrich, H. A. Künkel u. H. J. Schmermund 894, 920.
— u. W. Riezler 895.
— H. Vogt, W. Maurer u. W. Riezler 860, 861.
— J. 847, 930.
— M. P. Finkel, M. R. White u. G. M. Hersch 847.
— u. M. R. White 847.
— s. Armstrong, W. D. 792.
— s. Lindenbaum, A. 811.
— s. Russell, E. R. 845, 846.
— s. White, M. R. 847.
Schuchardt, Th. 330.
Schürhoff, P. 457.
Schultze, M. O., u. S. J. Simmons 860, 861.
Schulz, G. V. 14, 16, 44, 45, 136, 138.
— u. F. Blaschke 20.
— O. Bodman u. H. J. Cantow 176, 177.
— H. J. Cantow u. G. Meyerhoff 148, 180.
— s. Cantow, H. J. 148, 161, 164, 165, 167, 168, 169, 173.
Schumacher, G. s. Hartmann, F. 933, 1004.
Schuman, R. P. 851.
Schumann, F. s. Franke, W. 337, 340.

Schuster, A., u. J. W. Nicholson 153.
— F. 183.
Schwander, H., u. R. Cerf 109, 110.
— u. R. Signer 114.
— s. Signer, R. 151.
Schwartz, S. 432, 441.
— W. 457.
Schwarz, H. 183, 201.
— H. A., u. A. O. Allen 923.
— N. 213.
Schwarzenbach, G. 700.
Schwarzkopf, O. s. Aubel, E. 336.
Schweigert, B. S. s. Andrews, M. M. 544.
— s. Marquette, M. M. 544.
Schweitzer, G. K., u. B. R. Stein 783, 787.
— O. 15.
Schwiegk, H. 595, 736, 842.
Schwob, C. R. 916.
Scofield, N. E. s. Low-Beer, B. V. A. 901.
Scott, K. G., D. J. Axelrod u. J. G. Hamilton 765.
— — J. Crowley u. J. G. Hamilton 745, 746, 765.
— D. H. Copp, D. J. Axelrod u. J. G. Hamilton 765.
— J. G. Hamilton u. P. C. Wallace 849.
— E. M. s. Porter, V. S. 582.
— G. H. s. Packer, D. M. 349.
— N. D. s. Conant, J. B. 232.
Scott-Moncrieff, R. 444.
Scribner, B. H., u. B. Vivian 219.
Sculthorpe, H. H. s. Jones, E. S. 294.
— s. Maergraith, B. G. 258.
Seaman, G. R. 495.
Seay, H. s. Hansborough, L. A. 767.
Seelich, F. 7, 10.
Seelig, S. s. Sendroy jr., J. 285, 286, 308.
Seelmann-Eggebert, W. s. Hahn, O. 830.
Seevers, M. H. 311.
— s. Orcutt, F. S. 308, 309.
Segré, E. 620.
Seidlin, S. M. s. Bartelstone, H. J. 766.
Seifter, S. s. Muntwyler, E. 582.
Seiler, J. A. 874.
Seligman, A. M., H. H. Chauncey u. M. M. Nachlas 349.
— M. M. Nachlas, L. H. Manheimer, O. M. Friedman u. G. Wolf 359.
— u. A. M. Rutenburg 369.
— s. Barrnett, R. J. 362, 364.
— s. Cohen, R. B. 365.

Seligmann, A. M. s. Goddard, J. W. 370.
— s. Manheimer, L. H. 355.
— s. Ravin, H. A. 362, 364.
— s. Rutenburg, A. M. 365.
Selverstone, B. s. Steinberg, D. 771.
Semenoff, W. E. 369.
Sen, K. C. 313.
Sendroy jr., J. 232, 240.
— R. T. Dillon u. D. D. van Slyke 243, 307, 308.
— S. Seelig u. D. D. van Slyke 285, 286, 308.
— s. Slyke, D. D. van 279, 307, 308, 309.
Senftleben, H., u. O. Riechemeier 211.
Senti, F. R., u. E. C. Warner 135.
Sereque, A. F. s. Carpenter, T. M. 204.
Sevag, M. s. Wieland, H. 339.
Seybold, G. s. Kallee, E. 758, 759.
— s. Siess, M. 761.
Seydel, F. 220.
Sgourakis, E. s. Baker, W. K. 516.
Shahrokh, B. K., u. R. M. Chesbro 828.
Shannon, J. E. s. Sanford, K. K. 584.
Shaver, R. G. s. Herrington, A. C. 926.
Shaw, J., u. L. C. Beadle 402, 403, 406.
— J. H. s. Sognnaes, R. F. 750, 918.
Shay, J. R., u. G. W. Keitt 495.
— s. Keitt, G. W. 495.
Sheahan, M. M. s. Maclagan, N. F. 187.
Shear, C. L., u. B. O. Dodge 446, 447, 448.
Shearman, R. W., u. A. W. C. Menzies 701.
Sheldon, D. B. s. Schloerb, P. R. 710.
Shelin, G. E., I. L. Chaikoff, H. B. Jones u. M. L. Montgomery 864.
Sheline, R. K., u. N. R. Johnson 841.
— s. Becker, R. S. 841.
Shelton, E., W. C. Schneider u. M. J. Striebich 583.
Shemin, D., u. D. Rittenberg 525.
Shen, S. C. 527.
— s. Dainty, M. 107.
— s. Lawrence, A. S. C. 105, 107.

Shen, S. C. s. Needham, J. 107.
Shepherd, M. 204.
— u. E. O. Sperling 218.
Sheppard, C. W., J. P. B. Goodell u. P. F. Hahn 863.
— u. W. R. Martin 52.
— — u. G. Beyl 52.
— E. B. Welles, P. F. Hahn u. J. P. B. Goodell 863.
Shibata, K., u. H. Tamiya 321.
Shields, J. s. Ramsay, W. 4.
Shilling, C. W. s. Hawkins, J. A. 309.
Shimoda, F. s. Alfin-Slater, R. B. 697.
Shinohara, K. 343.
Shipley, J. W. s. Richards, T. W. 719.
Shirley, R. L., R. D. Owens u. G. K. Davis 843.
Shock, N. W., u. A. B. Hastings 219, 285.
Shohl, A. T. 226.
— u. T. H. Hunter 51.
Sholten, C. 220.
Short, H. G. 852.
Shulman, S. s. Foster, J. F. 107.
Sia, R. H. P. s. Dawson, M. H. 477.
Sibatani, A. s. Fukuda, M. 549.
Siebel, G. s. Busch, F. 842.
Siebert, G., O. Braun-Falko u. G. Weber 592.
— O. Heidenreich, R. Böhmig u. K. Lang 593.
— u. G. Jung 562.
— K. Lang u. G. Jung 553.
— — S. Lang u. I. Lorenz 555.
— — — u. D. Neumann 571.
— K. Traenckner u. K. Lang 570.
— s. Lang, K. 347, 348, 385, 538, 555, 556, 557, 558, 567, 568, 571, 580, 589, 593.
Siegert, R., K. W. Brückel u. W. Ried 327.
Sieh-Hsuan, R. s. Chiang 671.
Siemons, K. s. Bernsmeier, A. 190, 254.
Siess, M., u. G. Seybold 761.
Sievert, R. M. 928.
Signer, R. 111, 112, 113.
— A. Aeby, F. Opderbeck u. H. Studer 113.
— u. H. Gross 103, 105, 109, 111.
— u. H. Liechti 114.
— u. W. Meyer 115.
— u. H. Schwander 151.
— s. Boehm, G. 106.
— s. Fuoss, R. M. 114.
— s. Peterlin, A. 20, 111.

Signer, R. s. Schwander, H. 114.
— R. B., u. A. B. Hastings 284.
Silverman, L., u. W. Bradshaw 706, 707, 708, 722.
Simmel, E. B. s. Eidinoff, M. L. 772.
Simmonds, W. J. s. Courtice, F. C. 184.
Simmons, E. L. s. Jacobson, L. O. 847.
— S. J. s. Schultze, M. O. 860, 861.
Simonovitch, L. s. Jakob, F. 481.
— s. Lwoff, A. 481.
Simons, J. P. s. Hepler, O. E. 352.
Simonson, E. 204.
Sinclair, D. s. LaMer, V. K. 144.
Singer, L. s. Armstrong, W. D. 804, 810.
— s. Comar, C. L. 860, 861.
— R. B., u. A. B. Hastings 283, 308.
— T. P. s. Barron, E. S. G. 517.
Singh, B. N., u. P. B. Mathur 204.
Singleterry, C. R. s. Arkin, L. 108.
Singleton, J. R. 447, 452.
— s. Dodge, B. O. 448.
Sipos, F. s. Arnon, D. I. 773.
Siri, W. E. 595, 631.
Siwe, S. A. 408.
Sizoo, G. J. s. Dols, M. J. L. 765.
Sjögren, B. s. Svedberg, T. 130.
Skerman, V. D. D. 221.
Skipper, H. E., C. E. Bryan, L. White jr. u. O. S. Hutchison 811.
Skow, R. K. s. Holden, F. R. 925.
Slater, E. C. 312.
— u. K. W. Cleland 558, 586.
— s. Cleland, K. W. 585, 586.
— s. Lewis, S. E. 587.
Slonimski, P. P. 532.
— u. B. Ephrussi 532.
— u. H. M. Hirsch 532.
Slyke, D. D. van 224, 311, 809, 811.
— R. T. Dillon u. R. Margaria 308.
— u. J. Folch 728, 809, 811.
— A. B. Hastings u. J. M. Neill 283, 307.
— u. A. Hiller 248.
— — J. R. Weisiger u. W. O. Cruz 247.
— J. Plazin u. J. R. Weisiger 809.
— u. J. Sendroy jr. 279, 309.
— — A. B. Hastings u. J. M. Neill 307, 308.

Slyke, D. D. van, R. Steele u. J. Plazin 792, 811, 815, 816, 817.
— s, Austin, J. H. 190, 194.
— s. Hastings 56.
— s. Peters, J. P. 195, 223, 258.
— s. Sendroy jr., J. 243, 285, 286, 307, 308.
— F. van s. Noonan, T. 908.
— Peters-van 281.
Smales, A. A., u. B. D. Pate 872.
— u. L. Salomon 839, 840.
— s. Spence, R. 183, 215.
Smellie, R. M. S., W. M. McIndoe u. J. N. Davidson 574.
— — R. Logan, J. N. Davidson u. I. M. Dawson 584.
Smith, A. 215.
— B. C., u. E. H. Quimby 830.
— D. E., H. M. Patt, E. B. Tyree u. R. L. Straube 915.
— s. Patt, H. M. 915.
— D. R. s. Huggins, C. 414.
— E., u. P. Gray 770.
— F. E. 324.
— F. G. 325, 326, 328, 329.
— G. M., u. D. C. Regnery 495.
— G. N., u. C. Worrel 345.
— R. E., u. J. F. Bronson 791.
Smoluchowski, M. v. 115, 130.
Smorodinzew, I. A. 336.
Smyth, H. D. 692.
Snedecor, G. W. 931.
Snell, N. S. s. Lewis, J. C. 135.
Snellman, O. 108.
— u. G. Björnståhl 88, 104, 105, 107.
— u. S. Säverborn 113.
Snyeder, J. G. s. Grosse, A. V. 773.
Sobel, H., u. S. Sapsin 827.
Sobotka, H. s. Mears, W. H. 733.
Søeborg-Ohlsen, A. 396.
— s. Linderstrøm-Lang, K. 372, 407.
Sognnaes, R. F. 750.
— u. J. H. Shaw 918.
— — A. K. Solomon u. E. Harvold 750.
Solomon, A. K. 52.
— u. G. L. Gold 52.
— s. McDonald, A. M. 735, 757.
— s. Schloerb, P. R. 725, 726, 727.
— s. Sognnaes, R. F. 750.
Solon, L. R. s. Barry, E. V. 929.
Sommers, S. C., B. S. Geyer u. R. N. Chute 770.
Sonderhoff, R., u. H. Thomas 701, 723.
— s. Fromherz, R. 718.

Sonenberg, M., W. L. Money, A. S. Keston, P. J. Fitzgerald u. J. T. Godwin 769, 772.
Sonne, C. s. Nielsen, E. O. 186.
Sonneborn, T. M. 496.
— u. G. H. Beale 510.
Sørensen, S. P. L. 38.
— u. M. Høyrup 135.
Sorenson, C. W. s. Herrington, A. C. 926.
Sorof, S. 589.
— R. H. Golder u. M. G. Ott 589.
Spausta, F. 220.
Spear, E. B. s. Noyes, A. A. 868.
— F. G. s. Pelc, S. R. 769.
Specter, W. G. 558.
Spedding, S. s. Untermyer, S. 847.
Speiser, R. s. Brice, B. A. 135, 160, 161, 162, 167, 170, 175.
Spence, R., u. A. A. Smales 183, 215.
Sperling, E. O. s. Shepherd, M. 218.
Spiegler, G. 928.
— s. Langendorff, H. 928.
Spiess, H. 765.
Spirig, B. s. Lettré, H. 923.
Sprinson, D. B., u. D. Rittenberg 732.
Sprinz, H., u. E. Waldschmidt-Leitz 327, 328, 329.
Srb, A., u. N. H. Horowitz 519.
— A. M., J. R. S. Fincham u. D. M. Bonner 523, 524, 525.
— s. Woodward, V. M. 502.
Spurlin, H. M. s. Herzog, R. O. 45.
Stacy, I. F., u. T. I. Taylor 699.
— R. W. s. Hitchcock, F. A. 215.
— s. Hunter, J. A. 215.
Stadie, W. C. 188.
— u. K. A., Martin 56.
— u. B. C. Riggs 540.
Stadler, L. J. 509, 516.
— u. H. Roman 516.
Stahl, I. s. Zahn, R. K. 561.
Stakman, E. C. s. Christiensen, J. J. 495.
Stamm, R. F., u. P. A. Button 162.
— W. s. Rauen, H. 947.
Stang, L. G. s. Winsche, W. E. 830.
— jr., L. G., W. D. Tucker, H. O. Banks jr., R. F. Doering u. T. H. Mills 830.
Stanley, C. W., u. L. E. Glendenin 874.
— H. E. s. Stockmayer, W. H. 139, 140.
— W. M. s. Lauffer, M. A. 100, 105.

Stapelfeldt, F. s. Freundlich, H. 83, 100, 103.
Stapleton, G. E., u. A. Hollaender 516, 517.
— — u. F. L. Martin 516.
— s. Henshaw, P. G. 908.
Staudinger, H. 12, 18, 19, 20, 21, 23.
— u. F. Staiger 15.
Stauffer, F. J. s. Umbreit, W. W. 311, 341, 342, 538, 539, 542, 589.
Stayman jr., J. W. s. Goldstein, F. 247.
Steele, R. s. Slyke, D. D. van 792, 811, 815, 816, 817.
Steers, A. W. s. Weiss, L. C. 863.
Stein, B. R. s. Schweitzer, G. K. 783, 787.
— R. S. s. Zimm, B. H. 117, 131, 145, 146, 149, 157.
— S. J. s. Doty, P. 157, 173, 174.
— S. S., u. D. E. Koshland jr. 734.
— W. s. Bergstermann, H. 340.
Steinbach, H. B. s. Moog, F. 357.
Steinberg, D., u. B. Selverstone 771.
— R. A., u. C. Thom 517.
Steiner, J. s. Brand, K. 345.
— R. F. s. Doty, P. 143, 146, 147, 149, 150, 151, 152, 158, 162, 179.
Steller, R., u. T. S. Fortunato 811.
Stelling-Dekker, N. M. 468.
Stephenson, J. L. 567.
— M. 330.
— u. L. H. Stickland 322.
— u. D. D. Woods 322.
Stern, C. 461.
— H., u. A. E. Mirsky 558.
— s. Allfrey, V. 558, 574, 576, 579.
— K. G. s. Greville, G. D. 345.
— s. Laszlo, D. 847.
— R., u. L. H. Bird 544.
Stetten, M. R. 526.
Steuer, W. 210.
Stevens, C. E. s. Grad, B. 772.
— s. Leblond, C. P. 749, 769.
— C. M., u. A. Mylroie 515.
— s. Nier, A. O. 215.
— W. W. 742, 743.
Stevenson, P. C. s. Nervik, W. E. 667.
Stever, H. G. 639.
Stewart, D. R. s. Jacobs, M. H. 55, 59, 61, 67.
— G. N. 51.
— W. B., u. H. H. Rossi 855.

Stickland, L. H. 336.
— s. Green, D. E. 336.
— s. Stephenson, M. 322.
Stivers, E. C. s. Yankwich, P. E. 804.
Stockdale, R. A. G., u. Wm. Ransom & Son. 80.
Stokinger, H. E., u. S. Laskin 914.
Stockmayer, W. H. 141.
— u. H. E. Stanley 139, 140.
— s. Zimm, B. H. 138.
Stoker, B. A. D., N. D. Zinder u. J. Lederberg 485, 494.
Stokinger, H. E., R. C. Charles u. C. M. Carpenter 499.
Stone, R. S. 847.
— W. S. s. Clark, J. B. 517.
— s. Wyss, O. 516.
Stotz, E. s. Widmer, C. 312.
Stout, P. R., u. W. R. Meagher 773.
— s. Arnon, D. I. 773.
Strassmann, F. s. Hahn, O. 606, 830.
Straub, F. B. 326.
— H. 258.
Straube, R. L. s. Patt, H. M. 915.
— s. Smith, D. E. 915.
Straus, W. 594.
Strauss, U. P., u. R. M. Fuoss 21, 22, 23, 117.
Stricks, W. s. Tanaka, N. 336.
Striebich, M. J. s. Hogeboom, G. H. 558, 572, 573.
Strittmatter, C. F., u. E. G. Ball 564.
Strong, F. M. s. Neilands, J. B. 851.
Stroud, A. N. s. Brues, A. M. 800.
Stuart, H. A. 12, 14, 17, 20, 21, 22, 23, 112, 117, 136, 138, 140, 153, 156.
— u. W. Buchheim 156.
— s. Peterlin, A. 88, 91, 93, 95, 99, 112.
Studer, H. s. Signer, R. 113.
Sturdivant, H. J. s. Pauling, L. 212.
Sugarman, N. s. Coryell, C. D. 840, 844, 845, 847, 851, 852, 865, 869, 870, 874, 876, 877.
— s. Finkle, B. 851.
Sugden, S. 10.
Sullivan, W. H. s. Leader, G. R. 874.
— s. Lincoln, D. C. 851.
Sundermann, A. s. Heilmeyer, L. 76.
Sussman, A. S. 448.
Svedberg, T., u. I. B. Eriksson-Quensel 130.

Svedberg, T. u. B. Sjögren 130.
— s. Jullander, I. 45, 46.
Sveinsson, S. L. s. Scholander, P. F. 443.
Svenson, D. 313.
Swan, G. A. s. Clemo, O. R. 703.
Swanson, C. P., A. Hollaender u. B. P. Kaufmann 516.
— s. Hollaender, A. 516.
Swartout, J. A. 919.
— s. Dole, M. 7.
Swift, R. W. 195.
Swislocki, M. s. Alfin-Slater, R. B. 703.
Szalay, S. s. Barka, T. 358.
Szent-Györgyi, A. v. 312, 315, 322, 541.
Szilard, L. s. Novick, A. 476, 514, 518.
Szulmajster, J., M. Grunberg-Manago u. C. Delavier-Klutchko 319.
Szybalski, W. s. Bryson, V. 500.
Szyszkowski, B. v. 3.

Tabern, D. L., J. D. Taylor u. G. I. Gleason 825.
— s. Gleason, G. I. 626, 661.
Taha, E. M. s. Franke, W. 317.
Tahmisian, T. N. s. Claff, C. L. 433.
Tait, J. F., u. E. S. Williams 837.
Takahashi, W. N., u. T. E. Rawlins 105.
Takamatsu, H. 352, 353.
Talvitie, N. A. 849.
Tam, R. K., u. P. W. Wilson 314, 319.
Tamburino, G. s. Salera, U. 858.
Tamiguchi, S., H. Mitsui, J. Toyoda, T. Yamada u. F. Egami 337.
Tamiya, H., T. Hida u. K. Tanaka 315.
— s. Shibata, K. 321.
Tanaka, K. s. Tamiya, H. 315.
— N., I. M. Kolthoff u. W. Stricks 336.
Tanioku, T. s. Kanamaru, K. 105.
Tanne, C. s. Busch, F. 842.
Tannenbaum, A. T. 853.
Taquini, A. s. Dill, D. B. 278, 282, 287.
Tarr, H. L. A. s. Green, D. E. 336.
— s. Meldrum, N. U. 342.
Tatum, E. L. 476, 517.
— R. W. Barratt, u. V. M. Cutter jr. 452.
— — N. Fries u. D. Bonner 497.
— u. J. Lederberg 459, 486, 493.

Tatum, E. L. u. D. D. Perkins 443.
— s. Beadle, G. W. 445, 446, 496, 498, 516, 622.
— s. Gray, C. H. 516.
— s. Lederberg, J. 459, 486, 501.
— s. Newmeyer, D. 530.
— s. Ryan, F. J. 452, 453.
Taubert, M. s. Behrens, M. 545, 553, 577, 580, 592.
Tavlitzki, J. 532.
— s. Ephrussi, B. 472, 532.
Taylor, E. S. s. Gale, E. F. 499.
— G. I. 101.
— H. E. 477.
— s. McCarthy, M. 478.
— H. J. s. Campbell, J. A. 222.
— J. D. s. Gleason, G. I. 626, 661.
— s. Tabern, D. L. 825.
— J. M. s. Raker, J. W. 52.
— J. T. s. Nier, A. O. 215.
— N. W. s. Lauffer, M. A. 560.
— R. F. s. Comar, C. L. 859.
— R. O. s. Dudley, H. C. 867.
— T. I. s. Stacy, I. F. 699.
Tendis, N. s. Hanson, H. 580.
Tennent, H. G., u. C. F. Vilbrandt 177.
Teorell, T. s. Alexander, A. E. 10.
Ter-Pogossian, M. s. Ittner, L. B. 680.
Terrill jr., J. G. s. Moeller, D. W. 893.
Theorell, H. s. Paul, K. G. 220.
Thiel, A. 26.
Thiele, H. 108.
Thiessen, P. A., u. E. Schoon 4.
Thoday, J. M., u. J. Read 516.
Thode, H. G. 688.
— J. G. Gorham u. H. C. Urey 690.
— u. H. C. Urey 689, 690.
— s. Lindsay, J. G. 804.
— s. Roberts, I. 689.
— s. Urey, H. C. 689.
Thom, C., u. K. B. Raper 456, 457.
— s. Steinberg, R. A. 517.
Thomas, H. 583.
— s. Sonderhoff, R. 701, 718, 723.
— L. E. s. Dallam, R. D. 575.
— M. 949.
— M. D. s. Harrison, B. F. 773.
— s. Hendricks, R. H. 791.
Thompson, R. C., u. J. E. Ballou 701.
Thomson, J. F., u. E. T. Mikuta 581, 583.
— S. J. s. Bell, J. 697.
Thorn, M. B. 701.
Thorne, R. S. W. 469.

Thornton, V., u. F. E. Condon 703.
Thorpe, H. V. s. Bray, H. G. 345.
Threefoot, S. A. s. Burch, G. E. 726, 867.
Throne, B. s. Meyers, C. N. 871.
Thunberg, T. 311, 312, 321, 322, 338.
Thurlow, S. 337.
— s. Dixon, M. 337.
Tiemann, F. 186.
Tietze, F., u. H. Neurath 166, 177.
Tiggelen, A. van 703.
Timoféeff-Ressovsky, N. W. 892.
— u. K. G. Zimmer 892.
Tishkoff, G. H. s. Dounce, A. L. 574.
Tissieres, A. s. Mitchell, M. B. 533.
Tkaczyk, S. s. King, D. T. 760.
Tobias, C. A., J. J. Bertrand u. J. Waine 771.
— s. Lawrence, J. H. 308.
— s. Odeblad, E. 761.
— s. Rosenfeld, I. 859, 863.
Todd, J. s. Holden, F. R. 925.
Tödt, F. s. Liebknecht, O. 183, 210, 215, 216, 221.
Tolbert, B. M. s. Calvin, M. 594, 788, 789, 801, 802, 803, 809, 811, 814, 816.
Tompkins, E. R., u. P. L. Kirk 403.
— s. Tompkins, P. C. 844, 845.
— P. C. 910, 919, 921.
— O. M. Bizzell u. C. D. Watson 919, 924.
— A. Broido, G. W. Parker, E. R. Tompkins, W. E. Cohn, W. Kisieleski u. R. D. Finkle 844, 845.
— L. B. Farabee u. J. X. Khym 845.
— u. H. A. Levy 914, 915.
— L. Wish u. J. X. Khym 845.
Tordai, L. s. Ward, A. F. 11.
Toribara, T. Y., u. P. S. Chen jr. 841.
Toyoda, J. s. Tamiguchi, S. 337.
Traenckner, K. s. Siebert, G. 570.
Traube, I. 8.
Treadwell, F. P. 333, 338, 339.
Trillich, H. s. Emmerich, R. 221.
Troemer, B. s. Brintzinger, H. 72.
Tronnier, E. A. 494.
Trost, A. 639, 676.
Tschernoruzki, M. 547.
Tschirgi, R. D. s. Abood, L. G. 584.
Tsou, K. C. s. Cohen, R. B. 365.
— s. Ravin, H. A. 364.

Tsvetkov, V. N., u. E. Frisman 109, 111, 112.
— u. A. Petrova 105, 113.
Tucker, W. D. s. Stang jr., L. G. 830.
— s. Winsche, W. E. 830.
— W. P., u. C. L. Waring 869.
Tulasne, R. 486.
Turkewitz, H. s. Anderson, R. S. 516.
Turner, F. M. s. Chamberlein, A. C. 966.
Turpin, F. H. s. Lawrence, J. H. 308.
Tuthill, E. s. Butler, A. M. 837.
Tutt, M. s. Kidman, B. 847.
— s. Rayner, B. 847.
Tyler, D. B. 544.
Tyree, E. B. s. Patt, H. M. 915.
— s. Smith, D. E. 915.
Tweedy, W. R. s. Henreux, M. V. L. 842.

Ubbelohde, L. 15.
Ude, K. G. 568.
Udenfriend, S. s. Keston, A. S. 778.
Uhlbach, P. s. Maurath, J. 188.
Ullberg, S. 773.
Umbreit, W. W., R. H. Burris u. J. F. Stauffer 311, 341, 342, 538, 539, 542, 589.
Umlauf, K. 83.
Umstätter, H. 12, 14.
Untermyer, S., F. H. Spedding, A. H. Daane, J. E. Powell u. R. J. Hasterlik 847.
Ureles, A. L. s. Freedberg, A. S. 825, 828.
Urey, H. 804.
— H. C. 689.
— u. L. Y. Greiff 733.
— H. R. Huffmann, H. G. Thode u. M. Fox 689.
— s. Christ, R. H. 703.
— s. Kimball, A. H. 698.
— s. Kirshenbaum 696, 699, 700, 701, 702, 703, 706, 707, 708, 710, 713, 714.
— s. Mills, G. A. 733.
— s. Roberts, I. 689.
— s. Thode, H. G. 689, 690.
— s. Washburn, E. W. 689.
Ussing, H. s. Fenger-Erikson, K. 706, 710.
— H. H., u. V. Koetoed-Johnson 63.

Vallee, B. L., W. L. Hughes u. J. B. Gibson 546.
— s. Agranoff, B. W. 546.
— s. Fawcett, D. W. 546.
Vandam, L. D. s. Bing, R. J. 254.

Vandendriessche, L. s. Massart, L. 345.
Van't Hoff, J. H. 24, 27.
Varco, R. L. s. Miller, F. A. 215.
Vásárrhelyi, B. s. Verzár, F. 258.
Vaslow, F. s. Doherty, D. G. 732, 734.
Vaughan, J. s. Kidman, B. 847.
— s. Rayner, B. 847.
Veall, N. 680, 824.
Vendreley, R. s. Boivin, A. 477.
Venet, A. M. s. Pouradier, J. 860.
Vennesland, B. s. Conn, E. E. 342.
Vercauteren, R. 592.
Verly, W. G., J. R. Rachele, V. Du Vigneaud, M. L. Eidinoff u. J. E. Knoll 701.
Vermehren, E. s. Lundsten, E. 413.
Verzár, F. 189.
— u. B. Vásárhelyi 258.
Viallard, L. 706.
— R., M. Corval, B. Dreyfus-Alain, M. Grenon u. J. Herrmann 835.
— s. Corval, M. 723.
Vierordt 24.
— K. 24.
Vigneaud, V. du s. Verly, W. G. 701.
Vilbrandt, C. F. s. Tennent, H. G. 177.
Vincent, D. H. s. Meyer-Schützmeister, L. 626.
— W. S. 576.
Vitek, V. 215.
Vivian, B. s. Scribner, B. H. 219.
Voegtlin, C., u. H. C. Hodge 853.
Vogel, H. J. 524.
— u. B. D. Davis 521, 526.
— W. C. s. Hurst, W. W. 725.
Vogell, W. s. Becker, E. W. 690.
Vogt, E., u. W. F. Hamilton 710.
— H. s. Schubert, G. 860, 861.
Voigt, R. 541.
Volkmann, H. 157.
— J. 4.
— J. L. 173.
Vollmer, A. G. 204.
Vonnegut, B. 11.
Vorländer, D., u. R. Walter 83.
Vosburgh, G. J., L. B. Flexner u. D. B. Cowie 857, 858.
— — L. M. Hellman, N. K. Proctor u. W. S. Wilde 726.
— s. Flexner, L. B. 727.
Voskuyl, R. J. s. Green, C. H. 706, 718, 721, 733.
Voureka, A. 477, 480.
Vries, H. de, u. G. W. Barentsen 820.
Vuorelainen, O. s. Malm, E. 212.

Wacholder 963.
Wachsmann, F. s. Langendorff, H. 928.
Wachstein, M., u. E. Meisel 358.
Wael, J. de 860.
Wagner, F. 468.
— G. 183, 204, 211, 214.
— R. P. 522, 532.
Waine, J. s. Tobias, C. A. 771.
Wainio, W. W. s. Eichel, B. 341.
Wainwright, W. W., E. C. Anderson, P. C. Hammer u. C. A. Lehman 737.
Wakayama, K. 457.
Walcher, W. 689, 692.
— s. Becker, E. W. 694.
Wald, A. 974.
Waldschmidt-Leitz, E. 399.
— s. Sprinz, H. 327, 328, 329.
— s. Willsträtter, R. 398.
Walke, H., E. J. Williams u. G. R. Evans 849.
Walker, A. M., u. J. A. Reisinger 410.
— s. Bordley, J. 409, 410.
— E. L. s. Jackson, K. L. 582.
— J., u. A. J. Robertson 32.
— L. A. s. Dobson, E. L. 847.
— P. s. Comroe, J. H. jr. 310.
Wall, F. T., I. W. Drenan, M. R. Hatfield u. C. L. Paintner 143.
Wallace, E. J. s. Dudley, H. C. 869.
— P. C. s. Scott, K. G. 849.
Walsh, E. O. F. s. Famy, A. R. 328, 329.
Walter, R. s. Vorländer, D. 83.
Walton, G. N. s. Duncan, J. F. 860.
Waltz, H. K. s. Sanford, K. K. 584.
Wandrowsky, B. s. Busch, F. 842.
Wannemacher, E. s. Erbacher, O. 766.
Wanner, H. 221.
Warburg, E. s. Buchtal, F. 46.
— O. 325, 539, 540, 574.
— u. W. Christian 128, 166.
— u. F. Kubowitz 218.
Ward, A. F., u. L. Tordai 11.
— W. H. s. Alderton, G. 135.
Waring, C. L. s. Tucker, W. P. 869.
Warner, E. C. s. Senti, F. R. 135.
Warren, S., u. F. J. Dixon 772.
— s. Holt, M. 750.
Wartiovaara, V. 63.
Washburn, E. W., u. H. C. Urey 689.
Wasserman, L. R. s. Weymouth, P. P. 859.
Wassermann, E. s. Bonner, D. M. 530.

Watanabe, M. I., u. C. M. Williams 587.
Waterlow, J. C., u. A. Borrow 420, 422, 431, 432, 434.
Waters, R. M. s. Orcutt, F. S. 252, 253.
Watson, C. D. s. Tompkins, P. C. 919, 924.
— J. D., u. F. H. C. Crick 534.
— u. W. Hayes 490.
— J. H. L. s. Preuss, L. E. 919.
— S. C. s. Folley, S. J. 543.
Wattiaux, R. s. Duve, C. de 582.
Waugh, D. F. s. Agranoff, B. W. 546.
Waygood, E. R. 329.
Weare, J. H. s. Cohn, E. J. 137.
Weber, E. 931.
— s. Frey-Wyssling, A. 104.
— G. s. Siebert, G. 592.
— G. M. s. Price, J. M. 573.
— R. s. Holter, H. 561.
Weidel, W. s. Butenandt, A. 444.
Weigel, J. W. s. Yankwich, P. E. 788.
Weil, L. 399.
— u. M. A. Russell 397, 410.
— s. Linderstrøm-Lang, K. 407.
Weinbach, A. 221.
Weinberger, H. J. s. Dienes, L. 486.
Weiner, R. S. s. Friedmann, E. W. 188.
Weinhouse, S. 728.
Weinmann, W. D. s. Siebert, G. 580.
Weisiger, J. R. s. Slyke, D. D. van 247, 809.
Weiss, J. s. Cowan, F. B. 930.
— L. C., A. W. Steers u. H. M. Bollinger 863.
— S. s. Peacock, W. C. 855.
Weller, J. M. s. Raker, J. W. 52.
Welles, E. B. s. Sheppard, C. W. 863.
Wender, I. s. Orchin, M. 703.
Wenner, J. s. Bartels, H. 310.
— S. s. Bartels, H. 187.
Wennesland, R. 220.
Werkö, L. s. Lagerlöf, H. 188.
West, R. 847.
Westenbrink, G. K. 440.
Westergaard, M., u. K. H. Mitchell 453.
— s. Jensen, K. A. 511, 517.
— s. Kølmark, G. 511, 515, 517, 519.
Westfall, B. B. 345.
Wetterdal, K. H. s. Aminoff, U. 771.
Wetzel, J. 194.
Weygand, F. 725, 729.
— u. I. Frank 323.

Weymouth, P. P., L. R. Wasserman, N. Berlin u. R. Rosenthal 859.
Wheatley, A. H. M. s. Quastel, J. H. 338.
Wheeler, H. B., J. H. Rubenstein, M. D. Coleman u. T. W. Botsford 921.
Whetham, M. D. s. Quastel, J. H. 315, 316, 319, 322.
White, C. 973.
— D. F., J. G. Campbell u. P. R. Payne 832, 835.
— s. Payne, P. R. 832.
— jr., L. s. Skipper, H. E. 811.
— M. R., u. J. Schubert 847.
— s. Schubert, J. 847.
Whitehouse, H. L. K. 451, 455, 468.
— W. J., u. J. L. Putman 595, 607, 608, 654, 881.
Whitely, A. H. 218.
Whitman, N. s. Harrold, G. C. 868.
Whyte, G. N. s. Kastner, J. 896.
Wickerham, L. J., u. K. A. Burton 471.
Widmark, E. M. P. 317.
Widmer, C., H. W. Clark u. E. Stotz 312.
Wieland, H. 312, 339, 340.
— u. A. Bertho 320, 339, 340.
— u. O. B. Claren 318.
— u. K. Frage 312, 340.
— u. W. Franke 340.
— u. A. Lawson 340.
— u. W. Mitchell 340.
— u. B. Rosenfeld 320.
— u. M. Sevag 339.
— T., u. W. Paul 778.
Wiesinger, K. 192, 223.
— P. H. Rossier, E. Saboz u. G. Sampado 276.
Wigglesworth, V. B. 409.
Wilbrandt, W. 52, 53, 58, 59, 65, 66, 67, 70, 71, 217.
— u. E. Herrmann 54.
— s. Rosenberg, T. 66.
— s. Rummel, W. 59.
Wilbur, K. M., u. N. G. Anderson 561, 571.
Wilcoxon, F. s. Litchfield, J. T. 1018.
Wilde, W. S. s. Vosburgh, G. J. 726.
Wilderman, M. 32.
Wilhelmy, L. 5.
Wilkinson, G. W. s. Leblond, C. P. 765.
Willard, J. E. W. s. Chiang 671.
— s. Chiang-Sien-Husan, R. 671.
Williams, A. I. s. Boyd, G. A. 757, 758.
— A. L. 763.

Williams, C. M. s. Watanabe, M. I. 587.
— E. J. s. Walke, H. 849.
— E. S. s. Tait, J. F. 837.
— J. W. s. Scatchard, G. 107.
— R. C. s. Price, W. C. 106.
Williamson, H. S. s. Gwynne-Vaughan, H. C. I. 447.
Willstätter, R., u. M. Rohdewald 545.
— u. E. Waldschmidt-Leitz 398.
Wiloth, F. 14.
Wilson, C. W. s. Ingold, C. K. 697, 699, 700.
— D. W., A. O. C. Nier u. S. P. Reimann 703, 706, 710, 711, 715, 716, 728, 729, 730.
— K. M. 183.
— P. W. s. Tam, R. K. 314, 319.
— T. H. s. Burton, K. 331.
Wilzbach, K. E., u. A. R. van Dyken 831, 835.
— — u. L. Kaplan 832.
Wind, C. H. 25.
Winge, Ø. 464, 467, 471.
— u. O. Laustsen 464, 465, 466, 467, 471, 473.
— u. C. Roberts 468, 469.
Wingo, W. J. 795.
Winkler, L. W. 221.
Winner, H. J. 477.
Winsberg, L., u. L. E. Glendenin 876.
Winsche, W. E., L. G. Stang u. W. D. Tucker 830.
Winter, E. R. S., M. Carlton u. H. V. A. Briscoe 732, 734.
— H. s. Lottermoser, A. 7, 10.
Winteringham, F. P. W. 824, 825.
— A. Harrison u. J. H. Hammond 763.
Wintrobe, M. M. s. Chase, M. S. 855.
— s. Gubler, C. J. 857.
Winzler, R. J. 221.
Wirsberg, L. 869.
Wirtz, K. 703, 706, 707, 708, 709.
— s. Schrader, R. 709.
Wish, L. s. Tompkins, P. C. 845.
Wishart, G. M. 315.
Wissler, A. s. Kausche, G. A. 105, 106.
Withers, R. F. J. s. Holt, S. J. 362.
Witkin, E. M. 497, 500, 511, 513, 514, 515, 517.
Witt, I. s. Bartels, H. 187, 310.
Wittenberg, E. G. s. Hoover, C. R. 173.
Witter, R. F., W. J. Pories u. M. A. Cottone 581.

Wohl, K. 26.
Wolf, A. s. Newman, W. 352, 357.
— G. s. Seligman, A. M. 359.
Wolff, E. 220.
Wollmann, E. 482.
— s. Jakob, F. 481, 483.
Wollschitt, H., W. Bothe, H. Ruska u. E. G. Schenk 217.
— u. G. Kramer 204.
Wood, D. D. 523.
— E. H. 311.
— K. G. 222.
— P. B. s. Bray, H. G. 345.
— R. E. s. Pauling, L. 212.
Woodburn, M. s. De Lamater, E. D. 494.
Woodruff, L. A. s. Looney, W. B. 845.
— N. H. s. Crompton, C. E. 825.
Woods, D. D. 337, 476.
— s. Stephenson, M. 322.
— L. s. Price, W. B. 218.
— M. W. 559.
Woodward, G. E. 342.
— s. Schröder, E. F. 342.
— V. M., J. R. De Zeeuw u. A. M. Srb 502.
Wooldridge, W. R. s. Quastel, J. H. 330.
Work, E. s. Dewey, D. 522.
Workowski, W. J. 820.
Worrel, C. s. Smith, G. N. 345.
Wright, B. s. Horowitz, N. H. 517.
— C. I. 309.
— G. W. s. Filley, G. F. 268.
— R. C. s. Porter, V. S. 582.
— W. E. s. Pinajian, J. J. 779.
Wrobel, C. J. s. Jones, H. B. 769.
Wülfert, K. s. Hansen, L. 712.
Wunder, C. C. s. Lauffer, M. A. 560.
Wunderly, C. s. Pernis, B. 593.
Wurm, M. 847.
Wurmser, R. 329.
Wurzschmitt, B. 809.
Wyckoff, R. W. G. s. Price, W. C. 106.

Wyss, O., J. B. Clark, F. Haas u. W. S. Stone 516.
— u. F. L. Haas 443.
— s. Clark, J. B. 517.

Yaffe, L., u. K. M. Justus 668, 782.
Yagoda, H. 763, 764.
— s. Endicott, K. M. 745, 753.
Yakushiji, N. 574.
Yamada, T. s. Tamiguchi, S. 337.
Yamadori, M. s. Fujita, A. 545.
Yamagata, S. 336, 337.
Yamamoto, Y. s. Yasuzumi, G. 575.
Yamanaka, T. s. Yasuzumi, G. 575.
Yankwich, P. E. 804.
— u. M. Calvin 804.
— G. E. Rollefson u. T. H. Norris 791.
— E. C. Stivers u. R. F. Nystrom 804.
— u. J. W. Weigel 788.
— s. Calvin, M. 594, 788, 789, 801, 802, 803, 808, 809, 811, 814, 816.
— s. Dauben, W. G. 791.
Yanofsky, C. 528.
— s. Bonner, D. M. 530.
— s. Partridge, C. W. H. 530.
Yant, W. P. s. Sayers, R. R. 220.
Yanwich, P. F. s. Calvin, M. 594.
Yarbrough, O. D. s. Behnke, A. R. 309.
Yasnoff, D. S., u. H. B. Bull 139.
Yasuzumi, G., u. G. Miyao 575.
— T. Yamanaka, S. Morita, Y. Yamamoto u. J. Yokoyama 575.
Yates, F. s. Fisher, R. A. 931, 1028.
Yin, H. C. 355.
Yoe, J. H. s. McBryde 863.
Yokoyama, J. s. Yasuzumi, G. 575.
Yoshikawa, H., P. F. Hahn u. W. F. Bale 860, 861.

Youden, W. J. 931, 966.
Yudkin, J. 320.
Yuill, E. 455, 460.
Yuster, P. H. s. Delbecq, C. J. 869.

Zachmann, E. s. Lenard, P. 6.
Zacks, S. J. s. Ravin, R. A. 362, 364.
Zahn, R. K., u. I. Stahl 561.
Zalokar, M. 527, 529.
Zamečnik, P. C., G. I. Lavin u. M. Bergmann 393.
Zamenhof, S., G. Leidy, H. E. Alexander, P. L. Fitzgerald u. E. Chargaff 480.
Zbarsky, S. H. s. Armstrong, W. D. 804, 810.
Zernike, F. 141.
Zeuthen, E. 379, 380, 419, 420, 437.
— s. Holter, H. 379.
— s. Prescott, D. M. 63.
Zijlstra, W. G. 219.
Zimm, B. H. 132, 145, 147, 150, 162, 164, 167.
— u. P. M. Doty 140.
— R. S. Stein u. P. Doty 117, 130, 131, 145, 146, 149, 157.
— W. H. Stockmayer u. M. Fixman 138.
— s. Carr jr., C. I. 159, 160, 161, 162, 163.
— s. Oster, G. 146, 148, 177.
Zimmer, E. s. Hollander, A. 497.
— K. G. s. Timoféeff-Ressovsky, N. W. 892.
Zinder, N. D. 485.
— u. J. Lederberg 480, 483, 484, 485, 486.
— s. Lederberg, J. 478, 480, 485, 486, 488, 502.
— s. Stoker, B. A. D. 485, 494.
Zittle, C. A., u. R. A. O'Dell 575.
Zobell, C. E. 476.
Zocher, H. s. Freundlich, H. 83, 100, 103.
Zöllner, N., u. E. Rothemund 326.
Zorn, E. M. s. Henreux, M. V. L. 842.
Zucker, M., u. A. Nason 337.

# Sachverzeichnis.

Absaugen von Flüssigkeiten 562.
Absorption s. a. Gasanalyse.
**Acceptormethoden** 311—345.
 anorganische Acceptoren 336—339.
 organische Acceptoren 339—345.
 Dehydrierung von Leukofarbstoffen 322, 323.
 Dehydrierungsintensität, Definition 316, 317.
 Entfärbungsröhrchen 321.
 Farbstoffbestimmung mit $TiCl_3$ 331, 333, 334.
 Formazanbestimmung 327—329.
 Gasfüllungsverfahren 320—322.
 Geräte 313—317.
 colorimetrische Methoden 317—319.
 photometrische Methoden 317—319.
 titrimetrische Methoden 320.
 Schüttelthermostat 316.
 Substrate 334, 336.
 Tetrazoliummethode 323 bis 329.
 Theorie 311—313.
 Vakuumröhrchen 313, 315, 317, 318, 323.
 Wasserstoffacceptoren, Auswahl 329—335.
 Wasserstoffdonatoren 334, 336.
Aceton zur Gewebsfixierung 349.
Acetylcellulose s. Kohlenhydrate.
Acetylcholinesterase s. Fermente.
**Acetylen,** Absorption s. Reagentien.
 Bestimmung im HALDANE-Apparat 195—204.
 Korrektur für Gasreduktion 305.
 Löslichkeit in Flüssigkeiten 309.
 Verbrennung zur Gasanalyse 202.
N-Acetylglutaminsäure s. Aminosäuren.
N-Acetylglutaminsäure-halbaldehyd s. Aminosäuren.

α-N-Acetylornithin s. Aminosäuren.
Actinium s. Isotope.
Actomyosin s. Eiweiß.
Adenosintriphosphatase s. Fermente.
Äthan, Korrektur für Gasreduktion 305.
Äthanol zur Gewebsfixierung 348, 349.
Äther s. a. Arzneimittel und Gifte.
Äther, Lichtzerstreuung 132.
Äthylchlorid, Lichtzerstreuung 132.
**Äthylen,** Bestimmung im Blut 252—254.
 im HALDANE-Apparat 195—204.
 Korrektur für Gasreduktion 305.
 Löslichkeit in Flüssigkeiten 309.
 Verbrennung zur Gasanalyse 202.
Aldolase s. Fermente.
Alkalireserve s. Blut, s. a. Gasanalyse.
Aluminium, Bremsvermögen für α-Teilchen 619.
 Halbwertsdicke für Strahlenschutz 912.
 Nachweisempfindlichkeit 609.
Alveolarluft s. Gasanalyse.
Americium s. Isotope.
**Aminosäuren,** Acetontitration 395—397.
 N-Acetylglutaminsäure bei Mutanten 523.
 N-Acetylglutaminsäurehalbaldehyd bei Mutanten 523.
 α-N-Acetylornithin bei Mutanten 523.
 Alkoholtitration, Mikromethode 398, 399.
 Anthranilsäure bei Mutanten 529.
 Arginin bei Mutanten 519.
 Cystathionin bei Mutanten 526.
 Cystein bei Mutanten 527.

Aminosäuren, Cystin als Wasserstoffacceptor 335, 342.
 Citrullin bei Mutanten 519.
 Formoltitration, Mikromethode 399.
 Glutaminsäure bei Mutanten 521, 523, 524, 525.
 Glutaminsäure-halbaldehyd bei Mutanten 521, 523, 524, 525.
 Histidin bei Mutanten 521.
 bei Salmonellen-Transduktion 483, 484.
 Homocystein bei Mutanten 526.
 Kynurenin bei Mutanten 529.
 Methionin bei Mutanten 526.
 bei Salmonellen-Transduktion 483, 484.
 Ornithin bei Mutanten 519, 523, 524, 525.
 3-Oxyanthranilsäure bei Mutanten 529.
 3-Oxykynurenin bei Mutanten 529.
 Phenylalanin bei Salmonellen-Transduktion 483, 484.
 Prolin bei Mutanten 521, 523, 524, 525.
 $\Delta^1$-Pyrrolin-5-carbonsäure bei Mutanten 521, 523, 524, 525.
 Serin bei Mutanten 529.
 Tryptophan bei Mutanten 529.
 bei Salmonellen-Transduktion 483, 484.
 Tyrosin bei Salmonellen-Transduktion 483, 484.
Aminoxydase s. Fermente.
Ammoniak, Mikrobestimmung 402—407.
 Oxydation zu $N_2$ 730, 731.
Amylase s. Fermente.
Amyloid, Isolierung 593, 594.
Aneurin s. Vitamine.
Anilin, Grenzflächenspannung 7.
 Oberflächenspannung 7.
Anthranilsäure s. Aminosäuren.
Antibiotica, Chloromycetin als Wasserstoffacceptor 345.
Antimon, Abtrennung 873—875.

Antimon, Abtrennung von Zinn 870.
- s. a. Isotope.
- Nachweisempfindlichkeit 609.

Arabinose s. Kohlenhydrate.
Arginase s. Fermente.
Arginin s. Aminosäuren.
Argon s. a. Isotope.
- Wärmeleitfähigkeit 213.

Arsen s. a. Isotope.
- Nachweisempfindlichkeit 609.

**Arzneimittel und Gifte**, Äther, Bestimmung 214, 215, 217.
- bei Blutgasanalysen 247.
- Cyclopropan, Bestimmung in Blut 252—254.

Ascorbinsäure s. Vitamine.
Astat s. Isotope.
Atemventil 184.
Atomkern s. Isotope.
Auge, Netzhautelemente, Isolierung 592.
Autoradiographie s. Isotope.

**Barium**, Abtrennung von Caesium 839.
- s. a. Isotope.
- Nachweisempfindlichkeit 609.

Barometer s. Gasanalyse.
BECKMANN-Gerät zur Gefrierpunktsbestimmung 30.
**Benzol**, Bestimmung im HALDANE-Apparat 195—204.
- Grenzflächenspannung 7.
- Lichtzerstreuung 163.
- Oberflächenspannung 7.
- Verbrennung zur Gasanalyse 202.

Benzylviologen als Wasserstoffacceptor 333.
Bernsteinsäuredehydrogenase s. Fermente.
Beryllium, Bremsvermögen für α-Teilchen 619.
- s. a. Isotope.
- Nachweisempfindlichkeit 609.

Beton, Halbwertsdicke für Strahlenschutz 912.
Bindegewebe, Kohlendioxyd, Löslichkeit 309.
BINDSCHEDLERS Grün als Wasserstoffacceptor 330.
Blei, Abtrennung 871.
- Bremsvermögen für α-Teilchen 619.
- Halbwertsdicke für Strahlenschutz 912.
- s. a. Isotope.
- Nachweisempfindlichkeit 610.

**Blut**, Acetylen, Löslichkeit 309.
- Äthylen, Bestimmung 252—254.
- Löslichkeit 309.
- Alkalireserve, Bestimmung 244, 245.
- Cyclopropan, Bestimmung 252—254.
- Distickstoffoxyd, Bestimmung 252—254.
- Löslichkeit 308.
- Eosinophile, Granulaisolierung 591, 592.
- Erythrocyten, Abtrennung 546.
  - Acetylen, Löslichkeit 309.
  - osmotische Effekte 49 bis 71.
  - Hämolyse 69—71.
  - Isotopenspeicherung 903.
  - Permeabilitätskonstanten 61—69.
  - osmotische Resistenz 54—57.
  - Semipermeabilität 52—54.
  - Stickstoff, Löslichkeit 308.
  - Volumenmessung 57—61.
  - Zellkernisolierung 574, 575, 576—579.
- Gasanalyse 219—294.
  - Methoden 297.
  - Normwerte 310.
  - Symbole 295—298.
  - Vorbereitung 188—193.
- Glykolysehemmung 188.
- Hämoglobin, Bestimmung mittels CO 247—252.
  - Gehalt, Berechnung 252.
- Helium, Löslichkeit 309.
- Kohlendioxyd, Bestimmung 258—268.
  - Gehalt, Errechnung 246, 275—285.
  - Nomogramme 281, 282, 283, 288—294.
  - Löslichkeit 308.
- Kohlenoxyd, Bestimmung 247—252.
  - Gehalt, Berechnung 245, 252.
- Kohlensäuredissoziationskurve 278, 280.
- Leukocyten, Gewinnung 545—547.
  - Zellkernisolierung 574, 575.
- Lymphocyten, Gewinnung 546.
- Peroxydase, Nachweis 367.
- $p_H$, Bestimmung 275—285.
- Plasma, Acetylen, Löslichkeit 309.
- $^{45}$Ca-Messung 843.

Blut, Plasma, anaerobe Gewinnung 190, 192, 193.
- Kohlendioxyd, Löslichkeit 308.
- Sauerstoff, Löslichkeit 308.
- Stickstoff, Löslichkeit 308.
- Wasserstoff, Löslichkeit 309.
- Säure-Basen-Gleichgewicht, Ermittlung 283—285.
- Sauerstoff, Bestimmung 258—275.
  - Bindungskurve, Standardwerte 309.
  - Dissoziationskurve 286 bis 294.
  - Gehalt, Berechnung 245.
  - Kapazität, Bestimmung 240, 241, 245, 246.
  - Löslichkeit 307, 308.
  - Sättigung, Bestimmung 261, 262.
- Serum, anaerobe Gewinnung 190, 192, 193.
  - Kohlendioxydgehalt, Errechnung 275—285.
  - $p_H$, Bestimmung 275 bis 285.
- Spritzen für Gasanalyse 190 bis 192.
- Stickstoff, Löslichkeit 308.
  - Gehalt, Berechnung 245.
- Thrombocyten, Gewinnung 547, 548.
- Wasserstoff, Löslichkeit 309.

Bor, Nachweisempfindlichkeit 609.
BOURDILLON-Osmometer 40, 41.
BRICE-Phoenix-Streulichtphotometer 170—172.
BRINTZINGER-Elektroschnelldialysator 77.
Brom s. a. Isotope.
- Nachweisempfindlichkeit 609.

BULL-Osmometer 41.
Butanol, Grenzflächenspannung 7.
- Oberflächenspannung 7.

**Cadmium**, Abtrennung 865, 866.
- Bremsvermögen für α-Teilchen 619.
- s. a. Isotope.
- Nachweisempfindlichkeit 609.

Caesium, Abtrennung von Barium 839.
- s. a. Isotope.
- Nachweisempfindlichkeit 609.

Calcium s. a. Isotope.
- Mikrobestimmung 408, 409.

Calcium, Nachweisempfindlichkeit 609.
Calciumstearat, Strömungsdoppelbrechung 108.
CANTOW-Streulichtphotometer 167—170.
Capillaraktivität s. Grenzflächenspannung.
Capillartaucher 419, 437—439.
Caprylsäure s. Fettsäuren.
Carbohydrasen s. Fermente.
CARTER-RECORD-Osmometer 39.
Cartesianischer Taucher 419—437.
Casein s. Eiweiß.
Cellulose s. Kohlenhydrate.
Cer s. a. Isotope.
Nachweisempfindlichkeit 610.
Chinasäure bei Mutanten 529.
p-Chinon als Wasserstoffacceptor 335, 339, 340.
Chlor, Bremsvermögen für $\alpha$-Teilchen 619.
s. a. Isotope.
Nachweisempfindlichkeit 609.
Chlorid, Mikrobestimmung 408, 409.
Chloromycetin s. Antibiotica.
Cholesterin s. Steroide.
Cholinesterase s. Fermente.
CHRISTENSEN-Mikroosmometer 43, 44.
Chrom s. a. Isotope.
Nachweisempfindlichkeit 609.
Chymotrypsinogen s. Fermente.
Citrullin s. Aminosäuren.
Cocarboxylase s. Fermente.
Colorimetrie s. optische Methoden.
Columbium s. Isotope.
Curium s. Isotope.
Cyclopropan s. Arzneimittel und Gifte.
Cyclophorasesystem s. Mitochondrien.
Cystathionin s. Aminosäuren.
Cystein s. Aminosäuren.
Cystin s. Aminosäuren.
Cytochemie s. Histochemie.
Cytochrom c s. Fermente.
Cytochromoxydase s. Fermente.
Cytoplasma, Eiweißgehalt 556.
Fettgehalt 556.
Gewinnung 589.
aus Leber, Gewinnung 562—566.
Phosphorgehalt 556.
Ribonucleinsäuregehalt 556.
Stickstoffgehalt 556.

Dampfdruckerniedrigung und osmotischer Druck 26—29.

Darm, Isotopenspeicherung 903.
DEBYE-Differentialrefraktometer 176.
Dehydrierung s. Acceptormethoden.
5-Dehydrochinasäure bei Mutanten 526.
5-Dehydroshikimisäure bei Mutanten 526.
Desoxyribonucleinsäure s. Nucleotide.
Deuterium s. Isotope.
Dialyse 71—76.
Grundlagen 72, 73.
Messung 73, 74.
und Teilchengewicht 73.
Diasolyse 71, 72, 78—83.
Diasolysekolonne 82.
Geräte 81—83.
Grundlagen 78, 79.
2,6-Dichlorphenol-indophenol als Wasserstoffacceptor 330, 332.
Dichtegradientenrohr 416.
Differentialrefraktometer 176, 177.
Dilatometer 417.
o-Dinitrobenzol als Wasserstoffacceptor 335, 344, 345.
4,6-Dinitro-o-kresol als Wasserstoffacceptor 345.
2,4-Dinitrophenol als Wasserstoffacceptor 345.
Diphosphopyridinnucleotid s. Fermente.
**Distickstoffoxyd**, Bestimmung 214, 215, 217.
in Blut 252—254.
im HALDANE-Apparat 195—204.
Korrektur für Gasreduktion 305.
Löslichkeit im Körper 308.
Ditetrazoliumchlorid als Wasserstoffacceptor 333.

**Eisen**, Abtrennung 855—858.
Bremsvermögen für $\alpha$-Teilchen 619.
Halbwertsdicke für Strahlenschutz 912.
s. a. Isotope.
in Leberzelle 548.
Mikrobestimmung 409.
Nachweisempfindlichkeit 609.
**Eiweiß**, Actomyosin, Strömungsdoppelbrechung 107.
Casein, Strömungsdoppelbrechung 107.
kolloidosmotischer Druck 36—38.
Fibrinogen, Strömungsdoppelbrechung 107.

Eiweiß, Gelatine, Kohlendioxyd, Löslichkeit 309.
Strömungsdoppelbrechung 107.
$\beta$-Lactoglobulin, Brechungsinkrement 177.
kolloidosmotischer Druck 37.
Lichtzerstreuung 135.
Ovalbumin, Brechungsinkrement 177.
Lichtzerstreuung 129, 135.
-Pepsin, Lichtzerstreuung 139.
Serumalbumin, Brechungsinkremente 177.
Lichtzerstreuung 129, 137, 138, 143.
Serum-$\gamma$-globulin, Brechungsinkrement 177.
Strömungsdoppelbrechung 106, 107.
Viscosität 22, 23.
Theorie 13.
in Zellfraktionen 556.
Elektrodekantation 71, 72, 77, 78.
Elektrodialyse 71, 72, 76, 77.
Elektrolysezelle zur Eisenabscheidung 857.
Elektrophorese, Papierelektrophorese, Radioaktivitätsmessung 794—796.
Enolase s. Fermente.
Erbium s. Isotope.
Ergüsse, Zellfraktionierung 546, 547.
Erythrocyten s. Blut.
Esterasen s. Fermente.
Europium s. a. Isotope.
Nachweisempfindlichkeit 610.
Exspirationsluft s. Gasanalyse.
Extraktionsdiasolysator 81.

**Faeces**, $^{45}$Ca-Messung 843.
$^{226}$Ra-Messung 846.
**Fermente**, Acetylcholinesterase, Histochemie 360, 363, 364, 365.
Adenosintriphosphatase, Histochemie 357.
Aldolase, Brechungsinkrement 177.
Aminoxydase, Histochemie 369.
Amylase, Mikromethode 401, 402.
in Pankreas, Lokalisation 555.
Arginase, Mikromethode 407, 408.

Fermente, Bernsteinsäure-
dehydrogenase, Histo-
chemie 369, 370.
Carbohydrasen, Histochemie
365, 366.
Cholinesterase, Histochemie
360, 361—364.
Mikromethode 400, 440.
Chymotrypsinogen, Bre-
chungsinkrement 177.
Cocarboxylase, Mikrobestim-
mung 440, 441.
Cytochrom c, Bestimmung
341.
als Wasserstoffacceptor
335, 340, 341.
Cytochromoxydase, Histo-
chemie 367—369.
Diphosphopyridinnucleotid,
Mikrobestimmung 441,
442.
Enolase, Brechungsinkre-
ment 177.
Lichtzerstreuung 128.
Esterasen, Histochemie 359,
360, 364.
Mikromethode 399, 400.
Fumarohydrogenase,
Messung 322.
$\beta$-Glucuronidase, Histo-
chemie 360, 361.
Histochemie, enzymatische
345—443.
Katalase, Mikromethode
401.
Kathepsin, Mikromethode
397, 398.
Lipase, Histochemie 358,
359.
Mikromethode 400.
Lysindecarboxylase, Mikro-
methode 441.
Lysozym, Brechungsinkre-
ment 177.
Lichtzerstreuung 135.
Mikromethoden 395—443.
Pepsin, Mikromethode 397,
398.
-Ovalbumin, Lichtzer-
streuung 139.
Peptidasen in Magenschleim-
haut 385.
Mikromethode 418, 419.
Peroxydasen, Histochemie
366, 367.
Phosphatasen, Histochemie
352—358.
Mikromethode 410, 411,
412, 413.
saure in Prostata, Lokali-
sation 555.
Phosphoamidase, Nachweis
357.
Polyphenoloxydase, Histo-
chemie 367.

Fermente, Proteasen, Mikro-
methode 395—399, 413,
414.
Succinodehydrogenase,
THUNBERG-Methode 314,
319, 320.
Sulfatasen, Histochemie 365.
Mikromethode 414, 415.
THUNBERG-Methodik
311—345.
Trypsin, Mikromethode 399.
Urease, Mikromethode 407,
408.
Fette, Jodzahl, Mikrobestim-
mung 409.
in Leberzelle 548.
Mikrobestimmung 408.
Olivenöl, Grenzflächenspan-
nung 7.
Helium, Löslichkeit 309.
Oberfächenspannung 7.
Sauerstoff, Löslichkeit
308.
Stickstoff, Löslichkeit
308.
in Zellfraktionen 556.
Fettsäuren, Caprylsäure, Grenz-
flächenspannung 7.
Ölsäure, Grenzflächenspan-
nung 7.
Ölsäuresalze, Strömungs-
doppelbrechung 108.
Önanthsäure, Oberflächen-
spannung 7.
Stearinsäuresalze, Strö-
mungsdoppelbrechung
108.
Fibrinogen s. Eiweiß.
Fluor s. a. Isotope.
Nachweisempfindlichkeit
609.
FOLIN-MARENZI-Reagens
s. Reagentien.
Formaldehyd zur Gewebe-
fixierung 348, 349.
Fumarohydrogenase s. Fer-
mente.

Gadolinium s. a. Isotope.
Nachweisempfindlichkeit
610.
Galaktose s. Kohlenhydrate.
Gallium, Abtrennung 867.
s. a. Isotope.
Nachweisempfindlichkeit
609.
Gasanalyse 183—311.
Absorptionsbürette für
Pyrogallol 204.
Absorptionskoeffizienten $\alpha$
305, 306.
Alkalireserve von Blut, Be-
stimmung 244, 245.
Alveolarluft, Gewinnung
184, 185—187.

Gasanalyse, Barometerkorrek-
tur 298—300.
in Blut, Normwerte 310.
elektrochemische Methoden
221, 222, 223.
Exspirationsluft, Gewin-
nung 184, 185.
Ferricyanid-Methode
258—263.
in Flüssigkeiten 218.
Gasdichte, Messung 214.
Gase, Untersuchung
195—209.
Gasgemische, Herstellung
194.
Gasketten zur Analyse 215.
Gasproben, Überführung
200.
Gastabellen, Volumenreduk-
tion 301—305.
Gewebsgase, Bestimmung
222.
HALDANE-Apparat
195—204.
HEMPEL-Pipette 234.
Interferometrie zur Analyse
216, 217.
Leitfähigkeit, Messung
215.
Löslichkeit von Gasen
307—309.
Manometrische Methoden
223—258.
Massenspektrometer zur
Analyse 214, 245.
Methodische Übersicht
295—297.
Mikromethoden 217—220,
419—443.
Übersicht 296.
Nomographische Verfahren
275—294.
OSTWALD-Pipette 234.
Oxymetermethoden 219.
$p_H$-Werte, Messung 205.
Polarographie zur Analyse
205.
Probengewinnung 183—193.
Rechnerische Auswertung
275—294.
RILEY-Verfahren 263—268.
Schallgeschwindigkeit,
Messung 214.
SCHOLANDER-Apparat
204—209.
VAN SLYKE-Apparat,
223—258.
Suszeptibilität, magnetische,
Messung 211—213.
Symbole 295—298.
Titrimetrische Verfahren
219.
Tonometrie 222, 223.
Ultrarotabsorption,
Messung 216.

Gasanalyse, Verbrennungskammer für HALDANE-Apparat 201.
- Wärmeleitfähigkeit, Messung 213, 214.
- Wasserdampf, Druck 300.

Gefrierpunktserniedrigung und osmotischer Druck 28, 29.

Gefriertrocknung s. Histochemie.

Gegenstromverteilung, Statistik 947—949.

**Gehirn**, Distickstoffoxyd, Löslichkeit 308.
- Mitochondrien, Isolierung 584, 585.
- Radioautographie 770, 771.
- Stickstoff, Löslichkeit 308.
- Zellkernisolierung 580.

GEIGER-MÜLLER-Zählrohr s. Isotope.

Gelatine s. Eiweiß.

**Genetik, biochemische** 443 bis 537.
- Algen, Verwendung 495.
- Allel, Definition 534.
- Allele, Bestimmung 504 bis 509.
- Allelie, Definition 534.
- Anaphase, Definition 534.
- Ascogonium, Definition 534.
- Ascospore, Definition 534.
- Ascus, Definition 534, 535.
- Aspergillus nidulans, Ascosporen, Isolierung 463.
  - Conidiophoren 460.
  - crossing over 461, 462.
  - heterozygote Diploide 459—461.
  - vegetative Eigenschaften 455, 456.
  - Hybride, genetische Identifizierung 457 bis 459.
  - Lebensformen 455—463.
  - asexuelle Reproduktion 455, 456.
  - sexuelle Reproduktion 456, 457.
- Austausch, Definition 535.
- Biochemie, vergleichende 522—526.
- Bakterien, vergleichende Genetik 494.
  - mit Rekombination 475—494.
- Befruchtung, Definition 535.
- Centromer, Definition 535.
- Chromatid, Definition 535.
- Coenocyt, Definition 535.
- Conidium, Definition 535.
- Crossing over, Definition 535.
  - Schema 450, 451, 462.
- Crossover, Definition 535.

Genetik, Cytogamie, Definition 535.
- Dikaryon, Definition 535.
- Diploid, Definition 535.
- Diplophase, Definition 535.
- Einführung 443—445.
- Escherichia coli, Hybridisierung 486, 487.
- Escherichia coli K-12, Kulturbedingungen 493.
- Fachausdrücke 534—537.
- Gen, Definition 535.
- Genmaterial, Chemie 533, 534.
- Genotyp, Definition 535.
- Haploid, Definition 536.
- Haplophase, Definition 536.
- Heterokaryon, Definition 536.
- Heterothallisch, Definition 536.
- Heterozygote, Definition 536.
- Homathallisch, Definition 536.
- Homologe, Bestimmung 504—507.
  - Definition 536.
- Homozygote, Definition 536.
- Hyphe, Definition 536.
- Karyogamie, Definition 535.
- Klistothecium, Definition 536.
- Klon, Definition 535.
- Konjugationsteilung, Definition 535.
- Linkage, Definition 536.
- Locus, Definition 536.
- Makroconidien, Definition 535.
- Meiose, Definition 536.
- Mikroconidien, Definition 535.
- Mikroorganismen, Lebensformen 445—496.
- Mitose, Definition 536.
- Mutanten, extrachromosomale 532, 533.
  - genetische, Identifizierung 504—510.
  - Isolierung 496—504.
  - selektive Isolierung 499—503.
  - aus einem haploiden Kern 496—499.
  - Prüfsysteme 519—533.
  - Stoffwechselstörung, Erkennung 498, 499.
- Mutationen 510—519.
  - Auslösung 515—519.
  - chemische 517—519.
  - Bestrahlung 516—518.
  - Definitionen 536.
  - Primärreaktion 532.
  - Vorgang 510—515.

Genetik, Mutationsrate 511—514.
- Mycel, Definition 536.
- Neurospora crassa, Ascosporen, Isolierung 453—455.
  - genetische Eigenschaften 449—452.
  - vegetative Eigenschaften 445.
  - Kernteilung 447, 448.
  - Kreuzungstechnik 453.
  - Kulturmedien 452, 453.
  - Lebenscyclus 448.
  - Lebensformen 445—455.
  - Methoden 452—455.
  - Pseudo-Wildtypen 452.
  - asexuelle Reproduktion 445, 446.
  - sexuelle Reproduktion 445—449.
- Paarungstyp, Definition 536.
- Perithecium, Definition 536.
- Phänokopie, Definition 537.
- Phänotyp, Definition 537.
- Pilze, Verwendung 495.
- Plasmogamie, Definition 535.
- Protozoen, Verwendung 495, 496.
- Polyploidie, Definition 537.
- Polysomie, Definition 537.
- Protoperithecium, Definition 537.
- Prototroph, Definition 537.
- Rekombination, Definition 537.
- Saccharomyces cerevisiae, Ascosporen 467, 468.
  - Isolierung 471 bis 473.
  - Diploide, uniparentale 465—467.
  - Diploidisierung, spontane 468, 469.
  - vegetative Eigenschaften 463.
  - Genetik 468, 469.
  - Hybridisierung 473, 474.
  - Kernteilung 464.
  - genetische Kontrollen 474, 475.
  - Kulturmedien 469—471.
  - Lebensformen 463—475.
  - Sporulationsmedium 469—471.
  - sexuelles Verhalten 464—468.
  - Lebenscyclus 464—468.
- Segregation, Definition 537.
- Somatisch, Definition 537.
- Stoffwechselketten, Erkennung 519—522.
- Transduktion bei Salmonellen 480—486.

Sachverzeichnis.

Genetik, Transformierung bei
  Bakterien 476—480.
Tetrade, Definition 537.
Tetraploidie, Definition 537.
Triploidie, Definition 537.
Trisomie, Definition 537.
Vererbung, chromosomale
  504—509.
  extrachromosomale 509,
  510.
  gekoppelte, bei Escherichia coli K-12
  486—493.
  Wechselwirkungen der Genabhängigkeit 526—531.
Zygote, Definition 537.
Germanium, Abtrennung 869.
  von Arsen 872.
  s. a. Isotope.
  Nachweisempfindlichkeit
  609.
Gewebe, Aufarbeitung
  537—544.
  Breie, Herstellung 541.
  Grenzschnittdicke 540.
  Homogenate, Herstellung
  542—544.
  Schnitte, Technik 539—541.
$\beta$-Glucuronidase s. Fermente.
Glutaminsäure s. Aminosäuren.
Glutaminsäure-halbaldehyd
  s. Aminosäuren.
Glutathion s. Peptide.
Glykogen s. Kohlenhydrate.
Gold, Abtrennung 863.
  Bremsvermögen für $\alpha$-Teilchen 619.
  Herstellung 863.
  s. a. Isotope.
  Nachweisempfindlichkeit
  610.
GOLGI-Substanz, Isolierung
  589, 590.
GRAHAM-Dialysator 75.
Grenzflächenspannung 1—11.
  Blasendruckmethode 9, 10,
  11.
  Definition 1, 2.
  Drahtbügelmethode 6.
  GIBBSsche Gleichung 2.
  von Lösungen 2, 3.
  Messung 3—11.
  Stalagmometermethode 8, 9.
  Steighöhenmethode 4, 5.
  v. SZYSZKOWSKIsche Gleichung 3.
  Tensiometermethode 6—8,
  10.
  Tropfenkrümmungsmessung
  3, 4.
  WILHELMY-Methode 5, 6.
GRIESS-ILOSVAY-Reagens
  s. Reagentien.
GÜNTELBERG-LINDERSTRØM-
  LANG-Osmometer 41—44.

Haare, Radioautographie 770.
Hämocyanin s. Pyrrolfarbstoffe.
Hämoglobin s. Pyrrolfarbstoffe.
Hämolyse s. Erythrocyten.
Hämosideringranula aus Milz,
  Isolierung 592.
Hämoxytensiometer 272.
Hafnium s. a. Isotope.
  Nachweisempfindlichkeit
  610.
Handpipette für Histochemie
  388, 398.
HANSEN-Osmometer 46, 47.
Harn, $^{131}$J, Rückgewinunng 828,
  829.
  Kohlendioxyd, Löslichkeit
  308.
  $^{226}$Ra-Messung 846.
  Säure-Basen-Gleichgewicht,
  Ermittlung 285, 286.
  Nomogramm 285, 286.
HATSCHEK-COUETTE-Viscosimeter 17.
Haut, Kohlendioxyd, Löslichkeit 309.
  Radioautographie 770.
Helium, Bestimmung 217.
  Korrektur für Gasreduktion
  305.
  Löslichkeit im Körper 309.
  Wärmeleitfähigkeit 213.
HEMPEL-Pipette 234.
Herz, Distickstoffoxyd, Löslichkeit 308.
  Lipofuscin, Isolierung 593.
  Punktion bei Tieren 189.
  Sarkosomen, Isolierung
  585—587.
  Zellkerne, Abbildung 570.
  Isolierung 577—580.
HERZOG-SPURLIN-Osmometer
  45.
Hexadecan, Lichtzerstreuung
  163.
Histidin s. Aminosäuren.
Histidinol bei Mutanten 521.
Histochemie, Acetylcholinesterase, Nachweis 360,
  363, 364, 365.
  Allgemeine Methodik
  348—352.
  Aminoxydase, Nachweis 369.
  Bernsteinsäuredehydrogenase, Nachweis 369,
  370.
  Carbohydrasen, Nachweis
  365, 366.
  Cholinesterase, Nachweis
  360, 361—364.
  Cytochromoxydase, Nachweis 367—369.
  enzymatische 345—443.
  Esterase, Nachweis 359, 360,
  364.
  Fixierung 348, 349.

Histochemie, Gefriertrocknung
  349, 350.
  Gewicht, reduziertes, Bestimmung 378—382.
  $\beta$-Glucuronidase, Nachweis
  360, 361.
  Hydrolasen, Nachweis
  352—366.
  Kontrollversuche 351.
  Lipasen, Nachweis 358, 359.
  Lokalisation von Substanzen 351, 352.
  Mikromethoden, chemische
  371—443.
  Mikroskopische Methoden
  348—370.
  Mikrotomtechnik 372—375.
  Peroxydasen, Nachweis 366,
  367.
  Phosphatasen, Nachweis
  352—358.
  Polyphenoloxydase, Nachweis 367.
  Sulfatasen, Nachweis 365.
Hoden, Zellkerne, Abbildung
  570.
HÖPPLER-Viscosimeter 17, 18.
Holmium s. a. Isotope.
  Nachweisempfindlichkeit
  610.
HOLM-JENSEN-Osmometer 48,
  49.
Homocystein s. Aminosäuren.
Homogenisatoren 542, 543, 571.
Hormone, Insulin, Brechungsinkrement 177.
Hyalin aus Tumoren, Isolierung
  592, 593.
Hydrosulfit zur Sauerstoffabsorption 195.

Indigodisulfosäure als Wasserstoffacceptor 332.
Indigotetrasulfosäure als
  Wasserstoffacceptor 332.
Indigotrisulfosäure als Wasserstoffacceptor 332.
Indium, Abtrennung 867, 868.
  Abtrennung von Cadmium
  865.
  s. a. Isotope.
  Nachweisempfindlichkeit
  609.
Indol bei Mutanten 529.
Indophenoloxydation s. Cytochromoxydase.
Insulin s. Hormone.
Iridium s. a. Isotope.
  Nachweisempfindlichkeit
  609.
Isopentan, Lichtzerstreuung 132.
Isotope 594—930.
  $^{37}$A, Herstellung 607.
  $^{41}$A, effektive $\gamma$-Energie 913.
  Toleranzdosis 904.

68*

1076 Sachverzeichnis.

Isotope, Abfallbeseitigung 925—927.
　Abfallskorrektur 781.
　Abfallskurven 617, 618.
　$^{227}$Ac, Eigenschaften 849.
　$^{105}$Ag, Toleranzdosis 904.
　$^{106}$Ag, Herstellung 608.
　　Messung 861, 862.
　　Übersicht 886.
　$^{109}$Ag, Toleranzdosis 904.
　$^{110}$Ag, Dosiskonstanten 902.
　　effektive $\gamma$-Energie 913.
　　Eigenschaften 603.
　　Messung 861, 862.
　　Übersicht 886.
　$^{111}$Ag, Dosiskonstanten 902.
　　Eigenschaften 603.
　　Messung 862.
　　Toleranzdosis 904.
　　Übersicht 886.
　Aktivität, Definition 774, 775.
　　spezifische, Berechnung 780, 781.
　Aktivierungsanalyse 608, 610.
　$^{241}$Am, Toleranzdosis 904.
　Anreicherung im Körper 901—903.
　Arbeitsgeräte 920—923.
　Arbeitsrichtlinien 877—890.
　$^{72}$As, Messung 872, 873.
　　Übersicht 888.
　$^{73}$As, Messung 872, 873.
　　Übersicht 888.
　$^{74}$As, Herstellung 608.
　　Messung 872, 873.
　　Übersicht 888.
　$^{76}$As, Dosiskonstanten 902.
　　effektive $\gamma$-Energie 913.
　　Eigenschaften 600.
　　Gefahrenklasse 916.
　　Messung 872, 873.
　　Speicherung 903.
　　Toleranzdosis 904.
　　Übersicht 888.
　$^{77}$As, Dosiskonstanten 902.
　　Eigenschaften 600.
　　Gefahrenklasse 916.
　　Messung 872, 873.
　　Übersicht 888.
　$^{211}$At, Eigenschaften 823.
　　Messung 830, 831.
　Atomaufbau 594, 595.
　Atomgewichtsskala 597.
　Atomkern, Aufbau 595, 596.
　　Bindungsenergie 597.
　　leichte, Isotope 596.
　　Umwandlungen 598—610.
　　von Isotopen 607, 608.
　　als Neutronenquelle 604, 605.

Isotope, Atomkern, Umwandlungstypen 605, 606.
　$^{196}$Au, Toleranzdosis 904.
　$^{198}$Au, Dosiskonstanten 902.
　　effektive $\gamma$-Energie 913.
　　Eigenschaften 601.
　　Gefahrenklasse 916.
　　Messung 862, 863.
　　Toleranzdosis 904.
　　Übersicht 887.
　$^{199}$Au, Messung 862, 863.
　　Toleranzdosis 904.
　　Übersicht 887.
　Autoradiographie 734—773.
　　Anwendung 765—773.
　　Artefakte 761—764.
　　Auflösungsvermögen 738—745.
　　des Gehirns 770, 771.
　　Grundlagen 736—749.
　　der Haut 770.
　　Isotopenverteilung im Körper 768, 769.
　　Kontaktmethode 751—753.
　　„coated"-Methode 755—757.
　　„mounted"-Methode 753—755.
　　„stripping-film"-Methode 757—760.
　　der Niere 769, 770.
　　quantitative 745—749.
　　Vorbereitung 749—751.
　　photographischer Vorgang 736—738.
　$^{131}$Ba, Eigenschaften 600, 841.
　　Messung 845.
　　Übersicht 885.
　$^{137}$Ba, Toleranzdosis 904.
　$^{140}$Ba, effektive $\gamma$-Energie 913.
　　Eigenschaften 841.
　　Gefahrenklasse 916.
　　Messung 845.
　　Toleranzdosis 904.
　　Übersicht 885.
　Bauvorschriften 918, 919.
　$^{7}$Be, Eigenschaften 841.
　　Herstellung 608.
　　Messung 840.
　　Toleranzdosis 904.
　　Übersicht 884.
　$^{10}$Be, Eigenschaften 841.
　　Messung 840, 841.
　　Übersicht 884.
　$^{206}$Bi, Messung 875.
　　Übersicht 888.
　$^{210}$Bi, Eigenschaften 603.
　　Gefahrenklasse 916.
　　Messung 875.
　　Übersicht 888.
　Bleiziegel 920.
　$^{82}$Br, effektive $\gamma$-Energie 913.

Isotope, $^{82}$Br, Eigenschaften 600, 823.
　　Messung 824, 825.
　　Messung neben $^{131}$J 830.
　　Speicherung 903.
　$^{83}$Br, Speicherung 903.
　$^{11}$C, Herstellung 608.
　$^{13}$C, Häufigkeit 688.
　　Handhabung 727, 728.
　$^{14}$C, Bestimmung als $BaCO_3$ 800—815.
　　Dosiskonstanten 902.
　　Eigenschaften 601.
　　Gefahrenklasse 916.
　　Herstellung 607.
　　Messung, Empfindlichkeit 819, 820.
　　im GEIGER-MÜLLER-Zählrohr 815—819.
　　neben $^{3}$H 835, 836.
　　Toleranzdosis 904.
　$^{45}$Ca, Dosiskonstanten 902.
　　Eigenschaften 600, 841.
　　Gefahrenklasse 916.
　　Herstellung 607.
　　Messung 842, 843.
　　Speicherung 903.
　　Toleranzdosis 904.
　　Übersicht 884.
　$^{49}$Ca, Speicherung 903.
　$^{95}$Cb, Gefahrenklasse 916.
　$^{109}$Cd, Messung 864—866.
　　Toleranzdosis 904.
　$^{115}$Cd, Eigenschaften 600.
　　Messung 865, 866.
　　Übersicht 887.
　$^{141}$Ce, effektive $\gamma$-Energie 913.
　　Eigenschaften 601, 848.
　　Gefahrenklasse 916.
　　Übersicht 885.
　$^{143}$Ce, Eigenschaften 848.
　　Übersicht 885.
　$^{144}$Ce, Eigenschaften 848.
　　Gefahrenklasse 916.
　　Toleranzdosis 904.
　　Übersicht 885.
　chemische Methoden 773—890.
　$^{34}$Cl, Speicherung 903.
　$^{36}$Cl, Eigenschaften 823.
　　Gefahrenklasse 916.
　　Messung 823, 824.
　　Speicherung 903.
　　Toleranzdosis 904.
　$^{38}$Cl, Eigenschaften 823.
　　Messung 823, 824.
　　Speicherung 903.
　$^{242}$Cm, Toleranzdosis 904.
　$^{56}$Co, Herstellung 608.
　　Messung 858—860.
　　Übersicht 886.
　$^{57}$Co, Herstellung 608.
　　Messung 858—860.
　　Speicherung 903.

Sachverzeichnis. 1077

Isotope, $^{57}$Co, Übersicht 886.
$^{58}$Co, Herstellung 608.
Messung 858—860.
Übersicht 886.
$^{60}$Co, Dosiskonstanten 902.
effektive $\gamma$-Energie 913.
Eigenschaften 601.
Gefahrenklasse 916.
Messung 858—860.
Toleranzdosis 904.
Übersicht 886.
$^{51}$Cr, Dosiskonstanten 902.
Eigenschaften 601.
Messung 850.
Toleranzdosis 904.
Übersicht 886.
$^{131}$Cs, Eigenschaften 600, 837.
Messung 839.
Übersicht 884.
$^{134}$Cs, Dosiskonstanten 902.
effektive $\gamma$-Energie 913.
Eigenschaften 600, 837.
Messung 839, 840.
Übersicht 884.
$^{135}$Cs, Eigenschaften 837.
Messung 840.
Übersicht 884.
$^{136}$Cs, Eigenschaften 837.
Messung 840.
Übersicht 884.
$^{137}$Cs, Eigenschaften 837.
Gefahrenklasse 916.
Messung 840.
Toleranzdosis 904.
Übersicht 884.
$^{64}$Cu, Dosiskonstanten 902.
effektive $\gamma$-Energie 913.
Eigenschaften 601.
Gefahrenklasse 916.
Messung 860, 861.
Speicherung 903.
Toleranzdosis 904.
Übersicht 886.
$^{67}$Cu, Messung 860, 861.
Übersicht 886.
Curie, Definition 616.
Cyclotron 604.
zur Isotopenherstellung 608.
Definition 595.
Deuteronen, biologische Dosis 892.
Dosimetrie 890—894.
Dosiskonstanten 900, 901.
Dosisleistung, Definition 891.
Einengen von Lösungen 787—789.
Elektroskop 631—634.
Entseuchung 924, 925.
$^{171}$Er, Eigenschaften 849.
$^{152}$Eu, Eigenschaften 601, 848.
$^{154}$Eu, effektive $\gamma$-Energie 913.

Isotope, $^{154}$Eu, Eigenschaften 601, 848.
Toleranzdosis 904.
$^{155}$Eu, Eigenschaften 848.
$^{18}$F, Eigenschaften 823.
Herstellung 608.
Messung 823.
Speicherung 903.
Toleranzdosis 904.
$^{55}$Fe, Dosiskonstanten 902.
Eigenschaften 601.
Gefahrenklasse 916.
Herstellung 608.
Messung 854—858.
Speicherung 903.
Toleranzdosis 904.
Übersicht 886.
$^{55,59}$Fe, Messung 855—858.
$^{59}$Fe, Dosiskonstanten 902.
effektive $\gamma$-Energie 913.
Eigenschaften 601.
Gefahrenklasse 916.
Herstellung 607, 608.
Messung 855—858.
Speicherung 903.
Toleranzdosis 904.
Übersicht 886.
Fernbedienungswerkzeuge 921, 922.
Filtriergeräte 792.
$^{72}$Ga, Dosiskonstanten 902.
effektive $\gamma$-Energie 913.
Eigenschaften 601.
Messung 867.
Toleranzdosis 904.
Übersicht 887.
$^{153}$Gd, effektive $\gamma$-Energie 913.
Eigenschaften 848.
$^{71}$Ge, Eigenschaften 601.
Messung 869.
Toleranzdosis 904.
Übersicht 887.
Gefahrenklassen 916, 917.
Gefahren der Verseuchung 914, 915.
GEIGER-MÜLLER-Zähler 637—644.
Geräte 883, 889.
$^{2}$H, Anwendung 725—727.
Austauschreaktionen 698—700.
Destillation 721—724.
Dichtegradientenrohr 715—717.
Eigenschaften, chemische 700—702.
Fallrohrmethode 710—715.
Häufigkeit 688.
Handhabung 695—727.
Herstellung 695, 696.
Messung 702—724.
Pyknometermethode 706—709.

Isotope, $^{2}$H, Schwimmermethode 717—721.
Toxicität 727.
markierte Verbindungen, Herstellung 696—698.
Verbrennungsapparatur 723.
$^{3}$H, Eigenschaften 831.
Gefahrenklasse 916.
Herstellung 607.
Messung 832—836.
Toleranzdosis 904.
Übersicht 884.
Halbwertszeit, Ableitung 616, 617.
HEVESY-PANETH-Analyse 775—778.
$^{181}$Hf, Dosiskonstanten 902.
effektive $\gamma$-Energie 913.
Eigenschaften 601.
$^{197}$Hg, Gefahrenklasse 916.
Herstellung 608.
Messung 866, 867.
Übersicht 887.
$^{203}$Hg, Dosiskonstanten 902.
effektive $\gamma$-Energie 913.
Eigenschaften 602.
Gefahrenklasse 916.
Messung 866, 867.
Übersicht 887.
$^{205}$Hg, Gefahrenklasse 916.
$^{166}$Ho, Eigenschaften 601, 849.
Toleranzdosis 904.
Impulsverstärker 650, 651.
$^{114}$In, Eigenschaften 601.
Messung 867, 868.
Übersicht 887.
Injektionsspritze 922.
Inkorporation, Gefahren 914, 915.
Ionisationskammer 631—634.
$^{190}$Ir, Toleranzdosis 904.
$^{192}$Ir, Eigenschaften 601.
Toleranzdosis 904.
$^{126}$J, Herstellung 608.
$^{128}$J, Speicherung 903.
$^{130}$J, Herstellung 608.
$^{131}$J, Dosiskonstanten 902.
effektive $\gamma$-Energie 913.
Eigenschaften 601, 823.
Gefahrenklasse 916.
Messung 825—830.
neben $^{82}$Br 830.
Wirkungsgrad 826.
Speicherung 903.
Toleranzdosis 904.
$^{132}$J, Eigenschaften 823.
Messung 830.
$^{42}$K, Dosiskonstanten 902.
effektive $\gamma$-Energie 913.
Eigenschaften 601, 837.
Gefahrenklasse 916.

Isotope, $^{42}$K, Messung 837, 838.
  Speicherung 903.
  Toleranzdosis 904.
  Übersicht 884.
 $^{43}$K, Eigenschaften 837.
  Messung 838.
  Übersicht 884.
 K-Einfang 613, 614.
 Koincidenzanordnung 648.
 Konversionselektronen,
   Aussendung 616.
 $^{79}$Kr, Herstellung 608.
 $^{85}$Kr, Gefahrenklasse 916.
 $^{140}$La, effektive $\gamma$-Energie 913.
  Eigenschaften 602, 841, 848.
  Gefahrenklasse 916.
  Toleranzdosis 904.
  Übersicht 885.
 Laboratoriumseinrichtungen 881—889.
 mittlere Lebensdauer, Ableitung 616, 617.
 Literaturquellen 773, 774.
 $^{177}$Lu, Eigenschaften 849.
  Toleranzdosis 904.
 Massenspektrometer, Prinzip 693, 694.
 Massenzahl 596.
 Meßgeräte 630—655.
 Messung in fester Phase 787—796.
  in flüssiger Phase 796—798.
  in gasförmiger Phase 798—800.
 $^{28}$Mg, Eigenschaften 841.
  Messung 841, 842.
  Übersicht 884.
 Mischstrahler, Strahlendosis-Berechnung 898, 899.
 $^{52}$Mn, Gefahrenklasse 916.
  Herstellung 608.
  Messung 853, 854.
  Übersicht 886.
 $^{54}$Mn, Gefahrenklasse 916.
  Herstellung 608.
  Messung 854.
  Übersicht 886.
 $^{56}$Mn, Dosiskonstanten 902.
  effektive $\gamma$-Energie 913.
  Eigenschaften 602.
  Speicherung 903.
  Toleranzdosis 904.
 $^{99}$Mo, Eigenschaften 602.
  Messung 850—852.
  Toleranzdosis 904.
  Übersicht 886.
 $^{15}$N, Häufigkeit 688.
  Handhabung 728—732.
 $^{22}$Na, effektive $\gamma$-Energie 913.
  Eigenschaften 837.

Isotope, $^{22}$Na, Gefahrenklasse 916.
  Herstellung 608.
  Messung 836.
  Speicherung 903.
  Übersicht 884.
 $^{24}$Na, Dosiskonstanten 902.
  effektive $\gamma$-Energie 913.
  Eigenschaften 602, 837.
  Gefahrenklasse 916.
  Messung 836, 837.
  Speicherung 903.
  Toleranzdosis 904.
  Übersicht 884.
 $^{90}$Nb, Herstellung 608.
 $^{95}$Nb, Toleranzdosis 904.
 $^{147}$Nd, effektive $\gamma$-Energie 913.
  Eigenschaften 848.
  Gefahrenklasse 916.
 Neutronen 595, 596.
  biologische Dosis 892.
  Strahlenschutz 910, 911.
 $^{59}$Ni, Toleranzdosis 904.
 $^{65}$Ni, effektive $\gamma$-Energie 913.
 $^{18}$O, Häufigkeit 688.
  Handhabung 732—734.
 $^{185}$Os, effektive $\gamma$-Energie 913.
 $^{191}$Os, Eigenschaften 602.
 $^{32}$P, Dosiskonstanten 902.
  Eigenschaften 602.
  Gefahrenklasse 916.
  Herstellung 607.
  Messung 822.
  Speicherung 903.
  Toleranzdosis 904.
 Papierchromatographie, Messung 794—796.
 Papierelektrophorese, Messung 794—796.
 $^{203}$Pb, Toleranzdosis 904.
 $^{210}$Pb, Messung 871.
  Übersicht 888.
 $^{103}$Pd, Toleranzdosis 904.
 $^{109}$Pd, Dosiskonstanten 902.
  Eigenschaften 602.
 $^{147}$Pm, Eigenschaften 848.
  Gefahrenklasse 916.
  Toleranzdosis 904.
 $^{149}$Pm, Eigenschaften 848.
 $^{210}$Po, Eigenschaften 602.
 $^{142}$Pr, Dosiskonstanten 902.
  effektive $\gamma$-Energie 913.
  Eigenschaften 602, 848.
 $^{143}$Pr, Eigenschaften 602, 848.
  Gefahrenklasse 916.
  Toleranzdosis 904.
 $^{144}$Pr, Eigenschaften 848.
  Toleranzdosis 904.
 Proportionalzähler 636, 637.
 Protonen 595, 596.
  biologische Dosis 892.
 $^{191}$Pt, Toleranzdosis 904.

Isotope, $^{193}$Pt, Toleranzdosis 904.
 $^{197}$Pt, Eigenschaften 602.
 $^{238}$Pu, Speicherung 903.
 $^{239}$Pu, Speicherung 903.
  Toleranzdosis 904.
 $^{226}$Ra, effektive $\gamma$-Energie 913.
  Eigenschaften 841.
  Messung 845, 846.
  Toleranzdosis 904.
  Übersicht 885.
 $^{228}$Ra, Eigenschaften 841.
  Übersicht 885.
 Radioaktivität, Definition 616.
  künstliche 598—610.
  natürliche 597, 598.
 $^{83}$Rb, Eigenschaften 837.
  Messung 838.
  Übersicht 884.
 $^{84}$Rb, Eigenschaften 837.
  Messung 838.
  Übersicht 884.
 $^{86}$Rb, Dosiskonstanten 902.
  effektive $\gamma$-Energie 913.
  Eigenschaften 602, 837.
  Messung 839.
  Toleranzdosis 904.
  Übersicht 884.
 $^{183}$Re, Toleranzdosis 904.
 $^{186}$Re, Dosiskonstanten 902.
  effektive $\gamma$-Energie 913.
  Eigenschaften 602.
 $^{188}$Re, Eigenschaften 602.
 Reaktorbestrahlung, Maßregeln 889, 890.
 rep, Definition 891.
 $^{103}$Rh, Toleranzdosis 904.
 $^{105}$Rh, Eigenschaften 602.
  Toleranzdosis 904.
 $^{106}$Rh, Toleranzdosis 904.
 Röntgen, Definition 891.
 Röntgenstrahlen, biologische Dosis 892.
 $^{97}$Ru, Eigenschaften 603.
 $^{103}$Ru, Dosiskonstanten 902.
  effektive $\gamma$-Energie 913.
  Eigenschaften 603.
  Gefahrenklasse 916.
 $^{105}$Ru, Dosiskonstanten 902.
  Eigenschaften 603.
 $^{106}$Ru, Gefahrenklasse 916.
  Toleranzdosis 904.
 $^{35}$S, Dosiskonstanten 902.
  Eigenschaften 603.
  Gefahrenklasse 916.
  Herstellung 607.
  Messung 821, 822.
  Speicherung 903.
  Toleranzdosis 904.
 $^{122}$Sb, Eigenschaften 600.
  Messung 873—875.
  Übersicht 888.
 $^{124}$Sb, Dosiskonstanten 902.

Sachverzeichnis. 1079

Isotope, $^{124}$Sb, effektive
  $\gamma$-Energie 913.
  Eigenschaften 600.
  Messung 873—875.
  Übersicht 888.
$^{125}$Sb, Eigenschaften 600.
  Messung 873—875.
  Übersicht 888.
$^{46}$Sc, Dosiskonstanten 902.
  effektive $\gamma$-Energie 913.
  Eigenschaften 603, 848.
  Toleranzdosis 904.
  Übersicht 885.
Schreibweise 596, 597.
Schutzeinrichtungen 919, 920.
Schutzkleidung 923, 924.
Schutzvorschriften 917, 918.
Scintillationszähler 644—650.
$^{75}$Se, Eigenschaften 603.
  Herstellung 608.
  Messung 875, 876.
  Übersicht 888.
Selbstabsorption 783—787.
$^{31}$Si, Dosiskonstanten 902.
  Eigenschaften 603.
  Speicherung 903.
$^{151}$Sm, Toleranzdosis 904.
$^{153}$Sm, Eigenschaften 603, 848.
$^{113}$Sn, Eigenschaften 603.
  Messung 869—871.
  Toleranzdosis 904.
  Übersicht 887.
$^{117}$Sn, Messung 870, 871.
  Übersicht 887.
$^{123}$Sn, Messung 870, 871.
  Übersicht 887.
$^{125}$Sn, Messung 870, 871.
  Übersicht 887.
$^{89}$Sr, Dosiskonstanten 902.
  Eigenschaften 603, 841.
  Gefahrenklasse 916.
  Herstellung 608.
  Messung 843, 844.
  Speicherung 903.
  Toleranzdosis 904.
  Übersicht 885.
$^{90}$Sr, Eigenschaften 841.
  Gefahrenklasse 916.
  Messung 844.
  Toleranzdosis 904.
  Übersicht 885.
stabile, Anreicherung 689.
  Methodik 695—734.
  Übersicht 687—695.
Statistik der Messungen 682—687.
Strahlenschäden, Frühschäden 905, 906.
  genetische 908, 909.
  Spätschäden 906—908.
Strahlenschutz 904—930.
  ärztlicher 930.

Isotope, Strahlenschutz, chemischer 915, 916.
  Grundsätze 904, 905.
  Messungen 927—930.
  $\alpha$-Strahlen, Absorptionseffekte 618—621.
    biologische Dosis 892.
    Strahlendosis-Berechnung 894, 895.
    Strahlenschutz 909, 910.
    Zerfall 610, 611.
  $\beta$-Strahlen, Absorptionseffekte 621—627, 660—667.
    biologische Dosis 892.
    Geometriefaktor 657—660.
    Nachweis 655—674.
    feste Präparate, Messung 656—670.
    flüssige Präparate, Messung 670—672.
    gasförmige Präparate, Messung 672—674.
    Reichweite, maximale 625—627.
    Rückstreuung 668.
    Strahlendosis-Berechnung 895, 896.
    Strahlenschutz 909, 910.
    Zählrohre 640—644.
    Zerfall 611—613.
  $\gamma$-Strahlen, Absorptionseffekte 627—630.
    COMPTON-Effekt 629.
    biologische Dosis 892.
    GEIGER-MÜLLER-Zählrohre 675, 676.
    Messung 674—682.
    Paarerzeugung 629, 630.
    Photoeffekt 627—629.
    Relativmessung 677—680.
    Scintillationszähler 676, 677.
    Strahlendosis-Berechnung 895—898.
    Strahlenschutz 911—913.
    Zählrohre, richtungsabhängige 680—682.
    Zerfall 614, 615.
  K-Strahler, Strahlendosis-Berechnung 898.
    Strahlenschutz 911.
Suspensionen, Messung 789—793.
SZILARD-CHALMERS-Prozesse 607.
$^{182}$Ta, Eigenschaften 603.
$^{160}$Tb, effektive $\gamma$-Energie 913.
  Eigenschaften 848.
$^{96}$Tc, Toleranzdosis 904.
$^{97}$Tc, Eigenschaften 603.

Isotope, $^{99}$Tc, effektive
  $\gamma$-Energie 913.
$^{121}$Te, Messung 876, 877.
  Übersicht 888.
$^{125}$Te, Messung 876, 877.
  Übersicht 888.
$^{127}$Te, Dosiskonstanten 902.
  Eigenschaften 603.
  Gefahrenklasse 916.
  Messung 876, 877.
  Toleranzdosis 904.
  Übersicht 888.
$^{129}$Te, Gefahrenklasse 916.
  Toleranzdosis 904.
Thorium, Toleranzdosis 904.
$^{200}$Tl, Tolerandosis 904.
$^{201}$Tl, Toleranzdosis 904.
$^{204}$Tl, Dosiskonstanten 902.
  Eigenschaften 603.
  Messung 868, 869.
  Toleranzdosis 904.
  Übersicht 887.
$^{170}$Tm, Eigenschaften 849.
  Toleranzdosis 904.
Toleranzdosen 893.
Toleranzkonzentration 900, 901, 903.
trägerfreie, Herstellung 606, 607.
Transport 927.
Uran, Messung 853.
  Spaltung 606.
  Toleranzdosis 904.
$^{48}$V, Herstellung 608.
  Messung 849, 850.
  Toleranzdosis 904.
  Übersicht 886.
$^{49}$V, Messung 849, 850.
  Übersicht 886.
Verdünnungsanalyse 778, 779.
$^{181}$W, Toleranzdosis 904.
$^{183}$W, Eigenschaften 603.
$^{185}$W, Dosiskonstanten 902.
  Messung 852, 853.
  Übersicht 886.
$^{187}$W, effektive $\gamma$-Energie 913.
  Eigenschaften 603.
  Messung 852, 853.
  Übersicht 886.
$^{127}$Xe, Herstellung 608.
$^{133}$Xe, Toleranzdosis 904.
$^{135}$Xe, Toleranzdosis 904.
$^{88}$Y, Herstellung 608.
$^{90}$Y, Dosiskonstanten 902.
  Eigenschaften 603, 841, 848.
  Toleranzdosis 904.
  Übersicht 885.
$^{91}$Y, Eigenschaften 848.
  Gefahrenklasse 916.
  Toleranzdosis 904.
  Übersicht 885.
$^{175}$Yb, effektive $\gamma$-Energie 913.

Isotope, Zählrohre 634—644.
　Aktivität, Auswertung 781—787.
　Füllung 800.
　Gasfüllung 816, 817.
　Nutzeffekt 779.
　Zählverluste, meßtechnische 652—655.
　Zerfallsgesetz 616, 617.
　Zerfallsketten, Strahlendosis-Berechnung 899, 900.
　$^{65}Zn$, Dosiskonstanten 902.
　　effektive $\gamma$-Energie 913.
　　Eigenschaften 603.
　　Herstellung 608.
　　Messung 863, 864.
　　Toleranzdosis 904.
　　Übersicht 887.
　$^{69}Zn$, Dosiskonstanten 902.
　　effektive $\gamma$-Energie 913.
　$^{89}Zr$, Herstellung 608.
　$^{95}Zr$, Eigenschaften 603.
　　Gefahrenklasse 916.
Jod, Destillationsapparat nach CHANEY 827.
　s. a. Isotope.
Jodzahl s. Fette.

Kalium s. a. Isotope.
　in Leberzelle 548.
　Mikrobestimmung 408.
　Nachweisempfindlichkeit 609.
Kaliumchlorid, Dichtewerte 416.
Katalase s. Fermente.
Kathepsin s. Fermente.
4-(2-Keto-3-oxypropyl)-imidazol bei Mutanten 521.
Knochen, Autoradiographie 765, 766.
　$^{45}Ca$-Messung 843.
　Isotopenspeicherung 903.
　Mangan, Abtrennung 854.
Knochenmark, Isotopenspeicherung 903.
　Peroxydase, Nachweis 367.
Kobalt, Abtrennung 859, 860.
　s. a. Isotope.
　Nachweisempfindlichkeit 609.
Kohlendioxyd, Absorptionskoeffizient $\alpha$ 305, 306.
　in Atemluft, Nomogramme 288—294.
　Berechnung von Analysen 243, 244.
　Bestimmung 210, 212, 213, 214, 215, 216, 217, 218, 219, 221, 235—240, 241, 242, 252—254, 255—257, 261—268.
　im HALDANE-Apparat 195—204.

Kohlendioxyd in Blut, Berechnung 246.
　Nomogramme 281, 282, 283, 288—294.
　Normwert 310.
　Gasentwicklung 816.
　Korrektur für Gasreduktion 305.
　Löslichkeit in Blut 308.
　　in Flüssigkeiten 307, 308.
　　im Körper 309.
　Wärmeleitfähigkeit 213.
Kohlenhydrate, Acetylcellulose, Strömungsdoppelbrechung 113.
　Arabinose bei gekoppelter Vererbung 490.
　Cellulose, Strömungsdoppelbrechung 108, 111.
　Cellulosenitrate, Vicosität 19.
　Galaktose bei Salmonellen-Transduktion 483, 484.
　　bei gekoppelter Vererbung 490.
　Glykogen in Leberzelle 548.
　Viscositätstheorie 13.
　Lactose bei gekoppelter Vererbung 490.
　Maltose bei gekoppelter Vererbung 490.
　Mannose bei gekoppelter Vererbung 490.
　Mikrobestimmung 409.
　Monosaccharide, Viscositätstheorie 13.
　Nitrocellulose, kolloidosmotischer Druck 46.
　　Strömungsdoppelbrechung 109, 111, 112, 114.
　reduzierende, Mikrobestimmung 410.
　Rohrzucker zur Zellfraktionierung 558.
　Xylose bei Salmonellen-Transduktion 483, 484.
　　bei gekoppelter Vererbung 490.
Kohlenoxyd, Absorptionskoeffizient $\alpha$ 305, 306.
　Berechnung von Analysen 252.
　Bestimmung 211, 216, 217, 218, 219, 247—252.
　im HALDANE-Apparat 195—204.
　in Blut, Berechnung 245.
　-Hämoglobin, Bestimmung 220, 221.
　Herstellung 248.
　Korrektur für Gasreduktion 305.
　Verbrennung zur Gasanalyse 202.

Kohlenoxyd, Wärmeleitfähigkeit 213.
Kohlensäuredissoziationskurve in Blut 278, 280.
Kohlenstoff, Bremsvermögen für $\alpha$-Teilchen 619.
　s. a. Isotope.
Kollodiummembranen, Herstellung 44.
**Kolloidosmotischer Druck,** 36—49.
　von Eiweiß 36—38.
　Messung 38—49.
　osmotische Waage 45, 46.
Kolloid aus Schilddrüse, Isolierung 592.
Konstriktionspipette für Histochemie 389, 390, 391.
Kresol, Oberflächenspannung 7.
m-Kresol-indophenol als Wasserstoffacceptor 330, 332.
KROGH-NAKAZAWA-Osmometer 47, 48.
Kryostat für Histochemie 373.
Krypton s. Isotope
**Kupfer,** Abtrennung 860, 861.
　Bremsvermögen für $\alpha$-Teilchen 619.
　s. a. Isotope.
　in Leberzelle 548.
　Nachweisempfindlichkeit 609.
Kynurenin s. Aminosäuren.

Lactoflavin s. Vitamine.
$\beta$-Lactoglobulin s. Eiweiß.
Lactose s. Kohlenhydrate.
Lanthan s. a. Isotope.
　Nachweisempfindlichkeit 609.
LAUTHS Violett s. Thionin.
**Leber,** Aminoxydase, Nachweis 369.
　Amyloid, Isolierung 593, 594.
　Isotopenspeicherung 903.
　Mitochondrien, Fraktionierung 582, 583.
　Pigment, schwarzes, Isolierung 592.
　Stickstoff, Löslichkeit 308.
　Zellfraktionierung 562—566.
　Zellen, Isolierung 548—550.
　Zusammensetzung 548.
　Zellkerne, Abbildung 570.
　　Isolierung 576—580.
Leitfähigkeit, Messung zur Gasanalyse 215.
Leukocyten s. Blut.
Lichtzerstreuung s. optische Methoden.
Lipase s. Fermente.
Lipofuscin aus Herz, Isolierung 593.
Lipoide, Mikromethoden 408.
　Phosphatide in Leberzelle 548.

Lipoide, Phosphatide in Zellfraktionen 556.
Lipoidphosphor in GOLGI-Substanz 590.
β-Lipoproteid s. Proteide.
Lithium, Bremsvermögen für α-Teilchen 619.
  Nachweisempfindlichkeit 609.
Lunge, Alveolarluft, Gewinnung 184, 185—187.
  Bronchialkatheter 186.
  Exspirationsluft, Gewinnung 184, 185.
  Isotopenspeicherung 903.
Lutecium s. Isotope.
Lymphdrüsen, Isotopenspeicherung 903.
  Zellkerne, Abbildung 570.
Lymphocyten s. Blut.
Lysindecarboxylase s. Fermente
Lysozym s. Fermente.

Magen, Peptidasen 385.
Magnesium, Bremsvermögen für α-Teilchen 619.
  s. a. Isotope.
  Nachweisempfindlichkeit 609.
Maltose s. Kohlenhydrate.
MANEGOLD-Elektrodialysator 76.
Mangan, Abtrennung 854.
  s. a. Isotope.
  Nachweisempfindlichkeit 609.
Mangandioxyd, Darstellung 339.
  als Wasserstoffacceptor 335, 339.
Mannose s. Kohlenhydrate.
Mastzellengranula, Gewinnung 591.
MAXWELL-Effekt s. Strömungsdoppelbrechung.
Methan, Bestimmung 217, 218.
  im HALDANE-Apparat 195—204.
  Korrektur für Gasreduktion 305.
  Verbrennung zur Gasanalyse 202.
  Wärmeleitfähigkeit 213.
Methanol, Lichtzerstreuung 163.
Methionin s. Aminosäuren.
Methylenblau, Absorptionskurve 319.
  als Wasserstoffacceptor 330, 331, 332.
Methylisobutylketon, Lichtzerstreuung 163.
Methylviologen als Wasserstoffacceptor 333.
Mikromethoden, Aminosäurebestimmung 395—397, 398, 399.
  Ammoniakdestillation 406.

Mikromethoden, Büretten 391—395.
  Colorimetrie 409, 410.
  Dilatometrie 415—419.
  Fermentbestimmungen 395—415, 418, 440—443.
  Gasometrische Methoden 419—443.
  Gewichtsbestimmungen 375—382.
  Gewicht, reduziertes 378—382.
  Histochemie 371—443.
  Mikrotomtechnik 372—375.
  Photometrie 411, 412.
  Pipetten 388—391, 712, 713.
  Probenahme 371—375.
  Reaktionsgefäße 385—387.
  Rührer 387, 388.
  Tauchermethoden 419—437.
  Titrationseinrichtung 392.
  Veraschung 404, 405.
  Volumenbestimmung 382, 383.
  Waagen 376—378.
Mikrosomen, Eiweißgehalt 556.
  Fettgehalt 556.
  Gewinnung 588, 589.
  aus Leber, Gewinnung 562—566.
  Phosphatidgehalt 556.
  Phosphorgehalt 556.
  Ribonucleinsäuregehalt 556.
  Stickstoffgehalt 556.
Milz, Amyloid, Isolierung 594.
  Hämosideringranula, Isolierung 592.
  Isotopenspeicherung 903.
Mitochondrien, Acetontrockenpulver 581, 582.
  Cholesteringehalt 556.
  Cyclophorase-System, Gewinnung 587, 588.
  Eiweißgehalt 556.
  Färbung 584.
  Fettgehalt 556.
  aus Gehirn, Gewinnung 584, 585.
  Isolierung 581—588.
  aus Leber, Fraktionierung 582, 583.
  Gewinnung 562—566.
  aus Mastzellen, Isolierung 591.
  Phosphatidgehalt 556.
  Phosphorgehalt 556.
  in Prostata, saure Phosphatase 555.
  Ribonucleinsäuregehalt 556.
  s. a. Sarkosomen.
  Stickstoffgehalt 556.
  Zählung 583, 584.
Molekulargewicht und Dialysekoeffizient 74.

Molekulargewichtsbestimmung s. kolloidosmotischer Druck, s. a. osmotischer Druck.
Molybdän, Abtrennung 851, 852.
  s. a. Isotope.
  Nachweisempfindlichkeit 609.
Monosaccharid s. Kohlenhydrate.
MORSEsches Osmometer 25.
Muskel, Isotopenspeicherung 903.
  Kohlendioxyd, Löslichkeit 309.
  Myofibrillen, Gewinnung 586, 587, 590, 591.
  Sarkosomen, Isolierung 586, 587.
  Zellkerne, Isolierung 577—580.
Mutation s. Genetik, biochemische.
Myofibrillen aus Muskel, Gewinnung 586, 587, 590, 591.

Nadi-Reaktion s. Cytochromoxydase.
Natrium s. a. Isotope.
  Mikrobestimmung 408, 409.
  Nachweisempfindlichkeit 609.
Natriumhydroxydlösung s. Reagentien.
Natriumoleat, Strömungsdoppelbrechung 108.
Nebenhoden, GOLGI-Substanz, Isolierung 589, 590.
Nebennieren, Isotopenspeicherung 903.
Neodym s. a. Isotope.
  Nachweisempfindlichkeit 610.
Neotetrazoliumchlorid als Wasserstoffacceptor 333.
Nerven, Kohlendioxyd, Löslichkeit 309.
Netzhaut s. Auge.
Neutralrot als Wasserstoffacceptor 332.
Nickel, Bremsvermögen für α-Teilchen 619.
  s. a. Isotope.
  Nachweisempfindlichkeit 609.
Nicotinsäure s. Vitamine.
Niere, Isotopenspeicherung 903.
  Radioautographie 769, 770.
  Zellen, Isolierung 550.
  Zellkerne, Abbildung 570.
  Isolierung 576—579.
Niob s. a. Isotope.
  Nachweisempfindlichkeit 609.

Nitrat als Wasserstoffacceptor 335, 336—338
Nitrit, Bestimmung 337, 338.
m-Nitranilin, Diasolyse 80.
o-Nitranilin, Diasolyse 80.
Nitroanthrachinon als Wasserstoffacceptor 335, 344, 345.
p-Nitrobenzoesäure als Wasserstoffacceptor 345.
Nitrocellulose s. Kohlenhydrate.
m-Nitrophenol, Diasolysekoeffizient 79.
o-Nitrophenol, Diasolysekoeffizient 79.
p-Nitrophenol, Diasolysekoeffizient 79.
m-Nitrophenylhydroxylamin aus m-Dinitrobenzol 345.
β-(o-Nitrophenyl)-hydroxylamin aus o-Dinitrobenzol 344.
Nucleoli s. Zellkerne.
**Nucleotide**, Desoxyribonucleinsäure bei Bakterientransformierung 476—480.
   Brechungsinkrement 177.
   in Leberzelle 548, 549.
   Lichtzerstreuung 151.
   Strömungsdoppelbrechung 108, 109, 110, 114.
   Ribonucleinsäure in GOLGI-Substanz 590.
   in Leberzelle 548, 549.
   in Zellfraktionen 556.

OAKLEY-Osmometer 39, 40.
Oberflächenspannung s. Grenzflächenspannung.
Octan, Oberflächenspannung 7.
   Grenzflächenspannung 7.
Ölsäure s. Fettsäuren.
Önanthsäure s. Fettsäuren.
Olivenöl s. Fette.
**Optische Methoden**, Colorimetrie, Mikromethode 409, 410.
   Interferometer zur Gasanalyse 216, 217.
   Lichtzerstreuung 115—182.
      Arbeitsstandards 160, 161.
      Asymmetrieeffekt 143—145.
      Brechungsinkremente 175—178.
      Cuvetten 172, 173.
      Depolarisationsmessungen 173, 174.
      Eichstandards 161—163.
      Einleitung 115—117.
      Einzelteilchen 119—121.
      Fehlerquellen 116.

Optische Methoden, Lichtzerstreuung in Flüssigkeiten 130—132.
      Idealverdünnung 121.
      Kontrollmöglichkeiten 181, 182.
      brechungsabhängige Korrekturen 163.
      in Lösungen 132—136.
      in realen Lösungen 136—138.
      von Makroionen 141—143.
      Mehrkomponentensysteme 140, 141.
      Messungsauswertung 178—181.
      Methodik 158—178.
      Mittelwertsbildung 139, 140.
      Molekulargewicht im DEBYE-Bereich 145—147.
      Polarisationsverhältnisse 152—157.
      Prinzip 117, 118.
      von Proteinen 129.
      RAYLEIGHs Bedingungen 118, 119.
      RAYLEIGHs Formeln 126—130.
      Gültigkeit 120.
      reduzierte Streuung 125, 126, 160.
      Reinigung von Lösungen 165, 166.
      Richtungsabhängigkeit der Streuintensität 122—125.
      Streulichtmessungen relative 159.
         Empfindlichkeit 166.
      Streulichtphotometer 167—172.
      Teilchengestalt im DEBYE-Bereich 147—152.
      Theorie 117—157.
      Trübungskoeffizient 121, 122.
      Trübungsmessung 158, 159.
      Wellenlängeneffekt 143—145.
      Winkelabhängigkeit von $R_\vartheta$, $\nu$ 164, 165.
      Zentrifugiercuvette 173.
   Photometrie, Mikromethode 411, 412.
   Strömungsdoppelbrechung 83—115.
      Apparate 99—105.
      Auslöschwinkel 90—96.
      optische Effekte 84—86.
      von Eiweiß 106, 107.

Optische Methoden, Strömungsdoppelbrechung, Ergebnisse 105—115.
      Geräte 104, 105.
      Geschichtliches 83, 84.
      Halbschatteneinrichtungen 103, 104.
      Kompensatoren 103, 104.
      Konzentrationsabhängigkeit 110, 111.
      Lichtquellen 102.
      Lösungsmitteleinfluß 112.
      Messung 102.
      Molekulargewichtseinfluß 112.
      monodisperse Systeme 86—96.
      hydrodynamische Orientierung 86—90.
      Polydispersitätseinfluß 113, 114.
      Strahlengang 103.
      Strömungsgradient 100, 101, 102.
      Strömungszustände 84.
      polydisperse Systeme 96, 97.
      Theorie 86—99.
      Turbulenz 101.
      Ursachen 85, 86.
      von Viren 105, 106.
Ornithin s. Aminosäuren.
Osmium s. a. Isotope.
   Nachweisempfindlichkeit 610.
**Osmotischer Druck** 23—36.
   und Dampfdruckerniedrigung 26—28.
   Dampfdruckmethoden 32—36.
   in Erythrocyten 49—71.
   Gefrierpunktsmethode 29—32.
   Messung 24—26, 29—36.
   Semipermeabilität 23, 24.
   von Erythocyten 52—54.
   kinetische Theorie 26.
Osmotische Resistenz von Erythrocyten 54—57.
OSTWALD-Pipette 234.
OSTWALD-Viscosimeter 14, 15.
Ovalbumin s. Eiweiß.
3-Oxyanthranilsäure s. Aminosäuren.
Oxyhämoglobin s. Pyrrolfarbstoffe.
3-Oxykynurenin s. Aminosäuren.
Oxymeter s. Gasanalyse.

Palladium s. a. Isotope.
   Nachweisempfindlichkeit 609.
Pankreas, Amylase, Lokalisation 555.

Pankreas, Isotopenspeicherung 903.
- Zellkerne, Abbildung 570.
- Isolierung 576—579.
Papierchromatographie, Radioaktivitätsmessung 794—796.
Papierelektrophorese s. Elektrophorese.
PAULI-Elektrodekantation 78.
n-Pentan, Lichtzerstreuung 132.
Pepsin s. Fermente.
Peptidasen s. Fermente.
Peptide, Glutathion, Bestimmung 342—344.
- als Wasserstoffacceptor 335, 342, 343.
- Viscosität 22.
Permeabilitätskonstante, Definition 61—64.
- von Erythrocyten, Berechnung 61—69.
Peroxydasen s. Fermente.
PFEIFFERsches Osmometer 24.
Phagen s. Viren.
Phenol, Grenzflächenspannung 7.
Phenylalanin s. Aminosäuren.
PHILIPPOFF-Viscosimeter 16.
Phosphatasen s. Fermente.
Phosphatide s. Lipoide.
Phosphor s. a. Isotope.
- Mikrobestimmung 409.
- Nachweisempfindlichkeit 609.
- in Zellfraktionen 556.
Photometrie s. optische Methoden.
Pigment, schwarzes aus Leber, Isolierung 592.
Pipette nach DONNAN 11.
Placenta, Zellkerne, Abbildung 570.
Plasma s. Blut.
Platin, Bremsvermögen für $\alpha$-Teilchen 619.
- s. a. Isotope.
- Nachweisempfindlichkeit 610.
Plutonium s. Isotope.
Polonium s. Isotope.
Polyacrylsäure, Viscosität 22.
Polyphenoloxydase s. Fermente.
Praseodym s. a. Isotope.
- Nachweisempfindlichkeit 610.
Prolin s. Aminosäuren.
Promethium s. Isotope.
Prostata, saure Phosphatase, Lokalisation 550.
- Zellkerne, Abbildung 570.
Proteasen s. Fermente.
Proteide, $\beta$-Lipoproteid, Brechungsinkrement 177.

Pyocyanin als Wasserstoffacceptor 330, 331, 333.
Pyridin zur Gewebsfixierung 349.
Pyrogallol, Absorptionsbürette 204.
- zur Sauerstoffabsorption 195, 204.
Pyrrolfarbstoffe, Hämoglobin, Bestimmung mittels CO 247—252.
- in Blut, Berechnung 252.
- Hämocyanin, Lichtzerstreuung 129.
- Strömungsdoppelbrechung 107.
- Kohlenoxyd-Hämoglobin, Bestimmung 220, 221.
- Oxyhämoglobin, Darstellung 77.
$\Delta^1$-Pyrrolin-5-carbonsäure s. Aminosäuren.

Quarzfadenwaage 376, 377.
Quarztorsionswaage 377.
Quecksilber, Abtrennung 866, 867.
- Destillation 193, 194.
- s. a. Isotope.
- Nachweisempfindlichkeit 610.
- s. a. Reagentien.
- zur Volumeneichung 227.

Radioaktivität s. Isotope.
Radioautographie s. Isotope.
Radium s. a. Isotope.
- Nachweisempfindlichkeit 610.
Reagentien, Acetylen-Absorptionslösung 195.
- FOLIN-MARENZI-Reagens 343.
- GRIESS-ILOSVAY-Reagens 337.
- Hahnfett, Herstellung 194.
- Kohlendioxydabsorptionslösung 195, 206.
- Natronlauge, $CO_2$-freie, Herstellung 233.
- Quecksilber, Reinigung 193, 194.
- Sauerstoff-Absorptionslösung 195, 206, 207.
Rhenium s. a. Isotope.
- Nachweisempfindlichkeit 610.
Rhodium s. a. Isotope.
- Nachweisempfindlichkeit 609.
Ribonucleinsäure s. Nucleotide.
Röntgenstrahlen s. Isotope.
Rohrzucker s. Kohlenhydrate.

ROUGHTON-SCHOLANDER-Spritze 263.
Rubidium s. a. Isotope.
- Nachweisempfindlichkeit 609.
Ruthenium s. a. Isotope.
- Nachweisempfindlichkeit 609.

Saccharose s. Kohlenhydrate.
Safranin T als Wasserstoffacceptor 332.
Samarium s. a. Isotope.
- Nachweisempfindlichkeit 610.
Sarkosomen s. a. Mitochondrien.
- aus Herz, Isolierung 585—587.
- aus Muskel, Isolierung 586, 587.
Sauerstoff, Absorptionskoeffizient $\alpha$ 305, 306.
- in Atemluft, Nomogramme 288—294.
- Berechnung von Analysen 243, 244.
- Bestimmung 210, 211—214, 215, 216, 217, 218, 219, 221, 222, 235—243, 252—254, 255—257, 258—268.
- im HALDANE-Apparat 195—204.
- polarographische 268—275.
- in Blut, Berechnung 245.
- Bindungskurve, Standardwert 309.
- Normwerte 310.
- Bremsvermögen für $\alpha$-Teilchen 619.
- Dissoziationskurve in Blut 286—294.
- s. a. Isotope.
- Korrektur für Gasreduktion 305.
- Löslichkeit in Flüssigkeiten 307, 308.
- Nomogramm für physikalisch gelösten 243.
- Sättigung und Erythrocytenresistenz 56, 57.
- Wärmeleitfähigkeit 213.
Sauerstoffdruck, alveolärer, Berechnung 187.
Scandium s. a. Isotope.
- Nachweisempfindlichkeit 609.
Schilddrüse, Autoradiographie 766—768.
- Kolloid, Isolierung 592.
- Zellen, Isolierung 553, 554.
- Zellkernisolierung 577.

Schulz-Osmometer 44, 45.
Schwefel s. a. Isotope.
  Nachweisempfindlichkeit 609.
Schwefelwasserstoff, Bestimmung 218.
Sedimentation, spontane, Gerät 574.
Selen, Abtrennung 876.
  s. a. Isotope.
  Nachweisempfindlichkeit 609.
Serin s. Aminosäuren
Serum s. Blut.
Serumalbumin s. Eiweiß.
Serum-$\gamma$-Globulin s. Eiweiß.
Shikimisäure bei Mutanten 526.
Siedepunktserhöhung und osmotischer Druck 28, 29.
Silber, Abtrennung 862.
  Bremsvermögen für $\alpha$-Teilchen 619.
  s. a. Isotope.
  Nachweisempfindlichkeit 609.
Silicium, Bremsvermögen für $\alpha$-Teilchen 619.
  s. a. Isotope.
  Nachweisempfindlichkeit 609.
van Slyke-Apparat 224.
Sørensen-Osmometer 38, 39.
Spermatozoen, Zellkerne, Isolierung 575, 576.
Stalagmometer nach Traube 8.
Standpipette für Histochemie 388.
**Statistik** 931—1036.
  Abhängigkeitskorrelation 1002.
  Abweichung, durchschnittliche 935.
    mittlere 935—937, 946, 961.
  Alternativmerkmale 933.
  Anordnungsreihen, Vergleich 972, 973.
  Anwendung bei Radioaktivitätsmessung 682—687.
  Ausschaltung extremer Werte 965.
  Behrens-Fisher-Test 970.
  Begleitvariable 1008.
  Beobachtungen verschiedener Genauigkeit 967.
  Beobachtungsreihen, gepaarte 971.
  Beobachtungsumfang, notwendiger 956, 969.
  Besetzungsverteilung 953.
  Binomialkoeffizient 946.
  Blockbildung 1026.
  Blöcke, ausgewogene, unvollständige 1029.
    unvollständige 1028.

Statistik, Blöcke, vollständige 1026.
  Diskriminanzanalyse 1007, 1008.
  Dosis-Wirkungskurven 1016—1024.
  Dreieck, Pascalsches 946.
  Erwartungswert 942, 946.
  Exzeß 961.
  fehlende Werte 989.
  Fehler 1. Art 945.
    2. Art 945.
    methodische, und biologische Variabilität 978, 979.
    mittlerer 942.
    des Mittelwertes 942.
    für Mittelwertsvergleiche 995.
  Fehlerfortpflanzung 965.
  Folgeprüfung 945, 973—976.
  formale Korrelation 1003.
  Freiheitsgrade 977.
  F-Verteilung 977.
  Gegenhypothesen 945, 974.
  Gegenstromverteilung, Auswertung 947—949.
  Gemeinsamtskeitskorrelation 1002.
  Gesamtheit 939.
  Gitterpläne 1029.
  Grundgesamtheit 939.
  Häufigkeiten 946—961.
    Beurteilung 953—961.
    Folgeprüfung 975.
    Parallellinienauswertung 1020—1022.
    Vergleich 957—961.
    Verteilungsgesetz 946—953.
  Häufigkeitsverteilung 932—934.
  Homogenitätsprüfung 979—985.
  Inhomogenität 963.
  Inhomogenitätskorrelationen 1002, 1009.
  Klassenbreite 934.
  Klassenzahl 934.
  Kollektiv 939—943.
    endliches 953.
  Kontrollkarte 948.
  Korrelation 937—939.
    Deutung 1002—1004.
  Korrelationskoeffizienten 1001, 1002.
    multiple 1006.
  Korrelationskoeffizient $r$ 938.
  Korrektur, Sheppardsche 936.
  Kovarianzanalyse 1008—1010.
  logistische Funktion 1019.
  Logitanalyse 1019, 1020.

Statistik, Mehrfachregression 1005.
  Merkmale, heterograde 933.
    homograde 933.
  Meßmerkmale 933.
    Symbole 1035, 1036.
  Meßreihen, Bearbeitung 961—1000.
  Mischverteilungen 964.
  Mittel, arithmetisches 961.
  Mittelwerte 934, 935.
    arithmetische 934.
    Beurteilung 967—969.
    Differenz zweier 969—971.
    gewogene 967.
    Quotient zweier 971, 972.
    Vergleich mehrerer 977—1000.
    Vertrauensbereich 968.
  Mutungsbereiche 943.
  Mutungsgrenzen einer Häufigkeit 955.
  Nichtlineare Korrelation 1006, 1007.
  Normalverteilung 949—953.
    Flächenwerte 951.
    logarithmische 963.
    Ordinaten 950.
    in biologischen Reihen 962—965.
    Summenkurve 952.
  Nullergebnis 956, 957.
  Nullhypothese 945, 967, 969.
  orthogonale Vergleiche 993.
  Parallellinienauswertung bei Häufigkeiten 1020—1022.
  Parameter 941.
  Partielle Korrelation 1004.
  Poisson-Verteilung 949.
  Potenzmomente 961.
  Probitanalyse 1017—1019.
  Prüfverfahren, Symbole 1036.
    statistische 945.
  $t$-Prüfung 967—969.
  Quadrate, lateinische 1027.
  Rangkorrelation 1006, 1007.
  Regressionsanalyse 1010.
  Regressionskoeffizienten 1001, 1002.
    partielle 1006.
  Repräsentationsschluß 943.
  Reststreuung 996.
  Rückschluß 943.
  Schiefe 961.
  Sequenzanalyse 973—976.
  Sicherheit, statistische 943.
  Sicherheitsstufe einer Aussage 943—945.
  Sicherungsgrenze 944.
  3 Sigmaäquivalente 944.
  Signifikanz 944.
  Standardabweichung 935.

Statistik, Stichprobe 939—943.
Störfaktor, Ausschaltung
  986—990.
Streuung 932.
  Beurteilung 977.
Streuungsmasse 935—937.
Streuungsquadrat 977.
Streuungsüberlagerung in
  Meßreihen 966.
Streuungszerlegung
  977—1000.
  Einzelvergleiche
    991—996.
  bei zwei Gruppierungen
    986—990.
  bei zweifacher Gruppierung mit Wiederholungen 990, 991.
  bei mehr als zwei Gruppierungen 996—999.
  bei mehr als zwei Gruppierungen mit Wiederholungen 999, 1000.
  bei Untergruppierung
    991—996.
  mit zwei Variablen
    1008—1010.
  Voraussetzungen 989.
STUDENTsche $t$-Verteilung
  968.
Summenhäufigkeitslinie
  934.
Symbole 1035, 1036.
Tests, parameterfreie 973.
Toleranzgrenzen 969.
Trennverfahren 1007, 1008.
Unabhängigkeitsprüfung
  958.
Variabilität 932.
  biologische, und methodischer Fehler 978,
    979.
Varianz 935, 977.
Variationsfaktoren 1024.
  Ausschaltung 1026, 1027.
Variationskollektiv 1025.
Verallgemeinerung 940,
  1024.
Vergleichbarkeit 1024.
Verlaufskurven 1012.
Vermengen 1034.
Versuche mit mehreren Faktoren 1031.
Versuchsfaktoren 1024.
Versuchspläne, faktorielle
  1031.
  mit uneinheitlicher Genauigkeit 1035.
Versuchsplanung
  1024—1035.
  Grundsätze 1026.
Verteilung, binomische
  946—949.
  hypergeometrische 953.
  log-normale 964.

Statistik, Vertrauensbereiche
  943.
  von Mittelwerten 968.
  Vertrauensgrenzen einer
    Häufigkeit 955.
  Wahrscheinlichkeit 942, 946.
  Wahrscheinlichkeitsnetz
    952, 1017.
  Warngrenze 944.
  Wechselseitigkeitskorrelation 1002.
  Wiederholung 1026.
  Wiederholungskollektiv
    1025.
  Wirkungsquotient, relativer
    971.
  Zählmerkmale 933.
    Symbole 1035.
  Zeit-Wirkungskurven
    1011—1016.
  Zufallszuteilung 1025.
  Zusammenhänge, Bearbeitung 1001—1024.
Stearinsäure s. Fettsäuren.
Steroide, Cholesterin in Zellfraktionen 556.
**Stickstoff**, Absorptionskoeffizient $\alpha$ 305, 306.
  Bremsvermögen für $\alpha$-Teilchen 619.
  Bestimmung von $N_2$ 210,
    213, 214, 217, 257, 258.
  in Blut, Berechnung 245.
  s. a. Isotope.
  Korrektur für Gasreduktion
    305.
  Löslichkeit im Körper 308.
  Mikrobestimmung 402—407.
  Wärmeleitfähigkeit von $N_2$
    213.
Strahlenschutz s. Isotope.
Strömungsdoppelbrechung
  s. optische Methoden.
Strontium, Abtrennung von
  Yttrium 844.
  s. a. Isotope.
  Nachweisempfindlichkeit
    609.
Succinodehydrogenase
  s. Fermente.
Sulfatase s. Fermente.

**Tabakmosaikvirus** s. Viren.
Tantal s. a. Isotope.
  Nachweisempfindlichkeit
    610.
Taucherwaage für Histochemie
  378—382.
Technetium, Abtrennung von
  Molybdän 851.
  s. a. Isotope.
Tellur, Abtrennung 877.
  s. a. Isotope.
  Nachweisempfindlichkeit
    609.

Tensiometer nach LECOMTE DU
  NOUY 6.
Terbium s. Isotope.
Tetrachlorkohlenstoff, Lichtzerstreuung 163.
  Oberflächenspannung 7.
Tetrazol s. 2,3,5-Triphenyltetrazoliumchlorid.
Tetrazolblau s. Ditetrazoliumchlorid.
Tetrazolpurpur s. Neotetrazoliumchlorid.
Thallium, Abtrennung 868, 869.
  s. a. Isotope.
  Nachweisempfindlichkeit
    610.
Thermostat für Mikromethoden
  420.
Thionin als Wasserstoffacceptor
  332.
Thorium s. a. Isotope.
  Nachweisempfindlichkeit
    610.
Thrombocyten s. Blut.
Thulium s. Isotope.
THUNBERG-Methodik s. Acceptormethoden.
Thymol-indophenol als Wasserstoffacceptor 330, 332.
Thymus, Zellkernisolierung
  576—579.
TILLMANS Reagens s. 2,6-Dichlorphenol-indophenol.
Tolusafranin s. Safranin T.
Toluylenblau als Wasserstoffacceptor 332.
Toluylenrot s. Neutralrot.
Tonometrie s. Gasanalyse.
Trikaliumhexacyanoferrat als
  Wasserstoffacceptor 335,
  338.
Trinitrotoluol als Wasserstoffacceptor 345.
4-(Trioxypropyl)-imidazol bei
  Mutanten 521.
Triphenylformazan, Absorptionskurve 328.
2,3,5-Triphenyltetrazoliumchlorid als Wasserstoffacceptor
  331, 333.
Tritium s. Isotope.
Trypsin s. Fermente.
Tryptophan s. Aminosäuren.
Tumoren, Autoradiographie
  768.
  Hyalin aus SPIEGLERschen,
    Isolierung 592, 593.
  Isotopenspeicherung 903.
Tyrosin s. Aminosäuren.

UBBELOHDE-Viscosimeter 15,
  16.
Ultrarot-Absorptionsschreiber
  für Gasananlyse 216.

Unterschichten von Flüssigkeiten 561.
Uran s. a. Isotope.
Nachweisempfindlichkeit 610.
Urease s. Fermente.

Vanadium, Abtrennung 849, 850.
s. a. Isotope.
Nachweisempfindlichkeit 609.
Viren, Phagen bei Salmonellen-Transduktion 480—486.
Strömungsdoppelbrechung 105, 106.
Tabakmosaikvirus, Brechungsinkrement 177.
Viscosimetrie 12—23.
Geräte 14—18.
HAGEN-POISEUILLEsches Gesetz 14.
intrinsic viscosity 20.
von Lösungen 18—23.
und Molekülform 20, 21.
Strukturviscosität 19.
Theorie 12—14.
Viscosität, relative 18.
spezifische 18.
Viscositätszahl $Z_\eta$ 19—21.
Vitamine, Aneurin, Mikrobestimmung 440, 441.
Ascorbinsäure, Mikrobestimmung 409.
Lactoflavin als Wasserstoffacceptor 333.
Nicotinsäure bei Mutanten 529.
Vycar-Waage 377, 378.

Wasser, Acetylen, Löslichkeit 309.
Äthylen, Löslichkeit 309.
Distickstoffoxyd, Löslichkeit 308.
Gasanalyse 221.
molare Gefrierpunktserniedrigung 29.
Halbwertsdicke für Strahlenschutz 912.
Helium, Löslichkeit 309.
Körperwasser, Bestimmung 725—727.
Kohlendioxyd, Löslichkeit 307.
in Leberzelle 548.
Lichtzerstreuung 163.
Oberflächenspannung 7.
Penetration in Erythrocyten 64.
Sauerstoff, Löslichkeit 307.
molare Siedepunktserhöhung 28.
zur Volumeneichung 227.

Wasser, Wasserstoff, Löslichkeit 309.
Wasserdampf, Druck 300.
Wasserstoff, Absorptionskoeffizient α 305, 306.
Bestimmung 210, 211, 213, 214, 215, 217, 218.
Bremsvermögen für α-Teilchen 619.
s. a. Isotope.
Korrektur für Gasreduktion 305.
Löslichkeit im Körper 309.
Verbrennung zu Gasanalyse 202.
Wärmeleitfähigkeit 213.
Wasserstoffionenkonzentration in Blut, Bestimmung 275—285.
und Erythrocytenresistenz 55.
Messung zur Gasanalyse 215.
Wismut, Abtrennung 875.
Abtrennung von Blei 871.
s. a. Isotope.
Nachweisempfindlichkeit 610.
Wolfram, Abtrennung 852, 853.
s. a. Isotope.
Nachweisempfindlichkeit 610.

Xenon s. Isotope.
Xylose s. Kohlenhydrate.

Yttrium, Abtrennung von Strontium 844.
s. a. Isotope.
Nachweisempfindlichkeit 609.
Ytterbium s. a. Isotope.
Nachweisempfindlichkeit 610.

Zählrohre s. Isotope.
Zähne, Autoradiographie 766.
$^{45}$Ca-Messung 843.
Isotopenspeicherung 903.
Zellen, Einzelzellen, Gewinnung 544—554.
Fraktionierung 554—594.
vollständige 562—566.
Organzellen, Isolierung 548—554.
Stratifizierung 375.
Suspensionsmedien 557—559.
Trennprinzipien 559—562.
Zählung 383—385.
Zerkleinerung 556, 557.
Zellkerne, Acetontrockenpulver 569, 570.
Cholesteringehalt 556.
Darstellung 566—581.
Eiweißgehalt 556.

Zellkerne, aus Erythrocyten, Isolierung 574, 575, 576—579.
Fettgehalt 556.
aus Gehirn, Isolierung 580.
aus Herz, Abbildung 570.
Isolierung 577—580.
aus Hoden, Abbildung 570.
LANG-SIEBERT-Mühle 568, 569.
aus Leber, Abbildung 570.
Gewinnung 562—566, 571—574, 576—580.
Zusammensetzung 548.
aus Leukocyten, Isolierung 574, 575.
aus Lymphdrüse, Abbildung 570.
aus Niere, Abbildung 570.
Isolierung 576—579.
Nucleoli, Isolierung 576.
aus Pankreas, Abbildung 570.
Amylase 555.
Isolierung 576—579.
Phosphatidgehalt 556.
Phosphorgehalt 556.
aus Placenta, Abbildung 570.
aus Prostata, Abbildung 570.
saure Phosphatase 555.
Reinheitsprüfung 570.
Ribonucleinsäuregehalt 556.
aus Schilddrüse, Isolierung 577.
aus Spermatozoen, Isolierung 575, 576.
Stickstoffgehalt 556.
aus Thymus, Isolierung 576—579.
Zählung in Homogenaten 573.
Zentrifugierung, Berechnung 559—561.
Dichtegradienten 561, 562, 582, 583, 593.
von Einzelzellen 375.
Zink, Abtrennung 863, 864.
Bremsvermögen für α-Teilchen 619.
s. a. Isotope.
in Leberzelle 548.
Nachweisempfindlichkeit 609.
Zinn, Abtrennung 870, 871.
Abtrennung von Antimon 873—875.
Bremsvermögen für α-Teilchen 619.
s. a. Isotope.
Nachweisempfindlichkeit 609.
Zirkonium s. a. Isotope.
Nachweisempfindlichkeit 609.

GPSR Compliance

The European Union's (EU) General Product Safety Regulation (GPSR) is a set of rules that requires consumer products to be safe and our obligations to ensure this.

If you have any concerns about our products, you can contact us on

ProductSafety@springernature.com

In case Publisher is established outside the EU, the EU authorized representative is:

Springer Nature Customer Service Center GmbH
Europaplatz 3
69115 Heidelberg, Germany

www.ingramcontent.com/pod-product-compliance
Ingram Content Group UK Ltd.
Pitfield, Milton Keynes, MK11 3LW, UK
UKHW050413240426
12048UKWH00020B/1497